HANDBUCH DER PFLANZENANALYSE

HERAUSGEGEBEN VON

G. KLEIN
WIEN UND HEIDELBERG

DRITTER BAND

SPEZIELLE ANALYSE

ZWEITER TEIL

ORGANISCHE STOFFE

II

Springer-Verlag Wien GmbH

1932

SPEZIELLE ANALYSE
ZWEITER TEIL

ORGANISCHE STOFFE
II

BEARBEITET VON

M. BERGMANN · K. BORESCH · R. BRIEGER · F. W. DAFERT
O. DISCHENDORFER · W. DÜRR · F. EHRLICH · F. EVERS
K. FREUDENBERG · M. GIERTH · M. HADDERS · L. KALB
P. KARRER · G. KLEIN · L. KOFLER · F. KÖGL · D. KRÜGER
R. LILLIG · F. MAYER · H. PRINGSHEIM · L. ROSENTHALER
H. RUPE · M. SCHAERER · W. SCHNEIDER · W. SUTTHOFF
W. THIES · H. K. THOMAS · A. TREIBS · C. WEHMER
L. ZECHMEISTER · F. ZETZSCHE

MIT 67 ABBILDUNGEN

ERSTE HÄLFTE

Springer-Verlag Wien GmbH
1932

ISBN 978-3-7091-2218-1   ISBN 978-3-7091-2230-3 (eBook)
DOI 10.1007/978-3-7091-2230-3

Inhaltsverzeichnis.

II. Organische Stoffe.

(Fortsetzung.)

Erste Hälfte.

Allgemeiner Teil.

Spezieller Teil.

Zweite Hälfte.

Inhaltsverzeichnis.   XI

II. Organische Stoffe.

(Fortsetzung.)

14. Membranstoffe.

A. Cellulose.

Von **Hans Pringsheim**, Berlin und **Deodata Krüger**, Berlin-Dahlem.

Mit 10 Abbildungen.

a) Vorkommen.

Cellulose ist als Gerüstsubstanz im Pflanzenreich weit verbreitet; im Tierreich findet sie sich im Mantel der Tunicaten. Nur in wenigen pflanzlichen Objekten, wie in den Samenhaaren der Baumwolle, kommt die Cellulose annähernd rein vor; meist ist sie von größeren Mengen Lignin, Pektinstoffen, Hemicellulosen, Harz- und Wachsstoffen, Proteinen, Farbstoffen u. a. begleitet. Ob die Cellulose mit den „Inkrusten" nur mechanisch vermengt ist („Inkorporationstheorie") oder z. B. an das Lignin adsorptiv oder chemisch (acetal-, äther- oder esterartig) gebunden ist, ist zur Zeit noch strittig.

b) Struktur.

Die Elementarzusammensetzung der Cellulose ist $C_6H_{10}O_5$, d. h. diejenige eines Monoseanhydrids, und zwar wie aus dem hydrolytischen Abbau hervorgeht, diejenige eines Glucoseanhydrids. Nach der älteren und von der Mehrzahl der Forscher vertretenen Auffassung ist die Cellulose hochmolekular, indem eine größere Anzahl von Glucoseanhydridbausteinen durch Hauptvalenzbindungen zu einem sehr großen Molekül vereinigt sind; durch neuere röntgenographische Untersuchungen ist diese Vorstellung dahin präzisiert worden, daß das Cellulosemolekül aus mindestens 60—100 Glucoseresten (in der 1,5-Ringform), die durch 1,4 glucosidische Bindungen zu gestreckten Hauptvalenzketten verknüpft sind, besteht, wobei sich etwa 40—60 Hauptvalenzketten unter Bildung länglicher „Micellen", deren Abmessungen z. B. bei nativer Ramiefaser in der Faserachse und senkrecht dazu ca. 500 bzw. 50^0 A. betragen, parallel aneinander lagern. Im Gegensatz dazu nahmen einige Forscher (Hess, Karrer) an, daß der hochmolekulare Charakter der Cellulose nur durch starke Nebenvalenzkräfte vorgetäuscht wird und daß die Cellulose oder ihre Derivate reversibel bis zum Lösungszustand eines Glucoseanhydrids dispergiert werden kann.

c) Identität der Cellulose.

Die viel erörterte Frage nach der *Identität von Cellulose* aus verschiedenen Pflanzenmaterialien, z. B. von Baumwollcellulose und „Lignocellulose", ist in dem Sinne zu beantworten, daß der Grundbaustein bei Cellulose jeglicher Herkunft derselbe ist; von einer Identität verschiedener Präparate kann man jedoch bei Zugrundelegung des von Meyer und Mark angegebenen Bauprinzips aus folgenden Gründen nicht sprechen: In jeder Cellulose schwankt die Micellgröße um einen gewissen mehr oder minder scharfen Mittelwert, und auch die Hauptvalenzketten einer Micelle sind nicht notwendig alle von gleicher Länge; Cellulose ist somit keine chemisch einheitliche Substanz im gewöhnlichen Sinne, und zwei verschiedene Cellulosepräparate können nicht als chemisch identisch bezeichnet werden, weil bei ihnen Größe und Größenverteilung der Hauptvalenzketten und der Micellen nie genau übereinstimmen werden; man kann nur von einer sehr großen Ähnlichkeit oder einer „praktischen Identität" sprechen, wenn zwei Präparate in den wichtigsten physikalischen und chemischen Eigenschaften übereinstimmen.   Nach Lüdtke (13a) gehen der fertigen Cellulose Zwischenprodukte, sog. *Intercellulosen* voraus.

Auf Grund des Verhaltens von Cellulosepräparaten bezüglich der Löslichkeit in NaOH unterscheidet man vielfach *α-Cellulose, β-Cellulose* und *γ-Cellulose,* wobei man als α-Cellulose im allgemeinen den in 17,5proz. NaOH bei Zimmertemperatur unlöslichen Teil, als β-Cellulose den in 17,5proz. NaOH löslichen, aber beim Ansäuern der alkalischen Lösung wieder ausgeschiedenen, als γ-Cellulose den auch beim Ansäuern in Lösung verbleibenden und erst durch Alkoholzusatz gefällten Teil bezeichnet. Diese Unterscheidung ist konventionell und definiert keine chemisch einheitlichen Substanzen. Nur die α-Cellulose ist annähernd reine Cellulose, allerdings auch je nach der Art des betreffenden Cellulosepräparates, mit kleinen Mengen Lignin, Pentosanen u. a. verunreinigt. β- und γ-Cellulose sind komplexe Gemische, die neben alkaliløslicher Cellulose Hemicellulosen und andere Nichtcellulosestoffe, die in dem Cellulosepräparat enthalten waren, umfassen.

d) Eigenschaften.

Die Cellulose in natürlichen pflanzlichen Gebilden ist — wenigstens zu einem großen Teile — *krystallin.* Cellulosehaltige Fasern oder Membranen geben je nach dem Grad der Orientierung der Cellulosekrystallite bei der röntgenographischen Untersuchung nach der Debye-Scherrer-Methode mehr oder minder scharfe „Faserdiagramme", aus denen sich für die Cellulose eine monokline Elementarzelle mit den Achsen $a = 8{,}3$ A.; $b = 7{,}9$ A. und $c = 10{,}3$ A. und dem Winkel $\beta = 84^0$ ergibt. *Das spezifische Volumen* der nativen Cellulose beträgt nach Davidson für gebäuchte Baumwolle je nach der Sorte in Helium 0,638—0,642; in Wasser 0,621—0,624; in Toluol 0,645—0,646, wobei die Heliumwerte wahrscheinlich die zuverlässigsten sind; für dieselben *Baumwollen mercerisiert* 0,645—0,647; 0,622—0,624 bzw. 0,651—0,653; für *umgefällte Cellulose* (Kunstseide) 0,646—0,653; 0,619—0,622 bzw. 0,652—0,654 (20⁰).

Die Brechungsindices der Cellulosekrystallite für die *D*-Linie sind nach Frey: $n_\alpha = 1{,}533$; $n_\beta = 1{,}594$; $n_\alpha - n_\gamma = 0{,}061$. Die beobachtete Doppelbrechung gewachsener Cellulosegebilde hängt von der Anordnung der Krystallite in der Faser ab; verlaufen die Micellen unter einem Winkel zur Faserachse, in deren Richtung die Brechungsindices gemessen werden, so müssen die gemessenen Werte entsprechend umgerechnet werden, um die Werte für die Cellulosekrystallite selbst zu erhalten.

Eine Lösung von Cellulose in Kupferamminlösung [4 mmol $C_6H_{10}O_5$; 10 mmol $Cu(OH)_2$; 1000 mmol NH_3 und 20 mmol NaOH in 100 cm³ Lösung) zeigt bei 18⁰ im 5-cm-Rohr einen *Drehungswinkel* $\alpha_{435,8} = -3{,}45^0$ (Hess und Ljubitsch [9]). Cellulose ist in Wasser, verdünnten Säuren und Alkalien und in organischen Lösungsmitteln unlöslich, löslich in Kupferamminlösung (Schweitzersches Reagens) und aus der Lösung durch Säuren wieder fällbar. Durch Wasser wird sie auch beim Erhitzen unter Druck nicht angegriffen. Beim trockenen Erhitzen beginnt die Zersetzung bei 140—150° und setzt sich dann unter Wärmeentwicklung fort. Starke (über ca. 70 proz.) Schwefelsäure sowie 40 proz. Salzsäure löst Cellulose auf; wird die Lösung in eiskalter Schwefelsäure sofort nach erfolgter Auflösung mit Wasser verdünnt, so fällt die Cellulose fast vollständig in nahezu unveränderter Form wieder aus; beim Stehen der sauren Lösungen findet dagegen Abbau zu „Cellulosedextrinen" und schließlich zu wasserlöslichen Zuckern — Glucose, Cellobiose, -triose und -tetraose — statt. Starke Alkalien wirken quellend auf die Cellulose, wobei mit steigender Alkalikonzentration die Quellung durch ein Maximum geht, das z. B. für NaOH bei ca. 14% liegt. Stärkere Alkalien, z. B. Natronlauge oberhalb einer Konzentration von 1,5—2 n bei Zimmertemperatur (KATZ), rufen den sog. *Mercerisationseffekt* hervor, indem die Cellulose unter Alkaliaufnahme und starker Faserverkürzung in *Hydratcellulose* übergeht. Durch Wasser wird das Alkali wieder abgespalten. Die Mercerisation hat Intensitätsveränderungen im Röntgendiagramm zur Folge, die sich qualitativ durch die Annahme deuten lassen, daß neben einer Verdrehung der Hauptvalenzketten gegeneinander auch noch eine Verschiebung parallel der Faserrichtung erfolgt (MARK und MEYER [15]). Auch aus Lösungen in Kupferammin gefällte oder aus Celluloseestern, die bei der Herstellung in Lösung gegangen waren, regenerierte Cellulose liefert das Röntgendiagramm der Hydratcellulose. Hydratcellulose unterscheidet sich von der nativen Cellulose u. a. durch erhöhte Anfärbbarkeit und Adsorptionsfähigkeit im allgemeinen, durch Zunahme des Wasserbindungvermögens und durch abweichendes Verhalten gegenüber gewissen Jodreagenzien.

Wird z. B. mercerisierte Cellulose in eine Lösung von 20 g Jod in 100 cm³ gesättigter Jodkaliumlösung (HUEBNER) einige Minuten eingelegt und mit Wasser gewaschen, so bleibt sie blauschwarz, während die native Cellulose die Färbung beim Wässern verliert; beim Einlegen in eine Chlorzinkjodlösung, die durch Zusatz von 10—15 Tropfen Jodjodkaliumlösung (1 g Jod + 2 g KJ in 100 cm³) zu einer Chlorzinklösung mit 93,3 g ZnCl₂ in 100 cm³ Wasser kurz vor dem Versuch hergestellt worden ist, bleibt native Cellulose farblos, mercerisierte färbt sich je nach dem Grade der Mercerisation mehr oder weniger stark an.

Konzentrierte Lösungen gewisser stark hydratisierter Salze [LiCl, NaJ, CaBr₂, CaJ₂, SrJ₂, Ba(SCN)₂, Ca(SCN)₂, Sr(SCN)₂] wirken quellend und bei höherer Temperatur lösend auf die Cellulose ein; aus den kolloiden Lösungen läßt sich die Cellulose durch Verdünnen mit Wasser oder Alkohol wieder ausfällen. Genügend konzentrierte Lösungen erstarren beim Erkalten zu mehr oder minder undurchsichtigen Gallerten (v. WEIMARN).

Reine Cellulose reduziert FEHLINGsche Lösung nur spurenweise und reagiert nicht mit Phenylhydrazin.

Bei der *Einwirkung von Säuren* geht Cellulose unter Abnahme der Faserfestigkeit in „*Hydrocellulose*" mit gesteigerter Löslichkeit in 10 proz. NaOH, geringerer Viscosität in Kupferamminlösung, erhöhtem Reduktions- und Reaktionsvermögen und gesteigerter Affinität gegenüber Farbstoffen über. Bei der *Einwirkung von Oxydationsmitteln* — auch schon von Luftsauerstoff in Gegenwart von Alkalien — wird „*Oxycellulose*" gebildet, die sich von der ursprünglichen Cellulose durch Zunahme des Reduktionsvermögens, der Anfärbbarkeit und der Löslichkeit in Alkali, Abnahme der Faserfestigkeit und der Viscosität in Kupferamminlösung, von Hydrocellulose durch ihren sauren Charakter, der in einer gesteigerten Affinität für basische Farbstoffe u. a. zum Ausdruck kommt, unterscheidet. „Hydrocellulose" und „Oxycellulose" sind keine einheitlichen, definierten Hydrolysen- bzw. Oxydationsprodukte der Cellulose, sondern Gemische von unveränderter Cellulose und Celluloseabbauprodukten, deren Art und Menge mit der Art der Herstellung des betreffenden Präparats wechselt. Cellulose, die aus pflanzlichen Materialien unter Verwendung von Säuren oder Oxydationsmitteln isoliert worden ist, enthält stets „Hydrocellulose" bzw. „Oxycellulose" als Verunreinigung, wofern die Abbauprodukte nicht durch geeignete Nachbehandlung entfernt worden sind.

Cellulose bildet in organischen Lösungsmitteln lösliche *Ester* und *Äther*, wobei maximal drei Hydroxylgruppen je $C_6H_{10}O_5$ in Reaktion treten. Das *Triacetat* zeigt in Chloroform $[\alpha]_D = -22$ bis -23^0, in Aceton-Pyridin $(4:1)$ $[\alpha]_D = -28$ bis -30^0.

Durch 41proz. Salzsäure oder 70proz. Schwefelsäure kann Cellulose unter geeigneten Bedingungen der Hauptsache nach in *Glucose* umgewandelt werden. Bei der „Acetolyse" (Abbau mit Essigsäureanhydrid in Gegenwart von konzentrierter Schwefelsäure) kann *Cellobioseoctacetat* in einer Ausbeute von ca. 40 %, berechnet auf Cellobiose, gewonnen werden. Als weitere Reaktionsprodukte bei dieser Art des acetolytischen Abbaues sind ferner *Isocellobiose* (Ost und Prosiegel), *Procellose* (Bertrand und Benoist), *Cellotriose* (Ost), *Hexacetylbiosan* (Hess und Friese), *Nonacetyltrihexosan* (Micheel) genannt worden, deren Existenz jedoch von anderen Forschern, die diese Präparate für Gemische acetylierter Polysaccharide halten, bestritten wird.

Cellulose wird durch *Bakterien* und *Pilze* gespalten. Bei der Cellulosespaltung durch *anaerobe Bakterien* lassen sich nach Omelianski zwei Gärungsvorgänge, die sog. *Methangärung* und die sog. *Wasserstoffgärung*, gegeneinander abgrenzen, bei denen als charakteristische Spaltprodukte Methan bzw. Wasserstoff neben Kohlensäure und niederen Fettsäuren auftreten; beide Gärungen verlaufen recht langsam. Thermophile anaerobe Bakterien vermögen den Abbau mit erheblich größerer Geschwindigkeit herbeizuführen. Ferner gibt es Bakterien, die in Gegenwart von Nitraten unter Verwertung des Nitratstickstoffs Cellulose in der Weise abbauen, daß neben Stickstoff nur Kohlensäure und Wasser, dagegen weder Methan noch Wasserstoff entstehen. Die Wirkung der cellulosespaltenden Bakterien und Pilze beruht auf der Tätigkeit von Enzymen, durch die in erster Phase Cellulose in Cellobiose und Glucose gespalten wird; daran schließt sich in zweiter Phase die Vergärung der Glucose. Durch ein Enzym des Schneckendarmsaftes, *Cellulase*, kann umgefällte Cellulose praktisch quantitativ in Glucose gespalten werden; native Cellulose wird nur schwer angegriffen.

e) Mikrochemischer Nachweis der Cellulose.

In pflanzlichen Materialien, die aus *ziemlich reiner Cellulose* bestehen, kann diese mittels folgender Reaktionen nachgewiesen werden:

1. Färbung mit Jodreagenzien.

a) Jod und Schwefelsäure. Cellulosehaltige Zellwände färben sich mit Jod und Schwefelsäure unter starker Aufquellung *tiefblau.* Die zu untersuchenden Objekte werden mit einer wäßrigen Jodjodkaliumlösung $(^1/_3 \%$ Jod, $1^1/_3 \%$ Jodkalium) imprägniert und unter dem Deckglase 66,5proz. Schwefelsäure zufließen gelassen (7 Gewichtsteile 95proz. $H_2SO_4 + 3$ Gewichtsteile Wasser). Mit Schwefelsäure von 76 % kann die Blaufärbung allmählich verschwinden und mit 85,5proz. Schwefelsäure ist dies stets der Fall (van Wisselingh).

b) Chlorzinkjodlösung. Chlorzinkjodlösung färbt Cellulose blau bis violett (Schulze). Das Reagens muß einen bestimmten Chlorzinkjodgehalt aufweisen. Wird Cellulose in 1proz. Jodjodkaliumlösung gebracht und dann 40-, 50-, 60- und 70proz. Chlorzinkjodlösung einwirken gelassen, so liefert die 60proz. Lösung das beste Resultat, nämlich eine dauernde dunkelblaue Farbe. Mit der 40- und 50proz. Lösung erhält man schwächere Färbungen, und in der 70proz. Lösung verschwindet die anfangs eintretende Blaufärbung allmählich (van Wisse-

LINGH). HUEBNER (1908) empfiehlt zum Cellulosenachweis eine Lösung von 30 g $ZnCl_2$ in 12 g Wasser, die mit einer Lösung von 5 g KJ und 1 g J in 12 g Wasser versetzt worden ist. Für mercerisierte Cellulose genügen jodärmere Lösungen.

Durch *Jod und Phosphorsäure* wird Cellulose blau, durch *Jod und Chlorcalcium* rosa oder violett gefärbt (MANGIN).

Die Jodreaktionen sind für Cellulose zwar charakteristisch, jedoch nicht spezifisch.

2. Nachweis durch Anfärbung mit Farbstoffen.

Gewisse organische Farbstoffe, besonders eine Reihe von *Benzidin, Toluidin-* und *Xylidinfarbstoffen* färben Cellulose an. MANGIN empfiehlt z. B. Kongorot, Kongokorinth, Heliotrop, Benzopurpurin, Deltapurpurin, Azoblau, Azoviolett, Benzoazurin in alkalischer Lösung oder Orseillin, Brillantcrocein, Scharlachcrocein und Naphtholschwarz in saurer Lösung. Besonders *Kongorot* ist als Reagens auf Cellulose benutzt worden. Die mit Kongorot gefärbten Zellwände werden beim Tränken mit verdünnter Salzsäure blau. KLEBS benutzte Kongorot, in Zucker gelöst, um Cellulose intra vitam der Zelle zu färben. Colorimetrische Mikroreaktionen der Cellulosegele im Getreidekorn vgl. BRUÈRE (5a).

MEHTA (16) untersuchte das Verhalten von α-Cellulose (erhalten durch einstündiges Erhitzen von 5 g Baumwolle mit 100 cm³ 4proz. NaOH bei 10 at), β-Cellulose und γ-Cellulose gegen verschiedene histochemische Färbemittel mit folgendem Ergebnis (die Intensität der Färbung ist durch Zahlen ausgedrückt):

Färbemittel	α-Cellulose	β-Cellulose	γ-Cellulose
Alkoholische Malachitgrünlösung (1 g auf 300 cm³ 92 proz. Alkohol)	—	$+\,^1/_2$	—
Wäßrige Kongorotlösung (1 g in 200 cm³)	$+4$	$+4$	—
Alkoholische Safraninlösung (3 g Safran, 500 cm³ Wasser, 500 cm³ 90 proz. Alkohol)	$+\,^1/_2$	$+2$	$+2$
Wäßrige Gossypiminlösung (2 g Gossypimin, 900 cm³ Wasser, 60 cm³ 90 proz. Alkohol)	$+\,^1/_2$	$+\,^1/_2$	$+4$
Hämatoxylinlösung	$+1$	$+2$	$+2$
Alkoholisches Eosin (1 g in 300 cm³)	—	$+1$	$+2$
Anilinblaupikratlösung (3 g Anilinblau, 2 g Pikrinsäure in 1 l Wasser)	—	$+2$	$+2$
Wäßrige Jodgrünlösung (1 proz.)	—	$+\,^1/_2$	—
Wäßrige Pikroponceaulösung (0,1 g Ponceau in 100 cm³ gesättigter Pikrinsäurelösung)	—	$+4$	$+1$
Alkoholische Boraxcarminlösung (3 g Carmin, 12 g Borax, 480 cm³ Wasser, 480 cm³ 90 proz. Alkohol)	—	—	$+1$

Lösung. Besonders *Kongorot* ist als Reagens auf Cellulose benutzt worden. Die mit Kongorot rotgefärbten Zellwände werden beim Tränken mit verdünnter Salzsäure blau. KLEBS benutzte Kongorot, in Zucker gelöst, um Cellulosehäute intra vitam der Zelle zu färben.

3. Nachweis auf Grund der Löslichkeit in Kupferamminlösung.

Kupferamminlösung (Schweizersches Reagens) löst Cellulose nach vorheriger Quellung auf; durch Ansäuern wird die Cellulose wieder abgeschieden.

Zur Herstellung eines Reagens mit guter Lösungswirkung wird nach VAN WISSELINGH (29) (S. 4) Kupfersulfatlösung mit viel Ammoniak gefällt, zentrifugiert, abdekantiert, der Niederschlag unter wiederholtem Zentrifugieren mit destilliertem Wasser gewaschen und danach in 29 proz. Ammoniak gelöst. DISCHENDORFER (7) empfiehlt zur Gewinnung gut lösender und beständiger Kupferamminlösung folgende Verfahren:

a) Gut gewaschenes, krystallines Kupferhydroxyd nach BÖTTGER wird in möglichst wenig starkem Ammoniak gelöst, indem man in sorgfältig verschlossener Flasche unter öfterem Schütteln 1—2 Tage stehen läßt. Kupfergehalt 20—25 g/l.

b) Feines-Kupfergewebe (oder Blechschnitzel) wird mit starkem Ammoniak und Luft geschüttelt, indem man die Flasche zu $^1/_3$ ihres Volumens mit starkem Ammoniak füllt, nach Einbringen des Kupfers in eine Schüttelmaschine stellt und nach je 3 Minuten Schütteln den Stopfen auf einige Sekunden lüftet; nach höchstens 1 Stunde hat die Lösung ihre höchste Wirksamkeit erreicht. Bei beginnender Abscheidung von $Cu(OH)_2$ ist auf jeden Fall das Schütteln abzubrechen. Vom überschüssigen Kupfer abgießen, kleine Fläschchen mit dem Reagens vollkommen anfüllen und einzeln rasch verbrauchen. Praktisch ist die Verwendung von kleinen Spritzflaschen mit Gummiball, wobei die Lösung mit einer $^1/_2$ cm dicken Paraffinölschicht bedeckt und das Ausflußrohr mit gut gedichtetem Glashahn versehen wird. Derartig hergestellte Lösungen sind unbegrenzt haltbar, sonst kann die lösende Wirkung allmählich durch Ammoniakverluste und Oxydation verlorengehen. Man verwendet das Reagens am besten im unverdünnten oder mäßig mit Ammoniak verdünnten Zustande bei niedriger Temperatur.

c) Nach W. Traube. Man fällt Kupfersulfatlösung mit Ammoniak, löst den Niederschlag in einem Überschuß von Ammoniak auf und fällt das Kupferhydroxyd aus dieser Lösung mit Natronlauge. Es setzt dann gut ab und läßt sich bequem auswaschen.

4. Nachweis mittels der „Sphärokrystalle" von Gilson (17).

Mikroskopische Schnitte der auf Cellulose zu prüfenden Gewebe werden 12 Stunden oder länger in einem verschlossenen Gefäß in Kupferamminlösung (s. oben) eingelegt, die Kupferlösung abgegossen, durch Ammoniak ersetzt und das Ammoniak alle halbe Stunden erneuert, bis die Schnitte farblos geworden sind. Dann werden die Schnitte mit destilliertem Wasser gewaschen. Die unter der Einwirkung der Kupferamminlösung gebildete Celluloselösung bleibt in den intakt gebliebenen Zellen, und bei Verdünnung der Kupferamminlösung mit Ammoniak scheidet sich die Cellulose in Form von meist an der Wand liegenden sternartigen Aggregaten, Kugeln oder Sphäriten aus, die sich Reagenzien gegenüber wie reine Cellulose verhalten. Um schöne Krystalle zu erhalten, empfiehlt es sich, den Zellinhalt durch Behandlung mit 1—2proz. Kalilauge oder Javellescher Lauge und Waschen mit Wasser möglichst zu entfernen. Fette werden mit Äther extrahiert. Stärkereiche Objekte sind zu vermeiden.

In stark verholzten, cuticularisierten oder verkorkten Objekten versagen die vorstehend beschriebenen Reaktionen auf Cellulose mehr oder minder. Hier müssen die störenden Beimengungen zunächst durch Reagenzien, die auch zur quantitativen Bestimmung der Cellulose benutzt worden sind, wie Chlorwasser, Bromwasser und Alkalien, entfernt werden. An Stelle dieser auch die Cellulose selbst angreifender Chemikalien kann man nach van Wisselingh zweckmäßig heißes *Glycerin* verwenden. Durch kurzes Erhitzen in Glycerin in zugeschmolzenen Glasröhren auf 300° werden schöne, meist sehr reine, nicht zusammengezogene Celluloseskelete, die alle Farbenreaktionen der Cellulose einwandfrei geben, erhalten. Auch in den Fällen, wo die Cellulose noch mit anderen Zellwandbestandteilen oder deren Zersetzungsprodukten vermischt zurückbleibt, ist sie doch so weit gereinigt, daß sie sich sofort in Kupferamminlösung auflöst. Schmidt und Duysen (19) empfehlen zur Entfernung der Inkrusten die Präparate, 24 Stunden in eine Chlordioxydessigsäurelösung in einer Glasstöpselflasche einzulegen. Die Chlordioxydlösung wird durch Auflösung des aus 40 g $KClO_3$ (vgl. S. 14) entwickelten ClO_2 in 750 cm³ 50proz. Essigsäure, wobei als Vorlage eine braune, mit Eiskochsalz gekühlte Flasche benutzt wird, gewonnen; sie ist dann annähernd 1,3 n (ca. 17,5 g ClO_2 im Liter).

5. Röntgenographische Identifizierung von Cellulose nach MARK und MEYER (14).

Die längliche Gestalt der Cellulosemicelle hat zur Folge, daß diese sich in mäßig gequollenem Gelzustande durch Strömung oder Zug sehr weitgehend orientieren lassen. Diese leichte Orientierbarkeit ermöglicht, ein gegebenes Präparat röntgenographisch als Cellulose zu identifizieren. Aus den üblichen „Pulverdiagrammen", die solche Präparate bei DEBYE-SCHERRER-Aufnahmen liefern, läßt sich zwar ohne besondere Präzisionsaufnahmen nichts Sicheres schließen. Viel schärfer ist folgende Prüfung: Das Präparat wird acetyliert oder nitriert, in Aceton oder Aceton-Alkohol gelöst, aus der Lösung ein Film gegossen, der Film gedehnt, der gedehnte Film verseift und röntgenographisch untersucht. Falls Cellulose oder ihr Ester vorliegt, wird auf diese Weise stets ein sehr gut orientiertes Faserdiagramm der nativen oder mercerisierten Cellulose erhalten, das so charakteristisch ist, daß eine Verwechslung mit anderen Substanzen ausgeschlossen erscheint.

f) Quantitative Bestimmung der Cellulose.

1. In Abwesenheit anderer organischer Stoffe.

In Abwesenheit anderer organischer Stoffe kann Cellulose in fester Form oder in Lösung durch Naßverbrennung mit Chromsäure zu CO_2 und H_2O quantitativ bestimmt werden, wobei entweder das verbrauchte Oxydationsmittel titrimetrisch oder die entwickelte CO_2 gasvolumetrisch gemessen wird. Mikromethode vgl. CHALMERS (6a).

α) *Titrimetrische Bestimmung nach* BIRTWELL *und* RIDGE (3).

Naßverbrennungen. Zirka 0,04 g Cellulose wird mit 20 cm³ Wasser, 10 cm³ 1 n $K_2Cr_2O_7$-Lösung und 10 cm³ konzentrierter H_2SO_4 1 Stunde am Rückflußkühler gekocht, mit Wasser verdünnt und mit $^1/_{10}$ n Ferroammonsulfatlösung titriert. 1 cm³ 1 n $K_2Cr_2O_7 = 0,00675$ g $C_5H_{10}O_5$.

Analyse von Celluloselösungen im Kupferammin. In einen ERLENMEYER-Kolben mit Stopfen werden 10 cm³ Lösung eingewogen, der größte Teil des Ammoniaks weggekocht, ein kleiner Überschuß von 2 n H_2SO_4 zugegeben, zur Entfernung der salpetrigen Säure wieder gekocht und 20 cm³ 1 n $K_2Cr_2O_7$ und 10 cm³ konzentrierte H_2SO_4 zugesetzt. Am Rückflußkühler $^1/_2$ Stunde kochen, abkühlen, auf 100 cm³ verdünnen und aliquote Teile der Lösung wie oben titrieren.

β) *Gasvolumetrische Bestimmung nach* BERL *und* INNES, *modifiziert von* BIRTWELL *und* RIDGE (3).

Die Bestimmung wird in dem nebenstehend abgebildeten Apparat ausgeführt. Dieser besteht aus einem 50-cm³-Kolben mit langem Hals, der fast in seiner ganzen Länge mit einem Kühler umgeben ist und am unteren Ende einen angeschmolzenen graduierten Tropftrichter trägt. Der Kolben wird durch einen Kautschukstopfen und eine an den Zweiwegehahn der Bürette angeschmolzene Capillare mit einer BUNTE-Bürette verbunden. Eine genau eingewogene Menge Cellulose (bis 0,1 g) wird in den Verbrennungskolben gebracht und mit der Bürette derart verbunden, daß das Ende der Capillare gerade mit dem Rand des Kautschukstopfens zusammenfällt. Dann wird durch den unteren Hahn der Bürette auf 15 mm Hg evakuiert, der Hahn geschlossen und mit einem Niveaurohr verbunden; darauf wird der Hahn nochmals vorsichtig geöffnet, um einige Tropfen Quecksilber zum Abschluß des unteren Endes der Bürette einzulassen, und wieder geschlossen. Aus dem Trichter 7 cm³ sirupöse Phosphorsäure einlassen, wobei etwas Säure über dem Trichterhahn bleiben soll, einige Minuten zur Auflösung der Cellulose mittels Mikrobrenner erhitzen, etwas abkühlen lassen und dann 6 cm³ gesättigte Chromsäurelösung, zuerst tropfenweise, zugeben, wobei wieder etwas über dem Trichterhahn bleiben soll. Nach Aufhören der Gasentwicklung 10—20 Minuten über dem Mikrobrenner gelinde kochen und während der ganzen Operation mit rasch fließendem Wasser kühlen. Das Erhitzen unterbrechen, den Trichter mit Wasser von 70—80⁰ füllen, den Kühlermantel entleeren und das heiße Wasser vorsichtig in den Kolben einlassen, bis es fast bis an den Kautschukstopfen heranreicht. Der Zweiwegehahn der Bürette wird jetzt geschlossen, der Hahn des Tropftrichters wieder geöffnet und durch vorsichtiges Drehen des Bürettenhahns Capillare und Hahnbohrung vor Trennung der Verbindung zwischen Bürette und Kolben mit Wasser gefüllt. Dann wird Kommunikation zwischen Bürette und Niveaurohr hergestellt und nach Erreichung konstanter Temperatur und Einstellung auf Atmosphärendruck das Volumen des Inhalts abgelesen. Dann werden einige Kubikzentimeter 40proz. NaOH eingesaugt, die Bürette geschüttelt und wieder das Volumen des Inhalts bei konstanter Temperatur und konstantem Druck abgelesen. Die Differenz zwischen beiden Ablesungen gibt die vorhandene CO_2-Menge und nach Umrechnung auf Normalbedingungen die Menge der verbrannten Cellulose.

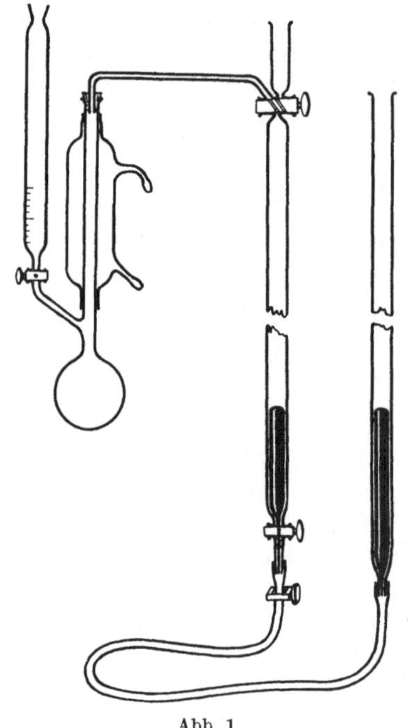

Abb. 1.

2. In Pflanzenmaterialien.

Sämtliche zur Bestimmung der Cellulose in pflanzlichen Materialien vorgeschlagenen Methoden laufen darauf hinaus, die Begleitstoffe der Cellulose durch Hydrolyse, Oxydation oder anderweitige chemische Umsetzung zu entfernen und den Rückstand zu wägen. Sämtlichen Methoden haftet der Mangel an, daß einerseits die Nichtcellulosestoffe, insbesondere Lignin und schwer hydrolysierbare Pentosane und Hexosane, nicht vollständig entfernt werden, andererseits die Cellulose unter Oxy- oder Hydrocellulosebildung mehr oder minder stark angegriffen wird. Anschließend können von den zahlreichen Vorschlägen nur die bekanntesten und relativ am besten bewährten Erwähnung finden.

α) *Cellulosebestimmung mit Chlor nach* Cross *und* Bevan (1895).

Die Methode beruht darauf, daß Lignin durch Chlor chloriert wird und das in Wasser unlösliche Chlorlignin von der Faseroberfläche durch Natriumsulfit abgelöst wird.

Nach der *ursprünglichen Vorschrift* von Cross und Bevan wird die Substanz zunächst $^1/_2$ Stunde mit 1proz. NaOH gekocht, dann gewaschen und feucht $^1/_2$—1 Stunde mit Chlorgas behandelt. Dann wird zur Entfernung der entstandenen Salzsäure 1—2mal mit Wasser ausgewaschen, mit 2proz. Natriumsulfitlösung übergossen, langsam zum Sieden erhitzt, 0,2 % des Volumens an NaOH zugegeben und weitere 5 Minuten auf Siedetemperatur gehalten. Mit heißem Wasser auswaschen, mit 0,1 proz. $KMnO_4$-Lösung bleichen, das ausgeschiedene MnO_2 mit SO_2 entfernen, gut auswaschen, trocknen und wägen.

Der bei dem Verfahren von CROSS und BEVAN erhaltene Rückstand ist nicht pentosanfrei und enthält Oxycellulose. Der Pentosangehalt muß bestimmt und von dem Resultat in Abzug gebracht werden.

Im Laufe der Zeit sind verschiedene *Abänderungsvorschläge* des ursprünglichen Verfahrens gemacht worden. Unter Zusammenfassung der von verschiedenen anderen Autoren eingeführten Verbesserungen gibt BRAY (5) folgende Vorschrift, bei der die Hydrolyse der Cellulose durch die gebildete Salzsäure durch Wasserkühlung verringert, die Oxydation durch Behandlung des gewaschenen chlorierten Rückstandes mit verdünnter SO_2-Lösung sofort nach der Chlorierung auf ein Minimum herabgedrückt, die Chlorierung durch Hindurchdrücken des Chlors unter schwachem hydrostatischen Druck beschleunigt und durch gleichmäßige Durchfeuchtung des Materials gleichmäßiger gestaltet wird.

Zirka 2 g lufttrockene Sägespäne werden so gemahlen, daß sie ein 60-Maschen-Sieb passieren und durch ein 80-Maschen-Sieb zurückgehalten werden, mittels Wägegläschen in einen gewogenen Alundumtiegel eingewogen und $2^1/_2$ Stunden bei 105° getrocknet, wobei der Tiegel während des Trocknens neben das Wägeglas gestellt wird. Nach dem Trocknen wird der Tiegel wieder in das verschlossene Wägeglas gestellt, im

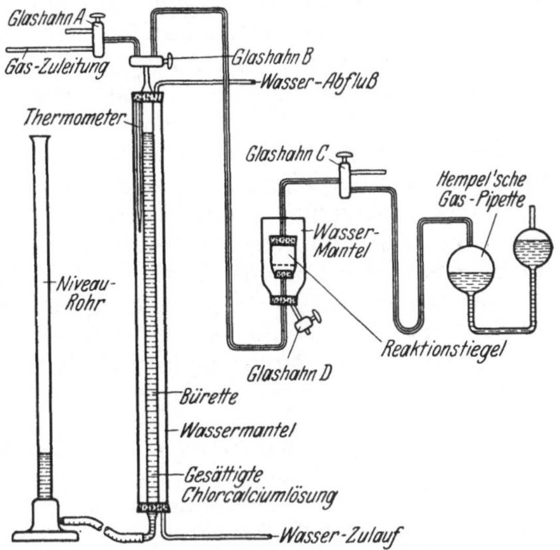

Abb. 2. Apparat zur Cellulosebestimmung mit Chlor nach BRAY.

Schwefelsäureexsiccator abgekühlt und gewogen. Der Tiegel mit Inhalt wird dann im Soxhlet 3—4 Stunden mit Benzolalkohol (2 : 1) extrahiert, abgesaugt, gründlich an der Saugpumpe mit heißem Wasser gewaschen, die feuchte Masse in einen Jenaer Glasfiltertiegel (35 cm³, Nr. 3, Porengröße 5—7) überführt und erst von unten, dann einige Minuten von oben zur Entfernung des Wassers von der gefritteten Glasplatte gesaugt. Der Tiegel wird dann in den nebenstehend abgebildeten Chlorierungsapparat gestellt, der gleichzeitig die Messung der bei der Chlorierung verbrauchten Chlormenge gestattet, und eine gemessene Menge Chlorgas aus der Bürette so schnell wie möglich durch das Material in die HEMPEL-Bürette geleitet. Bei der ersten Chlorierung verbrauchen 2 g Holz bei Zimmertemperatur und Atmosphärendruck ca. 250 cm³ Chlorgas. Nach der ersten ca. 3—4 Minuten dauernden Chlorierung wird das im System verbliebene Gas in die Gasbürette zurückgesaugt und das Volumen gemessen. Der Tiegel wird dann aus dem Apparat entfernt, mit kaltem Wasser gewaschen, wobei das Filtrat für spätere Titration der Salzsäure benutzt wird, und dann nacheinander mit je 50 cm³ 3 proz. SO_2-Lösung, kaltem Wasser und frisch hergestellter 2 proz. Natriumsulfitlösung gewaschen.

Die Probe wird dann in ein 250-cm³-Becherglas überführt und mit 100 cm³ 2proz. Natriumsulfitlösung behandelt. Das Material kann auch in dem Tiegel mit Natriumsulfitlösung gekocht werden (Sieber, Dore). Die letzten am Boden des Tiegels haftenden Reste werden durch Einsaugen von 10-cm³-Portionen von Natriumsulfitlösung durch den Tiegelboden entfernt. Das Becherglas wird sodann 30 Minuten in ein siedendes Wasserbad gestellt.

Die Substanz wird wieder in den Glastiegel überführt, mit ca. 250 cm³ Wasser gewaschen und das Verfahren wiederholt, bis die Fasern gleichmäßig weiß erscheinen und bei Zusatz von Natriumsulfitlösung nur noch eine ganz schwache Rosafärbung zeigen. Die zweite und folgende Chlorierung sollten jeweils nicht länger als 1—2 Minuten dauern.

Nach vollständiger Entfernung des Lignins werden die Fasern mit ca. 500 cm³ heißem Wasser in den ursprünglichen Alundumtiegel zurückgewaschen (der gefrittete Glastiegel kann während des ganzen Verfahrens statt des Alundumtiegels benutzt werden) (Porosität 98) und gelegentlich mit einem spitzen Glasstab umgerührt; dann wird mit 50 cm³ 95proz. Alkohol und schließlich mit 50 cm³ Äther gewaschen. Bei 105° 2¹/₂ Stunden oder bis zur Gewichtskonstanz trocknen, im Exsiccator abkühlen und wägen.

Bei *Stroh* lassen sich nach Heuser und Haug (1918) die Reaktionsprodukte der Chlorierung des Lignins nur schwer mit Natriumsulfit herauslösen, und die letzten Reste des Lignins widerstehen der Chlorierung hartnäckig. Diese Schwierigkeiten werden jedoch behoben, wenn man die Natriumsulfitlösung durch 1proz. NaOH ersetzt; die Cellulose selbst ist gegen 1proz. NaOH wenig empfindlich, wenn sie nicht zu lange damit in Berührung bleibt.

Nach der Chlorierung gewinnt man eine sog. Cross-Rohfaser, in der man Asche, Protein und Pentosan (vgl. S. 33) bestimmt. Nach Abzug dieser drei erhält man den Wert für Cellulose.

β) *Mit Brom nach* Hugo Müller (1877).

Von der entharzten Substanz werden 2 g in einer Stöpselflasche mit 100 cm³ Wasser übergossen und mit 5—10 cm³ einer Bromlösung, die 4 cm³ Brom im Liter enthält, übergossen. Wenn das Brom verschwunden ist (umschütteln), wird wieder Brom zugegeben und diese Behandlung so lange fortgesetzt, bis die gelbe Farbe und der Bromgeruch 12—14 Stunden bestehen bleiben. Dann wird abfiltriert, mit Wasser gewaschen und mit verdünntem Ammoniak (4 cm³/l) auf dem Wasserbade bis fast zum Sieden erhitzt, bis kein Bromlignin mehr unter Braunfärbung in Lösung geht. Diese Behandlung wird so oft wiederholt, bis die Faser vollkommen weiß ist. Bei Holz muß z. B. die Behandlung mit Bromwasser und Ammoniak 9—12mal wiederholt werden, um das Lignin vollständig zu entfernen.

Das Verfahren von Müller hat den Vorteil, daß die Cellulose ziemlich geschont wird und daß der Rückstand ligninfrei ist. Er ist jedoch keine reine Cellulose, sondern enthält viel Pentosan und andere Hemicellulosen, außerdem etwas Oxycellulose.

γ) *Mit Kaliumchlorat und Salpetersäure nach* Schulze *und* Henneberg (1857, 1868).

Da aus Salpetersäure und $KClO_3$ ClO_2 entsteht, beruht dieses Aufschlußverfahren wahrscheinlich auf der Wirkung des ClO_2, da Salpetersäure der angewandten Konzentration allein die Inkrusten nur schwer angreift.

1 Teil Substanz wird mit 12 Teilen Salpetersäure (D. 1,10) und 0,8 Teilen $KClO_3$ in einer Stöpselflasche bei einer 15° nicht überschreitenden Temperatur digeriert, mit verdünntem Ammoniak (1 : 50) behandelt, abfiltriert, mit kaltem verdünnten Ammoniak und zuletzt mit Wasser gewaschen. — Die Cellulose wird bei diesem Verfahren relativ wenig angegriffen, und der Rückstand ist ligninfrei, enthält jedoch etwas Oxycellulose und gibt starke Pentosanreaktion.

Dem Verfahren von Schulze-Henneberg ähnlich ist dasjenige von Hoffmeister (1888), bei dem ein Gemisch von $KClO_3$ und HCl (D. 1,05) benutzt wird. Letzteres führt schon in 24 Stunden zu einer ligninfreien, aber stark angegriffenen und stark pentosanhaltigen Cellulose.

δ) *Durch Natriumbisulfitaufschluß nach* KLASON (12).

Das Verfahren beruht auf dem von der Sulfitzellstoffabrikation her bekannten Vorgang, daß sich SO_2 an Lignin unter Bildung von Lignosulfonsäure addiert, die bei geeigneter Temperatur und Azidität in Lösung geht.

Das Holz, maximal 10 g, wird in Stücken von Streichholzdicke und ca. 1 cm Länge in Druckflaschen von 150 cm^3 Inhalt gebracht und 100 cm^3 einer Kochsäure, die im Liter 80 g Natriumbisulfit und 200 cm^3 1-n-Salzsäure enthält, zugesetzt. Dann wird im Dampfschrank bei 98° so lange erhitzt, bis der Rückstand nicht mehr an Gewicht abnimmt, wobei die Kochsäure jeden vierten Tag erneuert wird.

Die Cellulose wird hierbei nicht angegriffen; der Rückstand ist ligninfrei, aber stark pentosanhaltig. Es ist jedoch nicht möglich, durch Abzug des anderweitig ermittelten Pentosangehaltes (vgl. S. 33) des Rückstandes zu exakten Werten für den Cellulosegehalt des Holzes zu gelangen, da außer den Pentosanen noch andere Polysaccharide der Cellulose beigemengt sind (HÄGGLUND und KLINGSTEDT).

ε) *Mit alkoholischer Salpetersäure nach* KÜRSCHNER *und* HOFFER (13).

1000 g des trockenen, in kleinen Drehspänen vorliegenden Holzes werden mit 25 cm^3 20 vol.-proz. alkoholischer HNO_3 in einem 200-cm^3-Kölbchen auf dem Wasserbad am Rückflußkühler zum kräftigen Sieden erhitzt, nach dem Absitzen die gelbe Lösung durch einen Glasfiltertiegel abgegossen und abgesaugt, der auf dem Tiegel verbliebene Rückstand in das Kölbchen zurückgespült und noch 1—2mal in derselben Weise behandelt.

Schließlich wird die reinweiße Cellulose mit destilliertem Wasser gut ausgewaschen und bei ganz allmählich ansteigenden Temperaturen bei 108° bis zur Gewichtskonstanz getrocknet. Die Cellulose ist wenig angegriffen, ligninfrei, enthalten aber noch ca. $^1/_4$ der ursprünglich vorhandenen Hemicellulose.

ζ) *Mit Chlordioxydnatriumsulfit nach* SCHMIDT, GEISLER, ARNDT und IHLOW (20).

Die Bestimmung erfolgt durch Behandlung des entharzten, fein gemahlenen und gesiebten Holzes usw. mit ClO_2-Lösung und Natriumsulfit in der auf S. 15 beschriebenen Weise unter Verwendung kleiner Druckflaschen. Der Aufschluß wird zweimal, zunächst mit 6proz., dann mit 0,2proz. ClO_2-Lösung ausgeführt. Durch Platin-GOOCH-Tiegel filtrieren, auswaschen, bei 0,5 mm Druck und 78° trocknen.

Der Rückstand ist nicht reine Cellulose, sondern das von SCHMIDT als „Skeletsubstanz" bezeichnete Gemisch von Cellulose und Hemicellulosen. Letztere können durch Behandlung des Rückstandes mit 5proz. NaOH (vgl. S. 19) entfernt werden.

g) Totalanalyse pflanzlicher Materialien nach SCHMIDT, HAAG und SPERLING.

SCHMIDT gibt für den Aufbau der Zellmembran folgendes Schema:

Zellmembran { Skeletsubstanz { Cellulose bzw. Chitin, vergesellschaftet mit schwer angreifbarer Hemicellulose und Pentosan

Inkrusten . . { Hexosane und Pentosane, gekuppelt mit dem von Chlordioxyd angreifbaren Membranbestandteil („Lignin").

Zur quantitativen Bestimmung der verschiedenen Zellmembranbestandteile werden an 10 g lufttrockener Substanz, die im verschlossenen Wägegläschen im Exsiccator über Chlorcalcium aufbewahrt wird, die nachstehenden Untersuchungen ausgeführt:

1. Zur Bestimmung des *Feuchtigkeits-* und *Aschegehalts* werden 0,2—0,5 g bei 78° über P_2O_5 bei 0,1—0,2 mm Druck bis zur Gewichtskonstanz getrocknet.

2. Die Menge der Skeletsubstanz wird durch abwechselnde Behandlung mit Chlordioxyd und Natriumsulfit in der auf S. 15 beschriebenen Weise gefunden.

3. Bestimmung der *Aldehydsäuren* an 1—3 g (vgl. S. 54).

4. *Pentosanbestimmung* an 0,3—0,5 g (vgl. S. 33).

5. In den hydrolysierten Polysacchariden der Inkrusten und der Skeletsubstanz wird die Galakturonsäure und die Glucuronsäure qualitativ, die Hexosen quantitativ durch Vergärung bestimmt (vgl. S. 43).

h) Isolierung von Cellulose aus Pflanzenmaterialien.

1. Gewinnung reiner Cellulose aus Baumwolle.

Chemisch reine und zugleich in ihren *physikalischen* und *kolloidchemischen* Eigenschaften möglichst wenig geschädigte Cellulose läßt sich nur aus solchen Pflanzenteilen gewinnen, die, wie die Samenhaare der Baumwolle, von vornherein ziemlich reine Cellulose enthalten. Bei weniger reinen Materialien läßt sich die vollständige Entfernung der Inkrusten, Lignin, Pektin, Hemicellulose usw. nur durch solche Reagenzien und unter solchen Bedingungen durchführen, die auch die Cellulose chemisch angreifen oder wenigstens ihre physikalischen und kolloidchemischen Eigenschaften verändern. Als Ausgangsprodukt für die Herstellung von Cellulosepräparaten für Vergleichszwecke, sog. „Standardcellulose", dient daher die Baumwolle, und zwar die von Samenhülle und Samenkern abgetrennte Rohbaumwolle. Diese enthält ca. 4—5% fett- und wachsartige Stoffe, ca. 1—2% Asche, ferner geringe Mengen Farbstoffe und stickstoffhaltiger Körper, die durch schonende Extraktions- und Bleichoperationen entfernt werden müssen. Als Kriterium für die chemische Reinheit des erhaltenen Präparats dienen folgende Konstanten: Asche- und Stickstoffgehalt; Cellulosezahl, Kupferzahl, Hydrolysenzahl; Furfurolwert; Drehungsvermögen in Kupferamminlösung (Hess und Ljubitsch [9]), zur Charakterisierung der kolloidchemischen Eigenschaften die Viscosität der Lösungen in Kupferammin (vgl. S. 25f.).

α) Herstellung von Standardcellulose nach Schwalbe-Robinoff (26).

Schalenfreie Rohbaumwolle, z. B. in Form von Kardenband, wird 4 Stunden mit einer Lösung von 10 g NaOH und 5 g Harz im Liter gekocht, mit einer siedend heißen Lösung von 1 g NaOH im Liter mehrere Male gespült und dann $1^1/_2$ Stunden in einer Natriumhypochloritlösung mit 0,2% Chlor gebleicht. Dann wird gespült, mit Bisulfit behandelt und wieder gespült. Wird vor der Kochung noch mit einem Fettlösungsmittel extrahiert, so wird eine Baumwollcellulose gewonnen, die nur noch ca. 0,08% Stickstoff, 0,04% Asche und kein Fett mehr enthält. Ohne Fettextraktion werden nur ca. 75% des vorhandenen Fettes entfernt.

β) Herstellung von Standardcellulose nach dem von der Abteilung für Cellulosechemie der amerikanischen chemischen Gesellschaft empfohlenen Verfahren (11).

Das Verfahren ist eine Modifikation des vorstehend beschriebenen, indem durch eine sorgfältig durchgebildete Apparatur und Behandlungsweise unter Vermeidung aller Umstände, die nach dem gegenwärtigen Stand der Kenntnisse die Cellulose schädigen können, sehr reine Präparate gewonnen werden.

100 g Wannamakers Clevelandrohbaumwolle (besonders zarte und kurzfaserige, auf der Musterfarm in St. Matthews S. C. gezüchtete Baumwolle), die mit der Hand von Samen und anderen sichtbaren Verunreinigungen befreit worden ist, wird 4 Stunden mit 3 l einer Lösung, die 30 g NaOH und 15 g aschearmes Kolophoniumharz enthält, gekocht. Die Baumwolle wird lose in einen zylindrischen Nickeldrahtnetzbehälter gebracht, die NaOH-Harzlösung in einem großen Pyrexbecherglase, das mit einem in der Mitte durchlochten

Uhrglase bedeckt ist, zum Sieden erhitzt und der Nickelkorb mittels einer durch das Loch geführten Kette schwebend in der Lösung eingehängt. Das andere Ende der Kette ist mit einem Antrieb verbunden, durch den der Nickelkorb dauernd auf und nieder bewegt werden kann, wobei die Lösung stets die Baumwolle bedecken muß. Auf diese Weise wird die Baumwolle weder der oxydierenden Wirkung der Atmosphäre noch der Gefahr einer Überhitzung durch Berührung mit dem Boden oder den Wänden des Kochgefäßes ausgesetzt.

Nach vierstündigem Kochen wird die braune alkalische Lösung durch heißes destilliertes Wasser verdrängt, bis das Waschwasser nur noch schwach alkalisch reagiert. Dann wird zur Entfernung der Hauptmenge des Harzes 15 Minuten mit weiteren 3000 cm³ NaOH-Lösung (5 g NaOH in 3000 cm³ ausgekochtem Wasser) gekocht und die Flüssigkeit durch heißes destilliertes Wasser verdrängt. Dann wird die Baumwolle nochmals 10 Minuten mit 3000 cm³ siedender NaOH-Lösung, die 3 g NaOH enthält, behandelt und die Lauge wieder durch Wasser verdrängt. Während des ganzen Vorganges darf die Cellulose nicht mit Luft in Berührung kommen. Um Oberflächenveränderungen zu vermeiden, wird die Baumwolle aus dem Nickeldrahtkorb in ein großes Becherglas mit kaltem Wasser gestürzt und darin auf 18—20⁰ abkühlen gelassen. Die Cellulose wird darauf abtropfen gelassen, durch Einbringen in 3000 cm³ einer Natriumhypochloritlösung mit 0,1 % freiem Chlor, die sich in einem großen Glasgefäß befindet, bei 20⁰ in zerstreutem Licht 1 Stunde gebleicht und auf einem BÜCHNER-Trichter mit destilliertem Wasser 10 Minuten gewaschen. Die Operation wird dreimal wiederholt. Beim letzten Ausspülen wird tropfenweise eine gesättigte Natriumbisulfitlösung zugesetzt, bis Jodstärkepapier nicht mehr gebläut wird. Dann wird auf einem BÜCHNER-Trichter wieder mit destilliertem Wasser gewaschen und die Baumwolle durch Einschlagen in ein leinenes Tuch, das mit Filterpapier von guter Qualität umgeben ist, Ausdrücken mit der Hand und mehrtägiges Liegenlassen in einem Zimmer mit reiner Luft getrocknet. Die so gewonnene Cellulose enthält sehr geringe Mengen Fett, die gegebenenfalls durch Benzol-Alkoholextraktion entfernt werden können.

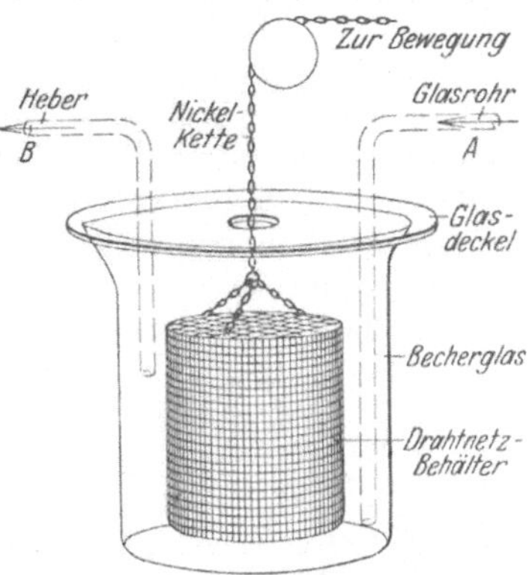

Abb. 3. Apparat zur Herstellung von Standardcellulose.

Herstellung der Natriumhypochloritlösung: 480 g reine NaOH werden in 8 l luftfreiem Wasser gelöst und in zerstreutem Licht langsam Chlor aus der Bombe bis zur Neutralität gegen Phenolphthalein eingeleitet, wobei die Temperatur der Lösung auf 0—20⁰ gehalten wird.

Nach CORREY und GREY (6) ist es besser, die Bleiche wegzulassen, so daß sich das Verfahren folgendermaßen gestaltet: 100 g mit Alkohol und Äther extrahierte Baumwolle werden in dem Nickeldrahtnetzkorb mit 3000 cm³ 1 proz. NaOH (ausgekochtes Wasser) 6 Stunden gekocht, wobei aus einer höher gestellten Flasche an den Boden des Becherglases allmählich 3000 cm³ frische, heiße 1 proz. NaOH zufließen, während die alte Lösung oben durch ein Überlaufrohr abfließt. Dann wird die NaOH-Lösung durch ausgekochtes destilliertes Wasser verdrängt, gewaschen und getrocknet. Durch zweistündige Behandlung vor dem Trocknen mit 1 proz. Essigsäure und Auswaschen mit dreimal gewechseltem destillierten Wasser wird ohne sonstige Schädigung der Aschegehalt auf einen sehr geringen Wert herabgesetzt (6).

2. Isolierung der Cellulose aus inkrustierten Geweben.

α) *Mit Chlor nach* CROSS *und* BEVAN (1895) (vgl. auch S. 8).

Das aufzuschließende Pflanzenmaterial wird in 500-cm³-Stöpselflaschen in ca. 100 cm³ Wasser suspendiert und so lange gesättigtes Chlorwasser in Portionen von 5—10 cm³ zugesetzt, bis nach 24 Stunden nichts mehr aufgenommen wird. Dann wird abfiltriert, mit Wasser gewaschen, mit 2 proz. Natriumsulfitlösung 1 Stunde auf dem siedenden Wasserbade erhitzt, abfiltriert und mit siedendem Wasser gewaschen. Die Behandlung mit Chlor und Sulfit wird so oft wiederholt, bis beim Erwärmen mit der Sulfitlösung keine Färbung mehr auftritt. Das Verfahren muß je nach der Art des vorliegenden Materials unter Umständen etwas abgeändert werden. Bei Stroh ist z. B. das Natriumsulfit durch NaOH zu ersetzen (Heuser und Haug); bei Holz ist es zweckmäßig, der siedenden Sulfitlösung zum Schluß verdünntes Alkali hinzuzufügen (Dean und Tower [1907]), damit noch 5 Minuten zum Sieden zu erhitzen und schließlich mit 0,1 proz. Kaliumpermanganat oder Hypochloritlösung nachzubleichen, wobei das überschüssige Bleichmittel bzw. der Braunstein durch Nachbehandlung mit sehr verdünnter schwefliger Säure entfernt wird. Ein Angriff der Cellulose durch das Chlor unter Oxycellulosebildung findet nach Heuser erst dann statt, wenn alles Lignin umgesetzt ist; jedenfalls soll man Zahl und Dauer der Chlorierungen auf das unbedingt nötige Maß beschränken.

β) *Mit Chlordioxyd nach E. Schmidt.*

Verdünntes, wäßriges Chlordioxyd ruft eine tiefgreifende Veränderung der ungesättigten Anteile der Zellwand (Lignin) hervor, während es sich mit den kohlehydratartigen Anteilen nicht umsetzt. Bei den geringen Chlordioxydkonzentrationen, die angewandt werden müssen, um oxydative und hydrolytische Veränderungen der Polysaccharide selbst auszuschließen, wird aber das Lignin nicht vollständig aus der Zellwand entfernt, sondern auf der Faser bleiben in

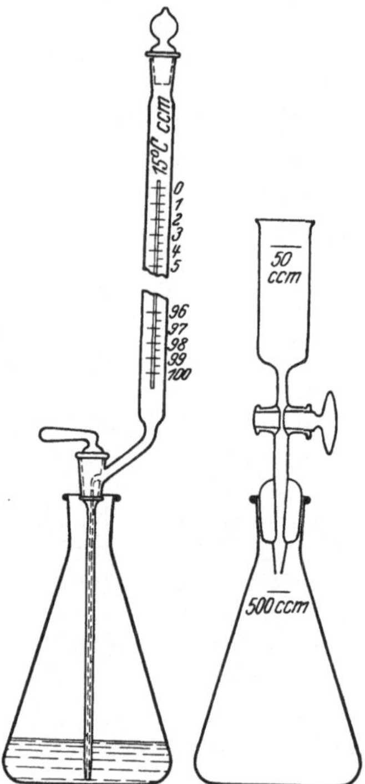

Wasser unlösliche Oxydationsprodukte des Lignins zurück. Diese lassen sich entweder durch Salzbildung (Behandlung mit alkalisch reagierenden Salzen) oder durch Umsetzung mit schwefliger Säure ($NaHSO_3$-Lösung), Phenolen oder Pyridin entfernen. Der Chlordioxydaufschluß verholzter Zellmembranen umfaßt daher die folgenden Operationen:

1. Einwirkung von Chlordioxyd.

2. Nachbehandlung mit a) alkalisch reagierenden Salzen oder b) schwefliger Säure oder c) Phenolen, Pyridin oder anderen geeigneten organischen Verbindungen.

3. Auswaschen und Wiederholung der Behandlung bis zur Ligninfreiheit.

Herstellung der Chlordioxydlösung nach E. Schmidt und Graumann (21). In einem 1,5-l-Rundkolben werden 240 g Kaliumchlorat und 200 g krystalline Oxalsäure mit einer abgekühlten Lösung von 120 cm³ konzentrierter Schwefelsäure in 400 cm³ Wasser übergossen und unter Ausschluß des direkten Tageslichtes auf ca. 60° erhitzt. Das entstehende Chlordioxyd wird nach dem Waschen mit wenig Wasser in 4—5 l Wasser, das sich in einer braunen, mit Eis gekühlten Flasche befindet, aufgefangen. Nach ca. 5 Stunden ist die Entwicklung von Chlordioxyd beendet. Es resultiert eine Lösung mit ca. 2 % ClO_2.

Zur Bestimmung des Chlordioxydgehaltes wird zweckmäßig die nebenstehend abgebildete Apparatur (Abb. 4) benutzt. Zur Aufnahme der Chlordioxydlösung dient eine Bürette von 100 cm³ Inhalt mit eingeschliffenem Ventilstopfen und 17 cm langem Ausflußrohr, zum Titrieren ein 500 cm³ Jenaer Erlenmeyer-Kolben, der durch den eingeschliffenen Aufsatz fest verschließbar ist. Zur Titration wird die in der Vorratsflasche befindliche ClO_2-Lösung auf 7° abgekühlt, in die Bürette eingefüllt und diese mit dem Ventilstopfen verschlossen. Hierauf wird die Bürette ca. zehnmal umgekehrt und der Überdruck durch mehrfaches Öffnen des Ventils ausgeglichen. Nach Ablassen von 10 cm³ wird der Meniscus

Abb. 4.

eingestellt, das Auslaufrohr in den mit 100 cm³ Wasser beschickten ERLENMEYER-Kolben eingetaucht und die ClO_2-Lösung langsam eingelassen. Nach Entfernung der Bürette wird der Kolben mit dem Aufsatz verschlossen, dessen unter dem Hahn gelegener Teil vorher durch Ansaugen mit Wasser gefüllt worden ist. Dann wird das Titriergefäß, mit einem Bleiring beschwert, bis zum Kolbenhals in Eiswasser eingestellt, wobei das durch die Abkühlung entstehende Vakuum ein Einsaugen der zur Titration erforderlichen Reagenzien ohne Öffnung des Kolbens gestattet. Ohne Luft eintreten zu lassen, werden nacheinander eingeführt:

1. 3 cm³ 2 n Schwefelsäure,
2. 1,5 cm³ 2 n wäßrige Jodkaliumlösung,
3. 2—3 cm³ Wasser zum Nachspülen.

Nach Zusatz der Reagenzien kräftig schütteln und 5 Minuten bei Zimmertemperatur stehenlassen. Die zur Titration des Jods erforderliche Hauptmenge Natriumthiosulfatlösung aus der Bürette in den Aufsatzzylinder geben, in den gekühlten Kolben einsaugen und mit 3 cm³ Wasser nachspülen. Nach kräftigem Durchschütteln den Kolben kühlen und durch Einsaugen einiger Kubikzentimeter Wasser das noch vorhandene Vakuum aufheben. Nach dem Abnehmen des Aufsatzes mit Wasser gut abspülen und das überschüssige Jod bei offenem Gefäß unter Verwendung von Stärke als Indicator zurücktitrieren. Genauigkeit $\pm 2\%$.

Chlordioxydaufschluß der verholzten Zellmembran bei 50—60° nach SCHMIDT, JANDEBEUR und MEINEL (23). 1. Einwirkung von Chlordioxyd. Unvorbehandelte Sägespäne werden durch ein Messingdrahtsieb mit 169 Maschen je Quadratzentimeter gesiebt, 50—60 g des gesiebten Materials in einer braunen Pulverflasche mit 2—3 l einer 0,25proz. HCl-freien Chlordioxydlösung übergossen und unter häufigem Umschütteln ca. 36 Stunden bei Zimmertemperatur im Dunkeln aufbewahrt. Hierauf wird auf einem Koliertuch abgesaugt und nach dem Waschen mit Wasser in einer Porzellanschale mit 2 l destilliertem Wasser $^1/_2$ Stunde bei gewöhnlicher Temperatur an der Turbine gerührt. Absaugen und das Holz in eine geräumige Porzellanschale mit 1 l Wasser von 50—60° überführen. Diese Temperatur wird während der jetzt folgenden Nachbehandlung des Holzes auf dem Wasserbade eingehalten.

2. Nachbehandlung. *a) Mit alkalisch reagierenden Stoffen.* Zu dem auf dem Wasserbade befindlichen Gemisch wird so lange kubikzentimeterweise 30proz. *Natriumsulfitlösung* unter häufiger Kontrolle des p_H (Bromthymolblau) zugesetzt, bis sich der p_H der Lösung auf 6,8 eingestellt hat. Dabei werden 2 cm³ Reaktionslösung (faserfrei) $+$ 6 Tropfen Bromthymolblaulösung (0,1 g Bromthymolblau mit 3,2 cm³ 1/20 n NaOH angerieben und in 250 cm³ destilliertem Wasser gelöst) mit zwei Phosphatpufferlösungen von p_H 6,6 und 7,0, die ebenfalls mit Bromthymolblau versetzt worden sind, im WALPOLEschen Komparator unter Vorschaltung einer indicatorfreien Probe der gefärbten Reaktionsflüssigkeit vor die indicatorhaltigen Pufferlösungen verglichen und der Natriumsulfitzusatz als beendet betrachtet, wenn p_H der Reaktionslösung zwischen den p_H-Werten der beiden Pufferlösungen liegt.

Statt Natriumsulfit kann auch *Natriumcarbonat, sekundäres Natriumphosphat* oder *Kaliumxanthogenat* benutzt werden. Während bei Natriumsulfit die Reaktionslösungen nach Einstellung von p_H 6,8 nach kurzer Zeit saurer werden, nehmen in den mit Natriumcarbonat oder Kaliumxanthogenat eingestellten Lösungen die OH-Ionen zu, die die Skeletsubstanz schädigen.

b) Mit schwefliger Säure. An Stelle der freien Säure wird eine 4proz. Lösung von Natriumbisulfit verwandt. Einwirkungsdauer der Natriumbisulfitlösung jeweils 30 Minuten bei 50—60°.

c) Mit Resorcin. Zu dem mit ClO_2 behandelten und in 1 l Wasser von 50—60° befindlichen Holz werden unter Turbinieren aus einer Bürette 30 cm³ einer wäßrigen 4proz. Resorcinlösung auf einmal zugegeben und dann weiter Resorcinlösung zugefügt, bis in einer Probe der Reaktionsflüssigkeit Resorcin deutlich nachweisbar ist. Zum Nachweis von unverbrauchtem Resorcin werden 2 cm³ faserfreier Reaktionsflüssigkeit in Eiswasser gekühlt, mit 2 Tropfen einer 2,2proz. $FeCl_3$-Lösung aus einer Tropfflasche versetzt und mit 2 cm³ einer 0,12proz. wäßrigen Resorcinlösung verglichen, der unter denselben Bedingungen 2 Tropfen der $FeCl_3$-Lösung zugesetzt worden sind; die Färbungen mit $FeCl_3$ sind nur bei Tageslicht einwandfrei zu erkennen. Da die Umsetzung des Resorcins mit den oxydierten Zellwandanteilen gegen Ende langsam verläuft, so betrachtet man den Resorcinzusatz erst dann als beendet, wenn eine nach 3 Minuten der Reaktionsflüssigkeit erneut entnommene Probe mit $FeCl_3$ dieselbe Rotviolettfärbung wie die Vergleichslösung zeigt. Der Verbrauch von Resorcin hört erst dann auf, wenn zuvor keine Einwirkung von ClO_2 auf ungesättigte Zellwandbestandteile mehr erfolgt war, d. h. die Fasern frei von Lignin sind.

3. Auswaschen und erneute Einwirkung von Chlordioxyd. Nach beendigter Umsetzung mit alkalisch reagierenden Salzen oder Resorcin wird *sofort* abgesaugt, mit Wasser gewaschen und in einer Porzellanschale mit ca. 2 l destilliertem Wasser von 50—60⁰ $^1/_2$ Stunde auf dem Wasserbade turbiniert. Das so behandelte Material wird abgesaugt und die Einwirkung von ClO_2 mit anschließender Nachbehandlung so oft wiederholt, bis die Fasern sich durch den *Lagerversuch* (s. unter 5) als stabil gegen ClO_2 erweisen. Über die Zahl der erforderlichen Behandlungen und den Gesamtverbrauch an Salz bzw. Resorcin bei dem Aufschluß von 60 g ca. 80jährigem Buchenholz gibt folgende Tabelle Auskunft:

Nachbehandlung mit	Zahl der Behandlungen	Substanzverbrauch (Salz bzw. Resorcin)
Na-Sulfit	9	55—60 g kryst. Na-Sulfit
Na-Carbonat	10	20 g (kryst.)
K-Xanthogenat	8	150—160 g (Schuchardt)
Na-Bisulfit	12	
Resorcin	9	11,6 g

4. Trocknen der ligninfreien Skeletsubstanzen. Die ligninfreien Substanzen werden in 96proz. Alkohol (gereinigt durch mehrstündiges Sieden über wasserfreiem K_2CO_3 und Destillation) 12 Stunden bei Zimmertemperatur aufbewahrt, abgesaugt und nochmals in 96proz. Alkohol überführt. Hierauf wird die Substanz ca. 3 Stunden bei Zimmertemperatur unter Turbinieren gewässert, abgesaugt, zwischen Porzellanplatten ausgepreßt und im Vakuumexsiccator über reichlich Phosphorpentoxyd und Ätzkali unter mehrmaliger Erneuerung der Trockenmittel innerhalb 24 Stunden getrocknet. Die Präparate sind meist schwach gelblich gefärbt. Das mittels K-Xanthogenat dargestellte Präparat besitzt zuweilen eine (analytisch bedeutungslose) grünlichgelbe Farbe.

5. Prüfung auf Abwesenheit von ungesättigten Zellwandanteilen (Lignine). Zirka 1 g abgesaugte Substanz wird in 100 cm³ Wasser mit 3 cm³ 1/10 n Schwefelsäure ca. 12 Stunden bei gewöhnlicher Temperatur aufbewahrt, abgesaugt, ausgewaschen, in zwei Titriergefäße verteilt und mit je 100 cm³ destilliertem Wasser, 1 cm³ 1/10 n Schwefelsäure und 10 cm³ 1/10 n Chlordioxydlösung versetzt. Das mit K-Xanthogenat dargestellte Präparat muß vor der Behandlung mit schwefelsäurehaltigem Wasser zunächst in absolutem Alkohol aufbewahrt, abgesaugt und wieder in 96proz. Alkohol überführt werden. Nach 24 Stunden wird das verbrauchte ClO_2 durch Titration mit $Na_2S_2O_3$ nach Schmidt und Graumann (vgl. S. 22) bestimmt, wobei als angewandte ClO_2-Menge das arithmetische Mittel von zwei Titrationswerten, der eine vor, der andere nach dem Ansetzen des Lagerversuchs, gerechnet wird. Eine Differenz von mehr als —2 % läßt auf die Gegenwart von Inkrusten schließen.

Chlordioxydaufschluß nach dem „Einstufenverfahren" von SCHMIDT, TANG und JANDEBEUR (25). Statt wie bei dem vorstehend beschriebenen „Zweistufenverfahren" die Einwirkung von Chlordioxyd und die Entfernung der wasserunlöslichen Reaktionsprodukte in zwei aufeinanderfolgenden Operationen vorzunehmen, kann man auch das Chlordioxyd *gleichzeitig* mit solchen Verbindungen zur Einwirkung bringen, die in Gegenwart von Chlordioxyd beständig sind, die wasserunlöslichen Oxydationsprodukte der Zellwand in wasserlösliche Form überführen und das saure p_H des Reaktionsgemisches, das sich während der Umsetzung zwischen Chlordioxyd und den oxydierbaren Zellwandbestandteilen einstellt, nach dem Neutralpunkt hin verschieben. Diesen Anforderungen genügt z. B. *Pyridin in Gegenwart von Phosphatpuffer* mit $p_H = 6{,}8$.

Nach RUNKEL und LANGE (17a) gelingt es, durch Stufenbehandlung mit verdünnten NaOH- und NaOCl-Lösungen morphologisch intakte Skeletsubstanz zu erhalten.

1. Stufe. 100 g entrindetes Holz (Hackspäne) werden mit 375 cm³ 2proz. NaOH 6 Stunden auf 100 erhitzt und ausgewaschen.

2. Stufe. Zerfaserung in Kollergang oder Reibschale und Auswaschen (I).

3. Stufe. a) 100 g von I werden in 1900 cm³ 0,3proz. NaOH suspendiert und 2 Stunden langsam Chlor eingeleitet, bis 10 cm³ 17,2 cm³ 0,1 n NaOH verbrauchen und ausgewaschen (II).

b) 100 g von II werden mit einer Lösung von 2,85 g NaOH in 2280 cm³ Wasser 2 Stunden kalt extrahiert und ausgewaschen (III).

c) 100 g von III (absolut trocken gedacht) werden in 1600 cm³ 0,1proz. NaOH suspendiert und langsam 1 Stunde Chlor eingeleitet, bis die Lösung gegen Curcuma eben nicht mehr basisch reagiert, und ausgewaschen.

Bei Behandlung mit 0,2proz. NaOH verliert IV an Gewicht 0,6 Teile, bei anschließender Behandlung mit 5proz. NaCl-haltiger NaOH 11,5 Teile, entsprechend dem „leicht löslichen" und „schwer löslichen" Xylan von E. SCHMIDT.

3. Isolierung der Cellulose aus den durch den Chlordioxydaufschluß gewonnenen Skeletsubstanzen.

Die durch den Chlordioxydaufschluß ligninfrei erhaltenen Skeletsubstanzen (= „Glucoseanteil" der Zellwand im weiteren Sinne) setzen sich hauptsächlich aus folgenden Komponenten zusammen (SCHMIDT, JANDEBEUR und MEINEL [23]):

1. der Cellulose,
2. dem „schwerlöslichen" Xylan,
3. dem in 0,2proz. NaOH löslichen Teil, der aus dem „leichtlöslichen" Xylan und einer polymeren Carbonsäure besteht.

Durch erschöpfende *Extraktion mit 5proz. NaOH* werden die begleitenden Kohlehydrate entfernt und reine Cellulose gewonnen.

4. Totale präparative Zerlegung von Zellmembranen nach SCHMIDT, GEISLER, ARNDT und IHLOW (20).

Die Zerlegung der Zellmembran in die verschiedenen an ihrem Aufbau beteiligten Komponenten umfaßt die folgenden Operationen (vgl. das Schema auf S. 11):

α) *Die Aufspaltung der Zellmembran in „Inkrusten" und „Skeletsubstanz".*

In vier mit Patentbügel verschließbaren ³/₄-l-Weißbierflaschen, von denen jede 350 cm³ ca. 6proz. ClO₂-Lösung enthält, werden unter Eiskühlung je 25 g harzfreies, gemahlenes und gesiebtes Holz eingetragen, verschlossen, von Zeit zu Zeit geschüttelt und in diffusem Tageslicht aufbewahrt. Nach 72 Stunden wird auf einer Nutsche über ein Leinwandfilter abgesaugt, abgepreßt, in einer

Porzellanschale mit ca. 1 l Wasser zum Brei angerührt, 1 Stunde turbiniert, wieder abgesaugt und abgepreßt.

β) Darstellung des am Aufbau der Inkrusten beteiligten Polysaccharids und des von Chlordioxyd angreifbaren Membranbestandteils.

Darstellung des Polysaccharids. I. Die vorstehend erhaltenen vereinigten wäßrigen Lösungen des Chlordioxyds werden in einer geräumigen Porzellanschale 2 Stunden bei gewöhnlicher Temperatur turbiniert, filtriert und in Pergamentschläuchen gegen strömendes Leitungswasser mindestens 48 Stunden dialysiert, bis die Prüfung mit Silbernitratlösung und Lackmuspapier Chlor- und Säurefreiheit ergibt. In einem mindestens 3 l fassenden Claisen-Kolben bei einer Badtemperatur von 60° auf 100 cm³ einengen, in einer Porzellanschale mittels Föhn konzentrieren und schließlich im Vakuumexsiccator über Schwefelsäure und festem Ätzkali völlig eindunsten. Der feste, dunkel gefärbte Rückstand wird mit dem unter II erhaltenen vereinigt.

II. Das mit ClO_2 behandelte und gewaschene Holz wird in 1,5 l heiße 2 proz. Lösung von krystallisiertem Natriumsulfit, die sich in einer geräumigen Porzellanschale befindet, unter Turbinieren eingetragen und nach kurzer Zeit noch 10 g festes Natriumsulfit hinzugegeben. Dann wird 1 Stunde auf dem Wasserbad erwärmt, abgesaugt, etwas gewaschen, mit Wasser bei Wasserbadtemperatur wieder 1 Stunde turbiniert, abgesaugt und abgepreßt. Der mit den Waschwässern vereinigte Sulfitauszug wird filtriert, 72 Stunden wie oben dialysiert und in der oben beschriebenen Weise völlig eingedunstet. Der feste, dunkelbraune Rückstand wird mit Rückstand I vereinigt, 48 Stunden bei Zimmertemperatur in diffusem Licht mit 80 cm³ einer mindestens 6 proz. wäßrigen Chlordioxydlösung in einer Pulverflasche behandelt, das Chlordioxyd durch Turbinieren entfernt, mittels Föhn konzentriert und im Vakuumexsiccator über Schwefelsäure und festem Ätzkali getrocknet. Der feste, gelbliche Rückstand wird 2—3 mal je 2 Stunden am Rückflußkühler mit absolutem Alkohol extrahiert. Das so gewonnene Polysaccharidpräparat enthält dann noch 5—10 % Asche, die zweckmäßig durch Elektrodialyse entfernt werden.

Darstellung des von Chlordioxyd angegriffenen Membranbestandteils. Aus den vereinigten alkoholischen Lösungen, die den von ClO_2 angreifbaren Membranbestandteil enthalten, scheidet sich beim Abkühlen noch etwas Polysaccharid aus, das abfiltriert wird. Die alkoholische Lösung wird bei 60° eingeengt, mittels Föhn konzentriert, im Exsiccator in einer mit einem Uhrglase bedeckten Schale eingetrocknet und unter Petroläther zerrieben. Nach dem Abgießen des Petroläthers resultiert ein hellgelbes Pulver, das sich getrocknet in siedendem absoluten Alkohol bis auf einen geringen Rückstand an Polysaccharid löst, von dem man nach Abkühlen der alkoholischen Lösung in Eiswasser abfiltriert. Die alkoholische Lösung wird mittels Föhn konzentriert, im Vakuumexsiccator eingedunstet und der hygroskopische Rückstand unter Petroläther gekörnt.

Aus 300 g Buchenholz wurden in dieser Weise 105 g „Lignin" = 72 g Polysaccharid + 33 g durch Chlordioxyd angreifbare Membranbestandteile = 76 % der anderweitig bestimmten Ligninmenge erhalten.

γ) Darstellung der Skeletsubstanz.

Der bei dem vorstehend beschriebenen Aufschluß mit ClO_2-Natriumsulfit erhaltene Rückstand ist noch nicht inkrustenfrei. Um die Skeletsubstanz inkrustenfrei zu erhalten, muß der Rückstand nochmals 24 Stunden mit 0,2 proz. ClO_2-Lösung und dann mit 2 proz. Natriumsulfitlösung behandelt werden.

δ) *Zerlegung der „Skeletsubstanz" in den „leichtlöslichen Teil", in das „schwerlösliche" Xylan und in Cellulose.*

Die in der vorstehend beschriebenen Weise oder nach den späteren verbesserten Methoden (SCHMIDT, JANDEBEUR und MEINEL [23]; SCHMIDT, TANG und JANDEBEUR [25]) gewonnene Skeletsubstanz wird in der folgenden Weise aufgearbeitet:

Entfernung des in 0,2 proz. NaOH löslichen Teils nach SCHMIDT, MEINEL, NEVROS und JANDEBEUR (24). Aus 5 l 0,2 proz. NaOH wird durch $^{1}/_{2}$stündiges Einleiten von sauerstofffreiem Stickstoff der gelöste Sauerstoff möglichst verdrängt und in die Lauge, die sich in einer Pulverflasche befindet, 15—20 g im Exsiccator getrocknete Skeletsubstanz eingetragen. Das Reaktionsgemisch wird in der verschlossenen Flasche ca. 12 Stunden aufbewahrt, der Rückstand (Cellulose + schwerlösliches Xylan) auf einer weitporigen Glasnutsche abfiltriert und gut gewaschen. Die Substanz wird sodann in mehreren Litern Wasser aufgeschwemmt, einige Zeit stehengelassen und wieder abfiltriert. Diese Behandlung wird zweimal wiederholt, schließlich gründlich abgesaugt und mit Alkohol und Äther getrocknet.

Entfernung und Isolierung des „schwerlöslichen" Xylans nach SCHMIDT, ATTERER und SCHNEGG (18) und SCHMIDT, MEINEL, NEVROS und JANDEBEUR (24). Unter Benutzung einer Pulverflasche wird der in 250 cm³ 5 proz. NaOH, die 3 % NaCl enthält, gelöste Sauerstoff durch ca. einstündiges Einleiten von sauerstofffreiem Stickstoff bei Zimmertemperatur möglichst verdrängt, das bei A erhaltene Gemisch von Cellulose und „schwerlöslichem" Xylan eingetragen, nach weiteren 30 Minuten das Einleiten von Stickstoff unterbrochen und das Reaktionsgemisch in verschlossener Flasche 24 Stunden bei Zimmertemperatur aufbewahrt. Auf einer weitporigen Glasnutsche abfiltrieren, mit etwas Wasser nachwaschen, die gelb bis orangefarbene klare Lösung in einen Mischzylinder mit Glasstopfen überführen; nach Zusatz des doppelten Volumens von gewöhnlichem Alkohol wird das Xylan gefällt und zunächst ohne Vakuum über einer weitporigen Glasnutsche filtriert und mit gewöhnlichem Alkohol bis zur neutralen Reaktion des Filtrats gewaschen. Dann wird die Substanz mittels Porzellanspatels in eine Porzellanschale übergeführt, unter Alkohol fein verrieben und mit Eisessig bis zur sauren Reaktion gegen Lackmus versetzt. Nach ca. 12 Stunden in SOXHLET-Hülsen abfiltrieren und zur Entfernung der Hauptmenge der Essigsäure über Nacht in einem Becherglas mit Alkohol aufbewahren. Sodann wird im Soxhlet 16 Stunden mit Alkohol extrahiert, wobei außer den letzten Spuren von Essigsäure gelblich gefärbte, alkohollösliche Substanzen entfernt werden, und dann im Soxhlet der Alkohol durch Äther verdrängt. Das so gewonnene Xylan wird zunächst in bedeckter Schale über P_2O_5 bei gewöhnlicher Temperatur, zur Analyse bei 78⁰ im Hochvakuum bis zur Gewichtskonstanz getrocknet.

i) Prüfung und Charakterisierung von Cellulosepräparaten.

1. Qualitative Untersuchungen.

α) *Prüfung auf Lignin.*

Zur Erkennung der Verholzung dient insbesondere die Rotfärbung mit Phloroglucin-Salzsäure und die Gelbfärbung mit Anilinsulfat (26). Zur Herstellung der Phloroglucinlösung wird 1 g Phloroglucin in 50 cm³ Alkohol gelöst und unmittelbar vor dem Gebrauch 1 Vol. des Reagens mit dem halben Volumen konzentrierter HCl vermischt; zur Herstellung des Anilinreagens löst man 5 g Anilinsulfat in 50 cm³ Wasser und setzt 1 Tropfen Schwefelsäure hinzu.

— Von der Ligninreaktion mit wäßriger alkoholischer Phloroglucin-Salzsäure zu unterscheiden ist die Rotviolettfärbung mit alkoholischer Phloroglucin-Salzsäure, die die sog. *Primärlamelle* führenden Fasern geben (Lüdtke) und die wahrscheinlich auf der Anwesenheit von „Furoiden" (vgl. S. 31) beruht.

Über den *Nachweis von Pentosanen* vgl. S. 31.

β) *Nachweis von „Oxy- und Hydrocellulose".*

Die Bildung von „Oxy"- und „Hydrocellulose" bei der Isolierung von Cellulose aus Pflanzenmaterialien gibt sich häufig schon durch eine mechanische Schwächung der Fasern zu erkennen. Ein sicherer Nachweis dieser beiden Formen von veränderter Cellulose ist schwierig. Zwar färbt sich „Oxycellulose" mit basischen Farbstoffen, z. B. Methylenblau, tiefer an als Cellulose, aber lebhaftere Farbtöne können auch durch die Gegenwart von Inkrusten oder durch Hydratcellulose vorgetäuscht werden. Nach Mehta (16) färbt sich „Oxycellulose" zum Unterschied von „Hydrocellulose" mit Rutheniumrot. Eine qualitative Unterscheidung zwischen „Oxy-" und „Hydrocellulose" gelingt nach Schwalbe und Becker (26) in folgender Weise: Die Faserpräparate werden in destilliertem Wasser aufgeschwemmt, mit 1 Tropfen Methylorange versetzt und einige Kubikzentimeter konzentrierte Kochsalzlösung zugegeben; während bei Cellulose oder Hydrocellulose die Farbe der Lösung sich bei dem Kochsalzzusatz wenig oder gar nicht ändert, wird sie bei den „Oxycellulosen" weinrot (bei gewissen Oxycellulosen versagt die Reaktion). Die besten Anhaltspunkte für die Gegenwart von „Oxy-" und „Hydrocellulose" gibt die Bestimmung des Reduktionsvermögens der Präparate (Kupferzahl).

γ) Über den *Nachweis von mercerisierter Cellulose* vgl. S. 3.

2. Quantitative Untersuchungen.

α) *Bestimmung der Kupferzahl (Reduktionsvermögen).*

Als „Kupferzahl" von Cellulosepräparaten bezeichnet man die unter bestimmten Bedingungen aus alkalischer Kupferlösung durch 1 g Cellulose abgeschiedenen Milligramm Cu. Die Methode ist konventionell; je nach der Art der Kupferlösung, der apparativen Anordnung, der Einwirkungsdauer der Lösung u. a. werden verschiedene Werte erhalten. Die älteste Methode ist diejenige von Schwalbe (26), die mit Fehlingscher Lösung arbeitet. Eine Vereinfachung in apparativer Richtung stellt die Methode von Braidy (4) dar, bei der Ostsche Lösung benutzt wird. Als weitere Modifikationen sind dann in letzter Zeit die Methoden von Hägglund (8), der wieder Fehlingsche Lösung verwendet, aber die Kochzeit auf 3 Minuten herabsetzt, und von Wenzl (28), der das Seignettesalz durch Citronensäure + Soda (Luftsche Lösung) ersetzt, hinzugekommen. Vergleichende Prüfung dieser vier Methoden bei Zellstoffen durch die Faserstoffanalysenkommission des Vereins der Zellstoff- und Papierchemiker und Ingenieure ergab, daß die beste Übereinstimmung zwischen den Werten von verschiedenen Experimentatoren nach der neuen Methode von Hägglund und von Wenzl erhalten wird; hinsichtlich der Genauigkeit stand die Methode von Wenzl an erster Stelle, die auch die beste Übereinstimmung mit der alten Schwalbe-Methode lieferte. — Eine Modifikation der Schwalbe-Methode zur Bestimmung der Kupferzahl von *alkalilöslicher* Cellulose ist von Weltzien und Nakamura (27) angegeben worden.

Bestimmung der Kupferzahl nach Schwalbe (13). Die Bestimmung erfolgt in der nebenstehend abgebildeten Apparatur (Lieferant Erhardt & Metzger Nachf., Darmstadt).

2—3 g der lufttrockenen Substanz werden in dem 1500-cm³-Rundkolben mit 250 cm³ Wasser unter Rühren zum Sieden erhitzt und, sobald die Flüssigkeit mit der Cellulose siedet, durch den Tropftrichter bei geöffnetem Hahn auf einmal mit siedend heißer, in einem ERLEN-MEYER-Kölbchen erhitzter FEHLINGscher Lösung, bestehend aus 50 cm³ CuSO₄-Lösung (138,6 g Kupfersulfat „zur Analyse" in 2 l destilliertem Wasser gelöst und durch Leinenfilter filtriert) und 50 cm³ alkalischer Seignettesalzlösung (692 g Seignettesalz „zur Analyse" und 200 g NaOH, Alcohole depuratum MERCK, zu 2 l gelöst und durch Asbest filtriert) übergossen. Kölbchen und Tropftrichter werden mit 50 cm³ heißem destillierten Wasser nachgespült. Von dem Augenblick an, wo die Flüssigkeit im Kolben wieder siedet, kocht man unter Rühren genau 15 Minuten, entfernt den Brenner, stellt den Rührer ab und schiebt den heißen Kolben vom Kühler herunter. Kühler und Rührer werden mit der Spritzflasche in den Kolben hinein abgespült. Dann setzt man ca. 1 g suspendierte Kieselgur (Bereitung s. unten) zu, falls ein Durchgehen des Cu₂O durch das Filter zu befürchten ist (meist ist das Cu₂O gut filtrierbar, so daß sich der Zusatz von Kieselgur erübrigt), schüttelt den Kolben gut durch und saugt auf einem mit doppeltem Filter belegtem BÜCHNER-Trichter (7 cm) schnell ab, wobei jedoch das Cu₂O nicht trocken gesaugt werden darf. Dann wird mit heißem destillierten Wasser so lang gewaschen, bis sich die ablaufende Flüssigkeit bei Prüfung mit Ferrocyankalium als kupferfrei erweist. Anstatt wie bei der ursprünglichen Methode das abgeschiedene Kupfer elektrolytisch zu bestimmen, ermittelt man es zweckmäßig nach HÄGGLUND durch Titration. Das Cu₂O-haltige Fasermaterial wird auf dem Trichter, der auf eine reine Saugflasche aufgesetzt worden ist, mit 100 cm³ kalter schwefelsaurer Ferrisulfatlösung behandelt, bis alle schwarzblauen Flecken verschwunden sind, abgesaugt und mit kaltem destillierten Wasser nachgewaschen. Filtrat und Waschwässer werden in der Saugflasche mit 1/10 n KMnO₄-Lösung auf Rosa titriert. Die Ferrisulfatlösung, hergestellt durch Auflösung von 50 g Ferrisulfat und 200 g konzentrierter Schwefelsäure auf 1 l, darf Permanganatlösung nicht reduzieren, d. h. einige Tropfen 1/10 n KMnO₄-Lösung sollen einen sofortigen Farbenumschlag in Rosa hervorrufen; ist dies nicht der Fall, so wird KMnO₄ bis zum Eintritt des Farbenumschlages hinzugefügt. Zur *Reinigung der Kieselgur* wird die käufliche Terra silicea (MERCK) geglüht, mit FEHLINGscher Lösung 1 Stunde ausgekocht, auf großen Leinenfiltern filtriert, mit heißem destillierten Wasser digeriert und unter Zusatz von konzentrierter Salpetersäure längere Zeit gekocht. Nach dem Absaugen und Auswaschen soll alles Kupfer herausgelöst sein (Probe mit Ferrocyankalium). Mit konzentrierter Salzsäure kurz aufkochen, absaugen, auswaschen und die Kieselgur in Flaschen mit destilliertem Wasser (ca. 20 g im Liter) aufbewahren. Vor dem Gebrauch umschütteln und der betreffenden Lösung 50 cm³ = ca. 1 g zusetzen.

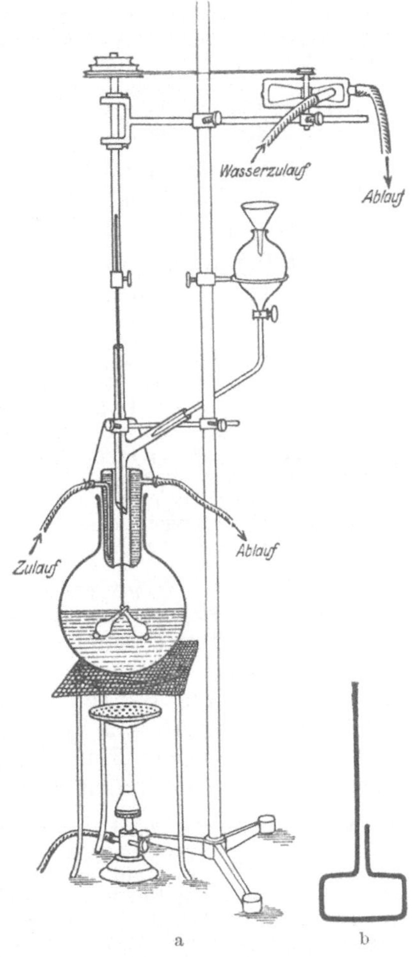

Abb. 5.
a Apparat zur Kupferzahlbestimmung nach SCHWALBE. b Rührform für den Kupferzahlapparat.

Bestimmung der Kupferzahl nach BRAIDY. Erforderliche Lösungen:

a) Reines krystallisiertes Kupfersulfat 100 g,
   Wasser zu 1 l,
b) Natriumcarbonat 50 g,
   krystallisiertes Natriumcarbonat 350 g,
   Wasser zu 1 l.

Methode. Unmittelbar vor dem Gebrauch werden 5 cm³ Lösung a) aus einer Bürette in 95 cm³ Lösung b) einfließen gelassen, das Gemisch zum Sieden erhitzt und über 2,5 g des zu untersuchenden Materials, das sich in einem nur wenig über 100 cm³ fassenden Erlenmeyer-Kolben befindet, gegossen. Mittels Glasstab die Fasern gleichmäßig in der Flüssigkeit verteilen, nach dem Entweichen aller Luftblasen den Kolben mit einem birnenförmigen Glaskolben verschließen und den Kolben tief in ein lebhaft siedendes Wasserbad mit konstantem Niveau eintauchen. Nach genau dreistündigem Erhitzen wird abgesaugt, die mit Cu_2O imprägnierte Fasermasse erst mit verdünnter Natriumcarbonatlösung, dann mit Wasser gewaschen und auf dem Filter durch Behandlung mit einer Eisenlösung (100 g Eisenalaun und 140 cm³ konzentrierter Schwefelsäure auf 1 l Wasser) gelöst, wofür im allgemeinen 2 Portionen von 15 bzw. 10 cm³ ausreichen; bei stark reduzierendem Material sind eventuell noch weitere 10 cm³ erforderlich. Die Fasern werden dann mit 2 n Schwefelsäure gewaschen und Filtrat + Waschflüssigkeit mit 1/25 n $KMnO_4$-Lösung titriert. 1 cm³ 1/25 n $KMnO_4$ = 2,5 mg Cu.

Ausführung der Braidy-Bestimmung als Halbmikromethode nach Heyes (10). Erforderliche Lösungen:

    I. 150 g Na_2CO und 50 g $NaHCO_3$ auf 1 l Wasser,

    II. 100 g krystallisiertes Cu-Sulfat auf 1 l Wasser,

    III. 40 g Ferrisulfat und 100 cm³ konzentrierte Schwefelsäure auf 1 l Wasser.

Zu 9,5 cm³ von Lösung I werden 0,5 cm³ Lösung II zugesetzt, rasch zum Sieden erhitzt, das Gemisch über 0,25 g in einem Reagensglas befindliche Cellulose gegossen und mit einer Glasbirne bedeckt genau 3 Stunden im siedenden Wasserbade erhitzt. Abkühlen, durch einen Jenaer Glastiegel mit Filtereinlage (Größe 3 < 7) filtrieren, das Reagensglas mit 1,5 und 1 cm³ Lösung II, dann 3—4 mal mit je 2 cm³ Wasser ausspülen, wobei die Flüssigkeiten zuerst ohne zu saugen auf die Fasern gegossen werden. Filtrat + Waschwässer mit 0,04 n $KMnO_4$ titrieren. Kontrollbestimmung mit 2,5 cm³ Lösung II und ebensoviel Wasser wie bei der eigentlichen Bestimmung. Es werden mit der Makromethode übereinstimmende Werke erhalten.

Zwischen den Kupferzahlen nach Schwalbe-Hägglund und nach Braidy besteht bei Zellstoffen ein ziemlich konstantes Verhältnis, das nach Bergquist 1 : 1,52, nach Wenzl und Köppe 1 : 1,3—1,5 beträgt.

Bestimmung der Kupferzahl nach Hägglund (8). Hägglund setzt in Anlehnung an die Bertrand-Methode der Zuckerbestimmung die Kochzeit auf 3 Minuten herab, um Veränderungen des Cellulosematerials unter der Einwirkung der kochenden Fehlingschen Lösung, die zu einer Erhöhung des Reduktionswertes führen könnten, auf ein Minimum zu beschränken.

Das lufttrockene Material (Zellstoff) wird geraspelt, durch ein grobmaschiges Sieb gesiebt, ca. 1 g abgewogen und in eine siedende Kupferlösung, die aus 20 cm³ einer Lösung von 62,5 g krystallisiertem Kupfersulfat in 1 und 20 cm³ einer Lösung von 200 g Seignettesalz + 150 g NaOH in 1 besteht, eingetragen. Das Kochen erfolgt zweckmäßig in einer Berliner Porzellanschale und dauert genau 3 Minuten. Nach Abkühlung wird durch einen kleinen Büchner-Trichter mit gehärtetem Filter (Schleicher & Schuell, Nr. 575) unter schwachem Saugen filtriert, mit warmem Wasser nachgewaschen, die Saugflasche gegen eine reine vertauscht, das Cu_2O mit Ferrisulfatlösung in kleinen Portionen von je 10 cm³, insgesamt ca. 30—40 cm³ gelöst, und mit 1/10 n KMnO titriert.

Methode von Wenzl (28). Wenzl verwendet, um unerwünschte Nebenreaktionen zu vermeiden, statt Fehlingscher Lösung „Luftsche" Lösung, bestehend aus 25 g krystallisiertem Kupfersulfat + 50 g Citronensäure + 144 g wasserfreies Natriumcarbonat auf 1 l (sämtliche Chemikalien analysenrein). Ausführung der Bestimmung:

2,5 g lufttrockener, geraspelter und durch Sieben über ein weitmaschiges Drahtsieb von Staub befreiter Zellstoff werden in einem Erlenmeyer-Kolben mit einer Mischung von 50 cm³ der Kupferlösung und 60 cm³ Wasser, die vorher zum Sieden erhitzt worden ist, übergossen und genau 20 Minuten am Rückflußkühler oder mit aufgesetztem längeren Steigrohr in gelindem Kochen erhalten, wobei man die Erhitzung mit sehr kleiner Flamme unter Abschirmung des Kolbens mit Asbestpappe oder im $CaCl_2$-Bade oder auf einer elektrischen Heizplatte vornimmt. Nach genau 20 Minuten auf BÜCHNER-Trichter oder Jenaer Glasfiltertiegel absaugen, heiß waschen und den Rückstand in üblicher Weise mit Ferrisulfatschwefelsäure behandeln.

Bestimmung der Kupferzahl alkalilöslicher Cellulose nach WELTZIEN und NAKAMURA (27). Das Verfahren beruht darauf, daß die alkalilösliche Cellulose durch Überführung in die unlösliche Kupferalkaliverbindung dem zersetzenden Einfluß der warmen NaOH entzogen wird, während die Verunreinigungen vom Kupfer angegriffen werden.

In einem 500 cm³ Jenaer Rundkolben (vgl. Abb. 6) werden 0,4 g Substanz unter Vermeidung von Erwärmung in 10 cm³ 3 n NaOH möglichst schnell gelöst (schütteln), 50 cm³ FEHLINGsche Lösung (s. weiter unten) zugesetzt und in der nebenstehend abgebildeten Anordnung ca. 15 Minuten bei Zimmertemperatur durchgerührt. Dann setzt man den Kolben in das auf 150⁰ vorgeheizte Glycerinbad, hält genau 5 Minuten auf Siedetemperatur (für 2 n NaOH 104⁰), kühlt dann sofort, spült in Zentrifugengläser, wobei das Kohlehydrat sowie Cuprisalz in Lösung gehen und zentrifugiert. Ungelöst bleibende Anteile $Cu(OH)_2$ und Kohlehydratreste lösen sich leicht durch Waschen des Niederschlages mit 10 cm³ alkalischer Seignettesalzlösung (FEHLING II). Schließlich wird mit Wasser gewaschen, das im Zentrifugenglas zurückbleibende Cu_2O in verdünnter Salpetersäure gelöst und elektrolytisch bestimmt. Man kann natürlich auch das Cu_2O im GOOCH-Tiegel sammeln.

Herstellung der FEHLINGschen Lösung. Eine Auflösung von 124,12 g Seignettesalz in möglichst wenig warmem Wasser wird mit einer gesättigten wäßrigen Lösung von 24,97 g Kupfersulfat (gelöst in ca. 130 cm³) versetzt und auf 500 cm³ aufgefüllt. 10 cm³ dieser Lösung werden mit so viel NaOH auf 50 cm³ aufgefüllt, daß die Alkalikonzentration 2 n ist.

β) Andere Methoden zur Bestimmung des Reduktionsvermögens.

Die Bestimmung der „Jodzahl" nach BERGMANN und MACHEMER (2). Als „Jodzahl" bezeichnen BERGMANN und MACHEMER die Anzahl Kubikzentimeter 1/10 n Jodlösung, die von 1 g Cellulosepräparat bei Behandlung mit Hypojodidlösung (vgl. die Zuckerbestimmung nach WILLSTÄTTER-SCHUDEL) verbraucht werden. Kritik der Methode vgl. HESS, DZIENGEL und MAASS (9 a).

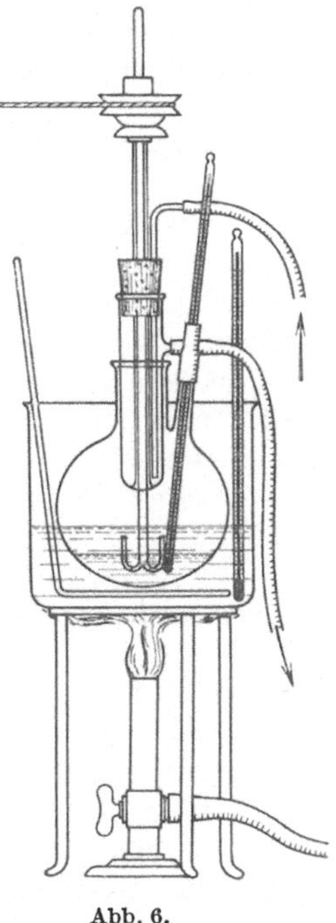

Abb. 6.

Die fein gepulverte, nötigenfalls entfettete, lufttrockene Substanz wird in einer Glaskugelmühle mit eingeschliffenem, in der Mitte mit einer Öffnung zum Titrieren versehenen Glasdeckel kurze Zeit bis zur gleichmäßigen Verteilung mit 200 cm³ 1/4 n NaOH vermahlen, 50 cm³ 1/10 n Jodlösung zugesetzt und nach 4 Stunden ohne Unterbrechung der Rotation das unverbrauchte Jod unter Zusatz von 10 cm³ Chloroform und 10 cm³ 5 n Schwefelsäure und am Schluß von 10 cm³ 2 proz. Lösung von löslicher Stärke mit Thiosulfat zurücktitriert.

Über die *Bestimmung der freien Carbonylgruppen mittels Phenylhydrazin* vgl. STAUD und GRAY (22).

γ) Die Bestimmung des Quellgrades (Reaktionsfähigkeit).

Die Bestimmung soll einen zahlenmäßigen Vergleich der Reaktionsfähigkeit von Cellulosepräparaten geben, die außer von der durch kleine Mengen von Fremdsubstanzen bedingten Benetzbarkeit von dem Quellungszustande der Cellulose, der Oberflächenbeschaffenheit, der Micellarstruktur und anderen noch wenig bekannten physikalischen und kolloidchemischen Faktoren abhängt.

Die Bestimmung der Cellulosezahl (26). Cellulose nimmt aus *kalter* Fehlingscher Lösung eine gewisse Menge Kupferlösung auf, die nach Schwalbe für ihren Quellgrad charakteristisch ist; als „Cellulosezahl" wird die von 100 g trockenen Materials festgehaltene Kupfermenge bezeichnet.

Zirka 2—3 g lufttrockene Substanz werden in 250 cm³ kaltes Wasser gebracht, 100 cm³ kalte Fehlingsche Lösung zugegeben, mit 50 cm³ kaltem Wasser nachgespült und unter öfterem Umschütteln ³/₄ Stunde bei Zimmertemperatur stehengelassen. Dann werden 50 cm³ Kieselgursuspension (vgl. S. 21) zugegeben, durch doppeltes Filter abgesaugt, mit ca. ¹/₂ l kaltem, und wenn die Hauptmenge der Fehlingschen Lösung weggewaschen ist, mit heißem destillierten Wasser nachgewaschen. Der gesamte Trichterinhalt wird in eine Porzellanschale gebracht, der Trichter mit 6,5 proz. Salpetersäure quantitativ in diese ausgespült und, sobald sich nach kurzem Stehen auf dem Wasserbade alles Kupfer gelöst hat, wird wieder durch den Büchner-Trichter mit einem Filter abgesaugt. Zur völligen Entfernung des im Rückstande verbliebenen Kupfersalzes wird dieser mit ziemlich konzentrierter warmer Ammoniaklösung digeriert. Nachdem man alles Ungelöste wiederum mit 6,5 proz. Salpetersäure und schließlich mit heißem destillierten Wasser nachgespült hat, darf sich bei Prüfung mit Ferrocyankalium kein Kupfer mehr nachweisen lassen. Das grüne bis gelbgrüne Filtrat wird dann in einer Porzellanschale zur Trockne gebracht, mit einem genau an die Schale anschließenden Glastrichter bedeckt und auf dem Sandbade abgeraucht. Das gebildete CuO wird in verdünnter Salpetersäure gelöst und der Kupfergehalt der Lösung durch Elektrolyse oder nach anderen geeigneten Methoden bestimmt.

Die Bestimmung der Hydrolysierzahl. Der Quellgrad kann nach Schwalbe (26) auch durch Bestimmung der „Hydrolysierzahl" angegeben werden, indem bei der sauren Hydrolyse in gegebener Zeit um so mehr reduzierende Stoffe entstehen, je höher der Quellgrad der Cellulose ist.

2—3 g lufttrockene Substanz werden in dem Rundkolben (Abb. 5) mit 250 cm³ 5 proz. Schwefelsäure übergossen, an das Rückflußrührwerk gesetzt und vom beginnenden Sieden an genau ¹/₄ Stunde unter anhaltendem Rühren im Sieden erhalten. Dann wird mit der entsprechenden Menge NaOH, 10 g in 25 cm³ gelöst, neutralisiert, 100 cm³ Fehlingsche Lösung wie bei der Kupferzahlbestimmung hinzugefügt und vom beginnenden Sieden an wieder genau ¹/₄ Stunde gekocht. Weiter wird wie bei der Kupferzahlbestimmung beschrieben verfahren. Der ermittelte Kupferwert wird als „Hydrolysierzahl", die Differenz aus „Kupferzahl" und „Hydrolysierzahl" als *„Hydrolysierdifferenz"* bezeichnet.

δ) *Bestimmung von α-, β- und γ-Cellulose.*

Nach einer von Cross und Bevan stammenden Bezeichnung wird der in 17—18 proz. NaOH unlösliche Teil eines Cellulosepräparats als α-Cellulose bezeichnet; der aus der alkalischen Lösung durch Ansäuern wieder abgeschiedene Teil wird β-Cellulose, der beim Neutralisieren in Lösung verbleibende Anteil γ-Cellulose genannt (vgl. S. 2).

Bestimmung der α-Cellulose. Zirka 10 g des eventuell zerzupften lufttrockenen Cellulosematerials werden in einem Mörser mit 50 cm³ einer 17,5 gewichtsproz. NaOH gleichmäßig verrieben, ¹/₂ Stunde stehengelassen, 50 cm³ destilliertes Wasser zugesetzt und auf der Nutsche durch ein Baumwoll- oder Leinenfilter abgesaugt. Der Rückstand wird 10—12 mal mit je 50 cm³ Wasser ausgewaschen, mit heißer verdünnter Essigsäure durchtränkt, nochmals mit heißem destillierten Wasser 6—8 mal gewaschen, getrocknet und gewogen. Durch Glühen und Wägen des Ascherückstandes ermittelt man den Wert für aschefreie Cellulose. Zur Umrechnung auf Trockensubstanz wird gleichzeitig eine Bestimmung des Wassergehaltes angesetzt. Geringe Temperaturschwankungen im Bereich der normalen Zimmertemperatur haben auf das Ergebnis nur geringen Einfluß.

Die Bestimmung der β-Cellulose. Das bei der Bestimmung der α-Cellulose gewonnene Filtrat wird mit den Waschwässern vereinigt, auf 1000 bzw. 2000 cm³ aufgefüllt und 100 bzw. 200 cm³ der Flüssigkeit mit 1/10 n Salzsäure oder besser Essigsäure bis zur deutlich sauren Reaktion versetzt, wobei sich die β-Cellulose in fein verteiltem Zustande abscheidet. Auf dem Wasserbade erhitzen, bis sich der Niederschlag klar abgesetzt hat, durch ein kleines Baumwollfilter oder einen GOOCH-Tiegel filtrieren, 6—8 mal mit heißem Wasser auswaschen, trocknen und wägen. Der Aschengehalt des Rückstandes wird bestimmt und vom Ergebnis in Abzug gebracht.

Die Bestimmung der Summe von β- und γ-Cellulose durch Oxydation. Das Filtrat von der α-Cellulosebestimmung wird mit Kaliumbichromat in schwefelsaurer Lösung behandelt und der Verbrauch an Oxydationsmittel titrimetrisch bestimmt, wobei man Kaliumferricyanid als äußeren Indicator benutzt. Erforderliche Lösungen:

1. 90 g Kaliumbichromat, analytisch rein, auf 1 l Wasser gelöst.

2. 159,9 g MOHRsches Salz, analysenrein, + 5 cm³ 10 proz. Schwefelsäure, auf 1 l Wasser gelöst. 50 cm³ dieser Lösung = 1 g Kaliumbichromat = 0,1375 g Cellulose.

3. 1 g Kaliumferricyanid in ca. 500 cm³ Wasser. Das Kaliumferricyanid muß vollkommen frei von Ferrocyankalium sein.

Von dem wie vorstehend bei der α-Cellulosebestimmung gewonnenen Filtrat werden 100 bzw. 200 cm³ mit 15 cm³ der Bichromatlösung und 10 cm³ konzentrierter Schwefelsäure zum Sieden erhitzt, ca. 4 Minuten gekocht, erkalten gelassen und mit der Ferroammonsulfatlösung zurücktitriert. Die Ferroammonsulfatlösung wird unmittelbar vorher gegen die Bichromatlösung eingestellt. Vgl. auch GIDSAKIS (8 a), JÄGER (11 a).

Die Bestimmung der γ-Cellulose durch Oxydation. Das Filtrat von der Bestimmung der β-Cellulose wird in genau derselben Weise wie oben beschrieben mit Bichromat oxydiert und mit Ferroammonsulfat zurücktitriert. Die Berechnung des γ-Cellulosegehaltes erfolgt wieder unter der Annahme, daß die oxydierte Substanz die Elementarzusammensetzung $C_6H_{10}O_5$ hat. Zieht man den Wert für γ-Cellulose von dem Wert für die Summe von β-Cellulose $+ \gamma$-Cellulose ab, so erhält man einen weiteren Wert für β-Cellulose. Übereinstimmung zwischen dem gravimetrisch und durch Oxydation ermittelten β-Cellulosegehalt ist schon deshalb nicht zu erwarten, weil die im letzteren Falle gemachte Annahme, daß die β- und γ-Cellulose die Elementarzusammensetzung der Cellulose besitzen, nicht zutrifft, sondern ein Gemisch von oxydierbaren Substanzen von verschiedenem Kohlenstoffgehalt vorliegt.

ε) *Bestimmung von Holzgummi, Pentosan-, Lignin- und Pektingehalt* (vgl. S. 59, 33).

ζ) *Charakterisierung von Cellulosepräparaten mit Hilfe des Drehungsvermögens in Kupferamminlösung nach* HESS *und* LJUBITSCH (9).

Eine exakte Methode zur Beurteilung der Reinheit von Cellulosepräparaten ist die Untersuchung ihrer Drehungswerte in Kupferamminlösung, die in einer gesetzmäßigen Abhängigkeit von der Kupfer- und Cellulosekonzentration stehen und auf Verunreinigungen sehr empfindlich reagieren, z. B. bei Gegenwart von Hydrolysenprodukten sinken, bei Gegenwart von Pektinstoffen wesentlich höher sein können. Bei vollkommener Vermeidung von Luftzutritt während der Auflösung, Filtration, eventuell Füllung der Rohre — klare Lösungen und Messung in genügend langen Rohren (1—5 oder 10 cm) vorausgesetzt — läßt sich bei reiner Cellulose eine Übereinstimmung der Drehwertskurven von weniger als 1 % erzielen. Abweichungen der Drehwerte eines unbekannten Präparates von dem Drehwert für reine Cellulose läßt mit Sicherheit auf die Anwesenheit von Verunreinigungen schließen. Eine Übereinstimmung mit den Drehwerten reiner Cellulose ist dagegen noch kein absolut einwandfreier Beweis für die Reinheit des untersuchten Präparates, da sich der Einfluß vorhandener Verunreinigungen auf den Drehwert zufällig gerade kompensieren kann; der Beweis wird erst dann zwingend, wenn der Drehwert bei fortgesetzter Reinigung konstant bleibt.

Ausführung der Drehwertsmessungen. *Hauptlösung.* In einem 500-cm³-Meßkolben werden 3,9515 g Cellulosepräparat (enthaltend 1 mg-Mol $C_6H_{10}O_5$ in 0,1756 g) sowie 1,9870 g $Cu(OH)_2$ eingewogen, entsprechend 4,5 mg-Mol $C_6H_{10}O_5$ und 3,94 mg-Mol Cu in 100 cm³.

Nach dem Verdrängen der Luft durch Wasserstoff werden ca. 50 cm³ einer Vorratslösung unter Luftabschluß zugegeben, die in 100 cm³ 1000 mg-Mol Ammoniak und 20 mg-Mol NaOH enthält. Nachdem unter Schütteln Durchquellung eingetreten ist, wird mit der Vorratslösung aufgefüllt. Nach der Filtration in der nebenstehend abgebildeten Apparatur (Abb. 7) wird das spezifische Gewicht der Lösung bestimmt; $s = 0,945$.

Zur Kontrolle wird der Kupfergehalt nochmals bestimmt. Dafür werden 25 cm³ der Lösung mit 25proz. Schwefelsäure in einem 100-cm³-Meßkolben angesäuert, nach dem Abkühlen mit

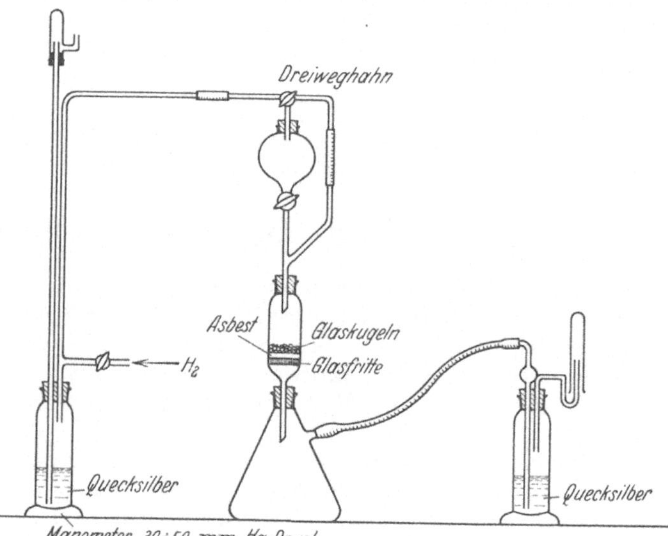

Abb. 7.

Wasser aufgefüllt, die ausgeschiedene Cellulose durch ein Faltenfilter abfiltriert und in der Lösung das Kupfer elektrolytisch bestimmt; dabei wurde die Kupferkonzentration zu 3,94 mg-Mol gefunden.

Aus der Hauptlösung werden die folgenden 4 Lösungen hergestellt:

Lösung a (150 cm³) soll auf 100 cm³ 4,5 mg-Mol $C_6H_{10}O_5$ und 4 mg-Mol Cu enthalten. Die fehlenden 0,06 mg-Mol Cu werden daher durch Zugabe von 0,0091 g $Cu(OH)_2$ ergänzt. War der Kupfergehalt der Hauptlösung niedriger, so wird jetzt entsprechend mehr Kupfer zugesetzt.

Lösung b (200 cm³) soll auf 100 cm³ 4 mg-Mol $C_6H_{10}O_5$ und 3,5 mg-Mol Cu enthalten. Dafür werden 167,80 g der Hauptlösung (177,77 cm³) in 200-cm³-Meßkolben eingewogen und mit der Vorratslösung aufgefüllt.

Lösung c (200 cm³) soll auf 100 cm³ 4 mg-Mol CfH₁₀Of und 13,5 mg-Mol Cu enthalten. Dafür werden 167,80 g der Hauptlösung in 200-cm³-Meßkolben eingewogen, 2,0180 g $Cu(OH)_2$ zugewogen und mit der Vorratslösung aufgefüllt. Nach Lösung des Kupferhydroxyds bleiben mitunter Teilchen ungelöst, die in der oben abgebildeten Apparatur abfiltriert werden. Der Kupfergehalt muß dann nochmals kontrolliert und eventuell ergänzt werden.

Lösung d (150 cm³) soll auf 100 cm³ 4 mg-Mol Cu enthalten; dafür werden 0,6054 g $Cu(OH)_2$ in 150 cm³ der Vorratslösung gelöst.

Zur Herstellung der Lösungen, deren Drehwert bestimmt werden soll, werden die Lösungen a, b, c, d in folgenden Verhältnissen gemischt:

Für Lösungen mit konstantem Kupfergehalt:

Nr.	Lösung a cm³	Lösung d cm³	mg-Mol Cu	mg-Mol $C_6H_{10}O_5$
1	10	40	4,00	0,90
2	10	15	4,00	1,80
3	15	10	4,00	2,70
4	35	15	4,00	3,15
5	20	5	4,00	3,60
6	45	5	4,00	4,05
7	25	0	4,00	4,50

Für Lösungen mit konstantem Cellulosegehalt:

Nr.	Lösung b cm³	Lösung c cm³	mg-Mol Cu	mg-Mol $C_6H_{10}O_5$
8	25	0	3,50	4,00
9	47,5	2,5	4,00	4,00
10	45	5	4,50	4,00
11	20	5	5,50	4,00
12	17,5	7,5	6,50	4,00
13	15	10	7,50	4,00
14	10	15	9,50	4,00
15	15	35	10,50	4,00
16	10	40	11,50	4,00
17	0	25	13,50	4,00

Die Messungen werden im 10-cm-Rohr gemacht und die Drehwerte auf 5 cm umgerechnet. Zur Beurteilung der Reinheit eines Cellulosepräparates wird es häufig genügen, nur einen einzigen Drehwert zu bestimmen, wofür zweckmäßig eine Konzentration von 4 mg-Mol $C_6H_{10}O_5$, 10 mg-Mol $Cu(OH)_2$, 1000 mg-Mol NH_3 und 20 mg-Mol NaOH in 100 cm³ gewählt wird. Der Drehwert für reine Cellulose ist dann bei $18^0 = -3,45^0$ (1=5 cm).

Herstellung des Kupferhydroxyds. In eine Lösung von 286,5 g krystallisiertem Kupfersulfat (eisenfrei!) in 688 cm³ Wasser werden bei 90⁰ (die Temperatur ist genau innezuhalten) eine 90⁰ heiße Lösung von 98,5 g Soda in 522 cm³ Wasser langsam unter starkem Rühren so eingetragen, daß immer nur schwaches Aufschäumen erfolgt. Nach 6—8maligem Dekantieren mit destilliertem Wasser (je 15—20fache Menge) werden 220 cm³ 16,3proz. NaOH unter Rühren zugegeben, zehnmal bis zur völligen Alkalifreiheit mit reichlichen Mengen destilliertem Wasser dekantiert und getrocknet.

η) Kolloidchemische Charakterisierung durch die Viscosität in Kupferamminlösung (2).

Herstellung der Kupferlösung. Saubere Kupferspäne werden in eine Glasröhre von ca. 66 cm Länge und 10—15 cm Durchmesser gefüllt und starkes Ammoniakwasser (26—28 % NH_3), das 10 g Rohrzucker im Liter enthält, zugegossen, bis die Röhre fast voll ist. Dann wird einige Stunden Luft durchgeblasen, wobei man die Röhre mit Eis kühlt. Wenn die Kupferkonzentration nach der Rohanalyse größer als 3 % ist, wird die Lösung auf Kupfer und Ammoniak analysiert. Zur Rohanalyse versetzt man 0,5 cm³ der Kupferlösung mit 50 cm³ Ammoniakwasser und vergleicht die Farbe mit einer Standardlösung derselben Art. Die Kupferlösung wird dann durch Zufügung von Wasser, das 10 g Rohrzucker je Liter und die berechnete Ammoniakmenge enthält, auf die Standardkonzentration gebracht und die Lösung dunkel und kühl aufbewahrt. Sie ist dann 1 Monat lang haltbar. Die Bestimmung des Kupfergehaltes erfolgt elektrolytisch oder durch Wägung als CuO. Zur Bestimmung des NH_3 wird einer gemessenen Menge der Lösung starkes Alkali zugesetzt, in vorgelegte Normalsäure destilliert und mit Normalalkali zurücktitriert. Die Standardkonzentration beträgt 30 ± 2 g Kupfer, 165 ± 2 g NH_3 und 10 g Rohrzucker im Liter.

Herstellung der Celluloselösung. Die Menge der aufzulösenden Cellulose richtet sich nach deren Viscosität. Das nachstehend beschriebene Kugelfallviscosimeter liefert für Viscositäten zwischen 100 und 10000 Centipoise[1] die besten Werte. Für gewöhnliche Baumwolle nimmt man zweckmäßig 2,5 g je 100 cm³ Lösung. Verwendet man andere Mengen, so müssen die erhaltenen Werte nach dem Joynerschen Gesetz:

$$\log \eta = \Theta\, C$$

(η = Verhältnis der Viscositäten von Lösung und Lösungsmittel, C = Konzentration der Cellulose, Θ = von der Natur der Cellulose abhängige Konstante) auf Lösungen mit 2,5 g Cellulose umgerechnet werden. Da dieses Gesetz jedoch ungenau ist, empfiehlt es sich, nach Möglichkeit stets dieselbe Konzentration zu benutzen. Man verwendet die Cellulose lufttrocken bei einer Luftfeuchtigkeit von 35—60 %; bei höherer Raumfeuchtigkeit werden die Proben in einem Behälter, der auf 50 % Feuchtigkeit gehalten werden kann, aufbewahrt.

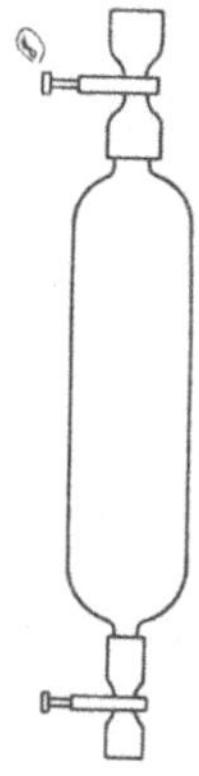

Abb. 8.

Die Auflösung der Cellulose erfolgt in dem nebenstehend (Abb. 8) abgebildeten Lösungskolben von ca. 80 cm Länge und 4 cm Durchmesser mit zylinderförmig ausgezogenen Enden, eines von 2 cm Länge und 1,3 cm lichtem Durchmesser, das andere von 2 cm Länge und 0,6 cm lichtem Durchmesser. Die Baumwolle wird in den Kolben B (Abb. 9) gefüllt. Stücke starkwandiger Gummihülsen werden über die Enden gestülpt und fest mit Draht umwickelt. Das Ende a ist mit Klammern versehen, während das andere Ende an das Vakuum und den Füllapparat angeschlossen wird, indem die Gummihülse über die Öffnung b geschoben wird. Durch die Handhabung der Hähne c und d wird der Fallkolben evakuiert und dreimal oder öfter Wasserstoff durchgeblasen, der durch Leiten durch eine mit Platinasbest gefüllte, erhitzte Röhre gereinigt worden ist. Nach nochmaligem Evakuieren läßt man 100 cm³ Kupferlösung in den Kolben B ein. Ein leichter Druck wird dadurch erreicht, daß man die Hähne c und d öffnet. Die Gummihülse b wird hierauf zugequetscht, der Kolben vom Apparat entfernt, an einem Rad mit ca. 10 Umdrehungen je Minute befestigt und bis zur Auflösung der Cellulose geschüttelt. Hahn c muß besonders gut eingeschliffen sein, da die Lösung durch Fett hindurchdringen kann. Statt Wasserstoff kann auch sorgfältig von Sauerstoff befreiter Stickstoff benutzt werden.

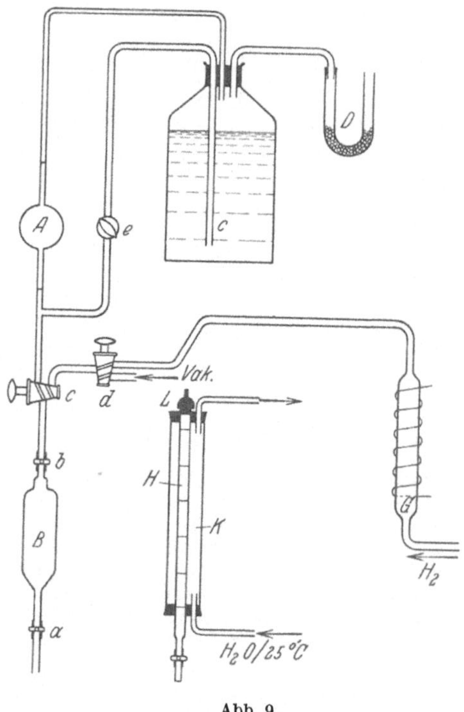

Abb. 9.

Fallkugelviscosimeter. Das Kugelfallviscosimeter besteht aus einer Röhre von 30 cm Länge und 1,4 ± 0,05 cm Innendurchmesser und einem Außendurchmesser, dessen Weite am unteren

---

[1] „Poise" = absolute Einheit der Viscosität (g cm—¹ sec—¹).

Ende von 4 cm auf 1 cm abnimmt. Die Röhre ist von 5 zu 5 cm eingeteilt und von einer weiteren, als Wassermantel dienenden Röhre umgeben, durch die Wasser von $25 \pm 0{,}1^{\circ}$ gepumpt wird. Zwei 200-Watt-Lampen, die an der Rückseite des Meßrohres angebracht sind, und an jeder Seite der Röhre montierte Pappdeckel mit Schlitzen, die so geschnitten sind, daß sie das Licht nur durch die blaue Lösung selbst scheinen lassen, erleichtern das Ablesen bedeutend; ein blaues Farbenfilter leistet auch gute Dienste. Das Licht soll nur für wenige Sekunden, solange die Kugel beobachtet wird, eingeschaltet werden. Die benutzten Kugeln sind Glaskugeln von $3{,}175 \pm 0{,}05$ mm Durchmesser und so kugelförmig wie möglich; spez. Gew. 2,4—2,6. Die Kugeln werden in dem Viscosimeter mit Öl bekannter Viscosität geeicht und die Konstanten nach der Gleichung:

$$\eta = K/t \; (D - d)$$

berechnet, wobei $\eta =$ Viscosität des Öls, $d =$ Dichte des Öls, $D =$ Dichte der Kugel und t die Zeit ist, die die Kugel in dem Öl bis zur Mitte der Röhre ($= 15$ cm) braucht. Die durch sorgfältige Messung ausgewählte Kugel wird gewogen, und man wählt dann die anderen Kugeln so, daß ihr Gewicht demjenigen der ersten Kugel fast gleich ist; sie können dann alle kalibriert und nur die ausgesucht werden, die innerhalb der Fehlergrenzen dieselbe Konstante besitzen, wodurch eine besondere Konstante für jede Kugel vermieden wird.

Messung der Viscosität der Celluloselösung im Kugelfallviscosimeter. Das Kugelfallviscosimeter wird gefüllt durch Verbindung des Lösungskolbens mit dem unteren Ende der Viscosimeterröhre mittels eines U-Rohres und durch einen auf den Kolben gesetzten Luftdruck. Die Glaskugeln werden durch eine kleine Mittelröhre L, die etwas unter die Oberfläche der Flüssigkeit reicht, eingebracht. Die Achse des Fallrohres muß senkrecht stehen. Von den für 15 cm erhaltenen Fallzeiten wird das Mittel gebildet und mit der bei der Eichung der Kugeln erhaltenen Konstante und mit der Differenz der Dichte zwischen Kugel und Lösung multipliziert.

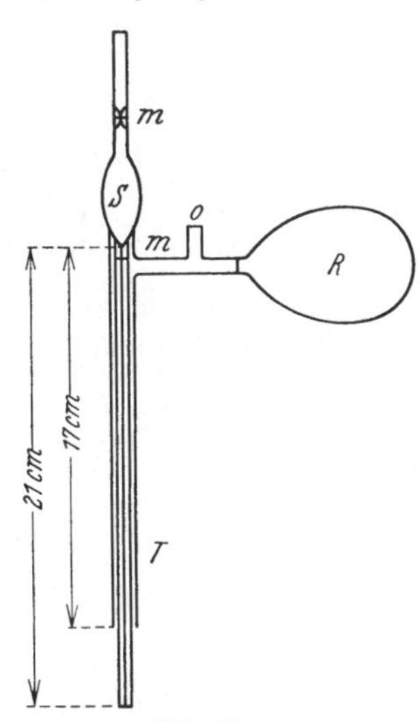

Abb. 10.

Capillarviscosimeter. Für Lösungen mit sehr niedriger Viscosität wird das in Abb. 10 dargestellte Capillarviscosimeter benutzt. Das Rohr ist durch die am oberen Ende des Lösungskolbens befindliche Gummihülse bis zum unteren Ende der Außenröhre T hindurchgeschoben und steht in direkter Verbindung mit dem Flüssigkeitsniveau. Durch Druck auf den Gummiball R, wobei der Daumen über die Öffnung O gehalten wird, kann die Lösung in dem Kolben S hochsteigen. Die Zeit, in der die Flüssigkeit von m zu m' fällt, ist das Maß der Viscosität. Es wird mit derselben Formel umgerechnet, die bei der Bestimmung des Rohres verwandt wurde. Das Ende von T ist mit Einkerbungen versehen, um einen Seitenspielraum zu vermeiden und einen Bruch an den Verbindungsstellen mit dem Kolben zu verhindern.

Berechnung des Rohres. Man bestimmt die Ausflußzeit eines Öls bekannter Viscosität und findet die Konstante K durch die Formel:

$$\eta = K d t \quad (\eta = \text{Viscosität}, \; d = \text{Dichte des Öls und } t = \text{Ausflußzeit}).$$

Beim Gebrauch des Rohres werden die Kolben mit der Celluloselösung 1 Stunde in einen Thermostaten von 25° gebracht und mit Klammern so gehalten, daß die Hälse herausragen.

Genauigkeit. Parallelbestimmungen sollen auf $\pm 1\%$ übereinstimmen.

Literatur.

(*1*) Abteilung für Cellulosechemie der amer. chem. Ges. Papierfabr. **28**, 8 (1930). — (*2*) Bergmann u. Machemer: Ber. Dtsch. Chem. Ges. **63**, 2304 (1930). — (*3*) Birtwell u. Ridge: Journ. Text. Inst. **19**, T. 341 (1928). — (*4*) Braidy: Rev. gén. des Matières colorantes etc. **25**, 35 (1921); vgl. Clibbens u. Geake: Journ. Text. Inst. **15**, T. 27 (1924). — (*5*) Bray: Journ. Ind. and Engin. Chem., Anal. Edition **1**, 40 (1929). — (*5a*) Bruère: Compt. rend. **191**, 792 (1930).

(*6a*) Chalmers: Journ. Ind. and Engin. Chem. Anal. Edition **4**, 1, 143 (1932). — (*6*) Correy u. Gray: Journ. Ind. and Engin. Chem. **16**, 853, 1130 (1924).

(*7*) Dischendorfer: Ztschr. f. wiss. Mikroskopie **39**, 97 (1922).

(*8a*) Gidsakis: Silk Journ. **7**, Nr. 75, 42 (1930).

(*8*) Hägglund: Cellulosechemie **11**, 1 (1930). — (*9*) Hess u. Ljubitsch: Ann. der Chemie **466**, 1 (1928). — (*9a*) Hess, Dziengel u. Mass: Ber. Dtsch. Chem. Ges. **63**, 1922 (1930). — (*10*) Heyes: Journ. Soc. Chem. Ind. **47**, T. 90 (1930).

(*11a*) Jäger: Chem. Ztg. **56**, 570 (1932). — (*11*) Journ. Ind. and Engin. Chem. **15**, 748 (1923).

(*12*) Klason, Ref. Hägglund: Holzchemie, S. 60. Leipzig 1928. — (*13*) Kürschner u. Hoffer: Techn. u. Chem. d. Zellstoff- u. Papierfabr. **26**, 125, Beil. zu Wchbl. f. Papierfabr. **60** (1929).

(*13a*) Lüdtke: Biochem. Ztschr. **233**, 1 (1931); Cellulosechemie **12**, 307 (1931).

(*14*) Mark u. Meyer: Ztschr. f. physik. Chem. B **2**, 115 (1929). — (*15*) Cellulosechemie **9**, 61 (1928); **11**, 91 (1930). — (*16*) Mehta: Biochem. Journ. **19**, 979 (1925). — (*17*) Molisch: Mikrochemie der Pflanze, 2. Aufl. Jena 1921.

(*17a*) Runkel u. Lange: Cellulosechemie **12**, 185 (1931).

(*18*) Schmidt, Atterer u. Schnegg: Cellulosechemie **10**, 126 (1929). — (*19*) Schmidt u. Duysen: Ber. Dtsch. Chem. Ges. **54**, 3241 (1921). — (*20*) Schmidt, Geisler, Arndt u. Ihlow: Ebenda **56**, 23 (1923). — (*21*) Schmidt u. Graumann: Ebenda **54**, 1861 (1921). — (*23*) Schmidt, Jandebeur u. Meinel: Cellulosechemie **11**, 73 (1930). — (*24*) Schmidt, Meinel, Nevros u. Jandebeur: Cellulosechemie **11**, 49 (1930). — (*25*) Schmidt, Tang u. Jandebeur: Naturwissenschaften **18**, 734 (1930); Cellulosechemie **12**, 201 (1931). — (*26*) Schwalbe u. Sieber: Die chemische Betriebskontrolle in der Zellstoff- und Papier-industrie, 2. Aufl. Berlin 1922. — (*26a*) Staud u. Gray: Journ. Ind. and Engin. Chem., Anal. Edition **1**, 80 (1929).

(*27*) Weltzien u. Nakamura: Ann. der Chemie **440**, 300 (1924). — (*28*) Wenzl: Techn. u. Chem. d. Zellstoff- u. Papierfabr. **26**, 109, Beil. zu Wchbl. f. Papierfabr. **60** (1929). — (*29*) Van Wisselingh in K. Linsbauer: Handbuch der Pflanzenanatomie **3**, 2.

B. Hemicellulosen.

Von Hans Pringsheim, Berlin und Deodata Krüger, Berlin-Dahlem.

a) Allgemeines.

Als „Hemicellulosen" bezeichnete zuerst Schulze (1890) die Bestandteile der Zellmembran, die leichter als Cellulose angreifbar sind; Schulze ging jedoch bereits über diese allgemeine Charakterisierung hinaus und faßte unter dem Begriff „Hemicellulose" diejenigen polymeren Kohlehydrate zusammen, die wie Cellulose bei der Totalhydrolyse nur einfache Zucker, Xylose, Arabinose, Galaktose usw. liefern, also die Pentosane, Hexosane usw. Beide Definitionen decken sich nicht, da es auch schwer hydrolisierbare Hemicellulosen, z. B. Pento-sane und Mannane gibt. Die zweite Definition verdient als die exaktere den Vorzug, und je nach der Art des am Aufbau des polymeren Kohlehydrates be-teiligten Zuckers ergibt sich dann folgende Einteilung:

A. Pentosane: Xylan, Araban, Araboxylan.

B. Methylpentosane: Rhamnosane, Fucosane.

C. Hexosanpentosane: Galaktoaraban, Glucoaraban, Galaktoxylan, Gluco-xylan.

D. Hexosane: Glucane, Fructane, Mannane, Galaktane, Galaktomannane, Fructomannane und eventuell weitere Hexosane, an deren Aufbau sich zwei verschiedene Hexosane beteiligen.

Ein großer Teil der in der Literatur beschriebenen Hemicellulosen ist ganz ungenügend charakterisiert. Dies gilt insbesondere von den Hemicellulosen, an deren Aufbau zwei verschiedene Zucker beteiligt sind, da bei den betreffenden Präparaten durch die Art der Darstellung und Reinigung nicht gewährleistet ist, daß es sich tatsächlich um „gemischte" polymere Kohlehydrate und nicht um Gemische verschiedener einfacher Pentosane oder Hexosane handelt. Es hat sich ferner gezeigt, daß nicht alle Hemicellulosen, die bei der Totalhydrolyse ausschließlich einen bestimmten Zucker liefern, z. B. alle ausschließlich Xylose gebenden Hemicellulosen, auch in den wesentlichen chemischen Eigenschaften übereinstimmen; man muß daher annehmen, daß ebenso verschiedene Xylane, Mannane usw. existieren, wie es verschiedene ausschließlich Glucose liefernde polymere Kohlehydrate (Stärke, Cellulose, Lichenin) gibt.

Gegen diese ausschließlich aus Zuckeranhydriden aufgebauten Hemicellulosen nicht scharf abgegrenzt sind bisher die in pflanzlichen Zellmembranen ebenfalls weit verbreiteten, zu den Pektinstoffen überleitenden *carboxyltragenden Polysaccharide*, die sog. *Polyuronsäuren*.

Die Existenz einer weiteren, den Hemicellulosen nahestehenden Gruppe von Körpern, den sog. *Furfuroiden*, ist noch stark umstritten. Cross und Bevan verstehen hierunter nicht pentosanartige, bei der Tollens-Destillation aber ebenfalls Furfurol liefernde Körper (vgl. auch Preece [23a]), die sie als natürlich vorkommende Oxycellulosen ansprechen. Diese Ansicht ist sehr stark angefochten worden.

b) Nachweis der Hemicellulosen.

Der Nachweis der Hemicellulosen, soweit es sich um Pentosane und Methylpentosane handelt, gründet sich darauf, daß diese beim Erwärmen mit 12 proz. Salzsäure in Pentosen bzw. Methylpentosen und weiterhin in Furfurol bzw. Methylfurfurol übergehen, die mittels charakteristischer Farbreaktionen nachgewiesen werden können (vgl. Bd. II). Polyuronsäuren geben die gleiche Reaktion. Der Nachweis eines bestimmten Pentosans, Hexosans oder Methylpentosans kann nur durch Identifizierung der bei der Hydrolyse entstehenden Zucker nach den in Bd. II beschriebenen Methoden erfolgen. *Mikrochemisch* können die Hemicellulosen in Pflanzenschnitten manchmal durch ihre leichtere Löslichkeit in verdünnten Säuren oder in Schulzes Reagens (konzentrierte $KClO_3$-Lösung und konzentrierte HNO_3 1 : 1) (Mitchell [20c], Malhotra [20a]) von Cellulose unterschieden werden. Durch dreistündiges Erhitzen mit 1 proz. HCl bei 50° und anschließende Behandlung mit 1 proz. KOH lassen sich nach Malhotra (20a) Hemicellulose und Pektinstoffe unterscheiden (vgl. jedoch Mitchell [20c]). Mikrochemische Methoden zum Nachweis einzelner Hemicellulosen sind nicht bekannt. Über den Nachweis der Polyuronsäuren vgl. S. 53.

Quantitative Bestimmung der Hemicellulosen.

Die quantitative Bestimmung der Pentosane und Methylpentosane beruht auf der Bestimmung der bei der Destillation mit 12 proz. Salzsäure gebildeten Menge Furfurol bzw. Methylfurfurol (vgl. S. 33), während die Hexosane allgemein durch Gärungs- oder Reduktionsmethoden gefunden werden (vgl. S. 43) und für einige Hexosane auch Spezialmethoden existieren (s. unter Mannane und Galaktane).

Da die Pentosan- und noch mehr die Methylpentosanbestimmung besonders bei hexosanreichen Materialien ziemlich ungenau ist, schlagen Waksman und

Stevens (38) vor, bei einer schnellen systematischen, an kleinen (5—10 g) Materialmengen durchführbaren Methode der *Totalanalyse von Pflanzen* und dergleichen die Pentosanbestimmung durch eine *Bestimmung des Gesamthemicellulosegehaltes* aus dem bei fraktionierter Hydrolyse gebildeten reduzierenden Zucker zu ersetzen. Eventuell können die Uronsäuren noch gesondert bestimmt werden. Waksman und Stevens bezeichnen als „Hemicellulosen" die durch verdünnte Säuren hydrolysierbaren Bestandteile (abzüglich freier Zucker und Stärke), als „Cellulose" den durch 2proz. Salzsäure nicht angegriffenen, durch 42proz. Salzsäure oder 72—80proz. Schwefelsäure zu Glucose hydrolysierten Komplex. Die vollständige Analyse eines Pflanzenmaterials umfaßt dann die folgenden Operationen:

1. Ätherextrakt. 5 g lufttrockenes Material werden 16—24 Stunden mit Äther im Soxhlet extrahiert.

2. Kaltwasserextrakt. Das mit Äther extrahierte Material wird mit 150 cm³ Wasser 24 Stunden in einem 250-cm³-Erlenmeyer-Kolben behandelt, filtriert, der Rückstand ausgewaschen und auf ein geeignetes Volumen aufgefüllt.

a) In $^1/_{10}$ dieser Lösung werden die reduzierenden Zucker nach bekannten Methoden bestimmt.

b) In $^1/_3$ der Lösung werden durch Eintrocknen bei 100° und Veraschen die wasserlöslichen organischen Stoffe und die wasserlösliche Asche gefunden.

c) In einem weiteren Drittel der Lösung wird der Stickstoffgehalt bestimmt.

3. Heißwasserextrakt. Der bei 2 erhaltene Rückstand wird 3 Stunden mit 150 cm³ Wasser auf dem siedenden Wasserbade oder am Rückflußkühler behandelt, Filtrat + Waschwässer aufgefüllt und in aliquoten Teilen der Lösung

a) heißwasserlösliche organische Stoffe und heißwasserlösliche Asche wie unter 2 b bestimmt;

b) Bestimmung des Stickstoffgehaltes nach Kjeldahl (Gesamt-N minus wasserlöslichem N) × 6,25 = „Rohprotein";

c) Bestimmung des Stärkegehalts mittels Enzympräparats, zu berücksichtigen bei der Hemicellulosebestimmung.

4. Alkoholextrakt. Im Erlenmeyer-Kolben mit 150 cm³ 95proz. Alkohol 2—3 Stunden am Rückflußkühler auf dem siedenden Wasserbad behandeln, Rückstand bei 80—100° trocknen. Die Summe der Extrakte 1—4 und des Rückstandes muß dem Gewicht des angewandten Pflanzenmaterials entsprechen.

5. Bestimmung des Hemicellulosegehalts durch Behandlung mit verdünnter Säure. Mit 150 cm³ 2proz. Salzsäure 5 Stunden am Rückflußkühler über offener Flamme erhitzen, Rückstand säurefrei waschen, erst 10—12 Stunden bei 70—80°, dann bei 100° trocknen; Extrakt + Waschwässer auf ein geeignetes Volumen auffüllen, in $^1/_{10}$—$^1/_{20}$ der mit NaOH neutralisierten und eventuell filtrierten Lösung den Zuckergehalt nach Bertrand bestimmen. Gesamtzuckergehalt × 0,9 = Hemicellulosegehalt. ' Über den Einfluß der Erhitzungsbedingungen vgl. Malhotra (20 b).

6. Cellulosebestimmung. Zwei Portionen zu 1 g des getrockneten und feinverteilten Salzsäureextraktionsrückstandes werden in einem 300-cm³-Erlenmeyer-Kolben mit 10 cm³ 80proz. Schwefelsäure 2,5 Stunden in der Kälte stehengelassen, dann nach Zusatz von 150 cm³ Wasser 5 Stunden am Rückflußkühler hydrolysiert und in einem aliquoten Teil ($^1/_{10}$) der filtrierten und auf ein bekanntes Volumen aufgefüllten Lösung nach Neutralisation mit 10proz. Natronlauge der Zuckergehalt nach Bertrand bestimmt. Glucose × 0,9 = Cellulose. Die Ausbeute beträgt 95—96% (nicht 100%, wie Kiesel und Seminagowski behaupten).

7. Ligninbestimmung. Die (bei doppelt angesetzter Analyse) vier Rückstände der Behandlung mit Schwefelsäure werden säurefrei gewaschen, getrocknet, gewogen und zwei davon verascht und in zwei der Gesamtstickstoff bestimmt. Mittleres Gewicht des Niederschlages — Asche + N × 6,25 = Ligningehalt.

Bei diesem Analysenverfahren wurden 88—95% der Gesamtbestandteile wiedergefunden. Die fünfstündige Extraktion mit Salzsäure gibt meist höhere Werte als die Pentosanbestimmung (trotzdem bei ersterer nur die leicht hydrolysierbaren Hemicellulosen erfaßt werden).

c) Pentosane.

Als Pentosane bezeichnet man die Hemicellulosen, die bei der Totalhydrolyse ausschließlich Pentosen, Xylose oder Arabinose liefern. Pentosane finden sich in der Pflanzenwelt sowohl als Gerüst- als auch als Reservestoffe.

1. Nachweis.

Beim Erwärmen mit 12proz. Salzsäure und Phloroglucin entsteht eine rote, beim Erwärmen mit einer salzsauren (25proz.) Lösung von Orcin, die eine Spur Ferrichlorid enthält, eine blaugrüne Farbe; die Farbstoffe können mit Amylalkohol ausgeschüttelt werden. In dem beim Erhitzen mit verdünnten Mineralsäuren gewonnenen Destillat läßt sich das Furfurol ebenfalls mittels dieser oder einer Reihe anderer Reaktionen nachweisen (vgl. Bd. II).

2. Quantitative Bestimmung.

Die quantitative Bestimmung der Pentosane gründet sich darauf, daß sie bei der Destillation mit 12proz. Salzsäure in Furfurol übergehen, das mit zahlreichen Verbindungen schwer lösliche Kondensationsprodukte liefert und auf Grund seiner Aldehydnatur auch maßanalytisch bestimmt werden kann. Von den vielen diesbezüglichen Vorschlägen haben für die Zwecke der Pentosanbestimmung nur die gravimetrische Bestimmung des Furfurols als *Phloroglucid* und als *Barbitursäureverbindung* praktische Bedeutung erlangt.

Pentosanbestimmung nach der Phloroglucinmethode von TOLLENS (37). Die Substanz wird mit 12proz. Salzsäure destilliert, das Destillat mit Phloroglucin gefällt und das Furfurolphloroglucid gewogen. Die Methode ist *konventionell.* Der Übergang der Pentosane in Furfurol ist nicht quantitativ, wobei die Ausbeute u. a. von den Temperaturverhältnissen in der Apparatur, von der Feinheit des untersuchten Materials, auch von der Einwaage abhängt (GIERISCH [7]); das Kondensationsprodukt ist nicht vollständig unlöslich, und seine Zusammensetzung ist nicht konstant. Die Berechnung des Pentosangehaltes aus der gewogenen Phloroglucidfällung erfolgt mittels Faktoren, die jedoch nur für eine bestimmte Arbeitsweise Gültigkeit haben; diese muß daher streng innegehalten werden.

Destillation. 5 g der zu untersuchenden Substanz (bei pentosanreichen Materialien kleinere Mengen) werden in einem 300-cm³-Kolben mit 100 cm³ 12proz. Salzsäure (D. 1,06) übergossen und am absteigenden Kühler aus einem Metallbad (Rosemetall: 1 Teil Blei, 1 Teil Zinn, 2 Teile Wismut) von 160° oder aus einem Chlorcalciumbade (LENZE, PLEUS und MÜLLER, GIERISCH [7]) destilliert. Das Destillat wird in einem als Vorlage dienenden Meßzylinder gesammelt, und für jede übergegangenen 30 cm³ werden mittels eines durch den Stopfen des Kolbens führenden Tropftrichters 30 cm³ frische Salzsäure nachgefüllt. Dies wird so lange fortgesetzt, bis 360 cm³ abdestilliert sind bzw. bis kein Furfurol mehr übergeht. Dies prüft man mit Anilinacetatpapier, das man durch Tränken von Filterpapierstreifen mit einer Lösung von 2 cm³ Anilin (rein oder frisch destilliert) in 20 cm³ 10proz. Essigsäure erhält; das Anilinacetatpapier soll sich nicht mehr röten.

Fällung. Zu dem Destillat wird Phloroglucinlösung (10 g Phloroglucin in 1 l Salzsäure, D. 1,06) zugegeben, wobei noch 0,15 g Phloroglucid über die doppelte voraussichtlich erforderliche Menge hinaus anzuwenden ist. Dann wird mit Salzsäure D. 1,06 auf 400 cm³ aufgefüllt und die Mischung auf 80—85⁰ erwärmt. Nach frühestens 1¹/₂—2 Stunden wird der Niederschlag in einem bei 95—98⁰ getrockneten und gewogenen Gooch-Tiegel mit Asbesteinlage gesammelt und mit ca. 50 cm³ Wasser ausgewaschen, wobei der Niederschlag erst zuletzt trocken gesaugt werden darf. Der Tiegel wird 4 Stunden bei 100⁰ getrocknet, im verschlossenen Wägeglas erkalten gelassen und darin gewogen (das Furfurolglucid ist sauerstoffempfindlich und hygroskopisch).

Berechnung. Bei der Berechnung muß erstens berücksichtigt werden, daß in 400 cm³ 12proz. Salzsäure im Mittel 0,00518 g Phloroglucid gelöst bleiben, die zur Ausbeute zugezählt werden müssen, zweitens daß Arabinose und Xylose unter den vorgeschriebenen Bedingungen keine quantitative und auch nicht die gleiche Ausbeute an Furfurol liefern, so daß für die Berechnung der vorhandenen Pentosanmenge für Araban und Xylan verschiedene Korrekturen erforderlich sind. Um also genaue Werte für den Pentosangehalt errechnen zu können, muß bekannt sein, ob es sich um Araban oder um Xylan oder um ein Gemisch beider Pentosane handelt. Nach den Versuchen von Kröber gelten die Beziehungen:

$$\text{Gehalt an Arabinose} = (a + 0{,}0052)\ 1{,}1086\text{—}1{,}0942;$$
$$\text{Gehalt an Xylose} \quad\ = (a + 0{,}0052)\ 0{,}9183\text{—}0{,}9302;$$

(a = gefundene Menge Phloroglucid; 0,0052 der in 400 cm³ gelöst gebliebene Anteil; die Schwankung des zweiten Faktors, der das Verhältnis Phloroglucid : Pentose darstellt, ergibt sich aus der empirisch ermittelten, mit der angewandten Pentosanmenge schwankenden Furfurolausbeute). Ist es nicht bekannt, welche Pentosane im Untersuchungsmaterial zugegen sind, so nimmt man nach Kröber den Durchschnitt aus den für Arabinose und Xylose berechneten Ausbeuten. Um dem Analytiker jegliche Rechnungen zu ersparen, hat Kröber eine Tabelle ausgearbeitet, in der für die erhaltenen Mengen Phloroglucid (30—40 mg in Abständen von 1 mg) der entsprechende Gehalt an Furfurol, Pentosen im allgemeinen, Arabinose, sowie an Pentosanen im allgemeinen, Araban oder Xylan entnommen werden kann.

Sind neben Pentosanen auch Methylpentosane zugegen, die bei der Salzsäuredestillation *Methylfurfurol* liefern, so enthält die Phloroglucinfällung neben Furfurolphloroglucid auch *Methylfurfurolphloroglucid.* Um in diesem Falle Pentosane und Methylpentosane getrennt ermitteln zu können, zieht man den in der vorstehend beschriebenen Weise erhaltenen Niederschlag nach dem Vorschlage von Ellet und Tollens (1905) mit Alkohol aus, wobei man sich zweckmäßig eines kleinen Extraktionsapparates nach Besson bedient, in den man den Gooch-Tiegel hineinsetzen kann. Man extrahiert so lange, bis der Alkohol aus dem Tiegel farblos abtropft, trocknet wieder 2 Stunden lang und wägt. Die Differenz zwischen dem jetzt gefundenen Gewicht und dem Gewicht vor der Extraktion gibt das Gewicht des Methylfurfurolphloroglucids und damit dasjenige des Methylfurfurols und Methylpentosans. Die Methylpentosanbestimmung ist jedoch aus den weiter unten dargelegten Gründen wenig zuverlässig.

Fehlerquellen der Phloroglucinmethode. Die Pentosanbestimmung nach Tollens-Kröber liefert aus folgenden Gründen nur ungenaue Werte für den Pentosangehalt und sehr wenig verläßliche Werte für den Methylpentosangehalt.

1. Die Kröberschen Faktoren sind durch Versuche an den reinen Pentosen bestimmt; es ist jedoch wahrscheinlich, daß die Pentosane eine andere Furfurolausbeute liefern.

2. Das Furfurol im Destillat kann außer aus Pentosanen und Methylpentosanen auch aus Uronsäuren (vgl. S. 53) stammen, von denen insbesondere die Galakturonsäure als wesentlicher Bestandteil der Pektinstoffe in Zellwänden weit verbreitet ist. Auch kann unter den Bedingungen der Tollens-Destillation Oxymethylfurfurol in Furfurol übergehen (Gierisch [7]).

3. Bei der Tollens-Destillation entsteht aus Hexosanen bzw. Hexosen Oxymethylfurfurol, das mit Phloroglucin ebenfalls ein schwer lösliches Phloroglucid bildet. Dieses ist nach Klingstedt (16) und Gierisch (7) in Alkohol nur teilweise löslich und stört daher sowohl die Pentosan- als auch die Methylpentosanbestimmung. Die Alkohollöslichkeit des *Oxymethylfurfurolphloroglucids* ist bei Fällung in der Wärme geringer als bei Fällung in der Kälte. Die Oxymethylfurfurolbildung aus Hexosanen tritt schon im Anfang der Destillation ein, und in den bei der richtigen Temperatur erhaltenen 360 cm^3 Destillat finden sich oft verhältnismäßig reichliche Mengen Oxymethylfurfurol.

3. Auch flüchtige Stoffe, die mit Methylfurfurol bzw. Oxymethylfurfurol nichts zu tun haben, können bei der Tollens-Destillation ins Destillat gelangen und sodann dem Oxymethylfurfurol- bzw. Methylfurfurolphloroglucid ähnliche, alkohollösliche Kondensationsprodukte geben (Klingstedt [16]). Dies gilt z. B. nach Freudenberg und Harder (1927) für Formaldehyd, der aus ligninhaltigen Materialien abgespalten wird.

Um daher nach der Phloroglucinmethode einigermaßen richtige Pentosanwerte zu erhalten, empfiehlt Klingstedt (7) die Destillation nur so lange fortzusetzen, bis die Pentosane eben zerlegt sind, was bei den von ihm untersuchten Präparaten nach 150—180 cm^3 Destillat der Fall war; man verfolgt dabei zweckmäßig den Verlauf der Destillation mit Phloroglucin-Salzsäure: wenn das Destillat mehr als Spuren Furfurol enthält, gibt sich dieses durch Grünfärbung des entstehenden Niederschlages zu erkennen. Die Kondensation mit Phloroglucin soll nach Klingstedt bei Zimmertemperatur erfolgen und der Niederschlag mit Alkohol extrahiert werden. Der Pentosangehalt, den man aus dem Gewicht des vor der Extraktion getrockneten Phloroglucids berechnet (Trocknen verhindert die Alkohollöslichkeit des Oxymethylfurfurolphloroglucids), entspricht dem Maximalgehalt, derjenige, den man aus dem ungetrocknet mit Alkohol ausgezogenen Phloroglucid berechnet (das ungetrocknete Furfurolphloroglucid ist in Alkohol etwas löslich), dem Minimalgehalt.

Zusammenfassend kann man nach den Erfahrungen von Klingstedt, Gierisch und anderer älterer Autoren sagen, daß die Phloroglucinmethode bei hexosanreichen Materialien unzuverlässig ist und eine Bestimmung des Methylpentosangehaltes wohl überhaupt nicht ermöglicht.

Barbitursäuremethode von Unger und Jaeger (1903). In dem bei der Destillation pentosanhaltiger Materialien mit 12proz. Salzsäure erhaltenen Destillat wird das Furfurol mittels Barbitursäure als gelbe, amorphe, in Salzsäure schwer lösliche *Furalbarbitursäure* gefällt und aus dem Gewicht des Niederschlages die Pentosanmenge berechnet. Die Barbitursäuremethode hat vor der Phloroglucinmethode den Vorteil, daß die Furalbarbitursäure im Gegensatz zum Furfurolphloroglucid eine konstante Zusammensetzung besitzt und beständig ist, ferner daß reines Oxymethylfurfurol — außer in hohen Konzentrationen — durch Barbitursäure nicht gefällt wird; bei der Barbitursäuremethode ist es jedoch nicht möglich, die Kondensationsprodukte des Furfurols und Methylfurfurols

zu trennen, so daß auf eine gesonderte Bestimmung von Pentosanen und Methylpentosanen von vornherein verzichtet werden muß.

Ausführung der Fällung. Zu dem nach der Tollens-Destillation erhaltenen
Destillat wird das Sechsfache des zu erwartenden Furfurols an Barbitursäure in
Form einer 2proz. Lösung in 12proz. Salzsäure zugesetzt, das Reaktionsgemisch
24 Stunden stehengelassen, wobei in den ersten Stunden nach Zusatz der Säure
fleißig gerührt wird, filtriert, 4 Stunden bei 105° getrocknet und gewogen. Aus
der Farbe des Niederschlages läßt sich seine Einheitlichkeit schnell beurteilen.
Die Barbitursäure muß in 12proz. Salzsäure vollständig löslich sein.

Berechnung. Die Furalbarbitursäure ist in 12proz. Salzsäure etwas löslich, und zwar
lösen 100 cm³ im Mittel 1,22 mg. Zu dem gefundenen Gewicht des Niederschlages müssen
also $\dfrac{1,22 \times \text{cm}^3 \text{ Destillat}}{100}$ mg addiert werden. Die im Destillat vorhandene Furfurolmenge
beträgt dann 0,4659 — Gewicht des Niederschlages (korr.), woraus sich dann weiterhin
in Ermangelung besserer Grundlagen das vorhandene Pentosan unter Benutzung der Kröberschen Faktoren für den Übergang von Pentose in Furfurol berechnet.

Zur Vereinfachung der Destillation empfiehlt Gierisch, nicht wie bei der
Tollens-Destillation Salzsäure nachzufüllen, sondern ohne Nachfüllen mit
200 cm³ 12proz. Salzsäure zu destillieren, da in beiden Fällen bis zum Übergang
von 120 cm³ die Salzsäurekonzentration im Rückstande annähernd gleich ist,
bis dahin aber die Hauptmenge des Furfurols und Methylfurfurols überdestilliert
ist. Gierisch verfährt also folgendermaßen: Die Substanz wird in einem 300-cm³-
Destillierkolben, auf den ein Trichter mit Glashahn aufgesetzt ist, und der bis
zum Hals in ein Chlorcalciumbad taucht, auf 100° erhitzt, zur Vermeidung
des Springens in den Trichter 30 cm³ kalte 12proz. Salzsäure gegeben, 170 cm³
siedende 12proz. Salzsäure zugefügt, und die gesamten 200 cm³ werden dann
in den Kolben fließen gelassen. Man erhitzt das Bad auf 140°, destilliert 180 cm³
ab (in ca. $1^1/_4$ Stunden) und prüft mittels Barbitursäure, ob der Übergang des
Furfurols beendet ist.

Da die *Uronsäuren* bei der Destillation mit 12proz. Salzsäure *ebenfalls
Furfurol liefern*, so gibt die Pentosanbestimmung in Gegenwart von Uronsäuren
zu hohe Werte. Der Uronsäuregehalt muß daher für genauere Untersuchungen
besonders bestimmt (vgl. S. 53) und bei der Pentosanbestimmung berücksichtigt
werden. Über die gleichzeitige Bestimmung von Pentosanen und Uronsäuren
vgl. Bowman und McKinnis (2).

d) Xylan.

1. Vorkommen.

Xylan findet sich in fast allen verholzten Zellwänden und macht einen
Hauptbestandteil des als „Holzgummi" (vgl. S. 59) bezeichneten, durch 5proz.
Natronlauge aus verholzten Organen extrahierten Kohlehydratgemisches aus.

2. Eigenschaften.

Xylan hat die Elementarzusammensetzungen $C_5H_8O_4$ und liefert bei der
Hydrolyse ausschließlich l-Xylose. Ob die nach neueren Methoden gereinigten
Xylanpräparate chemisch und physikalisch einheitlich sind, und worauf die
Unterschiede der Eigenschaften der verschiedenen gereinigten Xylane beruht,
läßt sich noch nicht entscheiden. Fichtenholzxylan und Bambusxylan geben
im Röntgendiagramm nur einen breiten Ring. Dem fertigen Xylan gehen nach
Lüdtke (19a) Zwischenprodukte, sog. *Interxylane* voraus.

Die reinsten Xylanpräparate sind amorphe, weiße Pulver, die in Alkohol und anderen organischen Lösungsmitteln unlöslich, in Alkalien, auch in konzentriertem Ammoniak mehr oder minder leicht löslich sind. Auch in Salzlösungen [Na_2S, NaSH, $NaHSO_3$, $Ca(CNS)_2$] ist Xylan löslich (HEUSER und SCHORSCH [15]). Xylan bildet *mit Alkalien* (Na, K, Rb, Li) *Doppelverbindungen*, die analog denjenigen der Cellulose zusammengesetzt sind und die Zusammensetzung $(C_5H_8O_4)_2 \cdot$ MeOH besitzen (HEUSER und SCHORSCH [15]); bei der Na-, K- und Rb-Verbindung ist die Unbeständigkeit gegen Wasser und Alkohol noch größer als bei der entsprechenden Celluloseverbindung. FEHLINGsche Lösung wird durch Xylan nicht reduziert. In Kupferamminlösung (SCHWEITZERsches Reagens) ist Xylan löslich, jedoch schwieriger als Cellulose. Über die Drehwerte verschiedener Xylanpräparate in Natronlauge, Kupferammin und einige weitere Eigenschaften vgl. Tabelle S. 39. Bei Zusatz von Kupfersulfat zu einer Lösung von Xylan in 8proz. NaOH fällt eine Kupferalkaliverbindung aus, in der das Verhältnis Xylan : Cu : Na $= 2 : 1 : 2$ beträgt (HEUSER und BRÖTZ [1927]). Xylan enthält je $C_5H_8O_4$ zwei reaktionsfähige Hydroxylgruppen und liefert dementsprechend maximal Diester und Diäther, von denen ein Diacetat, Dibenzoat, Dinitrat und Dimethylat bekannt sind. Durch ein Enzym aus dem Darmsaft der Weinbergschnecke gelingt es, Xylan (aus Weizenstroh) unter optimalen Bedingungen in 183 Stunden zu 69% in Xylose zu spalten (EHRENSTEIN [1928]). Mit einem Enzym aus keimenden Gerstenkörnern, *Cytase*, kann man unter günstigen Verhältnissen ($p_H = 5$; 45°) in 48 Stunden 70—75% Xylan abbauen (LUERS und VOLKAMER [15]).

3. Nachweis des Xylans.

Der Nachweis des Xylans erfolgt durch Nachweis der Xylose (vgl. Bd. II, S. 823) im sauren Hydrolysat. Schwache Salz- oder Schwefelsäure verzuckern das Xylan nur unvollständig; bessere Xylanausbeuten liefert nach HEUSER und JAYME (1923) 3proz. Salpetersäure. HESS und LÜDKE empfehlen zur Identifizierung des Xylans folgende, dem FLECHSIGschen Celluloseverzuckerungsverfahren angelehnte Hydrolysenmethode: Zirka 1 g des trockenen Präparats wird in 10 cm³ 75proz. Schwefelsäure bei Zimmertemperatur durch Umrühren und Zerdrücken in 2 bis höchstens 3 Stunden in Lösung gebracht, nach Zusatz von 220 cm³ Wasser 2 Stunden am Rückflußkühler im siedenden Wasserbade erhitzt, mit Bariumhydroxyd neutralisiert, filtriert, der Rückstand viermal mit heißem Wasser ausgezogen und in Filtrat + Waschwässern der Xylose-Nachweis geführt.

Quantitative Bestimmung. a) In Abwesenheit anderer organischen Substanzen kann Xylan nach HEUSER und SCHORSCH (15) oxydimetrisch mit einer Genauigkeit von $\pm$ 2% bestimmt werden, wenn bei dem Verfahren von BRONNERT (vgl. S. 25) die Lösung, die das $^4/_3$—$^5/_3$fache an Kaliumbichromat und 20—25 Vol.% konzentrierte Schwefelsäure enthält, unter Zusatz einiger Tropfen Quecksilber 3—5 Minuten gekocht wird. Die Methode von BERL und INNES gab, auch bei Ersatz der H_3PO_4 durch H_2SO_4, mindestens 10% zu niedrige Werte.

b) In Abwesenheit von anderen Pentosanen ergibt sich der Xylangehalt durch Pentosanbestimmung (vgl. S. 33). Eine direkte quantitative Bestimmung des Xylans im Gemisch mit Araban ist nicht bekannt.

Gewinnung des Xylans aus Pflanzenmaterialien. Zur Gewinnung von Xylan aus Pflanzenmaterialien dienen alkalische Extraktionsmethoden, eventuell nach vorheriger Entfernung der Inkrusten mit Chlordioxyd (vgl. S. 15); zur Reinigung, insbesondere zur Befreiung von Araban, wurde zuerst von SALKOWSKI (1902)

die Kupferalkaliverbindung des Xylans herangezogen. Salkowski gibt für die
Gewinnung von reinem Xylan aus Stroh folgende Vorschrift:

100 g Weizenhäcksel werden mit 2,5 l 6proz. NaOH 45 Minuten gekocht, die vom
Rückstand abgepreßte Lauge in hohen Zylindern absitzen gelassen und die klare Lösung
mit 1 l Fehlingscher Lösung erwärmt. Die gelatinöse Kupferalkaliverbindung des Xylans
und Arabans wird koliert, mit Wasser gewaschen, abgepreßt und durch Verreiben mit verdünnter Salzsäure zerlegt. Das durch Zugabe von 2—3 Teilen 90proz. Alkohols gefällte
Pentosangemisch abfiltrieren, wieder in verdünnter NaOH lösen und die Umfällung mit
Fehlingscher Lösung noch einmal wiederholen. Bei Anwesenheit von Araban extrahiert
man das nach dem Zerlegen der Kupferalkaliverbindung erhaltene Pentosangemisch mit
Wasser, wobei Araban und etwas Xylan in die wäßrigen Auszüge geht, so daß man auf
diese Weise zwar kein xylanfreies Araban, jedoch angeblich ein arabanfreies Xylan gewinnt.

Heuser (1921) hat zur Isolierung von Strohxylan ebenfalls die Umfällung
über die Kupferalkaliverbindung herangezogen, ging jedoch nicht von Rohstroh,
sondern von gebleichtem Strohzellstoff aus, und vereinfachte die Kupfer-
fällung dadurch, daß er den Niederschlag in Alkohol suspendierte und in dieser
Suspension mit Salzsäuregas zerlegte; auf die mehrmalige Fällung der Kupferalkaliverbindung und die Abtrennung des Arabans wird verzichtet. Heuser
verfährt folgendermaßen:

300 g gebleichter Strohzellstoff werden fein zerpflückt, mit einer Lösung von 150 g
NaOH in 2300 cm³ Wasser ³/₄ Stunde am Rückflußkühler gekocht, über Büchner-Trichter
(ohne Filter) filtriert und zum Filtrat 1 l Fehlingsche Lösung zugesetzt. Die blaue Fällung
wird durch ein feinmaschiges Drahtnetz abfiltriert, fest abgepreßt, zweimal mit ca. 300 cm³
80proz. Alkohols in einer Porzellanschale durchgeknetet und dann in 1 l 96proz. Alkohols
möglichst fein aufgeschlämmt. In diese Suspension wird dann Chlorwasserstoffgas eingeleitet, bis die Farbe des Niederschlages über Grün und Gelb in Weiß umschlägt, wozu
ca. 3—4 Stunden erforderlich sind, filtriert, durch wiederholtes Dekantieren mit 80proz.
Alkohol gewaschen, mit Äther verdrängt und bei 60—70⁰ getrocknet.

Über die Gewinnung des Xylans aus Holz durch Chlordioxydaufschluß nach
E. Schmidt und fraktionierte Alkaliextraktion der „Skeletsubstanzen" vgl. S. 15 ff.

Spätere Autoren (Lüdtke [19], Luers und Volkamer [20], Link [17])
haben zur Gewinnung möglichst reiner Xylanpräparate die Entfernung der
Inkrusten durch Chlordioxyd-Natriumsulfit mit der fraktionierten Fällung der
Kupferverbindungen verbunden.

Gewinnung von Xylan aus Fichtenholz nach Hess und Luedtke (13). 630 g
Sulfitzellstoff wurden zur Vorreinigung zunächst mit 4 l 2proz. NaOH 14 Stunden geschüttelt
und durch einen Glasfiltertiegel abgesaugt. Der Rückstand wurde dann nacheinander
achtmal mit 8proz. NaOH in gleicher Weise ausgezogen und die alkalischen Extrakte der
1.—3. Extraktion (10,5 g) mit 10 g Cu(OH)₂ und 1000 cm³ ca. 25proz. Ammoniak 15 Stunden
bei Zimmertemperatur geschüttelt, wobei die Substanz größtenteils in Lösung ging. Der
beim Zentrifugieren verbleibende Rückstand wurde nochmals mit gesättigter Kupferamminlösung angerührt und abgeschleudert. Die vereinigten Kupferlösungen einschließlich Waschflüssigkeit wurden unter Umschütteln in kleinen Portionen mit so viel
2 n NaOH versetzt, daß die Gesamtflüssigkeit hieran 0,2 n war. Nach vierstündigem
Stehen bei Zimmertemperatur wurde der aus einer Kupferalkaliverbindung des Mannans
bestehende Niederschlag abzentrifugiert, die klare Lösung unter Kühlung vorsichtig mit
50proz. Essigsäure neutralisiert und nach 1 stündigem Stehen der Niederschlag von
Cellulose + etwas Xylan abzentrifugiert; aus der Lösung fällt der größte Teil des Xylans
nach Zusatz des gleichen oder eines etwas größeren Volumens Methanol im Verlauf von
15—16 Stunden aus. Zur Reinigung wurde noch einmal in Kupferammin gelöst, mit
Essigsäure und Methanol gefällt und abzentrifugiert. In frisch gefälltem, besonders noch
in feuchtem Zustande ist das Produkt in Wasser leicht löslich. Zur Reinigung wurde
hiervon Gebrauch gemacht, indem das Präparat in warmem Wasser gelöst, filtriert und
mit Methanol, gegebenenfalls unter Zusatz von etwas Essigsäure (beim Neutralpunkt
bleibt die Fällung bisweilen aus) abgeschieden wurde.

Bambusxylan nach Luedtke (19). Die mit heißem Wasser ausgezogenen und mit
Chlordioxyd-Natriumsulfit nach Schmidt und Graumann erschöpfend aufgeschlossenen
Bambusfasern (104 g) wurden sechsmal hintereinander mit je 1 l 2proz. NaOH 14 Stunden

lang ausgezogen, bis weitere Auszüge auf Zusatz von gleichen Volumen Methanol keinen Niederschlag mehr gaben, und der Rückstand sodann in derselben Weise mit 8 proz. NaOH behandelt. Die Ausbeute der 1. und 2. Extraktion betrug 7,4 g. Diese Substanz wurde unter Zugabe von 10 g $Cu(OH)_2$ in 1 l ca. 25 proz. Ammoniaks gelöst, zentrifugiert und die klare Lösung bis zur schwach alkalischen Reaktion unter Eiskühlung nach und nach mit 50 proz. Essigsäure versetzt. Der Niederschlag wurde abzentrifugiert, mit 50 proz. Methanol, dem 5 % Essigsäure zugesetzt worden waren, kupferfrei, mit Methanol essigsäurefrei gewaschen und das Methanol durch Äther verdrängt. Das über P_2O_5 im Vakuum getrocknete Präparat wurde noch mit 5 proz. NaOH einige Stunden auf der Schüttelmaschine geschüttelt, wobei es eine geringe Menge an diese abgab; nach dem Abfiltrieren wurde es von NaOH durch Waschen mit Essigsäure und Methanol befreit.

Xylan aus Maiskeimlingen nach LINK (17). Die Zellwände der Keimlinge von Zea Mays wurden zunächst durch Extraktion mit Alkohol, Äther und Petroläther von Fetten und dergleichen befreit und sodann Proteinstoffe, Pektinstoffe und Inkrusten durch 36 stündige Behandlung mit 1 proz. Ammoniak und anschließenden Chlordioxydaufschluß nach SCHMIDT und GRAUMANN entfernt. Durch fünfmalige (erschöpfende) Extraktion mit 5 proz. NaOH bei gewöhnlicher Temperatur und Fällung des Extrakts mit Alkohol wurde ein *Xylan A* in einer Ausbeute von 8,5—9 %, durch weitere viermalige (erschöpfende) Extraktion mit 10 proz. NaOH bei 60° ein *Xylan B* in einer Ausbeute von 3—4 % gewonnen. Beide Xylane wurden durch Auflösung in Kupferammin und Zusatz von Essigsäure bis zur ganz schwach alkalischen Reaktion (vgl. LUEDTKE [19] gereinigt.

Xylan aus Holundermark und aus Gerstenmehl nach LUERS und VOLKAMER (20). 100 g mit Chlordioxyd-Natriumsulfit gebleichtes Holundermark wurden mit 1,516 proz. NaOH 24 Stunden stehengelassen, mit NaOH und Wasser gewaschen, durch Leinwand filtriert, Filtrat + Waschwässer in einer Porzellanschale auf 50° erhitzt und mit FEHLINGscher Lösung versetzt, bis keine Fällung von Kupferalkalixylan mehr entstand. Abzentrifugieren, mit 50 proz. Alkohol waschen, den dunkelgrünen Niederschlag mit 16 proz. HCl bis zur vollständigen Auflösung digerieren, mit 96 proz. Alkohol fällen, zentrifugieren und wiederholt *rasch* mit Alkohol waschen; über Nacht unter Äther aufbewahren, abfiltrieren und über Schwefelsäure trocknen. Es wurden 3 g eines spröden, glasartigen Produktes, das einen Furfurolwert von 76,67 % aufwies, erhalten.

Zur Gewinnung des Gerstenmehlxylans wurde zunächst die Stärke durch Malzauszug verflüssigt und der stärkefreie Rückstand wie bei dem Holundermark weiter behandelt. Aus 500 g Mehl wurden ca. 3 g Xylan gewonnen.

Einige Eigenschaften der reinsten Xylanpräparate sind in der folgenden Tabelle zusammengestellt:

Präparat	Löslichkeit in Wasser	$\alpha^{20}_{435.8}$	α^{20}_D in 2 n NaOH	Reaktion mit Chlorzinkjod	Furfurol-ausbeute
Bambusxylan (19)	schwerlöslich	— 4,85° [1]	nur trübe lösl.	positiv	96,4
Fichten-holzxylan (13) .	frisch gefällt löslich, getrocknet nur zu geringem Teil löslich	— 4,48° [1]	klar löslich — 87,44°	negativ	93
Xylan A von LINK (17) .	löslich in heißem Wasser, beim abkühlen dünnes Gel		leichtlösl. in verd. NaOH; in 1 proz. NaOH — 80,0° bis 83,86°	negativ	94,6
Xylan B von LINK (17) .	wie Xylan A		in 1 proz. NaOH — 79,20°	positiv	93,5
Xylan aus Buchen-jungtrieben (14)		— 4,50° [2] (18°)		positiv	

[1] Unter den für Cellulose üblichen Bedingungen.
[2] 0,0648 g in einer Lösung von 0,1017 g $Cu(OH)_2$ in 10 cm³ 22 proz. NH_3, 5 cm³-Rohr.

e) Arabane.

„Arabane" finden sich besonders in den Zellmembranen saftiger Früchte, in Samen und unterirdischen Speicherorganen, in Gummen und Schleimen; sie kommen auch im Holz vor. Die Gegenwart von Arabanen ist meist nur daraus geschlossen worden, daß bei der Hydrolyse der betreffenden Pflanzenmaterialien unter den Spaltzuckern Arabinose auftritt; dieser Schluß ist jedoch sehr unsicher, da nach den Untersuchungen von Ehrlich auch die Pektinstoffe Arabinose enthalten. Reine, mit Sicherheit selbständig in der Pflanze vorkommende Arabane sind noch nicht isoliert (Zusammenstellung der Eigenschaften verschiedener Arabanpräparate vgl. Abderhalden [1]). Arabanreiche Produkte sind Kirschgummi, arabischer Gummi und Rübengummi.

Die besten Bedingungen für die *Hydrolyse* von Araban (Kirschgummi) *zu Arabinose* sind nach Hauers und Tollens (1903) folgende: 1 kg Kirschgummipulver wird mit 7,5 l Wasser und 500 g konzentrierter Schwefelsäure 10 Stunden im siedenden Wasserbade erhitzt; Ausbeute 37 % rohe Arabinose.

Der *Nachweis* von Arabanen erfolgt durch Identifizierung der Arabinose unter den Spaltzuckern, die *quantitative Bestimmung* durch Überführung in Furfurol.

Über das Salkowskische Verfahren zur Trennung von Araban und Xylan, das jedoch nicht zu xylanfreien Arabanen führt, vgl. S. 37; nach Butler und Cretcher (3) enthält das Salkowskische Araban aus arabischem Gummi Arabinose, Galaktose, Rhamnose und Glucuronsäure in ungefähr demselben Verhältnis wie im aschefreien Gummi selbst.

f) Araboxylane.

Aus dem gleichzeitigen Auftreten von Arabinose und Xylose unter den Spaltzuckern ist auf das Vorkommen von Araboxylanen in den betreffenden Pflanzenmaterialien geschlossen worden, z. B. bei Weizen- und Roggenkleie (Steiger und Schulze [1890]; Schulze [1892]) und bei der Hemicellulose aus Eichenholz (23) (vgl. S. 50 unter Mannogalaktan). Reine, definierte Präparate von Araboxylanen sind jedoch noch nicht gewonnen.

g) Methylpentosane.

Methylpentosane, *Fucosane* und *Rhamnosane*, sind wiederholt als Zellwandbestandteile erwähnt worden (1), besonders in Tangen (Tollens u. a.). Sie wurden indessen nicht als solche isoliert, sondern ihre Gegenwart nur aus der Bildung der betreffenden Methylzucker bei der Hydrolyse geschlossen, wobei wiederum nur in wenigen Fällen die Spaltzucker selbst isoliert, sondern diese nur indirekt als Methylfurfurol nachgewiesen wurden. Diese schon an sich unzureichenden experimentellen Unterlagen lassen die Frage nach der Existenz selbständiger Fucosane und Rhamnosane um so mehr offen, als Rhamnose als Bestandteil von Glucosiden weitverbreitet ist und nach den Untersuchungen von Ehrlich in gewissen Pektinstoffen Arabinose durch Methylpentosen vertreten sein kann.

1. Nachweis.

Methylpentosane gehen bei der Destillation mit 12 proz. Salzsäure in Methylpentosen und weiterhin in *Methylfurfurol* über, das mittels verschiedener Farbreaktionen nachgewiesen werden kann (vgl. Bd. II).

Sicherer ist der Nachweis besonders kleiner Mengen Methylfurfurol im Gemisch mit Furfurol und Oxymethylfurfurol durch Überführung in krystallisierte Derivate, die durch ihren Schmelzpunkt identifiziert werden können (vgl. Bd. II).

2. Quantitative Bestimmung.

Zur quantitativen Bestimmung der Methylpentosane ist die Bestimmung des alkohollöslichen Teils des Phloroglucidniederschlages im Destillat der Tollens-Destillation vorgeschlagen worden; die Methode ist jedoch sehr unsicher (vgl. S. 33).

h) Pentosan-Hexosane.

In der Literatur finden sich unter der Bezeichnung *Galaktoaraban, Glucoaraban, Galaktoxylan, Glucoxylan* wiederholt Produkte beschrieben, die bei der Hydrolyse ein Gemisch der betreffenden Pentose und Hexose geben, wobei häufig nur aus der Gegenwart der betreffenden Spaltzucker auf das Vorkommen der entsprechenden polymeren Kohlehydrate geschlossen worden ist. Dieser Schluß erscheint bei den „Arabanen" und „Galaktanen" besonders unsicher, seitdem Arabinose und Galaktose als wesentlicher Bestandteil der Pektinstoffe nachgewiesen worden sind. Aber auch in den Fällen, wo der Versuch gemacht worden ist, die Muttersubstanz selbst zu isolieren, kann bisher nicht mit Sicherheit entschieden werden, ob diese nicht aus einem Gemisch von Pentosanen und Hexosanen besteht; für die älteren, nach ziemlich primitiven Verfahren gewonnenen Präparate ist dies sogar sehr wahrscheinlich.

1. Das Arabogalaktan von Wise und Peterson (39).

Wise und Peterson gewannen aus Larix occidentalis ein in heißem Wasser lösliches polymeres Kohlehydrat, das sie als ein Araboxylan $(C_5H_8O_4) — (C_6H_{10}O_5)_6$ mit 1 Arabinose- auf 6 Galaktoseresten ansehen; diese Auffassung stützt sich hauptsächlich darauf, daß aus ganz verschiedenen Holzproben Produkte mit annähernd dem gleichen Verhältnis Arabinose : Galaktose gewonnen wurden. Dieses Arabogalaktan entspricht dem ε-Galaktan von Schorger und Smith (36), die die Gegenwart von Arabinose übersahen. Das Galaktoaraban ist ein amorphes, weißes Pulver, das sich in kaltem und heißem Wasser leicht zu einer klaren, nicht gelatinierenden Lösung löst; in Essigsäure und in 95 proz. Alkohol ist es nur wenig löslich. Bei 250⁰ wird es zersetzt, ohne einen eigentlichen Schmelzpunkt zu haben. In 10 proz. wäßriger Lösung ist $[\alpha]_D^{20} = + 12{,}11^0$. Die wäßrigen Lösungen werden durch Bleiacetat nicht gefällt (36). Vgl. auch Foreman und Englis (6a).

Gewinnung. Die lufttrockenen Holzspäne werden der kontinuierlichen Extraktion mit siedendem Wasser unterworfen. Der Extrakt wird sodann mit 15—20 cm³ gesättigter Tanninlösung und anschließend mit Bleiacetatlösung in kleinem Überschuß gefällt, abdekantiert, der Bleiüberschuß durch Schwefelwasserstoff entfernt, mit Kaliumcarbonat neutralisiert und mit etwas Norit aufgekocht. Das Filtrat wird im Vakuum konzentriert und der dünne, mit Essigsäure schwach angesäuerte Sirup in einen großen Überschuß von 95 proz. Alkohol eingegossen. Ist das Produkt noch gefärbt, so kann man es wieder in etwas warmem Wasser lösen, mit Norit aufkochen, mit Essigsäure ansäuern und durch Alkohol fällen.

2. Mannoarabane.

Mannoarabane sind nicht in Substanz isoliert; aus Untersuchungen der Spaltzucker ist ihre Gegenwart in den Irissamen geschlossen worden (Colin und Augem).

3. Das Kohlpolysaccharid von Pringsheim.

In den Blättern und Strünken des Weiß- und Rotkohles sowie in den Blättern und verbildeten Ständen des Blumenkohles u. a. wurde von Pringsheim und

Mitarbeitern eine Gerüstsubstanz mit besonderen, von der Cellulose verschiedenen Eigenschaften aufgefunden.

Das Röntgendiagramm des Kohlpolysaccharids ist von demjenigen der nativen Cellulose verschieden (Katz). Nicht getrocknet ist das Kohlpolysaccharid in Kupferamminlösung ganz gut löslich. Durch 41proz. Salzsäure oder 70proz. Schwefelsäure wird es zum Unterschied von Cellulose nicht gelöst, sondern verkohlt, in 80proz. Schwefelsäure löst es sich innerhalb 24 Stunden zu einer braunen Flüssigkeit (Pringsheim, Weinreb und Kasten [30]). Am besten wird es durch eine Mischung von 2 Volumteilen 41proz. Salzsäure und 1 Gewichtsteil $ZnCl_2$ in Lösung gebracht. Mit Chlorzinkjodlösung färbt es sich dunkelblau. Das Drehungsvermögen in Kupferamminlösung (7,2 m-Mol Cu) ist wesentlich niedriger als dasjenige der Cellulose; das Triacetat zeigt in Chloroform-Methanol (9,7 : 0,3 Vol.) ein $[\alpha]_{20}^{D} = $ ca. 0^0 (d. h. um 23^0 abweichend von Cellulose).

Bei der Hydrolyse entstehen Glucose, Xylose und Fructose, wobei ungewiß bleibt, ob diese ein einheitliches Polysaccharid bilden oder ein Gemisch von schwer hydrolysierbaren Glucosanen, Xylanen und Fructosanen vorliegt (Pringsheim und Borchardt [25]).

Gewinnung. Nach Vorbehandlung mit 6proz. Natronlauge werden die Inkrusten durch zweimalige Behandlung mit Chlordioxyd-Natriumsulfit entfernt und dann mit 6proz. Natronlauge nachbehandelt (Pringsheim und Fordyce [26]). Zwecks Gewinnung eines leichter löslichen Produktes kann die erste Reinigungsstufe durch Einlegen in 6proz. Natronlauge auch fortbleiben (Pringsheim und Borchardt [25]).

i) Hexosane.

Als „Hexosane" bezeichnet man Hemicellulosen der empirischen Zusammensetzung $(C_6H_{10}O_5)_n$, die bei der Hydrolyse ausschließlich Hexosen liefern. Je nach der Art des Spaltzuckers unterscheidet man *Glucane, Lävulane, Mannane* und *Galaktane;* dazu kommen noch eine Reihe ungenügend charakterisierter Produkte, die bei der Hydrolyse gleichzeitig mehrere Hexosen liefern, *Glucomannane, Galaktomannane, Fructomannane* usw.

1. Nachweis der Hexosane.

Der Nachweis der Hexosane erfolgt durch Identifizierung der bei der Hydrolyse entstehenden Spaltzucker (vgl. Bd. II). Der Übergang der Hexosane bzw. Hexosen in Oxymethylfurfurol beim Erhitzen mit Salzsäure vollzieht sich, mit Ausnahme der Fructose, viel langsamer als der Übergang der Pentosane in Furfurol und ist für den Nachweis der Hexosane ohne Bedeutung.

2. Quantitative Bestimmung.

Die quantitative Bestimmung der Hexosane im allgemeinen (über Sondermethoden für Mannan und Galaktan vgl. S. 48 und 52) erfolgt durch quantitative Bestimmung der bei der Hydrolyse entstandenen Monosen nach den in der Zuckerchemie üblichen Methoden (vgl. Bd. II), d. h.

a) durch Ermittlung des Reduktionsvermögens des Hydrolysats,
b) durch Ermittlung des Drehungswertes des Hydrolysats,
c) durch Gärung.

3. Hydrolyse.

Für die Umwandlung der Hexosane in Hexosen findet man bezüglich der Art und Konzentration der Säure und der Reaktionstemperatur und Dauer eine ganze Reihe von Vorschriften angegeben (vgl. auch bei den einzelnen

Pentosanen und Hexosanen). Für schwer hydrolysierbare Hemicellulosen hat sich das Verfahren von Clark (4) bewährt:

500 g des zu hydrolysierenden Präparats werden mit 500 g 75proz. Schwefelsäure bis zum nächsten Tage bei gewöhnlicher Temperatur stehenlassen, mit Wasser auf 5,5 l verdünnt und $2^1/_2$ Stunden am Rückflußkühler gekocht. Dann wird die kochende Lösung mit einem dünnen Brei von gefälltem Bariumcarbonat neutralisiert und sofort durch eine dünne Schicht aktiver Kohle, die sich auf einem mit einem angefeuchteten Filter beschickten Büchner-Trichter befindet, filtriert. Das Filtrat enthält unter Umständen noch Barium, wahrscheinlich an organische Säuren gebunden; dies wird durch Zusatz einiger Kubikzentimeter verdünnter Schwefelsäure, bis kein Niederschlag mehr entsteht, entfernt. Man filtriert ab und dampft auf den gewünschten Gehalt ein.

Für die Hydrolyse gewisser Hemicellulosen (Hemicellulose aus den Zellwänden der Archegoniaten und Phanerogamen) besitzt nach Schmidt, Atterer und Schnegg (31) die Hydrolyse mit Oxalsäure gegenüber der schwefelsauren Hydrolyse gewisse Vorteile, da sie unter milderen Bedingungen erfolgt und einfacher auszuführen ist (s. weiter unten).

a) Die Ermittlung des Hexosangehaltes aus dem Reduktionsvermögen des Hydrolysats ist nur möglich, wenn nur ein bestimmtes Hexosan zugegen ist, da die verschiedenen Monosen bekanntlich verschiedene Reduktionswerte besitzen.

b) Die Ermittlung des Hexosangehaltes aus dem Drehwert des Hydrolysats setzt gleichfalls die alleinige Gegenwart eines (qualitativ bekannten) Hexosans voraus. Bei Gemischen von Hexosanen lassen sich jedoch unter Umständen aus Sinn und Größe des Drehungswinkels qualitative Schlüsse auf die Art der vorhandenen Hexosen bzw. Hexosane ziehen.

c) Durch Vergärung des Hydrolysats läßt sich nicht nur die Summe der Hexosen bzw. Hexosane, sondern auch die vorhandene Menge Galaktan feststellen. Während nämlich die übrigen Hexosen, die sog. Zymohexosen von allen Hefen vergoren werden, wird die Galaktose von vielen Hefen erst nach längerer Zeit oder gar nicht angegriffen. Diese Tatsache liegt der Kluyverschen Methode zur Bestimmung der Galaktose durch auswählende Gärung zugrunde. Die dieser Methode für die Hydrolysengemische von Hemicellulosen anhaftenden Mängel lassen sich nach Schmidt, Trefz und Schnegg (35) beseitigen, wenn dem Gärsubstrat von vornherein die notwendige Menge einer Hefereinkultur zugesetzt wird. Wichtig ist dabei die richtige Einstellung von p_H. Schmidt, Trefz und Schnegg verfahren daher in der Weise, daß sie einerseits die Summe von Cymohexosen + Galaktose bei $p_H = 5,5$ (Phosphatpuffer) nach Ausschaltung der Selbstgärung mittels Münchener untergäriger Löwenbräuhefe in 24 Stunden, andererseits den Gehalt an Cymohexosen mittels Schizosaccharomyces-Pombe bei $p_H = 3,7$ (Acetatpuffer) bestimmen; die Differenz beider Bestimmungen ergibt die vorhandene Menge Galaktose bzw. Galaktan. Um die Verwendung verschiedener Puffergemische zu sparen, benutzten später Schmidt, Atterer und Schnegg (31) zur Vergärung der gesamten Hexosen statt der Löwenbräuhefe die Hefe Saccharomyces Vordermannii, die Galaktose bei $p_H = 3,7$ quantitativ vergärt, wobei p_H durch Glykokollpuffer eingestellt wurde. Bei der quantitativen Bestimmung der Hexosane durch Vergärung der Hydrolysengemische ist zu beachten, daß die bisher nicht ganz zu vermeidende Bildung geringer Mengen von Huminsubstanzen bei der Hydrolyse besonders auf Galaktose vergärende Hefen entwicklungs- und gärungshemmend wirkt und die quantitative Vergärung in Frage stellen kann. Um deshalb aus dem Hydrolysat die gärungshemmenden Huminsubstanzen zu entfernen, bedienen

sich Schmidt, Atterer und Thaler (32) des Chlordioxyds in wäßriger, mineral-
säurefreier Lösung. Die mit Chlordioxyd behandelten und mit Calciumcarbonat
neutralisierten Hydrolysengemische sind zunächst farblos, nehmen aber beim
Eindampfen, wahrscheinlich infolge Gegenwart noch unbekannter, durch Chlordioxyd nicht vollständig zu Maleinsäure und Oxalsäure oxydierter Abbauprodukte
der Huminsubstanzen eine schwach gelbe Farbe an; diese gefärbten Abbauprodukte wirken jedoch auf Hefen nicht oder nur sehr wenig entwicklungs- und
gärungshemmend. Die quantitative Bestimmung der Hexosane durch Gärung
vollzieht sich somit folgendermaßen (32) (vgl. auch Schmidt, Atterer und
Schnegg (1931) (31).

    1. Hydrolyse mit 5proz. Oxalsäure. Die im Hochvakuum bei 78⁰
bis zur Gewichtskonstanz getrocknete Hemicellulose wird in einem Schliffkölbchen mit der Lösung von 3,5 g krystallisierter Oxalsäure in 50 cm³ Wasser
ca. 8 Stunden im siedenden Wasserbade am Rückflußkühler erhitzt und das
Hydrolysat in einer Porzellanschale mit Calciumcarbonat „zur Analyse" bei
Wasserbadtemperatur neutralisiert. Dann wird der Bodenkörper abfiltriert
und ausgewaschen, das mit den Waschwässern vereinigte Filtrat in einem Becherglas bei Wasserbadtemperatur auf ca. 50 cm³ eingeengt und mit ca. 20 cm³
einer 0,8—1proz. wäßrigen, mineralsäurefreien Lösung von Chlordioxyd versetzt. Nach 12 Stunden wird das unverbrauchte Chlordioxyd aus dem Reaktionsgemisch mit Äther im Extraktionsapparat von 100 cm³ Inhalt (zur Zerstörung
des extrahierten Chlordioxyds befindet sich in dem mit Äther beschickten Siede-
kolben noch 20 cm³ einer 10proz. Natronlauge und 2 g krystallisiertem Natriumsulfit) extrahiert. Nach 1¹⁄₂stündigem Ausäthern wird der farblose Inhalt des
Extraktionsapparates quantitativ in ein Becherglas überführt, und wenn die
ätherische Schicht bei Zimmertemperatur verdampft ist, wird die wäßrige
Lösung mit Calciumcarbonat „zur Analyse" abermals neutralisiert, der Bodenkörper abfiltriert und ausgewaschen und das Filtrat durch Aufbewahren im evakuierten Exsiccator über reichlich Phosphorpentoxyd und Ätzkali zum Sirup
eingeengt. Dieser wird mit Pufferlösung aufgenommen, in einem 10 cm³ Meßkölbchen bis zur Marke aufgefüllt und an zwei aufeinanderfolgenden Tagen bei
60⁰ pasteurisiert.

    2. Hydrolyse mit Schwefelsäure. Die im Hochvakuum bis zur Ge-
wichtskonstanz getrocknete Hemicellulose wird in einem Schliffkölbchen mit
75proz. Schwefelsäure bedeckt, mittels eines Glasstabes mit der Säure gut
verrieben und 24 Stunden bei Zimmertemperatur aufbewahrt. Durch Zusatz
von Wasser die Säure auf 5—10% verdünnen, 2¹⁄₂ Stunden auf dem Baboblech am Rückflußkühler kochen, den nicht hydrolisierten Anteil auf einem ge-
härteten, bei 100⁰ getrockneten und im verschlossenen Wägeglas gewogenen
Filter abfiltrieren, wieder bei 100⁰ trocknen und wägen. Das Filtrat wird in
einer dunkelglasierten Porzellanschale unter stetem Rühren mit mehr als der
berechneten Menge Bariumcarbonat „zur Analyse" bei Wasserbadtemperatur
neutralisiert und weiter wie unter 1 beschrieben verfahren.

k) Glucane.

    Glucane (Glucosane, Dextrane) sind häufig in Vegetabilien beobachtet
worden; sie finden sich nach Haegglund und Klason z. B. auch im
Holz. In weitgehend gereinigtem Zustande isoliert und näher untersucht
ist jedoch bisher nur das Lichenin. Die übrigen in der Literatur beschriebenen
Präparate (vgl. Abderhalden [1]), wie die aus Hefe isolierten Dextrane, sind
Gemische.

1. Lichenin.

Das Lichenin ist ein wichtiger Bestandteil der Zellwand des isländischen Mooses (Cetraria islandica); auch in anderen Flechten (Evernia vulpina, Usnea barbata, Parmelia furfuracea, Cetraria nivalis) ist es aufgefunden worden.

Lichenin reduziert FEHLINGsche Lösung nicht und färbt sich nicht mit Jodreagenzien. In wäßriger Lösung zeigt es keine optische Drehung, in 2 n NaOH ein $[\alpha]_D^{20} = + 8,3^0$. In Kupferamminlösung (4 mg-Äquivalente $C_6H_{10}O_5$, 10 mg-Mol. $Cu(OH)_2$ 20 mg-Mol. NaOH und 1000 mg-Mol. NH_3 in 100 cm³ (0,5 dm-Rohr) ist $\alpha_{435.8}^{22} = - 2,33$ bis $2,35^0$ (HESS und FRIESE [24]). Es läßt sich zu einem Triacetat acetylieren, das in Chloroform ein $[\alpha]_D = - 38,5^0$ zeigt. Auch ein Methyläther mit fast 3 Methylgruppen pro $C_6H_{10}O_5$ ist bekannt.

Bei der Hydrolyse mit heißen verdünnten Säuren entsteht ausschließlich d-Glucose (KLASON u. a.), desgleichen bei der Spaltung durch einen wäßrigen Auszug von Gerstenmalz (PRINGSHEIM und SEIFERT). Bei der Acetolyse mit Essigsäureanhydrid-Schwefelsäure wird Cellobiose gewonnen (KARRER und JOOS), ebenso bei Einwirkung von gealterten Malzauszügen (PRINGSHEIM und LEIBOWITZ). Bei Verwendung einer besonders behandelten Schneckenlichenase haben KARRER und LIER als enzymatisches Spaltprodukt ferner eine Triose, Lichotriose aufgefunden.

Darstellung von reinem Lichenin nach HESS und FRIESE (12). Zur Gewinnung von Lichenin aus Cetraria islandica befolgt man im allgemeinen die Vorschrift von HOENIG und SCHUBERT (1887). Die Heißwasserextraktion nach der Entfernung der Gerbstoffe mit Pottaschelösung läßt sich wesentlich abkürzen, wenn man das Material vor dieser Extraktion einer aufeinanderfolgenden Behandlung mit Chlorwasser und 2 proz. Natriumsulfitlösung unterwirft. Nach diesem Aufschluß wird die Flechte durch eine einmalige mehrstündige Kochung mit Wasser an Lichenin nahezu erschöpft, während sonst manchmal wiederholte, langandauernde Kochungen notwendig sind. Das so bereitete Lichenin steht dem unmittelbar aus der Flechte gewonnenen an Güte nicht nach. Chlordioxyd ist hier nicht von Vorteil, obwohl es dasselbe leistet; die Chlorbehandlung ist einfacher.

Gewinnung des Rohlichenins. 300 g käufliche Flechte (lufttrocken) werden zur Entfernung der Gerbstoffe dreimal je 24 Stunden mit 6 l 2 proz. Pottaschelösung bei Zimmertemperatur extrahiert. Nach dem gründlichen Wässern wird die sorgfältig verlesene Ware im Kolben mit Wasser bedeckt und während 4 Stunden ein mittelkräftiger Chlorstrom eingeleitet. Das völlig gebleichte Material wird nach dem Wässern und Abpressen mit 2 proz. Natriumsulfitlösung übergossen und nach 24 stündiger Einwirkung 15 Stunden in fließendem Wasser gewaschen. Durch eine einmalige 6 stündige Kochung des abgepreßten Materials mit 4 l Wasser wird diesem das Lichenin im wesentlichen entzogen. Zur Abtrennung der Mutterlauge von den nach dem Abkühlen abgesetzten Gallertmassen werden die vereinigten Extrakte ohne weiteres möglichst vollständig ausgefroren. Nach dem Auftauen ist das Lichenin gut sedimentierbar geworden und wird von der braunen Mutterlauge abzentrifugiert. Nach dem Absitzen wird das Lichenin so lange auf der Zentrifuge mit kaltem Wasser gewaschen, bis das Waschwasser mit Jodjodkaliumlösung keine Blaufärbung mehr gibt (diese Probe wird zweckmäßig so ausgeführt, daß dem Waschwasser in einer großen Porzellanschale mehrere Kubikzentimeter einer $^1/_2$ proz. Jodjodkaliumlösung zugesetzt werden; solange sich gegen das Porzellan auch nur eine leise Andeutung einer dunklen Wolke abhebt, muß weiter gewaschen werden). Dann wird das Wasser mit Alkohol und der Alkohol mit Äther verdrängt. Nach dem Trocknen im Schwefelsäureexsiccator ist das Lichenin ein graubraunes, lockeres Pulver. Ausbeute, bezogen auf lufttrockene Flechte, 18—25%.

Reinigung. Man kann diese Rohlicheninpräparate wie üblich durch Umlösen aus heißem Wasser etwas hellfarbiger bekommen; eine erschöpfende Reinigung findet aber dabei nicht statt, wenigstens nicht nach einer normalen Anzahl von Umfällungen. Eine wesentlich wirksamere Reinigung erzielt man durch Umfällen aus alkalischen Lösungen. Diese kann aus 1. sodaalkalischer Lösung, 2. aus alkaliammoniakalischer Lösung mit konzentriertem Alkali oder 3. über die Kupferalkaliverbindung erfolgen; jedes Verfahren bietet unter Umständen entsprechende Vorteile. Die reinsten Präparate wurden nach dem dritten Verfahren gewonnen.

1. Das Rohlichenin wird mit etwa der 70fachen Menge kalten Wassers und so viel Natronlauge versetzt, daß eben in der Kälte Lösung eintritt, der filtrierten Lösung Kohlensäure bis zur Entfärbung von Phenolphthalein zugesetzt und dann bis zur Rötung konzentrierte Sodalösung. Nach dem Ausfrieren hinterbleibt das Lichenin als weißes, gut filtrierbares Pulver, das mit Alkohol und Äther entwässert wird. Die Operation wird eventuell 1—2mal wiederholt. Die so gewonnenen Präparate sind noch nicht rein, übertreffen aber alle durch die bisher übliche Umfällung aus heißem Wasser gewonnenen Präparate an Reinheit.

2. 25 g Rohlichenin werden in 500 cm³ heißem Wasser gelöst, nach dem Abkühlen mit 10 cm³ 33proz. Natronlauge versetzt, filtriert oder zentrifugiert und mit Ammoniakgas unter guter Kühlung gesättigt. Auf Zusatz von 50 cm³ 33proz. Natronlauge fällt das Lichenin aus, wird durch Zentrifugieren abgetrennt, in kaltem Wasser gelöst und noch zweimal daraus in derselben Weise abgeschieden. Zuletzt wird die Fällung in möglichst wenig Wasser gelöst und mit Essigsäure schwach angesäuert. Nach dem vollständigen Ausfrieren und Auftauen wird das Lichenin als ein rein weißes Pulver gewonnen, das auf der Nutsche gründlich gewaschen und durch Alkohol und Äther entwässert wird. Ausbeute 50—60 % des Rohlichenins. Die nach 2. gereinigten Präparate zeigen den nach 1. gereinigten nahekommende Drehwerte: α^{20} = in Kupferlösung = —2,17 bis —2,24° (4 mg-Äquivalente $C_6H_{10}O_5$, 10 mg-Mol $Cu(OH)_2$, 20 mg-Mol NaOH und 1000 mg-Mol NH_3 in 100 cm³ Lösung, bezogen auf 0,5-dm-Rohr); Drehwert der Acetate in Chloroform $[\alpha]_D$ = —35 bis —36°.

3. 2 g Lichenin, das nach der Sodamethode vorgereinigt ist (α^{20} = —2,25°), wird mit 2,5 g Kupferhydroxyd zu 200 cm³ einer 10 n Ammoniaklösung gelöst und mit 17 cm³ einer 38proz. Natronlauge gefällt. Auf der Zentrifuge mit 2 n Natronlauge waschen, durch Zusatz von 35 cm³ einer ammoniakalischen (10 n) Kupferlösung wieder lösen. Nach Zusatz von 8proz. Natronlauge bis zur beginnenden Trübung (25 cm³) wird zentrifugiert, der Niederschlag mit nicht zu viel Wasser aufgenommen und unter Eiskühlung mit verdünnter Essigsäure neutralisiert. Die Fällung des Lichenins wird durch Zusatz einer geringen Menge Alkohols begünstigt, abfiltriert, mit kaltem Wasser gewaschen und dieses durch Alkohol und Äther verdrängt. Das schneeweiße Präparat ist aschefrei und zeigte $\alpha^{22}_{435,8}$ = —2,35. Eine nochmalige Behandlung in der angegebenen Weise bei fraktionierter Fällung der Kupferverbindung mit Alkali ergab keine wesentliche Änderung des Drehwertes der Fraktionen.

2. Isolichenin.

Als Isolichenin wird das das Lichenin begleitende polymere Kohlehydrat bezeichnet, das durch Alkohol aus dem wäßrigen Extrakt, aus dem das Lichenin durch Ausfrieren niedergeschlagen worden ist, abgeschieden wird. Es ist nach Pringsheim (1924) mit der Amylosefraktion der Stärke identisch. Es löst sich ziemlich leicht in Wasser und färbt sich mit Jod blau.

Reindarstellung nach Pringsheim (24). 100 g isländisches Moos wird mit der 10fachen Menge Wasser zum Sieden erhitzt und heiß filtriert. Beim Erkalten scheidet sich das Lichenin als Gel ab, das abzentrifugiert wird. Die das Isolichenin enthaltende Lösung wird durch dreimaliges Ausfrieren in einer Kältemischung von den letzten Resten des Lichenins befreit, bei 50° auf 50 cm³ eingedampft, 24 Stunden im kontinuierlichen Dialysator dialysiert und in Alkohol eingegossen, wobei sich das Isolichenin als gelbbraune Masse abscheidet. In heißer verdünnter Salzsäure lösen und wieder durch Eingießen in Alkohol fällen.

Scharf absaugen und mit absolutem Alkohol waschen. Nochmals in etwas Wasser lösen, mehrere Stunden mit etwas Tierkohle unter gelegentlichem Umschütteln stehenlassen und nach Filtration wieder durch Eingießen in Alkohol fällen. Nochmals in gleicher Weise umfällen. $[\alpha]_D = + 188,2^0$. Wird die wäßrige Lösung mit Kalilauge alkalisch gemacht und mit FEHLINGscher Lösung versetzt, so entsteht eine Fällung.

3. Das Glucan von HESS, LUEDTKE und REIN (14).

HESS, LUEDTKE und REIN haben aus Buchenzellstoff ein Glucanpräparat isoliert, das bei der Hydrolyse mit Säuren ausschließlich d-Glucose lieferte und in Kupferamminlösung (0,0648 g Substanz und 0,0995 g Cu(OH) in 10 cm³ 25proz. Ammoniak, 5 dm-Rohr) ein $\alpha = - 1,0^0$ zeigte. Das Röntgendiagramm weist nur einen schwachen Ring auf. Über Glucane als Zwischenprodukte der Cellulosebildung („Intercellulosen") vgl. LÜDTKE (19a).

Zur Isolierung des Glucans wurde aus der mit 5proz. NaOH extrahierten und in Kupferamminlösung gelösten Substanz das Xylan durch Zusatz von NaOH zur Kupferamminlösung bis zu einer Konzentration von 1 n gefällt und aus dem Zentrifugat der Xylankupferverbindung die Kupferalkaliverbindung des Glucans durch Zusatz des gleichen Volumens Methanol abgeschieden. Diese wird in wenig Wasser gelöst, unter Kühlung mit Essigsäure angesäuert und mit Methanol gefällt; Kupfer und Essigsäure auswaschen. Umfällung aus 1 n NaOH mit Essigsäure und Methanol.

4. Amylohemicellulose.

Als „Amylohemicellulose" wurde von LING und NANJI (17a) ein polymeres Kohlehydrat bezeichnet, das als Begleiter der Stärke in stärkehaltigen Früchten und Samen vorkommt, die blaue Jodreaktion gibt, aber von Takadiastase und der Diastase aus ungekeimter Gerste nicht angegriffen wird. Es enthält SiO_2 in esterartiger Bindung und kann über die Kupferverbindung gereinigt werden (SCHRYVER und THOMAS [37a]). Bei der Hydrolyse durch Malzdiastase entsteht ausschließlich Maltose, bei der Säurehydrolyse als einziger reduzierender Zucker Glucose, daneben geringe Mengen wahrscheinlich dextrinartiger Produkte. $[\alpha]^{20}$ in 1/2 n NaOH $= + 150^0$.

l) Lävulane.

Das Vorkommen schwer hydrolysierbarer Lävulane im Holz ist von HAEGG-LUND und KLINGSTEDT (10) durch Identifizierung der Fructose unter den Spaltzuckern des Sulfitzellstoffs nachgewiesen worden. Über das eventuelle Vorkommen von Fructanen in der Gerüstsubstanz des Kohls vgl. S. 41. Über Hefelävulan s. unter Hefegummi.

m) Mannane.

Vorkommen. Mannan ist ein typischer Bestandteil des Holzes der Nadelbäume; das Holz der Laubbäume enthält wesentlich geringere Mengen, manchmal überhaupt kein Mannan. Mannan ist ferner in Zellwandungen von Pflanzensamen weitverbreitet und wurde schon frühzeitig als wesentlicher Kohlehydratbestandteil des Salepschleimes erkannt. Auch aus Hefegummi wurden Präparate gewonnen, die bei der Hydrolyse hauptsächlich Mannose liefern.

Eigenschaften. Die (reinen) Mannane liefern bei der Hydrolyse mit Säuren ausschließlich d-Mannose. Sie sind in organischen Lösungsmitteln unlöslich, in Alkalien und in Kupferamminlösung löslich. Aus der Kupferamminlösung fällt das Mannan auf Zusatz von Natronlauge bis zu einer Konzentration von 0,2 n

aus, desgleichen auf entsprechenden Zusatz von Natriumcarbonat und Natriumacetat (Luedtke [19]). Bei Zusatz von Kupfersulfat zu einer Lösung von Mannan
in 8proz. Natronlauge scheidet sich Mannan gleichfalls als schwerlösliche Kupferalkaliverbindung ab, in der das Verhältnis Mannan:Kupfer:Natrium = 2:1:2
beträgt (Heuser und Broetz, 1927). Bis auf die ausschließliche Bildung von
Mannose bei der Hydrolyse mit Säuren sind die Eigenschaften verschiedener
Mannanpräparate jedoch so verschieden, daß die Existenz chemisch verschiedener
Mannane anzunehmen ist.

Nachweis: Der Nachweis der Mannane erfolgt durch Identifizierung der
Mannose nach der Hydrolyse (vgl. Bd. II, S. 829).

Quantitative Bestimmung: Zur quantitativen Bestimmung des Mannans in
Pflanzenmaterialien wird hydrolysiert und aus dem Hydrolysengemisch die
Mannose als schwer lösliches Mannosephenylhydrazon abgeschieden.

Mannanbestimmung im Holz nach Schorger-Dore (37). 10 g Holz werden
$3^1/_2$ Stunden mit 150 cm³ Salzsäure (D. 1,025) in einem Erlenmeyer-Kolben am Rückflußkühler zum Sieden erhitzt. Dann wird abfiltriert, der Holzrückstand in einen Kochbecher
überführt und einige Minuten lang mit 100 cm³ Wasser warm digeriert. Dann gießt man
die Flüssigkeit durch ein Filter ab, spült den Holzrückstand in den Kochbecher zurück,
erwärmt ihn wiederum mit 100 cm³ Wasser und setzt dies so lange fort, bis das Filtrat
ca. 500 cm³ beträgt. Das Filtrat wird hierauf mit Natronlauge neutralisiert, mit Essigsäure
ganz schwach angesäuert und auf dem Wasserbade auf 150 cm³ eingedampft. Die Flüssigkeit wird dann in einen Erlenmeyer-Kolben mit eingeschliffenem Stopfen gebracht, ein
Gemisch von 10 cm³ Phenylhydrazin und 20 cm³ Wasser zugesetzt und mit Eisessig angesäuert, wobei sich das Mannosehydrazon sofort ausscheidet. Man läßt mehrere Stunden
stehen und filtriert dann durch einen Gooch-Tiegel. Das Mannosehydrazon wird mehrfach mit kaltem Wasser, zuletzt mit Aceton gewaschen, bei 100° getrocknet und gewogen.

Nach Haegglund und Klingstedt (9, 10) liefert die Methode von Schorger
nicht den Gesamtgehalt eines Zellstoffs u. dgl. an Mannan, da ein Teil des Mannans beim Kochen mit 5proz. Salzsäure nicht hydrolysiert wird. Zur Erfassung
der gesamten vorhandenen Mannanmenge muß vielmehr der Zellstoff zunächst
mit starker Schwefelsäure in folgender Weise verzuckert werden: Etwa 100 g
lufttrockener Zellstoff werden mit 1500 cm³ 72proz. Schwefelsäure $2^1/_2$ Tage
bei Zimmertemperatur stehengelassen, in Wasser eingegossen, mit Calciumcarbonat neutralisiert und filtriert. Der Rückstand wird gut ausgewaschen, das
mit den Waschwässern vereinigte Filtrat auf dem Wasserbade auf 1,5 Liter eingedampft, Schwefelsäure bis zu einer Konzentration von 2% zugesetzt und bis
zur vollständigen Inversion (32 Stunden) am Rückflußkühler gekocht. Dann
wird wieder mit Calciumcarbonat neutralisiert, bei 60° im Vakuum eingedampft,
auf 1000 cm³ aufgefüllt und in der Lösung wie vorstehend die Mannosebestim-
mung vorgenommen.

1. Salepmannan.

Das Mannan aus dem Schleim von Orchideenknollen wurde zuerst von
Pringsheim und Mitarbeitern isoliert und näher untersucht. Es ist in Wasser
löslich und wird aus dieser Lösung durch Alkohol als weißes Pulver gefällt. Die
wäßrige Lösung ist optisch inaktiv (Pringsheim und Genin [27]). Es läßt sich
zu einem Triacetat acetylieren, das in Chloroform eine Drehung $[\alpha]_D^{19.5} =$ ca. 29°
zeigt (Pringsheim und Liss [28]). Durch Malzauszug wird es quantitativ in
Mannose gespalten.

α) *Gewinnung.* 100 g gepulverte Knollen von Tubera Salep werden mit
15 l Wasser unter häufigem Umschütteln bei gewöhnlicher Temperatur stehenlassen. Dann wird koliert, im Vakuum auf 3 l eingedampft und durch Zugabe
von $^1/_3$ Vol. Alkohol das Mannan als weißer voluminöser Niederschlag gefällt.
Zentrifugieren, kolieren, mehrere Tage unter absolutem Alkohol stehenlassen,

wieder kolieren und stark abpressen. Mehrere Tage unter Alkohol-Äther aufbewahren, filtrieren und im Vakuumexsiccator trocknen. Weißes Pulver mit
weniger als 1% Asche.

2. Steinnußmannan.

Mit Hilfe von wäßrigem Alkali in der Kälte wurde zuerst von BAKER und
POPE (1900), später von PRINGSHEIM und SEIFERT (29) — nach vorheriger
Deinkrustierung mit Chlordioxyd-Natriumsulfit — das Steinnußmannan isoliert.
LUEDTKE (18) wies dann in der Steinnuß das Vorkommen von zwei verschiedenen
Mannanen A und B nach. Die Eigenschaften dieser Mannanpräparate sind in
folgender Tabelle zusammengestellt:

Präparat	$[\alpha]_D$ in 1 n NaOH	α^{20} in Kupferlösung[1]	$[\alpha]_D^{20}$ des Acetats in Chloroform	Verhalten gegen Chlorzinkjod
BAKER und POPE	$- 44{,}1^0$			
PRINGSHEIM und S.	$- 44{,}4^0$ (23^0)		in Acetylentetra-chlorid bei $25-27{,}40^0$	
Mannan A	$- 44{,}94^0$ (17^0)	$+ 0{,}88^0$	$+ 0{,}61^0$	—
Mannan B	unlöslich	nur wenig löslich	$+ 0{,}52^0$	$+$

Die Bedingungen, unter denen Mannan A und B in maximaler Ausbeute zu
Mannose hydrolysiert werden, sind nach LUEDTKE folgende:

Etwa 2,3 g Substanz werden mit 16 cm³ 75proz. Schwefelsäure 12 Stunden
bei 20⁰, dann nach dem Verdünnen mit 240 cm³ Wasser 5 Stunden im siedenden
Wasser hydrolysiert. Nach der Entfernung der Schwefelsäure durch Baryt und
gründlichem Auswaschen des Bariumsulfats durch mehrmalige Behandlung mit
siedendem Wasser werden die vereinigten Filtrate auf ca. 100 cm³ eingeengt,
im Meßkolben auf 150 cm³ aufgefüllt und in der Lösung die Mannose durch
Fällung mit Bromphenylhydrazin oder mit Phenylhydrazin, ferner durch Titration
mit Hypojoditlösung bestimmt. Ausbeute 90—93% der Theorie.

Gewinnung des Steinnußmannans nach PRINGSHEIM und SEIFERT (29). Die Steinnußspäne werden dreimal mit Chlordioxyd-Natriumsulfit nach SCHMIDT und GRAUMANN behandelt und mit der zehnfachen Menge 5proz. NaOH 2 Tage bei Zimmertemperatur stehengelassen. Dann wird durch Ansäuern mit verdünnter Essigsäure das Mannan gefällt, mit
Alkohol gewaschen und je 1 Tag im Alkohol und Äther im Extraktionsapparat extrahiert.

Gewinnung von Mannan A und B nach LUEDTKE (18). Steinnußspäne, wie sie bei
der Knopffabrikation anfallen, werden dreimal hintereinander mit Chlordioxyd-Natriumsulfit nach SCHMIDT und GRAUMANN behandelt, worauf der Lagerversuch Inkrustenfreiheit
ergibt. Das Material wird alsdann mit der zehnfachen Menge 5proz. Natronlauge 2 Tage
bei Zimmertemperatur stehengelassen. Aus der alkalischen Lösung wird das Mannan durch
Ansäuern mit verdünnter Essigsäure gefällt, mit Wasser gewaschen und das Wasser mit
Alkohol und Äther verdrängt (Mannan A).

Mannan B. Für die Darstellung von Mannan B benutzt man zweckmäßig das auf-
geschlossene Steinnußmehl, dem bereits durch Extraktion mit 5proz. Natronlauge die
wesentlichsten Anteile an Mannan A, dann durch Extraktion mit 10proz. Natronlauge
auch noch weitere im Rückstand verbliebene Reste von Mannan A entzogen worden sind,
wobei allerdings schon Anteile von Mannan B mit abgeführt werden. Das Präparat wird
dann in einer Stöpselflasche mit 25proz. Ammoniak übergossen (100 cm³ auf 1 g Substanz)
und portionsweise mit so viel Cu(OH)₂ versetzt, daß auf 4 mg-Äquivalente C₆H₁₀O₅ 7—10 mg-
Äquivalente kommen. Nach 12—15stündigem Schütteln bei 15—20⁰ wird bis zur Lösung
Kohlensäure eingeleitet; zuviel Kohlensäure erzeugt gallertige Abscheidung, die durch
weitere Zugabe von Cu(OH)₂ beseitigt werden kann. Am besten stellt man den Kohlensäurestrom vor vollständiger Lösung ab und setzt zur völligen Klärung Ammoniumcarbonat
bzw. Ammoniumbicarbonat in kleinen Portionen unter Umschütteln bis zur Auflösung zu.

---

[1] 4 mg-Äquivalente C₆H₁₀O₅, 10 mg-Mol. Cu(OH)₂, 1350 mg-Mol. NH₃.

Von einer mitunter verbleibenden geringen Suspension wird durch Zentrifugieren (in geschlossenen Gefäßen) getrennt und die völlig klare Lösung mit so viel 2 n Natronlauge in kleinen Portionen unter Umschütteln versetzt, daß die Gesamtflüssigkeit daran ca. 0,2 n ist. Der abgeschiedene Niederschlag der Kupferalkaliverbindung von Mannan B wird abzentrifugiert und auf der Zentrifuge mit einer Mischung von Ammoniak und Natronlauge in obigem Verhältnis gewaschen. Die ausgewaschene Kupferalkaliverbindung wird dann in Wasser aufgenommen, die Lösung mit 50 proz. Essigsäure vorsichtig angesäuert und das Mannan durch etwa das gleiche Volumen Methylalkohol abgeschieden. Das Mannan wird mit 3—5 proz. Essigsäure von Kupfersalzen befreit und die Essigsäure durch Methylalkohol, dieser durch Äther verdrängt. Die Ausbeute an trockenem Mannan B beträgt ca. 18 g aus 100 g aufgeschlossenem trockenen Steinnußmehl. Aus den bei der vollständigen Abtrennung von Mannan A gewonnenen Auszügen mit 10 proz. Natronlauge lassen sich noch ca. 7 g Mannan B gewinnen. Die Auszüge werden zu diesem Zweck mit Essigsäure angesäuert und das abgeschiedene Mannangemisch nach dem Waschen mit Wasser und Trocknen in Kupferoxydammoniaklösung vorgenannter Konzentration gebracht, wobei Mannan A nach einigen Stunden in Lösung geht, während Mannan B größtenteils ungelöst zurückbleibt, durch Zentrifugieren abgetrennt und wie vorstehend isoliert werden kann; der Vorgang ist eventuell noch einmal zu wiederholen.

3. Fichtenholzmannan.

Fichtenholzmannan (Hess und Luedtke [13]) scheint mit Mannan A aus Steinnüssen identisch zu sein. $[\alpha]_D^{18}$ in 1 n NaOH = — 44,58°. Jodreaktion negativ.

Gewinnung aus Sulfitzellstoff (Fichte). 630 g Sulfitzellstoff wurden mit 4 l 2 proz. Natronlauge ca. 14 Stunden geschüttelt, das Filtrat mit dem gleichen Volumen Methanol versetzt, der Niederschlag abzentrifugiert und mit 50 proz. Methanol alkalifrei gewaschen. Nach 24 stündigem Stehen unter Methanol und Verdrängen des Methanols durch ebenso langes Stehen unter Äther wurde abgesaugt und über Phosphorpentoxyd getrocknet. Ausbeute 0,51 g eines hauptsächlich aus Verunreinigungen bestehenden Produktes. Der Rückstand wurde dann achtmal hintereinander in gleicher Weise mit 8 proz. NaOH ausgezogen und die alkalischen Auszüge der 5.—8. Extraktion wurden zur Fällung mit Essigsäure neutralisiert. Ausbeuten der über Phosphorpentoxyd im Vakuum bei 100° getrockneten Extrakte: 1. und 2. Extrakt 5,7 g; 3. Extrakt 4,8 g. Die vereinigten Extrakte 1—3 (zusammen 10,5 g) wurden mit 10 g $Cu(OH)_2$ und 1000 cm³ ca. 25 proz. Ammoniak in gut schließendem Gefäß 15 Stunden bei Zimmertemperatur geschüttelt, wobei die Substanz größtenteils in Lösung ging. Der beim Zentrifugieren zurückbleibende Rückstand wurde noch einmal mit gesättigter Kupferamminlösung angerührt und abgeschleudert. — Die vereinigten Kupferlösungen wurden sodann einschließlich Waschflüssigkeit mit so viel 2 n NaOH unter Umschütteln in kleinen Portionen versetzt, daß die Gesamtflüssigkeit hieran 0,2 n war, und nach vierstündigem Stehen bei Zimmertemperatur wurde der aus einer Kupferalkaliverbindung des Mannans bestehende Niederschlag abfiltriert. Im Filtrat befindet sich das Xylan. Zur Reindarstellung des Mannans wird die Kupferalkaliverbindung in etwas Wasser unter Umrühren gelöst, unter Kühlung durch 50 proz. Essigsäure bis zur schwach sauren Reaktion zersetzt und das Mannan durch Zusatz des gleichen Volumens Methanol abgeschieden. Abschleudern, mit Methanol, dem 5 % Essigsäure zugesetzt worden ist, kupferfrei waschen, mit reinem Methanol von Essigsäure befreien, 24 Stunden unter Äther aufbewahren und im Vakuum (P_2O_5, 65°) trocknen. Wieder in Kupferamminlösung zu einer 1—2 proz. Lösung aufnehmen, durch Alkali (0,2 n) fällen und wie oben aufarbeiten. Nochmalige Reinigung durch Auflösung in möglichst wenig 1 n Natronlauge (ca. 0,3 proz. Lösung in bezug auf das Kohlehydrat) und Ausfällung durch Essigsäure.

4. Hefemannan, Konjakmannan.

Die aus Hefegummi gewonnenen Mannanpräparate (Hessenland, Meigen und Spreng; Ling, Nanji und Paton), sowie das Konjakmannan aus Conophallus Konjaku (Ohtsuki; Nishida und Hashima [22]) liefern bei der Hydrolyse sowohl Mannose als auch Glucose, werden daher von den betreffenden Autoren als „Glucomannane" (vgl. S. 36) angesehen.

5. Galaktomannane.

Ein Galaktomannan liegt nach O'Dwyer (23) neben Araboxylan in dem aus einer amerikanischen Eichenart durch 4 proz. NaOH extrahierten, mit Essigsäure und Alkohol gefällten und nach BAKER und POPE (1900) gereinigten Hemicellulosepräparat vor. — BAKER und POPE (1900) beschreiben ein Mannogalaktan (ca. 2 Galaktose auf 1 Mannose) aus Strychnos potatorum, das durch Extraktion der gepulverten Nüsse mit verdünntem Alkali, Fällung des filtrierten Extraktes mit FEHLINGscher Lösung, Zersetzung des Niederschlags mit Säure und Fällung mit Alkohol gewonnen worden war. Die schneeweiße, amorphe Substanz war in kaltem Wasser ziemlich, in heißem Wasser leicht löslich, desgleichen in verdünnten Alkalilaugen. In verdünnter wäßriger Lösung war $[\alpha]_D^{15} = + 74^0$. Mit Jod keine Färbung. Das amorphe Dibenzoat war in Benzol, Alkohol und Eisessig löslich und zeigte in Eisessig $[\alpha]_D = + 23^0$.

Vgl. auch ABDERHALDEN (1), S. 50, 56.

6. Fruktomannane.

Ein Fruktomannan wollen BAKER und POPE (1900) aus dem sog. vegetabilischen Elfenbein von Phytelephas macrocarpa über die Kupferalkaliverbindung (s. oben) als weiße, amorphe, in heißem Wasser leicht lösliche, durch heißes Alkali leicht zersetzliche Masse gewonnen haben. Mit Jod keine Färbung. $[\alpha]_D$ in verdünntem Alkali $= - 44,1^0$. Das amorphe, in Benzol, Alkohol und Essigsäure lösliche Dibenzoat zeigt in Eisessig $[\alpha]_D = 74^0$.

Vgl. auch ABDERHALDEN (1).

7. Glucomannane.

Ein Glucomannan ist nach NISHIDA und HASHIMA (22) das sog. *Konjakmannan* aus den Knollen der japanischen Pflanze Amorphophallus Kanjac C. KOCH (Conophallus Konjaku SCHOTT.). Zur Gewinnung des Glucomannans wurden die gepulverten Knollen 3 Stunden mit Wasser im Autoklaven auf 120—125⁰ erhitzt, die filtrierte Lösung mit FEHLINGscher Lösung gefällt und der Niederschlag mit 2proz. alkoholischer Salzsäure zerlegt; Ausbeute 43—68%; Aschgehalt 0,1—0,5%. Ein ähnliches Produkt wird durch Hydrolyse einer kolloiden Lösung von Konjakpulver mit Pankreatin unter Toluol bei 35⁰ und Reinigung über die Kupferverbindung erhalten. Das Glucomannan liefert bei der Hydrolyse mit verdünnten Säuren nur Glucose und Mannose im Verhältnis 1:2. Das Triacetat zeigt in Alkohol-Chloroform (1:9) $[\alpha]_D^{15} = - 21,5^0$. Unter den Produkten des acetolytischen Abbaus wurde eine Hendekaacetylglucomannotriose, $[\alpha]_D^{20}$ in Chloroform $= + 15,1^0$ und daraus durch Verseifung eine Glucomannotriose, $[\alpha]_D^{20}$ in Wasser $= - 16,4^0$, sowie ein aus Mannose und Glucose bestehendes Disaccharid erhalten.

Über *Dextromannane aus Hefegummi* vgl. S. 266.

Die sog. *Mannocellulosen* (vgl. ABDERHALDEN [1]) sind wahrscheinlich Gemische von Mannan und Cellulose.

n) Galaktane.

Galaktane finden sich im Holz, in vielen Samen, in Fucusarten, in vielen Knollen und Wurzeln. Die Angaben über das Vorkommen sind z. T. wenig zuverlässig, da die meisten Autoren nicht das Galaktan als solches, wenigstens in annähernd reiner Form, isoliert, sondern nur die Galaktose als Schleimsäure identifiziert haben, aber auch die Pektinstoffe bzw. Polygalakturonsäuren als Ursprung der Schleimsäurebildung in Betracht zu ziehen sind.

Unter den verschiedenen in der Literatur beschriebenen Präparaten (vgl. ABDERHALDEN [1]) kann man im wesentlichen 5 Galaktane unterscheiden, von denen jedoch nur das γ-Galaktan von E. O. VON LIPPMANN ausschließlich aus Galaktoseresten aufgebaut ist:

1. Das α-Galaktan von MUENTZ (1882) aus Leguminosen, $[\alpha]_D = + 84{,}6^0$, das vielleicht mit dem aus Bohnen und Gerste gewonnenen (MAXWELL, LINDET) identisch ist. In Wasser quillt es und bildet allmählich eine klare, viscose Lösung, die nicht durch neutrales, aber durch basisches Bleiacetat gefällt wird.

MUENTZ behandelte die pulverisierten Luzernensamen mit Wasser, das etwas neutrales Bleiacetat enthielt, fällte mit geringem Überschuß von Oxalsäure, setzte das 1,5fache Volumen Alkohol zu und wusch den Niederschlag mit alkoholhaltigem Wasser. In Wasser lösen und wieder mit Alkohol fällen.

2. Das β-Galaktan von STEIGER aus Lupinensamen ist nach SCHULZE ein Trisaccharid „*Lupeose*".

3. Als γ-*Galaktan* bezeichnet VON LIPPMANN (1887) die Substanz, die beim Absüßen des Kalkschlammes der Rübenzuckerfabrikation anfällt und aus der wäßrigen Lösung nach völligem Entkalken mit Kohlensäure und Oxalsäure und Einengen als zäher Niederschlag gewonnen werden kann. $[\alpha]_D$ in Wasser $= +238^0$. Bei der Hydrolyse entsteht ausschließlich Galaktose. Das Galaktan reduziert FEHLINGsche Lösung nicht. Konzentrierbar wäßrige Lösungen werden durch Bleiacetat gefällt.

Zur *Reinigung* knetete VON LIPPMANN den zähen, in kaltem Wasser und Alkohol unlöslichen Niederschlag so lange mit Wasser, bis das Waschwasser farblos ablief, löste die Substanz durch Kochen mit Kalkmilch, zerlegte die Kalkverbindung mit Kohlensäure, wobei die Lösung gleichzeitig durch Eindunsten konzentriert wurde. Nach dem Absitzen in Glaszylindern wurde weiter konzentriert und dann nach Übersättigung mit Salzsäure mit Alkohol unter stetem Umrühren gefällt. Die Umfällung über die lösliche Kalkverbindung wurde so oft wiederholt, bis die Substanz lichtgelb aussah und in kaltem Wasser löslich geworden war. Dann wurde die Substanz wiederholt aus kaltem Wasser fraktioniert mit Alkohol gefällt, durch Auskneten und Stehen unter Alkohol entwässert, bis sie in trockenem Zustande eine weiße, spröde, amorphe Masse mit muscheligem Bruch darstellte.

4. Das δ-*Galaktan* aus Tangen (Agar) (BAUER, KÖNIG und BETTELS) ist in kaltem Wasser sehr wenig löslich; die Lösung in siedendem Wasser gelatiniert beim Abkühlen stark, liegt aber noch nicht rein vor.

5. Das ε-*Galaktan* von SCHORGER und SMITH (36) ist nach WISE und PETERSON (39) in Wirklichkeit ein Araboxylan.

Nachweis der Galaktane. Der Nachweis erfolgt durch Oxydation zu Schleimsäure (vgl. Bd. II, S. 830).

Galaktanbestimmung nach SCHORGER (37). 5 g des Untersuchungsmaterials werden in ein Becherglas gebracht und mit 60 cm³ Salpetersäure (D. 1,15) übergossen. Dann wird das Becherglas im Wasserbade so lange erhitzt, bis die Flüssigkeit auf ca. 20 cm³ eingedampft ist, wobei eine Höchsttemperatur von 87⁰ nicht überschritten werden darf. Der Inhalt des Becherglases wird hierauf mit heißem Wasser auf 75 cm³ verdünnt, filtriert und der Rückstand ausgewaschen, bis das Filtrat farblos durchläuft. Die Flüssigkeit, deren Gesamtvolumen jetzt gewöhnlich 200 cm³ beträgt, wird im Wasserbade bei einer Höchsttemperatur von 87⁰ auf 10 cm³ eingedampft und mehrere Tage stehen lassen, wobei sich zunächst große Krystalle von Oxalsäure abscheiden, hernach die Schleimsäure. Zur weiteren Erleichterung der Krystallisation wird der Krystallbrei nunmehr heftig umgerührt. Man läßt noch 24 Stunden stehen und verdünnt dann mit 20 cm³ kaltem Wasser; die großen Krystalle lösen sich hierbei wieder, die Schleimsäure nicht. Nach abermals 24 Stunden wird die Schleimsäure durch einen GOOCH-

Tiegel abfiltriert, mit 50 cm³ Wasser, 60 cm³ Alkohol und endlich einige Male mit Äther gewaschen. Bei 100⁰ trocknen und wägen. Aus der gefundenen Gewichtsmenge Schleimsäure ergibt sich das Galaktan durch Multiplikation mit 1,2.

Nach WISE und PETERSON (39) gibt die direkte Oxydation des Galaktans zu Schleimsäure keine befriedigenden Resultate. Brauchbar erwies sich jedoch die Benutzung der KENT-TOLLENS-CREYDTschen Methode in der von VAN DER HAAR (8) angegebenen Modifikation nach Hydrolyse zu Galaktose bei Beobachtung folgender Vorsichtsmaßregeln:

1. Der neutrale aliquote Teil soll 0,6—0,9 g Hydrolysenprodukt in 30 cm³ Lösung enthalten.

2. Bei Verwendung von weniger als 0,9 g Galaktan soll der gesamte berechnete Zuckergehalt durch Zusatz von Rohrzucker auf 1 g gebracht werden.

3. Die Mischung soll dann in einem Becherglase (6 × 12 cm) auf dem Wasserbade konzentriert werden, bis die Lösung 20 ± 0,1 g wiegt; stärkere Konzentrierung kann zu einer zu weitgehenden Oxydation führen.

4. Zu der kalten sauren Lösung 0,480—0,500 g genau abgewogene reine Schleimsäure zusetzen.

5. 48 Stunden bei 15 + 0,5⁰ oder besser 42 Stunden bei 11—14⁰ und zuletzt 6 Stunden bei 15⁰ stehen lassen.

6. Durch GOOCH-Tiegel filtrieren, 8—10 mal mit je 10 cm³ gesättigter reiner Schleimsäurelösung (mindestens 48 Stunden bei 15⁰), zuletzt mit 5 cm³ Wasser waschen.

7. Mehrere Stunden (nicht über Nacht) bei 100⁰ trocknen.

Die Berechnung der Ergebnisse erfolgt nach der Tabelle in VAN DER HAAR (8), S. 126. Von der Galakturonsäure, die bei der Oxydation mit HNO_3 ebenfalls Schleimsäure liefert, kann man nach O'DWYER das Galaktan bzw. die Galaktose auf Grund der Unlöslichkeit des Ba-Galakturonats in 80 proz. Alkohol trennen.

o) Polyuronsäuren.

Carboxyltragende Polyssacharide sind von verschiedenen Autoren als Bestandteile pflanzlicher Zellmembranen aufgefunden worden, besonders bei Archegoniaten und Phanerogamen, aber auch im Holz. Sie stellen vielleicht eine Übergangsstufe zwischen den bisher beschriebenen Hemicellulosen und den Pektinstoffen dar.

1. Nachweis.

Die Uronsäuren und Polyuronsäuren (Galakturonsäure und Glucuronsäure) geben beim Erhitzen mit Säuren Furfurol; sie zeigen daher die Furfurolreaktionen der Pentosane und sind auf diesem Wege von den Pentosanen nicht zu unterscheiden. Die Unterscheidung gelingt jedoch nach TOLLENS (1908) mit Hilfe von Naphthoresorcin (1,3-Dioxynaphthalin), mit dem die Uronsäuren im Gegensatz zu den Pentosen eine schöne rotviolette Färbung liefern, die beim Schütteln mit Äther oder mit Benzol von diesen aufgenommen wird, wobei diese Lösungen im Spektralapparat einen die D-Linie bedeckenden dunklen Streifen zeigen. Andere Aldehyd- und Ketosäuren geben dieselbe Reaktion.

2. Quantitative Bestimmung.

Die quantitative Bestimmung gründet sich darauf, daß die Uronsäuren beim Erhitzen mit 12 proz. Salzsäure unter geeigneten Bedingungen das CO_2 der Carboxylgruppe quantitativ abspalten (die Furfurolausbeute bleibt hinter der theoretischen zurück). Zur quantitativen Decarboxylierung ist nach DICKSON, OTTERSON und LINK (5) 4—5 stündiges Erhitzen auf 135—140⁰ ausreichend und erforderlich.

Die Ausführung der Bestimmung geschieht nach Nanji, Paton und Ling (21) in Abänderung der Vorschrift von Tollens und Lefevre (1892) folgendermaßen:

Die Decarboxylierung wird in einer 750 cm³ Kochflasche, die durch ein Ölbad oder Metallbad erhitzt werden kann, ausgeführt. Die Flasche hat einen eingeschliffenen Stopfen mit zwei Zuleitungen. Durch das eine Rohr wird CO_2-freie Luft zugeleitet, das andere ist mit einem doppelten Oberflächenkühler verbunden. Das obere Ende des Kühlers ist mit zwei 150-cm³-Glaszylindern mit eingeschliffenem Stopfen, die mit eingestellter Barytlauge beschickt sind, verbunden. Hinter dem zweiten Zylinder befindet sich ein Natronkalkrohr.

Eine 0,2—0,5 g Uronsäure entsprechende Substanzmenge wird mit 100 cm³ Salzsäure (1,060) in den Kolben gebracht, die Kohlensäure mittels Luft aus der Apparatur verdrängt und in jeden Zylinder 150 cm³ $^1/_{10}$ n Barytlauge gegeben. Vom beginnenden Sieden des Kolbeninhalts an 3,5—4 Stunden unter ständigem Durchleiten von Luft erhitzen. Nach Absitzen des Bariumcarbonats 25 cm³ der klaren überstehenden Lösung mit $^1/_{10}$ n Salzsäure (Methylorange) titrieren. % $CO_2 \times 4 = $ % Uronsäureanhydrid.

Über weitere Modifikationen der Tollens-Lefevreschen Methode vgl. Dickson, Otterson und Link (5), Ehrlich und Schubert (6). Im Gegensatz zu diesen Autoren behaupten Schmidt, Meinel und Zintl (33), daß aus Polyglucuronsäuren bei der Tollens-Lefevre-Methode nur etwa die Hälfte der theoretischen Menge CO_2 abgespalten wird.

3. Konduktometrische Bestimmung der Polyuronsäuren nach Schmidt, Meinel und Zintl (33).

Nach diesen Autoren läßt sich der Skeletsubstanz der Buche durch Behandlung mit $^1/_{10}$ n Alkali die Polyuronsäure vollständig entziehen und in der alkalischen Lösung mit $^1/_{10}$ n Salzsäure konduktometrisch bestimmen, wobei sie sich ähnlich wie eine mittelstarke Säure (etwa Milchsäure) verhält. Der gravimetrisch aus dem Gewichtsverlust berechnete Säuregehalt stimmt mit dem konduktometrisch gefundenen, auf Glucuronsäurelacton berechneten überein, beträgt aber mehr als das Doppelte als der nach Tollens-Lefevre gefundene.

4. Über die gleichzeitige Bestimmung von Pentosanen und Uronsäure vgl. Bowman und McKinnis (2).

5. Gewinnung der Polyglucuronsäure aus Fucus serratus nach Schmidt und Vocke (34).

In der Zellwand dieser Braunalge kommt nach Schmidt und Vocke eine Polyglucuronsäure in einer leicht hydrolysierbaren Form B und einer schwer hydrolysierbaren Form A vor.

1. Darstellung des Gemisches der Polyglucuronsäuren A und B: 125 g lufttrockener Fucus serratus werden mit 0,5proz. Salzsäure 24 Stunden unter häufigem Umschütteln stehen lassen, mit Wasser gewaschen und in 1proz. Ammoniak überführt. Nach 48 Stunden wird die dickflüssige, braune Lösung vom Rückstande getrennt und dieser mehrmals mit Wasser gewaschen. Beim Ansäuern der vereinigten Filtrate entsteht eine Gallerte. Um diese zu entfärben, fügt man unter Umrühren so viel 1proz. Chlordioxydlösung hinzu, bis der Niederschlag weiß erscheint, und bewahrt das Reaktionsgemisch unter einem kleinen Chlordioxydüberschuß 24 Stunden auf. Der abgesaugte und abgepreßte Niederschlag wird dann in Alkohol und hernach in Äther überführt. Nach dem Trocknen im Vakuumexsiccator wurden ca. 20 g einer weißen Substanz gewonnen, die

durch nochmalige Behandlung mit $^1/_5$ n Chlordioxyd und nachträgliches Auskochen mit Alkohol inkrustenfrei erhalten wurde. Zur Entfernung von geringen Mengen von Kohlehydraten wird die Substanz 48 Stunden mit der zehnfachen Gewichtsmenge wasserfreier Ameisensäure „KAHLBAUM" im Thermostaten bei 30^0 aufbewahrt, wobei mit den Kohlehydraten nur geringe Mengen Glucuronsäure mit in Lösung gehen, durch eine Nutsche mit Glasfilter abgesaugt, mit Ameisensäure, Wasser, Alkohol und Äther gewaschen. Ausbeute ca. 17 g. 1 g der bei 100 ^{0} getrockneten Substanz verbraucht 54,1 cm^3 $^1/_{10}$ n KOH (Phenolphthalein). In der berechneten Menge $^1/_5$ n KOH gelöst zeigt die Substanz $[\alpha]_D = 140,4^0$.

2. Darstellung der Polyglucuronsäure A: Das unter 1 erhaltene Gemisch wird mit etwa der gleichen Gewichtsmenge 80proz. Schwefelsäure 48 Stunden bei Zimmertemperatur aufbewahrt, auf 4—5% Schwefelsäure verdünnt und 3 Stunden am Rückflußkühler zum Sieden erhitzt. Der abfiltrierte Rückstand wird durch Umfällen aus alkalischer Lösung gereinigt und mit Alkohol und Äther getrocknet. Ausbeute 40%. 1 g der bei 100^0 getrockneten Substanz verbraucht 54,05 cm^3 $^1/_{10}$ n KOH. In der berechneten Menge $^1/_5$ n KOH gelöst zeigt die Substanz $[\alpha]_D = 147,8^0$.

Beide Polyuronsäuren sind in Alkalien löslich; von Natriumbicarbonat werden sie bei gewöhnlicher Temperatur unter CO_2-Entwicklung gelöst, ebenso von Natriumsulfit bei gelindem Erwärmen. Der neutral reagierenden Skeletsubstanz werden sie jedoch weder durch Natriumbicarbonat noch durch Sulfit entzogen.

Weitere *Präparate von uronsäurehaltigen Hemicellulosen*, die jedoch trotz verschiedener Reinigungsoperationen von den betreffenden Autoren selbst nicht als einheitlich angesprochen werden, sind die Hemicellulose A und B aus Buchenholz von O'DWYER (1926, 1928), sowie die Hemicellulosefraktionen aus dem Maiskolben von PREECE (1930).

Literatur.

(1) ABDERHALDEN: Biochemisches Handlexikon **2**, 10, 1911; **8**, 2, 1914; **10**, 220, 1923,
(2) BOWMAN u. McKINNIS: Journ. Amer. Chem. Soc. **52**, 1210 (1930). — *(3)* BUTLER u. CRETCHER: Ebenda **52**, 4509 (1930).
(4) CLARK: Journ. of Biochem. **51**, 1 (1922).
(5) DICKSON, OTTERSON u. LINK: Journ. Amer. Chem. Soc. **52**, 775 (1930).
(6) EHRLICH u. SCHUBERT: Ber. **1929**, 2023.
(6a) FOREMAN u. ENGLIS: Journ. Ind. and Engin. Chem. **23**, 415 (1931).
(7) GIERISCH: Cellulosechemie **6**, 59, 81 (1925).
(8) HAAR, VAN DER: Anleitung zum Nachweis, zur Trennung und Bestimmung der Monosaccharide und Aldehydsäuren. Berlin 1920. — *(9)* HAEGGLUND u. KLINGSTEDT: Ann. der Chemie **459**, 26 (1927). — *(10)* Cellulosechemie **5**, 58 (1924). — *(11)* Ebenda **9**, 77 (1928). — *(12)* HESS u. FRIESE: Ann. der Chemie **455**, 190 (1927). — *(13)* HESS u. LÜDTKE: Ebenda **466**, 18 (1928). — *(14)* HESS, LÜDTKE u. REIN: Ebenda **466**, 58 (1928). — *(15)* HEUSER u. SCHORSCH: Cellulosechemie **9**, 93, 107 (1928).
(16) KLINGSTEDT: Ztschr. f. anal. Ch. **66**, 129 (1925).
(17) LING: Journ. Amer. Chem. Soc. **51**, 2506 (1929). — *(17a)* LING u. NANJI: Journ. Chem. Soc. **127**, 652 (1925). — *(18)* LÜDTKE: Ann. der Chemie **456**, 202 (1927). — *(19)* Ebenda **466**, 27 (1928). — *(19a)* LÜDTKE: Biochem. Ztschr. **233**, 38 (1931); Cellulosechemie **12**, 307 (1931). — *(20)* LUERS u. VOLKAMER: Wchschr. f. Brauerei **45**, 83, 95 (1928).
(20a) MALHOTRA: Journ. of Biochem. **12**, 341 (1930). — *(20b)* Journ. Ind. and Engin. Chem., Anal. Ed. **3**, 161 (1931). — *(20c)* MITCHELL: Amer. Journ. Bot. **17**, 117 (1930).
(21) NANJI, PATON u. LING: Journ. Soc. Chem. Ind. **44**, T. 253 (1925). — *(22)* NISHIDA u. HASHIMA: Journ. Dep. Agricult. Kyushu Imp. Univ. **2**, 277 (1930).
(23) O'DWYER: Biochem. Journ. **17**, 501 (1923).
(23a) PREECE: Biochem. Journ. **25**, 1304 (1931). — *(24)* PRINGSHEIM: Ztschr. f. physiol. Ch. **144**, 241 (1925). — *(25)* PRINGSHEIM u. BORCHARDT: Ber. **62**, 664 (1930). — *(26)* PRINGSHEIM u. FORDYCE: Ebenda **62**, 831 (1930). — *(27)* PRINGSHEIM u. GENIN: Ztschr. f. physiol. Ch. **140**, 301 (1924). — *(28)* PRINGSHEIM u. LISS: Ann. der Chemie **460**, 32 (1928).

— (*29*) Pringsheim u. Seifert: Ztschr. f. physiol. Ch. **123**, 205 (1922). — (*30*) Pringsheim, Weinreb u. Kasten: Ber. **61**, 2025 (1929). — (*31*) Schmidt, Atterer u. Schnegg: Cellulosechemie **10**, 126 (1929); **12**, 235 (1931). — (*32*) Schmidt, Atterer u. Thaler: Ebenda **10**, 153 (1929). — (*33*) Schmidt, Meinel u. Zintl: Ber. **60**, 503 (1927). — (*34*) Schmidt u. Vocke: Ebenda **59**, 1585 (1926). — (*35*) Schmidt, Trefz u. Schnegg: Ebenda **59**, 2635 (1926). — (*36*) Schorger u. Smith: Journ. Ind. and Engin. Chem. **8**, 494 (1916). — (*37*) Schwalbe u. Sieber: Die chemische Betriebskontrolle in der Zellstoff- und Papierindustrie. Berlin 1922. — (*37a*) Schryver u. Thomas: Biochem. Journ. **17**, 493 (1923). — (*38*) Waksman u. Stevens: Journ. Ind. and Engin. Chem., Anal. Edition **2**, 167 (1930). — (*39*) Wise u. Peterson: Journ. Ind. and Engin. Chem. **22**, 362 (1930).

C. Gummen.

Von **Hans Pringsheim**, Berlin und **Deodata Krüger**, Berlin-Dahlem.

Als „Gummen" werden eine Reihe chemisch und physiologisch verschiedener Substanzen bezeichnet, die mit Wasser klebrige, viscose, fadenziehende Lösungen oder Gele bilden, wobei eine strenge Abgrenzung zwischen den Begriffen „Gummen" und „Schleime" nicht existiert. Der Träger der charakteristischen Gummieigenschaften sind meist anorganische Salze (Ca, Mg, K) sehr komplexer organischer Säuren, die aus Pentose-, Methylpentose- und Hexosegruppen in Verbindung mit sauren Bestandteilen aufgebaut sind. Außerdem enthalten die technischen, nicht weiter gereinigten Gummen vielfach noch stickstoffhaltige Verbindungen, Stärke, Cellulose, reduzierende Zucker, Farbstoffe, Bitterstoffe, Enzyme u. dgl.

Bei der *Hydrolyse* der Gummen entstehen Pentosen, Methylpentosen, Hexosen (besondere Galaktose) und Kohlehydratsäuren. Über die Gummisäuren und ihre Umwandlungsprodukte („Arabinsäure", „Geddinsäure", „Cerasinsäure", „Bassorinsäure" u. a.) existiert eine umfangreiche, besonders ältere Literatur (vgl. Abderhalden [1]), ohne daß diese Substanzen in reiner, einheitlicher Form isoliert, geschweige denn in ihrer Konstitution aufgeklärt wären.

Mangels der Möglichkeit einer exakten *Klassifizierung* der Gummen nach chemischen Gesichtspunkten werden diese z. B. nach ihrer *Löslichkeit in Wasser* oder nach ihrem *Verhalten zu Farbstoffen* eingeteilt. In Wasser sind einige Gummen, z. B. arabisches Gummi („Arabin") leicht löslich, andere („Bassorin") schwer löslich, andere („Cerasin") praktisch unlöslich. Nach dem Verhalten gegen Farbstoffe unterscheidet man *echte Gummen*, z. B. arabisches Gummi, die sich Farbstoffen gegenüber wie Pektoseschleime verhalten und durch Rutheniumrot gefärbt werden, und *Mischgummen*, z. B. Traganth, die sich sowohl mit Rutheniumrot als auch mit Cellulosereagenzien färben.

a) Nachweis der Gummen. (Vgl. Molisch [12].)

1. Quellung und Lösung. Für den mikrochemischen Nachweis kann die Eigentümlichkeit der Gummen benutzt werden, in Wasser sehr stark zu quellen oder sich unter Aufquellung sogar vollständig zu lösen. Ein Schnitt des zu untersuchenden Materials wird zuerst in absolutem Alkohol betrachtet und dann Wasser zufließen gelassen, wobei vorhandene Gummen sehr stark, oft bis zur vollständigen Auflösung quellen, jedoch durch Alkohol wieder gefällt werden.

2. Pentosanreaktionen. Die zu prüfenden Schnitte werden in 4proz. Orcinlösung gelegt, mit einem Deckgläschen derart bedeckt, daß die Flüssigkeit den Schnitt eben bedeckt und nicht über den Schnittrand herausragt und konzentrierte Salzsäure zugegeben, bis der Raum unter dem Deckglas vollständig erfüllt ist. Verholzte Zellwände färben sich hierbei violett. Erwärmt man jetzt gelinde über dem Drahtnetz bis zum Sieden, so färben sich Gummen violett oder blau.

3. Färbemethoden. Zur Anfärbung hat sich für viele Gummen *Corallin* bewährt; man verwendet eine Lösung des Farbstoffes in konzentrierter HCl, die jedoch wegen ihrer Zersetzlichkeit von Zeit zu Zeit erneuert werden muß. Bei der Untersuchung der Gummibehälter verschiedener Bromeliaceen bewährt sich nach Boresch *Anilinblau, Gentianaviolett* und besonders *Rutheniumrot.*

b) Quantitative Analyse der Gummen.

Die quantitative Untersuchung der Gummen bezüglich der in ihnen enthaltenen Polysaccharide und carboxylierten Polysaccharide erfolgt nach den im Kapitel „Hemicellulosen" beschriebenen Methoden.

c) Arabisches Gummi.

Unter diesem Namen werden verschiedene in Wasser lösliche Gummen von Acacia-arten (*Nilgummi, Senegalgummi, australisches Gummi, Kapgummi*) zusammengefaßt. Die besten Nilgummisorten stammen von Acacia Verek, die geringsten von Acacia fistula. Die beste Nilgummisorte ist das *Cordofangummi;* zu den mittleren Sorten gehört das *Geddagummi.*

Die Dichte von arabischem Gummi beträgt 1,3—1,4. Das Gummi ist in Wasser vollständig löslich und löst sich auch in Glycerin; in anderen organischen Lösungsmitteln ist es unlöslich. Eine kalt gesättigte Boraxlösung oder eine Lösung von basischem Bleiacetat gibt einen farblosen gelatinösen Niederschlag, mit Natronlauge entsteht ein wolkiger, farbloser Niederschlag. Eine neutrale alkoholische Ferrichloridlösung fällt vollständig. Über die Fällungsreaktionen des arabischen Gummis vgl. auch Jacobs und Jaffé (10a). Das Gummi reduziert Fehlingsche Lösung nur spurenweise; mit Natronlauge $+ CuSO_4$ entsteht ein blauer Niederschlag.

Arabisches Gummi ist das Salz (Ca, Mg, K) einer komplexen Säure, *Arabin.* Bei der Hydrolyse mit 2proz. Schwefelsäure entsteht nach Butler und Cretcher (6) und Challinor, Haworth und Hirst (6a) eine Aldobionsäure, deren Ca-Salz in Wasser ziemlich löslich ist, $[\alpha]_D^{25} = + 1,8$ (1,25 g in 25 cm³) zeigt, Fehlingsche Lösung reduziert und eine starke Naphthoresorcinreaktion liefert; die von Sullivan aus Cordofan- und Geddagummi erhaltene Säure $C_{23}H_{38}O_{22}$ ist wahrscheinlich in Wirklichkeit eine Aldobionsäure. Die Komponenten dieser Aldobionsäure sind d-Galaktose und d-Glucuronsäure, die von F. Weinmann (17) aus arabischen Gummi zuerst kristallisiert erhalten wurde. Bei der Spaltung des Gezirehgummis entsteht nach Weinmann (17) eine Aldobionsäure, die wie beim Cordofangummi aus d-Galaktose und d-Glucuronsäure besteht, aber die Glucosidbindung an anderer Stelle trägt. Unter den Spaltzuckern des arabischen Gummis (Cordofangummis) wurden von Butler und Cretcher nachgewiesen: d-Galaktose, l-Arabinose und Rhamnose. Nanji, Paton und Ling fanden in arabischem Gummi 16,2 % Uronsäure.

Nach Amy (2) sind wäßrige Lösungen von arabischem Gummi heterogen und bestehen aus einem Gel, das durch eine kolloide Arabinlösung emulgiert ist. Das durch Elektrodialyse gereinigte Arabin verhält sich nach Amy wie eine einbasische Säure vom Molekulargewicht ca. 1600, zeigt in 2proz. wäßriger Lösung $p_H = 2,8$ und verbraucht je Gramm 0,63—0,65 cm³ 1 n NaOH. Das Gel verhält sich nach der Elektrodialyse wie eine starke einbasische Säure (Entfärbung von Thymolblau); nachgewiesen wurden ferner dialysierbare Säure, deren thermolabiler Anteil eine wesentliche Rolle bei dem Oxydationsvermögen des Gummis spielt (vgl. auch Taft und Malm [16]).

Für arabisches Gummi charakteristisch und daher für dessen Nachweis wichtig ist sein Gehalt an *oxydierenden Enzymen,* die bestimmte Farbreaktionen geben. Bei Zusatz von einem Tropfen H_2O_2-Lösung zu einem Gemisch gleicher Volumina kalter 30proz. Gummilösung und Guajactinktur tritt Blaufärbung auf;

beim Mischen mit einem gleichem Volumen Pyramidonlösung (2 g/50 cm^3) und Zusatz von 10 Tropfen 12 Vol.proz. H_2O_2-Lösung entwickelt sich je nach der Gummimenge in 5—30 Minuten Blauviolettfärbung.

Die *Wertbestimmung* des arabischen Gummis für *technische Verwendung* umfaßt folgende Prüfungen: Schaumvermögen, Unlösliches, Viscosität, Säurewert (Titration der wäßrigen Lösung mit $^1/_{10}$ n NaOH), Festigkeitsbestimmung gummierter Papierstreifen, eventuell flüchtige Säure und Verseifungsäquivalent.

d) Prunoideengummi.

Als *Prunoideengummi* oder *Kirschgummi* werden die gummiartigen Ausscheidungen verschiedener Steinobstbäume bezeichnet. Kirschgummi ist in Wasser nicht vollständig löslich. Bei der Hydrolyse des Kirschgummis entstehen Xylose, Mannose, Galaktose und Arabinose, sowie Glucuronsäure (BUTLER und CRETCHER [6], WEINMANN [17]); über die optimalen Bedingungen zur Gewinnung der Arabinose vgl. S. 40. *Pfirsichgummi* enthält ebenfalls Galaktosegruppen; *Pflaumengummi* und *Aprikosengummi* liefern bei der Hydrolyse Arabinose und Galaktose.

e) Traganth.

Traganthgummi stammt von strauchartigen Astragalusarten. Die beste Sorte ist das Smyrnagummi. In Wasser ist Traganth nur zu einem Teile (Arabin, Tragacanthin) löslich; der Rest („Traganthin", „Bassorin") quillt nur zu einem dikken Schleime auf. Die schlechteren Sorten Traganth enthalten größere Mengen Stärke und Cellulose und geben dann eine starke Jodreaktion.

Traganth wird durch Zusatz von 2 Vol. Alkohol gefällt, desgleichen durch MILLONs Reagens, Bleiacetat, Ammoniumsulfat und Ammoniumoxalat, nicht durch Ferrichlorid oder Borax, SCHIFFs Reagens oder 10proz. Tanninlösung. Beim Kochen mit 10proz. KOH-Lösung entsteht eine hellgelbe Lösung und ein faseriger Niederschlag.

Traganth enthält zum Unterschied von arabischem Gummi und Kirschgummi 3—6% Methoxyl (ROSENTHALER [13]), ferner Acetyl- und Formylgruppen. Verseifungszahl 150—180 (auf natürliche Ware berechnet). Bei der Hydrolyse von weißem Traganth wurden Fucose und Arabinose, bei der Hydrolyse von braunem Traganth Fucose und Xylose nachgewiesen (WIDTSOE und TOLLENS). NANJE, PATON und LING bestimmten den Uronsäuregehalt zu 33,4%. Traganth enthält d-Galakturonsäure (F. EHRLICH [7]; F. WEINMANN [17]). Tragacanthin scheint nur aus Uronsäure und Arabinose zu bestehen (NORMAN [13a]).

Zum *Nachweis von arabischem Gummi in Traganth* kann entweder die Oxydasereaktion des ersteren oder das Verhalten gegen Bleiacetatlösung benutzt werden.

Nachweis mittels der Oxydasereaktion: 20 g Traganth werden 24 Stunden mit 100 cm^3 Wasser maceriert, 2 Tropfen Guajactinktur zugesetzt; bei 4% arabischem Gummi tritt die Rotfärbung in 10 Minuten ein, bei kleineren Mengen können bis zu 6 Stunden vergehen.

Nachweis mittels Bleiacetat nach ROSENTHALER (13): Traganth wird durch Bleiacetat gefällt, arabisches Gummi nicht, aber durch Bleiessig. Wird ein 1proz. Traganthschleim mit genügend Bleiacetatlösung versetzt und filtriert, so bleibt das Filtrat auf Zusatz von Bleiessig nahezu klar, wenn reiner Traganth vorliegt, während es sich bei Gegenwart von 10% arabischem Gummi stark trübt.

Traganth wird mitunter durch *indisches Gummi verfälscht*. Zum Nachweis des indischen Gummis wird nach PEYEN zu einer kleinen Messerspitze Substanz auf dem Deckglas 1 Tropfen einer 1proz. wäßrigen Kongorotlösung zugefügt, wobei sich noch bei 1% indischem Gummi unter dem Mikroskop sofort eine tiefdunkle bis braunrote Farbe der indischen Gummibestandteile erkennen läßt. Wird 1 g Traganth mit 20 cm Wasser bis zur vollständigen Gelatinierung erhitzt, mit 5 cm³ HCl behandelt und wieder 5 Minuten erhitzt, so soll keine Färbung auftreten; eine Rosafärbung weist auf die Gegenwart von indischem Gummi hin. Hydrolysiertes indisches Gummi gibt bei der Wasserdampfdestillation ca. 7,5 mal soviel flüchtige Säure als Traganth (EMERY [7a]); hierbei wurde 1 g Gummi mit 100 cm³ Wasser + 5 cm³ sirupöser Phosphorsäure quellen gelassen, 2 Stunden am Rückflußkühler gekocht und im Dampfstrom destilliert, bis das Destillat 600 cm³ und der Rückstand 20 cm³ betrug; Mittel 15,8% flüchtige Säure (Essigsäure) bei dem indischen Gummi.

f) Holzgummi.

Unter „Holzgummi" versteht man das aus Holz u. dgl. durch verdünnte Natronlauge extrahierte Substanzgemisch; es enthält als wesentlichen Polysaccharidbestandteil das Xylan (vgl. S. 36), daneben nach BROWNE JR. und TOLLENS (1902) wahrscheinlich auch Araban.

1. Gewinnung von Holzgummi nach WHEELER und TOLLENS (1889).

1300 g fein geraspelte und gesiebte Sägespäne werden mit 2 proz. Ammoniak bei Zimmertemperatur erschöpfend behandelt und nach dem Absetzen des Extrahiergutes und Waschen mit Wasser 48 Stunden bei Zimmertemperatur mit 5 proz. Natronlauge unter häufigem Umschütteln extrahiert. Die nach dem Abpressen erhaltene alkalische, gelb gefärbte Lösung wird nach dem Absitzen der Suspension filtriert und zur Abscheidung des Holzgummis mit dem gleichen Volumen 95 proz. Alkohols gefällt. Der Niederschlag wird nach dem Absetzen und Dekantieren des Alkohols auf einem Koliertuche gesammelt, vorsichtig darauf mit der Hand abgedrückt, mit Alkohol nachgewaschen und dann in alkoholischer Suspension mit Salzsäure bis zur sauren Reaktion behandelt. Nach gründlichem Auswaschen der Säure mit Alkohol wird dieser durch Äther verdrängt und über Schwefelsäure getrocknet. Fast weißes, poröses Pulver. Ausbeute 63—70 g.

2. Quantitative Entgummierung von Holz nach FRIEDRICH und DIWALD (1925).

Bei der einmaligen Behandlung mit 5 proz. Natronlauge wird das Holzgummi nicht quantitativ entfernt. Zur quantitativen Entgummierung verfahren daher FRIEDRICH und DIWALD folgendermaßen: Das fein gesiebte Sägemehl wird mit Alkohol-Benzol (1:1) 7 Stunden im Soxhlet extrahiert und durch Waschen mit Alkohol und Wasser gereinigt. Dann läßt man es unter zeitweisem Umrühren mit der 50 fachen Menge 5 proz. Natronlauge 36 Stunden bei Zimmertemperatur stehen, dekantiert ab und ersetzt die Flüssigkeit durch das gleiche Volumen frischer Lauge. Nach viermaliger Behandlung ist das Holz von Gummisubstanzen quantitativ befreit. Hierbei werden jedoch nach HORN (1930) zugleich auch Teile des Lignins entfernt.

3. Quantitative Bestimmung des Holzgummis (15).

Die Bestimmung des Holzgummis hat für die Charakterisierung von Zellstoffen und ähnlicher durch Aufschluß von Pflanzenmaterialien gewonnener, nicht reiner Cellulosepräparate Bedeutung. Man unterscheidet zwischen der „neutralen" und „sauren" Gummizahl, je nachdem die Ausfällung des alkalischen Extraktes mit Alkohol in neutraler oder schwach saurer Lösung erfolgt.

Neutrale Gummizahl. 15 g des Cellulosepräparats (bei 90⁰ getrocknet)
werden mit 300 cm³ 5proz. NaOH übergossen und unter öfterem Umschütteln
24 Stunden stehengelassen. Dann saugt man ab, versetzt 100 cm³ des klaren
Filtrats mit 200 cm³ 95proz. Alkohol, gibt erst 9,5 cm³ konzentrierte Salzsäure
(D. 1,19) und dann so viel 1 n Salzsäure zu, bis die Rotfärbung gegen Phenolphthalein eben verschwunden ist. Dann läßt man 24 Stunden im geschlossenen
Gefäß bei Zimmertemperatur stehen, saugt durch einen Gooch-Tiegel, der bei
105⁰ getrocknet und im Wägeglas gewogen worden ist, ab und wäscht erst mit
96proz. Alkohol und dann mit Äther. Bei 105⁰ bis zur Gewichtskonstanz
(ca. 2 Stunden) trocknen und wieder im Wägeglas wägen. Es empfiehlt sich,
durch eine Veraschung bei mäßigen Temperaturen (Verflüchtigung von NaCl
bei höheren Temperaturen!) den NaCl-Gehalt des gefällten Holzgummis festzustellen.

Saure Gummizahl. Die Bestimmung geschieht genau wie bei der „neutralen"
Gummizahl, doch werden nach der Neutralisation mit 1 n HCl noch 5 cm³ der
Säure im Überschuß zugegeben. Die „sauren" Gummizahlen liegen niedriger
als die „neutralen".

4. Titrimetrische Bestimmung des Holzgummis nach Bubeck (5).

Statt die durch 5proz. NaOH in Lösung gebrachte Substanzmenge durch
Fällung gravimetrisch zu bestimmen, ermittelt Bubeck titrimetrisch den CrO_3-
Verbrauch bei der Oxydation des Extraktes. Bei geraspeltem Stoff ist die Extraktion nach Bubeck schon nach einer Stunde beendet, bei nicht geraspeltem
dagegen auch in 24 Stunden noch nicht vollständig. Die extrahierte Menge
nimmt mit sinkender Temperatur zu.

Ausführung der Bestimmung: 5,0 g durch Raspeln fein aufgeschlagene
Zellstoffpappe werden in einer Pulverflasche mit 100 cm³ 5proz. Natronlauge
von 18⁰ übergossen und gleichzeitig eine Wasserbestimmung angesetzt. 1 bis
2 Stunden bei 18⁰ stehenlassen und während dieser Zeit einmal umschütteln.
Durch Glasfiltertiegel oder durch Büchner-Trichter ohne Filter absaugen und
die in 25 cm³ des faserfreien Filtrats gelösten Kohlehydrate nach Zugabe von
1,5 n CrO-Lösung in geringem Überschuß (meist genügen 8—10 cm³) in schwefelsaurer Lösung oxydieren. Die Oxydationsflüssigkeit auf 250 cm³ auffüllen und
in 50 cm³ das unverbrauchte CrO_3 jodometrisch feststellen. 1,0 cm³ 1,5 n CrO_3
= 10,13 mg Holzgummi.

Als „Holzgummizahl" bezeichnet man die gefundene Menge Holzgummi,
auf 100 g Ausgangsmaterial umgerechnet.

Die titrimetrisch gefundenen Werte liegen bei ungebleichten Zellstoffen um
0,3—0,6%, bei schwach gebleichten 0,1—0,3% höher als die gravimetrisch
bestimmten neutralen Gummizahlen; bei hoch weiß gebleichten Zellstoffen sind
beide Werte ungefähr gleich.

g) Andere Gummen.

Weizenmehl-Gummi. Das Gummi wurde von Hoffmann und Gortner (10)
nach Entfernung der Proteine und Proteosen durch nahezu vollständige Sättigung mit Ammoniumsulfat gefällt, in Wasser gelöst, dialysiert und die klare,
gelbe Lösung gegen 95proz. Alkohol dialysiert, der ein hellgraues Pulver aus-
fällte. Die Substanz war N-frei, lieferte sehr viscose Lösungen, reduzierte
Fehlingsche Lösung nicht und gab mit Jod keine Blaufärbung.

Mesquite-Gummi. Das Gummi ist eine Ausschwitzung des Mesquitbaumes,
Prosopis juliflora, und anderer Mesquitarten (Texas, Neu-Mexiko, Arizona, Nord-
Mexiko). Das Gummi ist das anorganische Salz einer Säure, die aus 4 Molekülen

Arabinose, 3 Molekülen Galaktose und 1 Molekül Methoxyglucuronsäure minus 7 Molekülen Wasser besteht. Aus der Säure lassen sich durch partielle Hydrolyse die Tri-, Di- und Monogalaktosomethoxyglucuronsäure in Form der Kalksalze gewinnen (ANDERSON und OTIS [3]).

Darstellung der freien Säure. 300 g Gummi in 600 cm³ Wasser lösen, filtrieren, 60 cm³ konzentriertes HCl zusetzen und das Gummi mit 15 l 85 proz. Alkohol fällen. Den Niederschlag in 300 cm³ Wasser lösen und 40 cm³ konzentrierte HCl + 40 cm³ Wasser zusetzen. Den Niederschlag auflösen und durch Zusatz von 5,5 l 88 proz. Alkohols fällen. Den Prozeß fünfmal wiederholen. In 250 cm³ Wasser lösen, 1350 cm³ 95 proz. Alkohols zusetzen, zentrifugieren. Das klare Zentrifugat in ein großes Volumen 95 proz. Alkohols eingießen, absitzen lassen, mit einem Pistill verreiben und mit Alkohol und Äther waschen. Weißes, amorphes, praktisch aschefreies Pulver; leicht löslich in Wasser; p_H in 0,008 n Lösung = 3,4.

Das *Gummi von Entada sudanica* (Unterfamilie der Mimosen, äquatoriales französisches Afrika) ist nach RAYBAUD (1921) zu ca. 91 % in Wasser löslich und enthält etwas (ca. 8 %) Traganth und reduzierende Zucker.

Indisches Gummi von Cochlospermum gossypium gibt nach ROBINSON bei der Hydrolyse 18 % Essigsäure, außerdem u. a. Xylose und Hexosen. Über den Nachweis von indischem Gummi in Traganth s. unter Traganth.

Cholla-Gummi von Opuntia fulgida (4). D. 1,34—1,58. Bei 48 Stunden Stehen mit dem 50 fachen Gewicht Wasser gehen ca. 40 % in Lösung; praktisch unlöslich in organischen Lösungsmitteln. Mit dem 10 fachen Gewicht Wasser gelatinöse Masse. Die wäßrige Lösung ist gegen Lackmus und gegen Methylrot schwach sauer und ist schwach linksdrehend. Ferrichlorid oder Bleiacetat in 10 proz. Lösung fällen nicht. FEHLINGsche Lösung wird nicht reduziert. Unter den Hydrolysenprodukten findet sich l-Arabinose. Bei der Hydrolyse wurden l-Arabinose, d-Galaktose, l-Rhamnose und d-Galakturonsäure isoliert (SANDS und KLAAS, 1929).

Gummi von Anogeissus latifolius (Baum aus der Familie der Combretaceen, Indien). In Wasser unvollständig löslich (ca. 7,5 % Unlösliches), vollständig löslich in Chloralhydratlösung. Die trübe wäßrige Lösung reagiert schwach sauer, reduziert FEHLINGsche Lösung schwach und ist rechtsdrehend. 26,25 % Pentosane, 7,64 % Methylpentosane, 16,4 % Galaktan; Xylose, Dextrose, Lävulose unter den Spaltzuckern abwesend (SCHIRMER [14]).

Gummi von Odina Wodier (Baum aus der Familie der Anacardiaceen, Indien). In 60- und 80 proz. Chloralhydratlösung löslich. Die wäßrige Lösung reagiert gegen Lackmus schwach sauer. Mit Bleiacetat und Bleiessig weiße, flockige Niederschläge. FEHLINGsche Lösung wird schwach reduziert. Eiweißreaktionen negativ. Mit Ferrichloridlösung entsteht eine Gallerte. Das Gummi enthält ein oxydierendes Enzym. Pentosangehalt 19,2 %; Galaktangehalt 36,4 % (SCHIRMER [14]).

Gummi von Boswellia serrata (MALANDKAR [11]). Das Gummi enthält Arabinose, etwas Xylose und Galaktose und gibt bei der milden Hydrolyse niedriger molekulare Säuren. Löslichkeit des ursprünglichen Gummis in Wasser nur 0,5 %.

Das *Gummi von Khaya madagascariensis* (Familie der Meliaceen) ist in Wasser größtenteils löslich; der Rest quillt zu einem dicken Schleime. Die wäßrige Lösung ist rechtsdrehend. Das Gummi enthält eine Oxydase und eine Peroxydase. Die Hydrolyse ergab unter den besten Bedingungen (3 Stunden mit 8 proz. Schwefelsäure) 85,60 Invertzucker auf 100 g Trockensubstanz. Unter den Spaltzuckern wurden Arabinose und Galaktose identifiziert. Galaktosegehalt 48,4 %; Arabinosegehalt (Pentosanbestimmung) 31,4 % (GERARD [9]).

Das *Gummi von Feronia elephantum* liefert bei der Hydrolyse 35,6% Pentosan und 42,7% Galaktose; $[\alpha]_D^{15,5} = -6,41^0$. In Wasser zu ca. 90% löslich.

Das *Gummi von Mangifera indica* enthält 32,1% Galaktose und 42,9% Arabinose; $[\alpha]_D = -25-33^0$.

Chagualgummi ist in Wasser zu 15% löslich, der gallertige Rückstand reagiert sauer; in 60proz. Chloralhydrat zum großen Teil löslich. Die konzentrierte Lösung ist schwach rechtsdrehend. Bei der Hydrolyse entstehen Galaktose und Xylose.

Das *Gummi von Melia Azadirachta* (Indien, Ceylon) ist in Wasser fast vollständig löslich. Die wäßrige 15proz. Lösung reagiert sauer, wird nicht durch Bleiacetat, aber durch Bleiessig gefällt, reduziert Fehlingsche Lösung nicht; $[\alpha]_D = -57,16^0$ ($p_H = 7,958$). Es enthält Oxydasen. Bei der Hydrolyse entstehen l-Arabinose und d-Galaktose; Galaktangehalt 11,1%, Pentosangehalt 26,3%.

La-Plata-Gummi liefert bei der Hydrolyse Arabinose und Xylose (Pentosangehalt 55,3%) und etwas Galaktose (0,62% Galaktan).

Myrrhengummi enthält nach Koehler Dextrose-, Galaktan- und Pentosangruppen (Arabinose und Xylose). Pentosangehalt 14,4%, Galaktangehalt 12,1%. Die wäßrige Lösung wird durch Bleiacetat getrübt, durch Bleiessig oder Salzsäure und Alkohol gefällt. Fehlingsche Lösung wird nur in der Wärme reduziert.

Das *Gummi aus dem Fleisch der Ölpalmenfrucht* liefert nach Fickendey (8) bei der Hydrolyse Pentosen und wahrscheinlich Gummisäuren. Gewinnung:

Aus dem mit etwas Alkohol zerstampften Fruchtfleisch wird der größte Teil der Fruchtsäuren und des Zuckers mit 60proz. Alkohol ausgezogen und das Öl mit Aceton extrahiert. Aus dem Rückstand läßt man das Aceton an der Luft verdampfen und entfernt den Rest der Säuren mit 60proz. Alkohol. Bei 100° trocknen, mit heißem Wasser ausziehen, aus dem wäßrigen Auszuge das Gummi durch Zusatz der 1,5fachen Menge Alkohol nach schwachem Ansäuern mit Essigsäure fällen. Wiederauflösen, Dialysieren und wieder mit Alkohol fällen.

In konzentrierter Lösung bildet das Gummi eine zähflüssige, klebrige Masse. Durch Alkohol wird es aus der wäßrigen Lösung als gallertiger Niederschlag gefällt.

Über *Hefegummi* vgl. S. 267, über *Bakteriengummen* vgl. S. 266.

Literatur.

(1) Abderhalden: Biochemisches Handlexikon 2, 2ff. — (2) Amy: Bull. Sciences Pharmacol. 36, 7 (1929). — (3) Anderson u. Otis: Journ. Amer. Chem. Soc. 52, 4461 (1930). — (4) Anderson, Sands u. Sturgis: Amer. Journ. Pharm. 97, 589 (1925).

(5) Bubeck: Papierfabr. 1927, 617. — (6) Butler u. Cretcher: Journ. Amer. Chem. Soc. 51, 1519, 4160. (1929); Journ. amer. pharm. Assoc. 21, 24 (1932).

(6a) Challinor, Haworth u. Hirst: Journ. Chem. Soc. 1931, 258.

(7) Ehrlich, F.: Chem. Ztg. 41, 197 (1917). — (7a) Emery: Journ. Ind. and Engin. Chem. 4, 374 (1912).

(8) Fickendey: Kolloid-Ztschr. 33, 107 (1923); Chemisch Weekblad 20, 478 (1923).

(9) Gerard: Bull. Sciences Pharmacol. 18, 148 (1911).

(10) Hoffmann u. Gortner: Cereal Chem. 4, 221 (1927).

(10a) Jacobs u. Jaffé: Journ. Ind. and Engin. Chem., Anal. Ed. 3, 210 (1931).

(11) Malandkar: Journ. Ind. Inst. of Sciences 8, 240 (1925). — (12) Molisch: Mikrochemie der Pflanzen, Jena 1921.

(13a) Norman: Biochem. Journ. 25, 200 (1931).

(13) Rosenthaler: Schweiz. Apoth.-Ztg. 62, 22 (1924).

(14) Schirmer: Arch. der Pharm. 250, 230 (1912). — (15) Schwalbe u. Sieber: Die chemische Betriebskontrolle in der Zellstoff- und Papierindustrie, 2. Aufl., S. 220. Berlin 1922.

(16) Taft u. Malm: Journ. Physical Chem. 35, 874 (1931).

(17) Weinmann, F.: Ber. Dtsch. Chem. Ges. 62, 1637 (1929); Biochem. Ztschr. 236, 87 (1931).

D. Schleime.

Von **Hans Pringsheim**, Berlin und **Deodata Krüger**, Berlin-Dahlem.

Unter Pflanzenschleimen versteht man kohlehydrathaltige Stoffe, die mit Wasser stark aufquellen, Schleime bilden und bei der hydrolytischen Spaltung mit Säuren Pentosen und Hexosen, meist Arabinose und Galaktose, ferner unter Umständen bestimmte Säuren liefern. Der Begriff der Schleime ist gegenüber demjenigen der Gummen nicht scharf abgegrenzt.

Die Schleimstoffe sind im Pflanzenreich weit verbreitet. Im allgemeinen kommen sie als Membranbestandteile vor. In einigen Fällen sind auch Inhaltsschleime erwähnt worden.

Tschirch (6) unterscheidet nach dem Verhalten zu Jod und Chlorzink:

1. Celluloseschleime, die die bekannten Cellulosereaktionen geben und bei der Oxydation mit Salpetersäure keine Schleimsäure, sondern nur Oxalsäure liefern;

2. echte Schleime, die sich mit Chlorzinkjod mehr oder weniger gelb bis braun färben und bei der Oxydation mit Salpetersäure neben Oxalsäure auch Schleimsäure liefern. Die echten Schleime sind in Kupferamminlösung (Schweitzersches Reagens) mit Ausnahme des Flohsamenschleimes unlöslich.

Mangin (3) unterscheidet *Cellulose-*, *Pektose-* und *Kalloseschleime*, ferner *gemischte Schleime* und *unbestimmte Schleime*, wobei die Pektoseschleime annähernd den echten Schleimen nach Tschirch entsprechen.

Die „*Celluloseschleime*" koagulieren in einem Gemisch von Alkohol und Salzsäure und sind dann in einer Ammonoxalatlösung, die die Gewebe dissoziert, unquellbar und unlöslich. In Wasser quellen sie langsam. Sie zeigen die Eigenschaften der Cellulose und färben sich mikrochemisch leicht mit denselben Farbstoffen wie Cellulose, z. B. mit Orseillin BB und Naphtholschwarz im sauren Bade oder mit Kongorot und Benzopurpurin im alkalischen Bade, am besten nach vorheriger Behandlung mit KOH. Zu den Celluloseschleimen gehören nur wenige Schleime, z. B. der Salepschleim.

Die „*Pektoseschleime*", die die Mehrzahl der wahren Schleime umfassen, quellen ziemlich rasch in Wasser und lösen sich dann fast vollständig zu einer fadenziehenden Lösung auf, die durch Bleiacetat, Alaun, $FeSO_4$, $HgCl_2$ u. a. ausgepflockt wird. Jodlösungen färben gelb. Alle basischen Farbstoffe werden in neutralem Bade auf den Pektoseschleimen fixiert, besonders Bismarckbraun, Methylenblau, Methylgrün, Neutralrot. Besonders haltbar sind die Färbungen mit Rutheniumrot. Zu den Pektoseschleimen gehören z. B. die Schleime der Malvaceen, Liliaceen, Rosaceen, Abietineen, Cycadeen, der Schleim mancher Ascomyceten.

Die „*Kalloseschleime*" quellen in Wasser zunächst kaum, lösen sich dann aber plötzlich. Sie lösen sich nach vorangegangener Quellung in Phosphorsäure-, Chlorcalcium- oder Zinnchloridlösungen, ohne Quellung in verdünnten Alkalilaugen; sie quellen, ohne sich zu lösen, in Ammoniak- und Alkalicarbonatlösungen. Durch Anilinblau, wasserlöslich, in saurem Bade oder durch Corallinsodalösung werden sie gefärbt; gegenüber basischen Farbstoffen sind sie indifferent. Sie gerinnen nicht. Sie finden sich in allen Geweben, die für baldige Auflösung bestimmt sind.

Zu den „*gemischten*", aus Gemischen von Cellulose- und Pektoseschleimen bestehenden *Schleimen* zählt nach Mangin der Schleim der Quittensamen, der Samen von Sinapis nigra und alba, der Teilfrüchte von Salvia, der Leinsamen- und Flohsamenschleim, der Schleim von Chondrus crispus, Chorda filium u. a.

Zu den „*unbestimmten Schleimen*", die keine Affinität zu bestimmten Farbstoffen besitzen, gehört der Schleim des Johannisbrotbaumes.

In organischen Lösungsmitteln (Alkohol, Äther, Schwefelkohlenstoff u. a.) sind die Schleime unlöslich; in Kupferamminlösung und Chloralhydrat sind sie teils löslich, teils unlöslich.

a) Nachweis der Schleimstoffe (4).

Quellung und Lösung. Ein Schnitt des zu prüfenden Materials wird zuerst in absolutem Alkohol betrachtet und dann Wasser zufließen gelassen. Schleime quellen dabei allmählich sehr stark und verschwinden bisweilen vollständig, werden aber durch Alkohol wieder gefällt.

Orcin-Salzsäure-Reaktion. Die Reaktion beruht auf der Gegenwart von Pentosanen in den Schleimstoffen. Schnitte werden in 4proz. Orcinlösung gelegt, mit einem Deckgläschen bedeckt und dabei darauf geachtet, daß die Flüssigkeit den Schnitt eben bedeckt und nicht über den Schnittrand hinausragt; dann wird konzentrierte Salzsäure zugesetzt, bis der Raum unter dem Deckglas vollständig erfüllt ist. Verholzte Zellwände färben sich hierbei violett. Erwärmt man jetzt langsam über dem Drahtnetz zum Sieden, so färben sich Schleime violett oder blau.

Verhalten gegen Farbstoffe. Färbemethoden können mit Vorteil dazu benutzt werden, um Schleimbehälter rasch aufzufinden und ihre Verteilung in einem Gewebe zu demonstrieren. Da die starke Quellung der Schleime in Wasser der Beobachtung hinderlich ist, werden sie zweckmäßig vor der Behandlung mit Farbstoffen koaguliert. Mangin verwendet hierzu verschiedene Salze, wie basisches oder neutrales Bleiacetat, Kaliumaluminium- und Kaliumchromalaun, Ferrisulfat, Quecksilberchlorid. Als Farbstoff hat sich für viele Schleime eine Lösung von *Corallin* in konzentrierter Salzsäure bewährt, die jedoch wegen ihrer Zersetzlichkeit von Zeit zu Zeit erneuert werden muß. Boehmersches Hämatoxylin leistet nach Nestler ausgezeichnete Dienste bei der Ausfärbung der Schleimzellen der Malvaceenblätter, ebenso auch alkoholisches *Methylenblau* und Loeffler-Blau, während sich bei Kakteen die Schleimzellen durch Hämatoxylin-Alaun oder Methylenblau nicht ausfärben ließen (Walliczek). Nach Mangin ist Rutheniumrot ein vorzügliches Reagens auf „Pektoseschleime".

Kupfersulfat und Kalilauge. Viele Schleime färben sich himmelblau, wenn man sie in 10proz. Kupfersulfatlösung und dann in 10proz. KOH einlegt, und der Schleim zeigt in so behandelten Präparaten oft eine auffallende Struktur.

Analyse der Schleime.

Die qualitative und quantitative Untersuchung der im Schleim enthaltenen Polysaccharide erfolgt nach den im Kapitel „Hemicellulosen" beschriebenen Methoden.

b) Gewinnung der Schleime.

Die am häufigsten angewandte Methode zur Gewinnung der Schleime besteht darin, das Pflanzenmaterial mit Wasser zu extrahieren und aus dem Extrakt den Schleim durch Zusatz von Alkohol zu fällen; Reinigung durch Umfällung.

Da bei der Fällung wäßriger Lösungen, die mehrere polymere Kohlehydrate enthalten, durch Alkohol Gemenge niedergeschlagen werden, hat Pohl (1889) vorgeschlagen, die Gemenge durch Fällung mit geeigneten Salzen bei gelinder Wärme zu zerlegen und die Niederschläge durch wiederholte Salzfällung von anhaftenden Beimengungen und dann durch Dialyse von den Salzen zu befreien. Solche Salze, gegenüber denen sich die einzelnen Schleime verschieden verhalten, sind z. B. Natrium-, Magnesium- und Ammoniumsulfat, Ammoniumphosphat, Kaliumacetat. Durch Sättigung mit Ammoniumsulfat sind fällbar: Traganthschleim, Althaea-, Leinsamen- und Cydoniaschleim. Durch Sättigung mit Ammoniumsulfat und -phosphat und Kaliumacetat wird der Carragheenschleim gefällt; durch Sättigung mit Natrium-, Magnesium- und Ammoniumsulfat oder Ammoniumphosphat wird der Salepschleim gefällt.

1. Leinsamenschleim.

Zur Gewinnung möglichst reinen und aschefreien Schleimes in gut zu verarbeitender Form empfiehlt ROTHENFUSSER (1902) folgendes Verfahren:

Der durch Ausziehen der ausgelesenen Samen mit Wasser gewonnene und von mechanischen Verunreinigungen befreite Rohschleim (1 Teil Samen + 5 Teile Wasser) (5 l) wird mit einer Mischung von 25 cm³ konzentrierter reiner Salzsäure und 75 cm³ Wasser versetzt und sorgfältig vermischt. Nach 1—2 stündigem Stehen an einem kühlen Orte wird dann der Schleim in dünnem Strahl unter fortwährendem Rühren in ein Gemisch von 3 Teilen Alkohol und 1 Teil Äther, das 0,5 Vol.% Salzsäure enthält, einfließen gelassen, wobei er sich in weißen Flocken abscheidet. Diese werden auf einem Kolatorium gesammelt, scharf abgepreßt und in kaltem Wasser wieder gelöst. Reinigung durch zweimalige Behandlung mit Salzsäure und der Alkoholäthermischung und Auswaschen der Salzsäure mit Alkohol, am besten in einem kontinuierlichen Extraktionsapparat. Zuletzt wird mit Äther extrahiert.

Der so gewonnene Schleim ist von faseriger Struktur und läßt sich leicht trocknen und dann pulverisieren. Mit Wasser quillt der Schleim auf und geht allmählich vollständig in Lösung. Die wäßrige Lösung reagiert sauer, und zwar um so stärker, je geringer der Aschegehalt des Schleims ist. In Kupferamminlösung löst sich der Schleim nicht und wird aus seinen Lösungen durch Kupferammin gefällt. Auch FEHLINGsche Lösung und Kupfersulfat fällen konzentrierte Schleimlösungen. Mit Kalilauge entsteht unter Gelbfärbung der Lösung eine in Alkohol fast unlösliche, weiße K-Verbindung. Basisches Bleiacetat gibt in der Kälte, neutrales Bleiacetat erst beim Erwärmen einen weißen Niederschlag; Mercurosalze fällen ebenfalls weiß. Der Schleim ist stickstofffrei. Die wäßrige Lösung ist schwach rechtsdrehend. Bei der Hydrolyse mit 0,5—1 proz. Schwefelsäure entstehen Dextrose, Galaktose, Arabinose und Xylose, wobei sich Pentosane und Hexosane ungefähr das Gleichgewicht halten. Pentosangehalt ca. 60%; Galaktangehalt 21%.

Durch eine 1 proz. Tanninlösung oder eine 10 proz. Lösung von Silicowolframsäure wird die Schleimlösung gefällt, durch Phosphormolybdänsäure (SONNENSCHEINS Reagens) und Brom-Bromwasserstoff (25 proz. HBr + 10% Br) nicht (ROSENTHALER, 1928 [5]).

Bei der Hydrolyse des Schleims mit 4 proz. Schwefelsäure (1 kg lufttrockener Schleim + 6 l Säure 20 Stunden im siedenden Wasserbad) entsteht nach ANDERSON und CROWDER (2) eine *Aldobionsäure*, die aus 1 Mol. l-Rhamnose und 1 Mol. d-Galakturonsäure, die durch glucosidische Bindung mittels der Aldehydgruppe der d-Galakturonsäure und einer Alkoholgruppe der l-Rhamnose verknüpft sind, aufgebaut ist. Die Abscheidung der Säure erfolgt als Ca- oder besser als Ba-Salz; aus Wasser mit Alkohol amorphe Niederschläge. Das Bariumsalz zeigt in Wasser $[\alpha]_D = + 79^0$.

2. Flohsamenschleim (Plantago Psyllium).

Der Schleimkörper findet sich in der sekundären Membran der Epidermiszellen von Plantago Psyllium.

Zur Gewinnung des Schleims erhitzte BAUER (1888) 1 kg Flohsamen mit 4 Teilen destilliertem Wasser bis nahe zum Sieden, goß die Lösung durch ein Haarsieb und dampfte zur Lufttrockene ein. Auf diese Weise wurden 50 g mit Alkohol und Äther extrahiertes Rohmaterial mit einem Trockensubstanzgehalt von 95,4% gewonnen.

Bei der Hydrolyse entsteht Xylose (Bauer), bei der Oxydation mit Salpeter-säure eine geringe Menge Schleimsäure.

3. Salepschleim.

Der Salepschleim wird aus den Knollen zahlreicher Orchideen gewonnen; bei der Hydrolyse entsteht ausschließlich Mannose (vgl. unter Salepmannan, S. 48). Nach Pohl (1889) läßt sich der Schleim durch fraktionierte Fällung mit Magnesiumsulfat in 2 Fraktionen zerlegen, von denen die erste der Träger des Schleimcharakters ist; beide Fraktionen geben im übrigen dieselben Reak-tionen und liefern denselben Zucker. Mit Jodschwefelsäure färbt sich der Schleim gelb. Kongorot in alkalischer Lösung färbt orangerot, Anilingemisch nach Hanstein nach Abspülen mit Alkohol schön rot, Rosolsäure in Sodalösung orangerot. In Eosin wird der Schleim ganz junger Zellen gelbrot, der Schleim älterer Zellen rosa; nach Behandeln mit Alkohol entfärbt sich alles, nur der Schleim bleibt gefärbt.

4. Schleim des Feigencactus (Opuntia vulgaris).

Der Schleim wurde von Harlay (1902) in folgender Weise gewonnen:

2700 g Schleimparenchym wurden gehackt, mit Sand verrieben, zweimal mit gleichen Teilen Wasser $^1/_2$ Stunde auf 110° erhitzt und nach jeder Behandlung ausgepreßt. Dann wurde durch Leinwand passiert und mit 3 Vol. 90proz. Alkohol, der 10 cm³ Salzsäure im Liter enthielt, versetzt. Vom gelatinösen, transparenten Niederschlag wurde abdekantiert und durch mehrmalige Behandlung mit 90proz. Alkohol entwässert. Elastische, graue, faserige Masse. Ausbeute 15 g.

Grauweißes Pulver mit 13,3% Asche, das in Wasser allmählich unter Bil-dung einer unvollständigen, sehr viscosen Lösung quillt; im Wasserbad wird die Flüssigkeit homogen. Fehlingsche Lösung wird nicht reduziert. $[\alpha] =$ ca. $+ 35°$ (nach Abzug von Feuchtigkeit und Asche). Der Schleim besteht zum großen Teil aus „Araban" und „Galaktan". Er wird durch Barytwasser, neu-trales Bleiacetat, Ferrichlorid und Magnesiumsulfat (bei Sättigung) nicht gefällt.

5. Althaea-Schleim.

Der Schleim wurde von Schirmer (1912) durch einstündiges Stehen der geschnittenen Droge mit kaltem Wasser, Fällung des Filtrats mit Alkohol, Wieder-auflösung in Wasser und Wiederholung der Operation als gelbe hornartige Masse gewonnen, die in Wasser nur noch teilweise löslich, in Chloralhydrat und Kupfer-ammin unlöslich war. Im Gegensatz zum Sassafrasschleim wird er durch Kochen mit Säuren bis auf einen ganz geringen Rückstand gelöst. Die Lösung des Schleims reagiert gegen Lackmus schwach sauer, reduziert Fehlingsche Lösung nicht und wird durch Bleiessig gefällt. Mit $(NH_4)_2SO_4$ nur sehr geringer Niederschlag.

Der Schleim gab Eiweißreaktionen (2,95% N) und enthielt ca. 8% Galak-tose (aus Schleimsäurebildung) und 21% vergärbare Zucker. Bei der Hydrolyse entsteht neben einer Pentose (Xylose?) Galaktose und Dextrose, wobei letztere überwiegt.

6. Schleim der Rinde von Ulmus fulva.

Dieser von Schirmer (1912) untersuchte Schleim wurde in folgender Weise gewonnen:

Die geschnittene Rinde wurde mit Wasser 24 Stunden stehengelassen. Die Rinde wurde durch Auspressen vom Schleim getrennt und letztere durch Alkohol gefällt. Nach wiederholtem abwechselndem Wiederauflösen und Ausfällen war der Schleim fast aschefrei.

Getrocknet hellgraue, hornartige, harte Masse. In Wasser auch in frischem, ungetrocknetem Zustande ganz unlöslich; der Schleim quillt nur zu einer voluminösen steifen Gallerte. In Kupferamminlösung Quellung, keine Auflösung. Von Alkalien nicht angegriffen. Verdünnte Säuren lösen den Schleim nur teilweise, wobei ein brauner Rückstand bleibt. Die Reaktion der Gallerte ist gegen Lackmus neutral, FEHLINGsche Lösung wird nicht reduziert. Die Substanz enthielt 1,40 % N und zeigte keine Eiweißreaktionen. Pentosangehalt im Mittel 12,2 %, Methylpentosane 10,3 %, Galaktangehalt aus der bei der Oxydation gebildeten Schleimsäuremenge 26,25 %. Bei der Hydrolyse entstehen Pentosen, Methylpentosen und Hexosen, unter letzteren wahrscheinlich Dextrose, Lävulose und Galaktose.

7. Schleim des Markes von Sassafras variifolium.

Gewinnung (SCHIRMER). Das fein gepulverte Mark wird 10—12 Stunden mit der 100fachen Menge destillierten Wassers maceriert, dekantiert, koliert und mit Alkohol gefällt. Reinigung durch Aufquellenlassen in salzsäurehaltigem Wasser und Abscheidung mit Alkohol; diese Operation wurde wiederholt, bis der Schleim nahezu aschefrei war.

Der getrocknete Schleim bildet eine weißliche Masse, die in Wasser nicht mehr löslich, sondern nur zu einer gallertigen Masse quellbar ist. In verdünnten Säuren und Alkalien unlöslich, durch konzentrierte Schwefelsäure unter Bräunung gelöst. In Kupferammin Quellung aber keine Lösung. Unlöslich in 80proz. Chloralhydratlösung. Rechtsdrehend. Die Gallerte reagiert schwach sauer und gibt mit Bleiacetat und Bleiessig Fällungen; sie zeigt keine Eiweißreaktionen. Bei der Oxydation entsteht keine oder nur eine geringe Menge Schleimsäure. Der Schleim enthielt ca. 6 % gärfähige Zucker und 50,7 % Pentosan (Phloroglucinmethode). Nach der Hydrolyse mit Schwefelsäure wurden l-Arabinose und Dextrose identifiziert. Der Schleim besteht demnach zum Teil aus Arabinose und Dextrose liefernden Komplexen, von denen erstere weitaus überwiegen.

8. Quittenschleim.

Zur *Gewinnung* des Schleims verfuhren GANS und TOLLENS (1888) folgendermaßen:

50 g Quittenkerne wurden zweimal mit kaltem Wasser abgespült und an einem warmen Orte 4—6 Stunden mit ca. 1 l Wasser digeriert. Der dicke, zähflüssige, ein wenig bräunliche Schleim wurde in einem Leinenbeutel abgepreßt und die Kerne nochmals mit Wasser angesetzt. Der abgepreßte Schleim wurde mit 50 cm³ verdünnter Salzsäure und hochproz. Alkohol gefällt, nach einiger Zeit abdekantiert und der allmählich härter werdende Schleim bis zur Entfernung der Säure mit stets neuen Mengen 93proz. Alkohol und zuletzt mit Äther digeriert. Nach gelindem Abpressen wurde über Schwefelsäure getrocknet.

Spröde, faserige, pulverisierbare Masse, die mit Wasser, schneller mit Natronlauge, zu einem dicken Schleime quillt. Die Substanz enthielt 5,5 % Asche, darunter SiO_2, Fe, Ca, Mg. Bei der Hydrolyse entsteht keine Galaktose und keine nennenswerten Mengen Lävulose und Dextrose; anwesend Arabinose und Xylose (oder eine dieser nahestehende Substanz).

9. Schleim des Paprikasamens (Capsicumsamenschleim).

Dieser Schleim wurde von BELA VON BITTÓ (1896) in folgender Weise gewonnen:

3 kg fein gemahlene Samen wurden mit Alkohol und Äther extrahiert und dann mit 1,5proz. Kalilauge behandelt. Der alkalische Extrakt wurde nach dem Neutralisieren mit Salzsäure mit Alkohol gefällt und der Niederschlag mit Wasser, dem 25—30 % Alkohol zugesetzt worden war, durch Dekantieren gewaschen. Schließlich wird mit reinem Alkohol und dann mehrere Male mit Äther gewaschen. Zwecks Entfernung der noch vorhandenen Proteine und des freien Alkalis wurde die Substanz mit so viel Wasser, daß mit dem

eingeschlossenen Alkali eine 2—3proz. Alkalilösung entsteht, mehrere Stunden in mäßiger Wärme aus dem Wasserbade digeriert, die alkalische Lösung abgegossen und der Rückstand mehrere Male mit Wasser gewaschen. Die mit den Waschwässern vereinigte Lösung wurde mit Salzsäure neutralisiert und mit Alkohol gefällt. Der wie vorstehend ausgewaschene Niederschlag stellte die 1., etwas bräunliche, die Hauptmenge der N-haltigen Stoffe enthaltenden Fraktion dar (1,94 % N). Der ausgewaschene Rückstand wurde nunmehr mit 1,5proz. KOH wiederum extrahiert und wie bei der 1. Fraktion weiterbehandelt, wobei eine im feuchten Zustande schön weiße, getrocknet graustichige, nur Spuren Stickstoff enthaltende Mittelfraktion gewonnen wurde. Der bei der Darstellung der Mittelfraktion verbliebene Rückstand lieferte auf ähnliche Weise behandelt eine 3. Fraktion, die aber schon eine ziemlich intensiv braune Farbe zeigte.

Die Substanz (Mittelfraktion) ist weder in kaltem noch in warmem Wasser löslich, sondern quillt darin nur auf. Mit Jod tritt Grünfärbung auf, die jedoch rasch in Blau übergeht; mit Chlorzinkjodjodkalium keine Reaktion. Der Schleimkörper enthält 49,15 % Pentosan und wahrscheinlich Galaktose liefernde Komplexe.

10. Der Mistelschleim

(Viscum album) färbt sich mit Chlorzinkjodlösung violett, mit Jod und Schwefelsäure blau („Celluloseschleim", s. oben), mit Rutheniumrot schwach rosenrot, mit Kongorot lebhaft rot. Er ist in Wasser kaum löslich, aber löslich in Kupferamminlösung, starker Kalilauge oder starker Schwefelsäure. Durch Alkohol wird er gefällt (1).

Der *Schleim von Hydrangea paniculata* liefert bei der Hydrolyse Mannose, Arabinose und Galaktose (1).

Trigonellaschleim, aus den Samen von Trigonelle Foenum graecum, liefert bei der Oxydation mit Salpetersäure Schleimsäure (1).

Der *Schleim der Aloeblätter* ist nach Prollius ein „Celluloseschleim".

Die *Substanz aus den Schleimendospermen der Leguminosen* liefert nach Bourquelot und Herissey bei der Hydrolyse Mannose und Galaktose.

Meerzwiebelschleim wird nach Rosenthaler (5) durch folgende Reagenzien gefällt: 1proz. Tanninlösung; 10proz. Silicowolframsäurelösung; Phosphormolybdänsäure (Sonnenscheins Reagens); Brom-Bromwasserstoff (25proz. HBr + 10 % Br).

Eibischwurzelschleim gibt nach Rosenthaler (5) mit der Tanninlösung (s. vorstehendes) eine Trübung, mit der Silicowolframsäurelösung erst eine Trübung, dann wenige Flocken; mit den beiden anderen Reagenzien keine Fällung (wäßrige Lösung des aus dem wäßrigen Auszug mit Alkohol ausgefällten Schleimes).

Der *Schleim von Sterculia platanifolia* (junge Schößlinge) enthält nach Yoshimura (1896) Araban und etwas Galaktan.

Der *Schleim von Colocasia antiquorum* (Wurzelknollen) enthält nach Yoshimura wahrscheinlich ein Glucosan.

Der *Schleim von Vitis pentaphylla* (Stengel und Blätter) besteht nach Yoshimura hauptsächlich aus Araban.

Der *Schleim von Oenothera jaquini* (Stengel und Blätter) enthält nach Yoshimura Araban und Galaktan.

Der *Schleim von Kadzura japonica* enthält nach Yoshimura Araban und Galaktan.

Der *Schleimsaft in den Schleimröhren von Monocotylen* (Liliaceen, Amaryllideen, Commelynaceen) zeigt nach Molisch meist saure Reaktion und reduziert Fehlingsche Lösung.

Über *Bakterienschleime* vgl. S. 266, über *Algenschleime* vgl. S. 269 ff.

Literatur.

(*1*) ABDERHALDEN: Biochemisches Handlexikon 2. 1911. — (*2*) ANDERSON u. CROWDER: Amer. Soc. **52**, 3711 (1930).

(*3*) MANGIN: Bull. Soc. Bot. de France **41**, 41 (1894). — (*4*) MOLISCH: Mikrochemie der Pflanzen.

(*5*) ROSENTHALER: Pharm. acta Helv. **3**, 93 (1928).

(*6*) TSCHIRCH: Angewandte Pflanzenanatomie, S. 193ff. Leipzig 1889.

E. Chitin.

Von HANS PRINGSHEIM, Berlin und DEODATA KRÜGER, Berlin-Dahlem.

a) Eigenschaften.

Chitin ist als Gerüstsubstanz im Tierreich und Pflanzenreich weit verbreitet. Im Tierreich findet es sich z. B. in den Schalen der Arthropoden, in Käferflügeln, in der Rückenschulpe der Cephalopoden, in Quallen u. a. Im Pflanzenreich bildet Chitin die wesentliche Zellwandsubstanz der Pilze, auch aus den Sporen von Aspergillus niger wurde Chitin isoliert. Die älteren Angaben über das Vorkommen in zahlreichen anderen pflanzlichen Objekten sind nach den Untersuchungen von VAN WISSELINGH und anderen unrichtig.

BRACONNOT (1811) erhielt aus Pilzen durch Behandeln mit kochendem Wasser und verdünntem Alkali eine weiche, elastische, geschmacklose Masse, die er *Fungin* nannte. GILSON und WINTERSTEIN (1895) haben dann fast gleichzeitig „*Pilzcellulose*" hergestellt und sie im wesentlichen als Chitin erkannt. Die Präparate von WINTERSTEIN waren noch kein reines Chitin, sondern enthielten neben einem glucosaminbildenden noch glucosebildende Komplexe; der Stickstoffgehalt betrug 0,7—5,5%. Reines Chitin wurde zuerst von SCHOLL (1908) aus Boletus edulis in einer Ausbeute von 5—6% der Pilztrockenmasse gewonnen. Mit ähnlicher Ausbeute wurde nach dem Verfahren von SCHOLL Chitin auch aus anderen Pilzen isoliert. Nach den übereinstimmenden Angaben der meisten Autoren ist tierisches und pflanzliches Chitin *identisch*.

Die *Elementarzusammensetzung* des Chitins ist nach den zuverlässigsten Analysen $C_{32}H_{54}O_{21}N_4$. Bei der sauren Hydrolyse unter geeigneten Bedingungen treten als einzige in größerer Menge sich bildende Spaltprodukte *Glucosamin* und *Essigsäure* auf, wobei auf jeden Glucosaminrest eine Acetylgruppe kommt (BRACH); da auch N-Acetylglucosamin als Spaltprodukt erhalten werden kann (FRÄNKEL und KELLY), so folgt, daß die Acetylgruppen an den Aminogruppen stehen. Der Baustein des Chitins ist somit ein N-Acetylglucosaminrest. Daß mehrere solche Reste miteinander chemisch verknüpft sind, wird allgemein angenommen und durch die Unlöslichkeit des Chitins und durch seine mechanischen Eigenschaften nahe gelegt. MEYER und MARK glauben, daß mindestens 20 Acetylglucosaminreste verknüpft sein müssen, um durch ihre Assoziationskräfte die mechanischen Eigenschaften des Chitins zustande zu bringen. Offenbar sind die ringförmig als Amylenoxyde zu denkenden Zuckerreste glucosidisch verknüpft (FÜRTH und RUSSO, BRACH); eine Verbindung unter Vermittlung der Aminogruppen (OFFER, KARRER und SMIRNOFF) ist mit der Bildung von Acetylglucosamin als Hauptspaltprodukt schwer zu vereinen. Nach den neuen und entscheidenden Versuchen von BERGMANN, ZERVAS und SILBERKWEIT (1a) sind die N-acetylierten Glucosaminreste durch 1,4-Sauerstoffbrücken untereinander verbunden. Die 1,5-Ringe bilden abwechselnd um 180° gedreht eine Schraubenachse, und die so entstehenden Hauptvalenzketten sind dann miteinander zu Micellen vereinigt (MEYER und MARK [8]).

Das *spezifische Gewicht* des Chitins ist nach SOLLAS ungefähr 1,398, der *Brechungsindex* für rotes Licht 1,550—1,557. Nach BECKING und CHAMBERLAIN ist $n_D = 1,525 \pm 0,005$, wonach ungefärbte Chitinpräparate nicht in Canadabalsam mit $n_D = 1{,}528 - 1{,}537$, sondern in Styraxbalsam mit $n_D = 1{,}630$ eingebettet werden müssen. Diese Ergebnisse stehen im Widerspruch mit der Arbeit von Möhring, der das Maximum der Stäbchendoppelbrechung des Hummerpanzers für gelbes Licht, das dem mittleren Brechungsindex des Chitins n_D entspricht, ungefähr bei $n_D = 1{,}65$ fand. Das tierische Chitin liefert bei der *Röntgenuntersuchung* ein deutliches *Faserdiagramm*, das sowohl im allgemeinen Typus als auch in der Länge der Faserperiode (10,4 A.) mit demjenigen der Cellulose verwandt ist (Gonell [3]). Der Anfangswert der optischen Drehung in konzentrierter Salzsäure (D. 1,160) beträgt nach Irvine $[\alpha]_D^{20} = -14{,}7^\circ$ in 1,75 proz. Lösung; schon bei Zimmertemperatur nimmt jedoch die Drehung langsam ab, schlägt in Rechtsdrehung um und erreicht schließlich einen dem Glucosaminchlorhydrat entsprechenden Endwert von 56°; dieses Verhalten kann zum polarimetrischen Nachweis des Chitins benutzt werden (Irvine, s. weiter unten).

Chitin ist in Wasser, organischen Lösungsmitteln, konzentrierten Alkalien und Kupferamminlösung (Schweizersches Reagens) unlöslich. Durch 71 proz. Salpetersäure wird es in der Kälte nicht angegriffen (Arthropodenchitin) (Knecht und Hibbert [4]). Es löst sich in konzentrierter Salzsäure und Schwefelsäure auf und kann, unmittelbar nach der Auflösung gefällt, in chemisch unverändertem oder nahezu unverändertem Zustande wiedergewonnen werden. Auch in wasserfreier Ameisensäure ist es löslich. Durch bestimmte Säuren läßt es sich bei Zimmertemperatur in 6—10 proz. kolloide Lösung bringen, aus denen seidenähnliche Fäden gesponnen oder klare Filme gegossen werden können (Kunike [6]). Durch *konzentrierte Lösungen gewisser stark hydratisierter Salze* läßt es sich in den *plastischen Zustand* und *in kolloide Lösung* überführen, wobei die dispergierende Kraft der Salze in der Reihenfolge: $\mathrm{Li} > \mathrm{SCN} > \mathrm{Ca(SCN)_2} > \mathrm{CaJ_2} > \mathrm{CaBr_2} > \mathrm{CaCl_2}$ (letzteres dispergiert nur schwierig) fällt und die Dispersionsfähigkeit verschiedener Chitinpräparate (aus Sepiaschalen), wahrscheinlich wegen verschiedenen Reinheitsgrades, verschieden ist; die Eigenschaften der kolloiden Chitinlösungen ähneln in vieler Beziehung denjenigen der Cellulose, die durch Zusatz von Alkohol erhaltenen Niederschläge sind jedoch bei Chitin klar durchsichtig, bei Cellulose fast undurchsichtig (von Weimarn [14]).

Gegen *Oxydationsmittel* ist Chitin relativ beständig, z. B. gegen Kaliumpermanganat in 10 proz. Schwefelsäure (Knecht und Hibbert [4]). Fehlingsche Lösung wird nicht reduziert. Von Chlordioxydlösung wird Pilzchitin nicht angegriffen, was die Verwendung von Chlordioxyd zu seiner Isolierung ermöglicht (Schmidt und Graumann [10]). Bei der Acetolyse des Chitins (aus Hummerschalen) erhalten Bergmann, Zervas und Silberkweit (1 a) das Octacetat eines Disaccharids, *Chitobiose*.

Die schwefelsaure Lösung des Chitins gibt mit alkoholischer α-Naphthollösung die Reaktion von Molisch, mit alkoholischer β-Naphthollösung zum Unterschied von Cellulose Gelbfärbung.

Die Angaben der Literatur über die Färbung des Chitins mit *Jodreagenzien* lauten sehr verschieden. Die meisten Autoren geben an, daß sich Chitin mit Jod braun färbt, und daß diese Farbe bei Zusatz von Zinkchloridlösung oder verdünnter Schwefelsäure in Violett übergeht. Nach Wester färben dagegen Jodlösungen *reines* Chitin höchstens schwach braun, und diese Farbe wird durch Zusatz von Schwefelsäure oder Chlorzink nicht in Violett verwandelt; die Violettfärbung mit Jodreagenzien ist die Folge der Gegenwart von Chitosan, das bei der Reinigung des Chitins mit Alkalien entstanden ist. Auch van Wisselingh hat Violett- oder Blaufärbung von unzersetztem Chitin durch Chlorzinkjod oder Jod + Schwefelsäure niemals bemerkt, während Brunswik (1) wiederum

Violettfärbung auch dann beobachtet haben will, wenn, *chemisch* genommen, noch kein Chitosan vorlag, wenn also die gefärbte Substanz in verdünnten Säuren (3proz. HCl, 10proz. H_2SO_4, 50proz. HNO_3, 1proz. Chromsäure) in der Kälte oder beim Erwärmen noch völlig unlöslich war. Nach KÜHNELT (5) kommt dagegen die Violettfärbung mit Chlorzinkjod dem reinen Chitin zu und wird nicht durch geringe Mengen eines Abbauproduktes verursacht, da sie auch bei Präparaten auftritt, die durch Auskochen mit 2proz. Essigsäure von etwa vorhandenem Chitosan befreit worden sind und mit Jodjodkalium und Schwefelsäure nur Braunfärbung geben. Die Chlorzinkjodreaktion ist für Chitin nicht spezifisch, sondern z. B. auch anderen Polysacchariden eigen.

Das Verhalten von Chitin gegen *Farbstoffe* ist von dem Verhalten der Cellulose merklich verschieden:

Mit Krystallscharlach wird es in Gegenwart von etwas Schwefelsäure leicht gefärbt, Diaminhimmelblau färbt nur sehr schwach hellblau an, Methylenblau färbt reines Chitin nicht (KNECHT und HIBBERT [4]). MEHTA (7) hat im Rahmen einer größeren histologischen Untersuchung über pflanzliche Membranbestandteile auch das Verhalten des Chitins gegen eine Reihe von Färbemitteln untersucht und gibt folgendes an:

Keine Färbung mit Phloroglucin-Salzsäure, alkoholischer Malachitgrünlösung (1 g auf 300 cm^3 92proz. Alkohol), Kobaltrhodanidlösung (1 Vol. gesättigter Kobaltnitratlösung + 2 Vol. gesättigter Ammoniumrhodanidlösung), Anilinblau-Pikratlösung (3 g Anilinblau, 2 g Pikrinsäure in 1 l Wasser), alkoholischer Tanninlösung.

Keine oder nur schwache Färbung. Wäßrige Rutheniumrotlösung (1 : 10000), alkoholische Orceinlösung (0,5proz. Lösung in Alkohol mit 0,01 % HCl), Ferrirhodanidlösung (1 cm^3 gesättigte $FeCl_3$-Lösung + 10 cm^3 10proz. Ammoniumrhodanidlösung).

Stärkere Färbung. Alkoholische Borax-Carminlösung (3 g Carmin, 12 g Borax, 480 cm^3 Wasser, 480 cm^3 90proz. Alkohol), alkoholische Safraninlösung (3 g Safran, 500 cm^3 Wasser, 500 cm^3 90proz. Alkohol), Hämatoxylinlösung, wäßrige Gossypiminlösung (2 g Gossypimin, 900 cm^3 Wasser, 60 cm^3 90proz. Alkohol).

Starke Färbung. Alkoholische Eosinlösung (1 g in 300 cm^3 Alkohol).

Sehr starke Färbung. Wäßrige Kongorotlösung (1 g in 200 cm^3 Wasser).

Durch *Pikrinsäure, Pikrolonsäure, Trinitronaphthol* und *Trinitrokresol* wird Chitin nicht gefärbt (VAN WISSELINGH [15]).

b) Abbauprodukte.

Durch konzentrierte Alkalien, vor allem durch *Alkalischmelze,* wird Chitin in Essigsäure und *Chitosan* („Mykosin") gespalten. Chitosan steht dem Chitin noch sehr nahe und geht vielleicht aus diesem durch eine permutoide Reaktion hervor (MEYER und MARK [8]). Es reduziert wie Chitin FEHLINGsche Lösung nicht; es gibt keine Biuretreaktion und liefert mit Phenylhydrazin kein Reaktionsprodukt. *Chitosan* unterscheidet sich von Chitin durch seine Löslichkeit in verdünnten Säuren. Es löst sich z. B. leicht unter Salzbildung in 2—10proz. HCl, HBr, HNO_3 in der Kälte, ferner in 2,5—3proz. Essigsäure, Oxalsäure, Citronensäure, Äpfelsäure, Weinsäure u. a. Verdünnte Schwefelsäure, Phosphorsäure und 1proz. Chromsäure lösen nur beim Erwärmen. Von den durchweg gut krystallisierenden Chitosansalzen sind das Chitosannitrat, -phosphat, -sulfat und -chromat in Wasser schwer löslich bzw. unlöslich; 1proz. Schwefelsäure oder Chromsäure fällt aus den Lösungen aller Chitosansalze das völlig unlösliche Chitosansulfat bzw. Chromat aus. Chitosan gibt noch eine Reihe weiterer Reaktionen, die für die Identifizierung von Chitinpräparaten und für den mikrochemischen Nachweis des Chitins in tierischen Skeletteilen oder Pflanzenzellwänden von Wichtigkeit sind.

Jodjodkaliumlösung färbt Chitosan ziemlich schmutzig braunviolett, aber sehr verdünnte Schwefelsäure verwandelt die Farbe in ein sehr schönes dunkles Rotviolett. *Chlorzinkjodlösung* färbt Chitosan blau und Brom scharlachrot. Auch die krystallisierten Chitosansalze färben sich mit Jod. Ist bereits *bei der Bildung* der Krystalle, z. B. von Chitosansulfat, Jod und Schwefelsäure oder Chlorzink zugegen, so werden die Krystalle analog dem amorphen Chitosan rotviolett bzw. violett bis blau gefärbt; die fertigen Krystalle speichern dagegen das Jod je nach seiner Konzentration mit grüngelber bis dunkelbrauner Farbe. Über die analytische Anwendung der Jodreaktionen des Chitosans s. unter Chitinnachweis.

Chitosanlösungen werden durch *Phosphorwolframsäure, Phophormolybdänsäure, Pikrinsäure* u. a. gefällt. Da das Verhalten zu Jodreagenzien zu Verwechslungen des Chitins mit anderen Zellwandbestandteilen führen kann und auch vielfach geführt hat, kann die Überführung in solche unlöslichen Verbindungen als Kontrolle gute Dienste leisten (s. weiter unten). — Beim Schütteln mit *Benzoyl-, Benzolsulfo-* und *Naphthalinsulfochlorid* entstehen sehr schwer lösliche Reaktionsprodukte (Löwy). Bei der Einwirkung von *Bernsteinsäure-* oder *Phthalsäureanhydrid* oder der *Chloride* oder *Anhydride der Essigsäure und Benzoesäure* werden in Wasser unlösliche Verbindungen erhalten, die sich Reagenzien gegenüber anders verhalten wie das Chitosan und wegen der verschiedenen Natur der eingeführten Säurereste auch untereinander verschieden sind. Sie sind unlöslich in verdünnter Essigsäure und Salzsäure. Mit Jodjodkaliumlösung färben sie sich gelb bis braun, und die Farbe geht auf Zusatz verdünnter Schwefelsäure nicht in Violett über. Die Dicarbonsäurederivate sind zum Unterschied von den Monocarbonsäurederivaten in verdünnter Kalilauge und in Sodalösung löslich. Nach Erwärmen mit konzentrierter Kalilauge verhält sich das benzoylierte oder acetylierte Präparat Lösungsmitteln und Reagenzien gegenüber wieder wie Chitosan (van Wisselingh [15]). — Auch *Schwefelkohlenstoff* reagiert mit Chitosan unter Bildung eines völlig unlöslichen Reaktionsproduktes; mit Schwefelkohlenstoff erwärmte Chitosanpräparate, die dabei vollkommen ihre Struktur bewahrt haben, verhalten sich gegenüber Reagenzien, z. B. Jodjodkalium und verdünnter Schwefelsäure, ganz anders wie Chitosan. — Durch mehrmalige abwechselnde Behandlung mit *Jodmethyl* und alkoholischer Kalilauge wird Chitosan unter Intaktbleiben der Präparate in ein unlösliches Produkt umgewandelt, das die Chitosanreaktionen nicht mehr zeigt, z. B. mit Jodjodkalium und verdünnter Schwefelsäure sich nicht mehr violett, sondern orange färbt (van Wisselingh [15]).

Chitosan speichert einige *Farbstoffe*, so daß diese nur sehr schwer wieder zu entfernen sind; es sind dies Kongorot, Säurefuchsin, Orange G, Anilinblau, wasserlösliches Nigrosin. Sie sind aber keine spezifischen Chitosanfarben, da Kongorot auch Cellulose, Hemicellulosen und Schleime intensiv färbt, Anilinblau Callose und Calloseschleime, und Säurefuchsin, Orange G und wasserlösliches Nigrosin zur Färbung von Protoplasma weitgehende Verwendung finden (Brunswik [1]). Bleibende Färbungen gibt Chitosan auch mit *Pikrinsäure, Pikrolonsäure, Trinitronaphthol* und *Trinitrokreseol* (van Wisselingh [15]).

Enzymatischer Abbau des Chitins. Durch Schneckenenzym wird Chitin zu N-Acetylglucosamin abgebaut (Karrer und Hofmann); Optimum bei p_H = ca. 5,2. Bezüglich der enzymatischen Hydrolyse von pflanzlichem und tierischem Chitin bestehen keine Unterschiede (Karrer und v. François). Chitosamin wird durch Schneckenenzym zu Polyglucosaminen, die gegen Mineralsäuren außerordentlich beständig sind, abgebaut; Optimum bei p_H = 4,4 — 4,5.

c) Qualitativer Nachweis des Chitins.

1. Jodreaktion.

a) Mikrochemische Methode von van Wisselingh (1898) (15). Die schöne Violettfärbung des Chitosans mit Jod und Schwefelsäure gestattet den sehr empfindlichen mikrochemischen Nachweis des Chitins nach Überführung in Chitosan durch Alkalischmelze.

Die mikroskopischen Präparate werden in zugeschmolzenen Glasröhrchen in konzentrierter oder 50proz. KOH auf 160⁰ (unkorr.) erhitzt, mit absolutem oder 95proz. Alkohol ausgewaschen, in destilliertes Wasser gebracht und nacheinander mit Jodjodkaliumlösung und sehr verdünnter Schwefelsäure behandelt. Statt verdünnter Schwefelsäure können auch andere verdünnte Säuren oder saure Salze benutzt werden, wie verdünnte Phosphorsäure, Selensäure oder Kaliumbisulfat. Bei vielen Säuren ist es jedoch nicht wie bei Schwefelsäure gleichgültig, ob erst die Jodjodkaliumlösung und nachher die Säurelösung zufließen gelassen wird oder umgekehrt. Dies ist z. B. der Fall bei verdünnter (2,5proz.) Salzsäure, verdünnter (2proz.) Essigsäure, Weinsäure, Citronensäure und Benzoesäure, die das Chitosan lösen. Bringt man die Präparate auf den Objektträger in eine kleine Menge dieser Säurelösungen, so wird das Chitosan gelöst und fällt auf Zusatz von Jodjodkalium als körniger, rotvioletter Niederschlag aus. Werden dagegen die Präparate erst mit Jodjodkaliumlösung und dann mit den verdünnten Lösungen der Säuren behandelt, so bleiben die Präparate intakt und zeigen nur die schöne Violettfärbung. Die Nuance der Jodfärbung scheint durch verschiedene Ursachen mehr oder weniger modifiziert werden zu können.

Werden die Chitosanpräparate mit Jodjodkaliumlösung und sehr verdünnter, z. B. 1proz. Schwefelsäure, violett gefärbt und dann 66,5- oder 76proz. Schwefelsäure zugesetzt, so verschwindet die Violettfärbung, und es tritt bei Präparaten mit *cellulosehaltigen Membranen* Blaufärbung auf. Die Jodreaktion wird auch durch Alkohol oder Glycerin beim Entwärmen entfärbt; auch die Gegenwart von KOH stört.

Der Chitinnachweis kann auf die folgende Weise verschärft werden: Chitinhaltige Zellwände können in *Glycerin auf 300⁰ erhitzt* werden, ohne daß sich das Chitin dabei zersetzt und ohne daß das Gewebe zerstört wird, während viele andere Zellwandstoffe zersetzt und aufgelöst werden. Die chitinhaltigen Wände erfahren also eine Reinigung, die mit der Chitosanreaktion kombiniert werden kann. Auf diese Weise kann z. B. Isolichenin entfernt werden, das sich mit Jod intensiv blau färbt und die Chitosanreaktion verdeckt.

Lösen sich die Membranen beim Erhitzen in konzentrierter oder 50proz. Kalilauge auf 160⁰ oder in Glycerin auf 300⁰ auf, so weist dies schon darauf hin, daß dieselben höchstens Spuren von Chitin enthalten. Manchmal wird die Violettfärbung der Chitosanreaktion durch die Gegenwart schwarzbrauner, dem Erhitzen mit Kalilauge widerstehender Stoffe in der Zellwand maskiert. Durch verdünnte (1proz.) Chromsäurelösung gelingt es jedoch oft, diese Stoffe mehr oder weniger zu zersetzen und aufzulösen. Auch durch Vorbehandlung mit $KClO_3 + HCl$ können die bei stark inkrustierten Objekten auftretenden Störungen beseitigt werden.

Bei der *Untersuchung kleiner Objekte, z. B. Bakterien,* muß der Chitinnachweis mit Jod und Schwefelsäure in folgender Weise modifiziert werden: Mit der Platinöse bringt man etwas von der Bakterienkultur in konzentrierte oder 50proz. Kalilauge, die sich in einem gläsernen Röhrchen befindet, schmilzt zu und erhitzt auf 160⁰. Dann mischt man den Inhalt des Röhrchens vorsichtig mit Glycerin, danach das Gemisch mit Wasser und läßt absitzen. Der Bodensatz wird mit destilliertem Wasser ausgewaschen und mit Jod und verdünnter Schwefelsäure behandelt. Man kann auch den Röhrcheninhalt in absolutem Alkohol verteilen, zentrifugieren, den Bodensatz mit absolutem Alkohol und dann mit destilliertem Wasser auswaschen und darauf mit Jod und verdünnter Schwefelsäure behandeln. Um zu weit gehende Zerstörung der Bakterien zu vermeiden, soll die Erhitzung nicht länger als zur Chitosanbildung unbedingt erforderlich ist ausgedehnt werden; die Vergrößerung soll mindestens 2000fach sein (VIEHÖVER [13]).

Nach VOUK genügt, um die Umwandlung des Chitins in Chitosan zu bewirken, auch schon ein 20—30 Minuten langes Erhitzen des Materials in konzentrierter Kalilauge auf 110⁰ in einem mit einem Uhrglas bedeckten Becherglase. Die VOUKsche Modifikation hat aber gegenüber der WISSELINGHschen

Technik verschiedene Nachteile, insbesondere bei der Untersuchung kleiner Objekte.

b) Mikrochemischer Nachweis mittels der Diaphanolchlorzinkjodreaktion von Schulze (11). Mit Diaphanol (Chlordioxydessigsäure) von den Inkrusten befreites Chitin gibt mit Chlorzinkjod eine violette Färbung, und zwar ist der Farbton im allgemeinen mehr rotviolett, im Gegensatz zur Cellulose, die meist mehr ins Blau gehende Farbtöne liefert. Als Differentialdiagnose gegenüber der pflanzlichen Skeletsubstanz erweist sich der Zusatz von konzentrierter Schwefelsäure; bei Cellulose tritt ein Farbenumschlag nach Dunkelblau auf, während bei Chitin die Farbe zunächst nach Braun zurückgeht und dann ausbleicht.

Die Behandlung mit Diaphanol erfolgt in fest schließenden Glasstöpsel-Pulverflaschen im Dunkeln und dauert, je nach der Inkrustierung und Pigmentierung 1 Tag bis mehrere Wochen; bei Entfärbung der Flüssigkeit muß das Diaphanol erneuert werden.

Bezüglich der Zusammensetzung der Chlorzinkjodlösung empfiehlt Schulze das Rezept von Benecke: 1,6 g Jod, 10 g KJ, 60 g Chlorzink, 28 g Wasser. Die Herstellung geschieht folgendermaßen: In der einen Hälfte des Wassers wird das Jod und Jodkalium, in der anderen Hälfte das Chlorzink gelöst, und beide Lösungen werden sofort zusammengegossen. Die in der Chlorzinklösung auftretende Lösungswärme ist notwendig, um ein brauchbares Reagens zu erhalten. Wird erst abkühlen gelassen und dann zusammengegossen, so entsteht eine Lösung, die nur eine Braunfärbung, keine Violettfärbung ergibt. Die Mischung wird dann durch Glaswolle filtriert.

Ausführung der Reaktion. Die mit Diaphanol vorbehandelten Objekte werden auf 1 Minute in die Lösung gebracht und dann in Wasser getaucht, worauf sofort der Farbenumschlag nach Violett eintritt; dabei ist es gleichgültig, ob die Stücke trocken sind oder aus Wasser oder Alkohol kommen. Mikroskopisch kleine Objekte läßt man am besten ca. 12 Stunden in der Lösung; dann hat sich die Jodlösung entfärbt, und etwaige chitinhaltige Objekte sind ohne Überführung in Wasser durch ihre Violettfärbung in der klaren Lösung leicht aufzufinden.

Eine Fehlerquelle der Diaphanolchlorzinkjodreaktion liegt nach Kühnelt (5) darin, daß mit Diaphanol behandeltes Chitin hartnäckig Chlor festhält, wobei mit dem Chlorgehalt auch der Ausfall der Jodfärbung wechselt. Chlorreiche Präparate geben starke gleichmäßige Färbungen, während chlorarme und chlorfreie nur schwache Färbungen liefern; das baldige Verschwinden der Diaphanolchlorzinkjodreaktion kann durch die Oxydation von J und JO_3 erklärt werden. Die quantitative Entfernung des Chlors gelingt durch Auskochen mit Natriumthiosulfatlösung, wobei aber die übrigen Gewebe stark beschädigt werden.

Die ebenfalls von Schulze (11) angegebene Reaktion, die mit Diaphanol deinkrustiertes und darauf mit verdünntem Acetylbromid behandeltes Chitin mit Jod und Schwefelsäure gibt, bietet keine Vorteile vor der Wisselinghschen Reaktion und läßt sich nicht wie diese in einfacher Weise mit Kontrollreaktionen verbinden (s. unter III).

2. Naphtholreaktionen nach Schulze und Kunike (12).

Das auf Chitin zu prüfende, durch Diaphanol von Inkrusten befreite, trockene Material wird in konzentrierter Schwefelsäure möglichst ohne Erwärmen gelöst; bei Zusatz einiger Tropfen einer Lösung von α-Naphthol in 50proz. Alkohol tritt Violettfärbung, bei tropfenweisem Zusatz einer Lösung von chemisch reinem β-Naphthol in 15proz. Alkohol Gelbfärbung ein. Gegenwart von Schwermetallen (Metallinstrumente!) stört. Beide Reaktionen sind nicht charakteristisch für Chitin, sondern treten auch bei Vorhandensein von Spongin, Gorgonin und Conchin ein.

3. Die mikrochemische Chitosansalzmethode von Brunswik (1).

Chitosansulfat, -nitrat und -chromat sind in Wasser schwer löslich und scheiden sich beim langsamen Erkalten der Mutterlauge in gut ausgebildeten, relativ großen Sphärokrystallen $(8—25\,\mu)$ ab. Beim Krystallisieren der Salze auf dem Objektträger unter dem Deckglas entstehen stark lichtbrechende, einheitlich gekrümmte Ellipsoide und Scheiben, die oft eine Größe bis zu 18 μ erreichen können; auch sie zeigen im polarisierten Licht ein dunkles Kreuz. Bei zu rascher Abkühlung krystallisieren sämtliche Chitosansalze in so kleinen Plättchen und Körnern, daß sie den Anblick von mikrokrystallinen Fällungen bieten. Die Herstellung von Chitosansulfat ist besonders wertvoll, weil sie sich als erwünschte Kontrollreaktion an die Jodreaktion nach VAN WISSELINGH anschließen läßt. Die Chitosansalzkrystalle können auch durch ihr *Verhalten zu Farbstoffen* identifiziert werden.

Dieselben organischen Farbstoffe, die das amorphe Chitosan nachhaltig anfärben — sämtlich *saure Farbstoffe* — werden auch von den Chitosansalzsphärokrystallen stark gespeichert und zähe festgehalten, z. B. Kongorot, Orange G, Säurefuchsin, Anilinblau, wasserlösliches Nigrosin. Durch viertelstündiges Waschen der Objektträger mit absolutem Alkohol oder bei wasserunlöslichen Chitosansalzen auch bei Behandlung mit Wasser wird die Färbung der Sphärokrystalle kaum merklich geschwächt, und erst ein mehrtägiges Liegen in Alkohol, Formol, Glycerin oder Chloralhydrat zieht die Färbungen langsam aus. Die Färbungen sind völlig homogen. *Basische Farbstoffe*, Gentianaviolett, Methylviolett, Fuchsin, Methylenblau, Neutralrot, Methylgrün, Jodgrün, Rosanilin, Safranin, Nilblau, Bismarckbraun, Boraxcarmin, Eosin, Benzoazurin, Corallinsoda, Alkannatinktur färben die Sphärokrystalle entweder überhaupt nicht an, oder die Färbung ist mit Wasser, Alkohol, Chloralhydrat usw. sofort ausziehbar. Auch *Pikrinsäure* und *Chromsäure* werden von den Sphärokrystallen alkoholecht gespeichert; Zusatz von Chloralhydrat bringt die Färbung zum Verschwinden. Für die praktische Identifizierung von Chitosansalzkrystallen eignet sich am meisten Säurefuchsin und Orange G, da sie säureunempfindlich sind und daher ein sehr gründliches Waschen der immer aus Säurelösungen gefällten Krystalle unnötig ist. Auch ammoniakalische Kongorotlösung ist zu empfehlen, da durch Zusatz von Säure *in den* Sphäriten ein völlig homogener Farbenumschlag in Blau erzielt werden kann, eine Färbung, die dann in allen nicht alkalischen Einschlußmitteln (sonst reversibel!) unbedingt haltbar ist.

Herstellung von Chitosannitrat. Die zu untersuchenden Objekte werden zwecks Überführung des Chitins in Chitosan ca. 20 Minuten mit 50proz. KOH im zugeschmolzenen Glasröhrchen im Ölbad auf 160⁰ erhitzt, zuerst mit Alkohol, dann mit Wasser die Kalilauge ausgewaschen, ein etwa stecknadelkopfgroßes Stück in 50proz. Salpetersäure gebracht und unter dem Deckglas bis fast zum Kochen vorsichtig erwärmt, wobei das nahezu vollständige Verschwinden der Probe die Auflösung des sämtlichen Chitosans als Chitosannitrat anzeigt. Um schöne Sphärite von Chitosannitrat zu erhalten, ist langsames Abkühlen der Präparate unerläßlich; dies wird durch freies Halten des Objektträgers in der Hand (die Krystallisation erfolgt bei einer Temperatur von ca. 40⁰) oder besser in bis auf 70⁰ angeheizten kleinen Thermostaten (Abkühlungsdauer ca. 20 Minuten) erreicht. Die ganzen Stücke haben sich, falls sie Chitin enthielten, in eine Krystallmasse verwandelt. — Die Präparate können mit Alkohol von der Salpetersäure befreit, mit ammoniakalischem Kongorot, Säurefuchsin, Pikrinsäure u. a. (s. oben) gefärbt und in Chloralhydrat oder Formol eingeschlossen werden.

Herstellung von Chitosansulfat im Anschluß an die Reaktion von VAN WISSELINGH (KÜHNELT [5]). Stark inkrustierte Objekte werden mit Glycerin auf 300⁰ erhitzt oder mit Salzsäure und Kaliumchlorat gebleicht (bei schwach inkrustierten Objekten ist diese Vorbehandlung unnötig), hierauf in zugeschmolzenen Röhren mit 50proz. Kalilauge 15—30 Minuten auf 160—180⁰ erhitzt. Nach dem Erkalten und Öffnen der Röhren wird, am besten durch Zentrifugieren in den Erhitzungsröhren, mit Alkohol und Wasser gewaschen, das erhaltene Chitosan auf dem Objektträger mit Jodjodkaliumlösung versetzt (2 g J, 1 g KJ, 200 g Wasser) und diese durch 10proz. Schwefelsäure verdrängt. Eine dunkelviolette Färbung zeigt die Anwesenheit von Chitin an, die auf folgende Weise kontrolliert wird: Das Präparat wird auf dem Objektträger bis zur vollständigen Auflösung des Chitosans erhitzt und in einem auf 70⁰ angeheizten Thermostaten oder Sandbade erkalten gelassen. Dabei scheiden sich Sphärite von Chitosansulfat aus, die durch das anwesende Jod violett gefärbt werden und zwischen gekreuzten Nicols das BREWSTERsche Kreuz zeigen.

Herstellung von Chitosanchromat. Die Schnitte gelangen nach der üblichen Kalischmelze in 1proz. Chromsäurelösung (konzentrierte Chromsäure löst auch beim Kochen kein Chitosan), werden unter dem Deckglase bis zum Kochen erhitzt und zur Erzielung der gelblich grünen Chitosanchromatsphärite vorsichtig abgekühlt. Resultate im allgemeinen weniger günstig als mit Chitosannitrat und -sulfat.

4. Fällungsreaktionen nach van Wisselingh (15).

Eine 1proz. Lösung von Chitosan in 2proz. Essigsäure gibt mit den folgenden Lösungen Niederschläge: Jodjodkaliumlösung (5 g Jod, 10 g Jodkalium, Wasser bis 100; violetter Niederschlag), Pikrinsäure (1 : 100; häutiger Niederschlag); gesättigte Pikrolonsäurelösung, Trinitrokresol, Kaliumquecksilberjodidlösung (1 g $HgCl_2$, 4 g KJ, 95 g Wasser); Quecksilberchloridlösung (1 : 20), Goldchloridlösung (1 : 20), Platinchloridlösung (1 : 10), Palladiumchloridlösung (1 : 100), Kaliumwismutjodidlösung, Kaliumcadmiumjodidlösung, Phosphormolybdänsäurelösung (häutiger Niederschlag), Ferro- und Ferricyankaliumlösung (1 : 10; häutige Niederschläge), Kaliumbichromat- und Kaliumchromatlösung, sehr verdünnte Chromsäurelösung und Lösung von 1,2-naphthochinon-4-sulfosaurem Natrium (häutiges, orangefarbenes Präcipitat); mit 10proz. Tanninlösung geben nur konzentriertere Chitosanlösungen häutige Niederschläge. Falls die Chitosanverbindungen intensiv gefärbt sind, kann man nach der Behandlung mit Reagenzien die Skeletteile der Tiere oder die Zellwände der Pilze, die ursprünglich aus Chitin bestanden oder solches enthielten, an der auftretenden Farbe erkennen; falls die gebildete Chitosanverbindung farblos ist, kann man sie manchmal durch weitere Reaktionen in gefärbte Verbindungen umwandeln.

So läßt sich z. B. die unlösliche Verbindung des Chitosans, die man durch Einlegen von Chitosanpräparaten in eine schwach schwefelsaure Lösung von *Ferrocyankalium* erhält, nach gründlichem Auswaschen des Ferrocyankaliums und der überschüssigen Ferrocyanwasserstoffsäure durch Behandlung mit einer Ferrisalzlösung in *Berlinerblau* überführen, das in äußerst feiner Verteilung in den Zellwänden entsteht. Ebenso kann man durch aufeinanderfolgende Behandlung mit *Ferricyanwasserstoffsäure* und einem Ferrosalz *Turnbullsblau* erzeugen. Die Empfindlichkeit beider Methoden ist ungefähr dieselbe. Cellulose und Chitin werden nicht gefärbt. Die unlösliche Chitosan-*Phosphormolybdänsäure*- bzw. *Phosphorwolframsäure*-Verbindungen entstehen auch beim Einbringen von Chitosanpräparaten in 1proz. Lösungen der Säuren, und nach gründlichem Auswaschen mit Wasser färben sich bei Behandlung mit verdünnter Zinnchlorürlösung (auch Ferrosulfat oder nascierendem Wasserstoff) die chitosanhaltigen Zellwände *blau.* — Die beim Einbringen von Chitosanpräparaten in Goldchloridlösung entstehende unlösliche Verbindung kann durch Einwirkung von Reduktionsmitteln in verschieden gefärbtes *kolloides Gold* umgewandelt werden; so treten bei schwachem Erwärmen der gut ausgewaschenen Schnitte mit Oxalsäure blauviolette oder rotviolette, bei Behandlung mit Ferrosulfat meist blaue und mit verdünnter Zinnchlorürlösung violette, rotviolette, orange oder orangerote Färbungen auf. — Mit 1proz. Tanninlösung behandelte und sorgfältig ausgewaschene Chitosanpräparate färben sich nachher mit Ferriacetatlösung schwärzlichblau und mit Kaliumbichromat- und Uranacetatlösungen braun. — Beim Einbringen in eine Lösung von 1,2-naphthochinon-4-sulfosaurem Natrium nehmen Chitosanpräparate allmählich eine zimtbraune bis orange Färbung an; Cellulose und Chitin bleiben farblos. Verdünnte Kalilauge oder Salmiak verwandelt die Orangefarbe in Olivgrün; Jodkalium und verdünnte Schwefelsäure färben die orangefarbenen Präparate nicht violett.

5. Polarimetrischer Nachweis nach Irvine.

Eine Lösung von Chitin in konzentrierter Salzsäure (D. 1,160) zeigt einen Anfangswert des optischen Drehungsvermögens $[\alpha]_D^{20}$ von —14,7°, der bei Zimmertemperatur langsam, rascher bei erhöhter Temperatur infolge Bildung von Glucosaminchlorhydrat in Rechtsdrehung umschlägt und einen Endwert von $+56°$ erreicht; wird jetzt das Glucosamin durch salpetrige Säure in Chitose verwandelt (Zutropfen von 10 cm^3 5proz. KNO_2-Lösung zu 15 cm^3 der vorstehenden Lösung, bis zum Austreiben aller nitrosen Dämpfe gelinde erwärmen, auf 30 cm^3 verdünnen), so nimmt $[\alpha]_D^{20}$ den Wert von 25° an. Dies Verhalten kann zum polarimetrischen Nachweis des Chitins in Mengen bis zu 0,1 g herab benutzt werden. Das als Chitin zu identifizierende Präparat wird in der minimalen zur Füllung einer 1-dm-Röhre erforderlichen Menge HCl gelöst, der Anfangswert (a_a) des Drehungswinkels, der Wert (a_b) nach zehnstündigem Erhitzen in verschlossener Flasche auf 45⁰ und der Wert (a_c) nach der Umwandlung in Chitose abgelesen. Die drei Winkel stehen zueinander in der Beziehung:

$$\begin{array}{ccc} a_a & a_b & a_c \\ -1 & +4 & +1{,}5 \end{array}$$

d) Quantitative Bestimmung des Chitins.

Zur quantitativen Bestimmung des Chitingehalts pflanzlicher Membrane oder tierischer Skeletsubstanzen kommen nur die zur Isolierung des Chitins benutzten Verfahren bei quantitativer Ausführung sämtlicher Operationen und Kontrolle der Reinheit der erhaltenen Präparate durch Stickstoffbestimmung in Betracht.

1. Isolierung des Chitins.

Das Chitin kommt in der Natur nicht rein vor, sondern ist stets von aen verschiedensten Inkrusten, Pentosanen und Hexosanen (unter den Spaltungsprodukten der Kohlehydrate wurde neben überwiegend Glucose auch Mannose, Galaktose und Xylose nachgewiesen), Eiweißstoffen, Pigmenten, Fetten, Wachsen, ferner von anorganischen Stoffen begleitet. Die Ausbeute bei der Chitindarstellung aus Pilzen nach dem Verfahren von SCHOLL (s. weiter unten) betrug bisher nur 3—6% der lufttrockenen Substanz, während die gesamte Zellwandsubstanz der höheren Pilze auf 20—45% geschätzt wird; das Chitin bildet danach nur einen geringen Teil der Pilzzellwand und könnte als eine Art Inkrustation angesehen werden. Möglich ist auch, daß das Chitin in der Pilzzellwand nicht in freiem Zustande, sondern in enger chemischer Bindung mit anderen Kohlehydraten vorkommt. Ob neben den im Chitin enthaltenen Glucosamingruppen noch andere Glucosamingruppen in Form von Chitinoiden in der Zellwand enthalten sind, und ob der gesamte Stickstoff derselben nur den Glucosamingruppen entstammt, ist noch nicht geklärt.

Zur *präparativen Herstellung größerer Mengen Chitins* eignet sich am besten die Gewinnung aus Crustaceenpanzern, z. B. Hummerschalen. Die mechanisch gereinigten Schalen werden in der Kälte mit $^1/_{10}$ n HCl unter öfterem Wechsel der Säure so lange behandelt, bis die saure Reaktion gegen Kongopapier mehrere Stunden bestehen bleibt. Dann wird mit warmem Wasser ausgewaschen und mit 2 n NaOH in der Kälte so lange behandelt, bis die Biuretreaktion negativ ausfällt (ca. 4 Tage). Das gut ausgewaschene Material wird dann mit 1 proz. $KMnO_4$-Lösung versetzt und der Braunstein mit Bisulfitlauge oder Oxalsäure und 2 n H_2SO_4 entfernt. Nach gutem Auswaschen mit Wasser wird mit Alkohol und Äther getrocknet. Zur Entfernung etwa gebildeter Spuren von Chitosan kann man mehrere Stunden mit 2 proz. Essigsäure auskochen, auswaschen und trocknen. Es resultiert ein reinweißes Material, während bei der Verwendung von Chlorwasser, wäßriger Chlordioxydlösung oder Chlordioxydessigsäure (Diaphanol) mehr oder minder gelblich gefärbte Präparate erhalten werden (KÜHNELT [5]).

Isolierung von Chitin aus der Pilzzellwand nach SCHOLL. Das Material wird mit der 20 fachen Menge Wasser 4—5 mal 1—2 Stunden ausgekocht und der Rückstand bald abgepreßt, bald abgesaugt. Nachdem das Waschwasser fast farblos abfließt, wird der Rückstand abwechselnd (6—7 mal) mit der zehnfachen Menge 10 proz. NaOH und mit Wasser 1—2 Stunden gekocht, bis das Filtrat ganz farblos wird und beim Ansäuern keine Trübung mehr zeigt. Dann wird der gelblichgraue gequollene Rückstand mehrfach mit Wasser ausgewaschen, mit 1 proz.

KMnO$_4$-Lösung zum dicken Brei angerührt und bis zur Entfärbung der Lösung stehengelassen. Das dunkelbraune Gemisch der Substanz mit MnO$_2$ wird abgesaugt und mit verdünnter HCl (1 : 40) und 0,5—1 g Oxalsäure schwach erwärmt. Die fast schneeweiße Masse wird durch Dekantieren mit Wasser von HCl befreit, mit 96 proz. Alkohol ausgekocht, mit absolutem Alkohol und Äther entwässert und im Vakuum getrocknet. Das Verfahren ergab bei Agaricus campestris, Lactarius volemus, Armillaria mellea und Boletus edulis Chitin-präparate der gleichen Eigenschaften und der gleichen Zusammensetzung, wie die folgende Tabelle zeigt (Proskuriakow [9]):

	Ausbeute %	Asche %	Auf aschefreie Substanz berechnet			Autor
			% C	% H	% N	
Agaricus campestris	5,5	0,91	46,9	6,81	6,15	Proskuriakow
Lactarius volemus .	3,0	0,28	46,9	6,45	6,31	Proskuriakow
Armillaria mellea .	2,8	2,48	47,4	6,65	6,20	Proskuriakow
Boletus edulis . . .	5—6	2,54	—	—	6,03[1]	Scholl
Tierisches Chitin . .	—	—	—	—	6,42[1]	Fürth

Die Chitinpräparate von Proskuriakow gaben bei der Überführung in Chitosan durch Alkalischmelze trotz genau gleichartiger Verarbeitung sehr verschiedene Ausbeuten an amorphem Chitosan (Lactarius volemus 30 %, Agaricus campestris 60 % des angewandten Chitins), was einen verschiedenartigen Aufbau und eine dadurch bedingte verschiedene Alkaliresistenz der Chitine verschiedener Herkunft nahelegt.

Bei *Polyporus betulinus gelang es nicht, nach dem Verfahren von* Scholl *reines Chitin zu gewinnen*; es resultierte vielmehr ein Körper oder ein Körper-gemisch, das außer glucosamin- auch glucosebildende Komplexe enthält, und zwar wurde bei Verarbeitung von 50 g Pilzen eine weiße, leichte, pulverige Masse, die gegen Salzsäure (D. 1,16) und gegen starke kalte Lauge resistent war und nur 0,4 % Stickstoff enthielt, in einer Ausbeute von 5 % der Pilzsubstanz gewonnen; bei Verarbeitung von 200 g, wobei das abwechselnde Behandeln mit Wasser und Lauge länger dauerte, entsprach der Rückstand 3 % der Pilzsub-stanz und enthielt 1,01 % Stickstoff. Die Rückstände waren in Kupferammin-lösung unlöslich, färbten sich mit Jod und Schwefelsäure gelbbraun und gaben die Brunswiksche Chitosansalzreaktion (Proskuriakow [9]).

Nachweis glucosebildender neben chitosanbildenden Komplexen in Chitin-präparaten nach Scholl. Das Chitinpräparat aus Polyporus betulinus (0,83 g) wurde mit 5,75 cm^3 70 proz. Schwefelsäure 48 Stunden bei Zimmertemperatur stehengelassen, auf 200 cm^3 aufgefüllt, 2 Stunden im siedenden Wasserbad und danach 2 Stunden im Autoklaven bei 120^0 erwärmt. Erst bei dem letzten Verfahren löste sich der größte Teil der Substanz (bis auf 0,274 g) auf, und im aufgelösten Teil ließen sich 77,67 % desselben als Polysaccharid durch Zucker-bestimmung berechnen; das Präparat enthielt somit ein sehr schwer hydrolysier-bares Polysaccharid. In der von der Zuckerbestimmung übriggebliebenen Lösung wurde Glucose als Glucosazon identifiziert (Proskuriakow [9]).

2. Untersuchung der neben Chitin in der Pilzzellwand vorkommenden Substanzen.

Um einen Einblick in die Natur dieser Substanzen zu gewinnen, neutrali-sierte Proskuriakow (9) das erste alkalische Filtrat bei der Verarbeitung von Lactarius volemus nach der Methode von Scholl, nachdem es durch Asbest

---

[1] In aschehaltigen Präparaten.

filtriert worden war, mit HCl, filtrierte den flockigen Niederschlag ab und wusch ihn gut aus. Das Filtrat wurde im Vakuum auf ein kleines Volumen eingeengt und mit dem mehrfachen Volumen 96proz. Alkohols versetzt, wobei ein flockiger Niederschlag entstand, der etwa das 3,5fache Gewicht des ersten hatte. Der erste Niederschlag mit 0,31 % N löste sich in warmer 10—15proz. NaOH, in 3—10proz. H_2SO_4 nur schwach beim Kochen; nach fünfstündiger Hydrolyse mit 2,5proz. H_2SO_4 waren 25,4 % in Form von reduzierendem Zucker in der Lösung nachweisbar, aber auch bei starker Hydrolyse (zwölfstündiges Stehenlassen mit 75proz. H_2SO_4 und Erwärmen im Autoklaven bei 120° bei einem Schwefelsäuregehalt von 2 %) blieben noch ca. 9 % ungelöst, wobei vom aufgelösten Teil 75,4 % in Form reduzierender Zucker nachgewiesen werden konnten. Identifiziert Glucose als Osazon. — Der zweite Niederschlag mit 1,06 % N löste sich leicht in kalter 10—15proz. Lauge auf und ziemlich leicht beim Kochen in 3proz. H_2SO_4; eine zweistündige Hydrolyse mit 3proz. H_2SO_4 gab 44,4 %, eine fünfstündige 47,1 % an reduzierendem Zucker; die wie bei dem ersten Niederschlag ausgeführte starke Hydrolyse lieferte 52,9 % Zucker, der Glucosazon bildete. Beide Polysaccharide unterschieden sich demnach nur durch ihr Verhalten gegen Säurehydrolyse.

Isolierung von Chitin nach Dous *und* Ziegenspek (2). Unter der Annahme, daß die bisherigen Isolierungsverfahren zu drastisch sind, haben Dous und Ziegenspek tierisches und pflanzliches Material in folgender Weise verarbeitet: Extraktion mit Ätheralkohol im Soxhlet; Extraktion mit alkoholischer KOH; Reinigung mit 4proz. alkoholischer HCl, dann mit verdünnter HCl; viertelstündige Erwärmung mit ebenfalls nicht über 0,5proz. wäßriger HCl, die wegen der beigemengten „Hemicellulose" und des Glucogens notwendig ist; nochmalige Extraktion mit Ätheralkohol im Soxhlet, um die Trocknung zu erleichtern. Das auf diese Weise aus Steinpilzen erhaltene Präparat „Mycetin" war von dem aus Krabbenschalen gewonnenen „Chitin" nicht nur in der Zusammensetzung (N-Gehalt 2,09 bzw. 6,05 % in der exsiccatortrockenen Substanz) und im Verhalten bei der Säurehydrolyse, was mit einer Verunreinigung des „Mycetins" durch ein anderes, ungewöhnlich schwer hydrolysierbares Kohlehydrat zu erklären gewesen wäre, sondern auch durch die Natur des Zuckerbausteines verschieden. Inversion des Mycetins mit HCl lieferte ein „Mycetosamin" mit anderen Eigenschaften als Glucosamin, und die Desaminierung des Mycetosamins ergab, daß sich diese nicht auf Chitose, sondern auf einer Methylpentose, die weder mit Rhamnose noch mit Fucose identifiziert werden konnte, aufbaut.

Literatur.

(*1a*) Bergmann, Zervas u. Silberkweit: Naturwissenschaften **19**, 20 (1931); Ber. Dtsch. Chem. Ges. **64**, 2436 (1931); vgl. auch Zechmeister u. Tóth: Ebenda **64**, 2028 (1931).

(*1*) Brunswik: Biochem. Ztsch. **113**, 112 (1921).

(*2*) Dous u. Ziegenspek: Arch. der Pharm. **264**, 751 (1926) (Vorl. Mitt.).

(*3*) Gonell: Ztschr. f. physiol. Ch. **152**, 18 (1926).

(*4*) Knecht u. Hibbert: Journ. Soc. Dyers Colourists **42**, 343 (1926). — (*5*) Kühnelt: Biol. Zentralblatt **48**, 374 (1928). — (*6*) Kunike: Kunstseide **8**, 182 (1926).

(*7*) Mehta: Biochem. Journ. **19**, 979 (1925). — (*8*) Meyer u. Mark: Ber. Dtsch. Chem. Ges. **61**, 1936 (1928).

(*9*) Proskuriakow: Biochem. Ztschr. **167**, 68 (1926).

(*10*) Schmidt u. Graumann: Ber. Dtsch. Chem. Ges. **54**, 1860 (1921). — (*11*) Schulze: Biol. Zentralblatt **42**, 388 (1922). — (*12*) Schulze u. Kunike: Ebenda **43** (1923); vgl. auch Schulze: Ztschr. f. wiss. Biol., Abt. A: Ztschr. f. Morph. u. Ökol. Tiere **2**, 643 (1924).

(*13*) Viehöver: Ber. Dtsch. Botan. Ges. **30**, 443 (1912).

(*14*) Weimarn, v.: Kolloid-Ztschr. **40**, 120 (1926). — (*15*) Wisselingh, van, in K. Linsbauer: Handbuch der Pflanzenanatomie **3**, 2, 176ff.

F. Pektin.

Von FELIX EHRLICH, Breslau.

Mit 1 Abbildung.

a) Vorkommen.

Das *Pektin*, auch *Pektinstoffe* genannt, bildet als ständiger Begleiter der Cellulose einen integrierenden Bestandteil des Zellgerüstes und der Stützsubstanz des Nährgewebes der Pflanzen. Es findet sich besonders angereichert in fleischigen Früchten und Wurzeln, tritt aber auch regelmäßig in den Blättern und grünen Stengelteilen auf. Die eigentliche Holzsubstanz enthält dagegen Pektin nur in Spuren, es ist hier fast vollständig durch das *Lignin* ersetzt.

In dem wasserreichen Pflanzengewebe sind die Pektinstoffe hauptsächlich in der Mittellamelle abgelagert, sie durchsetzen zum Teil aber auch die cellulosehaltigen Zellwände. Als Intercellularsubstanzen sind die Pektinstoffe in Form eines inkrustierenden Kittmaterials für den Zusammenhang und Aufbau des Zellgerüstes physiologisch von ähnlicher Bedeutung wie das Lignin in der verholzten Membran. Die Pektinstoffe bestehen aus amorphen, kolloidalen Substanzen, die dadurch besonders ausgezeichnet sind, daß sie in Wasser stark quellen, schleimige Lösungen oder Suspensionen geben und sich unter gewissen Bedingungen in Form charakteristischer Gele oder Gallerten abscheiden.

Die natürlich vorkommenden Pektinstoffe sind Gemische hochmolekularer Substanzen, die zumeist in vier verschiedenartigen Formen auftreten:

1. Das wandständige Pektin der Mittellamelle, früher auch als Urpektin, Protopektin oder Pektose bezeichnet. Es ist *in kaltem Wasser vollständig unlöslich* und löst sich erst bei langdauerndem Kochen in heißem Wasser, wobei es hydrolytisch gespalten und in eine chemisch veränderte, bereits in kaltem Wasser lösliche Form, das *Hydratopektin*, übergeführt wird. Es findet sich hauptsächlich in Wurzeln, Fruchtschalen und festen Blatt- und Stengelteilen.

2. Fermentativ partiell abgebautes, leichter lösliches Pektin. Es ist stets in wechselnden Mengenverhältnissen je nach Art und Alter der Pflanze neben dem wandständigen Pektin der festen Pflanzenteile vorhanden. Es ist in heißem Wasser leicht löslich, löst sich aber auch schon in Wasser von 60—80° C.

3. Fermentativ weitgehend verändertes, in den Pflanzensäften gelöstes Pektin. Diese Pektinart findet sich in wäßriger Lösung besonders in den Säften vieler Obstfrüchte in Mengen von mehr als 50 % des gesamten Pektins (Johannisbeeren, Erdbeeren usw.). Auf die Gegenwart dieses bereits in Lösung vorhandenen und des aus dem Fruchtfleisch sich leicht lösenden Pektins ist die leichte Gelierbarkeit mancher Obstsorten zurückzuführen.

4. Gealtertes zum Teil in Lignin übergegangenes Pektin. In verholzten Stengelteilen zu finden.

b) Chemische Zusammensetzung. (F. EHRLICH und Mitarbeiter [7—13].)

Die Pektinstoffe gehören *zur Gruppe der Kohlenhydrate* und sind *als Polysaccharide besonderer Art* aufzufassen. Wie die *Hemicellulosen* enthalten sie *Hexosen* und *Pentosen* in glucosidischer Bindung, sind aber von dieser Körperklasse scharf unterschieden durch ihren sehr charakteristischen Gehalt an einer Kohlenhydrataldehydcarbonsäure, der *d-Galakturonsäure* $C_6H_{10}O_7$, die den *Hauptbestandteil aller Pektinstoffe* bildet. Abweichend von der Zusammensetzung der Pektinstoffe enthalten *Gummiarten*, wie *Gummi arabicum* und *Kirschgummi*, neben Hexosen und Pentosen als wesentlichen Bestandteil die *d-Glucuronsäure*,

ein Isomeres der Galakturonsäure (F. WEINMANN [24]; L. H. CRETCHER und
B. L. BUTLER [4]). Die *d-Glucuronsäure* steht zur *d-Glucose* in analogen Beziehungen wie die *d-Galakturonsäure* zur *d-Galaktose*. Durch Oxydation geht die
d-Glucuronsäure in *d-Zuckersäure*, die *d-Galakturonsäure* dagegen in optisch
inaktive *Schleimsäure* über. Die Stereochemie des Aufbaues beider Uronsäuren
und die Unterschiede ihrer Konstitution lassen sich ohne weiteres aus folgender
Zusammenstellung ersehen:

CHO	CHO	COOH
H—C—O—H	H—C—OH	H—C—OH
HO—C—H	HO—CH	HO—C—H
H—C—OH	H—C—OH	H—C—OH
H—C—OH	H—C—OH	H—C—OH
$CH_2 \cdot OH$	COOH	COOH
d-Glucose	d-Glucuronsäure	d-Zuckersäure

CHO	CHO	COOH
H—C—OH	H—C—OH	H—C—OH
HO—C—H	HO—C—H	HO—C—H
HO—C—H	HO—C—H	HO—C—H
H—C—OH	H—C—OH	H—C—OH
$CH_2 \cdot OH$	COOH	COOH
d-Galaktose	d-Galakturonsäure	Schleimsäure

Neben der in größter Menge auftretenden *d-Galakturonsäure* sind *als charakteristische Bestandteile* in den Pektinstoffen regelmäßig enthalten *l-Arabinose,
d-Galaktose, Methylalkohol* und *Essigsäure*. An das natürliche Pektin der Pflanzen
ist außerdem stets *Calcium* und *Magnesium* gebunden.

Das *ursprüngliche wandständige Pektin der Mittellamelle* ist eine in kaltem
Wasser unlösliche hochmolekulare Verbindung, die in ihrer Urform unzersetzt
in keiner Weise zu isolieren ist. Sie wird durch kochendes Wasser, Säuren, Alkalien, Ammoniumoxalat- oder Natriumsulfitlösungen sowie durch bestimmte
Enzyme gelöst, erleidet aber in allen diesen Fällen mehr oder minder weitgehende
chemische Veränderung und Spaltung. Bereits durch kochendes Wasser wird
das wandständige Pektin infolge einer hydrolytischen Spaltung in ein in kaltem
Wasser leicht lösliches Substanzgemisch, das *Hydratopektin*, übergeführt. Dieses
besteht im wesentlichen zu 20—30% aus einem Polysaccharid, dem linksdrehenden
Araban und zu 70—80% aus dem *Calciummagnesiumsalz* einer rechtsdrehenden
hochmolekularen Säure, der *Pektinsäure*. In dem genuinen, in kaltem Wasser
unlöslichen Pektin sind diese beiden Substanzen in einer lockeren, bereits durch
heißes Wasser sprengbaren Verbindung enthalten.

Das amorphe *Araban* ist ein *Pentosan*, das aus einem Gemenge verschiedener
Anhydride der *l-Arabinose* besteht. Durch Hydrolyse mittels Säuren oder Fermenten kann aus dem Araban *krystallisierte l-Arabinose* gewonnen werden.
In dem Roharaban aus Hydratopektin findet sich bisweilen ein *Tetraaraban* von
der Formel $4C_5H_{10}O_5 - 4H_2O = C_{20}H_{32}O_{16}$ und von der spezifischen Drehung
$[\alpha]_D = -123°$ bis $-172°$.

Der zweite, der Menge nach überwiegende Bestandteil des Hydratopektins, das *Calciummagnesiumpektinat*, liefert aus wäßriger Lösung bei Gegenwart von Salzsäure mit Alkohol gefällt die freie *Pektinsäure* von der Formel $C_{41}H_{60}O_{36}$. Sie ist eine *Estersäure*, die zwei Carboxyle in freier Form und zwei Carboxyle an zwei Moleküle *Methylalkohol* esterartig gebunden aufweist. Die beiden freien Carboxyle sind in dem pektinsauren Salz, aus dem die Säure erhalten wird, mit Calcium und Magnesium besetzt. Der Methylalkohol ist aus der Pektinsäure durch Verseifung mit Laugen schon in der Kälte abspaltbar (v. Fellenberg [14]). Der Grundkörper der nicht reduzierenden Pektinsäure besteht aus einer komplexen *vierbasischen Säure* mit den vier freien Carboxylgruppen von *4 Molekülen d-Galakturonsäure*, die mittels ihrer maskierten Aldehydgruppen untereinander in glucosidartiger Bindung verankert und außerdem noch an anderen Stellen mit *1 Molekül l-Arabinose, 1 Molekül d-Galaktose* und *2 Acetylgruppen* verknüpft sind. Die *Galakturonsäure* bildet in Mengen von 68 % den *Hauptbestandteil der Pektinsäure*. Die Pektinsäure wird durch Säuren, Laugen und Fermente abgebaut und zerfällt bei der Totalhydrolyse nach folgender Gleichung:

$$C_{41}H_{60}O_{36} + 9\,H_2O \;=\; 4\,C_6H_{10}O_7 \;+\; 2\,CH_3OH$$

Pektinsäure   d-Galakturonsäure   Methylalkohol

$$+\; 2\,CH_3 \cdot COOH \;+\; C_5H_{10}O_5 \;+\; C_6H_{12}O_6$$

Essigsäure   l-Arabinose   d-Galaktose

Die *Pektinsäure* ist demnach eine *Dimethoxy-diacetyl-Arabino-Galakto-Tetra-Galakturonsäure*.

Als Beispiel für die *chemische Zusammensetzung der Pektinsäuren aus wandständigem Pektin* seien hier die Analysenbefunde für die *Pektinsäuren aus Zuckerrüben und Orangenschalen* verglichen mit den theoretisch für die aufgestellte Formel berechneten Werten wiedergegeben.

Tabelle 1. Pektinsäuren aus wandständigem Pektin.

	Spez. Drehung	Galakturonsäure %	Methylalkohol %	Essigsäure %	Arabinose %	Galaktose %	Mol. Gew.	1 g neutral. cm³ $\frac{n}{10}$ NaOH	Asche %	C* %	H* %
der Zuckerrüben	+ 132,1°	67,5	5,5	10,4	13,1	14,8	1166	14,3	0,31	43,5	5,2
„ Orangenschalen . . .	+ 175,3°	67,3	6,0	10,9	14,2	15,6	1350	12,8	0,33	43,4	5,3
theor. berechn. für $C_{41}H_{60}O_{36}$.		67,9	5,7	10,6	13,3	15,9	1128	17,3		43,6	5,3

* Auf aschefreie Substanz gerechnet.

Pektinsäuren hiervon abweichender Zusammensetzung ergeben sich bei Aufarbeitung der bei der Auslaugung von Wurzel- und Fruchtfleisch *mit warmem Wasser zuerst leicht in Lösung gehenden Anteile* von Hydratopektin resp. von Ca-Mg-Pektinat. Hierbei werden höherdrehende Pektinsäuren mit höherem Gehalt an Galakturonsäure und Methylalkohol und geringerem Gehalt an Arabinose und Galaktose gewonnen. Es handelt sich in diesen Fällen um *Gemische der ursprünglichen mit partiell abgebauter Pektinsäure*, die schon in der Pflanze aus dem wandständigen Pektin durch die Einwirkung gewisser Enzyme entstanden sind, wobei dann einzelne Gruppen aus dem Verbande des zuerst vorhandenen Pektinsäuremoleküls abgesplittert wurden. Beispiele für ihre Zusammensetzung gibt Tabelle 2.

Tabelle 2. Pektinsäuren aus leicht löslichen Pektinaten.

	Spez. Drehung	Galakturonsäure %	Methylalkohol %	Essigsäure %	Arabinose %	Galaktose %	Mol. Gew.	1 g neutral. cm³ $\frac{n}{10}$ NaOH	Asche %	C* %	H* %
der Zuckerrüben	+ 189,7⁰	78,1	6,8	8,5	11,3	9,4	1006	16,6	0,40	43,6	5,3
der Orangenschalen	+ 197,5⁰	77,7	7,3	12,1	10,6	13,1	1206	13,8	0,28	43,1	5,2

* Auf aschefreie Substanz gerechnet.

Ähnliche Gemische von Pektinsäuren erhält man beim Erhitzen des ursprünglichen Pektins mit sehr verdünnten Säuren oder auch schon durch seine längere Behandlung mit Säuren bei gewöhnlicher Temperatur.

In dem *Pektin des Saftes und Fruchtfleisches vieler Obstfrüchte, besonders von saftreichen Beeren*, finden sich neben Gemischen der ursprünglichen und fermentativ abgebauten Pektinsäure *Verbindungen mit wesentlich höherem Gehalt an Methylalkohol*, die neben *viel* Galakturonsäure nur *wenig* Arabinose, Galaktose und Essigsäure enthalten. Es ist hier ein Gehalt von 10 % bis zu 12,5 % Methylalkohol zu beobachten, während die ursprüngliche Pektinsäure der Theorie zufolge nur 5,7 % Methylalkohol aufweisen kann. Aus den Analysen ist zu folgern, daß den Pektinsäuren der saftreichen Obstfrüchte stets mehr oder minder große Mengen *hochmethylierter Ester einer Tetragalakturonsäure* beigemischt sind. Es kommen im wesentlichen folgende Ester in Betracht:
Saurer Dimethylester der Tetragalakturonsäure:

$$C_{20}H_{30}O_{17} \cdot (COOCH_3)_2 \cdot (COOH)_2 \text{ mit 8,5 \% Methylalkohol,}$$

saurer Trimethylester der Tetragalakturonsäure:

$$C_{20}H_{30}O_{17} \cdot (COOCH_3)_3 \cdot COOH \text{ mit 12,6 \% Methylalkohol,}$$

neutraler Tetramethylester der Tetragalakturonsäure:

$$C_{20}H_{30}O_{17} \cdot (COOCH_3)_4 \text{ mit 16,5 \% Methylalkohol.}$$

Derartige Ester finden sich vor allem im Saft und in den leicht löslichen Anteilen des Fruchtfleisches von Obstbeeren und Früchten angehäuft. Auf ihre Anwesenheit ist die *besonders starke Gelierfähigkeit mancher Obstsorten* zurückzuführen. Ihre vollständige Abtrennung von den Pektinsäuren war bisher nicht möglich. Doch läßt sich eine Anreicherung der Galakturonsäuremethylester durch fraktionierte Auslaugung der Früchte mit Wasser oder durch Extraktion des Pektins mit heißen verdünnten Säuren erzielen, wie es bei der Herstellung der technischen Pektinpräparate geschieht, wobei gleichzeitig die Pektinsäuren entsprechend weit abgebaut werden. Einige Analysenwerte solcher *besonders stark rechtsdrehenden esterreichen Pektinsäuren aus Obstpektinen* sind in Tabelle 3 zusammengestellt.

Tabelle 3. Pektinsäuren aus dem Pektin von Beerenfrüchten
und aus technischem Fruchtpektin.

	Spez. Drehung	Galakturonsäure %	Methylalkohol %	Essigsäure %	Arabinose %	Galaktose %	Mol. Gew.	1 g neutral. cm³ $\frac{n}{10}$ NaOH	Asche %	C* %	H* %
Johannisbeeren .	+ 208,9⁰	78,5	10,1	—	—	—	1303	16,4	0,42	43,7	5,4
Erdbeeren . . .	+ 210,0⁰	78,9	10,1	—	—	—	1380	16,1	0,53	43,3	5,2
Lemon-Pectin (techn.) . . .	+ 240,2⁰	94,2	10,0	0,2	6,9	1,6	1274	12,8	0,30	42,9	5,2

* Auf aschefreie Substanz gerechnet.   — nicht bestimmt.

Das *Kernstück aller Pektinstoffe* bildet eine aus 4 Mol. d-Galakturonsäure unter Austritt von 4 Mol. H_2O entstanden zu denkende *komplexe Verbindung*, der die Bruttoformel $4\,C_6H_{10}O_7 - 4\,H_2O = C_{24}H_{32}O_{24}$ oder genauer $C_{20}H_{28}O_{16}(COOH)_4$ zukommt. Es ist eine *vierbasische Tetra-anhydro-tetra-galakturonsäure*, die abgekürzt als *Tetragalakturonsäure a* oder als *Tetrasäure a* bezeichnet wird. In ihrem Komplex sind die Aldehydgruppen der Galakturonsäuremoleküle maskiert, da sie saccharidartige Bindungen mit Hydroxylgruppen eingegangen sind, während sich die 4 Carboxylgruppen darin in freier Form befinden. Die nicht reduzierende, sehr stark rechtsdrehende Verbindung wird durch Hydrolyse mit warmer verdünnter Salzsäure aus Hydratopektin oder Pektinsäure oder aus ihren obenerwähnten Estern erhalten. Sie ist in Salzsäure unlöslich und in Wasser schwer löslich, mit Erdalkalisalzen oder -hydraten bildet sie in typischer Weise wasserklare, dicke, steife Gallerten. Durch Salzsäurehydrolyse aus höher drehenden Pektinsäuren wird bisweilen eine in ihren physikalischen und chemischen Eigenschaften fast gleiche Verbindung gewonnen, die sich von der Tetragalakturonsäure a durch einen Mehrgehalt von 1 Mol. H_2O unterscheidet. Diese *Tetragalakturonsäure c* oder *Tetrasäure c* von der Formel $C_{24}H_{32}O_{24} \cdot H_2O$ entsteht auch aus der a-Säure, wenn man diese in Alkalilaugen oder Ammoniak löst und die Lösungen mit Salzsäure fällt.

Dagegen ist von diesen beiden Verbindungen vollkommen verschieden eine dritte Säure, die *Tetragalakturonsäure b* oder *Tetrasäure b* von gleicher Bruttoformel $C_{24}H_{32}O_{24}$ wie die a-Säure.

Sie ist in Salzsäure und Wasser leicht löslich, mit Alkohol aus den Lösungen fällbar, dreht etwas schwächer rechts und reduziert deutlich. Sie findet sich regelmäßig bei der Darstellung der a- oder c-Säure in den salzsauren Filtraten und kann auch aus diesen Verbindungen durch Erhitzen mit verdünnten Mineralsäuren oder auch bereits bei längerer Behandlung mit kochendem Wasser erhalten werden. Im Gegensatz zur a- und c-Säure gibt die Tetrasäure b mit Alkohol oder Metallsalzen nicht gallertartige, sondern nur flockige, körnige oder schleimige Ausscheidungen.

Sie ist als *Tri-anhydro-tetra-galakturonsäure-mono-lacton* von der Formel $C_{20}H_{29}C_{16}\left(\!\!<^{CO}_{\;\,O}\right)(COOH)_3$ anzusehen, bei dem nur 3 Carboxyle direkt titrierbar sind, das vierte erst nach Verseifung mit überschüssigem Alkali.

Die wesentlichen Unterschiede in dem inneren Aufbau dieser 3 Verbindungen bestehen darin, daß in der *Tetragalakturonsäure a und c* die 4 Mol. d-Galakturonsäure *in Form eines großen Ringes* miteinander verkettet sind, während sie in der *Tetragalakturonsäure b eine offene Kette* bilden. Mit der ringförmigen Struktur des Tetragalakturonsäuregerüstes, die sich schon im Innern des ursprünglichen Pektinmoleküls vorfindet und bei mildem Abbau in Bruchstücken wie der Tetrasäure a und c erhalten bleibt, hängen die eigentümlichen physikalischen und chemischen Eigenschaften der Pektinstoffe auf das engste zusammen, namentlich die auffallende Erscheinung ihrer Fähigkeit, besonders feste und steife Gele und Gallerten zu bilden.

Um einen genaueren Überblick über den Aufbau dieser für die Kenntnis der Pektinstoffe besonders wichtigen Verbindungen zu ermöglichen und ihre Übergänge ineinander klarzumachen, seien die folgenden ausführlichen *Konstitutionsbilder* wiedergegeben. (Die durch den Druck stärker hervorgehobenen Stellen bedeuten die gegenüber der ursprünglichen Verbindung veränderten Gruppen. Die gestrichelten Pfeile im Innern des Moleküls der b-Säure zeigen die Stelle des Aufbruches des Ringes zur offenen Kette an.)

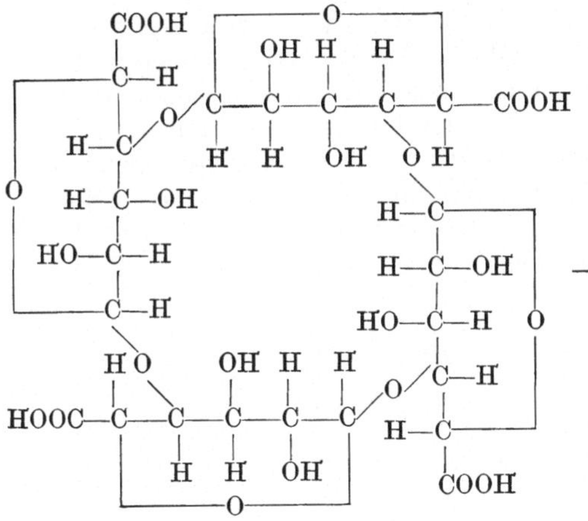

Tetragalakturonsäure a
(Tetra-anhydro-tetra-galakturonsäure)
$C_{20}H_{28}O_{16}(COOH)_4$. $[\alpha]_D = + 275^0$

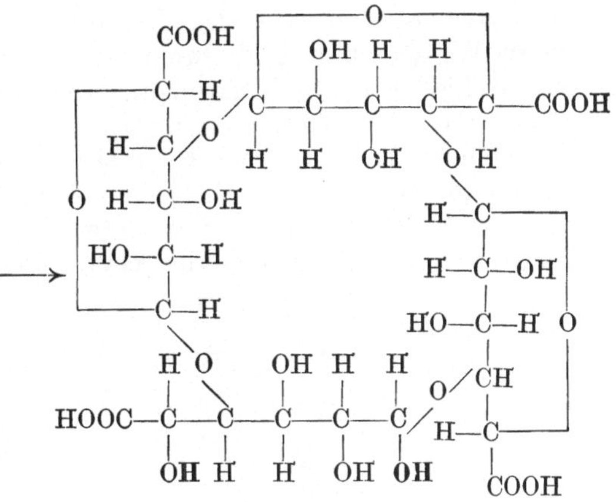

Tetragalakturonsäure c
(Mono-hydrato-tetra-anhydro-tetra-galakturonsäure)
$C_{20}H_{28}O_{16}(COOH)_4 \cdot H_2O$. $[\alpha]_D = + 285^0$

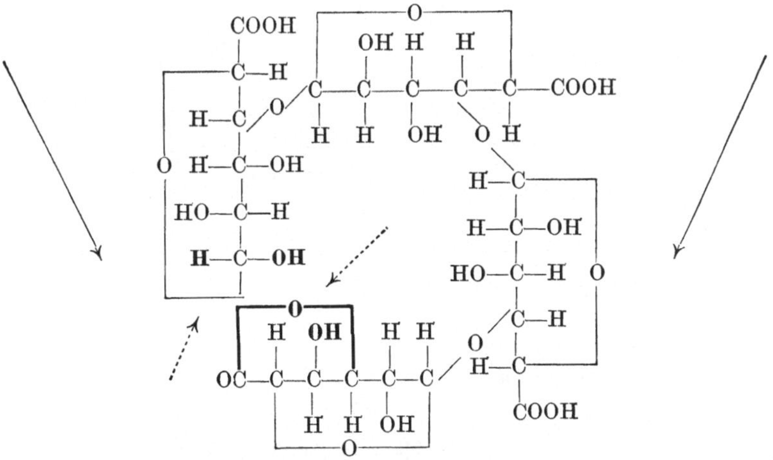

Tetragalakturonsäure b
(Tri-anhydro-tetra-galakturonsäure-mono-lacton)
$C_{20}H_{29}O_{16}\left(\diagup\!\!\!\begin{smallmatrix}CO\\ \cdot\\ O\end{smallmatrix}\right)(COOH)_3$. $[\alpha]_D = + 250^0$

Die *Tetragalakturonsäuren* bilden eine besondere Gruppe von Kohlehydratverbindungen, die als *Polysaccharidsäuren* oder als *carboxylierte Pentosane* zu bezeichnen sind. Durch ihre *Decarboxylierung* entstehen unter natürlichen Verhältnissen in der Pflanze vermutlich *Hemicellulosen* vom Typus des *Arabans*.

Aus sämtlichen 3 Tetragalakturonsäuren läßt sich durch weitgehende Hydrolyse mittels Säuren oder Fermenten ihr Grundbaustein, die monomolekulare *d-Galakturonsäure*, gewinnen. Am besten gelingt die Darstellung der krystallisierten Verbindung durch Spaltung der *Tetrasäure a oder c* mit verdünnter Schwefelsäure unter erhöhtem Druck, wobei eine Zerlegung nach der Gleichung

$$C_{24}H_{32}O_{24} + 4H_2O = 4C_6H_{10}O_7$$

stattfindet und bis zu 35% der theoretischen Ausbeute an d-Galakturonsäure neben einer in der Kälte reduzierenden sirupösen, den Furanen nahestehenden

Substanz erhalten wird. Die d-Galakturonsäure existiert in Form von zwei durch ihren Wassergehalt und ihre verschieden gerichtete Mutarotation voneinander unterschiedenen Modifikationen. Die hochdrehende α-Form der d-Galakturonsäure von der Formel $C_6H_{10}O_7 \cdot H_2O$ mit abfallender Mutarotation enthält wahrscheinlich eine freie hydratisierte Aldehydgruppe, während die niedrigdrehende β-Form von der Formel $C_6H_{10}O_7$ mit aufsteigender Mutarotation eine Halbacetalbindung mit einer Pyransauerstoffbrücke aufweist, wie die folgenden Konstitutionsbilder veranschaulichen:

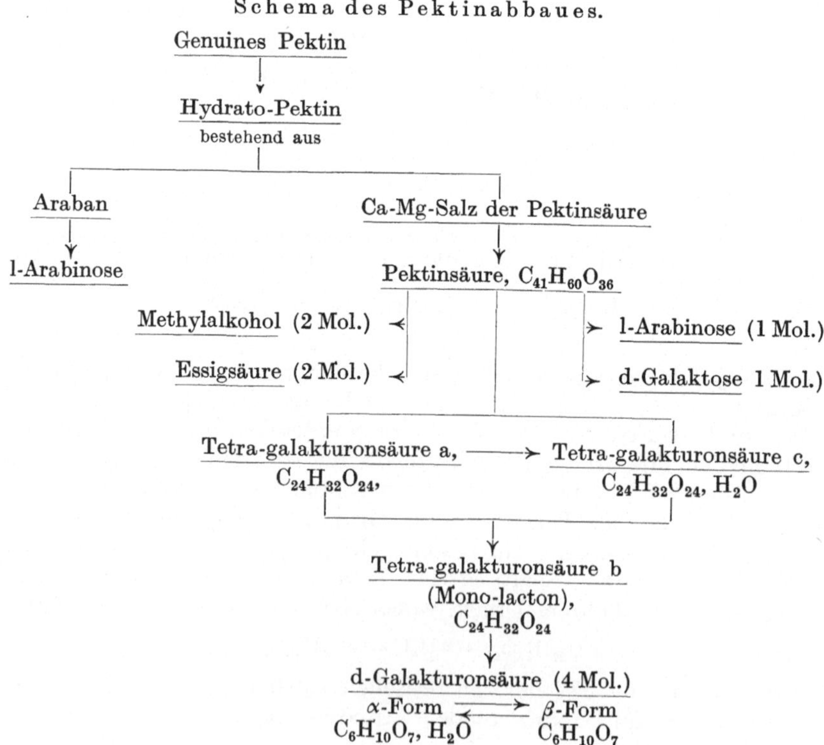

α-d-Galakturonsäure,
$C_6H_{10}O_7, H_2O$
$[\alpha]_D = +97,9^0 \longrightarrow +50,9^0$

β-d-Galakturonsäure,
$C_6H_{10}O_7$
$[\alpha]_D = +27^0 \longrightarrow +55,3^0$

Um die genetischen Zusammenhänge der verschiedenen Zwischen- und Abbauprodukte sowie der einzelnen Bausteine *bei der wäßrigen und sauren Hydrolyse des wandständigen Pektins* klarzumachen, sei hier schließlich folgende Übersicht gegeben:

Schema des Pektinabbaues.

Die *alkalische Hydrolyse der Pektinstoffe* mit heißen verdünnten Alkali- oder Erdalkalilösungen ist noch nicht vollständig erforscht. Sie führt primär *zur Abspaltung des Methylalkohols* und weiterhin der *Essigsäure*. Aus dem Pektinsäurerest wird dann vermutlich der Komplex eines *Arabangalaktans* losgetrennt. Die als Zwischenprodukt hierbei auftretende *Tetragalakturonsäure c* erleidet bei längerem Erhitzen mit wenig Alkalilauge schon bei Wasserbadwärme totale Zersetzung, wobei unter starker Verfärbung der Lösungen optisch inaktive, nichtreduzierende saure Verbindungen entstehen.

Gegenüber dem Pektin des wasserreichen Nährgewebes der Wurzeln und Obstfrüchte zeigt *das Pektin stark verholzter Pflanzenteile* eine in vieler Hinsicht abweichende Zusammensetzung, wofür das *Flachspektin* ein charakteristisches Beispiel ist (F. EHRLICH und F. SCHUBERT [10]). In diesen Fällen hat das ursprüngliche Pektin durch die Vorgänge der Alterung und Verholzung der Pflanze weitgehende Veränderungen erfahren, und es finden sich darin bereits *Übergangsstufen des Pektins zum Lignin*, das unter natürlichen Verhältnissen in der Pflanze sehr wahrscheinlich aus dem Pektin entsteht (F. EHRLICH [7]).

Das in üblicher Weise *aus Strohflachs* mit kochendem Wasser zu gewinnende *Hydratopektin* besteht zu etwa 45 % aus dem *Calciummagnesiumsalz der Flachspektinsäure* und zu etwa 55 % aus einem in 70 proz. Alkohol löslichen linksdrehenden *Hexopentosan*.

Die aus ihrem Salz isolierte *freie Flachspektinsäure* unterscheidet sich von anderen Pektinsäuren durch einen Mehrgehalt von *l-Xylose* und einen entsprechend geringeren Gehalt an den übrigen Bestandteilen, wie die folgenden vergleichenden Analysenzahlen zeigen.

Tabelle 4.

D u r c h s c h n i t t l i c h e Z u s a m m e n s e t z u n g d e r P e k t i n s ä u r e n

	aus Flachs	aus Zuckerrüben
Spez. Drehung $[\alpha]^D$	$+ 119,7^0$	$+ 132,1^0$
Galakturonsäure %	61,1	67,5
Methylalkohol %	4,1	5,5
Essigsäure %	8,6	10,4
Arabinose %	10,9	13,1
Xylose %	10,9	—
Galaktose %	13,6	14,8
Mol. Gew.	1421	1166
1 g neutralisiert ccm n/10 NaOH	15,7	14,3
Asche %	1,0	0,31
Auf aschefreie ⎰ C %	43,0	43,5
Subst. ber. ⎱ H %	5,7	5,2

Die *Flachspektinsäure* wird hydrolytisch nach folgender Gleichung vollkommen zerlegt:

$$\underset{\text{Flachs-Pektinsäure}}{C_{46}H_{68}O_{40}} \quad + 10\,H_2O = \underset{\text{d-Galakturonsäure}}{4\,C_6H_{10}O_7} \quad + \quad \underset{\text{Methylalkohol}}{2\,CH_3OH}$$

$$+ \underset{\text{Essigsäure}}{2\,CH_3COOH} \quad + \quad \underset{\text{l-Arabinose}}{C_5H_{10}O_5} \quad + \quad \underset{\text{l-Xylose}}{C_5H_{10}O_5} \quad + \quad \underset{\text{d-Galaktose}}{C_6H_{12}O_6}$$

Bei milder Hydrolyse mit Säuren liefert die *Flachspektinsäure* nur *Tetragalakturonsäure b* mit offener Kette. Dementsprechend gibt sie auch, im Gegensatz zu anderen Pektinsäuren, mit Fällungsmitteln keine gallertartigen, sondern nur flockige oder körnige Niederschläge.

Das *Hexopentosan* aus dem *Hydratopektin des Flachses* ist aus *l-Arabinose*, *l-Xylose*, *d-Galaktose* und *d-Fructose* aufgebaut. In den alkoholischen Extrakten des *Hydratopektins* ist außerdem ein dunkelbrauner, in verdünntem Alkohol sowie in Alkalien löslicher und in Säuren unlöslicher Körper von der Zusammensetzung eines *Lignins* vorhanden (C 61,7%, H 5,9%, O 32,4%, CH$_3$O 11,6%). Er ist direkt aus Flachsstengeln mit 70proz. Alkohol nicht zu extrahieren, sondern erst nach Behandlung des Flachses mit kochendem Wasser aus dem Hydratopektin, muß also *in dem ursprünglichen Flachspektin in gebundener Form* vorkommen.

c) Präparative Darstellung und Eigenschaften der wichtigsten Spaltprodukte des Pektins.

Als Ausgangsmaterialien kommen hauptsächlich fleischige Wurzeln, dicke Obstschalen (Albedo), saftreiche Früchte, Blätter und Stengel in Betracht. Je nach der Eigenart der Pflanzen und Pflanzenteile bedarf es einer verschiedenen Vorbereitung, Zerkleinerung, Extraktion und Weiterbehandlung der betreffenden Pflanzenmasse, so daß eine allgemeingültige Darstellungsweise der Pektinstoffe nur in großen Zügen und an der Hand einzelner Beispiele gegeben werden kann.

Da die in den Pflanzen natürlich vorkommenden Pektinstoffe nie einheitlich sind, sondern aus verschiedenen Gemischen des ursprünglichen Pektins mit seinen fermentativen Abbaustufen bestehen, so wird man je nach der Verwendung des zu erzielenden Endproduktes so verfahren können, daß man die Pektinkörper entweder in ihrer Gesamtheit abscheidet oder sie fraktioniert je nach dem Grade ihrer Löslichkeit oder ihren chemischen Merkmalen voneinander sondert. Auch hängt die Art der Darstellungsweise sehr wesentlich davon ab, ob man die Pektinstoffe möglichst unversehrt in ihrer natürlichen Form fassen will oder in mehr oder minder weit abgebautem Zustande.

Das zumeist in überwiegender Menge in den Pflanzen vorliegende *in kaltem Wasser unlösliche wandständige Pektin* ist in der ursprünglichen Form *nicht* zu isolieren. Es läßt sich *durch langdauerndes Kochen mit Wasser in Lösung* bringen, wird aber hierbei bereits hydrolytisch in *Hydrato-Pektin*, d. h. in *Araban* und in das *Calcium-Magnesium-Salz der Pektinsäure* gespalten. Durch Fällen dieser wäßrigen Lösungen *mit Alkohol* gewinnt man das Ca-Mg-*Pektinat*, während man das *Araban* aus dem alkoholischen Filtrat durch Verdampfen abscheiden kann. Wird zu den wäßrigen Lösungen des Hydrato-Pektins eine entsprechende Menge *Salzsäure* und viel *Alkohol* gesetzt, so erhält man sofort die *freie Pektinsäure*, wobei man aber auf die Isolierung des ursprünglich vorhandenen Arabans verzichten muß. Vorteilhafter läßt sich die Darstellungsweise der einzelnen Komponenten des Pektins gestalten, wenn man die zuerst erhaltenen wäßrigen Auszüge des Hydrato-Pektins auf dem Wasserbad oder im Vakuum direkt zur Trockne verdampft. Man gewinnt auf diese Weise das *Hydrato-Pektin als feste unbegrenzt haltbare Masse*, aus dem sich je nach Bedarf *alle Spaltprodukte und Bausteine des Pektins* herstellen lassen. Dieses Verfahren ist auch deswegen zweckmäßiger, weil man dabei beträchtliche Mengen Alkohol erspart.

Der Isolierung der Pektinkörper muß eine *sehr gründliche Zerkleinerung des Pflanzenmaterials* mittels Schneid-, Hack-, Zerreiß-, Reib- oder Schleifvorrichtungen vorangehen. Die möglichst fein verteilte breiartige Pflanzenmasse wird dann in Koliertücher gepackt in einer gut wirksamen Saft- oder Hebelpresse mehrfach einer *scharfen Auspressung* unterworfen. Weiche saftreiche Beerenfrüchte, wie Weintrauben, Himbeeren, Johannisbeeren, können auch unzerkleinert direkt in einer Obst- oder Mostpresse ausgepreßt werden. Vor der ersten groben Zerkleinerung von festen Obstfrüchten entfernt man zweckmäßig Kerne oder Kerngehäuse und durch Schälen nichtpektinhaltige Schalen nach Möglichkeit.

Aus den kalten nicht erhitzten Preßsäften kann das *ursprünglich in gelöster Form vorhandene Pektin*, dessen Menge in Säften von Wurzeln, Blättern und

Stengeln nur gering, in saftreichen Obstfrüchten dagegen recht beträchtlich ist, direkt mit Alkohol als *Ca-Mg-Pektinat* oder unter gleichzeitigem Zusatz von Salzsäure als *freie Pektinsäure* gefällt werden. Die zuerst erhaltenen Niederschläge sind meist durch mitgerissene Farbstoffe oder andere Saftbestandteile stark verunreinigt und bedürfen zur weiteren Reinigung der wiederholten Umfällung.

Die bei der Auspressung der Pflanzenmasse zurückbleibenden *Preßkuchen* müssen vor der weiteren Verarbeitung auf Hydrato-Pektin erst von Zucker, färbenden Verunreinigungen und anderen löslichen Saftbestandteilen möglichst gründlich befreit werden. Es kann dies entweder durch wiederholtes *Auskochen mit Alkohol* unter Rückfluß oder durch mehrfaches *Ausziehen mit Wasser von etwa 55⁰* geschehen. Auch können unter Umständen *beide Verfahren kombiniert* angewandt werden. Diese Extraktionen sind zweckmäßig so lange fortzusetzen, bis die Auszüge sich nicht mehr färben und keine Drehung und Zuckerreaktion mehr zeigen. Aus den wäßrigen Auszügen können nach dem Einengen durch Verdampfung geringe Mengen des aus den ursprünglichen Säften herrührenden, im Preßgut verbliebenen gelösten Pektins nötigenfalls noch durch Alkohol als Pektinat oder Pektinsäure niedergeschlagen werden.

Feste, harte, wasserarme und pektinreiche Pflanzenteile, wie dickwandige Fruchtschalen, getrocknete Wurzeln und Stengel u. dgl. bedürfen einer vorherigen Auspressung nicht und können in grobzerkleinertem oder gemahlenem Zustande durch Auskochen mit Alkohol oder durch Auslaugen mit Wasser bis zu 55⁰ von löslichen Fremdbestandteilen befreit werden.

Die auf die eine oder andere Weise saftfrei erhaltene Pflanzenmasse dient nun zur Gewinnung der Hauptmenge der Pektinstoffe. In diesen Rückständen findet sich das *Pektin* gewöhnlich in wechselnden Mengen *in zwei verschiedenen Formen*, nämlich *als fermentativ partiell hydrolysiertes Pektin*, das *in warmem Wasser* verhältnismäßig *leicht löslich* ist, und *als ursprüngliches wandständiges Pektin, das sich auch in kochendem Wasser nur schwer und erst nach langer Zeit löst.*

Das *leicht lösliche Pektin* stellt, *ähnlich dem Saftpektin*, ein schon in der Pflanze durch Fermentwirkung entstandenes Gemisch *einer Art von Hydrato-Pektin* dar, das neben geringen Mengen Araban viel Ca-Mg-Salz einer an Galakturonsäure und Methoxyl reichen Pektinsäure von verschiedener Zusammensetzung enthält (vgl. Tabelle 2 und 3). Man gewinnt dieses in der Pflanze bereits vorgebildete leicht lösliche Hydrato-Pektin durch Ausziehen der vom Saft wie oben befreiten Pflanzenmasse *mit Wasser von 60—80⁰ innerhalb von 1 bis 2 Stunden* oder *durch ¹/₂—1stündiges Auskochen mit Wasser von 100⁰*. Doch ist es nur schwer möglich, diese in ihrer Zusammensetzung stark wechselnden Pektinfraktionen einheitlich und getrennt von dem Hydrato-Pektin des wandständigen Pektins darzustellen, das unter diesen Bedingungen zum Teil ebenfalls schon in Lösung geht.

Nach Entfernung des Saftpektins und des in warmem Wasser leicht löslichen Pektins kann man an die Isolierung des eigentlichen *ursprünglichen wandständigen Pektins* herangehen. Zu diesem Zwecke wird die rückständige Pflanzenmasse *wiederholt längere Zeit mit kochendem Wasser* behandelt. Das Auskochen wird am besten mit der etwa 20fachen Menge destillierten Wassers 6—8mal je 2 Stunden lang vorgenommen, wobei jedesmal der ungelöste Rückstand unter der Presse scharf abgepreßt und von neuem mit einer frischen Wassermenge angesetzt wird. Durch diese Wasserhydrolyse läßt sich *die Hauptmenge des ursprünglich unlöslichen wandständigen Pektins in lösliches Hydrato-Pektin, d. h. das Gemisch von Araban und* Ca-Mg-*Pektinat* überführen. Zur vollständigen Gewinnung dieses Pektins ist eine noch häufigere Wiederholung des Auskochens mit Wasser erforderlich. Wesentlich beschleunigen läßt sich die Hydrolyse und Extraktion, wenn man die Pflanzenmasse im Autoklaven mit Wasser unter Druck von 1—2 Atm. bei etwa 110—125° wiederholt behandelt (BOURQUELOT und HERISSEY [2], BRIDEL [1]). Hierbei tritt aber bereits weitergehende Hydrolyse und partielle Zersetzung des gelösten Pektins ein, und es werden dementsprechend bräunlich gefärbte Extrakte und zum Teil denaturierte Präparate erhalten.

Die *durch die Hydrolyse mit Wasser von 100° bei gewöhnlichem Druck* erhaltenen *wäßrigen Auszüge* liefern bei direkter Verdampfung ein ziemlich einheitlich zusammengesetztes festes blättriges *Hydrato-Pektin*, aus dem neben *Araban Ca-Mg-Pektinat* und weiterhin *die normale Pektinsäure* von der Formel $C_{41}H_{60}O_{36}$ (vgl. Tabelle 1) genommen werden kann. Letztere läßt sich auch unmittelbar aus den wäßrigen Auszügen mittels Alkohol und Salzsäure zur Fällung bringen.

Für viele Zwecke genügt es, wenn man die wie oben geschildert vom Safte befreiten zerkleinerten Pflanzenteile *direkt in einer Operation* durch wiederholtes Auskochen mit Wasser *auf Hydrato-Pektin* verarbeitet, wobei man *das ursprünglich lösliche und unlösliche Pektin zusammen* gewinnt. Ein solches *gemischtes Hydrato-Pektin* eignet sich besonders *für die präparative Darstellung* von *Araban, Tetragalakturonsäuren, d-Galakturonsäure* und allen übrigen Bausteinen des Pektins.

Durch Behandeln der safthaltigen oder saftfreien Pflanzenteile *mit heißen verdünnten Säuren* tritt eine *viel schnellere und vollständigere Lösung der Pektinstoffe* ein als beim Auskochen mit reinem Wasser. Das hierbei in Lösung gehende Pektin wird aber gleichzeitig durch Säurewirkung *weitgehend gespalten*, so daß aus den Lösungen immer nur stark abgebaute Produkte zu isolieren sind. Selbst organische Säuren in geringen Konzentrationen können bei längerem Erhitzen den Abbau des Arabans und eine Absprengung einzelner Gruppen der ursprünglichen Pektinsäure bewirken. Will man daher *Produkte von der annähernden Zusammensetzung der genuinen Pektinstoffe* gewinnen, so muß man bei der Vorbereitung des Pflanzenmaterials die sauren Saftbestandteile zuvor besonders sorgfältig entfernen und die *Hydrolyse nur mit reinem neutralem Wasser* ansetzen. Dagegen spielt gerade bei der praktischen Geleebereitung aus pektinreichen Früchten die schnelle Lösung des Pektins bei Gegenwart der natürlichen Fruchtsäuren eine wesentliche Rolle, da es in diesem Falle auf den Abbau des Pektins zu Verbindungen mit einem hohen Gehalt an Galakturonsäure und Methoxyl besonders ankommt. Das gleiche gilt auch für die Herstellung technischer Pektinpräparate (vgl. Tabelle 3).

Im folgenden seien *einzelne typische Beispiele* für die *Darstellung von Hydrato-Pektin und allen daraus isolierbaren wichtigen Spaltprodukten des Pektins* gegeben.

1. Hydrato-Pektin.

α) *Aus frischen Zuckerrüben* (getrennte Auszüge).

Frischgeerntete Zuckerrübenwurzeln, deren oberer Kopfteil mitsamt den Blättern abgeschnitten war, wurden von anhaftender Erde durch gründliches Waschen mit kaltem Wasser und Abputzen befreit. Die gereinigten Rüben wurden dann in einer Breimaschine zu einem feingeschliffenen Brei zerrieben. Der frische Brei enthielt 17,5% Zucker. Er wurde in Koliertüchern verpackt unter einer Hebelpresse scharf abgepreßt. Aus dem ablaufenden schwarzgrauen Rübensaft ließen sich nur Spuren Pektin isolieren. Die Hauptmenge des Pektins war in dem ausgepreßten Rübenmark vorhanden, das zunächst von Zucker und gelösten Saftbestandteilen möglichst vollständig befreit wurde. Zu diesem Zwecke zog man den Preßrückstand in einem großen emaillierten Kochtopf mit

viel Leitungswasser von 50—55⁰ etwa 1 Stunde lang aus, goß das Ganze durch
ein Koliertuch ab, preßte die Rübenmasse von neuem scharf ab und wiederholte
diesen Extraktionsprozeß genau so noch zweimal mit Leitungswasser und schließlich mit destilliertem Wasser bei 50—55⁰. Der letzte Auszug zeigte keine Drehung
mehr und gab auch mit α-Naphthol keine Zuckerreaktion. Durch zweimaliges
je einstündiges Auskochen des vom Wasser abgepreßten Rückstandes mit
96 proz. Alkohol unter Rückfluß auf dem Wasserbade ließen sich noch färbende
und fettartige Beimengungen entfernen. Nach dem Abkolieren des Alkohols,
Abpressen und Trocknen an der Luft verblieb das Rübenmark in Form
einer spezifisch sehr leichten, hellgrauen, faserigen Masse. *Aus 5 kg des frischen
Zuckerrübenbreies* wurde in diesem Falle *270 g lufttrockenes Rübenmark* (= 5,4 %
auf Rübe gerechnet) mit 11,7 % Wasser erhalten. Das so hergestellte Rübenmark ist unbegrenzt haltbar und kann beliebig lange für die Pektingewin-
nung aufbewahrt werden.

Die Isolierung des Pektins daraus vollzog sich in dem vorliegenden Beispiel
in zwei Phasen, indem zunächst das bei 80⁰ in Wasser lösliche und dann das erst
in Wasser von 100⁰ übergehende hydrolysierte wandständige Pektin extrahiert
wurde.

Hierfür wurde das Rübenmark in 10 l destilliertes Wasser eingequollen und
im bedeckten Kochtopf das Ganze $^1/_2$ Stunde auf 80⁰ erhitzt. Der durch ein
Tuch abgegossene und abgepreßte Auszug lieferte durch Saftfilter klar filtriert
beim Eindampfen in Porzellanschalen auf dem Wasserbade 10,0 g lufttrockenes
Hydrato-Pektin in Form einer hellbräunlichen blättrigen Masse. Der Preßrückstand wurde nochmals in gleicher Weise, diesmal aber 2 Stunden lang, mit
frischem Wasser von 80⁰ erwärmt und wieder scharf abgepreßt. Das klare Filtrat
der zweiten Auslaugung ergab noch 7,2 g Hydrato-Pektin, so daß *im ganzen
durch Ausziehen mit Wasser von 80⁰ 17,2 g lufttrockenes Hydrato-Pektin* gewonnen
wurden. Bei der Aufarbeitung dieser Substanz erhielt man *eine partiell abgebaute
Pektinsäure*, die abweichend von der normalen Verbindung mehr Galakturonsäure und Methoxyl aufwies (vgl. ihre Zusammensetzung in Tabelle 2).

Das so von dem leichtlöslichen Pektin befreite Rübenmark wurde mit
10 l destilliertem Wasser nunmehr bei 100⁰ zunächst 1 Stunde und dann nach
Abgießen des Extraktes und Auspressen des Rückstandes unter Erneuerung des
Wassers noch 2 Stunden ausgekocht. Das Verdampfen des ersten Filtrats lieferte
15,2 g, des zweiten Filtrats 11,1 g Hydrato-Pektin, so daß *im ganzen durch
Ausziehen mit Wasser von 100⁰* aus dem Rübenmark *26,3 g lufttrockenes Hydrato-
Pektin* gewonnen wurden. Bei der Weiterverarbeitung dieses Hydrato-Pektins
resultierte eine *Pektinsäure von der normalen Zusammensetzung entsprechend der
Formel* $C_{41}H_{60}O_{36}$ (vgl. Tabelle 1).

β) *Aus Zuckerrüben-Trockenschnitzeln* (gemischte Auszüge).

Als sehr geeignetes Ausgangsmaterial für die Bereitung von Hydrato-Pektin können
die in großen Mengen im Zuckerfabrikbetriebe *bei der Diffusion der Zuckerrüben abfallenden*
und durch Feuer- oder Rauchgase entwässerten *Trockenschnitzel* dienen, die als Futtermittel im Handel zu haben sind. Im lufttrockenen Zustande enthalten diese gewöhnlich
10—12 % Wasser und ihre Trockensubstanz besteht fast zur Hälfte aus Pektin.

Die Trockenschnitzel werden zunächst von noch anhaftenden löslichen Saftbestandteilen, wie Zucker usw., befreit, indem man 500 g davon in einem großen emaillierten Kochtopf zweimal mit je 10 l Leitungswasser und das dritte Mal mit destilliertem Wasser je
2 Stunden bei 50—55⁰ auslaugt. Die wäßrigen Auszüge werden jedesmal durch ein Koliertuch abgegossen und die zurückbleibenden, aufgequollenen Schnitzel unter einer Hebelpresse scharf abgepreßt. Das zuletzt abfallende Preßwasser zeigte gewöhnlich mit α-Naphthol
keine Zuckerreaktion mehr. Nach dieser Vorbehandlung wird der schließlich erhaltene
zuckerfreie Preßrückstand der Rübenschnitzel mit je 10 l destilliertem Wasser etwa fünfmal

je 2 Stunden lang im bedeckten Topf über einem starken Gaskocher unter häufigem Rühren ausgekocht, wobei die Hauptmenge des Pektins als Hydrato-Pektin in Lösung geht. Nach jeder Auskochung gießt man den Extrakt durch ein Sieb und preßt die rückständige Schnitzelmasse scharf ab. Die gesammelten Extrakte und Preßsäfte werden klar filtriert und in großen flachen Porzellanschalen auf dem Wasserbad zum Sirup und schließlich unter Umrühren ganz zur Trockne verdampft. Es bilden sich hierbei gelblich bis bräunlich gefärbte, gelatineartige Blätter und Krusten, die sich leicht vom Porzellan abheben lassen.

Die Gesamtausbeute aus 500 g Trockenschnitzeln beträgt nach diesem Verfahren etwa *137—142 g Hydrato-Pektin*, d. h. etwa 27—28 %, auf das ursprüngliche Ausgangsmaterial berechnet.

Das gewonnene Produkt besteht im wesentlichen aus *Araban* und dem *pektinsauren Calcium-Magnesium-Salz.* Es enthält lufttrocken etwa 8—10 % Wasser und geringe Mengen Verunreinigungen, wie karamelartige Farbstoffe und Saponin. In wenig Wasser quillt es langsam leimartig auf und gibt beim Erwärmen einen stark klebenden Sirup, mit mehr Wasser verrührt eine trübe, bräunliche Lösung. Das vollkommen getrocknete Hydrato-Pektin aus Trockenschnitzeln ganz verschiedener Herkunft enthält durchschnittlich *45—54 % d-Galakturonsäure* in komplex gebundener Form.

Die aus diesem *gemischten Hydrato-Pektin* abgeschiedene *Pektinsäure* besitzt naturgemäß *stark wechselnde Zusammensetzung,* da sie verschiedene Gemische der normalen und partiell abgebauten Pektinsäure aufweist. *Das gemischte Hydrato-Pektin* eignet sich besonders zur Darstellung von *Araban, Tetragalakturonsäuren* und *d-Galakturonsäure* (F. Ehrlich und F. Schubert [12]).

γ) Aus dem Albedo getrockneter Apfelsinenschalen.

Angewandt wurden aus Handelsware erhaltene Apfelsinenschalen, die nach dem Schälen längere Zeit an der Luft gelegen hatten und zu einer knochenharten Masse eingetrocknet waren.

1,5 kg dieser lufttrockenen Apfelsinenschalen (enthaltend 13,3 % Wasser) wurden in einer Schrotmühle fein zermahlen und in einem großen Glasgefäß mit 7 l 82 proz. Alkohol übergossen mehrere Tage stehengelassen. Der sich anfangs goldgelb, später gelbbräunlich färbende Alkohol wurde durch ein Sieb abgegossen und der Rückstand unter einer Hebelpresse scharf abgepreßt. Die ungelöst gebliebene Schalenmasse suspendierte man erneut in 5 l 82 proz. Alkohol 2 Tage lang unter zeitweisem Umrühren. Die auf diese Weise kalt ausgelaugten, noch immer deutlich gelb gefärbten Apfelsinenschalen wurden nunmehr portionsweise in Mengen von ungefähr 300 g mit je 1 l 82 proz. Alkohol 3 Stunden im Wasserbad bei 60—65⁰ digeriert. Nach jedesmaligem Abfiltrieren wurde der Rückstand mit je 200 cm³ 82 proz. Alkohol gewaschen und schließlich an der Luft getrocknet. Das in dieser Weise fast vollständig vom Farbstoff befreite Albedo der Apfelsinenschale wog jetzt lufttrocken 1411 g und enthielt 12,1 % Wasser. Die Trockensubstanz zeigte zufolge der Analyse einen Gehalt von 30,4 % Galakturonsäure.

500 g des lufttrockenen Albedos aus Apfelsinenschalen wurden in einem emaillierten Kochtopf über freier Flamme zuerst viermal mit je 10 l Leitungswasser und noch einmal mit destilliertem Wasser je 2 Stunden lang bei 50—55⁰ ausgezogen. Jedesmal wurden die so behandelten aufgequollenen Schalenteilchen auf einem Porzellansieb abgegossen und der Rückstand unter einer Hebelpresse scharf abgepreßt. Das in dieser Weise vom Zucker und anderen Saftbestandteilen befreite Albedo kochte man nunmehr im bedeckten Kochtopf achtmal hintereinander je ¹/₂—2 Stunden intensiv aus. Die bei den einzelnen Auslaugungen mit Wasser von 100⁰ erhaltenen wäßrigen Extrakte kolierte man gesammelt durch Leinwand, filtrierte sie unter Zusatz von Kieselgur über Saftfilter vollständig klar und dampfte dann die Filtrate auf dem Wasserbade in Porzellanschalen vollständig zur Trockne, wobei das Hydrato-Pektin in Form von gelben bis gelbbraunen gelatineartigen Blättern zurückblieb.

Die Ausbeute aus 500 g des lufttrocknen Albedos betrug in diesem Falle *174 g Hydrato-Pektin* mit 6,2 % Wassergehalt, d. h. *aus der Trockensubstanz der ursprünglichen Apfelsinenschalen* wurden 36,3 % *trocknes Hydrato-Pektin* erhalten.

Das *ursprüglich bereits in den Apfelsinenschalen gelöst vorliegende Pektin* (etwa 4,3 % der Trockensubstanz) ließ sich aus den bei 50—55⁰ erhaltenen wäßrigen Saftauszügen durch Einengen im Vakuum bei 40°, Fällen und Waschen mit Alkohol und Trocknen in einer Menge von etwa *20 g* in Form des *Calcium-Magnesium-Salzes der Pektinsäure* gewinnen.

Das wie oben beschrieben erhaltene Hydrato-Pektin liefert bei der weiteren Aufarbeitung *Gemische der ursprünglichen mit partiell abgebauter Pektinsäure.* Um die *normale Pektinsäure des wandständigen Pektins* zu gewinnen, ist es vor der definitiven Auskochung des Albedos mit Wasser von 100° nötig, nach dem Ausziehen der Saftbestandteile bei 50—55° noch *längere Zeit* die Schalenteile *mit Wasser von 60—80°* zu behandeln oder sie erst nur etwa $^1/_2$—*1 Stunde mit Wasser zu kochen.* Es geht dann zunächst ein Hydrato-Pektin in Lösung, aus dem partiell abgebaute Pektinsäure mit höherem Galakturonsäure- und Methoxyl-gehalt zu isolieren ist (vgl. Tabelle 2). *Erst die dann folgenden Extraktionen mit Wasser von 100°* liefern Auszüge von Hydrato-Pektin, aus denen sich *normal zusammengesetzte Pektinsäure* (vgl. Tabelle 1) darstellen läßt (F. EHRLICH und A. KOSMAHLY [8]).

δ) *Aus Gartenerdbeeren* (vollständige Verarbeitung).

4,91 kg frische reife Gartenerdbeeren wurden entstielt und lieferten 4,61 kg Beeren (enthaltend 10,2 % Trockensubstanz). Unter einer Hebelpresse scharf abgepreßt, ergaben die Beeren 1920 cm³ Saft im Gewicht von 1982 g.

Der *Erdbeersaft* wurde durch ein weitmaschiges Koliertuch filtriert und in 6 l Alkohol eingetropft. Es schied sich in der rot gefärbten Flüssigkeit eine hellgrüne Gallerte ab, die nach längerem Stehen abfiltriert und durch Abpressen mit einem Pistill vom anhaftenden Alkohol möglichst befreit wurde. Die auf diese Weise erhaltene grünliche asbestartige Masse wurde in frischem Alkohol wiederholt gründlich durchgeknetet, schließlich filtriert und an der Luft und bei 100° getrocknet. Es ließen sich *11,2 g* eines stark verunreinigten *Calcium-Magnesium-Salzes einer Pektinsäure* gewinnen. Die gesammelten alkoholischen Filtrate wurden auf 150 cm³ eingeengt und mit 1,5 l Alkohol und 100 cm³ Äther versetzt. Den am Boden und an den Wandungen des Gefäßes abgeschiedenen dunkelbraunen Sirup nahm man nochmals mit 100 cm³ Wasser auf, filtrierte die Lösung über Kieselgur und fällte sie mit 1 l Alkohol und 100 cm³ Äther. Der sich von neuem absetzende braune Sirup wurde nach gründlichem Durchrühren mit Alkohol und Äther in einer Schale auf dem Wasserbade vollständig entwässert. Das so erzielte hygroskopische bräunliche Produkt (5,1 g) enthielt neben Verunreinigungen beträchtliche Mengen *Araban.*

Die vom Saft durch Abpressen möglichst befreiten Erdbeeren wurden mit je 4 l Wasser bei 55° viermal je 2 Stunden lang ausgelaugt, jedesmal abgepreßt und die erhaltenen dunkelroten trüben Lösungen koliert. Die gesammelten Filtrate engte man im Vakuum auf 1 l ein und versetzte die Flüssigkeit mit 4 l Alkohol. Es fiel ein hellrötlicher Niederschlag, der nach längerem Stehen abfiltriert, mit Alkohol und Äther gewaschen und bei 100° getrocknet wurde. Ausbeute 11,7 g eines rötlichbraun gefärbten *Calcium-Magnesium-Pektinats.* In den alkoholischen Filtraten war auch hier ein *Araban* nachweisbar.

Der *Preßrückstand* der mit Wasser von 55° behandelten Erdbeeren wurde, wie oben an anderer Stelle beschrieben, wiederholt je 2 Stunden lang *mit* je 4 l *destilliertem Wasser erschöpfend bei 100° ausgekocht.* Nach 12maligem Auskochen ergaben die gesammelten Extrakte klar koliert und auf dem Wasserbad in Porzellanschalen verdampft *19,8 g trocknes Hydrato-Pektin* in Form von gelben bis braunen Blättchen (F. EHRLICH und A. KOSMAHLY [8]).

2. Araban.

Aus dem Hydrato-Pektin verschiedener Herkunft läßt sich *mit 70proz. Alkohol* stets ein aus verschiedenen Anhydriden der l-Arabinose bestehendes *linksdrehendes „Araban"* ausziehen. Zu diesem Zweck werden 50—100 g luft-trocknes Hydrato-Pektin in 1 l 70proz. Alkohol mehrere Tage unter wieder-holtem Schütteln der Mischung suspendiert, worauf das Araban mit gelblicher

Farbe langsam in Lösung geht. Durch wiederholtes halbstündiges Kochen auf dem Wasserbade am Rückflußkühler unter 2—3maliger Erneuerung des Alkohols erfolgt die Lösung des Arabans wesentlich schneller und vollständiger. Beim Verdampfen der gesammelten alkoholischen Filtrate im Vakuum verbleibt in wechselnden Mengen von durchschnittlich *20—30%* *des Hydrato-Pektins* ein *Roh-Araban* als dunkelbräunliche, sirupöse, schließlich erhärtende, hygroskopische Masse, die neben verunreinigenden Bestandteilen, wie Asche, Karamelfarbstoffen, essigsauren Salzen, Saponin, sich hauptsächlich aus Anhydriden der l-Arabinose zusammensetzt. Die Drehung des Araban-Gemisches schwankt je nach der Art der Verarbeitung zwischen $[\alpha]_D = -25^0$ bis -173^0. Die Linksdrehung geht durch Erhitzen mit verdünnten Säuren entsprechend der Hydrolyse des Arabans zu l-Arabinose in Rechtsdrehung über, worauf die vorher nur schwach reduzierenden Lösungen Fehlingsche Lösung stark reduzieren.

Zur weiteren Reinigung wird das ursprünglich erhaltene Roh-Araban zweckmäßig in kaltem Wasser gelöst, die Lösung über Kieselgur klar filtriert und im Kolben im Vakuum wieder vollständig zur Trockne verdampft. Den braunen Rückstand kocht man wiederholt mit 96proz. Alkohol aus, nimmt den ungelösten Teil in der Wärme mit 80proz. Alkohol auf und fällt aus der klar filtrierten Lösung das Araban mit einem Überschuß von Alkohol und Äther. Nach nochmaligem Lösen, Umfällen, Waschen des Niederschlages mit Alkohol und Äther und Trocknen im Vakuum gewinnt man das Araban in Form eines nur wenig Asche enthaltenden, fast farblosen, amorphen Pulvers, das häufig die Zusammensetzung eines *Tetra-Arabans* $4\,C_5H_{10}O_5 - 4\,H_2O = C_{20}H_{32}O_{16}$ zeigt. (F. Ehrlich und F. Schubert [11], F. Ehrlich und A. Kosmahly [8]). Es löst sich leicht in Wasser nach anfänglichem Aufquellen, ferner in 70proz. Alkohol, während es in konzentriertem Alkohol und Äther unlöslich ist. Seine wäßrige Lösung reagiert neutral und reduziert Fehlingsche Lösung nicht, sie gibt alle Farbreaktionen der Pentosen, besonders deutlich die Orcinreaktion. Die spezifische Drehung verschiedener Präparate des gereinigten Tetra-Arabans zeigt Werte von $[\alpha]_D = -123^0$ bis -172^0.

Das *Araban* ist bereits in der zuerst erhaltenen rohen Form *zur Darstellung von l-Arabinose sehr geeignet.* Zu diesem Zweck werden 10 g Araban mit $^1/_2\,l$ 1proz. Schwefelsäure im Kolben auf dem Wasserbade 2—3 Stunden erwärmt. Aus der schließlich erhaltenen rechtsdrehenden, stark reduzierenden Lösung wird durch Erhitzen mit überschüssigem Bariumcarbonat die Schwefelsäure entfernt und die mit Tierkohle entfärbte, klar filtrierte Flüssigkeit im Vakuum zum Sirup verdampft, den man erschöpfend mit Alkohol auskocht. Die gesammelten alkoholischen Extrakte ergeben bei vorsichtiger Verdunstung im Vakuum und schließlich in einer Schale auf dem Wasserbade einen hellgelben Sirup, der nach dem Abkühlen sehr bald kristallisiert. Der schließlich erhaltene harte Kristallbrei wird mit 90proz. Alkohol gut verrührt abgesaugt, gründlich mit Alkohol und Äther gewaschen und an der Luft und im Vakuum getrocknet. Man gewinnt so *aus Araban etwa 90% reine l-Arabinose* von $[\alpha]_D = +105^0$.

3. Calcium-Magnesium-Salz der Pektinsäure.

Beim erschöpfenden Ausziehen des Arabans aus Hydrato-Pektin mittels 70proz. Alkohol verbleibt in Form einer grauen pulvrigen oder blättrigen Masse in Mengen von 70—80% *das Calcium-Magnesium-Salz der Pektinsäure,* das zumeist durch Beimengungen verschiedener Art stark verunreinigt ist. Seine Reinigung gelingt nur mühsam durch mehrmalige Umfällung unter starken Substanzverlusten.

Zu diesem Zwecke stellt man durch Erwärmen auf dem Wasserbade aus dem rohen Salz etwa 1proz. wäßrige Lösungen her, die man durch längeres Digerieren mit gereinigter Kieselgur und wiederholtes Filtrieren über Leinwand und Saftfilter (von Schleicher & Schüll) vollkommen klärt. Die gesammelte blank filtrierte Flüssigkeit wird dann im Vakuum bei 40—50⁰ auf ein kleines Volumen eingeengt, eventuell nochmals filtriert und dann langsam unter Umrühren in die 2—3fache Menge Alkohol eingetropft. Das sich als gallertartiger Niederschlag abscheidende pektinsaure Salz wird nach gutem Absetzen und längerem Stehen auf großen Saftfiltern gesammelt, wiederholt mit Alkohol gewaschen und mehrmals vom Filter genommen und in frischem Alkohol suspendiert, wobei es allmählich zusammenschrumpft und absaugbar wird. Das auf einer Nutsche abgesaugte und gut abgepreßte Salz wird schließlich in Äther längere Zeit suspendiert, dann scharf abgesaugt, mit Äther gewaschen und im Achatmörser an der Luft trocken verrieben. Es muß gewöhnlich noch 1—2mal auf gleiche Weise gelöst und umgefällt werden, wenn man es in Form einer farblosen pulvrigen Substanz gewinnen will. Aus Obstfrüchten lassen sich meist nur schwach gelblich bis rötlich gefärbte Präparate erzielen.

Das lufttrockene Salz der Pektinsäure enthält etwa 10—12 % Wasser, die bei 110⁰ an der Luft oder besser bei 78⁰ im Vakuum über P_2O_5 wegzutrocknen sind. Das vollkommen getrocknete Salz zieht an der Luft wieder gleiche Mengen Wasser an, ohne sich äußerlich zu verändern. Das reine Salz quillt mit Wasser benetzt auf und löst sich darin zu einer farblosen Lösung, die neutral reagiert. Seine spezifische Drehung zeigt durchschnittlich Werte von $[\alpha]_D = + 119⁰$ bis $+ 129⁰$. Ein pektinsaures Salz aus dem Pektin der Zuckerrüben enthielt 5,7 % und aus dem Pektin der Apfelsinenschalen 5,2 % Carbonatasche. Die Hauptmenge der Asche besteht regelmäßig aus Calcium und Magnesium neben geringen Mengen Kieselsäure, Eisen- und Aluminiumoxyd.

Genaue Analysen der trocknen Carbonatasche gaben folgende Werte *in Prozenten der Aschensubstanz*:

Pektinsaures Salz des Pektins aus

	Zuckerrüben	Apfelsinenschalen
SiO_2	4,6	1,1
$Fe_2O_3 + Al_2O_3$	3,6	1,9
$Ca\,CO_3$	58,6	81,1
$Mg\,CO_3$	40,3	14,6

4. Pektinsäure.

Die *freie Pektinsäure* kann auf drei verschiedenen Wegen gewonnen werden:

1. Direkt aus den Heißwasserextrakten der zuvor saftfrei gemachten Pflanzenteile durch Ausfällen mit Alkohol bei Gegenwart von Salzsäure.

2. Aus Hydrato-Pektin durch Lösen in Wasser und Fällen mit Alkohol und Salzsäure.

3. Aus dem Ca-Mg-Pektinat durch Lösen in Wasser und Fällen mit Alkohol und Salzsäure.

Einheitlich zusammengesetzte Pektinsäuren werden sich dabei nur ergeben, wenn man ursprünglich nicht von gemischten, sondern von *getrennten* Extrakten ausgegangen ist. Aus den ursprünglich in den Pflanzensäften gelösten und den bei 60—80⁰ in Lösung gehenden Pektinaten sind immer nur partiell abgebaute Pektinsäuren mit höherer Drehung und höherem Gehalt an Galakturonsäure und Methoxyl zu gewinnen. Normale Pektinsäure des wandständigen Pektins wird dagegen erst erhalten, wenn die bei 100⁰ in Wasser sich schnell und leicht lösenden Pektinanteile zuvor entfernt sind und nur die in Wasser von

100^0 allmählich übergehenden Extrakte und Hydrato-Pektine weiter verarbeitet werden.

Beispiele:

α) *Normale Pektinsäure* $C_{41}H_{60}O_{36}$ *aus frischen Zuckerrüben.*

Wie oben beschrieben, wurde aus Rübenmark von frischen Zuckerrüben, das zuvor mit Wasser von 50—55^0 und dann zweimal mit Wasser von 80^0 extrahiert war, durch Auskochen mit Wasser innerhalb von 3 Stunden Hydrato-Pektin hergestellt.

26,3 g dieses lufttrockenen Hydrato-Pektins löste man in 500 cm³ Wasser, filtrierte die trübe Lösung über Kieselgur vollkommen klar, versetzte sie mit 25 cm³ konzentrierter Salzsäure und darauf unter gutem Umrühren mit 1 l 96 proz. Alkohol. Die in schwach gelblichen Flocken ausfallende Pektinsäure filtrierte man auf Saftfiltern ab, wusch sie erst mit 70 proz., dann mit 96 proz. Alkohol gründlich bis zur Entfernung der Chlorionen, suspendierte sie darauf noch einige Zeit in Alkohol und schließlich in Äther und saugte nunmehr die körnig gewordene Masse auf einer Nutsche scharf ab. Beim portionsweisen Verreiben im Mörser ergaben sich 12,4 g lufttrockene gelblich gefärbte Pektinsäure.

Zur weiteren Reinigung wurde die Substanz in 250 cm³ Wasser gelöst, die Lösung nochmals über Kieselgur filtriert, mit 10 cm³ konzentrierter Salzsäure und 500 cm³ 96 proz. Alkohol versetzt. Der sich absetzende farblose, flockige Niederschlag ergab wie oben mit 70 proz., 96 proz. Alkohol und Äther gewaschen, *7,8 g farblose lufttrockene Pektinsäure,* die nur noch 0,31 % Asche enthielt. In der Trockenpistole bei 78^0 im Vakuum über P_2O_5 vollständig getrocknet zeigte sie in Wasser gelöst die spezifische Drehung von $[\alpha]_D^{20} = +132{,}1^0$ und die in der Tabelle 1 angegebene analytische Zusammensetzung, die sehr genau auf die Formel $C_{41}H_{60}O_{36}$ stimmt.

β) *Normale Pektinsäure* $C_{41}H_{60}O_{36}$ *aus dem Albedo von Apfelsinenschalen.*

500 g lufttrockene Apfelsinenschalen wurden, wie oben unter „Hydrato-Pektin γ" angegeben, mit Alkohol vom Farbstoff befreit und zur vollständigen Entfernung der löslichen Bestandteile mehrmals mit Wasser von 50—55^0 ausgelaugt. Das so vorbehandelte Albedo wurde zur Beseitigung der leichter löslichen Pektinate erst $^1/_2$ Stunde und dann 1 Stunde mit je 10 l destilliertem Wasser ausgekocht. Der ungelöst gebliebene Rückstand wurde nunmehr besonders mit 10 l destilliertem Wasser intensiv gekocht und nur die hierbei erhaltenen Extrakte auf Pektinsäure verarbeitet. Zu diesem Zwecke dampfte man die zuletzt erhaltenen klar filtrierten, wäßrigen Auszüge im Vakuum bei 40—50^0 auf etwa 500 cm³ ein und versetzte die sich hierbei ergebende Flüssigkeit mit 1 l 96 proz. Alkohol. Das in gallertartigen Flocken ausfallende Ca-Mg-Pektinat wurde in der üblichen Weise zur möglichst vollständigen Entfernung des Arabans erst mit 70 proz., dann mit 96 proz. Alkohol und Äther gewaschen und an der Luft getrocknet. Das pektinsaure Salz löste man in $^1/_2$ l Wasser, filtrierte die Lösung über Kieselgur vollkommen klar und fällte sie nach Zusatz von so viel Salzsäure, daß die Flüssigkeit 1 % davon enthielt, mit 2 Vol. 96 proz. Alkohol. Die als Gallerte sich abscheidende Pektinsäure wurde zur vollständigen Entfernung der Chlorionen mehrmals erst in 70 proz., dann in 96 proz. Alkohol suspendiert, nunmehr abfiltriert und abgesaugt, sehr intensiv mit Alkohol und Äther gewaschen und an der Luft getrocknet. Zur vollständigen Reinigung wurde das Präparat nochmals demselben Fällungs- und Auswaschverfahren unterworfen und schließlich an der Luft und im Vakuum bei 78^0 über Phosphorpentoxyd getrocknet. Im vorliegenden Falle erhielt man *11,6 g reine, weiße Pektinsäure mit nur 0,28 % Asche.* Die Substanz gab bei der totalen Analyse der einzelnen Bestandteile sehr genau auf die Formel $C_{41}H_{60}O_{36}$ stimmende Werte, wie aus Tabelle 1 ersichtlich (F. Ehrlich und A. Kosmahly [8]).

γ) *Partiell abgebaute Pektinsäure aus frischen Zuckerrüben.*

Als Ausgangsmaterial diente Rübenmark, das aus frischem Zuckerrübenbrei durch Auspressen, erschöpfendes Auslaugen mit Wasser von 50—55^0 und Auskochen mit Alkohol erhalten war (vgl. unter Hydrato-Pektin α). Aus 270 g dieses lufttrockenen Rübenmarks wurde durch Ausziehen mit Wasser von 80^0 in $2^1/_2$ Stunden und Eindampfen der Extrakte 17,2 g Hydratopektin gewonnen. Das Hydratopektin löste man in 500 cm³ Wasser, filtrierte die Lösung über Kieselgur klar und versetzte sie mit 10 cm³ konzentrierter Salzsäure und 1 l 96 proz. Alkohol. Die in weißen Flocken ausfallende Pektinsäure wurde abfiltriert, gründlich mit 70 proz. Alkohol gewaschen, bis sie frei von Cl-Ionen war, und schließlich mit 96 proz. Alkohol und Äther gewaschen und getrocknet. Die erhaltene schwach gelblich gefärbte Substanz löste man zur weiteren Reinigung in 200 cm³ Wasser und fällte sie aus der Lösung nach Zugabe von 5 cm³ konzentrierter Salzsäure mit 400 cm³ Alkohol. Die ausgeschiedenen Flocken wurden abfiltriert und wieder mit 70 proz., 96 proz. Alkohol und Äther gewaschen und getrocknet. Ausbeute 7,8 g lufttrockene, reinweiße Pektinsäure. Die bei 78⁰ im Vakuum getrocknete Verbindung enthielt 0,40 % Asche und zeigte gegenüber der normalen Pektinsäure den höheren Gehalt von 78,1 % Galakturonsäure und 6,8 % Methylalkohol. Ihre übrige Zusammensetzung ergibt sich aus Tabelle 2.

δ) *Hochmethoxylierte Pektinsäure aus Erdbeeren.*

Wie unter „Hydrato-Pektin δ" beschrieben, wird durch Abpressen vom Saft befreites Fruchtfleisch von Erdbeeren mit Wasser von 55⁰ mehrfach ausgezogen und die Extrakte auf rohes Ca-Mg-Pektinat verarbeitet. 11,7 g dieses Salzes löste man unter schwachem Erwärmen in 1 l Wasser, filtrierte die Flüssigkeit über Kieselgur klar und engte sie im Vakuum auf 200 cm³ ein. Die Lösung wurde nun in 600 cm³ Alkohol eingetropft, der sich gallertartig abscheidende Niederschlag nach einigem Stehen abfiltriert, mit Alkohol und Äther wie üblich gewaschen und getrocknet, wobei 7,2 g Ca-Mg-Salz der Pektinsäure in Form eines schwach bräunlichen Pulvers erhalten wurde.

5 g des umgefällten Pektinats lösten sich in 200 cm³ Wasser unter Erwärmen auf dem Wasserbade zu einer rötlich gefärbten Lösung, die nach dem Erkalten mit 50 cm³ 10 proz. Salzsäure versetzt und in 1 l Alkohol eingetropft wurde. Der sich gallertartig abscheidende Niederschlag lieferte in der üblichen Weise mit Alkohol und Äther behandelt und vollkommen getrocknet 3,85 g schwach rosa gefärbte Pektinsäure. Zur weiteren Reinigung wurde die Verbindung nochmals umgefällt, indem man sie in 150 cm³ Wasser löste und die Lösung nach Zusatz von 25 cm³ 10 proz. Salzsäure in 750 cm³ Alkohol eintropfen ließ. Der mit Alkohol und Äther erschöpfend behandelte und bei 105⁰ getrocknete Niederschlag ergab 3,4 g hellgelbliche Pektinsäure, die nach vollständigem Trocknen im Vakuum bei 78⁰ neben 0,53 % Asche 78,9 % Galakturonsäure und 10,1 % Methylalkohol enthielt. Ihre spezifische Drehung zeigte $[\alpha]_D = +210{,}0^0$ (vgl. Tabelle 3). (F. EHRLICH und A. KOSMAHLY [8]).

ε) *Weitgehend abgebaute hochdrehende Pektinsäure aus technischem Lemonpektin.*

Als Ausgangsmaterial diente ein schwach gelblich gefärbtes, pulverförmiges „Lemonpektin", das von der California Fruit Growers Exchange aus Ontario (Californien) bezogen war. Die technische Herstellung dieses Präparates geschieht in der Weise, daß Preßrückstände von Citronen (Lemonen) längere Zeit mit verdünnten Citronensäurelösungen ausgekocht, die Auszüge eingeengt und das daraus mit Alkohol niedergeschlagene Pektin nach dem Waschen mit Alkohol getrocknet und gemahlen wird. Dieses „Pektin" besteht hauptsächlich aus Salzen einer durch Absprengung einzelner Gruppen bereits stark denaturierten Pektinsäure neben verunreinigenden Saftbestandteilen aus den Früchten.

Zur Darstellung dieser Pektinsäure werden 100 g des Lemonpektins in 2 l Wasser eingerührt und die Mischung auf dem Wasserbad bis zur vollständigen Auflösung der sich anfangs bildenden Klümpchen unter Umrühren erwärmt. Von der trüben schleimigen Lösung werden je 250 cm³ mit 750 cm³ destilliertem Wasser verdünnt, auf dem Wasserbad erhitzt und die dünne Flüssigkeit möglichst heiß durch ein mit Kieselgur ausgelegtes Saftfilter (Schleicher & Schüll) filtriert. Die Kieselgur, die keine löslichen Bestandteile usw. enthalten darf, wird auf dem Filter erst gründlich mit heißem Wasser ausgewaschen, bis das Waschwasser klar abläuft.

Die eventuell durch mehrfaches Filtrieren geklärte Pektinlösung wird im Vakuum bei 50⁰ auf ein Viertel ihres Volumens eingeengt, nach gutem Kühlen bis zu einem Gehalt von etwa 2 % mit konzentrierter Salzsäure versetzt und unter Umrühren in so viel 96 proz. Alkohol gegossen, daß eine etwa 70 proz. alkoholische Lösung resultiert. Das sehr voluminöse gallertartige Fällungsprodukt wird nach dem Absitzen auf großen Saftfiltern gesammelt. Es wird wiederholt in 70 proz. Alkohol suspendiert und damit gewaschen, bis der abfließende Waschalkohol keine Reaktion auf Chlorionen mehr zeigt. Die so vorgereinigte Pektinsäure wird dann noch mehrmals in 96 proz. Alkohol, schließlich in Äther suspendiert, dann scharf abgesaugt, in kleinen Portionen im Achatmörser trocken verrieben und im Vakuum bei 78⁰ getrocknet. Ausbeute 73—75 g Pektinsäure.

Wenn nötig, kann zur vollständigen Reinigung des Produkts noch eine Umfällung nach demselben Verfahren vorgenommen werden, wobei ein Zusatz der Hälfte der anfänglich angewandten Menge Salzsäure zu den Lösungen genügt.

Wie aus Tabelle 3 ersichtlich, zeigte eine aus technischem Lemonpektin nach dieser Methode gewonnene reine trockene Pektinsäure eine spezifische Drehung von $[\alpha]_D = +240{,}2^0$ und enthielt 94,2 % Galakturonsäure und 10 % Methylalkohol neben wenig Essigsäure, Arabinose und Galaktose.

ζ) *Pektinsäure $C_{46}H_{68}O_{40}$ aus Strohflachs.*

Lufttrockener Strohflachs wird gut gehäckselt und mehrfach erst mit 70 proz., dann mit 96 proz. Alkohol ausgekocht und schließlich mit Wasser von 50—55⁰ so lange ausgezogen, bis die Extrakte keine Zuckerreaktion mehr geben. Die zurückbleibende Strohflachsmasse wird mit der zehnfachen Menge destillierten Wassers etwa 10—12 mal je 1—2 Stunden ausgekocht, worauf man die gesammelten wäßrigen Extrakte nach Klärung mittels Kieselgur zur Trockne verdampft. 1 kg Strohflachs liefert nach diesem Verfahren etwa 60—70 g Hydrato-Pektin. Durch Behandeln mit 70 proz. Alkohol in der Wärme gewinnt man daraus etwa 45 % rohes Calciummagnesiumsalz der Pektinsäure. Aus dem eventuell noch einmal umgefällten Salz kann man die freie Pektinsäure in der Weise isolieren, daß man die wäßrigen mit Kieselgur geklärten Lösungen nach Zusatz genügender Mengen Salzsäure mit dem doppelten Volumen Alkohol versetzt und nach dem Abfiltrieren den flockigen Niederschlag in üblicher Weise mit Alkohol und Äther behandelt und trocknet. Eine wiederholte Umfällung liefert die Pektinsäure zumeist rein in Form eines fast weißen lockeren Pulvers, das noch etwa 1 % Asche enthält und $[\alpha]_D = +119{,}7^0$ zeigt (vgl. Tabelle 4) (F. Ehrlich und F. Schubert [10]).

η) *Allgemeine Eigenschaften und Reaktionen der Pektinsäuren.*

Die Pektinsäuren verschiedener Herkunft zeigen äußerlich und in ihren chemischen Reaktionen große Ähnlichkeit; sie unterscheiden sich entsprechend ihrem Prozentgehalt an einzelnen Bausteinen im wesentlichen nur durch ihre verschiedene spezifische Drehung. Die Drehung steigt im allgemeinen proportional der Erhöhung des Gehaltes an Galakturonsäure. Normale Pektinsäure dreht durchschnittlich $[\alpha]_D = +110^0$ bis $+175^0$ (Galakturonsäure 61—68 %), partiell abgebaute Pektinsäure $[\alpha]_D = +190^0$ bis 200^0 (Galakturonsäure 78 %), hochmethoxylierte Pektinsäure $[\alpha]_D = +210^0$ bis $+240^0$ (Galakturonsäure 79—94 %).

Gereinigte Pektinsäure löst sich nach anfänglichem Aufquellen in kaltem Wasser langsam vollständig, schneller beim Erwärmen zu einer fast farblosen Flüssigkeit. In allen anderen Lösungsmitteln ist sie unlöslich. Aus wäßrigen Lösungen fällt die Pektinsäure mit überschüssigem Alkohol in Form eines gallertartigen Niederschlages oder von farblosen Flocken aus. Je höher ihr Gehalt an Galakturonsäure ist, um so dicker und durchsichtiger ist die sich ausscheidende Gallerte, während bei geringerem Galakturonsäuregehalt wie bei der Flachspektinsäure sich nur undurchsichtige flockige, körnige Abscheidungen bilden. Die zuerst gefällten lockeren Gele der Pektinsäure schrumpfen bei der intensiven Behandlung mit Alkohol und Äther zu einem spezifisch leichten farblosen Pulver zusammen, das hartnäckig Alkohol festhält und durch Erhitzen auf 105—110⁰ oder im Vakuum auf 78⁰ vollkommen getrocknet werden kann. Die trockne Pektinsäure zieht beim Stehen an der Luft bei Zimmertemperatur je nach der Feuchtigkeit der Atmosphäre Wasser an, ohne sich äußerlich zu verändern. Nach 2—3 Tagen beträgt der Wassergehalt der Substanz durchschnittlich 8—12 %. Dieses Wasser kann jederzeit ohne Veränderung der Substanz bei höheren Temperaturen wieder weggetrocknet werden.

Die wäßrige Lösung der Pektinsäure reagiert schwach sauer und läßt sich gegen Phenolphthalein mit verdünntem Alkali austitrieren. 1 g der trocknen Verbindung neutralisiert durchschnittlich 13—17 cm³ n/10 NaOH. Die Wasserstoffionenkonzentration einer stark verdünnten Pektinsäurelösung beträgt $p_H = 3{,}8$. Auf Zusatz von überschüssiger Natronlauge färbt sich die farblose wäßrige Lösung der Substanz stark gelb und trübt sich dann sehr bald. Während sich die Lösung langsam entfärbt, scheidet sich daraus ein feinkörniger Niederschlag ab, der sich auch nach langer Zeit nur allmählich absetzt. Beim Ansäuern der alkalischen Flüssigkeit mit überschüssiger Salzsäure bleibt ein sandiger Niederschlag ungelöst, während wäßrige Pektinsäurelösungen direkt mit Salzsäure oder anderen Mineralsäuren versetzt klar bleiben. Mit überschüssigem Kalk- oder Barytwasser tritt in wäßrigen Pektinsäurelösungen ebenfalls starke Gelbfärbung auf, dann bald Trübung und die Ausscheidung von dicken, gallertartigen Niederschlägen, die sich schnell entfärben. Dagegen geben Pektinsäurelösungen mit Lösungen von Erdalkali- und Magnesiumsalzen *keine* Niederschläge. Mit Aluminium- oder Zinksulfat erhält man feinflockige Fällungen, während Mangano-, Eisen-, Nickel-, Quecksilber- und Zinnsalze nicht fällend wirken. Mit Kupfersulfat entsteht ein hellblauer schleimiger Niederschlag, mit Bleizucker oder Bleiessig eine dicke, farblose, klare Gallerte, mit Uranylacetat ein hellgelbes Gel, während auf Zusatz von Gerbsäure die Lösungen der Pektinsäure klar bleiben.

Pektinsäure reduziert direkt FEHLINGsche Lösung beim Kochen nur in Spuren, dagegen sehr stark, wenn ihre Lösung zuvor mit Mineralsäuren kurze Zeit erhitzt und dann wieder neutralisiert war. Mit Salzsäure destilliert liefert sie reichliche Mengen von Furfurol. Sie gibt alle Reaktionen auf Pentosen sehr deutlich, besonders die Orcinreaktion, und zeigt auch eine stark positive Naphthoresorcinreaktion auf Uronsäure. Mit konzentrierter Salpetersäure auf ein kleines Volumen der Lösung eingedampft gibt die Pektinsäure eine starke Krystallisation von Schleimsäure, in deren Filtrat sich auch Oxalsäure findet. Beim Erhitzen der Pektinsäure mit verdünnter Salzsäure und überschüssigem Brom im Schießrohr einige Stunden lang erhält man ungefähr die Hälfte ihres Gewichts an Schleimsäure. Schon bei kurzem Stehen mit überschüssiger Alkalilauge in der Kälte spaltet die Pektinsäure Methylalkohol ab, der durch Erhitzen der angesäuerten Lösung überzutreiben ist. Durch längeres Erwärmen mit verdünnten Säuren oder verdünntem Alkali werden die in der Pektinsäure gebundenen Acetylgruppen frei, und die entstandene Essigsäure kann dann nach Zugabe überschüssiger Schwefelsäure im Wasserdampfdestillat nachgewiesen werden.

Durch langdauerndes Kochen mit verdünnten Mineralsäuren wird die Pektinsäure vollständig bis zu ihren Bausteinen aufgespalten. Mehrstündiges Erwärmen der Pektinsäure am besten mit 2—5 proz. Salzsäure auf dem Wasserbade führt zur Bildung von Zwischenprodukten wie der Tetragalakturonsäuren.

ϑ) *Isolierung von Spaltprodukten der Pektinsäure.*

Methylalkohol. In Substanz ist bisher der Methylalkohol aus der Pektinsäure des Tabaks von C. NEUBERG und M. KOBEL [19] nach folgendem Verfahren hergestellt worden:

Frische Tabakblätter wurden entrippt und gemahlen. Je 2 kg des frischen Breies wurden in einem 20 l fassenden Kupferkolben im siedenden Wasserbad auf 80—90° erwärmt, darauf mit 1 l 10 proz. Natronlauge versetzt, verschlossen, umgeschüttelt und über Nacht stehengelassen. Dann wurden 500 cm³ Schwefelsäure (1 Vol. konzentrierte Schwefelsäure + 4 Vol. Wasser) zugefügt und mit Wasserdampf 4 l abgeblasen. Durch anreichernde Destillation, bei der stets $^2/_3$ der Flüssigkeitsmenge übergetrieben und zum Schluß einmal über Schwefelsäure, einmal mit Silbernitrat-Natronlauge und schließlich mit Tierkohle rektifiziert waren, wurden aus vielen Einzelversuchen verdünnte methylalkoholische Lösungen erhalten, die man vereinigte, anreichernd auf 50 cm³ konzentrierte und mit Kaliumcarbonat übersättigte. Dabei schieden sich 10 cm³ Methylalkohol ab. Sie wurden abgehoben, durch Filtration von Spuren festen Kaliumcarbonats befreit und mit Calciumspänen entwässert. Eine gute Trocknung wurde durch achtstündiges Erhitzen der mit frischen Spänen versetzten Lösung auf 60° erreicht. Durch zweimalige Rektifikation über metallischem Calcium gewann man völlig reinen wasserfreien Methylalkohol vom Sdp. 65°.

Essigsäure. 2—5 g Pektinsäure werden in 100—200 cm³ Wasser gelöst und mit so viel verdünnter Natronlauge versetzt, daß die Gesamtflüssigkeit nach

Neutralisation und Verseifung der Methoxylgruppen noch etwa 0,2% freies Alkali enthält. Nunmehr wird diese Lösung auf dem Wasserbad zur vollständigen Abspaltung der Acetylgruppen ungefähr 5 Stunden erhitzt. Darauf säuert man die Flüssigkeit mit so viel Schwefelsäure an, daß in der Lösung etwa 2% freie Schwefelsäure im Überschuß vorhanden ist, versetzt sie mit $^1/_2$ l destilliertem Wasser und destilliert sie aus einem Rundkolben im Wasserbad im Vakuum bei etwa 50°, bis ungefähr $^3/_4$ des Volumens übergegangen sind. Die zurückbleibende Flüssigkeit wird nach erneutem Zusatz der gleichen Menge Wasser nochmals im Vakuum bis auf ein kleines Volumen destilliert. Die übergegangene Essigsäurelösung wird mit überschüssigem reinen Bariumcarbonat bis zur Neutralisation schwach erwärmt, das klare Filtrat zur Trockne verdampft und das rückständige Bariumacetat bei 110° getrocknet. Es entspricht der Formel $(CH_3CO_2)_2Ba$ und enthält annähernd die berechnete Menge von 53,80% Ba.

Die Abspaltung der Acetylgruppen der Pektinsäure kann auch durch Kochen mit Mineralsäuren vorgenommen werden. Zu diesem Zwecke werden 2,5—5 g Pektinsäure in einem Rundkolben in 100 cm³ 2,5proz. Schwefelsäure gelöst und unter Rückfluß 3 Stunden gekocht. Nach Zugabe eines halben Liters Wasser wird im Vakuum destilliert. Da bei der längeren Säurehydrolyse aus den Kohlehydraten der Pektinsäure sich durch weitere Zersetzung Ameisensäure bilden kann, ist es nötig, die zuerst erhaltenen Destillate, nachdem man sie deutlich alkalisch gemacht hat, auf ein kleines Volumen einzudampfen, mit einer Auflösung von 4,5 g Kaliumbichromat und 20 g konzentrierter Schwefelsäure in 50 cm³ Wasser zu versetzen und das Ganze zur Zerstörung der Ameisensäure unter Rückfluß auf dem Wasserbade noch 2 Stunden zu erhitzen. Durch erneutes Abdestillieren im Vakuum wird dann die Essigsäure wie oben beschrieben gewonnen.

l-Arabinose. Aus der hydrolysierten Pektinsäure kann dieser Zucker als Diphenylhydrazon oder Benzylphenylhydrazon abgeschieden werden, wie folgende Beispiele zeigen:

1. Aus Pektinsäure der Zuckerrübe (F. Ehrlich und R. v. Sommerfeld [13]). 6 g Pektinsäure von $[\alpha]_D = +113,4°$ wurden in 400 cm³ 2proz. Schwefelsäure gelöst und die Lösung 15 Stunden am Rückflußkühler gekocht. Dann wurde die Flüssigkeit mit Bariumcarbonat neutralisiert, mit Tierkohle entfärbt, filtriert und im Vakuum zur Trockne verdampft. Den Rückstand kochte man erschöpfend mit 90proz. Alkohol aus und dampfte die alkoholische Lösung zum Sirup ein. Dieser Sirup wurde mit 0,6 g Diphenylhydrazin und 20 cm³ absolutem Alkohol verrührt und 15 Minuten auf dem Wasserbad erhitzt. Nach kurzer Zeit schieden sich gelblich gefärbte Krystalle aus, die nach Stehen über Nacht abgesaugt, mit Alkohol und Äther nachgewaschen und im Vakuum getrocknet wurden. Es wurden 0,66 g fast rein weißes l-Arabinosediphenylhydrazon erhalten, das durch Umkrystallisieren aus 50proz. wäßriger Pyridinlösung völlig gereinigt den Schmelzpunkt 200° zeigte.

In einem anderen Falle wurden 16 g Pektinsäure von $[\alpha]_D = +164°$ in 1 l 2proz. Schwefelsäure gelöst durch 18 Stunden langes Kochen hydrolysiert. Die braun gefärbte Flüssigkeit neutralisierte man unter Erhitzen auf dem Wasserbade mit Bariumcarbonat, entfärbte sie mit Tierkohle und engte das Filtrat im Vakuum auf ein kleines Volumen ein. Mit viel Alkohol versetzt fiel daraus das Bariumsalz der Galakturonsäure, von dem abfiltriert wurde. Das alkoholische Filtrat ergab im Vakuum verdampft einen zuckerhaltigen Sirup. 2,7 g dieses Sirups wurden in 40 cm³ 75proz. Alkohol kalt gelöst, vom Ungelösten abfiltriert und zu der klaren alkoholischen Lösung 3 g Benzylphenylhydrazin gesetzt. Die auf dem Wasserbad erwärmte Mischung begann sich bald zu trüben, und nach einigem Stehen in der Kälte schied sich dann das Hydrazon in Flocken ab. Der Niederschlag wurde abgesaugt, mit 75- und 96proz. Alkohol, dann mit Äther nachgewaschen und im Vakuum über Schwefelsäure getrocknet. Ausbeute 1,3 g fast reines l-Arabinosebenzylphenylhydrazon, das aus 75proz. Alkohol umkrystallisiert reinweiß vom Schmelzpunkt 173⁰ erhalten wurde.

2. **Aus Pektinsäure des Flachses** (F. EHRLICH und F. SCHUBERT [10]). 10 g Pektinsäure von $[\alpha]_D = +113,4^0$ wurden in 400 cm³ 2proz. Schwefelsäure 18 Stunden kochend hydrolysiert. Nach Neutralisieren mit Bariumcarbonat und Behandeln mit Tierkohle wurde filtriert, das Filtrat im Vakuum stark eingeengt, mit dem fünffachen Volumen Alkohol versetzt, das ausgefallene Bariumgalakturonat abfiltriert und die alkoholische Lösung im Vakuum zum Sirup verdampft. Den Sirup extrahierte man erschöpfend mit Alkohol und konzentrierte den alkoholischen Auszug wieder vollständig. Nach nochmaligem Auflösen in Wasser, Eindampfen und Umlösen mit 96proz. Alkohol unter Reinigung mit Tierkohle ergaben sich 6,7 g eines Ba-freien Zuckersirups. 5 g dieses Sirups wurden in 10 cm³ 75proz. Alkohol gelöst und nach Zugabe von 1,8 g Benzylphenylhydrazin auf dem Wasserbade schwach erwärmt. Das Hydrazin ging bald in Lösung, und nach 1 Stunde begann eine reichliche Krystallisation von l-Arabinosebenzylphenylhydrazon. Nach Abkühlen und Stehen über Nacht wurden die entstandenen Krystalle abgesaugt und nach dem Waschen aus wenig 75proz. Alkohol umkrystallisiert. In schneeweißen Nadeln wurden auf diese Weise nach dem Trocknen 0,49 g reines l-Arabinosebenzylphenylhydrazon vom Schmelzpunkt 173⁰ und von $[\alpha]_D = -12,7^0$ erhalten.

d-Galaktose. 1. **Aus Pektinsäure der Zuckerrübe.** Pektinsäure von $[\alpha]_D = +113,4^0$ wurde durch 15stündiges Kochen mit 2proz. Schwefelsäure unter Rückfluß vollkommen hydrolysiert. Die saure Lösung neutralisierte man mit Bariumcarbonat, entfärbte sie mit Tierkohle und verdampfte sie nach dem Filtrieren im Vakuum vollständig. Durch Auskochen des braunen sirupösen Rückstandes mit 90proz. Alkohol und Eindampfen der geklärten alkoholischen Lösung ergab sich ein Sirup, der nach dem Animpfen mit d-Galaktose bald krystallinisch erstarrte. Die Krystalle wurden mit 90proz. Alkohol verrieben, abgesaugt, mit Alkohol und Äther gewaschen und im Vakuum über Schwefelsäure getrocknet. Die gewonnene reine d-Galaktose drehte $[\alpha]_D = +80,8^0$ nach anfänglicher Mutarotation und gab bei Oxydation mittels Salpetersäure Schleimsäure vom Schmelzpunkt 213⁰ (F. EHRLICH und v. SOMMERFELD [13]).

2. **Aus Pektinsäure des Flachses.** Durch Schwefelsäurespaltung einer Pektinsäure von $[\alpha]_D = +119,7^0$ war nach obigem Verfahren bei wiederholter Behandlung mit Tierkohle ein fast farbloser reiner Zuckersirup im Gewichte von 2,27 g gewonnen worden, der nach kurzem Stehen beim Reiben krystallisierte. Nach viertägigem Stehen wurde die Krystallmasse mit 93proz. Alkohol verrieben, abgesaugt, mit wenig Alkohol gewaschen und getrocknet. Die schwach gelblich gefärbten Krystalle (0,38 g) zeigten annähernd die Drehung der d-Galaktose, enthielten aber mit Orcin + HCl nachweisbar noch geringe Mengen Pentosen. Nach erneutem Umkrystallisieren aus Alkohol wurden schneeweiße Krystalle pentosenfreier d-Galaktose von $[\alpha]_D = +80,4^0$ erhalten, die typisch die Schleimsäurereaktion gaben.

In einem anderen Falle wurde das alkoholische Filtrat des, wie oben beschrieben, aus dem Zuckersirup der Pektinsäurespaltung gewonnenen Arabinosebenzylphenylhydrazins zur Darstellung des entsprechenden Derivates der d-Galaktose verwendet. Die alkoholische Lösung wurde auf ein kleines Volumen eingeengt und mit dem mehrfachen Volumen Wasser versetzt. Aus einer sofort einsetzenden Trübung schied sich über Nacht ein gelber, krystallinischer Niederschlag ab. Er wurde nach dem Absaugen und Waschen mit 30proz. Alkohol aus gleichkonzentriertem Alkohol umkrystallisiert. Man erhielt auf diese Weise ein farbloses, pentosenfreies d-Galaktosebenzylphenylhydrazon vom Schmelzpunkt 157—158⁰ und von $[\alpha]_D = -15,8^0$ (F. EHRLICH und F. SCHUBERT [10]).

l-Xylose aus Pektinsäure des Flachses. Als Ausgangsmaterial diente z. B. der nach obigen Angaben aus 10 g hydrolysierter Pektinsäure erhaltene Zuckersirup (2,27 g), nachdem daraus die Galaktose krystallisiert abgeschieden war. Das alkoholische Filtrat der Galaktose wurde nochmals mit Tierkohle behandelt, klar filtriert und zum Sirup eingeengt. Es begann schon am nächsten Tage die Krystallisation von schönen wasserhellen Prismen, die nach 6 Tagen abgesaugt, mit Alkohol gewaschen und getrocknet wurden. Es ergaben sich auf diese Weise 0,62 g eines Zuckers, der zum größten Teil aus l-Xylose bestand. Durch nochmaliges Umlösen aus wenig Wasser erhielt man daraus einen wieder sehr bald krystallisierenden Sirup. Nach einigen Tagen wurde die feste weiße Krystallmasse mit Alkohol verrieben, abgesaugt, gewaschen und getrocknet. Es wurden so farblose Krystalle von l-Xylose mit einer Enddrehung von $[\alpha]_D^{20} = +19{,}7^0$ gewonnen.

Der Nachweis und die Abscheidung der l-Xylose kann auch in Form des *Xylonsäure-Bromcadmium-Salzes* vorgenommen werden. Zu diesem Zwecke läßt sich das in dem obigen Beispiele nach Abscheidung der Arabinose und Galaktose als Benzylphenylhydrazone aus dem Zuckersirup der hydrolysierten Pektinsäure erhaltene Filtrat verwenden. Es wird zunächst von dem überschüssigen Benzylphenylhydrazin und etwa noch in Lösung gehaltenen Hydrazonen durch Formaldehyd befreit und die geklärte Flüssigkeit wieder zum Sirup eingeengt. In einem Falle wurde dann z. B. 1,2 g eines solchen Sirups mit 3,5 g Wasser, 1,4 g Cadmiumcarbonat und 0,9 g Brom versetzt. Nach kurzem Erwärmen auf dem Wasserbade ließ man die Mischung unter häufigem Rühren stehen, kochte am nächsten Tage kurz auf, filtrierte heiß und wusch mit wenig Wasser nach. Nach vorsichtigem Verdunsten auf dem Wasserbade wurde der erhaltene Sirup mit dem gleichen Volumen absoluten Alkohols verrieben. Schon nach einigen Stunden schieden sich die gut ausgebildeten bootförmigen Krystalle des *Xylonsäure-Bromcadmium-Salzes* ab, das nach erneutem Umlösen aus Wasser und nach gleicher Behandlung mit Alkohol rein gewonnen wurde. Es zeigte in wäßriger Lösung $[\alpha]_D = +8{,}1^0$ (F. Ehrlich und F. Schubert [10]).

d-Galakturonsäure. 1. Aus Pektinsäure der Zuckerrübe. Bei 18stündiger Hydrolyse von 16 g Pektinsäure mit 2proz. Schwefelsäure war nach Entfernung der Schwefelsäure mit überschüssigem Bariumcarbonat, Entfärbung der Lösung mit Tierkohle, Filtrieren und Einengen im Vakuum auf ein kleines Volumen durch Fällung mit Alkohol 6,9 g eines gelb gefärbten Bariumsalzes abgeschieden worden. Zur Reinigung wurde es in wenig Wasser gelöst und durch überschüssigen Alkohol wieder ausgefällt. Das gewaschene und getrocknete Bariumsalz der Galakturonsäure (5,9 g) von der Formel $(C_6H_8O_7)_2Ba$ enthielt 26,9 % Ba und zeigte in wäßriger Lösung $[\alpha]_D^{20} = +32{,}6^0$. 5,5 g dieses Salzes wurden in 200 cm³ Wasser gelöst mit so viel verdünnter Schwefelsäure versetzt, daß nur geringe Mengen von Bariumionen noch in Lösung blieben. Das Filtrat vom Bariumsulfat ergab auf ein kleines Volumen im Vakuum eingeengt beim Eintragen in viel Alkohol eine Fällung, von der man abfiltrierte, um dann die alkoholische Lösung im Vakuum vollständig zum Sirup zu verdampfen. Beim Verreiben des Sirups mit 90proz. Alkohol ausgeschiedene Verunreinigungen wurden durch Filtrieren entfernt und das alkoholische Filtrat nach Klären mit Tierkohle wieder zum Sirup eingeengt. Aus diesem schieden sich nach mehrfachem Reiben feine nadelförmige Kryställchen aus. Nach 2 Tagen war der Sirup zu einer festen Krystallmasse erstarrt, die mit 90proz. Alkohol verrieben, abgesaugt, mit Alkohol und Äther gewaschen und im Vakuum über Schwefelsäure getrocknet wurde. Erhalten 1,1 g einer schon ziemlich reinen d-Galakturonsäure. Zur vollständigen Reinigung wurde sie in etwa 30 cm³ heißem 90proz. Alkohol auf dem Wasserbade gelöst und die abgekühlte Lösung mit Äther bis zur beginnenden Trübung versetzt. Von einer gelblich gefärbten flockigen Ausscheidung filtrierte man ab und versetzte die klare Lösung mit Äther im Überschuß. Nach mehrfachem Reiben begann bald die Krystallisation einer sehr reinen d-Galakturonsäure, die nach einigen Tagen abgesaugt, gewaschen und getrocknet wurde. Sie zeigte den Schmelzpunkt 159⁰ und die Enddrehung $[\alpha]_D = +54{,}2^0$. (F. Ehrlich und v. Sommerfeld [13]).

2. **Aus Pektinsäure des Flachses.** Aus 10 g Pektinsäure, die in 400 cm³ 2proz. Schwefelsäure 18 Stunden kochend hydrolysiert war, ergab die Aufarbeitung der mit Bariumcarbonat behandelten Lösung bei der Fällung mit Alkohol 4,2 g rohes Bariumgalakturonat. Daraus wurde durch mehrmaliges Umfällen mit Alkohol aus wäßriger Lösung ein farbloses Ba-Salz der d-Galakturonsäure mit einem Ba-Gehalt von 26,65 % und von $[\alpha]_D = +35{,}3$ erhalten. Die Zersetzung dieses Salzes mit Schwefelsäure in der oben angegebenen Weise lieferte schließlich einen Sirup, der wiederholt mit 96proz. Alkohol ausgekocht wurde.

Die alkoholischen Extrakte gaben beim Verdunsten einen sehr bald krystallisierenden Sirup, aus dem sich 0,18 g d-Galakturonsäure in Form von farblosen Krystallen abschied. Nochmals aus Wasser umkrystallisiert wurde schließlich reine d-Galakturonsäure von $[\alpha]_D^{20} = +52,7^0$ gewonnen (F. Ehrlich und F. Schubert [10]).

5. Tetragalakturonsäuren.

Die *Tetragalakturonsäure a* (Tetrasäure a, Tetra-anhydro-tetra-galakturonsäure) von der Formel $C_{24}H_{32}O_{24}$ oder $C_{20}H_{28}O_{16}(CO_2H)_4$ erhält man durch Spaltung des Hydratopektins, des Ca-Mg-Salzes der Pektinsäure oder der freien Pektinsäure mittels verdünnter Salzsäure bei Wasserbadwärme. Für die präparative Gewinnung größerer Mengen davon ist die Bereitung aus Hydratopektin direkt vorzuziehen.

Die *Tetragalakturonsäure c* (Tetrasäure c, Monohydrato-tetra-anhydro-tetragalakturonsäure) von der Formel $C_{24}H_{32}O_{24} \cdot H_2O$ oder $C_{20}H_{28}O_{16} (CO_2H)_4 \cdot H_2O$ wird ebenfalls durch Salzsäurespaltung aus galakturonsäurereichen Anteilen des Hydratopektins oder höher drehender Pektinsäure gewonnen. Sie entsteht auch aus Tetragalakturonsäure a, indem man diese in einem Überschuß von Natronlauge oder Ammoniak löst und aus diesen Lösungen mit Salzsäure fällt. Auch die aus dem Natriumsalz der Tetragalakturonsäure a regenerierte Säure ist stets die Tetragalakturonsäure c.

Die *Tetragalakturonsäure b* (Tetrasäure b, Tri-anhydro-tetra-galakturonsäure-mono-lacton) von der Formel $C_{24}H_{32}O_{24}$ oder $C_{20}H_{29}O_{16} \left(\begin{smallmatrix} CO \\ \cdot \\ O \end{smallmatrix} \right) (COOH)_3$ entsteht regelmäßig bei der Salzsäurespaltung des Hydratopektins und der Pektinsäure neben der a- oder c-Säure in wechselnden Mengen und läßt sich nach Abscheidung dieser Verbindungen aus den salzsauren Mutterlaugen durch Alkohol niederschlagen. Sie bedarf zur vollständigen Reinigung einer mehrfachen Umfällung. Leichter und in besseren Ausbeuten gewinnt man die Tetragalakturonsäure b in reiner Form durch Umwandlung der Tetrasäure a oder c, indem man diese längere Zeit mit Wasser oder verdünnten Säuren kocht, wobei Erhöhung des Druckes wesentlich beschleunigend wirkt.

α) *Tetragalakturonsäure a.*

1. Aus Hydratopektin der Zuckerrübe. 100 g lufttrocknes Hydratopektin (vgl. oben unter Hydratopektin β) werden in einem bedeckten Becherglase auf dem kochenden Wasserbade in 500 cm³ 5proz. Salzsäure unter Umrühren gelöst und die Lösung 8 Stunden auf etwa 80—85⁰ erhitzt. Aus der bräunlichen Flüssigkeit scheidet sich bereits nach $^1/_2$—1 Stunde ein dunkel gefärbter feinflockiger Niederschlag ab, der sich bald vermehrt und schließlich fast das ganze Volumen der Lösung breiartig erfüllt. Nach dem Abkühlen und Stehen über Nacht wird der Niederschlag auf große Saftfilter (von Schleicher & Schüll) gebracht. Das abfließende salzsaure, gelbbraun gefärbte, stark rechtsdrehende Filtrat kann später zur Darstellung der Tetragalakturonsäure b dienen (s. unten). Der auf dem Filter verbleibende, hellbraune, körnig-flockige Rückstand wird erst mit verdünnter Salzsäure und dann mit viel kaltem Wasser so lange gewaschen, bis der Ablauf Kongopapier nur noch schwach blau färbt und das Filtrat sich zu trüben beginnt. Nunmehr wird die ungelöst gebliebene Substanz vom Filter genommen, auf dem Wasserbade im Becherglase wiederholt mit Alkohol digeriert, zur Entfernung von Saponin und färbenden Verunreinigungen, schließlich abfiltriert und, in dünner Schicht ausgebreitet, an der Luft getrocknet. Es resultiert lufttrocken in Mengen von etwa 30 g ein Rohprodukt in Form eines hellgrauen Pulvers, das die Tetragalakturonsäure a schon stark angereichert (zu

80—85%) enthält und mit Vorteil für die präparative Darstellung der krystallisierten d-Galakturonsäure (s. unten) verwendet werden kann. Zur weiteren Reinigung wird die rohe Verbindung in etwa 2 l Wasser unter starkem Kochen gelöst und die Lösung möglichst heiß über einem Saftfilter in einem Heißwassertrichter von dunkel gefärbten, flockigen Ausscheidungen und harzigen Rückständen nach Zusatz von Kieselgur und etwas Tierkohle abfiltriert. Aus dem wasserklaren, nur noch schwach gelblich gefärbten Filtrat fällt nach dem Abkühlen auf Zusatz von etwa 50 cm³ konzentrierter Salzsäure die reine Substanz in Form eines weißen, feinkörnigen Niederschlages, der sich bald absetzt. Er wird abfiltriert, erst mit verdünnter Salzsäure, dann mit Wasser bis zur schwachen Kongoreaktion, darauf mit Alkohol bis zur vollständigen Entfernung der Cl-Ionen gewaschen und mehrmals in frischem Alkohol suspendiert. Die hierdurch stark geschrumpfte, kolloidale Substanz kann nunmehr leicht auf der Nutsche abgesaugt und mit Alkohol und Äther behandelt werden. Sie wird schließlich, am besten in einem Achatmörser, trocken verrieben und bei 105—110° getrocknet. Man gewinnt auf diese Weise 15—20 g wasserfreie *Tetragalakturonsäure a rein* in Form eines schneeweißen, fast aschefreien amorphen Pulvers. Falls dies erforderlich ist, kann man durch nochmaliges Lösen in kochendem Wasser, Fällen mit Salzsäure und gründliches Waschen mit Wasser, Alkohol und Äther, die Verbindung nach dem Trocknen vollkommen aschefrei erhalten. (F. Ehrlich und F. Schubert [12]).

   2. Aus Calciummagnesiumsalz der Pektinsäure von Apfelsinenschalen. Aus dem Albedo getrockneter Apfelsinenschalen war Hydratopektin (vgl. oben unter Hydratopektin γ) und hieraus Calciummagnesiumsalz der Pektinsäure hergestellt worden. 40 g dieses rohen lufttrockenen Salzes (mit 12,8 % Wassergehalt) lösten sich in 400 cm³ Wasser unter Erwärmen auf dem Wasserbade zu einer tiefdunkelbraunen, zähflüssigen Lösung. Nach Zugabe von 60 cm³ konzentrierter Salzsäure, so daß eine 5proz. salzsaure Lösung entstand, erhitzte man das Ganze 8 Stunden auf dem Wasserbade. Schon nach ungefähr 40 Minuten begann sich die Lösung zu trüben, und allmählich setzte sich ein gelblich gefärbter feinkörniger Niederschlag ab. Nach Stehen über Nacht wurde dieser abfiltriert, mit 150 cm³ 5proz. Salzsäure, dann bis zur Entfernung der Chlorionen mit Wasser und schließlich mit Alkohol gewaschen. Um ein möglichst farbloses Produkt zu erhalten, wurde die Substanz noch mehrmals mit Alkohol auf dem Wasserbade ausgekocht, schließlich mit Äther behandelt, im Mörser trocken verrieben und getrocknet. Ausbeute 9,6 g hellgelb gefärbte Tetragalakturonsäure a, entsprechend 27,5 % des trockenen Pektinats. Die Säure wurde zur vollständigen Reinigung noch einmal in 800 cm³ kochendem Wasser gelöst, die Lösung unter Zusatz von Kieselgur klar filtriert und die nunmehr fast farblose Flüssigkeit nach dem Erkalten mit Salzsäure im Überschuß versetzt. Die ausfallenden farblosen Flocken filtrierte man ab, behandelte sie, wie oben beschrieben, mit verdünnter Salzsäure, Wasser, Alkohol und Äther und trocknete sie bei 110°. Erhalten 6,2 g *Tetragalakturonsäure a* in Form eines reinweißen, fast aschefreien Pulvers (F. Ehrlich und A. Kosmahly [8]).
   3. Aus Pektinsäure der Zuckerrüben. 10 g normale Pektinsäure von $[\alpha]_D = +124,7°$, die aus Hydratopektin von Rübentrockenschnitzeln hergestellt war (vgl. oben unter Pektinsäure α), wurden in 300 cm³ 2proz. Salzsäure gelöst und die Lösung auf dem Wasserbade 8 Stunden erhitzt. Schon nach 1 Stunde begann die Abscheidung eines feinen hellbräunlichen Niederschlages, dessen Menge sich allmählich vermehrte. Nach Stehenlassen der abgekühlten Flüssigkeit über Nacht wurde der Niederschlag abfiltriert, auf dem Filter erst mit 2proz. Salzsäure, dann mit Wasser und Alkohol bis zum Verschwinden der Cl-Ionen gewaschen und mit Alkohol mehrmals ausgekocht. Der ungelöst verbliebene, schwach grau gefärbte, lufttrockene Rückstand löste sich in ¹/₂ l Wasser beim Kochen bis auf geringe Mengen dunkel gefärbter Flocken. Von diesen filtrierte man heiß nach Zusatz von Kieselgur ab und versetzte das klare, hellgelbe Filtrat nach starkem Abkühlen mit 30 cm³ konzentrierter Salzsäure. Die sich in feinen Flocken bald absetzende Verbindung wurde abfiltriert und in der üblichen Weise mit verdünnter Salzsäure, Alkohol und Äther behandelt, abgesaugt und nach dem Verreiben vollständig getrocknet. Ausbeute 3,3 g reine *Tetragalakturonsäure a* in Form eines schneeweißen, lockeren Pulvers (F. Ehrlich und F. Schubert [12]).

   Die *reine Tetragalakturonsäure a* zieht, wasserfrei gemacht, beim Stehen an der Luft ohne äußerliche Veränderung Wasser an. Je nach der Luftfeuchtigkeit beträgt ihr Wassergehalt nach 24 Stunden 7—8%, nach 3 Tagen gewöhnlich 12—15%. Die wasserhaltige Verbindung ist durch Erhitzen auf 110° oder im Vakuum über P_2O_5 bei 78° vollständig zu trocknen. Die lufttrockne Substanz gibt auch beim Stehen im Vakuum über H_2SO_4 bei Zimmertemperatur nach 8—10 Tagen ihr gesamtes aus der Luft angezogenes Wasser wieder ab.

Die reine Verbindung löst sich in kaltem Wasser nur schwer und in geringer Menge, von heißem Wasser wird sie beträchtlich leichter aufgenommen. Beim Abkühlen der heißen gesättigten, wäßrigen Lösungen scheidet sie sich als milchige Emulsion in Form sehr feiner kolloidaler Flöckchen ab, die nur sehr schwer filtrierbar sind. Durch mehrfache Behandlung mit reiner Kieselgur gelingt es, daraus wasserklare Lösungen der Substanz zu erhalten. Durch sehr langes Schütteln der festen Substanz mit kaltem Wasser und Klären durch Kieselgur ergeben sich ebenfalls kaltgesättigte wäßrige Lösungen, die bei 20° in 100 cm³ 0,63 g der ursprünglichen trocknen Verbindung enthalten. In kochendem Wasser bis zur Sättigung gelöst, bildet die Tetrasäure a etwa 3,15proz. Lösungen. In allen anderen üblichen Lösungsmitteln ist sie sonst unlöslich.

Die Substanz zeigt deutlich den Charakter einer Säure etwa von der Stärke der Milchsäure. Ihre wäßrigen Lösungen färben Lackmus rot und bläuen Kongo. In 0,02 n Lösung ist ihr $p_H = 2,9$. Die feste Verbindung ist direkt mit Alkalilaugen gegen Phenolphthalein titrierbar. Sie löst sich schon in der Kälte leicht in n/10 Lauge mit anfangs gelber Farbe, die dann langsam nach einiger Zeit verschwindet. 1 g der trockenen Substanz verbraucht gegen Phenolphthalein bis zur Neutralisation direkt 52,5—54,0 cm³ n/10 NaOH. Beim Stehenlassen mit überschüssigem Alkali und Zurücktitrieren mit Säure stellt sich der Gesamtverbrauch an Alkali auf 1 g Substanz berechnet auf etwa 56,8 cm³ n/10 NaOH genau entsprechend dem Äquivalent von 4 freien Carboxylen der Formel $C_{20}H_{28}O_{16}(COOH)_4$.

Zur Bestimmung der spezifischen Drehung wird die Verbindung zweckmäßig in Mengen von etwa 0,25 g in 10 cm³ n/10-NaOH gelöst und die Lösung im 2-dm-Rohr polarisiert. In schwach saurer und schwach alkalischer Lösung bei einer Konzentration von 1,3—2,7 % zeigt die reine Tetrasäure a eine Drehung von durchschnittlich $[\alpha]_D^{20} + = 275°$.

Heißgesättigte, wäßrige Lösungen der Tetragalakturonsäure a bilden beim Abkühlen zumeist übersättigte Lösungen, aus denen sich die Substanz nur langsam emulsionsartig in sehr fein verteilter, unfiltrierbarer From abscheidet. Auf Zusatz von wenig Salzsäure zu den wäßrigen Lösungen entsteht zunächst ebenfalls eine weiße, undurchsichtige, kolloidale Trübung, aus der sich aber, besonders nach Zufügung von mehr Salzsäure, die Substanz sehr bald in Gestalt von farblosen, sich gut absetzenden und leicht filtrierbaren Flocken vollständig niederschlägt. Andere Mineralsäuren, auch Phosphorsäure, bewirken eine ähnliche Fällung. Auf Zusatz von Essigsäure bleiben die wäßrigen Lösungen dagegen klar. Die Abscheidung der Substanz unter diesen Umständen ist wesentlich bedingt durch die H-Ionenkonzentration der Lösungen. Der Ausflockungspunkt der Tetrasäure a liegt etwa bei $p_H = 1,4$. Mononatriumphosphat wirkt noch ausflockend, Dinatriumphosphat nicht. Mit Kochsalz tritt in den wäßrigen Lösungen der Substanz ebenfalls Flockenabscheidung ein, wohl infolge eines Aussalzungsvorganges.

In verdünnter Natron- und Kalilauge, sowie in Ammoniak, löst sich die Tetrasäure a leicht in Form der entsprechenden wasserlöslichen Salze. Aus diesen Lösungen wird durch Salzsäure nicht mehr die ursprüngliche Verbindung, sondern die Tetragalakturonsäure c gefällt, die sich entsprechend der Formel $C_{24}H_{32}O_{24} \cdot H_2O$ von der a-Säure durch einen Mehrgehalt von 1 Mol. H_2O unterscheidet, sich sonst aber dieser sehr ähnlich verhält. Versetzt man wäßrige Lösungen der Tetrasäure a mit überschüssiger Natronlauge, so färben sie sich sofort intensiv zitronen- bis orangegelb, bleiben aber zunächst klar. Nach einigen Sekunden tritt dann plötzlich eine Trübung ein, die schnell durch die ganze Flüssigkeit fortschreitet, und es scheidet sich schließlich das in Natronlauge schwerlösliche Natriumsalz der Säure als feinkörniger Niederschlag ab, während die gelbe Farbe langsam blasser wird und nach einiger Zeit ganz verschwindet. Beim Ansäuern der alkalischen Lösungen mit starker Salzsäure fällt dann wieder Tetrasäure c.

Zur Darstellung des Natriumsalzes der Tetragalakturonsäure a wird diese in verdünnter Natronlauge in geringem Überschuß gelöst und die klare, schwach alkalische Lösung nach Stehen über Nacht in die fünffache Menge Alkohol tropfenweise eingetragen. Der ausgefallene farblose, gallertartige Niederschlag wird nach dem Abfiltrieren wiederholt in frischem Alkohol suspendiert, schließlich abgesaugt, mit Alkohol und Äther gewaschen, trocken verrieben und schließlich bei 105° völlig getrocknet. Das Na-Salz der Tetragalakturonsäure a hat die Zusammensetzung $C_{20}H_{28}O_{16}(CO_2Na)_4 \cdot H_2O$ und ist mit dem Na-Salz der Tetragalakturonsäure c identisch. Es löst sich in Wasser nach dem Aufquellen sehr leicht schon in der Kälte zu einer klaren farblosen Lösung, die neutral reagiert. Im Vakuum bei 78° über P_2O_5 getrocknet enthält es 11,36 % Na und zeigt in wäßriger Lösung $[\alpha]_D^{20} = +246^\circ$.

Beim Erwärmen von Tetragalakturonsäure a mit verdünnter Natronlauge findet schon in einigen Stunden unter starkem Mehrverbrauch von Alkali ein vollständiger Abbau der Verbindung zu optisch inaktiven, nicht reduzierenden Produkten statt. 1 g a-Säure wird schon durch Erhitzen mit 100 cm³ 2proz. Natronlauge auf dem Wasserbad innerhalb von 6—7 Stunden total zersetzt, wobei eine tiefdunkelbraun gefärbte Lösung entsteht. Außer den zur direkten Neutralisation erforderlichen 56,8 cm³ n/10 NaOH verbraucht 1 g Tetrasäure a dabei noch 85 cm³ n/10 NaOH.

Auf Zusatz von Kalk- oder Barytwasser zu den kalt übersättigten, wäßrigen Lösungen der Tetrasäure a fallen die unlöslichen Calcium- und Bariumsalze aus in Form von farblosen, glasklaren, steifen Gallerten, die äußerlich an die Konsistenz der Obstgelees erinnern. Im Gegensatz zur Pektinsäure gibt die in Wasser gelöste Tetragalakturonsäure a auch mit Lösungen von Calcium-, Strontium- und Bariumchlorid farblose, gallertartige, flockige Niederschläge, während Magnesiumsalze ebenfalls nicht fällend wirken. Wasserunlöslich sind ferner die Zink-, Aluminium- und Manganosalze der Tetrasäure a, die sich beim Vermischen der betreffenden Lösungen als weiße flockige Niederschläge ausscheiden. Als schleimig flockiges Gel fällt das gelbliche Eisensalz (mit Ferrichlorid), das grünliche Nickelsalz, das hellblaue Kupfersalz und das farblose Zinnsalz. Mit Bleizucker und Bleiessig entstehen dicke, durchsichtige Gallerten, mit Uranylacetat hellgelbe Schleimabscheidungen. Eisensol erzeugt eine starke Kolloidfällung. Dagegen geben Sublimat- und Gerbsäurelösungen keinen Niederschlag.

Versetzt man wäßrige Lösungen der reinen Tetrasäure a mit viel Alkohol, so bleiben sie vollkommen klar, und es bildet sich keine Fällung. Wird aber ein Elektrolyt, etwa in Form weniger Tropfen Salzsäure oder von Kochsalzlösung, hinzugefügt, so verwandelt sich die ganze Flüssigkeit sofort in eine wasserklare, sehr feste Gallerte.

Ammoniakalische Silberlösung wird von Tetrasäure a in der Wärme schwach reduziert unter Ausscheidung von dunkelgrau gefärbtem Silber. Fehlingsche Lösung wird kochend nur in Spuren reduziert. Auf 1 g der neutralisierten Tetrasäure a berechnet, werden bei 2 Minuten langem Kochen etwa 5 cm³ der üblichen Fehlingschen Lösung vollständig reduziert.

Beim Kochen mit Salzsäure spaltet die Tetragalakturonsäure a Furfurol ab. Nach Tollens mit Salzsäure destilliert liefert die reine Substanz etwa 42,5 % Furfurol-Phloroglucid.

Nach der Methode von Tollens-Lefèvre 8—10 Stunden mit 12proz. Salzsäure erhitzt, spaltet die reine trockene Substanz 25,0 % CO_2 ab entsprechend der Gleichung $C_{20}H_{28}O_{16}(CO_2H)_4 = 4\,C_5H_4O_2 + 4\,CO_2 + 8\,H_2O$.

Die Tetragalakturonsäure a gibt nach Kochen mit verdünnter Salzsäure sehr stark die Pentosen-Reaktionen mit Orcin, Resorcin und Phloroglucin und die Naphthoresorcinreaktion auf Uronsäuren.

Durch langes Erhitzen mit starker Salpetersäure geht die Tetrasäure a in Schleimsäure über. Dieselbe Verbindung bildet sich auch, wenn man Tetrasäure a mit Brom und Salzsäure längere Zeit auf dem Wasserbade erwärmt.

β) Tetragalakturonsäure c.

1. Aus technischem Citruspektin. Als Ausgangsmaterial diente ein pulverförmiges „Citruspektin", das aus Preßrückständen von Orangen (Citrus) durch Auskochen mit Lösungen organischer Säuren und Alkoholfällung technisch gewonnen und von der California Fruit Growers Exchange in Ontario (Californien) bezogen war. Es enthielt ähnlich wie das Lemonpektin (vgl. Tabelle 3) eine sehr stark drehende Pektinsäure mit hohem Galakturonsäure- und Methoxylgehalt. 100 g Citruspektin wurden in einem weithalsigen Rundkolben im Wasserbade mit 750 cm³ 5proz. Salzsäure gut verrührt 4 Stunden lang auf etwa 85—90⁰ C erhitzt. Die ausgefallene Tetragalakturonsäure c wurde nach dem Abkühlen der Mischung abfiltriert und in der üblichen Weise mit verdünnter Salzsäure, Wasser, Alkohol und Äther behandelt. Durch Lösen des Rohprodukts (ca. 60 g) in kochendem Wasser und Klären der Lösung mit Kieselgur und Kohle wird durch erneutes Fällen des klaren Filtrats mit Salzsäure, Abfiltrieren des farblosen Niederschlages, Auswaschen und Trocknen *reine Tetragalakturonsäure c* ungefähr in einer Ausbeute von 35 g gewonnen.

2. Aus Pektinsäure der Zuckerrübe. Aus den beim Kochen von Zuckerrübentrockenschnitzeln mit Wasser zuerst in Lösung gehenden Anteilen von Hydratopektin war eine höher drehende Pektinsäure von $[\alpha]_D = +175{,}8^0$ isoliert worden. 10 g dieser Pektinsäure wurden in 300 cm³ 2proz. Salzsäure gelöst und die Lösung auf dem Wasserbade 8 Stunden erhitzt. Der ausgeschiedene Niederschlag wurde ähnlich, wie früher bei der Tetrasäure a beschrieben ist, mit Salzsäure, Wasser, Alkohol und Äther kalt gewaschen, aus wäßriger Lösung mit Salzsäure nochmals umgefällt und ebenso behandelt. Nach dem Trocknen bei 110⁰ ergaben sich 2 g reine Tetragalakturonsäure c in Form eines aschefreien, schneeweißen amorphen Pulvers.

3. Aus Tetragalakturonsäure a. 8 g reine trockene Tetragalakturonsäure a wurden in einer Lösung von 2 g Natriumhydroxyd in 100 cm³ Wasser gelöst. Nach Stehen über Nacht wurde die anfänglich stark gelbe, dann farblose, klare, noch deutlich alkalische Flüssigkeit mit überschüssiger Salzsäure versetzt und der abgeschiedene, farblose, schleimigflockige Niederschlag in üblicher Weise mit Salzsäure, Wasser, Alkohol und Äther gewaschen und getrocknet. Ausbeute 6,5 g Tetragalakturonsäure c in Form eines schneeweißen, aschefreien Pulvers.

Aus dem Natrium- und Ammoniaksalz der Tetrasäure a läßt sich durch Fällen mit Salzsäure die Tetrasäure c ebenso bereiten.

Die *Tetragalakturonsäure c* von der Formel $C_{20}H_{28}O_{16}(CO_2H)_4 \cdot H_2O$ verhält sich in vieler Hinsicht der a-Säure sehr ähnlich. Bei 110⁰ oder bei 78⁰ im Vakuum über P_2O_5 vollkommen getrocknet zieht sie nach einiger Zeit ebenso wie Tetrasäure a aus der Luft 12—15 % Wasser an. Die völlig getrocknete Substanz verliert bei 100⁰ im Vakuum kein Wasser mehr.

Die Tetragalakturonsäure c besitzt im wesentlichen dieselben chemischen Eigenschaften und gibt dieselben Reaktionen wie die Tetragalakturonsäure a, unterscheidet sich aber von dieser in ihrem physikalischen Verhalten, besonders in ihrem Kolloidcharakter, in mancher Hinsicht recht merkbar. Eine bei 20⁰ gesättigte wäßrige Lösung der c-Säure ist 0,35proz., also nur halb so konzentriert wie die der a-Säure. In kochendem Wasser löst sich die Tetrasäure c nur bis zu einer 0,87proz. Lösung, besitzt also in Wasser von 100⁰ nur etwa den vierten Teil der Löslichkeit der a-Säure. Ihr Ausflockungspunkt liegt etwa bei $p_H = 2{,}3$, sie ist also aus ihren wäßrigen Lösungen schon durch geringeren Säurezusatz ausfällbar als die a-Säure. Sie scheidet sich dabei nicht wie die a-Säure in schnell sich zusammenballenden Flocken ab, sondern zumeist in Form von trüben, durchscheinenden, schleimartigen Gallerten, die nur langsam sich absetzen und bei der Filtration und Reinigung der Substanz häufig große Schwierigkeiten bieten, besonders wenn noch andere verunreinigende Fremdkörper zugegen sind. Im übrigen geben die Lösungen der Tetrasäure c dieselben Fällungsreaktionen wie der a-Säure mit Lösungen von Erdalkalihydroxyden und -salzen, sowie mit anderen Metallsalzen. Aber auch hier zeigt sich, daß die ausfallenden Metallgele von mehr schleimig-gallertartiger Konsistenz sind. Die heiß bereiteten wäßrigen Lösungen der c-Säure zeigen die gleichen Übersättigungserscheinungen wie die der a-Säure, durch Alkohol fällt daraus die Verbindung als Gallerte, ebenfalls nur bei Gegenwart eines Elektrolyten.

Ammoniakalische Silberlösung wird heiß nur schwach reduziert unter Abscheidung von grauem kolloidalem Silber. Fehlingsche Lösung reduziert die Tetrasäure c ebenso wie die a-Säure nur in Spuren. Von 1 g neutralisierter Substanz werden nur 5 cm³ Fehlingsche Lösung heiß entkupfert.

1 g Tetrasäure c verbraucht zur Neutralisation gegen Phenolphthalein direkt 55,4 cm³ n/10 NaOH entsprechend einem Äquivalent von 4 freien Carboxylgruppen. In 0,02 n Lösung der c-Säure ist $p_H = 2{,}85$.

In n/10 NaOH zu einer schwach sauren oder schwach alkalischen Lösung gelöst zeigt die Tetrasäure c in Konzentrationen von 1—3 % eine spezifische Drehung von $[\alpha]_D^{20} = +285^0$ bis $+290^0$.

Von der a-Säure unterscheidet sich die Tetrasäure c sehr charakteristisch in ihrem Verhalten zu Laugen. Gibt man zu wäßrigen Lösungen der reinen c-Säure überschüssige Natron- oder Kalilauge, so tritt nur eine schwache Gelbfärbung auf, die sehr schnell, meist spätestens in einer Minute, vollkommen verschwindet, worauf dann eine Trübung der farblosen Lösung und Ausscheidung des Natriumsalzes stattfindet.

Das Natriumsalz der c-Säure wird durch Lösen der Säure in überschüssiger verdünnter Natronlauge und Fällen mit Alkohol hergestellt. Es hat denselben Na-Gehalt und dieselbe Drehung wie das der a-Säure und ist mit dem Na-Salz der a-Säure von der Formel $C_{24}H_{28}O_{24}Na \cdot H_2O$ identisch (F. Ehrlich und F. Schubert [12]).

γ) *Tetragalakturonsäure b.*

1. Aus Hydratopektin der Zuckerrübe. Nach dem oben beschriebenen Verfahren (s. unter Tetragalakturonsäure a Nr. 1) waren aus 100 g Hydratopektin nach 5stündigem Erhitzen in 500 cm³ 5proz. Salzsäure auf dem Wasserbade etwa 30 g rohe Tetragalakturonsäure abgeschieden worden. Die gesammelten salzsauren Filtrate dieser Verbindung wurden im Vakuum bei 50⁰ auf etwa 200 cm³ eingeengt. Die erhaltene Flüssigkeit erhitzte man im bedeckten Becherglase noch etwa 2 Stunden auf dem Wasserbad und ließ sie dann gut abgekühlt über Nacht stehen, wobei noch etwas a-Säure ausfiel. Von dieser wurde abfiltriert und das Filtrat mit dem etwa 6fachen Volumen Alkohol versetzt. Den ausgefallenen schwach bräunlich gefärbten, flockigen Niederschlag filtrierte man auf Saftfiltern ab, wusch ihn mehrmals mit salzsäurehaltigem Alkohol, suspendierte ihn wiederholt in frischem Alkohol, saugte dann den erst schleimigen, dann körniger werdenden Niederschlag auf der Nutsche ab, reinigte ihn gründlich mit Alkohol und Äther und trocknete an der Luft. Es ergaben sich auf diese Weise etwa 17 g rohe, schwach gelblich gefärbte Tetragalakturonsäure b, die noch stark aschehaltig war. Zur weiteren Reinigung wurde dieses Rohprodukt in 500 cm³ Wasser gelöst und die Flüssigkeit mit einer wäßrigen Lösung von 1 g Oxalsäure versetzt. Nach dem Absitzenlassen filtrierte man das ausgefallene Calciumoxalat über Kieselgur ab und ließ das klare, mit Salzsäure versetzte Filtrat in 2 l Alkohol eintropfen. Der nur noch wenig gefärbte Niederschlag wurde wieder gründlich mit HCl-haltigem und reinem Alkohol, schließlich mit Äther gewaschen, lufttrocken verrieben und bei 110° getrocknet. Durch nochmaliges Lösen in Wasser und Fällen mit Alkohol und Salzsäure bei gleicher Nachbehandlung kann man schließlich 8—10 g reine Tetragalakturonsäure b als farbloses, fast aschefreies Pulver erhalten.

   2. *Aus dem Calcium-Magnesium-Salz der Pektinsäure von Apfelsinenschalen.* Aus 40 g rohem Ca-Mg-Salz von Pektinsäure aus Apfelsinenschalen hatten sich beim Erhitzen in 5proz. salzsaurer Lösung auf dem Wasserbade ein Rohprodukt von 9,6 g Tetragalakturonsäure a abgeschieden (vgl. oben unter Tetragalakturonsäure a Nr. 2). Das salzsaure Filtrat dieser a-Säure wurde samt den ersten Anteilen der Waschwässer im Vakuum bei 40—50° auf 200 cm³ eingeengt und mit 1 l Alkohol versetzt. Der ausgefallene flockige Niederschlag wurde in der üblichen Weise mit Alkohol und Äther behandelt und getrocknet. Das noch aschehaltige Rohprodukt löste man in wenig Wasser, versetzte es mit etwas Salzsäure, trug die Lösung in das fünffache Volumen Alkohol ein und behandelte die ausgeschiedene b-Säure wie oben. Es wurden in diesem Falle 1,2 g reinweiße Tetragalakturonsäure b von minimalem Aschegehalt gewonnen.

   3. *Aus Pektinsäure der Zuckerrübe.* Aus 10 g Pektinsäure von $[\alpha]_D = +175{,}8°$ hatten sich nach achtstündiger Spaltung mit 300 cm³ 2proz. Salzsäure bei Wasserbadwärme 2 g Tetragalakturonsäure c ergeben (vgl. oben unter Tetragalakturonsäure c Nr. 2). Die gesammelten salzsauren Filtrate dieser Verbindung wurden im Vakuum bei 40° auf etwa 100 cm³ eingeengt. Die bei längerem Stehen noch etwas c-Säure ausscheidende, trübe, dunkel gefärbte Flüssigkeit wird durch Filtrieren über Kieselgur geklärt und in die fünffache Menge Alkohol eingetragen. Den ausgefallenen, schwach hellgelben Niederschlag von Tetrasäure b behandelte man, wie oben mehrfach angegeben, mit HCl-haltigem und reinem Alkohol und schließlich mit Äther. Ausbeute 3 g *Tetragalakturonsäure b* in Form eines nur wenig Asche enthaltenden, schwach gelblich gefärbten Pulvers.

   4. *Aus Tetragalakturonsäure a.* 2 g trockene Tetragalakturonsäure a wurden in einem Rundkolben in 200 cm³ Wasser suspendiert und das Gemisch am Rückflußkühler auf dem Baboblech gekocht, wobei die Säure bald in Lösung ging. Nach fünfstündigem Kochen färbte sich die Flüssigkeit gelblich und gab beim Abkühlen nur noch eine schwache Trübung. Die wäßrige Lösung wurde nunmehr vollständig im Vakuum verdampft. Es hinterblieb eine gelbbräunliche feste Masse, die mit Alkohol ausgekocht wurde. Den alkoholunlöslichen Rückstand verteilte man nach dem Trocknen einige Zeit in 100 cm³ 10proz. Salzsäure, wobei sich ein beträchtlicher Teil löste. Die von der unveränderten a-Säure (0,4 g) abfiltrierte salzsaure Flüssigkeit ergab mit viel Alkohol versetzt einen schleimigflockigen Niederschlag, der nach vollständigem Auswaschen der Salzsäure mit Alkohol und Äther und Trocknen etwa 1 g fast reine *Tetragalakturonsäure b* lieferte.

   Die Überführung der a-Säure in die b-Säure gelingt noch leichter durch Erhitzen mit Wasser unter Druck. Es wurden z. B. 5 g Tetragalakturonsäure a in 500 cm³ Wasser suspendiert und in einem Porzellanbecher im Autoklaven auf 2 Atm. Überdruck (125°) 30 Minuten erhitzt. Aus der schwach hellgelben Lösung war durch Verdampfen im Vakuum auf ein kleines Volumen nach Zusatz von Salzsäure noch unangegriffene Tetrasäure a (1 g) abzuscheiden. Das salzsaure Filtrat ergab, in die fünffache Menge Alkohol eingetropft, einen starken, flockigen Niederschlag, der durch Waschen und Trocknen in üblicher Weise in 2,35 g schneeweiße, aschefreie *Tetragalakturonsäure b* zu verwandeln war.

   5. *Aus Tetragalakturonsäure c.* 5 g Tetrasäure c wurden in 400 cm³ Wasser im Autoklaven ¹/₂ Stunde auf 2 Atm. Überdruck (125°) erhitzt. Die abgekühlte, stark getrübte Flüssigkeit gab, auf 50 cm³ im Vakuum eingeengt und mit Salzsäure im Überschuß versetzt, einen Niederschlag von unveränderter c-Säure, von dem nach Stehen über Nacht abfiltriert wurde. Aus dem klaren, farblosen Filtrat ließ sich durch Alkoholfällung nach üblicher Aufarbeitung und Trocknung 1,5 g *Tetragalakturonsäure b* als schneeweißes Pulver gewinnen.

   Die reine *Tetragalakturonsäure b* quillt beim Benetzen mit Wasser zunächst auf und löst sich dann darin im Gegensatz zu den anderen Tetrasäuren schon in der Kälte in beträchtlicher Menge. Auf Zusatz von Salzsäure bleibt diese Lösung klar. Durch Alkohol im Überschuß kann daraus die Verbindung in Form von feinen, schleimigen, schwer filtrierbaren Flocken gefällt werden, die bei längerer Aufbewahrung unter konzentriertem Alkohol mehr körnige Struktur annehmen und dann besser aus der Flüssigkeit abzuscheiden sind. Aus reiner wäßriger Lösung ist die Substanz direkt mit Alkohol nicht fällbar, erst auf Zusatz eines Elektrolyten, am besten Salzsäure, erfolgt vollkommene Ausflockung.

Die vollständig getrocknete Tetrasäure b zieht ebenso wie die anderen Tetrasäuren an der Luft je nach dem Feuchtigkeitsgrade der Atmosphäre zwischen 12—15% H_2O wechselnde Mengen Wasser an, das bei 105—110° oder besser im Vakuum bei 78° vollkommen wegzutrocknen ist. Die Stärke der Tetrasäure b ist ungefähr die gleiche wie die der a- und c-Säure, ihre 0,02 n Lösung in Wasser zeigt $p_H = 2,8$.

Entsprechend der Formel der Tetragalakturonsäure b

$$C_{20}H_{29}O_{16}\left(\begin{smallmatrix}\diagdown CO\\ \cdot\\ \diagup O\end{smallmatrix}\right)(COOH)_3,$$

die drei freie Carboxyle und ein Carboxyl in Lactonform aufweist, verbraucht 1 g der reinen Verbindung gegen Phenolphthalein titriert direkt zur Neutralisation etwa 43 cm³ n/10 NaOH. Nach Verseifung mit überschüssiger Lauge und Rücktitration mit Säure berechnet sich dagegen der Gesamtverbrauch an Alkali für 1 g Tetrasäure b auf 56,8 cm³ n/10 NaOH.

In 2—3proz. wäßriger Lösung zeigt die reine Tetrasäure *b* eine spezifische Drehung von durchschnittlich $[\alpha]_D^{20} = + 250°$.

Die Alkalisalze der Tetrasäure b sind leicht in Wasser löslich. Auf Zusatz von überschüssiger Natronlauge zu einer wäßrigen Säurelösung färbt sich diese sofort gelb, trübt sich aber erst nach langem Stehen unter Ausscheidung des in Lauge schwerlöslichen Natriumsalzes, wobei die Färbung der Lösung sehr langsam verschwindet. Der entstandene Niederschlag löst sich, im Gegensatz zu den anderen Tetrasäuren, in Salzsäure vollständig. Das durch Neutralisation der Säure mit Natronlauge und Alkoholfällung herstellbare Natriumsalz der Tetragalakturonsäure b hat dieselbe Bruttoformel $C_{24}H_{28}O_{24}Na_4 \cdot H_2O$ wie das der a- und c-Säure und ähnliche Löslichkeitsverhältnisse, zeigt aber ein niedrigeres Drehungsvermögen von $[\alpha]_D^{20} = + 217,7°$.

Mit Kalk und Barytwasser tritt in wäßrigen Lösungen der Tetrasäure b Gelbfärbung, Trübung und flockige Ausscheidung der entsprechenden Salze auf. Aus wäßrigen Lösungen der freien Tetrasäure b fällen Erdalkalisalze die Verbindung nur unvollkommen, wobei die Schwerlöslichkeit der entstandenen Salze vom Calcium zum Barium ansteigt. Vollständig wird die Ausfällung erst aus neutralen Lösungen oder auf Zusatz eines Überschusses von Ammoniak. Im Gegensatz zur a- und c-Säure scheiden sich die Erdalkalisalze der b-Säure nicht in Gallertform, sondern als schleimigflockige Niederschläge ab. Im übrigen wirken alle Metallsalzlösungen, die die anderen Tetrasäuren aus ihren Lösungen niederschlagen, auch fällend auf die Lösungen der Tetrasäure b mit demselben Unterschiede, daß in letzterem Falle immer nur körnige oder fein verteilte, schleimige Ausflockungen entstehen.

Im Gegensatz zur a- und c-Säure reduziert die Tetrasäure b in der Hitze kräftig ammoniakalische Silberlösung. Auch Reduktion von Fehlingscher Lösung ist deutlich wahrzunehmen. In 1proz. neutralisierter Lösung reduziert 1 g Tetrasäure b beim Kochen in 2 Minuten etwa 20 cm³ Fehlingsche Lösung vollständig. Durch Titration mit Hypojodit nach Willstätter und Schudel (25) läßt sich in der Tetragalakturonsäure b eine ungebundene freie Aldehydgruppe nachweisen, in der a- und c-Säure dagegen nicht.

Entsprechend ihrer Zusammensetzung aus Molekülen der Galakturonsäure gibt auch die Tetrasäure b alle Reaktionen auf Pentosen, sowie die Schleimsäurereaktion und wird beim Erhitzen mit Salzsäure in Furfurol und Kohlendioxyd gespalten.

Mit Salzsäure und Brom unter Rückfluß auf dem Wasserbade 80 Stunden erwärmt, liefert die Tetrasäure b 68% der Theorie an Schleimsäure neben Oxalsäure. Wie die anderen Tetrasäuren wird sie durch 7stündiges Erhitzen mit 2proz. Natronlauge auf 80° vollständig zu nichtreduzierenden Verbindungen abgebaut, wobei 1 g der neutralisierten Säure einen Mehrverbrauch an Alkali von 78 cm³ n/10 NaOH zeigt (F. EHRLICH und F. SCHUBERT [12]).

δ) *d-Galakturonsäure.*

Die monomolekulare *d-Galakturonsäure* entsteht neben anderen Spalt- oder Zersetzungsprodukten bei weitgehender Hydrolyse von *Hydratopektin, Pektinsäure* (vgl. oben) und von *allen drei Tetragalakturonsäuren.*

Als ergiebigstes Ausgangsmaterial für die Darstellung größerer Mengen krystallisierter d-Galakturonsäure hat sich die am leichtesten zugängliche *Tetragalakturonsäure a* oder *c* erwiesen, die man am besten durch kurzes Erhitzen mit 1 proz. Schwefelsäure unter hohem Druck spaltet. Es ist dabei nicht nötig, die Tetrasäuren zuvor durch Umfällen vollständig zu reinigen, sondern man kann direkt von dem Rohprodukt ausgehen, das man zunächst erhält, wenn man Hydratopektin mit 5 proz. Salzsäure gespalten, dann die unlöslich abgeschiedene Verbindung abfiltriert, mit Wasser gewaschen, mit Alkohol ausgekocht und an der Luft getrocknet hat (vgl. oben unter Tetragalakturonsäure a und c).

Folgendes *Verfahren zur Gewinnung von krystallisierter d-Galakturonsäure ausgehend von der Tetragalakturonsäure a* oder *c* aus dem Pektin der Zuckerrübe, der Apfelsinenschalen, der Äpfel und von Citrusfrüchten hat sich bisher am besten bewährt:

30 g lufttrockne rohe Tetragalakturonsäure a oder c werden in einem Porzellanbecher in 500 cm³ 1 proz. Schwefelsäure suspendiert, im Autoklaven mit einem starken Gasbrenner schnell etwa innerhalb 10 Minuten auf 4—4$^1/_2$ Atm. Überdruck (entsprechend einer Außentemperatur des Autoklaven von 145—150°) erhitzt, dann genau 15—20 Minuten auf diesem Druck gehalten und schließlich abgekühlt. Die entstandene gelbbraune, stark nach Furfurol und Benzaldehyd ähnlich riechende Lösung reduziert meist schon in der Kälte, sehr kräftig beim Kochen FEHLINGsche Lösung, enthält keine mit Salzsäure oder Alkohol fällbare Tetrasäuren mehr und zeigt eine schwache Rechtsdrehung, die, auf ursprüngliche Substanz bezogen, etwa $[\alpha]_D = + 32°$ bis $+ 37°$ entspricht. Sie wird zur Ausfällung der Schwefelsäure mit einer Auflösung von 16,0 g $Ba(OH)_2 + 8 H_2O$ (d. h. einem kleinen Überschuß über die berechnete Menge) in 400 cm³ kochendem Wasser versetzt, nach kurzem Erwärmen aus dem Wasserbade von dem abgesetzten Bariumsulfat abfiltriert und mit Kohle behandelt. Das hellgelbe Filtrat verdampft man im Vakuum bei 40° vollständig und zieht den bräunlichen, sirupösen Rückstand mehrmals mit warmem 96 proz. Alkohol aus, wobei eine geringe Menge Bariumgalakturonat ungelöst bleibt. Die über Kohle blank filtrierte, fast farblose, alkoholische Lösung wird im Vakuum zwischen 30—40° und dann im Schälchen auf dem Wasserbade vorsichtig zu einem gelbbräunlichen Sirup eingeengt, der gewöhnlich schon nach einigem Stehen bei Zimmertemperatur beim Reiben spontan zu krystallisieren beginnt. Er erstarrt meist in 2—3 Tagen zu einer festen Krystallmasse feiner Nädelchen, die am besten mit wenig 80 proz. Alkohol gut verrieben, abgesaugt, mit 80 und 96 proz. Alkohol und Äther nachgewaschen, erst an der Luft und dann im Vakuum über Schwefelsäure getrocknet werden. Durch Eindampfen und weitere Verarbeitung der Mutterlaugen kann man noch eine kleine Menge der Substanz abscheiden. Auf diese Weise gelingt es, durchschnittlich 10,4 g, d. h. etwa 35 % der theoretischen Ausbeute an *d-Galakturonsäure* zu gewinnen. Sie wird hierbei meist in Form der α-Verbindung $C_6H_{10}O_7 \cdot H_2O$, mitunter auch als β-Verbindung $C_6H_{10}O_7$ erhalten.

Zur vollständigen Reinigung kann man die Substanz aus wenig 90 proz. Alkohol unter Klärung mit Tierkohle umkrystallisieren. Um gleichzeitig die α-Form mit den Werten der maximalen Drehung zu erhalten, kann man so verfahren, daß man die Krystalle noch einmal in wenig Wasser löst, die Lösung über Kohle und Kieselgur klar filtriert, etwa 20 Minuten auf dem Wasserbad erwärmt und dann vorsichtig zum dünnflüssigen Sirup verdunsten läßt. Der schließlich nach dem Anreiben erhaltene Krystallbrei wird wieder mit 80 proz. Alkohol verrührt, auf der Nutsche scharf abgesaugt, mit 96 proz. Alkohol und wenig Äther gewaschen und im Vakuum über Schwefelsäure vollständig getrocknet.

Die so gewonnenen schneeweißen, feinen Nädelchen der *α-d-Galakturonsäure* von der Formel $C_6H_{10}O_7 \cdot H_2O$ sintern von 110⁰ ab und schmelzen unregelmäßig zwischen 156—159⁰ unter Schäumen und Zersetzung. Die wäßrige Lösung der Verbindung dreht rechts und zeigt abfallende Mutarotation. In einer etwa 2 proz. Lösung beträgt die Anfangsdrehung sofort nach dem Lösen der Substanz $[\alpha]_D^{20} = + 98^0$, die Enddrehung, die schon in ungefähr 2 Stunden erreicht wird, $[\alpha]_D^{20} = + 50,9^0$ oder auf wasserfreie Substanz $C_6H_{10}O_7$ bezogen die Anfangsdrehung $[\alpha]_D^{20} = + 107,1^0$, die Enddrehung $[\alpha]_D^{20} = + 55,6^0$. Die Carboxylgruppe der Säure läßt sich mit Lauge gegen Phenolphthalein vollständig austitrieren. 1 g Substanz verbraucht zur Neutralisation 47,2 cm³ n/10 NaOH.

Durch längere Behandlung mit kochendem absolutem Alkohol kann die α-Form der d-Galakturonsäure von der Formel $C_6H_{10}O_7 \cdot H_2O$ mit hoher Anfangsdrehung und absteigender Mutarotation in die β-Form von der Formel $C_6H_{10}O_7$ mit niedriger Anfangsdrehung und aufsteigender Mutarotation übergeführt werden. Die *β-d-Galakturonsäure* $C_6H_{10}O_7$ färbt sich beim Erhitzen ohne vorherige Sinterung gegen 140⁰ rötlich, oberhalb 150⁰ bräunlich und schmilzt scharf bei 160⁰ unter Schäumen und Schwarzbraunfärbung. Ihre Anfangsdrehung zeigt $[\alpha]_D^{20} = + 27,0^0$ und die Enddrehung $[\alpha]_D^{20} = + 55,3^0$. 1 g Substanz verbraucht zur Neutralisation 51,5 cm³ n/10 NaOH. Durch Erwärmen ihrer wäßrigen Lösung und Verdampfen bis zur Krystallisation kann die β-d-Galakturonsäure wieder in die α-d-Galakturonsäure zurückverwandelt werden.

Die Galakturonsäure scheidet sich aus Sirupen und Lösungen in feinen, beiderseits zugespitzten Nädelchen ab, die in Form von Büscheln und Warzen zusammengelagert sind. Bei langsamer Krystallisation sind auch häufig langgestreckte, schief abgeschnittene Stäbchen und Täfelchen von rhombischem oder monoklinem Habitus zu beobachten. Die Krystalle beider Formen der Galakturonsäure lösen sich leicht in Wasser und verdünntem Alkohol, die β-Form wesentlich leichter als die α-Form. Die Löslichkeit nimmt mit steigender Konzentration des Alkohols ab. In absolutem Alkohol löst sich die α-Form nur sehr schwer bei langem Kochen, während die β-Form darin viel leichter löslich ist.

Die wäßrige Lösung der Galakturonsäure rötet Lackmus und bläut Kongopapier deutlich. In ihrer Stärke entspricht die Säure ungefähr der Ameisensäure und zeigt in 0,05 n Lösung $p_H = 2,5$.

Die Galakturonsäure reduziert in der Wärme ammoniakalische Silberlösung kräftig, meist unter Abscheidung eines starken Silberspiegels. Fehlingsche Lösung wird von ihr in der Kälte nicht, heiß dagegen stark reduziert. 1 g reine wasserfreie Galakturonsäure $C_6H_{10}O_7$ reduziert in 1 proz. Lösung bei 2 Minuten langem Kochen 150,5 cm³ Fehlingsche Lösung vollständig.

Die Galakturonsäure gibt deutlich die α-Naphtholreaktion auf Zucker und alle für Pentosen typischen Reaktionen mit Orcin, Resorcin und Phloroglucin. Naphthoresorcin liefert mit der Galakturonsäure dieselbe Reaktion wie mit der Glucuronsäure (B. Tollens [22]; C. Neuberg [18 und 18 a]; F. Ehrlich und F. Schubert [12]). Die Reaktion wird entweder so angestellt, daß man etwa 10 mg Galakturonsäure in einem Gemisch von 3 cm³ konzentrierte Salzsäure und 3 cm³ Wasser löst und mit 100 mg Naphthoresorcin 1 Minute stark kocht, oder noch besser in der Weise, daß man die Substanz nur in 10 proz. Salzsäure mit Naphthoresorcin einige Minuten im siedenden Wasserbad erwärmt. Die Lösung färbt sich dabei blaugrün unter Ausscheidung einer öligen Emulsion. Die unter der Leitung schnell abgekühlte Flüssigkeit gibt mit Äther, Essigester, Benzol oder Chloroform geschüttelt einen intensiv rotviolett gefärbten Auszug. Der Farbstoff zeigt im Spektroskop den typischen breiten Absorptionsstreifen, der den gelben und grünen Teil des Spektrums vollkommen bedeckt. Sehr charakteristisch und für den scharfen Nachweis der Galakturonsäure gut zu verwenden ist auch die auffallende Erscheinung, die eintritt, wenn man den sofort zu erhaltenden, rotvioletten Ätherauszug mit etwa dem gleichen Volumen Alkohol vermischt. Es schlägt dann die Rotviolettfärbung augenblicklich in sehr typischer Weise in ein tiefes Indigoblau um, das eine starke Bande im Gelb und Grün des Spektrums erkennen läßt.

Sowohl feste wie gelöste Galakturonsäure färben im Gegensatz zu vielen anderen Kohlehydratverbindungen fuchsinschweflige Säure schon in kurzer Zeit in charakteristischer Weise stark rotviolett. Die hierbei leicht zu beobachtende Tatsache, daß die α-Galakturonsäure die Färbung schon in einigen Sekunden, die β-Galakturonsäure sie aber merkbar später gibt, macht es sehr wahrscheinlich, daß die α-Galakturonsäure eine freie Aldehydgruppe in Hydratform, die β-Galakturonsäure eine durch eine halbacetalartig gebundene Sauerstoffbrücke maskierte Aldehydgruppe aufweist (vgl. die Konstitutionsformeln oben).

Die Galakturonsäure läßt sich wie eine Aldose nach WILLSTÄTTER und SCHUDEL (25) mit Hypojodit oxydieren und verbraucht dabei die für eine CHO-Gruppe berechnete Menge Jod. Beim Lösen der Galakturonsäure in Salpetersäure vom spezifischem Gewicht 1,15 und Einengen der Lösung auf ein Drittel des Volumens erhält man eine Krystallisation von reiner Schleimsäure vom Schmelzpunkt 214⁰ in Mengen von etwa 77 % der Theorie. Bei mehrtägigem Stehenlassen ihrer wäßrigen Lösung mit überschüssigem Brom bei Zimmertemperatur geht die Galakturonsäure fast quantitativ in Schleimsäure über, die bereits aus der Lösung auskrystallisiert und beim Eindampfen in reiner Form vollständig gewonnen werden kann.

Nach der Methode von TOLLENS, KRÜGER (22) und KRÖBER (VAN DER HAAR [16]) mit 12 proz. Salzsäure destilliert liefert die Galakturonsäure $C_6H_{10}O_7$ im Mittel 37,88 % Furfurol-Phloroglucid. Demnach entspricht ein Teil Furfurol-Phloroglucid 2,64 Teilen Galakturonsäure $C_6H_{10}O_7$. Dieser Faktor ist zur Berechnung des aus Galakturonsäure entstehenden Furfurols anzuwenden, wenn es sich um die Bestimmung von Pentosen neben Galakturonsäure handelt.

Nach TOLLENS und LEFÈVRE (23) analog der d-Glykuronsäure mit 12 proz. Salzsäure erhitzt spaltet die d-Galakturonsäure außer Furfurol Kohlendioxyd ab zufolge der Gleichung:

$$C_6H_{10}O_7 = C_5H_4O_2 + 3 H_2O + CO_2.$$

Die Abspaltung ist quantitativ, wenn die Erhitzung mindestens auf 8 Stunden ausgedehnt wird. Die α-Galakturonsäure $C_6H_{10}O_7 \cdot H_2O$ (mol 212) liefert dabei 20,75 % CO_2, die β-Galakturonsäure $C_6H_{10}O_7$ (mol 194) 22,68 % CO_2 (F. EHRLICH, SCHUBERT [12]).

Die Metallsalze der d-Galakturonsäure sind zumeist in Wasser löslich und aus der Lösung mit Alkohol fällbar. Das aus der alkoholischen Lösung der Galakturonsäure mit der berechneten Menge alkoholischer Natronlauge in mikrokrystalliner Form abgeschiedene, mit Alkohol und Äther gewaschene und im Vakuum über H_2SO_4 getrocknete *Natriumsalz* entspricht der Zusammensetzung $C_6H_9O_7Na$. Es enthält 10,65 % Na und zeigt in wäßriger Lösung $[\alpha]_D^{20} = +36,02^0$.

Das Bariumsalz der Galakturonsäure wird hergestellt, indem man die wäßrige Lösung der Säure unter schwachem Erwärmen mit Bariumcarbonat im geringen Überschuß erwärmt, das Filtrat nach dem Einengen mit Alkohol fällt und den farblosen flockigen Niederschlag nach dem Auswaschen trocknet. Es bildet ein amorphes, in Wasser leicht lösliches Pulver mit einem Gehalt von 26,19 % Ba und der spezifischen Drehung von $[\alpha]_D^{20} = +32,6^0$.

Mit überschüssiger Natron- oder Kalilauge färben sich Lösungen von reiner Galakturonsäure in der Kälte nicht. Beim Kochen der alkalischen Lösungen tritt starke Gelbfärbung und Zersetzung der Aldehydsäure auf. Durch Erhitzen mit 2proz. überschüssiger Natronlauge unter CO_2-Abschluß auf dem Wasserbade bei 80^0 wird die Galakturonsäure innerhalb von 7 Stunden vollständig zersetzt. Hierbei werden auf 1 g neutralisierter Galakturonsäure $C_6H_{10}O_7 \cdot H_2O$ im ganzen zur Neutralisation der durch Abbau entstehenden niedermolekularen Säuren 74,7 cm^3 n/10 NaOH verbraucht.

Auf Zusatz von *überschüssigem Kalk- oder Barytwasser* bleiben die Lösungen von reiner Galakturonsäure klar und farblos. Erhitzt man aber diese Lösungen, so trüben sie sich bald, und es scheiden sich bei weiterem Kochen eigelb gefärbte, flockige Niederschläge ab, die aus Ca- oder Ba-Salzen von Zersetzungsprodukten der Galakturonsäure bestehen.

Mit *Bleiacetat* wird Galakturonsäure aus ihren wäßrigen Lösungen nicht gefällt. Mit *Bleiessig* entsteht ein weißer, flockiger Niederschlag, der sich im Überschuß des Fällungsmittels wieder vollständig löst. Erhitzt man nun diese farblose Lösung im Wasserbade, so färbt sie sich nach kurzer Zeit rot, und es scheidet sich daraus sehr bald in beträchtlichen Mengen *ein intensiv ziegelrot, mitunter auch zinnober oder himbeerrot gefärbter Niederschlag* aus, der beständig ist. Derselbe Niederschlag bildet sich auch beim Stehen der mit überschüssigem Bleiessig versetzten Galakturonsäurelösung langsam bei Zimmertemperatur innerhalb eines Tages. Es ist dies eine sehr charakteristische Reaktion, die zum Nachweis der freien ungebundenen Galakturonsäure neben anderen Substanzen der Kohlenhydratreihe sehr geeignet ist. Die Tetragalakturonsäuren und Zuckercarbonsäuren geben diese Reaktion *nicht*. Die d-Glykuronsäure gibt unter gleichen Bedingungen mit überschüssigem Bleiessig erhitzt einen in der Farbe von dem mit Galakturonsäure erhaltenen deutlich zu unterscheidenden gelben bis lehmbraunen Niederschlag. Es ist also damit auch eine Möglichkeit gegeben, um Galakturonsäure neben Glykuronsäure zu erkennen, ohne daß eine Trennung dieser Verbindungen erforderlich ist (F. Ehrlich [12a]).

Die in üblicher Weise durch Zusammenmischen der Komponenten in wäßriger oder alkoholischer Lösung darstellbaren *Alkaloidsalze* der *d-Galakturonsäure* zeigen folgende Konstanten (F. Ehrlich, Schubert [12]):

	Schmelzp.	$[\alpha]_D^{20}$
Cinchoninsalz $C_6H_{10}O_7 \cdot C_{19}H_{22}N_2O \cdot H_2O$	178^0	$+139,0^0$
Brucinsalz $C_6H_{10}O_7 \cdot C_{23}H_{26}N_2O_4 \cdot H_2O$	180^0	$-7,7^0$
Morphinsalz $C_6H_{10}O_7 \cdot C_{17}H_{19}NO_3$	$162-163^0$	$-56,6^0$

In den Sirupen der Mutterlaugen bei der Darstellung der d-Galakturonsäure findet sich stets ein bisher nicht krystallisiert zu erhaltender Körper, der wahrscheinlich das *Lacton der Galakturonsäure, das Galakturon*, von der Formel $C_6H_{10}O_7 - H_2O = C_6H_8O_6$ ist. Außerdem kommt fast regelmäßig darin eine bereits in der Kälte Fehlingsche Lösung stark reduzierende Substanz vor. Es handelt sich offenbar hierbei um ein anhydrisiertes Umwandlungsprodukt, das aus der d-Galakturonsäure schon bei längerem Erhitzen mit Wasser oder Säuren, besonders unter Druck, leicht entsteht und das vermutlich ein Furanderivat darstellt. Beim Umlösen der Galakturonsäure aus hochprozentigem Alkohol läßt sich ein teilweiser Übergang der Verbindung in das Lacton und auch in Ester scheinbar nicht vermeiden (F. Ehrlich, Schubert [12] und F. Ehrlich und Kosmahly [8]).

d) Qualitativer chemischer Nachweis des Pektins und seiner Spaltprodukte.

Ein spezifisches allgemein anwendbares Reagens für den chemischen Nachweis von Pektinstoffen gibt es nicht. Für den mikroskopischen Nachweis der Pektinstoffe sind eine Anzahl von Farbstoffen empfohlen worden, darunter besonders das Rutheniumrot, das man in neutraler oder schwach ammoniakalischer Lösung anwendet (Mangin, van Wisselingh [26]). Doch sind die beobachteten Färbungen nicht eindeutig, da sie auch von anderen Pflanzenstoffen gegeben werden und ihre Nachprüfung mit isolierten reinen Pektinsubstanzen bisher nicht erfolgt ist.

Ein einwandfreier Nachweis von Pektin ist nur möglich, wenn man auf Grund der oben beschriebenen Eigenschaften seiner Bausteine Fällungs-, Farb- und andere Reaktionen der typischen Spaltprodukte zweckmäßig kombiniert und diese selbst anzureichern oder zu isolieren versucht.

Wenn das Pektin nicht bereits in den Säften gelöst vorliegt, wird es zunächst durch Ausziehen der Pflanzenteile mit kaltem Wasser, dann mit heißem Wasser, schließlich mit kochendem Wasser unter Druck oder mit heißen verdünnten Säuren in Lösung gebracht. Die einzelnen Auszüge kann man für sich weiter verarbeiten, um gleichzeitig auch einen vorläufigen Überblick über die Mengen- verhältnisse des bereits fermentativ abgebauten und des ursprünglichen wand- ständigen Pektins in dem vorliegenden Pflanzensubstrat zu gewinnen. Die ver- dünnten Extrakte oder die abgepreßten Pflanzensäfte werden gegebenenfalls stärker eingeengt, worauf man die Pektinsubstanz zu fällen versucht. Als Fällungs- mittel kommen Alkohol, Bleiessig oder Kalk- oder Barytwasser in Betracht. Scheiden sich dabei gallertartige oder schleimig-flockige Niederschläge ab, so ist die Anwesenheit von Pektinsubstanz sehr wahrscheinlich. Doch bedarf es zu ihrer sicheren Feststellung weiterer exakter Beweise, da auch viele Schleimstoffe und Eiweißstoffe in ähnlicher Weise ausfallen.

Die abfiltrierten und gewaschenen Pektinniederschläge geben in Wasser oder Säuren wieder gelöst deutlich *rechts*drehende Lösungen. Sie reduzieren direkt FEHLINGsche Lösung beim Kochen nicht oder nur in Spuren, dagegen sehr stark, wenn sie zuvor mit verdünnten Säuren kurze Zeit gekocht und die Hydrolysenflüssigkeiten neutralisiert worden sind.

Die Pektinniederschläge müssen, am besten nach vorherigem Kochen mit verdünnten Säuren, stets deutlich die Reaktion mit *α-Naphthol*, mit *Orcin* und mit *Naphthoresorcin* geben und durch Destillation mit Salzsäure *Furfurol*, das im Destillat durch die Rotfärbung mit Anilinacetat nachweisbar ist.

Der positive Ausfall der *Naphthoresorcinreaktion* (TOLLENS [22]) ist für den Nachweis des Hauptbestandteiles der Pektinstoffe, der Galakturonsäure, sehr wesentlich. Bei ihrer Ausführung und ihrer Bewertung müssen verschiedene Momente sehr beachtet werden, wenn man zu einwandfreien Resultaten gelangen will. Da Naphthoresorcin sich auch mit anderen Kohlenhydraten verbindet und von ihnen mit Beschlag belegt wird, muß immer ein großer Überschuß des Reagenzes angewandt werden. Die Konzentration der Salzsäure muß so bemessen sein, daß man ein Volumen der zu untersuchenden wäßrigen Lösung mit dem gleichen Volumen konzentrierter Salzsäure (38proz.) mischt. Wesentliche höhere Konzentrationen der Salzsäure in der zu untersuchenden Lösung sind zu ver- meiden, da sonst beim Kochen leicht eine Zerstörung des ursprünglich gebildeten Farbstoffs eintreten kann und durch Huminbildung aus nebenher vorhandenen Kohlenhydraten gelbe bis gelbbraune Farbtöne entstehen, welche die Haupt- reaktion ungünstig beeinflussen. Als positiver Ausfall der Reaktion, der für die Anwesenheit von Galakturonsäure spricht, kann nur gelten, wenn die salzsaure Naphthoresorcinlösung nach mindestens eine Minute langem Kochen oder nach längerem Erwärmen im Wasserbade (vgl. unter Galakturonsäure) und Ab- kühlen unter der Wasserleitung beim Ausschütteln mit Äther sofort oder nach kurzem Stehen eine *deutlich rotviolette* Färbung ergibt, die im Spektroskop die typische Bande zwischen dem Gelb und Grün des Spektrums zeigt und auf Zusatz von Alkohol einen *Farbumschlag zu Indigoblau* erkennen läßt (vgl. oben unter d-Galakturonsäure). Eine himbeer- oder bordeauxrote Färbung des Äther- auszuges ohne wahrnehmbare Spektralbanden ist nicht beweisend, da sie auch von anderen Kohlenhydraten gegeben wird. Bei gleichzeitiger Gegenwart von viel anderen Zuckern fällt die Uronsäurereaktion häufig anfangs negativ aus und erst sehr allmählich, oft erst nach dem Stehen über Nacht, geht der typische rotviolette Farbstoff in den Äther über. Bisweilen kommt es auch vor, wenn der Gehalt an Uronsäure nur relativ gering ist, daß die Reaktion vollständig versagt. Es ist dann nötig, den Galakturonsäureanteil zuvor durch Abtrennung der übrigen leichter hydrolysierbaren Kohlenhydrate anzureichern. Bei pektinhaltigen Pflanzenteilen oder Präparaten, die außer dem Araban und dem Galaktan des eigentlichen Pektins vielfach nebenher noch andere Kohlehydratverbindungen aufweisen, erscheint es daher zum Nachweise der Galakturonsäure auf alle Fälle zweckmäßig, wenn man sie erst einige Zeit mit verdünnter Schwefelsäure, am besten im Drucktopf unter 3—4 Atm., kocht, dann den Extrakt mit überschüssigem Bariumcarbonat in der Hitze neutralisiert, filtriert und das Filtrat nach dem Einengen mit Alkohol fällt. Das hierbei abgeschiedene und abfiltrierte Bariumsalz der Tetragalakturonsäure oder Monogalakturonsäure wird, wenn Pektin wirklich ursprünglich zugegen war, die Naphthoresorcinreaktion sehr deutlich und einwandfrei ergeben.

Da auch die Glykuronsäure dieselbe Reaktion gibt und diese Verbindung in manchen Pflanzenstoffen, wie im Saponin (Rehorst [20]), in den Gummiarten (Weinmann [24]), sowie in Pflanzenschleimen anzutreffen ist, so kann der positive Ausfall der Naphthoresorcinreaktion für sich allein nicht ohne weiteres als endgültiger Beweis für das Vorhandensein von Pektin angesehen werden. Es wird weiterhin zu untersuchen sein, ob der betreffende Pflanzenteil oder Extrakte daraus mit Salpetersäure längere Zeit erhitzt Schleimsäure liefern. Da diese aber sowohl bei der Oxydation der Galaktose wie der Galakturonsäure entsteht, kann die Schleimsäurereaktion für den Nachweis der Galakturonsäure nur dann herangezogen werden, wenn sie deutlich positiv mit den Niederschlägen der Bariumsalze ausfällt, die man nach Hydrolyse und Abtrennung der übrigen Kohlehydrate, besonders also auch der Galaktose, wie oben angegeben, durch Alkoholfällung aus der vermutlich pektinhaltigen Substanz erhält. Schließlich wird zu beachten sein, daß auch Gemische von Galaktose und Glykuronsäure, wie sie sich vielfach in den Pflanzen finden, sowohl die Schleimsäure- wie auch die Naphthoresorcinreaktion, außerdem aber auch genau wie Pektin und Galakturonsäure die Furfurolreaktion und alle Reaktionen auf Pentosen geben, so daß also noch weitere Kriterien erbracht werden müssen, wenn man mit Sicherheit auf die Anwesenheit von Pektin schließen will.

In vielen Fällen wird neben dem positiven Ausfall der genannten Reaktionen der Nachweis anderer charakteristischer Spaltprodukte des Pektins von Bedeutung sein, so besonders des *Methylalkohols* und der *Essigsäure*.

Zum Nachweis des im Pektin als Ester gebundenen *Methylalkohols* verfährt man in der Weise, daß man zunächst die betreffende zu untersuchende Substanz mit viel Wasser destilliert, bis die flüchtigen Stoffe übergegangen sind, den Rückstand einige Zeit mit überschüssiger Natronlauge stehen läßt, um den Methylalkohol aus dem Pektin in Freiheit zu setzen, und ihn dann nach dem Ansäuern der Lösung mit Schwefelsäure abdestilliert. Den durch erneute Destillation im Destillat angereicherten Methylalkohol weist man mittels der Reaktion von Dénigès (5) nach, indem man ihn mit Kaliumpermanganat und Schwefelsäure zu Formaldehyd oxydiert, der dann in stark schwefelsaurer Lösung mit Fuchsinbisulfitlösung eine violette bis rote beständige Färbung gibt.

Auf die im Pektin gebundene *Essigsäure* kann man in der Weise prüfen, daß man zuerst wieder die flüchtigen Stoffe durch Wasserdampfdestillation entfernt, dann die zurückbleibende Lösung zur Verseifung der Acetylgruppen des Pektins mit überschüssiger Natronlauge auf dem Wasserbade längere Zeit erwärmt und nach dem Ansäuern mit Schwefelsäure die frei gewordene Essigsäure im Vakuum mit Wasser überdestilliert. Eine saure Reaktion des Destillats gegen Lackmus oder Phenolphthalein zeigt die Gegenwart von Essigsäure an, auf die nach dem Konzentrieren der neutralisierten Lösung noch genauer mittels der Ester- oder Kakodylreaktion gefahndet werden kann. Etwa nebenher hierbei durch Zersetzung von Kohlehydraten entstandene *Ameisensäure* kann im Destillat durch Reduktion von ammoniakalischer Silberlösung oder von Sublimat erkannt und durch Oxydation mit Bichromat und Schwefelsäure oder mit Quecksilbersulfat und Schwefelsäure zuvor entfernt werden, worauf man die gereinigte Essigsäure von neuem destilliert.

Ein allgemeiner qualitativer Nachweis von verseifbaren Gruppen in der zu untersuchenden Pektinsubstanz läßt sich auch in der Weise erbringen, daß man den gelösten Stoff, falls er sauer reagiert, zunächst mit verdünnter Natronlauge gegen Phenolphthalein genau neutralisiert und dann längere Zeit unter Luftabschluß in der Kälte mit einer überschüssigen bestimmten Menge n/10 Natronlauge stehen läßt, worauf dann mit n/10 Säure zurücktitriert wird. Ein deutlicher Mehrverbrauch von Alkali gibt in diesem Falle ein ungefähres Bild über die Anwesenheit von verseifbaren Komplexen in der Pektinsubstanz, die Methoxyl-, Acetyl-, aber auch Lactongruppen sein können.

Ein wirklich exakter Nachweis von Pektin in der Pflanze wird nach alledem nur in der Weise geführt werden können, daß man nach den oben angegebenen Darstellungsmethoden den am meisten charakteristischen Hauptbestandteil des genuinen Pektins, die *komplexen Tetragalakturonsäuren* und ihren Baustein, die *d-Galakturonsäure*, abzuscheiden und als solche oder in Form von Salzen oder Derivaten zu identifizieren versucht. Wichtig vor allem ist hierbei neben den Beobachtungen über den Ausfall von Farbreaktionen u. a. die genaue Feststellung der physikalischen Konstanten der isolierten reinen Körper, besonders der spezifischen Drehung, der Mutarotation, der Löslichkeit, der Schmelzpunkte sowohl der freien Säure wie der Alkaloidsalze u. a., durch die sich gerade die d-Galakturonsäure sehr deutlich von der d-Glykuronsäure (C. NEUBERG [18]; F. EHRLICH und K. REHORST [9]) unterscheidet. Zur Charakterisierung der Galakturonsäure kann hierbei auch mit Vorteil das ziegelrote Bleisalz dienen, das sie mit heißem Bleiessig liefert, zum Unterschiede von Glykuronsäure, die damit nur gelbe bis lehmbraune Niederschläge gibt.

Nach neueren Erfahrungen (F. EHRLICH [12a]) hat sich folgende *Methode zum Nachweis von Galakturonsäure bzw. Pektin* in verschiedenen Pflanzenteilen bewährt:

Die zerkleinerte und unter Umständen zweckmäßig zuvor mit Wasser und Alkohol ausgewaschene Pflanzenmasse wird mit etwa 10—20 Teilen 1proz. Schwefelsäure im Autoklaven auf 145°, entsprechend etwa 4 Atm. Überdruck, erhitzt und das ganze $^1/_4$—$^1/_2$ Stunde auf dieser Temperatur gehalten. Die Hydrolysenflüssigkeit befreit man durch Erwärmen mit überschüssigem Bariumcarbonat auf dem Wasserbade von der Schwefelsäure, wobei auch gleichzeitig die organischen Säuren neutralisiert werden, filtriert vom Bariumsulfat und -karbonat ab, dampft das Filtrat auf ein kleines Volumen ein, behandelt dieses in der Wärme mit Tierkohle und versetzt die klarfiltrierte Lösung mit dem 3—4fachen Volumen Alkohol. Ist Galakturonsäure zugegen, so fällt diese jetzt als Bariumsalz aus. Der flockige Niederschlag wird abfiltriert, in wenig Wasser gelöst und die erhaltene (möglichst nur gelblich gefärbte) Lösung nach Zusatz von überschüssigem Bleiessig (basischem Bleiacetat) im siedenden Wasserbad erhitzt. Die Bildung eines *deutlich ziegelroten* Niederschlages zeigt dann das Vorhandensein von *Galakturonsäure* an. Bei Gegenwart von viel Galakturonsäureverbindungen gibt gewöhnlich schon die von der Schwefelsäure befreite Hydrolysenlösung direkt die typische Bleireaktion. Bei geringen Mengen von Pektinsubstanz neben viel anderen Kohlenhydraten oder färbenden Beimengungen muß zuvor immer erst das Bariumgalakturonat in der angegebenen Weise angereichert werden. Zur weiteren Bestätigung der Befunde in den untersuchten Lösungen kann nebenher auch der positive Ausfall der Naphthoresorcinreaktion dienen.

Für den Nachweis des genuinen wandständigen Pektins ist es wesentlich, daß es erst nach Entfernung aller wasserlöslichen Anteile der Pflanzenteile durch langdauerndes Kochen mit Wasser in Lösung geht und daß das dabei entstehende *Hydratopektin* schon in kaltem Wasser löslich ist. Als leicht nachweisbarer typischer Bestandteil des Pektins und des daraus gewonnenen Hydratopektins ist stets auch das in 70 proz. Alkohol bereits in der Kälte lösliche *Araban* anzusehen, das die Pentosenreaktionen gibt, *stark linksdrehend ist* und beim Erhitzen mit Säuren *rechtsdrehende l-Arabinose* liefert. Schließlich ist auch im Hydratopektin die Prüfung des pektinsauren Salzes auf *Calcium* und *Magnesium* wesentlich, die regelmäßige Bestandteile der Pektinstoffe bilden.

e) Methoden der quantitativen chemischen Bestimmung des Pektins und seiner Spaltprodukte.

Eine allgemein anwendbare Methode zur Bestimmung des gesamten Pektins in Pflanzen ist bisher nicht gegeben. Sie bietet besonders schon deswegen große Schwierigkeiten, da die Pektinstoffe stets in stark wechselnden Gemischen von unlöslichen und löslichen Anteilen vorliegen, die selbst wieder sehr verschiedene Zusammensetzung besitzen. Außerdem ist die Abtrennung von anderen Pflanzenstoffen, die sich sehr ähnlich verhalten und mitunter ebenfalls einen Gehalt an Hexosen und Pentosen und auch an Uronsäuren aufweisen, wie Hemicellulosen, Gummiarten, Schleimstoffe, Saponine u. a. häufig sehr schwierig und fast unmöglich. Der eigentlichen Bestimmung von Pektinstoffen wird jedenfalls immer erst ihr genauer Nachweis am besten durch Isolierung und Identifizierung ihrer Hauptbestandteile, besonders von Galakturonsäure, Tetragalakturonsäure, Methylalkohol, Essigsäure, Araban, Arabinose und Galaktose vorangehen müssen.

Um einen ungefähren Überblick über die Mengenverhältnisse zu gewinnen, in denen das Pektin vorliegt, kann man zweckmäßig Methoden anwenden, die denen der obenbeschriebenen präparativen Verfahren zur Darstellung des Hydratopektins und seiner Bestandteile nachgebildet sind. Sie liefern immerhin Annäherungswerte, die für manche Zwecke verwertbar sind.

Hierzu wird am besten das betreffende Rohmaterial zunächst fein zerkleinert und eine abgewogene Menge davon mit 96 proz. Alkohol mehrmals gründlich ausgekocht und schließlich mit Äther extrahiert. Der so vorbereitete Rohstoff wird nunmehr mit der 10—20 fachen Menge destillierten Wassers im Porzellanbecher im Autoklaven auf 1—2 Atm. Überdruck bei 110—125° etwa 1—2 Stunden lang erhitzt, um das gesamte Pektin in Hydratopektin überzuführen. Der unlöslich verbleibende Rückstand wird abgesaugt, auf der Nutsche gut mit heißem Wasser gewaschen, mit viel frischem Wasser noch einmal unter Druck 1—2 Stunden erhitzt und ebenso von dem gelösten Pektin durch Auswaschen befreit. Gibt das so behandelte Pflanzenmaterial die Naphthoresorcinreaktion noch sehr stark, so muß es unter Umständen noch ein drittes Mal längere Zeit unter Druck mit Wasser ausgekocht werden. Die jedesmal peinlichst gesammelten wäßrigen Extrakte, die das Hydratopektin enthalten, werden mitsamt den Waschwässern über Kieselgur klar filtriert und auf dem Wasserbade zur Trockne verdampft. Die zurückbleibenden gelblich bis bräunlich gefärbten Blätter geben bei 105 bis 110° getrocknet und gewogen *die Gesamtmenge des Pektins* des untersuchten Pflanzenmaterials in *Form des Hydratopektins*, das aus Araban und dem Ca-Mg-Salz der Pektinsäure besteht.

Diese Versuchsanordnung kann man entsprechend differenzieren, wenn es sich darum handelt, nicht allein die Gesamtmenge des Pektins zu ermitteln, sondern auch ein Bild darüber zu bekommen, in welchen Mengenverhältnissen *in Wasser leichtlösliches, schwerlösliches* und *unlösliches Pektin* sich in den betreffenden Pflanzenteilen ursprünglich vorfindet. Zu diesem Zweck wird der mit Alkohol und Äther vorbehandelte und fein zermahlene Rohstoff zuerst mit viel kaltem destilliertem Wasser in einer Flasche auf der Schüttelmaschine längere Zeit geschüttelt und dann klar filtriert, worauf man den wäßrigen Extrakt eindampft. Nachdem man diesen Prozeß unter Anwendung von frischem Wasser noch einmal wiederholt hat, gewinnt man aus den gesammelten Auszügen das bereits in dem Ausgangsmaterial ursprünglich vorhandene in kaltem Wasser lösliche Hydratopektin. Man kann nun fraktionsweise der Reihe nach in ähnlicher Weise die verschieden löslichen Pektinstoffe für sich gewinnen, indem man die erst kalt extrahierten Pflanzenteile mit Wasser von etwa 40°, 60°, 80° und 100° je 1—2 Stunden lang hintereinander auszieht und die jedesmal erhaltenen Extrakte einzeln eindampft, trocknet und wägt. Schließlich läßt sich dann auch der erst unter 1—2 Atm. Druck bei 110—125° in Lösung gehende Anteil des Pektins in ähnlicher Weise bestimmen. Werden hierbei besonders mit kaltem oder mäßig warmem Wasser Auszüge erhalten, die durch Kolloide stark getrübt und schwer filtrierbar sind, so begnügt man sich zunächst damit, sie durch Leinwand oder Koliertuch vom Ungelösten abzugießen und den Ablauf auf dem Wasserbad zur Trockne zu verdampfen, wobei meist ein beträchtlicher Teil der suspendierten Kolloide irreversibel wird. Nach Wiederaufnahme des Rückstandes mit Wasser wird dann die Lösung über Kieselgur klar filtriert und das vorgereinigte Hydratopektin wieder durch Eindampfen gewonnen.

Handelt es sich um die *Bestimmung von bereits gelöst vorliegendem Pektin in Pflanzensäften oder -sirupen,* die außerdem viel Zucker und andere lösliche Saftbestandteile enthalten, so wird man zweckmäßig so verfahren, daß man zunächst die Säfte durch Eindampfen und die Sirupe durch Lösen in Wasser auf eine geeignete Konzentration bringt, die Lösungen einige Zeit auf dem Wasserbad erhitzt, über Kieselgur klar filtriert und nach dem Abkühlen das Pektin daraus mit einem Überschuß von Alkohol fällt. Wählt man die Alkoholmenge derartig, daß die entstandene Mischung weniger als 70—80% Alkohol enthält, so wird das Araban in Lösung gehalten, und der ausgefallene gallertartige oder flockige Niederschlag wird im wesentlichen aus dem Ca-Mg-Salz der Pektinsäure bestehen. Erhöht man die Alkoholkonzentration auf über 90%, so wird mit dem Pektinat auch Araban zur Abscheidung gebracht. Bei dieser Art von Verfahren läßt es sich natürlich nicht vermeiden, daß aus den Pflanzensäften mit dem Pektin auch andere Stoffe, besonders kolloidaler Natur, mitgerissen werden, die sich auch durch noch so gründliches Waschen der Niederschläge mit Alkohol nicht entfernen lassen. Um wenigstens einen Teil davon und Zuckerreste zu entfernen, empfiehlt es sich, den ausgeschiedenen kolloidalen Pektinniederschlag auf einem Saftfilter gut mit Alkohol auszuwaschen, dann vom Filter herunterzunehmen, ihn mit 96 proz. Alkohol längere Zeit auszukochen und ihn dann erst definitiv abzufiltrieren, mit heißem Alkohol nachzuwaschen, darauf mit Äther und ihn schließlich an der Luft und bei 105—110° zu trocknen. Auch kann man das so erhaltene Rohprodukt zwecks weiterer Reinigung noch einmal in wenig Wasser lösen, die heiße Lösung nochmals mit reiner Kieselgur klären, darauf mit viel Alkohol das Pektin von neuem fällen und nach dem Auswaschen ebenso zur Trocknung bringen.

Wenn die hier skizzierten Methoden auch auf absolute Genauigkeit keinen Anspruch erheben können, so werden sie doch zur Orientierung über die ungefähr vorliegende Gesamtmenge von Pektin und über die Mengen der verschieden löslichen Arten von Pektinaten gute Dienste leisten können. Zweckmäßig wird sich daran immer, wenn man über genügende Quantitäten Material verfügt, eine nähere Charakterisierung der einzelnen Fraktionen von Hydratopektin auf ihre Drehung, ihre Zusammensetzung und ihr sonstiges Verhalten anschließen.

So läßt sich z. B. eine nähere Differenzierung der Bestandteile der erhaltenen Fraktionen von Hydratopektin in der Weise vornehmen, daß man darin das Araban und das Ca-Mg-Salz der Pektinsäure voneinander trennt. Diese Trennung kann annähernd quantitativ durchgeführt werden, wenn man das fein gepulverte Hydratopektin in der 10—20fachen Menge von 70proz. Alkohol suspendiert und am Rückflußkühler 2—3 Stunden auskocht, vom Gelösten abgießt und die rückständige Masse nochmals mit frischem Alkohol in gleicher Weise behandelt. Die gesammelten alkoholischen Extrakte liefern klar filtriert und erst im Vakuum, dann im Schälchen vorsichtig eingedampft und durch längeres Erhitzen auf dem Wasserbade getrocknet in Form einer bräunlichen harten Masse die Menge des *Arabans*, das durch seine Linksdrehung, seine Inversion zur Rechtsdrehung beim Erhitzen mit Säuren und seine sonstigen Pentosenreaktionen näher zu charakterisieren ist. Der auf dem Filter in 70proz. Alkohol unlöslich verbleibende Rückstand wird gründlich mit heißem 70proz., dann mit 96proz. Alkohol und Äther gewaschen, erst an der Luft, dann bei 105—110° getrocknet und gibt so die ungefähre Menge des zweiten Bestandteils des Hydratopektins, des *Ca-Mg-Salzes der Pektinsäure*, das durch seine Rechtsdrehung und die verschiedenen Reaktionen seiner Bestandteile genauer zu definieren ist.

Die Isolierung der freien Pektinsäure aus ihrem Salz und ihre weitere Reinigung durch Umfällen geht meist mit so großen Verlusten vor sich, daß dieses Verfahren sich für Zwecke einer quantitativen Analyse wenig eignet. Dagegen ist die genauere Ermittlung der Zusammensetzung der so hergestellten und gereinigten Pektinsäuren für die nähere Charakterisierung und die Wertbestimmung der verschieden löslichen Pektinfraktionen von großer Bedeutung. Es ist daher wichtig, daß man sich niemals mit einer Bestimmung des Gesamtpektins begnügt, sondern stets auch in den erhaltenen Pektinniederschlägen, den Hydratopektinen oder Pektinaten, die alle je nach Art und Alter der Pflanzen und Pflanzenteile, je nach ihrer Herkunft, ihrer Darstellung und ihrer Vorbehandlung in ihrer Zusammensetzung starken Schwankungen unterliegen können, die Menge der für das Pektin allgemein charakteristischen Hauptbestandteile der Pektinsäure, besonders der Galakturonsäure und des Methylalkohols, weiterhin aber auch, wenn angängig, der Arabinose, der Essigsäure und auch der Galaktose zu ermitteln sucht.

Zur Bestimmung des in Fruchtsäften und Gelees gelösten Pektins ist für technische und nahrungsmittelchemische Zwecke häufig die Methode von M. H. Carré und D. Haynes (3) empfohlen worden (Sucharipa [21], Griebel [15]). Das Verfahren beruht darauf, daß man das Pektin erst mit Natronlauge verseift und nach dem Ansäuern mit Essigsäure durch Zusatz von Calciumchlorid in Form von „Calciumpektat", angeblich von der Formel $C_{17}H_{22}O_{16}Ca$, fällt und bestimmt. Seiner Darstellung und seinen Eigenschaften nach müßte dieses nach der alten Nomenklatur benannte Salz identisch sein mit dem Ca-Salz der Tetragalakturonsäure, das aber tatsächlich eine ganz andere Formel besitzt, nämlich $C_{24}H_{30}O_{25}Ca_2$. Es zeigt sich, daß diese Methode für wissenschaftliche Zwecke ganz unbrauchbar ist. Je nach der Art des gelösten Pektins unterliegt die Zusammensetzung des Kalkniederschlages starken Schwankungen, die zu erheblichen Fehlern führen. Es handelt sich hierbei um die Abspaltung eines ganz undefinierten Pektinsplitters, während wichtige Bestandteile des ursprünglichen Pektins, wie Methoxyl, Acetyl, Araban usw. überhaupt nicht mitbestimmt werden. Die Menge des nach Carré und Haynes niedergeschlagenen „Calciumpektats" beträgt daher auch nur einen geringen Bruchteil des gesamten mit Alkohol fällbaren Pektins und von der insgesamt vorhandenen Galakturonsäure geht nach dieser Methode meist nur weniger als die Hälfte in den Kalkniederschlag. Die Resultate dieser

Methode können also nur als irreführend bezeichnet werden und sind für exakte Untersuchungen nicht verwertbar.

Will man aus der Bestimmung von Bruchstücken des Pektins auf seine Menge und Art Rückschlüsse ziehen, so kann dies nur mit Hilfe chemisch gut durchgearbeiteter Analysenmethoden geschehen, die eine möglichst genaue Bestimmung der verschiedenen wichtigen Bausteine des Pektins und der Pektinsäure gestatten und die möglichst auch allgemein anwendbar sind. Die wesentlichsten dieser Bestimmungsverfahren sind im folgenden in ihren Hauptprinzipien wiedergegeben.

f) Methoden der Einzelbestimmungen von Spaltprodukten des Pektins und der Pektinsäure.

1. Galakturonsäure.

Da die Galakturonsäure der Hauptbestandteil des Pektins bildet und in der normalen Pektinsäure 68%, in fermentativ weiter abgebauten Pektinsäuren sogar bis zu 90% und mehr davon zu finden sind, so ist ihre quantitative Bestimmung für die nähere Charakterisierung der Pektinstoffe von größter Bedeutung. Bei den gereinigten Pektinsäuren wird die Ermittlung ihres Prozentgehaltes an Galakturonsäure, Methylalkohol und Arabinose neben der Feststellung ihrer spezifischen Drehung und ihrer Acidität schon weitgehende Aufklärung über ihren Aufbau und über die Natur des Pektins bringen, aus dem sie gewonnen worden sind.

Für die Ausführung aller Einzelbestimmungen ist zunächst die einheitliche Trocknung der Pektinsubstanzen erforderlich. Zur Analyse werden die Präparate am besten unmittelbar vorher in einer Trockenpistole im Vakuum bei 78° über Phosphorpentoxyd 5—6 Stunden bis zur Gewichtskonstanz getrocknet.

Zur Ermittlung des Gehaltes an Galakturonsäure wird die trockene Pektinsubstanz mit 12proz. Salzsäure entsprechend der Gleichung:

$$C_6H_{10}O_7 = C_5H_4O_2 + 3\,H_2O + CO_2$$

zersetzt und quantitativ daraus Kohlendioxyd abgespalten. Die vollständig aufgefangene und durch Wägung oder Titration ermittelte Menge CO_2 gibt mit dem Faktor 4,4 multipliziert die Menge der ursprünglich in der Pektinsubstanz vorhandenen Galakturonsäure $C_6H_{10}O_7$. Diese ursprünglich von TOLLENS und LEFÈVRE [23] für das Glykuron ausgearbeitete Methode hat in ihrer Apparatur und ihrer Ausführungsform vielfache Abänderung erfahren (VAN DER HAAR [16]; F. EHRLICH und F. SCHUBERT [12]; NANJI, PATON und LING [17]; DICKSON, OTTERSON und LINK [6]).

Nach zahlreichen vielfach variierten Versuchen der Herren Assistenten Dr. A. KOSMAHLY und Dipl.-Ing. E. SCHWEMER im hiesigen Institut[1] hat sich die folgende *Apparatur und Arbeitsweise für die Bestimmung der Galakturonsäure in Pektinstoffen* bisher am besten bewährt:

Kaliapparat (*3*) und die Waschflaschen (*5*) und (*7*), die sämtlich innen mit spiralförmigen Schraubenwindungen versehen sind, um eine möglichst schnelle und intensive Absorption der durchgehenden Gase zu bewirken, waren von der Firma Greiner & Friederichs in Stützerbach (Thüringen) bezogen.

Zur Ausführung einer Bestimmung sind von der Pektinsäure etwa 0,5—1,0 g Substanz erforderlich. Die abgewogene Substanz wird in dem durch Glasschliff mit dem Schlangenkühler verbundenen etwa 200 cm³ fassenden Zersetzungskolben (*8*) mit 100 cm³ 12proz. Salzsäure (D = 1,060) übergossen. Bei Präparaten, die ein

---

[1] Institut für Biochemie und landwirtschaftliche Technologie der Universität Breslau.

starkes Schäumen der Salzsäure beim Kochen verursachen, ist es zweckmäßig, einen
größeren Kolben (300—500 cm³) zu wählen. Der Kaliapparat (*3*) ist für jede Bestimmung frisch mit 10 cm³ 50 proz. Kalilauge zu füllen, ebenso wird die Waschflasche (*5*)
jedesmal erneut mit 40 cm³ destilliertem Wasser beschickt. Die für das Waschen
der angesogenen Luft bestimmte Waschflasche (*7*) muß ebenfalls wiederholt mit
50 proz. Kalilauge gefüllt werden. Das Chlorcalciumrohr (*4*) wird nach frischer
Füllung erst mit Kohlendioxyd gesättigt, dessen Überschuß durch Luft vertrieben
wird. Eine Erneuerung des Chlorcalciums ist erforderlich, sobald Anzeichen des
Verbrauchs oder Geruch nach Furfurol sich bemerkbar machen. Die Heizung
des Zersetzungskolbens kann auf einem Baboblech über freier Flamme oder
auch in einem Metallbad auf 135—140⁰ geschehen. Um starkes Stoßen beim
Ansieden zu verhindern, sind Siedesteinchen in den Kolben einzubringen.

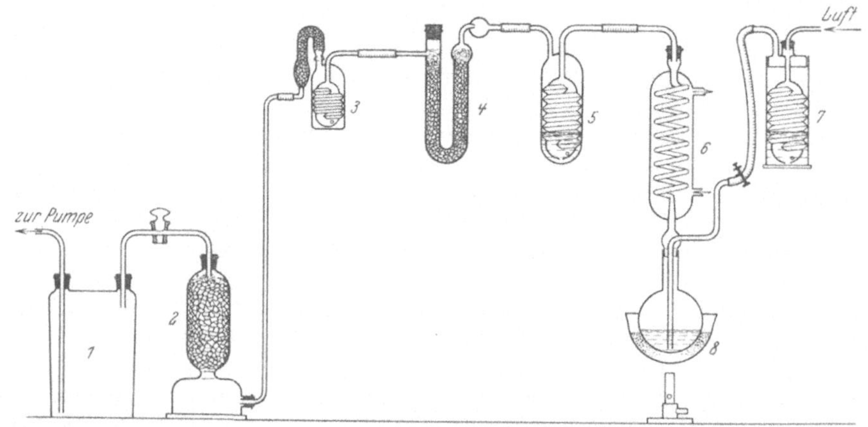

Abb. 11. Apparat für die Bestimmung der Galakturonsäure in Pektinsubstanzen[1].
1. Sicherheitsflasche.   *2.* Chlorcalcium-Turm.   *3.* Kaliapparat.   *4.* Chlorcalcium-Rohr.   *5.* Waschflasche.
6. Schlangenkühler.   *7.* Waschflasche.   *8.* Zersetzungskolben (Inhalt 200—500 cm³) im Metallbad oder
auf Baboblech.

Falls die Substanz Carbonate enthält, wird erst durch die zusammengesetzte
Apparatur ohne Einschaltung des Kaliapparates 2—4 Stunden lang kohlensäurefreie Luft durchgesaugt, ehe man mit dem Erhitzen beginnt. Andernfalls kann
sofort mit dem Anheizen des gefüllten Zersetzungskolbens begonnen werden.

Vor Beginn der Heizung wird die Verbindung zwischen Waschflasche (*7*)
und Zersetzungskolben (*8*) durch einen Schraubenquetschhahn geschlossen. Das
Anheizen muß allmählich erfolgen. Sobald die erwärmte Luft entwichen ist und
der Kolbeninhalt sich in gleichmäßigem Sieden befindet, wird der Kaliapparat
angeschlossen und kohlensäurefreie Luft durchgesaugt, wozu die Verbindung
zwischen Waschflasche (*7*) und Kolben (*8*) möglichst schnell, aber vorsichtig
wieder zu öffnen ist. Das Tempo des durchgehenden Luftstromes wird durch
Betätigung eines Schraubenquetschhahnes zwischen Kaliapparat und Wasserstrahlpumpe so reguliert, daß etwa 2—3 Luftblasen pro Sekunde durch den
Kaliapparat gehen. (Zu schnelles Tempo der Luftansaugung kann unter Umständen zum Überreißen von Furfurol in die Kalilauge führen, die sich dann gelb
färbt. Die Resultate derartiger Bestimmungen sind auf alle Fälle zu verwerfen.)

Bei den gewählten Röhrenquerschnitten der Apparatur war bei normalem
Luftdurchgang zur quantitativen Abspaltung und Bestimmung der CO_2 aus der
Galakturonsäure stets eine Dauer der Erhitzung von *mindestens 8 Stunden* er-
forderlich.

---

[1] Nach einer von Herrn Dipl.-Ing. SCHWEMER ausgeführten Zeichnung.

Die richtig durchgeführte Bestimmung gibt übereinstimmende Werte bis zu 0,1 % CO_2, entsprechend etwa 0,5 % Galakturonsäure.

2. Arabinose.

0,3—0,5 g Pektinsäure werden in 100 cm³ 12 proz. Salzsäure (D = 1,060) gelöst, nach der Methode von TOLLENS-KRÜGER-KRÖBER destilliert und das übergehende Furfurol in der bekannten Weise in Form des Furfurol-Phloroglucids bestimmt (VAN DER HAAR [16]). Da bei diesem Zersetzungsvorgang sowohl aus der Arabinose wie aus der Galakturonsäure der Pektinsäure Furfurol entsteht, muß zur Ermittlung des Gehaltes der Pektinsäure an Arabinose von der Gesamtmenge des erhaltenen Furfurol-Phloroglucids der aus der Galakturonsäure herrührende Anteil dieser Verbindung erst in Abzug gebracht werden. Nach F. EHRLICH und F. SCHUBERT (12) wird ein Teil Furfurol-Phloroglucid von 2,64 Teilen Galakturonsäure $C_6H_{10}O_7$ gebildet. Der aus den Resultaten der obigen Methode der CO_2-Abspaltung berechnete Gehalt an Galakturonsäure in der Pektinsäure ergibt durch Division mit dem Faktor 2,64 die Menge Furfurol-Phloroglucid, die aus der Galakturonsäure entstanden ist. Zieht man diese von der im ganzen erhaltenen Menge an Furfurol-Phloroglucid ab, so läßt sich auf diese Weise der aus Arabinose entstandene Anteil des Furfurol-Phloroglucids und auf Grund der KRÖBERschen Tabellen weiterhin auch der eigentliche Gehalt der Pektinsäure an Arabinose ermitteln.

3. Galaktose.

Etwa 2—4 g Pektinsäure werden in 100 cm³ 1 proz. Schwefelsäure gelöst und durch 8—10 stündiges Kochen am Rückflußkühler vollständig hydrolysiert. Sodann entfernt man die Schwefelsäure durch Erhitzen mit überschüssigem Bariumcarbonat auf dem Wasserbade, filtriert vom Bariumsulfat ab und wäscht gut mit heißem Wasser nach. Die gesammelten Filtrate und Waschwässer werden im Vakuum bei 50⁰ zur Trockne verdampft. Den Rückstand kocht man wiederholt mit 96 proz. Alkohol aus, engt die klar filtrierten alkoholischen Auszüge im Vakuum zum Sirup ein, löst diesen in wenig Wasser und fällt die Lösung je nach der Zuckermenge im Meßkolben auf 10 oder 20 cm³ mit Wasser auf. Eine genau abgemessene Menge dieser so vorbereiteten Flüssigkeit wird mit 1 cm³ zuckerfreien Hefewassers in dem VAN ITERSON-KLUYVERschen Gärungssaccharometer eingebracht, über Quecksilber abgesperrt und mit einer Öse einer frischen, auf festem Nähragar üppig gewachsenen Kultur von Lactosehefe beimpft. Das Ganze wird dann im Brutschrank bei 30⁰ zur Gärung angesetzt, die gewöhnlich in 2 Tagen beendet ist. Nach vollständiger Vergärung der Galaktose wird das entstandene Volumen CO_2 sowie Temperatur und Luftdruck abgelesen und die Reduktion auf 0⁰ und 760 mm Druck vorgenommen. Pro Kubikzentimeter der Gärflüssigkeit ist zur gefundenen Gasmenge noch 1,2 cm³ CO_2, die gelöst geblieben ist, hinzuzuzählen (KLUYVER, VAN DER HAAR [16]). Unter Berücksichtigung, daß 1 cm³ CO_2 (reduziert auf 0⁰ und 760 mm) bei der totalen Vergärung von 4,4 mg Galaktose durch Lactosehefe entsteht, rechnet man die gefundenen Gasmengen auf Galaktose um und stellt schließlich ihren Gehalt in der ursprünglichen Pektinsäure fest. Die Menge der Galaktose ist auf diese Weise mit einer Genauigkeit von etwa 0,3—0,5 % zu ermitteln (VAN DER HAAR [16]), F. EHRLICH und KOSMAHLY [8]).

4. Methylalkohol.

Zur Bestimmung der Methoxylgruppen in der Pektinsäure wird am besten die bekannte Methode von ZEISEL-FANTO-STRITAR in Anwendung gebracht, indem man 0,2—0,5 g Pektinsäure mit den üblichen Mengen konzentrierter Jodwasserstoffsäure vom spezifischen Gewicht 1,7 unter Vorlegung von alkoholischer Silbernitratlösung in der angegebenen Apparatur erhitzt und aus der Menge des erhaltenen Jodsilbers oder des nicht verbrauchten nach Volhard mit Rhodanlösung zurücktitrierten Silbernitrats den Gehalt an Methoxyl bzw. an Methylalkohol berechnet.

Für viele Zwecke leistet auch die von v. Fellenberg (14) auf Grund der Dénigèsschen Reaktion ausgearbeiteten colorimetrischen Methylalkoholbestimmung gute Dienste. Sie beruht auf einer Oxydation des Methylalkohols und einer Farbbildung des dabei entstehenden Formaldehyds mit fuchsinschwefliger Säure in stark schwefelsaurer Lösung. Hierzu wird der Methylalkohol aus dem Pektin oder der Pektinsäure zunächst durch Verseifung mit Natronlauge frei gemacht, nach Ansäuern der Lösung abdestilliert, im Destillat dann nach eventueller Anreicherung oxydiert und colorimetrisch bestimmt. Diese Methode empfiehlt sich besonders, wenn neben dem Pektin noch Lignin vorhanden ist, dessen Methylenoxydgruppen nur sehr schwer, erst durch Erhitzen mit 72 proz. Schwefelsäure, abzuspalten sind, die aber bei Anwendung der Zeiselschen Methode mitbestimmt werden.

In Pektinsubstanzen neutraler Natur wie im Hydratopektin und im Ca-Mg-Salz der Pektinsäure kann man den Methylalkohol sehr einfach mittels einer *Verseifungstitration* bestimmen, die meist mit den Werten der Zeisel-Methode gut übereinstimmt. Zu diesem Zweck werden bestimmte Mengen der Verbindungen in wäßriger Lösung gegen Phenolphtalein genau neutralisiert und dann mit einem Überschuß von mehreren Kubikzentimetern n/10 NaOH etwa 2 Stunden stehengelassen. Es genügt dies gewöhnlich zur totalen Verseifung der Methoxylgruppen, ohne daß dabei die Acetylgruppen angegriffen werden. Durch Rücktitration mit n/10 H_2SO_4 findet man dann die zur Verseifung der Methoxylgruppen verbrauchten Mengen Alkali und kann daraus unter Berücksichtigung, daß 1000 cm³ n/10 NaOH für die Verseifung von 3,1 g Methoxyl nötig sind, die Menge an Methylalkohol in der Substanz ermitteln. Bei der freien Pektinsäure werden nach diesem Verfahren meist zu hohe Werte gefunden, die beträchtlich über denen der Zeisel-Methode liegen. Es erklärt sich dies daher, daß die freien Pektinsäuren immer Lactongruppen enthalten, die auch bereits in der Kälte mit Alkali verseifbar sind.

5. Essigsäure.

2—5 g Pektinsäure werden in 100—200 cm³ Wasser gelöst und mit so viel verdünnter Natronlauge versetzt, daß die Gesamtflüssigkeit nach Neutralisation und Verseifung der Methoxylgruppen noch etwa 0,2 % freies Alkali enthält. Nunmehr erhitzt man auf dem Wasserbade zur vollständigen Abspaltung der Acetylgruppen etwa 3—5 Stunden, säuert die Lösung mit nicht zu großem Überschuß von Schwefelsäure an, destilliert sie im Vakuum bis auf ein kleines Volumen und wiederholt nach Zufügung von frischem Wasser diese Destillation. Die hierbei vollständig übergegangene Essigsäure bestimmt man durch Titration mit n/10 NaOH gegen Phenolphthalein. Sie ist gewöhnlich frei von Ameisensäure. Andernfalls muß diese zuvor durch längeres Erhitzen mit Bichromat oder Quecksilbersulfat und Schwefelsäure zerstört werden.

6. Sonstige Bestimmungen.

Zur Ermittlung der Zusammensetzung von Präparaten der Pektinsäure ist ferner die Feststellung der *Elementarzusammensetzung* und des *Aschengehaltes* wichtig. Beide Bestimmungen können vereinigt werden, indem man erst die auf dem Porzellanschiffchen abgewogene Substanz in der Trockenpistole vollständig trocknet und dann direkt wie üblich zur Analyse von C und H im Verbrennungsrohr verbrennt. Ihr Aschengehalt wird dabei durch Rückwägung des Schiffchens ermittelt und bei der Berechnung der Elementaranalyse in Abzug gebracht.

Zur Charakterisierung der Pektinsäuren sind schließlich stets von großer Bedeutung die Bestimmungen der *spezifischen Drehung,* der *Acidität* und des *Molekulargewichts,* die nach bekannten Methoden ausgeführt werden.

Literatur.

(1) Bridel, M.: Journ. Pharm. et Chim. **25**, 536 (1907); Chem. Zentralblatt **1908 I**, 475. — *(2)* Bourquelot, E., u. H. Hérissey: Journ. Pharm. et Chim. **7**, 473 (1898); Chem. Zentralblatt **1898 II**, 20.

(3) Carré, M. H., u. D. Haynes: Biochem. Journ. **16**, 60 (1922); Chem. Zentralblatt **1922 IV**, 615. — *(4)* Cretcher, L. H. u. C. L. Butler: Chem. Zentralblatt **1928 II**, 2566; Journ. Amer. Chem. Soc. **51**, 1519 (1929).

(5) Dénigès: Comptes rendus **150**, 529, 832 (1910). — *(6)* Dickson, A. D., H. Otterson u. K. P. Link: Journ. Amer. Chem. Soc. **52**, 775 (1930).

(7) Ehrlich, Felix: Chem.-Ztg. **41**, 197 (1917); Dtsch. Zuckerind. **49**, 1046 (1924); Chem. Zentralblatt **1924 II**, 2797; Ztschr. f. angew. Ch. **1927**, 1305; Cellulosechemie **11**, 140, 161 (1930). — *(8)* Ehrlich, F., u. A. Kosmahly: Biochem. Ztschr. **212**, 162 (1929). — *(9)* Ehrlich, F., u. K. Rehorst: Ber. Dtsch. Chem. Ges. **58**, 1989 (1925); **62**, 628 (1929). — *(10)* Ehrlich, F., u. F. Schubert: Biochem. Ztschr. **169**, 13 (1926). — *(11)* Ebenda **203**, 343 (1928). — *(12)* Ber. Dtsch. Chem. Ges. **62**, 1974 (1929). — *(12a)* Ehrlich, F.: Ber. Dtsch. Chem. Ges. **65**, 352 (1932). — *(13)* Ehrlich, F., u. R. v. Sommerfeld: Biochem. Ztschr. **168**, 263 (1926).

(14) Fellenberg, Th. v.: Mitt. Lebensmittelunters. Schweiz. Gesundheitsamt 5, 172, 225 (1914); **6**, 1 (1915); Biochem. Ztschr. **85**, 45, 118 (1918).

(15) Griebel, C.: Ztschr. f. Unters. Lebensmittel **54**, 175 (1927).

(16) Haar, W. van der: Anleitung zum Nachweis, zur Trennung und Bestimmung der reinen und aus Glykosiden usw. erhaltenen Monosaccharide und Aldehydsäuren. Berlin 1920.

(17) Nanji, D. R., F. J. Paton u. A. R. Ling: Journ. Soc. Chem. Ind. **44**, 253 (1925). — *(18)* Neuberg, C.: Der Harn. Berlin 1911. — *(18a)* Neuberg, C., u. M. Kobel: Biochem. Ztschr. **243**, 435 (1932). — *(19)* Ebenda **179**, 459 (1926).

(20) Rehorst, K.: Ber. Dtsch. Chem. Ges. **62**, 519 (1929).

(21) Suchářipa, R.: Die Pektinstoffe. Braunschweig 1925.

(22) Tollens, B.: Handbuch der Kohlehydrate, 3. Aufl. Leipzig 1914. — *(23)* Tollens, B., u. Lefèvre: Ber. Dtsch. Chem. Ges. **40**, 4513 (1907).

(24) Weinmann, F.: Ber. Dtsch. Chem. Ges. **62**, 1637 (1929); Biochem. Ztschr. **236**, 87 (1931). — *(25)* Willstätter u. Schudel: Ebenda **51**, 780 (1918). — *(26)* Wisselingh, C. van: Die Zellmembran. In K. Linsbauer: Handbuch der Pflanzenanatomie 3, 2. Berlin 1925.

G. Konstitution und Morphologie des Lignins.

Von Karl Freudenberg und Walter Dürr, Heidelberg.

Mit 8 Abbildungen.

I. Die chemische Konstitution des Lignins.

a) Einleitung.

Das Ligninproblem ist unter vielfältigen Gesichtspunkten — technologischen, botanischen, chemischen — zusammenfassend behandelt worden, so in den Monographien von Fuchs und Kürschner. Der Ausgangspunkt der folgenden Kapitel ist die Konstitutionschemie. Unter ähnlichem Gesichtspunkte sind bisher vornehmlich zwei Zusammenfassungen geschrieben worden, die unter R. Willstätters Leitung angefertigte Dissertation von Endre Ungar (37) und das dem Lignin gewidmete Kapitel des Werkes „Die Chemie der Cellulose und ihrer Begleiter" von K. Hess (27). Im folgenden kam es darauf an, mit absichtlicher Ausschließlichkeit die brauchbaren *chemischen* und *physikalischen* Tatsachen zusammenzufassen.

Die Forschungen der letzten Jahre haben ergeben, daß das Lignin, an seinem Prototyp, dem Fichtenholzlignin gemessen, eine chemische Substanz von einigermaßen deutlichen Umrissen ist. Es gleicht hierin dem Galläpfeltannin, z. B. dem chinesischen Tannin. Hier hat die Forschung das Bauprinzip und die summarische Zusammensetzung aus den Bausteinen ermitteln können (3). Nachdem das Prinzip erkannt war, fiel der Konstitutionsforschung die Aufgabe zu, die Grenzen abzustecken, innerhalb deren Variationen vorkommen.

Das Galläpfeltannin besteht aus einem Gemisch endlich begrenzter, nach demselben Bauprinzip zusammengefügter Moleküle, wie etwa in kleinerem Maßstabe die Fette; das Lignin hat dagegen, in der chemischen Formelsprache ausgedrückt, ein unendlich großes Molekül. Es gleicht hierin der Cellulose. Emil Fischer hat dieses Polysaccharid gleichfalls als hochmolekular angesehen. Aber schon aus dem Umstande, daß er in die „Polysaccharide" auch die Di- und anderen Oligosaccharide einbezog (4), geht hervor, daß er sich über die Größenordnung keine bestimmte Vorstellung machte und den uns heute geläufigen Unterschied zwischen dem endlichen Molekül der einzelnen Tanninanteile oder der Oligosaccharide und der Cellulose nicht ins Auge gefaßt hat. Für Proteine schwebten ihm Molekulargewichte von 4000—5000 vor (5). Noch 1921 konnte für die Cellulose ein Molekül von der Größenordnung und valenzmäßigen Abgeschlossenheit des Tannins diskutiert werden. Als diese Auffassung fiel, betrat die Forschung zwei Wege, um die Grenze des Molekülbegriffes hinauszuschieben. K. Freudenberg entwickelte und stützte seit 1921 (6) die Vorstellung „kontinuierlicher Cellobioseketten", die sich seither durchgesetzt hat, besonders seit Sponsler (1926) (7) das Röntgenbild mit der Vorstellung sehr langer Ketten in Einklang brachte. Eine andere, inzwischen aufgegebene Richtung versuchte durch Annahme von Gitterkräften, die zwischen kleinen Molekülen wirken sollten, die Grenze des Molekülbegriffs zu sprengen.

Das Ergebnis ist im Falle der Cellulose die Vorstellung sehr langer Ketten, die einheitlich nach einem einzigen Bauprinzip gebildet sind. Der Unterschied vom Tannin ist ein doppelter: bei diesem endliche Moleküle, die innerhalb scharf umrissener Möglichkeiten in ihrem Aufbau variieren; dort praktisch endlose Ketten — von mehreren hundert Gliedern —, die aber streng nach einem einzigen Bindungsprinzip errichtet sind. Beiden ist gemeinsam eine Eigenschaft, die weniger von grundsätzlicher Bedeutung als von Wichtigkeit für den Experimentator ist: die experimentelle Möglichkeit, durch Abbauverfahren die einzelnen Bausteine herauszuarbeiten.

Das Lignin vereinigt den Typus des Tannins mit dem der Cellulose. Mit dem Tannin hat es gemeinsam die Freiheiten der Variation innerhalb gewisser Grenzen, die abzustecken der eine Teil der Aufgabe ist; mit der Cellulose hat es gemeinsam das praktisch endlose Molekül. Es vereinigt in sich also gerade diejenigen Eigenschaften, die der experimentellen Behandlung und der Begriffsbildung die größten Schwierigkeiten gemacht haben. Dazu kommt, daß bisher kein Verfahren gefunden ist, das eine saubere Zerlegung in einfache Bausteine erlaubt.

Es ist daher verständlich, daß die Auffassungen über die Konstitution des Lignins nach der begrifflichen Seite weit auseinander gehen und die Bewertung der einzelnen experimentellen Beobachtungen höchst ungleichmäßig ist. Im folgenden wird die hier gegebene Begriffsbildung vorweggenommen, um sie Schritt für Schritt zu begründen. „Formeln" nach Art begrenzter Moleküle, oder solche, die zwar mit dem Begriff der Polymerisation arbeiten, aber das Polymerisationsprinzip eines in gewissen Grenzen variablen Bausteines nicht erkennen lassen, können nicht oder nur beiläufig behandelt werden.

Lignin ist eine durch chemische Reaktionen und Zusammensetzung gekennzeichnete *chemische Substanz*, oder besser gesagt, ein Gemisch einander äußerst nahestehender Substanzen. In diesem und keinem anderen Sinne sollte die Bezeichnung Lignin auch bei kolloidchemischen, technischen oder botanischen Betrachtungen verwendet werden.

b) Eigenschaften und Chemie des Fichtenholzlignins.

1. Allgemeines.

Von den im Abschnitt von L. KALB beschriebenen Präparaten eignen sich nur wenige zur Erforschung der Konstitution. Viele ältere Ergebnisse sind an Präparaten gewonnen worden, die später durch andere, verbesserte ersetzt werden konnten. Außerdem sind alle qualitativen Angaben nur von beschränktem Werte. Quantitative Feststellungen, die im Falle des Lignins allein Wert haben, müssen aber an sorgfältig ausgewählten Präparaten erarbeitet werden. Da die quantitative Analyse im Vordergrund der Ligninforschung steht, ist die Materialfrage von entscheidender Bedeutung.

Zur Begründung dieser grundsätzlichen Behauptung sollen einige Erläuterungen eingeschaltet werden. Wenn durch irgendwelche präparative Operationen im Chinin sekundäres Hydroxyl, im Morphin sekundäres und phenolisches Hydroxyl festgestellt wird oder wenn die Cellobiose Aldehydreaktionen zeigt, so muß das Formelbild dieser zwar komplizierten, aber endlich begrenzten Moleküle über jene Gruppen Rechenschaft geben. Beim Lignin jedoch, dessen Reaktionen ebenfalls auf sekundäres Hydroxyl sowie Aldehydgruppen hinweisen, erhebt sich die Frage, ob solche Gruppen anzusehen sind als

1. typisch, d. h. ob sie Bestandteile der im Riesenmolekül vielmals wiederkehrenden Bausteine sind, wie z. B. das primäre Hydroxyl jedes einzelnen Glucosegliedes der Cellulose oder der Stickstoff des Chitins, das aus sehr vielen Glucosamingliedern aufgebaut ist;

2. akzessorisch, wie z. B. die jodbläuende zweifellos anhydrische Endgruppe der Stärke, die in Spuren vorhandene, Kupfer reduzierende Gruppe der Cellulose oder die esterartig gebundene Phosphorsäure bestimmter Stärkepräparate.

Im ersteren Falle stehen die festgestellten Gruppen in stöchiometrischem Verhältnis zu den übrigen Gruppen der Bausteine, im zweiten Falle stehen sie zu diesen in einem wechselnden, der Menge nach untergeordneten Verhältnis. Das Hydroxyl des Lignins ist typisch, die Aldehydgruppe, falls überhaupt vorhanden, akzessorisch.

Die qualitative Feststellung irgend einer Gruppe im Lignin erhält erst Bedeutung, wenn Sicherheit darüber besteht, daß in dem zum Versuch dienenden Präparat der *Typus Lignin* einheitlich vorliegt und wenn die quantitative Bestimmung die Frage nach den stöchiometrischen Beziehungen zu anderen Gruppen beantwortet. Die Frage, ob eine Gruppe typisch oder akzessorisch ist, steht deshalb im Vordergrund der Konstitutionsforschung des Lignins. Die typischen Gruppen müssen im Konstitutionsschema zum Ausdruck kommen; die akzessorischen können erst beim feineren Ausbau des Schemas berücksichtigt werden. Sie stehen im gesamten Problem an Bedeutung zurück und müssen verstärkter Kritik unterworfen werden, weil sie von Beimengungen herstammen können.

Die molekulare Konzentration der typischen Gruppen übertrifft die der akzessorischen um Größenordnungen; über die Zuteilung zu diesen beiden Gruppen kann nur die Messung entscheiden.

Alle diese Betrachtungen setzen zweierlei als erwiesen voraus:

1. daß Präparate zur Untersuchung zur Verfügung stehen, in denen der Typus Lignin frei von Beimengungen fremder Körperklassen ist wie Kohlenhydrate, Gerbstoffe und andere;

2. daß im Lignin ein oder mehrere bestimmte, konstitutionschemisch zu ermittelnde Bausteine wiederkehren, die nach einem oder mehreren Bindungsprinzipien verknüpft sind; mit anderen Worten, daß Lignin hochpolymer ist, und zwar homöopolymer oder heteropolymer.

Aus dem bisher Gesagten geht hervor, daß wir diese Annahmen mit gewissen Vorbehalten bejahen. Die Frage nach der Einheitlichkeit kann für sich behandelt werden, während die nach dem polymeren Charakter zusammen mit der Struktur des Bausteins betrachtet werden muß (Kap. b 6 u. 7).

2. Die Einheitlichkeit der Ligninpräparate.

Das oben zum Vergleich herangezogene Morphin nennen wir einheitlich, weil es alle Kennzeichen — Molekulargewicht, konstante Analysenwerte, Krystallform, Schmelzpunkt usw. — besitzt, die wir bei einer Substanz erwarten, deren Moleküle identisch sind.

Indem wir dem Begriff eine etwas andere Bedeutung beilegen, nennen wir einheitlich ein Substanzgemisch wie das Tannin, wenn alle Moleküle nach *einem Schema* aufgebaut sind und außer den für die Substanz charakteristischen Bausteinen — beim Tannin Glucose und Gallussäure — keine weiteren Bausteine nachweisbar sind. Wir fordern gegebenenfalls noch, daß sich das Gewicht der einzelnen Moleküle innerhalb bestimmter, im Einzelfall zu definierender Grenzen hält und daß eine im Mittel sich ergebende, in den verschiedenen, als „einheitlich" zu bezeichnenden Präparaten übereinstimmende Elementarzusammensetzung vorliegt. Die Unterscheidung ist ähnlich der bei den Elementen eingeführten: wir unterscheiden „Reinelemente", die nur aus einem Isotop bestehen, und „Mischelemente", die aus einem gleichbleibenden Gemisch isotoper Atome gleicher Kernladung bestehen. In Analogie hierzu können wir sagen: Der Morphinkrystall ist eine „Reinsubstanz", das Tanninteilchen eine „Mischsubstanz", wenn wir von einer „Substanz" in diesem Falle eine ähnliche Einheitlichkeit verlangen wie von einem Element.

Lignin kann nur nach Art einer solchen „Mischsubstanz" einheitlich sein. Im folgenden wird Einheitlichkeit in diesem Sinne verstanden. Vom Lignin, dessen „Moleküle" wohl von der Größenordnung der Partikelchen selbst sind, wird verlangt, daß diese bezüglich der darin vorkommenden Bausteine sowie einer oder verschiedener Verknüpfungsarten übereinstimmen, während für die Partikel- (Molekül-) Größe und die Verteilung der Bausteine innerhalb des Strukturschemas keine Übereinstimmung verlangt wird.

Praktisch lautet die Forderung, daß in den Präparaten neben der typischen Ligninsubstanz keine Reste und Umwandlungsprodukte der Kohlenhydrate, Eiweißstoffe, Gerbstoffe usw. vorkommen. Vor allem die „Humine" aus Kohlenhydraten, sowie die Gerbstoffe und andere zur Bildung schwerlöslicher Kondensationsprodukte neigende Begleitstoffe sind zu beachten.

Keine Gewähr für die Einheitlichkeit ist gegeben bei den durch alkalischen Aufschluß verholzter Faser gewonnenen „Alkaliligninen". Der Angriff des Alkalis, das zur Bildung von vorher nicht vorhandenen Carboxyl- oder Phenolgruppen führt, ist ebenso wenig einheitlich wie die gleichzeitig einsetzende Oxydation;

Zersetzungsprodukte der alkaliempfindlichen Kohlenhydrate lassen sich nicht abtrennen. Tatsächlich scheint es, als seien irgendwelche Tatsachen, die für die Struktur des Lignins maßgebend sind, noch nicht an „Alkaliligninen" ermittelt worden.

Ähnliches gilt für die „Ligninacetale". Es ist zwar denkbar, daß aus einem mit Alkohol-Benzol sowie verdünntem Alkali extrahierten ausgesuchten Holzmehl die Ligninkomponente mit Alkoholen sowie Glykolen und Säure einigermaßen einheitlich in Lösung gebracht wird; aber es kann ebensogut sein, daß Umsetzungsprodukte der Kohlenhydrate mit in Lösung gehen und nicht mehr abtrennbar sind; das Kriterium der Einheitlichkeit fehlt, da Alkohole, sowie Glykole und Glycerin bei der Bestimmung nach ZEISEL Methoxyl vortäuschen und somit die Methoxylbestimmung illusorisch machen. Der neuerdings (8) verwendete Benzylalkohol ist vielleicht besser brauchbar.

Die „Phenollignine", technische Sulfitablauge (auch nach Reinigung über Aminsalze), sowie die technischen, bei der Holzverzuckerung abfallenden Lignine sind ebenfalls zur Konstitutionsforschung ungeeignet.

Nachdem R. WILLSTÄTTER und L. ZECHMEISTER (42) die Darstellung des bekannten Salzsäurelignins gefunden hatten, begannen alsbald R. WILLSTÄTTER und E. UNGAR (37) eine umfassende Prüfung des experimentellen Materials an dem nunmehr zur chemischen Untersuchung geeigneten Lignin. Die Darstellung wurde später von R. WILLSTÄTTER und L. KALB (41) sowie von K. FREUDEN-BERG und H. URBAN (18) verbessert. Für eine erneute chemische Durchforschung benutzte K. FREUDENBERG das nach seinem Verfahren dargestellte Lignin (19) (Abschnitt von L. Kalb).

Für die Einheitlichkeit dieses Präparates spricht zunächst der hohe Methoxylgehalt (16,5 %, bei besonders ausgesuchtem Fichtenholzmehl bis 1 % mehr) (11, 25). Es ist nicht gelungen, diesen Betrag zu überschreiten. Weitere Kriterien sind: der gleichbleibende Gehalt an aliphatischem Hydroxyl (18, 15, 17) und Methylendioxygruppen (13, 14), die Elementarzusammensetzung (19, 17), die Abwesenheit von Phenolhydroxyl (15, 17), Abwesenheit von alkalilöslichen Anteilen und von Kohlenhydraten. Eine weitere Stütze ist die Tatsache, daß sorgfältig bereitete und gereinigte Sulfitablauge, wenn ihr Gehalt an —SO_3H berücksichtigt wird, in allen Punkten dieselbe Elementarzusammensetzung nebst Methoxylgehalt usw. besitzt (8).

3. Die Elementarzusammensetzung.

Selbst nach 1—2tägigem Trocknen des Lignins unter 1 mm Druck bei 130° wird bei Verbesserung des Vakuums (flüssige Luft) noch 1—2 % Wasser abgegeben (17). Berücksichtigt man dies, so lassen sich folgende Ziffern angeben:

Gef. C 66—67 %; H 6,1; OCH_3 16,8 %; OCH_2 1,2 % (geschätzt 1,5); OH 9,6 %; —C=C—1,7 %.
$\qquad\qquad\qquad\qquad\qquad\qquad\qquad\qquad\qquad\qquad\qquad\qquad\qquad\quad$ H H

Um diese Zahlen auf die typische Gruppe zu reduzieren, werden die akzessorischen Gruppen folgendermaßen eliminiert: Für 1,5 OCH_2 wird derselbe Betrag OCH_3 in Rechnung gestellt. Dies ist zulässig, weil die Dioxymethylengruppe bestimmt ebenso wie die Methoxylgruppe aromatisch gebunden ist. Aus

$$\diagdown\!\!\diagup O \qquad \text{wird dadurch} \qquad \diagdown\!\!\diagup OCH_3 .$$
$$\qquad\quad O{-}CH_2 \qquad\qquad\qquad\qquad\qquad\qquad O$$

Die Äthylengruppe (1,7 % —C = C—) wird in —C———C umgerechnet, indem
$\qquad\qquad\qquad\qquad\qquad\quad$ H H $\qquad\qquad\quad$ HOH H_2

1,2% Wasser zugezählt werden, die 0,1% Wasserstoff und 1,1% OH enthalten. Die obigen Analysenzahlen werden somit auf 101,2 statt 100 bezogen, der Wasserstoffgehalt wird 6,2, der Methoxylgehalt 18,3, der Hydroxylgehalt 10,7. Wieder auf 100 zurückgerechnet, ergibt sich:

Gef. C 65,2—66,2; H 6,1; OCH_3 18,1; OH 10,6; (—O—) 9,2.

Die letzte Zahl ist aus der Differenz berechnet. Ohne die Korrektur der etwas unsicheren Äthylengruppe ergibt sich:

Gef. 66—67% C; 6,1 H; 18,3 OCH_3; 9,6 OH; (—O—) 8,8.

    I $C_8H_6(OCH_3)(OH)(—O—) = C_9H_{10}O_3$
       Ber. C 65,0; H 6,1; OCH_3 18,7; OH 10,2; (—O—) 9,6.

   II $C_9H_6(OCH_3)(OH)(—O—) = C_{10}H_{10}O_3$
       Ber. C 67,3; H 5,7; OCH_3 17,4; OH 9,5; (—O—) 9,0.

  III $C\text{-}H\text{-}(OCH_3)(OH)(—O—) = C_{10}H_{12}O_3$
       Ber. C 66,6; H 6,7; OCH_3 17,2; OH 9,4; (—O—) 8,9.

Die zugrunde liegenden Kohlenwasserstoffe sind I′ C_8H_{10}, II′ C_9H_{10} oder III′ C_9H_{12}.

Zu Formel II bzw. II′ haben wir das größte Zutrauen, zu I bzw. I′ das geringste. Vielleicht steht ein Mittelwert zwischen II und III bzw. II′ und III′ der Wirklichkeit am nächsten.

Der Kohlenwasserstoff C_8H_{10} enthält 4 Doppelbindungen oder eine Ringbindung und 3 Doppelbindungen. Da ein Octatetraen nicht in Frage kommt, bleibt nur Äthylbenzol oder Xylol.

C_9H_{10} kann nur Allyl-Benzol, Isopropyliden-Benzol, Methyl-Styrol oder Hydrinden sein.

C_9H_{12} könnte Nonatetraen sein, das aber aus anderen Gründen ausgeschlossen ist. Propylbenzol oder ein isomeres Benzolderivat ist allein möglich.

In allen Fällen wird aus der Elementarzusammenstellung ein Benzolring gefordert (11). Wollte man die beiden Tetraene in Erwägung ziehen, so müßten auch im Lignin selbst zahlreiche konjugierte Doppelbindungen vorkommen, oder es müßten *zwei* sauerstoffhaltige Heterocyclen angenommen werden. Es ist aber nur *ein* ätherartiges Sauerstoffatom vorhanden. Benzo-furan oder Benzopyransysteme sind dagegen möglich, wenn der Grundkohlenwasserstoff Äthyl-, Allyl- oder Propyl-benzol ist.

4. Einzelne Gruppen und Reaktionen.

Die Brenzcatechingruppe. Geht man einen Schritt weiter und nimmt man den Benzolkern in der aus vielen Gründen naheliegenden

Anordnung A   —O⟨benzene ring⟩—C , H_3CO

an, so müßten bei quantitativem Verlauf der Kalischmelze 62% Brenzcatechin oder 86% Protocatechusäure entstehen. Qualitative Hinweise auf die angegebene Gruppierung sind schon seit langem für Betrachtungen über die Konstitution des Lignins benutzt worden, so das spurenweise Auftreten von Vanillin bei oxydativen Veränderungen des Lignins oder der Sulfitablauge. Trotz mancherlei gegenteiliger Behauptungen können nur weniger als 2% Vanillin aus Ligninpräparaten gewonnen werden, und es muß darauf hingewiesen werden, daß die Vanillin liefernde Gruppe akzessorisch sein könnte. Selbstverständlich ist die Gegenwart von Methoxyl ein starker Hinweis auf die Vanillingruppierung.

Ähnlich sind die Folgerungen zu bewerten, die sich auf das Coniferin stützen. Dieses Glucosid des Oxy-methoxy-zimtalkohols

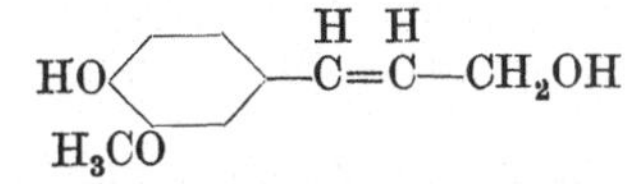

$$HO\!\!-\!\!\langle\rangle\!\!-\!\!\underset{H_3CO}{}\!\!C\!\!\overset{H}{=}\!\!C\!\!\overset{H}{-}\!\!CH_2OH$$

kommt in reichlicher Menge im Cambialsaft vor. Es ist sehr wahrscheinlich, daß zwischen Coniferinalkohol und Lignin ein biochemischer Zusammenhang besteht (KLASON); aber über die quantitativen Verhältnisse ist damit nichts ausgesagt.

Leider verläuft auch die Kalischmelze in quantitativer Hinsicht sehr unbefriedigend. Bis 260° wird das Lignin nicht tiefgreifend abgebaut, darüber findet unter Wärmeentwicklung eine starke Reaktion statt. Das Ergebnis ist neben viel Oxalsäure wenig Protocatechusäure, die schwer von der Oxalsäure zu trennen ist. Dies gelingt jedoch nach der Methylierung, da die entstehende Veratrumsäure leicht zu bestimmen ist. Mehr als 13% Protocatechusäure einschließlich Spuren von Brenzcatechin sind nicht nachweisbar, also nur ein Siebentel der erwarteten Menge (8,14). Da aber Eugenol

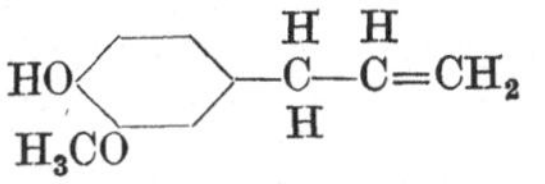

$$HO\!\!-\!\!\langle\rangle\!\!-\!\!\underset{H_3CO}{}\!\!\underset{H}{\overset{H}{C}}\!\!-\!\!C\!\!\overset{H}{=}\!\!CH_2$$

bei der Kalischmelze ebensowenig Brenzcatechinderivate liefert (14), kann in dem Ergebnis kein Beweis gegen das vorwiegende Vorkommen des Brenzcatechinsystems im Lignin erblickt werden. So viel ist aber sicher, daß die Brenzcatechinanordnung zu den typischen und nicht den akzessorischen Anteilen des Lignins gehört.

Das Absorptionsspektrum des Lignins steht gleichfalls mit der Anordnung A in Einklang (24, 26). Auch hier läßt sich sagen, daß diese Komponente typisch und nicht nur accessorisch ist. Ob aber 10, 20 oder 60% des Lignins dieser Gruppe angehören, entscheiden die Aufnahmen nicht.

Wichtig ist der hohe Brechungsexponent 1,61 des Lignins (19, 17), der durchaus in die Gruppe des Guajacols, Vanillins und Eugenols weist. Hier kann wohl auch ausgesagt werden, daß die Anordnung A in überwiegender Menge anwesend sein muß. Natürlich können hier wie bei den Absorptionsmessungen isomere Gruppierungen dasselbe Ergebnis liefern.

Die Elementaranalyse und Verteilung des Sauerstoffes sowie die Kalischmelze weisen auf Dioxybenzol, und zwar Brenzcatechin hin. Als typischer Bestandteil ausgeschlossen, höchstens als akzessorischer zulässig, ist Benzol, das nicht mit Sauerstoff substituiert oder nur einfach damit substituiert ist. Wo solche Systeme in Spuren angetroffen wurden, ist außerdem ihre sekundäre Bildung möglich. Das ist bewiesen bei den von FR. FISCHER und SCHRADER sowie von W. FUCHS (17, 28) bei der Druckoxydation festgestellten Benzolpolycarbonsäuren und ist sehr wahrscheinlich bei der von M. PHILLIPS und M. J. GOSS (35) beobachteten Anissäure[1]

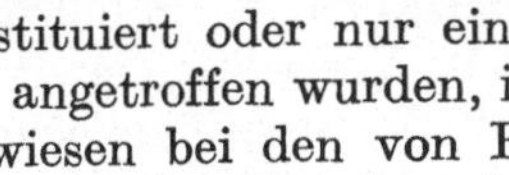

$$CH_3O\!\!-\!\!\langle\rangle\!\!-\!\!COOH\,.$$

Diese in Bruchteilen eines Prozentes bei der Oxydation von Produkten der Zinkstaubdestillation gewonnene Säure kann von dem Isovanillinsystem stammen, das schon früher wahrscheinlich gemacht wurde, oder es kann die Methyl-

---

[1] Das verwendete Lignin stammt aus Maisspindeln. Das gleichzeitig beobachtete Hydroeugenol ist ebenfalls in zu geringer Menge entstanden, um weitere Schlüsse zu erlauben.

gruppe gewandert sein, wie dies bei hohen Temperaturen leicht vorkommt (36). Ebensowenig lassen sich für das Buchenholzlignin Schlüsse ziehen aus dem spurenweisen Auftreten der m-, m- Dimethoxy-benzoesäure bei ähnlicher Behandlung (39). Hier war die erhaltene Menge unzureichend, um reine Schmelzpunktsproben herzustellen.

Alle Hinweise vereinigen sich demnach beim Fichtenlignin auf das Gerüst der Protocatechusäure

$$HO{-}\langle{=}\rangle{-}\overset{|}{\underset{|}{C}}{-}\,,\quad HO{-}$$

wobei zunächst offen bleibt, ob der Vanillin-, Isovanillin-typus oder beide nebeneinander vorliegen. Später wird gezeigt, daß mindestens zwei substitutionsfähige Wasserstoffatome im Kern vorhanden sind (19).

Die Methoxylgruppe. Bestimmung. Präparate, die mit Alkohol oder Äther in Berührung waren, müssen zunächst mit Wasser aufgekocht und dann getrocknet werden, weil anderenfalls die organischen Lösungsmittel auch bei schärfstem Trocknen adsorbiert bleiben und die Analyse verfälschen. Zur Mikroanalyse muß äußerst fein gepulvert und gemischt werden, weil die geringste Inhomogenität des Materials große Verschiedenheiten verursachen kann. Gutes Fichtenlignin enthält 16—17% OCH_3. Die Methoxylgruppe verhält sich wie aromatisch gebundenes Methoxyl. Dies wurde durch vergleichende Behandlung mit Jodwasserstoff festgestellt (11). Die Resistenz gegen wäßrige Alkalien oder Säuren zeigt, daß nur eine Methyläther-, nicht eine Ester- oder Acetalgruppe in Frage kommt. Aliphatische Methyläther, z. B. der Cellulose, werden bedeutend leichter von Jodwasserstoff angegriffen als Lignin, das sich in dieser Hinsicht wie der Methyläther eines Phenols verhält.

Trotzdem ist es möglich, daß die Methoxyle den Benzolkern an verschiedenen Stellen substituieren. Es ist nicht ausgeschlossen, daß im Lignin neben dem Vanillintyp

$$-O{-}\langle{=}\rangle{-}\overset{|}{\underset{|}{C}}{-}$$
$$OCH_3$$

der des Isovanillins vorkommt.

$$H_3CO\cdot\langle{=}\rangle{-}\overset{|}{\underset{|}{C}}{-}$$
$$\underset{|}{O}$$

Das Lignin des Buchenholzes hat einen höheren Methoxylgehalt (21—22%) als das des Fichtenholzes (40). Vorsichtig bereitete Sulfitablauge besitzt noch den gesamten Methoxylgehalt des ursprünglichen Lignins (8).

Die Dioxymethylengruppe. Die geringe Menge Formaldehyd (0,9—1,2%), die mit heißer Säure aus dem Fichtenlignin abgespalten wird (13, 14, 17), ist lange Zeit für Furfurol gehalten worden und hat Anlaß zu der irrtümlichen Annahme gegeben, daß Lignin Pentosane enthalte. Da Formaldehyd aus verdünnter wäßriger Lösung nicht, Furfurol aber leicht ausgeäthert werden kann, ist die Unterscheidung leicht durchzuführen. Der Formaldehyd wird mit Dimedon bestimmt. Gelegentlich auftretende Spuren von Acetaldehyd konnten auf einen geringen Gehalt des verwendeten Äthers an Acetaldehyd oder Acetal zurückgeführt werden (8).

Der Formaldehyd ist aus dem Lignin unter denselben Bedingungen abspaltbar wie aus Piperonylsäure oder anderen aromatischen Methylendioxyverbindungen, z. B. Narcein, Narcotin. In allen Fällen wird nur ein Teil des Formaldehyds gefunden, der wirkliche Gehalt des Lignins an acetalartig gebundenem Formaldehyd dürfte 1,5% sein, also etwa ein Zehntel des Methoxyls. Bei der Betrachtung der Struktur des Lignins darf er nicht vernachlässigt werden.

Erhitzt man Lignin mit verdünntem Alkali unter Luftabschluß mehrere Tage auf 100°, so wird der Formaldehyd abgespalten, ohne daß Lignin in Lösung geht (8). Im Lignin sind die der Dioxymethylengruppe entsprechenden zwei Phenolhydroxyle jetzt nachweisbar; qualitativ gibt sich das an der Graugrünfärbung mit Eisenchlorid zu erkennen. Das technische, sog. Torneschlignin enthält keinen Formaldehyd mehr, da er bei der Behandlung mit verdünnter Säure bei 170° abgespalten wird (8).

Das freie Hydroxyl. Die durchaus zu den typischen Gruppen gehörige Hydroxylgruppe (18, 15, 17) ist lange übersehen worden. Sie kann durch Titration nach VERLEY und BÖLSING (38), sowie durch Acetylierung, Methylierung, Toluolsulfonierung oder sonstige Veresterung nachgewiesen werden und steht mit ausreichender Genauigkeit im stöchiometrischen Verhältnis zur Methoxylgruppe.

Zwecks Titration wird ein Gemisch von Essigsäureanhydrid und Pyridin ohne und mit Lignin bei 35° aufbewahrt und titriert. Essigsäureanhydrid gibt ungeachtet des anwesenden Pyridins den gesamten vom Zerfall in Essigsäure herrührenden acidimetrischen Titrationswert; die mit Lignin versetzte Probe verbraucht weniger Lauge, entsprechend den mit dem Lignin veresterten Acetylgruppen. Auf diese Weise hergestelltes Acetyl-lignin gibt bei der Acetylbestimmung Werte, die mit der Titration übereinstimmen.

Mit Toluolsulfochlorid läßt sich das Hydroxyl gleichfalls umsetzen; allerdings reagieren in diesem Falle, wohl wegen der Sperrigkeit des Chlorids, nur etwa 90% der Hydroxyle. Derartiges Toluolsulfolignin enthält etwa 40% Toluolsulfogruppen, trotzdem ist im mikroskopischen Aussehen ebenso wie beim Acetyllignin kein Unterschied gegenüber dem Lignin selbst wahrzunehmen.

Die Hydroxylgruppe kann primär, sekundär, tertiär oder phenolisch sein. Primäres Carbinol ist schon deshalb ausgeschlossen, weil es in stöchiometrisch verlaufender Reaktion zu Carboxyl oxydierbar sein müßte. Der oxydative Angriff auf das Lignin verläuft jedoch gänzlich anders.

Zur Kennzeichnung des Hydroxyls wurde die Umsetzung des Toluolsulfolignins mit Hydrazin (18, 15, 17) benutzt. Primäres, mit Toluolsulfosäure verestertes Carbinol wird dabei vorwiegend durch Hydrazin ersetzt; sekundäres wird teils ersetzt, teils mit benachbartem Wasserstoff abgespalten unter Hinterlassung einer ungesättigten Verbindung; tertiäres ist noch nicht untersucht und dürfte vorwiegend abgespalten werden; Phenolester der Toluolsulfosäure bilden das freie Phenol zurück, wobei ein Äquivalent der besonders leicht wahrnehmbaren Toluolsulfinsäure entsteht (durch Reduktion des entstandenen Toluolsulfo-hydrazids durch Hydrazin). Der Reaktionsverlauf schließt Phenol und primäres Carbinol aus. Er ist unter der Annahme von sekundärem Carbinol einwandfrei zu erklären, da etwa zur Hälfte Substitution durch den Hydrazinrest, zur anderen Hälfte Wasseraustritt erfolgt[1]. Über die Möglichkeit eines tertiären Carbinols läßt sich wenig aussagen, da bisher keine Toluolsulfoester tertiärer Alkohole bekannt sind. Sie scheinen sich schwer zu bilden. Dennoch muß neben sekundärem auch tertiäres Carbinol in Betracht gezogen werden.

---

[1] Die Ähnlichkeit der Ringsysteme des Lignins mit denen des Catechins kann auch vermuten lassen, daß Hydrazin unter Lösung von C—C-Bindungen eintritt. Vgl. Ann. **436**, 286 (1924).

Der Umstand, daß bisher eine saubere Dehydrierung zum Keton mit keinen Mitteln erreicht wurde, könnte zugunsten tertiären Hydroxyls ausgelegt werden. Aber es gibt nicht selten sekundäre Carbinole, insbesondere alicyclische, die gleichfalls nicht dehydrierbar sind (z. B. Diacetonglucose, Tetramethylcatechin). Beim Lignin kommt hinzu, daß alle Reaktionen in der festen Phase verlaufen, was mancherlei Behinderung erklären könnte.

In der Ligninsulfosäure ist die Hydroxylgruppe (eine auf jedes Methoxyl) unverändert vorhanden (8).

Mit Diazomethan ist, wie bei Polysacchariden, nur eine unvollständige Methylierung des Hydroxyls zu erreichen. Dagegen führt Dimethylsulfat zur vollständigen Verätherung. Das Methyllignin hat sehr vorteilhafte Eigenschaften, insbesondere gegenüber Reagenzien, die den Benzolkern substitutieren. Morphologisch und in seiner Unlöslichkeit ist es nicht vom Lignin zu unterscheiden.

Der Äthersauerstoff. Von den 3 Sauerstoffatomen der Grundsubstanz ist eines in der Methoxyl-, das zweite in der Hydroxylgruppe untergebracht. Für das dritte fehlt jeder direkte Nachweis. Einzig die tiefe Grünfärbung, die Lignin mit starken Mineralsäuren annimmt und die beim Verdünnen sofort verschwindet, läßt auf Äthersauerstoff, vielleicht cyclischen, schließen. Doch hat diese Reaktion keine quantitative Bedeutung.

Über den Charakter dieses Äthersauerstoffs läßt sich wenig aussagen. Jodwasserstoff scheint ihn bis 150° weder im Lignin noch der Ligninsulfosäure anzugreifen (8). Damit ist ein aliphatischer Äther ausgeschlossen. Aromatische Äther, z. B. Diphenyloxyd, zeigen sich resistent gegen Jodwasserstoff. Aber auch cyclische Äther, in denen der Sauerstoff auf einer Seite von Benzol flankiert ist, sind widerstandsfähig. Bekanntlich kann in Flavonen, Flavonolen und Anthocyanidinen die Jodwasserstoffsäure das heterocyclische Sauerstoffatom nicht angreifen. Vom Äthersauerstoff des Lignins läßt sich also aussagen, daß er auf der einen Seite von Phenyl flankiert ist, während die andere Komponente unbekannt ist.

Wasserstoffatome des Kerns. Substitution. Es ist schon lange bekannt, daß Halogene sowie Salpetersäure energisch auf Lignin einwirken. Hier interessiert die Frage, ob hierbei Addition an eine Doppelbindung oder Substitution eines Benzolkernes eintritt. Im Falle der Halogene muß bei dem letzteren Vorgang ein Äquivalent Halogenwasserstoff auftreten. Um dieselbe Frage auch für die Nitrolignine zu entscheiden, wurde die *Einwirkung von Stickstoffdioxyd* untersucht, weil Salpetersäure zu viele Nebenreaktionen verursacht. Hierbei muß entweder NO_2 addiert werden, oder es muß für jede eintretende Nitro-gruppe ein Äquivalent salpetrige Säure oder, was dasselbe bedeutet, ein halbes Äquivalent Stickoxyd auftreten.

Die Reaktion führt zur Hauptsache zum Monosubstitutionsprodukt (12), z. B.

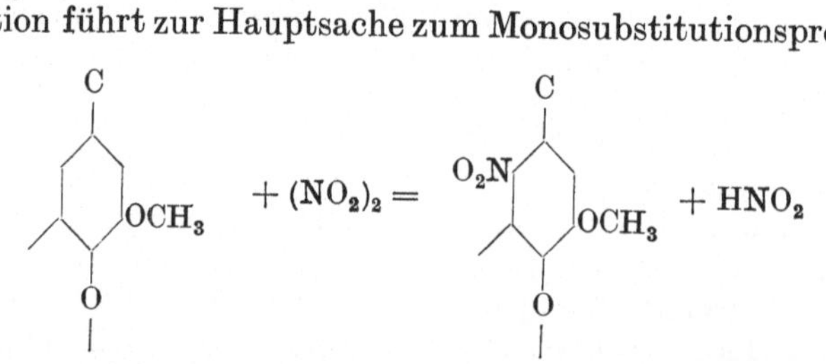

Hierbei tritt Stickoxyd als Zerfallsprodukt der salpetrigen Säure in der erwarteten Menge auf. Gleichzeitig wird in einer Nebenreaktion $^1/_5$—$^1/_3$ des Methyls abgespalten. Die Einwirkung des Stickstoffdioxyds verläuft am einfachsten am Methyllignin.

Wenn ein solcher Reaktionsverlauf den gewünschten Aufschluß geben soll, muß er die ausreichende Übersichtlichkeit besitzen. Er muß vor allem auch mit einem Überschuß des Reaktionsmittels zum Stillstand kommen und darf von keiner störenden Nebenreaktion, wie etwa Oxydation, in nennenswertem Maße begleitet sein. Die unmittelbare Wirkung von wäßrigem Chlor oder Brom auf Lignin führt zu einem außerordentlich großen Verbrauch von Halogen und endet in der Bildung halogenreicher, wasserlöslicher Produkte von chinonartiger Beschaffenheit. Dagegen ist *Brom in Bromwasserstoff* verwendbar (11), weil dieser die Hydrolyse von Brom und damit die Oxydationswirkung zurückdrängt. Lignin nimmt für jedes Methoxyl ein Atom Brom auf, das sich hinterher in fester Bindung in dem unverändert aussehenden Bromlignin vorfindet. Zugleich wird etwas mehr als ein weiteres Atom in Bromwasserstoff übergeführt. Dieser Mehrbetrag rührt von einer Nebenreaktion her, bei der ein Teil ($^1/_3$—$^1/_4$) des Methyls abgespalten wird. Man darf die Hauptreaktion als glatte Substitution formulieren, z. B.

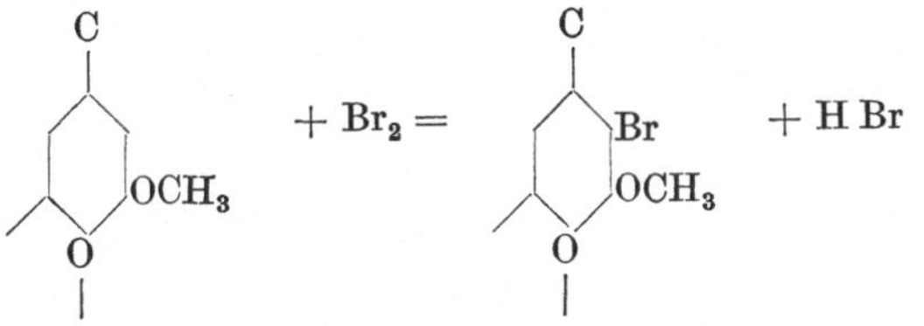

$$\text{(Ringstruktur, } C,\ OCH_3,\ O) + Br_2 = \text{(Ringstruktur, } C,\ Br,\ OCH_3,\ O) + HBr$$

(wobei die Stellung des eintretenden Broms willkürlich gewählt ist), und kann für die zweite Reaktion, die nur zu einem Drittel abläuft, Bildung von o- oder p-Chinon annehmen, wobei weiterer Bromwasserstoff gebildet sowie Brommethyl oder Methylalkohol abgespalten wird. Die Hauptreaktion darf als gesichert angesehen werden.

Von besonderer Bedeutung ist die Tatsache, daß Bromlignin nitriert und Nitrolignin bromiert werden kann in einem Ausmaße, das auf die Gegenwart von mindestens 2 substitutionsbereiten Kernwasserstoffatomen schließen läßt (17).

Die sauberste Substitutionsreaktion des Lignins besteht in der Einwirkung von *Quecksilberacetat* in warmer alkoholischer Lösung (17). In das unlösliche Lignin oder Methyllignin tritt an Stelle eines Wasserstoffatoms die einwertige Quecksilberacetatgruppe, und zwar 0,8 Atom Hg

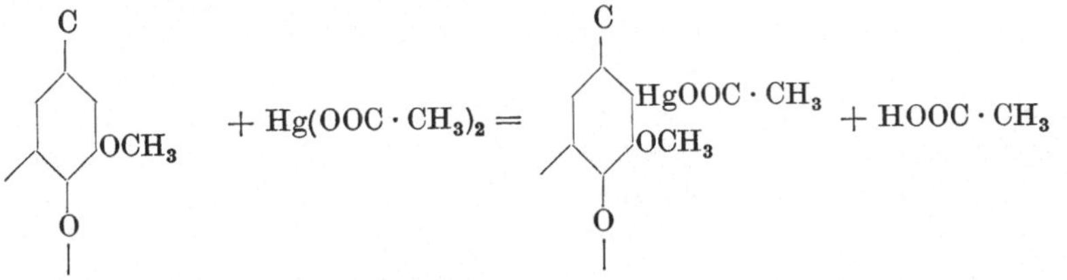

$$\text{(Ringstruktur, } C,\ OCH_3,\ O) + Hg(OOC \cdot CH_3)_2 = \text{(Ringstruktur, } C,\ HgOOC \cdot CH_3,\ OCH_3,\ O) + HOOC \cdot CH_3$$

für ein ursprüngliches Methoxyl. Daß nicht ein ganzes Atom eintritt, mag mit dem sperrigen Bau des Quecksilberacetats zusammenhängen, oder es liegt ein Teil des Lignins in einer anderen, der obigen isomeren Form vor, die weniger leicht reagieren könnte. Das mit 30—40% Quecksilber beladene Lignin oder Methyllignin hat das morphologische Bild vollkommen unverändert beibehalten. Durch Jod wird die Quecksilberacetatgruppe quantitativ ersetzt. Auch das Jodlignin sieht unverändert aus. Methyl wird bei diesen Reaktionen nicht abgespalten.

Diese Reaktionen weisen sämtlich auf die Anwesenheit eines Benzolkerns hin, der an mindestens 2 Stellen substituierbar ist.

Kondensationsprodukte mit Alkoholen. Die Bildung dieser wenig erforschten Substanzen, die zu Unrecht den Namen Ligninacetale tragen, wurde von

J. Grüss (21) entdeckt. Holz gibt an heißen Alkohol, der wenig wäßrige Mineral-säure enthält, den Ligninanteil ganz oder zum Teil ab. Isoliertes Lignin löst sich in niederen Alkoholen weniger leicht, dagegen wird es in Gegenwart von wenig Säure, Glykol, Glykol-methyläther, Benzylalkohol leicht in Lösung ge-bracht. Auch Phenole lösen leicht. Das Lignin nimmt bei der Reaktion an Ge-wicht zu (17), die Lösungsmittel reagieren also mit dem Lignin. Dies ist im besonderen für Chlorphenol bewiesen worden, da das Reaktionsprodukt chlor-haltig ist (30).

Es dürfte nicht zweifelhaft sein, daß es sich hier um die von Fr. Gün-ther (22) entdeckte Kondensation von Alkoholen mit aromatischen Stoffen handelt.

Die Selbstkondensation des Salicylalkohols

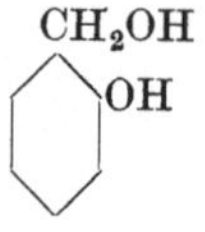

$$CH_2OH$$

oder des Catechins

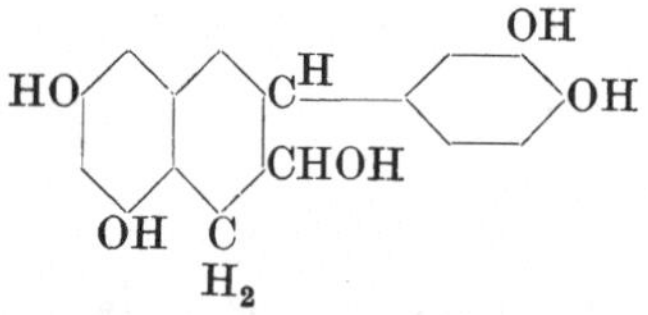

gehört in dieselbe Kategorie. In diesen beiden Fällen reagiert das Carbinol des einen Moleküls mit einem Benzolkern des anderen, und die Reaktion kann be-liebig fortgesetzt werden.

Bei der Kondensation des Lignins mit einfachen Alkoholen scheint außer-dem eine teilweise Ätherbindung mit dem freien Hydroxyl einzutreten oder eine teilweise Umätherung. Denn bei Verwendung von Äthylalkohol entsteht ein Produkt, das außer Methoxyl auch Äthoxyl enthält (23); vgl. auch S. 129.

Diazobenzolsulfosäure läßt sich, wenn auch nicht in stöchiometrischem Ausmaße, mit Lignin kuppeln (33). Das alkalilösliche Reaktionsprodukt ist zum Spreitungsversuch verwendet worden (17) s. S. 140.

Es ist möglich, daß wie bei Gerbstoffen (1) die *Sulfitierung* — Bildung von Ligninsulfosäure — auf einer Substitution des Kernes beruht.

Die Doppelbindung. Die Reaktion mit Brom hat die *Abwesenheit* einer bromierbaren, mit dem Methoxyl oder den anderen typischen Gruppen im stöchiometrischen Verhältnis stehenden Äthylenbindung ergeben. Von den 3 Benzol-Kohlenwasserstoffen, auf welche der Baustein des Lignins zurück-geführt werden kann, läßt nur einer, C_9H_{10}, eine Doppelbindung in der Seiten-kette zu. Einsatz der typischen Gruppen in diesen Kohlenwasserstoff würde

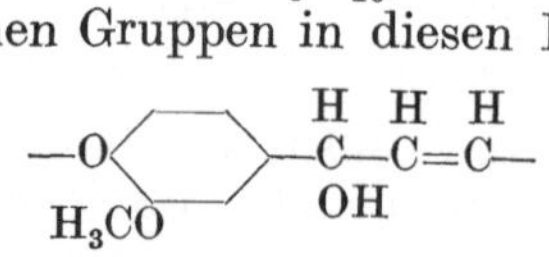

als die einzige denkbare ungesättigte Formel für den Baustein des Lignins er-geben, in welchem danach die Vinyläthergruppe

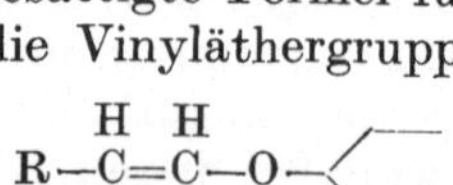

die einem Halbacetal gleich zu werten ist, vorkäme. Das ist aber angesichts der Festigkeit dieser Bindung unmöglich. Abgesehen davon fehlt jeder unmittelbare experimentelle Hinweis für das Vorkommen einer Doppelbindung unter den

typischen Gruppen. Läge die obige Formel vor, so sollte mit Bleitetra-acetat
ein Acetyl-lignin

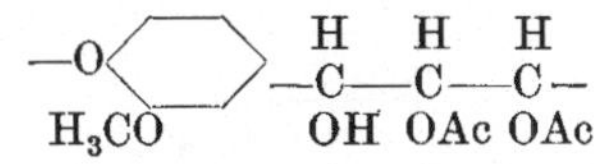

$$-O\diagup\!\!\diagdown\!\!\diagdown\ \underset{H_3CO}{}\quad \overset{H\ H\ H}{-C-C-C-}\ \underset{OH\ OAc\ OAc}{}$$

mit 28 °/₀ Acetyl entstehen. Es wird zwar Acetoxyl aufgenommen, so daß im
Reaktions-produkt 5—6 °/₀ Acetyl gefunden werden (17); aber dieser Betrag
weist erst für jeden achten Vanillylrest auf eine Doppelbindung hin. Möglicherweise ist die Zahl der Doppelbindungen noch geringer, und es kann sein, daß
diese Doppelbindungen dadurch zustande kommen, daß in einem kleinen Teil
der Bausteine die Gruppe

$$\overset{H\ H}{-C-C-}\underset{OH\ H}{}$$

Wasser abspaltet. Die Doppelbindung nimmt ebenso wie die Methylendioxyd-
gruppe eine Zwischenstellung zwischen den typischen und den akzessorischen
Gruppen ein. In den weiter unten beschriebenen ringförmigen Kondensationsprodukten ist die Gegenwart von Doppelbindungen leichter zu erklären.

Die Ligninsulfosäure. Die Konstitutionsforschung kann sich nur auf Präparate verlassen, die aus ausgesuchtem Fichtenholz in schonender Weise bei nicht
mehr als 120° hergestellt sind. Da bei der Kochung große Mengen von Kohlenhydraten in Lösung gehen, muß die Ligninsulfosäure von diesen getrennt werden.
Dies geschieht zweckmäßig durch Fällen mit Chinolin[1] und Zerlegen des Niederschlags mit Alkali (8). Das Chinolin wird ausgeäthert, und der Rest mit Wasserdampf im Vakuum abdestilliert. Durch Elektrodialyse wird die Ligninsulfosäure
schließlich von Mineralbestandteilen befreit; sie wird durch Eindunsten ihrer
wäßrigen Lösung als hellbraunes Pulver gewonnen.

Der Gehalt an Schwefel (ca. 4 °/₀) zeigt an, daß etwa in jede vierte Vanillyl-
gruppe eine SO_3H-Gruppe eingetreten ist. Sie läßt sich acidimetrisch und potentio-
metrisch titrieren. Rechnet man diese Gruppe ab, so ist die Elementarzusammensetzung des Lignins unverändert geblieben; auch der Gehalt an Methoxyl und
Dioxymethylen ist der gleiche; durch Methylierung läßt sich das aliphatische
Hydroxyl nachweisen (8).

Auch im starken Potentialgefälle durchdringt die Ligninsulfosäure nicht
die Pergamentmembran; ihr mittleres Molekulargewicht muß viele Tausende
betragen. Es ist selbstverständlich, daß die Teilchengröße sehr schwankt, und
obendrein dürfte die Sulfogruppe sehr unregelmäßig über die Teilchen verteilt
sein. Kleine Teilchen mit viel Sulfogruppen werden leichter lösliche Salze bilden
als große mit wenig Sulfogruppen; daraus läßt sich z. B. das Vorkommen von
Naphtylaminsalzen verschiedener Löslichkeit erklären. Die in der Literatur
verzeichneten Versuche, die abgestufte elektrolytische Dissoziation der Ligninsulfosäure zu deuten, müssen an der Ungleichartigkeit der Teilchen scheitern.

Die Bildung der Ligninsulfosäure kann in einer Anlagerung an eine Doppelbindung bestehen:

$$\overset{H\ H}{-C{=}C-}\ +\ HSO_3H\ =\ \overset{H\ H}{-C-C}\underset{H\ SO_3H}{}$$

Da aber mehr Sulfogruppen eintreten als Doppelbindungen im Lignin vorhanden
sind, müßten zuerst Doppelbindungen entstehen:

$$\overset{H\ H}{-C-C-}\underset{H\ OH}{}\ =\ \overset{H\ H}{-C{=}C-}\ +\ H_2O$$

---

[1] Weil dieses als tertiäres Amin keine Kondensationsprodukte liefert und daher leicht
zu entfernen ist.

Möglicherweise entsteht zuerst ein Ester der schwefligen Säure

$$\begin{array}{cc} \mathrm{H} & \mathrm{H} \\ -\mathrm{C} & -\mathrm{C}- \\ \mathrm{H} & \mathrm{O}\cdot\mathrm{SO_2}, \end{array}$$

der sich direkt in Sulfosäure umlagert oder schweflige Säure abspaltet unter Bildung einer Doppelbindung. Anlagerung von schwefliger Säure ist besonders in der Gruppe der Zimtsäure gut bekannt.

Neben dieser Auffassung von der Ligninsulfosäure kommt noch Sulfurierung des Kernes in Betracht, die bei Phenolen oder Phenolderivaten vorkommt. Da während des Kochprozesses teilweise Disproportionierung der schwefligen Säure eintritt, kann folgendes Reaktionsschema in Betracht kommen:

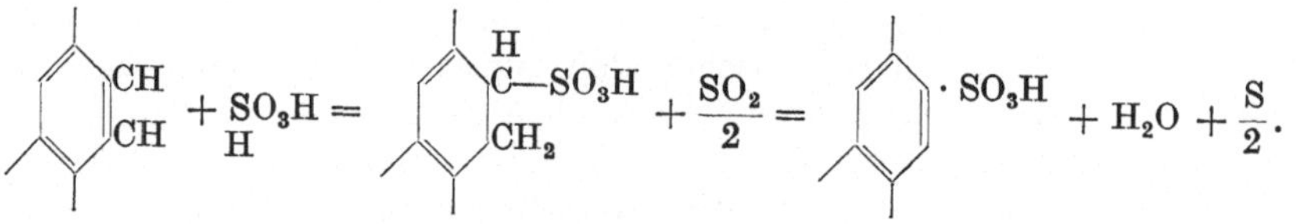

$$\text{CH}\atop\text{CH} + \text{SO}_3\text{H}\atop\text{H} = \begin{array}{c}\text{H}\\ \text{C—SO}_3\text{H}\\ \text{CH}_2\end{array} + \frac{\text{SO}_2}{2} = \cdot\,\text{SO}_3\text{H} + \text{H}_2\text{O} + \frac{\text{S}}{2}.$$

Die Zusammensetzung der Ligninsulfosäure macht es wahrscheinlich, daß bei der Sulfurierung alles oder fast alles Hydroxyl erhalten bleibt. Daraus wäre zu schließen, daß tatsächlich Sulfurierung des Kernes vorliegt.

Optische Aktivität kann nur an gelösten Präparaten untersucht werden. Ligninsulfosäure ist inaktiv (8); die starke Färbung macht allerdings eine genaue Beobachtung unmöglich, und es könnte dennoch eine spezifische Drehung von einigen Graden vorliegen. Es ist jedoch sehr wahrscheinlich, daß während der Kochung Razemisierung eingetreten wäre, falls Lignin überhaupt optisch aktiv ist. Versuche mit der Lösung des Natriumsalzes von Azobenzolsulfo-lignin, die in der Kälte herstellbar ist, haben gleichfalls zur Feststellung geführt (8), daß die spezifische Drehung, falls sie vorhanden ist, geringer als 5° sein muß. Da jedoch alles zur Untersuchung gelangte Lignin nach seiner Entstehung durchschnittlich viele Jahre im Holze geruht hat, ist es denkbar, daß in dieser langen Zeit schon bei gewöhnlicher Temperatur Razemisierung eingetreten ist. Ein ähnlicher Fall liegt beim Catechin aus altem Akaziaholz vor (16). Beim Lignin liegt das Asymmetriezentrum möglicherweise nahe an Benzolkernen und ist daher der Razemisierung leichter zugänglich als z. B. die Carbinole der Zucker, deren Aktivität so beständig ist wie die Substanz selbst. Die Inaktivität der Ligninderivate steht daher nicht in Widerspruch mit der Anwesenheit einer asymmetrischen Gruppe.

Akzessorische Gruppen. Die eigentliche Farbreaktion auf Lignin — Rotfärbung mit Salzsäure und Phloroglucin — ist durchaus untypisch, da sie von verschiedensten Methoxy- und Oxybenzolderivaten mit ungesättigter Seitenkette gegeben wird (2), unter anderem vom Coniferylalkohol

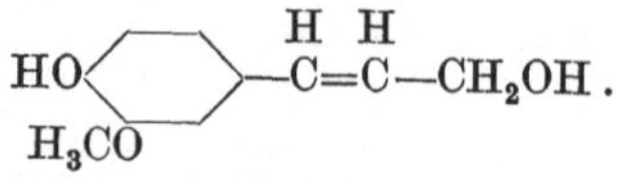

$$\mathrm{HO}\!\!-\!\!\!\begin{array}{c}\\ \bigcirc\\ \mathrm{H_3CO}\end{array}\!\!\!-\mathrm{C}\!\!=\!\!\mathrm{C}\!-\mathrm{CH_2OH}.$$

Eine quantitative Angabe der reagierenden Gruppe ist unmöglich, und es ist nicht einmal feststellbar, ob sie dem Lignin selbst oder einer in Spuren anwesenden Beimengung angehört.

Ähnlich steht es mit der Reaktion auf Aldehyde. Schon die Gelbfärbung, die Fichtenholz mit Alkalien zeigt, deutet auf die Anwesenheit von freiem Oxyaldehyd hin, wobei es dahingestellt bleibt, ob dieser dem Lignin angehört. Isoliertes

Lignin gibt mit Anilin und anderen Aminen gelbe Färbungen, die durch Bildung SCHIFFscher Basen gedeutet werden. Das direkte Bindungsvermögen des isolierten Lignins für Hydrazin ist jedoch sehr gering (15).

Über weitere, ähnlich zu bewertende Farbreaktionen ist im Abschnitt von L. KALB berichtet worden.

Oxydation und Reduktion. Ein Konstitutionsschema des Lignins muß der beachtenswerten Tatsache Rechnung tragen, daß durch gelinde Oxydation einzelne periphere Carboxylgruppen entstehen, die das Teilchen alkalilöslich machen, ohne das gesamte Gefüge nennenswert zu verändern. Tiefer greifende Oxydation führt aber stets zu einfachsten Abbauprodukten wie Ameisen-, Essig- und Oxalsäure. Es gelingt nicht, ein molekulardisperses Zwischenprodukt der Oxydation zu fassen; ein solches muß vielmehr, falls es zwischendurch entsteht, sehr oxydabel sein. Das ist verständlich, wenn als Zwischenprodukte des oxydativen Abbaus Phenole entstehen. Die unten gegebenen Formeln lassen einen solchen Vorgang erwarten.

Obwohl die quantitative Bestimmung noch fehlt, dürfte feststehen, daß bei der nassen Oxydation des Lignins *Essigsäure* gebildet wird in einem Ausmaße, das auf das Vorkommen der typischen Gruppe $CH_3 \cdot C$— hinweist. Mit Ozon entsteht 1—2% Essigsäure (8). Ob die esterartig gebundene Essigsäure des Holzes (1—2%) der Ligninkomponente angehört, ist nicht erwiesen. Die Abwesenheit von Bernsteinsäure in den Oxydationsprodukten des Lignins sowie des mit Jodwasserstoff reduzierten Lignins (8) wird auf S. 146 besprochen. Die Reduktion verwandelt bei energischer Einwirkung (250°) von Jodwasserstoff und Phosphor einen Teil des Lignins in ein Gemisch von Kohlenwasserstoffen verschieden hohen Molekulargewichts, deren durchschnittliche Zusammensetzung $(C_1H_{1,6})_x$ (41) ist. Nach heutiger Auffassung ließe sich daraus folgern, daß Ketten vorliegen, in denen 4 Glieder der Formel I mit einem Glied der

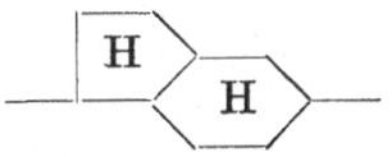

I C_9H_{14} 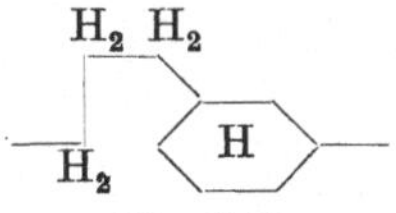   II C_9H_{16}

Formel II abwechseln. Solche Mischungen würden der angegebenen Zusammensetzung entsprechen und im Einklang stehen mit den weiter unten vorgeschlagenen Formeln.

Bei 150° scheint nach neueren Versuchen ein Produkt zu entstehen (8), das dem Lignin nahesteht, aber entmethyliert ist und das aliphatische Hydroxyl verloren hat. In diesem hochmolekularen Produkt scheint das Kohlenstoffgerüst des Lignins noch erhalten zu sein. Auch das Äthersauerstoffatom ist noch vorhanden.

Die Zinkstaubdestillation. Bei 400° entstehen ölige Destillate (35), aus denen definierte Produkte in so winzigen Mengen isoliert wurden, daß sie für Schlüsse auf die Konstitution nicht herangezogen werden können (vgl. S. 131).

Alkalischmelze. Die Einwirkung von Alkali führt unter 260° zu oberflächlich veränderten, alkalilöslichen Produkten, die noch hochmolekular sind. Erst bei der genannten Temperatur setzt der stark exotherm verlaufende Zusammenbruch des Lignins ein. Offenbar wird eine bestimmte Bindung der Bausteine gesprengt, die wir weiter unten zu definieren suchen. Was übrigbleibt, sind molekulardisperse Spaltstücke — vor allem Protocatechusäure (nachweisbar bis 13%) (8, 14), Ameisen-, Essig- und Oxalsäure sowie Zersetzungsprodukte.

Bei der hohen Temperatur, die für die Kalischmelze nötig ist, geht etwa entstehende Dicarbonsäure in Monocarbonsäure über, da von allen Dioxybenzol-

dicarbonsäuren nur die Protocatechusäure unter diesen Bedingungen standhält.
Das Ergebnis der Kalischmelze beweist also nichts gegen die Annahme, daß
der Protocatechurest

$$-\text{O}\cdot\left\langle\begin{array}{c}\\ \bigcirc \\ \end{array}\right\rangle-\text{C}$$
$$-\text{O}\cdot$$

noch an einer anderen Stelle durch Kohlenstoff substituiert ist. Weiteres ist
bereits auf S. 130 und 131 mitgeteilt.

5. Molekulare Beschaffenheit.

Lignin ist in situ, also im Holze, reaktionsfähiger als im isolierten Zustande.
Offenbar findet während der Isolierung eine weitere Kondensation statt. Das
sog. genuine Lignin läßt sich nicht isolieren oder in Gestalt brauchbarer Derivate
der Untersuchung zuführen. Das einzige zuverläsige Material ist, wie schon
oben erwähnt, das isolierte, hochkondensierte Lignin sowie sorgfältig gereinigte
Ligninsulfosäure. Beide haben ein sehr hohes „Molekulargewicht", das nicht
definierbar ist, da die Teilchen bestimmt nicht unter sich gleich sind. Alle Versuche zur Molekulargewichtsbestimmung halten wir für völlig zwecklos, besonders
auch deshalb, weil hochmolekulare Substanzen häufig bei den üblichen Meß-
verfahren kleine Molekulargewichte vortäuschen.

Der Unterschied zwischen genuinem und isoliertem Lignin ist nur gradueller,
nicht grundsätzlicher Art. Insbesondere fällt auf, daß der Lösungsvorgang
bei Behandlung mit Alkoholen und Säuren sowie mit Bisulfit am isolierten
Lignin stark verzögert ist. Dies kann einer dichteren Packung zugeschrieben
werden; das Ligningefüge schrumpft etwas bei der Isolierung. Da es aber nahezu
quantitativ „durchreagiert" wie ein gelöster Körper, möchten wir für die geringe
Reaktionsfähigkeit des isolierten Lignins eine andere Ursache vermuten. Ein
einzelnes Teilchen des genuinen Lignins soll beispielsweise die willkürlich ge-
wählte Molekülgröße 4000 haben. Es wird zu seiner Löslichmachung einer bestimmten Anzahl, sagen wir 6, einzuführender Alkohol- oder Sulfogruppen bedürfen. Wird es kondensiert, z. B. auf das 5fache, so wird das Teilchen, das jetzt
die Größe 20000 besitzt, *mehr* als 5 mal 6 eingeführte Gruppen brauchen, um
in Lösung zu gehen. Das Konstitutionsschema des genuinen Lignins muß derart
sein, daß eine Fortsetzung der Kondensation erklärlich wird. Dabei bleibt zunächst die Frage offen, ob das Kondensationsprinzip, das vom genuinen zum
isolierten Lignin führt, dasselbe ist wie das von den Bausteinen zum genuinen
Lignin führende oder ein anderes. Die später zu besprechende Tatsache, daß
das isolierte Lignin die ursprüngliche Lage des genuinen, wenn auch nach einer
gewissen Schrumpfung, beibehält (Erhaltung des morphologischen Aufbaus),
läßt darauf schließen, daß sich die kondensationsbereiten Stellen leicht zuein-
anderfinden ohne nennenswerte Veränderung der Lage des Teilchens. Der feste
Zusammenhalt des isolierten Ligningefüges, der an Zunder erinnert, läßt außerdem auf eine dreidimensionale Ausbildung des Teilchens schließen. Hiermit
stimmt der Spreitungsversuch überein, der mit Lignin ausgeführt wurde, das
durch Kuppelung mit diazobenzolsulfosaurem Natrium in Lösung gebracht
war. Die Dicke beträgt etwa 20 Å (17).

Sämtliche Reaktionen des ungelösten Lignins, die oben geschildert sind,
beweisen, daß es „durchreagiert". Es ist eine permutoide Substanz, deren Gruppen
sämtlich offen liegen. Das Röntgendiagramm ist das einer amorphen Substanz.
Reagenzien brauchen keine meßbare Zeit zur Durchdringung des Gefüges und
reagieren sofort mit allen Gruppen. Alles dies läßt auf eine vollständig wirre
Anordnung schließen („ideal amorph", s. weiter unten).

Trotz der Inhomogenität der Reaktionsmischungen verlaufen die Methylierung und Acetylierung, also die wichtigsten Umsetzungen des Carbinols, quantitativ. Die Veresterung mit Toluolsulfochlorid gelingt dagegen nur zu 80—90%. Hieran dürfte die Sperrigkeit der Toluolsulfosäure schuld sein. Dasselbe gilt für die Kernsubstitution durch Quecksilberacetat. Bromierung und Nitrierung des Kernes scheinen dagegen quantitativ zu verlaufen, sind aber durch Nebenreaktionen in ihrer Schärfe beeinträchtigt. Hier zeigt sich die immer wiederkehrende Schwierigkeit der Ligninchemie; während bei moleculardispersen Substanzen Nebenreaktionen dadurch überwunden werden, daß man das Hauptprodukt durch Krystallisation oder sonstwie von den Nebenprodukten abtrennt, bleiben hier alle Reaktionsprodukte in ein und demselben Gefüge untrennbar vereinigt.

Über andere, mit der molekularen Beschaffenheit zusammenhängende Erscheinungen ist in den Abschnitten über die Oxydation und die Kalischmelze berichtet worden. Es handelt sich um die Erscheinung, daß periphere Gruppen in Carboxyl verwandelt werden ohne tiefgreifende Veränderung des gesamten Gefüges. Erst weitere Einwirkung verursacht Auftrennung in kleinere Stücke.

6. Polymerer Zustand.

Im Kapitel b 1 wurde die Behauptung aufgestellt, daß das Lignin hochpolymer ist, und zwar homöopolymer oder heteropolymer. Unter diesem Gesichtspunkte sind sämtliche experimentellen Feststellungen der voranstehenden Kapitel b 2—b 5 betrachtet worden. Es muß unbedingt verlangt werden, daß diese Auffassung nunmehr näher begründet wird, da sie den Ausgangspunkt für alle weiteren Betrachtungen über die Konstitution des Lignins bildet.

Hochmolekulare Substanzen, zu denen Lignin ohne jeden Zweifel rechnet, können grundsätzlich nach zwei Prinzipien aufgebaut sein, die wir an ihren Grenzfällen betrachten wollen. Der eine Grenzfall ist der homöopolymere Aufbau, gekennzeichnet durch das Beispiel der Cellulose. Mit einer Gleichmäßigkeit, die sich mit der Verfeinerung des Experiments immer klarer ergibt, reiht sich ein und derselbe Baustein in ein und derselben Bindungsweise zu einer einheitlichen Kette zusammen. Der einfachste Fall ist das Fadenmolekül eines sehr hochmolekularen normalen Paraffins. Außer diesem eindimensionalen homöopolymeren Aufbau ist der zweidimensionale (Graphit oder sein hypothetisches Hydrierungsprodukt) sowie der dreidimensionale (Diamant) bekannt. Es ist verständlich, daß die Möglichkeiten für zwei- und insbesondere dreidimensionalen homöopolymeren Aufbau sehr beschränkt sein müssen, wenn wie hier nur Kovalenzverbindungen betrachtet werden.

Für den anderen Grenzfall wollen wir wiederum das Morphin als Beispiel heranziehen. Nach Prinzipien, die durchaus undurchsichtig sind, fügt sich Atom an Atom und Gruppe an Gruppe, ohne daß ein Atom dem anderen oder eine Gruppe der anderen gleicht. Kaum eine Bindungsart kehrt auch nur zweimal wieder: das eine Hydroxyl ist aromatisch, das andere aliphatisch (hydroaromatisch), ein drittes Sauerstoffatom ist cyclisch gebunden; die drei Substituenten des Stickstoffatoms sind verschieden. Es wäre denkbar, daß die Natur mit der gleichen Unregelmäßigkeit weiterbauen und statt eines Moleküls von der Größe 300 ein solches von 3000 hervorbringen könnte, in dem sich kein regelmäßig wiederkehrendes Bauprinzip erkennen ließe.

Es läßt sich feststellen, daß in einem heute überwundenen Stadium der Ligninforschung eine Strukturformel gesucht wurde nach denselben Gedankengängen, die zur Formel des Morphins geführt haben. Warum lehnen wir diese Betrachtungsweise heute mit Bestimmtheit ab?

Obwohl die an molekulardispersen Substanzen erprobten Methoden (Krystallisation, Darstellung einheitlicher Derivate, Bestimmung des Molekulargewichts usw.) versagen, lassen sich einfache stöchiometrische Beziehungen zwischen den wichtigsten Gruppen, wie Hydroxyl, Methoxyl, Äther-sauerstoff, feststellen. Schon in einem Teilchen von der Größe 3000, die sicher viel zu niedrig gegriffen ist, müßten je 16—17 dieser Gruppen vorliegen, und es ist kein Anzeichen dafür vorhanden, daß die einzelnen Gruppen in verschiedener Weise gebunden sind (für das Methoxyl kommen möglicherweise zwei einander sehr ähnliche Bindungsweisen in Betracht). Weiterhin hat die Untersuchung ergeben, daß 7 von je 10 Kohlenstoffatomen in methoxylierten Benzolringen vorliegen, die von mindestens einem achten substituiert sind. Diese Hinweise, die sich vermehren ließen, genügen, um eine gewisse Periodizität der Gruppen sicherzustellen, wie sie bei hochpolymeren Substanzen vorliegt. Damit schließt sich das Lignin den übrigen hochpolymeren Naturkörpern an.

Wenn wir somit den einen, am Beispiel des Morphins gekennzeichneten Grenzfall ablehnen, so müssen wir auch den anderen einer einheitlichen, homöopolymeren Substanz ausschließen. Schon der Formaldehyd der Dioxymethylengruppe, die in keinem einfachen stöchiometrischen Verhältnis zu den Hauptgruppen — dem Brenzcatechinrest, Methoxyl, Hydroxyl, Äthersauerstoff — steht, zeigt, daß der Grenzfall der Homöopolymerie nicht erreicht wird. Der gleiche Hinweis ist gegeben durch das verschiedene Verhalten der Methoxylgruppen bei der Bromierung und Nitrierung.

Die begrenzte Periodizität, die wir zu fordern haben, kann auf zwei Wegen zustande kommen, die wir an zwei Beispielen erläutern wollen, dem Tannin und den Proteinen. Die letzteren sind im wesentlichen nach dem Schema —NH · CHR · CO— aufgebaut, in dem R variiert. Das Schema erlaubt unbegrenzte Ausdehnung. Tannin dagegen oder die Fette enthalten eine als Gerüst dienende Komponente, den Zucker oder das Glycerin, deren Hydroxyle verestert sind. Substanzen der letzteren Art können zwar hochmolekular sein, schwerlich aber ein Molekulargewicht von vielen Tausenden erreichen. Ihr Kennzeichen wird immer sein, daß eine *Gerüst*substanz vorliegt (Glycerin bei den Fetten und Zucker beim Tannin), die entweder anderer Art ist oder in anderer Bindung vorkommt als die übrigen Komponenten des Moleküls. Das Lignin könnte z. B., wie dies schon vorgeschlagen wurde, einen zentralen Benzolkern besitzen, an den die übrigen Bausteine durch maximal 6fache Kondensation angegliedert wären. Dies würde bedeuten, daß dieser zentrale Teil anderer Zusammensetzung wäre als die peripheren Glieder des Moleküls, und daß die einmal fertigen Moleküle sich untereinander nicht weiter verknüpfen könnten. Das Lignin besteht dagegen nur aus Bausteinen, die einander sehr ähnlich sind und ist offenbar weiterer Kondensation fähig.

Wir halten das Lignin für heteropolymer wie ein Proteinmolekül, das aus 3 oder 4 verschiedenen einander sehr ähnlichen Aminosäuren aufgebaut ist, und glauben, daß im Gegensatz zu Polypeptidketten auch das Verknüpfungsprinzip, innerhalb gewisser Grenzen variiert, ähnlich wie die Esterbindung bei Fetten oder Tanninen.

<h3 style="text-align:center">7. Konstitution.</h3>

Wir wollen zunächst die Formel $C_8H_6(OCH_3)\,(OH)\,(\cdot O\cdot)$ zurückstellen (S. 147) und dem Baustein des Lignins die Zusammensetzung $C_9H_6(OCH_3)\,(OH)\,(\cdot O\cdot)$ und $C_9H_8(OCH_3)\,(OH)\,(\cdot O\cdot)$ zuerteilen in der

Anordnung I

Die 3 C-Atome außerhalb des Benzolkerns fügen wir diesem als normale Kette
an, weil in dieser Anordnung die einfachste Konstitutionsformel für das Lignin
entworfen werden kann, und weil der Typus

$$\cdot O \cdot \langle C_6H_4 \rangle - C \big\langle\!\!\begin{array}{l} C \\ C \end{array} \qquad \text{oder} \qquad \cdot O \cdot \langle C_6H_4 \rangle - C - C$$

(H$_3$CO, H$_3$C)

in der Natur nicht oder selten beobachtet wird. Letzterer würde sich außerdem
in der Alkalischmelze als Methyl-protocatechusäure zu erkennen geben. Eines
der beiden Sauerstoffatome ist methyliert, das andere anderweitig veräthert.

Das nicht methylierte Sauerstoffatom der Anordnung I kann nicht, wie
dies neuerdings versucht wurde (32), als Diphenyloxyd im Sinne der folgenden
Anordnung untergebracht werden, weil im Lignin auf jeden Benzolkern *ein*
Äther-sauerstoffatom kommt.

$$C - C - C - \langle C_6H_3(OCH_3) \rangle - O - \langle C_6H_3(OCH_3) \rangle - C - C - C.$$

Eines der O-Atome der Anordnung I ist methyliert, das andere muß in Ätherbindung stehen mit einem der 3 C-Atome des nächsten Bausteins. Nimmt man
p-ständige Verätherung *ohne* Kernkondensation an (und Methylierung in m-
Stellung; Vanillintyp), so ergeben sich unter Berücksichtigung des aliphatischen
Hydroxyls die Möglichkeiten der Verknüpfung Ia, Ib und Ic

Ia $\cdot O \cdot \langle C_6H_3 \rangle - \overset{H}{\underset{H}{C}} - \overset{H}{\underset{OH}{C}} - \overset{H}{\underset{H}{C}} - O \cdot \langle C_6H_3 \rangle - \overset{H}{\underset{H}{C}} - \overset{H}{\underset{OH}{C}} - \overset{H}{\underset{H}{C}} - \; ;$ (H$_3$CO)

Ib $\cdot O \cdot \langle C_6H_3 \rangle - \overset{H}{\underset{OH}{C}} - \overset{H}{\underset{H}{C}} - \overset{H}{\underset{H}{C}} - O \cdot \langle C_6H_3 \rangle - \overset{H}{\underset{OH}{C}} - \overset{H}{\underset{H}{C}} - \overset{H}{\underset{H}{C}} - \; ;$ (H$_3$CO)

Ic $\cdot O \cdot \langle C_6H_3 \rangle - \overset{H}{\underset{OH}{C}} - \overset{CH_3}{\underset{H}{C}} - O \cdot \langle C_6H_3 \rangle - \overset{H}{\underset{OH}{C}} - \overset{CH_3}{\underset{H}{C}} - .$ (H$_3$CO)

Weitere Möglichkeiten verbieten sich, weil keine primäre Hydroxylgruppe
vorhanden ist und das Hydroxyl nicht am gleichen Kohlenstoff wie der Äthersauerstoff haften kann. Statt des para-Sauerstoffatoms kann auch das meta-
ständige veräthert sein und die Methylgruppe in para-Stellung stehen (Isovanillin-
typ). Schließlich kann der endständige Baustein durch die Methylendioxy-gruppe

$$\overset{O-}{\underset{H_2C - O}{\big\langle C_6H_3 \big\rangle}}$$

abgeschlossen sein. Aus der Menge des abspaltbaren Formaldehyds wird auf
etwa 12 Bausteine in einer Kette geschlossen; eine solche Kette würde dem
Primärlignin entsprechen (Schema A, wenn die Formel Ia zugrunde gelegt wird);
statt Verknüpfung in p-Stellung ist teilweise eine solche in m-Stellung möglich.

$$O - \langle C_6H_3 \rangle \underset{H_2C-O}{} - \overset{}{\underset{H_2\ HOH\ H_2}{C-C-C}} - \Big(O - \langle C_6H_3 \rangle \underset{OCH_3}{} - \overset{}{\underset{H_2\ HOH\ H_2}{C-C-C}} - \Big)_{10} O - \langle C_6H_3 \rangle \underset{OCH_3}{} - \overset{}{\underset{H_2\ HOH\ H_2}{C-C-C}} - OH$$

Schema A

Dem Schema A kann ebensogut die Formel Ib oder Ic zugrunde gelegt werden. Hiernach würde das Primärlignin durch 2 Vorgänge entstehen, deren zeitliche Reihenfolge ungewiß ist: 1. die Anordnung I ist in p- oder m-Stellung mit Atom 1 oder 2 des nächsten ätherartig verknüpft, 2. freie Phenolhydroxyle sind durch Methyl oder Methylen abgedeckt.

Obwohl das Schema A zahlreiche Erscheinungen des Lignins zu erklären vermag, bleibt es dennoch in einigen Punkten unbefriedigend. Man müßte erwarten, daß die Ätherbindung von Jodwasserstoff bei 150° aufgetrennt wird; aber das Reduktionsprodukt des Lignins ist hochmolekular; ferner gibt das Schema A keine befriedigende Erklärung für die weitere Kondensation des Primärlignins. Daß eine solche postmortal im Holz oder bei der Isolierung eintritt, halten wir für erwiesen. Zur Erklärung wurde bisher die endständige Gruppe

$$-\text{O}-\underset{\overset{\displaystyle|}{\text{O}\text{CH}_3}}{\bigcirc}-\underset{\text{H}_2\ \text{HOH}\ \text{H}_2}{\text{C}-\text{C}-\text{COH}}$$

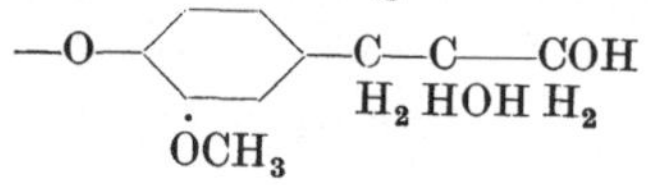

einem in Parastellung verätherten Coniferylalkohol

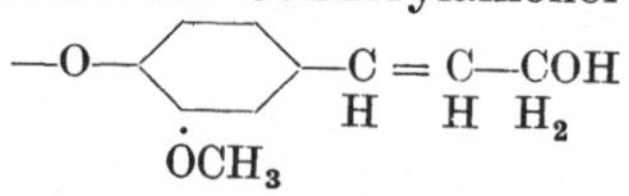

$$-\text{O}-\underset{\overset{\displaystyle|}{\text{O}\text{CH}_3}}{\bigcirc}-\underset{\text{H}\ \ \text{H}\ \ \text{H}_2}{\text{C}=\text{C}-\text{COH}}$$

gleichgesetzt; da Coniferylalkohol ungemein leicht polymerisiert, wurde das gleiche für die endständige Gruppe angenommen. Demnach wurde für den Übergang des Primär- in das Sekundärlignin nicht dasselbe Bindungsprinzip herangezogen, durch welches das Primärlignin selbst aufgebaut ist, sondern ein neues, davon unabhängiges. Somit müßten sich die langen Ketten von Primärlignin, wenn sie sich weiter polymerisieren, mit ihren endständigen Seitenketten zusammenfinden. Dies ist aber bei einer ungelösten Substanz sehr unwahrscheinlich. Nachdem neuerdings die Polymerisation des Coniferylalkohols als eine Kernkondensation erkannt ist (8), müßte diese für den Übergang vom Primär- zum Sekundärlignin angenommen werden. Damit entfiele zwar das zuletzt geäußerte Bedenken, aber der Unterschied zwischen dem Aufbauprinzip des Primärlignins (Verätherung) und seinem Übergang zu Sekundärlignin (Kernkondensation) bliebe bestehen.

Deshalb greifen wir auf ein Bauprinzip zurück, das wir bereits mehrfach (9, 17, 10) diskutiert haben und jetzt durch die neuere Kenntnis von der Polymerisation des Coniferylalkohols eine Stütze erhalten hat. Die Polymerisation des Coniferylalkohols besteht in einer Kondensation, indem das alkoholische Hydroxyl mit einem Wasserstoffatom des Kernes austritt, z. B.

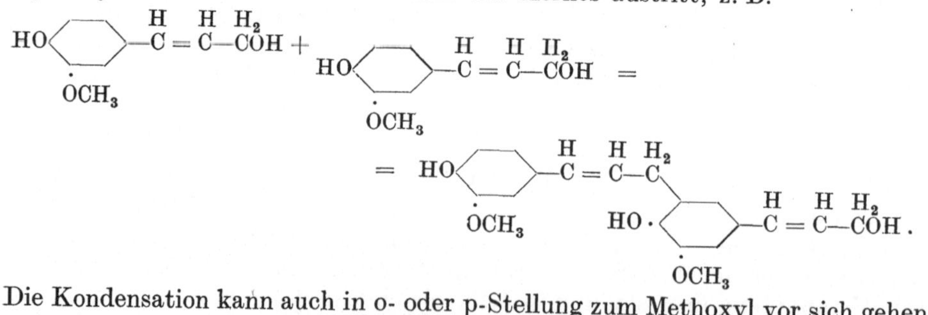

$$\text{HO}\underset{\overset{\displaystyle|}{\text{OCH}_3}}{\bigcirc}-\underset{\text{H}\ \ \text{H}\ \ \text{H}_2}{\text{C}=\text{C}-\text{COH}}\ +\ \text{HO}\underset{\overset{\displaystyle|}{\text{OCH}_3}}{\bigcirc}-\underset{\text{H}\ \ \text{H}\ \ \text{H}_2}{\text{C}=\text{C}-\text{COH}}\ =$$

$$=\ \text{HO}\underset{\overset{\displaystyle|}{\text{OCH}_3}}{\bigcirc}-\underset{\text{H}\ \ \text{H}\ \ \text{H}_2}{\text{C}=\text{C}-\text{C}}\underset{\overset{\displaystyle|}{\text{OCH}_3}}{\overset{\text{HO}\cdot\bigcirc}{}}-\underset{\text{H}\ \ \text{H}\ \ \text{H}_2}{\text{C}=\text{C}-\text{COH}}.$$

Die Kondensation kann auch in o- oder p-Stellung zum Methoxyl vor sich gehen, außerdem können in einzelnen Fällen 2 oder 3 Bausteine mit einem anderen kondensiert werden. Das entstehende Produkt ist erneut der Kondensation fähig. Statt des Coniferylalkohols und seines Hydrats kann auch dessen nächsthöhere Oxydationsstufe in Betracht gezogen werden.

Übertragen wir diese Vorstellung auf das Lignin, so ergibt sich das folgende
Bild. Der Aufbau besteht aus 3 Phasen: 1. Kondensation, 2. Ringschluß (Verätherung), 3. Abdeckung der Phenolgruppen durch Methyl oder Methylen.

Die Bausteine sind die auf gleicher Oxydationsstufe stehenden Brenzcatechinderivate Dioxyphenyl-glycerin

$$\text{HO}\diagdown\!\!\!\diagup\text{—C—C—C}\quad\text{(H H H}_2;\ \text{OH OH OH),}$$

Dioxyphenyl-oxypropion-aldehyd

$$\text{HO}\diagdown\!\!\!\diagup\text{—C—C—C}\ \ (\text{H H H};\ \text{H OH O})\qquad\text{und}\qquad\text{HO}\diagdown\!\!\!\diagup\text{—C—C—C}\ \ (\text{H H H};\ \text{OH H O})$$

oder Dioxyphenyl-acetyl-carbinol

$$\text{HO}\diagdown\!\!\!\diagup\text{—C—C—CH}_3\ \ (\text{H};\ \text{OH O}).$$

Aus ihnen lassen sich 12 verschiedene Kondensationsprodukte ableiten, wenn
jeder Baustein mit sich selbst kondensiert wird, indem die Methingruppen 2, 5
oder 6 mit dem primären Carbinol oder den Carbonylgruppen kondensiert werden; z. B.

(Strukturformel zweier kondensierter Bausteine)

Nunmehr tritt überall, wo hierzu Gelegenheit ist, unter erneutem Wasseraustritt
Ringschluß ein, und schließlich werden die einzelnen Phenolhydroxyle methyliert,
die paarigen mit Formaldehyd acetalisiert. Hieraus ergeben sich folgende Möglichkeiten:

(Strukturformel)

I

(Strukturformeln)

II   III

(Strukturformeln)

IV   V

In allen diesen Formeln können die kursiv gedruckten zusammengehörigen *H*- und *OH*-Gruppen die Plätze tauschen. Damit sind 15 verschiedene Formen möglich, von denen je 5 dem Vanillin-, Isovanillin- und Piperonyl-typus angehören. Wenn in einem Benzolkern zweimalige Kondensation stattfindet, so ergeben sich weitere Möglichkeiten. Dieser Fall dürfte selten sein, da im Durchschnitt 2 Kernwasserstoffatome frei und für Bromierung, Nitrierung oder Merkurierung zugänglich sind.

Im Lignin kommen diese Typen regellos vor. Wenn im Durchschnitt von 12 Bausteinen 7—8 dem Vanillin, 3—4 dem Isovanillin und etwa einer dem Piperonyl-typus angehören, so ist damit die Menge des abspaltbaren Formaldehyds sowie der Umstand erklärt, daß 20—30% der Methoxylgruppen durch Oxydation, die zu chinonartigen Stoffen führt, leichter als die übrigen angegriffen werden. Die drei letzten Formeln erklären die Entstehung von Essigsäure bei der Oxydation; von ihnen hat nur die angeschriebene Variante der Formel VII ein sekundäres Hydroxyl. Die Formeln VI, VIII und die nicht angeschriebene Variante VII enthalten ein tertiäres Hydroxyl, das nicht so glaubhaft ist wie die sekundären Hydroxyle der übrigen Formeln. Andererseits veranlaßt uns die Bildung von mehreren Prozent Essigsäure bei der Oxydation (8), die Formeln VI—VIII ernstlich in Betracht zu ziehen.

Bei der Reduktion mit Jodwasserstoff liefern alle diese Produkte *hochmolekulare* Reduktionsprodukte, denen das sekundäre (oder tertiäre) Hydroxyl fehlt, und in denen die Methyl- und Methylengruppen abgespalten sind. Wie S. 139 erwähnt, läßt sich aus diesen Reaktionsprodukten bei der Oxydation keine Bernsteinsäure herausarbeiten, was man erwarten sollte, wenn der Typus II, III und V vorläge. Daher muß zunächst VI, VII und VIII den beiden Varianten von I und IV der Vorzug vor den anderen gegeben werden, ohne diese jedoch auszuschließen.

Die hier gegebene Auffassung hat den Vorteil, daß der Vergrößerung des Teilchens bei weiterer Kondensation (postmortal oder bei der Isolierung) nichts im Wege steht, da die kondensationsbereite Endgruppe genügend Benzolringe finden wird. Ein gesondertes Polymerisationsprinzip ist zur Erklärung des Überganges vom Primär- zum Sekundär-lignin nicht mehr nötig. Dagegen eröffnet sich im Rahmen des Kondensationsprinzips noch eine weitere Möglichkeit: die Carbinolgruppe (z. B. von Formel II) kann in vereinzelten Fällen mit Benzolkernen anderer Ketten Kondensation eingehen (entsprechend der Selbstkondensation des Catechins). Hierdurch kann das Gefüge dreidimensional ausgebildet werden.

Die 4 Bausteine: das Dioxyphenyl-derivat des Glycerins, des α- und β-Oxypropionaldehyds und Acetylcarbinols sind vom biochemischen Standpunkt aus identisch. Ihre wahllose Selbstkondensation, gefolgt von Ringschluß und Methylierung bzw. Formylierung führt zum Lignin. Mit dem Baustein C_8H_6-(OCH_3) (OH) $(-O-)$ kann man dieselbe Betrachtung anstellen (9); die Zahl der möglichen Formen wird wesentlich kleiner. Ein Benzolring mit einer aus 2 Kohlenstoffatomen bestehenden Seitenkette ist jedoch biochemisch unwahrscheinlich. Außerdem ist die bei der Oxydation entstehende Essigsäure nicht zu erklären.

Wollte man die Konstitution des Bakelits durch Abbau ermitteln, so stände man vor ähnlichen Schwierigkeiten wie beim Lignin. Aber mit dem Bakelit hat das Lignin gemeinsam die Einfachheit der Genese. Bakelit ist ausreichend beschrieben durch die Angabe, daß es ein hochmolekulares Produkt wahlloser Kondensation von Formaldehyd und Phenol ist; wollte man die einzelnen Varianten der Kondensation aufzeichnen, so würde man kaum zu weniger Formeln greifen müssen als im Falle des Lignins. Dasselbe gilt für den kondensierten Salicylalkohol.

Andere Kunstitutionsvorschläge. Wir übergehen alle Versuche, ein Konstitutionsbild aufzubauen, das valenzchemisch abgegrenzt ist und kein kontinuierliches Polymerisationsprinzip erkennen läßt (z. B. W. Fuchs [20]). Hierhin gehören Versuche, Lignin aus 3 Molekülen Anhydroglucose aufzubauen (29) oder zwei oder mehrere Coniferylreste zu einem geschlossenen Gefüge zu kondensieren, wie dies z. B. neuerdings von T. Pavolini (34) geschehen ist. Abgesehen davon, daß der Grundgedanke dieser Formel falsch ist (abgeschlossenes Molekül aus 4 Coniferylresten), setzt sie sich über die Ergebnisse der Elementaranalyse hinweg, enthält 4 freie Phenolhydroxyle und verwendet 6 Acetalbindungen, die bestimmt nicht im Lignin vorhanden sind. Dieser Fehler, nämlich Ätherbindung an Kohlenstoffatomen, die noch anderen Sauerstoff tragen, findet sich in der Ligninliteratur häufig und macht viele Vorschläge wertlos. Denn Acetale sind, im Gegensatz zu den Ätherbindungen des Lignins, von Säuren sehr leicht angreifbar.

Ein neuerer Vorschlag von K. Kürschner und W. Schramek (32) ist bereits S. 143 beurteilt worden. Außer dem schon hervorgehobenen Mangel — die Formel enthält nur halb soviel Äthersauerstoff als das Lignin — finden sich hier zahllose oxydierbare offene Seitenketten, die im Lignin bestimmt nicht vorkommen. Immerhin ist hier das Prinzip der polymer-homologen Reihen und die Abwesenheit von Phenolgruppen berücksichtigt.

Ein neuer Vorschlag von P. Klason (31) enthält Andeutungen für ein kontinuierliches Kondensationsprinzip, macht aber von Acetalbindungen Gebrauch und kann deshalb nicht in Betracht gezogen werden. Bestehen bleibt, daß Klason als erster aus qualitativen Betrachtungen heraus auf den Zusammenhang des Lignins mit dem Coniferyl-alkohol oder -aldehyd hingewiesen hat.

Biochemisches. Buchenlignin. Die Natur erzeugt hochmolekulare Substanzen stets aus einzelnen oder mehreren einander nahestehenden Bausteinen. Das Lignin ist aufgebaut aus Dioxyphenyl-glycerin oder den ihm entsprechenden Oxyaldehyden oder Ketonen. Vielleicht sind diese Bausteine nebeneinander vorhanden. In diesem Sinne ist Lignin ganz oder nahezu homöopolymer. Heteropolymer wird es jedoch durch den Umstand, daß die unter Kondensation verlaufende Verknüpfung der Bausteine offenbar an verschiedenen Stellen des Benzolkerns vor sich geht. Der gleichzeitig oder danach sich vollziehende Ringschluß — Bildung eines inneren Äthers — gibt Gelegenheit zu weiteren Variationen. Zum Schluß wird alles freie Hydroxyl mit Formaldehyd entweder methyliert oder in Methylendioxygruppen umgewandelt. Alle 3 Bauprinzipien

sind dem Wesen nach äußerst einfach, in der Mannigfaltigkeit der entstehenden
Formen jedoch kompliziert. Kondensation unter gleichzeitigem Ringschluß
ist in der Natur überaus häufig. So entstehen Flavone, Flavanole, Catechine
durch solche Synthese aus Phenolen mit Derivaten der Allylphenole. Das Catechin schließt sich überhaupt eng diesen Gruppen an. Der Unterschied besteht
darin, daß bei den Flavonen usw. abgeschlossene Moleküle entstehen, während
beim Lignin die Kondensation weitergeht. Die postmortale Kondensation vollzieht sich zwischen den freigebliebenen Seitenketten am Ende eines Primär-
lignin-teilchens und irgendwelchen Benzolkernen eines anderen Teilchens.
Daher die völlig regellose dreidimensionale Ausbildung. Auch dann werden an
der Peripherie Seitenketten übrig bleiben, die für einige Farbreaktionen verantwortlich sind.

Das im Lignin vermutete Verhältnis von Vanillin-, Isovanillin- und Piperonyl-
typus entspricht dem häufig beobachteten gemeinsamen Vorkommen dieser
Formen in der Natur. Diese erzeugt häufig neben dem Brenzcatechin das Pyrogallol, und es ist nicht zu verwundern, daß in dem einzigen außer Fichtenholzlignin einigermaßen untersuchten Lignin, dem des Buchenholzes (39, 40), vielleicht der Gallussäuretypus neben dem der Protocatechusäure vorkommt.
Hierfür spricht der höhere Gehalt an Methoxyl (21 %) im Buchenlignin, sowie
das Vorkommen von Dimethylpyrogallol

$$\text{H}_3\text{CO}\cdot$$
$$\text{HO}\cdot$$
$$\text{H}_3\text{CO}\cdot$$

im Buchenholzteer. Der Rest der Syringasäure

$$\text{H}_3\text{CO}\cdot$$
$$\text{HO}\cdot \qquad -\text{C}$$
$$\text{H}_3\text{CO}\cdot$$

oder anderer methylierter Gallussäuren hat ohne weiteres Platz in unserem
Schema vom Aufbau des Lignins (vgl. hierzu S. 132).

Im nächsten Abschnitt wird ausgeführt, daß das Lignin die Cellulosefibrillen einhüllt und versteift. Es ist dank seiner dreidimensionalen sperrigen
Ausbildung sowie der ideal amorphen Natur, die es der Wirrnis seines Aufbaus
verdankt, imstande, alle Hohlräume auszufüllen.

Literatur.

(1) Bergmann, M., u. G. Pojarlieff: Collegium 1931, 239.
(2) Czapek, F.: Ztschr. f. physiol. Ch. 27, 154 (1899).
(3) Fischer, E.: Ber. 52, 828 (1919). — (4) Ztschr. f. physiol. Ch. 26, 60 (1898);
Nobelvortrag, Naturw. Rdsch. 18, Nr 13 u. 14 (1902); Liebigs Ann. 372, 35 (1910). —
(5) Sitzungsber. Kgl. Preuß. Akad. Wiss. 1916, 990; Ber. 46, 3288 (1913). — (6) Freudenberg, K.: Ber. 54, 767 (1921). — (7) Cellulosechemie 11, 185 (1930); Forschgn u. Fortschr.
7, 303 (1931). — (8) Unveröffentlicht. — (9) Sitzunsgber. Heidelb. Akad. Wiss. 1928,
19. Abh. — (10) Papierfabrikant 30, H. 13 (1932). — (11) Freudenberg, K., W. Belz u.
Chr. Niemann: Ber. 62, 1554 (1929). — (12) Freudenberg, K., u. W. Dürr: Ber. 63, 2713
(1930). — (13) Freudenberg, K., u. M. Harder: Ber. 60, 581 (1927). — (14) Freudenberg, K., M. Harder u. L. Markert: Ber. 61, 1760 (1928). — (15) Freudenberg, K.,
u. H. Hess: Liebigs Ann. 448, 121 (1926). — (16) Freudenberg, K., u. L. Oehler: Liebigs
Ann. 483, 142 (1930). — (17) Freudenberg, K., F. Sohns, W. Dürr u. Chr. Niemann:
Cellulosechemie 12, 263 (1931). — (18) Freudenberg, K., u. H. Urban: Dissert. von Urban,
Karlsruhe 1926; veröffentlicht H. Urban: Cellulosechemie 7, 73 (1926). — (19) Freuden-
berg, K., H. Zocher u. W. Dürr: Ber. 62, 1814 (1929). — (20) Fuchs, W.: Chemie der
Kohle, S. 24. Berlin: Julius Springer 1931.

(21) Grüss, J.: Ber. Dtsch. Botan. Ges. **38**, 361 (1921). — *(22)* Günther, Fr.: DRP. 336558; 350809 (1920); 493875 (1925); Vgl. H. Meyer u. K. Bernhauer: Monatshefte **54**, 721 (1929); Brochet: Bull. 3, **9**, 687; Copt. rend. **117**, 235 (1893).

(23) Hägglund, E.: und Rosenquist, T.: Biochem. Ztschr. **179**, 376 (1926). *(24)* Hägglund, E., u. F. Klingstedt: Svensk Kem. Tidskr. **41**, 185 (1929); C. **1930** I, 37; Ztschr. f. physiol. Ch. A **152**, 295 (1931). — *(25)* Hägglund, E., u. H. Urban: Biochem. Ztschr. **207**, 1 (1929). — *(26)* Herzog, R. O., u. A. Hilmer: Ber. **60**, 365 (1927); Ztschr. f. physiol. Chem. **168**, 117 (1927); Ber. **64**, 1288 (1931); Papierfabr. **1931**. — *(27)* Hess, K.: Chemie der Cellulose. 1928. — *(28)* Horn, O.: Brennstoff-Chemie **1929**, Nr 18, Kritik: Cellulosechemie **12**, 263 (1931).

(29) Jonas, K. G.: Papierfabr. **1928**, 228. Die Formel hat noch andere Mängel.

(30) Kalb, L., u. V. Schoeller: Cellulosechemie **4**, 37 (1923); Hillmer, A.: Ebenda **6**, 180, 183 (1925). — *(31)* Klason, P.: Ebenda **13**, 113 (1932). — *(32)* Kürschner, K., u. W. Schramek: Technologie und Chemie der Papier- und Zellstoffabrikation **29**, 35. 1932. — *(33)* Küster, W., u. R. Daur: Cellulosechemie **11**, 4 (1930).

(34) Pavolini, T.: L'Ind. chimica — Il Notizario Chimico Industriale **1931**, fasc. 12. — *(35)* Phillips, M., u. M. J. Goss: Journ. Amer. Chem. Soc. **54**, 1518 (1932). — *(36)* Pschorr, R., u. M. Silberbach: Ber. **37**, 2149 (1914); Freudenberg, K., H. Fikentscher u. M. Harder: Ann. **441**, 1601 (1925).

(37) Ungar, E.: Dissert., Eidgen. Techn. Hochschule Zürich 1914.

(38) Verley u. Bölsing: Ber. **34**, 3354 (1901); Peterson, V. L., u. E. S. West: Journ. Biol. Chem. **74**, 379 (1927).

(39) Wacek, A. v.: Ber. **63**, 282 (1930). — *(40)* Ebenda **63**, 2984 (1930). — *(41)* Willstätter, R., u. L. Kalb: Ebenda **55**, 2637 (1922). — *(42)* Willstätter, R., u. L. Zechmeister: Ebenda **46**, 2401 (1913).

II. Die Morphologie des Lignins[1].

Wenn wir das Lignin auf Grund der Kenntnisse von seinem chemischen Aufbau als eine Substanz extremer Molekülgröße ansehen müssen, für die der sonst übliche Molekülbegriff nicht mehr gilt, so muß eine solche Ausnahmestellung auch ihren Ausdruck finden in der Form und dem Zustand, in denen uns das Lignin in der Pflanze und im isolierten Zustand entgegentritt. Die chemische Betrachtungsweise führt hier zwangsweise zur morphologischen, indem sie uns die Struktur des Lignins vom kleinsten chemisch feststellbaren Grundkörper bis zur ganzen Zelle verfolgen läßt; die Untersuchungsmethoden hierfür sind die Mikroskopie, die Polarisationsoptik und die Röntgenspektroskopie.

Charakteristisch für das Lignin ist, daß es nie allein als Bestandteil der Pflanze auftritt. Immer wird es erst gebildet, wenn der eigentliche Zellkörper aus der Cellulose schon gebildet ist. Dieser Vorgang der Ligninbildung oder „Verholzung" ist mit einem Wechsel der Funktionen der Zelle verbunden. Die Zelle, die bisher noch aktiv am Leben der Pflanze teilgenommen hat, dient von jetzt ab nur noch als Festigungs- und Wasserleitungsorgan. Die Bildung des Lignins ist eine Einlagerung in das Zellgerüst, das in erster Linie aus Cellulose besteht (Hemicellulosen, Pentosane, Pektin sind lediglich Kittsubstanzen), sie ist im allgemeinen mit einer Quellung der Zellmembran verbunden. Es läßt sich der Vorgang der Verholzung als eine irreversible Quellung auffassen, die das Gerüst der Cellulose aber vollständig intakt läßt (1). Dem entspricht auch das mikroskopische Bild eines Quer- oder Längsschnitts von verholzten Zellen, die mit Phloroglucin angefärbt sind. Das Lignin ist hier nicht in Form von Lamellen oder Strängen sichtbar, sondern die Färbung ist auch bei stärkster Vergrößerung homogen. Das Lignin durchzieht also das Cellulosegerüst in einer Feinheit, die unter der Größenordnung der Lichtwellen liegt. Dieses feine Durchwachsen des Lignins durch die Bauelemente der Cellulose ist gleichzeitig mit

---

[1] Dieses Kapitel ist im wesentlichen eine Zusammenfassung der von K. Freudenberg u. Mitarbeitern (2, 3, 4) veröffentlichten Arbeiten.

einer starken Verknüpfung der Ligninteile unter sich verbunden; diese ist so
groß, daß alle Ligninpräparate, die durch Herauslösen der Cellulose hergestellt
sind, bis in alle Einzelheiten die Form und die morphologischen Eigentümlichkeiten der ursprünglichen Zelle zeigen, eine Erscheinung, die schon früh von
J. König und E. Rump (7) beobachtet wurde. Das Herauslösen der Cellulose und
der übrigen Kohlenhydrate bedeutet einen Massenverlust von rund 75 %; gerade
deshalb ist der feste Zusammenhalt um so beachtlicher. Das zurückbleibende
Ligningerüst ist also gegenüber der ursprünglichen Zelle beträchtlich geschrumpft,
noch besser kann man diese Erscheinung mit Sintern bezeichnen. Die räumliche
Ausdehnung geht auf etwa $^2/_3$ bis $^1/_2$ zurück, was auf folgende Weise gezeigt
werden konnte: Ein möglichst gleichmäßig dünner Holzquerschnitt wurde
photographiert, eine bestimmte Zellgruppe markiert und alsdann unter größter
Schonung auf Lignin verarbeitet. Danach wurde dieselbe Zellgruppe wieder
photographiert und durch Ausmessen der eingetretenen Verkürzung und Ver-

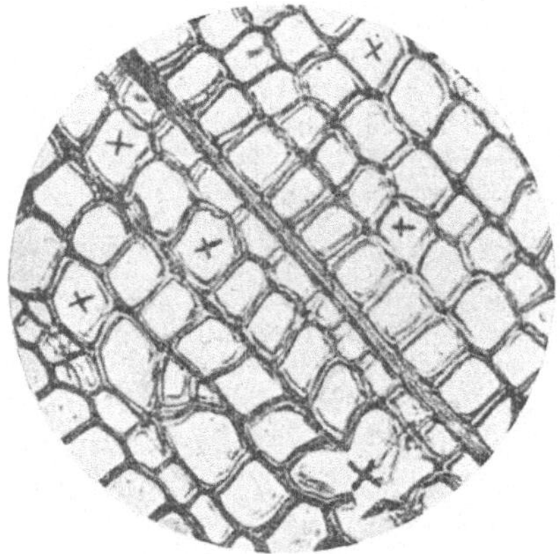 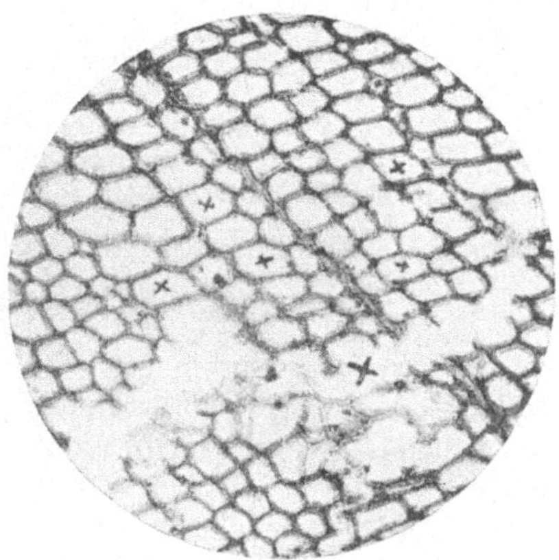

Abb. 12. Querschnitt durch Fichtenholz (in Anilin).
Von, links nach rechts unten führt ein Markstrahl.
Einige Zellen sind gekennzeichnet.

Abb. 13. Derselbe Schnitt auf Lignin verarbeitet.
Die Kreuze bezeichnen dieselben Zellen wie in
Abb. 12.

dünnung der Zellwände die Raumverringerung ermittelt. Die Abb. 12 und 13
zeigen ein solches Präparat vor und nach der Behandlung. Abb. 13 zeigt gleichzeitig, wie deutlich noch die ursprüngliche Gestalt erhaltengeblieben ist. Das
zurückgebliebene Lignin ist gleichsam ein Schwamm, der noch alle Hohlräume,
die durch das Herauslösen der Cellulose entstehen, enthalten muß. Von einem
solchen schwammartigen Gebilde, das regellos nach allen Richtungen hin sich
verzweigt, muß man auch erwarten, daß es keinen krystallinen Aufbau besitzt.
Das ist auch das Ergebnis der röntgenoptischen Untersuchungen an isoliertem
Lignin. Verschiedentliche Angaben über Andeutungen einer krystallinen Struktur
haben sich als irrtümlich erwiesen, zum Teil beziehen sie sich auch auf Anteile
veränderten Lignins, die durch Lösen und Wiederausfällen hergestellt sind (8).
Mengenmäßig ist das Lignin in den einzelnen Schichten der Zelle verschieden
verteilt. Zum besseren Verständnis des folgenden sei kurz das Aufbauschema
einer Zellgruppe, im Querschnitt gesehen, skizziert (Abb. 14). A ist die Mittellamelle,
die die einzelnen Zellen gegeneinander begrenzt. Sie besteht fast nur aus Lignin,
sie ist sehr dünn und bei den meisten Präparaten kaum zu sehen. Nur in den
Zwickeln zwischen den Zellen tritt sie deutlich hervor. An mit Alkali behandelten
Präparaten von nitriertem Lignin kann man sie gut beobachten, da sie infolge
ihres kompakten Gefüges dem Lösungsvorgang am längsten Widerstand leistet

und als feines Netzwerk zurückbleibt (Abb. 15). An die Mittellamelle (Abb. 14) schließt sich die Primärschicht B an, die aus einem festen Gefüge von Cellulose, den übrigen Kohlenhydraten und Lignin besteht. Es kann angenommen werden, daß sie ihrerseits in Lamellen B_1 und B_2 unterteilt ist. Als nächste Schicht folgt die Sekundärschicht C, die am wenigsten Lignin enthält nnd auch einen weniger kompakten Aufbau besitzt. Eine dritte, die Tertiärschicht D, kann den Abschluß gegen das Zellumen bilden. Bei Präparaten am Fichtenholz ist sie nicht festgestellt worden. Ein Abblättern der einzelnen Schichten konnte bei Ligninquerschnitten nicht beobachtet werden, für die Ausbildung dieser Schichten ist nur der Aufbau des Cellulosegerüstes (Richtung der Fibrillen) die Ursache, sie berührt das Lignin nicht. Das Ligningewebe ist ein zusammenhängendes Ganzes, wie es sich ja aus dem nachträglichen Einwachsen zwischen die Cellulosebauelemente ergibt; hieraus erklärt sich auch seine chemische Einheitlichkeit. Wenn von einzelnen Autoren (9) eine solche für Mittellamellen und Wandlignin bestritten wird, so sind die vermeintlichen chemischen Unterschiede wohl darin zu suchen, daß aus der kompakten Mittel-

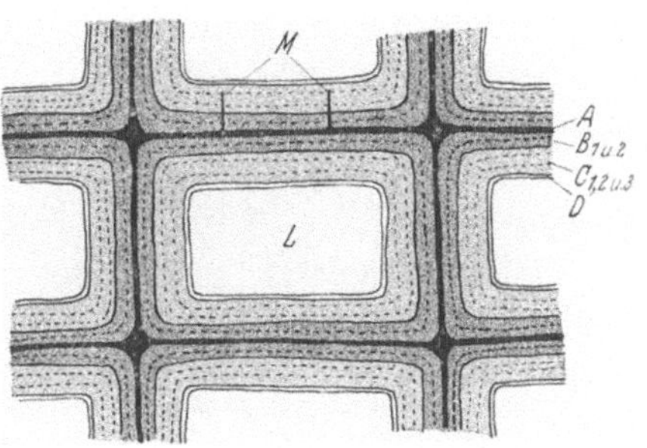

Abb. 14. Schema eines Querschnittes durch Holz. A Mittellamelle, B Primärschicht mit 2 Lamellen (B_1 und B_2), C Sekundärschicht mit 3 Lamellen, D Tertiärschicht (fehlt in den Coniferen), L Lumen; M entspricht dem Ausschnitt, der in den Abb. 18 und 19 dargestellt ist.

Abb. 15. Mittellamelle mit Zwickeln nach Weglösen der gesamten Cellulose und des Lignins der Sekundär- und Primärschicht.

lamelle das Lignin nicht so leicht herauszulösen ist, und ein Rest von Cellulose in der Primär- und Sekundärschicht die analytischen Verschiedenheiten hervorruft.

Schon oben wurde gesagt, daß in dem Schwamm, den ein von der Cellulose befreiter Ligninquerschnitt darstellt, noch alle Hohlräume, wenn auch etwas verzerrt und verkleinert, erhalten sind. Die Gegenwart dieser Hohlräume läßt sich polarisationsoptisch beweisen, darüber hinaus gestattet ein genaues Studium der Doppelbrechungserscheinungen am Lignin und gleichzeitig an der ursprünglichen Holzzelle, Genaues über den Feinbau der Zellsubstanzen auszusagen.

Zunächst sei kurz einiges über die in Frage kommenden Doppelbrechungserscheinungen gesagt. Doppelbrechung wurde schon früh sowohl bei reiner Cellulose als auch bei verholzten Zellen beobachtet, aber erst durch die Untersuchungen vor allem von AMBRONN und FREY (1) wurde ihr Zusammenhang mit der Feinstruktur der Cellulose erkannt. Die Folgerung hieraus bilden mit die Grundlagen der Micellartheorie der Cellulose. Als krystalliner, anisotroper Körper zeigt Cellulose einen bestimmten Betrag von Doppelbrechung, der der Differenz der Brechungsindices für die drei Raumrichtungen des Cellulosekrystalls entspricht. Darüber hinaus ist aber noch weitere Doppelbrechung vorhanden, die durch die geordnete Lage der Cellulosekrystallite und die Trennung der einzelnen Krystallite durch ein Medium von anderem Brechungsindex hervorgerufen ist.

(Form- oder Stäbchen-Doppelbrechung). Die Größenordnung der Schichtung muß unter der der Lichtwellenlänge liegen. Die Stärke dieser Form-Doppelbrechung, die immer positiv ist, und die auch von anorganischen Materialien bekannt ist, hängt ab von der Differenz der Brechungsindices von geordnetem Material und Einbettungsmedium. Sie wird Null, wenn die Brechungsindices gleich werden. In Abb. 16 entspricht Kurve 1 und 2 dem Verlauf der Doppelbrechung eines Cellulosepräparates. Die Ordinate gibt die Stärke der Doppelbrechung an, die Abszisse den Brechungsexponenten des Einbettungsmittels. Die Kurve erreicht die Abszisse nicht , da ja für die Cellulose immer ein bestimmter Betrag von Eigendoppelbrechung vorhanden ist.

An *Ligninpräparaten* wurde gleichfalls Doppelbrechung festgestellt (6) und daraus auf Anisotropie des Lignins geschlossen. K. Freudenberg, H. Zocher und W. Dürr (4) konnten aber an Lignin-Längs- und Querschnitten zeigen, daß die Doppelbrechung des Lignins reine Formdoppelbrechung ist, die darin ihre Ursache hat, daß die Hohlräume im Lignin, die durch Entfernen der Cellulose entstehen, nach

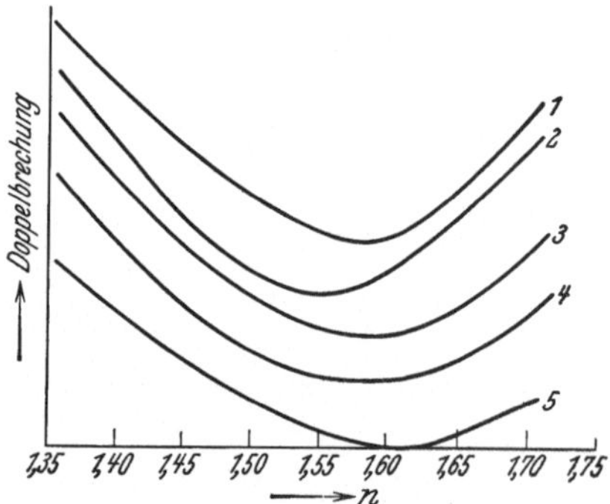

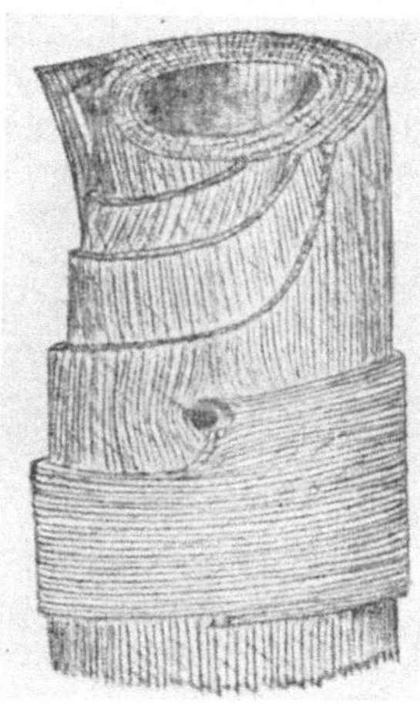

Abb. 16. Abhängigkeit der Stärke (Ordinate) der Eigen- und Formdoppelbrechung vom Brechungsindex n (Abscisse) des Einbettungsmittels. Kurve 1: Doppelbrechung der Cellulose in der Primärschicht (Minimum bei 1,59). 2: Dasselbe in der Sekundärschicht (flacheres Minimum bei 1,53; Doppelbrechung schwächer als in 1). 3: Doppelbrechung der Primärschicht des Holzes. Minimum bei n = 1,59 bis 1,61). 4: Doppelbrechung der Sekundärschicht des Holzes (schwächer als 3; Minimum flach zwischen 1,53 und 1,61). 5: Formdoppelbrechung der Ligninpräparate; schwächer als die Doppelbrechung der Cellulose und des Holzes; bei n = 1,61 = 0; rechts und links vom Minimum ist die Kurve 5 für die Primärschicht des Ligninpräparates steiler zu denken als für die im übrigen ebenso verlaufende der Sekundärschicht. Durch die Reihenfolge der Kurven wird die relative Stärke der Doppelbrechung angedeutet; quantitative Aussagen können nicht gemacht werden.

Abb. 17. Modell der Coniferenfaser nach G. W. Scarth. Mittellamelle entfernt. Von der Primärschicht nur eine Lamelle (B_1, Abb. 14) in tangential-axialer Anordnung der .Fibrillen sichtbar. Von der Sekundärschicht sind 4 Lamellen sichtbar in axial-tangentialer Anordnung. Die Lamellen abwechselnd rechts- und linksläufig. Weitere Lamellen der Sekundärschicht sind im oberen Teil des Bildes um das Lumen angedeutet. Die Tertiärschicht (am Lumen, C in Abb. 14) fehlt bei Coniferen.

ihrer Ausfüllung mit einer Flüssigkeit von anderem Brechungsindex als dem des Lignins den gleichen, wenn auch wesentlich schwächeren Effekt hervorrufen wie die ursprünglich vorhandene Cellulose. Die Doppelbrechung des Ligninpräparates ist in der Primärschicht am stärksten, in der Sekundärschicht am schwächsten. Wird der Brechungsindex der Einbettungsflüssigkeit von n = 1,33 bis 1,71 gesteigert, so nimmt mit steigendem Brechungsindex die Doppelbrechung für Primär- und Sekundärschicht gleichmäßig ab, bei n = 1,62 ist sie vollkommen verschwunden, bei höherem n erscheint sie wieder. In der Primärschicht ist sie *immer stärker als in der Sekundärschicht*. Wir haben es hier also mit reiner Formdoppelbrechung zu tun, die beim Brechungsindex des Lignins, der auch auf anderem Wege zu n = 1,61 bestimmt wurde, erlischt (s. Kurve 5). Daß die Doppelbrechung des Ligninpräparates in der Primärschicht stärker ist als in der Sekundärschicht, läßt in ersterer auf ein geschlosseneres Gefüge schließen, das die Hohlräume besser erhält, aber auch darauf, daß hier die länglichen Hohlräume vorwiegend in ihrer Längsrichtung durchschnitten sind, weil sie vorzugsweise tangential zur Faserachse, wahrscheinlich aber tangential-axial, angeordnet sind; die Cellulosekrystallite waren hier vorher in zur Faserachse schwachgeneigter Schraubung angeordnet. Wahrscheinlich ist die Primärschicht in Lamellen unterteilt, in denen die Schraubung gegenläufig verläuft. Die schwächere Doppelbrechung der Sekundärschicht des Ligninpräparates läßt sich erklären, wenn man eine vorwiegend axiale Lage der Hohlräume annimmt, die vom Schnitt hauptsächlich quer zu ihrer Achse getroffen werden. Abb. 17 zeigt das Modell einer Coniferenholzfaser, die von der Mittellamelle befreit ist. Die Lage der Hohlräume und damit auch die der Cellulosefibrillen wird auch bestätigt durch das Bild, das ein *Holzquerschnitt* zeigt (Abb. 16 Kurve 3, 4). Die Doppelbrechung ist hier viel stärker. Wie beim Lignin ist sie in der Primärschicht am stärksten; aber bei der Beobachtung mit steigendem Brechungsindex zeigt sich gegenüber dem Lignin ein wesentlicher Unterschied. Die Doppelbrechung der Primär- und Sekundärschicht (Kurve 3 und 4) erfahren hier nicht die gleichen Veränderungen. In der Primärschicht des Holzquerschnitts nimmt die sehr starke Doppelbrechung nur ganz allmählich ab und erst bei einer Einbettungsflüssigkeit von $n = 1{,}58$ bis $1{,}62$ wird ein tiefster Wert erreicht, der aber noch immer recht beträchtlich ist (Kurve 3). Die Doppelbrechung der Sekundärschicht (Kurve 4) fällt rascher und durchläuft ein deutlich verbreitertes Minimum, das zwischen den Brechungsexponenten der Einbettungsflüssigkeiten $1{,}53$ und $1{,}60$ liegt. Wir haben hier Eigendoppelbrechung neben Formdoppelbrechung. Das Minimum der Eigendoppelbrechung der *Cellulose* ist bestimmt durch die Brechungsexponenten des Cellulosekrystallits. Diese betragen für die beiden kurzen Achsen n_α und n_β $1{,}53$, für die Längsachse $n_\gamma = 1{,}59$. In der Primärschicht werden im Querschnitt der Cellulosefaser die Krystallite mehr quer zur Längsachse gesehen, in welcher der Brechungsexponent $1{,}59$ beträgt. Daher liegt das Minimum der sehr starken Doppelbrechung der Primärschicht einer isolierten Cellulosefaser bei $n = 1{,}59$ (Kurve 1). Da die Cellulosefibrillen in der Sekundärschicht im wesentlichen in der Längsausdehnung (axiale Anordnung) gesehen werden, liegt der Brechungsindex im Mittel wenig über $1{,}53$ und bei einer Einbettungsflüssigkeit von diesem Brechungsindex wird das Minimum der Doppelbrechung zu erwarten sein. Wegen des geringen Hervortretens von n_γ kann die Doppelbrechung nicht allzu stark sein, ihr Abfall und Wiederanstieg bei steigendem Brechungsindex des Einbettungsmittels muß also flach verlaufen mit einem Minimum bei $n = 1{,}53$ bis $1{,}55$ (Kurve 2).

Die Erklärung für die Lage des Minimums in der Primärschicht des Holzquerschnitts (Kurve 3) läßt sich folgendermaßen erbringen: Die Formdoppelbrechung des Lignins (Minimum bei $n = 1{,}61$) ist hier, wenn auch schwächer, die gleiche wie bei der Sekundärschicht. Der mittlere Brechungsindex und damit auch die Lage des Minimums der Doppelbrechung muß hier, da $n = 1{,}59$ infolge der tangentialen Anordnung der Cellulosefibrillen überwiegt, nahe an diesem liegen und die Eigendoppelbrechung muß auch stärker sein, da der Unterschied zwischen n_α und n_γ nahezu voll zur Geltung kommt. Aus alledem ergibt sich für die Doppelbrechung der Primärschicht der Holzfaser eine starke, nur langsam fallende Doppelbrechung, mit einem Minimum bei $n = 1{,}58$ bis $1{,}61$, die aber auch hier noch stark ist. In der Sekundärschicht des Holzquerschnitts (Kurve 4) herrscht die (schwächere) Eigendoppelbrechung der mehr axial angeordneten Cellulose vor. Darüber lagert sich die Formdoppelbrechung des Lignins mit einem Minimum bei $n = 1{,}61$, so daß eine gesamte schwächere

Doppelbrechung mit einem verbreiterten Minimum zwischen 1,53 und 1,60 entsteht.

Wir haben bis jetzt immer nur davon gesprochen, daß das Lignin das Cellulosegerüst der Holzzelle vollkommen durchwachse, ohne die Frage zu berühren, bis zu welchen Einheiten der Cellulose herab das Eindringen des Lignins stattfindet. Die Grenzmöglichkeiten sind entweder die eine, daß das Lignin bis zwischen die Glucoseketten der Cellulose vordringt, oder die andere, daß es die Fibrillen der Cellulose, die die letzten mikroskopisch sichtbaren Aggregate der Cellulose darstellen, umgibt. Oder kommen dazwischenliegende Größenordnungen in Frage? Rekapitulieren wir einmal kurz, was wir von dem Aufbau der Cellulose wissen.

Die unterste Einheit bildet eine Kette von 100—200 in gleichartiger chemischer Bindung miteinander verknüpfter Glucosen. Die Röntgenoptik lehrt, daß etwa 50 solcher Glucoseketten parallel zueinander ausgestreckt zu einem Bündel vereinigt sind. Diese Einheit heißt Micell und hat eine Länge von etwa 500—1000 Å und eine Dicke von etwa 60 Å. Die letzten noch mikroskopisch feststellbaren Einheiten sind die Fibrillen, sie haben eine Dicke von etwa 6000 Å bis herab zu etwa 3000 Å, d. h. von Lichtwellenlänge. Die Fibrillen sind also etwa 100 mal so dick wie die Micelle. Um die Formdoppelbrechung hervorzurufen, müssen die Cellulosepartikel und damit auch die Hohlräume im Lignin kleiner sein als die Wellenlänge des Lichtes. Ein Eindringen des Lignins zwischen die Glucoseketten des Micells ist auszuschließen, weil für das etwa 20 Å dicke Lignin kein Platz mehr ist, und weil die Cellulosemicelle kompakte Gebilde aus Glucoseresten sind. Da die Micelle in der Zellstoffaser nach Entfernung aller Kittsubstanz fest zusammenhalten, ist anzunehmen, daß die Micelle ihrerseits zu kompakten Bündeln, Micellreihen genannt, vereinigt sind. Andererseits können die Fibrillen auf Grund der Doppelbrechungserscheinung nicht die letzten vom Lignin umgebenen Glieder sein. Wir müssen also eine Größenordnung zwischen den Micellen (Dicke 60 Å) und den mikroskopisch sichtbaren Fibrillen (Dicke 6000 Å) wählen und wollen annehmen, daß Aggregate von einer Dicke von etwa 600 Å die Celluloseeinheiten sind, die vom Lignin umwachsen sind. Wir wollen diese Celluloseformationen Micellreihen nennen, ohne sie aber irgendwie besonders von den Fibrillen unterscheiden zu wollen, denn es sind ja auch nur Fibrillen oder Micellbündel, die wir nur wegen ihrer Kleinheit mikroskopisch nicht mehr erfassen können.

Für eine Holzfaser ergibt sich demnach das folgende Bild. Viele Micelle (ca. 600 Å lang, 60 Å dick) sind teils durch dieselben Kohäsionskräfte, die auch das Micell zusammenhalten, teils durch Verwachsungen ihrer Enden ineinander zu Micellreihen von großer Länge und etwa 600 Å Dicke vereinigt. Dies entspricht etwa einer Dicke eines Bündels von 80 Micellen. Das Lignin und die Hemicellulosen umgeben die Micellreihen. In der Peripherie der Micellreihen mag das Lignin auch in die Intermicellarräume hineinwachsen, aber im übrigen sind die Micellreihen so fest ineinander gefügt, daß ein Eindringen von Fremdsubstanz nicht stattfindet. Als Abstand der Micellreihen voneinander muß man, um alle Fremdsubstanz, d. h. Lignin und Hemicellulosen, unterzubringen, einen solchen von 100—150 Å annehmen. Die innerste Lamelle der Sekundärschicht, die das Zellumen abgrenzt, mag etwa eine Dicke von 8 Micellreihen haben. Diese Micellreihen sollen alle parallel geordnet sein und mit der Faserachse, die sie schraubenförmig umlaufen, einen Winkel von vielleicht 20° nach rechts bilden. Als nächste Lage folgt eine ebenso dicke Anordnung, die wieder in einem Winkel von 20°, aber nach links, die Faserachse umläuft. Das Lignin und die Hemicellulosen füllen die

Zwischenräume und verbinden die beiden Lamellen genau so wie die Micellreihen innerhalb der Lamellen. Diese Anordnung setzt sich bis an die äußere
Grenze der Sekundärschicht fort. In der Primärschicht bilden die Micellreihen
einen größeren Winkel (z. B. 70° nach rechts und links) mit der Achse, die Ver-

Abb. 18. Modell der Holzfaser (Ausschnitt *M* der Abb. 14). Der Körper des Modells bedeutet Lignin, die
Stäbe bedeuten die Micellreihen. *A* ist die Mittellamelle, *B* die Primärschicht mit 2 Lamellen B_1 und B_2;
C die Sekundärschicht mit 7 Lamellen, von denen 2 im Modell ausgeführt sind. Wenn der schwarz-weiße
Maßstab im Vordergrund 10 cm groß ist, so beträgt die Vergrößerung 1 : 100000; 1 cm im Modell stellt
dann 1000 Å dar. Die Dicke der Mittellamelle, z. B. mit 3000 Å angenommen, ist mit 3 cm dargestellt.

bindung zwischen Primär- und Sekundärschicht ist auch hier die gleiche. Auf
die Primärschicht folgt alsdann die dichte, cellulosefreie Mittellamelle, die wiederum ebenso mit der Primärschicht durch das Lignin verwoben ist. Abb. 18 und 19

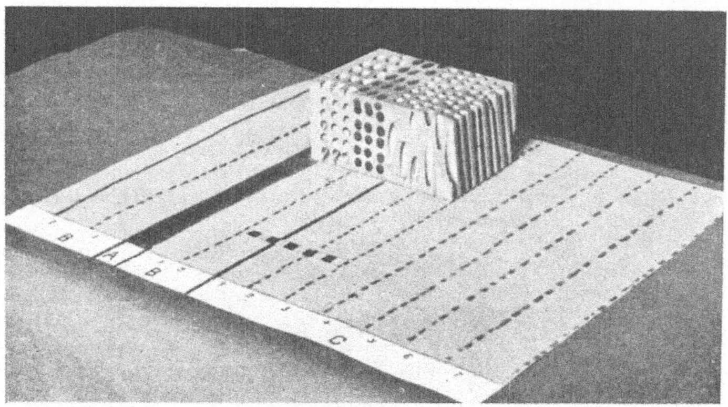

Abb. 19. Modell des Ligninpräparates aus dem Ausschnitt der Holzfaser (Abb. 18) gewonnen. An Stelle der
Micellreihen aus Cellulose in Abb. 18 finden sich hier entsprechende Hohlräume. Im Querschnitt (Modell
von oben gesehen) muß die Formdoppelbrechung in der Primärschicht wegen der mehr tangentialen Hohlräume stärker sein als in der Sekundärschicht mit ihren mehr axialen Hohlräumen. Wegen der abwechselnden Rechts- und Linksschraubung der Lamellen überlagert sich im *Längs*schnitt (parallel zu dem kleinen
Maßstab gesehen) die Formdoppelbrechung des Lignins aller Lamellen und täuscht eine Anordnung vor, in
der alle Hohlräume in der Längsausdehnung axial, in einer mittleren Ausdehnung tangential, in einer kür-
zesten radial angeordnet erscheinen.

zeigen im Modell einen Ausschnitt aus einer Holz- bzw. Ligninwand. Wir sehen
ganz links die Mittellamelle, daran anschließend die Primärschicht, wobei die
Holzpflöcke die Micellreihen darstellen, die einmal nach links und dann nach
rechts in flachem Winkel zur Faserachse stehen; den Abschluß bildet ein Stück

der Sekundärschicht mit ihren steiler geneigten Micellreihen. Das Ligninmodell zeigt den gleichen Ausschnitt, nur sind hier noch die orientierten Hohlräume vorhanden. Zu leichterem Verständnis bezeichnet die Unterlage der Holzklötze nochmals die genaue Lage des Zellausschnitts. *A* ist die Mittellamelle, *B* die Primärschicht, unterteilt in Lamelle 1 und 2, *C* die Sekundärschicht, für die 7 Unterteilungen angenommen sind.

Dieses Schema beantwortet auch zwanglos die viel erörterte Frage nach einer chemischen Verbindung von Cellulose und Lignin, die immer wieder angenommen wird, weil z. B. weder aus Holz selbst die Cellulose, noch ihre Derivate aus acetyliertem oder methyliertem Holz mit den üblichen Mitteln herausgelöst werden können. Unter der Einwirkung des Lösungsmittels quillt zunächst der Celluloseanteil, und die dichte Ligninhülle um ihn verhindert seine Diffusion; erst bei ganz feiner Aufteilung oder wenn die verkittenden Hemicellulosen entfernt sind, findet Lösung statt. Eine chemische Verknüpfung braucht also zur Erklärung nicht angenommen zu werden.

Die im vorigen Abschnitt entwickelten Vorstellungen über die völlig regellose Struktur des Lignins mit unbegrenztem Kondensationsprinzip, das zur Ausbildung enormer Moleküle führt, erfüllt in befriedigender Weise die Forderungen, die sich aus der Morphologie des Lignins ergeben. Die dreidimensionalen Moleküle verzahnen sich zu den Ligninteilchen, die nach allen Richtungen dieselben mechanischen Eigenschaften aufweisen. Das Lignin erfüllt mit seinen wirren fadenartigen Aggregaten wie ein Pilzgewebe die Hohlräume des Cellulosegefüges und ist selbst mit den gallertigen Hemicellulosen, Pektinen usw. getränkt. Im isolierten Zustand zeigt es in hervorragender Weise die im vorigen Abschnitt beschriebenen permutoiden Eigenschaften. Diesen verdankt das Lignin das „Durchreagieren"; alle Gruppen liegen trotz des ungelösten Zustandes offen und sind zu sofortiger Reaktion bereit wie gelöste Moleküle.

Literatur.

(*1*) Ambronn u. Frey: Das Polarisationsmikroskop. Leipzig 1926.
(*2*) Freudenberg, K.: Papierfabr. **30**, H. 13. — (*3*) Freudenberg, K., F. Sohns, W. Dürr u. Chr. Niemann: Cellulosechemie **12**, 263 (1931). — (*4*) Freudenberg, K., H. Zocher u. W. Dürr: Ber. **62**, 1814 (1929). — (*5*) Frey, A.: Ber. Dtsch. Botan. Ges. **46**, 454 (1928). — (*6*) Fuchs, W.: Biochem. Ztschr. **192**, 165 (1928).
(*7*) König, J., u. E. Rump: Chemie und Struktur der Pflanzenzellmembran. Berlin 1914.
(*8*) Rassow, B., u. R. Lüde: Ztschr. f. angew. Ch. **44**, 827 (1931). — (*9*) Ritter, G. J.: Ind. and Engin. Chem. **17**, 1194 (1925).
(*10*) Scarth, W. G., R. D. Gibbs u. J. D. Spier, Transact. Roy. Soc. Canada Sect. V 3. Ser. **23, II** 263 (1929).

H. Analyse des Lignins[1].

Von Ludwig Kalb, München.

Mit 3 Abbildungen.

Zusammenfassende Darstellungen:

Czapek, Fr.: Biochemie der Pflanzen, 2. Aufl. Jena: G. Fischer 1913—1921.
Fuchs, W.: Die Chemie des Lignins. Berlin: Julius Springer 1926.
Hägglund, E.: Holzchemie. Leipzig: Akademische Verlagsgesellschaft 1928. —
Hess, K.: Die Chemie der Cellulose und ihrer Begleiter. Leipzig: Akademische Verlagsgesellschaft 1928.
Kürschner, K.: Zur Chemie der Ligninkörper. Stuttgart: F. Enke 1925.
Ungar, E.: Beiträge zur Kenntnis der verholzten Faser. Dissert., Zürich 1914. (Aus dem Laboratorium von R. Willstätter.)
Wiesner, J. v.: Die Rohstoffe des Pflanzenreichs, 4. Aufl. Leipzig: W. Engelmann 1927.

---

[1] Mit Nachtrag S. 1457.

a) Die Begriffe „Lignin" und „Inkrusten".

Lignin ist der Sammelbegriff für eine Gruppe hochmolekular-amorpher, chemisch miteinander wohl nahe verwandter Stoffe oder Stoffgemische, die namentlich in den Leitungs- und Festigungsgeweben der höheren Pflanzen (Gefäßpflanzen) auftreten und gegenüber der Cellulose und den sonst noch beteiligten Kohlenhydraten einen besonderen, chemisch eigenartigen Zellwandbestandteil darstellen. Als Bestandteil der „verholzten" Gewebe, in den eigentlichen Hölzern im Durchschnitt etwa den vierten Teil der Gesamtmasse bildend, gehört Lignin zu den verbreitetsten Pflanzenstoffen.

PAYEN (94) (1838) hat als erster verholzte Zellwände chemisch zerlegt. Er war der Begründer der *oxydativen Methode*. Durch abwechselnde Behandlung mit Salpetersäure und Natronlauge gelang ihm die Abscheidung ziemlich reiner Cellulose. Den in Lösung gehenden Anteil nannte er „*Inkrustierende Substanz*"; denn er nahm an, daß die Cellulose vorher von ihr umhüllt und durchdrungen werde (Inkrustationshypothese). — Der regelmäßige Gebrauch des (schon vorher gelegentlich benützten) Wortes „*Lignin*" geht auf SCHULZE(111) (1857) zurück, der im Macerationsgemisch Salpetersäure-Kaliumchlorat ein wirksameres Aufschlußmittel fand. Beide Bezeichnungen bedeuteten damals den gesamten *Nichtcelluloseanteil* der verholzten, von akzessorischen Beimengungen gereinigten Pflanzenfaser, den man durch die oxydierende Behandlung völlig abgetrennt zu haben glaubte.

Allmählich drang aber die Erkenntnis durch, daß die Cellulose in den natürlichen Fasern noch von einer Reihe leichter hydrolysierbarer Polysaccharide, den sog. Hemicellulosen, begleitet wird. Man hatte erkannt, daß diese Kohlenhydrate beim oxydativen Aufschluß teils mit der Cellulose zur Abscheidung gelangen, teils mit den Oxydationsprodukten der eigentlichen verholzenden Substanz in Lösung gehen. Als notwendige Folgerung ergab sich daraus eine Einschränkung des Ligninbegriffes vom Nichtcellulose- auf den *Nichtkohlenhydrat*-Anteil der verholzten Membran. Die (indirekte) quantitative Bestimmung dieses engeren Lignins war nun bis auf weiteres schwierig und nur möglich durch Abzug der umständlich zu ermittelnden Gesamtpolysaccharide vom ursprünglichen Fasergewicht. Infolge hydrolytischer und oxydativer Nebenwirkungen blieb der löslich werdende Faseranteil bei den obenerwähnten und anderen älteren Oxydationsverfahren (sog. Cellulosebestimmungsmethoden) immer wesentlich größer als die Ligninmenge. Dies gilt auch von dem hinsichtlich Schonung der Polysaccharide lange Zeit unübertroffenen Aufschluß mit Chlor und Natriumsulfit von CROSS und BEVAN (9) (1895).

Neben der Oxydierbarkeit kannte man schon früh die Eigenschaft der verholzten Membran, *kohlenstoffreicher* zu sein als Cellulose (PAYEN [94]), ferner die *Farbreaktionen* mit Phenol und Anilin (RUNGE [99], 1834) und die der Cellulose und des Holzes mit Jod und Schwefelsäure (SCHLEIDEN [102]) oder Jod und Chlorzink (SCHULZE [112]). Dazu kam später neben vielen anderen als wichtigste die prächtige Violettrotfärbung mit Phloroglucin und Salzsäure von WIESNER (130) (1878). — Seit den sechziger Jahren kennt man die Überführbarkeit des Lignins in lösliches *Alkalilignin* (Ligninsäuren) durch Erhitzen mit Natronlauge und in lösliche *Ligninsulfosäure* durch Erhitzen mit sauren Sulfiten unter Druck, zwei Reaktionen, die zur technischen Herstellung von Zellstoff aus Stroh bzw. Holz größte Bedeutung erlangt haben. Das durch MITSCHERLICH (90) (1874) eingeführte „Sulfitverfahren" wurde neben dem älteren „Natronverfahren" bald die beherrschende Methode des technischen Holzaufschlusses.

Einen wichtigen Beitrag zur Kenntnis des Lignins lieferten BENEDIKT und BAMBERGER (4) (1890) durch Entdeckung des *Methoxylgehaltes* der verholzten Membran, den sie an zahlreichen Pflanzenmaterialien beobachteten und zur annähernden relativen Ligninbestimmung heranzogen. Was den letzteren Punkt betrifft, so barg diese Methode zunächst die Gefahr größerer Fehlschlüsse in sich, da auch die Pektinstoffe Methylalkohol führen, der durch die ZEISELsche Methoxylbestimmung miterfaßt wird. Später zeigte dann v. FELLENBERG (23) (1914), daß der Methylalkohol der Pektinsäuren *esterartig* an Carboxylgruppen gebunden ist, daher leicht z. B. durch verdünnte Natronlauge abgespalten und gesondert bestimmt werden kann, während er im Lignin ausschließlich oder fast ausschließlich *ätherartig* und äußerst fest, vermutlich an Phenol-Hydroxylgruppen gebunden vorliegt.

Ein neuer Abschnitt in der Ligninchemie begann mit dem Aufkommen der *hydrolytischen Methode* des Holzaufschlusses. Durch Einwirkung von Mineralsäuren unter geeigneten Bedingungen gelang es — umgekehrt wie bei den bisher erwähnten Aufschlußverfahren — die Polysaccharide des Holzes in Lösung zu bringen und das Lignin als unlöslichen, „*unverzuckerbaren*" Rückstand in direkt wägbarer, wenn auch mehr oder minder denaturierter Form zu gewinnen. Das zuerst von Klason [76] (1908) angewandte Schwefelsäureverfahren und der Aufschluß mit hochkonzentrierter Salzsäure von Willstätter und Zechmeister [132] (1913) sind seither die gebräuchlichen Methoden der quantitativen Ligninbestimmung. In dem mit Salzsäure erhältlichen „Willstätter-*Lignin*" erwuchs außerdem der Konstitutionsforschung ein gut zugängliches Ausgangsmaterial.

Mit dem Bekanntwerden der Unhydrolysierbarkeit hat der Ligninbegriff, soweit er sich nach chemischen Gesichtspunkten ungefähr umschreiben läßt, den heutigen Stand erreicht. Danach läßt sich Lignin etwa definieren als *ein aus Kohlenstoff, Wasserstoff und Sauerstoff bestehender Stoffkomplex und Zellwandbestandteil, der gekennzeichnet ist durch hohen Kohlenstoff- und Methoxylgehalt, leichte Oxydierbarkeit (und Halogenierbarkeit), Unhydrolysierbarkeit, Löslichkeit in Alkalilaugen und sauren Sulfiten bei hoher Temperatur und durch gewisse Farbreaktionen, von denen besonders die mit Phenolen und Aminen auf die Anwesenheit einer Aldehydgruppe hinweisen.*

Dazu muß bemerkt werden, daß im allgemeinen nur durch die *Summe* der genannten Eigenschaften das Lignin umschrieben ist und es von den näheren Umständen abhängt, inwieweit diese Eigenschaften in der Praxis im einzelnen als entscheidende Kriterien gelten können.

Entgegen der heutigen Gepflogenheit nennt H. Wislicenus (133) (1910) sämtliche Nichtcellulosestoffe „Lignin". Er definiert dieses etwa als die Summe aller hochmolekularen Stoffe, die aus dem Cambialsaft zunächst durch Adsorption und weiter durch sonstige kolloide Admassierung auf der Cellulosemembran niedergeschlagen werden. Unbeschadet der hier entwickelten biologischen Hypothese erscheint es vom Standpunkt der Nomenklatur aus nicht empfehlenswert, ein Gemisch so verschiedenartiger Stoffe (Lignin im üblichen, engeren Sinne, sämtliche Begleitkohlenhydrate und dazu noch viele akzessorische Stoffe, wie Gerbstoffe, Phlobaphene, Farbstoffe usw.) mit „Lignin" zu bezeichnen, nachdem sich dieses Wort längst für einen enger umgrenzten Begriff eingebürgert hat.

Der Ausdruck „*inkrustierende Substanz*" oder „*Inkrusten*" wurde in der Zeit nach Payen meist gleichbedeutend mit „Lignin" gebraucht, also ebenfalls unter Einschränkung auf den Nichtkohlenhydratanteil der verholzten Faser, daneben aber auch weniger speziell z. B. für Begleitkohlenhydrate wie Pektin, oder auch für akzessorische Stoffe. In der Tat erscheint die Bezeichnung „Inkrusten" als stofflich unbestimmt nicht derart an den Begriff der eigentlichen verholzenden Substanz gebunden wie das Wort „Lignin", sondern im Prinzip auf alle diejenigen Membranstoffe anwendbar, von denen man annimmt, daß sie die primäre Gerüstsubstanz Cellulose oder eine weiter umgrenzte Skeletsubstanz „inkrustieren", d. h. mechanisch durchdringen (im Gegensatz zu der Annahme chemischer oder adsorptiver Verknüpfung).

In jüngster Zeit hat die oxydative Methode des Zellwandaufschlusses eine außerordentliche Verfeinerung erfahren. Schmidt und Graumann [106] (1921) haben im Chlordioxyd ein in hohem Maße spezifisch wirkendes Oxydationsmittel gefunden, welches erlaubt, das Lignin unter Bedingungen in Lösung zu bringen, die oxydative Nebenwirkungen auf die Polysaccharide ausschließen und hydrolytische zum mindesten äußerst gering gestalten. Außer dem Zweistufenverfahren, bestehend in einer abwechselnden, erschöpfenden Behandlung der Faser mit wäßrigen Lösungen von Chlordioxyd und Natriumsulfit, haben Schmidt, Tang und Jandebeur (107) (1931) das Einstufenverfahren, eine einmalige, durchgreifende Behandlung mit Chlordioxyd in pyridinhaltig-wäßriger Lösung, angegeben.

Die Ausbeute an unlöslichen Polysacchariden, deren Summe von Schmidt als „Skeletsubstanz" (vgl. Schema) bezeichnet wird, ist wesentlich höher, die Menge der in Lösung gehenden Anteile, „Inkrusten" genannt, dementsprechend geringer als bei sämtlichen älteren Oxydationsverfahren. Bemerkenswerterweise nehmen aber auch jetzt noch, offenbar im direkten Zusammenhang mit der Zerstörung des Lignins, gewisse Polysaccharide lösliche Form an, was SCHMIDT (103) auf deren besondere Konstitution, ihre chemische Bindungsweise und kolloidchemische Verfestigung innerhalb der Zellwand zurückführt. Es gelang wahrscheinlich zu machen, daß die löslich werdenden Polysaccharide speziell diejenigen umfassen, welche aus Galaktose und ihren Umwandlungsprodukten, wie der Arabinose, aufgebaut sind, während sich die in der Skeletsubstanz abscheidbaren festen Polysaccharide ausschließlich von der Glucose und ihren Umwandlungsprodukten, wie Mannose und Xylose, ableiten. Demgemäß definiert SCHMIDT (103, 108) die Skeletsubstanz konstitutionschemisch als den „*Glucoseanteil*" im weiteren Sinne, die Kohlenhydrate der Inkrusten als den „*Galaktoseanteil*".

Die Skeletsubstanzen betrachtet SCHMIDT (109) als chemische Verbindungen höherer Ordnung, deren Einzelglieder durch Vermittlung von Carboxylgruppen *esterartig* und in stöchiometrischen Mengenverhältnissen miteinander verknüpft sind. Er erblickt in ihnen die primären, für die betreffende Pflanzenart oder Pflanzengruppe charakteristischen und konstant zusammengesetzten Zellwandbausteine. Demgegenüber werden die Inkrusten, bestehend aus den „ungesättigten Anteilen" (Lignin) und dem Galaktoseanteil, als die variablen, sekundär inkorporierten (inkrustierten) Zellwandbestandteile angesehen.

Aufbau der inkrustierten Zellwände nach SCHMIDT.

Skeletsubstanz. (Glucoseanteil):	**Inkrusten**
Cellulose (bei Pilzen Chitin)	
Mannan (z. B. Gymnospermen)	*Ungesättigte Anteile.* (*Lignin*)
Xylan „schwer löslich" (z. B. Gymnospermen, Dicotyledonen)	*Galaktoseanteil*:
Xylan „leicht löslich" (verbreitet in Dicotyledonen)	
	Araban
Polymere Uronsäuren (z. B. Braunalgen)	Galaktan
Acetyl als O-Acetyl (gebunden an das „schwerlösliche" Xylan)	Acetyl (wahrscheinlich als C-Acetyl im Lignin)

Der Begriff der „ungesättigten", d. h. von Chlordioxyd oxydierbaren Stoffe ist allgemeiner als der Begriff „Lignin". Er umfaßt außer diesem auch die unextrahierbaren Reste gewisser akzessorischer Stoffe (Gerbstoffe, Phlobaphene, Farbstoffe, Protein), ferner die vielleicht aus Gemischen ähnlicher Körper bestehenden Nichtkohlenhydratstoffe oder „lignoiden Stoffe" der niederen Pflanzen (Moose, Pilze und Algen). Trotzdem diese Stoffe mit dem Lignin außer der leichten Oxydierbarkeit mehr oder weniger auch die Unhydrolysierbarkeit und einige andere Eigenschaften gemeinsam haben, ziehen wir sie doch nicht in den Ligninbegriff mit ein, da ihnen zwei Hauptkriterien, nämlich der hohe Methoxylgehalt und der im nativen Lignin immer durch die Farbreaktionen nachweisbare Aldehydkomplex, fehlen.

Der von SCHMIDT zu den „Inkrusten" gerechnete Galaktoseanteil ist bei Hölzern gering, bei Buchenholz schätzungsweise 2 %. Es liegt nahe anzunehmen, daß er mit dem „Holzpektin" identisch ist, dessen Vorkommen in den Hölzern man aus den mit Natronlauge nach v. FELLENBERG (23) abspaltbaren Methylalkoholspuren gefolgert hat. SCHWALBE und BECKER (114) erhielten z. B. aus Buchenholz 0,175 % Methylalkohol, entsprechend 1,75 % Pektin. Allerdings ist es noch nie gelungen, ein Holzpektin in Substanz zu isolieren. HÄGGLUND (49) hält es daher für möglich, daß der leicht abspaltbare Methylalkohol der Hölzer nicht von Pektin, sondern von Estergruppen oder durch Nachbarsubstitution gelockertem Phenolmethoxyl des Lignins bzw. einer ligninähnlichen Substanz herrührt. Über Erwägungen, wonach der Galaktoseanteil als fester mit dem Lignin verbundenes Polysaccharid ganz oder teilweise in dessen Isolierungsformen übergehen könnte, siehe Kap. b. Diese Erwägungen gelten, wie ausdrücklich bemerkt sei, nur für den Galaktoseanteil der *Hölzer*, nicht für die gallertbildenden Pektinstoffe (Calcium-Magnesiumsalze von Tetragalakturonsäure-Komplexen) der Früchte, Wurzeln und Stengel, die nach der SCHMIDTschen Aufteilung ebenfalls als Galaktoseanteil erscheinen, aber zweifelsfrei selbständige, vom Lignin trennbare und auch ohne Lignin vorkommende Zellwandbestandteile darstellen. (Über mögliche genetische Beziehungen zwischen Lignin und Pektin s. Anhang, Kap. h, S. 1472.)

b) Abgrenzung des Lignins gegenüber den Kohlenhydraten.

Gegenüber den Kohlenhydraten ist Lignin gut abgegrenzt durch seine *Farbreaktionen* (besonders geltend für den nativen Zustand), ferner durch die abweichende *Elementarzusammensetzung*, die gekennzeichnet ist durch den höheren Kohlenstoff- und niedrigeren Sauerstoffgehalt und das daraus sich ergebende, abweichende Atomverhältnis C : H :

	% C	% H	% O	C : H
Lignin[1]	62—69	5—6,5	26—33,5	ca. 1 : 1
Cellulose	44,4	6,2	49,4	1 : 1,67
Pentosan	45,4	6,1	48,5	1 : 1,6

Dagegen erlaubt der *Methoxylgehalt* keine absolute Abgrenzung. So konnte HÄGGLUND (52) im Salzsäure-Hydrolysat des Fichtenholzes die Anwesenheit methylierter Kohlenhydrate wahrscheinlich machen und SCHMIDT (109) fand in den Skeletsubstanzen von Dikotylen geringe, an Cellulose und Xylan gebundene Methoxylmengen. Wenn es sich dabei auch nur um weniger als 1% OCH$_3$ handelt, und demgegenüber der hohe, meist zwischen 14—23% liegende Methoxylgehalt des Lignins nach wie vor eines der wichtigsten Kennzeichen dieses Stoffes darstellt, so ergibt sich aus obigen Befunden doch die wichtige Folgerung, daß man aus dem *geringen* Methoxylgehalt eines Fasermaterials allein nicht ohne weiteres auf die Anwesenheit von Lignin schließen darf, selbst wenn man für die Ausschaltung des esterartig gebundenen Methylakohols allenfalls anwesender Pektinsäuren gesorgt hat (vgl. S. 157 u. 200).

Von besonderem Interesse ist die Frage, inwieweit die *Unhydrolysierbarkeit* des Lignins, auf die sich dessen quantitative Bestimmung und gebräuchlichste präparative Abscheidung stützt, eine den Tatsachen entsprechende Trennung von den Kohlenhydraten gestattet. Die Bezeichnung „unhydrolysierbar" ist hier unter gewissen Einschränkungen zu verstehen. Sie bezieht sich auf die üblichen, für die Hydrolyse der Cellulose nötigen Säurekonzentrationen und sonstigen Bedingungen, die einerseits eine unvermeidliche Denaturierung des Lignins (Humifizierung, Abspaltung von Acetylgruppen, usw.) in sich schließen, andererseits aber dessen Methoxylgruppen intakt lassen sollen.

Was die Verluste beim Säureaufschluß betrifft, so sei erwähnt, daß mit einer geringen *Wasserlöslichkeit* des Lignins gerechnet werden muß. Von der kon-

---

[1] Innerhalb der angegebenen Grenzen liegen die meisten Analysenwerte der Literatur für die Isolierungsformen Säurelignin, Alkalilignin und Ligninsulfosäure aus Laub- und Nadelhölzern (nach Mittelwertsberechnungen von FUCHS [33]).

zentrierten Säure werden nämlich zunächst nicht unbeträchtliche Anteile des Lignins gelöst und bei der nachfolgenden Verdünnung des Gemisches mit Wasser nicht gänzlich ausgeflockt (HÄGGLUND und BJÖRKMAN [53], PALOHEIMO [91]). Auch das (zur Abspaltung der anhaftenden Mineralsäure nötige) Auskochen der Ligninpräparate mit Wasser verursacht einen kleinen Verlust an organischer Substanz (71). Gewichtsmäßig dürfte indessen die Wasserlöslichkeit unter normalen Aufschlußbedingungen keine bedeutende Rolle spielen. Dasselbe gilt hinsichtlich von Verlusten an *Methoxyl* bzw. CH_2, obwohl diese bei Holzligninen über die des fraglichen Holzpektins hinausgehen (vgl. S. 159, 160 und 200).

Wichtiger ist die Frage der Abspaltung von *Acetyl-* und *Formyl-*Gruppen, die erst in jüngster Zeit teilweise geklärt worden ist. Die aus verholzten Membranen mit Mineralsäuren oder Alkalien abspaltbare Essig- und Ameisensäure (WM. E. CROSS (12) fand die beiden Säuren im Tannenholz im Mischungsverhältnis ca. 4 : 1; über ihr Vorkommen in technischer Sulfitablauge vgl. HÄGGLUND [50]) wurde bisher als ausschließlich dem Lignin zugehörig betrachtet. Demgegenüber haben SCHMIDT und Mitarbeiter (107, 109) festgestellt, daß die Essigsäure in Kryptogamen und Phanerogamen größtenteils an das schwerlösliche Xylan (vgl. Schema, S. 159) gebunden ist. Als Ligninkomponente kommt also lediglich der nicht in der Skeletsubstanz vorgefundene Anteil in Frage, wobei einstweilen noch dahingestellt bleibt, inwieweit er statt dessen eventuell dem Galaktoseanteil zugehört. Nach Versuchen von RUNKEL und LANGE (100) besteht Aussicht, daß man die an das Xylan gebundene Säure auch ohne Darstellung der Skeletsubstanzen bestimmen kann, nämlich direkt im Holz auf Grund ihrer leichteren Abspaltbarkeit, die möglicherweise darauf beruht, daß die Säure nur im Kohlenhydrat esterartig, im Lignin dagegen als C-Acetylgruppe gebunden ist[1]. Über die Zugehörigkeit der Ameisensäure ist nichts Genaueres bekannt. Sie wird gewöhnlich mit der Essigsäure zusammen bestimmt und als solche gerechnet. Aus dem hydrolytischen Aufschluß geht das Lignin praktisch acetylfrei hervor. SCHMIDT und Mitarbeiter (107) fanden in Salzsäurelignin aus Buchenholz nur noch $0,31\%$ flüchtige Säure, als $CO \cdot CH_2$ gerechnet. Sie nehmen an, daß es sich hierbei angesichts der Säurevorbehandlung keinesfalls um esterartig gebundenes Acetyl, das sehr leicht abgespalten wird, handeln kann. Sollte es sich beim Lignin überhaupt nur um C-Acetyl handeln, so wäre es durchaus denkbar, daß dieses unter dem Einfluß der konzentrierten Aufschlußsäure nicht oder nicht ganz als Essigsäure abgespalten, sondern mehr oder weniger mit den phenolischen Gruppen des Lignins kondensiert wird. Es ist üblich, den Ligningehalt ohne Berücksichtigung der Acetyl- bzw. Formylgruppen anzugeben, falls es sich nicht um Aufstellung eines Schemas über den Gesamtaufbau der Zellwand handelt.

Größer als die Gefahr der Verluste ist die der *Mitabscheidung von Fremdstoffen.* Zu erwähnen ist hier das Anhaften von *Mineralsäureesten.* Dieser Fehler läßt sich durch Auskochen der Ligninpräparate klein halten (ca. 1% vom Lignin und weniger [vgl. S. 191/192]).

Ein Fehler, der sich normalerweise ebenfalls klein halten läßt, ist die *Mitabscheidung von Polysacchariden* als Folge nicht durchgreifenden Aufschlusses.

---

[1] Die Autoren haben 100 g Buchenholz (Trockengewicht) 6 Stunden mit $900\,cm^3$ Wasser einschließlich Holzwasser und 10 g CaO (oder mit $900\,cm^3$ 0,556 proz. Natronlauge) auf 100^0 erhitzt, unter Nachwaschen filtriert und in $100\,cm^3$ des Filtrates die Essigsäure nach FRESENIUS bestimmt. Sie fanden $3,9\%$ leicht abspaltbares Acetyl, in Übereinstimmung mit der von SCHMIDT in Buchenskeletsubstanz gefundenen Menge. In gleicher Weise, jedoch unter Anwendung von $375\,cm^3$ 2 proz. Natronlauge, wurde die Gesamtessigsäure des Buchenholzes ermittelt (5,6 % Acetyl). Die Differenz (1,7 %) entspricht vielleicht dem Acetylgehalt des Lignins. Die allgemeine Anwendbarkeit der Methode ist noch nicht erprobt.

Es handelt sich dabei um Skeletsubstanzreste, vorwiegend Hydrocellulose. Man kann sie nachweisen und bestimmen z. B. durch Überführung in reduzierende Zucker, indem man die Präparate einer erneuten Säurebehandlung unterwirft, oder durch direkte Isolierung, indem man sie nach Schmidt mit Chlordioxyd aufschließt. Die letzten Spuren dieser nachweisbaren Polysaccharide (0,3 % vom Lignin und weniger) werden beim Säureaufschluß verhältnismäßig sehr schwer entfernt und daher im allgemeinen vernachlässigt (S. 199).

Sehr zu beachten ist die Mitabscheidung von *Humifizierungsprodukten der Kohlenhydrate.* Erfahrungsgemäß ist die Säurehumifizierung eine langsam verlaufende Reaktion. Bei der üblichen quantitativen Ligninbestimmung, die im Interesse des durchgreifenden Aufschlusses jeglichen Materials eine gewisse Mindestdauer für die Einwirkung der konzentrierten Aufschlußsäure vorsieht, muß ein größerer Humifizierungsfehler in Kauf genommen werden, als bei der schonenden präparativen Ligindarstellung, die in erster Linie die Erlangung eines hellen Produktes anstrebt. Nach orientierenden Versuchen des Verfassers (71) über die Humifizierung von Skeletsubstanzen beim Säureaufschluß dürfte der Humifizierungsfehler für Fichtenholz unter den Bedingungen der quantitativen Ligninbestimmung nach Kalb, Kucher und Toursel (S. 190) höchstens ca. 1 % vom Holz und bei der schonenden präparativen Darstellung nach Kalb und Lieser (S. 1459) ca. 0,5 % betragen, bei Laubholz muß für das quantitative Verfahren mit 2—3 % gerechnet werden. Da die Kohlenhydrate in verschiedenem Maße zur Humifizierung neigen, z. B. Cellulose wenig, Fruktosane und leichtlösliches Xylan stark, so wird der Fehler je nach Art des Zellwandmaterials verschieden sein und relativ um so mehr ins Gewicht fallen, je kleiner der Ligningehalt ist. Paloheimo (91) sucht den Humifizierungsfehler durch Anwendung verhältnismäßig sehr großer Säuremengen und Wiederholung des Aufschlusses oder durch alkalische Vorbehandlung des Materials zu vermeiden. Es dürfte aber die Gefahr bestehen, daß die so erhältlichen niedrigeren Ausbeuten (bei Fichtenholz 25,5 statt normal 27—28 %) mehr oder weniger durch Verluste an eigentlichem Lignin bedingt werden, das in konzentrierter Säure, Wasser (s. oben) und besonders in Alkalien nicht unlöslich ist.

Vielfach erörtert wurde die Frage, ob das mit Säure abgeschiedene Lignin noch Kohlenhydrate enthält, die infolge besonderer physikalischer Okklusion oder chemischer Bindung der Hydrolyse überhaupt entgehen. Insbesondere wurde hierbei an Kohlenhydrate des „Galaktoseanteils“ gedacht (42). In späteren Versuchen zeigten aber Freudenberg und Harder (28), daß aus filtrierten, nach dem Chlordioxyd-Natriumsulfit-Verfahren gewonnenen Oxydationslösungen *keine* alkohol- oder acetonunlöslichen Kohlenhydrate, die als solche des (unveränderten) Galaktoseanteils angesprochen werden könnten, abscheidbar sind.

Endlich hat man vermutet, daß Zucker (irgendwelcher Art) unter dem Einfluß der konzentrierten Aufschlußsäure mit dem Lignin kondensiert werden und unter völligem Verlust ihrer Kohlenhydrateigenschaften in dessen Komplex eintreten. Hierauf schienen indirekt Versuche von Hägglund und Björkmann (53) hinzuweisen, nach denen es möglich sein soll, ein durch sehr kurzen Aufschluß gewonnenes Salzsäurelignin durch heiße, verdünnte Säure weitgehend zu reduzierenden Zuckern aufzuspalten, was bei normalem Salzsäurelignin nicht mehr gelingt. Aber auch das Ergebnis dieser Versuche ist nicht ganz eindeutig, einmal wegen des fraglichen, vielleicht beträchtlichen Cellulosegehaltes der betreffenden Präparate und weiter, weil das Reduktionsvermögen der Hydrolysate zum Teil auch von anderen Reaktionsprodukten wie Formaldehyd, der später von Freudenberg und Harder (28) als Spaltstück des Lignins aufgefunden wurde, herrühren kann. Auf anderem Wege, nämlich auf Grund der Ausbeute- und Methoxylbeziehungen von Präparaten verschiedener Stadien des Säureaufschlusses konnten KALB, LIESER und Mitarbeiter (73) keine Anhaltspunkte für eine Kondensation des Lignins mit Zuckern finden. Indessen schließen auch diese Versuche die Möglichkeit nicht aus, daß eine solche doch in untergeordnetem Ausmaße stattfinden könnte. Gilt dies für die normalen Aufschlußbedingungen (Kap. f S. 187 und g S. 1457), so besteht andererseits die Möglichkeit, daß die überhöhten Ausbeuten, die häufig bei allzu langer Aufschlußdauer, bei Temperaturen über 20° und zu hohen Säurekonzentrationen (besonders von Schwefelsäure) erhalten werden, nicht nur in einer verstärkten Bildung von Kohlenhydrathuminen, sondern auch in einer umfangreicheren Kondensation von Zuckern mit dem schon abgeschiedenen Lignin begründet sind.

Die Abgrenzung des Lignins gegenüber den Kohlenhydraten durch seine *Oxydierbarkeit* soll an Hand des SCHMIDTschen Chlordioxyd-Pyridin-Verfahrens erörtert werden. Der Mangel, daß hier die Scheidung in unlöslich bleibende und löslich werdende Bestandteile nicht genau derjenigen in Polysaccharide und Lignin (bzw. ungesättigte Anteile) entspricht, wird durch die anschließende Bestimmung des Galaktoseanteils in einem besonderen Arbeitsgang behoben. Schwierigkeiten bereitet noch in gewissen Fällen (Nadelholz) die Abtrennung der letzten, jedoch geringfügigen Ligninreste von den Skeletsubstanzen (S. 194 u. 197). Der weiter oben erwähnte Säureaufschluß von Skeletsubstanzen zur Bestimmung des Humifizierungsfehlers des Säureaufschlusses von Holz, stellt auch gleichzeitig eine Kontrolle des oxydativen Zellwandaufschlusses dar. Durch die Feststellung, daß die aus guten Skeletsubstanzen erhältlichen unhydrolysierbaren Rückstände nur einen minimalen Methoxylgehalt (1—2%) aufweisen, konnten nicht nur diese Rückstände als praktisch ligninfreie Kohlenhydrathumine, sondern auch die Skeletsubstanzen selbst in noch viel höherem Maße als praktisch ligninfrei gekennzeichnet werden.

Von erheblichem Interesse ist der *Vergleich der Ergebnisse des hydrolytischen und oxydativen Aufschlusses,* die bisher erste Möglichkeit einer experimentellen Kontrolle unserer üblichen direkten Ligninbestimmung durch ein indirektes Aufschlußverfahren. Voraussetzung ist die Verwendung ein und desselben, gleichartig vorgereinigten Ausgangsmaterials. Vorläufige Zahlen weisen auffallenderweise auf eine annähernde Übereinstimmung der direkten Ligninwerte mit den indirekten für den SCHMIDTschen *Inkrustenkomplex* hin und nicht, wie es sein sollte, mit den (bei Buche um 2% vom Holz niedrigeren) für Lignin bzw. die ungesättigten Anteile (vgl. S. 197 u. 198). Es wäre jedoch voreilig, hieraus schon Schlüsse etwa auf die Kondensation des Galaktoseanteils mit dem Lignin beim Säureaufschluß zu ziehen, zumal sonst keinerlei sichere Anhaltspunkte dafür vorliegen. Für einen einwandfreien Vergleich ist es außerdem unerläßlich, vor allem die *direkten* Ligninwerte auf ihre verschiedenen experimentellen Fehler zu korrigieren, was übrigens heute durchaus noch nicht vollständig möglich ist. *Abzuziehen* wären der in Prozenten auf Holz bezogene Gehalt des betreffenden Präparates an anhaftender Mineralsäure, Polysaccharidresten, Kohlenhydrathumin, Protein- und evtl. Cutinresten (vgl. c), *hinzuzurechnen* die derzeit noch nicht genauer bekannten Verluste an säure- und wasserlöslichen Ligninanteilen, an Methoxyl (CH_2) und Acetyl. Zum Teil sind diese Korrekturen sicher unbedeutend und heben sich auch gegenseitig auf. Am meisten dürften ins Gewicht fallen die für Kohlenhydrathumin und die leider noch sehr unsichere für Acetyl. Der *indirekte* Ligninwert (= Ausgangsmaterial — [Skeletsubstanz + Galaktoseanteil]) wäre zu vermindern um den Proteingehalt im Ausgangsmaterial. Eine unvermeidliche Ungenauigkeit ergibt sich bei Anwesenheit unextrahierbarer Gerbstoff- und Phlobaphenreste: Sie sind im indirekten Ligninwert vollständig, im direkten vermutlich nur teilweise enthalten. Cutin gelangt mit der Skeletsubstanz zur Abscheidung, ist daher im „indirekten Lignin" nicht enthalten, im „direkten" hingegen vollständig. Vgl. im übrigen Kap. c und f.

Durch die Löslichkeit in *sauren Sulfiten* und *Alkalilaugen* bei hoher (in Laugen zum Teil auch schon bei gewöhnlicher) Temperatur ist das Lignin nicht ohne weiteres gegenüber den Kohlenhydraten abgegrenzt, von denen größere Anteile mit dem Lignin in Lösung gehen. Die Trennung wird aber verbessert durch anschließende Abscheidung des Lignins, im ersten Falle z. B. in Form der β-Naphthylaminverbindung der Ligninsulfosäure, im zweiten Falle durch Säure in Form des freien sog. Alkalilignins (Ligninsäure). Die beiden Methoden sind nicht brauchbar zur quantitativen Bestimmung des Lignins, können aber nützlich sein zu seiner präparativen Abscheidung und qualitativen Kennzeichnung (neben den anderen Ligninreaktionen).

c) Abgrenzung des Lignins gegenüber akzessorischen Substanzen, besonders Gerbstoffen, Phlobaphenen, Farbstoffen und Protein, ferner gegenüber Cutin und Suberin sowie den unhydrolysierbaren Bestandteilen der niederen Pflanzen.

Zu den akzessorischen Stoffen rechnen wir alle in den natürlichen Geweben neben den eigentlichen Zellwandbaustoffen vorkommenden, die Zellwände imprägnierenden oder im Inneren der Zellen und sonstiger Hohlräume auftretenden Substanzen wie Fette, Wachse, Harze, Terpene, Gerbstoffe, Phlobaphene, Farbstoffe und Eiweißkörper. Man entfernt sie vor dem Aufschluß nach Möglichkeit durch Extraktion mit Wasser und organischen Lösungsmitteln (was meistens nicht ohne kleine Ligninverluste abgeht). Aber die Reinigung gelingt nie mit der wünschenswerten Vollständigkeit. Als unextrahierbar kommen hauptsächlich in Frage Reste von *Gerbstoffen, Phlobaphenen, Farbstoffen* und *Eiweißkörpern,* sowie Anteile des *Cutins* und *Suberins* der cutinisierten bzw. verkorkten Gewebe. Da diese Stoffe gleichzeitig auch weitgehend säureunlöslich sind, so gehen ihre unextrahierbaren Reste beim hydrolytischen Aufschluß größtenteils in die Ligninpräparate über. Wohl nur in sehr geringem Maße ist dies der Fall bei den hellen, astfreien Hölzern, z. B. von Fichte oder Ahorn, und man kann deren unhydrolysierbare Anteile demgemäß als „praktisch reine" Säurelignine betrachten. Ähnlich günstig dürften die Verhältnisse häufig bei mechanisch isolierten Holzkörpern, Gefäß- oder Bastbündeln von Stengeln und Blättern liegen. Präparate aus dunklen, phlobaphen- oder farbstoffreichen, nur unvollständig extrahierbaren Hölzern oder mäßig protein- und cutinhaltigen ganzen Stengeln wird man dagegen oft nur als „Rohlignine" zu bewerten haben, deren Ausbeuten und Eigenschaften durch die Beimengungen mehr oder weniger modifiziert sein können. Auf sehr unsicheres Gebiet begibt man sich bei Anwendung des Säureaufschlusses auf grünes bzw. fleischiges Pflanzenmaterial, das nur zum geringen Teil aus verholzten Zellwänden, im übrigen aber aus Zellinhalt führenden, plasma- und gerbstoffreichen Gewebearten besteht, dazu eventuell noch Rinde und Oberhaut enthält. Hier wird man immer nur „Rohlignine" zur Abscheidung bringen und es kann leicht der Fall sein, daß die Beimengungen gegenüber dem Lignin überwiegen, in welchem Falle man dann besser nur von „unhydrolysierbaren Rückständen" spricht. Je mehr Fremdstoffe solche Präparate enthalten, desto ungeeigneter sind sie zum Studium der wahren Eigenschaften der betreffenden Ligninart. Soweit möglich, wird man daher bei solchem Rohmaterial immer vorziehen, zunächst durch mechanische Aufbereitung die verholzten Gewebeteile nach Möglichkeit zu isolieren und diese für sich aufzuschließen.

Die Abgrenzung des Lignins gegenüber den *Gerbstoffen* und *Phlobaphenen* ist nicht nur eine Frage von analytischer, sondern angesichts gewisser struktur-chemischer Beziehungen auch von theoretischer Bedeutung. Diese Beziehungen bestehen in dem gemeinsamen Vorkommen von *Brenzcatechin-* und *Pyrogallol*-komplexen im Molekül. Speziell durch den Gehalt an Brenzcatechin ist Lignin verbunden mit den *Catechinen* u. a. kondensierten Gerbstoffen nebst ihren Phloba-phenen, andererseits auch mit den den Catechinen nahestehenden *Flavonen* und *Anthocyanen*, den Holz- und Blütenfarbstoffen. Wahrscheinlich erstreckt sich diese Analogie sogar auf den größeren *Propenylbrenzcatechin*-Komplex, der im Lignin von vielen Forschern angenommen wird, u. a. von KLASON (78), der seit langem die Hypothese vertritt, daß im Lignin Kondensations- oder Polymerisa-tionsprodukte des Coniferyl- oder Oxyconiferylaldehyds bzw. der entsprechenden Alkohole vorliegen. Damit wäre Lignin weiter noch mit dem in der Natur sehr verbreiteten *Coniferin* und den zahlreichen kaffeesäurehaltigen Pflanzenstoffen verwandt und vielleicht genetisch verknüpft. Auch die im vorausgehenden Ab-schnitt H von FREUDENBERG und DÜRR vertretene Konstitutionshypothese trägt diesen Beziehungen durch Annahme eines Trioxypropyl-Brenzcatechins oder -Pyrogallols als Grundstoff des Lignins Rechnung. Zum Unterschied von oben-genannten Catechingerbstoffen und Farbstoffen, die neben dem Brenzcatechin-stets noch einen Phloroglucinkern im Molekül enthalten, ist jedoch bemerkens-werterweise Phloroglucin im Lignin niemals nachgewiesen oder als Abbau-produkt erhalten worden. Unterschieden ist das Lignin von den Gerbstoffen weiter durch die Anwesenheit des Aldehydkomplexes im nativen Produkt, nach-weisbar durch die *Phloroglucinprobe*, und durch den hohen *Methoxylgehalt*.

Auch in physiologischer Hinsicht bestehen bemerkenswerte Unterschiede zwischen Lignin und den Gerbstoffen. Während Lignin ausschließlich Bestand-teil der Zellwand ist, finden sich Gerbstoffe sowohl im Zellinnern als auch in der Zellwand adsorbiert oder in Gewebespalten usw. abgelagert. Im Gegensatz zu dem relativ gleichmäßigen Ligningehalt der Hölzer (ca. 20—30%) kommen die Gerbstoffe und die sie begleitenden Phlobaphene dort in sehr ver-schiedenen Mengen und ungleicher Verteilung vor (höherer Gehalt der Mark-strahlen, Anhäufung im Kern). Auch im Hinblick auf den zeitlichen Verlauf lassen sich Verholzung und Imprägnierung mit Gerbstoffen als zwei verschiedene, voneinander unabhängige Vorgänge erkennen. Während der Verholzungs-vorgang offenbar an ein bestimmtes Übergangsstadium im Leben des einzelnen Zellwesens (Beendigung des Wachstums und Übernahme von Dauerfunktionen) gebunden und dann abgeschlossen ist, ist die Bildung der Gerbstoffe und Phloba-phene sowie die Imprägnierung der Gewebe mit denselben zeitlich nicht in ähn-licher Weise festgelegt. Sie kann anscheinend gleichzeitig mit der Verholzung der betreffenden Zellschichten oder lange nachher (Kernbildung), endlich auch unabhängig von ihr (z. B. im verholzenden wie im nicht verholzenden Meso-phyll) stattfinden.

Trotz der eingangs erwähnten strukturellen Beziehungen, bestehend in dem gemeinsamen Vorkommen gewisser phenolischer Teilkomplexe, sprechen diese im übrigen hervortretenden chemischen und physiologischen Unterschiede doch entschieden für eine Trennung der Begriffe Lignin und Gerbstoffe. Eine Bezeich-nung der Ligninstoffe als „unlösliche Gerbstoffe" (v. EULER [19]) erscheint daher kaum gerechtfertigt. Auch besitzt Lignin, in lösliche Form gebracht (z. B. durch Anoxydieren oder als Ligninsulfosäure), nur eine schwache Gerb-wirkung.

Dadurch, daß Gerbstoffreste und besonders Phlobaphene beim *Säure-aufschluß* mit dem Lignin zur Abscheidung gelangen, wird vermutlich häufig ein zu hoher Ligningehalt vorgetäuscht. Vielleicht erklären sich so — zum Teil wenigstens — die Schwankungen im direkt bestimmbaren Lignin, die innerhalb ein und derselben Holzart zwischen verschiedenen Bäumen im Stammholz, ferner im gleichen Baum zwischen Stamm und Ästen, Splint und Kern, Früh- und Spätholz oder in Abhängigkeit vom Alter gefunden wurden (vgl. Kap. h [S. 1469]). Dem Gehalt an Phlobaphenen wird speziell die Farbe des „*Rotholzes*" der knorrigen Bildungen und der Unterseite (Druckholz) der Äste von Tannen und Fichten zugeschrieben. v. Euler sowie Klason (79) fanden in Fichtenastrotholz bis 37 % Lignin. Die Beobachtung des Verfassers (71), daß diesem abnorm hohen Ligningehalt ein abnorm geringer Methoxylgehalt der Präparate gegenübersteht (gefunden 35,3 % Lignin mit 12,5 % OCH_3 im Rotholz gegenüber normal 27,5 % Lignin mit 15,9 % OCH_3 im Weißholz der Astoberseite und des Stammes) scheint in der Tat für das Vorliegen eines mit Phlobaphen oder einer sonstigen methoxylfreien Substanz verunreinigten Rohlignins zu sprechen. Es ergibt sich daraus für das Studium der unverfälschten Lignineigenschaften die Forderung, astfreies und möglichst helles Splintholz zu verwenden. Möglicher-weise sind die großen Schwankungen (26—31 %), die speziell für den Lignin-gehalt des Fichtenstammholzes gefunden wurden, und die man häufig mit Unter-schieden im Klima-, Alter und Standort usw. zu erklären versuchte, teilweise auf die Verwendung eines mehr oder weniger asthaltigen Sägemehles zurück-zuführen (soweit nicht die Verschiedenheit der Arbeitsbedingungen daran schuld ist). Die Schwankungen scheinen bei reinem Stammholz durchaus nicht so bedeutend zu sein. Nach neuesten Untersuchungen von Klason (77) sind klima-tische Verhältnisse und Alter des Baumes ohne Einfluß auf den Ligningehalt des Fichtenholzes.

Wir besitzen keine Methode, die in die Ligninpräparate übergehenden Gerb-stoff-, Phlobaphen- und Farbstoffreste nachträglich zu entfernen. Auch beim *oxydativen Aufschluß* gehen diese Verunreinigungen mit dem Lignin und werden gleich ihm zu löslichen Stoffen abgebaut. Sie fallen nach der Schmidtschen Nomenklatur unter den Begriff der „ungesättigten Anteile". Analytisch gehören hierher auch die *Huminstoffe* der vermoderten und fossilen Pflanzenreste (Kap. d) und manche ihnen vermutlich nahestehenden dunklen, noch unaufgeklärten Pigmente rezenter Pflanzen wie der Farbstoff des *Ebenholzes* und die *Phytomelane* im Pericarp vieler Kompositen. Die Phytomelane werden einerseits als sehr oxydationsbeständig, andererseits aber von Schmidt und Duysen (105) als durch Chlordioxyd angreifbar beschrieben.

Der *Stickstoffgehalt* der Säurelignine wird mangels sonstiger Anhaltspunkte auf schwer hydrolysierbares *Protein* zurückgeführt und in üblicher Weise durch Multiplikation mit dem Faktor 6,25 in solches umgerechnet. Allenfalls im Aus-gangsmaterial anwesende Alkaloide oder Chlorophyllfarbstoffe dürften der Extraktion und der lösenden Wirkung der Aufschlußsäure nicht entgehen, also auch nicht in die Ligninpräparate gelangen können. Der Stickstoffgehalt der Hölzer wird mit 0,1—0,5 % angegeben (z. B. Schwalbe und Becker [114]), etwas mehr enthalten Rinden, am meisten grünes Material, z. B. Gras, Klee, Blätter(2—5 %). Die Ligninpräparate selbst enthalten ähnliche, häufig auch größere Stickstoffmengen wie die Rohstoffe (beispielsweise wurde vom Verfasser [71] im Salzsäurelignin aus Fichtenholz 0,18 %, aus Buchenholz 0,28 % N gefunden[1]). Auf die Wichtigkeit der Korrektion der Ligninausbeuten auf den Gehalt an

---

[1] Bestimmung nach Kjeldahl.

Proteinresten hat besonders PALOHEIMO (91) hingewiesen. Eine Methode zur Entfernung des Proteins wäre wünschenswert. Durch Extraktion mit Alkalilaugen läßt sich wohl manches erreichen, doch bleibt die Reinigung unvollständig. Wegen der oft beträchtlichen Alkalilöslichkeit der Lignine ist sie für die quantitativen Ligninbestimmungen nicht anwendbar. Die Brauchbarkeit proteolytischer Fermente wäre zu versuchen. Beim oxydativen Aufschluß, z. B. mit Chlordioxyd, werden die Proteine anscheinend gewöhnlich zerstört und gehen mit dem Lignin in Lösung (vergl. S. 192).

Gut abgegrenzt und präparativ trennbar ist Lignin vom *Cutin*, jener wachsartigen, aus zum Teil sehr schwer löslichen hochmolekularen Fettsäureestern bestehenden Substanz, mit der die Oberhautschichten von Blättern, Fruchtschalen und Rinden imprägniert sind. Die nicht extrahierbaren, in die Säureligninpräparate übergehenden Cutinreste lassen sich auf Grund der Oxydationsbeständigkeit bestimmen. KÖNIG und RUMP (81) haben (neben anderen unhydrolysierbaren Pflanzenrückständen) auch Schwefelsäurelignine aus Hölzern mit ammoniakalischem Wasserstoffsuperoxyd behandelt und daraus nach Zerstörung des Lignins 0,14—0,16 % Cutin (auf Holz bezogen, also ca. 0,4—0,6 % vom Lignin) abgeschieden, welches noch die mikroskopische Struktur der Zellwand aufwies. Der Verfasser hat demgegenüber aus Salzsäureligninen von in üblicher Weise vorextrahierten Hölzern durch Oxydation nach dem SCHMIDTschen Chlordioxydverfahren nie derartige Cutinmengen erhalten. Wenn überhaupt größere Oxydationsrückstände von Membranstruktur verblieben, was aber normalerweise nicht vorkommt, so bestanden sie immer aus Polysaccharidresten infolge unvollständigen Aufschlusses. Größere Mengen von Cutin (mehrere Prozente des extrahierten Rohmaterials) enthielten die unhydrolysierbaren Rückstände aus Blättern und Coniferennadeln. Das aus ihnen durch Oxydation abgeschiedene Rohcutin bestand aus Cuticulastücken von Membranstruktur, Wachs und etwas Cellulose (vgl. S. 198).

Beim oxydativen Zellwandaufschluß nach SCHMIDT bleibt das Cutin bei der Skeletsubstanz, ist also in dem Ligninwert der indirekten Methode nicht mit inbegriffen (S. 192).

Gegenüber dem *Suberin* der verkorkten Zellwände (Phellogen) in Rinden und Borken, hochprozentig im Kork der Korkeiche, ist Lignin konstitutionschemisch gut abgegrenzt. Die praktische Abtrennung ist wenig bearbeitet. Dem Cutin nahestehend, ist das Suberin ein Gemisch größtenteils unlöslicher Ester, Anhydride und Polymerisationsprodukte höherer, gesättigter, ungesättigter und Oxyfettsäuren. Es ist relativ widerstandsfähig gegen Säurehydrolyse und Oxydation, ohne aber die Beständigkeit des Cutins zu erreichen. So werden die verholzten Mittellamellen des Korkes z. B. durch SCHULZES Gemisch zwar früher zerstört als die anschließenden Suberinlamellen (GILSON [45]), beim Aufschluß nach CROSS und BEVAN werden aber doch Lignin und Suberin zusammen oxydiert unter Zurücklassung der Zellwandkohlenhydrate (ZEMPLÉN [135]). Bei andauernder Einwirkung heißer, konzentrierter Ätzlauge wird das Suberin unter Verseifung gelöst und es bleiben nur die Mittellamellen zurück, die noch mehr oder weniger deutliche Phloroglucinreaktion geben (GILSON). Die Kombination dieser Behandlung mit dem hydrolytischen Aufschluß erscheint aussichtsreich zur Isolierung des Lignins verkorkter Gewebe, wenn auch vermutlich mit Verlusten verbunden wegen der teilweisen Alkalilöslichkeit des Lignins. Zu bemerken ist, daß Kork immer auch extrahierbare Fettsäuren und wachsartiges Cerin, ferner Gerbstoffe und Phlobaphene enthält und daß außerdem Coniferin und Vanillin in kleinen Mengen gefunden wurden. Unvorbehandelt reagiert er nur schwach und nicht gleichmäßig mit Phloroglucin, stärker nach Extraktion mit Alkohol. M. v. Schmidt (110) hat aus Kork, nach Extraktion des Cerins mit Benzol und der Gerbstoffe mit Alkohol, sowie nach weiterem Auskochen mit 3proz. Sodalösung, das Lignin (ohne Lösung des Suberins) in der Weise abgetrennt, daß er das Material erschöpfend mit 5proz. Natriumsulfitlösung unter Einleiten von SO_2 behandelte. Die aus Kork und gewöhnlichen Rinden und Borken direkt erhältlichen unhydrolysierbaren Rückstände dürften sehr komplizierte Gemische von Lignin mit den verschiedensten sonstigen säureunlöslichen Stoffen darstellen.

In den voranstehenden beiden Kapiteln wurde gezeigt, wie sehr wir bei der präparativen und quantitativen Ligninabscheidung unser Augenmerk auf die Beschaffenheit des aufzuschließenden Pflanzenmaterials und des daraus erhaltenen Ligninpräparates richten müssen, um Täuschungen zu vermeiden, die sich daraus ergeben können, daß wir in dem abgeschiedenen Produkt nicht die eigentliche verholzende Substanz allein, sondern ein Gemisch derselben mit anderen, offenkundig nicht dazugehörigen Stoffen vor uns haben. Diesem wichtigen Erfordernis der kritischen Anwendung des hydrolytischen (wie überhaupt jeden) Aufschlußverfahrens wurde bei der chemischen Umschreibung des Ligninbegriffes (S. 158) durch den Zusatz Rechnung getragen, daß es von den jeweiligen Umständen abhängt, inwieweit die dort aufgezählten Haupteigenschaften des Lignins für sich allein als entscheidende Kriterien gelten können. Es ist nicht alles Lignin, was unhydrolysierbar ist und auch nicht alles, was leicht oxydabel ist usw. Unhydrolysierbare und leicht oxydable Stoffe sind im ganzen Pflanzenreich verbreitet, unter den Gefäßpflanzen (neben Lignin) wie unter den niederen Pflanzen, deren diesbezügliche Anteile wir überhaupt nicht als Lignin ansprechen können.

Leider wird dieser Standpunkt noch nicht allgemein geteilt, was viel zur Verwirrung in der Literatur des Lignins beiträgt. So wurde beispielsweise der aus braunem Buchenfallaub durch Säureaufschluß erhältliche unhydrolysierbare Rückstand von 46—48% ohne weiteres als „Lignin" angesprochen. Es ist aber zu bedenken, daß hier ein Gemisch von Lignin, Protein, Cutin, Phlobaphenen usw. vorliegt. Wie man durch die Phloroglucinprobe an grünen, sowie frischen, mit Aceton farblos extrahierten Blättern feststellen kann, ist die Verholzung auf die Nervatur beschränkt. Durch die Extraktion der grünen Blätter werden die hier noch größtenteils im löslichen Zustande vorliegenden (nach dem Absterben der Blätter in Phlobaphene übergehenden) Gerbstoffe, zusammen mit den Blattfarbstoffen, entfernt. Aus solchen farblos extrahierten Buchenblättern wurden 23,3% Rohlignin erhalten (71). Aber selbst dieses Produkt bestand wahrscheinlich noch größtenteils aus Nichtligninstoffen wie Cutin, Protein und anderen Substanzen, besonders Phlobaphenen, die durch Einwirkung der Aufschlußsäure auf die im extrahierten Blatt noch anwesenden unlöslichen Gerbstoffe entstanden waren. Damit steht auch der auffallend niedrige Methoxylgehalt von 5,3% gegenüber 22% im Holzlignin der Buche im Einklang.

Solange wir mit dem Abbau des Lignins nicht wesentlich über die bisherigen, spärlichen Ergebnisse hinauskommen, erscheint es als eine um so wichtigere Aufgabe, den Ligninkomplex, der uns in den reinen verholzten Fasern immer wieder in bemerkenswert ähnlicher Form entgegentritt, nach Möglichkeit analytisch und begrifflich immer genauer festzulegen und Nichtzugehöriges auszuschalten, nicht aber den ohnehin schwer genug faßbaren Begriff, indem wir ihn aus einer der Abscheidungsmethoden ableiten, durch Hereinnahme bekannter und unbekannter, offenkundig nicht zugehöriger Stoffe noch mehr zu komplizieren.

Auch die *Zellwände der niederen Pflanzen* (Moose, Flechten, Algen, Pilze) enthalten neben den Polysacchariden unhydrolysierbare und leicht oxydierbare Substanzen. Diese können jedoch nicht als Lignin bezeichnet werden, da in diesem Falle die beiden wichtigsten speziellen Merkmale des Lignins, der hohe Methoxylgehalt und der in den nativen Ligninformen durch die Phloroglucinprobe nachweisbare Aldehydkomplex, fehlen. Beispielsweise wurden besonders in den Moosmembranen phenolartige Körper von Gerbstoffnatur gefunden, weiter sind Farbstoffe verschiedenster Art in diesen Pflanzen enthalten (vgl. CZAPEK [13], FUCHS [34]).

Nach Versuchen des Verfassers wurde z. B. aus dem mit Aceton extrahierten Material von Sphagnum 17,2% an unhydrolysierbarem Rückstand erhalten, der sich als schwarzbraune, beim Trocknen (105°) zusammenbackende Masse schon äußerlich von Ligninpräparaten weitgehend unterschied. Auch chemisch verhielt sich diese Substanz anders als Lignin, vor allem durch den niedrigen Methoxylgehalt von 0,61% und durch die verhältnismäßig schwere Angreifbarkeit beim oxydativen Aufschluß nach dem Chlordioxyd-Pyridin-Verfahren, bei dem trotz 10tägiger Behandlung keine vollständige Bleiche des zurückbleibenden Cutins (14% des Rückstandes) erzielt werden konnte. Der Sulfitaufschluß lieferte bei Sphagnum eine gelbbraune Lösung, die nach Reinigung durch Dialyse mit β-Naphthylamin einen ebenso mißfarbigen, schleimigen Niederschlag gab. Unter gleichen Umständen waren bei Fichtenholz und Bambus die Lösungen und Niederschläge reingelb, letztere flockig. Der beim Säureaufschluß von Polyporus fomentarius erhaltene dunkelbraune Rückstand (25%) war völlig methoxylfrei (71).

d) Beziehungen zwischen Lignin und den Huminsubstanzen.

Die Huminsubstanzen sind gelb- bis schwarzbraune, hochmolekulare Stoffe, die sich in vieler Hinsicht dem Lignin ähnlich verhalten, diesem wohl auch konstitutionell nahestehen, soweit sie aus ihm selbst hervorgegangen sind, ganz abgesehen davon, daß hierbei auch die verschiedensten Übergangsformen auftreten. Künstlich erhält man Huminstoffe aus Kohlenhydraten, Lignin und Eiweißstoffen durch zersetzende Einwirkung von Säuren oder Alkalien bzw. auch durch Erhitzen für sich, ferner aus Phenolen (ELLER [18]) durch alkalische Oxydation, wozu auch der Übergang von Gerbstoffen in Phlobaphene gerechnet werden kann. Die natürlichen Huminstoffe der Humusböden, Torfmoore, Braunkohlen und Steinkohlen sind die aus abgestorbenen Pflanzen durch biologische Vorgänge und unter dem Einfluß geologischer Faktoren entstandenen Umwandlungsprodukte.

Man vermutet in den Huminsubstanzen, ähnlich wie in den Ligninen, polycyclische Molekülgebilde mit aromatischen und heterocyclischen (besonders phenol- und furanartigen) Teilkomplexen, die teils aus dem Ausgangsmaterial stammen, teils erst durch den Humifizierungsvorgang gebildet werden können. In diesem selbst hat man wohl ein Zusammenwirken von Anhydrisierungs-, Kondensations- und Polymerisationsvorgängen zu erblicken, die unter Umständen durch Bildung labiler Oxydationsprodukte eingeleitet werden. Zunächst entstehen meistens die *alkalilöslichen Huminsäuren*, die mit ca. 54—64, gewöhnlich 57 bis 60% C in der Regel kohlenstoffärmer sind als Lignin. Speziell beim Lignin ist der Übergang in Huminsäure mit der Abspaltung der Acetyl- und Methoxylgruppen und einem Rückgang an freiem (besonders an alkoholischem) Hydroxyl verknüpft. Im übrigen führt die Humifizierung (direkt oder über die Huminsäuren hinweg) zu *unlöslichen Huminen*, deren Kohlenstoffgehalt mit fortschreitender „Inkohlung“, die bei den Huminen der Steinkohlen unter Abspaltung von Wasser, Kohlendioxyd und Methan erfolgt, weit über den des Lignins (62 bis 69) hinausgehen kann.

Manche Parallelen zwischen Huminstoffen und Lignin ergeben sich in Eigenschaften, die mit dem *Kolloidcharakter* und der *Acidität* der beiden Körperklassen in Zusammenhang stehen. So besitzen die alkalilöslichen Huminsäuren ihr Gegenstück in den löslichen Ligninsäuren und speziell die Hymatomelansäuren der Huminsäurereihe teilen mit den Ligninsäuren die Fähigkeit, auch in Alkohol und Aceton löslich zu sein. Andererseits zeigen die unlöslichen Humine wie Lignine die Eigenschaft, Basen aus ihren Lösungen zu absorbieren. Löslichkeit bzw. Dispergierbarkeit in Alkalilaugen, Basenaufnahme und die mehr oder weniger stark saure Reaktion (Lackmus) rühren beim Lignin wahrscheinlich von einem geringen, bei den stärker sauren Huminstoffen von größerem Gehalt an Phenolhydroxyl und Carboxyl her. Da in der Natur lösliche und unlösliche Formen beider Reihen in der Regel nebeneinander vorkommen, läßt sich auf die Extraktion mit Alkalilaugen keine zuverlässige Trennung z. B. der Huminsäuren von Ligninstoffen gründen, ganz abgesehen davon, daß Alkalilaugen auch noch Kohlenhydrate mitlösen können (vgl. die weiter unten beschriebenen Trennungsmethoden).

Gleiches Verhalten zeigen Lignin- und Huminstoffe in bezug auf *Oxydierbarkeit* und *Unhydrolysierbarkeit*. Beim oxydativen Aufschluß werden daher beide immer zusammen in Lösung übergeführt, beim hydrolytischen zusammen als unlöslicher Rückstand abgeschieden. Auch der Sulfitaufschluß erlaubt keine Trennung.

Unterschieden ist Lignin von den Huminstoffen hingegen durch seine helle *Farbe*. Huminstoffe besitzen meist braune bis schwarzbraune Farbe von großer Intensität, eine Eigenschaft, die man sogar zu ihrer kolorimetrischen Bestimmung herangezogen hat. Die Farbe ist allerdings nicht oxydationsbeständig (Springer [117]). Ein wichtiges Unterscheidungsmittel ist ferner der hohe *Methoxylgehalt* des Lignins, vor allem natürlich gegenüber solchen Huminstoffen, die aus methoxylfreiem oder methoxylarmem Material (Kohlenhydrate, Gerbstoffe, lignoide Substanzen) hervorgegangen sind. Aber auch Lignin selbst liefert letzten Endes methoxylfreie Huminsubstanz (s. u.). Der Weg geht über die verschiedensten, mehr oder weniger methoxylhaltigen Übergangsstufen. Inwieweit hierbei Gemenge von methoxylfreien Huminstoffen und unverändertem Lignin oder intramolekulare Zwischenformen vorliegen, steht dahin. Endlich ist Lignin gegenüber den Huminstoffen gekennzeichnet durch seinen höheren Gehalt an freien, durch Methylierung oder Acylierung nachweisbaren *Hydroxylgruppen*, die hauptsächlich alkoholischer und nur in geringem Maße phenolischer Natur sind, während das Hydroxyl der Huminstoffe vorwiegend phenolisch zu sein scheint. Durch erschöpfende Methylierung von Braunkohlenhuminsäure erhielt Fuchs (38, 41) Produkte mit 13—19 % OCH_3 (einschließlich 3,5—8 % Estermethoxyl), Stach (118) aus Steinkohle ein Produkt mit nur 0,5 %. Demgegenüber lassen sich Holzlignine von ursprünglich 16—22 auf 32—38 % OCH_3 aufmethylieren[1].

Übergangsformen *biologischer* Ligninhumifizierung finden sich in vermoderndem Holz und lignitischer Braunkohle. Parallel mit dem Zersetzungsgrade (Celluloserückgang) gehen Farbvertiefung und Methoxylverlust (bezogen auf den unhydrolysierbaren Anteil). Verhältnismäßig reine Lignin-Huminsäure liegt vielleicht in dem methoxylarmen Kasselerbraun vor. Wahrscheinlich ist die biologische Humifizierung des Lignins von *Oxydationsvorgängen* begleitet oder

---

[1] Erschöpfende Methylierung mit Dimethylsulfat und Natronlauge in der Kälte nach Urban (129).

wird durch solche eingeleitet. Darauf scheint auch die dunkle, beim Stehen sich vertiefende Lösungsfarbe des mit chemischen Mitteln anoxydierten Lignins in Alkalilauge hinzudeuten. *Alkalihumifizierung* erleidet Lignin durch Erhitzen mit Alkalilauge unter Druck auf hohe Temperaturen. Während bei 170—180°, der Temperatur des technischen Natronzellstoffverfahrens, noch hellbräunliche, methoxylreiche „Ligninsäuren" entstehen, erhielten FISCHER und SCHRADER (24) bei 200° Zwischenformen von gleichem Methoxylgehalt, jedoch schwarzbraun gefärbt, die man vielleicht zweckmäßig als „humifizierte Ligninsäuren" bezeichnet, und weiter, bei 300°, schwarzbraune, praktisch methoxylfreie Huminsäuren neben alkaliunlöslichen Huminen. Letztgenannte Reaktion ist gleich der ähnlich wirkenden Alkalischmelze (von ca. 260° ab) mit starker Allgemeinzersetzung (u. a. Abspaltung von Phenolcarbonsäuren) verknüpft. Auch weitgehende *Säurehumifizierung* ist zunächst ohne nennenswerte Methoxylabspaltung möglich, nämlich durch längere Einwirkung von hochkonzentrierter Salzsäure in der Kälte. Ein 10 Tage behandeltes Fichtenholzlignin war von dunkelbrauner Farbe, enthielt aber noch 15,2% OCH_3 und ließ sich noch bis 31,9% OCH_3 aufmethylieren (71). Als echtes „Säure-Ligninhumin" ist hingegen das methoxylfreie, schwarzbraune und alkaliunlösliche Produkt zu bezeichnen, welches HEUSER, SCHMITT und GUNKEL (62) durch dreimal $3^{1}/_{2}$ stündiges Erhitzen von Lignin mit 5proz. Salzsäure auf 150—160° erhielten, und das sich auf nur 5,8% OCH_3 zurückmethylieren ließ. Bei der Isolierung des Lignins durch Säureaufschluß kann selbst unter Anwendung der schonendsten Bedingungen eine geringe Säurehumifizierung der erstbeschriebenen Art nicht vermieden werden. Sie äußert sich in der schwach bräunlichen Farbe des Produktes. Nach Beobachtungen des Verfassers gelingt jedoch ihre Ausschaltung durch Ausführung des Aufschlusses bei Gegenwart von Trioxymethylen, wobei allerdings etwas Formaldehyd in den Ligninkomplex eintritt (71).

Die einzige Möglichkeit der Trennung von Huminsubstanzen (Huminsäuren + Humine) von Lignin bietet derzeit die *Acetylbromidmethode* von KARRER und BODDING-WIGER (75). Sie beruht auf der Tatsache, daß Cellulose und Holz von Acetylbromid unter Bildung bromhaltiger Reaktionsprodukte gelöst werden (was vorher auch schon ZECHMEISTER [134] beobachtet hatte), während Huminsubstanzen ungelöst zurückbleiben. KARRER und BODDING-WIGER haben auf diese Weise den Humifizierungsgrad von Torfarten bestimmt. Zur Ausführung empfiehlt SPRINGER (117), 0,5 g Substanz einige Tage mit 50 cm³ Acetylbromid, das sehr kleine Mengen Eisessig enthalten soll, unter Anwendung eines Rückflußkühlers auf 40—50° zu erwärmen. Dann wird filtriert, mit Wasser oder (wenn auch Zwischenstufen erfaßt werden sollen) mit Äther gewaschen. Der Rückstand wird gewogen und die Ausbeute durch Bestimmung des Kohlenstoffgehaltes und Multiplikation mit dem Faktor 1,724 auf Rein-Huminsäure (58% C) umgerechnet. Kasselerbraun bleibt nach SPRINGER ungelöst. Eine andere Arbeitsweise befolgt GROSSKOPF (47). Er läßt die zu untersuchende Substanz 14 Tage bei Zimmertemperatur mit Acetylbromid stehen. Die Reaktion wird als beendet angesehen, wenn neu hinzugegebenes Acetylbromid nach Entfernung des alten seine Farbe nicht mehr ändert und das Filtrat beim Versetzen mit Wasser keine organische Substanz mehr ausflocken läßt. — Durch Abzug des Gehaltes an Huminstoffen von dem in besonderer Probe festgestellten Gesamtgehalt an Unhydrolysierbarem erfährt man den Ligningehalt. Nicht ratsam erscheint es, die Acetylbromidtrennung an dem mit Säure abgeschiedenen, unhydrolysierbaren Material selbst vorzunehmen. Wegen der unvermeidlichen, geringen Humifizierung des Ligninanteils beim Säureaufschluß besteht bei dieser Arbeitsweise die Gefahr, daß zuviel Huminsubstanz gefunden wird. Schon UNGAR (124) hat festgestellt, daß Salzsäurelignin im Gegensatz zum genuinen (bzw. zu Holz) nur schwer und unvollständig von Acetylbromid gelöst wird.

Zur Unterscheidung und präparativen Trennung lediglich der Humin*säuren* von Lignin kommt die allgemein zur Isolierung natürlicher Huminsäuren dienende Extraktion mit neutraler Natriumoxalat- oder besser nach Simon (115) mit neutraler bis schwach saurer Natriumfluoridlösung in Frage. Die Huminsäuren gehen hierbei als Alkalihumate mit brauner Farbe in Lösung, ungelöst bleiben Ligninstoffe, Holz, Zellwandkohlenhydrate und alkaliunlösliche Humine. Die Anwendung des Verfahrens speziell zur Unterscheidung zwischen Humin- und Ligninsäuren ist noch wenig erprobt, erscheint aber aussichtsreich. Verzeichnet seien folgende Beobachtungen: Das dunkle, ca. 20 % Alkalilösliches (natürliche Ligninsäure) enthaltende Säurelignin aus der Steinschale der Kokosnuß (73a) gibt nichts Lösliches an Natriumfluorid ab (Simon). Dasselbe gilt auch für künstliche, aus technischer Natronzellstoffablauge von Kiefernholz abgeschiedene Ligninsäure, wobei nur auffällt, daß die feineren Teilchen eine sich schwer absetzende Suspension bilden. Teilweise, jedoch klar mit hellbrauner Farbe löslich ist mit Chlordioxyd anoxydiertes Salzsäurelignin aus Fichtenholz (Beobachtungen des Verfassers). Man extrahiert nach Simon 6 Tage bei Zimmertemperatur mit der 10—30fachen Menge einer 1proz. Lösung von Natriumfluorid. Allenfalls eintretende alkalische Reaktion (bei mineralischen Beimengungen vorkommend) wird durch Zusatz von verdünnter Schwefelsäure (eventuell bis p_H 6,0) zurückgedrängt.

Zur Lignintheorie der Kohlenentstehung von Fischer und Schrader (25)[1].

Nach der Lignintheorie von Fischer und Schrader sind die natürlichen Huminstoffe und Kohlen aus den abgestorbenen Pflanzen durch biologischen Abbau hervorgegangen, und zwar in der Weise, daß die Kohlenhydrate durch Mikroorganismen aufgezehrt wurden, während die unhydrolysierbaren Anteile („Lignin" im weiteren Sinne) als die resistenteren in humifizierter und weiter durch Inkohlung veränderter Form hinterblieben.

Diese Theorie gründet sich besonders auf folgende Tatsachen: Isolierungsformen des Lignins werden durch Mikroorganismen nicht oder nur sehr schwer angegriffen, reine Kohlenhydrate dagegen verhältnismäßig leicht und, soweit bekannt, ohne Bildung von Huminstoffen zerstört. Dementsprechend ist auch der Abbau zusammengesetzter, ligninhaltiger Pflanzenmaterialien durch Bakterien und Fadenpilze, wie vielfache Untersuchungen zeigen, in der Regel dadurch gekennzeichnet, daß der Gehalt des verbleibenden Produktes an Cellulose (und Hemicellulosen) sinkt, der an unhydrolysierbaren Bestandteilen dagegen steigt, wobei jedoch die absolute Menge der letzteren annähernd konstant bleibt. Gleichzeitig steigt auch der Methoxylgehalt des Gesamtproduktes über den des Ausgangsmaterials bis zu einem gewissen Maximum an, eine Erscheinung, die besonders dann von Wichtigkeit ist, wenn die absoluten Gewichtsverschiebungen nicht zu ermitteln sind. In diesem Falle vermag die prozentuale Zunahme der unhydrolysierbaren Bestandteile allein nichts zu besagen und dann bildet die Feststellung des ansteigenden Methoxylgehaltes den einzig sicheren Anhaltspunkt dafür, daß die vorgefundenen unhydrolysierbaren Anteile wenigstens in der Hauptsache noch Ligninnatur besitzen und ihre Anreicherung durch wirkliches Verschwinden von Kohlenhydraten, nicht etwa lediglich durch deren Übergang in Kohlenhydrathumine oder durch Infiltration mit irgendwelchen Huminstoffen von außen her zustande gekommen ist.

---

[1] Literatur und Stand der Diskussion vgl. Fuchs (36, 39, 40), ferner Lieske (85, 86, 87).

Vorstehend beschriebene Art des biologischen Abbaus, soweit er die Holzfaser selbst betrifft, wurde neuerdings von FALK und Mitarbeitern (20, 21, 22) als „Destruktion" bezeichnet, zum Unterschiede von der seltener vorkommenden „Korrosion", bei der neben den Kohlenhydraten auch das Lignin in ähnlichem Maße aufgezehrt wird und die prozentuale Zusammensetzung des Produktes (einschließlich des Methoxylgehaltes) annähernd konstant bleibt.

Weitgehend bestätigt erscheint die FISCHER-SCHRADERsche Theorie im Falle der Braunkohlen, insofern deren Vorstufen, die noch cellulosehaltigen Lignite in ihrer Zusammensetzung vielfach dem nach Art der „Destruktion" zersetzten Holze gleichen. Beispielsweise fand FUCHS (40a) in Lignitproben der Braunkohlengrube *Türnich* bei Köln mit zunehmendem Zersetzungsgrade ca. $6 \rightarrow 9\,\%$ OCH_3 und $58 \rightarrow 96\,\%$ Unhydrolysierbares mit $11 \rightarrow 10\,\%$ OCH_3 in diesem selbst; (frisches Fichtenholz enthält ca. $5\,\%$ OCH_3, $28\,\%$ Lignin mit $16\,\%$ OCH_3). Wenn der Umsatz der Kohlenhydratzerstörung klein wird, gewinnt die von Anfang an nebenhergehende, mit Entmethylierung verbundene Ligninhumifizierung die Oberhand, und dann wird auch der Methoxylgehalt des Gesamtproduktes rückläufig. Dieses zur eigentlichen, methoxylarmen Braunkohle überleitende Abbaustadium fand der Verfasser (71) beispielsweise in Lignitproben der Grube *Ponholz* bei Regensburg vor, die mit zunehmendem Zersetzungsgrade ca. $8 \rightarrow 2\,\%$ OCH_3 und $83 \rightarrow 99\,\%$ Unhydrolysierbares enthielten. Der noch überhöhte Methoxylgehalt in den oberen Flözen läßt sich auch hier im Sinne vorausgegangener „Destruktion" deuten. Indessen könnte die weiter hier zutage tretende Zunahme an Unhydrolysierbarem bei *abnehmendem* Methoxylgehalt allerdings auch in größerem Umfange durch Kohlenhydrathumifizierung oder Infiltration mit Huminstoffen verursacht sein. Ob Infiltration vorliegt, läßt sich eventuell aus der Menge der unhydrolysierbaren Bestandteile pro Volumeinheit im Vergleich mit den Verhältnissen im frischen Holze derselben Pflanzenart feststellen, wobei jedoch die Schrumpfung des Fossilproduktes zu berücksichtigen wäre.

Auch in Torfmooren wurde mit zunehmender Tiefe eine Anreicherung der unhydrolysierbaren Bestandteile sowohl bei steigendem als auch bei abnehmendem Methoxylgehalt festgestellt (FISCHER, SCHRADER und FRIEDRICH [26]). Zur Vermeidung von Fehlschlüssen ist hier auf die Ausschaltung esterartig gebundenen Pektin-Methylalkohols und auf mögliche Schwankungen in der Vegetation Bedacht zu nehmen (z. B. Übergang von Sphagnum- in ligninreiches Wollgrasmaterial; vgl. STADNIKOW und BARYSCHEWA [119, 120]).

Bedenken gegen die biologische Grundlage der Lignintheorie konnten, im Prinzip wenigstens, durch den Nachweis von Bakterien auch in den tieferen Schichten der Torfmoore sowie in Braun- und Steinkohlenlagern widerlegt werden. Andere Einwände, z. B. daß das Ausgangsmaterial des Sphagnumtorfes kein eigentliches Lignin enthalte, daß die Steinkohlenflora mit ihren vorherrschenden Gefäßkryptogamen verhältnismäßig ligninarm gewesen sei gegenüber der holzreichen Braunkohlenzeit oder daß Blattabdrücke der Steinkohlenformation das als ligninfrei geltende Mesophyll in voller Wiedergabe enthielten, treffen nicht den Grundgedanken der Theorie, wenn man dem Umstande Rechnung trägt, daß FISCHER und SCHRADER wie manche andere Forscher die Bezeichnung „Lignin" etwa gleichbedeutend mit der Summe der säureunlöslichen bzw. aromatischen Pflanzenbestandteile gebrauchen. Zu den Humin- und Kohlebildnern im Sinne der Lignintheorie gehören daher außer dem eigentlichen Lignin auch die gesamten Gerbstoffe, Phlobaphene und lignoiden Stoffe, die in den Blättern (auch im Mesophyll, neben der chemisch widerstandsfähigen, den Zusammenhang der Oberfläche evtl. schützenden Cuticula) und in den niederen Pflanzen wie den Moosen mengenmäßig eine nicht unbedeutende Rolle spielen (vgl. S. 191).

Der „biologischen" Lignintheorie steht die ältere, auch „chemische" oder „Cellulosetheorie" genannte Anschauung gegenüber, nach der die Kohlen aus dem Gesamtmaterial der Pflanzen, mithin vorwiegend aus Kohlenhydraten hervorgegangen sind, und zwar durch chemische, innerhalb langer Zeiträume unter dem Einfluß von Wärme, Druck, Wasser und eventuell darin gelöster saurer oder basischer Stoffe vor sich gehende Zersetzungsreaktionen.

Die Diskussion über die beiden Möglichkeiten ist zur Zeit in vollem Gange. Sie dürfte kaum zu einer allgemeingültigen Entscheidung in diesem oder jenem Sinne führen. Auch die Schöpfer der Lignintheorie lassen die Möglichkeit einer untergeordneten Beteiligung von Kohlenhydraten an der Bildung der Huminstoffe und Kohlen ausdrücklich offen. Letzten Endes wird es sich wohl immer um ein Zusammenwirken der biologischen und chemisch-geologischen Faktoren und um die Beantwortung der Frage handeln, welche von ihnen, neben der Verschiedenheit des Ausgangsmaterials, jeweils überwiegend oder entscheidend dessen Umwandlung hier zu Torf, dort zu Braunkohle oder Steinkohle verursacht haben. Dabei erweist es sich aber, wie der Verlauf der Diskussion zeigt, als außerordentlich schwierig, die einzelnen Erscheinungen absolut eindeutig in diesem oder jenem Sinne zu erklären. So ist bei aller Wahrscheinlichkeit der Lignintheorie im Falle von Torf und Braunkohle doch der Gedanke an eine mögliche rein chemische Selbstzersetzung (Humifizierung) von Kohlenhydraten in größerem Umfange unter dem dauernden Einfluß der eigenen Acidität des Materials (Essigsäure, Carboxylgruppen der Polysaccharide, besonders der polymeren Uronsäuren) nicht von der Hand zu weisen. Diese Kohlenhydrate könnten dabei zunächst in Form löslicher Zucker, Dextrine oder Huminsäuren in oberen Zonen (destruktive biologische Zersetzung vortäuschend) ausgewaschen und als unlösliche Humine oder Humate in tieferen Schichten wieder eingelagert worden sein. Marcusson (89) speziell nimmt an, daß die Cellulose auf dem Wege über leicht zersetzliche sog. Oxycellulose in Huminsubstanz übergehen könne. Im Falle der Steinkohle verfügt die Cellulosetheorie über eine gewisse Stütze in den Modellversuchen von Bergius (5) und neuerdings von Berl, Schmidt und Koch (6), wonach nicht nur Lignin und Holz, sondern auch reine Cellulose beim Erhitzen mit Wasser unter Druck steinkohlenartige Zersetzungsprodukte liefern. Bemerkenswerterweise ergab das Inkohlungsprodukt der Cellulose bei der trockenen Destillation weit größere Mengen eines sehr phenolreichen Teeres als das aus Lignin gewonnene (Berl [6]). Angesichts dieses Befundes wäre es jedenfalls gewagt, den Gehalt der natürlichen Steinkohle an phenolartigem Bitumen lediglich auf ehemaliges Lignin zurückführen zu wollen. Für die Beteiligung von Wärme und Druck bei der Entstehung der Steinkohle spricht auch die lokale Umwandlung von Braunkohle in steinkohlenähnliche Pech- oder Glanzkohle durch Gebirgsfaltung oder im Umkreis von Magmadurchbrüchen und Grubenbränden.

Erhebliches Interesse beanspruchen Bestrebungen, der Lösung des Kohleproblems durch vergleichenden, chemischen Abbau einerseits natürlicher, andererseits aus bekanntem Material gewonnener künstlicher Huminstoffe näher zu kommen. Zu erwähnen ist hier die für die Lignintheorie sprechende Beobachtung von Fischer und Mitarbeitern (27), daß bei der Autoxydation und Druckoxydation von Lignin, Braunkohle und Steinkohle in Gegenwart von Alkali verschiedene Benzolcarbonsäuren, jedoch keine Furanderivate, aus Kohlenhydrathuminsäure dagegen Benzol- *und* Furancarbonsäuren erhalten werden. Allerdings bezieht sich diese Feststellung speziell auf die aus Rohrzucker mit Schwefelsäure erhältliche Huminsäure und es ist nicht sicher, ob sie allgemein, beispielsweise auch für das Bergius-Berlsche Inkohlungsprodukt der Cellulose zutrifft. Der Abbau zu Benzolpolycarbonsäuren weist offenbar auf das allgemeine Vorkommen hochkondensierter, aromatischer Komplexe in den Huminsubstanzen hin. Daß solche Komplexe auch im Lignin selbst enthalten sein sollen, ist nach Ansicht des Verfassers unwahrscheinlich. Die Benzolcarbonsäuren (ca. 3,1 %) dürften in diesem Falle sekundär über Humifizierungsprodukte hinweg entstanden sein. Die Tatsache, daß Horn (69a) bei der Oxydation von Lignin mit Salpetersäure nur ca. 0,5 % Mellithsäure, Fuchs (41) dagegen aus Braunkohlenhuminsäure mit demselben Oxydationsmittel mindestens 7 % Benzolcarbonsäuren erhielt, scheint dies nur zu beweisen und in der oxydativ günstigen, primär wenig humifizierenden Reaktionsweise der Salpetersäure begründet zu sein.

In diesem Zusammenhang sei noch darauf hingewiesen, daß nach Schmidt und Atterer (104) bei der Oxydation von künstlichen Huminsubstanzen aus Furfurol, Phenolen und Kohlenhydraten mit Chlordioxyd *Maleinsäure* entsteht, während deren Bildung aus Holz und daraus dargestelltem Salzsäurelignin unter gleichen Bedingungen bisher noch nicht zuverlässig beobachtet wurde.

e) Qualitativer Nachweis des Lignins. Farbreaktionen.

Für den qualitativen Nachweis steht eine große Auswahl zum Teil ausgezeichneter *Farbreaktionen* zur Verfügung, die im Falle des *nativen Lignins*, mit der nötigen kritischen Vorsicht angewandt, einen hohen Grad von Zuverlässigkeit besitzen. Indessen wird eine Ergänzung des Befundes durch genauere *chemische Untersuchung* doch häufig wünschenswert, in Zweifelsfällen zur Herbeiführung einer Entscheidung stets unerläßlich sein. Weiter ist man auf eine chemische Untersuchung angewiesen bei zu starker Eigenfärbung des Materials, dann allgemein bei *nicht nativem*, biologisch oder durch scharfe chemische Behandlung angegriffenem Material, z. B. bei durch Zellwandaufschluß irgendwelcher Art erhaltenen, auf Lignin zu prüfenden Fraktionen, wo die Farbreaktionen versagen bzw. nur solche von minderer Eindeutigkeit positiv verlaufen.

Richtlinien für den Nachweis von Lignin durch chemische Untersuchung, die vielfach mit quantitativen Feststellungen verknüpft ist, finden sich in den Kapiteln b, c, d und f. Möglichkeiten eines physikalischen Nachweises dürften von der Untersuchung des Absorptionsspektrums im ultravioletten Licht zu erwarten sein (s. Abschnitt G, S. 131).

1. Übersicht der Farbreaktionen. Hadromal. Coniferylaldehyd.

In nachstehender Übersicht sind die Farbreaktionen auf Grund ihrer quantitativen Verhältnisse in zwei Hauptgruppen eingeteilt (in Anlehnung an eine Aufstellung von Ungar (125):

A. „Spurenreaktionen", meist dem Hadromalkomplex zugehörig. *Aldehydgruppe:* Phenole, Amine, Schiffsches Reagens.
Oxoniumsalzbildung (Furan- oder Pyronkern?): α) Gelb- und Grünfärbung mit Salzsäure (Chromogen nicht bzw. schwach verändert). β) Braunviolett- bzw. Braunschwarzfärbung mit Salzsäure und mit Schwefelsäure (Chromogen stark verändert, evtl. auch B-Reaktionen).
Freies Phenolhydroxyl: Kuppelung mit Diazoniumverbindungen. Kaliumpermanganat-Reaktion von Mäule (?).
B. Reaktionen, die dem Gesamt-Lignin zukommen. Färbungen mit organischen Farbstoffen, Cobaltorhodanid, Jodschwefelsäure bzw. Chlorzinkjod und mit Chlor. Ferricyankaliumprobe.

Die Sonderstellung der Spurenreaktionen (A) ergibt sich vor allem aus ihrer geringen Größenordnung, die am Reagensverbrauch bei den Färbungen mit Phenolen, Aminen und Halogenwasserstoffsäuren von Cross, Bevan und Briggs (11) sowie von Ungar (126) festgestellt wurde, und weiter aus ihrem gemeinsamen, selektiven Ansprechen auf *Aeschynomene aspera*. In dem Schwimmholz dieser Pflanze hatten Hancok und Dahl (58) den einzigartigen Fall einer Holzart entdeckt, bei der nur vereinzelte Gefäße die Phenol- und Aminreaktionen stark geben, während die übrigen Zellwände sich nur schwach oder fast gar nicht anfärben. Das analoge Ansprechen der anderen Reaktionen unter A wurde in der Folge von Ungar ermittelt.

Die Reaktionen unter B sprechen hingegen auf den gesamten Holzkörper von Aeschynomene aspera an, wenn auch zum Teil mit graduellen Unterschieden. Auch ganz allgemein zeigen sie noch die Verholzung an, wenn die Spurenreaktionen aus irgendeinem Grunde versagen, z. B. bei biologisch oder chemisch angegriffenem Material, sind dann allerdings für sich allein viel weniger eindeutig. Andererseits lassen die meisten der Farbreaktionen unter A gewisse gegenseitige Beziehungen erkennen, die darauf hinweisen, daß sie sämtlich auf jene Atomgruppierung vom Charakter eines aromatischen Oxyaldehyds zurückzuführen sind, den man „Holzaldehyd" oder nach Czapek (14) „*Hadromal*"[1] genannt hat. Manches spricht dafür, daß es sich dabei um kleine Mengen *Coniferylaldehyd* handelt, der in der Faser in besonderer Weise, als „Hadromalkomplex" chemisch gebunden vorliegen könnte, wenn auch die Identität des angeblichen Isolierungsproduktes mit diesem Aldehyd umstritten ist (s. weiter unten). Was nun die gegenseitigen Beziehungen besagter Farbreaktionen betrifft, so werden beispielsweise durch Behandlung von Fichtenholz mit Hydroxylamin[2] infolge Blockierung der Aldehydgruppe nicht nur (wie seit langem bekannt) die Farbreaktionen mit Phenolen, Aminen und Schiffschem Reagens aufgehoben, sondern es unterbleibt auch die Gelbfärbung mit Chlorwasserstoff. Ebenso wird durch Einwirkung starker Reduktionsmittel, ferner durch Methylierung mit Diazomethan (Fuchs und Horn [43]), gleichzeitig mit den Aldehydfunktionen auch die Gelb- und Grünfärbung mit Salzsäure aufgehoben, in letzterem Falle außerdem noch die Kupplungsreaktion. Der Zusammenhang dieser Reaktionen geht endlich auch daraus hervor, daß sie bei ein und derselben Holzart in jeweils ähnlicher Stärke auftreten, während innerhalb der verschiedenen Holzarten die größten Unterschiede bestehen. So geben Nadelhölzer diese Reaktionen wesentlich stärker als Laubhölzer. Bei Prunus Amygdalus bleibt die Grünfärbung mit Salzsäure und die Kupplungsreaktion ganz aus. Bei sehr dünnen Schnitten von Robinia pseudacacia färben sich nur noch die Gefäße mit Phloroglucin-Salzsäure violettrot an, während die Libriformfasern farblos erscheinen, so daß ein ähnliches Bild wie bei Aeschynomene aspera entsteht. Entsprechend schwach sind auch die anderen Reaktionen, ohne daß von einer strengen Parallelität gesprochen werden kann.

Einen gewissen Anhaltspunkt für den maximalen Umfang der Aldehydreaktionen gewann Ungar aus dem Stickstoffgehalt der Kondensationsprodukte des Fichtenholzes mit Hydroxylamin, Semicarbazid und Anilin. Danach wurde der Gehalt dieses Holzes an Aldehydgruppe zu 0,4—0,7% CHO ermittelt. Dies würde einer Menge von 2,5—4,3% an Coniferylaldehyd entsprechen oder, auf das aus dem Holze (zu ca. 28%) abscheidbare Salzsäurelignin bezogen, von 8,9—15,4%.

---

[1] „Hadrom" = primärer Holzteil (von ἁδρός ausgewachsen, stark, dicht).

[2] 5 g Holz werden mit 5 g Hydroxylaminchlorhydrat und 6,1 g Natriumcarbonat in 80 cm³ Wasser 5 Stunden auf dem Wasserbad erwärmt und über Nacht stehengelassen. Das Produkt ist weiß. Die Kupplungsreaktion gibt es mit unverminderter Stärke (Ungar [126]).

Die Schwankungen im Gehalt der Hölzer und der verschiedenen Teile mancher Holzgewebe an Aldehydkomplex bzw. Hadromal lassen einerseits einen Zusammenhang mit dem verschiedenen Ligningehalt (Fichte : Buche : Aeschynomene aspera = 28 : 23 : 20%) deutlich erkennen, bestehen aber andererseits auch relativ zum Lignin. Angesichts des teilweisen Versagens der Aldehydreaktionen bei Aeschynomene aspera wird man gut tun, das Hadromal als eine nicht unter allen Umständen verlässige Leitsubstanz für den Ligninnachweis anzusehen. Trotzdem muß gesagt werden, daß verholzte Gewebe, die völlig frei von Hadromal sind, im übrigen aber normales, methoxylreiches Lignin enthalten, bisher nicht bekannt sind, daß die genannte Pflanze auch in morphologischer Hinsicht einen extremen Fall darstellt und endlich die Farbreaktionen nur bei der mikroskopischen Betrachtung von Schnitten teilweise nicht in Erscheinung treten, aber makroskopisch die schwache Rosafärbung mit Phloroglucinsalzsäure der Beobachtung doch nicht entgehen kann. Andererseits ist auch damit zu rechnen, daß ligninfreie, lediglich Hadromal enthaltende Gewebe vorkommen könnten. Besondere Aufmerksamkeit verdient in dieser Hinsicht der positive Ausfall der Phloroglucinreaktion in Gewebearten, wie Hypoderma und Mesophyll, die sonst im allgemeinen nicht verholzen. Für die Zellwände des Mesophylls trifft dies beispielsweise zu bei Fichtennadeln und den Blättern von Cycadeen. Soweit aus noch nicht abgeschlossenen Versuchen des Verfassers hervorgeht, scheint aber doch auch hier Lignin vorzuliegen. Übrigens sprechen auch physiologische Gründe für Verholzung. Eher dürfte das Auftreten der Phloroglucinreaktion in absterbenden Teilen von Blättern, besonders deutlich bei der Wundvernarbung von Succulenten (71), auf einer nur oberflächlichen Imprägnierung mit Hadromal beruhen (vgl. Kap. h, S. 1469).

Viele Forscher betrachten das Hadromal als eine dem Lignin wesensfremde, möglicherweise aus dem Cambialsaft in die verholzte Zellwand eingewanderte Substanz, die den akzessorischen Bestandteilen zugerechnet werden muß. Dieser Standpunkt trägt der manchmal an Infiltration erinnernden Verteilung in Gewebeschnitten Rechnung und ist besonders dann naheliegend, wenn man im Lignin selbst ein nichtaromatisches, durch Umwandlung von Zellwandkohlenhydraten entstandenes Produkt annimmt. Erblickt man hingegen im Lignin ein aus Coniferylalkohol, Syringenin oder ähnlichen Teilkomplexen aufgebautes, hochmolekulares Gebilde, so könnte man auch daran denken, im Hadromal etwas dem Lignin Verwandtes, eine Art von Nebenprodukt der Ligninbildung anzunehmen, sei es nun, daß beide zusammen aus bereits aromatischen Stoffen des Cambialsaftes oder aus Kohlenhydraten innerhalb der Zellwand hervorgehen sollten. Die Einbeziehung des Hadromals in den Ligninbegriff, die wir ohnehin schon aus Zweckmäßigkeitsgründen vorgenommen hatten (weil der Aldehydkomplex in der (nativen) verholzten Faser, soweit bekannt, nie ganz fehlt, zum Nachweis des Lignins äußerst wichtig ist und einstweilen doch keine Möglichkeit einer analytischen Abtrennung besteht), wäre in diesem Falle auch physiologisch-chemisch begründet.

Nachdem die Isolierungsmöglichkeit des „Hadromals" in neuester Zeit in Frage gestellt wurde, steht übrigens heute nicht einmal die individuelle Natur dieses Stoffes wirklich sicher. Es ist nicht ganz ausgeschlossen, daß es sich um einzelne phenolaldehydische Teilkomplexe innerhalb der großen, sonst inaktiven Ligninmoleküle, oder auch um verstreute, vielleicht an den Endgliedern von Ketten sitzende freie CHO- und der Zahl nach mehr oder weniger korrespondierende Phenolhydroxylgruppen handeln könnte.

Nicht unerwähnt soll bleiben, daß der auffallend verschiedene Farbton der Phloroglucinreaktion vielleicht auf das Vorkommen zweier Arten von Hadromal bzw. Aldehydkomplexen hinweist; bei Nadelhölzern ist dieser Farbton mehr kirschrot, bei Laubhölzern mehr rotviolett. In Coniferennadeln beobachtet man häufig im sklerenchymatischen Hypoderma den ersteren, im zentralen Gefäßbündel den letzteren Farbton.

Zur Frage der Isolierung von Hadromal. Synthetisches Coniferylaldehyd.

Durch einfaches Erhitzen mit Wasser oder Alkohol gelingt es in keiner Weise, das wirksame Prinzip der Aldehydreaktionen aus dem Holze zu extrahieren. Es gehen wohl kleine Mengen verschiedenster Substanzen in Lösung, neben Gerbstoffen, Kohlenhydraten usw. auch Stoffe mit positiver Phloroglucinreaktion. Letztere bestehen aber in der Hauptsache nur aus löslichem Lignin. Dagegen gelang es Czapek (14), durch anhaltendes Kochen von Holzmehl mit 15 proz. Zinnchlorürlösung und Extraktion des Breies mit Benzol, ein undeutlich krystallisiertes Produkt von Aldehydcharakter zu gewinnen, das die meisten Ligninreaktionen mit besonders großer Intensität zeigte, in konzentrierter Lösung mit Phloroglucin-Salzsäure einen violetten Niederschlag gab und bei 75—80⁰ schmolz. In der Meinung, den Holzaldehyd isoliert zu haben, nannte er das Produkt „*Hadromal*". In der Folge hat Grafe (46) dieses Produkt als Gemenge von Vanillin, Brenzcakatechin und Methylfurfurol gedeutet, sein eigenes Präparat allerdings durch Erhitzen von Holz mit 10 proz. Salzsäure bei 180⁰, also ohne Zinnchlorür dargestellt, das Czapek zur Verhütung von Oxydationen, die Hadromal zu Brenzkatechin und Vanillin abbauen, für unentbehrlich hielt. In neuester Zeit hat dann Hoffmeister (67), von Eichenholz[1] ausgehend, zunächst nach einem abgeänderten Zinnchlorürverfahren, dann einfacher und angeblich besser nach Combes (8), ein aus Alkohol in verfilzten Nadeln krystallisierendes Präparat vom Schmelzpunkt 86⁰ gewonnen, dessen Identität mit Coniferylaldehyd er durch Analyse und Abbau bewiesen zu haben glaubte. Das Verfahren von Combes besteht darin, daß man Holz längere Zeit mit Bleiacetat stehen läßt, dann oberlächlich trocknet und bei Gegenwart von Alkohol mit Schwefelwasserstoff behandelt. Man soll so Hadromallösungen erhalten, die (nach Hoffmeister frei von störenden, autoxydablen Furfurolderivaten sind. Kurz darauf haben nun Pauly und Feuerstein (92) die Einheitlichkeit dieser Hadromalpräparate und ihre Identität mit Coniferylaldehyd auf das entschiedenste bestritten und sie wie Grafe (46) als unreines Vanillin bezeichnet. Sie machen darauf aufmerksam, daß Vanillin und ihr *synthetischer Coniferylaldehyd* denselben Schmelzpunkt 82,5⁰ besitzen und geben eine ausführliche Gegenüberstellung der Eigenschaften beider Substanzen. Der synthetische Aldehyd liefert mit Anilin und Phloroglucin dieselben Färbungen wie Holz. Er gibt ein intensiv gelbes Alkalisalz (ebenfalls wie Holz und die obenerwähnten Hadromalpräparate). Dagegen addiert der synthetische Aldehyd kein Jod, während das Hoffmeistersche Produkt zwei Atome des Halogens aufnimmt. Charakteristisch für den synthetischen Coniferylaldehyd sind ferner eine blutrote Färbung mit einer Lösung von 2 % Benzidin in 50 proz. Essigsäure und die geringe Löslichkeit des braunroten Benzidids in Benzol (0,064 %). Vanillin färbt sich nur orange und gibt ein leicht lösliches Benzidid (2,67 %). Konzentrierte Schwefelsäure löst den Coniferylaldehyd orange, bei Wasserzusatz fallen blaue Flocken. Das dunkelcarminrote Kondensationsprodukt mit Phloroglucin hat die Zusammensetzung eines Coniferal-diphloroglucins. Es ist in Alkalien mit Purpurfarbe löslich, be-

---

[1] Laubhölzer enthalten zwar weniger Hadromal als Nadelhölzer, doch offenbar in leichter abspaltbarer Form. Darauf scheint unter anderem die geringere Beständigkeit der Grünfärbung mit Salzsäure hinzudeuten.

merkenswerterweise abweichend von der Phloroglucinfärbung des Lignins bzw. des Holzes, die in Alkali unlöslich ist und in Gelb umschlägt.

Coniferylaldehyd und der daraus erhältliche Coniferylalkohol sind außerordentlich wichtige Vergleichspräparate für die Ligninforschung. Die synthetischen Produkte sind von PAULY und WÄSCHER (93) zugänglich gemacht worden. Die Gewinnung des *natürlichen Coniferylalkohols* und seines Ausgangsmaterials, des *Coniferins*, ist im Anhang zu Kapitel g (S. 1457) wiedergegeben.

Durch die Arbeiten von GRAFE sowie von PAULY und FEUERSTEIN ist die Identität der Hadromalpräparate mit Coniferylaldehyd zweifellos sehr in Frage gestellt. Trotzdem wäre eine erneute Untersuchung, besonders der im Beisein von Reduktionsmitteln erhältlichen Rohpräparate wünschenswert; denn es könnte vielleicht gerade durch die langwierige Reinigung das gesuchte Produkt verlorengegangen und theoretisch wertloses Vanillin herauspräpariert worden oder enstanden sein.

2. Ausführung der einzelnen Farbreaktionen.

Vorbehandlung des Materials.

Die Reaktionen werden sowohl makroskopisch, z. B. mit Fasern oder geraspeltem Material im Reagensglas ausgeführt, als auch mikroskopisch, besonders mit Gewebe-Dünnschnitten, in welcher Form sie in der Histologie eine bedeutende Rolle spielen. Bei unverletzten Zellwänden, auffallend z. B. bei verholzten Samenhaaren, verhindern oft Wachsschichten das Zustandekommen der Färbungen, weil sie die Lösungen nicht eindringen lassen. In solchen Fällen hilft Auskochen mit Alkohol. Es empfiehlt sich überhaupt allgemein, ein von akzessorischen Stoffen befreites Material (s. Kap. f) zu verwenden, ohne natürlich auf die zur Orientierung oft aufschlußreiche Färbung auch des rohen Materials zu verzichten. Die Extraktion geschieht unter Umständen vorteilhaft mit den Schnitten selbst. Nicht extrahierbare Farbstoffreste lassen sich häufig durch vorsichtiges Bleichen mit sehr verdünnten wäßrigen Lösungen von Chlordioxyd, Eau de Javelle oder mit Essigsäure angesäuerter Chlorkalklösung weitgehend aufhellen. Dabei ist zu berücksichtigen, daß ein Zuviel die Farbreaktionen des Lignins empfindlich schwächen oder dieses ganz zerstören kann. Bei Anwendung von Bleichmitteln ist es daher ratsam, sich die Farbreaktionen vergleichsweise immer auch mit dem ungebleichten Material anzusehen.

Farbreaktionen mit Phenolen. Bei Gegenwart von Salzsäure färben Phenole die verholzte Faser in verschiedenen Tönen an, z. B. m-Kresol blau, Thymol grün (beide mit konzentrierter Säure nebst einer Spur Kaliumchlorat), ferner, in nicht zu verdünnter wäßriger oder alkoholischer, mit konzentrierter Salzsäure versetzter Lösung: Brenzcatechin grün, Resorcin blauviolett und Pyrogallol erst grün, dann violett. Praktische Bedeutung besitzt nur die durch hohe Empfindlichkeit und Farbstärke ausgezeichnete

Phloroglucinreaktion (WIESNERsche Reaktion). Man verwendet eine bei Zimmertemperatur gesättigte Lösung von Phloroglucin in einem Gemisch gleicher Raumteile konzentrierter Salzsäure und Wasser (entsprechend einer 20proz., 0,6—0,8% Phloroglucin enthaltenden Säure). Ist aus besonderen Gründen eine konzentriertere Lösung erwünscht, so versetzt man beispielsweise eine 4proz. alkoholische Lösung des Phenols vor dem Gebrauch mit dem gleichen Volum konzentrierter Salzsäure und kühlt rasch ab. Das wäßrige Gemisch ist in brauner Flasche einige Wochen haltbar, während das alkoholische sich bald bräunt und daher täglich frisch bereitet werden muß.

Die entstehende Farbe schwankt zwischen Kirschrot (Nadelhölzer) und Rotviolett (z. B. Buche und die meisten Laubhölzer). Sie ist gegen Verdünnen mit Wasser ziemlich beständig. Mit Alkali schlägt sie in Gelb um und kehrt beim Ansäuern wieder. Was den Chemismus betrifft, so vermutet Ungar (127) die Entstehung eines Tetraoxy-xanthoniumsalzes durch Kondensation der Aldehydgruppe mit zwei Molekülen Phloroglucin und Ringschluß.

Die Phloroglucinreaktion des Lignins gelangt schon in der Kälte in Bruchteilen einer Minute zur vollen Entwicklung und wird durch Erwärmen rasch zerstört.

Dies schließt eine Verwechslung mit der ebenfalls roten Phloroglucinreaktion der Pentosen aus, die in der Hitze überhaupt erst eintritt und auf der Bildung eines anderen, beständigeren Farbstoffes beruht. Beispielsweise färbt sich Xylan bei Zimmertemperatur auch nach tagelangem Stehen mit Phloroglucin-Salzsäure nicht an, sondern erst, wenn man fast bis zum Kochen erhitzt.

Czapek (15) hat im Zusammenhang mit der Reaktion des Holzes das Verhalten einer Anzahl aromatischer Pflanzenstoffe gegenüber Phloroglucin-Salzsäure untersucht. Er fand die Reaktion negativ bei Zimtsäure, Protocatechusäure, Brenzcatechin, Guajacol, Vanillylalkohol, Cubebin und Hesperitinsäure, gelbrot bei Zimtalkohol, dunkelrot bei Zimtaldehyd, morgenrot bei Vanillin, Isovanillin, Piperonal und Protocatechualdehyd, rot bei Anethol, kirschrot bei Eugenol und Chavibetol, blaurot bei Kaffeesäure und endlich rot wie bei Holz bei Safrol, Coniferylalkohol (s. unten), Ferulasäure und Syringenin. Aus diesen zum Teil widerspruchsvollen Ergebnissen zog Czapek den Schluß, daß man aus der Farbreaktion des Holzes allein nicht auf einen Aldehyd schließen dürfe und durch sie keine bestimmte Atomgruppe angedeutet werde. Nachdem aber heute bekannt ist, daß beispielsweise weder Coniferin noch reiner Coniferylalkohol, sondern nur Coniferylaldehyd die Reaktion gibt und Präparate des Alkohols, wie Klason (78) gezeigt hat, nur dann positiv reagieren, wenn sie infolge Autoxydation etwas Aldehyd enthalten, erscheinen auch die übrigen Befunde Czapeks, soweit es sich um positiven Ausfall der Reaktion bei Nichtaldehyden handelt, unsicher. Ihre Wiederholung mit sorgfältig auf Abwesenheit aldehydischer Beimengungen geprüften Präparaten wäre wünschenswert. In diesem Zusammenhange interessiert auch die Beobachtung von Herzog und Hillmer (60), daß nur das durch Autoxydation veränderte Isoeugenol eine mit der des Lignins übereinstimmende (allerdings vergängliche) Phloroglucinreaktion gibt. Immerhin muß damit gerechnet werden, daß unter Umständen auch andere Körper dieselben oder ähnliche Färbungen geben können wie Lignin bzw. der Hadromalkomplex. Weiter ist es eine Frage für sich und noch unentschieden, inwieweit Hadromal auch außerhalb der verholzten Faser als Imprägnierungsmittel auftreten und in diesem Falle Ligningehalt vortäuschen kann (vgl. S. 177).

Imprägnierung der Gewebe mit Stoffen, die Phloroglucinreaktionen geben, ohne mit Verholzung etwas zu tun zu haben, erkennt man bisweilen daran, daß der Farbton ein anderer ist als beim Lignin, daß die Färbung diffus im gesamten Gewebe oder an Stellen auftritt, wo vom physiologischen Standpunkt aus kein Lignin zu erwarten ist, endlich auch daran, daß die Farbe in die Lösung übergeht, was bei der Ligninfärbung, soweit bekannt, nie der Fall ist. Diese hebt sich immer scharf von der ligninfreien Umgebung ab und diffundiert nicht in das Nachbargewebe. In vielen Fällen wird es möglich sein, die störenden Substanzen durch Extraktion zu entfernen. Beispielsweise geben Schnitte der Vanillefrucht (braunes Handelsprodukt) die gelbrote Phloroglucinfärbung des Vanillins diffus und in die Lösung übergehend. Durch Auskochen der Schnitte mit Alkohol läßt sich aber das Vanillin leicht restlos entfernen, worauf die rotviolette Ligninreaktion der Gefäßbündel sehr klar und in scharfer Abgrenzung hervortritt. Schwache Chlordioxydbleiche bewirkt noch eine wesentlich weitere Aufhellung des bräunlichen Grundgewebes. Fraglicher Natur ist andererseits z. B. die violettrote Phloroglucinfärbung der tropfenförmigen Ausscheidungen in den Gefäßen des Zitronenholzes (bes. Citrus). Das die Reaktion liefernde Prinzip ist hier mit Alkohol zum Teil extrahierbar. Dies und der Ort des Vorkommens (außerhalb der Zellwand) ist gegen die Regel. Häufig geben verholzte Zellwände schon mit Salzsäure allein Violettrotfärbung. In solchen Fällen enthält das Gewebe selbst schon Phloroglucin oder Derivate desselben. Gelingt deren Extraktion nicht, so führt unter Umständen auch hier eine schwache Chlordioxydbehandlung zur Zerstörung des Phenols bei Erhaltung der Ligninreaktionen.

Die Phloroglucinreaktion wird reversibel aufgehoben bzw. geschwächt durch Blockierung der Aldehydgruppe mit Basen oder Natriumbisulfit, irreversibel durch Methylierung, Reduktion („Hydrolignin"), Oxydation (Übergang der Aldehyd- in die Carboxylgruppe) und Zerstörung unter dem längeren Einfluß konzentrierter Säuren (Selbstkondensation, Stufe der Violettbraunfärbung mit Säure). Die dieser Stufe entsprechenden Salzsäureligninpräparate geben daher die Phloroglucinreaktion teils abgeschwächt (Fichtenholzlignin), teils fast gar nicht mehr (Buchenholzlignin). Was die Aufhebung durch Oxydation betrifft, so sei erwähnt, daß die Reaktionsfähigkeit gegenüber Phloroglucin, auch andere A-Reaktionen, unter Umständen in gewissem Umfange erhalten bleiben, bis die letzten Ligninspuren aus dem Material verschwunden sind. Dies ist beispielsweise der Fall beim oxydativen Holzaufschluß nach dem Schmidtschen Chlordioxyd-Pyridin-Verfahren.

Farbreaktionen mit Aminen. Anilin. Man verwendet eine Lösung von 1 g Anilinsulfat in 100 cm³ Wasser, angesäuert mit 10 Tropfen Schwefelsäure. Denselben Zweck erfüllt eine mit Salzsäure angesäuerte Lösung des Chlorhydrates. Die verholzte Faser färbt sich mit den Lösungen sofort intensiv *gelb*. Die Reaktion ist von derselben Empfindlichkeit wie die Phloroglucinreaktion. Mit Alkali verschwindet die gelbe Farbe und kehrt beim Ansäuern wieder. Man nimmt an, daß die Farbreaktionen mit primären Aminen auf der Bildung farbiger, vielleicht chinoider Salze an sich farbloser Schiffscher Basen mit der Aldehydgruppe beruhen.

Andere Basen. In gleicher Weise angewandt, färben p-Nitranilin orangeziegelrot, m- und p-Phenylendiamin orangebraun. Dimethyl-p-phenylendiamin gibt in Form des neutralen Salzes eine rote Farbe, die mit überschüssiger Säure braungelb und beim Abstumpfen mit Natriumacetat wieder rot wird. Mit Natronlauge wird die Farbe gelb, beim Ansäuern ebenfalls wieder rot. Indol färbt kirschrot. Man benetzt die Schnitte mit der Lösung von reinem Indol in warmem Wasser, welches sehr wenig löst, bedeckt mit dem Deckglas und fügt 1—2 Tropfen 5proz. Schwefelsäure zu.

Fuchsin-schweflige Säure (Aldehyd-Reagens von Schiff). Die Violettrotfärbung mit dem Schiffschen Reagens ist — als allgemeine Aldehydreaktion — sicher weniger eindeutig für die Verholzung als die Reaktion mit Phloroglucin, besonders was frisches Pflanzenmaterial betrifft wie Blätter, wo in der Cuticula, in Sekretbehältern als Begleiter ätherischer Öle, auch in den Chlorophyllkörnern mancher Pflanzen häufig die verschiedensten Aldehyde vorkommen, die dieselbe Färbung geben. Die Reaktion wird aber vielleicht günstiger zu beurteilen sein, sobald wir sie nur auf extrahiertes Material anwenden. Dann kann sie unter Umständen zur Bekräftigung des Ligninnachweises neben anderen Reaktionen willkommen sein.

Das Schiffsche Reagens in der üblichen, schwach sauren Form wird erhalten, indem man eine 0,2proz. Fuchsinlösung mit so viel wäßriger schwefliger Säure versetzt, daß eben Entfärbung eintritt. Ein Überschuß an Säure ist möglichst zu vermeiden. Zur Erlangung vergleichbarer Beobachtungswerte ist eine Einwirkungsdauer von 20 Stunden, wonach sich Farbstärke und Farbton nicht mehr wesentlich ändern, erforderlich. Beispielsweise ist die Färbung von Fichtenholz nach einstündiger Einwirkung mäßig stark gelbrot, nach 20stündiger intensiv violettrot, bei Buchenholz schwach rosa bzw. stark violettrot. Da die Lösungen an der Luft allmählich SO_2 verlieren und an sich Fuchsinfarbe annehmen, wird die Reaktion in zugekorkten Reagensgläsern ausgeführt. In verschlossener Flasche läßt sich auch eine Vorratslösung unzersetzt aufbewahren. Erwähnt sei noch, daß sich auch Cellulose, z. B. Baumwolle, mit Schiffschem Reagens sehr schwach (unvergleichlich schwächer als Holzfaser) anfärbt und deshalb zweckmäßig als Kontrollprobe nebenher behandelt wird.

Auch stark saure Lösungen von fuchsin-schwefliger Säure (z. B. aus gleichen Volumteilen 0,2proz. Fuchsinlösung und 5proz. schwefliger Säure) sind brauchbar, wenn auch etwas weniger empfindlich. Die Färbungen sind dann blauviolett. Es empfiehlt sich ebenfalls eine Wartezeit von 20 Stunden. Cellulose wird durch die stark sauren Lösungen auch nicht spurenweise angefärbt.

Färbungen mit konzentrierten Mineralsäuren. Salzsäure. Beim Übergießen mit starker Salzsäure nimmt Fichtenholz zuerst eine unbeständige gelbe Farbe an, die rasch in eine smaragdgrüne übergeht, nach einigen Stunden schmutziggrün und nach längerem Stehen langsam, beim Verdünnen mit Wasser sofort, violettbraun wird. Die besten Färbungen erhält man mit der auch zum Säureaufschluß dienenden hochkonzentrierten Salzsäure oder dem bequemeren Salzsäure-Schwefelsäuregemisch (s. Kap. f). In diesem Falle erfolgt allerdings mit der Färbung des Lignins auch Auflösung der Kohlenhydrate. Ist dies unerwünscht, so bedient man sich der gewöhnlichen konzentrierten Salzsäure (Dichte 1,19), die ebenfalls noch gute Färbungen gibt. Bei stärkerer Verdünnung bleibt jedoch die Grünfärbung aus.

Bei weitem die schönsten und beständigsten Gelb- und Grünfärbungen geben Nadelhölzer. Demgegenüber ist die grüne Farbe bei Buche nur schwach und braunstichig, rein und verhältnismäßig stark bei Esche und dem Holz der Sonnenblume. Bei Mandelholz, das sich in vieler Hinsicht abnorm verhält, bleibt die grüne Farbe aus. Die gelbe Farbe geht hier unmittelbar in eine schmutzigrote über.

Nach Ungar (128) läßt sich die gelbe Farbe durch Ausschluß von Wasser (Anwendung von trockenem Chlorwasserstoffgas) stabilisieren. Hier liegt das Oxoniumsalz des intakten Holzes vor. Die grüne entspricht bereits einem Veränderungsprodukt. In beiden Phasen, *aus denen heraus das Holz noch die volle Phloroglucinreaktion gibt* (71), scheint das Lignin bzw. der Hadromalkomplex noch chemisch mit Kohlenhydraten verbunden zu sein (Hägglund und Björkman [53]). Die violettbraune Phase dürfte dem Oxoniumsalz des kohlenhydratfreien Lignins entsprechen, mit dessen Loslösung aber eine weitgehende Zersetzung des Chromogens Hand in Hand geht (vgl. S. 175). Das violettbraune Salz dissoziiert mit Wasser viel schwerer als das gelbe und das grüne, die nur bei hoher Säurekonzentration existenzfähig sind. Erst beim Aufkochen mit Wasser, wenn die vom Gesamtlignin hauptsächlich physikalisch-chemisch (nach Ungar unabhängig von den Oxoniumsalzbildungen und quantitativ weit über deren Verbrauch hinausgehend) absorbierte Säure abgegeben wird, erreicht das Lignin seine maximale Helligkeit. Bei sehr langer Dauer der Säureeinwirkung treten Zersetzungserscheinungen anderer Art hinzu, die das Gesamtlignin betreffen (vgl. Säure-Humifizierung, S. 171). Sie sind dadurch gekennzeichnet, daß solches Lignin auch nach Entfernung der absorbierten Säure braun bleibt. Indessen kommen die letzterwähnten Erscheinungen für die praktische Ausführung der Farbreaktionen mit Salzsäure kaum in Frage, wohl aber für das Verhalten der die Aldehydgruppe sofort zerstörenden, das Gesamtlignin stark angreifenden

Schwefelsäure. Verholzte Fasern färben sich mit konzentrierter Schwefelsäure augenblicklich braun bis grünstichig braunschwarz. Die Reaktion ist sehr empfindlich. Die Kohlenhydrate werden dabei gelöst, zum Teil auch das Lignin, bei Laubholz mehr als bei Nadelholz. Sind nur Spuren von Lignin vorhanden, so entstehen in jedem Falle gelbe oder bräunliche Lösungen, aus deren Farbintensität man ungefähr auf die Ligninmenge schließen kann. KLASON (80a) hat die Reaktion zur kolorimetrischen Bestimmung der Ligninreste im technischen Zellstoff benützt. Für die allgemeine Ligninbestimmung kommt dies angesichts der geringen Löslichkeit des kompakteren natürlichen Lignins, des verschiedenen Farbtones bei den verschiedenen Ligninarten und endlich auch wegen der ungenügenden Spezifität der Reaktion nicht in Frage. In dieser Hinsicht sei nur erwähnt, daß auch z. B. die unlöslichen Gerbstoffe im Mesophyll extrahierter Buchenblätter die Reaktion geben, im Gegensatz zur Gelb- und Grünfärbung mit konzentrierter Salzsäure, die (wie die Aldehydreaktionen) nur in der *Nervatur* auftritt. Hingegen verdient die KLASONsche Methode zur genaueren Beurteilung der Ligninreste in Skeletsubstanzen von Hölzern Beachtung. Voraussetzung wäre die Herstellung einer besonderen Vergleichsskala für jede Ligninart. Die Lösungen in konzentrierter Schwefelsäure dürfen nicht längere Zeit stehen, weil dann auch Braunfärbung infolge Kohlenhydrathumifizierung hinzutritt.

Kuppelung mit Diazoniumverbindungen (UNGAR [126]). Empfehlenswert sind die Diazoniumsalze aus Anilin, Sulfanilsäure oder p-Nitranilin. Anilin muß jeweils frisch diazotiert werden. Die aus Sulfanilsäure erhältliche, schwer lösliche Diazobenzolsulfosäure läßt sich unter Wasser wochenlang aufbewahren. Für den Gebrauch wäscht man jeweils eine kleine Menge mit eiskaltem Wasser aus und benützt die gesättigte Lösung. Die Diazoniumverbindung aus p-Nitranilin ist in Form ihres Umlagerungsproduktes „Nitrosaminrot" als Paste unbeschränkt haltbar und wird daraus vor dem Gebrauch durch Lösen in verdünnter Salzsäure zu Diazoniumsalz regeneriert.

Die Kuppelung zu Azofarbstoff findet nur in alkalischer Lösung statt. Es soll möglichst nur das freie Phenolhydroxyl des *Aldehydkomplexes* bzw. dessen Benzolkern in Reaktion treten. Nur dann ergeben sich charakteristische Unterschiede zwischen den verschiedenen Holzarten. Zu diesem Zwecke darf nur sehr wenig Diazoniumsalz zur Anwendung kommen und ist das Material der längeren Einwirkung der alkalischen Diazolösung zu entziehen. Anderenfalls erhält man zwar stärkere Färbungen, doch gehen die Unterschiede verloren (vermutlich wird die A-Reaktion zu einer B-Reaktion, indem das Gesamt-Ligninmolekül anoxydiert wird und kuppelt). Die Färbungen werden dann unschön und schließlich geht, wie KÜSTER und DAUR (84) zeigten, bei Anwendung von Diazobenzolsulfosäure das gesamte Lignin in Lösung.

Man suspendiert unter Eiskühlung (in weiten Reagensgläsern) je ca. 0,25 g Holzmehl in 10 cm³ 2proz. Sodalösung, gibt 5 Tropfen einer eiskalt gesättigten Lösung von Diazobenzolsulfosäure zu und läßt 1 Minute lang einwirken. Dann saugt man das Holzmehl rasch auf einer kleinen Nutsche ab und wäscht mit viel Wasser nach. Nun schlämmt man das Holzmehl im Reagensglas mit Wasser auf und gibt etwas Sodalösung zu, worauf die beim Auswaschen verblaßte Farbe wieder erscheint und nun unbeschränkt beständig ist (Vorschrift des Verfassers).

In vorstehender Weise behandelt, färbte sich mit Wasser und Aceton extrahiertes Holz von Bambus schwach braun, Rotbuche bräunlich rot, Eiche gelblich braun (keinerlei roter Ton), Esche ziemlich stark ziegelrot, Fichte sehr stark und rein ziegelrot, Sonnenblume wie Esche; Mandelholz gab keine Färbung, doch wurde die Lösung stark braungelb.

Kaliumpermanganatreaktion von Mäule (89a). Man behandelt das zu untersuchende Material einige Minuten mit einer 1proz. Lösung von Kaliumpermanganat, wäscht aus, löst den ausgeschiedenen Braunstein mit 12proz. Salzsäure, wäscht wieder und versetzt schließlich mit wenig Ammoniak. Hierbei soll eine Rotfärbung eintreten, was jedoch nicht immer der Fall ist.

Als intensiv rot wird die Färbung beschrieben bei Ahorn, Eiche und Jute, als rot und braunrot bei Tanne, als braun, bisweilen mit rötlichem Stich, nur selten in einzelnen Fasern rot bei Fichte und Kiefer. Aeschynomene aspera färbt sich schwach, nur in einzelnen Fasern intensiv.

Zweifellos steht diese Reaktion der weiter unten zu besprechenden Chlorreaktion nahe, zumal auch bei der Mäuleschen Reaktion Chlor zur Einwirkung kommt, nämlich beim Weglösen des Braunsteins durch Salzsäure. Daß die Reaktion trotzdem spezifisch auf Aeschynomene anspricht, ist überraschend und ebenso bemerkenswert wie das abnorme Verhalten der Nadelhölzer.

Anfärbung mit organischen Farbstoffen. Als amphoteres Kolloid von überwiegend sauren Eigenschaften besitzt Lignin besondere Affinität zu basischen Farbstoffen. Beispielsweise färben *Fuchsin* und *Safranin* aus verdünnter wäßriger Lösung verholzte Zellwände nach einiger Zeit intensiv rot und liefern beständige Färbungen. Auffallend stark wird nach Beobachtungen von Gertz (44) der Farbstoff *Anthocyan* gespeichert. Aus seiner mit Schwefelsäure angesäuerten Lösung färben sich Schnitte oft schon nach 5—10 Minuten leuchtend purpurrot. Behandelt man nach dem Auswaschen mit Bleiacetat, so wird der Farbstoff in blauer bis grüner Farbe ausgefällt.

Die Färbungen mit organischen Farbstoffen sind keine eindeutigen Ligninreaktionen, sondern es färben sich häufig auch manche andere Zellwände und Zellinhaltsstoffe mit an, bei basischen Farbstoffen anscheinend besonders solche, die ebenfalls eine gewisse Acidität besitzen. Anthocyan färbt beispielsweise auch den Zellkern, die Eiweißkrystalle der Aleuronkörner, gewisse unverholzte Bastfasern, Kollenchymzellen und die (bekanntlich stark sauren) Moosmembranen. Daß bei obigen Ligninfärbungen Salzbildung eine Rolle spielt (natürlich neben den mitbedingenden physikalischen Vorgängen) erhellt daraus, daß Holz, ebenso wie Säurelignin, das Fuchsin auch aus der farblosen Lösung der zugehörigen Carbinolbase in Form des Farbsalzes aufnimmt (eine Lösung der Carbinolbase erhält man durch tropfenweisen Zusatz von so viel Ammoniak zu einer kochenden 0,025proz. Fuchsinlösung, bis eben Entfärbung eintritt).

Weiter läßt sich die Verholzung sehr schön und für Dauerpräparate geeignet durch Färbung mit manchen organischen Farblacken kennzeichnen. Unter vielen, von Becher (1) in dieser Weise zur Echtfärbung der Zellkerne benützten Farbstoffen erscheinen nach Thaler (122) beispielsweise *Gallaminblau, Coelestinblau* und *Gallocyanin* auch für verholzte Zellwände besonders empfehlenswert[1]. Die Färbelösungen werden in der Weise hergestellt, daß man von dem betreffenden Farbstoff möglichst viel unter Kochen in der Lösung des zugehörigen Lackbildners zu lösen sucht und nach dem Erkalten sowie nochmals nach 8 Tagen filtriert. Als Lösungsmittel dient für Gallaminblau eine Lösung von 2 % Borsäure und 2,5 % Borax in Wasser, für die beiden anderen

---

[1] Bezugsquelle: Geschäftsstelle des „*Mikrokosmos*", Stuttgart, Pfitznerstr. 5.

Farbstoffe eine Lösung von 5% Chromalaun. Gallaminblau färbt verholzte Zellwände blauviolett, unverholzte nicht, Kerne violett. Die Färbungen mit Coelestinblau sind entsprechend: ultramarinblau, rotviolett und blau und die mit Gallocyanin blau, violett und blau. Die Färbedauer ist verschieden und liegt zwischen 1 und 24 Stunden. Coelestinblau ist für sehr plasmareiche Gewebe nicht verwendbar.

In diesem Zusammenhange sei noch auf den Farbstoff „*Kernschawrz* H"[1] hingewiesen, der nach THALER (121) in hervorragender Weise die *unverholzten* Zellwände anfärbt, die verholzten unberührt läßt. Man erhitzt 5 g des Farbstoffes mit 100 ccm destilliertem Wasser kurz zum Sieden und filtriert nach dem Erkalten durch Glaswolle. Die undurchsichtig schwarzviolette Lösung wird unverdünnt verwendet. Die unverholzten Zellwände färben sich (neben den Kernen) zunächst schön violett und sind nach etwa 1 Stunde tiefschwarz. Die Färbung ist sehr scharf; Überfärbung findet auch bei tagelanger Einwirkung nicht statt. Der Überschuß wird mit Wasser ausgewaschen. Der Farbstoff vergreift sich also nicht, wie andere, auch an den schwachverholzten Membranen. Als Gegenfärbung ergibt Chrysoidin besonders schöne Kontrastwirkung von tiefschwarz gegen leuchtend goldgelb. Kernschwarz H leistet ausgezeichnete Dienste, wenn es sich darum handelt, sehr geringe verholzte Elemente in großen Bezirken unverholzter aufzufinden.

Für die Färbungen mit organischen Farbstoffen empfiehlt es sich, mit weitgehend vorgebleichtem Material zu arbeiten.

Reaktion mit Kobaltorhodanid von CASPARIS (7). Man verwendet 15—40 proz. wäßrige Lösungen von Kobaltorhodanid, $Co(SCN)_2$, $4 H_2O$, die von roter bis violetter Farbe sind. Werden Schnitte mit diesen Lösungen benetzt, so färben sich verholzte Stellen prächtig blau, indem sie die Farbe des wasserfreien Salzes annehmen. Die Färbung verschwindet beim Verdünnen, durch Konzentrieren der Lösung wird sie wieder hervorgerufen. Ob es sich um die Entstehung einer lockeren Additionsverbindung oder nur um einen Lösungsvorgang handelt, steht nicht fest. Jedenfalls wird das Salz nur in der wasserfreien Form aufgenommen. Die Reaktion ist wenig spezifisch; denn sie tritt auch beispielsweise bei Stärkekörnern und den Eiweißkrystallen der Aleuronkörner ein.

Färbung mit Chlorzink-Jod und Jod-Schwefelsäure. Die Eigenschaft der verholzten Zellwände, sich mit Chlorzink-Jod und Jod-Schwefelsäure gelb bis braungelb zu färben, hat ihre Bedeutung lediglich in der Gegensätzlichkeit dieser Reaktion zu der bekannten violetten bis blauen Farbreaktion der Cellulose bzw. der aus reinen Kohlenhydraten bestehenden Zellwände mit denselben Reagenzien. Gute Dienste leisten diese Reaktionen auch zur Prüfung von Ligninpräparaten des Säureaufschlusses auf etwaigen Cellulose- und andererseits von Skeletsubstanzpräparaten auf Ligningehalt, ohne daß sie gerade als sehr empfindlich bezeichnet werden könnten.

Chlorzink-Jod. Man löst einerseits 20 g trockenes Zinkchlorid in 10 g Wasser, andererseits 2,1 g Kaliumjodid und 0,1 g Jod in 5 g Wasser, vermischt die beiden Lösungen, läßt den Niederschlag sich absetzen und gießt die überstehende klare Lösung ab; in diese bringt man ein Körnchen Jod (nach HERZBERG [59]).

Jod-Schwefelsäure. Jodlösung: 1 g Kaliumjodid wird in 100 g Wasser gelöst, worauf man Jod bis zur Sättigung der Lösung zufügt. Schwefelsäure: 2 Volumteile Glycerin, 1 Volumteil Wasser und 3 Volumteile Schwefelsäure 66° Bé (nach v. HÖHNEL [65]). Es empfiehlt sich die Verwendung einer Schwefelsäure der Dichte 1,840 (95,6%). Man behandelt die Schnitte usw. auf dem Objekt-

---

[1] Bezugsquelle: Firma Dr. *Hollborn*, Leipzig.

träger mit der Jodlösung, entfernt deren Überschuß durch Abdrücken mit gehärtetem Filtrierpapier und fügt einen Tropfen des Schwefelsäuregemisches hinzu.

Außer den verholzten Zellwänden färben sich auch die verkorkten, die stark cutinisierten und die mit lignoiden Stoffen durchsetzten Zellwände der Moosmembranen mit den genannten Reagenzien gelb, gelbbraun oder grünlichbraun; endlich auch viele Stoffe des Zellinhaltes.

Es ist theoretisch bemerkenswert, daß man in Salzsäurelignin-Präparaten schon wenige Prozente Cellulose an der mißfarbig grünlichen oder dunklen Jod-Schwefelsäure-Reaktion erkennen kann, während sich andererseits die intakte Holzfaser trotz ihres viel höheren Cellulosegehaltes doch durchaus einheitlich gelbbraun anfärbt. Weiter ist auffallend, daß die intakte Holzfaser nicht nur durch hydrolytischen Angriff, sondern auch durch rein mechanische Behandlung wie Quetschen, Zerreißen oder Pulverisieren derart verändert werden kann, daß sie nunmehr stellenweise die blaue Cellulosereaktion oder grünliche Mischfärbungen liefert. Diese Erscheinung hat neuerdings Lüdtke (88) eingehender untersucht. Er zog daraus den naheliegenden Schluß, daß es nicht, wie vielfach angenommen wurde, chemische Gründe (Vorliegen einer Lignin-Cellulose-Verbindung) sein können, die in der intakten Holzfaser das Zustandekommen der normalen Cellulosereaktion verhindern (die zusammen mit der gelben des Lignins eigentlich eine grüne Mischfarbe geben müßte), sondern physikalisch-kolloid-chemische, bedingt durch die morphologischen Verhältnisse innerhalb der Zellwand. Diese nimmt Lüdtke sperrholzartig gebaut an, wobei die einzelnen Celluloseelemente in ein ligninhaltiges Hautsystem eingebettet vorliegen. Diese Ansicht entspricht, gleich den im vorhergehenden Abschnitt G von Freudenberg und Dürr begründeten Vorstellungen, der Annahme einer Art geordneter Inkrustation. In solchen Gebilden können die Eigenschaften der reinen Stoffe modifiziert sein, und es ist sehr wohl denkbar, daß die Cellulose dort nicht in den für die Entstehung der Blaufärbung mit Jod nötigen Quellungszustand übergehen kann, den sie sonst unter dem Einfluß einer gleich starken Säure erreicht. Ebenso erklärlich ist es, daß dieser Widerstand, sei es mechanisch, durch Störung der Ordnung und weitgehendere Freilegung der inneren Oberflächen des Gebildes, sei es chemisch, z. B. durch stärkeren hydrolytischen Eingriff, überwunden wird.

Bemerkenswerte Effekte lassen sich durch Anwendung der Jodschwefelsäurereaktion mit stärker anoxydierten (vgl. Vorbehandlung) und danach ausgewaschenen Schnitten erzielen, wodurch örtliche Unterschiede im Ligningehalt des Materials verdeutlicht werden. Unterbricht man beispielsweise die Oxydation eines Kiefernholzschnittes in einem bestimmten Stadium, so färben sich die schon ursprünglich ligninärmeren und durch die Oxydation daher praktisch ligninfrei gewordenen Verdickungsschichten der Tracheiden blau, während die Mittellamellen noch gelbbraune Farbe annehmen.

Farbreaktion mit Chlor und Alkalisulfit. Während trockenes Chlor von der verholzten Faser ohne Färbung absorbiert wird, gibt feuchtes Chlor eine intensiv gelbe Färbung, die mit Alkalibisulfit in Himbeerrot bis Braun umschlägt. Die Ausführung der Reaktion erfolgt zweckmäßig durch Einbringen des Objektes in frisch bereitetes gesättigtes Chlorwasser, worauf man gründlich spült und mit Natriumsulfitlösung behandelt.

Cross und Bevan (9) haben die seit langer Zeit bekannte Chlorreaktion eingehend an Jutefaser und Holz studiert. Sie zeigten, daß das Lignin hierbei in gechlorte Oxydationsprodukte übergeht, die tief gefärbte Alkalisalze bilden. In ihrem bekannten „Cellulosebestimmungs-Verfahren" wird durch abwechselnde

Chlor- und heiße Sulfitbehandlung schließlich das gesamte Lignin in Lösung übergeführt.

Wie bereits weiter oben bemerkt, steht die Chlorreaktion zweifellos der Mäuleschen Reaktion nahe. Bei dieser bleibt aber offenbar infolge der milderen Bedingungen der oxydative (und chlorierende) Angriff auf einzelne Gruppen (Hadromalkomplex?) beschränkt, während sie im vorliegenden Falle zu einer das gesamte Ligninmolekül erfassenden Reaktion wird. Die Gelbfärbung mit Chlor dürfte für die Verholzung ziemlich charakteristisch sein.

Ferricyankalium-Probe von CROSS *und* BEVAN (10). Eine weitere, ebenfalls das gesamte Ligninmolekül erfassende Oxydationsreaktion beruht auf der Einwirkung eines Gemisches von Ferrichlorid und Ferricyankalium auf die verholzte Faser. Man verwendet gleiche Teile $^1/_2$ n-Lösungen. Ferrichlorid wird vom Lignin zu Ferrosalz reduziert, das sich nun mit dem Ferricyankalium auf der Faser zu Turnbulls Blau umsetzt. Da diese Reaktion auch auf andere eventuell anwesende leichtoxydable Stoffe anspricht, wird man sie im allgemeinen als weniger eindeutig für Lignin betrachten müssen als die Chlor- und die Mäulesche Reaktion.

f) Quantitative Bestimmung des Lignins.

α) *Vorbehandlung des Ausgangsmaterials. Trocknung und Veraschung der Präparate.*

Die ideale Reinigungsform und Bezugsbasis für die quantitative Ligninbestimmung wäre das von akzessorischen Bestandteilen restlos befreite Zellwandmaterial. Seine Herstellung gelingt zwar, wie angenommen werden kann, in günstigen Fällen mit guter Annäherung; im allgemeinen erweisen sich aber unsere diesbezüglichen Reinigungsmethoden als recht unvollkommen. Der daraus erwachsende Mißstand, daß die unextrahierbaren Anteile jener akzessorischen Stoffe bei den verschiedenen Aufschlußverfahren teilweise zusammen mit dem Lignin abgeschieden bzw. zerstört werden, bildet die Hauptschwierigkeit der direkten und indirekten Ligninbestimmung.

Was man anstreben und auch erreichen kann, ist ein von akzessorischen Stoffen nach Möglichkeit gereinigtes Material, das die eigentlichen Zellbaustoffe (Zellwandpolysaccharide nebst Lignin) noch möglichst vollständig enthält, so daß wenigstens die Gleichmäßigkeit und Reproduzierbarkeit der Bezugsbasis und die Vergleichbarkeit der Ligninwerte gewahrt bleibt.

Aus diesem Grunde ist für die quantitative Ligninbestimmung (im Gegensatz zur präparativen Darstellung) von einer Vorbehandlung des Ausgangsmaterials mit Säuren und Alkalien im allgemeinen abzusehen. Speziell von der alkalischen „Entgummierung" nicht nur wegen der Entfernung der Hemicellulosen, sondern auch deshalb, weil dadurch beträchtliche Mengen von Lignin verlorengehen können, dessen Alkalilöslichkeit in der Reihenfolge Nadelholz-, Laubholz-, Graslignin ansteigt. Auch anhaltendes Auskochen mit Wasser oder Alkohol kann unter Umständen, nämlich bei Anwesenheit von Säuren, zu größeren Kohlenhydrat- und Ligninverlusten führen (v. EULER [19], KLASON [79]). Andererseits erscheint die neuerdings empfohlene Extraktion mit Äther allein (KLASON [79]) unzulänglich, zum mindesten als allgemeine Methode, trotz des Vorzuges, daß Lignin von diesem Lösungsmittel auch nicht spurenweise aufgenommen wird, während bei allen wirksameren Extraktionsverfahren immer mit kleinen Ligninverlusten gerechnet werden muß[1].

---

[1] Infolge der Löslichkeit gewisser Ligninanteile in Alkohol und Aceton. Die Abdampfungsrückstände der Acetonextraktion von Bambus, Palme (Blattrippe) und Mandelschalen ließen sich nach Versuchen von SCHWINGHAMMER (71) durch Behandlung mit Äther + Wasser jeweils in einen ätherlöslichen (Harze, Wachse, Fette), einen wasserlöslichen (Gerbstoffe,

Viel in Gebrauch ist die Extraktion mit Äther und anschließend mit Alkohol oder mit dem Gemisch gleicher Teile Alkohol und Benzol im Extraktionsapparat. Nach beiden Methoden werden Fette, Wachse und Harze etwa gleich gut entfernt. Wünschenswert ist außerdem zur besseren Entfernung wasserlöslicher Stoffe (Zucker, Gerbstoffe, Farbstoffe usw.) eine Behandlung mit Wasser. Am meisten dürfte den Anforderungen eines nach jeder Richtung wirksamen Verfahrens die Extraktion in der Kälte nacheinander mit Wasser (5 Stunden), 80- und 96proz. Aceton (je 12—24 Stunden) nach Ungar (125a) entsprechen. Nach jeder Behandlung (in Standgefäßen) wird abgesaugt und mit dem betreffenden reinen Lösungsmittel nachgewaschen. Die Behandlung mit 96proz. Aceton (dazwischen nötigenfalls auch die mit Wasser) wird so oft wiederholt, bis nichts mehr in Lösung geht, was meist daran erkannt wird, daß das Lösungsmittel sich nicht mehr anfärbt. Bei besonders fett-, harz- oder wachsreichem Material kann selbstverständlich eine Vorextraktion mit Äther, Aceton, Benzol oder Chloroform, je nach den Löslichkeitsverhältnissen des besonders vorherrschenden Stoffes vorteilhaft sein. Die hochmolekularen Anteile des Flachswachses lösen sich beispielsweise leichter in Benzol, die von Coniferennadeln in Chloroform. Unter Umständen wird eine solche spezielle Extraktion besser nachträglich, im Anschluß an die Hauptextraktion ausgeführt (s. unten).

Holzartiges Material wird geraspelt oder als feines Sägemehl, gesiebt durch ein Bronzesieb von etwa 110 Maschen pro Quadratzentimeter, extrahiert. Sehr harte Stoffe, z. B. Steinschalen von Früchten, erfordern feinere Zerkleinerung. Weiches oder faseriges Material wird entweder in trocken zerkleinerter Form oder meist besser frisch und je nach Diffusionsvermögen im ganzen, geschnitzelt oder zwischen Hartsteinwalzen oder im Mörser zerquetscht extrahiert. Bei mangelhafter Diffusion wird unter Umständen acetonfeucht weiter zerkleinert, fertig extrahiert und trocken fein gemahlen.

Grüne Pflanzenteile (Blätter, Coniferennadeln) enthalten vielfach rotbildende Gerbstoffe (lösliche neben unlöslichen). Um Rotbraunfärbung infolge Phlobaphenbildung zu vermeiden, darf solches Material nicht im verletzten oder halb extrahierten Zustande an der Luft liegen. Man schafft zweckmäßig die Bedingungen für eine rasch erfolgende Extraktion unter Verwendung von viel Lösungsmittel. Begonnen wird mit 80proz. Aceton oder dem oft sehr wirksamen Gemisch von 5 Vol.-Teilen Methyl- oder Äthylalkohol, 3 Teilen Wasser und 2 Teilen Äther nach Willstätter (131a), welches z. B. bei getrockneten und gemahlenen oder frischen, gequetschten Coniferennadeln die Blattfarbstoffe und löslichen Gerbstoffe außerordentlich rasch entfernt. In anderen Fällen, z. B. bei Buchenblättern, empfiehlt es sich, das frische Material unzerkleinert in heißes, 80proz. Aceton einzutragen. Man kocht eventuell noch kurz auf und stellt zur Seite. Die Gerbstoffe werden auf diese Weise stabilisiert und die Extraktion geht wie oben äußerst rasch vonstatten, so daß die weitere Behandlung mit 96proz. Aceton nur einen Rest zu leisten hat. Das erschöpfend extrahierte Material ist praktisch farblos, vergilbt allerdings oft beim Trocknen etwas, wohl infolge der noch darin enthaltenen, unlöslichen Gerbstoffe. Andere,

---

Zucker) und einen in beiden Mitteln unlöslichen Anteil zerlegen. Die in beiden Mitteln unlöslichen Anteile ergaben, dem Säureaufschluß unterworfen, bei Bambus 0,9, bei Palme 0,6 und bei Mandelschalen 1,1% des Ausgangsmaterials an unhydrolysierbaren Rückständen, die 13,3, 16,9 bzw. 3,1% OCH_3 enthielten, demnach im Falle von Bambus und Palme offenbar überwiegend aus Lignin bestanden. — Friedrich und Brüda (31) haben den Rückstand der Alkohol-Benzol-Extraktion von Weißbuchenholz als methoxylhaltiges Harz angesprochen. Vielleicht handelt es sich auch hier um Ligninbestandteile, zumal Laubholzlignin auch in Form von Salzsäurelignin hohe Alkohollöslichkeit besitzt (ca. 5% gegenüber Spuren bei Salzsäurelignin aus Fichtenholz).

keine rotbildenden Gerbstoffe enthaltenden Blätter, z. B. von Ahorn, lassen sich auch ohne Erwärmen praktisch farblos extrahieren. Mit Aceton erschöpfend extrahierte und nachfolgend pulverisierte Kiefernnadeln gaben im Soxhlet-Apparat an Chloroform noch hartes Wachs ab.

Das extrahierte Material wird lufttrocken in verschlossener Flasche und prinzipiell vor starkem Licht geschützt aufbewahrt. Unextrahiertes Material soll wegen der Gefahr des Unlöslichwerdens von Gerbstoffen, Harzen u. a. zersetzlichen Körpern nie in zerkleinertem Zustande lagern.

β) *Feuchtigkeits- und Aschebestimmungen.*

Die Analysenzahlen werden immer auf wasser- und aschefreie Substanzen bezogen. Da mit ein und demselben Material gewöhnlich mehrere Bestimmungen auszuführen sind, empfiehlt es sich, anstatt jede einzelne Substanzprobe vorher konstant zu trocknen, sämtliche Bestimmungen mit lufttrockenem Material vorzunehmen und die Einwaagen nachträglich auf wasser- und aschefreie Substanz umzurechnen, wobei man als Grundlage den in einer besonderen, gleichzeitig entnommenen Probe ermittelten Feuchtigkeits- und Aschegehalt benützt. Der Feuchtigkeitsgehalt der lufttrockenen Zellwandmaterialien und Ligninpräparate schwankt zwischen 6 und 10 %.

Feuchtigkeitsbestimmung. Für gröbere Bestimmungen genügt Erhitzen im Trockenschrank auf 105⁰ bis zur Gewichtskonstanz unter anfänglich langsamer Steigerung der Temperatur. Eine geringe, gewichtsmäßig unerhebliche Zersetzung der Ligninpräparate durch Autoxydation wird dabei in Kauf genommen. Für genaue Bestimmungen wird die Substanz 1 Tag im Vakuumexsiccator vorgetrocknet und dann in einer beispielsweise durch den Dampf des siedenden Tetrachlorkohlenstoffes (76⁰) heizbaren Trockenapparatur im guten Vakuum (1 mm oder weniger) zur Gewichtskonstanz gebracht, wozu etwa 6 Stunden erforderlich sind. Endlich können die Substanzen auch im Vakuumexsiccator über viel frischem Phosphorpentoxyd und Ätznatron konstant getrocknet werden. Über die Trocknung von Ligninpräparaten unter schärferen Bedingungen s. FREUDENBERG und DÜRR, Abschnitt G, S. 129.

Die *Aschebestimmung* wird vorteilhaft im Anschluß an die Feuchtigkeitsbestimmung mit derselben Probe ausgeführt, die man hierfür in einem Porzellantiegel überwägt. Das im Analysengang abgeschiedene Lignin wird im feuerfesten Porzellan- oder Alundumfiltertiegel abfiltriert und darin unmittelbar getrocknet und verascht. Man verascht unter schwachem Glühen und vermeidet das Anbrennen der sich entwickelnden Gase, da sich hierbei schwer verbrennliche Kohle bildet.

1. Direkte Bestimmung des Lignins durch Aufschluß mit konzentrierten Mineralsäuren.

(Bestimmung des unhydrolysierbaren Anteiles.)

Hinsichtlich der Bewertung des Säureaufschlusses als Methode der quantitativen Ligninbestimmung kann man drei Fälle unterscheiden (vgl hierzu Kap. b und c):

1. Fall: Der unhydrolysierbare Anteil entspricht wahrscheinlich in guter Annäherung dem wirklichen Ligningehalt. Auf Anbringung von Korrekturen wird im allgemeinen verzichtet. Beispiele: Normale Hölzer, gereinigte Bastfasern wie Jute.

2. Fall: Es muß damit gerechnet werden, daß der unhydrolysierbare Anteil nicht unwesentlich höher ist als der wahre Ligningehalt. Nähere Untersuchung

des Präparates (ClO_2-Aufschluß, N- und OCH_3-Bestimmung), gegebenenfalls Anbringung von Korrekturen sind wünschenswert. Beispiele: Phlobaphenreiches Kernholz, holzähnliches, in mäßigem Umfange von protein- und cutinhaltigem Gewebe durchsetztes Material wie Stroh, Stengel, Blattrippen.

3. Fall: Der unhydrolysierbare Anteil enthält beträchtliche oder überwiegende Mengen an Phlobaphenen, Protein, Cutin usw., die dem Ausgangsmaterial durch Extraktion nicht entzogen werden konnten. Aus der Menge des Präparates lassen sich ohne nähere Untersuchung und dementsprechende Korrekturen keinerlei Schlüsse auf den Ligningehalt ziehen. Beispiele: Blätter, Coniferennadeln, krautartiges Material, Heu, Rinden.

Aufschluß mit hochkonzentrierter Salzsäure nach Willstätter *und* Zechmeister (132) *oder mit Salzsäure-Schwefelsäure-Gemisch nach* Kalb, Kucher *und* Toursel (72).

Der Aufschluß mit hochkonzentrierter Salzsäure oder dem praktisch ebensogut celluloselösenden (Hottenroth [70]) Salzsäure-Schwefelsäure-Gemisch hat vor der weiter unten zu besprechenden Schwefelsäuremethode verschiedene Vorzüge. Vor allem liefert er, trotz anscheinend intensiverer hydrolytischer Wirkung, ein reineres, weniger humifiziertes Lignin, das zu einer vorläufigen Kennzeichnung, z. B. durch den Methoxylgehalt, ohne weiteres verwendet werden kann, was für das Schwefelsäurelignin nicht zutrifft. Ferner ist der Aufschluß mit Salzsäure bzw. mit dem Gemisch (wie an Skeletsubstanzen festgestellt wurde), mit einer geringeren Kohlenhydrathumifizierung verbunden als der mit Schwefelsäure, und endlich ist das abgeschiedene Lignin leichter filtrierbar. Nachteile sind die umständlichere Darstellung der hochkonzentrierten Salzsäure, ihre geringe Haltbarkeit und unangenehme Handhabung. Diese Nachteile treten indessen wesentlich zurück bei Anwendung des Salzsäure-Schwefelsäure-Gemisches.

Darstellung hochkonzentrierter Salzsäure. In käufliche, durch eine Kältemischung auf ca. —20⁰ gekühlte konzentrierte Salzsäure wird so viel Chlorwasserstoffgas eingeleitet, daß eine Probe, bei 0⁰ gemessen, die Dichte 1,222 zeigt (Dauer des Einleitens bei guter Kühlung 3—4 Stunden). Die für die Sättigung von 2 Liter Salzsäure benötigte Gasmenge wird aus einem Gemisch von 200 g Kochsalz und 500 cm³ konzentrierter Salzsäure durch Zutropfenlassen von 750 cm³ konzentrierter Schwefelsäure hergestellt. Als Entwicklungsgefäß dient eine Saugflasche mit Tropftrichter und gut paraffiniertem Kork. Das Gaseinleitungsrohr taucht nur wenig unter die Flüssigkeitsoberfläche. Die Vorratsflasche für die hochkonzentrierte Säure wird, mit gesichertem Glasstöpsel verschlossen, an einem kühlen Ort aufbewahrt.

Salzsäure-Schwefelsäure-Gemisch[1]. 2 Liter konzentrierte Salzsäure (Dichte 1,18, 15⁰) werden auf mindestens —12⁰ abgekühlt und durch einen Tropftrichter, dessen Ablaufrohr bis an den Boden der Flasche reichen muß, unter stetem Umrühren 500 g (272 cm³) gleich tief gekühlter konzentrierter Schwefelsäure (Dichte 1,840, 15⁰ oder 95,6%) zufließen gelassen. Der Säurezufluß wird so mäßig gehalten, daß keine HCl-Gasblasen an die Flüssigkeitsoberfläche gelangen können. Zum Umrühren benützt man den Tropftrichter selbst bzw. dessen Ablaufrohr. Das Säuregemisch (Dichte 1,285, 15⁰) ist in gut verschlossener Flasche monatelang bei Zimmertemperatur haltbar. Das spezifische Gewicht darf durch das Öffnen der Flasche im Gebrauch bis auf 1,270 zurückgehen.

Ausführung des Aufschlusses[1]. Etwa 1 g des fein zerkleinerten und extrahierten, lufttrockenen Materials wird in das Aufschlußgefäß (zweckmäßig ein hohes,

---

[1] Ausgearbeitet von Kalb, Kucher und Toursel (72).

30—40 cm³ fassendes Präparatenglas mit Glasstöpsel) genau eingewogen und
durch gelindes Aufschütteln zu dünner Schicht verteilt. Man übergießt die Substanz mit 20 cm³ Aufschlußsäure (hochkonzentrierte Salzsäure oder Salzsäure-Schwefelsäure-Gemisch) und schüttelt sofort, ehe die Flüssigkeit durch Auflösung
von Cellulose viscos wird, kräftig um. Dadurch wird die Bildung schwer aufschließbarer Klumpen, wozu manche Substanzen neigen, vermieden. Nach etwa
$1/_2$ Stunde wird das Aufschlußgemisch wieder dünnflüssig. Man läßt es unter
öfterem Umschütteln 24 Stunden bei 15—18⁰ stehen. Dann verdünnt man mit
100 cm³ Wasser, die man gleichzeitig auch zum Überspülen des Reaktionsgemisches in ein Becherglas verwendet, und erhitzt darin 10 Minuten zum Kochen,
wodurch die dem Lignin anhaftende Mineralsäure weitgehend abgespalten und die
Filtration erleichtert wird. Nach Erkalten saugt man das Produkt in einem feuerfesten Filtertiegel ab, wäscht es mit kaltem Wasser, bis dieses neutral abläuft,
trocknet zur Gewichtskonstanz, wägt, verascht und wägt wieder. Die Differenz
zwischen den beiden Wägungen entspricht der Ligninmenge, die in Prozenten des
Ausgangsmaterials, bezogen auf wasser- und aschefreie Substanz (S. 189) angegeben wird.

Bei gleichmäßigem Arbeiten schwanken die mit demselben Ausgangsmaterial
erhältlichen Ligninwerte höchstens um ± 0,2 Einheiten um den Mittelwert. Aus
einem astfreien Fichtenholz wurden im Durchschnitt 27,5% Lignin erhalten.
Dieses enthielt 1,3% anhaftende Mineralsäure (0,96% HCl + 0,36% H_2SO_4),
das ist auf Holz bezogen 0,36%. Methoxylgehalt 15,4%. An Laubholzlignin
bleibt unter denselben Bedingungen nur etwa halb so viel Säure haften.

Gehalt einiger Materialien an Lignin, Rohlignin bzw. Unhydrolysierbarem[1].
(Aufschlußmittel: Salzsäure-Schwefelsäure-Gemisch.)

Extraktion: Acetonverfahren.

Pflanzenmaterial	%	Pflanzenmaterial	%
Fichte, Holz astfrei	27,50	Bambus, Stamm, geraspelt	17,40
Kiefer, ,, ,, ...	27,19	,, ,, Fasern[2]	14,70
Buche, ,, ,, ...	23,70	,, ,, Diaphragma . . .	23,53
Esche, ,, ,, ...	23,56	Dattelpalme, Blattrippe	18,20
Pfirsich, ,, ,, ...	22,71	Cycas revoluta, Blatt	37,78
Mandel, ,, ,, ...	22,65	Fichtennadeln	29,00
Pfirsich, Kernschalen	35,30	Buchenblätter, Herbstfallaub . . .	46,35
Mandel, ,, ...	28,29	,, frisch	23,24
Erdnuß, Schalen	37,20	Sphagnum	17,24
Sonnenblume, Holz	26,03	Polyporus fomentarius	25,00

Aufschluß mit Schwefelsäure nach KLASON (77).

Neben 64—70proz. Säure (KLASON [76]) ist vielfach auch 72proz. (KÖNIG
und RUMP [81]) angewandt worden. Der Aufschluß von Fichtenholz mit Schwefelsäure genannter Konzentrationen ergibt bei analoger Arbeitsweise meist um
etwa 1% höhere Ausbeuten als der mit Salzsäure. Gewarnt sei vor der Anwendung von Säurekonzentrationen von mehr als 72% und Temperaturen von
mehr als 20⁰, da beides zu stark überhöhten Ausbeuten infolge von Kohlenhydrathumifizierung führen kann. In nachstehender neuesten Vorschrift von
KLASON (77), die eine besondere Nachbehandlung des Lignins vorsieht, erscheint
der Ausbeuteunterschied gegenüber dem Salzsäureverfahren ausgeglichen.

Man wägt ca. 1 g des extrahierten Holzmehles lufttrocken in ein mindestens
60 cm³ fassendes Wägeglas ein, trocknet bei 100⁰ zur Gewichtskonstanz, versetzt

---

[1] Nach Versuchen von KUCHER, TOURSEL und SCHWINGHAMMER (71, 72).
[2] Beim Raspeln ausgeschieden.

dann mit 50 cm³ 66proz. Schwefelsäure, rührt bis zur Beendigung der Gelatinierung mit einem Glasstab um und läßt unter zeitweisem Umrühren 48 Stunden stehen. Hierauf verdünnt man mit Wasser, filtriert das Lignin durch einen Alundum-Tiegel ab und wäscht, bis das Filtrat nur noch wenig Schwefelsäure enthält. Zur Abspaltung der den Präparaten noch anhaftenden Schwefelsäure und anwesender Kohlenhydrate setzt man nun 50 cm³ 0,5proz. Salzsäure zu und erhitzt bei aufgelegtem Deckel etwa 12 Stunden im Dampfschrank. Danach wird der Tiegel wieder in die Sauganordnung eingesetzt und von Schwefelsäure reingewaschen, worauf man trocknet, wägt und verascht. Aus Fichtenholz verschiedenster Herkunft erhielt Klason in dieser Weise im Durchschnitt 28,1 % Lignin (in einem Ausnahmefall 26,6 %). In einem normalen Präparat fand er 0,52 % Säure (0,42 % H_2SO_4 + 0,1 % HCl), entsprechend 0,13 % auf Holz bezogen, und 13,2 % Methoxyl. Der Verfasser erhielt mit dem von ihm benützten (astfreien) Fichtenholz die mit den weiter obengenannten Zahlen vergleichbare Ausbeute von 27,6 % und den Methoxylgehalt 15,0 %.

2. Indirekte Methoden der Ligninbestimmung.

α) *Oxydativer Aufschluß nach der* Schmidt*schen Chlordioxyd-Methode.*

a) Anwendung auf das native Zellwandmaterial. (Indirekte Bestimmung der „Inkrusten" und der „ungesättigten Anteile" durch Isolierung der „Skeletsubstanz" und des „Galaktoseanteils".) Unter den bisher bekannten Methoden des oxydativen Zellwandaufschlusses ist die Schmidtsche Chlordioxydmethode die schonendste und gestattet die weitgehendste Abscheidung der Polysaccharide in unlöslicher Form. Für die indirekte Ligninbestimmung kommt sie daher derzeit als einzige Methode in Frage. Durch Abzug der zur Wägung gelangenden „*Skeletsubstanz*" (Summe der unlöslichen Polysaccharide, vgl. Schema S. 159) vom Gewicht des angewandten Ausgangsmaterials erfährt man die Menge der „*Inkrusten*" (Summe der in Lösung gehenden Bestandteile), bestehend ihrerseits aus gewissen, löslich werdenden Polysacchariden, genannt „*Galaktoseanteil*", und den eigentlich oxydativ angreifbaren „*ungesättigten Anteilen*". Diese entsprechen dem Lignin, umfassen jedoch bei unreinerem, unextrahierbare akzessorische Stoffe enthaltendem Ausgangsmaterial auch Phlobaphene, unlösliche Gerb- und Farbstoffe sowie Proteine[1]. Anwesendes Cutin bleibt bei der Skeletsubstanz und gelangt mit dieser zum Abzug (vgl. Kap. c).

Darstellung wäßriger Chlordioxydlösung.

Man verwendet die in Abb. 20 angegebene Apparatur, deren Einzelteile durch Glasschliffdichtungen miteinander verbunden sind. Das Chlordioxyd wird in dem durch ein Wasserbad heizbaren Rundkolben *a* von 1,5 Liter Inhalt entwickelt und in der Waschflasche *b* mit wenig Wasser gewaschen. Als Vorlagen dienen die dreifach tubulierten und mit Steigrohren versehenen Woulfschen Flaschen *c* und *d*. Sie werden mit je ca. 1,5 Liter destilliertem Wasser beschickt und von außen bis an die Tuben mit zerkleinertem Eis und etwas Wasser gekühlt. Nichtabsorbiertes Chlordioxyd wird im Wasser der Endvorlage *e* zurückgehalten. Man bringt in den Kolben *a* ein Gemisch von 240 g gepulvertem Kaliumchlorat und 200 g gepulverter, krystallisierter Oxalsäure (Materialien vom Reinheitsgrad „Zur Analyse"), dazu eine abgekühlte Mischung von 120 cm³ konzentrierter Schwefelsäure und 400 cm³ Wasser und erwärmt das Ganze bei Ausschluß

---

[1] Nicht ganz sicher, ob immer vollständig; verschiedene Skeletsubstanzpräparate, auch aus Buchenblättern, waren N-frei, vgl. jedoch den grauen Körper beim ClO_2-Aufschluß des Rohlignins aus Coniferennadeln, S. 199.

des direkten Tageslichtes im Wasserbad langsam auf 45⁰ bzw. bis zur einsetzenden Gasentwicklung. Die Temperatur soll während der ersten Stunde nicht weiter steigen, damit die Reaktion nicht zu heftig wird. Im weiteren Verlauf geht man pro Stunde um etwa 2—3⁰ höher, so daß nach 7—8 Stunden die Tem-

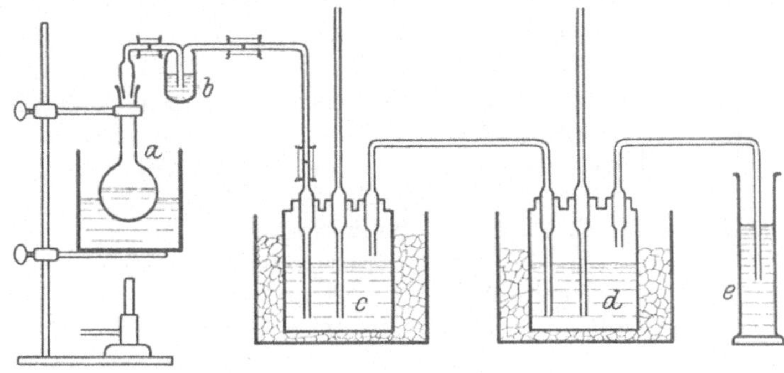

Abb. 20.

peratur von 65—70⁰ erreicht wird, worauf die Gasentwicklung merklich nachläßt. Der Inhalt der Vorlagen wird in braune Stöpselflaschen umgefüllt, die gut verschlossen im Dunkeln aufbewahrt werden. Man erhält in c etwa 3proz., in d etwa 1,5proz. Chlordioxydlösung. Zum Aufschluß von nativem Zellwandmaterial (Isolierung und Prüfung von Skeletsubstanzen) wird auf 2,5—2,7%, zur Zerlegung und Prüfung von (Roh-) Ligninpräparaten auf 1% verdünnt.

Maßanalytische Bestimmung von Chlordioxyd.

Annähernde Gehaltsbestimmung (ausreichend zur Einstellung der Aufschlußlösungen): Man entnimmt der Vorratsflasche durch Eintauchen einer 10-cm³-Tropfpipette (ohne zu saugen; Pipette außen mit Filtrierpapier abwischen) einige Kubikzentimeter der zu untersuchenden Lösung und läßt sie in überschüssige 10proz. Jodkaliumlösung dicht über der Oberfläche einfließen. Die Jodkaliumlösung befindet sich in einem als Titriergefäß dienenden ERLENMEYER-Kolben mit eingeschliffenem Glasstöpsel. Man säuert mit verdünnter Schwefelsäure an, schüttelt gut durch und titriert das ausgeschiedene Jod mit n/10-Thiosulfatlösung und Stärke als Indicator.

1 cm³ n/10-Maßlösung = 0,0013492 g ClO_2.

Die *genaue Titration* (zur Prüfung von Skeletsubstanzen im Lagerversuch) erfordert wegen der Dampfspannung der Chlordioxydlösungen nachstehende Apparatur:

Die *Bürette* (Abb. 21), die zur Aufnahme der Chlordioxydlösung dient, hat einen Inhalt von 100 cm³ und trägt an ihrem Ende einen eingeschliffenen Ventilstopfen. Das Auslaufrohr besitzt eine Länge von 17 cm.

Das *Titriergefäß* (Abb. 22) besteht aus einem ERLENMEYER-Kolben aus Jenaer Glas von 500 cm³ Inhalt und ist mit einem eingeschliffenen Aufsatz verschließbar.

Zur *Ausführung der Titration* verfährt man folgendermaßen: Die in der Vorratsflasche befindliche Chlordioxydlösung wird durch Eiswasser auf etwa + 7⁰ abgekühlt, in die Bürette eingefüllt und diese mit dem Ventilstopfen verschlossen. Hierauf wird die Bürette etwa zehnmal umgekehrt und der Überdruck durch mehrmaliges Öffnen des Ventils aufgehoben. Nach Ablassen von 10 cm³ der Lösung wird der Meniscus eingestellt und das Ablaufrohr der Bürette in den mit 100 cm³ Wasser beschickten ERLENMEYER-Kolben eingesenkt (Abb. 21). Die nunmehr langsam eingelassene Chlordioxydlösung lagert sich als Schicht am Boden des Gefäßes ab. Nach Entfernen der Bürette wird der Kolben mit dem Aufsatz verschlossen, dessen unterhalb des Hahnes befindlicher Teil zuvor durch Ansaugen mit Wasser gefüllt wurde. Hierauf wird das Titriergefäß mit einem Bleiring von 500 g Gewicht und 8 cm innerem Durchmesser beschwert und bis zum Hals des ERLENMEYER-Kolbens in Eiswasser gestellt. Das durch die Abkühlung erzeugte Vakuum gestattet, die zur Titration erforderlichen Reagenzien in den Kolben einzusaugen, ohne ihn öffnen zu müssen. Nacheinander, ohne Luft einströmen zu lassen, werden eingeführt:

1. 1,5 cm³ 2-n wäßrige Jodkaliumlösung,
2. 3 cm³ 2-n Schwefelsäure,
3. 2—3 cm³ Wasser zum Nachspülen.

Nach Zusatz der Reagenzien wird der Kolbeninhalt kräftig durchgeschüttelt und das Gefäß 5 Minuten bei Zimmertemperatur stehengelassen. Alsdann wird die zur Titration des ausgeschiedenen Jods erforderliche Hauptmenge Natriumthiosulfatlösung aus einer Bürette in den zylindrischen Teil des Aufsatzes eingelassen, in den gekühlten Kolben eingesogen und mit 3 cm³ Wasser nachgespült. Nach kräftigem Durchschütteln des Kolbeninhalts wird das Gefäß gekühlt und durch Einsaugen einiger Kubikzentimeter Wasser das noch vorhandene Vakuum aufgehoben. Der Aufsatz wird herausgenommmen, allseitig sorgfältig mit Wasser abgespült und das noch vorhandene Jod bei offenem Gefäß unter Verwendung von Stärke als Indicator titriert. Zulässige Fehlergrenzen ± 2 %.

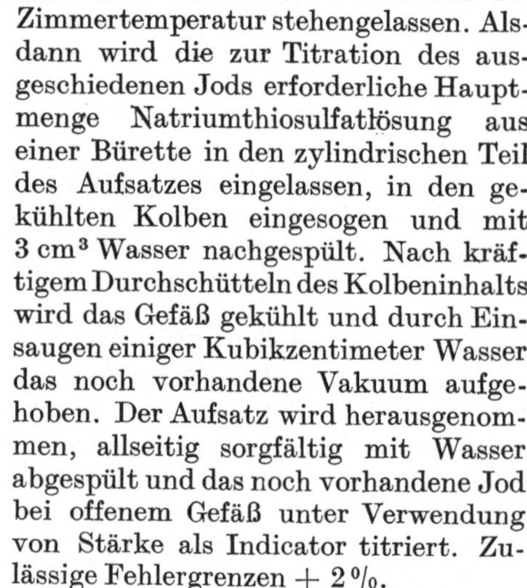

Abb. 21.   Abb. 22.

Bestimmung der „Inkrusten" durch quantitative Isolierung der „Skeletsubstanz". Zur quantitativen Bestimmung von Skeletsubstanzen haben SCHMIDT und Mitarbeiter in einer Reihe von Fällen das von ihnen zuerst ausgearbeitete Chlordioxyd-Natriumsulfit-Verfahren (Zweistufenverfahren) (106) angewandt. Diese Arbeitsweise ist heute durch das höhere Ausbeuten liefernde, außerdem einfachere *Chlordioxyd-Pyridin-Verfahren* (Einstufenverfahren) (107) überholt. Die Minderausbeuten der älteren Methode mochten teils durch mechanische Verluste im Zusammenhang mit den oftmaligen Chlordioxyd- und Sulfitbehandlungen, teils durch die zu kräftige Alkaliwirkung der warmen Sulfitlösung verursacht worden sein.

Das Chlordioxyd-Pyridin-Verfahren ist vorerst *nur an Laubhölzern* erprobt. Bei Nadelholz bestehen zur Zeit noch insofern Schwierigkeiten, als die letzten Ligninreste hier den Skeletsubstanzen äußerst fest anhaften, ihre restlose Entfernung aber nicht ohne Verluste an Skeletsubstanz möglich ist. Zweifellos werden diese Schwierigkeiten zu überwinden sein. Versuche des Verfassers haben ergeben, daß bei rechtzeitigem Abbrechen des Aufschlusses (wofür lediglich noch ein zwangläufiges Kriterium fehlt) die der Skeletsubstanz anhaftenden Ligninmengen nur unbedeutend sind. Der Fehler dürfte jedenfalls kleiner sein als beispielsweise der unvermeidliche Humifizierungsfehler der Ligninbestimmung nach dem Säureverfahren bei Laubholz.

Ausführung des Chlordioxyd-Pyridin-Verfahrens. Für den Hauptversuch, den man zweckmäßig in zwei Parallelversuchen ausführt, werden je 0,5 g und für einen Kontrollversuch (einfach) 3 g des extrahierten und fein zerkleinerten, lufttrockenen[1] Materials in die Reaktionsgefäße eingewogen. Als solche dienen für die Hauptversuche zylindrische Rührgefäße von etwa $1/2$ Liter Inhalt mit eingeschliffenem Deckel, der mit zwei Öffnungen versehen ist, einer zentralen mit angeschmolzenem, längerem Glasrohrstutzen zur Führung und ausreichenden Abdichtung eines Rührers und einer seitlichen mit kurzem, durch einen Glasstöpsel verschließbaren Stutzen zur vorübergehenden Aufnahme eines Tropftrichters. Für den Kontrollversuch dient eine größere Pulverflasche mit doppelt durchbohrtem Kork, den man mehrmals mit Kollodium überzieht, um zu vermeiden, daß von Chlordioxyd angegriffene Korkteilchen in das Reaktionsgemisch gelangen. Die Abdichtung des Rührers erfolgt hier zweckmäßig durch Tauchverschluß mit Wasser als Sperrflüssigkeit.

Das Material der Hauptversuche wird mit je 300 cm³, das des Kontrollversuches mit 1800 cm³ einer 0,25proz., salzsäurefreien Chlordioxydlösung übergossen und bei Ausschluß des direkten Tageslichtes unter Verwendung eines Motors derart gerührt, daß der Bodenkörper vollständig in der Flüssigkeit verteilt ist. Nach einstündiger Einwirkung des Chlordioxyds werden je 2,5 bzw. 15 cm³ einer 30proz., wäßrigen Pyridinlösung durch die Tropftrichter langsam hinzugegeben. Man beläßt die Versuche weiterhin unter genau gleichen Bedingungen der Temperatur (18°) sowie hinsichtlich des Rührens und etwaiger Ruhepausen. Nach 14 Tagen beginnend (bei Hölzern) werden dem Kontrollversuch in Zwischenräumen von 4 oder 3 Tagen Proben entnommen, die in der weiter unten angegebenen Weise durch Lagerversuch oder mittels Farbreaktionen auf Abwesenheit von Lignin geprüft werden. Nach jeder Probeentnahme wird der Flascheninhalt des Kontrollversuches sofort weitergerührt.

Erweist sich die betreffende Probe als ligninfrei, so unterbricht man den Aufschluß und saugt die Skeletsubstanzen in Glasfiltertiegeln ab, eventuell nach Vertreiben des unverbrauchten Chlordioxyds aus den Reaktionsgemischen durch mehrstündiges Durchsaugen eines Luftstromes. Man wäscht mit sehr viel Wasser, trocknet die Substanzen der Hauptversuche im Hochvakuum bei 76° oder im Vakuumexsiccator über Phosphorpentoxyd und Ätznatron zur Gewichtskonstanz (S. 189), wägt und bestimmt den Aschengehalt. Die gefundene Skeletsubstanzmenge (Mittelwert der beiden Hauptversuche) wird in Prozenten des wasser- und aschefreien Ausgangsmaterials ausgedrückt. Durch Abzug von 100 erhält man den Prozentgehalt an Inkrusten. Buchenholz (Fagus sylvatica) enthält nach SCHMIDT und Mitarbeitern (107) 77,59% Skeletsubstanz und 22,41% Inkrusten[2].

---

[1] Feuchtigkeits- und Aschegehalt werden in einer besonderen Probe bestimmt (vgl. S. 189).

[2] Die übrig bleibende Skeletsubstanz des Kontrollversuches steht eventuell für andere analytische Zwecke zur Verfügung, z. B. zur Bestimmung des *Humifizierungsfehlers* der direkten Ligninbestimmung durch Säureaufschluß (indem man die Skeletsubstanz der gleichen Säurebehandlung unterwirft) oder zur Bestimmung des *Cutins* (durch Behandlung des Rückstandes der Säurehydrolyse, der in diesem Falle Kohlenhydrathumin + Cutin enthält, mit Chlordioxyd oder auch durch direkte Behandlung der Skeletsubstanz mit Kupferoxydammoniak).

Die Aufschlußdauer schwankt mit den Versuchsbedingungen und der Art des Pflanzenmaterials, z. B. bei Buchenholz (unter unausgesetztem Rühren) zwischen 17 und 26 Tagen. Junges Holz ist rascher aufschließbar als älteres. Man verwende nur gesundes und nicht im Saft, sondern vorsorglich nur in den Monaten Oktober bis einschließlich Februar geschlagenes Holz. Der eintrocknende Saft scheint die Skeletsubstanzen zu verändern.

Prüfung von Skeletsubstanzen durch den Lagerversuch. 0,5 g des zu prüfenden Produktes (zwischen Filtrierpapier abgepreßt auf der Handwaage abgewogen) werden mit 1—2 Liter Wasser ausgewaschen und im Titriergefäß (S. 194) mit 100 cm³ Wasser, 3 Tropfen n/10-Schwefelsäure und 10 cm³ n/10-Chlordioxyd-lösung versetzt. Nach 24stündigem Stehen im verschlossenen Gefäß unter Ausschluß des direkten Tageslichtes wird der Gehalt an Chlordioxyd, wie weiter oben angegeben, mit n/10-Natriumthiosulfat bestimmt. Als angewandte Chlordioxyd-menge wird das arithmetische Mittel von zwei Titrationsversuchen zugrunde gelegt, von denen der eine vor, der andere nach dem Ansetzen des Lagerversuches ermittelt wird.

Ist die Differenz zwischen der angewandten und nach 24 Stunden gefundenen Chlordioxydmenge größer als — 2 % vom Anfangswert, so läßt dieser Verbrauch von Chlordioxyd auf das Nochvorhandensein von Lignin schließen. Im anderen Falle ist die Substanz als frei von Lignin bzw. ungesättigten Stoffen zu betrachten. Ergibt der Lagerversuch einen Chlordioxydverbrauch von — 3 %, so muß die Skeletsubstanz bei Laubholz gewöhnlich noch 72 Stunden im Reaktionsgemisch verbleiben.

Wegen der Empfindlichkeit des Chlordioxydes gegenüber Spuren von Alkali ist es zweckmäßig, die Titriergefäße vor dem erstmaligen Gebrauch nacheinander mit Wasserdampf und einem Bichromat-Schwefelsäure-Gemisch zu behandeln. Skeletsubstanzen, die mit alkalisch reagierenden Salzen in Berührung gewesen waren, wie z. B. die nach dem Chlordioxyd-Natriumsulfit-Verfahren gewonnenen, müssen aus demselben Grunde vor dem Lagerversuch 12 Stunden bei Zimmertemperatur in 100 cm³ Wasser und 3 cm³ n/10-Schwefelsäure eingelegt werden, worauf man absaugt, auswäscht und wie oben prüft.

Prüfung von Skeletsubstanzen durch Farbreaktionen. Nach Versuchen des Verfassers an Hölzern läßt sich die Reinheit von Skeletsubstanzen auch gut an Hand von Farbreaktionen beurteilen, die den Vorzug der raschen Ausführbarkeit und (soweit mikroskopisch) auch des geringen Bedarfes an Probesubstanz besitzen. Damit soll nicht gesagt sein, daß sie den Lagerversuch unter allen Umständen ersetzen können. Was die Feststellung des Nullwertes betrifft, so kann ihnen natürlich nicht die Sicherheit einer die subjektive Beobachtung ausschließenden Titration zukommen. Aber selbst dann, wenn man sich letzten Endes nur auf den Lagerversuch verlassen will, erscheint es vorteilhaft, das Fortschreiten des Aufschlusses möglichst lange an Hand der Farbreaktionen zu verfolgen, um die Zahl der Lagerversuche auf das notwendigste zu beschränken.

In Frage kommt vor allem die mikroskopisch ausführbare *Jod-Schwefel-säure-Reaktion.* Ligninfreie Skeletsubstanzen färben sich rein blau. Bei cutinisierten Zellwänden versagt die Reaktion. Brauchbar sind ferner die Reaktionen mit *Phloroglucin* und *Anilin.* Diese werden, soweit es sich um die Erkennung der letzten Ligninspuren handelt, makroskopisch, z. B. in Reagensgläsern und zweckmäßig nebeneinander, gleichzeitig mit einer Blindprobe des gewaschenen und lediglich in Salzsäure 1 : 1 aufgeschlämmten Materials ausgeführt. Die Kontrastwirkung zwischen Rötlich, Weiß und Gelblich erleichtert die Wahrnehmung sehr schwacher Farbtöne. Empfehlenswert ist noch die sehr empfindliche Reaktion mit konzentrierter *Schwefelsäure.* Reine Skeletsubstanzen lösen sich in der kalten Säure farblos bis sehr schwach gelblich, ligninhaltige mehr oder weniger stark braun (vgl. S. 183).

Buchenholz lieferte, bis zum völligen Verschwinden der Phloroglucin- und Anilinreaktion mit Chlordioxyd-Pyridin-Gemisch behandelt, 77% Skeletsubstanz, entsprechend 23% Inkrusten (in annehmbarer Übereinstimmung mit dem Schmidtschen, an Hand des Lagerversuches gewonnenen Ergebnis). Das Produkt ließ sich auf Grund des Säureaufschlusses als praktisch ligninfrei kennzeichnen; denn der erhaltene unhydrolisierbare Rückstand (2,4%) kann angesichts des darin gefundenen, nur sehr geringen Methoxylgehaltes (1—2% des Rückstandes) wohl in der Hauptsache als Kohlenhydrathumin angesprochen werden.

Ein Chlordioxyd-Pyridin-Aufschluß von Fichtenholz, der bei noch vorhandener, sehr schwacher Phloroglucinreaktion abgebrochen wurde, ergab schon die anscheinend optimale Ausbeute von 72,5% Skeletsubstanz, entsprechend 27,5% Inkrusten (die genaue Übereinstimmung mit der Ligninausbeute des Säureaufschlusses von Fichtenholz ist natürlich Zufall). Auffallenderweise lieferte auch dieses Präparat einen unhydrolysierbaren Rückstand, der sehr methoxylarm und daher praktisch nur Kohlenhydrathumin war. Die Phloroglucinreaktion spricht hier somit noch auf Ligninspuren an, die gewichtsmäßig offenbar keine Rolle mehr spielen. Bei Laubholz ein brauchbares Kriterium, vermag sie bei Nadelholz (analog dem Lagerversuch) keinen sicheren Anhaltspunkt für das rechtzeitige Abbrechen des Aufschlusses zu geben. Belassung der Fichtenholz-Skeletsubstanz im Chlordioxydgemisch bis zum völligen Verschwinden der Reaktion führte zu einem unverhältnismäßigen Ausbeuteverlust. Bei Verkürzung der Aufschlußzeit lieferten die Skeletsubstanzen größere unhydrolysierbare Rückstände von rasch ansteigendem Methoxyl-, also auch Ligningehalt.

Bestimmung der Skeletsubstanz bzw. Inkrusten durch Ermittlung des Gewichtsverlustes. Dieser Weg besitzt wegen seiner Einfachheit erhebliches Interesse. Auf Grund eines Versuches von Schmidt (107) scheint er bei Laubholz gangbar zu sein. Ob er auch bei schwerer aufschließbarem Material zum Ziele führen wird, läßt sich in keiner Weise voraussagen. Jedenfalls muß dort mit der Schwierigkeit gerechnet werden, daß die nach Weglösung der Inkrusten zu erwartende Gewichtskonstanz, die das Kriterium für die rechtzeitige Unterbrechung des Aufschlusses darstellen soll, sich vielleicht nicht mit der wünschenswerten Deutlichkeit einstellt.

Die Ausführung könnte in der Weise geschehen, daß eine Reihe gleichartiger Versuche zu je 0,5 g Ausgangsmaterial nach dem Ansatz der Hauptversuche (vgl. S. 195) in Gang gebracht wird. In gewissen Zeitabständen wird einer der Versuche unterbrochen und die Ausbeute an Skeletsubstanz bestimmt. Der Aufschluß wird als beendigt und die dann erreichte Ausbeute als maßgebend angesehen, wenn die Differenz zwischen 2 aufeinanderfolgenden Versuchen innerhalb der zulässigen Fehlergrenzen auf Null gesunken ist.

Bestimmung des „Galaktoseanteils".

Das beim Chlordioxyd-Pyridin-Aufschluß nach Abfiltrieren der Skeletsubstanz anfallende Filtrat, enthaltend die gelösten Inkrusten, wird mit frischer Chlordioxydlösung versetzt und einige Tage unter Ausschluß des direkten Tageslichtes stehen gelassen, damit das Lignin noch weiter oxydativ abgebaut wird. Hierauf dampft man die Lösung im Vakuum bei mäßiger Temperatur zur Syrupdicke ein (wegen des Schäumens zweckmäßig in einem Kolben mit mehrfach kugelig erweitertem Hals) und vertreibt die restliche Flüssigkeit im Vakuumexsiccator über Phosphorpentoxyd und Ätznatron. Der Trockenrückstand

besteht aus einem Gemenge von Pyridin-Chlorhydrat, bräunlichen Ligninabbau-
produkten und dem Galaktoseanteil. Durch Behandlung mit wasserfreiem
Methylalkohol werden die beiden erstgenannten Stoffe spielend gelöst, während
der Galaktoseanteil als darin unlösliche, zu einem farblosen oder schwach gefärbten Pulver zerfallende Masse hinterbleibt.

Buchenholz enthält nach SCMHIDT ca. 2% Galaktoseanteil, bezogen auf
wasser- und aschefreie Materialien. Durch Abzug von den Inkrusten (22,4%)
ergibt sich der indirekt bestimmte Ligningehalt zu 20,4%.

**b) Chlordioxydaufschluß von (Roh-)Ligninpräparaten zur Bestimmung des
Gehaltes an Polysaccharidresten und Cutin.** (Indirekte Bestimmung des absoluten
Gehaltes an Lignin bzw. ungesättigten Bestandteilen.) Beim Chlordioxydaufschluß von Ligninpräparaten, insbesondere des Säureaufschlusses, handelt
es sich nicht um die Isolierung hochempfindlicher Skeletsubstanzen, sondern
von Polysaccharidresten, in der Hauptsache Hydrocellulose, die bereits starken
hydrolytischen Einflüssen ausgesetzt waren und ihnen widerstanden haben. Es
erscheint daher angängig und hat sich in Versuchen des Verfassers ([71], vgl. [73])
bewährt, das Chlordioxyd-Pyridin-Verfahren hier in vereinfachter Form anzuwenden, um so mehr, als das hydrolytisch abgeschiedene oder im Zellverband ge-
lockerte Lignin wesentlich leichter und rascher in Lösung überführbar ist als das
der nativen Faser[1]. Zusammen mit den Polysaccharidresten werden auch allenfalls anwesende Wachs- und Cutinbestandteile abgeschieden, während mit dem
Lignin Phlobaphen-, Farbstoff- und Proteinreste ferner durch Säure entstandenes
Kohlenhydrathumin in Lösung gehen. Unter Umständen empfiehlt es sich,
die Ligninpräparate (besonders Rohlignine aus cutinisiertem Ausgangsmaterial)
vor dem Chlordioxydaufschluß mit Äther oder Chloroform zu extrahieren.
Hierdurch lassen sich eventuell Wachsanteile, die bei der Extraktion des Ausgangsmaterials nicht erfaßt wurden, in den Ligninpräparaten aber nunmehr
freigelegt sind, gesondert entfernen und bestimmen, was den Chlordioxydaufschluß entlastet und die anschließende Filtration erleichtert.

1 g des lufttrockenen, durch ein Bronzesieb von ca. 1600 Maschen pro
cm² geriebenen (Roh-)Ligninpräparates wird in einem Pulverglas mit
200 cm³ einer 1proz. Chlordioxydlösung übergossen und das Gemisch
unter zeitweisem Umschütteln 24 Stunden im Dunkeln stehengelassen. Dann
werden 10 cm³ (unverdünntes) Pyridin zugefügt, was zur Folge hat, daß das
vorerst größtenteils ungelöst gebliebene, anoxydierte Lignin rasch unter Zurücklassung seiner etwaigen Polysaccharid- bzw. Cutin- und Wachsbeimengungen
in Lösung geht.

Um ein gutes Filtrieren zu ermöglichen, wird das gelöste Lignin noch weiter
durch Oxydation abgebaut. Bei Ligninpräparaten aus Hölzern und anderen
reineren Materialien genügt ein noch 2—3tägiges Stehenlassen des Aufschluß-
gemisches. Cutinreiche Rohlignine, beispielsweise aus Blättern und Coniferennadeln, ferner auch humifizierte Rohstoffe wie Lignit und die daraus erhältlichen
Produkte des Säureaufschlusses bedürfen einer mindestens noch 4—5tägigen
Nachoxydation.

Der Chlordioxydverbrauch für diese Nachoxydation ist verschieden und
wird nach Bedarf geregelt. Für Laubholzlignin genügt die Menge des ursprünglichen Ansatzes für den gesamten Aufschluß. Bei Nadelholzlignin und manchen
anderen Produkten ist ein 1—2maliges Nachsetzen von je 50 cm³ Chlordioxydlösung, zugleich mit 2,5 cm³ Pyridin, erforderlich und geschieht, wenn sich am

---

1 Auch natürlicher Lignit ist in diesem Sinne ein hydrolytisch aufgelockertes Material
und leicht aufschließbar (107).

Verblassen der gelben Farbe der Aufschlußlösung zeigt, daß das Chlordioxyd nahezu aufgebraucht ist.

Das längere Nachoxydieren der Rohlignine und sonstigen unreineren Produkte ist einmal deshalb nötig, weil diese Stoffe häufig etwas schwerer aufschließbar sind, und dann, weil hier die Aufschlußgemische oft, um ein Filtrieren zu ermöglichen, vorher stärker angesäuert werden müssen. Durch Zugabe von Salzsäure bis zur eben eintretenden blauen Reaktion auf Kongopapier wird eine schwache Trübung, die vermutlich von kolloid gelösten Wachssubstanzen herrührt, zum Ausflocken gebracht. Dabei besteht die Gefahr, daß auch Ligninbestandteile mitgefällt werden. Um dies zu verhüten, müssen durch besonders gründliche Nachoxydation die ungesättigten Stoffe möglichst vollkommen zerstört bzw. zu niedermolekularen, nicht lediglich in verdünntem Pyridin, sondern auch in freiem Zustande in Wasser löslichen Produkten abgebaut werden.

Nach Beendigung des Aufschlusses entfernt man zunächst, wenn nötig, das unverbrauchte Chlordioxyd durch Lüftung des Flascheninhaltes oder Zusatz einiger Krystalle Hydroxylamin-Chlorhydrat. Dann filtriert man (bei Rohligninen erforderlichenfalls nach Ansäuern) die Polysaccharide bzw. Cutinsubstanzen in nicht zu engporigen Glasfiltertiegeln ab, wobei man nicht oder nur schwach saugt, wäscht sie mit Wasser, trocknet (s. S. 189), wägt und bestimmt den Aschengehalt.

Gute *Ligninpräparate z. B. aus Hölzern* liefern 0,3 % und weniger an Polysacchariden in Form farb- und strukturloser Flocken. Der abfiltrierte Gesamtrückstand enthält aber meist noch unlösliche, anorganische Verunreinigungen des Ligninpräparates eventuell neben Wachs- und Cutinspuren. Der Polysaccharidanteil gibt blaue Jod-Schwefelsäure-Reaktion. Größere Mengen von Polysacchariden mit Membranstruktur sind ein Zeichen von unzureichendem Säureaufschluß. Sie lösen sich nach dem Trocknen von der Filterschicht meist glatt als Pergamynhäutchen ab. Bei geringeren Mengen, die sich nicht mehr ablösen, zerstört man zur Aschebestimmung die organische Substanz im Tiegel mit etwas rauchender Salpetersäure, wäscht mit Wasser nach, wägt den Rückstand (Kieselsäure) und addiert dazu die gelösten Aschenbestandteile, die man im Filtrat durch Abdampfen und Glühen des Trockenrückstandes bestimmt.

Rohlignine z. B. aus Coniferennadeln hinterlassen beim Chlordioxydaufschluß Cutin neben Polysaccharid- und Wachsresten und sehr wenig einer proteinartigen (N-Gehalt 4,6 %) grauen Substanz. Das weiße oder grauweiße Gemenge ist von faktisartiger Konsistenz. Soll das Cutin in reinem Zustande isoliert werden, so extrahiert man die Wachsreste mit Chloroform, die Polysaccharide mit Salzsäure-Schwefelsäure-Gemisch, bleicht nochmals mit Chlordioxyd-Pyridin-Gemisch und entfernt eventuell noch anwesende graue Substanz durch Abschlämmen. Das zurückbleibende reine Cutin (Cutikularsubstanz) gibt rein gelbbraune Jod-Schwefelsäure-Reaktion und besteht, unter dem Mikroskop betrachtet, aus morphologisch einheitlichen, wellig unterteilten Hautstücken mit Spaltöffnungen.

Durch Abzug der chlordioxydunlöslichen Stoffe vom Rohlignin erhält man die Summe der ungesättigten (zerstörten) Anteile, bestehend, soweit sich überblicken läßt, aus Lignin, Phlobaphenen (aus dem unextrahierbaren Gerbstoff des Ausgangsmaterials beim Säureaufschluß entstanden), säureunlöslichen Proteinresten und Kohlenhydrathumin (Humifizierungsfehler des Säureaufschlusses). Hiervon kann das Lignin auf Grund des Methoxylgehaltes, das Protein auf Grund des Stickstoffgehaltes im Rohlignin berechnet werden. Beide Bestimmungen sind unsicher, bieten aber die einzige Möglichkeit einer Schätzung. Der Rest von der Summe der ungesättigten Anteile muß in der Hauptsache den Phlobaphenen, daneben dem Kohlenhydrathumin zugeschrieben werden (nach Versuchen von TOURSEL und MASTAGLIO).

β) *Indirekte Ligninbestimmung durch Vermittlung des Methoxylgehaltes*
(Benedikt *und* Bamrebger [4]).

Die Methode beruht darauf, daß man auf Grund des gefundenen Methoxylgehaltes eines Pflanzenmaterials und des bekannten Methoxylgehaltes des betreffenden Lignins den Ligningehalt des Materials berechnet. Diese Art der Ligninbestimmung ist unter anderem deshalb von besonderem Interesse, weil sie unabhängig ist von der gleichzeitigen Anwesenheit von Phlobaphenen, Protein und Cutin, durch welche die Ligninbestimmung nach dem hydrolytischen wie nach dem oxydativen Verfahren erschwert und, was die Phlobaphene betrifft, überhaupt unmöglich gemacht wird.

Bisher schienen allerdings die Ergebnisse mangelhaft; denn die so errechneten Ligninausbeuten lagen bei Nadelhölzern um etwa 4%, bei Laubhölzern um 3,8—8,4% (absolut) höher als die nach dem Säureverfahren erhältlichen. Es besteht jedoch die Aussicht, daß man zu besseren Zahlen gelangen wird, wenn man alle, zum Teil erst in neuester Zeit offenbar gewordenen Fehlerquellen berücksichtigt.

Längst bekannt ist die Notwendigkeit der Ausschaltung des leicht abspaltbaren *Ester-Methoxyls* anwesender *Pektinstoffe* (S. 157 u. 160), das vor der Methoxylbestimmung durch Behandlung des Materials mit verdünnter Natronlauge entfernt oder in einer besonderen Probe nach v. Fellenberg (23) allein bestimmt und rechnerisch ausgeschaltet werden muß. Weiter ist zu berücksichtigen, daß die Polysaccharide, wie Schmidt und Mitarbeiter (109) kürzlich gezeigt haben, kleine Mengen von *Äther-Methoxyl* enthalten, die in den betreffenden Skeletsubstanzen nach Zeisel oder einem analogen Verfahren bestimmbar sind. Es ergibt sich somit das Schema:

$$\text{Ligningehalt} = \frac{100 \cdot \left[\begin{matrix} OCH_3\text{-Gehalt} \\ \text{des Materials} \end{matrix} - \left(\begin{matrix} OCH_3 \text{ aus} \\ \text{Pektin} \end{matrix} + \begin{matrix} OCH_3 \text{ aus} \\ \text{Skeletsubstanz} \end{matrix} \right) \right]}{OCH_3\text{-Gehalt des betreffenden Lignins}}$$

Unbekannt ist einstweilen noch, ob der Galaktosanteil bzw. die Pektinsubstanzen (vgl. S. 160 u. 197) ebenfalls Äthermethoxyl enthalten. Bei Hölzern wird dies kaum eine Rolle spielen, da der Galaktoseanteil, ob er nun identisch mit dem fraglichen Holzpektin ist oder nicht, ohnehin sehr klein ist. Dagegen würde ein derartiger Äther-Methyoxyl-Gehalt bei pektinreichen Substanzen gegebenenfalls auf irgendeine Weise neben dem Ester-Methoxyl bestimmt werden müssen.

Eine Hauptschwierigkeit bildet indessen unsere noch mangelhafte Kenntnis über den Methoxylgehalt des *nativen* Lignins der verschiedenen Pflanzen. Nur dieser ist aber für die Berechnung maßgebend. Die bekannten Methoxylzahlen der Salzsäurelignin-Präparate werden hier wohl immer, auch bei sorgfältiger Ausschaltung der sonstigen Fehler, mehr oder weniger zu hohe Werte ergeben. Die Tatsache, daß der Methoxylgehalt des Holzes nicht voll durch den des daraus erhältlichen Säurelignins erklärt werden kann, hat man schon lange mit der Abspaltung gewisser locker sitzender Methoxylgruppen des nativen Lignins durch die hydrolytische Wirkung der Aufschlußsäure zu deuten gesucht. Diese Annahme scheinen Befunde von Freudenberg, Zocher und Dürr (29) zu bestätigen. Die genannten Forscher erhielten unter besonderen Bedingungen (Kupferoxydammoniak-Lignin, s. Kap. g) ein Fichtenholzlignin mit 17% OCH₃, während durch Salzsäureaufschluß unter schonenden Bedingungen nur Präparate von ca. 16%, vereinzelt 16,5% (Beobachtung des Verfassers), erhalten wurden. Berechnet man den Ligningehalt des Fichtenholzes unter Benützung des Wertes von 17% OCH₃, so müßten von dem zu 5,13% gefundenen OCH₃-Gehalt des Holzes nur 0,45% für die Kohlenhydrate (was durchaus in Frage kommt) in Anspruch genommen werden, damit der experimentelle Ligninwert 27,5% erreicht wird.

Mit Erweiterung unserer Kenntnisse über den Äther-Methoxyl-Gehalt von Skeletsubstanzen und Übertragung der FREUDENBERGschen Ligindarstellung auf andere Pflanzenarten dürfte die Methode von BENEDIKT und BAMBERGER an Bedeutung gewinnen.

Methoxylgehalt[1] einiger Salzsäurelignine und -rohlignine.

Art des Lignins		OCH_3 %	Lignin, Rohlignin bzw. Unhydrolysierbares aus:	OCH_3 %
Fichte,	Holz astfrei[2]	15,87	Mandel, Kernschale	15,51
Kiefer,	„ „	15,69	Pfirsich, „	16,67
Buche,	„ „	21,91	Zwetschge, „	19,18
Eiche,	„ „	21,86	Bambus, Stamm (geraspelt)	15,37
Esche,	„ „	21,93	Dattelpalme, Blattrippe	18,30
Mandel,	„ „	22,01	Cycas revoluta, Blatt[3]	8,37
Pfirsich,	„ „	20,07	Fichtennadeln[3]	6,64
Zwetschge,	„ „	22,05	Sphagnum[3]	0,61
Sonnenblume,	„ „	19,82	Polyporus fomentarius[3]	0,00

Einfacher ist die Anwendung der Methode von BENEDIKT und BAMBERGER (4) auf Rohlignine zwecks Ermittlung ihres absoluten Ligningehaltes. Da solche Präparate schon eine Behandlung mit hochkonzentrierter Säure durchgemacht haben, ist vor allem für die Berechnung nicht der Methoxylgehalt des nativen Lignins sondern der des (reinen) Säurelignins maßgebend, das für jede Pflanze aus dem zur Verfügung stehenden reinsten Material durch Säureaufschluß darstellbar ist. Eine Berücksichtigung des Estermethoxyls von Pektinstoffen kommt bei Rohligninen nicht in Frage, da die Kohlenhydrate durch den Säureaufschluß bereits entfernt und die Estergruppen in allenfalls zurückgebliebenen Resten verseift sind. Auch Äther-Methoxyl spielt in allenfalls zurückgebliebenen Kohlenhydratresten mengenmäßig keine Rolle mehr.

Die Anwendung der Methode kann hier dazu dienen, den Ligningehalt in Phlobaphen, Protein und Cutin enthaltenden Rohligninen, z. B. Blättern und Coniferennadeln (vgl. S. 199), zu ermitteln bzw. zu schätzen; es muß jedoch einschränkend hinzugefügt werden, daß es nicht sicher ist, ob die Pflanze in ihren verschiedenen Teilen ein und dasselbe Lignin von gleichem Methoxylgehalt erzeugt.

Literatur.

(1) BECHER, S.: Die Echtfärbung der Zellkerne. Leipzig 1921. — (2) BECKMANN, LIESCHE u. LEHMANN: Lignin aus Winterroggenstroh. Ztschr. f. angew. Ch. 34, 285 (1921). — (3) Qualitative und quantitative Unterschiede der Lignine einiger Holz- und Stroharten. Biochem. Ztschr. 139, 491 (1923). — (4) BENEDIKT u. BAMBERGER, vgl. HESS: Chemie der Cellulose, S. 177, 188. — (5) BERGIUS, F.: Die Anwendung hoher Drucke bei chemischen Vorgängen und eine Nachbildung des Entstehungsprozesses der Steinkohle. Halle a. S. 1913. Vgl. FUCHS: Chemie des Lignins, S. 271. — (6) BERL, SCHMIDT u. KOCH: Entstehung der Kohlen. Ztschr. f. angew. Ch. 43, 1018 (1930).

(7) CASPARIS, vgl. FUCHS: Chemie des Lignins, S. 7. — (8) COMBES, vgl. HOFFMEISTER. — (9) CROSS, C. F., u. BEVAN, vgl. HESS: Chemie der Cellulose, S. 145, 236. — (10) Ebenda S. 173. — (11) CROSS, BEVAN u. BRIGGS: Über die Farbenreaktionen der Lignocellulosen. Ber. Dtsch. Chem. Ges. 40, 3119 (1907). — (12) CROSS, WM. E.: Entstehung von Essigsäure und Ameisensäure bei der Hydrolyse ligninhaltiger Substanzen. Ebenda 43, 1526 (1910). — (13) CZAPEK: Biochemie 1, 644. — (14) Biochemie 1, 690. Vgl. FUCHS: Chemie des Lignins, S. 163. — (15) Vgl. FUCHS: Chemie des Lignins, S. 170.

---

[1] Bestimmung nach KIRPAL u. BÜHN, siehe dieses Werk, Band II, S. 222.

[2] Aufschluß nach KALB, LIESER u. Mitarbeitern (73), S. 1459.

[3] Aufschluß nach KALB, KUCHER und TOURSEL (72), S. 1460. (Nach Versuchen von KUCHER, TOURSEL und SCHWINGHAMMER.)

(16) Dorée u. Barton-Wright: Metalignin, ein neuer Typus von Alkalilignin. Biochem. Journ. 21, 290 (1927).

(17) Ehrlich: Über die Chemie des Pektins und seine Beziehungen zur Bildung der Inkrusten der Cellulose. Cellulosechemie 11, 161 (1930). — (18) Eller u. Koch: Synthetische Darstellung von Huminsäuren. Ber. Dtsch. Chem. Ges. 53, 1469 (1920). Weitere Arbeiten vgl. besonders Liebigs Ann. 431, 133ff. (1923); ferner 442, 160 (1925). — (19) Euler, v.: Quantitative Zusammensetzung des Nadelholzes. Cellulosechemie 4, 1 (1923). Vgl. Fuchs: Chemie des Lignins, S. 216.

(20) Falk: Lignin- und Celluloseabbau der Laub- und Nadelstreu durch Fadenpilze aus der Klasse der Basidiomyceten und seine Bedeutung für die Bildung der Huminstoffe des Waldbodens. Cellulosechemie 11, 198 (1930). — (21) Falk u. Coordt: Der Methoxylgehalt beim Lignin- und Celluloseabbau des Holzes. Ebenda 61, 2101 (1928). — (22) Falk u. Haag: Der Lignin- und Celluloseabbau des Holzes, zwei verschiedene Zersetzungsprozesse durch holzbewohnende Fadenpilze. Ber. Dtsch. Chem. Ges. 60, 225 (1927). — (23) Fellenberg, v., vgl. Hess: Chem. d. Cellulose, S. 64, 180. — (24) Fischer u. Schrader: Druckerhitzung von Cellulose und Lignin bei Gegenwart von Wasser und wäßrigen Alkalien. Fischer, Fr.: Gesammelte Abhandlungen zur Kenntnis der Kohle, Berlin 1917ff., 5, 332 (1922). Vgl. Fuchs: Chemie des Lignins, S. 141ff. — (25) Über Lignin als Ausgangsstoff und über die Benzolstruktur der Kohle. Abh. Kohle 5, 559 (1920). — (26) Fischer, Schrader u. Friedrich: Ebenda 5, 530 (1922). Vgl. Fuchs: Chemie des Lignins, S. 257. — (27) Fischer, Schrader u. Treibs: Abh. Kohle 6, 1 (1923). Vgl. Fuchs: Chemie des Lignins, S. 111. — (28) Freudenberg u. Harder: Formaldehyd als Spaltstück des Lignins. Ber. Dtsch. Chem. Ges. 60, 581 (1927). — (29) Freudenberg, Zocher u. Dürr: Weitere Versuche mit Lignin. Ebenda 62, 1814 (1929). — (30) Friedrich: Tautomere Formen im löslichen Lignin. Ztschr. f. physiol. Ch. 168, 50 (1927). — (31) Friedrich u. Brüda: Darstellung von Primärlignin. Monatshefte f. Chemie 46, 597 (1926). — (32) Friedrich u. Diwald: Zur Kenntnis des Lignins. Ebenda 46, 31 (1925). — (33) Fuchs: Chemie des Lignins, S. 78, 179. — (34) Ebenda S. 208ff. — (35) Ebenda S. 129. — (36) Ebenda S. 246ff., besonders S. 259. — (37) Ebenda S. 35/36. — (38) Beziehungen zwischen Huminsäuren und Lignin. Brennstoff-Chemie 9, 298 (1928). — (39) Lignintheorie der Kohle nach dem gegenwärtigen Stand. Ebenda 8, 187 (1927). — (40) Über die Entstehung der Kohlen nach dem gegenwärtigen Stand der chemischen Forschung. Ebenda 11, 106 (1930). — (40a) Lignite. Ebenda 11, 205 (1930). — (41) Untersuchungen über Lignin, Huminsäuren und Humine. Ztschr. f. angew. Ch. 44, 111 (1931). — (42) Fuchs u. Honsig: Zu den Ligninuntersuchungen von Schmidt. Ber. Dtsch. Chem. Ges. 59, 2850 (1926). — (43) Fuchs u. Horn: Zur Kenntnis des genuinen Lignins III: Einwirkung von Diazomethan auf Fichtenholz. Ebenda 62, 1691 (1929).

(44) Gertz, vgl. Fuchs: Chemie des Lignins, S. 7. — (45) Gilson, vgl. Czapek: Biochemie 1, 698. — (46) Grafe, vgl. Czapek: Biochemie 1, 691. — (47) Grosskopf: Über das stoffliche und morphologische Verhalten liginreicher Nadelholzgewebe bei der Bildung von Waldhumus und Braunkohle. Brennstoff-Chemie 10, 161, 213 (1929). — (48) Grüss: Über ein neues Holz- und Vanillinreagens. Ber. Dtsch. Botan. Ges. 38, 361 (1921).

(49) Hägglund: Holzchemie, S. 83, 84. — (50) Ebenda S. 209. — (51) Aufschluß von Fichtenholz mit Alkali usw. Cellulosechemie 5, 81 (1924). — (52) Zusammensetzung des Zuckers, erhältlich durch Totalverzuckerung des Fichtenholzes. Biochem. Ztschr. 206, 245 (1929). — (53) Hägglund u. Björkman: Untersuchungen über das Salzsäurelignin. Ebenda 147, 74 (1924). — (54) Hägglund u. Rosenquist: Zur Kenntnis des Fichtenholzlignins. Ebenda 179, 380 (1926). — (55) Hägglund u. Urban: Zur Kenntnis des Fichtenholzlignins. Ebenda 207, 1 (1929). — (56) Zur Kenntnis der Ligninacetale. Cellulosechemie 8, 69 (1927). — (57) Ligninacetale. Ebenda 9, 49 (1928). — (58) Hancok u. Dahl: Die Chemie der Lignocellulosen. Ein neuer Typus. Ber. Dtsch. Chem. Ges. 28, 1558 (1895). — (59) Herzberg, W.: Papierprüfung, 5. Aufl., S. 80. Berlin: Julius Springer 1921. — (60) Herzog u. Hillmer: Zur Kenntnis des Lignins. Ber. Dtsch. Chem. Ges. 62, 1600 (1929). — (61) Hess: Chemie der Cellulose, S. 214. — (62) Heuser, Schmitt u. Gunkel, vgl. Fuchs: Chemie des Lignins, S. 129. — (63) Hillmer: Löslichkeit von Lignin in Phenolen. Cellulosechemie 6, 169 (1925). — (64) Hintikka: Sulfitlaugenlacton. Cellulosechemie 2, 87 (1921) (Referat). — (65) Höhnel, v., vgl. J. v. Wiesner: Die Rohstoffe des Pflanzenreichs, 4. Aufl., 1, 430. Leipzig: W. Engelmann 1927. — (66) Hönig u. Spitzer: Über Lignisolfosäuren. Monatshefte f. Chemie 39, 1917. — (67) Hoffmeister: Zur Kenntnis des Hadromals. Ber. Dtsch. Chem. Ges. 60, 2062 (1927). — (68) Holmberg: Sulfitlaugenlacton. Ebenda 54, 2389, 2406 (1921). — (69) Holmberg u. Wintzell: Über Alkalilignine. Ebenda 54, 2417 (1921). — (69a) Horn: Über die Oxydation von Willstätter-Lignin mit Salpetersäure. Brennstoff-Chemie 10, 364 (1929). — (70) Hottenroth: DRP. Nr. 306818 (1917).

(71) Kalb, unveröffentlicht. — (72) Kalb, Kucher u. Toursel, vorläufig Fr. O. Kucher: Zur Darstellung der quantitativen Bestimmung des Lignins mit Untersuchungen

an Holzarten, Obstkern- und Nußschalen. Dissert., München 1929. — (73) KALB u. LIESER mit HAHN, NEVELY u. KOCH: Zur Isolierung des Lignins. Ber. Dtsch. Chem. Ges. 61, 1007 (1928). — (73a) KALB, NEVELY u. TOURSEL: Über die Aufnahme von Basen durch WILLSTÄTTER-Lignin und die damit verbundenen Quellungserscheinungen. Cellulosechemie 12, 1 (1931). — (74) KALB u. SCHOELLER: Zur Frage der Cellulosebestimmung mit Phenol. Ebenda 4, 38 (1923). — (75) KARRER u. BODDING-WIGER: Zur Kenntnis des Lignins. Helv. chim. Acta 6, 817 (1923). — (76) KLASON, vgl. FUCHS: Chemie des Lignins, S. 28, 47ff. — (77) Wechsel des Ligningehaltes des Fichtenholzes als Folge der klimatischen Verhältnisse. Cellulosechemie 12, 36 (1931). — (78) Fichtenholzlignin, Nahrungssaft der Fichte. Ber. Dtsch. Chem. Ges. 62, 635 (1929). In Memoriam. Papierfabr. 28, 772 (1931). — (79) Ligningehalt des Fichtenholzes. Cellulosechemie 4, 81 (1923). — (80) Zur Konstitution des Fichtenholzlignins. Ber. Dtsch. Chem. Ges. 56, 300 (1923). — (80a) Papierztg. 35, 3781 (1910). — (81) KÖNIG u. RUMP: Chemie und Struktur der Zellmembran. Ztschr. f. Unters. Nahrgs.u. Genußmittel 28, 177 (1914). — (82) KÜRSCHNER: Die Aufspaltung der Hölzer in Cellulose und Nitrolignine. Cellulosechemie 12, 281 (1931). — (83) KÜRSCHNER u. HOFFER: Eine neue quantitative Cellulosebestimmung. Chem.-Ztg. 55, 161, 182 (1931). — (84) KÜSTER u. DAUR: Einwirkung aromatischer Diazoverbindungen auf Lignin und Cellulose. Cellulosechemie 11, 4 (1930).

(85) LIESKE: Bemerkungen zur Lignintheorie vom Standpunkte der Biologie. Brennstoff-Chemie 11, 86 (1930). — (86) LIESKE u. WINZER: Neuere Untersuchungen zur Lignintheorie. Ebenda 12, 205 (1931). — (87) LIESKE: Entstehung der Kohlen nach dem gegenwärtigen Stande der biologischen Forschung. Ebenda 11, 101 (1930). — (88) LÜDTKE: Zur Kenntnis der pflanzlichen Zellmembran. Ber. Dtsch. Chem. Ges. 61, 465 (1928); Biochem. Ztschr. 233, 1 (1931).

(89) MARCUSSON: Torfzusammensetzung und Lignintheorie. Ztschr. f. angew. Ch. 38, 339 (1925). — (89a) MÄULE: Verhalten verholzter Membranen gegen Kaliumpermanganat. Habilitationsschrift, Stuttgart 1901. — (90) MITSCHERLICH, vgl. HESS: Chemie der Cellulose, S. 243.

(91) PALOHEIMO: Beiträge zur Ligninbestimmung. Biochem. Ztschr. 165, 463 (1925); 214, 160 (1929). — (92) PAULY u. FEUERSTEIN: Hadromal, Lignin und Coniferylaldehyd, dessen Darstellung und Nachweis. Ber. Dtsch. Chem. Ges. 62, 297 (1929). — (93) PAULY, FEUERSTEIN u. WÄSCHER: Synthese von Cumar- und Coniferylaldehyden. Ebenda 56, 603 (1923). — (94) PAYEN, vgl. FUCHS: Chemie des Lignins, S. 2. HESS: Chemie der Cellulose, S. 24ff. — (95) PHILIPS: Fraktionierte Extraktion des Lignins aus Maiskolben. Journ. Amer. Chem. Soc. 50, 1986 (1928). — (96) POWELL u. WHITTAKER: Vergleich von Ligninen, die von verschiedenen Hölzern stammen. Journ. Chem. Soc. London 127, 132 (1925).

(97) RASSOW u. GABRIEL: Über Fichtenholzlignin. Cellulosechemie 12, 290, 318 (1931). — (98) RASSOW u. LÜDE: Über Bambuslignin. Ztschr. f. angew. Ch. 44, 827 (1931). — (99) RUNGE, vgl. FUCHS: Chemie des Lignins, S. 6ff. — (100) RUNKEL u. LANGE: Chemischer Aufbau des Rotbuchenholzes. Cellulosechemie 12, 185, 190 (1931).

(100a) SANIO: Anatomie der gemeinen Kiefer. Pringsheims Jahrb. f. wiss. Botanik 9 (1873/74). Siehe auch KÖNIG u. RUMP (81). — (101) SCHELLENBERG: Pringsheims Jahrb. f. wiss. Botanik 29, 237 (1896). — (102) SCHLEIDEN, vgl. CZAPEK: Biochemie 1, 646. — (103) SCHMIDT, E.: Zusammensetzung des Holzes der Rotbuche. Cellulosechemie 12, 62 (1931). — (104) SCHMIDT u. ATTERER: Zur Kenntnis der Huminsubstanzen. Ber. Dtsch. Chem. Ges. 60, 1671 (1927). — (105) SCHMIDT u. DUYSEN: Zur Kenntnis pflanzlicher Inkrusten. Ebenda 54, 3241 (1923). — (106) SCHMIDT u. GRAUMANN: Reindarstellung pflanzlicher Skeletsubstanzen. Ebenda 54, 1860 (1921). — (107) SCHMIDT, TANG u. JANDEBEUR: Darst. von Skeletsubstanzen nach d. Einstufenverfahren. Cellulosechemie 12, 201 (1931). — (108) SCHMIDT, MEINEL, NEVROS u. JANDEBEUR: Über die ganzzahlige Beziehung der Cellulose zu dem „schwerlöslichen" Xylan in der Skeletsubstanz der Rotbuche. Ebenda 12, 49 (1930). — (109) SCHMIDT, MEINEL, JANDEBEUR u. SIMSON: Die Kettenlänge der Cellulose nativer Zusammensetzung und die Kettenlänge des Acetylxylans. Ebenda 13, 129 (1932). — (110) SCHMIDT, M. v.: Zur Kenntnis der Korksubstanz. Monatshefte f. Chemie 25, 227, 302 (1904); Österr. Chem.-Ztg. 1911, H. 21. — (111) SCHULZE, vgl. HESS: Chemie der Cellulose, S. 24ff.; Oxydationsmethode, S. 241. — (112) Vgl. CZAPEK: Biochemie 1, 646. — (113) SCHWALBE u. BECKER: Die chemische Zusammensetzung des Erlenholzes. Ztschr. f. angew. Ch. 33, 14 (1920). Vgl. HÄGGLUND: Holzchemie, S. 170. — (114) Zusammensetzung deutscher Holzarten. Ztschr. f. angew. Ch. 32, 229 (1919). Vgl. HÄGGLUND: Holzchemie, S. 83, 169. — (115) SIMON: Vermeidung alkalischer Wirkung bei der Darstellung und Reinigung von Huminsäuren. Ztschr. f. Pflanzenernährg. usw. A 18, 323 (1930). — (116) SONNTAG: Ber. Dtsch. Botan. Ges. 19, 138 (1901); Landw. Jahrb. 21, 866 (1892). — (117) SPRINGER: Bestimmung und Charakterisierung organischer Substanzen im Boden. Ztschr. f. Pflanzenernährg. usw. A 12, 309 (1928). — (118) STACH: Zur Kenntnis der Huminsäuren aus Braunkohle. Ztschr. f. angew. Ch. 44, 118 (1931). — (119) STADNIKOW u.

Baryschewa: Zusammensetzung von Torfbildnern und Torfarten. Brennstoff-Chemie 11, 21 (1930). — (*120*) Lignine einiger Torfbildner und eines Sphagnumtorfes. Ebenda S. 169.
(*121*) Thaler: Kernschwarz H. Mikrokosmos **25**, 88 (1932). — (*122*) Die Verwendbarkeit der Becherschen Farbstoffe in der botanischen Mikrotechnik. Ebenda **20**, H. 10 (1926/27). — (*123*) Tiemann u. Haarmann: Coniferin. Ber. Dtsch. Chem. Ges. **9**, 1287 (1876).
(*124*) Ungar, E.: Beiträge zur Kenntnis der verholzten Faser, S. 77. Budapest: Druckerei der Pester Lloyd-Gesellschaft 1916 (Dissert. a. d. Labor. Willstätter, Zürich 1914). — (*125*) Ebenda S. 33. — (*125a*) Ebenda S. 35. — (*126*) Ebenda S. 37 ff. — (*127*) Ebenda S. 28. — (*128*) Ebenda S. 50 ff. — (*129*) Urban: Zur Kenntnis des Fichtenholzes. Cellulosechemie **7**, 73 (1926) (Dissert. a. d. Labor. K. Freudenberg).
(*130*) Wiesner, vgl. Fuchs: Chemie des Lignins, S. 6 ff. — (*131*) Willstätter u. Kalb: Über die Reduktion von Lignin und Kohlehydraten mit Jodwasserstoffsäure und Phosphor. Ber. Dtsch. Chem. Ges. **55**, 2637 (1922). — (*131a*) Willstätter u. Isler: Vergleichende Untersuchung des Chlorophylls verschiedener Pflanzen. Liebigs Ann. **380**, 171 (1911). — (*132*) Willstätter u. Zechmeister: Hydrolyse der Cellulose. Ber. Dtsch. Chem. Ges. **46**, 2403 (1913). — (*133*) Wislicenus: Kolloidchemie des stofflichen Aufbaues und Abbaues der pflanzlichen Gerüstcellulose, des „Lignins" und der Holzfaser. Cellulosechemie **6**, 45 (1925). — Der kolloidchemische Aufbau des Holzes. Naturwissenschaften **18**, 387 (1930).
(*134*) Zechmeister: Zur Einwirkung von Acetylbromid auf Cellulose. Ber. Dtsch. Chem. Ges. **56**, 573 (1923). — (*135*) Zemplén, vgl. Čzapek: Biochemie **1**, 699.

Fortsetzung siehe S. 1457.

J. Kork und Cuticularsubstanzen.
Von FRITZ ZETZSCHE, Bern.

Einleitung.

Mit Hilfe verkorkter und cuticularisierter Membranen schließen sich die Landpflanzen gegen die Außenwelt ab. (Über die Außenmembranen der Wasserpflanzen ist fast nichts bekannt.) Die damit zusammenhängende besondere biologische Funktion zeigt sich darin, daß diese Hüllmembranen andere chemische Zusammensetzung haben als jene Membranen, die die Pflanzenzellen im Innern der Pflanze abgrenzen.

Auf Grund mikro- und histochemischer Reaktionen ist man zu der Einsicht gekommen, daß die charakteristischen Bestandteile verkorkter und cutinisierter Membranen in die Gruppe der Fettkörper gehören, doch ist die Chemie dieser Stoffe bis vor kurzem wenig entwickelt worden. Erst durch die Untersuchungen der letzten Zeit können diese Membranbestandteile chemisch besser charakterisiert und gegeneinander abgegrenzt werden.

Man nennt nunmehr den charakteristischen Teil verkorkter Gewebe *Suberin*, den cutinisierter Membranen *Cutin*. Jüngst ist nun zu diesen sich im wesentlichen ähnlichen Substanzen eine neue Gruppe von Hüllmembranen getreten, die man bisher zu diesen zu rechnen pflegte: die Membransubstanz der Sporen und Pollen. Deren chemischer Charakter macht es nötig, sie in eine besondere Klasse einzureihen, die der *Sporopollenine*.

Es werden deshalb hier behandelt:

A. *Die Sporopollenine.*

B. *Das Cutin und das Suberin.*

Die aus diesen Substanzen bestehenden Membranen sind wohl stets mit Pflanzenwachsen durchtränkt bzw. überschichtet, doch werden diese Wachsmembranen an einer anderen Stelle dieses Werkes behandelt.

An obige Gruppen wird eine andere angeschlossen, die noch weniger als diese erforscht ist, es ist die Gruppe:

C. *Verkieselte Membranstoffe.*

Die Bedeutung all dieser Stoffe geht über die lebende Pflanze hinaus. Ihre außerordentliche Resistenz gegenüber chemischen und enzymatischen Einflüssen macht sie zu den widerstandsfähigsten Stoffen des Pflanzenorganismus, deren Erhaltungsfähigkeit so groß ist, daß man ihnen noch in fossilen Produkten, wie den Kohlen und Ölschiefern, begegnet. In dem diesbezüglichen Abschnitt dieses Buches wird näher auf diese fossilen Stoffe eingegangen.

a) Die Sporopollenine.

Die Membransubstanz der Sporen und Pollen ähnelt mikrochemisch sehr dem Cutin und Suberin. Gleichwohl hat sie eine völlig abweichende Zusammensetzung. Diese in die Klasse der polymeren Terpene einzureihende Substanz ist Sporopollenin genannt worden, da sie bisher einzig in den Hüllmembranen der Sporen und Pollen aufgefunden ist und somit für diese spezifisch zu sein scheint.

Die Gruppe der Sporopollenine ist resistenter als die des Cutins und Suberins und gehört zu den allerbeständigsten Pflanzenstoffen. Hierin wird sie vielleicht nur von den *Phytomelanen* übertroffen. An Bedeutung aber steht sie über diesen, da sie infolge ihrer Verbreitung durch die Windblütler fast überall in fossilem Pflanzenmaterial anzutreffen ist. Sie dient z. B. in der *Pollenanalyse* oder *Kohlenpetrographie* als wichtiges Erkennungsmittel. So wird auch das Studium der recenten Sporopollenine eine Grundlage für unsere Erkenntnis von der Inkohlung und Sapropelierung bieten.

Die Gewinnung dieser charakteristischen, interessanten Substanzen ist, abgesehen von der Beschaffung des Ausgangsmaterials, durch ihre große chemische Beständigkeit gegeben, da durch Behandlung mit Säuren und Alkalien sämtliche begleitende Gerüst-substanzen entfernt werden können und Lignin, das nur durch Oxydation leicht entfernbar ist, nicht als Gerüstsubstanz der Sporen und Pollen aufzutreten scheint. Gegen Oxydations-mittel sind nämlich die Sporopollenine verhältnismäßig unbeständig.

1. Sammeln und Reinigen der Sporen und Pollen.

Die Gewinnung der Sporen und Pollen als Ausgangsmaterial für die Sporo-pollenine ist, wenn es sich um Mengen von über 1 g handelt, meist recht mühsam, vor allem dann, wenn Pollen von Insektenblütlern untersucht werden sollen. Hierfür können nur ganz allgemeine Richtlinien gegeben werden, da die Ge-winnung der Sporen und Pollen abhängig ist von der Größe und Dauer der Sporen- und Pollenproduktion, von der Reife und von anderen biologischen Faktoren. Man muß hier ganz individuell vorgehen. Während es z. B. nicht schwierig ist, größere Mengen von Windblütlerpollen, wie Pinus, Picea, Corylus und Betula zu erhalten, ist es sehr mühselig, auch nur wenige Zentigramme eines Insektenblütlerpollens zu gewinnen.

Doch verhalten sich schon nicht alle Windblütler gleich. Am bequemsten ist neben den Pollen der Gymnospermen noch Coryluspollen erhältlich, da die Strauchform das Einsammeln der Kätzchen erleichtert und die kurz vor dem Stäuben gesammelten Kätzchen durch langsames Trocknen in einem kühlen Raume nachreifen. Betulakätzchen reifen hingegen nicht nach. Bei den Insekten-blütlern werden am besten die Staubgefäße mitsamt dem Pollen vorsichtig mit einer Pinzette aus den Blüten entfernt und auf einem Uhrglas gesammelt.

Die zahlreichen im Handel befindlichen Blütendrogen sind als Ausgangs-material mit wenigen Ausnahmen wertlos, da ihr Blütenstaub beim Sammeln, Trocknen usw. fast restlos verlorengeht. Brauchbar sind z. B. *Flores aurantiae*, da sie als Knospen geerntet werden. Sie werden mit der Hand zerdrückt und dann wie unten angegeben behandelt.

Die weitere Zubereitung richtet sich nach dem Zweck der Untersuchungen, da das rohe Sporen- und Pollenmaterial selbst beim sorgfältigsten Sammeln stets durch Fremdstoffe, Fragmente von Pflanzenteilen, Staub, Sand usw., ver-unreinigt ist.

Soll ohne Rücksicht auf den quantitativen Gehalt an den Sporen- oder Pollenmembranbestandteilen gearbeitet werden, so verfährt man am besten so, daß die Sporen- oder Pollenträger nach dem Trocknen auf ein feinmaschiges Messingsieb gebracht werden. Durch gelindes Schütteln erhält man von Wind-blütlern im Auffanggefäß meist genügend Rohmaterial. Bei den Insektenblütlern ist die Ausbeute meist sehr gering, vor allem dann, wenn die Pollen klebrig sind. In diesen Fällen und zur Gewinnung des Restes aus den Blütenständen der Windblütler wird das auf dem Sieb verbliebene Material in viel Alkohol — es kann denaturierter Spiritus verwendet werden — eingetragen, kräftig ge-schüttelt und durch das Sieb in ein Auffanggefäß (Porzellanschale) abgesiebt. Nach einiger Zeit ruhigen Stehens hat sich der Pollen am Boden abgesetzt. Nun wird der Alkohol vorsichtig auf den Siebrückstand, der zuvor in das Schüttel-gefäß gebracht wurde, dekantiert. Es wird wieder geschüttelt, durch das Sieb gegossen und diese Operation, wenn nötig, noch mehrmals wiederholt. Kleine Mengen Blütenstände können auch durch Begießen mit Alkohol auf dem Siebe ausgeschlämmt werden. Auf diese Weise läßt sich der Pollen nahezu vollständig aus den Blüten erhalten.

Der am Boden abgesetzte Pollen wird zur Entfernung mitgegangener gröberer Pflanzenteile in Alkohol aufgeschlämmt, mehrmals durch ein feinmaschiges Sieb gegeben, zuletzt abfiltriert und an der Luft getrocknet.

Das erhaltene Rohmaterial ist nun stets noch hauptsächlich durch feinsten Sand verunreinigt. Außerdem werden den Pollen und Sporen durch die Behandlung mit Alkohol in diesem lösliche Stoffe entzogen, so daß sich das mit Alkohol gewonnene Material nicht zur quantitativen Bestimmung der Sporopolleninmembran eignet.

Die weitere Reinigungsstufe entfernt nun durch Sieben nichtentfernbare Verunreinigungen. Ob diese nötig ist, wird, falls nicht schon mit bloßem Auge oder einer Lupe erkennbare Verunreinigungen vorliegen — Pinus- und Piceapollen, sowie Lycopodiumsporen können bei sorgfältigem Sammeln: nur leichtem Ausklopfen der Blütenstände, bereits sehr rein gewonnen werden — am besten durch Kontrolle unter dem Mikroskope (etwa 100fach) festgestellt, eine Maßnahme, die sich auch weiterhin empfiehlt, um den Fortschritt der Reinigung zu kontrollieren.

Das Rohmaterial wird in einer geräumigen Krystallisierschale in viel Tetrachlorkohlenstoff bzw. Chloroform eingetragen, einige Zeit umgerührt und verdeckt stehengelassen, bis sich die spezifisch leichteren Sporen oder Pollen an der Oberfläche gesammelt und die anorganischen Verunreinigungen am Boden abgesetzt haben.

Nun werden die Sporen oder Pollen vorsichtig abgeschöpft und das Aufschlämmen usw. mehrmals wiederholt. Wesentlich für das Gelingen dieser Reinigung ist, daß das Gefäß so weit genommen wird, daß der Blütenstaub nur eine wenige Millimeter betragende Schicht bildet.

Bei manchen Pollenarten gelingt diese Reinigung nicht gut. Dann können sie, wie z. B. der Pollen der *Dattelpalme*, in viel Äther in einen Rundkolben eingetragen werden. Durch kräftiges Schütteln wird der Blütenstaub in der Flüssigkeit fein verteilt. Nach kurzem Stehen des Kolbens in Schräglage wird vom Bodensatze (Sand) der sich noch in der Schwebe befindliche Anteil vorsichtig abgegossen und der Rückstand nach Zugabe neuen Äthers noch mehrmals gleich behandelt.

Ist auf eine dieser Weisen eine Trennung von Sand usw. erreicht worden, so wird zur Entfernung der Zellfragmente geschritten. Auch diese lassen sich durch ihr spezifisches Gewicht von den durch ihren Fett- und Luftgehalt leichteren Sporen und Pollen recht gut entfernen, falls sie nicht mengenmäßig vorherrschen. In diesem ungünstigen Falle geht sehr viel Sporen- und Pollenmaterial verloren.

Das vorgereinigte Material wird wieder in Tetrachlorkohlenstoff oder Chloroform eingetragen und durch Rühren darin verteilt. Dann wird vorsichtig unter Rühren absoluter Alkohol zugegeben, bis beim Stehenlassen das spezifische Gewicht der Flüssigkeit soweit erniedrigt ist, daß die Zellfragmente sich langsam zu Boden setzen, während die Sporen oder Pollen an der Oberfläche sich sammeln, um vorsichtig abgeschöpft zu werden. Auch diese Operation ist mehrmals zu wiederholen.

Nach Prüfung unter dem Mikroskope wird bei genügend Material am besten eine Aschenbestimmung vorgenommen, die einen Gehalt unter 1 % ergeben soll.

Hingewiesen sei hier noch auf eine sehr ergiebige Pollenquelle, die allerdings kein botanisch einheitliches Material zu gewinnen gestattet. Es sind die Waben der Honigbiene. Aus diesen können die Pollen nach Entfernung des Wachsdeckels mit Wasser herausgespült und, wie oben beschrieben, mit Alkohol gewaschen und weiter verarbeitet werden. ELSER hat sogar durch Betäubung der einzelnen Biene die Pollenhöschen abnehmen und so auf Grund der Blütenstetigkeit der Biene botanisch einheitliches Pollenmaterial gewinnen und allerdings nur mikrochemisch infolge der geringen anfallenden Menge untersuchen können.

Zu *quantitativen Bestimmungen* muß beim Sammeln bereits auf möglichste Reinheit gesehen, aus dem angeführten Grunde die Alkoholbehandlung weg gelassen und die Behandlung mit Tetrachlorkohlenstoff wenn möglich auch weggelassen bzw. stark abgekürzt werden.

Eine weitere Schwierigkeit für quantitative Bestimmungen macht das Trocknen der Sporen oder Pollen und damit die Rechnungsgrundlage. Die meisten Sporen und Pollen sind hygroskopisch, so daß die Berechnung auf lufttrocknes Produkt nicht angängig ist. Bei höherer Temperatur entweichen aber nicht nur Wasser, sondern auch andere Stoffe, hauptsächlich ätherische Öle, die einen ausgesprochenen Honiggeruch aufweisen. Deshalb ist es am besten, den Blütenstaub mehrere Tage im Exsiccator über Phosphorpentoxyd lagern zu lassen, ehe er zur Wägung kommt. Das Wägen selbst erfolgt im geschlossenen Gefäße.

Mitunter ist es überhaupt nicht möglich, reine Sporen oder Pollen zu gewinnen. Die Sporen von *Equisetum* z. B. sind stets mit Elatheren und ihren Fragmenten verunreinigt, die sich ohne gleichzeitige Extraktion eines Teils des Sporeninhaltes nicht entfernen lassen.

2. Gewinnung der resistenten Sporen- und Pollenmembranen (Cellulose + Sporopollenin).

Die auf eine der vorher beschriebenen Methoden gereinigten Sporen oder Pollen werden nun zur Gewinnung der resistenten Membranen von den Inhaltsstoffen befreit. Durch Extraktion mit organischen Lösungsmitteln, von denen am raschesten Pyridin und Eisessig wirken, können zwar die Fette, Zucker usw., nicht aber die Eiweißstoffe, entfernt werden. Eine stufenweise Extraktion ist wegen der damit verbundenen Zeitbeanspruchung nicht erwünscht. Am raschesten wirken Alkalien und starke Mineralsäuren, doch kann die Anwendung der letzteren nicht empfohlen werden, da sie auch die Sporopollenine angreifen.

Ein Teil Sporen oder Pollen wird mit 6—10 Teilen 5proz. Kali- oder Natronlauge 4—6 Stunden am Rückflußkühler im Schliffkolben oder bei größeren Mengen unter Verwendung eines Gummistopfens gekocht. Der Kolbeninhalt wird heiß durch ein Filtriergefäß mit Glas- oder Porzellanmasse (z. B. von Schott & Gen., Jena, Größe 1—17, G. 3 oder 4) filtriert, und der Rückstand nochmals wie eben beschrieben mit Lauge behandelt.

Durch Verwendung dieser Filter vermeidet man die bei den häufigen Filtrationen sonst unvermeidliche und unnötige Verunreinigung mit Cellulose. Zum Herausbringen des Rückstandes sind Metallspatel zu vermeiden, da sie leicht Glaskörner der Filtermasse abkratzen. Man bringt das Gut am besten mit der Spritzflasche oder bei größeren Mengen mittels eines Hornspatels heraus.

Bei Verarbeitung größerer Mengen verteilt man entweder auf mehrere Filter oder verwendet gut ausgekochtes Filterleinen. Sehr lästig ist häufig beim Absaugen großer Mengen das unvermeidbare Überschäumen des seifenhaltigen Filtrates. Falls dieses für weitere Untersuchungen benötigt wird, säuert man den Kolbeninhalt vor der Filtration mit verdünnter Salzsäure an und filtriert. Der Rückstand wird nun einmal mit Wasser und dreimal mit Alkohol, der die ausgeschiedenen Fettsäuren aufnimmt, ausgekocht und heiß filtriert. Dann wird die ganze Operationsfolge von der Behandlung mit Lauge an wiederholt.

Die meisten Sporen oder Pollen vertiefen ihre gelbe Farbe bei der Alkalibehandlung, farblose werden schwach gelblich.

Nach der Einwirkung der Lauge wird der Filterrückstand erst mit Wasser ausgekocht und filtriert, dann mit etwa 1proz. Salzsäure einige Stunden im Sieden erhalten, filtriert und mit Wasser mehreremal längere Zeit ausgekocht, bis das Filtrat salzsäurefrei ist. Nun wird noch einige Male mit Alkohol ausgekocht und das Material schließlich über Nacht in Äther stehengelassen, filtriert und zuletzt bei 90—100⁰ im Trockenschrank oder bei kleineren Mengen in der Trockenpistole getrocknet. Die Behandlung mit Äther verhindert, daß die Pollen beim Trocknen zu harten Klumpen zusammenbacken (vgl. auch S. 207). *Zur restlosen Entfernung aller Nebenprodukte ist es unbedingt nötig, sämtliche Agenzien längere Zeit auf die schwer durchdringbare Membran einwirken zu lassen.*

Für *quantitative* Bestimmungen muß stets mindestens 4 Stunden in der Trockenpistole im Vakuum bei 80⁰ getrocknet und im verschlossenen Glas gewogen werden.

3. Isolierung der Sporopolleninmembran.

Die nach diesen Behandlungen erhaltenen Sporen oder Pollen bestehen nur noch aus der Sporopolleninmembran, die das *Exosporium,* und einer Cellulosemembran, die das *Endosporium* ausmacht. Sie besitzen wieder die Farbe des Ausgangsmaterials.

Durch Jodschwefelsäure wird das Exosporium, also das Sporopollenin, braun, das Endosporium, die Cellulose, blau angefärbt. Lignin konnte bisher in Sporen und Pollen nicht nachgewiesen werden, dagegen ist die Gegenwart von Pentosanen wahrscheinlich gemacht.

Zur Entfernung der Cellulose stehen mehrere Wege zur Verfügung. Unbefriedigend verläuft die Behandlung mit Kupferamminlösung (SCHWEIZERS Reagenz), da nur nach 4—6maliger langer Wiederholung eine restlose Extraktion der Cellulose erfolgt.

Am besten wird die Cellulose hydrolysiert. Unter den hierfür bekannten Mitteln eignet sich sehr gut 85proz. Phosphorsäure, dann noch 42proz. Salzsäure (Verzuckerung nach WILLSTÄTTER-ZECHMEISTER), während 72—75proz. Schwefelsäure ungeeignet ist, da sie schon bei Zimmertemperatur die Sporopollenine stark angreift.

α) *Entfernung der Cellulose mit Phosphorsäure.*

Ein Gramm Sporen- oder Pollenmembran wird in 20 cm³ 85proz. Phosphorsäure (D. 1,7) in eine Pulverflasche mit Glasstopfen eingetragen und durch kräftiges Schütteln verteilt. Nach kurzer Zeit nehmen die gelben oder farblosen Membranen eine mehr oder minder braune Farbe an und quellen dabei stark auf, so daß manchmal noch Phosphorsäure zugefügt werden muß, um die Masse breiig zu erhalten. Unter häufigem Umschütteln wird das Gefäß 6—8 Tage bei Zimmertemperatur stehengelassen. Für das Gelingen der Operation ist es wichtig, daß die Membranen nicht zu Klumpen zusammengeballt sind, da diese nur äußerst langsam von der Säure durchdrungen werden. Sollte das, wie oben beschrieben, erhaltene Material trotz der Alkohol-Äther-Behandlung zusammenbacken, so wird das noch ätherfeuchte Produkt langsam unter Schütteln in die Phosphorsäure eingetragen und der Äther durch Evakuieren des Gefäßes entfernt. Die Druckverminderung hat wegen des im Anfang heftigen Schäumens langsam zu erfolgen. Die erwähnte Quellung führt bei sehr dünnwandigen Pollenmembranen, z. B. bei denen der *Dattelpalme,* zur teilweisen Sprengung der Zellen.

Nach der angegebenen Zeit wird der Flascheninhalt auf einem Glasgoochtiegel abgesaugt, wiederholt mit 85proz. Phosphorsäure langsam nachgewaschen und in destilliertes Wasser eingetragen und so oft durch längeres Stehenlassen oder Kochen mit neuem Wasser ausgewaschen, bis die Prüfung auf PO_4-Ionen negativ verläuft. Darauf wird der Rückstand, wie schon wiederholt angegeben, mit Alkohol und Äther behandelt und getrocknet.

Beim Verdünnen mit Wasser nehmen die Sporen und Pollen wieder ihre ursprüngliche Farbe und Größe an. Das Phosphorsäurefiltrat ist meist bräunlich und trübt sich beim Verdünnen mit Wasser.

Größere Mengen Sporen können infolge der durch Quellung bedingten Volumvermehrung meist nicht mehr mit Glasfiltergeräten bewältigt werden. Hier kann, schon um an der teuren Phosphorsäure zu sparen, folgendermaßen verfahren werden:

Der breiige Flascheninhalt wird nach erfolgter Einwirkung der Säure unter Umrühren langsam mit dem gleichen Volumen der angewandten Phosphorsäure Wasser verdünnt und kann nun auch über Filterleinen abgesaugt werden. In so verdünnter Phosphorsäure tritt noch keine Trübung auf. Dann wird mit gleich verdünnter Phosphorsäure und darauf mit Wasser, wie oben angegeben, gewaschen.

Die Probe auf vollständige Entfernung der Cellulose ist weiter unten angegeben.

β) Entfernung der Cellulose mit 42proz. Salzsäure.

Die gut getrockneten Membranen werden mit dem fünffachen Volumen 42proz. Salzsäure (D. 1,21) — deren Bereitung siehe im Abschnitt Cellulose bzw. Lignin dieses Buches — auf der Schüttelmaschine in gut verschlossener Flasche mit Glasstopfen 10 Stunden geschüttelt und noch 10—12 Stunden stehengelassen. Das Schütteln ist notwendig, um die Klumpenbildung zu vermeiden.

Man kann aber auch, um die Darstellung der 42proz. Salzsäure zu umgehen, das Material mit gewöhnlicher konzentrierter Salzsäure (D. 1,19) zu einem dünnen Brei verrühren und unter dauernder Eiskühlung etwa 20 Stunden einen langsamen Strom trocknen Chlorwasserstoffs einleiten.

Nach der Behandlung mit Phosphor- oder Salzsäure überzeugt man sich durch Entnahme einer kleinen Probe von der vollständigen Entfernung der Cellulose. Die Probe wird nach dem Auswaschen mit Wasser mit 60proz. Salpetersäure gelinde erwärmt, wobei klare Lösung erfolgen soll.

Die dunkelbraune Masse wird nun in viel Wasser eingegossen, über Filterleinen oder einem Glasfilter abgesaugt, mit Wasser gewaschen und darauf zur Entfernung des substituierten Chlors zweimal je 3 Stunden mit 5proz. Natronlauge gekocht. Nach dem Absaugen, wobei ein bräunliches Filtrat erhalten wird, wird der nunmehr dunkelgelbe Rückstand je dreimal mit verdünnter Salzsäure, Wasser und Alkohol ausgekocht, schließlich mit Äther gewaschen und getrocknet.

Die nach der Salzsäuremethode erhaltenen Sporopollenine sind im Gegensatz zu der nach der Phosphorsäuremethode erhaltenen bräunlichgelb gefärbt.

Der Aschengehalt liegt bei Verwendung gut gereinigten Ausgangsmaterials um 1%.

γ) Entfernung der Kieselsäure.

Ist die Entfernung des Aschengehalts erwünscht, so kann, da es sich meistens um kieselsäurehaltige Verunreinigungen handelt, eine Behandlung mit 40proz. Flußsäure folgen.

Hierzu wird das Sporopollenin in einem verschließbaren Blei- oder Ceresingefäß mit 40proz. Fluorwasserstoffsäure zu einem dünnen Brei vermischt und mehrere Tage stehengelassen. Dann wird rasch *im Abzug* über Filterleinen abgesaugt, erst mit Fluorwasserstoffsäure nachgewaschen und dann diese durch Waschen mit Wasser möglichst entfernt. Nutsche und Saugflasche können durch Paraffinierung dem Angriff der Säure entzogen werden. Die Sporen werden darauf in oft erneuertem destillierten Wasser längere Zeit stehengelassen, bis das Wasser nicht mehr sauer reagiert. Nach dem schon öfters beschriebenen Behandeln mit Alkohol und Äther wird getrocknet.

Der Aschengehalt beträgt jetzt um 0,1%.

4. Veraschung der Sporen und Pollen.

Werden die Sporen oder Pollen bzw. die aus ihnen gewonnenen Membranen bei der Veraschung ganz langsam bei kleiner Flamme verschwelt, so sind keine Fehlbestimmungen durch Versprühen zu befürchten, und es erübrigt sich das Vermischen mit ausgeglühtem Seesande.

5. Quantitative Bestimmung der Sporopolleninmembran.

Die quantitative Bestimmung folgt ganz den obigen Vorschriften, nur ist es empfehlenswert, auf die völlige Entfernung der Aschenbestandteile mit Flußsäure zu verzichten.

Zur Schnellbestimmung eignet sich auch das weiter unten (S. 217) für das *Cutin* angegebene Verfahren mit Schwefelsäure + Wasserstoffperoxyd. Hierbei wird ein farbloses Oxydosporopollenin erhalten.

Indirekt kann die Sporopolleninmembran mit Hilfe der Diacetyl-o-salpetersäure, wie im nächsten Abschnitt beschrieben, bestimmt werden.

Hingewiesen sei auch auf das Verhalten gegen Acetylbromid (vgl. S. 213 u. 237).

6. Isolierung und Bestimmung der Cellulosemembran.

Da für die Sporopollenine bisher kein Lösungsmittel gefunden ist, und ihre Derivate ebenfalls unlöslich sind, die Bestimmung der Cellulose durch Extraktion mit Kupferamminlösung aber unbefriedigend verläuft, so muß zur Isolierung und Bestimmung der Cellulose die auf der Cellulosemembran aufliegende Sporopolleninmembran zerstört werden, ohne daß für quantitative Bestimmungen die Cellulose angegriffen wird.

Als zerstörende Mittel kommen alle starken Oxydationsmittel saurer oder alkalischer Natur in Frage, wie: Kaliumpermanganat, Chromsäure, Alkalihypochlorit oder -bromit und Salpetersäure. Doch wirken diese bei Zimmertemperatur entweder zu langsam oder beim Erwärmen auch zerstörend auf die Cellulose ein. Nicht brauchbar ist, worauf hier hingewiesen sei, die Rohfaserbestimmung nach KÖNIG (2) = Glycerin + Alkali, da bei dieser die Sporopollenine nicht löslich gemacht werden. Am günstigsten hat sich die Aboxydation der Sporopolleninmembran mit Diacetyl-o-Salpetersäure erwiesen. Der dabei verursachte Verlust an Cellulose beträgt unter den angegebenen Bedingungen 1%.

7. Darstellung der Diacetyl-o-Salpetersäure $(CH_3 \cdot CO \cdot O)_2N(OH_3)$.

63 g rauchende Salpetersäure (D. 1,52) und 120 g Eisessig werden unter Eiskühlung miteinander gemischt und der fraktionierten Destillation unterworfen. Der zwischen 127—128° übergehende Anteil: die Diacetyl-o-Salpetersäure macht ca. 95% obigen Ansatzes aus und ist eine farblose, an der Luft schwach rauchende Flüssigkeit, die, in einer Flasche mit Glasstopfen aufbewahrt, lange haltbar ist. $Kp._{730}$ 127,7°; $Kp._{17}$: 45°; D^{15}:1,197. Durch Wasser wird sie vollständig in Essigsäure und Salpetersäure zerlegt.

Zur Isolierung der Cellulosemembran werden 60 cm³ Diacetyl-o-Salpetersäure und 10 cm³ Eisessig gemischt, und von dieser Mischung auf 1 g Sporen oder Pollen, die, wie vorher besprochen, mit Alkali behandelt waren, 7 cm³ benötigt. Das Gemisch wird in einer Kältemischung auf ca. — 12 bis — 10° abgekühlt und anteilsweise unter Umrühren mit den Membranen vermischt. Wird nicht gekühlt, so tritt plötzlich stürmische Reaktion ein. Die Sporen saugen die Flüssigkeit so stark auf, daß eine fast trockene Masse entsteht. Diese wird noch etwa 4 Stunden in der Kältemischung belassen und dann langsam auf Zimmertemperatur gebracht. Im Laufe einiger Tage wird die Masse flüssig, wobei eine geringfügige Gasentwicklung zu beobachten ist. Der gelbrote, schleimige, durchsichtige Kolbeninhalt wird nach 6 Tagen mit Eisessig verdünnt und auf einem Glasgoochtiegel abgesaugt. Der schleimige Rückstand wird je dreimal mit Eisessig, verdünntem Ammoniak, Wasser und Alkohol ausgekocht, mit Äther gewaschen und in der Trockenpistole bei 80⁰ getrocknet. Es bleibt dann ein loses, schwach graues oder gelbliches Pulver. Unter dem Mikroskope zeigt es das Bild der Sporen oder Pollen. Da der Cellulosegehalt der Sporen und Pollen meist recht gering ist, so ist der nach dieser Arbeitsweise erhaltene Rückstand stark an Aschebestandteilen angereichert, die für quantitative Bestimmungen durch Veraschen bestimmt werden müssen. Bis auf diese Bestandteile löst sich der Rückstand glatt in Schweizers Reagenz, gibt alle Farbreaktionen der Cellulose und läßt sich in Octacetyl-cellobiose überführen.

Die Bestimmung der Cellulose kann auch auf indirektem Wege durch die infolge der Verzuckerung mit 42proz. Salz- oder 85proz. Phosphorsäure erfolgte Gewichtsverminderung bestimmt werden. Die Ausführung richtet sich nach den weiter oben beschriebenen Vorschriften.

Andererseits kann auch die obige Methode zur indirekten Bestimmung der Sporopolleninmembran benutzt werden.

8. Eigenschaften und Verhalten der Sporopollenine.

Die Sporopollenine besitzen die Form des Ausgangsmaterials, d. h. die der Sporen und Pollen. Sie brennen mit stark rußender Flamme und eigenartigem Geruch. Durch verdünnte Mineralsäuren werden sie nicht, durch konzentrierte wenig, durch Alkalien erst in der Schmelze verändert. Sie zersetzten sich merklich erst bei 180⁰, indem sie Wasser abspalten; bei 280⁰ macht sich unter starker Verfärbung ein schwacher, charakteristischer Zersetzungsgeruch bemerkbar, gegen 340⁰ tritt unter Dunkelfärbung Rauch und deutlicher Geruch auf, gegen 360⁰ zersetzen sie sich unter erneuter Wasserabscheidung, wobei unter Zerstörung der Form eine schwarze, pechartige, in der Wärme klebrige, in der Kälte spröde, glänzende Masse entsteht.

Die Farbe der Sporopollenine ist meist die der zugrunde liegenden Sporen und Pollen. Einige Pollenarten geben ihre gelbe Farbe schon an Alkohol und andere Lösungsmittel ab. Der Farbstoff dieser Pollen gehört wahrscheinlich in die Gruppe der Chromolipoide (vgl. den diesbezüglichen Abschnitt in diesem Handbuch). In diesem Falle ist die Membran nach der Entfernung des Farbstoffs farblos. Dieser Gehalt an Farbstoff, sei er fest mit dem Sporopollenin verbunden, sei er extrahierbar, bedingt charakteristische Farbreaktionen, besonders mit konzentrierter Schwefelsäure.

Zur Ausführung der Reaktion wird wenig Blütenstaub in einem kleinen Reagenzglas in 1 cm³ reiner, konzentrierter Schwefelsäure eingetragen, durch Schütteln verteilt und beobachtet.

Übersicht über das Verhalten einiger Sporen und Pollen gegen konzentrierte Schwefelsäure.

Lycopodium clavatum . .	rotbraun
Equisetum arvense. . . .	rotbraun
Picea orientalis	anfangs violett, dann rot
Pinus silvestris	erst gelb, dann orange, violett, um nachher ins Bräunliche zu verdunkeln
Cedra.	violett-rotbraun
Gingko biloba	rötlich, rotbraun
Corylus avellana	vom Rötlich über Orange zum Gelb
Betula	vom Rötlich über Orange zum Gelb

Phoenix dactylifera . . . rotbraun
Lupinus . . . . grün, nach einiger Zeit schmutzigbraungrün
Papaver . . . . orange-gelb
Oenothera grandiflora . . orange-rotbaun.

Nur bei den extrahierbaren Membranfarbstoffen deckt sich die Schwefelsäurereaktion nicht bei den frischen Sporen und Pollen und den aus ihnen dargestellten Membranen. Von anderen Farbreaktionen sei erwähnt, daß sich die Membranen von Equisetum, Picea, Pinus und Corylus beim längeren Erwärmen mit Eisessig dunkelbraun färben, während die von Lycopodium gelb bleiben.

Eine Färbung mit alkoholischer Ferrichloridlösung konnte bisher nur an den frischen Lycopodiumsporen beobachtet werden. Die damit auftretende blaugrüne Färbung geht auf Zusatz von Ammoniak oder Sodalösung in Rotviolett über und konnte auf den Gehalt der Sporen an Hydrokaffeesäure zurückgeführt werden.

Alkalien vertiefen die meist gelbe Farbe der Sporen und Pollen, Ausnahmen machen bisher Piceapollen, die beim Eintragen in Kalilauge eine anfangs rötliche, dann orange Färbung, und Gingkopollen, die fast keine Farbvertiefung aufweisen.

Selbst durch Kochen mit 20- und höher prozentiger Alkalilauge werden die Sporopollenine im Gegensatz zum Cutin und Suberin nicht verändert. Erst Alkalischmelze baut zu harzigen, dunklen, sauren Produkten ab.

Acetylbromid, das einige Prozente Eisessig enthält, macht die Sporopollenine nicht löslich, während es nach KARRER nicht nur zur Überführung von Cellulose und ähnlichen Gerüstsubstanzen in lösliche Abbauprodukte dient, sondern auch eins der wenigen Mittel ist, um bei Zimmertemperatur Lignin durch Umwandlung in bromierte Substanzen löslich zu machen. Ob dies Reagenz zur quantitativen Bestimmung der Sporopollenine geeignet ist, muß noch geprüft werden.

Konzentrierte Mineralsäuren (Schwefel- und Phosphorsäure) verfärben sämtliche Sporopollenine beim Erwärmen nach Dunkel- bis Schwarzbraun.

Gehalt einiger Sporen und Pollen an Sporopollenin und Cellulose.

Lycopodium clavatum . .	2,3 %	Cellulose,	23,8 %	Sporopollenin
Pinus sylvestris	2,0 %	„	21,9 %	„
Picea orientalis	2,2 %	„	20,0 %	„
Corylus avellana	1,1 %	„	7,3 %	„
Papaver	0,6 %	„	5,0 %	„
Phoenix dactylifera . . .	0,6 %	„	4,3 %	„
Ceratozamia mex.	?	„	20,1 %	„
Picea excelsa	?	„	19,4 %	„
Taxus baccata	?	„	6,5 %	„
Secale cereale	?	„	4,4 %	„

Diese kurze Übersicht zeigt, daß der Gehalt der Sporen und Pollen an Gerüstsubstanz: Sporopollenin + Cellulose sehr schwankend ist. Sehr niedrig ist aber auf jeden Fall der Cellulosegehalt. Er beträgt rund 10 % des Sporopolleningehaltes.

Die Sporopollenine enthalten nur die Elemente: Kohlenstoff, Wasserstoff und Sauerstoff. Das Verhältnis von C:H ist dasselbe wie in den Terpenen: ein Vielfaches von C_5H_8. Der Sauerstoffgehalt ist schwankend und nach den bisherigen Untersuchungen für die einzelnen Sporopollenine charakteristisch. Die Aufklärung der Funktion des Sauerstoffs hat bisher keine Anzeichen für Carboxyl- oder Carbonylgruppen gegeben. Ein Teil liegt als Hydroxyl vor, der Rest muß vorläufig als Äthersauerstoff angenommen werden. Über die Natur der Bausteine der Sporopollenine ist nichts Sicheres bekannt. Durch Hitzedepolymerisation entstehen wohl unter tiefgreifenden Veränderungen ungesättigte Verbindungen. Die Gruppe der Sporopollenine ist jedenfalls hochpolymer.

Halogene wirken unter Substitution leicht ein, ohne daß die dabei entstehenden Chlor- oder Bromsporopollenine sich bisher zu Konstitutionsermittlungen haben verwerten lassen. Sie haben nur so weit einige Bedeutung, als sie gegen Oxydationsmittel, besonders rauchende Salpetersäure, sehr widerstandsfähig sind. Diese Eigenschaft ist für die Isolierung und Bestimmung der fossilen Sporopollenine in den inkohlten Produkten: Braun- und Steinkohle benutzbar (vgl. den diesbezüglichen Abschnitt dieses Buches).

Wesentlich für die rezenten Sporopollenine ist die Bestimmung der freien Hydroxylgruppen, die durch Acetylierung und Bestimmung des Acetylgehaltes erfolgt.

9. Acetylierung der Sporopollenine.

Ein Gramm eines Sporopollenins wird mit 50 cm^3 reinem Essigsäureanhydrid 8 Stunden im Schliffkolben unter Rückfluß im gelinden Sieden erhalten. Nach dem Absaugen in einem Glasgoochtiegel wird erst mit Essigsäureanhydrid, dann mit Eisessig und Wasser gewaschen und darauf über Nacht in Wasser stehengelassen. Nachdem durch öfteres Erneuern des Wassers die Essigsäure entfernt ist, wird das Acetylsporopollenin auf die schon mehrfach hier beschriebene Weise mit reinem Alkohol und reinem Äther behandelt und getrocknet.

Die Acetylprodukte besitzen die Farbe des Ausgangsmaterials. Die Gewichtszunahme gibt den ungefähren Acetylgehalt an.

Acetylierung bei Gegenwart von Chlorzink, Schwefelsäure oder Phosphorsäure führt zu einem teilweisen acetolytischen Abbau. Aus dem rötlichen Anhydrid scheiden sich beim Zersetzen mit Wasser rotbraune, spröde Flocken aus. Deshalb kann auch die Cellulose nicht durch Überführung in Acetylcellulose vom Sporopollenin abgetrennt werden.

10. Bestimmung des Acetylgehaltes.

Ungefähr 0,3 g Acetylsporonin werden mit 50 cm^3 $^1/_{10}$ n alkoholischer Kalilauge im Schliffkolben ungefähr 7 Stunden unter Rückfluß gekocht. Nach Zusatz von Phenolphthaleinlösung wird unter Umschwenken mit $^1/_{10}$ n Salzsäure zurücktitriert. Gegen Ende der Titration ist stets einige Zeit zu warten, bis die Kalilauge aus den Membranen herausdiffundiert ist und wieder Rotfärbung verursacht. Zur Titerstellung ist jedesmal ein Blindversuch mit 50 cm^3 $^1/_{10}$ n alkoholischer Kalilauge zu machen, die gleich lang gekocht wird. Der Aschengehalt der Acetylverbindung ist zu berücksichtigen.

Die Auswertung der Elementaranalysen und der Acetylbestimmungen gibt nun die Möglichkeit, eine Formel aufzustellen, wobei als Rechnungsgrundlage $C_{90}H_{144}O_x$ genommen wurde. So sind bisher folgende Formel aufgestellt worden:

Sporonin von Lycopodium clavatum . . .	$C_{90}H_{144}O_{27}$	$= C_{90}H_{129}O_{12}(OH)_{15}$
„ „ Equisetum arvense	$C_{90}H_{144}O_{27}$	$= C_{90}H_{131}O_{14}(OH)_{13}$
„ „ Ceratozamia mex.	$C_{90}H_{148}O_{31}$	
Pollenin von Pinus sylvestris	$C_{90}H_{144}O_{24}$	$= C_{90}H_{131}O_{11}(OH)_{13}$
„ „ Picea orientalis	$C_{90}H_{144}O_{25}$	$= C_{90}H_{130}O_{11}(OH)_{14}$
„ „ Corylus avellana	$C_{90}H_{138}O_{22}$	$= C_{90}H_{127}O_{11}(OH)_{11}$.
„ „ Picea excelsa	$C_{90}H_{144}O_{26}$	
„ „ Taxus baccata	$C_{90}H_{138}O_{26}$	
„ „ Phoenix dactylif.	$C_{90}H_{150}O_{23}$	

11. Bemerkung über die Membranen der Pilzsporen.

Nicht in die Gruppe der eben beschriebenen und charakterisierten Sporopollenine vom Terpentypus gehören nach den bisherigen Untersuchungen die Membransubstanzen der Pilzsporen, z. B. *Lykoperdon caelatum*.

Sie sind gegen Alkalien und Säuren nicht so resistent wie die Sporopollenine, enthalten keine Cellulosemembran, aber auch kein Cutin oder Suberin. Vom Chitin ist die Membransubstanz aber völlig verschieden.

Das chemische Verhalten der Sporopollenine ist am Ende dieses Abschnittes im Vergleich zu denen des Cutins und Suberins tabellarisch zusammengefaßt.

b) Das Cutin und das Suberin.

1. Cutin.

Die meisten Landpflanzen enthalten zwar, soweit sie keine verkorkten Membranen besitzen, als Abschluß gegen die Umwelt cutinisierte Membranen. Das Cutin ist somit eine verbreitete Substanz. Trotz dieser Verbreitung sind wir aber über die chemische Natur des Cutins bis heute nur wenig unterrichtet. Das liegt unter anderem daran, daß es trotz der Verbreitung des Cutins sehr schwierig ist, reines Cutin zu gewinnen, und daß die Cuticula bei der Mehrzahl der Pflanzen nur einen kleinen Prozentsatz des Trockengewichtes ausmacht. Für die chemische Trennung fehlt es noch an einem Trennungsverfahren für Cutin und Lignin, ohne daß hierfür Oxydationsmittel benutzt werden. Hier wäre nach Pflanzen zu suchen, die zwar cutinisiert sind, aber kein Lignin enthalten. Um möglichst cutinreiche Pflanzenteile als Ausgangsmaterial zu nehmen, hat man Xerophyten herangezogen, die besonders stark cuticularisierte Schichten auszubilden pflegen.

Von den verkorkten Membranen unterscheidet sich das Cutin, wie schon erwähnt, durch seine größere Widerstandsfähigkeit gegen hydrolysierende Mittel, ein Umstand, der für die präparative Gewinnung und quantitative Bestimmung herangezogen wird. Um reines Endprodukt und einwandfreie Werte zu erhalten, hat eine Reinigung des Pflanzenmaterials vorauszugehen.

α) Vorbereitung des Ausgangsmaterials.

a) Für frische Pflanzen. Die auf Cutin zu verarbeitenden Pflanzenteile werden sorgfältig gesammelt und noch im frischen Zustande gründlich mit Wasser zur Entfernung von Staub und Sand gewaschen. Dann werden sie an der Luft getrocknet, zerkleinert und im Exsiccator über Phosphorpentoxyd, für analytische Zwecke bis zur Gewichtskonstanz, aufbewahrt. Das Trocknen bei höherer Temperatur gibt infolge stärkeren Verlustes an ätherischen Ölen ungenaue Rechnungsgrundlagen.

b) Für Drogen. Für präparative Zwecke wird man gern die im Handel befindlichen Drogen benutzen wollen. Diese sind aber meist stark mit Fremdstoffen verunreinigt. Zu ihrer Entfernung wird das gepulverte Material in einer geräumigen Schale in Tetrachlorkohlenstoff eingetragen, kräftig durchgerührt und bis zur Trennung verdeckt stehengelassen. Die an der Oberfläche befindlichen Pflanzenteile werden vorsichtig abgeschöpft und nochmals derselben Behandlung unterworfen. Am Boden des Gefäßes sammelt sich der Sand usw. an.

Für die weitere Verarbeitung ist es vorteilhaft, die Zellinhaltsstoffe und Wachse möglichst zu entfernen. Zu diesem Zwecke wird das Material oder das noch tetrachlorkohlenstoffeuchte Material bis zur Erschöpfung mit Äther-Alkohol 1:1 oder Alkohol-Benzol 1:1 oder Aceton ausgezogen und dann an der Luft getrocknet, was einige Tage erfordert.

Durch Behandlung mit einer etwa 3—5proz. Natriumsulfitlösung (vgl. die Darstellung von Sulfitreinkork S. 222) können noch Zucker, Eiweiß u. a. entfernt werden, doch nimmt das Pflanzenmaterial hierbei meist so schleimige Beschaffenheit an, daß es kaum noch filtrierbar oder abpreßbar ist.

β) Isolierung des Cutins.

Als einziges Beispiel für die Gewinnung unveränderten Cutins ist bisher das leider nur in seltenen Fällen anwendbare Verfahren von LEGG und WHELER (3) bekanntgeworden.

Als Ausgangsmaterial dienten die Blätter von *Agave americana*. Diese Blätter wurden mit Wasser gewaschen und die äußere Schicht in zusammenhängenden Stücken abgeschält. Diese sind nach dem Trocknen spröde, hellgelb und werden in Wasser wieder biegsam.

Je 300 g des trocknen Materials wurden im offnen Gefäß mit Wasser 3 Stunden ausgekocht und die leichtgelbe Lösung durch ein Filter dekantiert. Nach dreimaliger Extraktion war das Wasser nicht mehr gefärbt. Nun wurde wiederholt mit Wasser unter Druck bei 140° im Autoklaven weiterextrahiert. Hierdurch gingen noch 7 % in Lösung. Nun wurde die Cuticula im Trockenschrank getrocknet und 4—5 mal mit absolutem Alkohol unter Rückfluß je 24 Stunden ausgezogen. Hierdurch wurden 15 % eines harten, gelben Wachses erhalten. Eine nachfolgende Extraktion mit Benzol und Chloroform erwies sich als überflüssig.

Die Entfernung der Cellulose, die auf der Innenseite der Cuticula eine fortlaufende Schicht bildet, wurde durch Kupferaminlösung erreicht, indem in 20 proz. Ammoniak suspendiert und nach Zufügung von Kupferspänen ein Luftstrom hindurchgeleitet wurde. Wenn die Lösung tiefblau geworden war, wurde durch Glaswolle filtriert und der Rückstand nochmals derselben Operation unterworfen. Nach fünfmaliger Wiederholung war die Cellulose restlos entfernt, wie die Prüfung unter dem Mikroskope mit Chlorzinkjodlösung ergab.

Das auf dem Filter verbliebene Cutin wurde mit verdünnter Salzsäure und heißem Wasser gewaschen. Es bildete nach dem Trocknen eine dünne, dunkelbraune, elastische Masse.

γ) *Quantitative Bestimmung des Cutins.*

a) Restbestimmungsverfahren. Die bisher ausgearbeiteten quantitativen Cutinbestimmungsmethoden nach König (2) und nach Lüdtke bestimmen das Cutin als Rest, nachdem alle anderen Pflanzenstoffe entfernt sind. Hierbei hat man gleichzeitig die Möglichkeit, die Cellulose und das Lignin mitbestimmen zu können.

1. Nach König (2), vgl. auch S. 254, wird nach einer der folgenden Methoden zuerst die Cellulose hydrolysiert:

1. Behandlung des Pflanzenmaterials mit 72 proz. Schwefelsäure,
2.   „   „   „   „ 42 proz. Salzsäure,
3.   „   „   „   „ gasförmiger Salzsäure,
4.   „   „   „   „ verdünnter Salzsäure über 100° unter Druck.

Die Verzuckerung der Cellulose benötigt nach jedem der angegebenen Verfahren einige Stunden und ist beendigt, wenn eine Probe des Pflanzenmaterials unter dem Mikroskope mit Jodschwefelsäure keine Blaufärbung gibt. Wegen der näheren Ausführungen dieser Verfahren sei auf die Abschnitte Cellulose oder Lignin verwiesen.

Nachdem man so den Cutin- + Ligningehalt ermittelt hat, wird das Lignin durch Oxydation entfernt.

Hierzu werden 2—3 g Substanz in 100 cm³ 6 proz. Wasserstoffperoxydlösung in einem geräumigen Gefäße eingetragen, 20 cm³ 24 proz. Ammoniak zugefügt und nach dem Durchmischen 12—20 Stunden bei Zimmertemperatur stehengelassen. Jetzt fügt man 3—5 cm³ 30 proz. Wasserstoffperoxyd hinzu und wiederholt nach längerem Stehen diesen Zusatz 2—6 mal, d. h. solange noch eine Oxydationswirkung wahrnehmbar ist. Die farblosen Cutinflocken werden durch einen gewogenen Glasgoochtiegel filtriert, gründlich mit Wasser ausgewaschen und über Phosphorpentoxyd im Exsiccator durch längeres Stehenlassen oder in der Trockenpistole bei 80° im Vakuum getrocknet und gewogen.

Der Rückstand besteht aus Cutin + Aschenbestandteile, die durch Veraschung bestimmt werden müssen.

Eine Abänderung dieses Verfahrens bestimmt erst durch Oxydation mit ammoniakalischer Wasserstoffperoxydlösung Cutin + Cellulose. Durch öfteres Eintragen und längeres Stehenlassen in SCHWEIZERS Reagens wird nun die Cellulose herausgelöst. Der Filterrückstand wird gut mit verdünnter Salzsäure und dann mit Wasser säurefrei gewaschen und wie oben getrocknet und gewogen.

2. Das Verfahren von LÜDTKE lehnt sich an die eben beschriebene Variation an. Auch nach diesem wird zuerst Cutin + Cellulose bestimmt. Nur wird das Lignin und die anderen Inkrusten nach dem wertvollen Verfahren von E. SCHMIDT mit Chlordioxyd und nachfolgender Behandlung mit Natriumsulfitlösung entfernt. Es scheint aber etwas langwierig zu sein, da erst nach 13maliger Wiederholung kein Verbrauch an Chlordioxyd festgestellt werden konnte. Aus dem Rückstand wird die Cellulose durch Hydrolyse mit 75proz. Schwefelsäure entfernt. — Wegen der Ausführung dieses Verfahrens sei ebenfalls auf den oben zitierten Abschnitt dieses Buches verwiesen.

3. Soll das Lignin und die Cellulose nicht mitbestimmt werden, so wird besser nach dem folgenden Verfahren von ZETZSCHE und SCHERZ (9) gearbeitet, das in einer Operation die Cellulose, das Lignin und die Inkrusten entfernt und infolgedessen sehr viel schneller als die oben angeführten Methoden zu arbeiten gestattet. Es vermeidet auch das bei dem Verfahren von KÖNIG (2) sehr lästige Schäumen der Oxydationsflüssigkeit. Als Oxydations- und Hydrolysiermittel wird eine wasserstoffperoxydhaltige 75proz. Schwefelsäure benutzt.

Das durch Extraktion von Fetten, Wachsen, Harzen usw. befreite, feingepulverte Pflanzenmaterial wird, bei einer Einwaage von 2—3 g Substanz, anteilsweise in ein Gemisch von 100 cm³ 80proz. Schwefelsäure und 20 cm³ 30proz. Wasserstoffperoxyd, um Klumpenbildung zu vermeiden, unter Schütteln eingetragen und das Gefäß durch Einstellen in kaltes Wasser anfangs gekühlt. Nachdem alles eingetragen ist, wird unter häufigem Umschwenken 15—24 Stunden stehengelassen. Nach dieser Zeit hat die schwache Gasentwicklung nachgelassen, die Flüssigkeit zeigt hellgelbe Farbe, während das Cutin in farblosen Flocken obenauf schwimmt. Nun wird durch einen gewogenen Glasgoochtiegel (Größe 2 G 3, Schott & Gen.) abgesaugt. Bei diesen Filtrationen ist darauf zu achten, daß nie leer gesaugt wird, da sonst die fest anbackenden Cutinstücke den Tiegelboden verstopfen, so daß die Filtration fast unmöglich wird. Nach dem Auswaschen mit Wasser bis zum Verschwinden der Schwefelsäure wird mehrmals mit heißem Alkohol-Benzol 1:1 und dann mit Äther nachgewaschen und in der Trockenpistole bei 80⁰ im Vakuum bis zur Gewichtskonstanz getrocknet.

Für die Verarbeitung größerer Mengen Pflanzenmaterial für präparative Zwecke nach dieser Methode ist es besser, nicht gleich die fertige Mischung von Schwefelsäure und Wasserstoffperoxyd herzustellen, sondern die Mischung nur mit $^1/_4$ der benötigten Wasserstoffperoxydmenge zu machen, und den Rest des Wasserstoffperoxyds nach erfolgter Eintragung des Pflanzenmaterials ebenfalls anteilsweise unter erneuter Außenkühlung vorzunehmen. Die Wasserstoffperoxyd-Schwefelsäuremischung ist einige Tage haltbar.

Auch für das so erhaltene Cutin gilt das oben bezüglich des Aschengehaltes Gesagte. Hierbei ist noch besonders zu beachten, daß selbst ein geringer Aschengehalt des Ausgangsmaterials sich vergrößert, weil die Eigenart aller bisher beschriebenen Cutinbestimmungsmethoden als Restbestimmungen eine zwangsläufige Anreicherung an aschegebenden Substanzen bedingt, wobei der meist geringe Cutingehalt besonders erschwerend wirkt. Schließlich wird infolge der Behandlung mit starken Mineralsäuren die in der Pflanze befindliche Kieselsäure ebenfalls unlöslich und wird mit dem Cutin gewogen. Bei Kieselsäure reichen

Pflanzen, wie den *Equisetales* erhält man so die Kieselsäuremembran (vgl. das Schlußkapitel dieses Abschnittes).

Entfernung der Kieselsäure. In solchen Fällen wird die Kieselsäure durch Behandeln mit Fluorwasserstoffsäure, wie im vorstehenden Kapitel über die Sporopollenine beschrieben, entfernt.

Das so erhaltene Cutin ist aber nicht völlig unverändert aus diesen Operationen hervorgegangen. Es zeigt zwar noch die dem Cutin eignen histochemischen Reaktionen, gibt aber nicht mehr oder sehr abgeschwächt die Gelbfärbung mit Alkali. Es ist durch die zur Zerstörung des Lignins verwendeten Oxydationsmittel ebenfalls oxydiert worden. Von der Oxydation werden am meisten die am Aufbau des Cutins beteiligten Chromolipoide betroffen, die Ursache der Gelbfärbung mit Alkali sind. Auch die kleinere Jodzahl der aus diesem Cutin gewonnenen Fettsäuren gegenüber der Jodzahl aus nicht oxydativ behandeltem Cutin gewonnenen Fettsäuren beweist dies. Es wird also ein Oxydocutin gewonnen, das gegenüber dem Cutin an Gewicht zugenommen haben muß. Diese Gewichtszunahme ist aber so gering, daß sie in Anbetracht der sonstigen Fehlerquellen vernachlässigt werden kann.

Hingewiesen sei hier noch darauf, daß bei diesen Restbestimmungsmethoden außer der schon erwähnten Kieselsäure noch zwei andere Stoffgruppen mitbestimmt werden. Es sind dies die *Sporopollenine* und *Phytomelane*, die ebenfalls durch die hier angewandten Agenzien nicht aboxydiert bzw. hydrolysiert werden. Bei Gegenwart dieser Substanzen muß das Oxydocutin durch Verseifung im Rückstand bestimmt, oder es muß von vornherein die nachfolgend beschriebene, indirekte Bestimmungsmethode angewandt werden.

Über das Verhalten von Suberinmembranen diesen Agenzien gegenüber wird weiter unten berichtet.

b) Bestimmung durch Verseifung. Neben diesen direkten Bestimmungsmethoden kann das Cutin auch durch seine Zerlegbarkeit durch Alkalien zu Fettsäuren bestimmt werden.

Hierzu wird das vorher erschöpfend extrahierte, feingepulverte Pflanzenmaterial mit 5proz. alkoholischer Kalilauge am Schliffkolben unter Rückfluß 4 Stunden gekocht. Auf 1 g Substanz werden 50 cm³ Lauge verwendet. Der Kolbeninhalt wird heiß abgesaugt — Glasgoochtiegel — und nochmals mit frischer Lauge behandelt. Dann wird der Filterrückstand zweimal mit Alkohol ausgekocht und filtriert. Die Filtrate werden vereinigt, und der Alkohol auf dem Wasserbade abdestilliert. Der Rückstand wird in Wasser gelöst, in einen Scheidetrichter überführt, mit reiner Salzsäure angesäuert und wiederholt mit reinem Äther ausgeschüttelt. Die vereinten Ätherauszüge werden über wasserfreiem Natriumsulfat getrocknet und in einem gewogenen Destillierkolben auf dem Wasserbade eingedampft. Zur völligen Entfernung des Äthers wird zuletzt *im* siedenden Wasserbade 1 Stunde lang im Vakuum erhitzt und nach dem Abkühlen im Exsiccator gewogen.

Nach den Erfahrungen des Autors wird das Cutin zahlreicher Pflanzen in dieser Zeit glatt zerlegt. Im Gegensatz hierzu stehen die Angaben von Legg und Wheeler (3) über das Cutin von *Agave americana*, das durch alkoholische Kalilauge selbst nach 96stündigem Kochen nicht vollständig zerlegt war. Ob hier konstitutionelle Ursachen mitspielen, muß weiteren Untersuchungen vorbehalten sein. Jedenfalls ist der unverseifbare Rückstand so lange mit Lauge zu behandeln, bis er unter dem Mikroskope keine Cutinreaktionen gibt.

Obwohl das Cutin durch Kochen mit 15—20proz. wäßriger Alkalilauge schnell zerlegt wird, kann diese Behandlung nicht empfohlen werden, da der unverseifbare Rückstand so schleimige Beschaffenheit annimmt, daß er nicht filtrierbar ist.

δ) Eigenschaften des Cutins.

Reines, unverändertes Cutin ist bisher mit Ausnahme des der *Agave americana* noch nicht dargestellt worden. Doch kann für zahlreiche Untersuchungen das Oxydocutin an Stelle des Cutins verwandt werden.

Wie schon eingangs erwähnt, ist ein großer Teil der mikro- und histochemischen Reaktionen durchaus nicht für das Cutin charakteristisch, da er nicht nur für das dem Cutin allerdings sehr nahestehende Suberin, sondern sogar für die völlig fernstehende Gruppe der Sporopollenine gilt.

Das Cutin wird durch eine Reihe von Farbstoffen: Sudan III, Erythrosin, Gentianaviolett, Safranin u. a. angefärbt. Durch Alkalien wird das im Naturzustande schwachgelbliche Cutin, infolge seines Gehaltes an Chromolipoiden, intensiv gelb-gelborange gefärbt. Jodschwefelsäure und Jodjodkalilösung färben es gelbbraun, konzentrierte Schwefelsäure nach längerer Einwirkung braun.

Das hochpolymerisierte Cutin erweist sich als äußerst hitzebeständig. Bei der trockenen Destillation im Vakuum wird es zu 60 % zu einem Teer zersetzt, der Kohlenwasserstoffe enthält (*3*).

Durch Kochen in Glycerin wird es nur langsam depolymerisiert, infolgedessen ist es auch im Gegensatz zum Suberin nach dieser Behandlung durch Chromsäure schwer oxydierbar.

Das Cutin enthält freie Hydroxylgruppen, da es schon beim Kochen mit Essigsäureanhydrid ohne Katalysatorzusatz acetyliert wird.

Durch Sodalösungen und Ammoniak sowie Kupferaminlösung wird es nicht zerlegt. Verdünnte Alkalilaugen verseifen es selbst in der Siedehitze nur langsam, 15—20 prozentige schnell, ebenso alkoholische Kalilauge. Es entstehen die Alkalisalze der Cutinfettsäuren. — Daß cutinisierte und verkorkte Membranen durch 50—60 proz. Kalilauge selbst beim kurzen Kochen nur langsam verändert werden, beruht darauf, daß die durch Zerlegung gebildeten Kaliseifen selbst in heißer Lauge dieser Konzentration nahezu unlöslich sind, auf der Membran niedergeschlagen bleiben und so den weiteren Angriff der Lauge verzögern.

In der Kalischmelze wird Cutin rasch zu Fettsäuren abgebaut.

Starke Mineralsäuren: 75 proz. Schwefelsäure, 85 proz. Phosphorsäure und 38 sowie 42 proz. Salzsäure hydrolysieren es selbst bei tagelanger Einwirkung bei Zimmertemperatur nur spurenweise, in der Hitze unter Zersetzung.

Acetylbromid + Eisessig (s. S. 213) wirkt auf Cutin bei zweitägigem Stehen nicht merklich lösend ein.

Die üblichen Oxydationsmittel bauen es in der Kälte nur langsam ab, schneller in der Wärme; am stärksten wirken von den sauren Oxydationsmitteln Salpetersäure, von den alkalischen Hypobromit. In diese Gruppe gehört auch die „Cerinsäurereaktion", die durch Schulzes Gemisch (Salpetersäure + Kaliumchlorat) hervorgerufen wird. Die beim Erhitzen damit auftretenden dickflüssigen Tröpfchen, die sich in Alkalien oder Alkohol mit gelber Farbe lösen, dürften aus chlorierten und nitrosierten Spaltprodukten der Cutin- bzw. Suberinfettsäuren bestehen. Diese Reaktion tritt bei cutinisierten Membranen langsamer als bei der verkorkten ein.

Gegen enzymatische Einflüsse ist das Cutin äußerst resistent (vgl. aber die Notiz bei dem Abschnitt Ölschiefer S. 339).

Die angeführten Reaktionen gestatten zwar das Cutin vom Suberin und den Sporopolleninen abzugrenzen, geben aber keine Auskunft, ob das Cutin aller Pflanzen identisch oder verschieden voneinander ist. Die Verschiedenheit könnte sich sowohl in qualitativer wie quantitativer Richtung erstrecken. In qualitativer, daß am Aufbau des Cutins verschiedener Pflanzen neben identischen auch verschiedene Säuren beteiligt sind, in quantitativer, daß zwar identische Säuren, aber mit wechselndem prozentualem Anteil die einzelnen Cutine aufbauen.

Zur Klärung dieser Frage wird die Trennung und Identifizierung der Cutinfettsäuren herangezogen werden müssen. Das geringfügige vorliegende Material gibt darüber keine Auskunft, es scheint aber wenigstens zu der Aussage zu berechtigen, daß das Cutin im Gegensatz zum Suberin nur einen kleinen Prozentsatz an gesättigten Fettsäuren enthält.

Über die Natur der als Spaltprodukte des Cutins auftretenden Fettsäuren ist nur durch die Arbeit von Legg und Wheeler (3) einige Einsicht vermittelt worden[1].

Sie trennen die Gesamtfettsäuren des Cutins in 4 Fraktionen, von denen die flüssige Cutinsäure $C_{20}H_{50}O_6$ 65 %, die halbflüssige Cutininsäure $C_{26}H_{44}O_6$ 10 %, eine bei 107—108° schmelzende Säure $C_{19}H_{38}O_6$ 10 %, und eine wohl mit der Phellonsäure identische Substanz wenige Prozent ausmachten. Doch ist die Einheitlichkeit dieser Säuren noch nicht sichergestellt. Hierfür dürfte sich die für die Korkfettsäuren ausgearbeitete Trennungsmethode, die weiter unten beschrieben ist, empfehlen. Die bei 107° schmelzende Säure scheint nach ihren Eigenschaften mit der aus dem Suberin von Sonderegger und Bachler (4) isolierten Phloionolsäure identisch zu sein.

Den Gang der Trennung für die Cuticularfettsäuren von *Agave americana* nach Legg und Wheeler (3) zeigt folgende Übersicht:

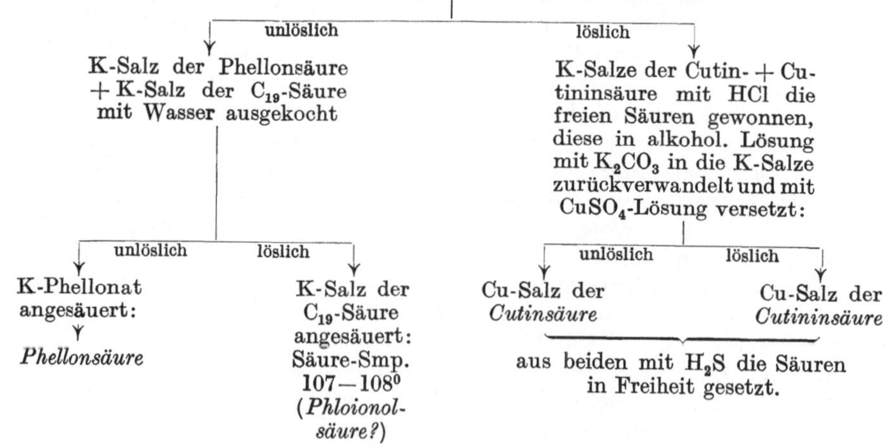

Cutingehalt einiger Pflanzenteile.

Stengel: Bambus . . . . 0,02 %		Nadeln: Pinus sylv. . . . . 1,3 %	
Blätter: Laurus nobilis . . . . . 1,1 %		„ Picea exc. . . . . 1,2 %	
„ Betula . . . . 0,8 %		Stengel: Triticum sec. . . . . . . 0,3 %	
„ Catha edulis . . . . . . 4,8 %		Oberirdische Teile: Ephedra vulg. 0,7 %	
Fagus sylv. . . . . 0,9 %		„ „ Sphagnum . . 0,0 %	
Nadeln: Juniperus com. . . . . . 5,1 %			

---

[1] Die Seite 260/61 gemachten Angaben über die chemische Natur des Cutins, die zur Auffassung als Wachsester führen, dürften nach der Arbeitsweise auf ungenügende Entfernung der äußerst schwerlöslichen Cuticularwachse zurückzuführen sein.

2. Suberin.

Die verkorkten Gewebe der Phanerogamen — Kryptogamen fehlen sie fast völlig — sind viel komplizierterer Natur als die cutinisierten Gewebe, die als reine Oberflächenschichten chemisch einheitlicher aufgebaut sind. Weiter ist für die Chemie der verkorkten Gewebe zu beachten, daß mit dem Eintritt der Verkorkung ein Absterben des lebenden Zellinhaltes verbunden ist.

Die charakteristische Membran der verkorkten Gewebe hat man Suberin genannt.

Von den drei Cuticularmembranbestandteilen, Sporopollenin, Cutin und Suberin, ist das Suberin der chemisch am leichtesten angreifbare Bestandteil. Während es schon schwierig ist, reine, unveränderte Cutinmembranen zu erhalten, ist es doch möglich, das Cutin in Form des Oxydocutins leicht zu gewinnen. Reines Suberin aber konnte, ebensowenig wie Oxydosuberin, erhalten werden, da es sich auch in Form des Oxydosuberins nicht von der Cellulose trennen läßt, ohne abgebaut zu werden. Schon die Entfernung der Inhaltsstoffe der Korkzellen erfordert infolge der Empfindlichkeit des Suberins besondere Sorgfalt.

Als Inhaltsstoffe der verkorkten Gewebe sind bisher festgestellt: Wachse, Fette, Gerbstoffe, die größtenteils als Gerbstoffrote vorliegen, Eiweiß und Zucker, Vanillin; als Gerüstsubstanzen: Suberin, Cellulose, Hemicellulosen und Lignin und schließlich anorganische Bestandteile.

Als Untersuchungsobjekt hat mit wenigen Ausnahmen, in denen Holunder- und Ulmenkork untersucht wurden, der nach der ersten Schälung der Korkeiche — *Quercus suber* — gebildete Reproduktions- oder weibliche Kork gedient, der infolge seiner ausgedehnten technischen Verwendung leicht zugänglich ist. Es ist nicht ausgeschlossen, daß dieser sozusagen pathologisch gebildete Kork vom normalen Kork abweichende Eigenschaften aufweist. Eine wichtige Abweichung ist der hohe Suberingehalt, der ihm erst seine technische Verwendbarkeit sichert.

Nach dem heutigen Stande der Forschung ist das Suberin, ebenso wie das Cutin, als ein ausschließlich aus ganz spezifischen, hochmolekularen, gesättigten und ungesättigten Oxyfettsäuren bestehendes hochpolymeres Produkt aufzufassen. Die Cellulose ist jedenfalls ebensowenig wie das Glycerin an seinem Aufbau beteiligt.

α) *Vorbereitung des Ausgangsmaterials.*

Als geeignetes Untersuchungsobjekt steht für Versuche größeren Umfangs technisches Korkmehl zur Verfügung. Da die Korkzellen infolge ihres Luftgehaltes nur schwer von Flüssigkeiten durchdrungen werden, ist es gut, auch Korkrinden anderer Pflanzen vor der Verarbeitung fein zu mahlen.

Die Rinden enthalten stets viel Sand (Flugsand); technisches Korkmehl ist durch den Werdegang ebenfalls erheblich mit Sand verunreinigt. Mit Hilfe von Chloroform oder Tetrachlorkohlenstoff kann durch Schlämmen (vgl. S. 207 u. 215) ein großer Teil des Sandes dem Korkmehl entzogen werden. Da die Entmischung bei technischem Korkmehl infolge seines großen Volumens trotz mehrfacher Wiederholung nur unvollkommen bleibt und große Mengen Trennungsmittel benötigt, wird für präparative Zwecke davon Abstand genommen.

Zur Entfernung der Wachse, Fette usw. wird das Korkpulver mit der 30fachen Menge Alkohol oder Alkohol-Benzol 1:1 wiederholt ausgekocht und *abgepreßt.* Die Menge des durch Verdampfung des Lösungsmittels erhaltenen Extraktes beträgt ungefähr 10%.

So extrahierter Kork wird hinfort *Reinkork* benannt.

Darstellung von Sulfitreinkork. Noch einen Schritt weiter in der Entfernung der Begleitstoffe kann gegangen werden,. indem die besonders für die Gewinnung der Korkfettsäuren lästigen Phlobaphene entfernt werden. Sie gehen nämlich bei der Alkalispaltung des Suberins teilweise in die Korkfettsäuren über und wirken dadurch präparativ und analytisch recht störend. Gerbstoffrote, Zucker und Eiweißstoffe werden zwar durch verdünnte Alkalien, Soda- und Pottaschelösungen sowie Ammoniak entfernt, wie aber eingehende Untersuchungen festgestellt haben, wird bei längerer Einwirkung in der Kälte oder beim Erhitzen mit diesen Agenzien das Suberin schnell verseift. Von schwach basischen Mitteln, die auch beim längeren Kochen das Suberin nicht angreifen, kommt praktisch nur das Natriumsulfit in Frage. Es entfernt den größten Teil der Phlobaphene, der Zucker und des Eiweißes. Neben Hemicellulosen bleiben als Begleiter des Suberins nur übrig: Cellulose und Lignin. Ein Teil des letzteren kann noch durch Kochen mit Natriumbisulfitlösung entfernt werden.

Zur Darstellung des Sulfitreinkorkes werden 500 g Korkmehl in 6 l Wasser, in dem 250 g Natriumsulfit gelöst sind, 2 Stunden in einem großen Emailletopf unter zeitweisem Ersatz des verdunsteten Wassers gekocht. Anfangs muß unter häufigem Umrühren vorsichtig erhitzt werden, da die lufthaltigen Korkzellen leicht Überschäumen bedingen. Nun wird heiß durch ein Filtertuch ablaufen gelassen und unter der *Presse scharf* abgepreßt. Das Auskochen mit frischer Sulfitlösung usw. wird noch zweimal wiederholt. Beim dritten Male ist das Preßwasser nur noch gelblich gefärbt. Aus den vereinten Filtraten und Preßwässern können durch Ansäuern mit Salzsäure die Gerbstoffrote gewonnen werden. Nach der Sulfitbehandlung wird der Kork noch zweimal mit Wasser ausgekocht und abgepreßt. Das Korkpulver ist nunmehr nur noch schwach gelblich, backt aber beim Trocknen stark zusammen. Um dies zu vermeiden, wird es zweimal mit Alkohol ausgekocht und abgepreßt und nun einige Zeit in Äther stehengelassen, abgesaugt und anfangs an der Luft getrocknet.

Um Lösungsmittel und Zeit zu sparen, kann man deshalb die vorherige Extraktion mit Alkohol zum Reinkork unterlassen und diese erst nach der Sulfitbehandlung vornehmen. Dieses Vorgehen hat den weiteren Vorteil, daß das anfallende Extrakt ebenfalls wesentlich reiner gewonnen wird. Er enthält fast ausschließlich die Wachsalkohole *Fridelin* und *Cerin* und das Korkfett.

Darstellung von Oxydkork. In einem Arbeitsgange wird der Kork bis auf das Suberin und die Cellulose abgebaut durch schwache Oxydationsmittel, unter denen sich eine 2,5—3 proz. Wasserstoffperoxyd-Eisessiglösung bewährt hat. Das so erhaltene Suberin liegt dann allerdings in oxydierter Form als Oxydosuberin vor. Das nach dem Abbau erhaltene Gemisch von Oxydosuberin + Cellulose wird Oxydkork genannt. Eine Entfernung der Cellulose hieraus, etwa mit Kupferaminlösung, versagt, da durch dieses Reagens Suberin und Oxydosuberin bereits verseift werden. Denselben Einfluß haben starke, die Cellulose hydrolisierende Mineralsäuren: 72 proz. Schwefel-, 85 proz. Phosphor- und 42 proz. Salzsäure.

Reinkork wird in einer lose verstopften Flasche mit 2,5—3 proz. Wasserstoffperoxyd-Eisessig — auf 1 g Korkmehl 15 cm³ Eisessig + 1,15 cm³ 30 proz. Wasserstoffperoxyd — mehrere Wochen stehengelassen. Bald macht sich eine geringe Gasentwicklung bemerkbar. Der Eisessig nimmt erst eine gelbe Farbe an, die gegen Ende der Einwirkung in Orangegelb übergeht. Von Zeit zu Zeit schüttelt man das Gefäß kräftig. Die Einwirkungsdauer, wie auch das Verhältnis von Eisessig zu Korkmehl hängt stark von der Korngröße ab; die Einwirkungsdauer zudem von der Temperatur. Wir haben Korkmuster nach 1—6 monatlichem Aufschluß benutzt, wobei wir in großen Säureballons auf einmal 1—1$^1/_2$ kg Korkmehl aufgeschlossen haben. Im Sommer genügen 6 Wochen, im Winter je nach der Raumtemperatur 8—10. Selbst nach einer Aufschlußdauer von einem halben Jahre und darüber und nach Zugabe frischen Wasserstoffperoxydes wird kein vollkommen farbloser Kork erzielt. Am schwersten scheinen nach dieser Methode von den Begleitstoffen des Korkes die stickstoffhaltigen Bestandteile entfernt zu werden, so daß man sich dadurch vom Ende des Aufschlusses überzeugen kann, daß eine wie weiter unten behandelte Probe von 6—10 g Trockensubstanz beim Verseifen mit 15proz. Kalilauge keine oder nur Spuren flüchtiger Amine gibt. Die Jodzahl der durch Verseifung erhaltenen Fettsäuren liege unter 15.

Der am Ende des Aufschlusses hellgelbe Kork wird über Filterleinen [1] abgesaugt und durch Pressen möglichst von der Mutterlauge befreit, mit einem Drittel der zuerst angewandten Menge Eisessig zu einem gleichmäßigen Brei verrührt, einen Tag stehengelassen, wieder abgesaugt und abgepreßt und diese Operation nochmals wiederholt. Die Mutterlauge [2] nach der zweiten Eisessigpassage ist nur noch schwach gelb gefärbt. Nun wird der noch vollkommen elastische Kork in die 25—30fache Menge destillierten Wassers [3] eingetragen und gut durchgerührt, über Nacht stehengelassen, abgesaugt, abgepreßt und diese Operation 2—3mal wiederholt. Endlich wird er auf der Nutsche ausgewaschen, bis das Filtrat gegen Lackmus neutral reagiert.

Nun wird der Kork in die 15fache Menge 3proz. Natriumsulfitlösung (cryst. pro anal.) eingetragen und unter häufigem Umrühren 3 Tage an einem warmen Orte (25—30°) stehengelassen. Kleine Mengen können im Wasserbade von 60° einen Tag gehalten werden. Für größere Muster ist dies Verfahren nicht angängig, da die Wasserbadtemperatur höher eingestellt werden muß, um die angegebene Temperatur im Kolben halten zu können. Es tritt so leicht — trotz des Umschwenkens — lokale Überhitzung auf. Solch überhitzter Kork ist nach dem Trocknen nicht mehr krümelig, sondern verklebt, und wesentlich weniger elastisch. Obwohl solcher Kork, mit Ausnahme der erwähnten Eigenschaften, gleiche Abbauresultate gab, so kann doch eine Änderung seiner Struktur eingetreten sein, die durch die in dieser Abhandlung mitgeteilten radikalen Abbaumethoden bloß nicht näher charakterisierbar ist. Der Kork wird nun scharf abgesaugt und abgepreßt — das erste Filtrat ist braungelb — und mit destilliertem Wasser bis zum Verschwinden des Sulfites ausgewaschen. Nach kräftigem Abpressen wird er dann dreimal mit je der 12—15fachen Menge Alkohol mehrere Stunden auf dem Wasserbade erwärmt, abgesaugt, ausgepreßt und schließlich zweimal mit der 10fachen Menge Äther verrührt, mehrere Stunden stehengelassen, abgesaugt und abgepreßt. Er wird erst an der Luft und dann über Phosphorpentoxyd getrocknet.

Der so erhaltene Kork — wir werden ihn hinfort *Oxydkork* nennen — ist ein voluminöses, schwach gelbgefärbtes, elastisches, körniges Produkt, das noch in allen üblichen Lösungsmitteln unlöslich ist. Wir haben auch kein anderes Lösungsmittel gefunden. Phenole, wie Phenol, Kresol, Kreosot, o- und p-Chlorphenol, Cyclohexanol, Hexalinacetat, Milchsäure, Pyridin, Chinolin, Salicylsäureester, Epichlorhydrin, Äthylenbromid, wasserfreie Ameisensäure, die höheren Alkohole, Amylacetat, Terpentinöl und Öle, wie Oliven- und Ricinusöl lösen

---

[1] Wir haben, um Verunreinigung durch Cellulose zu vermeiden, nach Möglichkeit dichtes Filterleinen verwendet.

[2] Man kann sämtliche Eisessigmutterlaugen nach Zusatz von Wasserstoffperoxyd für weitere Korkaufschlüsse verwenden.

[3] Alle Mengenangaben beziehen sich auf das Gewicht der Einwaage.

ihn nicht. Bei längerem Erhitzen in Lösungsmitteln über 100° konnte meist unter Verfärbung eine geringfügige Zersetzung beobachtet werden.

Der Gewichtsverlust bei dieser Aufschlußmethode beträgt durchschnittlich 24—27% des angewandten Reinkorkes; er verteilt sich auf die einzelnen Operationen folgendermaßen:

$$
\begin{array}{ll}
\text{Wasserstoffperoxydbehandlung} & 17\text{—}19\,\% \\
\text{Sulfitbehandlung} & 5\text{—}7\,\% \\
\text{Alkohlätherbehandlung} & 2\text{—}2,5\,\% \,.
\end{array}
$$

Je länger der Kork mit dem oxydierenden Agens behandelt war, um so geringer pflegte der Sulfitanteil zu sein. Wir möchten schon an dieser Stelle darauf hinweisen, daß nach unseren Beobachtungen einzelne Korkmuster voneinander mitunter erheblich abweichende Zusammensetzung zu haben scheinen.

Der Rückstand des Alkohols und Äthers ist ein brauner Lack, der des Eisessigs eine salbenartige, dunkelgelbe, nach längerem Stehen von Krystallen durchsetzte, stark sauer reagierende Masse. Der durch Dialyse vom Sulfit befreite und auf dem Wasserbade eingedampfte Anteil ein brauner, spröder Lack.

Zu dem gleichen Abbauergebnis gelangt man, wenn man den Rohkork direkt dem Wasserstoffperoxydaufschluß unterwirft und ihn nach der Sulfitbehandlung mit Alkohol, Alkohol-Benzol (50:50) und Äther extrahiert. Wir ziehen aber den oben geschilderten Arbeitsgang vor, da der Rohkork erheblich mehr Wasserstoffperoxyd verbraucht und auch langsamer aufgeschlossen wird.

Der lufttrockene Oxydkork gibt, längere Zeit über Phosphorpentoxyd aufbewahrt, 4% Feuchtigkeit ab.

β) Quantitative Bestimmung des Suberins.

Die geringe chemische Beständigkeit des Suberins bringt es mit sich, daß eine direkte Bestimmung, wie sie beim Cutin als Oxydocutin noch möglich war, nicht anwendbar ist. Der Anwendung der Restbestimmungsmethoden des für das Cutin auf das Suberin scheitert an der leichten Hydrolysierbarkeit durch Säuren und Alkalien. Der Autor hat allerdings festgestellt, daß sich das Suberin von *Robinia pseudacacia* nach der Methode: Schwefelsäure + Wasserstoffperoxyd wie Cutin bestimmen läßt, doch müßte diese Beobachtung erst durch weitere Untersuchungen gestützt werden. Vielleicht beruht das Verhalten des Korkes von *Quercus suber* auf der eingangs erwähnten pathologischen Bildung.

Als Bestimmungsmethoden kommen aus diesen Gründen nur solche in Frage, die das Suberin in lösliche Produkte überführen. Unter diesen eignet sich am besten die Verseifung mit alkoholischem Kali und der Jodabbau.

a) Bestimmung durch Verseifung. 3—5 g über Phosphorpentoxyd getrockneter Sulfitreinkork oder Oxydkork werden mit 100 cm³ 3proz. alkoholischer Kalilauge im Schliffkolben am Rückflußkühler 2 Stunden im Sieden erhalten, heiß durch einen vorgewärmten Glasgoochtiegel abgesaugt, mit 20 cm³ heißem Alkohol nachgewaschen und mit 50 cm³ Lauge nochmals 2 Stunden erhitzt, wieder abgesaugt, zweimal mit je 50 cm³ Alkohol ausgekocht und abgesaugt.

Das Unverseifbare, ein nach dem Trocknen bräunliches, unelastisches Pulver, kann zur Cellulosebestimmung dienen (s. w. u.).

Die vereinigten orangefarbigen Filtrate werden auf dem Wasserbade durch Destillation vom Alkohole befreit. Der Rückstand — die Kaliseifen — wird in 100 cm³ Wasser gelöst, in einen Scheidetrichter überführt und mit reiner Salzsäure angesäuert. Nach dem Erkalten werden die ausgeschiedenen Fettsäuren durch wiederholtes Ausschütteln mit insgesamt ca. 200 cm³ reinem Äther aufgenommen. Der Äther wird nach dem Trocknen über wasserfreiem Natriumsulfat aus einem tarierten Destillierkolben auf dem Wasserbade abdestilliert. Zuletzt wird der Kolben im siedenden Bade im Vakuum 1 Stunde erhitzt, um die letzten Spuren Äther und Wasser zu entfernen, wobei die Druckverminderung infolge anfänglichen starken Schäumens langsam und vorsichtig zu erfolgen hat. Der abgekühlte und getrocknete Kolben wird gewogen. Das gelbe Fettsäuregemisch erstarrt beim Erkalten zu einer klebrigen Masse und wird als Suberin in Rechnung gestellt.

b) Bestimmung durch Jodabbau. 3—5 g über Phosphorpentoxyd getrockneter Sulfitreinkork werden in 90—150 cm^3 Chloroform pro narcosi — es hat sich gezeigt, daß der geringe Alkoholgehalt desselben eine wesentliche Rolle spielt —, in dem die halbe Gewichtsmenge vom angewandten Kalk Jod (resubl.) gelöst ist, eingetragen und bei Zimmertemperatur unter häufigem Umschütteln stehengelassen. Nach einigen Wochen beginnt der anfangs breiige Flascheninhalt dünner zu werden. Nach 8—12 Wochen wird scharf abgesaugt. Vorheriges Erwärmen ist zu vermeiden, da sonst der unabgebaute Anteil leicht schleimig wird und in diesem Zustande, besonders bei größeren Ansätzen, kaum weiter zu verarbeiten ist. Der abgesaugte und scharf abgepreßte Rückstand wird nun dreimal mit viel Chloroform kurz ausgekocht und wieder abgesaugt. Dann wird bei quantitativen Versuchen noch mit reinem Essigester und Alkohol ausgezogen. Der Alkoholauszug soll nur noch ganz schwach gelblich sein. Der Rückstand wird nun mit Äther gewaschen und getrocknet. Es ist eine völlig unelastische, sandige Masse von der Farbe des Reinkorkes. Er stellt die vom Suberin befreiten Korkzellen dar, die unter dem Mikroskope neben den Sklereiden gut zu erkennen sind. Eine Jodbestimmung nach CARIUS ergab nur Spuren von Jod.

Die braunvioletten Chloroformfiltrate werden durch Schütteln mit gepulvertem Natriumthiosulfat in kurzer Zeit vom überschüssigen Jod befreit, ebenso verfährt man mit den Essigesterauszügen. Nach dem Filtrieren hat die Chloroformlösung dunkelbraune Farbe. Sie wird zum größten Teile auf dem Wasserbade eingedampft, wobei es sich nicht vermeiden läßt, daß etwas Jod wieder abgespalten wird. Gegen Ende wird das Lösungsmittel im Vakuum entfernt. Ebenso wird mit dem Essigesteranteil verfahren. Dieser hinterläßt einen Rückstand von 1—2 % der angewandten Korkmenge, der noch mit anorganischen Salzen von der Thiosulfatbehandlung her durchsetzt ist. Man trennt die organischen Bestandteile durch Behandlung mit Chloroform ab, das dem Hauptanteil zugefügt wird. Im Alkohol sind beim gründlichen Extrahieren mit Chloroform in Betracht fallende Mengen organischer Substanzen nicht enthalten.

Der aus dem Chloroform erhaltene Rückstand stellt eine braune, zähflüssige Masse dar, die bei längerem Stehen knetbar wird.

Da der Jodgehalt des Rückstandes je nach der Pflanzenart des Korkes etwas schwankt — beim Kork von *Quercus suber* beträgt er um 16,5 % —, wird in einem Anteil das Jod nach CARIUS als AgJ bestimmt und von der gefundenen Menge in Abzug gebracht.

Oxydkork läßt sich infolge seines geringeren Gehaltes an den für die Depolymerisation nötigen Doppelbindungen nur teilweise abbauen. Cutin wird ebenfalls nur partiell in lösliche Produkte übergeführt.

Nach beiden Methoden ergibt sich für *Quercus suber* ein Suberingehalt von 35—44 %, je nach der Qualität des Korkes; sog. Champagnerkork hat den höchsten Gehalt.

Außer nach diesen Verfahren kann das Suberin auch durch Verseifung mit Barytlösung, sowie durch Veresterung der Korkfettsäuren mit Salzsäure + Methanol, sowie durch Zerlegung mit Wasser im Einschlußrohr bei 110—120° bestimmt werden, doch bieten diese Verfahren gegenüber den beschriebenen keine Vorteile.

γ) *Gewinnung der vom Suberin befreiten Gerüstsubstanzen.*

Zur Gewinnung und weiteren Untersuchung der suberinfreien Gerüstsubstanzen eignet sich der Rückstand vom Jodabbau des Korkes; er enthält vor allem die zarten Cellulosemembranen noch unversehrt oder der Rückstand der Verseifung mit alkoholischer Natronlauge. Beide Rückstände enthalten aber noch dunkelbraune in wäßrigem Alkali lösliche Stoffe in geringer Menge.

Zu ihrer Entfernung wird der Rückstand mit einer 1proz. Natriumhydroxydlösung, der 1 % Natriumsulfit zugefügt ist, längere Zeit erwärmt — nicht gekocht —, auf der Presse scharf abgepreßt und noch mehrmals so behandelt, bis das Preßwasser nur schwach gelb ist. Der ebenfalls schwach gelbschleimige Rückstand wird einige Zeit in etwa 2proz. Essigsäure liegengelassen, abgepreßt und mit Wasser säurefrei gewaschen. Er trocknet zu einer harten, spröden Masse zusammen. Um dies zu vermeiden, wird er mit öfters erneuertem Alkohol digeriert und dieser endlich mit Äther verdrängt. Nach dem Trocknen an der Luft erhält man ein gelbliches Pulver, das ungefähr 10—13 % des Rohkorkes ausmacht. Es enthält die gesamte Cellulose und das Lignin.

δ) *Bestimmung der Cellulose.*

Die in den verkorkten Zellen außer dem Suberin enthaltenen Stoffe sind bisher mit Ausnahme der Cellulose, der Wachsalkohole Fridelin und Cerin und des Vanillins nicht näher untersucht oder bestimmt worden. Ältere Arbeiten über den Zuckergehalt, das Korklignin und das extrahierbare Korkfett bedürfen der Nachprüfung. Der Vanillingehalt ist sehr gering. Die in wasserlöslichen und die darin unlöslichen Gerbstoffe, ebenso wie die Hemicellulosen und Eiweißstoffe sind selbst qualitativ kaum untersucht. Bis vor kurzem war sogar der Cellulosegehalt strittig. Tatsächlich ist er im Kork von *Quercus suber* recht gering; er beträgt ungefähr $2—2^1/_2$ %.

Die Cellulose wird am besten im Verseifungsrückstande des Oxyd- oder Sulfitreinkorkes bestimmt. Erster besteht nahezu aus reiner Cellulose. Um die begleitenden Gerüstsubstanzen zu entfernen, wird der Rückstand mit verdünnter Salpetersäure behandelt.

Hierzu werden 3—5 g eines solchen Rückstandes mit 100 cm³ 2proz. Salpetersäure in einem Becherglase, das in ein siedendes Wasserbad eintaucht, 2 Stunden erhitzt, wobei halbstündlich 1,0 cm³ konzentrierte Salpetersäure zugefügt werden. Unter lebhafter Gasentwicklung und Schäumen nimmt er gelbrote Farbe an. Nachdem über Nacht stehengelassen ist, wird durch einen Glasgoochtiegel filtriert und mit Wasser gewaschen. Das verbliebene feinkörnige, rotgelbe, voluminöse Produkt wird nun mit je 200 cm³ Alkohol zweimal ausgekocht. Die Menge des unlöslichen Körpers verringert sich, während der Alkohol tief gelbrote Farbe annimmt. Dann wird der Rückstand zweimal mit je 100 cm³ einer 10proz. Natriumsulfitlösung (cryst. pro analysi) je eine halbe Stunde auf 90⁰ erwärmt. Die Sulfitlösung nimmt unter Rotbraunfärbung den Rest der Nitrokörper auf. Der unlösliche Rückstand ist von hellgrauer Farbe. Er wird mit heißem Wasser, dann, um ihn besser filtrierbar zu machen, mit 0,5proz. Salzsäure und darauf wieder mit Wasser gewaschen. Zum Trocknen wird er über Nacht in viel Alkohol stehengelassen, abfiltriert, mit Äther gewaschen und bei 100⁰ getrocknet.

Es bleibt ein hellgrauer, lockerer Rückstand. Unter dem Mikroskop sind hauptsächlich Sklereiden zu erkennen. Zinkchloridjodlösung färbt die Teilchen blauviolett, Phloroglucin- und Anilinsalzreaktion fallen negativ aus.

Der Rückstand enthält außer der Cellulose noch aschegebende Bestandteile, die durch Veraschung gesondert bestimmt werden müssen.

Im Oxydkork kann die Cellulose auch bestimmt werden, indem sie diesem durch Überführung in Acetylcellulose mittels Acetanhydrid und Chlorzink entzogen wird. Gleichzeitig wird aber, wie eingehende Untersuchungen von G. Sonderegger (4) gezeigt haben, ein je nach der angewandten Temperatur mehr oder weniger großer Anteil des Suberins acetolytisch gelöst, von dem durch Behandlung des gewonnenen Acetylproduktes durch heißen Alkohol abgetrennt wird.

Reinkork oder Sulfitreinkork gibt bei dieser Methode nur etwa die Hälfte seiner Cellulose als Acetylcellulose her, da der andere Anteil infolge seiner Inkrustierung mit anderen Gerüstsubstanzen nicht löslich gemacht wird.

Ebenso störend erweisen sich diese Stoffe bei einer etwaigen Bestimmung oder Identifizierung der Cellulose als Octacetylcellobiose. Diese gelingt nur nach Entfernung der Begleitstoffe durch Oxydation mit Salpetersäure bzw. Wasserstoffperoxyd (Oxydkork).

ε) *Eigenschaften und Verhalten des Suberins.*

Da von den begleitenden Gerüstsubstanzen völlig freies Suberin bisher nicht darstellbar ist, sind eine Reihe von Reaktionen, die am Cutin und Sporopollenin durchführbar sind, am Suberin nur mit Vorbehalt zu prüfen. Unter diese Reaktionen fällt besonders die Einwirkung hoher Temperaturen.

Die beim Cutin aufgeführten Farbreaktionen gelten auch für das Suberin. Eine Farbreaktion: das Auftreten einer rotvioletten-kupferroten Farbe nach mehrstündigem Liegen verkorkter Gewebe in konzentrierter Kalilauge, Auswaschen mit Wasser und Zufügung von Chlorzinkjodlösung, ist auf die Phellonsäure zurückgeführt worden. Doch zeigt reinste Phellonsäure diese Reaktion nicht. Da auch reinste Phloionsäure sie nicht gibt, ist der Träger dieser Farbreaktion noch unbekannt.

Etwas schneller als Cutin wird Suberin bei höheren Temperaturen zersetzt. Durch halbstündiges Kochen in Glycerin (Siedepunkt 286⁰) wird es so weit abgebaut, daß die erhitzte Substanz nach dem Auswaschen mit Wasser in heißem Alkohol löslich ist. Nach kurzem Sieden in Glycerin ist es schon so weit depolymerisiert, daß es nun durch Chromsäure merklich oxydiert wird. Aber auch bei niedrigerer Temperatur, z. B. durch Sieden in Anilin (Siedepunkt 186⁰) oder Tetralin (Siedepunkt 210⁰), allerdings erst bei mehrstündiger Einwirkung, wird es gelöst. Am schnellsten ist es durch Erhitzen in Paraffin auf 350—400⁰ zu zersetzen.

Es ist ebenso wie Cutin und die Sporopollenine durch längeres Kochen in Acetanhydrid acetylierbar. Bei Gegenwart von Chlorzink erfolgt ein mit der Temperatur steigender acetolytischer Abbau, der am Oxydkork genauer untersucht wurde. Es zeigte sich, daß zuerst die gesättigten Korkfettsäuren (Phellon- und Phloionsäure) herausgelöst werden.

Durch Alkalien wird das Suberin auch in der Kälte in die Salze der Korkfettsäuren zerlegt. Wie Alkali wirken auch Natrium- und Kaliumcarbonatlösungen und Kupferamminlösung. Infolge des Gehaltes an fettähnlichen Farbstoffen bewirken Alkalien eine Vertiefung der schwachgelben Eigenfarbe des Suberins nach tieforangegelb.

Schon beim längeren Erhitzen mit Wasser auf 120⁰ wird das Suberin zu den Korkfettsäuren zerlegt.

Mineralsäuren hydrolysieren es ebenfalls beim Erhitzen, 75proz. Schwefel-, 85proz. Phosphor- sowie 38 oder 42proz. Salzsäure bereits bei Zimmertemperatur merklich.

Unter veresternden Bedingungen, d. h. beim längeren Stehen mit salzsäurehaltigem Methanol bei Raumtemperatur oder beim Kochen mit diesem Agens wird das Suberin vollständig in die Methylester der Korkfettsäuren verwandelt.

Acetylbromid $+$ Eisessig (s. S. 213 und S. 219) wirkt nach eintägigem Stehen im Gegensatz zum Cutin schwach abbauend auf Suberin ein.

Oxydationsmitteln gegenüber verhält sich das Suberin ähnlich dem Cutin, nur tritt die Einwirkung schneller ein.

Gegen enzymatische Einflüsse ist das Suberin äußerst widerstandsfähig.

Es sei hier nochmals hervorgehoben, daß die aufgeführten Reaktionen auf makrochemischer Grundlage nur für den technischen Kork von *Quercus suber* gelten.

Suberingehalt einiger Rinden.

Quercus suber	35—44 %	Frangula	6,9 %
Robinia pseudacacia	6,3 %	Fagus sylv.	5,2 %

ζ) *Darstellung und Isolierung der Korkfettsäuren.*

Als wichtigstes Mittel wird sich zur näheren Identifizierung der Abbau des Suberins zu den Korkfettsäuren, deren Trennung, Identifizierung und Bestimmung empfehlen, zumal es aus den oben angegebenen Gründen vorläufig aussichtslos erscheint, ein von Begleitstoffen freies Suberin zu erhalten. Erst derartige Untersuchungen werden zeigen, ob das Suberin — und ebenso das Cutin — verschiedener Pflanzen in qualitativer und quantitativer Hinsicht miteinander übereinstimmt oder — wie der Autor annimmt — voneinander verschieden sind.

Als geeignete Methode zur Gewinnung der Korkfettsäuren hat sich der Abbau des Suberins mit alkoholischer Natronlauge erwiesen, wobei Sulfitreinkork zu verwenden ist. Natronlauge verdient den Vorzug vor Kalilauge, da die Natronsalze der oben erwähnten dunklen Begleitstoffe des Suberins in Alkohol selbst bei Gegenwart der Natronseifen der Korkfettsäuren sehr schwer löslich sind und somit bei der Weiterverarbeitung nicht in diese übergehen, von denen sie nur schwierig zu trennen sind.

Verseifung des Korkes.

Die Hälfte des Sulfitreinkorkes wurde in eine Lösung von 250 g Natriumhydroxyd in 5 l Alkohol eingetragen und 2 Stunden am Rückflußkühler gekocht. Hierauf wurde die andere Hälfte unter Zusatz von 1 l Alkohol hinzugegeben und wieder 2 Stunden gekocht und *heiß* abgepreßt. Der braune Rückstand wurde gut zerkleinert und nochmals mit $3^1/_2$ l Alkohol und 150 g Natriumhydroxyd 4 Stunden gekocht und abgepreßt. Der Rückstand wurde nun noch dreimal mit je 2 l Alkohol ausgekocht und abgepreßt. Es blieb der unverseifbare Anteil des Korkes, der nach dem Trocknen ein hartes, braunes Produkt bildete.

In die vereinigten rotgelben Filtrate wurde unter Erwärmen auf dem Wasserbade bis zur Sättigung Kohlendioxyd eingeleitet und nach dem Erhitzen zum Sieden vom ausgeschiedenen Natriumcarbonat abgesaugt. Das bräunliche Carbonat wurde noch dreimal mit Alkohol ausgekocht. Die vereinigten dunkelgelben Filtrate wurden durch Abdestillieren zuletzt im Vakuum vom Alkohol befreit. Es blieben die bräunlichen, dunkelgelben Natriumsalze der Korkfettsäuren (Fraktion H).

Das Natriumcarbonat wurde mit verdünnter Salzsäure zersetzt, wobei sich braune Flocken ausschieden, die nach dem Abfiltrieren, Auswaschen und Trocknen ein hellbraunes Pulver (Fraktion G) bildeten.

Abtrennung der Phellonsäurefraktion.

Die Natriumsalze wurden in 5 l heißem Wasser gelöst, mit einer heißen Lösung von 30 g Kochsalz in 1 l Wasser versetzt, filtriert und über Nacht stehengelassen. Dann wurde das in gelben Flocken ausgeschiedene Natriumphellonat abgesaugt, mit 1 l einer 0,5proz. Kochsalzlösung ausgewaschen, in einer Porzellanschale mit verdünnter Salzsäure angerührt und erwärmt, bis die ausgeschiedene Phellonsäure zusammengeschmolzen war. Sie wurde, nach dem Erkalten von der wäßrigen Lösung abgetrennt, nochmals mit Wasser umgeschmolzen. So wurden 95 g Rohphellonsäure vom Schmelzpunkt 90—91° in Form einer spröden, gelblichen Masse erhalten.

Die Filtrate vom Natriumphellonat wurden mit reiner Salzsäure angesäuert, wobei ein sich zusammenballender, halbfester Niederschlag entstand, der in 2 l reinem Äther aufgenommen wurde. Die abgetrennte Wasserschicht wurde noch zweimal mit je 2 l Äther ausgeschüttelt.

Die vereinigten Ätherlösungen wurden über Natriumsulfat getrocknet und das Lösungsmittel zuletzt im Vakuum unter Erwärmen im siedenden Wasserbade entfernt. Es blieben 255 g eines bräunlichgelben Öles, das bald halbfest wurde (Fraktion J).

Trennung über die Bleisalze.

Das Öl wurde durch Erwärmen in $1^1/_2$ l Alkohol gelöst und mit einer Lösung von 200 g Bleiacetat in 1 l Alkohol versetzt. Dabei schieden sich reichlich dunkelgelbe Bleisalze aus, die nach mehrstündigem Stehen abgesaugt und mit Alkohol gewaschen wurden. Sie wurden in einen Scheidetrichter gebracht, durch Schütteln in viel Äther verteilt und langsam mit verdünnter Salzsäure zersetzt. Nach einigem Stehen wurde die klare Ätherlösung abgegossen und der Trichterinhalt noch mehrmals mit Äther ausgeschüttelt. Die Ätherlösungen wurden mit Wasser gewaschen, über Natriumsulfat getrocknet und durch Abdestillieren zuletzt im Vakuum vom Lösungsmittel befreit. Es blieben 85 g eines bald fest werdenden Öles von braungelber Farbe (Fraktion L).

Das im Trichter verbliebene Bleichlorid wurde abfiltriert, getrocknet und mit Alkohol ausgezogen. Nach dem Abdunsten desselben blieb wenig einer braunen Masse, die, mit 10proz. Alkohol ausgekocht, sich bis auf ein dunkles Öl löste. Nach Zusatz von Tierkohle wurde filtriert. Im Filtrate schied sich beim Erkalten $^1/_2$ g Phloionsäure aus.

Die Filtrate der unlöslichen Bleisalze wurden durch Destillation vom Alkohol befreit. Der Rückstand wurde, wie eben beschrieben, in Äther eingetragen und mit verdünnter Salzsäure zersetzt. Nach dem Trocknen und Abdestillieren des Äthers blieben 177 g eines zähflüssigen rotbraunen Öles, das nach längerem Stehen Krystalle ausschied (Fraktion K).

Entmischen der Fraktionen L und K.

1. Fraktion L.

Abtrennung der Phloionsäure. Das Säuregemisch wurde durch Erwärmen in 200 cm³ Alkohol gelöst und in 1800 cm³ heißes Wasser eingegossen, umgeschüttelt und stehengelassen. Dabei bildete sich eine weiße Emulsion, und es schied sich ein braunes Öl aus. Es wurde noch heiß filtriert. Das Öl blieb im Filter. Aus dem Filtrate schieden sich neben braunem Öl Krystalle der Phloionsäure aus, die vom Öl durch Abgießen getrennt wurden. Dieses Öl und das Filter wurden noch fünfmal mit je 1 l 10proz. Alkohol ausgekocht und wie beschrieben getrennt. Nach Zugabe von 5 cm³ konzentrierter Salzsäure zu den vereinigten Filtraten schied sich die Phloionsäure schnell in weißen Flocken ab. Sie enthält aber noch immer etwas Öl. Um sie weiter zu reinigen, erwärmte man sie mit

1 l 10proz. Alkohol bis zur Lösung der Säure, fügte Tierkohle hinzu und filtrierte. Die Tierkohle wurde noch zweimal mit je 500 cm³ 10proz. Alkohol ausgekocht und abfiltriert. Jetzt schied sich die Phloionsäure nach Zusatz von etwas Salzsäure in farblosen Flocken aus, die abfiltriert wurden. Es wurden mit der oben aus Fraktion L erhaltenen Säure $5^1/_2$ g Rohphloionsäure vom Schmelzpunkt 121° erhalten.

Durch Auskochen der Filter und der Tierkohle mit Alkohol wurde das Öl zurückgewonnen, das nach dem Verjagen des Lösungsmittels eine braune, feste Masse bildete (Fraktion M).

Sie wurde mit 400 cm³ Reinbenzol unter schwachem Erwärmen gelöst, in einen Scheidetrichter gegeben und erkalten gelassen. Hierbei bildeten sich zwei Schichten aus: oben eine chromgelbe Lösung, unten eine dunkelbraune, ölige Flüssigkeit. Die Lösung wurde abgegossen und die verbliebene ölige Flüssigkeit noch zweimal mit je 400 cm³ Benzol durchgeschüttelt. Nachdem sich die Trennung in zwei Schichten vollzogen hatte, wurde die Lösung zu der erst erhaltenen gefügt. Diese Lösungen wurden zuletzt im Vakuum durch Destillation vom Benzol befreit. Es blieb ein goldgelber, schwach bräunlicher Rückstand, der bald krystallin erstarrte, in einer Menge von 28 g (Fraktion N).

Das obige dickflüssige Öl wurde ebenfalls im Vakuum vom Benzol befreit. Es wurden 50 g einer dunkelbraunen, bald erstarrenden Masse erhalten (Fraktion O).

Fraktion N wurde in 200 cm³ Tetrachlorkohlenstoff gelöst und mit Ligroin bis zur deutlichen Trübung versetzt und mehrere Tage stehengelassen. Oben hatte sich eine dünne Schicht einer festen, gelben Substanz ausgeschieden, die von der hellgelben Lösung abgetrennt wurde. Nach dem Trocknen durch Erhitzen im Vakuum blieben 10 g einer festen dunkelgelben Masse (Fraktion N_1). Diese enthält die Corticinsäure.

Durch Abdestillieren der Tetrachlorkohlenstofflösung wurden 18 g eines ebenfalls gelben, bald erstarrenden Öles erhalten (Fraktion N_2).

2. Fraktion K.

Fraktion K, die sich bei längerem Stehen mit Krystallen durchsetzt hatte, wurde mit 400 cm³ Benzol entmischt. Die obere Schicht war chromgelb, die untere dunkelbraun. Letztere wurde abgetrennt und noch zweimal mit je 400 cm³ Benzol durchgeschüttelt und die gebildeten Schichten abgetrennt und vereinigt. Aus den oberen Schichten wurden nach Entfernen des Lösungsmittels, wie stets zuletzt im Vakuum im siedenden Wasserbade, 50 g eines gelbbraunen, dünnflüssigen Öles (Fraktion K_1), aus den unteren 112 g einer dickflüssigen, dunkelbraunen Masse (Fraktion K_2) erhalten.

Fraktion K_1 wurde mit 1 l Tetrachlorkohlenstoff weiter entmischt. Aus der oberen, kleineren, rötlichen Schicht wurden 10 g eines rotbraunen nach einiger Zeit dickflüssig werdenden Öles (Fraktion K_3) erhalten, das die Suberinsäure enthält. Aus der unteren Schicht wurden 40 g eines dickflüssigen, orangefarbigen Öles gewonnen, das die Suberolsäure enthält (Fraktion K_4).

Fraktion K_2 wurde mit 2 l Äther weiter entmischt. Die obere Schicht hinterließ nach dem Entfernen des Lösungsmittels ein dickflüssiges rotbraunes Öl (Fraktion K_5).

Die untere kleinere Schicht war dunkelbraun und fast fest. Sie wurde mit einem Gemisch aus 300 cm³ Chloroform und 10 cm³ Tetrachlorkohlenstoff längere Zeit kräftig durchgeschüttelt, wobei ein fester hellbrauner Teil ungelöst blieb (Fraktion K_6), während das Lösungsmittel ein rotgelbes Öl aufnahm (Fraktion K_7). K_6 enthält die Phloionolsäure.

Weiterreinigung der Fraktionen K_3, K_4 und K_6 mit Hilfe der Grenzlaugenkonzentration.
Fraktion K_3.

K_3 wurde in 160 cm³ 10proz. Natronlauge unter Erwärmen gelöst und über Nacht stehen gelassen. Es hatte sich ein hellgelbes Salz ausgeschieden, das auf einem Gasfilter *Schott & Gen.* 3 G 3 abgesaugt und mit 30 cm³ 10proz. Lauge gewaschen wurde. Da nach Lösung von 12 g Natriumhydroxyd im Filtrat keine weitere Salzabscheidung erfolgte, wurde durch Lösen von weiteren 12 g Natriumhydroxyd die Konzentration auf 20% NaOH gebracht und die Lösung einige Tage im Kühlschrank bei $+1°$ stehengelassen. Es hatte sich ein voluminöses Salz ausgeschieden, das auf einem Glasfilter abgesaugt wurde. Das rotbraune Filtrat gab nach dem Ansäuern wenig einer braunen, schmierigen Masse. Das Salz wurde nun in 140 cm³ Wasser gelöst und durch Zugabe von 30 g NaOH ausgefällt und abgesaugt. Es war nun schwach bräunlich. Es wurde nunmehr in 100 cm³ Wasser gelöst, mit Äther ausgeschüttelt und nach Abtrennung der Ätherschicht, die beim Verdunsten einen kleinen Rückstand hinterließ, durch Zugabe und Lösen von 25 g NaOH erneut ausgefällt. Da es jetzt nur noch schwach gelblich war, wurde es nach dem Absaugen in Wasser gelöst, mit Äther überschichtet und mit verdünnter Salzsäure angesäuert. Aus dem Äther wurden nach dem Trocknen über Natriumsulfat 6 g eines hellgelben, dickflüssigen Öles erhalten, das auch in einer Kältemischung nicht krystallin erstarrte. Es stellte die rohe Suberinsäure dar.

Das anfänglich abgeschiedene Natriumsalz wurde in 190 cm³ Wasser gelöst und in der Lösung 10 g NaOH aufgelöst und dadurch beim Abkühlen das Salz wieder ausgefällt. Es wurde abgesaugt und mit dem aus der Fraktion K_4 erhaltenen Salze (s. weiter unten), das dieselbe G-K aufwies, vereinigt. Das Filtrat wurde durch Lösen von 9 g NaOH auf ca. 10proz. Natronlauge gebracht, wobei noch wenig eines gelben Salzes ausfiel, das nach dem Abfiltrieren mit obigem vereinigt wurde. Das Filtrat gab beim Ansäuern wenig eines dunkelgelben Öles.

Fraktion K_4.

K_4 wurde in 500 cm³ 5proz. Natronlauge auf dem Wasserbade gelöst und so lange erhitzt, bis der Geruch nach Tetrachlorkohlenstoff verschwunden war. Aus der orangeroten Lösung schieden sich beim Abkühlen reichlich gelbe Flocken aus, die abgesaugt wurden. Im Filtrate wurde die Natriumhydroxydkonzentration auf 15% gesteigert, wodurch sich bei längerem Stehen noch wenig eines gelben Salzes ausschied. Durch Ansäuern des dunkelbraunen Filtrates und Aufnehmen des ausgeschiedenen Öles mit Äther wurde nach dem Verjagen des Lösungsmittels ein braunes, dickflüssiges Öl erhalten (Fraktion $K_{4/2}$).

Die vereinigten schwerlöslichen Salzfraktionen wurden in 500 cm³ Wasser gelöst und ausgeäthert. Die gelbliche Ätherlösung hinterließ wenig eines gelben, pfefferartig riechenden Öles. In der wäßrigen Lösung wurden nun *langsam* 45 g NaOH gelöst und die Lösung 2 Tage bei $+1°$ stehengelassen. Die abgeschiedenen Salze wurden abgesaugt, mit 15proz. Lauge gewaschen und unter Äther mit verdünnter Salzsäure zersetzt. Nach dem Trocknen über Natriumsulfat und Abdestillieren des Äthers blieben 25 g einer schwachgelben, salbenartigen Masse, die in Eis krystallin erstarrte und bei $25°$ ganz geschmolzen war. Sie enthält die Suberolsäure.

Fraktion K_6.

K_6 wurde in 200 cm³ 3proz. Natronlauge gelöst und vorsichtig erwärmt, bis das emulgierte Chloroform entfernt war. Nun wurde die Laugenstärke auf 10% erhöht und die Lösung über Nacht bei $0°$ aufbewahrt. Es hatte sich ein hellgelbes Natriumsalz ausgeschieden, das abgesaugt wurde. Im Filtrate fiel erst durch Erhöhen der Laugenkonzentration auf 25% ein kleiner, brauner Niederschlag aus; wir versuchten vergeblich, ihn durch Umkrystallisation und über die Magnesium-, Zink- und Calciumsalze zu reinigen. Die obigen Natriumsalze wurden in 150 cm³ Wasser gelöst und durch Zugabe von 7 g NaOH wieder ausgefällt. Nach einigem Stehen bei 0° schieden sich so feine, farblose, perlmutterglänzende Krystalle aus, die abfiltriert wurden. Mit verdünnter Salzsäure wurde daraus die freie Säure gewonnen, die nach dem Auswaschen und Trocknen 6,2 g wog und bei 99—100° schmolz. Aus dem Filtrate des Natriumsalzes dieser Phloionolsäure wurde nach Steigerung der Konzentration auf 10% NaOH noch etwas gelbes Salz ausgeschieden, das noch $^1/_2$ g einer unreineren Phloionolsäure vom Schmelzpunkt 85° gab.

Reindarstellung der Phellonsäure.

100 g Phellonsäure vom Schmelzpunkt 89—90° wurden mit 300 cm³ 35proz. Kalilauge in einer Porzellanschale 10 Minuten im Sieden erhalten. Das anfänglich gelbe Kaliumsalz wird nach kurzem Kochen schwach bräunlich, während die Lauge gelblich wird. Nach dem Erkalten wurde das körnige Salz durch ein Glasfilter abgesaugt und die Operation wiederholt. Die gelben Filtrate schieden beim Ansäuern nun wenig eines braunen, klebrigen Produktes aus. Das scharf abgepreßte Salz wurde, auf Ton ausgebreitet, im Trockenschrank bei 100° getrocknet und dreimal mit je 1 l Alkohol-Benzol 3 : 1 zum größten Teil durch längeres Kochen in Lösung gebracht und jedesmal heiß filtriert. Beim Abkühlen schied sich das Kaliumphellonat in weißen, körnigen Krystalldrusen aus, die abgesaugt wurden. Das Filtrat wurde eingedampft. Der Rückstand, mit verdünnter Salzsäure behandelt, filtriert, ausgewaschen und getrocknet, ergab 19 g, die nochmals ins Kaliumsalz verwandelt und aus Alkohol-Benzol umkrystallisiert, einige Gramm Kaliumphellonat gaben, während aus der Mutterlauge neben halbfesten Säuren bei Verwendung nicht gründlich mit Alkohol extrahierten Korkes die Wachsalkohole Friedelin und Cerin isoliert werden konnten.

Das erhaltene Kaliumphellonat (77 g) wurde zur weiteren Reinigung aus 500 cm³ Eisessig umkrystallisiert, abgesaugt und mit Eisessig gewaschen. Das Filtrat war gelblich und enthielt halbfeste Säuren. Das nunmehr farblose Salz wurde durch verdünnte Salzsäure unter Erwärmen zersetzt, die gebildete Phellonsäure ausgewaschen und getrocknet. Sie wurde nun zweimal aus Chloroform umkrystallisiert. Es wurden 52 g vom Schmelzpunkt 96° erhalten.

Acetyl-phellonsäure.

1 Teil Phellonsäure wurde mit 6 Teilen Essigsäure-anhydrid 8 Stunden im siedenden Wasserbade erhitzt und in Wasser eingetragen. Nach längerem Stehen war das anfangs ölige Produkt fest geworden. Es wurde nach dem Trocknen aus Alkohol umkrystallisiert, aus dem es in farblosen, zu kleinen Schüppchen verflochtenen Nadeln vom Schmelzpunkt 79° erhalten wurde.

Eikosan-dicarbonsäure.

Der vorher erwähnte in Alkohol-Benzol unlösliche Anteil des rohen Kaliumphellonates wurde mit verdünnter Salzsäure erwärmt, das ungelöst Bleibende abfiltriert, gewaschen und getrocknet. Es blieben 4 g einer braunen, harten Masse. Sie wurde erst aus Chloroform, dann aus Alkohol unter Zusatz von Entfärbungskohle umkrystallisiert, wodurch farblose, feine, teilweise verfilzte Nadeln vom Schmelzpunkt 121° erhalten wurden. Aus Äther, Essigsäure,

Aceton, Methanol, Essigester, Isopropylalkohol, Chloroform und Tetrachlorkohlenstoff umkrystallisiert änderte sich der Schmelzpunkt nicht. Da die Analysenwerte aber auf die Eikosan-dicarbonsäure hinwiesen, ohne daß deren in der Literatur angegebener Schmelzpunkt von 123—124⁰ durch Umkrystallisation der freien Säure erreicht werden konnte, mußte unsere Säure hartnäckig verunreinigt sein. Da als Verunreinigung vor allem Phellonsäure in Betracht kam, die nahezu gleiche Löslichkeitseigenschaften aufweist, so reinigten wir die Säure nochmals über das Kaliumsalz. Hierzu wurde sie in Alkohol gelöst, einige Stücke festen Kaliumhydroxyds hinzugefügt und nach dessen Lösung zu dem teilweise bereits ausgeschiedenen Kaliumsalze ein Drittel des angewandten Alkoholvolumens Benzol gefügt und 1 Stunde am Rückflußkühler gekocht. Nach kurzem Stehen wurde vom ungelösten Salze abgegossen und dieses noch zweimal mit dem Lösungsmittelgemisch ausgekocht. Es wurde nun abfiltriert und getrocknet. Als nunmehr aus dem Kaliumsalz die Säure gewonnen war, hatte sie nach einmaligem Umkrystallisieren aus Essigester den Schmelzpunkt 123,5—124,5⁰. Die Ausbeute betrug 2,5 g. Die Säure krystallisiert in länglichen Tafeln.

Eikosan-dicarbonsäure-dimethyl-ester.

0,5 g reine Säure wurde in Methanol gelöst und in der Siedehitze 1 Stunde lang trockner Chlorwasserstoff eingeleitet. Beim Erkalten schied sich der Ester fein krystallin aus. Er wurde abfiltriert und mehrmals aus Methanol umkrystallisiert, wodurch sich sein Schmelzpunkt von 72⁰ nicht mehr ändert. Der Ester bildet feine, farblose, breite Tafeln.

Phloionsäure.

Die aus der Fraktion L erhaltene Rohphloionsäure vom Schmelzpunkt 121⁰ wird in Methanol (1 g Säure in 4 cm³ Methanol) durch Erwärmen gelöst und bei Raumtemperatur stehengelassen. Im Laufe einiger Tage scheiden sich derbe, kompakte, farblose Tafeln vom Schmelzpunkt 124⁰ ab, die abgesaugt und mit wenig eiskaltem Methanol nachgewaschen werden. Erneutes Umkrystallisieren aus Methanol oder absolutem Äthylalkohol, in dem die Säure sehr viel löslicher ist, ändert den Schmelzpunkt nicht mehr.

In heißem Eisessig und Essigester ist sie leicht löslich, sehr wenig löslich dagegen in siedendem Äther, Chloroform und Tetrachlorkohlenstoff. 100 Teile siedendes Wasser lösen 0,16 Teile Säure. Ihre Alkalisalze sind leicht löslich in Wasser, die NaOH—G-K[1] liegt bei 20 %. Das Bleisalz ist nahezu unlöslich in siedendem Methanol und Alkohol, wenig löslich in heißem Eisessig. Das Natriumsalz ist schwerlöslich in Methanol.

Die Angabe GILSONS, daß die Phloionsäure beim längeren Lagern über Schwefelsäure in ein Anhydrid übergeht, können wir nicht bestätigen. Weder nach monatelangem Aufbewahren über Phosphorpentoxyd noch nach 24stündigem Trocknen im Vakuum bei 100⁰, ebenfalls über Pentoxyd, konnte eine Veränderung beobachtet werden.

Zur Gewinnung der in den Methanolmutterlaugen enthaltenen erheblichen Menge Phloionsäure bedient man sich entweder der Schwerlöslichkeit des Natrium- oder des Bleisalzes in diesem Lösungsmittel. Hierzu werden in der Mutterlauge einige Stücke Ätznatron unter Erwärmen gelöst und das ausgeschiedene Natriumsalz nach dem Erkalten abfiltriert und mit verdünnter Salzsäure durch Erwärmen zersetzt. Die gebildete Säure wird abfiltriert, aus-

---

[1] G-K = Grenzlaugenkonzentration.

gewaschen und wieder aus Methanol umkrystallisiert. Über das Bleisalz wird die Säure gereinigt, indem die Mutterlaugen in der Siedehitze mit einer alkoholischen Bleiacetatlösung versetzt und nach kurzem Kochen heiß filtriert werden. Der Rückstand wird mit heißem Methanol ausgewaschen, getrocknet und mit verdünnter Schwefelsäure digeriert. Nach dem Erkalten wird der Niederschlag abfiltriert und mit 50proz. Methanol ausgekocht. Aus dem Filtrate scheidet sich die Phloionsäure in feinen Nadeln vom Schmelzpunkt 123° aus. Aus dem Filtrate der Bleisalzfällung scheidet sich beim Erkalten wenig eines Bleisalzes aus, aus dem eine Säure vom Schmelzpunkt 94° erhalten wird, während ein Teil der Verunreinigungen als leicht lösliche Bleisalze im Methanol bleibt und als freie Säure einen Schmelzpunkt von 64° aufweist.

Phloionsäure-dimethylester.

1 g Phloionsäure wird in 25 cm³ Methanol gelöst und in der Siedehitze 1 Stunde lang trockener Chlorwasserstoff eingeleitet. Nach vierstündigem Stehen wird die Lösung in 200 cm³ Eiswasser eingegossen. Der Ester fällt fein krystallin aus. Er wird abfiltriert, getrocknet und aus 10 cm³ 70proz. Methanol umkrystallisiert. Man erhält ihn so in Form durchsichtiger gezähnter Tafeln vom Schmelzpunkt 77—78°.

Phloionolsäure.

Die aus der Fraktion K_6 gewonnene Rohphloionolsäure wird wiederholt aus Methanol (1 g Säure auf 4 cm³ Methanol), Essigester oder 80proz. Alkohol umkrystallisiert.

Die Gewinnung der in den Mutterlaugen in erheblicher Menge verbleibenden Säure gelingt am besten, indem diese zur Trockne verdampft werden und der gelbliche Rückstand mit 30proz. Natronlauge erwärmt wird, bis alles in Lösung gegangen ist. Beim Erkalten scheidet sich das Natriumsalz feinkrystallin aus. Es wird durch ein Glasfilter abgesaugt, mit 30proz. Lauge gewaschen und mit verdünnter Salzsäure zerlegt. Die so erhaltene Säure hat nach zweimaligem Umlösen aus 80proz. Alkohol den Schmelzpunkt 104°.

Die Säure krystallisiert aus 80proz. Alkohol in zu Rosetten vereinigten Nadeln. Sie ist in der Siedehitze zu 0,22 % in Wasser löslich, aus dem sie in feinen Nadeln ausfällt. Sie ist schwer löslich in Äther, Chloroform und Tetrachlorkohlenstoff. Ihre Alkalisalze sind schwer löslich in kaltem Wasser, leicht löslich in Methanol und Alkohol. Ihr Bleisalz ist löslich in warmem Alkohol und Eisessig.

Sie schmilzt bei 104°, wobei sie beim Erstarren in eine enantiomorphe Form übergeht, die bereits bei 95° schmilzt, die sich aber im Laufe von 15 Stunden wieder in die hochschmelzende Form umwandelt.

Die acetylierte Säure konnte bisher nicht krystallin erhalten werden.

Phloionolsäure-methylester.

1 g Säure wurde in 50 cm³ Methanol gelöst und in der Siedehitze mit Chlorwasserstoff behandelt. Nach dem Erkalten und mehrstündigem Stehen wurde in 200 cm³ Eiswasser gegossen. Der ausgeschiedene Ester wurde zweimal aus 70proz. Methanol umkrystallisiert. Er bildet derbe Krystalle, die bei 77° schmelzen.

Das Suberin von *Quercus suber* enthält demnach:

Phellonsäure	14—15 %	Phloionolsäure	1,7 %
Phloionsäure	1,4 %	Suberolsäure	10 %
	Eikosan-dicarbonsäure	1 %	

Über die Suberin- und einige andere Säuren werden vorläufig keine Angaben gemacht, da sie noch zu ungenügend charakterisiert sind.

Übersicht über die wichtigsten Merkmale der Korkfettsäuren.

	Formel	Smp.	%-Gehalt		Anzahl −COOH	Anzahl −OH	
			in Kork	i. d. Kork-fettsäuren			
Phellonsäure	$C_{22}H_{44}O_3$	96,5⁰	3,6	12	1	1	gesättigt
„ -methylester .	$C_{23}H_{46}O_3$	74,5⁰					
Acetylphellonsäure . . .	$C_{24}H_{46}O_4$	79⁰					
Eikosandicarbonsäure . .	$C_{22}H_{42}O_4$	124⁰	0,3	1	2	0	gesättigt
„ -methylester .	$C_{24}H_{46}O_4$	72⁰					
Phloionsäure	$C_{18}H_{34}O_6$	124⁰	0,4	1,3	2	2	gesättigt
„ -methylester .	$C_{20}H_{38}O_6$	77,5⁰					
Phloionolsäure	$C_{18}H_{36}O_5$	104⁰	0,5	1,7	1	3	gesättigt
„ -methylester .	$C_{19}H_{38}O_5$	77⁰					
Suberolsäure		28⁰	0,6	2	1	1	ungesättigt
Hydrosuberolsäure . . .	$C_{18}H_{36}O_3$	92⁰					gesättigt
„ -methylester .	$C_{19}H_{38}O_3$	63⁰					

Übersicht über die Löslichkeit der Korkfettsäuren.

	CCl_4	$CHCl_3$	Benzol	Äther	Alkohol	H_2O	Essig-säure	Essig-ester	Pb-salz in Alk.
Phellonsäure	k + w	k + w	k + w	k + w	k	k + w	w	w	k
	s.l	l	s.l	s.l	l	unl.	l	l	unl.
Eikosandicarbonsäure	w	w		w	w	k + w	w	w	k
	l	l		l	l	unl.	l	l	unl.
Phloionsäure	k + w	k + w	k + w	k + w	k + w	w	w	w	k + w
	s.l	s.l	s.l	s.l	l	s.l	l	l	s.l
Phloionolsäure	k + w	k + w	w	k + w	k	k + w	w	w	w
	s.l	s.l	l	s.l	l	s.l	l	l	l
Suberolsäure	w	w	w	w	k	k + w	k	k	k
	l	l	l	l	l	unl.	l	l	l
Suberinsäure	k + w	w	k + w	w	k	k + w			k
	s.l	l	s.l	l	l	unl.			l
Corticinsäure	w	w			k	k + w		w	k + w
	l	l			s.l	unl.		l	s.l

k = kalt, w = warm, l = löslich, s.l = schwer löslich, unl. = unlöslich.

Verhalten der Alkalisalze der Korkfettsäuren gegen Lösungsmittel.

	G-K	Wasser	Alkohol	Alkohol-Benzol
Phellonsaures Kalium	5%	k + w	k + w	w
		s.l	s.l	l
Eikosandicarbonsaures Kalium	5%	k + w	k + w	k + w
		s.l	s.l	s.l

Verhalten der Alkalisalze der Korkfettsäuren gegen Lösungsmittel.
(Fortsetzung.)

	G-K	Wasser	Alkohol	Alkohol-Benzol
Phloionsaures Natrium	20%	k l	k + w s.l	
Phloionolsaures Natrium	3%	w l	w l	
Suberolsaures Natrium	5%	w l	w l	w l
Suberinsaures Natrium	20%	k l	w l	w l

k = kalt, w = warm, l = löslich, s.l = schwer löslich.

Färbungen einiger Säuren und ihrer Alkalisalze mit Chlorzinkjodid.

Phellonsäure	farblos	Hydrosuberolsäure	farblos
Kaliumsalz	blauviolett	Kaliumsalz	gelb
Phloionsäure	rotbraun	α-Oxyarachinsäure	farblos
Kaliumsalz	rostrot	Kaliumsalz	schwach violett
Phloionolsäure	gelb	α-Oxystearinsäure	farblos
Kaliumsalz	gelbbraun	Kaliumsalz	rotbraun

Der Schmelzpunkt des Korkfettsäurengemisches liegt bei ca. 35°, die Jodzahl nach Hanuš beträgt 58.

Für die Säuren des Suberins gilt im wesentlichen das für die des Cutins Gesagte: Sie haben ein hohes Molekulargewicht, ihre Methylester lassen sich auch im Hochvakuum nicht unzersetzt destillieren. Von den Fettsäuren der Reservefette sind sie verschieden. Zum größten Teil sind sie ungesättigt; sie enthalten Oxygruppen, sind zum Teil mehrbasisch. Inwieweit sie mit den Säuren des Cutins identisch sind, läßt sich vorläufig nicht genügend feststellen, jedenfalls sind sie nahe miteinander verwandt. Da sich die ungesättigten Korkfettsäuren (Phloionol-, Suberol- und Suberinsäure) nicht mit Natriumamalgam reduzieren lassen, darf man schließen, daß sie die Doppelbindung nicht in α-Stellung zur Carboxylgruppe tragen. Zum Teil haben sie mehrere Doppelbindungen, wohl alternierend angeordnet, wie aus der niedrigen Jodzahl geschlossen werden darf.

Über das Aufbauprinzip dieser Säuren zum Suberin bzw. Cutin können vorläufig keine experimentell sicher begründeten Angaben gemacht werden. Sie lassen sich durch längeres Erhitzen im Kohlensäurestrom auf 140° unter geringer Wasserabspaltung wieder zu einem unlöslichen, elastischen, gasundurchlässigen Stoff polymerisieren, der die Eigenschaften des Suberins hat.

Erwähnt sei, daß die Korksäure $C_6H_{12}(COOH)_2$ keine primäre Korkfettsäure ist. Sie ist zum erstenmal durch Salpetersäureoxydation des Korkes erhalten worden und hat deshalb ihren Namen bekommen. Sie entsteht aber auch durch Oxydation anderer Fettsäuren, ist also durchaus nicht für den Kork spezifisch.

Von Scurti und Tommasi ist im *Holunderkork* eine Oxyölsäure aufgefunden, worden, die isomer mit der Rizinolsäure ist, und die sie Suberinsäure nennen. Mit der Suberinsäure von *Quercus suber* ist diese nicht identisch; sie konnte bisher auch nicht dort aufgefunden werden. *Ulmenkork* soll Phellon-, aber keine Phloionsäure enthalten. Im Holunderkork sind beide von obigen Forschern nachgewiesen worden.

c) Vergleichende Übersicht über das Verhalten von Sporopollenin, Cutin und Suberin.

Die folgende Übersicht soll nochmals deutlich zeigen, daß von den drei Cuticularstoffen: Sporopollenin, Cutin und Suberin die Gruppe der Sporopollenine sich scharf von der des Cutins und Suberins unterscheidet.

Gemeinsam ist ihnen, eine Folge des hochpolymeren Zustandes, die völlige Unlöslichkeit in Lösungsmitteln, soweit diese nicht bei hoher Temperatur Depolymerisation oder Zersetzung ermöglichen. Hierdurch können dann diese Substanzen ganz oder teilweise löslich werden. Gemeinsam ist ihnen ferner eine gewisse Resistenz gegenüber oxydierenden Einflüssen und die auf den aliphatischen Charakter ihrer Bausteine zurückzuführende Anfärbbarkeit durch dieselben Farbstoffe.

Cutin und Suberin unterscheiden sich aber nur graduell, und es ist nach Ansicht des Autors zu erwarten, daß sich diese Unterschiede noch weiter verwischen werden, wenn das Gebiet durch Einbeziehung umfassenderen Materials und weiterer Ausbau der Arbeitsmethoden vergrößert wird.

Soweit sich das vorliegende Material über diese Membranstoffe biochemisch verwerten läßt, wird man in ihnen wohl primäre Gebilde sehen müssen, die eigens von der Pflanze als charakteristische Produkte aufgebaut werden, so daß die von mancher Seite geäußerte Ansicht, sie seien oxydative, also sekundäre, Umwandlungsprodukte der sie begleitenden Wachse, abzulehnen ist.

Agens	Einwirkung auf		
	Sporopollenin	Cutin	Suberin
Siedendes Anilin (4 Stunden)	keine	keine	langsam gelöst
Paraffin 350—400⁰ (30 Min.)	charakt. Geruch, langsam gelöst	schnell gelöst	schnell gelöst
Glycerin, siedend (1 Stunde)	geringe Depolym.	langsame Depolym.	schnelle Depolym.
Glycerin + KOH bei 240⁰ (1 Stunde) . .	geringe Einwirkung	schnell verseift	schnell verseift
Wasser bei 120—140⁰	keine	keine	Zerlegung
5 proz. Na_2CO_3 oder K_2CO_3 (heiß) oder Cu—NH_3 (kalt)	—	—	verseift
5 proz. NaOH oder KOH (heiß)	—	langsame Verseifung	schnelle Verseifung
5 proz. alkohol. KOH (heiß)	—	Verseifung und Lösung	Verseifung und Lösung
Konz. KOH (heiß)	—	Verseifung unl. K-Salze	Verseifung unl. K-Salze
Kalischmelze 250—270⁰	harzige, saure, dunkle Prod.	oxyfettsauren	oxyfettsauren
75 proz. H_2SO_4, 85 proz. H_3PO_4, 41 proz. HCl (2 Tage bei Raumtemperatur) . .	Verfärbung	—	starker Abbau
Konz. H_2SO_4	Farbreaktion	dunkelfarbige Zersetzung	dunkelfarbige Zersetzung
Jod + $CHCl_3$ (4 Wochen)	—	teilweise Lösung	vollständige Lösung
Anfärbbarkeit durch Sudan III usw.	+	+	+
Salpetersäure (D 1,5) (nach 24 Stunden bei 20⁰)	rotgelbe Lösung	teilweise unlösliches Öl	teilweise unlösliches Öl
Acetylbromid (nach 24 Stunden bei 20⁰) .	—	—	geringer Abbau
Methanol + HCl (4 Stunden sieden) . . .	—	?	Lösung

d) Verkieselte Membranbestandteile.

Kieselsäure als Bestandteil der Hüllmembranen ist sehr häufig aufgefunden worden. Sie ist in diesen scheinbar so regelmäßig vorhanden, daß sie als ein integrierender Bestandteil derselben von vielen Forschern angesehen wird. Doch liegen darüber noch zu wenige Untersuchungen vor. In den vorhergehenden Abschnitten war auf den Kieselsäuregehalt als aschebildender Bestandteil und seine Entfernung für die Reindarstellung der Sporopollenine und des Cutins wiederholt hingewiesen worden. Für gewöhnlich ist dieser Kieselsäuregehalt aber recht klein. In einigen Pflanzenfamilien, wie den *Bacillariaceen* (*Diatomeen*) und den *Equisetales* ist er jedoch gerade in den Außenschichten so angereichert, daß man von verkieselten Membranen spricht.

In welcher Form die Kieselsäure hier auftritt, ob als Kieselsäuregel, als krystallisiertes Siliciumdioxyd oder in organischer Bindung, etwa in Esterform, ist noch nicht festgestellt. Ganz sicher ist es auch nicht, ob die Kieselsäure hier der einzige Membranbestandteil ist, oder ob die Beobachtung von Pitzer an Diatomeen zutrifft, daß daneben eine, wenn auch geringe cutinähnliche Membran ausgebildet wird.

Die Reinigung des Ausgangsmaterials für die Gewinnung der Kieselmembran muß hier besonders sorgfältig sein, um Kieselsäure gebende Verunreinigungen auszuschalten. Nach den Erfahrungen des Autors erreicht man eine nachträgliche Reinigung von Drogen nicht in dem gewünschten Maße, deshalb sollen nur frisch gesammelte Pflanzen untersucht werden, die auf dem Sieb gründlich mit Wasser zu waschen sind.

Zur Isolierung der Kieselmembran hat man bisher den Weg der Veraschung beschritten. Da die Pflanzen noch Alkalien als Aschebildner enthalten, erhält man häufig beim Veraschen statt strukturierter Gebilde Gläser. Zur Vermeidung dieser Erscheinung werden die nicht kieselsäurehaltigen Aschebestandteile durch Behandlung mit Säuren entfernt. Man wendet hierzu Schulzes Gemisch oder Salpetersäure an. Am besten wird mit diesen Agenzien längere Zeit erwärmt, abfiltriert und dann verascht. Auf diese Weise werden äußerst zarte Skelete der Membranen erhalten.

In letzter Zeit hat man sich auch der verschiedenen Cutinbestimmungsmethoden nach den Restbestimmungsverfahren (vgl. S. 216 u. f.) zur Isolierung der Kieselmembran bedient. Diese Verfahren sind ohne weiteres anwendbar, doch erfordern sie teilweise eine kleine Abänderung. Anfangs wird für die Gewinnung der Membran von *Equisetum arvense* nach dem Restbestimmungsverfahren mit Schwefelsäure + Wasserstoffperoxyd, wie oben angegeben, aufgeschlossen. Nach dem Abfiltrieren der Schwefelsäure bleibt ein gelblicher Rückstand, der mit Wasser ausgewaschen wird. Jetzt wird dieser mit 20 proz. Ammoniak übergossen und auf dem Filter so lange damit gewaschen, bis das anfangs bräunliche Filtrat farblos durchgeht. Das Filtrat scheidet beim Ansäuern gelbbraune Flocken in reichlicher Menge aus, deren Natur noch unbekannt ist. Der Filterrückstand wird nun mit verdünnter Salzsäure, Wasser, Alkohol und Äther gewaschen und im Trockenschrank getrocknet. Er ist von weißer Farbe, sinkt in Tetrachlorkohlenstoff unter und zeigt unter dem Mikroskope die charakteristische Struktur der Außenwand. Durch Veraschung wird sein Gehalt an SiO_2 zu 97—98 % bestimmt. Durch vorsichtiges Eintragen in Flußsäure löst er sich fast restlos auf. Der dabei bleibende bräunliche Rückstand zeigt unter dem Mikroskope keine Zellstruktur.

Literatur.

Allgemeines.

CzAPEK, Fr.: Biochemie der Pflanzen.
Trier, G.: Chemie der Pflanzenstoffe. — Tschirch, A.: Handbuch der Pharmakognosie.

Spezielles.

(2) König, J.: Untersuchung landwirtschaftlich und gewerblich wichtiger Stoffe, 5. Aufl. 1923.
(3) Legg u. Wheeler: Journ. Chem. Soc. **127** (1925).
(4) Zetzsche u. Mitarbeiter: Ann. der Chemie **461** (1925); Helv. chim. Acta **10** (1927); **1** (1928); **14** (1931); **15** (1932).

K. Rohfaser.

Von **W. Sutthoff**, Münster i. W.

Mit 9 Abbildungen.

a) Einleitung.

„*Unter Roh- oder Holzfaser versteht man den durch eine bestimmte Behandlung der Futter- und Nahrungsmittel mit verdünnten Säuren und Alkalien von bestimmtem Gehalt verbleibenden Rückstand.*" So erklärt J. König (25), dem wir die wichtigsten Arbeiten über die Bestimmung, Zusammensetzung und Zerlegung der Rohfaser verdanken, ihren Begriff, der, abgesehen vom Futter- oder Nahrungswert, auf alle pflanzlichen Stoffe übertragen werden kann, die einen solchen Rückstand liefern.

Dieser Rückstand besteht nicht aus einer einheitlichen Substanz, z. B. nicht, wie vielfach angenommen worden ist, nur aus Cellulose, sondern er schließt noch geringere oder größere Mengen verschiedener sonstiger Bestandteile der Zellmembran, vorwiegend Lignin und Cutin, ein.

Der Hauptbestandteil der Zellmembran ist allerdings das Anhydrid der Glykose, die *Cellulose*; dazu gesellen sich in allen Fällen die Anhydride der Pentosen, die Pentosane, ferner weniger verbreitet Galaktane (besonders in den Samen der Leguminosen) und Mannane meistens neben Galaktanen, z. B. in Kaffeesamen, Cocosnüssen, Sesamsamen.

Die *Lignine* entstehen wahrscheinlich aus der Cellulose durch Einlagerung von Methyl- oder Methoxylgruppen unter Abspaltung von Sauerstoff. Deshalb enthalten sie mehr Kohlenstoff, nämlich 55—70 %, als die Cellulose mit 44,4 % Kohlenstoff. Dieser Vorgang kann so weit gehen, daß nach den Untersuchungen von T. F. Hanausek besonders bei den Compositen in der Fruchtwand, Spreublättern und Hüllschuppen, auch in den Wurzeln (Griebel) eine kohleartige Masse entsteht, die 70—76 % Kohlenstoff enthält und gegen konzentrierte Säuren und Alkalien, ja sogar gegen Chromsäureschwefelsäuregemisch widerstandsfähig ist; sie wird *Phytomelan* genannt. Fr. Fischer (9) nimmt an, daß auch die *Steinkohle* aus dem *Lignin* der Pflanzenzellmembran entstanden ist, indem die Cellulose veratmet wurde, während sich aus dem Lignin zunächst Huminsäuren bildeten, wie sie im Torf und im Boden vorhanden sind; diese enthalten bereits einen aromatischen Kern, indem sie bei der trockenen Destillation Phenole liefern.

Das *Cutin* ist ein Wachs, wahrscheinlich Nonyl- bzw. Caprinsäurecetyl - oder Octadekylester; es enthält 70—71 % Kohlenstoff.

Die Lignine und das Cutin werden auch zu den sog. Inkrusten der Zellmembran gerechnet, wozu auch die in der Membran vorhandenen Gerbstoffe, Pektinverbindungen, aromatische Aldehyde u. a. gehören.

Von verschiedenen Seiten nimmt man an, daß ein Teil der Inkrusten mit der Cellulose chemisch (esterartig) verbunden ist, und unterscheidet z. B.:

Lignocellulosen, Verbindungen von Cellulose mit Ligninen bzw. Ligninsäuren, z. B. in Jute, Holz und Stroh;

Pectocellulosen, Verbindungen von Cellulose mit Pektinstoffen, z. B. in Flachs, Neuseeländer Flachs, Hanf, Ramie, Espartogras;

Mucocellulosen, Verbindungen von Cellulose mit Schleimstoffen, z. B. in Algen, Flechten, Obstfrüchten, Wurzelgewächsen, Quitte, Salep und verschiedenen Hülsenfrüchten;

Adipo- (Kork-) *Cellulosen*, Verbindungen von Cellulose mit Phellonsäure ($C_{22}K_{42}O_3$) und anderen Säuren, z. B. im Kork;

Cutocellulosen, Verbindungen von Cellulose mit Stearocutinsäure ($C_{28}H_{48}O_4$) und Oleocutinsäure ($C_{15}H_{20}O_4$), z. B. in Abfällen von Flachs sowie in der Epidermis der Blätter und Stengel.

Diese Anschauung kann nicht zu Recht bestehen, denn wir werden später sehen, daß die verschieden bezeichneten Rückstände einer Aufteilung in ihre Bestandteile, von denen einer die Cellulose ist, zugänglich sind.

Die grundlegende Hypothese von Nägeli (43) über die Entstehung und den Bau der pflanzlichen Zellmembran nimmt als Bausteine der Membran winzige, mikroskopisch nicht sichtbare Teilchen oder Molekülkomplexe an, denen er den Namen „Micelle" gab und für die er auf Grund des Verhaltens der Membran z. B. beim Austrocknen oder im polarisierten Licht regelmäßige, polyedrische Anordnung annahm. Es ist dann lange darüber gestritten worden, ob beim Wachstum der Zellhaut neugebildete Elemente innerhalb der vorhandenen entstehen oder zwischen die alten eingeschoben werden (Intussusception oder Apposition). Die heutige Ansicht geht dahin, daß das Wachstum der Membran verschieden verlaufe, in den meisten Fällen wohl durch Intussusception, nicht selten aber auch durch Apposition oder durch eine Kombination beider. Correns (4) stellte fest, daß Streifung und Schichtung der Membran auf einem Wassergehaltsunterschied der verschiedenen Schichten beruhe, die helleren Schichten sind wasserreicher und weicher als die dunkleren und widerstandsfähigeren Schichten. Auch nimmt er nach seinen Beobachtungen über das Verhalten bei der Maceration mit chlorsaurem Kali und Salpetersäure an, daß die ersteren aus kleineren, leichter angreifbaren Micellen bestehen. Die Micellen schließen nach Nägeli (44) in ausgetrocknetem Zustande lückenlos aneinander, bei Zutritt von Wasser werden sie auseinandergedrängt, indem jede einzelne Micelle sich mit einer Wasserhülle umgibt, bis der Druck der Wasserhüllen der Kohäsionskraft der Micellen gleichkommt. Letztere bilden in der Fläche ein lückenloses Netzwerk. Schieben sich nun Neubildungen zwischen die Micellen oder nehmen einzelne Micellen andere chemische Eigenschaften an und gelingt es, die Einlagerungen oder die umgewandelten Micellen aufzulösen, so zerfällt das Gerüst der in ursprünglicher Form vorhanden gebliebenen Micellen nicht, sondern die Membranstruktur bleibt bestehen, weil die Micellen nicht in einer Ebene liegen, sondern räumlich nach drei Richtungen angeordnet sind. So kann bei Erhaltung der Struktur wohl eine Lockerung oder Aufhellung einer verdichteten Membran vor sich gehen.

Nach der neueren Auffassung von Bütschli (3) haben in quellbaren Körpern, so im Protoplasma und in Zellmembranen, die kleinsten Teilchen eine wabige Struktur. Der Inhalt der Waben bestehe aus einer wäßrigen Lösung des quellbaren Körpers. Bei Zufuhr von Wasser sollen aber auch die Wabenwände selbst Wasser aufnehmen, was Bütschli (3) als einen chemischen Prozeß, als eine Hydratbildung ansieht.

Eine *teilweise* chemische Veränderung der ursprünglichen Membran läßt sich mit beiden Theorien wohl vereinigen, dagegen eine *vollständige* Umwandlung in eine neue chemische Verbindung nicht, weil in diesem Falle bei der Behandlung mit einem geeigneten Reagens die ganze Membran verschwinden müßte.

Auf Grund jahrelanger Untersuchungen nimmt J. König (25) an, daß von den in pflanzlichen Geweben vorkommenden Inkrusten die Lignine aus der Cellulose durch Einlagerung von Alkylgruppen entstehen. Es müssen sich die Neubildungen, die Lignine, zwischen und neben der nicht verwandelten Cellulose finden, ohne mit dieser in chemischem Zusammenhang zu stehen. Eine absolut scharfe Scheidung zwischen reiner Cellulose an dieser und fertig gebildetem Lignin an jener Stelle läßt sich natürlich nicht machen, weil in allen Pflanzenteilen Urcellulose, Lignin und Übergangsformen von noch nicht hoch methylierter Cellulose sich nebeneinander befinden und man sich vorstellen muß, daß bei dem Übergang der Cellulose ($C_6H_{10}O_5$ mit 44,4 % C) in einen Körper von z. B. mindestens $C_6H_6(CH_3)_4O_5$ = Lignin mit 55 % C die Aufnahme der vier CH_3-Gruppen allmählich erfolgt.

An Querschnitten älterer und jüngerer Pflanzenteile lassen sich die Cellulose und ihre Umwandlungen bei Färbeversuchen mikroskopisch leicht erkennen. Bei Anwendung von Chlorzinkjod oder Jod und Schwefelsäure ist das intensive Blau der Cellulose von dem Gelb der Lignine wohl zu unterscheiden, wenn auch die Farbenunterschiede teilweise durch gegenseitige Verdeckung verschleiert werden. Es zeigt sich auch, daß mit dem Alter der Pflanze die Gelbfärbung zunimmt, nebenher aber immer noch ein geringes Blau zu sehen ist.

Eine chemische Veränderung der Urcellulose findet also statt, die Umwandlung geht aber allmählich und stets nur *teilweise* vor sich, es bildet sich dabei eine neue, *selbständige* chemische Verbindung, und neben dieser finden sich stets, auch bei ganz alten Pflanzenteilen, gewisse Mengen der ursprünglichen Cellulose. Infolge dieser allmählichen Veränderung müssen die Cellulose und ihre Umwandlungen, die sog. Inkrusten, ineinandergreifen, sich gegenseitig umschließen und durchwachsen sein.

Schon in einer Arbeit von Sanio (46) finden sich farbige Wiedergaben von Schnitten des Kiefernholzes, angefertigt im Jahre 1867, welche bei ihrer Durchfärbung mit Chlorzinkjod ganz deutlich Blau und Gelb und deren Übergänge erkennen lassen. Sanio beschreibt diese Übergänge sehr eingehend als Kennzeichen der Verholzung der jungen Membran, allerdings ohne den inneren chemischen Zusammenhang erklären zu können.

Hiernach ist es wohl klar, daß die Auffassung von J. König (25), nach welcher die ursprüngliche Membran *teilweise* verändert wird, *teilweise* aber immer noch aus ihrem Urstoff, der reinen Cellulose, besteht, sich mit den Theorien von Nägeli (43) und Bütschli (3) vereinigen läßt.

Von anderen Seiten aber nimmt man an, daß nur die Baumwolle reine Cellulose enthalten soll, während die Cellulose in den Zellmembranen der meisten anderen Pflanzen nicht als reine Cellulose, sondern nur mit anderen Stoffen chemisch (esterartig) verbunden vorkommen soll, und unterscheidet verschiedene Arten von Cellulose, wie auf S. 239 und 240 angegeben.

Diese Anschauung wird aber dadurch widerlegt, daß J. König (30) und seine Mitarbeiter der Rohfaser mit Leichtigkeit einen oder mehrere ihrer Bestandteile entziehen konnten, ohne daß die Struktur der Zellmembran dabei zerstört wurde. Die Struktur blieb im Gegenteil so deutlich erhalten, daß sie in fast allen ihren Schichten mikroskopisch wieder erkannt werden und in vielen Fällen, wie die folgende Abbildung 23 zeigt, photographisch festgehalten werden konnte. Das wäre nicht möglich, wenn eine einheitliche chemische Verbindung vorgelegen hätte, denn die chemische Zerlegung dieser Verbindung hätte doch auch die physikalische Zerstörung ihrer Form zur Folge haben müssen.

Weil das aber nicht der Fall ist, hält J. König (25) es für erwiesen, daß die einzelnen Bestandteile der Zellmembran, die Cellulose, die Lignine, die Pentosane in all ihren Entwicklungs- und Kondensationsstufen, die er als Proto-, Hemi- und Orthomodifikationen unterscheidet, nicht miteinander chemisch verbunden sind, sondern physikalisch gemengt, einander innig durchdringend und durchwachsend nebeneinander vorkommen, und weist in einem Vergleich darauf hin, daß die Bestandteile der Zellmembran in ähnlicher Weise durchwachsen sind, wie Leim und Kalkphosphat in den Knochen oder wie Kieselsäure und organische Substanz bei manchen Gramineen.

Die Bestandteile der Zellmembran verhalten sich den allgemein angewendeten Lösungsmitteln (verdünnten Säuren und Alkalien) gegenüber verschieden. Ähnlich den in die Gruppe der „stickstofffreien Extraktstoffe" fallenden chemischen Bestandteilen der Pflanzen sind auch die Hauptbestandteile der Zellmembran, die Anhydride der Kohlehydrate und die Lignine, in verschiedener Löslichkeits- (Kondensations-) Form vorhanden, nämlich:

1. Ein Teil ist unter 2—3 Atm. Druck schon mit Wasser allein löslich und kann als *Protoform* (Protoglykosan, Protopentosan, Protolignin) bezeichnet werden.

2. Ein anderer Teil wird durch Kochen oder Dämpfen mit verdünnten Säuren gelöst und umfaßt die *Hemicellulosen*, auch *Reservecellulosen* genannt. Hierunter fallen die Hemihexosane, Hemipentosane und Hemilignine. Die Galaktane und Mannane werden auf diese Weise ganz, die Pentosane größtenteils gelöst. Auch verdünnte Alkalien wirken lösend.

Die *Inkrusten*, Bitterstoffe, Gerbstoffe, Farbstoffe, Pektinverbindungen, gummi- und schleimgebende Stoffe, die aromatischen Aldehyde (Hadromal, Coniferin, Vanillin) sind ebenfalls in verdünnten Säuren oder Alkalien löslich.

3. Der größte Teil der Cellulose und Lignine und ein kleiner Teil der Pentosane ist dagegen in verdünnten Säuren und Alkalien nicht löslich; dieser Teil kann als *Orthocellulose* bzw. *Ortholignin* oder „wahre" Cellulose und „wahres" Lignin von der Proto- und Hemiform unterschieden werden.

Orthocellulose (und Orthopentosane) unterscheiden sich von dem braungefärbten Ortholignin dadurch,

a) daß, während Lignin und Cutin ungelöst bleiben und so quantitativ von der Orthocellulose getrennt werden können, letztere einschließlich Orthopentosane löslich sind:

in 72proz. Schwefelsäure (Ost und Wilkening [45]),

in rauchender Salzsäure vom spezifischen Gewicht 1,21 (Willstätter und Zechmeister [59]),

in 1proz. Salzsäure unter Druck von 5—6 Atm. (J. König und E. Rump [30]),

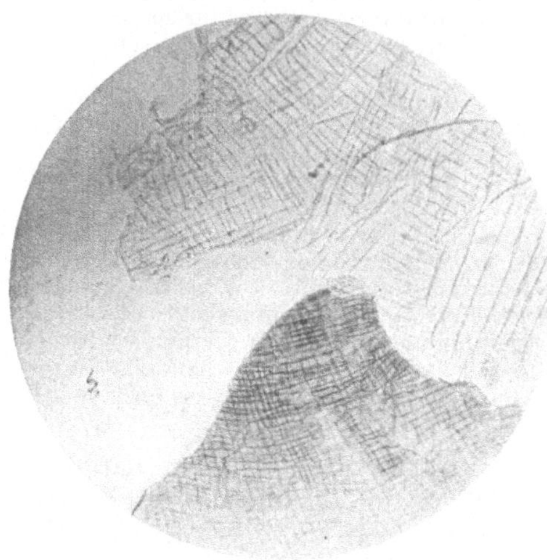

a

Rohfaser. (Glycerinschwefelsäureverfahren von J. König.) Cellulose + Lignin + Cutin. Vergr. 70.

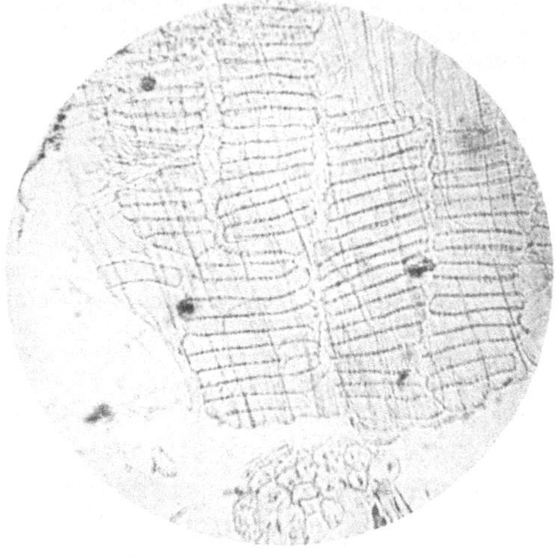

b

Cellulose + Cutin. Nach Entfernung des Lignins durch Oxydation der Rohfaser mit Wasserstoffsuperoxyd und Ammoniak. Vergr. 110.

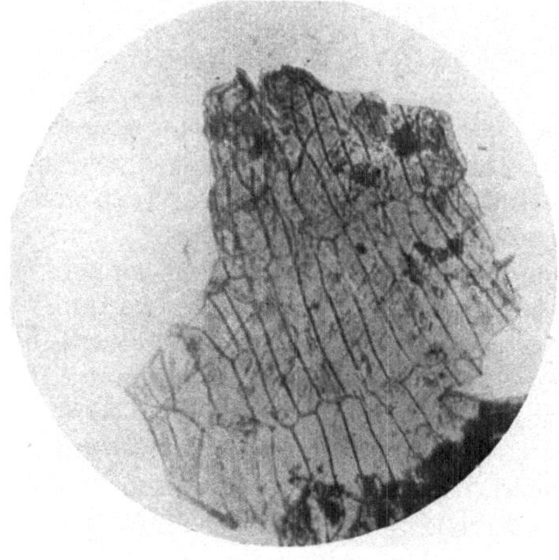

c

Lignin + Cutin. Nach Entfernung der Cellulose durch Behandlung der Rohfaser mit 72%iger Schwefelsäure. Vergr. 110.

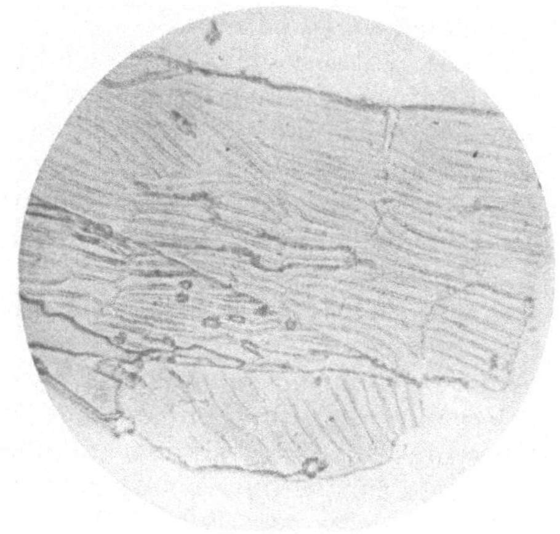

d

Cutin. Nach Entfernung der Cellulose und des Lignins durch aufeinanderfolgende Behandlung der Rohfaser mit 72%iger Schwefelsäure und Wasserstoffsuperoxy + Ammoniak. Vergr. 100.

Abb. 23a—d. Zellmembram der Weizenkleie.

in gasförmiger Salzsäure (J. König und E. Becker [26]).

b) Die Cellulose ist in Kupferoxydammoniak (oder auch in einer Lösung von Zinkchlorid in der zweifachen Gewichtsmenge von Essigsäureanhydrid) löslich; sie löst sich aber nur vollständig darin, wenn die Lignine annähernd ganz entfernt sind.

c) Die Lignine sind durch verdünnte Oxydationsmittel (Wasserstoffsuperoxyd + Ammoniak) oxydierbar, während die Cellulose hiervon nur wenig, das
Cutin gar nicht angegriffen wird. Aus dem Gewichtsverlust läßt sich nur eine
annähernd quantitative Bestimmung des Lignins erreichen.

4. Die esterartigen Verbindungen, *Cutin* und *Suberin*, verhalten sich
gegen verdünnte Säuren und Alkalien (3) wie die Orthocellulose und das
Ortholignin,

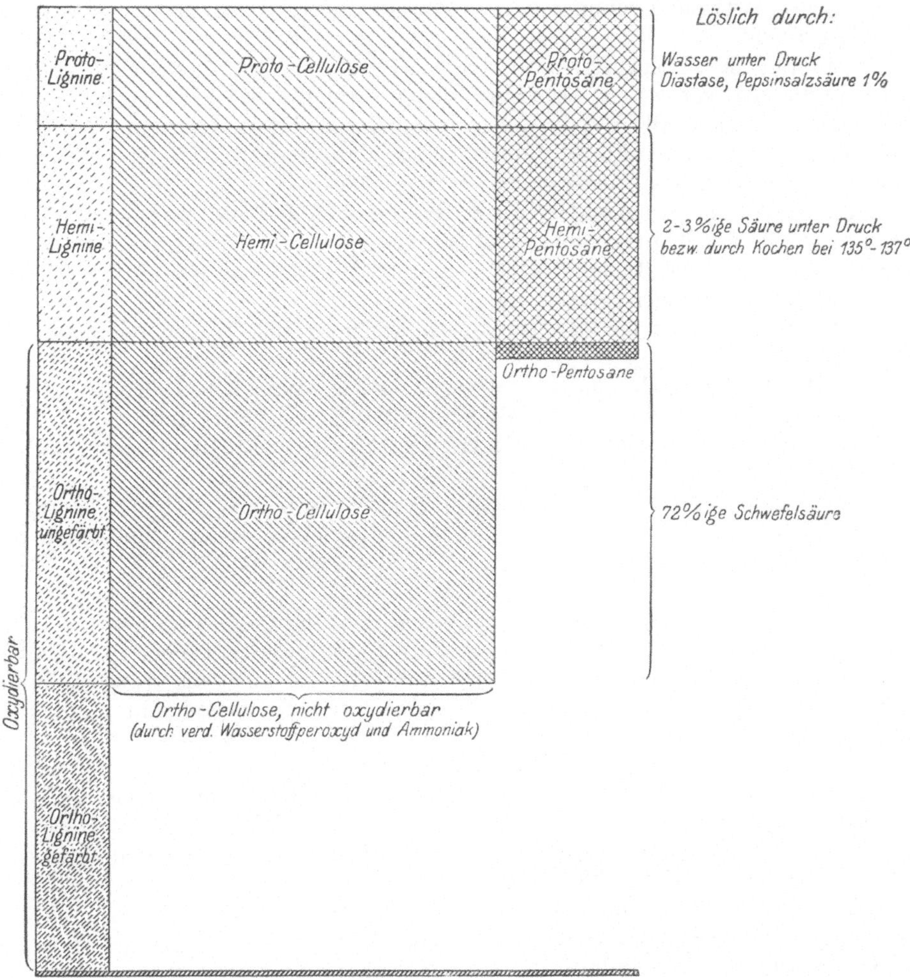

Abb. 24. Schematische Darstellung der analytischen Aufteilung der Zellmembranbestandteile.

gegen schwache Oxydationsmittel (3c) wie die Orthocellulose,
gegen die Behandlung mit konzentrierten Säuren oder mit verdünnter
Säure unter Druck (3a) wie das Ortholignin,
in Kupferoxydammoniak sind sie nicht löslich.
Die verschiedenen Löslichkeitsstufen der Bestandteile der Zellmembran
werden von J. KÖNIG (25) durch die obenstehende Abbildung veranschaulicht, aus
der ersichtlich ist, daß durch Dämpfen mit verdünnten Säuren die Mannane und

16*

Galaktane ganz, die Pentosane größtenteils gelöst werden, und daß durch Behandlung mit 72 proz. Schwefelsäure oder verdünnte Säuren unter hohem Druck die Glucosane (Orthocellulose) ganz, die Lignine zum Teil gelöst werden.

Als Aufgabe eines Verfahrens zur Bestimmung der Rohfaser ist die möglichst vollkommene Trennung der „wahren" Cellulose und des „wahren" Lignins sowie des Cutins von den Hemi- und Protoformen einerseits und von den sonstigen Bestandteilen der Pflanze andererseits anzusehen. Sie wird durch die zur Bestimmung der Rohfaser vorgeschlagenen Verfahren, deren es um die Jahrhundertwende schon etwa 40 verschiedene gab, in sehr verschiedenem Grade erreicht.

Das allgemein eingeführte Verfahren von W. Henneberg (15) und Fr. Stohmann (sog. Weender-*Verfahren*) bringt durch die Behandlung mit $1^1/_4$ proz. Schwefelsäure nicht alle Hemicellulosen, wenigstens bei weitem nicht alle Pentosane in Lösung, während durch die $1^1/_4$ proz. Kalilauge ein Teil der Lignine und ohne Zweifel auch des Cutins gelöst wird.

Fr. Schulze (48) behandelt die mit Wasser, Alkohol und Äther ausgezogenen Pflanzenstoffe mit Kaliumchlorat und Salpetersäure und wäscht mit verdünntem Ammoniak aus. Der Rückstand ist ärmer an Kohlenstoff (Lignin); er enthält noch erhebliche Mengen Pentosane.

Dasselbe trifft zu bei den Rohfasern, welche erhalten sind nach den Verfahren von

M. Hönig (19) (Erhitzen der Substanz mit Glycerin bei 210°),

Gabriel (11) (Erhitzen mit Glycerinkalilauge auf 180°) und

G. Lebbin (36) (Oxydation mit Wasserstoffsuperoxyd und Ammoniak).

Andere Verfahren, so das von

W. Hoffmeister (16) (Behandeln mit der fünffachen Menge Eisessig bei 88—92° oder mit 5 proz. Natronlauge und Ausziehen dieser Rückstände mit Kupferoxydammoniak)

oder von

P. Lange (35) (Behandeln der Substanz mit Ätzkali bei 180°),

sind zwar hinsichtlich des Pentosangehaltes der Rohfaser noch nicht nachgeprüft, haben sich aber insofern nicht bewährt, als auch die wahre Cellulose angegriffen wird und die anderen Bestandteile der Rohfaser nicht quantitativ mitbestimmt werden.

Die Oxydationsverfahren z. B. von

Zeissl und Stritar (60) (Oxydation mit Kaliumpermanganat und verdünnter Salpetersäure),

Fremy und Terrail (10) sowie von Cross und Bevan (Behandeln mit Chlor, Chlorwasser oder Chlorkalklösung),

H. Müller (42) (Behandeln mit Bromwasser)

lassen, wie Fr. Hühn (21) nachgewiesen hat, die Pentosane unangegriffen und bilden außerdem Oxycellulose.

Das von H. Lohrisch (38) für die Bestimmung der Rohfaser in Menschenkot vorgeschlagene Verfahren (Behandlung mit 50 proz. Kalilauge, Aufhellen mit Wasserstoffsuperoxyd, Wiederausfällung gelöster Cellulose durch Zusatz eines gleichen Volumens Alkohol) erscheint für alle stärkehaltigen Stoffe unbrauchbar, weil auch gelöste Stärke ausgefällt wird.

Das Verfahren von H. Stiegler (51) (Erhitzen mit 28 proz. Salzsäure und $1^1/_4$ proz. Kalilauge) liefert nach dessen Angaben eine pentosanarme Rohfaser, ist aber bis jetzt nur bei Gerste angewendet worden.

Bei einer eingehenden Untersuchung pflanzlicher Stoffe können die Pentosane nach dem Verfahren von B. Tollens (55) und seinen Mitarbeitern für sich bestimmt werden. Deshalb muß von einem Verfahren nur Bestimmung der Rohfaser verlangt werden, daß es eine möglichst *pentosanfreie Rohfaser* liefert, denn andernfalls kommt ein Teil der Pentosane in der Analyse doppelt zum Ausdruck, einmal in der Gesamtmenge der Pentosane und dann wieder in der Rohfaser. In dieser Hinsicht hat das Verfahren von J. König (25) zur Bestimmung der Rohfaser den Vorzug vor dem allgemein eingeführten sog. „Weender-Verfahren" von W. Henneberg (15).

Das ist aus folgenden Feststellungen von J. König und Fr. Hühn (28) ersichtlich, welche die verschiedenen Zellmembranrückstände auf ihren Pentosangehalt untersuchten. Es waren in Prozent der Rückstände noch vorhanden:

Art des Rückstandes	Buchenrinde %	Eichenrinde %	Tannenrinde %	Buchenholz %	Eichenholz %	Tannenholz %	Jute %
Weender Rohfaser . . .	20,48	16,30	10,27	20,46	11,61	8,95	10,58
Rohfaser nach König (25)	2,59	1,39	1,38	1,40	1,37	0,62	0,51
Cellulose nach Tollens (56)	19,86	16,79	8,99	17,17	7,03	4,20	5,67
Cellulose nach König (25) .	4,07	2,50	1,92	1,81	1,80	0,93	0,59
Nach direkter Behandlung mit H_2O_2 und NH_3 . .	25,65	19,59	18,73	20,63	19,80	11,69	16,53
Cellulose nach Cross und Bevan (5)	32,33	22,38	15,33	25,98	22,75	10,00	14,42
Cellulose nach Fr. Schulze (49)	23,57	16,87	11,38	20,71	16,41	6,74	9,23
Cellulose nach H. Müller (42)	—	—	—	30,22	24,94	9,19	—

Hiernach wurden absolut pentosanfreie Präparate zwar nicht erhalten, aber sowohl in den Rohfasern wie in den Cellulosepräparaten von J. König (25) sind nur sehr geringe Mengen von Pentosanen zurückgeblieben, während die übrigen Verfahren, namentlich die ausschließlich auf Oxydation beruhenden, den Pentosanen gegenüber nicht oder nur sehr unvollständig den gewünschten Erfolg gehabt haben.

Feststellungen dieser Art wurden auch von O. Kellner, Fr. Hering und O. Zahn (23) an Rohfasern aus Ochsenkot getroffen, welcher seiner Natur nach eine größere Menge schwer löslicher Pentosane und Stickstoffsubstanzen enthalten muß als die zugehörigen Futtermittel. Es wurden an Pentosanen und Stickstoff in Prozenten der wasser- und aschefreien Rohfaser gefunden:

Auch hiernach werden durch das Bestimmungsverfahren von J. König (25) die Pentosane zum weitaus größten Teil von der Rohfaser getrennt, während die nach dem Weender-Verfahren hergestellte Rohfaser noch einen hohen Pentosangehalt besitzt, so daß dieses letztere eine weniger scharfe Trennung der Rohfaser, der Pentosane und der sonstigen stickstofffreien Extraktstoffe ermöglicht.

Rohfaser nach J. König		Rohfaser nach dem Weender-Verfahren	
Pentosane	Stickstoff	Pentosane	Stickstoff
2,38 %	0,658 %	19,81 %	0,809 %
2,40 %	0,946 %	17,12 %	0,714 %
3,33 %	1,428 %	18,12 %	0,811 %
2,61 %	1,383 %	16,09 %	0,662 %
3,34 %	1,251 %	18,39 %	0,836 %
3,31 %	1,347 %	17,49 %	0,804 %
		16,54 %	0,998 %
		21,19 %	0,739 %
		16,08 %	0,650 %

Das Verfahren von J. König (25) hat ferner den Vorteil, daß nur *eine* Behandlung, nämlich Kochen oder Dämpfen der Substanz mit Glycerinschwefelsäure, erforderlich ist.

In den nach den beiden letztgenannten Verfahren erhaltenen Rohfasern fand J. König (25) z. B. folgenden Gehalt an Kohlenstoff und Stickstoff:

Verfahren nach	Grasheu		Kleeheu		Roggenstroh		Erbsenstroh	
	C %	N %	C %	N %	C %	N %	C %	N %
W. Henneberg(15)	45,49	0,30	46,84	0,50	45,97	0,18	48,05	0,24
J. König 25 . . .	47,01	0,71	47,92	0,85	46,28	0,27	49,66	0,41

Bei nahezu gleichen prozentualen Mengen ist die nach dem Verfahren von J. König (25) erhaltene Rohfaser bei geringerem Gehalt an Pentosanen also etwas stickstoff- und kohlenstoffreicher; sie enthält also mehr Lignin, welches sich wie das Cutin jetzt fast quantitativ von der Cellulose trennen läßt. Der Stickstoffgehalt der Rohfaser aber läßt sich nach Kjeldahl ermitteln, der durch Multiplikation des Stickstoffgehaltes mit 6,25 errechnete Gehalt an Protein läßt sich in Abzug bringen, und so lernt man den Gehalt der Substanz an *proteinfreier Rohfaser* kennen, was in vielen Fällen wichtig ist.

Aus dem Vorstehenden ergibt sich, daß nur die beiden Verfahren von W. Henneberg (15) und J. König (25) von allgemeiner Bedeutung sind, weshalb die Ausführung beider Verfahren hier zunächst eingehend beschrieben werden soll.

b) Bestimmung der Rohfaser nach W. Henneberg (15) und Fr. Stohmann, das sog. „Weender-Verfahren".

Die ursprüngliche Vorschrift lautete wie folgt: 3 g der lufttrockenen, fein gepulverten Substanz werden mit 200 cm³ einer 1,25proz. Schwefelsäure (50 g konzentrierte Schwefelsäure werden zu 1 l verdünnt, hiervon nimmt man 50 cm³ + 150 cm³ Wasser) $\frac{1}{2}$ Stunde gekocht; dann läßt man absitzen, dekantiert und kocht den Rückstand in derselben Weise zweimal mit demselben Volumen Wasser auf. Die dekantierten Flüssigkeiten läßt man in Zylindern absitzen und gibt die niedergeschlagenen Teilchen nach dem Abhebern der Flüssigkeit in das Gefäß mit der zu untersuchenden Flüssigkeit zurück. Darauf kocht man diese $\frac{1}{2}$ Stunde mit 200 cm³ einer 1,25proz. Kalilauge (50 g Kalihydrat werden zu 1 l gelöst, hiervon nimmt man 50 cm³ + 150 cm³ Wasser), filtriert durch ein gewogenes Filter und kocht den Rückstand noch zweimal mit demselben Volumen Wasser $\frac{1}{2}$ Stunde; man bringt dann alles auf das Filter, wäscht mit heißem und kaltem Wasser, zuletzt mit Alkohol und Äther aus, trocknet, wägt, verascht und wägt nochmals. Filterinhalt minus Asche ergibt die Menge *Rohfaser* (auch wohl Holzfaser genannt).

Dieses Verfahren nimmt wenigstens 2 Tage in Anspruch. Fr. Holdefleiss (17) und H. Wattenberg (58) haben deshalb Ausführungsweisen in Vorschlag gebracht, die schneller zum Ziele führen; das vielfach angewendete Verfahren von Fr. Holdefleiss (17) wird wie folgt ausgeführt:

In den engen, konisch auslaufenden Hals eines birnförmigen Gefäßes *A* (Abb. 25) von etwa 250—280 cm³ Inhalt bringt man ein Büschel von ausgeglühtem, langfaserigem Asbest, den man fest in die Spitze ansaugt. In dieses Gefäß werden 3 g der lufttrockenen Substanz und 200 cm³ kochende 1,25 proz. Schwefelsäure (vgl. oben) eingefüllt. Nachdem das Gefäß, um Wärmeausstrahlung zu

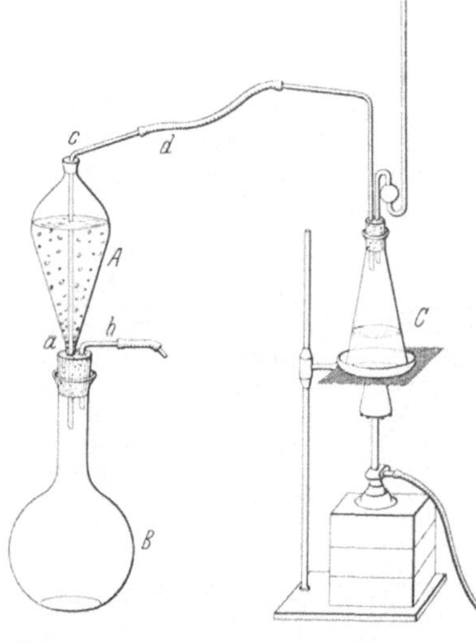

Abb. 25. Apparat zur Rohfaserbestimmung nach Holdefleiss.

verhindern, mit einem Tuche dicht umwickelt worden ist, wird durch das Glasrohr *c* bis auf den Boden Dampf eingeleitet, der in *C* entwickelt wird. Durch Regelung der Flamme unter *C* verhindert man ein Hinausschleudern oder Zurücksteigen der kochenden Flüssigkeit in A. Diese Gefahr wird auch durch Anbringen eines doppelt gebogenen Kugelrohres bei C beseitigt. Nach genau $^1/_2$ Stunde wird das Kochen durch Abstreifen des Schlauches d von Glasrohr c unterbrochen und die kochend heiße Flüssigkeit durch Verbindung von b mit einer kräftig wirkenden Luftpumpe in das darunter befindliche Gefäß B abgesaugt. Diese Behandlung wird zweimal mit heißem Wasser, dann mit 200 cm³ einer 1,25 proz. Kalilauge (vgl. oben) und schließlich zweimal mit derselben Menge Wasser wiederholt. Dann wird mit heißem Wasser, mit Alkohol und Äther ausgewaschen und der Rückstand samt Gefäß A getrocknet. Man bringt die trockene Masse verlustlos in eine Platinschale, trocknet nochmals bei 100—105°, läßt erkalten und wägt. Hierauf wird geglüht und nochmals gewogen. Die Differenz der beiden Wägungen gibt das Gewicht der Rohfaser. Die ganze Behandlung kann an einem Tage zu Ende geführt werden.

Fettreiche Substanzen, wie Ölsamen, müssen auch hier vorher größtenteils entfettet werden, was dadurch geschieht, daß man sie in der Birne zunächst mit kochendem absolutem Alkohol und dann mit Äther auszieht; stärkereiche Stoffe behandelt man zweckmäßig vor der Behandlung mit Schwefelsäure und Kalilauge mit Malzaufguß bei 60—70° bis zum Verschwinden der Stärkereaktion, nachdem man 3 g Substanz vorher mit 400 cm³ Wasser zu Kleister verkocht hat. Man läßt 300 cm³ eines Auszuges von 100 g Malz mit 1 l Wasser einwirken.

Für die Verbesserung des Verfahrens sind noch verschiedene Vorschläge gemacht worden:

W. A. Withers empfiehlt, erst mit Kalilauge und dann mit Schwefelsäure zu kochen, was bei proteinreichen Stoffen Vorteile bietet.

Nach Versuchen von O. Nolte (44) ist bei der Ausführung des Henneberg-schen (15) Verfahrens die Feinheit der Mahlung bei einer Anzahl von Substanzen, die eine weiche Struktur haben, kaum von Einfluß auf die Ausbeute an Rohfaser, dagegen nimmt sie bei harten Stoffen mit zunehmender Feinheit ab.

Um das Stoßen beim Kochen mit Kalilauge zu verhindern, wird von W. Lepper (37) empfohlen, den Boden des Glasgefäßes, in dem gekocht wird, mit einer Schicht von Glasperlen von 0,5 cm Durchmesser zu bedecken. Beim Filtrieren lassen sich die Perlen leicht zurückhalten.

Um das lästige Schäumen bei der Rohfaserbestimmung zu verhüten, führt A. P. Sy (53) durch den Korken, der den Rückflußkühler trägt, ein zweites Rohr ein, durch welches Luft auf die Oberfläche der kochenden Flüssigkeit geblasen bzw. durch das Kühlerrohr abgesaugt wird.

H. Holldack (18) empfiehlt, die gekochte Flüssigkeit nicht erst absitzen zu lassen, sondern sie gehörig umzurühren und dann nach dem Vorschlage Wattenbergs (58) mit einem mit Leinwand überspannten, umgekehrten Trichter abzusaugen.

Thatcher (54) wendet zur Filtration einen mit Platinconus und Asbestwolle versehenen Trichter an, der groß genug ist, die ganze Menge der zu filtrierenden Flüssigkeit auf einmal zu fassen; für feinflockige Stoffe soll ein Heißwassertrichter angewendet werden.

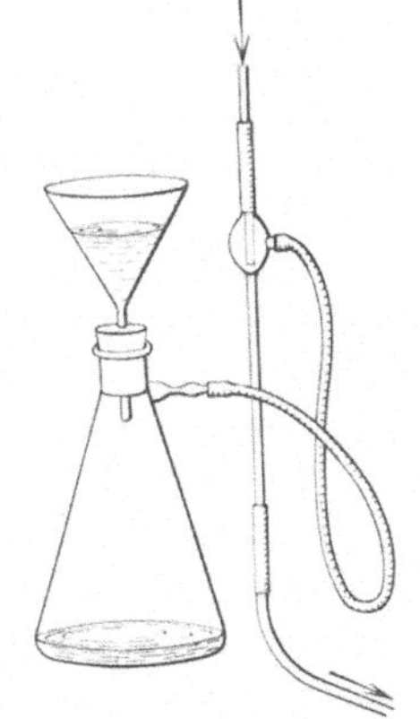

Abb. 26. Vorrichtung für Filtration der Rohfaser

Nach J. König (25) ist es ebenso zweckmäßig, die in einem Becherglase oder Porzellanbecher unter Ersatz des verdunstenden Wassers gekochte Flüssigkeit jedesmal durch ein Asbestfilter (vgl. Abb. 26) zu filtrieren oder statt des Trichters mit Porzellanteller einen großen Goochschen Tiegel (vgl. Abb. 30) mit weiter Lochung anzuwenden

Der erste ausgewaschene Rückstand nach der Kochung mit Schwefelsäure wird samt Asbestfilter in das Becherglas bzw. den Porzellanbecher zurückgegeben, darin mit Kalilauge gekocht und für die letzte Filtration ein zweites Asbestfilter gebildet. Der Asbest muß vor der Verwendung mit Säure und Lauge gekocht werden und darf nach dem Trocknen bei 105° beim Glühen keinen Gewichtsverlust erleiden. Der Asbest kann wiederholt zu Rohfaserbestimmungen verwendet werden, muß dann aber von Zeit zu Zeit durch Schlämmen vom Sand und Asbeststaub befreit werden.

Die Filtriergeschwindigkeit wird nach F. Mach und P. Lederle (39) in überraschender Weise erhöht, wenn man die Wittsche Platte zunächst mit einem feinmaschigen (Maschenweite rund 0,5 mm), rundgeschnittenen Platindrahtnetz belegt, dessen um 3—4 mm überstehender Rand um den Rand der Siebplatte gelegt wird, und auf dieses Netz den Asbestbrei bringt. Auch ein billigeres Silbernetz ist gegen die zur Verwendung kommenden Reagenzien genügend widerstandsfähig.

Weiteren Vorschlägen zur Vereinfachung bzw. Beschleunigung des Verfahrens von K. Budai (2), R. Fanto und W. Nikolitsch (7) mißt J. König (25) keine Bedeutung bei.

W. Huggenberg (20) behandelt die Substanz zunächst mit alkoholischer 8proz. Kalilauge, dann mit Salzsäure; das Verfahren ist aber bisher nicht nachgeprüft.

Auf vorstehende Weise erhält man die *aschenfreie Rohfaser*.

Bei der Anwendung des Verfahrens in verschiedenen Laboratorien ergaben sich manche Unstimmigkeiten; um diese zu beseitigen bzw. einzuschränken hat der Verband Landwirtschaftlicher Versuchsstationen i. D. R. folgende Ausführung vereinbart (57):

3 g der lufttrockenen Probe, die so fein gemahlen ist, daß sie leicht restlos durch ein 1-mm-Sieb fällt, werden in einem Becherglase — Porzellanschale ist nicht so gut geeignet —, das bei 200 cm³ eine Marke trägt, mit 50 cm³ einer 5proz. Schwefelsäure und 150 cm³ Wasser genau 30 Minuten über freier Flamme unter Ersatz des verdampfenden Wassers gekocht. Danach wird filtriert und der Rückstand bis zum Verschwinden der sauren Reaktion mit heißem Wasser ausgewaschen. Das Filtrat muß vollkommen klar und frei von suspendierten Substanzteilchen sein. Dann wird der Rückstand in das Becherglas zurückgegeben und nunmehr genau 30 Minuten in gleicher Weise mit 50 cm³ einer 5proz. Kalilauge und 150 cm³ Wasser gekocht; darauf wird filtriert, der Rückstand zunächst bis zur neutralen Reaktion mit heißem Wasser und dann mit Aceton ausgewaschen. Danach wird der Rückstand in eine ausgeglühte Platinschale gebracht, 3 Minuten bei 105° getrocknet, nach dem Erkalten im Exsiccator gewogen, auf freier Flamme geglüht und nach vollständigem Verbrennen der organischen Substanz wieder gewogen. Der Gewichtsverlust zeigt den Gehalt an *Rohfaser* an.

Für die Bestimmung der Rohfaser in Substanzen mit hohem Rohfasergehalt, wie Gerste- und Haferkleien, Strohmehlen u. a. m., gibt H. Kalning (22) ein Schnellverfahren an, das mit dem Weender-Verfahren übereinstimmende Werte gibt und in 3—5 Stunden bis zur Trocknung der Rohfaser führt:

In einer Porzellanschale, welche mit einer eingebrannten Marke versehen ist, die das Flüssigkeitsniveau von 200 cm³ angibt, werden 3 g des bis auf 1 mm (geeignet ist die Excelsiormühle von Krupp, Magdeburg-Buckau) zerkleinerten Materials mit 50 cm³ einer 5proz. Schwefelsäure bis zur vollständigen Durchfeuchtung verrührt. Nach Zugabe von 150 cm³ destillierten Wassers (bis zur Marke) wird unter Ersatz des verdunsteten Wassers durch nahezu bis zum Sieden erhitztes destilliertes Wasser $^1/_2$ Stunde lang gekocht, wobei nur so viel Wärme zugeführt wird, daß die Flüssigkeit in eine mäßig wallende Bewegung versetzt wird, damit eine Verkohlung der Kohlehydrate an der Schalenwand vermieden wird. Alsdann füllt man mit destilliertem Wasser von Zimmertemperatur bis zum Rande der Schale auf und läßt 30 Minuten absitzen. Darauf wird mit Hilfe eines mit Gaze umspannten Trichters unter Benutzung einer Wasserstrahlluftpumpe bis zur Marke abgesaugt. Etwa an der Absaugvorrichtung haftende Partikelchen sind abzuspritzen. Die Herstellung des Absaugtrichters erfolgt in der Weise, daß man einen gewöhnlichen Glastrichter von 6 cm oberem Durchmesser mit Müller-Seidengaze Nr. 20 überspannt und an der Ansatzstelle des Abflußrohres mit einem Bindfaden fest abschnürt. Man filtriert nun durch ein größeres Faltenfilter (brauchbar ist das Papier Nr. 650 der Firma Machery, Nagel & Co. in Düren) bis zu dem in der Schale zurückbleibenden Rückstand. Das Filter wird mit heißem Wasser in die Schale abgespritzt und der Schaleninhalt nach Zusatz von einigen Tropfen einer 0,04proz. Methylorangelösung mit verdünnter Natronlauge neutralisiert. Hiernach wird mit 50 cm³ einer 5proz. Natronlauge versetzt und destilliertes Wasser bis zur Marke zugefügt. Es wird nun wieder 30 Minuten unter Ersatz des verdunsteten Wassers gekocht. Wie nach der Säurekochung wird dann wieder mit Wasser bis zum Rande der Schale aufgefüllt und 30 Minuten der Ruhe überlassen. Nach dem Absaugen der Flüssigkeit bis zur Marke und dem Abspritzen der am Trichter haftenden Teilchen dekantiert man durch ein größeres Faltenfilter und spült die geringe in das Filter gelangte Menge des Rückstandes mit heißem Wasser in die Schale zurück. Es wird nun unter Verwendung von Methylorange als Indicator mit verdünnter Schwefelsäure neutralisiert, wobei jeder Säureüberschuß zu vermeiden ist, da sonst eine Trübung entsteht. Darauf wird der Rückstand auf einem getrockneten (2 Stunden bei 105⁰) und gewogenen Faltenfilter (Schleicher & Schüll, Nr. 588, Durchmesser 11,5 cm) gesammelt. Nachdem noch mit heißem Wasser, bis mit Bariumchlorid keine Trübung des Filtrates mehr entsteht, dann mit Aceton ausgewaschen worden ist, wird das Filter mit der Rohfaser auf einem Uhrglase ausgebreitet, 6 Stunden bei 105⁰ C getrocknet und gewogen. Danach wird verascht und die Rohfaserasche abgezogen.

c) Bestimmung der Rohfaser nach J. König (25).

3 g lufttrockene bzw. 5—14% Wasser enthaltende Substanz werden in einem 500—600 cm³-Kolben oder in einer 500—600 cm³ fassenden Porzellanschale oder auch in dem von Bremer (1) empfohlenen Porzellanbecher von etwa 11,5 cm Höhe und 6,5 cm Durchmesser (Inhalt etwa 300 cm³) mit 200 cm³ Glycerin von 1,23 spezifischem Gewicht, welches 20 g konzentrierte Schwefelsäure in 1 l enthält, versetzt, durch häufiges Schütteln bzw. Rühren mit einem Glasstab gut verteilt und entweder am Rückflußkühler (Abb. 27) bei 133—135⁰ 1 Stunde gekocht oder in einem mit Manometerregulator versehenen Soxhletschen Dampftopf (Abb. 28) bei 137⁰ (= 3 Atmosphären Überdruck) 1 Stunde lang gedämpft. Darauf läßt man erkalten, verdünnt den Inhalt auf ungefähr 400 bis 500 cm³, kocht nochmals auf und filtriert *heiß* durch ein Asbestfilter entweder in einem weitlochigen Goochschen Platintiegel von 6 cm Höhe, 6 cm oberem und 4 cm unterem Durchmesser oder auf einer durchlöcherten Porzellanplatte vermittels der Saugpumpe. Den Rückstand auf dem Filter wäscht man mit ungefähr 400 cm³ siedendheißem Wasser, darauf, wie bei dem Weender-Verfahren, zunächst mit erwärmtem Spiritus (von 80—90%) und zuletzt mit einem erwärmten Gemisch von Alkohol und Äther aus, bis das Filtrat vollkommen farblos abläuft. Darauf wird der Goochsche Tiegel mit dem Rückstand direkt oder, wenn ein solcher nicht benutzt ist, das Asbestfilter mit dem Rückstande, nachdem es quantitativ in eine Platinschale umgefüllt ist, bei 105—110⁰ bis zur Gewichtsbeständigkeit getrocknet und gewogen, dann über freier Flamme vollständig verascht und zurückgewogen. Der Unterschied beider Wägungen gibt die Menge der *aschenfreien Rohfaser* an.

Dickflüssige bzw. breiartige Massen, wie z. B. Schlempe, Marmelade usw., kann man in Mengen, die etwa 3 g Trockensubstanz entsprechen, vorher in den zu verwendenden Kolben oder Schalen auf dem Wasserbade eintrocknen, darauf mit der Glycerinschwefelsäure wieder aufweichen und dann weiter behandeln.

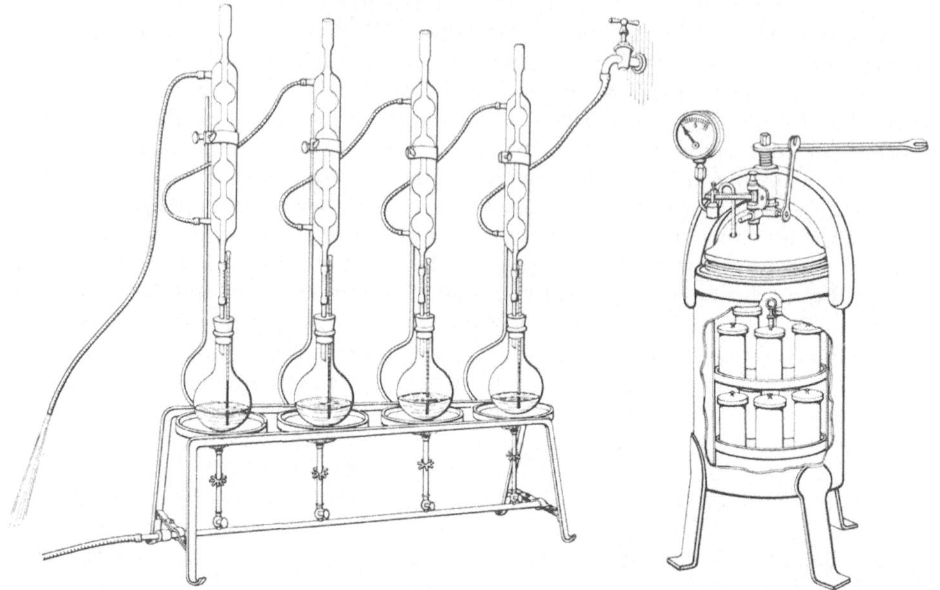

Abb. 27. Vorrichtung zur Bestimmung der Rohfaser durch Kochen mit Glycerin-Schwefelsäure am Rückflußkühler.

Abb. 28. Soxhlet'scher Dampftopf.

Für die Erhitzung im Dampftopfe bedient sich J. König (25) eines Einsatzes (Abb. 29), der, wie die Kochvorrichtung (Abb. 27) gestattet, vier Bestimmungen nebeneinander auszuführen. Für die Filtration empfehlen sich die Einrichtungen Abb. 26 und 30.

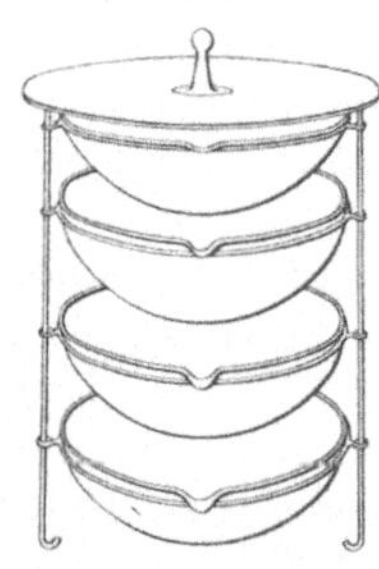

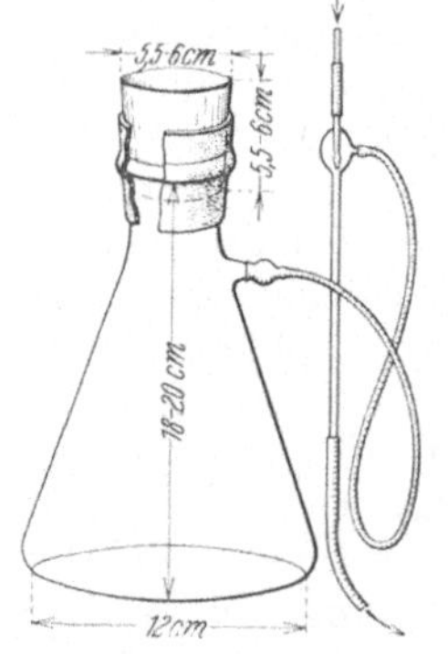

Abb. 29. Einsatz für die Erhitzung der Substanz mit Glycerin-Schwefelsäure im Dampftopf zur Bestimmung der Rohfaser.

Abb. 30. Vorrichtung für die Filtration der Rohfaser.

Für die Ausführung des Verfahrens gibt J. König (25) noch folgende Anmerkungen:

1. Stoffe, die über 10% Fett enthalten, werden zweckmäßig vorher entfettet. Man gibt die abgewogene Menge Substanz in einen Goochschen Tiegel mit Asbesteinlage und zieht unter Anwendung der Wasserstrahlpumpe mit siedendem absolutem Alkohol und dann mit warmem Äther aus.

Von *rohfaserarmen* Stoffen, wie Mehl, verwendet man zum Aufschließen mehr als 3 g, nämlich etwa 5 oder 6 g.

2. Das Dämpfen im Autoklaven mit Manometerregulator ist, weil es keiner besonderen ständigen Aufsicht bedarf, dem Kochen am Rückflußkühler vorzuziehen.

3. W. Greifenhagen (12) hält es für besser, die Glycerinflüssigkeit nach dem Erhitzen sofort unverdünnt und noch heiß abzusaugen, weil hierdurch die Filtration erleichtert werden soll, wenn die Substanz sehr fein zerkleinert ist.

4. Der *Asbest* des Handels ist vielfach stark verunreinigt und bedingt dann große Fehler. Sicherheitshalber wird bester langfaseriger Asbest mit einem Messer fein zerschabt, erst mit Salpetersäure, dann mit Kalilauge gekocht und nach völligem Auswaschen mit Salzsäure und Wasser getrocknet und geglüht. Der so vorbereitete Asbest muß in vielem Wasser aufgeschwemmt sein, um ihn gleichmäßig verteilen und ein dichtes Filter in dünner Schicht herstellen zu können.

5. Man kann auch *Tiegel von Reinnickel* anwenden; dieselben sind aber nur dann anwendbar, wenn man Teklubrenner mit vorzüglicher Luftzufuhr besitzt, die keine Spur Ruß absetzen dürfen. Die geringen Gewichtszunahmen, die bei gut ziehenden Teklubrennern nur einige Milligramm während $^1/_2$ stündiger Glühzeit betragen, kommen gegenüber den sonstigen Versuchsfehlern nicht in Betracht.

6. Die *Filtration* geschieht zweckmäßig durch große, ziemlich weitlochige Goochsche Tiegel, auch wenn man darin nicht direkt glühen, sondern daraus den Inhalt zum Glühen in eine Platinschale umfüllen will. Verwendet man Porzellanplatten (Abb. 26) zur Filtration, so legt man auf die darauf hergestellte Asbestschicht zweckmäßig eine kleine durchlöcherte Platte von etwa 3 cm Durchmesser oder einen Porzellantiegeldeckel von etwa 4 cm Durchmesser und gießt auf diesen die zu filtrierende Flüssigkeit aus; dadurch wird das Aufspülen und Undichtwerden der Asbestschicht beim Aufgießen verhindert.

7. J. Grossfeld (13) empfiehlt, besonders bei feinpulverigen Stoffen, die Glycerinflüssigkeit nach dem Dämpfen oder Kochen mit dem gleichen Volumen Wasser zu verdünnen, die Flüssigkeit wieder zu erhitzen und freiwillig (ohne Anwendung einer Saugpumpe) durch einen mit genügend dicker Asbestlage versehenen Gooch-Tiegel filtrieren zu lassen, auszuwaschen usw.

Es ist vorteilhaft, bei dieser Filtration durch öfteres Nachfüllen dafür zu sorgen, daß der Tiegel nicht völlig leer läuft, und das Filtrat in einem untergestellten Becherglase vorsichtig so weit zu erhitzen, daß die heißen Dämpfe den Tiegel, der in einem passenden Ring aus Porzellan oder Metall auf dem Becherglase ruht, umspülen. Erst beim Auswaschen mit siedendheißem Wasser saugt man mit der Saugpumpe scharf ab.

Wenn infolge von unvorsichtigem oder zu frühem Ansaugen mit der Saugpumpe das Filter mit der darauf befindlichen Rohfaser undurchlässig geworden sein sollte, empfiehlt es sich, den Tiegel in obenerwähnten Ring zu hängen und einfach bis zum folgenden Tage oder länger sich selbst zu überlassen; meistens beginnt die Filtration nach Entfernung des Saugdruckes von selbst wieder. Sollte dies nicht der Fall sein, so spült man die Rohfaser nebst Asbest in das Becherglas zurück und filtriert durch ein neu hergestelltes Asbestfilter.

8. Bei *staubartig feinen* Stoffen, wie Baumwollsaatmehl, Kot, Mehlen, Kakao, empfiehlt es sich, die gekochte oder gedämpfte Flüssigkeit in großen Becherngläsern stärker zu verdünnen, absitzen zu lassen, die völlig klare Flüssigkeit einmal abzuhebern und dann den Bodensatz nach Verdünnen und Kochen zu filtrieren. Sollte die Flüssigkeit nicht völlig klar sein, so läßt sie sich bei genügend starker Verdünnung nach dem Abhebern leicht filtrieren, bevor man den nochmals aufgekochten Bodensatz aufs Filter bringt.

Von einigen Seiten ist vorgeschlagen, den in vorstehender Weise erhaltenen Bodensatz nach völligem Absitzen und Abhebern nicht unter Zusatz von Wasser zu erhitzen, sondern mit Spiritus zu versetzen und dann zu filtrieren. Das kann unter Umständen, wie bei Baumwollsaatmehl, Kot, Kakao usw., die Filtration erleichtern, hat aber im übrigen keinen Einfluß auf das Ergebnis, wenn sonst richtig nach der Vorschrift gearbeitet wird.

9. Die randlosen oder nur mit schwachem Rand versehenen Saugflaschen (Abb. 30) werden zwecks luftdichter Einsetzung des Tiegels mit einem Stück weichen Kautschukschlauches von 8 cm Länge und 3—4 cm Durchmesser überzogen.

Um in möglichst einfacher Weise und in tunlichst kurzer Zeit zu einem Rohfaserwert in der *Größenordnung*, welche der Weender- und König-Methode entspricht, zu gelangen, haben neuerdings K. Scharrer und K. Kürschner (47) ein Verfahren vorgeschlagen, dessen Vorschrift wie folgt lautet:

3 g des Futtermittels (bzw. bei homogenem Untersuchungsmaterial 1 g) werden mit 75 cm 70proz. Essigsäure, 5 cm³ konzentrierter Salpetersäure und 2 g Trichloressigsäure (die am besten in fester Form dem Gemisch zugegeben wird) $^1/_2$ Stunde lang unter Rückflußkühlung gekocht (bei 1 g Einwaage wird die Menge der verwendeten Reagenzien entsprechend verringert). Die zurückbleibende Substanz wird durch einen Gooch-Tiegel oder Glasfiltertiegel filtriert, mit destilliertem Wasser, dann mit Alkohol und Äther gründlich ausgewaschen, bei 100—110° getrocknet, in den Exsiccator gebracht und gewogen. Hierauf wird der Tiegel in einem Muffelofen geglüht, nach vollständiger Verbrennung der organischen Substanz im Exsiccator abkühlen gelassen und nach dem Erkalten nochmals gewogen. Der Gewichtsverlust zwischen der ersten und zweiten Wägung stellt die Menge der Rohfaser dar.

Dieses Verfahren nimmt Rücksicht auf die bisher übliche Berechnung des Stärkewertes der Futtermittel, wobei die Rohfaserbestimmung nach dem Weender-Verfahren zugrunde liegt. Seine Ergebnisse entsprechen *zahlenmäßig* mehr oder weniger dem nach dem Weender-Verfahren und nach dem Verfahren von J. König (25) ermittelten Rohfasergehalte, was sich aus folgenden Befunden der Verfasser ergibt:

Substanz	Methode WEENDER	Methode KÖNIG	Neue Methode	Substanz	Methode WEENDER	Methode KÖNIG	Neue Methode
Buchenmehl . .	32,21	29,50	22,00	Rapsmehl . . .	10,83	13,13	9,91
Reis	0,60	0,90	0,60	Raps	13,29	9,67	6,52
Sojaschrot . . .	5,21	6,79	6,48	Sesamsaat			
Gerstenschrot. .	4,84	6,65	4,74	(China) . . .	19,64	20,21	11,48
Roggenschrot. .	3,97	4,88	2,66	Sesamsaat			
Rübenschnitzel .	19,92	37,35	23,35	(Indien) . . .	8,62	8,08	6,06
Wiesenheu . . .	24,90	32,10	26,27	Leinsamen . . .	6,88	19,07	6,47
Gerstenstroh . .	35,91	48,74	33,76	Erdnußkuchen-			
Roggenstroh . .	46,56	49,56	41,19	mehl.	4,58	4,29	4,68
Haferschrot . .	9,55	9,88	8,99				

Nach Angabe der Verfasser ist die Farbe des nach ihrem Verfahren erhaltenen Rückstandes hell strohgelb und dadurch verschieden von den Rohfasern, die nach den beiden anderen Verfahren erhalten werden und die durch braune bis tiefbraune Färbung, mitunter auch durch noch vorhandene Grünfärbung gekennzeichnet sind. Daraus ist zu schließen, daß dieses neue, noch nicht nachgeprüfte Verfahren zu einem Rückstand führt, der stofflich von der Rohfaser der beiden bisher üblichen Verfahren abweicht; bei Rohfaser aus Serradella haben die Verfasser die Pentosanbestimmung nach Tollens (55) ausgeführt, wobei sich ein wesentlich höherer Pentosangehalt (6—7,4 %) ergab, als in der nach dem Verfahren von J. König gewonnenen Rohfaser gefunden wurde (vgl. S. 245).

d) Trennung und Bestimmung der Bestandteile der Rohfaser.

Eine Trennung der Bestandteile der Rohfaser läßt sich nach den auf S. 241 bis 243 angegebenen Gesichtspunkten vornehmen. Die bisher vorgeschlagenen Verfahren ermöglichen jedoch keine genau quantitative Bestimmung, sondern geben jedes für sich nur Annäherungswerte.

1. Bestimmung der Summe von Lignin + Cutin.

Diesem Zweck kann eins der folgenden Verfahren dienen:

α) Anwendung von 72proz. Schwefelsäure nach Ost und Wilkening (45). Die nach einem der vorstehend angegebenen Verfahren erhaltene Rohfaser von 3 g oder bei geringen Mengen von Lignin + Cutin von 2—3mal je 3 g Substanz wird auf einem möglichst kleinen Asbestfilter gesammelt, nach Vorschrift ausgewaschen, dann aber nicht getrocknet, sondern nach dem Absaugen des zuletzt zum Auswaschen verwendeten Äthers und nach Verdunstenlassen desselben an der Luft nebst dem Asbestfilter verlustlos in 5—15 cm³ 72 proz. Schwefelsäure, die sich in einem kleinen Becherglase befinden, eingetragen und damit bei Zimmertemperatur so lange behandelt, bis der verbleibende Rückstand, d. h. ein kleiner Teil davon, unter dem Mikroskop mit Schwefelsäure + Jod keinerlei Blaufärbung mehr zeigt. Man bringt dann die herausgenommene Probe wieder zu dem Rückstand im Becherglase, verdünnt mit Wasser, filtriert durch einen GOOCH-Tiegel mit Asbesteinlage, wäscht mit heißem Wasser bis zum Verschwinden der Schwefelsäure aus, trocknet, wägt, glüht und wägt wieder.

Der Unterschied im Gewichte vor und nach dem Glühen gibt die Menge von *Lignin + Cutin*, und indem man diese von der Rohfaser abzieht, erhält man die *Cellulose*.

Der Rückstand von Lignin + Cutin ist braun bis schwarz gefärbt, aber nicht etwa von Verkohlung durch die Schwefelsäure, denn er hat noch die Struktur der Zellmembran.

Von Holz und ähnlichen cellulosereichen Stoffen kann man 1 g Substanz nach Ausziehen mit einem Gemisch von gleichen Teilen Alkohol und Benzol direkt zur Behandlung mit der 72 proz. Schwefelsäure verwenden.

Wenn sich die mit Wasser verdünnte Schwefelsäureaufschließung schwer filtrieren läßt, so erwärmt man die verdünnte Flüssigkeit zunächst einige Zeit.

Das Waschwasser vom ungelösten Rückstand läuft bei einigen Stoffen (z. B. bei Ligninen von Laubholzarten) braungefärbt ab, was wahrscheinlich von einer Oxydation des Lignins herrührt und Verluste verursacht. Die mit Salzsäure nach einem der folgenden Verfahren erhaltenen Rückstände von Lignin + Cutin zeigen dieses Verhalten nicht.

Die durch Behandlung mit 72 proz. Schwefelsäure erhaltenen Mengen Lignin + Cutin sind stets etwas geringer als die Mengen, die nach einem der Salzsäureverfahren oder durch Oxydation der Rohfaser mit Wasserstoffsuperoxyd und Ammoniak erhalten werden. Da die durch Schwefelsäure aus der Rohfaser gelösten Stoffe einen wesentlich höheren Kohlenstoffgehalt als Cellulose besitzen, ist anzunehmen, daß durch die 72 proz. Schwefelsäure auch ein Teil der Lignine gelöst wird. Weil die schwefelsaure Lösung ungefärbt bleibt, so unterscheidet J. KÖNIG (25) zwischen diesen ungefärbten löslichen Ligninen und den unlöslichen braunen bis schwarzbraunen Ligninen des Rückstandes.

Letztere halten — vielleicht unter Bildung von Lignosulfosäure — hartnäckig Schwefelsäure (3—6 % in Prozenten des Lignins) zurück, die sich selbst durch anhaltendes Auswaschen mit Wasser nicht entfernen läßt. Dadurch dürfte ein Teil des diesem Verfahren anhaftenden Verlustes ausgeglichen werden.

β) **Behandlung mit rauchender Salzsäure nach R. WILLSTÄTTER und L. ZECHMEISTER** (59). Lufttrockene Rohfaser von 3 g oder 2—3 mal je 3 g Substanz oder 1 g von entfettetem, lufttrockenem Holze (vgl. unter *α*) wird in ein ERLENMEYER-Kölbchen, das mit einem eingeschliffenen Glasstopfen luftdicht verschlossen werden kann, gebracht, darin mit etwa 25—30 cm³ rauchender, 41 proz. Salzsäure — spezifisches Gewicht 1,21 — versetzt und bei gewöhnlicher Temperatur unter öfterem Umschwenken so lange behandelt, bis in den ungelöst gebliebenen Flocken unter dem Mikroskop durch Schwefelsäure und Jod keine Cellulose mehr nachgewiesen werden kann, was acht und mehr Stunden in Anspruch nehmen kann.

Dieses Verfahren hat manche Vorzüge vor dem ersteren, aber den Übelstand, daß die Herstellung und Aufbewahrung der 41 proz. Salzsäure einige Schwierigkeiten bereitet. Man erhält sie, indem man in gewöhnliche reine Handelssalzsäure unter ständiger Eiskühlung bei 0° so lange — 1 bis 2 Tage — Chlorwasserstoffgas einleitet, bis der Gehalt bzw. das spezifische Gewicht erreicht ist. Die Anwendung einer auch nur um etwas im Gehalt geringeren Säure liefert keine sicheren Ergebnisse mehr.

γ) **Behandlung mit gasförmiger Salzsäure nach J. König und E. Becker (26).** Die angegebene Menge Rohfaser oder Holz wird in ein weites, dickwandiges Reagensrohr gebracht, mit 6 cm³ Wasser vermischt und in diese breiige Masse unter Eiskühlung so lange Chlorwasserstoff eingeleitet, bis sie dünnflüssig geworden ist und sich nicht mehr verändert. Man läßt dann zur weiteren Hydrolyse noch 24 Stunden stehen, untersucht den Rückstand mikroskopisch auf Cellulose, verdünnt, wenn er frei davon ist, mit Wasser und verfährt zur quantitativen Bestimmung des Rückstandes wie unter α. Ist der Rückstand noch nicht frei von Cellulose, so muß man mit dem Einleiten von Chlorwasserstoff fortfahren.

Das Verfahren ist zwar ebenso einfach wie das unter β, es scheint aber, daß hierbei unter Umständen eine Zersetzung des Lignins hervorgerufen werden kann.

δ) **Aufschließung mit verdünnter Salzsäure unter hohem Druck nach J. König und E. Rump (30).** Die angegebene Substanzmenge wird in einen Porzellanbecher (1 l Inhalt) gefüllt, mit 200 cm³ 1proz. Salzsäure versetzt und nach Bedecken mit einem Uhrglase im Autoklaven 6—7 Stunden bei 5—6 Atm. Überdruck gedämpft. Man untersucht alsdann kleine Proben des Rückstandes unter dem Mikroskop mit Schwefelsäure und Jod auf Cellulose und erhitzt, falls noch unaufgeschlossene Cellulose vorhanden ist, 1—2 Stunden weiter. Erweist sich der Rückstand frei von Cellulose, so filtriert man durch einen Gooch-Tiegel mit Asbesteinlage und verfährt weiter wie unter α.

Dieses Verfahren ist dort, wo man einen Autoklaven besitzt, ebenso einfach und angenehmer als die Behandlung mit konzentrierter rauchender oder gasförmiger Salzsäure. Die gefundene Menge Lignin + Cutin ist auch hier gewöhnlich etwas höher als die durch Behandeln mit 72proz. Schwefelsäure erhaltene Menge, weil die Schwefelsäure stärker lösend auf die Lignine wirkt.

2. Trennung und Bestimmung des Lignins und Cutins.

Soll auch das Cutin bestimmt werden, so stellt man weitere Mengen Lignin + Cutin, und zwar wegen der geringen Menge Cutin etwa die dreifache Menge und mehr her, bringt die Rückstände samt Asbestfilter in ein größeres Becherglas, fügt 100 cm³ 6proz. Wasserstoffsuperoxyd — 20 cm³ Perhydrol Merck + 80 cm³ Wasser — sowie 20 cm³ 24proz. Ammoniak hinzu, läßt 12—20 Stunden stehen und wiederholt den Zusatz von 3 bzw. 5 cm³ Perhydrol Merck 2—6mal, d. h. so oft, bis keine Oxydation bzw. keine Abnahme in den Cutinflocken mehr wahrnehmbar ist. Der Rückstand von Asbest + Cutin wird in einen Gooch-Tiegel filtriert, das erste Filtrat, wenn unklar, zurückgegeben, bis es klar ist, der Tiegelinhalt genügend mit Wasser ausgewaschen, dann entweder direkt oder nach dem Umfüllen in eine Platinschale bis zur Gewichtsbeständigkeit getrocknet, gewogen, geglüht und wieder gewogen.

Der Gewichtsunterschied gibt die Menge *Cutin*; indem man diese von der gefundenen Menge Lignin + Cutin abzieht, erhält man die Menge *Lignin*.

J. König (25) und seine Mitarbeiter haben wiederholt nachgewiesen, daß bei der Oxydation mit Wasserstoffsuperoxyd und Ammoniak während mehrtägiger Behandlung keine wesentlichen Mengen Orthocellulose oxydiert werden. So wurden durch dreitägige Behandlung von reiner Cellulose, Baumwolle und schwedischem Filtrierpapier an Rückständen in Prozenten der Trockensubstanz wiedergefunden:

Reine Cellulose	Baumwolle	Schwedisches Filtrierpapier
98,53 %	99,68 %	98,48 %

Ferner wurde Rohfaser von Weizenkleie 2—6 Tage mit Wasserstoffsuperoxyd und Ammoniak behandelt und als Rückstand (Cellulose und Cutin) gefunden:

Nach 2 tägiger	4 tägiger	6 tägiger Behandlung
7,58 %	7,03 %	6,98 %

Da in der Zeit vom 4. bis zum 6. Tage von der Rohfaser nur mehr 0,05 % oxydiert wurden, genügt es durchschnittlich, das Wasserstoffsuperoxyd unter 4—6 maliger Ergänzung 4 Tage einwirken zu lassen, bis die Rückstände rein weiß sind, sich zu Boden setzen und die Flüssigkeit nach weiterem Zusatz von 5 cm³ Perhydrol (Merck) nicht mehr schäumt.

Versuche, das Wasserstoffsuperoxyd und Ammoniak durch JAVELLEsche Lauge zu ersetzen, zeigten, daß durch letzteres die Cellulose leicht angegriffen und kolloidal wird.

Wenn man das Cutin für sich allein und in größerer Menge gewinnen will, so stellt man aus einer größeren Menge des Rohstoffs in Einzelteilen von je 3 g eine größere Menge Rohfaser her, sammelt diese auf Filtern, bringt davon je etwa 1 g in ein etwa 800 cm³ fassendes Becherglas, setzt unter Bedecken mit einem Uhrglase oder einer Glasplatte 100 oder 150 cm³ *chemisch reines,* 6 gewichtsprozentiges Wasserstoffsuperoxyd sowie 20 cm³ 24proz. Ammoniak zu und läßt etwa 12 Stunden stehen. Dann werden 3 bzw. 5 cm³ 30 gewichtsprozentiges reines Wasserstoffsuperoxyd zugesetzt und dieses, wenn die Sauerstoffentwicklung aufgehört hat, noch 2—6 mal, d. h. so oft wiederholt, bis die Substanz völlig weiß geworden ist. Beim dritten und fünften Zusatz von Wasserstoffsuperoxyd fügt man auch noch 5 oder 10 cm³ des 24 proz. Ammoniaks hinzu. Man kann Wasserstoffsuperoxyd und Ammoniak in graduierten Zylindern mit eingeschliffenen Glasstopfen vorrätig halten und aus diesen die jedesmaligen Mengen zusetzen, um die Arbeit zu vereinfachen, denn ein genaues Abmessen der Flüssigkeiten bei dem jedesmaligen Zusatz ist nicht notwendig.

Wenn die Substanz völlig weiß geworden ist, erwärmt man etwa 1—2 Stunden im Wasserbade und kann dann, wenn das Wasserstoffsuperoxyd rein war, d. h. mit Ammoniak keinerlei Niederschlag oder Trübung (z. B. von Aluminiumhydroxyd) gab, sofort und glatt filtrieren.

Der abfiltrierte und ausgewaschene Rückstand wird 2 Stunden mit 75 cm³ Kupferoxydammoniak (SCHWEITZERs Reagens) unter öfterem Umrühren, zuletzt kurze Zeit bei ganz gelinder Wärme auf dem Wasserbade behandelt und die Flüssigkeit dann abfiltriert. Die letzten Reste der ammoniakalischen Lösung werden unter Zufügung von etwas frischem Kupferoxydammoniak zwecks Auswaschen abgesaugt, das Filtrat beiseitegestellt, der Rückstand auf dem Filter dagegen unter Benutzung einer anderen Saugflasche genügend mit Wasser nachgewaschen und darauf bei 105—110° getrocknet.

Für die Gewinnung des SCHWEITZERs Reagens ist die vorherige Darstellung von Kupferoxydhydrat sehr lästig. Man kann aber sehr gut das käufliche reine Kupferoxydhydrat (E. MERCK) verwenden. Man löst dieses in 20—24proz. Ammoniak bis zur Sättigung, was durch Eintragen eines Überschusses in das Ammoniak und öfteres Umschütteln erreicht wird, läßt absitzen und verwendet die überstehende Lösung direkt zur Lösung der Cellulose.

3. Direkte Bestimmung der Cellulose.

Die Lösung der Cellulose im Kupferoxydammoniak wird mit 300 cm³ 80proz. Alkohol versetzt und stark gerührt; hierdurch scheidet sich die Cellulose in großen Flocken quantitativ wieder aus. Sie wird in der üblichen Weise im GOOCH-Tiegel gesammelt, zuerst mit warmer verdünnter Salzsäure, dann genügend mit Wasser, zuletzt mit Alkohol und Äther ausgewaschen, bei 105—110° getrocknet, gewogen und verascht. Der Gewichtsunterschied vor und nach dem Glühen gibt die Menge der *Reincellulose*; hierbei ist zu berücksichtigen, daß Kupferoxydammoniak auch Pentosane und unter Umständen auch einen gewissen Teil der Lignine löst.

Diese Trennungsverfahren liefern selbstverständlich ebenso wie die Bestimmung der Rohfaser nur Annäherungswerte und sind nur relativ richtig, d. h. die Ergebnisse lassen sich nur miteinander vergleichen, wenn nach dem gleichen Verfahren gearbeitet wird. Deshalb muß bei Angabe dieser Werte, solange keine einheitlichen Verfahren vereinbart sind, das angewendete Verfahren mit angegeben werden.

Bei der Anwendung dieser Trennungsverfahren ergab sich, daß die durch Wasserstoffsuperoxyd und Ammoniak oxydierbare Menge Lignin stets größer war als die, welche durch 72 proz. Schwefelsäure ungelöst blieb.

J. König (25) bezeichnet daher bis auf weiteres den Teil des Ortholignins (= Gesamtlignin der Rohfaser), der sowohl durch Wasserstoffsuperoxyd und Ammoniak oxydiert als auch durch 72 proz. Schwefelsäure gelöst wird, als „ungefärbtes" Ortholignin, weil die schwefelsaure Lösung nach Verdünnen mit Wasser hell und klar war; den in 72 proz. Schwefelsäure ungelösten dunkelbraunen bis schwarzen Rest nennt er „gefärbtes" Ortholignin.

Wenn man also die Rohfaser der folgenden Behandlung unterwirft:

1. Behandlung mit 72 proz. Schwefelsäure,
2. Oxydation mit Wasserstoffsuperoxyd und Ammoniak,
3. aufeinanderfolgende Behandlung nach 1 und 2 oder umgekehrt,

so ergibt sich die Zergliederung nach folgendem Schema:

1. (Gefärbtes Ortholignin + Cutin) — Cutin = gefärbtes Ortholignin;
2. Rohfaser — (Orthocellulose + Cutin) = Gesamtlignine;
3. Gesamtlignine — gefärbtes Ortholignin = ungefärbtes Ortholignin;
4. Rohfaser — (Gesamtlignine + Cutin) oder (Orthocellulose + Cutin) — Cutin = Orthocellulose;
5. Cutin durch direkte Bestimmung.

Diese Art der Zerlegung der Rohfaser führte im Mittel von je 3 oder 4 Bestimmungen zu folgenden Werten:

					Bestandteile der Rohfaser					
Nr.	Substanz	Wasser	Asche	Roh-faser	Cellu-lose + Cutin (durch Oxy-dation)	Lignin + Cutin (durch 72 % H_2SO_4)	Cellu-lose	Ortholignine		Cutin	Gesamt-lignine
								un-gefärbte	gefärbte		
		%	%	%	%	%	%	%	%	%	%
1	Weizenkleie . . .	12,30	5,82	11,18	6,75	2,50	5,09	3,59	0,84	1,66	4,43
2	Roggenkleie . . .	12,88	5,27	8,17	5,44	3,18	4,22	0,77	1,96	1,22	2,73
3	Gerstenkleie . . .	11,50	4,38	15,26	12,25	3,20	11,49	0,57	2,44	0,76	3,01
4	Tannenholz. . . .	9,81	0,33	49,38	30,37	16,30	30,23	3,05	16,16	0,14	19,01
5	Buchenholz. . . .	8,32	0,20	39,57	28,55	7,30	28,42	3,89	7,13	0,13	11,02
6	Weizenstroh . . .	5,34	5,82	37,23	25,73	6,45	24,84	5,94	5,56	0,89	11,50
7	Gras, jung	12,18	7,45	12,43	11,12	1,42	10,70	0,31	1,00	0,42	1,31
8	Gras vor der Blüte	11,01	8,19	22,63	17,47	2,04	16,87	3,72	1,44	0,60	5,16
9	Gras in der Blüte.	11,82	7,41	26,88	21,43	3,14	20,81	2,93	2,52	0,62	5,45
10	Klee vor der Blüte	10,00	8,47	13,89	10,08	2,41	9,65	1,83	1,98	0,43	3,81
11	Klee in der Blüte.	10,66	10,99	18,34	14,32	3,00	13,79	1,59	2,47	0,53	4,06
12	Flachs.	6,78	0,86	67,38	57,55	2,07	56,78	8,53	1,30	0,77	9,83
13	Hanf	5,36	0,59	70,81	66,53	0,93	66,35	3,53	0,75	0,18	4,28
14	Neuseeländer Flachs.	8,16	0,94	47,17	43,30	3,07	41,66	2,44	1,43	1,64	3,87
15	Rübenmark . . .	44,40	1,67	14,73	10,51	0,56	10,31	3,86	0,36	0,20	4,22
16	Apfelschalen . . .	19,79	2,69	14,63	10,63	6,50	7,91	0,22	3,78	2,72	4,00
17	Isländisches Moos.	10,18	1,21	4,03	1,12	3,02	0,74	0,27	2,64	0,38	2,91
18	Tannenrinde . . .	10,43	5,77	41,96	11,65	9,95	10,37	21,64	8,67	1,28	30,31
19	Buchenrinde . . .	7,94	8,84	34,20	14,70	12,24	12,77	9,19	10,31	1,93	19,50
20	Kartoffelschalen .	7,77	9,03	32,33	16,57	7,72	10,09	14,52	1,24	6,48	15,76

In den unter Nr. 7—11 mitgeteilten Zahlen sehen wir in bekannter Weise den Prozentgehalt an Rohfaser mit dem Alter der Pflanzen zunehmen; es ist aber auch in der Zusammensetzung der Rohfaser eine Zunahme des Lignins zu erkennen. Dieses scheint leicht Schwefelsäure anzulagern, die sich durch Auswaschen nicht oder nur schwer entfernen läßt. In dem durch Behandeln der Rohfaser der unter Nr. 2, 4, 5, 15, 17 und 20 genannten Substanzen mit 72 proz. Schwefelsäure verbleibenden Rückständen von gefärbtem Ortholignin + Cutin wurden 2,76—5,90% Schwefelsäure (SO_3) gefunden, während die Ausgangsstoffe weniger als 1% und die zugehörigen Rohfasern weniger als 0,30% enthielten.

Cutin findet sich in fast allen Pflanzenteilen, besonders aber in den äußeren Membranteilen, wo ihm vor allem die biologische Bedeutung des Schutzes gegen Welken und äußere Angriffe zukommen soll. Daraus erklärt sich auch der kaum nennenswerte Cutingehalt der alten Holzarten in Vergleich zu dem der einjährigen Pflanzen und zu dem bedeutend höheren der Kleien, Schalen und Rinden.

e) Bestimmung der leichtlöslichen bzw. verdaulichen Cellulose.

F. Mach und P. Lederle (40) haben den leichtlöslichen (verdaulichen) Anteil der Zellmembran durch die chemische Analyse zu ermitteln gesucht. Sie entfetteten die Stoffe erst durch Aceton, behandelten dann direkt mit besonders sorgfältig zubereitetem Kupferoxydammoniak, fällten die gelöste Cellulose im Filtrat durch Zusatz von Alkohol und Essigsäure und nennen diesen Teil *„lösliche Rohcellulose"*. Im Rückstande bestimmten sie dann nach dem dem Weender-Verfahren angepaßten Verfahren die „unlösliche oder schwerlösliche" Rohfaser. Das Verfahren führte aber, wie bei der Verschiedenheit der Zellmembran erwartet werden konnte, noch nicht zu brauchbaren Ergebnissen.

Ausgehend von den Rubnerschen Arbeiten haben W. Kerp und R. Turnau (24) ein vereinheitlichtes Verfahren zur Bestimmung der Zellmembran zusammengestellt, um deren Beziehungen zum Rohfasergehalte zu prüfen:

2 g lufttrockene Substanz (bei frischem Gemüse 20 g) werden mit 300 cm³ Wasser und etwa 0,2 g Diastase, die in 10 cm³ Wasser verrührt ist, sowie einigen Tropfen Toluol 24 Stunden im Brutschrank bei 37° gehalten. Nach dem Filtrieren über ein gehärtetes Filter auf einer geräumigen Nutsche und Auswaschen mit lauem Wasser wird der Rückstand in einer Porzellanschale mit 300 cm³ Wasser bei 50° 2 Stunden lang digeriert, abermals abgenutscht und mit der gleichen Menge Wasser in einer Porzellanschale 1 Stunde lang gekocht, wieder filtriert und mit heißem Wasser nachgewaschen, bis das letzte Waschwasser farblos abläuft. Das Kochen mit Wasser wird in gleicher Weise nochmals wiederholt. Der im Wasserdampftrockenschrank getrocknete Rückstand wird nacheinander je 4 Stunden mit Alkohol, Aceton und Äther im Soxhletschen Apparat ausgezogen. Nach dem Digerieren des Rückstandes mit der 50fachen Menge einer 50 proz. wäßrigen Lösung von Chloralhydrat auf dem Wasserbade während 2 Stunden und Trocknen des abgenutschten Rückstandes wird die Extraktion mit Alkohol und Äther nochmals vorgenommen. Der Rückstand wird dann bei etwa 100 bis 105° getrocknet und hiernach gewogen. So erhält man die *Rohzellmembran*.

Durch Bestimmung und Abzug des Protein- und Aschengehaltes, der oft sehr beträchtlich ist, erhält man die *Reinzellmembran*, deren Mengenverhältnis zur Rohfaser bei ein und derselben Pflanzengattung nur innerhalb geringer Grenzen schwankt. Deshalb wird man für rein praktische Zwecke den Gehalt an Reinzellmembran aus dem Rohfasergehalt mit Hilfe eines Faktors entnehmen können, der sich aus umfangreichem Beobachtungsmaterial ergeben muß. Die Zellmembran hat im Gegensatz zur Rohfaser nach J. König (25) recht beträchtlichen Gehalt an Pentosanen; sie besteht auch bei ganz jungen Pflanzen nicht, wie vielfach angenommen wird, fast ausschließlich aus Cellulose.

Für die Charakterisierung von Kakaopulvern und Cerealienmehlen hat A. D. Maranis (41) ein Verfahren zur Bestimmung der „ligninfreien Rohfaser" angegeben, welches sich an das von Th. v. Fellenberg (8) angegebene Verfahren anlehnt, diesem jedoch eine Dämpfung mit Wasser vorausschickt und im übrigen durch die Verwendung der von F. Härtel (14) angegebenen Filtriervorrichtung von allgemeinerem Interesse ist.

1 g entfetteter Kakao oder möglichst fein pulverisiertes Mehl wird in einem mit Deckel versehenen Metallbecher (Kupfer oder Messing) mit 50 cm³ Wasser gleichmäßig verteilt und im Autoklaven bei 5 Atm. Druck 1 Stunde lang erhitzt. Nach dem Erkalten schüttet man den Inhalt in ein geräumiges Becherglas und spült den Becher mit 25 cm³ Wasser quantitativ nach; dann werden dem Gemisch 75 cm³ 2 N-Salpetersäure hinzugefügt, so daß im ganzen 150 cm³ N-Salpetersäure vorhanden sind; nun wird zum Sieden erhitzt und mit kleiner Flamme unter öfterem Umrühren 10—12 Minuten lang im Kochen erhalten; sodann filtriert man unter Absaugen durch das von F. Härtel (14) konstruierte Filter aus gereinigtem Seesand (vgl. Abb. 31).

In das Rohr legt man unten eine Siebplatte aus Porzellan, hierauf eine Scheibe Filtrierpapier, darauf eine 3 cm hohe Schicht gereinigten und geglühten Seesand; nun folgt wiederum eine porzellanene Siebplatte und auf diese wieder eine 3 cm hohe Schicht Seesand.

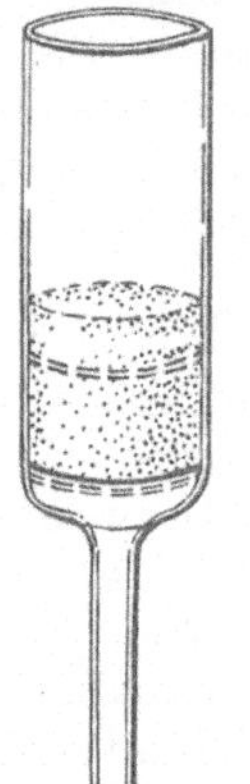

Abb. 31. Vorrichtung für das Abfiltrieren der Rohfaser nach F. Härtel und F. Jäger (14).

Es wird gründlich mit heißem Wasser ausgewaschen und gut abgesaugt; danach füllt man das Filter mit heißer etwa 1 proz. Natronlauge, rührt gut um, saugt ab und wäscht mit heißem Wasser aus. Nun wird das Filter statt mit Natronlauge mit N-Salpetersäure, genau wie vorher beschrieben, behandelt. Zum Schluß wird mit verdünntem Ammoniak in derselben Weise verfahren und dann mit Alkohol und Aceton und Äther nachgewaschen. Jetzt entfernt man die Rohfaser mit etwas Sand und bringt sie in eine Platinschale, trocknet 1 Stunde lang im Trockenschrank bei 105°, wägt, verascht und wägt nochmals. Die Differenz der beiden Wägungen ergibt die ligninfreie Rohfaser.

Elementarzusammensetzung der Rohfaser und ihrer Bestandteile.

Wie in ihrem chemischen Verhalten, sind die Rohfasern und ihre Bestandteile vielfach auch in der Elementarzusammensetzung verschieden. So ergaben nach J. König und E. Rump (30)

a) die *Rohfasern* folgende Gehalte an Kohlenstoff und Wasserstoff:

Nr.	Rohfaser nach dem Verfahren von J. König (25)	Lufttrockene Substanz				Wasser- und aschefreie Substanz	
		Wasser %	Asche %	Kohlenstoff %	Wasserstoff %	Kohlenstoff %	Wasserstoff %
1	Weizenkleie	4,92	2,73	50,34	6,41	54,51	6,94
2	Roggenkleie	4,54	1,47	50,31	6,82	54,10	7,34
3	Tannenholz	7,93	0,37	47,84	5,58	52,18	6,09
4	Buchenholz	6,73	0,01	44,81	5,36	48,05	5,75
5	Weizenstroh	6,01	4,22	42,06	5,36	46,85	5,97
6	Gras vor der Blüte	7,70	2,21	40,51	5,94	44,97	6,60
7	Gras in der Blüte	6,07	1,95	42,03	5,45	45,69	5,93

Nr.	Rohfaser nach dem Verfahren von J. KÖNIG (25)	Lufttrockene Substanz				Wasser- und aschefreie Substanz	
		Wasser %	Asche %	Kohlenstoff %	Wasserstoff %	Kohlenstoff %	Wasserstoff %
8	Klee vor der Blüte	6,39	0,74	43,95	5,65	47,32	6,08
9	Klee in der Blüte	6,60	1,60	43,87	5,72	47,79	6,23
10	Flachs	6,66	0,25	42,03	5,65	45,15	6,07
11	Hanf	7,78	0,12	40,93	5,50	44,44	5,97
12	Neuseeländer Flachs	7,13	0,20	42,88	5,35	46,27	5,78
13	Tannenrinde	7,77	5,00	46,48	5,42	53,28	6,21
14	Buchenrinde	6,52	8,93	41,37	5,31	48,93	6,28
15	Kartoffelschalen	4,84	4,42	51,11	6,35	56,33	7,00

Hiernach liegen die Kohlenstoffgehalte der wasser- und aschefreien Rohfaser durchweg und zum Teil erheblich höher als 44,4%, dem Kohlenstoffgehalt der Cellulose; sie zeigen uns, daß das, was wir bei der Untersuchung als Rohfaser erhalten und als solche bezeichnen, von sehr verschiedener Beschaffenheit ist.

b) Kohlenstoffgehalt der *Orthocellulose*. In Gemeinschaft mit R. MURDFIELD ermittelte J. KÖNIG (29) folgende Zahlen für den Kohlenstoffgehalt in der wasser- und aschefreien Substanz:

Substanz	Rohfaser		Reincellulose		Lignin (indirekt)		Cutin (indirekt)	
	Futter %	Kot %	Futter %	Kot %	Futter %	Kot %	Futter %	Kot %
Erbsenkleie . .	49,95	50,86	44,73	44,92	55,41	56,03	—	—
Buchweizenkleie	50,10	51,24	44,40	46,68	55,23	56,13	67,86	64,45
Gerstenkleie . .	50,45	49,58	44,90	44,89	53,75	55,99	67,15	63,30
Weizenkleie . .	52,48	55,25	45,96	46,24	54,50	59,04	72,61	75,43

Aus diesen Zahlen ergibt sich, daß sich der Kohlenstoffgehalt des Rückstandes von der Oxydation mit Wasserstoffsuperoxyd und Ammoniak dem der wahren Cellulose mehr oder weniger nähert, daß es aber schwer ist, die kohlenstoffreicheren Kerne gänzlich zu beseitigen.

c) Elementarzusammensetzung des *Lignins*. Zur Ermittlung der Elementarzusammensetzung der Lignine verwendeten J. KÖNIG und E. RUMP (30) die Rückstände der 6stündigen Dämpfung mit 1proz. Salzsäure bei 5 Atm., die sich bei der mikroskopischen Untersuchung als frei von Cellulose erwiesen hatten. Die Rückstände von der Behandlung mit 72proz. Schwefelsäure erschienen für diesen Zweck nicht so geeignet, weil sie wechselnde Mengen Schwefelsäure (vgl. S. 257) enthielten, die sich selbst durch anhaltendes Waschen mit Ammoniak zum Teil nicht ganz entfernen ließen. Die erstgenannten Rückstände (Lignin + Cutin) enthielten:

Nr.	Lignin + Cutin aus	Lufttrockene Substanz				Wasser- und aschefreie Substanz	
		Wasser %	Asche %	Kohlenstoff %	Wasserstoff %	Kohlenstoff %	Wasserstoff %
1	Weizenkleie	5,55	2,22	64,59	6,84	70,03	7,42
2	Roggenkleie	5,60	1,16	64,60	7,24	69,28	7,80
3	Tannenholz	6,23	0,57	66,21	4,89	68,65	5,07
4	Buchenholz	6,68	1,14	65,63	4,70	68,84	4,93
5	Weizenstroh	7,13	9,79	56,02	4,67	67,43	5,62
6	Gras, jung	5,00	10,04	60,62	6,44	71,35	7,58
7	Gras, vor der Blüte	5,76	10,48	58,26	5,72	69,56	6,82
8	Gras, in der Blüte	6,40	8,00	60,01	5,58	70,27	6,52
9	Klee, vor der Blüte	6,25	1,90	61,82	5,85	67,31	6,37

Nr.	Lignin + Cutin aus	Lufttrockene Substanz				Wasser- und aschefreie Substanz	
		Wasser %	Asche %	Kohlen-stoff %	Wasser-stoff %	Kohlen-stoff %	Wasser-stoff %
10	Klee, in der Blüte	6,48	4,20	61,27	5,18	68,60	5,81
11	Flachs	3,00	0,95	65,95	5,62	68,66	5,85
12	Hanf	7,50	3,16	61,79	3,66	69,13	4,10
13	Neuseeländischer Flachs . . .	6,54	1,02	63,83	4,69	69,05	5,07
14	Apfelschalen	6,74	0,83	63,82	6,17	69,05	6,68
15	Isländisches Moos	6,77	7,96	58,55	3,95	68,67	4,63
16	Tannenrinde	8,80	5,36	58,88	4,10	68,60	4,78
17	Buchenrinde	7,42	2,30	61,87	4,98	68,53	5,52
18	Kartoffelschale	5,45	10,62	58,10	5,43	69,23	6,47

Die Tabelle enthält die direkt bestimmten Kohlenstoffgehalte der in Substanz abgeschiedenen Lignine einschließlich des Cutins. Da aber, wie wir unter d) sehen werden, das abgetrennte und für sich verbrannte Cutin einen gleichen Kohlenstoffgehalt hat, so kann der festgestellte Gehalt von 68—70% auch den Ligninen allein zuerkannt werden.

Die auf indirektem Wege durch Berechnung gefundenen Werte für den Kohlenstoffgehalt der Lignine sind im allgemeinen niedriger als obige direkt gefundene Werte, was jedenfalls seine Ursache in der höchst unscharfen Trennung der Lignine von der Cellulose seine Ursache hat, indem entweder nicht alles Lignin von der Cellulose getrennt oder letztere zum Teil mit Lignin gelöst (oxydiert) worden ist. Die auf diesem Wege gefundenen Kohlenstoffgehalte reichen, wie nachstehende Übersicht zeigt, nur zum Teil an die direkt gefundenen heran und sind als ungenauer und weniger richtig anzusehen.

Nr.	Untersucht von	Art des Lignins	Kohlenstoff %	Wasserstoff %
1	Stackmann (50)	Dicotylenholzlignin	53,10—59,60	4,40—6,30
		Coniferenholzlignin	65,60—67,80	—
2	Koroll (32)	Wal- u. Haselnußlignin	51,50—54,20	4,80—5,50
		Linde- u. Ulmenlignin	53,60—54,90	4,90—6,00
		Birkenrindenlignin	72,70	7,80
3	Fr. Schulze (49)	Holzlignin	55,55	5,83
4	W. Henneberg (15)	Futterstofflignin	55,40	5,70
5	Th. Dietrich u. J. König (6) .	desgl.	55,00—55,59	—
6	C. Krauch u. v. d. Becke (33) .	desgl. nach Behandlung der Rohfaser mit Schulzes Reagens	51,05—69,64	—
7	Kühn, Aronstein u. Schulze (34)	Futterstofflignin	55,00—59,75	5,78—7,50
8	J. König u. R. Murdfield (29)	desgl.	53,75—59,04	—
9	J. König u. Fürstenberg (27) .	desgl.	52,84—60,90	—
10	J. König u. Fr. Hühn (28) . .	Holzlignin	50,00—66,94	—
11	Cross u. Bevan (5)	Nichtcellulose = Lignin	57,80	—

d) *Elementarzusammensetzung des Cutins.* Für den schwerstlöslichen Teil der Rohfaser, das *Cutin*, welches durch Behandeln der Rohfaser mit Wasserstoffsuperoxyd + Ammoniak und darauf mit Schweitzers Reagens oder durch Dämpfen der Rohfaser mit verdünnter Salzsäure oder Behandeln mit 72proz. Schwefelsäure und anschließende Behandlung mit Wasserstoffsuperoxyd und Ammoniak als Rückstand erhalten wird, wurde folgende Zusammensetzung gefunden:

Untersucht von	Cutin aus	Kohlenstoff %	Wasserstoff %
1. Fremy (10)	Apfelbaumblättern	73,66	11,30
2. J. König und R. Murdfield (29)	Grasheu	69,09	11,76
	Kleeheu	68,56	10,80
	Erbsenstroh	68,12	9,65
	Roggenkleie	69,97	12,40
		69,76	11,14
3. J. König und E. Rump (30)	Weizenkleie	69,82	9,01
	Kartoffelschale	68,76	9,06

Das Cutin hat also im Mittel der Untersuchungen unter 2 und 3 einen Kohlenstoffgehalt von etwa 69% in der wasser- und aschefreien Substanz. Es hat also einen ähnlichen Kohlenstoffgehalt wie Lignin, während der Wasserstoffgehalt des ersteren offenbar größer ist.

Das nach seiner chemischen Natur wachsartige Cutin wurde von W. Sutthoff (52) aus Roggenkleie in größerer Menge (6 g) gewonnen und durch dreistündiges Kochen mit 150 cm³ wäßriger 20proz. Kalilauge verseift. Aus der Seife wurde der Alkohol direkt und danach die Fettsäuren nach dem Ansäuern mit Schwefelsäure durch Ausschütteln mit Petroläther gewonnen und mit folgendem Ergebnis untersucht:

Bestandteil	Kohlenstoff %	Wasserstoff %	Schmelzpunkt
1. Alkoholischer Teil des Cutins .	80,34	13,36	55—56⁰
2. Saurer Teil des Cutins . . .	69,09	10,97	etwa 30⁰

Die ersten Zahlen sprechen für Cetyl- bzw. Octadecylalkohol, die letzteren, nämlich die der Säuren, für Nonyl- bzw. Caprinsäure, denn diese Verbindungen verlangen:

	Cetylalkohol	Oktadehylalkohol	Nonylsäure	Caprinsäure
Kohlenstoff . .	79,26 %	79,91 %	68,27 %	69,69 %
Wasserstoff . .	14,14 %	14,16 %	11,46 %	11,70 %
Schmelzpunkt .	49—49,5⁰	59⁰	12,5⁰	31,4⁰

Man kann also vermuten, daß das Cutin, dessen wachsartige Natur schon 1859 von Fremy (10) erkannt worden ist, im wesentlichen als ein Gemisch von Nonylsäure-Cetylester und Caprinsäureoctadecylester anzusehen ist.

e) Neben der Kenntnis der elementaren Zusammensetzung der als Rohfaser und deren Bestandteile erhaltenen Rückstände ist auch die Ermittlung der Natur der durch die verschiedenen Lösungsmittel ausgezogenen Stoffe von Wichtigkeit, deren stickstofffreier Teil gemeinhin unter die stickstofffreien Extraktstoffe gezählt wird. Hierüber geben die folgenden von J. König und W. Sutthoff (31) an Futtermitteln festgestellten Zahlen, welche auf die durch Ausziehen mit Äther vorbehandelte trockene Substanz bezogen sind, einen Einblick.

Substanz	Menge der stickstofffreien organischen Stoffe, gelöst durch			Kohlenstoffgehalt der stickstofffreien organischen Stoffe, gelöst durch		
		Dämpfen mit			Dämpfen mit	
	kaltes Wasser	Wasser	Glycerin-Schwefelsäure	kaltes Wasser	Wasser	Glycerin-Schwefelsäure
	%	%	%	%	%	%
Grasheu . . .	16,56	23,74	20,22	46,26	48,40	51,73
Kleeheu . . .	10,78	24,29	21,21	44,81	50,68	53,09
Bollmehl . .	18,39	36,75	12,51	42,25	47,16	53,00
Trockentreber	1,74	33,90	19,00	45,40	51,06	53,22

Für das aus dem Stickstoffgehalt durch Multiplikation mit 6,25 berechnete Protein sind 53% Kohlenstoff angenommen und von dem Gesamtkohlenstoffgehalt in Abzug gebracht worden.

Die in kaltem Wasser löslichen stickstofffreien Stoffe zeigen einen den Zuckern bzw. Dextrinen entsprechenden Kohlenstoffgehalt, wie auch für diese Stoffe durch direkte Analyse des Extraktes bei drei verschiedenen Heusorten im Mittel ein Kohlenstoffgehalt von 44,72% gefunden wurde. Dagegen geht der Kohlenstoffgehalt der in Wasser und noch mehr der in Glycerin-Schwefelsäure unter Druck löslichen stickstofffreien Stoffe, rund 47—51% bzw. 52—53%, bedeutend über den für die gewöhnlichen Kohlenhydrate erforderlichen Kohlenstoffgehalt hinaus, was nur durch das Vorhandensein mitgelöster ligninartiger (Proto- und Hemilignine) oder anderer Stoffe mit höherem Kohlenstoffgehalt erklärt werden kann.

Zu ähnlichen Ergebnissen gelangten C. Krauch und W. v. d. Becke (33) bei der Behandlung der von Fett, löslichen Kohlehydraten und Stärke befreiten Rückstände verschiedener Pflanzenstoffe mit $1^1/_4$ proz. Schwefelsäure und weiter mit $1^1/_4$ proz. Kalilauge nach dem Weender-Verfahren. Es wurde sowohl die Menge der gelösten organischen Stoffe als auch die Elementarzusammensetzung der Grundsubstanz wie der Rückstände ermittelt und hieraus der Kohlenstoffgehalt der gelösten stickstofffreien Stoffe auf indirektem Wege wie vorstehend mit folgendem Ergebnis berechnet:

Stickstofffreie Stoffe, gelöst durch	Roggen-körner %	Wiesen-heu %	Inkarnat-kleeheu %	Grießkleie %	Grobkleie %	Flugkleie %	Reismehl %
a) $1^1/_4$ proz. Schwefel-säure	47,61	50,43	(43,41)	48,96	47,03	49,17	50,26
b) $1^1/_4$ proz. Kalilauge	55,12	56,42	51,12	57,19	57,93	50,83	57,62

Hieraus ist ersichtlich, daß auch durch verdünnte Schwefelsäure aus der von löslichen Kohlenhydraten und Stärke befreiten organischen Substanz stickstofffreie Stoffe gelöst werden, die einen höheren Kohlenstoffgehalt besitzen als die Cellulose (mit 44,4% C) und die Pentosane (mit 45,5% C) verlangen. In bedeutend höherem Maße aber trifft dies zu für die durch verdünnte Kalilauge gelösten Stoffe. Es muß gefolgert werden, daß die Lignine von Kalilauge stärker als von Schwefelsäure derselben Konzentration beim Kochen, aber auch stärker als von 2 proz. Glycerin-Schwefelsäure beim Dämpfen angegriffen bzw. gelöst werden.

f) Wie gegen Lösungs- und Oxydationsmittel verhalten sich die Bestandteile der Zellmembran auch gegen die *Verdauungssäfte* verschieden. Hierbei werden vorwiegend nur die Hexosane und Pentosane — beim Menschen hauptsächlich wohl nur die in Proto- und Hemiform vorhandenen — hydrolysiert und abgebaut.

Die Lignine, welche als aromatische bzw. hydroaromatische Verbindungen die Muttersubstanz der Hippursäure im Harn der Pflanzenfresser sein sollen, werden in weit geringerem Maße als die Anhydride der Kohlenhydrate abgebaut.

W. Sutthoff (31) ermittelte bei Schafen neben der Ausnutzung der übrigen Stoffgruppen insbesondere die der durch kaltes Wasser, durch Dämpfen mit Wasser und der durch Glycerin-Schwefelsäure gelösten stickstofffreien Stoffe, ferner der Bestandteile der Rohfaser und fand in Prozenten der verzehrten Mengen:

Art des Futters	Protein	Fett	Pentosane	Gesamtstickstofffreie Extraktstoffe	Von den gesamten stickstofffreien Extraktstoffen löslich			Rohfaser	Von der Rohfaser	
					in kaltem Wasser	durch Dämpfen mit Wasser	durch Glycerin-Schwefelsäure		Reincellulose	Lignin
	%	%	%	%	%	%	%	%	%	%
Grasheu . .	50,41	55,59	63,39	67,76	94,53	66,93	32,41	55,32	72,60	14,49
Kleeheu . .	57,09	50,40	66,51	66,23	87,17	61,52	50,47	43,41	67,19	10,84
Grasheu und Biertreber	63,71	82,11	63,28	63,50	81,36	56,91	52,85	53,41	63,10	35,05
Kleeheu und Weizenkleie	65,86	76,05	63,42	67,82	88,27	72,33	24,95	47,82	59,16	45,22

In anderen Versuchen fand J. KÖNIG und A. FÜRSTENBERG (27) folgende prozentuale Ausnutzung der Rohfaser und ihrer Bestandteile durch Schafe:

Entwicklungszustand der Pflanzen	Gras			Kleeheu			Erbsenstroh		
	Gesamt-Rohfaser	Cellulose	Lignin	Gesamt-Rohfaser	Cellulose	Lignin	Gesamt-Rohfaser	Cellulose	Lignin
	%	%	%	%	%	%	%	%	%
Vor der Blüte	70,27	83,40	16,69	56,96	75,22	13,12	—	—	—
In der Blüte	64,31	73,08	43,29	52,16	62,97	25,89	—	—	—
Nach der Blüte . . .	46,89	56,72	32,73	39,46	54,84	(4,56)	42,45	51,09	28,36

Die kohlenstoffreicheren Bestandteile der Rohfaser werden also in geringerem Grade ausgenutzt als die kohlenstoffärmeren; sie reichern sich daher im Kot an. Deshalb hat die Rohfaser des Kotes stets einen höheren Kohlenstoffgehalt als die Rohfaser der Nahrung. So wurden in Ausnutzungsversuchen einerseits beim Schaf, andererseits bei Menschen folgende Gehalte der Rohfaser der Nahrung bzw. des Kotes an Kohlenstoff gefunden:

Rohfaser	Versuche beim Schaf			Versuche beim Menschen	
	Grasheu	Kleeheu	Erbsenstroh	Soldatenbrot	Grahambrot
	%	%	%	%	%
der Nahrung	47,45	48,66	48,71	49,61	46,23
des Kotes.	50,44	52,25	52,13	54,12	52,18

In derselben Weise werden auch bei der Zersetzung der organischen Stoffe in der Natur (z. B. des Stalldüngers im Boden oder des Holzes beim Vermodern) die Kohlehydrate eher abgebaut als die Lignine, so daß sich im Humus oder im Torf die kohlenstoffreicheren Verbindungen immer mehr ansammeln.

Literatur.

(1) BREMER: Ztschr. f. Unters. Nahrgs.- u. Genußmittel 13, 488 (1907). — (2) BUDAI, K.: Ztschr. f. ges. Getreidewesen 5, 295 (1913). — (3) BÜTSCHLI: Untersuchungen über Strukturen, S. 223. 1898. (4) CORRENS: Pringsheims Jahrb. 23 (1892). — (5) CROSS u. BEVAN: Ann. of the Chemistry of the structural elements of plants, S. 45. (6) DIETRICH, TH. u. J. KÖNIG: Landw. Vers.-Stat. 13, 222 (1870). (7) FANTO, R. u. W. NIKOLITSCH: Ztschr. f. anal. Ch. 54, 73 (1915). — (8) FELLENBERG, TH. V.: Mitt. Lebensmittelunters. u. Hyg., veröff. v. Schweiz. Gesundheitsamt 9, 277 (1918). — (9) FISCHER, FR.: Naturwissenschaften 9, 958 (1921). — (10) FREMY u. TERRAIL: Bull. Soc. Chim. (2) 9, 439. (11) GABRIEL: Ztschr. f. physiol. Ch. 16, 270 (1892). — (12) GREIFENHAGEN, W.: Ztschr. f. Unters. Nahrgs.- u. Genußmittel 23, 101 (1912). — (13) GROSSFELD, J.: Ebenda 27, 333 (1914).

(14) Härtel, F. u. F. Jaeger: Ztschr. f. Unters. Nahrgs.- u. Genußmittel 44, 291 (1922). — (15) Henneberg, W.: Beiträge zur rationellen Fütterung der Wiederkäuer 2, 364, 376. — (16) Hoffmeister, W.: Landw. Jahrb. 17, 241 (1888); 18, 767 (1889); Landw. Vers.-Stat. 39, 461 (1891). — (17) Holdefleiss, Fr.: Landw. Jahrb. 1877, Suppl.-Bd., 103. — (18) Holldack, H.: Chem.-Ztg. 27, 34 (1903). — (19) Hönig, M.: Ebenda 14, 868, 905 (1899). — (20) Huggenberg, W.: Mitt. Lebensmittelunters. u. Hyg., veröff. v. Schweiz. Gesundheitsamt 7, 297 (1916). — (21) Hühn, Fr.: Bestimmung der Cellulose usw. Inaug.-Dissert., Münster i. W. 1911.

(22) Kalning, H.: Ztschr. f. ges. Getreidewesen 11, 21—23 (1919). — (23) Kellner, O., Fr. Hering u. O. Zahn: Ztschr. f. Unters. Nahrgs.- u. Genußmittel 2, 784 (1899). — (24) Kerp, W. u. R. Turnau: Arb. Reichsgesundheitsamte 57, 531—544 (1926). — (25) König, J.: Die Untersuchung landwirtschaftlich und landwirtschaftlich-gewerblich wichtiger Stoffe I, 387 ff. Berlin: P. Parey 1923; Ztschr. f. Unters. Nahrgs.- u. Genußmittel 1, 3 (1898); 6, 769 (1903); 12, 385 (1906); 26, 273 (1913). — (26) König, J. u. E. Becker: Die Bestandteile des Holzes und ihre wirtschaftliche Verwertung. Veröffentl. Landw.-Kammer Prov. Westfalen 1918, H. 26; Ztschr. f. angew. Ch. 32 I, 155 (1919). — (27) König, J. u. A. Fürstenberg: Das Verhalten der pflanzlichen Zellmembran während der Entwicklung in chemischer und physiologischer Hinsicht. Dissert., Münster i. W. 1906. — (28) König, J. u. Fr. Hühn: Die Bestimmung der Cellulose in Holzarten und Gespinstfasern. Berlin 1911. — (29) König, J. u. R. Murdfield: Das Lignin und Cutin in chemischer und physiologischer Hinsicht. Inaug.-Dissert., Münster i. W. 1906. — (30) König, J. u. E. Rump: Ztschr. f. Unters. Nahrgs.- u. Genußmittel 28, 177 (1914). — (31) König, J. u. W. Sutthoff: Landw. Vers.-Stat. 70, 349 (1909). — (32) Koroll: Quantitative chemische Untersuchung über die Zusammensetzung des Korkes, Bast-, Sclerenchym- und Markgewebes. Dissert., Dorpat 1880. — (33) Krauch, C. u. v. d. Becke: Landw. Vers.-Stat. 25, 222 (1880); 27, 387 (1882). — (34) Kühn, Aronstein u. Schulze: Journ. f. Landw. 1 (1867).

(35) Lange, G.: Ztschr. f. physiol. Ch. 14, 283 (1890). — (36) Lebbin, G.: Arch. f. Hyg. 28, 214 (1897). — (37) Lepper, W.: Chem.-Ztg. 50, 211 (1926). — (38) Lohrisch, H.: Ztschr. f. physiol. Ch. 47, 20 (1906).

(39) Mach, F. u. P. Lederle: Chem.-Ztg. 43, 251, 831 (1919). — (40) Landw. Vers.-Stat. 90, 269 (1917). — (41) Maranis, A. D.: Ztschr. f. Unters. Nahrgs.- u. Genußmittel 45, 212 (1923). — (42) Müller, H. u. A. W. Hoffmann: Bericht über die chemische Industrie auf der Wiener Weltausstellung, 3. Abt. I, 1, 27.

(43) Nägeli u. Schwendener: Mikroskop, 1. Aufl. 1867, 2. Aufl. 1877, Abschnitt: Mikrochemie. — (44) Nolte, O.: Ztschr. f. anal. Ch. 58, 392—397 (1919).

(45) Ost u. Wilkening: Chem.-Ztg. 34, 461 (1910).

(46) Sanio, K.: Anatomie der gemeinen Kiefer. 1873/74. Pringsheims Jahrb. 9. — (47) Scharrer, K. u. K. Kürschner: Biedermanns Zentralbl. f. Agrik.-Chemie. Abt. B. Tierernährung 3, 302 (1931). — (48) Schulze, Fr.: Chem. Zentralblatt 21, 321 (1857). — (49) Ebenda 21, 351 (1857). — (50) Stackmann: Studien über die Zusammensetzung des Holzes. Dissert., Dorpat 1878. — (51) Stiegler, H.: Journ. f. Landw. 61, 399 (1913). — (52) Sutthoff, W.: Ztschr. f. Unters. Nahrgs.- u. Genußmittel 17, 662 (1909). — (53) Sy, A. P.: Journ. Amer. Chem. Soc. 30, 1792—1793 (1908).

(54) Thatcher: Ztschr. f. Unters. Nahrgs.- u. Genußmittel 6, 886 (1903). — (55) Tollens, B.: Landw. Vers.-Stat. 42, 381, 398 (1893). — (56) Journ. f. Landw. 53, 13 (1905); 4, 11 (1911). (57) Verband Landwirtschaftlicher Versuchsstationen im Deutschen Reiche: Landw. Vers.-Stat. 95, 19 (1919).

(58) Wattenberg, H.: Journ. f. Landw. 21, 273 (1880). — (59) Willstätter, R. u. R. Zechmeister: Ber. Dtsch. Chem. Ges. 46, 4201 (1913).

(60) Zeissl u. Stritar: Ber. Dtsch. Chem. Ges. 35, 1254 (1902).

L. Membranstoffe von Bakterien, Pilzen, Moosen und Farnen.

Von Fritz Zetzsche, Bern.

a) Einleitung.

Als Membranstoffe, die die einzelnen Zellen der Pflanzen gegeneinander oder die Zellgemeinschaften gegen die Außenwelt abschließen, sind eine ganze Reihe chemisch verschiedener Substanzen, die häufig miteinander vergesellschaftet vorkommen, festgestellt worden.

Es sind dies die der Gruppe der Kohlehydrate zugehörigen oder ihr nahestehenden Substanzen:

Hemicellulosen, Schleime, Gummen, Cellulose, Pektine und *Chitin*, dann die *Lignine*, deren Natur noch nicht genügend bekannt ist, die aber zumindest teilweise aromatische, phenolische Komponenten enthalten, weiter die Gruppe der *Sporopollenine, Cutine* und *Wachse*, die nur als Exinmembranen auftreten, wobei die Sporopollenine terpenartige Grundstoffe, die Cutin- und Korkmembranen Fettsäuren als Baustoffe enthalten, während die Wachse aus Fettsäuren und aliphatischen Alkoholen bestehen. Dann sind die *Phytomelane* zu nennen, deren Vorkommen allerdings auf wenige Familien beschränkt ist, und die bisher in keine Gruppe chemischer Verbindungen recht eingereiht werden können.

Neben diesen organischen Substanzen treten noch zumindest zwei anorganische Verbindungen membranbildend auf: *Calciumcarbonat* und *Kieselsäure*. Der Kalk besonders in den Kalkalgen, die Kieselsäure hauptsächlich in den Kieselalgen und den Equiseten.

Außer diesen Membranstoffen gibt es noch eine Reihe anderer, die mit diesen zusammen vorkommen, die aber nicht als Gerüstsubstanzen anzusehen sind. Man bezeichnet sie besser als Membraneinlagerungsstoffe. Hierzu gehören Wachse, Fette, Farbstoffe usw.

Nur die ersteren, die Gerüstsubstanzen, sollen hier im Abschnitt Membranstoffe behandelt werden, während die Einlagerungsstoffe im jeweiligen Kapitel besprochen werden.

Unsere Kenntnis von der chemischen Natur der aufgeführten organischen Gerüstsubstanzen stammt vornehmlich aus den Untersuchungen der höheren Pflanzen. An diesen sind die qualitativen und quantitativen Methoden zu ihrem Nachweis, ihrer Bestimmung und Darstellung entwickelt und die erhaltenen Substanzen mit mehr oder minder großem Erfolge in ihrer Konstitution aufgeklärt worden.

Ein mächtiger Ansporn für diese Arbeiten ist das große technische und wirtschaftliche Interesse, das einigen dieser Membranstoffe zukommt, von denen die Cellulose alle anderen an Bedeutung überragt. Sie hat aber nur im Vorkommen höherer Pflanzen wirtschaftliche Bedeutung. Da sie hier meist im verholzten Zustande vorliegt, so werden die mit ihr vergesellschaftet auftretenden Gerüstsubstanzen: Hemicellulosen und Lignine neuerdings intensiv bearbeitet.

Da die Gerüstsubstanzen der niedrigeren Pflanzen bisher keine wirtschaftliche Bedeutung erlangt haben, so sind wir über ihre Natur sowohl nach der qualitativen wie nach der quantitativen Seite meist nur schlecht unterrichtet. Man hat sich meistens begnügt, die qualitativen Reaktionen auch auf die Membranstoffe niedrigerer Pflanzen anzuwenden, hat festgestellt, daß sie mitunter negativ ausfallen, hat aber so nicht feststellen können, welcher Natur derartige Stoffe sind. Erschwerend kommt natürlich hinzu, daß die für eingehende Versuche nötigen Mengen Pflanzenmaterial häufig nicht leicht zu erhalten sind.

Immerhin hat sich gezeigt, daß grundlegende Unterschiede, wie man sie zeitweise früher infolge unzulänglicher analytischer Methoden vermutet hatte, nicht bestehen, indem von den bei höheren Pflanzen festgestellten Membranstoffen, wie Cellulose, Hemicellulosen, Pektine usw., die meisten sich auch bei den niedrigeren Pflanzen nachweisen lassen, wobei allerdings die Einschränkung gemacht werden muß, daß die Bakterien bisher so gut wie gar nicht untersucht wurden.

So hat das große Interesse, das heute von den Chemikern der Kohle und ihrer Bildung gezeigt wird, dazu geführt, daß in jüngster Zeit auch die niedrigeren Pflanzen mehr untersucht werden. An den Moosen konnte so gezeigt werden, daß sie ebenfalls Lignin enthalten, das mit den üblichen Farbreaktionen bisher nicht nachweisbar war.

Man kann also hoffen, daß auch andere Klassen niedrigerer Pflanzen näher untersucht werden, zumal die Ergebnisse derartiger Untersuchungen sicher für die Phyllogenese fruchtbringend sein werden. Am besten unterrichtet sind wir in dieser Pflanzengruppe zur Zeit über die Algen.

Soweit bisher auswertbare Ergebnisse vorliegen, lassen sie sich kurz folgendermaßen zusammenfassen, wobei hauptsächlich die Membranstoffe berücksichtigt werden sollen:

Die *Cellulose* fehlt bei den Bakterien und Pilzen (Ausnahme: Bacterium xylinum), tritt bei den Algen auf, von denen an der Cellulosegehalt zu den höheren Pflanzen ansteigt, der bei den Moosen aber noch niedrig ist.

Hemicellulosen und *Pektine* dagegen scheinen den Hauptteil der Membranstoffe der niedrigeren Pflanzen auszumachen, bei den Pilzen allein tritt *Chitin* auf, bei einigen Pflanzen auch Schleimstoffe.

Lignin fehlt den Bakterien, Algen und Pilzen. Die Moose enthalten ein Lignin, das aber deutlich abweichende Eigenschaften vom Lignin der höheren Pflanzen aufweist, auch ist der Ligningehalt der Moose nur gering.

Cutine treten wohl erst bei den Gymnospermen auf, *verkorkte* Membranen erst bei den Angiospermen.

Sporopollenine sind von den Moosen ab nachgewiesen, ob die Bakterien und Algen derartige Membranen hervorbringen, ist noch nicht untersucht. Die Pilze produzieren an Stelle der terpenartigen Sporenmembran eine andersartige in ihrer Natur noch unbekannte Sporenmembran, die kein Chitin ist.

Der prozentuale *Eiweißgehalt* fällt von den einfacher organisierten Pflanzen zu den höher organisierten ab.

Dasselbe scheint für den *Fett-* und *Wachsgehalt* zu gelten.

Da die Methoden des Nachweises, der Bestimmung, Isolierung und Konstitutionsermittlung der wichtigsten Membranstoffe sich, soweit es sich überblicken läßt, auch bei den einfacher organisierten Pflanzen bewährt haben, und, um doppelte Darstellung zu vermeiden, werden sie hier nicht behandelt. Sie werden in den betreffenden Abschnitten zusammen mit den höheren Pflanzen aufgeführt. Nur die Algen werden getrennt behandelt. Da systematische Untersuchungen auf dem Gebiete der Bakterien, Moose, Pilze und Farne nicht vorliegen, die vielleicht zu abgeänderten, speziellen Arbeitsmethoden führen würden, kann um so eher darauf verzichtet werden.

b) Bakterien.

Die Natur der Membranstoffe der Bakterien ist fast unbekannt, wobei es natürlich völlig offen bleibt, ob ihnen eine einheitliche Membransubstanz zukommt, oder ob diese von Familie zu Familie verschieden ist. Erschwerend wirkt hier besonders die schwierige Beschaffung genügenden Materials und für histologische Untersuchungen die Kleinheit der Objekte. Cellulose ist nur beim *Bacterium xylinum* nachgewiesen. Ein Chitingehalt ist sehr zweifelhaft. Am *Bacterium tuberculosis* ist eine Wachsmembran sichergestellt.

c) Pilze.

Auch die Gerüstsubstanzen der Pilze sind noch mangelhaft erforscht. Cellulose scheint durchgängig zu fehlen. Dafür tritt das Chitin auf, das im Kapitel Chitin behandelt wird. Es ist aber noch nicht sicher, ob es ein Bestandteil aller Pilze ist. Daneben sind Membranstoffe vorhanden vom Charakter der Hemicellulosen. Lignin fehlt auf Grund der negativen Farbreaktionen.

Die Flechten enthalten, wie an *Cetraria islandica* festgestellt wurde, eine der Cellulose sehr nahe verwandte Substanz: das *Lichenin*, das im Kapitel IIc näher behandelt wird.

Die Gewinnung einer Pilzmembran vom Kohlehydratcharakter sei am Beispiel der Hefe nach einer Vorschrift SALKOWSKIS beschrieben. Er nennt sie Hefecellulose, ohne daß sie mit echter Cellulose identisch ist.

Preßhefe wird mit 3 proz. Kalilauge eine halbe Stunde im Sieden erhalten. Man dekantiert vom Rückstand ab, wäscht diesen mit heißem Wasser auf dem Filter und prüft eine nicht zu kleine Probe durch nochmaliges Erhitzen mit 3 proz. Lauge auf etwa noch darin enthaltenes Gummi. Erforderlichenfalls wird die ganze Quantität nochmals mit 3 proz. Lauge heiß extrahiert. Durch Behandeln mit Wasser, salzsäurehaltigem Wasser, wiederum mit Wasser, Alkohol, Äther, wird das Präparat gereinigt. Um sehr hartnäckig anhaftendes Fett zu entfernen, muß man die Cellulose tagelang in nicht zu großen Anteilen im SOXHLET-schen Apparat mit Äther auskochen. Aus 2 kg Hefe wurden so 62,6 g Cellulose mit 4,4 % H_2O und 2,5 % Asche und einem N-Gehalt von 0,4—0,45 % erhalten. Sie stellt ein schwach gelbliches, stärkemehlartiges Pulver dar, färbt sich mit Jodjodkaliumlösung braunrot.

Die Substanz ist nicht einheitlich, denn durch Erhitzen von 5 g mit 1 l Wasser 20 Stunden lang bei 2—$2^1/_2$ Atm. wird sie in zwei Anteile gespalten.

Dampft man die Lösung ein, so scheidet sich der gelöste Anteil größtenteils in gallertartiger Form aus, die Trennung wird vollständig, wenn man die abfiltrierte Lösung, deren Volumen nach dem Eindampfen bei jeder Operation mit 5 g Hefecellulose etwa 200 cm³ betrug, mit dem mehrfachen Volumen absoluten Alkohol ausfällt, den abfiltrierten Niederschlag mit Alkohol und Äther entwässert und einige Stunden bei 100—120⁰ erhitzt. Behandelt man den Rückstand mit Wasser, so bleibt unlöslich gewordene Achroocellulose zurück. Durch Fällung des Filtrates mit absolutem Alkohol, Waschen mit Alkohol und Äther, eventuell Wiederholung dieser Operation, erhält man ein weißes, in Wasser leicht lösliches Pulver. Die wäßrige Lösung ist nie ganz klar. Die Substanz gibt Rotbraunfärbung mit Jodjodkaliumlösung und wird durch Barytwasser gefällt. Verdünnte Säuren hydrolisieren quantitativ in Glucose. Es wird Erythrocellulose genannt.

Die Achroocellulose bleibt beim Erhitzen der Hefecellulose im Digestor als gequollene zusammenhängende Masse von kautschukartiger Beschaffenheit zurück. Die Quellung geht durch Einlegen in Alkohol nicht zurück. Jodlösung färbt nicht an. Trocknet man sie längere Zeit auf dem Wasserbade, so erhält man sie in Form einer zusammenhängenden, schwer pulverisierbaren Haut. Durch Kochen mit 5 proz. Schwefelsäure wird sie schmierig und unvollständig hydrolisiert, während Preßhefe selbst leicht gelöst wird. Die Achroocellulose ist nicht einheitlicher Natur: sie liefert beim Behandeln mit Säuren zwar vorwiegend Glucose, aber auch Mannose.

d) Moose und Farne.

Die Moose sind mit quantitativen chemischen Methoden erst neuerdings untersucht worden. Diese Untersuchungen stehen im Zusammenhange mit dem Interesse, das sie als Torfbildner haben. Es interessierte hierbei hauptsächlich die Frage, ob die Moose neben Cellulose, Hemicellulosen und Pektinen auch Lignin besitzen. Die Pflanzenhistologen glaubten, die Frage verneinen zu dürfen, da die mikrochemischen Farbreaktionen auf Lignin negativ ausfallen. Da der Torf das erste Inkohlungsprodukt auf dem Wege zur Steinkohle darstellt, und weil FISCHER und SCHRADER annehmen, daß das Lignin der Teil der Pflanze ist, der hauptsächlich in Huminsäuren und Humine übergeht, war es besonders wichtig festzustellen, ob die Moose ligninhaltig sind.

Waksman und Stavens (1) haben zuerst einige Mooes quantitativ zerlegt.

Sie haben die trocknen Pflanzen mit Äther 16—24 Stunden extrahiert, dann 24 Stunden mit kaltem und eine Stunde mit kochendem Wasser ausgezogen. Durch Behandlung des Rückstandes mit 2 proz. Salzsäure während 5 Stunden bei 100° wurden die Hemicellulosen entfernt. Den nach dem Auswaschen und Trocknen verbleibenden Rückstand haben die beiden Forscher für Cellulose + Lignin angesehen. Erstere haben sie durch Hydrolyse mit Schwefelsäure entfernt, indem sie 1 g des Rückstandes der Einwirkung von 10 g 80 proz. Schwefelsäure 20 Stunden lang bei Raumtemperatur unterwarfen und dann 5 Stunden nach dem Verdünnen mit 150 cm³ Wasser kochten. Sie fanden so:

	Äther- löslich	Wasser- löslich	Hemi- cellulose	Cellulose	Lignin	Asche
Hypnum	4,6	8,4	18,9	24,7	21,1	4,3
Sphagnum, oberer Teil .	1,5	3,9	30,8	21,1	7,0	3,2
Sphagnum, unterer Teil	1,6	1,6	24,5	15,9	19,1	19,9

Stadnikoff (2) hat die Methode abgeändert, da durch Äther die Wachse und Fette, und durch kurze Behandlung mit Wasser die Pektine nach den Untersuchungen von F. Ehrlich und seinen Mitarbeitern nicht vollständig entfernt werden. Er empfiehlt folgende Arbeitsweise:

Die lufttrockne Pflanze wird zu Pulver zermahlen und im Soxhletapparat mit Benzolalkohol extrahiert. Das von Wachsen, Harzen, Kohlenwasserstoffen und Chlorophyll befreite Material wird zur Entfernung der wasserlöslichen Manosen und Biosen bei 50° mit Wasser extrahiert. Zur Entfernung der Pektinstoffe wird der Rest zehnmal mit großen Mengen siedenden Wassers extrahiert. Das in siedendem Wasser unlösliche Material wird getrocknet, gewogen und nach dem Verfahren von Willstätter und Zechmeister hydrolisiert (vgl. Kapitel Lignin). Das isolierte Lignin wird gewaschen, getrocknet und gewogen.

Sphagnum parvifolium ergab folgende Werte:

Benzolextrakt	9,5 %
Wasser bei 50°	5,0 %
Wasser bei 100°	41,1 %
Cellulose	35,2 %
Lignin	9,2 %

Hierzu ist zu bemerken, daß die Rubrik Cellulose außer dieser noch die Hemicellulosen enthält, da diese nicht vor der Willstätter-Behandlung mit verdünnter Säure entfernt wurde, so daß also der Cellulosewert zu hoch ist. Interessant ist, daß das zweite untersuchte Moos, ebenfalls eine Sphagnumart: *Sph. medium*, mit 16,1 % einen fast doppelt so hohen Ligningehalt wie seine nahe Verwandte aufweist.

Die Mooslignine unterscheiden sich von den Ligninen der höheren Pflanzen nicht nur durch das schon erwähnte Ausbleiben der üblichen Farbreaktionen, sondern auch durch ihren niedrigen Methoxylgehalt wie folgende Übersicht zeigt (als Vergleich ist *Eriophorum vaginatum* genommen):

	Sphagnum parvif. %	Sphagnum med. %	Eriophorum vag. %
Asche	3,3	8,1	18,8
C ⎫ in der ⎧ . . .	55,85	59,58	63,6
H ⎬ organischen ⎨ . . .	6,13	5,46	5,9
OCH_3 ⎭ Substanz ⎩ . . .	1,40	1,92	6,9
Gehalt an Lignin	9,2	16,1	32,6

Über die Natur der Membranstoffe der *Pteridophyten* (Farne, Bärlapp-gewächse und Schachtelhalme) sind nur qualitative Angaben vorhanden. Sie enthalten danach Zellulose, Hemicellulosen und Lignin. Die Schachtelhalme enthalten außerdem eine Kieselmembran, über deren Gewinnung im Kapitel Cuticularsubstanzen berichtet wird.

Die Membransubstanz der Sporen der Pteridophyten ist ebenfalls im Kapitel Cuticularsubstanzen beschrieben.

Literatur:

(*1*) WAKSMAN u. STEVENS: Soil Science **26**, 133.
(*2*) STADNIKOFF: Brennstoffchemie **11**, 21 (1930).

M. Membranstoffe der Algen.

Von KARL BORESCH, Tetschen-Liebwerd.

a) Einleitung.

Hinsichtlich der chemischen Zusammensetzung der Algenzellmembranen be-stehen zwischen manchen Gruppen der Algen sicherlich große Unterschiede. Viele Algen aber ähneln im Aufbau ihrer Zellhäute den höheren Pflanzen insofern, als auch sie primär Cellulose führen, zu der sich verschiedene andere Membran-stoffe gesellen können. Bei der Gesamtanalyse der Algenmembranen dürfte auch besonders das von E. SCHMIDT und Mitarbeitern eingeführte Aufschlußverfahren mit Chlordioxyd (s. S. 11), das die Inkrusten aus der Zellwand restlos entfernt, ohne die Skeletsubstanz chemisch anzugreifen, gute Dienste leisten. Das Chlor-dioxyd soll dabei spezifisch wirken, indem es den von ihm angreifbaren Bestand-teil der Inkrusten tiefgreifend verändert (Ringsprengung?), die gleichzeitig in Lösung gehenden Polysaccharide, wie Hemicellulosen, aber ebensowenig angreift wie die aus Cellulose und anderen Kohlehydraten bestehende Skeletsubstanz.

Das E. SCHMIDTsche Verfahren, aus den Zellmembranen von höheren Pilzen, Archegoniaten und Phanerogamen durch Behandlung mit 5—6 proz. wäßriger Chlordioxydlösung und nachträgliche Einwirkung von 2 proz. Natriumsulfit die Inkrusten zu entfernen unter Zurücklassung vom Aufschlußmittel nicht an-gegriffener Skeletsubstanzen, bedarf bei seiner Anwendung auf Pflanzen, deren Skeletsubstanzen zum Teil in dem alkalischen Natriumsulfit löslich sind, des Ersatzes dieses Aufschlußmittels durch gewöhnlichen Alkohol, der den von Chlordioxyd angreifbaren Membranbestandteil löst und damit die Skeletsubstanz einer erneuten Einwirkung von Chlordioxyd zugänglich macht, bis der Nicht-verbrauch von Chlordioxyd bei längerem Lagern die Abwesenheit von Inkrusten anzeigt. Derartige Pflanzen sind die *Phaeophyceen*, wie Laminaria hyperborea und Fucus serratus. Beim Aufschluß solcher Algen verwendet man besser ver-dünnte Chlordioxydlösungen, um die Bildung hoher, eventuell hydrolysierender Salzsäurekonzentrationen zu vermeiden. Für die Zerlegung ihrer Membranen in Skeletsubstanzen und Inkrusten geben SCHMIDT und MIERMEISTER (79) folgende Vorschriften:

Vorbereitung der Algen. Die von groben Verunreinigungen mechanisch befreiten Algen werden mit der Schere klein zerschnitten und in fließendem Wasser gewaschen. Die dabei austretenden Schleimsubstanzen werden durch Kneten der Algen zwischen den Händen unter Verwendung von etwas Seife entfernt. Die sodann bei Zimmertemperatur getrock-neten und gemahlenen Algen werden mit siedendem Alkoholbenzolgemisch (1 : 1) bis zur Farblosigkeit des Auszuges extrahiert, zur Entfernung der anorganischen Salze mit 2 proz.

Schwefelsäure 24 Stunden stehengelassen, abgesaugt und gewaschen, bis das Waschwasser neutral reagiert.

Beim *Chlordioxydaufschluß* wird ein Teil der Inkrusten unmittelbar wasserlöslich (siehe b), ein anderer Teil der Inkrusten (siehe c) wird durch Alkoholextraktion der mit Chlordioxyd behandelten Membranen erhalten, die hierdurch einer erneuten Einwirkung von Chlordioxyd zugänglich gemacht werden.

a) Darstellung der Skeletsubstanzen. 100 g des vorbereiteten Algenmaterials werden in einer Glasstöpselflasche in 3 l (Laminaria) bzw. 5 l (Fucus) einer 0,7 proz. eiskalten Chlordioxydlösung[1] eingetragen und nach Sicherung des Stöpsels (Überdruck!) bei Zimmertemperatur in diffusem Tageslicht 72 Stunden unter öfterem Umschütteln stehengelassen. Der dabei gelblichweiß gewordene Bodenkörper wird auf der Nutsche über einem Leinwandfilter abgesaugt und abgepreßt, mit Wasser wieder aufgerührt und dies bis zur vollständigen Entfernung des Chlordioxyds und der Salzsäure wiederholt. Sodann wird die Skeletsubstanz mit siedendem Alkohol bis zum Farbloswerden des Auszuges extrahiert. Die hier geschilderte Chlordioxydbehandlung wird mit etwa 1 l 0,7 proz. Chlordioxydlösung bei 24 stündiger Einwirkung noch etwa dreimal wiederholt, bis die erhaltenen farblosen Skeletsubstanzen sich als inkrustenfrei erweisen (beim Lagerungsversuch darf kein außerhalb der Fehlergrenzen liegender Chlordioxydverbrauch eintreten).

b) Darstellung der Polysaccharide der Inkrusten und des von Chlordioxyd angreifbaren Membranbestandteiles I. Die vereinigten *wäßrigen* Lösungen der ersten 3 Aufschlüsse werden wie bei der Darstellung der Polysaccharide des Lignins (E. SCHMIDT und Mitarbeiter [80]) zur Entfernung des Chlordioxyds und der Salzsäure nach dem Turbinieren und Filtrieren in Dialysierbeuteln[2] gegen strömendes Leitungswasser mindestens 48 Stunden dialysiert. Der Schlauchinhalt wird im Vakuum bei 60^0 eingedampft und der feste braungefärbte Rückstand in einer Stöpselflasche mit etwa 200 cm³ 0,7 proz. Chlordioxydlösung bei Zimmertemperatur 48 Stunden in diffusem Tageslicht aufbewahrt. Nach Entfernung des Chlordioxyds durch Turbinieren des Reaktionsgemisches in einer Porzellanschale wird mittels eines Föns eingeengt und im Vakuumexsiccator getrocknet. Der feste Rückstand wird noch 2—3 mal mit siedendem Alkohol unter Rückfluß extrahiert und schließlich abfiltriert.

c) Darstellung des von Chlordioxyd angreifbaren Membranbestandteiles II. Die bei den beiden ersten Aufschlüssen der Skeletsubstanzen erhaltenen *alkoholischen* Lösungen, die den vom Chlordioxyd angreifbaren Membranbestandteil II enthalten, werden vereinigt, filtriert, im Vakuum bei 60^0 eingeengt, in einer mit Uhrglas bedeckten Schale im Exsiccator völlig eingedunstet und unter Petroläther zerrieben. Das nach dem Abgießen des Petroläthers zurückbleibende Pulver wird in siedendem absoluten Alkohol gelöst, die Lösung vom Ungelösten (Polysaccharide) in Eiswasser abfiltriert, mittels Föns, dann im Exsiccator eingedunstet und der hygroskopische Rückstand unter Petroläther gekörnt.

Nach diesem Verfahren ermittelten E. SCHMIDT und MIERMEISTER (79) die in Tab. 1 angeführten prozentischen Gehalte an Membranbestandteilen in den zur Untersuchung vorbereiteten (s. oben) Braunalgen.

Tabelle 1.

	Laminaria hyperborea %	Fucus serratus %
Skeletsubstanz	19,5	26,8
Polysaccharide	10,2	21,5
Von Chlordioxyd angreifbarer Membranbestandteil I . . .	3,0	6,0
Von Chlordioxyd angreifbarer Membranbestandteil II . . .	5,0	8,5

Die von E. SCHMIDT und A. MIERMEISTER (79) durch Aufschließung der Zellmembranen mit Chlordioxyd freigelegten Skeletsubstanzen färben sich auf Zusatz von Chlorzinkjod blau und lösen sich auch nicht wie viele Pentosane und Hemicellulosen in KAHLBAUMS Ameisensäure.

Die besonders aus den Zellmembranen der Braunalgen leicht in großen Mengen darstellbaren Pektinsäuren, wie die Algin- und Fucinsäure älterer Autoren,

---

[1] Über die Herstellung der Chlordioxydlösungen und die maßanalytische Bestimmung des Chlordioxyds s. S. 14.

[2] Glasglocken (Stürze für Mikroskope) werden innerseits etwa fünfmal mit geriefter Viscose überzogen, zwischendurch bei 30—40⁰ getrocknet. In einem Ammoniumsulfatbad, das die Cellulose ausfällt, lösen sich die Beutel los, die noch gründlich in fließendem Wasser gewässert und sodann zweckmäßig in Formaldehyd enthaltendem Wasser aufbewahrt werden.

sind nach E. SCHMIDT und VOCKE (84) *Polyglucuronsäuren* (s. S. 277) von ziemlich stark sauren Eigenschaften. Während sie in freiem Zustande von Bicarbonat unter CO_2-Entwicklung schon bei gewöhnlicher Temperatur, von Natriumsulfit bei leichter Erwärmung fast vollständig gelöst werden, können sie den neutral reagierenden Skeletsubstanzen durch diese die Skeletsubstanz kaum angreifenden Mittel nicht entzogen werden (E. SCHMIDT [78, 82]). Das Verhalten spricht für eine chemische, mutmaßlich esterartige Bindung dieser Säuren an die als Alkohole aufzufassenden Cellulosen und Hemicellulosen. Der durch stärkere Laugen erfolgende Angriff auf die Membranen bestünde dann in einer Verseifung dieser Ester.

CRETCHER und NELSON (9) berichten von der Auffindung eines neuen „sauren Kohlehydrates" in Laminaria und Macrocystis, das bei der Hydrolyse eine von der Glucuron- oder Galakturonsäure differierende Hexuronsäure (Mannuronsäure?) liefert.

Die *Hemicellulosen*, die wenigstens zum Teil als Bestandteile der Pektinstoffe angesehen werden können, sind bisher höchst unzulänglich bekannt. Aus den bei der Hydrolyse von Algen auftretenden Zuckerarten wird geschlossen, daß es sich um Hexosane und Pentosane wie auch Methylpentosane handeln kann.

Die Auffindung eines Tetraarabans im Rübenpektin und seine Herleitung von der stereochemisch verwandten Tetragalakturonsäure im Pektin:

$$C_{24}H_{32}O_{24} = C_{20}H_{32}O_{16} + 4\,CO_2$$

läßt es F. EHRLICH und SCHUBERT (12) möglich erscheinen, daß in analoger Weise aus der im Flachspektin vermutlich auch vorkommenden d-Glucuronsäure die im Hexopentosan desselben gefundene l-Xylose entstanden sein kann. Da in den Pektinstoffen der Braunalgen gleichfalls Polyglucuronsäuren nachgewiesen sind, beansprucht die Auffindung der l-Xylose durch HOAGLAND und LIEB (21) bei der Hydrolyse der aus Macrocystis pirifera gewonnenen „Alginsäure" (s. S. 276) besonderes Interesse. Hingegen konnten MÜTHER und TOLLENS (55) im Hydrolysengemisch aus Seetang (Fucus) mittels der Reaktion mit Brom und Cadmiumcarbonat Xylose nicht nachweisen, sondern nehmen die Existenz eines Arabans neben einem Galaktan im Seetang an. Andererseits wird für Florideen und für Cladophora das Vorhandensein eines Xylans erwähnt.

Die Hydrolyse von Meeresalgen. KÖNIG und BETTELS (28) prüften die verschiedenen der Hydrolyse dienenden Koch- und Dämpfungsverfahren am Agar-Agar. Beim Kochverfahren am Rückflußkühler erhielten sie die höchste Zuckerausbeute (34,6% als Invertzucker berechnet) durch ein 24stündiges Kochen von fein zerschnittenem Agar mit der achtfachen Menge 2proz. Schwefelsäure. Beim Dämpfen im Autoklaven bewährte sich am besten (34,8% Ausbeute) ein dreistündiges Dämpfen mit der achtfachen Menge 2proz. Schwefelsäure unter 3 Atm. Druck.

Das seiner Einfachheit wegen von ihnen besonders vorgezogene Verfahren des Dämpfens im Autoklaven beschreiben sie wie folgt. In 4 Porzellanschalen, die übereinander in ein passendes Drahtgestell gesetzt werden, werden je 25 g Substanz mit 200 cm³ 2proz. Schwefelsäure durch 3 Stunden bei 3 Atm. gedämpft, die Lösung noch heiß mit etwa dem gleichen Volumen kochend heißen Wassers verdünnt und durch einen mit Asbest ausgelegten, durchlochten Nickeltiegel unter Anwendung einer Saugpumpe von der nicht gelösten Substanz abfiltriert. Das Filtrat wird zunächst behufs Entfernung gebildeter organischer Säuren mit Äther ausgeschüttelt, darauf mit feingepulvertem Bariumcarbonat neutralisiert, auf dem Wasserbade zur Trockne eingedampft, der Trockenrückstand mit heißem Wasser aufgenommen und vom gebildeten Bariumsulfat und unzersetzten Bariumcarbonat abfiltriert. Das Filtrat hiervon wird auf dem Wasserbad zu einem dünnen Sirup eingeengt und dieser durch wiederholte Behandlung zuerst mit 50-, dann mit 96proz. Alkohol von den dabei ausfallenden „Dextrinen" befreit. Nach Entfernung des Alkohols wird schließlich der Sirup an einem mäßig warmen Ort zum Krystallisieren gebracht. Auf Grund von Krystallisationsversuchen unter dem Mikroskope kann zur Beschleunigung der Krystallisation mit dem zu vermutenden Zucker geimpft werden.

Zur *Feststellung der bei der Hydrolyse gebildeten Zucker* dienen wie bei höheren Pflanzen die Polarisation, die Darstellung der Hydrazone und Osazone, die Oxydation mit Salpetersäure zum Nachweis der Galaktose (s. auch S. 280), der Nachweis und die Bestimmung des bei der Destillation mit Salzsäure auftretenden Furfurols bzw. Methylfurfurols (Pentosane bzw. Methylpentosane) (s. S. 31 ff.).

Aus den Untersuchungen von König und Bettels (28) seien in Tab. 2 einige Angaben über den Gehalt der g a n z e n lufttrockenen Algen an einzelnen Stoffen mitgeteilt, sofern sie Beziehung zur Zusammensetzung der Zellmembran haben, nebst Anführung der bei der Hydrolyse nachgewiesenen Zucker.

Tabelle 2.

	Wasser %	Pentosane %	Methyl-pentosan %	Rohfaser %	Nachgewiesene Zucker
Porphyra tenera .	4,57	3,79	0,30	2,50	Glucose, Fructose, Galaktose, Pentose
Gelidium cartilagineum . . .	13,00	3,35	0,91	12,90	Fructose, d-Galaktose, Pentosen
Laminaria japonica	4,20	8,12	0,84	12,33	Glucose, Fructose, Pentosen, Methylpentosen (Fucose ?)
Cystophyllum fusiforme . . .	15,15	10,87	1,37	26,16	Fructose, Pentosen Methylpentosen
Enteromorpha compressa . . .	14,17	7,37	16,52	5,30	Glucose, Fructose, Pentose, Rhamnose
Ecclonia bicyclis .	11,56	5,33	1,06	14,08	—
Undaria pinnatifida	9,22	6,40	0,25	9,23	—

Aus diesen Angaben ist zu ersehen, daß die Zusammensetzung von Art zu Art sehr wechselt. Laminaria, Cystophyllum und Enteromorpha ist relativ reich an Pentosanen; die letztgenannte enthält besonders viel Methylpentosane (s. auch S. 40). Auch der „Rohfasergehalt" ist großen Schwankungen unterworfen. Kylin (34) gibt den Rohfasergehalt einiger Fucoideen mit 1,6—5,3% in der Trockensubstanz an.

Von den in Tab. 2 angeführten Algen lieferten bei der Oxydation mit Salpetersäure Porphyra tenera 15,58%, Gelidium cartilagineum 12,97% und Undaria pinnatifida 8,40% Schleimsäure, bezogen auf die ursprüngliche Substanz. Die übrigen Algen lieferten keine oder nur so geringe Mengen Schleimsäure, daß sie für die Bestimmung des Schmelzpunktes nicht ausreichte (s. auch S. 51).

b) Cellulose in Algenzellmembranen.

Die Cellulose, das wichtigste Zellwandkohlehydrat der Pflanzen, gekennzeichnet durch die bekannte Blaufärbung mit Jod und Schwefelsäure oder Chlorzinkjod, ihre Löslichkeit in Kupferoxydammoniak und ihre Widerstandsfähigkeit gegen heiße, stark verdünnte Säuren, besitzt auch innerhalb der Algen eine sehr große Verbreitung. Sponsler (88) stellte bei der Siphonocladialen Valonia röntgenographisch die gleiche Krystallstruktur der Cellulosemembran wie in Pflanzenfasern fest.

Häufig verhindern in die Cellulosemembran eingelagerte Stoffe den Eintritt der Blaufärbung mit den genannten Reagenzien, so daß erst nach Entfernung dieser Inkrusten die Cellulosereaktion eintritt. Zur Zerstörung der inkrustierenden

Stoffe bedient man sich der Maceration mit verdünnter Chromsäure, Kalium- oder Natriumhypochlorit (Eau de Javelle), Chlor- oder Bromwasser oder der Erwärmung der Objekte mit einem Gemisch von Kaliumchlorat und Salpeter- säure, neuestens auch der oben geschilderten Einwirkung des Chlordioxyds selbst (E. SCHMIDT)[1]. Für mikrochemische Untersuchungen empfehlen E. SCHMIDT und F. DUYSEN (76) zur Befreiung der Skeletsubstanzen von den Inkrusten eine kaltgesättigte Lösung von Chlordioxyd in 50 proz. Essigsäure. Ein sehr geeignetes und schonendes Verfahren, die Inkrusten zu beseitigen, ist nach WISSELINGH (100) das Erhitzen der Objekte (Fucus, Chondrus, Carragheen u. a.) mit Wasser bis auf 150° oder mit Glycerin bis auf 300° C in zugeschmolzenen Glasröhren.

Recht häufig ist der Fall, daß nur die innerste dem Plasma anliegende Zell- wandschicht die Cellulosereaktion gibt, während die auf sie nach außen folgenden Schichten durch Einlagerung von Pektinsubstanzen verändert sein können, so bei Desmidiaceen (LÜTKEMÜLLER [39], VAN WISSELINGH [101]), bei Phaeophyceen (VAN WISSELINGH [100]), bei Cyanophyceen (KLEIN [26]) und Florideen (KYLIN [34]). Auch WALTER[95] erhielt mit den Membranen der Rhodophyceen Chondrus crispus und Chaetomorpha melagonium partielle Cellulosereaktion, bei Rhodo- chorton floridulum gaben zwar alle Membranen mit Ausnahme der stark ge- quollenen Tetrasporenmembranen Blaufärbung mit Chlorzinkjod, färbten sich auch mit Methylenblau wie Cellulose blau, lösten sich jedoch nicht in Kupferoxyd- ammoniak.

Nicht selten aber wird Cellulose bei Algen überhaupt vermißt. Viele Flagel- laten besitzen als Umhüllung eine nur schwach differenzierte plasmatische Haut- schicht. Die „Pellicula" genannte Hülle vieler Eugleninen stellt eine derbe Plasmamembran dar, oft mit Spiralstreifen versehen, die als elastische Haut- elemente aufzufassen sind (HAMBURGER [19], MAINX [40]). Auch manche Vol- vocaceen, z. B. die Polyblephariden, besitzen keine Cellulosehüllen, sondern nur einen Periplast. MEVIUS (49) erzielte bei Chlamydomonas angulosa niemals Cellulosereaktion und bei Haematococcus pluvialis nur mit der äußeren Hülle junger Aplanosporen. Unter den Grünalgen sind es besonders die Siphoneen, bei denen das Vorkommen von Cellulose zweifelhaft ist (CORRENS [8]. Reich an Cellulose (neben Pektinstoffen) ist aber die Membran von Vaucheria und Phyllosiphon (MIRANDE [50]). Bei den Bangiaceen Bangia fuscopurpurea und Porphyra laciniata gelang KYLIN (34) und WALTER (95) der Cellulosenach- weis nicht, wohl aber bei Erythrotrichia ceramicola. Endlich scheint auch die Membran der Diatomeen keine Cellulose zu enthalten (WISSELINGH [100], MAN- GIN [42]).

c) Hemicellulosen in Algenmembranen. Amyloid.

Die Hemicellulosen, die sich von der Cellulose vor allem durch das Aus- bleiben der Blaufärbung auf Zusatz der Jodreagenzien und durch die Hydrolysier- barkeit schon mit verdünnten Säuren (3 proz. Schwefelsäure) unterscheiden, sind auch Bestandteile der Algenmembranen und -membranschleime und liefern hier wie bei höheren Pflanzen verschiedene Hexosen, Pentosen und Methylpentosen als Produkte der Hydrolyse. Obwohl die Hemicellulosen in manchen Fällen geradezu als Bestandteile der Pektine anzusprechen sein dürften, wird man sie in anderen Fällen von den Pektinstoffen trennen und als selbständige Membran- bestandteile anzusehen haben (s. S. 30 ff.). Ihre chemische Abgrenzung von anderen Zellwandkohlehydraten wird allerdings dadurch sehr erschwert, daß

---

[1] Über die Herstellung und Titrierung der Chlordioxydlösung s. S. 14.

man sie in reinem Zustande bisher nicht isolieren konnte und auf ihre leichtere Hydrolysierbarkeit nicht immer geachtet hat. Es dürfte sich empfehlen, zu derartigen Untersuchungen mehr als bisher die zugehörigen Enzyme heranzuziehen. So konnte Ullrich (93) bei Oscillaria sancta durch cytasehältiges Kirschgummi die offenbar aus Hemicellulosen bestehenden Längswände in Lösung bringen, die Querwände hingegen blieben bestehen, vielleicht ein Hinweis auf das Vorhandensein von Cellulose.

Auch bei Algen wurden gelegentlich Zellmembranen beobachtet, die sich mit Jod allein blau färben. Henckel (20), Kolkwitz (27), Sauvageau (72) (zit. bei Oltmanns [62]), erhielten mit Jod allein Blaufärbung der Häute z. B. bei Cystoclonium, Laurencia, Gelidium u. a. Sauvageau (72) spricht daher von der Anwesenheit eines „Amyloids" wie bei höheren Pflanzen.

d) Callose in Zellmembranen von Algen.

Dieses von Mangin (zit. bei Czapek, 1, 672) angenommene Zellwandkohlehydrat von durchaus provisorischem Charakter unterscheidet sich von der Cellulose vor allem durch seine Unlöslichkeit in Kupferoxydammoniak und seine leichte Löslichkeit in 1 proz. Natron- oder Kalilauge. In Alkalicarbonaten und Ammoniak quillt Callose bloß auf, ohne sich zu lösen. Mit Chlorzinkjod färbt sie sich rotbraun, mit Anilinblau und anderen verwandten Farbstoffen lebhaft blau. Mangin (zit. bei Molisch, S. 356) färbt die zu untersuchenden Objekte direkt oder erst nach Vorbehandlung mit Salpetersäure und Ammoniak mit Zwischenwaschungen in Wasser und nach Neutralisation mit 3 proz. Essigsäure. Zur Färbung verwendet Mangin Farbstoffe der Benzidinreihe (Kongorot, Benzopurpurin, Benzoazurin) in neutralem oder schwach alkalischem Bade oder Brillantblau, Anilinblau in 3 proz. Essigsäure.

Callose soll auch bei Algen vorkommen. Mangin (44) selbst gibt sie für Oedogonium, Ascophyllum, Laminaria und Ceratium an. Nach Mirande (51) soll sie neben Pektinstoffen bei Caulerpaceen, Bryopsidaceen, Derbesiaceen und Codiaceen vorkommen. Die von Correns (8) nach Einwirkung von konzentrierter Schwefelsäure und nachfolgendem nicht zu frühen Wasserzusatz aus der Membransubstanz von Caulerpa und zwei Bryopsisarten sich bildenden Sphärokrystalle sollen nach Mirande (51) aus Callose bestehen. Sie geben nicht die Blaufärbung mit den Jodreagenzien wie Cellulose, sie lösen sich schon in 12 proz. Natronlauge, jedoch auch in Kupferoxydammoniak.

e) Pektinstoffe und die ihnen nahestehenden Membranschleime der Algen.

Diese von den Hemicellulosen nicht scharf abgegrenzten und von vielen Membranschleimen der Algen kaum abtrennbaren Zellwandstoffe sind nur bei den Phaeophyceen näher untersucht worden. Wie bei höheren Pflanzen (s. S. 81 ff.) sind auch die Pektinstoffe der Algen in den meist zur Extraktion verwendeten Alkalien wohl kaum unverändert löslich, selbst bei der Lösung mit kochendem Wasser können sie eine teilweise Spaltung erfahren. Beim Abkühlen erstarren genügend konzentrierte Lösungen zu mehr oder weniger festen Gallerten. Aus ihren sehr schleimigen Lösungen werden die Pektinsubstanzen durch Alkohol, Säuren und verschiedene Salze gefällt. Während aber der Hauptbestandteil des Rübenpektins die Galakturonsäure ist, scheint an ihre Stelle in den Braunalgenpektinen die Glucuronsäure zu treten (s. S. 277). Unter den Hydrolysenprodukten der aus Phaeophyceen gewonnenen Pektinsäuren sind Pentosen nachweisbar. Hoagland und Lieb (21) geben l-Xylose an (s. S. 276). Methylpentosen und Galaktose konnte Kylin (34) nicht nachweisen.

Die bei Rotalgen vorkommenden Pektinstoffe wurden bisher nur an den aus ihnen hergestellten Handelsprodukten Agar, Carragheen und Nori untersucht, die neben Pentosanen Galaktane und andere Hexosane enthalten. Die ihnen nahestehenden schleimigen Membransubstanzen der Florideen sind gleichfalls erst unzulänglich bekannt.

Ansonsten stützen sich die Angaben über das Vorkommen von Pektinstoffen in Algenzellmembranen auf Färbungen, da es keine spezifische mikrochemische Reaktion für Pektine gibt. Nach MANGIN (43,45) eignet sich zum färberischen Nachweis des Pektins ganz besonders gut eine schwach ammoniakalische Lösung von Rutheniumsesquichlorid (Rutheniumrot), das pektinhaltige Membranen leuchtend rot färbt. Safranin färbt sie orangegelb, Methylenblau blauviolett. Nach VAN WISSELINGH (101) wird der die Rotfärbung mit Rutheniumrot verursachende Stoff durch Erhitzen derartiger Membranen (z. B. bei Closterium) mit Glycerin in zugeschmolzenen Röhrchen auf 300° entfernt.

Einen solchen färberischen Nachweis des Pektins führte MANGIN (42) für Fucus, Chorda, Chondrus, Peridineen und Diatomeen, deren Membranen nur aus Pektinstoffen in innigster Verbindung mit Kieselsäure bestehen sollen. C. VAN WISSELINGH (100—103) gibt Pektinvorkommen außer bei Fucus und Chondrus auch für Oedogonium, Spirogyra und Closterium an, BOHLIN (5) für Ophiocytium und Conferva, KUWADA (31) für Chlamydomonaden. Nach allem führen auch die Zellwände der Volvocalen Platymonas tetratheli und Prasinocladus lubricus Pektin (W. ZIMMERMANN [106]), hingegen wird es von MEVIUS (49) bei Haematococcus pluvialis vermißt. MIRANDE (51) findet Pektin bei Caulerpaceen, Bryopsidaceen, Derbesiaceen und Codiaceen, SAUVAGEAU (73) bei Ectocarpus und Myrionema, LEMAIRE (36) und G. KLEIN (26) bei Cyanophyceen, wo es besonders in den Gallerthüllen anzutreffen ist.

1. Pektinstoffe der Braunalgen.

Wie schon WILLE (99) 1897 nachwies, bestehen die Zellwände der Laminariaceen — wie der gröberen Fucoideen überhaupt — aus einer inneren, an das Protoplasma grenzenden Celluloseschicht, die sich mit Jod und konzentrierter Schwefelsäure (2:1) blau färbt, und einer Mittellamelle (Intercellularsubstanz), die schon von 1 proz. Schwefelsäure und Jod gebläut wird. Bereits WILLE (99) nahm an, daß die Intercellularsubstanz im wesentlichen aus Calciumpektinat bestehe, zumal KREFTING (30) im gleichen Jahr aus Laminariaarten eine Säure, die schleimige Tangsäure, dargestellt hat.

KYLIN (34) wies das Calcium in den Zellmembranen durch Einlegen der Schnitte in Ammoniumoxalatlösung nach; es treten dann besonders in der Mittellamelle Calciumoxalatkrystalle auf. Durch Behandlung der Schnitte mit verdünnter Salzsäure wird das Calcium aus der Intercellularsubstanz herausgelöst und die zurückbleibenden Pektinsäuren geben mit Natriumcarbonat wasserlösliche Natriumsalze, so daß die so behandelten Schnitte nach der Übertragung in Sodalösung zerfließen.

Nach KYLIN (34) sind die „Tangsäure" KREFTINGS (30) ebenso wie die von SCHMIEDEBERG (86) aus Laminaria gewonnene „Laminarsäure" und der von STANDFORD aus einigen Fucoideen mit verdünnter Sodalösung extrahierte, sehr schleimige Stoff „Algin" Gemenge von zwei Pektinsäuren, der Algin- und Fucinsäure, die als Kalksalze, Algin und Fucin, in der Mittellamelle der Tange vorkommen. Das von VAN WISSELINGH (100) 1898 entdeckte Fucin ist die Ursache der erwähnten Blaufärbung der Intercellularsubstanz mit Jod und 1 proz. Schwefelsäure, das Algin gibt diese Reaktion nicht. Von diesem sicheren Unterschiede abgesehen stehen wahrscheinlich die beiden Stoffe einander sehr nahe. Beide geben die Reaktionen auf Pentosen mit Phloroglucin-Salzsäure und Orcin-Salzsäure, nicht aber die Reaktion auf Methylpentosen nach ROSENTHALER (70). Mit Salpetersäure nur sehr schwer oxydierbar, liefern sie dabei keine Schleimsäure. Das Algin scheint durch kochendes Wasser etwas leichter extrahierbar zu sein als das Fucin.

Algin, das Ca-Salz der *Alginsäure*, aus Ascophyllum nodosum, Fucus vesiculorus und Laminaria digitata.

Zur Gewinnung des Algins übergießt Kylin (34) das an der Luft getrocknete und zerkleinerte Material mit Wasser und läßt es etwa 1 Stunde auf dem siedenden Wasserbad kochen[1] und bis zum nächsten Tag stehen. Der so erhaltene sehr schleimige Extrakt wird filtriert und mit Salzsäure bis zu etwa 0,1 % versetzt, wodurch das Calcium aus dem Algin herausgelöst und die Alginsäure grobflockig gefällt wird. Der Niederschlag wird durch ein Seidentuch abfiltriert und mit Wasser gut ausgewaschen, sodann in Wasser aufgeschlemmt und durch Zusatz von etwas Natronlauge gelöst. Die Fällung mit Salzsäure und Lösung in sehr verdünnter Natronlauge wird einigemal wiederholt, bis die Alginsäure vollkommen farblos ausfällt. Nach Abpressen des Wassers wird sie in Alkohol aufgeschlemmt, nach längerem Stehen abfiltriert, mit Alkohol und Äther gewaschen und getrocknet.

Die so gewonnene Alginsäure ist in Wasser fast unlöslich, die getrocknete Substanz quillt jedoch im Wasser stark auf. Mit Ammoniak, Kali- oder Natronlauge löst sie sich leicht unter Bildung sehr schleimiger Lösungen, desgleichen in Lösungen von Alkalicarbonaten und -acetaten.

In schwach essigsaurer, nicht salzfreier Lösung wird das Algin von Mineralsäuren und stärkeren organischen Säuren, durch Alkohol und Eisessig, ferner durch $CaCl_2$, $BaCl_2$, $ZnSO_4$, $CuSO_4$, $AgNO_3$ (Niederschlag in Ammoniak löslich), $FeCl_3$ und PbA_2 (Bleizucker), nicht aber durch $MgSO_4$ und $HgCl_2$ gefällt. Das mit Leimlösung niedergeschlagene Algin löst sich auf Zusatz gesättigter NaCl-Lösung wieder auf.

Eine alkalische oder essigsaure Alginlösung ist stark linksdrehend. $(\alpha)_D$ etwa —136°.

Hoagland und Lieb (21) geben für ihre aus Macrocystis pirifera mit 2 proz. Sodalösung extrahierte, mit HCl gefällte und dialysierte „Alginsäure" als spez. Drehung $[\alpha]_D^{15,5} = -169,2°$ an und teilen ihr die Formel $C_{21}H_{27}O_{20}$[2] zu; sie lieferte, wie schon erwähnt, bei der Hydrolyse mit Salzsäure l-Xylose.

Fucin, das Ca-Salz der *Fucinsäure*, aufgefunden von van Wisselingh (100) in Fucus vesiculosus, von Kylin (34) in Ascophyllum nodosum, Chorda filum, Fucus serratus und vesiculosus, Halidrys siliquosa, Laminaria digitata und L. saccharina mit Hilfe der Blaufärbung mit Jod und 1 proz. Schwefelsäure. Hingegen gelang der Fucinnachweis nicht bei den zarteren Fucoideen, wie Asperococcus bullosus, Ectocarpus siliculosus, Elachista fucicola, Spermatochnus paradoxus und Sphacelaria cirrhosa.

Bei Behandlung der Schnitte mit dem genannten Reagens von van Wisselingh (100) Jodjodkaliumlösung und 1 proz. Schwefelsäure werden die aus Fucin bestehenden Mittellamellen blau und die an das Zellumen grenzenden Celluloseschichten bleiben ungefärbt. Diese färben sich erst auf Zusatz konzentrierter Schwefelsäure (2 : 1) blau, während die vorher blauen Mittellamellen hinwieder rot bis blaßrot werden. Die Menge der Schwefelsäure beeinflußt nämlich die Farbe, 1 proz. ruft eine blaue, 10 proz. eine blauviolette, 25 proz. eine violette und 50 proz. Schwefelsäure eine rote Farbe hervor. Salzsäure in verschiedener Konzentration bewirkt ähnliche Färbungen.

Zur Herstellung der Fucinsäure wird nach Kylin (34) getrocknetes und zerkleinertes Material von Ascophyllum nodosum mehrmals mit Wasser ausgekocht, durch ein Seidentuch abfiltriert und abgepreßt, dann zum Zwecke der Herauslösung des Calciums aus dem Fucin mit 1 proz. Salzsäure übergossen, nach eintägigem Stehen wieder abfiltriert und gut ausgewaschen. Durch Zusatz größerer Mengen stark verdünnter Natronlauge entsteht das Natriumsalz der Fucinsäure, das eine sehr schleimige, aber immerhin filtrierbare Lösung bildet. Im Filtrat wird die Fucinsäure durch Ansäuern mit Salzsäure ausgefällt. Durch wiederholte Auflösung und Fällung wird die Fucinsäure gereinigt, ohne daß es dabei gelingt, die ihr beigemengte Alginsäure ganz zu entfernen.

Die Fällbarkeit ist die gleiche wie bei der Alginsäure. Auch die Fucinsäure dreht in alkalischer oder essigsaurer Lösung stark nach links. $[\alpha]_D$ etwa —121°.

Die Fucinsäure gibt die gleiche Blaufärbung mit Jodjodkali und 1 proz. Schwefelsäure wie ihr Calciumsalz, das Fucin. Die bei der Hydrolyse auftretenden Zucker sind noch nicht näher untersucht.

---

[1] Bei längerem Kochen wird auch etwas Fucin extrahiert.

[2] Die Analyse ergab 42 % C und 4,5 % H. Odén (61) erhielt bei der Analyse der „Fucinsäure" 38,29 % C und 5,45 % H. Die Tetragalakturonsäure Ehrlichs (11 a) enthält 40,91 % C und 4,55 % H, ihr Hydrat 39,89 % C und 4,71 % H.

Polyglucuronsäuren. Nach Schmidt und Vocke (84) haben die mit „Algin- und Fucinsäure" benannten Stoffe der Braunalgen Beziehungen zur Glucuronsäure, und zwar handelt es sich um polymere Anhydroglucuronsäuren, wie sie auch in den Skeletsubstanzen höherer Pflanzen die Bindung zwischen Cellulose und Hemicellulosen vermitteln sollen und erstmalig von F. Ehrlich (11) aus Pektin isoliert wurden. Sowie die Ehrlichsche Tetragalakturonsäure in zwei isomeren Formen auftritt, kommt auch die nach Schmidt und Vocke (84) aus Fucus serratus leicht darstellbare Polyglucuronsäure in zwei Formen vor. Form a ist schwer, b leicht hydrolysierbar, so daß die Polyglucuronsäure a aus einem Gemisch beider Formen durch Hydrolyse isoliert werden kann. Die bei der Hydrolyse auftretende Glucuronsäure, die wahrscheinlich auch den Kern der schwer hydrolysierbaren Form a bildet, kann durch Überführung in ihr Cinchoninsalz (Schmelzpunkt 204⁰) nachgewiesen werden.

Die aus Fucus gewonnenen Polyglucuronsäuren sind in Alkalien und Natriumsulfit löslich, das Gemisch beider Formen liefert bei der Behandlung mit Salzsäure unter Abspaltung von CO_2 Furfurol (Lefèvre und Tollens [35]) und gibt die Naphthoresorcinreaktion (Tollens [90]). Ihr Alkaliverbrauch stimmt mit dem Titrationswert der Tetragalakturonsäure überein, von der sie sich aber durch ihre Linksdrehung unterscheiden. Schon früher hatte Odén (61) auf Grund von Leitfähigkeitsmessungen die „Fucinsäure" als eine zweibasische Säure angesprochen.

Darstellung des Gemisches der Polyglucuronsäuren a und b. 125 g lufttrockener, nicht zerkleinerter Fucus serratus (entsprechend 100 g der aschefreien trockenen Alge) werden zwecks Freimachung der an Ca bzw. Mg gebundenen Polyglucuronsäuren mit 0,5 proz. Salzsäure 24 Stunden unter häufigem Umschütteln stehengelassen, nach dem Abgießen und Auswaschen der Salzsäure in 1 proz. Ammoniak übergeführt. Die nach 28 Stunden erhaltene dickflüssige braune Lösung wird koliert und der Rückstand mehrmals mit Wasser ausgewaschen. Die vereinigten Filtrate erstarren beim Ansäuern mit Schwefelsäure zu einer Gallerte. Zur Entfärbung derselben wird unter Umrühren 1 proz. wäßriges Chlordioxyd hinzugefügt, bis der Niederschlag weiß erscheint. Nach 24 stündigem Stehen mit einem geringen Überschuß von Chlordioxyd wird der abgesaugte und abgepreßte Niederschlag in Alkohol und Äther übergeführt und im Vakuumexsiccator getrocknet. Die so erhaltene weiße Substanz von etwa 20 g wird durch nochmalige Behandlung mit n/5 Chlordioxydlösung und nachträgliches Auskochen mit Alkohol inkrustenfrei erhalten. Bei 48 stündiger Aufbewahrung der Substanz mit etwa der zehnfachen Gewichtsmenge wasserfreier Ameisensäure (Kahlbaum) im Thermostaten bei 30⁰ werden die darin noch enthaltenen Kohlehydrate herausgelöst. Der Bodenkörper wird auf einer Nutsche mit Glasfilterplatte abgesaugt und mit Ameisensäure nachgewaschen, die durch Wasser, Alkohol und Äther verdrängt wird. Ausbeute etwa 18 g. 1 g der bei 100⁰ getrockneten Substanz verbraucht bei der Titration (Phenolphthalein als Indicator) 54,1 cm³ n/10 KOH, also die gleiche Menge wie 1 g Tetragalakturonsäure (54,2 cm³ nach Ehrlich [11]). In der berechneten Menge n/5 KOH gelöst, beträgt die spezifische Drehung des Gemisches von Polyglucuronsäure a und b $[\alpha]_D = -140,4^0$.

Darstellung der Polyglucuronsäure a. Das so gewonnene Gemisch der Formen a und b wird nach 48 stündiger Aufbewahrung mit etwa der gleichen Gewichtsmenge 80 proz. Schwefelsäure bei Zimmertemperatur auf einen Schwefelsäuregehalt von etwa 4—5 % verdünnt und 3 Stunden unter Rückfluß zum Sieden erhitzt. Der abfiltrierte Rückstand wird durch Umfällen aus seiner alkalischen Lösung gereinigt und mit Alkohol und Äther getrocknet. Ausbeute etwa 40 % der angewandten Substanz. 1 g der bei 100⁰ getrockneten Säure verbraucht zur Neutralisation (Phenolphthalein) gleichfalls 54,05 cm³ n/10 KOH. In der berechneten Menge n/5 KOH gelöst weist die Polyglucuronsäure a eine spezifische Drehung $[\alpha]_D = -147,8^0$ auf. Die spezifischen Drehungen sind also noch höher als die von Kylin (34) für das Na-Salz der Fucin- und Alginsäure gefundenen.

Nachweis der Glucuronsäure. Im Filtrat der Schwefelsäurehydrolyse wird nach Zusatz von $BaCO_3$ und Abfiltrieren des $BaSO_4$ das glucuronsaure Barium durch Alkohol mehrmals umgefällt und nach Zerlegung mit Schwefelsäure in das Cinchoninsalz (Schmelzpunkt 204⁰) übergeführt.

Zur Bestimmung der aus Braunalgen gewonnenen Polyglucuronsäuren eignet sich nicht die von Tollens und Lefèvre (35) für die monomere Glucuronsäure angegebene

Methode (CO_2-Abspaltung bei Behandlung mit 12proz. HCl). Schmidt und Mitarbeiter (80) bedienen sich zu diesem Behufe der konduktometrischen Titration.

Cretcher und Nelson (9) geben für Laminaria Agardhii und Macrocystis pirifera eine andersartige Polyuronsäure an, die sie durch Extraktion der Algen mit verdünnter Sodalösung in der Kälte und Fällung des Extraktes mit Salzsäure gewonnen haben. Sie erhielten bei der Hydrolyse des Macrocystisalgins mit 80proz. Schwefelsäure eine allerdings nicht krystallisierende Hexuronsäure, deren Cinchoninsalz $C_{25}H_{32}O_8N_2$ bei 152° schmilzt, so daß es sich weder um Glucuronsäure (Schmelzpunkt 204°) noch um Galakturonsäure (Schmelzpunkt 158°) handeln kann. Auch entsteht bei der Oxydation mit Salpetersäure oder Bromwasser weder Zuckersäure noch Schleimsäure. Was für eine Hexuronsäure am Aufbau dieses Membranstoffes von der Formel $(C_6H_8O_6)_n$ teilnimmt, ist unbekannt. Aus der beim Erhitzen mit verdünnter Salzsäure auftretenden Kohlendioxydmenge läßt sich aber schließen, daß er sich fast zur Gänze (98%) aus Polyuronsäure aufbaut. Das aus Macrocystis erhaltene Präparat reduziert Fehling erst nach dem Trocknen bei 100° oder Kochen mit destilliertem Wasser, wobei CO_2 abgegeben wird. Die weite Verbreitung der d-Mannose in der Natur und der 4—5% betragende Mannitgehalt von Macrocystis führt Nelson und Cretcher (9) zu der Annahme, daß das Algin aus Macrocystis d-Mannuronsäure enthält. Colin und Ricard (7) erhielten bei der Säurehydrolyse des Laminariaalgins neben sehr geringen Mengen Zucker auch stets reduzierende Säuren von Aldehydcharakter.

2. Membranschleime der Phaeophyceen.

Fucoidin nennt Kylin (33) einen bei Fucoideen vorkommenden Membranschleim, der aus einer wäßrigen Lösung durch Bleiessig, nicht aber durch Bleizucker, gefällt wird. Dieser Stoff ist in Schleimkanälen der genannten Algen enthalten und quillt beim Zerschneiden des Thallus als fadenziehender Schleim hervor. Besonders reichlich kommt das Fucoidin bei Laminariaarten und in Fucus serratus vor, weniger reichlich in Fucus vesiculosus, in geringen Mengen bei Ascophyllum nodosum.

Zur Gewinnung des Fucoidins aus Laminaria digitata extrahiert Kylin (34) das getrocknete und zerkleinerte Material im *siedenden* Wasserbad und erhält so einen zwar sehr schleimigen, aber doch filtrierbaren Extrakt. Darin wird durch Zusatz von Bleiessig das Fucoidin gefällt, der Niederschlag abfiltriert, gründlich gewaschen und in einer geringen Menge verdünnter Salzsäure gelöst. Das dabei entstehende Bleichlorid wird zweckmäßigerweise erst nach seiner durch mehrtägiges Stehen erfolgten Sedimentierung abfiltriert, das Filtrat mit Alkohol gefällt, der abfiltrierte Niederschlag in etwas Wasser gelöst und diese Fällung mit Alkohol und Auflösung in Wasser einige Male wiederholt. Eine vollständige Entfernung des Bleies durch Einleiten von Schwefelwasserstoff ist nicht durchführbar, weil sich das kolloidale Bleisulfid nicht abfiltrieren läßt.

Ein zweites von Kylin (34) angewendetes Verfahren, das Fucoidin von anderen organischen Stoffen tunlichst zu befreien, bedient sich seiner Löslichkeit in 20—30proz. Alkohol und seiner Fällbarkeit durch starken Weingeist. Getrocknetes und zerkleinertes Material wird nach einer Vorextraktion in 50proz. Alkohol mit einer größeren Menge 20proz. Alkohol versetzt und nach öfterem Durchschütteln in den ersten Tagen etwa 3 Monate stehengelassen. Der klare Extrakt wird abgegossen und mit $^3/_4$ Vol. Alkohol versetzt, der das Fucoidin niederschlägt. Der durch ein Seidentuch abfiltrierte Niederschlag wird wieder in Wasser gelöst und dieses Verfahren der Fällung[1] und Lösung einige Male wiederholt, der Niederschlag wird zuletzt mit Alkohol und Äther gewaschen und getrocknet.

Außer mit Bleiessig gibt eine Fucoidinlösung auch mit $FeCl_3$ einen Niederschlag, der sich in Essigsäure schwer, in Salzsäure leicht löst. In essigsaurer Lösung gibt das Fucoidin mit Leimlösung einen in gesättigter NaCl-Lösung wieder sich lösenden Niederschlag.

Verschiedene Tatsachen, so der rasche Verlust der Schleimigkeit einer Fucoidinlösung nach Zusatz von etwas Salzsäure, führen Kylin zu der Annahme,

---

[1] Zusatz von etwas Kochsalz zur Erzeugung des Niederschlages erforderlich.

daß das Fucoidin das Calciumsalz der im freien Zustand viel weniger schleimigen
Fucoidinsäure ist.

Zur Isolierung der Fucoidinsäure extrahiert KYLIN (34) lufttrockenes und zerkleinertes
Material durch einige Stunden im siedenden Wasserbad, filtriert das durch zugesetztes
Bariumacetat niedergeschlagene Algin ab und schlägt die Bariumverbindung der Fucoidinsäure im Filtrat mit dem halben Volumen Alkohol nieder. Den Niederschlag löst er in mit
HCl angesäuertem Wasser und fällt die Lösung mit einem Volumen Alkohol. Durch Wiederholung dieses Verfahrens wird die Fucoidinsäure gereinigt, schließlich niedergeschlagen,
mit Alkohol gewaschen und im Exsiccator getrocknet.

Fucoidinsäure ist stark linksdrehend, $[\alpha]_D$ etwa —220°. Mit Jod gibt sie
keine Färbung. Sie liefert bei der Oxydation mit Salpetersäure keine Schleimsäure, enthält daher keine Galaktose. Hingegen deutet der positive Ausfall der
Phloroglucinsalzsäurereaktion auf Pentosen, und die anhaltende Rotfärbung
beim Erwärmen der Substanz mit konzentrierter Salzsäure und Aceton nach
ROSENTHALER (70) auf Methylpentosen.

Bei der Hydrolyse des Fucoidins konnte KYLIN durch Herstellung des
Hydrazons (Schmelzpunkt 172—173°) *Fucose* nachweisen und erblickt im Fucoidin
die Muttersubstanz dieser von TOLLENS [1] und Mitarbeitern bei der Hydrolyse von Fucus und Laminaria entdeckten Methylpentose. Hexosen wurden von
KYLIN in den Membranbestandteilen der Fucoideen nicht aufgefunden.

Die mit der Rhamnose isomere Fucose, der optische Antipode der Rhodeose, liefert
gemäß ihrem Charakter als Methylpentose beim Destillieren mit HCl das an seinen Farbenreaktionen leicht kenntliche Methylfurfurol (z. B. Grünfärbung beim Erwärmen mit Alkohol
und H_2SO_4 nach MAQUENNE). Fucose ist stark linksdrehend, $[\alpha]_D =$ ca. —75° nach konstant gewordener Drehung, und reduziert FEHLING. Schmelzpunkt 138°. Ihr Phenylosazon
schmilzt bei 177—178°, ihr Diphenylhydrazon bei 196—198°, ihr Methylphenylhydrazon
bei 177° und ihr Benzylphenylhydrazon bei 161°.
MÜTHER und TOLLENS (53) nannten die Muttersubstanz der Fucose „Fucosan", doch
wird mit diesem Namen seit langem jener Zellinhaltskörper der Phaeophyceen belegt, der in
den „Fucosanblasen" lokalisiert, mit Vanillinsalzsäure rot, mit Osmiumsäure schwarz wird,
Farbstoffe, wie Methylenblau und Methylviolett, speichert und nach KYLIN (32, 33) einen
gerbstoffähnlichen Körper, jedenfalls kein Kohlehydrat, vorstellt.

Auch HOAGLAND und LIEB (21) wiesen in der alkoholunlöslichen Kohle-
hydratfraktion des durch 24stündige Behandlung von Macrocystis pirifera mit
2proz. Salzsäure bei 80° C erhaltenen Extraktes eine Methylpentose von den
Eigenschaften der Fucose nach. Hingegen lieferte die gleiche Fraktion bei
Iridaea laminaroides nur d-Galaktose. Andere Autoren geben als Hydrolysen-
produkte der von ihnen aus Laminaria gewonnenen Schleimstoffe Glucose
(BAUER, R. W. [1]) und Glucose neben Galaktose (GRUZEWSKA) an.

3. Membranschleime der Rhodophyceen.

Seit langem werden aus manchen Florideen dank ihres Reichtums an
gallertbildenden Zellwandstoffen verschiedene Handelsprodukte hergestellt, die
in der Appretur, als Klebstoff, Gelatineersatz, Heilmittel und in Ostasien auch
als Nahrungsmittel Verwendung finden (WIESNER [98], TSCHIRCH [92], GRAFE
[14], ZEMPLÉN [105]).
So wird *Agar-Agar* auf Ceylon und Java aus Sphaerococcus (= Gracilaria)
lichenoides („Ceylonmoos"), auf Java und in Makassar aus Eucheuma spinosum,
in Japan aus Gelidium Amansii, G. polycladum, G. elegans u. a. („vegetabili-
scher Fischleim", „Haithao") gewonnen. *Carragheen* entstammt verschiedenen
Rotalgen, besonders Chondrus crispus, und zum geringenen Teile Gigartina
mamillosa, die an den nordatlantischen Küsten, besonders Irlands („Irländisches Moos") wachsen. *Nori*, eine japanische Delikatesse, ist unter Erhaltung

---

[1] GÜNTHER u. TOLLENS (17); MÜTHER u. TOLLENS (55); MAYER u. TOLLENS (47).

ihrer Farbstoffe getrocknete Porphyra laciniata und coccinea. Auch das Carragheen und die javanischen Agarsorten sind die getrockneten und dazu noch gebleichten Algen. Hingegen wird der technisch wichtigste Agar-Agar von Japan durch Auskochen der Algen mit Wasser hergestellt. Agarähnliche Gallerten („Gelose“) lassen sich auch aus Rotalgen der französischen Küsten durch Extraktion im Autoklaven bei 120° gewinnen (C. Sauvageau [72]).

Agar-Agar. Als Hauptbestandteil des Agars gilt seit Payen die „Gelose“. Sie dürfte sich mit dem von späteren Autoren (Bauer [2]) im Agar angegebenen und bei der Hydrolyse Galaktose liefernden „*Pararabin*“ decken, wäre aber nach Tollens (91) richtiger als „Gelan“ oder δ-Galaktan zu bezeichnen. Sie bildet nach Greenish 60% des Japanagars und etwa 37% des Ceylonagars und stellt den eigentlichen gallertbildenden Stoff vor. Man erhält sie durch Erschöpfen des Agars mit kalter verdünnter Salzsäure, Wasser, sehr verdünntem Ammoniak und Waschen mit viel Wasser, Auskochen des Rückstandes mit Wasser, worauf sich beim Erkalten die Gelose gallertartig abscheidet (Muspratt [54]). Gelose gibt noch im Verhältnis 1:500 eine steife Gallerte. Sie färbt sich mit Jod rotviolett. Bei der Hydrolyse liefert sie Galaktose, nach Greenish (15) auch Arabinose. Nach Tollens (91) enthält Agar 1,66% Pentosan in der Trockensubstanz. König und Bettels (28) erhielten bei der Oxydation des Agars mit Salpetersäure Schleimsäure in einer Menge, die einem Gehalt von 33% Galaktanen im Agar entspräche. Bei der Hydrolyse mit 2—3 proz. Schwefelsäure bildete sich bei längerem Erhitzen ein dünnflüssiger Sirup, der aber bald weiße, aus Cellulose bestehende Flocken in einer Menge von 3,45—3,74% ausfallen ließ. Die gleichfalls von ihnen im Hydrolysengemisch nachgewiesene Lävulinsäure ist bei der Hydrolyse mit Oxalsäure oder nach ganz kurzer Einwirkung verdünnter Schwefelsäure nicht nachzuweisen. Lüdtke (38) erblickt in ihr ein Umwandlungsprodukt der Galaktose. Für die quantitative Bestimmung der Galaktose im Hydrolysat empfiehlt er die von Neuberg (59) angewandte Abscheidung als Methylphenylhydrazon in folgender Form:

10 cm³ einer 3—6 proz. Galaktoselösung werden mit 2 Mol Methylphenylhydrazin, 10 cm³ 99 proz. Alkohol und 0,1 cm³ 50 proz. wäßriger Essigsäure versetzt. Das Gemisch bleibt 6—7 Stunden unter zeitweisem Umschütteln bei 35—38° C stehen, sodann 15 Stunden im Eisschrank. Das gebildete Hydrazon wird auf gewichtskonstantem Filter abgesaugt, mit 10—20 cm³ 99 proz. Alkohol gewaschen und im Vakuum über P_2O_5 bis zum konstanten Gewicht getrocknet. Glucose, Fructose, Xylose, Glucuronsäure stören dabei nicht, hingegen werden Arabinose, Mannose und Fucose mitgefällt.

Aber auch die so bestimmte Galaktose ergab nur 30% des hydrolysierten Agars, während sein Reduktionswert etwa 60% der Substanzmenge entspricht. Es muß daher noch ein zweiter reduzierender Stoff im Agar enthalten sein und die nachgewiesene Galaktose müßte nicht einmal dem bislang angenommenen δ-Galaktan (Gelose) angehören, sondern könnte mit der zweiten reduzierenden Substanz des Agars chemisch verbunden sein.

Von besonderem Interesse ist das Vorkommen von organisch gebundenem Schwefel im Agar, der im wesentlichen als Ätherschwefelsäure vorliegen dürfte (Neuberg und Ohle [60]). Samec und Isajewicz (71) sehen in der einbasischen „Geloseschwefelsäure“ mit einem Atom Schwefel im Molekül einen wichtigen Bestandteil des Agars, der hier eine ähnliche Rolle zu spielen hätte wie die Phosphorsäure im Amylopektin. Hoffmann und Gortner (22), die sich mit der Elektrolyse von Agar befaßten, erblickten in ihm das Calciumsalz eines Polysaccharidschwefelsäureesters ($R\text{-}O\text{-}SO_2\text{-}OH$) und berechnen für die „Agarsäure“ ein Molekulargewicht von 3000. Lüdtke (38) konnte die hypothetische Schwefelverbindung dem Agar durch 3 proz. Ammoniak oder vollständiger durch ammoniakalisches Wasserstoffperoxyd entziehen und aus dem Extrakt ein Präparat mit 3 % Schwefel gewinnen.

Über den bakteriellen Abbau des Agars siehe H. und E. PRINGSHEIM (68), BIERNACKI (4) und BAVENDAMM (3).

Carragheen (Irländisches Moos). Der Carragheenschleim, der vornehmlich der Intercellularsubstanz von Chondrus entstammt, geht schon mit kaltem Wasser aus der Alge in Lösung. Durch Kochen derselben mit Wasser im Verhältnis 1:20 erhält man beim Erkalten eine Gallerte. Aus der Abkochung der Alge kann der Schleimstoff mit Alkohol und Salzsäure gefällt und so gereinigt werden. Durch gesättigte Lösungen von Ammonsulfat, Ammonphosphat, Kaliumacetat, Chlorcalcium oder Seignettesalz wird er niedergeschlagen, nicht aber mit Bleizucker (POHL [67]). In Kupferoxydammoniak ist er unlöslich, färbt sich auch nicht mit Jod und Schwefelsäure blau. Eine schwache Rotfärbung mit Jod wird auf die Gegenwart eines mit dem Amylodextrin verwandten Stoffes zurückgeführt. SEBOR (87) hält den Schleim für eine komplizierte hochmolekulare Kohlehydratkombination, die außer dem schon lange vorher aufgefundenen Galaktan Glucosan, Fructosan und vielleicht ein Xylan enthalten soll. Die gefundene Menge Schleimsäure entspricht fast 30 % Galaktose, die bei der Destillation mit Salzsäure erhaltene Furfurolmenge 2,5 % Pentosen. Auch MÜTHER und TOLLENS (55) fanden im Carragheen ein Galaktan, Glucosan und Fructosan; letzteres liefert das Oxymethylfurfurol, das in dem mit 2proz. Schwefelsäure nach 5stündigem Kochen auf dem Wasserbad erhaltenen Hydrolysengemisch als Phenylhydrazon (Schmelzpunkt 140—141°) nachgewiesen werden kann. Nach HAAS und RUSSEL-WELLS (18) ist der Carragheenschleim ein Gemisch eines im kalten Wasser löslichen, beim Einengen und Abkühlen seiner Lösung nicht gelierenden Stoffes und eines anderen, der sich erst in heißem Wasser löst und beim Abkühlen der Lösung in einer 2 % übersteigenden Konzentration Gallerte gibt. Benzidinchloridlösung fällt beiderlei Schleimstoffe in einer für Carragheen spezifischen Weise, so daß ein auf dieser Reaktion beruhendes Verfahren zum Nachweis und zur Bestimmung des Carragheens ausgearbeitet wurde.

Nori. OSHIMA und TOLLENS (63) hydrolysierten Nori durch 8stündiges Kochen mit 5proz. Schwefelsäure und fanden in den Sirupen l-Galaktose und d-Mannose. Wahrscheinlich entsteht dabei auch Fucose neben anderen Zuckern. —

H. KYLIN (33) hat Ceramium rubrum, Dumontia filiformis und Furcellaria fastigiata auf ihre schleimigen Zellmembranbestandteile untersucht. Abgesehen vom Dumontiaschleim (s. unten) sind der Ceramium- und Furcellariaschleim untereinander und mit dem Carragheenschleim wahrscheinlich nahe verwandt, die Lösung dieser Schleime erstarrt bei Abkühlung und wird durch Ammonsulfat gefällt.

Aus *Ceramium rubrum* geht die Schleimsubstanz schon bei längerem Liegen der Algen in Wasser in Lösung, sehr rasch beim Erhitzen im Warmbade; die warmfiltrierte Lösung erstarrt beim Abkühlen wie eine Agarlösung. Durch Fällen mit Alkohol kann der Schleim gereinigt werden. Außer durch Ammonsulfat wird die Schleimlösung auch durch Bleiessig, nicht aber Bleizucker, gefällt; der Schleim gibt die Pentosenreaktionen und liefert bei der Oxydation mit Salpetersäure Schleimsäure (F 216°).

Der Schleim aus *Furcellaria fastigiata* wird mit Wasser erst bei der höheren Temperatur des siedenden Wasserbades extrahiert, verhält sich aber sonst wie der Ceramiumschleim hinsichtlich der oben angeführten Eigenschaften.

Beide Schleimarten werden wie die Schleimstoffe der Fucoideen von saurer Leimlösung gefällt, der Niederschlag löst sich in gesättigter NaCl-Lösung.

Die von H. WALTER (95) mikrochemisch untersuchte Gallerte der Bangia- und Porphyramembran gibt keine Cellulosereaktionen, löst sich nicht in Kupferoxydammoniak, färbt sich hingegen mit Pektinfarbstoffen charakteristisch an und wird durch Kochen mit 2proz. HCl und 2proz. KOH bis auf die Cuticula und die festeren Zwickel vollkommen zerstört. Auch in ihrem sonstigen Verhalten zeigt sie gute Übereinstimmung mit dem Intercellularschleim von Chondrus crispus (Carragheen).

Die von Kotte an der Rhodophycee Chaetomorpha ermittelten Kurven der Membranquellung zeigen im großen ganzen eine weitgehende Übereinstimmung mit den von Walter (95) an Agar erhaltenen Quellungskurven.

f) Sonstige Schleimstoffe aus Algen.

Kylin (33) hat aus *Dumontia filiformis* einen Schleim gewonnen, der sich von den Membranschleimen anderer Rhodophyceen vor allem darin unterscheidet, daß seine heiß gewonnene Lösung beim Abkühlen nicht erstarrt. Er geht schon bei Zimmertemperatur reichlich in Lösung und beim Fällen mit Alkohol entsteht ein mucinähnlicher, am Glasstab festklebender Niederschlag. Hingegen ist er mit Ammoniumsulfat nicht fällbar. Mit Eisenchlorid gibt er eine in Essigsäure sehr schwer, in Mineralsäure leicht lösliche Fällung, die Bleizuckerfällung löst sich schon in Essigsäure leicht. Die Pentosenreaktionen, die Oxydierbarkeit zu Schleimsäure mittels Salpetersäure (Galaktose!) und die Bildung eines in gesättigter NaCl-Lösung löslichen Niederschlages mit saurer Leimlösung sind ihm mit den früher angeführten Rhodophyceenschleimen gemeinsam. Der Dumontiaschleim scheint somit einer ganz anderen Gruppe unter den Florideenschleimen anzugehören. Auch aus der als Agarersatz herangezogenen Gloeopeltis coliformis („Japanisches Moos") läßt sich nur ein dicker Schleim, keine konsistente Gallerte, gewinnen.

Sonst sind die bei Algen so überaus verbreiteten und im Tuschepräparat leicht nachweisbaren Schleime und Gallerten viel zu wenig untersucht, als daß man sich ein Bild von ihrer chemischen Zugehörigkeit machen könnte. Lediglich auf Grund der Färbbarkeit suchten Lemaire (36) und Virieux (94) die Scheiden der Cyanophyceen in Cellulose-, Callose-, Pektin- und Schizophycose-Gallerten zu sondern. Die Gallerthülle von Nostoc, die Mangin (44) auch nur nach seinem färberischen Verhalten zu den Pektinschleimen gestellt hatte, liefert bei der Hydrolyse Galaktose und Pentosen (Namikawa [57]), G. Klein [26]). In den Gallertscheiden aller Scytonemataceen und Rivulariaceen, ferner der Oscillatoriacee Schizothrix konnte Klein (26) direkt oder erst nach dem Kochen im Glycerinbad Cellulose nachweisen. Der wahrscheinlich durch Membranporen austretende Oscillatorienschleim gibt mit Jod keine Färbung, keine Celluloseund Eiweißreaktionen, ist in Kupferoxydammoniak nicht löslich, in Kalilauge und Ammoniak verquillt er, mit Rutheniumrot ist er nur rosa färbbar (G. Schmidt [85]).

Die Gallertscheide von Zygnema hat Klebs (25) vor langem mikrochemisch untersucht. Sie soll aus zwei Stoffen bestehen, von denen der eine Farbstoffe, wie Methylviolett, Methylenblau, Vesuvin speichert, in kochendem Wasser und Chlorzinkjod sich löst, während der andere als Grundsubstanz zurückbleibt. Die Zygnemagallerte ist nach Klebs (25) nicht durch Metamorphose der Zellmembran entstanden wie viele andere Algenschleime, bei denen die äußersten Membranschichten gallertartig verquellen, sondern durch Ausscheidung seitens des Cytoplasmas analog zu anderen plasmogenen Schleimarten, die durch Membranporen ausgeschieden werden (Desmidiaceen, Diatomeen).

g) Chitin und Cutin in Algen.

Chitin wurde wiederholt als Zellwandstoff für Cyanophyceen angegeben, doch ist dem nicht so, wie Wisselingh (100), Wester (97) und zuletzt Klein (26) mikrochemisch feststellen konnten. Überhaupt ist Chitin in Algenmembranen ein äußerst seltener Bestandteil. F. v. WETTSTEIN, der die Algen systematisch mit Hilfe der Chitosanreaktion auf Chitin durchsuchte, fand es nur bei Geosiphon, sonst nicht einmal in anderen Siphoneen.

Cutin, das die Cuticula zusammensetzende Stoffgemisch, ist auch in Algenmembranen nicht selten in der äußerst dünnen Außenschicht, durch seine große Widerstandsfähigkeit gegen konzentrierte Schwefelsäure, Chromsäure und ihre Färbbarkeit mit Fettfarbstoffen nachzuweisen (z. B. in den Aplanosporenmembranen von Haematococcus pluvialis nach W. MEVIUS [49]).

h) Anorganische Einlagerungen in Algenmembranen.

Kieselsäure. Verkieselte Membranen treten bei den von LEMMERMANN (37) beschriebenen Silicoflagellaten, auch bei Heterokonten und Chrysomonadinen (PASCHER [62]) auf. Das klassische Vorkommnis aber sind die verkieselten Membranen der Diatomeen. Die Siliciumverbindung, deren chemische Zusammensetzung unbekannt ist[1], folgt im innigen Gemisch mit der organischen Membransubstanz dem Feinbau der Diatomeenschale. Die Struktur bleibt erhalten, ob nun die organischen Membranstoffe oder die Kieselsäure entfernt wird. Das Kieselsäureskelet erhält man durch Glühen der Membran, durch Einwirkung starker Oxydantien oder nach VAN WISSELINGH (104) durch Erhitzen der Diatomeen in Glycerin in zugeschmolzenen Glasröhrchen auf 300°, das „Pektinskelet" durch Auflösung der Kieselsäure in Fluorwasserstoffsäure (MANGIN [42]).

Kalk. Schon erwähnt wurde das Vorkommen des Calciums in den Pektinen der Mittellamelle bei Braunalgen (s. S. 275). MOLISCH (52) weist es darin durch Bildung von Gipskryställchen bei Behandlung des Schnittes mit Schwefelsäure, KYLIN (34) durch die Oxalatfällung beim Einbringen eines Schnittes in einen Tropfen von Ammoniumoxalat nach.

Inkrustation der Membran mit Calciumcarbonat (OLTMANNS [62], CZAPEK [10] 2, 354) ist bei Algen sehr häufig, besonders mächtig bei Siphonalen, Siphonocladialen und manchen Florideen (Corollinaceen). MEIGEN (48) schloß aus der beim Kochen der zerriebenen Kalkkrusten mit verdünntem Cobaltonitrat auftretenden Färbung auf das Vorkommen von Aragonit bei Halimeda, Acetabularia u. a., während die Rhodophyceen Lithophyllum, Lithothamnium und Corallina Kalkspat einlagern. Die Kalkkruste von Lithothamnium enthält ziemlich viel Magnesiumcarbonat (HÖGBOM [24]).

Eisen. Eiseneinlagerung in Gallerten und Zellmembranen ist unter den Algen sehr häufig anzutreffen, bei Flagellaten (GICKLHORN [13]), und zwar bei gewissen Chrysomonaden und Euglenaceen (Trachelomonas, Phacus), ferner bei Desmidiaceen, Conferva-, Oedogonium- und Cladophoraarten. Bei Desmidiaceen erfolgt die Eiseneinlagerung stets *in* die Membran entweder über die ganze Fläche oder nur auf einem kleinen Teil derselben (HÖFLER [23]). Bei Conferva speichert nur die äußere Gallerthülle das Eisen, doch erklärt CHOLODNYJ (6) die „Psichohormienbildungen" der Conferven als das Produkt einer Eisenbakterie, Sideromonas Confervarum. Die Einlagerung des Eisenoxydhydrates macht sich oft schon durch die mehr weniger braune Färbung der Membran kenntlich; leicht gelingt der mikrochemische Nachweis mit Hilfe der Berlinerblau - Reaktion. PEKLO gibt für die Meeresdiatomee Cocconeis Speicherung von Manganhydroxyd an.

---

[1] O. RICHTER (69) vermutete ein Natriumsilicat und eventuell eine organische Siliciumverbindung.

Literatur.

(1) Bauer, R. W.: Über eine aus Laminariaschleim entstehende Zuckerart. Ber. Dtsch. Chem. Ges. **22**, 618 (1889). — (2) Journ. f. prakt. Ch. (2) **30**, 375 (1884); Neue Ztschr. f. Rübenzuckerind. **14**, 154 (1885). — (3) Bavendamm, W.: Die Zersetzung von Hemicellulosen, besonders von Agar-Agar, durch das Meeresbakterium Bacillus gelaticus. Ber. Dtsch. Botan. Ges. **49**, 288 (1931). — (4) Biernacki, W.: Zentralblatt f. Bakter. u. Parasitenk. II **29**, 166 (1911). — Ferner Aoi, K.: Ebenda **63**, 1 (1924).

(6) Cholodnyj, N.: Über Eisenbakterien und ihre Beziehungen zu Algen. Ber. Dtsch. Botan. Ges. **40**, 326 (1922). — Die Eisenbakterien, S. 56, 127. Jena 1916. — (7) Colin, H. u. P. Ricard: Algin der Laminarien. Bull. Soc. Chim. biol. Paris **12**, 1392 (1930). — (8) Correns, C.: Über die Membran von Caulerpa. Ber. Dtsch. Botan. Ges. **12**, 355 (1894). — (9) Cretcher, L. H. u. W. L. Nelson: A new type of acid carbohydrate from seaweed. Science **67**, 537 (1928); ref. Ber. ges. Physiol. **46**, 577 (1928). Siehe auch Nelson u. Cretcher. — (10) Czapek, Fr.: Biochemie der Pflanze, 2. Aufl. 3 Bde. Jena 1919—22.

(11) Ehrlich, F. u. R. v. Sommerfeld: Zusammensetzung der Pektinstoffe der Zuckerrübe. Biochem. Ztschr. **168**, 263 (1926). — (11a) Ehrlich, F. u. F. Schubert: Über die Chemie der Pektinstoffe: Tetragalakturonsäuren und d-Galakturonsäure aus dem Pektin der Zuckerrübe. Ber. Dtsch. Chem. Ges. **62**, 1974 (1929). — (12) Über Tetraaraban und seine Beziehung zur Tetragalakturonsäure, dem Hauptkomplex der Pektinstoffe. Biochem. Ztschr. **203**, 343 (1928).

(13) Gicklhorn, J.: Sitzungsber. Akad. Wiss. Wien I **129**, 187 (1920). — (14) Grafe, V.: Gummisubstanzen, Hemicellulosen, Pflanzenschleime, Pektinstoffe. Abderhaldens Biochemisches Handlexikon 2, 73 (1911). — (15) Greenish, H. G.: Die Kohlehydrate des Fucus amylaceus. Arch. f. Pharm. (3) **17**, 241, 321; **20**, 240 (1882). — (16) Gruzewska, Z.: Die schleimigen Substanzen der Laminaria flexicaulis. Comptes rendus **173**, 52 (1921); Chem. Zentralblatt **1922** I, 48. — (17) Günther, A. u. B. Tollens: Über die Fucose, einen der Rhamnose isomeren Zucker aus Seetang. Ber. Dtsch. Chem. Ges. **23**, 2585 (1890).

(18) Haas, P. u. B. Russel-Wells: Der Schleim des irischen Mooses und ein Verfahren zu seiner Bestimmung. Analyst (London) **52**, 265; ref. Chem. Zentralblatt **1927** II, 854. — (19) Hamburger, Klara: Studien über Englena Ehrenbergii. Sitzungsber. Heidelberg. Akad. Wiss. **1911**, 4. Abh. — (20) Henckel, A.: Über den Bau der vegetativen Organe von Cystoclonium purpurascens. Nyt Mag. f. Naturvidenskab. **39**, 355 (1901). — (21) Hoagland, D. R., u. L. L. Lieb: The complex carbohydrates and forms of sulphur in marine algae of the pacific coast. Journ. Biol. Chem. **23**, 287 (1915); Chem. Zentralblatt **1916** I, 299. — (22) Hoffman, W. F. u. R. A. Gortner: Die Elektrodialyse von Agar. Journ. Biol. Chem. **65**, 371 (1925); ref. Chem. Zentralblatt **1926** I, 961. — (23) Höfler, K.: Über Eisengehalt und lokale Eisenspeicherung in der Zellwand der Desmidiaceen. Sitzungsber. Akad. Wiss. Wien I **135**, 103 (1926). — (24) Högbom, A. G., zit. bei Oltmanns **3**, 49.

(25) Klebs, G.: Über die Organisation der Gallerte bei einigen Algen und Flagellaten. Unters. bot. Inst. Tübingen 2, 2, 333 (1886). — (26) Klein, G.: Zur Chemie der Zellhaut der Cyanophyceen. Sitzungsber. K. Akad. Wien I **124**, 529 (1915). — (27) Kolkwitz, R.: Beitrag zur Biologie der Florideen. Wiss. Meeresunters., N. F. 4, Abt. Helgoland (1900). — (28) König, J. u. J. Bettels: Die Kohlehydrate der Meeresalgen und daraus hergestellter Erzeugnisse. Ztschr. f. Unters. Nahrgs.- u. Genußmittel **10**, 457 (1905). — (29) Kotte: Turgordehnung und Membranquellung bei Meeresalgen. Wiss. Meeresunters., N. F. **17** (1914). — (30) Krefting, A.: Über wichtige organische Produkte aus Tang. Chem. Ind. **1896**; ref. Justs Bot. Jahresber. 2, 70 (1897). — (31) Kuwada, J.: Some peculiarities observed in the culture of Chlamydomonas. Bot. Mag. Tokyo **52**, 347 (1916). — (32) Kylin, H.: Über die Fucosanblasen der Phaeophyceen. Ber. Dtsch. Botan. Ges. **36**, 10 (1918). — (33) Zur Biochemie der Meeresalgen. Ztschr. f. physiol. Ch. **83**, 171 (1913). — (34) Untersuchungen über die Biochemie der Meeresalgen. Ebenda **94**, 337 (1915).

(35) Lefèvre, K. U., u. B. Tollens: Untersuchungen über die Glykuronsäure, ihre quantitative Bestimmung und ihre Farbenreaktionen. Ber. Dtsch. Chem. Ges. **40**, 4513 (1907). — (36) Lemaire, A.: Recherches microchimiques sur la gaine de quelques Schizophycées. Journ. d. Bot. **15**, 255, 302 (1901); ref. Bot. Zentralblatt **89**, 79 (1902). — (37) Lemmermann, E.: Silicoflagellatae. Ber. Dtsch. Botan. Ges. **19**, 247 (1901). — Nordisches Plankton 21, 32. — (38) Lüdtke, M.: Untersuchungen über Agar. Biochem. Ztschr. **212**, 419 (1929). — (39) Lütkemüller, J.: Die Zellmembran der Desmidiaceen. Beitr. z. Biol. d. Pflanzen 8, 347 (1902).

(40) Mainx, F.: Beiträge zur Morphologie und Physiologie des Eugleninen. Arch. f. Protistenkde. **60**, 305 (1927). — (41) Mangin, L.: Observations sur la constitution de la membrane des Peridiniens. Comptes rendus **144**, 1055 (1907). — (42) Observations sur les Diatomées. Ann. science nat. Bot. (9) **8**, 177 (1908); Comptes rendus **146**, 770 (1908). — (43) Propriétés et réactions des composés pectiques. Journ. de Bot. **5** (1891); **6** (1892); **7**

(1893); ref. Justs Bot. Jahresber. 21, 528 (1893). — (44) Sur la constitution de la membrane chez quelques champignons. Bull. Soc. Bot. de France 41, 373 (1894). — (45) Sur l'emploi du rouge de ruthénium en anat. véget. Comptes rendus 116, 653 (1893). — (46) MAQUENNE, M.: Recherches sur le fucusol. Ebenda 109, 571 (1889). — (47) MAYER, W. u. B. TOLLENS: Untersuchungen über die Fucose. Ber. Dtsch. Chem. Ges. 40, 2434 (1907). — (48) MEIGEN,W.: Beiträge zur Kenntnis des kohlensauren Kalkes. Habil.schrift, Freiburg 1902. — (49) MEVIUS, W.: Beiträge zur Kenntnis der Farbstoffe und der Membranen von Haematococcus pluvialis. Ber. Dtsch. Botan. Ges. 41, 237 (1923). — (50) MIRANDE, R.: Recherches sur la compos. chim. de la membrane chez les siphonales. Ann. science nat. Bot. (9) 13, 147 (1913). — (51) Sur la présence de la callose dans la membrane des alg. siph. mar. Comptes rendus 156, 475 (1913). — (52) MOLISCH, H.: Mikrochemie der Pflanze, 3. Aufl. Jena 1923. — (53) MÜLLER, K.: Chemische Zusammensetzung der Zellmembranen bei verschiedenen Kryptogamen. Ztschr. f. physiol. Ch. 45, 265 (1905). — (54) MUSPRATTS Enzyklopädisches Handbuch der technischen Chemie 3. 1929. — (55) MÜTHER, A. u. B. TOLLENS: Über die Produkte der Hydrolyse von Seetang usw. Ber. Dtsch. Chem. Ges. 37, 298 (1904). — (56) Über die Fucose und die Fuconsäure. Ebenda S. 306.

(57) NAMIKAWA: Coll. Agric. Tokyo 7, 123 (1906—08). — (58) NELSON, W. L., u. L. H. CRETCHER: Die Alginsäure aus Macrocystis pyrifera. Journ. Amer. Chem. Soc. 51 (1914); ref. Chem. Zentralblatt 1929 II, 758. — (59) NEUBERG, C.: Biochem. Ztschr. 3, 519 (1907). — (60) NEUBERG, C. u. H. OHLE: Über einen Schwefelgehalt des Agars. Biochem. Ztschr. 125, 311 (1921).

(61) ODÉN, S.: Studien über Pektinsubstanzen. I. Die Pektinsubstanzen als Säuren. II. Zur Kenntnis der Algin- und Fucinsäuren. Internat. Ztschr. phys.-chem. Biol. 3, 71 (1917); ref. Zentralblatt Biochem. u. Biophys. 19, 326 (1917—19). — (62) OLTMANNS, F.: Morphologie und Biologie der Algen, 2. Aufl., 3, 1. — (63) OSHIMA, K. u. B. TOLLENS: Über das Nori aus Japan. Ber. Dtsch. Chem. Ges. 34, 1422 (1901).

(64) PASCHER, A.: Über die Übereinstimmungen zwischen den Diatomeen, Heterokonten und Chrysomonaden. Ber. Dtsch. Botan. Ges. 39, 236 (1921). — (65) PAYEN: Comptes rendus 49, 521 (1859). Jahresber. d. Chemie 1859, 562; Ber. Dtsch. Chem. Ges. 1881, 2253; 1882, 2243. — (66) PEKLO, J.: Über eine manganspeichernde Meeresdiatomee. Österr.-bot. Ztschr. 59, 289 (1909). — (67) POHL: Ztschr. f. physiol. Ch. 14, 159 (1890). — (68) PRINGSHEIM, H. u. E.: Über die Verwendung von Agar-Agar als Energiequelle zur Assimilation des Luftstickstoffes. Zentralblatt f. Bakter. u. Parasitenk. II 26, 227 (1910).

(69) RICHTER, O.: Zur Physiologie der Diatomeen (III. Mitt.). Sitzungsber. Akad. Wiss. Wien, Math.-naturw. Kl. 118, 1337 (1909). — (70) ROSENTHALER, L.: Zum Nachweis von Methylpentosen und Pentosen. Ztschr. f. anal. Ch. 48, 165 (1909).

(71) SAMEC u. ISAJEWICZ: Comptes rendus 173, 1474 (1921); Kolloidchem. Beihefte 16, 285 (1922). — (72) SAUVAGEAU, C.: Sur la gélose de quelques algues Floridées. Bull. Stat. biol. d'Arcachon 18, 113 (1921); Comptes rendus 171, 566 (1920). — (73) Sur la membrane de l'Ectocarpus fulvescens. Ebenda 122, 896 (1896). — (74) SAUVAGEAU, C. u. G. DENIGÈS: A propos des efflorescences du Rhodymenia palmata; présence d'un xylan chez les Algues floridées. Comptes rendus 174, 791 (1922). — (75) SCHMIDT, E.: Zur Kenntnis pflanzlicher Inkrusten, I—IX. — (76) SCHMIDT, E., u. FR. DUYSEN: II., Ber. Dtsch. Chem. Ges. 54, 3241 (1921). — (77) SCHMIDT, E., u. E. GRAUMANN: I., Ebenda 54, 1860 (1921). — (78) SCHMIDT, E., u. G. MALYOTH: V., Ebenda 57, 1834 (1924). — (79) SCHMIDT, E., u. MIERMEISTER: IV., Ebenda 56, 1438 (1923). — (80) SCHMIDT, E.,u. Mitarbeiter: III., Ebenda 56, 23 (1923). — (81) VI., Ebenda 58, 1394 (1925). — (82) VII., Ebenda 59, 2635 (1926). — (83) IX., Zur Kenntnis der pflanzlichen Zellmembran I., Ebenda 60, 503 (1927). — (84) SCHMIDT, E. u. F. VOCKE: VIII., Zur Kenntnis der Polyglykuronsäuren. Ebenda 59, 1585 (1926). — (85) SCHMIDT, G.: Organisation und Schleimbildung bei Oscillatoria Jenensis. Jahrb. wiss. Bot. 60, 572 (1921). — (86) SCHMIEDEBERG: Über die Bestandteile der Laminaria. 58. Vers. dtsch. Naturforscher u. Ärzte, Straßburg 1885. — (87) ŠEBOR, J.: Über die Kohlehydrate des Caragheenmooses. Österr. chem. Ztg. 3, 441 (1900). — (88) SPONSLER, O. L.: Molekularstruktur der Valoniacellulosemembran. Proc. Soc. exper. Biol. a. Med. 27, 505 (1930). — (89) STANDFORD, E.: On algin, a new substance obtained from some of the commoner species of marine algae. Chem. News 47, 254 (1883).

(90) TOLLENS, B.: Über einen einfachen Nachweis der Glykuronsäure mittels Naphthoresorcin, Salzsäure und Äther. Ber. Dtsch. Chem. Ges. 41, 1788 (1908). — (91) Kurzes Handbuch der Kohlehydrate, S. 546. Leipzig 1914. — (92) TSCHIRCH, A.: Handbuch der Pharmakognosie 2, 284ff. (1912).

(93) ULLRICH, H.: Planta 9, 183 (1930).

(94) VIRIEUX, J.: Sur les gaines et les mucilages des Algues d'eau douce. Comptes rendus 151, 334 (1910).

(95) WALTER, H.: Protoplasma- und Membranquellung bei Plasmolyse. Jahrb. wiss. Bot. 62, 145 (1923). — (96) WETTSTEIN, F. v.: Das Vorkommen von Chitin und seine Ver-

wertung als systematisches phylogenetisches Merkmal im Pflanzenreich. Sitzungsber. Akad. Wiss. Wien I **130** (1921). — (*97*) Wester, D. H.: Studien über das Chitin. Arch. der Pharm. **247**, 282 (1909). — (*98*) Wiesner, J. v.: Rohstoffe des Pflanzenreiches, 3. Aufl., **2**, 102ff. — (*99*) Wille, N.: Beiträge zur physiologischen Anatomie der Laminariaceen. Festskr. till Hans Majestät Oscar II **2**. Christiania 1897. — (*100*) Wisselingh, C. van: Mikrochemische Untersuchungen über Zellwände der Fungi. Jahrb. wiss. Bot. **31**, 619 (1898). — (*101*) Über die Zellwand von Closterium. Ztschr. f. Botanik **4**, 337 (1912). — (*102*) Over wandvorming by kernlooze cellen. Bot. Jaarb. **13** (1904). — (*103*) Über den Ring und die Zellwand bei Oedogonium. Beih. z. Bot. Zentralblatt **23**, 1, 157 (1908). — (*104*) Die pflanzliche Zellmembran, Linsbauers Handbuch d. Pflanzenanatomie III/2 (1924).   (*105*) Zemplén, G.: Pflanzenschleime. Abderhaldens Biochemisches Handlexikon **13**, 33 (1931). — (*106*) Zimmermann, W.: Helgoländer Meeresalgen I—VI. Wiss. Meeresunters. Kiel-Helgoland **16**, H. 1 (1924).

N. Phytomelane.

Von F. W. Dafert, Wien.

a) Definition.

Mit dem Sammelnamen „Phytomelane" bezeichnen F. W. Dafert und R. Miklauz (2) die komplizierten stickstofffreien organischen Verbindungen, die nach T. F. Hanauseks (3) Beobachtungen bei gewissen Kompositen, und zwar in 98 von 278 untersuchten Arten, im Perikarp oder im Hüll- und Spreublatt in Form überaus widerstandsfähiger, der äußeren Beschaffenheit nach „kohleähnlicher" Massen, auftreten.

Diese sind *genetisch* in der Regel als Umwandlungsprodukte der Zellwandsubstanz aufzufassen; nur Carthamus tinctorius L. scheidet ursprünglich ein echtes Sekret ab, das erst bei der Fruchtreife den Charakter einer „kohleähnlichen" Masse annimmt, allerdings nicht mit genau den gleichen Eigenschaften wie in den übrigen Fällen. Gewöhnlich entstehen die Phytomelane aus der Zellhautmittellamelle und treten immer an der Außenseite des mechanischen Gewebeteils der Fruchtwand, der Bastzellbündel und Steinzellen auf, wo sie den Raum zwischen diesen und dem Parenchym oder der Oberhaut ausfüllen. In der Längsansicht gewährt die Masse das Bild eines von anastomosierenden Strängen geformten Netzes.

Was die Zugehörigkeit zu dieser Körpergruppe und das Verhältnis ihrer einzelnen Glieder zueinander nach deren *chemischer* Beschaffenheit betrifft, so hat sich gezeigt, daß das Produkt aus Carthamus tinctorius L. am kohlenstoffärmsten und sauerstoffreichsten ist; doch wurde schon darauf verwiesen, welche Ausnahmestellung es einnimmt. Die Phytomelane aus Coreopsis Drumondii Torr. et Gray und Dahlia variabilis (W) Desf. sind dagegen am kohlenstoffreichsten und sauerstoffärmsten; alle anderen zeigen in ihrer Elementarzusammensetzung eine unleugbare Ähnlichkeit. Diese Ähnlichkeit ist mit Rücksicht auf die relativ große Zahl der Fälle bei völlig verschiedener Herkunft der Präparate sehr auffallend und spricht dafür, daß man es in den Phytomelanen aus Helianthus annuus L., Tagetes erectus L., Zinnia elegans Jacq., Guizotio abyssinica (L.) Cass., Ageratum mexicanum Sims. und Tagetes patulus L., *mit den typischen Vertretern der ganzen Körpergruppe*, in den übrigen 3 Fällen aber mit Körpern von, aus unbekannten Gründen, etwas abweichendem Verhalten zu tun hat. Es empfiehlt sich an dieser Begriffsbestimmung bis auf weiteres festzuhalten. Keinesfalls lassen sich die kohlenstoffreichen Phytomelane aus Coreopsis Drumondii Torr. et Gray und Dahlia variabilis (W.) Desf. etwa als Endglieder einer nach festen Gesetzen geordneten „Reihe" auffassen.

Auch fehlt es bezüglich der Zuweisung einzelner Vorkommen „kohleähnlicher" Massen zu den Phytomelanen noch an den nötigen Erfahrungen. Daß z. B. die nach T. F. Hanausek (4) in der Wurzel von Perezia und von Rudbeckia (Echinacea) angustifolia und nach Griebel im Rhizom von Inula Helenium auftretenden „kohleähnlichen Stoffe" hier einzureihen sind, ist nicht erwiesen. In solchen Fällen wird erst das genaue makrochemische Studium der betreffenden Substanzen Klarheit über ihre wahre Natur schaffen müssen. Voraussichtlich dürfte es mit der Zeit zu einer weitergehenden Unterteilung der „Phytomelane" kommen; doch haben Fortschritte auf diesem Gebiete zur unerläßlichen Voraussetzung, daß es gelingt, die technischen Hilfsmittel für die Abscheidung und „Auflösung" derartiger Verbindungen und Gemenge zu vervollkommnen, eine Forderung, von deren Erfüllung wir heute noch weit entfernt sind.

b) Nachweis.

Zum qualitativen Nachweis der Phytomelane kann deren ganz außerordentliche Widerstandsfähigkeit gegen lösende und zersetzende Mittel dienen. Abgesehen von Jodwasserstoffsäure, die sie unter gewissen Bedingungen etwas angreift, ruft kein anderes Reagens in der Kälte eine nennenswerte Veränderung hervor. Man kann daher ihre Gegenwart am einfachsten so erkennen, daß man die betreffenden Früchte in Chromsäure-Schwefelsäure-Mischung legt, die alles Organische zerstört und nur die kohlige Masse, und zwar in einer für jede Gattung charakteristischen Form (Netze, Platten usw.) zurückläßt.

Es ist hierbei natürlich die Frage aufzuwerfen, ob das tiefeingreifende Verfahren, dem man auf diese Art die Ausgangsmaterialien beim Nachweis der Phytomelane unterwerfen muß, die in der Pflanze sichtbare „kohleähnliche Masse" verändert oder nicht? Solange es kein anderes Mittel zur Beseitigung der nichtkohleähnlichen Bestandteile der Gewebe usw. gibt als die gleichzeitig entwässernde und oxydierende Chromsäure-Schwefelsäure-Mischung, wird es nicht möglich sein, sichere Schlüsse zu ziehen. Um einige Anhaltspunkte zur Beurteilung der einschlägigen Verhältnisse zu gewinnen, haben F. W. Dafert und R. Miklauz (2) das Verhalten verwandter oder ähnlicher Pflanzenstoffe, vor allem das von Steinkohle, Anthrazit und Graphit, die ebenfalls gegen Chromsäure-Schwefelsäure-Mischung sehr widerstandsfähig sind, dieser Mischung gegenüber studiert. Sie folgern aus ihren Beobachtungen, daß eine wesentliche Umgestaltung der ursprünglich vorhandenen Stoffe eigentlich wenig wahrscheinlich ist, und kommen zu Schlüssen, die, soweit sie für die Identifizierung der Phytomelane einige Bedeutung haben, hier wiedergegeben seien. Die Phytomelane ähneln nämlich in ihrem Verhalten weder der Steinkohle, noch dem Anthrazit und Graphit. Während die drei letztgenannten Substanzen schon bei Zimmertemperatur durch Chromsäure-Schwefelsäure.Mischung langsam verändert werden, bleiben die Phytomelane selbst bei monatelanger Einwirkung dieses Reagenses völlig unversehrt. Aber auch die unter dem Einfluß der Säuremischung aus Steinkohle entstehenden Umwandlungsprodukte, die man unter Umständen mit den Phytomelanen zu verwechseln geneigt sein könnte, sind keine solchen, wie ihr Verhalten gegen Jodwasserstoffsäure lehrt.

Läßt man auf Phytomelane im Einschlußrohr mehrere Stunden hindurch in Gegenwart von rotem Phosphor Jodwasserstoffsäure von der Dichte 1,75 einwirken, so erhält man, je nach der Herkunft der Phytomelane, ohne daß ihre Struktur verändert würde, Produkte von grünlichgelber bis dunkelbrauner Farbe. Das Phytomelan aus Dahlia variabilis (W.) Desf. erleidet fast keine sichtbare Veränderung, während sich das aus Tagetes patulus L. und erectus L. nach mehrtägiger Behandlung in eine grünlichgelbe Masse verwandelt. Das Sekret aus Carthamus tinctorius L. zeigt insofern ein abweichendes Verhalten, als es sich unter dem Einfluß der Jodwasserstoffsäure verhältnismäßig leicht in ein hellgelbes, fast weißes Produkt verwandelt. Bemerkenswert ist, daß diese durch Reduktion erhaltenen Substanzen gegenüber Chromsäure-Schwefelsäure-Mischung *ebenso widerstandsfähig sind wie ihre Muttersubstanzen.* Sie lösen sich in keinem der gebräuchlichen Lösungsmittel auf.

Die aus den Steinkohlen entstehenden widerstandsfähigen schwarzen Substanzen liefern dagegen, wenn sie mit der fünffachen Menge ihres Gewichtes Jodwasserstoffsäure und der halben Menge roten Phosphors 20—30 Stunden lang im Einschlußrohr auf 160 bis 170° C erhitzt werden, entweder vollkommen geschmolzene oder blasig aufgetriebene schwarze bis braune Massen, die in Chloroform, Benzol, Äther leicht löslich sind. Durch Alkohol werden daraus Körper gefällt, die nach dem Waschen und Trocknen noch etwas Jod enthalten und ein hellgelbes oder braunes Pulver bilden.

Substanzen, die einer Behandlung mit Chromsäure-Schwefelsäure-Mischung unter den angegebenen Bedingungen *nicht* widerstehen, sind somit niemals Phytomelane im Sinne der im vorstehenden entwickelten Ausführungen [1]. Aber auch die Widerstandsfähigkeit gegen das genannte Reagens allein genügt nicht zur Identifizierung, es ist vielmehr noch in jedem Fall die Jodwasserstoffsäureprobe durchzuführen. Erst wenn sie, wie angedeutet wurde, positiv ausfällt, liegt ein Phytomelan vor.

c) Darstellung und Ausbeuten.

Zur *Darstellung* der Phytomelane und zu deren quantitativer Trennung von den Begleitstoffen bedient man sich des gleichen technischen Hilfsmittels, das zum qualitativen Nachweis dient, der J. Wiesnerschen Chromsäure-Schwefelsäure-Mischung.

Man arbeitet mit Lösungen, die durch Sättigung von mäßig verdünnter Schwefelsäure (4 Teile Säure auf 1 Teil Wasser) mit Chromsäureanhydrid bereitet werden. Eine Erhöhung der Konzentration der Säure kürzt die erforderliche Einwirkungsdauer nicht unwesentlich ab, vermehrt aber auch die Neigung zum Eintritt stürmisch verlaufender Reaktionen, die beim Hantieren im größeren Stile nicht unbedenklich sind. Eine stärkere Verdünnung der Säure — und hielte sie sich auch in relativ bescheidenen Grenzen — verringert die Wirksamkeit der Mischung über das praktisch zulässige Maß hinaus; die Einwirkungsdauer wird ungebührlich verlängert, die Lösung „erschöpft" sich bald. Das Chromsäureanhydrid ist stets im Überschuß anzuwenden, so daß im Laufe der Behandlung dem fortschreitenden tatsächlichen Verbrauch entsprechend immer neue Mengen in Aktion treten können. Im einzelnen verfährt man wie folgt: In je $1^1/_2$ l des Chromsäure-Schwefelsäure-Gemisches, das sich in 2 l fassenden, durch Wasser von Zimmertemperatur gekühlten Bechergläsern befindet, wird der betreffende auf Grund einer qualitativen Vorprüfung als phytomelanhaltig erkannte Rohstoff (Samen, Schalen u. dgl.) nach vorangegangener Reinigung portionsweise eingetragen. Es vergehen oft einige Stunden, bis die Reaktion einsetzt und die Masse unter Entweichen von Kohlensäure je nach der Natur des verarbeiteten Gutes mehr oder weniger lebhaft aufschäumt. Gleichzeitig erwärmt sich, wenn man nicht häufig umrührt und so für Kühlung sorgt, die Oberfläche der Flüssigkeit recht bedeutend. 1500 cm³ des Chromsäure-Schwefelsäure-Gemenges reichen zur Aufschließung von 30—55 g lufttrockener organischer Substanz aus, doch empfiehlt es sich, nicht mehr als 20—25 g aufzulösen, damit das Abfiltrieren vom unlöslichen, kohleähnlichen Rückstand nicht allzusehr erschwert wird. Nach einigen Tagen ist die Reaktion beendigt, die grüne Lösung kann nach dem Verdünnen

---

[1] Die von F. W. Dafert und R. Miklauz (2) mitgeteilte Beobachtung über den schwarzen Farbstoff des Ebenholzes, seine leichte Zerstörbarkeit durch Chromsäure-Schwefelsäure-Mischung, schließt die Gegenwart von Phytomelanen, und zwar sowohl im „Wundgummi" als in den Elementen aus; sie müßten, wären sie vorhanden, eben bei entsprechender Behandlung zurückbleiben, was sie nicht tun.

mit Wasser und nach Zerstörung der freien Chromsäure mittels Alkohol durch
einen großen Büchnerschen Filtriertrichter abgesaugt werden. Der Rückstand
von der einmaligen Einwirkung des Säuregemisches enthält, namentlich wenn
größere Substanzmengen auf einmal verarbeitet worden sind, neben den „Phytomelanen" noch andere mehr oder weniger widerstandsfähige Pflanzenteile. Diese
Rückstände verschwinden jedoch bei der Behandlung mit frischen, ungeschwäch-
ten Lösungsmitteln schon nach wenigen Stunden. Im Gegensatz hierzu zeigen
die Phytomelane auch nach monatelanger Einwirkung der Säure keinerlei Veränderung. Darum empfiehlt es sich, stets zweimal, und zwar das zweitemal mit
einem großen Überschuß von Oxydationsgemisch aufzuschließen; erst wenn sich
bei der mikroskopischen Prüfung des Rückstandes seine völlige Einheitlichkeit
ergibt, geht man daran, ihn sorgfältig mit kaltem und heißem Wasser, mit verdünnter Ammoniaklösung, dann wieder mit Wasser und endlich mit Alkohol
und Äther zu waschen. Ab und zu auftretende, mechanisch beigemengte mineralische Verunreinigungen lassen sich zum größten Teil durch Absieben, Schlem-
men u. dgl. und vollständig mit Hilfe von Flußsäure beseitigen, doch wurde von
der Anwendung des letzterwähnten Verfahrens Umgang genommen, weil die
Anwesenheit selbst nur von Spuren freier Flußsäure möglicherweise zur Bildung
von $SiFl_4$ und damit zu Fehlern bei der Elementaranalyse Anlaß gibt.

F. W. Dafert und R. Miklauz (2) untersuchten die Früchte von:

Helianthus annuus L.	Dahlia variabilis (W.) Desf.
Tagetes patulus L.	Zinnia elegans Jacq.
Tagetes erectus L.	Quizotia abyssinica (L.) Cass.
Ageratum mexicanum Sims.	Coreopsis Drumondii Torr. et Gray.

nebst den Früchten von Carthamus tinctorius L.

Die Ausbeute, d. i. die Menge der bei 105° C getrockneten Phytomelane
betrug, auf lufttrockene Substanz bezogen, bei:

Helianthus annuus L. (entkernt) .	1,4 %	Zinnia elegans Jacq.	0,7 %
Tagetes patulus L.	3,2 %	Quizotia abyssinica (L.) Cass. . .	2,0 %
Tagetes erectus L.	2,8 %	Coreopsis Drumondii Torr. et Gray	1,9 %
Ageratum mexicanum Sims . . .	3,8 %	Carthamus tinctorius L.	6,9 %
Dahlia variabilis (W.) Desf. . . .	3,2 %		

Zur Darstellung größerer Mengen eignen sich besonders Samen von Tagetes
patulus L. und Tagetes erectus L., weil sie vom Oxydationsgemisch ungemein
rasch aufgeschlossen werden. Auch bilden die Phytomelane dieser Pflanzen
lange, schwarze, seidenglänzende Fasern, die sich unter dem Mikroskop als nach
beiden Enden spitz zulaufende Platten erweisen und sich ebenso leicht von anhaftenden mineralischen Verunreinigungen trennen als rasch waschen und abfiltrieren lassen.

d) Eigenschaften.

Das mikroskopische Bild, das die isolierten Phytomelane bieten, unterscheidet sich
in nichts von dem der kohleähnlichen Ablagerungen im unberührten Perikarp. Der ursprüngliche zarte Bau, dessen Form mit der Pflanzenart wechselt, ist, von nebensächlichen
Einzelheiten abgesehen, unverändert erhalten; man hat den Eindruck, daß die den Gegenstand der Untersuchung bildende Schicht tatsächlich aus ihrer Umgebung kunstvoll heraus-
geschält wurde. Selbst die feinen Abstufungen in der Farbe, vom Dunkelbraun der Ränder
zum tiefen Schwarz der Kerne sind hier wie dort in gleicher Deutlichkeit wahrzunehmen.

Äußerlich stellen die Phytomelane homogene schwarze, je nach der Größe und
Form der Einzelelemente filzartige, schuppige, pulverige oder scheinbar aus Krystallnadeln zusammengesetzte Massen dar, die in ihren Eigenschaften einander ziemlich
ähneln. Ihre Widerstandsfähigkeit gegen chemische Agenzien, wie konzentrierte

Schwefelsäure, Mischungen von Schwefelsäure und Salpetersäure, konzentrierte rauchende Salpetersäure, Bromwasser, Flußsäure, Kalilauge, Ammoniak und Wasserstoffsuperoxyd ist außerordentlich groß. Wochenlange Behandlung mit kalter konzentrierter roter rauchender Salpetersäure ist ohne Erfolg, selbst kochende Schwefelsäure und Salpetersäure greifen die Phytomelane nur langsam an. Schmelzende Alkalien geben keine braun gefärbte Lösung, wohl aber werden die Phytomelane, was nicht wundernimmt, durch kochende Chromsäure-Schwefelsäure-Mischung, also durch ein Oxydationsmittel, dem selbst Graphit nicht zu widerstehen vermag, ziemlich leicht zerstört. Beim Erhitzen in einer Probierröhre tritt nach Erreichung einer bestimmten Temperatur unter Verpuffung eines Teiles der Substanz Aufglühen ein, eine Eigenschaft, die wohl auf Rechnung der oxydierenden Wirkung des Chromsäure-Schwefelsäure-Gemenges zu setzen sein dürfte. Die vor der Verpuffung unter dem Mikroskop stellenweise, und zwar besonders an den Rändern sichtbaren, mehr oder weniger braun durchscheinenden Stellen sind nach der Verpuffung verschwunden; die ganze Masse hat eine gleichmäßig schwarze Färbung angenommen. Dieser merkwürdige Vorgang erinnert lebhaft an das Verhalten der durch Oxydation des Graphits mit roter, rauchender Salpetersäure und Kaliumchlorat erhaltenen sog. Graphitsäure (Graphitoxyd), die ebenfalls beim Erwärmen verpufft und dabei einen schwarzen, kohleähnlichen Rückstand, die Pyrographitsäure oder das Pyrographitoxyd hinterläßt.

Was die Zusammensetzung der Phytomelane betrifft, war es zunächst interessant, den Einfluß festzustellen, den eine verlängerte Einwirkung des Oxydationsgemisches auf die isolierten Substanzen ausübt. Die mit Tagetes patulus L. und Ageratum mexicanum Sims. ausgeführten Versuche lieferten folgende Zahlen:

Pflanze	Einwirkungsdauer[1]	Mittlere Elementarzusammensetzung in %			Atomverhältnis		
		C	H	O	C	H	O
Tagetes patulus L..	nach 7 Tagen	71,81	3,44	24,75	3,87	2,21	1
do.	nach 1 Monat	71,76	3,40	24,84	3,85	2,17	1
do.	nach 5 Monaten	72,24	3,43	24,33	3,96	2,24	1
Ageratum mexicanum Sims.	nach 3 Tagen	71,32	3,06	25,62	3,71	1,90	1
do.	nach 17 Tagen	70,83	3,33	25,84	3,66	2,04	1
do.	nach 5 Monaten	71,65	2,92	25,43	3,76	1,82	1

Die wahrgenommenen geringen Schwankungen in der Elementarzusammensetzung erklären sich aus der nicht vollkommenen Einheitlichkeit des Ausgangsmaterials. Jedenfalls sind die Phytomelane nach höchstens 3 Tagen von allen sie begleitenden Verunreinigungen befreit und werden bei Zimmertemperatur vom Oxydationsgemisch nicht mehr verändert.

Stickstoff ist nur in Spuren vorhanden; der Aschegehalt beträgt, wenn nicht mit Flußsäure behandelt wird, im Mittel ungefähr 0,8 %, andernfalls sinkt er bis auf einige Hundertstel Prozente herab. Es ist ferner festgestellt worden, daß bei normaler, lang fortgesetzter Einwirkung des Chromsäure-Schwefelsäure-Gemisches die chemische Zusammensetzung der Phytomelane zwar konstant bleibt, daß jedoch ihre Menge abnahm. Der Gewichtsverlust betrug nach dreimonatiger Einwirkung ungefähr 6 % vom ursprünglichen Gewicht der Trockensubstanz.

Auf Grund ihrer Vorversuche verfuhren F. W. Dafert und R. Miklauz (2) in der Folge zum Zweck der Reindarstellung möglichst großer Mengen von Phytomelanen aus den verschiedenen Pflanzen so, daß sie das Säuregemisch nicht länger einwirken ließen, als zur Erzielung der konstanten Elementarzusammensetzung notwendig war.

Die Untersuchung der erhaltenen Produkte lieferte im Mittel mehrerer untereinander gut übereinstimmender Analysen folgende Zahlen:

Pflanze	Farbe	Mittlere Elementarzusammensetzung in %			Atomverhältnis		
		C	H	O	C	H	O
Carthamus tinctorius L.	braun	67,10	4,67	28,23	3,18	2,63	1
Helianthus annuus L.	,,	69,76	3,51	26,73	3,48	2,08	1
Tagetes erectus L.	,,	70,70	3,47	25,83	3,65	2,13	1
Zinnia elegans Jacq.	braun bis schwarz	70,99	3,50	25,51	3,71	2,18	1
Quizotia abyssinica (L.) Cass. .	,,	71,05	3,44	25,51	3,72	2,14	1
Ageratum mexicanum Sims. . .	,,	71,32	3,06	25,62	3,71	1,90	1
Tagetes patulus L.	,,	71,81	3,44	24,75	3,87	2,21	1
Coreopsis Drumondii Torr. et Gray	schwarz	76,08	3,38	20,54	4,94	2,61	1
Dahlia variabilis (W.) Desf. . .	,,	76,47	3,35	20,18	5,05	2,64	1

Aus den im nachfolgenden zusammengestellten Ergebnissen der Elementaranalyse erhellt der Einfluß, den die Jodwasserstoffsäure einerseits auf die Phytomelane, andrerseits auf die untersuchten Abkömmlinge der Steinkohle und vergleichsweise auch auf die oder eine vermutliche Stammsubstanz beider, auf die Cellulose, ausübt, und zwar wurden für diesen Zweck typische Beispiele gewählt. Die Berechnungen gehen von der Annahme aus, daß der Reduktionsprozeß glatt verläuft. In Wirklichkeit dürfte dies aber nur bei den Phytomelanen der Fall sein; bei Steinkohle und Cellulose tritt anscheinend nebenher ein teilweiser Abbau und eine Jodierung ein. Die analysierten Produkte überwiegen indessen ihrer Menge nach so bedeutend, daß man sie wohl als jeweiliges Hauptergebnis der Reaktion ansprechen darf.

Substanz	Vor der Einwirkung der HJ						Nach der Einwirkung der HJ						Anmerkung
	Elementarzusammensetzung in %			Atomverhältnis			Elementarzusammensetzung in %			Atomverhältnis			
	C	H	O	C	H	O	C	H	O	C	H	O	
Steinkohle A (nach 1½ Monate dauernder Einwirkung der Chromsäure-Schwefelsäure-Mischung)	75,50	4,39	30,11[1]	5,01	3,47	1[2]	76,95	8,19	14,86[1]	6,90	8,75	1[2]	Auf 1 Atom Sauerstoff, das ausgetreten ist, sind 12,65 Atome Wasserstoff eingetreten!
Phytomelan aus *Tagetes patulus L.* (nach 1 Monat dauernder Einwirkung d. Chromsäure-Schwefelsäure-Mischung)	71,76	3,40	24,85	3,86	2,17	1	81,70	9,03	9,27	11,74	15,45	1	Auf 1 Atom Sauerstoff, das ausgetreten ist, sind 3,34 Atome Wasserstoff eingetreten!
Cellulose (Filtrierpapier)	44,40	6,20	49,40	1,200	2,000	1	88,30	9,92	1,78	66,99	89,46	1	Es ist Wasser- und Sauerstoff im Verhältnis 2 : 5 ausgetreten!

Man erkennt, daß sich die durch Einwirkung des Chromsäure-Schwefelsäure-Gemisches veränderte Steinkohle gegen Jodwasserstoffsäure auch hinsichtlich der Sauerstoffabspaltung und Wasserstoffaufnahme anders verhält als das Phyto-

---

[1] Einschließlich geringer Mengen Stickstoff.
[2] Der vorhandene Stickstoff als Sauerstoff in Rechnung gestellt.

melan. Ihr Molekül schließt offenbar sehr viele doppelte oder mehrfache Bindungen ein, deren Sprengung den Eintritt und die Anlagerung einer $2\,^1/_2$ mal so großen Zahl von Wasserstoffatomen für je ein Sauerstoffatom erlaubt als beim Phytomelan aus Tagetes patulus L. Ganz anders reagiert die Cellulose; die gefundenen Werte deuten auf eine geringe Wasserabspaltung, verbunden mit glatter Eliminierung des Sauerstoffs ohne jede merkbare Wasserstoffaufnahme. Das Verhältnis zwischen dem abgespaltenen Wasser und dem abgespaltenen Sauerstoff ist hier etwa 1:4, und zwar erwies es sich in verschiedenen Stadien des Abbaus als konstant.

e) Schlußwort.

F. W. Dafert und R. Miklauz (2) äußern sich schließlich auf Grund ihrer Beobachtungen und Versuche über die Natur, die Bildung und die Konstitution dieser Gruppe von Körpern wie folgt:

1. Die typischen Phytomelane enthalten den Wasserstoff und Sauerstoff sehr annähernd in gleichem Atomverhältnis wie Kohlehydrate, sind aber viel kohlenstoffreicher als diese. Während sich z. B. in der Cellulose das Atomverhältnis $C:H:O$ auf $1,2:2:1$ beläuft, stellt es sich bei den typischen Phytomelanen auf $3,7:2,1:1$. Hierbei ist zu berücksichtigen, daß es sich um hochmolekulare und für alle üblichen Untersuchungsmethoden unzugängliche Körper handelt, bei denen weder von einer vollständigen Reinigung noch von der Aufstellung bestimmter chemischer Formeln die Rede sein kann. Immerhin gestattet ein Vergleich des Atomverhältnisses bei den Phytomelanen mit jenem ihrer vermutlichen Stammsubstanz, der Cellulose, den Schluß, daß der Prozeß, dem sie ihr Entstehen verdanken dürften, allem Anschein nach jenem ähnelt, den Cross und Bevan (1) für die Entstehung des Lignins und Tollens (5) für die Bildung der Pentosane annehmen, einer regressiven Stoffmetamorphose durch Wasseraustritt nach dem Schema:

$$x(C_6H_{10}O_5) - yH_2O.$$

2. Bei den Phytomelanen besteht ein deutlicher Zusammenhang zwischen Farbe, Kohlenstoffgehalt und Verhalten gegen Jodwasserstoffsäure. Die Farbe wird mit steigendem Kohlenstoffgehalt dunkler. Jodwasserstoffsäure bewirkt in kohlenstoffarmen Phytomelanen rascher Aufhellung als in kohlenstoffreichen. Ein Vergleich mit Steinkohle macht es wahrscheinlich, daß die mehr oder minder starke Anlagerung von Wasserstoff bei der Reduktion gleichfalls mit der Farbe und dem Kohlenstoffgehalt in fester Beziehung steht. Daraus ergibt sich, daß wir die vorhandenen Träger untereinander doppelt oder mehrfach gebundener Kohlenstoffatome als die eigentlichen chromophoren Gruppen anzusehen haben.

Literatur.

(1) Cross u. Bevan: Cellulose and outline of the chemistry etc., S. 111. London 1895.

(2) Dafert, F. W. u. Miklauz, R.: Denkschr. d. Kaiserl. Akad. d. Wissensch. in Wien. Math.-naturw. Klasse. 87, 143 (1911).

(3) Hanausek, T. F.: Ber. Dtsch. Botan. Ges. 20, 450 (1902).

(4) Sitzungsber. K. Akad. Wiss. Wien. Math.-naturw. Klasse. 116 Abt. 1, 14 (1907).

(5) Tollens, B.: Journ. f. Landw. 1896, 171.

O. Fossile Pflanzenstoffe.
(Humusstoffe, Ölschiefer, Torf, Braunkohlen und Steinkohlen.)
Von FRITZ ZETZSCHE, Bern.

a) Einleitung.

Auf dem Boden und in den Gewässern sammelt sich nach dem Absterben der Pflanzen oder einzelner ihrer Teile ein Gemisch von Pflanzenüberresten an, das je nach den vorherrschenden biologischen Faktoren mannigfaltigen, langsamer oder schneller verlaufenden Umwandlungen anheimfällt. Abgesehen von den obersten Schichten solcher Ablagerungen läßt sich das Gemisch dieser Überreste bald nicht mehr in die einzelnen Pflanzenteile zerlegen, so daß eine chemische Untersuchung pflanzlich einheitlichen Materials nur in besonders günstigen Fällen möglich ist. Solche günstigen Fälle liegen vor z. B. bei der Untersuchung von Baumhölzern, deren Größe die Auflösung in kleine Stücke und deren Vermischung mit anderem Material sehr verzögert. Die kleinen und zarten Pflanzen und Pflanzenteile, wie Kräuter, Moose, Blätter, Blüten, Samen, Sporen und Pollen usw., sind meist nach kurzer Zeit so weit zerkleinert und durchmischt, daß die Isolierung größerer Mengen fast unmöglich ist. Aus diesem Grunde ist es so schwer, aus Böden einheitliches Material zu gewinnen, zu untersuchen und das Schicksal der Aufbaustoffe individuell zu erfassen. Man wird sich deshalb meist mit der Untersuchung chemisch charakterisierbarer Substanzen verschiedener botanischer Herkunft begnügen müssen. So wird man bei der Untersuchung pflanzlicher Abfallstoffe wohl je nach dem Stande der Forschung mehr oder weniger genau den Anteil der noch unveränderten Pflanzenbaustoffe ermitteln können, deren Umwandlungsprodukte aber schon nur durch mühselige Spezialforschung erkennen und bestimmen können.

Bei derartigen Untersuchungen hat es sich nun gezeigt, daß die zahlreichen Pflanzenstoffe, die im Verbande von mehr oder weniger großen Pflanzenteilen zur Ablagerung gelangen, nicht gleichmäßig erhaltbar sind. Die Zellinhaltsstoffe unterliegen allein schon infolge ihrer Wasserlöslichkeit einer raschen Durchmischung und ihrer leichten biochemischen Umwandlungsfähigkeit halber einer schnellen Vernichtung. Die Zellmembranstoffe dagegen werden infolge ihrer Unlöslichkeit in Wasser und ihrer biochemischen Widerstandsfähigkeit nur mechanisch mehr oder weniger vollkommen durchmischt und nur langsam verändert.

Sie sind Substrate topochemischer Vorgänge, die häufig dazu führen, daß die Umwandlungen unter Formerhaltung vor sich gehen, so daß man in der Lage ist, durch morphologische Agnoszierung des Pflanzenteils die botanische Herkunft und die chemische Natur des ursprünglichen Pflanzenstoffes zu ermitteln und die chemischen Befunde am veränderten Pflanzenstoff auf den Chemismus des Umwandlungsvorganges selbst auszuwerten.

So sind es begreiflicherweise die Zellmembranstoffe, die nach kurzer Zeit den Hauptanteil pflanzlicher Ablagerungen ausmachen und unter bestimmten Bedingungen im Laufe erdgeschichtlicher Zeiträume in brennbare organische Gesteine, die *Kaustobiolithe*, übergehen können.

Natürlich unterscheiden sich die Membranstoffe hinsichtlich ihrer Erhaltungs- und Umwandlungsfähigkeit auch wieder untereinander und die Bildung der Kaustobiolithe wird nicht nur von dem Vorliegen erhaltungsfähiger Pflanzenstoffe, sondern auch weitgehend von der Natur ihrer Umwandlungsprodukte abhängen. Stoffe, die zwar schwer zersetzlich, deren Zersetzungsprodukte aber leicht löslich oder gasförmig sind, werden wohl beim Beginn der Kaustobiolithbildung bedeutungsvoll sein, ihre Bedeutung wird aber mit fortschreitender Zersetzung sinken. Folgende Übersicht versucht über das Verhalten der Zellbestandteile bei der postmortalen Zersetzung ein ungefähres Bild zu geben:

1. Substanzen, die rasch und vollständig umgewandelt werden, ohne unlösliche Produkte zu liefern: Zucker, Eiweiß, Fette, Farb- und Gerbstoffe (letztere nur teilweise).

2. Substanzen, die langsam, vornehmlich unter Bildung löslicher oder gasförmiger Produkte umgewandelt werden: Cellulose, Hemicellulosen, Pektine.

3. Substanzen, die langsam, hauptsächlich unter Bildung unlöslicher Produkte umgewandelt werden: Lignin, Wachse, Harze, Gerbstoffe, Fette.

4. Substanzen, die fast gar nicht verändert werden: Sporopollenine, Cutin, Kieselsäuremembranen.

Diese Übersicht hat natürlich nicht allgemeine Gültigkeit, d. h. die Umwandlungsgeschwindigkeit, die Umwandlungsweise und die Umwandlungsprodukte hängen von einer ganzen Reihe von Faktoren ab und bestimmen somit selbst beim Vorliegen chemisch gleichartiger Grundstoffe die Natur der Endprodukte. Es wird deshalb nicht überall, wo sich organisches Material ablagert, zur Entstehung von Kaustobiolithen kommen. Kaustobiolithe werden vielmehr nur dann entstehen, wenn jene Faktoren die Bildung unlöslicher Produkte begünstigen.

Die wichtigsten Faktoren sind der biologische und der geologische Faktor. Ersterer setzt sich aus einer Reihe von Unterfaktoren zusammen, zu denen z. B. gehören: die Zusammensetzung der Pflanzenformation, die biologischen und klimatologischen Einflüsse bei der Zersetzung des Pflanzenmaterials, wie Einfluß des Wassers, Natur des Wassers (Süß-, Salz-, Sauerwasser), Einfluß anorganischer Produkte (Ton, Sand, Kalk), Zusammensetzung der zerstörenden Kleinlebewelt pflanzlicher und tierischer Natur, deren mechanischen und enzymatischen Einflüssen das zu zersetzende Pflanzenmaterial ausgesetzt ist. Zum geologischen Faktor, der nach dem Aufhören der biologischen Einflüsse das weitere Schicksal bestimmt, gehören der Gebirgsdruck, die Temperatur und die Zeit, denen das biologisch vorzersetzte Material ausgesetzt ist.

Brennbare, organische, fossile Produkte sind in der Natur weitverbreitet. Torf, Braun- und Steinkohlen, Anthrazit, Graphit, Ölschiefer, Erdöl, Asphalt, Erdwachs, Erdgas, fossile Harze, wie Bernstein und Kopal, dürften die bekanntesten sein.

Die einzelnen chemischen Einheiten, aus denen sie im jeweiligen Zustande bestehen, werden nach dem Vorschlage W. Gothans *Baustoffe* genannt. So sind die Huminsäuren, die Bitumina, die Cellulose Torfbaustoffe; Ton, flüssiges und festes Bitumen Ölschieferbaustoffe; die Paraffine (Hexan, Pentan usw.), Olefine Erdölbaustoffe.

Grund- oder Urstoffe sind dagegen jene in den Pflanzen oder Tieren enthaltenen chemischen Verbindungen, die ihrer Zeit das Ausgangsmaterial für den betreffenden Kaustobiolith abgegeben haben. So sind Torfgrundstoffe: Cellulose, Hemicellulosen, Eiweiß, Wachse, Lignin usw.; Ölschiefergrundstoffe: Sporopollenine, Wachse; Bernstein- und Kopalgrundstoffe: Harze.

Ein Vergleich der beiden Gruppen zeigt, daß die Urstoffe je nach dem Erhaltungszustande gleichzeitig Baustoffe sein können, daß die Baustoffe aber nicht Grundstoffe sein müssen, aber, wie z. B. die Huminsäuren, aus einem oder mehreren Grundstoffen hervorgegangen sind.

Es ist wohl meistens so, daß mit fortschreitender Umwandlung die Zahl der Grundstoffe abnehmen wird, ob dabei die Zahl der Baustoffe zunimmt, ist noch unsicher; meistens dürfte sich auch die Anzahl der Baustoffe nicht vermehren, da die gleichgerichteten biologischen und geologischen Reaktionen eine weitgehende chemische Annäherung der einst so chemisch verschiedenen Grundstoffe bedingen werden. Als Beispiel sei der Übergang der zahlreichen chemischen Verbindungen beim Erreichen des Endzustandes der Inkohlung in einen einzigen Baustoff, den Graphit, erwähnt.

Im Rahmen des vorliegenden Werkes soll nun nicht allgemein auf die Baustoffe, sondern nur auf solche eingegangen werden, die gleichzeitig noch Grundstoffe sind. Es sollen deshalb alle die Kaustobiolithe, deren Grundstoffe nicht mehr mit Sicherheit erkennbar sind, hier nicht behandelt werden. Es sind dies: Erdöl, Asphalt, Erdwachs, Erdgas. Von den verbleibenden Kaustobiolithen werden die Baustoffe ebenfalls nur soweit besprochen, als sie zugleich Grundstoffe sind, bzw. mit einiger Wahrscheinlichkeit, wie z. B. die Humusstoffe von bestimmten Grundstoffen abgeleitet werden können, wobei natürlich nur pflanzliche Grundstoffe berücksichtigt werden.

Es bleiben somit zur Besprechung: Torf, Braun- und Steinkohle, Ölschiefer und fossile Harze, Bernstein und Kopal. Letztere werden aber gesondert im Kapitel: Harze und Wachse besprochen im Anschluß an die rezenten Produkte. Die Besprechung erstreckt sich weiter nur auf solche Stoffe, für die Isolierungs- oder Bestimmungsmethoden vorliegen, so daß allein durch petrographische Methoden festgestellte Grund- und Baustoffe nicht berücksichtigt werden. Weiter wird von solchen Stoffen abgesehen, die nur gelegentlich festgestellt werden konnten, wie z. B. das Chlorophyll in der Braunkohle des Geiseltals bei Halle a. d. S. (WEIGELT und NOACK) und der Kautschuk in vulkanisierter Form: sog. Affenhaare in derselben Kohle (KINDSCHER).

b) Inkohlte Pflanzenprodukte.

(Torf, Braunkohle, Steinkohle.)

Von den zu besprechenden Produkten bilden unstreitig die Kohlen die wichtigste Gruppe. Ihre chemische Erforschung ist in neuerer Zeit mächtig gefördert worden und hat zur Ausbildung eines für die Wissenschaft und Technik gleichwichtigen Zweiges der Chemie, der Kohlenchemie, geführt, doch haben Biologie, Geologie und Paläontologie gleichfalls nach wie vor hohes Interesse für alle mit der Kohle zusammenhängende Fragen.

Durch die Eigenart ihrer Entstehung und ihrer Zusammensetzung bieten die Kohlen für die genannten Wissenschaften im Gegensatz zu manchen anderen technisch und wirtschaftlich ebenfalls wichtigen Kaustobiolithen ein dankbares Tätigkeitsfeld. Ölschiefer, Erdöl und Asphalt sind ja auch auf organische Substanzen zurückführbare Produkte, doch ist es, mit Ausnahme einiger Ölschiefer, bis heute strittig, welchen Grundstoffen sie entstammen. Das Fehlen morphologisch nachweisbarer Grundstoffe erschwert bei flüssigen und gasförmigen Produkten, wie Erdöl, Asphalt und Erdgas, jede Deutung über ihre Entstehung ungemein, während schon lange vor dem Einsetzen der Kohlenchemie auf Grund der morphologischen Befunde das Ausgangsmaterial der Kohlen in Pflanzenstoffen erkannt war.

Den zur Bildung von Kohlen führenden, in der Natur sich abspielenden Vorgang nennt man *Inkohlung*. Er ist äußerlich dadurch gekennzeichnet, daß wenigstens ein Teil der Baustoffe dunkelbraune bis schwarze Farbe aufweist.

Verfolgt man das Schicksal der pflanzlichen Stoffe nach dem Tode der Individuen unter der Herrschaft der einleitend erwähnten beiden Faktoren: biologischer und geologischer Faktor, so wird wohl mit seltenen Ausnahmen, wie sie bei Katastrophen lokal auftreten können, der biologische Faktor der zuerst wirksame sein. Seine Wirkung kann chemisch in verschiedenen Richtungen verlaufen, je nach dem Vorherrschen einer oder mehrerer Unterfaktoren.

Für gewöhnlich wird das Pflanzenmaterial unter dem Vorherrschen oxydativer und hydrolytischer Einflüsse, die durch die Luft und die darauf eingestellte Kleinlebewelt bedingt sind, fast restlos abgebaut werden, so daß der kleine verbleibende Rest nur im Laufe ungestörter Entwicklung zur Bildung von Kaustobiolithen führen wird.

Unter dem Vorherrschen reduzierender und hydrolysierender Einflüsse, wie sie wohl im Süß- und auch Brackwasserschlamm gegeben sind, wird das organische Material ebenfalls rasch vernichtet, doch scheinen hier leicht Bedingungen vorzuliegen, die einen Teil der Grundstoffe in sehr resistente Substanzen vom Kohlenwasserstoffcharakter umwandeln, die dann weiterem Zugriff entrückt sind. So kommt es zur Bildung der Faulschlammprodukte unter wesentlicher Beteiligung tierischer und anorganischer Substanzen. Aus diesen Produkten bilden sich die Ölschiefer, deren organische Substanz sehr wasserstoffreich ist.

Unter dem Mangel an Sauerstoff, dem meist auch eine verringerte Kleinlebewelt entspricht, vollziehen sich die biochemischen Umwandlungen viel langsamer und führen zur

Entfernung des Sauerstoffes und Wasserstoffes, so daß der Kohlenstoffgehalt prozentual steigt. Es sind die Bedingungen, die zur Bildung der Kohlen führen und geführt haben, bei der der biologische Faktor zugunsten des geologischen zurücktritt.

Man ist heute daran gewöhnt, in der Reihe Torf—Braunkohle—Steinkohle—Anthrazit—Graphit eine natürliche Reihe zu sehen, da die genannten Produkte sämtlich aus Pflanzenmaterial hervorgegangen sind, sich schon äußerlich in ihrer Farbe immer mehr dem schwarzen Kohlenstoff nähern, auf Grund geologischer und paläontologischer Untersuchungen im allgemeinen von steigendem Alter sind und in chemischer Hinsicht stets von Glied zu Glied kohlenstoffreicher werden. Einige Forscher vertreten aber heute die Ansicht, daß ein direkter Übergang von Braunkohlen in Steinkohlen nicht besteht, sondern daß die Braunkohlen das Endglied einer selbständigen Entwicklungsreihe vorstellen.

Doch ist die Natur der heute gefundenen Kohlen nicht allein eine Funktion ihres Alters. Das Spiel so vieler wirksamer Faktoren bringt es mit sich, daß die obige Reihenfolge nicht einem geradlinigen Entwicklungsvorgange entspricht, sondern daß das Vorherrschen einzelner Faktoren häufig das Bild fälschen kann. So kann man also nicht aus dem Charakter der Kohle ohne weiteres ihr Alter feststellen. Jüngere Kohlen können z. B. durch Hitzeeinwirkung in Anthrazite übergegangen sein. Faulschlammprodukte können später inkohlt sein, so daß es Übergänge von Ölschiefern zu Kohlen gibt. Einer der wichtigsten Faktoren ist die Natur der Pflanzenformation, die Anlaß zur Kohlebildung gegeben hat. So ähnlich bzw. identisch an und für sich auch die chemischen Grundstoffe der ältesten Pflanzen mit denen der heutigen sein mögen, so werden sich quantitative Unterschiede in der Menge der einzelnen Grundstoffe auf die Natur der schließlich gebildeten Kohlen auswirken. So erscheint es z. B. unwahrscheinlich, daß aus den heutigen Torfen infolge Mangels an Wachs, Harz und diesen ähnlichen Cuticularstoffen eine so bituminöse Kohle, wie die meisten Braunkohlen und Steinkohlen sind, bilden kann. Man wird nicht fehl gehen, wenn man sagt, daß jedes Erdzeitalter seine ihm eigene Kohle bildet.

Da, wie gesagt, der Inkohlungsgrad nicht stets ohne weiteres für die Altersbestimmung herangezogen werden kann, so wird man besser nach einem Vorschlag von H. Bode auf Grund kohlenpetrographischer Methoden eine Altersbestimmung vornehmen, da die erkennbaren Pflanzenreste im wesentlichen drei Vegetationsgemeinschaften, die nacheinander kohlebildend aufgetreten sind, angehören können. Diese Floren unterscheiden sich scharf in ihrer anatomischen Beschaffenheit. Es sind: die Pteridophytenflora des Paläophytikums, die Gymnospermenflora des Mesophytikums und die Angiospermenflora des Kanophytikums.

Verfolgt man auf Grund des Inkohlungsgrades, also teilweise unabhängig vom geologischen Alter, das Schicksal der wichtigsten Kohlengrundstoffe, so erhält man folgendes Bild: Die +Zeichen deuten an, daß der betreffende Kohlengrundstoff fast regelmäßig in der betreffenden Kohlenart angetroffen wird, ohne daß über seine Menge etwas ausgesagt werden soll.

	Torf	Braunkohle	Steinkohle	Anthrazit
Zellinhaltsstoffe:				
Eiweiß, Zucker usw. . .	+	—	—	—
Zellmembranstoffe:				
Hemicellulosen (Pentosane, Pektine usw.) .	+	+	—	—
Cellulose	+	+	—	—
Lignin	+	+	—	—
Wachse und Harze . .	+	+	+	—
Cuticularstoffe (Cutin-Sporopollenin) . . .	+	+	+	—
Humusstoffe:				
Huminsäuren	+	+	—	—
Humine	—	+	+	+
Fusine	—	—	+	+

Es ist hieraus ersichtlich, daß sich von sämtlichen Grundstoffen in der Steinkohle nur noch die chemisch resistentesten Stoffe: *Wachse, Harze, Cutine* und *Sporopollenine* in nennenswerter Menge erhalten haben, um im Anthrazit ebenfalls verschwunden zu sein. Der Abnahme der pflanzlichen Grundstoffe steht eine Zunahme ihrer Umwandlungsprodukte gegenüber, auch obige resistenten Stoffe werden sich mit dem Alter anreichern, ohne daß sich auf Grund so zahlreicher, nicht in ihrer Wirkung berechenbarer Faktoren ein quantitativer Vergleich ermöglichen ließe. Die bestbekanntesten Umwandlungsprodukte sind die Humusstoffe, von denen in obiger Übersicht die Huminsäuren und Humine aufgeführt sind. Sie sind die charakteristischen Substanzen aller inkohlten Produkte. Man ersieht aber weiter, daß auch sie sich wieder umwandeln, indem die Huminsäuren, die anfangs vorherrschen, in Humine übergehen. Daß die Humine auch wieder weiter umgewandelt werden, ist sehr wahrscheinlich, doch ist dies Gebiet infolge experimenteller Schwierigkeiten noch kaum erforscht; jedenfalls werden aber die Humine auch weiter inkohlt, sie scheinen in die Fusine überzugehen. Die Eiweißstoffe verdienen noch eine kurze Erwähnung. Sie verschwinden zwar als Zellinhaltsstoffe sehr rasch, doch sind sie in Form eines ihrer Umwandlungsprodukte, des Ammoniaks, die Quelle für den Stickstoffgehalt der Humusstoffe und damit der Kohlen, auch ein Teil des Schwefelgehaltes der Kohlen dürfte im Eiweiß seinen Ursprung haben.

Bis zu einem gewissen Grade können also die Grundstoffe als Leitfossilien für die Altersbestimmung der Kohlen dienen, eine besondere Rolle unter ihnen dürfte die Gruppe der Sporopollenine zu spielen berufen sein (vgl. S. 312). Sehr geeignet sind aber die Grundstoffe zur Unterscheidung der *Kohlenarten*: Anthrazit, Steinkohle, Braunkohle und Torf voneinander.

Die petrographische Untersuchung der Steinkohlen und Anthrazite hat weiter erkennen lassen, daß sie in der Regel aus 3 *Kohlenbestandteilen* bestehen, die chemisch und petrographisch sich voneinander unterscheiden. Sie sind *Vitrit* (Glanzkohle), *Durit* (Mattkohle) und *Fusit* (Faserkohle) genannt worden. Der Vitrit besteht hauptsächlich aus humitischem Material, der Durit aus bituminösem Material, das im Faulschlammprozeß entstanden zu sein scheint, der Fusit aber besteht aus stark inkohltem, seiner Entstehung nach noch nicht einwandsfrei gedeutetem Material (Fusin). Alle 3 Kohlenbestandteile kommen in mehr oder minder langen und dicken Schichten in vielen Steinkohlen vor, die man deshalb auch zum Unterschied einheitlich strukturierten Kohlen, wie z. B. den reinen Faulschlammkohlen Kännel- und Bogheadkohlen, Streifenkohlen nennt.

1. Unterscheidung der Kohlenarten.

Die Unterscheidung der Kohlenarten erfolgt auf Grund petrographischer und chemischer Untersuchung, der Inkohlungsgrad kann durch die Elementaranalyse festgestellt werden. Es enthält:

	C %	H %	O %	N %
Torf	53—58	5—6	28—35	2
Braunkohle . . . . . ,.	55—75	3—6	19—26	0,8
Steinkohle	74—93	0,5—5	3—30	0,8
Anthrazit	90—95	0,5—3	0—3	Spur

Weitere Anhaltspunkte ergibt das Vorhandensein bestimmter Kohlengrundstoffe (vgl. Tabelle S. 396 und weiter unten: Maceration). In folgender Übersicht sind die wichtigsten Merkmale zusammengefaßt. Doch ist die Abgrenzung der Kohlenarten gegeneinander nicht immer ganz leicht, da Ausnahmen und Übergänge existieren. Besonders schwierig ist die Abgrenzung von Torf und Braunkohlen. Die Begriffe Steinkohlen und Braunkohlen werden nach W. GOTHAN folgendermaßen definiert: Steinkohlen sind Kohlen von fester Beschaffenheit mit festschlagendem, meist würfeligen Bruch von schwarzer Farbe.

Braunkohlen sind Kohlen von erdig lockerer bis fester Beschaffenheit mit glanzlosem bis glänzendem Bruch, die Farbe ist meist braun, bei glänzendem Bruch bis schwarz.

	Torf	Braunkohle	Steinkohle	Anthrazit
1. Strich	braun	braun	schwarz	schwarz
2. Heiße Kalilauge gibt Lösung	rotbraun	dunkelbraun	höchstens schwach gefärbt	—
3. Beim Ansäuern der Lösung nach 2: Niederschlag von	Huminsäuren	Huminsäuren	höchstens Spur Huminsäuren	—
4. Sog. Ligninreaktion: Erhitzen mit Salpetersäure 1:10 gibt Lösung	rot	rot	—	—

	Torf	Braunkohle	Steinkohle	Anthrazit
5. Chromschwefelsäure	heftige Ein-wirkung, fast völlige Lösung	± gelöst	großer schwarzer, verbrenn-barer Rück-stand	fast keine Einwirkung
6. Erhitzen mit Benzol	wenig gelöst, gelbrote Lösung	viel — bis zu $^1/_3$ — gelöst, braungelbe Lösung	wenig gelöst, Lösung fluoresciert	—
7. Strukturiertes Pflanzen-material daher	viel	wenig	wenn vor-handen, nur Sporen, Cuti-culen und fu-sitisches Holz	—
8. Cellulosegehalt	groß	klein	—	—
9. Pentosangehalt	,,	,,	—	—
10. Ligningehalt	,,	,,	—	—
11. Destillationsprodukte	saures Destillat	neutrales oder saures Destillat	ammoniaka-lisches Destillat	—
12. Auftreten von Schwel-gasen von	?	180⁰	325⁰	—

2. Die Kohlenmaceration.

Zum Herrichten der Kohlen für petrographische und paläontologische Zwecke bedient man sich seit langem der Maceration. Mit Hilfe der verschiedenen Macerationsmethoden und ihren Abstufungen können die die Sicht- und Erkennbarkeit störenden dunklen humi-tischen Stoffe ganz oder teilweise entfernt oder auch nur in hellere Substanzen übergeführt werden. Dabei verbleibt je nach dem Grade der Einwirkung ein ± großer Teil der Kohlen-grundstoffe erhalten. Da die humitischen Stoffe der Kohle, wie oben erwähnt, infolge ihrer anaeroben Entstehung sauerstoff- und wasserstoffarm sind, so haben sie ungesättigten Charakter, der sich in einer verhältnismäßig leichten Oxydierbarkeit äußert. So bedienen sich auch alle Macerationsmethoden oxydativer Mittel. Die bekanntesten Macerations-mittel sind: Chromschwefelsäure, das Schulzesche Macerationsgemisch, Kaliumchlorat + HNO_3, Diaphanol (ClO_2 in Eisessig oder Chloressigsäure) und Jeffreys Gemisch: Kalium-chlorat + Flußsäure, doch sind auch andere Oxydationsmittel, wie HNO_3 verschiedener Kon-zentrationen, Königswasser, Eau de Javelle usw., hier und da mit Erfolg gebraucht worden. Die Anwendung dieser Agenzien ermöglicht es, infolge ihrer differenzierten Einwirkung auf die Kohlenbau- und Grundstoffe, Einblick in den petrographischen Bau und so einen Anhalt über die noch vorhandenen Kohlengrundstoffe einer Kohle zu gewinnen. Doch sollen diese Macerationsmethoden hier nicht näher beschrieben werden, da sie hauptsächlich für die Bedürfnisse der Kohlenpetrographie zugeschnitten sind, zwar einen qualitativen Überblick über die möglicherweise noch vorhandenen Kohlengrundstoffe ermöglichen, in ihrer chemischen Wirkung auf diese aber noch nicht systematisch untersucht sind. Es sei für ihre Anwendung hingewiesen auf E. Stach: Kohlenpetrographisches Praktikum. Berlin 1928.

Die Besprechung der wichtigsten Kohlengrundstoffe, die zugleich Kohlenbaustoffe sind, erfolgt in der Reihenfolge: Hemicellulose, Cellulose, Lignin, Wachse und Harze, Sporo-pollenin und Humusstoffe. Die Einbeziehung der Humusstoffe rechtfertigt sich durch ihre Bedeutung für die Kohlen und ihre jetzt fast sichere Abstammung vom Lignin und der Cellulose (und vielleicht einigen Gerbstoffen). Zudem treten schon in manchen Pflanzen-teilen braune, huminsäureähnliche Produkte vor dem völligen Absterben der Pflanze oder des Pflanzenteiles auf (z. B. in den herbstlichen Blättern), so daß die Grenze zwischen Zellbestandteilen toter und lebender Pflanzenteile schwer zu ziehen ist.

3. Hemicellulosen.

Diese Membransubstanzen sind im Inkohlungsvorgang recht kurzlebig. Sie nehmen von der frischen Pflanze über den Torf zur Braunkohle stetig und gleichmäßig ab, so daß der Gehalt in den Braunkohlen meist unter 0,5 % liegt. In den Steinkohlen konnten sie nicht mehr nachgewiesen werden. Die Umwandlungsprodukte der Hemicellulosen in der Inkohlung sind unbekannt, man darf wohl annehmen, daß sie infolge ihrer leichten Hydrolysierbarkeit enzymatisch und chemisch in ihre Bausteine verwandelt werden. So dürfte auch ihr Übergang in humitische Stoffe unwahrscheinlich oder zumindest recht geringfügig sein.

Ihre *Bestimmung* erfolgt unmittelbar in dem Torf oder den Braunkohlen nach den bewährten, im Kapitel Hemicellulosen beschriebenen Methoden.

4. Cellulose.

Eine besondere Stellung in der Gruppe der Kohlengrundstoffe nimmt die Cellulose ein. Hat man sie doch lange Zeit auf Grund ihrer großen Beständigkeit schlechtweg als das Urmaterial für alle inkohlten Stoffe angesehen. Von dieser Anschauung, daß die Cellulose *der* Kohlengrundstoff ist, ist man erst in letzter Zeit abgekommen, nachdem die Chemie der Kohle und ihrer Urstoffe weit genug entwickelt war, um die dabei erhaltenen Ergebnisse miteinander vergleichen und in Übereinstimmung bringen zu können. Hatte es daraufhin eine Zeitlang den Anschein, als ob der Cellulose als Kohlengrundstoff nur eine geringfügige Bedeutung zukomme und dafür dem zweiten Hauptbestandteil verholzter Membranen, dem Lignin, die vorher der Cellulose zugeschriebene Stellung bei der Bildung humitischer Substanzen zuzuteilen sei (FR. FISCHER und Mitarbeiter), so hält man jetzt nach den Untersuchungen von E. BERL und Mitarbeitern (1) auf einer mittleren Linie. Sehr viele und eingehende Untersuchungen an natürlich und künstlich inkohlten Substanzen sind zur Klärung dieser Streitfrage angestellt worden. Bei diesen Untersuchungen hat das Schicksal der Cellulose bei der Inkohlung vermehrte Aufmerksamkeit gefunden und ist nach der qualitativen und quantitativen Seite hin verfolgt worden.

Das Ergebnis ist, daß sich die Cellulose im Torf rasch vermindert, um in den Braunkohlen nur noch in ganz geringer Menge vorhanden zu sein. In den Steinkohlen ist sie höchstens noch spurenweise vertreten, so daß sie als Steinkohlenbaustoff ausscheidet. Die Umwandlungsprodukte der Cellulose sind noch recht dürftig bekannt. Zum großen Teil geht sie anscheinend in Methan, Kohlendioxyd und niedrige aliphatische Säuren über, in tieferen Schichten dürfte sie unter dem Einflusse abnehmender bakterieller Tätigkeit auch in humoide Substanzen umgewandelt werden.

BERL (1) hat experimentell sichergestellt, daß reine Cellulose in Steinkohlen ähnliche Produkte durch Druckerhitzung mit Wasser übergeführt werden kann. Es wird sich also zur Entscheidung des Lignin-Cellulose-Streites darum handeln, ob in den Steinkohlenmooren die abgestorbenen Pflanzenteile so rasch abgesunken sein können, daß sie einer wesentlichen biogenen Zersetzung der Cellulose entgangen sind.

Auf den Nachweis der Cellulose in Steinkohlen ist große Mühe verwandt worden. Man hat sie schließlich in besonders geschützter Lage gesucht, nämlich in durch Cutin inkrustierter Form. R. POTONIÉ glaubt sie dort noch mitunter nachgewiesen zu haben. Da die Cellulose nicht nur vergesellschaftet mit Lignin, sondern in vielen Pflanzen auch frei oder nur mit leicht abbaubaren Substanzen, wie Hemicellulosen, vorkommt, wird ihr Erhaltungszustand von der Art des primären Zustandes in der Pflanze abhängen. Echt verholzte Cellulose — Lignocellulose — wird sich beim Inkohlungsprozeß länger erhalten als freie Cellulose. Auf dieser Grundlage haben R. POTONÉ und BENADE die Cellulose als Leitfossil für die *Bestimmung des Inkohlungsgrades* und damit für die Unterscheidung von Torf, Braun- und Steinkohle benutzt. Im Torf wird reichlich freie Cellulose durch Herauslösen mit SCHWEIZERs Reagens nachweisbar sein, in der Braunkohle wird die freie Cellulose gering sein, erst nach Zerstörung der Inkrusten wird der Hauptanteil erhalten werden. Bei Steinkohlen werden beide Zellstoffanteile fehlen.

Nachweis und Bestimmung der Cellulose. Der Cellulosenachweis in frischen Pflanzen gelingt bei verholzten Objekten nur nach Entfernung der verholzenden Substanz, des Lignins. Hierzu bedient man sich einer ganzen Reihe von Agenzien und Methoden, die im Abschnitt Cellulose näher beschrieben sind. Doch bietet die Entfernung der Inkrusten meist keine besonderen Schwierigkeiten, da die Oxydierbarkeit der Cellulose im Vergleich zum Lignin gering ist. Dieses günstige Verhältnis ändert sich aber mit fortschreitendem Inkohlungsgrade in ungünstigem Sinne. Die humitischen Substanzen, um den Hauptanteil der Kohlenbaustoffe zu nennen, werden, wie schon aus der Übersicht über die Macerationsmittel hervorging, immer schwerer durch oxydativen Abbau entfernbar. Im jungen Torf, in dem die Pflanzen noch nicht weit vom Frischzustande entfernt sind, ist die Cellulose leicht nach den üblichen Methoden nachweisbar und isolierbar. Älterer Torf erfordert bereits mehr Mühe, Braunkohlen müssen schon kräftig oxydiert werden und in den Steinkohlen ist die humitische Substanz fast schwerer als etwa noch vorhandene Cellulose durch Oxydation entfernbar. Dazu wirkt im erschwerenden Sinne die mit dem Fortschritt der Inkohlung verknüpfte Verarmung an Cellulose, so daß diese selbst, da sie ja nicht absolut oxydationsfest ist, bei fortschreitend schwierigerer Entfernung der Begleitstoffe durch Oxydation mehr und mehr vernichtet wird.

Diese Schwierigkeiten treten vornehmlich bei der Isolierung oder quantitativen Bestimmung auf. Etwas günstiger liegen die Verhältnisse beim rein qualitativen Nachweis durch die üblichen Farbreaktionen mit Chlorzinkjod oder Jodschwefelsäure, weil es sich hier meist nicht um restlose Entfernung der Begleitstoffe, sondern nur um eine so weitgehende handelt, daß die Nachweisreaktion sichtbar wird, die beeinträchtigt wird durch die dunkle Farbe des Objektes und die Inkrustierung des Zellstoffes. Besondere Schwierigkeiten bieten sich hier nur, wenn Dünnschliffe oder Schnitte erhalten bleiben sollen, da dann die Maceration auf Kosten der Haltbarkeit nicht so weit getrieben werden darf, daß die Schnitte zerfallen.

Bei Braunkohlenschnitten hat K. Ohara ohne Verwendung von Oxydationsmitteln durch bloßes Waschen mit kochender Kalilauge und nachherigem Auswaschen mit Wasser sofortige Anfärbung mit Chlorzinkjod erhalten können.

Zum qualitativen Nachweis eignen sich auch die folgenden quantitativen Methoden, da deren erstes Ziel eine Anreicherung bzw. Isolierung der Zellstoffe ist. Besonders sei auf das bequeme Verfahren mit Diacetyl-o-Salpetersäure hingewiesen.

Isolierung und quantitative Bestimmung der Cellulose. Die Gewinnung der Cellulose aus Torf und Braunkohlen unterscheidet sich von der aus frischen verholzten Geweben nur dadurch, daß die Aufarbeitung auf die Entfernung der humitischen Bestandteile und die Trennung von anderen schwer entfernbaren Substanzen, wie Cutin, Sporopollenin, Phytomelane, Sand und Ton achten muß. D. h. die bei diesen Verfahren erhaltene Rohcellulose ist durchgängig stärker verunreinigt als die aus bestimmten frischen Pflanzenteilen gewonnene. So kommt man für exakte Bestimmungen nicht um die Auflösung in Kupferamminlösung und Wiederausfällung herum. Will man ganz sicher gehen, so identifiziert man die so gereinigte Cellulose durch ihren Drehwert in Schweizers Reagens nach K. Hess und ihre Überführung in Octacetylcellobiose.

Von den zahlreichen Verfahren, die sich alle an die bekannten mehr oder weniger anlehnen, seien nur einige näher beschrieben.

Für sämtliche Arbeitsweisen empfiehlt sich folgende Vorbehandlung: Die Torf- oder Braunkohlenproben werden zunächst an der Luft getrocknet, gemahlen und gesiebt. Dann wird der Gehalt an Asche und Feuchtigkeit bestimmt. Darauf werden sie durch erschöpfende Extraktion von bituminösen Stoffen befreit. Hierzu werden sie der Reihe nach — jedesmal bis zur völligen Entfärbung des abfließenden Lösungsmittels — mit Äther, mit Alkohol — Benzol 1:2 und dann nochmals mit Äther im Soxhletapparat ausgezogen und getrocknet.

a) Verfahren von W. J. Komarewski für Torf. Da die Trennung der Flüssigkeiten bei der nun folgenden Behandlung von Farbstoff durch Filtration sehr mühselig und zeitraubend ist, wird sie durch Zentrifugieren erreicht. Nach

Entfernung des Bitumens wird der Torf mit einer 1proz. Natronlauge 12 Stunden geschüttelt. Nach der Abtrennung des Rückstandes wird letzterer noch zweimal derselben Operation unterworfen. Darauf wird das Alkali sorgfältig ausgewaschen. Der nun verbleibende Rückstand wird nun abwechselnd mit Chlordioyxd- und Natriumsulfitlösung, bis kein Verbrauch an Chlordioxyd mehr festzustellen ist, behandelt, was eine 8—10malige Wiederholung der Operationsfolge erfordert (zur Ausführung vgl. Kapitel: Cellulose). Nachdem so Lignin und Humusstoffe entfernt sind, bleibt ein farbloser faseriger Stoff, die Rohcellulose. Sie enthält Aschebestandteile und Sporopollenine. Die Reincellulose wird gewonnen, indem die Rohcellulose mit Kupferamminlösung behandelt wird. Die blaue Lösung wird vom Ungelösten abgetrennt und mit Essigsäure nach K. Hess die Cellulose ausgefällt und zur Wägung gebracht.

b) Verfahren von R. Potonié und Benade. Bestimmung der freien — nicht inkrustierten — Cellulose im Torf und der Braunkohle. 2—3 g vorbehandelter Torf oder 5—6 g Braunkohle werden in einem Zentrifugiergefäße langsam mit 20 cm³ Kupferamminlösung vermischt. Nach 20 Minuten langer Einwirkung wird 10 Minuten lang zentrifugiert und die überstehende Lösung abgehebert. Die Behandlung des Rückstandes mit Schweizers Reagens wird wiederholt. Aus den vereinigten Lösungen wird die Cellulose durch verdünnte Schwefelsäure ausgefällt, gemeinsam mit den ebenfalls in Lösung gegangenen Humussäuren. Der ausgeschiedene Niederschlag wird durch Zentrifugieren von der Flüssigkeit getrennt und nach deren Entfernung ebenfalls auf der Zentrifuge mit Wasser gewaschen. Dann werden die Humusstoffe durch Ammoniak herausgelöst. Der nach wiederholter Behandlung damit verbleibende Rückstand ist Cellulose, die in Form einer schwach gelben Gallerte erhalten wird.

c) Verfahren von Marcusson und Wisbar für Braunkohle. Etwa 50 g Braunkohle wird zur Lösung der Humussäuren mit 1 l 3—4proz. Natronlauge mehrere Stunden auf dem Dampfbade oder im siedenden Wasserbade erhitzt und darauf noch mehrere Tage bei Raumtemperatur stehengelassen. Hierauf wird der schlammige Bodensatz von der dunkelbraunen Lauge durch ein feinmaschiges Messingsieb getrennt. Beim vorsichtigen Dekantieren ist ein Aufrühren des Bodensatzes möglichst zu vermeiden. Wenn nach einiger Zeit das Filtrieren aufhört, streichele man die Unterseite des Siebes und klopfe am Rande des Siebes. Ist die Flüssigkeit dadurch abgelaufen, so gebe man den Siebrückstand zum Bodensatz zurück, gebe Wasser hinzu und dekantiere wieder wie eben beschrieben und wiederhole das Auswaschen, bis das Filtrat farblos abläuft. Zur Beseitigung der alkaliunlöslichen Humine und zur Freilegung der inkrustierten Cellulose wird das Verfahren von H. Müller angewandt, mit der Abänderung, daß an Stelle des von Müller benutzten Ammoniaks 3—4proz. Natronlauge verwendet wird. Der Filtrierrückstand wird also in einer weithalsigen Flasche mit deutlich gelbfarbigem Bromwasser übergossen und wiederholt geschüttelt. Hierbei entfärbt sich die Flüssigkeit unter Verschwinden des Bromgeruches. Jetzt wird wieder durch das Sieb filtriert und auf diesem mit Wasser nachgewaschen. Der Rückstand wird dann in die Flasche zurückgegeben und nun mit 3—4proz. Natronlauge längere Zeit geschüttelt. Die Lauge färbt sich braun. Sie wird nach dem Absitzen vom Bodensatze wie beschrieben durch das Sieb getrennt, der Rückstand mit Wasser ausgewaschen und wieder mit Bromwasser behandelt und die ganze Operationsfolge noch mehrmals wiederholt. Dabei hellt sich der Rückstand immer mehr auf, nimmt erheblich an Menge ab und ist am Schlusse der Behandlung eine fast weiße Cellulose. Gröbere Anteile werden zum besseren Aufschluß zerdrückt.

d) Verfahren von Zetzsche und Vicari für Braunkohle (und Torf).
3—5 g vorbehandeltes Braunkohlenpulver werden in ein Gemisch von 36 g
Diacetyl-o-Salpetersäure (deren Bereitung s. Kap. J S. 211) und 4 g Eisessig
anteilsweise eingetragen. Das Gefäß befindet sich in Eiswasser, um eine Selbst-
erwärmung über 25° zu vermeiden. Nach erfolgtem Eintragen läßt man unter
öfterem Umschwenken mehrere Stunden in Eis, dann über Nacht bei Raumtemperatur stehen. Unter geringer Gasentbindung nimmt die Flüssigkeit tief
rotbraune Farbe an. Am anderen Tage wird durch einen Glasgoochtiegel abgesaugt, erst mit 20 cm³ obigen Gemisches, dann mit 100 cm³ Eisessig nachgewaschen. Der Rückstand wird darauf mit etwa 100 cm³ Wasser einige Stunden
stehengelassen, abgesaugt und mit 200 cm³ 20proz. Ammoniak auf dem siedenden
Wasserbade 2 Stunden erwärmt. Dabei gehen die unlöslichen braunen Stoffe
mit brauner Farbe in Lösung. Man läßt nun die Cellulose und die anderen unlöslichen Stoffe absitzen und filtriert heiß durch einen Glasgoochtiegel, wäscht
erst mit warmem Ammoniak, dann mit Wasser aus, wobei zur Aufrechthaltung
einer ungestörten Filtration ein Leersaugen des Tiegels zu vermeiden ist. Wenn
das Filtrat farblos durchläuft, wird zur Beschleunigung des Filtrierens mit verdünnter Essigsäure und dann mit Wasser nachgewaschen. Der farblose, bei ton-
haltigen Torfen meist graue Rückstand wird mit Alkohol und Äther getrocknet
und nach dem Trocknen in der Trockenpistole bei 80° gewogen. Er besteht,
abgesehen vom mehr oder minder hohem Aschengehalt, nur bei Verwendung von
Braunkohlenligniten aus reiner Cellulose. Als Verunreinigungen sind in ihm
enthalten: Sporenhüllen und polymere unlösliche Bitumina, die manchmal so
zahlreich sind, daß ihre rotbraune Farbe den ganzen Rückstand färbt.

Zur Bestimmung der Cellulose löst man sie durch Behandlung mit Kupferamminlösung wie im Verfahren b beschrieben aus dem obigen Rückstand heraus.

Wäscht man den dabei verbleibenden Rückstand mit verdünnter Salzsäure
und Wasser, trocknet und wägt, so hat man am gefundenen Gewichtsverluste
eine Kontrolle des durch Ausfällung aus der Kupferaminlösung direkt erhaltenen
Cellulosewertes. Da der in Schweizers Reagens unlösliche Rückstand mit Ausnahme der anorganischen Substanzen nur aus den unlöslichen Bitumina besteht,
können diese gleichzeitig mitbestimmt werden. Vor allem erhält man so recht
rasch die Sporopollenine. Nach dieser Arbeitsweise können auf einmal bis zu
100 g Braunkohle aufgearbeitet werden.

Doch müssen zur Bewältigung so großer Mengen einige Abänderungen vorgenommen werden. Die braune ammoniakalische Flüssigkeit wird durch ein
Koliertuch abgeseiht und der Rückstand auf diesem mit warmem Ammoniak
und dann mit Wasser ausgewaschen, darauf wird er durch Schütteln während
6 Stunden auf dem Schüttelapparat mit 250 cm³ Kupferaminlösung gelöst und
über Nacht ruhig stehengelassen. Anderntags wird vom Bodensatz möglichst
weitgehend dekantiert, mit etwas 20proz. Ammoniak der Rückstand verdünnt
und durch einen Glasgoochtiegel abgesaugt. Aus den vereinten Filtraten wird
die Cellulose durch Ansäuern mit Essigsäure ausgefällt und nach längerem Stehen
erst durch Abgießen, dann durch Absaugen isoliert und mit Wasser, Alkohol und
Äther gewaschen und darauf getrocknet. Wenn eine entsprechend große Zentrifuge zu Gebote steht, kann damit der ganze Arbeitsgang sehr beschleunigt werden.

Für Torf ist dies Verfahren nicht ohne weiteres anwendbar, da selbst bei
mehrtägiger Einwirkung der Diacetyl-o-Salpetersäure die Inkrusten nicht so weit
umgewandelt werden, daß sie völlig in Ammoniak löslich sind. Doch können sie
hierzu gebracht werden, indem man den Torf nach dem Absaugen der roten
sauren Flüssigkeit nicht mit Eisessig nachwäscht, sondern nach dem Verdünnen
mit Wasser 1 Stunde auf dem Wasserbade erhitzt, abfiltriert, auswäscht und

nun statt mit Ammoniak mit einer 5proz. Natriumsulfitlösung ebenfalls auf dem Wasserbade 1 Stunde erhitzt. Jetzt wird abgesaugt, ausgewaschen und mit Alkohol und Äther weiter behandelt.

Cellulosegehalt von Torfen und Braunkohlen. Der Cellulosegehalt ist, wie schon ungefähr erwähnt, vom Inkohlungsgrade abhängig. Torf enthält je nach dem Alter 8—21 %, Braunkohlen ungefähr 0,5—5 %, Braunkohlenlignite ungefähr 0,5—10 %.

5. Lignin.

Im vorigen Abschnitt war bereits die Bedeutung des Lignins für die Bildung der Kohlen kurz gestreift worden. Das Verdienst, das Lignin als einen der wichtigsten Kohlengrundstoffe erkannt zu haben, gebührt F. FISCHER und seinen Mitarbeitern, deren Arbeiten über diesen Gegenstand vornehmlich in den *gesammelten Abhandlungen zur Kenntnis der Kohle* niedergelegt sind.

Wenn diese Anschauung noch nicht allgemein angenommen ist, so liegt dies mit darin, daß die Konstitution des Lignins nur unvollkommen bekannt ist, daß seine Umwandlungsprodukte, die sich bei der Inkohlung bilden, noch weniger als das rezente Lignin erforscht sind, chemisch wenig charakteristische Merkmale bieten und nur langsam über völlig unbekannte Zwischenstufen in Huminsäuren übergehen, und daß das Auftreten dieser Huminsäuren nicht ausschließlich auf den Ligninanteil der frischen Pflanzen zurückgeführt werden kann, da sowohl Phenole, wie Eiweißstoffe, wie Kohlehydrate im Laboratorium in sog. Huminsäuren übergeführt werden können. Da die Konstitution der Huminsäuren selbst aber auch recht unbekannt ist, bietet sie für Vergleiche nur geringe Handhaben. Gleichwohl hat durch zahlreiche Versuche und Untersuchungen die Lignintheorie so an Überzeugungskraft gewonnen, daß sie heute für viele Kohlenchemiker die Grundlage für die Erklärung des Inkohlungsvorganges und für die Bildung der Kohlen ist. BERL dagegen stellt die Cellulose in den Vordergrund (s. w. o.).

Die wesentlichen Stützpunkte der Lignintheorie sind:

1. Das Lignin enthält aromatische, phenolische Bestandteile. Phenole gehen leicht in Huminsäuren über, die ebenfalls noch aromatischer Natur sind. Der Vergleich natürlicher Huminsäuren und künstlicher Phenolhuminsäuren läßt auf nahe Verwandtschaft schließen. Die künstlichen Kohlehydrathuminsäuren dagegen stehen den natürlichen Huminsäuren ferner.

2. Lignin enthält Methoxylgruppen. Natürliche Huminsäure und Humine sind ebenfalls noch methoxylhaltig.

3. Lignin unterscheidet sich von den anderen Membransubstanzen der Pflanze, den auf Kohlehydratbasis aufgebauten Stoffen: Cellulose, Hemicellulosen, Pektinen usw., durch seine erhebliche Widerstandsfähigkeit gegenüber chemischen und enzymatischen Einflüssen. Soweit die Spaltprodukte der Kohlehydratmembranstoffe beim enzymatischen Abbau bekannt sind, sind sie so niedermolekularer Natur: einfache Zucker, Säuren und Gase (CO_2, CH_4), daß sie für die Bildung der Humusstoffe kaum in Frage kommen.

4. Die Abnahme der Kohlehydrate bei der Inkohlung steht in keinem kommensurablen Verhältnis zu den gleichzeitig gebildeten Humusstoffen. Dagegen geht die Bildung der Humusstoffe der Umwandlung des Lignins konform.

5. Der Ligningehalt der inkohlenden Pflanzenstoffe ist so beträchtlich, daß er wohl die Basis der Humusstoffe abgeben kann. Soweit qualitative und quantitative Bestimmungen einen Anhalt geben, zeigen sie, daß das Lignin langsamer und gleichmäßiger als die Kohlehydratmembranstoffe verändert wird.

Ausführlich ist dieses Thema im Abschnitt: Konstitution und Morphologie des Lignins behandelt.

Nachweis, Isolierung und Bestimmung des Lignins.

Der *Nachweis* des Lignins ist in inkohlten Produkten bei fortgeschrittener Inkohlung nur schwer zu führen. Eine ganze Reihe von sog. Ligninreaktionen sind nicht für das Lignin, sondern für seine Begleiter charakteristisch. Diese Begleiter aber werden bei der Inkohlung zuerst vernichtet, so daß die Reaktionen negativ ausfallen. Zu diesen Reaktionen gehört die bei rezenten Hölzern viel benutzte Phloroglucin-Salzsäurereaktion. Ihr Eintreten ist auf die Gegenwart von Hadromal zurückgeführt worden, das aber sehr unbeständig ist. Infolgedessen versagt dieser Ligninnachweis meistens bei fossilen Hölzern, doch geben sie Torfhölzer noch häufig.

Eine andere Klasse von Ligninreaktionen repräsentiert die Mäulesche Reaktion. Man bringt die Substanz in eine 1proz. Kaliumpermanganatlösung oder in Hoffmeisters Reagens, wäscht mit Wasser aus und legt sie zur Aufhellung in verdünnte Salzsäure. Fügt man darauf Ammoniak im Überschuß hinzu, so tritt bei ligninhaltigen Substanzen Rot- bis Braunfärbung auf. Doch hat sich die Reaktion, die offenbar nur an der Bildung irgendwelcher Oxydationsprodukte gebunden ist, nicht als ligninspezifisch erwiesen, insbesondere zeigen sie die Abbauprodukte des Lignins auch; auch Abbauprodukte der Cellulose sollen positiv reagieren.

Dasselbe dürfte für den Ligninnachweis mit verdünnter Salpetersäure gelten.

Als bester Ligninnachweis scheint sich die Kobaltrhodanitreaktion zu erweisen. Rezente verholzte Stoffe geben mit diesem Reagens eine Blaufärbung. Fossile Hölzer geben diese Färbung nicht mehr, zeigen aber je nach dem Inkohlungsgrade Mischfarben mit den rotbraunen Humussubstanzen von blauviolett, violett bis blaugrün. In Steinkohlen konnte Lignin nicht mehr nachgewiesen werden.

Die *Isolierung* von fossilem Lignin scheint bisher noch nicht erfolgreich ausgeführt zu sein. Aller Voraussicht nach dürften bei derartigen Versuchen auch erhebliche Schwierigkeiten zu überwinden sein, da es noch immer an einem Lösungsmittel für das Lignin fehlt.

Nach der Isolierungsmethode für Lignin von Willstätter-Zechmeister mit 42proz. Salzsäure erhält man aus Torf und Braunkohlen zwar einen erheblichen Rückstand, der aber neben Lignin, dessen erste Umwandlungsprodukte, dann besonders Huminsäuren und Humine, eventuell je nach Wahl des Ausgangsmaterials auch noch die Polymerbitumina enthält. Lassen sich auch letztere durch Verwendung von Ligniten ausschließen, die Humussäuren durch Lösung in Alkalien entfernen, so bleiben doch noch neben dem Lignin die Humine zurück, die sich, da sie ebenfalls nicht löslich gemacht werden können, nicht vom Lignin trennen lassen.

Für die *quantitative* Bestimmung gibt es aus denselben Gründen keine direkte Bestimmungsmethode. Man kann das Lignin aber indirekt recht gut bestimmen, indem man es durch Acetylbromid nach Karrer-Bodding-Wigers (2) in Lösung bringt. Der Gang der Bestimmung ist folgender:

Die Torf- oder Braunkohlenprobe wird nach Entfernung der löslichen Bitumina durch Extraktion (vgl. hierzu die anderen Abschnitte dieses Kapitels) mit 42proz. Salzsäure nach Willstätter-Zechmeister (vgl. Kap. Lignin) behandelt. Grosskopf hat festgestellt, daß hierbei die Humusstoffe, wenn, wie es Vorschrift ist, Temperaturen unter $+ 10^0$ eingehalten werden, nicht angegriffen werden, und daß eine Einwirkungsdauer von 5—8 Stunden meistens vollkommen ausreichend ist. Der so erhaltene Rückstand besteht aus Lignin + Huminsäuren + Humine + Polymerbitumen + Aschesubstanzen.

Es wird nach erfolgter Wägung zur Bestimmung des Lignins erschöpfend mit Acetylbromid behandelt nach S. 336. Bei dieser Behandlung wird das Lignin abgebaut und gelöst, während der verbleibende Rückstand nur noch Huminsäure + Humine + Polymerbitumen + Aschesubstanzen enthält.

Man kann auch beide Bestimmungen nebeneinander an getrennten Proben vornehmen.

Hingewiesen sei nur noch darauf, daß der so ermittelte Ligningehalt wahrscheinlich nicht nur rezentes Lignin, sondern auch seine noch unbekannten ersten Umwandlungsprodukte anzeigt.

Der Ligningehalt von Torfen beträgt je nach dem Alter und dem Objekte 10—35%; der Ligningehalt von Braunkohlen beträgt ca. 3—10%.

6. Wachse und Harze (lösliche Bitumina).

Wachse und Harze werden in inkohlten Produkten regelmäßig angetroffen. Sie machen bei fortgeschrittener Inkohlung, d. h. in den Braun- und Steinkohlen, einen mehr oder minder erheblichen Prozentsatz des Trockengewichtes aus. Prozentual am stärksten vertreten sind sie in den Braunkohlen. In den Steinkohlen treten sie teilweise sehr zurück. Beim Wachs- und Harzgehalt der Kohlen muß zwischen löslichen und unlöslichen Anteilen unterschieden werden. Beide zusammen bilden von der Klasse der Kohlenbaustoffe zusammen mit den fossilen Cuticularsubstanzen: Cutin und Sporopollenin die Gruppe der Bitumina. Soweit sie chemisch untersucht sind, erweisen sie sich meist nicht mehr identisch mit den Kohlengrundstoffen, den Pflanzenwachsen und Harzen. Da ihnen zudem eine auf Pflanzenmembranen zurückzuführende charakteristische Form meistens fehlt, macht es Schwierigkeiten, sie mit bestimmten Pflanzenstoffen in Beziehung zu bringen. Sie finden sich in den Kohlen teils diffus verteilt, teils in kompakter Form mehr oder weniger großer, hellgelber bis rotbrauner farbiger, durchsichtiger, länglicher bis runder Körper. Dies gilt besonders für die unlöslichen Wachs- und Harzvorkommen. Trotz ihrer Abweichung von rezenten Wachsen werden sie heute allgemein auf die Pflanzenwachse als Kohlengrundstoffe zurückgeführt, wenn es auch im einzelnen noch strittig sein mag, welchen speziellen Vertretern sie entstammen. Teilweise, besonders in den Steinkohlen, sind sie allerdings so weit verändert, daß ihre Zurückführung auf Pflanzenwachse und -harze chemisch nicht fest begründet erscheint. Wachse und Harze kommen auch nicht gleichmäßig in den verschiedenen Kohlenarten vor. So findet man in den Steinkohlen wohl Wachs, aber selten Harz. Die Braunkohlen sind sehr wachsreich, die Glanzbraunkohlen vor allem harzreich. Unbekannter Zuordnung sind noch die meisten polymeren unlöslichen Festbitumina, wie sie sich z. B. in den Bogheadkohlen finden. Man dürfte kaum fehlgehen, wenn diese teilweise der Faulschlammumwandlung auch ursprünglich nicht wachsiger oder harziger Substanzen ihre Entstehung verdanken. Die Bogheadkörper scheinen aus hochungesättigten Fetten, die von Algen produziert wurden, durch Polymerisation und teilweise Inkohlung entstanden zu sein (THIESSEN, STADNIKOFF). Nach STADNIKOFF (5) hat die Bogheadsubstanz den Charakter von polymerisierten Säureanhydriden. Die Genese der Kohlenbitumina, abgesehen von den Cuticularsubstanzen, dürfte ihren Ursprung schon in den chemisch schwer veränderlichen Wachsen und Harzen haben, die im langsamen Umwandlungsprozeß teils in niedrig schmelzende lösliche, teils in hochmolekulare mehr oder weniger unlösliche Produkte übergehen, doch wird man, je nach der Geschichte und der Natur der Kohlengrundstoffe, nicht sämtliche Kohlenbitumina von aliphatischem oder hydroaromatischem Charakter auf Pflanzenwachse und Harze zurückführen dürfen. Vergleicht man rezente und fossile Sporopollenine und rezentes und fossiles Steinkohlenwachs und -harz, so ergibt es sich, daß die letztere Gruppe sich in einem von der Ausgangssubstanz viel fortgeschritteneren Umwandlungsstadium befindet.

Am eingehendsten von den Kohlenwachsen ist das Wachs der Braunkohle, das technisch wichtige *Montanwachs*, untersucht. Man hat es in mehrere hochmolekulare einbasische Fettsäuren und ebenfalls mehrere Wachsalkohole zerlegen können. Von den fossilen Harzen sind zu nennen Kopal und Bernstein, deren Besprechung im Kapitel Harze erfolgt. Diese tertiären Braunkohlenharze sind von den heutigen Coniferenharzen wenig verschieden. Sie wurden in ihrem Erhaltungszustande sicher begünstigt durch die bei ihrer Ausscheidung erhaltene kompakte Form, die chemische Einwirkungen sehr erschwerte.

STADNIKOFF hat in letzter Zeit die Bitumina inkohlter Stoffe eingehend untersucht und führt sie vornehmlich auf Pflanzenfette als Grundstoffe zurück. Doch scheint dem Autor die Frage nach der Herkunft besonders der Steinkohlenbitumina auf Grund der Arbeiten von BERL und SCHMIDT (1) durchaus noch weiterer Klärung bedürftig.

Die Kohlenbitumina lassen sich in zwei Gruppen teilen:

1. Das durch Lösungsmittel: Benzol, Benzol-Alkohol, Tetralin bei Temperaturen bis 120⁰ extrahierbare Bitumen: Extraktbitumen, abgekürzt: Ex.-Bitumen.

2. Das durch Lösungsmittel nicht oder erst bei höheren Temperaturen (bis 280⁰) nur teilweise extrahierbare, aber durch Brom-Salpetersäure (s. w. u.) bestimmbare hochpolymerisierte Bitumen: Polymerbitumen, abgekürzt: P.-Bitumen.

Pyridin als Extraktmittel löst zwar einen erheblich höheren Prozentsatz als die genannten Lösungsmittel. Das Pyridinextrakt enthält aber bereits huminähnliche Substanzen.

Nachweis und Bestimmung von Harzen und Wachsen (löslichem Bitumen).

Braunkohlen. Der *qualitative* Nachweis beruht auf der Löslichkeit der Harze und Wachse in siedenden organischen Lösungsmitteln, wie Alkohol, Benzol, Chloroform, Äther usw. Beim Abkühlen scheiden sich die in diesen Lösungsmitteln schwer löslichen Wachse aus. Dieser Anteil oder der beim Verdunsten des Lösungsmittels verbleibende Rückstand kann noch mit Fettfarbstoffen, wie Sudan III, angefärbt werden, doch hat man beobachtet, daß sich nicht alle fossilen Wachse und Harze damit anfärben lassen. Braunkohlenbitumina, also Montanwachs, ist sehr leicht anfärbbar, und man kann die Intensität der Farbe zur ungefähren Schätzung des Bitumengehaltes verwenden.

Den gleichen Dienst tut eine von R. Potonié angegebene Prüfung. Hierzu werden die feinstgepulverten Kohlenproben mit 5 cm³ Äther 5 Minuten lang geschüttelt. Beim Stehenlassen setzen sich nun die stärker bituminösen langsamer als die schwächer bituminösen Kohlen ab. Wird vom überstehenden Äther je 1 Tropfen verdunstet und der Verdunstungsrückstand mit Sudan III angefärbt, so gibt die Intensität der Farbe einen weiteren Anhalt für die Menge Bitumen in den einzelnen Proben.

Die *quantitative* Bestimmung erfolgt am besten durch Extraktion der Braunkohlen mit Lösungsmitteln. Damit diese gut das Material durchdringen, dürfen sie wegen des hohen Feuchtigkeitsgehaltes nicht bergfeucht angewandt werden, sondern sollen zumindest lufttrocken sein. Die Proben werden dann feingemahlen im Soxhlet mit Benzol während 12 Stunden ausgezogen. Durch Verdampfen des Benzols wird das lösliche Bitumen erhalten. Es ist schwarzbraun, von glänzender Oberfläche, mit mattglänzendem muschligem Bruch. Der Schmelzpunkt liegt um 65⁰. Durch Fraktionierung dieses Bitumens mit Alkohol-Äther hat man es in den in diesen Lösungsmitteln leicht löslichen Harz- und den darin schwer löslichen Wachsanteil zerlegt.

Die offizielle Analyse benutzt Äther, indem 1 g sehr fein gepulvertes Rohmontanwachs zweimal mit je 5 cm³ Äther geschüttelt wird. Der Äther wird abfiltriert und verdunstet. Der Rückstand ist Harz. Es erinnert in seinem Äußeren an Schellack. Der Harzanteil ist mit durchschnittlich 2% der angewandten Braunkohle verhältnismäßig klein, der Wachsanteil mit ca. 10—12% hoch.

Das Montanwachs enthält neben freien Säuren, deren Hauptteil die Montansäure ist, Montansäureester höherer Alkohole, einen erheblichen Anteil noch nicht näher untersuchter Stoffe, unter denen Kohlenwasserstoffe sich befinden und Salze der Säuren, so daß das Montanwachs einen recht hohen Aschegehalt aufweist. Obwohl diese Seifen in Benzol löslich sind, hat man vorgeschlagen, vor der Extraktion die Kohlen mit Säuren zu behandeln.

Durch Druckerhitzung mit Benzol auf 250—280⁰ kann man der vorher mit Benzol bei 70—80⁰ extrahierten Kohle noch ca. 8% harziger Bestandteile entziehen, die offenkundig aus dem P.-Bitumen durch Depolymerisation entstehen, zu solchen unter diesen Bedingungen wenigstens teilweise depolymerisierbaren Substanzen gehören auch die Sporopollenine und Cutine.

Die durch Verseifung mit alkoholischem Kali aus dem Montanwachs erhältliche Rohmontansäure kann durch Vakuumdestillation ihres Methylesters, dessen Verseifung zur Säure und anschließende fraktionierte Fällung der freien Säure mit Magnesiumacetat in die Montansäure $C_{28}H_{57}COOH$ vom Schmelzpunkt 86—86,5⁰ und die Carbocerinsäure $C_{26}H_{53}COOH$ vom Schmelzpunkt 82⁰ getrennt werden. Außerdem wird in geringer Ausbeute noch eine Säure vom Schmelzpunkt 72⁰ $C_{24}H_{49}COOH$ erhalten. Auch Oxysäuren will man festgestellt haben.

Der alkoholische Anteil des Montanwachses, der ebenfalls durch Verseifung des Wachses erhalten wird, ist durch fraktionierte Krystallisation der Acetate aus Alkohol-Äther 1:1 und nachheriger Verseifung in die Wachsalkohole Tetrakosanol $C_{24}H_{50}O$, Schmelzpunkt 83⁰, den Cerylalkohol $C_{26}H_{54}O$, Schmelzpunkt 79⁰, und den Myricylalkohol $C_{30}H_{62}O$, Schmelzpunkt 88⁰, zerlegt worden.

Steinkohlen. Das lösliche Steinkohlenbitumen ist infolge seiner geringen Menge noch nicht eingehend untersucht worden. Es ist scheinbar sehr reich an Kohlenwasserstoffen. Man mißt ihm erhebliche Bedeutung für die Verkokbarkeit der Steinkohlen bei. Als Extraktionsmittel hat sich Pyridin bewährt, doch enthält dieses Extrakt auch humitische Stoffe. Für die Druckextraktion der Steinkohlen mit Benzol oder einem andern Lösungsmittel bei 260—280° gilt infolge des höheren Sporopolleningehalts noch mehr das oben für die Braunkohlen Gesagte.

Das Ex.-Bitumen der Steinkohlen hat zwar eine erhebliche Bedeutung für die Verkokbarkeit dieser Kohlen, ist aber trotzdem bisher nur unvollkommen untersucht worden. Die Methode von WHEELER und Mitarbeitern wird heute fast allgemein zur Zerlegung der Kohlensubstanz angewandt. Nach ihr wird die Kohle zerlegt in:

α-Anteile (in Pyridin unlösliche Stoffe: Humine, Fusine und P.-Bitumina).

β-Anteile (in Pyridin löslich, in Chloroform unlöslich: huminähnliche Substanzen).

γ_3-Anteile (in Chloroform löslich, in Äther unlöslich: Ex.-Bitumen von harzartigem Charakter).

γ_2-Anteile (in Äther löslich, in Petroläther unlöslich: Ex.-Bitumen von harzartiger Beschaffenheit).

γ_1-Anteile (in Petroläther löslich: Ex.-Bitumen, Mischung aromatischer und hydroaromatischer Kohlenwasserstoffe, neben harzartigen, sauerstoffhaltigen Substanzen. Diese Verbindungen liefern petrolätherunlösliche Pikrate und sind als mehrkernige, aromatische Körper anzusprechen, SCHLÄPFER).

Für die Druckextraktion der Steinkohlen gilt infolge des höheren P.-Bitumengehaltes noch mehr das oben für die Braunkohlen Gesagte.

Die aus den Extrakten der Druckextraktion erhaltenen γ_2- und γ_3-Anteile dürften größtenteils aus depolymerisiertem P.-Bitumen stammen.

7. Cuticularstoffe (Sporopollenine, Cutin, Suberin).

Die große Resistenz der Cuticularsubstanzen: Sporopollenin, Cutin und Suberin gegen die mannigfaltigsten chemischen Einflüsse, die aus der Schilderung der rezenten Stoffe im Kapitel: Kork und Cuticularsubstanzen hervorging, ließ es erwarten, daß diese Stoffe auch den mannigfaltigen biochemischen und geochemischen Wirkungen, die mit der Inkohlung verbunden sind, erheblichen Widerstand leisten würden. Eingangs war schon erwähnt und graphisch anschaulich gemacht, daß diese Cuticularsubstanzen tatsächlich noch in den Steinkohlen erhalten geblieben sind und erst in den Anthraziten als selbständige Kohlenbaustoffe verschwinden. In den Steinkohlen sind sie sogar die einzigen mit Sicherheit und Regelmäßigkeit nachweisbaren von den carbonischen Pflanzen noch übriggebliebenen Grundstoffe. Ähnlich liegen die Verhältnisse bei dem der Inkohlung entgegengesetzten Vorgang der Sapropelierung (vgl. den Abschnitt: Ölschiefer). Zwar wird man ohne weiteres annehmen dürfen, daß selbst diese beständigen Membransubstanzen nicht völlig unverändert den Prozeß der Inkohlung überstanden haben. Auch sie werden, nur in geringerem Maße, dieselben Änderungen erlitten haben wie die anderen Kohlengrundstoffe: Lignin, Cellulose, Harze und Wachse, da sie ja denselben biochemischen und später vor allem geochemischen Einflüssen unterworfen waren.

So ist es verständlich, daß man in allen inkohlten Produkten vom Humus über den Torf bis zur Steinkohle Cutine und Sporopollenine antrifft. Ihre Erkennbarkeit als Cutin und Sporopollenin beruht allerdings weniger auf bestimmten spezifischen Reaktionen, die ja auch für die rezenten Sporopollenine fehlen, als vielmehr auf der trotz aller chemischen Einflüsse und Umwandlungen beibehaltenen Form der Cuticulen und Sporenhüllen, so daß man letztere schlechtweg fossile Sporen und Pollen nennt, obwohl nicht mehr als ein, allerdings der formkennzeichnende, Bestandteil der Sporen und Pollen erhalten geblieben ist.

Cuticulen, Sporen und Pollen — diese infolge der pflanzengeschichtlichen Entwicklung erst in den jüngeren Kohlen — wurden durch die Macerations- und durch die verschiedenen petrographischen Schliffmethoden isoliert und sichtbar gemacht im Torf, der Braunkohle, reichlich in den Steinkohlen, in bestimmten Arten dieser, z. B. den Kännelkohlen, oft in solchen Mengen, daß sie für den chemischen Charakter dieser Kohlen und somit für deren technische Verwendbarkeit ausschlaggebend sind. Sehr sporenarm scheinen dagegen die Glanzbraunkohlen zu sein. Nur durch Anschliffmethoden: Ätz-, Flamm- und Reliefschliff sind Cuticulen und Sporen in völlig inkohltem Zustande in den Anthraziten nachweisbar.

Der eben erwähnte Mangel an spezifischen chemischen Reaktionen der Cuticularsubstanzen würde ohne die Formerhaltung in vielen Fällen eine sichere Erkennung ausschließen, da häufig, besonders in dem Faulschlammkohlenbestandteile der Kohle (Durit), ebenfalls unlösliche, mehr oder minder durchsichtige, goldgelb bis rotbraun farbige, meist auch rundlich geformte Körper, enthalten sind, die makro- und mikrochemisch den Cuticularstoffen sehr ähneln. Diese bituminösen Stoffe, die vielleicht Umwandlungsprodukte des Bitumens oder von Fetten (Bogheadkörper) sind (s. w. o.), sind von den Cuticulen und Sporen nur durch ihre Struktur zu unterscheiden. Bei Makrosporen-Sporen über 0,1 mm Durchmesser — fällt die Unterscheidung unter dem Mikroskope nicht schwer, bei kleinen Mikrosporen ist sie häufig sehr schwer. Man sollte in solchen Fällen, solange chemische und andere Unterscheidungsmittel nicht vorhanden sind — R. Potonie hat beobachtet, daß die sporenähnlichen Gebilde der Bogheadkohlen im Gegensatz zu den sicher erkannten Sporenhüllen durch Alkali nicht tiefer gelb gefärbt werden — nur solche Gebilde als Sporen ansprechen, die — im Vertikalschliff am besten erkennbar — eine deutliche Hohlraumausbildung zeigen. Diese kommt so zustande, daß die Sporeninhaltsstoffe, wie schon an jungen Torfen festzustellen ist, mitsamt der dünnen Cellulosemembran des Endosporiums sehr rasch bei der Inkohlung vernichtet werden; die mehr oder minder kugeligen Sporenhüllen bilden dann Hohlkugeln, die bei der weiteren Inkohlung durch den Gebirgsdruck zusammengedrückt werden, aber stets noch einen langgestreckten Hohlraum erkennen lassen. Mitunter begegnet man auch Sporen, die infolge Ausfüllung mit kompaktem Material ihre ursprüngliche Form erhalten haben. Cuticulen sind meistens an ihren gezahnten Cuticularleisten bzw. Spaltöffnungen erkennbar.

α) *Bemerkung über fossiles Cutin und Suberin.*

Bei der Besprechung der Cuticularsubstanzen rezenter Pflanzen mußte infolge der verschiedenen chemischen Beschaffenheit der Sporopollenine und des Cutins und Suberins eine Trennung vorgenommen werden. Es sollte deshalb auch hier die entsprechende Unterteilung erfolgen, aber aus folgenden Gründen wird darauf verzichtet:

Das fossile Cutin und Suberin hat bisher so wenig Beachtung gefunden, daß es trotz seiner Bedeutung für den Chemismus inkohlter Substanzen außer durch wenige mikrochemische Untersuchungen nicht näher auf sein Verhalten und seine Eigenschaften untersucht wurde. So mangelt es auch an Angaben über seine Isolierung und Bestimmung im Torf und in der Braunkohle. Soweit man nicht Objekte herangezogen hat, die, wie z. B. gewisse Blätterkohlen, die Cuticulen in geeigneter, leicht isolierbarer Form enthalten, hat man die oben angeführten allgemeinen Macerationsmethoden benutzt und hierbei nur kleine, allein mikrochemisch prüfbare Mengen erhalten. Aus den Ergebnissen dieser Untersuchungen, die wir R. Potonié verdanken, ist nun hervorgegangen, daß das fossile Cutin sehr widerstandsfähig ist, widerstandsfähiger besonders als das rezente Cutin. Und zwar scheint die Resistenz mit dem Alter der Kohlen Hand in Hand zu gehen. Das fossile Cutin weicht besonders in einem sehr wichtigen Punkte von dem rezenten Cutin ab, indem es durch kochende 20- und höher prozentige Kalilauge nicht zersetzt wird. Cuticulen aus Kasseler Braunkohle werden weniger stark durch Lauge angegriffen als rezente. Blattepidermen einer Kohle aus dem unteren Carbon zeigten aber genau wie die Sporopollenine keinerlei Einwirkung. Dies Verhalten kann der Autor noch durch weitere Beispiele vermehren. Carbonisches Cutin verhält sich gegenüber rauchender Salpetersäure wie das mit ihm vorkommende Sporopollenin, während rezentes einen deutlichen Unterschied aufweist. Völlig analog ist das Verhalten des vorher bromierten Cutins und Sporopollenins gegen rauchende Salpetersäure. Steinkohlencutin und Sporopollenin können so annähernd quantitativ isoliert und bestimmt werden (vgl. S. 319 ff.), tertiäres Braunkohlencutin verhält sich hierbei wie rezentes und wird oxydativ gelöst.

Ob dies unterschiedliche Verhalten auf eine durch die Inkohlung verursachte teilweise chemische Veränderung zurückzuführen ist, die in ihrem Endeffekt unter völliger Formerhaltung das ehemals zu Fettsäuren verseifbare Cutin — vielleicht unter Abspaltung der Carboxylgruppen — in einen resistenteren Körper überführt, analog wie lösliche Wachse und Harze teilweise in unlösliche polymere Festbitumina verwandelt werden, oder ob das Cutin der Carbonpflanzen ganz andere chemische Zusammensetzung hatte und mit dem Sporopollenin verwandt war, bleibe dahingestellt.

Für unsere Zwecke ergibt sich jedenfalls, daß das fossile Steinkohlencutin sich wie ein Sporopollenin verhält. Das im Torf und in den Braunkohlen befindliche Cutin muß noch näher untersucht werden, ehe exakte Angaben gemacht werden können.

Das Suberin hat voraussichtlich keine größere Bedeutung für die inkohlten Produkte, konnte auch bisher trotz zahlreicher Versuche (R. POTONIÉ) nicht aus Kohlen isoliert werden. Es wird deshalb hier nicht behandelt.

β) Isolierung der fossilen Sporopollenine (und des Cutins).

a) Aus Torf. Für die Gewinnung der im Torf vorhandenen Sporen- und Pollenmembranen kann prinzipell das für die rezenten Sporopollenine (Kap. J S. 206 u. f.) beschriebene Verfahren angewandt werden, da sich die Torfbaustoffe in ihrem Erhaltungszustande noch nicht sehr weit von dem der frischen pflanzlichen Torfgrundstoffe entfernt haben. Die Hauptschwierigkeit liegt, von wenigen Ausnahmen abgesehen — z. B. bei Verwendung eines sog. Pollentorfes — darin, daß der Sporen- und Pollengehalt sehr klein ist. Man hat deshalb auch vorerst von quantitativen Bestimmungen abgesehen und sich für die Zwecke, in denen dem Sporen-, oder vielmehr dem Pollengehalte, Aufmerksamkeit geschenkt wurde, nur mit einer Anreicherung der Pollen begnügt, indem für die Beobachtung störende Bestandteile entfernt wurden.

Das Gebiet, in dem Pollen rezenter Pflanzen eine Rolle spielen, ist die *Pollenanalyse.*

Die gute Erhaltungsfähigkeit der Sporopolleninmembran wird seit einiger Zeit mit steigendem Erfolge benutzt, Rückschlüsse auf die Entwicklungsgeschichte des Waldes und des Klimas jüngerer Erdepochen mit Hilfe der Pollenanalyse zu ziehen, bei der Art und Häufigkeit der vor allem in sauren Böden verschiedener Tiefe gefundenen Pollen ermittelt und ausgewertet werden. Hierzu sei bemerkt, daß der meist als „gut" bezeichnete Erhaltungszustand ein relativer Begriff ist. Im allgemeinen kann man sagen, daß in den wenigsten Fällen die Membranen in dem Zustande der von frischen Pflanzen erhalten geblieben sind. Sie sind je nach den Bedingungen, unter denen die Ablagerungen standen und verändert z. B. in der Größe, Form (Deformation, Korrosion, Desorganisation), Farbe usw. Zudem darf nicht vergessen werden, daß auch die Art der Aufbereitung ganz verschiedene Wirkungen ausübt (Größenänderungen, Zersetzungen usw.). Diese Erscheinungen werden unter dem Namen Aufbereitungsschädigungen zusammengefaßt und sind in letzter Zeit näher studiert worden von KIRCHHEIMER nach der morphologischen und vom Autor nach der chemischen Seite.

Zu den Unsicherheiten, mit denen diese wertvolle Methode noch behaftet ist, gehört die Frage nach der Erhaltungsfähigkeit der Pollenmembran. Glaubt man doch, wiederholt beobachtet zu haben, daß z. B. die Pollen von Acer und Fraxinus wenig erhaltungsfähig sind. Die Ursache hierfür ist noch nicht genügend erforscht. Der Autor nimmt vorläufig an, daß die Polleninmembranen dieser Pflanzen infolge ihrer geringen Wandstärke zwar nicht chemisch, wohl aber mechanisch, so leicht zerstört werden können, daß sie sich bald der Beobachtung entziehen. Erinnert sei in diesem Zusammenhange an die Zerstörung der Pollenmembran von Phoenix dactylifera (Kap. J S. 209) durch Quellung in Phosphorsäure, ferner an die Zerstörung durch Autoxydation, die besonders bei trocknen, durchlüfteten Böden zu erwarten ist. Ferner hat es nach den Erfahrungen des Autors ganz den Anschein, als ob die Ausbildung der Sporopolleninmembran bei den Phanerogamen langsam, vielleicht im Zusammenhang mit dem Übergang zur Insektenbestäubung, eingeschränkt wird.

Die Cellulosemembran der Pollen, die ungefähr 10% der Polleninmembran ausmacht (Kap. J S. 213) spielt für die Erhaltungsfähigkeit der Pollenhülle keine Rolle, zumal sie auch noch der chemisch weniger widerstandsfähige Teil der Gerüstsubstanzen ist. Cellulose konnte schon in den Pollenhüllen junger Torfe nicht mehr nachgewiesen werden, eine Erscheinung, die auf den unverholzten Zustand der Cellulosemembrane zurückzuführen ist.

Vom chemischen Gesichtspunkte wird der Erhaltungszustand der Sporopolleninmembran dort am besten sein, wo Oxydationsvorgänge eine untergeordnete Rolle spielen. Dies trifft besonders für Moore und Faulschlamme zu, in denen dehydrierende und reduzierende Faktoren vorherrschen. Unter diesem Gesichtspunkte bietet der Torf die beste Gewähr für einen guten Erhaltungszustand der Pollenhülle, denn einzig gegen Oxydationsmittel sind die Sporopollenine relativ unbeständig. Außerdem ist der stetige Feuchtigkeitsgehalt der Torfe ein wichtiger Faktor für die mechanische Erhaltbarkeit der dünnschaligen Pollenhüllen, da sie im austrocknenden Medium eingebettet, leicht durch die dabei auftretenden Kräfte zerteilt werden. So ist es wichtig, für die Pollenanalyse gesammelte Torf- und Bodenproben stets feucht, d. h. am einfachsten im gut verschlossenen Gefäße, aufzubewahren.

Die Angaben der Pollenanalyse beziehen sich auf den prozentualen Anteil der verschiedenen identifizierten Pollen, d. h. es wird angegeben, wieviel von 100 in 1 cm³ bergfeuchtem Torf gezählten Pollen, z. B. Pinus-, Picea- und Coryluspollen sind. In neuerer Zeit wird öfters zur Kennzeichnung des Pollenreichtums der aus verschiedenen Tiefen eines Moores entnommenen Proben der Gesamtpollengehalt pro Kubikzentimeter bergfeuchten Torfes durch Zählung der Pollen ermittelt. Die gleichzeitig im Torf vorkommenden Sporen der Torfbildner, wie Sphagnum, sind nur in seltenen Fällen in die Pollenanalyse hereingezogen worden (z. B. von W. Lüdi).

Da der Sporen- und Pollengehalt der Torfe mit wenigen Ausnahmen sehr klein ist — er beträgt nach Ermittlungen des Autors unter 1% —, hat man für die Pollenanalyse, die nach dem Gesagten nicht den absoluten Gehalt zu berücksichtigen braucht — die Torfprobe nur so weit zu bearbeiten, daß die Identifizierung und Auszählung möglich ist. Zu diesem Zwecke müssen die mit der Torfmasse verklebten Pollen abgelöst und durch möglichste Entfernung der braunen humitischen Bestandteile und durch weitgehende Zerkleinerung des strukturierten Begleitmaterials sichtbar gemacht werden.

Hierfür sind eine Reihe von Methoden vorgeschlagen worden, von denen sich zwei durch ihre bequeme Handhabung eingebürgert haben. Es ist der Aufschluß mit konzentrierter Kalilauge und der mit verdünnter Salpetersäure. Von diesen wird wieder der erste bevorzugt und dürfte wohl auch der einwandfreiere sein.

I. mit Kalilauge. 1 cm³ bergfeuchter Torf wird im Reagensglas mit 10 cm³ 10proz. Kalilauge im Sieden erhalten, wobei nach etwa 5 Minuten ein dicker Brei entstanden ist. Jetzt wird nach Zufügung von 20 cm³ Wasser nach erneutem Aufkochen zentrifugiert. Die überstehende, dunkelbraune

Flüssigkeit wird vorsichtig vom Bodensatz abpipettiert. Der Rückstand wird nach Zugabe von Wasser wieder zentrifugiert und die Flüssigkeit wieder durch Abhebern möglichst entfernt. Diese Waschoperation wird nochmals wiederholt. Der verbleibende gelbbraune Bodensatz wird nun anteilsweise mikroskopisch untersucht. Die Sporen- und Pollenhüllen sind meistens infolge ihrer bei der Fossilierung bräunlich gewordenen Farbe, die durch die von der Kalilauge verursachte Gelbfärbung verstärkt wird, neben den stark zerstörten Gewebefetzen und anderen Bestandteilen gut sichtbar.

II. mit verdünnter Salpetersäure. Ebenfalls 1 cm³ bergfeuchter Torf wird im Reagensglase mit 10—15 cm³ etwa 10proz. Salpetersäure vorsichtig erhitzt. Unter lebhaftem Schäumen und starker Stickoxydentwicklung wird der Torf zersetzt. Nachdem bis zum Nachlassen der Gasentwicklung erhitzt ist, was am besten durch Einstellen des Glases in ein siedendes Wasserbad für ungefähr 15 Minuten erreicht wird, läßt man abkühlen, zentrifugiert und pipettiert vom Bodensatze ab. Das Auswaschen erfolgt gemäß I.

Die Salpetersäurebehandlung legt ebenfalls glatt die Pollenhüllen frei, wirkt aber infolge ihrer kräftigen oxydativen Wirkung nicht nur auf das Begleitmaterial, sondern auch auf die Pollen stärker aufhellend als die Kalilaugenbehandlung. Bei dieser Methode ist die Gefahr, daß bei zu langer Einwirkung des Reagens eine Zerstörung der zarten Pollenhüllen erfolgt, viel größer als bei der Methode I.

Eine fast restlose Entfernung der braunen Humusstoffe kann durch anschließende Behandlung mit Alkalien, z. B. mit 10proz. Ammoniak, bewirkt werden. Am besten aber wird eine 10proz. Natriumsulfitlösung verwandt, mit der nach dem Auswaschen der Salpetersäure im siedenden Wasserbade eine halbe Stunde erhitzt wird. Dann wird zentrifugiert und mit Wasser ausgewaschen.

Der nach I oder II verbleibende Rückstand enthält zur Hauptsache Cellulose. Diese kann größtenteils auch noch entfernt werden, und zwar bei dem nach Verfahren II erhaltenen weitgehender als bei dem nach Verfahren I erhaltenem Rückstande, da durch die Behandlung mit Salpetersäure auch die inkrustierte Cellulose freigelegt wird.

Zur Entfernung der Cellulose wird der Bodensatz mit 20 cm³ Kupferaminlösung versetzt, durchgeschüttelt, einige Stunden stehengelassen und zentrifugiert. Die überstehende blaue Lösung wird abgehebert, der Bodensatz mit etwas Ammoniak gedeckt, nach einiger Zeit Stehens zentrifugiert und die Flüssigkeit möglichst entfernt.

Nun wird der Bodensatz einige Zeit in verdünnter Salzsäure stehengelassen und nach dem Auswaschen mit Wasser untersucht.

Nach der Entfernung der Cellulose bleibt ein nur geringfügiger Rest, der aber sehr pollenreich ist, so daß sich die verursachte Mühe bei Verarbeitung sehr pollenarmer Proben belohnt macht.

Die Untersuchung sehr sandreicher Torfe stört der Sand. Dieser kann zwar durch Behandlung mit Flußsäure entfernt werden (nach S. 339), doch soll für die Pollenanalyse diese sehr lästige und unangenehme Operation nicht ohne Not empfohlen werden. Bequemer gelingt die Trennung der Pollenhüllen vom Sande mit Hilfe von Flüssigkeiten von geeignetem spezifischen Gewicht. Man kann hierfür die im Kap. J S. 207 u. a. a. O. wiederholt beschriebene Trennung mittels Tetrachlorkohlenstoff heranziehen, doch muß dann der pollenhaltige Bodensatz erst durch wiederholte Behandlung mit Alkohol entwässert werden. Rascher gelangt man zum Ziel durch Zufügung einer bei Raumtemperatur gesättigten Calciumchloridlösung vom spezifischen Gewicht 1,3. Hierzu werden 70 Teile $CaCl_2 + 6 H_2O$ in 30 cm³ Wasser gelöst und mit 15—20 cm³ dieser

Lösung der gutgewaschene, vom Wasser möglichst befreite Bodensatz, in einen mit einem Hahn versehenen Trichter gespült. Nach kurzem Stehen haben sich die Sporen- und Pollenhüllen und die Gewebsteile an der Oberfläche angesammelt. Durch Öffnen des Hahnes wird nun der Sand und die Chlorcalciumlauge möglichst abgelassen und der Rückstand nach dem Verdünnen mit Wasser und Zentrifugieren untersucht.

Die Aufbereitung von Sand- und Lehmboden zum Zwecke der Pollenanalyse ist weiter unten S. 339 u. f. erläutert.

Quantitative Bestimmung der Sporopollenine im Torf. Diese Methode, die sich an die vorhergehenden anlehnt, kann auch für pollenanalytische Zwecke herangezogen werden, doch werden zur Erlangung der statistischen Unterlagen für die Pollenanalyse die weniger umständlichen Methoden I und II vorzuziehen sein.

10 g bergfeuchter, genau im geschlossenen Gefäße abgewogener Torf werden in einer Porzellanschale mit 30 cm³ 50proz. Kalilauge im schwachen Sieden erhalten, so daß nach einer halben Stunde ein dicker Brei entstanden ist. Nun wird auf 500 cm³ Wasser verdünnt und durch einen Glasgoochtiegel (17 G 3 Schott & Gen.) abgesaugt. Um die Filtration durch Absitzen des schleimigen Materials nicht zu sehr in die Länge zu ziehen, wird durch einen kleinen Rührer das Filtriergut im Tiegel dauernd in Bewegung gehalten. Wenn der Rückstand einen dicken Brei bildet, wird er erst mit 1proz. Kalilauge, dann mit Wasser ausgewaschen, bis das Filtrat farblos ist. Der bräunliche Rückstand wird nun mit 200 cm³ 20proz. Natriumbisulfitlösung in einen Kolben quantitativ unter Zuhilfenahme einer Gummifahne übergeführt und 3 Stunden unter Rückflußkühlung und stetem Durchleiten eines Schwefeldioxydstroms gekocht. Darauf wird der fast farblos gewordene feste Anteil durch Filtration von der orangefarbenen Flüssigkeit abgetrennt, auf dem Filter mit Wasser säurefrei gewaschen und durch mehrmaliges Nachwaschen mit Alkohol vom Wasser befreit. Der Alkohol wird durch Äther verdrängt und an der Luft getrocknet. Der pulvrige Rückstand wird nun zur Entfernung der Cellulose mittels eines Pinsels in ein Kölbchen gebracht und der Gooch-Tiegel mit 50 cm³ 85proz. Phosphorsäure ausgespült, die in das Kölbchen gegeben wird. Nach dem Verschließen des Gefäßes läßt man 8 Tage bei Raumtemperatur stehen, verdünnt dann die schwach gelbliche Säure mit dem gleichen Volumen Wasser und filtriert den geringfügigen Rückstand durch einen tarierten Gooch-Tiegel (I G 3), wäscht mit Wasser säurefrei, trocknet bei 100° und wägt. Von einem Teil des Rückstandes wird eine Aschenbestimmung ausgeführt und die gefundene Asche in Anrechnung gebracht. Außer der Asche enthält der Rückstand, wie die mikroskopische Prüfung zeigt, neben sehr minimen Mengen brauner, wohl humitischer Substanz, Pollen- und Sporenhüllen. Hierdurch wird der Sporopolleningehalt etwas zu hoch gefunden, ein Nachteil, der bei dem geringen Gehalt der Torfe an Sporopollenine prozentual nicht sehr ins Gewicht fällt. Soll diese Fehlerquelle ausgeschaltet werden, so wird nach der weiter unten beschriebenen Methode für die Bestimmung der Sporopollenine in Steinkohlen verfahren, bei der die für den Torf anzuwendenden Abänderungen angegeben sind.

Trotz der erwähnten Ungenauigkeit hat diese Methode den Vorzug, daß die Sporopollenine unverändert erhalten werden, während die erwähnte andere Methode sie chemisch weitgehend verändert. Nach diesem Verfahren können aber nur junge Torfe verarbeitet werden, da bei stärker inkohlten Torfen nicht die ganze humitische Substanz durch Behandlung mit Lauge und Bisulfit löslich gemacht wird. Weiter ist es vorteilhaft, frisches Material zu verarbeiten, denn längere Zeit der Luft ausgesetzter Torf bildet ebenfalls, besonders beim Trocknen, einen Teil der löslichen Humusstoffe in unlösliche Humine um. Aus diesem Grunde muß auch der Feuchtigkeitsgehalt durch Bestimmung an einer besonderen Probe ermittelt werden.

b) Aus Braunkohlen. Gewinnung der Makrosporenhüllen — des Bothrodendrins — aus Moskauer Braunkohle. Nach der weiter unten erwähnten Bestimmungsmethode werden zwar die in den Braunkohlen vorhandenen fossilen Sporenhüllen restlos erfaßt, doch eignet sich infolge der vorgenommenen chemischen Veränderung die Substanz nicht zur weiteren chemischen Untersuchung, die in Hinblick auf den Verlauf des Inkohlungsprozesses sehr erwünscht ist. Da die Erforschung der rezenten Sporopollenine ergeben hat, daß sie zwar sich chemisch sehr nahe stehen, doch aber von Familie zu Familie geringe Unterschiede aufweisen, wird es für die Erforschung des Inkohlungsvorganges wünschenswert sein, nach Möglichkeit nicht ein Gemisch verschiedener fossiler Sporopollenine zu gewinnen, sondern, wenn irgend möglich, nur die Hüllen einer einzigen Sporenart zu isolieren und zu untersuchen. Die Braunkohlen enthalten nun stets ein Gemisch mehrerer Sporenarten, die sich natürlich nicht trennen lassen. Die einzige Kohle, die bisher den obigen Ansprüchen genügt, wurde in einer Braunkohle des Moskauer Beckens gefunden, die allerdings von hohem Alter ist; sie stammt aus dem unteren Carbon. Sie enthält eine Sorte von Makrosporen von ca. 2 mm Durchmesser. Neben diesen kommen zwar auch Mikrosporen vor, doch lassen sich diese schon durch Sieben leicht abtrennen. Weiter begünstigt die schichtweise Ablagerung der Makrosporen, die sich infolge ihrer hellbraunen Farbe gut von der dunklen humitischen Grundlage abheben, ohne weiteres ein Auslesen besonders makrosporenreicher Stücke. Ferner ermöglicht die auch im trockenen Zustande bröcklige Kohle die weitere Zerkleinerung. Da die Kohle wohl nie unter großem Druck gelagert hat, sind die Sporen auch nicht sehr fest mit humitischem Material verkittet.

Im Hinblick auf den angeführten Zweck, der ein allem Ermessen nach chemisch bei der Darstellung nicht verändertes fossiles Sporopollenin zur Grundlage haben muß, kommen für die Aufbereitung am besten nur mechanische Mittel in Frage. Von den chemischen können nur solche angewandt werden, die unter Zugrundelegung der bekannten Eigenschaften der rezenten Sporopollenine, die man wohl ohne weiteres auf die fossilen übertragen kann, es nicht angreifen, so daß Oxydationsmittel etwa zur Entfernung der humitischen Substanz ausgeschlossen erscheinen.

Das Prinzip des Verfahrens beruht darauf, daß die gemahlene Kohle mit Hilfe von Flüssigkeiten von geeignetem spezifischen Gewicht in 2 Teile zerlegt wird, wobei der leichtere Teil die Hauptmenge der Sporen enthält. Nachdem dieser Anteil durch Extraktion von bituminösen Stoffen befreit ist, wird durch abwechselnde Behandlung mit Säuren und Lauge eine Lockerung und teilweise Entfernung der stellenweise festanhaftenden humitischen Substanz erreicht, die dann durch weiteres Waschen mit Seifenlösung entfernt wird. Doch gelingt eine restlose Entfernung nur durch mehrmalige Wiederholung aller Maßnahmen.

Verfahren von ZETZSCHE *und* VICARI. 200 g ausgesuchte, sporenreiche, lufttrockene Moskauer Braunkohlenstücke wurden mit dem Hammer grob zerkleinert und in einer Kaffeemühle grob gemahlen. Das Mahlgut wurde durch Sieben in 2 Anteile zerlegt, wobei der größere feinere Anteil I verhältnismäßig sporenarm, der kleinere, aber gröbere Anteil II recht sporenreich war. Jeder Anteil wurde nun für sich den folgenden Operationen unterzogen:

Zuerst wurde das Mahlgut in einem weiten Becherglase mit Tetrachlorkohlenstoff übergossen und vorsichtig unter Umrühren Schwefelkohlenstoff hinzugegeben, bis beim Stehenlassen eine Trennung des festen Anteils in 2 Schichten erfolgte. Es werden hierzu etwa ein Viertel der an *Tetrachlorkohlenstoff* angewandten Menge Schwefelkohlenstoff benötigt. Der obere Anteil, die Sporen enthaltend, wurde abgeschöpft und noch mehrmals derselben Behandlung unterworfen, bis keine Trennung mehr zu erzielen war.

Darauf wurden die Sporenmembranen so oft mit Pyridin auf dem Wasserbade erwärmt und filtriert, bis das Filtrat farblos war. Zur Entfernung des

Pyridins wurden die Sporenhüllen nun im Laufe einiger Tage mit öfters erneuerter verdünnter Salzsäure stehengelassen und mit Wasser ebenfalls durch jedesmalige längere Einwirkung säurefrei gewaschen.

Das so vorgereinigte Material wurde jetzt mit 500 cm³ 10 proz. Kalilauge mehrere Stunden gekocht, absitzen gelassen und durch vorsichtiges Abgießen von der dunkelbraunen, trüben Kalilauge befreit. Diese Behandlung wurde so oft wiederholt, bis die Lauge nunmehr gelblich war. Darauf wurde der Sporenrückstand mit $^1/_2$ l 10 proz. Salzsäure 2 Stunden ausgekocht, abfiltriert und wieder wie oben mit Kalilauge behandelt, wieder mit Salzsäure und nochmals mit Lauge gekocht.

Nachdem die Lauge abgegossen war, wurden die Sporen einer Seifenwäsche unterzogen, indem sie mit der 50 fachen Menge einer 15 proz. Schmierseifenlösung in einem Erlenmeyer-Kolben längere Zeit kräftig geschüttelt wurden. Nach kurzem Stehen des schräggestellten Kolbens wurde die durch die Kohlenteilchen schmutzige Seifenlauge von den abgesetzten Sporen durch allmähliches Neigen des Kolbens dekantiert und diese Seifenbehandlung so oft wiederholt, bis das Seifenwasser nicht mehr trüb erschien. Dann wurden die Sporen vom Anteil II auf ein Sieb gegeben und nochmals mit Seifenlauge auf diesem gewaschen.

Anschließend wurden die Sporenhüllen mit heißem Wasser ausgewaschen, das bei der letzten Wäsche mit Salzsäure angesäuert war. Als die Sporen jetzt mit der Lupe geprüft wurden, zeigte es sich, daß an den Sporenfragmenten, die aus dem Anteil I gewonnen waren, keine dunkle humitische Substanz klebte, während die unverletzten Sporenhüllen des Anteils II noch Sporen aufwiesen, an denen dunkle Partikel hafteten. Eine nochmalige Wiederholung der gesamten Reinigungsoperationen verminderte zwar diese Anteile beträchtlich, doch war keine restlose Entfernung zu erreichen. Ein Teil dieser Sporen wurde, um sie unverletzt zu erhalten, durch Auslesen unter der Lupe rein gewonnen. Um aber bequemer zum Ziel zu kommen, wurden diese Sporen wiederholt nach dem Trocknen in der Mühle fein zermahlen. Durch diese mechanische Behandlung wurde die humitische Substanz von den Membranen abgelöst. Schon bei der nun wiederholten Trennung mit dem Tetrachlorkohlenstoff-Schwefelkohlenstoffgemisch ließen sich die dunklen Verunreinigungen weitgehend entfernen. Der Rest wurde durch die anschließende Seifenwäsche eliminiert.

Die so erhaltene Substanz wurde nun mit Alkohol, Äther, Benzol und Schwefelkohlenstoff je einmal ausgekocht und getrocknet, dann zur Entfernung der bei den zahlreichen Filtrationen hineingelangten Filterfasern mit der 25 fachen Menge Kupferaminlösung unter öfterem Umschütteln 2 Tage stehengelassen, durch einen Glasgoochtiegel filtriert, erst mit 20 proz. Ammoniak, dann mit Wasser gewaschen und mehrere Tage in verdünnter Salzsäure stehengelassen.

Nachdem durch wiederholte, längere Behandlung mit Wasser säurefrei gewaschen war, wurde der Rückstand mit Alkohol und Äther ausgekocht und erst an der Luft, dann in der Vakuumtrockenpistole bei 80° getrocknet.

Aus dem Anteil I wurden 7 g, aus dem Anteil II 10 g, zusammen 17 g = 8,5 % des Ausgangsmaterials erhalten.

Da die so isolierten Sporen von den Paläobotanikern der Gattung Bothrodendron zugeteilt werden, wurde dies fossile Sporopollenin *Bothrodendrin* genannt.

Da der Aschengehalt des Bothrodendrins nur 0,3—0,4 % betrug, wurde von seiner Beseitigung durch Flußsäure abgesehen.

Eigenschaften und Verhalten des Bothrodendrins. Die so erhaltenen Sporenhüllen sind von hellbrauner Farbe, glanzlos und undurchsichtig und weichen in diesem Punkte von anderen fossilen Sporenmembranen ab, die glänzend und durchsichtig sind.

Die unverletzten Sporenhüllen zeigen bei schwacher Vergrößerung die Form flacher, zusammengedrückter halbkugeliger Gebilde, deren Basis ein Tetraeder bildet. Sie nehmen ihre ursprüngliche Form wieder an, wenn sie nach der Bromierung in Tetrachlorkohlenstoff in rauchende Salpetersäure eingetragen werden (siehe die nachstehende Bestimmungsmethode für das Steinkohlensporopollenin S. 319).

Das thermische Verhalten gleicht dem der rezenten Sporopollenine. Beim Erhitzen macht sich gegen 200⁰ eine Wasserabspaltung, gegen 280⁰ ein charakteristischer Zersetzungsgeruch bemerkbar und um 360⁰ bildet sich unter Auftreten eines braunen Destillates eine schwarze, pechartige Masse.

Die mikrochemischen Reaktionen geben dasselbe Bild wie beim rezenten Sporopollenin, nur sind besonders die Farbreaktionen infolge der dunkelbraunen Eigenfarbe schwer erkennbar. Immerhin ist die Anfärbbarkeit mit Sudan III, Gentianaviolett, Chlorzinkjodlösung und Kalilauge am besten im Vergleich zu unbehandeltem Material deutlich erkennbar.

Jene mit konzentrierter Schwefelsäure aufgeführten Farbreaktionen der rezenten Sporopollenine werden nicht erhalten, da der diese Reaktionen gebende gelbe Farbstoff am schnellsten von den Baustoffen der Sporopollenine bei der Inkohlung verändert wird. Schon aus Torf isolierte Sporenmembranen geben sehr selten eine dieser Farbreaktionen. Wie rasch dieser Farbstoffanteil umgewandelt wird, zeigt bereits das Verhalten der rezenten Sporopollenine beim Kochen in Eisessig, wobei jene, die mit konzentrierter Schwefelsäure Farbreaktionen gaben, dunkelbraun gefärbt wurden. Analytisch aber war eine Änderung nicht festzustellen. Beim längeren Stehen oder beim Erwärmen in konzentrierter Schwefel- oder Phosphorsäure wird aber das Bothrodendrin ebenso wie die rezenten Sporopollenine dunkel-schwarzbraun gefärbt.

Durch Chlor oder Brom wird es gleichfalls unter Beibehaltung der Form und Entbindung von Halogenwasserstoff chloriert bzw. bromiert. Auch diese Halogenbothrodendrine sind gegen Oxydationsmittel, insbesondere gegen rauchende Salpetersäure, beständiger als das nicht halogenierte Bothrodendrin.

Das Bothrodendrin wird von Oxydationsmitteln langsam angegriffen, langsamer noch als die rezenten Sporopollenine (vgl. hierzu S. 343).

Das Bothrodendrin ist frei von Stickstoff und enthält kleine, aber wechselnde Mengen (0,3—1,1 %) Schwefel und enthält nur die Elemente: Kohlenstoff, Wasserstoff und Sauerstoff. Ein Teil des Sauerstoffs liegt ebenfalls als Hydroxylsauerstoff vor, der leicht durch Acetylierung nachweis- und bestimmbar ist.

Acetylierung des Bothrodendrins. 1 g Bothrodendrin wird mit 50 cm³ Essigsäureanhydrid im Schliffkolben am Rückflußkühler 8 Stunden im gelinden Sieden erhalten. Nach dem Filtrieren wurde erst mit Essigsäureanhydrid, dann mehrmals mit Eisessig gewaschen und nach mehrtägigem Stehen in Wasser säurefrei gewaschen und bei 80⁰ getrocknet.

Bestimmung des Acetylgehaltes. Das Acetylprodukt wurde, wie bei den rezenten Sporopolleninen beschrieben (Kap. J S. 214), durch Kochen mit $^1/_{10}$ n alkoholischer Kalilauge verseift und die unverbrauchte Lauge gegen Phenolphthalein mit $^1/_{10}$ n Salzsäure zurücktitriert. Der Aschengehalt muß bei der Berechnung berücksichtigt werden.

Unter Berücksichtigung der so ermittelten Hydroxylgruppen wurde im Anschluß an die Elementaranalyse für das Bothrodendrin folgende Formel aufgestellt: $C_{90}H_{120}O_{21} = C_{90}H_{111}O_{12}(OH)_9$.

Vergleicht man diese Formel mit der des Sporonins von Lycopodium clavatum, das zur selben Gattung der Lycopodiales gehört wie das Bothrodendrin

$C_{90}H_{129}O_{12}(OH)_{15}$, so fällt vor allem der scharfe Abfall des Wasserstoffgehaltes auf, der von einem geringeren Abfall der Hydroxylgruppen begleitet wird. Der vorläufig als Äthersauerstoff angenommene Restsauerstoffgehalt ist dagegen unverändert geblieben.

Verwertet man diesen Befund für die Erklärung der Inkohlung, so darf man sie als einen vornehmlich dehydrierenden Vorgang ansehen, der mit einem dehydratisierenden Prozeß verknüpft ist.

Isolierung eines Braunkohlenpollenins. Die Geiseltalkohle gehört zu den eocänen Braunkohlen und zeichnet sich durch den Reichtum an pflanzlichen und vor allem tierischen Artefakten aus. Die lockere Beschaffenheit und die sich durch die nur hellbräunliche Farbe verratende Armut an Huminen erleichterten die Aufarbeitung so, daß es nicht schwer war, reines Pollenin zu isolieren.

Hierzu wurde die Kohle zerbröckelt und dünne Lagen brauner Humine herausgelesen. Dann wurde sie vorsichtig zerdrückt und wiederholt jeweils mehrere Tage mit Pyridin auf dem Wasserbade extrahiert, bis die anfänglich bräunlichen Filtrate nur gelb waren. Hieran schloß sich eine mehrmalige Behandlung mit Eisessig, durch den hauptsächlich Calciumcarbonat, die einzige anorganische Verunreinigung der Kohle, entfernt wurde. Nach der Entfernung der Essigsäure durch Wasser wurde dreimal mit 1 proz. Kalilauge ausgezogen, das die Huminsäuren aufnahm. Dann wurde einmal mit verdünnter Salzsäure und darauf mit Wasser bis zur Säurefreiheit behandelt — alle Operationen bei Wasserbadtemperatur. Endlich wurde mit Alkohol und Äther gewaschen und über Phosphorpentoxyd aufbewahrt. Der Gewichtsverlust durch diese Behandlung betrug 14,7 %, der Aschegehalt der ursprünglichen Kohle 5,0 %. Die Asche löste sich bis auf einen unwägbaren Rest in Salzsäure.

Der erhaltene hellbraune Rückstand erwies sich unter dem Mikroskop als cellulose- und huminfrei und bestand nur aus den mehr oder weniger gut erhaltenen Exinen von Pollen. Das Pollenin ist schwefel- und stickstoffhaltig.

Die Formel ergab sich zu $C_{90}H_{121}(OH)_8O_{11}NS_7$.

Obwohl die mikroskopische Untersuchung des Pollens durch Kirchheimer (3) ergeben hat, daß es sich bei diesem Pollen um ein Gemisch verschiedener Pollenarten, und zwar ausschließlich um Angiospermenpollen handelt, hat man doch geglaubt, eine Durchschnittsformel aufstellen zu dürfen, da ja nach den Untersuchungen des Autors die Schwankungen in der Zusammensetzung der Sporopollenine nicht allzu groß sind. Am auffallendsten ist der hohe Schwefelgehalt. Dies Geiseltalpollenin ist regelrecht vulkanisiert und verrät damit schon seine terpenoide Natur. Es reiht sich damit dem Kautschuk an, der auch in vulkanisierter Form in Gestalt der sog. Affenhaare ebenfalls in der Geiseltalkohle aufgefunden wurde. Daß die Sporopollenine im Naturgeschehen schwefelbar sind, hat schon das Bothrodendrin gezeigt, nur ist dessen Schwefelgehalt mit 0,3—0,5 % wesentlich kleiner.

Außer Schwefel ist aber auch Stickstoff im Laufe der Inkohlung aufgenommen worden. Wenn der Stickstoffgehalt auch klein ist, so beweist er doch, wie vielseitig die Sporopollenine im Fossilierungsgange verändert werden können, ohne daß ihr morphologischer Habitus deshalb grundlegende Änderungen erfahren muß.

An allen rezenten und fossilen Sporopolleninen ist festgestellt worden, daß ein Teil des vorhandenen Sauerstoffes in Form von Hydroxylgruppen vorliegt. Auch das Geiseltalpollenin hat noch einen erheblichen Hydroxylgehalt.

Beachtenswert am Geiseltalpollenin ist das völlige Verschwinden der Elastizität. Es ist so spröde, daß es sich glatt pulvern läßt. Auch diese Erscheinung ist auf die Schwefelung zurückzuführen und war schon in geringerem Ausmaße beim Bothrodendrin beobachtet worden. Die gute Formerhaltung des Geiseltalpollens dürfte aber gerade auf diesen Elastizitätsverlust beruhen. So dünnwandige Gebilde — Wanddurchmesser nach Kirchheimer (3) 2,5 μ — wären aus statischen Gründen schon durch einen geringen Gebirgsdruck im elastischen Zustande deformiert worden. Man kann sogar weiter gehen und aus diesem Grunde schließen, daß der Pollen bereits kurz nach der Ablagerung, wohl auf biochemischem Wege, geschwefelt wurde.

Während sich die allgemeinen Eigenschaften des Geiseltalpollenins wie Unlöslichkeit in den üblichen Lösungsmitteln und thermisches Verhalten nicht wesentlich von denen der rezenten und anderen fossilen Sporopollenine unterscheidet — erwähnenswert ist nur, daß es bei ca. 180° Schwefelwasserstoff abspaltet —, ist auffällig, daß es besonders leicht oxydierbar ist. Zum Beispiel zersetzen es konzentrierte und rauchende Salpetersäure sofort. Selbst vorhergegangene Bromierung ändert dieses Verhalten ganz im Gegensatz zu den anderen bisher untersuchten Sporopolleninen nicht wesentlich. Man kann es und wohl ähnlich gebaute andere Sporopollenine nicht nach den von uns beschriebenen Methoden bestimmen oder isolieren.

Vergleicht man die Zusammensetzung der bekannten Sporopollenine mit ihrer Oxydierbarkeit, etwa durch konzentrierte und rauchende Salpetersäure, so ergibt sich eine Abhängigkeit von vorläufig zwei konstitutionellen Faktoren. Erstens ist der Hydroxylgehalt oxydationsfördernd, denn die OH-armen Substanzen: Tasmanin und Lange-Sporonin sind schwer oxydierbar (vgl. nachfolgende Übersicht). Innerhalb dieser Bedingtheit dürfte vielleicht noch die Hydrierungsstufe eine Rolle spielen, wenn man noch die besonders große Widerstandsfähigkeit des Tasmanins auswerten will.

Zweitens scheint der Schwefelgehalt von Bedeutung zu sein. Vom schwefelreichen Geiseltalpollenin bis zum schwefelfreien Tasmanin fällt die Oxydierbarkeit. Die Klärung dieser Fragen ist von Bedeutung für die Beurteilung der Schädigungen, die die Sporopollenine bei der Aufbereitung durch die Macerationsmittel erleiden können, sowie für die bereits bei petrographischen Untersuchungen beobachtete Erscheinung, daß die Sporenmembranen gleicher Inkohlungsstufen ungleich erhalten sind und von den Macerationsmitteln ungleich angegriffen werden.

Für nicht zu schwefelhaltige Sporopollenine eignet sich die bei den Steinkohlen beschriebene Methode zur Isolierung des P.-Bitumens.

Quantitative Bestimmung der Braunkohlensporopollenine. Da die vorstehend aufgeführte Methode, die zur Isolierung des Bothrodendrins führte, voraussichtlich nur in wenigen Fällen anwendbar sein wird und sich kaum quantitativ gestalten lassen wird, so ist man vorläufig auf die bereits beim Torf erwähnte Bestimmungsmethode für fossiles Steinkohlensporopollenin angewiesen, die mit einigen Abänderungen auch für Braunkohlen benutzbar ist.

Erwähnt mag werden, daß nach dieser Methode, ebenso wie durch die Macerationsmethoden, aus Braunkohlen auch Pilzsporen (Phragmitides) erhalten werden, während Braunkohlencuticulen nicht mit bestimmt werden. Für sporenanalytische Zwecke eignet sich auch der nach S. 300—302 bei der Cellulosebestimmung verbleibende Rückstand. Für konstitutive und analytische Zwecke muß erst festgestellt werden, ob das fossile Sporopollenin bei der Behandlung mit Diacetylo-Salpetersäure verändert wird.

c) Aus Steinkohlen. Einleitend ist erwähnt worden, daß mit fortschreitender Inkohlung eine Anreicherung der resistentesten Kohlengrundstoffe, zu denen vor allem Cutin und die Sporopollenine gehören, zwangsläufig verbunden ist. Dem-

zufolge erweisen sich nun die meisten Steinkohlen sehr reich an diesen Membransubstanzen, wie kohlenpetrographische Untersuchungen an Hand zahlreicher
Dünnschliffe und der Macerationen gezeigt haben. Der Reichtum der Steinkohlen an diesen Stoffen muß allerdings nicht allein auf den Ausleseprozeß der
Inkohlung zurückgeführt werden, sondern kann auch durch andere noch unbekannte Faktoren bedingt sein. Ein solcher biologischer Faktor ist die wahrscheinlich viel größere Sporenproduktion der Carbonpflanzen im Vergleich zu
jener der rezenten Gewächse, sowie die größere Dicke und Größe der einzelnen
Individuen.

Dieses regelmäßige Vorkommen größerer oder kleinerer Mengen Sporen hat einige
Forscher, z. B. R. Thiessen und Th. Lange, bewogen, die Sporen als Leitfossilien zur
Lösung einer ganzen Reihe von mit der Kohle zusammenhängenden Problemen heranzuziehen, von denen besonders die Kohlenstratigraphie zu nennen wäre. Zur Lösung solcher
Aufgaben erscheinen die Steinkohlensporen um so geeigneter, als sie einerseits regelmäßig
und in gutem Erhaltungszustande in den Kohlen vorkommen, andererseits dadurch, daß
jede Spore ein abgeschlossenes, wohlerkenn- und identifizierbares Individuum darstellt.

Das Ziel der Sporenanalyse im Gebiete der wichtigsten aller Kohlen, der Steinkohlen,
ist ein mehrfaches:
In botanischer Richtung eine Zählung, Identifizierung und Klassierung der Sporen.
Anschließend daran kann nach den Methoden der Pollenanalyse die Mindestanzahl der damaligen Pflanzen, ihre Verbreitung, ihre Vergesellschaftung, ihr Auftreten und Verschwinden
festgelegt werden.
In geologischer und petrographischer Richtung die Auswertung des so gesammelten
Materials zu stratigraphischen Zwecken, zur Identifizierung von Kohlenlagern, Bestimmung
ihrer Ausdehnung, Identifizierung von Flözen, Kohlensorten und Ladungen. Wegleitend
ist auf diesem Gebiete Th. Lange vorangegangen.

In technischer und chemischer Richtung vor allem beim Vorliegen einer
quantitativen Bestimmungsmethode, die Erforschung der Bedeutung des Festbitumens für die Koksbildung, für die Entstehung, Natur und Zusammensetzung
des Tief- und Hochtemperaturteeres und für die Vergasung.
Diese weitgesteckten Ziele können nur erreicht werden, wenn die Isolierung
der Steinkohlensporen möglichst rasch und einfach, womöglich ohne Zuhilfenahme
der stets etwas subtilen Kohlenschliffmethoden erfolgen kann. Trotzdem werden
diese Methoden als wichtigstes Hilfsmittel ihre Bedeutung beibehalten und häufig
erst feinere Einzelheiten erkennen lassen. Voraussetzung muß aber bleiben, daß
bei einer Isolierung die Sporopollenine ihre charakteristische Form als Sporenhüllen mitsamt der feinen Zeichnung beibehalten wird. Indirekte Bestimmungsmethoden sind infolgedessen höchstens für kohlentechnische und chemische
Fragen brauchbar.
Werden unter diesen Gesichtspunkten die bekannten Methoden des Kohlen-
aufschlusses, die eingangs erwähnten Macerationsmethoden, betrachtet, so er-
füllen sie nicht alle Anforderungen. Die Ursache hierfür liegt allerdings mit
darin, daß sie in erster Linie für die Bedürfnisse der Kohlenpetrographie ausgearbeitet sind, die natürlich nicht nur die Sporen beachten darf. Die Macerationsmethoden arbeiten bei Verwendung größerer Mengen zu langsam, entfernen bewußt das humitische Material nur teilweise, ein für quantitative Zwecke
wesentlicher Nachteil, bzw. greifen auch die Sporopollenine, wenn das Humin
entfernt wird, durch die energische Oxydationswirkung mit an. So erwünscht
wie die glatte Entfernung der humitischen Substanzen ist, so unerwünscht muß
für quantitative Bestimmung die gleichzeitige, in Wirkung und Richtung un-
kontrollierbare Oxydation der fossilen Sporopollenine sein.
Das nachstehend geschilderte Verfahren basiert auf folgenden Beobachtungen:
Die verschiedenen Macerationsmittel, von denen die Chromsäure das mildeste
Mittel ist, zeichnen sich bis auf die Chromsäure dadurch aus, daß sie freies Chlor

neben einem anderen Oxydationsmittel enthalten. Nicht chlorabgebende stärkere Oxydationsmittel, wie konzentrierte oder rauchende Salpetersäure, wirken so energisch auf die meisten Kohlensorten ein, daß oft schon nach ganz kurzer Zeit totale Zersetzung und Lösung erfolgt. Chlorabgebende Agenzien, wie Schulzes Gemisch, Diaphanol, Königswasser, Kaliumchlorat + Flußsäure, bauen dagegen von allen Kohlenbaustoffen am langsamsten die fossilen Cuticularsubstanzen ab, die zwar auch von rauchender Salpetersäure zuletzt, aber dennoch für vorliegenden Zweck zu rasch unter Lösung zersetzt werden. Aus den Untersuchungen von Marcusson und Barsch geht hervor, daß von allen Oxydationsmitteln rauchende Salpetersäure fast augenblicklich die humitische Substanz mit dunkel- bis fast schwarzbrauner Farbe, je nach der Kohlenart, in Lösung bringt. Ein Vorgang, der an die Gegenwart von freien Stickoxyden gebunden erscheint, also wohl nicht nur ein oxydativer, sondern auch ein nitrierender und nitrosierender ist. Das so umgewandelte Humin ist dann in überschüssiger rauchender Salpetersäure löslich. Da aber aus den Beobachtungen der beiden Forscher hervorging, daß die Oxydations- und Lösungsgeschwindigkeit von Sporopollenin und Humin deutlich differenziert sind, so wurde versucht, diesen Unterschied zu vergrößern, indem das Sporopollenin gegen Oxydation unempfindlicher gemacht wurde. Der Weg hierfür war in der bei den rezenten Sporopolleninen und dem Bothrodendrin erwähnten Beobachtung angezeigt, daß bromierte und chlorierte Sporopollenine von rauchender Salpetersäure recht langsam zersetzt werden. Voraussetzung blieb aber, daß auch halogeniertes Humin noch glatt von dieser Säure gelöst wird. Vorversuche bestätigten diese Erwartung. Bei der näheren Ausarbeitung ergab sich, daß die Behandlung der bromierten Kohle mit rauchender Salpetersäure in Gegenwart von freiem Brom erfolgen muß und daß die Einwirkung der Säure, um ebenfalls konstante und stets reproduzierbare Werte zu erhalten, nicht über 24 Stunden ausgedehnt werden darf.

Für präparative und quantitative Zwecke haben sich bestimmte Änderungen nötig gemacht.

a) *Präparative Methode zur Isolierung des P.-Bitumens aus Kohlen* (Zetzsche und Kälin).

Spezialapparatur: Schütteltrichter mit Glasstopfen und Glashahn von etwa $1^1/_2$ l Inhalt. Durchmesser der Hahnbohrung und der Ausflußöffnung 10 mm. Trichter von etwa 10 cm oberer Weite mit stumpfwinklig gebogenem Abflußrohr. Glasfilter von *Schott & Gen.*, Jena, Nr. 17, G 3.

Chemikalien je Bestimmung: Einige Kubikzentimeter Brom, etwa 250 cm³ rauchende HNO_3 (spez. Gew. 1,5 oder 1,54), etwa 50 cm³ konzentrierte HNO_3 (spez. Gew. 1,4), etwa $^1/_2$ kg Eis.

I. Allgemeines. Die Kohlen werden vorteilhaft nach den Spaltflächen in flache Stücke gespalten. Von diesen werden etwa 5—20 mm lange, 5—10 mm breite und 1—3 mm dicke Stückchen ausgesucht und im Gesamtgewicht von 2—8 g[1] in den Scheidetrichter gegeben, der in einer Schale, die etwa $^1/_2$ kg Eis enthält, waagerecht liegt.

Nun gibt man je nach der Kohlenart halb- (Streifenkohlen) bis ebensoviel (Braun-, Kännel- und Bogheadkohlen) *Kubikzentimeter* Brom, wie man *Gramm* Kohlen angewandt hat, hinzu und läßt gut verschlossen liegen. Durch zeitweises Bewegen des Gefäßes um seine Längsachse sorgt man dafür, daß das Brom mit allen Kohlenstücken in Berührung kommt, und wartet, bis es von der

---

[1] In derselben Apparatur kann noch die doppelte bis dreifache Kohlenmenge unter Verwendung entsprechend großer Mengen Säure verarbeitet werden.

Kohle nahezu aufgenommen ist, was je nach der Kohlenart $^{1}/_{4}$—2 Stunden erfordert. Durch die Bromierung werden die meisten Kohlenarten im Gefüge gelockert, manche zerfallen blätterig. Kännel- und Bogheadkohlen werden nicht merklich verändert. Der bei der Bromierung sich bildende Bromwasserstoff erzeugt Überdruck im Gefäß, der von Zeit zu Zeit durch Öffnen des Hahnes (Abzug!) ausgeglichen wird.

Nach Aufnahme des Broms werden mit Hilfe des gebogenen Trichters 100 m³ rauchende Salpetersäure zugegeben. Das Gefäß wird gut verschlossen im Eis liegengelassen, bis sich die Humine gelöst haben. Diese Auflösung kann durch häufigeres Drehen des Scheiders um die Längsachse und gelindes Schwenken stark gefördert werden. Der Lösungsvorgang benötigt meist einige Stunden. Dabei bildet sich häufig ein Überdruck im Gefäß aus, der ab und zu ausgeglichen wird.

Wenn die Kohlenstückchen zerfallen sind, läßt man die in der tief rot- -bis dunkelbraunen Flüssigkeit befindlichen Anteile sedimentieren. Hierzu wird der Scheider senkrecht in einen passenden Stativring eingestellt. Durch zeitweises schwaches, kreisförmiges Schwenken wird das Absitzen des ungelösten Teiles direkt über dem Abflußhahn gefördert. Nach viertelstündigem Stehen ist die Sedimentation beendet. Nun wird der obere Stopfen geöffnet und eine etwa 200 cm³ fassende Pulverflasche untergestellt. Durch rasches Öffnen des Hahnes werden 10—20 cm³ abgelassen. Zeigen sich an den Wandungen des Abflußrohres noch feste Teilchen, so wird der Trichter nochmals geschwenkt, wieder einige Zeit stehengelassen und der neuerdings sedimentierte Anteil abgelassen. Gewöhnlich genügt zweimaliges Ablassen. Der Hauptzweck dieser Operation ist, möglichst wenig huminhaltige Salpetersäure zu erhalten, da sie langsam filtriert.

Der in der Flasche befindliche Anteil wird mit 10—20 cm³ rauchender Säure vermischt und verschlossen (aufgelegtes Uhrglas oder passender Glasstopfen) einige Minuten stehengelassen. Um Belästigungen durch die Säuredämpfe zu vermeiden, wird in einem gut ziehenden Abzug gearbeitet. Man dekantiert jetzt die Säure in das Glasfilter, gibt wieder etwa 20 cm³ rauchende Säure in die Flasche, vermischt durch längeres Umschwenken gut, läßt absitzen, gießt wieder ab und wiederholt diese Operationen gegebenenfalls noch zwei- bis dreimal, bis die braunen Humine aus den festen Anteilen entfernt sind. Man erkennt diesen Punkt daran, daß sich die Säure nur noch schwach dunkel färbt.

Das Filtergerät wird, um Belästigungen durch die Säure zu vermeiden, bis auf einen schmalen Spalt mit einem Uhrglas während der Filtration bedeckt. Anfangs ist die Filtriergeschwindigkeit gut. Je mehr Substanz jedoch infolge des Dekantierens auf die Filtrierfläche gelangt, desto langsamer wird sie. Zur Beschleunigung wird unter vermindertem Druck filtriert und der Glasfilter ab und zu kreisförmig bewegt, wodurch der Bodensatz erneut in der Flüssigkeit verteilt wird. Durch eine Reguliervorrichtung (Hahn) am Sauggerät muß dafür gesorgt werden, daß die Druckverminderung nicht zu groß wird, da dann die Stickoxyde aus der rauchenden Säure entfernt werden, die Huminstoffe ausflocken, die Unterseite des Filters verstopft und bald jede Filtration verunmöglicht wird. Sollte dieser Fall eintreten, so unterläßt man für einige Zeit jedes Saugen, bis die nachdringende Säure die Abscheidungen wieder gelöst hat. Ferner ist ein Trockensaugen des Niederschlages zu vermeiden, das ebenfalls zum Verlangsamen des Filtrierens beiträgt und zu einem recht festen Zusammenbacken des Rückstandes führt. Nachdem das gesamte Sediment aufs Filter gebracht ist, wird mit rauchender Säure nachgewaschen, bis das Filtrat ungefähr die Farbe der rauchenden Säure hat. Es werden im ganzen 100—150 cm³ rauchende Säure für alle diese Operationen benötigt. Darauf wird anteilsweise mit etwa 50 cm³ konzentrierter Salpetersäure nachgewaschen. Die Filtration erfordert selten mehr als 2 Stunden.

Der im Filter befindliche Rückstand ist von tiefdunkler Farbe. Er wird mittels einer Spritzflasche mit etwa 250 cm³ Wasser gewaschen, wobei meist die Makrosporen durch starke Aufhellung sichtbar werden. Das Auffanggefäß muß für die Wasserwäsche gewechselt werden, da rauchende Salpetersäure heftig mit Wasser reagiert. Ist die Säure weitgehend ausgewaschen, so spült man den Rückstand in ein Gefäß. Die am Trichterboden haftenden Teile werden durch Brausen, gegebenenfalls unter Nachhilfe mit einem Pinsel, entfernt.

Die Weiterbehandlung hat jetzt hauptsächlich die Trennung des erhaltenen Rückstandes durch Sieben und Brausen nach verschiedener Korngröße zum Ziel. Wir benutzen als gröbstes Sieb eins von 0,4 mm Maschenweite, auf dem sich die Megasporen, große Kutikulen usw., ansammeln. Der weitaus größte Teil des Fusites wird bei 0,2 und 0,08 mm Maschenweite zurückgehalten.

Die Mikrofraktion kann durch Filtration auf dem Glasfilter oder, wenn sie geringfügig ist, durch Zentrifugieren erhalten werden.

Nach erfolgter Benutzung muß das Glasfilter sorgfältig gereinigt werden. Hierzu wird es in chromsäurehaltige konzentrierte Schwefelsäure über Nacht eingelegt.

II. Spezielles. Die anzuwendende Kohlenmenge hängt etwas vom Inkohlungsgrade und dem Gehalt und der Natur der unlöslichen Bestandteile ab. Vom Inkohlungsgrad insofern, als mit steigendem Grade die Lösungen träger filtrieren, vom Gehalte insofern, als einem geringen P-Bitumengehalte meist ein entsprechend höherer Humingehalt gegenübersteht, von der Natur der unlöslichen Anteile insofern, als ein erheblicher Ton- oder Zellulosegehalt die Filtriergeschwindigkeit herabsetzt. Für etwaige mikrochemische Reaktionen sei erwähnt, daß Zellulose durch rauchende Salpetersäure in Nitrozellulose verwandelt wird.

Die Größe der zu verwendenden Kohlenstücke hängt ebenfalls von der Natur der Kohle ab[1]. Kompakte Kohlen, Kännel- oder Bogheadkohlen, werden langsam bromiert und gelöst. Man verwendet von diesen Kohlen möglichst dünne Stücke und höchstens 4 g.

Ein großer Bromüberschuß ist zu vermeiden, da viel ungelöstes Brom gegen die Einwirkung der Salpetersäure schützt und die Filtration verzögert.

Die Abtrennung der in der Säure unlöslichen Anteile durch Sedimentation und Ablassen ist nicht quantitativ. Wir haben durch Filtration der Gesamtflüssigkeit festgestellt, daß höchstens 10%, meistens viel weniger, nicht miterfaßt werden. Will man auch auf diesen Anteil nicht verzichten, so kann die gesamte Flüssigkeit filtriert werden. Dieser Vorgang erfordert aber für Steinkohlen sehr viel Zeit. Braunkohlenlösungen filtrieren, falls sie nicht erheblich zellulosehaltig sind, glatt. Für Steinkohlen ist es aber vorteilhafter, wenigstens auf die Hauptmenge des Feinanteiles des Restes zu verzichten und nur den Grobanteil, Megasporen usw., noch zu gewinnen.

Zu diesem Zwecke saugt man die nach dem Ablassen des Sedimentes im Scheider verbliebene Flüssigkeit durch eine Nutsche von etwa 8 cm Durchmesser, die als Filter nitriertes Baumwollgewebe, wie es in der Sprengstofftechnik verwendet wird, enthält. Die groben Anteile bleiben zurück, die Hauptmenge der feinen Anteile, Mikrosporen, geht durchs Filter. Man kann diese Methode auch zur Gewinnung des gesamten Grobanteiles des P.-Bitumens be-

---

[1] Die angeführten Größen stellen nur Maximalwerte dar; es können ebenso gut kleiner gebrochene und Durchschnittsmuster verwandt werden.

nutzen, doch gibt es häufig Fehlschläge. Die Nitrocellulosefilter quellen nämlich langsam in rauchender Salpetersäure etwas auf, dadurch werden die Poren verkleinert. Ist nun die Menge des unlöslichen Anteiles groß, so vermindert sich die Filtriergeschwindigkeit, das Filter quillt, die Geschwindigkeit wird weiter herabgesetzt, schließlich unterbleibt jede Filtration.

Nach dem Auswaschen mit rauchender, dann mit konzentrierter Säure spült man den auf dem Filter verbliebenen Anteil mit Wasser ab und siebt ihn. Das Filter kann einige Male benutzt werden. Vor dem Gebrauch wird es mit konzentrierter Säure benetzt.

Die Dazuer der Salpetersäurebehandlung (Lösen und Filtrieren) ist mit 5—7 Stunden meistens zur genügenden Aufhellung des P.-Bitumens ausreichend, doch kann sie bei stark inkohltem Material bis auf 24 Stunden ausgedehnt werden. Wir finden es aber besser, nach der üblichen Zeit erhaltenes, noch nicht genügend helles Material nach dem Trocknen erneut in rauchende Salpetersäure — es genügen jetzt wenige Kubikzentimeter — einzulegen, da der Fortschritt der Aufhellung so besser zu kontrollieren ist.

Kleine Kohlenmengen (bis zu etwa 1 g) können einfacher als nach obiger Methode aufgearbeitet werden, indem sie in einer Glasstöpselflasche von ca. 100 cm³ bromiert, dann mit 50—75 cm³ rauchender Salpetersäure übergossen und durch öfteres Schwenken zerlegt werden. Nach dem Absitzen wird der Flascheninhalt durch das Glasfilter filtriert und wie oben beschrieben weiter behandelt.

Das so erhaltene P.-Bitumen ist durchaus lagerbeständig. Da es sich aber bei höherer Temperatur zersetzt, darf es nicht zum Trocknen erhitzt oder mit heißen Flüssigkeiten behandelt werden. Sein hoher Bromgehalt bedingt, daß es sehr empfindlich gegen alkalische Medien ist, die es unter Dunkelfärbung und Zersetzung verändern. Auch einige organische Lösungsmittel, Alkohol, Aceton, Essigester und andere entziehen kleine Mengen dunkler Substanzen, ohne daß dabei Formänderungen beobachtet wurden. Als Einbettungsmittel für mikroskopische Präparate hat sich Glyceringelatine bewährt.

Neben den P.-Bitumina werden ebenso wie bei den anderen Methoden die Fusine erhalten, stören aber infolge ihrer charakteristischen Form und dunklen Farbe die Durchforschung der P.-Bitumina nicht, zumal sie sich durch Sieben in gewissen Fraktionen anreichern lassen. Eine Trennung mit Hilfe der Schwimm- und Sinkmethode ist nicht leicht möglich, da beide Stoffgruppen nach der Behandlung nahezu das gleiche spezifische Gewicht — etwa 1,75 — haben. Von den anorganischen, ungelöst bleibenden Stoffen Quarz und Ton kann nur letzterer Ungelegenheiten bereiten, wenn er in größeren Mengen auftritt und mit dem Bitumen verkittet ist, wie in manchen Kännelkohlen.

Nach dieser Methode läßt sich in kurzer Zeit, da verhältnismäßig große Kohlenmengen verarbeitet werden können, ein guter Überblick über die Menge des P.-Bitumens und seine Zusammensetzung nach Sporen- und Blattmembranen, Boghead- und Harzkörpern gewinnen. Aus manchen Kohlen haben wir unter Verwendung duritreicher Schichten an 1000 Stück Makrosporen aus 5 g Kohle gewonnen. Wir haben Braun- und Steinkohlen verschiedenen Inkohlungsgrades verarbeitet und mit kleinen Abänderungen gute Resultate erhalten. Besonders wertvoll scheint uns die Möglichkeit, größere Mengen Kohle verarbeiten zu können, in den Fällen zu sein, wo die Kohle bitumenarm ist. Eine solche polymerbitumenarme marine Kohle (Boltigen, Simmental, Schweizer Dogger) zeigte eine von den anderen Kohlen völlig abweichende Zusammensetzung des P.-Bitumens. Die Herkunft dieser Körper bleibt noch zu klären. Auch das Auffinden seltener Sporenformen ist erleichtert. Vor allem aber ermöglicht die Verwendung großer Kohlenstücke auch die Isolierung verhältnismäßig großer Objekte. Wir haben z. B. aus Streifenkohlen Kutikulen von 10 × 3 mm, Sporen von 5 × 4,4 × 3 mm Durchmesser und Harzstücke von 5 × 2 × 1 mm und fusitisches Holz von 5 × 4 × 2 mm Durchmesser erhalten. Einen Teil der Objekte bilden wir ab. Weiter läßt sich aus dem Aussehen und der Farbe der Sporen auch am Polymerbitumen einer Kohle der Inkohlungsgrad erkennen. In Magerkohlen haben wir neben Fusinen nur vereinzelt Sporen gefunden.

An dieser Stelle wollen wir noch der scheinbar weitverbreiteten Anschauung begegnen, daß die Sporonine, in den Steinkohlen noch die gelbe Farbe haben, wie sie höchstwahrscheinlich die frischen Sporenmembranen des Carbons aufgewiesen haben, und daß die meist helldunkelbraune Farbe infolge Durchtränkung mit Humusstoffen hervorgerufen wird, die bei fortgesetzter Maceration entfernt werden, so daß die ursprüngliche gelbe Farbe zum Vorschein kommt. Das Aussehen nach der Maceration zusammen mit dem positiven Ausfall einiger Cutinreaktionen hat wohl zu der Anschauung geführt, daß die Carbonsporonine nahezu unverändert den Inkohlungsprozeß überstanden hat. Der Wert der Cutinreaktionen ist, wie wir kürzlich hervorhoben, gering, da es nicht spezifische Cutin-, sondern allgemein Bitumenreaktionen sind. Ihr positiver Ausfall sagt also nur, daß die fossilen Sporonine *noch* Bitumencharakter haben.

Weiter oben war schon gesagt worden, daß die Bitumina ebenso der Inkohlung unterworfen sind wie die anderen Kohlenbaustoffe. Deshalb müssen auch die P.-Bitumina einer steten Veränderung mit dem Endziele völliger Inkohlung: elementarer Kohlenstoff, unterliegen. Diese Veränderung, die kurz als Dehydrierung und Dehydratisierung bezeichnet werden kann, muß genau wie bei den Humusstoffen infolge Bildung und Häufung ungesättigter Systeme zur Farbvertiefung von Gelb über Braun nach Schwarz führen. Inkohlte Sporonine werden deshalb meist Braun irgendeiner Nuance und nicht Gelb als Eigenfarbe aufweisen. Die gelbe Farbe, die durch die Maceration im Endeffekt erreicht werden kann, ist die Folge der chemischen Veränderung, die durch Oxydation den ungesättigten Zustand mehr oder weniger aufhebt, also die braune Farbe mehr oder weniger zum Verschwinden bringt, und die durch Nitrierung einen gelben Farbton einführt. Rezentes gelbes Sporopollenin von Lycopodium, Pinus und anderen ist ungesättigt und deshalb gelb. Durch Oxydation mit Wasserstoffperoxyd oder Ozon wird es farblos, durch nachfolgende Behandlung mit Salpetersäure infolge Nitrierung aber wieder gelb.

b) Quantitative Bestimmung des P.-Bitumens nach ZETZSCHE *und* KÄLIN. 1. Quantitative Bestimmung des P.-Bitumens in Kohlen. Ungefähr 0,25—0,3 g bis auf unter 1 mm Korngröße gemahlene Kohle werden in einer Glasstöpselflasche mit ca. $^1/_2$—1 cm³ Brom übergossen und durchgeschüttelt. Es bildet sich reichlich Bromwasserstoff. Sollte das Brom aufgebraucht werden, so werden einige Tropfen zugefügt, bis überschüssiges Brom vorhanden ist. Nach 24stündigem Stehen bei Raumtemperatur werden, um zu hohe Erwärmung zu vermeiden, auf einmal 40—50 cm³ rauchende Salpetersäure ($D = 1,5$) hinzugegeben. Die Flüssigkeit erwärmt sich schwach und nimmt beim Umschütteln unter Lösung der Humine braune Farbe an. Nun läßt man bei Raumtemperatur — am besten über Nacht — 14—18 Stunden stehen und filtriert dann durch einen Glasfiltertiegel (*Schott & Gen.* 2 G 3!), indem man, um eine glatte Filtration zu ermöglichen, die je nach dem Inkohlungsgrade rot- bis schwarzbraune Flüssigkeit vom Bodensatz abgießt. Der Rückstand in der Flasche wird mit etwa 15 cm³ rauchender Säure übergossen, durchgeschwenkt und nach einigem Stehen, wenn das erste Filtrat durchgelaufen ist, auf das Filter gegeben. Schließlich wird auf dem Filter mit rauchender

Säure ausgewaschen, bis das Filtrat nicht mehr bräunlich ist. Im ganzen werden etwa 50 cm³ rauchender Säure benötigt.

Die Dauer der Filtration beträgt ungefähr 2 Stunden, wechselt aber stark von Kohle zu Kohle. Vor allem tonreiche Kohlen — Kännelkohlen — filtrieren langsam. Um die Filtration zu beschleunigen, kann *schwach* gesaugt werden. Zu vermeiden ist aber ein Trockensaugen, da durch das damit verbundene Zusammenbacken des Rückstandes mitunter jede weitere Filtration unterbleiben kann. Es ist gut, zeitweise durch gelindes Schwenken, den Bodensatz aufzurühren. Starkes Saugen ist zu vermeiden, da dadurch die Stickoxyde entweichen, wodurch sich die gelösten Huminsubstanzen an der Unterseite des Filters ausscheiden und es verstopfen. Sollte dieser Fall eingetreten sein, so ist es am besten, den Tiegel, ohne zu saugen, einige Zeit stehen zu lassen, bis die nachdringende Säure die ausgeschiedenen Huminumwandlungsprodukte wieder gelöst hat. Je höher inkohlt das Humin ist, um so langsamer filtriert seine Lösung. Um Belästigungen durch Bromdämpfe und Stickoxyde zu vermeiden, wird der Tiegel bis auf einen schmalen Spalt durch ein Uhrglas abgedeckt.

Nach der Entfernung der Humine wird der Rückstand mit etwa 25—50 cm³ konzentrierter Salpetersäure und darnach mit Wasser säurefrei gewaschen. Dann wird mit Alkohol gewaschen, der sich anfänglich etwas gelb färbt, mit Äther nachbehandelt und trocken gesaugt. Nach eintägigem Stehen über Phosphorpentoxyd wird gewogen. Der Rückstand hält sich ungefähr 8 Tage gewichtskonstant. Durch Veraschen des Rückstandes wird der Aschengehalt erhalten und in Anrechnung gebracht. Der erhaltene Wert gibt mit 0,65 multipliziert den P.-Bitumengehalt, nachdem in einem anderen Teil desselben Kohlenmusters, wie weiter oben beschrieben, der anzurechnende Fusingehalt bestimmt ist, der ebenfalls vom Rohwert abgezogen wird.

Für Torfe und Braunkohlen ist diese Methode nur anwendbar, wenn zuvor die Cellulose entfernt wird, sofern Braunkohlen diese enthalten. Die Kohle aus der Wetterau und von Boltigen war cellulosefrei. Zur Entfernung dieses störenden Begleiters wird die eingewogene Menge zumindest lufttrockner Kohle mit etwa der 100fachen Menge 84proz. Phosphorsäure in einer Pulverflasche übergossen und durch Schütteln gut verteilt. Nun wird das Gefäß so lange evakuiert, bis aus der Kohle nur noch wenige Gasblasen aufsteigen. Jetzt wird wieder Normaldruck hergestellt, der die Säure in die Kohle hineindrückt, einige Stunden stehen gelassen, wieder evakuiert und diese Operationen im Laufe mehrerer Tage öfters wiederholt. Dann wird der Flascheninhalt mit Wasser verdünnt und durch einen Glasfiltertiegel filtriert. Der Rückstand wird mit Wasser ausgewaschen, scharf abgesaugt und über Phosphorpentoxyd getrocknet. Für die meisten Braunkohlen können Eiswaagen bis zu 3 g genommen werden, da ihre Huminlösungen rasch filtrieren. Bei gewissen Braunkohlen, wie z. B. der des Geiseltales bei Halle, versagt diese Methode völlig, da die darin enthaltenen Pollenine auch durch Bromieren nicht beständig gegen rauchende Salpetersäure werden.

2. Fusin[1]. Um den Umrechnungsfaktor für Nitrofusin auf Brom-nitrofusin zu bestimmen, wurde eine Reihe fusinhaltiger, aber polymerbitumenfreier Kohlen sowohl der weiter unten beschriebenen Arbeitsweise mit Brom und Salpetersäure als auch mit rauchender Salpetersäure allein unterworfen. Die Aufarbeitung war in beiden Fällen dieselbe. Die Einwirkungsdauer der rauchenden Säure betrug ca. 4 Wochen; da wir uns durch qualitatives Arbeiten überzeugten,

---

[1] Statt der hier beschriebenen kann auch eine andere der bekannt gewordenen Fusinbestimmungsmethoden benutzt werden, nachdem der diesbezügliche Faktor bestimmt ist.

daß erst nach dreiwöchiger Einwirkung in einigen Kohlen das P.-Bitumen restlos entfernt ist — bei den unbromierten Kohlen, bei den bromierten im Einklang mit unserer Arbeitsweise 16—20 Stunden. Die Einwaage richtete sich nach der Filtrierbarkeit und dem voraussichtlichen Fusingehalte. Deshalb kamen bei den Steinkohlen 0,5—3,0 g für die reine Salpetersäurebehandlung zur Anwendung, während für Anthrazite am besten ca. 0,3 g eingewogen wurden.

Mit Ausnahme der Rußkohle liegen die Verhältniszahlen um 1,5. Der Mittelwert beträgt 1,55. Da der Fusingehalt der meisten Steinkohlen klein ist — er bewegt sich um 5 % — verursacht eine gewisse Ungenauigkeit des Faktors keine großen Fehler. Weil der Faktor des Windsichterstaubes, dessen Fusitgehalt STACH statistisch mit der Reliefschliffmethode zu 13,6 % ermittelt hat, etwas tiefer liegt als der Durchschnitt derjenigen der Anthrazite, haben wir für unsere Zwecke auf 1,5 abgerundet. Durch mikroskopische Untersuchung haben wir uns in den Salpetersäure- und Brom-Salpetersäure-Rückständen von der Abwesenheit von P.-Bitumen überzeugt. Der Windsichterstaub stammte aus den Kohlen der Brassertflöze.

Der höhere Fusinfaktor der Rußkohle (Steinkohle, Zwickau, Sa.) zeigt, daß wenigstens an diesem Beispiel der Inkohlungsgrad des Fusins mit dem der Kohle geht.

Bemerkungen zum Verhalten der Bogheadkohlen. Das in den Bogheadkohlen befindliche P.-Bitumen, das ebenfalls ganz eigenartig, mitunter sporenähnlich, figuriert ist, aber wie schon erwähnt, kaum mit Sporen etwas zu tun hat, wenn es überhaupt direkt auf *einen Kohlengrundstoff zurückzuführen ist* und nicht bloß ein sekundäres Umwandlungsprodukt — Gerinnungskörper — vorstellt, wird nach der vorstehenden Methode gleichfalls erhalten. Es ist aber schon im unbromierten Zustande viel schwerer durch rauchende Salpetersäure angreifbar, so daß es auch ohne Bromierung durch unmittelbare Einwirkung der rauchenden Säure gewonnen werden kann. Es verrät schon hierdurch, daß es ein echtes Faulschlammprodukt ist, denn es steht in seinem Verhalten auf einer Stufe mit dem weiter unten beschriebenen Tasmanin, einem aus einem echten Ölschiefer erhaltenem Sporopollenin. Soweit das wenige Untersuchungsmaterial zur Zeit erkennen läßt, steht das Bogheadfestbitumen zwischen dem Ölschieferbitumen und dem Steinkohlenbitumen, allerdings nähert es sich mehr dem ersteren. Es gibt sich damit immerhin als inkohlt zu erkennen. Dies mittlere Verhalten zeigt noch folgende Reaktion:

Es war oben gesagt worden, daß die nachträgliche Behandlung des nach obiger Arbeitsmethode erhaltenen Bromnitrosporopollenins mit basischen Mitteln, wie Pyridin, bromwasserstoffabspaltend wirkt. Da diese Abspaltung mit der Bildung von Doppelbindungen verknüpft sein dürfte, so werden diese bromärmeren Verbindungen ungesättigt sein und deshalb wieder von Oxydationsmitteln angegriffen werden. Werden diese Umwandlungsprodukte wieder in rauchende Salpetersäure eingetragen, so werden sie nunmehr fast so schnell wie die unbromierten ursprünglichen Sporopollenine gelöst. Auch hier steht das Bogheadbitumen zwischen den Streifenkohlenbitumen und dem Tasmanin (vgl. die Übersicht am Ende des Kapitels).

d) Aus Anthrazit. Im Gegensatz zu den vorher behandelten inkohlten Produkten haben sich bisher im Anthrazit weder mikro- noch makrochemisch Kohlenbaustoffe nachweisen lassen. Erst neuerdings ist mit Hilfe des Reliefschliffes von STACH nachgewiesen, daß der Anthrazit wohl auch aus Streifenkohle hervorgegangen ist, indem man die Kohlenbestandteile Vitrit, Durit und Fusit feststellen konnte. Auch die dem Durit angehörenden Kohlenbaustoffe: Sporen und Cuticulen hat man noch sichtbar machen können. Chemisch aber hat sich keins dieser Bestandteile feststellen oder nachweisen lassen. Auch sind sie im Anthrazit so weitgehend inkohlt, daß sie sich von der Grundmasse des aus dem Vitrit und Durites umgewandelten Humites nicht abtrennen lassen. Da man heute annimmt, daß die Anthrazite aus Steinkohlen durch höhere Temperatur hervorgegangen sind, so ist es erklärlich, daß auch die sonst so widerstandsfähigen Sporopollenine nicht mehr erhalten sind, da sie ja schon bei verhältnismäßig niedriger Temperatur — im Laboratorium schon bei kurzer Einwirkungsdauer von 250° an — thermisch zersetzt werden.

Auch die oben beschriebene Behandlung mit Brom und rauchender Salpetersäure führt nicht zur Isolierung von Sporenhüllen. Schon unbromierter Anthrazit wird von Salpetersäure nur teilweise mit fast schwarzbrauner Farbe gelöst. Wird der bromierte und mit Salpetersäure behandelte Anthrazit mit Pyridin weiter behandelt und wieder in rauchende Salpetersäure eingetragen, so löst er sich langsam aber vollkommen auf. Wird diese Auflösung unter dem Mikroskope verfolgt, so beobachtet man hellere und dunklere braune Streifen. Die vollkommene Lösung kann als Beweis dafür gelten, daß trotz des hohen Inkohlungsgrades im Anthrazit elementarer Kohlenstoff in nennenswertem Betrage nicht vorliegt.

Folgende Übersicht zeigt den nach dieser Methode gefundenen Gehalt einer Reihe von Kohlen an Polymerbitumen, wobei nur von den Kohlen 1, 4, 5, 9, 11—19 genügend Material zur Verfügung stand, daß die angegebenen Werte Durchschnittswerte sind.

Torf.	1. Münchenbuchsee b. Bern, je nach Tiefe	0,03—0,1 %
Braunkohlen.	2. Unionbrikett	0,7 %
	3. Kassel	0,9 %
	4. Wetterau, Hessen	8,4 %
	5. Boltigen, Bern	0,1 %
	6. Moskau	7,2 %
	7. Borneo (Glanzbraunkohle)	0,05 %

Steinkohlen.　　　　　　　　　　a) Streifenkohlen:

8. Spitzbergen	14,3 %
9. Deans Primrose, England	6,1 %
10. Pittsburgh, U. S. A.	12,2 %
11. Oberschlesien	11,5 %
12. Heinitz, Saar	8,6 %
13. La Houve, Saar	14,2 %
14. Brassert, Flöz 1, Ruhr	17,2 %
15. ,, ,, 33, ,,	10,0 %
16. ,, ,, 36, ,,	13,9 %
17. Neumühl, Ruhr	2,6 %
18. Mausegatt, Ruhr	Spuren
19. Finefrau, Ruhr	,,
20. Durit aus oberschl. Kohle Heinitz	22,1 %
21. ,, ,, Brassert, Flöz 1	59,7 %
22. ,, ,, ,, ,, 33	36,3 %
23. ,, ,, ,, ,, 36	57,9 %
24. Sporenkohle, Oberschl. Pochhammerflöz	56,5—82,0 %

b) Kännelkohlen:

25. Lohberg, Flöz 13, Westfalen	24,6 %

Die obigen Werte erhöhen sich noch, teilweise recht beträchtlich, wenn der P.-Bitumengehalt auf Reinkohle, d. h. wasser- und aschefreie Kohle, also nur auf die organische Substanz, bezogen wird. So beträgt der Gehalt der Kännelkohle (Nr. 25) 30,1% in der Reinkohle, statt 24,6% in der Rohkohle.

c) Humusstoffe.

Soweit heutzutage unsere Kenntnis von den Humusstoffen reicht, lassen sie sich chemisch noch nicht genügend kennzeichnen. So faßt man unter diesem Namen noch immer mehrere Stoffgruppen zusammen, die mehr äußere als innere

Verwandtschaft miteinander haben. Die braune Farbe und die amorphe Natur sind die Hauptkennzeichen jener Humusstoffe genannten Substanzen, die nicht nur im Boden durch mannigfaltige Einflüsse aus totem tierischen und pflanzlichen Material gebildet werden, sondern die auch aus chemisch ganz voneinander abweichendem Ausgangsmaterial in häufig völlig unübersichtlichem Reaktionsgange künstlich erzeugt werden können. SVEN ODÉN definiert deshalb den Begriff Humusstoffe:

„Humusstoffe sind jene gelbbraun bis dunkelschwarzbraun gefärbten Substanzen unbekannter Konstitution, welche durch Zersetzung der organischen Substanz entweder in der Natur durch Einfluß der Atmosphärilien oder im Laboratorium durch chemische Einwirkung (vornehmlich von Säuren oder Laugen) gebildet werden. Sie zeigen eine ausgesprochene Affinität zum Wasser und, wenn nicht im Wasser löslich oder dispergierbar, wenigstens deutliche Quellung. Dieses aufgenommene Wasser wird nur unter stark vermindertem Druck wieder abgegeben."

Die natürlichen Humusstoffe und ebenso die künstlichen lassen sich trotz ihrer strukturellen Verschiedenheit auf Grund ihres Verhaltens gegen Basen in 2 Gruppen unterteilen. Die eine Gruppe gibt mit Basen Salze, von denen die der Alkalien in Wasser leicht löslich sind, die andere nicht. Die erstere nennt man *Huminsäuren*, die andere *Humine*. Nach ODÉN sind „Huminsäuren diejenigen Humusstoffe, die Wasserstoffionen abzuspalten vermögen und mit starken Basen unter Wasseraustritt typische Salze geben".

Die natürlichen Huminsäuren hat ODÉN in 3 Gruppen unterteilt. Die erste Gruppe bildet die *Fulveosäure*, die in Wasser mit gelber Farbe leicht löslich ist. Sie spielt als Kohlebildner keine Rolle, da sie infolge ihrer Löslichkeit aus dem inkohlenden Material verschwindet. Die zweite Gruppe nennt ODÉN *Humussäure*. Sie stellt den Hauptbestandteil der Huminsäuren dar, ist von schwarzbrauner Farbe, löslich in Alkalien, unlöslich in Alkohol. Die dritte Säure wird *Hymatomelansäure* genannt. Sie ähnelt sehr der Humussäure, doch ist ihre Farbe mehr gelbbraun, ihr Kohlenstoffgehalt etwas höher, vor allem aber ist sie in Alkohol löslich.

Einheitlich sind wahrscheinlich alle diese Substanzen nicht. Sie stellen wohl im günstigsten Falle ein Gemisch sehr nahestehender verwandter Körper dar, die sich aber bisher nicht trennen lassen, Verhältnisse, wie sie an den Tanninen bekanntgeworden sind. Daß sie sehr einheitlich sind, ist schon deswegen unwahrscheinlich, weil sie wohl nur in Ausnahmefällen aus chemisch einheitlichem Material entstanden sind. Wenn man auch heute mit gutem Grunde das Lignin als Hauptgrundstoff der Humusstoffe ansprechen kann, so wird doch je nach der botanischen Zusammensetzung der Torfbildner und je nach den Vertorfungsbedingungen die Zusammensetzung der Huminsäuren wechseln, besonders, wenn neben dem Lignin andere humifizierbare Substanzen in Humin oder Huminsäuren umgewandelt werden.

Dasselbe gilt in etwas eingeschränkterem Maße von den künstlichen Humussäurestoffen. Auch sie sind, obwohl aus einheitlichem Ausgangsmaterial gewonnen, keine chemischen Individuen. Nur dürfte ihre Einheitlichkeit größer sein, als die der natürlichen Humusstoffe.

Trotz des großen Interesses, das die Humusstoffe vornehmlich bei den Agrikulturchemikern und Kohlenchemikern gefunden haben, wissen wir über ihre Konstitution recht wenig.

Sicher ist, daß die Humussäuren echte Carbonsäuren sind. Sie bilden Salze und Ester und spalten die Carboxylgruppen als Kohlendioxyd schon bei Temperaturen unter 100° gleichzeitig mit Wasser ab, ein Verhalten, das erst durch ELLER erkannt worden ist und die Huminsäuren als teilweise recht empfindliche Substanzen erscheinen läßt. Nach Verlust der Carboxylgruppen weisen sie keine sauren Eigenschaften mehr auf. Sie lösen sich nicht mehr in Alkalien. Sie sind in Humine übergegangen. Die Huminsäuren sind hochmolekular. Auf ein Molekulargewicht von 1400 kommen 4 Carboxylgruppen. Ihr Sauerstoffgehalt ist aber bedeutend größer als der Anzahl der Carboxylgruppen entspricht. Die Funktionen dieses Restsauerstoffs sind noch nicht völlig aufgeklärt. Ein Teil liegt als Hydroxylsauerstoff vor, der sich durch Methylierung und Acylierung (Acetylierung und Benzoylierung) nachweisen läßt. Ein weiterer Anteil liegt auf Grund der positiven Reaktion mit Phenylhydrazincarbonat in Form chinoider Carboxylgruppen vor. Ein bedeutender Teil des Sauerstoffs aber entzieht sich jeglicher Charakterisierung; er wird deshalb als Äthersauerstoff angenommen wobei von einigen Forschern (z. B. Marcusson) cyclische Bindung in Form von Furanringen für wahrscheinlich gehalten wird.

Hat so im Laufe der Zeit das Bild der Huminsäuren an Deutlichkeit gewonnen, so lassen sich doch noch keine weitgehenden Angaben über das eigentliche Gerüst dieser Substanzen machen. Wahrscheinlich ist das Vorliegen von aromatischen Ringsystemen. Durch Kalischmelze wurde Protocatechusäure, durch Druckerhitzung und Druckoxydation wurden Benzolcarbonsäuren erhalten. Durch Oxydation mit Chlor oder Salpetersäure werden unter tiefgreifender Umänderung nieder molekulare Verbindungen noch unbekannter Konstitution gewonnen. Mit Kaliumchlorat und Salzsäure entstehen geringe Mengen Chloranil. Die Oxydation mit Chlordioxyd (E. Schmidt) führt zur Bildung von Oxal- und Maleinsäure. Das Auftreten der letzteren kann auf Grund umfangreich beigebrachten Vergleichmaterials als ein Beweis für das Vorliegen von —C—C = C—C— Gruppierungen angesehen werden, wie sie in Benzol- oder Furanringen oder Ringsystemen vorliegen.

Brom wird von den Huminsäuren nicht addiert, sondern nur unter Substitution aufgenommen.

Eigenartigerweise sind Reduktionsprodukte der Huminsäuren noch wenig bekannt. Durch energische Reduktion mit Jod und Phosphor werden die Huminsäuren in ein Gemenge verschiedenartiger Kohlenwasserstoffe zum Teil hydroaromatischen Charakters übergeführt, die sehr ähnlich sind den Einwirkungsprodukten desselben Agens auf Lignin. Die Reduktion alkalischer Humatlösungen mit Aluminiumamalgam führt zu farblosen noch alkalilöslichen Reduktionsprodukten, die sich an der Luft in alkalischer Lösung schnell wieder in rotbraune Stoffe zurückverwandeln. Auf Säurezusatz scheiden die farblosen, reduktiv erhaltenen Alkalisalze eine amorphe, ebenfalls farblose Substanz, aus, deren nähere Untersuchung noch aussteht.

Ein charakteristisches Merkmal der Huminsäuren ist weiter, daß sie nicht nur Ammoniak zu Ammonsalzen binden, sondern darüber hinaus einen, wenn auch kleinen Teil, unter Kondensation konstitutiv aufnehmen, das selbst durch langes Kochen mit konzentriertem Alkali nicht wieder entfernt wird. So ist es nicht überraschend, daß die natürlichen Huminsäuren stets Stickstoff — oft auch Schwefel — enthalten, da sie in Gegenwart von Ammoniak und Aminen entstehen.

1. Vergleich zwischen natürlichen und künstlichen Huminsäuren.

Eine besondere Stellung unter den Huminsäuren nehmen die künstlichen Huminsäuren ein. Ihre systematische Darstellung aus verschiedenen Phenolen und aus Kohlehydraten hat es Eller (4) zum ersten Male ermöglicht, Vergleiche zwischen diesen beiden Gruppen zu ziehen und sie in Beziehung zu den natürlichen Huminsäuren zu setzen.

Er hat 4 Typen von Phenolhuminsäuren aufgestellt. Huminsäuren:

1. aus Brenzcatechin, Hydrochinon, Chinon und Oxyhydrochinon ($C_6H_4O_3$) oder ($C_{48}H_{32}O_{24}$).

2. aus Pyrogallol, Purpurogallin ($C_{48}H_{30}O_{25}$),

3. aus Salicylsäure, Gentinsinsäure,

4. aus Phenol, o-Kresol, Resorcin: von nicht mehr konstanter Zusammensetzung erhältlich, sondern von je nach der Darstellungsart wechselnder analytischer Zusammensetzung.

Die Kohlehydrathuminsäuren werden aus Rohrzucker, Glykose, Milchzucker, Cellulose und Stärke von der konstanten Zusammensetzung $C_7H_7O_5$ erhalten. In ihren Eigenschaften sind sich die Phenolhuminsäuren sehr ähnlich. Sie können nur durch die Elementarzusammensetzung unterschieden werden. ELLER charakterisiert sie folgendermaßen:

„Alle Phenolhuminsäuren backen beim Trocknen zu schwarzen, glänzenden Stücken zusammen, die muschligen Bruch zeigen. In trockenem Zustande verrieben sind sie braunschwarze, amorphe Pulver, unschmelzbar, aber bei hoher Temperatur unter Funkenregen versprühend. Sie lösen sich in Alkali mit tiefbrauner Farbe von großer Intensität und werden aus den alkalischen Lösungen beim Ansäuern mit Salzsäure unverändert ausgeschieden. In Wasser oder Alkohol können die frisch gefällten noch feuchten Huminsäuren leicht, die trockenen schwerer zu kolloiden Systemen dispergiert werden, die durch viele Elektrolyte ausflockbar sind. Die alkoholische Dispersion wird auch durch Ätherzusatz ausgefällt. Phenol, Aceton, Eisessig oder Methylalkohol vermögen gelegentlich zu lösen, diese Löslichkeit tritt bei feuchten Präparaten häufiger wie bei trockenen auf und scheint vom Verteilungsgrade der Huminsäuren abzuhängen. Bei den Huminsäuren inkonstanter Zusammensetzung (aus Phenol, Resorcin usw.) wird sie anscheinend häufiger beobachtet als bei solchen konstanter Zusammensetzung. In Äther, Ligroin, Chloroform, Benzol, Nitrobenzol sind sämtliche Phenolhuminsäuren unlöslich, von heißem Anilin werden sehr geringe Mengen unter Zersetzung aufgenommen.

Sämtliche Phenolhuminsäuren werden von starker Salpetersäure mit rotbrauner Farbe gelöst, bei vorsichtigem Verdünnen mit Wasser fallen rotbraune Flocken aus. Chlorgas führt die Huminsäuren in gelbe, Brom in braune Produkte über. Bromlauge baut unter Abscheidung von Tetrabromkohlenstoff und Bromoform ab. Alkalische Permanganatlösung wird durch Huminsäurelösungen entfärbt. Beim Erwärmen der Phenolhuminsäuren mit Phenylhydrazincarbamat auf etwa 100° wird aus letzterem Stickstoff freigemacht. Alle Phenolhuminsäuren nehmen nach Befeuchten mit Natronlauge aus der Luft Sauerstoff auf.

Die Fähigkeit adsorptive Bindungen einzugehen ist für die Phenolhuminsäuren charakteristisch. Wasser wird aus der Luft angezogen und ohne äußere Veränderung der Huminsäuren adsorptiv gebunden. Von konzentrierter Schwefelsäure werden Phenolhuminsäuren zwar langsam, aber in reichlicher Menge gelöst, aus der beinah schwarzen Lösung wird durch Wasserzusatz eine Adsorptionsverbindung Huminsäure-Schwefelsäure von wechselnder Zusammensetzung ausgefällt."

Die Kohlehydrathuminsäuren ähneln wieder stark den Phenolhuminsäuren. In einigen Punkten aber unterscheiden sie sich von ihnen. So ist ihre Dispersionsfähigkeit in Wasser und Alkohol geringer, ebenso ihre Löslichkeit in Alkalien nach dem Trocknen. Dann unterliegen sie in alkalischer Lösung nicht der Autoxydation an der Luft. Mit Phenylhydrazincarbamat reagieren sie nicht. Auch die Einwirkungsprodukte von Salpetersäure und Chlor haben etwas andere Eigenschaften als die der Phenolhuminsäuren. Weiter besitzen sie einen höheren Wasserstoffgehalt als die Phenolhuminsäuren.

Vergleicht man weiter die künstlichen mit den natürlichen Huminsäuren, so lehnen sich die natürlichen Huminsäuren mehr an die Phenolhuminsäuren an. Von beiden unterscheiden sie sich durch ihren Methoxylgehalt, der allerdings unter der Annahme, daß Lignin der wichtigste Humusbildner ist, verständlich ist, da dies einen hohen Methoxylgehalt aufweist, der allerdings in vorläufig noch nicht übersehbarer Weise zum größten Teil bei der Humifizierung verlorengeht. Zum Vergleich seien eine Zusammenstellung über die Zusammensetzung der verschiedenen Huminsäuren nach ELLER aufgeführt:

	C %	H %
Natürliche Huminsäure (Grenzwerte) . . .	59,6—60,2	3,2—3,4
Huminsäure aus Hydrochinon usw.	58,06	3,26
Huminsäure aus Pyrogallol usw.	56,49	2,44
Huminsäure aus Salicylsäure usw.	57,25	3,02
Huminsäure aus Resorcin (Grenzwerte) . .	59,0—61,9	2,8—3,5
Kohlehydrat-Huminsäuren	60,42	5,07

2. Übergang von Huminsäuren in Humine.

Durch Abspaltung von Kohlendioxyd und Wasser aus den Huminsäuren bei höherer Temperatur werden nicht mehr saure Substanzen von ebenfalls

schwarzbrauner Farbe erhalten, die den natürlichen Huminen entsprechen
dürften. Letztere hat man durch die Kalischmelze wieder in alkalilösliche
braune Substanzen, also Säuren, zurückverwandeln können. Früher nahm man
an, daß diese Substanzen wieder den ursprünglichen Huminsäuren entsprächen.
Eller hat festgestellt, daß diese Annahme nicht zu Recht besteht, daß zwar
bei der Kalischmelze von Huminsäuren und Huminen den ursprünglichen Huminsäuren äußerlich ähnliche Substanzen entstehen, die aber einen bedeutend
höheren Kohlenstoffgehalt aufweisen. Sie stellen infolgedessen eine besondere
Klasse von Huminsäuren dar.

Kann man aus dem bisher beigebrachten Material die auf die Humifizierung
des Lignins aufgebaute Inkohlungstheorie von F. Fischer für recht wahrscheinlich halten, so fehlt es doch noch vorläufig infolge des eigenartigen Charakters
der ersten Umwandlungsprodukte: der Huminsäuren, an einem schlüssigen
Beweis. W. Fuchs schreibt abschließend über den Vergleich von natürlichen
mit künstlichen Huminsäuren:

„Die Einheitlichkeit der aus natürlichen Substanzen isolierten sog. Huminsäuren ist
offenbar fraglich und von vornherein nicht einmal wahrscheinlich. Zumindest in gleichem
Maße gilt dasselbe auch für die im Laboratorium gewonnenen sog. Huminsäuren, welche
aus derartig verschiedenem Ausgangsmaterial erhalten worden sind. Der rein äußerliche
Umstand, daß sowohl natürliche als auch künstliche Huminsäuren dunkle amorphe alkalilösliche Substanzen sind, kann selbstverständlich keine geeignete Grundlage bilden, wenn
es gilt, eine Systematik aufzustellen oder Verwandtschaftsbeziehungen klarzulegen. Auch
auf scharfe Konstanten, wie Schmelzpunkt, Elementarzusammensetzung oder Löslichkeitsverhältnisse kann sich eine Vergleichung nicht stützen. Die Elementarzusammensetzung
verschiedener Huminsäuren schwankt, allerdings in engen Grenzen. Die Löslichkeitsverhältnisse sind bei Kolloiden bekanntlich eine Funktion von Teilchengröße und Quellungszustand, können also gleichfalls nur wenige Anhaltspunkte bieten. Bei Vergleichen
zwischen einzelnen Präparaten muß man sich daher einstweilen notgedrungen auf
die Prüfung des Verhaltens bei bestimmten chemischen Reaktionen beschränken. Allein
aus den angeführten Gründen fehlt es für solche Vergleiche auch an einem zweifellosen
Standardpräparat; daher müssen wohl auch die Ergebnisse von Vergleichungen verschieden ausfallen, je nach dem Vergleichspräparat, auf das man sich bezieht. Für
Behauptungen, wie etwa die, daß die aus Phenolen synthetisch gewonnenen Huminsäuren
mit den natürlichen Huminsäuren identisch seien, fehlt daher derzeit schon deshalb
die Möglichkeit eines Beweises, da es sowohl verschiedene Arten von Phenolhuminsäuren wie auch verschiedene natürliche Huminsäuren gibt.“

3. Zur Gewinnung der Huminsäuren und Humine.

Die Darstellung aller Huminsäuren hat vor allem die bei schon 80^0 erfolgende Kohlendioxydabspaltung zu beachten. Deshalb sind höhere Temperaturen bei allen Operationen, in denen freie Huminsäuren vorliegen, zu vermeiden. Die künstlichen Huminsäuren sind nicht schwer zu erhalten, wenn
ihre Darstellung auch infolge langwierigen Filtrierens geraume Zeit in Anspruch
nimmt. Die Darstellung der natürlichen Huminsäuren hat in erster Linie auf
die Entfernung der möglichen Verunreinigungen zu achten. Hierauf ist meines
Erachtens häufig nicht genügend Rücksicht genommen worden. Als solche
Substanzen kommen Pentosane und Pektine in Frage. Da diese mit dem Alter
der inkohlten Substanz abnehmen und in Braunkohlen nur noch in geringfügiger
Menge enthalten sind, dürfte es sich empfehlen, diese als Ausgangsmaterial
heranzuziehen. Besonders geeignet scheinen hierfür Lignite zu sein, da sie ein
einheitlicheres Ausgangsmaterial darstellen und weniger komplex zusammengesetzt sind. Am schwersten dürfte es sein, aus Torf reine Huminsäuren zu
gewinnen. Um hier die angeführten Begleitstoffe zu entfernen, empfiehlt sich
vielleicht deren vorherige Zerstörung durch Hydrolyse mit 42proz. Salzsäure
oder 84proz. Phosphorsäure.

Noch bedeutend ungünstiger liegen die Verhältnisse für die Darstellung natürlicher Humine. Da es für diese bisher kein Lösungsmittel gibt, so können sie nur als Rest durch erschöpfende Entfernung der Begleitstoffe erhalten werden. Neben den dabei unvermeidlich zurückbleibenden Aschebestandteilen, die sich vielleicht größtenteils auch noch durch Behandlung mit Flußsäure entfernen ließen, bleiben die resistenten Polymerbitumina und Sporopollenine im Humin. Letztere lassen sich ausschalten bei Verwendung von Braunkohlenligniten. Der meist geringfügige Cellulosegehalt kann ebenfalls durch Hydrolyse mit starken Säuren entfernt werden. Ein besonders für die Gewinnung von Huminen und Huminsäuren geeignetes Ausgangsmaterial liegt im „Kasseler Braun", einer besonderen Varietät einer miocänen Braunkohle, vor.

Da sich nicht nur die Huminsäuren verändern, um schließlich in Humine überzugehen, sondern auch die Humine weiter umwandeln, so wird es sicher auch verschiedene Humine geben, deren Charakterisierung und Trennung ganz erhebliche Schwierigkeiten bereiten dürfte.

α) *Natürliche Huminsäuren.*

a) Aus Torf nach SVEN ODÉN. *Humussäure.* „Die am besten naturfrische und nicht getrocknete Probe wird, wenn aschen- (besonders kalk-) reich, erst mit verdünnter etwa 1proz. Salzsäure verrührt und auf ein Filtriertuch gebracht, wonach zuerst mit Salzsäure bis zum Verschwinden der Kalkreaktion im Filtrat, dann mit Wasser bis zum ‚Durchgehen' der Humusstoffe gewaschen wird. Liegen, wie besonders bei Sphagnumtorf, ziemlich aschenarme Humusablagerungen vor, kann diese Behandlung mit Säure, wodurch die Humate und hymatomelansauren Salze zersetzt werden, fortfallen.

Es wird dann mit reinem Wasser zu einem dicken Brei verrührt und unter Rühren bis zum Sieden des Wassers erhitzt. Man fährt damit etwa $^1/_2$ Stunde fort, wobei das verdampfende Wasser, da die Masse nicht eintrocknen darf, ersetzt wird. Durch diese Behandlungsweise wird erreicht, daß ein Teil der Humuskolloide in nicht wieder dispergierbare Koagulate übergeht.

Sodann wird der warme Brei entweder mit 4 n Ammoniak, um kieselsäurefreie Präparate zu erhalten, in Überschuß oder, wenn man besonders stickstofffreie Präparate erstrebt, mit NaOH ausgerührt und über Nacht an einem warmen Platze bei etwa 30—80⁰ stehengelassen. Ich habe durch die gesteigerte Temperatur keine Nachteile erfahren. Dadurch verbindet sich die schwerlösliche Humussäure mit Ammoniak zu Ammoniumhumat, aber gleichzeitig gehen auch kolloide Stoffe, teils mit, teils ohne Mitwirkung des Ammoniaks, in Lösung. Unter diesen letzteren befinden sich harzartige Substanzen sowie die Hymatomelansäure.

Durch Zentrifugieren wird nun der unlösliche Rest von der Flüssigkeit getrennt. Durch wiederholte Behandlung dieses Restes mit Lauge kann man aufs neue Humussäure entziehen und erst nach 15—20maliger Behandlung sind die ammoniaklöslichen Bestandteile, praktisch genommen, entfernt.

Die vereinigten Ammoniakextrakte, welche eine braune, fast schwarze Flüssigkeit bilden, werden dann mit NaCl bis zur Konzentration 2 n versetzt und in Ruhe gelassen. Die kolloiden Substanzen flocken hierbei aus, da aber die Koagulationsflocken fast dasselbe spezifische Gewicht wie die Flüssigkeit besitzen und sehr langsam sedimentieren, verfährt man am besten so, daß die Flüssigkeit eine Woche lang so gut wie möglich vor inneren Strömungen geschützt wird, wobei sich das Koagulat auf dem Boden ansammelt. Dann wird die überstehende Lösung vorsichtig abgehebert.

Diese Lösung wird noch zentrifugiert. Bisweilen habe ich noch auf dem Wasserbade eingeengt, bis sich festes NaCl abzuscheiden beginnt, und dann die noch heiße Flüssigkeit unter Verwendung von Vakuum filtriert. Durch diese Behandlung scheiden sich mehrere kolloide Stoffe, oft als eine Haut auf der Flüssigkeit, aus. Diese verstopft bald das Filter, so daß man dieses einige Male erneuern muß. Wird keine besondere Reinheit erstrebt, läßt man diese Operation weg.

Nach Beendigung der Filtration läßt man die Flüssigkeit erkalten, versetzt sie dann bis zu deutlich saurer Reaktion mit HCl, läßt sie einige Stunden stehen und scheidet die schleimige, dunkelschwarzbraune Fällung, welche die freie Humussäure und Hymatomelansäure enthält, durch Zentrifugieren von der gelben Flüssigkeit ab. Diese enthält außer den anorganischen Salzen die ‚Fulvosäuren‘.

Die Fällung wird danach mehrmals mit siedendem Alkohol ausgewaschen, wodurch die Hymatomelansäure entfernt wird. Man darf diese Auswaschung nicht ins Unbegrenzte fortsetzen, denn die freie Humussäure gibt, ohne sich in Alkohol zu lösen, damit teilweise eine Suspension, die schwer sedimentiert; 5—6 Auswaschungen genügen im allgemeinen, wobei jedesmal auf 1 g Humussäure ca. 100 cm³ Alkohol verwendet wird.

Die Humussäure wird dann in Lauge gelöst und stellt nun eine von Kolloiden fast ganz freie Alkalihumatlösung dar. Im Ultramikroskop sieht man einen sehr schwachen Lichtkegel nebst vereinzelten Submikronen. Durch Filtration durch eine Chamberlain-Filtrierkerze kann man die Lösung von diesen wenigen Submikronen befreien.

Wird die Ammoniumhumatlösung mit Säuren versetzt, so scheidet sich die freie Humussäure ähnlich wie Kieselsäure als schwerlöslich ab. Die Gleichheit erstreckt sich auch dahin, daß unter geeigneten Bedingungen diese schwerlösliche Säure mit Wasser mehr oder weniger beständige Sole zu bilden vermag und daß sich durch Erhitzen eine chemisch sehr wenig reaktionsfähige Modifikation bildet. Hat man die Hymatomelansäure nicht mit Alkohol extrahiert, so ist die Mischung der beiden Säuren beständiger, so daß es scheint, als ob die Hymatomelansäure eine gewisse Schutzwirkung ausübe.

Reinigung. Um ein von anorganischen Salzen freies Sol oder eine Suspension der Humussäure zu erhalten, kann man natürlich die alkalische Humatlösung mit Säuren versetzen und durch langdauerndes Dialysieren die Salze entfernen.

Einfacher gelangt man zum Ziel durch folgendes Verfahren.

Die Ammoniumhumatlösung wird durch HCl im Überschuß gefällt. Dadurch koaguliert die freie Humussäure sogleich in ziemlich groben Flocken. Zwecks Entfernung der Salze wird die Säure zuerst durch HCl-haltiges Wasser ausgewaschen und dann durch Zentrifugieren die Humussäure abgetrennt. Man kann nun die Salzsäure durch Auswaschen mit reinem Wasser und darauffolgende Zentrifugation relativ vollständig entfernen. Mit abnehmendem HCl-Gehalt beginnt die Säure in kolloide Suspension überzugehen, durch langdauerndes Zentrifugieren kann man die Humussäure jedoch größtenteils als Bodensatz abtrennen. Zur Auswaschung von 1 g Humussäure werden jedesmal 200 cm³ Wasser verwendet.“

Hymatomelansäure. Darstellung. Die rohe, das erstemal mit Salzsäure gefällte Humussäure wird durch kräftiges Zentrifugieren oder Auspressen in irgendeiner Filtrierpresse vom Überschuß an Wasser befreit und mit Alkohol in Überschuß bei etwa 50⁰ wiederholt digeriert. Die Humussäure bleibt hierbei ungelöst, während je nach dem Gehalt an Hymatomelansäure braune bis tiefschwarze alkoholische Lösungen derselben erhalten werden. Daß es sich um echte alkoholische Lösungen und nicht um Alkohole handelt, geht aus dem ultramikroskopischen Verhalten, der leichten Filtrierbarkeit und Beständigkeit gegen verschiedene koagulierende Einflüsse hervor.

Die alkoholische Lösung soll nicht eingedampft, weil sich dann leicht eine zähe Haut auf der Oberfläche bildet, sondern schnell in eine große Menge (wenigstens 10 l je Liter Alkohol) destillierten Wassers gegossen werden, wobei sich ein brauner Niederschlag ausscheidet; setzt sich derselbe nicht innerhalb einiger Tage am Boden ab, so fügt man etwas Chlorkalium hinzu, wodurch Koagulation erfolgt. Der Niederschlag wird anfangs mit Chlorkaliumlösung vom Alkohol befreit, später mit destilliertem Wasser gewaschen, aber es gelingt nur sehr schwer, auf diese Weise die Reinigung durchzuführen. Schon bei einer Leitfähigkeit von $x = 2 \cdot 10^{-4}$ läßt sich die Säure nur schwer durch Zentrifugieren zum Absetzen bringen, weshalb man zum Schluß in Kollodiumdialysiersäcken die weitere Auswaschung vornimmt. Aber auch hier bleibt die Leitfähigkeit der Suspension ziemlich groß, etwa $x = 2 - 4 \cdot 10^{-5}$.

Suspensionen und kolloide Lösungen ähneln denen der Humussäure, nur ist die Stabilität Elektrolyten und anderen Koagulationseinflüssen gegenüber bedeutend größer.

Der *Reinheitsgrad* ist schwer zu beurteilen, da Harze und Harzester kaum von der Hymatomelansäure zu trennen sind.

Von der Humussäure unterscheidet sich die Hymatomelansäure außer durch die Alkohollöslichkeit durch einen mehr ins *Braune* gehenden Farbenton, ein niedrigeres Äquivalenzgewicht, etwas höheren Kohlenstoffgehalt ($> 62\%$) und eine viel größere Neigung sowohl der Säure als auch ihrer Salze zur Dispergierung, wodurch kolloide Lösungen von größerer Beständigkeit als die der Humussäure entstehen. Es liegen viele Beobachtungen vor, welche darauf hindeuten, daß die Hymatomelansäure auf die Humussäure eine gewisse Schutzwirkung sowohl gegen reversible als irreversible Zustandsänderungen ausübt. Näher untersucht sind diese Erscheinungen bis jetzt nicht, wie überhaupt die Hymatomelansäure wenig Beachtung gefunden hat. Die hier mitgeteilten Daten sind daher in noch höherem Grade, als dies bei der Humussäure der Fall war, als vorläufige zu betrachten.

b) Aus Braunkohlen nach ELLER. „Rohe Niederlausitzer Humuskohle wird mehrere Tage lang bei 70⁰ getrocknet, dann zerrieben und gesiebt und das Kohlepulver zur Entfernung der Bitumina im Soxhlet so lange mit heißem Benzol extrahiert, bis die Flüssigkeit farblos abläuft, was mindestens 6 Stunden beansprucht, dann wiederum bei 70⁰ getrocknet. Von der so vorbereiteten Kohle werden 125 g in einer Lösung von 40 g Natriumhydroxyd in $2^1/_2$ l Wasser gelöst und die Lösung mehrere Stunden kräftig geschüttelt. Nun läßt man 12 Stunden absitzen, gießt von dem Schlamm durch Filter ab, verdünnt nochmals mit 2 l Wasser und säuert langsam mit Salzsäure an; allzu starke Schaumbildung wird hierbei durch einige Tropfen Äther hintangehalten. Die Huminsäure flockt langsam mit brauner Farbe aus. Man läßt 3 Tage ruhig stehen, hebert die Flüssigkeit vom Niederschlag ab, rührt diesen wieder mit viel Wasser kräftig durch und wiederholt diese Operation nach 3 Tagen abermals.

Nun wird durch gehärtete Filter filtriert und so lange mit Wasser gewaschen, bis im Filtrat keine Salzsäure mehr nachzuweisen ist. Hierbei treten gegen Ende des Auswaschens starke Verluste durch Dispersion ein; diese kann man vermindern, wenn man den Niederschlag nach zweimaligem Auswaschen trocknet, dann erst die trockene Huminsäure salzsäurefrei wäscht und wiederum trocknet. Das Trocknen muß zuerst unter häufigem Zerreiben etwa 14 Tage bei 70⁰ im Trockenschrank erfolgen und dann 4—6 Tage im Vakuum über Phosphorpentoxyd bei 66⁰ fortgesetzt werden, bis Gewichtskonstanz eingetreten ist. Insgesamt dauert die Isolierung der Huminsäure ungefähr 6 Wochen.

Die isolierte Huminsäure ist ein dunkelbraun bis schwarzes, amorphes Pulver, das außer Asche noch Schwefel und Stickstoff enthält."

β) *Künstliche Huminsäuren.*

a) Huminsäure $(C_7H_7O_3)_x$ aus Rohrzucker nach Eller und Saenger. „Zu einer filtrierten Lösung von 100 g Rohrzucker in 100 cm³ Wasser werden unter guter Kühlung und lebhaftem Rühren mittels Turbine 150 cm³ 75proz. Schwefelsäure so langsam eingetropft, daß die Temperatur des Gemisches 35° nicht übersteigt. Nach Beendigung des Eintragens wird im Wasserbade 3 Stunden auf 65° erwärmt, wobei sorgfältig darauf zu achten ist, daß nicht die häufig jetzt eintretende Reaktion die Temperatur über diese Grenze hinauftreibt. Die Flüssigkeit wird nach kurzer Zeit braun und schließlich beinah schwarz, ohne sich zu trüben; eine geringe Gasentwicklung ist zu beobachten, in dem entweichenden Gase konnten Kohlenoxyd, Kohlendioxyd und Schwefeldioxyd nachgewiesen werden. Die wieder erkaltete Lösung wird langsam unter ständigem Rühren in 3 l Wasser eingegossen, wobei sich die Huminsäure in braunschwarzen Flocken ausscheidet, die sich nach einigen Stunden absetzen, so daß die überstehende braune Flüssigkeit abgehebert werden kann. Der schlammige Rückstand wird mit dem dreifachen Volumen Wasser versetzt, wiederum das Absetzen abgewartet, die überstehende Flüssigkeit abgehebert und dieses Dekantieren so oft wiederholt, bis sich in der abgeheberten Flüssigkeit keine Schwefelsäure mehr nachweisen läßt. Dann wird durch gehärtete Filter filtriert und mit Wasser ausgewaschen. Der Niederschlag wird 3—4 Tage bei höchstens 70° getrocknet, die letzten Reste Wasser werden durch etwa zweitägiges Trocknen im Vakuum über Phosphorpentoxyd bei 66° entfernt. Es hinterbleibt eine schwarze, glänzende, spröde Masse von muscheligem Bruch, die beim Pulverisieren ihren Glanz verliert und in feiner Verteilung braunschwarze Farbe zeigt. Ausbeute etwa 3 g.

Die Huminsäure aus Rohrzucker ist geruchlos, amorph, unschmelzbar und versprüht bei hoher Temperatur unter Funkenregen. An der Luft ist sie beständig, direktes Sonnenlicht ruft nach längerer Zeit oberflächliche Gelbfärbung hervor. Die frisch gefällte noch feuchte Säure ist in Alkali langsam völlig löslich, sehr langsam in konzentrierter Schwefelsäure; in Wasser und Alkohol tritt nur langsam geringe Dispersion ein. Von den üblichen organischen Lösungsmitteln wird die Säure nicht aufgenommen. Die trockene Säure ist in allen Lösungsmitteln unlöslich und wird auch von Alkali nur beim Kochen langsam gelöst. Sie zersetzt sich unter Abspaltung von Kohlendioxyd und Wasser schon bei Temperaturen von 90° mit merklicher Geschwindigkeit."

b) Huminsäure $(C_6H_4O_3)_x$ aus Hydrochinon, Chinon oder Brenzcatechin nach Eller und Koch. 5 g Hydrochinon werden in überschüssiger sehr verdünnter Natronlauge gelöst, die sich rasch bräunende Lösung mit 25 g fein pulverisiertem Kaliumpersulfat portionsweise innerhalb 1 Stunde versetzt, wobei sich die Flüssigkeit stark erwärmt und eine erst tiefgrüne, später dunkelrotbraune Farbe annimmt. Wenn hierbei der Geruch des Chinons auftreten sollte, fehlt es an Alkali. Die entstandene klare Lösung wird nach dem Abkühlen langsam mit verdünnter Salzsäure angesäuert, wobei die Huminsäure sich in braunschwarzen Flocken abscheidet, der Säurezusatz so lange tropfenweise fortgesetzt, bis die überstehende Flüssigkeit hell geworden ist. Der Niederschlag wird abfiltriert und bis zum Verschwinden der Chlorreaktion mit Wasser ausgewaschen, was mindestens 2, meistens 5—6 Tage in Anspruch nimmt, dann im Trockenschrank 5—6 Stunden bei 80° und anschließend im Vakuum über Schwefelsäure 7—8 Tage getrocknet. Ausbeute 60—70 % der Theorie. Erneutes

Lösen in Alkali, Ausfällen durch Säure bietet keinen Vorteil für die Reinheit des Präparates.

Derart hergestellte Huminsäure ist ein braunstichiges schwarzes Pulver, unschmelzbar, bei hohei Temperatur untei Funkenregen versprühend. Die trockene Säure löst sich spielend in Alkali, leicht, wenn auch langsam, in konzentrierter Schwefelsäure, wenig in Alkohol; die noch nicht völlig trockene Säure außerdem in Wasser und Eisessig, spurenweise in Äther; in den sonst gebräuchlichen Lösungsmitteln ist sie unlöslich.

Ganz analog verfährt man zur Darstellung der Huminsäuren aus Chinon oder Brenzcatechin.

Von ELLER sind aus anderen Phenolen, Aminophenolen nach obiger Reaktion eine ganze Reihe von Huminsäuren dargestellt woiden, deren Beschreibung aber hier zu weit führen würde. Es ist hier nur von der Klasse der Kohlehydrat- und Phenolhuminsäuren je ein Beispiel aufgeführt, um gegebenenfalls Vergleichsmaterial zu haben.

c) Veränderte Huminsäuren aus Huminen oder Huminsäuren durch Kalischmelze. ELLER hat durch eingehende analytische Untersuchung zahlieicher durch Kalischmelze erhaltener Huminsäuren, die er aus Huminen oder direkt aus Huminsäuren erhielt, festgestellt, daß die Kalischmelze zwar äußerlich von gewöhnlichen Huminsäuren nicht unterscheidbare Produkte gewinnen läßt, daß aber die so erhaltenen Säuren einen viel höheren Kohlenstoffgehalt aufweisen. Er liegt zwischen 68—73% gegenüber 56—64%.

Man erhält diese Huminsäuren, indem man 1 Gewichtsteil des Humusstoffes in die Schmelze von 4 Teilen Kaliumhydroxyd mit $2^1/_2$ Teilen Wasser im Nickeltiegel unter dauerndem Rühren langsam einträgt und die Temperatur vorsichtig bis zur beginnenden Gasentwicklung steigert. Hierzu sind für die Humine und die Hydrochinonhumussäure eine Temperatur von 240—250⁰ nötig, bei den natürlichen Huminsäuren genügte 230—240⁰, während die Schmelze der Kohlehydrathuminsäure erst bei 250—260⁰ Gasentwicklung aufwies. Die angeführten Temperaturen werden bis zur Beendigung der Gasentwicklung gehalten, dann wird einige Minuten auf 300⁰ gesteigert. Die erkalteten Schmelzen werden· in Wasser gelöst, filtriert und durch Eingießen in verdünnte Salzsäure ausgefällt. Die braunen Flocken werden genau so isoliert, wie es oben für die Huminsäuren beschrieben ist. Die Eigenschaften der so gewonnenen Produkte entsprechen im allgemeinen denen der Huminsäuren, unterscheiden sich aber durch ihre schon oben erwähnte Zusammensetzung und ihre größere Löslichkeit in Alkohol.

Darstellung von Humin aus Braunkohle nach ELLER. „Feingepulverte und gesiebte Braunkohle wurde einige Tage bei 60—70⁰ getrocknet, dann zur Entfernung der Bitumina im Soxhlet mit siedendem Benzol extrahiert, bis die ablaufende Flüssigkeit farblos war, was mindestens 8 Stunden in Anspruch nahm, und wiederum bei 60—70⁰ getrocknet. Die so vorbehandelte Kohle wurde zur Entfernung der alkalilöslichen Huminsäuren mit 2proz. Natronlauge längere Zeit geschüttelt und die Aufschwemmung dann 2 Tage stehengelassen, die tiefbraune Lösung vom nunmehr abgesetzten Schlamm abgehebert, letzterer wieder mit 2proz. Lauge angerührt und nach dem Absetzen dekantiert. Nach fünfmaliger Wiederholung dieser Operation wurde der Rückstand auf gehärtete Filter gesammelt und so lange mit der Lauge gewaschen, bis das Filtrat fast farblos ablief, was erst nach mehreren Tagen der Fall war. Nun wurde mit Wasser bis zum fast völligen Verschwinden der alkalischen Reaktion im Filtrat gewaschen, was wieder mehrere Tage in Anspruch nahm, und schließlich das Humin bei 60—70⁰ bis zur Gewichtskonstanz getrocknet. Die Isolierung des *Humins nimmt 3—4 Wochen in Anspruch.“

So dargestelltes Humin ist natürlich nicht einheitlich. Abgesehen vom Aschengehalt, enthält es die Polymerbitumina der Kohle, hauptsächlich die Sporopollenine. Es erscheint nach dem heutigen Stande unserer Kenntnis unwahrscheinlich, ein vollkommen reines, natürliches Humin zu gewinnen. Günstiger liegen die Verhältnisse bei der Verwendung synthetischer Huminsäuren, die durch Erhitzen in Humine umgewandelt werden (vgl. auch S. 334).

Darstellung eines künstlichen Humins nach Eller. Rohe Hydrochinonhuminsäure wurde 22 Stunden auf 140—150° erhitzt, wobei ein großer Teil alkaliunlöslich wurde. Dessen Gewinnung erfolgt nach dem obigen Beispiel.

4. Gewinnung der Gesamthumusstoffe aus Torf und Braunkohlen.

Die Bestimmung des Gesamthumusgehaltes hat erhebliches Interesse für die Beurteilung von Böden und zur Bestimmung des Humufizierungsgrades von Torfen und Braunkohlen. Als beste Methode hat sich für diese Zwecke die von Karrer und Bodding-Wigers angegebene mittels Acetylbromid bewährt. Tatsächlich löst dies Agens schon bei Zimmertemperatur unter Acetylose, Bromierung und Acetylierung Cellulose, Lignin, Pentosane, nicht gelöst werden Wachsarten, aber diese sind durch vorherige Extraktion entfernbar, ungelöst bleiben die Humusstoffe. Sie werden, obwohl genaue Angaben nicht vorliegen, scheinbar durch Acetylbromid auch nicht weitgehend verändert, wenn auch Acetylierung zumindest wahrscheinlich ist. Auf Grund dieses Verhaltens definiert Grosskopf die Humusstoffe als diejenigen Zersetzungsprodukte der Pflanzen, die in Acetylbromid unlöslich sind. Er nennt den mit Hilfe dieses Mittels erhaltenen Rückstand, da er ihn als frei von unzersetzten Pflanzenstoffen ansieht, *Reinhumus.* Doch trifft die Annahme, daß außer Humusstoffen sämtliche Pflanzenstoffe von Acetylbromid in lösliche Form übergeführt werden, nicht ganz zu. Mit Sicherheit ist festgestellt, daß die Sporopollenine auch bei wochenlanger Einwirkung nicht löslich werden. Suberin wird schon im Laufe einiger Tage merklich gelöst, während Cutin ebenfalls scheinbar nicht angegriffen wird, doch ist es möglich, daß es im Laufe von zwei oder mehr Wochen auch gelöst wird. Wenn im Torf auch durchschnittlich die Sporopollenine und Cutine mengenmäßig stark zurücktreten, so ist aber auch der Humusgehalt recht klein. In den Braunkohlen steigt mit dem Sporopollenin auch der Humusgehalt, nur Lignite weisen keine Sporopollenine auf. Ob man also bei der Bestimmung den Sporopolleningehalt berücksichtigen soll, muß von Fall zu Fall überlegt werden. Wie sich Phytomelane gegen Acetylbromid verhalten, ist unbekannt, sie dürfen aber kaum gelöst werden, scheinen aber als Kohlengrundstoffe keine Bedeutung zu haben.

Ausführung der Bestimmung. 3—5 g Torf oder Braunkohle werden mit 30 g Acetylbromid übergossen und die unter Wärmeentwicklung einsetzende Reaktion nur durch Außenkühlung so weit gemildert, daß die Reaktionsmasse nicht über 50° warm wird. Nachdem die unter lebhafter Bromwasserstoffentwicklung — Abzug! — einsetzende Reaktion nachgelassen hat, wird gut verstopft mehrere Tage bei Zimmertemperatur stehengelassen. Dann wird der Flascheninhalt durch einen gewogenen Glasgoochtiegel abgesaugt, der Rückstand erst mit Eisessig, dann mit Wasser gewaschen und bei 80° getrocknet und gewogen. Der Glasgoochtiegel wird zur Vermeidung von Belästigungen durch den Bromwasserstoff lose mit einem Uhrglas bedeckt. Da manchmal in der angegebenen Zeit nicht sämtliche abbaubaren Stoffe gelöst werden, wird vorteilhaft die Acetylbromidbehandlung wiederholt. In einigen Fällen blieb der Rückstand erst nach 14 tägiger Einwirkung bei öfters erneuertem Acetylbromid konstant. Da ein großer Teil der anorganischen Bestandteile bei dieser Behandlung unlöslich bleibt, wird er durch Veraschung eines Teiles des Rückstandes bestimmt und abgezogen.

Wesentlich für einen glatten Aufschluß ist die Gegenwart geringer Mengen Feuchtigkeit. Es wird deshalb am besten lufttrockene Substanz angewandt. Vorteilhaft hat sich auch ein geringer Zusatz von Eisessig zum Acetylbromid bewährt. Braunkohlen müssen ihres hohen Bitumengehaltes wegen vor dem Aufschluß extrahiert werden.

Quantitative Bestimmung der Humusstoffe. Aus dem bisher Gesagten ergibt es sich bereits, daß eine quantitative Bestimmung der Humusstoffe auf große Schwierigkeiten stößt. Am naheliegendsten ist unter den Humusstoffen die Bestimmung der durch charakteristische Eigenschaften: saure Natur, Farbe ausgezeichneten Huminsäuren. Überblickt man aber die für die Bestimmung der Huminsäuren vorgeschlagenen Methoden, so sind sie unbefriedigend. Die am leichtesten ausführbare Methode, die Extraktion der Kohlenprobe mit Alkali oder Ammoniak, die nach verschiedenen Richtungen variiert worden ist, hat bisher nicht genügend Rücksicht auf die besonders in den Torfen noch reichlich enthaltenen Begleitstoffe, wie Pentosane, Pektine usw., genommen, die bei einer Ausfällung der Huminsäuren durch Säuren teilweise mit in den Niederschlag gehen. Diese Stoffe sollten prinzipiell durch vorherige Hydrolyse etwa mit 42 proz. Salzsäure zerstört werden. Die colorimetrische Bestimmung der Huminsäuren, wie sie z. B. Sven Odén ausgearbeitet hat, ermöglicht auch keine Angabe über die vorhandene Menge Huminsäuren, da die Farbintensität der alkalischen Humatlösungen verschieden alter Huminsäuren, z. B. aus Torf und aus Braunkohle, nicht vom absoluten Gehalt, sondern von der Konstitution der verschieden alten Huminsäuren, d. h. vom Inkohlungsgrade, abhängt. Auch Aciditätsbestimmungen können, da andere nicht humoide Säuren nicht ausgeschlossen werden können, keinen Maßstab über den wirklichen Gehalt geben. Im allgemeinen wachsen zwar Acidität, Humifizierung und Gehalt an rohen Huminsäuren mit dem Alter aber keineswegs proportional. Wenn die eben kurz angedeuteten Methoden noch immer für die Bodenanalyse benutzt werden, so erscheint dies angängig, da die Kenntnis des absoluten Gehaltes an Reinhumussäuren nicht unbedingt nötig erscheint und diese Methoden bei Verwendung geologisch und biologisch ungefähr gleichwertigen Materials doch genügende Rückschlüsse erlauben. Es wird hierauf im Kapitel Bodenanalyse näher eingegangen.

Als beste Methode zur quantitativen Bestimmung der Huminsäuren erscheint heute die Kombination der Acetylbromidmethode mit der Alkalimethode.

Mit ersterem Agens werden sämtliche Nichthumusstoffe mit Ausnahme der Polymerbitumina, die aber nicht störend wirken, entfernt. Der nach der S. 336 beschriebenen Acetylbromidmethode erhaltene Rückstand wird nun mit Alkali oder nach H. Vater mit 5 n Ammoniak im reichlichen Überschuß 1 Stunde geschüttelt, dann filtriert und in einem aliquoten Teil des Filtrates die Huminsäuren bestimmt.

Die quantitative Bestimmung der Humine ist bei den meisten Kohlen nur indirekt möglich, indem der, wie eben beschrieben, nach Entfernung der Huminsäuren verbleibende Rückstand mit Diacetyl-o-Salpetersäure nach S. 302 behandelt wird und der so ermittelte Gehalt an Polymerbitumen + Aschesubstanzen vom gefundenen Acetylbromidrückstand unter Berücksichtigung des Huminsäuregehaltes abgezogen und als Humin angesehen wird.

d) Ölschiefer.

In eine andere Klasse organischer fossiler Stoffe, als die inkohlten Substanzen: Torf, Braun- und Steinkohle, gehören die Faulschlammgesteine oder Sapropelite. Sie sind ausgezeichnet durch einen sehr hohen Gehalt an anorganischen Bestandteilen, unter denen Sand und Tonerdeverbindungen vorherrschen, und durch den Mangel an strukturiertem organischen Material, selbst wenn der Gehalt an organischer Substanz groß ist. Die Ursache hierfür muß in den biologisch und damit auch biochemisch ganz anders gearteten Verhältnissen des Faulschlammes gesehen werden. Gegenüber dem Inkohlungsprozeß ist die Sapropelierung chemisch durch das Vorherrschen von Reduktionsvorgängen und durch eine viel größere Intensität aller sich abspielenden Reaktionen gekennzeichnet. So dürfte es nicht verwunderlich sein, wenn schon in jungen Faulschlammen im Vergleich zum Torf das strukturierte Pflanzenmaterial weitgehend verschwunden ist. Auch von den Umwandlungsprodukten desselben bleibt viel weniger als bei der Inkohlung erhalten, so daß sich schließin den Sapropeliten nur wenige Substanzen vorfinden, die auf Grund chemischer Genese mit bestimmtem pflanzlichen Ausgangsmaterial mit Sicherheit in Beziehung gebracht werden können. Außerdem ist bei der Entstehung der Sapropelite die Mitwirkung von tierischem Ausgangsmaterial viel wahrscheinlicher als bei der Inkohlung. Können die Baustoffe der Sapropelite somit komplexer sein als die der Kohlen, so zeigt es sich, daß die in den Ölschiefern, als den wichtigsten Sapropeliten, vorliegenden organischen Substanzen infolge der einheitlicheren Richtung der biochemischen Prozesse ebenfalls chemisch einheitlicher sind. Sie gehören in die Klasse der Kohlenwasserstoffe, die häufig sauerstoff-, schwefel- und seltener stickstoffhaltig sind. Die Uniformierung der Endprodukte wird nach dem Aufhören biochemischer Prozesse durch die Gegenwart des prozentual großen anorganischen Anteils begünstigt, von dem die Tonerdebestandteile durch ihre Fähigkeit als Kontaktsubstanzen mannigfaltige chemischen Reaktionen zu bewirken, unter denen Kondensationsvorgänge vorherrschen, ausgezeichnet sind.

So sehen viele Forscher im Faulschlamm die Muttersubstanz des Erdöls, während die Ölschiefer nach neuerer Auffassung (R. Potonié) nicht als Ausgangsmaterial hierfür in Betracht kommen, sondern ein selbständiges Endglied der Faulschlammumwandlungsprodukte sind. Obwohl die optische Aktivität gewisser Erdöle auf pflanzlichen und tierischen Ursprung hindeutet, kann das Petroleum hier nicht mitbehandelt werden, da die Zuordnung zu bestimmten, chemisch definierbaren Pflanzensubstanzen unsicher und in den Fällen, in denen man experimentell die Frage zu lösen versucht hat, stark umstritten ist.

Trotz des hiermit verknüpften großen Interesses ist die Chemie des Sapropels und der Sapropelite im Gegensatz zur Kohlechemie erst in den Anfängen, so daß gerade über die wichtigen ersten Stufen der biochemischen Umwandlung der Pflanzenstoffe im Faulschlamm wenig bekannt ist. Es soll deshalb aus Mangel an geeigneten Grundlagen hier nur auf die wichtige Klasse der Ölschiefer näher eingegangen sein.

Diese Klasse von Gesteinen enthält neben anorganischen Bestandteilen, die meist mehr als drei Viertel des Gesamtgewichtes ausmachen, im wesentlichen 2 Gruppen organischer Substanzen: einen durch Lösungsmittel bei nicht zu hoher Temperatur ausziehbaren und einen in diesen unlöslichen Anteil — Öl- und Festbitumen. Während der erstere keine Schlüsse mehr auf die ihm zugrunde liegenden Baustoffe zuläßt, verrät der andere häufig infolge seiner noch erhalten gebliebenen Struktur seine Herkunft aus den Sporopolleninen. Doch ist die Deutung der in den meisten Ölschiefern vorhandenen Festbitumina als Sporenmembranen nicht ohne Einschränkung erlaubt. Häufig hat man es zwar mit mehr oder weniger kugeligen, hellgelben bis dunkelbraunen Körpern zu tun, die aber infolge ihrer Kleinheit oder durch ihre Form ihre Zuordnung zu den Sporenmembranen erschweren. In vielen Fällen ist man zu der Ansicht gekommen, daß es sich nicht um Sporenhüllen, sondern um diesen nur äußerlich ähnliche Gebilde handelt, deren Form erst sekundären Einflüssen ihr Dasein verdankt, z. B. Gerinnungskörper. In manchen Fällen will man infolge der eigenartigen Struktur solcher Gebilde in ihnen fossilierte Algen usw. sehen. Doch ist diese Frage noch strittig. Von all diesen Gebilden soll hier abgesehen werden, da ihre Zuordnung zu irgendeiner Pflanze, einem Pflanzenteil oder

Pflanzenbaustoff völlig fraglich ist. Ihre Isolierung ist im übrigen dieselbe wie bei den echten Sporenmembranen (s. weiter unten). Nur durch eingehende mikroskopische Untersuchung unter Zuhilfenahme des Dünnschliffs läßt sich meist die Zuordnung derartiger Gebilde zu den Sporopolleninen ermöglichen. Man sollte derartige fragliche Gebilde nur dann als Sporen ansprechen, wenn sich in ihnen ein Hohlraum nachweisen läßt, da genau wie bei der Inkohlung von den mehr oder weniger kugeligen Sporen nur die äußere Sporopolleninmembran bei der Sapropelierung erhalten bleibt, so daß die Sporenhülle meist durch den Außendruck zusammengedrückt, in selteneren Fällen durch Fremdmaterial ausgefüllt wird.

Andere Zellmembranbestandteile sind in den Sapropeliten mit Sicherheit noch nicht aufgefunden worden, es sei denn, daß sie jungen Ursprungs waren. Die intensive chemische Arbeit des Faulschlamms vernichtet wohl in kurzer Zeit bis auf die äußerst resistenten Sporopollenine auch die bei der Inkohlung länger erhalten bleibenden Membranstoffe, wie Cellulose, Lignin und Cutin. Besonders das Fehlen letzterer im Inkohlungsprozesse erhalten bleibender Stoffe zeigt die intensivere Wirkung des Faulschlamms und die geringere Beständigkeit des Fettsäurepolymerisates: Cutin gegenüber dem Terpenpolymerisat: Sporopollenin.

Diese Unbeständigkeit des Cutins im Faulschlammprozeß deutet darauf hin, daß Cutin und wohl erst recht Suberin gegenüber langdauernden enzymatischen Einflüssen nicht ganz widerstandsfähig sind.

1. Isolierung von Sporopolleninen aus Ölschiefern.

Wie aus dem Abschnitt dieses Werkes über Kork und Cuticularstoffe hervorgeht, bedarf es schon einer ganzen Reihe von Operationen, um aus den gesammelten Sporen und Pollen rezenter Pflanzen die charakteristische Sporopolleninmembran in reinem Zustande zu gewinnen. Besondere Schwierigkeiten bereitet ja schon dort die Entfernung des anorganischen Begleitmaterials, obwohl es prozentual nicht hervortritt. Viel schwieriger muß demnach die Eliminierung des gewichtsmäßig viel größeren und chemisch uneinheitlicheren Gesteinsmaterials sein. Hier handelt es sich nicht nur um die Entfernung von Sand, sondern vor allen Dingen um die Trennung von tonigen Bestandteilen, die zudem durch den Gebirgsdruck mit den organischen Stoffen fest verbunden sind.

Aussicht auf Erfolg bietet unter diesen Umständen nur eine Verknüpfung mechanischer und chemischer Aufbereitungsverfahren, wobei letztere unbedenklicher als bei den rezenten oder humitischen Sporopolleninen angewandt werden können, da die sapropelitischen Sporopollenine chemisch weit widerstandsfähiger als jene sind.

Das Prinzip des Aufbereitungsverfahrens, wie es nachstehend geschildert wird, hat sich bei den wenigen bisher untersuchten Gesteinen bewährt, wird jedoch von Fall zu Fall je nach der besonderen Eigenart des Gesteins modifiziert werden müssen. Am leichtesten lassen sich natürlich lockere Gesteine verarbeiten. Als weiterer Gesichtspunkt wird für die Darstellung von sapropelitischen Sporopolleninen gelten, daß vorerst nur solche Gesteine ausgewählt werden, die außer fossilen Sporenmembranen kein anderes Festbitumen enthalten, da dieses chemisch und mechanisch vorläufig nicht von ersteren zu trennen ist. Besonders günstig werden solche Gesteine sein, die einen hohen Prozentsatz an Sporen und nach Möglichkeit nur eine einzige Sporenart enthalten. Auch die Größe derselben spielt eine Rolle, da Makrosporen bequemer zu isolieren sind.

Der Gang der Aufbereitung ist folgender: Das Gesteinsmaterial wird zuerst mit dem Hammer zerkleinert und dann je nach der Festigkeit in einer Kaffee- oder Kugelmühle grob gemahlen.

Handelt es sich um die Isolierung von Makrosporen, so wird gesiebt, da so auf dem Sieb die unverletzten Sporen erhalten werden. Nun wird jeder Anteil für sich mit Tetrachlorkohlenstoff geschlämmt. Das obenauf schwimmende Material ist schon ziemlich reines Festbitumen. Alle Fraktionen werden nun zur Entfernung der tonigen Bestandteile wiederholt mit Seifenwasser gewaschen, das den Ton gut suspendiert und durch Dekantieren zu entfernen gestattet. Nach dieser Reinigung enthält der Rückstand allerdings noch viel anorganische Produkte, die infolge des Gebirgsdruckes so fest mit den Sporenhäuten verknüpft sind, daß sie auf rein mechanischem Wege nicht mehr entfernt werden können. Ihre Entfernung gelingt durch die Einwirkung von Fluorwasserstoffsäure. Hierdurch wird das Gefüge so weit gelockert, daß durch erneutes Schlämmen und Waschen mit Seifenlösung der Aschengehalt unter 1 % heruntergebracht werden kann. Durch Wiederholung der Operationen läßt er sich schließlich auf unter 0,1 % senken. Sehr kompaktes Gesteinsmaterial muß zur Entfernung der anorganischen Substanzen sogar öfters mit Flußsäure erhitzt werden. Diese sehr unangenehme und lästige Operation hat bisher bei solchen Gesteinen die Isolierung größerer Mengen Sporopollenin verhindert.

Am Beispiel des *Tasmanits*, eines sehr makrosporenreichen, sandigen Schiefertones vom Merseyriver im nördlichen Tasmanien, permocarbonischer Herkunft, sei das Aufarbeitungsverfahren genau beschrieben.

2. Gewinnung des Sporopollenins aus dem Tasmanit nach Zetzsche, Schärer und Vicari.

770 g Tasmanit wurden mit dem Hammer zerkleinert und in einer Kaffeemühle gemahlen. Das Gesteinspulver wurde durch ein feinmaschiges Messingsieb getrieben. Der durchgegangene feinere Anteil I wog 422 g, während der gröbere Anteil II 336 g betrug.

Beide Anteile wurden nun getrennt in Tetrachlorkohlenstoff eingetragen, kräftig durchgerührt und verdeckt stehengelassen. Nach erfolgter Klärung wurde der obenauf schwimmende Teil vorsichtig abgeschöpft. Nach dem Trocknen wurden aus Teil I 88 g, aus Teil II 116 g (Teil IIa) Sporen erhalten. Der Bodensatz von Teil I bestand fast ausschließlich aus Sand und erwies sich so sporenarm, daß eine Weiterverarbeitung nicht lohnte. Der Bodensatz von Teil II im Gewichte von 210 g (Teil IIb) war sehr tonreich und enthielt noch reichlich Sporen.

Jetzt wurde jeder Anteil für sich zur Entfernung der Kieselsäure und zur Lockerung des Tones in 40 proz. Fluorwasserstoffsäure eingetragen. Da infolge des hohen Kieselsäuregehaltes hierbei starke Erwärmung erfolgte, wurde das Material langsam portionsweise eingetragen. Die verwendeten Bleigefäße wurden während dieser Operation durch Einstellen in Eiswasser gekühlt. Es wurde so viel Flußsäure verwandt, daß ein dünner Brei resultierte. Dann wurde 2 Tage gut verschlossen stehengelassen, durch Filterleinen abgesaugt, anfangs mit Flußsäure, dann mit konzentrierter Salzsäure und schließlich mit kochendem Wasser mehrmals ausgewaschen. Nun wurden die Sporen in einer Porzellanschale je $^1/_2$ Stunde mehrmals mit 10 proz. Kalilauge gekocht und filtriert, bis das anfangs gelbliche Filtrat farblos war.

Hieran schloß sich die Seifenwaschung an, indem die Sporen mit der 30 fachen Menge einer 15 proz. Schmierseifenlösung in einem großen Erlenmeyer-Kolben längere Zeit kräftig geschüttelt wurden. Nach *kurzem* Stehen des schräg gestellten Kolbens wurde die durch den suspendierten Ton schmutziggraue Seifenlösung von den abgesetzten Sporen durch allmähliches Neigen des Gefäßes dekantiert und diese Seifenbehandlung so oft wiederholt, bis das Seifenwasser nicht mehr trüb erschien. Diese Operation kann für den gröberen Anteil II, der die unverletzten Makrosporen enthält, sehr vereinfacht werden, indem an Stelle des Absitzenlassens und Dekantierens die Sporen nach dem Durchschütteln mit Seifenwasser mit Hilfe eines Siebes von den Verunreinigungen befreit werden.

Darauf wurden die Sporen wiederholt auf dieselbe Weise mit heißem Wasser gewaschen, das bei der letzten Wäsche mit Salzsäure schwach angesäuert war, und abgesaugt.

Während der Aschengehalt der Sporenmembranen aus Teil I nach dieser Behandlungsweise 0,1—0,2 % betrug, war er bei den Teilen IIa und b 2—5 %. Um auch diesen unter 1 % herunterzudrücken, mußte die ganze Operationsfolge von der Behandlung mit Flußsäure an wiederholt werden.

Zur restlosen Beseitigung des Ölbitumens, soweit es nicht bereits in den Tetrachlorkohlenstoff, die Alkalilauge oder das Seifenwasser übergegangen war, wurden die Sporen einer Behandlung mit organischen Lösungsmitteln unterworfen. Zu diesem Zwecke wurden sie nacheinander mit Alkohol, Äther, Schwefelkohlenstoff und Pyridin durch Erwärmen auf dem Wasserbade jedesmal so lange ausgezogen, bis die Filtrate klar blieben. Dann wurden sie zur Entfernung des Pyridins mit Eisessig, dem etwas Salzsäure zugefügt war, und dann mit heißem Wasser säurefrei gewaschen, wobei man dieses stets vor jedesmaliger Filtration längere Zeit einwirken ließ.

Da sich infolge der zahlreichen Filtrationen das so erhaltene Sporopollenin stark durch Filterfasern verunreinigt erwies, so wurde es nunmehr in die 20fache Menge Kupferaminlösung eingetragen und unter häufigem Umschütteln 2 Tage stehengelassen. Um erneute Verunreinigung mit Cellulose zu vermeiden, wurden die Sporenhüllen jetzt durch einen Glasgoochtiegel abgesaugt, mehrmals mit 24proz. Ammoniak nachgewaschen und 2 Tage in verdünnter Salzsäure stehengelassen. Nun wurden sie säurefrei gewaschen und schließlich mit Alkohol und dann mit Äther ausgekocht, erst an der Luft, dann im Vakuumtrockenapparat bei 100° getrocknet.

Aus Teil I wurden 65 g, aus Teil IIa 35 g und aus Teil IIb 38 g, zusammen 138 g = 17 % des Ausgangsmaterials Sporopollenin erhalten. Diese Ausbeute stellt natürlich infolge der beim Dekantieren der Seifenlösung unvermeidlichen Verluste nur einen Mindestwert dar.

Erwähnt sei, daß der grobe Anteil, der die zum größten Teil unverletzten Sporenhäute enthält, stets einen höheren Aschengehalt aufweist, da die im Innern der Sporen befindlichen Verunreinigungen sich nie restlos entfernen ließen. Eine Prüfung unter dem Mikroskope zeigte dies sofort.

3. Quantitative Bestimmung des Sporopollenins.

Die quantitative Bestimmung lehnt sich eng an die eben geschilderte präparative Gewinnung an. Die meist angewandte Methode durch Bestimmung des Glühverlustes beim Veraschen den Gehalt an organischer Substanz zu bestimmen, liefert nur Annäherungswerte, da nicht nur das organische Material, sondern auch das im anorganischen gebundene Wasser mitbestimmt wird.

Das feingepulverte Material im Gewicht von ca. 0,5 g wird nach dem Trocknen im Vakuum bei 100° bis zur Gewichtskonstanz mit Pyridin erschöpfend extrahiert, indem das Pulver mehrmals mit je 50 cm³ Pyridin 4 Stunden auf dem siedenden Wasserbade erwärmt wird. Das durch einen Glasgoochtiegel abfiltrierte Produkt ist in der Regel nach dreimaliger Behandlung erschöpft. Zur Sicherheit werden die Filtrate mit verdünnter Salzsäure angesäuert, hierbei darf schließlich keine Trübung auftreten. Dann wird der Filterrückstand zweimal in 50 cm³ Eisessig, dem 3 cm³ rauchende Salzsäure zugesetzt sind, eingetragen, auf dem Wasserbade mehrere Stunden erwärmt und abgesaugt. Der Eisessig wird durch häufiges, längeres Kochen mit Wasser entfernt und das im Tiegel abfiltrierte Pulver getrocknet.

Dies wird nun in 50 cm³ 40proz. Flußsäure in einem Platingefäß eingetragen, verdeckt einige Stunden stehengelassen und dann auf kleiner Flamme zu einem dünnen Brei vorsichtig abgeraucht. — Nach Zugabe von nochmals 50 cm³ Säure wird gleich verfahren. Diese sehr lästige Operation ist in einem gut ziehenden Abzuge auszuführen. Nachdem die Flußsäure zum zweiten Male abgeraucht war, wird Wasser hinzugefügt und nochmals zu einem dünnen Brei abgekocht. Der Rückstand wird mit 10 cm³ rauchender Salzsäure versetzt und diese ebenfalls abgeraucht. Nun werden 30 cm³ 50proz. Kalilauge zugefügt und 2 Stunden im siedenden Wasserbade erhitzt. Der Gefäßinhalt wird in ca. 300 cm³ Wasser eingegossen — der Tiegel ausgespült — und nach längerem Stehen durch einen Glasgoochtiegel abgesaugt. Der Rückstand wird zur Entfernung der Lauge quantitativ in 1proz. Salzsäure übergeführt, längere Zeit darin erwärmt, filtriert und bis zur Säurefreiheit mit Wasser behandelt, indem nach jedesmaligem Absaugen stets mehrere Stunden mit frischem Wasser erwärmt wird. Nach dem Trocknen in der Trockenpistole bei 100° wird gewogen und der Aschengehalt bestimmt, der nunmehr selten mehr als 2 % ausmacht.

4. Eigenschaften und Verhalten des Tasmanins.

Da das aus dem Tasmanit erhaltene Sporopollenin keiner fossilen Pflanze zugeteilt werden kann, wurde es nach dem Gestein Tasmanit: *Tasmanin* genannt.

Die Sporenhüllen sind von rotbrauner Farbe, durchsichtig und besitzen einen Durchmesser von 1—2 mm. Unter dem Mikroskope zeigen die unverletzten Hüllen die Form flacher, zusammengedrückter Kugeln von glatter, etwas welliger Oberfläche, die meistens infolge des Gesteinsdruckes mehr oder weniger unregelmäßig gefaltet ist. Die Farbe aus anderen Ölschiefern isolierter Sporenhüllen ist dunkelgelb bis rotbraun. Das spezifische Gewicht liegt über 1.

Die mikrochemischen Reaktionen geben ein den humitischen fossilen Sporen ähnliches Bild, das im wesentlichen sich mit dem des rezenten Sporopollenins deckt.

Hierzu gehören die mannigfaltigen Farbreaktionen mit Chlorzinkjodlösung, Jodjodkaliumlösung, Kalilauge und das Verhalten beim Anfärben mit Farbstoffen, wie Gentianaviolett, Safranin, Sudan III, Erythrosin und alkoholischer Chlorophyllösung. Der einzige Unterschied ist der, daß infolge der dunklen Eigenfarbe die Erkennbarkeit dieser Reaktionen leidet. Auch das Verhalten gegen Chromsäure und gegen konzentrierte Schwefelsäure deckt sich mit dem Verhalten rezenten Sporopollenins. Doch dürfen aus dem positiven Verhalten gegenüber diesen Agenzien nicht ohne weiteres die Schlüsse gezogen werden, daß das rezente und das sapropelitische, fossile Sporopollenin identisch miteinander sind. Vorsicht ist hier um so mehr am Platze, als ja schon das gleiche Verhalten rezenten Cutins und Sporopollenins zu dem Trugschlusse geführt hatte, daß diese Membransubstanzen zumindest sehr nahe verwandt seien. So geben denn auch die meisten Festbitumina, die sicher keine Sporen zur Grundlage haben, mit diesen Agenzien positive Reaktion.

Das thermische Verhalten ähnelt ebenfalls dem der rezenten Sporopollenine, indem sich beim Erhitzen gegen 200° eine Wasserabspaltung bemerkbar macht und über 300° unter Auftreten eines gelbbraunen Destillates und charakteristischen, aber vom rezenten Sporopollenin verschiedenen Geruches Zersetzung eintritt.

Charakteristische Färbungen mit konzentrierter Schwefelsäure, wie sie die rezenten Sporopollenine geben, sind nicht zu beobachten, beim Erwärmen mit konzentrierten Mineralsäuren färben sie sich aber genau wie jene dunkelbraun — schwarzbraun.

Durch Chlor oder Brom wird das Tasmanin in substituierte Produkte übergeführt.

Das Tasmanin enthält nur die Elemente: Kohlenstoff, Wasserstoff und Sauerstoff; Schwefel und Stickstoff fehlen.

Die Bruttoformel wurde in Anlehnung an die rezenten Sporopollenine zu $C_{90}H_{136}O_{17}$ aufgestellt, aus der hervorgeht, daß das Tasmanin vor allem sauerstoffärmer als die rezenten Sporopollenine ist, der Wasserstoffgehalt aber kaum gesunken ist. Geht man den Funktionen des Sauerstoffs nach, so findet man weiter, durch Acetylierung, daß gegenüber den rezenten Sporopolleninen der Hydroxylsauerstoff nahezu völlig verschwunden ist, während der dort in Ätherfunktion angenommene Sauerstoff leicht gestiegen ist. Obige Formel kann aufgelöst werden in $C_{90}H_{134}O_{15}(OH)_2$.

Acetylierung des Tasmanins. 5 g Tasmanin werden mit 100 cm³ Essigsäureanhydrid im Schliffkolben unter Rückfluß 8 Stunden im Sieden erhalten, filtriert, mit Essigsäureanhydrid und dann mehrmals mit Eisessig gewaschen und über Nacht in Wasser stehengelassen. Durch wiederholtes Eintragen, Stehenlassen in Wasser und Filtrieren wird die Säure völlig entfernt und im Trockenapparat bei 100° getrocknet.

Bestimmung des Acetylgehaltes. Das Acetylprodukt wird wie am rezenten Sporopollenin (S. 214) beschrieben durch Kochen mit 50 cm³ $^1/_{10}$ n alkoholischer Kalilauge verseift und die unverbrauchte Lauge mit $^1/_{10}$ n Salzsäure gegen Phenolphthalein zurücktitriert.

Vergleichende Übersicht über das Verhalten verschiedener Sporopollenine.

	Lycopodium clav.	Bothrodendrin	Steinkohlensporonin	Tasmanin	Geiseltalpollenin
1. rauch. HNO₃	gelöst 6 Stunden	gelöst 24 Stdn	gelöst 4 Tage	gelöst 4 Wochen	sofort
2. Brom + HNO₃	gelöst 10 Tage	gelöst 10 Tage	gelöst 4 Wochen	gelöst 12 Wochen	sofort
3. nach 2 behandeltes Sporonin; dann Pyridin, darauf rauch. HNO₃	gelöst 1 Tag	gelöst 1 Tag	gelöst 1—2 Tage	gelöst 8 Tage	—
4. Anfärbung durch Sudan III	+	+	+	+	+
5. Anfärbung durch KOH	gelb	gelbbraun	gelbbraun	gelbbraun	gelbbraun
6. Anfärbung durch H₂SO₄	rotbraun	dunkelbraun	rotbraun	rotbraun	dunkelbraun
7. Formel	$C_{90}H_{129}O_{12}(OH)_{15}$	$C_{90}H_{111}O_{12}(OH)_9$	$C_{90}H_{85}O_{15}(OH)_4N$?	$C_{90}H_{134}O_{15}(OH)_2$	$C_{90}H_{121}(OH)_8O_{11}N_{57}$

Die Acetylierung bei Gegenwart von Chlorzink führt ebenfalls zu einem teilweisen acetolytischen Abbau.

Im Vergleich zum humitischen fossilen Sporopollenin: Bothrodendrin ist der geringe Hydroxyl- und der hohe Wasserstoffgehalt erwähnenswert.

Hiermit in Einklang steht, daß das Tasmanin gegen Oxydationsmittel weit beständiger als das Bothrodendrin und die rezenten Sporopollenine ist. Soweit sich auf Grund der chemischen Konstitution über das Verhalten der rezenten und fossilen Sporopollenine gegen oxydative Einflüsse eine Aussage machen läßt, scheint es, daß die Oxydationsfähigkeit parallel dem Gehalte an Hydroxylgruppen geht. Am schnellsten und besten zeigt sich der gesättigte Charakter des sapropelitischen Festbitumens im Verhalten gegen rauchende Salpetersäure (D. 1,52).

Lycopodiumsporonin wird in die 50fache Menge dieses Reagens bei Raumtemperatur eingetragen, innerhalb 6 Stunden, Bothrodendrin, innerhalb 24 Stunden und Tasmanin erst nach 3 Wochen gelöst. Das für das Tasmanin Gesagte gilt, soweit es sich bisher überblicken läßt, auch für die Sporenhüllen anderer Ölschiefer und, worauf nochmals hingewiesen werde, auch für das andere in diesen enthaltene Festbitumen.

Es scheint allerdings, als ob dieses häufig schwefel- und mitunter stickstoffhaltig ist, während das Saprosporopollenin diese Elemente nicht enthält. Ob dieser Unterschied zur Unterscheidung und eventuelle Agnoscierung der Festbitumina herangezogen werden kann, muß weiteren Untersuchungen vorbehalten bleiben.

Literatur.

(1) Berl u. Mitarbeiter: Liebigs Ann. **493.**
(2) Kerrer u. Boddnig-Wigers: Helv. chim. acta **6** (1923).
(3) Kirchheimer: Braunkohle 1930, 1931, 1932.
(4) Eller: Liebigs Annalen **431.**
(5) Stadnikoff: Die Entstehung von Kohle u. Erdöl 1930.—Die Chemie der Kohlen 1931.
(6) Zetzsche u. Mitarbeiter: Helv. chim. acta **14** (1931); **15** (1932); Braunkohle 1932.

15. Die natürlichen Gerbstoffe.
Von Karl Freudenberg, Heidelberg.
Mit 1 Abbildung.
A. Allgemeines über Gerbstoffe.
a) Übersicht.

Unter Gerbstoffen hat man zunächst jene adstringierenden Pflanzenstoffe verstanden, deren wäßrige Lösung die Haut in Leder zu verwandeln vermag. Dieser Begriff wurde zu eng als sich die Botaniker und Chemiker diesen Substanzen zuwandten. Die technische Kennzeichnung wurde ergänzt und schließlich ersetzt durch rasch und im kleinsten Maßstabe ausführbare Reaktionen, wie die Bildung von Niederschlägen mit Leim, Alkaloiden und Bleiacetaten oder die Färbung mit Ferrisalz.

Das Verhalten gegen Blei- und Eisensalze kennzeichnet die natürlichen Gerbstoffe als Phenole. Die Reaktion mit Leim und Alkaloiden beschränkt die als Gerbstoffe zu bezeichnenden Phenole auf solche, die im Molekül etwa 15—30 % Phenolhydroxyl enthalten und im krystallinischen Zustande, einerlei, ob dieser verwirklicht werden kann oder nicht, eine geringe, aber nach oben und unten begrenzte Löslichkeit in Wasser besitzen.

1. Gallotannine, Depside, Glucoside.

Zur chemischen Untersuchung gelangte vor 150 Jahren als erster der Gerbstoff der vorderasiatischen Eichengallen (Zweiggallen von Quercus infectoria), das türkische Gallotannin, da diese Gallen von alters her zum Bestand der Apotheken gehören. Die Gerbstoffpräparate (Acidum tannicum) des Handels sind bis etwa 1870 vorwiegend aus diesem Material bereitet worden, später aber fast ausschließlich aus den ostasiatischen Zackengallen, die auf dem Blatt von Rhus semialata wachsen und einen ähnlichen Gerbstoff enthalten. An diesem, dem „chinesischen" Gallotannin und kurz danach dem „türkischen", ist 1912 die erste Konstitutionsermittlung eines Gerbstoffes gelungen.

Den Gallotanninen liegt Glucose zugrunde, die hier als mehrwertiger Alkohol mit Gallussäure oder deren Esteranhydriden, insbesondere der Galloylgallussäure (Digallussäure) verestert ist. In der Formel einer Pentagalloyl-glucose (R-Galloyl) hat E. Fischer mit seinen Schülern das allgemeine Schema für die

Konstitution des türkischen, in der Formel einer Penta-Digalloyl-Glucose (R-Digalloyl) das Schema des chinesischen *Gallotannins* gegeben. Beide Formeln sind, wie später auseinandergesetzt wird, idealisiert und vermögen nur den Typus anzugeben, dem diese Gerbstoffe angehören.

Als Folge dieser Erkenntnis ergab sich sogleich (E. FISCHER und K. FREUDENBERG (20]), daß weitere Gerbstoffe dieser „*Ester*"gruppe angehören. Das krystalline Hamameli-tannin wurde als die esterartige Verbindung einer verzweigten Hexose mit 2 Gallussäureresten erkannt, und eine Digalloyl-Glucose bildet einen Bestandteil der Chebulinsäure. Der Sumachgerbstoff (Rhus coriaria) sowie, teilweise wenigstens, der Gerbstoff der frischen Blätter der Edelkastanie (Castanea vesca) ist dieser Gruppe angegliedert. Das Acertannin ist der zweifache Gallussäureester eines Zuckeralkohols. Demnach besteht kein Zweifel, daß dieser Typus in der Natur sehr verbreitet ist.

Als eine Untergruppe können die Esteranhydride der Phenolcarbonsäuren mit anderen Oxysäuren, die *Depside*, angesehen werden; diesem Typus gehört die Digallussäure an. Sie ist allerdings nie im freien Zustande angetroffen worden, aber andere Vertreter dieser Art kommen in der Natur vor (Chlorogensäure, viele Flechtensäuren). Sie sind jedoch kaum mehr als Gerbstoffe anzusehen.

Alle diese Naturstoffe lassen sich als Ester durch hydrolytische Mittel in einfache Bausteine zerlegen. Das gleiche Verhalten zeigen *glucosidartige Gerbstoffe*. In der schon erwähnten Chebulinsäure liegt das Glucosid[1] einer Phenolcarbonsäure vor, das außerdem noch Gallussäure in Esterbindung enthält. Die (nicht ganz gesicherten) Glucoside der Ellagsäure — die Ellagengerbstoffe — sind gleichfalls hydrolysierbar.

2. Catechingruppe.

Alle ester- und glucosidartigen Gerbstoffe lassen sich als *hydrolisierbare Gerbstoffe* einer zweiten Klasse gegenüberstellen, den nicht hydrolysierbaren oder *kondensierten Gerbstoffen*, deren wichtigste der Catechingruppe angehören.

Catechin ist krystallisiert und besitzt die Formel

Gerbstoffeigenschaften sind vorhanden, aber nicht sehr stark entwickelt. Durch einen Kondensationsvorgang geht es über in den amorphen Catechugerbstoff, der

---

[1] Glykoside sind Halbacetale der Zucker mit Alkoholen, Phenolen oder deren Derivaten, Glucoside sind ebensolche Verbindungen der Glucose. Die Gallotannine sind weder Glykoside noch Glucoside, sondern Ester, in denen der Zucker als mehrwertiger Alkohol figuriert.

ein höheres Molekulargewicht besitzt und als typischer Gerbstoff anzusehen ist. Aus keiner der beiden Substanzen kann durch milde hydrolytische Aufspaltung ein einfacher Baustein erhalten werden, weil dem Molekül ein zusammenhängendes Kohlenstoffgerüst zugrunde liegt. Erst energische Mittel, wie die Kalischmelze, vermögen die Verbindungen zu zertrümmern.

Der Catechugerbstoff sowie das in mehreren steroisomeren Formen vorkommende Catechin sind sehr verbreitet. Der Quebrachogerbstoff ist wahrscheinlich als das Kondensat eines hydroxylärmeren Catechins der Formel

$$HO \overbrace{}^{O \quad H} C \overbrace{}^{OH} OH$$

anzusehen. Es besteht kein Zweifel, daß sehr viele natürliche Gerbstoffe ähnlich zu erklären sind. Statt des Brenzcatechinrestes kommt auch der des Pyrogallols vor.

Auch dieser Klasse können einfachere Typen angeschlossen werden, wie beispielsweise das Maclurin, ein Pentaoxy-benzophenon.

Von vielen natürlichen Gerbstoffen ist unbekannt, ob sie einer der beiden Gruppen angehören oder einen neuen Typus darstellen. Ihre Untersuchung ist zumeist sehr schwierig und über die ersten Ansätze noch nicht hinausgelangt. Neuerdings hat L. Reichel (102a) krystallisierte Derivate des Gerbstoffs aus Eichen-, Linden- und Rosenblättern gewonnen. Diese Gerbstoffe enthalten Carboxylgruppen; sie sind sehr empfindlich und gehören vielleicht den kondensierten und hydrolysierbaren Gerbstoffen zugleich an. Ein Spaltstück ist die Ellagsäure. Die Zusammensetzung ist $C_{24}H_{28}O_{18}$ oder $C_{28}H_{34}O_{20}$. Die Gerbstoffe werden als Salze bei p_H 5,0—5,7 isoliert.

Die Mehrzahl aller Gerbstoffe läßt sich den Gallotannin- und den Catechingerbstoffen zuordnen. Viele dürften auch dem noch wenig definierten Typus des Eichenblätter-Gerbstoffs angehören. Wenn die Gallotannine, wie es häufig geschieht, Pyrogallolgerbstoffe genannt werden, so ist dies irreführend, denn Pyrogallol kommt auch bei den Catechinen als Komponente vor. Ebenso ist es falsch, die Catechingerbstoffe Pyro-Catechingerbstoffe zu nennen.

b) Pflanzenchemische Zusammenhänge.

Bekanntlich stehen Zucker und Phenole in einem offensichtlichen, unmittelbaren Zusammenhang. Pyrogallol und Phloroglucin können aus Inosit, dem Isomeren der Glucose, durch Verlust von 3 Molekülen Wasser entstanden sein; die Bildung von Gallussäure aus Pyrogallol kann durch Kondensation mit Kohlendioxyd gedacht werden. Vielleicht geht jedoch der Aufbau des Kohlenstoffgerüsts (z. B. zur Chinasäure oder ähnlichen Verbindungen) der Dehydratisierung zur Phenolcarbonsäure voraus. Diese Phenole und Phenolcarbonsäuren dürften Nebenprodukte der Veratmung des Zuckers sein; sie entstehen tatsächlich an Stellen gesteigerter Lebenstätigkeit, vorzugsweise im Blatt. Ihre Anhäufung im Molekül der Gallotannine kann einer Entgiftung gleichkommen oder ihre Beseitigung aus dem Zellsaft bezwecken, da ihre Fähigkeit zur Adsorption und Kongulation (vgl. E. F. Lloyd [84]) hierdurch gefördert wird. Durch Esterasen (Tannase) können die Gallotannine in diffusionsfähige Bruchstücke gespalten und an anderer Stelle wieder aufgebaut werden. Die Pflanze scheint sie mit Vorliebe dem schwammigen Gewebe der Gallen zuzuweisen und sie auf diese Art aus dem

Wege zu schaffen. Auch Rinde und Holz dienen als Ablagerungsstätten. Ein Anteil am Aufbau der Holzsubstanz (Cellulose oder Lignin) kann ihnen nicht zugeschrieben werden.

Welcher Art die physiologische Bedeutung (J. Dekker [8], E. F. Lloyd [84]) der Gerbstoffe auch sein mag, so viel steht fest, daß diese Frage von Substanz zu Substanz gesondert behandelt werden muß und eine einheitliche Lösung nicht gesucht werden kann. Dies wird in der Catechingruppe besonders deutlich.

Zunächst fällt auf, daß diese Stoffe der C_{15}-Gruppe angehören, die offenbar vom Zucker aus auf verschiedenen Wegen erreicht werden kann. Der eine führt über Isopren zu zahllosen Verbindungen mit dieser Kohlenstoffzahl; im Falle der Catechine liegt es jedoch nahe, einen kürzeren Weg vom Zucker her zu suchen in der Annahme, daß die aromatischen und aliphatischen Hydroxyle dieser Gruppe noch ursprüngliche Zuckerhydroxyle sind. Dies vorausgesetzt, könnten 2 Hexosen die beiden Phenolkerne und eine Triose, die zwischen beiden liegende Brücke aufbauen. Wahrscheinlicher ist jedoch, daß aus einem Phenolaldehyd

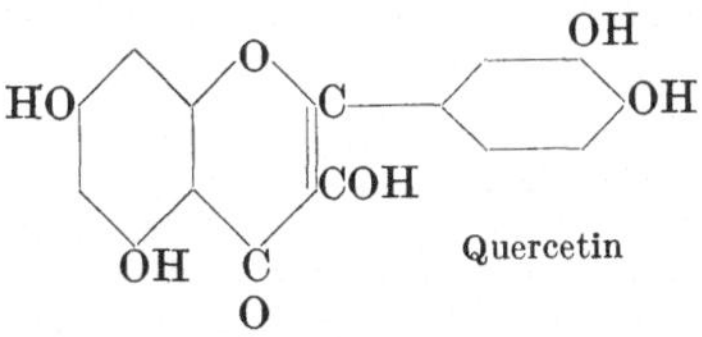

Quercetin

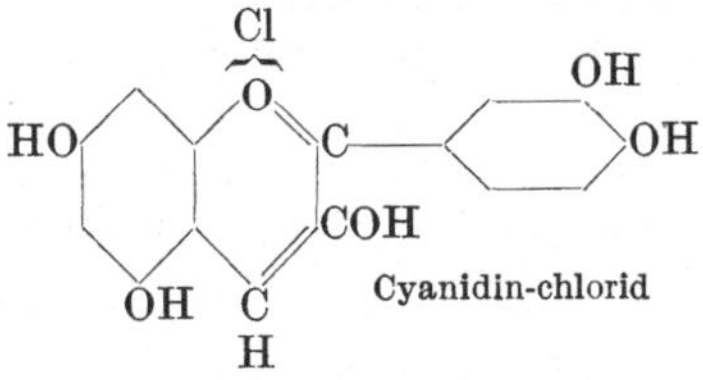

Cyanidin-chlorid

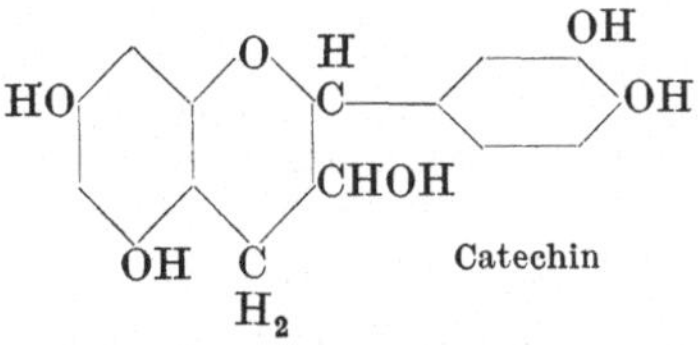

Catechin

mit Acetaldehyd zunächst ein Zimtaldehyd aufgebaut wird und dieser erst weiter mit dem nächsten Phenol zusammentritt. Dieses zweite Phenol ist fast immer Phloroglucin, seltener Resorcin oder Oxyphloroglucin. Die unmittelbare Herkunft, des Phloroglucins wenigstens, von den Hexosen ist schon von A. Baeyer vermutet worden[1]. Dagegen ist es nicht unmöglich, daß die Oxyaldehyde die ursprüngliche Aldehydgruppe der Hexosen tragen, die durch ein zwischen C-Atom 2 und 6 sich einschiebendes Molekül Formaldehyd zum Ring geschlossen werden. Kondensation des Phenolaldehyds mit Acetaldehyd führt zu den Zimtaldehyden, die leicht Zimtsäuren bilden. Sie dürften sich zunächst mit den Phenolhydroxylen des Phloroglucins usw. zu Acetalen, bzw. Estern verbinden. Tatsächlich ist ein solcher Oxyzimtsäureester angetroffen worden (74a).

Die Wanderung des Aldehyds oder der Säure in den Kern ist eine geläufige Vorstellung. Damit wäre das Gerüst des α, γ-Diphenylpropans, das fast ausnahmslos diesen Stoffen zugrunde liegt, aufgebaut. Zugleich ist damit ein Anschluß gewonnen an die zahlreichen Derivate der Zimtalkohole, -aldehyde und -säuren von Coniferylalkohol über die Cumarine bis zum Curcumin, das ein Kondensationsprodukt eines Zimtaldehyds mit Aceton anzusehen ist. Auch zum Lignin öffnet sich über den Coniferylalkohol eine Beziehung.

Mit den Flavonfarbstoffen und Anthocyanidinen stehen die Catechine in einem unmittelbaren Zusammenhang, der durch die Übergänge von Quercetin zum Cyanidin und weiter zum Catechin im Reagensglase verwirklicht worden ist.

---

[1] Noch näher stehen den Phenolen die Inosite, die möglicherweise bei der Bildung der Methylpentosen eine Rolle spielen (48a).

Selbstverständlich ist das Problem der Entstehung und der physiologischen Rolle der Catechine und ihrer Gerbstoffe ein ganz anderes als bei den Gallotanninen. Es muß zusammen mit den verwandten Pigmenten behandelt werden. Nachdem man diesen eine Rolle bei der Atmung zugeschrieben hat, wird man die Catechine einbeziehen müssen, was die Wahrscheinlichkeit dieser Hypothese nicht erhöht.

c) Verhalten in Lösung.

Wasser. Schon in den einführenden Worten ist angedeutet worden, daß die Gerbstoffe besondere Eigentümlichkeiten der Löslichkeit, des Krystallisationsvermögens und der Hydratbildung zeigen. Die in Wasser kolloid gelösten amorphen Gerbstoffe sind in ihrer häufig nicht realisierbaren, krystallinischen Form als schwer löslich anzusehen.

In einzelnen Fällen läßt sich ein und derselbe Gerbstoff krystallisiert oder amorph erhalten. Die in kaltem Wasser nahezu unlösliche Di-galloyl-glucose löst sich, sobald sie ihres Krystallwassers beraubt ist, in kaltem Wasser spielend auf und krystallisiert dann langsam aus. Auch krystallisiertes Catechin verhält sich ähnlich.

Die Gerbstoffe sind in hohem Maße befähigt, wesensähnliche, amorphe Substanzen, auch wenn diese schwer- oder unlöslich sind, in Lösung zu bringen oder zu halten. Solche Stoffe sind die massenhaft in der Natur verbreiteten Gerbstoffrote oder Phlobaphene oder ähnlichen Produkte, welche die Gerbstoffe fast stets begleiten. Sie verhalten sich in kolloidchemischer Hinsicht anders als die löslichen Gerbstoffe, denn sie können für sich allein, trotz ihrer stets amorphen Beschaffenheit, nicht oder nur in geringem Maße in wäßrige Lösung gebracht werden und kommen den irresolublen, aber peptisierbaren Kolloiden nahe, vielleicht auch darin, daß die Größe ihrer Primärteilchen sich nicht nach der Konzentration usw. einstellt. Erschwert wird die Unterscheidung der beiden Arten aber dadurch, daß die Mischungen selten gänzlich getrennt werden können, und daß ferner alle denkbaren Übergänge zwischen ihnen vorkommen.

Elektrolyte. Elektrolyte, d. h. Säuren und Mineralsalze — Alkalien müssen wegen ihrer Salzbildung mit den Gerbstoffen aus dieser Betrachtung ausscheiden — fällen die Gerbstoffe aus ihrer wäßrigen Lösung mehr oder weniger vollständig.

Von Mineralsalzen dient hauptsächlich Natriumchlorid zum Aussalzen der Gerbstoffe.

Adsorbierende Mittel. Tierkohle und Baumwolle nehmen reichliche Mengen von Gerbstoffen auf. Geraspelte Haut bindet vorwiegend die lederbildenden, als Gerbstoffe im technischen Sinne zu bezeichnenden Phenolderivate. Aber auch Gallussäure wird durch Hautpulver in erheblichem Maße aufgenommen. Besonders eignet sich feinverteilte Tonerde (wie „gewachsene Tonerde" nach H. Wislicenus, käuflich bei E. Merck), wenn Gerbstoffe aus einer Lösung entfernt werden sollen. Die Tonerde nimmt aber auch einfachere Phenolderivate, z. B. Gallussäure, auf. Die Adsorptionsverbindungen werden durch Wasser nicht oder mangelhaft zerlegt. Organische Lösungsmittel, z. B. Aceton, wirken gelegentlich günstiger. Stiasny hat jedoch gezeigt, daß Tonerde auch aus Eisessiglösung erhebliche Mengen Gallotannin und Quebrachogerbstoff aufnimmt. Alkohol löst aus der Leim-Gallotanninfällung fast den ganzen Gerbstoff heraus.

Molekulargewicht. Obwohl Gallussäure (E. Paterno u. S. Salimei [9]) selbst sowie der einfachste Vertreter der Gallotannine, die l-Galloyl-glucose, in gefrierendem Wasser eine ihrem Molekulargewicht entsprechende Depression ergeben, kann dieses Verfahren auf die Gerbstoffe nicht angewendet werden. Die krystallinen sind im Wasser zu schwer löslich, die amorphen bilden kolloide Lösungen, die sich häufig bereits bei 0^0 trüben. Günstiger ist Eisessig. Maclurin und Catechin geben normale Depressionen. Für die krystallisierte Chebulinsäure wurde von K. Freudenberg und Th. Frank (42) 895 statt 958 gefunden. Für Gallotannin fanden E. Paterno und S. Salimei (91) bei Konzentrationen zwischen 1 und 12 % den Durchschnittswert 1460 (statt ca. 1550), dem ich mehr reale Bedeutung zusprechen möchte, als die italienischen Autoren es tun. Allerdings werden bei kleinen Konzentrationen die Störungen stark ins Gewicht fallen, die auf die Verzögerung der Krystallisation zurückzuführen sind. Recht geeignet scheint Bernsteinsäuredimethylester zu sein, der mit Tannin zutreffende Werte ergab (1690—1793; K. Freudenberg, siehe Langenbeck [82]). Für Chebulinsäure wurde 855 statt 958 gefunden. Im ganzen dürfte jedoch die Molekulargewichtsbestimmung in siedenden Flüssigkeiten bei amorphen Gerbstoffen zuverlässiger sein. Die krystallisierte Digalloyl-glucose aus Chebulinsäure ergab genaue Werte (475 statt 484) (K. Freudenberg und BR. FICK [37]), weniger gute die Chebulinsäure selbst (788 statt 958). Für Gallotannin fand L. ILJIN (65) 1512 statt ca. 1550. Im Dialysierversuch fand BRINTZINGER 1780 (5 b).

Bei der Chebulinsäure, die ein freies Carboxyl enthält, gelang bei Einhaltung bestimmter Bedingungen eine scharfe acidimetrische Bestimmung des Molekulargewichts (962 statt 958); auch die elektrometrische Titration führte zu einem brauchbaren Werte (977) (K. FREUDEN- BERG und TH. FRANK [42]). Gallussäure läßt sich auf die gleiche Weise scharf titrieren.

Für die Bereitstellung der Substanzen zur Molekulargewichtsbestimmung gelten die- selben Regeln wie für die Elementaranalyse. Insbesondere müssen amorphe Gerbstoffe auf die dort beschriebene Weise von organischen Lösungsmitteln befreit werden.

Viele Gerbstoffe lassen sich wie die einfachen Phenole aus der mit Alkali neutralisierten wäßrigen Lösung durch organische Lösungsmittel ausschütteln. Auf dieses Verfahren gründet sich die Reindarstellung der Galläpfeltannine und des Hamamelitannins. Andere Gerb- stoffe, z. B. Chebulinsäure, werden unter diesen Umständen nicht an den Essigäther ab- gegeben, obwohl die Säure an und für sich darin löslich ist. Dieses Verhalten wird durch die Anwesenheit einer freien Carboxylgruppe erklärt. Auch das Verhalten gegen Bicarbonat- und Natriumacetatlösung kann zur Beurteilung der Frage, ob eine freie Carboxylgruppe vorliegt oder nicht, herangezogen werden (Chebulinsäure).

d) Fällungs- und Farbreaktionen.

Niederschläge mit Sauerstoffverbindungen. So wie die einfachen Phenole mit Äthern, Aldehyden und Ketonen, Säuren und Estern zahlreiche Additionsver- bindungen bilden (P. PFEIFFER [100] und K. FREUDENBERG [30]), vermögen auch die komplizierten Phenole und Gerbstoffe mannigfaltige, zum Teil schwer lösliche Niederschläge mit Äthern und Carbonylverbindungen zu bilden.

In wäßriger Lösung geben mit Gallotannin starke Fällungen:

Zimtaldehyd, Salicylaldehyd-methyläther, Vanillin, Veratrumaldehyd, Aceto- veratron, Dimethylpyron, Hendekamethyl-cellotriose, Tetradekamethyl-cello- tetraose.

Bekannt ist ferner die Eigentümlichkeit alkoholisch-wäßriger Gallo-Tannin- lösungen, auf Zusatz von Äther 3 Schichten zu bilden. Die Erscheinung läßt auf eine Oxoniumverbindung des Gerbstoffes mit dem Äther schließen. In der Stärke, die von Tannin niedergeschlagen wird, bindet der Gerbstoff vermutlich dieselbe Atomgruppe, die zu der Jodreaktion Anlaß gibt. Auch die Tanninbeize der Baumwolle, ferner die Gerbstoffinklusen der Pflanze, Adsorptionsverbin- dungen von Gerbstoff mit Kohlehydraten, sind hier zu nennen. Andeutungen über natürliche Verbindungen von Anthocyanen mit Gerbstoff finden sich bei R. WILLSTÄTTER und E. ZOLLINGER (114). Auch viele Glucoside und Enzyme werden gefällt.

Niederschläge mit Aminen. Phenole bilden mit Aminen der verschiedensten Art — vom Ammoniak bis zu den Alkaloiden — definierte, zum Teil schwer lösliche Additionsverbindungen (P. PFEIFFER [100], K. FREUDENBERG [30]), ins- besondere dann, wenn eine der Komponenten an sich bereits schwer löslich ist. Zu den schwer löslichen Phenolen sind die Gerbstoffe zu zählen — der kolloide Zustand, in dem sie sich meistens befinden, täuscht ihre Löslichkeit nur vor. Durch Ammoniumcarbonat werden zahlreiche Gerbstoffe gefällt. Pyridin, Chinolin und Antipyrin geben in verdünnter wäßriger Lösung Niederschläge. In der Natur findet sich das chlorogensaure Kalium-Coffein, das zur Isolierung der Chlorogensäure dient. Catechin kommt in Verbindung mit Coffein in der Natur vor. Mit Alkaloiden aller Art, sowie basischen Farbstoffen bilden die Gerbstoffe ·schwer lösliche Niederschläge. Die Verbindung von Catechin und Brucin oder Coffein krystallisiert.

Niederschläge mit Amiden. Die Phenole bilden mit vielen Säureamiden Additionsverbindungen, die zwischen den Oxonium- und Ammoniumverbin- dungen eine mittlere Stellung einnehmen. Im allgemeinen werden die Säure- amide den Oxoniumbasen zugerechnet. Von Acetamid, Harnstoff sind zahlreiche

Phenolverbindungen bekannt (Übersicht: P. Pfeiffer [100]). Als schwerlösliche Phenole zeigen viele Gerbstoffe die gleiche Eigenschaft. So gibt eine konzentrierte wäßrige Lösung von symmetrischem Diäthylharnstoff bei 0^0 eine milchige Fällung mit einer Lösung von Gallotannin, die so verdünnt ist, daß bei 0^0 keine Trübung eintritt. Erwärmt man Asparagin in einer solchen Tanninlösung und kühlt auf 0^0 ab, so bildet sich ein klebriger Niederschlag. Viel stärker sind die entsprechenden Fällungen mit Benzamid und Phenoxyacetamid.

Leimfällung. In den vorhergehenden Abschnitten wurde gezeigt, daß die Gerbstoffe mit Aminen und Amiden — von den einfachsten Typen bis zu den komplizierten — Additionsverbindungen liefern, die sich zum Teil durch die Bildung schwer löslicher Niederschläge äußern. Daraus ist zu entnehmen, daß die Reaktion zwischen Gerbstoff und Eiweiß in nichts anderem besteht als der Bildung solcher Additionsverbindungen zwischen dem phenolartigen Gerbstoff und den Amino-, besonders aber den Amidogruppen des Eiweißmoleküls. Diese Feststellung wird durch die Tatsache bekräftigt, daß bereits Phenol selbst mit Gelatinelösung einen Niederschlag bildet. Auch Pikrinsäure, Gallussäuremethylester und Protocatechualdehyd erzeugen eine Fällung, wenn man eine kleine Probe der Substanz in einer halbprozentigen Gelatinelösung heiß aufnimmt und abkühlt. Unter diesen Umständen geben auch Pyrogallolcarbonsäure, Salicylsäure, Kaffeesäure und p-Oxybenzaldehyd eine opalisierende Trübung, bevor sie auskrystallisieren. Digallussäure und Diprotocatechusäure fällen Leim stark. Gallussäure erzeugt nur in konzentrierter Lösung eine Fällung: wird eine kleine Probe mit einer 10proz. Gelatinelösung übergossen, heiß gelöst und abgekühlt, so entsteht eine dicke, weiße, zähe Abscheidung.

p-Oxybenzoesäure, Protocatechusäure, Pyrogallolcarbonsäure und Chlorogensäure verhalten sich ebenso, während Chinasäure und Phloroglucin diese Erscheinung nicht zeigen. In Gegenwart von Kochsalz werden Gallussäure und Chlorogensäure schon von verdünnter Leimlösung gefällt. Auch wenn Gummi arabicum der Gallussäure beigemengt ist, das für sich allein ebensowenig wie Gallussäure einen Niederschlag mit verdünnter Leimlösung bildet, tritt Leimfällung ein. Mit dieser Erscheinung hängt wohl die Tatsache zusammen, daß das Gemisch von Caramel und Tannin von Hautpulver stärker adsorbiert wird als beide einzeln zusammengerechnet. Auch die oft hochmolekularen Zersetzungs- und Umwandlungsprodukte, die jedem Rohgerbstoff beigemengt sind, können die Leimreaktion verursachen und dahin führen, daß die Fähigkeit, Leim niederzuschlagen, Stoffen zuerkannt wird, die sie an sich nicht besitzen. So hat sich herausgestellt, daß die Leimfällung der vermeintlichen Kaffeegerbsäure von beigemengten Zersetzungsprodukten herrührt (Gorter [59a]).

Die Leimfällung der Gerbstoffe läßt sich demnach in der Eiweißkomponente bis hinab zu den einfachen Aminen und Amiden, in der Gerbstoffkomponente bis zu den einfachen Phenolen verfolgen.

Die chemische Wechselwirkung zwischen Eiweiß und Gerbstoff beruht auf denselben Molekularkräften, die die Vereinigung einfachster Amine und Amide mit Phenolen bewirken. Diese Kräfte äußern sich in der Bildung von Niederschlägen, wenn eine der Komponenten oder gar beide in Wasser schwer löslich sind. Der letztere Grenzfall ist sowohl bei den Proteinen wie den Gerbstoffen gegeben, die beide an sich in Wasser äußerst schwer löslich sind, aber in übersättigter kolloider Lösung vorliegen. In diesem Falle überlagert sich der Reaktion von Molekül zu Molekül die entsprechende von Kolloidteilchen zu Kolloidteilchen. Die Ausflockung der kolloiden Reaktionsteilnehmer wird häufig den Anfang machen; wie weit das Durchreagieren von Molekül zu Molekül nachfolgt, wird von den Bedingungen abhängen. Bei der Lederbildung kommt meistens eine dritte Reaktionsstufe hinzu. Die erste besteht in der gegenseitigen Ausfällung von Gerbstoff und Collagen an der Oberfläche der Faser. Die zweite in dem Eindringen des Gerbstoffs durch die nunmehr permeable gegerbte Schicht der Faser, bis diese durchreagiert hat; die dritte Stufe ist bei zahlreichen Gerbstoffen die irreversible Fixierung des Gerbstoffs, der durch Oxydation und Kondensation völlig unlöslich wird.

Die Fällungsreaktion mit Leimlösung ist das herkömmliche Kennzeichen der Gerbstoffe. Eine halbprozentige Gelatinelösung, die durch etwas Chloroform vor Schimmelbildung geschützt ist, wird vor dem Gebrauche verflüssigt und auf Zimmertemperatur abgekühlt. Dazu wird die gleiche Menge einer halbprozentigen wäßrigen Lösung des zu prüfenden Stoffes gegeben. Bleibt die Fällung bei gewöhnlicher Temperatur aus, so kann sie dennoch bei 0°, eintreten oder die Probe muß mit einer stärkeren Gerbstofflösung wiederholt werden. Dabei soll die Menge des angewendeten Gerbstoffs im allgemeinen nicht hinter dem Gehalt an Gelatine zurückbleiben. Um den im Wasser nahezu unlöslichen Tetragalloyl-erythrit auf Leimfällung zu prüfen, haben E. FISCHER und M. BERGMANN (17) die wäßrig-alkoholische Lösung des Gerbstoffs mit Gelatinelösung versetzt.

Die Fällbarkeit des Tannins durch Gelatine nimmt mit dem Aschengehalt der letzteren ab. Deshalb fällen Gelatinepräparate verschiedener Darstellung ungleiche Tanninmengen. Die Leimfällung ist in heißem Wasser etwas löslich. Infolgedessen wird daraus durch anhaltendes Kochen mit viel Bleicarbonat ein Teil des Leims in Freiheit gesetzt. Alkohol löst aus der Leimtanninfällung fast den ganzen Gerbstoff heraus. Zur Theorie der Gerbung: H. G. BUNGENBERG DE JONG (5a).

Metallsalze. Als mehrwertige Phenole lassen sich die Gerbstoffe durch zahlreiche Metalle niederschlagen. Die Natriumsalze sind im allgemeinen leicht löslich. Durch Ammonium- oder Kaliumcarbonat werden dagegen zahlreiche Gerbstoffe gefällt. Am besten werden die Kaliumsalze — allerdings häufig acetathaltig — durch Fällen der alkoholischen Gerbstofflösung mit alkoholischem Kaliumacetat bereitet. Diese Reaktion hat gleichfalls präparative Bedeutung erlangt, da sich viele dieser Salze in warmem Wasser lösen, um in der Kälte wieder auszufallen. Catechin wird von alkoholischem Kaliumacetat nicht gefällt.

Die übrigen Metalle bilden Niederschläge, die meistens nahezu unlösli ch sind. Wenn der Gerbstoff eine Carboxylgruppe enthält, so tritt häufig die Fällung erst ein, nachdem das Carboxyl abgesättigt ist. Die amorphen Metallsalze der Gerbstoffe sind in ungezählten Fällen analysiert worden, ohne daß damit die Gerbstoffchemie um eine wesentliche Erkenntnis bereichert worden wäre. Die Niederschläge sind gewöhnlich nicht nach stöchiometrischen Verhältnissen zusammengesetzt.

Die Erdalkalihydroxyde geben starke, meist gefärbte Fällungen, die sich gewöhnlich an der Luft oxydieren. Von den übrigen Metallfällungen haben vornehmlich die des Bleis präparative Bedeutung erlangt. Das Metall kommt in Form seiner Acetate zur Verwendung. Die Bleisalze bilden voluminöse, flockige Niederschläge und sind in Essigsäure mehr oder weniger löslich. Von verdünnter Essigsäure werden die Bleisalze der kondensierten Gerbstoffe leichter gelöst als die der Gallusgerbstoffe.

Da bei der Fällung, auch wenn basisches Acetat verwendet wird, stets Essigsäure in Freiheit tritt, bleibt die Ausfällung häufig unvollständig. Es ist dann nötig, die freiwerdende Essigsäure durch Kochen mit Bleicarbonat abzustumpfen. Kochen mit Bleicarbonat allein, auch wenn es frisch gefällt ist, führt nicht sicher bis zur völligen Entgerbung, d. h. bis zum Verschwinden der Eisenchloridreaktion im Filtrat. Die Unterschiede in der Anwendung von neutralem und basischem Bleiacetat werden in einem späteren Abschnitte auseinandergesetzt.

Wenn nur die Entfernung, nicht die Wiedergewinnung der Gerbstoffe bezweckt ist, eignet sich Tonerde.

Brechweinsteinlösung fällt viele Gerbstoffe. Fehlingsche Lösung wird reduziert. Soll eine Gerbstofflösung auf Zucker geprüft werden, so muß vorher aller Gerbstoff bis zum Verschwinden der Eisenfärbung entfernt sein.

Farbenreaktionen mit Metallen. Alkalische Gerbstofflösungen sind stets gelb oder braun gefärbt. Meistens verstärkt sich die Farbe durch Oxydation an der Luft zu Braunschwarz oder Dunkelgrün. Die Hydroxyde der Erdalkalimetalle erzeugen bräunliche, blaue, grüne oder rote Fällungen.

Charakteristischer sind jedoch die Farbenreaktionen mit Ferrisalzen. Die reinsten Farben werden in Alkohol erhalten. Liegt ein Pyrogallolderivat vor, so genügt es, einige Milligramme in 10 cm³ Alkohol zu lösen und sehr vorsichtig verdünnteste alkoholische Eisenchloridlösung zuzusetzen. Die Färbung ist rein kornblumenblau. Ein Überschuß von Eisenchlorid ist sorgfältig zu vermeiden, weil die blaue Lösung durch die gelbe Farbe des Eisenchlorids einen Stich ins Grüne erhalten kann. Zur Ausführung der Reaktion in wäßriger Lösung ist Eisenalaun dem Eisenchlorid vorzuziehen, weil er weniger sauer ist.

Blaue Färbung liefern außer den Pyrogallolderivaten noch zahlreiche andere Phenolabkömmlinge, z. B. Vanillin, Gentisinsäure, Morphin.

Die sogenannten eisengrünenden Gerbstoffe liefern viel schwächere Farbtöne, die durch Pyrogallolderivate leicht verdeckt werden können, selbst wenn diese nur in geringer Menge beigemengt sind. Infolgedessen herrscht viel Unsicherheit in der Beurteilung der Farben (z. B. beim Rindengerbstoff von Quercus robur), und es ist nicht zulässig, die Farbenreaktion allein für eine Gruppeneinteilung maßgebend zu machen.

Zum Nachweis von freier Gallussäure neben gebundener dient die Cyankalireaktion. Einige Tropfen der zu prüfenden Lösung werden im Reagensglase mit 1—2 cm³ einer nicht zu verdünnten wäßrigen Cyankalilösung versetzt. Bei der Gegenwart der geringsten Menge von Gallussäure nimmt die Lösung eine schöne Rosafärbung an, die kurz darauf verblaßt und beim Schütteln wiederkehrt. Der Vorgang läßt sich viele Male wiederholen. Gallotannin und alle anderen Verbindungen, die gebundene Gallussäure enthalten, zeigen, soweit es bisher bekannt ist, die Cyankalireaktion, im Reagensglas ausgeführt, nicht oder äußerst schwach. In dieser Form dient die Reaktion zur Unterscheidung von gebundener und freier Gallussäure.

Kaliumbichromat erzeugt in den wäßrigen Lösungen der Gerbstoffe teils Dunkelfärbung, teils dunkle körnige Niederschläge. Auch Gallussäure, Hydrochinon, Brenzcatechin und Pyrogallol reagieren ähnlich; nicht dagegen Resorcin, Protocatechusäure und Phloroglucin.

Eine Reaktion, die gebundene Ellagsäure anzeigt, beruht auf der Anwendung salpetriger Säure. In einer Porzellanschale werden zu mehreren Kubikzentimetern der sehr verdünnten wäßrigen Lösung einige Krystalle Kalium- oder Natriumnitrit und 3—5 Tropfen n/10-Schwefel- oder Salzsäure gegeben. In typischen Fällen wird die Lösung augenblicklich rosen- oder carmoisinrot und geht dann langsam durch Purpur in Indigoblau über, während in anderen Fällen, wenn die Reaktion schwach ist oder durch andere Substanzen beeinflußt wird, die Endfarbe grün oder bräunlich ist. Bei Abwesenheit von gebundener Ellagsäure entsteht nur eine gelbe bis braune Färbung oder Fällung. Freie Ellagsäure wird nicht angezeigt.

Phloroglucinderivate, wie Phloretin, Hesperetin, Maclurin, Catechin und Cyanomaclurin, geben die Salzsäure-Fichtenspanreaktion auf Phloroglucin. Flavonfarbstoffe sowie Phloracetophenon zeigen diese Reaktion nicht.

e) Qualitative Analyse[1].

Zu den in folgendem beschriebenen Proben ist zum Teil eine 0,4proz., zum Teil eine 2,5proz. Lösung des Gerbstoffes erforderlich.

---

[1] Auszug aus dem Gerbereichemischen Taschenbuch, S. 60. Statt Pyrogallolgerbstoff ist Gallotannin, statt Protocatechugerbstoff Catechingerbstoff gesagt.

1. Gelatineprobe.

Einige Kubikzentimeter der zu prüfenden klaren Lösung werden in einem Reagensglase mit einer Gelatinelösung tropfenweise versetzt und beobachtet, ob eine Trübung entsteht. Man muß die Gelatine sehr vorsichtig zusetzen, da sich in verdünnten Gerbstofflösungen der entstehende Niederschlag im Überschuß der Gelatine löst.

Die Gelatinelösung ist 1 proz. in bezug auf Gelatine und 10 proz. in bezug auf Kochsalz. Man schneidet gute, reine Blattgelatine in Stücke, läßt sie in kaltem Wasser quellen und erwärmt, bis die Gelatine in Lösung gegangen ist; dann fügt man das Kochsalz zu. Zur Konservierung gibt man einen Tropfen metallisches Quecksilber zu und schüttelt zeitweise kräftig durch. Es empfiehlt sich aber, stets frische Lösungen zu verwenden.

Gelatineempfindlichkeit. Die verschiedenen Gerbstoffe verhalten sich in ihrer Empfindlichkeit gegenüber der Gelatinefällung etwas verschieden. Sämtliche Früchtegerbstoffe geben noch in äußerst verdünnten Lösungen Trübung, während die Rindengerbstoffe weniger empfindlich sind; am wenigsten empfindlich sind Fichte und Gambir.

Die Gelatineempfindlichkeit hängt auch vom p_H-Wert der Gerbstofflösung ab; für die meisten Gerbstoffe liegt der optimale p_H-Wert ungefähr bei 4 (für Quebracho bei $p_H = 4{,}5$, für Lärche bei $p_H = 3{,}5$).

2. Formaldehydprobe.

Die Formaldehydprobe dient zur Unterscheidung der verschiedenen Gerbstoffklassen (Catechingerbstoffe und Gallotannine).

Man versetzt 50 cm³ einer 0,4 proz. Lösung des Gerbstoffes in einem Erlenmeyerkolben mit 5 cm³ konzentrierter Salzsäure und 10 cm³ 40 proz. Formaldehydlösung und erhitzt 30 Minuten über freier Flamme am Rückflußkühler zum Sieden. Man beobachte, ob während des Kochens ein Niederschlag entsteht. Dann kühlt man gut ab, filtriert, versetzt 10 cm³ des Filtrates mit 1 cm³ einer 1 proz. Eisenalaunlösung und setzt schließlich, ohne zu schütteln, ca. 5 g festes Natriumacetat zu. Man beobachtet, ob eine starke blauviolette Färbung auftritt.

Bei dieser Behandlung fallen die Catechingerbstoffe beim Kochen vollkommen aus, während die Gallotannine ganz oder teilweise in Lösung bleiben und mit Eisenalaun nachgewiesen werden können.

3. Eisenprobe.

Die Catechingerbstoffe (mit Ausnahme von Mimosa und Malet) geben mit Eisen grüne Färbungen, während die Gallotannine und auch Mimosa und Malet blauviolette Färbungen zeigen. Die phenolartigen Nichtgerbstoffe geben die Eisenreaktion des betreffenden Gerbstoffes, mit dem sie zusammen vorkommen.

Man versetzt einige Kubikzentimeter einer 0,4 proz. Lösung des Gerbstoffes mit einigen Tropfen einer 1 proz. Eisenalaunlösung. Die Gerbstofflösung soll neutral sein. Starke Säuren verhindern die Reaktion, schwache Säuren rufen grünliche Färbungen hervor, während schwach alkalische Lösungen blauviolette Färbungen geben.

Eisenchlorid soll nicht verwendet werden, da seine wäßrige Lösung stark sauer reagiert. Sehr gut eignet sich eine Ferrosulfatlösung, die namentlich bei längerem Stehen immer etwas Ferriion enthält.

4. Bromprobe.

Die Catechingerbstoffe geben mit Bromwasser sofort Fällungen.

In einem Reagensglas fügt man zu einigen Kubikzentimetern einer 0,4 proz. Lösung des Gerbstoffes etwas Essigsäure und dann tropfenweise starkes Bromwasser, bis die Flüssigkeit deutlich danach riecht. Ein erst nach längerem Stehen auftretender Niederschlag darf nicht beachtet werden.

5. Bleiacetatprobe.

Basisches Bleiacetat fällt sämtliche Gerbstoffe und die phenolartigen Nichtgerbstoffe aus. Auch das neutrale Bleiacetat gibt mit allen Gerbstoffen Fällungen,
doch gibt das Filtrat dieser Fällungen bei den meisten .Gerbstoffen mit Natronlauge noch gelbe Färbungen.

6. Essigsäure-Bleiacetatprobe.

Essigsäure verhindert die Bleiacetatfällung der Catechingerbstoffe. Die
Gallotannine werden in essigsaurer Lösung ganz oder teilweise ausgefällt.

Zu 5 cm³ einer 0,4proz. Lösung des Gerbstoffes fügt man zuerst 10 cm³
einer 10proz. Essigsäure und dann 5 cm³ 10proz. Bleiacetatlösung.

7. Schwefelammoniumprobe.

Sämtliche Gallotannine sowie auch Mimosa und Malett geben Niederschläge
mit Schwefelammonium, während die Catechingerbstoffe nicht ausfallen.

25 cm³ einer 2,5proz. Lösung des Gerbstoffs werden mit 2—3 Tropfen konzentrierter Schwefelsäure versetzt und 1—2 Minuten gekocht. Zu der abgekühlten Lösung setzt man 5 g Kochsalz und läßt 5—10 Minuten stehen. Hiernach
filtriert man und gibt 2—3 cm³ des Filtrats zu 15 cm³ Wasser, dem 10—15 Tropfen
Schwefelammonium zugesetzt waren. Man schüttelt im Reagensglas gut durch
und läßt absitzen.

Die bisher beschriebenen Gerbstoffproben gestatten folgende Gruppeneinteilung:

I. Gruppe. Völlige Ausfällung mit Formaldehyd Salzsäure; das Filtrat gibt
mit Eisenalaun und Natriumacetat keine Violettfärbung. Bestätigende Reaktion:
Die ursprüngliche Gerbstofflösung gibt mit Bromwasser (s. S. 353) einen Niederschlag, mit Essigsäure-Bleizucker (s. S. 354) keinen Niederschlag.

Weitere Trennung durch die Schwefelammoniumprobe:

Gruppe Ia kein Niederschlag; bestätigende Reaktion: mit Eisenalaun grün.
Hierher gehören: Quebracho, Fichtenrinde, Hemlock, Mangrove, Gambir, Ulmo.

Gruppe Ib mit Schwefelammonium: Niederschlag; bestätigende Reaktion:
mit Eisenalaun: Blauviolett. Hierher gehören: Mimosa, Malett.

II. Gruppe. Kein Niederschlag während des Kochens mit Formaldehyd-
Salzsäure; bestätigende Reaktion: die ursprüngliche Gerbstofflösung gibt mit
Bromwasser keinen Niederschlag; mit Schwefelammonium einen Niederschlag.

Hierher gehören: Eichenholz, Kastanienholz, Valonea, Myrobalanen.

III. Gruppe. Beim Kochen mit Formaldehyd-Salzsäure entsteht ein reichlicher Niederschlag; das Filtrat gibt mit Eisenalaun und Natriumacetat eine violette Färbung.

Weitere Trennung erfolgt durch die Bromwasserreaktion:

Gruppe IIIa. Mit Bromwasser entsteht ein Niederschlag. Hierher gehören:
Eichenrinde und Pistazia lentiscus.

Gruppe IIIb. Mit Bromwasser entsteht kein Niederschlag: Sumach, Algarobilla, Divi-Divi.

8. Mikrochemischer Nachweis[1].

In der lebenden Zelle von frischem Material ist der Gerbstoff entweder im
Zellsaft gelöst oder an Membrankolloide adsorbiert. In abgestorbenen Zellen
ist er meist von der Membran gespeichert; in Zellen getrockneter Pflanzen liegen
mit Plasma Gerbstoffklumpen vor.

---

[1] Vergl. H. Molisch, Mikrochemie der Pflanze, Jena 1921, S. 171.

Nachweis. 1—5% Ferrosulfat in wäßriger oder ätherischer Lösung gibt mit Gerbstoffen im Schnitt blauviolette (Eiche) oder grüne Färbung (Kaffeebohne). Die Reaktion zeigt nur hydroxylhaltige, aromatische Verbindungen an, reagiert also auch mit allen Phenolen, phenolischen Glucosiden, Anthocyanen usw.

1 proz. Osmiumsäure gibt braune, bläuliche oder schwarze Fällungen (allerdings auch Fette, ätherische Öle usw.).

Eine konzentrierte Lösung von Kaliumbichromta mit einigen Tropfen Essigsäure gibt voluminöse, braune Fällungen in der Zelle (auch mit Gallussäure).

1—5 proz. Lösungen von Kali- oder Natriumcarbonat geben grau erscheinende Niederschläge, ebenso

1 proz. Lösungen von Coffein oder Antipyrin (auch Anthocyane werden gefällt).

Schnitte werden in ein Gläschen, in das ein Jodsplitter eingetragen wird, gelegt, bleiben dort 12 Stunden und kommen zur Entfernung des überschüssigen Jods in Alkohol. Die Gerbstoffe sind lokalisiert in unlöslichen, braunen Klümpchen gefällt, die Stärke gleichzeitig blau gefärbt.

Man wird zur Sicherheit immer mehrere Proben anstellen.

Ein sehr brauchbares Reagens, das die Verteilung der Gerbstoffe innerhalb der lebenden Zellen zeigt, ist eine Methylenblaulösung (1:500000). Gerbstoffvakuolen, -kugeln usw. färben tiefblau an.

Im Mark, besonders aber in der Rinde von Stämmen, in Blättern und Früchten findet man sehr allgemein durch Form und Größe von den umgebenden Gewebselementen abweichende Zellen, die mit Gerbstoffen in flüssiger, festweicher oder fester Form erfüllt sind. Diese Einschlüsse wurden Inklusen benannt. Da diese Körper mit Vanillin-Salzsäure oder Dimethylaminobenzaldehyd-Schwefelsäure Rotfärbung geben, diese Reaktionen dem Phloroglucin zukommen, und in Vertretern dieser Gerbstoffgruppe ein Phloroglucinkern gefunden wurde, wird die ganze Gruppe als Phloroglucingerbstoffe (Catechingerbstoffe) bezeichnet. Zwischen den Catechinen und komplizierteren amorphen Gerbstoffarten bestehen Zusammenhänge und Übergänge.

Der Nachweis der Catechingerbstoffe in den Inklusen wird am besten so geführt:

Eine Lösung von 0,5 g p-Dimethylaminobenzaldehyd in 8,5 g Schwefelsäure wird mit 8,5 g Wasser versetzt. Ein Tropfen dieses Reagens wird dem zu untersuchenden Präparat zugesetzt: die Inklusen färben sich lokalisiert leuchtend rot. Zur Kontrolle wird ein zweites Präparat mit einem Tropfen gleicher Teile Schwefelsäure und Wasser versetzt, wobei sich vorhandene Anthocyane rot färben, die sonst die Gerbstoffreaktion vortäuschen könnten. Inklusen findet man reichlich und schön ausgebildet in den Früchten und Blättern von Tamarinden, Ceratonia, Rhamnus, Phönix, Mespilus usw.

f) Gewinnung, Elementaranalyse, quantitative Bestimmung.

Gewinnung. Bei der Beschreibung der einzelnen Gerbstoffe ist jeweils das Verfahren ihrer Darstellung wiedergegeben. Hier können nur allgemeine Regeln mitgeteilt werden.

Grundsätzlich muß ein botanisch identifiziertes einheitliches Material verwendet werden. Käufliche Extrakte oder im Handel befindliche Gerbstoffe sind nur zu brauchen, wenn der Gerbstoff krystallinisch abgeschieden werden kann. Vor der Extraktion müssen die Fermente durch kurzes Erhitzen des möglichst frisch geernteten Materials abgetötet werden.

Häufig sind Gerbstoffe von verschiedenem Typus miteinander vermischt. Der Gerbstoff der Myrobalanen enthält einen Ellagengerbstoff und die Chebulinsäure, die der Gallotanninklasse angehört. Ähnlich liegen die Verhältnisse beim türkischen Gallotannin. Aus chinesischem Rhabarber wurde außer gallussäurehaltigen Zuckerverbindungen Catechin isoliert. Glucoside verschiedener Art und Flavonfarbstoffe, die den Catechingerbstoffen sehr nahe stehen, sind fast stets die Beimengungen ungereinigter Gerbstoffe. Die Gegenwart von Flavonfarbstoffen wird erkannt an der kräftigen gelben bis roten Farbe der Bleiniederschläge. Derivate der Kaffeesäure geben allerdings auch gelbe Bleiverbindungen. Als Beispiel für die Herausarbeitung von Farbstoff aus Gerbmaterial sei die Gewinnung von Myricetin aus Sumach erwähnt (A. G. Perkin und Allen [94]).

Catechine werden, wenn sie in freiem Zustande vorliegen, in tage-, unter Umständen wochenlanger Extraktion mit Äther dem Pflanzenmaterial entzogen. Die festen Anteile des Blockgambir werden vor der Extraktion, um Verkleben zu verhindern, mit Sand gemischt. Zur letzten Reinigung empfiehlt sich wiederholtes Auflösen in Aceton und Fällen mit Benzol, in dem die hochmolekularen Beimengungen schwerer löslich sind.

Wenn das Catechin mit Coffein verbunden ist, wird zuerst mit Methylalkohol perkoliert, der Extrakt in Essigäther übergeführt und mit Chloroform gefällt, in dem das Coffein gelöst bleibt.

Hamameli-tannin wird zunächst durch Perkolation mit Aceton der Rinde entzogen, dann durch Vakuumextraktion nach Dakin (7a) mit Benzol von Harzen befreit (K. Freudenberg und E. Vollbrecht [50]; A. Kurmeier [81]); alsdann wird es im Vakuumextraktionsapparat in Essigäther übergeführt.

Gewisse Materialien, z. B. Filixrhizom, werden von Wasser ungenügend erschöpft und müssen daher mit kaltem Alkohol oder besser mit wäßrigem Aceton ausgezogen werden. Tee wird zuvor von Coffein befreit.

Scheele stellte bei der Bereitung des Gerbstoffes der Aleppogallen fest, daß kaltes Wasser das beste Extraktionsmittel hierfür ist. Die zerkleinerte Droge wird mit Wasser perkoliert, das zur Verhinderung der Schimmelbildung mit einigen Tropfen Chloroform durchgeschüttelt ist.

Die wäßrige Lösung kann auf verschiedene Weise verarbeitet werden. Die Lösung von neutralem Bleiacetat, in geringer Menge zugesetzt, schlägt zuerst dunkelgefärbte Beimengungen nieder. Dem Filtrat kann der Gerbstoff unter Umständen mit Äther-Alkohol oder Essigäther entzogen werden. Oder es wird die Hauptmenge des Gerbstoffes mit mehr neutralem Bleiacetat gefällt. Die freiwerdende Essigsäure verhindert jedoch eine vollständige Ausfällung. Führt neutrales Bleiacetat nicht zum Ziele, so ist eine heiße Lösung von basischem Bleiacetat zu verwenden. Ersterem Fällungsmittel ist aber, wenn irgend möglich, der Vorzug zu geben, da von basischem Acetat verschiedene Zucker, z. B. Mannose, oder viele andere Beimengungen, z. B. Äsculin (Diglucosid des Äsculetins, eines Dioxycumarins), gefällt werden. Mit ammoniakalischem Bleiacetat werden vollends die meisten Zucker gefällt, desgleichen aus alkoholischer Lösung, durch zahlreiche Bleisalze.

Soll die Fällung dennoch in neutraler oder alkalischer Lösung ausgeführt werden, so empfiehlt sich der Zusatz von Pyridin (Kurmeier [81], Münz [86]). Hochkondensierte Gerbstoffe bilden mit diesem filtrierbare Niederschläge; aus dem Filtrat kann der reinere Gerbstoff mit Bleiacetat gefällt werden. Auf diese Weise gelingt es, Beimengungen des Eichengerbstoffes abzutrennen.

Die Bleiniederschläge sind meistens gut filtrierbar, vor allem, wenn sie in der Hitze bereitet werden. Sie werden am besten mit Schwefelsäure und nicht mit Schwefelwasserstoff zerlegt, da das Bleisulfid unverändertes Bleisalz einhüllt und außerdem viel Gerbstoff adsorbiert. Die Zerlegung mit Schwefelsäure hat außerdem den Vorteil, daß man in der Kälte arbeiten kann. Das Filtrat enthält außer dem Gerbstoffe Essigsäure, häufig Gallussäure und andere Säuren, ferner

Pektine, Farbstoffe usw. Mit Schwefelwasserstoff können die Bleiniederschläge dann zerlegt werden, wenn auf eine gute Ausbeute verzichtet wird. Da das Bleisulfid die stark gefärbten Beimengungen zuerst niederschlägt, sind die Filtrate meist heller. Man kann zur Aufhellung der Lösung auch wenig Bleiacetat zusetzen und einen Niederschlag von Bleisulfid erzeugen.

Die auf solche Weise vorbereitete Lösung oder, wenn man auf diese Reinigung verzichtet, der ursprüngliche Gerbstoffauszug wird unter vermindertem Druck, bei dem grundsätzlich alle Destillationen vorzunehmen sind, eingeengt. Der Gerbstoff kann durch Kochsalz in Fraktionen gefällt oder durch organische Lösungsmittel ausgeschüttelt werden. Am besten verbindet man beide Verfahren miteinander. Wenn ein Gerbstoff, z. B. ein Ellagengerbstoff, durch Kochsalz nicht oder ungenügend ausgefällt wird, so erleichtert die Zugabe des Salzes seinen Übergang in das organische Lösungsmittel.

Die Reinigung nach dem „Essigätherverfahren" (PANIKER und STIASNY [90]; E. FISCHER, K. FREUDENBERG [20, 21]) wird folgendermaßen ausgeführt: Die unter vermindertem Druck stark eingeengte wäßrige Lösung wird mit so viel Natriumcarbonatlösung oder festem Natriumbicarbonat versetzt, bis ein Tropfen, mit Wasser verdünnt, bei der Tüpfelprobe nur noch ganz schwach sauer reagiert. Die Lösung wird mit Essigäther in verschiedenen Portionen ausgeschüttelt, die ihrerseits wieder mit wenig Wasser gewaschen und unter geringem Druck verdampft werden, wobei zuletzt Wasser zugesetzt wird, um den hartnäckig anhaftenden Essigäther völlig zu entfernen. Wenn sich der Gerbstoff in Essigäther oder einer anderen, mit Wasser nicht mischbaren Flüssigkeit auflöst, und wenn er keine freie Carboxylgruppe enthält, so ist dieses Reinigungsverfahren allen anderen vorzuziehen. In der neutralisierten Lösung bleiben nicht allein alle Zucker, Pektine, Salze und freien Carbonsäuren zurück, sondern auch ein großer Teil der zuckerreicheren Beimengungen und der stark gefärbten Verunreinigungen. Diese letzteren werden noch besser zurückgehalten, wenn man statt Natrium Thalliumbicarbonatlösung zur Neutralisation verwendet (K. FREUDENBERG [25]). Dabei eröffnet sich zugleich die Möglichkeit, die ausgeschüttelte neutralisierte Lösung in einem für die weitere Untersuchung geeigneten Zustande zu erhalten, denn das Thallium läßt sich leicht wieder entfernen.

Gerbstoffe, die aus organischen Lösungsmitteln abgeschieden sind, müssen auf die im nächsten Abschnitte beschriebene Weise davon befreit werden. Damit die wäßrigen Lösungen nicht schimmeln, müssen sie mit etwas Toluol, Xylol oder Chloroform umgeschüttelt werden, sobald sie zur Extraktion oder Krystallisation längere Zeit stehenbleiben.

Elementaranalyse. Bei krystallisierten Gerbstoffen ist stets mit Krystallwasser zu rechnen. In allen bekannten Fällen wird dasselbe unter 12—15 mm Druck bei 100° über Phosphorpentoxyd glatt abgegeben. Dennoch muß zur Kontrolle unter dem gleichen Druck bei 110—120° oder bei 100° im Hochvakuum nachgetrocknet werden. Für diese Zwecke ist der von STORCH angegebene, von E. FISCHER abgeänderte, außerordentlich leistungsfähige Vakuumtrockenapparat nicht zu entbehren[1].

Wenn die Analysenprobe amorph ist und vorher mit organischen Lösungsmitteln in Berührung war, so muß sie in Wasser gelöst, unter vermindertem Druck eingedampft und wie oben getrocknet werden. Von allen Lösungsmitteln läßt sich das Wasser am besten von Gerbstoffen entfernen. Geschieht dies nicht, so entstellt das äußerst hartnäckig anhaftende organische Lösungsmittel das Ergebnis der Analyse (E. FISCHER, K. FREUDENBERG [20, 21]).

---

[1] Abgebildet in: ABDERHALDEN: Handbuch der biochemischen Arbeitsmethoden 1, 296; **6**, 694. Berlin, Wien 1910, 1912.

Verschiedene Angaben des Schrifttums über den Methoxylgehalt einzelner Gerbstoffe sind auf anhaftenden Äther oder Alkohol zurückzuführen.

Trotz der Unsicherheit der Analysen hat sich, von Ausnahmen abgesehen, die Regel bestätigt, daß die Gerbstoffe der Tanninklasse, also die Galloylzucker, im allgemeinen 50—53%, die Gerbstoffe kondensierten Systems um 60% und die Gerbstoffrote noch etwas mehr Kohlenstoff enthalten.

Quantitative Gerbstoffbestimmung. Für die technische Bewertung kommt allein die bis in alle Einzelheiten festgelegte „Internationale Hautpulver-Methode" in Betracht. Der heiß bereitete wäßrige Pflanzenauszug wird in verschiedene Teile geteilt. In einem wird der Gesamtextrakt bestimmt, einem anderen wird der Gerbstoff mit chromiertem Hautpulver entzogen; das Filtrat wird zur Trockene gebracht und als „Nichtgerbstoff" gewogen. Die Gewichtsdifferenz ergibt den Gerbstoff (vgl. Gerbereichem. Taschenbuch).

Pflanzenphysiologen werden bedenken müssen, daß nach diesem Verfahren die gerbstoffartigen, unlöslichen Phlobaphene zum Teil im Pflanzenmaterial zurückbleiben und nicht zur Bestimmung kommen. Andererseits finden sich einfache, gerbstoffartige Materialien, wie Gallussäure, Phenole und deren Glucoside, ganz oder teilweise unter den Nichtgerbstoffen und werden auch nicht mitbestimmt. Sollen möglichst alle einfachen, phenolartigen Substanzen mitbestimmt werden, so kann für pflanzenphysiologische Untersuchungen — aber auch nur für diese — das Verfahren von H. Wislicenus, Adsorption durch „gewachsene Tonerde" empfohlen werden. Tonerde bindet auch einfachere Phenole und gerbstoffartige Substanzen, wie z. B. Chlorogensäure. Allerdings werden auch Dextrin und Pflanzenschleim in erheblichem Umfange durch diese Adsorptionsmittel festgehalten.

Die Bestimmungsverfahren nach Löwenthal usw., die auf der Titration mit Permanganat vor und nach der Entgerbung durch Hautpulver beruhen, sind für die Pflanzenphysiologie ähnlich zu bewerten wie das Hautpulververfahren selbst, doch tritt hierzu als Fehlerquelle der Umstand, daß verschiedene Gerbstoffe ungleiche Permanganatmengen verbrauchen.

Quantitative oder mikrochemische Bestimmungsverfahren, die am chinesischen Gallotannin erprobt sind, das hierfür gewöhnlich verwendet wird, dürfen nicht ohne weiteres auf andere Gerbstoffe übertragen werden. Es ist zu bedenken, daß bei weitem die Mehrzahl aller Gerbstoffe — zumal der einheimischen — in chemischer Hinsicht sehr wenig mit den Gerbstoffen der Tanninklasse gemeinsam haben. Gambircatechin kann mit dem gleichen Rechte solchen Versuchen zugrunde gelegt werden.

g) Abbau und Umwandlung der Gerbstoffe.

Einwirkung von Wasser und Säuren, Hydrolyse, Rotbildung.

Gerbstoffe von Glucosid- oder Esterform werden durch verdünnte Säuren bei 100° hydrolisiert. Die Reaktionsdauer beläuft sich bei Glucosiden auf wenige Stunden und steigt bei den Estergerbstoffen bis auf mehrere Tage. Für jeden Gerbstoff muß diejenige Einwirkungsdauer gesucht werden, bei der die größte Menge eines jeden Spaltstückes entsteht.

Die außerordentliche Säurebeständigkeit, zumal der Gallussäure-Zuckerester, also der Gerbstoffe der Gallotanningruppe, ist der hauptsächliche Grund, weshalb ihre Konstitution solange im Dunkeln blieb. Chinesisches Gallotannin, in dem etwa 9 Gallussäurereste auf ein Glucosemolekül gehäuft sind, muß mit 10 Teilen 5proz. Schwefelsäure 72 Stunden lang auf 100° erhitzt werden, um die beste Ausbeute an Glucose zu geben. Einfacher gebaute Gerbstoffe dieser Klasse, die weniger Gallussäure an Zucker gebunden enthalten, z. B. das Hamameli-tannin, werden leichter hydrolysiert, aber immer ist die Zeitdauer der nötigen Einwirkung ganz anderer Größenordnung als bei den Glucosiden.

Schwefelsäure ist der Salzsäure vorzuziehen, weil die letztere stärker zersetzend auf die Zucker und mehrwertigen Phenole einwirkt und nicht so leicht zu entfernen ist. Aber auch mit Schwefelsäure treten beträchtliche Zersetzungen und Verluste ein. Nach 72stündiger Hydrolyse ist, wie eigens dafür angestellte Versuche ergeben haben, dem gefundenen Werte für Gallussäuren etwa 5 %, dem der Glucose etwa 55 % zuzurechnen (E. FISCHER und K. FREUDENBERG [20]). Angaben über die Ausführung der Hydrolysen sind in dem Abschnitte über das „Chinesische Tannin" mitgeteilt.

Gerbstoffe, die außer Oxybenzolkernen aliphatisches oder hydroaromatisches Hydroxyl enthalten, unterliegen mit größter Leichtigkeit durch Säuren oder Alkalien einer Kondensation, die in ihrer einfachsten Gestalt beim Salicylalkohol auftritt. Das Carbinol des einen Moleküls kondensiert sich unter Bildung eines Diphenylmethanderivates mit dem Kern des nächsten Moleküls; das entstehende Produkt ist weiterer, regelloser Kondensation fähig. In dem Abschnitt „Chemie und Morphologie des Lignins" dieses Werkes ist auf S. 136, 144 und 147 dargetan, daß diese Reaktion die Bildung der *Gerbstoffrote* oder *Phlobaphene*, des kondensierten Coniferylalkohols, des Lignins, des Bakelits und vieler anderer hochpolymeren Stoffe erklärt. Die Kondensation sekundärer Alkohole mit Phenolen ist der einfachste Fall dieser Reaktion (Zitat 22, S. 149; ferner M. BERGMANN und G. POJARLIEFF [3b]). Statt des Carbinols kann sich auch Carbonyl mit Phenolen kondensieren (z. B. Maclurin, S. 391).

Einwirkung von Alkalien, Hydrolyse, Kalischmelze.

Gerbstoffe, deren Bestandteile durch Veresterung miteinander verbunden sind, werden durch Alkalien hydrolysiert; bei kondensierten Gerbstoffen liegen nur an den Phloroglucinderivaten Erfahrungen vor; hier wird zuerst die Bindung zwischen dem Phloroglucin und dem nächsten Kohlenstoffatom gesprengt.

Aus Gallotannin wird durch verdünnte Alkalien in der Kälte glatt Gallussäure abgespalten, wenn der Luftsauerstoff ausgeschlossen bleibt; anderenfalls entsteht nebenher Ellagsäure. Zucker wird bei dieser Behandlung zerstört.

Bei den kondensierten Gerbstoffen, die nach den bisherigen Erfahrungen fast stets Phloroglucin enthalten, bewirken Alkalien die Herauslösung dieses dreiwertigen Phenols. Die Bindung zwischen dem Phloroglucin und den übrigen Kohlenstoffkomplexen löst sich verhältnismäßig leicht. Die anderen Bestandteile des Moleküls werden meistens erst bei wesentlich höherer Temperatur zu faßbaren krystallinischen Substanzen abgebaut. Man muß deshalb grundsätzlich in Versuchsreihen von gelinder Einwirkung zu stärkeren Eingriffen übergehen.

CLAUSER kocht 20 g Catechin in einer Wasserstoffatmosphäre mehrere Stunden mit 300 cm³ 10proz. Kalilauge. Aus der Reaktionsmasse gewinnt er Phloroglucin. Durch energischere Einwirkung, Verschmelzen mit 3 Teilen Kaliumhydroxyd, hat HLASIWETZ aus dem gleichen Gerbstoffe außer Phloroglucin Protocatechusäure gewonnen.

Dieser als „Kalischmelze" bekannte Prozeß hat in gemilderter Form auf dem Gebiete der den Catechingerbstoffen nahe verwandten Pflanzenfarbstoffe ausgezeichnete Ergebnisse gebracht.

Bei der Bewertung einer Alkalischmelze muß einer Reihe von Nebenreaktionen Rechnung getragen werden, für die einige Beispiele angeführt werden sollen, die zugleich zeigen, daß Kalilauge der Natronlauge vorzuziehen ist.

Nach COMBES wird Phloroglucin durch 25proz. Kalilauge bei 160⁰ in 2 bis 3 Stunden in Kohlensäure, Aceton und Essigsäure gespalten.

Quercit liefert, mit Kaliumhydroxyd bei 225—240⁰ verschmolzen, unter anderem Hydrochinon. Chinasäure wird in der Kali- und Natronschmelze in Protocatechusäure verwandelt.

Aus Resorcin wird durch Verschmelzen mit Natriumhydroxyd Brenzcatechin und Phloroglucin gebildet, aus Phenol Brenzcatechin, Resorcin und Phloroglucin.

Es handelt sich hierbei um Dehydrierungen und Ersatz eines Wasserstoffatoms durch den Rest ONa (G. Lock [85], R. Lemberg [83]).

Vor allem verdient das Auftreten von Protocatechusäure bei der Zerlegung des Apigenins und Pelargonidins Beachtung. Beim normalen Verlaufe der Spaltung sollte als Säurekomponente nur p-Oxybenzoesäure entstehen; sie wird unter den Versuchsbedingungen jedoch teilweise zu Protocatechusäure oxydiert.

Starke Alkalien wirken auf Alkoxylgruppen verseifend, wie das Beispiel der Isoferulasäure beweist. Der Nachweis von Pyrogallolderivaten unter den bei der Kalischmelze entstehenden Spaltstücken ist bei den Anthocyanidinen recht unsicher (Willstätter und Martin [112] und Mieg [113]); dagegen scheint der Gallussäurenachweis bei der Kalischmelze des Pistacia-phlobaphens keine besonderen Schwierigkeiten bereitet zu haben.

In der älteren Gerbstoffchemie ist die Kalischmelze stets in ihrer energischen Form angewendet worden. Die Ergebnisse sind aus diesem Grunde mit der größten Vorsicht aufzunehmen; dazu kommt, daß nur in einzelnen Fällen die Einheitlichkeit des angewendeten Gerbstoffs gewährleistet ist und die Frage offenbleibt, ob die Reaktionsprodukte nicht von Beimengungen stammen, wie Quercit, Chinasäure oder Quercetin, welch letzteres außerordentlich verbreitet ist. Des weiteren ist die Ausbeute, die meistens sehr schlecht ist, nur selten angegeben. Die Identifizierung der Spaltstücke beschränkt sich häufig auf einige Farbenreaktionen. Als zuverlässiger können die Ergebnisse an den Gerbstoffroten angesehen werden, und es muß hervorgehoben werden, daß die aus diesen isolierten Spaltstücke fast regelmäßig Phloroglucin und Protocatechusäure sind.

Die Ergebnisse einer Kalischmelze sind nur dann verwendbar, wenn die Spaltstücke in reiner Form isoliert und durch den Schmelzpunkt gekennzeichnet sind. Da die Protocatechusäure sehr schwer von der fast immer auftretenden Oxalsäure abgetrennt werden kann, empfiehlt sich die Methylierung der Reaktionsprodukte. Als Veratrumsäure kann sie leicht nachgewiesen werden.

Einwirkung von Fermenten.

Schimmelpilze, die auf Galläpfeltannin gewachsen sind, entwickeln ein Ferment, die „Tannase", die Gerbstoffe vom Estertyp abbaut.

Am besten eignen sich Penicillium glaucum, das als Nahrung verdünnte, und Aspergillus niger, der starke (z. B. 33proz.) Tanninlösungen bevorzugt. Ihre Stickstoffnahrung finden die Pilze in den rohen Galläpfelauszügen von selbst. Auf einer Lösung von käuflichem Tannin (50 g in 500 cm^3 Wasser) wachsen die Pilze erst nach Zusatz von 0,5 g Ammoniumnitrat und 0,5 g Hefeasche. Bei Abwesenheit von Sauerstoff gedeihen die Pilze nicht. Ihre Wirkung ist grundverschieden, je nachdem sie auf der Nährlösung oder in derselben wachsen. Im ersten Falle wird das Tannin, ohne zerlegt zu werden, langsam verzehrt. Im zweiten Falle, wenn der Pilz, sobald er sich auf der Oberfläche ansetzt, in die Flüssigkeit hineingestoßen wird, gedeiht er darin zwar langsam, aber er übt nunmehr eine sehr starke spaltende Wirkung auf den Gerbstoff aus.

Pottevin beobachtete, daß der Extrakt des auf Tannin gezüchteten Aspergillus Tannin zerlegt. Fernbach hat die Tannase selbst hergestellt, indem er Schimmelpilze, die auf Tannin gewachsen waren, maceriert und mit Wasser ausgezogen hat. Aus der eingeengten Lösung hat er die Tannase mit Alkohol gefällt. Fernbachs Verfahren wurde zu folgender Vorschrift ausgearbeitet (K. Freudenberg, Fr. Blümmel und Th. Frank [32], vgl. O. Th. Schmidt [104]).

600 g auf Linsengröße zerstoßene Myrobalanen werden in 3 l destilliertem Wasser 10 Minuten gekocht, dann wird abgegossen und der Rückstand noch 3—4mal mit je 1 l heiß ausgezogen. Die Flüssigkeit wird mit der Lösung von

300 g Ammoniumsulfat, 9 g Dikaliumphosphat und 3 g Magnesiumsulfat versetzt und auf 12 l aufgefüllt. Die Flüssigkeit wird auf große flache Schalen derart verteilt, daß die Schichtdicke mindestens 4 cm beträgt. Auf dünnerer Schicht wächst der Pilz schlechter. Werden Flaschen oder Kolben verwendet, so sind sie nicht mit Wattebäuschen zu verschließen. Nach dem Animpfen mit einer Aufschlämmung von Sporen des Aspergillus niger[1] bleibt die Flüssigkeit 3 Tage bei 33⁰ stehen. Es hat sich ein straffes weißes Mycel gebildet, das in diesem Zustande die beste Ausbeute an Tannase ergibt. Bleibt es länger stehen, so wird es schon am 4. Tage schlaffer, beginnt sich mit Sporen zu bedecken und verarmt an Tannase.

Der abgehobene Pilz wird mit sechsmal erneutem destilliertem Wasser durchgeknetet und jedesmal mit der Hand ausgepreßt[2]. Der feuchte Pilz wird mit 1 l destilliertem Wasser und 1 cm³ Toluol zu einem dünnen Brei angerieben und 24 Stunden unter häufigem Umrühren bei 20⁰ sich selbst überlassen. Nun wird durch eine Lage Kieselgur abgesaugt und gewaschen. Das Mycel wird erneut mit einem halben Liter Wasser und einem halben Kubikzentimeter Toluol angerührt und nach 2 Stunden abfiltriert. Die vereinigten Auszüge werden sofort im Vakuum auf 30—50 cm³ eingeengt (Badtemperatur 40⁰), durch Kieselgur geklärt und mit dem fünffachen Volum absoluten Alkohols versetzt. Die Tannase fällt in hellen Flocken aus, die sich nach einigem Schütteln filtrieren lassen. Das Präparat wird noch zweimal in 20 cm³ Wasser gelöst und mit dem fünffachen Volum absoluten Alkohols gefällt. Zuletzt wird mit Alkohol, dann mit Äther nachgewaschen und im Exsiccator getrocknet. Falls das hellgraue Pulver FEH-LINGS Lösung reduziert, muß es nochmals umgefällt werden. Die Ausbeute wird durch Division der Menge (in Milligramm) durch den Spaltwert berechnet und beträgt bei guter Arbeit 35 Tannaseeinheiten (z. B. 720 mg vom Spaltwert 20,2). Es lohnt sich gewöhnlich, auf der Nährlösung eine zweite Ernte (nach weiteren 3 Tagen) zu ziehen. Die zweite Ausbeute beträgt etwa die Hälfte der ersten (z. B. 690:38,3 = 18 T.-E.).

Der Spaltwert eines Tannasepräparates wird gleichgesetzt der Anzahl Milligramme, die nötig sind, um bei 33⁰ in 24 Stunden 1,082 g wasserfreien Gallussäuremethylester (entsprechend 1,000 g Gallussäure) in 200 cm³ Wasser gelöst, zur Hälfte zu spalten. Einzelheiten s. O. TH. SCHMIDT (104).

Für die präparative Anwendung sei ein Beispiel angeführt (K. FREUDEN-BERG, FR. BLÜMMEL [31]). Eine Menge krystallinen Hamameli-Tannins, die 10 g Trockensubstanz entspricht, wird in 2 l Wasser gelöst; in einigen Kubikzentimetern dieser Flüssigkeit werden 0,2 g Tannase vom Spaltwert 35 aufgenommen. Von Tannase von schlechterem Spaltvermögen muß entsprechend mehr genommen werden. Die Lösungen werden vereinigt und bei 33⁰ steril aufbewahrt. Die erste Titration wird nach 5 Tagen ausgeführt; in einzelnen Fällen ist der Abbau schon beendet (20 cm³ der Lösung verbrauchten alsdann 16,7 cm³ n/40-Lauge), meistens muß die Lösung noch einige Tage stehen, bis die Säurezunahme aufhört. Die Lösung wird bei Unterdruck eingeengt, bis die Gallussäure zu krystallisieren beginnt; nach Einstellen in Eis wird abgesaugt, mit wenig Eiswasser nachgewaschen und Mutterlauge nebst Waschwasser im Apparat 24 Stunden ausgeäthert. Falls der Abbau nicht beendet war, wird die ausgeätherte Lösung vom Äther befreit, mit Wasser so weit verdünnt, daß sie $^1/_3$—$^1/_2$ %/o ge-

---

[1] Genügend reine Kulturen werden erhalten, wenn Galläpfel mit dem gleichen Gewicht Wasser angerührt in offenem Gefäß mehrere Tage bei 25—35⁰ aufbewahrt werden. Der Pilz ist sehr verbreitet und fliegt meistens von selbst an.

[2] Es wird darauf aufmerksam gemacht, daß Aspergillus sich im menschlichen Ohr festsetzen kann und daher Vorsicht geboten ist.

bundene Gallussäure enthält und erneut mit wenig Tannase behandelt. Die Gallussäure wird nach der Konzentration wiederum ausgeäthert. Sie wird vom Äther befreit, mit Wasser in ein gewogenes Schälchen gespült, an der Luft bei 20° eingetrocknet, mit sehr wenig Wasser gewaschen, wieder an der Luft getrocknet und mit einem Krystallwasser in Rechnung gestellt. Statt der für eine Digalloylhexose zu erwartenden 70,2% werden 68,2—68,9% wasserfreie Gallussäure erhalten. Sie ist einheitlich und liefert bei der Acetylierung reine Triacetylgallussäure.

Die vom Äther befreite Zuckerlösung wird mit Wasser verdünnt und 15 Stunden mit 1,5 g Tonerde in Berührung gelassen. Die filtrierte Lösung gibt jetzt meistens keine Reaktion mit Eisenchlorid mehr, sie wird im Vakuum bis zum dünnen Sirup eingeengt und in absolutem Alkohol aufgenommen. Die Tannase bleibt zurück, während der Zucker fast farblos in Lösung geht. Die alkoholische Lösung wird wieder mit Tonerde behandelt, verdampft und der Zucker in Wasser mit Talk geschüttelt. Die Lösung zeigt jetzt keine Eisenchloridreaktion mehr. 1 cm³ wird im Schiffchen über Phosphorsäure-anhydrid bei 100° und 5 mm Druck getrocknet; aus dem Rückstand läßt sich die Gesamtausbeute an Zucker berechnen; statt 37,2% werden 33,2% gefunden. Der Verlust ist zur Hauptsache auf die Adsorption an der Tonerde zurückzuführen.

Die Entgerbung gelingt nicht immer mit Tonerde; sicherer ist das bei der Hydrolyse des chinesischen Gallotannins verwendete Bleiacetat (s. unter chinesischem Gallotannin).

h) Isolierung und Nachweis der Spaltstücke und Begleitstoffe.

Zucker. Der Nachweis von Zucker neben Phenolen und Phenolcarbonsäuren ist eine stets wiederkehrende Aufgabe der Gerbstoffchemie. Da freie Zucker von alkalischen Mitteln zerstört werden, sind meistens die Produkte der sauren oder fermentativen Hydrolyse aufzuarbeiten. Für den letzteren Fall — Isolierung des Zuckers nach dem enzymatischen Abbau des Hamamelitannins — ist im vorigen Abschnitt ein Beispiel mitgeteilt.

Von Säuren werden manche Gerbstoffe (z. B. chinesisches Gallotannin) ungemein schwer hydrolysiert. Glucoside werden dagegen meistens rasch gespalten. Bei der Suche nach Zucker müssen deshalb mehrere Hydrolysen von sehr verschiedener Dauer angesetzt werden. Schwefelsäure zerstört den Zucker weniger als Salzsäure. Die Aufarbeitung der Bestandteile nach der Hydrolyse des chinesischen Gallotannins wird bei diesem beschrieben. Geringste Abweichungen von dieser Vorschrift führte zu Mißerfolgen. Vor allem ist darauf zu achten, daß die zuckerhaltige Lösung keine Spur von Phenolen oder Phenolcarbonsäuren (Eisenchlorid) mehr enthält, weil die meisten dieser Substanzen Fehlings Lösung reduzieren und deshalb bei der Bestimmung des Zuckers stören.

Der Zucker wird gewogen, polarimetrisch und titrimetrisch bestimmt. Mit dem Rest der Lösung wird die Osazon- und gegebenenfalls die Gärprobe (Lohnstein-Apparat) angestellt. Die Erfahrung hat gezeigt, daß der ausführende Experimentator zunächst eine Hydrolyse von chinesischem Gallotannin ausgeführt haben muß, ehe er an einem unbekannten Präparat eine zuverlässige Bestimmung vornehmen kann.

Zuckerähnliche Stoffe, wie Acerit aus Acertannin werden ebenso gewonnen.

Verschiedene Oxyverbindungen, z. B. Chinasäure, Milchsäure, Quercit, Inosit, Mannit, können in derselben Fraktion auftreten und sind gelegentlich mit Zucker verwechselt worden (z. B. chinasaures Kalium).

Chinasäure unterscheidet sich von den Phenolcarbonsäuren dadurch, daß ihr Kalksalz in heißer überschüssiger Kalkmilch gelöst bleibt. Aus dem eingedampften Filtrat wird mit Alkohol das chinasaure Calcium gefällt; man löst es in Wasser, säuert mit Essigsäure an, fällt Verunreinigungen mit neutralem Bleiacetat und behandelt das Filtrat mit Schwefelwasserstoff. Beim Eindampfen krystallisiert chinasaures Calcium. Die Säure wird mit Essigsäureanhydrid in Triacetylchinid übergeführt und als solches identifiziert.

Citronensäure wird zweckmäßig in Form ihres destillierbaren Trimethylesters identifiziert. Wegen der Schwerlöslichkeit ihres Bleisalzes folgt sie häufig den Gerbstoffen.

Gallussäure löst sich etwa in 100 Teilen kaltem Wasser. Ihre Abtrennung aus einem Hydrolysengemisch wird beim chinesischen Gallotannin beschrieben und ist für den Fall eines fermentativen Abbaues im Abschnitt „Einwirkung von Fermenten" geschildert. Fraktionen, die durch Verdampfen der Äther- oder Essigätherlösung gewonnen sind, müssen unbedingt mit wenig Eiswasser zur Krystallisation gebracht und abgesaugt werden. Aus den Mutterlaugen kann man nach Einengen und Ausäthern mit viel Äther den Rest gewinnen, der jedoch gleichfalls aus Wasser umkrystallisiert werden muß. Niemals dürfen Fraktionen in Rechnung gestellt werden, die nicht aus Wasser krystallisiert sind. Die Säure enthält, wenn sie aus Wasser krystallisiert und an der Luft getrocknet ist, ein Krystallwasser.

Nach der Kalischmelze ist sie häufig mit Oxalsäure vermischt. Sie läßt sich von dieser durch Überführung in das Triacetat trennen. Kleine Mengen werden mit Diazomethan in den Trimethylgallussäure-methylester umgewandelt.

Esterartig gebundene Gallussäure (Gallotannin, Gallussäureester) geht in Berührung mit Alkalien an der Luft in Ellagsäure über.

Protocatechusäure wird nach der Methylierung als Veratrumsäure identifiziert (s. Kalischmelze). Die heiße Schmelze aus 2—5 g wird sofort in Wasser gegossen und der Apparat ausgespült. Unter Eiskühlung wird mit konzentrierter Salzsäure übersäuert (Kongo) und 46 Stunden im SCHACHERL-Apparat lebhaft ausgeäthert. Der sirupöse schwarzbraune Ätherrückstand wird mit 10 g Wasser und 15 cm^3 einer 50proz. Kalilauge versetzt und unter Turbinieren bei 60° mit 10 cm^3 Dimethylsulfat, das im Verlaufe von 20—30 Minuten zutropft, methyliert. Die alkalische Masse ist klar und wird durch Ausäthern von methylierten Phenolen befreit. Um die harzigen Massen, die beim Ansäuern ausfallen, an der Zusammenballung zu verhindern, werden in die alkalische Lösung einige Gramm Kieselgur eingetragen. Nun wird mit Salzsäure unter Rühren übersäuert und 4 Stunden mit Äther extrahiert. Dem harzigen Ätherrückstand wird durch kochendes Wasser (100, 50 und nochmals 50 cm^3) die Veratrumsäure entzogen. Die trüben Auszüge werden mit 12 cm^3 einer Lösung von neutralem Bleiacetat (2-n) und 8 cm^3 einer gesättigten Lösung von einfachbasischem Bleiacetat versetzt, zum Sieden erhitzt und filtriert. Unter diesen Bedingungen bleibt Veratrumsäure gelöst. Das Filtrat wird mit einigen Kubikzentimetern verdünnter Schwefelsäure übersäuert und 4 Stunden mit Äther extrahiert. Aus dem Äther bleibt die Veratrumsäure bereits ziemlich rein zurück. Sie wird im Exsiccator getrocknet und 2—3mal mit wenig kaltem Benzol gewaschen. In diesem Zustande wird die Säure gewogen. Ihr Schmelzpunkt ist noch etwa 10° unter dem des reinen Präparates, das daraus leicht hergestellt werden kann, indem die Veratrumsäure durch Auflösen in heißem Benzol von geringen Mengen *Isovanillinsäure* (etwa 1 Teil neben 6 Teilen Veratrumsäure) getrennt wird.

Phenole werden mit Dimethylsulfat methyliert und aus der alkalischen Reaktionsflüssigkeit mit Wasserdampf abgeblasen. Aus dem Destillat werden die Methyläther durch Ausäthern von Methylalkohol und Wasser befreit und entweder direkt zur Krystallisation gebracht oder als Bromderivate identifiziert.

Kaffeesäure läßt sich ausäthern und aus Wasser umkrystallisieren.
Ellagsäure

$$\text{(Ellagsäure-Formel: CO–O, HO, HO, OH, OH, O–OC)}$$

hat einen derart hohen Schmelzpunkt, auch als Acetylderivat, daß besondere Maßnahmen zur Kennzeichnung nötig sind.

Wenn Ellagsäure in Gegenwart von Gerbstoffen oder deren Zersetzungsprodukten aus alkalischer Lösung ausgefällt werden soll, so tritt sie bei Verwendung von überschüssiger Mineralsäure stets sehr dunkel gefärbt auf und bleibt auch zum Teil in Lösung. Zweckmäßiger ist es, sie als saures Natriumsalz abzuscheiden, das beim vorsichtigen Ansäuern der alkalischen Lösung eher ausfällt als die gerbstoffartigen Verunreinigungen. Die Ellagsäure wird in einem Überschuß von 2 n-Natronlauge warm gelöst, die Flüssigkeit sofort abgekühlt und mit so viel 2 n Schwefelsäure versetzt, bis ein Tropfen auf Lackmuspapier eben saure Reaktion anzeigt. Der grün-gelb gefärbte, amorphe Niederschlag hat ungefähr die Zusammensetzung des Mononatriumsalzes der Ellagsäure, das von Fr. Ernst und C. Zwenger auf etwas andere Weise in krystallisierter Form erhalten wurde. Das Salz wird in überschüssiger Natronlauge warm gelöst und sofort in heiße verdünnte Mineralsäure eingegossen. Nun fällt die Säure schön krystallin und nahezu farblos aus. Verluste treten nicht ein. Dieses ist auch der Fall, wenn derselbe Versuch in Gegenwart von überschüssigem, ellagsäurefreiem Gerbstoff ausgeführt wird. Das lästige Ausfallen von Gerbstoffanteilen wird nicht beobachtet. Zur völligen Reinigung wird die Ellagsäure aus Pyridin umkrystallisiert. Das gelbe Pyridinsalz wird mit viel Wasser verkocht, wobei die reine Säure sich in schön ausgebildeten Krystallen abscheidet.

Zum Nachweis wird die Ellagsäure in das Acetat der Hexaoxy-diphenyl-monocarbonsäure-lactons übergeführt.

3 g Ellagsäure werden im Stickstoffstrome mit 400 cm³ 2 n Natronlauge übergossen. Die Lösung wird unter Luftabschluß im gelinden Sieden gehalten, wobei die anfangs braungelbe Farbe der Lösung allmählich in Citronengelb übergeht und die Wandung des Kolbens sich mit einem gleichfarbigen Niederschlage belegt. Nach etwa 20—25 Minuten, nicht später, säuert man die Lösung mit verdünnter Schwefelsäure an, wobei streng darauf zu achten ist, daß keine Luft in den Kolben dringt, solange die Lösung noch alkalisch ist. Die alkalische Lösung des Hexaoxydiphenyl-monocarbonsäurelactons ist außerordentlich empfindlich gegen Sauerstoff und färbt sich, selbst wenn nur die geringsten Spuren von Luft hinzutreten, momentan blutrot. Die angesäuerte, farblose Lösung scheidet beim Erkalten die charakteristischen, stets grünlich gefärbten Nädelchen des Monolactons aus, das in kaltem Wasser so gut wie unlöslich ist. Bei längerem Kochen bildet sich Hexaoxydiphenyl.

Das Monolacton entsteht auch bei Einwirkung von Alkali auf Ellagsäure bei 70⁰, also unter den Bedingungen der Gerbstoffhydrolyse. Bei langer Einwirkung geht es auch bei dieser Temperatur in Hexaoxydiphenyl über. Das Monolacton ist luftempfindlich und kann nur mit starker Färbung erhalten werden. Es läßt sich leicht und vollständig in das sehr beständige Acetylderivat überführen.

2 g Lacton werden in 8 cm³ trockenem Pyridin gelöst und mit 15 cm³ Essigsäureanhydrid versetzt. Das Gemisch wird 1—2 Stunden bei gewöhnlicher Temperatur stehengelassen und dann in Eiswasser gegossen. Das Acetylprodukt

muß noch einige Male aus Eisessig umkrystallisiert werden, bis es konstant zwischen 220—232⁰ schmilzt. Die Substanz krystallisiert in kleinen, derben Nadeln.

Quercetin ist einer der häufigsten Pflanzenstoffe. Aus wäßrigen Gerbextrakten, in denen es recht löslich ist, läßt es sich mit Äther im Apparat ausziehen; Essigäther ist noch wirksamer (Vakuumextraktionsapparat, s. S. 389). In beiden Fällen ist das Quercetin meist mit Ellagsäure und Quercitrin (Rhamnosid des Quercetins) sowie anderen Quercetin-glucosiden vermengt.

Will man diese Stoffe nebeneinander bestimmen, so empfiehlt es sich, zunächst die Glucoside durch warmes Wasser, das Quercetin und Ellagsäure zum größten Teil ungelöst läßt, herauszulösen. Das Gemisch von Quercetin und Ellagsäure wird mit kaltem Glycol, Formamid oder warmem Acetonitril behandelt, in welchen Lösungsmitteln die Ellagsäure so gut wie unlöslich ist. Quercetin krystallisiert besonders schön aus Acetonitril beim langsamen Verdunsten. Zu seiner Identifizierung wird es mit Pyridin und Essigsäureanhydrid in die Pentacetylverbindung übergeführt. Diese schmilzt nach mehrmaliger Krystallisation aus Alkohol bei 193⁰.

B. Die einzelnen natürlichen Gerbstoffe und verwandte Naturstoffe.

a) Depside.

(*Ester von Phenolcarbonsäuren mit Phenolcarbonsäuren oder anderen Oxysäuren.*)

Lecanorsäure als Beispiel der Flechtendepside.

In den Flechten finden sich zahlreiche Phenolcarbonsäuren als „Depside" in esterartiger Verkettung vor. Unter ihnen ist am besten bekannt die von der Orsellinsäure sich ableitende Lecanorsäure (Synthese: E. FISCHER, H. O. L. FISCHER [18]).

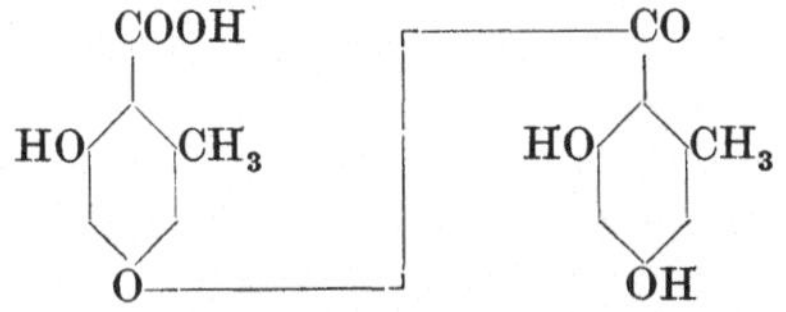

$$
\begin{array}{cc}
\text{COOH} & \text{CO} \\
\text{HO}\!-\!\!\bigcirc\!\!-\!\text{CH}_3 & \text{HO}\!-\!\!\bigcirc\!\!-\!\text{CH}_3 \\
\text{O} & \text{OH}
\end{array}
$$

Diese Depside sind zwar in die gleiche Klasse von Naturstoffen zu zählen wie die Gerbstoffe; da ihnen aber deren übliche Merkmale, wie Leimfällung und kolloide Löslichkeit in Wasser, abgehen und sie nach Vorkommen und Bau eine Untergruppe für sich bilden, wird hier nicht näher auf sie eingegangen. Die chemische Analogie der Lecanorsäure mit den Gerbstoffen drückt sich auch darin aus, daß sie mit Erythrit verestert vorkommt (als Monolecanorsäureester, Erythrin), ähnlich wie im chinesischen Tannin die Gallussäure mit Glucose verbunden ist.

Chlorogensäure ([3,4-Dioxy-cinnamoyl]-Chinasäure)[1].

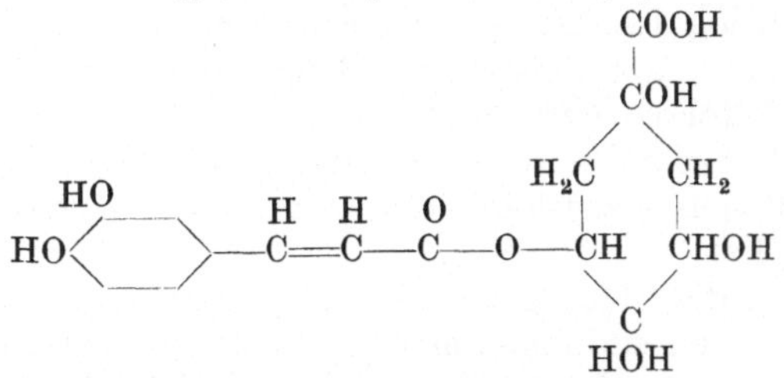

$$
\text{HO}\!-\!\!\bigcirc\!\!-\!\overset{H}{C}\!=\!\overset{H}{C}\!-\!\overset{O}{C}\!-\!O\!-\!CH \cdots
$$

(Struktur: Dioxyphenyl–CH=CH–CO–O–CH der Chinasäure mit COOH, COH, H_2C, CH_2, CHOH, C, HOH)

---
[1] *Stellung der Kaffeesäure nach* HERM. O. L. FISCHER.

Die Säure findet sich in den Kaffeebohnen vor als Monokaliumsalz, das mit einem Mol Coffein verbunden ist, und wird in dieser Form isoliert (Payen; K. Freudenberg [26]). Grüner Kaffee wird zur Zerstörung der Fermente einige Stunden auf 100° erhitzt; dies geschieht zweckmäßig im Vakuum, weil er sich entwässert leicht zerkleinern läßt. Die gemahlenen Bohnen werden mit kaltem, zur Sterilisation mit etwas Chloroform versetztem Wasser perkoliert. Die Auszüge werden unter vermindertem Druck eingeengt, nach 12 Stunden filtriert und im Vakuum zum sehr dicken Sirup eingedampft, der erst in der Wärme, dann bei Zimmertemperatur mit so viel Alkohol versetzt wird, daß die Lösung bei 0° eben noch klar bleibt. Nach zweitägiger Aufbewahrung im Eisschrank wird abgesaugt, scharf ausgepreßt, zweimal aus 50 proz. Alkohol und dreimal aus möglichst wenig Wasser umkrystallisiert; bei der ersten Krystallisation aus Wasser empfiehlt sich die Zuhilfenahme von Tierkohle. Die Ausbeute beträgt bis zu 3%. Zur Entfernung des Coffeins wird die Lösung des Salzes in 2—3 Teilen Wasser in der Wärme achtmal mit dem doppelten Volumen Chloroform ausgeschüttelt, wenn nötig filtriert und mit der berechneten Menge 5 n Schwefelsäure versetzt. Die Chlorogensäure krystallisiert auf Eis in 24 Stunden aus und wird mehrmals aus möglichst wenig Wasser umkrystallisiert, wobei einmal Tierkohle verwendet wird. Ausbeute 1—2% der Kaffeebohnen.

Chlorogensäure ist optisch aktiv, $[\alpha]_D$ in 1—3 proz. wäßriger Lösung —33,1°. Leim wird in verdünnter Lösung nicht gefällt, wohl aber in Gegenwart von Kochsalz oder in konzentrierter Lösung. Die Säure löst sich schwer in kaltem, leicht in heißem Wasser. Verdünnte Säuren oder Mineralsalze setzen die Löslichkeit stark herab. Nicht ganz reine, konzentrierte Lösungen der Säure gelatinieren leicht. Eisenchlorid erzeugt eine grüne Färbung. Chlorogensäure löst sich in Aceton, Alkohol und Essigäther; Äther nimmt sie schwer auf. Bromwasser wird entfärbt. Chlorogensäure ist eine starke Säure.

Penicillium- und Mucor-arten (Gorter [58]) sowie Tannase (K. Freudenberg [26]) zerlegen sie in Chinasäure und die schwer lösliche Kaffeesäure. Beim Kochen mit verdünnten Mineralsäuren und Oxalsäure entstehen Chinasäure, Kaffeesäure und deren Zersetzungsprodukte, worunter viel Kohlensäure. Zur alkalischen Hydrolyse hat Gorter 7,5 g in 40 g 13 proz. Kalilauge eingetragen; dabei erwärmte sich die Lösung. Sie blieb noch eine Viertelstunde stehen und wurde mit 46 g 10 proz. Schwefelsäure versetzt. Jetzt krystallisierte Kaffeesäure aus; in der Mutterlauge wurde Chinasäure nachgewiesen. Die Acetylierung führt zur Pentacetylchlorogensäure. In heißer alkoholischer Lösung spaltet Anilin oder Kaliumacetat die beiden am Kaffeesäurerest haftenden Acetyle ab. Die Pentacetylverbindung addiert ein Mol Br_2. Chlorogensäure nimmt mit Natriumamalgam 2 Atome Wasserstoff auf, die entstandene Dihydrochlorogensäure wird durch Alkalien und Säuren (ohne CO_2-Entwicklung) glatt in Chinasäure und Dihydrokaffeesäure gespalten (Gorter [58]).

Der sogenannte Kaffeegerbstoff, zuletzt von Griebel (60) erwähnt, muß als ein Gemisch von Chlorogensäure mit anderen Säuren und ihren Zersetzungsprodukten angesehen und aus der Literatur gestrichen werden. In den grünen Kaffeebohnen ist keine leimfällende Substanz enthalten. Das Methoxyl, das Griebel (61) vorfindet, dürfte von der Beimengung oder Einwirkung der von ihm verwendeten Alkohole herrühren.

Hlasiwetz (70) hat in seinem „Kaffeegerbstoff" Zucker festgestellt; aus seinen Angaben läßt sich herauslesen, daß er zur Hauptsache chinasaures Kalium in Händen gehabt hat.

Gorter (58) hat die Chlorogensäure aus arabischen und liberischen Kaffeebohnen isoliert, in denen sie ungefähr 4% ausmachen soll; ferner hat er sie in Substanz gewonnen aus den Kaffeeblättern, dem Milchsaft von Castilloa elastica aus dem Samen von Helianthus annuus, Kopsia flavida und Strychnos nux vomica. Darüber hinaus will er die Chlorogensäure in zahlreichen Pflanzen mit Hilfe einer Farbenreaktion nachgewiesen haben. (Die mit Mineralsäure gekochte Lösung wird ausgeäthert, der blau fluorescierende Ätherauszug nacheinander mit Bicarbonatlösung, Wasser und verdünntem Eisenchlorid ausgeschüttelt. Der Äther färbt sich gelb, die Eisenchloridschicht schwach olivbraun, bei größerer Substanzmenge grauviolett.) Diese Reaktion ist, wie bereits CHARAUX (7) festgestellt hat, nicht nur ein Kennzeichen der Chlorogensäure, sondern auch der Kaffeesäure, denn es ist bei der Anwendung der beiden Säuren kein Unterschied wahrzunehmen. Die Reaktion dürfte auf der Bildung von Dioxystyrol und seinen Umwandlungsprodukten beruhen, und es bleibt abzuwarten, ob nicht auch andere, ähnliche Verbindungen die gleiche Reaktion geben. Es bleibt eine offene Frage, welche der in zahlreichen anderen Pflanzen angetroffenen (WEHNER: Pflanzenstoffe) und als „Kaffeegerbsäure" bezeichneten Naturstoffe auch Chlorogensäure enthalten. Die Annahme CHARAUX', daß alle im Pflanzenreich vorkommende gebundene Kaffeesäure aus Chlorogensäure stamme, entbehrt der Begründung.

Kaffeesäure ist in der Natur beispiellos verbreitet. Inwieweit Chlorogensäure der Träger der bei Pflanzenanalysen sich vorfindenden Kaffeesäure ist, läßt sich vorläufig nicht sagen; bisher ist nur in dem von TUTIN (108) entdeckten Eriodictyol ein weiterer Kaffeesäurebildner bekannt geworden.

<h3 align="center">m-Digallussäure.</h3>

Die Säure ist zwar in der Natur noch nicht frei vorgefunden worden, aber sie wird mit Glucose verestert im türkischen und chinesischen Gallotannin angetroffen und ist synthetisch bereitet worden.

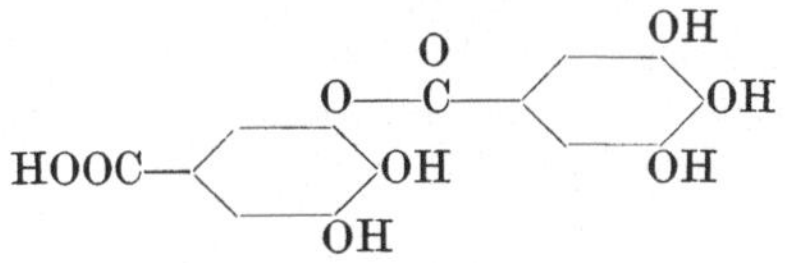

Die Säure krystallisiert mit Krystallwasser. Sie zeigt alle Fällungsreaktionen der Gerbstoffe. Mit der ebenfalls synthetisch bereiteten m-Diprotocatechusäure (E. FISCHER, K. FREUDENBERG [19]; E. FISCHER [15]) hat sie die Eigentümlichkeit gemeinsam, in Berührung mit Wasser in der Hitze leichter zu krystallisieren als in der Kälte. Auf Zimmertemperatur unterkühlte Lösungen neigen zur Gallertbildung. Unreine Präparate bilden in Wasser übersättigte Lösungen. In reinem Zustande löst sich die Säure bei 25° etwa in 1900, bei 100° in 50—60 Teilen Wasser. Die Löslichkeit ist also gegen Gallussäure stark herabgemindert. In Essigäther und Äther löst sie sich schwer.

Die isomere p-Digallussäure ist nicht bekannt.

<h3 align="center">b) Gallotannine.</h3>

(Ester aromatischer Säuren mit mehrwertigen Alkoholen oder Zuckern.)

Vacciniin, Dibenzoyl-glucoxylosen, Populin, Benzoyl-helicin,
Erythrin.

Die hier genannten Naturstoffe stehen am Eingange in das Gebiet der Gerbstoffe vom Gallotannintyp. Das *Vacciniin* ist eine amorphe 6-Monobenzoylglucose (H. OHLE [88]), die GRIEBEL (61) aus Preiselbeeren isoliert hat. E. FISCHER und H. NOTH (22) haben dieselbe Substanz, aber krystallisiert, synthetisch über die Diacetonglucose gewonnen und ihre Identität mit GRIEBELs Präparat, dem vielleicht noch Isomere beigemengt sind, nachgewiesen. Eine *Dibenzoylglucoxylose* haben POWER und SALWAY (101) aus einer Leguminose durch

Extraktion mit Amylalkohol isoliert; in den Mutterlaugen hat Tutin (109) eine zweite, der ersten isomere Dibenzoyl-glucoxylose gefunden. *Populin* ist das im Zuckerrest monobenzoylierte Glucosid des Salicylalkohols, das in verschiedenen Pappeln vorkommt. Daß die Benzoesäure mit einem Hydroxyl des Zuckers verestert ist, wird aus der Tatsache geschlossen, daß sich das Populin zu Benzoylhelicin, dem Benzoylglucosid des Salicylaldehyds, oxydieren läßt. Ein solches Benzoylhelicin glaubt Johanson (64a) in Weidenrinden aufgefunden zu haben. Schließlich gehört in diese Reihe das schon erwähnte *Erythrin*, das neben freier Lecanorsäure in gewissen Flechten vorkommt und der Monolecanorsäureester des Erythrits sein soll.

Den angeführten Vorläufern der Galläpfeltannine folgt die von Gilson (54) im Rhabarber neben Catechin entdeckte von E. Fischer und M. Bérgmann synthetisierte

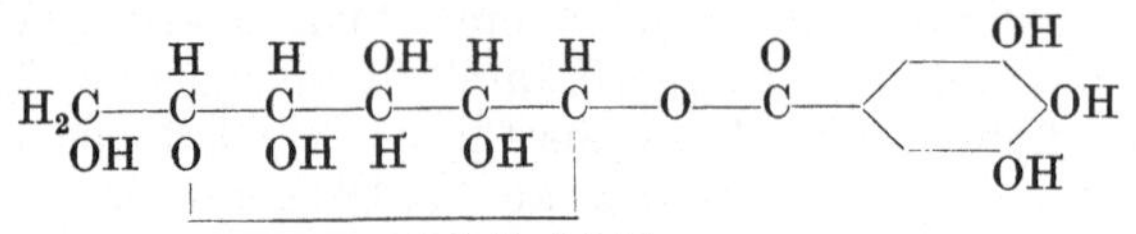

$$H_2C-\underset{\overset{|}{OH}}{\overset{\overset{H}{|}}{C}}-\underset{\overset{|}{O}}{\overset{\overset{H}{|}}{C}}-\underset{\overset{|}{OH}}{\overset{\overset{OH}{|}}{C}}-\underset{\overset{|}{H}}{\overset{\overset{H}{|}}{C}}-\underset{\overset{|}{OH}}{\overset{\overset{H}{|}}{C}}-O-\overset{\overset{O}{\|}}{C}-\!\!\!\!\diagup\!\!\!\!\diagdown\!\!\!\!\overset{OH}{\underset{OH}{OH}}$$

1-Galloyl-β-Glucose

l-Galloyl-β-glucose, von ihm *Glucogallin* genannt, ferner das von ihm im gleichen Pflanzenmaterial, dem chinesischen Rhabarber, aufgefundene, Zimt- und Gallussäure enthaltende Tetrarin. Dieses zerfällt unter Wasseraufnahme folgendermaßen:

$$\underset{\text{Tetrarin}}{C_{32}H_{32}O_{12}} + 3\,H_2O = \underset{\text{Glucose}}{C_6H_{12}O_6} + \underset{\text{Gallussäure}}{C_7H_6O_5} + \underset{\text{Zimtsäure}}{C_9H_8O_5} + \underset{\text{Rheosmin}}{C_{10}H_{12}O_2}$$

Die Elementarzusammensetzung des Tetrarins und das in Eisessig nach dem Gefrierverfahren bestimmte Molekulargewicht und schließlich die Mengenverhältnisse der Spaltstücke passen sehr gut zu dieser Auffassung. Rheosmin ist wahrscheinlich ein Oxy-cumin-aldehyd (Freudenberg [29]).

Neben den krystallisierten Produkten enthält der Rhabarber noch gefärbte, amorphe Substanzen von Gerbstoffcharakter, die mit Säuren Rot liefern, wie dies bei der Gegenwart von Catechin nicht anders zu erwarten ist.

Hamamelitannin.

Die Rinde des nordamerikanischen Strauches Hamamelis virginica enthält neben braunen, nicht krystallisierbaren Gerbstoffen etwa 1—2% krystallisiertes Hamamelitannin, das Grüttner entdeckt hat, und das nach K. Freudenberg und Fr. Blümmel sowie nach O. Th. Schmidt folgendermaßen dargestellt wird:

20 kg grob gemahlener Rinde werden mit kaltem Aceton erschöpft. Die Extrakte werden vorsichtig, zuletzt bei Unterdruck auf 4 l eingeengt. Die Lösung wird bei vermindertem Druck (s. S. 389 [50, 81]) mit Benzol extrahiert, bis dieses farblos abläuft. Das Benzol entfernt große Mengen dunkel gefärbter Harze und fettiger Substanzen. Das der extrahierten Flüssigkeit noch anhaftende Benzol wird bei Unterdruck abgedampft. Nunmehr wird die schwarze sirupöse Flüssigkeit bis zu 140 Stunden bei Unterdruck mit Essigäther extrahiert. Um eine allzulange Berührung des Hamamelitannins mit dem Essigäther zu vermeiden, wird das den Extrakt enthaltende Gefäß nach je 20 Stunden ausgewechselt; der letzte 20 stündige Extrakt darf bei der im folgenden beschriebenen Aufarbeitung keine Krystallisation von Hamamelitannin mehr liefern. Die Extrakte werden im Vakuum eingeengt, mit Wasser versetzt und wiederum zur Entfernung der letzten Spuren des Essigäthers konzentriert, alsdann vereinigt und mit Wasser auf 3 l verdünnt. Man gibt unter gelindem Erwärmen so lange Talk in kleinen Portionen zu, bis sich dieser nicht mehr anfärbt und eine filtrierte Probe keine Trübung mehr zeigt. Nach der Filtration wird tropfenweise 10 proz.

Bleiacetatlösung zugesetzt, bis auf den anfangs ausfallenden, sehr dunklen Niederschlag hellgelbe Fällungen folgen. Dazu sind 30—40 cm³ nötig. In dem Filtrat wird durch Schwefelwasserstoff in gelinder Wärme das Blei gefällt. Die filtrierte Lösung wird bei Unterdruck zum dünnflüssigen Sirup eingeengt, der meist über Nacht zum Krystallbrei erstarrt. Durch Rühren wird die Krystallisation beschleunigt, die erst nach 4—6tägigem Stehen auf Eis beendet ist. Das Krystallisat wird so lange mit Eiswasser ausgewaschen, bis das Filtrat farblos abläuft. Die Mutterlaugen enthalten noch geringe Mengen Hamamelitannin. Sie werden mit der letzten, nicht mehr krystallisierenden Essigätherfraktion vereinigt, im Vakuum bis zur Konsistenz der konzentrierten Schwefelsäure eingeengt und erneut 20 Stunden mit Essigäther extrahiert. Bei der Aufarbeitung wird noch ein geringes Krystallisat erhalten. Die Ausbeute an krystallwasserfreiem Material beträgt 260 g, das ist 1,3 % der Rinde.

Das Rohprodukt wird zunächst aus 30 Teilen Wasser umkrystallisiert (impfen!), im Vakuumtrockenschrank durch sehr langsames Erwärmen entwässert, in der 3—4fachen Menge Aceton gelöst und mit Benzol bis zur bleibenden Trübung versetzt. Nach einigen Stunden wird die überstehende klare Lösung durch ein trockenes Filter vom Bodensatz abgegossen und mit wenig Tonerde geklärt, das organische Lösungsmittel bei Unterdruck verjagt (nicht über 40°) und der Rückstand aus 30 Teilen Wasser krystallisiert. Der Bodensatz, der noch eine erhebliche Gerbstoffmenge enthält, wird noch einige Male auf die gleiche Weise behandelt.

Die aus dem Rohprodukt durch Umkrystallisieren und Behandeln mit Aceton und Benzol gereinigte (K. FREUDENBERG und F. BLÜMMEL [31]), übersättigte Lösung des Gerbstoffs wird handwarm über Talkum abgesaugt. Das klare farblose Filtrat wird verschlossen unter Vermeidung jeglichen Impfens allmählich auf 10—15° abgekühlt. Nach einigen Stunden scheidet sich ein Belag von farblosen Gallerten am Boden und an den Wänden des Gefäßes ab. Mitunter, bei zu langem Stehen, beginnt auch die Bildung von Krystallen. Die von den Gallerten abfiltrierte Lösung wird geimpft und im Verlauf von einigen Stunden auf etwa 5° abgekühlt. Dabei beginnt die Krystallisation, die durch eintägiges Stehen im Eisschrank vervollständigt wird und nun ganz frei von der amorphen Abscheidung ist. Von den abgetrennten Gallerten wird wiederum eine handwarme, übersättigte Lösung bereitet und genau so weiterbehandelt wie das erstemal, so daß auch von diesem Anteil die Hauptmenge wohlkrystallisiert gewonnen wird. Die Gallertenbildung nimmt sehr rasch ab. Zwei- bis dreimalige Anwendung des Verfahrens genügt in der Regel zur Umwandlung der amorphen Abscheidungen in Krystalle. Da die Löslichkeit des Tannins in Wasser bei 0° sehr klein ist, sind die Verluste insgesamt unbedeutend.

Der Gerbstoff hat die Zusammensetzung einer Digalloyl-Hexose und enthält 6 Krystallwasser. Beachtenswert ist seine Neigung, sich gallertig aus Wasser abzuscheiden. $[\alpha]_{546}$ in wäßrigem Methylalkohol $+ 14,3$ bis $+ 15,3°$.

Die spezifische Drehung beträgt in 1proz. wäßriger Lösung etwa $[\alpha]_D = + 35°$. In stärkerer Lösung ist die Drehung ähnlich wie beim chinesischen Gallotannin niedriger als dieser Grenzwert. Der Gerbstoff löst sich leicht in heißem Wasser, schwer in kaltem (weniger als 1 %). In unreinem Zustande gelatiniert die wäßrige Lösung häufig. Sie fällt Leim, aber nicht so stark wie die Galläpfeltannine, und der Niederschlag löst sich nicht schwer in der Wärme. Alle übrigen Gerbstoffreaktionen fallen positiv aus. In Alkohol, Aceton und Essigäther löst sich der Gerbstoff leicht, in Äther dagegen kaum.

Die Acidität, durch Titration bestimmt, gleicht der des Pyrogallols. Demnach ist kein freies Carboxyl vorhanden. Damit stimmt auch das Ergebnis der Untersuchung des methylierten Gerbstoffes überein. Mit Diazomethan entsteht ein amorphes Methylderivat, das bei der alkalischen Hydrolyse nur Trimethylgallussäure gibt. Die Gallussäurereste sind demnach jeder für sich mit einem Hydroxyl des Zuckers verestert.

Der Gerbstoff zerfällt unter der Einwirkung heißer verdünnter Schwefelsäure (vgl. Hydrolyse des chinesischen Gallotannins) in Gallussäure und Zucker (ungefähr 70 und 30%). Die Hydrolyse ist in etwa der halben Zeit wie beim chinesischen Tannin beendet, weil weniger Gallussäuregruppen abzuspalten sind.

Die Carbonylgruppe des Zuckers ist unbesetzt, denn der Gerbstoff färbt fuchsinschweflige Säure in der Wärme und läßt sich in monomolarer Reaktion in das Methylglucosid verwandeln, ohne Gallussäure zu verlieren. Tannase zerlegt den Gerbstoff in 2 Moleküle Gallussäure und 1 Molekül Hexose.

O. Th. Schmidt hat den Gerbstoff mit Methylalkohol acetalisiert und nun mit Alkalien in Gallussäure und Methylhexosid zerlegt, das die Eigenschaften eines γ-Glucosids hat und mit verdünnter Säure leicht Methylalkohol und den Zucker, die Hamamelose, liefert.

Diese ist eine Aldose, die kein Osazon gibt. Ihr Oxydationsprodukt, eine Hexonsäure, wird mit Jodwasserstoff zu Methyl-propyl-essigsäure reduziert.

Es ist hierdurch bewiesen, daß die Konstitution des Zuckers aus Hamameli-tannin (Hamamelose) durch Formel I richtig wiedergegeben wird.

Was die feinere Struktur des Hamameli-tannins anlangt, so hat das Formelbild II die größte Wahrscheinlichkeit für sich:

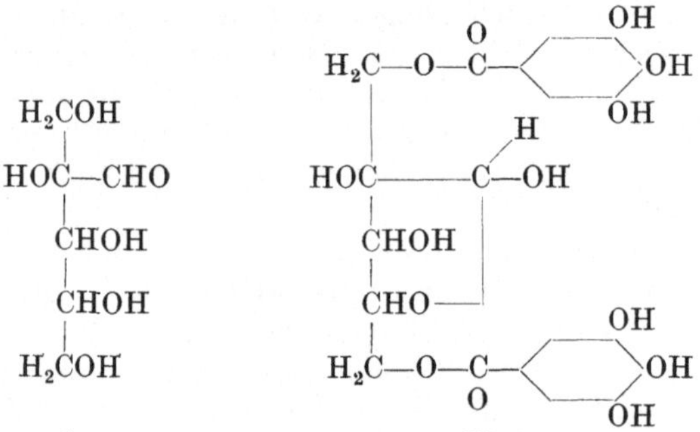

$$
\begin{array}{ccc}
\text{H}_2\text{COH} & & \text{H}_2\text{C—O—C}\langle\!\!\begin{array}{l}\text{OH}\\ \text{OH}\\ \text{OH}\end{array} \\
| & & | \\
\text{HOC—CHO} & & \text{HOC———C—OH} \\
| & & | \\
\text{CHOH} & & \text{CHOH} \\
| & & | \\
\text{CHOH} & & \text{CHO} \\
| & & | \\
\text{H}_2\text{COH} & & \text{H}_2\text{C—O—C}\langle\!\!\begin{array}{l}\text{OH}\\ \text{OH}\\ \text{OH}\end{array} \\
\text{I} & & \text{II}
\end{array}
$$

Der Sitz der Gallussäuremoleküle an den beiden primären Hydroxylgruppen erscheint naheliegend, da die Aldehydgruppe mit Sicherheit frei ist, die tertiäre OH-Gruppe nicht in Frage kommt, eine Verschiedenheit in der Haftfestigkeit nicht beobachtet wurde, und schließlich die beiden primären die einzigen gleichartigen Hydroxyle im Molekül sind.

Acertannin.

A. G. Perkin und Y. Uyeda (97) beschreiben diesen Digalloyl-anhydrohexit folgendermaßen:

500 g lufttrockene Blätter von Acer ginnala (Korea) werden 2mal 3 Stunden lang mit je 3 l absolutem Alkohol ausgekocht. Dann wird auf 200 cm³ eingeengt, mit 250 cm³ Wasser versetzt und der Alkohol weggekocht. Chlorophyll und Wachs werden ausgeäthert; die vom Äther befreite wäßrige Lösung wird mit 15 g Natriumbicarbonat versetzt und mit Äthylacetat erschöpft. Die Auszüge werden mit Natriumchlorid geschüttelt, filtriert und im Vakuum eingeengt.

Die hellgelbe aufgeblähte Masse (37 g) gleicht Gallotannin. Mit der doppelten Menge warmem Wasser geht sie zur Hauptsache in Lösung, erstarrt aber beim Aufkochen unter Abscheidung von Krystallen (22 g). Sie werden aus 30 Teilen heißem Wasser umkrystallisiert.

Der Gerbstoff schmilzt bei 164—166° und enthält 2 oder 4 Krystallwasser. Er löst sich etwa in 500 Teilen kaltem und 30 Teilen heißem Wasser, in Alkohol ist die Löslichkeit groß, in Aceton gering. Der Niederschlag mit Bleiacetat ist farblos. Eisenchlorid erzeugt Blaufärbung. Gegen Gelatine und basische Farbstoffe verhält sich das Acertannin wie ein Gerbstoff. $[\alpha]_D$ in Aceton $+ 20,6°$. Die Dissoziationskonstante, $1 \cdot 10^{-7}$, ist die des Gallotannins.

Das krystalline Octacetat gibt in Naphthalin das Molekulargewicht 795 statt 804.

Die Hydrolyse mit 5proz. Schwefelsäure nach E. FISCHER und K. FREUDENBERG (20) bei 100^0 ausgeführt, ist bereits nach 20 Stunden beendet. Außer 2 Molekülen Gallussäure entsteht der Acerit, ein Anhydrohexit, der, aus Alkohol oder Wasser krystallisiert, rechts dreht und FEHLINGS Lösung nicht reduziert. Er liefert ein Tetra-acetat.

Die Gallussäure ist als solche, nicht als Digallussäure, mit dem Acerit verestert, denn nach der Methylierung des Gerbstoffs mit Diazomethan und nachfolgender Hydrolyse wird nur Trimethylgallussäure erhalten.

Über die Konstitution des Acerits $C_6H_{12}O_5$ ist nichts Endgültiges bekannt. Er ist ein Anhydrohexit, etwa der Formel

$$\begin{array}{cccc} \overset{\text{HOH}}{\text{C}} & \!\!\!\!\!\! - \!\!\!\!\!\! & \overset{\text{HOH}}{\text{C}} & \\ | & & | & \\ \text{H}_2\text{C} & & \text{C}\!\!-\!\!\overset{\text{H}}{}\!\!-\!\!\underset{\text{HOH}}{\text{C}}\!\!-\!\!\underset{\text{H}_2\text{OH}}{\text{C}} \\ & \!\!\searrow\text{O}\swarrow\!\! & & \end{array}$$

Er ist isomer mit dem Styracit von Y. ASAHINA (3). Im Acertannin sind 2 der Hydroxyle mit Gallussäure verestert.

Als Begleitstoffe des Acertannins verdienen Interesse Ellagsäure, Quercetin und ein amorpher Gallussäureester des Acerits.

Chebulinsäure und Di-galloyl-glucose.

Im Gerbstoffgemisch der Myrobalanen, der Früchte von Terminalia Chebula, befindet sich neben einer amorphen Ellagengerbsäure ein Gerbstoff der Tanninklasse, die krystallisierte Chebulinsäure, deren Auffindung FRIDOLIN (52) in seiner beachtenswerten Gerbstoffuntersuchung beschreibt. Die letzte Untersuchung stammt von K. FREUDENBERG und TH. FRANK (42).

Nach PAESSLER und HOFFMANN werden 120 g feingemahlene entkernte Myrobalanen in mehreren Teilen in der KOCHschen Auslaugevorrichtung[1] mit kaltem Wasser zu insgesamt 8 l ausgelaugt und sofort durch Berkefeldfilterkerzen filtriert.

Die Krystallisation beginnt schon nach wenigen Stunden. Die Lösung bleibt 5—6 Tage vor Keimen geschützt stehen, die Ausscheidung wird mit kaltem Wasser gewaschen und mit 60proz. Alkohol bei 50—60^0 ausgelaugt. Das Filtrat wird unter vermindertem Druck eingedampft, in Wasser gegossen und die abgeschiedene Säure mehrmals vorsichtig aus Wasser umkrystallisiert. Die Ausbeute beträgt bis zu 4%.

Da der Gerbstoff von heißem Wasser verändert wird, ist beim Umkrystallisieren Vorsicht geboten. 100 g des Rohprodukts werden in 2 l Wasser von 85^0 eingetragen. Die rotbraune Lösung wird von Ellagsäure und anderen Beimengungen durch ein geheiztes Filter befreit. Die Säure fällt sofort als dicker Brei aus und wird nach raschem Abkühlen abgesaugt und gut gewaschen. Die gelbe Mutterlauge enthält keine krystallisierenden Anteile mehr. Verlust 12%.

Zur weiteren Reinigung wird im Vakuum bei 40—50^0 entwässert. 25 g werden in $100\ cm^3$ trockenem Aceton gelöst und mit so viel Benzol versetzt,

---

[1] DINGLER: **267**, 513 (1888); PROCTER-PAESSLER: Leitfaden für gerbereichem. Untersuchung 105 (Berlin 1901); J. PAESSLER: Das Verfahren zur Untersuchung der pflanzlichen Gerbemittel. Deutsche Gerberschule, Freiberg 1912, S. 7. Nebst anderen Filtriervorrichtungen für Gerblösungen erhältlich bei Arthur Meißner, Freiberg in Sachsen.

daß etwa $^1/_5$ des Gerbstoffs mitsamt den Verunreinigungen ausgefällt wird. Die überstehende helle, klare Flüssigkeit wird abgegossen und der Rückstand erneut durch wenig Aceton und Benzol gereinigt. Der Abguß wird dem ersten zugefügt, mit Wasser versetzt und so lange im Vakuum eingeengt, bis die organischen Lösungsmittel vertrieben sind. Dabei fällt die Chebulinsäure aus. Sie wird abgesaugt, noch feucht mit Methylalkohol gelöst und durch Wasser gefällt; die Mutterlauge liefert beim Eindampfen im Vakuum noch weitere Anteile (FREUDENBERG und FRANK [42]).

Der Gerbstoff hat die Zusammensetzung $C_{41}H_{34}O_{27}$. 9 aq und die Drehung $[\alpha]_{578}$ in Alkohol-Wasser $= + 65^0$.

Der Gerbstoff ist sehr schwer in kaltem Wasser löslich; in heißem löst er sich spielend. Beim Erkalten scheidet er sich erst milchig ab und krystallisiert sofort. Alkohol, Aceton und Essigäther lösen leicht, Eisessig und Äther dagegen kaum. Die Krystalle sind wasserhaltig und schmecken süß. Chebulinsäure gibt alle Gerbstoffreaktionen. Wäßriges vanadinsaures Ammonium bewirkt eine olivgrüne Farbe. Wird diese Lösung mit wenig Schwefelsäure erwärmt, so entsteht eine beständige grasgrüne Färbung (PAESSLER, HOFFMANN [89]).

Der mit Alkali neutralisierten wäßrigen Lösung wird die Chebulinsäure durch Essigäther nicht entzogen. Da sie außerdem Natriumacetat zerlegt, darf auf die Anwesenheit einer Carboxylgruppe geschlossen werden. Über die Bestimmung des Molekulargewichts ist bereits weiter vorn berichtet worden.

Die Hydrolyse verläuft sehr merkwürdig. Sie sollte zu 53% Gallussäure, 37% einer unaufgeklärten Spaltsäure und 18,8% Glucose führen. Mit 5% Schwefelsäure 72 Stunden auf 100^0 erhitzt, spaltet sich Chebulinsäure in Glucose (bis 10,5%) und Gallussäure (bis 55%). Wenn man die bei solchen Hydrolysen auftretenden Verluste, insbesondere an Glucose, die gegen 55% betragen, in Rechnung stellt, so kommen diese Zahlen den zu erwartenden einigermaßen nahe. Mehr als 40% des Moleküls werden jedoch in Form von Zersetzungsprodukten gefunden. Tannase spaltet zwar alle Gallussäure ab (gefunden 51%), läßt aber offenbar die glucosidische Bindung zwischen Glucose und Spaltsäure unberührt. Auch Säuren oder Wasser allein zerlegen das Glucosid unvollständig, weil Spaltsäure und Glucose sich offenbar miteinander kondensieren. Dagegen wird die Glucosidbindung schon durch kochendes Wasser leicht getrennt, solange der Zucker noch mit den Gallussäureresten beladen ist. Die Chebulinsäure zerfällt hierbei in die Spaltsäure, Gallussäure und ein Gemisch von Gallussäure-glucoseestern, aus dem große Mengen einer krystallisierten Di-galloyl-glucose abtrennbar sind. Zucker wird aber nur freigelegt, wenn jetzt Tannase auf die Hydrolysenmasse einwirkt. Durch diese wäßrige Hydrolyse mit nachfolgender Tannaseeinwirkung werden schließlich 51% Gallussäure (statt 53,2), 30% Spaltsäure (statt 37,0) und 17,4% Glucose (statt 18,8) gefunden. Der Zerfall wird ausgedrückt durch das Schema:

$$C_{41}H_{34}O_{27} + 5\,H_2O = 3\,C_7H_6O_5 + C_6H_{12}O_6 + C_{14}H_{14}O_{11}$$

Gallussäure   Glucose   Spaltsäure

Von den 5 bei der Hydrolyse aufgenommenen Wasser werden 3 zur Abspaltung der Gallussäure benötigt. Da aus Methyl-chebulinsäure nur Trimethylgallussäure gewonnen wurde (W. RICHTER), sind die Carboxyle aller 3 Gallussäuremoleküle an der Bindung beteiligt. 2 davon sind mit der Glucose verestert. Das dritte ist vielleicht in Depsidbindung an der Spaltsäure angeheftet; es wird leichter als die übrigen abgespalten. Für die Abtrennung der Spaltsäure werden 2 Moleküle Wasser benötigt. Offenbar wird eine Glucosidbindung gelöst. Da gleichzeitig das eine Carboxyl der Spaltsäure in Freiheit gesetzt wird — das andere ist schon von vornherein frei —, scheint dieses Carboxyl in Lacton- oder in Esterbindung mit einer Hydroxylgruppe der Glucose zu stehen. Das obige Schema kann demnach folgendermaßen präzisiert werden, wobei die Stellung der beiden Gallussäurereste in der Glucose willkürlich gewählt ist:

$$
\begin{array}{l}
HC\cdot O\!\!-\!\!-\!\!-\!\!-\;[\,C_{12}H_{10}O_6\,]\;-\!COOH \\[2pt]
HO\!\!<\!\!>\!\!-C\!-\!O\cdot CH \qquad HC\cdot O\!-\!C\!-\quad\;\;\;-O\!-\!C\!-\!<\!\!>\!OH \\[2pt]
H_2C\cdot O\!-\!C\!-\!<\!\!>\!OH
\end{array}
$$

Die Spaltsäure, die bisher nur in Form ihres Thallium- und Brucinsalzes krystallisiert erhalten wurde, ist eine sehr sauerstoffreiche Dicarbonsäure. Sie liefert bei der Zersetzung Pyrogallol. Ihre Eigenschaften, von denen noch die optische Aktivität zu nennen ist, könnten sich ungefähr durch die folgende Formel

$$
\begin{array}{l}
COOH \\
| \\
HCOH \\
| \\
HOC\!-\!C\!-\!C = C\!-\!<\!\!>\!OH \\
\quad\;\; O\;\; H\;\; H \\
| \\
HCOH \\
| \\
COOH
\end{array}
$$

wiedergeben lassen, die jedoch durchaus unbewiesen ist und lediglich dazu dienen soll, den ungefähren Typus darzutun.

Die erwähnte Di-galloyl-glucose besitzt große Ähnlichkeit mit Hamamelitannin.

Türkisches Gallotannin.

Den älteren Forschuhgen am Handelstannin — bis gegen 1870 — liegt hauptsächlich sogenanntes türkisches Gallotannin zugrunde, das vorwiegend aus den Zweiggallen von Quercus infectoria, den Aleppogallen, gewonnen wird; später überwiegen im Handel Präparate, die zumeist aus „chinesischem Tannin" bestehen, das aus den Blattgallen einer Sumachart stammt, die in Ostasien, besonders in China, beheimatet ist. Die beiden Gerbstoffarten weisen trotz großer Ähnlichkeiten erhebliche Unterschiede auf, worauf erst GAUTIER (52a), später K. FEIST (14) hingewiesen haben. Daß die Forschung die Herkunft der Handelspräparate außer acht ließ, war eine der Ursachen für die Jahrzehnte dauernde Verwirrung in der Tanninchemie. Der Fall beweist, wie notwendig es ist, auf die Rohstoffe selbst zurückzugreifen. Neuere Arbeiten stammen von E. FISCHER und K. FREUDENBERG (21) sowie von P. KARRER, R. WIDMER, M. STAUB (75).

Zerkleinerte Aleppogallen werden mit kaltem Wasser, das etwas Chloroform enthält, perkoliert und die Auszüge im Vakuum eingeengt. Vorher müssen die Gallen kurze Zeit auf 100^0 erwärmt werden, um die Wirkung der meisten in ihnen vorkommenden Schimmelpilze auszuschalten. Der sehr dicke wäßrige Sirup wird unter Schütteln mit wenig festem Natriumcarbonat versetzt, bis ein Tropfen nach der Verdünnung nur noch sehr schwach sauer reagiert. Die neutralisierte Lösung wird mit Essigäther sehr oft ausgeschüttelt. Die vereinigten Auszüge werden mit sehr wenig Wasser gewaschen und unter geringem Druck, zuletzt nach Zugabe von Wasser, eingedampft. Der Sirup wird im Vakuum über Phosphorpentoxyd getrocknet und geht dabei in eine spröde Masse über.

Der Gerbstoff dreht in Wasser (7 % und darunter) schwach nach rechts: + 2,5 bis .+ 5°, in Aceton + 23°. Das Lösungsmittel übt demnach einen sehr starken Einfluß auf das Drehungsvermögen aus.

Wie das chinesische Tannin, ist das türkische sehr geeignet, die Haut in Leder überzuführen. Die gegenteilige Behauptung, die von einem Handbuch in das andere übernommen wurde, ist falsch.

Das von E. Fischer und K. Freudenberg (21) untersuchte, nach einem etwas anderen Verfahren gewonnene türkische Tannin ist nicht einheitlich. Es enthält eine Beimengung von den typischen Eigenschaften eines Ellagengerbstoffes, die nach der Art eines Glucosides schon bei gelinder Einwirkung, z. B. Kochen mit Wasser, kurzem Erwärmen mit verdünnten Säuren, die unlösliche Ellagsäure abspaltet. Neben diesen Bestandteilen kommt in den Aleppogallen eine nicht geringe Menge Gallussäure vor, die sich mit Äther extrahieren läßt (Dizé), bei dem hier beschriebenen Verfahren aber vom Tannin abgetrennt wird. Früher glaubte man aus Aleppogallen auch einfachere Gallussäurezuckerverbindungen isoliert zu haben (K. Feist [14]), was sich als ein Irrtum herausgestellt hat; daß das Vorkommen solcher Verbindungen möglich ist, braucht deshalb nicht bestritten zu werden.

Durch Einwirkung von Ammoniak entsteht Gallamid. Am türkischen Tannin hat Strecker die erste brauchbare Hydrolyse mit Schwefelsäure ausgeführt. Er erhielt außer Gallussäure 15—22 % Glucose. Fischer und Freudenberg (21), die sein Verfahren etwas abgeändert haben, gewannen nur 11,5—13,8 % Glucose. P. Karrer, R. Widmer und M. Staub (75) fanden 12,2—12,7 % Glucose. Der Unterschied kann vielleicht daraus erklärt werden, daß Streckers (105) Tannin, das mit Säure umgefällt war, glucosereichere Verbindungen enthielt als das von Fischer und Freudenberg nach dem Essigätherverfahren gereinigte Präparat. Auch van Tieghem (106), der türkisches Tannin mit Pilzen zerlegte, erreichte nicht ganz Streckers Glucosewerte. Außer Glucose gewannen Fischer und Freudenberg 81,8—84,8 % Gallussäure und 2,7—3,8 % Ellagsäure.

Sieht man von der Ellagsäure ab, über die weiter unten mehr gesagt wird, so deutet die gefundene Menge von Gallussäure und Glucose (der etwa 55 % Verlust zuzurechnen ist) auf ein Verhältnis von ungefähr 5 Gallussäure und 1 Glucose. Eine Pentagalloylglucose dürfte nach der Methylierung und Hydrose nur Trimethylgallussäure liefern, statt dessen wurden nur $^6/_7$ der wiedererhaltenen Gallussäure als Trimethyläther gewonnen, während $^1/_7$ als m-p-Dimethyläthergallussäure auftrat, die von der ersten nach einem ziemlich mühsamen und verlustreichen Verfahren abgetrennt wurde (E. Fischer, K. Freudenberg [21]). Das Verhältnis 6 : 1 der beiden Säuren dürfte den Anteil an Dimethyläthersäure zu klein angeben, denn sie ist erstens schwerer zu erfassen als der Trimethyläther, zweitens fand sich in der Hydrolysenmasse ein geringer Anteil (7 %) einer Substanz, die nach Herkunft und Eigenschaften der Methylester der Dimethyläthersäure sein könntc. Das Verhältnis 5 : 1 dürfte zutreffender sein (Karrer nimmt sogar 3 : 1 an). Das bedeutet für den Aufbau des türkischen Tannins, daß von den 5 Hydroxylen der Glucose *durchschnittlich* eins frei, ein anderes mit Digallussäure besetzt ist, während 3 mit Gallussäure verestert sind.

P. Karrer, R. Widmer und M. Staub (75) haben das schon früher als uneinheitlich erkannte türkische Gallotannin durch Aluminiumhydroxyd (s. chinesisches Gallotannin) in Fraktionen von verschiedenem Drehwert zerlegt ($[\alpha]_D$ in Alkohol + 15,6 bis + 46,8). In ihnen wurde ein gleicher Glucosegehalt (12,2—12,7 %) gefunden, während die Ellagsäure, die bei der höchstdrehenden Fraktion 2,1 % betrug, bis auf 8,8 % bei der am tiefsten drehenden anstieg. Gallussäure ergab das umgekehrte Bild: 82 % in hochdrehendem, 76 % in tiefdrehendem Anteil. Demnach ersetzt die Ellagsäure einen Teil der Gallussäure in den tiefer drehenden Anteilen. Da der Zuckergehalt aber der gleiche ist, scheint sonst kein tiefer greifender Unterschied vorzuliegen. Mit dem Gehalt an Ellagsäure ändert sich die Drehung stark; auch wird die Ellagsäure leicht abgespalten. Dies führt zu dem Schluß, daß diese Säure am 1-Kohlenstoff der Glucose haftet und entweder über ein Phenolhydroxyl gebunden ist oder wahrscheinlicher über eines ihrer Carboxyle.

Denn die Ellagsäure ist in solchen Verbindungen eher in ihrer Hydratform als der Dilactonform anzunehmen.

Die Behandlung mit Eisessig-Bromwasserstoff und nachfolgende Acetylierung haben F. KARRER — vergleiche chinesisches Gallotannin — zu dem Schluß geführt, daß nicht alle alkoholischen Hydroxyle der Glucose mit Gallussäure oder Digallussäure besetzt sind, sondern daß das türkische Gallotannin eine Mischung von Produkten umfaßt, in denen auch Verbindungen mit unvollständig galloyliertem Zuckerrest vorhanden sind. Tatsächlich nimmt der mit Diazomethan hergestellte methylierte Gerbstoff, in dem voraussichtlich alle aromatischen, aber nicht die aliphatischen Hydroxyle methyliert sind, Acetylgruppen auf. Da keine Gewähr besteht, daß die Methylierung der Phenolgruppen vollständig ist, kommt dem Versuch allerdings keine große Beweiskraft zu.

Die saure Hydrolyse des türkischen Gallotannins verlangt wie die des chinesischen sehr energische Mittel und eine lange Dauer. Daher wird ein Teil der Gallussäure und ein noch größerer der Glucose schon während des Abbaues zerstört. Ältere Versuche (E. FISCHER und K. FREUDENBERG [20]) haben ergeben, daß die gebundene Gallussäure unter diesen Umständen 5%, der Glucose sogar 55% zuzurechnen ist, wenn man dem wirklichen Wert einigermaßen nahekommen will. Obwohl diese Zahlen sehr ungenau sind, lohnt es sich, nach ihnen die Hydrolysenergebnisse zu berechnen. Hierbei wird, was nach den obigen Ausführungen erlaubt ist, die Ellagsäure der Gallussäure zugerechnet. Alsdann ergeben die Hydrolysen:

	FISCHER	KARRER	Berechnet
Gallussäure + Ellagsäure	91,1	87,5	90,4
Glucose	19,7	19,1	19,1
	110,8	106,6	109,6

Der Berechnung ist eine Pentagalloyl-glucose zugrunde gelegt. Die gute Übereinstimmung zeigt, daß auf eine Glucose *durchschnittlich* 5 Gallussäurereste kommen, die teilweise zu Ellagsäure kondensiert sind.

Das so gewonnene Bild läßt sich durch folgendes Schema des türkischen Gallotannins ausdrücken, in dem auf die Konfiguration der Glucose keine Rücksicht genommen ist:

```
         O ———————————————————
H₂ |     H   H   H           |
C — C — C — C — C — CH
·   ·   ·   ·   ·   ·
O   H   O   O   O   O
·           ·   ·   ·
a           b   c   d   e
```

Folgende, in Vertikalspalten angeordnete Kombinationen sind möglich:

Typus I. (20 Kombinationen.)

```
H (Hydroxyl)  .   a   a   a   a   b   c │ d │ e
Gallussäure  . .  b   b   b   c   a
    „        . .  c   c   d   d   c      usw.
    „        . .  d   e   e   e   d
Digallussäure . . e   d   c   b   e
```

Typus II.

```
H (Hydroxyl)  .   a   b   c   d
Gallussäure  . .  b   a   a   a
    „        . .  c   c   b   b
    „        . .  d   d   d   c
Ellagsäure   . .  e   e   e   e
```

Im rohen Gerbstoff macht der Typus II 10—15% aus. Weitere Variationen entstehen, wenn in beiden Typen Gallussäure durch Digallussäure vertreten wird und dafür weitere Hydroxyle freibleiben. Außerdem ist es möglich, ja wahrscheinlich, daß im Gemisch Moleküle mit weniger und mit mehr als 5 Gallussäureresten vorkommen. Die zahllosen Möglichkeiten erläutert P. KARRER an den folgenden 3 Beispielen:

$$
\begin{array}{l}
\text{H} \\
{-}\text{CO} \cdot \text{Ellagsäure} \\
\text{H}\overset{|}{\text{C}}\text{O} \cdot \text{Gallussäure} \\
\text{H}\overset{|}{\text{C}}\text{O} \cdot \text{Gallussäure} \\
\text{H}\overset{|}{\text{C}}\text{OH} \\
{-}\text{O}\overset{|}{\text{C}}\text{H} \\
\text{H}_2\overset{|}{\text{C}}\text{O} \cdot \text{Gallussäure} \cdot \text{Gallussäure}
\end{array}
\qquad
\begin{array}{l}
\text{H} \\
{-}\text{CO} \cdot \text{Gallussäure} \\
\text{H}\overset{|}{\text{C}}\text{O} \cdot \text{Gallussäure} \\
\text{H}\overset{|}{\text{C}}\text{O} \cdot \text{Gallussäure} \cdot \text{Gallussäure} \\
\text{H}\overset{|}{\text{C}}\text{O} \cdot \text{Gallussäure} \cdot \text{Gallussäure} \\
{-}\text{O}\overset{|}{\text{C}}\text{H} \\
\text{H}_2\overset{|}{\text{C}}\text{O} \cdot \text{Gallussäure}
\end{array}
$$

$$
\begin{array}{l}
\text{H} \\
{-}\text{CO} \cdot \text{Gallussäure} \\
\text{H}\overset{|}{\text{C}}\text{O} \cdot \text{Gallussäure} \cdot \text{Gallussäure} \\
\text{H}\overset{|}{\text{C}}\text{OH} \\
\text{H}\overset{|}{\text{C}}\text{OH} \\
{-}\text{O}\overset{|}{\text{C}}\text{H} \\
\text{H}_2\overset{|}{\text{C}}\text{O} \cdot \text{Gallussäure} \cdot \text{Gallussäure}
\end{array}
$$

Sumachgerbstoff.

Über den Gerbstoff des sizilianischen Sumachs aus den Blättern von Rhus coriaria liegen in der älteren Literatur nur spärliche Angaben vor. Stenhouse fand bei der Hydrolyse mit Wasser oder verdünnter Mineralsäure in der Hitze Gallussäure; Bolley bestätigte diesen Befund. Löwe stellte daneben noch eine geringe Menge Ellagsäure fest. Nach Günther wird dabei gleichzeitig Glucose frei. A. G. Perkin und Allen (94) isolierten aus den Sumachblättern eine geringe Menge Myricetin (0,12 % des Trockengewichts).

Aus der Löslichkeit der Elementarzusammensetzung und verschiedenen Reaktionen glaubte Löwe den Schluß ziehen zu dürfen, daß der Sumachgerbstoff mit dem Galläpfeltannin identisch sei. Doch sind die angeführten Beweise nicht stichhaltig; bei dem damaligen Stande der Gerbstoffchemie war ein solcher Beweis ja auch außerordentlich schwer zu führen.

Aus den Ergebnissen der früheren Untersuchungen geht immerhin hervor, daß der Sumachgerbstoff sehr wahrscheinlich zur Klasse der Galläpfeltannine gehört. Aus der Elementarzusammensetzung ist auf eine nahe Verwandtschaft mit dem türkischen Tannin zu schließen.

Erst aus dem Jahre 1929 liegt eine Heidelberger Dissertation (W. Münz [86]) vor.

2 kg trockene Blätter von Rhus coriaria werden 2 Stunden im Trockenschrank zur Sterilisierung auf 100° erhitzt. Dann werden sie mit 8 l destilliertem Wasser, dem etwas Toluol zugesetzt wird, 24 Stunden bei 30—35° stehen gelassen. Nach Ablauf dieser Zeit wird der wäßrige Auszug abgegossen und das Blättermaterial mit 4 l destilliertem Wasser erneut ausgelaugt. Dann wird wieder abgegossen und die Auslaugung mit je 4 l Wasser noch einmal durch je 24 Stunden wiederholt. Zuletzt werden die Blätter abgepreßt. Die vereinigten Auszüge werden im Vakuum bei 50° zum Sirup eingeengt. An einer abgemessenen Probe wird die Acidität mit n/40 Natronlauge festgestellt und dann dem Sirup etwas weniger als die daraus berechnete Menge fein gepulverter Soda unter beständigem Rühren zugesetzt. Dann wird anhaltend mit stets erneuten Mengen neutralem Essigester ausgeschüttelt, bis der Essigester farblos bleibt.

Die Essigesterlösung wird mit sehr wenig Wasser gewaschen und unter vermindertem Druck zum Sirup eingeengt. Nun wird noch zweimal etwas Wasser zur vollständigen Entfernung des Essigesters hinzugegeben. Der zum Schluß zurückbleibende Sirup wird im Vakuumexsiccator zur Trockene gebracht und dann fein zerrieben. Ausbeute: 140—160 g = 7—8% des Blattmaterials.

Der Gerbstoff ist nicht methoxylhaltig, wie GESCHWENDNER angibt. Die Acidität des gereinigten Gerbstoffes, welche nach der Tüpfelmethode (FREUDENBERG und VOLLBRECHT [49]) mit n/40 Natronlauge festgestellt wurde, ist ziemlich hoch. 1 g Gerbstoff verbraucht etwa 62 cm³ n/40 Natronlauge. Trotzdem ist im Sumachgerbstoff keine freie Carboxylgruppe anzunehmen, da er aus alkalischer Lösung mit Essigester ausgezogen wird.

Die Zusammensetzung stimmt auf eine Penta-galloyl-glucose. Die Drehung steigt in wäßriger Lösung mit der Verdünnung von $[\alpha]_D + 53^0$ einer 5proz. Lösung auf $+ 70^0$ bei einer 0,3proz. Lösung.

Bei einer Hydrolysendauer von 24 Stunden (100^0, 5proz. Schwefelsäure) wurden 55,6% Gallussäure und 4,7% Glucose gefunden. Die Dauer der Hydrolyse wurde bis zu 75 Stunden gesteigert, wo das Maximum an Gallussäure und Zucker erhalten wurde, nämlich 82,2% Gallussäure und 6% Zucker. Ellagsäure wurde nicht beobachtet. Dem Abbau mit Säuren kommt nur ein orientierender Wert zu, da bei der langen Dauer des Versuches immer Gerbstoff und Spaltstücke zerstört werden.

Größere Bedeutung hat der Abbau mit Tannase. Hier wurden bis jetzt 88% Gallussäure und 8,2% Glucose erhalten. Eine Pentagalloylglucose verlangt 90,4% Gallussäure und 19,1% Glucose. Also bleibt immer noch eine ziemlich große Differenz. Es ist möglich, daß der Zucker noch an eine dritte Komponente gebunden ist, die von Tannase schwer abgetrennt und mit dem fehlenden Zucker (zusammen fehlen etwa 13%) als „Gerbstoffrest" entfernt wird. Die Analogie mit der Chebulinsäure liegt nahe.

Beim chinesischen und türkischen Tannin war es ILJIN (64) und KARRER (75) möglich gewesen, durch fraktionierte Fällung mit Aluminiumhydroxyd eine Entmischung in Anteile verschiedener optischer Aktivität zu erreichen. Dasselbe gelang beim Sumachgerbstoff. Es wurden Fraktionen mit Drehungswerten von + 43,3 bis + 87,9 erhalten. Es liegen also verschiedene Isomere oder ähnliche Formen im Sumachgerbstoff vor. Hierfür spricht auch das Ergebnis des Abbaues mit Eisessig-Bromwasserstoff nach P. KARRER. Es konnten hierbei nur ca. 60 % der für eine Pentagalloylglucose zu erwartenden Menge Tetra-(tri-acetyl-galloyl)-l-acetyl-glucose erhalten werden. Da nach KARRER bei dieser Behandlung nur die depsidartig gebundene und am Acetal-hydroxyl haftende Gallussäure abgetrennt wird, hätte bei einer normalen Pentagalloylglucose die Ausbeute quantitativ sein müssen. Dies wurde von KARRER (75) tatsächlich am synthetischen Material gezeigt. Immerhin ist durch den Versuch bewiesen, daß einem beträchtlichen Teile des Sumachgerbstoffes die Pentagalloylglucose zugrunde liegt.

Um zu entscheiden, wie die Gallussäurereste im Molekül des türkischen Tannins angeordnet sind, haben E. FISCHER und K. FREUDENBERG (21) den Gerbstoff mit Diazomethan methyliert und den Methylgerbstoff alkalisch gespalten. Aus dem Mengenverhältnis der dabei entstehenden Trimethylgallussäure und m-p-Dimethylgallussäure konnte man schließen, wieviel Gallussäure depsidartig gebunden ist. Wenn man den mit Diazomethan methylierten Sumachgerbstoff mit methylalkoholischer Kalilauge hydrolysiert, erhält man nur zwei Drittel des Ausgangsmaterials als Säuren zurück. Das aus dem Hydrolysat von 5 g methyliertem Sumachgerbstoff gewonnene Säurengemisch besteht zu 2,34 g aus Trimethylgallussäure und zu 0,46 g aus m-p-Dimethylgallussäure. Auch durch diesen Befund wird die Vermutung gestützt, daß der Sumachgerbstoff keine einheitliche Pentagalloylglucose ist.

Bei der alkalischen Hydrolyse des methylierten Sumachgerbstoffes treten immer ölige, alkaliunlösliche Produkte auf, vielleicht methylierte Phenole. Um Pyrogallolmethyläther handelt es sich nicht, vielleicht aber um Spaltstücke einer unbekannten Komponente. Es ist nicht gelungen, etwas Krystallinisches aus dieser Masse zu gewinnen. Es müßte geprüft werden, ob hier die Ester von Trimethyl- und Dimethylgallussäure vorliegen.

Es kann also zusammenfassend gesagt werden, daß dem Gerbstoff des sizilianischen Sumachs zum größten Teil Pentagalloylglucose zugrunde liegt. Ob noch eine andere Komponente am Aufbau des Sumachgerbstoffes beteiligt ist oder worauf sonst die Differenzen zwischen Berechnung und Ergebnis beim Abbau des Sumachgerbstoffes zurückzuführen sind, konnte noch nicht entschieden werden. Die alkoholischen Hydroxyle der Glucose sind im Hauptanteil des Gerbstoffgemisches sämtlich besetzt, und zwar zum Teil mit Digallussäure. Dem chinesischen Gallotannin, das auch ein Rhusgerbstoff ist, steht der Sumachgerbstoff näher als das türkische Gallotannin.

Das chinesische Gallotannin

ist der am besten untersuchte Gerbstoff. Es wird bereitet aus den Blattgallen der in Ostasien (China, Japan) verbreiteten Sumachart Rhus semialata. E. FISCHERS und seiner Mitarbeiter (16, 17, 19, 20, 21) Untersuchungen beziehen sich auf Präparate, die mit dem aus sogenannten chinesischen Zackengallen stammenden Gerbstoff übereinstimmen; ob die Gallen anderer Form oder anderer Herkunft, z. B. aus Japan, genau das gleiche Tannin enthalten, bleibt dahingestellt.

Wer Handelspräparate verwendet, sollte sie stets nach dem „Essigätherverfahren" reinigen, das wie kein anderes die verschiedensten Beimengungen entfernt (S. 357 u. 373). Nie darf versäumt werden, die Reste des anhaftenden Essigäthers durch Lösen in Wasser und Eindampfen im Vakuum wegzuschaffen. Da die käuflichen Handelspräparate meistens Alkohol oder Äther enthalten, ist die Vornahme dieser letzteren Operation unter allen Umständen angezeigt.

Das aus der wäßrigen Lösung stammende Gallotannin ist eine spröde, zerreibliche Masse, die nicht klebt. Im Vakuum bei 100° verliert sie glatt alles Wasser (mehrere Prozent), das sie an der Luft mit großer Begierde wieder ansaugt, ohne klebrig zu werden. Mit Wasser übergossen quillt der Gerbstoff auf und geht in Lösung. Beim Abkühlen auf 0° trüben sich selbst verdünnte Lösungen milchig, und starke wäßrige Lösungen mancher Präparate bilden schon bei Zimmertemperatur zwei Schichten.

Schon die älteren Tanninchemiker haben festgestellt, daß starke, wäßrige Gallotanninlösungen mit Äther oder Ätheralkohol bzw. Aceton drei Schichten bilden, von denen die unterste den meisten Gerbstoff enthält. Alkohol, Aceton, Essigäther und Pyridin lösen das chinesische Tannin in jedem Verhältnis. Der vollkommen trockene Gerbstoff wird in Berührung mit reinem Äther klebrig und löst sich bei gewöhnlicher Temperatur etwa zu einem halben Prozent darin auf. Diese Lösung trübt sich beim Erwärmen. Beim Eindampfen, auch im Vakuum bei erhöhter Temperatur, werden die organischen Lösungsmittel nicht vollständig abgegeben. Die Präparate fühlen sich meist klebrig an und können nur durch Auflösen in Wasser und Eindunsten von dieser Beimengung befreit werden.

In optischer Hinsicht zeigt das chinesische Gallotannin ein sehr bemerkenswertes Verhalten, das im Zusammenhang von NAVASSART (87) untersucht worden ist. In wäßriger 20proz. Lösung hat der Gerbstoff eine spezifische Drehung von $+45$ bis $+53°$. Mit der Verdünnung steigen diese Werte erst langsam, dann schnell; ein Präparat, das in 5proz. Lösung etwa $+60°$ dreht, zeigt in 1proz. Lösung eine bis zu 10° höhere Drehung. Bei noch geringeren Konzentrationen verliert sich die Kurve schnell im Bereich der Beobachtungsfehler; aber der Zug der Kurve veranschaulicht deutlich, daß auch bei 1proz. Verdünnung noch kein Maximum erreicht ist. Die bisherige Gepflogenheit, die Drehung des chinesischen Gallotannins in etwa 1proz. Lösung zu bestimmen, verliert damit die Begründung. Besser werden, wenn die Löslichkeit es irgend zuläßt, stärkere (etwa 5proz.) Lösungen verwendet, weil bei dieser Stärke die Drehung weit weniger mit der Konzentration wechselt. Außerdem sind die Versuchsfehler geringer, und schließlich scheint es, daß das Drehungsvermögen in verdünntester Lösung in einem besonders hohen Maße von Beimengungen oder unbekannten Zufälligkeiten abhängt, die von Einfluß auf die Dispersität sind. Aus den in wäßriger Lösung, vor allem, wenn sie sehr verdünnt ist, gewonnenen Werten dürfen deshalb, wie auch E. FISCHER und M. BERGMANN (16, 17) betont haben, keine zu weitgehenden Schlüsse gezogen werden. Für Vergleichszwecke wird es am besten sein, die Drehung bei verschiedener Konzentration zu bestimmen und mehr Gewicht auf die Struktur der Kurve als auf die einzelnen Zahlenwerte zu legen.

Weit wichtiger sind die Befunde in organischen Lösungsmitteln, weil sich in ihnen die spezifische Drehung nur in einem geringen Maße mit der Konzentration verändert. In diesen Medien zeigt das chinesische Tannin ein bedeutend geringeres Drehungsvermögen als in wäßriger Lösung. Es dreht stets nach rechts.

Das Molekulargewicht ist zwischen 1460 und 1790 gefunden worden (vgl. Abschnitt Molekulargewicht). Das wirkliche Molekulargewicht dürfte von Präparat zu Präparat schwanken und durchschnittlich bei 1550 liegen.

Der Gerbstoff ist infolge der Häufung von Hydroxylen trotz Abwesenheit einer Carboxylgruppe ausgesprochen sauer. Zur Neutralisation von 1 g sind etwa 6 cm³ n/10 Natronlauge nötig. Die Elementarzusammensetzung entscheidet nicht zwischen einer Okta-, Nona- oder Deka-galloyl-glucose.

Ebensowenig vermögen die Ergebnisse der Hydrolyse über diesen Punkt Klarheit zu schaffen (20, 104 a).

	Mol.-Gew.	C	H	Gallussäure %	Glucose %
Okta-galloyl-Glucose . .	1396	53,28	3,18	97,4	13,0
Nona- „ „ . .	1548	53,47	3,12	98,9	11,6
Deka- „ „ . .	1700	53,63	3,08	100,0	10,6
Gefunden	1460—1700	53,5	3,3	98,6	11,4

Die beiden zuletzt angegebenen Werte (98,6% Gallussäure und 11,4% Glucose) enthalten eine Korrektur. In Wirklichkeit sind bei sorgfältig durchgeführter Hydrolyse 93,6—94% Gallussäure und 6,8—7,9% Glucose gefunden worden. Durch blinde Versuche wurde festgestellt, daß während der Hydrolyse Gallussäure und Glucose zerstört werden, und zwar so viel, daß der gefundenen Menge der ersteren 5%, der letzteren 55% zugezählt werden müssen. Obwohl die Werte einer Nona-galloyl-glucose am nächsten liegen, schließen sie die Okta- oder Dekaester nicht aus, weil sie zu ungenau sind.

Da die Glucose unmittelbar nur 5 Gallussäurereste binden kann, müssen bei der Annahme einer Nona-galloyl-glucose mindestens 4 Gallussäuremoleküle ihrerseits an Gallussäure gebunden sein. Tatsächlich liefert das mit Diazomethan methylierte chinesische Gallotannin bei der alkalischen Hydrolyse ein Gemenge von Trimethyl- und m-p-Dimethylgallussäure (HERZIG [66—68]).

                    COOH   COOH
                      | |
          H₃CO⟨   ⟩OCH₃   HO⟨   ⟩OCH₃
                  OCH₃   OCH₃

Das Mengenverhältnis beider ist noch nicht genau festgestellt; soweit bis jetzt Angaben vorliegen, scheint dieses Gemisch zum mindestens aus der Hälfte, wenn nicht aus mehr Trimethylgallussäure zu bestehen. Für das Auftreten anderer Gallussäurederivate liegen keine Anzeichen vor. Da am rohen Gemisch der Säuren keine Eisenchloridreaktion beobachtet wurde, darf die Gegenwart von freier Gallussäure oder ihres Monomethyläthers als ausgeschlossen gelten. Aber weder ein solches noch Syringsäure (m-m-Dimethylgallussäure) ist beobachtet worden. Die eine Gallussäure ist also mit der anderen über das m-Hydroxyl verknüpft, also ist m-Digallussäure ein Bauelement des Gerbstoffs. Tatsächlich ist es

J. Herzig gelungen, die m-Digallussäure bei der Methylierung von Gallotannin mit Diazomethan in Gegenwart von Methylalkohol abzutrennen in Form ihres permethylierten Esters, des Pentamethyl-m-digallussäure-methylesters.

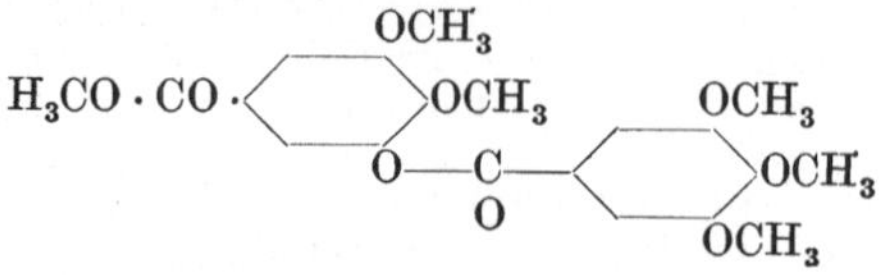

$$H_3CO \cdot CO \cdot \overset{OCH_3}{\underset{O-C}{\bigcirc}} OCH_3 \quad \overset{OCH_3}{\underset{OCH_3}{\bigcirc}} OCH_3$$

Auf Grund dieser Feststellungen folgt als die einfachste Annahme, daß der Hauptanteil des chinesischen Gallotannins folgendermaßen aufgebaut ist:

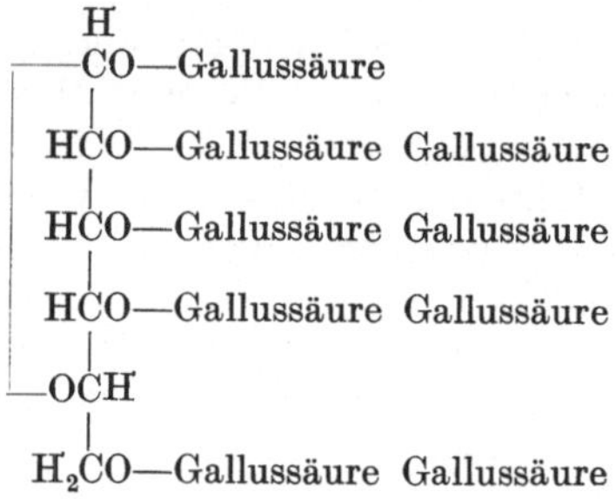

$$
\begin{array}{l}
\text{H} \\
\text{—CO—Gallussäure} \\
\quad | \\
\text{HCO—Gallussäure Gallussäure} \\
\quad | \\
\text{HCO—Gallussäure Gallussäure} \\
\quad | \\
\text{HCO—Gallussäure Gallussäure} \\
\quad | \\
\text{—OCH} \\
\quad | \\
\text{H}_2\text{CO—Gallussäure Gallussäure}
\end{array}
$$

Es wird jedoch gezeigt werden, daß diese Formel nur das durchschnittliche Bild für den Hauptanteil wiedergibt.

Emil Fischer, der mit seinen Schülern durch Abbau und Synthese die Art der Bindung zwischen Gallussäure und Glucose aufgeklärt hat, stellte in den Vordergrund seiner Betrachtung eine Penta-digalloyl-glucose, also eine Verbindung von einer Glucose mit 10 Gallussäureresten (Formel S. 345). — Er machte jedoch Vorbehalte.

Die Ergebnisse der in Richtung auf das chinesische Gallotannin unternommenen Synthesen können dahin zusammengefaßt werden, daß die Bereitung der Penta-(m-digalloyl)-α-glucose, vermischt mit etwas des β-Isomeren, und umgekehrt die Gewinnung der α-Verbindung, vermengt mit etwas β-Derivat, gelungen ist (E. Fischer und M. Bergmann [17]). Die Übereinstimmung dieser Präparate mit dem chinesischen Gallotannin erstreckt sich auf die Elementarzusammensetzung der Gerbstoffe, ihrer Methyl- und Acetylderivate; auf den Acetylgehalt der letzteren, auf die Löslichkeit der Gerbstoffe, ihrer Methyl- und Acetylderivate in den organischen Lösungsmitteln und auf sämtliche Gerbstoffreaktionen. Die Zerlegung der Gerbstoffe durch verdünnte Schwefelsäure erfordert die gleiche Zeit und ergibt die Komponenten im gleichen Mengenverhältnisse. In der Drehung zeigen sich jedoch kleine Unterschiede.

L. Iljin (64) und später P. Karrer (74) haben durch Aufteilung in Fraktionen den Beweis erbracht, daß das chinesische Gallotannin ebenso wie das türckische und der Sumachgerbstoff aus einem Gemisch einander sehr nahestehender Formen besteht. Iljin fraktionierte mit Zinkacetat, Karrer mit Aluminiumhydroxyd.

Karrer trägt Aluminiumhydroxyd in kleinen Mengen in die wäßrige Tanninlösung ein. Es löst sich zunächst, nach kurzer Zeit fällt ein Niederschlag aus. Diesen zersetzt man mit der gerade dazu notwendigen Menge von Schwefelsäure oder Salzsäure in der Kälte und zieht das frei gemachte Tannin schnell mit Essigester aus. Den Essigesterextrakt bringt man im Vakuum zur Trockene, vertreibt die letzten Essigesterreste durch Abdampfen des Trockenrückstandes mit Wasser, trocknet das Tannin und polarisiert in Wasser oder Pyridin. Fraktionen mit annähernd gleich hohen Drehungen werden hierauf wieder vereinigt und von neuem durch portionenweises Eintragen von Aluminiumhydroxyd in die wäßrige Lösung fraktioniert.

Die niedrig drehenden Fraktionen fallen zuerst aus: $[\alpha]_D$ in Wasser $+ 30$ bis 40^0, in Pyridin $+ 40$ bis 41^0; die hohen erscheinen zuletzt: $+ 150$ bis 158^0 in Wasser, $+ 50$ bis 51^0 in Pyridin. Obwohl die Drehung in Wasser stark beeinflußt wird vom Dispersitätsgrad und von geringfügigen Beimengungen, sind sie nicht die alleinige Ursache der Verschiedenheit. Denn entscheidend ist, daß genügend weit fraktionierte Tanninpräparate auch in organischen Lösungsmitteln stark verschiedene spezifische Drehung aufweisen und beim Abbau gewisse Unterschiede erkennen lassen.

Auf diese Fraktionen wendet KARRER sein Abbauverfahren mit Eisessig-Bromwasserstoff an. Innerhalb 8—10 Tagen werden durch dieses Reagens nur die depsidartig gebundenen und die am Acetalhydroxyl der Glucose haftenden Gallussäurereste abgespalten, und eine Verseifung der die Alkoholgruppen der Glucose veresternden Gallussäuremolekel findet in nachweisbarer Menge nicht statt. Auch nach zweimonatiger Einwirkung der Eisessig-Bromwasserstoff-Mischung ist die Spaltung, wie ausdrücklich gezeigt wurde, nur sehr wenig weitergegangen. Aus den Fraktionen des chinesischen Tannins, deren Drehung in Wasser über ca. $+ 80^0$ lagen, wurde eine Tetragalloyl-l-brom-glucose erhalten, der die wahrscheinlichste Formel I zugewiesen werden muß. Sie wurde, weil schlecht zu reinigen, in ihr Acetylderivat, die Tetra-(triacetyl-galloyl)-l-bromglucose II, verwandelt. Auch diese Verbindung krystallisiert nicht; aber sie läßt sich dank ihrer angenehmen Löslichkeitsverhältnisse leicht von allen anderen etwa in Frage kommenden Beimengungen abtrennen und ihre Analyse, die infolge des Bromgehaltes charakteristische Werte liefert, bestätigt ihre Reinheit.

$$
\begin{array}{ll}
\begin{array}{l}
\quad\;\; H \\
\lfloor\!-\!C \cdot Br \\
\;\;|\;\; HCO \cdot CO \cdot C_6H_2(OH_3) \\
\;\;|\;\; HCO \cdot CO \cdot C_6H_2(OH)_3 \\
\;\;|\;\; HCO \cdot CO \cdot C_6H_2(OH)_3 \\
\lfloor\!-\!OC \cdot H \qquad\qquad \mathrm{I} \\
\quad\;\; H_2CO \cdot CO \cdot C_6H_2(OH)_3
\end{array}
&
\begin{array}{l}
\quad\;\; H \\
\lfloor\!-\!C \cdot Br \\
\;\;|\;\; HCO \cdot CO \cdot C_6H_2(OCOCH_3)_3 \\
\;\;|\;\; HCO \cdot CO \cdot C_6H_2(OCOCH_3)_3 \\
\;\;|\;\; HCO \cdot CO \cdot C_6H_2(OCOCH_3)_3 \\
\lfloor\!-\!OCH \qquad\qquad \mathrm{II} \\
\quad\;\; H_2CO \cdot CO \cdot C_6H_2(OCOCH_3)_3
\end{array}
\end{array}
$$

Die aus den hochdrehenden Fraktionen des chinesischen Tannins auf diese Weise gewonnene Tetra-(triacetyl-galloyl)-l-brom-glucose ist identisch mit einem Präparat, das man aus der synthetischen, der Struktur nach bekannten Penta-(-triacetyl-galloyl)-glucose durch analoge Einwirkung von Eisessig-Bromwasserstoff gewinnt.

Sowohl die aus Tannin gewonnene als auch die aus synthetischer Penta-(triacetyl-galloyl)-glucose erhaltene Tetra-(triacetyl-galloyl)-l-bromglucose geht, mit Natriumacetat und Essigsäureanhydrid erwärmt, in Tetra-(triacetyl-galloyl)-l-acetyl-glucose III über. Beide Präparate sind identisch:

$$
\begin{array}{ll}
\begin{array}{l}
\quad\;\; H \\
\lfloor\!-\!C \cdot OCOCH_3 \\
\;\;|\;\; HC \cdot O \cdot COC_6H_2(OCOCH_3)_3 \\
\;\;|\;\; HC \cdot O\!-\! \\
\;\;|\;\;|\qquad\qquad\qquad \mathrm{III}
\end{array}
&
\begin{array}{l}
\quad\;\; H \\
\lfloor\!-\!C \cdot OCH_3 \\
\;\;|\;\; HC \cdot O \cdot COC_6H_2(OCOCH_3)_3 \\
\;\;|\;\; HC \cdot O\!-\! \\
\;\;|\;\;|\qquad\qquad\qquad \mathrm{IV}
\end{array}
\end{array}
$$

Und endlich gaben beide Tetra-(triacetyl-galloyl)-l-brom-glucose-Präparate, dasjenige aus Gallotannin und jenes aus synthetischer Penta-(triacetyl-galloyl)-glucose, beim Umsatz mit Methylalkohol und Silbercarbonat identische Tetra-(triacetyl-galloyl)-methylglucoside IV.

Schließlich ist der Ring der Beweisführung in betreff der Konstitution dieser Verbindungen durch die Beobachtung geschlossen worden, daß die aus Tannin und aus synthetischer Penta-triacetyl-galloyl-glucose erhaltenen Präparate von Tetra-(triacetyl-galloyl)-methylglucosid fast genau die gleiche spezifische Drehung besitzen wie Tetra-(triacetyl-galloyl)-β-methylglucosid, das aus krystallisiertem

β-Methylglucosid und Triacetyl-gallussäurechlorid bereitet wurde, und über dessen Konstitution und Konfiguration ein Zweifel daher nicht bestehen kann.

$[\alpha]_D$ in Aceton betrug für

Tetra (triacetyl-galloyl)-methyl-glucosid aus Tannin . . . . +31,8°

„   „   „   „   „   „   Penta-(triacetyl-galloyl)-glucose . +31,5°

„   „   „   )-β-methyl-glucosid aus β-Methyl-glucosid . . . . . . +32,9°

Das Tetra-(triacetyl-galloyl)-α-methylglucosid (aus α-Methyl-glucosid und Triacetyl-gallussäurechlorid bereitet) zeigt in Aceton die spezifische Drehung + 42,3°.

Die aus Tannin und aus synthetischer Penta-(triacetyl-galloyl)-glucose über die Bromverbindung erhaltenen Penta-(triacetyl-galloyl)-methylglucoside sind somit Derivate der β-Glucose und daher als Penta-(triacetyl-galloyl)-β-methylglucoside zu bezeichnen. Über die Zugehörigkeit der 1-Brom-tetra-(triacetyl-galloyl)-glucose und der 1-Acetyl-tetra-(triacetyl-galloyl)-glucose zur α- bzw. β-Glucosereihe kann dagegen nichts Sicheres ausgesagt werden; wahrscheinlich ist es, daß auch sie β-Formen sind oder in ihnen die β-Formen wenigstens überwiegen.

Damit ist bewiesen, daß den hochdrehenden Gallotanninfraktionen eine Tetra-galloyl-glucose bzw. Penta-galloyl-glucose zugrunde liegt (daß die Acetalhydroxylgruppe der Glucose im chinesischen Tannin galloyliert auftritt, ist nicht zu bezweifeln). Die weiteren, noch in der Tanninmolekel auftretenden Gallussäurereste müssen depsidartig in die Penta-galloyl-glucose eingreifen. Hierzu steht eine große Variationsmöglichkeit offen, die in zwei Grenztypen ihre natürlichen Grenzen findet (Freudenberg [29]). Die erste Grenzform ist auf S. 380 wiedergegeben, die zweite ist die folgende:

$$
\begin{array}{l}
\text{H} \\
\text{—CO} \cdot \text{Gall} \\
\quad | \\
\text{HCO} \cdot \text{Gall} \\
\quad | \\
\text{HCO} \cdot \text{Gall} \\
\quad | \\
\text{HCO} \cdot \text{Gall} \\
\quad | \\
\text{—OCH} \\
\quad | \\
\text{H}_2\text{CO} \cdot \text{Gall} \cdot \text{Gall} \cdot \text{Gall} \cdot \text{Gall} \cdot \text{Gall}
\end{array}
$$

Da nun die hochdrehenden Tanninfraktionen (etwa mit den Drehungswerten 85—158° in Wasser) bei den oben geschilderten Abbaureaktionen dieselben Derivate der Tetra-galloyl-glucose ergeben, so kann ihre Verschiedenheit, die sich in der Drehung, in ihrer verschieden leichten Fällbarkeit durch Aluminiumhydroxyd äußert, nur durch folgende zwei Ursachen bedingt sein:

a) durch sterische Verschiedenheit am Kohlenstoffatom 1 (der Glucose, α- und β-Formen);

b) durch verschiedene Zahl oder verschiedene Anordnung der Gallussäurereste, die mit der Penta-galloyl-glucose, dem Grundkörper, depsidartig verbunden sind.

Die niedrigdrehenden Tanninfraktionen, ebenso das ungereinigte Tannin levissimum purissimum Merck, führten dagegen beim Abbau mit Eisessig-Bromwasserstoff zu Tetra-triacetyl-galloyl-brom-glucose-präparaten, die sich von den aus synthetischer Penta-galloyl-glucose erhaltenen in der Drehung nicht unwesentlich unterschieden.

Welcher Art die Beimengungen bzw. Verunreinigungen sind, welche in den tiefdrehenden Tanninfraktionen und im unfraktionierten Tannin vorkommen, bleibt dahingestellt. Sie müssen die Ursache der beobachteten Differenzen sein. Es ist nicht gesagt, daß sie tanninähnlicher Natur zu sein brauchen, man kann auch an gröbere Verunreinigungen denken.

Die Verwandlung der synthetischen Penta-(triacetyl-galloyl)-glucose über die Tetra-(triacetyl-galloyl)-1-bromglucose II in die Tetra-(triacetyl-galloyl)-1-acetylglucose III verläuft annähernd quantitativ. So entstanden aus 7,42 g Penta-(triacetyl-galloyl)-glucose 6,17 g Tetra-(triacetyl-galloyl)-1-acetyl-glucose, während die Theorie 6,30 verlangt. Der Verlust beträgt nur 2 %.

Die Ausbeute an Tetra-(triacetyl-galloyl)-1-acetyl-glucose, die man unter analogen äußeren Bedingungen aus den Tanninfraktionen isolieren kann, muß daher auch über die durchschnittliche Menge von Gallussäure Auskunft geben können, die in den Tanninmolekeln, aus denen die einzelnen Fraktionen zusammengesetzt sind, vorkommt.

Denn man kann theoretisch im Maximum an Tetra-(triacetyl-galloyl)-l-acetyl-glucose erhalten:

$$
\begin{aligned}
&\text{aus 10 g einer Deka-galloyl-glucose} \dots\dots\;\; 7{,}8\ \text{g} \\
&\text{aus 10 g einer Nona-galloyl-glucose} \dots\dots\;\; 8{,}6\ \text{g} \\
&\text{aus 10 g einer Okta-galloyl-glucose} \dots\dots\;\; 9{,}5\ \text{g} \\
&\text{aus 10 g einer Hepta-galloyl-glucose} \dots\dots 10{,}7\ \text{g}
\end{aligned}
$$

Entstehen aus 10 g einer Tanninfraktion mehr wie 7,8 g Tetra-(triacetyl-galloyl)-l-acetylglucose, so ist eindeutig bestimmt, daß in dieser Tanninfraktion weniger als 10 Gallussäurereste auf 1 Mol. Traubenzucker treffen.

Diese Differenzen sind groß genug, um ein klares Bild von der Menge der gebundenen Gallussäurereste im Tannin zu vermitteln. Sie sind viel bedeutender als jene, die durch Elementaranalyse an solchen verschieden weit galloylierten Glucosen nachgewiesen werden können.

KARRER (74) erhielt:

aus 10 g Tannin, Fraktion $[\alpha]_D = + 30^0$ . . . . . . 7,86 g Tetra-(triacetyl-galloyl)-l-acetyl-glucose

aus 10 g „ „ $[\alpha]_D = + 85^0$ . . . . . . 8,74 g   dgl.

aus 10 g „ „ $[\alpha]_D = + 130{-}135^0$ . . . 8,9 g   dgl.

aus 10 g „ „ $[\alpha]_D = + 145{-}147^0$ . . . 8,83 g   dgl.

aus 10 g „ „ $[\alpha]_D = + 105^0$ (aus einem anderen Tannin stammend) . . . . 9,2 g   dgl.

aus 10 g ungereinigtem Tannin . . . . 8,3 g   dgl.

aus 10 g desselben, nach der Estermethode gereinigten, selbstextrahierten Tannins . . . . 9,2 g   dgl.

aus 10 g käuflichem, sehr stark gallussäurehaltigem Tannin, das nach der Essigestermethode von Gallussäure befreit worden ist . . . . 9,9 g   dgl.

Diese Ausbeuten an Tetra-(triacetyl-galloyl)-l-acetyl-glucose zeigen, daß in den höher drehenden Tanninfraktionen durchschnittlich ungefähr 8—9 Gallussäurereste auf 1 Mol. Glucose treffen. Dies bedeutet nicht, daß die Fraktionen eine einheitliche Nona-galloyl-glucose enthalten, viel eher ist an eine Mischung von verschiedenen Deka-Nona- und Okta-galloyl-glucosen zu denken mit dem durchschnittlichen Gallussäuregehalt von 8—9 Gallussäureresten auf 1 Mol. Traubenzucker.

Die Tanninfraktion $[\alpha]_D = + 30$ (in Wasser) sowie das unfraktionierte Tannin liefern ziemlich viel weniger Tetra-(triacetyl-galloyl)-l-acetylglucose. Diese kann zwei Gründe haben: entweder enthalten diese Substanzen noch Verunreinigungen, die sich unter den gewählten Bedingungen nicht in Tetra-(triacetyl-galloyl)-l-acetylglucose überführen lassen, oder die Menge der depsidartig gebundenen Gallussäurereste ist in ihnen etwas größer, so daß durchschnittlich gegen 10 Gallussäuremolekel auf 1 Mol. Glucose treffen. KARRER läßt die Frage offen, neigt aber der ersteren Auffassung zu.

Das ungereinigte, unfraktionierte, mit Aceton aus Zackengallen extrahierte Tannin lieferte eine Ausbeute an Tetra-(triacetyl-galloyl)-l-acetylglucose, die zwischen denjenigen liegt, die man aus den niedrigst drehenden Tanninfraktionen erhält. Sie weist auf Verunreinigungen oder auf einen mittleren Gallussäuregehalt von 9—10 Gallussäuremolekeln pro Glucoserest hin. Wird das Tannin nach der Essigestermethode gereinigt, so steigt, wie oben angegeben ist, die Ausbeute an Tetra-(triacetyl-galloyl)-l-acetylglucose ungefähr auf denselben Betrag an, wie er aus den mittleren und höher drehenden Tanninfraktionen erhalten worden ist. In diesem gereinigten Tannin entspricht der mittlere Gallussäuregehalt daher einer Mischung von Nona-galloyl-glucose und Okta-galloyl-glucose.

1930 hat O. TH. SCHMIDT (104a) einige der Gallotanninchemie noch verbliebene Widersprüche im Sinne der obigen Darlegungen aufgeklärt.

Es ist nach alledem nicht leicht, unserer heutigen Kenntnis des chinesischen Gallotannins eine knappe Formulierung zu geben. Unter Verzicht auf Einzelheiten läßt sich sagen: das chinesische Gallotannin ist ein Gemisch, dessen Anteile aus Penta-galloyl-glucose bestehen, der weitere Gallussäurereste — 3, 5, vornehmlich aber 4 — derart angegliedert sind, daß sich vorwiegend m-Digalloylgruppen ausbilden, während höhere Depsidketten (Trigalloyl usw.) unwahrscheinlich, aber nicht ausgeschlossen sind. In diesem Sinne sind die Formeln S. 345, 380, 382 zu verstehen. Von früheren Zusammenfassungen (E. FISCHER [15], K. FREUDENBERG [29], P. KARRER [74]) sei eine wiederholt:

Ob dieser Gerbstoff nun 10 Moleküle Gallussäure oder eines mehr oder weniger enthält; ob die Säure stets in der Anordnung der Digallussäure auftritt; ob dem Gerbstoffe die α- oder β-Glucose oder gar eine andere Form dieses Zuckers zugrunde liegt, und ob schließlich in dem Gemenge, das dieser Stoff nun einmal darstellt, diese oder jene isomere Form überwiegt, dies sind alles Fragen untergeordneter Bedeutung gegenüber der durch Abbau und Synthese klargelegten Grundform seiner Konstitution ([29], S. 103).

c) Ellagsäuregruppe.

Die Ellagengerbstoffe werden gewöhnlich als Glucoside der Ellagsäure angesehen, weil sie unter den Bedingungen, unter denen die Glucoside zerfallen, die unlösliche Ellagsäure abscheiden. In einigen Fällen ist die gleichzeitige Entstehung von Zucker wahrscheinlich gemacht worden; bewiesen ist sie nur beim Gerbstoffe des Granatbaumes. Aber auch hier ist nicht sichergestellt, ob ein wirkliches Glucosid vorliegt, denn die Ellagsäure, ein Diphenylderivat, das sich aus 2 Molekülen Gallussäure ableitet (Formel S. 364), kann nicht nur als Glucosid mit den Phenylhydroxylen am Zucker haften, sondern auch möglicherweise über die Carboxylgruppen mit dem Zucker verestert sein. Außer den Kombinationen der Ellagsäure mit Zucker sind auch solche mit Gallussäure vermutet worden. Bewiesen ist dies bei einem Anteile des türkischen Gallotannins.

Die Ellagsäure ist im Pflanzenreiche ähnlich weit verbreitet wie die Gallussäure, Kaffeesäure oder das Quercetin. Sie wird gewöhnlich in der Begleitung von Gallussäure oder deren Derivate angetroffen. So sind wir Ellagengerbstoffen bereits als Beimengung der Chebulinsäure, des türkischen Tannins und des Sumachgerbstoffes begegnet. H. R. Prokter (102) bezweifelt überhaupt die Existenz einer Ellagengerbsäure und hält diesen Stoff für kolloid gelöste Ellagsäure. Er dürfte hiermit jedoch nur in einzelnen Fällen das Richtige treffen.

Ellagengerbstoff aus Punica granatum (Fridolin [52]; Rembold [103]). Einige Kilogramm der Fruchtschalen, Wurzel- oder Zweigrinde des Granatbaumes werden mit 95% Alkohol erschöpft; der Auszug wird unter vermindertem Druck eingedampft und der Rückstand in so viel Wasser aufgenommen, bis keine weitere Fällung mehr entsteht. Die Lösung wird mit Kochsalz gesättigt und nach Entfernung des entstandenen Niederschlages in vielen Portionen mit Essigäther ausgeschüttelt. Von diesen Auszügen werden jeweils mehrere zueinandergehörende zu insgesamt 5 Fraktionen vereinigt, der Essigsäther wird unter vermindertem Druck abdestilliert, der Rückstand in Wasser gelöst, ausgeäthert und im Vakuum zur Trockene gebracht. Die Präparate sind nicht einheitlich. Die erste Fraktion (C 52,4, H 3,4) ist in 13proz. Kochsalzlösung nicht klar löslich. Die drei letzten Fraktionen (C 50,9, H 3,4) lösen sich auch in gesättigter Kochsalzlösung klar auf.

Der Gerbstoff fällt Leim und färbt Eisensalze blauschwarz. Zur Hydrolyse hat Fridolin mit 15 Teilen 1,5proz. Schwefelsäure 4 Tage lang auf 100° erhitzt. Er erhielt 54—66% Ellagsäure, einen vergärbaren Zucker und 2—3% eines krystallinischen, ätherlöslichen Spaltstückes, das vielleicht Gallussäure war. Ein Ellagsäuremonoglucosid (C 51,8, H 3,5) würde 65%, ein Diglucosid (C 48,4, H 4,1) 47% Ellagsäure verlangen.

Rembold fällte den heiß bereiteten wäßrigen Auszug der Granatwurzelrinde mit neutralem Bleiacetat in 2 Fraktionen. Die Niederschläge wurden mit Schwefelwasserstoff zerlegt. Die erste Fraktion enthielt neben Ellagengerbstoff einen Gallusgerbstoff. Die zweite Portion ließ sich, besonders wenn sie noch einmal der gleichen Reinigung unterworfen wurde, völlig frei von gebundener Gallussäure gewinnen und gab bei der Hydrolyse mit Schwefelsäure, die auffallend langsam vonstatten ging, nur Ellagsäure und Zucker. Der Gerbstoff war unlöslich in Alkohol, färbte Eisenchlorid schwarz und fällte Leim. Die Zusammensetzung betrug C 51,8, H 3,3. REMBOLD vermutet in seinem Gerbstoffe die Verbindung von je einem Mol Ellagsäure und Hexose. Dazu stimmt FRIDOLINS Hydrolysenergebnis einigermaßen.

Im türkischen Gallotannin befindet sich, schätzungsweise in einer Menge von 10 % des Ganzen, ein ellagsäurehaltiger Anteil. Ihm liegt Glucose zugrunde, die außer Ellagsäure mehrere Moleküle Gallussäure in Esterbindung trägt.

In den Früchten von Terminalia chebula (Myrobalanen) befindet sich neben der von FRIDOLIN entdeckten Chebulinsäure ein anderer Gerbstoff, der leicht Ellagsäure abspaltet und ähnlich zu beurteilen ist wie der entsprechende Anteil des türkischen Gallotannins. Die Trennung dieses Gerbstoffes von der Chebulinsäure und ihren Begleitstoffen ist FRIDOLIN ebensowenig wie späteren Autoren gelungen. Die bei der Hydrolyse neben der Ellagsäure entstehende Gallussäure ist deshalb mindestens zum Teil auf die Rechnung der beigemengten Chebulinsäure zu setzen.

Die Gerbstoffe aus den Früchten von Caesalpinia brevifolia (Algarobilla) und Caesalpinia coriaria (Divi-divi) enthalten gleichfalls große Mengen teils freier, teils gebundener Ellagsäure. Daneben findet sich gebundene Gallussäure, und auch Gegenwart von Zucker ist wahrscheinlich gemacht. Versuche zur Darstellung dieser Gerbstoffe sind verschiedentlich angestellt worden. Sie werden hier nicht wiedergegeben, denn diese Gerbstoffe sind sicher Gemische und dem Rohprodukt aus Myrobalanen so ähnlich, daß hier die gleichen Verhältnisse wie bei den Myrobalanen angenommen werden müssen. Solange nicht darauf hingearbeitet wird, den Ellagengerbstoff aus diesen Gemischen in unveränderter Form so abzuscheiden, daß sein Ellagsäuregehalt bei der weiteren Fraktionierung konstant bleibt (ähnlich wie GILSON es beim Glucogallin und Tetrarin durchgeführt hat), bleibt die Frage offen, ob die bei der Hydrolyse neben der Ellagsäure entstehenden Gallussäure zu dem Ellagengerbstoffe gehört oder nicht. Wegen der großen gerberischen Ähnlichkeit mit dem Sumach ist anzunehmen, daß hier wie in den Myrobalanen die ellagsäurehaltigen Anteile ähnlich zusammengesetzt sind wie der entsprechende Anteil des türkischen Gallotannins.

Gerbstoffe aus Nymphaea und Nuphar, die FRIDOLIN (52) ähnlich wie den Gerbstoff des Granatbaumes abgeschieden hat, liefern bei der Hydrolyse ähnliche Ergebnisse wie die Caesalpiniagerbstoffe.

Der Gerbstoff aus Polygonum Bistorta scheidet nach BJALOBRSHEWSKI (5) mit verdünnter Salzsäure Ellagsäure ab und färbt Eisenchlorid grün.

Der Gerbstoff aus den Blättern der Hainbuche (Carpinus Betulus) ist ähnlich wie die Caesalpiniagerbstoffe zu bewerten. ALPERS suchte ihn folgendermaßen zu gewinnen.

Die Blätter werden 2 Tage mit Weingeist von 40 Volumprozenten ausgezogen. Der Gerbstoff wird mit überschüssigem Bleiacetat gefällt, der Niederschlag mit Wasser dekantiert, gut ausgewaschen und noch naß mit Schwefelwasserstoff zerlegt. Das Filtrat vom Schwefelbrei wird mit Kohlensäure vom Schwefelwasserstoff befreit und in 2 Fraktionen mit Bleiacetat gefällt. Die erste Fällung wird verworfen, die zweite wie oben beschrieben behandelt und noch zweimal demselben Reinigungsprozeß unterworfen. Schließlich wird der Gerbstoff bei gewöhnlicher Temperatur im Vakuum eingetrocknet.

Wird dieser noch wasserhaltige Gerbstoff auf 100° erhitzt, so löst er sich nicht mehr klar in Wasser, und Ellagsäure bleibt zurück. Ellagsäure spaltet sich auch ab, wenn die wäßrige Lösung des Gerbstoffes auf 100° erhitzt wird. Das Filtrat ist optisch inaktiv. Gleichzeitig wird Gallussäure frei. Ob sie mit der

Ellagsäure verbunden ist, wurde nicht festgestellt. Zucker konnte auch nach der Einwirkung verdünnter Säuren nicht nachgewiesen werden.

Bemerkenswert ist hier die Leichtigkeit, mit der die Ellagsäure abgespalten wird. Es ist möglich, daß diese teilweise in freiem Zustande beigemengt ist und durch die gerbstoffhaltige Flüssigkeit in kolloidaler Lösung gehalten wird.

Die Gerbstoffe der Edelkastanie und der Eichen enthalten ebenfalls Ellagsäure. Wegen gewisser Eigenarten werden diese Gerbstoffe gesondert behandelt.

d) Die Gerbstoffe der Eichen und der Edelkastanie.
(Quercus pedunculata und sessiliflora, Castanea vesca.)

Das Ausgangsmaterial der früheren Arbeiten stammt zumeist von den genannten einheimischen Eichen.

Der Rindengerbstoff unterscheidet sich von dem Holzgerbstoff in einigen Punkten verschiedenen Gerbstoffreagenzien gegenüber, wie Brom oder Salzsäureformaldehyd. Der Rindenauszug wird durch diese Mittel stärker niedergeschlagen. Der Unterschied dürfte vom Kondensationsgrad und von den die Löslichkeit beeinflussenden Beimengungen herrühren. Was von der Eisenfärbung zu halten ist, die hin und wieder grün, manchmal auch blau ausfällt, ein wie geringer Wert ferner den Analysen oder Methoxylbestimmungen beizumessen ist, wurde bereits früher dargetan. Nach R. Schön sowie K. Feist und R. Schön ist der Rindengerbstoff methoxylfrei und optisch aktiv.

Die früheren Versuche lassen das Bestreben vermissen, die erkannten Spaltstücke oder Beimengungen abzutrennen und den eigentlichen Gerbstoff als Ganzes zu erfassen. Die mannigfaltigen Reinigungsversuche führten dazu, daß nur ein Bruchteil des ursprünglichen Gerbstoffes übrigblieb, der in seiner Zusammensetzung möglicherweise dem Hauptbestandteil keineswegs entsprach, sondern vielleicht nur unwesentliche Begleitstoffe enthielt. Die im folgenden mitgeteilten Versuche zwingen den Verdacht auf, daß gerade der für die bisherige Auffassung des Eichengerbstoffes wichtigste Befund, nämlich der Abbau zu Phloroglucin und Protocatechusäure oder Brenzcatechin, mit dem Eichengerbstoff überhaupt nichts zu tun hat, sondern auf eine dem Gerbstoff fremde Beimengung (Quercetin) zurückzuführen ist.

Im Jahre 1922 haben sich K. Freudenberg und E. Vollbrecht (50) mit dem Gerbstoff aus den Blättern von Quercus pedunculata und sessiliflora befaßt. Ein Unterschied zwischen beiden konnte nicht festgestellt werden. Zur Gewinnung des Gerbstoffes wurde der wäßrige Extrakt aus jungen Blättern mit Bleiacetat gefällt und der noch feuchte Niederschlag durch verdünnte Schwefelsäure zerlegt. Dieses Verfahren wurde mehrfach wiederholt, bis der Gehalt an Mineralbestandteilen unter 1 % gesunken war. Zur Entfernung von beigemengtem Quercetin, kleinen Mengen freier Gallussäure und Ellagsäure wurde der Gerbstoff einer Vakuumextraktion mit Essigester unterworfen. Durch Zugabe einer kleinen Menge Bleiacetat und darauffolgende Fällung des Bleies mit Schwefelwasserstoff wurde ein Teil der den Gerbstoff stets begleitenden dunkel gefärbten Beimengungen und Kondensationsprodukte entfernt. Der so gewonnene Gerbstoff enthielt noch 1—2 % beigemengte und 3—7 % gebundene Glucose, die durch Hydrolyse mit verdünnter Schwefelsäure nachgewiesen wurde. Die im Gerbstoff vorhandene Ellagsäure wurde zu 18—24 % angegeben. Ein Gerbstoff, der, wie es schien, von Ellagsäure und Glucose frei war, wurde durch Abbau mit Tannase oder besser mit lebendem Aspergillusmycel gewonnen.

An diese Versuche knüpften K. Freudenberg und A. Kurmeier (81) an. Im Laufe der Untersuchungen wurde festgestellt, daß der Gerbstoff von beigemengtem Zucker und Kondensationsprodukten, sog. Nichtgerbstoffen, durch Fällung mit Bleiacetat in wäßrigem Pyridin befreit werden kann. Zur weiteren Reinigung wurde der Gerbstoff mit Chinolin gefällt und das gerbsaure Chinolin mit verdünnter Essigsäure zerlegt. Aus der essigsauren Lösung wurde der Gerbstoff wieder mit Blei gefällt, das gerbsaure Blei mit verdünnter Schwefelsäure zerlegt und aufgearbeitet. Der resultierende Gerbstoff war sehr arm an Nichtgerbstoffen und erwies sich, so wie er war und nach der Hydrolyse mit verdünnter Schwefelsäure, als zuckerfrei. Er ist optisch aktiv.

Ein weiterer Teil jener Arbeit bestand in einer erneuten Feststellung des Gehaltes der Ellagsäure. Durch Reihenversuche wurde ermittelt, in welcher Zeit sich bei der Hydrolyse des Gerbstoffes das Maximum an Ellagsäure abschied. Dann wurde die bei der alkalischen Hydrolyse, die sich gegenüber der sauren als vorteilhafter erwies, eintretende Zersetzung der Ellagsäure genau studiert und ermittelt, welche Menge der gewonnenen Ellagsäure jeweils zugezählt werden muß. Der so gefundene Gehalt des Eichengerbstoffes an Ellagsäure zu 16—17 % ist viel genauer als der früher gefundene zu 18—24 %.

Schließlich wurde der Gerbstoff mit Diazomethan und Dimethylsulfat methyliert und die Zusammensetzung des methylierten Gerbstoffes mit der des gewöhnlichen verglichen. Bei der Methylierung wurde eine Trennung des Methylgerbstoffes in einen ätherlöslichen und einen ätherunlöslichen Anteil gefunden. Der unlösliche Anteil entsteht zweifellos aus den kondensierten Anteilen, die also auf diese Weise am besten abzutrennen sind. Bei der Destillation im Hochvakuum ergab der methylierte Eichengerbstoff eine geringe Menge Citronensäuretrimethylester, und zwar etwa 1 % des Gerbstoffs.

Gewinnung des Blattgerbstoffes der Eiche (KURMEIER [81]). 100 kg junge Blätter und Triebe von Quercus sessiliflora (Anfang Mai im Neckartal geerntet) werden spätestens 6 Stunden nach der Ernte in Chargen von 10 kg in je 10 l siedendes destilliertes Wasser eingetragen und durch Einblasen von Wasserdampf schnell abgebrüht (Dauer jeweils ungefähr 10 Minuten). Die Hauptmenge der Flüssigkeit wird abgegossen, der Blätterrückstand zweimal mit warmem Wasser durchgerührt und zuletzt auf einer hölzernen Traubenpresse ausgepreßt. Er enthält jetzt nur noch sehr geringe Anteile an Gerbstoff. Die gesammelten Abgüsse, eine trübe Brühe von 150 l, werden noch warm mit reiner konzentrierter Bleiacetatlösung versetzt. Der blaßgelbe Niederschlag muß mindestens 8—10mal mit destilliertem Wasser dekantiert werden. Das suspendierte Bleisalz wird 2—3mal dekantiert. Diese Umfällung wird noch viermal wiederholt. Die Abgüsse von den Bleiniederschlägen sind gerbstofffrei. Zuletzt wird das angereicherte Bleisulfat abfiltriert und in der Gerbstofflösung der Überschuß an Schwefelsäure mit verdünnter Barytlösung genau ausgefällt. Ein Überschuß an Bariumhydroxyd ist sorgfältig zu vermeiden. Eine Probe der Gerbstofflösung wird zur Gehaltsbestimmung im Vakuum zur Trockene gebracht. Es sei hier bemerkt, daß sämtliche Trockengewichtsbestimmungen, die im Verlaufe des beschriebenen Reinigungsverfahrens ausgeführt werden mußten, im Vakuum vorgenommen wurden, um den Gerbstoff nach Möglichkeit zu schonen. Die Ausbeute beträgt 870 g Rohgerbstoff von rotbrauner Farbe. Der Aschegehalt ist auf etwa 1 % herabgesunken (Asche als Sulfat gewogen).

Reinigung des Rohgerbstoffes. Die Lösung des umgefällten Gerbstoffes wird auf 100 l verdünnt und so lange mit Pyridin versetzt, bis nichts mehr ausfällt. Es sind hierzu etwa 8 l Pyridin erforderlich. Es ist ratsam, das von der Ausfällung der Schwefelsäure herrührende Bariumsulfat in der Lösung zu lassen, da in seiner Gegenwart der durch Pyridin fällbare Anteil des Gerbstoffes besser niedergeschlagen wird. Die Fällung wird abfiltriert und mit verdünnter, etwa 12proz. Essigsäure versetzt, wobei hochmolekulare, dunkel gefärbte Anteile ungelöst bleiben, die auch durch stärker konzentrierte Säure nicht in Lösung zu bringen sind. Diese Kondensationsprodukte sind mit dem Bariumsulfat vermengt. Zur Feststellung des Mengenverhältnisses wird eine Probe des absolut trockenen Gemisches verascht. Die Menge der organischen Substanz beträgt 65 g, das sind von 870 g Rohgerbstoff 7—8 %.

Das essigsaure Filtrat, das den vom Pyridin niedergerissenen Gerbstoff enthält, wird mit Bleiacetatlösung versetzt, der Niederschlag gut dekantiert und mit verdünnter Schwefelsäure zerlegt. Die Lösung enthält 223 g Trockensubstanz, also 25—26 % vom Ausgangsmaterial. Sie wird auf 22 l verdünnt, mit 2 l Pyridin versetzt, von der nunmehr geringen Fällung filtriert und mit dem ersten pyridinhaltigen Filtrat (ca. 100 l) vereinigt. Die Untersuchung einer Probe der 223 g ergab, daß kein erkennbarer Unterschied von dem Hauptanteil besteht. Aus der vereinigten pyridinhaltigen Lösung wird der Gerbstoff mit Bleiacetat gefällt. Hierbei bleiben etwa 15 % Nichtgerbstoffe (auf 870 g bezogen) ungefällt, auf deren Entfernung es vor allem ankommt. Nach gründlichem Dekantieren mit destilliertem Wasser und mehrfachem Umfällen des kanariengelben Niederschlages wird der Gerbstoff in Freiheit gesetzt. Die Lösung wird nach Entfernung der Schwefelsäure und Verdünnung auf ein geeignetes Volumen nochmals mit Pyridin versetzt. Dabei fällt ein sehr geringer Niederschlag, der entfernt wird. Aus dem Filtrat wird der Gerbstoff mit Bleiacetat gefällt und, wie oben beschrieben, regeneriert. Die Lösung enthält 665 g Gerbstoff. Das sind etwa 75 % des Rohgerbstoffes. Das Trockenprodukt zeichnet sich durch reine braune Farbe aus.

Die nach der Pyridinreinigung erhaltene Lösung von 665 g Gerbstoff wird bei Unterdruck auf 4 l eingeengt und unter Eiskühlung langsam mit 4 l einer wäßrigen Suspension von 175 cm³ Chinolin versetzt, das durch Vakuumdestillation frisch gereinigt ist. Dabei ist zu beachten, daß ein Überschuß von Chinolin leicht zu harziger Abscheidung führt. Der schnell abfiltrierte Niederschlag wird in 15 proz. Essigsäure gelöst, wobei dunkle Massen zurückbleiben. Aus der essigsauren Lösung wird der Gerbstoff sogleich mit Bleiacetat gefällt. Im Filtrate vom Chinolinniederschlag, der in Wasser merklich löslich ist, befinden sich neben geringen Mengen „Nichtgerbstoff" etwa 10 % des angewandten Gerbstoffes. Er wird durch Bleiacetat gefällt, regeneriert, aus 13—15 proz., eiskalter, wäßriger Lösung mit dem gleichen Volumen einer nach dem oben angegebenen Verhältnisse bereiteten Chinolinsuspension gefällt, aus dem Niederschlage regeneriert und der Hauptmenge zugesetzt. Ausbeute 646 g. Durch Chinolin nicht gefällt bleiben geringe Mengen Gerbstoff und kaum 1 % Nichtgerbstoff (auf 870 g bezogen).

Die Lösung der 640 g wird im Vakuum auf 3 l eingeengt und mit Essigester, der vorher entsäuert worden ist, dreimal 24 Stunden im Dakinschen Vakuumextraktionsapparate extrahiert. Der Apparat ist in einer verbesserten Form, wie aus der Abb. 32 zu ersehen ist, zur Anwendung gekommen. Die Farbe des überfließenden Essigesters ist zunächst stark gelb. Nach einigen Stunden bleibt sie gleichmäßig hellgelb. Im ganzen werden 70 g Substanz vom Essigester aufgenommen. Die extrahierte Gerbstofflösung wird im Vakuum eingedampft. Der Gerbstoff, der hiermit erstmalig in den trockenen Zustand übergeführt wird, wiegt 570 g.

Der Eichengerbstoff ist amorph, hat im gepulverten Zustande eine gelbbraune Farbe und löst sich leicht in kaltem Wasser, Methyl, Äthylalkohol und Aceton, kaum in Essigester und Äther, gar nicht in Benzol und Chloroform. Der leichter lösliche Anteil entspricht nach Molekulargewicht und Zusammensetzung dem Dreifachen eines Oxyzimtaldehyds. Es hat den Anschein, als ob ein solches Produkt oder ein Catechin der Pyrogallolreihe in mehr oder weniger kondensiertem Zustande nebst Ellagsäure und vielleicht auch Glucose den Eichengerbstoff aufbaue.

Verdünnte alkoholische Ferrichloridlösung erzeugt eine tiefe Blaufärbung. Der Gerbstoff enthält kein Methoxyl. Der auf obige Weise gewonnene Eichengerbstoff enthält 57 % C und 3,4 % H. Im Wasser dreht er nach links (etwa 30°). Er enthält weder gebundene noch freie Glucose. Diese wird bestimmt, indem etwa 1 g entwässerter Gerbstoff in 150—200 cm³ Wasser mit 10 g Hautpulver, das zuvor 10 Stunden in 100 cm³ Wasser gequollen war, durch 24stündiges Schütteln entgerbt werden. Die über Talk filtrierte Flüssigkeit wird mit Bleiacetatlösung versetzt, bis kein Niederschlag mehr entsteht und alle eisenchloridfärbenden Anteile entfernt sind, erneut filtriert, mit Schwefelwasserstoff entbleit und im Vakuum einengt. Die Glucose wird durch Titration und Polarisation bestimmt. Durch Kontrollversuche an Gemischen von zuckerfreiem Gerbstoff mit sehr wenig Glucose haben wir uns überzeugt, daß dieses Bestimmungsverfahren ausreichend genau ist.

Zur Bestimmung des gebundenen Zuckers wird 0,5—1 g bei 100° im Vakuum getrockneter Gerbstoff in der 100fachen Menge 2proz. Schwefelsäure 6 Stunden auf dem Wasserbade erhitzt. Alsdann wird die Schwefelsäure mit Bariumhydroxydlösung genau ausgefällt und der Zucker wie oben der freie Zucker bestimmt.

Der Gerbstoff ist stark sauer. Tannase vermag die Ellagsäure nicht vollständig abzuspalten. Es ist möglich, daß die Acidität von einem freien Carboxyl der Ellagsäure herrührt, die in solchen Verbindungen wohl in der Hydratform vorliegt. Mit Diazomethan entstehen 2 Methylprodukte, ein leichter und ein schwerer lösliches. Das letztere scheint den Ellagsäureanteil sowie Kondensationsprodukte zu enthalten.

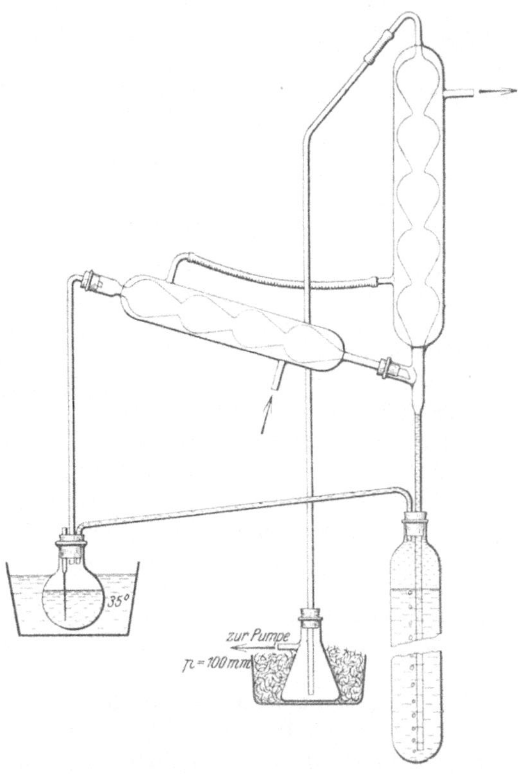

Abb. 32.　Vakuumextraktion.

Durch eine Arbeit von K. Freudenberg und H. Walpuski (51) war die schon von anderen aufgestellte Behauptung bestätigt worden, daß der im Holz von Castanea vesca enthaltene Gerbstoff dem der Eichenblätter, Knoppern und des Eichenholzes sehr ähnlich ist. K. Freudenberg und A. Kurmeier stellten deshalb den Gerbstoff aus Kastanienblättern her und unterwarfen ihn der gleichen Behandlung wie den Eichengerbstoff. Es zeigte sich, daß in der Abtrennung des Zuckers, dem Gehalte an Ellagsäure, der Zusammensetzung und optischen Aktivität des freien und methylierten Gerbstoffes fast kein Unterschied bestand. Von großer Bedeutung ist jedoch, daß der Kastaniengerbstoff von vornherein von weniger Kondensationsprodukten begleitet ist, was sich auch am Methylgerbstoff in dem kleineren Molekulargewicht und dem geringeren Anteil ätherunlöslicher Produkte zu erkennen gibt. Der Kastaniengerbstoff ist also viel besser zur Untersuchung geeignet als der Eichengerbstoff.

Solange sich kein grundsätzlicher Unterschied zwischen den Gerbstoffen der Eiche und Kastanie ergibt, ist es zweckmäßig, die Arbeit am Kastaniengerbstoff, der ärmer an Beimengungen ist, fortzuführen. Dies ist in einer Arbeit von W. Münz (86) geschehen. Dabei ergab sich als neue Komplikation die Verschiedenheit des Gerbstoffes der ausgewachsenen Blätter (Spätgerbstoff) und der erst halbentwickelten (Frühgerbstoff). Der letztere war bedeutend heller.

Der Spätgerbstoff verhielt sich wie der Blattgerbstoff der Eichen. Zucker konnte nicht nachgewiesen werden, Ellagsäure trat wie beim Eichengerbstoff bei der Behandlung mit verdünnter Lauge auf. Im Gegensatz zum Eichengerbstoff, der in dieser Hinsicht neu zu prüfen wäre, fand sich neben der Ellagsäure bei fortgesetzter milder alkalischer Hydrolyse Gallussäure (17% Ellagsäure, 8—15% Gallussäure), die weder bei energischer alkalischer Einwirkung noch bei der sauren Hydrolyse gefunden wurde. Diese Erscheinung kann durch die Annahme gedeutet werden, daß in diesen beiden Fällen etwa entstehende Gallussäure mit anderen Spaltstücken kondensiert und so der Feststellung entzogen wird, während eine milde Behandlung nach Art einer Ketonspaltung sie zutage fördert. Gerade dieses Verhalten führt zu der oben ausgesprochenen Vermutung von der Gegenwart eines Zimtaldehyds oder Catechins. — Wenn der Frühgerbstoff derselben milden alkalischen Behandlung unterworfen wird, entsteht überhaupt keine Ellagsäure, dagegen erhöht sich die Gallussäure um den der Ellagsäure entsprechenden Betrag auf 30%. An diesem Gerbstoff ist nach der sauren Hydrolyse auch gebundener Zucker anzutreffen. Nach diesen Ergebnissen scheinen am Kastaniengerbstoff im Laufe der Entwicklung des Blattes Kondensationsreaktionen stattzufinden, die bei dem reiferen Materiale die Abtrennung der einfacheren Bruchstücke erschweren. Die weitere Forschung hat zu prüfen, ob Zucker, Gallus- und Ellagsäure zusammen zu einem Gallotannin gehören, das dem türkischen Gallotannin ähnelt und dem höchst kondensationsfähigen Gerbstoffe beigemengt ist, oder ob alle diese Spaltstücke mitsamt dem kondensationsfähigen Hauptbestandteil zu einem Molekül gehören.

Seit langem ist bekannt, daß der Gerbstoff der Eichen*rinde* die Reaktionen der Catechingerbstoffe gibt. Tatsächlich ist von P. Casparis und K. Reber (6) darin ein Catechin in minimalen Mengen gefunden worden, das jedoch von anderer Seite nicht bestätigt werden konnte (44a). Die Beimengung eines solchen Anteils darf nicht dazu verleiten, den Rindengerbstoff der Eiche als etwas wesentlich anderes anzusehen als den Blatt- und Holzgerbstoff.

Der *Knoppern*gerbstoff entspricht dem Blattgerbstoff der Eiche. Er steht im Kondensationsgrad zwischen diesem und dem Rinden- und Holzgerbstoff. Dies entspricht dem wenig verholzten Zustande frischer Knoppern, die Gallen sind, die auf den Fruchtbechern von Quercus robur (hauptsächlich pedemculata) wachsen.

Valoneagerbstoff. Der so bezeichnete Gerbstoff aus den Fruchtbechern griechischer und vorderasiatischer Eichen (hauptsächlich Quercus aegilops Linn, Valonea und maerolepsis Kotschy) soll aus einer Mischung von Gallotannin und Ellagengerbstoff bestehen. Er enthält also offenbar ähnliche Bestandteile wie das türkische Gallotannin, doch mit dem Unterschied, daß er so viel Ellagsäure enthält, daß dieser Gerbstoff als geeignete Quelle für diese Säure empfohlen wird.

Von den Gerbstoffen der Quercusarten und der ihnen nahestehenden Castanea vesca läßt sich das folgende Gesamtbild entwerfen: Quercus infectoria (türkisches Gallotannin) enthält zur Hauptsache eine Polygalloylglucose; in einem Teil des Gerbstoffgemisches ist die Gallussäure teilweise durch Ellagsäure vertreten. Im Valoneagerbstoff bildet die ellagsäurehaltige Komponente einen stärkeren Anteil. Aus Gallussäure und Zucker ist ein Teil des Gerbstoffes der ganz jungen Kastanienblätter zusammengesetzt, während ein anderer Teil dieses Gerbstoffes eine sehr kondensationsfähige Verbindung aus der Pyrogallolreihe enthält. In älteren Kastanienblättern nimmt diese unbekannte Verbindung nebst Ellagsäure auf Kosten von Gallussäure und Zucker zu. Blätter von Quercus robur enthalten den gleichen Gerbstoff, vermischt mit seinen eigenen Kondensationsprodukten. Zunehmende Kondensation wird festgestellt an den Knoppern, der Eichenrinde und dem Eichenholz.

Neuerdings hat L. REICHEL (102a) eine krystallisierte Acetylverbindung des Gerbstoffs aus Blättern der Zerreiche und Rose hergestellt. Der Gerbstoff enthält freies Carboxyl. Das wenige, das bisher über diese wichtigen Untersuchungen bekanntgeworden ist, wurde auf S. 346 mitgeteilt.

e) Maclurin.

$$\text{HO} \underset{\text{OH}}{\overset{\text{OH}}{\bigcirc}} - \overset{\text{O}}{\underset{}{\text{C}}} - \overset{\text{OH}}{\bigcirc} \text{OH}$$

Dieses Pentaoxybenzophenon findet sich neben dem färbenden Bestandteil, dem Morin, im Gelbholze. Nach HLASIWETZ und PFAUNDLER (70) wird das geraspelte Holz 2—3 mal mit Wasser ausgekocht, das Filtrat auf die Hälfte des Gewichtes des angewendeten Holzes eingeengt und nach mehreren Tagen vom ausgeschiedenen Morin getrennt. Nach weiterer Konzentration beginnt die Abscheidung des Maclurins, die durch Zugabe von etwas Salzsäure, in der der Gerbstoff schwer löslich ist, vervollständigt wird. Er wird aus verdünnter Salzsäure umkrystallisiert, in sehr verdünnter Essigsäure gelöst und mit Bleiacetat versetzt, solange sich noch kein Bleiniederschlag bildet. Durch Schwefelwasserstoff wird außer dem Blei eine stark gefärbte Verunreinigung niedergeschlagen, und das Filtrat liefert nunmehr eine hellgelbe Krystallisation von Maclurin.

Maclurin wird durch neutrales Bleiacetat nur unvollständig gefällt. Wie in Salzsäure, löst sich das Maclurin sehr schwer in Natriumchloridlösung. Es wird bei 14° von 190 Teilen Wasser aufgenommen. Die Lösung fällt Leim und färbt Eisenchlorid grün. Die Molekulargewichtsbestimmung in Eisessig ergibt den normalen Wert. Sehr starke heiße Kalilauge zerlegt es in Protocatechusäure und Phloroglucin (HLASIWETZ und PFAUNDLER, vgl. S. 44). BENEDIKT (a. a. O.) gibt an, daß verdünnte Schwefelsäure bei 120° eine glatte Spaltung in demselben Sinne bewirkt, und daß auch das Phloretin unter den gleichen Bedingungen gespalten wird. Nach WAGNER scheidet sich aus der kalten Lösung des Maclurins in konzentrierter Schwefelsäure nach einigen Tagen ein ziegelroter krystallisierter Körper aus. Dieselbe Verbindung bildet sich auch beim Kochen mit verdünnter Salzsäure. Durch Kochen mit konzentrierter Salzsäure entstehen huminartige Substanzen.

Maclurin bildet ein schwer lösliches Bromderivat und eine charakteristische Diazobenzolverbindung. Die fünf freien Hydroxyle des Maclurins wurden nachgewiesen durch die Darstellung einer Pentabenzoyl- und Pentamethylverbindung. Die letztere wurde von KOSTANECKI und TAMBOR (80) aus Veratroylchlorid und

Phloroglucintrimethyläther mit Aluminiumchlorid synthetisch bereitet. Sie liefert bei der Oxydation mit Chromsäure in Eisessig Veratrumaldehyd, Veratrumsäure und Dimethoxybenzochinon (Kostanecki und Lampe [78]).

Die Synthese des Maclurins hat K. Hoesch ausgeführt.

Brasilin und Hämatoxylin verdienen hier erwähnt zu werden als catechinähnliche Stoffe, die Gerbstoffeigenschaften haben, aber wegen der färberischen Eigenschaften ihrer Oxydationsprodukte zu den Pflanzenfarbstoffen gerechnet werden.

f) Catechine und Catechingerbstoffe.

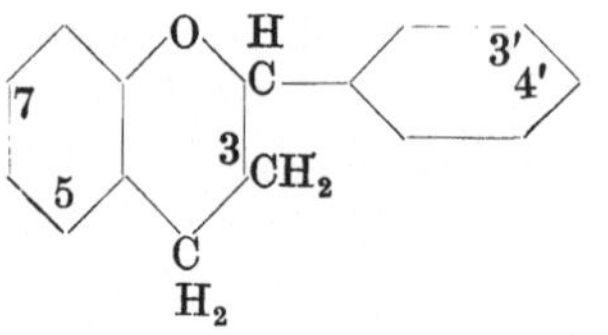

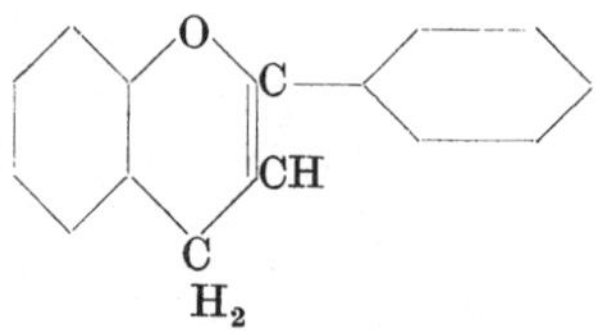

Die Catechine sind hydroxylhaltige Abkömmlinge des Flavans (I) oder Flavens (II) (z. B. Cyanomaclurin); sie rechnen also zu der großen Gruppe der natürlichen α, γ-Diphenylpropanderivate, denen Hydrochalkone, wie Phloretin, Chalkone, Flavanone (Hesperitin, Butin), Anthocyanidine, Flavone und Flavonole, angehören. Der Zusammenhang mit diesen Naturstoffen ergibt sich aus verschiedenen Synthesen und vollzogenen Übergängen; auch pflanzenchemische Beziehungen bestehen, die weiter oben schon behandelt sind.

Unter Catechin in engerem Sinne wird das 3, 5, 7, 3′, 4′-Penta-oxy-flavan (III) verstanden. Andere Catechine, wie das 3, 7, 3′, 4′-Tetra-oxy-flavan oder das

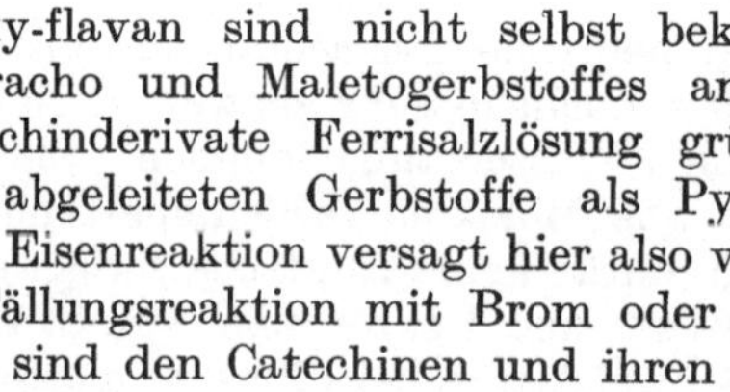

3, 5, 7, 3′, 4′, 5′-Hexaoxy-flavan sind nicht selbst bekannt, aber als Stammsubstanzen des Quebracho und Maletogerbstoffes anzusehen. Während die meisten als Brenzcatechinderivate Ferrisalzlösung grün färben, gehören die vom Hexaoxy-flavan abgeleiteten Gerbstoffe als Pyrogallolderivate zu den „eisenbläuenden“. Die Eisenreaktion versagt hier also völlig als Klassenreagens; maßgebender ist die Fällungsreaktion mit Brom oder Formaldehyd-Salzsäure, denn diese Reaktionen sind den Catechinen und ihren Gerbstoffen gemeinsam.

1. Catechin und Epicatechin (Formel III).

Catechin ist in einer d, l- und dl-Form bekannt. Die Rechts-(d)-Form findet sich neben wenig d-Epicatechin im „Gambir“, dem Extrakt aus Blättern und Zweigen der malaiischen Liane Uncaria gambir. Die zwei asymmetrischen Kohlenstoffatome verursachen Diastereomerie; somit existieren weitere Isomere, das d, l- und dl-Epicatechin, die sämtlich bekannt sind. Von diesen befindet sich das l-Epicatechin im Holz vorderindischer Akazien (z. B. Acacia catechu); der eingedickte Saft solcher Hölzer, das „Catechu“, genauer als „Pegu-Catechu“ bezeichnet, enthält wechselnde Mengen von l-Epicatechin und seinen

Umlagerungsprodukten: l-Catechin, dl-Epicatechin und dl-Catechin (dieses oft als Hauptprodukt).

In der Natur scheinen primär nur zwei der stereomeren Catechine vorzukommen, das d-Catechin und das l-Epicatechin. Sie können jedoch in alten Hölzern Umwandlung in die Racemate erleiden.

Bereitung und Vorkommen der Catechine.

Das Catechin tritt meist mit seinen Stereoisomeren zusammen auf. Die Trennung beruht auf dem Umstand, daß die beiden Racemate in Alkohol sowie in Aceton-Wasser inaktiv sind, die aktiven Epicatechine in Alkohol und Aceton-Wasser stark drehen, während die aktiven Catechine in Alkohol keine, in wäßrigem Aceton eine deutliche Drehung zeigen.

d-Catechin. 50 kg Blockgambir (Indragiri) von hellem Aussehen werden in 100 l Wasser so lange geknetet, bis keine festen Stücke mehr vorhanden sind. Der ungelöste Anteil wird abgesaugt, bei 300 Atm. gepreßt (8 kg), gemahlen, mit dem dreifachen Volumen Sand zerrieben und 240 Stunden lang ausgeäthert. Die Auszüge liefern nach 2—3maliger Krystallisation aus Wasser reinweißes d-Catechin, dem noch einige Prozente d,l-Catechin beigemengt sind. Durch wiederholte Krystallisation wird das d-Catechin rein erhalten. Für die Verarbeitung für die Acetyl- und Methylverbindungen kann das mit wenig d,l-Catechin durchsetzte Material verwendet werden, da die Derivate des d,l-Catechins in den Mutterlaugen bleiben. Die Mutterlaugen der Krystallisate werden durch Ausäthern, Krystallisation aus Wasser und Verfolgung der Drehung in der B. 56, 1185 geschilderten Weise aufgearbeitet. Zuletzt tritt das d-Epicatechin auf. Erhalten werden 4700 g d-Catechin, das in 50 proz. Aceton 15,3° nach rechts dreht, also noch etwas d,l-Catechin enthält (richtige Drehung $+17°$), ferner 2,1 g reines d-Epicatechin ($+68,5°$ in Alkohol von 96%), sowie gegen 100 g eines Gemisches von d- und d,l-Catechin mit wenig d-Epicatechin. Ausäthern der ersten wäßrigen Lösung (100 l) ist nicht lohnend. Neben etwa 100 g d-Catechin (obigem zugezählt) werden dabei gegen 600 g Quercetin erhalten (FREUDENBERG und PURRMANN [47]).

l-Epicatechin. 1,5 kg fein gemahlenes Holz von Acacia catechu (Kernholz) werden 250 Stunden lang mit Äther extrahiert. Die hellen Auszüge werden in 400 cm³ heißem Wasser gelöst, von einigen Gramm Quercetin (Pentaacetylverbindung 191—193°) abfiltriert und mehrere Tage der Krystallisation überlassen. Das l-Epicatechin setzt sich in dicken, schwach gelb gefärbten Prismen ab, die zunächst 4 Krystallwasser enthalten, das sie an der Luft völlig abgeben. Dabei verwittern die Krystalle.

Die Mutterlaugen werden 2 Tage lang ausgeäthert und systematisch durch Beobachtung des Drehungsvermögens jeder einzelnen aus Wasser anschießenden Krystallisation aufgearbeitet. Insgesamt werden erhalten: 78 g Epicatechin und 4,3 g d,l-Catechin (FREUDENBERG und PURRMANN [48]).

d,l-Catechin und l-Catechin. Der eingedickte Auszug vom Holz der Acacia catechu (Pegu-Catechu) enthält häufig als einzig faßbaren krystallinen Anteil das d,l-Catechin, entstanden durch Umlagerung im alternden Stamm oder während des Einkochens. Andere Sorten Pegu-Catechu, die noch nicht so weit umgelagert sind, liefern außerdem l-Catechin und noch unverändertes l-Epicatechin, vermischt mit etwas d,l-Epicatechin. Die Präparate werden folgendermaßen getrennt (FREUDENBERG, BÖHME und PURRMANN [34]):

Die Ätherextrakte von 8 kg Pegu-Catechu, die über 500 g wogen, wurden mit 3 l Wasser aufgenommen und bei 50° vom Äther befreit. 11 g Quercetin blieben ungelöst. Aus der Lösung krystallisierte die Hauptmenge als ein in

Alkohol —5⁰ drehendes Gemisch von l-Catechin, d, l-Catechin nebst wenig dl-Epicatechin. Bei erneuter Krystallisation (aus 4,5 l Wasser) schied sich nur alkohol-inaktives Catechingemisch ab. Die vereinigten Mutterlaugen wurden bei Unterdruck auf 750 cm³ eingeengt und gaben beim Stehen ein reichliches Krystallisat von der spezifischen Drehung —30⁰ in Alkohol. Die Mutterlauge wurde erneut eingeengt und mit Äther 48 Stunden erschöpft. Die in den Äther übergegangenen Anteile erwiesen sich nahezu alkohol-inaktiv. Der das l-Epicatechin enthaltende, in Alkohol drehende Anteil wurde im Vakuumtrockenschrank bei 90⁰ bis zur Gewichtskonstanz getrocknet, fein zerrieben und im Soxhlet-Apparat 6 Stunden derart ausgeäthert, daß etwa die Hälfte in Lösung ging. Der ungelöste Teil zeigte jetzt in Alkohol eine Drehung von etwa —40⁰. Er wurde mit so viel Wasser von 70⁰ behandelt, daß die feinen Krystalle in Lösung gingen und das nahezu reine grobkrystalline l-Epicatechin zu Boden sank. Dieses zeigte jetzt eine Drehung von —69⁰ (in Alkohol.) Die sämtlichen Mutterlaugen wurden bei Unterdruck eingeengt und zur Krystallisation gebracht. Anteile, die weniger als —25⁰ (in Alkohol) drehten, wurden so lange aus Wasser umgelöst, bis ihre Drehung auf diesen Wert stieg; sobald er erreicht war, setzte die oben geschilderte Behandlung mit Äther ein. Die letzten wäßrigen Mutterlaugen wurden stets mit Äther ausgezogen. Oft traten zwischendurch gallertige Abscheidungen auf. Sie wurden scharf abgesaugt, durch gelindes Anwärmen verflüssigt und der Krystallisation überlassen.

Das d, l-Epicatechin findet sich zur Hauptsache in Begleitung des l-Epicatechins; es wird an seiner Krystallform (dicke Prismen) erkannt und abgesondert, sobald es in den alkohol-inaktiven Anteilen auftritt. Es läßt sich von beigemengtem l- und d, l-Catechin durch Abschlämmen befreien und aus Wasser umkrystallisieren.

Der größte Anteil bestand aus alkohol-inaktivem l- und d, l-Catechin. Um diese beiden Arten voneinander zu trennen, wurde wiederholt aus Wasser umkrystallisiert und die fortschreitende Trennung durch Polarisation der Lösung in wäßrigem Aceton verfolgt. Das l-Catechin reicherte sich in den leichter löslichen Anteilen an. Sobald in wäßrigem Aceton eine spez. Drehung von — 10⁰ erreicht war, blieb bei weiterer Krystallisation der racemische Anteil zur Hauptsache in der Mutterlauge; schließlich wurde reines l-Catechin von $[\alpha]_{\text{Hg gelb}} = -16{,}7^{0}$ (in wäßrigem Aceton; 0⁰ in Alkohol) erhalten.

Der aus d, l-Catechin bestehende Hauptanteil wurde so lange umkrystallisiert, bis er sowohl in Alkohol wie in Aceton völlig inaktiv war.

Das Mengenverhältnis der Catechine war ungefähr:

320 g d, l-Catechin	30 g d, l-Epicatechin
60 g l-Catechin	30 g l-Epicatechin.

d-Epicatechin. Es wird neben d, l-Catechin durch Umlagerung von d-Catechin gewonnen (Freudenberg und Purrmann [48]; Freudenberg, Fikentscher, Harder, Schmidt [40]).

50 g d-Catechin werden in offener Druckflasche in 150 cm³ Wasser mit 0,15 g Kaliumbicarbonat kurz aufgekocht; die heiß verschlossene Flasche bleibt 12 Stunden bei 115⁰ stehen. Beim Erkalten scheiden sich ungefähr 70% des Catechingemisches aus, ein weiterer Teil wird der Mutterlauge durch anhaltendes Ausäthern entzogen. Die vorher in Alkohol inaktiven Krystalle drehen infolge ihres Gehaltes an d-Epicatechin in 96proz. Alkohol 20—24⁰ nach rechts. 4 Portionen (140 g Rohprodukt) werden vereinigt, in 500 cm³ Wasser gelöst und dadurch in 4 Krystallisate zerlegt, daß 1. nach 10 Minuten, 2. erneut nach 60 Minuten, 3. nach 12 Stunden und 4. nach dem Einengen

der Mutterlaugen filtriert wird. Die Anteile 1 und 2 (zusammen 66 g) sind in Alkohol fast inaktiv und werden beseitigt; 3 und 4 wiegen 45 g und drehen 23—28⁰ nach rechts. Sie werden vereinigt, mit wenig Wasser angerieben und unter Schütteln auf 60⁰ erwärmt. Die schweren gedrungenen Krystalle des d-Epicatechins lösen sich langsamer als die fein verteilten Nadeln der übrigen Catechine. Sie werden sofort durch Filtration abgetrennt (10,1 g; $[\alpha]_{578} = +66^0$ in Alkohol); die Mutterlauge liefert wie oben 4 Krystallisate. Der Drehung nach zusammengehörende Anteile werden vereinigt und in der geschilderten Weise verarbeitet. Die Endlaugen werden jeweils nachhaltig ausgeäthert und die hierbei erhaltenen Krystallisate entsprechend verteilt. Dieses Verfahren wird so lange fortgesetzt, bis nahezu sämtliches d-Epicatechin abgeschieden ist und die in den abfallenden Fraktionen enthaltene Menge dieses Isomeren die weitere Aufarbeitung nicht mehr lohnt. Erhalten wurden:

$$15 \text{ g d-Epicatechin } [\alpha]_{578} \text{ in 96 proz. Alkohol} = +68^0$$
$$117 \text{ g Gemisch } \quad [\alpha]_{578} \text{ ,, 96 ,, \quad ,, } = 0 \text{ bis} + 6^0.$$

Die Verluste sind zum Teil durch die Entnahme der Polarisationsproben verursacht, zum Teil durch Verharzung.

d, l-Catechin wird am besten durch Vermischen der Komponenten bereitet.

Die folgende Übersicht soll die durchgeführten Übergänge veranschaulichen. M heißt Mischung der Antipoden, U Umlagerung, R Racemisierung.

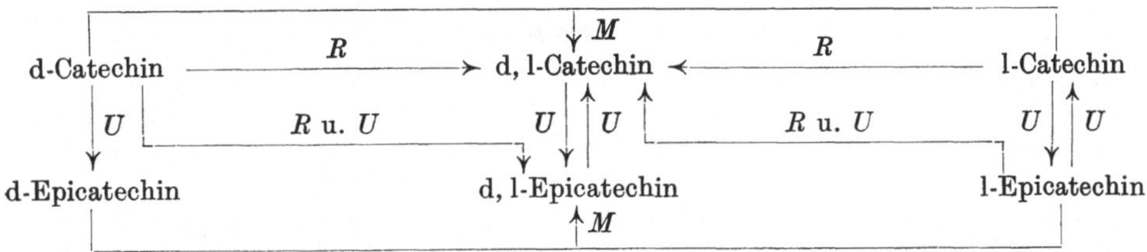

Demnach liegen 2 Racemate, 2 d- und 2 l-Formen vor. Catechin und Epicatechin enthalten zwei asymetrische Kohlenstoffatome.

Auch in der Natur kommen solche Umlagerungen vor. In einem alten 40 cm dicken Stamm von Acacia catechu wurde als einziges krystallines Catechin in geringen Mengen dl-Catechin gefunden, während ein dünnerer Stamm sehr viel l-Epicatechin neben wenig dl-Catechin enthielt. Letzteres entsteht sekundär im Holz im Laufe der Jahre in der tropischen Hitze.

Gambircatechin oder Catechin b von A. G. PERKIN (99) ist d-Catechin. Mit diesem hat ST. V. KOSTANECKI seine Arbeiten ausgeführt. Ausgangsmaterial ist Gambir aus Uncaria gambir.

Acacatechin oder Catechin a ist ein Gemisch. Manchmal besteht es fast aus reinem dl-Catechin, meistens aus l-Epicatechin mit dessen Umlagerungsprodukten l-Catechin und dl-Catechin. Es findet sich im indischen (Pegu) Catechu aus Acacia catechu.

Catechin „c" von A. G. PERKIN ist d-Epicatechin. Es tritt in äußerst geringen Mengen im Gemisch auf und ist wohl aus d-Catechin durch Umlagerung entstanden.

Mahagonicatechin aus gedämpftem Holz ist ein Gemisch von d- und dl-Catechin, vielleicht mit wenig d-Epicatechin. Offenbar ist das ursprüngliche Catechin des frischen Mahagoniholzes d-Catechin.

Rhabarbercatechin ist d-Catechin.

Für Paulliniacatechin aus Guarana, der Paste aus dem Samen von Paullinia cupana, gilt dasselbe wie für Mahagonicatechin.

Teecatechin ist l-Epicatechin (Tsujimura [107]). Es findet sich in geringen Mengen im grünen Tee, zusammen mit Monogalloyl-l-epicatechin (?); vgl. (116).

Colacatechin ist d-Catechin mit beigemischtem l-Epicatechin (Goris [55—57]; Casparis [6]; Freudenberg, Oehler [44a]).

Cacaol ist l-Epicatechin (Ultée, van Dorssen [110]; Freudenberg, Cox, Braun [36a]).

Ein Catechin ist vorhanden in der Rinde von Hymenaea Courbaril (Lokririnde); ferner sind solche Stoffe angetroffen worden in Angophora intermedia und lanceolata, in einem „Mangrove"extrakt unbekannter Herkunft sowie im Holze Anacardium occidentale. Ein catechinartiger krystallinischer Bestandteil des Malabarkinos (von Pterocarpus Masurpium) ist von Etti als Kinoin beschrieben, später aber nicht bestätigt worden. E. White bestreitet, daß Etti echten Malabarkino in Händen hatte. Dagegen hat Perkin ein solches Produkt, das allerdings Farbstoffcharakter hatte, in Händen gehabt. Auch Smith erwähnt ein dem Catechin ähnliches Kinoin aus Malabarkino. Als erster hat 1821 F. Runge einen krystallinischen Anteil aus Kino isoliert. Areca-catechin ist aus der Literatur zu streichen. (Zitate für diesen Abschnitt s. K. Freudenberg [29].)

In der Guarana, dem Tee, der Colanuß und der Kakaobohne sind Catechin bzw. Epicatechin an Coffein gebunden. Die Aufarbeitung gelingt vielfach nur an frischem oder rasch abgetötetem Material, während bei langsamer Trocknung die Enzyme das Catechin kondensieren.

Eigenschaften.

Aktives Catechin ist in Wasser leichter löslich als racemisches; dieses krystallisiert am schnellsten aus. Aktives und racemisches Epicatechin krystallisiert langsam in dicken Prismen und geht bei raschem Anwärmen langsamer in Lösung als die fein krystallisierenden Catechine.

In Alkoholen und Aceton sind alle Formen leicht löslich, in Äther schwer.

Die Drehung in Alkohol und Aceton-Wasser ist höchst charakteristisch (s. Tabelle), die Drehung des aktiven Epicatechins in Alkohol wird durch die Gegenwart von aktivem oder racemischem Catechin stark erhöht, obwohl beide Zusätze für sich in Alkohol nicht drehen. Die spezifische Drehung des d-Catechins beträgt in Wasser von 20^0 etwa $+19^0$ und steigt bei tieferer Temperatur bedeutend.

Catechin krystallisiert zusammen mit Coffein oder Brucin. Gelatine wird von nicht zu verdünnter Lösung gefällt. Monoacetylcatechin, in dem die aliphatische Hydroxylgruppe abgedeckt ist, gibt eine stärkere Leimfällung. Catechin wird auf der Haut fixiert.

Die Catechine sind farblos. Bleiacetat erzeugt einen farblosen, Brom einen gefärbten Niederschlag, alkoholisches Kaliumacetat dagegen keine Fällung (Perkin, Yoshitake [99]). Catechin absorbiert Ammoniak und gibt es im Vakuumexsiccator über Schwefelsäure wieder ab. So behandeltes Catechin löst sich auch in kaltem Wasser und krystallisiert alsbald wieder aus. Ferrisalz färbt die wäßrige Lösung dunkelgrün; die Farbe geht auf Zusatz von Natriumacetat in Tiefviolett über (Perkin, Yoshitake [99]).

Beim Erhitzen der wäßrigen Lösung, auch bei Luftabschluß, verliert es die Fähigkeit zu krystallisieren und geht in einen leicht löslichen, amorphen Gerbstoff über, der durch Äther von unverändertem Catechin befreit werden kann, und von dem anzunehmen ist, daß er im krystallinischen Zustande noch schwerer löslich wäre als das Catechin. Bei stärkeren Eingriffen, wie Kochen mit verdünnten Mineralsäuren, setzt sich ein weißlichrot bis rot gefärbter Niederschlag ab (Gerbstoffrot, Catechinrot), der schließlich trotz seines amorphen Zustandes selbst in heißem Wasser oder wäßrigem Alkohol sowie in Kalilauge unlöslich wird. Der lösliche Gerbstoff unterscheidet sich vom Catechin durch einen geringen, das Rot durch einen stärkeren Mindergehalt an Wasser.

In dem käuflichen Gambir und Catechu finden sich derartige Gerbstoffe gleichfalls vor. Da bei der Bereitung der Drogen am Gewinnungsort die wäßrigen Auszüge ohne Vorsichtsmaßnahmen eingekocht werden[1], muß gefolgert werden, daß zum mindesten ein Teil des in den Extrakten vorhandenen Gerbstoffs und Gerbstoffrots nachträglich aus dem Catechin entstanden ist. Ob solche Produkte auch in dem frischen Pflanzenmaterial vorhanden sind, ist anscheinend noch nicht festgestellt worden. Auch wenn dies der Fall sein sollte, darf angenommen werden, daß der Zusammenhang zwischen der Catechin der Pflanze und dem begleitenden Gerbstoffe und Gerbstoffrot dem im Reagensglas nachgewiesenen ähnlich ist. Außer einfacher Wasserabspaltung können auch Oxydationsvorgänge die Ursache solcher Kondensationen sein. Für die Erforschung der rotbildenden Gerbstoffe ergibt sich aus dem Beispiele des Catechins aufs deutlichste die Notwendigkeit, nach den kondensationsfähigen Grundformen zu suchen.

Die wichtigsten Eigenschaften finden sich in der folgenden Übersicht[2].

Krystallform	Catechin		Epicatechin	
	d— dünne Nadeln	d, l— dünne Nadeln	l— dicke Prismen	d, l— dicke Prismen sowie Nadeln
Kristallwasser	0^3 oder 4	3	4; wird an der Luft wasserfrei	Prismen 4 Nadeln 1
Schmelzpunkt (Zersetzungspunkt; sehr unscharf)	mit Wasser 93— 95 ohne „ 174—175	sehr unscharf 212—214, sintert wasserhaltig üb. 100^0, zersetzt sich bei 212—214	237—39	224—326
$[\alpha]_{578}$ in Alkohol . . .	± 0	—	-69^0 (7%)	—
$[\alpha]_{578}$ in Aceton-Wasser (1:1)	$+ 17,1^0$	—	-60^0 (4%)	—
Pentacetyl-Schmelzpkt.	131—132	164—165	151—152	167
$[\alpha]_{578}$ in $C_2H_2Cl_4$ . . .	$+ 40,6^0$	—	$- 15^0$	—
Tetramethyl-Schmelzp.	143—144	142	153—154	141—142
$[\alpha]_{578}$ in $C_2H_2Cl_4$ . . .	$- 13,4^0$	—	$-61,5^0$	—
Pentamethyl-Schmelzp.	93—94	110—111	103—104	113—114
$[\alpha]_{578}$ in $C_2H_2Cl_4$ . . .	$+ 8,3^0$	—	$- 84^0$	—

Die Konstitution des Catechins[4]. Die Konstitution geht aus der Synthese des d, l-Epicatechins (II) durch Hydrierung des Cyanidins (I) hervor (FREUDENBERG, FIKENTSCHER, HARDER, SCHMIDT [40]).

I. Cyanidinchlorid

II. Epicatechin und Catechin

Da es gelungen ist, Epicatechin in Catechin umzulagern, ist damit die Synthese auch des Catechins verwirklicht. Entsprechend lassen sich die Pentamethyläther des Cyani-

---

[1] Eine Ausnahme macht Indragiri und Asahangambir.
[2] Alle Schmelzpunkte sind unkorrigiert (vgl. 36a).
[3] d-Catechin krystallisiert bei 40^0 aus starker Lösung wasserfrei.
[4] Eine ausführliche Zusammenstellung gibt F. A. MASON: J. Soc. Chem. Ind. 1928, 269.

dins und des Quercetins zum Pentamethyl-d, l-Epicatechin hydrieren (Freudenberg und
Kammüller [44]).

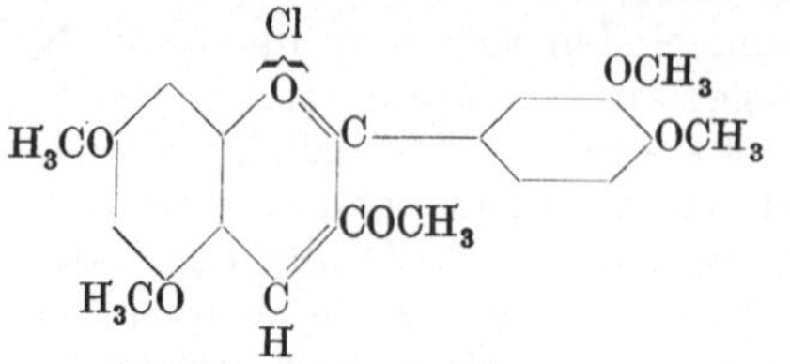

Cyanidin-penta-methyläther

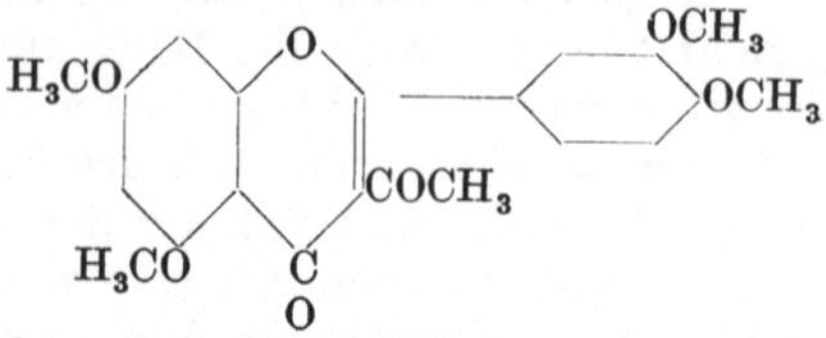

Quercetin-penta-methyläther

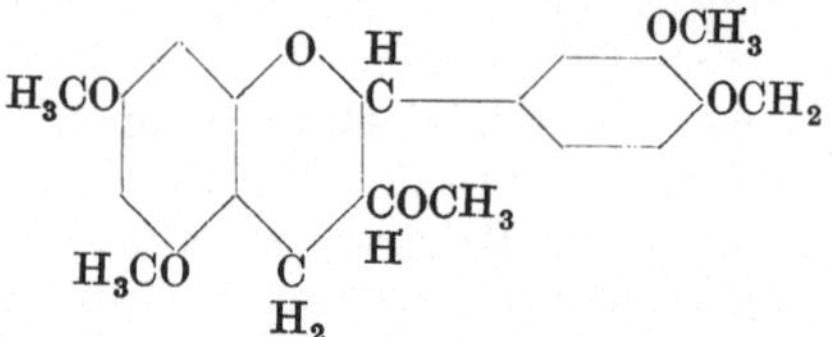

d, l-Epicatechin-penta-methyläther

Diese Synthese bildete den Abschluß einer ausgedehnten Untersuchung, deren erster Teil
schon in der geschilderten Aufklärung der sterischen Verhältnisse bestand. Die mannigfaltigen Umwandlungen des Catechins sollen anschließend beschrieben werden.

Die wichtigste Abbaureaktion wurde von St. v. Kostanecki und V. Lampe (79) aufgefunden und tritt sowohl am Catechin wie am Epicatechin ein.

Die Tetramethyläter beider Reihen

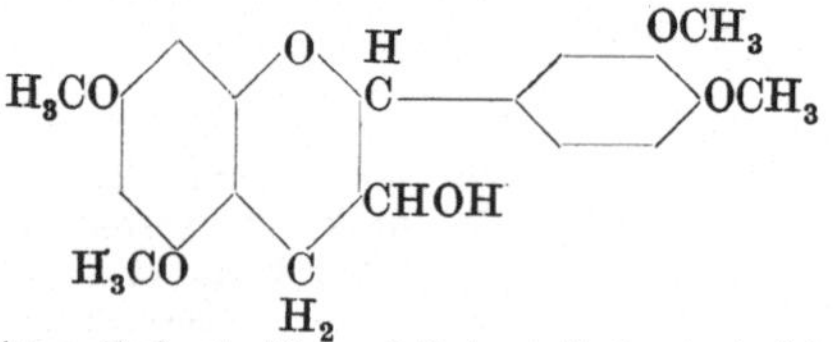

Tetramethyl-catechin und Tetramethyl-epicatechin.

werden durch Natrium in Alkohol zu einem phenolischen α, γ-Diphenylpropanderivat

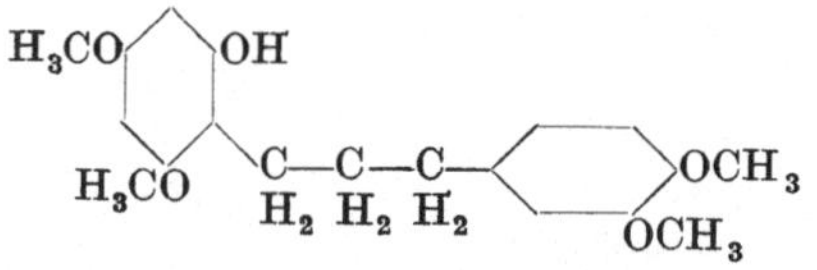

aufgespalten, das vollends methyliert oder in ein Äthylderivat sowie ein p-Nitrobenzoat
umgewandelt werden kann [36]. Alle diese Produkte sind synthetisch bereitet worden.
Als Beispiel sei die Synthese des Methylderivates angeführt:

Phloracetophenon-trimethyläther (I) wird mit Veratrum-aldehyd (II) zum Chalkon
(Pentamethyl-eriodictyol[1]) (III) kondensiert. Mit Platin und Wasserstoff läßt sich das
Chalkon zum Pentamethoxy-α, γ-diphenylpropan (IV) hydrieren.

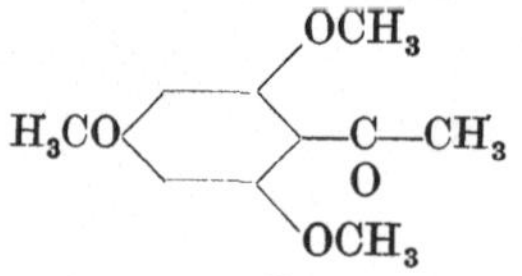

I
Phloroacetophenon-trimethyläther.

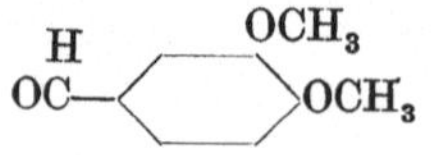

II
Veratrum-aldehyd

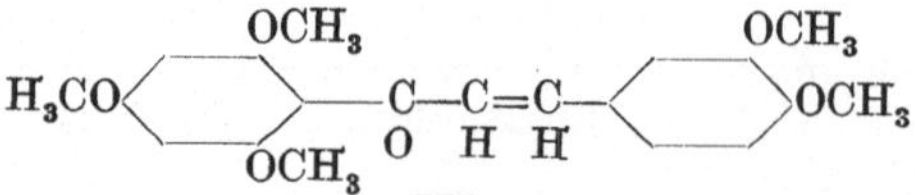

III
Pentamethoxychalkon (Pentamethyl-eriodictyol)

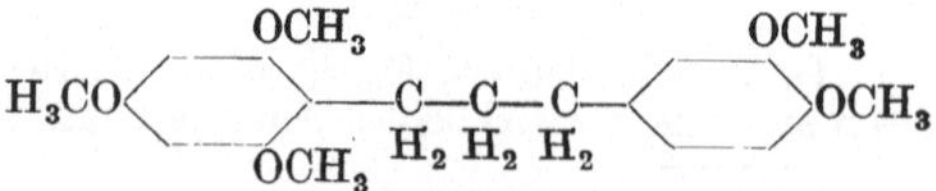

IV
2, 4, 6, 3', 4'-Pentamethoxy-α, γ-diphenylpropan.

---

[1] Tutin, F. u. F. W. Caton. J. chem. Soc. Lond. 97, 2062 (1910).

Wie erwähnt, ist diese Reaktion der Catechin- und der Epicatechinreihe gemeinsam. Dabei ist es gleichgültig, ob die Tetra- oder Pentamethyläther der Catechine verwendet werden.

Bei der Abspaltung von Wasser verhalten sich dagegen die Tetramethyläther des Catechins und Epicatechins völlig verschieden. Am Tetramethyl-catechin vollzieht sich der Verlust von Wasser unter tiefgreifender Veränderung des Kohlenstoffgerüstes entsprechend einer Pinakolinumlagerung. Erst als dieser irreführende Umstand erkannt und fast gleichzeitig das Epicatechin zugänglich wurde, konnte die Reaktion am Tetramethyl-epicatechin weiter verfolgt werden, an dem sie normal verläuft. Deshalb ist es zweckmäßig, diese Reaktionsfolge voranzustellen.

Der Toluolsulfoester des Tetramethyl-epicatechins (I) spaltet mit Hydrazin Toluol-sulfosäure ab; das entstehende Tetramethoxyflaven (II) liefert auf der einen Seite mit Natrium und Alkohol nach dem Verfahren von KOSTANECKI und LAMPE das oben besprochene Tetramethoxy-oxy-α,γ-diphenylpropan, auf der anderen Seite mit Platin und Wasserstoff ein Tetramethoxyflavan (III). Dieses entsteht auf dem gleichen Wege auch aus dem Tetramethyläther des natürlichen Luteolins (IV) sowie dem Luteolinidin-tetramethyl-äther (V). Der letztere bildet sich auch aus II mit Chlorwasserstoff in Gegenwart von Luft. (W. BAKER [3a]).

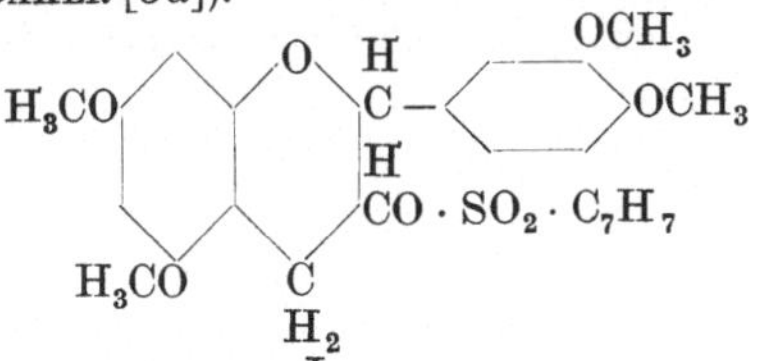

Toluolsulfo-tetramethyl-epicatechin. (I)

5, 7, 3′, 4′-Tetramethoxy-flaven. (II)

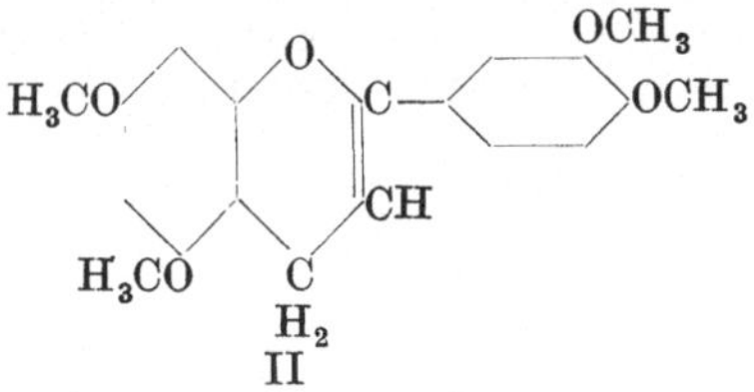

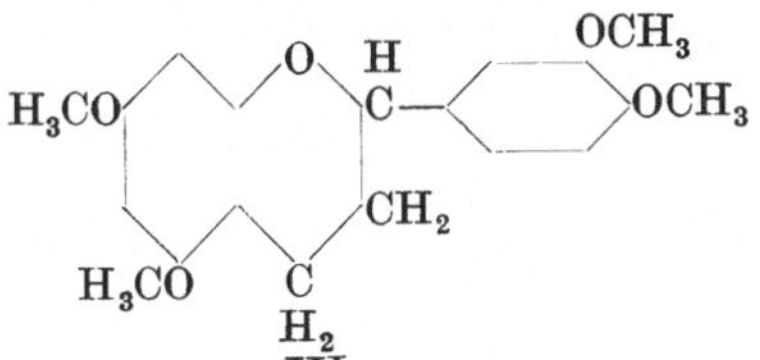

5, 7, 3′, 4′-Tetramethoxy-flavan. (III)

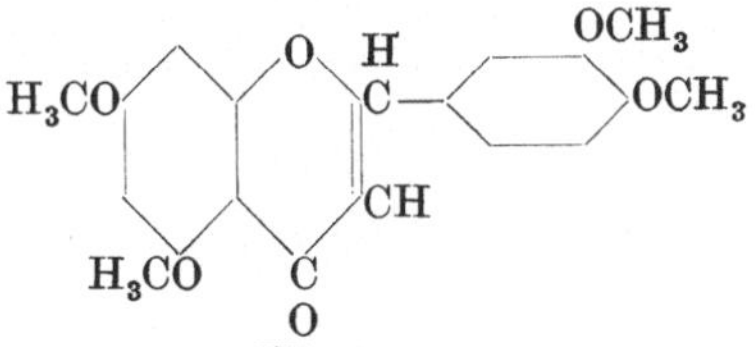

Luteolin-tetra-methyläther. (IV)

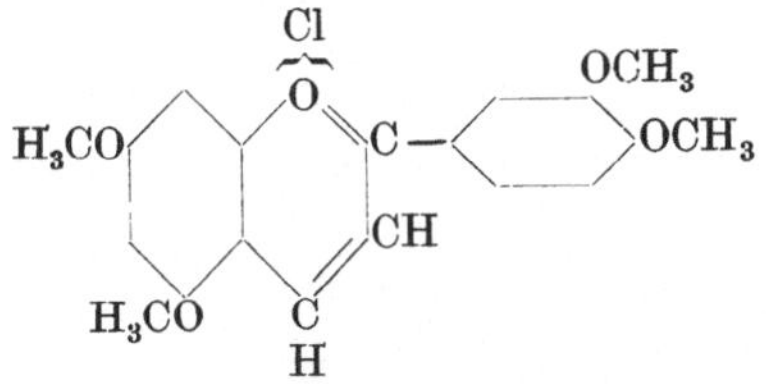

Luteolinidin-tetra-methyläther. (V)

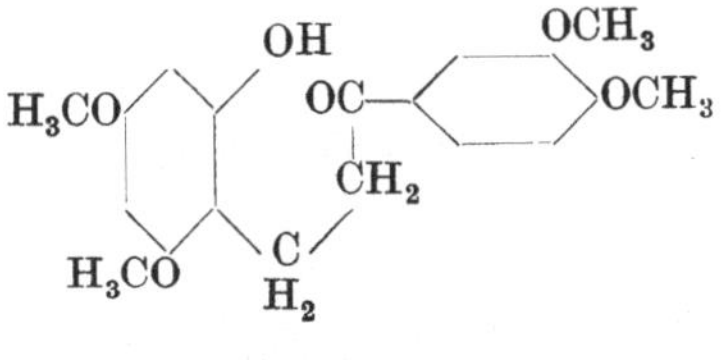

Hydrochalkon. (VI)

Feuchter Eisessig spaltet das Flaven (II) zu dem auch synthetisch zugänglichen Hydro-chalkon (VI) auf, das mit Salzsäure, Wasserstoff und Platin unter Ringschluß das Flavan (III) zurückbildet.

Im Gegensatz hierzu führt die Einwirkung von Hydrazin auf den Toluolsulfoester des Tetramethyl-catechins zur Absprengung des Phloroglucins, das als Dimethyläther (II) auftritt, während der Rest des Moleküls mit dem Hydrazin zu einem Pyrazolin (III) kondensiert wird, das auch synthetisch aus Dimethoxy-zimtaldehyd mit Hydrazin bereitet werden kann.

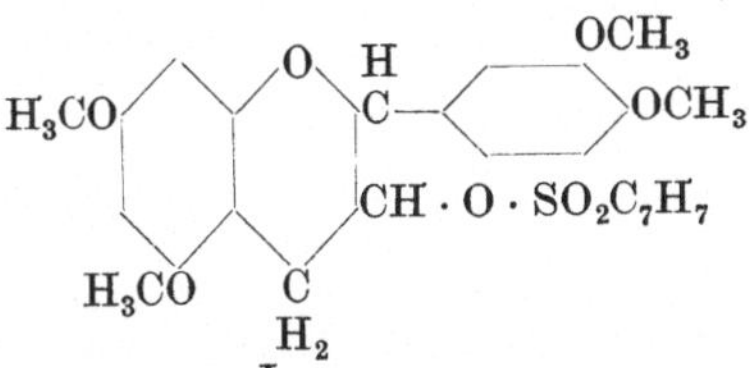

Toluolsulfo-tetramethyl-catechin. (I)

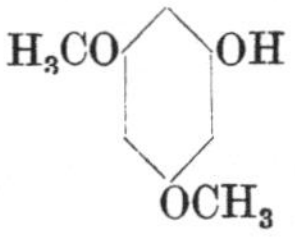

Phloroglucin-dimethyläther. (II)

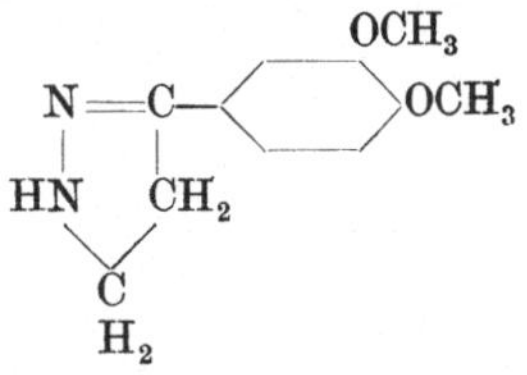

3-(3′, 4′-Dimethoxy-phenyl-)pyrazolin. (III)

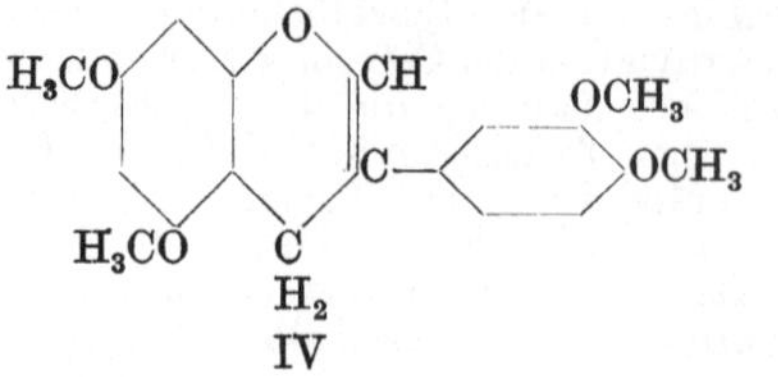

3-(3′, 4′-Dimethoxy-phenyl-) 5, 7-Dimethoxy-chromen.   α-[2-Oxy-, 4, 6-Trimethoxy-phenyl-] β-[3′, 4′-Dimethoxy-phenyl-] propan.

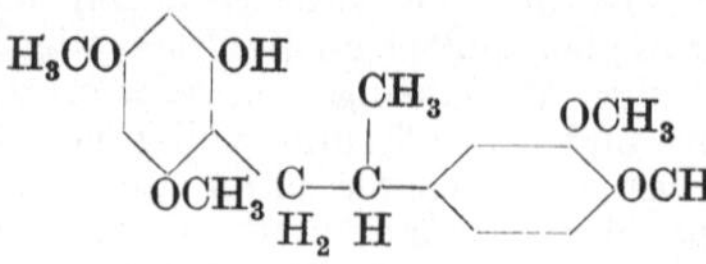

Mit Chinolin liefert die Toluolsulfoverbindung des Tetramethyl-catechins (I) unter Abspaltung von Toluolsulfosäure eine ungesättigte Verbindung, die als ein Chromen (IV) erkannt wurde. Daß der Veratrylrest gewandert ist, geht daraus hervor, daß dieses Chromen bei der reduktiven Aufspaltung ein phenolisches α, β-Diphenylpropanderivat (V) liefert, dessen Methyläther synthetisiert wurde. Zu diesem Zwecke wurde 1, 3, 5-Trimethoxyphenyl-essigsäurechlorid mit Veratrol zum Keton VI kondensiert. Dieses ergab nach der Umsetzung mit Methylmagnesiumjodid und nachfolgender Reduktion das α, β-Diphenylpropanderivat (VII) (43).

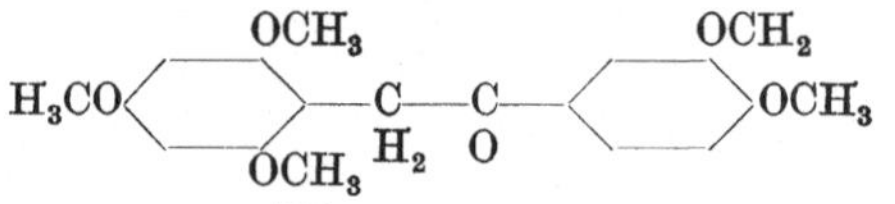

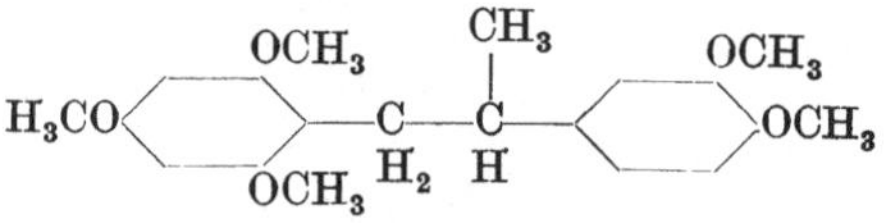

Das Chromen (IV) liefert mit Chlorwasserstoff unter Mitwirkung des Luftsauerstoffs das Iso-anthocyanidin (vgl. W. Baker, 3a).

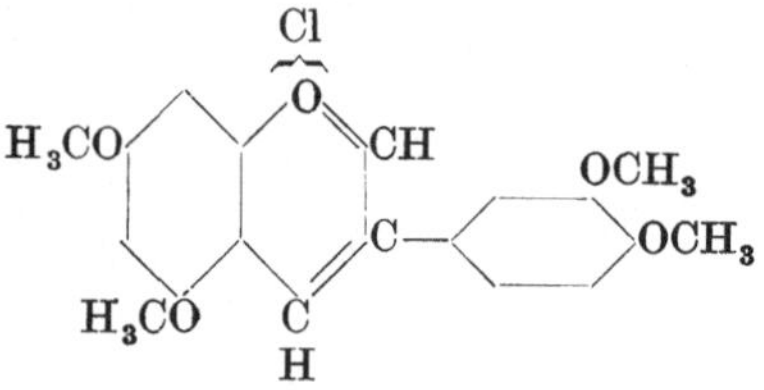

das sich auch aus dem Acetat des Phloroglucinaldehyd-dimethyläthers (IX) und Homo-

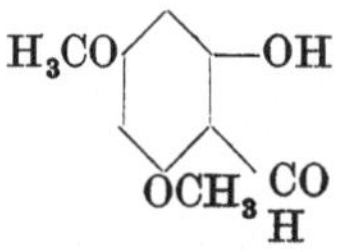

veratrumaldehyd (X) mit Chlorwasserstoff synthetisieren ließ (35). Das synthetische wie das vom Catechin stammende Oxoniumsalz (VIII) sowie das Chromen (IV) ließen sich zum Chroman (XI) hydrieren.

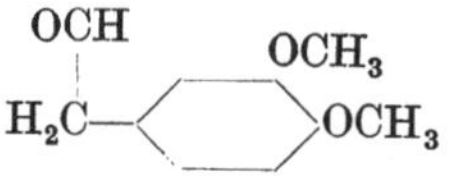

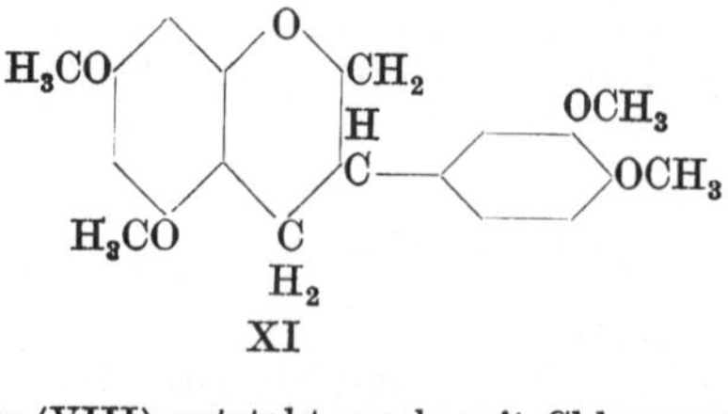

Das Iso-anthocyanidin (VIII) entsteht auch mit Chlorwasserstoff und Luftsauerstoff aus dem farblosen optisch aktiven Chlorid (XII), in dem der Veratrylrest bereits gewandert ist. Dieses farblose Chlorid wird aus Catechin-tetramethyläther gewonnen und liefert mit Pyridin das oben besprochene Chromen, das auf diesem Wege zuerst erhalten wurde

(DRUMM [12]). In Alkoholen vertauscht das Chlorid sein Chloratom leicht gegen Alkoxyle unter Bildung optisch aktiver Äther.

Tetramethyl-catechin

$$\xrightarrow{PCl_5}$$

XII
farbloses Chlorid

Diese Erscheinungen verdienen Interesse wegen der Leichtigkeit, mit der sich unter Mitwirkung des Sauerstoffes Pyryliumsalze bilden und wegen des Umstandes, daß sich die Pinakolinumlagerung ohne den geringsten Verlust an optischer Aktivität vollzieht.

Die wichtigste Eigenschaft der Catechine ist ihre Neigung, in amorphe Gerbstoffe überzugehen (S. 359). Obwohl Catechin mit Leimlösung einen Niederschlag bildet, hat es keine gerbenden Eigenschaften. Aber es verwandelt sich unter der Einwirkung von Enzymen, Säuren, Alkalien mit und ohne Luftsauerstoff sogar schon in wäßriger Lösung rasch in echte amorphe Gerbstoffe. Es besteht kein Zweifel, daß sich diese zahlreichen, nun Catechingerbstoffe genannten Naturprodukte von Catechinen herleiten.

2. Cyanomaclurin.

Im Holze des in Indien heimischen Jackbaumes (Artocarpus integrifolia, eines Verwandten des Brotfruchtbaumes), befindet sich neben dem Gelbholzfarbstoffe Morin ein den Catechinen naheverwandter, aber um 2 Wasserstoffatome ärmerer Stoff, den die Entdecker A. G. PERKIN und COPE (95) Cyanomaclurin genannt haben.

Morin

Cyanomaclurin. (?)

Das Holz wird 10 Stunden lang mit der 10fachen Menge Wasser ausgekocht und der heiße Auszug mit der Lösung von neutralem Bleiacetat versetzt, solange noch ein Niederschlag entsteht. Nach mehrstündigem Stehen wird filtriert, die Lösung mit Schwefelwasserstoff vom Blei befreit und auf ein geringes Volumen eingedampft. Vollkommene Eintrocknung muß wegen der Zersetzlichkeit des Cyanomaclurins vermieden werden. Die dunkle Flüssigkeit wird mit viel Kochsalz versetzt, das eine zähe, braune Masse niederschlägt. Das leicht gefärbte Filtrat wird mit viel Essigäther erschöpft und der Auszug abgedampft. Aus der konzentrierten Lösung scheiden sich beim Erkalten Krystalle ab, die mit einem Harze durchsetzt sind. Sie werden scharf abgepreßt, mit wenig Essigäther angerieben und abgesaugt. Die fein zerriebenen Krystalle werden in Portionen von 15 g in 50 cm³ warmes Wasser eingetragen, abgesaugt und in gleicher Weise nachbehandelt, bis das Filtrat nahezu farblos abläuft. Das beinahe weiße Präparat wiegt etwa 6 g. Die Mutterlaugen krystallisieren nicht beim Einengen, sie müssen mit Kochsalz gesättigt, mit Essigäther ausgeschüttelt und in der oben beschriebenen Weise verarbeitet werden.

26

Cyanomaclurin ($C_{15}H_{12}O_6$) enthält kein Krystallwasser, wird bei hoher Temperatur dunkel und ist bei 290° noch nicht geschmolzen. Es gibt wie die Catechine mit Salzsäure und dem Fichtenspan die Phloroglucinreaktion, und zwar so schnell wie Phloroglucin selbst. Die Eisenchloridreaktion ist violett wie beim Resorcin. Die Substanz ist nicht leicht löslich in Alkohol, Essigäther, verdünnter Essigsäure und Wasser. Schwefelsäure löst mit schön roter Farbe. Geringe Mengen geben, mit wäßrigem Alkali erhitzt, eine indigoblaue Lösung, die über Grün in Braungelb umschlägt. Cyanomaclurin wird von basischem Bleiacetat gefällt, von neutralem dagegen nicht. Eiweiß wird nicht gefällt. Methylgruppen sind nicht vorhanden. Mit Ätzkali und wenig Wasser $^1/_2$ Stunde auf 200—220° gehalten, liefert es Phloroglucin und β-Resorcylsäure neben etwas aus der letzteren entstehendem Resorcin. Der Zusammenhang mit dem Morin, das die gleichen Spaltstücke liefert, liegt auf der Hand. In der entsprechenden Weise liefert das Gambircatechin und das es begleitende Quercetin Phloroglucin und Protocatechusäure. Cyanomaclurin ist ein um 2 Wasserstoffatome ärmeres Catechin als das genannte und nähert sich damit schon den Pflanzenfarbstoffen, obwohl es farblos ist und keine färberischen Eigenschaften besitzt.

Mit Mineralsäuren entstehen aus Cyanomaclurin je nach der Einwirkungsdauer schwer- oder unlösliche rotbraune Phlobaphene (bis zu 90% des angewendeten Gewichts), die dieselbe Zusammensetzung wie die entsprechenden Derivate der Catechine zeigen (S. 359).

3. Quebrachogerbstoff.

Im Holze der südamerikanischen Bäume Schinopsis Lorentzii und Balansae (Quebracho colorado) findet sich neben wenig Fisetin, Ellagsäure und Gallussäure (Perkin, Gunell [96]), die wahrscheinlich in gebundener Form darin enthalten sind, eine große Menge Gerbstoff und Gerbstoffrot. Zucker ist nur in geringem Maße vorhanden. Aratas „Quebrachoin" (2), das in sehr geringer Menge aus dem Holze durch Ausäthern gewonnen wurde, ist nichts anderes als Fisetin, mit dem es in der gelben Farbe, der Schwerlöslichkeit in heißem Wasser und der roten Fällung mit basischem (nicht neutralem) Bleiacetat übereinstimmt. Hesse entzog dem eingetrockneten Safte des Holzes durch Äther Spuren einer wasserlöslichen neutralen, krystallinischen Substanz, die Eisenchlorid nicht färbte.

Der Gerbstoff ist ein Gemisch von wasserlöslichen Bestandteilen mit schwerlöslichen Produkten. Er ist aus dem Holze durch kaltes Wasser schwer auslaugbar.

Den wasserlöslichen Gerbstoff suchen Th. Körner (77) und nach ihm Franke (23) dadurch zu gewinnen, daß sie geraspeltes Quebrachoholz mit Wasser von 30° übergießen, so daß es eben bedeckt ist. Nach $^1/_2$ Stunde wird abgepreßt, filtriert und mit Kochsalz ($^1/_{10}$ des Brühengewichts) versetzt, erneut filtriert und mit Essigäther ausgeschüttelt. Zur Essigätherlösung werden 2 Volumteile Äther gegeben, nach 12 Stunden wird vom Niederschlage abgegossen und mit mehr Äther ein hellerer Gerbstoff ausgefällt. Er wird noch fünfmal mit Essigäther und Äther umgelöst. Dieser Gerbstoff ist aber noch nicht einheitlich.

Gschwendner extrahierte das geraspelte Quebrachoholz 10 Tage lang mit kaltem Wasser, verdampfte die Lösung im Vakuum, nahm mit Alkohol auf, filtrierte, verjagte den Alkohol im Vakuum, nahm wieder in Wasser auf und fällte nach der Filtration mit Bleiacetat. Der Niederschlag wurde mit viel heißem Wasser gewaschen und in Alkohol durch Schwefelwasserstoff zerlegt. Der Alkohol wurde im Kohlensäurestrom abdestilliert und der Rückstand über Schwefelsäure getrocknet. Durch Lösen in Alkohol und Fällen mit Äther konnte der Gerbstoff weiter gereinigt werden. Die Ausbeute war gut.

Die in Wasser weniger löslichen Bestandteile des rohen Quebrachogerbstoffes hat Arata untersucht. Er sammelt den in den Rissen des Holzes ausgesonderten, eingetrockneten Saft oder verwendet heiß bereiteten Holzauszug. Die warme, wäßrige Lösung wird filtriert; beim Erkalten setzt sich die Hauptmenge des Gerbstoffs als eine gefärbte Masse ab; aus dem Filtrate kann eine erhebliche Menge eines reineren Produktes durch Mineralsäuren oder Kochsalz ausgefällt werden. Der Gerbstoff wird mit wenig kaltem Wasser gewaschen. Zur weiteren Reinigung hat ARATA (2) die Lösung mit etwas neutralem Bleiacetat versetzt und das Filtrat auf Gerbstoff verarbeitet oder allen Gerbstoff mit neutralem Bleiacetat ausgefällt und den Niederschlag mit Schwefelwasserstoff in Alkohol zerlegt.

Quebrachogerbstoff färbt Ferrisalz grün, wird von Brom niedergeschlagen und liefert, mit Säuren erhitzt, ein Phlobaphen, das nach GESCHWENDNER die Zusammensetzung C 62,4, H 5,6 hat. Hiermit stimmen die Werte überein, die ARATA an seinen schwerlöslichen Präparaten verschiedener Darstellung gefunden hat (im Mittel C 62,5, H 5,4). Der Vergleich mit dem Catechin ($C_{15}H_{14}O_6$; C 62,1, H 4,8) oder seinen wasserärmeren Kondensationsprodukten ergibt, daß das Gemisch der Quebrachogerbstoffe wasserstoffreicher oder sauerstoffärmer ist. Das den Gerbstoff begleitende Fisetin $C_{15}H_{10}O_6$

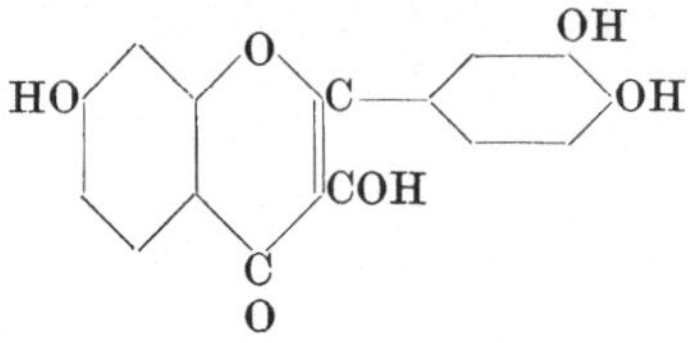

ein dem Quercetin ähnlicher Farbstoff, enthält noch weniger Wasserstoff (C 62,9, H 3,5).

Der Gerbstoff reagiert kaum sauer und reduziert nach GSCHWENDNER nicht die FEHLINGsche Lösung. Kalk- und Barytwasser erzeugen eine violette Färbung. Nach KÖRNER färbt sich eine kochende wäßrige Lösung des löslichen Gerbstoffes, durch die Luft geleitet wird, rot und setzt einen roten Niederschlag ab. Wenn diese intensive Berührung mit der Luft vermieden wird, bleibt die Lösung unverändert. Das gerbstoffhaltige Holz und, nach ARATA (2), auch die daraus gewonnenen Präparate dunkeln an der Luft nach.

KÖRNERS helle Präparate lösen sich in etwa 7 Teilen Wasser von gewöhnlicher Temperatur. Beim Abkühlen einer stärkeren Lösung scheidet sich ein Teil des Gerbstoffes als Sirup ab.

ARATAS (2) Gerbstoff löst sich leicht in Alkohol, Essigäther, Aceton und heißem Wasser, wenig in Amylalkohol, Eisessig, Äther und kaltem Wasser. In wäßrigem Äther löst sich eine geringe Menge. Zinksulfat erzeugt einen hellen Niederschlag. Wird der Gerbstoff mit 3 Teilen Ätzkali $^1/_2$ Stunde im Schmelzen gehalten, so entsteht Protocatechusäure und Phloroglucin (?). Die trockene Destillation liefert Brenzcatechin, das ARATA (2) durch den Schmelz- und Siedepunkt identifiziert hat. GSCHWENDNER (63) gibt an, daß das überdestillierende Öl „Guajacol zu sein scheint". Da er keine Belege mitteilt, muß ARATAS (2) Feststellung als maßgebend angesehen werden. Wird der Gerbstoff $1^1/_2$ Stunde mit starker Schwefelsäure erhitzt und nach dem Erkalten vom dunklen Niederschlage filtriert, so kann aus dem Filtrate mit Äther Phloroglucin (?; wohl Resorcin) und Protocatechusäure extrahiert werden (ARATA).

Die ins Schrifttum übergegangene Angabe, daß ARATA mit Schwefelsäure einen krystallisierten Stoff erhalten habe, der bei der Kalischmelze in Protocatechusäure und Phloroglucin zerfalle, beruht auf einem Mißverständnis.

GSCHWENDNER (63) stellte 7 % Methoxyl fest. Was davon den organischen Lösungsmitteln entstammt — er fällte seine Analysenpräparate aus Alkohol mit Äther —, läßt sich nicht beurteilen. Durch einstündiges Kochen von 10 g Gerbstoff mit 60 g Eisessig und

60 g Essigsäureanhydrid erhielt der gleiche Verfasser ein Acetylderivat (C 61,2—62,0, H 4,7—5,2; Acetyl 32,1) vom Molekulargewicht 1547—1615 (in Phenol und in Eisessig). Mit Benzoylchlorid und Pyridin wurde ein Benzoylderivat bereitet (C 73,0, H 4,2; Molekulargewicht in Benzol: 2295—2362).

Nierenstein sowie Jablonsky und Einbeck haben Resorcin als Baustein des Quebrachogerbstoffes nachgewiesen. Aus pflanzenchemischen Analogieschlüssen ergibt sich mit großer Wahrscheinlichkeit, daß der Quebrachogerbstoff das Kondensationsprodukt des auf S. 346 wiedergegebenen hypothetischen Quebrachocatechins ist.

4. Malett- und Pistaciagerbstoff.

Der *Rindengerbstoff aus Persea Lingue* hat nach Arata viel Ähnlichkeit mit dem Quebrachogerbstoff.

Auch der *Malettgerbstoff* weist äußerlich einige Ähnlichkeit mit dem Quebrachogerbstoff auf (Gschwendner [63]). Dekker (48) extrahiert die Rinde von Eucalyptus occidentalis mit 96proz. Alkohol und schlägt den Gerbstoff mit Äther nieder. Das Rohprodukt wird in absolutem Alkohol gelöst und mit Äther in Fraktionen gefällt. Die ersten Niederschläge werden verworfen, weil sie Kohlehydrate enthalten. Der Gerbstoff ist leicht in Wasser und Alkohol, weniger in Aceton und Essigäther löslich und wird durch Brom niedergeschlagen.

Mit heißer 2proz. Salzsäure wurden 46% Rot, wenig Gallussäure und 2% Methylpentose erhalten. Die Kalischmelze, besser noch die Reduktion mit Zinkstaub und kochender, 15proz. Natronlauge, ergab eine geringe Menge Gallussäure und Phloroglucin.

Die Rinde enthält neben dem Gerbstoffe in geringer Menge einen krystallinischen, in Wasser schwer löslichen, farblosen Stoff.

Gerbstoff aus Pistacia lentiscus (Mastixbaum) (Perkin, Wood [98]). Der alkoholische Blätterauszug wird eingeengt, in Wasser gegossen und wiederholt ausgeäthert. Aus der wäßrigen Schicht wird aller Gerbstoff mit Essigäther ausgeschüttelt; der Essigäther hinterläßt einen Gerbstoff, der in Wasser gelöst wird. Zur Flüssigkeit gibt man etwas Kochsalz, entfernt einen geringen Niederschlag, extrahiert das Filtrat mit Essigäther, engt diesen ein und versetzt mit Äther. Ein geringer brauner Niederschlag wird entfernt und das Filtrat eingedampft. Der Gerbstoff enthält noch einen Farbstoff (Myricetinglucosid?).

Beim Kochen mit verdünnter Schwefelsäure fällt etwas Myricetin aus und Äther entzieht etwas Gallussäure, die wohl von einem beigemengten Tannin stammt. Die ausgeätherte wäßrige Lösung enthält noch erhebliche Mengen Gerb- und Farbstoff. Zur Entfernung des letzteren wird die Lösung in der Siedehitze so lange mit Bleiacetat versetzt, als die Niederschläge frei von gelben Beimengungen bleiben (die Bleiverbindungen der Farbstoffe fallen erst nach den Gerbstoffen mit einem Bleiüberschuß aus). Das Bleisalz des Gerbstoffs wird gewaschen, mit Schwefelwasserstoff zerlegt und das Filtrat mit Essigäther ausgeschüttelt. Dieser wird verdampft und aus der alkoholischen Lösung des Rückstandes durch Äther eine unlösliche Verunreinigung gefällt.

Der Gerbstoff gibt keinen Bromniederschlag, mit verdünnter Schwefelsäure liefert er in der Hitze ein Phlobaphen, das mehrmals mit Wasser ausgewaschen wird und bei der Kalischmelze Phloroglucin, Gallussäure und wahrscheinlich Essigsäure liefert.

Demnach liegt ein Rot bildender Phloroglucingerbstoff kondensierten Systems vor, der nicht, wie die meisten seiner Art, den Rest des Brenzcatechins enthält, sondern wie das ihn begleitende Myricetin den des Pyrogallols. Es ließe sich denken, daß den Gerbstoffen aus Malettrinde und Pistacia ein Catechin zugrunde liegt, das dem Anthocyanidin Delphinidin entspricht wie Catechin dem Cyanidin.

Delphinidin

Malett- und Pistaciacatechin?

Dies ist jedoch nur eine Vermutung.

5. Weitere Catechingerbstoffe.

Eine große Anzahl verschiedenartiger, zum Teil technisch bedeutsamer Gerbstoffe wird zur Catechingruppe gerechnet. Die Zuteilung stützt sich auf einige Färb- und Fällungsreaktionen sowohl der Gerbstoffe selbst wie der Produkte aus der Kalischmelze. Diese Angaben sind sehr unbestimmt.

Phloroglucin und Protocatechusäure sollen auftreten als Spaltstücke der Gerbstoffe von Salix (Weide), Filix (Farn). Alnus (Erle) und Aesculus (Roßkastanie); Protocatechusäure soll entstehen aus dem Gerbstoff der Chinarinde, dem Gerbmittel Canaigre (Rumex hymenosepalus) und der Mimosarinde (Wattle). Letztere entstammt australischen Acaciaarten, die jetzt an anderen Stellen, z. B. in Natal, angebaut werden. Vielleicht ist die Ähnlichkeit mit der indischen Acacia catechu größer als bisher angenommen wird. Auch aus dem Gerbstoff von Colpoon (Osyris) compressum soll Protocatechusäure entstehen.

Von wichtigeren technischen Gerbstoffen werden die Rindengerbstoffe der Mangrove (Rhizophora), der Fichte (Picea vulgaris) und der Hemlocktanne (Abies canadensis) den Catechingerbstoffen zugeteilt. Die chemische Untersuchung dieser Gerbstoffe ist jedoch immer noch nicht über die ersten Ansätze hinausgelangt. Manche von ihnen dürften dem Typus des Eichenblättergerbstoffs angehören, über den L. REICHEL (102a; vgl. S. 346) aussichtsreiche Untersuchungen begonnen hat.

Über weitere Gerbmittel: H. GRAMM, Die Gerbstoffe und Gerbmittel, Stuttgart 1925; M. BERGMANN, H. GNAMM, W. VOGEL, Die Gerbung mit Pflanzengerbstoffen, Wien 1931.

Literatur.

(1) ALPERS: Arch. der Pharm. **244**, 575 (1906). — (2) ARATA: An. Soc. cient. Argentina **6**, 97 (1873); **7**, 148 (1879); der erste der beiden spanischen Texte ist in wörtlicher Übersetzung mitgeteilt in Gazetta **9**, 90 (1879); Auszüge aus beiden Arbeiten: Journ. Chem. Soc. London **34**, 986 (1878); **40**, 1152 (1881); vgl. Jber. f. 1879, 906. Die Zahlen des spanischen Originals sind in dem englischen Auszuge ungenau wiedergegeben. — (3) ASAHINA, Y.: Arch. der Pharm. **245**, 325 (1907); **247**, 157 (1919).

(3a) BAKER, W.: Journ. Chem. Soc. London (**136**, 1593 (1929). — (3b) BERGMANN, M. u. G. POJARLIEFF: Collegium **1931**, 244. — (4) BERNEGAU: Ber. Dtsch. Pharm. Ges. 18, 488 (1908). — (5) BJALOBRSHEWSKI: Chem.-Ztg. Rep. **1900**, 87. — (5a) BUNGENBERG DE JONG, H. G.: Rec. trav. Chim. Pays-Bas **42**, 1, 437 (1923), **43**, 35 (1924); Journ. Amer. Leather Chem. Ass. **19**, 14 (1924). — (5b) BRINTZINGER, H., K. MAURER u. J. WALLACH: Ber. Dtsch. Chem. Gse. **65**, 989 (1932).

(6) CASPARIS, P., u. K. RECHER: Pharm. acta Helv. **10** (1929). — (7) CHARAUX: Journ. Pharm. Chim. (7) **2**, 292 (1910).

(7a) DAKIN: Journ. biol. Chem. **44**, 512 (1920). — (8) DEKKER, J.: Archives neerland. sc. exact. et nat. (2) **14**, 50 (1909). — (9) Die Gerbstoffe. Berlin 1913. — (10) Rec. trav. bot. Neerl. **14** (1917). — (11) Über die physiologische Bedeutung der Gerbstoffe. Jena 1917. — (12) DRUMM, J., M. McMAHON u. H. RYAN: Proc. Roy. Irish Acad. **36**, Sect. B 41 (1923); 149 (1924).

(13) ERNST, FR., u. C. ZWENGER: Ann. **159**, 33 (1871).

(14) FEIST, K.: Arch. der Pharm. **250**, 668 (1912); **251**, 468 (1913); Chem.-Ztg. **32**, 918 (1908); Zentralblatt **1908** II, 1352; Ber. **45**, 1493 (1912); Ztschr. f. angew. Ch. **33**, 311 (1920). — (15) FISCHER, E.: Ber. **52**, 812 (1919), Dps. 43. — (16) FISCHER, E., u. M. BERG-

Mann: Ebenda 51, 1760 (1918). — (17) Ebenda 52, 829 (1919), Dps. 395. — (18) Fischer, E., u. H. O. L. Fischer: Ebenda 46, 1143 (1913), Dps.[1] 181. — (19) Fischer, E., u. K. Freudenberg: Ann. 384, 238 (1911), Dps. 138. — (20) Ber. 45, 919 (1912), Dps. 269. — (21) Ebenda 47, 2485 (1914), Dps. 337. — (22) Fischer, E., u. H. Noth: Ebenda 51, 321 (1918). — (23) Franke: Pharm. Zentralhalle 47, 599 (1906). — (24) Freudenberg, K.: Ber. 52, 177 (1919). — (25) Ebenda 52, 1238 (1919). — (26) Ebenda 53, 232 (1920). — (27) Ebenda 53, 1416 (1920). — (28) Ebenda 55, 1938 (1922). — (29) Chemie der natürlichen Gerbstoffe. Berlin 1920. — (30) Collegium 1921, 353. — (31) Freudenberg, K., u. F. Blümmel: Ann. 440, 45 (1924). — (32) Freudenberg, K., F. Blümmel u. Th. Frank: Ztschr. f. physiol. Ch. 164, 262 (1927). — (33) Freudenberg, K., O. Böhme u. Beckendorf: Ber. 54, 1204 (1921). — (34) Freudenberg, K., O. Böhme u. L. Purrmann: Ebenda 55, 1734 (1922). — (35) Freudenberg, K., G. Carrara u. E. Cohn: Ann. 446, 87 (1925). — (36) Freudenberg, K., u. E. Cohn: Ber. 56, 2127 (1923). — (36a) Freudenberg, K., R. Cox u. E. Braun: Journ. Amer. Chem. Soc. 54, 1913 (1932.) — (37) Freudenberg, K., u. Br. Fick: Ebenda 53, 1728 (1920). — (38) Freudenberg, K., u. H. Fikentscher: Ann. 440, 36 (1924). — (39) Freudenberg, K., H. Fikentscher u. M. Harder: Ebenda 441, 157 (1925). — (40) Freudenberg, K., H. Fikentscher, M. Harder u. O. Th. Schmidt: Ebenda 444, 135 (1925). — (41) Freudenberg, K., H. Fikentscher u. W. Wenner: Ebenda 442, 309 (1925). — (42) Freudenberg, K., u. Th. Frank: Ebenda 452, 303 (1927). — (43) Freudenberg, K., u. M. Harder: Ebenda 451, 213 (1927). — (44) Freudenberg, K., u. A. Kammüller: Ebenda 451, 209 (1927). — (44a) Freudenberg, K., u. L. Oehler: Ann. 483, 140 (1930). — (45) Freudenberg, K., L. Orthner u. H. Fikentscher: Ebenda 436, 286 (1924). — (46) Freudenberg, K., u. D. Peters: Ber. 53, 953 (1920). — (47) Freudenberg, K., u. L. Purrmann: Ebenda 56, 1185 (1923). — (48) Ann. 437, 274 (1924). — (48a) Freudenberg, K. u. K. Raschig: 62, 373 (1929). — (49) Freudenberg, K., u. E. Vollbrecht: Ztschr. f. physiol. Ch. 116, 277 (1921). — (50) Ann. 429, 284 (1922). — (51) Freudenberg, K., u. H. Walpuski: Ber. 54, 1695 (1921). — (52) Fridolin: Dissert., Dorpat 1884; Sitzungsber. Dorp. naturforsch. Ges. 7, 131 (1884).

(52a) Gautier: Bull. Soc. Chim. 32, 609 (1879). — (53) Gerbereichemisches Taschenbuch. Dresden u. Leipzig 1929. — (54) Gilson: Bull. Acad. méd. Belg. (4) 16, 827 (1907). — (55) Goris: Ber. Dtsch. Pharm. Ges. 18, 345 (1908). — (56) Bull. Soc. Pharmacol. 17, 599 (1910); 18, 138 (1912). — (57) Comptes rendus 144, 1162 (1907). — (58) Gorter: Arch. der Pharm. 247, 184, 436 (1909); 358, 327; 359, 217 (1908); 379, 110 (1911). — (59) Rec. trav. chim. 31, 281 (1912). — (59a) Gorter: Ann. Jard. bot. Buitenzorg (2) 8, 69 (1909). — (60) Griebel: Dissert., München 1903. — (61) Ztschr. f. Unters. Nahrgs.- u. Genußmittel 19, 241 (1910). — (62) Grüttner: Arch. der Pharm. 236, 278 (1908). — (63) Gschwender: Dissert., Erlangen 1906; Strauss u. Gschwender: Ztschr. f. angew. Ch. 19, 1124 (1906).

(64) Iljin, L.: Ber. 47, 985 (1914). — (65) Journ. f. prakt. Ch. (2) 82, 420 (1910). (64a) Johanson: Dissert., Dorpat 1875; Arch. der Pharm. 209, 244 (1876).

(66) Herzig: Monatshefte 33, 843 (1912). — (67) Herzig u. Renner: Ebenda 30, 543 (1909). — (68) Herzig u. Tscherne: Ber. 38, 989 (1905). — (69) Hesse: Ann. 211, 275 (1882). — (70) Hlasiwetz u. Pfaundler: Ebenda 127, 352 (1863). — (71) Hoesch u. Th. v. Zarzecki: Ber. 50, 462 (1917).

(72) Johanson: Arch. der Pharm. 209, 244 (1876). — (73) Dissert., Dorpat 1875.

(74) Karrer, P., H. Salomon u. J. Peyer: Helv. chim. Acta 6, 17 (1923). — (74a) Karrer, P. u. R. Widmer: Helv. Chim. Acta 10, 67 (1927); 11, 837 (1928); 12, 292 (1929). — (75) Karrer, P., R. Widmer u. M. Staub: Ann. 433, 288 (1923). — (76) Knox u. Prescott: Journ. Amer. Chem. Soc. 20, 34 (1898). — (77) Körner: Jber. Dtsch. Gerberschule 10, 27 (1899). — (78) Kostanecki u. Lampe: Ber. 39, 4014 (1906). — (79) Ebenda 40, 720 (1907). — (80) Kostanecki u. Tambor: Ebenda 39, 4022 (1906). — (81) Kurmeier: Collegium, 686, 273 (1927).

(82) Langenbeck, W.: Abderhaldens Biochemisches Handlexikon XI, Erg.-Bd. 4, 477. 1924. — (83) Lemberg, R.: Ber. 62, 592 (1929). — (84) Lloyd, F. B.: Trans. Proc. Roy. Soc. Canada, Sect 5, Ser. 3, 16, 1 (1922). — (85) Lock, G.: Ber. 61, 2234 (1928).

(86) Münz, W.: Collegium 1929, 714.

(87) Navassart: Kolloidchem. Beihefte 5, 299 (1914).

(88) Ohle, H.

(89) Paessler u. Hoffmann: Leder-Ind. (Ledertechn. Rdsch.) 1913, 129. — (90) Paniker u. Stiasny: Journ. Chem. Soc. London 99, 1819 (1911). — (91) Paterno, E., u. G. Salimei: Kolloid-Ztschr. 13, 81 (1913). — (92) Perkin, A. G.: Journ. Chem. Soc. London 87, 404 (1905). — (93) Ebenda 87, 715 (1905). — (94) Perkin, A. G., u. Allen: Ebenda 69, 1299 (1896). — (95) Perkin, A. G., u. Cope: Ebenda 67, 937 (1895). — (96) Perkin, A. G., u. Gunell: Ebenda 69, 1303 (1896). — (97) Perkin, A. G., u. Y. Uyeda:

---

[1] Dps. = Untersuchungen über Depside und Gerbstoffe von E. Fischer. Berlin 1919.

Ebenda **121**, 66 (1922). — (*98*) PERKIN, A. G., u. WOOD: Ebenda **73**, 376 (1898). — (*99*) PERKIN, A. G., u. YOSHITAKE: Ebenda **81**, 1160 (1902). — (*100*) PFEIFFER, P.: Organische Molekülverbindungen, S. 253. Stuttgart 1922. — (*101*) POWER u. SALWAY: Journ. Chem. Soc. London **105**, 767, 1062 (1914). — (*102*) PROKTER, H. R.: Leather Industry Laboratory Book. 1908. — (*102a*) REICHEL, L.: Naturwissenschaften **18**, 952 (1930).

　　(*103*) REMBOLD: Ann. **143**, 285 (1867).

　　(*104*) SCHMIDT, O. TH.: Ann. **476**, 257 (1929). — (*104a*) SCHMIDT, O. TH.: Ann. **479**, 1 (1930). — (*105*) STRECKER: Ebenda **81**, 248 (1852); **90**, 328 (1854).

　　(*106*) TIEGHEM, VAN: Ann. science nat. (5) Bot. **8**, 210 (1867). — (*107*) TSUJIMURA, M.: Sci. Papers Inst. physic. a. chem. Res. Tokyo **10**, 253 (1929); **14**, 63 (1930). — (*108*) TUTIN: Journ. Chem. Soc. London **97**, 2054 (1910). — (*109*) Ebenda **107**, 7 (1915).

　　(*110*) ULTÉE u. VAN DORSSEN: Cultuurgids 1909 II, Nr. 12; Mededeel. Algem. Proofstat. Java, 2. Ser. Nr. 33. — (*111*) A. HEIDUSCHKA u. B. BIENERT: Journ. f. prakt. Ch. **119**, 199(1928).

　　(*112*) WILLSTÄTTER, R., u. MARTIN: Ann. **408**, 121 (1915). — (*113*) WILLSTÄTTER, R., u. MIEG: Ebenda **408**, 82 (1915). — (*114*) WILLSTÄTTER, R., u. E. ZOLLINGER: Ebenda **412**, 165 (1916). — (*115*) WISSELINGH, VAN: Holl. Acad. Wiss. **18**, 680 (1910); **21**, 1239(1912/13).

　　(*116*) YAMAMOTO, R.: Journ. Agr. chem. Soc. Japan **6**, 564 (1930).

Systematische Verbreitung und Vorkommen der einzelnen natürlichen Gerbstoffe und verwandter Stoffe[1].

Von C. WEHMER und M. HADDERS, Hannover.

a) Depside.

Lecanorsäure s. Kapitel 2, *Flechtenstoffe*, S. 442.

1. Chlorogensäure (3, 4-Dioxy-cinnamoyl-Chinasäure).

Vorkommen: Verbreitet in zahlreichen Familien fast ausschließlich der *Dicotylen*, meist im Saft der *Blätter* (auch Milchsaft), vereinzelt nachgewiesen in *Samen* und *Knollen*. Bei *Gymnospermen* ganz fehlend, selten bei *Monocotylen*. — Angabe über den besonderen Ort des Vorkommens fehlt in der Literatur bisweilen, es handelt sich auch da wohl um die *Blätter*.

Fam. **Pandanaceae:** *Freycinetia strobilacea* BL. (Blätter).

Fam. **Cannaceae:** *Canna indica* L., Blumenrohr (Blätter).

Fam. **Moraceae** (*Moroideae*): Im *Milchsaft* folgender: *Ficus elastica* ROXB., Gummibaum; als *Mg-Salz*. — *Castilloa elastica* CERV.

Fam. **Urticaceae:** *Boehmeria nivea* GAUD. (*Urtica n.* L.), Ramiepflanze (Blätter).

Fam. **Chenopodiaceae:** *Suaeda dodeneiflora* (Blätter).

Fam. **Ranunculaceae:** *Clematis paniculata* THBG. (Blätter).

Fam. **Saxifragaceae:** *Hydrangea arborescens* L. (*H. hortensis?*), Hortensie (Blätter).

Fam. **Erythroxylaceae:** *Erythroxylon Coca* LAM., Cocastrauch (Blätter = Coca-blätter). — *E. novogranatense* HIERN. (ebenso).

Fam. **Celastraceae:** *Gymnosporia trigyna* BAK. (*Ilex salicifolia* JACQ.) (Blätter).

Fam. **Sapindaceae:** *Paullinia Cupana* H. B. et K. (Samen); „*Paullitannsäure*" sollte *Chlorogensäure* sein.

Fam. **Tiliaceae:** *Corchorus olitorius* L., Jutepflanze (Blätter).

Fam. **Araliaceae:** In den *Blättern* folgender: *Hedera Helix* L., Efeu. — *Aralia maculata* BULL. — *Trevesia sundaica* MIQ. — *Heptapleurum*-Spec. — *Paratropia*-Spec.

Fam. **Umbelliferae:** *Eryngium pandanifolium* CHAM. et SCHL. (Blätter). — *Hydrocotyle*-Spec. (ebenso).

Fam. **Cornaceae:** *Mastixia cuspidata* BL. (Rinde?).

Fam. **Ericaceae:** *Arctostaphylos lucidum* MIQ. (Blätter?).

Fam. **Loganiaceae:** *Strychnos Nux vomica* L., Krähenaugenbaum (Blätter und Samen = Brechnüsse).

Fam. **Apocynaceae:** In *Blättern* folgender: *Alstonia scholaris* R. BR. (*Echites sch.* L.). — *Kopsia flavida* BL. — *Allamanda Hendersoni* BULL.

---

[1] Literatur siehe NIERENSTEIN in ABDERHALDEN: Biochemisches Handlexikon **7**, 1, 792. (1912). — FREUDENBERG in ABDERHALDEN: Biologische Arbeitsmethoden I, Teil 10, 439. 1923. — GNAMM: Gerbstoffe und Gerbmittel. 1925. — DEKKER: Die Gerbstoffe. 1913. — WEHMER: Die Pflanzenstoffe, 2. Aufl. 1929/31. — WIESNER: Rohstoffe des Pflanzenreichs, 4. Aufl., **1**, 810. (1927). — CZAPEK: Biochemie der Pflanzen, 2. Aufl., **3**, 487. (1921). — Diese Aufzählung schließt sich in Einteilung und Reihenfolge streng an das vorhergehende Kapitel an. — Ausgeschlossen sind hier die zahlreichen Pflanzen, für die lediglich das bloße Vorkommen von „*Gerbstoff*" angegeben ist,

Fam. **Asclepiadaceae:** *Hoya baudanensis* SCHL. (Blätter).
Fam. **Convolvulaceae:** In *Blättern* folgender: *Ipomoea Batatas* POIR. (*Batatas edulis*
CHOIS.), Batate. — *I. dissecta* WILLD. — *Argyreia Kurzii* BOERL. — *Erycibe tomen-*
tosa BL. — *Porana paniculata* ROXB. — *Lepistemon flavescens* BL. — *Cuscuta racemosa*
MART. var. *brasiliensis* ENGL.; angeblich.
Fam. **Borraginaceae:** In *Blättern* folgender Species: *Cordia suaveolens* BL.; angeblich
chlorogensäurehaltig. — *Ehretia buxifolia* ROXB.; angeblich!
Fam. **Labiatae:** *Salvia coccinea* L. (Blätter). — *Mentha javanica* BL. (ebenso).
Fam. **Solanaceae:** In *Blättern* folgender: *Petunia hybrida* hort. — *Solanum jamaicense*
MILL. — *Nicotiana Tabacum* L., Virginischer Tabak. — *Cestrum Parqui* L'HÉRIT.
Fam. **Scrophulariaceae:** *Capraria biflora* L. (Kraut). — *Veronica-Species* ungenannt. —
Torenia-Species ebenso.
Fam. **Bignoniaceae:** *Spathodea campanulata* FENZL. (Blätter). — *Crescentia Cujete* L.
(*C. cuneiflora* GARDN.). — *Kigelia pinnata* DC.
Fam. **Pedaliaceae:** *Sesamum indicum* L., Sesam (Kraut).
Fam. **Martyniaceae:** *Martynia diandra* GL. (Blätter).
Fam. **Orobanchaceae:** *Orobanche Rapum* THUILL. (Knollen).
Fam. **Gesneraceae:** *Aeschynanthus longiflora* BL. — *Agalmyla staminea* BL. — *Cyrtandra*
bicolor JACQ. — *Episcia pulchella* MART. — *Gloxinia caulescens* LINDL. (*Sinningia*
speciosa HIERN.). — *Sinningia-Species* ungenannt.
Fam. **Acanthaceae:** *Thunbergia laurifolia* LINDL. — *Eranthemum macrophyllum*
NUS. — *Graptophyllum hortense* NEES. — *Barleria cristata* HASSK.
Fam. **Rubiaceae** (*Coffeoideae*): Im *Samen* folgender Species: *Coffea arabica* L., *C. ben-*
galensis ROXB. und *C. liberica* BULL., Kaffeestrauch; als *chlorogensaures Kali-*
Coffein. — Für die folgenden ist Ort des Vorkommens nicht angegeben: *Andina*
cordifolia B. et H. — *Coelospermum corymbosum* BL. — *Electronia dicocca* BURCK. —
Mussaenda officinalis MIQ. — *Nauclea fagifolia* T. et B. — *Palicourea gardenioides*
B. et H. — *Oxyanthus hirsutus* DC. — *Exostemma longiflorum* R. et S. — *Eriostoma*
albicaulis BOIV. — *Hymenodictyon*-Species.
Fam. **Caprifoliaceae:** *Sambucus javanica* REINW. — *Lonicera*-Species ungenannt.
Fam. **Cucurbitaceae:** *Trichosanthes-Species* unbestimmt. — *Coccinea cordifolia* L.
Fam. **Goodeniaceae:** *Scaevola sericea* FORST. (*S. Koenigii* VAHL.).
Fam. **Compositae:** *Pluchea indica* LESS. — *Pl. odorata* CASS. — *Eupatorium pal-*
lescens DC. — *E. javanicum* BOERL. — *Helianthus annuus* L., Sonnenblume (Samen);
als *Helianthsäure* angegeben. — *Tagetes patula* L. — *Tithania diversifolia* GRAY. —
Stifftia chrysantha MCK. — *Clibadium asperum* DC. — *Cl. surinamense* L. (*Gymnan-*
themum grande SCH.). — *Cosmidium Burridgeanum* hort.

Kaffeesäure s. Bd. II, Kap. *Organ. Säuren* S. 544.

2. *m-Digallussäure.*

Vorkommen: Als Spaltprodukt angegeben für wenige dicotyle Familien.
Fam. **Anacardiaceae:** *Rhus semialata* MURR. (*Chinesische* [oder *Japanische*] *Gallen*
und *Chinesisches Tannin*[1]); als *Penta-m-Digalloyl-β-Glucose* (?).
Fam. **Theaceae:** *Camellia theifera* GRIFF. (*Thea sinensis* L.), Chinesischer Teestrauch (Blätter); als *Digallussäureanhydrid.*

b) Gallotannine (Ester aromatischer Säuren).

1. *Vacciniin (6-Monobenzoyl-glucose)* [2], $C_{13}H_{16}O_7$.

Vorkommen: Nur bei Ericaceen, besonders in Beeren.
Fam. **Ericaceae:** *Vaccinium Vitis Idaea* L., Krons- od. Preißelbeere (Blätter, Früchte).
V. macrocarpum AIT., Kranbeere (Frucht). — *V. Oxycoccos* L., Moosbeere (Frucht).

2. *Dibenzoyl-glucoxylose*, $C_{25}H_{28}O_{12}$.

Vorkommen: Nur für eine Pflanze bekannt geworden.
Fam. **Leguminosae** (*Caesalpinioideae*): *Daviesia latifolia* R. BR. (Blätter und Zweige).

3. *Populin (Monobenzoyl-salicin)*, $C_{20}H_{22}O_8$.

Vorkommen: Beschränkt auf *Weiden* und *Pappeln*, besonders in Winterknospen,
doch auch in Rinde, Blättern und selbst Blüten nachgewiesen.

---

[1] *Türkisches Tannin* der *Aleppo-Gallen* siehe Nr. 11.
[2] Steht auch unter Glucoside weiter unten!

Fam. **Salicaceae:** *Salix purpurea* L., Purpurweide (Rinde, Blätter und weibliche Blüten). — *Populus alba* L., Silberpappel (Blätter und Rinde). — *P. Tremula* L., Zitterpappel (ebenso). — *P. pyramidalis* Roz., Pyramidenpappel (Knospen). — *P. tremuloides* Michx. (Rinde). — *P. nigra* L., Schwarzpappel (Knospen). — *P. monilifera* Ait. (*P. canadensis* Mnch.), Canadische Pappel (Blattknospen).

4. Benzoyl-helicin.

Vorkommen: Nur bei einer Art nachgewiesen.

Fam. **Salicaceae:** *Salix nigricans* Sm. (Rinde), im Weidenrindengerbstoff.

Erythrin s. Kap. 2, Flechtenstoffe S. 440.

5. Glucogallin (l-Galloyl-β-glucose).

Vorkommen: Nur bei Rheum-Arten (Rhabarber).

Fam. **Polygonaceae:** *Rheum palmatum* L. und *Rh. officinale* Baill. (Wurzelstock = *Chinesischer Rhabarber*). — *Rh. Rhaponticum* L., Pontischer Rhabarber (Wurzelstock).

6. Tetrarin, $C_{32}H_{32}O_{12}$.

Vorkommen: Wie voriges!

Fam. **Polygonaceae:** *Rheum palmatum* L. und *Rh. officinale* Baill. (Wurzelstock = *Chinesischer Rhabarber*).

7. Rheosmin (Oxy-cumin-aldehyd), $C_{10}H_{12}O_2$.

Vorkommen: Wie vorige.

Fam. **Polygonaceae:** *Rheum palmatum* L. und *Rh. officinale* Baill. (Wurzelstock = *Chinesischer Rhabarber*); Spaltprodukt des *Tetrarins*. (Nr. 6.)

8. Hamamelitannin, $C_{20}H_{20}O_{14}$.

Vorkommen: Nur bei einer Art nachgewiesen.

Fam. **Hamamelidaceae:** *Hamamelis virginica* L., Virginische Zaubernuß (Rinde); *Hamamelis-Gerbstoff*.

9. Acertannin, $C_{20}H_{20}O_{13}$.

Vorkommen: Nur in einer Ahornart bislang angegeben.

Fam. **Aceraceae:** *Acer Ginnale*[1] Max. (Blätter).

10. Chebulinsäure, $C_{41}H_{34}O_{27}$.

Vorkommen: In zwei Pflanzen angegeben.

Fam. **Punicaceae:** *Punica Granatum* L., Granatapfelbaum (Wurzelrinde).
Fam. **Combretaceae:** *Terminalia Chebula* Retz. (Früchte = *Echte Myrobalanen*); neben *Ellagengerbsäure*.

11. Türkisches Tannin (T. Gallotannin).

Vorkommen:
Fam. **Fagaceae:** *Quercus infectoria* Oliv. (Zweiggallen = *Aleppogallen*); *Tannin* neben *Gallussäure* und *glykosid. Ellagengerbstoff* (enthält auch *Ellagsäure*).

12. Sumachgerbstoff $(C_{16}H_{15}O_{10})_2$?

Vorkommen:
Fam. **Anacardiaceae:** *Rhus Coriaria* L., Gerbersumach (Blätter); wahrscheinlich *Penta-Galloyl-Glucose*?

13. Chinesisches Tannin (Ch. Gallotannin).

Vorkommen:
Fam. **Anacardiaceae:** *Rhus semialata* Murr. (Blattgallen); ob es reine *Penta-m-digalloyl-β-glucose* ist, scheint fraglich.

---

[1] Dieser Name nach *Index Kewensis*; andere schreiben *A. Ginnala* Max. (Camillo Schneider: Handbuch der Laubholzkunde 2, 196, 1912) oder auch *A. Ginuala* (Gnamm: Gerbstoffe und Gerbmittel, S. 103, 1925) und *A. ginnala* (Freudenberg), Druckfehler?

c) Ellagsäuregruppe.

Ellagsäure (*Tetraoxy-diphenyl-dimethylolid*), $C_{14}H_6O_8$.

Vorkommen: Meist als Spaltprodukt glucosidartiger oder sonstiger Verbindungen (*Ellagengerbstoffe*), seltener frei. Fast ausschließlich bei Dicotylen in einer Mehrzahl von Familien. In Blättern, Stengeln, Rinde, Holz, Rhizom, Wurzel oder Früchten und Gallen verbreitet.

Fam. **Pinaceae** (*Abietineae*): *Picea excelsa* Lk., Fichte (Rinde).

Fam. **Juglandaceae:** *Juglans regia* L., Walnußbaum (Blätter und Samenschale).

Fam. **Fagaceae:** *Castanea vesca* Gaertn., Edelkastanie (Blätter, Rinde und Holz). — *Quercus Aegilops* L. [*Q. macrolepis* Kotsch., *Q. Valonea* Kotsch. u. a.] (*Valonen* = Cupula); aus *Valoneagerbstoff*. — *Q. Robur* L. (*Q. pedunculata* Ehrh. und *Q. sessiliflora* Sal.), Eiche (Blätter, Rinde, Holz und *Knoppern*); als esterartige Verbindung. — *Q. infectoria* Oliv. (*Q. lusitanica* Lam.) (*Aleppo-* oder *Türkische Gallen* und *Türkisches Tannin* oder *T. Gallotannin*); im letzteren frei und an *Glucose* gebunden. — *Q. Cerris* L., Zerreiche (Blätter).

Fam. **Betulaceae:** *Carpinus Betulus* L., Hainbuche (Blätter); aus Gerbstoff.

Fam. **Polygonaceae:** *Polygonum Bistorta* L., Natterwurz (Wurzelstock); aus *Bistorta-Gerbstoff* abspaltend.

Fam. **Nymphaeaceae:** *Nymphaea alba* L., Weiße Teichrose (Blätter und Rhizom); sekundär aus Gerbstoff abspaltend. — *N. odorata* Ait. (ebenso). — *Nuphar luteum* Sibth. et Sm., Gelbe Teichrose (ebenso).

Fam. **Rosaceae** (*Rosoideae*): *Potentilla Tormentilla* Schrk., Tormentill (Wurzelstock); im *Tormentill-Gerbstoff* (vgl. S. 411 unter *e*).

Fam. **Leguminosae** (*Caesalpinioideae*): *Caesalpinia Coriaria* Willd. (Früchte = *Dividivi*); frei und gebunden. — *C. brevifolia* Baill. (ebenso, = *Algarobillo*). — *Haematoxylon campechianum* L., Blauholzbaum (Blätter). — *C. digyna* Rottl. (ebenso, = *Tari*).

Fam. **Geraniaceae:** *Geranium pratense* L., *G. palustre* L., *G. Robertianum* L. und *G. malvifolium* (?) (Wurzelstock).

Fam. **Euphorbiaceae:** *Euphorbia formosana* Hay. (Wurzel); als *Ellagsäuredimethyläther*.

Fam. **Coriariaceae:** *Coriaria myrtifolia* L., Gerberstrauch (Blätter).

Fam. **Anacardiaceae:** *Schinopsis Lorentzii* Engl. und *Sch. Balansae* Engl., Quebracho Colorado (Holz = *Rotes Quebrachoholz*); als Tanninverbindung ?

Fam. **Aceraceae:** *Acer Ginnale*[1] Max. (Blätter).

Fam. **Tamaricaceae:** *Tamarix africana* Poir. (Blätter und Stengel). — *T. gallica* L. (ebenso).

Fam. **Lythraceae:** *Donabanga moluccana* Bl.

Fam. **Punicaceae:** *Punica Granatum* L., Granatapfelbaum (Zweig- und Wurzelrinde, Schale der Früchte); anscheinend als Glucosid im Gerbstoff (*Ellagengerbstoff*).

Fam. **Combretaceae:** *Terminalia Chebula* Retz. (Früchte = *Echte Myrobalanen*); aus Gerbstoff abspaltend.

Fam. **Myrtaceae:** *Eugenia Jambolana* Lam., Jamboo (Frucht = *Jambul Seeds*); als *Jambulol*.

Fam. **Ericaceae:** *Vaccinium Vitis Idaea* L., Kronsbeere (Blätter); senkundär aus Gerbstoff. — *Arctostaphylos Uva-ursi* Spr., Bärentraube (ebenso).

d) Maclurin (*Pentaoxybenzophenon*), $C_{13}H_{10}O_6$.

Vorkommen: Auf zwei Familien beschränkt, im Holz.

Fam. **Moraceae** (*Moroideae*): *Chlorophora tinctoria* Gaud. (*Maclura t.* Don.), Färbermaulbeerbaum (Holz = als *Gelbholz*), neben Farbstoff *Morin*. — *Maclura brasiliensis* Eudl. (ebenso).

Fam. **Leguminosae** (*Mimosoideae*): *Acacia Catechu* Willd., Catechu-Akazie (Splintholz); kein *Quercetin*, sondern *Maclurin*. — *A. catechuoides* und *A. sundra* DC., ebenso s. Nierenstein, Journ. Indian. Chem. Soc. **8**, 143 (1931).

e) Catechine.

1. Catechin (als d-, d, l- und l-Catechin).

Vorkommen: Vorwiegend bei dicotylen Familien; in Blättern, Samen, Rinde, Holz oder Rhizom und „Kino".

Fam. **Palmae:** *Areca Catechu* L., Betelpalme (Samen = *Arekanuß*); *Bengal-Catechu*.

Fam. **Fagaceae:** *Quercus Robur* L. (*Q. pedunculata* Ehrh. und *Q. sessiliflora* Salisb.), Eiche (Rinde); mutmaßlich *d-Catechin* neben *d, l-Catechin*.

---

[1] Siehe Fußnote 1 auf S. 409.

Fam. Polygonaceae: *Rheum palmatum* L. und *Rh. officinale* BAILL. (Wurzelstock = *Chinesischer Rhabarber*), *Rhabarber-Catechin* (*d-Catechin*).

Fam. Rosaceae (*Rosoideae*): *Potentilla Tormentilla* SCHRK., Tormentill (Wurzelstock = *Tormentillwurzel*); *Tormentill-Gerbstoff*, anscheinend *d-* neben *d, l-Catechin*? (nach neuerer Angabe enth. Tormentillwurzel ein kryst. Glucosid *Tormentillin*, spaltbar in *Tormentillidin*, d-Fructose und wahrscheinlich d-Glucose).

Fam. Leguminosae (*Mimosoideae*): *Acacia Catechu* WILLD., Catechu-Akazie (Holz und Extrakt des Kernholzes = *Catechu, Pegu-Catechu, Akazien-Catechu*); *l-Epicatechin* neben *l-* und *d, l-Catechin* (*Acacatechin, Catechin a*).

Fam. Meliaceae: *Swietenia Mahagoni* JACQ. (Kernholz = *Mahagoniholz*), *Mahagoni-Catechin* (*d-* und *d, l-Catechin*).

Fam. Sapindaceae: *Paullinia Cupana* H. B. et K. (*P. sorbilis* MART.); in *Pasta Guarana* aus Samen, als *Paullinia-Catechin* aus *Paullinia-Tannin* abspaltend (*d-* und *d, l-Catechin*), an *Coffein* gebunden.

Fam. Sterculiaceae: *Cola acuminata* SCH. et END., Colabaum (Samen = *Colanuß*), als *Cola-Catechin* (*d-Catechin* neben *l-Epicatechin*, an *Coffein* gebunden), nach neuerer Angabe ist das *Catechin* Gemisch von *d-, i-* und *d, l-Catechin*.

Fam. Rubiaceae (*Cinchonoideae*): *Ourouparia Gambir* BAILL. (*Uncaria G.* ROXB.) (Extrakt von Blättern und Zweigen = *Gambir, Gambir-Catechu*); *d-Catechin* (*Catechin b, Gambircatechin*) und *d, l-Catechin* neben *d-Epicatechin*.

2. Epicatechin (als l- und d-Epicatechin).

Vorkommen: Bei einigen dicotylen Familien in Blättern, Holz oder Samen angegeben.

Fam. Leguminosae (*Mimosoideae*): *Acacia Catechu* WILLD., Catechu-Akazie (Kernholz), *l-Epicatechin*.

Fam. Meliaceae: *Swietenia Mahagoni* JACQ. (Holz = *Mahagoniholz*); vielleicht wenig *d-Epicatechin*.

Fam. Sterculiaceae: *Theobroma Cacao* L., Kakaobaum (Samen = *Kakaobohnen*); als *Cacaol*, ist vielleicht *l-Epicatechin*, an *Coffein* gebunden.

Fam. Theaceae: *Camellia theifera* GRIFF. (*Thea sinensis* L.), Chinesischer Teestrauch (Blätter); als *Tee-Catechin*, übereinstimmend mit *l-Epicatechin*, an *Coffein* gebunden.

Fam. Rubiaceae (*Cinchonoideae*): *Ourouparia Gambir* BAILL. (*Uncaria G.* ROXB.) (Blätter); *d-Epicatechin* neben *d-* und *d, l-Catechin* (siehe auch bei *Catechin* oben).

3. Colatin, $C_8H_8O_4$.

Vorkommen: Nur in einer Familie, im Samen.

Fam. Sterculiaceae: *Cola acuminata* SCH. et END., Colabaum (Samen = *Colanuß*), neben *Colatein* aus *Colatannin*.

4. Colacatechin (vielleicht identisch mit *Colatin* und *Catechin*).

Vorkommen: Für drei Familien angegeben, in Rinde, Samen oder Rhizom.

Fam. Fagaceae: *Quercus Robur* L., Eiche (Rinde). 1929.

Fam. Rosaceae (*Rosoideae*): *Potentilla Tormentilla* SCHRK. (*Tormentilla officinalis* SM.), Tormentill (Wurzelstock = *Tormentillwurzel*). 1929.

Fam. Sterculiaceae: *Cola acuminata* SCH. et END., Colabaum (Samen = *Colanuß*).

5. Cacaol.

Vorkommen: Nur in einer Familie, im Samen.

Fam. Sterculiaceae: *Theobroma Cacao* L., Kakaobaum (Samen = *Kakaobohnen*); als Coffein-Verbindung, *Cacaol* ist vielleicht *d-Catechin* oder *l-Epicatechin* mit *d, l-Catechin*.

6. Cyanomaclurin, $C_{15}H_{12}O_6$.

Vorkommen: Nur in einer Familie, als Holzbestandteil.

Fam. Moraceae (*Moroideae*): *Artocarpus integrifolia* L., Djakbaum (Holz); neben *Morin*.

7. Quebrachogerbstoff (Gemisch).

Vorkommen: Für zwei Familien angegeben.

Fam. Leguminosae (*Mimosoideae*): *Acacia Cebil* GRISEB. („*Cebil Colorado*") (Rinde).

Fam. Anacardiaceae: *Schinopsis Lorentzii* ENGL. und *Sch. Balansae* ENGL, Quebracho Colorado (Holz = *Rotes Quebrachoholz*); im Holzextrakt, neben *Ellagsäure, Fisetin, Gallussäure* u. a.

412   C. Wehmer und M. Hadders: Vorkommen der einzelnen natürlichen Gerbstoffe.

8. Persea-Gerbstoff.

Vorkommen:

Fam. **Lauraceae:** *Persea Lingue* Nees (Rinde = *Cascara de Lingue*); ähnlich dem *Quebrachogerbstoff*.

9. Maletto-Gerbstoff $(C_{41}H_{50}O_{20})_2$ od. $(C_{19}H_{20}O_9)x$.

Vorkommen:

Fam. **Myrtaceae:** *Eucalyptus occidentalis* Endl., „Mallet gum" (Rinde = *Maletto-rinde*); ähnlich *Quebrachogerbstoff*.

10. Pistacien-Gerbstoff.

Vorkommen:

Fam. **Anacardiaceae:** *Pistacia Lentiscus* L., Mastix-Pistazie (Blätter).

11. Sonstige Catechin-Gerbstoffe (wenig näher bekannt).

Vorkommen: Besonders in Rinden, doch auch in Holz, Blättern und unterirdischen Organen, hauptsächlich bei Dicotylen.

Fam. **Polypodiaceae** (*Filices*): *Aspidium Filix mas* Sw., Wurmfarn (Rhizom); *Filixgerbstoff*.

Fam. **Pinaceae** (*Abietineae*): *Picea excelsa* Lk., Fichte (Rinde). — *Tsuga canadensis* Carr., Hemlocktanne (ebenso); *Hemlockgerbstoff*.

Fam. **Salicaceae:** *Salix fragilis* L., Bruchweide (Blätter und Blattgallen); *Weidengerbstoff*.

Fam. **Betulaceae:** *Alnus glutinosa* Gaertn., Schwarzerle, als *Erlenholzgerbsäure*.

Fam. **Santalaceae:** *Osyris compressa* DC. (*Colpoon c.* Bg.), Capsumach (Blätter); *Sumachgerbstoff*.

Fam. **Polygonaceae:** *Rumex hymenosepalus* Torr., Gerberampfer (Wurzelknollen); als *Canaigre-Gerbstoff*.

Fam. **Saxifragaceae:** *Hydrangea Thunbergii* Sieb. (Blätter).

Fam. **Leguminosae** (*Caesalpinioideae*): *Hymenaea Courbaril* L. (Rinde = *Lokririnde*). — *Saraca indica* L. (ebenso). — (*Papilionatae*): *Pterocarpus Marsupium* Roxb. (*Malabarkino*); früher als „Kinoin" angegeben. — (*Mimosoideae*): *Acacia*-Species divers. (Rinde = *Mimosenrinden, Wattle-Rinden*)[1].

Fam. **Anacardiaceae:** *Anacardium occidentale* L., Acajoubabaum (Holz). — *Schinopsis Lorentzii* Engl. und *Sch. Balansae* Engl., Quebracho Colorado (Rinde); „catechin-ähnlicher Gerbstoff". — *Semecarpus Anacardium* L. fils, Ostindischer Tintenbaum (Holz).

Fam. **Aceraceae:** *Acer Ginnale*[2] Max. (Blätter); anscheinend Catechin!

Fam. **Hippocastanaceae:** *Aesculus Hippocastanum* L., Roßkastanie (in allen Teilen); *Kastaniengerbstoff*.

Fam. **Vitaceae:** *Vitis vinifera* L., Weinstock (Beerenschale); catechinartiger Stoff (alte Angabe!).

Fam. **Theeaceae:** *Camellia theifera* Griff. (*Thea sinensis* L.), Chinesischer Teestrauch (Blätter); *Teegerbstoff*, anscheinend *Gallussäureester* des *Tee-Catechins*.

Fam. **Rhizophoraceae:** *Rhizophora mucronata* Lam., Duoc-Sanh (Rinde); Gerbstoff von Catechin-Charakter. — *Rh. Mangle* L., Mangrove (Rinde = *Mangrovenrinde, Manglerinde*); *Mangrovengerbstoff*, identisch mit *Kastanien-* und *Tormentill-Gerbstoff*[3].

Fam. **Myrtaceae:** *Angophora intermedia* DC. („*Flüssiges Kino*"). — *A. lanceolata* Car. (ebenso). — *Eucalyptus Leucoxylon* F. v. M., „Blue gum" (im *Kino*). — *E. viminalis* Lab., „Manna gum" (Rinde, im *Kino*). — Desgleichen andere E.-Arten, deren Rindensaft eingetrocknet *Kino* liefert (*Eucalyptus-Kino*), reich an Gerbstoff mit *Catechin, Kinogerbsäure* u. a.

Fam. **Rubiaceae** (*Coffeoideae*): *Asperula odorata* L., Wohlriechender Waldmeister. — (*Cinchonoideae*): *Cinchona lancifolia* Mutis u. a. C.-Arten (Rinde = *Chinarinde*); *Chinagerbstoff*.

Einige weitere Gerbstoffe siehe Freudenberg, Fußnote 1 auf S. 407 und die hier zitierte Literatur.

---

[1] Aufzählung zahlreicher Arten und Literatur siehe bei Wehmer (Note 3) **2**, 489, auch Fußnote 1, S. 407.

[2] Siehe Fußnote 1 auf S. 409

[3] Weitere *Rhizophoraceen-Gerbstoffe* siehe Zusammenstellung und Literatur bei Wehmer: Pflanzenstoffe **2**, 821. 1931

16. Flechtenstoffe (Flechtensäuren).
Von RICHARD BRIEGER, Berlin.

A. Einleitung.

Die an dieser Stelle zu behandelnden Stoffe sind insofern als eine besondere Gruppe von Körpern charakterisiert, als ihr Vorkommen auf die Lichenes beschränkt ist. In chemischer Hinsicht weisen sie jedoch keinerlei sie allgemein kennzeichnende Merkmale auf. Es sind nicht einmal sämtliche Mitglieder dieser Gruppe als Säuren anzusprechen, obwohl diese Stoffe in der Literatur, so z. B. auch in der eingehenden Monographie von ZOPF (21) durchgehend als „Flechtensäuren" bezeichnet werden. Dieser Übung folgend, soll auch hier stets nur von „Flechtensäuren" die Rede sein, obwohl, wie gesagt, der Säurecharakter nicht für alle hier zu behandelnden Flechteninhaltsstoffe feststeht. Ein Teil der Flechtensäuren liefert beim Abbau aliphatische Spaltprodukte, ein anderer solche von aromatischem Charakter, wobei wieder zum Teil Anthracen als Grundsubstanz ermittelt werden konnte, während sehr viele und wichtige Flechtensäuren der „Benzolreihe" auf das Orcin bzw. nahe Verwandte zurückgeführt werden können. Die genaue Konstitutionsermittlung und ihre Bestätigung durch die Synthese ist nur bei einer ziemlich kleinen Anzahl von Flechtensäuren gelungen, während sie bei vielen anderen noch aussteht. Eine große Zahl der Flechtensäuren ist schon infolge ihrer schweren Zugänglichkeit erst so ungenügend untersucht, daß die Einordnung in die eine oder andere Gruppe noch fehlt, und es kann damit gerechnet werden, daß die Zahl der verschiedenen Flechtenstoffe durch eingehendere Konstitutionsaufklärungen vermindert werden wird. Zur Zeit kennt man fast 200 solcher Flechtensäuren, von denen einige in recht vielen Flechten zu finden sind, während andere nicht nur an eine bestimmte Art gebunden, sondern innerhalb dieser auch noch auf einen bestimmten Fundort oder auf ein bestimmtes Vegetationsstadium beschränkt sind.

Angesichts der wenig umfassenden Kenntnisse über die Flechtensäuren ist die Gruppierung vielfach nach rein äußerlichen Gesichtspunkten, wie nach der Farbe, nach der Löslichkeit in bestimmten Solvenzien, meist Alkalien, oder nach Farbreaktionen mit bestimmten Reagenzien, wie Chlorkalk oder Natriumhypochlorit (also Oxydationsmitteln), alkalischen bzw. sauren Reagenzien vorgenommen worden, eine Gruppierung, die natürlich an sich wenig befriedigen kann. Eine weitere Schwierigkeit liegt darin, daß ältere Autoren gelegentlich mit dem gleichen Namen anscheinend verschiedenartige Stoffe kennzeichnen.

Die konstitutionell wohl wichtigste Aufklärung, wenigstens für eine große Gruppe der Flechtensäuren haben die Arbeiten von EMIL FISCHER (10) gebracht, der bei einigen Benzolderivaten den Depsidcharakter und damit ihre nahe Verwandtschaft zu den Gerbstoffen feststellte. Das eigenartige dieser Depsidbindung besteht darin, daß die Bausteine dieser Depside Phenolcarbonsäuren sind, von denen mehrere Moleküle in der Weise miteinander verknüpft sind, daß esterartige Bindungen zwischen der Phenolgruppe der einen Phenolcarbonsäure mit der Carboxylgruppe einer anderen Phenolcarbonsäure eingetreten ist. Schematisch läßt sich diese Depsidbindung, die nicht nur auf 2 Moleküle beschränkt, sondern auf mehrere ausgedehnt sein kann, wie folgt darstellen:

$$OH - R - COOH + OH - R' - COOH = OH - R - CO - O - R' - COOH + H_2O.$$

Die Rolle, die die Flechtensäuren in den Flechten spielen, ist noch nicht geklärt. Es sind verschiedene Theorien aufgestellt worden. So werden die Flechtensäuren als Auswurfstoffe hingestellt, als Mittel gegen Tierfraß, was sie aber sicher nicht sind, als Mittel zur Herabsetzung der Transpiration und — infolge ihres Säurecharakters — als Mittel zum Aufschluß des mineralischen Substrates, auf den der Thallus wächst. Alle diese Theorien haben kaum experimentelle Begründungen und sind daher wenig glaubhaft. Aus der Tatsache, daß die Flechtenpilze in Reinkultur flechtensäureähnliche Stoffe nicht erzeugen, wohl aber die Flechtenalgen, und aus der weiteren Tatsache, daß die Flechtensäuren meist recht kohlenstoffreich sind, ist geschlossen worden, daß es sich bei den Flechtensäuren um Reservestoffe handeln könnte. Auch das ist nur eine Hypothese, für die es vorläufig an exakten Beweisen mangelt.

Ebenso unklar wie die physiologische Bedeutung der Flechtensäuren ist ihre Entstehung. Weder die Stellen im Flechtenorganismus, von denen sie gebildet werden, noch die Grundsubstanzen, aus denen sie entstehen, sind bekannt. Sie werden teils in den Zellen, meist aber an der Außenfläche der Hyphen abgelagert. Dabei können sie als körnchenartige Abscheidungen auf der Außenseite der Membranen auftreten, sie können auch die Außenseite und dabei wieder besonders die Thallusränder inkrustieren und die Membranen durchtränken.

Die Ausscheidungen von Flechtensäuren, die in vielen Fällen einen sehr erheblichen Prozentsatz vom Gesamtgewicht des Thallus ausmachen (es sind in Einzelfällen bis zu 20% gefunden worden), lassen im Naturzustande nicht immer Krystallstruktur erkennen, sondern präsentieren sich vielfach nur als Körnchen oder Stäbchen. Bei der Behandlung mit geeigneten Lösungsmitteln lassen sich aber in vielen Fällen leicht gut krystallisierte reine Verbindungen herstellen.

Wer die Absicht hat, sich mit den Flechtensäuren zu befassen, ist auf das Studium von Sonderliteratur angewiesen. Die eingehendste Darstellung haben die Flechtensäuren in der schon erwähnten Monographie von ZOPF (21) erfahren, die bezüglich des deskriptiven Teils auch heute noch als sehr bedeutsam zu betrachten ist, wenn auch die über die Konstitution der Flechtensäuren gemachten Angaben durch die spätere Forschung nicht immer bestätigt werden konnten. Ferner findet sich eine eingehende Zusammenstellung in ABDERHALDENs biochemischem Handlexikon aus der Feder von HESSE (11), der sich ähnlich wie ZOPF auf das eingehendste mit dem Studium der Flechtensäuren befaßt hat. Hier ist besonders das chemische Material zusammengefaßt. Eine verhältnismäßig kurze, aber neueres Tatsachenmaterial berücksichtigende Behandlung haben die Flechtensäuren auch bei CZAPEK (9) erfahren, und schließlich finden sich zusammenfassende Angaben über den mikrochemischen Nachweis der Flechtensäuren bei MOLISCH (13) sowie bei TUNMANN und ROSENTHALER (20). In Anbetracht dieser reichlichen und gut orientierenden Literatur, auf die ausdrücklich hingewiesen sei, konnten die Flechtensäuren hier eine verhältnismäßig kurze Darstellung erfahren.

B. Darstellung der Flechtensäuren.

Es ist oben zwar darauf hingewiesen worden, daß die Flechtensäuren oft einen recht erheblichen Teil des Gewichtes des Flechtenthallus ausmachen, und in solchen Fällen macht die Darstellung größerer Mengen, besonders wenn auch die Flechten selbst in größeren Mengen auftreten und als Strauch- oder Laubflechten einen umfangreicheren Thallus aufweisen, keine erheblichen Schwierigkeiten. Seltene und kleine Flechten, die womöglich nur einen geringen Prozentsatz an Flechtensäuren enthalten, machen dagegen nicht nur angestrengte Sammeltätigkeit erforderlich, sondern liefern auch nur wenig Ausbeute, so daß es dann schwierig wird, eingehendere Untersuchungen mit dem wenigen Material anzustellen. Manche Krustenflechten lassen sich nur schwer vom Substrat trennen, und man ist dann vielfach gezwungen, von einer Trennung abzusehen und das Substrat mit zu verarbeiten. Das Untersuchungsmaterial muß zerkleinert und sorgsam getrocknet werden, wobei jedoch höhere Temperaturen als etwa 40° zu vermeiden sind. Besonders dann, wenn die Sammelergebnisse so

geringe sind, daß lange Zeit gesammelt werden muß, ehe genügende Mengen zur
Bearbeitung zur Verfügung stehen, ist auf sorgsamstes Trocknen großer Wert
zu legen, und man wird sich dabei mit Vorteil eines Kalktrockenkastens bedienen und die letzten Feuchtigkeitsreste im Vakuumtrockenschrank oder im
Vakuumexsiccator über Chlorcalcium entfernen.

Bei guter Trocknung wird auch eine weitgehende Zerkleinerung durch Zerreiben möglich sein, die zur Erhöhung der Ausbeute beiträgt.

Ein sehr wichtiger Punkt ist der, daß die Flechten, ehe sie zerkleinert und getrocknet
werden, genau bestimmt werden müssen. Es sind vielfach Irrtümer in den Ergebnissen
der Untersuchungen dadurch entstanden, daß ungenügend bestimmte Flechten zur Untersuchung kamen. Bei selteneren und schwerer bestimmbaren Flechten wird man hierzu
am besten einen Spezialisten zu Rate ziehen, denn es ist mit der Bestimmung der Flechten
ein eigenartiges Ding. Während z. B. eine Reihe von Untersuchern der Ansicht ist, daß die
Flechten durch gewisse mit den in ihnen enthaltenen Flechtensäuren auszuführende Reaktionen bestimmt werden können, sind zahlreiche andere Forscher der Ansicht, daß im Gegenteil nur die botanische Bestimmung beweiskräftig sei. Wenn sich der Chemiker die zur Identifizierung der Flechtensäuren angegebenen Reaktionen, meist Farbreaktionen, näher ansieht, so wird er schon in Anbetracht unserer lückenhaften Kenntnisse über die Flechtensäuren
zweifellos der Ansicht derer beitreten, die nur die botanische Bestimmung als beweiskräftig
gelten lassen.

Ist die Flechte bestimmt, zerkleinert und getrocknet, so kann die Extraktion
der Flechtensäuren beginnen. Dabei ist zu beachten, daß die Flechtensäuren
in Wirklichkeit Verbindungen verschiedenartigsten Charakters sind, da bei
ihnen esterartige Bindungen, Lactonbindungen, Anhydridbindungen usw. vorkommen, und daß die Grundsubstanzen der Flechtensäuren häufig recht reaktionsfähige Körper sind, in denen Phenolhydroxyl-, Aldehyd- und ähnliche Gruppen
enthalten sind, die zu allerlei Reaktionen Anlaß geben können. Es ist daher
nur mit ganz indifferenten Lösungsmitteln zu arbeiten. Alkalisch reagierende
Stoffe, die zwar meist ein gutes Lösungsvermögen besitzen, sind völlig bei der
Darstellung auszuschalten, und auch Weingeist kann schon nicht als indifferentes
Lösungsmittel angesehen werden, Methylalkohol ist ebensowenig geeignet, und
auch Eisessig ist nicht verwendbar. Geeignet sind Äther, Aceton, Petroläther,
Benzol und Chloroform.

Äther und Aceton dürften besonders in der Wärme die besten Ergebnisse
zeitigen. Man extrahiert gewöhnlich im Soxhletschen oder einem ähnlichen, größeren Apparat. ASAHINA(1) empfiehlt als besonders geeignet den Extraktionsapparat
nach SCHMALFUSS-WERNER. Gegen Ende der Extraktion scheiden sich gewöhnlich
aus dem siedenden Äther bereits krystallisierende Stoffe aus, da die Flechtensäure oft in Äther recht schwer löslich sind. Diesen Niederschlag trennt man
von der Ätherlösung und untersucht ihn gesondert. Da manche Flechten mehrere
Flechtensäuren enthalten, die in verschiedenen Lösungsmitteln verschieden gut
löslich sind, so ist es in solchen Fällen zweckmäßig, nacheinander mit verschiedenen Extraktionsmitteln zu arbeiten, worüber man im Einzelfalle Vorversuche
anstellen muß. Der erhaltene Auszug wird durch Abdestillieren vom Lösungsmittel befreit, wobei je nachdem, ob Harze, Fette, Wachse und Chlorophyll
mit ausgezogen wurden oder nicht, eine mehr schmierige oder mehr trockene
Masse zurückbleibt, die auch Krystalle enthalten kann. Eine Musterung bei
schwacher Vergrößerung gibt schon einen Einblick in die Zahl der etwa vorliegenden Stoffe. Man geht nun daran, die Flechtensäuren von den Fetten usw.
zu trennen, wobei man sich aber auch wieder nur indifferenter Lösungsmittel
bedienen darf. Petroläther ist im allgemeinen kein gutes Lösungsmittel für die
Flechtensäuren, wohl aber für Fette usw., so daß man damit in vielen Fällen
eine Trennung wird bewirken können. Zur Reinigung müssen die Flechtensäuren umkrystallisiert werden, wobei man sie, wenn es gelingt, in der Weise

reinigt, daß man in einem Lösungsmittel löst, das leicht löst, und dann ein solches zugibt, in dem sie selbst nur schwer löslich sind, während die Verunreinigungen gelöst bleiben. Vielfach bewährt sich ein Umkrystallisieren aus Benzol.

Die Reinigung durch Umkrystallisieren wird durch Schmelzpunktbestimmungen kontrolliert. Die meisten Flechtensäuren zeigen scharfe Schmelzpunkte, eine Anzahl von ihnen verkohlt allerdings auch ohne zu schmelzen.

Kommt man mit der Reinigung durch Umkrystallisieren nicht zum Ziele, so kann man versuchen, die Flechtensäuren durch eine wäßrige Lösung von Kaliumcarbonat in Lösung zu bringen, aus der sie dann wieder durch Salzsäure ausgefällt werden. Man nimmt sie dann erneut in Äther auf und krystallisiert nochmals um. Die Behandlung mit Carbonaten, ätzenden Alkalien, Baryt- oder Kalkwasser, mit Alkohol oder Eisessig kann ebenfalls zum Ziele führen, falls man durch Vorversuche festgestellt hat, daß die Substanzen dabei keine tiefgreifende Veränderung erfahren.

C. Erkennung der Flechtensäuren.

Wie schon gesagt, ist der Schmelzpunkt bei vielen Flechtensäuren als Identitätsmerkmal gut zu gebrauchen. Die folgende Tafel bringt eine Anzahl von Flechtensäuren nach Schmelzpunkten geordnet.

47 Caperatid	136—137 Hirtasäure
82 Orbiculatsäure	136—137 Sphärophorin
83—84 Lichesterylsäure	138 Olivaceasäure
91 Atrasäure	138—139 Nemoxynsäure
92—93 Pikropertusarsäure	140—141 Atrarsäure
93 Lecidol	141—142 Olivetorsäure (aus Benzol)
98 Hirtinsäure	143 Olivetorin
98 Fimbriatsäure	143—144 Hämatommin
100—102 Silvatsäure	143—144 Glomellifersäure
100—105 Perlatsäure	145 Physol
101 Hydrohämatommin	146—147 Hämatomminsäure
102 Rangiformsäure	146—147 Olivetorsäure (aus Alkohol bzw.
102—103 Atranorinsäure	Essigsäure) ganz rein 151°
103 Pertusarsäure	146—148 Vulpinsäure
104—105 Protolichesterinsäure	147 Lecidsäure
105 Lecasterid	148 Erythrinsäure
110 Rocellarsäure	150 Aspicilin
111—112 Lepranthasäure	154 Confluentin
112—114 Hämatommsäure	154—155 Coniocylsäure
113 Rhizoplacsäure	156 Olivacein
114—115 Leiphämsäure	156 Rhizocarpinsäure
115 Saxatsäure	156—157 Placodiolsäure
115 Imbricarsäure	157 Atrinsäure
115—116 Beta-Erythrin	160—161 Stictinin
116 Lecasterinsäure	162 Akromelidin
118 Fureverninsäure	166—167 Lecanorsäure
119 Aspicilsäure	168 Nephrin
120 Chiodectin	168—170 Evernsäure
120—121 Lecanorolsäure	169 Chlorophäasäure
123—124 Glomellsäure	169—170 Isidsäure
124—125 Lichesterinsäure	165 Diplochestissäure
128 Latebrid	165—166 Leiphämin
128 Roccellsäure	166 Porin
128 Oxyroccellsäure	166 Santhomsäure
131—132 Pleopsidsäure	170 beginnend Solorinin
131—132 Epanorin	175—176 Glabratsäure
131—132 Caperatsäure	175—176 Alectorialsäure
133 Plicatsäure	176 Acolsäure
135 Diffusinsäure	177—179 Rhizocarpsäure
135—136 Divaricatsäure	178—180 Cetratasäure

179—180 Ramalsäure
181—182 Pikrolicheninsäure
182 Rocellinin
182—183 Paralichesterinsäure
183 Lepranthin
183—184 Sordidin
184—185 Coccellsäure
186 Rhizoninsäure
186 Alectorsäure
186—187 Barbatinsäure
189 Dirhizoninsäure
190 Menegazziasäure
191 Obtusatsäure (?)
191—192 Coenomycin
191—192 d, l-Usninsäure
191—192 Evernursäure
192 Physodylsäure
192—193 Lobarsäure
192—194 Picrorocellin
193 Peltigerin
194—196 Hämatommidin
195—197 Atranorin
196 Usninsäure (neuere Angabe 203⁰)
197—198 Physodinsäure
198 Umbilicarsäure
199—202 Solorinsäure
200—203 Pinastrinsäure
202 Farinacinsäure
202 Physodsäure
202—203 Parietin
202—203 Gyrophorsäure
203 Obtusatsäure, Usninsäure
206—207 Sphärophorsäure
208 Ocellatsäure
208 Talebrarsäure
209 Barbatin
210 Hirtellsäure
211—212 Stictaurin
212 Uncinatsäure
212 Thamnolsäure
214—215 Catolechin
214—215 Squamatsäure
218 Porinsäure

218 Cuspidatsäure
223 Stictalbin
224 Pannarsäure
225 Diploicin
225—227 Stigmatidin
226—228 (Z) Armorsäure
228 Cetraririn
228 Leprarsäure
230 Cornicularin
234 Pulverarsäure
235 Pertusarin
235—236 Zeorsäure
237—240 Peltidactylin
240—245 (Verkohlung) Ramalinsäure
242 Calycin
242 Pertusaridin
242 Thiophansäure
242 Akromelin
243 Areolin
243 Caperin
245 Pilosellsäure
249—251 Zeorin
252 Cladestin
252—256 Conspersasäure
260 (Verkohlung) Fumarprotocetrarsäure, Kullensissäure, Caprarsäure, Physodalsäure, Salacinsäure
260 Scopulorsäure
262 Caperidin
262 Pulverin
262—264 Coccinsäure
262—265 Pseudopsoromsäure
263 Subauriferin
264 Thiophaninsäure
264 Stictinsäure
265 Psoromsäure
270 Areolatin
282 Calyciarin
283 Variolarsäure
286 Pertusaren
298 Porphyrilsäure
310 (Z) Orygmäasäure

Ein weiteres Kriterium für eine Reihe von Flechtensäuren ist ihre optische Aktivität, über die die folgende Tabelle unterrichtet:

Tafel der optisch-aktiven Flechtensäuren.

Stictaurin $[\alpha]_D^{17} = -9{,}9^0$

Pleopsidsäure $[\alpha]_D^{18} = -55^0$ bis -60^0

Placodiolsäure $[\alpha]_D^{17} = -238^0$

l-Usninsäure $[\alpha]_D^{26} = -495^0$

Protolichesterinsäure $[\alpha]_D^{19{,}5} = +12{,}1^0$

Leprarin $[\alpha]_D^{17} = +13^0$

Proto-α-Lichesterinsäure $[\alpha]_D^{15} = +13{,}8^0$

Lichesterinsäure $[\alpha]_D^{15} = +29{,}3^0$

Lepranthin $[\alpha]_D^{17} = +71^0$

Rhizocarpsäure $[\alpha]_D^{20} = +108^0$

d-Usninsäure $[\alpha]_D^{15} = +495^0$

Auch die Reaktion der alkoholischen Lösung (neutraler Alkohol!!) gegen Lackmus ist zu prüfen. Reagiert diese Lösung nicht sauer, und ist die Substanz in Bicarbonat- und Carbonatlösung unlöslich, so liegt eine der zahlreichen Flechtensäuren ohne Säure- (bzw. Lacton- bzw. Säureanhydrid-) Charakter vor. Solcher Stoffe sind etwa 50 bekannt, nämlich:

Tabelle 3. Tafel der Flechtensäuren von nicht saurem Charakter.

(Bei den farblosen Säuren bedeutet *, daß die Substanz mit Eisenchlorid oder Chlorkalk farbige Reaktionsprodukte liefert.)

Akromelidin farblos	*Latebrid farblos
Akromelin farblos	*Lecidol farblos
*Areolatin farblos	Leiphämin farblos
*Areolin farblos	Lepranthin farblos
Aspicilin farblos	Nephrin farblos
Barbatin farblos	*Olivacein farblos
Bellidiflorin rotbraun	*Olivetorin farblos
Calyciarin farblos	Peltidactylin farblos
Caperidin farblos	Peltigerin farblos
Caperin farblos	Pertusaren farblos
Caninin farblos	Pertusaridin farblos
Catolechin farblos	Pertusarin farblos
Cetrarinin farblos	Physcion (Parietin) ziegelrot
Chiodectin blaßgelb	*Physodin farblos
*Cladestin farblos	*Physol farblos
*Coenomycin farblos	Porin
*Confluetin farblos	Pulverin blaßgelb
*Cornicularin farblos	*Roccellinin farblos
Diploicin farblos	*Solorinin farblos
Endococcin grünlichgelb	*Sphärophorin farblos
Epanorin citronengelb	Stictalbin farblos
Fragilin (?) gelbgrünlich	*Stictinin farblos
Hämatommidin farblos	Stigmatidin farblos
Hämatommin farblos	*Strepsilin farblos
Hydrohämatommin farblos	Subauriferin schwefelgelb
Hymerorhodin gelbrot	Zeorin farblos

Die meisten Flechtensäuren krystallisieren gut und sind krystallographisch untersucht worden, worüber die Monographie von Zopf Auskunft gibt.

Eine ganze Anzahl von Flechtensäuren ist durch intensiv bitteren Geschmack ausgezeichnet, und zwar gehören die bitteren Flechtensäuren meist der Reihe der Benzolderivate an, nur selten sind es aliphatische Verbindungen.

Gefärbt sind besonders die Derivate der Pulvinsäure und die Anthracenderivate, die zu den Fettsäuren und zu den Orcin- bzw. β-Orcinderivaten zu zählenden Flechtensäuren sind dagegen farblos.

Pulvinsäurederivate. Coniocylsäure, Epanorin, Rhizocarpsäure, Vulpinsäure (gelb), Pinastrinsäure (goldgelb), Stictaurin (orange), Calycin (rot).

Usninsäuregruppe. Placodiolsäure (grüngelb), Usninsäure (schwefelgelb).

Thiophansäuregruppe. Pulverin (blaßgelb), Subauriferin, Thiophansäure (schwefel- bis citronengelb).

Anthracenderivate. Parietin (Physcion) (goldgelb bis orangerot), Nephromin (ockergelb), Blastenin (orangerot), Rhodophyscin und Rhodocladonsäure (rot), Endococcin, Fragilin (gelb), Solorinsäure (rubinrot bis rotbraun), Orygmäasäure (kupferrot bis violettbraun), Placodin (kupferrot), Hymenorhodin (gelbrot).

Bellidiflorin ist rotbraun, Chiodectin blaßgelb, Chiodectonsäure kirschrot, Destrichinsäure indigoblau, Furfuracinsäure dunkelrotbraun, Talebrarsäure blaßgelb.

Für die Unterscheidung der Flechtensäuren, und besonders für ihren Nachweis im Thallus selbst, bedient man sich einer Reihe von Farbreaktionen, die zumeist als Mikroreaktionen ausgeführt werden, oder man wendet das Ölverfahren von Senft (16) an, das darin besteht, daß man Stückchen des Thallus auf dem Objektträger mit einem farblosen Öl — Senft empfiehlt Knochenöl — anreibt und erhitzt, bis Luftblasen auftreten. Man entfernt dann mit der Präpariernadel die größeren Thallusstückchen und läßt erkalten, wobei nach Auflegen eines Deckglases beobachtet wird. Es treten Krystallisationen von Flechtensäuren auf.

An Farbreaktionen werden in der Literatur die folgenden zur Ausführung empfohlen (14, 20):

1. Farbreaktionen mit Chlorkalk oder Eisenchlorid. Sie werden in alkoholischen Lösungen in der Weise ausgeführt, daß man einige Tropfen verdünnter Eisenchloridlösung (1 : 100) oder eine filtrierte Anreibung von 2 Teilen Chlorkalk mit 1 Teil Wasser zusetzt. Die Reaktionen können auch mikrochemisch auf den Objektträger ausgeführt werden, die Eisenchloridreaktion ist hier allerdings wenig geeignet. Die Reaktionen mit Chlorkalk treten in einigen Fällen auch erst nach Vorbehandlung mit Kalilauge auf. Rotfärbung mit Chlorkalk deutet auf Lecanorsäure bzw. eine ihr konstitutionell nahestehende Säure.

2. Farbreaktionen mit Alkalien. Man verwendet für mikrochemische Reaktionen mit der Flechte Ätzbarytlösung (Barytwasser) oder Kalkwasser oder hochprozentige Kalilauge, für Lösungen verdünnte Kalilauge oder auch Barytwasser, mit dem jedoch gewöhnlich andere Farbtöne entstehen als mit Kalilauge. Auch mit *Bariumsuperoxyd* werden in einzelnen Fällen Farbreaktionen ausgeführt.

3. Farbreaktionen mit Schwefelsäure oder Salpetersäure. Mit den konzentrierten Säuren entstehen gelbe, rote, auch blaue Färbungen, aber vielfach auch infolge der Verkohlung Verfärbungen.

Die Farbreaktionen haben weniger Wert zur Diagnose einer vorliegenden unbekannten Flechtensäure als zur Feststellung ihrer Lokalisation in der Flechte.

Tafel der mit Chlorkalk bzw. Eisenchlorid erzielbaren Färbungen.
— bedeutet keine Färbung.   ? bedeutet Angabe in der Literatur fehlt.

	Chlorkalk	Eisenchlorid
Acolsäure	—	purpurrot
Alectorialsäure	blutrot	rot
Alectorsäure	—	rotbraun
Areolatin	?	dunkelgrün, rotviolett fluorescierend
Areolin	—	purpurrot
Armorsäure	—	blauviolett
Articulatsäure	?	braunrot
Atranorin	?	purpurrot
Atranorinsäure	?	dunkelbraunrot
Barbatinsäure	gelblich	violett
Bryopogonsäure	?	rotbraun
Caprarsäure	?	purpurrot
Chiodectonsäure	—	schwarz
Chlorophäasäure	—	violett
Cladestin	?	dunkelbraunrot
Coccellsäure	gelb	blauviolett
Coccinsäure	—	königsblau
Coenomycin	—	blauviolett
Confluentin	?	bräunlichrot
Conspersasäure	?	purpurrot
Cornicularin	?	tintenbraun
Cuspidatsäure	—	blauviolett
Diffusinsäure	—	violett
Dirhizoninsäure	—	blau
Divarikatsäure	—	violett
Erythrin	blutrot	purpurrot
Evernsäure	—	purpurviolett
Evernursäure	schwachgelb	violett
Farinacinsäure	—	violett
Fumarprotocetrarsäure	?	purpurrot
Glabratsäure	blutrot	veilchenblau
Glomellifersäure	—	violett
Glomellsäure	?	violett
Gyrophorsäure	blutrot	purpurviolett

Tafel der mit Chlorkalk bzw. Eisenchlorid erzielbaren Färbungen.
— bedeutet keine Färbung. ? bedeutet Angabe in der Literatur fehlt.
(Fortsetzung.)

	Chlorkalk	Eisenchlorid
Hirtellsäure	?	weinrot
Imbricarsäure	—	veilchenblau
Isidsäure	?	veilchenblau
Kullensissäure	?	weinrot
Latebrid	gelb	königsblau
Lecanorolsäure	?	violett
Lecanorsäure	blutrot	purpurviolett
Lecidol	blau fluorescierend	blauviolett
Lecidsäure	?	rotbraun
Lobarsäure	—	?
Menegazziasäure	hellgelb	violett
Nemoxynsäure	rot	violett
Obtusatsäure	hellgelb	purpurrot
Ocellatsäure	?	purpurviolett
Olivaceasäure	blutrot	purpurrot
Olivacein	blutrot	purpurviolett
Olivetorin	blutrot	purpurviolett
Olivetorsäure	blutrot	purpurviolett
Orygmäasäure	?	violettbraun
Pannarsäure	?	blau
Parellsäure	—	dunkelbraunrot
Parmatsäure	?	braunrot
Patellarsäure	dunkelblutrot	hellblauviolett bis purpurblau
Perlatsäure	rot	dunkelblau
Physodsäure	?	blauschwarz, grünlichschwarz
Physodylsäure	braun	blaugrün
Physol	rot → braunrot → hellgelb	dunkelgrün
Pikrolicheninsäure	?	violett
Pilosellsäure	?	violett
Porinsäure	blutrot	bräunlichviolett
Porphyrilsäure	olivgrün	cyanblau
Pulverarsäure	dunkelgrün	königsblau bis grün
Pulverin	?	schmutzigblau
Ramalinsäure	?	purpurrot
Ramalsäure	—	violett
Roccellarsäure	—	blauviolett
Roccellinin	gelbgrün	blau
Salazinsäure	?	braunrot
Santhomsäure	blauviolett	schwarzblau
Scopulorsäure	?	violett
Solorinin	blutrot	—
Sphärophorsäure	?	violett
Squamatsäure	?	purpurrot
Stereocaulonsäure	?	blauviolett
Stictasäure	?	purpurrot
Stictinin	?	rotviolett
Strepsilin	olivgrün	cyanblau
Subauriferin	?	ungarweinrot
Thamnolsäure	?	dunkelbraunrot
Thiophaninsäure	?	grünlichschwarz
Thiophansäure	braunrot	grünlichschwarz
Umbilicarsäure	—	violett
Uncinatsäure	?	purpurrot
Usnarinsäure	?	dunkelbraunrot
Usnarsäure	?	purpurrot bis rotbraun
Usnetinsäure	—	violett
Usninsäure	?	braunrot
Variolarsäure	—	purpurrot
Zeorsäure	gelb	weinrot

Tafel der mit Kalilauge erzielbaren Färbungen.

Akromelidin rosarot
Alectorialsäure gelb
Alectorsäure gelb
Areolin gelb
Armoricasäure gelb
Armorsäure farblos, rot werdend
Articulatsäure gelb, braunrot werdend
Atranorin gelb
Atranorinsäure gelb
Atrasäure gelb
Blastenin purpurrot
Bryopogonsäure gelb, braunrot werdend
Caprarsäure gelb, dunkel werdend
Cetratasäure gelb, dunkel werdend
Chiodectonsäure blauviolett
Chlorophäasäure gelb
Chrysocetrarsäure gelb
Endococcin purpurrot
Evernsäure gelb
Fragilin violett, purpurviolett
Fumarprotocetrarsäure gelb
Hirtasäure gelblich
Hirtellsäure citronengelb
Hymenorhodin purpurrot bis violett
Isidsäure gelb
Kullensissäure gelb
Lobarsäure gelblich, rosenrot werdend
Nephromin purpurrot
Olivetorsäure gelblich, dunkel werdend
Orygmäasäure violett

Pannarsäure gelblichrötlich
Parellsäure (Überschuß) gelb
Parmatsäure rotbraun (Zers.)
Patellarsäure gelb —→ olivgrün —→ rot werdend
Physcion blutrot
Physodin gelb, dunkel werdend
Physodsäure gelb, dunkel werdend
Physodylsäure farblos, gelb werdend
Pilosellsäure citronengelb
Placodin violettbraun
Placodiolsäure gelb
Porphyrilsäure gelb
Ramalinsäure gelb
Ramalsäure gelblich
Rhodocladonsäure braunrot bis purpurviolett
Rhodophyscin purpurrot bis violett
Salazinsäure gelb, braun werdend
Scopulorsäure gelb, rotgelb werdend
Solorinsäure violett
Sphärophorsäure gelb, violett werdend
Stereocaulonsäure gelb, rotbraun werdend
Subauriferin gelb
Talebrarsäure gelb, dunkelbraun werdend
Thamnolsäure grünlichgelb, gelb
Usnarinsäure gelb, rasch dunkelrot werdend
Usnarsäure gelb, braun werdend
Usnetinsäure gelb
Zeorsäure gelb, gelbgrün

Mit *Ätzbarytlösung* (Barytwasser) färben sich *gelb*: Alectorialsäure, Atranorin, Evernsäure, Hirtellsäure, Leprarin, Menegazziasäure, Olivetorin, Pannarsäure (gelblichrötlich), Physodsäure, Porphyrilsäure, Ramalsäure, Strepsilin (grünlichgelb); *rot* (rostrot bis blutrot): Akromelidin, Kullensissäure, Salazinsäure, Scopulorsäure, Usnarsäure; *rotviolett* bis *violett*: die Anthracenderivate; *blau* (blaugrün): Patellarsäure (Diploschistessäure), Olivetorsäure (über gelb, grün); Thamnolsäure.

Als Farbreaktion ist auch die Homofluoresceinreaktion zu nennen, die von den Orzinderivaten gegeben wird: Erhitzt man die Säure mit Kalilauge und Chloroform, so entsteht eine hellrote, beim Eingießen in Wasser gelbgrün fluorescierende Lösung.

Über die mikrochemische Identifizierung einzelner Flechtensäuren s. auch TUNMANN und ROSENTHALER (20).

Einige Flechtensäuren haben sich als pharmakologisch nicht indifferent erwiesen. Hierzu gehören: 1. *Cetrarsäure*, die die Peristaltik von Magen und Darm erregt und in größeren Dosen mild laxierend wirkt. 2. *Vulpinsäure*. Sie ist ein für Kalt- und Warmblüter tödliches Gift (Fleischfresser 20 mg, Pflanzenfresser 40 mg pro Kilogramm Körpergewicht), bei der Vergiftung treten Dyspnoe, Krämpfe und Erbrechen, Albuminurie und Glykosurie auf. 3. *Pinastrinsäure*. Sie soll der Vulpinsäure in der Wirkung ähnlich sein. 4. *Pikrolicheninsäure*. Sie soll chininartig wirken. 5. Dem *Physcion* (*Parietin*) kommt trotz seiner emodinähnlichen Struktur eine Gift- oder arzneiliche Wirkung nicht zu.

Im folgenden sollen nun die einzelnen Gruppen kurz besprochen werden, wobei insbesondere über die in der oben bezeichneten Literatur noch nicht zu findenden Konstitutionsforschungen berichtet werden wird.

a) Flechtensäuren aus der Fettsäurereihe.

Zu dieser Gruppe gehören die zahlreichen Flechtensäuren, die sämtlich farblos sind und in alkoholischer Lösung mit Eisenchlorid keine Farbreaktionen geben. Sie sind zum Teil in Alkalien löslich, zum Teil unlöslich. Die Konstitutionserforschung dieser Säuren ist noch fast unerledigt. Einzig von der Roccellsäure steht fest, daß sie als Pentadecandicarbonsäure $(CH_2)_{15}(COOH)_2$ aufzufassen ist, eine Angabe, die sie als zweibasische, gesättigte Säure kennzeichnet.

Die Flechte Cetraria islandica (L.) Acharius enthält ebenso wie einige verwandte Arten nach Zopf Protolichesterinsäure, als deren Spaltprodukt die *Lichesterinsäure* angesehen wird. In der Literatur werden übrigens die Bezeichnungen Protolichesterinsäure und Lichesterinsäure (Lichestearinsäure) nicht immer auseinandergehalten. Besonders in der neueren wird die Bezeichnung Lichesterinsäure vorgezogen. Die Summenformel lautet: $C_{19}H_{32}O_4$, als Konstitutionsformel wird die folgende angegeben:

$$C_{14}H_{27}\!-\!CH\!-\!CH_2\!-\!\underset{\underset{\displaystyle O}{|}}{\overset{\overset{\displaystyle COOH}{|}}{CH}}\!-\!CO\ .$$

Bei der Mikrosublimation von Cetraria islandica entsteht, wie Kofler und Ratz (11a) neuerdings feststellten, kein Sublimat von Lichesterinsäure, sondern von Fumarsäure.

Die folgenden Säuren werden von Zopf zur Fettsäurereihe gerechnet, wobei die erste Spalte die in Alkalien löslichen, die zweite die darin unlöslichen Verbindungen aufführt. In Wirklichkeit dürften aber zahlreiche Säuren dieser Gruppe anders einzureihen sein.

Lecasterinsäure $C_{10}H_{20}O_4$	Zeorin $C_{52}H_{88}O_4$
Lecasterid $C_{10}H_{18}O_3$	Hydrohämatommin $C_{40}H_{72}O_4$
Hirtasäure $C_{16}H_{24}O_6$	Hämatommin $C_{40}H_{64}O_4$
Pleopsidsäure $C_{17}H_{28}O_4$	Caperin $C_{36}H_{60}O_3$
Rocellsäure $C_{17}H_{32}O_4$	Pertusarin $C_{30}H_{50}O_2$
Oxyrocellsäure $C_{17}H_{32}O_5$	Caperidin $C_{24}H_{40}O_2$
Protolichesterinsäure $C_{19}H_{34}O_4(C_{18}H_{30}O_4)$	Barbatin $C_9H_{14}O(C_{36}H_{56}O_4)$
Lichesterinsäure $C_{19}H_{32}O_4$	Lepranthin $C_{25}H_{40}O_{10}$
Lepranthasäure $C_{20}H_{32}O_2$	Porin $C_{43}H_{70}O_{10}$
Paralichesterinsäure $C_{20}H_{34}O_5$	Leiphämin
Rangiformsäure $C_{21}H_{36}O_6$	Diploicin
Plicatsäure $C_{21}H_{36}O_9$	Calyciarin
Rhizoplacsäure $C_{21}H_{40}O_5$	Stigmatidin
Orbiculatsäure $C_{22}H_{36}O_7$	Stictalbin
Caperatsäure $C_{22}H_{38}O_8$	Catolechin
Caperatid $C_{22}H_{36}O_6$	Hämatommidin
Leiphämsäure $C_{22}H_{46}O_5$	Aspicilin
Saxatsäure $C_{25}H_{40}O_8$	Peltidactylin
Fimbriatsäure	Peltigrin $C_{21}H_{20}O_8(C_{16}H_{16}O_6)$
Hirtinsäure	Caninin
Aspicilsäure	Nephrin $C_{20}H_{32} \cdot H_2O$ (Terpen)
Pertusarsäure $C_{23}H_{36}O_6$	Cetraririn $C_{28}H_{48}O_4$
Pikropertusarsäure $C_{21}H_{32}O_7$	Akromelidin $C_{19}H_{20}O_9$
Fureverninsäure	Akromelin $C_{17}H_{16}O_9$
Furevernsäure	
Sordidin $C_{13}H_{10}O_8$	
Silvatsäure $C_{21}H_{38}O_7$	

b) Usninsäuregruppe.

Zu dieser Gruppe gehören nur zwei Säuren, die Usninsäure und die Placodiolsäure. Die letzte, nur wenig bekannte Säure ist schwach gelb gefärbt. Die Usninsäure ist weit verbreitet. Sie ist optisch aktiv und kommt sowohl in der rechtsdrehenden als auch in der linksdrehenden Modifikation natürlich vor, während die inaktive Form nur künstlich dargestellt ist. Usninsäure ist hellgelb.

Usninsäure wird als Vertreter der Acetylessigsäurederivate genannt. Das ist auch an sich wohl richtig, neuere Untersuchungen haben aber gezeigt, daß man die Usninsäure ebenso richtig als Benzolderivat bezeichnen könnte. C. Schöpf (15) hat sich mit der Konstitutionsaufklärung der Usninsäure befaßt und hat dabei das Usnidol als 2, 3, 7-Trimethyl-4, 6-Dioxycumaron (I) identifizieren können. Danach käme der Usninsäure die Konstitution (II) zu. Diese Formel läßt erkennen, daß die Usninsäure einerseits eine sich von der Acetessigsäure herleitende Seitenkette besitzt, im übrigen aber als Derivat des Phloroglucins (III) aufzufassen sein dürfte.

$$\text{Usninsäure} \quad C_{18}H_{16}O_7$$
$$\text{Placodiolsäure} \quad C_{17}H_{18}O_7$$

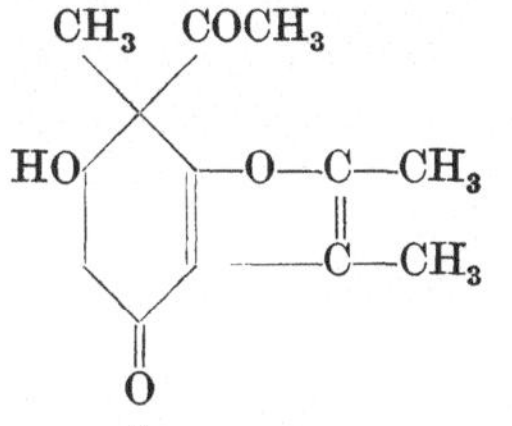

(Strukturformeln I, II und III)

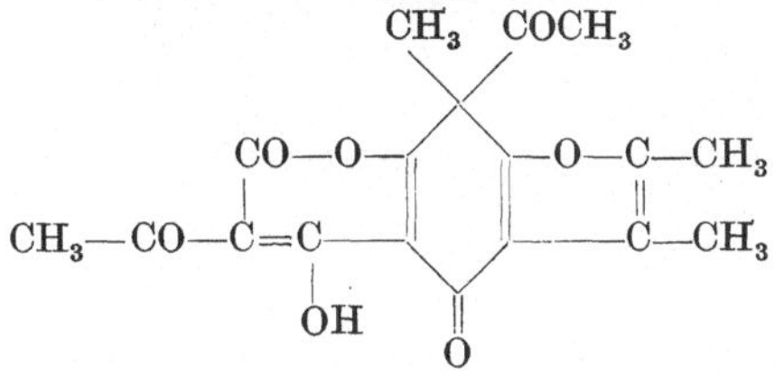

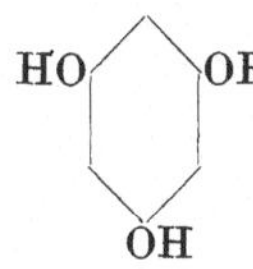

c) Pulvinsäuregruppe (Vulpinsäuregruppe).

Die in diese Gruppe gehörenden Verbindungen sind sämtlich gefärbt. Es werden hierzu gerechnet Vulpinsäure, Pinastrinsäure, die auch als Chrysocetrarsäure erwähnt wird, Rhizocarpsäure und die daraus entstehende, in der Flechte nicht präformierte Rhizocarpinsäure Calycin, Stictaurin, das vielleicht nur ein Gemenge von Calycin mit Pulvinsäureanhydrid ist, Epanorin und Coniocybsäure, über deren Eigenschaften und Gruppenzugehörigkeit jedoch noch wenig bekannt ist. Bis auf Stictaurin und Calycin, die orangerot bis rot gefärbt sind, zeigen die Stoffe dieser Gruppe gelbe Farbe.

Die Vulpinsäure ist zwar synthetisch dargestellt worden (Spiegel und Volhard), trotzdem decken sich die Literaturangaben über die Zusammensetzung nicht völlig. Als Grundsubstanz der hier genannten Verbindungen wird die Pulvinsäure angesehen, eine Lactoncarbonsäure, der die folgende Konstitutionsformel (I) zuzuschreiben sein dürfte. Ihr Anhydrid (oder richtiger Dilacton) hätte dann die Formel (II), und der Vulpinsäure, dem Pulvinsäuremethylester käme dann die Formel (III) zu. Die vielfach in der Literatur zu findende Formel für die Vulpinsäure (IV) paßt nicht zu dem Charakter einer Lactonsäure und würde auch die Bildung des Pulvinsäureanhydrids (II) nicht erklären können. Die Pinastrinsäure wird als der Methylester einer Oxypulvinsäure (V) bezeichnet, die man sich aber nur durch Anhydridbildung aus einer Säure (VI) entstanden denken könnte, was wenig wahrscheinlich erscheint. Auch wäre die Bezeichnung „Oxypulvinsäure" für ein Anhydrid dieser Art nicht gerechtfertigt.

$$\text{Vulpinsäure } C_{19}H_{14}O_5 \qquad \text{Pulvinsäureanhydrid } C_{18}H_{10}O_4 \qquad \text{Pinastrinsäure } C_{19}H_{14}O_6$$
$$\text{Pulvinsäure } C_{18}H_{12}O_5 \qquad \text{Calycin } C_{18}H_{12}O_5 \qquad \text{Rhizocarpsäure } C_{26}H_{20}O_6$$

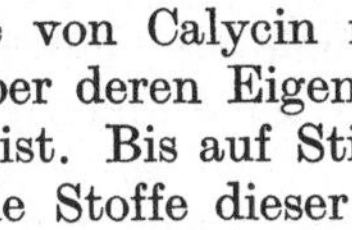

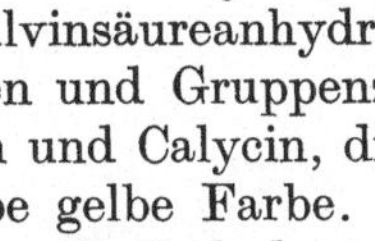

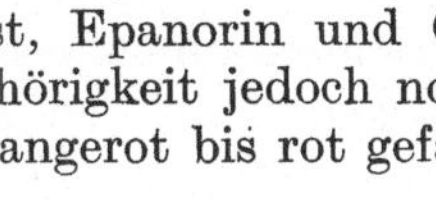

(Strukturformeln I, II und III)

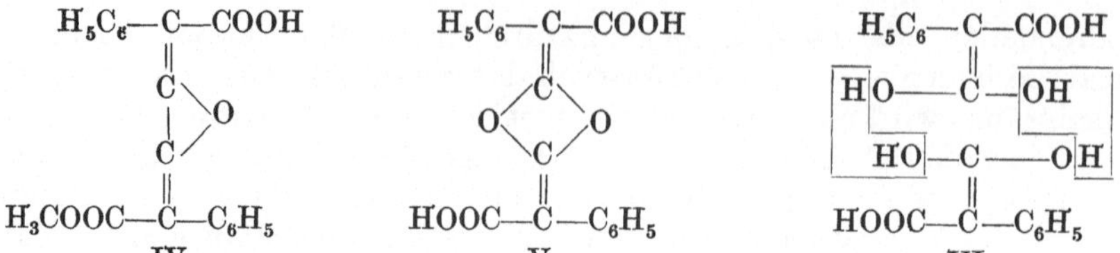

$$
\begin{array}{ccc}
\text{H}_5\text{C}_6\text{—C—COOH} & \text{H}_5\text{C}_6\text{—C—COOH} & \text{H}_5\text{C}_6\text{—C—COOH} \\
\text{IV} & \text{V} & \text{VI}
\end{array}
$$

(Strukturformeln IV, V, VI)

d) Säuren der Benzolreihe.

Unter dieser zusammenfassenden Bezeichnung wird die Mehrzahl der Flechtensäuren deshalb zusammengefaßt, weil bei ihnen bestimmte Benzolderivate als Grundkörper nachgewiesen worden sind. Die wichtigsten sind das Orcin und das β-Orcin. Orcin ist 1-Methyl-3,5-Dioxybenzol, und β-Orcin ist ein Methylorcin, dessen zweite Methylgruppe sich in der 4-Stellung befindet. Häufig findet sich auch die Orsellinsäure als Abbauprodukt dieser Flechtensäuren, sie ist 1-Methyl-3,5-Dioxybenzol-2-carbonsäure.

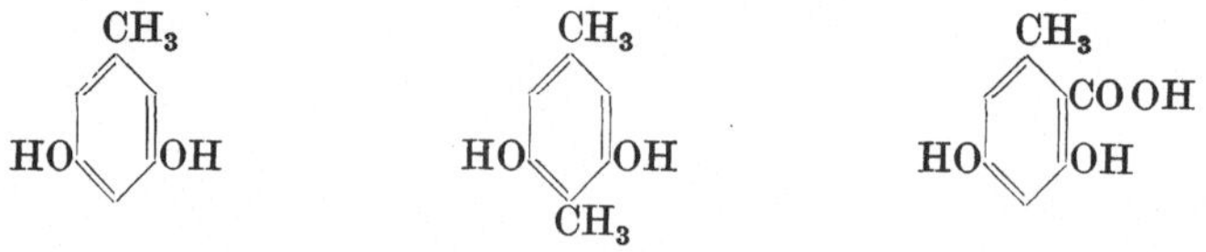

(Strukturformeln: Orcin, β-Orcin, Orsellinsäure)

Die Tatsache, daß diese hier zusammengefaßten Säuren als Säuren der Benzolreihe bezeichnet werden, schließt natürlich nicht aus, daß auch bei anderen Flechtensäuren aromatische Spaltungsprodukte, ja sogar Benzolderivate als Spaltungsprodukte auftreten, wie ja die ganze Gruppierung lediglich eine äußerliche ist.

Die Flechtensäuren dieser Gruppe haben das eine gemeinsam, daß sie gewisse Farbreaktionen einheitlich geben, aus denen eine gewisse Zusammengehörigkeit und der Charakter als Phenol gefolgert werden kann. So geben diese Säuren mit Eisenchlorid blaue oder violette Färbungen, sie färben sich mit Alkalien gelb, werden von Chlorkalk sofort oder bei protrahierter Einwirkung rot gefärbt, und sie geben schließlich die „Homofluoresceinreaktion“. Diese Reaktion wird in der Weise ausgeführt, daß man die betreffende Säure mit Natronlauge und wenig Chloroform erhitzt, wobei eine rote Flüssigkeit entsteht, die beim Verdünnen mit Wasser gelbgrüne Fluorescenz zeigt. Beim Kochen mit Wasser oder mit Baryumhydroxydlösung entstehen aus den hier zusammengefaßten Flechtensäuren neben anderen Spaltprodukten gewöhnlich Orcin, β-Orcin oder Orsellinsäure.

Diese Unterscheidungs- bzw. Gemeinschaftsmerkmale haben nun durch die Forschungsen Emil Fischers eine sehr wichtige Ergänzung insofern erfahren, als dieser Forscher (10) den Depsidcharakter dieser Säuren feststellte und durch die Synthese der Lecanorsäure erhärtete. Die Depside, die nahe Beziehungen zu den Gerbstoffen zeigen, sind für die Flechten eigenartige Verbindungen von Phenolcarbonsäuren, wobei die Bindung zwischen zwei solchen Säuremolekülen in der Weise vor sich geht, daß zwischen der Carboxylgruppe des einen Moleküls und einer Phenolhydroxylgruppe eines zweiten Moleküls esterartige Bindung stattfindet. Dabei ist die Depsidbindung nicht auf 2 Moleküle beschränkt, sondern es können auch mehr Moleküle kettenartig miteinander verbunden sein. Die einzelnen Moleküle können gleichartig oder verschieden sein. Diese Fischersche Feststellung hat sich als sehr fruchtbar erwiesen, indem eine ganze Anzahl hierher gehöriger Säuren unterdessen bezüglich ihrer Konstitution aufgeklärt worden sind. Immerhin bedarf noch die Mehrzahl der Flechtensäuren einer endgültigen Konstitutionsermittlung, und bis zu diesem Zeitpunkte hat die von ZOPF zuerst eingeführte Unterteilung der Flechtensäuren der Benzolreihe noch eine gewisse Berechtigung.

ZOPF (a. a. O.) unterscheidet:

die *Orsellingruppe*, die mit Chlorkalk rote Färbungen gibt und beim Abbau Orsellinsäure liefert,

die *Olivetorsäuregruppe*, die zwar die gleiche Chlorkalkreaktion gibt, aber keine Orsellinsäure liefert,

die *Evernsäuregruppe*, die mit Chlorkalk sich nicht rot färbt und beim Abbau Everninsäure liefert,

schließlich die *Psoromsäure-* und die *Atranoringruppe*, die mit Chlorkalk nicht unter Bildung roter Farben reagieren, die aber durch ihr Verhalten gegen Schwefelsäure charakterisiert und unterschieden werden können.

Die Psoromsäuregruppe trennt ZOPF dann noch in die Protocetrarsäuresippe und die Salacinsäuresippe, die Atranoringruppe wird in die Barbatinsäuregruppe und die Thamnolsäuregruppe untergeteilt.

Soweit in den einzelnen Gruppen neuere Forschungen zu verzeichnen sind, ist im folgenden darüber berichtet.

1. Orsellinsäuregruppe.

Hierzu rechnet ZOPF:

Lecanorsäure	Erythrinsäure	Patellarsäure
Gyrophorsäure	Betaerythrin	Diploschistessäure
Erythrin		

Die Diploschistessäure dürfte mit Lecanorsäure identisch sein. Ebenso erscheint es fraglich, ob die Unterschiede zwischen Erythrin und Erythrinsäure auf die Dauer aufrechtzuerhalten sind.

Die *Lecanorsäure* (I) ist gemäß der Synthese von EMIL FISCHER das Didepsid der Orsellinsäure.

Das *Erythrin* ist der Mesoerythritester der Lecanorsäure (II). Bei der Spaltung dieses Erythrits entsteht u. a. Orsellinsäure und Orcin, während bei der Spaltung des β-*Erythrits* Orsellinsäure und β-Orcin entstehen, so daß β-Erythrit wohl der Mesoerythritester des Orsellinsäure-β-orcin-carbonsäure-Depsids sein dürfte.

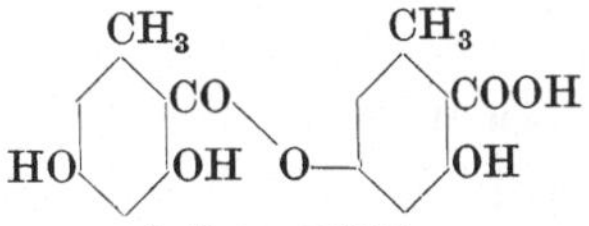

I. Lecanorsäure

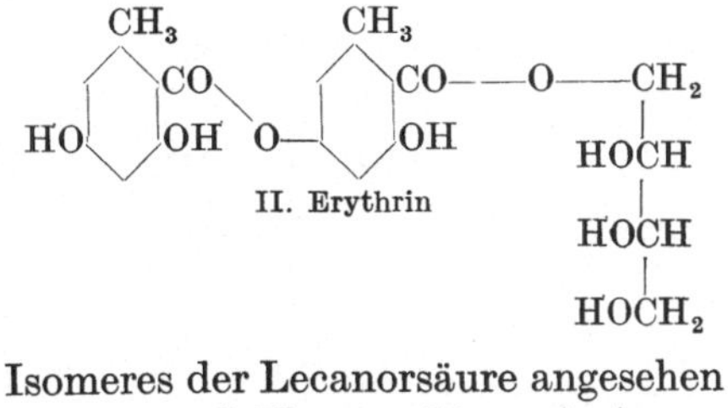

II. Erythrin

Die *Gyrophorsäure*, die früher als Isomeres der Lecanorsäure angesehen wurde, ist durch die Untersuchungen von ASAHINA und KUTANI (7) sowie ASAHINA und WATANABE (8) als Tridepsid der Orsellinsäure erkannt und von ASAHINA und FUZIKAWA (4c) synthetisiert worden.

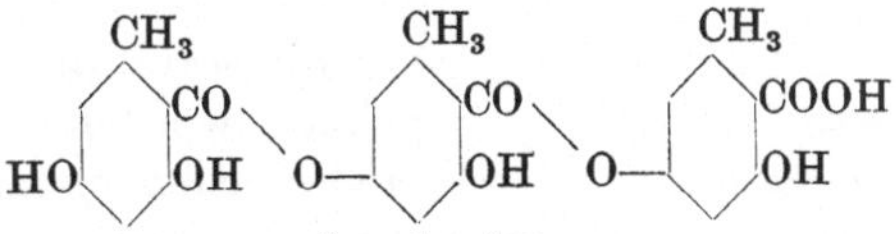

Gyrophorsäure.

2. Olivetorsäuregruppe.

Olivetorsäure ist neuerdings von Asahina und Asano (2) näher untersucht worden. Die Säure schmilzt in ganz reinem Zustande bei 151° (aus Benzol). Formel $C_{26}H_{32}O_8$. Chlorkalkreaktion rot; mit Barytwasser färbt sich die Säure erst citronengelb, dann spangrün, Reaktionen, die zwar mit den Angaben von Zopf, nicht aber mit denen von Hesse übereinstimmen. Nach Asahina und Asano ist Olivetorsäure als Depsid aus Olivetonsäure und Olivetolcarbonsäure anzusehen. Olivetol (I) wurde durch Synthese als 1-n-Amyl-3,5-dioxy-benzol erkannt, Olivetonsäure konnte in freiem Zustande nicht erhalten werden, wohl aber ihr Enol-lacton Olivetonid, dem die Formel II zugeschrieben wird. III ist das mutmaßliche Formelbild der Olivetorsäure.

I   II   III

3. Evernsäuregruppe.

Hierzu rechnet Zopf die Evernsäure,

Ramalsäure,

Umbilicarsäure.

Die *Evernsäure* ist das Depsid der Orsellinsäure mit der Everninsäure, die als Orsellinsäuremethylester zu bezeichnen ist.

Everninsäure.   Evernsäure.

Die *Ramalsäure* ist mit der Evernsäure isomer.

Hier wäre auch die *Obtusatsäure* anzuschließen, deren Konstitution von Asahina und Fuzikawa (4a) erkannt wurde, sie ist ein Depsid von Methylätherrhizoninsäure mit Iso-everninsäure. Die Säure schmilzt unter Zersetzung bei 203°, färbt sich mit Eisenchlorid in alkoholischer Lösung purpurrot und mit wenig Chlorkalk hellgelb, mit mehr Chlorkalk verschwindet die Farbe wieder.

Obtusatsäure.

4) Barbatinsäuregruppe.

Zu dieser Gruppe rechnet Zopf:

Atranorin	Barbatinsäure	Coccellsäure
Atranorin-Zeorin	Dirhizoninsäure	Divaricatsäure
Atrinsäure		

Von diesen Säuren ist zunächst das *Atranorin* durch die Arbeiten von Pfau (14) in der Konstitution völlig aufgeklärt worden. Danach ist Atranorin das Depsid von Hämatommsäure (I) mit β-Orcincarbonsäuremethylester (Atrarsäure) (II). (Vergleicht man diese Formeln mit der Formel des Erythrins und

β-Erythrins, so findet man wohl ein Beispiel, als wie rein äußerlich die ZOPFsche Einteilung anzusehen ist.) Als Stammsubstanz ist das Atranol (III) aufzufassen, eine von PFAU dargestellte aus Wasser in hellgelben Nadeln krystallisierende Substanz von Aldehydcharakter.

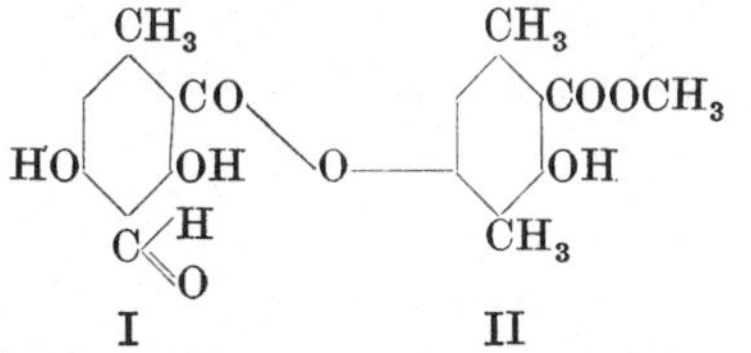

$$\underset{\substack{\text{I} \\ \text{Hämatommsäure}}}{} \qquad \underset{\substack{\text{II} \\ \text{Atrarsäure}}}{} \qquad \underset{\text{III}}{}$$

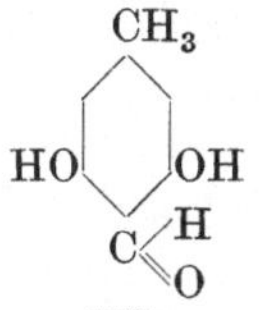

Lag in der Atrarsäure der Methylester der β-Orcincarbonsäure vor, so stellt die von SONN (17) synthetisierte Rhizoninsäure (IV) eine an der einen Phenolgruppe veresterte β-Orcincarbonsäure dar. Ihr Depsid mit β-Orcincarbonsäure dürfte in der *Barbatinsäure* (V) vorliegen, während ihr Didepsid die *Dirhizoninsäure* (VI) darstellt, die also auch als Methylbarbatinsäure bezeichnet werden könnte.

Neuerdings ist von ASAHINA und FUZIKAWA (4) die aus der japanischen Flechte Usnea diffracta WAIN isolierte *Diffractasäure* näher untersucht worden. Sie zeigt den Fp. 189—190° und gibt mit Eisenchlorid blaue, mit Chlorkalk keine Farbreaktion. Die Konstitutionsformel dieser Säure, die die Autoren als identisch mit der Dirhizoninsäure nach HESSE ansehen, konnte einwandfrei nach (VII) als Monomethyläther-barbatinsäure ermittelt und durch Synthese (4b) bestätigt werden. Da diese Formel von der Konfiguration (VI) abweicht, wollen die Autoren zunächst jedoch die Bezeichnung *Diffractasäure* beibehalten.

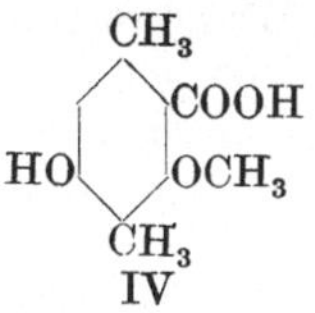

$$\underset{\substack{\text{IV} \\ \text{Rhizoninsäure}}}{} \qquad \underset{\substack{\text{V} \\ \text{Barbatinsäure}}}{} \qquad \underset{\substack{\text{VI} \\ \text{Dirhizoninsäure}}}{}$$

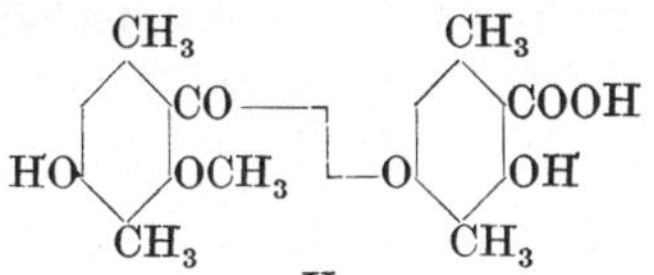

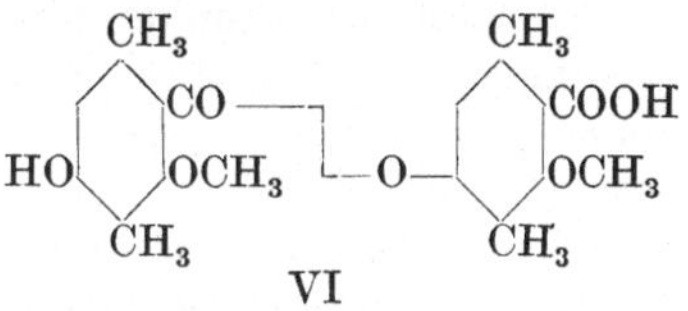

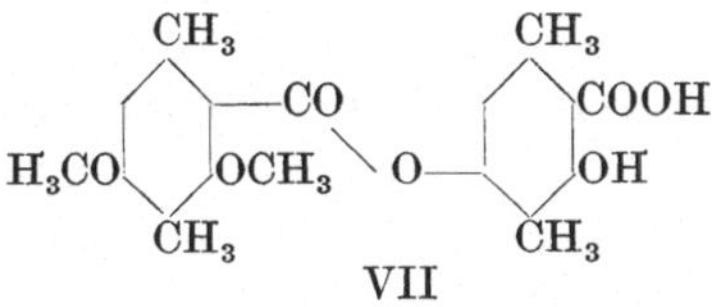

$$\underset{\substack{\text{VII} \\ \text{Diffractasäure}}}{}$$

Ein Depsid der Rhizoninsäure ist auch die *Coccellsäure*, doch ist die an der Depsidbildung beteiligte zweite Säure, die Coccellinsäure, in ihrer Konstitution noch nicht sichergestellt. Vermutet wird, daß diese Coccellinsäure sich von Mesoorcin herleitet.

Die dieser Gruppe ebenfalls angehörende *Divaricatsäure* schließlich ist von SONN und SCHEFFLER (19) sowie von SONN (18) in der Konstitution aufgeklärt worden. Sie leitet sich vom Divarin, einem 1-n-Propyl-3,5-Dioxybenzol ab und ist das Didepsid aus Divarsäure (I) und ihrem Methylester der Divaricatinsäure (II), die selbst auch als natürlich vorkommend aufgefunden worden ist.

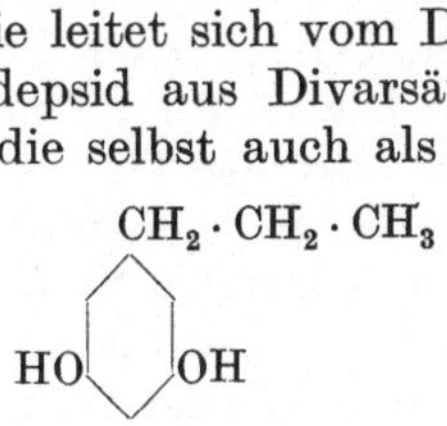

$$\underset{\text{Divarin}}{} \qquad \underset{\substack{\text{I} \\ \text{Divarsäure}}}{} \qquad \underset{\substack{\text{II} \\ \text{Divaricatinsäure}}}{}$$

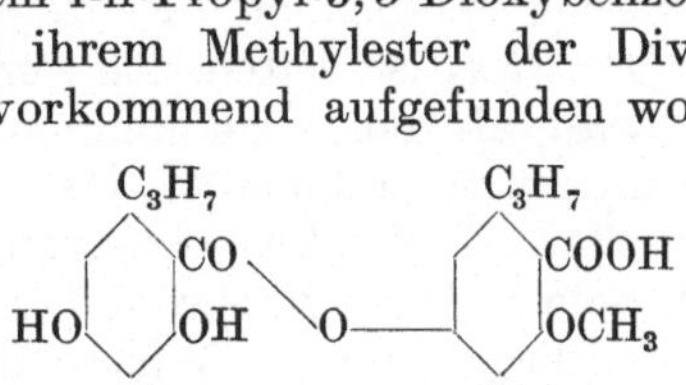

5) Thamnolsäuregruppe.

Aus dieser nach Zopf 31 Säuren enthaltenden Gruppe soll nur die Thamnolsäure erwähnt werden. Sie ist von Asahina und Ihara (5, 6), sowie Asahina
und Fuzikawa (3) als Depsid der Monomethyläther-Orcindicarbonsäure (I) mit
Thamnolcarbonsäure (II) identifiziert worden, wobei das Thamnol (III), ein sauer
reagierender Körper von Aldehydcharakter, als Grundsubstanz anzusehen ist.
Den Autoren gelang es auch, Atranol (s. oben) in Thamnol überzuführen.
Thamnol ist tief gelb gefärbt.

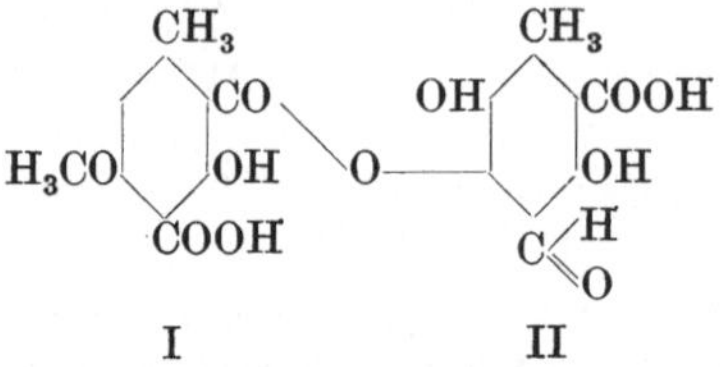

I

Monomethyläther-
Orcindicarbonsäure

II

Thamnolcarbonsäure

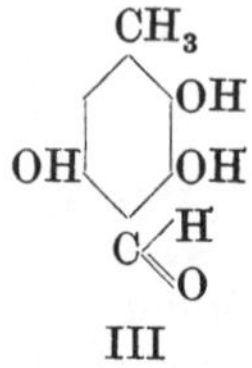

III

Thamnol

6. Protocetrarsäuregruppe.

Zu dieser Gruppe rechnet Zopf u. a. die wenig untersuchten Säuren *Ramalinsäure* und *Kullensissäure*, während er zur Salazinsäuregruppe die *Salazinsäure*
selbst und die *Cetratasäure* zählt, über die zusammen mit einigen anderen aus
japanischen Flechten isolierten Säuren (Conspersasäure, Articulatsäure) Asahina (1) eingehend berichtet, ohne allerdings Angaben über die Konstitution
zu machen. Jedenfalls dürfte nach Asahina anzunehmen sein, daß zwischen
den genannten Säuren der beiden Gruppen nahe verwandtschaftliche Beziehungen
bestehen. Zu der Protocetrarsäuregruppe zählt Zopf u. a. auch die *Fumar-
protocetrarsäure*, als deren Spaltlinge er die *Protocetrarsäure* und die *Cetrarsäure*
ansieht, die sämtlich aus dem Thallus der das Lichen islandicus liefernden
Flechten, besonders *Cetraria islandica* (L.) *Acharius* isoliert werden können.
Die Cetrarsäure ist Gegenstand einer Reihe von Arbeiten gewesen. Neuerdings
haben Koller und Krakauer (12) die Bruttoformel $C_{20}H_{18}O_9$ bestätigt und
stellen die allerdings durch Synthese nicht belegte Konstitutionsformel auf,
nach welcher diese Säure als Xanthydrolabkömmling aufzufassen wäre.

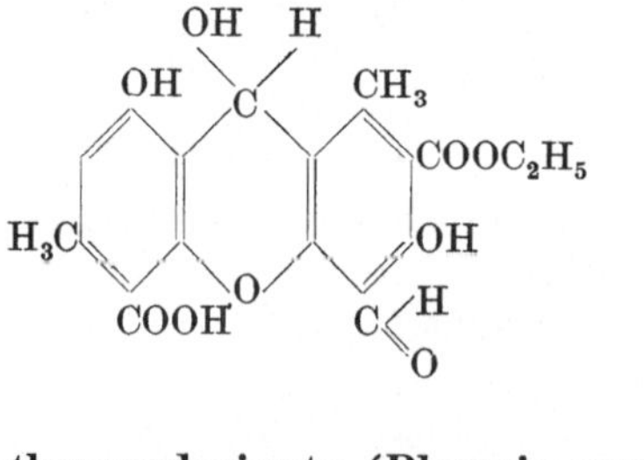

e) Anthracenderivate (Physciongruppe).

Die hierher gehörenden Flechtensäuren, deren bekanntester Vertreter das
Physcion (Parietin) ist, leiten sich vom Anthracen bzw. Anthrachinon ab. Das
Physcion wird als ein Emodinmonomethyläther, also als Oxymethyl-dioxy-
methylanthrachinon aufgefaßt, das jedoch nicht die physiologische Emodin-
wirkung besitzt. Zu der Physciongruppe gehören die folgenden Stoffe: Physcion
(Parietin), Solorinsäure, Nephromin, Rhodocladonsäure, über die nähere Untersuchungen vorliegen, sowie die fast ganz ununtersuchten Orygmäasäure, Rhodophyscin, Fragilin, Endococcin, Blastenin (Blasteniasäure), Hymenorhodin. Es

sind gelbe bis rote Körper, die mit Alkalien violette oder purpurrote Färbungen geben.

Physcion $C_{16}H_{12}O_5$

Solorinsäure $C_{24}H_{22}O_8$

Nephromin $C_{16}H_{12}O_6$

Rhodocladonsäure $C_{15}H_{10}O_8$

f) Thiophansäuregruppe.

Zu dieser Gruppe gehören die Thiophansäure, die Thiophaninsäure, das Pulverin und das Subauriferin. Es sind schwefelgelb gefärbte Körper, die mit Ausnahme des letzten mit Eisenchlorid in alkoholischer Lösung schmutzigblaue bzw. schwarzgrüne Färbungen geben. Über ihre Konstitution ist nichts bekannt.

Thiophansäure $C_{12}H_6O_{12}$

Thiophaninsäure $C_{12}H_6O_9$

Außer den hier genannten Flechtensäuren sind noch manche bekannt geworden, deren Einordnung in eine bestimmte Gruppe selbst nach äußerlichen Merkmalen noch nicht möglich war. Von ihnen soll nur ein Stoff noch erwähnt werden, das *Pikroroccellin*, das als einzige bisher bekanntgewordene Flechtensäure Stickstoff enthält. Die Bruttoformel wird mit $C_{27}H_{29}O_5N_3$ angegeben.

Literatur.

(1) ASAHINA: Journ. Pharm. Soc. Jap. **1926**, Nr. 533. — *(2)* ASAHINA u. ASANO: B. **65**, 475 (1932). — *(3)* ASAHINA u. FUZIKAWA: B. **65**, 58 (1932). — *(4)* B. **65**, 175 (1932). — *(4a)* B. **65**, 580 (1932). — *(4b)* B. **65**, 583 (1932). — *(4c)* B. **65**, 983 (1932). — *(5)* ASAHINA u. IHARA: B. **62**, 1196. — *(6)* B. **65**, 55 (1932). — *(7)* ASAHINA u. KUTANI: Journ. Pharm. Soc. Jap. **1925**, Nr. 519. — *(8)* ASAHINA u. WATANABE: B. **63**, 3044 (1930).
(9) CZAPEK, FRIEDRICH: Biochemie der Pflanzen 3. Jena 1921.
(10) FISCHER, EMIL u. H. O. L. FISCHER: B. **46**, 1138, 3253 (1913).
(11) HESSE, O.: ABDERHALDENS Biochemisches Handlexikon 7 I. 1910.
(11a) KOFLER u. RATZ: Arch. Pharm., **270**, 338 (1932). — *(12)* KOLLER u. KRAKAUER: Monatshefte f. Chemie **53**, **54**, 931 (1929).
(13) MOLISCH, HANS: Mikrochemie der Pflanze. Jena 1923.
(14) PFAU: Helv. 9, 650; 11, 864.
(15) SCHÖPF, C.: Ref. Pharm. Ztg. **1927**, 1562. — *(16)* SENFT, E.: Pharm. Praxis **1907**, Nr. 12; siehe auch bei MOLISCH. — *(17)* SONN, A.: B. **49**, 2589 (1916). — *(18)* B. **61**, 2479. — *(19)* SONN, A., u. B. SCHEFFLER: B. **57**, 959.
(20) TUNMANN u. ROSENTHALER: Pflanzenmikrochemie. Berlin 1931.
(21) ZOPF: Die Flechtenstoffe. Jena 1907.

Systematische Verbreitung und Vorkommen der Flechtenstoffe (Flechtensäuren)[1].

Von W. THIES, Hannover.

a) Aliphatische Flechtenstoffe.

1. Aspicilin (keine Formel).

Vorkommen: In zwei Species bei einer Familie.

Fam. **Lecanoraceae:** *Aspicilia gibbosa* KÖRB. (*Lecanora g.* [ACH.] NYL.); neben *Aspicilsäure.* — *A. calcarea* (L.) SOMMRFT. und var. *farinosa* (?); wie vorige, neben *Erythrinsäure.*

---

[1] Die Literaturnachweise für die einzelnen Flechtenstoffe und ihr Vorkommen müssen bei folgenden nachgesehen werden: W. ZOPF: Flechtenstoffe. Jena 1907. — O. HESSE: Flechtenstoffe, in ABDERHALDEN: Biochemisches Handlexikon 7, 32—144. 1912. — W. BRIEGER in ABDERHALDEN: Handbuch der biologischen Arbeitsmethoden 1, 10, 205—438. 1923. — F. CZAPEK: Biochemie der Pflanzen, 2. Aufl., 3, 381—402. 1921. — M. FÜNFSTÜCK u. A. ZAHLBRUCKNER: Lichenes (Flechten), in ENGLER-PRANTL: Die natürlichen Pflanzenfamilien 1, 1. 1907. (Im Zweifelsfalle wurden die Namen der Flechten, Familien, Autoren usw. nach ENGLER-PRANTL gewählt.)

2. *Aspicilsäure* (keine Formel).

Vorkommen: Bislang einmal aufgefunden.

Fam. **Lecanoraceae:** *Aspicilia gibbosa* Körb. (*Lecanora g.* [Ach.] Nyl.); neben *Aspicilin*.

3. *Barbatin* $C_{36}H_{56}O_4$.

Vorkommen: Nur einmal aufgefunden (in der Nähe von Höchenschwand im süd‑
lichen badischen Schwarzwald).

Fam. **Usneaceae:** *Usnea ceratina* Ach. (zweifelhafte, alte Angabe!).

4. *Calyciarin* (keine Formel)
scheinbar identisch mit *Pertusarin*.

Vorkommen: In einer *Lepraria*, die mit der Unterlage (Eichenrinde) untersucht wurde;
dagegen wurde in der Flechte allein kein *Calyciarin* gefunden, so daß es wohl aus einer
anderen beigemengten Flechte stammen muß; ferner in einer Lecanoracee.

Fam. **Calyciaceae:** *Lepraria flava* (Schreb.) Ach. f. *quercina* Zopf.; neben *Calycin*
und *Pinastrinsäure*.
Fam. **Lecanoraceae:** *Ochrolechia androgyna* Hoffm.

5. *Calycin* $C_{18}H_{12}O_5$.

Vorkommen: In zwei Familien nachgewiesen.

Fam. **Calyciaceae:** *Calycium trichiale* Schaer. (Leprariaform = *Lepraria candelaris*
Schaer.) (*C. trichiale f. candelare* Arnold). — *C. chlorinum* Körb. ? (Leprariaform
= *Lepraria chlorina* Ach.) neben *Vulpinsäure* und *Stereocaulsäure*. — *C. chlorinum*
Stenh. (*C. Stenhammari* Stenh.), (Leprariaform = *Lepraria chlorina* Stenh.) neben
Vulpinsäure. — *Lepraria flava* (Schreb.) Ach. f. *quercina* Zopf von Eichenrinde,
neben *Pinastrinsäure* und *Calyciarin*. — *L. flava* Schreb. von Bretterplanken,
neben *Pinastrinsäure*.
Fam. **Chrysothricaceae:** *Chrysothrix nolitangere* Mont. (Hyphen mit Körnchen von
Calycin).

6. *Caperatsäure* $C_{22}H_{38}O_8$.

Vorkommen: In zwei Familien aufgefunden.

Fam. **Parmeliaceae:** *Parmelia caperata* (L.) Ach. (*Imbricaria c.* Körb.); neben *Caprar‑
säure, Caperin, Caperidin* und *d-Usninsäure*. — *Cetraria glauca* Ach. (*Platysma
glaucum* Nyl.); neben *Atranorsäure*.
Fam. **Lecideaceae:** *Mycoblastus sanguinarius* (L.) Fr.; neben *Atranorsäure*.

7. und 7a. *Caperin* $C_{36}H_{60}O_3$ und *Caperidin* $C_{24}H_{40}O_2$.

Vorkommen: In einer auf Eichen, nicht auf anderem Substrat, gewachsenen *Parmelia*.

Fam. **Parmeliaceae:** *Parmelia caperata* (L.) Ach.; neben *Caperatsäure, Caprarsäure*
und *Usninsäure*.

8. *Catolechin* (keine Formel).

Vorkommen: In einer Familie.

Fam. **Buelliaceae:** *Diploicia canescens* (Dicks.) De Nots. (*Catolechia canescens* Fr.);
neben *Atranorsäure* und *Diploicin*.

9. *Chrysocetrarsäure* (*Pinastrinsäure, Oxyvulpinsäure*) $C_{19}H_{14}O_6$.

Vorkommen: In zwei Familien nachgewiesen.

Fam. **Calyciaceae:** *Lepraria flava* (Schreb.) Ach. f. *quercina* Zopf von Eichenrinde;
neben *Calycin* und *Calyciarin*. — *L. flava* Schreb. von Kiefernrinde. — *L. flava*
Schreb. von Bretterplanken; neben *Calycin*, dagegen nicht in *L. candelaris* Schaer.
Fam. **Parmeliaceae:** *Cetraria pinastri* (Scop.) Fr. — *C. juniperina* Ach.; nach alter
Angabe! — *C. junip.* var. *genuina* Kbr. = *C. junip.* var. *terrestris* Schaer. und
C. junip. var. *alvarensis* Fr. = *C. junip.* var. *tubulosa* Schaer.; neben *l-Usninsäure*
und *Vulpinsäure*.

10. *Coniocybsäure* (keine Formel).

Vorkommen: Nur in einer Flechte nachgewiesen.

Fam. **Calyciaceae:** *Coniocybe furfuracea* Ach.; alte Angabe!

11. *Cornicularin* $C_{28}H_{44}O_5$.

Vorkommen: In zwei Familien nachgewiesen.

Fam. **Parmeliaceae:** *Cetraria stuppea* Fw. = *Cornicularia alpina* SCHAER. (*Cornicularia aculeata* var. *stuppea* Fw.); neben *Protolichesterinsäure*.

Fam. **Cladoniaceae:** *Cladonia condensata* (FLÖRKE) ZOPF; neben *l-Usninsäure*.

12. *Diploicin* (keine Formel).

Vorkommen: Siehe Catolechin Nr. 8.

Fam. **Buelliaceae:** *Diploicia canescens* (DICKS.) DE NOTS. (*Catolechia c.* FR.); neben *Catolechin* und *Atranorsäure*.

13. *Epanorin* (keine Formel).

Vorkommen: In einer Flechte nachgewiesen.

Fam. **Lecanoraceae:** *Lecanora epanora* ACH.; neben *Zeorin*.

14. *Fimbriatsäure* (keine Formel).

Vorkommen: In zwei Formen einer Flechtenvarietät.

Fam. **Cladoniaceae:** *Cladonia fimbriata* (L.) FRIES var. *simplex* (WEIS) f. *minor* HAG.; neben *Fumar-Protocetrarsäure* und f. *major* ZOPF; neben *Atranorsäure* und *Fumar-Protocetrarsäure*.

15. und 16. *Haematommin* $C_{40}H_{64}O_4$ und *Haematommidin* (keine Formel).

Vorkommen: Beide Stoffe wurden nacheinander aus einer *Haematomma*-Varietät isoliert. *Haematommidin* scheint mit *Leiphaemin* identisch zu sein.

Fam. **Lecanoraceae:** *Haematomma coccineum* (KÖRB.) var. *abortivum* HEPP; neben *Atranorin* und *Coccinsäure*.

17. *Hirtasäure* $C_{16}H_{24}O_6$.

Vorkommen: In einer indischen *Usnea*-Flechte.

Fam. **Usneaceae:** *Usnea barbata* var. *hirta* HOFFM. (von Cinchonarinden von Sothupara, Madras); neben *Barbatinsäure*. Unsicher!

18. *Hirtinsäure* (keine Formel).

Vorkommen: In einer deutschen *Usnea*-Art.

Fam. **Usneaceae:** *Usnea hirta* HOFFM. (*Usnea barbata* var. *hirta* HOFFM.), (von einem Holzzaun zu Querenstede, Oldenburg); neben *d-Usninsäure*.

19. *Hydrohaematommin* $C_{40}H_{72}O_4$.

Vorkommen: In einer Varietät von *Haematomma coccineum* von Mauern bei Wildbad.

Fam. **Lecanoraceae:** *Haematomma coccineum* (DICKS.) KÖRB. (unbestimmte Varietät); neben *Haematommin, Atranorsäure, Zeorin-Atranorin*.

20 und 21. *Lecasterinsäure* $C_{10}H_{20}O_4$ und *Lecasterid* $C_{10}H_{18}O_3$.

Vorkommen: Für eine Flechtenvarietät angegeben.

Fam. **Lecanoraceae:** *Lecanora sordida* (PERS.) FR. var. *Swartzii* ACH.; neben *Atranorin, Thiophansäure, Roccellsäure* und *Lecasterin*.

22. *Leiphaemin* (keine Formel).

Vorkommen: Mehrfach in *Haematomma*-Species aufgefunden (vgl. *Haematommidin* Nr. 16).

Fam. **Lecanoraceae:** *Haematomma leiphaemum* ACH.; neben *Leiphaemsäure, Atranorsäure* und *Zeorin*. — *H. porphyrium* PERS.; neben *Porphyrilsäure, Hymenorhodin, Atranorsäure* und *Zeorin*. — *H. coccineum* (DICKS.) KÖRB.; wie vorige, ferner noch *l-Usninsäure*.

23. *Leiphaemsäure* $C_{22}H_{46}O_5$.

Vorkommen: Nur in einer Flechte.

Fam. **Lecanoraceae:** *Haematomma leiphaemum* (ACH.) ZOPF (sowohl die rinden- als auch die steinbewohnende Form); neben *Atranorin, Zeorin* und *Leiphaemin*.

24. *Lepranthasäure* $C_{20}H_{32}O_2$.

Vorkommen: Nur in einer Flechte.

Fam. **Arthoniaceae:** *Leprantha impolita* (Ehrh.) Borr. (= *Arthonia pruinosa* Ach.);
neben *Lecanorsäure* und *Lepranthin*.

25. *Lepranthin* $C_{25}H_{40}O_{10}$.

Vorkommen: Nur in einer Flechte.

Fam. **Arthoniaceae:** *Leprantha impolita* (Ehrh.) Borr. (*Arthonia pruinosa* Ach.);
neben *Lepranthasäure* und *Lecanorsäure*.

26. *Orbiculatsäure* $C_{22}H_{36}O_7$.

Vorkommen: Nur in einer Varietät.

Fam. **Pertusariaceae:** *Pertusaria communis* DC. *β variolosa* Wallr., var. *orbiculata*
Ach.; auf Buchen = *Pertusaria communis* var. *faginea* (?). Angeblich!

27. *Oxyroccellsäure* $C_{17}H_{32}O_5$.

Vorkommen: Für drei Familien angegeben; als häufiger Begleiter der *Roccellsäure*,
Angaben bedürfen der Nachprüfung!

Fam. **Roccellaceae:** *Roccella Montagnei* Bél.; neben *Erythrin.* — *R. peruensis*
Krempelh.; neben *Roccellsäure* und *Erythrin.* — *R. tinctoria* DC.; neben *Lecanor-*
säure, Roccellsäure und *Psoromsäure.* — *R. fuciformis* DC.; neben *Erythrin.* —
R. phycopsis (Ach.) Darbish. (*R. fucoides* [Dicks.] Wainio); neben *Erythrin* und
Erythrit. — *R. livellina* Darbish.; neben *Roccellinin, Oxyroccellsäure* oder *Roccellsäure.*
Fam. **Graphidaceae:** *Lepraria latebrarum* Ach. und *L. farinosa* Ach.; neben *d-Usnin-*
säure und *Atranorin*, von anderen auch *Roccellsäure* angegeben.
Fam. **Pannariaceae:** *Pannaria lanuginosa* Ach. (*Psoroma lanuginosum* Ach.); neben
Pannarsäure.

28. *Paralichesterinsäure* $C_{20}H_{34}O_5$.

Vorkommen: In verschiedenen Varietäten des Isländischen Moos.

Fam. **Parmeliaceae:** *Cetraria islandica* (L.) Ach., Isländisches Moos und verschiedene Varietäten.

29—30. *Pertusaridin* (keine Formel) und *Pertusarin* $C_{30}H_{50}O_2$.

Vorkommen: Die zwei Stoffe kommen zusammen in einer Pertusaria vor.

Fam. **Pertusariaceae:** *Pertusaria communis* DC. var. *variolosa* Wallr. (*Pertursaridin*
ist vielleicht identisch mit *Caperidin*, s. S. 430, Nr. 7a).

31. *Placodiolsäure (Placodiolin)* $C_{17}H_{18}O_7$.

Vorkommen: In zwei Species bei einer Familie.

Fam. **Lecanoraceae:** *Placodium chrysoleucum* Sm. und *Pl. opacum* Ach.

32. *Pleopsidsäure (Pleopsidin)* $C_{17}H_{28}O_4$.

Vorkommen: In einer Familie.

Fam. **Acarosporaceae:** *Acarospora chlorophana* (Wahlbg.) Mass. (*Pleopsidium chloro-*
phanum Körb.); neben *Rhizocarpsäure* im Mark der Flechte.

33. *Plicatsäure* $C_{21}H_{36}O_9$.

Vorkommen: Nur in einer Flechte, doch wird das Vorkommen bezweifelt.

Fam. **Usneaceae:** *Usnea plicata* (L.) Ach. (auf javanischen Cinchonarinden); neben
d-Usninsäure und *Usnarsäure.*

34. *Porin* $C_{43}H_{70}O_{10}$.

Vorkommen: Nur in einer Flechte.

Fam. **Pertusariaceae:** *Pertusaria glomerata* (Ach.) Schaer.; neben *Porinsäure*
(s. Nr. 67, S. 445).

35. und 36. Protolichesterinsäure $C_{19}H_{32}O_4$ oder $C_{18}H_{30}O_4$ und
Proto-α-Lichesterinsäure $C_{18}H_{30}O_5$.

Vorkommen: In mehreren Cetrarien und einer Cladoniacee meist neben *Fumar-Proto-cetrarsäure.* Dagegen kommen die Spaltprodukte (*Lichesterinsäure, Lichesterylsäure* und *Dilichesterinsäure*) als solche in Flechten nicht vor.

Fam. **Parmeliaceae:** *Cetraria islandica* (L.) ACH., Isländisches „Moos"; neben *Paralichesterinsäure* und *Cetrarinin.* — *C. islandica* var. *vulgaris* SCHAER. — *C. platyna* NYL. — *C. subtubulosa* FR. — *C. complicata* LAUR. (*Platysma complicatum* LAUR.); neben *l-Usninsäure* und *Atranorsäure.* — In folgendem nicht von *Fumar-Protocetrar-säure* begleitet: *C. aculeata* (SCHREB.) FR. — *C. stuppea* FR. — *C. cucullata* ACH. (*Platysma cucullatum* BELL.); neben *l-Usninsäure.* — *C. chlorophylla* HUMB.

Fam. **Cladoniaceae:** *Pycnothelia papillaria* (DUFOUR) var. *molariformis* HOFFM. (*Cladonia p.* [EHRH.] var. *molariformis* HOFFM.), *Proto-α-Lichesterinsäure* neben *Atranorin* und *Cladonin.*

37. *Pulverin* (keine Formel).

Vorkommen: Nur in einer Flechte.

Fam. **Graphidaceae:** *Lepraria latebrarum* ACH.; alte Angabe, später bestritten!

38. *Pulvinsäure* $C_{18}H_{12}O_5$.

Vorkommen: Das *Dilacton* der Pulvinsäure (*Pulvinsäureanhydrid*) kommt in Verbindung mit *Calycin* als *Stictaurin* (s. Nr. 46) vor. Ferner kommt *Pulvinsäure* mehrfach vor in Form der *Methylestersäure* als *Vulpinsäure* (s. Nr. 52) und verestert als *Rhizocarpsäure* (s. Nr. 40).

39. *Rangiformsäure* $C_{21}H_{36}O_6$.

Vorkommen: Für drei Familien angegeben.

Fam. **Cladoniaceae:** *Cladonia rangiformis* HOFFM., Renntierflechte; neben *Atranorsäure.*

Fam. **Lecanoraceae:** *Lecanora sordida* (PERS.) FR. var. unbestimmt.

Fam. **Parmeliaceae:** *Cetraria aculeata* (SCHREB.) FR. (*Cornicularia a.* FR.); von anderen bestritten!

40. *Rhizocarpsäure* $C_{28}H_{22}O_7$.

Vorkommen: *Rhizocarpsäure* ist zuerst aus *Rhizocarpon geographicum* L. dargestellt aber fälschlich für *Usninsäure* gehalten worden. Später ist sie in den Vertretern verschiedener Familien nachgewiesen.

Fam. **Calyciaceae:** *Calycium hyperellum* ACH.

Fam. **Cypheliaceae:** *Acolium tigillare* (ACH.) DE NOTS. (*Cyphelium t.* [PERS.] FR.); neben *Acolsäure.*

Fam. **Lecideaceae:** *Rhizocarpon geographicum* (L.) DC., Landkartenflechte mit den Varietäten *lecanorinum* FLÖRKE, *contiguum* FR. und *geronticum* ACH. — *R. viridiatrum* (FLÖRKE) KÖRB. — *Catocarpus oreites* WAINIO (*Rhizocarpon o.* [WAINIO] ZAHLBR.). — *Biatora lucida* ACH. (*Lecidea l.* ACH.). — *Raphiospora flavovirescens* BORR. (*Bacidia fl.* [?]).

Fam. **Acarosporaceae:** *Pleopsidium chlorophanum* WAHLBG. (*Acarospora chlorophana* [WAHLBG.] MASS.).

Fam. **Caloplacaceae:** *Gasparrinia elegans* (LNK.) TORNAB. (*Caloplaca elegans* [LNK.] FR.) und *G. medians* NYL. (*Caloplaca m.* [NYL.] FLAG.), in beiden Flechten nicht immer oder nur in kleinen Mengen aufgefunden!

41. *Rhizoplacsäure* $C_{21}H_{40}O_5$.

Vorkommen: In einer Flechte.

Fam. **Lecanoraceae:** *Placodium opacum* ACH. (*Rhizoplaca opaca* ACH.); neben *l-Usninsäure* und *Placodiolsäure.*

42. *Roccellsäure* $C_{17}H_{32}O_4$.

Vorkommen: Scheinbar sehr verbreitet in der Fam. Roccellaceae, aber noch in drei weiteren Familien vertreten, bei allen untersuchten Flechten an den Hyphen des Markes abgeschieden.

Fam. **Roccellaceae:** *Roccella tinctoria* DC.; neben *Oxyroccellsäure, Lecanorsäure* und *Psoromsäure.* — *R. peruensis* KREMPELH.; neben *Oxyroccellsäure* und *Erythrin.* —

Zweifelhaft in folgenden *R.*-Species (meist alte Angaben): *R. fuciformis* (L.) DC.; neben *Oxyroccellsäure* und *Erythrin.* — *R. Montagnei* Bél.; wie vorige. — *R. portentosa* Mont.; neben *Lecanorsäure.* — *R. canariensis* Darbish.; wie vorige. — *R. intricata* (Mont.) Darbish.; neben *Roccellarsäure* und *Zeorin.* — *R. sinensis* Nyl.; neben *Lecanorsäure.* — *R. decipiens* (Mont.) Darbish. — *Reinkella lirellina* Darbish.; *Roccellsäure* oder *Oxyroccellsäure* neben *Roccellinin.* Alte Angabe!

Fam. **Graphidaceae**: *Lepraria latebrarum* Ach.; neben *Leprarin* und *Atranorsäure.*

Fam. **Lecanoraceae**: *Ochrolechia tartarea* (L.) Mass.; neben *Gyrophorsäure.* — *Lecanora cenisia* Ach.; neben *Atranorsäure.* — *L. sordida* (Fr.) var. *Swartzii* Ach.; nach alter Angabe neben *Atranorsäure, Thiophansäure, Lecasterid* und *Lecasterinsäure.* — *L. glaucoma* Hoffm.; von Arlberg, neben *Atranorsäure* und *Thiophansäure.*

Fam. **Lecideaceae**: *Lecidea aglaeotera* Nyl.; neben *Cetrarsäure.*

43. Saxatsäure $C_{25}H_{40}O_8$.

Vorkommen: In zwei Species bei einer Familie.

Fam. **Parmeliaceae**: *Parmelia saxatilis* (Ach.) var. *retiruga* Fr.; neben *Saxatilsäure, Atranorsäure* und *Lobarsäure.* — *P. omphalodes* L.

44. Silvatsäure $C_{21}H_{38}O_7$.

Vorkommen: In einer *Cladina*-Species vom Cavalljoch (Vorarlberg).

Fam. **Cladoniaceae**: *Cladina silvatica* Nyl.; neben α-*Usninsäure.*

45. Stictalbin (keine Formel).

Vorkommen: In einer Flechte.

Fam. **Stictaceae**: *Sticta glauco-lurida* Nyl.; neben *Stictaurin.*

46. Stictaurin $C_{18}H_{10}O_4$.

Vorkommen: Siehe *Pulvinsäure*, Nr. 38, S. 433.

Fam. **Stictaceae**: Im Mark folgender Flechten: *Sticta aurata* Ach. — *St. flavicans* Hook. — *St. orygmaea* Ach.; neben *Orygmaeasäure.* — *St. impressa* Mntn. — *St. Desfontainei* var. *munda* DC. — *St. glaucolurida* Nyl.; neben *Stictalbin.* — *Stictina crocata* (L.) Ach. — *St. gilva* Thbg.; neben *Stictinin.*

Fam. **Parmeliaceae**: In der Rinde folgender: *Candelaria concolor* (Dicks.) Wainio. — *C. vitellina* Ehrh.; neben *Mannit.* — *C. medians* Nyl. — *C. laciniosa* Duf.

Fam. **Caloplacaceae**: *Gyalolechia aurella* (Hoffm.) Körb. — *G. reflexa* Nyl.

47. Stigmatidin (keine Formel).

Vorkommen: Auf einer Chiodectonacee von Buchenrinde.

Fam. **Chiodectonaceae**: *Stigmatidium venenosum* Sm. (*Chiodecton venenosum* [Ach.] Zahlbr.).

48. Sordidin $C_{13}H_{10}O_8$.

Vorkommen: In einer Familie.

Fam. **Lecanoraceae**: *Lecanora sulphurea* (Hoffm.) Ach.; neben *d-Usninsäure* und *Zeorin.* — *L. sordida* (Pers.) Fr.; bestrittene Angabe!

49. Subauriferin (keine Formel).

Vorkommen: In einer *Parmelia*-Species, die schwefelgelbliche Färbung der Soredien und des Markes bedingend.

Fam. **Parmeliaceae**: *Parmelia subaurifera* Nyl.; neben *Lecanorsäure.*

50. Thiophaninsäure $C_{12}H_6O_9$.

Vorkommen: In zwei Species bei einer Familie.

Fam. **Pertusariaceae**: *Pertusaria lutescens* Hoffm. und *P. Wulfenii* (DC.) Fr.

51. Thiophansäure $C_{12}H_6O_{12}$.

Vorkommen: In zwei Varietäten bei einer *Lecanora*-Species.

Fam. **Lecanoraceae**: *Lecanora sordida* (Pers.) Fr. var. *Swartzii* Ach. (neben *Atranorsäure, Roccellsäure, Lecasterinsäure* und *Lecasterid*) und var. *glaucoma* Hoffm. (neben *Atranorsäure* und *Parellsäure*).

52. *Vulpinsäure (Chrysopicrin, Methylpulvinsäure)* $C_{19}H_{14}O_5$.

Vorkommen: Als der gelbe Farbstoff der *Letharia vulpina* schon 1831 entdeckt, ferner noch bei einigen *Calyciaceen*, *Parmeliaceen* und einer *Cypheliacee* aufgefunden.

Fam. **Cypheliaceae:** *Cyphelium chrysocephalum* ACH.

Fam. **Calyciaceae:** *Calycium chlorinum* KÖRB. (Leprariaform = *Lepraria chlorina* ACH.). — *C. chlorinum* STENH. (Leprariaform = *Lepraria chlorina* STENH.), auch *C. chlorellum* (?) genannt; neben Spuren *Leprarin*.

Fam. **Parmeliaceae:** *Cetraria tubulosa* SCHAER. (*C. juniperina* var. *tubulosa* SCHAER.); neben *l-Usninsäure*, *Pinastrinsäure* und *Cetrarialsäure*. — *C. juniperina* ACH.[1]. — *C. pinastri* (SCOP.) FR.; neben *l-Usninsäure* und *Pinastrinsäure*. — *C. terrestris* SCHAER.

Fam. **Usneaceae:** *Letharia vulpina* (L.) WAIN. (*Evernia v.* [L.] FR.); neben *Atranorsäure*.

d- *und* l-*Usninsäure*[2] *(Usnein)* $C_{18}H_{16}O_7$.

Schon 1844 entdeckt, sowohl als d- wie als l-Usninsäure einer der verbreitetsten Flechtenstoffe.

53. d-*Usninsäure*.

Vorkommen: d-Usninsäure ist die häufiger vorkommende Form; weit verbreitet in sieben Flechtenfamilien.

Fam. **Physciaceae:** *Dimelaena oreina* ACH.; neben *Zeorin*.

Fam. **Usneaceae:** *Usnea barbata* L., Bartflechte. — *U. longissima* ACH. (neben *Barbatinsäure*). — *U. ceratina* ACH. (neben *Barbatinsäure*). — *U. cornuta* KÖRB. (neben *Usnarsäure*). — *U. hirta* HOFFM. (neben *Usnarsäure*, *Hirtinsäure*, *Hirtellsäure* und *Pikrusnidsäure*). — *U. florida* HOFFM. (neben *Hirtellsäure*). — *U. dasypoga* (ACH.) NYL. (neben *Hirtellsäure*, *Usnarsäure*, *Usnellin*). — *U. plicata* L. (neben *Usnarsäure* und *Plicatsäure*). — *U. Schraderi* DALLA TORRE et SARNTH. (neben *Usnarsäure*). — *U. scabrata* NYL. (neben *Usnarsäure*). — *U. microcarpa* ARNOLD (neben *Usnarsäure*). — *U.-*Spec. (*hirta*?) von der afrikanischen Westküste (neben *Santhomsäure*). — *U.-*Spec. (*hirta*?) von Madras (neben *Usnarinsäure*, *Barbatinsäure* und *Hirtasäure*). — *U.-*Spec. (*florida*?) von Madras (neben *Barbatinsäure* und *Usnarsäure*). — *U.-*Spec. (*longissima*?) aus Deutsch-Ostafrika (neben *Ramalinsäure* und *Dirhizoninsäure*). — *U. sorediifera* ARN. — *U. articulata* (L.) HOFFM. — *U.-*Spec. var. *intestiniformis* NYL. — *Alectoria canariensis* (?) (neben *Usnarsäure*). — *A. articulata* LNK. (neben *Usnarsäure*). — *Ramalina*[3] *calicaris* (L.) RÖHL. (neben *Obtusatsäure* und *Evernsäure*.) — *R. fraxinea* ACH. — *R. dilacerata* HOFFM. (neben *Obtusatsäure* und *Sekikasäure*). — *R. farinacea* (L.) ACH. (neben *Ramalinsäure*). — *R. subfarinacea* NYL. (neben *Salazinsäure*). — *R. strepsilis* (ACH.) ZAHLBR. — *R. thraustra* (ACH.) NYL. — *R. Kullensis* ZOPF (neben *Kullensissäure*). — *R. ceruchis* (ACH.) DE NOTS. — *R. yemensis* (ACH.) NYL. — *R. Landroensis* ZOPF (neben *Landroënsin*). — *R. dilacerata* HOFFM. — *R. scopulorum* (RETZ.) NYL. (neben *Scopulorsäure*). — *R. obtusata* ARN. (neben *Obtusatsäure* und *Ramalinellsäure*). — *R. pollinaria* ACH. (neben *Evernsäure*, *Ramalsäure* und *Atranorsäure*?). — *R. populina* (EHRH.) WAINIO (= *R. fastigiata* ACH.). — *R. minuscula* NYL. — *Evernia thamnodes* FLOTOW (neben *Divaricatsäure*). — *E. divaricata* L. (neben *Divaricatsäure*), zweifelhaft! — *E. prunastri* L., Eichenmoos (neben *Atranorsäure* und *Evernsäure*), alte Angabe, später bestritten, zweifelhaft!

Fam. **Parmeliaceae:** *Platysma*[4] *Oakesianum* TUCK. — *Parmelia caperata* L. (neben *Caprarsäure*, *Caperin*[5], *Caperidin*[5] und *Caperatsäure*). — *P. conspersa* (EHRH.) ACH. — *P.-*Spec. divers. (auf amerikanischen *Cinchona*-Rinden) (neben *Salazinsäure*). — *P. incurva* PERS. — *P. sinuosa* (SM.) NYL. (neben *Usnarsäure*). — *P. Mougeottii* SCHAER.

Fam. **Lecanoraceae:** *Placodium saxicolum* var. *vulgaris* POLL. — *Haematomma ventosum* (L.) MASS.; (neben *Divaricatsäure* und *Ventosarsäure*). — *Lecanora sulphurea* HOFFM.; (neben *Zeorin* und *Sordidin*). — *L. atra* (HUDS.) ACH.; neben *Atranorin*.

Fam. **Peltigeraceae:** *Nephroma arcticum* (L.) FR.; neben *Nephrin* und *Zeorin*. — *N. antarcticum* (WULF.) NYL.; neben *Zeorin*.

---

[1] Die Varietäten dieser Species siehe bei *Chrysocetrarsäure*, Nr. 9, S. 430.

[2] Das Vorkommen der *d, l-Usninsäure* in Flechten ist bislang noch nicht beobachtet.

[3] *Ramalina* und *Evernia* bei ENGLER-PRANTL zur Fam. *Usneaceae* gestellt, dagegen bei anderen (ZOPF): Fam. *Ramalinaceae*.

[4] *Platysma* bei ENGLER-PRANTL zur Fam. *Parmeliaceae* gestellt, dagegen bei anderen (ZOPF) zur Fam. *Cetrariaceae*.

[5] Nur in auf *Eichen* gewachsenen Flechten.

Fam. **Cladoniaceae**: *Cladina silvatica* Hoffm. (neben *Fumar-Protocetrarsäure*). — *Cladonia alcicornis* Lightf. (*Cenomyce a.* [Lightf.] Schaer.). — *Cl. tenuis* Flörke.
Fam. **Graphidaceae**[1]: *Lepraria latebrarum* Ach. (aus der Sächsischen Schweiz).

54. *l-Usninsäure*.

Vorkommen: In fünf Flechtenfamilien verbreitet.
Fam. **Usneaceae:** *Alectoria sarmentosa* Ach. — *A. rigida* Vill. (*A. ochroleuca* [Ehrh.] Nyl.); (neben *Barbatinsäure*). — *A. crinalis* Ach.
Fam. **Parmeliaceae:** *Cetraria cucullata* (Bell.) Ach. (*Platysma cucullatum* Bell.); neben *Protolichesterinsäure*. — *C. pinastri* (Scop.) Fr. (*Platysma p.* Scop.); neben *Pinastrinsäure* und *Vulpinsäure*. — *C. juniperina* Ach. — *C. juniperina var. tubulosa* Schaer. (*Platysma tubulosum* Schaer.); neben *Pinastrinsäure*, *Vulpinsäure* und *Cetrarialsäure*. — *C. nivalis* (L.) Ach. (*Platysma nivale* L.). — *C. complicata* Laur. (*Platysma complicatum* Laur.); (neben *Protolichesterinsäure*, *Atranorsäure* und *Fumar-Protocetrarsäure*). — *C. diffusa* Nyl. (*Platysma diffusum* Web.); neben *Diffusinsäure*.
Fam. **Cladoniaceae:** *Cladina alpestris* Nyl. (*Cladonia a.* Schaer.) = *Cladonia rangiferina var. alpestris* Rabenh. und var. *spumosa* Flörke. — *Cl. laxiuscula* (Del.) Sandstede. — *Cl. uncialis* L. (*Cenomyce u.* L.); neben *Thamnolsäure*. — *Cl. destricta* Nyl. (*Cenomyce d.* Nyl.); neben *Squamatsäure*, *Destrictinsäure* und *Cladestin*. — *Cl. amourocraea* (Flörke) Schaer. (*Cenomyce a.* Flörke); neben *Coccellsäure*. — *Cl. condensata* (Flörke) Zopf.
   Cladonia cyanipes Sommf. (*Cenomyce c.* Sommf.). — *Cl. incrassata* Flörke; neben *Rhodocladonsäure*. — *Cl. deformis* (L.) Hoffm.; neben *Rhodocladonsäure* und *Zeorin*. — *Cl. pleurota* Flörke; neben *Rhodocladonsäure* und *Zeorin*. — *Cl. coccifera* f. *stemmatina* Ach.; neben *Coccellsäure* und *Rhodocladonsäure*. — *Cl. bellidiflora* Ach. (*Cenomyce b.* var. *coccocephala* Ach.); neben *Bellidiflorin, Zeorin, Squamatsäure* und *Rhodocladonsäure*. — *Cl. fimbriata* (L.) Fr. mit Varietäten *tubaeformis* Hoffm. und *fibula* Hoffm. — *Cl. bacillaris* Nyl.; neben *Rhodocladonsäure, Coccellsäure* und *Cenomycin*. — *Cl. flabelliformis* Flk. var. *polydactyla* (Flk.) Wainio; neben *Thamnolsäure*.
Fam. **Lecideaceae:** *Biatora Lightfootii* (Sm.) f. *commutata* Ach.
Fam. **Lecanoraceae:** *Placodium chrysoleucum* Sm. (*Rhizoplaca chrysoleuca* Sm.); neben *Placodiolsäure*. — *Pl. opacum* Ach.; neben *Placodiolsäure* und *Rhizoplacsäure*. — *Pl. crassum* Huds. (*Squamaria crassa* Huds.); neben *Psoromsäure*. — *Pl. Lagascae* Ach. — *Pl. gypsaceum* (Sm.) Fr. (*Squamaria gypsacea* Sm.); neben *Psoromsäure*. — *Squamaria saxicola* Poll. (*Placodium saxicolum* [Poll.] var. *vulgare* Kbr.); neben *Atranorsäure* und *Zeorin*. — *Sq. Lamarckii* DC. (*Placodium Lagascae* Ach., *Psoroma Lamarckii* Mass.); neben *Psoromsäure*. — *Lecanora varia* Ehrh.; neben *Psoromsäure*. — *Haematomma coccineum* (Dicks.) Körb.; neben *Atranorsäure, Zeorin, Porphyrilsäure, Leiphaemin* und *Hymenorhodin*.

55. *Zeorin* $C_{52}H_{88}O_4$.

Vorkommen: In zahlreichen Arten mehrerer Familien aufgefunden.
Fam. **Roccellaceae:** *Roccella intricata* (Mnt.) Darbish.; zweifelhafte, alte Angabe.
Fam. **Cladoniaceae:** *Cladonia coccifera* var. *pleurota* (Flörke) Zopf (*Cenomyce pleurota* Flörke); (neben *l-Usninsäure* und *Rhodocladonsäure*). — *Cl. bellidiflora* var. *coccocephala* Ach. (wie vorige, ferner noch *Squamatsäure* und *Bellidiflorin*). — *Cl. deformis* Hoffm.; (neben *Rhodocladonsäure* und *l-Usninsäure*).
Fam. **Diploschistaceae:** *Diploschistes albissimus* (Ach.) Zahlbr.; neben *Lecanorsäure* und *Atranorsäure*. — *D. cretaceus* Mass. (*Urceolaria scruposa* var. *cretacea* Mass.).
Fam. **Lecanoraceae:** In sämtlichen Species *Zeorin* neben *Atranorsäure* und *Leiphaemin*: *Haematomma coccineum* (Dicks.) Körb.; ferner noch *l-Usninsäure, Porphyrilsäure* und *Hymenorhodin*. — *H. porphyrium* Pers.; neben *Porphyrilsäure* und *Hymenorhodin*. — *H. leiphaemum* Ach.; ferner noch *Leiphaemsäure*. — *Lecanora sulphurea* (Hoffm.) Ach.; neben *d-Usninsäure* und *Sordidin*. — *L. thiodes* Sprengel. — *L. epanora* Ach. — *L. sordida* (Pers.) Fr. (*Zeora sordida* Körb.); in einer in Italien gesammelten Varietät; zweifelhafte Angabe! — *L. saxicola* (Poll.) Ach. (*Squamaria s.* Poll. oder *Placodium saxicolum* Poll.; neben *Atranorsäure* und *Usninsäure*.
Fam. **Physciaceae:** *Zeorin* neben *Atranorsäure* bei *Physcia caesia* (Hoffm.) Nyl. — *Ph. endococcina* (Körb.) Fr.; ferner *Rhodophyscin* und *Endococcin*. — *Anaptychia speciosa* (Wulf.) Wainio. — *Dimelaena oreina* Ach.; hier neben *Usninsäure*.

---

[1] Die Zugehörigkeit zur Fam. *Graphidaceae* ist noch unsicher.

Fam. **Peltigeraceae:** *Peltigera propagulifera* Fw. — *Nephroma arcticum* (L.) Fr. — *N. antarcticum* (Wulf.) Nyl. — *Nephromium laevigatum* Ach. — *N. parile* (Ach.) Wainio.

b) Aromatische Flechtenstoffe.

1. *Acolsäure* (keine Formel).

Vorkommen: Nur in einer Familie aufgefunden.

Fam. **Cypheliaceae:** *Acolium tigillare* Ach. (*Cyphelium t.* [Pers.] Fr.); neben *Rhizocarpsäure*.

2. *Alectorialsäure* (keine Formel).

Vorkommen: In der Rinde einer *Alectoria*-Species.

Fam. **Usneaceae:** *Alectoria nigricans* Ach.

3. *Alectorsäure* $C_{28}H_{24}O_{15}$.

Vorkommen: Nur in einer Familie nachgewiesen.

Fam. **Usneaceae:** *Alectoria cana* Ach. und *A. jubata* Ach. var. *implexa* (Hoffm.) (= *Bryopogon jubatum* Lnk. var. *implexum* [Hoffm.] = *Alectoria implexa* Nyl. = *A. jubata* var. *cana* Arn.); neben *Bryopogonsäure*. — *Usnea dasypoga* Ach.; neben *d-Usninsäure, Hirtellsäure, Usnarsäure* und *Usnellin*.

4. *Areolatin* $C_{12}H_{10}O_7$ und *Areolin* (keine Formel).

Vorkommen: In einer Pertusarie.

Fam. **Pertusariaceae:** *Pertusaria rupestris* DC.; neben *Gyrophorsäure*.

5. *Atranorin (Atranorsäure, Parmelin, Usnarin)* $C_{19}H_{18}O_8$.

Vorkommen: Weit verbreitet bei mehr als 45 Flechtenarten in vielen Flechtenfamilien, am reichlichsten oder auch ausschließlich in der Rindenschicht zur Ablagerung kommend.

Fam. **Lecanoraceae:** *Lecanora atra* (Huds.) Ach.; neben *d-Usninsäure*. — *L. sordida* (Pers.) Fr., var. *glaucoma* (Hoffm.), (neben *Parellsäure*), var. *Swartzii* (Ach.) (neben *Thiophansäure, Lecasterinsäure* und *Roccellsäure*), (Alte Angabe!) — *L. cenisea* Ach. — *L. grumosa* Sprengel. — *L. subfusca* Ach.; alte Angabe. — *L. allophana* L. — *L. campestris* Schaer. — *L. glaucoma* Pers. — *L. Swartzii* Ach. — *L. thiodes* Sprengel. — *Haematomma coccineum* (Dicks.) Körb. — *H. coccineum* var. *abortivum* Hepp. — *H. leiphaemum* Ach. — *Placodium saxicolum* Poll. (*Squamaria saxicola* Poll.); neben *Zeorin* und *Usninsäure* (von anderen bestritten!). — *Pl. melanaspis* Ach. (*Squamaria m.* Ach.); neben *Placodin*.

Fam. **Diploschistaceae:** *Diploschistes cretaceus* Mass. — *D. albissimus* (Ach.) Zahlbr.; neben *Lecanorsäure* und *Zeorin*. — *Urceolaria scruposa* L. (*Diploschistes scruposus* [L.] Norm.); neben *Diploschistessäure*. — *U. scruposa* var. *vulgaris* Körb., var. *cretacea* Mass. und var. *bryophila* Ehrh.

Fam. **Theloschistaceae:** *Xanthoria parietina* (L.) Fr., Wandflechte (nur in der Schattenform); neben *Parietin* und *Mannit*.

Fam. **Caloplacaceae:** *Blastenia arenaria* var. *teicholytum* Ach. = *Callopisma t.* Ach.

Fam. **Parmeliaceae:** *Parmelia perforata* (Wolf.) Ach. — *P. excrescens* Arn. — *P. perlata* Ach. — *P. olivetorum* Nyl. — *P. tinctorum* Despr. — *P. Nilgherrensis* Nyl. — *P. saxatilis* (L.) Ach. — *P. saxatilis* var. *sulcata* Tayl. — *P. saxatilis* var. *retiruga* DC. — *P. saxatilis* var. *panniformis* Ach. — *P. saxatilis* var. *omphalodes* L. — *P. acetabulum* (Neck.) Duby. — *P. Kamtschadalis* (Ach.) Eschw. (fälschlich als *Everniopsis Trulla* Ach. bezeichnet). — *P. hyperopta* Ach. — *P. euralites* Ach. — *P. encausta* Ach. — *P. physodes* L. — *P. Borreri* Turn. — *P. pertusa* (Schrank.) Schaer. — *P. tiliacea* (Hoffm.) Ach. — *P. scortea* Ach. — *P. farinacea* Bitter. — *P. coralloidea* Mey und Flot. — *Cetraria glauca* (L.) Ach.; neben *Caperatsäure*. — *C. Fahlunensis* Ach.; neben *Fumar-Protocetrarsäure*. — *C. complicata* Laurer; neben *l-Usninsäure, Protolichesterinsäure* und *Fumar-Protocetrarsäure*. — *C. chlorophylla* Humboldt; neben *Protolichesterinsäure*.

Fam. **Cladoniaceae:** *Cladonia rangiferina* (L.) Web.; neben *Fumar-Protocetrarsäure*. — *Cl. rangiformis* Hoffm.; neben *Rangiformsäure*. — *Cl. gracilis* (Willd.) var. *elongata* Wainio. — *Cl. caespiticia* Pers. — *Cl. furcata* Huds. — *Cl. furcata* var. *racemosa* Hoffm. — *Cl. furcata* var. *primata* Wainio. — *Cl. fimbriata* (L.) Fr. — *Cl. fimbriata* var. *apolepta* Ach. — *Cl. fimbriata* var. *coniocraea* Flörke. — *Cl. fimbriata* var.

simplex (Weis) f. *major* Zopf (vom Dortmund-Ems-Kanal); neben *Fimbriatsäure* und *Fumar-Protocetrarsäure.* — *Cl. subcervicornis* Wainio; neben *Cervicornin* und *Fumar-Protocetrarsäure.* — *Cl. cariosa* (Ach.) Sprgl.

In folgenden *Stereocaulon*-Species neben *Pseudopsoromsäure*: *Stereocaulon coralloides* Fr. — *St. incrustatum* Flörke. — *St. vesuvianum* Pers. — *St. denudatum* Flörke mit den Varietäten *genuinum* Fries und *pulvinatum* Schaer.; bei letzterem noch *Stereocaulsäure.* — In folgenden Species nur *Atranorsäure*: *St. paschale* (L.) Ach. — *St. condensatum* Hoffm. — *St. ramulosum* Ach. — *St. tomentosum* Fr. — *St. salazinum* Bory; neben *Salazinsäure.* — *St. virgatum* Ach. f. *primaria* Wainio; wie vorige. — *St. alpinum* Laur.; neben *Stereocaulsäure.* — *St. pileatum* Ach.; wie vorige. — *Sphyridium placophyllum* Wahlbg. (*Byssoides placophyllus* Wnbg.). — *Pycnothelia papillaria* (Ehrh.) Hoffm. var. *molariformis* Hoffm.

Fam. Pertusariaceae: *Pertusaria ocellata* var. *variolosa* Fw.

Fam. Physciaceae: *Physcia caesia* (Hoffm.) Nyl.; neben *Zeorin.* — *Ph. tenella* Ach. — *Ph. aipolia* (Ach.) Nyl. — *Ph. pityrea* Ach. — *Ph. stellaris* (L.) Nyl. — *Ph. stellaris* var. *ascendens* Fr. — *Ph. endococcina* (Körb.) Fr.; neben *Zeorin, Endococcin* und *Rhodophyscin.* — *Ph. speciosa* (L.) Wulf.; neben *Zeorin.* — *Ph. ciliaris* L.

Fam. Usneaceae: *Evernia furfuracea* L. — *E. prunastri* (L.) Ach.; neben *d-Usninsäure* und *Evernsäure.* — *E. prunastri* var. *vulgaris* Körb. — *E. prunastri* var. *gracilis* Körb. — *E. illyrica* Zahlbr.; neben *Divaricatsäure.* — *E. vulpina* L. — *Ramalina pollinaria* (Westr.) Ach.; neben *d-Usninsäure, Evernsäure* und *Ramalsäure.* — *Usnea florida* (L.) Hoffm. (von Ceylon). — *U. hirta* Hoffm. (aus Deutschland). — *Alectoria implexa* (Hoffm.) Nyl. — *A. sulcata* Nyl.; neben *Sulcatsäure.*

Fam. Buelliaceae: *Diploica canescens* Dicks. (*Buellia c.* [Dicks.] De Nots.); neben *Diploicin* und *Catolechin.*

Fam. Lecideaceae: *Mycoblastus sanguinarius* (L.) Fr.; neben *Caperatsäure.*

Fam. Arthoniaceae: *Pachnolepia decussata* Flotow; neben *Lecanorsäure.*

Fam. Graphidaceae: *Lepraria latebrarum* Ach.[1]; neben *Leprarin* und *Roccellsäure.*

6. *Atranorinsäure (Atrinsäure)* $C_{18}H_{18}O_9$.

Vorkommen: Angeblich reichlich in einer *Cladonia*, später in derselben nicht wieder gefunden.

Fam. Cladoniaceae: *Cladonia rangiformis* Hoffm.; neben *Atranorsäure* und *Rangiformsäure.*

7. *Barbatinsäure (Rhizonsäure)* $C_{19}H_{20}O_7$.

Vorkommen: Meist als Begleiter der *Usninsäure* in verschiedenen Arten der Gattung *Usnea.*

Fam. Usneaceae: *Usnea barbata* L., Bartflechte; neben *Barbatolsäure.* — *U. hirta* Hoffm. (vom Traunstein, Ceylon und Hinterindien); zweifelhafte Angabe! — *U. florida* Hoffm. (aus Hinterindien). — *U. longissima* (L.) Ach.; neben *d-Usninsäure.* — *U. ceratina* Ach. (hier reichlich vorhanden). — *Alectoria ochroleuca* (Ehrh.) Nyl.; neben *l-Usninsäure.*

Fam. Lecideaceae: *Rhizocarpon geographicum* L. var. *contiguum* Fr.; neben *Rhizocarpsäure* und *Psoromsäure.*

8. *Barbatolsäure* $C_{18}H_{14}O_{10}$
(isomer der *Salazinsäure*).

Vorkommen: Nach neuester Angabe neben einer noch nicht untersuchten farblosen Säure und *Usninsäure* in der Bartflechte.

Fam. Usneaceae: *Usnea barbata* L., Bartflechte.

9. *Blastenin (Blasteniasäure)* (keine Formel).

Vorkommen: In einer selten vorkommenden *Blastenia*-Species.

Fam. Caloplacaceae: *Blastenia arenaria* Mass. = *Callopisma erythrocarpa* (Pers.) De Nots; alte Angabe! — *Bl. percrocata* Arn.; zweifelhafte Angabe!

10. *Bryopogonsäure* $C_{28}H_{22}O_{14}$.

Vorkommen: In einer Flechte.

Fam. Usneaceae: *Alectoria cana* Ach. (*A. jubata* var. *cana* Arnold); neben *Alectorsäure.*

---

[1] Ob die Flechte wirklich zu den Graphidaceen (so bei Zopf) gehört, ist noch unsicher.

11. *Caprarsäure (Physodalsäure)* $C_{24}H_{20}O_{12}$.

Vorkommen: In drei Species bei einer Familie.

Fam. Parmeliaceae: *Parmelia caperata* (L.) ACH.; neben *Caperin, Caperidin, Caperatsäure* und *Usninsäure.* — *P. physodes* (L.) ACH.; neben *Physodsäure.* — *P. (Menegazzia) pertusa* (SCHRANK.) SCHAER.

12. *Cetratasäure* $C_{29}H_{24}O_{14}$.

Vorkommen: In einer Flechte.

Fam. Parmeliaceae: *Parmelia cetrata* Ach. (auf javanischen Cinchonarinden).

13. *Chlorophäasäure* (keine Formel).

Vorkommen: In einer Flechte.

Fam. Cladoniaceae: *Cladonia chlorophaea* FLÖRKE; neben *Fumar-Protocetrarsäure.*

14. *Coccellsäure* $C_{20}H_{22}O_7$
(Depsid der *Dirhizoninsäure*).

Vorkommen:

Fam. Cladoniaceae: *Cladonia coccifera* (L.) WILLD. — *Cl. coccifera* var. *stemmatina* ACH.; neben *l-Usninsäure* und *Rhodocladonsäure.* — *Cl. Flörkeana* FR. — *Cl. Flörkeana* var. *intermedia* HEPP; neben *Rhodocladonsäure.* — *Cl. macilenta* HOFFM. — *Cl. macilenta* var. *styracella* ACH.; neben *Thamnolsäure* und *Rhodocladonsäure.* — *Cladina amourocraea* NYL.; neben *l-Usninsäure* und *Coenomycin.*

15. *Coccinsäure* $C_{21}H_{16}O_{10}$.

Vorkommen: In zwei Varietäten einer Flechte.

Fam. Lecanoraceae: *Haematomma coccineum* (KÖRB.) var. *abortivum* HEPP; neben *Haematommin, Leiphaemin*? und *Atranorsäure*; und *H. coccineum*-Varietät unbekannt.

16. *Confluentin* $C_{26}H_{36}O_8$ oder $C_{37}H_{50}O_{10}$.

Vorkommen: In einer Flechte.

Fam. Lecideaceae: *Lecidea confluens* Fr.

17. *Cuspidatsäure* $C_{16}H_{20}O_{10}$.

Vorkommen: In einer Flechte.

Fam. Usneaceae: *Ramalina cuspidata* NYL.

18. *Diffractasäure (Barbatinsäuremonomethyläther)* $C_{20}H_{22}O_7$.

Vorkommen: Nach neuester Angabe in einem *Usnea*-Species.

Fam. Usneaceae: *Usnea diffracta* WAINIO (*Diffractasäure* ist wahrscheinlich identisch mit früherer *Dirhizoninsäure* aus *Usnea longissima* ACH. Nr. 20).

19. *Diffusinsäure (Diffusin)* $C_{25}H_{30}O_8$.

Vorkommen: In zwei Familien.

Fam. Parmeliaceae: *Parmelia sorediata* ACH. — *Platysma diffusum* (WBR.) NYL.; neben *l-Usninsäure*; alte Angabe!
Fam. Lecideaceae: *Biatora mollis* (WAHLB.) NYL.

20. *Dirhizoninsäure (Methylbarbatinsäure)* $C_{20}H_{22}O_7$.

Vorkommen: Angeblich in einer *Usnea* aus Ost-Usambara, Deutsch-Ostafrika.
Fam. Usneaceae: *Usnea longissima* (L.) ACH.; zweifelhaft!

21. *Divaricatsäure* $C_{21}H_{24}O_7$.

Vorkommen: In zwei Familien.

Fam. Usneaceae: *Letharia (Evernia) divaricata* (L.) HUE; neben *d-Usninsäure.* — *Evernia thamnodes* FLOT.; wie vorige. — *E. illyrica* ZAHLBR.; neben *Atranorsäure.*
Fam. Lecanoraceae: *Haematomma ventosum* (L.) MASS.; neben *Usninsäure* und *Ventosarsäure.*

22. Endococcin (keine Formel).

Vorkommen: Nur in einer Flechte.

Fam. **Physciaceae:** *Physcia endococcina* (Körb.) Fr.; neben *Atranorsäure, Zeorin* und *Rhodophyscin.*

23. Erythrin (Erythrinsäure) = Mesoerythritester der Lecanorsäure $C_{20}H_{22}O_{10}$.

Vorkommen: In verschiedenen *Roccella*-Species und einer *Aspicilia.*

Fam. **Roccellaceae:** *Roccella Montagnei* Bél. — *R. juciformis* (L.) DC. — *R. peruensis* Krempelh. — *R. phycopsis* (Ach.) Darbish.; neben *Erythrit* und *Oxyroccellsäure.*
Fam. **Lecanoraceae:** *Aspicilia calcarea* (L.) Kbr. und var. *farinosa* Flörke; neben *Aspiciliin.*

24. β-Erythrin $C_{21}H_{24}O_{10}$.

Vorkommen: Angeblich in einer verkümmerten *Roccella*-Art von Valparaiso.

Fam. **Roccellaceae:** *Roccella fuciformis* L. (unsichere, alte Angabe!).

25. Evernsäure $C_{17}H_{16}O_7$.

Vorkommen: Im Mark einer Anzahl von Flechten einer Familie; 1848 zuerst isoliert.
Fam. **Usneaceae:** *Ramalina pollinaria* (Westr.) Ach.; neben *d-Usninsäure* und *Ramalsäure.* — *R. calicaris* Röhl.; neben *d-Usninsäure* und *Obtusatsäure*, und wahrscheinlich auch *R. obtusata* Arn.; als *Ramalinellsäure* angegeben. — *Evernia prunastri* (L.) Ach., Eichenmoos; neben *d-Usninsäure, Atranorsäure* und *Everninsäure.* — *E. prunastri* var. *vulgaris* Körb. und *E. prunastri* var. *gracilis* Körb.

26. Evernursäure $C_{24}H_{26}O_9$.

Vorkommen: In zwei Familien angegeben.

Fam. **Usneaceae:** *Evernia furfuracea* (L.) Ach. und var. *ceratea* (?); neben *Atranorin* und *Physodylsäure.*
Fam. **Parmeliaceae:** *Parmelia physodes* (L.) Ach. var. *vulgaris* Kbr.; neben *Physodylsäure, Caprarsäure* und Spuren *Atranorin.* — *Menegazzia pertusa* (Schrank.) Schaer.; neben *Menegazziasäure* und *Atranorsäure.*

27. Farinacinsäure $C_{26}H_{32}O_8$.

Vorkommen: Nur in einer Familie.
Fam. **Parmeliaceae:** *Parmelia (Hypogymnia) farinacea* Bitter; neben *Atranorsäure.*

28. Fragilin (keine Formel).

Vorkommen: In zwei Flechten-Species einer Familie in sehr geringer Menge aufgefunden.
Fam. **Sphaerophoraceae:** *Sphaerophorus fragilis* (L.) Pers. und *Sph. coralloides* Pers. (neben *Sphaerophorin* und *Sphaerophorsäure*).

29. Fumar-protocetrarsäure $C_{62}H_{50}O_{35}$.

Vorkommen: Verbreitet besonders bei zwei Familien.

Fam. **Roccellaceae:** *Dendrographa leucophaea* (Tuck.) Darbish.; alte Angabe!
Fam. **Parmeliaceae:** *Cetraria islandica* (L.) Ach., Isländisches „Moos"; neben *Protolichesterinsäure* und *Paralichesterinsäure.* — *C. platyna* Nyl.; neben *Protolichesterinsäure.* — *C. subtubulosa* Fr.; wie vorige. — *Parmelia complicata* Laur.; neben *l-Usninsäure, Protolichesterinsäure* und *Atranorsäure.* — *P. fahlunensis?* (*Platysma fahlunense* Nyl.); neben *Atranorsäure.*
Fam. **Cladoniaceae:** *Cladonia fimbriata* (Fr.) var. *simplex* (Weis) f. *minor* Hag. und f. *major* Hag. — *Cl. fimbriata* var. *cornuto-radiata* Coem. — *Cl. fimbriata* var. *apolepta* (Ach.) f. *coniocraea* Flörke. — *Cl. fimbriata* var. *chordalis* Ach. — *Cl. chlorophaea* Flörke. — *Cl. subcervicornis* Wainio. — *Cl. pityrea* (Flörke) var. *cladomorpha* Flörke. — *Cl. pityrea* var. *Zwackhii* Wainio. — *Cl. gracilis* (L.) var. *chordalis* Flörke. — *Cl. gracilis* var. *elongata* Jacq. — *Cl. pyxidata* (Fr.) var. *neglecta* Flörke. — *Cl. pyxidata* var. *cerina* Arnold. — *Cl. verticillata* Hoffm. var. *evoluta* Wainio. — *Cl. verticillata* var. *cervicornis* Ach. — *Cl. verticillata* f. *phyllophora* (Flörke) Sandstede. — *Cl. furcata* (Schrad.) var. *racemosa* Hoffm. — *Cl. furcata* var. *pinnata*

Flörke. — *Cl. foliacea* (Huds.) var. *alcicornis* Lightf. — *Cl. foliacea* var. *convoluta* Lam. — *Cl. tenuis* Flörke; neben *d-Usninsäure*. — *Cladina rangiferina* (L.) Wainio; neben *Atranorsäure*. — *Cl. silvatica* (L.) Hoffm.; neben *d-Usninsäure*.
Fam. **Caloplacaceae:** *Callopisma teicholytum* Ach.

30. *Glabratsäure* $C_{13}H_{14}O_6$.

Vorkommen: Nur in einer Familie.
Fam. **Parmeliaceae:** *Parmelia glabra* Schaer.

31. *Glomellifersäure* $C_{19}H_{22}O_6$ und *Glomellsäure* (keine Formel).

Vorkommen: Beide Säuren wurden nebeneinander in derselben Flechte gefunden.
Fam. **Parmeliaceae:** *Parmelia glomellifera* Nyl.; neben *Sphaerophorin*.

32. *Gyrophorsäure* $C_{24}H_{20}O_{10}$. Tridepsid der *Orsellinsäure*.

Vorkommen: In sechs Flechtenfamilien vorkommend, besonders bei den Gyrophoraceen verbreitet.
Fam. **Gyrophoraceae:** *Gyrophora proboscidea* (L.) Ach. — *G. hirsuta* (Ach.) Fw. — *G. vellea* (L.) Ach. — *G. deusta* (L.) Ach. — *G. spodochroa* var. *depressa* Ach. — *G. polyphylla* (L.) Körb. — *G. polyrrhiza* L.; neben *Umbilicarsäure* und *Lecanorsäure*. — *Umbilicaria pustulata* (L.) Hoffm.
Fam. **Parmeliaceae:** *Parmelia locarnensis* Zopf; neben *Imbricarsäure*. — *P. revoluta* Flörke; neben *Atranorsäure*.
Fam. **Caloplacaceae:** *Callopisma teicholytum* Ach.; neben *Atranorin*.
Fam. **Lecanoraceae:** *Ochrolechia tartarea* (L.) Mass.; neben *Roccellsäure*. — *O. androgyna* Hoffm.; neben *Calyciarin*!
Fam. **Pertusariaceae:** *Pertusaria rupestris* (DC.) var. *areolata* Fr. — *P. ocellata variolosa* Fw.; neben *Atranorin*.
Fam. **Lecideaceae:** *Lecidea grisella* Flörke. — *Biatora granulosa* Ehrh.

33. *Hirtellsäure* ($C_{19}H_{18}O_{10}$) $C_{19}H_{16}O_{11}$.

Vorkommen: In zwei Familien nachgewiesen.
Fam. **Usneaceae:** *Usnea hirta* (L.) Hoffm.; neben *Hirtinsäure, d-Usninsäure, Usnarsäure* und *Pikrusnidsäure*. — *U. florida* (L.) Hoffm.; neben *d-Usninsäure*. — *U. dasypoga* (Ach.) Nyl.; neben *d-Usninsäure, Usnarsäure* und *Usnellin*.
Fam. **Parmeliaceae:** *Hypogymnia obscurata* (Ach.) Bitter.

34. *Hydrosolorinol* $C_{24}H_{32}O_7$.

Vorkommen: Siehe *Solorinsäure* Nr. 78, S. 446.
Fam. **Peltigeraceae:** *Solorina crocea* (L.) Ach.; neben *Solorinsäure*.

35. *Hymenorhodin* (keine Formel).

Vorkommen: Bei einer *Haematomma*-Species in der Schlauchschicht der Apothecien, deren purpurrote Farbe bedingend.
Fam. **Lecanoraceae:** *Haematomma porphyrium* Pers.; neben *Atranorsäure, Zeorin, Porphyrilsäure, Leiphaemin*.

36. *Imbricarsäure* (keine Formel).

Vorkommen: In zwei Species bei einer Familie.
Fam. **Parmeliaceae:** *Parmelia perlata* Ach.; neben *Perlatsäure* und *Atranorsäure*. — *P. locarnensis* Zopf; neben *Gyrophorsäure*.

37. *Isidsäure* s. Nr. 64, S. 445.
(identisch mit *Physodylsäure*).

38. *Kullensissäure* $C_{19}H_{16}O_{10}$
(wahrscheinlich identisch mit *Ramalinsäure* Nr. 70, S. 445).

Vorkommen: In einer *Ramalina*-Species angegeben.
Fam. **Usneaceae:** *Ramalina Kullensis* Zopf; neben *d-Usninsäure*.

39. Latebrid (keine Formel).

Vorkommen: In einem abnormen Flechtenlager von Dolomit aus Vorarlberg.
Fam. **Graphidaceae:** *Lepraria latebrarum* Ach.; neben *Atranorsäure* (alte Angabe!). (Die Familienzugehörigkeit dieser Flechte ist unsicher!)

40. Lecanorolsäure (Lecanorol) $C_{27}H_{30}O_9$.

Vorkommen: Im Mark einiger *Lecanora*-Species.
Fam. **Lecanoraceae:** *Lecanora atra* (Huds.) Ach.; neben *Atranorsäure*. — *L. grumosa* Pers.; wie vorige. — *L. sulphurea* (Hoffm.) Ach.; neben *d-Usninsäure, Zeorin* und *Sordidin.*

41. Lecanorsäure (Lecanorin, α- oder β-Orseillsäure, Sordidasäure, Parmelialsäure, Diploschistessäure), Didepsid der Orsellinsäure $C_{16}H_{14}O_7$.

Vorkommen: Schon 1842 aus Flechten dargestellt, ist die *Lecanorsäure* ziemlich weit verbreitet und sitzt hauptsächlich in der Markschicht der Flechten.
Fam. **Arthoniaceae:** *Pachnolepia decussata* Flot.; neben *Atranorsäure*. — *Leprantha impolita* Ehrh. (*Arthonia i.* [Ehrh.] Borr.); neben *Lepranthasäure* und *Lepranthin*.
Fam. **Roccellaceae:** *Roccella tinctoria* (L.) Ach.; neben *Oxyroccellsäure, Roccellsäure* und *Psoromsäure. — R. canariensis* Darbish. *— R. portentosa* Montg. *— R. sinensis* Nyl.; zweifelhaft!
Fam. **Diploschistaceae:** *Diploschistes albissimus* (Ach.) Zahlbr.; neben *Zeorin* und *Atranorsäure. — Urceolaria scruposa* (L.) Ach. var. *bryophila* Ehrh.
Fam. **Lecidaceae:** *Psora ostreata* (Hoffm.) Schaer.
Fam. **Gyrophoraceae:** *Gyrophora polyrrhiza* L.; neben *Gyrophorsäure* und *Umbilicarsäure*.
Fam. **Pertusariaceae:** *Pertusaria lactea* Nyl.; neben *Variolarsäure*!
Fam. **Usneaceae:** *Evernia prunastri* (L.) Ach. (vom Vogelsberg); nach neueren Untersuchungen aber *keine* Lecanorsäure!
Fam. **Lecanoraceae:** *Ochrolechia tartarea* (L.) Mass. (*Lecanora t.* L.) und *O. parella* (L.) Mass. (*Lecanora p.* L.); nach neuerer Untersuchung in beiden Flechten: *keine* Lecanorsäure! — *Haematomma coccineum* Dicks., var. unbekannt.
Fam. **Parmeliaceae:** *Parmelia tiliacea* (Hoffm.) Ach.; neben *Atranorsäure*. — *P. tiliacea* var. *scortea* Ach.; wie vorige. — *P. Borreri* Turn.; wie vorige. — *P. marginata* Stein; wie vorige. — *P. tinctorum* Despr.; wie vorige. — *P. glabra* Nyl.; neben *Glabratsäure. — P. verruculifera* Nyl. — *P. fuliginosa* Fr. — *P. fuliginosa* var. *ferruginascens* Zopf. — *P. subaurifera* Nyl.; neben *Subauriferin. — P. sorediata* Ach.

42. Lecidol (keine Formel).

Vorkommen: In einer Flechte.
Fam. **Lecideaceae:** *Lecidea cinereoatra* Ach.; neben *Lecidsäure*.

43. Lecidsäure $C_{24}H_{30}O_6$.

Vorkommen: Nur in einer Flechte.
Fam. **Lecideaceae:** *Lecidea cinereoatra* Ach.; neben *Lecidol*.

44. Leprariasäure (Leprarin) $C_{19}H_{18}O_9$.

Vorkommen: In einem abnormen Flechtenlager gefunden, dessen Familienzugehörigkeit wohl zweifelhaft ist.
Fam. **Graphidaceae** (?): *Lepraria latebrarum* Ach.; neben *Parellsäure*!

45. Leprarsäure (keine Formel).

Vorkommen: In einer *Lepraria*-Art auf *Gneis* und *Glimmerschiefer* bei St. Anton; von anderem in derselben Flechte nicht gefunden.
Fam. **Calyciaceae:** *Calycium chlorinum* Stenh. ?, Leprariaform = *Lepraria chlorina* Stenh.; neben *Vulpinsäure*.

46. Lobarsäure $C_{24}H_{24}O_7$ (?).

Vorkommen: In einer Flechte, deren Familienzugehörigkeit zweifelhaft ist.
Fam. **Parmeliaceae:** *Parmelia saxatilis* var. *omphalodes* L. (= *Lobaria adusta* Hoffm.); neben *Atranorsäure, Saxatsäure* und *Saxatilsäure* (zweifelhafte, alte Angabe, da *Lobaria* nach Engler-Prantl zu der Familie *Stictaceae* gestellt wird; man vergleiche auch **Usnetinsäure,** Nr. 91, S. 447, wo *Lobarsäure* als synonym angegeben wird).

47. *Menegazziasäure* (keine Formel).

Vorkommen: In einer Flechte.

Fam. **Parmeliaceae:** *Parmelia* (*Menegazzia*) *pertusa* (SCHRANK) SCHAER.; neben *Atranorsäure.*

48. *Nephromin* $C_{16}H_{12}O_6$.

Vorkommen: Bei einer *Nephromium*-Species im *Mark* und *Subhymenium*, beide gelb färbend.

Fam. **Peltigeraceae:** *Nephromium lusitanicum* SCHAER.; neben *Nephrin.*

49. *Obtusatsäure* $C_{18}H_{18}O_6$.

Vorkommen: In einer in Japan weit verbreiteten *Ramalina*-Species; früher auch schon für eine andere Species angegeben.

Fam. **Usneaceae:** *Ramalina calicaris* RÖHL.; neben *d-Usninsäure* und *Evernsäure.* — *R. obtusata* ARN.; neben Usninsäure und *Ramalinellsäure*; letztere scheint aber ebenfalls *Evernsäure* gewesen zu sein (1932!).

50. *Ocellatsäure* $C_{21}H_{18}O_{12}$.

Vorkommen: Nur in einer Flechte.

Fam. **Pertusariaceae:** *Pertusaria corallina* ARN. (= *P. ocellata* β *corallina* KÖRB. = *Isidium corallinum* ACH.).

51. *Olivaceasäure* $C_{17}H_{22}O_6$.

Vorkommen: In zwei Species bei einer Familie.

Fam. **Parmeliaceae:** *Parmelia olivacea* (L.) ACH.; neben *Olivacein*; zweifelhafte Angabe! — *P. prolixa* ACH. (auf Keupersandstein gewachsen).

52. *Olivacein* $C_{17}H_{22}O_5$.

Vorkommen: In einer auf Keupersandstein vorkommenden *Parmelia*-Species.

Fam. **Parmeliaceae:** *Parmelia prolixa* ACH. (*P. olivacea* [L.] γ *prolixa* ACH.); neben *Olivaceasäure.*

53. *Olivetorsäure* $C_{26}H_{32}O_8$.

Vorkommen: Für zwei Familien angegeben.

Fam. **Parmeliaceae:** *Parmelia olivetorum* NYL.; neben *Olivetorin* und *Atranorsäure.*
Fam. **Usneaceae:** *Evernia furfuracea* L. var. *olivetorina* ZOPF; neben *Atranorsäure, Olivorsäure* und *Apoolivorsäure.* — *Alectoria divergens* NYL.

54. *Olivorsäure* $C_{23}H_{28}O_8$.

Vorkommen: In einer Flechte neben *Atranorin, Olivetorsäure, Olivetorin* und *Apoolivorsäure.*
Fam. **Usneaceae:** *Evernia furfuracea* var. *olivetorina* ZOPF.

55. *Orygmaeasäure* (keine Formel).

Vorkommen: Nur in einer Flechte.

Fam. **Stictaceae:** *Sticta orygmaea* ACH.; neben *Stictaurin.*

56. *Pannarsäure* $C_9H_8O_4$.

Vorkommen: Nur für eine Flechte angegeben.

Fam. **Pannariaceae:** *Pannaria lanuginosa* ACH.; neben *Oxyroccellsäure.*

57. *Parellsäure* (*Psoromsäure*[1], *Squammarsäure*) $C_{21}H_{16}O_9$.

Vorkommen: Schon 1845 nachgewiesen, von weiter Verbreitung in mehreren Flechtenfamilien.

Fam. **Lecanoraceae:** *Ochrolechia parella* (L.) MASS., „Orseille d'Auvergne" (alte und zweifelhafte Angabe, später bestritten!). — *Lecanora varia* EHRH. — *L. crassa* (HUDS.) ACH. (*Placodium crassum* HUDS., *Squamaria crassa* HUDS.). — *L. gypsacea* (SM.) FR. (*Placodium gypsaceum* SM., *Squamaria gypsacea* SM.). — *L. circinata* ACH. (*Placodium circinatum* PERS.). — *Placodium Lamarckii* DC. (*Squamaria L.* DC.).

---

[1] *Psoromsäure* nach HESSE identisch mit *Stereocaulonsäure* und *Pseudopsoromsäure.*

Fam. **Usneaceae:** *Alectoria implexa* (Hoffm.) Nyl. — *Usnea ceratina* Ach. (auf javanischen *Cinchona*-Rinden).

Fam. **Lecideaceae:** *Rhizocarpon geographicum* (L.) DC., Landkartenflechte mit den Varietäten *lecanorinum* Flörke, *geronticum* Ach. und *contiguum* Fr. — *Rh. oreites* (Wainio) Zahlbr. (*Catocarpus oreites* Wainio).

Fam. **Cladoniaceae:** *Cladonia pyxidata* (L.) Fr. (auf Keupersandstein gewachsen). — *Stereocaulon vesuvianum* Pers. — *St. denudatum* Flörke mit den beiden Varietäten *pulvinatum* Schaer. und *genuinum* Fr.

Fam. **Roccellaceae:** *Roccella tinctoria* DC. — *Darbishirella gracillima* (Darbish.) Zahlbr.

Fam. **Pertusariaceae:** *Variolaria lactea* Nyl.; neben *Lecanorsäure*.

Fam. **Graphidaceae:** *Lepraria latebrarum* Ach. (neben *Leprariasäure*!); Vorkommen bestritten!

58. *Parmatsäure (Saxatilsäure)* $C_{19}H_{14}O_{10}$.

Vorkommen: In verschiedenen Varietäten von *Parmelia saxatilis*.

Fam. **Parmeliaceae:** *Parmelia saxatilis* L. mit den Varietäten *sulcata*, *panniformis*, *omphalodes* Fr. und *retiruga* Fr.; neben *Atranorin*, *Usnetinsäure* und *Saxatsäure*.

59. *Patellarsäure* $C_{17}H_{20}O_{10}$.

Vorkommen: Nur in einer Familie.

Fam. **Diploschistaceae:** *Urceolaria scruposa* L. (*Diploschistes scruposus* [L.] Norm.); alte Angabe! — *U. scruposa* var. *vulgaris* und var. *bryophila*. — *U. albissima* Ach.

60. *Perlatsäure* $C_{28}H_{30}O_{10}$.

Vorkommen: Nur in einer Flechte.

Fam. **Parmeliaceae:** *Parmelia perlata* L. (auf *Cinchona*-Rinden von Sothupara, Madras); neben *Atranorsäure* und *Imbricarsäure*.

61. *Physcion* $C_{16}H_{12}O_5$.

(Parietin, Parmelgelb, Chrysophansäure, Emodinmonomethyläther, Physciasäure, Chrysophyscin.)

Vorkommen: Verbreitet in drei Familien.

Fam. **Theloschistaceae:** An der Rinde, Apothecienwand und Oberfläche der Schlauchschicht folgender: *Xanthoria parietina* (L.) Fr., Wandflechte (neben *Mannit*). — *X. polycarpa* Ehrh. — *X. lychnea* (Fr.) var. *pygmaea* Borr. — *X. candelaria* Ach. — *Theloschistes flavicans* (Sw.) Müll. Arg.

Fam. **Caloplacaceae:** *Placodium cirrhochroum* Ach. (*Gasparrinia cirrhochroa* [Ach.] Fr.). — *Pl. elegans* Lk. (*Gasparrinia e.* [Lk.] Fr.). — *Pl. murorum* (Hoffm.) Fr. — *Pl. decipiens* Arn. — *Pl. sympageum* Ach. — *Fulgensia fulgens* Sw. (*Caloplaca f.* [Sw.] Zahlbr.). — *Callopisma aurantiacum* (Lightf.) β-*flavovirescens* (Hoffm.) = *C. fl.* (Mass.). — *C. Jungermanniae* Vahl.

Fam. **Physciaceae:** *Tornabenia flavicans* Sw. (*Anaptychia fl.*?) mit den Varietäten *crocea* Ach. und *acromela* Pers. — *T. chrysophthalma* (L.) Mass.

62. *Physodsäure* $C_{23}H_{24}O_7$.

Vorkommen: In einer Flechte.

Fam. **Parmeliaceae:** *Parmelia physodes* (L.) Ach.; neben *Physodalsäure* und *Atranorsäure* (später jedoch nicht immer wiedergefunden).

63. *Physodsäure* (Hesse) *(Physodalin)* $C_{20}H_{22}O_6$.

Vorkommen: In einer Familie.

Fam. **Parmeliaceae:** *Parmelia (Hypogymnia) physodes* (L.) f. *labrosa* Ach. — *Pseudevernia furfuracea* (L.) Zopf; neben *Atranorsäure* und *Furfuracinsäure*! — *Ps. isidiophora* Zopf. — *Ps. ceratea* Ach. — *Ps. soralifera* Bitter. — *Ps. ericetorum* (Fr.) Zopf; neben *Atranorsäure*. (Bei Engler-Prantl ist die Gattung *Pseudevernia* nicht aufgeführt!)

64. *Physodylsäure (Isidsäure)* $C_{23}H_{26}O_8$.

Vorkommen: In einer Familie verbreitet.

Fam. **Usneaceae:** *Evernia furfuracea*[1] (L.) ZOPF und var. *ceratea* ACH. (vom Ternovaner Wald, österr. Küstengebiet). — *E. isidiophora* ZOPF; neben *Physodsäure* und *Atranorsäure*.

65. *Picrolicheninsäure (Picrolichenin)* $C_{17}H_{20}O_5$.

Vorkommen: In verschiedenen *Pertusaria*-Species aufgefunden.

Fam. **Pertusariaceae:** *Pertusaria amara* ACH.; (auf Eichen! Von einer auf Buchen gewachsenen *P. amara* wurde eine *Picrolicheninsäure* $C_{12}H_{20}O_6$ (?) isoliert, aber zweifelhaft, da alte Angabe (1855)! — *P. communis* (DC.) *β-variolosa* WALLR. (auf *Buchen*; nicht in Exemplaren von *Linden*).

66. *Pilosellsäure* (keine Formel).

Vorkommen: In einer Flechte.

Fam. **Parmeliaceae:** *Parmelia pilosella* HUE (*P. excrescens* ARN.); neben *Atranorsäure*.

67. *Porinsäure* $C_{11}H_{12}O_4$.

Vorkommen: In einer Flechte.

Fam. **Pertusariaceae:** *Pertusaria glomerata* (ACH.) SCHAER.; neben *Porin*!

68. *Porphyrilsäure* (keine Formel).

Vorkommen: In zwei Species bei einer Familie.

Fam. **Lecanoraceae:** *Haematomma porphyrium* PERS.; neben *Atranorsäure, Zeorin, Leiphaemin* und *Hymenorhodin.* — *H. coccineum* (DICKS.) KÖRB.; wie vorige, außerdem *l-Usninsäure*.

69. *Pulverarsäure* (keine Formel).

Vorkommen: In einer Flechte.

Fam. unbestimmt: *Lepraria* (*Pulveraria*) *farinosa* ACH.; alte Angabe!

70. *Ramalinsäure* $C_{18}H_{14}O_9$.
(vielleicht identisch mit *Protocetrarsäure*).

Vorkommen: Verbreitet in einer Familie.

Fam. **Usneaceae:** *Ramalina farinacea* (L.) ACH.; neben *d-Usninsäure.* — *R. yemensis* (ACH.) NYL.; wie vorige. — *Usnea longissima* (L.) ACH. (Deutsch-Ostafrika!); wie vorige, ferner *Barbatinsäure*.

71. *Ramalsäure* $C_{17}H_{16}O_7$.
(Isomer *Evernsäure.*)

Vorkommen: In einer Flechte.

Fam. **Usneaceae:** *Ramalina pollinaria* (WESTR.) ACH.; neben *Usninsäure* (alte Angabe!).

72. *Roccellarsäure* (keine Formel).

Vorkommen: In einer Flechte.

Fam. **Roccellaceae:** *Roccella intricata* (MTG.) DARBISH.; neben *Zeorin?*

73. *Rhodocladonsäure* $C_{15}H_{10}O_8$.

Vorkommen: Weit verbreitet als der Farbstoff der scharlachroten Apothecien der *Cladonien*.

Fam. **Cladoniaceae:** *Cladonia Flörkeana* FR. und die beiden Formen *intermedia* HEPP (neben *Coccellsäure*) und *carcata* WIO. — *Cl. macilenta* (HOFFM.) NYL. und *Cl. macilenta* var. *styracella* (ACH.) WAINIO (neben *Coccellsäure* und *Thamnolsäure*). — *Cl. incrassata* FLÖRKE (neben *l-Usninsäure*). — *Cl. coccifera* (L.) WILLD. mit den Varietäten *pleurota* FLÖRKE, *stemmatina* ACH. (neben *l-Usninsäure* und *Coccellsäure*) und *extensa* ACH. und der forma *minuta* STEIN. — *Cl. bellidiflora* (ACH.) SCHAER. — *Cl. bellidiflora* var. *coccocephala* ACH.; neben *Squamatsäure, l-Usninsäure, Bellidi-*

---

[1] Von anderen (FRIES) zu den *Parmeliaceen* gestellt.

florin und *Zeorin.* — *Cl. deformis* Hoffm. (neben *l-Usninsäure* und *Zeorin*). — *Cl. deformis* f. *alpestris* Rabenh., f. *crenulata,* f. *phyllocephala* Koch. — *Cl. digitata* Schaer. (neben *Thamnolsäure*). — *Cl. digitata* var. *monstrosa* Ach. — *Cl. digitata* f. *ceruchoides* Wainio, f. *brachytes,* f. *glabrata,* f. *monstrosa.* — *Cl. bacillaris* Nyl. var. *clavata* (Ach.) Wainio. — *Cl. fimbriata* var. *fibula* Hoffm. — *Cl. didyma* (Wainio) var. *muscigena* Wainio und var. *Vulcanica* Wainio. — *Cl. flabelliformis* (Wainio) var. *polydactyla* Wainio. — *Cl. miniata* Mey.

74. Rhodophyscin (keine Formel).

Vorkommen: Bei einer *Physcia*-Species im Mark der Flechte, deren Färbung bedingend.

Fam. **Physciaceae:** *Physcia endococcina* (Körb.) Fr.; neben *Atranorsäure, Zeorin* und *Endococcin.*

75. Salazinsäure $C_{18}H_{14}O_{10}$ ($C_{30}H_{24}O_{16}$).

Vorkommen: Mikrochemisch in mehr als 70 Flechtenarten nachgewiesen von G. Lettau: Hedwigia 55, 1 (1914). Hier sind nur die Angaben von Zopf und Hesse berücksichtigt.

Fam. **Cladoniaceae:** *Stereocaulon salazinum* Bory. — *St. virgatum* f. *primaria* (Ach.) Wainio.

Fam. **Lecideaceae:** *Lecidea sudetica* Körb.

Fam. **Parmeliaceae:** *Parmelia conspersa* (Ehrh.) Ach., von anderen bestritten! — *P. perforata* (Wolf) Ach. — *P. acetabulum* (Neck.) Duby. — *P. Kamtschadalis* (Ach.) Eschw. — *P. excrescens* Arnold. — *P. Nilgherrensis* Nyl.

Fam. **Lecanoraceae:** *Placodium alphoplacum* Wahlb. — *Pl. circinatum* var. *radiosum* Hoffm. — *Phlyctis argena* (Ach.) Körb.

Fam. **Usneaceae:** *Ramalina angustissima* (Anzi) Wainio (*R. subfarinacea* Nyl.); neben *d-Usninsäure.*

Fam. **Pertusariaceae:** *Pertusaria amara* Ach. — *P. communis* (DC.) var. *variolosa* (?) (auf Buchen und Linden).

Fam. **Graphidaceae:** *Graphis scripta* L., Schriftflechte.

76. Santhomsäure $C_{11}H_{14}O_4$.

Vorkommen: In einer *Usnea* von San Thomé.

Fam. **Usneaceae:** *Usnea hirta* Hoffm.; neben *Usninsäure.*

77. Scopulorsäure $C_{17}H_{14}O_8$.

Vorkommen: In einer Flechte.

Fam. **Usneaceae:** *Ramalina scopulorum* (Retz.) Nyl.; neben *d-Usninsäure.*

78. Solorinsäure $C_{24}H_{22}O_8$.

Vorkommen: Bei einer alpinen *Solorina*-Species, in Form roter Körnchen auf den Markhyphen.

Fam. **Peltigeraceae:** *Solorina crocea* (L.) Ach. (neben *Solorinin, Solorsäure* und *Mannit*).

79. Sphärophorin $C_{28}H_{34}O_8$.

Vorkommen: Neben *Sphärophorsäure* in zwei Species bei einer Familie.

Fam. **Sphaerophoraceae:** *Sphaerophorus fragilis* Pers. — *Sp. coralloides* Pers.

80. Sphärophorsäure (Ventosarsäure, keine Formel).

Vorkommen: Neben *Sphärophorin* und *Fragilin,* in zwei Species einer Familie aufgefunden.

Fam. **Sphaerophoraceae:** *Sphaerophorus fragilis* Pers. — *Sp. coralloides* Pers.

81. Squamatsäure $C_{19}H_{20}O_9$.

Vorkommen: Verbreitet in einer Familie.

Fam. **Cladoniaceae:** *Cladonia squamosa* Hoffm. mit den Varietäten *ventricosa* Schaer., *frondosa* Nyl., *denticollis* Hoffm. und *multibrachiata* Flörke, f. *pseudocrispata* Sandst. und f. *turfacea* Rehm. — *Cl. glauca* (Flörke). — *Cl. destricta* Nyl. (*Cenomyce d.* Nyl.); neben *l-Usninsäure, Destrictinsäure* und *Cladestin.* — *Cl. crispata* (Fw.) var. *gracilescens* Rabenh. — *Cl. bellidiflora* (Ach.) var. *coccocephala* (Ach.) Wainio; neben *l-Usninsäure, Zeorin, Bellidiflorin* und *Rhodocladonsäure.*

82. Stereocaulonsäure (Pseudopsoromsäure)[1] $C_{19}H_{14}O_9$.

Vorkommen: In verschiedenen *Stereocaulon*-Species neben *Atranorsäure*.
Fam. Cladoniaceae: *Stereocaulon coralloides* FR. — *St. denudatum* (FLÖRKE) var. *genuinum* FR. und var. *pulvinatum* SCHAER.; ferner neben *Stereocaulsäure.* — *St. incrustatum* FLÖRKE. — *St. vesuvianum* PERS.

83. Stictasäure (Stictinsäure) $C_{19}H_{14}O_9$.

Vorkommen: Schon 1846 in der Lungenflechte nachgewiesen.
Fam. Stictaceae: *Sticta pulmonaria* (L.) HOFFM. (*Lobaria p.* HOFFM.), Lungenflechte.

84. Stictinin (keine Formel).

Vorkommen: In einer Flechte.
Fam. Stictaceae: *Stictina gilva* THUNB.; neben *Stictaurin.*

85. Strepsilin (keine Formel).

Vorkommen: In der Rinde einer *Cladonia*-Species.
Fam. Cladoniaceae: *Cladonia strepsilis* ACH.; neben *Thamnolsäure.*

86. Thamnolsäure $(C_{20}H_{18}O_{11})$ $C_{19}H_{16}O_{11}$.

Vorkommen: In zwei Familien nachgewiesen.
Fam. Cladoniaceae: *Cladonia uncialis* (L.) WEB.; neben *l-Usninsäure.* — *Cl. strepsilis* ACH.; neben *Strepsilin.* — *Cl. macilenta* HOFFM. und var. *styracella* ACH.; neben *Coccellsäure* und *Rhodocladonsäure.* — *Cl. Flörkeana* FR. — *Cl. digitata* SCHAER.; neben *Rhodocladonsäure.* — *Cl. fimbriata* (L.) var. *tubaeformis* HOFFM. und var. *fibula* HOFFM. — *Cl. flabelliformis* FLK. var. *polydactyla* (FLK.) WAINIO; neben *l-Usninsäure.*
Fam. Usneaceae: *Thamnolia vermicularis* (SW.) ACH.

87. Umbilicarsäure $C_{25}H_{22}O_{10}$.

Vorkommen: In mehreren *Gyrophora*-Species neben *Gyrophorsäure.*
Fam. Gyrophoraceae: *Gyrophora polyphylla* (L.) KÖRB. — *G. deusta* (L.) ACH. — *G. hyperborea* (HOFFM.) MUDD. — *G. vellea* (L.) ACH. — *G. polyrrhiza* L.

88. Uncinatsäure $C_{23}H_{28}O_9$.

Vorkommen: In einer Flechte.
Fam. Cladoniaceae: *Cladonia uncinata* HOFFM. (*Cenomyce cenotea* ACH.).

89. Usnarinsäure $(C_9H_{10}O_4)_n$.

Vorkommen: In einer indischen *Usnea*-Species.
Fam. Usneaceae: *Usnea barbata* var. *hirta* HOFFM. (auf *Cinchonen* in Madras).

90. Usnarsäure $C_{16}H_{12}O_8$.

Vorkommen: In verschiedenen Bartflechten sowie einer *Parmelia*-Species.
Fam. Usneaceae: Gemisch von *Usnea barbata* f. *dasypoga* ACH. und f. *hirta* L. — Gemisch von *U. plicata* L. und verschiedenen Varietäten der *U. barbata*, Bartflechte. — Ferner: *U. dasypoga* (ACH.) NYL. — *U. florida* (L.) HOFFM. — *U. cornuta* KÖRB. — *U. Schraderi* DALLA TORRE et SARNTHEIN. — *U. microcarpa* ARN. — *U. plicata* (HOFFM.) HUE. — *U. scabrata* NYL.
Fam. Parmeliaceae: *Parmelia sinuosa* (SM.) NYL.; neben *d-Usninsäure.*

91. Usnetinsäure (Stereocaulsäure, Lobarsäure) $C_{24}H_{26}O_8$.

Vorkommen: Nachgewiesen in fünf Familien.
Fam. Usneaceae: *Usnea barbata* L., Bartflechte (aus Südamerika).
Fam. Cladoniaceae: In folgenden neben *Atranorsäure*: *Stereocaulon alpinum* LAURER. — *St. pileatum* ACH. — *St. denudatum* FLÖRKE var. *pulvinatum* SCHAER.; hier auch neben *Pseudopsoromsäure.*

---

[1] Nach Angabe verschieden von *Psoromsäure*, s. *Parellsäure* Nr. 57, S. 443.

Fam. **Parmeliaceae:** *Parmelia saxatilis* (L.) Ach. mit den Varietäten *sulcata* Tayl., *panniformis* Ach., *omphalodes* L., *retiruga* (?). — *P. aleurites* Ach.
Fam. **Lecanoraceae:** *Lecanora badia* Pers.
Fam. **Calyciaceae:** *Lepraria chlorina* Ach. (aus der Sächsischen Schweiz; nach alter Angabe!); neben *Vulpinsäure* und *Calycin*.

92. *Variolarsäure (Ochrolechiasäure)* $C_{22}H_{14}O_9$.

Vorkommen: In zwei Familien.
Fam. **Pertusariaceae:** *Pertusaria lactea* Nyl. (*Variolaria l.* [?]); neben *Lecanorsäure*.
Fam. **Lecanoraceae:** *Ochrolechia parella* var. *pallescens* (L.) Mass.

93. *Zeorsäure* $C_{20}H_{18}O_9$.

Vorkommen: In einer *Lecanora*-Species auf Porphyr bei Halle gefunden.
Fam. **Lecanoraceae:** *Lecanora sordida* (Pers.) Fr. (*Zeora s.* Körb.); neben *Atranorsäure*.

c) Flechtenstoffe unbekannter Stellung.

1. *Acanthellin* $C_{18}H_{34}O_5$.

Vorkommen: In einer Flechte.
Fam. **Parmeliaceae:** *Cetraria aculeata* (Schreb.) Fr.; neben *Protolichesterinsäure*.

2. *Akromelidin* $C_{19}H_{20}O_9$.

Vorkommen: In einer Varietät.
Fam. **Physciaceae:** *Tornabenia flavicans* var. *acromela* Pers. = *Physcia a.* Nyl. (Fam. **Theloschistaceae:** *Theloschistes flavicans* [Sw.] M. Arg. var. *acromela* Pers.).

3. *Akromelin* $C_{17}H_{16}O_9$.

Vorkommen: In einer Familie.
Fam. **Physciaceae:** *Tornabenia flavicans* Sw. (*Anaptychia fl.* Sw.); zweifelhaft! — *Tornabenia fl.* var. *acromela* Pers. und var. *cinerascens* .Pers.

4. *Apoolivorsäure* $C_{23}H_{26}O_7$.

Vorkommen: In einer Varietät.
Fam. **Usneaceae:** *Evernia furfuracea* (L.) var. *olivetorina* Zopf; neben *Olivetorsäure,* *Olivorsäure* und *Atranorin*.

5. *und 6. Armoricasäure* (keine Formel) und *Armorsäure* $C_{18}H_{18}O_7$.

Vorkommen: Beide Stoffe sind in einer Flechte nachgewiesen.
Fam. **Usneaceae:** *Ramalina armorica* Nyl.

7. *Articulatsäure* $C_{18}H_{16}O_{10}$.

Vorkommen: In einer Flechte.
Fam. **Usneaceae:** *Usnea articulata* var. *intestiniformis* Nyl.; neben *Barbatinsäure*.

8. *Atrasäure (Atralinsäure)* $C_{16}H_{18}O_5$.

Vorkommen: In einer *Lecanora atra*-Varietät in *Sizilien* aufgefunden.
Fam. **Lecanoraceae:** *Lecanora atra* (Ach.) var. *panormitata* De Not. (alte Angabe!).

9. *Bellidiflorin* (keine Formel).

Vorkommen: In einer Varietät.
Fam. **Cladoniaceae:** *Cladonia bellidiflora* (Ach.) var. *coccocephala* (Ach.) Wainio; neben *Rhodocladonsäure*, *Squamatsäure*, *l-Usninsäure* und *Zeorin*.

10. *Caninin* (keine Formel).

Vorkommen: In der Hundsflechte.
Fam. **Peltigeraceae:** *Peltigera canina* (L.) Hoffm., Hundsflechte; neben *Peltigerin* (zweifelhafte Angabe!).

11. *Cervicornsäure* (keine Formel).

Vorkommen: Nur in einer Flechtenvarietät aufgefunden.

Fam. Cladoniaceae: *Cladonia verticillata* HOFFM. var. *cervicornis* ACH.

12. *Cetrarinin* $C_{28}H_{48}O_4$.

Vorkommen: Im Isländischen Moos.

Fam. Parmeliaceae: *Cetraria islandica* (L.) ACH., Isländisches Moos; neben *Protolichesterinsäure* u. a.

13. und 14. *Chiodectin* (keine Formel) und *Chiodectonsäure* $C_{14}H_{18}O_5$.

Vorkommen: Im scharlachroten Protothallus einer tropischen Flechte.

Fam. Chiodectonaceae: *Chiodecton sanguineum* (Sw.) WAINIO (*Ch. rubrocinctum* NYL.).

15. und 16. *Cladestin* $C_{50}H_{80}O_8$ und *Cladestinsäure* $C_{50}H_{74}O_{12}$.

Vorkommen: In einer Flechte.

Fam. Cladoniaceae: *Cenomyce destricta* NYL. (*Cladina d.* NYL.); neben *l-Usninsäure*, *Squamatsäure*, *Destrictinsäure* und *Destrictasäure*.

17. *Cladonin* $C_{30}H_{48}O_5$.

Vorkommen: In einer Varietät.

Fam. Cladoniaceae: *Cladonia crispata* Fw. var. *gracilescens* RABENH. (neben *Squamatsäure*) und *Cl. papillaria* (?).

18. *Coenomycin* (keine Formel).

Vorkommen: In einer Familie.

Fam. Cladoniaceae: *Cladonia Flörkeana* FR. f. *intermedia* HEPP (Podetien). — *Cl. amourocraea* SCHAER. (*Cladina amaurocrea* NYL.); neben *l-Usninsäure* und *Coccellsäure*.

19. *Conspersasäure* $C_{20}H_{16}O_{10}$.

Vorkommen: Nur in einer Flechte.

Fam. Parmeliaceae: *Parmelia conspersa* (EHRH.) ACH. (*Imbricaria conspersa* KÖRB.); neben *d-Usninsäure* und *Salazinsäure*.

20. und 21. *Destrictasäure* $C_{15}H_{24}O_2$ und *Destrictinsäure* $C_{17}H_{18}O_7$.

Vorkommen: In einer Flechte.

Fam. Cladoniaceae: In den Apothecien und Spermogonien von: *Cladina destricta* NYL.; neben *Cladestin, Cladestinsäure* und *l-Usninsäure*.

22. und 23. *Fureverninsäure* und *Furevernsäure* (keine Formel).

Vorkommen: In einer Flechte.

Fam. Usneaceae: *Evernia furfuracea* L. (nach anderem *Pseudevernia ceratea* [?]); neben *Evernursäure* und *Atranorsäure*.

24. *Furfuracinsäure* (keine Formel).

Vorkommen: In einer Familie.

Fam. Usneaceae: *Evernia furfuracea* L. (*Pseudevernia furfuracea* [L.] ZOPF); neben *Atranorsäure* und *Physodsäure*. — *Pseudevernia ceratea* (ACH.) ZOPF; neben *Atranorsäure* und *Physodsäure*.

25. *Icmadophilasäure* (keine Formel).

Vorkommen: In einer Flechte.

Fam. Lecanoraceae: *Icmadophila ericetorum* (L.) ZAHLBR.; als roter Farbstoff in den Apothecien nach alter Angabe.

26. *Nemoxynsäure* (keine Formel).

Vorkommen: In einer Flechte.

Fam. Cladoniaceae: *Cladonia fimbriata* (L.) var. *cornuto-radiata* COLM. f. *nemoxyna* (ACH.) WAINIO (*Cladonia nemoxyna* NYL.).

27. *Nivalsäure* $C_{20}H_{26}O_6$.

Vorkommen: In einer Flechte.

Fam. **Parmeliaceae:** *Cetraria nivalis* (L.) Ach.; neben *Usninsäure*.

28. *Olivetorin* (keine Formel).

Vorkommen: In einer Flechte.

Fam. **Parmeliaceae:** *Parmelia olivetorum* Nyl.; neben *Olivetorsäure* und *Atranorsäure*.

29. *Peltidactylin* (keine Formel).

Vorkommen: In einer Flechte.

Fam. **Peltigeraceae:** *Peltigera polydactyla* (Neck.) Hoffm.

30. *Peltigerin* $C_{21}H_{20}O_8$ (oder $C_{16}H_{16}O_6$).

Vorkommen: Verbreitet in der Gattung Peltigera.

Fam. **Peltigeraceae:** *Peltigera malacea* (Ach.) Fr. — *P. horizontalis* (L.) Hoffm. — *P. aphthosa* (L.) Hoffm. — *P. venosa* (L.) Hoffm. — *P. scabrosa* Fr. — *P. polydactyla* Hoffm.; neben *Peltidactylin*. — *P. propagulifera* Fw. — *P. lepidophora* Nyl. und *P. canina* (L.) Hoffm.

31. *Pertusarsäure* $C_{23}H_{36}O_6$.

Vorkommen: In einer *Pertusaria-communis*-Varietät von Eichen.

Fam. **Pertusariaceae:** *Pertusaria communis* (DC.) var. *variolosa* Wallr.; alte Angabe!

32. *Picropertusarsäure* $C_{21}H_{32}O_7$.

Vorkommen: In einer *Pertusaria-communis*-Varietät von Eichen, Eschen, Linden und Ahorn.

Fam. **Pertusariaceae:** *Pertusaria communis* (DC.) var. *variolosa* Wallr.; neben *Pertusarsäure*.

33. *Physodin* $C_{20}H_{22}O_{15}$.

Vorkommen: Nach alter Angabe in einer *Parmelia*-Species. Zweifelhaft!

Fam. **Parmeliaceae:** *Parmelia physodes* (L.) Ach.; neben *Physodsäure*, *Physodalsäure* und *Atranorsäure*.

34. *Physodinsäure* $C_{27}H_{38}O_8$.

Vorkommen: In einer Flechte.

Fam. **Parmeliaceae:** *Parmelia physodes* (L.) Ach. (auf Fichten in der Coerheide bei Münster i. W.).

35. *Physol* $C_{23}H_{26}O_6$.

Vorkommen: Neben *Physodin*, später nicht wieder aufgefunden!

Fam. **Parmeliaceae:** *Parmelia physodes* (L.) Ach. (alte Angabe!).

36. *Placodin* (keine Formel).

Vorkommen: In einer Flechte.

Fam. **Lecanoraceae:** In der braunen Schlauchschicht der Apothecien von *Placodium melanaspis* Ach. (*Squamaria m.* Ach.); neben *Atranorsäure*.

37. *Roccellinin* $C_{18}H_{16}O_7$.

Vorkommen: In einer Familie.

Fam. **Roccellaceae:** *Roccella tinctoria* DC. (vom Kap der Guten Hoffnung); Angabe ist zweifelhaft! — *Reinkella lirellina* Darbish.; neben *Roccellsäure* oder *Oxyroccellsäure*.

38. *Solorinin* (keine Formel).

Vorkommen: In einer Flechte.

Fam. **Peltigeraceae:** *Solorina crocea* (L.) Ach.; neben *Solorinsäure* und *Solorsäure*.

39. Solorsäure $C_{18}H_{18}O_7$ oder $C_{36}H_{36}O_{14}$.

Vorkommen: Wie vorige.

Fam. **Peltigeraceae:** *Solorina crocea* (L.) ACH.; neben *Solorinin* und *Solorinsäure*.

40. Stuppeasäure $C_{19}H_{26}O_4$.

Vorkommen: In einer Flechte.

Fam. **Parmeliaceae:** *Cetraria stuppea* Fw.; neben *Protolichesterinsäure*.

41. Sulcatsäure $C_{23}H_{20}O_{10}$.

Vorkommen: Nach neuerer Angabe (1929) in einer japanischen *Alectoria*-Species.

Fam. **Usneaceae:** *Alectoria sulcata* NYL.; neben *Atranorin*.

42. Talebrarsäure (keine Formel).

Vorkommen: In einer Flechte auf Sandsteinfelsen der Sächsischen Schweiz gefunden, später nicht wieder gefunden.

Fam. **Graphidaceae:** *Lepraria latebrarum* ACH.; neben *Roccellsäure, Leprarin, Atranorsäure,* zweifelhafte Angabe!

43. Terrestrin (keine Formel).

Vorkommen: In einer Flechte.

Fam. **Parmeliaceae:** *Cetraria terrestris* SCHAER.

44. Variolarin (keine Formel).

Vorkommen: In einer Flechte.

Fam. **Pertusariaceae:** *Pertusaria dealbata* (?); alte Angabe!

Anhang.

1. Nephrin $C_{20}H_{32}$.

Vorkommen: In zwei Gattungen bei einer Familie.

Fam. **Peltigeraceae:** *Nephroma arcticum* (L.) FR.; neben *Usninsäure.* — *Nephromium lusitanicum* SCHAER.; neben *Nephromin.* — *N. laevigatum* ACH.

2. Pertusaren $C_{60}H_{100}$.

Vorkommen: In einer Pertusaria-Varietät aufgefunden.

Fam. **Pertusariaceae:** *Pertusaria communis* DC. var. *variolosa* WALLR.; neben *Pertusarsäure, Pertusarin* und *Pertusaridin. Pertusaren* ist nach neuerer Angabe vielleicht identisch mit *Calyciarin,* das von ZOPF zu den aliphatischen Flechtenstoffen gestellt wurde.

d) Amorphe Flechtenfarbstoffe.

(Formel unbekannt)[1].

I. Farbstoffexkrete.

1. Arthoniaviolett.

Vorkommen: In allen Teilen in einer weit verbreiteten *Arthonia*-Species.

Fam. **Arthoniaceae:** *Arthonia gregaria* (WEIG.) KÖRB.

---

[1] Die *amorphen Flechtenfarbstoffe,* welche von W. BRIEGER in dieser Gruppe zusammengefaßt werden, sind bislang *nur mikrochemisch* gegen verschiedene Reagenzien untersucht. Bezüglich der Literatur sei verwiesen auf W. BRIEGER in ABDERHALDEN: Handbuch der biologischen Arbeitsmethoden 1, 10, S. 381—384. (1923). Ferner: E. BACHMANN: Jahrb. Wiss. Botanik 21, 1—61 (1889); Ztschr. f. Wiss. Mikroskopie 3, 216 (1886); Flora 70, 291 (1887). — M. FÜNFSTÜCK in ENGLER-PRANTL: Die natürlichen Pflanzenfamilien 1, 1, S. 26. (1907). — H. MOLISCH: Mikrochemie der Pflanze, S. 194. Jena 1913.

2. Urcellariarot.

Vorkommen: Im Thallus einer *Urceolaria*-Species, die Hyphen des locker-filzartigen Markes in Form kleiner runder Flecken bedeckend und wahrscheinlich auch in die Membranen eindringend.

Fam. Diploschistaceae: *Urceolaria ocellata* DC. (*Diploschistes ocellatus* [DC.] Norm.).

II. Membranfarbstoffe.

1. Aspiciliagrün.

Vorkommen: Vorwiegend bei den *Lecanoraceen*.

Fam. Lecanoraceae: *Aspicilia verrucosa* Ach. — *A. silvatica* Zw. — *A. adunans* Nyl. und f. *glacialis* Arn. —*A. laevata* Fr. und f. *albicans* Arn. —*A. caesio-cinerea* Nyl. — *A. gibbosa* Ach. — *A. calcarea* (L.) Mass. — *A. candida* Anzi. — *A. cinerea* (L.) (*Lecanora c.* Ach.).

Fam. Lecideaceae: *Biatora viridescens* (Schrad.) Fr. (Apothecien).

2. Bacidiagrün.

Vorkommen: In einer Familie nachgewiesen.

Fam. Lecideaceae: *Bacidia muscorum* (Sw.) Arn. — *B. acclinis* (Körb.) Zahlbr. (*Arthrosporum accline* [Fw.] Körb.).

3. Lecanorarot.

Vorkommen: In einer Mehrzahl von Familien nachgewiesen.

Fam. Lecanoraceae: *Lecanora atra* (Huds.) Ach.; im *Hymenium*.

Fam. Lecideaceae: In den Apothecien bei folgenden: *Rhizocarpon geographicum* (L.) DC., Landkartenflechte. — *Rh. viridiatrum* (Flörke) Rabenh. — *Lecidea lithyrga* Fr. — *L. crustulata* (Ach.) Körb. — *L. granulata* (?). — *Bacidia fusco rubella* (?).

Fam. Buelliaceae: *Buellia parasema* (Ach.) Fr. und *B. punctata* (?); in den *Apothecien*.

Fam. Lecanactidaceae: *Opegrapha saxicola* (?) und *O. atra* (?); wie vorige.

Fam. Arthoniaceae: *Arthonia obscura* (?) und *A. vulgaris* (?); wie vorige.

Fam. Acarosporaceae: *Sarcogyne pruinosa* (?) (*Biatorella p.* [Sm.] Mudd.); desgl.

Fam. Pyrenulaceae: *Sagedia declivum* Bagl. (*Porina d.* [?]); im *Perithecium*. — *Segestria lectissima* Zw. (*Porina l.* [Fr.] Zahlbr.); im Perithecium und übrigen Gewebe.

Fam. Verrucariaceae: *Verrucaria Hoffmanni* f. *purpurascens* Hoffm. — *Sphaeromphale clopismoides* Anzi; in der Thallusrinde und in den Perithecien.

Fam. Cladoniaceae: *Cladonia coccifera* (L.) Willd.; in den Apothecienköpfen.

Fam. Parmeliaceae: *Parmelia glomellifera* Nyl.; auf der oberseitigen Thallusrinde.

4. Lecideagrün.

Vorkommen: Bei fünf Familien, vornehmlich bei den *Lecideaceen*.

Fam. Lecideaceae: Im ganzen *Hymenium* bei folgenden: *Lecidea vorticosa* Körb. — *L. aretica* (Smoft) Körb. und *L. lithyrga* Fr. — Im *Epithecium* bei folgenden: *L. tenebrosa* Fw. — *L. aglaea* Smoft. — *L. marginata.* Schaer. — *L. parasema* Ach. — *L. platycarpa* (Ach.) Körb. und f. *flavicunda* (Ach.). — *L. sublutescens* Nyl. — *L. crustulata* (Ach.) Körb. — *L. lactea* Flörke. — *L. Pilati* (Hepp.) Arn. — *L. athroocarpa* Ach. — *L. latypaea* Ach. — *L. fuscoatra* (L.) Wahlbg. und f. *subcontigua* Fr. — *L. promiscens* Nyl. — *Rhizocarpon distinctum* Fr. — *Rh. obscuratum* (Ach.) Körb. — *Biatora infidula* Nyl. — Im Thallus bei folgender: *Lecidea tenclata* Flörke.

Fam. Lecanoraceae: *Lecanora Agardhiana* Ach.; im *Thallus.*

Fam. Buelliaceae: *Buellia atrata* Smith; im *Thallus.*

Fam. Pannariaceae: *Pannaria caeruleo-badia* (Schaer.) Schl.; in den Soredien. — *P. microphylla* (Sw.) Mass.; an der Thallusrinde.

Fam. Caloplacaceae: *Callopisma executum* (?); im *Hypothecium.*

5. Parmeliabraun.

Vorkommen: In verschiedenen Familien.

Fam. Parmeliaceae: Im *Apothecium* bei folgenden: *Parmelia conspersa* (Ehrh.) Ach. und *P. tiliacea* (Hoffm.) Fr. — Im *Thallus* bei folgenden: *P. perlata* (L.) Ach. —

P. revoluta FLÖRKE. — *P. saxatilis* (L.) FR. — *P. olivacea* (L.) ACH. α) *glomellifera* NYL., β) *fuliginosa* FR., γ) *verruculifera* NYL. — *P. aspidota* ACH. — *P. prolixa* ACH. — *P. stygia* (L.) ACH. — *P. caperata* (L.) ACH. — *P. conspersa* (EHRH.) ACH. — *Cornicularia tristis* (WEB.) ACH.

Fam. **Gyrophoraceae:** Im *Thallus* bei folgenden: *Gyrophora cylindrica* (L.) ACH. — *G. vellea* (L.) ACH. — *G. spodochroa* ACH. — *G. crustulata* ACH. — *G. anthracina* KÖRB. — *G. microphylla* LAURER. — *G. polyphylla* (L.) FW. — *G. hirsuta* (ACH.) FR. — *G. hyperborea* (HOFFM.) MUDD. — *G. murina* DC. — *G. Mühlenbergii* ACH. — *Umbilicaria pustulata* (L.) HOFFM.

Fam. **Buelliaceae:** Im *Apothecium* von *Rinodina minaria* FR.

Fam. **Physciaceae:** Im *Apothecium* bei folgenden: *Physcia ciliaris* DC. — *Ph. stellaris* (L.) NYL. und *Ph. aipolia* ACH. — Im Thallus bei *Ph. obscura* EHRH.

Fam. **Peltigeraceae:** Im *Apothecium* und im *Thallus* bei *Nephroma lusitanica* SCHAER.

Fam. **Acarosporaceae:** Im *Apothecium* von *Maronea Kemmleri* KÖRB.

Fam. **Pyrenulaceae:** *Sagedia declivum* BAGLIETTO; in der inneren Hülle des *Perithecium*, neben *Lecanorarot*.

Fam. **Graphidaceae:** *Lithographa cyclocarpa* ANZI; im *Apothecium*.

Fam. **Lecideaceae:** Im *Apothecium* und *Hypothecium* von *Thalloidima mammillare* GOUAN. — Im *Hypothecium* bei folgenden: *Lecidea macrocarpa* (DC.) FR. — *L. verticosa* (FLÖRKE) KÖRB. und *L. incongrua* NYL. — *Rhizocarpon petraeum* (NYL.) ZAHLBR. — *Biatora atrofusca* FR. — *B. ochracea* HEPP. — *Toninia congesta* HEPP.

6. Rhizoidengrün.

Vorkommen: In drei Familien beobachtet.

Fam. **Parmeliaceae:** *Parmelia pulverulenta* (SCHREB.) NYL.; in den jugendlichen *Rhizoiden*.

Fam. **Lecideaceae:** *Biatora atrofusca* FR.; im *Hymenium* als kleine Körnchen. — Auf der Oberfläche der Früchte bei folgenden: *Biatora turgidula* (?). — *Lecidea enteroleuca* ACH. — *L. platicarpa* ACH. und *L. Wulfeni* (?). — *Bilimbia* (*Bacidia*) *melaena* (?).

Fam. **Gyalectaceae:** Im *Epithecium* von *Phialopsis rubra* KÖRB.

7. Thalloidimagrün.

Vorkommen: In zwei Familien.

Fam. **Lecideaceae:** *Thalloidima candidum* (WEB.) KÖRB. (*Toninia candida* [WEB.] FR.). — *Th. rosulatum* ANZI und *Th. diffractum* (?). — *Catillaria athallina* (HEPP.) HELLB.

Fam. **Pertusariaceae:** *Pertusaria inquinata* (ACH.) FR. und *P. subobducens* (NYL.).

e) Stickstoffhaltige Flechtenstoffe.

Pikroroccellin $C_{27}H_{29}O_5N_3$.

Vorkommen: In einer auf Kalk gewachsenen, stark bitter schmeckenden Varietät.

Fam. **Roccellaceae:** *Roccella fuciformis* DC. var. unbestimmt.

17. Ätherische Öle.

Von H. K. THOMAS, Leipzig.

Mit 10 Abbildungen.

Zusammenfassende Darstellungen.

Neben den Originalarbeiten neueren Datums, auf die im Text besonders Bezug genommen wurde, wurden für das Kapitel „Ätherische Öle" die nachfolgenden zusammenfassenden Abhandlungen benutzt, in denen auch die Hinweise auf die älteren Literaturangaben zu finden sind.

CHARABOT u. GATIN: Le parfum chez la plante. Paris 1908. — COHN: Die Riechstoffe, 2. Aufl. Braunschweig 1924.

GILDEMEISTER u. HOFFMANN: Die ätherischen Öle, 3. Aufl. Miltitz bei Leipzig 1928 bis 1931.

Rechenberg, C. v.: Einfache und fraktionierte Destillation in Theorie und Praxis. Miltitz bei Leipzig 1923.
Schimmel & Co.: Berichte von April 1888 an. — Semmler, F. W.: Die ätherischen Öle. Leipzig 1906 und 1907. — Skramlik, v.: Handbuch der Physiologie der niederen Sinne. Leipzig 1926.
Tschirch, A.: Die Harze und die Harzbehälter, 2. Aufl. Leipzig. — Handbuch der Pharmakognosie. Leipzig.
Wallach, O.: Terpene und Campher, 2. Aufl. Leipzig 1914.

Einleitung.

Durch Wohlgeruch oder Wohlgeschmack sich auszeichnende Pflanzen oder Pflanzenteile sind seit Jahrtausenden den Menschen bekannt und von ihnen für ihr Wohlbefinden nutzbar gemacht worden. Um die von der Natur nur zu gewissen Zeiten in frischem Zustande gelieferten Produkte auch während anderer Jahreszeiten nicht zu entbehren, kam man bald zur Auffindung einfacher Konservierungsmethoden. Eine einfache Methode, Naturprodukte vor dem Verderben zu bewahren, ist die, sie an der Luft zu trocknen, wobei die Duftstoffe in vielen Fällen unverändert oder nur wenig verändert erhalten bleiben. In getrocknetem Zustande waren wohlriechende Pflanzendrogen, vor allem auch die für religiöse Kultzwecke gebrauchten Gewürze und wohlriechenden Harze, schon in alten Zeiten geschätzte Handelsprodukte.

Wurden diese Drogen zunächst nur in dem Zustande verwendet, wie sie das Ursprungsland lieferte, so ermöglichten die Erweiterung naturwissenschaftlicher Kenntnisse und die Weiterentwicklung der technischen Methoden, vor allem die Erfindung der Destillierkunst, schon in frühen Zeiten die Gewinnung der in den Pflanzenteilen enthaltenen Riechstoffe in bequemer anwendbarer Form. Die Erkenntnis, daß der Wohlgeruch der Drogen beim Erwärmen mit festen oder flüssigen Fetten von diesen aufgenommen wird, führte zur Darstellung von wohlriechenden Pomaden und Ölen, die Erkenntnis der Flüchtigkeit der Duftstoffe, insbesondere der Flüchtigkeit mit Wasserdämpfen, gab den Anlaß zur Darstellung aromatischer Wässer. Mögen bei der Gewinnung aromatischer Wässer schon in frühen Zeiten gelegentlich Abscheidungen von ätherischen Ölen beobachtet worden sein, die sich in Form von Öltröpfchen abschieden, wenn die Wassermenge zur Lösung nicht hinreichte, so blieb doch der Neuzeit nach Vervollkommnung der Destilliermethoden die systematische und rationelle Gewinnung der in Pflanzen enthaltenen Riechstoffe, der ätherischen Öle, vorbehalten. Erst in jüngster Zeit aber wurde nach dem Ausbau der chemischen Untersuchungsmethoden der Einblick in die Zusammensetzung ätherischer Öle möglich, wobei sich diese mit verschwindend wenigen Ausnahmen als Gemische, oft sogar als recht kompliziert zusammengesetzte Gemische der verschiedenartigsten chemischen Verbindungen erwiesen. Man faßt diese chemischen Verbindungen unter dem Begriff einfache Riechstoffe zusammen und versteht unter einem Riechstoff eine chemisch einheitliche, bei gewöhnlicher Temperatur flüchtige Verbindung, die infolge ihres mehr oder weniger angenehmen Geruches den Geruchsinn des Menschen erregt. Ätherische Öle sind nur selten einfache, meist aber zusammengesetzte Riechstoffe, die man im allgemeinen durch Destillation mit Wasserdämpfen aus Pflanzen gewinnt. In einigen Fällen werden ätherische Öle auch nach anderen Verfahren hergestellt, durch Auspressen und durch Extraktion mit flüchtigen oder nicht flüchtigen Lösungsmitteln.

Allgemeiner Teil.

A. Vorkommen und Entstehung der ätherischen Öle in den Pflanzen.

Im gesamten Pflanzenreich sind Riechstoffe weit verbreitet. Schon bei den niederen Pflanzen, den Kryptogamen, sind sie in einer Reihe von Fällen zu beobachten. Allerdings sind diese Riechstoffe im Gegensatz zu denen der Phanerogamen noch recht wenig erforscht, da genügend Pflanzenmaterial oft nur schwierig zu beschaffen ist. Größere praktische Bedeutung haben bisher nur die Riechstoffe der Phanerogamen gewonnen. Unter den Phanerogamen sind es besonders einige Pflanzenfamilien, die sich durch Häufigkeit des Vorkommens von ätherischem Öl, manchmal auch durch die Höhe des prozentualen Gehalts auszeichnen, so vor allem die Pinaceen, Labiaten, Rutaceen, Myrtaceen, Compositen und Umbelliferen.

In der Mehrzahl der Fälle ist ätherisches Öl in freiem Zustande in Form von Öltröpfchen in den Zellen der Pflanze vorhanden, was dann an dem der Pflanze eigentümlichen Geruch zu erkennen ist. Seltener liegt der Fall vor, daß ätherisches Öl in gebundenem Zustande, und zwar glucosidisch gebunden, in der Pflanze enthalten ist. Aus dem Glucosid wird es durch Einwirkung des entsprechenden Fermentes oder durch Säuren in Gegenwart von Wasser in Freiheit gesetzt. Die bekanntesten Beispiele für glucosidisch gebundene Riechstoffe sind Bittermandelöl und Senföl, die in Form der Glucoside Amygdalin (z. B. in bittern Mandeln) und Sinigrin (im Senfsamen) vorkommen und durch die Fermente Emulsin und Myrosin gespalten werden, wobei aus Amygdalin Glucose, Blausäure und Benzaldehyd und aus Sinigrin Glucose, Kaliumbisulfat und Allylsenföl entstehen. Glucosidisch gebunden kommen u. a. Cumarin im Waldmeister, Eugenol im Glucosid Gein in Geum urbanum und Salicylsäuremethylester als Gaultherin in Gaultheria procumbens vor.

Ätherisches Öl kann in allen Organen der Pflanze vorhanden sein; in den Wurzeln, im Holz, in der Rinde, in Blättern, Blüten und Früchten sind ätherische Öle festgestellt worden. Sie können über alle Organe gleichmäßig verbreitet sein. Viel öfter aber kommt es vor, daß sie in einzelnen Organen stärker angereichert sind oder daß sich ihr Vorkommen auf ein einzelnes Organ beschränkt. Samen und Früchte weisen manchmal einen hohen Gehalt an ätherischem Öl auf, während Blütenblätter relativ arm daran sind; es kommt vor, daß ihr Gehalt an ätherischem Öl nur Tausendstel eines Prozents beträgt.

Enthalten in einer Pflanze mehrere Organe ätherisches Öl, so sind die aus den einzelnen Organen erhaltenen Öle oft, wenn auch nicht völlig, so doch nahezu gleich untereinander. Kleine Unterschiede in der quantitativen oder qualitativen Zusammensetzung treten fast immer auf. Mitunter geben aber auch verschiedene Organe derselben Pflanze grundverschiedene Öle. Das typische Beispiel dafür liefert der Ceylon-Zimtstrauch. Seine Rinde gibt ein Öl mit hohem Zimtaldehydgehalt, im Blätteröl herrscht Eugenol vor, während im Wurzelöl viel Campher enthalten ist. Nicht einmal vom gleichen Pflanzenmaterial bekommt man Öle mit gleichen Eigenschaften. Viele Faktoren können Veränderungen an der Beschaffenheit eines Öles hervorrufen. Abgesehen von Varietätenbildung, die vor allem bei manchen Labiaten vorkommt, können Klima und Bodenbeschaffenheit des Standortes, die Witterungsverhältnisse während der Vegetationsperiode, der Reifezustand der Pflanzen bei der Gewinnung, Trocknen vor der Verarbeitung und nicht zuletzt auch die Art und Weise der Gewinnung eines ätherischen Öles recht erhebliche Unterschiede in seiner Qualität hervorrufen. Wenn man auch während der letzten Jahrzehnte eifrig an der Verbesserung der Gewinnungsmethoden der ätherischen Öle und der Feststellung der günstigsten Lebensbedingungen der Pflanzen gearbeitet hat, so fallen trotzdem die Öle in ihrer Zusammensetzung natürlich fast nie gleichartig aus. Einen gewissen Spielraum muß man den Eigenschaften aller Öle zugestehen und kann nicht ohne weiteres eine anormale Beschaffenheit eines Öles annehmen, wenn seine Eigenschaften einige Unterschiede gegenüber früher untersuchten Produkten aufweisen.

Der Abscheidung von ätherischem Öl innerhalb der Pflanzen dienen besondere Sekretionsorgane, die als äußere Drüsen zur Epidermis gehören und als Drüsenhaare, Drüsenflecke, Drüsenschuppen oder Drüsenzotten auftreten oder als innere Drüsen im Innern der Zellgewebe Sekretzellen oder Sekretbehälter bilden. Die Sekretzellen, die im Innern der Gewebe der Aufspeicherung von ätherischem Öl dienen, sind im allgemeinen dünnwandige, in frischem Zustande völlig mit ätherischem Öl angefüllte Zellen. Die Sekretbehälter sind erheblich größer als Sekretzellen und entstehen meistens schizogen oder schizolysigen, seltener lysigen. Die Anlage schizogener Sekretbehälter erfolgt durch Auseinanderweichen von Zellen, worauf der entstandene Intercellularraum durch die Tätigkeit der benachbarten Zellen mit ätherischem Öl angefüllt wird, was bei Umbelliferen und Coniferen vorkommt. Schizolysigene Bildung, z. B. bei den Rutaceen, geschieht in derselben Weise mit dem Unterschied, daß die dem entstandenen Intercellularraum benachbarten Zellen aufgelöst werden. Bildet sich ein Sekretbehälter endlich nur durch Auflösung der Zellen eines Gewebekomplexes ohne vorheriges Auseinanderweichen der Zellen, so bezeichnet man dies als lysigene Bildungsform.

Im Lebensprozeß der Pflanze treten ätherische Öle ebenso wie Harze und Alkaloide als Stoffwechselprodukte auf. Ob ihnen nach ihrer Abscheidung für das Leben der Pflanze noch Bedeutung zukommt, ob sie chemische Umwandlungen durchmachen und vielleicht dem weiteren Aufbau der Pflanze dienen, das sind Fragen, die noch wenig geklärt sind. Tschirch zählt die ätherischen Öle zu den Excreten, er sieht in ihnen also Stoffwechselprodukte, die nach ihrer Abscheidung nicht wieder in den Lebensprozeß der Pflanze zurückkehren, und andere Forscher (Tunmann, Mazurkiewicz) stimmen ihm in seiner Auffassung bei. Charabot und seine Mitarbeiter vertreten dagegen die entgegengesetzte Ansicht. Tschirch und die Forscher, die dieselben Ansichten wie er vertreten, kamen zu ihrer Überzeugung dadurch, daß sie mikroskopisch die Entwicklung von Pflanzenzellen beobachteten, die ätherisches Öl abscheiden, und die Entstehung des Öles durch mikroskopische Reaktionen nachwiesen. Aus den Ergebnissen ihrer Arbeiten folgerten sie, daß ätherische Öle nicht durch die Zellmembran diffundieren und daher an primärer Lagerstätte bleiben müssen. Charabot stellte durch seine Untersuchungen fest, welche Veränderungen die Öle verschiedener Pflanzen im Verlaufe einer Vegetationsperiode durchmachten. Auf Grund seiner Untersuchungsergebnisse ergab sich die Hypothese, daß ätherische Öle in der Pflanze wandern können und daß sie erhebliche Veränderungen, z. B. durch Wasserabspaltung, Veresterung oder auch Oxydation erfahren. Die Wasserdampfdestillation, die Charabot zur Gewinnung seiner Öle anwandte, kann, wie Tschirch besonders betont, eine recht bedeutsame Fehlerquelle bei diesen Untersuchungen sein, da durch Einwirkung von Wasserdampf Veränderungen in der Zusammensetzung eines Öles hervorgerufen werden. Jedenfalls sind die Fragen der Abscheidung der Öle, der Veränderung nach der Abscheidung und der Möglichkeit einer Wanderung in der Pflanze durchaus noch nicht geklärt. Und wenn es auch zweifelhaft erscheint, daß die ätherischen Öle für den weiteren Stoffwechsel der Pflanze nutzbar gemacht werden, so leisten sie der Pflanze doch gewisse Dienste. So lockt der Duft der Blüten Insekten an, die für die Befruchtung nötig sind, und weiter schützt der Ölgehalt der Blätter oder Rinde in manchen Fällen vor der Vernichtung durch äußere Feinde.

Die Tatsache der mannigfaltigen Zusammensetzung der ätherischen Öle und das Interesse an der Erklärung dieser Tatsache führten zur Aufstellung zahlreicher Hypothesen, die die Umwandlung der vorkommenden chemischen Verbindungen ineinander erklären sollen. Durch chemische Untersuchungen ist erwiesen worden, daß viele Terpenverbindungen ineinander überzuführen sind. Die Vermutung liegt nahe, daß die Pflanze durch die ihr zur Verfügung stehenden, wenn auch viel milderen Kräfte imstande ist, die gleichen Umwandlungen herbeizuführen. Welcher Art diese Kräfte sind, ob Fermente dabei die Hauptrolle spielen, darüber weiß man noch recht wenig. Yahagi wies im Campherbaum eine Peroxydase nach, der er die Bildung des Camphers zuschreibt. Neuberg gelang die fermentative Reduktion von Citronellal zu Citronellol durch Einwirkung von Hefe auf Citronellal. Noch nichts ist bisher darüber bekannt, ob Fermente auch Isomerisationen herbeiführen können. Allen Hypothesen, die sich mit einer Erklärung für die Bildung von ätherischen Ölen befassen, ist die Annahme gemeinsam, daß die ätherischen Öle aus Grundstoffen entstehen, die als Nebenprodukte beim Abbau von Kohlehydraten oder Eiweißkörpern auftreten. Festgestellt ist, daß die ätherisches Öl abscheidenden Zellen reich an Eiweißstoffen, Fetten und Gerbstoffen sind, während Stärke seltener vorkommt. Nach Eulers Ansicht geht die Bildung von Terpenverbindungen von Acetaldehyd und Dioxyaceton aus. Dioxyaceton wird zu Aceton reduziert, worauf sich dieses mit Acetaldehyd zu β-Methylcrotonaldehyd kondensiert, woraus durch weitere Kondensation zweier Moleküle miteinander und darauffolgende Reduktion Geraniol entstehen könnte. Geraniol könnte zu Citral oxydiert werden und daraus durch Ringschluß Cymol entstehen. Aschan sieht im Isopren die Muttersubstanz der Terpenverbindungen. Isopren könnte sich bilden durch Kondensation von Aceton mit Acetaldehyd und Reduktion mit nachfolgender Wasserabspaltung aus dem erhaltenen Produkte. Aus Isopren könnte leicht Dipenten entstehen. FRANCESCONI endlich nimmt den Isoamylalkohol als Spaltprodukt der Eiweißkörper zur Muttersubstanz. Isoamylalkohol müßte zu Isovaleraldehyd oxydiert werden, aus dem durch Kondensation zweier Moleküle ein Isomeres des Citronellals und daraus durch Umlagerung Citronellal entstehen könnten.

B. Gewinnung ätherischer Öle.

a) Vorbereitung der Pflanzen.

Soll aus einer Pflanze das ätherische Öl gewonnen werden, so muß zunächst für eine sachgemäße Vorbereitung des Pflanzenmaterials gesorgt werden. Dazu gehört die Auswahl der richtigen Erntezeit, einer der Eigenart des Materials angepaßten Zerkleinerungsweise und der passendsten Gewinnungsmethode. Grüne Pflanzen oder Blüten, die in frischem Zustande zur Verfügung stehen, verarbeitet man unmittelbar nach der Ernte. Durch längeres Lagern treten bei ihnen nämlich leicht Gärungsprozesse ein, die infolge der damit verbundenen Erwärmung Ölverluste durch Verflüchtigung oder Verharzung bedingen und zugleich eine Qualitätsverschlechterung durch Umwandlung von Einzelbestandteilen des Öles herbeiführen können. In manchen Fällen, z. B. bei Pfefferminzkraut oder Liebstockwurzel, läßt man das Material trotzdem welken oder lufttrocken werden, da sich in der Praxis gezeigt hat, daß die Qualität des erhaltenen Öles durch vorherige Beseitigung leicht verharzender Anteile verbessert wird. Getrocknete Pflanzenteile, Hölzer, Rinden, Wurzeln und Samen können bei sachgemäßer Lagerung, wobei vor allem größerer Feuchtigkeitsgehalt der Luft vermieden werden muß, unbeschadet auch erst nach längerer Zeit verarbeitet werden. Die Zerkleinerung der Pflanzenteile wird vorgenommen, um die Ölzellen an möglichst vielen Stellen freizulegen. Die idealste Art der Zerkleinerung müßte demnach die Überführung in ein möglichst feines Pulver sein, doch bedingt die Herstellung eines feinen Pulvers abnorm hohe Verluste an ätherischem Öl, und weiter bereitet die Verarbeitung so viele Schwierigkeiten, daß man sich meistens mit einer gröberen Zerkleinerung begnügt. Dünnstengelige grüne Kräuter, Blätter und Blüten verarbeitet man unzerkleinert, da die Ölzellen bei ihnen dünnwandig sind und leicht zerstört werden. Größere Kräuter werden in Schneidemaschinen (Häckselmaschinen) zerschnitten. Rinden, Hölzer und größere Wurzeln zersägt man und raspelt sie dann. Kleinere Wurzeln und Samen werden zerquetscht, selten auch gemahlen. In der Praxis geschieht die Anordnung der Zerkleinerungsmaschinen meist derart, daß sie über den Destillationsblasen aufgestellt sind, so daß das zerkleinerte Material direkt in die Blase zur Weiterverarbeitung fällt.

b) Methoden zur Gewinnung fertig gebildeter ätherischer Öle aus Pflanzen.

Den besonderen Eigenschaften der ätherischen Öle, ihrer Flüchtigkeit mit Wasserdämpfen und ihrer Löslichkeit in flüssigen oder festen Fetten und chemischen Lösungsmitteln sind die Gewinnungsmethoden angepaßt, die weiter dem größeren oder geringeren prozentualen Gehalt in den Ausgangsstoffen, der leichteren oder schwereren Flüchtigkeit und der Zersetzlichkeit gewisser Bestandteile von ätherischen Ölen Rechnung tragen müssen. So kommt es, daß zur Gewinnung ätherischer Öle eine Reihe von Fabrikationsmethoden im Gebrauch sind. Ist das Öl fertig gebildet in den Pflanzen vorhanden, so gewinnt man es durch Destillation mit Wasserdampf, durch Extraktion mit flüchtigen oder nichtflüchtigen Lösungsmitteln in der Wärme und schließlich durch Auspressen. Ist das Öl dagegen erst teilweise fertig gebildet oder glucosidisch gebunden, so muß man im ersten Falle die Enfleurage oder Extraktion mit nicht flüchtigen Lösungsmitteln in der Kälte anwenden. Glucosidisch gebundene Öle werden durch fermentative Spaltung in Freiheit gesetzt und durch Wasserdampfdestillation erhalten.

1. Destillation mit Wasserdampf.

In der überwiegenden Mehrzahl der Fälle dient zur Gewinnung ätherischer Öle die Destillation mit Wasserdampf, die den Vorteil relativer Billigkeit mit dem der Einfachheit des Verfahrens verbindet. Durch die Anwendung einer verhältnismäßig niedrigen Temperatur — der Dampf des Gemisches von Öl und Wasser hat bei Anwendung von Dampf von 100° nach dem Daltonschen Gesetz stets eine Temperatur unter 100° — werden empfindliche Bestandteile geschont. Durch die auftretenden großen Wassermengen können aber auch in Wasser leichter lösliche Anteile des Öles gelöst werden. Man wählt in solchen Fällen an Stelle der gewöhnlichen Wasserdampfdestillation eine andere Destillationsart oder überhaupt ein anderes Gewinnungsverfahren.

Die gebräuchlichen Destillationsmethoden sind die Wasserdestillation, die Wasser- und Dampfdestillation und die Dampfdestillation. Berücksichtigt man den während der Destillation herrschenden Druck, so muß man weiter Minderdruckdestillation, Destillation bei Atmosphärendruck und Überdruckdestillation unterscheiden.

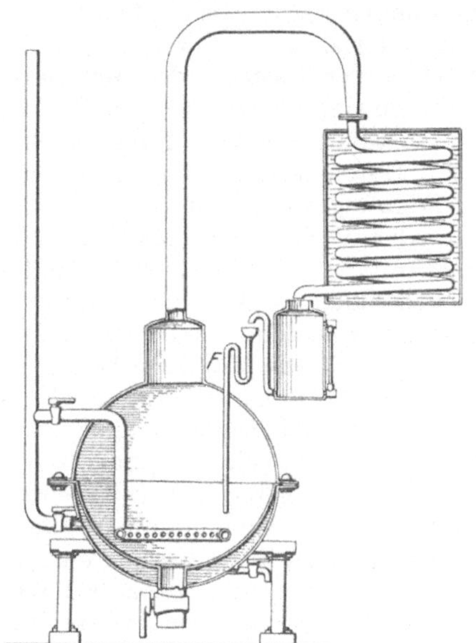

Abb. 33. Kleine Blase für Wasserdestillation (nach Prof. Dr. v. Rechenberg: Einfache und fraktionierte Destillation in Theorie und Praxis, Miltitz b. Leipzig, 1923).

Die Apparatur (Abb. 33) zur Ausführung aller Destillationsmethoden ist im wesentlichen die gleiche. Sie besteht aus *Destillierblase, Kühler* und *Vorlage.* Die Destillierblase, die in verschiedenen Formen und aus verschiedenen Metallen hergestellt und vielfach gegen Wärmeverluste isoliert wird, hat oben und unten ein Mannloch zum Füllen bzw. Entleeren. Blasen für Dampf- oder Wasser- und Dampfdestillation enthalten weiter einen oder mehrere Siebböden nebst den dazugehörigen Mannlöchern. Die Siebböden dienen zur Verringerung des Druckes, den das Material auf den entgegenströmenden Dampf ausübt.

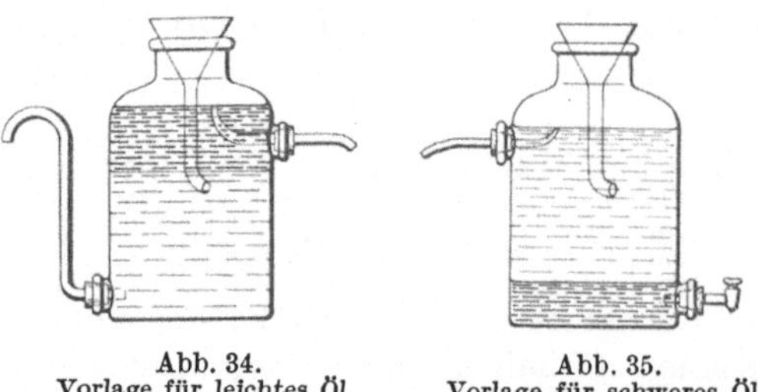

Abb. 34.
Vorlage für leichtes Öl.

Abb. 35.
Vorlage für schweres Öl.

Die Heizung der Blase geschieht direkt oder indirekt, d. h. es wird Dampf ins Innere der Blase eingeleitet, oder aber der Dampf gelangt in einen Heizmantel oder in Heizschlangen und erzeugt dadurch aus Wasser, das sich in der

Blase befindet, Dampf. Durch ein Übersteigrohr ist die Blase verbunden mit dem Kühler, in dem die Wasser- und Öldämpfe wieder verdichtet werden. Man kennt zwei Arten von Kühlern, Schlangen- und Röhrenkühler. Röhrenkühler enthalten ein System paralleler Rohre, Schlangenkühler ein schlangenartig gewundenes Rohr. Die Kühlung erfolgt, wie üblich, nach dem Gegenstromprinzip. Als Vorlagen (Abb. 34 u. 35) dienen Florentiner Flaschen, deren Wasserablauf unten oder oben angesetzt ist, je nachdem ob das ätherische Öl spezifisch leichter oder schwerer als Wasser ist. Im allgemeinen läßt man das Destillat zur Vermeidung von Ölverlusten kalt ablaufen; in besonderen Fällen, besonders wenn Öl und Wasser sich schlecht trennen, kühlt man weniger, um das Destillat dann warm in den Vorlagen besser zur Abscheidung zu bringen. Die Destillationswässer werden gesammelt, um die darin gelösten Ölanteile durch nochmalige Destillation (Kohobation) zu gewinnen. Der Kohobation wird manchmal die Extraktion des Wassers mit flüchtigen Lösungsmitteln vorgezogen.

Wasserdestillation. Für die *Wasserdestillation* unter Atmosphärendruck verwendet man zylinderförmige Blasen, in die man das Destillationsgut etwa 10—15 cm hoch einfüllt, worauf man so viel Wasser hinzugibt, daß es noch etwa 5 cm hoch über dem Pflanzenmaterial steht. Die Heizung erfolgt indirekt durch einen Dampfmantel oder bei veralteten Blasen durch Feuer. Wurden früher ganz allgemein die ätherischen Öle nach dieser Destillationsweise gewonnen, so greift man heute nur noch in besonderen Fällen, z. B. bei Destillation mehlfeiner Pulver, mancher Blüten (Rosen) und Kräuter, auf dies Verfahren zurück. Ein wesentlicher Vorteil der Wasserdestillation ist der, daß das Öl fast ganz frei von Brenzprodukten ist, vorausgesetzt, daß man bei längerer Destillationsdauer für Ergänzung des verdampften Wassers sorgt.

Wasserdestillation unter Minder- oder Überdruck wird kaum angewandt. Destillation unter Überdruck ist nicht empfehlenswert, da dabei stets in reichlicher Menge Brenzprodukte auftreten. Für die Destillation unter Minderdruck, die nur für sehr empfindliche Materialien empfehlenswert ist, muß die Konstruktion der Apparatur geändert werden. Der ganze Apparat muß völlig luftdicht abgeschlossen sein. Der Auslauf des Kühlers mündet in einer Hohlkugel, deren unterer Teil aus Metall besteht, während oben eine Halbkugel aus Glas aufgesetzt wird, um den Ablauf des Destillats dauernd beobachten zu können. Durch einen Dreiwegehahn wird das Destillat in die Vorlagen geleitet, die mit der Luftpumpe verbunden sind. Jede der Vorlagen läßt sich aus dem Apparat abschalten. Bei der Wasserdestillation unter Minderdruck wählt man die Destillationstemperatur zwischen 50—70°, da bei niedrigerer Temperatur die Dämpfe zu schwer zu kondensieren sind. Die Destillationsgeschwindigkeit ist aus demselben Grunde gering zu halten, und die Kühlfläche ist größer als bei der Destillation unter Atmosphärendruck zu nehmen. Ein besonderer Nachteil dieser Destillationsweise ist es, daß hochsiedende Anteile nur schwer verdampft werden, daß der Anteil des Wassers im Destillat erheblich größer ist als bei der Destillation unter Atmosphärendruck und daß bei der niedrigen Temperatur leicht Fermentierungen des Pflanzenmaterials auftreten.

Wasser- und Dampfdestillation. Bei der *Wasser-* und *Dampfdestillation* befindet sich am Boden der Blase Wasser, das durch Heizschlangen oder einen Heizmantel zum Sieden gebracht wird. Darüber befindet sich auf einem, eventuell mehreren Siebböden das Destillationsgut. Zerschnittene Kräuter und Samen mit leicht flüchtigen Ölen lassen sich gut nach diesem Verfahren verarbeiten, nicht aber feine Pulver. Zersetzungen des Materials treten kaum auf, da der Dampf ziemlich feucht ist, nachteilig ist aber, daß durch den feuchten Dampf auch das Material feucht wird und sich dann schwer ausdestillieren läßt.

Für Materialien mit schwer flüchtigen Ölen ist das Verfahren also nicht geeignet. Für die Anwendung des Verfahrens unter Minderdruck oder Überdruck gilt das schon bei der Wasserdestillation Gesagte.

Dampfdestillation. Die *Dampfdestillation* unter Atmosphärendruck wird heute in weitaus den meisten Fällen zur Fabrikation ätherischer Öle benutzt. Der zur Destillation nötige Dampf wird von außen in die Blase eingeleitet und durch einen mit vielen Öffnungen versehenen Ring unter dem untersten Siebboden fein verteilt. Das Material wird zur besseren Ausnutzung des Dampfes hoch aufgeschichtet, darf aber nicht zu eng gepackt werden, damit der Dampf es gleichmäßig durchdringt und sich nicht Gänge bahnt, durch die er entweicht, ohne das Material erschöpft zu haben. Da das Pflanzenmaterial bei dieser Verarbeitungsweise ziemlich trocken bleibt, ist auch eher mit Auftreten von Brenzprodukten zu rechnen. Besonders tritt dieser Fall ein, wenn man überhitzten Wasserdampf anwendet, also Wasserdampf, der zunächst eine Spannung von etwa 2—10 Atm. hat und durch Entspannung in der Blase in überhitzten Dampf übergeht. Die Überhitzungsdestillation mit stark überhitztem Dampf wird gelegentlich angewandt, um hochsiedende Öle besser überzutreiben. Im allgemeinen wird man nur mit mäßig überhitztem Dampf arbeiten.

Bei Verwendung von Minderdruck kommt man bei dieser Destillationsweise stets zu einer Überhitzungsdestillation, deren Nachteile die gewonnenen Vorteile meist überwiegen dürften. Überdruckdestillation würde zu noch weitergehenden Zersetzungen führen als bei den vorher geschilderten Verfahren, ist also nicht zu empfehlen.

2. Extraktion mit flüchtigen Lösungsmitteln.

Handelt es sich um die Gewinnung eines sehr empfindlichen oder nur in sehr geringer Menge in den Pflanzen. enthaltenen ätherischen Öles, wie es bei manchen Blüten (Reseda, Veilchen, Jasmin, Rosen) vorkommt, so kann die Destillation mit Wasserdampf völlig versagen. Man wendet dann lieber ein anderes Verfahren an, bei dem man die Öle unter den schonendsten Bedingungen isoliert, die *Extraktion mit flüchtigen Lösungsmitteln.* In Apparaten von besonderer Konstruktion, die gut verschlossen sind, wird das Pflanzenmaterial mit dem Lösungsmittel, meist in der Kälte, ausgezogen, indem man das Gemisch längere Zeit ruhig stehen läßt. Das Lösungsmittel wird in der Regel für mehrere Extraktionen hintereinander benutzt, bis es genügend Riechstoffe aufgenommen hat. Als Lösungsmittel verwendet man heute fast ausschließlich einen besonders gereinigten, völlig geruchsfreien Petroläther. Äther, Schwefelkohlenstoff, Tetrachlorkohlenstoff und Benzol haben sich als weniger geeignet erwiesen. Aus der Lösung erhält man durch Abdestillieren des Lösungsmittels zunächst das konkrete Öl (essence concrète), eine stark gefärbte wachsartige Masse. Aus dieser wird durch Ausscheiden der wachsartigen Anteile beim Lösen in Alkohol zunächst eine alkoholische Lösung erhalten, aus der man durch Zusatz von Kochsalzlösung das absolute Öl (essence absolue) abscheidet, das bei sachgemäßer Verarbeitung das volle Aroma des angewandten Materials enthält.

3. Extraktion mit nicht flüchtigen Lösungsmitteln in der Wärme oder Maceration.

Die *Maceration* oder *Extraktion mit nichtflüchtigen Lösungsmitteln,* d. h. Fetten oder fetten Ölen, in der Wärme ist vielleicht die älteste Methode zur Nutzbarmachung von Riechstoffen. Schon Homer sind Produkte, die nach dieser Methode hergestellt worden sein müssen, wohlbekannt. Man verwendet heute meistens Rinderfett, Schweinefett oder Olivenöl, die besonders gut gereinigt sein müssen, erwärmt sie auf 50—70⁰ und läßt die Blüten (Rosen, Veilchen, Maiglöckchen, Orangenblüten) bis zu 48 Stunden lang darin ausziehen. Durch Zentrifugieren trennt man die Blüten ab und gewinnt so die *Pomaden* (pommades). Diese werden mit Alkohol extrahiert und aus den so erhaltenen „*Extraits aux fleurs*" nach Entfernung des Alkohols die „*Essences*" gewonnen.

4. Gewinnung von ätherischen Ölen durch Auspressen.

Das in den Schalen der Agrumenfrüchte (Citronen, Pomeranzen, Bergamotten, Limetten und Mandarinen) enthaltene Öl wird am zweckmäßigsten durch Auspressen der Schalen erhalten. Das Auspressen geschieht mit der Hand durch Andrücken der Schale gegen einen Schwamm, heute in vielen Fällen auch schon maschinell. Das durch schleimige Anteile und Schalensubstanz verunreinigte Öl läßt man absitzen und reinigt es durch Filtrieren. Durch Destillation gewonnene Agrumenöle sind bei weitem nicht so fein im Geruch wie gepreßte.

c) Fabrikationsmethoden zur Gewinnung von teilweise fertig gebildeten oder glucosidisch gebundenen ätherischen Ölen.

1. Enfleurage oder Extraktion mit nicht flüchtigen Lösungsmitteln in der Kälte.

Das Verfahren der *Enfleurage*, einer Extraktion von ätherischen Ölen mittels Fett in der Kälte, ist nur in den wenigen Fällen im Gebrauch, in denen es sich um Blüten handelt, die auch in abgepflücktem Zustande noch weiter Duftstoffe hervorbringen, in denen also das Öl nur zum Teil fertig gebildet vorkommt. Es handelt sich in der Hauptsache um die Blüten von Jasmin, Tuberose und Jonquille. Im Prinzip ist das Verfahren dasselbe wie bei der Maceration mit dem Unterschied, daß in der Kälte gearbeitet wird. In quadratischen Holzrahmen (châssis) von 50—80 cm Länge befinden sich Glasplatten, die auf beiden Seiten mit gut gereinigtem Fett bestrichen werden. Darauf streut man die Blüten und stellt eine Reihe von Holzrahmen übereinander für längere Zeit (24—72 Stunden) beiseite, entfernt dann die Blüten und beschickt von neuem. Wenn der Wechsel genügend oft wiederholt ist, entfernt man das Fett, die Pomade, die ebenso wie bei der Maceration durch Umarbeiten mit Alkohol von den Duftstoffen befreit wird. Die nach Entfernung des Alkohols erhaltenen Extraktöle nennt man auch bei diesem Verfahren „essences".

2. Fermentative Spaltung.

Die fermentative Spaltung kommt ebenso wie die Enfleurage für die Gewinnung von ätherischen Ölen nur seltener in Betracht, und zwar in den Fällen, in denen ein ätherisches Öl glucosidisch gebunden in Pflanzenteilen enthalten ist. Die Pflanzenteile werden hinreichend zerkleinert, mit Wasser in einer Destillierblase zu einem dünnen Brei angerührt und etwa 1 Tag lang bei 50⁰ stehen gelassen. Dann wird mit Wasserdampf wie bei der Wasserdestillation das ätherische Öl abdestilliert, wobei es sich aber manchmal als praktischer erweist, den Dampf direkt in die Blasenfüllung einzuleiten.

d) Reinigung ätherischer Öle.

Die nach einem der geschilderten Verfahren gewonnenen ätherischen Öle sind vielfach durch mitgerissene färbende oder auch schlecht riechende Substanzen verunreinigt. Um sie von diesen Verunreinigungen zu befreien, destilliert man sie nochmals, man rektifiziert sie. Die nochmalige Destillation kann aber auch den Zweck haben, die Öle in besondere, ihren Siedetemperaturen nach verschiedene Anteile zu zerlegen, sie zu fraktionieren. Man wendet dazu Destillation mit Wasserdämpfen, aber auch trockene Öldestillation an, bei der man fast stets unter Minderdruck arbeitet. Nur sehr niedrig siedende Flüssigkeiten lassen sich unbeschadet bei Atmosphärendruck trocken destillieren. Die Destillation mit Wasserdämpfen kann dagegen fast immer bei Atmosphärendruck ausgeführt werden, sie läßt sich auch bei solchen Ölen noch mit Erfolg anwenden, bei denen die trockene Destillation versagt. Schwierigkeiten bei der Wasserdampfdestillation ergeben sich nur, wenn esterhaltige oder nicht wasserlösliche und zu gleicher Zeit hochsiedende Stoffe vorliegen. Diese destilliert man dann besser mit Dampf oder überhitztem Wasserdampf.

Die gebräuchlichste Art der Destillation mit Wasserdampf von ätherischen Ölen ist die Wasserdestillation. Man heizt indirekt und bringt zunächst so viel Wasser in die Blase, daß Heizschlangen und Dampfmantel vollständig damit bedeckt sind. Manche Öle neigen nämlich dazu, den unangenehmen sog. Blasengeruch anzunehmen, wenn sie mit den stark erhitzten Blasenwandungen in Berührung kommen. Die Destillationsstärke wählt man nur gering, um zu vermeiden, daß durch heftiges Wallen des Blaseninhaltes Flüssigkeitsteilchen oder der über der siedenden Flüssigkeit schwebende Dunst mit übergerissen werden. Es empfiehlt sich, eiserne Blasen zu vermeiden, da Eisen besonders in Ölen, die viel sauerstoffhaltige Verbindungen enthalten, schon nach kurzer Zeit Dunkelfärbung hervorruft, so daß das Destillat durch die zuletzt übergehenden Anteile gefärbt werden kann.

Wasserdestillation unter Minderdruck benutzt man bei ätherischen Ölen nur, wenn jede Zersetzungsmöglichkeit ausgeschaltet werden soll, also bei Ölen, die in größerer Menge leicht zersetzliche Ester enthalten.

Dampfdestillation von ätherischen Ölen ist als solche nicht möglich, wenn man auch Dampf direkt in das Öl einleitet. Infolge von Kondensation des Wasserdampfes scheidet sich dabei ziemlich bald Wasser ab, so daß aus der Dampfdestillation eine Wasserdestillation mit direkter Dampfzufuhr wird.

Will man die Wasserabscheidung vermeiden, so verwendet man überhitzten Wasserdampf, dessen Überhitzung man erreichen kann durch Überhitzung des Wasserdampfes außerhalb der Blase in besonderen Öfen oder durch Erhitzen des in der Blase befindlichen Öles über den Siedepunkt des Wassers unter dem betreffenden Dampfdruck. Der eingeleitete Wasserdampf muß dann aber sorgfältig von Kondenswasser befreit sein. Zur Destillation besonders hochsiedender Öle kann diese Destillationsweise manchmal mit Vorteil angewandt werden, wenn man nicht eine Überhitzungsdestillation unter Minderdruck vorzieht, um nicht so hohe Temperaturen in der Blase zu haben. Trockene Öldestillation wird, wie schon oben erwähnt, fast stets unter Minderdruck ausgeführt. Man benutzt sie vor allem dann, wenn man eine Fraktionierung des Öles durchführen will. Die Wirkung der Fraktionierung wird dabei wesentlich durch Anwendung einer Kolonne erhöht, die man mit Porzellankugeln oder Metallringen (Raschigs Ringe) zur Vermehrung der Oberfläche beschickt. Auch Anwendung eines Dephlegmators ist üblich.

Für Laboratoriumsgebrauch hat v. Rechenberg einen kleinen Apparat (Abb. 36) beschrieben, der sich als sehr brauchbar erwiesen hat.

Dem mit besonderem Stutzen versehenen Kolben h ist die Kolonne direkt angeschmolzen. In der Kolonne ist unten ein Drahtnetz eingeschmolzen, das die zur Füllung benutzten Glaskugeln zurückhält. Sie ist zum Schutz gegen Wärmeverluste mit einer Lage von Filz (g) umgeben. In den Dephlegmator l leitet man von f her Luft oder Wasser langsam ein, um dadurch eine weitere Fraktionierung zu bewirken. Der Stutzen *e* dient zur Aufnahme des Thermometers und des Anschlusses an das Manometer *i*, dessen Schlauchende *k* geschlossen wird. Im Kühler *d* wird das Destillat, das nur tropfenweise ablaufen soll, kondensiert und gelangt in die Vorlage *b*, die bei *a* mit der Vakuumpumpe verbunden ist, und die so eingerichtet ist, daß man während der Destillation das Destillat aus der Vorlage *c* entnehmen kann, wenn man die Vorlage *b* durch Herunterdrücken des Stöpsels verschlossen und das Gefäß *c* durch den unteren Hahn, einen Dreiwegehahn, mit der Außenluft in Verbindung gebracht hat. Wesent-

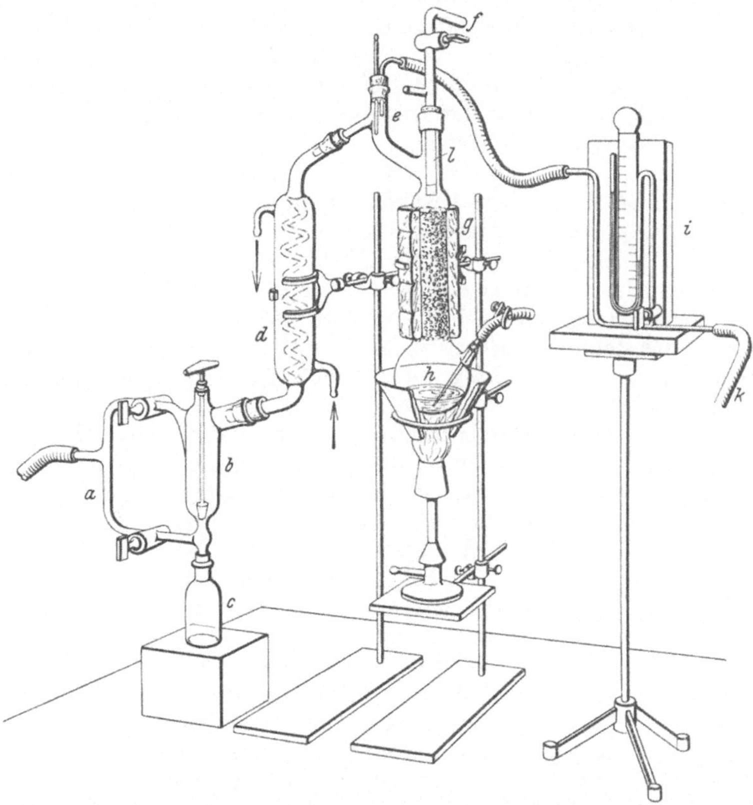

Abb. 36. Apparatur für Destillation unter Minderdruck (nach Prof. Dr. v. RECHENBERG: Einfache und fraktionierte Destillation in Theorie und Praxis, Miltitz bei Leipzig, 1923).

lich ist bei dem Apparat, daß die Höhe der Kolonne verschieden gewählt werden kann, je nachdem ob die Siedetemperatur hoch oder niedrig liegt. Je höher die Siedetemperatur, um so kürzer auch die Kolonne. Man erreicht dann auch bei Flüssigkeiten mit nahe beieinander liegendem Siedepunkt sehr gute Trennungen.

C. Untersuchungsmethoden für ätherische Öle.

a) Qualitative Methoden zur Untersuchung und Trennung von Einzelbestandteilen.

1. Physikalische Untersuchungsmethoden.

Die Untersuchung eines ätherischen Öles beginnt man zweckmäßig mit der Feststellung der physikalischen Konstanten. Dichte, Drehung, Brechungsvermögen, Erstarrungs- und Schmelzpunkt, Siedeverhalten und auch die Löslichkeit sind charakteristisch für die ätherischen Öle und ihre Einzelbestandteile. Zur Ermittelung der *Dichte* bedient man sich der Mohrschen *Waage* oder eines *Pyknometers*; am empfehlenswertesten unter den verschiedenen Arten von Pyknometern sind für ätherische Öle die nach Sprengel-Ostwald (Abb. 37) oder für dickflüssige Öle die alte Sprengelsche Konstruktion mit weiten Schenkeln.

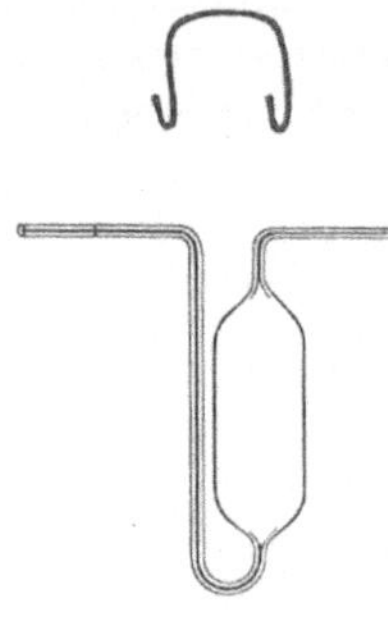

Abb. 37.

Aus der Höhe der Dichte lassen sich manchmal gewisse Rückschlüsse auf die Bestandteile des Öles ziehen. Öle mit einer Dichte unter 0,900 enthalten oft größere Mengen von Terpenen oder auch aliphatische Verbindungen. Bei einer Dichte über 0,900 kann ein Gemisch von Verbindungen vorliegen, die den verschiedensten Körperklassen angehören; geht die Dichte über 1,00 hinaus, so muß man damit rechnen, Verbindungen der aromatischen Reihe oder auch senfölartige Körper anzutreffen.

Die *optische Aktivität* (Drehungsvermögen) und den *Brechungsindex* bestimmt man mit den allgemein üblichen Apparaten. Aus der Höhe der Drehung lassen sich nur selten Rückschlüsse auf die Zusammensetzung eines Öles ziehen. Charakteristisch ist das Drehungsvermögen mehr für einheitliche Verbindungen; an der Höhe der Drehung läßt sich manchmal feststellen, ob eine Verbindung schon in genügender Reinheit vorhanden ist. Das Brechungsvermögen ätherischer Öle liegt innerhalb verhältnismäßig enger Grenzen, es schwankt zwischen 1,43 und 1,61. Es ist weniger charakteristisch für ätherische Öle als vielmehr für ihre Einzelbestandteile, für die es eine absolut feststehende Konstante ist. Wichtig ist das Brechungsvermögen für die Konstitutionsaufklärung, da man aus ihm die *Molekularrefraktion* errechnen kann.

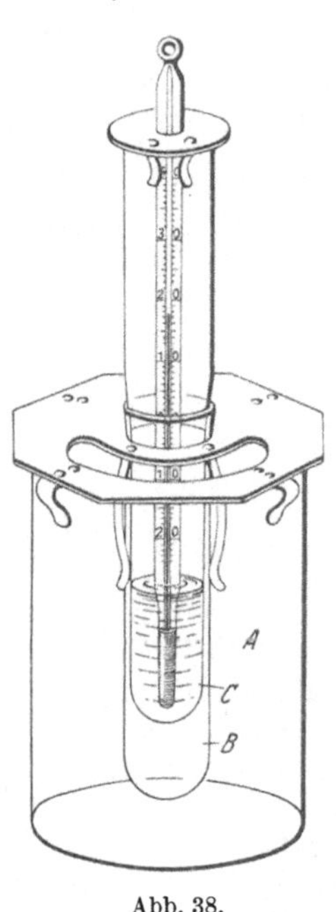

Abb. 38.

Den *Schmelzpunkt* bestimmt man in der üblichen Weise mit den bekannten Apparaten.

Die Bestimmung des *Erstarrungspunktes* (Abb. 38) kommt nur in einigen besonderen Fällen bei ätherischen Ölen in Betracht, wenn sie nämlich größere Mengen von *Anethol*, *Menthol*, *Campher* oder *Methylnonylketon* enthalten. Schimmel u. Co. (23) haben den dafür üblichen Apparat dem Beckmannschen Apparat zur Bestimmung des Molekulargewichts aus der Gefrierpunktserniedrigung nachgebildet. Ein Batterieglas *A*, das zur Aufnahme der Kühlflüssigkeit dient, ist mit einem Metalldeckel verschlossen, in dessen Mitte ein als Luftmantel für das Gefriergefäß dienendes weites Reagensglas *B* eingesetzt ist. Das Gefriergefäß *C* ist von der Mitte an etwas erweitert, so daß es auf dem Rand des als Kühlmantel dienenden Reagensrohres gut aufsitzt. In das Gefriergefäß taucht ein Thermometer ein, das durch eine auf dem Gefriergefäß oben aufliegende, mit Federn zum Einklemmen des Thermometers versehene Metallscheibe gehalten wird.

Um den Erstarrungspunkt festzustellen, füllt man das Batterieglas mit einer Kühlmischung, deren Temperatur etwa 5—10° niedriger liegt als der zu erwartende Erstarrungspunkt, gibt dann in das Gefrierrohr eine etwa 5 cm hohe Schicht des zu untersuchenden, vollkommen klar filtrierten Öles und hängt das Thermometer so in das Öl ein, daß es die Wandungen des Gefrierrohres nicht berührt. Nun läßt man das Öl vor Erschütterungen geschützt sich ruhig abkühlen, bis das Thermometer auf etwa 5° unter dem zu erwartenden Erstarrungspunkt einsteht, und leitet dann durch Umrühren mit dem Thermometer und Reiben an der Gefäßwandung die Krystallisation des Öles ein, die erforderlichenfalls durch Impfen mit Kryställchen von erstarrtem Öl beschleunigt werden kann. Während des Erstarrens des Öles setzt man das Umrühren mit dem Thermometer noch so lange fort, wie es die Krystallmasse bequem zuläßt, und läßt dann ruhig stehen. Während der ganzen Operation beobachtet man genau das Thermometer, dessen Quecksilberfaden infolge der beim Erstarren stattfindenden Wärmeentwicklung schnell steigt; die hierbei erreichte höchste Temperatur, die kurze Zeit konstant bleibt, wird als Erstarrungspunkt des Öles bezeichnet.

Den *Siedepunkt* bestimmt man in der üblichen Weise. Bei ätherischen Ölen, die als Gemische verschiedener Körper innerhalb weiterer Grenzen sieden, bestimmt man die *Siedetemperatur*, d. h. das Temperaturintervall, innerhalb dessen sie sich vollständig überdestillieren lassen. Durch die bei gewöhnlichem Druck bestimmten Siedetemperaturen kann man manche Hinweise auf Bestandteile des Öles erhalten. Sind sauerstoffhaltige Bestandteile in größerer Menge vorhanden, so sind nur schwer Schlüsse zu ziehen. Hat man diese aber entfernt oder fehlen sie überhaupt in dem Öl, so deutet eine Siedetemperatur zwischen 150—190° auf die Gegenwart von Terpenen hin; zwischen 250—280° siedende Flüssigkeiten können aus Sesquiterpenen bestehen, und über 300° siedende enthalten Polyterpene. Will man ein Öl auseinanderfraktionieren, so tut man gut, nur bis zu einer Temperatur von höchstens 180° bei gewöhnlichem Druck zu destillieren. Steigt die Siedetemperatur höher, so ist es ratsam, das Öl im Vakuum weiter zu destillieren, da bei Destillation unter gewöhnlichem Druck manche Bestandteile rasch verändert werden. Über die Ausführung der trockenen Öldestillation ist oben Näheres gesagt (S. 462). Es wäre nur noch zu erwähnen, daß bei einem Druck von 12 mm für Siedepunkte zwischen 100 und 150° bei 760 mm eine Differenz von ungefähr 100° auftritt; bei Siedepunkten zwischen 150° und 200° beträgt die Differenz 110°, zwischen 200 und 250° wird die Differenz 120°; 130° beträgt sie bei Siedepunkten zwischen 250 und 300° und 140° bei Siedepunkten zwischen 300 und 350°.

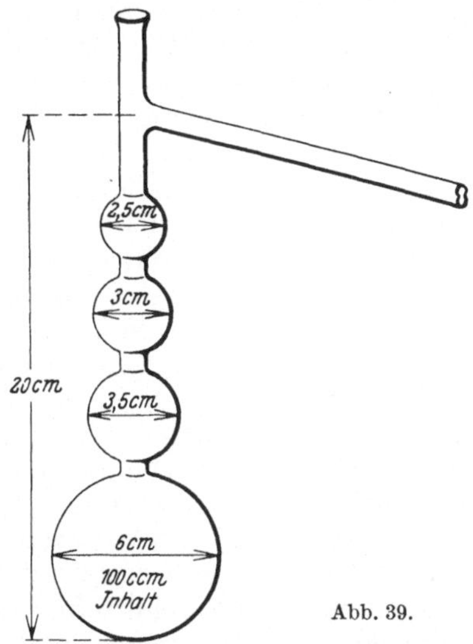

Abb. 39.

Über die *Löslichkeit* der ätherischen Öle ist ganz allgemein zu sagen, daß die Öle in den üblichen organischen Lösungsmitteln, absolutem Alkohol, Äther, Essigäther, Chloroform, Schwefelkohlenstoff, Aceton, Petroläther und Benzol leicht löslich sind. Schwache Trübungen, die zuweilen beim Lösen in Petroläther und Benzol auftreten, sind auf einen geringen Wassergehalt der Öle zurückzuführen. Sie lassen sich durch Zugabe eines Trockenmittels, z. B. von getrocknetem Natriumsulfat, sofort beseitigen. Nur Zimtaldehyd und die Öle, in denen er enthalten ist, sind in Petroläther fast völlig unlöslich. Unterschiede in der Löslichkeit der ätherischen Öle und ihrer Einzelbestandteile kann man aber sofort feststellen, wenn man Alkohole verschiedener Stärke zur Lösung nimmt. Es ist üblich, die Löslichkeit in Alkoholen von 95, 90, 80, 70, 60 und 50 Volumprozenten zu versuchen. Man bringt in einen kleinen 10 cm³ fassenden Zylinder,

der in $^1/_{10}$ cm^3 genau eingeteilt ist, 1 cm^3 Öl und so viel vom Alkohol der betreffenden Stärke, bis eben Lösung eintritt. Als Beobachtungstemperatur, die stets genau eingehalten werden muß, nimmt man die Temperatur von $+ 20^0$ C.

Nicht vergessen sollte man auch, bei Aufstellung der physikalischen Konstanten kurze Angaben über Farbe, Geschmack und vor allem Geruch eines ätherischen Öles oder eines seiner Einzelbestandteile zu machen, denn gerade Geruch und Geschmack bedingen ja in der großen Mehrzahl der Fälle die Verwendung der ätherischen Öle. Die einfachste Art der Geruchsprüfung ist die, auf einen Filtrierpapierstreifen einige Tropfen Öl zu bringen und in Zwischenräumen daran zu riechen. Man kann dann häufig Einzelbestandteile eines Öles nacheinander riechen, wenn die flüchtigeren verdunstet sind, und dabei auch für die weitere Untersuchung des Öles wichtige Fingerzeige erhalten.

2. Allgemeine Methoden zur Trennung eines ätherischen Öles und zum Nachweis seiner Einzelbestandteile.

Die Zerlegung eines ätherischen Öles in seine Einzelbestandteile ist vor allem deshalb mit besonderen Schwierigkeiten verknüpft, weil die meisten seiner Bestandteile flüssig sind und man immer wieder auf die fraktionierte Destillation zur Trennung zurückgreifen muß. Wenn hier versucht wird, einen allgemeinen Gang der Untersuchung festzulegen, so macht dieser Versuch durchaus keinen Anspruch auf allgemeine Gültigkeit. Er soll vielmehr nur Hinweise geben, in welcher Reihenfolge man am praktischsten die Einzelbestandteile abtrennt. Man wird stets das Richtige tun, wenn man sich für jedes Öl gemäß der Erkenntnis seiner Zusammensetzung einen besonderen Gang zurechtlegt.

Um zunächst einige Anhaltspunkte für die vermutliche Zusammensetzung eines Öles zu erhalten, führt man einige Vorproben aus. Dazu gehört die Bestimmung der physikalischen Konstanten, aus deren Werten man die oben angeführten Schlüsse ziehen kann. Man prüft weiter die elementare Zusammensetzung, die bei ätherischen Ölen nicht sehr mannigfaltig ist. Neben Kohlenstoff, Wasserstoff und Sauerstoff kommen nur noch die Elemente Schwefel und Stickstoff vor, auf deren Vorhandensein man in der üblichen Weise prüft. Kann man Schwefel durch Oxydation mittels Salpetersäure zu Schwefelsäure nachweisen, so sind sicher Senföle, Sulfide oder Polysulfide zugegen. Eine positive Stickstoffreaktion durch Erhitzen des Öles mit Kalium oder Natrium und Nachweis der entstandenen Cyanverbindungen als Berlinerblau deutet auf Nitrile und nur bei gleichzeitiger Anwesenheit von Schwefel auf Senföle hin.

Durch einige weitere Vorproben versucht man sich Gewißheit über die Anwesenheit gewisser Gruppen von Verbindungen zu verschaffen. Eine Volumenverminderung beim Schütteln mit verdünnter Natronlauge oder saure Reaktion deutet auf das Vorhandensein von Säuren oder Phenolen hin. Eine Verseifung zeigt, ob Ester in dem Öl enthalten sind. Alkohole erkennt man daran, daß nach dem Kochen mit Essigsäureanhydrid und Isolieren des acetylierten Öles dieses eine höhere Esterzahl aufweist als das ursprüngliche Öl. Aldehyde reagieren gut mit Natriumbisulfitlösung oder mit Hydroxylamin; ebenso reagieren mit letzterem, wenn auch langsamer, die Ketone. Äther weist man nach dem ZEISELschen Verfahren nach.

Hat man durch die Vorprüfungen genügend Anhaltspunkte gewonnen, so kann die Zerlegung des Öles beginnen, wobei physikalische und chemische Methoden zweckmäßig miteinander kombiniert werden. Nur schwer lassen sich die Trennungen quantitativ durchführen; allein Säuren, Phenole und Aldehyde lassen sich verhältnismäßig leicht entfernen. Bei anderen Verbindungen muß man die nötigen Operationen mehrere Male wiederholen, um eine möglichst quantitative Abtrennung zu erreichen. Eine wichtige Voraussetzung für die Anwendung aller Reagenzien bei den Trennungen ist die, daß die übrigen Bestandteile des Öles unverändert bleiben.

Hat man beim Abkühlen des Öles Ausscheidungen von festen Substanzen bemerkt, so kann man durch Ausfrieren des gesamten Öles diese Abscheidungen zu isolieren versuchen. Campher, Anethol, Safrol oder Menthol, auch paraffinartige Körper, höhere Fettsäuren und Methylnonylketon lassen sich auf diese Weise wenigstens zum Teil dem Öle entziehen. Das zweite, viel häufiger bei ätherischen Ölen angewandte physikalische Trennungsverfahren, die fraktionierte Destillation, wendet man in der Regel erst an, wenn alle leicht auf andere Weise abtrennbaren Verbindungen isoliert sind.

Hat sich bei Ausführung der Vorproben ergeben, daß Ausschütteln mit verdünnter Natronlauge eine Volumenverminderung herbeiführte, so schüttelt man die ätherische Lösung des Öles mehrmals in der Kälte mit verdünnter Alkalilauge aus. Die vereinigten Alkalilaugen schüttelt man dann zur Entfernung von Anteilen des ursprünglichen Öles mit Äther aus und scheidet durch Zusatz von verdünnter Schwefelsäure die gelösten *Säuren* und *Phenole* ab. Man nimmt diese mit Äther auf und behandelt die ätherische Lösung zur Abtrennung der Säuren vorsichtig mit Sodalösung. Die Sodalösung wird nach dem Abtrennen mit Äther ausgeschüttelt, worauf durch Zusatz von verdünnter Schwefelsäure die gebundenen Säuren ausgeschieden werden. Die weitere Trennung der Säuren erfolgt durch Wasserdampfdestillation oder fraktionierte Fällung ihrer Salze. Identifiziert werden sie durch Überführung in charakteristische Verbindungen, vor allem ihre Silbersalze. Die noch vorhandene ätherische Lösung der Phenole wird vom Äther befreit. Das Phenolgemisch arbeitet man auf und führt die einzelnen Bestandteile in Derivate über. Besonders geeignet als Derivate mit charakteristischen Eigenschaften sind die nach der SCHOTTEN-BAUMANNschen Reaktion leicht erhältlichen Benzoylverbindungen. Auch die Phenylurethane, die durch Einwirkung von Phenylisocyanat auf Phenole entstehen, sind ebenso wie die Bromderivate einiger Phenole zum Nachweis gut geeignet.

Die Abtrennung der *Aldehyde* und einiger *Ketone* erfolgt am besten durch mehrmaliges Ausschütteln mit einer konzentrierten Natriumbisulfitlösung, wobei man nötigenfalls etwas Alkohol zusetzt, um das Eintreten der Reaktion zu beschleunigen. Scheiden sich hierbei feste, krystallinische Doppelverbindungen aus, so reinigt man diese durch gutes Absaugen und wiederholtes Auswaschen mit Alkohol und Äther. Die in Natriumbisulfitlauge löslichen Doppelverbindungen befreit man durch Ausschütteln der Lösung mit Äther von den mechanisch beigemengten nichtaldehydischen Bestandteilen. Aus den normalen Doppelverbindungen (1 Mol + 1 Mol), die also in fester oder gelöster Form vorliegen können, setzt man die Aldehyde oder Ketone durch gelindes Erwärmen mit Alkali oder Alkalicarbonat in Freiheit. Man äthert sie aus oder treibt sie mit Wasserdampf über. Beim Ausschütteln des Öles mit Bisulfitlauge ist zu beachten, daß einige Aldehyde bei Anwendung eines großen Überschusses von Bisulfitlauge Dihydrosulfonsäurederivate bilden, aus denen die Aldehyde nicht regeneriert werden können. Die weitere Zerlegung des Aldehyd- und Ketongemisches geschieht durch sorgfältige fraktionierte Destillation.

An Stelle von Natriumbisulfitlauge kann zur Isolierung von Aldehyden und Ketonen auch das Semicarbazid verwendet werden. Man schüttelt eine alkoholische Lösung des Öles oder der Fraktion mit einer Lösung von Semicarbazidchlorhydrat und Natriumacetat. Bei Ketonen, die nicht mit Natriumbisulfit reagieren, wie Carvon, Menthon, Fenchon und Campher, ist neben der

Herstellung der Oxime die Überführung in die Semicarbazone sogar der beste Weg, um sie von den übrigen Bestandteilen zu trennen. Dabei sind die Semicarbazone vor den Oximen noch aus dem Grunde zu bevorzugen, weil sich aus den Semicarbazonen die Ketone in den meisten Fällen unverändert wiedergewinnen lassen, während die Oxime durch Einwirkung von Säuren leicht Umlagerungen erleiden. Bei einigen Ketonen, vor allem Carvon, Pulegon und Piperiton, bietet ihre Reaktionsfähigkeit mit neutralem Natriumsulfit eine Möglichkeit zur Isolierung. Aus der erhaltenen Lösung werden die genannten Ketone durch Zugabe von Alkalilauge regeneriert.

Die nähere Charakterisierung der Aldehyde und Ketone erfolgt durch Überführung in Oxime, Semicarbazone, Thiosemicarbazone, Phenylhydrazone oder para-Bromphenylhydrazone und Nitrophenylhydrazone. Auch Semioxamazone, die mittels Semioxamazid erhalten werden, sind zuweilen geeignet. Aldehyde lassen sich weiter zu Säuren oxydieren und als solche näher charakterisieren (vgl. dazu auch Bd. 2, S. 258—261).

Zur Herstellung der *Oxime* (81) setzt man zu einer alkoholischen Lösung von 1 Mol. Aldehyd oder Keton eine Lösung von etwas mehr als 1 Mol. Hydroxylaminchlorhydrat und der berechneten Menge Natriumcarbonat in wenig Wasser unter Umschütteln hinzu. Sollte die Mischung trübe sein, so gibt man noch so viel Alkohol hinzu, bis sie sich völlig geklärt hat, wobei höchstens eine geringe krystallinische Ausscheidung von Natriumchlorid auftreten darf. Man läßt die Mischung dann einige Zeit bei 50—60° auf dem Wasserbade stehen. Während sich die Bildung der Aldoxime sehr rasch vollzieht, verläuft die Bildung von Ketoximen meist erheblich langsamer. Man ist manchmal sogar gezwungen, längere Zeit auf dem Wasserbade zu kochen und an Stelle der Soda freies Alkali im Überschuß zuzusetzen.

Semicarbazone (81) erhält man, wenn man Semicarbazidchlorhydrat mit der berechneten Menge Natriumacetat (gleiche Mol.) in wenig Wasser löst und diese Lösung zu 1 Mol. Aldehyd oder Keton zusetzt, die man vorher mit Alkohol gemischt hat. Sollte die Mischung trübe sein, so wird sie durch weiteren Alkoholzusatz geklärt. Sollten sich die Semicarbazone nicht bald in fester Form abscheiden, so kann man einige Zeit an einem mäßig warmen Orte stehen lassen. Zum Umkrystallisieren eignet sich bei ihnen häufig Methylalkohol recht gut. Thiosemicarbazone zieht man den Semicarbazonen vor, wenn diese einen unscharfen Schmelzpunkt haben.

Phenylhydrazone (81) erhält man, wenn man Phenylhydrazin in der berechneten Menge auf eine ätherische Lösung von Aldehyd oder Keton einwirken läßt. Zur Trennung wird die Lösung mit verdünnten Säuren ausgezogen. Durch Kochen mit verdünnten Säuren lassen sich die Aldehyde und Ketone regenerieren. para-Bromphenylhydrazin und Nitrophenylhydrazin geben manchmal krystallinische Derivate, wenn die Phenylhydrazone nicht krystallisieren, und werden dem Phenylhydrazin dann vorgezogen.

Basische Verbindungen, die in dem Öl vorhanden sein können, wenn man bei der Elementaruntersuchung Stickstoffgehalt nachgewiesen hat, trennt man ab, indem man die ätherische Lösung des Öles wiederholt mit verdünnter Schwefelsäure ausschüttelt und die vorhandenen Basen als schwefelsaure Salze in Lösung bringt. Auch durch Ausfällen in Form von Sulfaten kann man Basen isolieren, wenn man zu der stark abgekühlten trocknen Lösung des Öles in Äther ein Gemisch von einem Volumen konzentrierter Schwefelsäure und fünf bis sechs Volumen Äther zusetzt. Aus den Sulfaten bzw. der Sulfatlösung setzt man die basischen Verbindungen durch Zugabe von Alkalilauge wieder in Freiheit.

Auch *Nitrile* können den Stickstoffgehalt des Öles bedingen. Man verseift die Nitrile durch Alkalilauge oder führt sie durch Hydroxylamin in Amidoxime über.

Die Abscheidung von *Mercaptanen*, *Sulfiden* und *Polysulfiden*, auf die ein Schwefelgehalt des Öles deuten würde, gelingt durch Fällung in Form von unlöslichen Quecksilberverbindungen, wenn man zu dem Öl Quecksilberchloridlösung zusetzt.

Sind in dem Öl Schwefel und Stickstoff nachweisbar, so ist mit Sicherheit anzunehmen, daß *Senföle* darin enthalten sind, die sich auch durch den Geruch bemerkbar machen müssen. Senföle fällt man durch Zusatz von Ammoniak als Thioharnstoffe aus.

Nach Abtrennung dieser Gruppen von Verbindungen können in dem Öl noch Laktone, Ester, Alkohole, Kohlenwasserstoffe, Oxyde und Äther zugegen sein. Die Abscheidung der *Laktone* erreicht man durch Verseifung des Öles, wobei die Laktone in die Alkalisalze der entsprechenden Oxysäuren übergehen und aus der Verseifungslauge durch Zusatz von Säure als Oxysäuren abgetrennt werden. Bei der Verseifung des Öles erreicht man neben der Aufspaltung der Laktone auch die Verseifung der vorhandenen *Ester*, die in die entsprechenden Alkohole und Säuren zerlegt werden. Die Säuren werden als Alkalisalze gebunden und lassen sich neben den Oxysäuren bei Zersetzung der Verseifungslauge erhalten. Die Alkohole bleiben im Öl und lassen sich erst bei der weiteren Untersuchung isolieren.

Die Abtrennung der Alkohole aus dem zurückgebliebenen Ölgemisch bereitet größere Schwierigkeiten als die Abscheidung der bisher genannten Verbindungsgruppen vor allem deshalb, weil oft primäre, sekundäre und tertiäre Alkohole nebeneinander vorkommen, die verschiedene Reaktionsfähigkeit besitzen. Man isoliert die Alkohole, indem man sie in die sauren Phthalsäureester und in die sauren Bernsteinsäureester, in Borsäureester oder Benzoesäureester überführt. Bei manchen primären Alkoholen, wie Geraniol, Benzylalkohol und β-Phenyläthylalkohol, gelingt die Reinigung auch über die festen Chlorcalciumverbindungen.

Das *Phthalestersäureverfahren* ist durchführbar bei primären und weniger empfindlichen sekundären Alkoholen. Für empfindliche sekundäre und alle tertiären Alkohole ist die Methode nicht brauchbar. Nach dem Phthalestersäureverfahren behandelt man das Öl in der Wärme mit Phthalsäureanhydrid, führt dadurch die Alkohole in saure Phthalester über, stellt durch Behandeln mit Alkali oder Alkalicarbonat die Alkalisalze her und entfernt die nicht in Reaktion getretenen Ölanteile durch Ausschütteln mit einem indifferenten Lösungsmittel. Durch Verseifung der Alkalisalze der sauren Phthalester erhält man die Alkohole zurück.

Da primäre Alkohole bereits in Benzollösung bei Wasserbadtemperatur, sekundäre Alkohole aber erst bei 120—130⁰ ohne Lösungsmittel und tertiäre Alkohole gar nicht mit Phthalsäureanhydrid reagieren, ist das Verfahren geeignet, diese Alkohole voneinander zu trennen.

Nach RUZICKA (68) verfährt man in der Weise, daß man die betreffende Fraktion oder das Öl selbst mit Phthalsäureanhydridpulver mehrere Stunden lang auf dem Wasserbade erhitzt, nach dem Erkalten mit Äther versetzt und vom ungelösten Phthalsäureanhydrid abfiltriert. Die ätherische Lösung schüttelt man zunächst mit überschüssiger zehnprozentiger Natronlauge durch, in der das phthalestersaure Natrium praktisch unlöslich ist, trennt die Schichten und gießt in die ätherische Lösung in dünnem Strahle Wasser ein, um das phthalestersaure Natrium in Lösung zu bringen. Ein Durchschütteln ist zunächst unbedingt zu vermeiden, da dabei Emulsionsbildung auftritt. Man wiederholt das Eingießen von Wasser mehrere Male, bis das Wasser nach dem Eingießen nicht mehr die Beschaffenheit einer verdünnten Seifenlösung besitzt. Dann schüttelt man die ätherische Lösung noch einmal mit Wasser durch, um auch die letzten Reste von phthalestersaurem Natrium aus dem Äther zu entfernen, säuert die wäßrigen Auszüge mit Essigsäure an, schüttelt mit Äther aus und verseift die erhaltene Phthalestersäure mit starkem Alkali, worauf man den Alkohol mit Wasserdampf übertreibt oder mit Äther extrahiert. Die Aufarbeitung der Phthalestersäure gelingt nach diesem Verfahren gut und ohne nennenswerte Verluste, wenn man sich genau an die Vorschrift hält. Man kann auch etwas anders verfahren.

Nach Elze (10) werden 100 g vorher im Vakuum destilliertes Öl mit 100 g Phthalsäureanhydridpulver und 100 g Benzol $1^1/_2$ Stunden lang im Wasserbade gekocht. Aus der erkalteten Mischung fällt man mit Petroläther die überschüssige Phthalsäure aus, filtriert die Mischung, destilliert Petroläther und Benzol ab und behandelt mit Kalium- oder Natriumcarbonatlösung. Es entstehen zwei Schichten, deren untere — reine Carbonatlösung — abgelassen wird. Die obere Schicht löst man in viel Wasser und entzieht ihr durch mehrmaliges Ausäthern die nicht mit Phthalsäureanhydrid in Reaktion getretenen Anteile des Öles. Man säuert nun mit 20 proz. Schwefelsäure an, salzt mit Kochsalz aus und nimmt die Phthalestersäuren mit Äther auf. Nach Verjagen des Äthers verseift man den Rückstand mit alkoholischer Kalilauge (1 : 3). Die Verseifungslauge wird mit Wasser verdünnt und ausgeäthert. Den Äther destilliert man ab, wäscht die rohen primären Alkohole mit Weinsäurelösung und Wasser aus und destilliert sie schließlich nach Zugabe von Kalk mit Wasserdampf und schließlich noch im Vakuum. Zur Isolierung von sekundären Alkoholen läßt Elze gleiche Teile Öl und Phthalsäureanhydrid ohne Benzol $1^1/_2$ Stunden lang im Ölbad auf 125° erhitzen. Die Aufarbeitung geschieht wie vorher angegeben.

Bei Ausführung des Verfahrens ist besonders darauf zu achten, daß man ein durchaus einwandfreies Phthalsäureanhydrid verwendet, das keine Phthalsäure enthält (Prüfung auf völlige Löslichkeit in Benzol).

Die Abtrennung der Alkohole nach dem *Borsäureverfahren* geschieht in der Weise, daß man das Öl mit einer zur Bildung von Triborsäureestern genügenden Menge Borsäure versetzt, die Esterifizierung durch leichtes Erwärmen durchführt, dann die indifferenten Ölanteile abdestilliert und schließlich die nicht flüchtigen Borate mit Alkalilauge in der Hitze verseift. Da auch Phenole mit Borsäure reagieren, ist bei der Weiterverarbeitung der alkoholischen Anteile darauf Rücksicht zu nehmen, wenn man die Phenole nicht vorher schon entfernt hat. Auch nach dem Borsäureverfahren kann eine annähernde Trennung der Alkohole verschiedener Klassen erzielt werden, da nämlich primäre Alkohole rascher als sekundäre und diese wieder rascher als tertiäre reagieren. Wenn man also zunächst nur eine dem Gehalt an primären Alkoholen entsprechende Menge Borsäure zusetzt, wird man in der Hauptsache nur diese isolieren. Durch weiteren Zusatz von Borsäure kann man dann die Trennung von sekundären und tertiären Alkoholen erreichen.

H. Schmidt (79) gibt eine in der Praxis durchaus bewährte Arbeitsweise an. Nachdem man in dem vorliegenden Ölgemisch auf analytischem Wege die Menge der vorhandenen alkoholischen Bestandteile ermittelt hat, setzt man die zur Bildung der Triborsäureester berechnete Menge Borsäure zu und erwärmt die Mischung in einem geeigneten Destillationsapparat unter Anwendung eines mäßigen Vakuums (etwa 100 mm) auf etwa 80—100°. Das bei Eintreten der Reaktion abgespaltene Wasser destilliert allmählich über und kann aufgefangen und gemessen werden. Nach einiger Zeit hört die Wasserabspaltung auf, und die Borsäure ist infolge von Bildung der Triborsäureester in Lösung gegangen. Man destilliert darauf unter Anwendung eines guten Vakuums die indifferenten Ölanteile ab, zerlegt die als Kolbenrückstand verbleibenden Borate mit Sodalösung oder Alkalilauge und treibt die so erhaltenen Alkohole bzw. Phenole mit Dampf ab. Sind die Borate fest, was besonders bei cyclischen Alkoholen häufiger der Fall ist, so können die Borate vor der Verseifung durch Umkrystallisieren aus einem geeigneten Lösungsmittel noch weiter gereinigt werden. Ein besonderer Vorteil der Boratmethode ist der, daß infolge der niedrigen Reaktionstemperatur bei der Esterifizierung und der geringen Acidität der Borsäure weder die alkoholischen noch die nichtalkoholischen Bestandteile geschädigt werden.

Zur Isolierung von Alkoholen ist manchmal auch die *Benzoylierungsmethode* recht brauchbar. Durch Behandeln mit Benzoylchlorid oder Benzoesäureanhydrid führt man die in dem Öl vorhandenen Alkohole in die schwer flüchtigen Benzoesäureester über, destilliert die indifferenten Ölanteile im Vakuum ab und verseift die zurückbleibenden Benzoesäureester. Wenn sie fest sind, kann man sie vor dem Verseifen durch Umkrystallisieren reinigen.

Die Charakterisierung der Alkohole geschieht durch Überführung in geeignete Derivate, in Ester organischer Säuren, wie Acetate oder Benzoate, in die Phthalestersäuren und vor allem in Phenylurethane, α-Naphthylurethane und Diphenylurethane (vgl. dazu auch Bd. 2, S. 211 ff.).

Die Überführung in Ester organischer Säuren geschieht durch Behandlung mit den Säureanhydriden oder bei den Benzoaten auch durch Behandlung mit Benzoylchlorid.

Zur Herstellung der *Phenylurethane* (81) gibt man zu dem absolut trockenen Alkohol die berechnete Menge Carbanil (Phenylisocyanat), taucht die Mischung einen Augenblick in warmes Wasser und läßt darauf in der Kälte stehen. Es dauert manchmal mehrere Tage, ehe die Umsetzung völlig vor sich gegangen ist. In derselben Weise werden unter Anwendung von α-Naphthylisocyanat die α-Naphthylurethane erhalten. Auch zur Abscheidung der Naphthylurethane ist manchmal längeres Stehen nötig; so muß man zur Gewinnung von Linalyl-α-naphthylurethan die Mischung erst etwa 1 Woche lang in der Kälte stehen lassen und dann noch mehrere Stunden erwärmen, ehe die Umsetzung völlig vor sich gegangen ist.

Das nach Abtrennung der Alkohole verbleibende Gemisch kann nur durch fraktionierte Destillation weiter zerlegt werden. Zur Reinigung der in diesem Gemisch meistens vorhandenen Kohlenwasserstoffe destilliert man, am besten mehrmals, über metallisches Natrium, bis keine Einwirkung des Metalls mehr zu bemerken ist. Wird die Destillation im Vakuum ausgeführt, wobei eine entsprechend niedrigere Temperatur herrscht, so zieht man dem Natrium die flüssige Legierung von Kalium und Natrium vor. Die anschließende Fraktionierung der Kohlenwasserstoffe muß zuweilen viele Male wiederholt werden, ehe die Kohlenwasserstoffe voneinander getrennt sind. Man bestimmt dann zunächst die physikalischen Konstanten der Fraktionen, ehe man die in ihnen enthaltenen Kohlenwasserstoffe in gut charakterisierte Derivate überführt. Von solchen Derivaten sind zu nennen die Tetrabromide, die Hydrochloride, Hydrobromide und Hydrojodide, die Nitrosochloride, die Nitrosite und Nitrosate und die Nitrolamine.

Die *Tetrabromide* stellt man nach WALLACH (94) her, indem man eine Lösung von 1 Vol. Terpen in 8 Vol. eines Gemisches gleicher Volumina Alkohol und Äther in einem von außen gut mit Eis gekühlten Kolben unter Vermeidung zu starker Erwärmung tropfenweise mit 0,7 Vol. Brom versetzt. Ist das Brom zugegeben, so gießt man die Flüssigkeit in eine Krystallisierschale und läßt langsam abdunsten. Schon bald beginnt die Abscheidung von Krystallen, wenn überhaupt ein festes Tetrabromid entstanden ist. Nach Verlauf von 1—2 Stunden gießt man die Mutterlauge durch einen mit Glaswolle verschlossenen Trichter ab, läßt die Krystalle abtropfen, preßt sie auf Tonplatten ab, wäscht sie eventuell noch mit starkem Alkohol und krystallisiert sie aus Äther oder Essigäther um. Die Anwendung von Alkohol als Lösungsmittel bietet keine Nachteile, da das Brom, ehe es auf den Alkohol einwirken kann, bereits von dem Terpen gebunden ist. Die Anwendung des Alkohols ist vielmehr insofern von Vorteil, als er ölige Verunreinigungen, die stets neben den festen Produkten gebildet werden, gelöst zurückhält. Manchmal können ölige Produkte in so großer Menge auftreten, daß das Auskrystallisieren der festen Anteile stark verzögert oder verhindert werden kann. Als Lösungsmittel zur Herstellung der Tetrabromide hat sich auch Eisessig gut bewährt, der in der zehnfachen Gewichtsmenge angewandt wird.

Zur Herstellung der *Hydrochloride* (94), *Hydrobromide* und *Hydrojodide* sättigt man Eisessig mit Chlor-, Brom- oder Jodwasserstoffsäure und gibt diese Lösung im Überschuß zu einer Eisessiglösung des Kohlenwasserstoffs. Die Bildung der Derivate geht sehr rasch vonstatten. Zu ihrer Abscheidung gießt man die Eisessiglösung in Eiswasser, wobei die Additionsprodukte sofort in festem Zustande abgeschieden werden.

Die Entstehung der *Nitrosochloride* beruht auf der Anlagerung von Nitrosylchlorid, NOCl, an Terpene. Man läßt Salzsäure und salpetrige Säure in Gegenwart eines wasserbindenden Mittels einwirken.

Nach der älteren Vorschrift von Wallach (94), die er für Pinennitrosochlorid gibt, kühlt man in einer kräftigen Kältemischung eine Lösung von 5 g Pinenfraktion in 5 g Eisessig und 5 g Äthylnitrit (oder Amylnitrit) gut ab und setzt nach und nach 1,5 cm³ rohe (33proz.) Salzsäure hinzu. Das Nitrosochlorid scheidet sich bald krystallinisch ab. Man sammelt es auf einem Saugfilter und wäscht es mit etwas kaltem Alkohol nach. Neuerdings haben Rupe und Löffl (60) eine Vorschrift gegeben, nach der man zu einem in einer Absaugflasche befindlichen Brei von Kochsalz und roher Salzsäure aus zwei Tropftrichtern rohe konzentrierte Schwefelsäure und eine konzentrierte Natriumnitritlösung so zutropfen läßt, daß das Verhältnis von Säure zu Nitritlösung 2 : 3 beträgt. Ein Überschuß von Salzsäuregas soll unbedingt vermieden werden. Das abströmende Gas passiert erst eine leere, dann eine mit Chlorcalcium gefüllte Waschflasche, die beide von außen mit Eis gekühlt werden, und gelangt dann in die Lösung von Pinen oder Limonen im gleichen Volumen Äther und im halben Volumen Eisessig, die durch eine Eiskochsalzmischung stark abgekühlt ist. Die Farbe der Lösung, die anfangs hellgrün ist, soll dann in Blaugrün übergehen, nicht aber in eine bräunliche oder dunkelgrüne Färbung. Wird die Lösung bräunlich, so sind zu viel nitrose Gase vorhanden, wird sie dunkelgrün, so ist zu viel Chlorwasserstoff zugegen, was unbedingt zu vermeiden ist. Die Ausbeuten nach diesem Verfahren sind besonders gut.

Nitrosate entstehen durch Addition von Stickstoffdioxyd NO_2. Nach der Vorschrift von Wallach für die Herstellung von Limonennitrosat versetzt man unter guter Kühlung und Umschütteln ein Gemisch gleicher Volumina Limonen und Amylnitrit mit dem halben Volumen Eisessig und einem Volumen Salpetersäure (d 1,395). Nach Alkoholzusatz scheidet sich das Nitrosat als Öl ab, das aber erst durch sehr starke Abkühlung durch Kohlendioxyd unter Äther zum Erstarren zu bringen ist.

Die *Nitrolamine*, meistens Nitrolbenzylamine oder Nitrolpiperidide, dienen häufig zur besseren Charakterisierung von Nitrosochloriden und Nitrosaten, wenn diese Produkte ein wenig charakteristisches Verhalten zeigen. Die Umsetzung erfolgt zwischen 1 Mol. Nitrosochlorid oder Nitrosat und 2 Mol. der betreffenden Base, Benzylamin oder Piperidin, manchmal auch Äthylamin, wobei man in wenig Alkohol löst und schwach erwärmt, bis alles in Lösung gegangen ist. Nach dem Verdünnen mit Wasser läßt man auskrystallisieren oder fällt durch stärkeren Wasserzusatz ganz aus. Das so erhaltene rohe Produkt löst man zur Reinigung in wenig kaltem Eisessig und verdünnt mit Wasser, um auf diese Weise ölige Bestandteile abzuscheiden. Nach dem Filtrieren durch ein angefeuchtetes Filter fällt man die Lösung durch Zusatz von Ammoniak, wobei sich die Nitrolamine häufig als schwammige Masse abscheiden, die erst nach längerer Zeit krystallinisch werden. Die Schmelzpunkte der Nitrolamine sind charakteristischer als die der entsprechenden Nitrosochloride oder Nitrosate, weshalb man diese meistens sofort in entsprechende Nitrolamine überführt.

Nitrosite (81) oder Nitrite entstehen durch Addition von N_2O_3 an Terpene. Das durch Zersetzung von Natriumnitrit durch Eisessig erhaltene Stickstoffsesquioxyd N_2O_3 läßt man auf den am besten mit Petroläther verdünnten Kohlenwasserstoff einwirken. Man stellt sich zunächst eine konzentrierte Lösung von Natriumnitrit her, überschichtet sie mit der Petrolätherlösung des Terpens, kühlt die Mischung gut ab und fügt unter Umschütteln in kleinen Anteilen Eisessig hinzu. Nachdem man in einer Kältemischung nochmals gut abgekühlt hat, läßt man längere Zeit ruhig stehen. Während z. B. beim Phellandren die Nitrositbildung sehr rasch vor sich geht, verläuft sie beim Terpinen recht langsam. Da die entstandenen Nitrosite leicht zersetzlich sind, filtriert man möglichst kalt ab, preßt die Krystalle ab und krystallisiert sie um.

Neben den Derivaten, deren Herstellung eingehend beschrieben wurde, sind noch manche anderen Reaktionen üblich, die zu Produkten führen, die für den betreffenden Kohlenwasserstoff charakteristisch sind. Namentlich Oxydationen werden gern ausgeführt, da man dabei oft auch Einblick in die Konstitution des Kohlenwasserstoffes bekommt.

b) Quantitative Bestimmungsmethoden der Hauptbestandteile von ätherischen Ölen.

Die quantitative Bestimmung von Einzelbestandteilen ätherischer Öle hat zur Voraussetzung, daß man durch analytische Untersuchung des Öles wenigstens die Hauptbestandteile genau kennt, schon aus dem Grunde, daß man abzuschätzen vermag, welche der gebräuchlichen Methoden am passendsten sein dürfte. Zur quantitativen Bestimmung der Bestandteile ätherischer Öle sind viele Methoden ausgearbeitet worden, von denen sich aber nur eine beschränkte Anzahl wirklich praktisch bewährt hat. Trotz mannigfacher Vorschläge haben z. B. bis jetzt Methoden, die die quantitative Bestimmung auf Jod- oder Bromanlagerung gründen, keinen Eingang in die quantitative Untersuchung ätherischer Öle gefunden, was in der Hauptsache daher rührt, daß bei diesen Methoden neben den Additionsreaktionen stets unerwünschte Substitutions- und auch Oxydationsreaktionen eintreten, die natürlich je nach der Arbeitsweise verschieden weit führen können. Auch bei anderen gebräuchlichen Methoden sind, sofern man ätherische Öle und nicht isolierte Einzelbestandteile untersucht, Nebenreaktionen manchmal nicht zu vermeiden. Man muß dann die störenden Bestandteile vor der Untersuchung entfernen oder stets unter genau gleichen Bedingungen arbeiten, um wenigstens Vergleichswerte zu erhalten.

1. Bestimmung von Kohlenwasserstoffen.

Eine Methode zur quantitativen Bestimmung von Kohlenwasserstoffen ist bisher unbekannt. Zur Bestimmung von ungesättigten Kohlenwasserstoffen

empfehlen Nametkin und Brüssoff (50), diese nach der Methode von Prile-
schajew mit einer Chloroformlösung von Benzoylhydroperoxyd zu behandeln,
die 0,4—0,5% aktiven Sauerstoff enthält. Etwa 0,2—0,3 g Kohlenwasserstoff
wägt man in einen mit eingeschliffenem Glasstopfen versehenen Kolben, gibt
doppelt so viel Benzoylhydroperoxydlösung hinzu, als der Theorie nach nötig
ist, und läßt 2—3 Tage bei Zimmertemperatur stehen. Das überschüssige Benzoylhydroperoxyd bestimmt man jodometrisch, indem man 20 cm³ 10proz. Kalium-
jodidlösung und 12 cm³ 10proz. Schwefelsäure zusetzt und das frei werdende
Jod mit Zehntelnormal-Natriumthiosulfatlösung titriert. Um den Wirkungswert
der Benzoylhydroperoxydlösung zu erfahren, setzt man mit der gleichen Menge
Lösung blinde Versuche an. Bei dieser Methode sind, wie Meerwein (48) bei der
Bestimmung von Camphen und α-Fenchen fand, infolge der langen Einwirkungsdauer Nebenreaktionen unvermeidlich. Er empfiehlt deshalb eine Einwirkungsdauer von nur 12 Stunden, um nicht zu hohe Werte zu finden.

2. Bestimmung von Alkoholen.

Bestimmung von Alkoholen in verestertem Zustand. Alkohole kommen in
ätherischen Ölen in freiem Zustande und als Ester gebunden vor. Da die quantitative Bestimmung freier Alkohole darauf beruht, daß man sie erst in
Ester überführt und diese dann durch Verseifung quantitativ bestimmt, sei
zunächst die quantitative Bestimmung der in gebundenem Zustand vorkommenden Alkohole, der Ester, beschrieben. Bei der Bewertung ätherischer Öle spielt
die Verseifung vor allem deshalb eine Rolle, weil die vorkommenden Ester,
z. B. Linalylacetat oder Bornylacetat, als Träger des Geruchs auch die wichtigsten Bestandteile vieler Öle sind. Die Verseifung wird in ähnlicher Weise
ausgeführt wie bei den Fetten und fetten Ölen, von denen sie für die ätherischen
Öle übernommen worden ist.

Die *Ausführung der quantitativen Verseifung* erfolgt nach dem folgenden,
praktisch bewährten Verfahren, und zwar in der Weise, daß man *Säure-* und
Esterzahl bei demselben Versuche nacheinander bestimmt. In ein etwa 100 cm³
fassendes, weithalsiges Kölbchen aus Kaliglas wägt man etwa 1—2 g Öl (auf
1 cg genau), setzt etwa die doppelte Menge neutralisierten Alkohols und einige
Tropfen einer alkoholischen Phenolphthaleinlösung (1 : 100) hinzu und bestimmt
durch tropfenweise Zugabe von alkoholischer Halbnormal-Kalilauge zunächst
die Säurezahl. Darauf gibt man 10 cm³ oder auch mehr alkoholische Halbnormal-
Kalilauge und einige kleine Tonscherben oder zerbrochene Glaskapillaren hinzu,
verschließt das Kölbchen mit einem durchbohrten Stopfen, in dem sich ein als
Rückflußkühler dienendes, etwa 1 m langes Glasrohr befindet, und erhitzt es
1 Stunde lang auf dem Wasserbade. Nach dem Erkalten titriert man dann die
überschüssige Lauge nach erneutem Zusatz von wenig Phenolphthaleinlösung
mit Halbnormal-Schwefelsäure zurück. Ist bei der Titration der Farbenumschlag
schlecht zu erkennen, wie es bei manchen, vor allem bei stark gefärbten Ölen
vorkommt, so verdünnt man die Verseifungslauge erst mit etwa 50 cm³ Wasser
und titriert dann zurück. Man findet so die Esterzahl (E.Z.) des Öles und erfährt
durch Addition der vorher bestimmten Säurezahl (S.Z.) die Verseifungszahl (V.Z.).

Die Berechnung dieser Zahlen geschieht nach der Formel

$$\left.\begin{array}{l} \text{S. Z.} \\ \text{E. Z.} \\ \text{V. Z.} \end{array}\right\} = \frac{28{,}055 \cdot a}{s},$$

in der a die Anzahl der verbrauchten Kubikzentimeter Halbnormal-Kalilauge
und s die angewandte Substanzmenge in Grammen bedeutet.

Der Gehalt an Ester und der Gehalt an gebundenem Alkohol kann aus der Esterzahl nach den folgenden Formeln errechnet werden:

$$\%\ \text{Ester} = \frac{\text{E.Z.} \cdot m}{561{,}1 \cdot b}\ ;\quad \%\ \text{Alkohol} = \frac{\text{E.Z.} \cdot m_1}{561{,}1}.$$

In diesen Formeln bedeutet m das Molekulargewicht des betreffenden Esters, m_1 das des entsprechenden Alkohols und b die Basizität der Säure, an die der Alkohol gebunden ist.

Für die in ätherischen Ölen vorkommenden Alkohole $C_{10}N_{18}O$, $C_{10}H_{20}O$, $C_{15}H_{24}O$ und $C_{15}H_{26}O$ ergeben sich durch Einsetzen der Molekulargewichte folgende Formeln:

1. Für die Alkohole $C_{10}H_{18}O$ (Geraniol, Linalool, Terpineol, Borneol usw.):

$$\frac{196{,}16 \cdot \text{E.Z.}}{561{,}1} = \%\ \text{Ester als Acetat}: \frac{154{,}14 \cdot \text{E.Z.}}{561{,}1} = \%\ \text{Alkohol}.$$

2. Für die Alkohole $C_{10}H_{20}O$ (Citronellol, Menthol usw.):

$$\frac{198{,}18 \cdot \text{E.Z.}}{561{,}1} = \%\ \text{Ester als Acetat}; \frac{156{,}16 \cdot \text{E.Z.}}{561{,}1} = \%\ \text{Alkohol}.$$

3. Für die Alkohole $C_{15}H_{24}O$ (Santalol):

$$\frac{262{,}21 \cdot \text{E.Z.}}{561{,}1} = \%\ \text{Ester als Acetat}; \frac{220{,}19 \cdot \text{E.Z.}}{561{,}1} = \%\ \text{Alkohol}.$$

4. Für die Alkohole $C_{15}H_{26}O$ (Cedrol, Patchoulialkohol usw.):

$$\frac{264{,}22 \cdot \text{E.Z.}}{561{,}1} = \%\ \text{Ester als Acetat}; \frac{222{,}21 \cdot \text{E.Z.}}{561{,}1} = \%\ \text{Alkohol}.$$

Bei Bestimmung der Säurezahl ist zu beachten, daß nur verhältnismäßig wenige Öle von Natur aus größere Mengen freier Säuren enthalten. In den meisten Fällen ist die Säurezahl so niedrig, daß wenige Tropfen Halbnormal-Kalilauge zum Neutralisieren genügen. Man tut trotzdem aber gut, die Säurezahl für sich zu bestimmen, um feststellen zu können, ob das Öl etwa infolge von Verharzung oder Zusatz fremder Säuren eine zu hohe Säurezahl aufweist. Bei Ausführung der Esterbestimmung ist zu beachten, daß normale Resultate nur zu erhalten sind, wenn das betreffende Öl keine Aldehyde und Phenole enthält. Bei Anwesenheit größerer Mengen von diesen Verbindungen erhält man infolge Einwirkung von Alkali auf den Aldehyd oder das Phenol stets zu hohe Esterzahlen, die um so höher ausfallen, je länger man verseift. Man entfernt daher erst die Aldehyde bzw. die Phenole und bestimmt in dem aldehyd- und phenolfreien Öl die Esterzahl. Zur Verseifung eines Öles genügen, bei Anwendung von 1—2 g Öl, meistens 10 cm³ Halbnormal-Kalilauge. Nur wenige, besonders esterreiche Öle brauchen mehr. Für reine Ester sind stets mindestens 20—30 cm³ erforderlich; aus ihrer Esterzahl für reinen Ester kann man von Fall zu Fall ersehen, wieviel Lauge gerade notwendig ist. Die Verseifungsdauer beträgt im allgemeinen 1 Stunde, trotzdem manche Ester, z. B. Linalylacetat, schon nach viel kürzerer Zeit völlig verseift sind. Praktische Versuche haben jedoch ergeben, daß das längere Erhitzen keinen nachteiligen Einfluß ausübt, weshalb man der Gleichmäßigkeit wegen die einstündige Erhitzungsdauer immer anwendet, wenn man nicht noch länger verseifen muß. Einige Ester zeichnen sich nämlich durch besonders schwere Verseifbarkeit aus. Man muß bei ihnen erheblich länger kochen und auch einen größeren Überschuß von Lauge anwenden. Als Beispiele, für die die Anwendung von 1,5 g Ester gilt, seien angeführt:

Salicylsäuremethylester . 2 Stunden lang mit 30 cm³ alkoholischer Halbnormal-Kalilauge
Terpinylacetat . . . . . 3 „   „   „ 40 „   „   „
Bornylisovalerianat . . . 3 „   „   „ 30 „   „   „
Menthylisovalerianat . . 6 „   „   „ 60 „   „   „

Wendet man eine stärkere Lauge als Halbnormal-Kalilauge an oder wählt man ein anderes Lösungsmittel als Äthylalkohol, so ändern sich auch die angegebenen Bedingungen. Nimmt man Benzylalkohol als Lösungsmittel, wie vorgeschlagen wurde, so erfolgt die Verseifung bei wesentlich höherer Temperatur (man muß über freier Flamme kochen) und ist infolgedessen viel rascher beendet. Allerdings ist dann auch die Gefahr größer, daß niedrig siedende Ester sich verflüchtigen und dabei verloren gehen.

Bestimmung von Alkoholen in freiem Zustande. Die meisten in ätherischen Ölen vorkommenden Alkohole besitzen die Eigenschaft, sich beim Kochen mit Essigsäureanhydrid in Gegenwart von geschmolzenem Natriumacetat quantitativ in Essigsäureester überführen zu lassen. Nur einige Sesquiterpenalkohole sowie Linalool und Terpineol reagieren nicht quantitativ. Wie man bei Terpineol und Linalool verfährt, um sie quantitativ oder beinahe quantitativ zu acetylieren, soll später geschildert werden.

Man führt die *Acetylierung* in folgender Weise aus: 10 cm³ Öl werden mit dem gleichen Volumen chlorfreiem Essigsäureanhydrid (möglichst 100 proz.

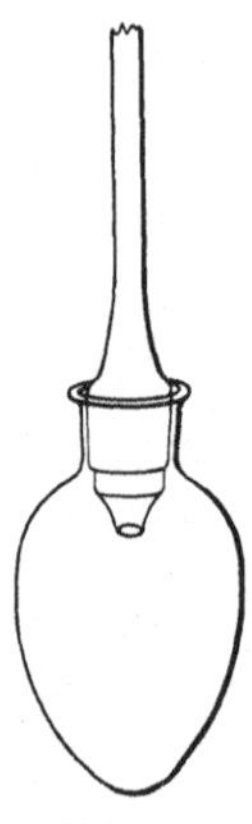

Abb. 40.

oder nur wenig schwächer) unter Zusatz von 2 g geschmolzenem Natriumacetat und einigen Siedesteinchen in einem mit eingeschliffenem Kühlrohr versehenen eiförmigen Kölbchen (Abb. 40) 1 Stunde lang auf dem Sandbade in gleichmäßigem Sieden gehalten. Es muß dabei beachtet werden, daß man ein möglichst hochprozentiges Essigsäureanhydrid und gut entwässertes Natriumacetat verwendet, da man sonst manchmal zu niedrige Resultate erhalten kann. Nach 1 Stunde nimmt man das Kölbchen vom Sandbade, läßt erkalten, gibt dann etwa 50—100 cm³ Wasser hinzu und erwärmt die Mischung unter öfterem Umschütteln eine Viertelstunde lang auf dem Wasserbade, um überschüssiges Essigsäureanhydrid zu zersetzen. Man läßt nun die Mischung wieder erkalten, bringt sie in einen Scheidetrichter, trennt das acetylierte Öl von der sauren wäßrigen Flüssigkeit ab und wäscht das acetylierte Öl mit gesättigter Kochsalzlösung bis zur neutralen Reaktion aus. Nachdem man das acetylierte Öl mit entwässertem Natriumsulfat getrocknet hat, wägt man etwa 1,5 g davon in einem Verseifungskölbchen ab und verseift mit alkoholischer Halbnormal-Kalilauge (im allgemeinen 20 cm³) nach dem auf S. 474 beschriebenen Verfahren. Man muß jedoch auch hier darauf achten, daß die etwa noch vorhandene freie Säure vorher neutralisiert wird. (Über die Acetylbestimmung nach Freudenberg, die auf Umesterung der Acetylverbindung beruht, siehe Bd. 2, S. 215.)

Aus dem Verbrauch an alkoholischer Halbnormal-Kalilauge läßt sich die *Esterzahl nach der Acetylierung* oder *Acetylierungszahl* (A. Z.) errechnen. Will man nun weiter die dem Verbrauch an Alkali oder der Höhe der Acetylierungszahl entsprechende Menge Alkohol berechnen, so muß man dabei berücksichtigen, daß bei der Acetylierung die Zusammensetzung des Öles durch Veresterung des darin enthaltenen Alkohols geändert und daß weiter in der Acetylierungszahl auch die Esterzahl des ursprünglichen Öles enthalten ist, die die Menge des gebundenen Alkohols angibt. Läßt man die Esterzahl des ursprünglichen Öles unberücksichtigt, was vor allem dann angängig ist, wenn sie nur niedrig war, so läßt sich die auf das ursprüngliche Öl bezogene prozentuale Menge Alkohol nach folgender Formel berechnen.

$$\% \text{ Alkohol im ursprünglichen Öl} = \frac{a \cdot m}{20 \cdot (s - a \cdot 0{,}021)}.$$

In dieser Formel bedeutet m das Molekulargewicht des Alkohols, a die Anzahl der verbrauchten Kubikzentimeter Halbnormal-Kalilauge und s die angewandte Menge acetylierten Öles in Grammen.

Wie schon gesagt, dürfte die Genauigkeit dieser Formel in vielen Fällen befriedigen, besonders, wenn die Esterzahl des ursprünglichen Öles nur klein ist. Will man aber mit größerer Genauigkeit rechnen, oder ist in einem Öle eine größere Menge von Estern zugegen, so empfiehlt es sich, die Formeln von TUSTING COCKING (89) oder L. S. GLICHITCH (32) anzuwenden. Nach der Formel von TUSTING COCKING errechnet man den Prozentgehalt des ursprünglichen Öles an freiem Alkohol:

$$\% \text{ freier Alkohol im ursprünglichen Öl} = \frac{(\text{E.Z.}_2 - \text{E.Z.}_1) \cdot m}{(1333 - \text{E.Z.}_2) \cdot 0{,}42}.$$

In dieser Formel bedeutet E.Z._1 die Esterzahl des ursprünglichen Öles, E.Z._2 die des acetylierten Öles und m das Molekulargewicht des Alkohols.

Kann man nach der Formel von TUSTING COCKING nur den Prozentgehalt an freiem Alkohol im ursprünglichen Öl ermitteln, so gestatten die Formeln von L. S. GLICHITCH neben der Berechnung des freien Alkohols auch die des Gesamtalkohols.

$$\% \text{ freier Alkohol} = \frac{m \cdot (a_2 - a_1)}{20 \cdot (s - a_2 \cdot 0{,}021)},$$

$$\% \text{ Gesamtalkohol} = \frac{m \cdot a_2 (s - a_1 \cdot 0{,}021)}{20 \cdot s (s - a_2 \cdot 0{,}021)}.$$

In diesen Formeln bedeuten s die angewandte Ölmenge des ursprünglichen wie auch des acetylierten Öles, m das Molekulargewicht des Alkohols, a_1 die für s g ursprüngliches Öl verbrauchten Kubikzentimeter Halbnormal-Kalilauge und a_2 die für s g acetyliertes Öl verbrauchten Kubikzentimeter Halbnormal-Kalilauge.

Kommen in einem Öle mehrere Alkohole nebeneinander vor, die in gleicher Weise mit Essigsäureanhydrid reagieren, z. B. Geraniol und Citronellol im Rosenöl und Geraniumöl, so kann man aus dem Resultat natürlich nicht auf die Mengenverhältnisse der verschiedenen Alkohole schließen. Der Berechnung legt man der Gleichmäßigkeit halber das Molekulargewicht des Geraniols zugrunde und berechnet das „sog. Gesamtgeraniol".

Wie oben schon gesagt, reagieren die meisten Alkohole, und zwar die primären und sekundären, glatt bei der Acetylierung. Nicht anwendbar in der ursprünglichen Form ist das Verfahren bei tertiären Alkoholen wie *Terpineol* und *Linalool*, die sich beim Erhitzen mit Essigsäureanhydrid teilweise unter Wasserabspaltung und Bildung von Terpenen zersetzen. Nach einem etwas abgeänderten Verfahren kann man aber auch bei der Acetylierung von Terpineol und Linalool zu brauchbaren Resultaten kommen, und zwar läßt sich Terpineol quantitativ, Linalool dagegen nur zu etwa 90 % acetylieren. Das Terpineol oder Linalool enthaltende Öl wird zunächst im Verhältnis 1 : 5 mit reinem Xylol verdünnt, worauf diese Mischung in der oben angeführten Weise acetyliert wird. Die Dauer des Kochens muß jedoch erheblich verlängert werden, und zwar kocht man bei der Acetylierung von Terpineol 5 Stunden lang, bei der von Linalool 7 Stunden lang. Es empfiehlt sich weiter, ein längeres Steigrohr als sonst üblich aufzusetzen, um Gewichtsverluste durch Verflüchtigung zu vermeiden. Man kontrolliert am besten durch Wägung vor und nach dem Acetylieren. Das acetylierte Öl wird in der üblichen Weise weiterverarbeitet und verseift, wobei man bei terpineolhaltigen Ölen der schweren Verseifbarkeit des Terpinylacetats wegen mindestens 2 Stunden lang verseift.

Der Bestimmung von *Linalool* und *Terpineol* dient weiter ein Verfahren von Glichitch (33), das auf der Formylierung dieser Alkohole bei gewöhnlicher Temperatur durch Einwirkung von Essigameisensäureanhydrid beruht.

Das Anhydridgemisch bereitet man sich in der Weise, daß man in 2 Teile 100proz. chlorfreies Essigsäureanhydrid 1 Teil 100proz. Ameisensäure (D_{20^0} 1,22) langsam eingießt, wobei die Temperatur $+15^0$ C nicht übersteigen darf und jede Spur von Feuchtigkeit unbedingt ausgeschlossen werden muß. Wenn die Mischung fertig ist, wird sie ganz allmählich im Verlauf einer Viertelstunde auf 50^0 erwärmt und dann sofort stark abgekühlt. Man bewahrt die Mischung, die 68 % Essigameisensäureanhydrid enthält und farblos sein muß, in einer gut schließenden Glasstöpselflasche auf.

Zur Ausführung der Bestimmung bringt man 10 cm³ Öl und 15 cm³ Anhydridgemisch in eine Glasstöpselflasche, schüttelt gut um und stellt die Flasche in Eiswasser, in dem das Eis beim weiteren Stehen nicht mehr erneuert wird. Die Mischung bleibt in dem Wasser bei Zimmertemperatur etwa 3—4 Tage stehen. Dann gießt man das formylierte Gemisch in 50 cm³ kaltes Wasser, schüttelt gut durch und läßt 2 Stunden lang bei Zimmertemperatur stehen. Nach Abtrennen der sauren wäßrigen Flüssigkeit schüttelt man das Öl nacheinander mit 50 cm³ Wasser, 50 cm³ 5proz. Natriumbicarbonatlösung und noch zweimal mit je 50 cm³ Wasser aus, trocknet es und verseift es, wobei man die Verseifung $1^1/_2$ Stunden lang mit einem erheblichen Überschuß an Alkali gehen läßt, um etwa gebildetes Terpinylacetat quantitativ zu verseifen.

Gegenüber dem vorher geschilderten Verfahren hat dieses vor allem den Nachteil längerer Dauer.

Die Berechnung der Alkoholmenge geschieht nach der Formel:

$$\% \text{ Alkohol im ursprünglichen Öl} = \frac{a \cdot m}{20 \cdot (s - a \cdot 0{,}014)},$$

in der *m* das Molekulargewicht des Alkohols, *a* die Anzahl der verbrauchten Kubikzentimeter Halbnormal-Kalilauge und *s* die angewandte Ölmenge in Grammen bedeutet.

Ein Bestimmungsverfahren für **primäre Alkohole** (25) wie Geraniol, Citronellol, Benzylalkohol und die Santalole beruht darauf, daß man sie unter bestimmten Bedingungen durch Einwirkung von Phthalsäureanhydrid in ihre sauren Phthalester überführt. In einen Acetylierungskolben wägt man genau 2 g reines Phthalsäureanhydrid, das frei von Phthalsäure sein muß, und 2 g Öl ein, setzt 2 cm³ reines Benzol hinzu und erwärmt die Mischung zwei Stunden lang unter öfterem Umschwenken auf dem Wasserbade. Dann läßt man erkalten und schüttelt mit 60 cm³ wäßriger Halbnormal-Kalilauge 10 Minuten lang kräftig durch. Man führt dadurch den sauren Phthalester in sein Kalisalz und das unverbrauchte Phthalsäureanhydrid in Kaliumphthalat über und kann nun den Überschuß an Alkali mit Halbnormal-Schwefelsäure zurücktitrieren. Durch Subtraktion der bei dem Versuch verbrauchten Menge Alkali von der, die dem angewandten Phthalsäureanhydrid entspricht, erfährt man, wieviel Alkali dem an Phthalsäure gebundenen Alkohol entspricht, und kann daraus den Prozentgehalt an Alkohol errechnen.

Zum Schluß seien noch zwei Verfahren angegeben, nach denen nicht nur Alkohole, sondern auch Phenole bestimmt werden können. Wenn man also einwandfreie Werte erhalten will, wird man stets die Phenole vor der Bestimmung der Alkohole durch Ausschütteln mit Lauge entfernen müssen. Die Phenole lassen sich aus der Alkalilösung durch Säure regenerieren und ihrerseits nach demselben Verfahren bestimmen. Das Verfahren von Verley und Bölsing (91) ist eine etwas vereinfachte Form der Acetylierung, das Verfahren von Zerevitinoff (104) beruht auf Methanabspaltung durch Einwirkung von Magnesiummethyljodid auf Alkohole oder Phenole. Ein Vorzug beider Methoden ist es, daß man mit kleinen Substanzmengen auskommt.

Nach VERLEY und BÖLSING werden 1—2 g Alkohol (oder Phenol) mit 25 cm³ eines Gemisches von etwa 120 g reinem Essigsäureanhydrid mit 880 g Pyridin in einem etwa 200 cm³ fassenden Kölbchen 15 Minuten lang auf dem Wasserbade erwärmt. Nach dem Erkalten versetzt man mit der gleichen Menge Wasser, um unverändertes Essigsäureanhydrid in Essigsäure bzw. Pyridinacetat überzuführen, und titriert die nicht an Alkohol (Phenol) gebundene Essigsäure mit Halbnormal-Kalilauge zurück. Durch einen blinden Versuch, der in der gleichen Weise durchgeführt wird, ermittelt man den Essigsäuregehalt des Gemisches und kann daraus die an Alkohol (Phenol) gebundene Menge Essigsäure und daraus wieder den Gehalt an Alkohol (Phenol) errechnen.

Nach ZEREVITINOFF ist die alte Methode (104) der Bestimmung von hydroxylhaltigen Verbindungen mit Magnesiummethyljodid auch zur quantitativen Bestimmung von Alkoholen und Phenolen in ätherischen Ölen gut geeignet (vgl. auch Bd. 2, S. 216). Nicht nur primäre und sekundäre, auch tertiäre Alkohole lassen sich nach dieser Methode gut quantitativ bestimmen. Zur Bestimmung, die in der üblichen Weise ausgeführt wird, genügen 0,2—0,3 g Öl, das in Toluol oder Xylol gelöst wird. Zu beachten ist, daß das Öl absolut trocken sein muß und keine freie Säure enthalten darf, da diese stören würde. Aus dem Volumen des aufgefangenen Methans läßt sich dann der Prozentgehalt an Alkohol oder Phenol nach folgender Formel berechnen:

$$\% \text{ Alkohol (Phenol)} = \frac{0,000719 \cdot V \cdot m \cdot 100}{16 \cdot s}.$$

Hierin bedeutet V das auf 0⁰ und 760 mm Druck reduzierte Volumen des aufgefangenen Methans in Kubikzentimetern, m das Molekulargewicht des betreffenden Alkohols oder Phenols und s das Gewicht der angewandten Substanz in Grammen.

3. Bestimmung von Aldehyden und Ketonen.

Eine allgemeingültige Methode zur Bestimmung von Aldehyden und Ketonen in ätherischen Ölen ist bisher noch nicht aufgefunden, was vor allem daran liegt, daß gerade bei Aldehyden und Ketonen recht erhebliche Unterschiede in bezug auf ihre Reaktionsfähigkeit mit den in Betracht kommenden Reagenzien auftreten.

Alle übrigen gebräuchlichen Bestimmungsmethoden werden aber in ihrer Anwendungsfähigkeit übertroffen von der *Hydroxylaminmethode* von DAUPHIN, die vor langer Zeit von WALTHER und A. H. BENNETT vorgeschlagen und von C. T. BENNETT und SALAMON (5) sowie HOLTAPPEL (38) verbessert wurde. Ihre allgemeinere Anwendbarkeit wurde erkannt von der SCHIMMEL & CO. A.-G. (77).

Man stellt sich zunächst eine alkoholische *Hydroxylaminchlorhydratlösung*, die etwas stärker als halbnormal ist, in der Weise her, daß man 5 g Hydroxylaminchlorhydrat in 5 g heißen Wassers löst, die Lösung zu etwa 80 cm³ starken (etwa 96 proz.) Alkohols gibt, dann 2 cm³ Bromphenolblaulösung hinzufügt, mit alkoholischer Halbnormal-Kalilauge neutralisiert und schließlich mit starkem Alkohol auf 100 cm³ auffüllt. Der verwendete Alkohol muß absolut rein sein.

Die Lösung des als Indikator dienenden *Bromphenolblaus* erhält man in der Weise, daß man 0,1 g Bromphenolblau im Mörser mit 3 cm³ wäßriger Zwanzigstelnormal-Natronlauge anreibt, mit Wasser in einen kleinen Maßkolben spült und mit Wasser auf 25 cm³ auffüllt.

Zur Bestimmung eines Aldehyds oder Ketons löst man zunächst das Öl, das auf 1 cg genau in einen kleinen Kolben gewogen wurde, in einigen Kubikzentimetern starken Alkohols auf, neutralisiert die vorhandene freie Säure durch Zugabe von alkoholischer Halbnormal-Kalilauge (Phenolphthalein als Indikator) und setzt so viel alkoholische Hydroxylaminchlorhydratlösung hinzu, daß Hydroxylaminchlorhydrat im Überschuß in der Lösung vorhanden ist. Das Hydroxylaminchlorhydrat reagiert nun mit dem Aldehyd bzw. Keton, wobei Salzsäure abgespalten wird. Die frei werdende Salzsäure titriert man sofort mit alkoholischer Halbnormal-Kalilauge zurück, wobei zu beachten ist, daß man die alkoholische Halbnormal-Kalilauge nur *langsam* zulaufen läßt und dabei gleichzeitig das Kölbchen tüchtig schwenkt, um nirgends einen Überschuß an Lauge zu bekommen.

Die Berechnung des Aldehyd- oder Ketongehalts erfolgt nach der Formel:

$$\% \text{ Aldehyd (bzw. Keton)} = \frac{a \cdot m}{20 \cdot s},$$

in der a die Anzahl der verbrauchten Kubikzentimeter Halbnormal-Kalilauge, m das Molekulargewicht des Aldehyds oder Ketons und s die angewandte Substanzmenge in Grammen bedeutet.

Um stets Hydroxylaminchlorhydrat im Überschuß zu haben, braucht man nur etwas mehr Hydroxylaminchlorhydratlösung hinzuzugeben als voraussichtlich alkoholische Halbnormal-Kalilauge verbraucht werden wird. Da die Hydroxylaminchlorhydratlösung stärker als halbnormal ist, reicht der Überschuß dann schon aus.

Die Reaktionsgeschwindigkeit der einzelnen Aldehyde und Ketone ist bei Einwirkung der Hydroxylaminchlorhydratlösung recht verschieden. Danach hat sich die Arbeitsweise zu richten. Bei rasch reagierenden und empfindlichen Aldehyden ist es erforderlich, die Hydroxylaminchlorhydratlösung ebenso wie die Aldehydlösung auf etwa 0⁰ oder noch tiefer abzukühlen und nach Einleitung der Reaktion sofort die frei werdende Säure zu titrieren. Vorsichtsmaßregeln dieser Art sind nötig, z. B. bei Bestimmung von Citronellal, Phenylacetaldehyd, β-Phenylpropionaldehyd und von höheren Fettaldehyden wie Heptyl-, Octylaldehyd usw.

Die meisten Aldehyde und Ketone reagieren bei Zimmertemperatur glatt nach dieser Methode. Bei vielen ist die Bestimmung nach wenigen Minuten bereits beendet, bei anderen dauert die Reaktion länger, so daß man bei ihnen immer wieder nachtitrieren muß, bis der Farbenumschlag erst nach sehr langer Zeit oder überhaupt nicht mehr verschwindet. Sehr glatt reagieren auf diese Weise z. B. die niedrigen Fettaldehyde wie Acetaldehyd und Propionaldehyd, von denen man sich am besten dünne wäßrige Lösungen herstellt, weiter Benzaldehyd, Zimtaldehyd, Anisaldehyd, Cuminaldehyd, Vanillin, Heliotropin, Citral, Aceton, Methylheptylketon, Methylnonylketon, Methylheptenon und Iron. Langsamer reagieren Menthon, Carvon, Thujon, Jonon und Methyljonon. Im allgemeinen ist aber die Reaktion bei ihnen nach höchstens 3—4 Stunden beendet, wenn man immer sofort nachtitriert.

Sehr schwer reagieren nach dieser Methode Campher, Pulegon und Piperiton (Δ_1-Menthenon-3). Bei Zimmertemperatur ist die Reaktion erst nach Tagen beendet. Man kann sie aber durch leichtes Erwärmen (auf 50—60⁰) auf dem Wasserbade beschleunigen und kann dann zufriedenstellende Resultate erhalten.

Unbefriedigend verläuft die Reaktion bei Fenchon, das auch in der Wärme nicht vollständig zur Reaktion gebracht werden kann.

Auch bei den Aldehyden und Ketonen, die im allgemeinen sehr rasch reagieren, kann nach einigen Stunden eine schwache Nachreaktion eintreten, die dann dem Resultat zuzuzählen ist. Besonders leicht tritt dieser Fall ein, wenn man die Lauge zu schnell hinzugegeben hat. Die große Bedeutung der Hydroxylaminmethode beruht darauf, daß die Operationen sehr einfach ausführbar sind und die Reaktion in der Mehrzahl der Fälle glatt und schnell erfolgt. Wenn die nach der Hydroxylaminmethode erhaltenen Resultate nicht mit den nach anderen Methoden erhaltenen übereinstimmen, so liegt das daran, daß man nach anderen Methoden volumetrisch arbeitet und Nebenbestandteile oft bei diesen gelöst werden können. Bei Angabe eines Resultats empfiehlt es sich daher, stets die Methode zu benennen, nach der man gearbeitet hat.

Wenn auch der Hydroxylaminmethode nach den Untersuchungen der jüngsten Zeit überragende Bedeutung für die quantitative Bestimmung von Aldehyden und Ketonen gebührt, so bleiben doch die früher gebräuchlichen Verfahren in manchen Fällen unentbehrlich. Es sind dies die Bisulfitmethode, die Sulfitmethode und die Phenylhydrazinmethode.

Die Bisulfitmethode (26), die zur Bestimmung einer Anzahl von Aldehyden dient, beruht darauf, daß diese Aldehyde mit Natriumbisulfit Verbindungen geben, die teils in überschüssiger Natriumbisulfitlauge, teils in Wasser löslich sind. Man kann daher den Ölen durch Schütteln mit heißer konzentrierter Natriumbisulfitlauge die Aldehyde entziehen. Die übrigen Bestandteile des Öls scheiden sich dabei als ölige Schicht auf der Natriumbisulfitlösung ab und können in geeigneten Kölbchen dem Volumen nach gemessen werden.

Die zu diesen Bestimmungen verwendeten Kölbchen, die Aldehyd- oder Cassiakölbchen (Abb. 41), haben einen Inhalt von etwa 100 cm³ und besitzen einen etwa 25 cm langen Hals von 8 mm lichter Weite, der in $^1/_{10}$ cm³ genau eingeteilt ist und insgesamt 10 cm³ faßt. Der Nullpunkt der Skala befindet sich ein wenig oberhalb der Stelle, wo der Kolben in den Hals übergeht.

Zur Ausführung der Bestimmung pipettiert man in ein derartiges Kölbchen 10 cm³ Öl, fügt etwa die gleiche Menge einer ungefähr 30 proz. Natriumbisulfitlösung hinzu, deren Gehalt an freier schwefliger Säure durch Zusatz von Natriumcarbonat möglichst beseitigt worden ist, schüttelt gut durch und stellt das Kölbchen in ein siedendes Wasserbad. Nachdem die anfangs breiige oder feste Masse flüssig geworden ist, fügt man nach und

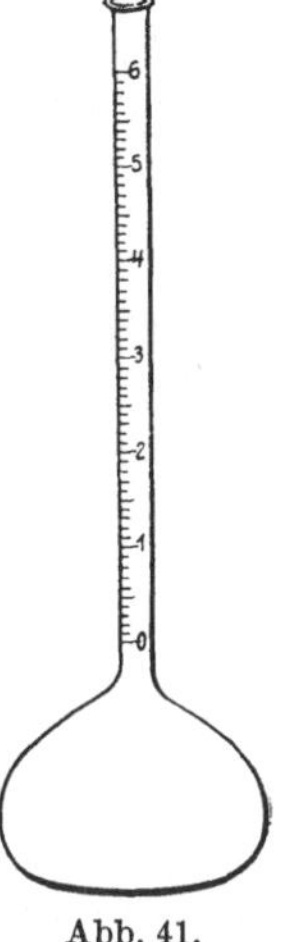

Abb. 41.

nach unter dauerndem Erwärmen im Wasserbade und unter häufigem Umschütteln so viel Bisulfitlösung hinzu, bis das Kölbchen stark zu drei Vierteln gefüllt ist. Dann erwärmt man noch so lange, bis keine festen Teilchen mehr in der Flüssigkeit schwimmen und die auf der Bisulfitlösung schwimmende Ölschicht sich geklärt hat. Nach dem Erkalten bringt man durch Auffüllen mit Natriumbisulfitlauge das überstehende Öl in den Kolbenhals und sorgt durch leichtes Klopfen an den Glaswandungen und vorsichtiges Drehen des Kölbchens um seine Längsachse dafür, daß auch die letzten an der Glaswand haftenden Öltröpfchen in den Kolbenhals steigen. Das Volumen der abgeschiedenen Ölmenge läßt sich leicht an der Skala auf dem Halse des Kölbchens ablesen. Durch Subtraktion der abgelesenen Anzahl cm³ der nichtaldehydischen Bestandteile von 10 findet man den Aldehydgehalt; durch Multiplikation dieser Zahl mit 10 erfährt man den Gehalt in Volumprozenten.

In der angegebenen Form eignet sich das Verfahren nur zur Bestimmung von Zimtaldehyd und Citral, und zwar auch nur dann, wenn sie in größerer Menge in einem Öle enthalten sind. Zur Bestimmung anderer Aldehyde wie Benzaldehyd, Anisaldehyd, Phenylacetaldehyd, Hydrozimtaldehyd, Nonylaldehyd, Decylaldehyd usw. muß die Methode etwas modifiziert werden, da die Natriumbisulfitverbindungen dieser Aldehyde nicht in überschüssiger Natriumbisulfitlösung, wohl aber in Wasser löslich sind. Man schüttelt daher 10 cm³ des Aldehyds mit 30—40 cm³ Natriumbisulfitlösung in einem Aldehydkölbchen unter Erwärmen an und setzt, um das feste Reaktionsprodukt zu lösen, unter weiterem Erwärmen und Umschütteln langsam Wasser hinzu. Das abgeschiedene Öl bringt man nach dem Erkalten durch erneute Zugabe von Wasser in den Kolbenhals, liest die Nichtaldehyde dem Volumen nach ab und errechnet daraus den Prozentgehalt an Aldehyd.

Der Bisulfitmethode im Prinzip recht ähnlich ist die *Sulfitmethode* (27) von Burgess. Sie beruht auf der Beobachtung, daß manche Aldehyde und Ketone mit neutralem Natriumsulfit unter Bildung von wasserlöslichen Verbindungen reagieren, wobei Natriumhydroxyd abgespalten wird. Das frei werdende Natriumhydroxyd muß durch Neutralisieren beseitigt werden, da es die Reaktion im entgegengesetzten Sinne beeinflußt.

Zur Ausführung einer Sulfitbestimmung benutzt man ebenfalls das oben beschriebene Aldehydkölbchen, doch wählt man eins nicht mit 100, sondern 200 cm³ Fassungsvermögen. Sein Hals soll ebenfalls in 10 cm³ eingeteilt sein. Die zur Reaktion benötigte, gesättigte (40proz.) Lösung von neutralem Natriumsulfit in Wasser muß stets frisch bereitet werden. Auch muß man besonderen Wert auf gute (unverwitterte) Beschaffenheit des neutralen Natriumsulfits legen. Man gibt in das Kölbchen zunächst 10 cm³ Öl und einige Tropfen einer alkoholischen 1proz. Phenolphthaleinlösung, um die Abspaltung von Natriumhydroxyd erkennen zu können, und fügt zunächst nur 10—20 cm³ Natriumsulfitlösung hinzu. Beim Erwärmen im Wasserbade und bei öfterem kräftigem Durchschütteln der Mischung setzt die Reaktion bald ein, was man an der durch Freiwerden von Natriumhydroxyd bedingten Rotfärbung erkennt. Das Alkali wird durch Zugabe von verdünnter Essigsäure (1 : 5) sofort nahezu neutralisiert, wobei darauf zu achten ist, daß nie ein Überschuß von Säure zugesetzt wird. Allmählich gibt man unter dauerndem Erwärmen und häufigem Durchschütteln weitere Mengen von Natriumsulfitlösung hinzu, bis keine Rötung der Flüssigkeit mehr eintritt. Dann ist die Reaktion beendet. Man läßt nun erkalten, füllt mit Wasser oder Natriumsulfitlösung auf und liest die nicht in Reaktion getretenen Anteile der Menge nach im Kolbenhals ab. Durch Multiplikation der absorbierten Ölmenge mit 10 erfährt man den Prozentgehalt an Aldehyd oder Keton in Volumprozenten.

Die besondere Bedeutung der Sulfitmethode beruht darauf, daß die Ketone Carvon, Pulegon und Piperiton (Δ_1-Menthenon-3) nach ihr recht gut quantitativ bestimmbar sind, während sie nach anderen Methoden nur schlecht oder gar nicht zu bestimmen sind. Während Carvon sich verhältnismäßig rasch mit neutralem Natriumsulfit umsetzt, reagieren Pulegon und Piperiton erheblich langsamer. Auch Zimtaldehyd und Citral sind nach dieser Methode gut zu bestimmen. Ungeeignet dagegen ist die Sulfitmethode zur Bestimmung von Anisaldehyd, Benzaldehyd und Cuminaldehyd.

Der Bisulfit- wie auch der Sulfitmethode ist gemeinsam, daß sie nur bei Anwesenheit größerer Aldehyd- oder Ketonmengen in den genannten Fällen mit Erfolg anzuwenden sind. Sind in einem Öl aber nur geringe Mengen von Aldehyden oder Ketonen enthalten, so läßt sich neben der oben (S. 479) beschriebenen Hydroxylaminmethode die speziell zur Bestimmung kleiner Mengen von Aldehyden von Kleber ausgearbeitete *Phenylhydrazinmethode* (28) anwenden, die in der folgenden, etwas modifizierten Form ausgeführt wird. 2 g Öl (eventuell weniger oder mehr) wägt man genau in eine mit Glasstopfen verschließbare Flasche von 50 cm³ Inhalt, setzt 10 cm³ einer *frisch* bereiteten

2proz. alkoholischen Phenylhydrazinlösung hinzu und läßt 1 Stunde lang ruhig im Dunkeln stehen. Dann werden 20 cm³ Zehntelnormal-Salzsäure hinzugefügt, worauf die Flüssigkeit durch gelindes Umschwenken gemischt wird. Nach Zusatz von 10 cm³ reinem Benzol schüttelt man kräftig durch, gießt die Mischung in einen Scheidetrichter und filtriert die nach kurzer Zeit der Ruhe sich gut abscheidende, 30 cm³ betragende saure Schicht durch ein kleines Filter. 20 cm³ dieses Filtrats titriert man nach Zusatz von 10 Tropfen Äthylorangelösung (1 : 2000) mit wäßriger Zehntelnormal-Kalilauge bis zur deutlichen Gelbfärbung. Aus dem stattgefundenen Verbrauch errechnet man die für 30 cm³ Filtrat erforderliche Menge Zehntelnormal-Kalilauge. Zur Ermittlung des Titers der Phenylhydrazinlösung werden in gleicher Weise, jedoch ohne Öl, mehrere blinde Versuche ausgeführt. Ergibt sich für 30 cm³ Filtrat im ersteren Falle ein Verbrauch von a cm³ und im letzteren von b cm³ Zehntelnormal-Kalilauge, so ist die in der angewandten Ölmenge (sg) enthaltene Menge Aldehyd m äquivalent $a - b$ cm³ Zehntelnormal-Kalilauge.

$$\% \text{ Aldehyd} = \frac{(a - b) \cdot m}{100 \cdot s}.$$

Das Phenylhydrazin soll am besten vor Herstellung der Lösung frisch destilliert sein. Auf keinen Fall darf es undestilliert verwendet werden, wenn es sich verfärbt hat. Die Ausschüttelung mit Benzol ist erforderlich, weil sich die alkoholische Lösung bei Zusatz der wäßrigen Zehntelnormal-Salzsäure trübt. Und nur in einer klaren Lösung ist beim Titrieren der Farbenumschlag gut zu erkennen.

Anwendbar ist die Methode zur Bestimmung von Citral, Citronellal, Benzaldehyd, Cuminaldehyd und Methylnonylketon, doch werden genaue Resultate nur dann erhalten, wenn der Aldehydgehalt im zu untersuchenden Öl 10% nicht übersteigt.

4. Bestimmung von Phenolen und Phenoläthern.

Phenole. Zur Bestimmung des Phenolgehaltes hat sich das Verfahren von GILDEMEISTER (29), die ätherischen Öle mit verdünnter Natronlauge auszuschütteln, gut bewährt. Man verwendet eine 3- oder 5proz. Natronlauge, zur Bestimmung von Eugenol in ätherischen Ölen 3proz. Natronlauge, zur Bestimmung von Thymol und Carvacrol und anderer Phenole eine 5proz. Lauge. Die Phenole bilden dabei wasserlösliche Natriumverbindungen. Absolut genaue Werte sind nach diesem Verfahren aber nicht zu erhalten, da das Alkali zusammen mit der Natriumverbindung des Phenols lösend auf die Nichtphenole einwirkt. Durch Verwendung einer schwachen Lauge sucht man diese Fehlerquelle aber nach Möglichkeit auszuschalten. Doch darf man für die Bestimmung von Thymol und Carvacrol nur 5proz. Natronlauge verwenden, da 3proz. Lauge nicht ausreicht, um diese Phenole quantitativ herauszulösen.

Bei eugenolhaltigen Ölen verwendet man zur Ausführung der Bestimmung ein Cassiakölbchen, das reichlich 100 cm³ faßt. Man gibt in ein solches Kölbchen 10 cm³ Öl und so viel 3proz. Natronlauge, daß das Kölbchen zu etwa $^4/_5$ gefüllt ist, und schüttelt die Mischung mehrfach kräftig durch. Die nicht aufgenommenen Ölanteile bringt man durch Nachfüllen von 3proz. Natronlauge in den Kolbenhals und löst an den Wandungen haftende Öltröpfchen durch leichtes Beklopfen und Drehen des Kölbchens ab. Wenn nach mehreren Stunden die Laugenschicht klar geworden ist, liest man das Volumen der Nichtphenole an der Skala ab. Durch Subtraktion von 10 erfährt man den Gehalt an Phenolen und durch Multiplikation dieses Wertes mit 10 den Phenolgehalt in Volumprozenten.

Enthält ein ätherisches Öl Aceteugenol, so kann man dieses mitbestimmen, wenn man die Mischung im Cassiakölbchen 10 Minuten lang unter häufigem Umschütteln auf dem Wasserbade erwärmt. Das Aceteugenol wird dabei durch die überschüssige Natronlauge völlig verseift.

Über die Bestimmung von freiem und gebundenem Eugenol nach Thoms s. unter Eugenol S. 526.

Die Bestimmung anderer Phenole als Eugenol, vor allem von Thymol und Carvacrol, erfolgt ebenfalls in der oben angegebenen Weise, nur wendet man hier 5proz. Natronlauge an. An Stelle des Cassiakölbchens kann man auch eine etwa 60 cm³ fassende Bürette verwenden, die an einer Seite zugeschmolzen ist. Benutzt man für die Bestimmung eine Bürette, so fallen die Werte etwas niedriger aus als bei Verwendung eines Cassiakölbchens, da, wie oben schon gesagt, die größere Laugenmenge im Cassiakölbchen auch etwas von den Nichtphenolen auflöst. Die bei Anwendung der Bürette erhaltenen Werte kommen dem wahren Gehalt an Phenolen jedoch näher.

Über eine weitere Bestimmungsmethode für Thymol und Carvacrol s. unter Carvacrol S. 523.

Phenoläther. Die von Zeisel zur Bestimmung der Alkoxylgruppen von Phenoläthern und Säureestern ausgearbeitete Methode beruht bekanntlich auf der Überführbarkeit des Methyl- oder Äthylrestes der CH_3O-Gruppe bzw. C_2H_5O-Gruppe durch Jodwasserstoffsäure in Jodmethyl oder Jodäthyl und Bestimmung des aus der Jodsilber-Silbernitrat-Doppelverbindung durch Zersetzen mit Wasser abgeschiedenen Jodsilbers. Die Anwendung dieser Methode ist auch bei ätherischen Ölen gebräuchlich, in denen Phenoläther oft als wichtige Bestandteile enthalten sind. Dabei muß aber besonders darauf geachtet werden, daß die für diese Bestimmung benutzten Öle vollständig frei von Äthylalkohol sind, da dieser natürlich ebenfalls reagieren würde.

Zur Ausführung der Bestimmung werden 0,2—0,3 g Öl mit 10 cm³ Jodwasserstoffsäure ($D_{15} = 1{,}70$) im Glycerinbade bis zum Sieden erhitzt, während gewaschenes Kohlendioxyd — etwa 3 Blasen in 2 Sekunden — durch den Apparat streicht. Die bei längerem Erhitzen entstehenden Dämpfe von Jodmethyl bzw. Jodäthyl leitet man zur Entfernung etwa mitgerissener Joddämpfe in Wasser, das auf 50—60° erwärmt und in dem etwa $^1/_4$—$^1/_2$ g amorphen roten Phosphors suspendiert ist. Aus dieser Waschflüssigkeit gelangen die Dämpfe dann in alkoholische Silbernitratlösung, in der sich die weiße Doppelverbindung von Jodsilber und Silbernitrat abscheidet. Durch Zersetzen dieser Verbindung mit Wasser erhält man Jodsilber, das man in der üblichen Weise durch Wägung bestimmt.

Nach der Modifikation des Zeiselschen Verfahrens durch Gregor kann man die Menge des abgeschiedenen Jodsilbers auf indirektem Wege titrimetrisch ermitteln. Gregor verwendet an Stelle der Phosphoraufschwemmung als Waschflüssigkeit für die Jodalkyldämpfe, um diese von mitgerissenen Jod- und Jodwasserstoffdämpfen zu befreien, eine jedesmal frisch zu bereitende Lösung aus je einem Teile Kaliumcarbonat und arseniger Säure in 10 Teilen Wasser und beschickt die Vorlagen mit einer alkoholischen Zehntelnormal-Silbernitratlösung, deren Überschuß an Silbernitrat nach Ausführung der Bestimmung durch Titration bestimmt wird.

Die Silbernitratlösung, die übrigens nur beschränkte Zeit haltbar ist, bereitet man in der Weise, daß man 17 g Silbernitrat in 30 g Wasser löst und mit absolutem Alkohol auf 1 l verdünnt. Eingestellt wird die Lösung gegen Zehntelnormal-Rhodanammoniumlösung. Zur Ausführung der Alkoxylbestimmung bringt man in die erste Vorlage 50 cm³ und in die zweite 25 cm³ dieser Lösung, worauf man noch einige Tropfen salpetrigsäurefreie Salpetersäure zugibt. Nach Beendigung der Reaktion wird der Inhalt beider Vorlagen in einen

250-cm³-Meßkolben gespült, mit Wasser bis zur Marke aufgefüllt, umgeschüttelt und durch ein trockenes Faltenfilter in ein trockenes Gefäß filtriert. 50 oder 100 cm³ dieser Lösung titriert man dann nach Zusatz von etwas Salpetersäure und Eisenammonalaunlösung mit Zehntelnormal-Rhodanammoniumlösung.

Spezieller Teil.

A. Kohlenwasserstoffe.

a) Aliphatische Kohlenwasserstoffe.

1. Gesättigte Kohlenwasserstoffe.

Heptan, C_7H_{16}.

Eigenschaften. Kp. 98,5—99°; $D_{15°}$ 0,6880.

Isolierung. Durch fraktionierte Destillation aus den Terpentinölen von *Pinus Sabiniana* und *Pinus Jeffreyi*. Weitere Reinigung durch Destillation über metallisches Natrium.

Höhere Kohlenwasserstoffe. Höhere Kohlenwasserstoffe sind wohl im Pflanzenreiche häufiger, in ätherischen Ölen jedoch seltener anzutreffen, was auf ihrer schweren Flüchtigkeit mit Wasserdämpfen beruht. Relativ häufig anzutreffen sind sie in Blütenölen, die manchmal infolge des Gehaltes an höheren Kohlenwasserstoffen sogar erstarren. Sie sind in starkem Alkohol in der Kälte schwer, in der Wärme leichter löslich und scheiden sich aus der heißen Lösung oft als weiße blättrige Krystalle aus. Bisher ist bei keinem der erhaltenen höheren Kohlenwasserstoffe die Identität mit einem bekannten Kohlenwasserstoff nachgewiesen worden, da anscheinend immer komplizierte Gemische vorliegen.

2. Ungesättigte Kohlenwasserstoffe.

Octylen, C_8H_{16}.

Eigenschaften. Kp. 123—124°; D 0,7275; n_D 1,4066.

Isolierung. Durch fraktionierte Destillation aus den am niedrigsten siedenden Anteilen von Citronen- oder Bergamottöl, in denen es aber nur in sehr geringer Menge vorkommt.

Myrcen, 2-Methyl-6-methylen-octadien-(2,7), $C_{10}H_{16}$.

$$(CH_3)_2 \cdot C : CH \cdot CH_2 \cdot CH_2 \cdot C \cdot CH : CH_2 .$$
$$\overset{|}{\underset{CH_2}{|}}$$

Eigenschaften. Kp. 166—168°; Kp.(20 mm) 67—68°; $D_{15°}$ 0,8013; $n_{D19°}$ 1,4700.

Bei längerem Stehen polymerisiert sich Myrcen zu Dimyrcen. Es besitzt angenehmen Geruch.

Nachweis. 1. Durch Reduktion mit Natrium und Alkohol zu Dihydromyrcen $C_{10}H_{18}$ (Kp. 167—169°; $D_{15°}$ 0,7852; $n_{D17°}$ 1,4514; Tetrabromid F. 88°) (14).

2. Durch Erhitzen im Einschmelzrohr auf 250—260° entsteht neben anderen Diterpenen α-Camphoren (F. des Hydrochlorids 129—130°).

3. Durch Oxydation mit Kaliumpermanganat oder durch Ozonabbau erhält man Bernsteinsäure.

Isolierung. Bayöl wird zur Entfernung des Eugenols wiederholt mit dünner Natronlauge ausgeschüttelt, und die nicht in Reaktion getretenen Anteile werden mehrere Male im Vakuum fraktioniert.

Ocimen. 2,6-Dimethyl-octatrien-(1, 5, 7), $C_{10}H_{16}$.

$$\overset{\cdot}{CH_2} : C \cdot CH_2 \cdot CH_2 \cdot CH : \overset{\cdot}{C} \cdot CH : CH_2 \ (11).$$
$$CH_3 \qquad\qquad CH_3$$

Eigenschaften. Kp.(21 mm) 73—74⁰; $D_{15°}$ 0,801; n_D 1,4861. Geruch angenehm. Es ist sehr empfindlich gegen Sauerstoffeinwirkung; beim Erhitzen geht es in das isomere Alloocimen über.

$$(CH_3)_2C : CH \cdot CH : CH \cdot C : CH \cdot CH_3 .$$
$$CH_3$$

Nachweis. 1. Durch Reduktion mit Natrium und Alkohol zu Dihydromyrcen $C_{10}H_{18}$ (Tetrabromid F. 88⁰).

2. Durch Hydratation nach Bertram und Walbaum mit Eisessig und Schwefelsäure zu Ocimenol (11) (Kp.(10 mm) 97⁰; $D_{15°}$ 0,901; $n_{D\,15°}$ 1,4900; Phenylurethan F. 72⁰).

3. Durch Oxydation mit Kaliumpermanganat in Acetonlösung bei 56⁰ erhält man eine Säure, deren Bleisalz in Nadeln krystallisiert, während das Bleisalz der entsprechend aus Myrcen hergestellten Säure in Rauten krystallisiert (Unterschied vom Myrcen).

Isolierung. Das Öl von *Ocimum basilicum*, das möglichst aus frischen Blättern destilliert wurde, schüttelt man zur Entfernung des Eugenols mehrmals mit verdünnter Natronlauge aus. Die nicht in Reaktion getretenen Anteile werden zur Isolierung von Ocimen wiederholt der fraktionierten Destillation im Vakuum unterworfen.

Sesquicitronellen $C_{15}H_{24}$, ein aliphatisches Sesquiterpen.

Eigenschaften. Kp.(9 mm) 138—140⁰; $D_{20°}$ 0,8489; $[\alpha]_D + 0° 36'$; n_D 1,53252 (82). Beim Behandeln mit konzentrierter Ameisensäure geht es in ein cyclisches Sesquiterpen (Cyclosesquicitronellen) über.

Nachweis. Durch Reduktion mit Natrium und Alkohol zu Dihydrosesquicitronellen $C_{15}H_{26}$ (Kp.(12 mm) 131—133⁰; $D_{20°}$ 0,8316; n_D 1,4800) oder durch Reduktion mit Wasserstoff unter Anwendung von Platin als Katalysator zu Octohydrosesquicitronellen $C_{15}H_{32}$ (Kp.(9 mm) 115—117⁰; $D_{20°}$ 0,7789; n_D 1,43518).

Isolierung. Aus Java-Citronellöl wird die Fraktion vom Siedepunkt 268—270⁰ durch fraktionierte Destillation abgeschieden und zur Entfernung des darin enthaltenen Methyleugenols mehrere Male mit 60- und 70proz. Alkohol ausgewaschen. Der Rückstand wird noch wiederholt der fraktionierten Destillation im Vakuum unterworfen.

b) Aromatische Kohlenwasserstoffe.

Styrol, Vinylbenzol, C_8H_8.

Eigenschaften. Kp. 140⁰; Kp.(10 mm) 33⁰; $D_{\frac{20°}{4°}}$ 0,903; $n_{D\,20°}$ 1,5416. Styrol ist eine farblose, stark lichtbrechende Flüssigkeit von angenehmem Geruch, die sich im Licht oder bei Einwirkung von Säuren zu einer festen glasartigen Masse polymerisiert.

Nachweis. 1 Durch Oxydation zu Benzoesäure mittels verdünnter Salpetersäure oder Chromsäuremischung. 2. Durch Überführen in Styroldibromid $C_6H_5 \cdot CHBr \cdot CH_2Br$ (106). In eine Lösung von 1 Teil Styrol in 2 Volumen Äther läßt man langsam 1,7 Teile Brom eintropfen. Beim Verdunsten des Äthers scheiden sich Krystalle von Styroldibromid aus, die nach dem Umkrystallisieren aus 80proz. Alkohol bei 74—74,5⁰ schmelzen.

Isolierung. Aus dem Verlauf von Storaxöl durch fraktionierte Destillation.

p-Cymol, 1-Methyl-4-isopropyl-benzol, $C_{10}H_{14}$.

Eigenschaften. Die Eigenschaften des p-Cymols sind je nach dem angewandten Ausgangsmaterial etwas verschieden. Kp. 175—176⁰; $D_{15°}$ 0,860—0,863; $n_{D\,20°}$ 1,48989—1,4917. Für reinstes p-Cymol (7) wird angegeben: Kp.(760 mm) 177,1—177,2⁰; $D_{\frac{15°}{4°}}$ 0,8606; $n_{D\,18°}$ 1,4920. p-Cymol ist eine farblose Flüssigkeit von etwas herbem, angenehmem Geruch.

Nachweis. 1. Durch Oxydation mittels verdünnter Salpetersäure oder Chromsäuremischung zu Toluylsäure und weiter zu Terephthalsäure. 2. Durch Oxydation mit heißer konzentrierter Kaliumpermanganatlösung zu p-Oxyisopropylbenzoesäure (F. 155—156⁰) (95).

Isolierung. Terpenfraktionen vom Siedepunkt 175⁰ werden zunächst mit verdünnter Kaliumpermanganatlösung in der Kälte mehrfach geschüttelt, um vorhandene Terpene zu oxydieren. Etwa vorhandenes Cineol wird dann als Bromwasserstoffverbindung abgetrennt und das zurückbleibende p-Cymol durch fraktionierte Destillation weiter gereinigt. Ein wirklich reines p-Cymol zu erhalten, ist nicht ganz einfach.

Naphthalin, $C_{10}H_8$ (15).

Eigenschaften. Kp. 218⁰; F. 79—80⁰.

Nachweis. Durch das Pikrat vom Smp. 149⁰.

Isolierung. Aus einer entsprechenden Fraktion des Nelkenstielöls oder Irisöls durch längeres Stehenlassen in der Kälte, wobei es sich in weißen, blättrigen Krystallen abscheidet.

c) Alicyclische Kohlenwasserstoffe oder Terpene.

Alicyclische Kohlenwasserstoffe oder Terpene von der Zusammensetzung $C_{10}H_{16}$ sind die Vertreter der Kohlenwasserstoffgruppen, die weitaus am häufigsten in ätherischen Ölen zu finden sind. Sie in völlig reinem Zustande aus den entsprechenden Fraktionen abzuscheiden, ist meistens unmöglich. Zum Nachweis stellt man daher passende Derivate aus den gut gereinigten Fraktionen her und reinigt die Derivate durch Umkrystallisieren. Die zwischen 150 und 180⁰ siedenden Terpenfraktionen befreit man durch mehrmalige Destillation über Natrium oder Natrium und Kalium von sauerstoffhaltigen Bestandteilen und zerlegt sie weiter durch fraktionierte Destillation. Bicyclische Kohlenwasserstoffe sieden zwischen 150 und 170⁰, monocyclische zwischen 170 und 180⁰, wodurch eine gewisse Trennungsmöglichkeit für diese beiden Gruppen gegeben ist.

1. Monocyclische Terpene.

α-Terpinen, p-Menthadien-(1,3), 1-Methyl-4-isopropylcyclohexadien-(1,3), $C_{10}H_{16}$.

$$H_3C-C\begin{matrix} CH-CH \\ CH_2-CH_2 \end{matrix}C-CH\begin{matrix} CH_3 \\ CH_3 \end{matrix}$$

Eigenschaften. Kp. 175⁰; Kp.(13,5 mm) 65,4—66⁰; $D\frac{18,9^0}{4^0}$ 0,8353; $n_{D\,18,9}$ 1,47492. Es ist eine optisch inaktive farblose Flüssigkeit von schwach citronenähnlichem Geruch, die beim Aufbewahren bald verharzt. Das gewöhnliche Terpinen enthält neben α-Terpinen stets noch etwas γ-Terpinen. α-Terpinen wird schon in der Kälte durch Chromsäuremischung völlig zerstört, weshalb man andere Kohlenwasserstoffe auf diese Weise davon befreien kann.

Nachweis. 1. Durch das Terpinendihydrochlorid vom F. 51—52⁰ (beim Behandeln mit Chlorwasserstoff in Eisessiglösung). 2. Durch das Nitrosit vom F. 155⁰ (Nitrolpiperidin F. 153—154⁰; Nitrolbenzylamin F. 137⁰). Zur Darstellung des α-Terpinennitrosits versetzt man 3 cm³ der entsprechenden Fraktion mit 1,5 cm³ Eisessig und 4,5 cm³ Wasser und fügt unter guter Kühlung eine konzentrierte wäßrige Lösung von 1,5 g Natriumnitrit in kleinen Portionen hinzu. Wenn die salpetrige Säure vollständig absorbiert ist, entsteht eine rötlichgelbe Färbung. Durch Impfen leitet man die Krystallisation ein und krystallisiert aus Alkohol um, nachdem man die abgeschiedenen Krystalle vorher mit Wasser und Petroläther ausgewaschen hat (18). Am besten führt man das Nitrosit gleich in das Nitrolbenzylamin oder das Nitrolpiperidin über. Die Nitrositbildung kann versagen, wenn besondere Gemenge von α- und γ-Terpinen vorliegen. Deshalb ist es am empfehlenswertesten, den Nachweis von α-Terpinen 3. durch Oxydation mit Kaliumpermanganat (96) zu führen, wobei aus α-Terpinen α, α'-Dioxy-α-methyl-α'-isopropyladipinsäure entsteht. (F. 188—189^0; Lacton, F. 72—73^0). γ-Terpinen liefert dabei einen Erythrit $C_{10}H_{16}(OH)_4$ vom F. 237^0.

Isolierung. Durch fraktionierte Destillation reichert man das Terpinen zunächst an und führt es dann durch Behandeln der entsprechenden Fraktion mit Chlorwasserstoff in ätherischer Lösung in das Dihydrochlorid über, das man durch Erwärmen mit Anilin zerlegt. Das so erhaltene α-Terpinen enthält aber stets noch etwas γ-Terpinen.

γ-Terpinen, p-Menthadien-(1,4), 1-Methyl-4-isopropylcyclohexadien-(1,4), $C_{10}H_{16}$.

$$H_3C-C\Big\langle{{CH-CH_2}\atop{CH_2-CH}}\Big\rangle C-CH\Big\langle{{CH_3}\atop{CH_3}}\ .$$

Identisch mit Crithmen und Moslen (59).

Eigenschaften. Kp. 183^0; Kp.$_{(18\,mm)}$ 72,5^0; $D_{\frac{15^0}{4^0}}$ 0,853; $n_{D\,14,5^0}$ 1,4765 (59). Es oxydiert sich an der Luft sehr leicht und muß deshalb unter Stickstoff aufbewahrt werden.

Nachweis. 1. Durch das Tetrabromid (F. 128^0). 2. Durch das Nitroso-chlorid (F. 111^0) und das Nitrolpiperidid (F. 149^0). 3. γ-Terpinen gibt bei der Oxydation mit Kaliumpermanganat den Erythrit $C_{10}H_{16}(OH)_4$ = p-Menthan-tetrol-(1,2,4,5) vom F. 237—238^0 (Unterschied vom α-Terpinen).

Isolierung. Durch häufig wiederholte fraktionierte Destillation der zwischen 179 und 181^0 siedenden Fraktion des Thymens (der Kohlenwasserstoffe des Ajowanöls). Durch Zersetzung von Terpinendihydrochlorid mit Anilin entsteht ein Kohlenwasserstoffgemisch (α-Terpinen, γ-Terpinen, Terpinolen), aus dessen höheren Fraktionen γ-Terpinen isoliert werden kann.

α-Phellandren, p-Menthadien-(1,5), 1-Methyl-4-isopropylcyclohexadien-(1,5), $C_{10}H_{16}$.

$$H_3C-C\Big\langle{{CH-CH_2}\atop{CH=CH}}\Big\rangle CH-CH\Big\langle{{CH_3}\atop{CH_3}}\ .$$

Eigenschaften. l-α-Phellandren: Kp.$_{(22\,mm)}$ 67—68^0; Kp.$_{(5\,mm)}$ 50—52^0; $n_{D\,25^0}$ 1,4725; ein durch besonders sorgfältiges Fraktionieren aus dem Öl von *Eucalyptus dives* abge-schiedenes l-α-Phellandren zeigte (78): D_{15^0} 0,8449, α_D —118^0 38' entsprechend $[\alpha]_{D\,15^0}$ — 140,41^0.

d-α-Phellandren: Kp.$_{(4\,mm)}$ 44—45^0; Kp.$_{(754\,mm)}$ 175—176^0; ein aus Bitterfenchelöl durch sorgfältigste Fraktionierung gewonnenes d-α-Phellandren hatte die Konstanten (78): Kp.$_{(13\,mm)}$ 60,5 61^0; D_{15^0} 0,847; α_D + 97^0 24' entsprechend $[\alpha]_{D\,15^0}$ +115,0^0.

α-Phellandren ist leicht veränderlich und polymerisiert sich schon beim Erhitzen auf seine Siedetemperatur. Durch Einwirkung von Sonnenlicht oder verdünnten Säuren geht es in inaktive Isomere über, was sich am Rückgang der Drehung bemerkbar macht. Es ist eine farblose Flüssigkeit von eigenartigem Geruch.

Nachweis. α-Phellandren weist man nach durch Überführung in die Nitrosite, von denen zwei wahrscheinlich stereoisomere Formen mit verschiedenen Schmelz-punkten bestehen: α-Nitrosit F. 113—114^0 und β-Nitrosit F. 105^0.

Zur schnelleren Orientierung, ob ein Öl Phellandren enthält, versetzt man eine Mischung von 5 cm^3 Öl und 10 cm^3 Petroläther mit einer kalten Auflösung von 5 g Natriumnitrit in 8 g Wasser und gibt langsam und unter Umschütteln 5 cm^3 Eisessig hinzu, um die salpetrige Säure in Freiheit zu setzen. Ist viel Phellandren zugegen, so erstarrt die ganze Ölschicht zu einem voluminösen Krystallbrei, den man absaugt und mit Wasser nachwäscht. Die Reinigung

geschieht nach der WALLACHschen Vorschrift am besten durch Lösen in Aceton,
da beim Lösen in Chloroform und Ausfällen mit Methylalkohol die löslicheren
Anteile verlorengehen. Die Trennung von α- und β-Nitrosit erfolgt am besten
durch fraktionierte Fällung mit Wasser.

Ein Nitrosit vom F. 121—122° erhielten SMITH, HURST und READ (88),
als sie eine Petrolätherlösung von Phellandren zu einer gut gekühlten 44proz.
Natriumnitritlösung gaben und nach Abkühlung auf etwa 0° mit Eisessig versetzten.

Die durch Oxydation des α-Phellandrens erhaltenen Abbauprodukte sind
zu wenig charakteristisch, um für den Nachweis dienen zu können.

Isolierung. Die Nitrosite als die einzigen krystallisierten Derivate des
α-Phellandrens sind zur Regenerierung ungeeignet, da sie sich anscheinend bei
Einwirkung von Alkali zersetzen. Man ist deshalb zur Isolierung von l-α-Phellan-
dren auf die fraktionierte Destillation angewiesen, wobei man die Fraktionen von
170—178° herausnimmt. Darin etwa vorhandenes Cineol schüttelt man mit
50proz. Resorcinlösung aus und fraktioniert dann wiederholt. Zur Gewinnung
von hochdrehendem l-α-Phellandren besonders geeignet ist das Öl von *Eucalyptus
dives;* hochdrehendes d-α-Phellandren gewinnt man am besten aus Bitterfenchelöl.

β-Phellandren, p-Menthadien-[2.1 (7)], 4-Isopropyl-1-methylencyclohexen-(2),
$C_{10}H_{16}$.

$$H_2C=C\begin{matrix} CH=CH \\ CH_2-CH_2 \end{matrix}CH-CH\begin{matrix} CH_3 \\ CH_3 \end{matrix}.$$

Eigenschaften. Kp.(11 mm) 57°; D 20° 0,8520; nD 20° 1,4788; die für die Drehung angegebenen Werte schwanken zwischen +14° und +65° (12). Es ist eine farblose Flüssigkeit von angenehmem, etwas an Geranien erinnerndem Geruch, die wenig beständig ist
und sich leicht durch Sauerstoffaufnahme aus der Luft oxydiert. Beim Kochen tritt Polymerisation ein.

Nachweis. 1. Durch die Nitrosite, die in analoger Weise zu erhalten sind
wie beim α-Phellandren (s. dort). Es entstehen zwei Nitrosite, α-Nitrosit F. 102°
und β-Nitrosit F. 97—98°. 2. Durch die Nitrosochloride (12), die man durch
Einwirkung von Äthylnitrit auf eine alkoholische Lösung von β-Phellandren in
Gegenwart von alkoholischer Salzsäure erhält. Die Ausbeute wird um so größer,
je niedriger das angewandte β-Phellandren dreht. Durch fraktionierte Krystallisation trennt man das Gemisch der Nitrosochloride in α-Nitrosochlorid (F. 101
bis 102°) und β-Nitrosochlorid (F. 100°). 3. Durch Oxydation mit 1proz.
Kaliumpermanganatlösung erhält man nach WALLACH (97) neben anderen Abbauprodukten (Δ_2-Isopropylcyclohexenon, α-Isopropylglutarsäure und Isobuttersäure) ein sirupartiges Glykol (Kp.(10 mm) 150°), das beim Erwärmen
mit verdünnter Schwefelsäure in Tetrahydrocuminaldehyd (Semicarbazon
F. 204—205°) und etwas Dihydrocuminalkohol übergeht.

Isolierung. Durch mehrfach wiederholte fraktionierte Destillation aus
Wasserfenchelöl oder dem Öl von *Bupleurum fruticosum.*

Terpinolen, p-Menthadien-[1,4(8)], 1-Methyl-4-isopropylidencyclohexen-(1),
$C_{10}H_{16}$.

$$H_3C-C\begin{matrix} CH-CH_2 \\ CH_2-CH_2 \end{matrix}C=C\begin{matrix} CH_3 \\ CH_3 \end{matrix}.$$

Eigenschaften. Kp. 185—187°; Kp.(14 mm) 75°; D 20° 0,854; nD 1,484. Es ist eine
farblose, wenig beständige Flüssigkeit, auf die schon Erwärmen nachteilig einwirkt. Säuren
führen es in Terpinen über.

Nachweis. 1. Durch das Dibromid (F. 69—70°) und das Tetrabromid
(F. 116°), die durch Einwirkung von Brom auf Terpinolen erhalten werden.

2. Durch Einwirkung von Halogenwasserstoff auf Terpinolen entstehen die entsprechenden Dipentenderivate (s. dort). 3. Durch Oxydation von Terpinolen mit Kaliumpermanganat erhält man nach Wallach Terpinolen-Erythrit $C_{10}H_{16}(OH)_4 + H_2O$ (p-Menthan-tetrol-(1,2,4,8), F. 149—150^0.

Isolierung. Die Isolierung von Terpinolen aus ätherischen Ölen ist bisher noch nicht gelungen, trotzdem sein Vorkommen im Manila-Elemiöl, Corianderöl und Pomeranzenöl sehr wahrscheinlich ist (16).

Limonen, p-Menthadien-[1,8(9)], 1-Methyl-4-methoäthenylcyclohexen-(1), $C_{10}H_{16}$.

$$H_3C-C\diagup\underset{CH_2-CH_2}{\overset{CH-CH_2}{}}\diagdown CH-C\diagup\underset{CH_3}{\overset{CH_2}{}} .$$

Eigenschaften. Kp. 175—176^0; $n_{D\,20^0}$ 1,473; d-Limonen $D_{\frac{20^0}{4^0}}$ 0,8411; $[\alpha]_{D\,20^0}$ +126^0 8′; l-Limonen (8) $D_{\frac{20^0}{4^0}}$ 0,8422; $[\alpha]_{D\,20^0}$ —122^0 6′. Limonen kommt in einer rechtsdrehenden, einer linksdrehenden und einer inaktiven Form = Dipenten (s. unten) vor. Es ist eine farblose, nur bei Luftabschluß haltbare Flüssigkeit, deren Geruch als schwach citronen- oder apfelsinenartig bezeichnet wird. Die aktiven Limonene gehen beim Erhitzen auf höhere Temperatur oder Behandeln mit Säuren leicht in die inaktive Form, das Dipenten, über.

Nachweis. 1. Durch das Tetrabromid vom F. 104—105^0. Man gewinnt es nach der Wallachschen Vorschrift, indem man die möglichst reine Limonen- fraktion mit etwa dem vierfachen Volumen Eisessig verdünnt, die Lösung stark abkühlt und so lange tropfenweise Brom hinzufügt, als es noch entfärbt wird. Die nach längerem Stehen abgeschiedenen Krystalle saugt man ab und krystalli- siert sie aus Essigester um. Die angewandten Reagenzien brauchen nicht absolut wasserfrei zu sein, da gerade absolut wasserfreie Reagenzien die Bildung eines nicht krystallisierenden Tetrabromids veranlassen. Von anderer Seite ist emp- fohlen worden, als Verdünnungsmittel für das Limonen Amylalkohol und Äther anzuwenden und diese Lösung in eine kalte ätherische Bromlösung einzutropfen. 2. Durch die Nitrosochloride, die man durch Chloroform trennen kann, in dem sie verschieden löslich sind. Man führt sie am besten sofort in die Nitrolpiperidine über: α-Nitrolpiperidin F. 94^0, β-Nitrolpiperidin F. 110^0. 3. Durch Oxydation mit verdünnter Kaliumpermanganatlösung zu Limonetrit $C_{10}H_{16}(OH)_4$ vom F. 191,5—192^0.

Isolierung. Sehr reine Limonene erhält man durch wiederholte fraktionierte Destillation der entsprechenden Fraktionen. d-Limonen gewinnt man aus Kümmel- oder Pomeranzenöl, l-Limonen aus Edeltannenzapfenöl. Absolut reines Limonen kann man nur über das Tetrabromid herstellen, indem man dieses mit Zinkstaub in alkoholischer Lösung reduziert.

Dipenten = d,l-Limonen.

Eigenschaften. Kp. 175—176^0; D_{20^0} 0,844; $n_{D\,20^0}$ 1,47194. Dipenten ist eine optisch inaktive, citronenartig riechende farblose Flüssigkeit. Es verhält sich chemisch im all- gemeinen wie Limonen. In Gegenwart von Luftsauerstoff verharzt es allmählich, beim Erhitzen geht es in Polymere über.

Nachweis. 1. Durch das Tetrabromid vom F. 124—125^0, das in analoger Weise hergestellt wird wie das Limonentetrabromid. Außer durch den höheren Schmelzpunkt unterscheidet sich Dipententetrabromid vom Limonentetra- bromid noch durch seine schwerere Löslichkeit und weiter durch sein Aussehen. Die Krystalle von Dipententetrabromid sind nämlich in der Vertikalrichtung schilfartig gestreift und außerdem sehr spröde (17). 2. Durch das Dipenten- dihydrochlorid vom F. 50^0, das auch aus Limonen entsteht, weshalb durch dieses Derivat nicht geklärt werden kann, ob die aktive oder inaktive Form vor- gelegen hat. Das Dipentendihydrochlorid existiert in zwei Formen, der Cis- und der Trans-Form. Als Cis-Form bezeichnet man die niedriger schmelzende und leichter lösliche Modifikation, die aber nur schwer zu erhalten ist. Die Trans-Form (F. 50°), die man für gewöhnlich als die beständigere erhält, schmilzt höher und ist schwerer löslich. Sie entsteht vor allem, wenn die Reaktion unter Erwärmung verläuft. Zur Darstellung sättigt man eine abgekühlte ätherische Lösung von Dipenten oder Limonen mit Salzsäuregas und läßt den Äther langsam verdunsten, wobei sich das Dihydrochlorid als schnell erstarrendes Öl abscheidet. Bei Gegenwart von Terpinen ist das Öl nicht zum Erstarren zu bringen, da das Terpinen analoge Verbindungen bildet, die erhebliche Schmelzpunktserniedrigungen hervorrufen. Eine Trennung läßt sich erzielen durch Behandlung des Gemisches der Hydrochloride mit verdünnter Kalilauge, wobei Terpinendihydrochlorid in Cis- und Trans-Terpin, Terpinenterpin, Terpinenol-4 und γ-Terpinenol übergeht. 3. Durch Überführung in das Nitrosochlorid, das in zwei isomeren Modifikationen entsteht. Man setzt es am besten gleich in das Nitrolbenzylamin vom F. 110° um oder führt es durch Behandeln mit alkoholischem Kali unter Salzsäureabspaltung in inaktives Carvoxim vom F. 93° über. Die Nitrosochloride des Dipentens sind leichter löslich als die des Limonens.

Isolierung. Durch fraktionierte Destillation ist Dipenten leicht aus Manila-Elemiöl zu gewinnen, wenn man die zwischen 175° und 180° siedenden Anteile des Öls weiter fraktioniert. Ganz reines Dipenten ist nur zu erhalten aus dem Tetrabromid durch Behandlung mit Eisessig und Zinkstaub oder aus dem Dipentendihydrochlorid durch Behandlung mit Anilin in der Wärme.

2. Bicyclische Terpene.

Santen, Norcamphen, 2,3-Dimethyl-bicyclo-[1,2,2]-hepten-(2), C_9H_{14} ist kein eigentliches, sondern nur ein niederes homologes Terpen

$$
\begin{array}{ccc}
& CH_3 & CH_3 \\
& C\!\!=\!\!=\!\!C & \\
HC & CH_2 & CH \\
& CH_2\!\!-\!\!CH_2 &
\end{array}
$$

Eigenschaften. Kp. 140°; $D_{15°}$ 0,8698; $n_{D\,19,2°}$ 1,46960; optisch inaktiv. Es riecht unangenehm und nur entfernt an Camphen erinnernd. Es verharzt schnell bei der Aufbewahrung.

Nachweis. 1. Durch das Nitrosit vom F. 124—125°, das nach ASCHAN zum Nachweis besonders geeignet ist. 2. Durch das Nitrosochlorid, F. 109 bis 110°. 3. Durch das Tribromid, F. 62—63° und 4. durch das Chlorhydrat vom F. 80—81°. 5. Durch vorsichtige Oxydation von Santen in Acetonlösung durch Kaliumpermanganat zu Santenglykol, F. 197°.

Isolierung. Durch fraktionierte Destillation der am niedrigsten siedenden Anteile von ostindischem Sandelholzöl oder sibirischem Fichtennadelöl.

Sabinen, 1-Isopropyl-4-methylen-bicyclo-(0,1,3)-hexan, $C_{10}H_{16}$.

$$
\begin{array}{ccc}
& CH_2\!\!-\!\!CH_2 & CH_3 \\
H_2C\!\!=\!\!C & & C\!\!-\!\!CH \\
& CH\!\!-\!\!CH_2 & CH_3
\end{array}
$$

Eigenschaften. Kp. 163—165°; $D_{20°}$ 0,842; $\alpha_D + 67,5°$; $n_{D\,20°}$ 1,4678.

Nachweis. Durch Oxydation mit Kaliumpermanganat in Gegenwart von freiem Natriumhydroxyd zum schwerlöslichen Natriumsalz der Sabinensäure (98). Die daraus abzuscheidende Sabinensäure hat den F. 57°. Sie läßt sich weiter oxydieren zu Sabinaketon $C_9H_{14}O$, wenn man sabinensaures Natrium in Gegenwart von Schwefelsäure mit Kaliumpermanganat behandelt. Das Sabinaketon

(Kp. 218—219⁰; D₂₀₀ O,9555) gibt ein Semicarbazon vom F. 141—142⁰. Das Sabinenglykol $C_{10}H_{18}O_2$ vom F. 54⁰ und Kp.(15 mm) 148—150⁰, das ebenfalls bei der Oxydation von Sabinen mit Kaliumpermanganat unter allgemein üblichen Bedingungen entsteht, ist auch zum Nachweis geeignet.

Isolierung. Durch fraktionierte Destillation der Vorläufe des Sadebaumöls.

α-**Thujen**, 4-Methyl-1-isopropyl-bicyclo-[0,1,3]-hexen-(3), $C_{10}H_{16}$.

$$\text{H}_3\text{C}-\text{C}\underset{\text{CH}-\text{CH}_2}{\overset{\text{CH}-\text{CH}_2}{<}}\quad\text{C}-\text{CH}\underset{\text{CH}_3}{\overset{\text{CH}_3}{<}}.$$

Eigenschaften. Kp. 151⁰; $D_{\frac{20^0}{4^0}}$ 0,8301; $n_{D\,20^0}$ 1,45150.

Nachweis. 1 Durch Behandeln mit Chlorwasserstoff in Eisessiglösung entstehen die entsprechenden Terpinendihydrochloride. 2. Bei der Oxydation mit Kaliumpermanganat erhält man je nach den Versuchsbedingungen α-Thujaketosäure vom F. 75—76⁰ (Semicarbazon F. 182—183⁰) oder Thujylcamphersäure und d-α-Tanacetogendicarbonsäure vom F. 141⁰ (45).

Isolierung. Durch fraktionierte Destillation aus dem Öl des Gummiharzes von *Boswellia serrata* als d-α-Thujen (83).

Δ³-**Caren**, Isodipren, 3,7,7-Trimethyl-bicyclo-(0, 1, 4)-hepten-(3), $C_{10}H_{16}$.

$$\text{H}_3\text{C}-\text{C}\underset{\text{CH}-\text{CH}_2}{\overset{\text{CH}_2-\text{CH}}{<}}\quad\overset{\text{C}}{\underset{\text{CH}}{}}\overset{\text{CH}_3}{\underset{\text{CH}_3}{<}}.$$

Eigenschaften. Kp.(705 mm) 168—169⁰; $D_{\frac{30^0}{30^0}}$ 0,8586; $\alpha_D + 7,69^0$; $n_{D\,30^0}$ 1,469. Kp.(10 mm) 70⁰; D_{25^0} 0,8635; $[\alpha]_j + 17,13^0$; $n_{j\,25^0}$ 1,4678. Der Geruch des farblosen Öles ist charakteristisch süßlich. Durch Einwirkung von Luftsauerstoff wird es leicht oxydiert.

Nachweis. 1. Durch das Nitrosochlorid (F. 101—102⁰), das man nach Lagache (46) gewinnt, wenn man zu einem auf + 5⁰ abgekühlten Gemisch von je 5 cm³ *Δ³*-Caren, Essigsäure und 95proz. Alkohol und 10 cm³ Äthylnitrit tropfenweise 4—5 cm³ Salzsäure hinzufügt. Nach 1—2 Stunden scheidet sich das leicht zersetzliche Nitrosochlorid ab. 2. Als Nitrosocaren $C_{10}H_{15}NO$, das man aus dem Nitrosochlorid durch Erhitzen mit 95proz. Alkohol und Soda auf dem Wasserbade erhält (F. 89—90⁰). 3. Durch das Nitrosat (F. 147,5⁰ unter Zersetzung), das man durch Einwirkung von Amylnitrit und Salpetersäure erhält. 4. Bei der Oxydation mit Kaliumpermanganat entsteht neben nicht näher erforschten Stoffen schließlich Cis- und Trans-Caronsäure (Zersetzungspunkt 174—175⁰ und F. 213⁰) und Cis-Homocaronsäure (F. 137⁰) (85). 4. Beim Behandeln mit trockenem Chlorwasserstoffgas erhält man Sylvestrendihydrochlorid (F. 72⁰), mit wäßriger Salzsäure Dipentendichlorhydrat (F. 48—50⁰). Aus dem erhaltenen Sylvestrendichlorhydrat läßt sich durch Kochen mit Anilin oder mit Natriumacetat und Eisessig Sylvestren, nicht aber *Δ³*-Caren regenerieren. Man nimmt daher mit Bestimmtheit an, daß Sylvestren als solches in der Natur nicht vorkommt, sondern erst bei der Behandlung von *Δ³*-Caren mit trockenem Salzsäuregas gebildet wird.

Isolierung. Durch fraktionierte Destillation des Öls von *Pinus longifolia* oder von finnischem Sulfatterpentinöl.

„*Δ⁴*"-**Caren**, Pinolen, 3,7,7-Trimethyl-bicyclo- (0,1,4)-hepten-(2), $C_{10}H_{16}$.

$$\text{H}_3\text{C}-\text{C}\underset{\text{CH}_2-\text{CH}_2}{\overset{\text{CH}-\text{CH}}{<}}\quad\overset{\text{C(CH}_3)_2}{\underset{}{}}\text{CH}$$

Eigenschaften. Kp. (707 mm) 165,5—167⁰; D $\frac{30⁰}{30⁰}$ 0,8552; $[\alpha]_{D\,30⁰} + 62,2⁰$; $n_{D\,30⁰}$ 1,474. Es ist ein farbloses, angenehm cymolartig riechendes Öl.

Nachweis. 1. Durch Oxydation mit Kaliumpermanganat entsteht 1,1-Dimethyl-2 γ-oxobutyl-cyclopropan-3-carbonsäure $C_{10}H_{16}O_3$ (Semicarbazon F. 182—183⁰, Oxim F. 124—125⁰). 2. Beim Behandeln mit Salzsäure in Eisessiglösung erhält man Sylvestrendihydrochlorid (F. 72⁰) neben Dipentendihydrochlorid (F. 48—50⁰) (86).

Isolierung. Durch fraktionierte Destillation von finnischem Sulfatterpentinöl oder deutschem Kiefernwurzelöl.

α-**Pinen**, 2,6,6-Trimethyl-bicyclo-(1,1,3)-hepten-(2), $C_{10}H_{16}$.

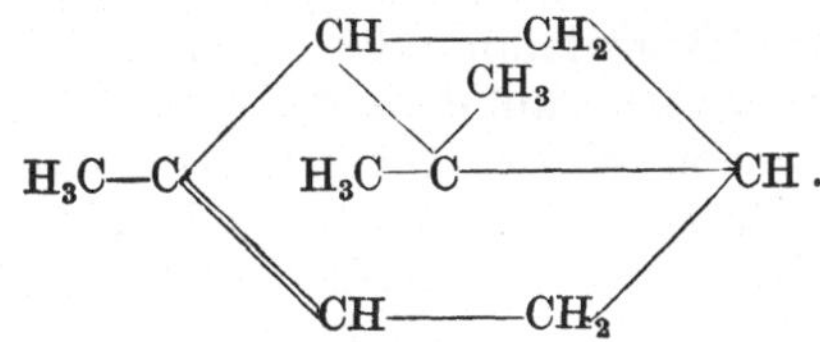

Eigenschaften. Kp. 155—156⁰; D $\frac{20⁰}{4⁰}$ 0,8598; $n_{D\,25⁰}$ 1,4648. $[\alpha]_D$ etwa $\pm 50⁰$. Pinen ist eine farblose Flüssigkeit von charakteristischem Geruch, die beim Stehen an der Luft Sauerstoff aufnimmt und infolge von Autoxydationsvorgängen verharzt. Als Oxydationsprodukte, die bei der Autoxydation von feuchtem Pinen auftreten, sind Sobrerol (Pinolhydrat), Verbenol und Verbenon aufgefunden worden.

α-Pinen läßt sich leicht in andere Terpene umwandeln. So geht es bei erhöhter Temperatur (250—270⁰) oder durch Einwirkung von feuchtem Salzsäuregas in Dipenten oder Dipentendihydrochlorid über. Durch alkoholische Schwefelsäure wird es in Terpinolen und Terpinen übergeführt. Trockenes Salzsäuregas bewirkt Umwandlung in Bornylchlorid, ein Derivat, das der Campherreihe angehört und für die künstliche Herstellung von Campher große Bedeutung gewonnen hat.

Nachweis. 1. Besitzt das Pinen, das man zum Nachweis benutzt, eine hohe Drehung, so führt man es am besten durch Oxydation in Pinonsäure über, deren inaktive Form bei 103—105⁰ schmilzt, während die aktiven Formen den F. 69,5—70,5⁰ besitzen ($[\alpha]_D$ in Chloroformlösung etwa $\pm$ 90⁰, Semicarbazon F. 203—204⁰). 100 g Pinen (19) schüttelt man unter Eiskühlung mit einer Lösung von 233 g Kaliumpermanganat in 3 l Wasser, entfernt dann aus der Oxydationslauge durch Ausschütteln mit Äther den nicht in Reaktion getretenen Kohlenwasserstoff und die entstandenen neutralen Produkte und setzt durch Ansäuern mit verdünnter Schwefelsäure die Pinonsäure in Freiheit. Im allgemeinen genügt es, die Pinonsäure sofort in ihr Semicarbazon überzuführen. Will man aber aktives Pinen neben inaktivem nachweisen, so muß man die Pinonsäure in reiner Form isolieren, was durch fraktionierte Destillation im Vakuum (Kp. (12 mm) 168⁰) gelingt. 2. Zum Nachweis des Pinens weiter sehr geeignet ist das Nitrosochlorid, doch darf die angewandte Pinenfraktion keine hohe Drehung aufweisen. Da der Schmelzpunkt von Pinennitrosochlorid nicht besonders charakteristisch ist, führt man es am besten sofort durch Umsetzung mit Benzylamin oder Piperidin in das Pinennitrolbenzylamin (F. 122—123⁰) oder Pinennitrolpiperidin (F. 118—119⁰) über. Die Darstellung des Pinennitrosochlorids geschieht am vorteilhaftesten nach der Wallachschen Vorschrift. Eine Mischung von je 50 g Pinenfraktion, Eisessig und Äthylnitrit oder besser Amylnitrit kühlt man in einer Kältemischung gut ab und gibt allmählich 15 cm³ rohe (33 proz.) Salzsäure hinzu. Das Pinennitrosochlorid scheidet sich bald krystallinisch ab. Man erhält es in genügender Reinheit, wenn man es möglichst rasch absaugt und mit Alkohol gut nachwäscht. Zur weiteren Reinigung kann man es in wenig Chloroform lösen und durch Zusatz von Methylalkohol wieder abscheiden. Es bildet dann weiße Blättchen, die bei 103⁰ schmelzen. Der Schmelzpunkt ist aber auch schon erheblich höher (bis 115⁰) gefunden worden. Es empfiehlt sich daher, das noch nicht gereinigte Nitrosochlorid gleich in ein Nitrolamin überzuführen. Zu dem Zwecke gibt man das Nitrosochlorid zu einer alkoholischen Lösung von Benzylamin oder Piperidin, in der die Base im Überschuß enthalten ist, und erwärmt auf dem Wasserbade. Das entstandene Nitrolamin wird durch Zusatz von Wasser abgeschieden und umkrystallisiert. Auch aktives α-Pinennitrosochlorid ist nach Lynn (47) darstellbar, wenn man seine außerordentlich leichte Löslichkeit in den üblichen Lösungsmitteln berücksichtigt. Es schmilzt bei 81—81,5⁰.

3. Zum Nachweis von α-Pinen ist auch empfohlen worden, es durch Oxydation mit Mercuriacetat in Sobrerol (F. 131⁰) und Oxycarvotanaceton (Semicarbazon, F. 175⁰) überzuführen.

4. Durch Einleiten von absolut trockenem Salzsäuregas in völlig trockenes und gut abgekühltes α-Pinen erhält man Bornylchlorid $C_{10}H_{16}HCl$ vom F. 125 bis 127⁰.

Isolierung. d-α-Pinen läßt sich am besten aus griechischem Terpentinöl erhalten, wenn man dies mit festem Kaliumhydroxyd kocht, dann über Natrium destilliert und schließlich fraktioniert. l-α-Pinen erhält man in derselben Weise aus französischem Terpentinöl. Zur weiteren Reinigung kann man das so gewonnene α-Pinen in das Nitrosochlorid überführen und dieses durch Kochen mit Anilin in alkoholischer Lösung zersetzen.

β-Pinen, 6,6-Dimethyl-2-methylen-bicyclo-(1,1,3)-heptan, $C_{10}H_{16}$.

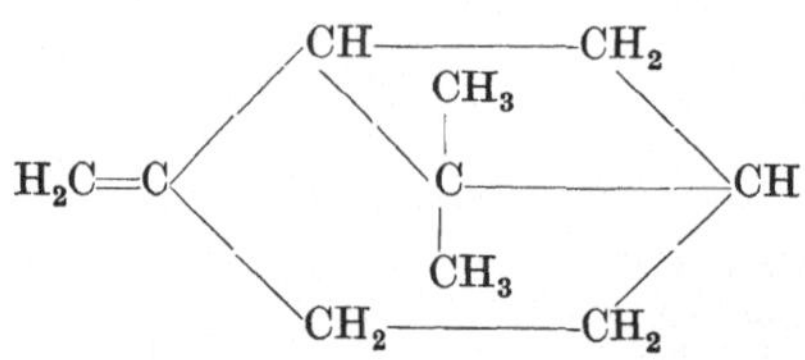

Eigenschaften. Kp. 163—164⁰; D_{22^0} 0,8675; $α_D$ —22⁰ 5′; $n_{D\,22^0}$ 1,4749. Auch β-Pinen läßt sich leicht in andere Terpene überführen. So entsteht bei Behandlung mit Eisessig-Schwefelsäure bei 60⁰ Terpinen. Beim Einleiten von Salzsäuregas in die ätherische Lösung entsteht neben Bornylchlorid auch Dipentendihydrochlorid. Vom α-Pinen unterscheidet es sich dadurch, daß es kein krystallisiertes Nitrosochlorid bildet, und weiter durch die Reaktion mit einer kalten alkoholischen Mercuriacetatlösung (13). Während bei Gegenwart von α-Pinen Trübung infolge von Abscheidung von Mercuroacetat auftritt, da α-Pinen durch Mercuriacetat oxydiert wird, bleibt bei Gegenwart von β-Pinen die Lösung auch bei mehrtägigem Stehen klar. α-Pinen und β-Pinen lassen sich durch ihre verschiedene Löslichkeit in verdünntem Alkohol voneinander trennen (4).

Nachweis. Zum Nachweis von β-Pinen dient die Nopinsäure, die nach Wallach durch Oxydation mit Kaliumpermanganat in Gegenwart von Natronlauge entsteht. Nach seiner Vorschrift werden 300 g β-Pinen mit einer Auflösung von 700 g Kaliumpermanganat in 9 l Wasser unter Zusatz von 150 g Natriumhydroxyd auf der Schüttelmaschine geschüttelt, wobei erhebliche Erwärmung eintritt. Nach etwa 20 Minuten ist die Oxydation beendet, worauf man den nicht angegriffenen Kohlenwasserstoff mit Wasserdampf abtreibt, vom Braunstein abfiltriert und die Flüssigkeit unter Einleiten von Kohlendioxyd auf etwa 3 l einengt. Nach dem Erkalten krystallisiert nopinsaures Natrium aus, das man absaugt und durch Umkrystallisieren reinigt. Die daraus abgeschiedene Nopinsäure hat den F. 126⁰. Sie läßt sich zur weiteren Charakterisierung durch Oxydation mit Bleisuperoxyd oder Kaliumpermanganat in schwefelsaurer Lösung in Nopinon überführen (Semicarbazon F. 188⁰).

Isolierung. Aus französischem Terpentinöl durch wiederholtes Waschen mit etwa 65—72 proz. Alkohol, wobei α-Pinen und β-Pinen verschieden löslich sind (vgl. oben). Auch durch fraktionierte Destillation bei Anwendung einer sehr langen Kolonne kann die Trennung gelingen. Leichter läßt es sich aus dem Terpentin des Splintholzes der Douglasfichte erhalten.

Camphen, 2, 2-Dimethyl-3-methylen-bicyclo-(1, 2, 2)-heptan, $C_{10}H_{16}$.

Eigenschaften. F. 55⁰ (meistens wird aber nur 48—50⁰ beobachtet); Kp. 158,5 bis 159,5⁰; $D_{\frac{58,6⁰}{4⁰}}$ 0,83808; $n_{D\,58,6⁰}$ 1,45314; die höchste bisher gefundene Drehung beträgt $[\alpha]_{D\,17⁰} +103,89⁰$ (in Ätherlösung, p = 9,67). Es ist eine weiche, campherähnlich riechende Krystallmasse, die sich durch große Beständigkeit gegenüber Luft und Licht auszeichnet. Camphen neigt zur Sublimation. In Äther ist es leicht löslich, schwer dagegen in Alkohol.

Nachweis. 1. Durch Überführung in das Dibromid vom F. 91—91,5⁰. 2. Als Isobornylchlorid vom F. 158⁰, das man erhält, wenn man in eine ätherische Camphenlösung Salzsäuregas im Überschuß einleitet. (Camphenchlorhydrat, das unter gewissen Vorsichtsmaßregeln gewonnen werden kann, ist sehr wenig haltbar.) 3. Durch Hydratation nach BERTRAM-WALBAUM durch Eisessig-Schwefelsäure zu Isoborneol (F. 212⁰; Phenylurethan, F. 138—139⁰). Nach der Vorschrift von BERTRAM und WALBAUM werden 100 Teile Camphenfraktion mit 250 Teilen Eisessig und 10 Teilen 50 proz. Schwefelsäure unter öfterem Umschütteln 2—3 Stunden lang auf 50—60⁰ erwärmt, wobei das anfangs aus zwei Schichten bestehende Gemisch allmählich homogen wird und schwach rötliche Färbung annimmt. Das gebildete Acetat wird dann durch Wasser abgeschieden, mehrere Male ausgewaschen und durch Erwärmen mit einer Auflösung von 50 g Kaliumhydroxyd in 250 g Alkohol verseift. Der Alkohol wird abdestilliert, das erhaltene Isobornol durch Wasserzusatz ausgefällt und durch Umkrystallisieren aus Petroläther gereinigt. Den Schmelzpunkt des Isoborneols muß man seiner großen Sublimationsfähigkeit wegen im beiderseits zugeschmolzenen Röhrchen bestimmen. Zu erwähnen ist noch, daß das so gewonnene Isoborneol noch etwa 20 % Borneol enthält. Der Nachweis von Camphen durch Überführung in Isoborneol gelingt nicht, wenn das Camphen noch Pinen enthält, das dabei Terpineol liefert. Durch das Terpineol wird aber das Isoborneol in Lösung gehalten. Eine weitgehende Reinigung des Camphens ist daher stets nötig.

Isolierung. Am leichtesten läßt sich Camphen in krystallisiertem Zustande durch wiederholte fraktionierte Destillation von sibirischem Fichtennadelöl abscheiden. In den meisten anderen Fällen ist seine Abscheidung in krystallisierter Form mit großen Schwierigkeiten verknüpft.

Fenchen, 7, 7-Dimethyl-2-methylen-bicyclo-(1, 2, 2)-heptan, $C_{10}H_{16}$.

Eigenschaften. Da verschiedene Isomere des Fenchens existieren, sind die Eigenschaften recht verschieden. Ein d, l-Fenchen hatte die Konstanten: Kp. 155—158⁰; D 0,869; $n_{D\,19⁰}$ 1,4724; $[\alpha]_D$ —32⁰. Der Geruch des Fenchens ist dem des Camphens ähnlich.

Nachweis. 1. Durch Hydratation mit Eisessig und Schwefelsäure zu Isofenchylalkohol (F. 61,5 bis 62⁰, Phenylurethan, F. 106—107⁰). 2. Durch Behandlung mit Brom, wobei das Dibromid vom F. 87—88⁰ entsteht.

Isolierung. Die Existenz von Fenchen in der Natur ist noch nicht mit absoluter Sicherheit erwiesen.

d) Sesquiterpene.

Neben den Terpenen von der Zusammensetzung $C_{10}H_{16}$ finden sich in ätherischen Ölen noch höher siedende Kohlenwasserstoffe von einer Siedetemperatur zwischen 250 und 280°, die Sesquiterpene, denen die Zusammensetzung $C_{15}H_{24}$ gemeinsam ist. Sie sind vielfach schwach gefärbt und dickflüssiger als die Terpene. Man unterscheidet aliphatische, monocyclische, bicyclische und tricyclische Sesquiterpene.

Zur Konstitutionsaufklärung der Sesquiterpene wird mit großem Erfolg die Dehydrierungsmethode mit Schwefel von Ruzicka (61) angewandt. Die Sesquiterpenfraktion wird mit einer drei Atomen Schwefel (bzw. mehr oder weniger, wenn die Zusammensetzung von $C_{15}H_{24}$ abweicht) entsprechenden Menge Schwefelpulver auf 180° erhitzt, wobei schon bald eine lebhafte Schwefelwasserstoffentwicklung einsetzt. Beginnt diese nachzulassen, so steigert man die Temperatur allmählich bis auf 250°, bis die Gasentwicklung vollkommen aufhört, was meistens nach 4—6 Stunden der Fall ist. Die flüchtigen Anteile des Reaktionsproduktes werden nun im Vakuum abdestilliert und durch erneute Vakuumdestillation fraktioniert. Zu beachten ist bei der ersten Destillation, daß der Schwefel sich völlig umgesetzt haben muß, da sonst starkes Schäumen eintritt. Bei der Fraktionierung siedet Eudalin niedriger als Cadalin; bei 12 mm siedet die Eudalinfraktion zwischen 130 und 150°, die Cadalinfraktion zwischen 145 und 165°. Die so erhaltenen rohen Fraktionen werden weiter fraktioniert, bis man die reinen Kohlenwasserstoffe abgetrennt hat, die man als Pikrate oder Styphnate nachweist. Die Pikrate entstehen, wenn man den reinen Kohlenwasserstoff zu einer heiß gesättigten alkoholischen Lösung von 1 Mol. Pikrinsäure gibt, die Styphnate entstehen, wenn man zu dem Kohlenwasserstoff eine alkoholische Lösung von 1 Mol Trinitroresorcin zusetzt.

Cadalin ist 1,6-Dimethyl-4-isopropylnaphthalin, $C_{15}H_{18}$, Eudalin 3-Isopropyl-5-methylnaphthalin $C_{14}H_{16}$. Cadalinprikrat, F. 115°; Cadalinstyphnat, F. 138°; Eudalinpikrat, F. 90—91°; Eudalinstyphnat, F. 119—120°.

Cadalin entsteht aus Sesquiterpenverbindungen vom Cadinentypus, Eudalin aus solchen vom Eudesmoltypus.

1. Monocyclische Sesquiterpene.

Bisabolen, Limen, $C_{15}H_{24}$.

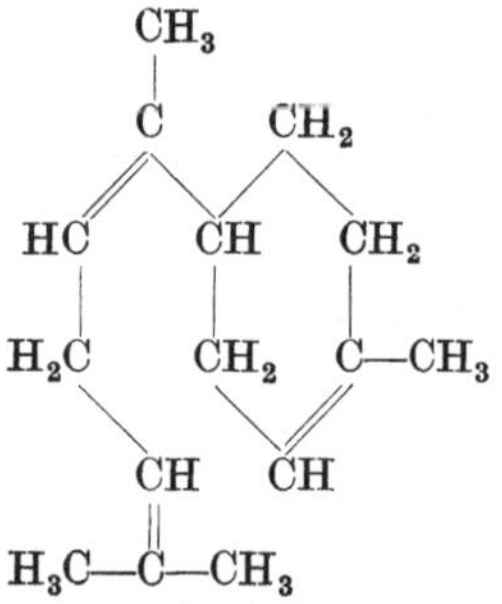

α-Bisabolen. 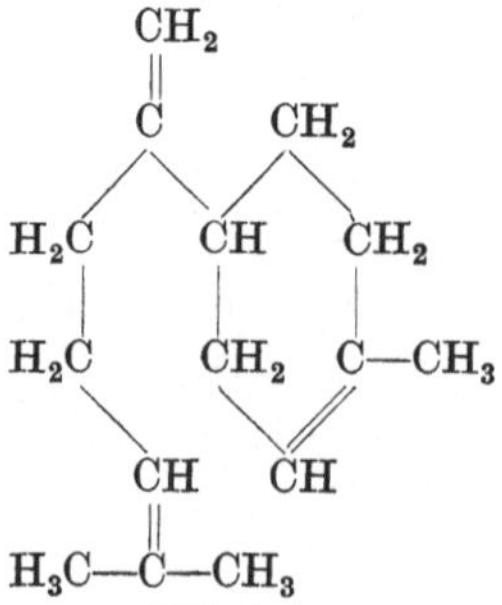   β-Bisabolen. 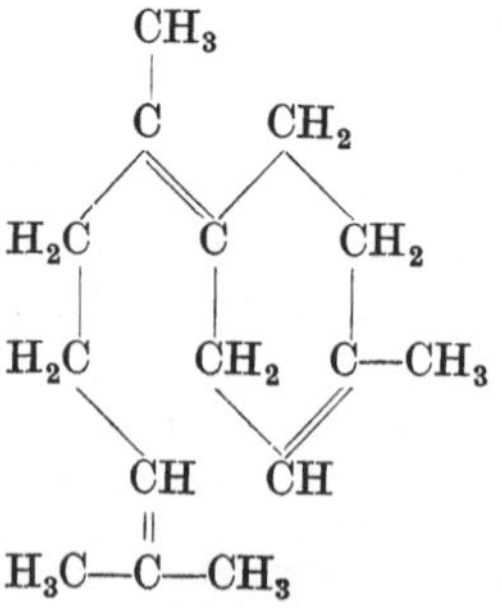   γ-Bisabolen.

Eigenschaften. D 0,871; n_D 1,492 (nach Ruzicka); Kp. 261—262°; $D_{15°}$ 0,8759; $n_{D\,20°}$ 1,4901 (nach Gildemeister und Müller). Im natürlichen Bisabolen liegt ein Gemisch von isomeren Kohlenwasserstoffen vor, unter denen γ-Bisabolen vorherrscht. Sie geben aber alle dasselbe Trichlorhydrat (71).

Nachweis. Durch das Trichlorhydrat vom F. 79—80⁰, das man erhält, wenn man in die ätherische Lösung des Sesquiterpens Salzsäuregas einleitet. Beim Verdunsten des Äthers scheidet sich das Trichlorhydrat in Krystallen ab, die man zur weiteren Reinigung aus Alkohol umkrystallisiert.

Isolierung. Durch fraktionierte Destillation von Opopanaxöl im Vakuum. Man destilliert die Fraktionen zur Reinigung über Natrium, stellt das Trichlorhydrat her und zersetzt es durch Kochen mit Eisessig und Natriumacetat.

Zingiberen, $C_{15}H_{24}$.

Eigenschaften. Kp.$_{(17\ mm)}$ 137—139⁰; D_{16^0} 0,8733; $n_{D\ 16^0}$ 1,4984; α_D —60⁰.

Nachweis. 1. Durch das Nitrosit vom F. 97—98⁰, das man durch Einwirkung von Natriumnitrit und Eisessig auf eine Petrolätherlösung von Zingiberen erhält. 2. Durch das Nitrosochlorid vom F. 96—97⁰. 3. Beim Einleiten von Chlorwasserstoffgas in die ätherische Lösung entsteht das Dihydrochlorid des Isozingiberens vom F. 169—170⁰. 4. Durch das Nitrosat vom F. 86—88⁰ (unter Zersetzung). 5. Durch Reduktion mit Natrium in alkoholischer Lösung zu Dihydrozingiberen (Kp.$_{(7\ mm)}$ 122 bis 125; D_{20^0} 0,8557; n_D 1,4837) und durch katalytische Reduktion mit Wasserstoff unter Anwendung von Platin als Katalysator zu Hexahydrozingiberen (Kp.$_{(11\ mm)}$ 128—130⁰; D_{20^0} 0,8264; n_D 1,4560).

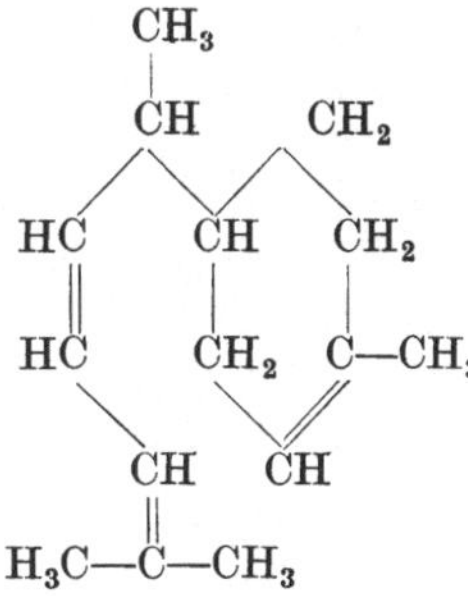

(nach Ruzicka [72]).

2. Bicyclische Sesquiterpene.

Cadinen, $C_{15}H_{24}$.

Das natürlich vorkommende Cadinen muß seinen chemischen Eigenschaften nach gemäß einer dieser Formeln zusammengesetzt sein. Vielleicht ist, wie Ruzicka (69) annimmt, das natürliche Cadinen ein Gemisch von beiden Isomeren.

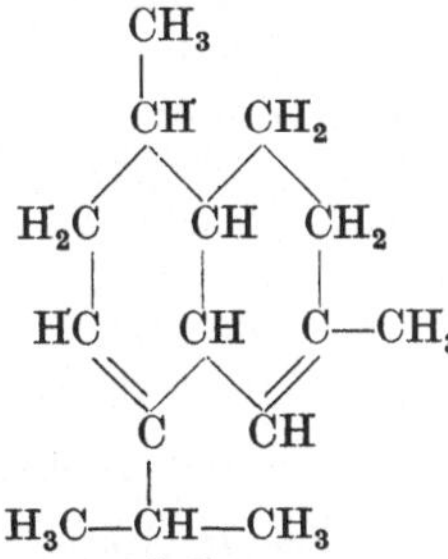

Eigenschaften. Kp. 274—275⁰; Kp.$_{(11\ mm)}$ 134—136⁰ D_{20^0} 0,9189; $n_{D\ 20^0}$ 1,5079.

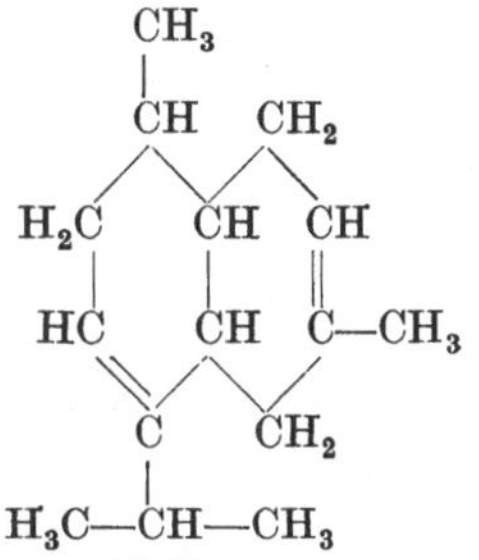

α-Cadinen.

β-Cadinen.

Für l-Cadinen wurde als stärkste Drehung gefunden $[\alpha]_{Hg}$ —125,2⁰, für d-Cadinen $[\alpha]_{D\ 20^0}$ + 48⁰ 7'. Es neigt zur Verharzung und ist in Alkohol nicht besonders gut löslich.

Nachweis. 1. Durch das Nitrosochlorid vom F. 93—94⁰, das in der üblichen Weise bereitet wird und sich immer nur in geringer Menge abscheidet. 2. Durch das Nitrosat vom F. 105—110⁰, das leichter darzustellen ist als das Nitrosochlorid. 3. Am besten zum Nachweis geeignet ist aber das Dichlorhydrat vom F. 117—118,5⁰. Zur Darstellung wird die entsprechende Fraktion mit dem doppelten Volumen Äther verdünnt und mit Salzsäuregas gesättigt, während man kräftig kühlt. Man läßt dann längere Zeit ruhig stehen, destilliert den Äther größtenteils ab und läßt den Rest langsam an der Luft verdunsten, wobei sich in dem zurückbleibenden Öle Krystalle von Cadinendichlorhydrat ausscheiden, die man von den öligen Beimengungen durch Aufstreichen auf Tonplatten und Auswaschen mit Alkohol völlig befreit. Zum Umkrystallisieren eignet sich am besten Essigäther, in dem Cadinendichlorhydrat in der Wärme leicht löslich ist. Bei der Herstellung des Dichlorhydrates kann man als Verdünnungsmittel auch Eisessig benutzen, der vorher mit Salzsäuregas gesättigt wurde. Besonders eignet sich dies Verfahren unter Anwendung von Bromwasserstoffgas zur Herstellung des Cadinendibromhydrates vom F. 124—125°. Bei der Dehydrierung mit Schwefel erhält man Cadalin. Zur raschen Orientierung, ob in einer Fraktion Cadinen vorhanden ist, ist eine Farbreaktion empfohlen worden, zu deren Ausführung man Cadinen in Chloroform oder Eisessig im Überschuß löst und dann einige Tropfen konzentrierte Schwefelsäure hinzufügt. Ist Cadinen vorhanden, so färbt sich die Lösung nach dem Umschütteln zuerst intensiv grün, wird dann blau und beim Erwärmen rot.

Beim Nachweis des Cadinens, besonders als Dichlorhydrat, ist zu beachten, daß auch andere, dem Cadinen in der Struktur ähnliche Sesquiterpene infolge Umlagerung durch die Einwirkung der Salzsäure Cadinendichlorhydrat bilden können.

Isolierung. Die zwischen 260 und 280° siedende Fraktion des Cubebenöls oder Atlascedernöls wird mit Eisessig versetzt und mit Salzsäuregas gesättigt. Das so erhaltene Cadinendichlorhydrat zerlegt man dann durch Behandlung mit Natriumäthylat oder auch durch Kochen mit Eisessig und Natriumacetat.

Caryophyllen, $C_{15}H_{24}$.

Das rohe Caryophyllen ist ein Gemisch von zwei nahe miteinander verwandten Isomeren, α-Caryophyllen und β-Caryophyllen, deren Konstitution aber noch nicht endgültig erforscht ist. α-Caryophyllen ist optisch inaktiv, β-Caryophyllen dagegen ist optisch aktiv. Als fast reines α-Caryophyllen hat sich das „Humulen" aus Hopfenöl erwiesen. Trotzdem ist es bisher noch nicht gelungen, ein völlig reines α-Caryophyllen darzustellen. Von den β-Caryophyllenen läßt sich nur die d-Form in reinem Zustande abscheiden.

β-Caryophyllen (nach Busse [9]).

Eigenschaften. Rohcaryophyllen: Kp. 259—261°; $D_{15°}$ 0,9064; α_D —7° 45′; $[\alpha]_D$ —8,55°; $n_{D\,20°}$ 1,50003. „Humulen": Kp. 263—266°; $D_{20°}$ 0,8977; $n_{D\,19°}$ 1,5021.

d-β-Caryophyllen: Kp.$_{(12\,mm)}$ 121—122,5°; $D_{4°}^{20°}$ 0,8996; $[\alpha]_D$ +19°; $n_{D\,20°}$ 1,4990. Caryophyllen ist eine farblose Flüssigkeit von schwachem Geruch, die beim Stehen an der Luft infolge von Sauerstoffaufnahme verharzt.

Nachweis (20). Für den Nachweis von Caryophyllen sind besonders geeignet das Nitrosochlorid, das Nitrosat und das Nitrosit, wobei aber zu beachten ist, daß das letztere sich von einem anderen Kohlenwasserstoff ableitet als die beiden erstgenannten Derivate. Man muß daher stets neben dem Nitrosit auch eins der anderen Derivate herstellen. Weiter zum Nachweis geeignet sind auch das Caryophyllendihydrochlorid und der Caryophyllenalkohol. 1. Aus Roh-Caryophyllen erhält man durch Einwirkung von Nitrosylchlorid zunächst ein bei etwa 160° schmelzendes Nitrosochlorid, das man durch fraktionierte Krystallisation in optisch inaktives α-Caryophyllennitrosochlorid vom F. 177° und in optisch aktives β-Caryophyllennitrosochlorid vom F. 159° zerlegen kann. In der üblichen Weise lassen sich aus den beiden Nitrosochloriden die entsprechenden Nitrolbenzylamine gewinnen (α-Form: F. 126—128°, β-Form: F. 172—173°). Zur Darstellung des Nitrosochlorids mischt man je 5 cm³ Caryophyllen, Essigester, Alkohol und Äthylnitrit, kühlt die Mischung gut ab und setzt 5 cm³ alkoholische Salzsäure hinzu. Das Nitrosochlorid scheidet sich im Sonnenlicht dann sehr bald aus. 2. Durch das Nitrosat, dessen aktive Form bei 130,5° schmilzt.

(Es gibt auch Nitrosate mit anderen Schmelzpunkten, die sich vermutlich vom α-Caryophyllen ableiten.) Man erhält das Nitrosat, wenn man eine gut abgekühlte Mischung von je 5 cm³ Caryophyllen, Eisessig und Äthylnitrit vorsichtig mit einer Mischung von 5 cm³ konzentrierter Salpetersäure und 5 cm³ Eisessig versetzt. Ist die Reaktion beendet, so setzt man Alkohol zu, worauf sich nach etwa 2 Stunden das Nitrosat abscheidet. 3. Durch das Nitrosit, das in schönen blauen Nadeln krystallisiert, optisch aktiv ist und den F. 115⁰ hat. Durch Einwirkung von Lösungsmitteln lagert es sich leicht in andere Verbindungen um. Zu seiner Herstellung gibt man zu einer Mischung von 5 cm³ Caryophyllen, 12 cm³ Petroläther und 5 cm³ einer gesättigten Natriumnitritlösung vorsichtig 5 cm³ Eisessig, worauf in der Kälte das Nitrosit auskrystallisiert. β-Caryophyllennitrosit zeichnet sich nach DEUSSEN durch seine enorme spezifische Drehung aus ($[\alpha]_D + 1661{,}1^0$). 4. Durch das optisch aktive Dihydrochlorid vom F. 69—70⁰, das man durch Einleiten von Chlorwasserstoffgas in eine gut gekühlte ätherische Lösung von Caryophyllen erhält. 5. Durch Hydratation von Caryophyllen zum Caryophyllenalkohol, von dem ASAHINA und TSUKAMOTO (2) α- und β-Form isolierten. Sie behandelten Caryophyllen mit einem Gemisch von absolutem Äther und Schwefelsäuremonohydrat, machten das Reaktionsprodukt mit Soda alkalisch und destillierten zunächst den optisch aktiven β-Caryophyllenalkohol ab. Dann wurde der Rückstand angesäuert und ebenfalls durch Destillation optisch inaktiver α-Caryophyllenalkohol erhalten. α-Caryophyllenalkohol, F. 117⁰; Phenylurethan, F. 180⁰. β-Caryophyllenalkohol, F. 94—95⁰; $[\alpha]_D -5{,}8^0$; Phenylurethan F. 135⁰.

Isolierung. Roh-Caryophyllen erhält man am bequemsten aus Nelkenöl oder Nelkenstielöl, indem man das Eugenol durch mehrmaliges Ausschütteln mit dünner Natronlauge oder schwacher Sodalösung bindet und das rohe Caryophyllen durch Destillation mit Wasserdampf reinigt.

Aus dem rohen linksdrehenden Caryophyllen läßt sich reines d-β-Caryophyllen isolieren, indem man nach dem oben angegebenen Verfahren zunächst das Dihydrochlorid darstellt und dieses dann in geeigneter Weise zersetzt. Zu etwa 150 cm³ einer gesättigten Natriummethylatlösung gibt man 15 g Caryophyllendihydrochlorid und überläßt die Mischung unter öfterem Umschütteln einige Tage sich selbst. Dann beginnt man zu erwärmen, und zwar geht man von Tag zu Tag um etwa 5—10⁰ höher, bis bei etwa 60⁰ die Umsetzung beendet ist. Man gießt dann in Wasser, äthert das abgeschiedene Caryophyllen aus und destilliert es nach dem Vertreiben des Äthers zur Reinigung im Vakuum. Das erhaltene Caryophyllen hat die oben für d-β-Caryophyllen angegebenen Konstanten.

Selinen (62), $C_{15}H_{24}$.

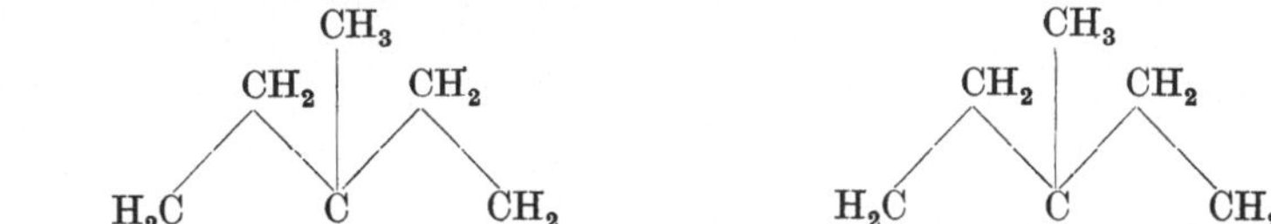

Das aus Sellerieöl gewonnene Selinen ist ein Gemisch von zwei Isomeren, α-Selinen und β-Selinen. Während die Konstitution von α-Selinen bewiesen ist, ist die von β-Selinen noch nicht mit absoluter Sicherheit festgelegt.

Eigenschaften. α-Selinen: Kp.$_{(11\,mm)}$ 128—132^0; D_{20^0} 0,9190; α_D +61^0 36′; n_D 1,50920. β-Selinen: Kp. 262—269^0; Kp.$_{(6\,mm)}$ 121—122^0; D_{18^0} 0,9170; α_D +38^0; $n_{D\,21^0}$ 1,4956. Selinen gibt bei der Dehydrierung mit Schwefel Eudalin.

Nachweis. 1. Durch Überführung in Selinendichlorhydrat vom F. 72 bis 74^0, das in gleicher Weise aus α- und β-Selinen entsteht. Man leitet Salzsäuregas, das mit etwa 3 Teilen Luft verdünnt ist, in eine ätherische Lösung von Selinen, wobei sich das Dichlorhydrat nach dem Verdunsten des Äthers in feinen Nadeln abscheidet. 2. Beim Behandeln von Selinendichlorhydrat mit Kalkmilch entsteht ein Alkohol Selinenol (Kp.$_{(19\,mm)}$ 155—160^0; D_{20^0} 0,9627; n_D 1,50895, α_D+ 52^0 36′), der durch katalytische Reduktion mit Wasserstoff in Dihydroselinenol überzuführen ist.

Isolierung. Man fraktioniert Selleriesamenöl, wobei man die Fraktionen von 265—273^0 für sich sammelt. Diese werden durch Ausschütteln mit 5proz. Natronlauge von Phenolen befreit, worauf das zurückbleibende Selinen zur weiteren Reinigung über Natrium destilliert wird. Durch Überführung in das Dichlorhydrat und Zersetzen dieses Derivats durch methylalkoholische Kalilauge erhält man α-Selinen.

Calamen, $C_{15}H_{24}$. Die Konstitution von Calamen steht noch nicht fest, doch ist erwiesen, daß es ein bicyclisches Sesquiterpen der Cadinengruppe ist, da es bei der Dehydrierung mit Schwefel nach Ruzicka (65) Cadalin gibt.

Eigenschaften. Kp.$_{(14\,mm)}$ 127—130^0; D_{15^0} 0,9231; $n_{D\,19^0}$ 1,5023.

Nachweis. Durch katalytische Hydrierung mit Platinmohr und Wasserstoff zu Tetrahydrocalamen $C_{15}H_{28}$ (Kp.$_{(10\,mm)}$ 123—125^0; $D_{20^0}^{19^0}$ 0,8951; n_D 1,48480).

Isolierung. Durch fraktionierte Destillation von Kalmusöl und durch weitere Vakuumdestillation über Natrium einer Fraktion vom Kp.$_{(12\,mm)}$ 130—135^0.

β-Santalen, $C_{15}H_{24}$. Die Konstitution dieses nach Semmler bicyclischen und zweifach ungesättigten Sesquiterpens ist unbekannt.

Eigenschaften. Kp.$_{(7\,mm)}$ 125—126^0; D_{20^0} 0,8940; α_D —41^0 3′; $n_{D\,20^0}$ 1,49460.

Nachweis. Durch Überführung in das Nitrosochlorid, das in zwei Formen isoliert werden kann (F. 106 und 152^0). Die aus ihnen erhaltenen Nitrolpiperidide schmelzen bei 101^0 und 104—105^0.

Isolierung. Durch wiederholte fraktionierte Destillation im Vakuum der Sesquiterpene aus ostindischem Sandelholzöl.

3. Tricyclische Sesquiterpene.

α-Santalen, $C_{15}H_{24}$.

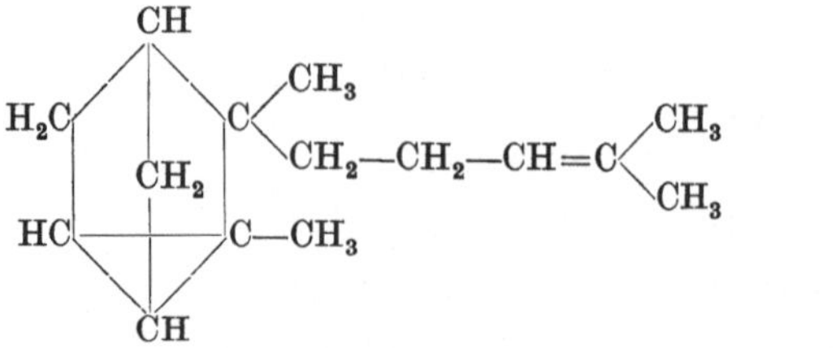

$$\begin{array}{c}\text{CH} \\[-0.3em] \text{H}_2\text{C} \quad \text{CH}_2 \quad \text{C} \overset{\displaystyle \text{CH}_3}{\underset{\displaystyle \text{CH}_2-\text{CH}_2-\text{CH}=\text{C}\langle^{\text{CH}_3}_{\text{CH}_3}}{}} \\[0.3em] \text{HC} \qquad \text{C}-\text{CH}_3 \\[-0.3em] \text{CH}\end{array}$$

Eigenschaften. Kp. 252^0; Kp.$_{(7\,mm)}$ 118^0; D_{15^0} 0,9132; α_D —3^0 34′; $n_{D\,15^0}$ 1,49205.

Nachweis. Durch Überführung in das Nitrosochlorid vom F. 112—117^0 oder 122^0. Das Nitrosochlorid vom F. 112—117^0 entsteht, wenn man in eine gut gekühlte ätherische Lösung von α-Santalen die Gase einleitet, die entstehen, wenn man eine konzentrierte Natriumnitritlösung langsam in rohe Salzsäure (32proz.) eintropfen läßt, wobei man anderthalbmal soviel Salzsäure verwendet, wie theoretisch nötig ist. Das höher schmelzende Nitrosochlorid entsteht, wenn man gut gekühlte Lösungen von α-Santalen in Petroläther und Nitrosylchlorid in Petroläther aufeinander einwirken läßt. Aus dem Nitrosochlorid vom F. 122° kann man in der üblichen Weise ein Nitrolpiperidid vom F. 108—109° gewinnen.

Isolierung. Durch wiederholte fraktionierte Vakuumdestillation der Sesquiterpene aus ostindischem Sandelholzöl.

Cedren, $C_{15}H_{24}$. Nach Untersuchungen von RUZICKA und VAN MELSEN (64) kommen für die Konstitution des Cedrens zwei Formeln in Frage, in denen aber noch die Stellung einer Methylgruppe unsicher ist.

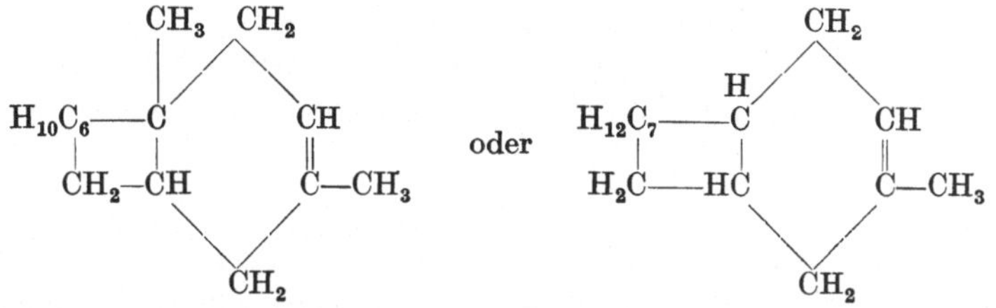

$$
\begin{array}{ccc}
& \mathrm{CH_3} \quad \mathrm{CH_2} & \\
\mathrm{H_{10}C_6}\!\!-\!\!\mathrm{C} & & \mathrm{CH} \\
& & \| \\
\mathrm{CH_2}\!\!-\!\!\mathrm{CH} & & \mathrm{C}\!\!-\!\!\mathrm{CH_3} \\
& \mathrm{CH_2} &
\end{array}
\qquad \text{oder} \qquad
\begin{array}{ccc}
& \mathrm{CH_2} & \\
& \mathrm{H} & \\
\mathrm{H_{12}C_7}\!\!-\!\!\mathrm{C} & & \mathrm{CH} \\
& & \| \\
\mathrm{H_2C}\!\!-\!\!\mathrm{HC} & & \mathrm{C}\!\!-\!\!\mathrm{CH_3} \\
& \mathrm{CH_2} &
\end{array}
$$

Eigenschaften. Kp. 262—263°; D_{15° 0,9385; α_D —60° 52′. Kp.$_{(12\,mm)}$ 124—126°; D_{15° 0,9354; α_D —55°; $n_{D\,20^\circ}$ 1,50233. Kp.$_{(8\,mm)}$ 114°; $D_{21,5^\circ}$ 0,9331; $n_{D\,21,5^\circ}$ 1,50005; $[\alpha]_{D\,23^\circ}$ —58° 39′. Die etwas schwankenden Werte erklären sich hauptsächlich dadurch, daß das aus Cedernholzöl abgeschiedene Cedren nicht ganz einheitlich ist; es ist wahrscheinlich mit einem anderen bicyclischen Sesquiterpen verunreinigt (35). Ein absolut reines Cedren erhält man künstlich durch Wasserabspaltung aus Cedrol. Kp. 263,5—264°; D_{15° 0,9366; $n_{D\,20^\circ}$ 1,49817; α_D —85° 32′.

Nachweis. 1. Bei der Ozonisation von Cedren in Eisessig erhält man neben anderen Produkten Cedrenketosäure $C_{15}H_{24}O_3$ (Semicarbazon, F. 245°; Oxim, F. 180—190°), die durch 27proz. Salpetersäure oder Bromlauge zu Cedrendicarbonsäure oxydiert wird (F. 182,5°). 2. Bei der Oxydation mit Chromtrioxyd in Eisessiglösung entsteht ein α-β-ungesättigtes Keton Cedron, $C_{15}H_{22}O$ vom F. 32—33° (Semicarbazon, F. 242—243°) (64). Dasselbe Keton entsteht auch bei der Autoxydation von Cedren, in dem 10% Kobaltsikkativ gelöst sind, mit feuchtem Sauerstoff (6).

Isolierung. Durch wiederholte fraktionierte Vakuumdestillation von amerikanischem Cedernholzöl, zuletzt über metallisches Natrium.

Gurjunen, $C_{15}H_{24}$. Das rohe Gurjunen besteht aus zwei Isomeren, α-Gurjunen und β-Gurjunen, deren Konstitution noch unbekannt ist. α-Gurjunen oder Tricyclengurjunen ist stark linksdrehend und zu etwa zwei Dritteln im Rohgurjunen enthalten. β-Gurjunen oder Tricyclogurjunen ist rechtsdrehend und zu etwa einem Drittel im Roh-Gurjunen enthalten.

Eigenschaften. α-Gurjunen: Kp.$_{(10\,mm)}$ 114—116°; D_{20° 0,918; α_D —95°; n_D 1,5010. β-Gurjunen: Kp.$_{(13\,mm)}$ 120—123°; D 0,9348; α_D +74,5°; n_D 1,50275.

Nachweis. Durch Oxydation zu Gurjunenketon (Kp.$_{(10\,mm)}$ 163—166°; F. 43°; D_{20° 1,017; α_D+ 123°; n_D 1,52700; Semicarbazon, F. 237°).

Isolierung. Durch fraktionierte Vakuumdestillation von Gurjunbalsamöl erhält man Roh-Gurjunen, aus dem durch weitere fraktionierte Vakuumdestillation α-Gurjunen abgeschieden werden kann. Durch Oxydation von Roh-Gurjunen, erst mit Chromsäure in Eisessiglösung, dann mit Kaliumpermanganat in Acetonlösung erhält man β-Gurjunen.

Longifolen, $C_{15}H_{24}$.

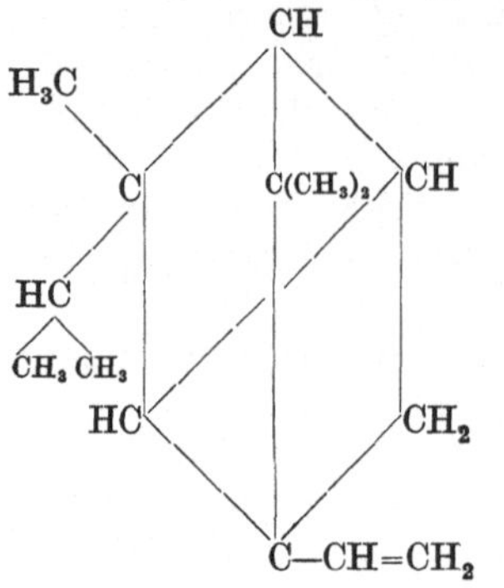

Die Konstitutionsformel wird von Simonsen (84) noch unter Vorbehalt angegeben.

Eigenschaften. Kp.$_{(706\ mm)}$254—256^0; Kp.$_{(36\ mm)}$ 150—151^0; $D_{\frac{30^0}{30^0}}$ 0,9284; $[\alpha]_D +42,73^0$; $n_{D\,30^0}$ 1,495.

Nachweis. Durch das Hydrochlorid vom F. 59—60^0 oder durch das Hydrobromid vom F. 69—70^0.

Isolierung. Durch wiederholte fraktionierte Vakuumdestillation aus dem Öle von *Pinus longifolia*, dem indischen Terpentinöl.

Andere Sesquiterpene. Sesquiterpene unbekannter Konstitution, über die teilweise nur recht spärliche Angaben gemacht werden, sind aus einer großen Zahl ätherischer Öle isoliert worden (21). Bisher ist bei keinem dieser Sesquiterpene die Identität mit einem der bekannten erwiesen worden, doch dürfte bei genauerer Untersuchung die Zahl der Sesquiterpene verschiedener Konstitution unter ihnen erheblich zusammenschrumpfen.

e) Diterpene.

Diterpene sind bisher nur selten in ätherischen Ölen aufgefunden und nur in ganz wenigen Fällen näher untersucht worden. Es sind zähe, dicke und mit Wasserdampf schwer flüchtige Flüssigkeiten, die oberhalb von 300^0 sieden. Das einzige Diterpen, das seiner Konstitution nach erforscht ist, ist das α-Camphoren.

α-Camphoren, $C_{20}H_{32}$.

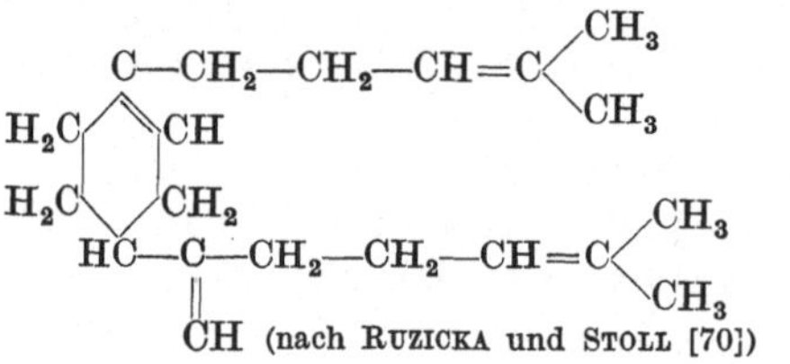

Eigenschaften. Kp.$_{(6\ mm)}$ 177—178^0; D_{20} 0,8870; n_D 1,50 339; optisch inaktiv.

Nachweis. Durch das Tetrahydrochlorid vom F.129—131^0, das man durch Einleiten von Salzsäuregas in eine ätherische Lösung von α-Camphoren erhält.

Isolierung. Durch fraktionierte Vakuumdestillation der höchstsiedenden Anteile des Campheröls und weitere Reinigung über das Tetrahydrochlorid.

f) Azulene.

Azulen nennt man den intensiv blau gefärbten Kohlenwasserstoff $C_{15}H_{18}$, der in den um 300^0 siedenden Anteilen mancher ätherischer Öle, vor allem Kamillenöl, auftritt. Man hat Azulen erst in neuster Zeit rein darzustellen versucht, doch ist über die Konstitution noch nichts bekannt. Azulen aus Kamillenöl, von Ruzicka (67) Chamazulen genannt, hat die Eigenschaften: Kp.$_{(11\ mm)}$ 159^0; $D_{\frac{18^0}{4^0}}$ 0,9881. Es gibt ein Pikrat vom F. 114—115^0 und ein Styphnat vom F. 95—96^0, die man zur Abscheidung benutzen und aus denen man das Azulen regenerieren kann.

B. Alkohole.

a) Aliphatische Alkohole.

1. Gesättigte aliphatische Alkohole,

vgl. dazu das Kapitel von F. Frhr. von Falkenhausen und C. Neuberg: Alkohole (Bd. II, S. 205—245).

Methylalkohol, Methanol, CH_3OH. Kp. 64,5^0; D_{15^0} 0,7695; $n_{D\,25^0}$ 1,32761. Zum Nachweis führt man ihn in gut charakterisierte Derivate über, z. B. in den

Benzoesäuremethylester: Kp. 199°, den p-Nitrobenzoesäuremethylester: F. 96°, das Phenylurethan: F. 47° oder das α-Naphthylurethan: F. 124°. (Über die Trennung aus Gemischen vgl. das Kapitel „Alkohole".) Zur Isolierung können die Destillationswässer von Nelkenöl und Angelikaöl oder in ätherischen Ölen vorkommende Ester dienen, z. B. Anthranilsäuremethylester (aus Neroliöl) oder Salicylsäuremethylester (aus Wintergrünöl).

Äthylalkohol, Äthanol, C_2H_5OH. Kp. 78,37°; $D\frac{15°}{4°}$ 0,7936; $n_{D\,2,0}$ 1,35941.

Zum Nachweis führt man ihn in den Essigester über, der schon am Geruch zu erkennen ist, in das Phenylurethan vom F. 51,5—52° und das α-Naphthylurethan vom F. 79° oder in den p-Nitrobenzoesäureäthylester: F. 57°. (Über weitere Reaktionen zum qualitativen Nachweis und zur Trennung aus Gemischen vgl. das Kapitel „Alkohole"). Isolieren läßt sich Äthylalkohol aus den Destillationswässern von Angelikaöl und Pastinaköl oder aus Estern, die in ätherischen Ölen vorkommen, z. B. Äthylbutyrat im Bärenklauöl und Zimtsäureäthylester im Storaxöl.

n-Butylalkohol, C_4H_9OH, $CH_3 \cdot CH_2 \cdot CH_2 \cdot CH_2OH$. Kp. 117°; $D_{20°}\frac{}{4°}$ 0,8098;

$n_{D\,20°}$ 1,39909. Zum Nachweis dienen der Siedepunkt, die Oxydation zu Buttersäure und die Überführung in das Phenylurethan vom F. 55—56° oder den Anthrachinon-β-carbonsäureester vom F. 122—123°. Zur Isolierung verwendet man die Ester aus Römisch-Kamillenöl, die man verseift. Aus der Verseifungslauge läßt sich n-Butylalkohol neben anderen Alkoholen gewinnen.

Isobutylalkohol, C_4H_9OH, $\frac{CH_3}{CH_3}{\Large>}CH \cdot CH_2OH$. Kp. 108,4°; $D_{18°}$ 0,8003;

$n_{D\,18,5°}$ 1,39731. Nachweis: Phenylurethan, F. 85,5—86°; α-Naphthylurethan, F. 103—105°; Anthrachinon-β-carbonsäureester, F. 121—122°. Er läßt sich gewinnen aus den Esterfraktionen von Römisch-Kamillenöl nach Verseifung der Ester.

Amylalkohol, $C_5H_{11}OH$, $CH_3 \cdot CH_2 \cdot CH_2 \cdot CH_2 \cdot CH_2OH$. Kp. 138°; $D_{\frac{20°}{20°}}$

0,8168; $n_{D\,20°}$ 1,4101. Nachweis durch Oxydation zu Baldriansäure oder das Phenylurethan vom F. 46°.

Isoamylalkohol, $C_5H_{11}OH$, $\frac{CH_3}{CH_3}{\Large>}CH \cdot CH_2 \cdot CH_2OH$. Kp. 132°; $D_{0°}\frac{}{4°}$ 0,8239;

$n_{D\,15°}$ 1,40851. Seine Dämpfe reizen stark zum Husten. Zum Nachweis benutzt man das Phenylurethan, F. 57—58°, das α-Naphthylurethan, F. 67—68° oder den Anthrachinon-β-carbonsäureester, F. 88—89°. Er läßt sich gewinnen aus dem Vorlauf des Eukalyptusöls (von *Eucalyptus globulus*).

n-Hexylalkohol, $C_6H_{13}OH$, $CH_3 \cdot CH_2 \cdot CH_2 \cdot CH_2 \cdot CH_2 \cdot CH_2OH$. Kp. 157 bis 157,5°; $D_{20°}$ 0,8204; $n_{D\,20°}$ 1,41326. Zum Nachweis oxydiert man ihn zu Capronaldehyd (Kp. 131°; Nitrobenzhydrazon, F. 115—116°) und zu Capronsäure, Kp. 205°, oder man führt ihn in das Phenylurethan, F. 42° oder den Anthrachinon-β-carbonsäureester, F. 88—89° über. Man kann ihn aus dem Alkoholgemisch isolieren, das man bei Verseifung der Ester aus den Ölen von *Heracleum sphondylium* (Bärenklauöl) und von *Heracleum giganteum* erhält.

iso-Hexylalkohol, $C_6H_{13}OH$, $\frac{CH_3}{CH_3}{\Large>}CH \cdot CH_2 \cdot CH_2 \cdot CH_2OH$. Kp. 150°;

$D_{20°}$ 0,8243. Zur Erkennung dient der Siedepunkt, zur Isolierung die Esterfraktion des Römisch-Kamillenöls.

Aktiver Hexylalkohol, 3-Methyl-pentanol-(1), $C_6H_{13}OH$,

$$CH_3 \cdot CH_2 \cdot \underset{\underset{CH_3}{|}}{CH} \cdot CH_2 \cdot CH_2OH.$$

Kp. 154°; $D_{15°}$ 0,8295; $[\alpha]_{D\,20,5°}$ + 8,77°. Zur Erkennung dient der Siedepunkt und die Oxydation, wobei aktive Capronsäure vom Kp. 196—198° entsteht. Zur Isolierung verseift man die Ester aus Römisch-Kamillenöl und trennt das Alkoholgemisch durch fraktionierte Destillation.

Methyl-n-amyl-carbinol, $C_7H_{15}OH$, $CH_3 \cdot CH_2 \cdot CH_2 \cdot CH_2 \cdot \overset{\displaystyle CH_2}{\underset{\displaystyle CH_3}{\Large\rangle}} CHOH.$

Kp. 156—157°; $D_{20°}$ 0,8193; n_D 1,42131. Zum Nachweis führt man das Methyl-n-amyl-carbinol in den Brenztraubensäureester über, dessen Semicarbazon bei 118—119° schmilzt, oder man oxydiert zu Methyl-n-amylketon (Semicarbazon, F. 122—123°).

n-Octylalkohol, $C_8H_{17}OH$, $CH_3 \cdot (CH_2)_6 \cdot CH_2OH$. Kp. 195,5°; $Kp._{(17mm)}$ 96°; $D_{21°}$ 0,8266; $n_{D\,20,5°}$ 1,43035. Zum Nachweis führt man Octylalkohol über in das Phenylurethan, F. 69°, das α-Naphthylurethan, F. 66°, den Anthrachinon-β-carbonsäureester, F. 86—87° oder man oxydiert ihn zu Octylaldehyd (Thiosemicarbazon, F. 94—95°; β-Naphthocinchoninsäure, F. 234°) und zu Caprylsäure vom Kp. 232—234°. Isolieren läßt sich Octylalkohol durch Verseifung der Esterfraktionen aus den Ölen von *Heracleum sphondylium* (Bärenklauöl) oder von *Heracleum giganteum*.

d-Äthyl-n-amyl-carbinol, $CH_3 \cdot CH_2 \cdot CH_2 \cdot CH_2 \cdot \overset{\displaystyle CH_2}{\underset{\displaystyle CH_3 \cdot CH_2}{\Large\rangle}} CHOH.$ Kp. 178,5 bis 179,5°; $Kp._{(3,5mm)}$ 56°; $D_{15°}$ 0,8279; $n_{D\,20°}$ 1,42775; α_D + 6° 17'. Bei der Oxydation entsteht Äthyl-n-amylketon. Zur Isolierung dienen die Vorläufe von japanischem Pfefferminzöl.

n-Nonylalkohol, $C_9H_{19}OH$, $CH_3 \cdot (CH_2)_7 \cdot CH_2OH$. F. —5°; Kp. 213°; $Kp._{(12mm)}$ 98—101°; $D_{15°}$ 0,840; $n_{D\,15°}$ 1,43582. Sein Geruch ist rosenartig. Zum Nachweis führt man ihn in das Phenylurethan vom F. 62—64° oder das Dinitrobenzoat vom F. 52,2° über. Bei der Oxydation erhält man Nonylaldehyd (Oxim, F. 69; Semicarbazon, F. 100°) und Pelargonsäure (F. 12,5°; Kp. 252—253°). Zur Gewinnung von Nonylalkohol aus Naturprodukten geht man vom süßen Pomeranzenöl aus, in dessen hochsiedenden Anteilen Caprylsäurenonylester enthalten ist. Diesen verseift man und reinigt den Nonylalkohol über den Phthalester.

sec-Nonylalkohol, Nonanol-(2), Methyl-n-heptyl-carbinol, $C_9H_{19}OH$, $CH_3 \cdot (CH_2)_6 \cdot CHOH \cdot CH_3$. Kp. 198—200°; $Kp._{(12\,mm)}$ 90—91°; $D_{19°}^{16°}$ 0,8273; $n_{D\,21°}$ 1,4249; α_D —7° 28'; α_D + 2°. Dinitrobenzoat, F. 42,8°; Brenztraubensäureester, $Kp._{(16mm)}$ 126—127° (Semicarbazon, F. 117°). Bei der Oxydation erhält man Methyl-n-heptylketon (Semicarbazon, F. 118—119°). Den linksdrehenden Alkohol erhält man durch fraktionierte Destillation der niedrig siedenden Anteile von algerischem Rautenöl oder Nelkenöl. Um aber einigermaßen befriedigende Ausbeuten zu erhalten, müssen sehr große Mengen dieser Öle in Arbeit genommen werden. Den rechtsdrehenden Alkohol kann man aus dem ätherischen Cocosnußöl isolieren.

n-Decylalkohol, $C_{10}H_{21}OH$, $CH_3 \cdot (CH_2)_8 \cdot CH_2OH$. Kp. 231°; $Kp._{(15\,mm)}$ 119°; $D_{20°}^{4°}$ 0,8297. Bei der Oxydation entsteht Decylaldehyd (Oxim, F. 69°; Semicarbazon, F. 102°). Zur Isolierung dient das aus Moschuskörneröl abgeschiedene Alkoholgemisch, in dessen Vorlauf Decylalkohol in kleinen Mengen enthalten ist.

Methyl-n-nonyl-carbinol, Undecanol-(2), sec-Hendekatylalkohol, $C_{11}H_{23}OH$, $\overset{\displaystyle CH_3 \cdot (CH_2)_8}{\underset{\displaystyle CH_3}{\Large\rangle}} CHOH.$ Kp. 231—233°; $Kp._{(10\,mm)}$ 115°; $D_{23°}^{4°}$ 0,827; $n_{D\,23°}$ 1,4336; α_D —5° 12'; α_D + 1° 10'. Phenylurethan, F. 37°. Bei der Oxydation erhält man Methyl-n-nonylketon (Oxim, F. 46°; Semicarbazon, F. 123—124°). Zur Isolierung dienen für den linksdrehenden Alkohol die niedrigsiedenden Anteile des algerischen Rautenöls, für den rechtsdrehenden Alkohol die niedrigsiedenden Anteile des ätherischen Cocosnußöls. In beiden Fällen kommt der Alkohol neben Methyl-n-heptyl-carbinol vor.

2. Ungesättigte aliphatische Alkohole.

„β, γ"-Hexenol (92), Hexen-3-ol-1, $C_6H_{11}OH$,
$$CH_3 \cdot CH_2 \cdot CH = CH \cdot CH_2 \cdot CH_2OH.$$

Eigenschaften. Kp. 156—157°; Kp.$_{(9\,mm)}$ 55—56°; $d_{15°}$ 0,8508; $n_{D\,20°}$ 1,48030. In konzentriertem Zustand riecht der Alkohol sehr stark, beinahe unangenehm, in starker Verdünnung angenehm grasartig.

Nachweis. 1. Durch katalytische Reduktion (93) mit Wasserstoff und Nickel zu Hexylalkohol (Phenylurethan, F. 42—43°). 2. Durch Überführung in Hexenyl-α-naphthylurethan vom F. 70—71°. 3. Durch Veresterung mit Phenylessigsäure zu Phenylessigsäurehexenylester (Kp.$_{(4\,mm)}$ 135—136°; Kp. 299°; $D_{15°}$ 1,000; $n_{D\,20°}$ 1,49810) oder mit Benzoesäure zu Benzoesäurehexenylester (Kp.$_{(6\,mm)}$ 134—135°; $D_{15°}$ 1,0083; $n_{D\,20°}$ 1,50560).

Isolierung. Durch Verseifung der zwischen 250 und 310° siedenden Anteile des japanischen Pfefferminzöls und Reinigung des abgeschiedenen Alkohols.

$$\overset{\displaystyle CH_3}{\underset{\displaystyle |}{}}$$

2-Methyl-hepten-(2)-ol-(6), $C_8H_{15}OH$, $CH_3–C=CH–CH_2–CH_2–CH(OH)–CH_3$.

Eigenschaften. Kp. 178—180°; Kp.$_{(3\,mm)}$ 58—59°; $D_{15°}$ 0,8579; α_D—1° 34'; $n_{D\,20°}$ 1,44951. Sein Geruch erinnert an Octylalkohol und Methylheptenon.

Nachweis. Durch Oxydation zu Methylheptenon (Semicarbazon, F.135—136°).

Isolierung. Aus einer Vorlauffraktion vom Kp.$_{(3\,mm)}$ 57—59° aus mexikanischem Linaloeöl, indem man den darin enthaltenen Alkohol über die Phthalestersäure reinigt.

Citronellol, $C_{10}H_{20}O$, ist wahrscheinlich ein Gemisch von 2,6-Dimethyl-octen-1-ol-(8), der Limonenform, und 2,6-Dimethylocten-2-ol-(8), der Terpinolenform.

$$H_2C = C–CH_2–CH_2–CH_2–CH–CH_2–CH_2OH\,.$$

Limonenform.

$$CH_3–C=CH–CH_2–CH_2–CH–CH_2–CH_2OH\,.$$

Terpinolenform.

Während man früher die Ansicht vertrat, daß d-Citronellol und d, l-Citronellol in ihrer Konstitution der Limonenform, l-Citronellol (l-Rhodinol) dagegen der Terpinolenform entsprächen, hat man neuerdings vor allem durch die Untersuchungen von Kötz und Steche (42) und von Grignard und Doeuvre (37) die Überzeugung gewonnen, daß d-Citronellol ebenso wie l-Citronellol Gemische beider Formen sind. Grignard und Doeuvre (37) glauben auf Grund der Ergebnisse ihrer quantitativen Ozonisation angeben zu können, daß d-Citronellol eine Mischung von etwa 80 % Terpinolenform mit 20 % Limonenform ist und in der gleichen Zusammensetzung auch ursprünglich in ätherischen Ölen vorkommt. Das l-Rhodinol von Barbier und Bouveault dagegen ist ein Gemisch von etwa gleichen Teilen Terpinolen- und Limonenform und ist nach Ansicht von Grignard und Doeuvre erst bei der Darstellung aus Geraniumöl durch Einwirkung chemischer Agenzien, z. B. Benzoylchlorid, durch Isomerisation in diese Mischung übergegangen, während das ursprünglich im Geraniumöl vorhandene l-Citronellol ebenfalls zu 80 % aus der Terpinolenform und zu 20 % aus Limonenform besteht.

Eigenschaften. Der Geruch des Citronellols ist angenehm rosenartig und feiner als der des Geraniols. d-Citronellol aus Java-Citronellöl: $Kp._{(7\,mm)}$ 109°; $Kp._{(5\,mm)}$ 103°; $D_{15°}$ 0,8604—0,8629; α_D +2° 7′ bis +2° 32′; $n_{D\,20°}$ 1,45651—1,45791.

l-Citronellol aus Geraniumöl: Kp. 225—226°; $D_{15°}$ 0,862—0,869; α_D bis —2°; $n_{D\,20°}$ 1,459—1,463; löslich in etwa 3—4 Vol. 60 proz. Alkohols.

l-Citronellol aus Rosenöl: Kp. $_{(15\,mm)}$ 113—114°; $D_{20°}$ 0,8612; α_D —4° 20′; n_D 1,45789.

Citronellol ist erheblich beständiger als Geraniol. So bleibt es im wesentlichen unzersetzt, wenn man es mit Wasser, Alkalien, Phthalsäureanhydrid oder starker Ameisensäure in der Wärme oder mit Phosphortrichlorid in der Kälte behandelt. Auf dieser Eigenschaft des Citronellols beruhen verschiedene Verfahren, die zur Trennung von Citronellol vor allem von Geraniol im Gebrauch sind.

Nachweis. 1. Durch Überführung in Ester. Auch in Gegenwart von Geraniol gelingt die Abscheidung des Citronellylbrenztraubensäureesters (Semicarbazon, F. 110—111°). Zur Überführung in die flüssige Phthalestersäure dagegen muß das Citronellol völlig frei von Geraniol sein (Silbersalz, F. 125—126°). 2. Durch Oxydation mit Chromsäuremischung zu Citronellal (Semicarbazon, F. 84°; Citronellyl-β-naphthocinchoninsäure, F. 225°).

Zur quantitativen Bestimmung (24) von Citronellol neben Geraniol eignet sich eine Methode, die darauf beruht, daß Citronellol beim Erhitzen mit starker Ameisensäure verestert, Geraniol dagegen zersetzt wird. Ganz gleichmäßig verläuft die Reaktion allerdings nicht, da Geraniol in kleiner Menge auch verestert und Citronellol zum Teil in Citronellolglykolmono- und diformiat (55) übergeführt wird. Daher rühren auch die zu hohen Werte (106—116 %), die man erhält, wenn man reines Citronellol mit Ameisensäure erhitzt. Die Methode bleibt jedoch insofern brauchbar, als man wenigstens einigermaßen genau den Citronellolgehalt ermitteln kann. Die Ausführung geschieht in der Weise, daß man in einem Acetylierungskolben 10 cm³ Öl mit dem doppelten Volumen 100 proz. Ameisensäure 1 Stunde lang auf dem Wasserbade unter wiederholtem Umschütteln erhitzt oder auf dem Sandbade schwach kocht. Nach dem Erkalten verdünnt man mit Wasser und wäscht mit konzentrierter Kochsalzlösung bis zur neutralen Reaktion aus. Das formylierte Öl wird in der üblichen Weise verseift und der Gehalt an Citronellol nach folgender Formel berechnet:

$$\% \text{ Citronellol} = \frac{a \cdot 7,8}{s - a \cdot 0,014}.$$

a bedeutet die Anzahl der verbrauchten Kubikzentimeter alkoholischer Halbnormal-Kalilauge, s die angewandte Substanzmenge in Grammen.

Nicht anwendbar ist die Methode, wenn neben Citronellol z. B. Menthol oder Borneol in dem Öle enthalten sind, da auch diese in Formiate übergeführt werden. Glichitch und Naves (36) haben bessere Werte als nach der angegebenen Arbeitsweise erhalten, wenn sie an Stelle von 100 proz. Ameisensäure nur 90 proz. verwandten und auf dem Wasserbade (nicht auf dem Sandbade) unter öfterem Umschütteln erhitzten.

Isolierung. d-Citronellol gewinnt man leicht aus Java-Citronellöl, wenn man dieses mehrere Male bei 160° mit alkoholischer Kalilauge behandelt und das erhaltene Alkoholat dann verseift.

l-Citronellol kann man in rohem Zustand durch fraktionierte Destillation von Geraniumöl oder Rosenöl erhalten. Es ist dann aber immer noch durch Geraniol und andere Terpenalkohole verunreinigt, von denen man es nach besonderen Verfahren trennt und dann weiter reinigt. Zur Trennung von anderen Terpenalkoholen bedient man sich des Phthalestersäure- oder des Phosphortrichloridverfahrens. Bei der Phthalestersäuremethode erhitzt man nach Tiemann

das Geraniol und Citronellol enthaltende Ölgemisch mit der gleichen Gewichtsmenge Phthalsäureanhydrid zunächst auf etwa 150°, wobei sich das Phthalsäureanhydrid auflöst. Dann steigert man die Temperatur auf etwa 200°,
um bei dieser Temperatur das Geraniol zu Kohlenwasserstoff zu zersetzen,
und hält die Temperatur etwa 2 Stunden lang, bis die Zersetzung beendet
ist. Die dabei entstandene Phthalestersäure des Citronellols führt man
durch Behandlung mit verdünnter Kalilauge in ihr lösliches Kalisalz über und
schüttelt die Lösung zur Entfernung aller vorhandenen Verunreinigungen
mehrmals mit Äther aus. Die Abscheidung des reinen Citronellols kann dann
in der Weise geschehen, daß man die Lösung des citronellylphthalestersauren
Kaliums durch Erhitzen mit starker Kalilauge zersetzt oder aber dadurch,
daß man zunächst die Citronellylphthalestersäure durch Ansäuern und Ausäthern isoliert und diese dann, eventuell nach vorhergehender Reinigung,
durch alkoholische Kalilauge verseift. Das Citronellol wird darauf im Vakuum
fraktioniert.

Nach TIEMANN und SCHMIDT erzielt man die Trennung von Geraniol
und Citronellol dadurch, daß man das Gemisch der beiden Alkohole in der Kälte
mit Phosphortrichlorid behandelt, wobei Geraniol in Geranylchlorid und in
Kohlenwasserstoffe, Citronellol aber in den sauren Phosphorigsäureester
übergeht. Eine stark abgekühlte Lösung von 100 Teilen des Alkoholgemisches
in 100 Teilen absolutem Äther trägt man in ein auf —10° abgekühltes Gemenge
von 60 Teilen Phosphortrichlorid und 100 Teilen absolutem Äther so langsam
ein, daß die Temperatur nie über 0° steigt, läßt die Mischung dann 4—5 Tage
bei Zimmertemperatur stehen und gießt dann über zerkleinertes Eis. Die sich
abscheidende Ätherschicht wäscht man zunächst einige Male mit Eiswasser
und schüttelt sie dann mit verdünnter Natronlauge, wobei der ätherischen
Lösung die chlorhaltige Citronellylphosphorigestersäure entzogen wird, während
das Gemisch von Geranylchlorid und Kohlenwasserstoff zurückbleibt. Die
erhaltene wäßrige Lösung des citronellylphosphorigestersauren Natriums schüttelt
man mit Äther aus, um sie von jeder Spur anhaftender Verunreinigungen zu
befreien, und verseift dann das gelöste Natriumsalz durch starke Natronlauge
unter Erwärmen auf dem Wasserbade. Das abgeschiedene Citronellol wird durch
Destillation mit Wasserdampf weiter gereinigt.

Geraniol, $C_{10}H_{18}O$, ist ein Gemisch (43) von 2,6-Dimethyl-octadien-(2,6)-ol-(8)
und 2,6-Dimethyl-octadien-(1,6)-ol-(8).

$$CH_3-\underset{\underset{H-C-CH_2OH}{\overset{\|}{\underset{}{}}}}{\overset{\overset{CH_3}{|}}{C}}=CH-CH_2-CH_2-\overset{\overset{CH_3}{|}}{C}$$

$$CH_2=\overset{\overset{CH_3}{|}}{C}-CH_2-CH_2-CH_2-\underset{\underset{H-C-CH_2OH}{\overset{\|}{}}}{\overset{\overset{CH_3}{|}}{C}}.$$

Eigenschaften. Kp.$_{(757\,mm)}$: 229—230°; Kp.$_{(10\,mm)}$ 110—111°; $D_{15°}$ 0,880—0,883;
$n_{D\,17°}$ 1,4766—1,4786; löslich in etwa 8—15 Vol. 50proz. und in etwa 2,5—3,5 Vol. 60proz.
Alkohols; es ist optisch inaktiv. Geraniol riecht rosenartig, aber schwächer als Citronellol.
Bei längerem Stehen an der Luft nimmt Geraniol Sauerstoff auf und leidet dabei auch
geruchlich.

Nachweis. 1. Durch das Phenylurethan vom F. 124° und den Diphenyl-
carbaminsäuregeranylester (Geranyldiphenylurethan) vom F. 82,2°. Letz-
terer eignet sich besonders gut zum Nachweis, wenn nur geringe Mengen an
Material zur Verfügung stehen. Zu seiner Darstellung erhitzt man 1 g Öl, 1,5 g
Diphenylcarbaminsäurechlorid und 1,35 g Pyridin 2 Stunden lang im Wasser-
bade, destilliert aus dem Reaktionsprodukt die mit Wasserdampf flüchtigen
Anteile ab und krystallisiert den beim Erkalten erstarrenden Rückstand aus
Alkohol um. Sind andere Alkohole als Verunreinigung zugegen, so muß mehrfach

umkrystallisiert werden, ehe man ein reines Derivat erhält. 2. Durch das Geranyl-α-naphthylurethan vom F. 47—48⁰ und das Geranyl-di-β-naphthylurethan vom F. 105—107⁰. 3. Durch die Phthalestersäure vom F. 47⁰, deren Silbersalz bei 133⁰ schmilzt. 4. Durch Oxydation von Geraniol, das vorher gut gereinigt wurde, zu Citral und Nachweis des Citrals als α-Citryl-β-naphthocinchoninsäure vom F. 200⁰. Das zum Nachweis benutzte Geraniol muß weitgehend gereinigt sein und darf vor allem kein Linalool enthalten, da auch dieses bei der Oxydation Citral gibt.

Isolierung. Zur Abscheidung von Geraniol aus ätherischen Ölen eignet sich am besten das Calciumchloridverfahren, nach dem man Geraniol als feste Calciumchloriddoppelverbindung erhält, wenn das zu untersuchende Material mindestens zu einem Viertel aus Geraniol besteht. Ist weniger Geraniol vorhanden, so reichert man es durch fraktionierte Vakuumdestillation in einzelnen Fraktionen an und benutzt diese zur Abscheidung. Man verreibt dazu gleiche Teile Öl und staubfein gepulvertes Chlorcalcium sorgfältig miteinander, wobei sich unter Erwärmung eine bei größerem Geraniolgehalt feste Masse bildet, die man in einem Exsiccator mehrere Stunden lang an einen kühlen Ort stellt. Dann wird zerkleinert, mit wasserfreiem Äther oder Benzol zerrieben und das Lösungsmittel abgesaugt, wobei man mehrmals nachwäscht, um alle Verunreinigungen zu entfernen. Das erhaltene Gemisch der Doppelverbindung von Geraniol mit Calciumchlorid und unverändertem Calciumchlorid wird durch Wasser zersetzt, das abgeschiedene Geraniol mehrfach mit warmem Wasser gewaschen und schließlich mit Wasserdampf destilliert. Man prüft, ob das erhaltene Geraniol optisch inaktiv ist und wiederholt die Reinigung auf dieselbe Weise, wenn es nötig sein sollte.

Umständlicher als dies Verfahren sind die Methoden, die auf der Reinigung des Geraniols über die Phthalestersäure beruhen. Durch Erwärmen von Geraniol mit Phthalsäureanhydrid im Wasserbade, wobei man Benzol als Lösungsmittel anwenden kann, erhält man die Phthalestersäure. Ihr durch Behandeln mit verdünnter Natronlauge gewonnenes Natriumsalz oder die Phthalestersäure selbst verseift man durch Erhitzen mit alkoholischer Kalilauge und destilliert das erhaltene Geraniol mit Wasserdampf. Die Phthalestersäure kann vorher durch Umkrystallisieren gereinigt werden.

Nerol, $C_{10}H_{18}O$, 2,6-Dimethyl-octadien-(2,6)-ol-(8) ist das Diastereoisomere des Geraniols.

$$\begin{array}{cc} CH_3 & CH_3 \\ | & | \\ CH_3{-}C{=}CH{-}CH_2{-}CH_2{-}C \\ & \| \\ HOH_2C{-}CH\ . \end{array}$$

Eigenschaften. Kp.$_{(755\,mm)}$ 224—225⁰; Kp.$_{(25\,mm)}$ 125⁰; D_{15^0} 0,8813; α_D ±0⁰; $n_{D\,15^0}$ 1,47539. Nerol riecht angenehm rosenartig, aber feiner als Geraniol. Zum Unterschied von Geraniol bildet Nerol keine feste Doppelverbindung mit Calciumchlorid.

Nachweis. 1. Durch das Diphenylurethan vom F. 52—53⁰, das häufig nur sehr schwer fest wird. 2. Durch das Tetrabromid vom F. 118—119⁰. 3. Durch das Allophanat vom F. 101,5⁰.

Isolierung. Nerol ist nur sehr schwer in völlig reinem Zustande abzuscheiden. Fast immer ist es mit mehr oder weniger Geraniol verunreinigt, dessen völlige Abtrennung nur durch Überführung in die Diphenylurethane und fraktioniertes Lösen der Diphenylurethane in Methylalkohol oder Petroläther zu erzielen ist. Zur Darstellung von Nerol benutzt man am besten Petitgrainöl oder das Öl von *Helichrysum angustifolium*. Die Darstellung aus Helichrysumöl ist deshalb einfacher, weil es kein Geraniol enthält. Die Alkoholfraktionen des verseiften und fraktionierten Öles werden durch Behandlung mit Phthalsäureanhydrid in die Phthalestersäuren übergeführt, die man mit verdünnter Natronlauge in ihre Natriumsalze überführt. Man reinigt die erhaltene Lösung durch Aus-

schütteln mit Äther und verseift dann mit starker Alkalilauge, worauf man
das erhaltene Nerol durch Destillation reinigt. Wählt man Petitgrainöl als
Ausgangsmaterial, so verseift man ebenfalls zuerst und trennt dann vor allem
das Linalool durch fraktionierte Destillation ab. Die Geraniol-Nerol-Fraktionen
behandelt man mit Phthalsäureanhydrid und erhält aus den Phthalestersäuren
schließlich ein Alkoholgemisch, das etwa 40 % Nerol und 60 % Geraniol enthält.
Den Hauptteil des Geraniols trennt man durch Überführung in die feste Chlor-
calciumdoppelverbindung ab, doch gelingt seine völlige Entfernung nur durch die
Reinigung über die Diphenylurethane in der oben angedeuteten Weise.

Linalool, $C_{10}H_{18}O$, 2,6-Dimethyl-octadien-(2,7)-ol-(6).

$$CH_3-\underset{\underset{OH}{|}}{\overset{\overset{CH_3}{|}}{C}}=CH-CH_2-CH_2-\overset{\overset{CH_3}{|}}{C}-CH=CH_2$$

Eigenschaften. Kp. 199—200⁰; Kp.$_{(10\ mm)}$ 85—87⁰; D_{15^0} 0,8666; $n_{D\,20^0}$ 1,46238; die
höchsten bisher beobachteten Drehungen sind $[\alpha]_D$ — 20⁰ 7′ für Linalool aus Limettöl und
$[\alpha]_D$ + 19⁰ 18′ für Linalool aus süßem Pomeranzenschalenöl; Linalool löst sich in 10 bis
15 Vol. 50 proz. und in 4—5 Vol. 60 proz. Alkohols. Im Geruch erinnert es etwas an Maiglöckchen. Als tertiärer Alkohol ist es sehr empfindlich gegen Säuren, von denen es rasch
verändert wird. Dagegen erleidet es keine wesentliche Veränderung beim Erhitzen mit
alkoholischer Kalilauge auf 100⁰.

Nachweis. 1. Durch das Phenylurethan vom F. 65—66⁰, das erst bei
längerem Stehen (etwa 1 Woche lang) entsteht und das immer mit größeren
Mengen Diphenylharnstoff verunreinigt ist. Zur Trennung benützt man dessen
Unlöslichkeit in siedendem Petroläther. 2. Durch das α-Naphthylurethan vom
F. 53⁰, zu dessen Bildung beim Linalool schwaches Erwärmen nötig ist.
3. Durch Oxydation zu Citral, das man in die α-Citryl-β-naphthocinchoninsäure
vom F. 200⁰ überführt. Linalool quantitativ zu bestimmen, gelingt nur nach
der Methode von ZEREWITINOFF (vgl. S. 479). Leidliche Resultate erhält man
auch, wenn man bei der Acetylierung mit der vierfachen Menge Xylol verdünnt (vgl. S. 477) oder wenn man mit Ameisen-Essigsäureanhydrid in der
Kälte behandelt (vgl. S. 478).

Isolierung. Die Abscheidung eines rohen Linalools gelingt am einfachsten
durch fraktionierte Vakuumdestillation der Linaloeöle, die man vorher verseift
hat. Zur weiteren Reinigung dient die Phthalestersäure. Ihr Natriumsalz
erhält man, wenn man eine Lösung von Linalool in der 2—3 fachen Menge Petroläther mit Natrium im Überschuß behandelt, wobei Linaloolnatrium entsteht,
das beim Behandeln mit 1 Mol. Phthalsäureanhydrid in das Natriumsalz der
Phthalestersäure übergeht. Man verseift dieses mit alkoholischer Kalilauge
und schüttelt aus der alkalischen Lösung das Linalool mit Äther aus. Eine
Wasserdampfdestillation ist nicht angebracht, da dadurch das Linalool Veränderungen erleidet.

Farnesol, $C_{15}H_{26}O$, 2,6,10-Trimethyl-dodecatrien-(2,6,10)-ol-(12).

$$CH_3-\overset{\overset{CH_3}{|}}{C}=CH-CH_2-CH_2-\overset{\overset{CH_3}{|}}{C}=CH-CH_2-CH_2-\overset{\overset{CH_3}{|}}{C}=CH-CH_2OH$$

Eigenschaften. Kp.$_{(10\ mm)}$ 160⁰; Kp.$_{(8\ mm)}$ 120⁰; $D_{\frac{20^0}{4^0}}$ 0,8846; $n_{D\,20^0}$ 1,4877; es ist
optisch inaktiv. In konzentriertem Zustande ist es fast geruchlos, in verdünnter Lösung
entwickelt sich ein intensiver, an Maiglöckchen erinnernder Geruch.

Nachweis. Vom Farnesol ist noch kein festes Derivat erhalten worden.
Man oxydiert es daher zum Nachweis mit Chromsäure zu Farnesal, dessen
Semicarbazon bei 134⁰ schmilzt.

510   H. K. Thomas: Ätherische Öle.

Isolierung. Durch Fraktionieren von Moschuskörneröl reichert man zunächst in einigen Fraktionen (Kp.$_{(20\,mm)}$ 150—200⁰) das Farnesol an. Man verseift die Fraktionen und führt den darin enthaltenen Alkohol in die Phthalestersäure über, die man in der üblichen Weise reinigt und dann verseift. Das erhaltene Farnesol wird durch Destillation völlig rein erhalten.

Nerolidol, Peruviol, 2,6,10-Trimethyl-dodecatrien-(2,6,11)-ol-(10),$C_{15}H_{26}O$.

$$CH_3-\underset{\underset{CH_3}{|}}{C}=CH-CH_2-CH_2-\underset{\underset{CH_3}{|}}{C}=CH-CH_2-CH_2-\underset{\underset{OH}{|}}{C}-CH=CH_2.$$

Eigenschaften. Kp. 276—277⁰; Kp.$_{(6\,mm)}$ 128—129⁰; $D_{\frac{22^0}{4^0}}$ 0,8778; $n_{D\,22^0}$ 1,4786; α_D +13⁰ 36′; es riecht schwach blumenartig.

Nachweis. 1. Durch das Phenylurethan vom F. 37—38⁰, das sich aber erst nach 3—4wöchigem Stehen der Mischung von Nerolidol mit Phenylisocyanat bildet. 2. Durch Oxydation mit Chromsäure zu Farnesal (Semicarbazon, F. 134⁰).

Isolierung. Perubalsamöl wird im Vakuum fraktioniert; die hochsiedenden Anteile werden verseift und die abgeschiedenen Alkohole wiederholt im Vakuum fraktioniert.

b) Aromatische Alkohole.

Benzylalkohol, $C_6H_5 \cdot CH_2OH$.   〈 ⃝ 〉—$CH_2 \cdot OH$.

Eigenschaften. Kp. 205⁰; Kp.$_{(10\,mm)}$ 89—89,5⁰; $D_{\frac{15^0}{15^0}}$ 1,0500; $D_{\frac{25^0}{25^0}}$ 1,0441; $n_{D\,21,5^0}$ 1,53987; etwa 4 Teile Benzylalkohol lösen sich bei 17⁰ in 100 Teilen Wasser; er löst sich weiter in 8—9 Vol. 30proz. und in 1,5 Vol. 50proz. Alkohols. Benzylalkohol ist eine farblose, ganz schwach aromatisch riechende Flüssigkeit. Da er sich beim Stehen an der Luft oxydiert, nimmt er nach einiger Zeit schwachen Geruch nach Benzaldehyd an. Benzylalkohol gibt eine feste Doppelverbindung mit Calciumchlorid, die zu seiner Reinigung benutzt werden kann. Er muß völlig frei von Chlorverbindungen sein (synthetisch hergestellter Benzylalkohol enthält oft von den Ausgangsmaterialien her etwas Chlor). Man prüft qualitativ in folgender Weise auf das Vorhandensein von Chlorverbindungen. Ein etwa 5 × 6 cm großes, fidibusartig zusammengefaltetes Stück Filtrierpapier tränkt man mit der zu untersuchenden Substanz, bringt es dann in eine kleine Porzellanschale, die in einer größeren von etwa 20 cm Durchmesser steht, und zündet es an. Ein bereit gehaltenes, etwa 2 l fassendes, innen mit destilliertem Wasser befeuchtetes Becherglas stürzt man sofort über die Flamme und läßt es nach dem Erlöschen der Flamme noch 1 Minute lang ruhig darüber stehen. Während dieser Zeit schlagen sich Anteile der Verbrennungsgase an den feuchten Wandungen des Becherglases nieder. Man spült nun die an den Wandungen haftenden Anteile mit 10 cm³ destillierten Wassers ab, filtriert und prüft das mit Salpetersäure angesäuerte Filtrat mit Silbernitratlösung; es darf sich weder ein Niederschlag noch eine Trübung oder Opalescenz bemerkbar machen (31).

Die Prüfungsmethode ist außerordentlich scharf und versagt erst, wenn der Gehalt an Chlorverbindungen bei etwa 0,005 % berechnet als Cl liegt. Man muß stets eine Gegenprobe mit einer absolut chlorfreien Substanz machen und muß weiter jedesmal prüfen, ob Wasser, Filtrierpapier und Gefäße absolut chlorfrei sind. Ein bei blausäurehaltigen Ölen entstehender Niederschlag von Cyansilber wird daran erkannt, daß er sich beim vorsichtigen Erwärmen löst, was Chlorsilber nicht tut.

Nachweis. 1. Durch das Phenylurethan vom F. 78⁰ und das α-Naphthylurethan, F. 134,5⁰. 2. Durch die Phthalestersäure vom F. 106—107⁰. 3. Durch den Brenztraubensäureester, dessen Semicarbazon bei 176⁰ schmilzt. 4. Durch das Dibenzyloxalat vom F. 80,5—81⁰. 5. Durch Oxydation zu Benzaldehyd (Semicarbazon, F. 214⁰) und Benzoesäure vom F. 121,4⁰.

Isolierung. Aus Ylang-Ylangöl oder Perubalsamöl. Perubalsamöl, in dem Benzylbenzoat und Benzylcinnamat vorkommen, wird verseift und der Benzylalkohol durch Wasserdampfdestillation gewonnen. Bei Ylang-Ylangöl, in dem Benzylacetat enthalten ist, isoliert man zunächst durch fraktionierte Destillation die Esterfraktion und verfährt dann in derselben Weise.

β-Phenyläthylalkohol, Benzylcarbinol, $C_6H_5 \cdot CH_2 \cdot CH_2OH$.

$$\langle \rangle\!-\!CH_2\!-\!CH_2OH .$$

Eigenschaften. Kp.(750 mm) 220—222⁰; Kp.(14 mm) 104—105⁰; D_{15^0} 1,0242; $n_{D\,20^0}$ 1,53212; n_D 1,53574. Er löst sich in etwa 2 Vol. 50 proz. und in etwa 18 Vol. 30 proz. Alkohols, ferner in etwa 60 Vol. Wasser. β-Phenyläthylalkohol ist eine farblose Flüssigkeit von mildem und schwachem Geruch nach Rosen, die sich beim Stehen an der Luft langsam zu Phenylacetaldehyd und Phenylessigsäure oxydiert und dann schwach honigartigen Geruch annimmt. Er gibt eine feste Doppelverbindung mit wasserfreiem Calciumchlorid, die man zu seiner Reinigung benutzen kann.

Nachweis. 1. Durch das Phenylurethan vom F. 80⁰ und durch das Diphenylurethan vom F. 99—100⁰. 2. Durch die Phthalestersäure vom F. 188—189⁰. 3. Durch Oxydation mit Chromsäuremischung zu Phenylacetaldehyd und Phenylessigsäure (F. 76,5⁰), wobei nebenbei Phenylessigsäurephenyläthylester (F. 28⁰) entstehen kann.

Isolierung. Aus Rosenölen, die durch Extraktion gewonnen wurden, durch fraktionierte Destillation oder aus dem Destillationswasser, das bei der Wasserdampfdestillation von Rosenöl abfällt.

γ-Phenylpropylalkohol, Hydrozimtalkohol, $C_6H_5 \cdot CH_2 \cdot CH_2 \cdot CH_2OH$.

$$\langle \rangle\!-\!CH_2\!-\!CH_2\!-\!CH_2OH .$$

Eigenschaften. Kp.(750 mm) 236—237⁰; Kp.(12 mm) 120⁰; D_{15^0} 1,007; $n_{D\,20^0}$ 1,53565. Er löst sich in etwa 3 Vol. 50 proz. Alkohols und in mehr als 300 Vol. Wasser. γ-Phenylpropylalkohol ist ein dickliches Öl, das im Geruch an Zimtalkohol und Hyacinthen erinnert.

Nachweis. 1. Durch das Phenylurethan vom F. 47—48⁰. 2. Durch Oxydation mit Chromsäure in Eisessiglösung zu Hydrozimtsäure vom F. 49⁰. 3. Durch den p-Nitrobenzoesäureester, F. 45—46⁰.

Isolierung. Aus Storax oder Storaxöl, in denen er sich als Zimtsäureester findet, isoliert man die Esterfraktionen und verseift sie. Das Alkoholgemisch, das man durch Fraktionieren erhält, enthält neben γ-Phenylpropylalkohol stets noch Zimtalkohol. Diesen entfernt man, indem man das Alkoholgemisch mit der gleichen Menge konzentrierter Ameisensäure erwärmt, wobei Zimtalkohol verharzt, γ-Phenylpropylalkohol dagegen ins Formiat übergeht, das man isoliert und verseift.

Zimtalkohol, γ-Phenylallylalkohol, Styron, $C_6H_5\!-\!CH = CH\!-\!CH_2OH$.

$$\langle \rangle\!-\!CH\!=\!CH\!-\!CH_2OH .$$

Eigenschaften. F. 33⁰; Kp.(758 mm) 257,5⁰; Kp.(14 mm) 142—145⁰; Kp.(5 mm) 117⁰; $D_{20^0}^{4^0}$ 1,0440; $n_{D\,20^0}$ 1,58190. Bei gewöhnlicher Temperatur bildet er lange Nadeln von hyacinthenähnlichem Geruch. Er löst sich in 4—5 Vol. 50 proz., in etwa 50—60 Vol. 30 proz. Alkohols und in etwa 250 Vol. Wasser. In Petroläther ist er schwer löslich, in allen anderen Lösungsmitteln dagegen leicht.

Nachweis. 1. Durch das Phenylurethan vom F. 91—91,5⁰. 2. Durch das Diphenylurethan vom F. 97—98⁰. 3. Durch das α-Naphthylurethan vom F. 119—120⁰. 4. Bei der Oxydation mit Chromsäuremischung entsteht Zimtsäure vom F. 133⁰, die bei weiterer Oxydation in Benzaldehyd und Benzoesäure übergeht. 5. Durch das Dibromid, F. 74⁰ und 6. den p-Nitrobenzoesäureester, F. 78⁰.

Isolierung. Aus Storax oder Storaxöl, nachdem man den Styracin genannten Zimtsäureester des Zimtalkohols daraus isoliert hat. Man verseift den Ester und trennt den Zimtalkohol durch Wasserdampfdestillation ab, worauf man ihn fraktioniert.

c) Alicyclische Alkohole.

1. Monocyclische Alkohole.

Menthol, p-Menthanol-(3), 1-Methyl-4-isopropyl-cyclohexanol-(3), $C_{10}H_{20}O$.

Von den 12 möglichen stereoisomeren Mentholen (8 optisch aktive und 4 optisch inaktive, d- und l- und d-l-Menthol, d- und l- und d-l-Isomenthol, d- und l- und d-l-Neomenthol und d- und l- und d-l-Neoisomenthol) sind in ätherischen Ölen bisher nur l-Menthol und d-Neomenthol aufgefunden worden.

Gewöhnliches Menthol und Neomenthol unterscheiden sich nach Zeitschel und Schmidt (101) und J. Read (57) durch die räumlich entferntere oder nähere Lage von Hydroxylgruppe und tertiärem Wasserstoffatom. Während beim Menthol Hydroxyl- und Isopropylgruppe benachbart liegen, sind beim Neomenthol Hydroxylgruppe und tertiäres Wasserstoffatom benachbart, so daß also beim Neomenthol leichter Wasser abgespalten wird, beim Menthol dagegen viel schwerer. Bei Menthol und Neomenthol stehen Methyl- und Isopropylgruppe in Trans-Stellung zueinander, bei Isomenthol und Neoisomenthol in Cis-Stellung. Bei Isomenthol und Neoisomenthol beruht der Unterschied ebenfalls auf der räumlich entfernteren oder näheren Lagerung von Hydroxylgruppe und tertiärem Wasserstoffatom.

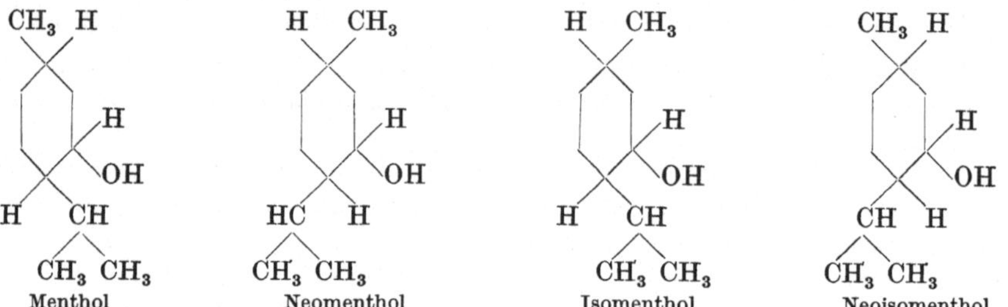

Menthol   Neomenthol   Isomenthol   Neoisomenthol

Eigenschaften. l-Menthol: Kp. (760 mm) 216^0; F. 43—44^0; D_{15^0} 0,890; $D_{50^0}^{\overline{50^0}}$ 0,8868; $[\alpha]_{D\,20^0}$ —49,35^0 (in 20proz. alkoholischer Lösung); $[\alpha]_{D\,17^0}$ —50,8^0 (in alkoholischer Lösung, c = 0,4627); $n_{D\,37^0}$ 1,45412 (entsprechend $n_{D\,20^0}$ 1,46096). Menthol krystallisiert in farblosen nadelförmigen oder säulenartigen Krystallen, die charakteristisch pfefferminzähnlich riechen, kühlend schmecken und auch auf der Haut Kältegefühl hervorrufen. Es löst sich nur wenig in Wasser, leicht dagegen in den üblichen organischen Lösungsmitteln und in konzentrierter Salzsäure.

d-Neomenthol.: Kp. (760mm) 212^0; Kp. (16mm) 98^0; F. 17^0; D_{15^0} 0,903; α_D + 17,7^0; $n_{D\,20^0}$ 1,46030.

Nachweis. l-Menthol. 1. Durch Bestimmung der physikalischen Konstanten, vor allem des Schmelzpunktes. 2. Durch das Menthylphenylurethan vom F. 111—112^0 und durch das Menthyl-α-naphthylurethan vom F. 126^0. 3. Durch Überführung in Ester mit charakteristischen Eigenschaften, z. B. Phthalsäuremonomenthylester vom F. 110^0, Phthalsäuredimenthylester vom F. 133^0, Oxalsäuredimenthylester vom F. 67—68^0, Bernsteinsäuredimenthylester vom F. 62^0 und Benzoesäurementhylester vom F. 54,5^0. 4. Durch Oxydation mit Chromsäuregemisch zu l-Menthon (Semicarbazon, F. 184^0; Oxim, F. 60—61^0).

d-Neomenthol. Durch das Phenylurethan vom F. 108^0 und die Phthalestersäure vom F. 142—144^0.

Zur quantitativen Bestimmung von l-Menthol dient das Acetylierungsverfahren (vgl. S. 476).

Isolierung. l-Menthol erhält man aus rohem japanischem Pfefferminzöl (unseparated), einer festen, öldurchtränkten Masse, durch Abschleudern oder Absaugen der öligen Anteile vom festen Menthol. Aus anderen Pfefferminzölen isoliert man zunächst die Menthon-Menthol-Fraktion durch fraktionierte Destillation. Dann behandelt man zur Entfernung des Menthons mit Hydroxylaminchlorhydrat, schüttelt die ätherische Lösung zur Entfernung des Menthonoxims mit verdünnter Schwefelsäure aus und kann dann das Menthol aus der ätherischen Lösung in fester Form abscheiden. Zur weiteren Reinigung krystallisiert man das erhaltene Menthol aus Petroläther um.

d-Neomenthol erhält man aus den beim Fraktionieren von japanischem Pfefferminzöl erhaltenen Menthol-Menthon-Fraktionen, aus denen das Menthol zunächst größtenteils abgeschieden wurde. Die übrigbleibenden Anteile werden benzoyliert, die nicht in Reaktion getretenen Anteile durch Wasserdampfdestillation entfernt und das Benzoat verseift. Aus dem Alkoholgemisch stellt man die Phthalestersäure her, die durch sehr häufig (28mal) wiederholte fraktionierte Krystallisation aus 95proz. Essigsäure gereinigt wird.

Piperitol, $\varDelta^1$-Menthenol-(3), 1-Methyl-4-isopropyl-cyclohexen-1-ol-(3), $C_{10}H_{18}O$.

Eigenschaften. Kp.$_{(10\,mm)}$ 95—96°; $D_{22°}$ 0,9230; $[\alpha]_D$ —34,1°; $n_{D\,22°}$ 1,4760.

Nachweis. Durch Oxydation mit Chromsäuremischung zu Piperiton (Semicarbazone, F. 226—227° und 174—176°).

Isolierung. Aus dem Öl von *Eucalyptus radiata* oder aus anderen Eucalyptusölen, die Piperiton enthalten, wird zunächst durch fraktionierte Destillation die Piperitonfraktion isoliert. Diese wird durch Ausschütteln mit Natriumsulfitlösung vom Piperiton befreit, worauf die zurückbleibenden Anteile durch fraktionierte Destillation weiter zerlegt werden.

Terpinenol-(4), p-Menthen-1-ol-(4), 1-Methyl-4-isopropyl-cyclohexen-1-ol-(4), $C_{10}H_{18}O$.

Eigenschaften. Aktives Präparat: Kp. 209—212°; $D_{19°}$ 0,9265; α_D +25° 4'; $n_{D\,19°}$ 1,4785. Inaktives Präparat: Kp. 212—214°; D 0,9290; n_D 1,4803. Terpinenol-(4) riecht ähnlich wie Terpineol, aber weniger angenehm.

Nachweis. 1. Durch das Phenylurethan vom F. 71—72° und durch das α-Naphthylurethan vom F. 105,5—106,5°. 2. Durch das Nitrosochlorid vom F. 111—112° und das daraus in der üblichen Weise darstellbare Nitrolpiperidid vom F. 172—174°. 3. Durch die bei der Oxydation auftretenden, wohl definierbaren Produkte. Führt man die Oxydation mit verdünnter Kaliumpermanganatlösung durch, so entsteht in der Hauptsache 1,2,4-Trioxyterpan $C_{10}H_{17}(OH)_3$ ($[\alpha]_D$+ 21,5°), das im krystallwasserhaltigen Zustande bei 116—117°, in wasserfreiem Zustande bei 128—129° schmilzt. Destilliert man 1, 2, 4-Trioxyterpan mit Salzsäure, so erhält man Carvenon (Semicarbazon, F. 200 bis 201°). Oxydiert man 1,2,4-Trioxyterpan weiter mit alkalischer Kaliumpermanganatlösung, so entsteht ein Gemisch von inaktiver und aktiver α, α'-Dioxy-α-methyl-α'-isopropyladipinsäure, $C_{10}H_{18}O_6$ vom F. 188—189° und 205—206°. Durch weitere energische Oxydation läßt sich die Säure zu ω-Dimethylacetonylaceton (Semicarbazon, F. 201—202°) abbauen. 4. Beim Schütteln mit verdünnter Schwefelsäure entsteht aus Terpinenol-(4) Terpinenterpin vom F. 137°. Da die Reaktion beim Terpinenol-(4) erheblich langsamer verläuft als beim Terpineol, das bei der gleichen Behandlung Terpinhydrat liefert, hat man durch diese Behandlung die Möglichkeit, beide Alkohole voneinander zu trennen. 5. Durch das Dihydrochlorid (76) vom F. 51°, das man beim Einleiten von Salzsäuregas in die Eisessiglösung des Alkohols erhält.

Isolierung. Durch Ausschütteln von Wacholderbeeröl mit 70 proz. Alkohol und Fraktionieren des Rückstandes, der nach dem Verjagen des Alkohols bleibt. Aus dem Öl von *Eucalyptus dives*, das man im Vakuum fraktioniert. Die Zwischenfraktionen zwischen Terpen- und Piperitonfraktionen werden durch Behandlung mit Natriumsulfit vom Piperiton völlig befreit und dann durch fraktionierte Destillation im Vakuum weiter gereinigt.

α-Terpineol, p-Menthen-1-ol-(8), 1-Methyl-4-oxyisopropyl-cyclohexen-(1), $C_{10}H_{18}O$.

Eigenschaften. α-Terpineol ist in beiden optisch aktiven und in der optisch inaktiven Form bekannt. Inaktives α-Terpineol: F. 35°; Kp. (752 mm) 218,8—219°; Kp. (10 mm) 98—99°; $D_{20°}^{20°}$ 0,935; $D_{40°}^{40°}$ 0,9282; $n_{D20°}$ 1,48312. d-α-Terpineol (aus Pomeranzenschalenöl): F. 38—40°; Kp. (760 mm) 219—221°; $D_{15°}$ 0,938; $[\alpha]_D$ +95° 9'; $n_{D18°}$ 1,48322. l-α-Terpineol (synthetisch gewonnen): F. 37—38°; Kp. 218—219°; $[\alpha]_D$ —106° (in 16,34 proz. ätherischer Lösung). Die höchste bisher beobachtete Drehung für natürlich vorkommendes l-α-Terpineol (aus Linaloeöl) betrug $[\alpha]_D$ —27° 20', die höchste Drehung für synthetisches l-α-Terpineol betrug $[\alpha]_D$ —117,5°. α-Terpineol ist sehr leicht löslich in organischen Lösungsmitteln, fast unlöslich ist es in Wasser. Es riecht fliederartig, aber schwächer als das gewöhnliche flüssige Handelsterpineol, das ein Gemisch von α-Terpineol, β-Terpineol und Terpinenol-1 ist.

Nachweis. 1. Durch das Phenylurethan vom F. 113°, das sich aber nur bei Abwesenheit von Linalool gewinnen läßt. Zur Herstellung des Phenylurethans mischt man α-Terpineol mit der entsprechenden Menge Phenylisocyanat und läßt einige Zeit bei Zimmertemperatur stehen, wobei sich manchmal Krystalle von Diphenylharnstoff abscheiden. Das noch flüssige Phenylurethan trennt man von diesen durch Aufnehmen mit leicht siedendem Petroläther ab und erhält es in nadelförmigen Krystallen, wenn man das Lösungsmittel langsam abdunsten läßt. 2. Durch das α-Naphthylurethan vom F. 151—152°. 3. Durch das α-Terpineolnitrosochlorid, das sich besonders gut zum Nachweis eignet. Das Nitrosochlorid des aktiven α-Terpineols schmilzt bei 107—108°, das des inaktiven bei 112—113°. Zu seiner Darstellung gibt man nach der Wallachschen Vorschrift zu einer Lösung von 15 g α-Terpineol in 15 cm³ Eisessig 11 cm³ Äthylnitrit und kühlt dann in einer Kältemischung stark ab. Tropfenweise und unter kräftigem Umschütteln fügt man nun eine Mischung von je 6 cm³ Salzsäure und Eisessig hinzu. Ist die Reaktion beendet, so fällt man das gebildete Nitrosochlorid durch Zufügen von Eiswasser aus. Es scheidet sich zunächst ölig ab, erstarrt aber bald krystallinisch. Zur Reinigung krystallisiert man das Nitrosochlorid aus heißem Essigester oder Methylalkohol um. 4. Durch das Nitrolpiperidid oder das Nitrolanilid, die man in der üblichen Weise durch Umsetzung des Nitrosochlorids in alkoholischer Lösung mit Piperidin oder Anilin erhält. Das α-Terpineolnitrolpiperidid schmilzt bei 159—160°, wenn man von inaktivem α-Terpineol ausging, bei 151—152°, wenn aktives α-Terpineol verwendet wurde. Das Nitrolanilid schmilzt bei 155—156°. 5. Durch das Dihydrojodid vom F. 77—78°, das sich beim Schütteln von α-Terpineol mit konzentrierter Jodwasserstoffsäure bildet. 6. Bei der Oxydation mit Chromsäuremischung entsteht Methoäthylheptanonolid $C_{10}H_{16}O_3$, dessen aktive Form bei 46—47° und dessen inaktive Form bei 64° schmilzt.

Bei energischer Oxydation erhält man Terpenylsäure und Terebinsäure. 7. Beim Schütteln mit 5proz. Schwefelsäure in der Kälte gibt α-Terpineol Terpinhydrat vom F. 120—121^0.

Die quantitative Bestimmung von α-Terpineol kann nicht in der allgemein bei Terpenalkoholen üblichen Weise durch Acetylieren vorgenommen werden, da Essigsäureanhydrid in der Hitze zum Teil wasserentziehend auf α-Terpineol einwirkt, wobei Dipenten entsteht. Es gelingt aber doch, α-Terpineol quantitativ durch Essigsäureanhydrid zu verestern, wenn man das terpineolhaltige Öl mit der vierfachen Menge Xylol verdünnt (vgl. S. 477). Zur quantitativen Bestimmung von Terpineol läßt sich auch das Verfahren der Formylierung mit Essig-Ameisensäureanhydrid nach GLICHITCH anwenden (vgl. S. 478).

Isolierung. α-Terpineol läßt sich in fester Form isolieren, wenn man bei terpineolhaltigen ätherischen Ölen durch mehrfache fraktionierte Destillation zunächst eine bei 215—220^0 (unter gewöhnlichem Druck) siedende Fraktion abtrennt, diese stark abkühlt und mit einem Terpineolkryställchen impft. Das Auskrystallisieren dauert manchmal längere Zeit. Liegt ein Gemisch von Terpineol mit anderen Alkoholen vor, so gelingt die Trennung des Terpineols von diesen durch Benzoylieren oder Borieren. In beiden Fällen reagieren primäre und sekundäre Alkohole leichter als der tertiäre Alkohol Terpineol. Die Borierung erfolgt in der auf S. 470 geschilderten Weise. Die Benzoylierung erfolgt in der Weise, daß man zu einer stark abgekühlten Lösung von 1 Teile Alkoholfraktion in 3 Teilen Pyridin tropfenweise 1,5 Teile Benzoylchlorid hinzufügt. Das überschüssige Benzoylchlorid zersetzt man in der Kälte mit Wasser und treibt das unveränderte Terpineol mit Wasserdampf ab. Auf diese Weise gelingt aber nicht die Trennung vom Linalool. Linalool läßt sich jedoch entfernen, wenn man mit starker Ameisensäure vorsichtig erhitzt, wobei in der Hauptsache nur das Linalool zersetzt wird.

Dihydro-α-terpineol (102), p-Menthanol-(8), 1-Methyl-4-oxyisopropyl-cyclohexan, $C_{10}H_{20}O$.

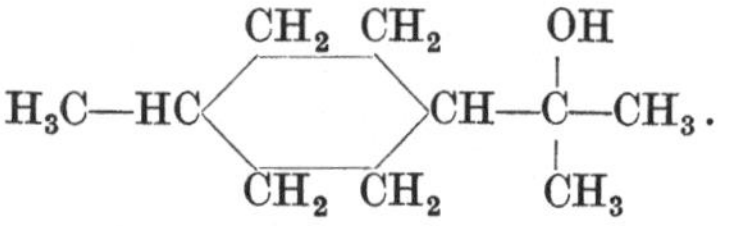

Eigenschaften. Dihydro-α-terpineol existiert in einer Cis- und einer Trans-Form. In der Natur beobachtet wurde bisher nur die Trans-Form. F.35^0; Kp.$_{(750\ mm)}$ 209^0; D $_{\frac{20^0}{20^0}}$ 0,9010; $\alpha_D \pm 0^0$; $n_{D\,20^0}$ 1,4630. Trans-dihydro-α-terpineol hat einen blumigen, sehr kräftigen Terpineolgeruch.

Nachweis. Durch das Phenylurethan vom F. 117—118^0.

Isolierung. Aus Fraktionen von Holzterpentinöl, die neben alkoholischen Bestandteilen (Borneol, Fenchylalkohol, Terpineol und Dihydro-α-terpineol) auch nichtalkoholische Bestandteile enthalten. Durch erschöpfende Borierung (vgl. S. 470) trennt man zunächst die Alkohole von den indifferenten Anteilen, die abdestilliert werden. Die Borate werden verseift und die erhaltenen Alkohole fraktioniert boriert, wobei zuerst Borneol und Fenchylalkohol reagieren. Es bleibt zuletzt nur ein Gemisch von Terpineol und Dihydro-α-terpineol zurück, das man in der Kälte mit Kaliumpermanganatlösung behandelt, wobei Terpineol zerstört wird, Dihydro-α-terpineol aber unverändert bleibt.

Dihydrocarveol, p-Menthen-[8(9)]-ol-(2), 1-Methyl-4-isopropenyl-cyclo-hexanol-(2), $C_{10}H_{18}O$.

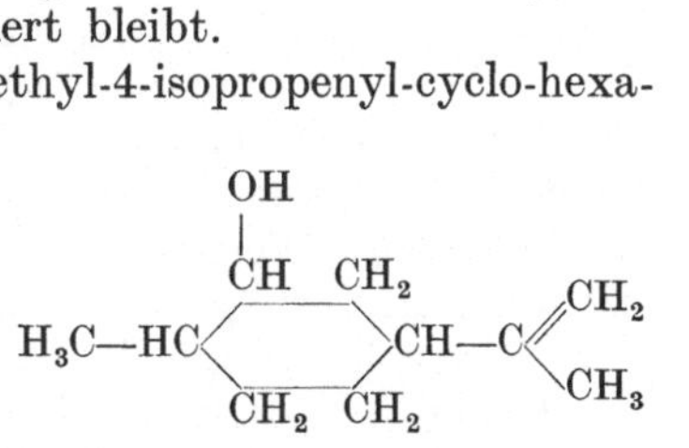

Eigenschaften. Natürlich (im Kümmelöl) vorkommendes Dihydrocarveol: Kp.$_{(7—8\ mm)}$ 100—102^0; D_{15^0} 0,9368; $n_{D\,20^0}$ 1,48364; α_D —6^0 14'. Künstlich (aus Carvon) hergestelltes Dihydrocarveol: Kp. 224—225^0; Kp.$_{(14\ mm)}$ 112^0; D_{20^0} 0,927; n_D 1,48168; $[\alpha]_D$ + 30,56^0. Dihydrocarveol riecht ähnlich wie Terpineol. Fast *immer sind die hergestellten Dihydrocarveole* Gemische von Stereoisomeren.

33*

Nachweis. 1. Durch das Phenylurethan, F. der optisch aktiven Form 87⁰,
F. der optisch inaktiven Form 93⁰. 2. Durch Oxydation mit Chromsäure in
Eisessiglösung zu Dihydrocarvon (Kp. 221—222⁰), dessen Oxime bei 88—89⁰
(aktive Form) und bei 115—116⁰ (inaktive Form) schmelzen.

Isolierung. Aus einer Fraktion des Kümmelöls vom $Kp._{(6\,mm)}$ 94—97,5⁰
durch Benzoylierung. Man behandelt das Öl in Pyridinlösung mit Benzoylchlorid, destilliert die indifferenten Anteile mit Wasserdampf ab und verseift
den Rückstand. Auch durch Borieren (vgl. S. 470) und nachfolgende Verseifung
des Borats gelingt es, das Dihydrocarveol abzutrennen.

Perillaalkohol, $\varDelta^{1,\ 8\ (9)}$-Dihydrocuminalkohol, p-Menthadien-[1,8(9)]-ol-(7),
1-Methylol-4-isopropenyl-cyclohexen-(1), $C_{10}H_{16}O$.

$$HO \cdot H_2C-C \overset{CH}{\underset{CH_2}{\Big\langle}} \cdots \overset{CH_2}{\underset{CH_2}{\Big\rangle}} CH-C \overset{CH_2}{\underset{CH_3}{\Big\langle}}$$

Eigenschaften. $Kp._{(767\,mm)}$ 226—227⁰; $Kp._{(5\,mm)}$ 92—93,5⁰; D_{15^0} 0,9510; α_D —13⁰ 18′;
$n_{D\,20^0}$ 1,49629. Der Alkohol ist ziemlich dickflüssig und erinnert im Geruch zugleich an
Linalool und Terpineol.

Nachweis. 1. Durch das α-Naphthylurethan vom F. 146—147⁰. 2. Durch
Oxydation mit Chromsäure zu Dihydrocuminaldehyd (Semicarbazon, F. 198
bis 198,5⁰) und Dihydrocuminsäure vom F. 130—131⁰.

Isolierung. Verseiftes Gingergrasöl fraktioniert man im Vakuum und
behandelt dann eine Fraktion vom $Kp._{(10\,mm)}$ 160⁰, die aus Geraniol und
Perillaalkohol besteht, mit der doppelten Menge 90proz. Ameisensäure
auf dem Wasserbade bei 80⁰. Dabei wird das Geraniol zersetzt, während
der Perillaalkohol in das Formiat übergeht. Dieses verseift man nach Abtrennung der Zersetzungsprodukte und reinigt den erhaltenen Perillaalkohol
durch fraktionierte Destillation im Vakuum.

2. Bicyclische Alkohole.

Thujylalkohol, Tanacetylalkohol, 4-Methyl-1-isopropyl-bicyclo-(0,1,3)-hexa-
nol-(3), $C_{10}H_{18}O$.

Eigenschaften. Der Konstitutionsformel des Thujylalkohols
gemäß sind zahlreiche Stereoisomere möglich, von denen bisher
aber nur zwei isoliert wurden. Was man für gewöhnlich als
Thujylalkohol bezeichnet, ist ein Gemisch von mehreren stereoisomeren Alkoholen. Kp. 208—210⁰; D 0,925—0,938; $[\alpha]_D$ + 22 bis
+69⁰; n_D 1,4635—1,4791. Aus der Phthalestersäure des Thujylalkohols kann man durch fraktionierte Krystallisation ihrer
Strychnin- und Cinchoninsalze zwei Komponenten gewinnen, den
d- oder β-Thujylalkohol und den l-Thujylalkohol. d- oder β-Thujyl-
alkohol: Kp. 206⁰; $D_{\frac{20^0}{4^0}}$ 0,9187; $n_{D\,16^0}$ 1,4625; $[\alpha]_D$+116,93⁰.

l-Thujylalkohol: F. 28⁰; $[\alpha]_{D\,20^0}$—9,12⁰ (in Toluol, $c = 35,98$).

Nachweis. Durch Oxydation mit Chromsäure erhält
man Thujon, das man in das Semicarbazon oder Oxim
überführt. β-Thujylalkohol gibt bei der Oxydation β-Thujon (Semicarbazon,
F. 174—175⁰; Oxim, F. 54⁰).

Isolierung. Wermutöl befreit man durch mehrmaliges Ausschütteln mit
Natriumbisulfitlösung oder Ammoniumbisulfitlösung zunächst vom Thujon,
verseift dann das übrigbleibende Öl und unterwirft es mehrmals der fraktionierten
Destillation im Vakuum. Die Gewinnung von d- und l-Thujylalkohol geschieht
in der oben angeführten Weise über die Phthalestersäure (52).

Sabinol, 4-Methylen-1-isopropyl-bicyclo-[0,1,3]-hexanol-(3), $C_{10}H_{16}O$.

Eigenschaften. Kp. 208°; Kp.$_{(3-4\,mm)}$ 70—74°; $D_{15°}$ 0,9518; $[\alpha]_D + 7° 56'$; $n_{D\,18°}$ 1,4895. Es ist ein dünnflüssiges Öl von schwachem, angenehmem Geruch.

Nachweis. 1. Durch die Phthalestersäure vom F. 94—95°. 2. Durch die Sulfonsäure $C_{10}H_{15}SO_3H$ vom F. 98—99°, die entsteht, wenn man eine alkoholische Lösung von Sabinol mit Schwefeldioxyd sättigt. 3. Durch Oxydation mit schwacher Kaliumpermanganatlösung zu Sabinolglycerin vom F. 152 bis 153°, aus dem sich bei weiterer Oxydation α-Tanacetogendicarbonsäure vom F. 140° bildet.

Isolierung. Aus Sadebaumöl, das man zur Zerlegung des darin enthaltenen Acetats zunächst verseift. Das verseifte Öl unterwirft man einer fraktionierten Destillation im Vakuum. Zur weiteren Reinigung führt man das Sabinol in die Phthalestersäure über, die man nach dem Umkrystallisieren verseift.

Myrtenol, 6,6-Dimethyl-2-methylol-bicyclo-(1,1,3)-hepten-(2), $C_{10}H_{16}O$.

Eigenschaften. Kp.$_{(751\,mm)}$ 220—221°; Kp.$_{(3,5\,mm)}$ 79,5—80°; $D_{15°}$ 0,985; n_D 1,49668; $\alpha_D + 49° 25'$. Es ist ein farbloses, dickflüssiges Öl von Myrtengeruch.

Nachweis. 1. Durch die Phthalestersäure vom F. 116°. 2. Durch Oxydation mit Chromsäure zum entsprechenden Aldehyd Myrtenal (Kp.$_{(10\,mm)}$ 87—90°; Semicarbazon, F. 230°; Oxim, F. 71—72°).

Isolierung. Aus Myrtenöl isoliert man durch fraktionierte Destillation im Vakuum die Esterfraktionen. Diese werden verseift, worauf man das erhaltene Myrtenol zunächst durch fraktionierte Vakuumdestillation und dann weiter über die Phthalestersäure reinigt.

Pinocarveol, 6,6-Dimethyl-2-methylen-bicyclo-[1,1,3]-heptanol-(3), $C_{10}H_{16}O$.

Eigenschaften (80). Kp.$_{(750\,mm)}$ 208—209°; F. $+7°$; $D_{20°}$ 0,981; $n_{D\,20°}$ 1,49961; $[\alpha]_D$ —61,67°. Sein Geruch ist terpenartig.

Nachweis. Durch das Phenylurethan vom F. 84—85° und das α-Naphthylurethan vom F. 95°.

Isolierung. Die hochsiedenden Anteile des Eukalyptusöls (von *Eucalyptus globulus*) behandelt man mit metallischem Natrium, um das Pinocarveol in seine Natriumverbindung überzuführen. Das Natriumalkoholat setzt man mit Phthalsäureanhydrid um, verseift und unterwirft das abgeschiedene Pinocarveol zur weiteren Reinigung der fraktionierten Destillation im Vakuum.

Fenchylalkohol, 1,3,3-Trimethyl-bicyclo-[1,2,2]-heptanol-(2), $C_{10}H_{18}O$.

Eigenschaften. Die bekannten Formen des Fenchylalkohols sind chemisch nicht einheitlich, sie sind Gemische von stereoisomeren Alkoholen, weshalb die Konstanten gewisse Schwankungen aufweisen. l-Fenchylalkohol (aus d-Fenchon): F. 45°; Kp. 201—202°; Kp.$_{(11\,mm)}$ 91—92°; $[\alpha]_D$ —10,9° (in 10proz. alkoholischer Lösung). Inaktiver Fenchylalkohol: F. 35,5—37°; Kp.$_{(755\,mm)}$ 200—201°. Der rohe Fenchylalkohol läßt sich nach KENYON und PRISTON (40) über die Phthalestersäure und über das p-Nitrobenzoat zerlegen. Aus der Phthalestersäure erhält man α-Fenchylalkohol, aus dem p-Nitrobenzoat β-Fenchylalkohol. α - Fenchylalkohol: Kp.$_{(20\,mm)}$ 94°;

F. 47°; $[\alpha]_{5461}$ —15,04°. β-Fenchylalkohol: Kp.(18 mm) 91°; F. 3—4°; $[\alpha]_{5461}$ —27,97°.
Ganz reiner α-Fenchylalkohol, der durch wiederholtes Erhitzen mit Kaliumbisulfat auf
180° von Kondakow (44) erhalten wurde, hatte die Konstanten: F. 49°; $[\alpha]_D$ —5,36°
und —6,6°. Die Fenchylalkohole besitzen einen unangenehmen schimmeligen und
modrigen Geruch.

Nachweis. 1. Durch das Phenylurethan, F. des aktiven Präparats
82—82,5°, F. des inaktiven Präparats 88°. 2. Durch das Oxalat, F. 92
bis 93,5° bei aktiven Präparaten, F. 100,5—101,5° bei inaktiven Präparaten.
3. Durch die Phthalestersäure, F. 145—145,5° bei aktiven Präparaten, F. 143°
bei inaktiven Präparaten. 4. Durch Oxydation zu Fenchon, wenn man mit
Salpetersäure kocht (Oxim, F. 161—165°).

Isolierung. Die um 200° siedenden Fraktionen des amerikanischen Holz-
terpentinöls (Pine oil) werden mehrfach fraktioniert mit Borsäure verestert
(vgl. S. 470), die Borate werden verseift, und die abgeschiedenen Alkohole eventuell
von neuem fraktioniert boriert.

Borneol, 1,7,7-Trimethyl-bicyclo-[1,2,2]-heptanol-(2), $C_{10}H_{18}O$.

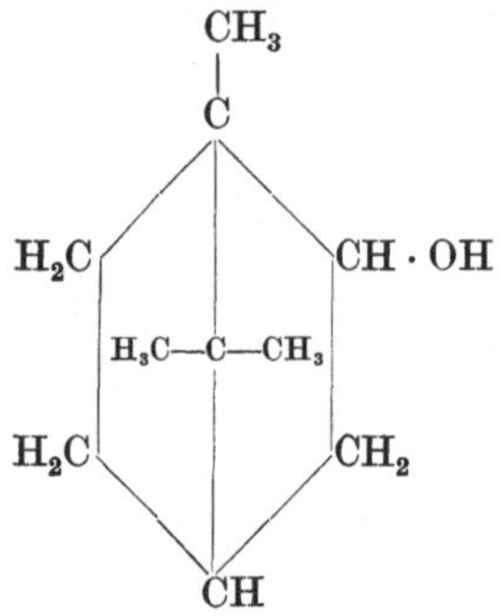

Eigenschaften. F. 203—204°; Kp. etwa 212°; D 1,011
(für d-Borneol), D 1,02 (für l-Borneol); $[\alpha]_D$ etwa $\pm$ 37° (in alkoholischer Lösung). Das aus ätherischen Ölen abgeschiedene Borneol weist meistens eine geringe Drehung auf, da es häufig
wenigstens teilweise razemisiert ist. Borneol bildet glänzende
hexagonale Blättchen oder Tafeln von eigentümlichem, etwas an
Campher und an Ambra erinnerndem Geruch. Es ist schon bei
gewöhnlicher Temperatur flüchtig, wenn auch nicht so flüchtig wie
Campher. Für die Bestimmung des Schmelzpunktes, vor allem
wenn man nur sehr langsam erhitzt, ist es daher empfehlenswert,
die Schmelzpunktröhrchen auch oben zuzuschmelzen. Borneol ist
leicht löslich in Alkohol und Äther, etwas schwerer löst es sich
in Ligroin und Benzol, sehr schwer in Wasser.

Nachweis. 1. Durch seine physikalischen Konstanten,
vor allem durch den Schmelzpunkt 203—204°. 2. Durch
das Bornylphenylurethan, F. 138—139°, das in demselben Sinne optisch aktiv
ist wie das angewandte Borneol. (Isoborneol, das dem Borneol diastereoisomer
ist, aber nicht in ätherischen Ölen vorkommt, gibt ein Phenylurethan von
gleichem Schmelzpunkt.) 3. Durch das Bornyl-α-naphthylurethan vom F. 132°.
4. Durch Überführung in das Acetat vom F. 29° und den Nitrobenzyl-
phthalester vom F. 100°. 5. Durch die mit Chloral oder Bromal entstehenden Additionsprodukte, von denen das erstere bei 55—56° und das
letztere bei 105—106° schmilzt. 6. Durch Oxydation mit Chromsäuremischung
zu Campher (Oxim, F. 118—119°).

Zum Unterschied von Isoborneol entstehen beim gelinden Erwärmen von Borneol mit konzentrierter Salpetersäure rotbraune Stickoxyddämpfe. Ein weiterer
Unterschied ist der, daß Isoborneol beim Erhitzen mit einem Gemisch von 20 Teilen Schwefelsäure und 80 Teilen Methylalkohol quantitativ in den Methyläther
übergeht, während Borneol unverändert bleibt. Durch eine Methoxylbestimmung
läßt sich der Gehalt an Isoborneol im Borneol feststellen. Deutliche Unterschiede bei Derivaten liegen bei den p-Nitrobenzoaten vor: Bornyl-p-nitrobenzoat
F. 137°, Isobornyl-p-nitrobenzoat F. 129°. Derivate des Borneols sind durchweg schwerer löslich als die entsprechenden Derivate des Isoborneols.

Zur Trennung von Borneol und Campher ist die Hallersche Methode geeignet,
nach der man das Gemisch mit Bernsteinsäureanhydrid oder Phthalsäureanhydrid
erwärmt, wobei sich die entsprechenden sauren Ester des Borneols bilden. Ihre
Natriumsalze sind in Wasser leicht löslich, so daß auf diese Weise leicht vom
Campher getrennt werden kann.

Zur quantitativen Bestimmung von Borneol stellt man sich eine möglichst konzentrierte Lösung in einem indifferenten Lösungsmittel, am besten Xylol, her und acetyliert diese in der für ätherische Öle üblichen Weise (vgl. S. 476).

Isolierung. Durch fraktionierte Destillation isoliert man aus ätherischen Ölen die zwischen 205 und 215⁰ siedende Fraktion und kühlt diese in einer Kältemischung gut ab, wobei manchmal schon gleich das Borneol auskrystallisiert. Tritt dies nicht ein, so wiederholt man die Fraktionierung eventuell noch mehrmals oder führt das Borneol, eventuell durch fraktionierte Borierung (vgl. S. 470), in das Borat über, das man verseift. Auch über die Phthalestersäure kann die Isolierung von Borneol vorgenommen werden. l-Borneol läßt sich am leichtesten aus sibirischem Fichtennadelöl erhalten. Man verseift dazu das sibirische Fichtennadelöl mit alkoholischer Kalilauge, trennt das verseifte Öl aus der Verseifungslauge ab und destilliert im Vakuum die Terpene ab. Aus dem Rückstand scheidet sich, besonders beim Abkühlen, das l-Borneol aus, das man absaugt und aus Petroläther umkrystallisiert. Aus den Abläufen beim Absaugen läßt sich durch Borieren oder Phthalisieren weiteres Borneol erhalten.

3. Tricyclische Alkohole.

Teresantalol, $C_{10}H_{16}O$.

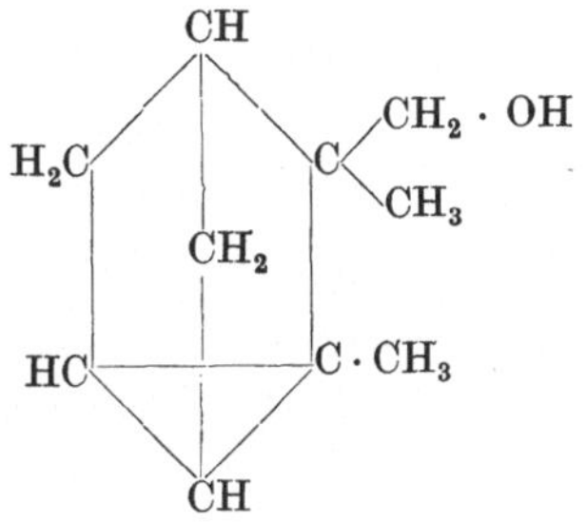

Eigenschaften. F. 113⁰; $Kp._{(9\,mm)}$ 95—98⁰; $[\alpha]_D +11⁰$ 58′ (in absolut alkoholischer Lösung). Teresantalol riecht intensiv nach Campher und sublimiert sehr leicht.

Nachweis. Durch die physikalischen Konstanten.

Isolierung. Die santalolhaltige Fraktion vom Kp. 210—220⁰ aus ostindischem Sandelholzöl wird mit Phthalsäureanhydrid auf 140⁰ erhitzt und die erhaltene Phthalestersäure verseift.

d) Sesquiterpenalkohole.

Über die Struktur der großen Zahl von cyclischen Sesquiterpenalkoholen, die bisher aus ätherischen Ölen isoliert wurden, ist nur recht wenig bekannt. Einige sind neuerdings, besonders durch die Arbeiten von Ruzicka, in ihrer Konstitution aufgeklärt worden. Auch bei einer Anzahl anderer Sesquiterpenalkohole ist es infolge der Anwendung neuerer Untersuchungsverfahren, vor allem der Dehydrierung mit Schwefel (vgl. S. 496), gelungen, gewisse Einblicke in ihren Aufbau zu gewinnen. Man teilt die Sesquiterpenalkohole wie die Terpenalkohole ihrer Konstitution nach in mono-, bi- und tricyclische Alkohole ein. Außer den in ihrer Konstitution aufgeklärten Sesquiterpenalkoholen sollen hier nur einige leicht zugängliche von unbekannter Konstitution erwähnt werden.

1. Monocyclische Sesquiterpenalkohole.

Elemol, $C_{15}H_{26}O$.

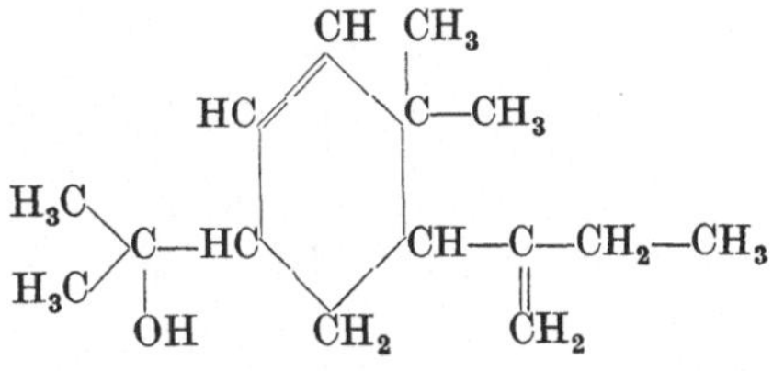

Eigenschaften (66). F. 47⁰; F. 52,5⁰ (nach Reinigung über das Phenylurethan); nach Ruzicka (73); $Kp._{(12\,mm)}$ 141—142⁰; $D_{18⁰}^{4⁰}\,0,9345$; $[\alpha]_D$ —2,33⁰ (in 20 proz. alkoholischer Lösung); $n_{D\,18⁰}\,1,4980$. Elemol ist ein weißer krystallinischer Alkohol von schwachem Geruch. Seiner Konstitution nach gehört es zur Eudalingruppe, da beim Dehydrieren mit Schwefel Eudalin erhalten wird (s. S. 496).

Nachweis. 1. Durch die physikalischen Konstanten, vor allem durch den Schmelzpunkt. 2. Durch das Phenylurethan (34) vom F. 112,5⁰.

Isolierung. Durch fraktionierte Destillation im Vakuum werden aus Manila-Elemiöl zunächst die hochsiedenden Anteile isoliert. Durch Abkühlen erhält man aus ihnen rohes Elemol in fester Form. Zur weiteren Reinigung führt man das rohe Elemol in das Benzoat über, unterwirft es der fraktionierten Destillation im Hochvakuum und isoliert nach der Verseifung des Benzoates das gereinigte Elemol. Auch über das Phenylurethan kann die Reinigung vorgenommen werden. Elemol kann seiner leichten Löslichkeit wegen nicht umkrystallisiert werden.

2. Bicyclische Sesquiterpenalkohole.

Eudesmol, 1-Methyl-4-isopropyl-7-methylen-bicyclo-[0,4,4]-decanol-(4), $C_{15}H_{26}O$.

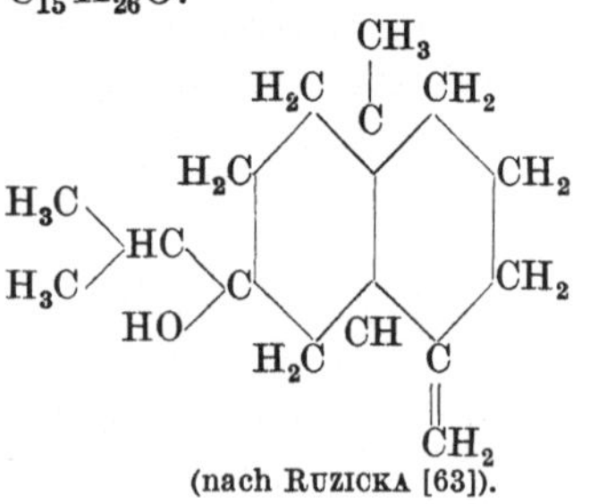

(nach Ruzicka [63]).

Eigenschaften. F. 84⁰; Kp.$_{(10\,mm)}$ 156⁰; D_{20^0} 0,9884; $[\alpha]_{D\,20^0}$ +31⁰ 21′ (in 12 proz. Lösung in Chloroform); $n_{D\,20^0}$ 1,516. Eudesmol gehört seiner Konstitution nach in die Eudalingruppe, da beim Dehydrieren mit Schwefel Eudalin (3-Isopropyl-5-methylnaphthalin) entsteht.

Nachweis. Durch die physikalischen Konstanten, durch das Dihydrochlorid vom F. 75—76⁰ und durch das Allophanat vom F. 174⁰.

Isolierung. Aus dem Öl von *Leptospermum flavescens* oder manchen Eucalyptusölen, unter anderem aus dem Öl von *Eucalyptus Macarthuri,* isoliert man durch fraktionierte Destillation im Vakuum zunächst die hochsiedenden Anteile. Diese werden für sich weiter fraktioniert, wobei die Fraktionen bei genügender Reinheit von selbst erstarren. Durch Absaugen und Umkrystallisieren wird das Eudesmol weiter gereinigt.

Guajol, $C_{15}H_{26}O$, ist ein bicyclischer Sesquiterpenalkohol mit einer Doppelbindung. Seine Konstitution ist noch nicht endgültig aufgeklärt.

Eigenschaften. F. 91⁰; Kp. 288⁰; Kp.$_{(9\,mm)}$ 147—149⁰; D_{20^0} 0,9714; $\alpha_{D\,20^0}$ —29,8⁰; $n_{D\,20^0}$ 1,5100.

Nachweis. Durch die physikalischen Konstanten.

Isolierung. Aus Guajakholzöl (von *Bulnesia Sarmienti*), das bei gewöhnlicher Temperatur fest ist, durch Absaugen. Zur weiteren Reinigung krystallisiert man das Guajol um.

3. Tricyclische Sesquiterpenalkohole.

Santalol, $C_{15}H_{24}O$, ist ein Gemisch zweier primärer ungesättigter Alkohole, α-Santalol und β-Santalol, von denen α-Santalol tricyclische, β-Santalol bicyclische Struktur besitzt. Die Konstitution von β-Santalol ist noch unbekannt, während die von α-Santalol von Semmler erkannt wurde. Im gewöhnlichen Santalol überwiegt der Gehalt an α-Santalol den von β-Santalol.

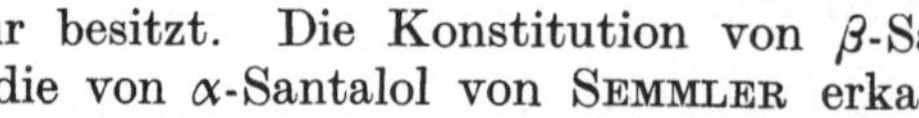

α-Santalol (nach Semmler).

Eigenschaften. Rohsantalol: Kp.$_{(10\,mm)}$ 161—168^0; D$_{15^0}$ 0,973—0,982; α_D —14^0 bis —24^0; n$_{D\,20^0}$ 1,504—1,509; löslich in 3—4 Vol. 70proz. Alkohols. — α-Santalol nach PAOLINI und DIVIZIA (53): Kp.$_{(760\,mm)}$ 300—301^0; Kp.$_{(10\,mm)}$ 159—160^0; D$_{15^0}$ 0,979; α_D +1^0 10′; n$_{D\,19^0}$ 1,499. β-Santalol (53): Kp.$_{(10\,mm)}$ 168—169^0; D$_{15^0}$ 0,9729; α_D —42^0; n$_{D\,19^0}$ 1,5092. Die Santalole sind schwach gelbliche dicke Flüssigkeiten von anhaftendem Sandelgeruch.

Nachweis. 1. Durch Oxydation mittels Chromsäure zum Santalal, dessen Semicarbazon bei 230^0 schmilzt. 2. Durch Oxydation mit Kaliumpermanganat in Acetonlösung zu Tricycloeksantalsäure $C_{11}H_{16}O_2$ vom F. 71—72^0.

Die quantitative Bestimmung von Santalol erfolgt durch Acetylierung (s. S. 496).

Isolierung. Zur Gewinnung eines rohen Santalols verseift man ostindisches Sandelholzöl mit alkoholischer Kalilauge, scheidet das verseifte Öl aus der Verseifungslauge wieder ab und fraktioniert es mehrmals im Vakuum, wobei man die Santalolfraktionen für sich auffängt. Ein reineres Produkt erhält man, wenn man die Reinigung über die Phthalestersäure durchführt. Zu dem Zwecke erwärmt man eine Mischung von gleichen Teilen rohem Santalol, Phthalsäureanhydrid und Benzol 1 Stunde lang auf dem Wasserbade, löst die Phthalestersäure in Sodalösung, verdünnt mit Wasser und schüttelt die nicht in Reaktion getretenen Anteile mit Äther aus. Durch Zusatz von verdünnter Schwefelsäure wird die Phthalestersäure wieder abgeschieden, mit alkoholischer Kalilauge verseift und das abgeschiedene reine Santalol durch Waschen mit Wasser gereinigt.

Die Trennung von α- und β-Santalol geschieht am einfachsten durch fraktionierte Vakuumdestillation. Da α-Santalol etwa 10^0 niedriger siedet als β-Santalol, reichert es sich in den Vorläufen bei Anwendung einer gut wirkenden Kolonne an, während β-Santalol in den Nachläufen sich ansammelt. Wiederholt man die Fraktionierung der einzelnen Fraktionen nun viele Male, so gelingt es, ziemlich weit gereinigte Produkte zu erhalten. Man kann die Reinigung noch weiter führen, wenn man die Phthalestersäuren in der oben geschilderten Weise herstellt. Ganz reine Produkte werden aber auch auf diese Weise nicht erhalten. Zu ganz reinen Präparaten gelangt man erst, wenn man die Strychninsalze der Phthalestersäuren durch wiederholte fraktionierte Krystallisation reinigt und sie dann verseift.

Cedrol, Cederncampher, Cypressencampher, $C_{15}H_{26}O$, ist ein tricyclischer tertiärer Sesquiterpenalkohol, dessen Konstitution noch nicht bekannt ist.

Eigenschaften. F. 86—87^0; Kp. 291—294^0; Kp.$_{(8\,mm)}$ 149—155^0; D$_{20^0}^{4^0}$ 1,0056; [α]$_D$ +9^0 31′ (in Chloroformlösung); n$_{D\,20^0}$ 1,4824. Cedrol bildet schöne weiße Nadeln von schwachem Geruch.

Nachweis. 1. Durch den Schmelzpunkt 86—87^0. 2. Durch das Phenylurethan vom F. 106—107^0. 3. Durch das in klaren, gelbroten, schmalen Prismen krystallisierende Chromat vom F. 115^0 (99).

Isolierung. Aus den hochsiedenden Anteilen des Cedernholzöls durch wiederholte fraktionierte Destillation im Vakuum, bis die Fraktionen beim Abkühlen erstarren. Man saugt das Cedrol ab und krystallisiert es um.

Patchoulialkohol, Patchoulicampher, $C_{15}H_{26}O$, ist ein tricyclischer tertiärer Sesquiterpenalkohol. Über seine Konstitution ist noch nichts bekannt.

Eigenschaften. F. 56^0; [α]$_D$ —97^0 42′ (in Chloroformlösung); [α]$_D$ —118^0 (in überschmolzenem Zustande). Patchoulialkohol bildet in ganz reinem Zustande geruchlose, durchsichtige Krystalle. Er spaltet sehr leicht Wasser ab und geht in Patchoulen über.

Nachweis Durch die physikalischen Konstanten.

Isolierung. Aus den hochsiedenden Anteilen des Patchouliöls durch wiederholte fraktionierte Destillation. Zur Reinigung krystallisiert man den Patchoulialkohol um.

C. Phenole und Phenoläther.

a) Einwertige Phenole und Phenoläther.

p-Kresol, p-Methylphenol, C_7H_8O.

Eigenschaften. F. 35,5⁰; Kp.(760 mm) 202⁰; D_{15^0} 1,0390.

Nachweis. Durch Methylierung mit Dimethylsulfat und Natronlauge führt man p-Kresol zunächst in den Methyläther über, den man zu Anissäure vom F. 184⁰ oxydiert.

Isolierung. p-Kresol findet sich nur selten in ätherischen Ölen und läßt sich nur aus Jasminblütenöl oder Cassieblütenöl isolieren.

p-Kresylmethyläther, p-Methylanisol, $C_8H_{10}O$.

Eigenschaften. Kp.(760 mm) 176,5⁰; D_{15^0} 0,9757. p-Kresylmethyläther ist eine farblose Flüssigkeit von durchdringendem, an Anisol erinnerndem Geruch.

Nachweis. Durch Oxydation zu Anissäure vom F. 184⁰.

Isolierung. p-Kresylmethyläther läßt sich aus den entsprechenden Fraktionen des Ylang-Ylangöls durch fraktionierte Destillation erhalten.

p-Isopropylphenol, Australol, $C_9H_{12}O$.

Eigenschaften. F. 62—63⁰; Kp.(758 mm) 228,2—229,2⁰. Es gibt mit Eisenchlorid in wäßriger Lösung eine schwach bläuliche, in alkoholischer Lösung eine grüne Färbung.

Nachweis. 1. Durch die Benzoylverbindung (54) vom F. 73—74⁰. 2. Durch Methylierung mit Dimethylsulfat und Natronlauge führt man es zunächst in den Methyläther über, den man zu Anissäure vom F. 184⁰ oxydiert.

Isolierung. Aus den Ölen von *Eucalyptus polybractea, Eucalyptus cneorifolia* oder *Eucalyptus Bakeri* isoliert man die hochsiedenden Fraktionen, schüttelt sie mit 5proz. Natronlauge aus und isoliert nach Entfernung von ebenfalls aufgenommenen Säuren die Phenole, die man durch fraktionierte Destillation weiter reinigt.

Carvacrol, 2-Methyl-5-isopropyl-phenol, $C_{10}H_{14}O$.

Eigenschaften. F. +0,5⁰; Kp. 237⁰; Kp.(10 mm) 113⁰; D_{15^0} 0,983; D_{20^0} 0,979; $n_{D 20^0}$ 1,52295. Carvacrol ist ein dickflüssiges, in frisch destilliertem Zustande farbloses, allmählich aber dunkelbraun werdendes Öl von charakteristischem, phenolartigem Geruch, das nur in völlig reinem Zustande in der Kälte erstarrt. Das aus ätherischen Ölen isolierte Carvacrol enthält meistens etwas Thymol. In organischen Lösungsmitteln ist es leicht löslich, in Wasser nur sehr schwer. Die alkoholische Lösung wird durch Eisenchlorid grün gefärbt.

Nachweis. 1. Durch das Phenylurethan vom F. 140⁰. 2. Durch das α-Naphthylurethan vom F. 287—288⁰. 3. Durch die Nitrosoverbindung, die man in gelben Nadeln vom F. 153⁰ erhält, wenn man Carvacrol in der vierfachen Menge bei 0⁰ gesättigter alkoholischer·Salzsäure löst, die Lösung mit Eis gut kühlt und eine konzentrierte Natriumnitritlösung eintropfen läßt. Die bald abgeschiedenen Krystalle wäscht man mit Wasser und krystallisiert sie aus verdünntem Alkohol um. 4. Durch die Benzoylverbindung des Nitrosoderivats, Benzoylnitrosocarvacrol, vom F. 85—87⁰. 5. Durch Oxydation mit Chromsäuremischung zu Thymochinon vom F. 45,5⁰.

Die einfachste Methode zur quantitativen Bestimmung von Carvacrol ist die Ausschüttelung mit 5proz. Natronlauge (s. S. 484). Auch die Methode von Verley und Bölsing (s. S. 479) ist zur quantitativen Bestimmung brauchbar. Speziell der quantitativen Bestimmung von *Thymol* und *Carvacrol* dient die Methode von KREMERS und SCHREINER, die darauf beruht, daß diese beiden Phenole in alkalischer Lösung von Jod als rote Jodverbindungen gefällt werden. Das überschüssige Jod läßt sich nach dem Ansäuern durch Natriumthiosulfatlösung zurücktitrieren. Für jedes Molekül Thymol oder Carvacrol werden 4 Atome Jod verbraucht.

Zur quantitativen Bestimmung von Thymol wägt man 5 cm³ des zu bestimmenden Öles genau ab, bringt sie in eine mit Glasstopfen versehene, in $^1/_{10}$ cm³ eingeteilte Bürette und verdünnt mit etwa dem gleichen Volumen Petroläther. Dann schüttelt man mit 5proz. Natronlauge aus, läßt absetzen und läßt die wäßrige Lauge in einen Maßkolben von 100 cm³ ab. Das Ausschütteln mit 5proz. Natronlauge wird so lange wiederholt, als noch eine Volumenabnahme des Öles zu beobachten ist. Dann füllt man den Maßkolben, in dem die gesamte Lauge gesammelt ist, auf 100 cm³ auf. Zu 10 cm³ dieser Lösung gibt man in einem 500 cm³ fassenden Maßkolben n/10-Jodlösung in geringem Überschuß hinzu, wobei das Thymol als dunkelbraun gefärbte Verbindung ausfällt. Um festzustellen, ob genügend Jodlösung zugesetzt wurde, entnimmt man dem Kolben einige Tropfen der Flüssigkeit und gibt in einem Reagensglase einige Tropfen Salzsäure hinzu. Bleibt die Flüssigkeit braun, so ist genügend Jod vorhanden, wird sie aber infolge von Thymolausscheidung milchig, so muß noch n/10-Jodlösung zugesetzt werden. Wenn genügend Jod vorhanden ist, säuert man mit verdünnter Salzsäure an, verdünnt auf 500 cm³, filtriert und bestimmt in 100 cm³ des Filtrats durch Titration mit n/10-Natriumthiosulfatlösung die im Überschuß vorhandene Jodmenge. Zur Berechnung des Jodverbrauches berechnet man den Verbrauch an n/10-Natriumthiosulfatlösung für 500 cm³ und zieht diesen Wert von den Kubikzentimetern n/10-Jodlösung ab, die angewandt wurden. 1 cm³ n/10-Jodlösung entspricht 0,0037528 g Thymol oder Carvacrol.

Bei der Bestimmung von Carvacrol verfährt man etwas anders, da sich die Jodverbindung des Carvacrols milchig abscheidet. Man schüttelt daher nach Hinzugabe der n/10-Jodlösung kräftig um, worauf ein Niederschlag entsteht. Erst dann säuert man mit Salzsäure an und verfährt in der oben angeführten Weise.

Isolierung. Origanumöl schüttelt man mit 5proz. Natronlauge aus, entfernt die Nichtphenole durch Ausäthern und setzt dann die Phenole durch Hinzugabe von verdünnter Schwefelsäure in Freiheit. Zur weiteren Reinigung unterwirft man sie der Destillation.

Thymol, 5-Methyl-2-isopropyl-phenol, $C_{10}H_{14}O$.

Eigenschaften. F. 51,5⁰; Kp. 233⁰; $D_{15⁰}$ 0,9760; $n_{D20⁰}$ 1,52269. Thymol bildet farblose, schön ausgebildete monokline oder hexagonale Krystalle von kräftigem Geruch nach Thymian. Es ist sehr schwer löslich in Wasser, leicht aber in den üblichen organischen Lösungsmitteln. Die alkoholische Lösung wird durch Eisenchlorid nicht gefärbt. In Natronlauge ist es leicht löslich. Wie Carvacrol kann es der alkalischen Lösung zum Unterschied von anderen Phenolen durch Wasserdampfdestillation oder durch Ausäthern entzogen werden.

Nachweis. 1. Durch das Phenylurethan vom F. 106—107⁰. 2. Durch das p-Nitrobenzoat vom F. 85,5⁰. 3. Durch die Nitrosoverbindung vom F. 161—162⁰. 4. Durch das Benzoylnitrosothymol vom F. 109—110,5⁰. 5. Durch Oxydation mit Chromsäuremischung zu Thymochinon vom F. 45,5⁰.

Zur quantitativen Bestimmung von Thymol wendet man das Ausschüttelungsverfahren mit 5proz. Natronlauge (s. S. 484), die Methode von VERLEY und BÖLSING (s. S. 479) und die von KREMERS und SCHREINER an.

Isolierung. Ajowanöl wird mit 5proz. Natronlauge ausgeschüttelt, die Nichtphenole werden durch Ausäthern beseitigt, worauf das Thymol durch Zusatz von verdünnter Schwefelsäure zu der alkalischen Flüssigkeit abgeschieden wird. Es krystallisiert dann aus und kann durch Umkrystallisieren weiter gereinigt werden.

Anethol, p-Propenyl-anisol, $C_{10}H_{12}O$.

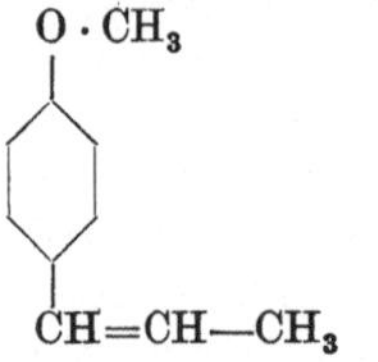

Eigenschaften. F. 22,5—23⁰; Erstp. 21—22⁰; Kp. 235⁰; $Kp._{(14\,mm)}$ 113,5⁰; $D_{22⁰}^{4⁰}$ 0,98556; $D_{25⁰}^{25⁰}$ 0,9875; $n_{D\,22⁰}$ 1,55913. Es ist leicht löslich in den üblichen organischen Lösungsmitteln, fast unlöslich in Wasser. Es bildet eine weiße, blättrig-krystallinische Masse von Anisgeruch und intensiv süßem Anisgeschmack. Bei etwas höherer Temperatur schmilzt es zu einer farblosen Flüssigkeit. Beim Stehen unter Licht- und Luftzutritt nimmt allmählich das Krystallisationsvermögen ab, es wird dickflüssiger, färbt sich gelblich und nimmt einen unangenehmen Geruch und Geschmack an. Diese Veränderungen, die auch in den anderen physikalischen Eigenschaften ihren Ausdruck finden, beruhen auf Oxydationsvorgängen, bei denen Anisaldehyd und Anissäure entstehen. Nebenher entstehen aber noch andere Produkte, u. a. p, p'-Dimethoxystilben.

Nachweis. 1. Durch die bei Einwirkung von Brom auf Anethol entstehenden Derivate: Anetholdibromid vom F. 67⁰ und Monobromanetholdibromid vom F. 107—108⁰. 2. Durch das Anetholnitrit vom F. 121⁰. 3. Durch das Anethol-nitrosochlorid vom F. 127—128⁰. 4. Durch Oxydation mit Salpetersäure zu Anisaldehyd (Semicarbazon, F. 203—204⁰), durch Oxydation mit Chromsäure zu Anisaldehyd und Anissäure (F. 184⁰) und durch Oxydation mit Kaliumpermanganat zu 4-Methoxyphenylglyoxylsäure vom F. 89⁰ (Oxim, F. 145—146⁰).

Isolierung. Aus Anisöl oder Sternanisöl isoliert man durch fraktionierte Destillation im Vakuum die Anetholfraktionen, aus denen man durch Abkühlen das Anethol ausfriert. Man schleudert oder saugt es bei niederer Temperatur ab und wiederholt dasselbe Verfahren zur weiteren Reinigung.

Chavicol, p-Allylphenol, $C_9H_{10}O$.

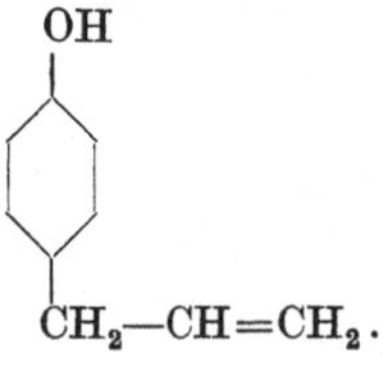

Eigenschaften. $Kp. 237$; $D_{13⁰}$ 1,041; $D_{22⁰}$ 1,034; $n_{D\,18⁰}$ 1,5441. In den üblichen organischen Lösungsmitteln ist es sehr leicht löslich. Die wäßrige Lösung gibt mit Eisenchlorid eine blaue Färbung.

Nachweis. Durch Methylieren mit Dimethylsulfat und Natronlauge führt man Chavicol in Methylchavicol über, das man zu Anethol umlagert oder zur Homoanissäure (F. 86⁰) oxydiert, wobei nebenher auch etwas Anissäure entsteht (F. 184⁰).

Isolierung. Aus Betelblätteröl isoliert man durch Ausschütteln mit verdünnter Natronlauge die Phenole und unterwirft diese nach ihrer Abscheidung der fraktionierten Destillation, wobei man die Chavicolfraktion gesondert auffängt.

Methylchavicol, p-Allyl-anisol, Estragol, $C_{10}H_{12}O$.

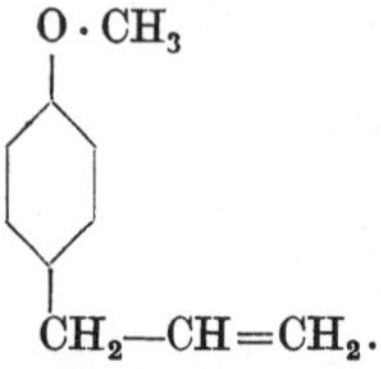

Eigenschaften. $Kp. 215⁰$; $Kp._{(12mm)}$ 97⁰; $Kp._{(7mm)}$ 86⁰; $D_{15⁰}$ 0,9714 bis 0,972; $n_{D\,16⁰}$ 1,52355—1,52380. Methylchavicol ist eine farblose, schwach anisartig riechende Flüssigkeit, die nicht den intensiv süßen Geschmack des Anethols besitzt.

Nachweis. 1. Durch das Monobrommethylchavicoldibromid vom F. 62,4⁰. 2. Durch das Methylchavicolnitrosit vom F. 147⁰. 3. Durch Umlagerung zu Anethol, wenn man mit alkoholischem Kali kocht. Das erhaltene Anethol läßt sich in die zu seinem Nachweis gebräuchlichen Derivate überführen (s. oben). 4. Durch Oxydation mit dünner Kaliumpermanganatlösung zu Homoanissäure vom F. 86⁰ ($CH_3 \cdot O \cdot C_6H_4 \cdot CH_2 \cdot COOH$), wobei in geringerer Menge auch Anissäure vom F. 184⁰ gebildet wird.

Isolierung. Durch fraktionierte Vakuumdestillation aus Esdragonöl.

b) Zweiwertige Phenole und Phenoläther.

Hydrochinonmonoäthyläther, $C_8H_{10}O_2$.

Eigenschaften. F. 66°; Kp. (760 mm) 246—247°.

Nachweis. Durch den Schmelzpunkt.

Isolierung. Aus Sternanisöl, in dem Hydrochinonmonoäthyläther in sehr geringer Menge vorkommt. Größere Mengen Sternanisöl schüttelt man mit verdünnter Natronlauge aus, setzt den Phenoläther durch Zusatz von verdünnter Schwefelsäure in Freiheit und krystallisiert ihn um.

Thymohydrochinon, Hydrothymochinon, $C_{10}H_{14}O_2$

Eigenschaften. F. 139,5°; Kp. 290°. Es bildet glänzende Prismen, die in kaltem Wasser sehr schwer, in heißem Wasser leichter löslich sind. Leicht löst es sich in Alkohol und Äther, fast unlöslich ist es in Hexan und Benzol.

Nachweis. Durch Oxydation zu Thymochinon vom F. 44—46°.

Isolierung. Aus den Ölen von *Monarda fistulosa* oder *Callitris quadrivalvis* isoliert man durch Ausschütteln mit verdünnter Natronlauge die Phenole, aus denen man das Thymohydrochinon dann abscheidet.

Allylbrenzcatechin, $C_9H_{10}O_2$.

Eigenschaften. F. 48—49°; Kp.(4 mm) 139°. Es bildet farblose, filzige Nadeln von schwachem Geruch, der etwas an Kreosot erinnert. In Wasser und Alkohol ist es leicht löslich. Eisenchlorid färbt die alkoholische Lösung tiefgrün.

Nachweis. 1. Durch die Dibenzoylverbindung vom F. 71—72°. 2. Durch die Diacetylverbindung vom Kp. 229°; Kp.(7 mm) 157°. 3. Durch Methylierung mit Dimethylsulfat und Natronlauge zu Eugenolmethyläther, den man durch Oxydation mit Kaliumpermanganat in Veratrumsäure (Dimethoxybenzoesäure) vom F. 179—180° überführen kann.

Isolierung. Aus javanischem Betelblätteröl isoliert man durch Ausschütteln mit verdünnter Natronlauge und Zersetzen der alkalischen Lösung mit verdünnter Schwefelsäure die Phenole. Diese werden im Vakuum fraktioniert destilliert, wobei man die Fraktion vom Kp.(4 mm) 139° gesondert auffängt. Durch Abkühlen bringt man sie zum Erstarren und krystallisiert das abgeschiedene Allylbrenzcatechin aus Petroläther um.

Chavibetol, Betelphenol, 4-Allyl-brenzcatechin-1-methyläther, $C_{10}H_{12}O_2$.

Eigenschaften. F. 8,5°; Kp. 254—255°; Kp.(12 mm) 131—133°; Kp.(4 mm) 107—109°; $D_{15°}$ 1,067; $n_{D 20°}$ 1,54134. Es ist ein stark lichtbrechendes Öl von anhaftendem Betelgeruch. Die alkoholische Lösung wird durch Eisenchlorid tief blaugrün gefärbt.

Nachweis. 1. Durch die Benzoylverbindung vom F. 49—50°. 2. Durch die Acetylverbindung vom Kp. 275—277°. 3. Durch Umlagerung mit Kali zu Isochavibetol vom F. 96°. 4. Durch Methylierung mit Dimethylsulfat und Natronlauge zu Eugenolmethyläther, der bei der Oxydation Veratrumsäure vom F. 179—180° gibt.

Isolierung. Aus Betelöl durch Ausschütteln mit verdünnter Natronlauge und Abscheiden des Phenols aus der alkalischen Lösung durch verdünnte Schwefelsäure.

Eugenol, 4-Allyl-brenzcatechin-2-methyläther, $C_{10}H_{12}O_2$.

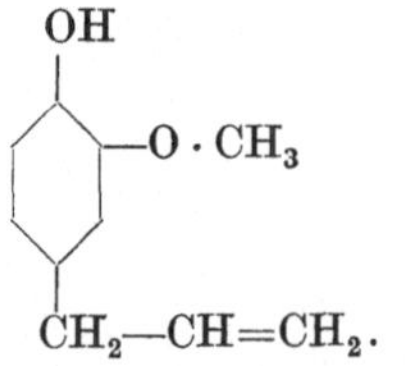

OH

—O · CH₃

CH_2—CH=CH₂.

Eigenschaften. Kp. 248°; Kp.(12 mm) 123°; $D_{15°}$ 1,0696; $n_{D\,20°}$ 1,541—1,542. Eugenol ist eine schwach gelblich gefärbte Flüssigkeit, die intensiv nach Nelken riecht und stark brennend schmeckt. In Wasser ist es nur sehr wenig löslich, leicht löst es sich aber in organischen Lösungsmitteln. Mit Eisenchlorid gibt es in alkoholischer Lösung Blaufärbung.

Nachweis. 1. Durch die Benzoylverbindung vom F. 69—70°. 2. Durch das Phenylurethan vom F. 95,5°. 3. Durch das Diphenylurethan vom F. 107—108°. 4. Durch das Dibromid vom F. 80° und das Tetrabromid vom F. 118—119°. 5. Durch Oxydation von Eugenol, das man in die Acetylverbindung übergeführt hat, erhält man Vanillin (F. 81—82°), Vanillinsäure und nebenbei Homovanillinsäure.

Zur quantitativen Bestimmung schüttelt man das Öl in einem Aldehydkölbchen mit 3 proz. Natronlauge aus (bei Gegenwart von Eugenolacetat unter gelindem Erwärmen, um dieses zu verseifen), vgl. S. 483.

Nach dem Verfahren von Thoms kann man das Gesamteugenol und das freie Eugenol durch Benzoylierung bestimmen, wobei man bis auf etwa 1 % genaue Resultate erhält.

Zur Bestimmung des Gesamteugenols werden 5 g Öl in einem Becherglase mit 20 g 15 proz. Natronlauge übergossen und eine halbe Stunde lang auf dem Wasserbade erwärmt. Auf der Flüssigkeit scheidet sich bald die Sesquiterpenschicht ab. Der Inhalt des Becherglases wird noch warm in einen kleinen Scheidetrichter mit kurzem Abflußrohr gegeben und die sich gut und nach kurzer Zeit absetzende warme Eugenolnatriumlösung in das Becherglas zurückgegeben. Das im Scheidetrichter zurückbleibende Sesquiterpen wäscht man zweimal mit je 5 cm³ 15 proz. Natronlauge und vereinigt die Lauge mit der Eugenolnatriumlösung. Hierauf gibt man zu dieser 6 g Benzoylchlorid und schüttelt kräftig um, wobei sich unter starker Erwärmung die Bildung des Benzoyleugenols innerhalb weniger Minuten vollzieht. Die letzten Anteile unangegriffenen Benzoylchlorids zerstört man durch kurzes Erwärmen auf dem Wasserbade. Nach dem Erkalten fügt man 50 cm³ Wasser hinzu, erwärmt, bis die krystallinisch erstarrte Benzoylverbindung wieder geschmolzen ist, und läßt abermals erkalten. Die überstehende klare Flüssigkeit wird dann abfiltriert und der im Becherglase zurückgebliebene Krystallkuchen von neuem mit 50 cm³ Wasser übergossen. Man erwärmt wieder auf dem Wasserbade bis zum Schmelzen der Krystalle und filtriert nach dem Erkalten. In gleicher Weise wird das Auswaschen noch einmal mit 50 cm³ Wasser vorgenommen. Das noch feuchte, von Natriumbenzoat und überschüssiger Natronlauge befreite Benzoyleugenol wird, nachdem etwa auf das Filter gelangte Krystalle in das Becherglas zurückgebracht worden sind, sogleich mit 25 cm³ Alkohol von 90 Gewichtsprozent übergossen und auf dem Wasserbade unter Umschwenken erwärmt, bis Lösung erfolgt ist. Man setzt das Umschwenken des vom Wasserbade entfernten Becherglases so lange fort, bis sich das Benzoyleugenol in kleinkrystallinischer Form ausgeschieden hat, was. nach wenigen Minuten der Fall ist. Man kühlt nunmehr auf eine Temperatur von 17° ab, bringt den Niederschlag auf ein Filter von 9 cm Durchmesser und läßt das Filtrat in einen graduierten Zylinder einlaufen. Es werden bis gegen 20 cm³ desselben mit dem Filtrate angefüllt werden; man drängt darauf die auf dem Filter im Krystallbrei noch vorhandene alkoholische Lösung mit so viel Alkohol von 90 Gewichtsprozent nach, daß das Filtrat im ganzen 25 cm³ beträgt, bringt das noch feuchte Filter mit dem Niederschlag in ein Wägegläschen, das vorher mit dem Filter bei 101° getrocknet und gewogen wurde und trocknet bei 101° bis zum konstanten Gewicht.

Von 25 cm³ Alkohol von 90 Gewichtsprozent werden bei 17⁰ 0,55 g reines Benzoyleugenol gelöst, welche Menge daher dem Befunde hinzugezählt werden muß.

Bezeichnet a die gefundene Menge Benzoyleugenol, b die angewandte Menge
Öl (etwa 5 g), und filtriert man 25 cm³ alkoholische Lösung vom Benzoyleugenol
unter den oben angegebenen Bedingungen ab, so findet man den Prozentgehalt
des Öls an Eugenol nach der Formel:

$$\% \text{ Eugenol} = \frac{4100 \cdot (a + 0{,}55)}{67 \cdot b}.$$

Zur Bestimmung des in einem Öle enthaltenen freien Eugenols löst man nach
der Vorschrift von THOMS 5 g Öl in 20 g Äther und schüttelt diese Lösung in
einem Scheidetrichter schnell mit 20 g 15proz. Natronlauge aus. Die Eugenolnatriumlösung bringt man hierauf in ein Becherglas, wäscht den die Sesquiterpene
enthaltenden Äther noch zweimal mit je 5 cm³ Natronlauge der gleichen Stärke
nach, erwärmt die vereinigten alkalischen Lösungen zum Austreiben des gelösten
Äthers schwach auf dem Wasserbade und benzoyliert dann in der oben angegebenen Weise.

Isolierung. Nelkenöl oder Nelkenstielöl wird mit 3proz. Natronlauge ausgeschüttelt, die alkalische Eugenolnatriumlösung äthert man zur Entfernung der
Sesquiterpene aus, vertreibt den gelösten Äther durch vorsichtiges Erwärmen
auf dem Wasserbade und säuert zur Abscheidung des Eugenols mit verdünnter
Schwefelsäure an. Das erhaltene Eugenol reinigt man durch fraktionierte Destillation im Vakuum.

Eugenolacetat, Aceteugenol, $C_{12}H_{14}O_3$.

Eigenschaften. F. 30⁰; Kp.(752 mm) 281—282⁰; Kp.(13 mm) 163—164⁰; Kp.(6 mm) 142—143⁰;
$D_{15⁰}$ 1,087; $n_{D\,20⁰}$ 1,52069. Aceteugenol riecht schwach nach Nelken.

Nachweis. 1. Durch Verseifung mit alkoholischem Kali und Nachweis des
Eugenols in der üblichen Weise (s. Eugenol). 2. Durch Oxydation mit Kaliumpermanganat zu Acetvanillin (F. 77⁰), Acetvanillinsäure (F. 142⁰) und Acethomo-
vanillinsäure (F. 140⁰).

Isolierung. Aus Nelkenöl isoliert man zunächst das Gemisch von Eugenol
und Aceteugenol. Das Eugenol läßt sich durch Ausschütteln mit verdünnter
Natronlauge in der Kälte entfernen.

Methyleugenol, Eugenolmethyläther, $C_{11}H_{14}O_2$.

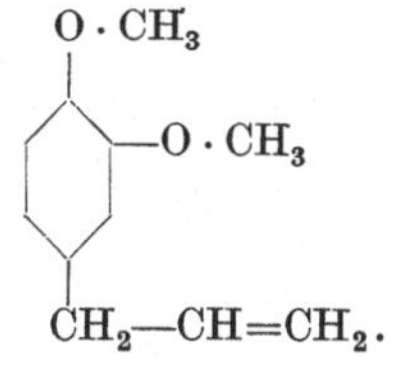

Eigenschaften. Kp. 248—249⁰; Kp.(11 mm) 128—129⁰; $D_{15⁰}$ 1,055;
$n_{D\,20⁰}$ 1,532; löslich in 4—5 Vol. 60proz. Alkohols. Methyleugenol
besitzt nur schwachen Geruch, der etwas an Eugenol erinnert.

Nachweis. 1. Durch das Bromeugenolmethylätherdibromid,
das in schönen Nadeln vom F. 78⁰ krystallisiert. 2. Bei der
Oxydation mit Kaliumpermanganat erhält man Veratrumsäure (Dimethoxybenzoesäure) vom F. 179—180⁰. Sie ent-
steht aber auch bei der Oxydation von Isoeugenolmethyläther. 3. Durch das
Eugenolmethyläthernitrit vom F. 125⁰.

Isolierung. Durch fraktionierte Destillation im Vakuum aus dem Öl von
Dacrydium Franklini, das zu etwa 95 % aus Methyleugenol besteht.

Isoeugenol, 4-Propenyl-brenzcatechin-2-methyläther, $C_{10}H_{12}O_2$.

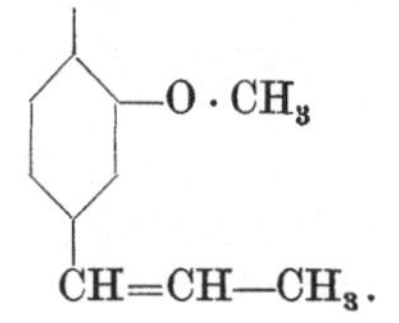

Eigenschaften. Isoeugenol existiert in zwei stereoisomeren Formen
(einer fumaroiden und einer malenoiden), deren eine in reinem Zustande den F. 32⁰ besitzt (75). Aus technischem Isoeugenol durch
besondere Reinigung hergestelltes Isoeugenol hat folgende Konstanten:
Kp.(750 mm) 270⁰; F. etwa 18—20⁰; $D_{15⁰}$ 1,0904; $n_{D\,20⁰}$ 1,57590. Isoeugenol riecht schwächer und feiner als Eugenol. Die alkoholische Lösung
wird durch Eisenchlorid olivgrün gefärbt.

Nachweis. 1. Durch Oxydation zu Vanillin vom F. 81—82⁰. 2. Durch das Bromisoeugenoldibromid vom F. 138—139⁰. 3. Durch das Acetat, F. 79—80⁰. 4. Durch das Benzoat, das bei 103—104⁰ schmilzt. 5. Durch das Diphenylurethan vom F. 112—113⁰.

Isolierung. Durch fraktionierte Destillation im Vakuum von Ylang-Ylangöl isoliert man zunächst die hochsiedenden Anteile. Diese befreit man durch Ausschütteln mit dünner Natronlauge von den Phenolen, zersetzt die Phenolnatriumverbindungen durch Mineralsäure und trennt schließlich die Phenole durch fraktionierte Destillation voneinander.

Methylisoeugenol, Isoeugenolmethyläther, $C_{11}H_{14}O_2$.

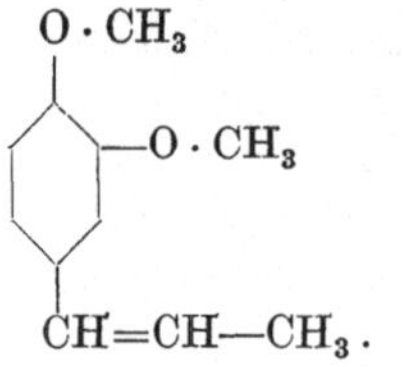

Eigenschaften. F. 5,5—6,5⁰; Kp.$_{(760\ mm)}$ 270⁰; Kp.$_{(8\ mm)}$ 136—137⁰; $D_{15⁰}$ 1,0568; $n_{D\ 15⁰}$ 1,56732 (22). Methylisoeugenol ist fast geruchlos.

Nachweis. 1. Durch das Dibromid vom F. 101—102⁰. 2. Durch Oxydation mit Kaliumpermanganat zu Veratrumsäure vom F. 179—180⁰.

Isolierung. Durch fraktionierte Destillation aus dem Öl von *Cymbopogon javanensis.*

Safrol, 4-Allyl-brenzcatechin-methylenäther, $C_{10}H_{10}O_2$.

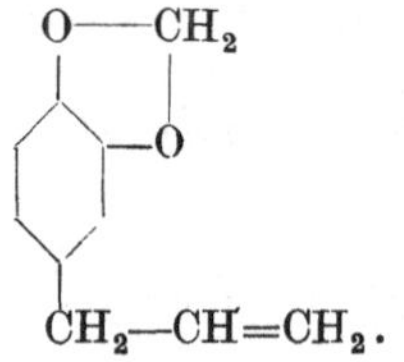

Eigenschaften. Erstp. etwa $+11⁰$; Kp.$_{(759\ mm)}$ 233⁰; Kp.$_{(4\ mm)}$ 91⁰; $D_{15⁰}$ 1,105—1,107; $n_{D\ 20⁰}$ 1,536—1,540. Safrol ist eine farblose, allmählich gelblich werdende Flüssigkeit von eigenartigem Geruch, die manchmal nur sehr schwer zum Erstarren zu bringen ist.

Nachweis. 1. Durch Oxydation mit Kaliumpermanganat entsteht zunächst ein Glykol vom F. 82—83⁰, bei weiterer Einwirkung von Kaliumpermanganat dann α-Homopiperonylsäure, F. 127—128⁰. 2. Bei der Oxydation mit Chromsäuremischung erhält man Heliotropin (Piperonal), F. 37⁰ und Piperonylsäure vom F. 228⁰. 3. Bei der Reduktion in alkoholischer Lösung mit Natrium entsteht ein Dihydroderivat $C_{10}H_{12}O_2$ und m-Propylphenol. 4. Beim Erhitzen mit Alkalien entsteht Isosafrol, das sich leicht zu Heliotropin (F. 37⁰) oxydieren läßt.

Isolierung. Aus Sassafrasöl oder den von 220—240⁰ siedenden Fraktionen des Campheröls, aus denen der Campher vorher entfernt wurde. Man isoliert zunächst durch fraktionierte Destillation im Vakuum Fraktionen, in denen das Safrol stark angereichert ist, friert es bei tiefer Temperatur aus, saugt ab und reinigt es eventuell durch erneute fraktionierte Destillation im Vakuum.

Isosafrol, 4-Propenyl-brenzcatechin-methylenäther, $C_{10}H_{10}O_2$.

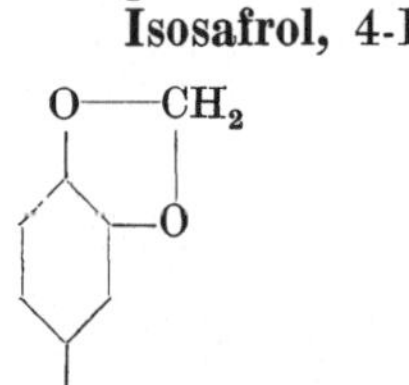

Eigenschaften. Kp. 248⁰; Kp.$_{(20\ mm)}$ 149⁰; $D_{15⁰}$ 1,124—1,129; $n_{D\ 20⁰}$ 1,574—1,580. Diese Angaben beziehen sich auf ein technisches Präparat, wie man es aus Safrol durch Behandlung mit Kali erhält. Es ist ein fast farbloses Öl von schwächerem Geruch als Safrol, das auch bei stärkerem Abkühlen flüssig bleibt. Nach Nagai ist es ein Gemisch von Cis-Trans-Isomeren. Cis-Isosafrol (labile Form): Kp. 242—243⁰; $D_{15⁰}^{4⁰}$ 1,162—1,168; $n_{D\ 15⁰}$ 1,5630—1,5632; Pikrat, F. 68,5⁰. Trans-Isosafrol (stabile Form, die beim Erwärmen von Cis-Isosafrol entsteht): Kp. 247—248⁰; $D_{15⁰}^{4⁰}$ 1,1230—1,1235; $n_{D\ 15⁰}$ 1,5730—1,5736; Pikrat, F. 73,5—74⁰.

Nachweis. 1. Durch das Dibromid vom F. 52—53⁰, das beim Behandeln mit Brom in Petrolätherlösung erhalten wird, und durch das Pentabromid vom F. 196,5—197⁰, das man beim Behandeln mit Brom im Überschuß erhält. 2. Durch das Isosafrolnitrit vom F. 128⁰. 3. Durch Oxydation mit Chromsäure zu Heliotropin, F. 37⁰. 4. Durch Reduktion zu Dihydrosafrol und m-Propylphenol.

Isolierung. Aus höhersiedenden Fraktionen des Ylang-Ylangöls durch fraktionierte Destillation.

c) Dreiwertige Phenoläther.

Elemicin, 4-Allyl-1,2,6-trimethoxybenzol, $C_{12}H_{16}O_3$.

Eigenschaften. Kp.$_{(10\,mm)}$ 144—147^0; D_{20^0} 1,063; n_D 1,52848.

Nachweis. 1. Durch Oxydation in Acetonlösung mit Kaliumpermanganat zu Trimethylgallussäure vom F. 169^0. 2. Durch Überführung in Isoelemicin, was man durch Kochen mit alkoholischem Kali erreicht. Isoelemicin gibt ein Dibromid vom F. 88—89^0.

Isolierung. Man isoliert zunächst die von 277—280^0 siedenden Fraktionen des Manila-Elemiöls und kocht diese mit starker Ameisensäure eine halbe Stunde lang am Rückflußkühler, wodurch Propenylverbindungen zerstört werden. Die weitere Reinigung erfolgt durch fraktionierte Destillation.

Myristicin, 4-Allyl-6-methoxy-1,2-methylendioxybenzol, $C_{11}H_{12}O_3$.

Eigenschaften. Kp.$_{(15\,mm)}$ 149,5^0; Kp.$_{(40\,mm)}$ 171—173^0; D_{20^0} 1,1437; $n_{D\,20^0}$ 1,54032. Myristicin ist ein Öl von schwachem, aromatischem Geruch, das auch im Kältegemisch nicht erstarrt.

Nachweis. 1. Durch das Dibrommyristicindibromid vom F. 130^0, das durch Behandeln von Myristicin mit Brom entsteht. 2. Durch Oxydation mit Kaliumpermanganat zu Myristicinaldehyd, F. 130^0, und Myristicinsäure, F. 210^0. 3. Durch Umlagerung zu Isomyristicin vom F. 44—45^0, wenn man mit alkoholischer Kalilauge kocht oder mit metallischem Natrium behandelt. Isomyristicin läßt sich in ein Dibromid vom F. 109^0 und in Dibromisomyristicindibromid vom F. 156^0 überführen. Durch Oxydation erhält man aus Isomyristicin ebenfalls Myristicinaldehyd und Myristicinsäure.

Isolierung. Aus den hochsiedenden Fraktionen von Muskatnußöl, in dem es nur in geringerer Menge vorkommt, oder aus entsprechenden Fraktionen des französischen Petersilienöls, in dem es sich in größerer Menge findet, durch fraktionierte Destillation im Vakuum.

Asaron, 4-Propenyl-1,2,5-trimethoxybenzol, $C_{12}H_{16}O_3$.

Eigenschaften. F. 61^0; D_{11^0} 1,091; n_D 1,5719. In reinem Zustande ist Asaron geruch- und geschmacklos.

Nachweis. 1. Durch das Dibromid vom F. 86^0. 2. Durch Oxydation mit Chromsäure zu Asarylaldehyd vom F. 114^0. 3. Durch Oxydation mit Kaliumpermanganat entstehen Asaronsäure vom F. 144^0 (Trimethoxybenzoesäure) und Asarylaldehyd vom F. 114^0.

Isolierung. Aus dem Haselwurzöl (von *Asarum europaeum*) oder Kalmusöl. Ist Asaron in diesen Ölen in größerer Menge vorhanden, so krystallisiert es bei längerem Stehen von selbst aus.

d) Vierwertige Phenoläther.

Apiol, 4-Allyl-3,6-dimethoxy-1,2-methylendioxybenzol, $C_{12}H_{14}O_4$.

Eigenschaften. F. 30⁰; Kp.(755 mm) 296—299⁰; Kp.(33 mm) 179⁰; D_{15^0} 1,1788. Apiol bildet schöne lange, farblose Nadeln von schwachem Petersiliengeruch. In Wasser ist es fast unlöslich, in organischen Lösungsmitteln leichter löslich.

Nachweis. 1. Durch das Tribromapiol vom F. 88—89⁰. 2. Durch Oxydation mit Kaliumpermanganat zu Apioaldehyd vom F. 102⁰ und Apiolsäure vom F. 175⁰. 3. Durch Umlagerung beim Kochen mit alkoholischer Kalilauge zu Isoapiol vom F. 55—56⁰. Isoapiol läßt sich ebenfalls mit Kaliumpermanganat zu Apiolaldehyd und Apiolsäure oxydieren. Durch Behandeln von Isoapiol mit Brom erhält man ein Monobromid vom F. 51⁰, ein Dibromid vom F. 75⁰ und ein Tribromid vom F. 120⁰.

Isolierung. Durch fraktionierte Destillation der hochsiedenden Anteile von Petersiliensamenöl und aus Venezuela-Campheröl, in dem es zu etwa 90 % enthalten ist, und aus dem es sich beim Abkühlen in fester Form abscheidet.

Dillapiol, 4-Allyl-5,6-dimethoxy-1,2-methylendioxybenzol, $C_{12}H_{14}O_4$.

Eigenschaften. Kp. 285⁰; Kp. (11 mm) 162⁰; $D_{13^0}^{4^0}$ 1,1644; n_{D25^0} 1,52778. Es ist ein dickes, fast geruchloses Öl.

Nachweis. 1. Durch das Monobromapioldibromid vom F. 110⁰. 2. Durch Umlagerung beim Kochen mit alkoholischer Kalilauge zu Dillisoapiol vom F. 44⁰. Dillisoapiol gibt ein Tribromid vom F. 115⁰. Bei der Oxydation mit alkalischer Kaliumpermanganatlösung entstehen aus Dillisoapiol Dillapiolaldehyd vom F. 75⁰ und Dillapiolsäure vom F. 151—152⁰.

Isolierung. Aus Maticoöl oder Dillöl durch fraktionierte Destillation im Vakuum.

2,3,4,5-Tetramethoxy-1-allylbenzol, $C_{13}H_{18}O_4$.

Eigenschaften. F. 25⁰; D_{25^0} 1,087; n_{D25^0} 1,51462.

Nachweis. Durch Oxydation mit Kaliumpermanganat zu Tetramethoxybenzoesäure vom F. 87⁰.

Isolierung. Aus französischen Petersiliensamenöl.

D. Aldehyde.

a) Aliphatische Aldehyde.

1. Gesättigte aliphatische Aldehyde[1].

Die niederen Glieder in der Reihe der gesättigten aliphatischen Aldehyde, *Formaldehyd, Acetaldehyd, Propionaldehyd, Butyraldehyd, Valeraldehyd, Iso-*

---

[1] Nähere Angaben, speziell über die niederen Fettaldehyde, ihren Nachweis und ihre Trennung finden sich in Band II S. 255—286, E. Simon und C. Neuberg: Aldehyde und Ketone.

valeraldehyd und *Capronaldehyd* oder *Hexanal* sind in den Destillationswässern oder in den am niedrigsten siedenden Anteilen ätherischer Öle anzutreffen. Sie sind stets nur in sehr kleiner Menge vorhanden und geben sich schon durch ihren stechenden Geruch zu erkennen. In manchen Fällen bilden sie sich infolge von Zersetzungserscheinungen erst während der Destillation. Die Isolierung kann über die Natriumbisulfitverbindungen geschehen. *Formaldehyd* ist bisher nur in einigen Destillationswässern durch Farbreaktionen nachgewiesen. *Acetaldehyd* läßt sich aus den Vorläufen einiger Öle (Anisöl, Pfefferminzöl, Apfelöl) isolieren und durch die RIMINIsche Farbreaktion mit Nitroprussidnatrum und einem sekundären Amin (Piperidin) erkennen, wobei Blaufärbung auftritt. Zum Nachweis dient das Oxim vom F. 47⁰. *Propionaldehyd* ist bisher nur im Vorlauf eines finnischen Kienöls beobachtet worden. *Butyraldehyd* läßt sich in kleiner Menge aus dem Vorlauf von Cajeputöl erhalten. Er ist zu erkennen am Kp. 75⁰ und an seinem p-Nitrophenylhydrazon vom F. 91—92⁰. Ob *Valeraldehyd* in ätherischen Ölen vorkommt, ist noch nicht mit Sicherheit erwiesen. Dagegen ist *Isovaleraldehyd* häufiger in ätherischen Ölen angetroffen worden, u. a. im Java-Citronellöl, im amerikanischen Pfefferminzöl und im Eucalyptusöl von *Eucalyptus globulus*. Er siedet bei 92,5⁰. Sein Thiosemicarbazon hat den F. 52—53⁰. *Capronaldehyd* oder *Hexanal* ist aus dem Öl von *Eucalyptus globulus* zu erhalten. Er siedet bei 131⁰, sein Nitrobenzhydrazon schmilzt bei 115 bis 116⁰. Oxim, F. 51⁰.

n-Octylaldehyd, *Octanal*, Caprylaldehyd, $C_8H_{16}O$, $CH_3 \cdot (CH_2)_6 \cdot CHO$.

Eigenschaften. $Kp._{(10\,mm)}$ 60—63⁰; $Kp._{(20\,mm)}$ 72⁰; $Kp._{(9\,mm)}$ 60—61⁰; D_{15^0} 0,827; D_{20^0} 0,8211; n_D 1,41955. Er ist ein farbloses Öl, dessen Geruch dem des Heptylaldehyds ähnelt.

Nachweis. 1. Durch das Oxim vom F. 60⁰. 2. Durch das Semicarbazon (F. 101⁰) und das Thiosemicarbazon (F. 94—95⁰). 3. Durch die Octyl-β-naphthocinchoninsäure vom F. 234⁰, die in weißen Krystallen erhalten wird, wenn man Octylaldehyd mit β-Naphthylamin und Brenztraubensäure erhitzt. 4. Durch die mit Jodphosphonium zu erhaltende Verbindung vom F. 115,5⁰.

Isolierung. Aus Lemongrasöl isoliert man über die Natriumbisulfitverbindungen die Aldehyde und unterwirft diese der fraktionierten Destillation im Vakuum, wobei Octylaldehyd neben anderen niederen Aldehyden in sehr kleiner Menge im Vorlauf enthalten ist.

n-Nonylaldehyd, Nonanal, Pelargonaldehyd, $C_9H_{18}O$, $CH_3 \cdot (CH_2)_7 \cdot CHO$.

Eigenschaften. $Kp._{(13\,mm)}$ 80—82⁰; $Kp._{(14\,mm)}$ 81⁰; D_{15^0} 0,8277; $n_{D\,16^0}$ 1,42452. Nonylaldehyd ist eine farblose Flüssigkeit von durchdringendem, fettigem Geruch, die sich durch Einwirkung von Luftsauerstoff langsam oxydiert.

Nachweis. 1. Durch das Oxim vom F. 64⁰. 2. Durch das Semicarbazon vom F. 100⁰ und das Thiosemicarbazon vom F. 77⁰. 3. Durch Oxydation zu Pelargonsäure vom Kp. 252—253⁰.

Isolierung. Nonylaldehyd findet sich stets nur in sehr kleinen Mengen in ätherischen Ölen und kann erhalten werden u. a. aus Lemongrasöl, Ceylon-Zimtöl und Irisöl.

n-Decylaldehyd, Decanal, n-Caprinaldehyd, $C_{10}H_{20}O$, $CH_3 \cdot (CH_2)_8 \cdot CHO$.

Eigenschaften. $Kp._{(755\,mm)}$ 207—209⁰; $Kp._{(12\,mm)}$ 93—94⁰; $Kp._{(6,5\,mm)}$ 80—81⁰; D_{15^0} 0,8361; $n_{D\,15^0}$ 1,42977. Decylaldehyd ist eine farblose Flüssigkeit von angenehmem, etwas fettigem Geruch, der in sehr starker Verdünnung an Pomeranzenschalen erinnert. Decylaldehyd wird durch Einwirkung von Licht und Luft leicht oxydiert und polymerisiert und muß deshalb besonders vorsichtig (am besten in verdünnter Lösung im Dunkeln) aufbewahrt werden.

Nachweis. 1. Durch das Oxim vom F. 69^0. 2. Durch das Semicarbazon vom F. 102^0 und durch das Thiosemicarbazon vom F. 99—100^0. 3. Durch das Azin (F. 34^0). 4. Durch die β-Naphthocinchoninsäure, die bei 237^0 schmilzt und durch Kondensation von Decylaldehyd mit β-Naphthylamin und Brenztraubensäure entsteht. 5. Durch Oxydation zu Caprinsäure (F. 30—31^0; Kp. 267—269^0).

Isolierung. Da Decylaldehyd nur in sehr kleinen Mengen in ätherischen Ölen vorhanden ist, ist seine Isolierung wie die der anderen niederen aliphatischen Aldehyde mit großen Schwierigkeiten verknüpft. Man kann ihn erhalten aus Pomeranzenöl, Mandarinenöl, Irisöl, Lemongrasöl und Edeltannennadelöl.

Laurinaldehyd, Dodecanal, $C_{12}H_{24}O$, $CH_3 \cdot (CH_2)_{10} \cdot CHO$.

Eigenschaften. F. $44,5^0$; Kp.$_{(22\,mm)}$ 142—143^0. Laurinaldehyd bildet weiße glänzende Blättchen von schwach fettigem Geruch. Er oxydiert sich außerordentlich leicht schon an der Luft und ist nur in Form der Natriumbisulfitverbindung längere Zeit haltbar.

Nachweis. 1. Durch Oxydation zu Laurinsäure vom F. 43^0. 2. Durch das Semicarbazon vom F. $101,5$—$102,5^0$.

Isolierung. Aus Edeltannennadelöl, in dem Laurinaldehyd aber nur in sehr geringer Menge enthalten ist.

2. Ungesättigte aliphatische Aldehyde, aliphatische Terpenaldehyde.

Citronellal, Citronellaldehyd, $C_{10}H_{18}O$ ist ein Gemisch von 2,6-Dimethyl-octen-(1)-al-(8), der Limonenform, und von 2,6-Dimethyl-octen-(2)-al-(8), der Terpinolenform, die Rhodinal genannt wird.

$$CH_2{=}C{-}CH_2{-}CH_2{-}CH_2{-}CH{-}CH_2{-}CHO$$
$$\quad\quad\;\; |\quad\quad\quad\quad\quad\quad\quad\quad\; |$$
$$\quad\quad CH_3\quad\quad\quad\quad\quad\quad\quad CH_3$$

Limonenform, Citronellal.

$$CH_3{-}C{=}CH{-}CH_2{-}CH_2{-}CH{-}CH_2{-}CHO$$
$$\quad\quad\;\; |\quad\quad\quad\quad\quad\quad\quad\quad\; |$$
$$\quad\quad CH_3\quad\quad\quad\quad\quad\quad\quad CH_3$$

Terpinolenform, Rhodinal.

Eigenschaften. d-Citronellal: Kp. $_{(753,7\,mm)}$ $206,6^0$; Kp. $_{(14\,mm)}$ 89—91^0; Kp. $_{(10\,mm)}$ $83,2^0$; $D_{17,5^0}$ $0,8554$; n_D $1,4461$; $[\alpha]_D$ $+ 12^0\,30'$; löslich in 5—6 Vol. 70 proz. Alkohols. l-Citronellal (aus Java lemon olie): Kp. 205—208^0; D_{15^0} $0,8567$; α_D -3^0; n_{D20^0} $1,44791$. Citronellal riecht melissenartig und zeichnet sich durch große Unbeständigkeit aus. Schon beim Stehen an der Luft geht es allmählich in Isopulegol über.

Nachweis. 1. Durch das Semicarbazon, das bei Anwendung von aktivem Citronellal bei $82,5$—84^0 schmilzt. Der Schmelzpunkt des aus inaktivem Citronellal hergestellten Semicarbazons liegt bei 96^0. 2. Durch das Thiosemicarbazon vom F. 54—55^0. 3. Durch die α-Citronellyl-β-naphthocinchoninsäure vom F. 225^0. Man erhält sie, wenn man 12 g Brenztraubensäure und 20 g Citronellal in absolutem Alkohol löst, eine Lösung von 20 g β-Naphthylamin in absolutem Alkohol zusetzt und die Mischung drei Stunden lang im Wasserbade am Rückflußkühler kocht. Nach dem Erkalten filtriert man die krystallinisch abgeschiedene α-Citronellyl-β-naphthocinchoninsäure ab, wäscht sie mit Äther aus und krystallisiert sie zur weiteren Reinigung zunächst aus salzsäurehaltigem Alkohol um. Das so erhaltene Chlorhydrat löst man in Ammoniakflüssigkeit und fällt die Säure durch Ansäuern mit Essigsäure wieder aus. Schließlich krystallisiert man noch aus verdünntem Alkohol um, wobei schöne weiße Nadeln erhalten werden. 4. Durch Herstellung von Citronellylidenaceton durch Kondensation von Citronellal mit Aceton. Citronellylidenaceton gibt ein Semicarbazid-Semicarbazon vom F. 167°. 5. Durch die Citronellylidencyanessig-säure vom F. 137—138° (Darstellung analog wie bei Citral, S. 536).

Zur quantitativen Bestimmung von Citronellal sind verschiedene Verfahren ausgearbeitet worden, die nebeneinander im Gebrauch sind. Ungeeignet für die Bestimmung von Citronellal ist die Bisulfitmethode, da zuverlässige Resultate nach ihr nicht zu erhalten sind, weil sich die Bisulfitverbindung des hydrosulfon-sauren Citronellals in Bisulfitlauge schwer löst.

Liegt Citronellal im Gemisch mit Alkoholen, z. B. Geraniol und Citronellol, vor, wie es bei Citronellölen vorkommt, so kann man durch Acetylierung (s. S. 476) das Citronellal in Isopulegylacetat überführen und mit den anderen erhaltenen Acetaten verseifen. Bei diesem Verfahren ist auf be-sondere Hochprozentigkeit des Essigsäureanhydrids und vollkommene Wasser-freiheit des verwendeten Natriumacetats zu achten. Man muß weiter 2 Stunden acetylieren und das acetylierte Öl 2 Stunden verseifen, da man sonst zu niedrige Resultate erhält. Die Berechnung erfolgt am einfachsten und ohne große Fehler als Alkohol $C_{10}H_{18}O$, wobei natürlich das Citronellal als Alkohol in Erscheinung tritt.

Will man nun in einem solchen Gemisch von Citronellal mit Alkoholen den Citronellalgehalt erfahren, so kann dies nach der Methode von DUPONT und LABAUNE geschehen. Sie beruht darauf, daß das Citronellal durch Schütteln mit Hydroxylaminlösung zunächst in Citronellaloxim übergeführt wird. Dieses acetyliert man, wobei es unter Wasserabspaltung in Citronellsäurenitril über-geht. Verseift man das acetylierte Öl, so bleibt das Citronellsäurenitril unver-ändert, während die Acetate von vorhandenen Alkoholen verseift werden. Zieht man den hierbei erhaltenen Wert für den Alkoholgehalt (berechnet als $C_{10}H_{18}O$) von dem bei der Acetylierung des nicht oximierten Öles erhaltenen Werte ab, so erfährt man mit guter Genauigkeit den Gehalt des Gemisches an Citronellal. Ungenau fallen die Werte nur aus, wenn der Gehalt an Citronellal sehr hoch ist, da dann vielleicht die Oximierung nicht vollständig eintritt oder möglicher-weise auch eine gewisse Menge Citronellsäurenitril verseift wird. Bei hoch-prozentigem Citronellal wird man daher zur Bestimmung besser andere Methoden heranziehen.

Zur Ausführung der *Oximierung* nach DUPONT und LABAUNE schüttelt man 12 cm³ des Ölgemisches 2 Stunden lang mit einer Hydroxylaminlösung, die man sich durch Mischen einer Lösung von 12 g Kaliumcarbonat und 10 g Hydroxylaminchlorhydrat in je 25 cm³ Wasser herstellt. Zu beachten ist dabei, daß man beim Mischen der beiden Lösungen das Öl schon zu-gesetzt hat, damit das freie Hydroxylamin augenblicklich mit dem Citronellal reagieren kann. Nach 2 Stunden trennt man das Öl von der wäßrigen Flüssig-keit, trocknet es und acetyliert es dann. Das acetylierte Öl wird 2 Stunden lang verseift.

Nach RECLAIRE und SPOELSTRA (58) kann man den Citronellalgehalt des oximierten Öles durch Stickstoffbestimmung nach KJELDAHL-GUNNING er-mitteln. Dazu wägt man etwa 1 g oximiertes Öl in einem kleinen Glasröhrchen genau ab, bringt es vorsichtig in einen KJELDAHL-Kolben, fügt 1 Tropfen Queck-silber (etwa 0,6 g) und 20 cm³ konzentrierte Schwefelsäure ($d_{15°}$ 1,84) hinzu und erhitzt zunächst über kleiner, dann allmählich vergrößerter Flamme zum Kochen. Der Kolben steht auf einer Asbestplatte, die in der Mitte einen ent-sprechend großen, runden Ausschnitt hat, so daß nur der mit Flüssigkeit gefüllte Teil des Kolbens von der Flamme umspült werden kann. Zur Vermeidung starken Schäumens kann man ein kleines Stück Paraffin hinzufügen. Man kocht so lange, bis alle festen Kohlenteilchen verschwunden sind und die Flüssigkeit sich tief dunkelbraun gefärbt hat, was nach ungefähr 30—45 Minuten der Fall ist. Hierauf fügt man 15 g gepulvertes Kaliumsulfat hinzu und kocht noch so lange, bis die Flüssigkeit hellfarbig geworden ist. Man läßt nun abkühlen, spült die Flüssigkeit quantitativ in einen Destillierkolben über, ergänzt mit Wasser auf etwa 300 cm³, fügt einige Bimssteinstückchen und 100 cm³ alkalische Natriumsulfidlösung hinzu, die man durch Auflösen von 500 g Natriumhydroxyd und 10—15 g Natriumsulfid in 1 l Wasser hergestellt hat, und destilliert das in Freiheit gesetzte Ammoniak in vorgelegte Fünftelnormal-Schwefelsäure. Der Überschuß an Säure wird unter Anwendung von Lackmustinktur oder Methylorange als Indicator mit Fünftelnormal-Lauge zurücktitriert. Die Berechnung erfolgt nach der Formel:

$$\% \text{ Citronellal} = \frac{a \cdot 3,083}{s - a \cdot 0,003},$$

in der a den verbrauchten Kubikzentimetern Fünftelnormal-Schwefelsäure und s der angewandten Menge oximierten Öles in Grammen entspricht.

Die nach dieser Methode erhaltenen Werte sind recht gut auch bei höherem Citronellalgehalt, wenn man darauf achtet, daß das Öl vollständig oximiert wird.

Die eleganteste, am leichtesten und schnellsten auszuführende Methode zur Bestimmung von Citronellal ist die von Dauphin in der von Bennett und Salamon und Schimmel & Co. etwas abgeänderten Form (s. S. 479). Auch reines Citronellal läßt sich nach ihr leicht quantitativ bestimmen. Etwa 1—2 g Öl werden genau abgewogen, worauf unter Anwendung von Phenolphthalein als Indicator zunächst die freie Säure neutralisiert wird. Dann kühlt man durch Einstellen in Eis gut ab, setzt etwa 20—30 cm³ Hydroxylaminchlorhydratlösung hinzu (s. S. 479) und titriert sofort mit alkoholischer Halbnormal-Kalilauge die frei werdende Salzsäure. Die Titration muß sofort und in flottem Tempo erfolgen, damit die frei werdende Salzsäure keine Zeit findet, mit noch freiem Citronellal zu reagieren. Verfährt man so, so ist die Titration meistens sofort oder nach einigen Minuten beendet, eventuell muß noch innerhalb einer Stunde nachtitriert werden, wenn wieder Farbenumschlag eintreten sollte. Zu beachten ist, daß Hydroxylaminchlorhydrat stets im Überschuß zugegen sein muß.

Isolierung. Zur Abscheidung von Citronellal aus ätherischen Ölen, z. B. aus Java-Citronellöl oder aus dem Öl von *Eucalyptus citriodora*, führt man es in die feste Bisulfitverbindung über, die man durch Zugabe von Alkalicarbonat zerlegt. Ein großer Überschuß von Bisulfitlösung muß vermieden werden, da sonst ein nicht zerlegbares Hydrosulfonsäurederivat des Citronellals entsteht. Nach der alten Vorschrift von Tiemann wird käufliche, etwa 35proz. Natriumbisulfitlösung durch Hindurchsaugen von Luft von überschüssiger schwefliger Säure befreit und dann unter Zugabe von Eisstücken mit Citronellal geschüttelt. Es bildet sich dabei die normale Natriumbisulfitverbindung, die sich in fester Form abscheidet. Man sammelt sie und befreit sie durch Absaugen, gründliches Durcharbeiten zuerst mit Alkohol, dann mit Äther und nochmaliges Absaugen von öligen Beimengungen, zersetzt sie durch Zugabe von Sodalösung und destilliert das abgeschiedene Citronellal mit Wasserdampf. Ein Verfahren von Zimmermann (105) ist dem Tiemannschen ähnlich, soll aber leichter durchzuführen sein und bessere Ausbeuten geben. Man stellt sich zunächst eine 35proz. Lösung von wasserfreiem Natriumsulfit her, neutralisiert diese mit verdünnter Schwefelsäure in Gegenwart von Phenolphthalein und gibt noch 2% Natriumsulfit hinzu. Dann kühlt man die Lösung gut ab und gibt langsam unter dauerndem Umrühren das ätherische Öl hinzu, wobei sich die normale Natriumbisulfitverbindung des Citronellals in fester Form abscheidet. Die Temperatur darf während der Reaktion 20⁰ nicht übersteigen. Das abgespaltene Alkali neutralisiert man darauf fast vollkommen mit 10proz. Essigsäure, allerdings mit der Vorsicht, daß die Flüssigkeit noch ganz schwach alkalisch bleibt. Dann gibt man den Rest des Öles hinzu und rührt noch $^1/_2$ Stunde lang, worauf man die festen Anteile von der wäßrigen Flüssigkeit trennt, sie abpreßt und durch Verreiben mit Äther von öligen Verunreinigungen befreit. Dann löst man die trockene Natriumbisulfitverbindung des Citronellals in möglichst wenig kochendem Wasser auf, gibt die Lösung nach dem Abkühlen in einen Scheidetrichter und schüttelt mit Äther und konzentrierter Sodalösung, bis alles gelöst ist. Der Äther wird abgeschieden, mit Wasser gewaschen, getrocknet und abdestilliert, wobei das Citronellal zurückbleibt. Man reinigt es weiter durch Rektifikation mit Wasserdampf.

Citronellal läßt sich weiter in reinem Zustande isolieren, wenn man aus Java-Citronellöl durch fraktionierte Vakuumdestillation über eine gut wirkende Kolonne zunächst Fraktionen isoliert, in denen das Citronellal stark angereichert ist. Durch mehrmaliges Borieren (s. S. 470) befreit man diese Fraktionen von den darin enthaltenen Alkoholen und fraktioniert das Citronellal nochmals.

Citral, 2,6-Dimethyl-octadien-1,6-al-(8) und 2,6-Dimethyl-octadien-2,6-al-(8), $C_{10}H_{16}O$.

$$CH_2{=}C{-}CH_2{-}CH_2{-}CH_2{-}C{-}CH_3$$
$$\quad|\qquad\qquad\qquad\qquad\ \|$$
$$CH_3\qquad\qquad\quad H{-}C{-}CHO$$

Citral a (Limonenform)

$$CH_3{-}C{=}CH{-}CH_2{-}CH_2{-}C{-}CH_3$$
$$\quad|\qquad\qquad\qquad\qquad\ \|$$
$$CH_3\qquad\qquad\quad H{-}C{-}CHO$$

Citral a (Terpinolenform)

$$CH_2{=}C{-}CH_2{-}CH_2{-}CH_2{-}C{-}CH_3$$
$$\quad|\qquad\qquad\qquad\qquad\ \|$$
$$CH_3\qquad\qquad\quad OHC{-}C{-}H$$

Citral b (Limonenform)

$$CH_3{-}C{=}CH{-}CH_2{-}CH_2{-}C{-}CH_3$$
$$\quad|\qquad\qquad\qquad\qquad\ \|$$
$$CH_3\qquad\qquad\quad OHC{-}C{-}H$$

Citral b (Terpinolenform)

Das natürlich vorkommende Citral ist ein Gemisch von zwei Diastereoisomeren Citral a und Citral b, von denen das Citral a der Menge nach das Citral b bedeutend überwiegt. Von Citral b sind nur etwa 6—7 % in dem Gemisch enthalten. Während man früher aber annahm, daß beiden Citralen die Terpinolenform zukäme, haben neuere Untersuchungen ergeben, daß sie nicht völlig einheitliche Verbindungen der Terpinolenform darstellen, sondern in geringerer Menge Anteile enthalten, die der Limonenform entsprechen.

Eigenschaften. Gewöhnliches Citral: Kp.$_{(760\ mm)}$ 228—229⁰ (geringe Zersetzung); Kp.$_{(15,5\ mm)}$ 114,6—115,6⁰; Kp.$_{(10\ mm)}$ 104,4⁰; Kp.$_{(5\ mm)}$ 92—93⁰; $D_{15⁰}$ 0,8926; $D_{17⁰}$ 0,8897; $n_{D\ 20⁰}$ 1,48853; $n_{D\ 17⁰}$ 1,48945; optisch inaktiv; löslich in etwa 7 Vol. 60proz. Alkohols. Citral ist ein dünnflüssiges, schwach gelbliches Öl von durchdringendem Citronengeruch. — Citral a, Geranial: Kp.$_{(20\ mm)}$ 118—119⁰; $D_{20⁰}$ 0,8898; n_D 1,4891. Citral b, Neral: Kp.$_{(12\ mm)}$ 102—104⁰; $D_{19⁰}$ 0,888; n_D 1,49001.

Nachweis. 1. Durch die Semicarbazone, die sich unter bestimmten Bedingungen in Anteile von gleichbleibenden Schmelzpunkten zerlegen lassen, F. 164⁰ und 171⁰. Zur Darstellung der Semicarbazone gibt man zu einer Lösung von 5 Teilen Citral in 30 Teilen Eisessig eine Lösung von 4 Teilen Semicarbazidchlorhydrat in wenig Wasser hinzu. Nach kurzer Zeit scheiden sich erhebliche Mengen eines Semicarbazons in Nadeln aus, die nach 2—3maligem Umkrystallisieren aus Methylalkohol scharf bei 164⁰ schmelzen. Aus der von diesem Semicarbazon abfiltrierten Mutterlauge läßt sich die bei 171⁰ schmelzende Verbindung des Citrals b gewinnen. Gemische der beiden Semicarbazone zeigen

Schmelzpunkte zwischen 130—171⁰. 2. Durch die α-Citryl-β-naphthocinchoninsäure vom F. 200⁰. 12 g Brenztraubensäure und 20 g Citral löst man in absolutem Alkohol, gibt eine Lösung von 20 g β-Naphthylamin in absolutem Alkohol hinzu und kocht die Mischung etwa 3 Stunden lang im Wasserbade am Rückflußkühler. Nach dem Erkalten wird die in krystallinischem Zustande abgeschiedene α-Citryl-β-naphthocinchoninsäure abfiltriert und durch Waschen mit Äther gereinigt. Ist die Säure zu stark verunreinigt, so löst man sie in Ammoniak und scheidet sie aus der filtrierten Lösung durch Neutralisieren mit Essigsäure ab. Beim Umkrystallisieren aus Alkohol erhält man gelbe Blättchen. 3. Durch die Citrylidencyanessigsäuren vom F. 122⁰ und 94—95⁰, zu deren Darstellung man zu einer Lösung von 1 Mol. Cyanessigsäure in der dreifachen Menge Wasser 2 Mol. Natriumhydroxyd (als 30proz. Natronlauge) und 1 Mol Citral hinzugibt. Man schüttelt dann gut um, wobei das Citral sich völlig auflöst, wenn es rein war. Aus der Lösung, die man eventuell durch Ausschütteln mit Äther klärt, scheidet man die Citrylidencyanessigsäure durch Zusatz von Säure krystallinisch oder als bald erstarrendes Öl ab. Da Citral a schneller mit Cyanessigsäure reagiert als Citral b, erhält man zuerst die höher schmelzende Verbindung, bei längerer Einwirkungsdauer dann die niedriger schmelzende Verbindung des Citral b. 4. Durch Kondensation mit Acetylaceton, wobei Krystalle vom F. 46—48⁰ entstehen. 5. Durch das Semioxamazon vom F. 190—191⁰. 6. Durch das Thiosemicarbazon, das bei 107—108⁰ schmilzt.

Die quantitative Bestimmung von Citral läßt sich nach mehreren Methoden durchführen.

Zur Bestimmung größerer Citralmengen gut geeignet und schnell ausführbar sind die Bisulfit- und die Sulfitmethode, die in der allgemein üblichen Weise (vgl. S. 481 und 482) durchgeführt werden. Bei kleineren Citralmengen erhält man jedoch nach diesen Methoden ziemlich ungenaue Resultate.

In jeder Menge, also bei höherem oder geringerem Gehalt, läßt Citral sich nach der Hydroxylaminmethode bestimmen (vgl. S. 479). Dem höheren oder niedrigeren Gehalt entsprechend wägt man kleinere oder größere Mengen (von 1 g bis zu 5 g) für die Bestimmung ab, die bei Zimmertemperatur in kürzester Zeit vor sich geht.

Zur Ermittelung kleiner und kleinster Citralmengen gut geeignet ist die Klebersche Phenylhydrazinmethode in der von Schimmel & Co. abgeänderten Form. Allerdings hat sie neuerdings an Bedeutung erheblich eingebüßt, nachdem es mit Hilfe der Hydroxylaminmethode möglich geworden ist, kleine Citralmengen in kürzerer Zeit und weit weniger umständlich genau zu bestimmen. Die Ausführung der Phenylhydrazinmethode geschieht in der Weise, daß man 2 g Öl (mit einem Gehalt von etwa 5 % Citral, bei höherem Gehalt entsprechend weniger) mit 10 cm³ einer frisch bereiteten 2proz. alkoholischen Phenylhydrazinlösung mischt und die Mischung 1 Stunde lang in einer 50 cm³ fassenden Glasstopfenflasche ruhig im Dunkeln stehen läßt. Dann gibt man 20 cm³ Zehntelnormal-Salzsäure hinzu und mischt durch vorsichtiges Umschwenken. Nach Zusatz von 10 cm³ Benzol wird kräftig durchgeschüttelt, die Mischung in einen Scheidetrichter gegossen und die nach kurzer Zeit der Ruhe sich gut abscheidende, 30 cm³ betragende saure Schicht durch ein kleines Filter filtriert. 20 cm³ des Filtrats titriert man dann nach Zusatz von 10 Tropfen Äthylorangelösung (1 : 200) mit Zehntelnormal-Kalilauge bis zur deutlichen Gelbfärbung und errechnet aus dem auftretenden Verbrauch den Verbrauch an Zehntelnormal-Kalilauge für 30 cm³ Filtrat. Zu gleicher Zeit führt man zur Feststellung des Wirkungswertes der Phenylhydrazinlösung einen blinden Versuch in genau gleicher Weise durch. Verbraucht man für 30 cm³ Filtrat bei dem regulären Versuch a cm³, beim blinden Versuch b cm³ Zehntelnormal-Kalilauge und hat man s g Öl abgewogen, so ergibt sich der Prozentgehalt an Citral nach der Formel:

$$\% \ \text{Citral} = \frac{(a - b) \cdot 1{,}52}{s}.$$

Das Ausschütteln mit Benzol erfolgt, um die nach Zusatz von Zehntelnormal-Salzsäure trübe gewordene Flüssigkeit vom nicht in Reaktion getretenen Öle zu trennen und dadurch zu klären.

Isolierung. Citral läßt sich aus ätherischen Ölen, z. B. Lemongrasöl, in der Weise isolieren, daß man das Öl, eventuell unter Zusatz von etwas Alkohol, mit Natriumbisulfitlösung schüttelt, wobei sich die krystallinische Additionsverbindung abscheidet, die man durch Absaugen von wäßrigen und öligen Anteilen zur Hauptsache befreit. Durch mehrmaliges gutes Auswaschen mit Alkohol und dann mit Äther erhält man die Bisulfitverbindung in reinem Zustande und kann sie nun durch Zugabe von Soda zersetzen. Das erhaltene Citral reinigt man weiter durch fraktionierte Destillation im Vakuum.

Zur Gewinnung von Citral a verfährt man am besten nach der TIEMANN-schen Vorschrift. 1 kg Natriumbisulfitverbindung von gewöhnlichem Citral suspendiert man in 3 l Wasser, gibt dann 1 l Äther und darauf 500 g wasserfreie Soda hinzu und schüttelt 1 Stunde lang in der Kälte. Dabei werden durch partielle Zersetzung etwa 300 g Citral a in Freiheit gesetzt und vom Äther aufgenommen. Die weitere Reinigung nimmt man durch fraktionierte Vakuumdestillation vor.

Zur Abscheidung von Citral b dient seine Eigenschaft, sich langsamer mit alkalischer Cyanessigsäurelösung zu verbinden als Citral a. Man schüttelt 200 g gewöhnliches Citral mit 110 g Cyanessigsäure, 80 g Ätznatron und 600 g Wasser, bis alles gelöst ist, und äthert dann sofort zweimal aus.

b) Aromatische Aldehyde.

Benzaldehyd, $C_6H_5 \cdot CHO$.

Eigenschaften. F. —26⁰; Kp.(760 mm) 178,7⁰; Kp.(10 mm) 62⁰; Kp.(5 mm) 45⁰; $D_{15^0}^{15^0}$ 1,0495; $n_{D\,20^0}$ 1,544—1,546. Benzaldehyd löst sich in mehr als 300 Teilen Wasser, in etwa 8 Vol. 50proz. und in 2,5—3 Vol. 60proz. Alkohols. In den üblichen organischen Lösungsmitteln ist er leicht löslich. Benzaldehyd ist eine farblose, stark lichtbrechende Flüssigkeit von charakteristischem Geruch nach bitteren Mandeln und von brennendem, aromatischem Geschmack. Beim Stehen an der Luft und im Licht färbt er sich gelblich und oxydiert sich zu Benzoesäure, die sich manchmal in besonders alten Präparaten krystallinisch abscheidet. Künstlicher Benzaldehyd ist von Benzaldehyd aus ätherischen Ölen leicht durch seinen größeren oder geringeren Gehalt an gechlorten Produkten zu unterscheiden, die jenem von der Darstellung her anhaften. Über den Nachweis von gebundenem Chlor vgl. S. 510.

Die BEILSTEIN-Probe ist zum Nachweis von Chlor in Benzaldehyd unbrauchbar, da sich stets etwas benzoesaures Kupfer bildet, das die Flamme grün färbt.

Benzaldehyd kann von der Darstellung her leicht Blausäure enthalten. Man prüft ihn darauf in der Weise, daß man einige Kubikzentimeter Benzaldehyd mit einigen Kubikzentimetern Alkalilauge durchschüttelt, dann einige Tropfen oxydhaltige Ferrosulfatlösung zusetzt und mit verdünnter Salzsäure ansäuert. Bei Gegenwart von Blausäure bildet sich Berlinerblau, das sich in Flocken abscheidet.

Nachweis. 1. Durch das Semicarbazon vom F. 214⁰. 2. Durch das Phenylhydrazon vom F. 156⁰. 3. Durch Oxydation zu Benzoesäure vom F. 122⁰. Weitere Derivate und Nachweisreaktionen sind im Kapitel *Aldehyde* Bd. II, S. 272 angegeben.

Die quantitative Bestimmung kann mittels der Bisulfitmethode erfolgen. Man erwärmt 10 cm³ Benzaldehyd mit etwa 40 cm³ Natriumbisulfitlösung und füllt unter dauerndem Erwärmen mit Wasser auf, da die Natriumbisulfitverbindung des Benzaldehyds nicht in überschüssiger Natriumbisulfitlauge, wohl aber in Wasser löslich ist.

Zur Bestimmung von Benzaldehyd ist weiter die Hydroxylaminmethode gut brauchbar (s. S. 479). Auch die Kleberesche Phenylhydrazinmethode (s. S. 536) wird für die quantitative Bestimmung von Benzaldehyd empfohlen.

Isolierung. Die Isolierung von Benzaldehyd geschieht am einfachsten aus echtem blausäurehaltigem Bittermandelöl, indem man es mit etwa der vierfachen Menge Natriumbisulfitlauge bei gewöhnlicher Temperatur gut durchschüttelt. Die feste Natriumbisulfitverbindung wird durch Absaugen von den flüssigen Anteilen befreit, mit Alkohol gut ausgewaschen und aus Wasser umkrystallisiert. Zur Abscheidung des Benzaldehyds gibt man Sodalösung hinzu und reinigt den erhaltenen Benzaldehyd weiter durch fraktionierte Vakuumdestillation.

Hydrozimtaldehyd, β-Phenyl-propionaldehyd, $C_6H_5 \cdot CH_2 \cdot CH_2 \cdot CHO$.

Eigenschaften. Kp.(744 mm) 221—224°; Kp.(16 mm) 110—113°; Kp.(13 mm) 104—105°; $D_{15}°$ 1,03. Hydrozimtaldehyd ist eine farblose ölige Flüssigkeit, die blumenartigen, schwach an Jasmin und Flieder erinnernden Geruch besitzt. Beim Stehen an der Luft oxydiert er sich leicht zu Hydrozimtsäure.

Nachweis. 1. Durch das Oxim vom F. 93—94°. 2. Durch das Semicarbazon, das bei 130—131° schmilzt.

Zur quantitativen Bestimmung eignet sich die Bisulfitmethode (s. S. 481), bei der man aber mit Wasser auffüllen muß, da die Natriumbisulfitverbindung des Hydrozimtaldehyds in überschüssiger Natriumbisulfitlauge schwer löslich ist. Bei der Bestimmung von Hydrozimtaldehyd nach der Hydroxylaminmethode muß man in der Kälte (bei etwa 0°) arbeiten.

Isolierung. Man trennt aus Ceylon-Zimöl die Aldehyde ab, entfernt den Zimtaldehyd und isoliert aus dem zurückbleibenden Gemisch von Nonylaldehyd und Hydrozimtaldehyd diesen über das Semicarbazon, das man dann mit verdünnter Schwefelsäure zersetzt.

Cuminaldehyd, p-Isopropyl-benzaldehyd, OHC—⟨ ⟩—CH⟨ $^{CH_3}_{CH_3}$, $C_{10}H_{12}O$.

Eigenschaften. Kp.(760 mm) 235,5°; Kp.(13,5 mm) 109,5°; Kp.(10 mm) 103,5°; $D_{15}°$ 0,9818; optisch inaktiv; n_D 1,5301. Cuminaldehyd ist eine schwach gelblich gefärbte Flüssigkeit von unangenehmem wanzenartigem Geruch.

Nachweis. 1. Durch das Oxim vom F. 58—59°. 2. Durch das Semicarbazon vom F. 210—211°. 3. Durch das Phenylhydrazon, das bei 126—127° schmilzt. 4. Durch Oxydation zu Cuminsäure vom F. 115°.

Zur quantitativen Bestimmung eignet sich besonders die Hydroxylaminmethode, nach der man rasch recht gute Resultate erhält. Auch die Phenylhydrazinmethode ist zur Bestimmung geeignet.

Isolierung. Aus Cuminöl stellt man durch Schütteln mit Natriumbisulfitlauge die feste Natriumbisulfitverbindung her, reinigt sie durch Absaugen und Auswaschen mit Alkohol und zersetzt sie mit Sodalösung.

$$CH{=}CH{-}CHO.$$

Zimtaldehyd, β-Phenyl-acrolein, C_9H_8O.

Eigenschaften. Erstarrt bei —7,5° zu einer festen, hellgelben Masse. Kp. (bei Atmosphärendruck, unter teilweiser Zersetzung) 252°; Kp.(20 mm) 128—130°; Kp.(10 mm) 118 bis 120^0; D_{15^0} 1,054; $D_{\frac{20^0}{4^0}}$ 1,0497; $n_{D\,20^0}$ 1,61949; er löst sich in etwa 25 Vol. 50proz. und in etwa 7 Vol. 60proz. Alkohols; in Wasser ist er sehr schwer löslich, ebenso auch in Petroläther. Zimtaldehyd ist eine gelbe, stark lichtbrechende Flüssigkeit von charakteristischem Zimtölgeruch und brennendem und zugleich süßem Geschmack. An der Luft oxydiert er sich zu Zimtsäure, färbt sich dabei dunkelbraun und wird dickflüssig.

Wie bei Benzaldehyd muß man auch bei Zimtaldehyd auf Chlorgehalt prüfen (vgl. S. 510), da künstlicher Zimtaldehyd oft Chlorverbindungen enthält. Die BEILSTEIN-Probe ist auch hier unzuverlässig.

Nachweis. 1. Durch das Semicarbazon vom F. 208^0. 2. Durch das Phenylhydrazon vom F. 168^0, durch das p-Nitrophenylhydrazon vom F. 195^0 und durch das p-Bromphenylhydrazon vom F. 143^0. 4. Durch Oxydation zu Zimtsäure vom F. 133^0, die sich weiter zu Benzaldehyd und Benzoesäure oxydieren läßt.

Zur quantitativen Bestimmung von Zimtaldehyd eignen sich die Bisulfitmethode (vgl. S. 481), die Sulfitmethode (vgl. S. 482) und die Hydroxylaminmethode (vgl. S. 479). Bei der Reaktion mit Natriumbisulfit geht Zimtaldehyd zunächst in die normale Additionsverbindung über. Bei weiterem Erwärmen mit überschüssigem Natriumbisulfit wird ein zweites Molekül Natriumbisulfit unter Bildung der löslichen Hydrosulfonsäureverbindung addiert. Aus dieser Verbindung läßt Zimtaldehyd sich nicht wieder regenerieren. Die Bestimmung von Zimtaldehyd nach der Sulfitmethode und nach der Hydroxylaminmethode verläuft normal. Stehen nur kleine Mengen Zimtaldehyd zur Verfügung, so kann außer der Hydroxylaminmethode auch die Semioxamazidmethode von HANUŠ zur Anwendung gelangen. Allerdings ist die erheblich umständlicher durchzuführen und nicht genauer in ihren Resultaten als die Hydroxylaminmethode.

In einem Erlenmeyerkolben von etwa 250 g Inhalt löst man 0,15—0,2 g Zimtaldehyd in 10 cm³ starkem Alkohol, setzt 85 cm³ Wasser hinzu und verteilt den Zimtaldehyd durch kräftiges Schütteln recht fein. Dann gibt man eine Lösung der anderthalbfachen Menge Semioxamazid in 15 cm³ heißem Wasser hinzu, schüttelt 5 Minuten lang kräftig durch und läßt unter zeitweiligem Schütteln noch 24 Stunden lang stehen. Das abgeschiedene Semioxamazid wird dann durch einen getrockneten und gewogenen GOOCH-Tiegel filtriert, mit kaltem Wasser gewaschen und bei 105^0 bis zur Gewichtskonstanz getrocknet. Wenn a die gewogene Menge Zimtaldehydsemioxamazon und s die angewandte Menge Zimtaldehyd bedeutet, so beträgt der Prozentgehalt an Zimtaldehyd:

$$^0\!/_0 \text{ Zimtaldehyd} = \frac{a \cdot 60,83}{s}.$$

Isolierung. Zur Isolierung von Zimtaldehyd geht man am besten von Cassiaöl aus, löst dieses in Alkohol auf und schüttelt längere Zeit bei Zimmertemperatur mit Natriumbisulfitlösung, die nicht im Überschuß angewandt werden darf, da sich sonst die nicht zerlegbare Hydrosulfonsäureverbindung bildet. Die abgeschiedene Bisulfitverbindung wäscht man zur Reinigung mit Alkohol und regeneriert den Zimtaldehyd dann in der üblichen Weise.

Salicylaldehyd, o-Oxy-benzaldehyd, $C_7H_6O_2$.

Eigenschaften. F. —10 bis —11^0; Kp.$_{(760\,mm)}$ 197^0; Kp.$_{(16\,mm)}$ 89^0; D_{15^0} 1,1530; $n_{D\,25^0}$ 1,57017. Salicylaldehyd ist eine farblose ölige Flüssigkeit von angenehmem Geruch. In Wasser löst er sich in geringer Menge. Leicht löslich in Alkohol, Äther und anderen organischen Lösungsmitteln. Durch Eisenchlorid wird die wäßrige Lösung tiefviolett gefärbt.

Nachweis. 1. Durch das Oxim vom F. 57^0. 2. Durch das Phenylhydrazon vom F. 96^0 und das p-Bromphenylhydrazon vom F. 171—172^0. 3. Durch Oxydation zu Salicylsäure, die bei 155—156^0 schmilzt.

Isolierung. Aus Cassiaöl oder den Ölen von Spiraea-Arten durch Überführung in die Bisulfitverbindung, die man in der üblichen Weise zerlegt. Von anderen Aldehyden läßt sich Salicylaldehyd infolge seiner Löslichkeit in Alkali abtrennen.

Anisaldehyd, p-Methoxy-benzaldehyd, $C_8H_8O_2$.

CHO

O·CH$_3$

Eigenschaften. Anisaldehyd erstarrt bei etwa 0^0 zu einer festen weißen Masse. Kp. 248^0; Kp.$_{(5\,mm)}$ 106—107^0; D_{15^0} 1,1260; $n_{D\,20^0}$ etwa 1,573. Löslich in 7—8 Vol. 50proz. Alkohols und in etwa 500 Teilen Wasser. Anisaldehyd ist eine farblose Flüssigkeit; sein Geruch erinnert an den des blühenden Weißdorns. Er oxydiert sich beim Stehen an der Luft rasch zu Anissäure. Reiner Anisaldehyd aus ätherischen Ölen ist chlorfrei im Gegensatz zu dem künstlichen, der häufig Chlorverbindungen enthält (über die Prüfung vgl. S. 510).

Nachweis. 1. Durch das Semicarbazon vom F. 209^0. 2. Durch das Phenylhydrazon vom F. 120—121^0, das p-Bromphenylhydrazon vom F. 150^0 und das 1,4,5-Xylylhydrazon vom F. 117^0. 3. Durch die Oxime, von denen zwei Stereoisomere vom F. 63^0 und 133^0 existieren. 4. Durch Oxydation zu Anissäure, die bei 184^0 schmilzt.

Die quantitative Bestimmung geschieht nach der Bisulfitmethode, wobei man zum Lösen der Natriumbisulfitverbindung Wasser verwenden muß. Rascher und einfacher und mit größter Genauigkeit läßt Anisaldehyd sich nach der Hydroxylaminmethode bestimmen (vgl. S. 479).

Isolierung. Da Anisaldehyd durch Oxydation aus Anethol entsteht, ist er am einfachsten aus altem Anisöl oder Sternanisöl zu erhalten. Man schüttelt das Öl mit Natriumbisulfitlösung und regeneriert den Aldehyd aus der erhaltenen Natriumbisulfitverbindung in der üblichen Weise.

o-Methoxy-zimtaldehyd, o-Cumaraldehyd-methyläther, $C_{10}H_{10}O_2$.

CH=CH—CHO

—O·CH$_3$

Eigenschaften. F. 45—46^0; Kp. 295^0 (unter teilweiser Zersetzung); Kp.$_{(12\,mm)}$ 160—161^0. Er besitzt schwachen, wenig angenehmen und sehr anhaftenden Geruch. Er ist sehr leicht zersetzlich und färbt die Haut intensiv gelb. Leicht löslich ist er in Alkohol, Äther und Benzol, schwerer in Ligroin.

Nachweis. 1. Durch das Oxim vom F. 125—126^0. 2. Durch das Phenylhydrazon vom F. 116—117^0. 3. Durch Oxydation mit Silberoxyd zu o-Methoxyzimtsäure vom F. 182—183^0. Oxydiert man mit stärkeren Oxydationsmitteln, z. B. mit Kaliumpermanganat, so erhält man o-Methoxy-benzoesäure vom F. 99^0.

Isolierung. o-Methoxy-zimtaldehyd ist in alten Cassiaölen enthalten und krystallisiert bei der Destillation aus den Nachläufen aus, wenn man sie längere Zeit stehen läßt.

p-Methoxy-zimtaldehyd, p-Cumaraldehyd-methyläther, $C_{10}H_{10}O_2$.

CH=CH—CHO

O·CH$_3$

Eigenschaften. F. 58^0; Kp.$_{(15\,mm)}$ 171^0; D_{0^0} 1,137. Er bildet gelbe, ähnlich wie Zimtaldehyd riechende Nadeln, ist in Alkohol sehr leicht löslich und gibt eine in Wasser schwer lösliche Natriumbisulfitverbindung.

Nachweis. 1. Durch das Oxim vom F. 154^0. 2. Durch das Semicarbazon vom F. 222^0. 3. Bei der Oxydation mit Kaliumpermanganat entsteht Anissäure vom F. 184^0, Oxydation mit Silberoxyd führt zur p-Methoxy-zimtsäure vom F. 170^0. 4. Durch das Phenylhydrazon, F. 136—137^0.

Isolierung. Aus Esdragonöl (vor allem alten Esdragonölen) über die Natriumbisulfitverbindung.

Vanillin, 4-Oxy-3-methoxy-benzaldehyd, Protocatechualdehyd-3-methyl-äther, $C_8H_8O_3$.

Eigenschaften. F. 80,5—81,5⁰; Kp. 285⁰ (unzersetzt nur im Kohlensäurestrom); Kp. (15 mm) 170⁰; Kp. (10 mm) 162⁰. Vanillin ist das riechende Prinzip der Vanilleschote. Es ist unzersetzt sublimierbar und krystallisiert aus Wasser in monoklin prismatischen Nadeln. In Alkohol, Äther, Chloroform, Eisessig, Schwefelkohlenstoff und heißem Ligroin ist es leicht löslich, schlechter löst es sich in Benzol, sehr wenig nur in kaltem Ligroin. Auch in Wasser ist es löslich, in heißem erheblich besser als in kaltem. Vanillin löst sich in Natriumcarbonatlösung, nicht aber in Natriumbicarbonatlösung. In Lösung reagiert es sauer.

CHO

—O · CH₃

OH

Nachweis. 1. Durch das Oxim, F. 121—122⁰. 2. Durch das Semicarbazon, F. 232⁰ (56) und durch das Thiosemicarbazon, F. 196—197⁰. 3. Durch das Phenylhydrazon, F. 105⁰, das p-Bromphenylhydrazon, F. 148⁰ (56) und durch das p-Nitrophenylhydrazon, F. 227⁰ (56). 4. Durch Überführung in Acetvanillin, F. 77⁰. 5. Durch die Benzoylverbindung vom F. 75⁰. 6. Als Methyläther vom F. 42—43⁰ und als Äthyläther, F. 64—65⁰. 7. Durch die Vanillinsäure vom F. 207⁰, die bei kräftiger Oxydation von Vanillin entsteht.

Die wäßrige oder alkoholische Lösung von Vanillin wird durch Eisenchloridlösung blau gefärbt. Die zum Nachweis von kleinen Mengen Vanillin angegebenen Farbreaktionen sind teilweise sehr scharf, im allgemeinen aber wenig zuverlässig, da auch andere Körper ähnliche Farbreaktionen geben. Zu den bekanntesten gehören die mit Phloroglucin-Salzsäure oder Phloroglucin-Schwefelsäure, wobei Rot- oder Rosafärbung auftritt, und mit p-Phenylendiaminchlorhydrat, wobei schwache Gelbfärbung entsteht.

Zum mikrochemischen Nachweis zieht man die Sublimation heran, bei der sich ein Beschlag von Tröpfchen bildet, die am Rande mehr oder weniger deutlich prismatische Krystalle aufweisen.

Die quantitative Bestimmung von Vanillin erfolgt am einfachsten nach der Hydroxylaminmethode (vgl. S. 479). Man löst Vanillin (etwa 0,5—1 g) in wenig Alkohol, gibt Hydroxylaminlösung hinzu und titriert mit Halbnormal-Kalilauge die frei werdende Salzsäure zurück. Die eventuell vorhandene freie Säure läßt sich in diesem Falle nicht titrieren, da Vanillin selbst sauren Charakter besitzt. Die Methode ist schnell ausführbar und gibt gute Resultate.

Nach HANUŠ eignen sich zur quantitativen Bestimmung von Vanillin auch seine Verbindungen mit β-Naphthylhydrazin und vor allem mit p-Bromphenylhydrazin. Auf ein Teil Vanillin nimmt man etwa 2—3 Teile p-Bromphenylhydrazin, läßt 5 Stunden lang ruhig stehen, sammelt dann den Niederschlag auf einem GOOCH-Tiegel, wäscht aus und trocknet bei 90—100⁰ bis zur Gewichtskonstanz.

Isolierung. Vanillin findet sich in ätherischen Ölen stets nur in sehr kleinen Mengen. Man sucht daher, es zunächst durch Fraktionieren anzureichern, und isoliert es dann, indem man es an Natriumsulfit, Alkali oder p-Bromphenylhydrazin bindet und die entstandenen Verbindungen zerlegt.

Methylvanillin, Protocatechualdehyddimethyläther, 3,4-Dimethoxy-benzaldehyd, $C_9H_{10}O_3$.

CHO

—O · CH₃

O · CH₃

Eigenschaften. F. 42⁰; Kp. etwa 270⁰.

Nachweis. Durch das Phenylhydrazon vom F. 110 bis 112⁰.

Isolierung. Aus dem Öl von *Cymbopogon javanensis* nach Reinigung über die Bisulfitverbindung.

542   H. K. Thomas: Ätherische Öle.

Heliotropin, Piperonal, Protocatechualdehydmethylenäther, $C_8H_6O_3$.

Eigenschaften. F. 37°; Kp. 236°. Es bildet farblose, heliotropartig riechende Krystalle, die sich in Alkohol, Äther und anderen organischen Lösungsmitteln leicht, in kaltem Wasser schwer, in heißem Wasser aber leichter lösen. Es läßt sich daher gut aus Wasser umkrystallisieren. Licht, Luft und Wärme bewirken allmähliche Zersetzung.

Nachweis. 1. Durch das Semicarbazon vom F. 230—233° und durch das Thiosemicarbazon vom F. 185°. 2. Durch das Phenylhydrazon, F. 102—103° und durch das p-Bromphenylhydrazon, F. 155°. 3. Bei Herstellung der Oxime erhält man zwei Derivate von verschiedenem Schmelzpunkt. F. 104° und 146°. 4. Durch das Anilid, F. 65°. 5. Durch Bromierung oder Nitrierung zur Monobromverbindung vom F. 129° bzw. Mononitroverbindung, F. 94,5°. 6. Heliotropin gibt bei der Oxydation Piperonylsäure, F. 227,5—228°, bei der Reduktion Piperonylalkohol, F. 51°.

Zur quantitativen Bestimmung von Heliotropin eignet sich am besten die Hydroxylaminmethode, wobei man etwa 0,5—1 g anwendet (vgl. S. 479).

Isolierung. Heliotropin findet sich stets nur in sehr kleinen Mengen z. B. im Blütenöl von *Spiraea ulmaria.* Zur Isolierung bindet man es am besten an Natriumbisulfit.

c) Alicyclische Aldehyde.

Phellandral, Δ^1-Tetrahydrocuminaldehyd, p-Menthen-(1)-al-(7), $C_{10}H_{16}O$.

Eigenschaften. Kp.(5 mm) 89°; $D_{15°}$ 0,9445; α_D —36° 30′; $n_{D20°}$ 1,4911. Phellandral ist ein im Geruch an Cuminaldehyd erinnerndes Öl, das sich schon an der Luft leicht zu Tetrahydrocuminsäure oxydiert (F. 144—145°).

Nachweis. 1. Durch das Oxim, F. 87—88°. 2. Durch das Semicarbazon vom F. 204—205°. 3. Durch das Phenylhydrazon, F. 122—123°.

Isolierung. Aus den Ölen von *Eucalyptus cneorifolia* oder *Eucalyptus hemiphloia,* aus denen man die unter 185° siedenden Anteile durch fraktionierte Destillation abgetrennt hat. Durch Behandlung mit Natriumbisulfitlösung trennt man von dem nebenbei vorhandenen Cuminaldehyd.

Cryptal, Δ_2-Tetrahydrocuminaldehyd, $C_{10}H_{16}O$.

Eigenschaften. Kp.(10 mm) 98—100°; Kp.(760 mm) 221°; $D_{20°}$ 0,9431; α_D —76,02°; $n_{D20°}$ 1,4830.

Nachweis. Durch das Semicarbazon vom F. 176—177°. Bei der Oxydation mit Kaliumpermanganat entsteht d-α-Isopropylglutarsäure.

Isolierung. Aus dem Öl von *Eucalyptus cneorifolia* isoliert man die über 185° siedenden Anteile und trennt das Cryptal über die Sulfitverbindung ab.

Perillaaldehyd, p-Menthadien-[1,8 (9)]-al-(7), $C_{10}H_{14}O$.

Eigenschaften. Kp.(750 mm) 235—237°; Kp.(10 mm) 104—105°; Kp.(4,5 mm) 91°; $D_{15°}$ 0,9685; $[\alpha]_D$ —150,7°; $n_{D20°}$ 1,50693. Perillaaldehyd riecht cuminähnlich.

Nachweis. 1. Durch das Phenylhydrazon vom F. 107,5°. 2. Durch das Semicarbazon vom F. 199—200°. 3. Durch das Oxim, das aus linksdrehendem Perillaaldehyd hergestellt bei 102° schmilzt. 4. Durch Oxydation zu der dem Perillaaldehyd entsprechenden Säure vom F. 130°.

Isolierung. Aus dem Öl von *Perilla nankinensis* durch

Behandeln mit neutralem Natriumsulfit und Zerlegung der entstandenen Sulfitverbindung.

d) Heterocyclische Aldehyde.

Furfurol, $C_5H_4O_2$.

Eigenschaften. Kp.$_{(742\,mm)}$ 160,5⁰; $D_{\frac{20⁰}{4⁰}}$ 1,1594.

Nachweis. 1. Durch das Semicarbazon, F. 197⁰. 2. Durch das Phenylhydrazon, F. 97—98⁰. 3. Durch Oxydation zu Brenzschleimsäure vom F. 132—133⁰.

Zum Nachweis eignet sich die Reaktion mit Anilinacetat, wobei eine tiefrote Färbung auftritt. Auch mit β-Naphthylamin und p-Toluidin erhält man bekannte Farbreaktionen.

Isolierung. Infolge seiner großen Löslichkeit in Wasser ist der Aldehyd meistens in den Destillationswässern anzutreffen. In ätherischen Ölen findet er sich nur in kleinen Mengen im Vorlauf, z. B. in den Vorläufen von Nelkenöl, Bayöl oder Irisöl.

E. Ketone.

a) Aliphatische Ketone.

Methyl-n-amyl-keton, Heptanon-(2), $CH_3 \cdot CO \cdot CH_2 \cdot CH_2 \cdot CH_2 \cdot CH_2 \cdot CH_3$, $C_7H_{14}O$.

Eigenschaften. Kp.$_{(760\,mm)}$ 151—152⁰; $D_{15⁰}$ 0,8223. Es ist eine Flüssigkeit von starkem Fruchtgeruch.

Nachweis. Durch das Semicarbazon vom F. 122—123⁰.

Isolierung. Aus den niedrig siedenden Anteilen des Nelkenöls.

Methyl-n-heptyl-keton, Nonanon-(2), $CH_3 \cdot CO \cdot CH_2 \cdot CH_2 \cdot CH_2 \cdot CH_2 \cdot CH_2 \cdot CH_2 \cdot CH_3$, $C_9H_{18}O$.

Eigenschaften. F. —17⁰; Erstp. —19⁰; Kp.$_{(760\,mm)}$ 194,5—195,5⁰; Kp.$_{(20\,mm)}$ 92—93⁰; Kp.$_{(15\,mm)}$ 80—82⁰; $D_{20⁰}$ 0,821; n 1,4279. Es ist ein farbloses Öl von deutlich rautenartigem Geruch; mit Bisulfit reagiert es nur langsam.

Nachweis. Durch das Semicarbazon vom F. 119—120⁰.

Zur quantitativen Bestimmung eignet sich die Hydroxylaminmethode (vgl. S. 479).

Isolierung. Aus algerischen Rautenöl durch fraktionierte Destillation. Zur Reinigung führt man es in die Bisulfitverbindung über.

Äthyl-n-amyl-keton, Octanon-(3), $CH_3 \cdot CH_2 \cdot CO \cdot CH_2 \cdot CH_2 \cdot CH_2 \cdot CH_2 \cdot CH_3$, $C_8H_{16}O$.

Eigenschaften. Kp.$_{(738\,mm)}$ 169—170⁰; $D_{0⁰}$ 0,8502; $D_{15⁰}$ 0,8254; $n_{D\,20⁰}$ 1,41536.

Nachweis. Durch das Semicarbazon vom F. 117—117,5⁰.

Isolierung. Aus dem Vorlauf von französischem Lavendelöl.

Methyl-n-nonyl-keton, Undecanon-(2), $CH_3 \cdot CO \cdot (CH_2)_8 \cdot CH_3$, $C_{11}H_{22}O$.

Eigenschaften. F. 15—16⁰; Kp.$_{(760\,mm)}$ 232⁰; Kp.$_{(20\,mm)}$ 120⁰; Kp.$_{(18\,mm)}$ 118⁰; $D_{15⁰}$ 0,8295; $D_{20⁰}$ 0,8262. Es riecht ähnlich wie Methylheptylketon.

Nachweis. 1. Durch das Oxim vom F. 46—47⁰. 2. Durch das Semicarbazon vom F. 123—124⁰.

Zur quantitativen Bestimmung eignet sich am besten die Hydroxylaminmethode (vgl. 479).

Isolierung. Aus spanischem Rautenöl isoliert man durch fraktionierte Destillation die Methylnonylketon-Fraktion und reinigt sie durch Ausfrieren oder durch Überführung in die Natriumbisulfitverbindung.

Methyl-n-undecylketon, Tridekanon-(2), $CH_3 \cdot CO \cdot (CH_2)_{10} \cdot CH_3$, $C_{13}H_{26}O$.

Eigenschaften. F. 29⁰; Kp. 263⁰; Kp.$_{(14—15\,mm)}$ 140—142⁰; $D_{28⁰}$ 0,8229.

Nachweis. Durch das Semicarbazon vom F. 121—122⁰.

Isolierung. Aus einer zwischen 260 und 265⁰ siedenden Fraktion des ätherischen Kokosnußöls durch Reinigung über das Semicarbazon.

Methylheptenon, 2-Methyl-hepten-(2)-on-(6) = β-Methylheptenon und 2-Methyl-hepten-(1)-on-(6) = α-Methylheptenon, $C_8H_{14}O$.

$$CH_2{=}C-CH_2-CH_2-CH_2-CO-CH_3$$
$$\underset{CH_3}{\mid}$$

α-Methylheptenon.

$$CH_3-C{=}CH-CH_2-CH_2-CO-CH_3$$
$$\underset{CH_3}{\mid}$$

β-Methylheptenon.

Methylheptenon soll aus den beiden genannten Isomeren bestehen, doch sind die bisher darüber gemachten Angaben (90) experimentell noch nicht genügend belegt und nachgeprüft. Die hier niedergelegten Eigenschaften beziehen sich auf Methylheptenon, wie es sich aus ätherischen Ölen isolieren läßt.

Eigenschaften. Kp. 173—174⁰; D_{20^0} 0,8602; $n_{D\,20^0}$ 1,4445. Methylheptenon ist eine farblose Flüssigkeit von fruchtigem Geruch, der etwas an Amylacetat erinnert.

Nachweis. 1. Durch das Semicarbazon, das aus mehreren Isomeren zu bestehen scheint, das man aber in konstanter Zusammensetzung und mit konstantem Schmelzpunkt nach der Tiemannschen Vorschrift erhält. Zu einer Lösung von 12 g Metylheptenon in 20 cm³ Eisessig gibt man eine Lösung von 12 g Semicarbazidchlorhydrat und 15 g Natriumacetat in 20 g Wasser und läßt die Mischung eine halbe Stunde stehen. Dann setzt man Wasser hinzu, wobei sich das Semicarbazon als bald erstarrendes Öl abscheidet. Nach dem Umkrystallisieren aus verdünntem Alkohol schmilzt es bei 136—138⁰. 2. Man führt Methylheptenon in Tribrom-methylhexanolon vom F. 98—99⁰ über. 3 g Methylheptenon schüttelt man mit einer Lösung von 3 g Natriumhydroxyd und 12 g Brom in 100—120 cm³ Wasser. Die erst ölige, später feste Verbindung nimmt man mit Äther auf, schüttelt mit verdünnter Natronlauge aus und krystallisiert nach dem Vertreiben des Äthers aus Ligroin unter Zugabe von etwas Tierkohle um. 3. Durch das p-Nitrophenylhydrazon vom F. 103,5—104⁰.

Zur Trennung von Citral und Citronellal benutzt man die Eigenschaft des Methylheptenons mit einer Lösung von Natriumsulfit und Natriumbicarbonat nicht zu reagieren, während jene gebunden werden. Methylheptenon läßt sich dann über seine feste Bisulfitverbindung isolieren.

Zur quantitativen Bestimmung eignet sich die Hydroxylaminmethode (vgl. S. 479).

Isolierung. Durch fraktionierte Destillation, z. B. von Lemongrasöl reichert man zunächst das Methylheptenon an, trennt dann von den letzten Mengen Citral und Citronellal durch Ausschütteln mit einer Lösung von Natriumsulfit und Natriumbicarbonat und führt schließlich das Methylheptenon durch Schütteln mit Natriumbisulfitlösung in die feste Natriumbisulfitverbindung über, die man in der üblichen Weise zerlegt. Das so erhaltene Methylheptenon wird durch fraktionierte Destillation weiter gereinigt.

Artemisiaketon und **Isoartemisiaketon** (1), 3-Dimethyl-6-methyl-heptadien-(1,6)-on-(4) und 3-Dimethyl-6-methyl-heptadien-(1,5)-on-(4), $C_{10}H_{16}O$.

$$\overset{\displaystyle CH_3\quad CH_3}{\diagdown\diagup}\qquad\overset{\displaystyle CH_3}{\mid}$$
$$CH_2{=}CH-\underset{}{C}-CO-CH_2-C{=}CH_2$$

Artemisiaketon

$$CH_2{=}CH-C-CO-CH{=}C-CH_3$$
$$\underset{\displaystyle CH_3\quad CH_3}{\diagup\diagdown}\qquad\underset{\displaystyle CH_3}{\mid}$$

Isoartemisiaketon

Eigenschaften. Artemisiaketon: Kp. 182⁰; $D_{\frac{14^0}{4^0}}$ 0,8906; $n_{D\,18^0}$ 1,4695. Isoartemisiaketon: Kp. 182—183⁰; $D_{\frac{17^0}{4^0}}$ 08711; $n_{D\,17^0}$ 1,4688.

Nachweis. Artemisiaketon: durch das Semicarbazon vom F. 95—96⁰ und durch das Tetrahydroderivat vom F. 173⁰, dessen Semicarbazon bei 134—135⁰ schmilzt.

Isolierung. Aus dem Öl von *Artemisia annua.*

b) Aromatische Ketone.

Acetophenon, Methylphenylketon, $C_6H_5 \cdot CO \cdot CH_3$, C_8H_8O.

Eigenschaften. F. 20,5⁰; Kp.(748,5 mm) 201—202⁰; Kp.(20 mm) 94,5⁰; D_{15^0} 1,0329; $n_{D\,19,6^0}$ 1,53418. Acetophenon bildet bei gewöhnlicher Temperatur Krystallblätter von eigenartigem Geruch.

Nachweis. 1. Durch das Oxim vom F. 59⁰. 2. Durch das Semicarbazon, das bei 201⁰ schmilzt. 3. Das p-Nitrophenylhydrazon schmilzt bei 184—185⁰ und das Semioxamazon bei 214⁰.

Isolierung. Acetophenon ist bisher nur im Öl von *Stirlingia latifolia* beobachtet worden. Dieses besteht allerdings fast völlig aus Acetophenon, so daß man es schon durch fraktionierte Destillation daraus isolieren kann.

o-Oxyacetophenon, o-Oxy-methylphenylketon, $CH_3 \cdot CO \cdot C_6H_4 \cdot OH$, $C_8H_8O_2$.

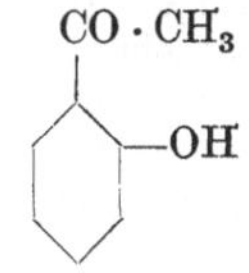

Eigenschaften. Kp.(717 mm) 213⁰; Kp.(34 mm) 160—165⁰; D_{18^0} 1,1302.

Nachweis. Durch das Oxim vom F. 112⁰ und das Phenylhydrazon vom F. 108⁰.

Isolierung. o-Oxyacetophenon ist bisher nur im Öl von *Chione glabra* aufgefunden worden.

Anisketon, Methyl-anisylketon, p-Methoxyphenylaceton, $C_{10}H_{12}O_2$.

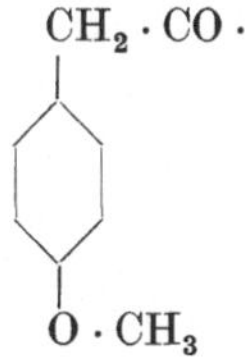

Eigenschaften. Kp. 267—269⁰; Kp.(10 mm) 136—137⁰; D_{17^0} 1,0707; $n_{D\,20^0}$ 1,5253. Es ist ein Öl von anisartigem Geruch.

Nachweis. Durch das Semicarbazon vom F. 175—176⁰ und durch das Oxim, das sich durch leichtsiedenden Petroläther in eine leichter lösliche und niedrig schmelzende Form vom F. 61—62⁰ und in eine schwer lösliche, höher schmelzende Form vom F. 78—79⁰ zerlegen läßt.

Isolierung. Aus Sternanisöl, in dem es in kleinen Mengen vorkommt, durch fraktionierte Destillation.

Phloracetophenon-2,4-dimethyläther, 2,4-Dimethoxy-6-oxy-acetophenon, $C_{10}H_{12}O_4$.

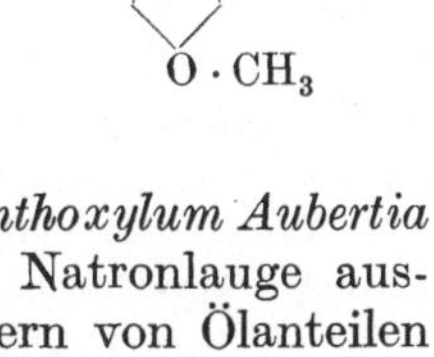

Eigenschaften. F. 82—83⁰. Er bildet farblose Nadeln, die in Alkalilauge löslich sind und deren alkoholische Lösung durch Eisenchloridlösung tief violett gefärbt wird.

Nachweis. 1. Durch das Oxim vom F. 108—110⁰.
2. Durch Überführung in den Methyläther, F. 103⁰.
3. Durch die Acetylverbindung, die bei 106—107⁰ schmilzt.
4. Durch das Monobromid vom F. 187⁰.

Isolierung. Aus den Ölen von *Blumea balsamifera* und *Xanthoxylum Aubertia* läßt sich Phloracetophenondimethyläther durch verdünnte Natronlauge ausschütteln. Die alkalische Lösung befreit man durch Ausäthern von Ölanteilen und fällt dann durch Säurezusatz den Phloracetophenondimethyläther als feste gelbliche Masse aus, die nach öfterem Umkrystallisieren aus Benzol oder Petroläther in farblosen Krystallen erhalten wird.

c) Alicyclische Ketone.

1. Monocyclische Ketone.

Menthon, p-Menthanon-(3), 1-Methyl-4-isopropyl-cyclohexanon-(3), $C_{10}H_{18}O$.

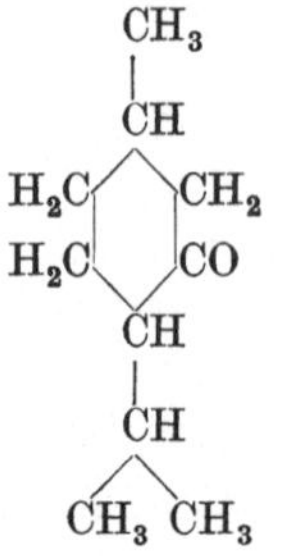

Vom p-Menthanon-(3) sind 6 Isomere möglich, da nämlich einmal Methyl- und Isopropylgruppe in Cis- oder Trans-Stellung zueinander stehen können und von diesen beiden Isomeren noch je eine l-, d- und eine d-l-Form auftreten können. Das Trans-Isomere wird mit Menthon bezeichnet, das Cis-Isomere mit Isomenthon (103). Da Menthon und Isomenthon sehr leicht ineinander übergehen, sind viele der als Menthon bezeichneten Präparate nur als Isomerengemische zu betrachten.

Eigenschaften. l-Menthon: F. etwa -7^0; Kp.$_{(760\,mm)}$ 210^0; $D_{15^0}^{20^0}$ 0,8937; α_D $-25,55^0$; $n_{D\,20^0}$ 1,44952 (103). d-Isomenthon: F. etwa -35^0; Kp.$_{(760\,mm)}$ 212^0; D_{15^0} 0,902; $n_{D\,20^0}$ 1,45302; α_D $+85,10^0$. Menthon ist ein dünnflüssiges wasserhelles Öl von Pfefferminzgeruch, das bitteren und nur schwach kühlenden Geschmack besitzt. l-Menthon geht bei Einwirkung von Säuren und Alkalien, vor allem in der Wärme, leicht in d-Isomenthon über, wobei sich ein Gleichgewichtszustand zwischen beiden Formen herausbildet. Bei der Reduktion geht l-Menthon zur Hauptsache in l-Menthol über, nebenbei entstehen andere Isomere des Menthols.

Nachweis. 1. Durch das Oxim, F. 60—61^0. (Das inaktive Oxim schmilzt bei 78—80^0.) 2. Durch das Semicarbazon vom F. 184^0 und durch das Thiosemicarbazon, F. 155—157^0. 3. Durch das Semioxamazon, F. 177^0.

Zur quantitativen Bestimmung von Menthon eignet sich das Verfahren von Power und Kleber, nach dem man das Menthon zu Menthol reduziert und durch Acetylierung den Mentholgehalt ermittelt. 15 cm^3 Öl verdünnt man mit etwa der vierfachen Menge absolutem Alkohol, erhitzt am Rückflußkühler zum Sieden und trägt allmählich 5—6 g metallisches Natrium ein. Ist kein Natrium mehr ungelöst vorhanden, so läßt man erkalten, verdünnt dann stark mit Wasser, säuert mit Essigsäure an und gibt noch zur besseren Abscheidung des Öles konzentrierte Kochsalzlösung hinzu. Nach längerem Stehen trennt man das Öl im Scheidetrichter von der wäßrigen Flüssigkeit, schüttelt es zur völligen Entfernung des Äthylalkohols noch einige Male mit konzentrierter Kochsalzlösung aus, trocknet es und acetyliert es dann in der üblichen Weise (vgl. S. 476). Wenn im ursprünglichen Öl der Mentholgehalt $m_1\%$ und im reduzierten $m_2\%$ betrug, so erfährt man den Menthongehalt nach der Formel:

$$\% \text{ Menthon} = \frac{(m_2 - m_1)\,154}{156}.$$

Der Menthongehalt läßt sich einfacher und noch schneller nach der Hydroxylaminmethode (vgl. S. 479) bestimmen, wobei man die Beobachtungsdauer aber auf etwa 4 Stunden ausdehnen muß, da Menthon nur verhältnismäßig langsam bei Zimmertemperatur mit Hydroxylaminchlorhydrat reagiert. Andere Methoden sind zur Bestimmung von Menthon nicht geeignet.

Isolierung. Durch wiederholte fraktionierte Vakuumdestillation von Pfefferminzöl. Man isoliert zunächst eine rohe Menthonfraktion, die man durch mehrfach wiederholtes Fraktionieren weiter reinigt. Die Reinigung kann auch über das Oxim oder Semicarbazon erfolgen. Dabei ist jedoch zu beachten, daß sich bei der Spaltung dieser Verbindungen der Drehungswinkel des Menthons infolge Invertierung zu Isomenthon ändert.

Tetrahydrocarvon, p-Menthanon-(2), Carvomenthon, 1-Methyl-4-isopropyl-cyclohexanon-(2), $C_{10}H_{18}O$.

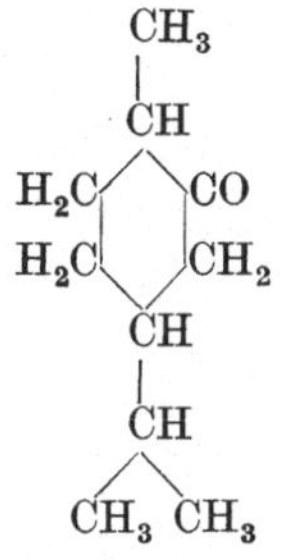

Auch beim p-Menthanon-(2) sind diastereoisomere Formen denkbar, die wieder in den verschiedenen optischen Isomeren auftreten können. Das bisher aufgefundene l-Tetrahydrocarvon ist seiner Darstellung nach wahrscheinlich teilweise racemisiert.

Eigenschaften. Kp.(705 mm) 218,5—219°; $[\alpha]_{D\,30^0}$ —9,33°.

Nachweis. 1. Durch das Semicarbazon, F. 194—195°. 2. Durch das Oxim vom F. 97—99°.

Isolierung. Man trennt aus dem Öl von *Blumea Malcolmii* durch fraktionierte Vakuumdestillation das Tetrahydrocarvon ab und reinigt es über das Semicarbazon (87).

Piperiton, p-Menthen-1-on-(3), 1-Methyl-4-isopropyl-cyclohexen-1-on-(3), $C_{10}H_{16}O$.

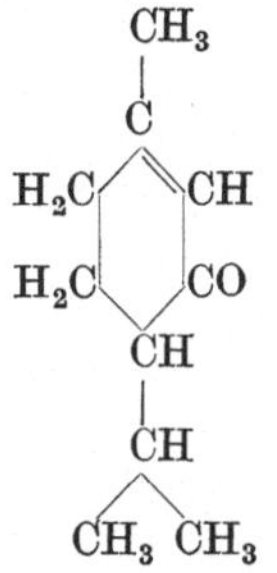

Eigenschaften. Es kommt in der Natur als d- und l-Form vor. d-Piperiton: Kp.(20 mm) 116—118,5°; $D_{20^0}^{4^0}$ 0,9344; $[\alpha]_{D\,20^0}$ +49,13°. Die höchste für d-Piperiton bisher beobachtete Drehung betrug $[\alpha]_{D\,17^0}$ +62,5°. l-Piperiton: Kp.(15 mm) 109,8—110,5°; $D_{20^0}^{4^0}$ 0,9324; $[\alpha]_{D\,20^0}$ —51,53°. Piperiton ist ein farbloses Öl von pfefferminzähnlichem Geruch, das sich außerordentlich leicht, z. B. schon durch Destillation bei gewöhnlichem Druck, racemisiert.

Nachweis. 1. Durch die Semicarbazone, bei deren Bildung aktives Piperiton racemisiert wird. α-Semicarbazon, F. 226—227°, β-Semicarbazon, F. 174—176°. 2. Bei der Reaktion von Piperiton mit Hydroxylamin entstehen zwei isomere Oxime (F. 118—119° und 88—89°) und das Oxaminoxim vom F. 164—165°. Auch wenn man Hydroxylamin nur in der berechneten Menge anwendet, entsteht doch nebenbei etwas Oxaminoxim, das infolge seiner Schwerflüchtigkeit durch Wasserdampfdestillation abgetrennt werden kann. Bei Anwendung von Hydroxylamin im Überschuß entsteht in der Hauptsache Oxaminoxim. Das rohe Gemisch der Oxime, das bei etwa 107—109° schmilzt, läßt sich durch mehrfaches Umkrystallisieren aus Äthylalkohol oder Methylalkohol in die beiden Isomeren zerlegen.

Die quantitative Bestimmung von Piperiton geschieht am einfachsten nach der Sulfitmethode (vgl. S. 482).

Isolierung. Man schüttelt bei einer Temperatur von etwa 90—100° (am besten im siedenden Wasserbade) Öl von *Eucalyptus dives* mit einer etwa 40 proz. Natriumsulfitlösung mehrere Stunden lang durch, wobei man das frei werdende Natriumhydroxyd durch Zusatz von verdünnter Essigsäure oder Natriumbicarbonat bindet. Die Sulfitverbindung wird durch Zusatz von Natronlauge zerlegt.

Carvotanaceton, p-Menthen-1-on-(6), 1-Methyl-4-isopropyl-cyclohexen-1-on-(6), $C_{10}H_{16}O$.

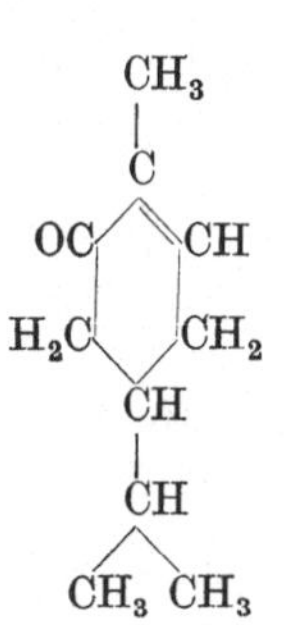

Eigenschaften. Kp. 228—229°; D_{19^0} 0,9345; $n_{D\,19^0}$ 1,4822; $[\alpha]_{D\,30^0}$ +59,55° (87).

Nachweis. 1. Durch das Oxim, F. 77°, und das Oxaminoxim, F. 95—96°. 2. Durch das Semicarbazon, F. 173—174°. 3. Durch das Phenylhydrazon vom F. 91—92°.

Isolierung. Man behandelt das Öl von *Blumea Malcolmii* mit Natriumsulfitlösung, wobei Carvotanaceton gelöst wird und aus der Lösung durch Natronlauge wieder in Freiheit gesetzt werden kann, während das nebenbei vorhandene Tetrahydrocarvon ungelöst zurückbleibt (87).

35*

Pulegon, p-Menthen-[4(8)]-on-(3), 1-Methyl-4-isopropylidencyclohexanon-(3), $C_{10}H_{16}O$.

Eigenschaften. Kp.(760 mm) 224°; Kp.(21 mm) 111,4—111,8°; Kp.(10 mm) 94,2°; $D_{21°}^{21°}$ 0,9350; $D_{18,3°}^{4°}$ 0,9371; $n_{D\,18,3°}$ 1,4871; $[\alpha]_{D\,20°}$ + 27,88°. Es löst sich in etwa 4,5 Vol. 60 proz. und in etwa 1,5 Vol. 70 proz. Alkohols. Pulegon ist eine zunächst farblose, mit der Zeit gelblich werdende Flüssigkeit von süßlichem, pfefferminzähnlichem Geruch, der auch an den Geruch von Menthon erinnert.

Nachweis. 1. Durch das Semicarbazon, F. 167,5—168°. 2. Durch das Bisnitrosopulegon vom F. 81,5°, das man erhält, wenn man ein durch eine kräftige Kältemischung abgekühltes Gemisch von 2 cm³ Pulegon, 1 cm³ Amylnitrit und 2 cm³ Ligroin mit einer ganz geringen Menge Salzsäure versetzt. Die Bisnitrosoverbindung scheidet sich nach kurzer Zeit in Form feiner Nadeln ab, die man auf einem Tonteller trocknet und durch Waschen mit Petroläther rein erhält. Es ist nicht möglich, die Verbindung umzukrystallisieren, da sie sich dabei zersetzt. Isopulegon gibt die Reaktion nicht.

Zur quantitativen Bestimmung von Pulegon bedient man sich der Sulfitmethode (vgl. S. 482), wobei zu beachten ist, daß Pulegon nur recht langsam mit Natriumsulfit reagiert.

Isolierung. Zur Gewinnung von Pulegon schüttelt man Poleiöl, das man mit einem Viertel seines Volumens Alkohol verdünnt hat, längere Zeit mit Natriumbisulfitlösung. Die erhaltene Bisulfitverbindung zerlegt man durch Soda, nachdem man sie mit Alkohol und Äther gut ausgewaschen hat. Das abgeschiedene Pulegon schüttelt man mit Äther aus und reinigt es nach dem Vertreiben des Äthers durch Vakuumdestillation.

Isopulegon, p-Menthen-[8(9)]-on-(3), 1-Methyl-4-isopropenyl-cyclohexanon-(3), $C_{10}H_{16}O$.

Eigenschaften. Kp.(5 mm) 78°; $D_{14°}^{4°}$ 0,9097; $n_{D\,14°}$ 1,46332; $[\alpha]_D$ + 34,03°.

Isopulegon lagert sich bei Einwirkung von Soda, Bariumhydroxyd, Natriumäthylat und Schwefelsäure sehr leicht in Pulegon um.

Nachweis. 1. Durch das Semicarbazon, F. 172° (das inaktive Semicarbazon schmilzt bei 182—183°). 2. Durch das Oxim vom F. 123—124°. 3. Durch das Hydrobromid, F. 48°.

Isolierung. Aus Poleiöl, wenn man durch Behandeln mit Natriumbisulfitlösung das Pulegon entfernt hat. Da Isopulegon nicht mit Natriumbisulfit reagiert, muß es bei der Entfernung des Pulegons zurückbleiben. Es erscheint jedoch noch fraglich, ob Isopulegon, das sich durch große Unbeständigkeit auszeichnet, überhaupt im Poleiöl enthalten ist.

Dihydrocarvon, p-Menthen-[8 (9)]-on-(2), 1-Methyl-4-isopropenyl-cyclohexanon-(2), $C_{10}H_{16}O$.

Eigenschaften. Kp. 221—222; Kp.(14 mm) 105—106°; $D_{20°}^{4°}$ 0,9253; $n_{D19°}$ 1,47174; α_D etwa —17°. Es ist ein nach Pfefferminze und Kümmel riechendes Öl.

Nachweis. 1. Durch das Dibromid, F. 69—70°; das inaktive Dibromid schmilzt bei 96—97°. 2. Durch das Oxim, dessen aktive Form bei 88—89° schmilzt, während die inaktive Form den F. 115—116° besitzt. 3. Durch das Semicarbazon, dessen Schmelzpunkt bei 189—191° und bei 201—202° gefunden wurde.

Isolierung. Aus Kümmelöl isoliert man durch fraktionierte Destillation eine Fraktion vom Kp. 218—224°, in der das Dihydrocarvon angereichert ist. Diese behandelt man mit Natriumbisulfitlösung, trennt die feste Bisulfitverbindung ab, wäscht sie mit Alkohol und Äther gut aus und zerlegt sie in der üblichen Weise.

Carvon, p-Menthadien-[1,8(9)]-on-(6), 1-Methyl-4-isopropenylcyclohexen-1-on-(6), $C_{10}H_{14}O$.

Eigenschaften. Kp. (760 mm) 230,8⁰; Kp. (10 mm) 99,6⁰; Kp. (5—6 mm) 91⁰; D_{15^0} 0,9645; $D_{18,7^0}$ 0,9611; $n_{D\,20^0}$ 1,49952; $n_{D\,18,7^0}$ 1,4994; α_D etwa ±59⁰. Es löst sich in etwa $4\frac{4^0}{}$ Vol. 60proz. Alkohols. Carvon ist ein farbloses, dünnes Öl von ausgesprochenem Kümmelgeruch.

Nachweis. 1. Durch das Semicarbazon, F. 162—163⁰ (aus aktivem Carvon) und 154—156⁰ (aus inaktivem Carvon). 2. Durch das Phenylhydrazon, F. 109—110⁰. 3. Durch das Oxim, das bei Anwendung von aktivem Carvon bei 72⁰ und bei Anwendung von inaktivem Carvon bei 93⁰ schmilzt. Man darf bei der Darstellung von Carvoxim keinen zu großen Überschuß von Hydroxylamin anwenden, da sich sonst eine Additionsverbindung von Carvoxim und Hydroxylamin bildet, die bei 174—175⁰ schmilzt. 4. Durch die Schwefelwasserstoffverbindung, aus aktivem Carvon, F. 210—211⁰, aus inaktivem Carvon, F. 189—190⁰.

Die quantitative Bestimmung von Carvon geschieht nach der Sulfitmethode (vgl. S. 482) oder nach der Hydroxylaminmethode (vgl. S. 479). In bezug auf Genauigkeit steht keine Methode der anderen nach, doch ist die Reaktion nach der Sulfitmethode im allgemeinen schneller beendet als nach der Hydroxylamin-methode, da Carvon in der Kälte nur ziemlich langsam mit Hydroxylamin reagiert. Ein Vorzug der Hydroxylaminmethode ist dagegen, daß man mit verhältnismäßig wenig Material auskommt.

Isolierung. Zur Abscheidung von Carvon isoliert man zunächst aus ätherischen Ölen die Fraktion vom Kp. 220—235⁰. Rechtsdrehendes Carvon ist am leichtesten zu gewinnen aus Kümmelöl, linksdrehendes aus Krauseminzöl und inaktives aus Gingergrasöl. Hat man ein an Carvon reiches Öl, wie Kümmelöl, so kann man sich die vorherige fraktionierte Destillation ersparen. Man schüttelt das Öl oder die Fraktion mit der entsprechenden Menge einer gesättigten Natriumsulfitlösung, der man Natriumbicarbonat in genügender Menge zugesetzt hat, um das bei der Reaktion frei werdende Alkali zu binden. Nach einigen Stunden, wenn das Carvon vollständig als Sulfitverbindung gelöst ist, entfernt man die indifferenten Anteile durch Ausäthern, verjagt den in der wäßrigen Flüssigkeit gelösten Äther durch Erwärmen, scheidet das Carvon durch Zusatz von Natronlauge ab und treibt es mit Wasserdampf über.

Die Abscheidung von Carvon gelingt auch gut über die Schwefelwasserstoff-verbindung. In ein Gemisch von 20 Teilen Carvonfraktion, 5 Teilen Alkohol und 1 Teil Ammoniakflüssigkeit (d_{15^0} 0,96⁰) leitet man Schwefelwasserstoff bis zur Sättigung ein, wobei sich Schwefelwasserstoffcarvon abscheidet. Dieses trennt man durch Absaugen, krystallisiert es aus Methylalkohol um und zerlegt es durch Kochen mit alkoholischer Kalilauge. Das erhaltene Carvon reinigt man durch Wasserdampfdestillation.

Buccocampher, Diosphenol, 1-Methyl-4-isopropyl-cyclohexen-1-ol-2-on-(3), $C_{10}H_{16}O_2$.

Eigenschaften. F. 83⁰; Kp. 233⁰ (unter Zersetzung); Kp. (10 mm) 109 bis 110⁰; optisch inaktiv. In Wasser ist er schwer löslich, leichter löst er sich in Alkohol. In Alkali leicht löslich; die alkalische Lösung wird durch Kohlendioxyd gefällt. Die alkoholische Lösung wird durch Eisenchlorid-lösung grün gefärbt. Der Geruch ist eigenartig minzig.

Nachweis. 1. Durch das Monoxim, F. 125⁰, und durch das Dioxim, F. 197⁰. 2. Durch das Semicarbazon, F. 219—220⁰. 3. Durch das Dibromid, F. 43⁰. 4. Durch das Phenylurethan, F. 113⁰.

Isolierung. Aus Buccoblätteröl scheidet man durch fraktionierte Vakuumdestillation eine Fraktion ab, in der der Buccocampher stark angereichert ist. Aus dieser isoliert man ihn durch wiederholtes Ausfrieren bei —20° oder durch Ausschütteln mit verdünnter Natronlauge. In die alkalische Lösung leitet man zur Ausfällung des Buccocamphers Kohlendioxyd ein. Manchmal gelingt die Abscheidung auch schon durch Ausfrieren des ursprünglichen Öles.

β-Iron, natürliches Iron, 1,1,3-Trimethyl-2-[γ-oxo-butenyl]-cyclohexen-(5), $C_{13}H_{20}O$.

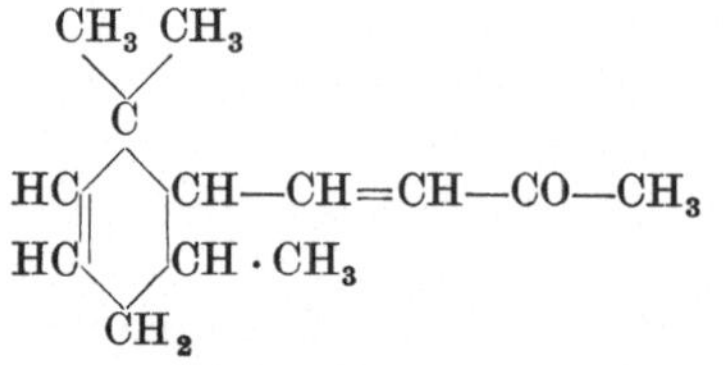

Eigenschaften. Kp.(16 mm) 144°; Kp.(2 mm) 111—112°; $D_{15°}$ 0,9391; $n_{D\,20°}$ 1,50173; α_D etwa $+40°$. Iron ist ein farbloses Öl, das in unverdünntem Zustande nach Veilchenwurzeln, aber nicht scharf riecht. Erst in starker Verdünnung tritt der Veilchengeruch hervor. In Wasser ist es fast unlöslich, leicht löslich ist es in Alkohol, Äther und anderen organischen Lösungsmitteln.

Nachweis. 1. Durch das Oxim, F. 121,5°. 2. Durch das p-Bromphenylhydrazon vom F. 174—175°. 3. Durch das Thiosemicarbazon vom F. 181°. 4. Das Semicarbazon, das zwischen 70 und 80° schmilzt, scheint nicht einheitlich zu sein.

Isolierung. Aus dem flüssigen Irisöl des Handels durch fraktionierte Destillaion im Vakuum. Man reinigt das Iron weiter über das Oxim.

2. Bicyclische Ketone.

α-Thujon, 4-Methyl-1-isopropyl-bicyclo-[0,1,3]-hexanon-(3), $C_{10}H_{16}O$.

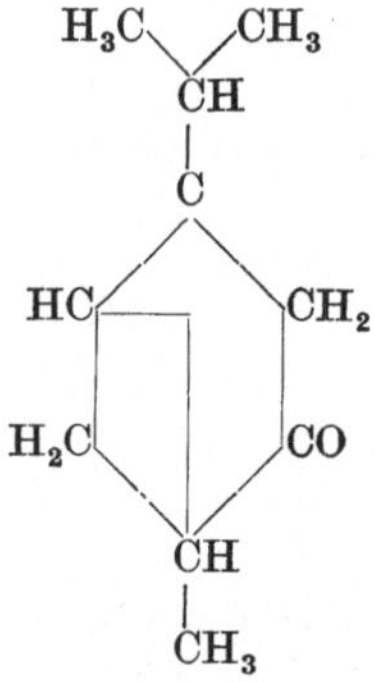

α-Thujon ist diastereoisomer dem β-Thujon oder Tanaceton. α-Thujon kommt in der linksdrehenden, β-Thujon in der rechtsdrehenden Form vor.

Eigenschaften. Kp. 200—201°; Kp.(40 mm) 103—104°; $D_{20°}$ 0,9152; $n_{D\,20°}$ 1,4530; $[\alpha]_{20°}$ —11,58°. α-Thujon besitzt angenehm erfrischenden Geruch und geht beim Erwärmen mit alkoholischer Kalilauge teilweise in β-Thujon über.

Nachweis. 1. Am besten geeignet zum Nachweis ist das Tribromid, doch geben beide Thujone das gleiche Tribromid. Zu einer Lösung von 5 g Thujon in 30 cm³ Petroläther gibt man in einem Becherglase auf einmal 5 cm³ Brom hinzu. Nach einigen Sekunden setzt eine heftige Reaktion ein, die von einer Abspaltung erheblicher Mengen von Bromwasserstoffgas begleitet ist. Man läßt dann ruhig stehen, wobei sich beim allmählichen Verdunsten des Petroläthers das Tribromid krystallisiert ausscheidet. Man reinigt das Tribromid durch Abspülen mit Alkohol und krystallisiert es aus heißem Essigäther um. F. 121—122°. 2. Durch die Semicarbazone, von denen eins in krystallisierter Form (F. 186—188°) und eins in amorpher Form (F. 110°) erhalten wird. 3. Bei der Oxydation mit Kaliumpermanganat in der Kälte (bei 0°) erhält man aus beiden Thujonen α-Thujaketosäure vom F. 75—76°, bei etwas höherer Temperatur entsteht entweder ganz oder teilweise β-Thujaketosäure vom F. 78—79°.

Isolierung. Aus Thujaöl über die Bisulfitverbindung, die man durch Natriumcarbonat zerlegt. Zur Gewinnung der Bisulfitverbindung verdünnt man das Öl zweckmäßig mit etwas Alkohol und schüttelt mehrere Tage lang mit Ammoniumbisulfitlösung. Die abgeschiedene Bisulfitverbindung saugt man ab, wäscht sie mit Alkohol und Äther aus, zerlegt sie durch Sodalösung und destilliert das Thujon mit Wasserdampf.

β-**Thujon,** Tanaceton, 4-Methyl-1-isopropyl-bicyclo-[0,1,3]-hexanon-(3), $C_{10}H_{16}O$.

β-Thujon ist dem α-Thujon diastereoisomer und kommt nur in seiner rechtsdrehenden Form vor.

Eigenschaften. Kp. (760 mm) 200—201°; Kp. (13 mm) 84°; $D_{\frac{20°}{4°}}$ 0,9162; $D_{\frac{15°}{4°}}$ 0,9193; $n_{D\,20°}$ 1,4507; $[\alpha]_{D\,21°}$ $+76,16°$. β-Thujon besitzt angenehm erfrischenden Geruch und geht beim Erwärmen mit alkoholischer Kalilauge teilweise in α-Thujon über. Es löst sich in etwa 3 Vol. 70 proz. Alkohols.

Nachweis. 1. Durch das Tribromid vom F. 121—122° (s. α-Thujon, S. 550). 2. Durch das Oxim, F. 54—55°. 3. Durch das Semicarbazon, dessen labile, hexagonale Form vom F. 174—175° in die stabile, rhombische Form vom F. 170—172° übergeht. 4. Durch Oxydation zu α-Thujaketosäure vom F. 75—76° (s. α-Thujon).

Isolierung. Aus Rainfarnöl über die Natriumbisulfitverbindung oder besser über die Ammoniumbisulfitverbindung, die in analoger Weise wie beim α-Thujon hergestellt wird.

Fenchon, 1,3,3-Trimethyl-bicyclo-[1,2,2]-heptanon-(2), $C_{10}H_{16}O$.

Eigenschaften. F. etwa $+5$ bis $+6°$; Kp.(760 mm) 193,5°; Kp.(20 mm) 82,3°; Kp.(10 mm) 68,3°; $D_{15°}$ 0,9488; $D_{\frac{20°}{4°}}$ 0,9449; $n_{D\,15,5°}$ 1,4633; $n_{D\,20°}$ 1,4623; $[\alpha]_D$ $+72,2°$ (in Alkohol); $[\alpha]_D$ $-66,9°$. Fenchon ist eine wasserhelle Flüssigkeit von campherartigem Geruch und bitterem Geschmack. Beide optischen Antipoden kommen in der Natur vor.

Nachweis. 1. Durch das Oxim, aus aktivem Fenchon F. 164—165°, aus inaktivem Fenchon F. 158—160°. Zur Herstellung des Oxims verfährt man am besten nach der Vorschrift von WALLACH. 20 g Fenchon werden in 50 cm³ Methylalkohol gelöst, worauf diese Lösung mit einer Lösung von 20 g Hydroxylaminchlorhydrat in 150 cm³ Methylalkohol und mit 30 g gepulvertem Kaliumcarbonat 6 Stunden lang am Rückflußkühler gekocht wird. Durch Umkrystallisieren aus Alkohol, Essigäther oder einer Mischung von 2 Vol. Chloroform und 1 Vol. Alkohol wird das Oxim gereinigt. 2. Durch das Semicarbazon, aus aktivem Fenchon F. 186—187°, aus inaktivem Fenchon F. 172—173°. Die Bildung des Semicarbazons erfolgt sehr langsam, so daß man über das Semicarbazon Gemische von Fenchon und Campher trennen kann, da die Bildung von Camphersemicarbazon erheblich rascher erfolgt. Die Darstellung des Semicarbazons erfolgt am bequemsten ebenfalls nach der WALLACHschen Vorschrift. Eine Lösung von 10 g Fenchon in 50 cm³ Alkohol vermischt man mit einer Lösung von 10 g Semicarbazidchlorhydrat und 10 g Natriumacetat in 20 cm³ Wasser und läßt die klare Mischung mindestens 2 Wochen bei Zimmertemperatur stehen. Das Reaktionsprodukt wird dann mit Wasserdampf destilliert, wobei Alkohol und unverändertes Fenchon übergehen, während das Semicarbazon zurückbleibt. Man krystallisiert es aus Alkohol um, wobei es besonders aus der verdünnten alkoholischen Lösung in schönen großen rhombischen Prismen erhalten wird. 3. Durch Reduktion zu Fenchylalkohol (Nachweis s. S. 517), wobei Wechsel in der Drehungsrichtung auftritt.

Isolierung. d-Fenchon erhält man am einfachsten aus Fenchelöl, l-Fenchon aus Thujaöl. Eine zwischen 190 und 195° siedende Fraktion des Fenchelöles, in der das Fenchon stark angereichert ist, erhitzt man mit 3 Teilen konzentrierter Salpetersäure so lange, bis die entweichenden, anfangs braunroten Dämpfe hellfarbig geworden sind. Alle Beimengungen werden dabei oxydiert, während Fenchon, das gegen Oxydationsmittel sehr beständig ist, nur in geringer Menge oxydiert wird. Das Reaktionsgemisch gießt man nach dem Erkalten in Wasser, wäscht das abgeschiedene Fenchon mit Natronlauge und destilliert es mit Wasserdampf. Meist ist das so erhaltene Fenchon schon sehr rein und krystallisiert in der Kälte. Die einzige noch mögliche Verunreinigung ist ein Gehalt an Campher, der auch aus Borneol oder Borneolestern entstanden sein kann. Zur Abscheidung des Camphers behandelt man das in Alkohol gelöste Fenchon 2 Tage lang bei Zimmertemperatur mit einer Lösung von Semicarbazidchlorhydrat und Natriumacetat in Wasser. Durch Wasserdampfdestillation scheidet man das Fenchon ab, das oft schon nach einmaliger Behandlung frei von Campher ist. Will man völlig reines Fenchon haben, so führt man es in der oben angegebenen Weise in das Semicarbazon über, krystallisiert dieses um und zersetzt es durch Säuren.

Die Gewinnung von l-Fenchon aus Thujaöl kann in analoger Weise geschehen; das erhaltene l-Fenchon enthält aber stets gewisse Mengen Campher und muß von diesem durch Behandlung mit Semicarbazidchlorhydrat getrennt werden.

Campher, Japancampher, 1,7,7-Trimethyl-bicyclo-[1,2,2]-heptanon-(2), $C_{10}H_{16}O$.

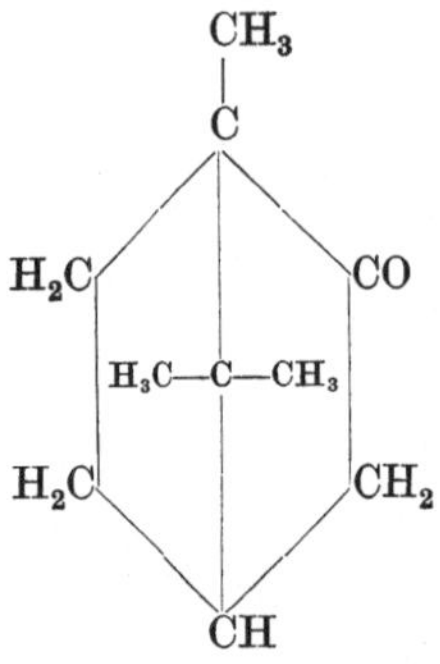

Eigenschaften. F. 178,5—179°; Kp. (759 mm) 209°; $D \frac{9°}{9°}$ 0,9992.

Die spezifische Drehung des Camphers wird je nach der Konzentration der Lösung oder bei Anwendung eines anderen Lösungsmittels verschieden gefunden. In 20 proz. alkoholischer Lösung beträgt sie etwa $\pm 44°$. Campher kommt in der d-, l- und d,l-Form in der Natur vor, doch besitzt der d-Campher die größere Bedeutung. Campher ist eine körnig-krystallinische, durchscheinende, farblose Masse von charakteristischem Geruch. In organischen Lösungsmitteln, in konzentrierter Salzsäure und Salpetersäure ist er leicht löslich, in Wasser nur sehr schwer. Campher ist mit Wasserdampf flüchtig und läßt sich leicht sublimieren.

Nachweis. 1. Durch das Oxim, F. 118—119°; $[\alpha]_D$ —41,3° (aus d-Campher). Bei der Darstellung des Oxims tritt Wechsel in der Drehungsrichtung ein. Man gewinnt das Oxim, indem man eine Lösung von 10 Teilen Campher in der 10—20fachen Menge Alkohol mit einer Lösung von 7—10 Teilen Hydroxylaminchlorhydrat und 12—17 Teilen Natronlauge versetzt und diese Mischung so lange im siedenden Wasserbade digeriert, bis sich die auf Zusatz von Wasser eintretende Abscheidung klar in Natronlauge löst. Man fällt dann das Oxim durch Wasserzusatz aus und krystallisiert es aus Alkohol oder Ligroin um. 2. Durch das Semicarbazon vom F. 236—238°. 3. Durch das p-Bromphenylhydrazon, F. 101°. 4. Durch die Oxymethylenverbindung, F. 80—81°. 5. Durch die Benzylidenverbindung, F. 95—96°.

Zur Unterscheidung von natürlichem und synthetischem Campher dient die Vanillin-Salzsäure-Reaktion, doch muß dabei beachtet werden, daß ein mehrfach umkrystallisierter natürlicher Campher die Reaktion nicht mehr gibt, da aus ihm die geringen anhaftenden Verunreinigungen, die die Reaktion hervorrufen, entfernt sind. Beim Erwärmen mit frisch bereiteter Vanillin-Salzsäurelösung (1 : 100) gibt natürlicher Campher zunächst eine gelbe Färbung, die bei weiterem Erwärmen blaugrün und schließlich indigoblau wird. Synthetischer Campher gibt nur eine Gelbfärbung.

Zur *quantitativen Bestimmung* von Campher dient eine Methode von Aschan (3). 1 g der Untersuchungssubstanz löst man in einem Reagensglase in 2 g Eisessig und gibt 1 g Semicarbazidchlorhydrat und 1,5 g wasserfreies Kaliumacetat hinzu. Mit einem Glasstabe mischt man gut durch, verschließt das Reagensglas mit einem Wattepfropfen und stellt es 3 Stunden lang in ein Wasserbad von 70⁰. Dann läßt man abkühlen, gibt 10—15 cm³ Wasser hinzu und schüttelt gut um, bis die Salze gelöst sind. Das ungelöst gebliebene Semicarbazon filtriert man durch ein gewogenes Filter und wäscht mit Wasser gut nach. Man trocknet nun bei Zimmertemperatur, wäscht mit Petroläther und trocknet bis zum konstanten Gewicht.

$$\% \text{ Campher} = \frac{152 \cdot \text{Gewicht des Semicarbazons}}{209}.$$

Isolierung. Am einfachsten läßt Campher sich aus dem Campheröl von *Cinnamomum camphora* abscheiden. Durch fraktionierte Destillation reichert man den Campher in den von 200—220⁰ siedenden Fraktionen zunächst an und scheidet ihn durch Ausfrieren ab. Von Borneol, das als Verunreinigung manchmal zugegen sein kann, kann Campher in der Weise getrennt werden, daß man das Gemisch mit Bernsteinsäure- oder Phthalsäureanhydrid erhitzt, die gebildeten sauren Borneolester in Alkalilauge löst und den Campher durch Ausäthern entfernt.

Umbellulon, 4-Methyl-1-isopropyl-bicyclo-[0,1,3]-hexen-3-on-(2), $C_{10}H_{14}O$.

Eigenschaften. Kp.(749 mm) 219—220⁰; Kp.(10 mm) 92,5—93⁰; Kp.(5 mm) 85⁰; $D_{15⁰}$ 0,953; $D_{20⁰}$ 0,949; $n_{D\,20⁰}$ 1,48315; α_D —38⁰ 51′. Der Geruch, der besonders heftig auf die Nasenschleimhäute einwirkt und zu Tränen reizt, ist minzig und erinnert auch etwas an Thujon(100).

Nachweis. 1. Durch das Semicarbazon, F. 240—243⁰, und durch das Semicarbazido-Semicarbazon, F. 217⁰. 2. Durch das Dibromid, F. 119⁰.

Isolierung. Aus kalifornischem Lorbeeröl von *Umbellularia californica.* Nach Wienhaus und Todenhöfer (100) empfiehlt es sich, das Umbellulon über die Sulfitverbindung zu isolieren. 350 g Öl werden mit einer Lösung von 200 g Natriumsulfit und 80 g Natriumbicarbonat in 400 g Wasser zweimal ausgerührt, die wäßrige Lösung wird durch Ausschütteln mit Äther von dem nicht in Reaktion getretenen Öl befreit und dann durch Wasserdampfdestillation das Umbellulon abgeschieden. Durch fraktionierte Vakuumdestillation wurde es weiter gereinigt.

Auch über das Semicarbazido-Semicarbazon läßt sich das Umbellulon isolieren. Aus kalifornischem Lorbeeröl isoliert man zunächst durch fraktionierte Destillation eine Fraktion vom Kp. 217—222⁰, die fast nur aus Umbellulon besteht, und befreit diese durch Schütteln mit Kalilauge von vorhandenem Eugenol. 20 g der gereinigten Fraktion versetzt man mit einer konzentrierten wäßrigen Lösung von 40 g Semicarbazidchlorhydrat und 50 g Natriumacetat und fügt so viel Methylalkohol hinzu, daß eine klare Lösung entsteht. Nach dreitägigem Stehen scheidet man durch Zugabe von Wasser das Semicarbazido-Semicarbazon in fester Form ab und krystallisiert es aus Alkohol um. Das umkrystallisierte Produkt zersetzt man mit einer größeren Menge verdünnter Schwefelsäure und destilliert mit Wasserdampf. Durch Ausäthern des Destillats erhält man das Umbellulon.

Verbenon, 2,6,6-Trimethyl-bicyclo-[1,1,3]-hepten-2-on-(4), $C_{10}H_{14}O$.

Eigenschaften. F. +6,5⁰; Kp. 227—228⁰; Kp.(16 mm) 100⁰; $D_{15⁰}$ 0,981; $D_{20⁰}$ 0,978; $n_{D\,18⁰}$ 1,49928; $[\alpha]_D$ +249,6⁰. Die höchste, für linksdrehendes Verbenon bisher beobachtete Drehung beträgt —144⁰. Verbenon ist ein in der Kälte krystallinisch erstarrendes Öl, das eigenartig campher- und sellerieähnlich riecht und mit Natriumbisulfit und Natriumsulfit reagiert.

Nachweis. 1. Durch das Oxim vom F. 115⁰. 2. Durch das Semicarbazon, F. 208—209⁰.

Isolierung. Spanisches Verbenaöl oder alte, stark autoxydierte Terpentinöle werden mit einer Lösung von Natriumsulfit und Natriumbicarbonat mehrfach ausgeschüttelt. Die erhaltene Lösung wird nach dem Ausäthern durch Natronlauge zersetzt. Wurde spanisches Verbenaöl als Ausgangsmaterial benutzt, so besteht das bei der Spaltung erhaltene Öl in der Hauptsache aus Citral. Dieses entfernt man durch mehrfache Behandlung des Öles mit alkalischer Cyanessigsäurelösung (5,5 g Cyanessigsäure, 4 g Natriumhydroxyd und 30 g Wasser). Durch Ausäthern der alkalischen Cyanessigsäurelösung, in der das Verbenon fein verteilt enthalten ist, gewinnt man das Verbenon, das man zur weiteren Reinigung ins Semicarbazon überführt. Das Semicarbazon wird umkrystallisiert und durch Phthalsäureanhydrid gespalten.

F. Säuren.

Säuren sind in ätherischen Ölen weit verbreitet, wenn auch in der Mehrzahl der Fälle nur in untergeordneter Menge in freiem Zustande vorhanden. Einige wenige Öle sind allerdings bekannt, die fast nur aus Säuren bestehen, z. B. Irisöl, in dem sehr viel Myristinsäure enthalten ist, Moschuskörneröl, das zum größten Teile aus Palmitinsäure besteht und mexikanisches Baldrianöl mit einem Gehalt von etwa 90% Baldriansäure. Die niedrigen Glieder der Fettsäurereihe entziehen sich leicht der Auffindung in den Ölen, da sie wasserlöslich und infolgedessen im Destillationswasser gelöst sind. Bei der Prüfung auf Säuren muß daher auch das Destillationswasser zur Untersuchung herangezogen werden. Oft sind die Säuren ursprünglich nicht in freier, sondern veresterter Form vorhanden; die Art der Darstellung der Öle bedingt jedoch häufig eine teilweise Verseifung.

Zur Identifizierung der Säuren benutzt man neben ihren charakteristischen physikalischen Eigenschaften die Umwandlung in geeignete Derivate, vor allem in Salze und Ester. Bewährt hat sich auch die Überführung der Ester in die Hydrazide und deren Benzylidenverbindungen (vgl. Bd. II, S. 369). Neben den Salzen der Alkalien und Erdalkalien zieht man die Zink-, Blei-, Kupfer- und Silbersalze gern zum Nachweis heran, die Silbersalze deshalb, weil sie sich infolge der leichten Ausführbarkeit der Silberbestimmung gut für die quantitative Bestimmung eignen. Ester mit charakteristischen Siedepunkten sind die Methyl- und Äthylester, während die neuerdings empfohlenen p-Bromphenacylester (vgl. Bd. II, S. 370) gut krystallisieren und scharfe Schmelzpunkte besitzen. Ausführliche Angaben über die Trennung und den Nachweis der Säuren sind von J. Schmidt im Kapitel „Die organischen Säuren", Bd. II, S. 362ff. gemacht, weshalb hier nur die bekanntesten Eigenschaften der einzelnen Säuren angeführt werden sollen.

a) Aliphatische Säuren.

Ameisensäure, $H \cdot COOH$. Kp. (760 mm) $100,8°$; $D_{25°}^{4°}$ $1,21405$. Methylester, Kp. $54,4°$. Ameisensäure reduziert Quecksilberchlorid zu Quecksilber, wenn man die mit Alkali neutralisierte Lösung der Ameisensäure mit Quecksilberchlorid erwärmt; ebenso wird Silbernitrat in der Hitze zu metallischem Silber reduziert.

Essigsäure, $CH_3 \cdot COOH$. Kp. (760 mm) $118,2°$; $D_{15°}$ $1,0553$. Zum Nachweis dienen der Methylester vom Kp. $77,4°$ und das Silbersalz, das gut krystallisiert.

Propionsäure, $CH_3 \cdot CH_2 \cdot COOH$. Kp. (760 mm) $141,3°$; $D_{21°}^{4°}$ $0,9886$. Äthylester, Kp. $99°$. Amid, F. $79°$.

Buttersäure, $CH_3 \cdot CH_2 \cdot CH_2 \cdot COOH.$ Kp. (760 mm) $163,5^0$; $D_{\frac{20^0}{4^0}}$ 0,9587.

Äthylester, Kp. $119,9^0$. Das Calciumsalz ist in kaltem Wasser leichter löslich als in heißem.

Isobuttersäure, $\begin{matrix} CH_3 \\ CH_3 \end{matrix} \!\!\!\!\! \diagdown\!\!\!\diagup CH \cdot COOH.$ Kp. $155,5^0$; $D_{\frac{20^0}{4^0}}$ 0,9490. Äthylester

Kp. 110^0. Isobuttersäure und Buttersäure lassen sich durch fraktionierte Krystallisation ihrer Silbersalze trennen, da das Salz der Isobuttersäure in Wasser leichter löslich ist als das der Buttersäure. Weiter kann man zur Trennung von Buttersäure mit Kaliumpermanganatlösung oxydieren, wobei Buttersäure zerstört wird, während Isobuttersäure in α-Oxy-isobuttersäure übergeht.

Isovaleriansäure, $\begin{matrix} CH_3 \\ CH_3 \end{matrix} \!\!\!\!\! \diagdown\!\!\!\diagup CH \cdot CH_2 \cdot COOH.$ Kp. (760 mm) 174^0; D_{17^0} 0,9309.

Amid, F. 135^0. Äthylester, Kp. 134^0.

Methyl-äthyl-essigsäure, $\begin{matrix} CH_3 \\ CH_3 \cdot CH_2 \end{matrix} \!\!\!\!\! \diagdown\!\!\!\diagup CH \cdot COOH.$ Kp. 174^0; D_{20^0} 0,938.

Amid, F. $111,7^0$.

n-Capronsäure, $CH_3 \cdot (CH_2)_4 \cdot COOH.$ Kp. (760 mm) $204,5—205^0$; D_{20^0} 0,9294. Äthylester, Kp. 167^0. Amid, F. 99^0.

Önanthsäure, $CH_3 \cdot (CH_2)_5 \cdot COOH.$ Kp. (760 mm) $223—223,5^0$; D_{15^0} 0,9224. Äthylester, Kp. 187^0. Zinksalz, F. $131—132^0$.

n-Caprylsäure, $CH_3 \cdot (CH_2)_6 \cdot COOH.$ F. 16^0; Kp. (760 mm) $237,5^0$; $D_{\frac{21^0}{4^0}}$ 0,9087. Äthylester, Kp. 206^0. Amid, F. 110^0.

Pelargonsäure, $CH_3 \cdot (CH_2)_7 \cdot COOH.$ F. $12,5^0$; Kp. (760 mm) $253—254^0$; $D_{\frac{25^0}{4^0}}$ 0,9921. Zum Nachweis können dienen der Äthylester, Kp. $227—228^0$, das Amid, F. 99^0 und das Calciumsalz, F. 216^0.

Caprinsäure, $CH_3 \cdot (CH_2)_8 \cdot COOH.$ F. $31,3—31,4^0$; Kp. (760 mm) $268,4^0$; Kp. (11 mm) $148—151^0$; D_{30^0} 0,895. Äthylester, Kp. 245^0. Amid, F. 108^0.

Undecylsäure, $CH_3 \cdot (CH_2)_9 \cdot COOH.$ F. $28,5^0$; Kp. (100 mm) $212,5^0$; Kp. (11 mm) 168^0.

Laurinsäure, $CH_3 \cdot (CH_2)_{10} \cdot COOH.$ F. 44^0; Kp. (100 mm) 225^0; Kp. (15 mm) 176^0; $D_{\frac{25^0}{4^0}}$ 0,9931. Äthylester, Kp. 269^0. Zinksalz, F. 127^0 (in wasserfreiem Zustande). Magnesiumsalz, F. 38^0.

Myristinsäure, $CH_3 \cdot (CH_2)_{12} \cdot COOH.$ F. 54^0; Kp. (100 mm) $250,5^0$; Kp. (15 mm) $196,5^0$. Äthylester, F. $10,5—11^0$, Kp. 295^0.

Oxymyristinsäure, $(HO) \cdot C_{13}H_{26} \cdot COOH.$ F. 51^0.

Oxypentadecylsäure, Oxytetradecancarbonsäure, $(HO) \cdot C_{14}H_{22} \cdot COOH.$ F. 84^0. Acetylderivat, F. 59^0.

Palmitinsäure, $CH_3 \cdot (CH_2)_{14} \cdot COOH.$ F. $62,5^0$. Kp. (760 mm) $339—356^0$ (unter teilweiser Zersetzung); Kp. (15 mm) 215^0; $D_{\frac{25^0}{4^0}}$ 0,9877. Äthylester, F. $22,5^0$, Kp. (10 mm) 185^0. Bleisalz, F. 112^0.

Stearinsäure, $CH_3 \cdot (CH_2)_{16} \cdot COOH.$ F. $71,5—72^0$; Kp. (100 mm) 291^0; Kp. (17 mm) 238^0. Äthylester, F. 33^0, Kp. (15 mm) $213—215^0$. Bleisalz (amorph), F. 125^0.

Angelicasäure, $CH_3—CH=C(CH_3)—COOH$ (Cis-Form). F. $45—45,5^0$; Kp. (760 mm) 185^0; Kp. (10 mm) $87,5—89^0$. Jodzahl 253,7. Äthylester, Kp. $141,5^0$. Sie geht beim Erhitzen am Rückflußkühler in Tiglinsäure über.

Tiglinsäure, $CH_3—CH=C(CH_3)—COOH.$ (Trans-Form). F. $64,5^0$; Kp. (760 mm) $198,5^0$. Zum Nachweis benutzt man das Doppelsalz aus tiglinsaurem und isovaleriansaurem Calcium, das in Nadeln mit 9 Mol. Krystallwasser krystallisiert.

Citronellsäure ist ein Gemisch von 2,6-Dimethyl-octen-(1)-säure-8 und von 2,6-Dimethyl-octen-(2)-säure-8. Kp. 257^0; Kp. $_{(10\,mm)}$ $143,5^0$; D_{20^0} 0,9308; n_D 1,4545; $\alpha_D + 6^0 5'$.

Ölsäure, Octadecen-(9)-säure-1. C_8H_{17}—CH=CH—$(CH_2)_7$—COOH. F. 14^0; Kp. $_{(100\,mm)}$ 285,5—286^0; Kp. $_{(10\,mm)}$ 223^0; $D_{\frac{10^0}{4^0}}$ 0,8998. Durch Einwirkung von salpetriger Säure entsteht Elaidinsäure vom F. 51^0. Ölsäureäthylester, Kp. $_{(15\,mm)}$ 216—218^0.

Ambrettolsäure, Hexadecen-7-ol-16-säure-(1), $C_{16}H_{30}O_3$. F. ca. 25^0. Jodzahl 88.

b) Aromatische Säuren.

Benzoesäure, C_6H_5COOH. F. $122,4^0$; Kp. $_{(740\,mm)}$ $249,2^0$; Kp. $_{(12\,mm)}$ $132,5^0$. Benzoesäure bildet glänzende weiße Blättchen, die mit Wasserdämpfen flüchtig sind und sich aus heißem Wasser leicht umkrystallisieren lassen. Äthylester, Kp. $212,9^0$.

Phenylessigsäure, $C_6H_5 \cdot CH_2 \cdot COOH$. F. $76,5^0$; Kp. $265,5^0$.

Zimtsäure, C_6H_5—CH=CH—COOH. F. 133^0; Kp. $_{(760\,mm)}$ 300^0. Äthylester, F. 12^0, Kp. 271^0.

Salicylsäure, o-Oxybenzoesäure, $C_6H_4{<}^{COOH\,(1)}_{OH\,(2)}$ F. 155—156^0. Salicylsäure sublimiert bei vorsichtigem Erhitzen unzersetzt. Mit Eisenchloridlösung gibt sie eine violette Färbung. Äthylester, Kp. 232^0.

Anissäure, p-Methoxybenzoesäure, $C_6H_4{<}^{COOH\,(1)}_{O\,\cdot\,CH_3\,(4).}$ F. 184^0.

Veratrumsäure, 3,4-Dimethoxybenzoesäure, $C_6H_3{-}\!\!\!\left\langle\begin{array}{l}COOH\,(1)\\O\cdot CH_3\,(3)\\O\cdot CH_3\,(4)\end{array}\right.$ F. 179,5 bis 181^0.

p-Cumarsäure, p-Oxyzimtsäure, $C_6H_4{<}^{CH=CH—COOH\,(1)}_{OH\,(4)}$ F. 206—210^0.

Methyl-p-Cumarsäure, $C_6H_4{<}^{CH=CH—COOH\,(1)}_{OCH_3\,(4).}$ F. 170^0.

Sedanonsäure, o-Valeryl-hexen-1-carbonsäure, $C_{12}H_{18}O_3$. F. 113^0.

$$\begin{array}{c}
\text{C}\cdot\text{COOH}\\
\text{H}_2\text{C}\diagup\!\!\diagdown\text{C}\cdot\text{CO}\cdot\text{C}_4\text{H}_9\\
\text{H}_2\text{C}\diagdown\!\!\diagup\text{CH}_2\\
\text{CH}_2
\end{array}$$

G. Ester.

Die Bedeutung der Ester als Bestandteile ätherischer Öle beruht auf der weiten Verbreitung in ätherischen Ölen, vor allem aber auf den geruchlichen Eigenschaften, da die Geruchsqualität der ätherischen Öle durch den angenehmen Geruch der Ester oft weitgehend beeinflußt wird. Manche Ester, wie Linalylacetat, Bornylacetat oder Salicylsäuremethylester finden sich in so großer Menge in den Ölen, daß man den Wert der Öle nach der Bestimmung des Estergehalts beurteilt. Die Isolierung der Ester ist meistens nur verhältnismäßig schwer auszuführen, da man dafür in der Hauptsache auf die Abtrennung durch fraktionierte Destillation angewiesen ist. Eine Ausnahme bilden die wenigen Ester, die bei gewöhnlicher Temperatur fest sind und sich durch Auskrystallisieren trennen lassen, und weiter die Ester, von denen feste Derivate zu erhalten sind. In allen übrigen Fällen unterwirft man die Esterfraktionen der wiederholten fraktionierten Destillation, um eine weitgehende Trennung zu erzielen. Da nur in besonderen Fällen von Estern gut charakterisierte Derivate zu erhalten sind, ist man im allgemeinen darauf angewiesen, die Ester durch Verseifung in ihre Spaltstücke Säure und Alkohol zu zerlegen, diese aus der Verseifungslauge zu isolieren und in charakteristische Derivate überzuführen. Auch die fraktionierte Destillation von Estern kann Schwierigkeiten bereiten, einmal weil die Siedepunkte verschieden zusammengesetzter Ester manchmal nahe beieinander liegen und eine Trennung dann nur durch oftmals wiederholte Fraktionierung über lange Kolonnen zu erzielen ist, und dann auch deshalb, weil viele Ester sich bei der Destillation, manche sogar schon bei der Destillation unter vermindertem Druck, zersetzen.

a) Ester aliphatischer Säuren.

Ameisensäureamylester, Amylformiat $HCOO \cdot C_5H_{11}$. Kp. 130^0; D_{0^0} 0,9018. Läßt sich aus ätherischem Apfelöl isolieren.

Ameisensäuregeranylester, Geranylformiat, $HCOO \cdot C_{10}H_{17}$. Kp. (10—11 mm) 104—105^0; $D_{\frac{15^0}{4^0}}$ 0,9164; n_{D20^0} 1,45557. Geranylformiat riecht nach Rosenblättern und entfernt pfirsichähnlich; es neigt, wie viele Ameisensäureester, zur Zersetzung. Zur Isolierung bedient man sich der Esterfraktionen des Geraniumöls, die man durch wiederholte vorsichtige fraktionierte Destillation im Vakuum zerlegt. Man gelangt dabei aber nur zu unreinen Präparaten.

Ameisensäureterpinylester, Terpinylformiat, $HCOO \cdot C_{10}H_{17}$. Kp. (40 mm) 135—138^0; Kp.$_{(7 mm)}$ 95—99^0; D_{15^0} 0,9855; $n_{D\,20^0}$ 1,46885. Zur Isolierung des Esters können die Esterfraktionen von Ceylon-Cardamomenöl dienen.

Ameisensäurebornylester, Bornylformiat, $HCOO \cdot C_{10}H_{17}$. Kp.$_{(10 mm)}$ 90^0; Kp.$_{(7 mm)}$ 85—86^0; D_{22^0} 1,009; $[\alpha]_D \pm 49^0$. Zur Isolierung geht man von Baldrianöl aus.

Essigsäureisoamylester, Isoamylacetat, $CH_3COO \cdot C_5H_{11}$. Kp.$_{(757 mm)}$ 142^0; $D_{\frac{18^0}{4^0}}$ 0,8739; $n_{D\,18^0}$ 1,40143. Sein Geruch ist fruchtig. Isoamylacetat ist im ätherischen Apfelöl und in den Vorläufen des Öls von *Eucalyptus globulus* enthalten.

Essigsäure-n-hexylester, n-Hexylacetat, $CH_3COO \cdot C_6H_{13}$. Kp. 169—170^0; $D_{17,5^0}$ 0,889. Hexylacetat ist in den Esterfraktionen des Bärenklauöls (von *Heracleum sphondylium*) enthalten.

Essigsäure-n-octylester, n-Octylacetat, $CH_3COO \cdot C_8H_{17}$. Kp.$_{(760 mm)}$ 210^0; Kp.$_{(15 mm)}$ 98^0; D_{16^0} 0,8717. Octylacetat kommt neben anderen Estern im Bärenklauöl vor (von *Heracleum sphondylium*).

Essigsäure-citronellylester, Citronellylacetat, $CH_3COO \cdot C_{10}H_{19}$. Kp.$_{(15 mm)}$ 119—121^0; $D_{\frac{15^0}{4^0}}$ 0,9027; $n_{D\,20^0}$ 1,45154. Citronellylacetat ist eine farblose Flüssigkeit, deren angenehmer Geruch schwach an Bergamottöl erinnert. Isolieren läßt sich der Ester aus Ceylon-Citronellöl, dessen Esterfraktion man durch fraktionierte Destillation im Vakuum weiter zerlegt.

Essigsäure-geranylester, Geranylacetat, $CH_3COO \cdot C_{10}H_{17}$. Kp. (764 mm) 242 bis 245^0 (unter Zersetzung); Kp.$_{(16 mm)}$ 127,8—129,2^0; D_{15^0} 0,9174; $n_{D\,20^0}$ 1,4628. Geranylacetat besitzt angenehmen, kräftigen Blumengeruch, der dem des Linalylacetats ähnlich ist. Zur Isolierung können die Esterfraktionen von Palmarosaöl, Ceylon-Citronellöl, Petitgrainöl oder Neroliöl dienen.

Essigsäure-linalylester, Linalylacetat, $CH_3COO \cdot C_{10}H_{17}$. Kp. (762 mm) etwa 220⁰ (unter Zersetzung); Kp. (10 mm) 96,5—97⁰; $D_{15⁰}$ 0,913; n_D 1,45; $[\alpha]_D$ —6⁰ 35'. Linalylacetat ist eine farblose Flüssigkeit von angenehmem, blumigem Geruch, der dem des Bergamottöls ähnelt. Es ist sehr leicht zersetzlich und wird schon durch Wasserdampfdestillation teilweise verseift. Isolieren läßt sich Linalylacetat aus den Esterfraktionen von Bergamottöl oder Lavendelöl; die man aber der leichten Zersetzlichkeit wegen nur unter Anwendung eines guten Vakuums weiter fraktionieren darf.

Essigsäure-menthylester, Menthylacetat, $CH_3COO \cdot C_{10}H_{19}$. Kp. 227⁰; Kp. (22 mm) 116⁰; Kp. (15 mm) 180⁰; $D_{\frac{20⁰}{4⁰}}$ 0,9185; $[\alpha]_D$ —79,6⁰. Menthylacetat ist eine farblose, pfefferminzähnlich riechende Flüssigkeit. Es läßt sich durch fraktionierte Destillation aus den hochsiedenden Anteilen von Pfefferminzölen erhalten.

Essigsäure-bornylester, Bornylacetat, $CH_3COO \cdot C_{10}H_{17}$. F. 29⁰; Kp. 225 bis 226⁰; Kp. (15 mm) 106—107⁰; Kp. (10 mm) 98⁰; Kp. (4 mm) 90—91⁰; $D_{15⁰}$ 0,991; $D_{\frac{20⁰}{4⁰}}$ 0,9855; $n_{D\,15⁰}$1,46635; $[\alpha]_D$: etwa $\pm$ 45⁰. Während optisch aktives Bornylacetat leicht zum Erstarren gebracht werden kann, bleibt optisch inaktives Bornylacetat auch bei tiefen Temperaturen flüssig. Bornylacetat besitzt kräftigen Tannenduft und ist der typische Geruchsträger der verschiedenen Coniferenöle. Aus ihnen (z. B. sibirischem Fichtennadelöl, Edeltannennadelöl u. a.) läßt sich Bornylacetat erhalten, indem man die Esterfraktionen durch fraktionierte Destillation im Vakuum isoliert. Die Esterfraktionen friert man aus, trennt die noch vorhandenen flüssigen Verunreinigungen durch Absaugen ab und reinigt das zurückbleibende Bornylacetat durch nochmalige Vakuumdestillation. Bornylacetat läßt sich in dieser Weise leicht rein darstellen.

Essigsäure-terpinylester, Terpinylacetat, $CH_3COO \cdot C_{10}H_{17}$. Kp. 220⁰ (unter Zersetzung); Kp. (25 mm) 126—130⁰; Kp. (10 mm) 110—115⁰; Kp. (3 mm) 87—88⁰; $D_{18⁰}$ 0,957; $n_{D\,20⁰}$ etwa 1,466. Terpinylacetat ist eine farblose Flüssigkeit von schwachem, süßlichem, aber anhaftendem Geruch, der etwas an Bergamottöl erinnert. Bemerkenswert ist die schwere Verseifbarkeit des Esters (vgl. S. 475). Zur Isolierung von Terpinylacetat können die hochsiedenden Anteile von Cypressenöl oder Malabar-Cardamomenöl dienen.

Essigsäure-benzylester, Benzylacetat, $CH_3COO \cdot CH_2C_6H_5$. Kp. (762 mm) 216⁰; Kp. (25 mm) 110—111⁰; Kp. (10 mm) 92,5—93⁰; $D_{15⁰}$ 1,062; $n_{D\,20⁰}$ 1,50324. Benzylacetat ist eine farblose Flüssigkeit von kräftigem Blumengeruch, der an den des echten Jasmins erinnert. Es ist der Hauptbestandteil des Jasminblütenöls. Im Ylang-Ylangöl findet es sich in geringerer Menge.

Essigsäure-α-phenyläthylester, α-Phenyläthylacetat, Styrolylacetat,

$$CH_3COO \cdot CH \Big\langle \begin{array}{l} CH_3 \\ C_6H_5 \end{array} .$$

Kp. 222⁰ (unter teilweiser Zersetzung); Kp. (15 mm) 105—108⁰; $D_{16⁰}$ 1,058; $n_{D\,20⁰}$ 1,495. α-Phenyläthylacetat besitzt kräftigen, angenehmen Geruch, der dem der blühenden Gardenie ähnelt. Es ist im Gardeniablütenöl enthalten.

Propionsäure-amylester, Amylpropionat, $C_2H_5COO \cdot C_5H_{11}$. Kp. 160⁰; $D_{20⁰}$ 0,8580. Amylpropionat riecht fruchtig und ist im ätherischen Kakaoöl enthalten.

Propionsäure-octylester, Octylpropionat, $C_2H_5COO \cdot C_8H_{17}$. Kp. 226,4⁰; $D_{0⁰}$ 0,8833. Zur Isolierung können die Esterfraktionen von Pastinaköl verwandt werden.

Propionsäure-linalylester, Linalylpropionat, $C_2H_5COO \cdot C_{10}H_{17}$. Kp. (12 mm) 108—111⁰; Kp. (16 mm) 115—119⁰. Linalylpropionat ist eine farblose, ölige Flüssigkeit, deren Geruch etwas an Maiglöckchen erinnert. Es ist neben Linalylacetat, jedoch in geringerer Menge, in den Esterfraktionen des Lavendelöls enthalten.

Buttersäure-äthylester, Äthylbutyrat, $C_3H_7COO \cdot C_2H_5$. Kp. (760 mm) $119,9^0$; $D_{\frac{20^0}{4^0}}$ 0,8788; $n_{D\,18^0}$ 1,39302. Äthylbutyrat ist eine farblose Flüssigkeit von eigenartigem, fruchtigem Geruch. Enthalten ist es in den niedrigsiedenden Anteilen der Esterfraktionen aus den Ölen von *Heracleum sphondylium* (Bärenklauöl) und von *Heracleum giganteum*.

Buttersäure-butylester, Butylbutyrat, $C_3H_7COO \cdot C_4H_9$. Kp. $164,8^0$; $D_{\frac{20^0}{20^0}}$ 0,8717. Der Ester riecht eigenartig und ist in dem Öl von *Eucalyptus Perriniana* und in anderen Eukalyptusölen enthalten.

Buttersäure-isoamylester, Isoamylbutyrat, $C_3H_7COO \cdot C_9H_{11}$. Kp. (760 mm) $178,6^0$; $D_{\frac{19^0}{15^0}}$ 0,8657. Isoamylbutyrat kommt in geringer Menge im französischen Lavendelöl vor.

Buttersäure-hexylester, Hexylbutyrat, $C_3H_7COO \cdot C_6H_{13}$. Kp. 205^0; D_{0^0} 0,8825. Hexylbutyrat kommt neben anderen Estern im Öl von *Heracleum giganteum* vor.

Buttersäure-octylester, Octylbutyrat, $C_3H_7COO \cdot C_8H_{17}$. Kp. $244–245^0$; D_{15^0} 0,8692. Ist im Pastinaköl enthalten.

Buttersäure-geranylester, Geranylbuyrat, $C_3H_7COO \cdot C_{10}H_{17}$. Kp. (13 mm) $142–143^0$; $D_{\frac{17^0}{4^0}}$ 0,9008. Geranylbutyrat riecht blumig und ähnlich wie Geranylacetat. Es kommt vor im Öl von *Boronia pinnata*.

Buttersäure-bornylester, Bornylbutyrat, $C_3H_7COO \cdot C_{10}H_{17}$. Kp. $246–247^0$; Kp. (10–11 mm) $120–121^0$; $[\alpha]_D$ -40^0. Kommt im japanischen Baldrianöl (Kessoöl) vor.

Isovaleriansäure - menthylester, Menthylisovalerianat, $C_4H_9COO \cdot C_{10}H_{19}$. Kp. (9 mm) 129^0; D_{15^0} 0,907; $n_{D\,20^0}$ 1,4485; $[\alpha]_D$ -64^0. Menthylisovalerianat ist eine farblose ölige Flüssigkeit, deren Geruch an Menthol und zugleich an Baldriansäure erinnert. Es zeichnet sich durch seine schwere Verseifbarkeit aus (vgl. S. 475). Zur Isolierung verwendet man die Esterfraktionen aus amerikanischem Pfefferminzöl, in denen es in geringer Menge neben Menthylacetat vorkommt.

Isovaleriansäure-bornylester, Bornylisovalerianat, $C_4H_9COO \cdot C_{10}H_{17}$. Kp. $255–260^0$. Bornylisovalerianat ist eine farblose Flüssigkeit, deren Geruch campher- und baldrianähnlich ist. Bemerkenswert ist seine schwere Verseifbarkeit (vgl. S. 475). Es kommt im Baldrianöl vor.

Capronsäure-octylester, Octylcapronat, $C_5H_{11}COO \cdot C_8H_{17}$. Kp. (760 mm) 275^0; $D_{\frac{0^0}{0^0}}$ 0,8748. Ist im Bärenklauöl (von *Heracleum sphondylium*) enthalten.

b) Ester aromatischer Säuren.

Benzoesäuremethylester, Methylbenzoat, $C_6H_5COO \cdot CH_3$.

Eigenschaften. Kp. (746 mm) $199,2^0$; D_{15^0} 1,0942; $n_{D\,15^0}$ 1,52049; löslich in etwa 4 Vol. 60proz. Alkohols. Methylbenzoat ist eine farblose Flüssigkeit von kräftigem, angenehmem Geruch.

Nachweis. Durch Verseifung und Nachweis der Komponenten. Methylbenzoat gibt zum Unterschied von anderen Benzoesäureestern eine feste Verbindung mit Phosphorsäure.

Benzoesäurebenzylester, Benzylbenzoat, $C_6H_5COO \cdot CH_2 \cdot C_6H_5$.

Eigenschaften. F. 21^0; Kp. $323–324^0$; D_{19^0} 1,1224; $n_{D\,20^0}$ 1,5695; löslich in 1,5 bis 2 Vol. 90proz. Alkohols. Benzylbenzoat ist ein dickliches, schwach riechendes Öl.

Nachweis. Durch Verseifung.

Isolierung. Aus Perubalsamöl.

Zimtsäuremethylester, Methylcinnamat, $C_6H_5CH{=}CHCOO \cdot CH_3$.

Eigenschaften. F. 36^0; Kp. 263^0; $D_{\frac{36^0}{0^0}}$ 1,0415; $D_{\frac{40^0}{15^0}}$ 1,0663; $n_{D\,35^0}$ 1,56816. Zimtsäuremethylester ist eine bei gewöhnlicher Temperatur feste, weiße Masse von intensivem, eigenartigem Geruch.

Nachweis. Durch Verseifung.

Isolierung. Aus dem Öl von *Ocimum canum* oder von *Alpinia galanga* oder *malaccensis*.

Zimtsäureäthylester, Äthylcinnamat, $C_6H_5CH{=}CHCOO \cdot C_2H_5$.

Eigenschaften. F. 12^0; Kp. 271^0; Kp.$_{(103mm)}$ $195,5^0$; D_{15^0} 1,0546 $n_{D\,20^0}$ 1,55982. Zimtsäureäthylester ist eine farblose, bei niedriger Temperatur fest werdende Flüssigkeit von angenehmem Geruch.

Nachweis. Durch Verseifung.

Isolierung. Aus Storaxöl oder Kaempferiaöl.

Zimtsäurebenzylester, Benzylcinnamat, $C_6H_5CH{=}CHCOO \cdot CH_2C_6H_5$.

Eigenschaften. F. 39^0; Kp. $335{-}340^0$ (unter Zersetzung); Kp.$_{(22mm)}$ $228{-}230^0$; Kp.$_{(5mm)}$ $195{-}200^0$. Zimtsäurebenzylester bildet weiße, glänzende Krystalle von aromatischem Geruch.

Nachweis. Durch Verseifung.

Isolierung. Aus Storaxöl oder aus Perubalsamöl, in dem er aber nur in geringeren Mengen vorkommt.

Zimtsäurecinnamylester, Cinnamylcinnamat, Styracin,

$$C_6H_5CH{=}CHCOOCH_2CH{=}CHC_6H_5.$$

Eigenschaften. F. 44^0; D_{4^0} 1,1565. Weiße Krystallbüschel von sehr schwachem Geruch. In Wasser unlöslich und in Alkohol schwer löslich.

Nachweis. Durch Verseifung und Isolierung der Komponenten. Durch das Dibromid vom F. 151^0.

Isolierung. Aus Storax.

Salicylsäuremethylester, Methylsalicylat, $C_6H_4{<}^{OH}_{COO \cdot CH_3}$.

Eigenschaften. F. $-8,3^0$; Kp. $222,2^0$; D_{15^0} 1,1890; $n_{D\,20^0}$ 1,537; löslich in etwa 7 Vol. 70proz. Alkohols. Salicylsäuremethylester ist eine farblose Flüssigkeit von kräftigem, eigenartigem Geruch. In nicht zu konzentrierter Kalilauge löst er sich in der Kälte auf, mit Natronlauge gibt er eine schwerlösliche Natriumverbindung. Die Lösung gibt mit Eisenchloridlösung Violettfärbung.

Nachweis. Durch Verseifung und Identifizierung der Komponenten. Durch das p-Nitrobenzoat vom F. 128^0.

Isolierung. Aus Wintergrünöl *(Gaultheria procumbens)* oder Birkenrindenöl (von *Betula lenta*), die beide fast völlig aus Salicylsäuremethylester bestehen. Außerdem kommt Salicylsäuremethylester in sehr vielen anderen ätherischen Ölen vor.

4-Methoxysalicylsäuremethylester, 2-Oxy-4-methoxy-benzoesäuremethylester, Primulacampher, $C_9H_{10}O_4$.

Eigenschaften. F. 49^0; Kp. 255^0. Er riecht nach Fenchel und Anis und schmeckt zuerst brennend, dann süßlich, fenchelartig.

Nachweis. Durch Verseifung und Isolierung des Methylalkohols und der 4-Methoxysalicylsäure vom F. $158{-}159^0$.

Isolierung. Aus Primelwurzelöl, aus dem er sich in fester Form abscheidet.

Anthranilsäuremethylester, Methylanthranilat, o-Aminobenzoesäuremethyl-ester $C_8H_9O_2N$.

Eigenschaften. F. 24—25⁰; Kp.$_{(14 mm)}$ 132⁰; D_{15^0} 1,168; $n_{D\,20^0}$ 1,58435. Anthranilsäuremethylester bildet große flächenreiche Krystalle, die, besonders in alkoholischer Lösung, schöne blaue Fluorescenz zeigen. Sein Geruch ist charakteristisch und in konzentriertem Zustande eher unangenehm als angenehm; in starker Verdünnung tritt feiner Orangenblütenduft hervor.

Nachweis. 1. Durch Verseifung und Abscheidung der Anthranilsäure und des Methylalkohols. 2. Durch das Pikrat, F. 103,5—104. 3. Durch das Benzoat, F. 100—102⁰.

Die quantitative Bestimmung des reinen Esters geschieht in der üblichen Weise durch Verseifung.

Soll Anthranilsäuremethylester, der nur in geringer Menge in einem Öle enthalten ist, quantitativ bestimmt werden, so benützt man das Verfahren von HESSE und ZEITSCHEL, das von LALOUE etwas modifiziert worden ist. 25 g des zu untersuchenden Öls löst man in etwa 125—150 g absolutem Äther und kühlt die Lösung dann in einer Kältemischung auf etwa — 5⁰ ab. Unter dauerndem Umrühren gibt man tropfenweise so viel von einem ebenfalls gut gekühlten Gemisch von 1 Vol. konzentrierter Schwefelsäure und 5 Vol. absolutem Äther hinzu, bis kein Niederschlag von Anthranilsäuremethylestersulfat mehr entsteht. Den Niederschlag sammelt man auf einem Filter und wäscht ihn mit absolutem Äther sehr gut aus. Das Filter mit dem Niederschlag bringt man in ein Kölbchen, setzt etwas Wasser, eventuell auch etwas Alkohol hinzu, daß klare Lösung eintritt und titriert ohne zu filtrieren mit Halbnormalkalilauge (Phenolphthalein als Indikator). Bei Anwendung von a g Öl und Verbrauch von b cm³ Halbnormal-Kalilauge ergibt sich der Gehalt an Anthranilsäuremethylester nach der Formel:

$$\% \text{ Anthranilsäuremethylester} = \frac{b \cdot 3{,}775}{a}.$$

Zur Kontrolle des so erhaltenen Wertes verseift man die titrierte Mischung mit einem Überschuß von alkoholischer Halbnormalkalilauge eine halbe Stunde lang auf dem Wasserbade und titriert mit Halbnormal-Schwefelsäure zurück. Die verbrauchte Laugenmenge (c) muß dann halb so groß sein wie b.

$$\% \text{ Anthranilsäuremethylester} = \frac{c \cdot 7{,}55}{a}.$$

Erreicht c nicht die Hälfte des Wertes von b, so ist das ein Zeichen dafür, daß in dem Niederschlag noch freie Schwefelsäure vorhanden war, die man durch das gründliche Auswaschen mit absolutem Äther quantitativ entfernen muß.

Ein Nachteil dieser Methode ist es, daß man neben dem Anthranilsäure-methylester auch andere basische Verbindungen, vor allem den Methylanthranil-säuremethylester mit bestimmt. Im allgemeinen, vor allem für die Bestimmung des Gehaltes an Anthranilsäuremethylester im Orangenblütenöl (Neroliöl) reicht das Verfahren durchaus hin.

Nach der ERDMANNschen Methode läßt es sich vermeiden, daß Methyl-anthranilsäuremethylester mitreagiert. Man schüttelt eine bestimmte Menge Öl mit verdünnter Schwefelsäure oder Salzsäure aus, diazotiert die saure Lösung mit einer 5proz. Natriumnitritlösung und titriert mit einer alkalischen Lösung von β-Naphthol, wobei der entstehende Farbstoff ausfällt. Durch Tüpfelproben läßt sich der Endpunkt der Reaktion genau feststellen. Die alkalische β-Naphthol-lösung stellt man sich her, indem man 0,5 g β-Naphthol mit 0,5 cm³ 30proz. Natronlauge anreibt und dann in einer Lösung von 15 g Soda in 150 cm³ Wasser löst.

Die Nachteile dieser Methode sind noch größer als die der vorher beschriebenen, vor allem deshalb, weil sich der Ester mit verdünnter Schwefelsäure oder Salzsäure nicht quantitativ ausschütteln läßt.

Isolierung. Orangenblütenöl (Neroliöl) wird mit verdünnter Schwefelsäure ausgeschüttelt, wobei Anthranilsäuremethylestersulfat in Lösung geht, das aber in der Kälte auskrystallisiert. Das Sulfat reinigt man durch Umkrystallisieren aus Alkohol und zerlegt es durch Zugabe von Soda. Der so abgeschiedene Ester wird durch fraktionierte Destillation im Vakuum gereinigt.

Methylanthranilsäuremethylester, $C_9H_{11}O_2N$.

Eigenschaften. F. 18,5—19,5°; Kp.$_{(13 mm)}$ 130—131°; $D_{15°}$ 1,120; $n_{D 20°}$ 1,5796. Er riecht ähnlich wie Anthranilsäuremethylester, nur schwächer, und zeigt auch die schöne blaue Fluorescenz.

Nachweis. Durch Verseifung und Isolierung des Methylalkohols und der Methylanthranilsäure vom F. 179°.

Die quantitative Bestimmung in Ölen erfolgt nach dem Verfahren von Hesse und Zeitschel (s. Anthranilsäuremethylester S. 561).

Isolierung. Mandarinenöl wird mit verdünnter Schwefelsäure ausgeschüttelt, das Sulfat isoliert und durch Soda zerlegt.

3-Methoxy-2-methylamino-benzoesäuremethylester, Damascenin, $C_{10}H_{13}O_3N$.

Eigenschaften. F. 24—25°; Kp.$_{(750 mm)}$ 270°; Kp.$_{(10 mm)}$ 156—157°. Er besitzt angenehmen Geruch und schöne blaue Fluorescenz.

Nachweis. Mit Platinchlorid und Quecksilberchlorid entstehen krystallisierende Doppelverbindungen.

Isolierung. Das Öl von *Nigella damascene* schüttelt man mit Weinsäurelösung aus und zerlegt das entstandene weinsaure Salz durch Zugabe von Soda.

H. Lactone.

Ambrettolid, Lacton der Hexadecen-7-ol-16-säure-(1), $C_{16}H_{28}O_2$.

$$CH_2 \cdot (CH_2)_7 \cdot CH{=}CH(CH_2)_5 \cdot CO$$
$$\vert\text{————————}O\text{————————}\vert$$

Eigenschaften. Kp.$_{(16 mm)}$ 185—190°; $D_{20°}$ 0,938. Es ist ein farbloses, ziemlich dickflüssiges Öl, das in 1proz. Lösung sehr fein und kräftig moschusartig riecht.

Nachweis. Überführung in Ambrettolsäure, F. 25°.

Isolierung. Moschuskörneröl befreit man durch Ausschütteln mit kalter, verdünnter Natronlauge von den Fettsäuren. Die zurückbleibenden flüssigen Anteile fraktioniert man im Vakuum. Eine Fraktion vom Kp.$_{(10 mm)}$ 140—180° behandelt man vorsichtig mit verdünnter alkoholischer Natronlauge und äthert aus, wobei man ein Gemisch von Ambrettolid und Farnesol erhält. Farnesol entfernt man durch Behandeln mit Phthalsäureanhydrid und reinigt das übrigbleibende Ambrettolid durch mehrfache fraktionierte Destillation im Vakuum.

Sedanolid, Lacton der 2-(α-Oxy-amyl)-cyclohexen-(2)-carbonsäure-(1), $C_{12}H_{18}O_2$.

Eigenschaften. Kp.$_{(17 mm)}$ 185°. Es riecht sehr stark nach Sellerie.

Nachweis. Durch Überführung mit Alkali in die Sedanolsäure vom F. 88—89°.

Isolierung. Aus den hochsiedenden Anteilen des Sellerieöls.

Cumarin, Lacton der o-Oxy-zimtsäure, $C_9H_6O_2$.

Eigenschaften. F. 69—70⁰; Kp. 290,5—291⁰. Cumarin bildet glänzende Blättchen von angenehmem, waldmeisterartigem Geruch und bitterem Geschmack. Es ist unzersetzt sublimierbar. In kaltem Wasser ist es schwer, in heißem Wasser leichter löslich. In Alkohol, Äther, Petroläther, fetten und ätherischen Ölen ist es leicht löslich. Durch Einwirkung von Licht färbt sich Cumarin gelblich und büßt an Geruchsintensität ein, was auf der Bildung des geruchlosen Hydrodicumarins (F. 262⁰) beruht. Ein reines Cumarin muß mit konzentrierter Schwefelsäure eine farblose Lösung geben.

Nachweis. 1. Durch Überführung in o-Oxyzimtsäure vom F. 207—208⁰ beim Kochen mit konzentrierter Kalilauge. 2. Bei der Kalischmelze entsteht Salicylsäure, F. 156—157⁰. 3. Bei der Reduktion mit Natriumamalgam erhält man Melilotsäure, F. 82—83⁰. 4. Durch das Dibromid, F. 100⁰.

Isolierung. Aus Tonkabohnen durch Ausziehen mit Alkohol. In ätherischen Ölen kommt Cumarin nur in kleinsten Mengen vor.

Melilotin, Dihydrocumarin, Lacton der o-Oxy-hydrozimtsäure, $C_9H_8O_2$.

Eigenschaften. F. 25⁰; Kp. 272⁰. Es riecht ähnlich wie Cumarin, aber milder. Schwer löslich in kochendem Wasser, leicht in Chloroform.

Nachweis. Durch Überführung in Melilotsäure, F. 82 bis 83⁰.

Isolierung. Aus Steinklee, in dem es neben Cumarin vorkommt.

Limettin, Citrapten, Lacton der 2-Oxy-4,6-dimethoxy-zimtsäure, $C_{11}H_{10}O_4$.

Eigenschaften. F. 146—147⁰. Farblose, glänzende Nadeln, deren Lösung schön blauviolett fluoresciert. Unlöslich in Äther, löslich in Methylalkohol und Aceton.

Nachweis. Durch das Dibromid, F. 250—260⁰. Beim Schmelzen mit Kali entstehen Phloroglucin und Essigsäure.

Isolierung. Aus Destillationsrückständen des Citronenöls, die man zur Reinigung zunächst mit Äther behandelt. Das zurückbleibende Citrapten reinigt man durch Umkrystallisieren aus Methylalkohol und Aceton.

Bergapten, $C_{12}H_8O_4$.

Eigenschaften. F. 188⁰. Weiße, glänzende, geruchlose Nadeln.

Isolierung. Aus Bergamottölrückständen.

Alantolacton, $C_{15}H_{20}O_2$.

Eigenschaften. F. 76⁰; Kp. 275⁰ (unter Zersetzung); Kp.(10 mm) 192⁰. Farblose Nadeln von schwachem Geruch und Geschmack, die leicht sublimieren. In Wasser ist es fast unlöslich, leicht löslich in den üblichen organischen Lösungsmitteln.

Nachweis. Durch das Monochlorhydrat, F. 117⁰, und das Dichlorhydrat, F. 127—134⁰, und durch das Monobromhydrat, F. 106⁰, und das Dibromhydrat, F. 117⁰.

36*

Isolierung. Aus Alantöl (von *Inula helenium*), das zum größten Teil aus Alantolacton besteht.

Isoalantolacton, $C_{15}H_{20}O_2$.

Eigenschaften. F. 115°. Weiße Prismen. Löslich in Alkohol, Äther, Benzol und Chloroform.

Isolierung. Aus Alantöl, in dem es neben Alantolacton in kleinen Mengen vorkommt.

J. Oxyde.

Linalooloxyd, $C_{10}H_{18}O_2$.

$$H_3C-\underset{\underset{CH_3}{|}}{C}=CH-CH_2-CH_2-\underset{\underset{OH}{|}}{\overset{\overset{CH_3}{|}}{C}}-CH\!\!\diagdown\!\!\underset{O}{\diagup}CH_2 .$$

Eigenschaften. Kp. 193—194°; Kp.$_{(4\,mm)}$ 63—65°; $D_{15°}$ 0,9431—0,9442; α_D —5° 52′ bis —5° 46′; $n_{D\,20°}$ 1,45191—1,45221. Es besitzt muffigen Geruch.

Nachweis. Durch das Phenylurethan vom F. 58,5—60°, das aber erst nach monatelangem Stehen sich bildet.

Isolierung. Aus mexikanischem Linaloeöl.

Calameon, $C_{15}H_{26}O_2$.

Eigenschaften. F. 128°.

Nachweis. 1. Durch das Benzoat, F. 155°. 2. Durch Oxydation mit Kaliumpermanganat zu Calameonsäure, F. 153°. 3. Durch das Salzsäureadditionsprodukt, F. 119°.

Isolierung. Aus den hochsiedenden Anteilen des Calmusöls.

Dicitronelloxyd, $C_{20}H_{34}O$.

Eigenschaften. Kp.$_{(12\,mm)}$ 182—183°; $D_{\frac{20°}{20°}}$ 0,9199; α_D —4°; n_D 1,49179.

Nachweis. Durch das Monohydrochlorid, F. 107,5°.

Isolierung. Aus den hochsiedenden Anteilen des Java-Citronellöls.

Cineol, Eucalyptol, 1,8-Oxido-p-menthan, $C_{10}H_{18}O$.

Eigenschaften. F. $+1$ bis $+1,5°$; Kp.$_{(764\,mm)}$ 176—177°; $D_{15°}$ 0,928—0,930; $n_{D\,20°}$ 1,454—1,461. Löst sich in etwa 4 Vol. 60 proz. Alkohols. In kaltem Wasser ist es leichter löslich als in warmem. Leicht löslich in organischen Lösungsmitteln. Cineol ist eine farblose, campherähnlich, aber doch charakteristisch riechende Flüssigkeit, die in der Kälte fest wird. Es verbindet sich mit vielen Verbindungen zu lockeren Additionsverbindungen, die leicht wieder zerlegt werden können.

Nachweis. 1. Durch die Jodolverbindung vom F. 112°, die man erhält, wenn man in der schwach erwärmten Cineolfraktion etwas Jodol auflöst und dann erkalten läßt. Die abgeschiedene Jodolverbindung krystallisiert man aus Alkohol oder Benzol um. 2. Durch das Hydrobromid vom F. 56—57°, das entsteht, wenn man eine stark abgekühlte Cineollösung in Petroläther mit trockenem Bromwasserstoffgas sättigt. 3. Durch Oxydation mit Kaliumpermanganatlösung in der Wärme zu Cineolsäure vom F. 196—197°.

Unter den zahlreichen, für die quantitative Bestimmung von Cineol in ätherischen Ölen vorgeschlagenen Methoden können nur einige Anspruch auf wirklich praktische Brauchbarkeit erheben. Es sind dies die Erstarrungspunktsmethode von Kleber und v. Rechenberg (41), die Resorcinmethode von Schimmel & Co., die Phosphorsäuremethode in der vom englischen Arzneibuch angegebenen Form und die Bromwasserstoffmethode, die gegenüber den anderen Methoden aber schon erhebliche Nachteile besitzt.

Die Bromwasserstoffmethode soll hier nur erwähnt werden, weil sie sich als einzige Methode auch zur Bestimmung kleinerer Cineolmengen in ätherischen Ölen eignet. Ihr größter Nachteil ist die leichte Zersetzlichkeit der Bromwasserstoffverbindung, weshalb sehr leicht Verluste und infolgedessen ungenaue Resultate auftreten können. Man tut daher vielfach gut, die Bestimmung nicht im ursprünglichen Öl vorzunehmen, sondern erst durch fraktionierte Destillation das Cineol anzureichern und in der isolierten Fraktion das Cineol nach einer der anderen Methoden zu bestimmen.

Bromwasserstoffmethode. 10 cm³ Öl löst man in 40 cm³ leicht siedendem Petroläther (Kp. 35—40⁰), kühlt die Lösung stark ab und leitet so lange absolut trockene Bromwasserstoffsäure ein, als noch ein Niederschlag entsteht. Das abgeschiedene Bromwasserstoffcineol saugt man schnell mit der Saugpumpe ab und wäscht mit kaltem Petroläther nach. Die abgelaufene Lösung wird erneut mit Bromwasserstoffgas gesättigt und die ausgeschiedene Bromwasserstoffverbindung wieder abgesaugt. Zur Entfernung der letzten Reste des Petroläthers bringt man das Bromwasserstoffcineol eine Viertelstunde lang ins Vakuum, spült dann mit *wenig* Alkohol in ein Cassiakölbchen und zersetzt mit Wasser. Das abgeschiedene Cineol bringt man durch Wasserzusatz in den Kolbenhals und liest die Menge des Cineols an der Skala ab. Durch Multiplikation mit 10 erfährt man den Cineolgehalt in Volumprozenten.

Die *Erstarrungspunktsmethode* nach KLEBER und v. RECHENBERG besitzt den Vorzug, daß kein Öl verlorengeht. Sie ist außerdem bei einiger Übung viel schneller und auch genauer auszuführen als die anderen Verfahren. Zu ihrer Ausführung benutzt man ein doppelwandiges Gefrierrohr von 18 cm

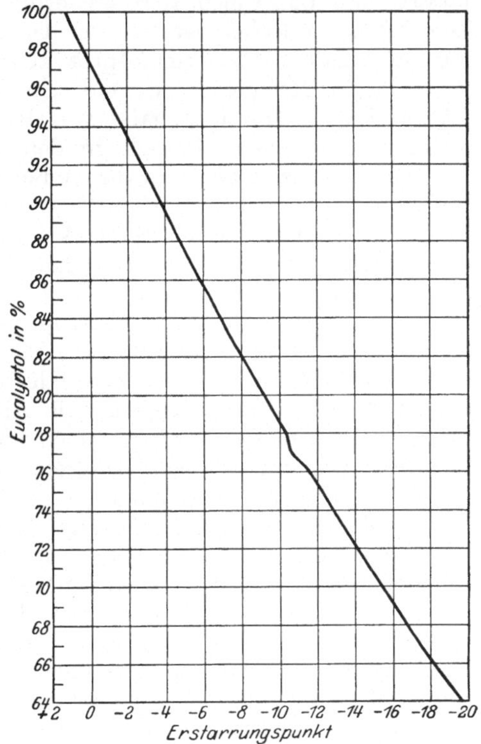

Abb. 42.

Länge, einem äußeren Durchmesser von 3 cm und einem inneren Durchmesser von 2 cm. Am oberen Teil des Rohres befindet sich ein kleiner Stutzen, durch den die Luft des Mantels mit der Außenluft in Verbindung steht. Die Außenwand trägt etwa 5 cm vom oberen Rande entfernt 3 Ausstülpungen, die dazu dienen, das Gefrierrohr beim Einsetzen in die Kältemischung zu stützen. Um ein Beschlagen der Innenwandungen zu verhüten, gibt man einige Tropfen Schwefelsäure durch den Stutzen in den Luftmantel. Zur Ausführung der Bestimmung bringt man etwa 10 cm³ Öl in das Gefrierrohr, das man in eine kräftige Kältemischung steckt, und bestimmt zunächst den ungefähren Erstarrungspunkt in der üblichen Weise (s. S. 464). Hat man diesen festgestellt, so beginnt die eigentliche Bestimmung. Als Erstarrungspunkt bei der Cineolbestimmung sieht man nämlich den Punkt an, bei dem die ersten Krystalle sich ausscheiden. Man setzt das Gefrierrohr von neuem in die Kältemischung ein und läßt langsam abkühlen. Von Zeit zu Zeit nimmt man das Gefrierrohr aus der Kältemischung heraus, rührt mit dem Thermometer um und beginnt etwa 1⁰ oberhalb des zu erwartenden Erstarrungspunktes mit einigen Cineolkryställchen zu impfen. Die Temperatur, bei der eine Vermehrung der Kryställchen zu erkennen ist, gilt als Erstarrungspunkt. Aus der beigegebenen Tabelle läßt sich der Cineolgehalt ablesen.

Bei Ölen mit einem Cineolgehalt unter 70% liegt der Erstarrungspunkt zu tief, so daß die Bestimmung leicht ungenau wird. Man hilft sich dann in der Weise, daß man das Öl mit dem gleichen Volumen reinem Cineol verdünnt und von der so konzentrierten Mischung erneut den Erstarrungspunkt feststellt.

Resorcinmethode. Die Resorcinmethode in ihrer ursprünglichen Form beruht darauf, daß die Cineol-Resorcinverbindung in überschüssiger konzentrierter Resorcinlösung löslich ist. 10 cm³ Öl bringt man in ein Cassiakölbchen von 100 cm³ Inhalt, fügt so viel 50proz. Resorcinlösung hinzu, daß das Kölbchen zu etwa vier Fünftel gefüllt ist, und schüttelt die Mischung etwa 5 Minuten lang kräftig durch. Durch Zugabe von Resorcinlösung drückt man die nicht in Reaktion getretenen Ölanteile in den Kolbenhals und liest das Volumen an der Skala ab, nachdem man durch Beklopfen und Drehen des Kölbchens auch die letzten Öltröpfchen, die an den Wandungen haften, zum Aufsteigen in den Hals gebracht hat. Durch Subtraktion von 10 findet man den Cineolgehalt in 10 cm³ und daraus den Prozentgehalt in Volumprozenten.

Ist ein Öl sehr reich an Cineol, so kann das Cineolresorcin auskrystallisieren und dadurch die Ablesung vereiteln. Man verdünnt dann mit dem gleichen Volumen Terpentinöl und führt die Bestimmung mit dem verdünnten Öle aus.

Der größte Nachteil des geschilderten Verfahrens ist der, daß auch andere sauerstoffhaltige Verbindungen, z. B. Alkohole oder Aldehyde, von der konzentrierten Resorcinlösung aufgenommen werden und falsche Resultate verursachen. Nichtsdestoweniger ist das Verfahren seiner schnellen Ausführbarkeit wegen in manchen Fällen gut anwendbar.

Empfehlenswerter und sicherer in seinen Resultaten ist das abgeänderte Verfahren (74), nach dem man zunächst die feste Resorcinverbindung abscheidet, reinigt und dann wieder zersetzt.

In einem Mörser verrührt man 10 cm³ Öl mit 20 cm³ 50proz. Resorcinlösung, bis die Mischung zu einem gleichmäßigen Brei erstarrt ist, was man durch Impfen mit einigen Kryställchen von Cineolresorcin beschleunigen kann. Man läßt nun etwa eine Viertelstunde lang an einem kühlen Ort stehen, saugt dann an der Saugpumpe scharf ab und preßt zwischen Filtrierpapier in einer kleinen Presse gut ab, um die letzten Ölmengen zu entfernen. Den Preßkuchen zerkleinert man in dem anfangs benutzten Mörser, bringt die zerriebene Masse in ein kleines Becherglas und zersetzt durch Erwärmen mit 15proz. Natronlauge, wobei man die Lauge zunächst zum Ausspülen des Mörsers verwendet. Die in dem Becherglase enthaltene, aus zwei Schichten bestehende Mischung bringt man in ein Cassiakölbchen, wobei man einen Trichter verwendet, dessen Rohr bis auf den Boden des Kölbchens reicht. Man füllt dann mit Wasser auf und liest an der Skala die in 10 cm³ Öl vorhandene Menge Cineol ab. Durch Multiplikation mit 10 erfährt man den Cineolgehalt in Volumprozenten.

Bei Ausführung dieser Bestimmung ist auf die Zersetzlichkeit des Cineolresorcins und die leichte Flüchtigkeit des Cineols Rücksicht zu nehmen. Man darf also nicht zu lange absaugen, nicht zu lange und zu stark abpressen und vor allem beim Zersetzen mit Natronlauge nicht zu lange erwärmen. Das Verfahren liefert dann sehr gute Resultate.

Enthält das Öl weniger als 70% Cineol, so verdünnt man es mit dem gleichen Volumen reinen Cineols, da sonst die Resultate zu niedrig ausfallen.

Die Cineolbestimmung nach der *Phosphorsäuremethode* geschieht nach Angabe des englischen Arzneibuches in der Weise, daß man 10 cm³ Öl mit 4 bis 5 cm³ Phosphorsäure ($d_{15°}$ 1,750) in einem Gefäß gut durchmischt, das man in eine Kältemischung einstellt. Das entstandene feste Additionsprodukt schlägt man in ein Stück feinen Kaliko ein und preßt dann zwischen einigen Lagen Filtrierpapier gut ab. Den Preßkuchen zersetzt man mit warmem Wasser und bestimmt das Volumen des abgeschiedenen Cineols in einem Cassiakölbchen.

Isolierung. Bei besonders cineolreichem Öl, z. B. dem Öl von *Eucalyptus globulus*, gelingt es, das Cineol schon durch Ausfrieren zu isolieren. Kann man das Cineol nicht zum Auskrystallisieren bringen, so gelingt die Abscheidung am besten über die Bromwasserstoffverbindung, die man in der oben (S. 565) angegebenen Weise vornimmt.

Ascaridol, $C_{10}H_{16}O_2$.

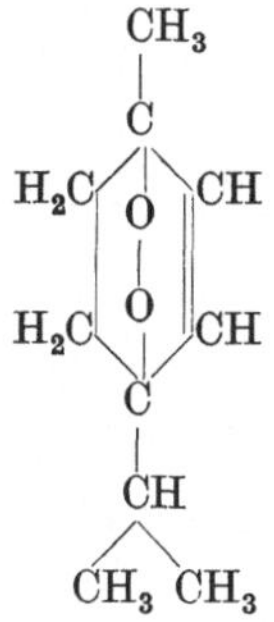

Eigenschaften. $Kp._{(4-5\,mm)}$ 83^0; D_{15^0} 1,0079; α_D -4^0 14'; $n_{D\,20^0}$ 1,47431. Unter gewöhnlichem Druck läßt Ascaridol sich nicht destillieren, da es sich schon vor dem Siedebeginn explosionsartig und unter Feuererscheinung zersetzt. Es riecht widerlich betäubend und schmeckt unangenehm. In größeren Mengen eingenommen, wirkt es stark giftig.

Nachweis. 1. Durch Oxydation mit Ferrosulfatlösung zu einem Glykol $C_{10}H_{18}O_3$, dessen Benzoat bei 136—137^0 schmilzt. 2. Durch Hydrierung (Palladium als Katalysator) zu Cis-1,4-Terpin $C_{10}H_{18}(OH)_2$, F. 116—117^0.

Ein einigermaßen genaues Verfahren zur quantitativen Bestimmung von Ascaridol existiert nicht. Vielfach wird heute zur Bestimmung das Essigsäureverfahren (51) benützt, das darauf beruht, daß sich Ascaridol in einem Gemisch von 60 Teilen Eisessig und 40 Teilen Wasser fast völlig löst. 10 cm^3 Öl schüttelt man in einem Cassiakölbchen mit einem Gemisch von 60 Teilen Eisessig und 40 Teilen Wasser gut durch, füllt dann mit der Essigsäurelösung auf und liest das Volumen der nicht gelösten Ölanteile ab. Durch Subtraktion von 10 erfährt man den Ascaridolgehalt in 10 cm^3 Öl und daraus den Ascaridolgehalt in Volumprozenten.

Isolierung. Durch wiederholte fraktionierte Destillation im Vakuum von amerikanischem Wurmsamenöl.

K. Stickstoffhaltige Verbindungen.

Blausäure. HCN.

Eigenschaften. Kp. 26,5^0; D_{18^0} 0,6969.

Nachweis. Der qualitative Nachweis geschieht am einfachsten durch die Berlinerblau-Reaktion. Eine kleine Menge Öl schüttelt man mit einigen Tropfen Natronlauge durch; dann gibt man einige Tropfen Eisenchlorid- und Ferrosulfatlösung hinzu, schüttelt abermals kräftig durch und säuert mit Salzsäure an. Bei Gegenwart von Blausäure tritt die blaue Fällung von Berlinerblau auf.

Zur quantitativen Bestimmung von Blausäure in ätherischen Ölen verfährt man folgendermaßen. Etwa 1 g Öl wiegt man in einem ERLENMEYER-Kolben genau ab, schüttelt es mit 10 cm^3 Wasser an und versetzt es zur Spaltung des Cyanhydrins mit etwas frisch gefälltem Magnesiumhydroxyd. Dann setzt man 2—3 Tropfen 10proz. Kaliumchromatlösung als Indicator hinzu und titriert langsam und unter dauerndem, kräftigem Schütteln mit Zehntelnormal-Silbernitratlösung. Hat man s g Öl angewandt und a cm^3 Silbernitratlösung verbraucht, so ergibt sich der Blausäuregehalt nach der Formel:

$$\% \ HCN = \frac{0{,}27018 \cdot a}{s}.$$

Isolierung. Aus blausäurehaltigem ätherischem Bittermandelöl.

Benzylcyanid, Phenylessigsäurenitril, $C_6H_5 \cdot CH_2 \cdot CN$.

Eigenschaften. Kp. 231—232; D_{18^0} 1,0146.

Nachweis. Durch Verseifung zu Phenylessigsäure, F. 77⁰.

Isolierung. Aus dem Öl vom *Lepidium sativum* und dem Kapuzinerkressenöl, in dem es aber nur in kleiner Menge vorkommt.

Phenylpropionsäurenitril, $C_6H_5 \cdot CH_2 \cdot CH_2 \cdot CN$.

Eigenschaften. Kp. 261⁰.

Nachweis. Durch Verseifung zur Phenylpropionsäure, F. 47⁰.

Isolierung. Aus Brunnenkressenöl.

Indol, C_8H_7N.

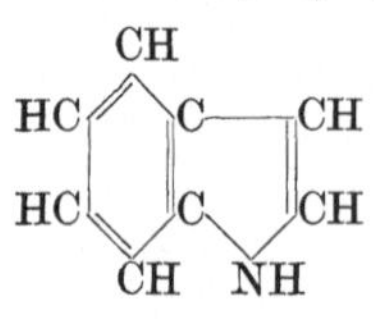

Eigenschaften. F. 52⁰; Kp. 253—254⁰. Weiße Blättchen, die sich an der Luft und am Licht dunkel färben. Mit Wasserdämpfen flüchtig und in heißem Wasser leicht löslich. Das ungereinigte Produkt riecht stark fäkalartig, das gereinigte in der Verdünnung blumig.

Nachweis. Durch das Indolpikrat, das in langen roten Nadeln krystallisiert.

Isolierung. Aus Jasminblütenöl über das Indolpikrat, das man mit Sodalösung zersetzt.

Skatol, *β*-Methylindol, C_9H_9N.

Eigenschaften. F. 95⁰; Kp. 265—266⁰. Weiße Blättchen von intensivem Fäkalgeruch.

Nachweis. Durch das Chlorhydrat, F. 167—168⁰ und das dunkelrote Pikrat, F. 172—173⁰.

Isolierung. Aus dem Holz von *Celtis reticulosa* über das Pikrat.

Anthranilsäuremethylester s. S. 561.

Methylanthranilsäuremethylester s. S. 562.

L. Sulfide.

Sulfide besitzen unter den Bestandteilen ätherischer Öle nur eine geringe Bedeutung. Alle vorkommenden Sulfide zeichnen sich durch höchst unangenehmen, anhaftenden Geruch aus.

Schwefelwasserstoff H_2S tritt als Zersetzungsprodukt bei der Destillation mancher Samen auf, z. B. bei der Destillation von Anis oder Kümmel. Auch das Vorkommen von *Schwefelkohlenstoff* CS_2 im natürlichen Senföl ist auf Zersetzungserscheinungen zurückzuführen. *Dimethylsulfid* $(CH_3)_2S$ (Kp. 37⁰) findet sich in kleinsten Mengen im amerikanischen Pfefferminzöl. Im Bärlauchöl findet sich *Vinylsulfid* $(C_2H_3)_2S$ (Kp. 101⁰). *Allyldisulfid* $(C_3H_5)_2S_2$ und andere Sulfide kommen im Knoblauch- und Zwiebelöl vor.

M. Senföle.

Als Senföle faßt man eine Gruppe von Estern der Isothiocyansäure zusammen, denen scharfer, stechender Geruch gemeinsam ist.

Allylsenföl, $C_3H_5 \cdot NCS$, $CH_2{=}CH{-}CH_2{-}N{=}C{=}S$.

Eigenschaften. Kp. 150⁰; D_{15^0} 1,021; $n_{D\,15^0}$ 1,5298. Es löst sich in etwa 8 Vol. 70proz.

Alkohols. In den üblichen organischen Lösungsmitteln ist es leicht löslich, in Wasser löst es sich nur sehr schwer (etwa 1 : 300). Allylsenföl ist eine farblose Flüssigkeit von charakteristischem, stechendem und zu Tränen reizendem Geruch. Auf der Haut wirkt es blasenziehend, die Dämpfe sind beim Einatmen für die Lunge außerordentlich schädlich. Beim Stehen am Licht zersetzt sich Senföl unter Braunfärbung und Abscheidung eines orangegelben Produktes.

Nachweis. 1. Durch den Allylthioharnstoff (Thiosinamin), F. 74. Man erhält ihn leicht, wenn man Senföl mit Ammoniak im Überschuß und etwas

Alkohol versetzt und gelinde erwärmt. 2. Durch den Allylthiocarbaminsäure-bornylester, F. 59—60°. Man erhält ihn aus Allylsenföl und Borneolnatrium und Zersetzen der Natriumverbindung mit verdünnter Säure. 3. Durch den Ditolylthioharnstoff, F. 158°. 4. Durch das Phenylallylthiosemicarbazid, F. 118°.

Zur quantitativen Bestimmung von Senföl bedient man sich am einfachsten der titrimetrischen Methode. Von einer Lösung von 1 g Senföl in 49 g Alkohol wägt man 5 g genau in ein Meßkölbchen von 100 cm³ Inhalt und versetzt mit 50 cm³ Zehntelnormal-Silbernitratlösung und mit 10 cm³ 10proz. Ammoniak-flüssigkeit. Auf den Kolben setzt man ein Steigrohr auf und erhitzt ihn 1 Stunde lang auf dem Wasserbade. Dann läßt man abkühlen, füllt mit Wasser bis zur Marke auf und schüttelt gut durch. 50 cm³ des Filtrats werden mit 6 cm³ Salpetersäure (25proz.) und etwas Eisenammonalaunlösung versetzt und mit Zehntelnormal-Rhodanammoniumlösung titriert. Den Verbrauch an Silberlösung durch das Senföl erfährt man, wenn man von 50 den doppelten Wert der verbrauchten Rhodanammoniumlösung abzieht. Wurden s g Senföllösung angewandt und a cm³ Zehntelnormal-Silbernitratlösung verbraucht, so errechnet sich der Senfölgehalt nach der Formel:

$$\% \text{ Allylsenföl} = \frac{a \cdot 24{,}78}{s}.$$

Isolierung. Aus dem Senfsamen, dessen Öl ganz aus Allylsenföl besteht.

Sekundäres Butylsenföl, sekundäres Butyl-isothiocyanat, C_5H_9NS,

$$CH_3 \cdot CH_2 \cdot \underset{\overset{|}{CH_3}}{CH} \cdot N{=}C{=}S.$$

Kp. 159,5°; $D_{\frac{20°}{4°}}$ 0,943; $[\alpha]_D + 61{,}9°$. Es ist eine farblose Flüssigkeit vom charakterischen Geruch des Löffelkrautöls.

Nachweis. Durch den Thioharnstoff vom F. 137°, der beim Erwärmen mit Ammoniak auf 100° entsteht.

Isolierung. Aus dem ätherischen Öl des Löffelkrautes (*Cochlearia officinalis*).

Crotonylsenföl, $CH_2{=}CH{-}CH_2{-}CH_2{-}N{=}C{=}S$. Kp. 174° (unter geringer Zersetzung); $D_{\frac{11°}{4°}}$ 0,993. Es ist eine farblose, stark lichtbrechende Flüssigkeit, deren Geruch an Meerrettich und Allylsenföl erinnert.

Nachweis. Durch den Thioharnstoff, F. 64°.

Isolierung. Aus dem ätherischen Öl von Rapssamen (*Brassica napus*).

Benzylsenföl, $C_6H_5{-}CH_2{-}N{=}C{=}S$. Kp. 243—247°; Kp.(12 mm) 124 bis 125°. Es besitzt scharfen Geruch nach Kresse.

Nachweis. Durch den Thioharnstoff vom F. 162° und das bei Einwirkung von Phenylhydrazin entstehende Phenylbenzylthiosemicarbazid, F. 158°.

Isolierung. Aus dem ätherischen Öl der Kapuzinerkresse (*Tropaeolum majus*).

Phenyläthylsenföl, $C_6H_5{-}CH_2{-}CH_2{-}N{=}C{=}S$. Kp.(13 mm) 141—142°; $D_{15°}$ 1,0997; $n_{D\,20°}$ 1,59023. Es ist eine farblose Flüssigkeit von rettichartigem Geruch.

Nachweis. Durch den Thioharnstoff vom F. 137°.

Isolierung. Aus Resedawurzelöl, das fast ganz aus Phenyläthylsenföl besteht.

Literatur.

(1) ASAHINA u. TAKAGI: Journ. Pharm. Soc. Jap. **1920**, Nr 464, 873. — (2) ASAHINA u. TSUKAMOTO: Ebenda **1922**, Juni. — (3) ASCHAN: Finska Apotekareföreningens Tidskr. **1925**, 49; nach Chemist a. Druggist **103**, 425 (1925). — (4) AUSTERWEIL: Chem.-Ztg. **50**, 5 (1926).

(5) BENNETT u. SALAMON: Analyst **1927**, 693. — (6) BLUMANN, HELLRIEGEL u. SCHULZ: Ber. Dtsch. Chem. Ges. **62**, 1697 (1929). — (7) BOEDTKER: Journ. Pharm. et Chim. VIII

9, 417 (1929). — (8) Braun, v., u. Lemke: Ber. Dtsch. Chem. Ges. **56**, 1562 (1923). — (9) Busse: Arb. Wiss. Chem. Pharm. Inst. Moskau **1924**, H. 10, 83.

(10) Elze: Riechstoffindustrie **3**, 175 (1928). — (11) Enklaar: Rec. trav. chim. Pays-Bas **45**, Nr 4 (1926).

(12) Francesconi u. Sernagiotto: Gazz. chim. ital. **46 I**, 119 (1916).

(13) Gasopoulos: Ber. Dtsch. Chem. Ges. **50**, 2148 (1926). — (14) Gildemeister u. Hoffmann: Die ätherischen Öle, 3. Aufl., 1, 304. Miltitz bei Leipzig 1928. — (15) Ebenda 1, 307. — (16) Ebenda 1, 325. — (17) Ebenda 1, 325. — (18) Ebenda 1, 333. — (19) Ebenda 1, 352. — (20) Ebenda 1, 383—385. — (21) Ebenda 1, 399—406. — (22) Ebenda 1, 613. — (23) Ebenda 1, 707. — (24) Ebenda 1, 731. — (25) Ebenda 1, 734. — (26) Ebenda 1, 739. — (27) Ebenda 1, 741. — (28) Ebenda 1, 745. — (29) Ebenda 1, 752. — (30) Ebenda 1, 762. — (31) Ebenda 1, 781—784 (Über eine Methode zur quantitativen Bestimmung von Chlorverbindungen in ätherischen Ölen; vgl. auch Bericht von Schimmel & Co. **1923**, 96). — (32) Glichitch: Bull. Soc. Chim. IV **33**, 1284 (1923). — (33) Parfums de France **1923**, Nr. 6 vom 30. Dezember. — (34) Ebenda **4**, 253 (1925). — (35) Glichitch u. Naves: Chimie et Industrie, Sondernummer **19**, 482 (1928). — (36) Parfums de France **8**, 326 (1930). — (37) Grignard u. Doeuvre: Compt. rend. **187**, 270 (1928).

(38) Holtappel: Parfums de France **6**, 5 (1928). — (39) Houben: Die Methoden der organischen Chemie **3**, 40—42. Leipzig 1930.

(40) Kenyon u. Priston: Journ. Chem. Soc. **127**, 1472 (1925). — (41) Kleber u. v. Rechenberg: Journ. f. prakt. Ch. II **101**, 171 (1921). — (42) Kötz u. Steche: Ebenda II **107**, 193 (1924). — (43) Ebenda II **107**, 202 (1924). — (44) Kondakow: Chem. Listy **23**, 49 (1929). — (45) Kondakow u. Skworzow: Journ. f. prakt. Ch. II **69**, 181.

(46) Lagache: Bull. Inst. du Pin **1927**, 233. — (47) Lynn: Journ. Amer. Chem. Soc. **41**, 361 (1919).

(48) Meerwein: Journ. f. prakt. Ch. II **113**, 9 (1926).

(49) Nagai: Journ. Coll. Engin. Tokyo **11**, 83 (1921). — (50) Nametkin u. Bruessoff: Journ. f. prakt. Ch. II **112**, 171 (1926). — (51) Nelson: Journ. Amer. Pharm. Assoc. **10**, 836 (1921).

(52) Paolini: Gazz. chim. ital. **42 I**, 41 (1912); vgl. auch Tschugaeff u. Fomin: Ber. Dtsch. Chem. Ges. **45**, 1293 (1912). — (53) Paolini u. Divizia: Chem. Zentralblatt **1915 I**, 606. — (54) Penfold: Journ. a. Proc. Royal Soc. New South Wales **61**, 179 (1927). — (55) Pfau: Journ. f. prakt. Ch. II **102**, 276 (1921). — (56) Phillips: Analyst **48**, 367 (1923).

(57) Read: Journ. Soc. Chem. Ind. **46**, 871 (1927). — (58) Reclaire u. Spoelstra: Perfumery Essent. Oil Record **18**, 130 (1927). — (59) Richter u. Wolff: Ber. Dtsch. Chem. Ges. **63**, 1714 (1930). — (60) Rupe u. Löffl: Helv. chim. Acta **4**, 149 (1921). — (61) Ruzicka: Fortschritte d. Ch., Physik u. physik. Ch. **19**, H. 5 (1928). — (62) Ruzicka u. Mitarbeiter: Helv. chim. Acta **5**, 348, 923 (1922); **6**, 846 (1923). — (63) Ruzicka u. Capato: Liebigs Ann. **453**, 62 (1927). — (64) Ruzicka u. van Melsen: Ebenda **471**, 40 (1929). — (65) Ruzicka, Meyer u. Mingazzini: Helv. chim. Acta **5**, 348, 358 (1922). — (66) Ruzicka u. Pfeiffer: Ebenda **9**, 841 (1926). — (67) Ruzicka u. Rudolph: Ebenda **9**, 118 (1926). — (68) Ruzicka u. Stoll: Ebenda **7**, 266 (1924). — (69) Ebenda **7**, 84 (1924). — (70) Ebenda **7**, 271 (1924). — (71) Ruzicka u. van Veen: Liebigs Ann. **468**, 133 (1929). — (72) Ebenda **468**, 143 (1929). — (73) Ebenda **476**, 70 (1929).

(74) Schimmel & Co.: Bericht von **1926**, 52. — (75) Bericht von **1927**, 138. — (76) Bericht von **1928**, 47. — (77) Bericht von **1928**, 21; **1929**, 152. — (78) Bericht von **1930**, 165. — (79) Schmidt: Chem.-Ztg. **52**, 898 (1928). — (80) Ber. Dtsch. Chem. Ges. **62**, 145 (1929). — (81) Semmler: Die ätherischen Öle 1, S. 110—174. Leipzig 1906. — (82) Semmler u. Spornitz: Ber. Dtsch. Chem. Ges. **46**, 4025 (1913). — (83) Simonsen: Bericht von Schimmel & Co. **1924**, 8. — (84) Journ. Chem. Soc. **123**, 2642 (1923). — (85) Simonsen u. Rau: Ebenda **123**, 549 (1923). — (86) Ebenda **121**, 2292 (1922); Journ. Soc. Chem. Ind. A **42**, 29 (1923). — (87) Journ. Chem. Soc. **121**, 876 (1922). — (88) Smith, Hurst u. Read: Ebenda **123**, 1657 (1923).

(89) Tusting Cocking: Perfumery Essent. Oil Record **9**, 37 (1918).

(90) Verley: Rev. de produits chim. **21**, 352 (1918). — (91) Verley u. Bölsing: Ber. Dtsch. Chem. Ges. **34**, 3354 (1901).

(92) Walbaum: Journ. f. prakt. Ch. II **96**, 245 (1919). — (93) Walbaum u. Rosenthal: Jubiläumsbericht d. Schimmel & Co. A.-G. **1929**, 205. — (94) Wallach: Terpene und Campher, 2. Aufl., S. 61 u. 70. Leipzig 1914. — (95) Liebigs Ann. **264**, 10 (1891). — (96) Ebenda **362**, 297 (1908). — (97) Ebenda **340**, 12 (1905). — (98) Ebenda **359**, 265 (1908). — (99) Wienhaus: Ber. Dtsch. Chem. Ges. **47**, 322 (1914). — (100) Wienhaus u. Todenhöfer: Jubiläumsbericht d. Schimmel & Co. A.-G. **1929**, 288.

(101) Zeitschel u. Schmidt: Ber. Dtsch. Chem. Ges. **59**, 2298 (1926). — (102) Ebenda **60**, 1372 (1927). — (103) Ebenda **59**, 2299 (1926). — (104) Zerevitinoff: Ztschr. f. anal. Ch. **68**, 321 (1926). — (105) Zimmermann: Pharm. Tijdschr. Nederlandsch-Indië **5**, 293 (1928). — (106) Zincke: Liebigs Ann. **216**, 288 (1883).

Systematische Verbreitung und Vorkommen der ätherischen Öle und ihrer Bestandteile[1].

Von **W. Thies** und **C. Wehmer**, Hannover.

A. Kohlenwasserstoffe.

Übersicht.

a) Aliphatische Kohlenwasserstoffe.

I. Gesättigte Kohlenwasserstoffe: Heptan, Undecan, Aplotaxen, Cannaben und Cannabenhydrat, n-Pentadecan, Docosan, Tricosan, Heptacos)n, Triacontan, unbenannte Paraffine.

II. Ungesättigte Kohlenwasserstoffe: Butylen, Octylen, Nonylen, Myrcen, Ocimen, Sesquicitronellen.

b) Aromatische Kohlenwasserstoffe.

Styrol, Salven, Sequojen, p-Cymol, Naphthalin.

c) Alicyclische Kohlenwasserstoffe (Terpene).

I. Monocyclische Terpene: Terpinen, Crithmen, Phellandren, Tolen, Terpinolen, Limonen, Dipenten, Caren, Silvestren, Moslen, Menthen, Menthan.

II. Bicyclische Terpene: Santen, α-Thujen, Sabinen, Pinen, Camphen, Fenchen, Xanthoxylen.

III. Terpene unbekannter Konstitution: Lauren, Origanen, Cryptotaenen, Dacryden, $\Delta^{2,\,8\,(9)}$-p-Menthadien, Dihydroterpen, Totaren, Shikimen, Skimmen, Firpen, Thymen, Chamen.

IV. Unbenannte Terpene.

d) Sesquiterpene.

I. Monocyclische Sesquiterpene: Bisabolen, Ferulen, Zingiberen.

II. Bicyclische Sesquiterpene: Cadinen, Caryophyllen, Selinen, Calamen, β-Santalen, Eudesmen, Sesquicamphen, Guajen, Atractylen, Machilen.

III. Tricyclische Sesquiterpene: α-Santalen, Gurjunen, Cedren, Longifolen, Copaen, Heerabolen, Sesquichamen.

IV. Sonstige Sesquiterpene: Aralien, Aromadendren, Carlinen, Conimen, Crypten, l-Curcumen, Costen, Cyperen, Cypressen, Dilemen, Dysoxylonen, Evoden, Echinopanacen, Farnesen, Galipen, Humulen, Junipen, Libocedren, Manuken, Mitsubaen, Picen, Populen, Suginen, Vetiven, Amorphen, unbenannte Sesquiterpene.

e) Polyterpene.

I. Diterpene: Camphoren, Chamaecyparen, α-Cryptomeren, Dacren, Phyllocladen, Kauren, Miren, Podocarpren, unbenannte Diterpene.

II. Triterpene und *Polyterpene:* Winteren, Amyrilen, Lupeylen, β-Dammarosen, unbenannte Polyterpene.

f) Azulene.

a) Aliphatische Kohlenwasserstoffe.

1. Gesättigte Kohlenwasserstoffe.

1. Heptan, C_7H_{16}.

Vorkommen: In drei Familien (Gymnospermen und Angiospermen).

Fam. **Pinaceae** (*Abietineae*): *Pinus silvestris* L., Gemeine Kiefer; im *Russischen Kienöl*, aus Wurzelstock; zweifelhafte Angabe! — *P. Sabiniana* Dougl., Nußkiefer; im *Terpentinöl* aus Nadeltrieben und Holz. — *P. Jeffreyi* Murr., Jeffrey-Kiefer, wie vorige, im *Holzterpentinöl.* — *Pseudotsuga macrocarpa* Lindl.; im *Terpentinöl*, aus Stamm.

Fam. **Pittosporaceae:** *Pittosporum resiniferum* Hemsl., (Früchte = „*Petroleumnüsse*").

Fam. **Burseraceae:** *Canarium strictum* Roxb., im „*Black Dammar*"-Öl.

---

[1] Literaturnachweise: Gildemeister u. Hoffmann: Die ätherischen Öle, 3. Aufl. Leipzig 1928/31. 3 Bände. — Schimmel & Co.: Berichte über ätherische Öle, Riechstoffe usw. (bis 1931). Leipzig. — Wehmer, C.: Pflanzenstoffe, 2. Aufl. 1929/31. — Semmler, F. W.: Die ätherischen Öle nach ihren chemischen Bestandteilen. Leipzig 1906/07. — Beilstein: Handbuch der organischen Chemie, 4. Aufl. 1918ff.

2. Undecan, $C_{11}H_{24}$.

Vorkommen:

Fam. **Pinaceae** (*Abietineae*): *Pinus excelsa* Wall., Indian blue pine; im *Terpentinöl* des Stammes; unsicher!

3. Aplotaxen $(C_{17}H_{28}?)$.

Vorkommen:

Fam. **Compositae:** *Saussurea Lappa* Clarke (*Aplotaxis* L. DC.); im *Costuswurzelöl* (neben *Costuslacton, Costol* und *Costen*).

4. Cannaben, $C_{18}H_{20}$ und Cannabenhydrat, $C_{12}H_{24}$[1].

Vorkommen:

Fam. **Moraceae** (*Cannabinoideae*): *Cannabis sativa* var. *indica* (*C. indica* Lam.), Indischer Hanf; im äther. *Hanföl* der Pflanze.

5. n-Pentadecan, $C_{15}H_{32}$.

Vorkommen:

Fam. **Zingiberaceae:** *Kaempferia rotunda* L., im Öl aus Rhizom. — *K. Galanga* L., im *Kaempferiaöl*, wie vorige. — *Hedychium spicatum* Sm.; im *Sannaöl* wie vorige.

6. Docosan, $C_{22}H_{46}$.

Vorkommen:

Fam. **Rhamnaceae:** *Rhamnus Purshianus* DC., Amerikanischer Faulbaum; im Öl der Rinde (= *Cascara Sagrada, Amerikanische Faulbaumrinde*).

7. Tricosan, $C_{23}H_{48}$.

Vorkommen:

Fam. **Geraniaceae:** *Geranium macrorrhizum* L., Felsenstorchschnabel; im Öl der Blätter, unsicher!

Fam. **Caprifoliaceae:** *Sambucus nigra* L. (*S. vulgaris* Lam.), Schwarzer Holunder; im *Holunderblütenöl*.

8. Heptacosan, $C_{27}H_{56}$.

Vorkommen:

Fam. **Caryophyllaceae:** *Dianthus Caryophyllus* L., Gartennelke; im *Gartennelkenöl* der Blüten.

Fam. **Leguminosae** (*Papilionatae*): *Cyclopia genistoides* R. Br.; im *Cyclopiaöl* der Blätter (= „*Cape tea*").

9. Triacontan, $C_{30}H_{62}$.

Vorkommen: In sechs dicotylen Familien.

Fam. **Betulaceae:** *Betula lenta* L., Cherry-Birch; im *Birkenrindenöl*.

Fam. **Rosaceae** (*Pomoideae*): *Pirus Malus* L., Apfelbaum; im *Apfelöl* der Fruchtschale.

Fam. **Leguminosae** (*Caesalpinioideae*): *Sindora Wallichii* Benth.; im *Supabalsamöl* aus Stammwunden.

Fam. **Geraniaceae:** *Geranium macrorrhizum* L., Felsen-Storchschnabel; im *Zedravet-Öl* der Blätter.

Fam. **Malvaceae:** *Gattung Gossypium*, Baumwollstrauch; im äther. Öl der ganzen Pflanze; unsicher!

Fam. **Ericaceae:** *Gaultheria procumbens* L., Wintergrün; im *Wintergrünöl* der Blätter.

10. Unbenannte Paraffine,

chemisch untersucht (Formel cder Schmelzpunkt).

Fam. **Zingiberaceae:** *Amomum-Species* unbekannt; im *Cardamomenwurzelöl: Paraffin* von Fp. 62—63⁰.

Fam. **Salicaceae:** *Populus mandschurica* (?); im *Mandschurischen Pappelknospenöl: Paraffin* von Fp. 47⁰.

Fam. **Myricaceae:** *Myrica Gale* L., Gagelstrauch; im *Gagelblätteröl: Paraffin* $C_{29}H_{60}$.

Fam. **Juglandaceae:** *Juglans regia* L., Walnußbaum; im *Walnußblätteröl: Paraffin* von Fp. 61—62⁰.

---

[1] Die Stellung dieser beiden Körper ist unsicher, *Cannaben* ist vielleicht ein Sesquiterpen und *Cannabenhydrat* ein Paraffin.

Fam. **Betulaceae:** *Corylus avellana* L., Haselstrauch; im *Haselnußblätteröl*: *Paraffin* von Fp. 49—50⁰. — *Betula alba* L. (*B. verrucosa* EHRH.), Weißbirke; im *Birkenblätteröl*: *Paraffin* von Fp. 49,5—50⁰ und im *Birkenknospenöl*: *Paraffin* von Fp. 48 bzw. 50⁰.

Fam. **Moraceae** (*Cannabinoideae*): *Cannabis sativa* var. *indica* (*C. indica* Lam.), Indischer Hanf; im *Hanföl* aus der ganzen Pflanze: *Paraffin*, wahrscheinlich $C_{28}H_{58}$ ($C_{29}H_{60}$) von Fp. 63,5—64⁰.

Fam. **Lauraceae:** *Persea gratissima* Gärtn. (*Laurus Persea* L.), Avocado-Baum; im Öl der Blätter: *Paraffin* von Fp. 53—54⁰. — *Sassafras officinale* Nees. (*Laurus Sassafras* L.), Sassafrasbaum; im *Sassafrasblätteröl*: *Paraffin* von Fp. 58⁰.

Fam. **Rosaceae** (*Rosoideae*): *Rubus Idaeus* L., Himbeerstrauch; im *Himbeeröl* aus Früchten: *Paraffine* von Fp. zwischen 43 und 45⁰. — (*Prunoideae*): *Prunus Persica* SIEB. et ZUCC. (*Persica vulgaris* DC.), Pfirsichbaum; im *Pfirsichöl* aus Fruchtfleisch: *Paraffin* von Fp. 52⁰.

Fam. **Leguminosae** (*Papilionatae*): *Cytisus scoparius* Lk. (*Sarothamnus s.* KCH.), Besenginster; im *Besenginsteröl* aus Blättern und Zweigen: *Paraffin* von 48—49⁰.

Fam. **Geraniaceae:** *Pelargonium-Arten* divers.; im *Geraniumöl* (*Pelargoniumöl*) der Blätter: *Paraffin* von Fp. 63⁰ (ähnlich *Rosenstearopten*).

Fam. **Rutaceae** (*Rutoideae*): Im Öl der Blätter und Zweigenden folgender: *Boronia safrolifera* CHEEL.; *Paraffin* von Fp. 64—65⁰. — *B. citriodora* GUNN. (= *B. pinnata* SM.); wie vorige. — *B. anemonifolia* CUNN.; *Paraffin* von Fp. 64—66⁰. — *B. dentigeroides* CHEEL.; wie vorige. — *B. thujona* var. *A.* (?) (*B. thujona* WELCH.); *Paraffin* von Fp. 65—66⁰. — *Evodia simplex* CORDEM.; im Öl der Pflanze: *Paraffin* von Fp. 80—81⁰. — *Zieria macrophylla* BONPL., „Stinkholz"; im Öl der Blätter und Zweige: *Paraffin* von Fp. 56⁰. — (*Aurantioideae*): *Phebalium dentatum* SM.; im Öl der Pflanze: *Paraffin* von Fp. 65—66⁰. — *Citrus Bigaradia* RISSO (*C. Aurantium* L. subsp. *amara* L. var. *Bigaradia*, *C. vulgaris* RISSO), Bitterer Orangenbaum; im *Orangenblütenöl*: *Nerolicampher* oder „*Aurade*" von Fp. 55⁰. — *Eriostemon Crowei* F. MÜLL. (*Crowea saligna* ANDR.); im Öl der Blätter und Zweigenden: *Paraffin* von Fp. 64⁰. — *E. myoporoides* DC.; wie vorige: *Paraffin* von Fp. 64—65⁰. — *E. Coxii* MUELL.; wie vorige: *Paraffin* von Fp. 64—66⁰.

Fam. **Myrtaceae:** *Homoranthus virgatus* CUNN.; im Öl der Blätter und Zweigspitzen: *Paraffin*, Fp. 65—66⁰. — *Melaleuca hypericifolia* SM.; im Öl der Blätter und Zweige: *Paraffin* von Fp. 60⁰. — *Leptospermum Liversidgei* BAK. et SM.; wie vorige: *Paraffin* von Fp. 62—63⁰. — *Eucalyptus Smithii* BAK., „White top"; im Blätteröl: *Paraffin* von Fp. 64⁰.

Fam. **Umbelliferae:** *Crithmum maritimum* L., Seefenchel; im *Seefenchelöl* der Blätter und Stengel: *Paraffin* von Fp. 63⁰. — *Laserpitium-Species* unbestimmt; im *Laserpitiumöl*: *Paraffin* von Fp. 57—58⁰.

Fam. **Compositae:** *Helichrysum angustifolium* DC. (*H. italicum* DON.), im Öl des Krautes: *Paraffin* von Fp. 67⁰. — *Chrysanthemum cinerariaefolium* BOOC. (*Pyrethrum c.* TREV.), im Öl aus Blütenköpfen (= *Dalmatinisches Insektenpulver*): *Paraffin* $C_{14}H_{30}$, Fp. 54—56⁰. — *Matricaria discoidea* DC., Strahlenlose Kamille; im Krautöl: *Paraffin* von Fp. 58—61⁰.

II. Ungesättigte Kohlenwasserstoffe.

1. Butylen, C_4H_8.

Vorkommen:

Fam. **Cruciferae:** *Diplotaxis tenuifolia* DC.; im Öl der Blätter (neben S-haltigem K-W. *Diplotaxylen*).

2. Octylen, C_8H_{16}.

Vorkommen: Bislang nur in geringer Menge in zwei Familien aufgefunden.

Fam. **Rutaceae** (*Aurantioideae*): *Citrus Limonum* RISSO (*C. medica* L. subsp. *Limonum* HOOK.), Citronenbaum; im *Citronenöl* der Fruchtschale. — *C. Bergamia* RISSO (*C. Aurantium* L. subspec. *Lima* var. *Bergamia* R.), Bergamotte; im *Bergamottöl* aus der Frucht.

Fam. **Burseraceae:** *Bursera Delpechiana* POISS., Linaloebaum; im *Mexikanischen Linaloeöl* des Holzes neben *Nonylen;* unsicher!

3. Nonylen, C_9H_{18}.

Vorkommen:

Fam. **Burseraceae:** *Bursera Delpechiana* POISS., Linaloebaum; im *Mexikanischen Linaloeöl* des Holzes; unsicher!

4. Myrcen, $C_{10}H_{16}$.

Vorkommen: In mehreren Familien, bei Gymnospermen zweifelhaft, dagegen sicher bei Mono- und Dicotylen; im äther. Öl aus Blättern, Blüten, Frucht, Samen und Wurzel.

Fam. **Pinaceae** (*Cupressineae*): *Juniperus Oxycedrus* L., Spanische Ceder; im äther. Öl der Beeren als *myrcenartiger* Kohlenwasserstoff.

Fam. **Gramineae:** *Cymbopogon citratus* Stpf. (*Andropogon Schoenanthus* L. ?), Lemongras; in einem *Formosanischen Lemongrasöl* („*Hyang-Bowoil*") und im *Kaukasischen Öl* (Ssuchum) der Blätter. Nach neuerer Angabe (1931) auch im sog. *Westindischen Lemongrasöl*.

Fam. **Saururaceae:** *Houttuynia cordata* Thunbg.; im Krautöl; wahrscheinlich!

Fam. **Moraceae** (*Cannabinoideae*): *Humulus Lupulus* L., Hopfen; im *Hopfenöl* der Fruchtstände (neben *Humulen*).

Fam. **Lauraceae:** *Sassafras officinale* Nees, (*Laurus Sassafras* L.), Sassafrasbaum; im *Sassafrasblätteröl.* — *Ocotea caudata* Mez. (*Licaria guianensis* Aubl.), „Likari kanale" (Holz); im *Linaloeöl*, wahrscheinlich!

Fam. **Rutaceae** (*Rutoideae*): *Barosma venustum* Eckl. et Z. (Blätter). — *Xanthoxylum ovalifolium* Wight. (Samen); im äther. Öl, neben *Safrol.* — (*Toddalioideae*): *Phellodendron japonicum* Maxim.; im Öl der Früchte.

Fam. **Anacardiaceae:** *Rhus Cotinus* L. (*Cotinus Coggygria* Scop.), Perückenstrauch; im Öl der Blätter; wahrscheinlich!

Fam. **Guttiferae:** *Hypericum perforatum* L. (*H. vulgare* Lam.), Johanniskraut; im *Johanniskrautöl*.

Fam. **Myrtaceae:** *Pimenta acris* Wight. (*Amonis a.* Bg., *Myrtus caryophyllata* Jacq.), Echter Baybaum; im *Bayöl* der Blätter und im Blätteröl der Varietät *Bois d'Inde Anise*.

Fam. **Umbelliferae:** *Ferula galbaniflua* Boiss. et Buhse (*Peucedanum g.* Baill.); im *Galbanumöl* des Milchsaftes.

Fam. **Verbenaceae:** *Lippia citriodora* H., B. et Knth. (*Verbena triphylla* Lam.); im französischen *Verbena-Öl* aus Blättern, Blütenstand, Stengel und Wurzel.

Fam. **Compositae:** *Tagetes minuta* L. (*T. glandulifera* Schr.), Samtblume; im Krautöl; *Ocimen* oder *Myrcen*! — *Artemisia Dracunculus* L., Estragon; im *Estragonöl* aus Kraut; wie vorige, wahrscheinlich!

5. Ocimen, $C_{10}H_{16}$.

Vorkommen: Für vier dicotyle Familien angegeben, im Öl von Kraut, Blättern und Zweigspitzen.

Fam. **Rutaceae** (*Rutoideae*): *Evodia rutaecarpa* Hook. (Frucht). — *Boronia dentigeroides* Cheel (Blätter und Zweige). — (*Aurantoideae*): *Eriostemon myoporoides* DC. (Blätter und Zweigenden). — *E. Coxii* Muell. (Blätter); wahrscheinlich!

Fam. **Myrtaceae:** *Homoranthus virgatus* Cunn. (Blätter und Zweigspitzen); wahrscheinlich! — *H. flavescens* Cunn. (wie vorige).

Fam. **Labiatae:** *Ocimum Basilicum* L., Basilie (Kraut); im *Basilicumöl.* — *O. gratissimum* (L.) Boiss. (Kraut).

Fam. **Compositae:** *Tagetes minuta* L. (*T. glandulifera* Schr.), Samtblume (Kraut); *Ocimen* oder *Myrcen* angegeben! — *Artemisia Dracunculus* L., Estragon (ebenso); im *Estragonöl*, zweifelhaft ist, ob *Ocimen* oder *Myrcen*?

6. Sesquicitronellen, $C_{15}H_{24}$.

Vorkommen: Bislang nur im Öl von *Citronellgras* aufgefunden.

Fam. **Gramineae:** *Cymbopogon Nardus* Rendl. (*Andropogon N.* L.), Citronellgras (Blätter); im *Java-Citronellöl*, wahrscheinlich auch im *Ceylon-Citronellöl*.

b) Aromatische Kohlenwasserstoffe.

1. Styrol (*Vinylbenzol*), C_8H_8.

Vorkommen: In einer monocotylen und zwei dicotylen Familien.

Fam. **Liliaceae:** *Xanthorrhoea quadrangulata* F. v. M. (oder *X. australis* R. Br. ?) (Stengel); im *Roten Acaroidharz.* — *X. hastilis* R. Br. (Stengel); im *Xanthorrhoeaharzöl* des *Gelben Acaroidharzes*.

Fam. **Hamamelidaceae:** *Liquidambar orientale* Mill., Orientalischer Amberbaum (Stamm); im *Storaxöl* des *Orientalischen Storax.* — *L. styracifluum* L., Ahornblättriger Amberbaum (Stamm); im *Storaxöl* des *Amerikanischen Storax.* — *L.-Species* unsicher (*L. styracifluum* L. ?); im *Hondurasbalsamöl* des Stammes.

Fam. **Leguminosae** (*Papilionatae*): *Myroxylon Balsamum* (L.) HRMS. var. *Pereirae* (ROYLE) BAILL. (*M. Pereirae* KLTSCH., *Toluifera P.* BAILL., *T. Balsamum* L.), Perubalsambaum; im *Perubalsamöl* der Rinde.

2. Salven, $C_{10}H_{18}$.

Vorkommen:

Fam. **Labiatae**: *Salvia officinalis* L., Gemeine Salbei; im *Salbeiöl* des Krautes; nicht im *Spanischen Öl*!

3. Sequojen, $C_{13}H_{10}$. (isomer *Fluoren*).

Vorkommen:

Fam. **Pinaceae** (*Taxodineae*): *Sequoja gigantea* TORR. (*Wellingtonia g.* LINDL.), Wellingtonie, Mammutbaum: im Nadelöl.

4. p-Cymol, $C_{10}H_{14}$.

Vorkommen: Für 16 Familien angegeben, besonders bei Labiaten, Myrtaceen, Umbelliferen und Pinaceen; im Öl von Holz (Stamm und Wurzel), Frucht und Samen, Rinde, Kraut, Blättern und Blütenköpfen.

Fam. **Pinaceae** (*Abietineae*): *Pinus silvestis* L., Gemeine Kiefer (Stamm und Wurzelstock); im *Terpentinöl* (speziell im russischen und schwedischen) und im *Holzterpentinöl*, auch im *Kienöl*. — *P. palustris* MILL. (*P. australis* MICH.), Gelbkiefer, Sumpfkiefer (Holz); im *Amerikanischen Terpentinöl*. — *Picea excelsa* LK. (*P. vulgaris* LK.), Fichte (Holz); in der Sulfitlauge! — *Abies sibirica* LEDEB. (*A. Pichta* FORB.), Sibirische Edeltanne (Nadeln und Triebspitzen); im *Sibirischen Fichtennadelöl*. — (*Cupressineae*): *Cupressus sempervirens* L., Echte Zypresse (Blätter und junge Zweige); im *Zypressenöl*. — *C. Lambertiana* CARR. (*C. macrocarpa* HARTW.) (Blätter); anscheinend! — *Chamaecyparis nutkaensis* SPACH., Gelbe Ceder (Nadeln). — *Ch. obtusa* SIEB. et ZUCC. (*Retinispora o.*), Hinokibaum; im Öl der Blätter (1931).
Fam. **Aristolochiaceae**: *Aristolochia Serpentaria* L. (*A. officinalis* NEES.); im *Virginischen Schlangenwurzelöl* aus Wurzelstock (unsichere Angabe!).
Fam. **Chenopodiaceae**: *Chenopodium anthelminticum* L. (*Ch. ambrosioides* var. *anthelminticum* GRAY), „Wormseed"; im *Amerikanischen Wurmsamenöl* aus den Drüsenhaaren von Frucht und Blatt.
Fam. **Magnoliaceae**: *Illicium verum* HOOK., Echter Sternanis; im *Chinesischen Sternanisöl* der Frucht.
Fam. **Anonaceae**: *Monodora grandiflora* BENTH.; im Öl der Samen.
Fam. **Myristicaceae**: *Myristica fragrans* HOUTT. (*M. officinalis* L., *M. moschata* THBG.), Muskatnußbaum; im *Muskatnußöl* aus Samen.
Fam. **Lauraceae**: *Cinnamomum ceylanicum* NEES. (*Laurus Cinnamomum* L.), Ceylon-Zimtstrauch; im *Ceylon-Zimtöl* aus Rinde. — *C. ceylanicum* var. *seychelleanum* (?), Seychellen-Zimtbaum; im *Seychellen-Zimtöl* aus Rinde. — *C.-Species* unsicher (Rinde = „*Wild Cinnamon bark*"); unsicher!
Fam. **Monimiaceae**: *Peumus Boldus* BAILL. (*Boldea fragrans* JUSS.); im *Boldoblätteröl*.
Fam. **Saxifragaceae**: *Ribes nigrum* L., Schwarze Johannisbeere, Gichtbeere; im Knospenöl; unsichere Angabe!
Fam. **Rutaceae** (*Aurantioideae*): *Citrus Limonum* RISSO (*C. medica* L. subsp. *Limonum* HOOK.), Citronenbaum; im *Citronenöl* aus Fruchtschale. — *C. madurensis* LOUR. (*C. nobilis* LOUR. var. *deliciosa*), Mandarinenbaum; im äther. Blätteröl von japanischen Mandarinen („*Unshiu*") und in einem algerischen Öl.
Fam. **Burseraceae**: *Boswellia Carterii* BIRDW.; im *Weihrauch-* oder *Olibanumöl* (aus Rinde). — *Canarium villosum* VILL., Pagsainguin; im *Pagsainguinöl* des Harzes. — *C. Cumingii* ENGL.; *Cymol* wurde hier früher bestritten!
Fam. **Euphorbiaceae**: *Cathetus fasciculata* LOUR. (*Phyllanthus chinensis* MUELL.), „Bruyère d'Annam"; im *Bruyère-Öl*; zweifelhafte Angabe! — *Croton Eluteria* BENN. (*Cascarilla Clutia* WOODW.); im *Cascarillöl* der Rinde.
Fam. **Myrtaceae**: *Melaleuca linariifolia* SM., „Tea Tree" (Blätter und Zweigenden). — *M. alternifolia* CHEEL., wie vorige. — *Agonis flexuosa* LINDL., „Willow myrtle" (Blätter). — *Baeckea liniifolia* var. *brevifolia* F. v. M. (= *B. leptocaulis* ?), (Blätter und Zweigspitzen). — *Eucalyptus Bakeri* MAID., „Mallee Box" (Blätter und Zweigenden). — *E. calophylla* R. BR., „Red gum". — *E. Globulus* LAB., Blue gum (Blätter); im *Globulusöl*, von früheren angegeben, später bestritten. — *E. haemastoma* SM. (*E. signata* F. v. M.), „White gum" (Blätter). — *E. melanophloia* F. v. M., Silver leaved ironbark (Blätter). — *E. salubris* F. v. M., „Gimlet gum" (wie vorige). — *E. dives* SCHAU., „Broad-leaved-Peppermint"; ebenso. — Nach neuerer Angabe (1931) auch in *Baeckea frutescens* L.; im Öl der Blätter.

Fam. **Umbelliferae:** *Cachrys alpina* Bieb. (Kraut); wahrscheinlich! — *Cicuta virosa* L., Wasserschierling (Früchte); im *Wasserschierlingsöl.* — *Carum copticum* Benth. et H. (*C. Ajowan* B. et H., *Ptychotis A.* DC.), Ajowan (Früchte); im *Ajowanöl.* — *Foeniculum vulgare* Mill. (*F. officinale* All.), Fenchel (Früchte); im *Fenchelöl,* Angabe ist bestritten! — *Crithmum maritimum* L., Seefenchel (Früchte); im *See-fenchelöl.* — *Archangelica officinalis* Hoffm. (*Angelica Archangelica* L.), Engelwurz (Wurzelstock); im *Angelicawurzelöl,* zweifelhaft! — *Cuminum Cyminum* L., Kreuz-kümmel (Früchte); im *Kreuzkümmelöl, Cuminöl* (früheres *Cymen*). — *Coriandrum sativum* L., Coriander; im *Corianderöl* der Früchte.

Fam. **Labiatae:** Im Kraut öl folgender: *Prostanthera cineolifera* Bak. et Sm. — *Monarda punctata* L., „Horse Mint". — *M. fistulosa* L., „Wild Bergamot"; im *Wild-Bergamot-Oil.* — *M. citriodora* Cerv., „Lemon Mint"; zweifelhaft! — *Satureia hortensis* L., Bohnenkraut, Pfefferkraut; im *Bohnenkrautöl.* — *S. montana* L. — *S. cuneifolia* Ten.; zweifelhaft! — *S. Thymbra* L. — *Origanum hirtum* Lk. (*O. smyrnaeum* Sibth., *O. Creticum* Nees.), „Spanischer Hopfen"; im *Triester Origa-numöl.* — *O. vulgare* L. var. *viride.* — *O. smyrnaeum* L. (*O. Onites* L., *Majorana O.* L.); im *Smyrnaer Origanumöl.* — *O.-Species* unbestimmt (vielleicht *O. dubium* Boiss., *O. majoranoides* Willd., beides wohl Varietäten oder Unterarten von *O. Maru* L.); im *Cyprischen Origanumöl.* — *Thymus vulgaris* L., Thymian; im *Thymianöl.* — *Th. Serpyllum* L., Quendel, Feldthymian; im *Quendelöl.* — *Th. citriodorus* Schr. var. *montanus* (*Th. Serpyllum* Pers.). — *Th. striatus* Vahl. — *Th. capitatus* Hoffm. et Lnk. (= *Th. creticus* Brot. = *Corydothymus capitatus* Reichb., *Satureia c.* L.); im sog. *Spanischen Origanumöl.* — *Th. Zygis* L. (*Th. tenuifolius* Boiss.) mit var. *gracilis* Boiss. (*Th. tenuifolius* Mill.); im *Spanischen Thymianöl.* — *Th. brachyphyllus* Opz. (nach Index Kew. = *Th. Serpyllum* L.). — *Th. Marchallianus* Willd. (= *Th. Serpyllum* L.). — *Th.-Species* unsicher (*Th. piperella* L. oder Varietät von *Th. Richardi* Pers.?). — *Mosla japonica* Maxim. — *M. Hadai* Nak. — *M. grosserrata* Maxim. — *Salvia officinalis* L., Gemeine Salbei; im *Salbeiöl.*

Fam. **Compositae:** *Artemisia Cina* Bg. (*A. maritima* L. var. *Stechmanniana* Bess.); im *Zittwersamenöl* der Blütenköpfe (= *Zwittersamen*), sekundär entstanden!

5. Naphthalin, $C_{10}H_8$.

Vorkommen: Nur in wenigen Familien, im Öl aus Wurzel, Stamm und Blütenstengel.

Fam. **Iridaceae:** *Iris germanica* L., Schwertlilie, *I. florentina* L. und *I. pallida* Lam. (*I. odoratissima* Jacq.); (Rhizom); im *Irisöl* („*Veilchenwurzelöl*").

Fam. **Hamamelidaceae:** *Liquidambar orientale* Mill., Orientalischer Amberbaum (Stamm); im *Storaxöl.*

Fam. **Myrtaceae:** *Eugenia caryophyllata* Thunbg. (*E. aromatica* Baill., *Caryophyllus aromaticus* L., *Jambosa Caryophyllus* Spr.), Gewürznelkenbaum (Blütenstengel); im *Nelkenstielöl.*

Fam. **Compositae:** *Saussurea Lappa* Clarke (*Aplotaxis* L. DC.), (Wurzel); im *Costus-wurzelöl.*

c) Alicyclische Kohlenwasserstoffe (Terpene).

I. Monocyclische Terpene.

1. Terpinen, $C_{10}H_{16}$.

Vorkommen: In einer Mehrzahl von Familien (Gymnospermen, Monocotylen und Dicotylen) im Öl von Blättern und Trieben, Früchten, Stamm- und Wurzelholz, Kraut oder Blütenköpfen, als α- und β-*Terpinen.*

α) α-*Terpinen* (*p-Menthadien*).

Fam. **Pinaceae** (*Cupressineae*): *Juniperus Sabina* L. (*Sabina officinalis* Gcke.), Sade-baum (bebl. Triebe); im *Sadebaumöl.* — *Chamaecyparis obtusa* Sieb. et Zucc., Hinokibaum; im Öl der Blätter. — *Ch. formosensis* Matsum, „Benihi"; ebenso, neben γ-*Terpinen.*

Fam. **Chenopodiaceae:** *Chenopodium anthelminticum* L. (*Ch. ambrosioides* var. *anthelm.* Gray), Wormseed; im *Amerikanischen Wurmsamenöl* aus Drüsenhaaren von Frucht und Blatt.

Fam. **Lauraceae:** *Cinnamomum Kanahirai* Hay., „Shô-Gyu"; im *Shô-Gyu-Öl* aus Holz, neben γ-*Terpinen*!

Fam. **Myrtaceae:** *Melaleuca linariifolia* Sm., „Tea Tree" (Blätter und Zweigenden); neben γ-*Terpinen.* — *M. alternifolia* Cheel.; wie vorige neben γ-*Terpinen.*

Fam. Umbelliferae: *Coriandrum sativum* L., Coriander; im *Corianderöl* der Früchte, neben *γ-Terpinen.*
Fam. Labiatae: *Ocimum viride* WILLD., Moskitopflanze (Blätter); neben *γ-Terpinen.*

β) *γ-Terpinen* (= *Crithmen, Moslen*).

Fam. Pinaceae (*Abietineae*): *Pinus palustris* MILL. (*P. australis* MICH.), Gelbkiefer, Sumpfkiefer; im *Holzterpentinöl* aus Wurzelholz. — (*Cupressineae*): *Chamaecyparis obtusa* SIEB. et ZUCC., Hinokibaum; im Öl der Blätter. — *Ch. formosensis* MATSUM „Benihi‟, wie vorige neben *α-Terpinen.*
Fam. Lauraceae: *Cinnamomum Kanahirai* HAY., „Shô-Gyu‟; im *Shô-Gyu-Öl* aus Holz, neben *α-Terpinen.*
Fam. Rutaceae (*Rutoideae*): *Citrus Limonum* RISSO (*C. medica* L. subsp.) *Limonum* HOOK.), Citronenbaum; im *Citronenöl* der Fruchtschale.
Fam. Myrtaceae: *Melaleuca linariifolia* SM., „Tea Tree‟; im Öl der Blätter und Zweigenden, neben *α-Terpinen.* — *M. alternifolia* CHEEL.; wie vorige, neben *α-Terpinen.* — *Eucalyptus dives* SCHAU., Broad-leaved-Peppermint; im Öl der Blätter.
Fam. Umbelliferae: *Carum copticum* BENTH. et H. (*C. Ajowan* B. et H., *Ptychotis A.* DC.), Ajowan (Früchte); im *Ajowanöl; „Moslen‟* angegeben. — *Crithmum maritimum* L., Seefenchel (Kraut); „*Crithmen‟* angegeben. — *Coriandrum sativum* L., Coriander (Früchte); im *Corianderöl* neben *α-Terpinen.*
Fam. Labiatae: *Thymus Zygis* L. (*T. tenuifolius* BOISS.) mit Variet. *gracilis* BOISS., (*T. tenuifolius* MILL.); im *Spanischen Thymianöl.* — *Mosla japonica* MAXIM. (Kraut); auch *Moslen* (= *Dihydrocymol*) angegeben. — *M. grosserata* MAXIM. (Kraut); *Moslen* angegeben. — *Ocimum viride* WILLD., Moskitopflanze (Blätter); neben *α-Terpinen.*

γ) *Terpinen* (ohne nähere Angaben!).

Fam. Pinaceae (*Abietineae*): *Pinus silvestris* L., Gemeine Kiefer (Wurzelstock); im *Kienöl,* wohl sekundär! — (*Cupressineae*): *Cupressus torulosa* DON., Himalaya-Zypresse (Blätter). — *Juniperus communis* L., Wacholder (Beeren); in einem norwegischen Öl. — *J. Scopulorum* (?); im Nadelöl.
Fam. Zingiberaceae: *Elettaria Cardamomum* var. *major* SMITH. (= β FLÜCK.), Ceylon-Cardamome (Früchte); im *Ceylon-Cardamomöl,* alte Angabe!
Fam. Lauraceae: *Umbellularia californica* MEISSN. (*Tetranthera c.* HOOK., *Oreodaphne c.* NEES.), Kalifornischer Lorbeerbaum; im *Kalifornischen Lorbeerblätteröl.* — *Laurus nobilis* L., Lorbeerbaum; im *Lorbeerblätteröl.*
Fam. Rutaceae (*Rutoideae*): *Xanthoxylum Budrunga* WALL.; im Öl der Früchte.
Fam. Burseraceae: *Canarium luzonicum* GRAY (*C. album* BL.), (Stamm); im *Elemiöl.*
Fam. Myrtaceae: *Eucalyptus megacarpa* F. v. M. — *Eugenia Pitanga* BERG. (*Stenocalyx Pitanga* BERG.), Pitanga (Blätter).
Fam. Umbelliferae: *Anethum graveolens* L. (*Peucedanum g.* BENTH.), Dill; im *Dillkrautöl.*
Fam. Labiatae: *Ramona stachyoides* BRIQ. (*Audibertia st.* BENTH., *Salvia mellifera* GR.), „Black sage‟ (Blätter und Zweige), zweifelhaft! — *Origanum Majorana* L. (*Majorana hortensis* MNCH.), Majoran (Kraut); im *Majoranöl.* — *Mentha piperita* (L.) HUDS. var. *officinalis* Sole, Pfefferminze; im *Amerikanischen Pfefferminzöl* aus Kraut.
Fam. Compositae: *Artemisia Cina* BG. (*A. maritima* L. var. *Stechmanniana* BESS. (Blütenköpfchen); im *Zittwersamenöl.* — *A. glutinosa* (?).

2. Crithmen, $C_{10}H_{16}$.

Vorkommen:
Fam. Umbelliferae: *Crithmum maritimum* L., Seefenchel; im *Seefenchelöl* der Blätter und Stengel; nach neuerer Angabe anscheinend identisch mit *γ-Terpinen!*

3. Phellandren, $C_{10}H_{16}$.

Vorkommen: Weit verbreitet als *α-* und *β-Phellandren* im Öl von Blättern, Nadeln und Triebspitzen, Kraut, Stamm und Wurzel, Rinde, Frucht und Samen; bei Gymnospermen wie Angiospermen, vorzugsweise Dicotylen.

α) *α-Phellandren.*

Fam. Pinaceae (*Abietineae*): *Abies sibirica* LEDEB. (*A. Pichta* FORB.), Sibirische Edeltanne (Nadeln und Triebspitzen); im *Sibirischen „Fichtennadelöl‟.* — *Pinus Pumilio* HNCKE. (*P. Mughus* SCOP.); Krummholzkiefer (Nadeln und Zweige); im *Krummholzöl.*

Fam. **Gramineae:** *Cymbopogon Martini* var. *Sofia* Burk. (Blätter); im *Gingergrasöl:*
d-α-Phellandren.

Fam. **Zingiberaceae:** *Curcuma longa* L. (*Amomum Curcuma* Murs.), Gelbwurzel
(Wurzelstock); im *Curcumaöl:* *d-α-Phellandren.*

Fam. **Myricaceae:** *Myrica Gale* L., Gagelstrauch (Kätzchen): *d-α-Phellandren.*

Fam. **Magnoliaceae:** *Illicium verum* Hook., Echter Sternanis (Frucht); im *Chine-*
sischen Sternanisöl: l-α-Phellandren.

Fam. **Lauraceae:** *Cinnamomum Tamala* Spr. (Blätter): *d-α-Phellandren.*

Fam. **Monimiaceae:** *Daphnandra aromatica* Bail. (Blätter): *d-α-Phellandren.*

Fam. **Leguminosae** (*Caesalpinioideae*): *Caesalpinia Sappan* L. (Blätter): *d-α-phellandren-*
ähnlicher Kohlenwasserstoff.

Fam. **Rutaceae** (*Rutoideae*): *Xanthoxylum acanthopodium* DC. (Früchte = „*Wartara*
seeds"); im *Wartaraöl: l-α-Phellandren.*

Fam. **Burseraceae:** *Boswellia serrata* Roxb. (*B. glabrata* Roxb., *Canarium balsamiferum*
Willd.), Salaibaum (Stammrinde): *d-α-Phellandren.* — *Canarium luzonicum* Gray
(*C. album* Bl., *C. commune* Vill.), (Stammrinde); im *Elemiöl: d-α-Phellandren* neben
d-β-Phellandren.

Fam. **Myrtaceae:** *Pimenta officinalis* Lindl. (*P. vulgaris* Lindl., *Myrtus Pimenta* L.,
Eugenia P. DC.), Pimentbaum (Beeren); im *Pimentöl: l-α-Phellandren.* — *Amomis*
jamaicensis Brill. et Hill., Wilder Piment (Blätter). — *Eucalyptus dives* Schau.,
Broad-leaved-Peppermint mit den drei Varietäten: Typus, A und C: *l-α-Phel-*
landren. — *E. micrantha* DC.: *l-α-Phellandren.* — *E. Phellandra* B. et Sm., „Narrow
leaved-Peppermint": *l-α-Phellandren.* — *E. piperita* Sm., „Peppermint tree",
„Sidney-Peppermint": *l-α-Phellandren.* — *E. Rossii* B. et Sm. (*E. micrantha* DC.),
„White gum": *l-α-Phellandren.* — *E. rarifolia* Bailey; im Blätteröl. — *Melaleuca*
acuminata F. v. M. (Blätter); wie vorige.

Fam. **Umbelliferae:** *Oenanthe sarmentosa* Bol. ? (*Oe. californica* Wats.), (Früchte). —
Foeniculum vulgare Mill. (*F. officinale* All.), Fenchel (Früchte); im *Fenchelöl*
(*Bitterfenchelöl*): *d-α-Phellandren.* — *Anethum graveolens* L. (*Peucedanum g.* Benth.),
Dill; in einem spanischen *Dillkrautöl.*

Fam. **Verbenaceae:** *Lantana Camara* L. (*L. spinosa* ?), (Blätter); im *Lantanöl: l-α-*
Phellandren.

β) β-Phellandren.

Fam. **Pinaceae** (*Abietineae*): *Pinus contorta* Dougl. (*P. Murrayana* Balf.), „Lodge
pole pine" (Stamm): *l-β-Phellandren.* — *P. Pumilio* Hncke. (*P. Mughus* Scop.);
Krummholzkiefer (Nadeln und Zweige); im *Krummholzöl.* — *P. monticola* Dougl.;
im Nadelöl. — *Picea Sitchensis* (?); im Öl der Nadeln und Zweige. — *Tsuga hetero-*
phylla Sarg.; wie vorige.

Fam. **Zingiberaceae:** *Zingiber officinale* Rosc. (*Amomum Zingiber* L.), Ingwer
(Wurzelstock); im *Ingweröl.*

Fam. **Chenopodiaceae:** *Roubieva multifida* Moq.

Fam. **Magnoliaceae:** *Illicium verum* Hook., Echter Sternanis (Frucht); im *Chine-*
sischen Sternanisöl: l-β- und d-β-Phellandren.

Fam. **Anonaceae:** *Monodora Myristica* Dun. (Samen = „*Owere seeds*").

Fam. **Lauraceae:** *Cinnamomum ceylanicum* Nees. (*Laurus Cinnamomum* L.), Ceylon-
Zimtstrauch; im *Zimtblätteröl: l-β-Phellandren.* — *C. ceylanicum* var. *seychellea-*
num (?), Seychellen-Zimtbaum (Rinde); im *Seychellen-Zimtöl: l-β-Phellandren.*

Fam. **Geraniaceae:** *Pelargonium Species* (*P. odoratissimum* Willd., *P. capitatum* Ait.,
P. graveolens Ait., *P. Radula* Ait. [*P. roseum* Willd.], *P. denticulatum* Jacq.)
(Blätter); im *Geraniumöl.*

Fam. **Rutaceae** (*Rutoideae*): *Xanthoxylum piperitum* DC., Japanischer Pfeffer
(Früchte); im *Japanischen Pfefferöl,* „*Sanshoöl*": *l-β-Phellandren.* — (*Aurantioideae*):
Citrus Limonum Risso (*C. medica* L. subsp. *Limonum* Hook.), Citronenbaum
(Fruchtschale); im *Citronenöl.*

Fam. **Burseraceae:** *Canarium luzonicum* Gray (*C. album* Bl., *C. commune* Vill.)
(Stammrinde); im *Elemiöl: d-β-Phellandren* neben *d-α-Phellandren.*

Fam. **Anacardiaceae:** *Schinus Molle* L., Pfefferstrauch (Blätter, Zweige und
Früchte); im *Schinusöl: d- und l-Phellandren.*

Fam. **Umbelliferae:** *Bupleurum fruticosum* L., Hasenohr (Blätter, Blüten, Zweige):
d-β-Phellandren. — *Seseli Bocconi* Guss. (Kraut): wie vorige. — *Oenanthe Phellan-*
drium Lam. (*Oe. aquatica* Lam., *Phellandrium a.* L.), Wasserfenchel (Früchte);
im *Wasserfenchelöl:* wie vorige. — *Crithmum maritimum* L., Seefenchel (Blätter
und Stengel); im italienischen *Seefenchelöl,* nicht im französischen. — *Cuminum*

Cyminum L., Kreuzkümmel (Früchte); im *Kreuzkümmelöl (Cuminöl)*, zweifelhaft! — *Coriandrum sativum* L., Coriander (Früchte); anscheinend im *Corianderöl*.

γ) *Phellandren* (mit Angabe der Drehungsrichtung oder ohne nähere Angaben!).

Fam. **Pinaceae** (*Abietineae*): *Pinus Pumilio* HNCKE. (*P. Mughus* SCOP.), Krummholzkiefer (Nadeln, Zweigspitzen und jüngere Zweige); im *Krummholzöl* oder *Latschenkiefernöl*: *l-Phellandren*. — *P. contorta* DOUGL. (*P. Murrayana* BALF.), „Lodge pole pine" (Nadeltriebe): *l-Phellandren*. — *P. Lambertiana* DOUGL., Zuckerkiefer (Stammrinde); im Terpentin, zweifelhaft! — *Picea excelsa* LK. (*P. vulgaris* LK.), Fichte, Rottanne (Nadeln und junge Triebe); im *Fichtennadelöl*: *l-Phellandren*. — *Abies concolor* (GORD.) PARRY, White Fir (Nadeltriebe): *l-Phellandren*. — *A. magnifica* MURR., Red Fir; wie vorige. — *A. sibirica* LEDEB. (*A. Pichta* FORB.), Sibirische Edeltanne (Rinde); zweifelhaft! — (*Cupressineae*): *Juniperus phoenicea* L., Rotfrüchtiger Sadebaum (Zweige und Blätter); im „*Französischen Sadebaumöl*".

Fam. **Gramineae**: *Cymbopogon Schoenanthus* SPRENG. (*Andropogon Sch. L., A. Iwarancusa* subsp. *laniger* HOOK. f.), Kamelgras; im *Kamelgrasöl*.

Fam. **Piperaceae**: *Piper nigrum* L. (*P. aromaticum* LAM.), Schwarzer Pfeffer (Früchte); im *Pfefferöl*: *l-Phellandren*. — *P. Clusii* DC. (*P. guineense* THONN.), Aschantipfeffer (Früchte); im „*Aschantipfefferöl*".

Fam. **Magnoliaceae**: *Magnolia-Species* unbekannt; im *Japanischen Magnoliaöl*.

Fam. **Anonaceae**: *Monodora grandiflora* BENTH. (Samen): *l-Phellandren*.

Fam. **Lauraceae**: *Cinnamomum ceylanicum* NEES. (*Laurus Cinnamomum* L.), CeylonZimtstrauch; im *Ceylon-Zimtöl* der Rinde (*l-Phellandren*) und im *Zimtwurzelöl*. — *C. pedunculatum* PRESL. (Rinde). — *C. Camphora* NEES. (*Laurus C.* L., *Camphora officinarum* NEES.), Campherbaum (Blätter, Zweige, Stamm und Wurzel); im *Campheröl* (Spur). — *C. Oliveri* BAIL., „Brisbane Sassafras" (Blätter); zweifelhaft! — *Sassafras officinale* NEES. (*Laurus Sassafras* L.), Sassafrasbaum; im *Sassafraswurzelöl* und im *Sassafrasblätteröl*. — *Laurus nobilis* L., Lorbeerbaum (Blätter); im *Lorbeerblätteröl*, wahrscheinlich! — *Ocotea caudata* MEZ (*Licaria guianensis* AUBL.), „Likari kanale" (Holz); im „*Cayenne-Linaloeholz*", wahrscheinlich!

Fam. **Hamamelidaceae**: *Liquidambar formosana* HANSE (Blätter und Zweige); unsicher!

Fam. **Leguminosae** (*Papilionatae*): *Myroxylon Balsamum* (L.) HRMS. var. *genuinum* BAILL. (*Toluifera Balsamum* L., *M. toluiferum* HB. et KTH.), Tolubalsambaum (Stammrinde); im *Tolubalsamöl*: „*Tolen*" = Phellandren nach alter Angabe, zweifelhaft!

Fam. **Rutaceae** (*Rutoideae*): *Xanthoxylum alatum* ROXB. (Früchte = „*Chinese Wild Pepper*"). — *X. ovalifolium* WIGHT. (Samen): *l-Phellandren*.

Fam. **Burseraceae**: *Boswellia Carterii* BIRDW. (Stammrinde); im *Weihrauchöl*. — *Protium Carana* (HUMB.) MARCH., unsichere Angabe! — *Canarium Schweinfurthii* ENGL. (Stammrinde); im *Uganda-Elemi* und im *Nigeria-Elemi* unbekannter Abstammung. — *Aucumea Klaineana* PIER., Okume; im *Okumeharzöl* aus Stamm.

Fam. **Myrtaceae**: *Pimenta acris* WIGHT. (*Amomis a.* BG., *Myrcia a.* DC., *Myrtus caryophyllata* JACQ.), Echter Baybaum (Blätter); im *Bayöl*: *l-Ph.* und ebenso im Öl der Früchte; aber zweifelhaft! — *Melaleuca bracteata* F. v. M. (Blätter und Zweigspitzen): *l-Phellandren*. — *M. acuminata* F. v. M. (Blätter); wie vorige.

Ferner in folgenden *Eucalyptus*-Blätter-Ölen: *Eucalyptus acervula* HOOK f., Red gum of Tasmania. — *E. acmenioides* SCHAU., „White mahagony". — *E. amygdalina* LAB., „White" und „Brown Peppermint": *l-Phellandren*. — *E. Andrewsi* MAID.: *l-Phellandren*. — *E. angophoroides* BAK., „Apple Top Box". — *E. australiana* B. et SM. (früher *E. amygdalina* var. *australiana*), Black peppermint: *l-Phellandren*, zweifelhaft! — *E. australiana* var. *latifolia*: bisweilen Spur! — *E. bicolor* CUNN., „Bastard Box"; alte und sehr zweifelhafte Angabe! — *E. campanulata* B. et SM., „Bastard Stringybark". — *E. capitellata* SM., „Brown Stringybark". — *E. coccifera* (?). — *E. consideneana* MAID. — *E. coriacea* CUNN. (*E. pauciflora* SIEB.), „Cabbage", „White gum". — *E. crebra* F. v. M., „Narrow-leaved ironbark. — *E. dives* SCHAU. var. B., „Broad-leaved-Peppermint". — *E. fastigiata* D. et MAID., „Cut tail". — *E. Fletcheri* BAK., „Lignum vitae", „Black box": *l-Phellandren*. — *E. fraxinoides* D. et MAID., „White ash." — *E. gomphocephala* DC., „Touart". — *E. goniocalyx* F. v. M., „Mountain gum"; Angabe bestritten! — *E. Gunnii* HOOK. f., „Cider tree": *l-Phellandren*. — *E. haemastoma* SM. (*E. signata* F. v. M.), „White gum". — *E. linearis* CUNN., „White Peppermint": *l-Phellandren*. — *E. loxophleba* BENTH., „York gum". — *E. Luehmanniana* F. v. M. — *E. macrorhyncha* F. v. M., „Red Stringybark"; Spur. — *E. melanophloia* F. v. M., „Silver leaved ironbark". — *E. melliodora* CUNN., „Yellow box". — *E. microtheca* F. v. M., „Coolebah". — *E. nigra* BAK., „Black stringybark". — *E. novaanglica* D. et MAID., „Black Peppermint". — *E. obliqua* L'HERIT. (*E. nervosa*

F. v. M.). — *E. odorata* Behr., „Box tree". — *E. oleosa* F. v. M., „Red mallee";
zweifelhaft! — *E. oreades* Bak., „Mountain ash". — *E. ovalifolia* Bak., „Slaty
gum", und *E. ovalifolia* Bak. var. *lanceolata* B. et Sm., „Red Box". — *E. phlebophylla* F. v. M., „Cabbage gum". — *E. pilularis* Sm., „Blackbutt": *l-Phellandren.*
— *E. Planchoniana* F. v. M., „Stringybark". — *E. platypus* Hook. — *E. pulverulenta* Sims. — *E. squamosa* D. et Maid., „Iron wood". — *E. radiata* Sieb., „White-
top peppermint". — *E. regnans* F. v. M., „Swamp gum". — *E. resinifera* Sm.,
„Red Mahagony"; unsicher! — *E. Risdoni* Hook. f., „Risdon". — *E. robusta* Sm.,
„Swamp Mahagony". — *E. rostrata* Schlecht., „Red Gum-tree. — *E. Sieberiana*
F. v. M. (*E. virgata* Sieb.), „Mountain ash". — *E. siderophloia* Benth., „Broad
leaved", „Red ironbark". — *E. sideroxylon* Cunn. var. *pallens* Benth., „Iron-
bark". — *E. Smithii* Bak., „White top". — *E. stellulata* Sieb., „Lead gum". —
E. taeniola B. et Sm. — *E. viminalis* Lab., „Manna gum", „White gum". —
E. virgata Sieb., „Ironbark": *l-Phellandren.* — *E. vitrea* Bak. (*E. amygdalina* und
E. coriacea), „White top messmate". — *E. Wilkinsoniana* Bak. (*E. haemastoma* var.
W. F. v. M., *E. laevopinea* var. *minor* Bak.).

Fam. **Umbelliferae:** *Archangelica officinalis* Hoffm. (*Angelica Archangelica* L.), Engel-
wurz (Wurzelstock); im *Angelicawurzelöl* und wahrscheinlich auch im Krautöl:
d-Phellandren. — *Angelica refracta* F. Schmdt., und *A. anomala* Lall. (*A. japonica*
Gray), (Wurzel); im japanischen *Angelicaöl;* unsicher! — *Peucedanum Ostruthium*
Koch. (*Imperatoria O.* L.), Meisterwurz (Rhizom); im *Meisterwurzelöl: d-Phellandren.*
— *Anethum graveolens* L. (*Peucedanum* G. Benth.), Dill (Kraut und Frucht); im
Dillkrautöl und *Dillöl.*

Fam. **Verbenaceae:** *Lippia adoensis* Hochst.; im Krautöl.

Fam. **Labiatae:** *Mentha piperita* (L.) Huds. var. *officinalis* Sole, Pfefferminze
(Kraut); im *Pfefferminzöl* verschiedener Herkunft. — *M. spicata* Huds. (*M. viridis* L.),
Grünminze (Blätter, Kaut); im *Grünminzöl.* — *M. spicata* Huds. var. *crispata*
Briq. (*M. crispata* Schr.), Krauseminze (Blätter); im „*Deutschen Krauseminzöl"*:
l-Phellandren. — *Mosla japonica* Maxim. (Kraut).

Fam. **Compositae:** *Eupatorium capillifolium* Small. (*E. foeniculatum* Willd.), Hundefenchel (Blätter). — *Solidago canadensis* L., Goldrute (Kraut); im *Goldrutenöl.* —
Artemisia Absinthium L. (*Absinthium vulgare* Lam.), Wermut (Kraut); im *Absinthöl.*
— *A. Dracunculus* L., Estragon (Kraut); im *Estragonöl*, zweifelhaft! — *A. camphorata* Vill. (Kraut). — *Saussurea Lappa* Clarke (*Aplotaxis* L. DC.); im „*Costuswurzelöl".*

4. „Tolen", $C_{10}H_{16}$.

Vorkommen:

Fam. **Leguminosae** (*Papilionatae*): *Myroxylon Balsamum* Hrms. var. *genuinum*
Baill. (*Toluifera Balsamum* L.), Tolubalsambaum; im *Tolubalsamöl* aus Stamm.
Alte Angabe! Ist identisch mit *Phellandren.*

5. Terpinolen, $C_{10}H_{16}$.

Vorkommen: Für vier monocotyle und dicotyle Familien angegeben.

Fam. **Gramineae:** *Cymbopogon Nardus* Rendl. (*Andropogon N.* L.), Citronellgras
(Blätter); im *Java-Citronellöl.*

Fam. **Rutaceae** (*Aurantioideae*): *Citrus Aurantium* Risso (*C. A.* L. subsp. *sinensis* var.
dulcis L.), Pomeranzen- oder Apfelsinenbaum (Fruchtschale); im *süßen Pomeranzenöl*, wahrscheinlich!

Fam. **Burseraceae:** *Canarium luzonicum* Gray (*C. album* Bl., *C. commune* Vill.)
(Stamm); im *Manila-Elemiöl.*

Fam. **Umbelliferae:** *Coriandrum sativum* L., Coriander (Früchte); im *Corianderöl.*

6. Limonen, $C_{10}H_{16}$.

Vorkommen: Sehr verbreitet, vornehmlich bei *Pinaceen* und *Rutaceen*, aber auch bei
anderen Monocotylen und Dicotylen; im Öl aus Blättern, Früchten, Stamm, als *d*- und *l*-
Limonen, oft neben der racemischen Form *Dipenten.*

α) *d-Limonen.*

Fam. **Taxaceae:** *Dacrydium Franklinii* Hook. (*D. Huonense* Cunn.), Huon-tree;
im Öl der Blätter.

Fam. **Pinaceae** (*Araucarieae*): *Agathis Dammara* Rich. (*Dammara orientalis* Lamb.,
D. alba Rph.), Dammarfichte (Stamm); im *Manila-Kopalöl.* — *A. australis* Salisb.
(*Dammara a.* Lamb.), Kaurifichte (Blätter); im *Kauriöl*, neben *Dipenten.* —
(*Abietineae*): *Pinus Laricio* Poir. (*P. L.* var. *austriaca* Endl., *P. maritima* Sol.),

Schwarzkiefer (Stamm); im *Österreichischen Terpentinöl. — P. Pinaster* SOL.
(*P. maritima* POIR.), Seestrandskiefer (Stamm); im „*Französischen Terpentinöl*".
— *P. longifolia* ROXB., Chir pine; im *Indischen Terpentinöl. — P. Pinea* L., Pinie
(wie vorige); im *Spanischen Terpentinöl*, neben *l-Limonen. — Arthrotaxis selaginoides*
DON., King William pine (Blätter). — (*Taxodineae*): *Taxodium distichum* RICH.,
Canadische Sumpfzypresse (Zapfen). — (*Cupressineae*): *Juniperus virginiana* L.,
Virginischer Wacholder (Nadeln); im *Cedernblätteröl. — J. chinensis* L. (Blätter).
— *Libocedrus decurrens* TORR., Incense Cedar (junge Zweige und Nadeln). —
Chamaecyparis obtusa ENDL. (*Retinispora o.*) SIEB. et ZUCC., Hinokibaum; im
Öl der Blätter.

In folgenden *Australischen Callitrisblätterölen*: *Callitris verrucosa* R. BR., Tur-
pentine pine; neben *l-Limonen* und *Dipenten. — C. glauca* R. BR. (*C. Preissii* MIQ.,
C. Huegelii ined., *Frenela crassivalvis* MIQ., *F. canescens* PARLAT., *F. Gulielmi* PARLAT.),
„Cypress" oder „Murray river pine"; neben *Dipenten. — C. arenosa* CUNN.
(*Frenela robusta* CUNN. var. *microcarpa* BENTH., *F. Moorei* PARLAT., *F. arenosa* CUNN.,
F. microcarpa CUNN., *F. columellaris* F. v. M.), „Cypress pine" (wie andere Arten!);
neben *l-Limonen* und *Dipenten. — C. calcarata* R. BR. (*C. sphaeroidalis* SLOTSKY,
C. fruticosa R. BR., *Frenela calcarata* CUNN., *F. Endlicheri* PARLAT., *F. fruticosa*
ENDL., *F. pyramidalis* CUNN., *F. ericoides* hort., *F. australis* ENDL., *Cupressus australis*
PERS., *Juniperus ericoides* NOISETTE); „Black", „Red" oder „Mountain pine";
neben *l-Limonen* und *Dipenten. — C. Drummondii* BENTH. et H. fil. (*Frenela Drummondii* PARLAT.), „Cypress pine" (wie andere auch!); neben *Dipenten. — C. Muelleri*
BENTH. et H. fil. (*Frenela fruticosa* CUNN., *F. Muelleri* PARLAT.), „Illawarra pine";
neben *l-Limonen. — C. Macleayana* F. v. M. (*C. Parlatorei* F. v. M., *Frenela Macleayana* PARLAT., *Octoclinis Macleayana* F. v. M., *Leichhardtia Macleayana* SHEP.),
„Stringy-bark" oder „Port Macquarie pine".

Fam. **Gramineae:** Im Öl des Grases bei folgenden: *Cymbopogon Martini* var. *Sofia*
BURK.; im *Gingergrasöl* neben *Dipenten. — C. sennaarensis* CHIOV., „Mahareb".

Fam. **Lauraceae:** *Cinnamomum Camphora* NEES. (*Laurus C.* L., *Camphora officinarum*
NEES.), Campherbaum (Blätter, Zweige, Stamm und Wurzel); im *Campheröl*
neben *Dipenten. — Lindera sericea* BL., „*Kuromoji*" (Blätter und junge Triebe); im
Kuromojiöl.

Fam. **Hernandiaceae:** *Hernandia peltata* MEISSN. (Stamm = *Falsches Campherholz*,
„*Hazamalangaholz*").

Fam. **Cruciferae:** *Cochlearia officinalis* L., Löffelkraut (Kraut); zweifelhaft!

Fam. **Pittosporaceae:** *Pittosporum undulatum* VENT. (Frucht).

Fam. **Rutaceae** (*Rutoideae*): *Boronia anemonifolia* CUNN. (Blätter und Zweigenden). —
B. dentigeroides CHEEL.; wie vorige. — *Zieria macrophylla* BONPL. (*Z. Smithii* ANDR.)
(Blätter und kleine Zweige). — *Xanthoxylum piperitum* DC., Japanischer Pfeffer
(Früchte); im *Japanischen Pfefferöl*, neben *Dipenten. — Barosma serratifolium* WILLD.
(*Diosma s.* CURT.), Buccustrauch (Blätter = *Lange Buccublätter*); im *Buccu-
blätteröl*, neben *Dipenten. — Ruta graveolens* L., Raute (auch *R. montana* L. und
R. bracteosa L.), (Blätter); im *Rautenöl. — (Aurantioideae*): *Citrus Aurantium* RISSO
(*C. sinensis* PERS., *C. Aurantium* L. subsp. *sinensis* var. *dulcis* L.), Süßer Orangen-
oder Apfelsinenbaum (Fruchtschale); im *Apfelsinenschalenöl*; ferner im Frucht-
saft und im *Orangenblätteröl* der Blätter und Zweige („*Portugal-Petitgrainöl*"). —
C. Bigaradia RISSO (*C. Aurantium* L. subsp. *amara* L. var. *Bigaradia*, *C. vulgaris*
RISSO), Pomeranzen- oder Bitterer Orangenbaum; im *Petitgrainöl* aus Blättern,
Zweigen, jungen Früchten, ferner im *Bitteren Pomeranzenschalenöl* der Früchte.
— *C. Limonum* RISSO (*C. medica* L. subsp. *Limonum* HOOK.), *Citronen-* oder
Limonenbaum; im *Citronenschalenöl* und im *Citronen-Petitgrainöl* aus Blättern und
Zweigen. — *C. Limetta* RISSO (*C. L. vulgaris*), Südeuropäische Limette (Frucht-
schale); im *Italienischen Limettöl. — C. madurensis* LOUR. (*C. nobilis* LOUR. var.
deliciosa), Mandarinenbaum (Fruchtschale); im *Mandarinenöl. — C. Bergamia*
RISSO (*C. Aurantium* L. subsp. *Lima* var. *Bergamia* RISSO), Bergamotte (Frucht);
im *Bergamottöl. — C. decumana* L., Pompelmuse (Fruchtschale); im *Pompelmusöl.* —
Aegle Marmelops CORR., Modjobaum; im Blätteröl.

Fam. **Burseraceae:** *Commiphora Myrrha* HOLM. (*C. Molmol* ENGL., *Balsamodendron
Myrrha* NEES. u. a.), *C. abyssinica* ENGL. (*Balsamodendron a.* BG., *B. Kafal* KTH.),
C. Schimperi (BG.) ENGL. (Rinde); im *Myrrhenöl* neben *Dipenten. — Canarium
luzonicum* GRAY (*C. album* BL., *C. commune* VILL.), „Pili" (Stamm); im *Manila-
Elemiöl* neben *l-Limonen* und *Dipenten.*

Fam. **Umbelliferae:** *Siler trilobum* SCOP., Roßkümmel (Frucht). — *Apium graveolens* L.,
Gemeine Sellerie (Frucht); im Destillationswasser von *Selleriesamenöl. — Carum
Carvi* L., Gemeiner Kümmel (Frucht); im *Kümmelöl. — Sium cicutaefolium*

Schrk.; im Öl der Pflanze, zweifelhaft! — *Foeniculum vulgare* Mill. (*F. officinale* All.), Fenchel (Frucht); im *Fenchelöl*, neben *Dipenten*. — *Ferula galbaniflua* Boiss. et Buhse (*Peucedanum g.* Baill.) (Früchte). — *Peucedanum Ostruthium* Koch. (*Imperatoria O.* L.), Meisterwurz (Rhizom); im *Meisterwurzelöl*, neben *Dipenten*. — *Anethum graveolens* L., Dill (Frucht); im *Dillöl.*

Fam. **Verbenaceae:** *Lippia adoensis* Hochst.; im Krautöl.

Fam. **Labiatae:** *Nepeta japonica* Max. (Kraut). — *Monarda punctata* L., „Horse Mint" (Kraut); Spur! — *Mentha piperita* (L.) Huds. var. *officinalis* Sole, Pfefferminze (ebenso); vereinzelt im *Pfefferminzöl* verschiedener Herkunft, neben *l-Limonen*. — *Lophanthus rugosus* Fisch. et Mey. (Kraut und Blütentriebe); wahrscheinlich! — *Ocimum viride* Willd., „Moskitopflanze" (Blätter); neben *Dipenten*, unsicher!

Fam. **Compositae:** *Erigeron canadensis* L., Berufskraut (Blätter); im *Erigeronöl*. — *Tagetes minuta* L. (*T. glandulifera* Schr.), Samtblume (Kraut). — *Solidago rugosa* Mill. (Kraut); wahrscheinlich!

β) l-Limonen.

Fam. **Pinaceae:** (*Abietineae*): *Pinus silvestris* L., Gemeine Kiefer (Nadeln); im *Kiefernnadelöl*. — *P. Laricio monspeliensis* Hort., Pyrenäen-Schwarzkiefer (Stamm); im *Terpentinöl*. — *P. Pumilio* Hncke. (*P. Mughus* Scop.), Krummholzkiefer (Nadeln, Zweigspitzen und jüngere Zweige); im *Krummholzöl*, neben *Dipenten*. — *P. Pinea* L., Pinie, wie vorige, neben *d-Limonen*. — *P. palustris* Mill. (*P. australis* Mich.), Gelbkiefer (Wurzelholz); im *Holzterpentinöl*. — *P. monophylla* Torr., Single leaf pine (Stamm); im *Terpentinöl*. — *P. excelsa* Wall., Indian blue pine (Nadeln und junge Triebe). — *P. Sabiniana* Dougl., Nußkiefer (Nadeltriebe). — *P. serotina* Michx., Pont pine; im Terpentinöl. — *Picea excelsa* Lk. (*P. vulgaris* Lk.), Fichte (Stamm); im *Terpentinöl*. — *Abies pectinata* DC. (*A. excelsa* Lk., *Pinus Picea* L.), Edeltanne; im *Weißtannennadelöl* der Blätter und im *Templinöl* der Zapfen. — *A. amabilis* Forb. (*Pinus a.* Dougl.), Purpurtanne; im Terpentinöl. — *A. Pindrow* (Royle) Spach. (wohl nur Form von *A. Webbiana* Lindl.), (junge Triebe und Zapfen). — *Pseudotsuga Douglasii* Carr. (*P. taxifolia* Britt., *Abies D.* Lindl.), Douglastanne; *i*- oder *l-Limonen* im *Douglasfichtennadelöl* und *l-Limonen* im *Oregonbalsamöl* des Holzkörpers.

In folgenden *Australischen Callitrisblätterölen*: *Callitris verrucosa* R. Br., Turpentine pine; neben *d-Limonen* und *Dipenten*. — *C. arenosa* Cunn. (*Frenela robusta* Cunn. var. *microcarpa* Benth.* und andere Synonyme s. bei *d-Limonen*); neben *d-Limonen* und *Dipenten*. — *C. intratropica* Benth. et Hook. (*Frenela intratropica* F. v. M., *F. robusta* Cunn. var. *microcarpa* Benth.); neben *Dipenten*. — *C. gracilis* Baker, „Mountain pine". — *C. calcarata* R. Br. (*C. sphaeroidalis* Slotsky und andere Synonyme s. bei *d-Limonen*), „Black", „Red" oder „Mountain pine"; neben *d-Limonen* und *Dipenten*; hier auch im Öl der Zweige und Früchte neben *Dipenten*. — *C. rhomboidea* R. Br. (*C.* [?] *cupressiformis* Vent., *C. arenosa* Sweet., *Frenela rhomboidea* Endl., *F. Ventenatii* (Mirb.), *F. arenosa* Cunn., *F. triquetra* Spach., *F. attenuata* Cunn., *Cupressus australis* Desf., *Thuja australis* Poir., *T. articulata* Tenore), „Cypress pine"; neben *Dipenten*. — *C. tasmanica* B. et Sm. (*Frenela rhomboidea* R. Br. var. *tasmanica* Benth.), Oyster bay pine; neben *Dipenten*. — *C. Muelleri* Benth. et Hook. fil. (*Frenela fruticosa* Cunn., *F. Muelleri* Parlat.), „Illawarra pine"; neben *d-Limonen*.

Fam. **Gramineae:** Im Öl des Krautes bei folgenden: *Cymbopogon coloratus* Stpf. (*Andropogon c.* Nees.) (hier ferner in Blütenköpfen). — *C. Nardus* Rendl. (*Andropogon N.* L.), Citronellgras mit der Varietät *lenabatu*, Neues Citronellgras; im *Ceylon-Citronellöl*, neben *Dipenten*. — *C. nervatus* Chiov. (*Andropogon Schoenanthus* var. *nervatus* Hack.), Naalgras. — *C. caesius* Stpf. (*Andropogon c.* Nees.), Inchigras, Ingwergras (Blätter und *Blütenstände*); im *Inchigrasöl*. — *Andropogon intermedius* R. Br. (*Amphilophis i.* Stpf.), „Roempoet pipit".

Fam. **Chenopodiaceae:** *Chenopodium anthelminticum* L. (*Ch. ambrosioides* var. *anthelm.* Gray.), „Wormseed" (Drüsenhaare von Frucht und Blatt); im *Amerikanischen Wurmsamenöl*, Angabe bestritten!

Fam. **Magnoliaceae:** *Illicium verum* Hook., Echter Sternanis; im *Chinesischen Sternanisöl* aus Früchten (neben *Dipenten*).

Fam. **Anonaceae:** *Monodora Myristica* Dun. (Samen = „Owere seeds").

Fam. **Lauraceae:** *Cinnamomum ceylanicum* var. *seychelleanum*, Seychellen-Zimtbaum (Rinde); im *Seychellen-Zimtöl.*

Fam. **Rutaceae** (*Rutoideae*): *Barosma betulinum* Bartl. et W. (Blätter = *Runde Buccublätter*); im *Buccublätteröl* neben *Dipenten*.

Fam. Burseraceae: *Canarium luzonicum* GRAY (*C. album* BL., *C. commune* VILL.), „Pili" (Stamm); im *Manila-Elemiöl* neben *d-Limonen* und *Dipenten.*

Fam. Euphorbiaceae: *Croton Eluteria* BENN. (*Cascarilla Clutia* WOODW. (Rinde = *Cascarillrinde*); im *Cascarillöl.*

Fam. Anacardiaceae: *Pistacia mutica* F. v. M. (*P. cabulica* STCKS.), Terpentinbaum (Stamm); im Öl des *Nordafrikanischen Mastix.*

Fam. Myrtaceae: *Melaleuca Leucadendron* L. (*M. Cajuputi* ROXB.), (Blätter und Zweigspitzen); im *Cajeputöl* neben *Dipenten.* — *M. viridiflora* BROGN. et GRIS., „Niaouli" (Blätter); im *Niaouliöl;* zweifelhaft! — *Eucalyptus Staigeriana* F. v. M., „Lemon-scented ironbark", „Eisenrinde"; im Blätteröl. — *Baeckea frutescens* L.; im Öl der Blätter.

Fam. Umbelliferae: *Daucus Carota* L., Möhre; im *Möhrensamenöl.*

Fam. Verbenaceae: *Lippia citriodora* H., B. et KNTH. (*Verbena triphylla* LAM.) (Blätter und Blütenstand, weniger Wurzel und Stengel); im *Verbena-Öl.*

Fam. Labiatae: *Hedeoma pulegioides* (L.) PERS., „Penny-Royal" (Kraut); im „Amerikanischen Poleiöl", neben *Dipenten.* — *Bystropogon origanifolius* L'HERIT (Kraut). — *Calamintha umbrosa* BENTH., „Karimthumba" (Kraut); im „Karimthumbaöl". — *Perilla nankinensis* DECNE. (*Ocimum crispum* THUNBG.), „Shiso" (Blätter); im „Ätherischen Perillaöl". — *Mentha piperita* (L.) HUDS. var. *officinalis* SOLE, Pfefferminze (Kraut); im *Pfefferminzöl* verschiedener Herkunft, vereinzelt auch neben *d-Limonen.* — *M. spicata* HUDS. (*M. viridis* L.), Grünminze (Kraut); im *Grünminzöl* („*Oil of Spearmint*", *Amerikanisches Krauseminzöl*). — *M. canadensis* L., „Wild Mint" (Kraut); im „*Canadischen Minzöl*". — *M.-Species* ungenannt, „Wilde Pfefferminze", vielleicht zu *M. arvensis* var. *piperascens* (MALINV.), Japanische Minze gehörend, (Kraut). — *M. Pulegium* L. (*Pulegium vulgare* MILL.), „Poleiminze" (Kraut); im *Poleiöl*, neben *Dipenten.* — *M. verticillata* L. var. *strabala* BRIQ., Russische Krauseminze (Kraut); im *Russischen Krauseminzöl.*

Fam. Valerianaceae: *Valeriana officinalis* L., Arzneilicher Baldrian (Wurzelstock); im *Baldrianöl.* — *Achillea Millefolium* L., Schafgarbe (Kraut und Blüten); in einem *Amerikanischen Schafgarbenöl*, zweifelhaft!

γ) Limonen (ohne Drehungsangabe).

Fam. Taxaceae: *Pherosphaera Fitzgeraldi* F. v. M. (Blätter); Spur *Limonen* oder *Dipenten.* — *Podocarpus ferrugineus* (?), „Mirofichte" (Blätter und Zweige); neben *Dipenten.*

Fam. Pinaceae (*Araucarieae*): *Agathis australis* SALISB. (*Dammara a.* LAMB.), Kaurifichte (Stamm und Zweige); im *Kaurikopalöl.* — (*Abietineae*): *Pinus Pinaster* SOL. (*P. maritima* POIR.), Seestrandskiefer (Knospen); anscheinend *Limonen* oder *Dipenten.* — *P. palustris* MILL. (*P. australis* MICH.), Yellow pine, Gelbkiefer (Stamm); im *Amerikanischen Terpentinöl.* — *P. ponderosa* LAWS. (*P. resinosa* TORR.), Western Yellow pine, Gelkiefer; im *Terpentinöl* und *Holzterpentinöl.* — *P. ponderosa* var. *scopulorum* ENGELM.; im *Terpentinöl.* — *Abies reginae Amaliae* HELDR. (wohl zu *A. cephalonica* LNK.), (Zapfen). — (*Cupressineae*): *Chamaecyparis nutkaensis* SPACH., Gelbe Ceder (Nadeln). — *Actinostrobus pyramidalis* MIQ. (*Callitris Actinostrobus* F. v. M.), (Blätter). — *Callitris oblonga* RICH. (*C. Gunnii* HOOK., *Frenela australis* R. BR., *F. Gunnii* ENDL., *F. variabilis* CARR., *F. macrostachya* GORD.), „Native cypress" (Blätter); wahrscheinlich! — *C. robusta* R. BR. (*C. Preissii* MIQ.), wie vorige.

Fam. Gramineae: *Cymbopogon flexuosus* STPF. (*Andropogon Nardus* var. *flexuosus* HACK.), Lemongras, Kotschingras; im *Ostindischen Lemongrasöl*, unsicher! — *C.-Species* unbekannt, vielleicht „Wildes Citronellgras; im „*Java lemon olie*", unsicher!

Fam. Zingiberaceae: *Alpinia nutans* ROSC. (Blätter); unsicher! — *Elettaria Cardamomum* WK. et MAT. (*Amomum repens* SONNER., *Alpinia Cardamomum* ROXB.), Echte oder Malabar-Cardamome (Früchte); im *Cardamomöl.*

Fam. Piperaceae: Im *Maticoöl* aus den Blättern (*Maticoblätter*) folgender Species: *Piper angustifolium* RUIZ et PAVON (*Artanthe elongata* MIQ.), *P. camphoricum* DC., *P. lineatum* R. et PAV., *P. angustifolium* var. *ossanum* DC., *P. acutifolium* R. et PAV. var. *subverbascifolium*, *P. mollicomum* KUNTH., *P. asperifolium* R. et PAV.; unsichere Angabe!

Fam. Lauraceae: *Cinnamomum Camphora* NEES. (*Laurus C. L.*, *Camphora officinarum* NEES.), Campherbaum (Blätter), neben *Dipenten.* — *C.-Species* unsicher (*C. xanthoneuron* BLUME, *C. Burmanni* BLUME [*C. Kiamis* NEES.], *C. culilavan* BLUME, auch *Massoia aromatica* BECCARI [*Sassafras Goesianum* T. et B.] angegeben), (Rinde = *Echte Massoirinde*"); im *Massoiöl.* — *Species unbekannt*, Bambabaum (Holz); im *Bambaöl*, neben *Dipenten.*

Fam. **Rutaceae:** (*Rutoideae*): *Boronia pinnata* SM. (Blätter). — *B. thujona* var. *A.* (?); wie vorige. — *Fagara-Species* unbestimmt (Blätter); zweifelhafte Angabe! — (*Aurantioideae*): *Aegle sepiaria* DC. (*Citrus trifoliata* L.), (Blüten); im „*Chinesischen Neroliöl*". — *Phebalium nudum* HOOK. (Blätter und Triebspitzen). — *Citrus Aurantium* L. subsp. *amara* ENGL. (*C. Daidai* BIEB.), Dai-Dai (Blätter und Stengel); *Limonen* oder *Dipenten*! — *C. Limonum* RISSO (*C. medica* L. subsp. *Limonum* HOOK.), Citronen- oder Limonenbaum (Blätter, Zweige, unreife Früchte); im *Citronen-Petitgrainöl*. — *C. nobilis* LOUR. (*C. reticulata* BL.), (Fruchtschale). — *C. Limetta* RISSO (*C. L. vulgaris*), Südeuropäische Limette (Blätter); im *Limettblätteröl*, zweifelhaft! — *C. reticulata* BL. (*C. Aurantium* L.), (Fruchtschale). — *C. Bergamia* RISSO (*C. Aurantium* L. subsp. *Lima* var. *Bergamia* RISSO), Bergamotte (Blätter); neben *Dipenten*. — *C. madurensis* LOUR. (*C. nobilis* LOUR. var. *deliciosa*), Mandarinenbaum (Blätter); im *Mandarinen-Blätteröl*, neben *Dipenten*.

Fam. **Burseraceae:** *Boswellia serrata* ROXB. (*B. glabra* ROXB., *Canarium balsamiferum* WILLD.), Salaibaum (Stamm); im Öl des Gummiharzes, *Limonen* oder *Dipenten* nach früherer Angabe!

Fam. **Anacardiaceae:** *Schinus Molle* L., Pfefferstrauch (Frucht); *Limonen*-Geruch! — *Rhus Cotinus* L. (*Cotinus Coggygria* SCOP.), Perückenstrauch, Färbersumach (Blätter und Blüten); im „*Essence de Fustet*".

Fam. **Myrtaceae:** *Callistemon lanceolatum* DC. (Blätter und Zweige); neben *Dipenten*. — *C. viminalis* (SOL.) CHEEL. (Blätter und Zweige). — *Melaleuca pauciflora* TURCZ. (Blätter und Zweigspitzen); vielleicht *Limonen* oder *Dipenten*. — *M. erubescens* OTTO (Blätter und Zweige); neben *Dipenten*. — *M. hypericifolia* SM., wie vorige. — *Eucalyptus megacarpa* F. v. M. (Blätter); neben *Dipenten*. — *E. patentinervis* BAK., „Bastard mahagony"; zweifelhaft! — *Melicope ternata* FORST. (Blätter und kleine Zweige); neben *Dipenten*.

Fam. **Umbelliferae:** *Cachrys alpina* BIEB. (Blätter, Stengel, Dolden). — *Bupleurum fruticosum* L., Hasenohr (Blätter, Blüten, Zweige); *limonenähnliches* Terpen. — *Sium latifolium* L., Breitblättriger Merk (Frucht). — *Anethum graveolens* L. (*Peucedanum g.* BENTH.), Dill. (Kraut); im *Dillkrautöl*, *Dipenten* oder *Limonen*. — *Laserpitium-Species* unbestimmt; im *Laserpitiumöl*.

Fam. **Labiatae:** *Meriandra dianthera* BRIQ. (*M. benghalensis* BENTH., *Salvia b.* ROXB.) (Blätter); vielleicht *Limonen* und *Dipenten*. — *Dracocephalum moldavicum* MORR. (*D. Moldavica* L.), Türkische Melisse (Kraut); zweifelhaft! — *Nepeta Cataria* L. var. *citriodora* BECK. (*N. citriodora* BECK.), (Kraut); neben *Dipenten*. — *Lavandula officinalis* CHAIX. (*L. spica* var. α L., *L. vulgaris* α LAM., *L. vera* DC.), Lavendel (Blüten); in einem englischen Öl nachgewiesen. — *Monarda fistulosa* L., „Wild Bergamot (Kraut); Spur im „*Wild Bergamot-Oil*". — *M. citriodora* CERV., „Lemon mint" (Kraut); unsicher! — *Thymus hirtus* WILLD., „Tomillo limonero" (Kraut). — *Mentha piperita* (L.) HUDS. var. *officinalis* SOLE, Pfefferminze (Kraut); im *Pfefferminzöl* verschiedener Herkunft! — *Ocimum pilosum* ROXB. (Kraut mit grünen Früchten).

Fam. **Compositae:** *Euthamia caroliniana* GR. (*Solidago c.* L.), (Kraut); vielleicht, neben *Dipenten*. — *Blumea balsamifera* DC. (Blätter und Stengel); im „*Ngai-Campheröl*", wahrscheinlich! — *Solidago canadensis* L., Goldrute (Kraut); im *Goldrutenöl*, vielleicht, neben *Dipenten*. — *Artemisia maritima* L., Meerstrandsbeifuß (Knospen); in einem Öl aus Turkestan.

7. Dipenten (= *d, l-Limonen*), $C_{10}H_{16}$.

Vorkommen: Verbreitet bei Nadelhölzern, Gräsern, Lauraceen, Myrtaceen, Labiaten; vereinzelt auch bei einer Mehrzahl anderer Familien; im Öl von Blättern, Frucht, Rinde und Holz (neben *d*- und *l-Limonen*).

Fam. **Taxaceae:** *Pherosphaera Fitzgeraldi* F. v. M. (Blätter); Spur neben *Limonen*. — *Podocarpus ferrugineus* (?), Mirofichte (Blätter und Zweige), neben *Limonen*.

Fam. **Pinaceae** (*Araucarieae*): *Agathis Dammara* RICH. (*Dammara orientalis* LAMB., *D. alba* RPH.), Dammarfichte (Stamm); im *Manila-Kopalöl*, unsicher! — *A. australis* SALISB. (*Dammara a.* LAMB.), Kaurifichte (Blätter); im *Kauriöl*, neben *d-Limonen*. (*Abietineae*): *Pinus silvestris* L., Gemeine Kiefer (Nadeln, Stamm, Wurzelstock); im *Kiefernnadelöl*, *Terpentinöl* und *Holzterpentinöl*. — *P. Pumilio* HNCKE. (*P. Mughus* SCOP.), Krummholzkiefer (Nadeln, Zweigspitzen und jüngere Zweige); im *Krummholzöl* (*Latschenkiefernöl*), neben *l-Limonen*. — *P. Laricio* POIR. (*P. L.* var. *austriaca* ENDL., *P. maritima* SOL.), Schwarzkiefer (Wurzelstock). — *P. palustris* MILL. (*P. australis* MICH.), Sumpfkiefer (Nadeln, Zapfen, Triebe und Wurzelholz); neben *l-Limonen*. — *P. longifolia* ROXB., Chir pine (Stamm); im *Indischen Ter-*

pentinöl, neben *d-Limonen*. — *P. halepensis* MILL. (*P. maritima* MILL.), Aleppo-kiefer (Sprosse); unsicher! — *P. ponderosa* LAWS. (*P. resinosa* TORR.), Western Yellow pine, Gelbkiefer (Triebe mit Nadeln und Zapfen). — *P. heterophylla* (ELL.) SUDW. (*P. cubensis* GRISEB.), Cuban pine (Nadeln). — *P. monophylla* TORR., Single leaf pine (Stamm); im *Terpentinöl*, *l-* oder *i-Limonen* angegeben. — *P. contorta* DOUGL. (*P. Murrayana* BALF.), „Lodge pole pine" (Nadeltriebe). — *P. Lambertiana* DOUGL., Zuckerkiefer (Nadeltriebe, Zapfen). — *Picea excelsa* LK. (*P. vulgaris* LK.), Fichte (Nadeln und junge Triebe); im *Fichtennadelöl* und im *Terpentinöl* des Stammes, neben *l-Limonen*. — *Abies concolor* (GORD.) PARRY, White Fir (Rinde). — *A. reginae Amaliae* HELDR. (Zapfen); zweifelhafte Angabe! — *A. Pindrow* (ROYLE) SPACH. (junge Triebe und Zapfen); neben *l-Limonen*, unsicher! — *A. sibirica* LEDEB. (*A. Pichta* FORB.), Sibirische Edeltanne (Nadeln und Triebspitzen); im *Sibirischen Fichten-nadelöl*. — *Pseudotsuga Douglasii* CARR. (*P. taxifolia* BRITT., *Abies D.* LINDL.), Douglastanne (Nadeln und junge Triebe); im *Douglasfichtennadelöl*.

(*Taxodineae*): *Cryptomeria japonica* DON. (*Cupressus j.* L.), Japanische Ceder (Blätter). — (*Cupressineae*): *Cupressus torulosa* DON., Himalaya-Zypresse (Blätter). — *Thujopsis dolobrata* SIEB. et ZUCC. (*Thuja d.* L.), „Hiba" (Blätter). — *Chamaecyparis Lawsoniana* PARL. (*Cupressus L.* MURR.), Lawsons Lebensbaum (Holz). — *Ch. formosensis* MATSUM, „Benihi"; im Öl der Blätter. — *Ch. obtusa* SIEB. et ZUCC., Hinokibaum, wie vorige. — *Libocedrus decurrens* TORR., Incense Cedar (junge Zweige und Nadeln, Rinde); neben *d-Limonen*.

In den *Blätterölen* folgender australischen *Callitris-Species*[1]: *Callitris robusta* R. BR. (*C. Preissii* MIQ.); neben *Limonen*. — *C. glauca* R. BR., Cypress- oder Murray river pine; neben *d-Limonen*. — *C. Macleayana* F. v. M., Stringybark pine; zweifelhaft, neben *d-Limonen*. — *C. calcarata* R. BR., Black oder Mountain pine; neben *d-* und *l-Limonen*, ferner in Zweigen und Früchten neben *l-Limonen*. — *C. rhomboidea* R. BR. (*Thuja australis* POIR.); neben *l-Limonen*. — *C. tasmanica* BAK. et SM., Oyster bay pine; wie vorige. — *C. Drummondii* BENTH. et H. fil., „Cypress pine"; neben *d-Limonen*. — *C. arenosa* CUNN., „Cypress pine" (wie andere Arten!); neben *d-* und *l-Limonen*. — *C. intratropica* BENTH. et HOOK., ebenso als „Cypress pine"; neben *l-Limonen*. — *C. gracilis* BAKER., „Mountain pine"; wie vorige. — *C. verrucosa* R. BR., „Turpentine pine"; neben *d-* und *l-Limonen*.

Fam. **Gramineae:** In den Blätterölen folgender Species: *Cymbopogon Martini* var. *Motia* BURK.; im *Palmarosaöl* („*Motia*"), und var. *Sofia* BURK.; im *Gingergasöl* („*Sofia*"), neben *d-Limonen*. — *C. Nardus* RENDL. (*Andropogon N.* L.), Citronell-gras; mit den Varietäten: *lenabatu* (*Andropogon N.* Ceylon DE JONG, „Lenabatu"), Neues Citronellgras; im *Ceylon-Citronellöl* und *C. Winterianus* JOW. (*Andropogon Nardus Java* DE JONG), Altes Citronellgras; im *Java-Citronellöl*, neben *l-Limonen*. — *C. flexuosus* STPF. (*Andropogon Nardus* var. *flexuosus* HACK.), Lemongras; im *Ostindischen Lemongrasöl*. — *C. caesius* STPF. (*Andropogon c.* NEES.), Inchigras (hier im Blütenstand); neben *l-Limonen*. — *C.-Species* unbekannt, vielleicht „Wildes Citronellgras"; im „*Java lemon olie*", unsicher! — *C. citratus* STPF., Lemongras; im sog. *Westindischen Lemongrasöl* der Blätter.

Fam. **Zingiberaceae:** *Kaempferia Ethelae* WOOD. (Knollen = „*Sherungulu-Knollen*"). — *Elettaria Cardamomum* var. *major* SMITH. (= β FLÜCK.), Ceylon-Cardamome (Früchte); im *Ceylon-Cardamomöl*, unsicher!

Fam. **Piperaceae:** *Piper nigrum* L. (*P. aromaticum* LAM.), Schwarzer Pfeffer (Früchte); im *Pfefferöl*, zweifelhaft! — *Piper Cubeba* L. (*Cubeba officinalis* MIQ.), Cubebenpfeffer (Früchte); im *Cubebenöl*; alte Angabe!

Fam. **Myricaceae:** *Myrica Gale* L., Gagelstrauch; im *Gagelblätteröl*.

Fam. **Moraceae** (*Cannabinoideae*): *Humulus Lupulus* L., Hopfen (Fruchtstände = *Hopfen*); im *Hopfenöl*.

Fam. **Magnoliaceae:** *Illicium verum* HOOK., Echter Sternanis (Frucht); im *Chinesischen Sternanisöl*, neben *l-Limonen*.

Fam. **Myristicaceae:** *Myristica fragrans* HOUTT. (*M. officinalis* L., *M. moschata* THB., *M. aromatica* LAM.), Muskatnußbaum (Samen); im *Muskatnußöl*.

Fam. **Lauraceae:** *Cinnamomum ceylanicum* NEES. (*Laurus Cinnamomum* L.), Ceylon-Zimtstrauch (Blätter und Wurzel). — *C. Camphora* NEES. (*Laurus C. L. Camphora officinarum* NEES.), Campherbaum (Blätter, Zweige, Stamm und Wurzel); im *Campheröl* und im *C.-Weißöl*, neben *d-Limonen*. — *C. Kanahirai* HAY., „Shô-Gyu" (Holz); im *Shô-Gyu-Öl*. — *C. xanthoneuron* BLUME (vielleicht identisch mit *Massoia aromatica* BECCARI = *Sassafras Goesianum* T. et B.), *C. Burmanni* BL. (*C. Kiamis* NEES.), *C. culilavan* BL., *C. pedatinervium* MEISSN. (Rinde = *Echte Massoirinde*); im

---

[1] Die zahlreichen Synonyme s. bei *d-* und *l-Limonen*, S. 581 und 582.

Massoiöl, neben *Limonen*. — *C.-Species* unbekannt, Yu-Ju-Campherbaum (Holz); im *Yu-Ju-Öl*. — *C.-Species* unbekannt, Schiu-Campherbaum (alle Teile des Baumes); im *Schiu-Öl*. — *Ocotea caudata* Mez. (*Licaria guianensis* Aubl.), „Likari Kanale" (Holz); im *Cayenne-Linaloeöl*. — *Umbellularia californica* Meissn. (*Tetranthera c.* Hook., *Oreodaphne c.* Nees.), Californischer Lorbeerbaum (Blätter). — *Lindera sericea* Bl., „Kuromoji" (Blätter und junge Triebe); im *Kuromojiöl*, neben *d-Limonen*.

Fam. **Monimiaceae:** *Peumus Boldus* Baill. (*Boldea fragrans* Juss.), (Blätter); im *Boldoblätteröl*.

Fam. **Hamamelidaceae:** *Liquidambar formosana* Hanse (Blätter und Zweige).

Fam. **Rutaceae** (*Rutoideae*): *Xanthoxylum piperitum* DC., Japanischer Pfeffer (Früchte); im *Japanischen Pfefferöl*, neben *d-Limonen*. — *X. acanthopodium* DC. (Früchte = „*Wartara seeds*"); im *Wartaraöl*. — *Fagara xanthoxyloides* Lam. (*Xanthoxylum senegalense* DC.), (Frucht). — *Barosma serratifolium* Willd. (*Diosma s.* Curt.), Buccublätter (Blätter = *Lange Buccublätter*), neben *d-Limonen*. — *B. betulinum* Bartl. et W. (Blätter = *Runde Buccublätter*), neben *l-Limonen*. — *Melicope ternata* Forst. (Blätter und kleine Zweige), neben *Limonen*. — *Pilocarpus Jaborandi* Holm., *P. pennatifolius* Lem., *P. microphyllus* Stpf., *P. spicatus* St. Hil., *P. racemosus* Vahl., Jaborandistrauch; im *Jaborandiblätteröl*; „*Pilocarpen*" (= ein *Dipenten*).

(*Aurantioideae*): *Murraya Koenigii* Spreng. (Blätter), unsicher! — *Citrus Bigaradia* Risso (*C. Aurantium* L. subsp. *amara* L. var. *Bigaradia*, *C. vulgaris* Risso), Pomeranzen- oder Bitterer Orangenbaum (Blätter, Zweige, junge Früchte): im *Petitgrainöl*, neben *d-Limonen* (Blüten): im *Neroliöl* (*Orangenblütenöl*). — *C. Aurantium* L. subsp. *amara* var. *pumila*, Chinotto (Fruchtschalen); im *Chinottoöl*. — *C. Aurantium* L. subsp. *amara* Engl. (*C. Daidai* Bieb.), Dai-Dai (Blätter und Stengel); wahrscheinlich *Limonen* oder *Dipenten*. — *C. Limetta* Risso (*C. L. vulgaris*), Südeuropäische Limette (Blätter); im *Limettblätteröl*. — *C. madurensis* Lour. (*C. nobilis* Lour. var. *deliciosa*), Mandarinenbaum (Früchte): im *Mandarinenschalenöl*, neben *d-Limonen*, und (Blätter): neben *Limonen*. — *C. Aurantium* Risso (*C. sinensis* Pers., *C. Aurantium* L. subsp. *sinensis* var. *dulcis* L.), Süßer Orangen- oder Apfelsinenbaum (Blätter); im *Portugal-Petitgrainöl*, neben *d-Limonen*. — *C. Limonum* Risso (*C. medica* L. subsp. *Limonum* Hook.), Citronenbaum (Blätter, Zweige, unreife Früchte); neben *d-Limonen*. — *C. medica* var. *vulgaris* Risso, Citronatcitrone (Fruchtschale); unsicher! — *C. Bergamia* Risso (*C. Aurantium* L. subsp. *Lima* var. *Bergamia* Risso), Bergamotte (Früchte); im *Bergamottöl*; zweifelhaft, neben *d-Limonen*, und im *Bergamottblätteröl*. — *C. decumana* L., Pompelmuse; im Blätteröl.

Fam. **Burseraceae:** *Boswellia Carterii* Birdw. (Stamm); im *Weihrauchöl* oder *Olibanumöl*. — *B. serrata* Roxb. (*B. glabra* Roxb., *Canarium balsamiferum* Willd.), „Salaibaum" (Stamm), alte Angabe! — *Canarium luzonicum* Gray (*C. album* Bl., *C. commune* Vill.), „Pili" (Stamm); im *Elemiöl*, neben *d-Limonen*. — *C. villosum* Vill., Pagsainguin (Stamm); im *Pagsainguinöl*.

Fam. **Euphorbiaceae:** *Croton Eluteria* Benn. (*Cascarilla Clutia* Woodw.), (Rinde = *Cascarillrinde*); im *Cascarillöl* nach alter Angabe (neben *l-Limonen*).

Fam. **Malvaceae:** *Gossypium herbaceum* L., *G. arboreum* L., *G. barbadense* L., *G. hirsutum* L., *G. religiosum* L., *G. peruvianum* Cav., Baumwollstaude (ganze Pflanze); im Unverseifbaren des alkoholischen Extrakts.

Fam. **Dipterocarpaceae:** *Dryobalanops aromatica* Gärtn. (*D. Camphora* Colebr.), Borneocampherbaum (Holz und Blätter); im *Borneocampheröl*.

Fam. **Myrtaceae:** *Myrtus communis* L., Myrtenbaum (Blätter); im *Myrtenöl*. — *Pimenta acris* Wight (*Amomis a.* Bg., *Myrcia a.* DC., *Myrtus caryophyllata* Jacq.), Echter Baybaum (Blätter); im *Bayöl*, Angabe bestritten! — *Amomis jamaicensis* Brill. et Hill., Wilder Piment (Blätter). — *Callistemon lanceolatum* DC. (Blätter und Zweige); neben *Limonen*. — *Melaleuca Leucadendron* L. (*M. Cajuputi* Roxb.), (Blätter und Zweigspitzen); neben *l-Limonen* im *Cajeputöl*. — *M. pauciflora* Turcz. (Blätter und Zweigspitzen); vielleicht *Limonen* oder *Dipenten*. — *M. erubescens* Otto (Blätter und Zweige); neben *Limonen*. — *M. hypericifolia* Sm., wie vorige. — *Eucalyptus megacarpa* F. v. M. (Blätter); neben *Limonen*. — *E. dives* Schau., Broad-leaved-Peppermint; wie vorige. — *Baeckea frutescens* L., im Blätteröl, neben *l-Limonen*.

Fam. **Umbelliferae:** *Carum copticum* Benth. et H. (*C. Ajowan* B. et H., *Ptychotis A.* DC.), Ajowan (Früchte); im *Ajowanöl*. — *Foeniculum vulgare* Mill. (*F. officinale* All.), Fenchel (Früchte); im *Fenchelöl*. — *Crithmum maritimum* L., Seefenchel (Früchte); im *Seefenchelöl*. — *Peucedanum Ostruthium* Koch. (*Imperatoria O.* L.), Meisterwurz (Rhizom); im *Meisterwurzöl*, neben *d-Limonen*. — *Anethum graveolens* L.

(*Peucedanum g.* BENTH.), Dill (Kraut); im *Dillkrautöl.* — *Cuminum Cyminum* L.,
Kreuzkümmel (Früchte); im *Kreuzkümmelöl.* — *Coriandrum sativum* L., Coriander
(Früchte); im *Corianderöl.*
Fam. **Labiatae:** *Meriandra dianthera* BRIQ. (*M. benghalensis* BENTH., *Salvia b.* ROXB.)
(Blätter); vielleicht *Limonen* und *Dipenten.* — *Nepeta Cataria* L. var. *citriodora* BECK.
(*N. citriodora* BECK.), (Kraut); neben *Limonen.* — *Salvia lavandulaefolia* VAHL.
(Kraut); im *Spanischen Salbeiöl,* unsicher! — *Hedeoma pulegioides* (L.) PERS.,
„Penny Royal" (Kraut); im *Amerikanischen Poleiöl,* neben *l-Limonen.* — *Satureia
montana* L. (Kraut). — *S. Thymbra* L., ebenso. — *Ramona stachyoides* BRIQ. (*Audi-
bertia st.* BENTH., *Salvia mellifera* GR.), „Black sage", ebenso; zweifelhaft! —
Origanum vulgare L. var. *viride* (Kraut). — *Thymus capitatus* HOFFMG. et LNK.
(*T. creticus* BROT. = *Corydothymus capitatus* REICHB., *Satureia c.* L.); wie vorige. —
Mentha spicata HUDS. var. *crispata* BRIQ. (*M. crispata* SCHR.), Krauseminze; wie
vorige, im *Krauseminzöl.* — *M. Pulegium* L. (*Pulegium vulgare* MILL.), Polei, ebenso,
im *Poleiöl,* neben *l-Limonen.* — *Pycnanthemum lanceolatum* PURSH. (*Koellia l.* O. K.,
Thymus virginicus L.), „Mountain mint" (Kraut). — *Ocimum viride* WILLD.,
Moskitopflanze (Blätter); zweifelhaft!
Fam. **Valerianaceae:** *Valeriana officinalis* L. var. *angustifolia* MIQ., Kesso (Wurzel);
im *Kessoöl,* fraglich, ob primär vorhanden!
Fam. **Compositae:** *Euthamia caroliniana* GR. (*Solidago c.* L.); Kraut, neben *Limonen.* —
Chrysothamnus graveolens GREENE (*Bigelowia dracunculoides* DC.), (Zweigspitzen). —
Aster indicus L., „Yomena" (Kraut). — *Solidago canadensis* L., Goldrute, ebenso,
im *Goldrutenöl* neben *Limonen.* — *Artemisia maritima* L., Meerstrandsbeifuß
(Knospen); unsicher!

8. Caren, $C_{10}H_{16}$.

Vorkommen: Vornehmlich in Pinaceenölen, aber auch in monocotylen und in einem
dicotylen Öle als Δ^3- und Δ^4-Caren.

α) *d-Δ^3-Caren (Isodipren) und l-Δ^3-Caren.*

Fam. **Pinaceae** (*Abietineae*): *Pinus silvestris* L., Gemeine Kiefer; im *Terpentinöl* des
Stammes („*Russisches Fichtenharz*") und im *Kiefernwurzelöl* neben *d-Δ^4-Caren;*
ferner noch im *Nadelöl* („*Schwedisches Fichtennadelöl*"). — *P. Pumilio* HNCKE.
(*P. Mughus* SCOP.), Krummholzkiefer, Latschenkiefer (Nadeln, Zweigspitzen
und jüngere Zweige); im *Latschenkiefernöl.* — *P. Laricio* POIR. (*P. L.* var. *austriaca*
ENDL., *P. maritima* SOL., *P. nigricans* HOST.), Schwarzkiefer (Stamm); im *Öster-
reichischen Terpentinöl;* zweifelhaft! — *P. longifolia* ROXB., Chir pine; im *Indischen
Terpentinöl.* — *P. Merkusii* JUNGH. (*P. Sumatrana* JUNGH.); im *Burma-Terpentinöl.*
Fam. **Gramineae:** *Andropogon Iwarancusa* JONES (*Cymbopogon I.* SCHULT.), (Kraut);
neben *d-Δ^4-Caren.*
Fam. **Zingiberaceae:** *Kaempferia Galanga* L. (Rhizom); im *Kaempferiaöl: l-Δ^3-Caren!*
Fam. **Magnoliaceae:** *Illicium verum* HOOK., Echter Sternanis; im *Sternanisöl* der
Früchte. Neuere Angabe (1932).

β) *d-Δ^4-Caren (Pinolen).*

Fam. **Pinaceae** (*Abietineae*): *Pinus silvestris* L., Gemeine Kiefer; im Terpentinöl des
Stammes und im Kiefernwurzelöl neben *d-Δ^3-Caren.*
Fam. **Gramineae:** *Andropogon Iwarancusa* JONES (*Cymbopogon I.* SCHULT.), Kraut,
neben *d-Δ^3-Caren.* — *A.-Species* unbekannt; im Öl der Blütenstände.
Fam. **Piperaceae:** *Piper Cubeba* L. (*Cubeba officinalis* MIQ.), Cubebenpfeffer; im
Cubebenöl der Früchte.
Fam. **Myrtaceae:** *Eucalyptus rarifolia* BAILEY; im Öl der Blätter und Zweigenden.

9. Silvestren (*Carvestren*), $C_{10}H_{16}$.

Vorkommen: *Silvestren* wurde bislang als Bestandteil vieler Nadelholzöle angesehen.
Nach neuerer Untersuchung kommt es aber *als solches nicht* vor, sondern es handelt sich
um Δ^3-Caren. Die Angaben über das Vorkommen von *Silvestren,* die hier lediglich aufgeführt sind, bedürfen der Nachprüfung.

α) *d-Silvestren.*

Fam. **Pinaceae** (*Abietineae*): *Pinus silvestris* L., Gemeine Kiefer (Nadeln, Stamm
und Wurzel); im *Kiefernnadelöl,* im *Russischen Terpentinöl,* im *Russischen, Schwedischen, Deutschen* und *Finnländischen Kienöl.* — *P. Pumilio* HNCKE. (*P. Mughus*
SCOP.), Krummholzkiefer, Latschenkiefer (Nadeln); im *Latschenkiefernöl.* —

P. longifolia Roxb., Chir pine; im *Indischen Terpentinöl. — (Cupressineae): Cupressus sempervirens* L., Echte Zypresse (Blätter und junge Zweige); im *Zypressenöl. — Libocedrus decurrens* Torr., Incense Cedar (junge Zweige und Nadeln).

β) *l-Silvestren.*

Fam. **Burseraceae:** *Dacryodes hexandra* Griseb. (*Bursera acuminata* Willd., fälschlisch: *Amyris hexandra* Ham.), (Stammrinde); im „*Tabonuko-Öl*".

γ) *i-Silvestren.*

Fam. **Pinaceae** (*Abietineae*): *Pinus silvestris* L., Gemeine Kiefer (Stamm); im *Russischen Terpentinöl* neben *d-Silvestren.*

δ) *Silvestren* (ohne Drehungsangabe).

Fam. **Pinaceae** (*Abietineae*): *Picea excelsa* Lk. (*P. vulgaris* Lk.), Fichte (Stamm); im *Bukowina-Terpentinöl. — (Cupressineae): Juniperus communis* L., Wachholder (Zweigrinde); im *Wachholderrindenöl.*

Fam. **Chenopodiaceae:** *Chenopodium anthelminticum* L. (*Ch. ambrosioides* var. *anthelm.* Gray), „Wormseed" (Drüsenhaare von Frucht und Blatt); im *Wurmsamenöl.*

10. „Moslen", $C_{10}H_{16}$ (*Dihydrocymol*).

Vorkommen: Im Öl von zwei dicotylen Familien.

Fam. **Umbelliferae:** *Carum copticum* Benth. et H. (*C. Ajowan* B. et H.), Ajowan; im *Ajowanöl* der Früchte; als wahrscheinlich identisch mit *γ-Terpinen* angegeben!

Fam. **Labiatae:** *Mosla japonica* Maxim.; im Öl aus Kraut, neben *γ-Terpinen!* — *M. grosserrata* Maxim., „Himeshiso", ebenso.

11. Menthen, $C_{10}H_{18}$.

Vorkommen:

Fam. **Pinaceae** (*Araucarieae*): *Araucaria Cunninghamii* Ait., Moreton Bay Pine; im Öl aus Harz der Rinde. — (*Cupressineae*): *Callitris Macleayana* F. v. M., Stringybark pine; im Öl der Blätter: *d-Menthen*-ähnlicher Kohlenwasserstoff.

Fam. **Labiatae:** Im Öl des Krautes folgender: *Thymus vulgaris* L., Thymian; im *Thymianöl,* unsicher! — *Mentha piperita* Huds. var. *officinalis* Sole, Pfefferminze; im *Pfefferminzöl.*

12. Menthan (*Hexahydro-p-cymol*), $C_{10}H_{20}$.

Vorkommen:

Fam. **Pinaceae** (*Araucarieae*): *Araucaria Cunninghamii* Ait., Moreton Bay Pine; im Öl aus Harz der Rinde; wohl sekundär aus *Menthen!*

II. Bicyclische Terpene.

1. Santen (*Norcamphen*), C_9H_{14}.

Vorkommen: In einer Gymnospermen- und in einer Angiospermen-Familie aufgefunden.

Fam. **Pinaceae** (*Abietineae*): *Picea excelsa* Lk. (*P. vulgaris* Lk.), Fichte (Nadeln und junge Triebe); im *Fichtennadelöl. — Abies pectinata* DC. (*A. excelsa* Lk., *A. alba* Mill., *Pinus Picea* L.), Edeltanne (Blätter); im *Weißtannennadelöl. — A. sibirica* Ledeb. (*A. Pichta* Forb.), Sibirische Edeltanne (Nadeln und Triebspitzen); im *Sibirischen Fichtennadelöl.*

Fam. **Santalaceae:** *Santalum album* L., Sandelholzbaum (Holz von Stamm, Zweigen und Wurzeln); im *Ostindischen Sandelholzöl:* α-*Santen!*

2. α-Thujen, $C_{10}H_{16}$.

Vorkommen:

Fam. **Pinaceae** (*Cupressineae*): *Chamaecyparis obtusa* Sieb. et Zucc., Hinokibaum; im Öl der Blätter.

Fam. **Burseraceae:** *Boswellia serrata* Roxb. (*B. glabra* Roxb., *Canarium balsamiferum* Willd.), Salaibaum (Stamm); im Öl des Gummiharzes („*Salaigugul*"): *d*-α-*Thujen.*

3. Sabinen, $C_{10}H_{16}$.

Vorkommen: Bei *Pinaceen* und bei mehreren dicotylen Familien im Öl der Blätter, Früchte und Holz, als d-, l- und i-Sabinen.

α) d-Sabinen.

Fam. **Pinaceae** (*Cupressineae*): *Juniperus Sabina* L. (*Sabina officinalis* GCKE.), Sade-baum (beblätterte Triebe); im *Sadebaumöl* neben *l-Sabinen*. Nach neuerer Angabe nicht vorhanden! — *J. communis* L., Wacholder (Beeren); im *Wacholderbeeröl*. — *Cupressus torulosa* DON., Himalaya-Zypresse (Blätter). — *Chamaecyparis obtusa* SIEB. et ZUCC., Hinokibaum; im Öl der Blätter.

Fam. **Piperaceae:** *Piper Cubeba* L. (*Cubeba officinalis* MIQ.), Cubebenpfeffer (Früchte); im *Cubebenöl*, neuere Angabe!

Fam. **Urticaceae:** *Pilea-Species* unbekannt; im *Pileaöl*.

β) l-Sabinen.

Fam. **Pinaceae** (*Cupressineae*): *Juniperus Sabina* L. (*Sabina officinalis* GCKE.), Sade-baum (beblätterte Triebe); im *Sadebaumöl* neben *d-Sabinen*.

Fam. **Rutaceae** (*Rutoideae*): *Xanthoxylum Budrunga* WALL. (Früchte). — *X. alatum* ROXB. (Früchte = „*Wartara seeds*"); früheres *Xanthoxylen* ist vielleicht *l-Sabinen*.

γ) i-Sabinen.

Fam. **Rutaceae** (*Aurantioideae*): *Murraya Koenigii* SPRENG. (Blätter).

δ) Sabinen (ohne Drehungsangabe).

Fam. **Pinaceae** (*Cupressineae*): *Thuja occidentalis* var. *Wareana* hort. (Blätter). — *Th. plicata* LAMB. (*Th. gigantea* NUTT., *Th. Lobbii* HORT.), Riesen-Lebensbaum (beblätterte Zweige). — *Th. gigantea* var. *semperaurea* (?); im *Thujaöl*; zweifelhaft! — *Juniperus excelsa* M. B. (*J. Sabina* L. var. *taurica* TALL.), (Zweige und Nadeln); zweifelhaft! — *Thujopsis dolabrata* SIEB. et ZUCC. (*Thuja d.* L.), „Hiba" (Blätter). — *Chamaecyparis nutkaensis* SPACH., Gelbe Ceder (Nadeln); zweifelhaft!

Fam. **Zingiberaceae:** *Elettaria Cardamomum* var. *major* SMITH. (= β FLÜCK.), Ceylon-Cardamome (Früchte); im *Ceylon-Cardamomöl*, unsicher!

Fam. **Lauraceae:** *Cinnamomum Kanahirai* HAY., Shô-Gyu (Holz); im *Shô-Gyu-Öl*.

Fam. **Rutaceae** (*Rutoideae*): *Xanthoxylum Rhetsa* DC. (Fruchtschale).

Fam. **Myrtaceae:** *Melaleuca linariifolia* SM., „Tea Tree" (Blätter); zweifelhaft!

Fam. **Umbelliferae:** *Oenanthe Phellandrium* LAM. (*Oe. aquatica* LAM., *Phellandrium a.* L.), Roßfenchel (Früchte); im *Wasserfenchelöl*, zweifelhaft!

Fam. **Verbenaceae:** *Vitex Agnus Castus* L., Mönchspfeffer (Blätter); im *Mönchs-pfefferöl*, zweifelhaft!

Fam. **Labiatae:** *Origanum Majorana* L. (*Majorana hortensis* MNCH.), Majoran (Kraut); im *Majoranöl*. — *Mosla japonica* MAXIM. (Kraut); wahrscheinlich!

4. Pinen, $C_{10}H_{16}$.

Vorkommen: In ca. 30 phanerogamen Familien (hauptsächlich *Pinaceen* und *Myrta-ceen*), im Öl der Blätter, Blüten, Früchte, Holz und Rinde von Stamm und Wurzel; als α- und β-*Pinen* (d-, l- und i-).

α) d-α-Pinen (Australen).

Fam. **Taxaceae:** *Podocarpus ferrugineus* (?), Mirofichte (Blätter und Zweige). — *Pherosphaera Fitzgeraldi* F. v. M. (Blätter).

Fam. **Pinaceae** (*Araucarieae*): *Agathis Dammara* RICH. (*Dammara orientalis* LAMB., *D. alba* RPH.), Dammarfichte (Stamm); im *Manila-Kopalöl*, neben β-*Pinen*. — *A. alba* LAMCK. (ist wohl = *Dammara a.* RMPF.), wie vorige. — *A. robusta* MOOR., „Queensland-Kauri" (Stamm). — (*Abietineae*): *Pinus silvestris* L., Gemeine Kiefer (Nadeln, Stamm und Wurzelstock); im „Kiefernnadelöl", im „Terpentinöl" verschiedener Herkunft, im „Holzterpentinöl" und im „Kiefernwurzelöl", neben *l-α*-Pinen und β-*Pinen*. — *P. Cembra* L., Zirbelkiefer (Nadeln und Zweige); im *Zirbelkiefernnadelöl*. — *P. palustris* MILL. (*P. australis* MICH.), Sumpfkiefer (Zapfen): neben *l-β-Pinen* und (Stamm): im *Amerikanischen Terpentinöl*, neben *l-*, *i-* und β-*Pinen*; im *Holzterpentinöl* (*Long-leaf-Pine-Oil*) aus Wurzelholz neben β-*Pinen*. — *P, halepensis* MILL. (*P. maritima* MILL.), Aleppokiefer (Nadeln, Sprosse und Stamm); im *Griechischen Terpentinöl*, neben *l-α-* und β-*Pinen*. — *P. ponderosa* var. *scopulorum* ENGELM.; im Terpentinöl neben β-*Pinen*. — *P. insularis* ENDL.; ebenso. — *P. monophylla* TORR., Single leaf pine; im Terpentinöl und Holzterpentinöl. — *P. excelsa* WALL., Indian blue pine; im Terpentinöl. — *P. Massonia* SIEB. et ZUCC. (*P. Thunbergii* PARL.), Kuromatsu; im Terpentinöl neben *i-Pinen*. — *P. Lambertiana* DOUGL., Zuckerkiefer; im Terpentinöl neben β-*Pinen*. — *P. Gerar-diana* WALL., wie vorige. — *P. Khasya* ROYLE; im *Burma-Terpentinöl*, neben *d-β-*

Pinen. — *P. Merkusii* Jungh. (*P. Sumatrana* Jungh.); wie vorige. — *P. echinata* Mill., Shortleaf pine, und *P. Taeda* L., Loblolly pine; wie vorige. — *Abies Pindrow* Spach. (Nadeln); neben *β-Pinen.* — (*Taxodineae*): *Sequoja gigantea* Torr. (*Wellingtonia g.* Lindl.), Mammutbaum (Nadeln), wahrscheinlich! — *Taxodium distichum* Rich., Canadische Sumpfzypresse (Zapfen). — *Cryptomeria japonica* Don. (*Cupressus j.* L.), Japanische Ceder (Blätter). — (*Cupressineae*)· *Juniperus communis* L., Wacholder (Beeren); im *Wacholderbeerenöl.* — *J. excelsa* M. B. (*J. Sabina* L. var. *taurica* Tall.), (Triebe). — *J. chinensis* L., „Byakushin" (Blätter). — *Cupressus sempervirens* L., Echte Zypresse (Blätter und junge Zweige); im *Zypressenöl.* — *Thuja occidentalis* L., Abendländischer Lebensbaum (Blätter und Zweigenden). — *Th. plicata* Lamb. (*Th. gigantea* Nutt., *Th. Lobbii* Hort.), Riesen-Ledensbaum (beblätterte Zweige). — *Th. gigantea* var. *semperaurea* Hort. (Triebspitzen). — *Biota orientalis* Endl. (*Thuja o.* L.), Morgenländischer Lebensbaum (Zweigspitzen und Blätter). — *Chamaecyparis obtusa* Endl. (*Retinispora o.* Sieb. et Zucc.), Hinokibaum (Blätter und Holz); im *Hinokiöl.* — *Ch. pisifera* Endl., „Sawara" (Blätter). — *Ch. Lawsoniana* Parl. (*Cupressus L.* Murr., Lawsons Lebensbaum (Holz = *Port Oxford Cedernholz*). — *Actinostrobus pyramidalis* Miq. (*Callitris Actinostrobus* F. v. M.), (Blätter). — *Libocedrus Bidwillii* Hook., „Cedar" (Blätter); *d-Pinen*! — In den Blätterölen folgender *Callitris*-Species: *Callitris quadrivalvis* Vent. (*Thuja articulata* Vahl.), (Rinde); im *Afrikanischen Sandaraköl.* — *C. verrucosa* R. Br., Turpentine pine (Blätter), und im *Australischen Sandaraköl* der Rinde. — *C. robusta* R. Br. (*C. Preissii* Miq.). — *C. glauca* R. Br., Murray river pine. — *C. oblonga* Rich. (*C. Gunnii* Hook.), Native cypress. — *C. Macleayana* F. v. M., Stringybark pine. — *C. calcarata* R. Br., Black oder Mountain pine. — *C. tasmanica* Bak. et Sm., Oyster bay pine; neben *l-α-Pinen.* — *C. Drummondii* Benth. et H. fil., „Cypress pine". — *C. Muelleri* Benth. et H. fil., Illawarra pine, neben *l-α-Pinen.* — *C. gracilis* Baker., Mountain pine.

Fam. **Zingiberaceae:** *Curcuma Zedoaria* Rosc. (*C. Zerumbet* Roxb.), Zittwerwurz (Rhizom); im *Zittwerwurzöl.* — *Alpinia malaccensis* Rosc. (Blätter).

Fam. **Magnoliaceae:** *Illicium verum* Hook., Echter Sternanis (Frucht); im *Chinesischen Sternanisöl.*

Fam. **Calycanthaceae:** *Calycanthus floridus* L., Gewürznelkenstrauch (Rinde); vielleicht als *d-* und *l-α-Pinen.* — *C. occidentalis* Hook. et Arn., „Spice Bush" (Blätter und Zweige); neben *l-α-Pinen.*

Fam. **Anonaceae:** *Cananga odorata* Hook. (*Artabotrys odoratissima* R. Br., *Anona odorata* Hook. et Th.), Ylang-Ylang (Blüten); im *Ylang-Ylangöl* und im *Canangaöl.*

Fam. **Myristicaceae:** *Myristica fragrans* Houtt. (*M. officinalis* L., *M. moschata* Thbg., *M. aromatica* Lam.), Muskatnußbaum (Samen); im *Muskatnußöl* neben *l-α-Pinen* und *β-Pinen.*

Fam. **Lauraceae:** *Cinnamomum Camphora* Nees. (*Laurus C.* L., *Camphora officinarum* Nees.), Campherbaum (Blätter, Zweige, Stamm und Wurzel); im *Campheröl* neben *l-α-Pinen* und *β-Pinen.* — *C.-Species* unbekannt, Yu-Ju-Campherbaum (Holz); im *Yu-Ju-Öl,* neben *β-Pinen.* — *C.-Species* unbekannt, Schiu-Campherbaum (alle Teile); im *Schiu-Öl* (*Apopinöl*). — *Persea gratissima* Gärtn. (*Laurus Persea* L.), Avocado-Baum; im Öl der Blätter.

Fam. **Monimiaceae:** *Daphnandra aromatica* Bail. (Blätter). — *Doryphora Sassafras* Endl., Sassafrasbaum (Blätter).

Fam. **Pittosporaceae:** *Pittosporum undulatum* Vent. (Frucht).

Fam. **Rutaceae** (*Rutoideae*): *Ruta graveolens* L., Raute (Kraut); im *Rautenöl.* — *Boronia safrolifera* Cheel. (alle Teile). — *B. citriodora* Gunn. (*B. pinnata* Sm.), (Blätter und Zweigenden). — *B. anemonifolia* Cunn.; ebenso. — *B. dentigeroides* Cheel.; wie vorige. — *B. Muelleri* Cheel. (*B. pinnata* var. *Muelleri*), (Blätter). — (*Aurantioideae*): *Phebalium dentatum* Sm. — *Eriostemon Crowei* F. Müll. (*Crowea saligna* Andr.), (Blätter und Zweigspitzen). — *E. myoporoides* DC., wie vorige. — *E. Coxii* Muell., ebenso.

Fam. **Burseraceae:** *Boswellia Carterii* Birdw. (Rinde); im *Weihrauchöl,* neben *l-* und *i-α-Pinen.* — *B. serrata* Roxb. (*B. glabra* Roxb., *Canarium balsamiferum* Willd.), Salaibaum (Stammrinde); im *Indischen Weihrauchöl,* neben *β-Pinen.* — *Canarium villosum* Vill., Pagsainguin; im *Pagsainguinöl* neben *β-Pinen.* — *C. strictum* Roxb.; im *Schwarzen Dammaröl.*

Fam. **Anacardiaceae:** *Pistacia Terebinthus* L., Terpentin-Pistazie (Rinde); im *Chios-Terpentinöl.* — *P. mutica* F. v. M. (*P. cabulica* Stcks.), Terpentinbaum (Rinde); im *Nordafrikanischen Mastixöl,* neben *i-β-Pinen.* — *P. Lentiscus* L., Mastix-Pistacie (Rinde); im *Mastixöl* neben *i-α-Pinen.*

Fam. Dipterocarpaceae: *Dryobalanops aromatica* GÄRTN. (*D. Camphora* COLEBR.),
Borneocampherbaum (Holz und Blätter); im *Borneocampheröl* neben *β-Pinen*.
Fam. Myrtaceae: *Myrtus communis* L., Myrtenbaum (Blätter); im *Myrtenöl*. —
Homoranthus virgatus CUNN. (Blätter und Zweigspitzen). — *H. flavescens* CUNN.,
ebenso. — *Kunzea corifolia* RCHB., wie vorige. — *Callistemon viminalis* CHEEL.,
ebenso. — *Eugenia Chequen* MOLIN (*Myrtus Cheken* SPR.) (Blätter); im *Chekenblätteröl*. — *E. Smithii* POIR. (Blätter). — *Melaleuca viridiflora* BROGN. et GRIS.,
„Niaouli" (Blätter); im *Niaouliöl*. — *M. uncinata* R. BR. (Blätter); ebenso in folgenden: *M. nodosa* SM. — *M. linariifolia* SM., „Tea Tree". — *M. alternifolia*
CHEEL. — *M. genistifolia* SM. — *M. gibbosa* LAB. — *M. ericifolia* SM. — *M. Deanei*
F. v. M. — *Leptospermum Liversidgei* BAK. et SM. — *L. flavescens* SM. und Varietäten
leptophyllum CHEEL., neben *β-Pinen*; und *microphyllum* (Blätter und Zweige). —
L. lanigerum SM.; in der silber- und grünblättrigen Form. — *L. odoratum* CHEEL.,
neben *β-Pinen*. — *Baeckea Gunniana* SCHAU. — *B. brevifolia* DC. — *B. liniifolia*
var. *brevifolia* F. v. M. (= *B. leptocaulis?*), neben *β-Pinen*. — *Darwinia grandiflora*
(*D. taxifolia* var. *grandiflora* BENTH.). — *Backhousia sciadophora* F. v. M. und *B.
angustifolia* F. v. M.

In den Blätterölen folgender *Eucalyptus*-Species: *Eucalyptus acaciaeformis*
DEAN. et MAID., Red peppermint. — *E. acervula* HOOK. f., Red gum of Tasmania.
— *E. Bakeri* MAID., „Mallee Box". — *E. botryoides* SM., „Bastard mahagony".
— *E. carnea* BAK. — *E. dextropinea* BAK., „Stringybark"; „Eucalypten". —
E. Globulus LAB., „Blue gum"; im *Globulusöl*. — *E. gracilis* F. v. M., „Mallee". —
E. Gunnii HOOK. f., „Cider tree". — *E. haemastoma* SM. (*E. signata* F. v. M.),
White gum. — *E. intertexta* BAK., „Spotted gum". — *E. Macarthuri* D. et MAID.,
„Paddys river box" (Rinde!). — *E. maculosa* BAK., „Spotted gum". — *E. microcorys* F. v. M., „Tallow wood". — *E. Morrisii* BAK., „Grey mallee". — *E. odorata*
BEHR., „Box tree". — *E. quadrangulata* D. et MAID., „Grey box". — *E. redunca*
SCHAUER, „White gum". — *E. Rodwayi* B. et SM., „Black gum". — *E. saligna* SM.
var. *pallidivalvis* B. et SM., „Flooded gum". — *E. salubris* F. v. M., „Gimlet gum".
— *E. Smithii* BAK., „White top". — *E. umbra* BAK., „Bastard White Mahagony",
— *E. unialata* B. et SM. — *E. urnigera* HOOK. f., „Urn gum". — *E. vernicosa* HOOK. f.
— *E. viminalis* LAB., „Manna gum".
Fam. Umbelliferae: *Carum copticum* BENTH. et H. (*C. Ajowan* B. et H., *Ptychotis A.*
DC.); Ajowan (Früchte); im *Ajowanöl*, neben *l-α-Pinen*. — *Foeniculum vulgare* MILL.
(*F. officinale* ALL.), Fenchel (Früchte); im *Fenchelöl*. — *Crithmum maritimum* L.,
Seefenchel (ebenso); im *Seefenchelöl*. — *Ferula galbaniflua* BOISS. et BUHSE (*Peucedanum g.* BAILL); im *Galbanumöl* der Stammrinde, neben *β-Pinen*, und im Öl der
Früchte, neben *i-α-Pinen* und *d-β-Pinen*. — *Cuminum Cyminum* L., Kreuzkümmel
(Früchte); im *Kreuzkümmelöl*, neben *i-α-* und *β-Pinen*. — *Coriandrum sativum* L.,
Coriander (Früchte); im *Corianderöl*, wie vorige.
Fam. Labiatae: *Perovskia atriplicifolia* BENTH. (Blütenköpfe); neben *β-Pinen*. —
Rosmarinus officinalis L., Rosmarin (Blätter und Blüten); im *Rosmarinöl*, neben
l-α-Pinen. — *Lavandula Spica* DC. (*L. Spica* var. *β* L., *L. vulgaris β* LAM.), Spiklavendel (Blüten); im *Spiköl*. — *Salvia officinalis* L., Gemeine Salbei (Kraut);
im *Salbeiöl*. — *Monarda fistulosa* L., Wild Bergamot (Kraut); im „Wild Bergamot
Oil", neben *l-α-Pinen*. — *Thymus Mastichina* L., Waldmajoran (wie vorige). —
Ocimum Basilicum L. var. unbestimmt, Basilie (Blätter); im *Réunion-Basilicumöl*.
Fam. Compositae: *Achillea Millefolium* L., Schafgarbe (Kraut); im *Schafgarbenöl*
neben *l-α-Pinen*. — *Solidago nemoralis* AIT.; wie vorige, im *Goldrutenöl*. — *Artemisia
Cina* BG. (*A. maritima* L. var. *Stechmanniana* Bess.), (Blütenköpfchen = *Wurmsamen*); im *Wurmsamenöl* neben *i-α-Pinen*.

β) *l-α-Pinen* (*Terebenthen*).

Fam. Taxaceae: *Phyllocladus rhomboidalis* RICH., Celery top pine (Phyllocladien). —
Dacrydium Franklinii HOOK. (*D. Huonense* CUNN.), Huon-tree (Blätter). — *D. biforme* PILG. (ebenso), *Pinen?*
Fam. Pinaceae (*Abietineae*): *Pinus silvestris* L., Gemeine Kiefer (s. bei *d-α-Pinen!*). —
P. Pumilio HNCKE. (*P. Mughus* SCOP.), Krummholzkiefer (Nadeln, Zweigspitzen und jüngere Zweige); im *Latschenkiefernöl* (*Krummholzöl*), neben *β-Pinen*. —
P. Laricio POIR. (*P. L.* var. *austriaca* ENDL., *P. maritima* SOL., *P. nigricans* HOST.),
Schwarzkiefer (Stamm); im *Österreichischen Terpentinöl*, neben *d-Pinen* und *β-Pinen*.
— *P. Laricio monspeliensis* HORT., Pyrenäen-Schwarzkiefer; im *Terpentinöl*. —
P. Laricio var. *pallasiana* ENDL. (*P. taurica* NORT.), Taurische Schwarzkiefer,
ebenso. — *P. Pinea* L., Pinie (ebenso): *l-Pinen!* — *P. Strobus* L., Weymouthkiefer (Triebe). — *P. Pinaster* SOL. (*P. maritima* POIR.), Seestrandskiefer

(Knospen und Stamm); im „*Französischen Terpentinöl*", neben *β-Pinen*; ferner *i-Pinen* im Vorlauf! — *P. glabra* Walt.; im *Terpentinöl: l-Pinen*! — *P. palustris* Mill., Sumpfkiefer (s. bei *d-α-Pinen*), (Holz): im *Amerikanischen Terpentinöl;* und (Nadeln mit Zweigen): neben *l-β-Pinen.* — *P. longifolia* Roxb., Chir pine (Stamm); im *Indischen Terpentinöl*, neben *β-Pinen.* — *P. halepensis* Mill. (*P. maritima* Mill.), Aleppokiefer (Stamm); im *Griechischen Terpentinöl*, neben *d-α-Pinen.* — *P. ponderosa* Laws. (*P. resinosa* Torr.), Gelbkiefer (Western Yellow pine), (Triebe mit Nadeln, Stamm, Zapfen); neben *l-β-Pinen.* — *P. heterophylla* Sudw. (*P. cubensis* Griseb.), Cuban pine (Nadeln mit Zweigen und Stamm); neben *l-β-Pinen.* — *P. excelsa* Wall., Indian blue pine (Nadeln und junge Triebe); neben *l-β-Pinen.* — *P. contorta* Dougl. (*P. Murrayana* Balf.), Lodge pole pine (Nadeltriebe); neben *l-β-Pinen.* — *P. clausa* Sarg., Sand pine, neben *l-β-Pinen.* — *P. Lambertiana* Dougl., Zuckerkiefer (Nadeltriebe und Zapfen); neben *l-β-Pinen.* — *P. Sabiniana* Dougl., Nußkiefer (Nadeltriebe). — *P. Jeffreyi* Murr., Jeffrey-Kiefer; im *Terpentinöl* (Verunreinigung?).

   Picea excelsa Lk. (*P. vulgaris* Lk.), Fichte (Nadeln und junge Triebe): im *Fichtennadelöl* und (Stamm): im *Terpentinöl*, neben *β-Pinen.* — *P. nigra* Lk. (*P. Mariana* Dur.); im *Schwarzfichtennadelöl (Spruce Oil).* — *P. alba* Lk., White Spruce; im *Spruce Oil.* — *Abies pectinata* DC. (*A. excelsa* Lk., *A. alba* Mill., *Pinus Picea* L.), Edeltanne; im *Weißtannennadelöl* und im *Templinöl* der Zapfen, im Terpentinöl *l-Pinen* neben *i-Pinen*! — *A. concolor* Parry. White Fir (Rinde und Nadeltriebe); neben *l-β-Pinen.* — *A. amabilis* Forb. (*Pinus a.* Dougl.), Purpurtanne; im Terpentinöl. — *A. balsamea* Mill. (*A. balsamifera* Michx.), Balsamtanne (Nadeln und Stammrinde); im *Canadabalsamöl.* — *A. Nordmanniana* Spach., Nordmannstanne (Triebe); neben *i-α-* und *β-Pinen.* — *A. cephalonica* Lk., Griechische Tanne; im Harzbalsamöl neben *i-α-Pinen.* — *A. sibirica* Ledeb. (*A. Pichta* Forb.), Sibirische Edeltanne (Nadeln und Triebspitzen); im *Sibirischen Fichtennadelöl* neben *β-Pinen.* — *Tsuga canadensis* Carr. (*Abies c.* Michx., *Pinus c.* L.), Hemlocktanne (Nadeln und junge Zweige); im *Spruce Oil.* — *Pseudotsuga Douglasii* Carr. (*P. taxifolia* Britt., *P. mucronata* (?), *Tsuga D.* Carr., *Abies D.* Lindl.), Douglastanne (Nadeln und junge Triebe); im *Douglasfichtennadelöl* neben *l-β-Pinen*, ebenso im *Oregonbalsamöl* aus Holzkörper. — *P. glauca* Mayr., Colorado-Douglasfichte (Nadeln). — Larix europaea DC. (*L. decidua* Mill.), Lärche (Holzkörper); im *Venetianischen Terpentinöl.*

   (*Cupressineae*): *Juniperus communis* L., Wacholder (Zweige); im *Wacholderrindenöl.* — *J. taxifolia* Hook. et Arn., „Shimamuro" (Zweige und Blätter); neben wenig *i-α-Pinen.* — *Libocedrus decurrens* Torr., Incense Cedar (junge Zweige und Nadeln, ferner Rinde). — *Callitris tasmanica* Bak. et Sm., Oyster bay pine (Blätter); neben *d-α-Pinen.* — *C. Muelleri* Benth. et H. fil., Illawarra pine; wie vorige. — *Chamaecyparis formosensis* Matsum, „Benihi"; im Öl der Blätter. Neuere Angabe (1931).

Fam. Gramineae: *Cymbopogon javanensis* Hoffm. (*C. rectus A.* Cam.) (Kraut). — *Andropogon odoratus* Lisb. (*Amphilophis o.* Cam.), wie vorige.

Fam. Aristolochiaceae: *Asarum europaeum* L., Haselwurz (Wurzelstock); im *Haselwurzöl.* — *A. arifolium* Michx., wie vorige.

Fam. Calycanthaceae: *Calycanthus floridus* L., Gewürznelkenstrauch (Rinde); vielleicht als *d-* und *l-α-Pinen.* — *C. occidentalis* Hook. et Arn., „Spice Bush" (Blätter und Zweige); neben *d-α-Pinen.*

Fam. Myristicaceae: *Myristica fragrans* Houtt. (*M. officinalis* L., *M. moschata* Thbg.), Muskatnußbaum (Samen); im *Muskatnußöl*, neben *d-α-Pinen* und *β-Pinen.*

Fam. Lauraceae: *Cinnamomum ceylanicum* Nees. (*Laurus Cinnamomum* L.), Ceylon-Zimtstrauch; im *Zimtblätteröl*, und im *Ceylon-Zimtöl* der Rinde. — *C. Camphora* Nees. (*Laurus C.* L., *Camphora officinarum* Nees.), Campherbaum (Blätter, Zweige, Stamm und Wurzel); im *Campheröl* neben *d-α-Pinen* und *β-Pinen.* — *Umbellularia californica* Meissn. (*Tetranthera c.* Hook., *Oreodaphne c.* Nees.), Kalifornischer Lorbeerbaum (Blätter); im *Kalifornischen Lorbeerblätteröl.* — *Laurus nobilis* L., Lorbeerbaum; im *Lorbeerblätteröl*, neben *β-Pinen.*

Fam. Monimiaceae: *Peumus Boldus* Baill. (*Boldea fragrans* Juss.), (Blätter); im *Boldoblätteröl.*

Fam. Rutaceae (*Aurantioideae*): *Citrus Bigaradia* Risso (*C. Aurantium* L. subsp. *amara* L. var. *Bigaradia*), Pomeranzenbaum (Blüten); im *Orangeblütenöl.* — *C. Limonum* Risso (*C. medica* L. subsp. *Limonum* Hook.), Citronenbaum (Fruchtschale); im *Citronenöl*, neben *i-α-* und *l-β-Pinen.* — *C. Bergamia* Risso (*C. Aurantium* L. subsp. *Lima* var. *Bergamia* Risso), Bergamotte (Früchte); im *Bergamottöl.*

Fam. Burseraceae: *Boswellia Carterii* Birdw. (Rinde); im *Weihrauchöl*, neben *d-* und *i-α-Pinen.* — *Dacryodes hexandra* Griseb. (*Bursera acuminata* Willd.), (Rinde).

Fam. **Winteranaceae:** *Canella alba* MURR. (*Winterana Canella* L.), Weißer Caneelbaum (Rinde); im *Weißzimtöl.*

Fam. **Myrtaceae:** Im Blätteröl (Blätter und Zweigspitzen) bei folgenden: *Melaleuca Leucadendron* L. (*M. Cajuputi* ROXB.); im *Cajeputöl.* — *Eucalyptus laevopinea* BAK., „Silver Top Stringy bark": „*Eudesmen*". — *E. phlebophylla* F. v. M., „Cabbage gum". — *E. viridis* BAK., „Green Mallee". — *E. Wilkinsoniana* BAK. (*E. haemastoma* var. *W.* F. v. M., *E. laevopinea* var. *minor* BAK.).

Fam. **Umbelliferae:** *Selinum Monnieri* L. (Frucht). — *Petroselinum sativum* HOFFM. (*Apium Petroselinum* L.), Gemeine Petersilie (Früchte). — *Carum copticum* BENTH. et H. (*C. Ajowan* B. et H.), Ajowan (Früchte); im *Ajowanöl* neben *d-α-Pinen.* — *Seseli Bocconi* GUSS. (Kraut). — *Daucus Carota* L., Möhre (Früchte); im *Möhrensamenöl.*

Fam. **Verbenaceae:** *Vitex trifolia* L. (Blätter und Zweige).

Fam. **Labiatae:** *Rosmarinus officinalis* L., Rosmarin (Blätter und Blüten); im *Rosmarinöl*, neben *d-α-Pinen.* — *Lavandula officinalis* CHAIX. (*L. Spica* var. *α* L., *L. vera* DC.), Lavendel (Blüten); im *Lavendelöl.* — *Salvia-Species* unsicher, „Großblättrige Salbei" (Kraut). — *Monarda fistulosa* L., „Wild Bergamot" (Kraut); im *Wild Bergamot-Oil*, neben *d-α-Pinen.* — *Hedeoma pulegioides* PERS., „Penny Royal" (Kraut); im *Amerikanischen Poleiöl.* — *Calamintha Nepeta* SAVI (*Satureia Calamintha* SCH.), Poleiartige Bergminze (ebenso); im *Essence de Marjolaine.* — *Thymus vulgaris* L., Thymian (ebenso); im *Tymianöl.* — *Mentha piperita* HUDS. var. *officinalis* SOLE, Pfefferminze (ebenso); im *Amerikanischen* und im *Französischen Pfefferminzöl.*

Fam. **Valerianaceae:** *Valeriana officinalis* L., Arzneilicher Baldrian (Rhizom); im *Baldrianöl.* — *V. officinalis* L. var. *angustifolia* MIQ., Kesso (Wurzel); im *Kessoöl.*

Fam. **Compositae:** *Parthenium argentatum* GRAY., Guayulepflanze; im Öl der Pflanze. — *Helichrysum Benthami* VIG. et HUMB. (Kraut). — *Achillea Millefolium* L., Schafgarbe (ebenso); im *Schafgarbenöl* neben *d-α-Pinen.* — *Solidago rugosa* MILL.; neben *β-Pinen.* — *S. nemoralis* AIT.; im *Goldrutenöl* neben *d-α-Pinen.* — *Artemisia campestris* L. var. *odoratissima* DESF.; im *Gouftöl.*

$$\gamma)\ i\text{-}\alpha\text{-}Pinen.$$

Fam. **Pinaceae:** (*Abietineae*): *Pinus Pinaster* SOL. (*P. maritima* POIR.), Seestrandskiefer (Stamm); im *Französ. Terpentinöl*, neben *α-* und *β-Pinen.* — *P. palustris* MILL. (*P. australis* MICH.), Sumpfkiefer (Holz); im *Amerikanischen Terpentinöl.* — *P. halepensis* MILL. (*P. maritima* MILL.), Aleppokiefer (wie vorige); im *Griechischen Terpentinöl* neben *d-α-, l-α-* und *β-Pinen.* — *P. Massoniana* SIEB. et ZUCC. (*P. Thunbergii* PARL.), Kuromatsu; im Terpentinöl, neben *d-α-Pinen.* — *Abies pectinata* DC. (*A. excelsa* LK., *Pinus Picea* L.), Edeltanne; im *Terpentinöl* neben *l-Pinen.* — *A. Nordmanniana* SPACH., Nordmannstanne (Triebe); neben *l-α-* und *β-Pinen.* — *A. cephalonica* LK., Griechische Tanne; im Harzbalsamöl neben *l-α-Pinen.* — (*Cupressineae*): *Juniperus taxifolia* HOOK. et ARN., Shimamuro (Zweige und Blätter); neben *l-α-Pinen.*

Fam. **Lauraceae:** *Cinnamomum Camphora* NEES. (*Laurus C. L., Camphora officinarum* NEES.), Campherbaum (Blätter); im *Campheröl* neben *d-α-Pinen.*

Fam. **Rutaceae** (*Aurantioideae*): *Murraya Koenigii* SPRENG. (Blätter). — *Citrus Limonum* RISSO (*C. medica* L. subsp. *Limonum* HOOK.), Citronenbaum (Fruchtschale); im *Citronenöl* neben *l-α-* und *l-β-Pinen.*

Fam. **Burseraceae:** *Boswellia Carterii* BIRD. (Stammrinde); im *Weihrauchöl* neben *d-α-* und *l-α-Pinen.*

Fam. **Anacardiaceae:** *Pistacia Lentiscus* L., Mastix-Pistacie (Rinde); im *Mastix-Öl* neben *d-α-Pinen.*

Fam. **Myrtaceae:** *Eucalyptus Rossii* B. et SM. (*E. micrantha* DC.), „White gum" (Blätter).

Fam. **Umbelliferae:** *Ferula galbaniflua* BOISS. et BUHSE (*Peucedanum g.* BAILL.), (Früchte), neben *d-α-* und *d-β-Pinen.* — *Cuminum Cyminum* L., Kreuzkümmel (Früchte); im *Kreuzkümmelöl*, neben *d-α-* und *β-Pinen.* — *Coriandrum sativum* L., Coriander (Früchte); im *Corianderöl*, wie vorige.

Fam. **Labiatae:** *Mentha piperita* HUDS. var. *officinalis* SOLE, Pfefferminze (Kraut); im *Amerikanischen Pfefferminzöl* (vielleicht Gemenge von *d-* und *l-*) und im *Russischen Öl.*

Fam. **Compositae:** *Artemisia Cina* BG. (*A. maritima* L. var. *Stechmanniana* BESS.) (Blütenköpfchen = *Wurmsamen, Zittwersamen*); im *Wurmsamenöl.*

δ) α-Pinen (ohne Drehungsangabe).

Fam. **Taxaceae:** *Podocarpus Totara* G. BENN. (Blätter und Zweige). — *P. dacrydioides* (?), ebenso. — *P. macrophylla* DON., ebenso (neben β-Pinen). — *Arthrotaxis selaginoides* DON., King William pine (Blätter); Spur.

Fam. **Pinaceae** (*Abietineae*): *Pinus edulis* ENGELM., Piñon pine (Stamm); neben β-Pinen.

    (*Cupressineae*): *Juniperus Sabina* L. (*Sabina officinalis* GCKE.), Sadebaum (Triebe); im *Sadebaumöl.* — *J. virginiana* L., Virginischer Wacholder (Nadeln); im „*Cedernblätteröl*". — *J. excelsa* M. B. (*J. Sabina* L. var. *taurica* TALL.), (Beeren, Zweige und Nadeln). — *J. phoenica* L., Rotfrüchtiger Sadebaum (Zweige mit Blättern); im *Französischen Sadebaumöl.* — *Cupressus torulosa* DON., Himalaya-Zypresse (Blätter). — *Callitris rhomboidea* R. BR. (*Thuja australis* POIR.), (Blätter), unsicher! — *C. intratropica* BENTH. et HOOK., Cypress pine (Blätter).

Fam. **Araceae:** *Acorus Calamus* L. (*A. aromaticus* GILB.), Kalmus (Wurzelstock); im *Kalmusöl.*

Fam. **Urticaceae:** *Pilea*-Species unbekannt, im *Pileaöl.*

Fam. **Aristolochiaceae:** *Asarum canadense* L., „Wild Ginger" (Wurzelstock); im *Canadischen Schlangenwurzelöl.*

Fam. **Myristicaceae:** *Myristica fragrans* HOUTT. (*M. officinalis* L., *M. moschata* THBG.), Muskatnußbaum; im Öl der Blätter.

Fam. **Lauraceae:** *Cinnamomum Oliveri* BAIL., „Brisbane Sassafras" (Blätter und Rinde). — *C.-Species* unsicher. (?, *C. xanthoneuron* BLUME, *C. Burmanni* BLUME, *C. Kiamis* NEES., *C. culilawan* BLUME, *C. massoia* SCHEWE = *Massoia aromatica* BECCARI), (Rinde = *Echte Massoirinde*); im *Massoiöl.* — *Sassafras officinale* NEES. (*Laurus Sassafras* L.), Sassafrasbaum (Wurzel und Blätter); im *Sassafraswurzel-* und *-blätteröl.* — *Laurus nobilis* L., Lorbeerbaum (Früchte); im *Lorbeerbeerenöl.* — *Litsea praecox* BL., „Aburachan" (Blätter und Zweige); im *Aburachanöl.*

Fam. **Monimiaceae:** *Atherosperma moschatum* LAB., „Australian Sassafras"(Blätter).

Fam. **Hamamelidaceae:** *Liquidambar formosana* HANSE (Blätter und Zweige); neben β-Pinen.

Fam. **Rutaceae** (*Aurantioideae*): *Citrus Aurantium* RISSO (*C. sinensis* PERS., *C. Aurantium* L. subsp. *sinensis* var. *dulcis* L.), Apfelsinenbaum (Blätter und Zweige); im *Orangenblätteröl, Portugal-Petitgrainöl.* — *C. Limonum* RISSO, Citronenbaum (Blätter und Zweige); im *Citronen-Petitgrainöl.* — *C. madurensis* LOUR., Mandarinenbaum (Blätter); im *Mandarinenblätteröl.* — *C. decumana* L., Pompelmuse (Fruchtschale); im *Pompelmusöl.*

Fam. **Anacardiaceae:** *Rhus Cotinus* L. (*Cotinus Coggygria* SCOP.), Perückenstrauch (Blätter).

Fam. **Guttiferae:** *Hypericum perforatum* L. (*H. vulgare* LAM.), Johanniskraut (Kraut); im *Johanniskrautöl.*

Fam. **Myrtaceae:** *Melaleuca erubescens* OTTO (Blätter und Zweige). — *M. hypericifolia* SM.; ebenso.—*Leptospermum scoparium* FORST.; im *Manukaöl.*—*Angophora Bakeri* (?); im Öl der Blätter. — *Backhousia myrtifolia* HOOK. et HARV.; wie vorige.

    In den Blätterölen folgender *Eucalyptus*-Species: *Eucalyptus acmenioides* SCHAU., „White mahagony", zweifelhaft! — *E. affinis* D. et MAID. — *E. aggregata* D. et MAID., „Black gum". — *E. albens* MIQ., „White Box". — *E. amygdalina* LAB., „White" und „Brown Peppermint tree". — *E. angophoroides* BAK., „Apple Top Box". — *E. apiculata* B. et SM. — *E. australiana* B. et SM., „Black Peppermint". — *E. Baeuerleni* F. v. M., „Brown gum". — *E. Behriana* F. v. M. — *E. bicolor* CUNN., „Bastard Box". — *E. Bosistoana* F. v. M., „Ribbon". — *E. calophylla* R. BR., „Red gum"; d-Pinen! — *E. Cambagei* D. et MAID. (*E. elaeophora* F. v. M.), „Bundy". — *E. Camphora* BAK., „Sallow". — *E. capitellata* SM., „Brown Stringybark". — *E. cinerea* F. v. M., „Argyle apple". — *E. citriodora* HOOK. — *E. cneorifolia* DC., „Narrow-leaved Mallee"; zweifelhaft! — *E. conica* D. et MAID., „Box". — *E. consideneana* MAID. — *E. cordata* LAB. — *E. coriacea* CUNN. — *E. corymbosa* SM., „Blood wood". — *E. crebra* F. v. M., „Narrow-leaved ironbark". — *E. dealbata* CUNN., „Cabbage". — *E. diversicolor* F. v. M., „Karri": d-Pinen. — *E. dumosa* CUNN., „Blue Mallee". — *E. elaeophora* F. v. M., „Apple Jack". — *E. eugenioides* SIEB., „White Stringybark". — *E. eximia* SCHAUER., „White" oder „Yellow Bloodwood".—*E. fastigiata* D. et MAID., „Cut tail": d-Pinen. — *E. Fletcheri* BAK., „Black box". — *E. Bridgesiana* BAK., „Apple". — *E. fraxinoides* D. et MAID., „White ash". — *E. Globulus* LAB. „Blue gum", im *Globulusöl.* — *E. goniocalyx* F. v. M., „Mountain gum". — *E. hemilampra* F. v. M. (*E. resinifera* SM.). — *E. hemiphloia* F. v. M., „Box". — *E. intermedia* BAK., „Bastard Bloodwood". — *E. lactea* BAK., „Spotted gum". — *E. longifolia* LNK. et O. (*E. Woolsii* F. v. M.).

„Wollybutt. — *E. Leucoxylon* F. v. M. (*E. sideroxylon* CUNN.), „Blue gum". —
E. Macarthuri D. et MAID., „Paddys river box"; zweifelhaft! — *E. Luehman-
niana* F. v. M. — *E. macrorhyncha* F. v. M., „Red Stringybark". — *E. maculata*
HOOK., „Spotted gum". — *E. maculosa* BAK., „Spotted gum": d-Pinen! —
E. Maideni F. v. M., „Blue gum". — *E. marginata* SM., „Jarrah". — *E. megacarpa*
F. v. M. — *E. melanophloia* F. v. M., „Silver leaved ironbark". — *E. melliodora*
CUNN., „Yellow box". — *E. microtheca* F. v. M., „Coolebah". — *E. Muelleri*
MOORE, „Brown gum". — *E. nova-anglica* D. et MAID., „Black peppermint". —
E. oleosa F. v. M., „Red mallee". — *E. ovalifolia* BAK., „Slaty gum", und var.
lanceolata B. et SM., „Red box". — *E. paludosa* BAK., „Yellow gum". — *E. pani-
culata* SM., „White ironbark". — *E. pendula* PGE. (*E. largiflorens* F. v. M., *E. bicolor*
CUNN.), „Red Box". — *E. Perriniana* B. et SM. — *E. Phellandra* B. et SM., „Narrow
leaved peppermint". — *E. pilularis* SM., Blackbutt. — *E. platypus* HOOK. —
E. polyanthemos SCHAU., „Red box". — *E. polybractea* BAK., „Blue Mallee". —
E. populifolia HOOK., „Poplar leaved gum". — *E. propinqua* DEAN. et MAID.,
„Grey gum". — *E. pulverulenta* SIMS. — *E. punctata* DC. (*E. tereticornis* SM. var.
brachycorys BENTH.), „Grey gum", und var. *didyma* B. et SM. — *E. squamosa* D. et
MAID., „Iron wood". — *E. radiata* SIEB., „White-top peppermint". — *E. resini-
fera* SM., „Red mahagony". — *E. Risdoni* HOOK. f., „Risdon". — *E. robusta* SM.,
„Swamp Mahagony". — *E. Rossii* B. et SM. (*E. micrantha* DC.), „White gum". —
E. rostrata SCHLECHT., „Red Gum-tree", und var. *borealis* B. et SM., „River red
gum". — *E. rubida* D. et MAID., „Candle bark". — *E. salmonophloia* F. v. M.,
„Salmon Bark gum". — *E. siderophloia* BENTH., „Broad leaved". — *E. sideroxy-
lon* CUNN. var. *pallens* BENTH., „Ironbark". — *E. sideroxylon* CUNN. (*E. leucoxylon*
F. v. M.). — *E. Stuartiana* F. v. M., „Apple of Victoria", und var. *cordata* B. et SM.
(*E. cinerea* F. v. M.). — *E. stricta* SIEB. — *E. tereticornis* SM., Red gum, und var.
linearis B. et SM. — *E. tesseralis* F. v. M., „Moreton bay ash". — *E. trachyphloia*
F. v. M., „Blood wood". — *E. viminalis* var. *a* B. et Sm. — *E. Woollsiana* BAK.,
„Mallee Box".

Fam. Umbelliferae: *Cachrys alpina* BIEB. (Kraut). — *Siler trilobum* SCOP., Roßkümmel
(Früchte); zweifelhaft! — *Seseli dichotomum* PALL. (Kraut); neben β-Pinen. —
Peucedanum Ostruthium KOCH. (*Imperatoria O. L.*), Meisterwurz (Rhizom); im
Meisterwurzöl.

Fam. Labiatae: *Ziziphora clinopodioides* LAM. (Kraut). — *Salvia grandiflora* ETTL.
(Kraut); neben β-Pinen. — *Satureia Thymbra* L. (Kraut). — *Ramona stachyoides*
BRIQ. (*Audibertia st.* BENTH., *Salvia mellifera* GR.), „Black sage" (Blätter und
Zweige). — *Perilla nankinensis* DECNE. (*Ocimum crispum* THBG.), (Blätter); im
Perillaöl. — *Hyssopus officinalis* L. Ysop (Kraut); im *Ysopöl* neben β-Pinen. —
Origanum smyrnaeum L. (*O. Onites* L.), (ebenso); im *Smyrnaer Origanumöl.* — *Thymus
capitatus* HOFFMG. et LNK. (*Corydothymus capitatus* REICHB., *Satureia c. L.*), (wie
vorige), alte Angabe! — *Mentha-Species* ungenannt, Wilde Pfefferminze, ebenso.
— *Mosla japonica* MAXIM., ebenso. — *Solidago odora* AIT., „Golden Rod"; im
Solidagoöl, wahrscheinlich! — *Artemisia annua* L. — *A. tridentata* NUTT., „Black
sage" (Blätter und Triebe); neben β-Pinen.

ε) d-β-Pinen.

Fam. Pinaceae (*Abietineae*): *Pinus silvestris* L., Gemeine Kiefer (Stamm und Wurzelstock); im *Terpentinöl, Holzterpentinöl* und *Kiefernwurzelöl*, neben α-Pinen (meist
nur β-Pinen angegeben!). — *P. Khasya* ROYLE; im *Burma-Terpentinöl*, neben
d-α-Pinen. — *P. Merkusii* JUNGH. (*P. Sumatrana* JUNGH.); wie vorige.

Fam. Umbelliferae: *Ferula galbaniflua* BOISS et BUHSE (*Peucedanum g.* BAILL.), (Früchte);
neben d-α- und i-α-Pinen.

ζ) l-β-Pinen.

Fam. Pinaceae (*Abietineae*): *Pinus palustris* MILL. (*P. australis* MICH.), Sumpfkiefer
(Nadeln mit Zweigen und Zapfen); neben l-α- und d-α-Pinen. — *P. ponderosa* LAWS.
(*P. resinosa* TORR.), Gelbkiefer (Triebe mit Nadeln, Stamm, Zapfen); neben
l-α-Pinen. — *P. heterophylla* SUDW. (*P. cubensis* GRISEB.), Cuban pine (Nadeln mit
Zweigen und Stamm); neben l-α-Pinen. — *P. excelsa* WALL., Indian blue pine
(Nadeln und junge Triebe); neben l-α-Pinen. — *P. contorta* DOUGL. (*P. Murrayana*
BALF.), „Lodge pole pine" (Nadeltriebe); neben l-α-Pinen. — *P. clausa* SARG.,
Sand pine, neben l-α-Pinen. — *P. Lambertiana* DOUGL., Zuckerkiefer (Nadel-
triebe und Zapfen); neben l-α-Pinen. — *Abies concolor* PARRY, White Fir (Rinde
und Nadeltriebe); neben l-α-Pinen. — *A. magnifica* MURR., Red Fir (Nadeltriebe). —
Pseudotsuga Douglasii CARR. (*P. taxifolia* BRITT., *Tsuga D.* CARR., *Abies D.* LINDL.),

Douglastanne (Nadeln und Holzkörper [Splint]); im *„Douglasfichtennadelöl"* und im *Oregonbalsamöl* neben *l-α-Pinen.*

Fam. **Aristolochiaceae:** *Asarum Sieboldi* var. *seoulensis* Nakai; im Öl der Pflanze. Neuere Angabe (1931).

Fam. **Rutaceae** (*Aurantioideae*): *Citrus Bigaradia* Risso (*C. vulgaris* Risso), Bitterer Orangenbaum (Blätter, Zweige und junge Früchte); im *Petitgrainöl.* — *C. Limonum* Risso (*C. medica* L. subsp. *Limonum* Hook.), Citronenbaum (Fruchtschale); im *Citronenöl,* neben *l-* und *i-α-Pinen!*

η) *i-β-Pinen.*

Fam. **Anacardiaceae:** *Pistacia mutica* F. v. M. (*P. cabulica* Stoks.), Terpentinbaum (Rinde); im *Nordafrikanischen Mastixöl* neben *d-α-Pinen.*

ϑ) *β-Pinen* (ohne Drehungsangabe = *Nopinen*).

Fam. **Taxaceae:** *Podocarpus macrophylla* Don.; im Öl der Blätter und Zweige (neben *α-Pinen*). — *Dacrydium Franklinii* Hook. (*D. Huonense* Cunn.), Huon-tree; im Öl der Blätter.

Fam. **Pinaceae** (*Araucarieae*): *Agathis Dammara* Rich. (*Dammara orientalis* Lamb.), Dammarfichte (Stamm); im *Manila-Kopalöl*: *Nopinen* neben *d-α-Pinen.* — (*Abietineae*): *Pinus Pumilio* Hncke. (*P. Mughus* Scop.), Krummholzkiefer (Nadeln, Zweigspitzen und jüngere Zweige); im *Krummholzöl* (*Latschenkiefernöl*) neben *l-α-Pinen.* — *P. Laricio* Poir. (*P. L.* var. *austriaca* Endl., *P. maritima* Sol., *P. nigricans* Host.), Schwarzkiefer (Stamm); im *Österreichischen Terpentinöl* neben *α-Pinen.* — *P. palustris* Mill. (*P. australis* Mich.), Sumpfkiefer (Stamm und Wurzelholz); im *Amerikanischen Terpentinöl* und im *Holzterpentinöl,* neben *α-Pinen.* — *P. longifolia* Roxb., Chir pine (Stamm); im *Indischen Terpentinöl* neben *l-α-Pinen.* — *P. halepensis* Mill. (*P. maritima* Mill.), Aleppokiefer (Sprosse und Stamm); im *Griechischen Terpentinöl,* neben *l-α-* und *d-α-Pinen.* — *P. ponderosa* var. *scopulorum* Engelm.; im *Terpentinöl* neben *d-α-Pinen.* — *P. insularis* Endl.; ebenso. — *P. monophylla* Torr., Single leaf pine; im *Holzterpentinöl,* zweifelhaft! — *P. edulis* Engelm., Piñon pine; im *Terpentinöl* neben *α-Pinen.* — *P. Lambertiana* Dougl., Zuckerkiefer; im *Terpentinöl* neben *d-α-Pinen.* — *P. Gerardiana* Wall.; wie vorige. — *Picea excelsa* Lk. (*P. vulgaris* Lk.), Fichte (Stamm); im *Terpentinöl* neben *l-α-Pinen.* — *Abies Pindrow* Spach. (Nadeln); neben *d-α-Pinen.* — *A. Nordmanniana* Spach., Nordmannstanne (Triebe); neben *l-* und *i-α-Pinen.* — *A. sibirica* Ledeb. (*A. Pichta* Forb.), Sibirische Edeltanne (Nadeln und Triebspitzen), neben *l-α-Pinen.* — (*Cupressineae*): *Chamaecyparis nutkaensis* Spach., Gelbe „Ceder", Nootka-Sound-Cypress; (Nadeln). — *Libocedrus decurrens* Torr., Incense Cedar (junge Zweige und Nadeln), zweifelhaft!

Fam. **Myristicaceae:** *Myristica fragrans* Houtt. (*M. officinalis* L., *M. moschata* Thbg.), Muskatnußbaum (Samen); im *Muskatnußöl* neben *α-Pinen.*

Fam. **Lauraceae:** *Cinnamomum ceylanicum* var. *seychelleanum* (?), Seychellen-Zimtbaum (Rinde); im *Seychellen-Zimtöl.* — *C. Camphora* Nees. (*Laurus C. L., Camphora officinarum* Nees.), Campherbaum (Blätter, Zweige, Stamm und Wurzel); im *Campheröl,* neben *d-α-* und *l-α-Pinen!* — *C. Species* unbekannt, Yu-Ju-Campherbaum (Holz); im *Yu-Ju-Öl* neben *d-α-Pinen.* — *Laurus nobilis* L., Lorbeerbaum (Blätter); im *Lorbeerblätteröl* neben *l-α-Pinen.*

Fam. **Hamamelidaceae:** *Liquidambar formosana* Hanse (Blätter und Zweige); neben *α-Pinen;* unsicher!

Fam. **Burseraceae:** *Boswellia serrata* Roxb. (*B. glabra* Roxb., *Canarium balsamiferum* Willd.), Salaibaum (Stammrinde); im *Indischen Weihrauchöl* neben *d-α-Pinen,* zweifelhaft! — *Canarium villosum* Vill., Pagsainguin; im *Pagsainguinöl,* neben *d-α-Pinen.*

Fam. **Dipterocarpaceae:** *Dryobalanops aromatica* Gärtn. (*D. Camphora* Colebr.), Borneocampherbaum (Holz und Blätter); im *Borneocampheröl,* neben *d-α-Pinen.*

Fam. **Myrtaceae:** In dem Öl aus Blättern und Früchten von folgenden Species: *Leptospermum flavescens* Sm. und Varietät *leptophyllum* Cheel.; neben *α-Pinen.* — *L. odoratum* Cheel., wie vorige. — *Baeckea Gunniana* var. *latifolia* F. v. M. — *B. brevifolia* DC. (Blätter und Zweigspitzen); neben *α-Pinen.* — *B. liniifolia* var. *brevifolia* F. v. M. (*B. leptocaulis*?), wie vorige.

Fam. **Umbelliferae:** *Seseli dichotomum* Pall. (Kraut); neben *α-Pinen.* — *Ferula galbaniflua* Boiss. et Buhse (*Peucedanum g.* Baill.), (Stammrinde); im *Galbanumöl* neben *d-α-Pinen.* — *Cuminum Cyminum* L., Kreuzkümmel (Früchte); im *Kreuzkümmelöl* neben *i-* und *d-α-Pinen.* — *Coriandrum sativum* L., Coriander (Früchte); im *Corianderöl,* wie vorige.

Fam. **Labiatae:** *Perovskia atriplicifolia* BENTH. (Blütenstand); neben *d-α-Pinen.* — *Salvia grandiflora* ETTL. (Kraut); neben *α-Pinen.* — *Hyssopus officinalis* L., Ysop (ebenso); im *Ysopöl*, neben *α-Pinen.* — *Thymus Zygis* L. var. *floribundus* BOISS. und var. *gracilis* BOISS., *Th. vulgaris* L., *Th. hiemalis* L. und *Corydothymus capitatus* RCHB. (wie vorige); im *Spanischen Thymianöl.*

Fam. **Compositae:** *Achillea Millefolium* L., Schafgarbe (Kraut); im *Schafgarbenöl.* — *Solidago rugosa* MILL.; neben *l-α-Pinen.* — *Artemisia tridentata* NUTT., „Black sage" (Blätter und Triebe), neben *α-Pinen.*

ι) *Pinen* (ohne nähere Angabe).

Fam. **Taxaceae:** *Arthrotaxis selaginoides* DON., King William pine (Blätter); Spur! — *Dacrydium biforme* PILG.; wie vorige, zweifelhaft!

Fam. **Pinaceae** (*Araucarieae*): *Agathis australis* SALISB. (*Dammara a.* LAMB.), Kauri-fichte (Holz); im *Kaurikopalöl.* — (*Abietineae*): *Abies reginae Amaliae* HELDR. (Zapfen); alte Angabe! — *Larix americana* MCHX. (Nadeln und Zweige). — (*Cupressineae*): *Juniperus Oxycedrus* L., Spanische „Ceder" (Beeren). — *J. phoenicea* L., Rot-früchtiger Sadebaum (Beeren).

Fam. **Gramineae:** *Cymbopogon sennaarensis* CHIOV., Mahareb (Blätter); zweifel-haft! — *C. procerus* A. CAM. (*Andropogon p.* R. BR.); wie vorige.

Fam. **Iridaceae:** *Crocus sativus* L. (*C. officinalis* PERS.), Safran (Narben); im *Safranöl.*

Fam. **Zingiberaceae:** *Kaempferia Ethelae* WOOD. (Knollen = *Sherungulu-Knollen*); zweifelhaft! — *Alpinia Galanga* WILLD. (Rhizom); im *Galangawurzelöl*; *d-Pinen* wahrscheinlich!

Fam. **Piperaceae:** *Piper Cubeba* L. (*Cubeba officinalis* MIQ.), Cubebenpfeffer (Früchte); im *Cubebenöl*, zweifelhaft! — *P. acutifolium* R. et P. var. *subverbascifolium* (Blätter).

Fam. **Myricaceae:** *Myrica Gale* L., Gagelstrauch (Öl aus Kätzchen).

Fam. **Aristolochiaceae:** *Asarum caudatum* (?), (Rhizom und Wurzel). — *Aristolochia reticulata* NUTT. (Wurzelstock = „*Serpentaria*"); zweifelhaft!

Fam. **Lauraceae:** *Cinnamomum ceylanicum* NEES (*Laurus Cinnamomum* L.), Ceylon-Zimtstrauch (Wurzel); im *Zimtwurzelöl.* — *C. glanduliferum* MEISSN., Nepal Camphor tree (Blätter); zweifelhaft! — *Ocotea-Species* unbekannt (Stamm); im „*Lorbeeröl von Guayana*", zweifelhaft! — *Nectandra Puchury-major* NEES. (*Ocotea P.-m.* MART.), (Samen = *Große Puchurimbohnen*).

Fam. **Rutaceae** (*Rutoideae*): *Xanthoxylum ailanthoides* SIEB. et ZUCC. (Blätter); zweifel-haft! — *Cusparia trifoliata* ENGL. (*Galipea officinalis* HANC.), Angosturabaum (Rinde); im *Angosturarindenöl*, zweifelhaft! — (*Aurantioideae*): *Citrus Bigaradia* RISSO, Bitterer Orangenbaum (Frucht); im *Pomeranzenschalenöl*, zweifelhaft; *d-Pinen* angegeben! — *C. Aurantium* L. subsp. *amara* var. *pumila*, „Chinotto" (Fruchtschale); Spur *d-Pinen*!

Fam. **Burseraceae:** *Commiphora Myrrha* HOLM. (*C. Molmol* ENGL., *Balsamodendron Myrrha* NEES.), *C. abyssinica* ENGL. (*Balsamodendron a.* BG.), *C. Schimperi* ENGL., (Rinde); im *Myrrhenöl.* — *Canarium luzonicum* GRAY. (*C. album* BL., *C. commune* VILL.), „Pili" (Stammrinde); im *Manila-Elemiöl.*

Fam. **Anacardiaceae:** *Schinus Molle* L., Pfefferstrauch, Mollebaum (Früchte, Blätter und Zweige).

Fam. **Myrtaceae:** *Melaleuca trichostachya* LINDL. (Blätter); zweifelhaft! — *Agonis flexuosa* LINDL., „Willow myrtle, ebenso. — *Darwinia taxifolia* CUNN. (Blätter); *l-Pinen*!

Fam. **Umbelliferae:** *Oenanthe Phellandrium* LAM. (*Oe. aquatica* LAM., *Phellandrium a.* L.), Wasserfenchel (Früchte); im Wasserfenchelöl, zweifelhaft! — *Ferula foetida* REG. (*F. Assafoetida* L.), Stinkasant, *F. alliacea* BOISS., *F. Narthex* BOISS., *F. foe-tidissima* REG. et SCHM. und *F. persica* WILLD. (Milchsaft, besonders der Wurzel); im *Asantöl*, wahrscheinlich!

Fam. **Verbenaceae:** *Vitex Agnus Castus* L., Mönchspfeffer (Blätter); im *Mönchs-pfefferöl.*

Fam. **Labiatae:** *Meriandra dianthera* BRIQ. (*M. benghalensis* BENTH.), (Blätter); wahr-scheinlich! — *Prostanthera cineolifera* BAK. et SM. (Kraut); zweifelhaft! — *Salvia lavandulaefolia* VAHL. (Kraut); im *Spanischen Salbeiöl*, unsicher! — *Thymus vulgaris* L., Thymian (ebenso); im *Thymianöl*: *d-Pinen*! — *Th. Serpyllum* L., Quendel (ebenso); im Quendelöl: *d-* und *l-Pinen.* — *Th. capitatus* HOFFMG. et LNK. (*Corydothymus capitatus* REICHB., *Satureia c.* L.), (wie vorige): *d-Pinen*! — *Mentha spicata* HUDS. (*M. viridis* L.), Grünminze (wie vorige); im *Grünminzöl*, wahrscheinlich *d-* und *l-Pinen.* — *Ocimum Basilicum* L. var. „*Selasih Hidjan*", Basilie (Blätter); im *Basilicumöl.*

Fam. **Compositae:** *Euthamia caroliniana* Gr. (*Solidago c. L.*), (Kraut). — *Helichrysum Stoechas* DC. (wie vorige); wahrscheinlich! — *Solidago canadensis* L., Goldrute (ebenso); im *Goldrutenöl.* — *Artemisia vulgaris* L. var. *indica* Maxim., Indischer Beifuß; im *Yomugiöl.* — *A. Absinthium* L. (*Absinthium vulgare* Lam.), Wermut; im *Absinthöl (Wermutöl).*

5. Camphen, $C_{10}H_{16}$.

Vorkommen: Verbreitet bei Gymnospermen und Angiospermen im Öl aus Blättern, Zweigen, Blüten, Früchten, Samen, Holz u. a., als d- und l-Camphen.

α) d-Camphen (Austracamphen).

Fam. **Pinaceae** (*Araucarieae*): *Agathis australis* Salisb. (*Dammara a.* Lamb.), Kauri-fichte (Blätter); im *Kauriöl.* — (*Cupressineae*): *Cupressus sempervirens* L., Echte Zypresse (Blätter und junge Zweige); im *Zypressenöl.*
Fam. **Zingiberaceae:** *Zingiber officinale* Rosc. (*Amomum Zingiber* L.), Ingwer (Rhizom); im *Ingweröl.* — *Curcuma aromatica* Salisb. (Wurzelstock = *Falsche Curcuma*). — *C. Zedoaria* Rosc. (*C. Zerumbet* Roxb.), Zittwerwurz (Rhizom); im *Zittwerwurzöl.* — *Alpinia nutans* Rosc. (Blätter).
Fam. **Rutaceae** (*Aurantioideae*): *Citrus Aurantium* Risso (*C. sinensis* Pers., *C. Aurantium* L. subsp. *sinensis* var. *dulcis* L.), Apfelsinenbaum (Blätter und Stengel): im *Portugal-Petitgrainöl,* und (Blüten): im *Neroli-Portugal.* — *C. Limonum* Risso (*C. medica* L., subsp. *Limonum* Hook.), Citronenbaum (Blätter, Zweige und un-reife Früchte); im *Citronen-Petitgrainöl.*
Fam. **Labiatae:** *Lavandula Spica* DC. (*L. Sp.* var. *β* L.), Spiklavendel (Blüten); im *Spiköl.*

β) l-Camphen.

Fam. **Pinaceae** (*Abietineae*): *Pinus silvestris* L., Gemeine Kiefer (Stamm); im *Russischen Terpentinöl,* zweifelhaft! — *P. palustris* Mill. (*P. australis* Mich.), Sumpfkiefer (Nadeln mit Zweigen, Zapfen). — *P. heterophylla* Sudw. (*P. cubensis* Griseb.), Cuban pine (Nadeln). — *P. contorta* Dougl. (*P. Murrayana* Balf.), „Lodge pole pine“ (Nadeltriebe). — *P. clausa* Sarg., Sand pine (Stamm); im *Terpentinöl.* — *P. Lambertiana* Dougl., Zuckerkiefer (Zapfen). — *Abies concolor* Parry, White Fir (Nadeltriebe). — *Abies sibirica* Ledeb. (*A. Pichta* Forb.), Sibirische Edeltanne (Nadeln und Triebspitzen); im *Sibirischen „Fichtennadelöl“.* — (*Cupressineae*): *Juniperus phoenicea* L., Rotfrüchtiger Sadebaum (Zweige mit Blättern); im *Französischen Sadebaumöl.* — *Chamaecyparis formosensis* Matsum, „Benihi“; im Öl der Blätter.
Fam. **Gramineae:** *Cymbopogon Nardus* Rendl. (*Andropogon N.* L.), Citronellgras mit der Varietät *lenabatu* (*Andropogon N. Ceylon* de Jong), Neues Citronellgras (Blätter); im *Ceylon-Citronellöl.* — *C. caesius* Stpf. (*Andropogon c.* Nees.), Inchi-gras (Blätter und Blütenstand); im *Inchigrasöl.* — *C. coloratus* Stpf. (Blütenstand). — *Andropogon odoratus* Lisb. (*Amphilophis o.* Cam.), (Kraut).
Fam. **Rutaceae** (*Aurantioideae*): *Citrus Bigaradia* Risso (*C. Aurantium* L. subsp. *amara* L. var. *Bigaradia, C. vulgaris* Risso), Bitterer Orangenbaum (Blätter, Zweige und junge Früchte): im *Petitgrainöl,* zweifelhaft! und (Blüten): im *Neroliöl (Orangenblütenöl).* — *C. Limonum* Risso (*C. medica* L. subsp. *Limonum* Hook.), Citronenbaum (Fruchtschale); im *Citronenöl.* — *C. Bergamia* Risso (*C. Aurantium* L. subsp. *Lima* var. *Bergamia* Risso), Bergamotte (Früchte); im *Bergamottöl.*
Fam. **Valerianaceae:** *Valeriana officinalis* L., Arzneilicher Baldrian (Wurzelstock); im *Baldrianöl.* — *V. officinalis* L. var. *angustifolia* Miq., Kesso (Wurzel = *Japanische Baldrianwurzel, Kessowurzel*); im *Kessoöl.*
Fam. **Compositae:** *Chrysanthemum sinense* var. *japonicum* (?), „Riono-Kiku“ (Kraut). — *Artemisia Herba-alba* var. *genuina* Batt. et Trab., Weißer Beifuß (ebenso); im *Scheihöl.*

γ) i-Camphen.

Fam. **Labiatae:** *Rosmarinus officinalis* L., Rosmarin (Blätter und Blüten); im *Rosmarinöl.*

δ) Camphen (ohne Drehungsangabe).

Fam. **Taxaceae:** *Podocarpus macrophylla* Don.; im Öl der Zweige und Blätter (neben α- und β-*Pinen* und *Cadinen*).
Fam. **Pinaceae** (*Araucarieae*): *Agathis Dammara* Rich. (*Dammara orientalis* Lamb., *D. alba* Rph.), Dammarfichte (Stamm); im *Manila-Kopalöl.* — (*Abietineae*):

Pinus silvestris L., Gemeine Kiefer (Nadeln, Stamm und Wurzelstock); im *Kiefern-nadelöl*, im *Terpentinöl* und *Harzessenz*, im *Holzterpentinöl* und im *Kienöl*. — *P. Laricio* POIR. (*P. L.* var. *austriaca* ENDL., *P. maritima* SOL., *P. nigricans* HOST.), Schwarz-kiefer (Wurzelstock); im *Holzterpentinöl*. — *P. Pinaster* SOL. (*P. maritima* POIR.), Seestrandskiefer (Stamm); im *Bordeaux-Terpentinöl*. — *P. palustris* MILL. (*P. australis* MICH.), Sumpfkiefer (Stamm- und Wurzelholz); im *Amerikanischen Terpentinöl* und *Kienöl* (= „*Long-leaf-Pine-Oil*"). — *P. halepensis* MILL. (*P. maritima* MILL.), Aleppokiefer (Nadeln und Zweige). — *P. Massoniana* SIEB. et ZUCC. (*P. Thunbergii* PARL.), Kuromatsu (Stamm); im *Terpentinöl*. — *Abies Nordman-niana* SPACH., Nordmannstanne (Triebe). — *A. cephalonica* LK., Griechische Tanne; im *Balsamöl*. — *A. sibirica* LEDEB. (*A. Pichta* FORB.), Sibirische Edel-tanne (Rinde). — *Tsuga heterophylla* SARG.; im Nadelöl, neben α- und β-*Pinen*. Neuere Angabe (1931).

    (*Cupressineae*): *Juniperus communis* L., Wacholder (Früchte und Zweige); im *Wacholderbeeren-* und *-Rindenöl*; zweifelhaft! — *J. excelsa* M. B. (*J. Sabina* L. var. *taurica* TALL.), (Beeren).

Fam. **Araceae:** *Acorus Calamus* L. (*A. aromaticus* GILB.), Kalmus (Wurzelstock); im *Kalmusöl*.

Fam. **Zingiberaceae:** *Kaempferia Galanga* L. (Rhizom); im *Kaempferiaöl*.

Fam. **Piperaceae:** *Piper Cubeba* L. (*Cubeba officinalis* MIQ.), Cubebenpfeffer (Früchte); im *Cubebenöl*, zweifelhaft!

Fam. **Anonaceae:** *Monodora grandiflora* BENTH. (Samen).

Fam. **Myristicaceae:** *Myristica fragrans* HOUTT. (*M. officinalis* L., *M. moschata* THBG., *M. aromatica* LAM.), Muskatnußbaum (Samen); im *Muskatnußöl*.

Fam. **Lauraceae:** *Cinnamomum ceylanicum* var. *seychelleanum*, Seychellen-Zimt-baum (Rinde); im *Seychellen-Zimtöl*. — *C. Camphora* NEES. (*Laurus C.* L., *Camphora officinarum* NEES.), Campherbaum (Blätter, Zweige, Stamm und Wurzel); im *Campheröl*. — *C. glanduliferum* MEISSN., Nepal Camphor tree (Blätter). — *C. Loureirii* NEES. (*C. obtusifolium* NEES. var. *Loureirii* PERR. et EB.), Japanischer Zimtbaum (Wurzelrinde); im *Oil of Nikkei*. — *C.-Species* unbekannt, Yu-Ju-Campherbaum (Holz); im *Yu-Ju-Öl*. — *Litsea praecox* BL., „Aburachan" (Blätter und Zweige); im *Aburachanöl*.

Fam. **Hamamelidaceae:** *Liquidambar formosana* HANSE (Blätter und Zweige).

Fam. **Rutaceae** (*Rutoideae*): *Orixa japonica* THBG. (*Celastrus Orixa* SIEB. et ZUCC.), „Kokusagi" (Blätter). — (*Aurantioideae*): *Aegle sepiaria* DC. (*Citrus trifoliata* L.) (Blüten); im *Chinesischen Neroliöl*, zweifelhaft! — *Phebalium nudum* HOOK., „Maire-hau-Staude" (Blätter und Triebspitzen). — *Citrus madurensis* LOUR. (*C. nobilis* LOUR. var. *deliciosa*), Mandarinenbaum; im *Algerischen Blätteröl*, zweifelhaft! im *Japanischen Mandarinen-Blätteröl*.

Fam. **Burseraceae:** In den Harzölen aus dem Stamm bei folgenden: *Boswellia Carterii* BIRDW.; im *Weihrauchöl* (*Olibanumöl*). — *Dacryodes hexandra* GRISEB. (*Bursera acuminata* WILLD.); im *Tabonucoöl*, Spur! — *Bursera gummifera* L.; im *Gommart-harzöl*; alte, unsichere Angabe! — *Canarium villosum* VILL., Pagsainguin; im *Pagsainguinöl*; vielleicht!

Fam. **Anacardiaceae:** *Rhus Cotinus* L. (*Cotinus Coggygria* SCOP.), Färbersumach (Blätter).

Fam. **Dipterocarpaceae:** *Dryobalanops aromatica* GÄRTN. (*D. Camphora* COLEBR.), Borneocampherbaum (Holz und Blätter); im *Borneocampheröl*.

Fam. **Myrtaceae:** *Myrtus communis* L., Myrtenbaum (Blätter); im *Myrtenöl*: camphenartiger Kohlenwasserstoff! — *Eucalyptus Globulus* LAB., „Fieberbaum" (Blätter); im *Globulusöl*. — Nach neuerer Angabe auch im Öl von *E. dives* SCHAU., Broad-leaved-Peppermint.

Fam. **Umbelliferae:** *Selinum Monnieri* L. (Frucht). — *Foeniculum vulgare* MILL. (*F. officinale* ALL.), Fenchel (Frucht); im *Fenchelöl*. — *Thapsia garganica* L. (*T. Syl-phium* VIV.?), Spanischer Turbith (Wurzelrinde).

Fam. **Verbenaceae:** *Vitex trifolia* L., „Hamago" (Blätter und Zweige).

Fam. **Labiatae:** *Perovskia atriplicifolia* BENTH. (Blütenköpfe). — *Rosmarinus officinalis* L., Rosmarin (Blätter und Blüten); im *Italienischen* (Dalmatinischen), *Sardinischen*, *Russischen Rosmarinöl*. — *Meriandra dianthera* BRIQ. (*M. benghalensis* BENTH., *Salvia b.* ROXB.), (Blätter). — *Salvia grandiflora* ETTL. (Kraut). — *S. lavandulaefolia* VAHL. (ebenso); im *Spanischen Salbeiöl*; wahrscheinlich! — *Hyssopus officinalis* L., Ysop (Kraut); im *Ysopöl*. — *Thymus Zygis* L. (*T. tenuifolius* BOISS.); im *Spanischen Thymianöl*. — *Mentha-Species* ungenannt, Wilde Pfefferminze (Kraut).

Fam. **Compositae:** *Achillea nobilis* L., Edelschafgarbe (Kraut und Blüten); im *Edelschafgarbenöl*. — *Tanacetum vulgare* L. (*Chrysanthemum v.* BERNH.), Rainfarn

(Kraut und Blüten); im *Rainfarnöl*: *Pinen* oder *Camphen*? — *Artemisia annua* L. (Kraut). — *A. maritima* L., Meerstrandsbeifuß (Knospen). — *Saussurea Lappa* Clarke (*Aplotaxis* L. DC.), (Wurzel); im *Costuswurzelöl*.

6. Fenchen, $C_{10}H_{16}$.

Vorkommen: Nur in drei Familien, sekundär; im Öl von Blättern, Zweigen, Stamm und Wurzeln.

Fam. **Pinaceae** (*Abietineae*): *Pinus silvestris* L., Gemeine Kiefer (Holz); im *Terpentinöl*. — (*Cupressineae*): *Cupressus sempervirens* L., Echte Zypresse (Blätter und junge Zweige); im *Zypressenöl*, wahrscheinlich!

Fam. **Lauraceae**: *Cinnamomum Camphora* Nees. (*Laurus C. L., Camphora officinarum* Nees.), Campherbaum (Blätter, Zweige, Stamm und Wurzel); im *Campheröl*: *d-Fenchen*!

Fam. **Myrtaceae**: *Eucalyptus Globulus* Lab., Fieberbaum (Blätter); im *Globulusöl*.

7. Xanthoxylen, $C_{10}H_{16}$.

Vorkommen: Siehe *l-Sabinen*, S. 589.

III. Terpene unbekannter Konstitution.

1. „Lauren", $C_{10}H_{16}$.

Vorkommen:

Fam. **Lauraceae**: *Laurus nobilis* L., Lorbeerbaum; im *Lorbeerbeerenöl* nach alter Angabe! Ist Gemenge von verschiedenen Kohlenwasserstoffen.

2. Origanen, $C_{10}H_{16}$.

Vorkommen:

Fam. **Labiatae**: *Origanum-Species* unbestimmt (*O. majoranoides* Willd., *O. dubium* Boiss. oder *O. Maru* L.?); im *Cyprischen Origanumöl*.

3. Cryptotaenen, $C_{10}H_{16}$.

Vorkommen:

Fam. **Umbelliferae**: *Cryptotaenia japonica* Hassk., „Mitsubazeri"; im Öl aus Kraut (neben *Mitsubaen*).

4. Dacryden, $C_{10}H_{16}$.

Vorkommen:

Fam. **Taxaceae**: *Dacrydium Franklinii* Hook. (*D. Huonense* Cunn.), Huon tree; im Öl der Blätter. — *D. Colensoi* Hook.; im Öl der Blätter und Zweige, unsicher! Nach neuerer Angabe (1931) scheinbar identisch mit Δ^4-*Caren*, s. S. 587!

5. „Cicuten" (wahrscheinlich Gemenge mehrerer Terpene), $C_{10}H_{16}$.

Vorkommen:

Fam. **Umbelliferae**: *Cicuta virosa* L., Wasserschierling; im Öl aus Wurzelstock (vielleicht Gemenge von *Pinen* und *Phellandren*?).

6. $\Delta^{2,8(9)}$-p-Menthadien, $C_{10}H_{16}$.

Vorkommen:

Fam. **Chenopodiaceae**: *Chenopodium anthelminticum* L. (*Ch. ambrosioides* var. *anthelm.* Gray), Wormseed; im *Amerikanischen Wurmsamenöl* der Drüsenhaare von Frucht und Blatt.

7. Dihydroterpen, $C_{10}H_{18}$.

Vorkommen:

Fam. **Pittosporaceae**: *Pittosporum resiniferum* Hemsl.; im Öl der Früchte (= „Petroleumnüsse") neben *Heptan*. — *P. pentandrum* Merr.; wie vorige.

8. Totaren, $C_{10}H_{16}$.

Vorkommen:

Fam. **Taxaceae**: *Podocarpus Totara* G. Benn.; im Öl der Blätter und Zweige (1929).

9. „Shikimen", $C_{10}H_{16}$.

Vorkommen:

Fam. **Magnoliaceae**: *Illicium religiosum* Sieb. et Zucc, Japanischer Sternanis, Shikimi; im Öl der Blätter; ältere Angabe!

10. „Skimmen“, $C_{10}H_{16}$.

Vorkommen:
Fam. **Rutaceae** (*Toddalioideae*): *Skimmia japonica* THBG.; im Öl der Blätter; alte Angabe!

11. Firpen, $C_{10}H_{16}$.

Vorkommen:
Fam. **Pinaceae** (*Abietineae*): *Pseudotsuga Douglasii* CARR. (*Abies D.* LINDL.), Douglasfichte, „Western Fir“; im *Terpentinöl*, vielleicht mit *Pinen* identisch!

12. „Thymen“.

Vorkommen: Nach alter Angabe im *Ajowanöl* und im *Thymianöl*, ist aber nicht einheitlich, sondern Gemenge von α-*Pinen*, *Dipenten* und besonders γ-*Terpinen*.

13. Chamen, $C_{10}H_{16}$.

Vorkommen:
Fam. **Pinaceae** (*Cupressineae*): *Chamaecyparis obtusa* SIEB. et ZUCC., Hinokibaum; im Öl der Blätter (1931).

IV. Unbenannte Terpene,
chemisch näher untersucht (Formel und Siedepunkt).

Fam. **Gramineae:** *Cymbopogon Nardus* RENDL. var. *lenabatu* (*Andropogon N. Ceylon* DE JONG, „Lenabatu“), Neues Citronellgras; im Ceylon-Citronellöl: *Terpen* $C_{10}H_{16}$.

Fam. **Iridaceae:** *Crocus sativus* L. (*C. officinalis* PERS.), Safran; im *Safranöl* der Narben: *Terpen* $C_{10}H_{16}$.

Fam. **Zingiberaceae:** *Zingiber nigrum* GÄRTN.; im Öl der Früchte: *Terpen* $C_{10}H_{16}$.

Fam. **Moraceae** (*Cannabinoideae*): *Cannabis sativa* var. *indica* (*C. indica* LAM.), Indischer Hanf; im *Hanföl* der ganzen Pflanze: *Terpen* von Kp. 170—180⁰.

Fam. **Magnoliaceae:** *Michelia longifolia* BL.; im *Weißen Champacaöl* (*Unechtes Ch.*) der Blüten: *Terpen* von Kp. 180⁰.

Fam. **Hamamelidaceae:** *Liquidambar-Species* unsicher (*L. styracifluum* L.?); im *Weißen Perubalsam* aus Stamm: *Terpen* $C_{10}H_{16}$.

Fam. **Burseraceae:** *Bursera Delpechiana* POISS., Linaloebaum; im *Mexikanischen Linaloeöl* des Holzes: olefin. *Terpen* $C_{10}H_{16}$ neben einem noch unbestimmten Terpen u.a.

Fam. **Euphorbiaceae:** *Croton Eluteria* BENN. (*Cascarilla Clutia* WOODW.); im *Cascarillöl* der Rinde: *Terpen* $C_{10}H_{16}$.

Fam. **Myrtaceae:** *Darwinia grandiflora* (*D. taxifolia* var. *grandiflora* BENTH.); im Öl der Blätter und Zweige: *Terpen* von Kp. 175—177⁰.

Fam. **Umbelliferae:** *Cicuta virosa* L., Wasserschierling; im Öl des Wurzelstockes: früher angegebenes „Cicuten“ unsicher! — *Crithmum maritimum* L., Seefenchel; im *Seefenchelöl* der Früchte: *d-Terpen* von Kp. 158—160⁰ u. i. K.-W. $C_{10}H_{16}$ von Kp. 176—180⁰. — *Thapsia garganica* L. (*T. Sylphium* VIV.?), Spanischer Turbith; in der Wurzelrinde: *Terpen* von Kp. 180⁰.

Fam. **Verbenaceae:** *Lippia hastulata* HIEROM., „Rica-rica“; im Öl der Blätter: *Terpene* von der Formel $C_{10}H_{14}$.

Fam. **Labiatae:** *Origanum Majorana* L. (*Majorana hortensis* MNCH.), Majoran; im *Majoranöl* aus Kraut: *d-Terpen* $C_{10}H_{16}$. — *Thymus Serpyllum* L., Quendel; im *Quendelöl* des Krautes: Spuren von *Terpen* $C_{10}H_{16}$. — *Th.-Species* unbekannt; im *Spanischen Thymianöl*: *Terpen* $C_{10}H_{16}$, Kp. 155⁰. — *Ocimum viride* WILLD., Moskitopflanze; im Öl der Blätter: *Terpen* $C_{10}H_{16}$.

Fam. **Rubiaceae** (*Cinchonoideae*): *Gardenia lucida* ROXB. (*G. resinifera* ROTH.); im Öl aus *Decamalee-Gummi*: *Terpen* $C_{10}H_{16}$.

Fam. **Caprifoliaceae:** *Sambucus nigra* L. (*S. vulgaris* LAM.), Schwarzer Holunder; im *Holunderblütenöl*: *Terpen* $C_{10}H_{16}$.

Fam. **Compositae:** *Achillea Millefolium* L., Schafgarbe; im *Schafgarbenöl* des Krautes: *Terpen* $C_{12}H_{20}$. — *A. nobilis* L., Edelschafgarbe; im *Edelschafgarbenöl* des Krautes: *Terpen* $(C_{10}H_{16})n$. — *A. Dracunculus* L., Estragon; im *Estragonöl*, wie vorige: *Terpene* $C_{10}H_{16}$. — *Erechtites praealta* Raf. (*Senecio hieraciifolius* L.); im Öl des Krautes: *Terpen* $C_{10}H_{16}$.

d) Sesquiterpene.

I. Monocyclische Sesquiterpene.

1. Bisabolen (*Limen*), $C_{15}H_{24}$.

Vorkommen: Bei einzelnen gymnospermen und angiospermen Familien (vornehmlich *Rutaceen*), im Öl aus verschiedenen Organen.

Fam. **Pinaceae** (*Abietineae*): *Abies sibirica* Ledeb. (*A. Pichta* Forb.), Sibirische Edeltanne (Nadeln und Triebspitzen); im *Sibirischen „Fichtennadelöl".*

Fam. **Zingiberaceae:** *Amomum-Species* unbekannt (Wurzel); im *Cardamomenwurzelöl.*

Fam. **Piperaceae:** *Piper Volkensii* DC. (Blätter); *Limen* angegeben!

Fam. **Lauraceae:** *Cinnamomum Camphora* Nees. (*Laurus C. L., Camphora officinarum* Nees.), Campherbaum (Blätter, Zweige, Stamm und Wurzel); im *Campheröl.*

Fam. **Erythroxylaceae:** *Erythroxylon monogynum* Roxb., Bastard-Sandel (Holz); im *Devardariholzöl.*

Fam. **Rutaceae** (*Aurantioideae*): *Murraya exotica* var. *ovatifolia* Engl. (Blätter); zweifelhaft! — *Citrus Aurantium* Risso (*C. sinensis* Pers., *C. Aurantium* L. subsp. *sinensis* var. *dulcis* L.), Apfelsinenbaum (Blätter und Zweige); im *Petitgrain-Portugal,* zweifelhaft! — *C. Limonum* Risso (*C. medica* L. subsp. *Limonum* Hook.), Citronenbaum (Fruchtschale); im *Citronenöl.* — *C. Limetta* Risso (*C. L. vulgaris*), Südeuropäische Limette (Früchte); im *Italienischen Limettöl.* — *C. Bergamia* Risso, Bergamotte (Früchte); im *Bergamottöl* (*Limen* angegeben!).

Fam. **Burseraceae:** *Commiphora erythraea* Engl. (*C. erythraea* var. *glabrescens* Engl.), (Rinde); im *Bisabol-Myrrhenöl* (*Opopanaxöl*).

Fam. **Umbelliferae:** *Daucus Carota* L., Möhre (Früchte); im *Möhrensamenöl.*

2. Ferulen, $C_{15}H_{26}$.

Vorkommen:

Fam. **Umbelliferae:** *Dorema Ammoniacum* Don. (*Peucedanum A.* Nees.); im *Ammoniakgummiöl* des Stammes (neben *Doremon* und *Doremol*).

3. Zingiberen, $C_{15}H_{24}$.

Vorkommen:

Fam. **Zingiberaceae:** *Zingiber officinale* Rosc. (*Amomum Zingiber* L.), Ingwer (Wurzelstock); im *Ingweröl.* — *Curcuma Zedoaria* Rosc. (*C. Zerumbet* Roxb.), Zittwerwurz (Rhizom); im *Zittwerwurzöl.*

II. Bicyclische Sesquiterpene.

1. Cadinen, $C_{15}H_{24}$.

Vorkommen: In einer Mehrzahl gymnospermer und angiospermer Familien, meist im Öl aller Teile. Als *d-* und *l-Cadinen.*

α) *d-Cadinen.*

Fam. **Taxaceae:** *Podocarpus ferrugineus*, Mirofichte (Blätter und Zweige).

Fam. **Pinaceae** (*Abietineae*): *Pinus palustris* Mill. (*P. australis* Mich.), Sumpfkiefer (Nadeln mit Zweigen, Zapfen). — *P. edulis* Engelm., Piñon pine (Stamm); im *Terpentinöl.* — *Cedrus atlantica* Man., Atlasceder (Holz); im *Atlas-Cedernöl.* — *Chamaecyparis Lawsoniana* Parl. (*Cupressus L.* Murr.), Lawsons Lebensbaum; im Öl des Holzes. — *Ch. obtusa* Sieb. et Zucc. (*Retinispora o.*), Hinokibaum; im Öl der Blätter.

Fam. **Gramineae:** *Andropogon-Species* unbekannt (Blütenstände).

Fam. **Lauraceae:** *Litsea praecox* Bl., „Aburachan" (Blätter und Zweige); im *Aburachanöl.*

Fam. **Rutaceae** (*Toddalioideae*): *Amyris balsamifera* L. (Holz); im *Westindischen Sandelholzöl.*

β) *l-Cadinen.*

Fam. **Pinaceae** (*Araucarieae*): *Agathis australis* Salisb. (*Dammara a.* Lamb.), Kaurifichte (Blätter); im *Kauriöl.* — (*Abietineae*): *Pinus silvestris* L., Gemeine Kiefer (Nadeln); im „*Schwedischen Fichtennadelöl".* — *P. Cembra* L., Zirbelkiefer (Nadeln mit Zweigen). — (*Cupressineae*): *Juniperus communis* L., Wacholder (Früchte); im *Wacholderbeerenöl* (Spur!). — *Cupressus sempervirens* L., Echte Zypresse (Blätter und junge Zweige); im *Zypressenöl.*

Fam. **Piperaceae:** *Piper Cubeba* L. (*Cubeba officinalis* Miq.), Cubebenpfeffer Früchte = *Cubeben*); im *Cubebenöl.*

Fam. **Lauraceae:** *Nectandra-Species* unsicher (Rinde = *Paracotorinde*); im *Paracotorindenöl.*

Fam. **Leguminosae** (*Caesalpinioideae*): *Hardwickia Mannii* OLIV. (*Copaifera M.* BAILL.) (Holz); im *Afrikanischen Copaivabalsamöl.* — *Copaifera officinalis* L., *C. guyanensis* DESF., *C. coriacea* MART., *C. Langsdorffii* DESF., *C. confertiflora* BENTH., *C. oblongifolia* MART., *C. rigida* BENTH., *C. reticulata* DUKE und *C. Martii* HAYNE (Holzkörper); im *Copaivabalsamöl.*

Fam. **Rutaceae** (*Rutoideae*): *Cusparia trifoliata* ENGL. (*Galipea officinalis* HANC., *Bonplandia trifoliata* WILLD.), Angosturabaum (Rinde); im *Angosturarindenöl.* — (*Aurantioideae*): *Murraya exotica* L. (Blätter).

Fam. **Umbelliferae:** *Ferula galbaniflua* BOISS. et BUHSE (*Peucedanum g.* BAILL.), (Stammrinde); im *Galbanumöl* (sekundär?).

Fam. **Labiatae:** *Ocimum gratissimum* BOISS. (Kraut).

γ) Cadinen (ohne Drehungsangabe).

Fam. **Taxaceae:** *Arthrotaxis selaginoides* DON., King William pine (Blätter); unsicher! — *Pherosphaera Fitzgeraldi* F. v. M. (ebenso). — *Dacrydium Franklinii* HOOK. (*D. Huonense* CUNN.), Huon-tree (Holz). — *D. biforme* PILG.; im Blätteröl. — *D. Colensoi* HOOK. (Blätter und Zweige); zweifelhaft! — *Podocarpus Totara* G. BENN.; ebenso. — *P. macrophylla* DON.; ebenso.

Fam. **Pinaceae** (*Abietineae*): *Pinus silvestris* L., Gemeine Kiefer (Stamm); im *Finnischen Terpentinöl.* — *P. Pumilio* HNCKE. (*P. Mughus* SCOP.), Krummholzkiefer, Latschenkiefer (Nadeln, Zweigspitzen und jüngere Zweige); im *Krummholzöl*, nach neuerer Angabe zweifelhaft! — *P. Cembra* L., Zirbelkiefer (Nadeln ohne Zweige). — *P. contorta* DOUGL. (*P. Murrayana* BALF.), Lodge pole pine (Nadeltriebe). — *Picea excelsa* LK. (*P. vulgaris* LK.), Fichte (Nadeln und junge Triebe); im *Fichtennadelöl.* — *Abies pectinata* DC. (*A. excelsa* LK., *A. alba* MILL., *Pinus Picea* L.), Edeltanne; im *Weißtannennadelöl*; und im äther. Öl der Samen; unsicher! — *Tsuga heterophylla* SARG.; im Nadelöl. Neuere Ausgabe (1931).

 Cryptomeria japonica DON. (*Cupressus j.* L.), Japanische „Ceder" (Blätter). — (*Cupressineae*): *Juniperus communis* L., Wacholder (Früchte); im *Wacholderbeerenöl.* — *J. Sabina* L. (*Sabina officinalis* GCKE.), Sadebaum (Triebe); im *Sadebaumöl.* — *J. virginiana* L., Virginischer Wacholder od. „-Ceder"; im „*Cedernblätteröl*". — *J. Oxycedrus* L., Spanische Ceder (Zweige und Holz); im *Kadeöl.* — *J. chinensis* L., „Byakushin" (Blätter). — *J. phoenicea* L., Rotfrüchtiger Sadebaum (Beeren). — *Chamaecyparis obtusa* ENDL. (*Retinispora o.* SIEB. et ZUCC.), (Holz und Blätter). — *Ch. Lawsoniana* PARL. (*Cupressus L.* MURR.), Lawsons Lebensbaum (Holz); im Port Oxford Cedernholzöl. — *Callitris Macleayana* F. v. M. (*C. Parlatorei* F. v. M., *Frenela Macleayana* PARLAT., *Octoclinis M.* F. v. M.), „Port Macquarie pine" (Blätter); anscheinend!

 (*Taxodineae*): *Taiwania cryptomerioides* HAYATA, Taiwaniaceder; im Holzöl. Neuere Angabe (1931).

Fam. **Zingiberaceae:** *Alpinia officinarum* HANCE, Galgant (Wurzelstock); im *Galgantöl*, zweifelhaft!

Fam. **Piperaceae:** *Piper officinarum* DC. (*Chavica o.* MIQ.), (Früchte = „*Langer Pfeffer*"), unsicher! — *P. Betle* L. (*Chavica B.* MIQ.), Betelpfeffer (Blätter); nur im *Siam-Betelöl.* — *P. ribesioides* WALL., *P. crassipes* KORTH., *P. venenosum* DC. (Früchte = *Falsche Cubeben*). — *P. Cubeba* L. (*Cubeba officinalis* MIQ.), Cubebenpfeffer (Früchte = *Cubeben*); im *Cubebenöl.*

Fam. **Anonaceae:** *Cananga odorata* HOOK. (*Anona o.* HOOK. et TH.), Ylang-Ylang (Blüten); im *Ylang-Ylang-Öl* von Réunion.

Fam. **Myristicaceae:** *Virola Otoba* (*Myristica O.* H. et B., *Dialyanthera O.* WARBG.), Otoba-Muskatnußbaum (Samen); im äther. Öl der *Otobabutter.*

Fam. **Lauraceae:** *Cinnamomum Camphora* NEES. (*Laurus C.* L., *Camphora officinarum* NEES.), Campherbaum (Blätter, Zweige, Stamm und Wurzel); im *Campheröl.* — *C. Kanahirai* HAY., Shô-Gyu (Holz); im *Shô-Gyu-Öl*, zweifelhaft! — *C.-Species* unbekannt, Schiu-Campherbaum (alle Teile, vorzugsweise Stammbasis und Wurzeln); im *Schiuöl* (*Apopinöl*).

Fam. **Rosaceae** (*Prunoideae*): *Prunus Persica* SIEB. et ZUCC. (*Amygdalus P.* L., *Persica vulgaris* DC.), Pfirsichbaum (Fruchtfleisch); im *Pfirsichöl*, unsicher!

Fam. **Leguminosae** (*Caesalpinioideae*): *Copaiva guyanensis* DESF. (Holzkörper); im *Copaivabalsamöl.* — *C. paupera* HERZG. (ebenso); im *Bolivianischen Copaivabalsamöl.* — *Sindora Wallichii* BENTH. (Stamm); im *Supabalsamöl.* — *Daniella thurifera* BENN.; im *Harzbalsamöl.* — (*Papilionatae*): *Amorpha fruticosa* L. (Frucht).

Fam. **Rutaceae** (*Rutoideae*): *Fagara xanthoxyloides* Lam. (*Xanthoxylum senegalense* DC.) (Frucht); zweifelhaft! — (*Aurantioideae*): *Citrus Limonum* Risso (*C. medica* L. subsp. *Limonum* Hook.), Citronenbaum (Fruchtschale); im *Citronenöl*. — *Eriostemon Coxii* Muell. (Blätter); unsicher!

Fam. **Burseraceae:** *Boswellia Carterii* Birdw. (Stamm); im *Weihrauchöl* (*Olibanumöl*). — *Commiphora Myrrha* Holm. (*Balsamodendron Myrrha* Nees.), *C. abyssinica* Engl. (*Balsamodendron a.* Bg.), *C. Schimperi* Engl. (Rinde); im *Myrrhenöl*; zweifelhaft!

Fam. **Meliaceae:** *Cedrela calantas* (?) (*Toona c.* Merr. et Rolf.), (Holz). — *C. Toona* Roxb. (*Toona febrifuga* Rm.); im Holzöl. Neuere Angabe (1931). — *Dysoxylon Fraseranum* Benth., „Rose Wood" (Holz); im „Australischen Mahagoniöl".

Fam. **Guttiferae:** *Hypericum perforatum* L. (*H. vulgare* Lam.), Johanniskraut (Kraut); im *Johanniskrautöl*.

Fam. **Dipterocarpaceae:** *Dryobalanops aromatica* Gärtn. (*D. Camphora* Colebr.), Borneocampherbaum (Holz und Blätter); im *Borneocampheröl*.

Fam. **Myrtaceae:** *Kunzea corifolia* Rchb. (Blätter und Zweigspitzen); wahrscheinlich! — *Melaleuca linariifolia* Sm., „Tea Tree" (Blätter und Zweigenden); unsicher! — *M. alternifolia* Cheel. (ebenso).

Fam. **Umbelliferae:** *Ferula galbaniflua* Boiss. et Buhse (*Peucedanum g.* Baill.) (Stammrinde); im *Galbanumöl*.

Fam. **Labiatae:** *Hyssopus officinalis* L., Ysop (Kraut); im *Ysopöl*, zweifelhaft! — *Mentha piperata* Huds. var. *officinalis* Sole, Pfefferminze (Kraut); im *Englischen Pfefferminzöl*, wahrscheinlich! — *Pogostemon Patchouli* Pell. var. *suavis* Hk., Patschulistrauch (Blätter); im *Patschuliöl*, zweifelhaft! — *Mosla japonica* Maxim.; im Krautöl.

Fam. **Compositae:** *Solidago canadensis* L., Goldrute (Kraut); im *Goldrutenöl*. — *Artemisia annua* L.; im Krautöl. — *A. Absinthium* L. (*Absinthium vulgare* Lam.), Wermut (ebenso); im *Wermutöl* (*Absinthöl*).

2. Caryophyllen, $C_{15}H_{24}$.

Vorkommen: Im Öl der Blätter, Blüten, Früchte, Holz bei mehreren angiospermen Familien; bei Gymnospermen zweifelhaft! Als α- und β- (d-β- und l-β-) *Caryophyllen*.

α) α-*Caryophyllen* (*Humulen*).

Fam. **Gramineae:** *Cymbopogon coloratus* Stpf. (*Andropogon c.* Nees.), (Blütenstände): *d*-α-*Caryophyllen*! — *Andropogon-Species* unbekannt (Blütenstände): *d*-*Caryophyllen*!

Fam. **Salicaceae:** *Populus nigra* L., Schwarzpappel (Knospen); im *Pappelknospenöl*: *d*-*Humulen*!

Fam. **Moraceae** (*Cannabinoideae*): *Humulus Lupulus* L., Hopfen (Fruchtstände = Hopfen); im *Hopfenöl*: *Humulen* = α-*Caryophyllen*, nach neuerer Angabe bestritten!

Fam. **Lauraceae:** *Cinnamomum ceylanicum* Nees., Ceylon-Zimtstrauch (Blätter); im *Zimtblätteröl* neben β-*Caryophyllen*.

Fam. **Leguminosae** (*Caesalpinioideae*): *Copaifera officinalis* L. (*C. Jacquinii* Desf.) u. a. (s. bei β-*Caryophyllen*), (Holz); im *Copaivabalsamöl*.

Fam. **Myrtaceae:** *Eugenia caryophyllata* Thbg. (*Caryophyllus aromaticus* L.), Gewürznelkenbaum (Blütenknospen und Stengel); im *Nelkenöl* und *Nelkenstielöl* neben β-*Caryophyllen*.

Fam. **Labiatae:** *Perovskia atriplicifolia* Benth.; im Öl der Blüten.

β) d-β-*Caryophyllen*.

Fam. **Lauraceae:** *Cinnamomum ceylanicum* Nees., Ceylon-Zimtstrauch (Blätter); im *Zimtblätteröl* neben α-*Caryophyllen*.

Fam. **Myrtaceae:** *Eugenia caryophyllata* Thbg. (*Caryophyllus aromaticus* L.), Gewürznelkenbaum (Blütenknospen und Stengel); im *Nelkenöl* und *Nelkenstielöl*.

γ) l-β-*Caryophyllen*.

Fam. **Moraceae** (*Cannabinoideae*): *Humulus Lupulus* L., Hopfen (Fruchtstände = Hopfen); im *Hopfenöl*.

Fam. **Rutaceae** (*Aurantioideae*): *Murraya Koenigii* Spreng. (Blätter).

Fam. **Myrtaceae:** *Eugenia caryophyllata* Thbg. (*Caryophyllus aromaticus* L.), Gewürznelkenbaum (Blütenknospen und Stengel); im *Nelkenöl* und *Nelkenstielöl*.

δ) *β-Caryophyllen* (ohne Angabe der Drehungsrichtung).

Fam. **Leguminosae** (*Caesalpinioideae*): *Hardwickia Mannii* OLIV. (*Copaifera* M. BAILL.) (Holz); im *Afrikanischen Copaivabalsamöl*. — *Copaifera officinalis* L., *C. guianensis* DESF., *C. coriacea* MART., *C. Langsdorffii* DESF., *C. confertiflora* BENTH., *C. oblongifolia* MART., *C. rigida* BENTH., *C. reticulata* DUKE und *C. Martii* HAYNE (Holz); im *Copaivabalsamöl* neben α-*Caryophyllen*.

Fam. **Rutaceae** (*Toddalioideae*): *Amyris balsamifera* L. (Holz); im *Westindischen Sandelholzöl*.

ε) *Caryophyllen* (Gemisch der verschiedenen Formen).

Fam. **Pinaceae** (*Cupressineae*): *Biota orientalis* ENDL. (*Thuja o. L.*), Morgenländischer Lebensbaum (Zweigspitzen und Blätter), zweifelhaft! — (*Taxodineae*): *Taiwania cryptomerioides* HAYATA, Taiwaniaceder"; im Holzöl, neben *Humulen* u. a. (1931).

Fam. **Piperaceae:** *Piper nigrum* L. (*P. aromaticum* LAM.), Schwarzer Pfeffer (Früchte); im *Pfefferöl*. — *P. Betle* L. (*Chavica B.* MIQ.), Betelpfeffer (Blätter); im *Betelöl*.

Fam. **Myricaceae:** *Myrica Gale* L., Gagelstrauch (Kätzchen); zweifelhaft!

Fam. **Lauraceae:** *Cryptocaria pretiosa* MART. (*Ocotea p.* BENTH. et H.), Mispellorbeer (Rinde = *Falsche Cotorinde*); zweifelhaft. — *Cinnamomum ceylanicum* NEES. (*Laurus Cinnamomum* L.), Ceylon-Zimtstrauch (Rinde und Wurzel); im *Ceylon-Zimtöl* und im *Zimtwurzelöl*. — *C. ceylanicum* var. *seychelleanum*, Seychellen-Zimtbaum (Rinde); im *Seychellen-Zimtöl*. — *C. Camphora* NEES. (*Laurus C.* L., *Camphora officinarum* NEES.), Campherbaum (Blätter und Holz). — *Litsea praecox* BL., Aburachan (Blätter und Zweige); im *Aburachanöl*.

Fam. **Leguminosae** (*Caesalpinioideae*): *Copaifera paupera* HERZG. (Holz); im *Bolivianischen Copaivabalsamöl*; zweifelhaft! — *Sindora Wallichii* BENTH. (Stamm); im *Supabalsamöl*.

Fam. **Burseraceae:** *Canarium eupteron* MIQ. (Stamm); im *Öl* vom „*Flüssigen Lagambalsam*".

Fam. **Dipterocarpaceae:** *Dipterocarpus Hasseltii* BL. (*D. trinervis* BL.), (Stamm); im *Öl* vom „*Festen Lagambalsam*".

Fam. **Winteranaceae:** *Canella alba* MURR. (*Winterana Canella* L.), Weißer Caneelbaum (Rinde); im *Weißzimtöl*.

Fam. **Myrtaceae:** *Pimenta officinalis* LINDL. (*Myrtus Pimenta* L., *Eugenia P.* DC.), Pimentbaum (Beeren und Blätter); im *Pimentöl* und *Pimentblätteröl*.

Fam. **Labiatae:** *Rosmarinus officinalis* L., Rosmarin (Blätter und Blüten); im *Russischen Rosmarinöl*; unsicher! — *Lavandula officinalis* CHAIX. (*L. vulgaris* α LAM.), Lavendel (Blüten); im *Französischen Lavendelöl*. — *Salvia grandiflora* ETTL. (Kraut). — *Thymus Zygis* L. (*T. tenuifolius* BOISS.), (Zweigspitzen); im *Spanischen Thymianöl*. — *Mosla japonica* MAXIM. (Kraut).

Fam. **Compositae:** *Achillea Millefolium* L., Schafgarbe (Kraut); im *Schafgarbenöl*. — *Artemisia annua* L.; im Krautöl.

3. Selinen, $C_{15}H_{24}$.

Vorkommen: Bislang nur in einer Species aufgefunden.

Fam. **Umbelliferae:** *Apium graveolens* L., Gemeine Sellerie (Frucht); im *Selleriesamenöl*: *d-Selinen*.

4. Calamen, $C_{15}H_{24}$.

Vorkommen: Bislang nur in einer Monocotylen-Species aufgefunden.

Fam. **Araceae:** *Acorus Calamus* L. (*A. aromaticus* GILB.), Kalmus (Wurzelstock); im *Kalmusöl*.

5. β-Santalen, $C_{15}H_{24}$.

Vorkommen: Neben dem tricyclischen α-*Santalen* (s. S. 606) bislang nur in einer Familie aufgefunden.

Fam. **Santalaceae:** *Santalum album* L., Sandelholzbaum (Stamm, Zweige und Wurzel); im *Ostindischen Sandelholzöl*.

6. Eudesmen, $C_{15}H_{24}$.

Vorkommen: Sicher nur bei Myrtaceen nachgewiesen.

Fam. **Pinaceae** (*Araucarieae*): *Araucaria-Species* unsicher (Holz); zweifelhaft.

Fam. **Myrtaceae:** *Homoranthus virgatus* CUNN. (Blätter und Zweigspitzen); neben *Ocimen*. — *H. flavescens* CUNN. (ebenso); zweifelhaft! — *Leptospermum scoparium*

Forst., „Manuka" (Blätter); im *Manukaöl*, neben „*Manuken*". — *L. flavescens* Sm. (Blätter und Triebe); neben *Aromadendren*. — *L. flavescens* Sm. var. *leptophyllum* Cheel. und var. *microphyllum* (Blätter und Zweige). — *L. lanigerum* Sm., Silberblättrige Form (wie vorige); neben *Aromadendren*. — *L. grandiflorum* Lodd. (wie vorige). — *L. odoratum* Cheel. (ebenso). — *Darwinia grandiflora* (*D. taxifolia* var. *grandiflora* Benth.); zweifelhaft! — *Eucalyptus haemastoma* Sm. (*E. signata* F. v. M.), White gum (Blätter), anscheinend! — *E. laevopinea* Bak., Silver Top Stringybark (wie vorige).

7. Sesquicamphen, $C_{15}H_{24}$.

Vorkommen: Bislang nur in einer Species aufgefunden.

Fam. **Lauraceae:** *Cinnamomum Camphora* Nees. (*Laurus C. L., Camphora officinarum* Nees.), Campherbaum (Blätter, Zweige, Stamm und Wurzel); im *Campheröl*.

8. Guajen, $C_{15}H_{24}$.

Vorkommen: Bislang in der Natur nicht aufgefunden.

9. Atractylen, $C_{15}H_{24}$.

Vorkommen: In ätherischen Ölen noch nicht aufgefunden.

10. Machilen, $C_{15}H_{24}$.

Vorkommen: Nur sekundär aus *Machilol* (s. S. 629).

III. Tricyclische Sesquiterpene.

1. α-Santalen, $C_{15}H_{24}$.

Vorkommen: Bislang nur in einer *dicotylen* Species aufgefunden neben dem bicyclischen β-*Santalen*.

Fam. **Santalaceae:** *Santalum album* L., Sandelholzbaum (Stamm, Zweige und Wurzel); im *Ostindischen Sandelholzöl*.

2. Gurjunen, $C_{15}H_{24}$.

Vorkommen: In zwei Familien aufgefunden.

Fam. **Guttiferae:** *Hypericum perforatum* L. (*H. vulgare* Lam.), Johanniskraut (Kraut) im *Johanniskrautöl*.

Fam. **Dipterocarpaceae:** *Dipterocarpus turbinatus* Gaertn., *D. laevis* Ham., *D. alatus* Roxb., *D. tuberculatus* Roxb., *D. incanus* Roxb., *D. obtusifolius* Teysm., *D. pilosus* Roxb., *D. Griffithii* Miq.; im *Gurjunbalsamöl* aus Mark: *Tricyclen-Gurjunen* und *Tricyclo-Gurjunen*.

3. Cedren, $C_{15}H_{24}$.

Vorkommen: Bislang nur in drei Familien nachgewiesen.

Fam. **Taxaceae:** *Dacrydium elatum* Wall. (Holz); *l-Cedren* neben *d-Cedrol*.

Fam. **Pinaceae** (*Araucarieae*): *Cunninghamia-Species* unbekannt (Blätter); neben *Cedrol*. — (*Cupressineae*): *Juniperus virginiana* L., Virginischer Wacholder, Virgin. „Ceder" (Holz); im *Amerikanischen* „*Cedernholzöl*". — *J. excelsa* M. B. (*J. Sabina* L. var. *taurica* Tall.) (Zweige und Nadeln); neben *Cedrol*.

Fam. **Labiatae:** *Lavandula officinalis* Chaix. (*L. vulgaris* α Lam., *L. vera* DC.), Lavendel (Blüten); im *Lavendelöl*. — *Salvia officinalis* L., Gemeine Salbei (Kraut); im *Salbeiöl*. — *S. Sclarea* L., Muskateller Salbei (Kraut und Blütenstände); im *Muskateller Salbeiöl*.

4. Longifolen, $C_{15}H_{24}$.

Vorkommen: In zwei Pinusarten aufgefunden.

Fam. **Pinaceae** (*Abietineae*): *Pinus longifolia* Roxb., Chir pine; im *Indischen Terpentinöl* des Stammes. — *P. Khasya* Royle; im *Burma-Terpentinöl*; wie vorige.

5. Copaen, $C_{15}H_{24}$.

Vorkommen: Sicher nur in drei Pflanzen nachgewiesen.

Fam. **Leguminosae** (*Caesalpinioideae*): *Hardwickia Mannii* Oliv. (*Copaifera M.* Baill.), (Holz); im *Afrikanischen Copaivabalsamöl*. — *Sindora Wallichii* Benth. (Stamm); im *Supabalsamöl*.

Fam. **Meliaceae:** *Dysoxylon Fraseranum* BENTH., Rose Wood, „Australisches Mahagoni" (Holz); neben *Dysoxylonen*. Unsicher! — *Cedrela Toona* ROXB. (*C. febrifuga* FORST.); im äther. Öl des Holzes: l-Copaen neben *l-Cadinol* und *Cadinen*.

6. Heerabolen, $C_{15}H_{24}$.

Vorkommen:

Fam. **Burseraceae:** Im *Myrrhenöl* (von *Heerabol-Myrrhe*) aus der Rinde folgender Arten: *Commiphora Myrrha* HOLM. (*Balsamodendron Myrrha* NEES.), *C. abyssinica* ENGL. (*Balsamodendron a.* BG.), und *C. Schimperi* ENGL.

7. Sesquichamen, $C_{15}H_{24}$.

Vorkommen:

Fam. **Pinaceae** (*Cupressineae*): *Chamaecyparis obtusa* SIEB. et ZUCC., Hinokibaum; im Öl der Blätter (1932).

IV. Sonstige Sesquiterpene z. T. unbekannter Konstitution.

1. Aralien, $C_{15}H_{24}$.

Vorkommen:

Fam. **Araliaceae:** *Aralia nudicaulis* L., „Wild Sarsaparilla", im Öl des Rhizoms neben einem unbekannten Sesquiterpenalkohol $C_{15}H_{26}O$. Ältere Angabe!

2. Aromadendren (keine Formel aufgestellt).

Vorkommen: Vornehmlich in Myrtaceen-Ölen, daneben noch vereinzelt in anderen Familien.

Fam. **Pinaceae** (*Abietineae*): *Pinus Lambertiana* DOUGL., Zuckerkiefer; im *Terpentinöl*, unsicher!

Fam. **Meliaceae:** *Dysoxylon Fraseranum* BENTH., „Australisches Mahagoni"; im Öl des Holzes.

Fam. **Guttiferae:** *Hypericum perforatum* L. (*H. vulgare* LAM.), Johanniskraut; im *Johanniskrautöl*, unsicher!

Fam. **Myrtaceae:** Im Öl der Blätter folgender Species: *Leptospermum scoparium* FORST., „Manuka"; im *Manukaöl*, unsicher! — *L. flavescens* SM. — *L. flavescens* SM. var. *citratum* (*L. citratum* PENF.); unsicher! — *L. grandiflorum* LODD. — *L. odoratum* CHEEL. — *Angophora lanceolata* CAR. — *Backhousia sciadophora* F. v. M.; unsicher! —· *Eucalyptus acaciaeformis* DEAN et MAID., Red peppermint. — *E. affinis* DEAN et MAID. — *E. Andrewsi* MAID.; zweifelhaft! — *E. Baeuerleni* F. v. M., „Brown gum". — *E. Bosistoana* F. v. M., „Ribbon". — *E. botryoides* SM., „Bastard Mahagony". — *E. Bridgesiana* BAK., „Apple". — *E. calophylla* R. BR., „Red gum". — *E. crebra* F. v. M., „Narrow-leaved ironbark". — *E. Dawsoni* BAK., „Slaty gum". — *E. dealbata* CUNN., „Cabbage". — *E. eximia* SCHAUER, „White oder Yellow Bloodwood". — *E. haemastoma* SM. (*E. signata* F. v. M.), „White gum". — *E. hemilampra* F. v. M. — *E. intertexta* BAK., „Spotted gum". — *E. maculata* HOOK., „Spotted gum". — *E. maculosa* BAK., „Spotted gum". — *E. Maideni* F. v. M., „Blue gum". — *E. microcorys* F. v. M., „Tallow wood". — *E. nova-anglica* D. et MAID., „Black peppermint". — *E. paniculata* SM., „White ironbark". — *E. pendula* PGE. (*E. largiflorens* F. v. M., *E. bicolor* CUNN.), „Goborro". — *E. platypus* HOOK. — *E. redunca* SCHAUER, „White gum" oder „Wandoo". — *E. robusta* SM., „Swamp Mahagony". — *E. tesseralis* F. v. M., „Moreton bay ash". — *E. trachyphloia* F. v. M., „Blood wood". — *E. viminalis* LAB., „Manna gum". — *E. rarifolia* BAILEY.

Fam. **Labiatae:** *Perovskia atriplicifolia* BENTH.; im Öl der Blütenstände, neben α-*Caryophyllen*.

3. Carlinen, $C_{15}H_{24}$.

Vorkommen:

Fam. **Compositae:** *Carlina acaulis* L., Stengellose Eberwurz; im *Eberwurzöl* neben *Carlinaoxyd*.

4. Conimen, $C_{15}H_{24}$.

Vorkommen:

Fam. **Burseraceae:** *Protium heptaphyllum* MARCH. (*Icica Tacamahaca* KTH.); im Öl des *Conimaharzes*; alte Angabe!

5. Crypten, $C_{15}H_{24}$.

Vorkommen:

Fam. **Pinaceae** (*Cupressineae*): *Cryptomeria japonica* DON. (*Cupressus j.* L.), Japanische „Ceder"; im *Cryptomeriaöl* des Holzes neben *Cadinen*, *Suginen* u. a.

6. l-Curcumen, $C_{15}H_{24}$.

Vorkommen: Als Gemisch von zwei isomeren Kohlenwasserstoffen. *l-α-Curcumen* und *l-β-Curcumen* bei einer Pflanze.

Fam. **Zingiberaceae:** *Curcuma aromatica* Salisb.; im Öl aus dem Rhizom (= „*Falsche Curcuma*").

7. Costen, $C_{15}H_{24}$.

Vorkommen: Als α- und β-Costen bei nur einer Pflanze.

Fam. **Compositae:** *Saussurea Lappa* Clarke (*Aplotaxis L.* DC.); im *Costuswurzelöl* (neben *Costuslacton, Aplotaxen* und *Costol*).

8. Cyperen, $C_{15}H_{24}$.

Vorkommen:

Fam. **Cyperaceae:** *Cyperus rotundus* L.; im Japanischen Öl des Rhizoms, neben *Cyperol* $C_{15}H_{24}O$ (1928).

9. Cypressen, $C_{15}H_{24}$.

Vorkommen:

Fam. **Pinaceae** (*Taxodineae*): *Taxodium distichum* Rich., Canadische Sumpf-zypresse; im Öl des Holzes (neben *Cypral*).

10. Dilemen, $C_{15}H_{24}$.

Vorkommen:

Fam. **Labiatae:** *Pogostemon Patchouli* Pell var. *suavis* Hk. (*P. suavis* Ten.), Pat-schulistrauch; im *Patschuliöl* der Blätter (neben einem unbenannten Sesquiterpen).

11. Dysoxylonen, $C_{15}H_{24}$.

Vorkommen:

Fam. **Meliaceae:** *Dysoxylon Fraseranum* Benth., „Australisches Mahagoni"; im Öl des Holzes (1928), neben zwei Hydroazulenen.

12. „Evoden", $C_{15}H_{24}$.

Vorkommen:

Fam. **Rutaceae** (*Rutoideae*): *Xanthoxylum Aubertia* DC. (*Evodia A.* Cord.), „Catafaille blanc"; im Öl. — *Evodia rutaecarpa* Hook.; kein „Evoden", sondern nach späteren *Ocimen*!

13. Echinopanacen, $C_{15}H_{24}$.

Vorkommen:

Fam. **Araliaceae:** *Echinopanax horridus* D. et Pl. (*Fatsia h.* B. et H.); im Öl aus Wurzel und Stengel neben *Echinopanacol*.

14. Farnesen, $C_{15}H_{24}$.

Vorkommen:

Fam. **Gramineae:** *Cymbopogon Nardus* Rendl. mit den beiden Varietäten *C. N.* Rendl. *lenabatu* (*Andropogon N. Ceylon* de Jong „Lenabatu"), Neues Citronellgras; im *Ceylon-Citronellöl* und *C. Winterianus* Jow. (*Andropogon Nardus Java* de Jong), Altes Citronellgras; im *Java-Citronellöl*, zweifelhaft!

15. Galipen, $C_{15}H_{24}$.

Vorkommen:

Fam. **Rutaceae** (*Rutoideae*): *Galipea officinalis* Hanc. (*Cusparia trifoliata* Willd.), Angosturabaum; im *Angosturarindenöl* (neben *Galipol*, $C_{15}H_{26}O$).

16. Humulen, $C_{15}H_{24}$.

Identisch mit *i-α-Caryophyllen*, was aber bestritten (1928), s. bei ˉα-*Caryophyllen*, S. 604.

Fam. **Pinaceae** (*Taxodineae*): *Taiwania cryptomerioides* Hayata, Taiwaniaceder; im Holzöl, neben *Caryophyllen* u. a. Neuere Angabe (1931)! — (*Cupressineae*): *Chamaecyparis formosensis* Matsum, „Benihi"; im Öl der Blätter.

17. Junipen, $C_{15}H_{24}$.

Vorkommen:

Fam. **Pinaceae** (*Cupressineae*): *Juniperus communis* L., Wacholder; im finnischen *Wacholderrindenöl* (neben *Juniperol*, $C_{15}H_{24}O$).

18. Libocedren, $C_{15}H_{24}$.

Vorkommen:

Fam. **Pinaceae** (*Cupressineae*): *Libocedrus decurrens* Torr., Incense Cedar; im Öl von Nadeln und jungen Zweigen.

19. „Manuken".

Vorkommen: Ist nach späterer Angabe Gemisch.
Fam. **Myrtaceae:** *Leptospermum scoparium* FORST., „Manuka"; im *Manukaöl* der
Blätter; zweifelhafte Angabe!

20. Mitsubaen, $C_{15}H_{24}$.

Vorkommen:
Fam. **Umbelliferae:** *Cryptotaenia japonica* HASSK., „Mitsubazeri"; im Öl des
Krautes (neben *Cryptotaenen*).

21. Picen (keine Formel!).

Vorkommen:
Fam. **Pinaceae** (*Abietineae*): *Picea Sitchensis?*; im Öl der Nadeln und Zweige. —
Tsuga heterophylla SARG.; im Nadelöl (1931).

22. Populen, $C_{15}H_{24}$.

Vorkommen:
Fam. **Salicaceae:** *Populus mandschurica* (?); im *Mandschurischen Pappelknospenöl*.

23. Suginen, $C_{15}H_{24}$.

Vorkommen:
Fam. **Pinaceae** (*Taxodineae*): *Cryptomeria japonica* DON. (*Cupressus j.* L.), „Sugi",
Japanische „Ceder"; im *Cryptomeriaöl* des Holzes (neben *Crypten*).

24. Vetiven, $C_{15}H_{24}$.

Vorkommen:
Fam. **Gramineae:** *Vetiveria zizanioides* STPF (*V. muricata* GRIS.), Vetivergras; im
Vetiveröl der Wurzel (neben *Vetivenol, Vetiron* und *Vetiveron*).

25. Amorphen, $C_{15}H_{24}$.

Vorkommen:
Fam. **Leguminosae** (*Papilionatae*): *Amorpha fruticosa* L.; im Öl der Blätter.

26. Unbenannte Sesquiterpene
chemisch und physikalisch untersucht (Formel und Siedepunkt).

Fam. **Taxaceae:** *Dacrydium biforme* PILG.; im Öl der Blätter: *Sesquiterpen* $C_{15}H_{24}$.
Fam. **Pinaceae** (*Abietineae*): *Pinus silvestris* L., Gemeine Kiefer; im *Terpentinöl* aus
Stamm: $C_{15}H_{24}$. — *P. Pinea* L., Pinie, wie vorige. — (*Cupressineae*): *Juniperus
virginiana* L., Virginischer Wacholder; im „*Cedernholzöl*": $C_{15}H_{24}$. — *Cupressus
torulosa* DON., Himalaya-Zypresse; im Öl der Blätter; wie vorige. — *Thujopsis
dolobrata* SIEB. et ZUCC., „Hiba"; im Öl der Blätter: $C_{15}H_{21}$! — *Chamaecyparis obtusa*
ENDL., „Hinokibaum"; im Öl der Blätter (*Hinokiöl*): *Sesquiterpen* $C_{15}H_{14}$. —
Libocedrus Bidwillii HOOK., „Cedar"; wie vorige: $(C_5H_8)n$.
Fam. **Gramineae:** *Cymbopogon Nardus* RENDL. *lenabatu* (*Andropogon N. Ceylon* DE JONG
„*Lenabatu*"), Neues Citronellgras; im *Ceylon-Citronellöl* der Blätter: *2 Sesqui-
terpene* vom Kp. 157⁰ (15 mm) und 170—172⁰ (16 mm); ferner l-dreh. *Kohlenwasser-
stoff* $C_{15}H_{24}$. — *C. caesius* STPF. (*Andropogon c.* NEES), Inchigras; im Öl des Blüten-
standes: bicycl. *Sesquiterpen* $C_{15}H_{24}$ (Kp. 112—115⁰). — *Vetiveria zizanioides* STPF.,
Vetivergras; im *Vetiveröl* der Wurzel: *Sesquiterpene* $C_{15}H_{24}$.
Fam. **Araceae:** *Acorus Calamus* L. (*A. aromaticus* GILB.), Kalmus; im *Kalmusöl* des
Wurzelstockes: bicycl. und tricycl. *Sesquiterpene* $C_{15}H_{24}$.
Fam. **Zingiberaceae:** *Zingiber nigrum* GÄRTN.; im Öl der Früchte: *Sesquiterpen*
$C_{15}H_{24}$. — *Alpinia officinarum* HANCE, Galgant; im *Galgantöl* aus Wurzelstock:
zwei *Sesquiterpene* $C_{15}H_{24}$, eins vom Kp. (12—15 mm) 138—140⁰; kryst. *Sesqui-
terpenhydrat* $C_{15}H_{26}O$ von Fp. 167⁰. Im Nachlauf bicycl. *Sesquiterpene* $C_{15}H_{24}$.
Fam. **Piperaceae:** *Piper acutifolium* R. et P. var. *subverbascifolium*; im Öl der Blätter:
Sesquiterpen $C_{15}H_{24}$.
Fam. **Salicaceae:** *Populus nigra* L., Schwarzpappel; im *Pappelknospenöl*; *Sesqui-
terpen* von Kp. 132—137⁰.
Fam. **Betulaceae:** *Betula alba* L. (*B. verrucosa* EHRH.), Weißbirke; im *Birken-
rindenöl*: *Sesquiterpen*, Kp. 255—256⁰.
Fam. **Moraceae** (*Cannabinoideae*): *Cannabis sativa* L., Hanf; im Öl der ganzen Pflanze
nach Blüte: *Sesquiterpen* $C_{15}H_{24}$. — *C. sativa* var. *indica* (*C. indica* LAM.), Indischer
Hanf; im äther. *Hanföl* der ganzen Pflanze: *Sesquiterpen*, Kp. 258—259⁰.

Fam. **Santalaceae:** *Osyris tenuifolia* Engl. und *O. abyssinica* Höchst.; im *Ostafrikanischen Sandelholzöl: Sesquiterpen* von Kp. 263,5—265⁰.

Fam. **Anonaceae:** *Monodora grandiflora* Benth.; im äther. Öl der Samen: *Sesquiterpen* $C_{15}H_{24}$.

Fam. **Lauraceae:** *Cinnamomum Camphora* Nees. (*Camphora officinarum* Nees.), Campherbaum; im *Campherblätteröl: bicycl. Sesquiterpen* $C_{15}H_{24}$. — *Ocotea usambarensis* Engl.; im Öl der Rinde: *Sesquiterpen* $C_{15}H_{24}$ oder $C_{15}H_{26}$. — *Laurus nobilis* L., Lorbeerbaum; im *Lorbeerbeerenöl: Sesquiterpen* $C_{15}H_{24}$.

Fam. **Pittosporaceae:** *Pittosporum undulatum* Vent.; im Öl der Frucht: *Sesquiterpen* $C_{15}H_{24}$.

Fam. **Leguminosae** (*Papilionatae*): *Andira excelsa* H. B. et K. (*Vouacapoua americana* Aubl.); im Öl des Holzes (= *Bruinhartholz*); *monocycl.* und *bicycl. Sesquiterpene* $C_{15}H_{24}$.

Fam. **Erythroxylaceae:** *Erythroxylon monogynum* Roxb., Bastard-Sandel; im *Devardariholzöl:* Gemisch von *Sesquiterpenen* $C_{15}H_{24}$, Kp. 118—120⁰.

Fam. **Rutaceae** (*Rutoideae*): *Fagara xanthoxyloides* Lam. (*Xanthoxylum senegalense* DC.); im Öl der Frucht: *Sesquiterpen* $C_{15}H_{24}$. — (*Aurantioideae*): *Citrus Limonum* Risso, Citronenbaum; im *Citronenschalenöl: Sesquiterpen* $C_{15}H_{24}$. — *Eriostemon myoporoides* DC.; im Öl der Blätter und Zweigenden: *Sesquiterpen* von Kp. (10 mm) 130—135⁰.

Fam. **Burseraceae:** *Canarium samoense* Engl.; im *Maaliöl* aus Stamm: anscheinend ein *l-Sesquiterpen* $C_{15}H_{24}$. — *C. strictum* Roxb.; im Öl aus „*Schwarzen Dammar*": *bicycl. Sesquiterpen* $C_{15}H_{24}$.

Fam. **Euphorbiaceae:** *Croton Eluteria* Benn. (*Cascarilla Clutia* Woowd.); im *Cascarillöl* der Rinde: 2 *Sesquiterpene* $C_{15}H_{24}$, Kp. 260—265⁰ und Kp. 255—257⁰.

Fam. **Malvaceae:** Gattung *Gossypium*, Baumwollstaude; im Öl aus frischem, blühendem Kraut: *bicycl. Sesquiterpen* $C_{15}H_{24}$ und *tricycl. Sesquiterpen* $C_{15}H_{24}$, Kp. 260 bis 280⁰.

Fam. **Dipterocarpaceae:** Gattung *Dipterocarpus*; im *Gurjunbalsamöl* des Stammes: *Sesquiterpen* $C_{15}H_{24}$. — *D. grandiflorus* Blco.; im *Balaobalsamöl:* wie vorige. — *D. vernicifluus* Blco., „Panao"; im *Panaoöl: Sesquiterpen* von Kp. 256—261⁰.

Fam. **Myrtaceae:** *Pimenta officinalis* Lindl. (*Myrtus Pimenta* L.), Pimentbaum; im *Pimentöl* der Beeren: *Sesquiterpen* C_5H_8. Alte Angabe! — *Melaleuca Leucadendron* L. (*M. Cajuputi* Roxb.); im *Cajeputöl* der Blätter: *Sesquiterpen* $C_{15}H_{24}$. — *Baeckea frutescens* L.; im Blätteröl: *Sesquiterpen* $C_{15}H_{24}$. Neuere Angabe (1931).

Fam. **Verbenaceae:** *Vitex Agnus Castus* L., Mönchspfeffer; im *Mönchspfefferöl* der Blätter: *Sesquiterpen*, Kp. 136—138⁰.

Fam. **Labiatae:** *Lavandula officinalis* Chaix. (*L. vera* DC.), Lavendel; in einem englischen *Lavendelöl* der Blüten: *Sesquiterpen* $C_{15}H_{24}$. — *Salvia officinalis* L., Gemeine Salbei; im *Salbeiöl* des Krautes: *Sesquiterpen* $C_{15}H_{24}$. — *Mosla punctata* Maxim.; im Öl des Krautes: *Sesquiterpen* $C_{15}H_{24}$, Kp. 125—128⁰.

Fam. **Valerianaceae:** *Valeriana officinalis* L., Arzneilicher Baldrian; im *Baldrianöl: Sesquiterpen* $C_{15}H_{24}$. — *Nardostachys Jatamansi* DC. (*Valeriana J.* Jon.); im Öl der Droge *Kanshoko* (Wurzelstock): *Sesquiterpen* von Kp. 250—254⁰.

Fam. **Compositae:** *Aster indicus* L., „Yomena"; im Öl des Krautes: *Sesquiterpen* $C_{15}H_{24}$. — *Parthenium argentatum* Gray., Guayulepflanze; im Öl aus *Guajulekautschuk* der Rinde; wie vorige. Unsicher! — *Matricaria Chamomilla* L. (*Chamomilla officinalis* Koch), Echte Kamille; im *Kamillenöl* der Blüten, ebenso. — *Artemisia Cina* Bg. (*A. maritima* L. var. *Stechmanniana* Bess.); im *Wurmsamenöl* der Blütenköpfe: *Sesquiterpen* von Kp. 250⁰.

e) Polyterpene.

I. Diterpene.

1. Camphoren, $C_{20}H_{32}$.

Vorkommen:

Fam. **Lauraceae:** *Cinnamomum Camphora* Nees. (*Laurus C. L., Camphora officinarum* Nees.), Campherbaum (Blätter, Zweige, Stamm und Wurzel); im Campheröl: α- und β-*Camphoren*.

2. Chamaecyparen, $C_{20}H_{32}$.

Vorkommen:

Fam. **Pinaceae** (*Cupressineae*): *Chamaecyparis obtusa* Sieb. et Zucc., Hinokibaum; im Öl der Blätter (1932).

3. α-Cryptomeren, $C_{20}H_{32}$.

Vorkommen:

Fam. **Pinaceae** (*Taxodineae*): *Cryptomeria japonica* DON (*Cupressus j.* L.), Japanische Ceder (Blätter).

4. Dacren, $C_{20}H_{32}$.

Vorkommen:

Fam. **Taxaceae**: *Dacrydium biforme* PILG. (Blätter); neben *Cadinen*. — *D. Colensoi* HOOK. (Blätter und Zweige).

5. Phyllocladen, $C_{20}H_{32}$.

Vorkommen:

Fam. **Taxaceae**: *Phyllocladus rhomboidalis* RICH., Celery top pine (Phyllocladien).

6. Kauren, $C_{20}H_{32}$.

Vorkommen:

Fam. **Pinaceae** (*Araucarieae*): *Agathis australis* SALISB. (*Dammara a.* LAMB.), Kaurifichte; im *Kauriöl* der Blätter.

7. „Miren", $C_{20}H_{32}$.

Vorkommen:

Fam. **Taxaceae**: *Podocarpus ferrugineus* (?), Mirofichte; im Öl der Blätter und Zweige.

8. α- und β-Podocarpren, $C_{20}H_{32}$.

Vorkommen:

Fam. **Taxaceae**: *Podocarpus macrophylla* DON.; im äther. Öl.

9. Unbenannte Diterpene.

Fam. **Pinaceae** (*Abietineae*): *Pinus palustris* MILL. (*P. australis* MICH.), Sumpfkiefer; im *Terpentinöl* aus Stamm: Diterpen $C_{20}H_{32}$! — *Picea excelsa* LK. (*P. vulgaris* LK.), Fichte, wie vorige: $C_{20}H_{34}$! — (*Cupressineae*): *Chamaecyparis obtusa* ENDL. (*Retinispora o.* SIEB. et ZUCC.), Hinokibaum; im Öl der Blätter: $C_{20}H_{32}$. — *Ch. pisifera* ENDL., „Sawara"; wie vorige! — *Thujopsis dolabrata* SIEB. et ZUCC., „Hiba"; im Öl der Blätter: *tetracycl. Diterpen* $C_{20}H_{32}$. — *Callitris quadrivalvis* VENT. (*Thuja articulata* VAHL.); im Öl aus *Afrikanischen Sandarak* der Rinde: *Diterpen* $C_{20}H_{32}$.
Fam. **Salicaceae**: *Populus nigra* L., Schwarzpappel; im *Pappelknospenöl*: *Diterpen* $C_{20}H_{32}$, zweifelhaft!
Fam. **Moraceae** (*Moroideae*): *Castilloa elastica* CERV.; im Milchsaft der Rinde: *Diterpen* $C_{20}H_{32}$.
Fam. **Malvaceae**: Gattung *Gossypium*, Baumwollstaude; im Unverseifbaren des alkoholischen *Extrakts* der ganzen Pflanze: *Diterpene* $C_{20}H_{32}$.

II. Triterpene und Polyterpene.

1. Winteren (ohne Formel!).

Vorkommen:

Fam. **Magnoliaceae**: *Drimys Winteri* FORST. (*Wintera aromatica* MURR.; im *Wintersrindenöl*. Von anderen auch als Sesquiterpen angesehen!

2. Amyrilen, $C_{30}H_{48}$.

Sekundär aus *Amyrin* des *Elemiharzes*.

3. Lupeylen, $C_{30}H_{48}$.

Sekundär aus Alkohol *Lupeol*.

4. β-Dammaroresen.

Wahrscheinlich ein Gemisch mehrerer Verbindungen.

5. Unbenannte Polyterpene.

Vorkommen:

Fam. **Liliaceae**: *Sabadilla officinalis* BR. (*Veratrum Sabadilla* SCHIED.), Sabadill; im äther. *Sabadillsamenöl*: ein Polyterpen von Kp. 220⁰.
Fam. **Burseraceae**: *Canarium luzonicum* GRAY (*C. album* BL.), „PILI"; im *Elemiöl* aus *Manila-Elemi* der Stammwunden.

39*

6. Azulene („*Blaues Öl*“), $C_{15}H_{18}$.

Vorkommen: Verbreitet in äther. Ölen, wohl sekundär bei Destillation entstanden.

Fam. **Pinaceae** (*Taxodineae*): *Cryptomeria japonica* Don. (*Cupressus j.* L.), Japanische
„Ceder“; im Blätteröl. — (*Abietineae*): *Pinus monticola* Dougl.; im Öl der Nadeln. —
(*Cupressineae*): *Juniperus Scopulorum* (?); im Nadelöl.

Fam. **Araceae:** *Acorus Calamus* L. (*A. aromaticus* Gilb.), Kalmus; im *Kalmusöl* des
Wurzelstockes.

Fam. **Piperaceae:** *Piper Cubeba* L. (*Cubeba officinalis* Miq.), Cubebenpfeffer; im
Cubebenöl der Früchte.

Fam. **Aristolochiaceae:** *Asarum canadense* L., „Wild Ginger“; im *Canadischen
Schlangenwurzelöl* des Wurzelstockes.

Fam. **Lauraceae:** *Cinnamomum Camphora* Nees. (*Laurus C.* L., *Camphora officinarum*
Nees.), Campherbaum; im *Campheröl* der Blätter, Zweige, Stamm und Wurzel.

Fam. **Leguminosae** (*Papilionatae*): *Vouacapoua americana* Aubl. (*Andira excelsa*
H. B. et K.), „Macayo“; im Öl aus Kernholz = „*Bruinhartholz*“.

Fam. **Zygophyllaceae:** *Guajacum officinale* L., Guajacbaum; sekundär aus *Guajol*
im Öl des Holzes.

Fam. **Rutaceae** (*Rutoideae*): *Ruta graveolens* L., Raute; im *Rautenöl* des Krautes. —
R. bracteosa DC. (ebenso); im *Algerischen Winterrautenöl*.

Fam. **Burseraceae:** *Canarium strictum* Roxb.; im „*Schwarzen Dammar-Öl*“ des Stammes.

Fam. **Meliaceae:** *Dysoxylon Fraseranum* Benth., Australisches Mahagony; im Öl
des Holzes.

Fam. **Malvaceae:** *Gattung Gossypium* (*G. herbaceum* L., *G. arboreum* L., *G. barbadense* L.,
G. hirsutum L., *G. religiosum* L., *G. peruvianum* Cav.), Baumwollstaude; im Öl
der Zweige, Blätter und Blüten.

Fam. **Myrtaceae:** *Leptospermum scoparium* Forst., Manuka; im *Manukaöl* der Blätter,
Spur! — *Eucalyptus Globulus* Lab., Fieberbaum; im *Globulusöl* der Blätter:
Eucazulen.

Fam. **Araliaceae:** *Aralia nudicaulis* L., „Wild Sarsaparilla“; neben *Aralien* im Öl
des Rhizomes.

Fam. **Umbelliferae:** *Siler trilobum* Scop., Roßkümmel (Früchte). — *Ferula galbaniflua*
Boiss. et Buhse (*Peucedanum g.* Baill.) (Stamm); im *Galbanumharz*, sekundär! —
F. foetida Reg. (*F. Assa-foetida* L., *F. Scorodosma* Bntl. et Tr.), *F. alliacea* Boiss.,
F. Narthex Boiss., *F. foetissima* Reg. et Schm., *F. persica* Willd., Stinkasant
(Milchsaft, besonders der Wurzel); im *Asantöl*. — *F. Szowitziana* DC. (wie vorige);
im Öl des *Sagapenharzes*.

Fam. **Ericaceae:** *Ledum latifolium* Jacq. (*L. groenlandicum* Retz.); im Öl der Blätter.

Fam. **Labiatae:** *Mentha Pulegium* L. (*Pulegium vulgare* Mill.), Poleiminze (Kraut);
im *Poleiöl*. — *Pogostemon Patchouly* Pell. var. *suavis* Hk. (*P. suavis* Ten.), Patschulistrauch (Blätter); im *Patschuliöl*: als *Coerulein*!

Fam. **Valerianaceae:** *Valeriana officinalis* L., Arzneilicher Baldrian; im *Baldrianöl*
des Wurzelstockes. — *V. officinalis* L. var. *angustifolia* Miq., „Kesso“ (Wurzel = *Japanische Baldrianwurzel*); im „*Kessoöl*“.

Fam. **Compositae:** *Inula Helenium* L., Alant; im *Alantöl* der Wurzel. — *Achillea Mille-
folium* L., Schafgarbe (Kraut); im *Schafgarbenöl*, als *Chamazulen*! — *A. nobilis* L.,
Edelschafgarbe (Kraut und Blüten); im *Edelschafgarbenöl*. — *Anthemis nobilis* L.,
Römische Kamille (Blüten); im *Kamillenöl*: *Chamazulen*, *Coerulein* früherer! —
Matricaria Chamomilla L. (*Chamomilla officinalis* Koch.), Echte Kamille (Blüten-
köpfe); im *Kamillenöl*: *Chamazulen*. — *Artemisia arborescens* L. (Triebspitzen). —
A. Absinthium L. (*Absinthium vulgare* Lam.), Wermut (Kraut); im *Wermutöl
(Absinthöl)*. — *A. pontica* L., Römischer Wermut (wie vorige).

B. Alkohole[1].

Übersicht.

a) Aliphatische Alkohole.

I. Gesättigte aliphatische Alkohole: Methylalkohol, Äthylalkohol, n-Butylalkohol, Isobutylalkohol, Amylalkohol, Isoamylalkohol, n-Hexylalkohol, aktiver Hexylalkohol, Methyl-
n-amylcarbinol, n-Octylalkohol, d-Äthyl-n-amylcarbinol, n-Nonylalkohol, Methyl-n-heptylcarbinol, n-Decylalkohol, Methyl-n-nonylcarbinol.

II. Ungesättigte aliphatische Alkohole: β, γ-Hexenol, 2-Methylhepten(2)-ol-(6), Citronellol,
Geraniol, Nerol, Linalool, Farnesol, Nerolidol, Androl, Uncineol, Doremol, Undecen-1-ol.

---

[1] Ein Teil der Alkohole ist bereits früher behandelt (Bd. 2, S. 246).

b) Aromatische Alkohole.

Benzylalkohol, γ-Phenyläthylalkohol, γ-Phenylpropylalkohol, Zimtalkohol.

c) Alicyclische Alkohole.

I. Monocyclische Alkohole: Menthol, Terpineol, Piperitol, Δ^1-Menthenol-4, Terpinenol-1, Terpinenol-4, Terpinhydrat, Dihydro-α-terpineol, Dihydrocarveol, Dihydrocuminalkohol, Pulegol, Isopulegol.

II. Bicyclische Alkohole: Thujylalkohol, Sabinol, Myrtenol, Pinocarveol, Fenchylalkohol, Äthylenfenchylalkohol, Borneol.

III. Tricyclische Alkohole: Teresantalol.

IV. Unbenannte Terpenalkohole.

V. Unbenannte Diterpenalkohole.

d) Sesquiterpenalkohole.

I. Monocyclische Terpenalkohole: Elemol, Menthenol P, Fokienol.

II. Bicyclische Terpenalkohole: Eudesmol, Guajol, Betulol, Santalcampher, Atractylol, Machilol, Maroniol, Amyrole, Fusanole, Cinnamol, Combanol, Foliol, Costol.

III. Tricyclische Terpenalkohole: Santalol, Cedrol, Patschulialkohol, Maticocampher, Bulnesol, Vetivenol, Ledol, Cubebencampher.

IV. Sesquiterpenalkohole unbestimmter Zugehörigkeit: Cedrenol, Pseudocedrol, Cryptomeradol, Cryptomeriol, Calamenol, Juniperol, Luparenol, Pumiliol, Sesquicamphenol, Zingiberol, Echinopanacol, Galipol, Maalialkohol, Caparrapiol, Caryophyllol, Carotol, Cubebol, Cyperol, Daucol, Globulol, Sagittol, Cadinol, Taiwanol.

V. Unbenannte Sesquiterpenalkohole.

e) Sonstige Alkohole unbestimmter Zugehörigkeit.

Anthemol, Citronellylalkohol, Darwinol, Dimyristylcarbinol, Gonystylol, Malol, Myrcenol, Nepetol, Olibanol, Turmerol, Bupleurol, Kessylalkohol, l-Pinocampheol, Santenonalkohol, Sclareol, Teresantalol, Verbenol, unbenannte Alkohole.

a) Aliphatische Alkohole.

I. Gesättigte aliphatische Alkohole.

Methylalkohol, Äthylalkohol, n-Butylalkohol, Isobutylalkohol, Amylalkohol, Isoamylalkohol, n-Hexylalkohol, aktiver Hexylalkohol, Methyl-n-amylcarbinol, n-Octylalkohol, d-Äthyl-n-amylcarbinol, n-Nonylalkohol, Methyl-n-heptylcarbinol, n-Decylalkohol, Methyl-n-nonylcarbinol.

Vorkommen: Siehe Bd. 2, S. 246—252.

II. Ungesättigte aliphatische Alkohole.

1. β, γ-Hexenol, $C_6H_{12}O$.

Vorkommen: Siehe Bd. 2, S. 252.

2. 2-Methyl-hepten(2)-ol-(6), $C_8H_{16}O$.

Vorkommen: Nur in drei Familien bislang beobachtet; im Öl aus Holz und Gräsern.

Fam. **Gramineae:** *Cymbopogon flexuosus* STPF. (*Andropogon Nardus* var. *flexuosa* HACK.), Lemongras; im *Ostindischen Lemongrasöl* der Blätter (neben *Nerol* und *Farnesol*) als Ester. — *C. citratus* STPF. (*Andropogon c.* DC.), Lemongras; im *Westindischen Lemongrasöl* der Blätter, neben *Methylheptenon* u. a. Neuere Angabe (1931).

Fam. **Lauraceae:** *Ocotea caudata* MEZ. (*Licaria guianensis* AUBL.), „Likari kanale"; im *Cayenne-Linaloeöl* aus Holz.

Fam. **Burseraceae:** *Bursera Delpechiana* POISS., Linaloebaum; im *Mexikanischen Linaloeöl* des Holzes.

3. Citronellol, $C_{10}H_{20}O$.

Vorkommen: Als d- und l-Citronellol im äther. Öl zahlreicher Familien durch das ganze System, frei und als Ester verschiedener organischer Säuren, hauptsächlich in vegetativen Organen, besonders Blättern.

α) *d-Citronellol.*

Fam. Gramineae: *Cymbopogon Nardus* Rendl. (*Andropogon N. L.*), Citronellgras und Varietät *lenabatu*, „Neues Citronellgras“; im *Ceylon-Citronellöl* frei und Ester der *Essigsäure* und *Buttersäure*. — *C. Winterianus* Jow. (*Andropogon Nardus Java* de Jong), „Altes Citronellgras“; im *Java-Citronellöl*.

Fam. Geraniaceae: *Pelargonium odoratissimum* Willd., *P. capitatum* Ait., *P. graveolens* Ait., *P. Radula* Ait. (*P. roseum* Willd.), *P. denticulatum* Jacq. u. a.; im *Geraniumöl* der Blätter neben *l-Citronellol* (früher als „*Réuniol*“ und „*Rhodinol de Pelargonium*“); frei und Ester der *Tiglin-, Butter-, Essig-* und *Valeriansäure*.

Fam. Rutaceae (*Rutoideae*): *Barosma pulchellum* Bartl. et Wrndl.; im Öl der Blätter.

Fam. Myrtaceae: *Eucalyptus citriodora* Hook.; im Öl der Blätter, neben *l-Citronellol*.

Fam. Verbenaceae: *Lippia citriodora* H. B. et Knth. (*Verbena triphylla* Lam.); im Öl von Blättern und Blütenstand, weniger Stengel und Wurzel, frei und *Ester*.

β) *l-Citronellol.*

Fam. Liliaceae: *Xanthorrhoea Preissii* Endl. (*X. Drumondii* Harv.), (Stengel); im Öl von *Rotem Acaroidharz*.

Fam. Rosaceae (*Rosoideae*): *Rosa damascena* Mill., Monatsrose, *R. centifolia* L., Centifolie; *R. gallica* L., Französische Rose. u. a.; im *Rosenöl* der Blüten; früheres „*Réuniol*“, meist frei, minder als *Ester* von unbestimmten Säuren.

Fam. Geraniaceae: *Pelargonium-Arten* divers. (die Species siehe oben bei *d-Citronellol*); im *Geraniumöl* der Blätter (neben *d-Citronellol*) frei und Ester der *Tiglin-, Butter-, Essig-* und *Valeriansäure*. — *P. graveolens* l'Herit. (*P. terebintaceum* Harv. et Sond.); im Blätteröl.

Fam. Myrtaceae: *Eucalyptus citriodora* Hook. (Öl der Blätter); neben *d-Citronellol*.

γ) *Citronellol* ohne Drehungsangabe.

Fam. Pinaceae (*Cupressineae*): *Juniperus Sabina* L. (*Sabina officinalis* Gcke), Sadebaum; im *Sadebaumöl* der Triebe.

Fam. Gramineae: *Cymbopogon Martini* var. *Motia* Burk.; im *Palmarosaöl* der Blätter (Verfälschung?). — *C. Nardus* Rendl. (*Andropogon N. L.*), Citronellgras; im *Formosanischen Citronellöl* („*Indian Geranium*“) der Blätter. — *C. javanensis* Hoffm. (*C. rectus* A. Cam.). — *C. citratus* Stpf. (*Andropogon c.* DC.), Lemongras; im *Westindischen Lemongrasöl* der Blätter neben *Linalool, Geraniol* u. a. Neuere Angabe (1931).

Fam. Liliaceae: *Xanthorrhoea hastilis* R. Br.; im Öl vom *Gelben Acaroidharz*, wahrscheinlich!

Fam. Piperaceae: *Piper Volkensii* DC.; im Blätteröl, zweifelhaft!

Fam. Lauraceae: *Cinnamomum Camphora* Nees. (*Laurus C.* L., *Camphora officinarum* Nees.), Campherbaum; im *Campheröl* der Blätter, Zweige, Stamm und Wurzel. — *C. Kanahirai* Hay., „Shô-Gyu“; im *Shô-Gyu-Öl* des Holzes.

Fam. Geraniaceae: *Pelargonium Radula* Ait. (*P. roseum* Willd.); im *Geraniumöl* der Blätter; auch als Ester.

Fam. Rutaceae (*Rutoideae*): *Xanthoxylum piperitum* DC., Japanischer Pfeffer; im *Japanischen Pfefferöl* der Früchte (= „*Sansho*“), frei und Ester der *Essigsäure* und *Citronellsäure*. — *Boronia citriodora* Gunn. (*B. pinnata* Sm.); im Öl der Blätter und Zweigenden; frei und Ester der *Essigsäure* und *Isovaleriansäure*. — (*Aurantioideae*): *Phebalium dentatum* Sm.; im Öl der Pflanze frei und als Ester der *Ameisensäure, Buttersäure* und *Capronsäure*. — *Citrus Aurantium* L. subsp. *amara* Engl. (*C. Daidai* Bieb.), Dai-Dai; im Öl der Blätter und Stengel, frei und Ester der *Essigsäure, Capronsäure* und *Citronellsäure*. — *Eriostemon Coxii* Müll.; im Öl der Blätter, frei und *Ester* der *Capronsäure* und *Isovaleriansäure*.

Fam. Myrtaceae: *Eugenia Pitanga* Berg. (*Stenocalyx P.* Berg.), Pitanga; im Öl der Blätter. — *Leptospermum scoparium* Forst., „Manuka“; im *Manuka-Öl* der Blätter, frei und Ester der *Zimtsäure*. — *L. flavescens* Sm. var. *citratum* (*L. citratum* Penf.); im Öl der Blätter, anscheinend!

Fam. Labiatae: *Dracocephalum moldavicum* Morr. (*D. Moldavica* L.), Türkische Melisse; im Öl des Krautes, zweifelhaft! — *Nepeta Cataria* L. var. *citriodora* Beck. (*N. citriodora* Dum.); im Öl des Krautes, frei und Ester.

Fam. Compositae: *Helichrysum Benthami* Vig. et Humb.; im Öl des Krautes, zweifelhaft!

4. Geraniol (*Lemonol, Rhodinol*), $C_{10}H_{18}O$.

Vorkommen: Verbreitet im äther. Öl vieler Familien durch das ganze System (Phanerogamen), besonders bei *Pinaceen, Gramineen, Lauraceen, Rutaceen* und *Myrtaceen*, frei und als Ester, vornehmlich der *Essigsäure*, meist in Blätterölen.

Fam. **Pinaceae** (*Araucarieae*): *Araucaria Cookii* R. Br.; im Öl als Ester der Säure $C_{10}H_{14}O_2$. —(*Abietineae*): *Pseudotsuga Douglasii* Carr., Douglasfichte; im *Douglasfichtennadelöl* frei und Ester der *Essigsäure* und *Caprinsäure*. — (*Cupressineae*): *Juniperus Sabina* L., Sadebaum; im *Sadebaumöl*. — In folgenden *Callitrisblätterölen* frei und als Ester der *Essigsäure*: *Callitris verrucosa* R. Br., Turpentine pine. — *C. robusta* R. Br. (*C. Preissii* Miq.). — *C. calcarata* R. Br., Black oder Mountain pine; hier auch im Öl aus Zweigen und Früchten. — *C. rhomboidea* R. Br. (*Thuja australis* Poir.). — *C. tasmanica* Bak. et Sm. — *C. Drummondii* Benth. et H. fil., „Cypress pine". — *C. arenosa* Cunn., „Cypress pine". — *C. intratropica* Benth. et Hook. — *C. gracilis* Baker, „Mountain pine". — *C. Actinostrobus* F. v. M. (*Actinostrobus pyramidalis* Miq.).

Fam. **Gramineae:** In den Blätterölen folgender: *Cymbopogon Martini* var. *Motia* Burk.; im *Palmarosaöl*, frei und Ester der *Essigsäure* und *n-Capronsäure*. In der var. *Sofia* Burk.: im *Gingergrasöl*. — *C. citratus* Stpf.; im *Westindischen Lemongrasöl*. — *C. coloratus* Stpf.; im Öl aus Gras und aus Blütenständen, frei und Ester der *Essigsäure*. — *C. Nardus* Rendl. *lenabatu*, Neues Citronellgras; im *Ceylon-Citronellöl*, frei und Ester der *Essigsäure*. — *C. Winterianus* Jow., Altes Citronellgras; im *Java-Citronellöl*. Ferner im *Formosanischen Citronellöl* unsicherer Abstammung. — *C. flexuosus* Stpf., Lemongras; im *Ostindischen Lemongrasöl*, frei und Ester wahrscheinlich der *Capron-* und *Caprinsäure*. — *C. caesius* Stpf., Ingwergras; im *Inchigrasöl*. — *C. javanensis* Hoffm. — *Andropogon odoratus* Lisb. (*Amphilophis o.* Cam.); im „*Vaidigavatöl*". — *A. connatus* Höchst.

Fam. **Amaryllidaceae:** *Polyanthes tuberosa* L., Tuberose; im *Tuberosenblütenöl* frei und Ester der *Essigsäure* und wahrscheinlich *Propionsäure*.

Fam. **Zingiberaceae:** *Zingiber officinale* Rosc. (*Amomum Zingiber* L.), Ingwer; im *Ingweröl* aus Wurzelstock, zweifelhaft!

Fam. **Moraceae** (*Cannabinoideae*): *Humulus Lupulus* L., Hopfen; im *Hopfenöl* aus Lupulin der „Zapfen".

Fam. **Aristolochiaceae:** *Asarum canadense* L., „Wild Ginger"; im *Canadischen Schlangenwurzelöl* aus Wurzelstock.

Fam. **Magnoliaceae:** *Michelia longifolia* Bl.; im *Weißen Champacaöl* der Blüten.

Fam. **Anonaceae:** *Cananga odorata* Hook. (*Anona odorata* Hook. et Th.), Ylang-Ylang; im *Ylang-Ylangöl* der Blüten.

Fam. **Myristicaceae:** *Myristica fragrans* Houtt. (*M. officinalis* L.); im *Muskatnußöl* der Samen.

Fam. **Lauraceae:** *Cryptocaria pretiosa* Mart. (*Ocotea p.* Benth. et H.), Mispellorbeer; im Holzöl, wahrscheinlich als Ester der *Essig-* und *Benzoesäure*. — *Cinnamomum ceylanicum* Nees, Ceylon-Zimtstrauch; im *Zimtblätteröl*. — *C. Kanahirai* Hay., „Sho-Gyu"; im *Sho-Gyu-Öl* aus Holz. — *C.-Species* unbekannt, Schiu-Campherbaum; im *Apopinöl* aus Holz. — *Ocotea caudata* Mez., „Likari Kanale"; im *Cayenne-Linaloeöl*. — *Sassafras officinale* Nees., Sassafrasbaum; im *Sassafrasblätteröl*. — *Litsea praecox* Bl., „Aburachan"; im *Aburachanöl* aus Blättern und Zweigen. — *L. zeylanica* C. et T. Nees.; im *Bellarylblätteröl*, unsicher! — *L. citrata* Bl. (*Tetranthera c.* Nees.); im *May-Changöl* von blühenden Zweigen. — *Lindera sericea* Bl., „Kuromoji"; im *Kuromojiöl* der Blätter, frei und Ester der *Essigsäure*. — *Laurus nobilis* L., Lorbeerbaum; im *Lorbeerblätteröl*.

Fam. **Cruciferae:** *Cheiranthus Cheiri* L., Goldlack; im *Goldlackblütenöl*, als *Ester*.

Fam. **Rosaceae** (*Pomoideae*): *Pirus Malus* L., Apfelbaum; im *Apfelöl* aus Schalen. — (*Rosoideae*): *Rosa damascena* Mill., *Rosa centifolia* L., *R. gallica* L. u. a.; im *Rosenöl* der Blüten, meist frei.

Fam. **Leguminosae** (*Mimosoideae*): *Acacia Farnesiana* Willd., Cassiestrauch; im *Cassieblütenöl*, unsicher! — *A. Cavenia* Hook. et Arn., wie vorige!

Fam. **Geraniaceae:** *Geranium macrorrhizum* L., Felsen-Storchschnabel; im *Zedravetöl*. — *Pelargonium-Arten* (*P. odoratissimum* Willd., *P. capitatum* Ait., *P. graveolens* Ait., *P. Radula* Ait., *P. denticulatum* Jacq. u. a.; im *Geraniumöl* der Blätter, frei und als Ester der *Tiglin-*, *Butter-*, *Essig-* und *Ameisensäure*.

Fam. **Rutaceae** (*Rutoideae*): *Xanthoxylum piperitum* DC., Japanischer Pfeffer; im *Japanischen Pfefferöl* der Früchte, frei und als Ester der *Citronell-* und *Essigsäure*. — In den Blätterölen folgender *Boronia-Species*: *Boronia pinnata* Sm.; frei und Ester der *Essig-* und *Buttersäure*. — *B. anemonifolia* Cunn. — *B. Muelleri* Cheel.; frei und *Essigester*.

(*Aurantioideae*): *Citrus Aurantium* Risso, Apfelsinenbaum; im *Portugal-Petitgrainöl* der Blätter und Stengel, frei und Ester der *Essigsäure* und höherer Fettsäuren; im Fruchtsaftöl wahrscheinlich. — *C. Bigaradia* Risso, Pomeranzenbaum; im *Petitgrainöl* der Blätter, Zweige und jungen Früchte und im *Orangenblütenöl*

(*Neroliöl*), frei und als Ester der *Essigsäure*. — *C. Aurantium* L. subsp. *amara* Engl., „Dai-Dai"; im Öl aus Blättern und Stengel, frei und Ester. — *C. Limonum* Risso, Citronenbaum; im *Citronen-Petitgrainöl* aus Blättern, Zweigen und unreifen Früchten; im *Citronenöl* aus Fruchtschale, frei und als Ester der *Essigsäure* und *Geraniumsäure*. — *C. madurensis* Lour., Mandarinenbaum; im *Mandarinenblätteröl*. — *C. Bergamia* Risso, Bergamotte; im *Bergamottöl*, Spur! und *Bergamottblätteröl*. — *C. decumana* L., Pompelmuse; im *Pompelmusöl*. — *Eriostemon Coxii* Muell.; im Blätteröl.

Fam. **Burseraceae:** *Bursera Delpechiana* Poiss., Linaloebaum; im *Mexikanischen Linaloeöl* des Holzes; im Samenöl: *l-Geraniol*.

Fam. **Lythraceae:** *Physocalymma scaberrimum* Pohl.; im *Brasilianischen Rosenholzöl*, wahrscheinlich!

Fam. **Myrtaceae:** Im Öl der Blätter (und jungen Zweige) bei folgenden: *Amomis jamaicensis* Brill. et Hill., Wilder Piment. — *Eugenia Pitanga* Berg., „Pitanga", frei und als Ester der *Essigsäure*. — *Leptospermum scoparium* Forst., Manuka; im *Manukaöl*, frei und verestert. — *L. Liversidgei* Bak. et Sm.; frei und als *Acetat*. — *L. flavescens* Sm. und var. *citratum* (*L. citratum* Penf.); unsicher! — *L. lanigerum* Sm.; in der silberblättrigen Form, frei und als Ester der *Ameisen*- und *Zimtsäure*. — *Angophora Bakeri* (?); frei und als Ester der *Essig*- und *Valeriansäure*. — *Darwinia fascicularis* Rudge; frei und als Ester der *Essigsäure*. — *D. grandiflora* (*D. taxifolia* var. *grandiflora* Benth.); als Ester der *Essigsäure*, vermutlich auch der *Buttersäure*.

In folgenden Eucalyptus-Ölen (Blätter) *frei* und als *Ester* der *Essigsäure*: *Eucalyptus acaciaeformis* Dean. et Maid., „Red peppermint", unsicher! — *E. acervula* Hook. f., „Red gum of Tasmania. — *E. australiana* B. et Sm., Black peppermint. — *E. citriodora* Hook. — *E. dextropinea* Bak., „Stringybark". — *E. dives* Schau., „Broad-leaved-Peppermint". — *E. Macarthuri* D. et Maid., „Paddys river box", hier auch im Öl der Rinde als *Acetat*. — *E. marginata* Sm., „Jarrah"; Acetat zweifelhaft! — *E. Muelleri* Moore, „Brown gum". — *E. Phellandra* B. et Sm., „Narrow leaved peppermint". — *E. regnans* F. v. M., „Swamp gum". — *E. salubris* F. v. M., „Gimlet gum". — *E. Staigeriana* F. v. M., „Lemon-scented ironbark", „Eisenrinde". — *E. urnigera* Hook. f., „Urn gum".

Fam. **Umbelliferae:** *Coriandrum sativum* L., Coriander; im *Corianderöl* der Früchte frei und als *Ester*. — *Laserpitium hispidum* L.; im Öl von Kraut und Früchten.

Fam. **Oleaceae:** *Jasminum grandiflorum* L., Echter Jasmin; im *Jasminöl* der Blüten frei.

Fam. **Verbenaceae:** *Lippia citriodora* H., B. et Knth. (*Verbena triphylla* Lam.); im *Verbena-Öl* aus Blättern, Blütenstand, Stengel und Wurzel.

Fam. **Labiatae:** *Dracocephalum moldavicum* Morr., Türkische Melisse und *Nepeta Cataria* L. var. *citriodora* Beck.; im Öl aus Kraut. — *Lavandula officinalis* Chaix., Lavendel; im *Lavendelöl*, frei und als Ester der *Essigsäure* und *Capronsäure*. — *L. Spika* DC., Spiklavendel; im *Spiköl*. — *Thymus Zygis* L., im *Spanischen Thymianöl* der blühenden Zweigspitzen. — *Pycnanthemum lanceolatum* Pursh. (*Thymus virginicus* L.), „Mountain mint", im Krautöl.

Fam. **Compositae:** *Helichrysum Benthami* Vig. et Humb.; im Krautöl, zweifelhaft! — *Artemisia campestris* L. var. *odoratissima* Desf.; im *Gouftöl*.

5. Nerol, $C_{10}H_{18}O$.

Vorkommen: Im äther. Öl einer Mehrzahl phanerogamer Familien von den Pinaceen bis zu den Compositen nachgewiesen, frei oder verestert in Blätter- und Blütenölen.

Fam. **Pinaceae** (*Abietineae*): *Pseudotsuga Douglasii* Carr. (*Abies D.* Lindl.), Douglastanne; im *Douglasfichtennadelöl* der Nadeln und jungen Triebe.

Fam. **Gramineae:** *Cymbopogen Nardus* Rendl. lenabatu (*Andropogon N.* Ceylon de Jong „Lenabatu"), Neues Citronellgras; im *Ceylon-Citronellöl* der Blätter. — *C. flexuosus* Stpf. (*Andropogon Nardus* var. *flexuosa* Hack.), Lemongras (ebenso); im *Ostindischen Lemongrasöl*, frei und Ester, zum Teil der *Isovaleriansäure*. — *C. citratus* Stpf. (*Andropogon c.* DC.), Lemongras; im *Westindischen Lemongrasöl* der Blätter. Neuere Angabe (1931).

Fam. **Amaryllidaceae:** *Polyanthes tuberosa* L., Tuberose; im *Tuberosenblütenöl*, neben *Geraniol*, frei und Ester der *Essigsäure*, wahrscheinlich auch der *Propionsäure*.

Fam. **Magnoliaceae:** *Michelia Champaca* L. (*M. rufinervis* DC.), Champacabaum; im *Champacablütenöl*.

Fam. **Lauraceae:** *Ocotea caudata* Mez. (*Licaria guianensis* Aubl.), „Likari kanale"; im *Cayenne-Linaloeöl* des Holzes; unsicher!

Fam. Cruciferae: *Cheiranthus Cheiri* L., Goldlack; im *Goldlackblütenöl.*

Fam. Rosaceae (*Rosoideae*): *Rubus Idaeus* L., Himbeerstrauch; im *Himbeeröl.* — *Rosa damascena* MILL., Monatsrose, *R. centifolia* L., Centifolie, *R. gallica* L., Französische Rose u. a.; im *Rosenöl* (Blüten).

Fam. Leguminosae (*Papilionatae*): *Robinia Pseudacacia* L., Robinie; im *Robinienblütenöl*, unsicher!

Fam. Anonaceae: *Cananga odorata* HOOK. (*Anona o.* HOOK. et Th.), Ylang-Ylang; im *Canangaöl* der Blüten (neben *Farnesol*).

Fam. Rutaceae (*Aurantioideae*): *Citrus Aurantium* RISSO (*C. sinensis* PERS.), Apfelsinenbaum (Blätter und Zweige); im *Portugal-Petitgrainöl*, frei und Ester der *Essigsäure* und höherer Fettsäuren. — *C. Bigaradia* RISSO (*C. vulgaris* RISSO), Pomeranzenbaum; im amerikanischen und kaukasischen *Petitgrainöl* der Blätter, Zweige und jungen Früchte, frei und als Ester der *Essigsäure* und *Buttersäure*, und im *Orangenblütenöl* (*Neroliöl*), ebenso; ferner im *Orangenblütenwasser.* — *C. Limonum* RISSO (*C. medica* L. subsp. *Limonum* HOOK.), Citronenbaum; im *Citronen-Petitgrainöl* der Blätter, Zweige und unreifen Früchte, frei und als Ester der *Essigsäure* und *Geraniumsäure.* — *C. Bergamia* RISSO (*C. Aurantium* L. subsp. *Lima* var. *Bergamia* RISSO), Bergamotte; im *Bergamottöl* und *Bergamottblätteröl*; frei und als Ester der *Essigsäure* neben *Geranylacetat.*

Fam. Burseraceae: *Bursera Delpechiana* POISS., Linaloebaum (Holz); im *Mexikanischen Linaloeöl* und im Öl der Beeren.

Fam. Myrtaceae: *Myrtus communis* L., Myrtenbaum; im *Myrtenöl* der Blätter, neben *Geraniol.*

Fam. Primulaceae: *Cyclamen europaeum* L., Alpenveilchen; neben *Farnesol* im Blütenöl.

Fam. Labiatae: *Dracocephalum moldavicum* MORR. (*D. Moldavica* L.), Türkische Melisse; im Krautöl, neben *Geraniol* und *Citronellol.* — *Nepeta Cataria* L. var. *citriodora* BECK. (*N. citriodora* DUM.), wie vorige. — *Lavandula officinalis* CHAIX. (*L. vera* DC.), Lavendel; im *Lavendelöl* der Blüten.

Fam. Compositae: *Helichrysum angustifolium* DC. (*H. italicum* DON.); im Krautöl frei und verestert. — *Artemisia Absinthium* L. (*Absinthium vulgare* LAM.), Wermut; im spanischen *Wermutöl* des Krautes.

6. Linalool (*Licareol*), $C_{10}H_{18}O$.

Vorkommen: Als *d*- und *l*-*Linalool* (*d-L.* und *l-L.*) verbreitet besonders im äther. Öl der *Lauraceen*, *Rutaceen* und *Labiaten*, aber auch in vielen anderen phanerogamen Familien, selten bei *Nadelhölzern*, zweifelhaft bei *Gräsern*; frei oder verestert im Öl der verschiedensten Organe (Blätter, Blüten, Früchten, Rhizom u. a.).

Fam. Pinaceae (*Abietineae*): *Pinus Jeffreyi* MURR., Jeffrey-Kiefer; im *Terpentinöl.* — (*Cupressineae*): *Chamaecyparis obtusa* SIEB. et ZUCC., Hinokibaum; im Öl der Blätter: *l-L.* als Essigester.

Fam. Gramineae: *Cymbopogon Nardus lenabatu* RENDL., Neues Citronellgras; im *Ceylon-Citronellöl*, zweifelhaft! — *C. flexuosus* STPF., Lemongras, Malabar- oder Kotschingras; im *Ostindischen Lemongrasöl*, zweifelhaft! — *C. citratus* STPF. (*Andropogon c.* DC.), Lemongras; im *Westindischen Lemongrasöl* der Blätter. Neuere Angabe (1931).

Fam. Amaryllidaceae: *Narcissus Jonquilla* L.; im *Jonquillablütenextraktöl*, wahrscheinlich!

Fam. Zingiberaceae: *Kaempferia Ethelae* WOOD.; im Öl der *Sherungulu-Knollen.* — *Zingiber officinale* ROSC., Ingwer; im *Ingweröl* aus Wurzelstock. — *Amomum xanthioides* WALLICH.; im Öl der Früchte (= *Bastard-Cardamonen*).

Fam. Moraceae (*Cannabinoideae*): *Humulus Lupulus* L., Hopfen; im *Hopfenöl* aus *Lupulin* der „Zapfen", frei und als Ester der *Isononylsäure.*

Fam. Aristolochiaceae: *Aristolochia canadense* L., Wild-Ginger; im *Canadischen Schlangenwurzelöl* aus Wurzelstock: *d-L.*

Fam. Magnoliaceae: *Magnolia-Species* unbekannt; im *Japanischen Magnoliaöl*, unsicher! — *M. longifolia* BL.; im *Weißen Champacaöl* der Blüten: *l-L.* — *Illicium religiosum* SIEB. et ZUCC., Japanischer Sternanis; im *Japanischen Sternanisöl* der Frucht.

Fam. Calycanthaceae: *Calycanthus floridus* L., Gewürznelkenstrauch; im Öl der Rinde, unsicher! — *C. occidentalis* HOOK. et ARN., „Spice Bush"; im Öl der Blätter und Zweige als *Essigester.*

Fam. Anonaceae: *Cananga odorata* HOOK. (*Anona odorata* HOOK. et TH.), Ylang-Ylang; im *Ylang-Ylangöl* der Blüten: *l-L.* (= „*Ylangol*").

618   W. Thies und C. Wehmer: Vorkommen der ätherischen Öle.

Fam. **Myristicaceae:** *Myristica fragrans* Hout., Muskatnußbaum; im *Muskatnußöl*
der Samen: *d-L.*

Fam. **Lauraceae:** *Cryptocaria pretiosa* Mart. *(Ocotea p.* Benth.), Mispellorbeer; im
Öl aus Holz und Zweigen, frei und als Ester der *Essig-* und *Benzoesäure.* — *Cinnamo-*
mum ceylanicum Nees., Ceylon-Zimtstrauch; im *Zimtblätteröl* und im *Ceylon-*
Zimtöl der Rinde: *l-L.,* frei und als Ester der *Isobuttersäure.* — *C. ceylanicum*
var. *seychelleanum,* Seychellen-Zimtbaum, im *Seychellen-Zimtöl* aus Rinde. —
C. pedunculatum Presl., im *Rindenöl.* — *C. Camphora* Nees., Campherbaum;
in einem *Blätteröl.* — *C. Kanahirai* Hay., „Shô-Gyu"; im *Shô-Gyu-Öl* aus
Holz, unsicher! — *C. Loureirii* Nees., Japanischer Zimtbaum; im Öl aus
Blättern, jungen Zweigen und Wurzelrinde: *l-L.* — *C.-Species* unbekannt, Schiu-
Campherbaum; im *Schiu-Öl* (jetzt „Ho-Öl"), auch „Apopinol", wahrscheinlich =
unreines Linalool!

Ocotea caudata Mez. *(Licaria guianensis* Aubl.), „Likari Kanale", im *Cayenne-*
Linaloeöl: l-L. — *Sassafras officinale* Nees., Sassafrasbaum; im *Sassafrasblätteröl,*
frei und Ester der *Essig-* und *Valeriansäure.* — *Litsea citrata* Bl.; im *May-Changöl*
aus blühenden Zweigen: *d-L.* — *Lindera sericea* Bl., „Kuromoji"; im *Kuromojiöl*
aus Blättern und jungen Trieben: *i-L.* — *Laurus nobilis* L., Lorbeerbaum; im
Lorbeerblätteröl: l-L.

Fam. **Cruciferae:** *Cheiranthus Cheiri* L., Goldlack; im *Goldlackblütenöl.*

Fam. **Rosaceae** *(Rosoideae): Rosa damascena* Mill., *R. centifolia* L., *R. gallica* L. u. a.;
im *Rosenöl* der Blüten: *l-L.* — *(Prunoideae): Prunus Persica* Sieb. et Zucc., Pfirsichbaum; im *Pfirsichöl* aus Fruchtfleisch, Spur!

Fam. **Leguminosae** *(Mimosoideae): Acacia Farnesiana* Willd., Cassiestrauch; im
Cassieblütenöl. — *A. Cavenia* Hook. et Arn.; ebenfalls im *Cassieblütenöl.* — *(Papiliona-*
tae): Robinia Pseudacacia L., Falsche Akazie; im *Robinienblütenöl.*

Fam. **Geraniaceae:** *Geranium roseum* L.; im *Kaukasischen Geraniumöl.* — *Pelargonium-*
Arten (Pelargonium odoratissimum Willd., *P. capitatum* Ait., *P. graveolens* Ait.,
P. Radula Ait. *(P. roseum* Willd.), *P. denticulatum* Jacq. u. a.); im *Geraniumöl*
der Blätter: *d-* und *l-L.*

Fam. **Rutaceae** *(Rutoideae): Xanthoxylum acanthopodium* DC.; im *Wartaraöl* der
Früchte: *d-L.* — *Fagara xanthoxyloides* Lam.; im Öl der Früchte, frei und als Ester
der *Essigsäure.* — *Barosma venustum* Eckl. et Z.; im Öl der Blätter. — *Orixa japonica*
Thunbg.; im Blätteröl. — *(Toddalioideae): Toddalia aculeata* Pers.; wie vorige. —
Skimmia Laureola Hook. f.; im Öl aus Blättern und Holz: *l-L.* frei und als Ester
der *Essigsäure.*

(Aurantioideae): Aegle sepiaria DC. *(Citrus trifoliata* L.); im *Chinesischen Neroliöl*
der Blüten, frei und als Ester der *Essigsäure.* — *Citrus Aurantium* Risso, Apfel-
sinenbaum; im *Portugal-Petitgrainöl* der Blätter und Stengel: *d-L.,* frei und als
Ester der *Essigsäure* und höherer Fettsäuren; ebenso im *Neroli-Portugalöl* der Blüten.
Im Apfelsinenschalenöl: *d-L.,* im Öl aus Fruchtsaft ein *linaloolähnlicher Alkohol.* —
C. Bigaradia Risso; Pomeranzenbaum; im *Petitgrainöl* der Blätter, Zweige und
jungen Früchte: *l-L.,* frei und Ester der *Essigsäure;* ebenso im *Orangenblütenöl*
(Neroliöl). — *C. Aurantium* L. subsp. *amara* Engl., „Dai-Dai"; im Öl der Blätter
und Stengel. — *C. Limonum* Risso, Citronenbaum; im *Citronen-Petitgrainöl* der
Blätter, Zweige und unreifen Früchte: *l-L.,* frei und als Ester der *Essigsäure;* als
Ester auch im *Citronenöl* der Fruchtschale. — *C. Limetta* Risso, Südeuropäische
Limette; im Blütenöl, im *Italienischen Limettöl* der Früchte frei und als *Essigsäure-*
ester. — *C. madurensis* Lour., Mandarinenbaum; im *Mandarinenblätteröl* als
Ester, zweifelhaft! und im *Mandarinenöl* der Früchte. — *C. Bergamia* Risso, Berga-
motte; im *Bergamottblätteröl* und im *Bergamottöl* der Früchte: *l-L.,* frei und *Essig-*
säureester. — *C. decumana* L., Pompelmuse; im *Pompelmusöl* der Fruchtschale
und im Blätteröl, frei und *Essigsäureester.* — *Eriostemon Coxii* Muell.; im Öl der
Blätter, zweifelhaft!

Fam. **Burseraceae:** *Bursera Delpechiana* Poiss., Linaloebaum; im *Mexikanischen*
Linaloeöl des Holzes und im Öl der Früchte: *l-L.* und *d-L.,* frei und als *Acetat.*

Fam. **Euphorbiaceae:** *Cathetus fasciculata* Lour.; im *Bruyère-Öl;* zweifelhaft!

Fam. **Sterculiaceae:** *Theobroma Cacao* L., Kakaobaum; im *Kakaoöl* der Bohnen: *d-L.*

Fam. **Myrtaceae:** Im Öl der Blätter bei folgenden: *Amomis jamaicensis* Brill. et Hill.,
Wilder Piment: *l-L.* — *Melaleuca Leucadendron* L. *(M. Cajuputi* Roxb.); im
Cajeputöl: l-L. — *Darwinia taxifolia* Cunn.; unsicher! — *Baeckea frutescens* L.: *l-L.*
Neuere Angabe (1931).

Fam. **Umbelliferae:** *Dorema Ammoniacum* Don.; im *Ammoniakgummiöl* aus Milchsaft:
d-L. als *Acetat.* — *Coriandrum sativum* L., Coriander; im *Corianderöl* der Früchte:
d-L. (= „Coriandrol").

Fam. **Oleaceae:** *Jasminum odoratissimum* L.; im Öl der Blüten frei und als *Acetat.* —
J. grandiflorum L., Echter Jasmin; im *Jasminöl* der Blüten *frei* und als *Acetat.*
Fam. **Labiatae:** Meist im Öl aus *Kraut* bei folgenden: *Rosmarinus officinalis* L., Ros-
marin; im *Rosmarinöl* aus Blättern und Blüten; in einem *spanischen* Öl unsicher! —
Lavandula officinalis CHAIX., Lavendel; im *Lavendelöl* der Blüten frei und als
Ester der *Essig-, Butter-, Capron-* und *Valeriansäure.* Im *Englischen* und *Sizilia-
nischen Öl: l-L.* angegeben! — *L. Spica* DC., Spiklavendel; im *Spiköl: l-L.* —
L. delphinensis JORD. und *L. fragrans* JORD.; im Öl aus Kraut und Blüten als *Acetat.* —
Salvia Sclarea L., Muskateller Salbei; im *Muskateller Salbeiöl* von Kraut und
Blütenständen: *l-L.,* frei und als *Acetat.* — *S. glutinosa* L., Klebrige Salbei. —
S. lavendulaefolia VAHL.; im *Spanischen Salbeiöl* frei und als *Ester* der *Essig-* und
Isovaleriansäure. — *Monarda punctata* L., „Horse Mint". — *Origanum smyrnaeum*
L. (*O. Onites* L.); im *Smyrnaer Origanumöl: l-L.*
   Thymus vulgaris L., Thymian; im *Thymianöl.* — *Th. Mastichina* L., Wald-
majoran: *l-L.* — *Th. Zygis* L.; im *Spanischen Thymianöl* der Zweigspitzen, Spur! —
Mentha Mirennae BR. — *M. aquatica* L., Wasserminze; frei und *Acetat.* — *M. citrata*
EHRH., Bergamottminze; ebenso. — *M. javanica* BL. (*M. lanceolata* BENTH.);
im *Javanischen Pfefferminzöl,* unsicher! — *M. verticillata* L. var. *strabala* BRIQ.,
Russische Krauseminze; im *Krauseminzöl: l-L.* — *Ocimum Basilicum* L., Basilie;
im *Basilicumöl.* — *O. minimum* L., „Basilic nain"; im *Basilicumöl,* unsicher! —
O. canum SIMS. (*O. americanum* L.); im Öl: *l-L.* — *O. sanctum* L. — *O. gratissimum*
BOISS.; wahrscheinlich!
Fam. **Rubiaceae** (*Cinchonoideae*): *Gardenia brasiliensis* SPRENG.; im *Gardeniaöl* der
Blüten frei und als *Acetat.*
Fam. **Compositae:** *Eupatorium capillifolium* SMALL., Hundefenchel; im Öl der
Blätter. — *Tagetes minuta* L., Samtblume; im Öl des Krautes frei und *Acetat.* —
Achillea nobilis L., Edelschafgarbe; im *Edelschafgarbenöl;* zweifelhaft!

7. Farnesol, $C_{15}H_{26}O$.

Vorkommen: Bislang nur im Öl einer Reihe angiospermer Familien von den *Gramineen*
bis zu den *Resedaceen* beobachtet; besonders in Blättern und Blüten, vorwiegend frei,
seltener verestert.
Fam. **Gramineae:** *Cymbopogon Martini* STPF. (*Andropogon M.* ROXB.), Palma-
rosagras und var. *Motia* BURK.; im *Palmarosaöl* („Motia") der Blätter (neben
Geraniol). — *C. Nardus* RENDL. (*Andropogon N.* L.), Citronellgras und var. *lenabatu*
(*Andropogon N.* Ceylon DE JONG „Lenabatu"), Neues Citronellgras; im *Ceylon-
Citronellöl* der Blätter, frei und *Ester.* — *C. flexuosus* STPF. (*Andropogon Nardus*
var. *flexuosus* HACK.), Lemongras, Malabar- oder Kotschingras; im *Ostindischen
Lemongrasöl* der Blätter neben *Nerol* als *Ester.* — *C. citratus* STPF. (*Andropogon c.* DC.),
Lemongras; im *Westindischen Lemongrasöl* der Blätter. Neuere Angabe (1931).
Fam. **Amaryllidaceae:** *Polyanthes tuberosa* L., Tuberose; im *Tuberosenblütenöl.*
Fam. **Liliaceae:** *Convallaria majalis* L., Maiblume; im *Maiblumenblütenöl.*
Fam. **Magnoliaceae:** *Illicium verum* HOOK., Echter Sternanis; aus Nachläufen des
Chinesischen Sternanisöl der Früchte, neben *Anol.*
Fam. **Anonaceae:** *Cananga odorata* HOOK. (*Anona o.* HOOK. et TH.), Ylang-Ylang;
im *Canangaöl* der Blüten, neben *Nerol.*
Fam. **Rosaceae** (*Rosoideae*): *Rosa damascena* MILL., Damascener Rose, *R. centi-
folia* L., Centifolie, *R. gallica* L., Französische Rose u. a.; im *Rosenöl* der
Blüten, zweifelhaft, dagegen sicher in einem deutschen Öl.
Fam. **Leguminosae** (*Mimosoideae*): *Acacia Farnesiana* WILLD., Cassiestrauch; im
Cassieblütenöl. — (*Papilionatae*): *Myroxylon Balsamum* HRMS. var. *Pereirae* BAILL.
(*Toluifera Pereirae* BAILL.), Perubalsambaum; im Perubalsamöl der Rinde. —
M. Balsamum HRMS. var. *genuinum* BAILL. (*Toluifera Balsamum* L.), Tolubalsam-
baum; im *Tolubalsamöl* der Rinde. — *Robinia Pseudacacia* L., Falsche Akazie,
Robinie; im *Robinienblütenöl.* — *Dalbergia parviflora* (?); im Holzöl; zweifelhaft!
Neben Spuren *Furfurol.* Neuere Angabe (1931).
Fam. **Rutaceae** (*Aurantioideae*): *Citrus Aurantium* RISSO (*C. sinensis* PERS.), Apfel-
sinenbaum; im *Portugal-Petitgrainöl* der Blätter, Stengel und Zweige, zweifelhaft! —
C. Bigaradia RISSO (*C. vulgaris* RISSO), Bitterer Orangenbaum; im Rückstand
von *Orangenblütenöl* (= *Neroliöl*).
Fam. **Tiliaceae:** *Tilia europaea* L. (*T. cordata* MILL., Winterlinde, und *T. platy-
phyllos* SCOP., Sommerlinde); im *Lindenblütenöl.*
Fam. **Malvaceae:** *Hibiscus Abelmoschus* L. (*Abelmoschus moschatus* MNCH.); im *Moschuskörneröl* der Samen, neben *Palmitinsäure.*

Fam. **Primulaceae:** *Cyclamen europaeum* L., Alpenveilchen; im Blütenöl, neben *Nerol.*
Fam. **Oleaceae:** *Syringa vulgaris* L., Gemeine Syringe; im Blütenöl. — *Jasminum grandiflorum* L., Echter Jasmin; im *Jasminöl* der Blüten.
Fam. **Resedaceae:** *Reseda odorata* L., Wohlriechende Reseda; im *Resedablütenöl.*

8. Nerolidol (*Peruviol*), $C_{15}H_{26}O$.

Vorkommen: Bislang in vier Fällen nachgewiesen.

Fam. **Zingiberaceae:** *Amomum xanthioides* WALLICH; im Öl der Früchte (= *Bastard-Cardamomen*).
Fam. **Leguminosae** (*Papilionatae*): *Myroxylon Balsamum* HRMS. var. *Pereirae* BAILL. (*Toluifera P.* BAILL.), *Perubalsam*; im *Perubalsamöl* der Rinde als *Ester.* — *Dalbergia parviflora* (?); im Holzöl: *l-Nerolidol.* Neuere Angabe (1931).
Fam. **Rutaceae** (*Aurantioideae*): *Citrus Bigaradia* RISSO (*C. vulgaris* RISSO), Bitterer Orangenbaum; im *Orangenblütenöl* (= *Neroliöl*).

9. Androl, $C_{10}H_{20}O$.

Vorkommen: Nur in einer Familie.

Fam. **Umbelliferae:** *Oenanthe Phellandrium* LAM. (*Oe. aquatica* LAM.), Wasser-fenchel; im *Wasserfenchelöl* der Früchte (Hauptträger des charakteristischen Ge-ruches).

10. Uncineol, $C_{10}H_{18}O$.

Identisch mit *Eudesmol.* Siehe dieses S. 628.

11. Doremol, $C_{15}H_{28}O$.

Vorkommen:
Fam. **Umbelliferae:** *Dorema Ammoniacum* DON. (*Peucedanum A.* NEES.); im *Am-moniakgummiöl*, als Ester der *Essigsäure.*

12. Undecen-1-ol, $C_{11}H_{22}O$.

Vorkommen:
Fam. **Lauraceae:** *Litsea odorifera* VAHL., im „*Trawas olie*" der Blätter.

b) Aromatische Alkohole.

Benzylalkohol, β-Phenyläthylalkohol, γ-Phenylpropylalkohol, Zimtalkohol.
Vorkommen: siehe Bd. 2, S. 252—253.

c) Alicyclische Alkohole.

I. Monocyclische Alkohole.

1. Menthol (*Pfefferminzcampher*), $C_{10}H_{20}O$.

Vorkommen: Hauptsächlich verbreitet im Blätteröl von *Labiaten* (*Mentha*-Arten!) vereinzelt und nicht immer sicher auch in einigen anderen dicotylen Familien; frei und ver-estert besonders mit *Essigsäure.*

Fam. **Piperaceae:** *Piper Betle* L. (*Chavica B.* MIQ.), Betelpfeffer; im *Betelöl* der Blätter, alte und fragliche Angabe!
Fam. **Geraniaceae:** *Pelargonium-Arten* (*P. odoratissimum* WILLD., *P. capitatum* AIT., *P. graveolens* AIT., *P. Radula* AIT., *P. denticulatum* JACQ.); im *Geraniumöl* der Blätter, frei und Ester der *Tiglinsäure, Essigsäure, Buttersäure* und *Valeriansäure;* im *Ré-union-Geraniumöl*, Spur.
Fam. **Anacardiaceae:** *Schinus Molle* L., Pfefferstrauch; im Öl der Früchte: eine Substanz von *Menthol*-Geruch!
Fam. **Myrtaceae:** *Eucalyptus dives* SCHAU., Broad-leaved-Peppermint; im Öl der Blätter.
Fam. **Verbenaceae:** *Lippia dulcis* TREV. var. *mexicana*; im Öl des *Lippienkrautes:* „*Lippiol*" (= *Menthol*), zweifelhaft!
Fam. **Labiatae:** Im Öl des Krautes folgender: *Nepeta nepetella* L.; mentholartige Sub-stanz! — *N.-Species* unbekannt (Sizilien); frei und Ester der *Essigsäure.* — *Hedeoma piperita* BENTH.,„Tabaquillo olorosa".—*Micromeria japonica* MIQ.,zweifelhaft!— *Calamintha Nepeta* SAVI (*Satureia Calamintha* SCH.), Poleiartige Bergminze; in *Essence de Marjolaine*, frei und Ester der *Essigsäure.* — *C. macrostema* BENTH.,

„Tabaquillo“. — *Origanum Dictamnus* L. (*Amaracus D.* BENTH.), Kretischer Diptam; im *Diptam-Dostenöl*, unsicher! — *Mentha piperita* HUDS. var. *officinalis* SOLE, Pfefferminze; *l-Menthol* im *Pfefferminzöl* (Kraut), frei und als Ester der *Essigsäure, Isovaleriansäure* und *Säure* $C_8H_{12}O_2$; im *Japanischen Öl* (= „*Unseparated*“, „*Torioroschi*“) neben *l-Menthol* auch *d-Neomenthol*! — *M. spicata* HUDS. (*M. viridis* L.), Grünminze; im *Grünminzöl*, frei und Ester der *Essigsäure.* — *M. longifolia* HUDS. (*M. silvestris* L.), Waldminze; frei und *Ester.* — *M. canadensis* L. var. *glabrata* GRAY; im *Chinesischen Pfefferminzöl*, wie vorige. — *M. arvensis* var. *piperascens* HOLM. (*M. canadensis piperascens* BRIQ.), Japanische Minze; ebenso. — *M.-Species* ungenannt, „Wilde Pfefferminze“. — *M. sativa* L.; frei und Ester der *Essigsäure.* — *M. Mirennae* BR. — *M. rotundifolia* HUDS. var. *glabrescens* T. L. — *M. aquatica* L., Wasserminze. — *M. Pulegium* L. (*Pulegium vulgare* MILL.), Poleiminze; im *Poleiöl*, frei und Ester der *Essigsäure.* — *M. Pulegium* L. × *M. piperita* L. — *M. satureioïdes* R. BR., „Brisbane penny-royal“; frei und Ester der *Essigsäure.* — *M. javanica* BL. (*M. lanceolata* BNTH.); im *Javanischen Pfefferminzöl*, frei und *Ester.* — *M. Requieni* BENTH.; zweifelhaft! — *M. muticum* PERS., „Mountain mint“. — *Hyptis suaveolens* POIT.

Fam. **Compositae:** *Artemisia Herba-alba* var. *genuina* BATT. ET TRAB., Weißer Beifuß; im *Scheih-Öl* des Krautes, frei und als *Ester.*

2. Terpineol, $C_{10}H_{18}O$.

Vorkommen: In zahlreichen Familien der Phanerogamen, meist aber nur bei einzelnen Vertretern, im äther. Öl von Blättern, Blüten, Früchten oder Holz von Stamm und Wurzel; frei wie als Ester, besonders der *Essigsäure.* Als *d-, l-* und *i-α-Terpineol*, in einem Öl auch als *γ-Terpineol* (*$\Delta^{4\,(8)}$-Menthenol-1*).

α) *d-α-Terpineol.*

Fam. **Pinaceae** (*Abietineae*): *Pinus silvestris* L., Gemeine Kiefer; im *Russischen Terpentinöl* aus Stamm. — *P. excelsa* WALL., Indian blue pine; im *Terpentinöl.* — (*Cupressineae*): *Cupressus sempervirens* L., Echte Cypresse; im *Cypressenöl* als Ester der *Essigsäure* und *Valeriansäure.*

Fam. **Zingiberaceae:** *Elettaria Cardamomum* WK. et MAT., Echte Cardamome; im *Cardamomöl* aus Früchten als *Essigsäureester.*

Fam. **Magnoliaceae:** *Illicium verum* HOOK., Echter Sternanis; im *Chinesischen Sternanisöl* der Früchte.

Fam. **Lauraceae:** *Licaria guianensis* AUBL. (*Ocotea caudata* MEZ.); im *Cayenne Linaloeholzöl.*

Fam. **Rutaceae** (*Aurantioideae*): *Citrus Aurantium* RISSO, Apfelsinenbaum; im *Portugal-Petitgrainöl*, frei und als Ester der *Essigsäure*, ferner im *Apfelsinenschalenöl* und im Öl aus dem Fruchtsaft. — *C. Bigaradia* RISSO, Pomeranzenbaum; im *Petitgrainöl* aus Blättern, Zweigen und jungen Früchten und im *Orangenblütenöl* (*Neroliöl*).

Fam. **Burseraceae:** *Bursera Delpechiana* POISS., Linaloebaum; im *Mexikanischen Linaloeöl* aus Holz.

Fam. **Umbelliferae:** *Levisticum officinale* KOCH. (*Angelica Levisticum* ALL.), Liebstöckel; im *Liebstocköl* der Wurzel.

Fam. **Labiatae:** *Origanum Majorana* L. (*Majorana hortensis* MNCH.), Majoran; im *Majoranöl* aus Kraut („*Origanol*“).

β) *l-α-Terpineol.*

Fam. **Pinaceae** (*Abietineae*): *Pinus palustris* MILL., Sumpfkiefer; im *Holzterpentinöl* (*Long-leaf-Pine-Oil*). — *P. excelsa* WALL., Indian blue pine; im Öl der Nadeln. — *Abies Pindrow* SPACH.; im Öl der Nadeln, frei und als Ester der *Nonylsäure.* — *Pseudotsuga Douglasii* CARR., Douglastanne; im *Oregonbalsamöl* aus Holzkörper.

Fam. **Gramineae:** *Cymbopogon caesius* STPF., Inchigras; im *Inchigrasöl.*

Fam. **Aristolochiaceae:** *Asarum canadense* L., „Wild-Ginger“; im *Canadischen Schlangenwurzelöl* aus Wurzelstock.

Fam. **Lauraceae:** *Cinnamomum ceylanicum* NEES., Ceylon-Zimtstrauch; im *Zimtblätteröl.* — *C. glanduliferum* MEISSN., Nepal Camphor tree; im Blätteröl. — *Licaria guianensis* AUBL. (*Ocotea caudata* MEZ.); im Holzöl (von anderen *Linaloeölen* abweichend!). — *Ocotea usambarensis* ENGL.; im Rindenöl. — *Umbellularia californica* MEISSN., Kalifornischer Lorbeerbaum; im *Kalifornischen Lorbeeröl.* — *Laurus nobilis* L., Lorbeerbaum; im *Lorbeerblätteröl.*

Fam. **Rutaceae** (*Aurantioideae*): *Citrus Limetta* Risso, Südeuropäische Limette; im *Italienischen Limettöl* der Früchte. — *C. medica* var. *acida* Brand., Westindische Limette; im *Westindischen Limettöl* der Früchte.

Fam. **Burseraceae**: *Bursera Delpechiana* Poiss., Linaloebaum; im *Mexikanischen Linaloeöl* aus Holz und im Öl der Beeren.

Fam. **Myrtaceae**: *Baeckea frutescens* L.; im Öl der Blätter. Neuere Angabe (1931).

Fam. **Dipterocarpaceae**: *Dryobalanops aromatica* Gärtn. (*D. Camphora* Colebr.), Borneocampherbaum; im *Borneocampheröl* aus Holz und Blättern.

Fam. **Compositae**: *Artemisia Cina* Bg. (*A. maritima* L. var. *Stechmanniana* Bess.); im *Wurmsamenöl* aus Blütenköpfen, frei und verestert.

γ') i-α-Terpineol.

Fam. **Monimiaceae**: *Peumus Boldus* Baill. (*Boldea fragrans* Juss.); im *Boldoblätteröl*.

Fam. **Geraniaceae**: *Pelargonium-Arten* (*Pelargonium odoratissimum* Willd., *P. capitatum* Ait., *P. graveolens* Ait., *P. Radula* Ait., *P. denticulatum* Jacq. u. a.); im *Geraniumöl* der Blätter, frei und als *Acetat*.

Fam. **Myrtaceae**: *Melaleuca Leucadendron* L. (*M. Cajuputi* Roxb.); im *Cajeputöl* aus Blättern, frei und als *Acetat*.

δ) α-Terpineol, ohne Drehungsangabe.

Fam. **Pinaceae** (*Cupressineae*): *Callitris gracilis* Baker., Mountain pine; im Blätteröl, anscheinend als Ester der *Buttersäure*.

Fam. **Gramineae**: *Cymbopogon citratus* Stpf. (*Andropogon c.* DC.), Lemongras; im *Westindischen Lemongrasöl* der Blätter (1931).

Fam. **Myristicaceae**: *Myristica fragrans* Houtt. (*M. officinalis* L.), Muskatnußbaum; im *Muskatnußöl*; früheres *Myristicol*!

Fam. **Lauraceae**: *Cinnamomum Camphora* Nees. (*Camphora officinarum* Nees.), Campherbaum; im *Campheröl* aus Blättern, Zweigen, Stamm und Wurzel und im *Campherrotöl* als Ester der *Capryl-* und *Laurinsäure*. — *C.-Species* unbekannt, Yu-Ju-Campherbaum; im *Yu-Ju-Öl* aus Holz.

Fam. **Leguminosae** (*Papilionatae*): *Robinia Pseudacacia* L., Robinie; im *Robinienblütenöl*.

Fam. **Rutaceae** (*Aurantioideae*): *Phebalium nudum* Hook.; im Öl der Blätter, frei und Ester der *Essigsäure*. — *Citrus Limonum* Risso, Citronenbaum; im *Citronen-Petitgrainöl* aus Blättern, Zweigen und unreifen Früchten als Ester der *Essigsäure*, ferner im *Citronenöl* der Fruchtschale.

Fam. **Myrtaceae**: *Callistemon lanceolatum* DC. und *C. viminalis* Cheel.; im Öl der Blätter und Zweige. — *Melaleuca Leucadendron* L. (*M. Cajuputi* Roxb.); im *Cajeputöl* der Blätter, frei und Ester der *Essig-, Butter-* und *Valeriansäure*. — *M. viridiflora* Brogn. et Gris., Niaouli; im *Niaouliöl* der Blätter, wie vorige. — *Backhousia angustifolia* F. v. M.; im Öl der Blätter und Zweige.

ε) Terpineol ohne nähere Angabe.

Fam. **Pinaceae** (*Araucarieae*): *Cunninghamia sinensis* R. Br. (*C. lanceolata* Lamb.); im „San-Mou-Öl" aus Holz: Terpineolgeruch! — (*Abietineae*): *Pinus silvestris* L., Gemeine Kiefer; im *Kiefernnadelöl*, zweifelhaft! und im *Holzterpentinöl* aus Wurzelstock. — *P. Laricio* Poir., Schwarzkiefer; im *Holzterpentinöl* aus Wurzelstock. — *Abies sibirica* Ledeb., Sibirische Edeltanne; im *Sibirischen Fichtennadelöl* als Essigester, unsicher! — *Picea Sitchensis* (?); im Öl der Nadeln und Zweige. — (*Cupressineae*): *Juniperus communis* L., Wacholder; im *Wacholderbeerenöl*. — *J. Scopulorum* (?); im Nadelöl. Neuere Angabe (1931). Teils als *Butyrat* und *Acetat*.

Fam. **Zingiberaceae**: *Elettaria Cardamomum* var. *major* Smith., Ceylon-Cardamome; im *Ceylon-Cardamomöl* der Früchte.

Fam. **Magnoliaceae**: *Magnolia-Species* unbekannt; im *Japanischen Magnoliaöl*, wahrscheinlich!

Fam. **Lauraceae**: *Cinnamomum-Species* unbekannt, Schiu-Campherbaum; im *Schiu-Öl*, unsicher! — *Litsea citrata* Bl.; im *May-Changöl* aus blühenden Zweigen. — *Lindera sericea* Bl., „Kuromoji"; im *Kuromojiöl* der Blätter und jungen Triebe.

Fam. **Rutaceae** (*Aurantioideae*): *Citrus madurensis* Lour., Mandarinenbaum; im *Mandarinenöl* der Früchte. — *C. Bergamia* Risso, Bergamotte; im *Bergamottöl* der Früchte.

Fam. **Burseraceae**: *Boswellia serrata* Roxb., Salaibaum; im Öl aus Gummiharz (*Salaigugul*) der Stammwunden.

Fam. Myrtaceae: Im Öl der Blätter und Zweige bei folgenden: *Melaleuca gibbosa* LAB.; als Acetat, zweifelhaft! — *M. pauciflora* TURCZ.; frei und als Acetat. — *M. tricho-stachya* LINDL. — *M. erubescens* OTTO. — *M. Deanei* F. v. M.; zweifelhaft! — *Leptospermum flavescens* SM.; anscheinend! und var. *leptophyllum* CHEEL.: α-*T.* — In den Blätterölen folgender *Eucalyptus*-Species: *Eucalyptus australiana* B. et SM., Black Peppermint. — *E. consideneana* MAID. — *E. dives* SCHAU., „Broad-leaved-Peppermint". — *E. Globulus* LAB., „Fever tree"; im Nachlauf vom *Globulusöl*. — *E. micrantha* DC.; zweifelhaft! — *E. Phellandra* B. et SM., Narrow-leaved-Pepper-mint. — *E. Rossii* B. et SM. (*E. micrantha* DC.), „White gum".

Fam. Umbelliferae: *Selinum Monnieri* L.; im Öl der Früchte.

Fam. Verbenaceae: *Vitex trifolia* L.; im Öl aus Blättern und Zweigen als Ester der *Essigsäure*.

Fam. Labiatae: *Origanum Majorana* L., Majoran; im *Majoranöl*, frei und als Ester der *Essigsäure*. — *Ocimum viride* WILLD., Moskitopflanze; im Öl der Blätter. — *O. canum* Sims.; ebenso; zweifelhaft!

Fam. Rubiaceae (*Cinchonoideae*): *Gardenia brasiliensis* SPRENG. (*Genipa b.* BAILL.); im *Gardeniaöl* der Blüten.

Fam. Valerianaceae: *Valeriana officinalis* L., Arzneilicher Baldrian; im *Baldrianöl* aus Wurzelstock und var. *angustifolia* MIQ.; im *Kessoöl* aus Wurzelstock.

Fam. Compositae: *Erigeron canadensis* L., Berufskraut; im *Erigeronöl*, primär zweifelhaft!

$$\zeta)\ \gamma\text{-}Terpineol\ (\varDelta^{4\,(8)}\text{-}Menthenol\text{-}1).$$

Fam. Pinaceae (*Cupressineae*): *Cupressus torulosa* DON., Himalaya-Cypresse; im Öl der Blätter, neben $\varDelta^1$-*Menthenol-4* (wahrscheinlich!).

3. Piperitol ($\varDelta^1$-*Menthenol*-[3]), $C_{10}H_{18}O$.

Vorkommen: Fast ausschließlich in einigen Eucalyptus-Ölen, meist neben *Piperiton*, als *l-Piperitol* und *d-Piperitol*; ferner in einem Grasöl zweifelhafter Abstammung.

Fam. Gramineae: *Andropogon-Species* unbekannt (aus Indien); im Öl der Blüten-stände: *d-Piperitol*.

Fam. Myrtaceae: In den Blätterölen folgender Eucalyptus-Species: *Eucalyptus citriodora* HOOK., „Citron-scented gum". — *E. dives* SCHAU., „Broad-leaved-Peppermint"; in den beiden Abarten: A (Melbourne) und B (Neusüdwales). — *E. micrantha* DC. — *E. piperita* SM., „Peppermint tree"; im Öl aus Blättern und Zweigen. — *E. radiata* SIEB., „White-top Peppermint". — *E. Rossii* B. et SM. (*E. micrantha* DC.), „White gum"; frei und Ester der *Capronsäure*. — *E. Staigeriana* F. v. M., „Lemon-scented ironbark", „Eisenrinde".

4. $\varDelta^1$-Menthenol-4, $C_{10}H_{18}O$.

Fam. Cupressineae: *Cupressus torulosa* DON., Himalaya-Cypresse; im äther. Öl der Nadeln (wahrscheinlich!).

5. Terpinenol-1, $C_{10}H_{18}O$.

Vorkommen: Bislang nur im *Campheröl* aufgefunden.

Fam. Lauraceae: *Cinnamomum Camphora* NEES. (*Camphora officinarum* NEES.), Campherbaum; im *Campheröl* aus Blättern, Zweigen, Stamm und Wurzeln.

6. Terpinenol-4, $C_{10}H_{18}O$.

Vorkommen: Im äther. Öl mehrerer Familien (Gymnospermen und Angiospermen), doch meist nur bei einzelnen Vertretern; frei oder als Ester im Öl von Blättern, Blüten, Früchten und Holz vorkommend.

Fam. Pinaceae (*Cupressineae*): *Cupressus sempervirens* L., Echte Zypresse; im *Zypressenöl* der Blätter und jungen Zweige. — *C. torulosa* DON., Himalaya-Zypresse, zweifelhaft! — *Juniperus communis* L., Wacholder; im *Wacholderbeeröl*. — *Chamaecyparis obtusa* SIEB. et ZUCC., Hinokibaum; im Öl der Blätter: d-$\varDelta^1$-*Terpinenol-4*. (1931).

Fam. Zingiberaceae: *Elettaria Cardamomum* var. *major* SMITH., Ceylon-Carda-mome; im *Ceylon-Cardamomöl* der Früchte.

Fam. Piperaceae: *Piper Cubeba* L. (*Cubeba officinalis* MIQ.), Cubebenpfeffer; im *Cubebenöl* der Frucht.

Fam. Myristicaceae: *Myristica fragrans* HOUTT., Muskatnußbaum; im *Muskat-nußöl* der Samen.

Fam. **Lauraceae:** *Cinnamomum Kanahirai* Hay., „Shô-Gyu"; im *Shô-Gyu-Öl* aus Holz.
Fam. **Myrtaceae:** *Melaleuca linariifolia* Sm., „Tea Tree"; im Öl aus Blättern und
Zweigenden. — *M. alternifolia* Cheel., wie vorige. — *Eucalyptus dives* Schau.,
„Broad-leaved-Peppermint"; im Blätteröl, unsicher!
Fam. **Labiatae:** *Thymus Zygis* L. var. *gracilis* Boiss. (*T. tenuifolius* Mill.); im
Spanischen Thymianöl der blühenden Zweigspitzen. — *Origanum Majorana* L.
(*Majorana hortensis* Mnch.); im *Majoranöl* aus Kraut, frei und Ester der *Essigsäure*.
Fam. **Compositae:** *Artemisia Cina* Bg. (*A. maritima* L. var. *Stechmanniana* Bess.);
im *Wurmsamenöl* (*Zittwersamenöl*) der Blütenköpfe.

7. Terpinhydrat, $C_{10}H_{20}O_2$.

Vorkommen: Für fünf Familien angegeben, nur einzelne Angaben scheinen sicher[1].
Fam. **Pinaceae** (*Abietineae*): *Picea excelsa* Lk. (*P. vulgaris* Lk.), Fichte; in ver-
grabenen Stämmen. — (*Cupressineae*): *Cupressus torulosa* Don., Himalaya-
Zypresse; im Öl der Blätter.
Fam. **Zingiberaceae:** *Elettaria Cardamomum* Wk. et Mat. (*Amomum repens* Sonner.),
Echte Cardamome; im *Cardamomöl* der Früchte; alte Angabe!
Fam. **Lauraceae:** *Laurus nobilis* L., Lorbeerbaum; im *Lorbeerblätteröl.*
Fam. **Labiatae:** *Ocimum Basilicum* L., Basilie; im *Basilicumöl* aus Kraut; nach alter
Angabe = *Basilicumcampher*; zweifelhaft!

8. Dihydro-α-terpineol, $C_{10}H_{20}O$.

Vorkommen: Im Holzterpentinöl von *Pinus*-Arten gefunden (sekundär?).

9. Dihydrocarveol (*p-Menthen-[8(9)]-ol-(2)*], $C_{10}H_{18}O$.

Vorkommen: In zwei Familien beobachtet.
Fam. **Umbelliferae:** *Carum Carvi* L., Gemeiner Kümmel; im *Kümmelöl* der Früchte
(neben *Carveol*).
Fam. **Labiatae:** *Mentha spicata* Huds. (*M. viridis* L.), Grünminze; im *Amerikanischen
Krauseminzöl* aus Kraut als Ester der *Essigsäure*.

10. Dihydrocuminalkohol (*Perillaalkohol*), $C_{10}H_{16}O$.

Vorkommen: Im äther. Öl bei vier Familien (Gymno- und Angiospermen) auf-
gefunden; vorwiegend in Blätterölen, frei und als Ester.
Fam. **Pinaceae** (*Cupressineae*): *Juniperus Sabina* L. (*Sabina officinalis* Gcke.), Sade-
baum; im *Sadebaumöl* der beblätterten Triebe.
Fam. **Gramineae:** Im Blätteröl folgender: *Cymbopogon nervatus* Chiov. (*Andropogon
Schoenanthus* var. *nervatus* Hack.), Naalgras; *Perillaalkohol.* — *C. caesius* Stpf.
(*Andropogon c.* Nees), Inchigras; im *Inchigrasöl*, (auch in Blütenständen). — *Andro-
pogon connatus* Höchst.
Fam. **Rutaceae** (*Aurantioideae*): *Citrus Bigaradia* Risso (*C. vulgaris* Risso), Bitterer
Orangenbaum; im *Orangeblütenöl* (= *Neroliöl*), zweifelhaft! — *C. Bergamia* Risso
(*C. Aurantium* L. subsp. *Lima* var. *Bergamia* Risso), Bergamotte; im *Bergamottöl*
der Früchte.
Fam. **Labiatae:** Im Blätteröl folgender: *Monarda fistulosa* L., „Wild Bergamot"; im
Wild-Bergamot-Oil. — *Mentha spicata* Huds. var. *crispata* Briq. (*M. crispata* Schr.),
Krauseminze; im *Krauseminzöl*, als Ester der *Essigsäure* und *Valeriansäure*.

11. Pulegol, $C_{10}H_{18}O$.

In der Natur bislang nicht aufgefunden.

12. Isopulegol, $C_{10}H_{18}O$.

Vorkommen: Vereinzelt im äther. Öl bei vier Familien gefunden.
Fam. **Gramineae:** *Cymbopogon Nardus* Rendl. lenabatu (*Andropogon N.* Ceylon
de Jong, „Lenabatu"), Neues Citronellgras; im *Ceylon-Citronellöl* der Blätter,
vielleicht sekundär entstanden? — *C. citratus* Stpf. (*Andropogon c.* DC.), Lemon-
gras; im *Westindischen Lemongrasöl* der Blätter (1931).
Fam. **Liliaceae:** *Xanthorrhoea Preissii* Endl. (*X. Drumondii* Harv.); im Öl des
„*Roten Acaroidharzes*" neben *Päonol* und *Oxypäonol*, sekundär?
Fam. **Geraniaceae:** *Pelargonium-Species*; im *Geraniumöl* der Blätter aus Britisch-
Ostafrika.
Fam. **Myrtaceae:** *Eucalyptus citriodora* Hook.; im Blätteröl.

---

[1] Als *Cis-Terpinhydrat* im *Cardamomöl* und *Basilicumöl* schon 1831 angegeben.

II. Bicyclische Alkohole.

1. Thujylalkohol (*Tanacetylalkohol*), $C_{10}H_{18}O$.

Vorkommen: Sicher bislang nur im äther. Blätteröl von *Cupressineen* und *Compositen* nachgewiesen; frei und als Ester.

Fam. **Pinaceae** (*Cupressineae*): Im Öl (*Thujaöl*) aus Blättern und Zweigspitzen folgender Thuja-Species: *Thuja occidentalis* var. *Wareana* HORT. (*Th. Wareana*). — *Th. plicata* LAMB. (*Th. gigantea* NUTT., *Th. Lobbii* HORT.), Riesen-Lebensbaum; scheinbar als Ester der *Essigsäure*. — *Th. gigantea* var. *semperaurea* HORT.

Fam. **Gramineae:** *Cymbopogon Nardus* RENDL. lenabatu (*Andropogon N. Ceylon* DE JONG „*Lenabatu*"), Neues Citronellgras; im *Ceylon-Citronellöl* des Krautes, zweifelhaft!

Fam. **Rutaceae** (*Rutoideae*): *Boronia thujona* WELCH.; im Öl aus der ganzen Pflanze, unsicher!

Fam. **Compositae:** *Tanacetum vulgare* L. (*Chrysanthemum v.* BERNH.), Rainfarn; im *Rainfarnöl* (besonders der Blüten), unsicher! — *Artemisia arborescens* L.; im Öl der Triebspitzen, frei und Ester anscheinend der *Ameisen-, Essig-, Isovalerian-, Pelargon-, Palmitin-* und *Stearinsäure*. — *A. vulgaris* L., Gemeiner Beifuß; im *Beifußöl* des Krautes. — *A. vulgaris* L. var. *indica* MAXIM., Indischer Beifuß; im *Yomugi-Öl* des Krautes, unsicher! — *A. Absinthium* L. (*Absinthium vulgare* LAM.), Wermut; im *Wermutöl* des Krautes, frei und als Ester der *Essigsäure*. — *A. camphorata* VILL.; im Öl des Krautes.

2. Sabinol, $C_{10}H_{16}O$.

Vorkommen: Nur in einer Familie beobachtet, frei und Ester.

Fam. **Pinaceae** (*Cupressineae*): *Taxodium distichum* RICH., Canadische Sumpfzypresse; im Öl der Zapfen. — *J. Sabina* L. (*Sabina officinalis* GCKE.), Sadebaum; im *Sadebaumöl* der Triebe, frei und als Ester der *Essigsäure*. — *Cupressus sempervirens* L., Echte Zypresse; im *Zypressenöl* der Blätter und jungen Zweige, zweifelhaft! — *Thuja dolobrata* L. (*Thujopsis d.* SIEB. et ZUCC.), „Hiba"; im Öl der Blätter, frei und als Ester der *Essigsäure*.

3. Myrtenol, $C_{10}H_{16}O$.

Vorkommen:
Fam. **Myrtaceae:** *Myrtus communis* L., Myrtenbaum; im *Myrtenöl* der Blätter, frei und als Ester der *Essigsäure*.

4. Pinocarveol, $C_{10}H_{16}O$.

Vorkommen: Bislang nur in einem *Eucalyptus-Öl* aufgefunden.

Fam. **Myrtaceae:** *Eucalyptus Globulus* LAB., „Fieberbaum"; im *Globulus-Öl* der Blätter als *Ester*.

5. Fenchylalkohol, $C_{10}H_{18}O$.

Vorkommen: Für drei Familien angegeben.

Fam. **Pinaceae** (*Araucarieae*): *Agathis australis* SALISB. (*Dammara a.* LAMB.), Kaurifichte; im Öl aus *Kauriharz: d-Fenchylalkohol*. — (*Abietineae*): *Pinus silvestris* L., Gemeine Kiefer; im *Holzterpentinöl* aus Wurzelstock. — *P. Laricio* POIR. (*P. L.* var. *austriaca* ENDL., *P. maritima* SOL.), Österreichische Kiefer; im *Holzterpentinöl* aus Wurzelstock. — *P. palustris* MILL. (*P. australis* MICH.), Gelbkiefer; im *Holzterpentinöl* aus Wurzelstock (= *Yellow Pine-Oil*): *i-Fenchylalkohol*.

Fam. **Labiatae:** *Lavandula Stoechas* L., „Romero Santo"; im Öl der Blüten, unsicher!

Fam. **Myrtaceae:** *Baeckea frutescens* L.; im Öl der Blätter.

6. Äthylenfenchylalkohol.

Vorkommen:
Fam. **Pinaceae** (*Abietineae*): *Pinus halepensis* MILL. (*P. maritima* MILL.), Aleppokiefer; im Öl der Sprosse.

7. Borneol, $C_{10}H_{18}O$.

Vorkommen: Von großer Verbreitung bei *Pinaceen*, öfter vorkommend auch bei *Labiaten* und *Compositen*, vereinzelt im äther. Öl vieler anderen Familien. Das Öl in allen Teilen der Pflanzen (Nadeln, Triebe, Zapfen; Holz vom Stamm, Zweigen und Wurzeln, in Rinde, Blättern, Blüten, Früchten und Samen). Frei als *d-* und *l-Borneol*; verestert, vornehmlich mit *Essigsäure*, dagegen meist nur als *l-Borneol*, (*d-B.* und *l-B.*).

Fam. **Pinaceae** (*Abietineae*): *Pinus silvestris* L., Gemeine Kiefer; im *Kiefernnadelöl*: *i-B.* und *l-Bornylacetat*! — *P. Pumilio* Hncke., Krummholzkiefer; im *Krummholzöl* (*Latschenkiefernöl*) aus Nadeln und jüngeren Zweigen; nur als Ester, hauptsächlich der *Essigsäure*, minder der *Propion-* und *Capronsäure*. — *P. Laricio* Poir., Schwarzkiefer; im *Schwarzkiefernnadelöl*: *Bornylacetat*. — *P. Cembra* L., Zirbelkiefer; im *Zirbelkiefernnadelöl*: ebenso. — *P. Pinaster* Sol. (*P. maritima* Poir.), Seestrandskiefer; im Öl der Knospen, frei und als Ester. — *P. palustris* Mill., Gelbkiefer; im Öl der Nadeln und Triebe: *l-B.* und Ester der *Essigsäure*, vielleicht auch der *Capron-*, *Capryl-* und *Oenanthsäure*; im Öl der Zapfen, frei und als *Acetat*; und ebenso im Holzterpentinöl (*Long-leaf-Pine-Oil*) aus Wurzelholz. — *P. halepensis* Mill. (*P. maritima* Mill.), Aleppokiefer; im *Griechischen Terpentinöl*: als *i-Bornylacetat*! — *P. ponderosa* Laws. (*P. resinosa* Torr.), Western Yellow pine; im Öl der Zapfen: *l-B.* — *P. brutia* Ten.; im *Terpentinöl*. — *P. flexilis* Jam.; im Öl der Nadeltriebe, als *Acetat*. — *P. excelsa* Wall., Indian blue pine; im Nadelöl verestert mit *Essig-*, *Butter-*, *Capryl-*, vielleicht auch *Laurinsäure*; im Öl der Zapfen: *Bornylacetat*. — *P. edulis* Engelm., Piñon-pine; im Öl der Nadeltriebe: *Acetat*! — *P. contorta* Dougl. (*P. Murrayana* Balf.), Lodge pole pine; im Öl der Nadeltriebe: *l-B.* und *Acetat*. — *P. Lambertiana* Dougl., Zuckerkiefer; im Öl der Nadeltriebe und Zapfen: *l-B.* — *P. Sabiniana* Dougl., Nußkiefer, wie vorige. — *P. densiflora* Sieb. et Zucc.; im Nadelöl: *Acetat*. — *P. monticola* Dougl.; im Öl der Nadeln. Neuere Angabe (1931).

Picea excelsa Lk., Fichte; im *Fichtennadelöl*: *l-Bornylacetat*; ebenso im *Fichtenzapfenöl* und *Terpentinöl*. — *P. rubra* Lk.; im Öl der Zweige und Zapfen: *Acetat*. — *P. rubens* (Sarg. ?), „Red spruce"; im Öl der Zweige und Nadeln, frei und *Acetat*. — *P. nigra* Lk.; im *Schwarzfichtennadelöl*: *l-Bornylacetat*. — *P. Engelmanni* Carr., Engelmann spruce; im Öl der Nadeltriebe: *Acetat*. — *P. orientalis* Lnk.; wie vorige. — *P. Sitchensis* (?); im Öl der Nadeln und Zweige.

Abies pectinata DC., Edeltanne; im *Weißtannennadelöl*, im Zapfenöl (*Templinöl*): *l-Bornylacetat*. — *A. concolor* Parry, White Fir; im Öl von Rinde und Nadeltrieben, frei und *Acetat*. — *A. magnifica* Murr., Red Fir; im Öl der Nadeltriebe: *l-B.* — *A. Nordmanniana* Spach., Nordmannstanne; im Nadelöl: *Acetat*; im Öl der Triebe: *l-B.* — *A. cephalonica* Lk., Griechische Tanne; im Öl: *l-B.* — *A. sibirica* Ledeb., Sibirische Edeltanne; im *Sibirischen Fichtennadelöl*, Zapfenöl und Rindenöl: *l-Bornylacetat*.

Tsuga canadensis Carr., Hemlocktanne; im Öl der Nadeln und jungen Zweige: *Acetat*. — *T. heterophylla* Sarg.; ebenso. — *Pseudotsuga Douglasii* Carr., Douglastanne; im *Douglasfichtennadelöl*: frei und *Acetat*. — *Larix europaea* DC., Lärche; im *Lärchennadelöl*: frei und *Acetat*, ferner im *Venezianischen Terpentinöl*. — *Cedrus Libani* Barr., Libanonceder; im *Libanon-Cedernöl*.

(*Cupressineae*): *Juniperus virginiana* L., Virginischer Wacholder, V. Ceder; im „*Cedernblätteröl*", frei und Ester (der *Valeriansäure* ?). — *J. excelsa* M. B.; im Öl der Beeren. — *J. chinensis* L.; im Blätteröl als Ester der *Ameisen-*, *Essig-*, *Isobutter-* und *Valeriansäure*. — *Thuja occidentalis* L., Abendländischer Lebensbaum; im *Thujaöl* aus Blättern und Zweigenden: *l-B.* und Ester. — *Chamaecyparis Lawsoniana* Parl., Lawsons Lebensbaum; im Öl aus Holz: *l-B.* und Ester der *Ameisen-*, *Essig-* und *Caprinsäure*. Nach neuerer Angabe: *d-B.*! — *Libocedrus decurrens* Torr., Incense Cedar; im Öl von Zweigen, Nadeln und Rinde: frei und *Acetat*. — In den Blätterölen folgender *Callitris*-Species als *d-B.* und *d-Bornylacetat*: *Callitris verrucosa* R. Br., Turpentine-pine. — *C. robusta* R. Br. (*C. Preissii* Miq.). — *C. glauca* R. Br., Cypress river pine. — *C. calcarata* R. Br., Black pine; hier auch im Öl der Zweige und Früchte. — *C. Drummondii* Benth. et H. fil., Cypress pine. — *C. arenosa* Cunn. — *C. intratropica* Benth. et Hook. — *C. gracilis* Baker., Mountain pine.

Fam. **Gramineae:** *l-B.* bei folgenden: *Cymbopogon Nardus* Rendl. lenabatu, Neues Citronellgras; im *Ceylon-Citronellöl*. — *C. caesius* Stpf., Inchigras; im *Inchigrasöl* der Blätter und im Öl der Blütenstände. — *C. coloratus* Stpf.; im Öl aus Blütenständen. — *Andropogon odoratus* Lisb.; im Krautöl.

Fam. **Zingiberaceae:** Im Öl der Rhizome bei folgenden: *Kaempferia Galanga* L.; im *Kaempferiaöl*. — *Zingiber officinale* Rosc., Ingwer; im *Ingweröl*: *d-B.* — *Curcuma Zedoaria* Rosc.; im *Zittwerwurzelöl*: *d-B.* — Im Öl der Früchte folgender: *Elettaria Cardamomum* var. *major* Smith., Ceylon-Cardamome; im *Ceylon-Cardamomöl*. — *Amomum Cardamom* L., Siam-Cardamome; im *Siam-Cardamomöl*: *d-B.*! — *A. xanthioides* Wall.; im Öl der Früchte (= *Bastard-Cardamomen*), als Acetat.

Fam. **Piperaceae:** *Piper angustifolium* var. *Ossanum* DC.; im Öl der Blätter, unsicher!

Fam. **Santalaceae:** *Santalum album* L., Sandelholzbaum; im *Ostindischen Sandelholzöl*, unsicher!

Fam. **Aristolochiaceae:** Im Öl des Wurzelstocks bei folgenden: *Asarum canadense* L., „Wild-Ginger"; im *Canadischen Schlangenwurzelöl*: *l-B.* — *A. Serpentaria* L.; im *Virginischen Schlangenwurzelöl.* — *A. reticulata* NUTT.; im Öl als Ester (der *Tiglinsäure?*).

Fam. **Magnoliaceae:** *Illicium religiosum* SIEB. et ZUCC., Japanischer Sternanis; im *Japanischen Sternanisöl* der Früchte.

Fam. **Calycanthaceae:** *Calycanthus floridus* L., Gewürznelkenstrauch; im Öl der Rinde, frei und *Acetat.* — *C. occidentalis* HOOK. et ARN., „Spice-Bush"; im Öl der Blätter und Zweige.

Fam. **Myristicaceae:** *Myristica fragrans* HOUTT., Muskatnußbaum; im *Muskatnußöl* der Samen: *d-B.*!

Fam. **Lauraceae:** *Cinnamomum ceylanicum* NEES., Ceylon-Zimtstrauch; im *Zimtblätteröl*: *l-B.*, und im *Zimtwurzelöl.* — *C. Camphora* NEES., Campherbaum; im *Campheröl* aus Blättern, Zweigen, Stamm und Wurzeln. — *Litsea praecox* BL., Aburachan; im *Aburachanöl* der Blätter und Zweige, frei und als Ester.

Fam. **Hamamelidaceae:** *Liquidambar styracifluum* L., Ahornblättriger Amberbaum; im Öl der Blätter, frei und *Acetat*, zweifelhaft! — *L. formosana* HANSE; im *Storax?*

Fam. **Burseraceae:** *Boswellia Carterii* BIRDW.; im *Weihrauchöl*: *d-B.*

Fam. **Anacardiaceae:** *Pistacia Terebinthus* var. *Palaestina* ENGL.; im *Terpentinöl.*

Fam. **Dipterocarpaceae:** *Dryobalanops aromatica* GÄRTN., Borneocampherbaum; im *Borneocampheröl* aus Holz und Blättern: *d-B.*

Fam. **Myrtaceae:** *Eucalyptus Maideni* F. v. M., Blue gum; im Blätteröl. — *E. viminalis* LAB., „Manna gum"; wie vorige. — *Baeckea frutescens* L.; im Öl der Blätter: *l-Borneol.*

Fam. **Umbelliferae:** *Coriandrum sativum* L., Coriander; im *Corianderöl* der Früchte: *l-B.*, frei und als *Ester.*

Fam. **Labiatae:** *Perovskia atriplicifolia* BENTH.; im Öl der Blütenstände: *d-B.*, frei und als *Acetat.* — *Rosmarinus officinalis* L., Rosmarin; im *Rosmarinöl* aus Blättern und Blüten: *d-* und *l-B.*, frei und als *Acetat.* — *Lavandula officinalis* CHAIX., Lavendel; im *Lavendelöl* der Blüten: *d-B.*, frei und als Ester der *Essig-* und *Capronsäure.* — *L. Spica* DC., Spiklavendel; im *Spiköl* der Blüten: *d-B.*, auch als Ester. — *L. Stoechas* L., „Romero Santo"; im Blütenöl, frei und als *Acetat.* — *Salvia officinalis* L., Gemeine Salbei; im *Salbeiöl* aus Kraut: *d-B.*, in einem *Italienischen Öl*: *l-B.*, auch *d,l-B.?* — *Satureia Thymbra* L.; im Krautöl als *Acetat.* — *Ramona stachyoides* BRIQ., „Black sage"; im Öl aus Kraut. — *Origanum Dictamnus* L., Kretischer Diptam; im *Diptam-Dostenöl*, unsicher! — *O. Majorana* L., Majoran; im *Majoranöl* aus Kraut; alte Angabe! — *Thymus vulgaris* L., Thymian; im *Thymianöl* aus Kraut; alte Angabe! — *Th. capitatus* HOFFMG. et LNK. (*Corydothymus c.* REICHB.); im *Spanischen Origanumöl*; als *Acetat*; alte Angabe! — *Th. Zygis* L.; im *Spanischen Thymianöl*: *l-B.*

Fam. **Valerianaceae:** *Valeriana officinalis* L., Arzneilicher Baldrian; im *Baldrianöl* aus Wurzelstock: *l-B.*, als Ester der *Isovalerian-*, *Butter-*, *Essig-* und *Ameisensäure.* — *V. officinalis* L. var. *angustifolia* MIQ.; im *Kessoöl* aus Wurzel: *l-B.*, als Ester der *Essig-* und *Isovaleriansäure.*

Fam. **Compositae:** Im Öl aus Kraut bei folgenden: *Eupatorium capillifolium* SMALL., Hundefenchel. — *Grindelia robusta* NUTT.; im *Grindeliaöl.* — *Aster indicus* L.; als Ester der *Essig-* und *Ameisensäure.* — *Blumea balsamifera* DC.; im *Ngai-Campheröl* der Blätter und Stengel: „*Blumea-Campher*" = *l-B.* — *Achillea Millefolium* L., Schafgarbe; im *Schafgarbenöl*: *l-B.*, frei und *Acetat.* — *A. nobilis* L., Edelschafgarbe; im *Edelschafgarbenöl.* — *Solidago canadensis* L., Goldrute; im *Goldrutenöl*, frei und *Acetat.* — *S. odora* AIT.; im *Solidagoöl.* — *Chrysanthemum Parthenium* BENTH., Mutterkraut: *l-B.* — *Tanacetum vulgare* L., Rainfarn; im *Rainfarnöl.* — *Artemisia annua* L. — *A. arborescens* L.; im Öl der Triebspitzen, als Ester anscheinend der *Essig-*, *Ameisen-*, *Isovalerian-*, *Pelargon-*, *Palmitin-* und *Stearinsäure.* — *A. frigida* WILLD., „Wild sage": *l-B.*

III. Tricyclische Alkohole.

Teresantalol, $C_{10}H_{16}O$.

Vorkommen:

Fam. **Santalaceae:** *Santalum album* L., Sandelholzbaum; im *Ostindischen Sandelholzöl* von Stamm, Zweigen und Wurzel, neben *Santalol.*

IV. Unbenannte Terpenalkohole
chemisch näher untersucht (Formel und Schmelzpunkt).

Fam. **Pinaceae** (*Abietineae*): *Pinus silvestris* L., Gemeine Kiefer; im *finnischen Terpentinöl* des Stammes: *Terpenalkohol* $C_{10}H_{16}O$.

Fam. **Piperaceae:** *Piper acutifolium* R. et P. var. *subverbascifolium*; im Öl der Blätter: *Terpenalkohol* $C_{10}H_{16}O$.

Fam. **Compositae:** *Aster indicus* L., „Yomena"; im Krautöl: *Terpenalkohol* $C_{10}H_{13}O$ (Kp. 224—226°, 760 mm). — *Saussurea Lappa* Clarke (*Aplotaxis L.* DC.); im *Costuswurzelöl*: *Terpenalkohol* $C_{10}H_{16}O$, unsicher!

V. Unbenannte Diterpenalkohole
chemisch näher untersucht (Formel und Schmelzpunkt).

Fam. **Pinaceae** (*Abietineae*): *Pinus palustris* Mill. (*P. australis* Mich.), Sumpfkiefer; im Harz: *Diterpenalkohol* $C_{20}H_{32}O$.

Fam. **Verbenaceae:** *Vitex trifolia* L., „Hamago"; im Öl der Blätter und Zweige: *Diterpenalkohol* $C_{20}H_{32}O$ (oder $C_{20}H_{34}O$).

d) Sesquiterpenalkohole.

I. Monocyclische Sesquiterpenalkohole.

1. Elemol, $C_{15}H_{26}O$.
Vorkommen:

Fam. **Burseraceae:** *Canarium luzonicum* Gray. (*C. album* Bl.); im *Elemiöl* aus Harzsaft von Stammwunden, als α-*Elemol*.

2. Menthenol P, $C_{10}H_{18}O$.
Vorkommen:

Fam. **Pinaceae** (*Abietineae*): *Pinus Pumilio* Hncke. (*P. Mughus* Scop.), Krummholzkiefer; im *Krummholzöl* aus Nadeln, Zweigspitzen und jüngeren Zweigen.

3. Fokienol, $C_{15}H_{26}O$.
Vorkommen:

Fam. **Pinaceae** (*Cupressineae*): *Fokiena Hodginsii* Henr. et Th. (*Cupressus H.* Dunn.), im Holzöl (1930).

II. Bicyclische Sesquiterpenalkohole.

1. Eudesmol, $C_{15}H_{26}O$.
Vorkommen: Verbreitet bei *Myrtaceen*, besonders in *Eucalyptus-Ölen*, anscheinend auch vereinzelt bei *Nadelhölzern*.

Fam. **Pinaceae** (*Araucarieae*): Im Öl von *Araucaria Cookii* R. Br. und einer unbenannten *A.-Species*.

Fam. **Myrtaceae:** *Melaleuca uncinata* R. Br.; im Öl der Blätter: „*Uncineol*", $C_{10}H_{18}O$, identisch mit *Eudesmol*. — Im Öl der Blätter und Zweige bei folgenden: *Leptospermum flavescens* Sm. — *L. flavescens* Sm. var. *microphyllum*; zweifelhaft! — *L. odoratum* Cheel. — *Baeckea Gunniana* var. *latifolia* F. v. M. — *B. brevifolia* DC.

In den Blätterölen folgender *Eucalyptus*-Species: *Eucalyptus amygdalina* Lab., „White Peppermint tree"; Spur! — *E. Baeuerleni* F. v. M., „Brown gum". — *E. Cambagei* D. et Maid. (*E. elaeophora* F. v. M.), „Bastard Box". — *E. campanulata* B. et Sm., „Bastard Stringybark". — *E. Camphora* Bak., „Swamp gum". — *E. capitellata* Sm., „Brown Stringybark". — *E. consideneana* Maid. — *E. fastigiata* D. et Maid., „Cut tail". — *E. fraxinoides* D. et Maid., „White ash". — *E. Globulus* Lab., „Fever tree"; im *Globulusöl*. — *E. goniocalyx* F. v. M., „Mountain gum". — *E. haemastoma* Sm. (*E. signata* F. v. M.), „White gum". — *E. Macarthuri* D. et Maid., „Paddys river box". — *E. macrorhyncha* F. v. M., „Red Stringybark". — *E. Maideni* F. v. M., „Blue gum". — *E. micrantha* DC. — *E. nova-anglica* D. et Maid., „Black peppermint". — *E. oreades* Bak., „Mountain ash". — *E. phlebophylla* F. v. M., „Cabbage gum". — *E. piperita* Sm., „Peppermint tree". — *E. regnans* F. v. M., „Swamp gum". — *E. Rossii* B. et Sm. (*E. micrantha* DC.), „White gum". — *E. Smithii* Bak., „White top". — *E. stricta* Sieb. — *E. taeniola* B. et Sm. — *E. virgata* Sieb., „Ironbark".

2. Guajol (*Champacol*), $C_{15}H_{26}O$.

Vorkommen: Sicher nachgewiesen nur in zwei Familien als Bestandteil von Holzölen.

Fam. **Pinaceae** (*Cupressineae*): *Juniperus-Species* unbekannt; im Öl des Holzes (= „*Räucherholz*", „*Kaju Garu*"). — In den Holzölen folgender *Callitris*-Species: *Callitris glauca* R. Br., „Cypress"- oder „Murray river pine", neben *Callitrol*. — *C. Macleayana* F. v. M., Stringybark-pine. — *C. intratropica* Benth. et Hook., „Cypress pine", neben *Callitrol*.

Fam. **Zygophyllaceae:** *Guajacum officinale* L., Guajacbaum; im *Guajac-Harzöl* aus Holzkörper (alte Angabe!). — *Bulnesia Sarmienti* Lor.; im *Guajac-Holzöl* (neben *Bulnesol*).

Fam. **Cistaceae:** *Cistus ladaniferus* L. (*C. polymorphus* Willk.) und *C. creticus* L.; im *Ladanumöl* aus Harz: als „*Ladaniol*", zweifelhaft!

Fam. **Umbelliferae:** *Meum athamanticum* Jacq., Bärwurz; im Öl aus Kraut; unsicher!

3. Betulol, $C_{15}H_{24}O$.

Vorkommen:

Fam. **Betulaceae:** *Betula alba* L. (*B. verrucosa* Ehrh.), Weißbirke; im *Birkenknospenöl*, frei und als Ester teils der *Essigsäure*, teils vielleicht der *Ameisensäure*.

4. Santalcampher, $C_{15}H_{24}O_2$.

Vorkommen:

Fam. **Santalaceae:** *Fusanus acuminatus* R. Br. (*Santalum Preissianum* Miq.); im *Südaustralischen Sandelholzöl*.

5. „Atractylol", $C_{15}H_{26}O$.

Vorkommen: Angeblich in einem Compositen-Öl (*Atractylis*), nach neuerer Angabe hier aber nicht vorhanden, sondern „*Atractylon*", $C_{14}H_{18}O$?

Fam. **Compositae:** *Atractylis ovata* Thunbg.; im Wurzelöl.

6. Machilol, $C_{15}H_{26}O$.

Vorkommen: In einem Holzöl.

Fam. **Lauraceae:** *Machilus Kusanoi* Hay.; im *Machilusöl* aus Holz; sollte isomer *Atractylol* sein (s. Nr. 5).

Fam. **Magnoliaceae:** *Magnolia obovater* Thunbg.; im äther. Öl. Nach neuerer Angabe (1931) ist *Machilol* identisch mit *Cryptomeradol*, s. S. 631.

7. Maroniol.

Vorkommen:

Fam. **Rutaceae** (*Toddalioideae*): *Amyris balsamifera* L.; im *Sandelholzöl von Guayana*, doch ist die Abstammung nicht sicher!

8. Amyrole, $C_{15}H_{24}O$ und $C_{15}H_{26}O$.

Vorkommen:

Fam. **Rutaceae** (*Toddalioideae*): *Amyris balsamifera* L.; im *Westindischen Sandelholzöl*.

9. Fusanol, $C_{15}H_{24}O$.

Vorkommen: Als α- und β-*Fusanol* im *Westaustralischen Sandelholzöl*, isomer α- und β-*Santalen* im *Ostindischen Sandelholzöl*.

Fam. **Santalaceae:** *Fusanus spicatus* R. Br. (*Santalum cygnorum* Miq.); im *Westaustralischen Sandelholzöl*.

10. Cinnamol, $C_{15}H_{26}O$.

Vorkommen: Nach neuerer Angabe (1925) in einem Lauraceen-Öl.

Fam. **Lauraceae:** *Cinnamomum ceylanicum* Nees., Ceylon-Zimtstrauch; im *Zimtblätteröl* (neben *Foliol* und *Combanol*).

11. Combanol, $C_{15}H_{26}O$.

Vorkommen: In einem Lauraceen-Öl gefunden.

Fam. **Lauraceae:** *Cinnamomum ceylanicum* Nees., Ceylon-Zimtstrauch; im *Zimtblätteröl* (neben *Cinnamol* und *Foliol*).

12. Foliol, $C_{15}H_{26}O$.

Vorkommen: In einem Lauraceen-Öl (neben *Cinnamol* und *Combanol*; s. diese Nr. 10 und 11).

13. Costol, $C_{15}H_{24}O$.

Vorkommen:
Fam. **Compositae:** *Saussurea Lappa* Clarke (*Aplotaxis L.* DC.); im *Costuswurzelöl*.

III. Tricyclische Sesquiterpenalkohole.

1. Santalol, $C_{15}H_{24}O$.

Vorkommen: Im Holzöl aus zwei dicotylen Familien als Gemisch von α- und β-*Santalol*.
Fam. **Santalaceae:** *Santalum album* L., Sandelholzbaum; im *Ostindischen Sandelholzöl* von Stamm, Zweigen und Wurzeln (neben *Teresantalol*). — *S. austro-caledonicum* Vicill.; im *Neucaledonischen Sandelholzöl*. — *S. Freycinetianum* Gaud. (*S. paniculatum* Hook.); im Öl aus Holz (= *Tahiti-Sandelholzöl*?). — *Fusanus spicatus* R. Br. (*Santalum cygnorum* Miq.); im *Westaustralischen Sandelholzöl*, neben *Fusanol*.
Fam. **Erythroxylaceae:** *Erythroxylon monogynum* Roxb., Bastard-Sandel; im *Devardariholzöl*.

2. Cedrol (*Cederncampher, Zypressencampher*), $C_{15}H_{26}O$.

Vorkommen: Sicher nur im Öl von Nadelhölzern (Holz und Blätter). — (Das Vorkommen in zwei Labiaten-Ölen wohl infolge Verfälschung mit Cedernöl.)
Fam. **Taxaceae:** *Dacrydium elatum* Wall.; im Öl, neben *l-Cedren*.
Fam. **Pinaceae** (*Araucarieae*): *Cunninghamia sinensis* R. Br. (*C. lanceolata* Lamb.); im *San-Mou-Öl* aus Holz (unsicher!). — *C.-Species* von Tonkin; im Öl der Blätter (neben *Cedren*). — (*Cupressineae*): *Juniperus virginiana* L., Virginischer Wacholder oder Virg. „Ceder"; im „*Cedernholzöl*" (neben *Cedren, Cedrenol* und *Pseudocedrol*). — *J. excelsa* M. B. (*J. Sabina* L. var. *taurica* Tall.); im Öl der Triebe (Zweige und Nadeln). — *J. chinensis* L.; im Holzöl. — *J. procera* Hochst.; im *Ostafrikanischen Cedernholzöl*. — *Cupressus sempervirens* L., Echte Zypresse; im *Zypressenöl* der Blätter und jungen Zweige.
Fam. **Labiatae:** *Origanum smyrnaeum* L. (*O. Onites* L.); im *Smyrnaer Origanumöl* (= *Spanisch Hopfenöl*), zweifelhaft! — *O.-Species* unbekannt; im *Syrischen Origanumöl*, zweifelhaft!

3. Patschulialkohol (*Patschulicampher*), $C_{15}H_{26}O$.

Vorkommen:
Fam. **Labiatae:** *Pogostemon Patchouli* Pell. var. *suavis* Hk. (*P. Cablin* Bnth.), Patschulistrauch; im *Patchouliöl* der Blätter.

4. Maticocampher, $C_{15}H_{26}O$.

Vorkommen: Im Öl von *Maticoblättern* verschiedener *Piper*-Species.
Fam. **Piperaceae:** *Piper angustifolium* R. et P. var. *Ossanum* DC., *P. camphoricum* DC. (*P. camphoriferum* DC.), *P. lineatum* R. et P., *P. asperifolium* R. et P., *P. molliconum* Knth., *P. acutifolium* R. et P. var. *subverbascifolium*.

5. Bulnesol, $C_{15}H_{26}O$.

Vorkommen: Nach neuerer Angabe (1929) in einem dicotylen Öl aufgefunden.
Fam. **Zygophyllaceae:** *Bulnesia Sarmienti* Lor.; im „*Guajac-Holzöl*" aus „*Palo balsamo*" (neben *Guajol*).

6. Vetivenol, $C_{15}H_{24}O$.

Vorkommen: In einem monocotylen Wurzelöl neben *Vetirol* und *Vetiverol*.
Fam. **Gramineae:** *Vetiveria zizanioides* Stpf. (*Andropogon muricata* Retz.), Vetivergras; im *Vetiveröl* aus Wurzel, frei und als Ester der *Vetivensäure*.

7. Ledol (*Ledumcampher*), $C_{15}H_{26}O$.

Vorkommen:
Fam. **Rutaceae** (*Aurantioideae*): *Eriostemon myoporoides* DC.; im Öl der Blätter und Zweigenden.
Fam. **Ericaceae:** *Ledum palustre* L., Sumpfporst; im *Porstöl* der ganzen Pflanze. — *L. latifolium* Jacq. (*L. groenlandicum* Retz.); im Blätteröl.

8. Cubebencampher, $C_{15}H_{26}O$.

Vorkommen:
Fam. **Piperaceae:** *Piper Cubeba* L. (*Cubeba officinalis* Miq.), Cubebenpfeffer; im *Cubebenöl* aus alten Früchten, wohl sekundär!

IV. Sesquiterpenalkohole unbestimmter Zugehörigkeit.

1. Cedrenol, $C_{15}H_{24}O$.

Vorkommen:

Fam. **Pinaceae** (*Cupressineae*): *Juniperus virginiana* L., Virginischer Wacholder, Virgin. „Ceder"; im „*Cedernholzöl*" (neben *Cedrol* und *Pseudocedrol*).

2. Pseudocedrol, $(C_{15}H_{26}O)$.

Vorkommen:

Fam. **Pinaceae** (*Cupressineae*): *Juniperus virginiana* L., Virginischer Wacholder, Virgin. „Ceder"; im „*Cedernholzöl*" (neben *Cedrol* und *Cedrenol*).

3. Cryptomeriol, $C_{15}H_{26}O$.

Vorkommen:

Fam. **Pinaceae** (*Taxodineae*): *Cryptomeria japonica* DON., „Japanische Ceder"; im *Cryptomeriaöl* aus Holz (1909); ? ob identisch mit **Cryptomeradol** aus *Japanischem Cedernwurzelöl* („*Sugi root oil*") 1928.

4. Cryptomeradol, $C_{15}H_{26}O$.

Vorkommen:

Fam. **Pinaceae** (*Taxodineae*): *Cryptomeria japonica* DON., „Japanische Ceder"; im *Cryptomeriaöl* der Wurzeln. Nach neuerer Angabe (1931) identisch mit *Machilol*, s. S. 629.

5. Zingiberol, $C_{15}H_{26}O$.

Vorkommen:

Fam. **Zingiberaceae:** *Zingiber officinale* ROSC. (*Amomum Zingiber* L.), Ingwer; im *Ingweröl* aus Rhizom.

6. Calamenol, $C_{15}H_{24}O$.

Vorkommen:

Fam. **Araceae:** *Acorus Calamus* L. (*A. aromaticus* GILB.), Kalmus; im *Kalmusöl* aus Wurzelstock.

7. Pumiliol, $C_{15}H_{26}O$.

Vorkommen:

Fam. **Pinaceae** (*Abietineae*): *Pinus Pumilio* HNCKE. (*P. Mughus* SCOP.), Krummholzkiefer; im *Krummholzöl* aus Nadeln, Zweigspitzen und jüngeren Zweigen.

8. Sesquicamphenol (keine Formel!).

Vorkommen:

Fam. **Lauraceae:** *Cinnamomum Camphora* NEES. (*Camphora officinarum* NEES.), Campherbaum; im *Campheröl* der Blätter, Zweige, Stamm und Wurzel.

9. Juniperol, $C_{15}H_{24}O$.

Vorkommen:

Fam. **Pinaceae** (*Cupressineae*): *Juniperus communis* L., Wacholder; im *Wacholderrindenöl* der Zweige (neben *Junipen*).

10. Luparenol, $C_{15}H_{24}O$.

Vorkommen:

Fam. **Moraceae** (*Cannabinoideae*): *Humulus Lupulus* L., Hopfen; im *Hopfenöl* des *Lupulins* (neben *Luparon* und *Luparol*).

11. Echinopanacol, $C_{15}H_{26}O$.

Vorkommen:

Fam. **Araliaceae:** *Echinopanax horridus* D. et PL. (*Fatsia h.* B. et H.); im Öl von Stengel und Wurzel, neben *Echinopanacen*.

12. Galipol, $C_{15}H_{26}O$.

Vorkommen:

Fam. **Rutaceae** (*Rutoideae*): *Cusparia trifoliata* ENGL. (*Galipea officinalis* HANC.), Angosturabaum; im *Angosturarindenöl*, neben *Galipen*.

13. Maalialkohol, $C_{15}H_{26}O$.

Vorkommen:

Fam. **Burseraceae:** *Canarium samoense* ENGL.; im *Maaliöl* aus Harz des Stammes.

14. Caparrapiol, $C_{15}H_{26}O$.

Vorkommen:

Fam. **Lauraceae:** *Nectandra Caparrapi* (?), „Canelo"; im *Caparrapiöl* aus Stamm (neben *Caparrapinsäure*).

15. Caryophyllol, $C_{15}H_{26}O$.

Vorkommen:

Fam. **Myrtaceae:** *Eugenia caryophyllata* Thunbg. (*Caryophyllus aromaticus* L.), Gewürznelkenbaum; im *Nelkenstielöl*.

16. Carotol, $C_{15}H_{26}O$.

Vorkommen:

Fam. **Umbelliferae:** *Daucus Carota* L., Möhre; im äther. *Möhrensamenöl* (neben *Daucol* u. a.).

17. Cubebol (keine Formel).

Vorkommen:

Fam. **Piperaceae:** *Piper Lowong* Bl.; im Öl der Früchte (= *Falsche* „*Cubeben*").

18. Cyperol, $C_{15}H_{24}O$.

Vorkommen:

Fam. **Cyperaceae:** *Cyperus rotundus* L.; im Öl des Rhizomes.

19. Daucol, $C_{15}H_{26}O_2$.

Vorkommen:

Fam. **Umbelliferae:** *Daucus Carota* L., Möhre; im äther. *Möhrensamenöl* (neben Sesquiterpenalkohol *Carotol* u. a.).

20. Globulol, $C_{15}H_{26}O$.

Vorkommen:

Fam. **Myrtaceae:** *Eucalyptus Globulus* Lab., Fieberbaum; im *Globulusöl* der Blätter.

21. Sagittol, $C_{15}H_{26}O$.

Vorkommen:

Fam. **Compositae:** *Balsamorrhiza sagittata* Nutt.; in der Wurzel (1930).

22. Cadinol, $C_{15}H_{26}O$.

Vorkommen: In vier Familien, im Öl der Blätter, Früchte, des Holzes und Milchsaftes, als *d-* und *l-Cadinol*.

Fam. **Pinaceae** (*Cupressineae*): *Chamaecyparis obtusa* Sieb. et Zucc. (*Retinispora o.*), Hinokibaum; im Öl der Blätter: *d-Cadinol*, neben *d-Cadinen* u. a. — *Ch. Lawsoniana* Parl. (*Cupressus L.* Murr.), Lawsons Lebensbaum, im Holzöl: *l-Cadinol* neben *d-Cadinen*. — *Ch. formosensis* Matsum, „Benihi", im Blätteröl: *Cadinol* neben *Cadinen*.

Fam. **Piperaceae:** Piper Lowong Bl.; im Öl der Früchte (= „*Falsche Cubeben*": *Cadinol* neben *Cadinen* u. a.

Fam. **Meliaceae:** *Cedrela Toona* Roxb. (*Toona febrifuga* Rm.); im Holzöl: *l-Cadinol* neben *Cadinen*.

Fam. **Umbelliferae:** *Ferula galbaniflua* Boiss. et Buhse (*Peucedanum g.* Baill.); im Galbanumöl des ausfließenden Milchsaftes: *Cadinol* neben *l-Cadinen*.

23. Taiwanol, $C_{15}H_{26}O$.

Vorkommen:

Fam. **Pinaceae** (*Taxodineae*): *Taiwania cryptomerioides* Hayata, Taiwaniaceder; im Holzöl. Neuere Angabe (1931).

V. Unbenannte Sesquiterpenalkohole
chemisch näher untersucht (Formel und Siedepunkt).

Fam. **Pinaceae** (*Abietineae*): *Abies Pindrow* Spach.; im Öl aus Nadeln: *2 Sesquiterpenalkohole* $C_{15}H_{24}O$. — (*Taxodineae*): *Cryptomeria japonica* Don. (*Cupressus j.* L.), Japanische „Ceder"; im Öl der Blätter: *Sesquiterpenalkohol* $C_{15}H_{26}O$, Kp. 284 bis 286°. — (*Cupressineae*): *Juniperus chinensis* L., „Byakushin"; im Öl der Blätter: *monocycl. Sesquiterpenalkohol* $C_{15}H_{24}O$. — *Chamaecyparis obtusa* Endl., Hinokibaum; im Öl der Blätter: *Sesquiterpenalkohol* $C_{15}H_{26}O$.

Fam. **Gramineae:** *Cymbopogon Nardus* Rendl. *lenabatu*, Neues Citronellgras; im *Ceylon-Citronellöl*: *tert. Sesquiterpenalkohol* $C_{15}H_{26}O$. — *C. sennaarensis* Chiov.,

„Mahareb"; im Öl der Blätter: *Sesquiterpenalkohol* $C_{15}H_{26}O$. — *C. caesius* STPF.,
Inchigras; im *Inchigrasöl* der Blätter: *tert. Sesquiterpenalkohol* $C_{15}H_{26}O$, Kp. 147
bis 149°. — *Andropogon Iwarancusa* JONES; im Öl: *Sesquiterpenalkohol*, Kp. 176°
(31 mm). — *Vetiveria zizanioides* STPF., Vetivergras; im *Vetiveröl* der Wurzel:
Sesquiterpenalkohol $C_{15}H_{24}O$.
Fam. **Araceae:** *Acorus Calamus* L. (*A. aromaticus* GILB.), Kalmus; im *Kalmusöl*
des Wurzelstockes: *Sesquiterpenalkohol* $C_{15}H_{24}O$.
Fam. **Zingiberaceae:** *Curcuma aromatica* SALISB.; im Öl des Wurzelstockes (=„*Falsche
Curcuma*"): 2 *tert. Sesquiterpenalkohole* $C_{15}H_{24}O$. — *C. Zedoaria* ROSC., Zittwer-
wurz; im *Zittwerwurzöl*: *Sesquiterpenalkohol*, Fp. 67°.
Fam. **Santalaceae:** *Osyris tenuifolia* ENGL. und *O. abyssinica* HÖCHST.; im *Ostafrika-
nischen Sandelholzöl*: *Sesquiterpenalkohol*, Kp. 186—188°.
Fam. **Lauraceae:** *Cinnamomum Camphora* NEES. (*Camphora officinarum* NEES.),
Campherbaum; im *Campheröl* der Blätter, Zweige, Stamm und Wurzel: ein *prim.
bicycl. Sesquiterpenalkohol* $C_{15}H_{26}O$, zwei *sek. bicycl. Alkohole* $C_{15}H_{26}O$ und $C_{15}H_{24}O$,
zwei *tert. bicycl. Alkohole* $C_{15}H_{26}O$. — *Litsea praecox* BL., Aburachan; im *Aburachanöl*
der Blätter und Zweige: *Sesquiterpenalkohol* $C_{15}H_{26}O$.
Fam. **Leguminosae** (*Caesalpinioideae*): *Copaifera guyanensis* DESF.; im *Copaivabal-
samöl*: *Sesquiterpenalkohol* $C_{15}H_{26}O$.
Fam. **Rutaceae** (*Aurantioideae*): *Murraya exotica* var. *ovatifoliolata* ENGL.; im Öl der
Blätter: *Sesquiterpenalkohol*, Kp. 145—152° (10 mm).
Fam. **Burseraceae:** *Canarium luzonicum* GRAY. (*C. album* BL.), „Pili"; im *Elemiöl*
aus Harz des Stammes: *Sesquiterpenalkohol* $C_{15}H_{27}O_6$.
Fam. **Araliaceae:** *Aralia nudicaulis* L., Wild Sarsaparilla"; im Öl des Rhizoms:
Sesquiterpenalkohol $C_{15}H_{26}O$.
Fam. **Myrtaceae:** *Baeckea frutescens* L., im Holzöl: *Sesquiterpenalkohol* $C_{15}H_{24}O$.
Neuere Angabe (1931).
Fam. **Umbelliferae:** *Apium graveolens* L., Gemeine Sellerie; im *Selleriesamenöl*:
Sesquiterpenalkohol $C_{15}H_{26}O$.
Fam. **Labiatae:** *Salvia Sclarea* L., Muskateller Salbei; im *Muskateller Salbeiöl* aus
Kraut: *Sesquiterpenalkohol* $C_{15}H_{26}O$. — *Hedeoma pulegioides* PERS., „Penny Royal";
im *Amerikanischen Poleiöl*: *Sesquiterpenalkohol* $C_{15}H_{26}O$ (zweifelhaft!).
Fam. **Compositae:** Im Öl des Krautes folgender: *Aster indicus* L., „Yomena"; *tert.
bicycl. Sesquiterpenalkohol* $C_{15}H_{24}O$. — *Artemisia annua* L.; *Sesquiterpenalkohol*
$C_{15}H_{24}O$ (oder $C_{15}H_{26}O$).

e) Sonstige Alkohole unbestimmter Zugehörigkeit.

1. Anthemol, $C_{10}H_{16}O$.

Vorkommen:
Fam. **Compositae:** *Anthemis nobilis* L., Römische Kamille; im *Römischen Kamillenöl* der Blüten.

2. Darwinol, $C_{10}H_{18}O$.

Vorkommen: Bislang für zwei dicotyle Familien angegeben.
Fam. **Rutaceae** (*Rutoideae*): Im Öl der Blätter und Zweige bei: *Boronia anemonifolia*
CUNN.; als Ester der *Essig-, Caprin-* und *Isovaleriansäure*. — *B. dentigeroides* CHEEL.;
frei und als *Ester* wie vorige! — (*Aurantioideae*): *Eeriostemon Coxii* MUELL.; im Blätteröl.
Fam. **Myrtaceae:** *Leptospermum lanigerum* SM.; im Öl aus Blättern und Zweigen der
„grünblättrigen Form", frei und als Ester der *Essigsäure*. — *Darwinia grandiflora*
(*D. taxifolia* var. *grandiflora* BENTH.); wie vorige.

3. Citronellylalkohol.

Vorkommen:
Fam. **Gramineae:** *Cymbopogon Nardus* RENDL. *lenabatu* (*Andropogon N. Ceylon*
DE JONG „*Lenabatu*"), Neues Citronellgras; im *Ceylon-Citronellöl* der Blätter,
zweifelhaft!

4. Gonystylol, $C_{15}H_{26}O$.

Vorkommen:
Fam. **Gonystylaceae:** *Gonystylus Miquelianus* TEIJSM. et BINN.; im Öl des Holzes
(= „*Kajoe garoe*").

5. „Nepetol" (keine Formel!).

Vorkommen:
Fam. **Labiatae:** *Nepeta Cataria* L., Katzenminze; im *Katzenminzöl* aus Kraut.

6. „Olibanol" (?).

Vorkommen:
Fam. **Burseraceae:** *Boswellia Carterii* Birdw.; im *Weihrauchöl* aus ausfließendem
Wundsaft. Als α-, β- und γ-*Olibanol*; nach neuerer Angabe (1930) aber ein Gemisch
von *Verbenon, Verbenol, d-Borneol* u. a.

7. Turmerol[1].

Vorkommen:
Fam. **Zingiberaceae:** *Curcuma longa* L. (*Amomum Curcuma* Murs.), Gelbwurzel,
Curcuma; im *Curcumaöl* aus Wurzelstock, sekundär? (Alte Angabe!)

8. Dimyristylcarbinol, $C_{27}H_{56}O$.

Vorkommen:
Fam. **Rosaceae** (*Pomoideae*): *Pirus Malus* L., Apfelbaum; im *Apfelöl* der Fruchtschale.

9. Malol, $C_{30}H_{48}O_3$.

Vorkommen:
Fam. **Rosaceae** (*Pomoideae*): *Pirus Malus* L., Apfelbaum; im *Apfelöl* aus Fruchtschale.

10. Myrcenol (?).

Vorkommen: Nur für zwei Familien angegeben.

Fam. **Moraceae** (*Cannabinoideae*): *Humulus Lupulus* L., Hopfen; im *Hopfenöl* aus
Lupulin der „Zapfen", frei und als Ester der *Oenanthyl-, Capryl-* und *Pelargonsäure.*
Fam. **Rutaceae** (*Rutoideae*): *Barosma venustum* Eckl. et Z.; im Öl der Blätter.

11. Bupleurol, $C_{10}H_{20}O$.

Vorkommen:
Fam. **Umbelliferae:** *Bupleurum fruticosum* L., Hasenohr; im Öl aus Blättern, Blüten
und Zweigen.

12. Kessylalkohol, $C_{15}H_{24}O_2$ (früher $C_{14}H_{24}O_2$).

Vorkommen:
Fam. **Valerianaceae:** *Valeriana officinalis* L. var. *angustifolia* Miq., „Kesso"; im
Kessowurzelöl und var. *latifolia* Miq.; wie vorige im Öl, (fehlt im gewöhnlichen
Baldrianöl!).

13. l-Pinocampheol.

Vorkommen:
Fam. **Labiatae:** *Hyssopus officinalis* L., Ysop; im *Ysopöl* des Krautes (neben anderen
ungenannten Alkoholen).

14. Santenonalkohol (*Norisoborneol*), $C_9H_{16}O$.

Vorkommen:
Fam. **Santalaceae:** *Santalum album* L., Sandelholzbaum; im *Ostindischen Sandelholzöl* neben *Santalol* u. a.

15. Sclareol, $C_{34}H_{62}O_3$.

Vorkommen:
Fam. **Labiatae:** *Salvia Sclarea* L., Muskateller Salbei; im *Muskateller Salbeiöl*
der ganzen Pflanze.

16. Teresantalol, $C_{10}H_{16}O$.

Vorkommen:
Fam. **Santalaceae:** *Santalum album* L., Sandelholzbaum; im *Ostindischen Sandelholzöl* neben *Santalol, Santenonalkohol* u. a.

17. Verbenol, $C_{10}H_{16}O$.

Vorkommen:
Fam. **Pinaceae** (*Abietineae*): *Pinus halepensis* Mill. (*P. maritima* Mill.), Aleppo-
kiefer; im *Griechischen Terpentinöl* des Stammes: *d-Verbenol*; in französischem
Terpentinöl: *l-Verbenol.*

---

[1] Als Formeln: $C_{13}H_{18}O$, $C_{14}H_{20}O$ und $C_{19}H_{28}O$ angegeben.

18. Unbenannte Alkohole,

chemisch näher untersucht (Formel und Schmelzpunkt).

Fam. **Pinaceae** (*Cupressineae*): *Juniperus taxifolia* Hook. et Arn., „Shimamuro"; im Öl der Zweige und Blätter: *Alkohol* $C_{10}H_{18}O$, frei. — *J. phoenicea* L., Rotfrüchtiger Sadebaum; im *Französischen Sadebaumöl* der Zweige und Blätter und im Öl der Beeren: *Alkohol* $C_{10}H_{18}O$.

Fam. **Gramineae:** *Andropogon odoratus* Lisb. (*Amphilophis o.* Cam.), „Vaidigavat"; im Krautöl: *Alkohol* $C_{10}H_{18}O$.

Fam. **Cyperaceae:** *Cyperus rotundus* L., „Seid"; im Öl des Wurzelstockes: *tertiäre Alkohole* $C_{15}H_{24}O$.

Fam. **Piperaceae:** *Piper Volkensii* DC.; im Öl der Blätter: freie *Alkohole* $C_{10}H_{18}O$.

Fam. **Santalaceae:** *Fusanus acuminatus* R. Br. (*Santalum Preissianum* Miq.); im *Südaustralischen Sandelholzöl*: *Alkohol* $C_{15}H_{24}O_2$, Fp. 104⁰.

Fam. **Erythroxylaceae:** *Erythroxylon monogynum* Roxb., Bastard-Sandel; im *Devardariholzöl*: *Alkohol* $C_{20}H_{32}O$.

Fam. **Euphorbiaceae:** *Croton Eluteria* Benn. (*Cascarilla Clutia* Woodw.); im *Cascarillöl* der Rinde: *Alkohol* $C_{15}H_{24}O$.

Fam. **Myrtaceae:** *Eucalyptus australiana* B. et Sm., „Black Peppermint"; im Öl der Blätter: *Alkohol* $C_{10}H_{18}O$.

Fam. **Umbelliferae:** *Peucedanum Ostruthium* Koch. (*Imperatoria O. L.*), Meisterwurz; im *Meisterwurzöl* des Rhizoms: *Alkohol* $C_{10}H_{20}O$; zweifelhaft! — *Dorema Ammoniacum* Don. (*Peucedanum A.* Nees.); im *Ammoniakgummiöl*: *Paraffinalkohol* $C_{16}H_{34}O$, Fp. 48⁰ (wahrscheinlich *Cetylalkohol*!).

Fam. **Ericaceae:** *Gaultheria procumbens* L., Wintergrün; im *Wintergrünöl* der Blätter: *sekundärer Alkohol* $C_8H_{16}O$.

Fam. **Verbenaceae:** *Lippia citriodora* H. B. et Knth. (*Verbena triphylla* Lam.); im *Verbenaöl* der ganzen Pflanze: *Alkohol* $C_{10}H_{18}O$.

Fam. **Labiatae:** Im Öl des Krautes bei folgenden: *Ziziphora Clinopodioides* Lam.: *Alkohol* $C_{10}H_{20}O$. — *Lavandula pedunculata* Cav.: *Essigester* eines *Alkohols* $C_{10}H_{18}O$. — *Monarda fistulosa* L., „Wild Bergamot"; im *Wild Bergamot-Oil*: *Alkohol* $C_{10}H_{18}O$. — *Hyssopus officinalis* L., Ysop; im *Ysopöl*: *Alkohol* $C_{10}H_{18}O$; alte Angabe! — *Origanum vulgare* L., Dosten; im *Dostenöl*: freier *Alkohol* $C_{10}H_{18}O$. — *Thymus hirtus* Willd., „Tomillo limonero": freier *Alkohol* $C_{10}H_{18}O$.

Fam. **Valerianaceae:** *Valeriana officinalis* L., Arzneilicher Baldrian; im *Baldrianöl* des Wurzelstockes: *Alkohole* $C_{15}H_{26}O$ und $C_{10}H_{20}O_2$.

Fam. **Compositae:** *Santolina Chamaecyparissus* L., Heiligenkraut; im *Santolina-Öl* des Krautes: *Alkohol* $C_{10}H_{18}O$ frei und als *Essigester*. — *Matricaria Chamomilla* L. (*Chamomilla officinalis* Koch.), Echte Kamille; im *Kamillenöl*: *Alkohole* $C_{15}H_{24}O$ und $C_{15}H_{26}O$.

C. Phenole und Phenoläther.

a) Ein-, zwei-, drei- und vierwertige Phenole und Phenoläther, die in ätherischen Ölen gefunden wurden:

p-Kresol, p-Kresylmethyläther, m-Phlorol, Carvacrol, Thymol, Thymolmethyläther, Diosphenol, Anethol, Chavicol, Methylchavicol (*Esdragol*), Thymohydrochinon, Allylbrenzcatechin, Safrol, Isosafrol, Äthylguajacol, Eugenol, Methyleugenol, Aceteugenol, Isoeugenol, Methylisoeugenol, Chavibetol (*Betelphenol*), Homobrenzcatechin-Monomethyläther (*Kreosol*), Pyrogallol-Dimethyläther, Myristicin, Isomyristicin, Elemecin, Asaron, Apiol, Dillapiol, Dillisoapiol, Allyltetramethoxybenzol, Callitrol, Tasmanol, Anisalkohol, Coniferylalkohol, Acetophenon, o-Oxyacetophenon, Päonol, Anisketon, Phloracetophenondimethyläther (*Xanthoxylin* S).

Vorkommen: Siehe Bd. 2, S. 345—358.

b) Sonstige Phenole.

1. p-Isopropylphenol, $C_9H_{12}O$.

Vorkommen:

Fam. **Myrtaceae:** *Eucalyptus Bakeri* Maid., „Mallee Box"; im Öl der Blätter und Zweigenden.

2. Luparol, $C_{16}H_{22}O_2$.

Vorkommen:

Fam. **Moraceae** (*Cannabinoideae*): *Humulus Lupulus* L., Hopfen; im *Hopfenöl* aus *Lupulin* der „Zapfen" (Fruchtstände).

3. Pyrogallol-Dimethyläther.

Vorkommen:
Fam. **Compositae:** *Artemisia Herba-alba* var. *densiflora* Bois.; im „*Scheihöl*" des Krautes (neben *Thujon* und *Thujol*).

4. Croweacin, $C_{11}H_{12}O_3$.

Vorkommen:
Fam. **Rutaceae** (*Aurantioideae*): *Eriostemon Crowei* F. Müll. (*Crowea saligna* Andr.); im Öl der Blätter und Zweigspitzen.

5. Australol, $C_9H_{12}O$.

Vorkommen:
Fam. **Myrtaceae:** *Eucalyptus hemiphloia* F. v. M., Box.; im Öl der Blätter. — *E. poly-bractea* Bak., „Blue mallee", wie vorige.

6. „B-Phenol" (keine Formel!).

Vorkommen:
Fam. **Labiatae:** *Thymus brachyphyllus* Opz. und *Th. Marchallianus* Willd. (*Th. Ser-pyllum* L.); im Krautöl.

7. Hydrochinonmonoäthyläther, $C_8H_{10}O_2$.

Vorkommen:
Fam. **Magnoliaceae:** *Illicium verum* Hook., Echter Sternanis; im *Chinesischen Sternanisöl* der Früchte, Spur!

8. Allyltetramethoxybenzol *(2,3,4,5-Tetramethoxy-1-allyl-benzol)*, $C_{13}H_{18}O_4$.

Vorkommen:
Fam. **Umbelliferae:** *Petroselinum sativum* Hoffm. (*Apium Petroselinum* L.), Ge-meine Petersilie; im Französischen *Petersiliensamenöl* neben *Apiol* (= *Petersilien-campher*).

9. Leptospermol[1].

Vorkommen: Vereinzelt bei Myrtaceen.
Fam. **Rutaceae** (*Rutoideae*): *Boronia citriodora* Gunn. (*B. pinnata* Sm.); im Öl der Blätter und Zweigenden, zweifelhaft!
Fam. **Myrtaceae:** *Leptospermum scoparium* Forst., „Manuka"; im *Manukaöl* der Blätter. — *L. flavescens* Sm.; im Öl der Blätter und Triebe. — *L. flavescens* Sm. var. *citratum* (*L. citratum* Penf.), ebenso. — *Backhousia angustifolia* F. v. M.; im Öl der Blätter und Zweige: *leptospermol*ähnliches Phenol $C_{10}H_{14}O_3$!

10. Diasaron, $(C_{12}H_{16}O_3)_2$.

Vorkommen:
Fam. **Aristolochiaceae:** *Asarum europaeum* L., Haselwurz; im *Haselwurzöl* aus Rhizom (neben *Asaron* u. a.).

11. Äthylguajacol, $C_9H_{12}O_2$.

Vorkommen:
Fam. **Lauraceae:** *Cinnamomum Camphora* Nees. (*Camphora officinarum* Nees.), Campherbaum; im *Campheröl* aus Blättern, Zweigen, Stamm und Wurzel.

c) Unbenannte Phenole,
z. T. näher untersucht (Formel und Schmelzpunkt).

Fam. **Taxaceae:** *Podocarpus dacrydioides* (?); im Öl der Blätter und Zweige.
Fam. **Pinaceae** (*Abietineae*): *Cedrus Deodara* Loud., „Deodar tree"; im „*Himalaya-Cedernöl*" des Holzes. — (*Cupressineae*): *Juniperus excelsa* M. B. (*J. Sabina* L. var. *taurica* Tall.); im Öl der Beeren. — *Callitris tasmanica* Bak. et Sm., Oyster bay pine, und *C. gracilis* Baker., „Mountain pine"; im Öl der Blätter ein *Callitrol* verwandtes Phenol!
Fam. **Gramineae:** *Cymbopogon coloratus* Stpf.; im „*Lemongrasöl*". — *C. sennaarensis* Chiov., „Mahareb"; im Öl der Blätter.
Fam. **Araceae:** *Acorus spurius* Schott., „Japanischer Kalmus"; im *Japanischen Kalmusöl* des Rhizoms. — *A. gramineus* Sol.; ebenso.

---

[1] Der Phenolcharakter ist zweifelhaft, ebenso die Formel $C_{14}H_{20}O_4$.

Fam. Liliaceae: *Xanthorrhoea hastilis* R. Br.; im *Xanthorrhoeaharzöl.* — *X. reflexa* (?); im Harzöl.

Fam. Iridaceae: *Iris germanica* L., *I. pallida* Lam. und *I. florentina* L., Schwertlilie; im *Irisöl* des Rhizoms.

Fam. Zingiberaceae: *Kaempferia Ethelae* Wood.; im Öl der Knollen (= *Sherungulu-Knollen*). — *Alpinia nutans* Rosc.; im Öl der Blätter. — *A. alba* Rosc.; im Öl der Früchte. — *Amomum Melegueta* Rosc.; im Öl der *Paradieskörner* (= Samen); unsicher!

Fam. Piperaceae: *Piper Volkensii* DC.; im Blätteröl. — *P.-Species* diversae (*P. angustifolium* R. et P. und var. *Ossanum* DC., *P. camphoricum* DC., *P. lineatum* R. et P. u. a.); im *Maticoöl* der Blätter (= *Maticoblätter*); hier auch *Phenoläther.*

Fam. Santalaceae: *Santalum album* L., Sandelholzbaum; im *Ostindischen Sandelholzöl.*

Fam. Aristolochiaceae: *Asarum arifolium* Michx.; im Öl des Wurzelstocks. — *A. canadense* L., „Wild ginger"; im *Canadischen Schlangenwurzelöl* des Wurzelstocks: Phenol $C_9H_{12}O_2$. — *A. caudatum* (?); im Öl des Rhizoms. — *A. Sieboldi* var. *seoulensis* Nakai; im Öl der Pflanze: Phenol $C_{10}H_{10}O_4$. — *Aristolochia Sellowiana* Duch. (oder *A. macroura* Gom.?); im Öl des Rhizoms.

Fam. Magnoliaceae: *Michelia Champaca* L., Champacabaum; im *Champacablütenöl.* — *M. longifolia* Bl.; im *Weißen Champacaöl* der Blüten.

Fam. Lauraceae: *Cinnamomum Oliveri* Bail., „Brisbane Sassafras; im Blätteröl: Phenol $C_{10}H_{15}O_2$. — *Ocotea usambarensis* Engl.; im Rindenöl.

Fam. Monimiaceae: *Peumus Boldus* Baill. (*Boldea fragrans* Juss.); im *Boldoblätteröl.* — *Daphnandra aromatica* Bail.; im Öl der Blätter.

Fam. Pittosporaceae: *Pittosporum undulatum* Vent.; im Öl der Frucht.

Fam. Leguminosae (*Mimosoideae*): *Acacia Cavenia* Hook. et Arn.; im *Cassieblütenöl.*

Fam. Rutaceae (*Rutoideae*): *Xanthoxylum ovalifolium* Wight.; im äther. Öl der Samen. — *X. ailanthoides* Sieb. et Zucc., „Ako"; im Öl der Blätter. — *Barosma pulchellum* Bartl. et Wrndl.; wie vorige. — *Ruta graveolens* L., Raute; in einem deutschen *Rautenöl* der Blätter. — *Boronia anemonifolia* Cunn.; im Öl der Blätter. — *B. safrolifera* Cheel.; ebenso. — *Melicope ternata* Forst.; ebenso. — (*Aurantioideae*): *Phebalium nudum* Hook.; ebenso. — *Citrus Aurantium* Risso (*C. sinensis* Pers.), Apfelsinenbaum; im *Portugal-Petitgrainöl* der Blätter und Stengel. — *C. Bigaradia* Risso (*C. vulgaris* Risso), Pomeranzenbaum; im *Orangenblütenöl* (= *Nerolöl*), Spur! — *C. Aurantium* L. subsp. *amara* Engl. (*C. Daidai* Bieb.), „Dai-Dai"; im Öl der Blätter und Stengel. — *C. nobilis* Lour. (*C. reticulata* Bl.); im Öl der Frucht.

Fam. Burseraceae: *Boswellia serrata* Roxb. (*Canarium balsamiferum* Willd.), Salaibaum; im Öl aus *Salaigugul* des Stammes: Phenole und Phenoläther.

Fam. Meliaceae: *Dysoxylon Fraseranum* Benth., Australisches Mahagoni; im Öl des Holzes, Spur!

Fam. Anacardiaceae: *Rhus aromatica* Ait. (*R. suaveolens*); im Öl.

Fam. Malvaceae: *Gattung Gossypium*, Baumwollstaude; im Öl von frisch blühendem Kraut; Spur!

Fam. Cistaceae: *Cistus ladaniferus* L. (*C. polymorphus* Willk.) und *C. creticus* L.; im *Ladanumöl* aus Harz der Drüsenhaare (*Ladanumharz*).

Fam. Myrtaceae: *Myrtus communis* L., Myrtenbaum; im *Myrtenöl* der Blätter. — *Callistemon viminalis* Cheel., „Bottle Brush"; im Öl der Blätter und Zweige. — *Eugenia caryophyllata* Thunbg. (*Caryophyllus aromaticus* L.), Gewürznelkenbaum; im *Mutternelkenöl* der Früchte, neben *Eugenol.* — *Melaleuca linariifolia* Sm., „Tea Tree". — Im Öl der Blätter und Zweige folgender: *M. alternifolia* Cheel. — *M. trichostachya* Lindl. — *M. erubescens* Otto. — *M. hypericifolia* Sm. — *Agonis flexuosa* Lindl., „Willow myrtle. — *Baeckea Gunniana* var. *latifolia* F. v. M.; neben *Phenoläther* $C_{13}H_{18}O_4$. — *B. brevifolia* DC. — *B. liniifolia* var. *brevifolia* F. v. M.: Phenole der *Tasmanol*gruppe. — *Darwinia grandiflora* (*D. taxifolia* var. *grandiflora* Benth.): Phenoläther (?) $C_{13}H_{14}O_4$. — *Backhousia myrtifolia* Hook. et Harv. — *Eucalyptus cneorifolia* DC., „Narrow-leaved Mallee". — *E. Macarthuri* D. et Maid., „Paddys river box". — *E. Smithii* Bak., „White top".

Fam. Umbelliferae: *Apium graveolens* L., Gemeine Sellerie; im *Selleriesamenöl*: ein *guajacol*ähnliches Phenol und Phenol $C_{16}H_{20}O_3$. — *Crithmum maritimum* L., Seefenchel; im *Seefenchelöl* der Früchte: *zwei Phenole.*

Fam. Ericaceae: *Ledum latifolium* Jacq. (*L. groenlandicum* Retz.), Labrador-tea; im Öl der Blätter.

Fam. Primulaceae: *Cyclamen europaeum* L., Alpenveilchen; im *Blütenöl.*

Fam. Ebenaceae: *Diospyros Lotus* L., Morgenländische Dattelpflaume; im Öl der Früchte, zweifelhaft!

Fam. Verbenaceae: *Lippia hastulata* Hierom.; im Öl der Blätter.

Fam. **Labiatae:** *Lamium album* L., Weißer Bienensaug; im Krautöl. — *Lavandula Stoechas* L., „Romera Santo"; im Blütenöl. — Im Krautöl folgender: *Salvia pratensis* L. — *Hedeoma pulegioides* Pers., „Penny Royal"; im *Amerikanischen Poleiöl.* — *Sartureia hortensis* L., Bohnenkraut; im *Bohnenkrautöl.* — *S. eugenioides* Griseb. — *S. montana* L. — *Bystropogon mollis* Knth., Argentinische Minze. — *C. umbrosa* Benth.; im *Karinthumbaöl.* — *Origanum hirtum* Lk. (*O. smyrnaeum* Sibth.), Spanischer Hopfen; im *Triester Origanumöl.* — *O. smyrnaeum* L. (*O. Onites* L.); im *Smyrnaer Origanumöl.* — *O.-Species* unbestimmt (*O. majoranoides* Willd., *O. dubium* Boiss. oder *O. Maru* L. ?); im *Cyprischen Origanumöl:* Phenol $C_{11}H_{16}O_2$. — *Thymus Mastichina* L., Waldmajoran. — *Th. Broussonetii* Boiss. — *Mentha longifolia* Huds., Waldminze. — *Ocimum gratissimum* Boiss.

Fam. **Compositae:** *Grindelia robusta* Nutt.; im *Grindelia-*Öl der Blätter und Blütenköpfe. — *Blumea Malcolmii* Hook.; im Krautöl. — *Tagetes minuta* L. (*T. glandulifera* Schr.), Samtblume; ebenso. — *Achillea nobilis* L., Edelschafgarbe; im Edelschafgarbenöl. — *Santolina Chamaecyparissus* L., Heiligenkraut; im *Santolinaöl.* — *Solidago nemoralis* Ait.; im *Goldrutenöl.* — *Chrysanthemum cinerariaefolium* Bocc.; im Öl aus Blütenköpfen (= *Dalmatinisches Insektenpulver*). — *Artemisia camphorata* Vill.; im Krautöl. — *Carlina acaulis* L., Stengellose Eberwurz; im *Eberwurzöl.*

d) Unbenannte Phenoläther.

chemisch näher untersucht (Formel und Schmelzpunkt).

Fam. **Myrtaceae:** *Baeckea Gunniana* var. *latifolia* F. v. M.; im Öl der Blätter und Zweigenden: *Phenoläther* $C_{13}H_{18}O_4$. — *B. frutescens* L., im Öl der Blätter: *Phenoläther* $C_{13}H_{18}O_4$. Neuere Angabe (1931).

Fam. **Umbelliferae:** *Foeniculum vulgare* Mill. (*F. officinale* All.), Fenchel; im Nachlauf des äther. *Fenchelöls* der Früchte: *Phenoläther* $C_{14}H_{18}O$.

e) Cannabinol[1], $C_{21}H_{30}O_2$, und Pseudocannabinol.

Vorkommen:

Fam. **Moraceae** (*Cannabinoideae*): *Cannabis sativa* var. *indica* (*C. indica* Lam.), Indischer Hanf; im *Hanföl* der Pflanze und besonders im „*Haschisch*".

D. Aldehyde.

a) Aliphatische Aldehyde in ätherischen Ölen.

I. Gesättigte Aldehyde.

Formaldehyd, Acetaldehyd, Propionaldehyd, n-Butyraldehyd, Isobutyraldehyd, n-Valeralaldehyd, Isovaleralaldehyd, Capronaldehyd, Heptylaldehyd (*Oenanthol*), **Caprylaldehyd** (*Octylaldehyd*), **Pelargonaldehyd** (*Nonylaldehyd*), **n-Caprinaldehyd** (*n-Decylaldehyd*), **Laurinaldehyd, Myristinaldehyd.**

Vorkommen: Siehe Bd. 2, S. 286—290.

Brenztraubensäurealdehyd (*Acetylformaldehyd*), $C_3H_4O_2$.

Vorkommen:

Fam. **Pinaceae** (*Araucarieae*): *Agathis Dammara* Rich. (*Dammara orientalis* Lamb.), Dammarfichte; im Destillationswasser des *Manila-Kopalöls* aus Stamm.

II. Ungesättigte oder Terpenaldehyde.

1. Citronellal, $C_{10}H_{18}O$.

Vorkommen: In mehreren Familien. Meist als *d-Citronellal* neben *l-Citronellal,* im Öl der Blätter und Früchte.

α) d-Citronellal.

Fam. **Pinaceae** (*Araucarieae*): *Agathis australis* Salisb. (*Dammara a.* Lamb.), Kaurifichte; im *Kauriöl* der Blätter. — (*Cupressineae*): *Cupressus Lambertiana* Carr. (*C. macrocarpa* Hartw.); im Öl der Blätter; unsicher!

Fam. **Gramineae:** *Cymbopogon citratus* Stpf. (*Andropogon c.* DC.), Lemongras; im *Westindischen Lemongrasöl* der Blätter (neben *Citral*). — *C. coloratus* Stpf. (*Andro-*

---

[1] Ist ein *phenolartiger Körper,* vielleicht auch ein Polyterpen. Früher auch $C_{21}H_{26}O_2$ und $C_{20}H_{30}O_2$ angegeben!

pogon c. NEES.); im *Lemongrasöl* von Vorderindien, wie vorige. — *C. Nardus* RENDL. *lenabatu* (*Andropogon N.* Ceylon DE JONG „*Lenabatu*"), Neues Citronellgras; im *Ceylon-Citronellöl.* — *C. Winterianus* JOW. (*Andropogon Nardus Java* DE JONG), Altes Citronellgras; im *Java-Citronellöl.* — *C. flexuosus* STPF. (*Andropogon Nardus* var. *flexuosus* HACK.), Lemongras, Malabar- oder Kotschingras; im *Ost-indischen Lemongrasöl.* — *C. citratus* STPF. (*Andropogon c.* DC.), Lemongras; im *Westindischen Lemongrasöl* der Blätter, neben *Citral* u. a. Neuere Angabe (1931).

Fam. **Lauraceae:** *Tetranthera citrata* NEES. (*Litsea c.* BL.); im Öl der Blätter (neben *Citral*).

Fam. **Rutaceae** (*Rutoideae*): *Barosma pulchellum* BARTL. et WRNDL.; im Öl der Blätter. — *Xanthoxylum piperitum* DC., Japanischer Pfeffer; im *Japanischen Pfefferöl* der Früchte. — *Melicope ternata* FORST.; im Öl der Blätter und kleinen Zweige, zweifel-haft! — (*Toddalioideae*): *Toddalia aculeata* PERS. (*Paullinia a.* KRZ.), „Wild Orange tree"; im Öl der Blätter. — (*Aurantioideae*): *Phebalium nudum* HOOK.; im Öl der Blätter und Triebspitzen. — *Citrus Aurantium* RISSO (*C. sinensis* PERS.), Süßer Orangen- oder *Apfelsinenbaum*; im *Apfelsinenschalenöl*, zweifelhaft! auch im Öl aus Fruchtsaft. — *C. Limonum* RISSO (*C. medica* L. subsp. *Limonum* HOOK.), Citronen-baum; im *Citronenöl* aus Fruchtschale. — *C. madurensis* LOUR. (*C. nobilis* LOUR. var. *deliciosa*), Mandarinenbaum; im *Mandarinenöl* aus Fruchtschale, unsicher!

Fam. **Myrtaceae:** *Melaleuca linariifolia* SM., Tea tree; im Öl der Blätter, zweifelhaft! — *Leptospermum scoparium* FORST., „Manuka"; im *Manukaöl* der Blätter. — *L. Liver-sidgei* BAK. et SM.; im Öl der Blätter und Zweige. — *L. flavescens* SM. var. *citratum* (*L. citratum* PENF.); ebenso. — *Eucalyptus citriodora* HOOK.; im Öl der Blätter, neben *l-Citronellal*. — *E. dealbata* CUNN., Cabbage; im Öl der Blätter, zweifelhaft!

Fam. **Labiatae:** *Melissa officinalis* L., Melisse; im *Melissenöl* des Krautes (neben *Citral*). — *Ocimum pilosum* ROXB.; im Öl des Krautes, wie vorige.

β) *l-Citronellal.*

Fam. **Gramineae:** *Cymbopogon-Species* unbekannt, Wildes Citronellgras (?); im „*Java lemon olie*".

Fam. **Myrtaceae:** *Eucalyptus citriodora* HOOK.; im Öl der Blätter (neben *d-Citronellal*), unsicher!

2. Citral, $C_{10}H_{16}O$.

Vorkommen: Hauptsächlich bei Rutaceen und Myrtaceen, auch bei Gramineen und Labiaten sowie vereinzelt bei einigen anderen Familien; besonders in Blättern, Blüten, Früchten u. a.

Fam. **Pinaceae** (*Abietineae*): *Pseudotsuga Douglasii* CARR. (*Abies D.* LINDL.), Douglas-tanne; im *Douglasfichtennadelöl*, Spur!

Fam. **Gramineae:** In den Grasölen folgender: *Cymbopogon citratus* STPF. (*Andropogon c.* DC.), Lemongras; im *Westindischen Lemongrasöl* der Blätter, Wurzelknollen und des Rhizoms. — *C. coloratus* STPF. (*Andropogon c.* NEES.); im *Lemongrasöl* von den Fidschi-Inseln. — *C. Winterianus* JOW. (*Andropogon Nardus Java* DE JONG), Altes Citronellgras; im *Java-Citronellöl.* — *C. flexuosus* STPF. (*Andropogon Nardus* var. *flexuosus* HACK.), Lemongras; im *Ostindischen Lemongrasöl*: α und β-*Citral*. — *C. pendulus* STPF.; im Öl der Blätter und Blüten. — *C. javanensis* HOFFM. (*C. rectus* A. CAM.). — *C.-Species* unbekannt; im *lemongrasölähnlichen* Öl aus Kraut.

Fam. **Zingiberaceae:** *Zingiber officinale* ROSC. (*Amomum Zingiber* L.), Ingwer; im *Ingweröl* aus Rhizom. — *Alpinia alba* ROSC.; im Öl der Früchte.

Fam. **Magnoliaceae:** *Magnolia Kobus* DC., im *Kobuschiöl* der Blätter und Zweige.

Fam. **Lauraceae:** *Cinnamomum Loureirii* NEES. (*C. obtusifolium* NEES. var. *Loureirii* PERR. et EB.), „Nikkei; im Öl der Blätter und jungen Zweige („*Japanisches Zimtöl*"). — *Sassafras officinale* NEES. (*Laurus Sassafras* L.), Sassafrasbaum; im *Sassafrasblätteröl.* — *Tetranthera citrata* NEES. (*T. polyantha* var. *citrata* NEES., *Litsea citrata* BL.); im Öl der Blätter, Rinde und Früchte (= „*Citronellfrüchte*") und im „*May-Changöl*" der blühenden Zweige (ob von dieser Species abstammend, ist unsicher!).

Fam. **Rosaceae** (*Pomoideae*): *Pirus Malus* L., Apfelbaum; im *Apfelöl* aus Schalen. — (*Rosoideae*): *Rosa damascena* MILL., *R. centifolia* L., *R. gallica* L. u. a.; im *Rosenöl* der Blüten, Spur!

Fam. **Geraniaceae:** *Pelargonium-Arten* (*Pelargonium odoratissimum* WILLD., *P. capi-tatum* AIT., *P. graveolens* AIT., *P. Radula* AIT. [*P. roseum* WILLD.], *P. denticulatum* JACQ. u. a.); im *Geraniumöl* der Blätter.

Fam. **Rutaceae** (*Rutoideae*): *Xanthoxylum piperitum* DC., Japanischer Pfeffer; im *Japanischen Pfefferöl* der Früchte. — *Melicope ternata* FORST.; im Öl der Blätter und kleinen Zweige. — (*Aurantioideae*): *Phebalium nudum* Hook.; im Öl der Blätter und Triebspitzen. — *P. dentatum* Sm.; wie vorige! — *Citrus Aurantium* Risso (*C. sinensis* Pers., *C. Aurantium* L. subsp. *sinensis* var. *dulcis* L.), Apfelsinenbaum; im *Portugal-Petitgrainöl* der Blätter und Zweige; im *Apfelsinenschalenöl*. — *C. Bigaradia* Risso (*C. Aurantium* L. subsp. *amara* L. var. *Bigaradia*, *C. vulgaris* Risso), Bitterer Orangenbaum; im *Italienischen Petitgrainöl* aus Blättern und Zweigen. — *C. Limonum* Risso (*C. medica* L. subsp. *Limonum* Hook.), Citronenbaum; im *Citronen-Petitgrainöl* der Blätter, Zweige und unreifen Früchte; im *Citronenöl* der Fruchtschale. — *C. madurensis* Lour. (*C. nobilis* Lour. var. *deliciosa*), Mandarinenbaum; im *Mandarinenöl* der Fruchtschale. — *C. medica* var. *vulgaris* Risso, „Citronatcitrone", *C. medica* var. *gibocarpa* Risso, „Cedrino", und *C. medica* var. *rhegina* Pasq.; „Cedrone"; im *Cedroöl* der Fruchtschale. — *C. medica* var. *acida* Brand., Westindische Limette; im *Westindischen Limettöl* der Früchte und im *Limettblätteröl*. — *C. Bergamia* Risso (*C. Aurantium* L. subsp. *Lima* var. *Bergamia* Risso), Bergamotte; im *Bergamottblätteröl* (*Italienisches Bergamott-Petitgrainöl*). — *C. decumana* L., Pompelmuse; im *Pompelmusöl* der Fruchtschale; im Öl der Blätter, unsicher! — *C. Hystrix* DC. (*C. triptera* Desf.); im Fruchtschalenöl.

Fam. **Myrtaceae:** Im Öl der Blätter bei folgenden: *Pimenta acris* Wight. (*Myrtus caryophyllata* Jacq.), Echter Baybaum; im *Bayöl*. — *P. citrifolia* Kostl., „Bois d'Inde Citron"; im *Citronenbayöl*. — *P.-Species* unbestimmt; im Öl der Blätter. — *Calyptranthes paniculata* Ruiz. et Pav.; im „*Mayöl*". — *Eugenia occlusa* Krz. (*Syzygium* o. Miq.); im „*Salamöl*". — *Leptospermum scoparium* Forst., „Manuka"; im *Manukaöl*. — *L. Liversidgei* Bak. et Sm. — *L. flavescens* Sm. — *L. flavescens* Sm. var. *citratum* (*L. citratum* Penf.). — *L. lanigerum* Sm.; im Öl der silberblättrigen Form aus Blättern und jungen Zweigen. — *Backhousia citriodora* F. v. M.

In folgenden *Eucalyptus*-Blätterölen: *Eucalyptus australiana* B. et Sm., „Black peppermint". — *E. cneorifolia* DC., „Narrow-leaved Mallee", frühere Angabe! — *E. dives* Schau., Broad-leaved-Peppermint; im Öl der Varietäten *B* und *C*. — *E. fraxinoides* D. et Maid., „White ash"; zweifelhaft! — *E. Luehmanniana* F. v. M.; zweifelhaft! — *E. patentinervis* Bak., „Bastard mahagony". — *E. Staigeriana* F. v. M., „Eisenrinde". — *E. vitrea* Bak., „White top messmate; zweifelhaft!

Fam. **Verbenaceae:** *Lippia citriodora* H. B. et Knth. (*Verbena triphylla* Lam.); im *Verbenaöl* aus Blättern, Blütenstand, Wurzel und Stengel.

Fam. **Labiatae:** Im Öl aus Kraut folgender: *Dracocephalum moldavicum* Morr. (*D. moldavica* L.), Türkische Melisse; im Krautöl. — *Nepeta Cataria* L. var. *citriodora* Beck. (*N. citriodora* Beck.); unsicher! — *Salvia Grahami* Bnth. — *Monarda citriodora* Cerv., „Lemon mint". — *Melissa officinalis* L., Melisse; im *Melissenöl*. — *Perilla citriodora* Mak. — *Thymus citriodorus* Schr.; unsicher! — *Th. hirtus* Willd., „Tomillo limonero". — *Ocimum pilosum* Roxb. — *Calamintha umbrosa* Benth., „Karimthumba; im *Karimthumbaöl* neben einem Fettaldehyd.

3. Acrolein, C_3H_4O.

Bislang in ätherischen Ölen nicht aufgefunden.

4. Cypral, $C_{12}H_{20}O$.

Vorkommen:
Fam. **Pinaceae** (*Cupressineae*): *Taxodium distichum* Rich., Canadische Sumpfzypresse; im äther. Öl des Holzes.

b) Aromatische Aldehyde in ätherischen Ölen.

Benzaldehyd, Hydrozimtaldehyd, Cuminaldehyd (*Cuminal*), **Zimtaldehyd, Salicylaldehyd** (*o-Oxybenzaldehyd*), **Anisaldehyd** (*p-Methoxybenzaldehyd*), **Vanillin** (*m-Methoxy-p-oxybenzaldehyd*), **Asarylaldehyd** (*Trimethoxybenzaldehyd*), **Heliotropin** (*Piperonal, Protocatechualdehydmethylenäther*), **p-Methoxyzimtaldehyd, o-Methoxyzimtaldehyd.**
Vorkommen: Siehe Bd. 2, S. 291—295.

1. Methylvanillin, $C_9H_{10}O_3$.

Vorkommen:
Fam. **Gramineaé:** *Cymbopogon javanensis* Hoffm. (*C. rectus* A. Cam.); im ätherischen Öl des Krautes.

2. Methylorthocumaraldehyd, $C_{10}H_{10}O_2$.

Vorkommen:
Fam. **Lauraceae:** *Cinnamomum Cassia* Bl. (*C. aromaticum* Nees.), Chinesischer Zimtstrauch, im *Cassiaöl* der Blätter (altes *Cassiastearopten*!).

c) Alicyclische Aldehyde.

1. Perillaaldehyd *(Dihydrocuminaldehyd)*, $C_{10}H_{14}O$.

Vorkommen: In drei Familien aufgefunden.

Fam. **Hernandiaceae:** *Hernandia peltata* MEISSN.; im Öl aus Holz des Stammes (= „*Falsches Campherholz*"): *d-Perillaaldehyd* (neben *Myrtenal*).

Fam. **Umbelliferae:** *Siler trilobum* SCOP., Roßkümmel; im Öl der Früchte: *d-Perilla-aldehyd*. — *Bupleurum fruticosum* L., Hasenohr; im Öl der Blätter, Blüten und Zweige: *Dihydrocuminaldehyd*.

Fam. **Labiatae:** *Perilla nankinensis* DECNE. *(Ocimum crispum* THUNBG.), „Shiso"; im *Perillaöl* der Blätter: *l-Perillaaldehyd*.

2. Phellandral *(Tetrahydrocuminaldehyd)*, $C_{10}H_{16}O$.

Vorkommen: Nur in zwei Familien bislang aufgefunden.

Fam. **Myrtaceae:** In den Blätterölen folgender: *Eucalyptus Bakeri* MAID., „Mallee Box". — *E. cneorifolia* DC., „Narrow-leaved Mallee". — *E. hemiphloia* F. v. M., „Box." — *E. polybractea* BAK., „Blue Mallee". — *E. salubris* F. v. M., „Gimlet gum". — *E. rarifolia* BAILEY.

Fam. **Umbelliferae:** *Oenanthe Phellandrium* LAM. *(Phellandrium aquatica* L.), Wasser-fenchel; im *Wasserfenchelöl* der Früchte.

3. Cryptal, $C_{10}H_{16}O$.

Vorkommen:

Fam. **Myrtaceae:** In den Blätterölen folgender *Eucalyptus*-Species: *Eucalyptus Bakeri* MAID., „Mallee Box". — *E. cneorifolia* DC., Narrow-leaved Mallee". — *E. hemi-phloia* F. v. M., „Box." — *E. polybractea* BAK., „Blue Mallee" (neben *Cuminal* und *Phellandral*). — *E. rarifolia* BAILEY; wie vorige.

d) Heterocyclische Aldehyde.

Furfurol.

Vorkommen: Siehe Bd. 2, S. 295.

e) Sonstige Aldehyde.

1. Dodecen-(2)-al-(1), $C_{12}H_{22}O$.

Vorkommen:

Fam. **Umbelliferae:** *Eryngium foetidum* L., „Walang doeri"; im Öl der Pflanze ohne Wurzel (1932).

2. Myrtenal, $C_{10}H_{14}O$.

Vorkommen:

Fam. **Hernandiaceae:** *Hernandia peltata* MEISSN.; im Öl des Holzes (= „*Falsches Campherholz*"), neben *Perillaaldehyd* (s. oben unter c Nr. 1).

3. Santalal (?).

Vorkommen:

Fam. **Santalaceae:** *Santalum album* L., Sandelholzbaum; im *Ostindischen Sandel-holzöl* (der Aldehyd scheint zweifelhaft!).

4. Nortricyclocksantalal, $C_{11}H_{16}O$.

Vorkommen:

Fam. **Santalaceae:** *Santalum album* L., Sandelholzbaum; im *Ostindischen Sandel-holzöl* von Stamm, Zweigen und Wurzel.

5. Trimethylgallussäurealdehyd (keine Formel angegeben).

Vorkommen:

Fam. **Gramineae:** *Cymbopogon procerus* A. CAM. *(Andropogon p.* R. BR.); im *Grasöl.* — *C.* Nr. 2; aus Java; ebenso, unsicher!

6. Asarylaldehyd, $C_{10}H_{12}O_4$.

Vorkommen: In einer dicotylen und einer monocylen Familie.

Fam. **Aristolochiaceae:** *Asarum europaeum* L., Haselwurz; im *Haselwurzöl* aus Wurzelstock.

Fam. **Araceae:** *Acorus Calamus* L., Kalmus; im *Kalmusöl* aus Rhizom; sekundär!

7. Unbenannte Aldehyde,
z. T. chemisch näher untersucht (Formel und Schmelzpunkt).

Fam. **Pinaceae** (*Cupressineae*): *Juniperus excelsa* M. B. (*J. Sabina* L. var. *taurica* Tall.); im Öl der Beeren, Zweige und Nadeln.

Fam. **Gramineae:** In den Grasölen bei folgenden: *Cymbopogon Martini* var. *Sofia* Burk.; im *Gingergrasöl*: Aldehyd $C_{10}H_{16}O$. — *C. citratus* Stpf. (*Andropogon citratus* DC.), Lemongras; im *Formosanischen Lemongrasöl* („*Hyang-Bowoil*"): ein nicht mit *Citral* identischer Aldehyd[1]. — *C. flexuosus* Stpf. f. *albescens.* — *C. giganteus* Chiov., Tsaurigras. — *C. pendulus* Stpf. — *C. caesius* Stpf. (*Andropogon c.* Nees.), Inchigras; im *Inchigrasöl* und Öl der Blüten: $C_{10}H_{14}O$ oder $C_{10}H_{16}O$. — *Andropogon odoratus* Lisb. (*Amphilophis o.* Cam.). — *A. connatus* Höchst.

Fam. **Araceae:** *Acorus spurius* Schott., Japanischer Kalmus; im *Japanischen Kalmusöl* des Rhizoms.

Fam. **Liliaceae:** *Sabadilla officinalis* Br. (*Veratrum o.* Ch. et Schl.), Sabadill; im äther. *Sabadillsamenöl.* — *Allium ursinum* L., Bärlauch; im *Bärlauchöl.*

Fam. **Zingiberaceae:** *Amomum Walang* Valet.; im Öl von Blättern, Stengel und Rhizom.

Fam. **Piperaceae:** *Piper Volkensii* DC.; im Öl der Blätter, Spur.

Fam. **Myricaceae:** *Myrica asplenifolia* Endl. (*Comptonia a.* Ait.); im *Comptoniaöl* der Blätter, Spur!

Fam. **Aristolochiaceae:** *Asarum caudatum* (?); im Öl von Rhizom und Wurzel.

Fam. **Caryophyllaceae:** *Dianthus Caryophyllus* L., Gartennelke; im *Gartennelkenöl* der Blüten, unsicher!

Fam. **Myristicaceae:** *Myristica fragrans* Houtt. (*M. moschata* Thbg.), Muskatnußbaum; im *Muskatnußöl* der Samen, Spur!

Fam. **Lauraceae:** *Cinnamomum ceylanicum* var. *seychelleanum*, Seychellen-Zimtbaum; im *Rindenöl*, Spur! — *C.-Species* unbekannt, Schiu-Campherbaum; im *Schiu-Öl* aus Stamm und Wurzeln. — *Litsea citrata* Bl.; im „*May-Changöl*" von blühenden Zweigen: Spuren aliphatischer Aldehyde.

Fam. **Resedaceae:** *Reseda odorata* L., Wohlriechende Reseda; im *Resedablütenextraktöl.*

Fam. **Pittosporaceae:** *Pittosporum undulatum* Vent.; im Fruchtöl.

Fam. **Hamamelidaceae:** *Liquidambar formosana* Hanse; im Öl der Blätter und Zweige, Spur!

Fam. **Leguminosae** (*Papilionatae*): *Amorpha fruticosa* L.; im Öl der Frucht. — *Robinia Pseudacacia* L., „Falsche Akazie", Robinie; im *Akazienblütenöl.*

Fam. **Rutaceae** (*Rutoideae*): *Barosma venustum* Eckl. et Z.; im Blätteröl. — (*Aurantioideae*): *Citrus medica* var. *vulgaris* Risso, Citronatcitrone, *C. medica* var. *gibocarpa* Risso, „Cedrino", und *C. medica* var. *rhegina* Pasq., Cedrone; im *Cedroöl* aus Frucht.

Fam. **Malvaceae:** *Gattung Gossypium*, Baumwollstaude; im Öl aus frisch blühendem Kraut.

Fam. **Sterculiaceae:** *Heritiera littoralis* Ait.; im *Balan-Öl.*

Fam. **Violaceae:** *Viola odorata* L., Wohlriechendes Veilchen; im Öl der Blätter: Aldehyd $C_9H_{14}O$.

Fam. **Myrtaceae:** In den Blätterölen folgender: *Myrtus communis* L., „Myrtenbaum"; im *Myrtenöl*, Spur! — *Amomis jamaicensis* Brill. et Hill., Wilder Piment. — *Eugenia occlusa* Krz. (*Syzgium o.* Miq.); neben *Citral.* — *Melaleuca thymifolia* Sm., „Thyme-leaved tea tree". — *M. trichostachya* Lindl. — *Angophora Bakeri* (?). — *E. loxophleba* Benth., „York gum". — *E. micrantha* DC. — *E. pulverulenta* Sims.; neben *Isovaleralaldehyd.* — *E. Rossii* B. et Sm. (*E. micrantha* DC.), „White gum". — *E. Staigeriana* F. v. M., „Eisenrinde" (= *Lemon-scented ironbark*). — *E. viminalis* Lab., „Manna gum"; neben *Isovaleralaldehyd.*

Fam. **Umbelliferae:** *Carum gracile* Lindl. (*C. nigrum* Royle), Persischer Kümmel; im *Persischen Cuminsamenöl.* — *Sium cicutaefolium* Schrk.; im Öl der Pflanze. — *Seseli Bocconi* Guss.; im Krautöl: ein bicycl. Aldehyd. — *Foeniculum vulgare* Mill. (*F. officinale* All.), Fenchel; im *Fenchelöl* der Früchte. — *Levisticum officinale* Koch. (*Angelica Levisticum* All.), Liebstöckel; im *Liebstocköl* der Wurzel. — *Daucus Carota* L., Möhre; im *Möhrensamenöl*, Spur! — *Coriandrum sativum* L, Coriander; im *Corianderöl* der Früchte.

Fam. **Ericaceae:** *Ledum latifolium* Jacq. (*L. groenlandicum* Retz.), „Labrador-tea", im Öl der Blätter. — *Gaultheria procumbens* L., Wintergrün; im *Wintergrünöl* der Blätter, zweifelhaft!

---

[1] Nach neuerer Angabe (1931): $C_{10}H_{16}O$, neben *Isovaleralaldehyd, Decylaldehyd* u. a.

Fam. **Verbenaceae:** *Lantana Camara* L.; im *Lantanaöl* der Blätter.

Fam. **Labiatae:** Im Öl aus Kraut bei folgenden: *Collinsonia anisata* SIMS. (*Micheliella a.* BRIQ.), im „*Citronell tea*". — *Ziziphora clinopodioides* LAM. — *Dracocephalum moldavicum* MORR., Türkische Melisse. — *Nepeta Cataria* L. var. *citriodora* BECK. — *Salvia grandiflora* ETTL. — *S. glutinosa* L., Klebrige Salbei. — *Calamintha umbrosa* BENTH.; im *Karimthumbaöl*, neben *Citral*. — *Hyssopus officinalis* L., Ysop; im *Ysopöl*. — *Mentha longifolia* HUDS. (*M. silvestris* L.), Waldminze. — *M. aquatica* L., Wasserminze.

Fam. **Scrophulariaceae:** *Buddleia perfoliata* H. B. et K., „Salvia bolita"; im Öl der Blätter und Blüten, unsicher!

Fam. **Compositae:** Im Öl aus Kraut bei folgenden: *Euthamia caroliniana* GR. (*Solidago c.* L.). — *Eupatorium capillifolium* SMALL. (*E. foeniculum* WILLD.), Hundefenchel, Spur! — *Erigeron canadensis* L., Berufskraut; im *Erigeronöl*. — *Achillea Millefolium* L., Schafgarbe; im *Schafgarbenöl*. — *A. moschata* JACQ. (*Santolina m.* BAILL.), Ivakraut; im *Ivaöl*. — *Santolina Chamaecyparissus* L., Heiligenkraut. — *Artemisia Cina* BG. (*A. maritima* L. var. *Stechmanniana* BESS.); im *Wurmsamenöl* der Blütenköpfchen (= *Wurmsamen*, *Zittwersamen*). — *A. vallesiaca* ALL., „Petit absinthe suisse", anscheinend!

E. Ketone.
Übersicht.
a) Aliphatische Ketone.

Methyl-n-amylketon, Methyl-n-heptylketon, Methyl-n-nonylketon, Methylundecylketon, Äthylamylketon, Methylheptenon, Artemisiaketon, Äthylamylketon, Methylheptenon, Artemisiaketon und Isoartemisiaketon, Doremon, Nonylen-1-methylketon.

b) Aromatische Ketone.

Acetophenon, o-Oxyacetophenon, Anisketon, p-Methyl-Δ^3-tetrahydroacetophenon, Phloracetophenon-2,4-dimethyläther.

c) Alicyclische Ketone.

I. Monocyclische Ketone: Menthon, Isomenthon, Carvon, Pulegon, Isopulegon, Dihydrocarvon, Tetrahydrocarvon, Carvotanaceton, Piperiton, Diosphenol, β-Iron, Ionon, Zieron, Boronion.

II. Bicyclische Ketone: Verbenon, Umbellulon, Thujon, Fenchon, Campher.

d) Sonstige Ketone.

„Calaminthon", γ, η-Dimethyl-Δ^a-octen-ε-on, Elsholtziaketon, Hedeomol, Jasmon, Luparon, Δ^4-p-Menthenon-3, 1-Methyl-3-cyclohexanon, „α-Mujone"?, Perillon, 1-Pinocamphon, Santalon, Santenon, α- und β-Santolinenon, Tageton, Trimethylhexanon, Tuberon, Eucarvon, Benihion und andere (unbenannte) Ketone.

a) Aliphatische Ketone in ätherischen Ölen.

Methyl-n-amylketon, Methyl-n-heptylketon, Methyl-n-nonylketon, Methylundecylketon, Äthylamylketon.

Vorkommen: Siehe Bd. 2, S. 298.

1. Methylheptenon, $C_8H_{14}O$.

Vorkommen: Im Öl von Mono- und Dicotylen aus Blättern, Blüten, Früchten, Holz und Wurzel.

Fam. **Gramineae:** *Cymbopogon Martini* var. *Motia* BURK.; im *Palmarosaöl* der Blätter. — *C. Nardus* RENDL. lenabatu (*Andropogon N. Ceylon* DE JONG „*Lenabatu*"), Neues Citronellgras; im *Ceylon-Citronellöl*. — *C. flexuosus* STPF. (*Andropogon Nardus* var. *flexuosus* HACK.), Lemongras, Malabar- oder Kotschingras; im Vorlauf des *Ostindischen Lemongrasöls*. — *C. citratus* STPF. (*Andropogon c.* DC.), Lemongras; im *Westindischen Lemongrasöl* der Blätter neben *Methylheptenol* u. a. Neuere Angabe (1931).

Fam. **Zingiberaceae:** *Zingiber officinale* ROSC. (*Amomum Zingiber* L.), Ingwer; im *Ingweröl* aus Wurzelstock.

Fam. **Lauraceae:** *Ocotea caudata* MEZ. (*Licaria guianensis* AUBL.), „Likari Kanale"; im *Cayenne-Linaloeöl* aus Holz.

Fam. **Geraniaceae:** *Pelargonium-Species* unbenannt; im *Geraniumöl* der Blätter aus *Britisch-Ostafrika*, Spur!
Fam. **Rutaceae** (*Rutoideae*): *Barosma pulchellum* Bartl. et Wrndl.; im Öl der Blätter. — (*Aurantioideae*): *Citrus Limonum* Risso (*C. medica* L. subsp. *Limonum* Hook.), Citronenbaum; im *Citronenöl* der Fruchtschale.
Fam. **Burseraceae:** *Bursera Delpechiana* Poiss., Linaloebaum; im *Mexikanischen Linaloeöl* aus Holz und Früchten.
Fam. **Verbenaceae:** *Lippia citriodora* H., B. et Knth. (*Verbena triphylla* Lam.); im *Verbenaöl* aus Blättern, Blüten, Stengel und Wurzel.

2. Artemisiaketon, $C_{10}H_{16}O$, und Iso-Artemisiaketon.

Vorkommen:
Fam. **Compositae:** *Artemisia annua* L.; im Krautöl.

3. Doremon, $C_{15}H_{26}O$.

Vorkommen:
Fam. **Umbelliferae:** *Dorema Ammoniacum* Don. (*Peucedanum A.* Nees.); im *Ammoniakgummiöl*, neben *Doremol*.

4. Nonylen-1-methylketon.

Vorkommen:
Fam. **Lauraceae:** *Litsea odorifera* Val.; im *Trawas olie* der *Trawasblätter* (neben *Methylnonylketon* u. a.).

b) Aromatische Ketone.

1. Acetophenon, C_8H_8O.

Vorkommen: In zwei dicotylen Familien nachgewiesen.
Fam. **Proteaceae:** *Stirlingia latifolia* Steud.; im *Stirlingiaöl* des Krautes.
Fam. **Cistaceae:** *Cistus ladaniferus* L. (*C. polymorphus* Willk.) und *C. creticus* L.; im *Ladanumöl* aus Harz (neben *Trimethylhexanon*).

2. o-Oxyacetophenon, $C_8H_8O_2$.

Vorkommen:
Fam. **Rubiaceae** (*Coffeoideae*): *Chione glabra* DC., „Palo blanco"; im Öl der Rinde; hier vielleicht auch sein *Methyläther!*

3. Anisketon (*p-Methoxyphenylaceton*), $C_{10}H_{12}O_2$.

Vorkommen: In zwei Familien nachgewiesen.
Fam. **Magnoliaceae:** *Illicium verum* Hook., Echter Sternanis; im *Chinesischen Sternanisöl* der Früchte.
Fam. **Umbelliferae:** *Pimpinella Anisum* L. (*Anisum vulgare* Gärtn.), Anis; im äther. *Anisöl* der Früchte. — *Foeniculum vulgare* Mill. (*F. officinale* All.), Fenchel; in einem französischen *Bitterfenchelöl* aus Frucht.

4. p-Methyl-Δ^3-tetrahydroacetophenon, $C_9H_{14}O$.

Vorkommen:
Fam. **Pinaceae** (*Abietineae*): *Cedrus Deodara* Loud. (*C. Libani* var. *Deodara*), Deodar tree; im *Himalaya-Cedernöl* aus Holz.

5. Phloracetophenon-2, 4-dimethyläther (*Xanthoxylin S*), $C_{10}H_{12}O_4$.

Vorkommen: In zwei Familien.
Fam. **Rutaceae** (*Rutoideae*): *Xanthoxylum Aubertia* DC. (*Fagara A.* DC., *Evodia A.* Cord.), „Catafaille blanc"; im Öl. — *X. alatum* Roxb., Chinese Wild Pepper; im Öl der Früchte.
Fam. **Compositae:** *Blumea balsamifera* DC.; im festen *Ngai-Campheröl* aus Blättern und Stengel.

c) Alicyclische Ketone.

I. Monocyclische Ketone.

1. Menthon, $C_{10}H_{18}O$.

Vorkommen: Mehrfach bei Labiaten, vereinzelt auch in einigen anderen Familien des Systems; besonders in Blätterölen, als *d*- und *l-Menthon*.

Fam. **Pinaceae** (*Abietineae*): *Pinus silvestris* L., Gemeine Kiefer; in einem als „*Apinol*" bezeichneten *Kienöl* (unsicherer Abstammung): *l-Menthon*.

Fam. **Piperaceae:** *Piper Betle* L. (*Chavica B.* MIQ.), Betelpfeffer; im *Betelöl* der Blätter (ohne Drehungsangabe!).

Fam. **Leguminosae** (*Mimosoideae*): *Acacia Farnesiana* WILLD., Cassiestrauch; im *Cassieblütenöl*, zweifelhaft!

Fam. **Geraniaceae:** *Pelargonium-Arten* (*Pelargonium odoratissimum* WILLD., *P. capitatum* AIT., *P. graveolens* AIT., *P. Radula* AIT., *P. denticulatum* JACQ. u. a.); im *Geraniumöl* der Blätter: *l-Menthon!* — *P. graveolens* L'HÉRIT. (*P. terebintaceum* HARV. et SOND.), wie vorige. — *P. tomentosum* L., ebenso.

Fam. **Rutaceae** (*Rutoideae*): *Barosma serratifolium* WILLD. (*Diosma s.* CURT.), Buccustrauch; im *Buccublätteröl* aus „*Langen Buccublättern*": *l-Menthon.* — *B. betulinum* BARTL. et W., im *Buccublätteröl* aus „*Runden Buccublättern*", wie vorige. — *B. pulchellum* BARTL. et WRNDL.; im Blätteröl: *d-Menthon!*

Fam. **Myrtaceae:** *Eucalyptus haemastoma* SM. (*E. signata* F. v. M.), „White gum"; im Öl der Blätter. Alte und unsichere Angabe!

Fam. **Verbenaceae:** *Lippia hastulata* HIEROM., „Rica-rica"; im Öl der Blätter, *menthon*artige Substanz, unsicher!

Fam. **Labiatae:** Im Öl der Blätter folgender: *Ziziphora clinopodioides* LAM.; zweifelhaft! — *Nepeta japonica.* MAX.: *d-Menthon!* — *N.-Species* unbekannt; *Menthon* oder *Pulegon.* — *Hedeoma pulegioides* PERS., „Penny Royal"; im *Amerikanischen Poleilöl*: *l-Menthon* neben *d-Isomenthon.* — *Micromeria japonica* MIQ.: *l-Menthon.* — *Bystropogon origanifolius* L'HÉRIT.: *Menthon* ohne Drehungsangabe. — *Calamintha Nepeta* SAVI (*Satureia Calamintha* SCH.), Poleiartige Bergminze, in „*Essence de Marjolaine*": *l-Menthon.* — *Mentha piperita* HUDS. var. *officinalis* SOLE, Pfefferminze; im *Pfefferminzöl*: *d-* und *l-Menthon.* — *M. arvensis* L., Feldminze, im *Feldminzöl.* — *M.-Species* ungenannt, „Wilde Pfefferminze": *l-Menthon* neben *l-Isomenthon* und *d-Isomenthon.* — *M. Pulegium* L. (*Pulegium vulgare* MILL.), Poleiminze; im *Poleiöl*: *Menthon* (ohne Drehungsangabe!) — *M. satureioides* R. BR., „Brisbane pennyroyal": *l-Menthon.* — *M. Requieni* BENTH., zweifelhaft! — *Pycnanthemum muticum* PERS., „Mountain mint": *Menthon* ohne Drehungsangabe! — *Hyptis spicata* BRIQ., unsicher!

2. Isomenthon, $C_{10}H_{18}O$.

Vorkommen: Nur in einigen Labiatenölen als *d-* und *l-Isomenthon*.

Fam. **Labiatae:** *Hedeoma pulegioides* PERS., „Penny Royal"; im *Amerikanischen Poleiöl* aus Kraut: *d-Isomenthon.* — *Mentha-Species* ungenannt, Wilde Pfefferminze; im Krautöl: *d-* und *l-Isomenthon.*

3. Carvon, $C_{10}H_{14}O$.

Vorkommen: In einigen Familien, besonders bei Labiaten und Umbelliferen, als *i-*, *d-* und *l-Carvon*.

Fam. **Pinaceae** (*Taxodineae*): *Taxodium distichum* RICH., Canadische Sumpfzypresse; im Öl der Zapfen.

Fam. **Gramineae:** *Cymbopogon Martini* var. *Sofia* BURK.; im *Gingergrasöl* der Blätter: *i-Carvon!*

Fam. **Zingiberaceae:** *Curcuma longa* L. (*Amomum Curcuma* MURS.), Gelbwurzel; im *Curcumaöl* aus Wurzelstock; alte Angabe, später bestritten!

Fam. **Lauraceae:** *Lindera sericea* BL., „Kuromoji"; im *Kuromojiöl* der Blätter und jungen Triebe: *l-Carvon!*

Fam. **Umbelliferae:** *Carum Carvi* L., Gemeiner Kümmel; im *Kümmelöl* der Früchte: *d-Carvon* (früheres *Carvol*); ferner im Öl von Schalen und Stielen. — *Anethum graveolens* L. (*Peucedanum g.* BENTH.), Dill; im *Dillöl* aus Frucht und im *Dillkrautöl.* — *A. Sowa* DC., Ostindischer Dill; im *Ostindischen Dillöl.*

Fam. **Verbenaceae:** *Lippia adoensis* HOCHST.; im Krautöl.

Fam. **Labiatae:** Im Krautöl bei folgenden: *Mentha spicata* HUDS. (*M. viridis* L.), Grünminze; in einem *italienischen Grünminzöl*, zweifelhaft! — *M. spicata* HUDS var. *crispata* BRIQ. (*M. crispata* SCHR.), Krauseminze; im *Deutschen Krauseminzöl*: *l-Carvon.* — *M. longifolia* HUDS. (*M. silvestris* L.), Waldminze: *Carvon* ohne Drehungsangabe. — *M. aquatica* L., Wasserminze, wie vorige. — *M. velutina* LEJ., wie vorige. — *M. verticillata* L. var. *strabala* BRIQ., Russische Krauseminze; im *Russischen Krauseminzöl*: *l-Carvon!*

Fam. **Compositae:** *Tagetes minuta* (*T. glandulifera* SCHRAD.), Samtblume; im Krautöl, *Carvon* ohne Drehungsangabe!

4. Pulegon ($= \varDelta^{4(8)}$-p-Menthenon-3), $C_{10}H_{16}O$.

Vorkommen: Mit Sicherheit nur im Krautöl von Labiaten festgestellt, wo és häufig, aber nur als *d-Pulegon*, vorkommt.

Fam. **Geraniaceae:** *Pelargonium tomentosum* (L.); zweifelhaft!

Fam. **Labiateae:** *Monardella lanceolata* Gray.; im „*Western Pennyroyal*"-*Öl. —Ziziphora clinopodioides* Lam. — *Nepeta Cataria* L., Katzenminze; im *Katzenminzöl*, Spur. — *N.-Species* unbekannt, im Öl *Menthon* oder *Pulegon*. — *Hedeoma pulegioides* Pers., „Penny Royal"; im *Amerikanischen Poleiöl. — Bystropogon origanifolius* l'Hérit. — *B. canus* Benth.; zweifelhaft! — *Calamintha Nepeta* Savi (*Satureia Calamintha* Sch.), Poleiartige Bergminze; im *Essence de Marjolaine*, neben *Menthon* (Gemenge beider = früheres Keton „*Calaminthon*"). — *C. Nepeta* var. *canescens* (?); im Öl. — *C. macrostema* Benth., „Tabaquillo", unsicher! — *Origanum Dictamnus* L. (*Amaracus D.* Benth.), Kretischer Diptam; im *Diptam-Dostenöl. — O. Majorana* L., Majoran; im *Majoranöl: Pulegon* ohne Drehungsangabe! — *Mentha piperita* Huds. var. *officinalis* Sole, Pfefferminze; im *Pfefferminzöl* (Amerikanisches und Japanisches Öl). — *M. longifolia* Huds. (*M. silvestris* L.), Waldminze. — *M. canadensis* L., „Wild Mint"; im *Canadischen Minzöl. — M. arvensis* L., Feldminze; im *Feldminzöl. — M. arvensis* var. *glabrata* Gray., zweifelhaft! — *M.-Species* ungenannt, Wilde Pfefferminze. — *M. Pulegium* L. (*Pulegium vulgare* Mill.), Poleiminze; im *Poleiöl* (*Oil of European Penny Royal*). — *M. Pulegium* var. *eriantha* (?); im *Spanischen Poleiöl. — M. Pulegium* L. var. *hirsuta* Guss.; im „*Poleiöl*", Angabe bestritten, vielleicht *Piperiton* oder Gemisch beider. — *M. Pulegium* L. var. *tomentosa* (?). — *M. javanica* Bl. (*M. lanceolata* Benth.); im *Javanischen Pfefferminzöl. — M. Requieni* Benth. — *Pulegium micranthum* Claus., im *Russischen Poleiöl. — Pycnanthemum lanceolatum* Pursh. (*Koellia l.* O. K.), „Mountain mint". — *Hyptis spicata* Briq.

5. Isopulegon, $C_{10}H_{16}O$.

Vorkommen: Als Begleiter des natürlichen Pulegons.

6. Dihydrocarvon, $C_{10}H_{16}O$.

Vorkommen:

Fam. **Umbelliferae:** *Carum Carvi* L., Gemeiner Kümmel; im *Kümmelöl* der Früchte neben *Dihydrocarveol*.

7. Tetrahydrocarvon *(p-Menthenon-2)*, $C_{10}H_{18}O$.

Vorkommen:

Fam. **Compositae:** *Blumea Malcomii* Hook., „Panjrut"; im Krautöl; *l-Tetrahydrocarvon* neben *Carvotanaceton*.

8. Carvotanaceton *($\varDelta^6$-p-Menthenon-2)*, $C_{10}H_{16}O$.

Vorkommen:

Fam. **Compositae:** *Blumea Malcolmii* Hook., Panjrut; im Krautöl; *d-Carvotanaceton*.

9. Piperiton *($\varDelta^1$-Menthenon-3)*, $C_{10}H_{16}O$.

Vorkommen: In Blätterölen, häufiger bei *Myrtaceen*, mehrfach auch bei *Gramineen*, *Labiaten* und *Lauraceen*. Als *d-*, *l-* und *i-Piperiton*.

Fam. **Gramineae:** *Cymbopogon sennaarensis* Chiov., Mahareb, im Öl der Blätter. — *C. Schoenanthus* Spreng. (*Andropogon* Sch. L., *A. Iwarancusa* subsp. *laniger* Hook. f.), Kamelgras, im *Kamelgrasöl: d-Piperiton*. — *Andropogon Iwarancusa* Jones (*Cymbopogon I.* Schult.), im Öl der Blätter: *i-Piperiton*.

Fam. **Myrtaceae:** In den Blätterölen folgender Eucalyptus-Species aus der Peppermint-Gruppe, fast immer von *l-α-Phellandren* begleitet: *Eucalyptus Andrewsi* Maid. — *E. apiculata* B. et Sm. — *E. calophylla* R. Br., „Red gum". — *E. campanulata* B. et Sm., Bastard Stringybark. — *E. citriodora* Hook. — *E. coriacea* Cunn. (*E. pauciflora* Sieb.), „Cabbage". — *E. delegatensis* Bak., „White ash". — *E. dives* Schau., Broad-leaved-Peppermint mit den Varietäten A, B und C. — *E. linearis* Cunn., „White Peppermint". — *E. Luehmanniana* F. v. M. — *E. micrantha* DC., fraglich! — *E. oreades* Bak., „Mountain ash". — *E. Phellandra* B. et Sm., Narrow-leaved Peppermint; Spur! — *E. piperita* Sm., Peppermint tree. — *E. radiata* Sieb., White-top Peppermint. — *E. regnans* F. v. M., „Swamp gum". — *E. Risdoni* Hook. f., Risdon. — *E. Rossii* B. et Sm. (*E. micrantha* DC.), „White gum". — *E. Staigeriana* F. v. M., „Eisenrinde". — *E. taeniola* B. et Sm. — *E. vitrea* Bak.

(*E. amygdalina* und *E. coriacea*), „White top messmate". — *E. Sieberiana* F. v. M. (*E. virgata* SIEB.), „Mountain ash".

Fam. **Labiatae:** Im Öl des Krautes bei folgenden: *Mentha piperita* HUDS. var. *officinalis* SOLE, Pfefferminze; im *Pfefferminzöl*. — *M. canadensis* L., Wild Mint, im *Canadischen Minzöl*, zweifelhaft! — *M. arvensis* L., Feldminze, im *Feldminzöl*. — *M. Pulegium* L. var. *hirsuta* GUSS.; im *Poleiöl*: *l-Piperiton!*

Fam. **Lauraceae:** *Cinnamomum Camphora* NEES. (*Laurus C. L., Camphora officinarum* NEES.), Campherbaum; im *Campheröl* der Blätter, Zweige, Stamm und Wurzel. — *C. ceylanicum* NEES. (*Laurus Cinnamomum* L.), Ceylon-Zimtstrauch; im *Zimtblätteröl*.

10. Diosphenol *(Buccocampher)*, $C_{10}H_{16}O_2$[1].

Vorkommen: Nur bei *Rutaceen*.

Fam. **Rutaceae** (*Rutoideae*): *Barosma serratifolium* WILLD. (*Diosma s.* CURT.), Buccustrauch; im *Buccublätteröl* der „Langen Buccublätter". — *B. betulinum* BARTL. et W.; im *Buccublätteröl* der „Runden Buccublätter". — *B. crenulatum* HOOK., wie vorige.

11. β-Iron, $C_{13}H_{20}O$.

Vorkommen: Für vier Familien angegeben.

Fam. **Iridaceae:** *Iris germanica* L., *I. florentina* L. und *I. pallida* LAM. (*I. odoratissima* JACQ.), Schwertlilie; im *Irisöl* des Rhizoms.

Fam. **Cruciferae:** *Cheiranthus Cheiri* L., Goldlack; im *Goldlackblütenöl*, unsicher!

Fam. **Rosaceae** (*Rosoideae*): *Rubus Idaeus* L., Himbeerstrauch; im *Himbeeröl* der reifen Früchte.

Fam. **Violaceae:** *Viola odorata* L., Wohlriechendes Veilchen; im *Veilchenblütenöl*, unsicher; ist wahrscheinlich *Ionon!*

12. Ionon, $C_{13}H_{20}O$.

Vorkommen: Bisher noch nicht mit Sicherheit festgestellt. Angegeben sind:

Fam. **Leguminosae** (*Mimosoideae*): *Acacia Cavenia* HOOK. et ARN.; im *Cassieblütenöl*, unsicher!

Fam. **Rutaceae** (*Rutoideae*): *Boronia megastigma* NEES.; im Öl der Pflanze anscheinend *β-Ionon*, ist nach neuerer Angabe (1928) aber = *Boronion*.

Fam. **Violaceae:** *Viola odorata* L., Wohlriechendes Veilchen; im *Veilchenblütenöl*, unsicher (s. *Iron*).

13. Zieron, $C_{13}H_{20}O$ (isomer Ionon).

Vorkommen:

Fam. **Rutaceae** (*Rutoideae*): *Zieria macrophylla* BONPL. (*Z. Smithii* ANDR.), „Stinkholz"; im Öl aus Blättern und kleinen Zweigen.

14. Boronion, $C_{13}H_{20}O$ (isomer Ionon).

Vorkommen:

Fam. **Rutaceae** (*Rutoideae*): *Boronia megastigma* NEES.; im Öl der Pflanze (1928).

II. Bicyclische Ketone.

1. Verbenon, $C_{10}H_{14}O$.

Vorkommen:

Fam. **Burseraceae:** *Boswellia Carterii* BIRDW.; im *Weihrauchöl* aus Harz des Stammes. Früheres „Olibanol", ist aber Gemisch von *Verbenon, Verbenol, d-Borneol* u. a.

Fam. **Verbenaceae:** *Lippia citriodora* A., B. et KNTH. (*Verbena triphylla* LAM.); im *Spanischen Verbenaöl* aus Blättern, Blüten, Stengel und Wurzel.

2. Umbellulon, $C_{10}H_{14}O$ (isomer *Verbenon*).

Vorkommen:

Fam. **Lauraceae:** *Umbellularia californica* MEISSN. (*Tetranthera c.* HOOK.), Californischer Lorbeerbaum; im *Californischen Lorbeerblätteröl*.

3. Thujon *(Tanaceton)*, $C_{10}H_{16}O$.

Vorkommen: Vornehmlich bei *Pinaceen, Labiaten* und *Compositen* als *d-β-Thujon* und *l-α-Thujon*.

Fam. **Pinaceae** (*Cupressineae*): *Thuja occidentalis* L., Abendländischer Lebensbaum; im *Thujaöl* der Blätter und Zweigenden: *l-α-Thujon* neben *d-β-Thujon* (früher

---

[1] Auch $C_{10}H_{18}O_2$ wird angegeben.

l- und *d-Thujol*). — *Th. occidentalis* var. *Wareana* Hort.; im Blätteröl: α-*Thujon*. — *Th. plicata* Lamb. (*Th. gigantea* Nutt.), Pazifischer Lebensbaum; im Öl der beblätterten Zweige: *l-α-Thujon*, auch *d-Thujon* angegeben. — *Th. gigantea* var. *semperaurea* Hort.; im Öl der Triebspitzen: α-*Thujon*.

Fam. **Rutaceae** (*Rutoideae*): *Boronia thujona* Welch.; im Öl der ganzen Pflanze: *l-α-* und *d-β-Thujon*.

Fam. **Labiatae:** Im Krautöl bei folgenden: *Lavandula pedunculata* Cav.; im Öl, unsicher. — *Salvia officinalis* L., Gemeine Salbei; im *Salbeiöl*: *d-ß-* und *l-α-Th.* — *S. triloba* L.; im *Syrischen Salbeiöl*, unsicher! — *Ramona stachyoides* Briq. (*Salvia mellifera* Gr.), „Black sage"; im Öl aus Kraut, Blättern und Zweigen: *Thujon* ohne Drehungsangabe! — *Pycnanthemum lanceolatum* Pursh. (*Koellia l.* O. K.), „Mountain mint"; im Öl: β-*Thujon* wahrscheinlich. — *P. muticum* Pers., „Mountain mint", wie vorige! — *Mosla punctata* Maxim. Im Öl „α-*Mujone*" angegeben (Druckfehler?), ist vielleicht α-*Thujon?*

Fam. **Compositae:** Im Öl aus Kraut bei folgenden: *Achillea millefolium* L., Schafgarbe; im *Schafgarbenöl*: *Thujon* ohne Drehungsangabe! — *Tanacetum vulgare* L. (*Chrysanthemum v.* Bernh.), Rainfarn; im *Rainfarnöl*, wie vorige, nach späterer Angabe hauptsächlich *d-β-Thujon!* — *Artemisia Herba-alba* Asso.: α-*Thujon*. — *A. Herba-alba* var. *densiflora* Bois.; im *Scheiböl*, unsicher! — *A. arborescens* L.; im Öl der Triebspitzen: β-*Thujon*. — *A. vulgaris* L. var. *indica* Maxim., Indischer Beifuß; im *Yomugiöl, Indischen Wermutöl*: α-*Thujon*. — *A. Absinthium* L. (*Absinthium vulgare* Lam.), Wermut; im *Wermutöl (Absinthöl)* meist *d-β-Thujon* neben α-*Thujon* (altes *Absynthol*). — *A. maritima* L., Meerstrandsbeifuß; *Thujon* ohne Drehungsangabe. — *A. selegensis* Turcz. (*A. Velotorum* Lam.); unsicher! — *A. camphorata* Vill., „Canfora"; *Thujon*. — *A. Barrelieri* Bess.; im Öl: α- und β-*Thujon*. — *A. serrata* Nutt.; Thujon unsicher!

4. Fenchon, $C_{10}H_{16}O$.

Vorkommen: In vier Familien als *d-* und *l-Fenchon*; im Öl der Blätter, Blüten und Früchte.

Fam. **Pinaceae** (*Cupressineae*): *Thuja occidentalis* L., Abendländischer Lebensbaum; im *Thujaöl* aus Blättern und Zweigenden: *l-Fenchon*. — *Th. plicata* Lamb. (*Th. gigantea* Nutt.), Riesen-Lebensbaum; im Öl der beblätterten Zweige; nach neuerer Angabe nicht vorhanden.

Fam. **Umbelliferae:** *Foeniculum vulgare* Mill. (*F. officinale* All.), Fenchel; im *Fenchelöl* der Früchte: *d-Fenchon!* — *F. piperitum* DC., Eselsfenchel; im *Eselsfenchelöl* der Früchte: *d-Fenchon!*

Fam. **Labiatae:** *Lavandula Stoechas* L., „Romero Santo"; im Öl der Blüten: *d-Fenchon!* — *L. dentata* L., wie vorige. — *L. Burmanni* Benth.; im Blütenöl: Fenchon ohne Drehungsangabe!

Fam. **Compositae:** *Artemisia frigida* Willd., „Wild sage"; im Öl aus Kraut: *l-Fenchon!*

5. Campher (*Japan-Campher*), $C_{10}H_{16}O$.

Vorkommen: Hauptsächlich im Öl von *Lauraceen, Labiaten* und *Compositen*, vereinzelt auch in mehreren anderen Familien des Systems; in Blättern, weniger in Früchten und Wurzel (Rhizom), als *d-, l-* und *i-Campher*.

Fam. **Pinaceae** (*Abietineae*): *Pinus palustris* Mill. (*P. australis* Mich.), Sumpfkiefer; im *Holzterpentinöl* (Long-leaf-Pine-Oil) aus Wurzelholz; Spur! — *Picea Sitchensis* (?); im Öl der Nadeln und Zweige. Neuere Angabe (1931). — (*Cupressineae*): *Thuja occidentalis* L., Abendländischer Lebensbaum; im *Thujaöl* aus Blättern und Zweigenden: *l-Campher*, sekundär nach alter Angabe!

Fam. **Araceae:** *Acorus Calamus* L. (*A. aromaticus* Gilb.), Kalmus; im *Kalmusöl* aus Wurzelstock: *Campher* ohne Drehungsangabe.

Fam. **Zingiberaceae:** *Curcuma aromatica* Salisb.; im Öl des Wurzelstocks (= „*Falsche Curcuma*"): *d-Campher*. — *C. Zedoaria* Rosc. (*C. Zerumbet* Roxb.), Zittwerwurz; im *Zittwerwurzöl*, wie vorige! — *Alpinia Galanga* Willd.; im *Galangawurzelöl*: *Campher*. — *A. nutans* Rosc.; im Blätteröl: *d-Campher*. — *Amomum Cardamom* L., Siam-Cardamome; im *Siam-Cardamomenöl* der Samen: *d-Campher*. — *A. xanthioides* Wall.; im Öl der Früchte (= *Bastard-Cardamomen*): *d-Campher*. — *Gastrochilus pandurata* Ridl.; im Öl des Rhizoms: *Campher*.

Fam. **Piperaceae:** *Piper angustifolium* var. *Ossanum* DC.; im Öl der Blätter: *Campher* ohne Drehungsangabe! — *P. camphoriferum* DC. (ebenso): *d-Campher*.

Fam. **Myricaceae:** *Myrica Gale* L., Gagelstrauch; im Öl der Blätter: *Campher*.

Fam. Chenopodiaceae: *Chenopodium anthelminticum* L. (*Ch. ambrosioides* var. *anthelm.* GRAY.), „Wormseed"; im *Wurmsamenöl* aus Drüsenhaaren von Frucht und Blatt: *d-Campher!*

Fam. Calycanthaceae: *Calycanthus floridus* L., Gewürznelkenstrauch; im Rindenöl besonders der Zweige: Campher-Geruch! — *C. occidentalis* HOOK. et ARN., „Spice-Bush; im Öl der Blätter und Zweige, wie vorige: Campher.

Fam. Lauraceae: *Cryptocaria vacciniifolia* STPF., „Campherbaum"; campherartiger Geruch in allen Teilen! — *Ravensara aromatica* GM.; im Öl von Blättern und jungen Zweigen, wie vorige. — *Cinnamomum ceylanicum* NEES. (*Laurus Cinnamomum* L.), Ceylon-Zimtstrauch; im *Zimtwurzelöl*: *d-Campher!* — *C. ceylanicum* var. *seychelleanum*, Seychellen-Zimtbaum; im *Seychellen-Zimtöl* der Rinde: *Campher* ohne Drehungsangabe! — *C. Camphora* NEES. (*Camphora officinarum* NEES.), Campherbaum; im *Campheröl* der Blätter, Zweige, Stamm und Wurzel, im *Campherrotöl*: *d-Campher!* — *C. glanduliferum* MEISSN., „Nepal Camphor tree"; im Blätteröl, wie vorige! — *C. Oliveri* BAIL., „Brisbane Sassafras", wie vorige! — *C.-Species* unsicher, „Krawan"; unsicher. — *C.-Species* unbekannt, Yu-Ju-Campherbaum; im *Yu-Ju-Öl* des Holzes. — *C.-Species* unbekannt, Schiu-Campherbaum; im *Schiu-Öl* (= *Hosho-Öl*) aus Stamm und Wurzeln: *d-Campher!* — *C.-Species* unsicher; im „*Yama-nikkei*"-Rindenöl. — *Persea pubescens* SARG., „Swamp bay", im Blätteröl: *d-Campher!* — *Sassafras officinale* NEES. (*Laurus Sassafras* L.), Sassafrasbaum; im *Sassafraswurzelöl*: *d-Campher!*

Fam. Monimiaceae: *Atherosperma moschatum* LAB., „Australian Sassafras"; im Blätteröl: *d-Campher!* — *Doryphora Sassafras* ENDL., Sassafrasbaum; im Blätteröl: *Campher* ohne Drehungsangabe!

Fam. Araliaceae: *Aralia spinosa* L., in der Rinde Spur campherartig riechendes Öl.

Fam. Umbelliferae: *Seseli Bocconi* GUSS.; im Krautöl, zweifelhaft!

Fam. Verbenaceae: *Lippia dulcis* TREV. var. *mexicana*; im Krautöl *campherähnliche* Substanzen.

Fam. Labiatae: Meist im Öl aus Kraut bei folgenden: *Rosmarinus officinalis* L., Rosmarin; im *Rosmarinöl* der Blätter und Blüten: *d-* und *l-Campher.* — *Meriandra dianthera* BRIQ. (*M. benghalensis* BENTH.); *d-Campher!* — *Lavandula Spika* DC., Spiklavendel; im *Spiköl*: *d-Campher.* — *L. Stoechas* L., „Romero Santo"; im Blütenöl: *d-Campher.* — *Salvia officinalis* L., Gemeine Salbei; im *Salbeiöl*: *d-* und *l-Campher*; in einem italienischen Öl: *i-Campher!* — *S. grandiflora* ETTL.: *d-Campher!* *S. triloba* L.; im *Syrischen Salbeiöl*: *l-Campher!* — *S. lavandulaefolia* VAHL.; im *Spanischen Salbeiöl*: *d-Campher!* — *Melissa officinalis* L., Melisse; im *Melissenöl*, zweifelhaft! — *Ramona stachyoides* BRIQ. (*Salvia mellifera* GR.), „Black sage"; im Öl der Blätter und Zweige: *Campher* ohne Drehungsangabe. — *Origanum Majorana* L. (*Majorana hortensis* MNCH.), Majoran; im *Majoranöl.* Alte Angabe! — *O. smyrnaeum* L. (*O. Onites* L.); im *Smyrnaer Origanumöl*: *d-Campher.* — *Ocimum canum* SIMS. (*O. americanum* L.); im Öl: *d-Campher.*

Fam. Compositae: Meist im Öl aus Kraut bei folgenden: *Inula Helenium* L., Alant; im *Alantöl* der Wurzel: *Alantol* = Alantcampher $C_{10}H_{16}O$. — *Blumea balsamifera* DC.; im *Ngai-Campheröl* der Blätter und Stengel: *d-* und *l-Campher!* — *B. lacera* DC.; im Öl: Campher ohne Drehungsangabe! — *B. densiflora* DC. (*B. grandis* DC.); im Öl der Blätter und Blüten; wie vorige. — *Osmites Bellidiastrum* L. (*Osmitopsis asteriscoides* CASS.); im Öl: *Campher.* Alte Angabe! — *Achillea Millefolium* L., Schafgarbe; im Schafgarbenöl: *l-Campher!* — *A. moschata* JACQ. (*Santolina m.* BAILL.), Ivakraut; im *Ivaöl*: *l-Campher!* — *Chrysanthemum sinense* var. *japonicum* (?), „Riono-Kiku"; im Öl: *i-Campher!* — *Ch. Parthenium* BERNH. (*Pyrethrum P.* SM., *Matricaria P.* L.), Mutterkraut; im Öl: *l-Campher!* — *Tanacetum vulgare* L. (*Chrysanthemum v.* BERNH.), Rainfarn; im *Rainfarnöl*: *l-Campher!* — *Artemisia Herba-alba* ASSO.; im Öl: *l-Campher!* — *A. Herba-alba* var. *genuina* BATT. et TRAB., Weißer Beifuß; im Scheiböl: *l-Campher.* — *A. annua* L.; im Öl: *l-Campher!* — *A. maritima* var. *astrachanica* KAZ.; wie vorige! — *A. cana* PURSH.; im Öl (*Beifußöl*) der Blätter und Zweige: *l-Campher.* — *A. Afra* JACQ.; im Öl der Blütenköpfchen: *Campher!* — *A. trifolium* (?); *Campher* wie vorige ohne Drehungsangabe!

d) Sonstige Ketone.

1. „Calaminthon" (keine Formel!).

Vorkommen:

Fam. Labiatae: *Calamintha Nepeta* SAVI (*Satureia Calamintha* SCH.), Poleiartige Bergminze, im Krautöl (*Essence de Marjolaine*, ist nach späterer Angabe Gemisch *Pulegon* und *Menthon*).

2. γ, η-Dimethyl-Δ^a-octen-ε-on, $C_{10}H_{18}O$.

Vorkommen:

Fam. **Compositae:** *Tagetes minuta* L., (*T. glandulifera* Schr.), Samtblume; im Krautöl neben *Tageton*.

3. Elsholtziaketon, $C_{10}H_{14}O_2$.

Vorkommen:

Fam. **Labiatae:** *Elsholtzia cristata* Willd.; im Krautöl.

4. Hedeomol, $C_{10}H_{18}O$.

Vorkommen:

Fam. **Labiatae:** *Hedeoma pulegioides* Pers., „Penny Royal"; im *Amerikanischen Poleiöl* des Krautes.

5. Jasmon, $C_{11}H_{16}O$.

Vorkommen:

Fam. **Amaryllidaceae:** *Narcissus Jonquilla* L.; im *Jonquillablütenextraktöl.*

Fam. **Rutaceae** (*Aurantioideae*): *Citrus Bigaradia* Risso (*C. Aurantium* L. subsp. *amara* L. var. *Bigaradia*), Bitterer Orangenbaum; im *Orangenblütenöl* (*Neroliöl*) und im *Orangenblütenextraktöl.*

Fam. **Oleaceae:** *Jasminum grandiflorum* L., Echter Jasmin; im *Jasminöl* der Blüten.

6. Luparon, $C_{13}H_{22}O$.

Vorkommen:

Fam. **Moraceae** (*Cannabinoideae*): *Humulus Lupulus* L., Hopfen; im *Hopfenöl* des *Lupulins* (Hopfenmehl) der „Zapfen" (Fruchtstände), neben Alkohol *Luparenol* und Phenol *Luparol* u. a.

7. Δ^4-p-Menthenon-3 (keine Formel!).

Vorkommen:

Fam. **Labiatae:** *Mentha arvensis* L., Feldminze; im *Feldminzöl* des Krautes neben *Δ^1-p-Menthenon-3* u. a.

8. 1-Methyl-3-cyclohexanon.

Vorkommen:

Fam. **Labiatae:** Im Krautöl folgender: *Hedeoma pulegioides* Pers., Penny Royal; im *Amerikanischen Poleiöl.* — *Mentha canadensis* L., Wild Mint; im *Canadischen Minzöl;* unsicher!

9. „α-Mujone" ? (keine Formel!)[1].

Vorkommen:

Fam. **Labiatae:** *Mosla punctata* Maxim., im Krautöl; vielleicht = *α-Thujon* ?

10. Perillon, $C_{10}H_{14}O$.

Vorkommen:

Fam. **Labiatae:** *Perilla citriodora* Mak.; im Krautöl, wohl irrtümlich „*Perillen*" bezeichnet.

11. l-Pinocamphon, $C_{10}H_{16}O$.

Vorkommen:

Fam. **Labiatae:** *Hyssopus officinalis* L., Ysop; im *Ysopöl* des Krautes.

12. Santalon, $C_{11}H_{16}O$.

Vorkommen:

Fam. **Santalaceae:** *Santalum album* L., Sandelholzbaum; im *Ostindischen Sandelholzöl* (neben Alkoholen, Aldehyden, Säuren u. a.).

13. Santenon, $C_9H_{14}O$.

Vorkommen:

Fam. **Santalaceae:** *Santalum album* L., Sandelholzbaum; im *Ostindischen Sandelholzöl* (neben *Santalon* u. a.).

14. α- und β-Santolinenon, $C_{10}H_{16}O$.

Vorkommen:

Fam. **Compositae:** *Santolina Chamaecyparissus* L., Heiligenkraut; im *Santolinaöl* des Krautes (neben einem gesättigten *Keton* $C_{10}H_{16}O$).

---

[1] Ist anscheinend Druckfehler (statt α-*Thujon*)?

15. Tageton, $C_{10}H_{16}O$ (η-Methyl-γ-methylen-$\varDelta^a$-octen-ε-on).

Vorkommen:

Fam. **Compositae:** *Tagetes minuta* L. (*T. glandulifera* SCHR.), Samtblume; im Krautöl neben Keton γ, η-Dimethyl-$\varDelta^a$-octen-ε-on $C_{10}H_{18}O$.

16. Trimethylhexanon, $C_9H_{16}O$.

Vorkommen:

Fam. **Cistaceae:** *Cistus ladaniferus* L. (*C. polymorphus* WILLK.) und *C. creticus* L.; im *Ladanumöl* der Blätter (neben *Acetophenon*).

17. Tuberon, $C_{13}H_{20}O$.

Vorkommen:

Fam. **Amaryllidaceae:** *Polyanthes tuberosa* L., Tuberose; im *Tuberosenblütenöl*. Alte Angabe, zweifelhaft!

18. Eucarvon, $C_{10}H_{14}O$.

Vorkommen:

Fam. **Aristolochiaceae:** *Asarum Sieboldi* var. *seoulensis* NAKAI; im Öl der Pflanze.

19. Benihion (keine Formel!).

Vorkommen:

Fam. **Pinaceae** (*Cupressineae*): *Chamaecyparis formosensis* MATSUM, „Benihi"; im Öl der Blätter. Neuere Angabe (1931).

20. Unbenannte Ketone,
z. T. chemisch näher untersucht (Formel und Schmelzpunkt).

Fam. **Pinaceae** (*Abietineae*): *Pinus Pumilio* HNCKE. (*P. Mughus* SCOP.), Krummholzkiefer; im *Krummholzöl* aus Nadeln und jüngeren Zweigen: bicycl. *Keton* $C_{10}H_{14}O$. — *Picea Sitchensis*?; im Öl der Nadeln und Zweige: *Keton* (Semicarbazon, Fp. 231—232°). — (*Cupressineae*): *Cupressus sempervirens* L., Echte Zypresse; im *Zypressenöl* der Blätter und jungen Zweige. — *Chamaecyparis obtusa* SIEB. et ZUCC., Hinokibaum; im Öl der Blätter: *Diketon* $C_{11}H_{20}O_2$.

Fam. **Gramineae:** *Cymbopogon sennaarensis* CHIOV., „Mahareb"; im Öl der Blätter: *pulegon*ähnliches Keton.

Fam. **Araceae:** *Acorus spurius* SCHOTT., *Japanischer Kalmus*; im *Japanischen Kalmusöl* des Rhizoms.

Fam. **Iridaceae:** *Iris germanica* L., *I. florentina* L. und *I. pallida* LAM. (*I. odoratissima* JACQ.), Schwertlilie; im *Irisöl* des Rhizoms: *Keton* $C_{10}H_{18}O$ (?) neben *Iron*.

Fam. **Zingiberaceae:** *Kaempferia Ethelae* WOOD.; im Öl der *Sherungulu*-Knollen: *Keton* $C_{24}H_{28}O_4$. — *Amomum Walang* VALET.; im Öl aus Blättern, Stengel und Rhizom.

Fam. **Piperaceae:** *Piper Volkensii* DC.; im Blätteröl, Spur.

Fam. **Santalaceae:** *Santalum album* L., Sandelholzbaum; im *Ostindischen Sandelholzöl*: *Keton* $C_{11}H_{16}O$ neben Ketonen *Santalon* und *Santenon*.

Fam. **Caryophyllaceae:** *Dianthus Caryophyllus* L., Gartennelke; im *Gartennelkenöl*.

Fam. **Anonaceae:** *Cananga odorata* HOOK. (*Anona odorata* HOOK. et TH.), Ylang-Ylang; im *Ylang-Ylang-Öl* der Blüten.

Fam. **Lauraceae:** *Ocotea usambarensis* ENGL.; im Rindenöl. — *Litsea odorifera* VAL.; im „*Trawas olie*" der Trawasblätter: *Keton* $C_{10}H_{20}O$!

Fam. **Pittosporaceae:** *Pittosporum undulatum* VENT.; im Öl der Früchte.

Fam. **Hamamelidaceae:** *Liquidambar formosana* HANSE; im Öl der Blätter und Zweige, Spur!

Fam. **Leguminosae** (*Mimosoideae*): *Acacia Farnesiana* WILLD., Cassiestrauch; im *Cassieblütenöl*: 2 Ketone. — (*Papilionatae*): *Amorpha fruticosa* L.; im Öl der Frucht, zweifelhaft! — *Robinia Pseudacacia* L., Falsche Akazie, Robinie; im *Robinienblütenöl*.

Fam. **Rutaceae** (*Rutoideae*): *Barosma venustum* ECKL. et Z.; im *Buccublätteröl*.

Fam. **Cistaceae:** *Cistus ladaniferus* L. (*C. polymorphus* WILLK.) und *C. creticus* L.; im *Ladanumöl* aus Harz: *Keton* $C_9H_{16}O$!

Fam. **Myrtaceae:** *Pimenta officinalis* LINDL. (*Myrtus Pimenta* L.), Pimentbaum; im *Pimentblätteröl*, Spur!

Fam. **Umbelliferae:** *Ferula galbaniflua* BOISS. et BUHSE (*Peucedanum g.* BAILL.); im *Galbanumöl* aus Milchsaft des Stammes und im Öl der Früchte.

Fam. **Ericaceae:** *Ledum palustre* L., Sumpfporst; im *Porstöl* aus der ganzen Pflanze Keton $C_{15}H_{24}O$!

Fam. **Primulaceae:** *Cyclamen europaeum* L., Alpenveilchen; im Blütenöl.

Fam. **Labiatae:** Meist im Öl des Krautes bei folgenden: *Lavandula Stoechas* L., „Romero Santo"; im Öl der Blüten. — *Mentha canadensis* L., „Wild Mint"; im *Canadischen Minzöl.* — *M. arvensis* L., Feldminze; im *Feldminzöl.* — *M. Pulegium* L. var. *hirsuta* Guss.; im „Poleiöl" (versch. vom gewöhnlichen *Poleiöl*): 2 bis 3 l-drehende Ketone. — *Pogostemon Patchouli* Pell. var. *suavis* Hk. (*P. suavis* Ten.), Patschulistrauch; im *Patchouliöl* der Blätter.

Fam. **Compositae:** *Eupatorium capillifolium* Small. (*E. foeniculum* Willd.), Hundefenchel; im Blätteröl. — *Chrysanthemum marginatum* Miq., „Iso-kiku"; im Öl des Krautes. — *Tanacetum Balsamita* L. (*Chrysanthemum B.* L.), Balsamkraut; wie vorige. — *Artemisia Cina* Bg. (*A. maritima* L. var. *Stechmanniana* Bess.); im *Wurmsamenöl* der Blütenköpfe (= *Wurmsamen, Zittwersamen*).

F. Säuren und Ester[1].

Übersicht.

a) Aliphatische Säuren.

Ameisensäure, Essigsäure, Propionsäure, Buttersäure und Isobuttersäure, Isovaleriansäure, Methyläthylessigsäure, n-Capronsäure, Önanthsäure, n-Caprylsäure, Pelargonsäure, Caprinsäure, Undecylsäure, Laurinsäure, Myristinsäure, Angelicasäure, Tiglinsäure.

Methylessigsäure, Oxymyristinsäure, Oxypentadecylsäure, Methacrylsäure, Geraniumsäure, Palmitinsäure, Stearinsäure, Undecylensäure, Ölsäure, Myrrholsäure, Cascarillsäure, Isopropylidenessigsäure, Terensantalsäure, Önanthylsäure, Santalsäure, Tridecylsäure, Citronellsäure.

b) Aromatische Säuren.

Benzoesäure, Zimtsäure, Salicylsäure, Veratrumsäure, p-Cumarsäure, Phenylessigsäure, Anissäure, Methyläthercumarsäure, Sedanonsäure, Piperonylsäure, Ambrettolsäure, Trimethylgallussäure, Anthranilsäure, Methylanthranilsäure, Vouacapensäure, Cnidiumsäure, Hinokisäure.

c) Säuren unbekannter Konstitution.

Costussäure, Caparrapinsäure, Eudesmiasäure. Unbekannte Säuren.

a) Aliphatische Säuren in ätherischen Ölen.

Ameisensäure, Essigsäure, Propionsäure, Buttersäure und Isobuttersäure, Isovaleriansäure, Methyläthylessigsäure, n-Capronsäure, Önanthsäure, n-Caprylsäure, Pelargonsäure, Caprinsäure, Undecylsäure, Laurinsäure, Myristinsäure, Angelicasäure, Tiglinsäure.

Vorkommen: Siehe Bd. 2, S. 496—535.

1. Essigsäure, $C_4H_4O_2$.

Vorkommen: Als angeblich *freie Säure* in einigen ätherischen Ölen (s. Bd. 2, S. 499), dagegen als *Ester* im Öl vieler Familien sehr verbreitet:

Essigsäure-Isoamylester S. 613,	Essigsäure-n-Hexylester S. 613,
-n-Octylester S. 613,	-Citronellylester S.613—615,
-Geranylester S. 613—615,	-Linalylester S. 617—619,
-Menthylester S. 619—620,	-Bornylester S. 625—627,
-Terpinylester S. 620—623,	-Benzylester S. 620.
-Phenyläthylester S. 613,	

2. Methylessigsäure, $C_3H_6O_2$.

Vorkommen:

Fam. **Umbelliferae:** *Archangelica officinalis* Hoffm. (*Angelica Archangelica* L.), Engelwurz; im *Angelicasamenöl*[2] (neben *Oxymyristinsäure*) als Ester.

---

[1] Die Ester sind meist bereits bei den Alkoholen aufgeführt, S. 612, zum Teil auch in Bd. 2.

[2] Die Umbelliferen-Früchte werden vielfach (unzutreffend) als *Samen* bezeichnet; das *äther. Öl* sitzt aber allgemein in der Fruchtschale (*Ölstriemen*), *nicht* im *Samen*; richtig handelt es sich also um das Öl der *Früchte*. Die Samen enthalten in der Regel *fettes Öl.*]

3. Oxymyristinsäure, $C_{14}H_{28}O_3$.

Vorkommen:

Fam. **Liliaceae:** *Sabadilla officinalis* BR. (*Veratrum Sabadilla* SCHIED.), Sabadill; im äther. *Sabadillsamenöl* (neben *Veratrumsäure*), wahrscheinlich als *Methyl-* und *Äthylester*.

Fam. **Umbelliferae:** *Archangelica officinalis* HOFFM. (*Angelica Archangelica* L.), Engelwurz; im *Angelicasamenöl*[1] (neben *Methylessigsäure*) als Ester.

4. Oxypentadecylsäure, $C_{15}H_{30}O_3$.

Vorkommen:

Fam. **Umbelliferae:** *Archangelica officinalis* HOFFM. (*Angelica Archangelica* L.), Engelwurz; im *Angelicawurzelöl*, wohl als *Lacton*. — *A. refracta* F. SCHMDT. und *A. anomala* LALL. (*A. japonica* GRAY.); im *Japanischen Angelicaöl* der Wurzel, wahrscheinlich!

5. Methacrylsäure, $C_4H_6O_2$.

Vorkommen:

Fam. **Compositae:** *Anthemis nobilis* L., Römische Kamille; im *Römisch-Kamillenöl* der Blüten als Ester (unsicher!).

6. Geraniumsäure, $C_{10}H_{16}O_2$.

Vorkommen:

Fam. **Gramineae:** *Cymbopogon citratus* STPF. (*Andropogon c.* DC.), Lemongras; im *Westindischen Lemongrasöl* der Blätter, neben *Isovaleriansäure, Caprylsäure, Caprinsäure* und *Citronellsäure*. Neuere Angabe (1931).

Fam. **Rutaceae** (*Aurantioideae*): *Citrus Aurantium* RISSO (*C. sinensis* PERS.), Apfelsinenbaum; im *Portugal-Petitgrainöl* der Blätter und Zweige, frei (neben *Palmitinsäure*). — *C. Limonum* RISSO (*C. medica* L. subsp. *Limonum* HOOK.), Citronenbaum; im *Citronen-Petitgrainöl* aus Blättern und Zweigen, frei und gebunden.

7. Palmitinsäure, $C_{16}H_{32}O_2$.

Vorkommen: Vereinzelt bei Mono- und Dicotylen, vornehmlich *Rutaceen, Umbelliferen* und *Compositen*; im äther. Öl der Blätter, Blüten, Früchte, Stamm und Wurzelstock.

Fam. **Gramineae:** *Andropogon Iwarancusa* JONES (*Cymbopogon I.* SCHULT.); im *Grasöl*, frei oder gebunden[2]. — *Andropogon-Species* unbekannt; im Öl der Blütenstände (neben *Capronsäure* und *Caprylsäure*). — *Cymbopogon sennaarensis* CHIOV., „Mahareb"; im Öl der Blätter als Ester (neben *Caprylsäure* und *Decylsäure*). — *Vetiveria zizanioides* STPF. (*Andropogon muricatum* RETZ.), Vetivergras; im *Vetiveröl* der Wurzel.

Fam. **Palmae:** *Sabal serrulata* R. et SCH., Sägepalme; im *Palmettoöl* der Früchte (= „*Bayas negros*"), frei (neben *Capron-, Caprin-, Capryl-, Laurin-* und *Ölsäure*).

Fam. **Araceae:** *Acorus Calamus* L. (*A. aromaticus* GILB.), Kalmus; im *Kalmusöl* aus Wurzelstock, frei und als Ester. — *A. gramineus* SOL.; im Öl des Rhizoms.

Fam. **Liliaceae:** *Gloriosa superba* L. (*Menthonica s.* LAM.), Prachtlilie; im Öl des Wurzelstockes. — *Asparagus officinalis* L., Spargel; im äther. Öl der Wurzel.

Fam. **Piperaceae:** *Piper angustifolium* R. et P. und var. *Ossanum* DC., *P. camphoricum* DC., *P. lineatum* R. et P., *P. asperifolium* R. et P., *P. molliconum* KNTH., *P. acutifolium* R. et P. var. *subverbascifolium*; im *Maticoöl* der Blätter.

Fam. **Myricaceae:** *Myrica Gale* L., Gagelstrauch; im *Gagelblätteröl*.

Fam. **Betulaceae:** *Corylus avellana* L., Haselstrauch; im Öl der Blätter. — *B. alba* L. (*B. verrucosa* EHRH.), Weißbirke; im *Birkenrindenöl*.

Fam. **Ranunculaceae:** *Ranunculus Ficaria* L. (*Ficaria verna* HUDS.), Feigwurz; im Öl des Krautes.

Fam. **Magnoliaceae:** *Illicium religiosum* SIEB. et ZUCC., Japanischer Sternanis; im *Japanischen Sternanisöl* der Frucht.

Fam. **Anonaceae:** *Monodora grandiflora* BENTH.; im Öl der Samen.

Fam. **Aristolochiaceae:** *Asarum canadense* L., „Wild Ginger"; im *Canadischen Schlangenwurzelöl* aus Wurzelstock. — *A. Sieboldi* var. *seoulensis* NAKAI; im Öl der Pflanze (1931).

Fam. **Lauraceae:** *Cinnamomum glanduliferum* MEISSN., „Nepal Camphor tree"; im Öl des Holzes, frei!

Fam. **Pittosporaceae:** *Pittosporum undulatum* VENT.; im Öl der Frucht, Spuren!

---

[1] Siehe Fußnote 2 auf S. 652.

[2] Vielfach fehlt die Angabe des *Alkohols*, auch ist aus der Literatur oft nicht zu ersehen, ob die Säure *frei* oder *verestert* vorliegt.

Fam. **Hamamelidaceae:** *Hamamelis virginica* L., Virginische Zaubernuß; im Öl der Rinde (neben *Laurinsäure*).

Fam. **Leguminosae** (*Papilionatae*): *Cytisus scoparius* Lk. (*Sarothamnus s.* Kch.), Besenginster; im Öl der Blätter und Zweige (*Besenginsteröl*).

Fam. **Rutaceae** (*Rutoideae*): *Xanthoxylum ovalifolium* Wight.; im äther. Öl der Samen. — *X. piperitum* DC., Japanischer Pfeffer; im *Japanischen Pfefferöl* der Früchte; frei. — (*Aurantioideae*): *Murraya Koenigii* Spreng.; im Öl der Blätter. — *M. exotica* var. *ovatifoliolata* Engl.; wie vorige frei! — *Citrus Aurantium* Risso (*C. sinensis* Pers.), Apfelsinenbaum; im *Portugal-Petitgrainöl* der Blätter und Stengel: frei (neben *Geraniumsäure*). — *C. Bigaradia* Risso (*C. vulgaris* Risso), Bitterer Orangenbaum; im *Orangenblütenöl* (*Neroliöl*).

Fam. **Burseraceae:** *Commiphora Myrrha* Holm. (*Balsamodendron Myrrha* Nees.), *C. abyssinica* Engl. (*Balsamodendron a.* Bg.), *C. Schimperi* Engl.; im *Myrrhenöl* aus Harzsaft der Rinde, frei und als Ester (neben *Myrrholsäure*).

Fam. **Euphorbiaceae:** *Croton Eluteria* Benn. (*Cascarilla Clutia* Woodw.); im *Cascarillöl* der Rinde: frei (neben *Stearinsäure* und *Cascarillsäure*).

Fam. **Anacardiaceae:** *Rhus aromatica* Ait. (*R. suaveolens* Ait.); im äther. Öl der Rinde.

Fam. **Rhamnaceae:** *Rhamnus Purshianus* DC., Amerikanischer Faulbaum; im Öl der *Amerikanischen Faulbaumrinde* (= *Cascara Sagrada*); neben *Öl-, Linol-* und *Linolensäure*.

Fam. **Malvaceae:** *Hibiscus Abelmoschus* L. (*Abelmoschus moschatus* Mnch.); im *Moschuskörneröl* (neben *Essigsäure* und *Ambrettolsäure*).

Fam. **Myrtaceae:** *Pimenta officinalis* Lindl. (*Myrtus Pimenta* L., *Eugenia P.* DC.), Pimentbaum; im *Pimentöl* der Beeren.

Fam. **Umbelliferae:** *Conium maculatum* L., Gefleckter Schierling; im *Schierlingöl* der Blätter. — *Petroselinum sativum* Hoffm. (*Apium Petroselinum* L.), Gemeine Petersilie; im äther. *Petersiliensamenöl.* — *Apium graveolens* L., Gemeine Sellerie; im äther. *Selleriesamenöl.* — *Peucedanum Ostruthium* Koch. (*Imperatoria O.* L.), Meisterwurz; im *Meisterwurzelöl*: frei! — *Daucus Carota* L., Möhre; im *Möhrensamenöl*: frei!

Fam. **Labiatae:** *Micromeria Chamissonis* Greene (*M. Douglasii* Benth.), „Yerba Buena“; im Öl des Krautes: frei!

Fam. **Verbenaceae:** *Vitex Agnus Castus* L., Mönchspfeffer; im *Mönchspfefferöl* der Blätter.

Fam. **Caprifoliaceae:** *Sambucus nigra* L. (*S. vulgaris* Lam.), Schwarzer Holunder; im Stearopten aus *Holunderblütenöl.*

Fam. **Compositae:** *Tagetes patula* L.; im Öl der Stengel und Blätter. — *Carlina acaulis* L., Stengellose Eberwurz; im *Eberwurzöl.* — *Arnica montana* L., Arnica; im Blütenöl, unsicher! — *Artemisia Absinthium* L. (*Absinthium vulgare* Lam.), Absinth; im *Absinthöl* des Krautes, als Ester. — *Blumea balsamifera* DC.; im *Ngai-Campheröl* der Blätter und Stengel, Spuren! — *Chrysanthemum cinerariaefolium* Bocc. (*Pyrethrum c.* Trev.); im Öl der Blütenköpfe (= *Dalmatinisches Insektenpulver*), unsicher! — *Achillea moschata* Jacq. (*Santolina m.* Baill.), Ivakraut, im *Ivaöl* aus Kraut: *Palmitinsäure* gebunden!

8. Stearinsäure, $C_{18}H_{36}O_2$.

Vorkommen: Als Bestandteil ätherischer Öle bislang nur in zwei Familien aufgefunden.

Fam. **Pinaceae** (*Abietineae*): *Cedrus Deodara* Loud. (*C. Libani* var. *Deodara*), „Deodar tree“; im *Himalaya-Cedernöl* des Holzes (neben *Önanthylsäure*) als Ester; aber später bestritten! — (*Cupressineae*): *Juniperus chinensis* L., „Byakushin“; im Öl der Blätter, frei!

Fam. **Euphorbiaceae:** *Croton Eluteria* Benn. (*Cascarilla Clutia* Woodw.); im *Cascarillöl* der Rinde: frei (neben *Palmitinsäure* und *Cascarillsäure*).

9. Undecylensäure, $C_{11}H_{20}O_2$.

Vorkommen:

Fam. **Pinaceae** (*Cupressineae*): *Thujopsis dolabrata* Sieb. et Zucc., „Hiba“; im Öl der Blätter. — *Juniperus chinensis* L., „Byakushin“; wie vorige; frei!

10. Ölsäure, $C_{18}H_{34}O_2$.

Vorkommen: Als Bestandteil ätherischen Öls in drei Familien nachgewiesen; im Öl der Blätter, Beeren und des Rhizoms.

Fam. **Palmae:** *Sabal serrulata* R. et Sch., Sägepalme; im äther. *Palmettoöl* der Beeren (= „*Bayas negros*“), frei (neben *Capron-, Caprin-, Capryl-, Laurin-* und *Palmitinsäure*).

Fam. **Iridaceae:** *Iris germanica* L., *I. florentina* L. und *I. pallida* LAM. (*I. odoratissima* JACQ.), Schwertlilie; im *Irisöl* des Rhizoms, frei und als Ester.

Fam. **Magnoliaceae:** *Magnolia Kobus* DC.; im *Kobuschiöl* der Blätter und Zweige (neben *Caprinsäure*).

Fam. **Rhamnaceae:** *Rhamnus Purshianus* DC., Amerikanischer Faulbaum; im Öl der „*Amerikanischen Faulbaumrinde*" (= *Cascara Sagrada*); neben *Palmitin-*, *Linol-* und *Linolensäure*.

11. Myrrholsäure, $C_{17}H_{22}O_5$.

Vorkommen:

Fam. **Burseraceae:** *Commiphora Myrrha* HOLM. (*Balsamodendron Myrrha* NEES.), *C. abyssinica* ENGL. (*Balsamodendron a.* BG.), *C. Schimperi* ENGL.; im *Myrrhenöl* aus Harzsaft der Rinde als Ester.

12. Cascarillsäure, $C_{11}H_{20}O_2$.

Vorkommen:

Fam. **Euphorbiaceae:** *Croton Eluteria* BENN. (*Cascarilla Clutia* WOODW.); im *Cascarillöl* der Rinde: frei (neben *Palmitin-* und *Stearinsäure*).

13. Isopropylidenessigsäure *(β-β-Dimethylacrylsäure)*, $C_5H_8O_2$.

Vorkommen:

Fam. **Umbelliferae:** *Peucedanum Ostruthium* KOCH. (*Imperatoria O. L.*), Meisterwurz; im *Meisterwurzelöl* des Rhizoms, als Ester.

14. Teresantalsäure, $C_{10}H_{14}O_2$.

Vorkommen:

Fam. **Santalaceae:** *Santalum album* L., Sandelholzbaum; im *Ostindischen Sandelholzöl* neben *Santalsäure* (teils als Ester).

15. Önanthylsäure *(Heptylsäure)*, $C_7H_{12}O_2$.

Vorkommen: Bislang nur in drei Familien gefunden.

Fam. **Pinaceae** (*Abietineae*): *Cedrus Deodara* LOUD. (*C. Libani* var. *Deodara*), „Deodar tree"; im *Himalaya-Cedernöl* (neben *Stearinsäure*) als Ester, später bestritten!

Fam. **Araceae:** *Acorus Calamus* L. (*A. aromaticus* GILB.), Kalmus; im Öl der Blätter und Stengel als Ester (neben *Buttersäure*).

Fam. **Moraceae** (*Cannabinoideae*): *Humulus Lupulus* L., Hopfen; im *Hopfenöl* des Lupulins aus „Zapfen" (weibliche Fruchtstände), frei und als Ester.

16. Santalsäure, $C_{15}H_{22}O_2$.

Vorkommen:

Fam. **Santalaceae:** *Santalum album* L., Sandelholzbaum; im *Ostindischen Sandelholzöl* neben *Teresantalsäure*, teils verestert.

17. Tridecylsäure, $C_{13}H_{26}O_2$.

Vorkommen:

Fam. **Iridaceae:** *Iris germanica* L., *I. florentina* L. und *I. pallida* LAM. (*I. odoratissima* JACQ.), Schwertlilie; im *Irisöl* des Rhizoms.

18. Citronellsäure, $C_{10}H_{18}O_2$.

Vorkommen: Nur in einigen Mono- und Dicotylen im Öl der Blätter, Zweige, Stamm, Wurzel und Früchte.

Fam. **Pinaceae** (*Cupressineae*): *Chamaecyparis formosensis* MATSUM, „Benihi"; im Öl der Blätter neben Keton „*Benihion*" u. a.

Fam. **Gramineae:** *Cymbopogon Winterianus* JOW. (*Andropogon Nardus Java* DE JONG), Altes Citronellgras; im *Java-Citronellöl* der Blätter. — *C. citratus* STPF. (*Andropogon c.* DC.), Lemongras; im *Westindischen Lemongrasöl* der Blätter, neben *Geranium-*, *Isovalerian-*, *Capryl-* und *Caprinsäure* u. a. Neuere Angabe (1931).

Fam. **Lauraceae:** *Cinnamomum Camphora* NEES. (*Laurus C. L.*, *Camphora officinarum* NEES.), Campherbaum; im *Campheröl* der Blätter, Zweige, Stamm und Wurzel. — *Litsea praecox* BL., Aburachan; im *Aburachanöl* der Blätter und Zweige: *Decylensäure* angegeben, ist wahrscheinlich *Citronellsäure!*

Fam. **Geraniaceae:** *Pelargonium-Species* unbenannt, im *Geraniumöl* der Blätter (aus Britisch-Ostafrika), verestert mit *Citronellol.* — *P. graveolens* L'HÉRIT. (*P. terebintaceum* HARV. et SOND.); im Blätteröl aus Japan: *d-Citronellsäure*, unsicher!

Fam. **Rutaceae** (*Rutoideae*): *Xanthoxylum piperitum* DC., Japanischer Pfeffer; im *Japanischen Pfefferöl* der Früchte (neben *Palmitinsäure*). — *Barosma pulchellum*

Bartl. und Wrndl.; im Öl der Blätter: unsicher! — (*Aurantioideae*): *Citrus Aurantium* L. subsp. *amara* Engl. (*C. Daidai* Bieb.), Dai-Dai; im Öl der Blätter und Stengel als Ester.

b) Aromatische Säuren in ätherischen Ölen.

Benzoesäure, Zimtsäure, Salicylsäure, Veratrumsäure, p-Cumarsäure.
Vorkommen: Siehe Bd. 2, S. 535—545.

1. Phenylessigsäure, $C_8H_8O_2$.

Vorkommen: Sicher nur bei einigen Dicotylen, im Öl aus Blüten und Kraut.
Fam. **Amaryllidaceae**: *Polyanthes tuberosa* L., Tuberose; im *Tuberosenblütenöl* als Ester, zweifelhaft!
Fam. **Rosaceae** (*Rosoideae*): *Rosa damascena* Mill., *R. centifolia* L., *R. gallica* L. u. a.; im *Rosenöl* der Blüten, Spur!
Fam. **Rutaceae** (*Aurantioideae*): *Citrus Bigaradia* Risso (*C. vulgaris* Risso); Bitterer Orangenbaum; im *Orangenblütenöl* (= *Neroliöl*) und im *Orangenblütenwasseröl*.
Fam. **Labiatae**: *Mentha piperita* Huds. var. *officinalis* Sole, Pfefferminze; im *Japanischen Pfefferminzöl* des Krautes als *Hexenylester*.
Fam. **Compositae**: *Parthenium argentatum* Gray., Guayulepflanze; im Öl der Pflanze, unsicher!

2. Anissäure (*p-Methoxybenzoesäure*), $C_8H_8O_3$.

Vorkommen: Bislang nur vereinzelt in drei Familien.
Fam. **Orchidaceae**: *Vanilla planifolia* Andr. (*V. aromatica* Sw.), Echte Vanille; im Öl der Früchte (nur aus *Tahiti-Vanille!*).
Fam. **Magnoliaceae**: *Illicium verum* Hook., Echter Sternanis; im *Chinesischen Sternanisöl* der Früchte; wohl sekundär!
Fam. **Umbelliferae**: *Pimpinella Anisum* L. (*Anisum vulgare* Gärtn.), Anis; im äther. *Anisöl* der Frucht. — *Foeniculum vulgare* Mill. (*F. officinale* All.), Fenchel; im äther. *Fenchelöl* der Früchte.

3. Methyläthercumarsäure (*Methyl-p-cumarsäure, p-Methoxyzimtsäure*), $C_{10}H_{10}O_3$.

Vorkommen: Nur in zwei Familien.
Fam. **Gramineae**: *Andropogon odoratus* Lisb. (*Amphilophis o.* Cam.); im Öl des Krautes (= „*Vaidigavat*").
Fam. **Zingiberaceae**: *Kaempferia Galanga* L.; im *Kaempferiaöl* des Rhizoms, als *Äthylester*. — *Curcuma aromatica* Salisb.; im Öl des Wurzelstockes (= „*Falsche Curcuma*").

4. Sedanonsäure, $C_{12}H_{18}O_3$.

Vorkommen:
Fam. **Umbelliferae**: *Cnidium officinale* Mak.; im Öl der Wurzel.

5. Piperonylsäure, $C_8H_6O_4$.

Vorkommen:
Fam. **Lauraceae**: *Cinnamomum Camphora* Nees. (*Laurus C. L., Camphora officinarum* Nees.), Campherbaum; im *Campheröl* der Blätter, Zweige, Stamm und Wurzel, vielleicht sekundär!

6. Ambrettolsäure, $C_{16}H_{30}O_3$.

Vorkommen:
Fam. **Malvaceae**: *Hibiscus Abelmoschus* L. (*Abelmoschus moschatus* Mnch.); im *Abelmoschuskörneröl* aus Samen, meist als Ester.

7. Trimethylgallussäure, $C_{10}H_{12}O_5$.

Vorkommen:
Fam. **Rutaceae** (*Rutoideae*): *Boronia pinnata* Sm.; im Öl der blühenden Zweige.

8. Anthranilsäure.

Vorkommen: Als *Methylester*, $C_8H_9O_2N$, besonders bei *Rutaceen*, vereinzelt in anderen Familien.
Fam. **Amaryllidaceae**: *Narcissus Jonquilla* L.; im *Jonquillablütenextraktöl*. — *Polyanthes tuberosa* L., Tuberose; im *Tuberosenblütenöl* (neben *Benzoesäuremethylester*).
Fam. **Magnoliaceae**: *Michelia Champaca* L. (*M. rufinervis* DC.), Champacabaum; im *Champacablütenöl*. — *M. longifolia* Bl.; im *Weißen Champacaöl* (*Unechtes Champacaöl*) der Blüten.

Fam. **Anonaceae:** *Cananga odorata* Hook. (*Anona odorata* Hook. et Th.), Ylang-Ylang; im *Ylang-Ylang-Öl* der Blüten, unsicher!
Fam. **Cruciferae:** *Cheiranthus Cheiri* L., Goldlack; im *Goldlackblütenöl*.
Fam. **Leguminosae** (*Papilionatae*): *Robinia Pseudacacia* L., Falsche Akazie, Robinie; im *Robinienblütenöl*.
Fam. **Rutaceae** (*Aurantioideae*): *Aegle sepiaria* DC. (*Citrus trifoliata* L.); im *Chinesischen Neroliöl* der Blüten. — *Murraya exotica* L.; im Öl der Blätter, unsicher! — *Citrus Aurantium* Risso (*C. sinensis* Pers.), Apfelsinenbaum; im *Portugal-Petitgrainöl*, aus Blättern, Stengel und Zweigen (neben *Methylanthranilsäure-Methylester*), ferner im *Süßen Orangenblütenöl* (= *Neroli Portugal*) und im *Apfelsinenschalenöl*. — *C. Bigaradia* Risso (*C. vulgaris* Risso), Bitterer Orangenbaum; im *Petitgrainöl* aus Blättern, Zweigen und jungen Früchten und im *Bitteren Orangenblütenöl* (= *Neroliöl* und *Orangenblütenextraktöl*). — *C. Limonum* Risso (*C. medica* L. subsp. *Limonum* Hook.), Citronenbaum; im *Citronenöl* der Fruchtschale. — *C. Limetta* Risso (*C. L. vulgaris*), Südeuropäische Limette; im Öl der Blüten, anscheinend! — *C. medica* var. *acida* Brand., Westindische Limette; im *Westindischen Limettöl* der Frucht, unsicher! — *C. Bergamia* Risso, Bergamotte; im *Bergamottblätteröl*. — *Eriostemon myoporoides* DC.; im Öl der Blätter und Zweigenden.
Fam. **Vitaceae:** *Vitis Labrusca* L.; im Saft der Beeren.
Fam. **Oleaceae:** *Jasminum officinale* L.; im *Jasminöl* der Blüten. — *J. odoratissimum* L., wie vorige. — *J. grandiflorum* L., Echter Jasmin; im *Jasminöl* der Blüten.
Fam. **Rubiaceae** (*Cinchonoideae*): *Gardenia brasiliensis* Spreng. (*Genipa b.* Baill.); im *Gardeniaöl* der Blüten.

9. Methylanthranilsäure.

Vorkommen: Als Methylester, $C_9H_{11}O_2N$, für das Öl weniger Familien angegeben.
Fam. **Liliaceae:** *Hyacinthus orientalis* L., Hyacinthe; im *Hyacinthenöl* der Blüten. Neuere Angabe (1932). *Anthranilsäuremethylester* früher bestritten.
Fam. **Zingiberaceae:** *Kaempferia Ethelae* Wood.; im Öl der Knollen (= *Sherungulu-Knollen*).
Fam. **Rutaceae** (*Rutoideae*): *Ruta graveolens* L., Raute; im *Rautenöl* der Blätter. — (*Aurantioideae*): *Citrus Aurantium* Risso (*C. sinensis* Pers.), Apfelsinenbaum; im *Portugal-Petitgrainöl* der Blätter und Stengel, neben *Anthranilsäure-Methylester*. — *C. madurensis* Lour. (*C. nobilis* Lour. var. *deliciosa*), Mandarinenbaum; im *Mandarinenblätteröl* und im *Mandarinenöl* der Fruchtschale.

10. Vouacapensäure, $C_{20}H_{28}O_3$.

Vorkommen:
Fam. **Leguminosae** (*Papilionatae*): *Vouacapoua americana* Aubl. (*Andira excelsa* H. B. et K.), „Macayo"; im Öl des Holzes (= „*Bruinhartholz*") als *Methylester*.

11. Cnidiumsäure ($C_{12}H_{19}O_3$?).

Vorkommen:
Fam. **Umbelliferae:** *Cnidium officinale* Mak.; im Öl der Wurzel (neben *Sedanonsäure*).

12. Hinokisäure, $C_{15}H_{24}O_2$ (Sesquiterpensäure).

Vorkommen:
Fam. **Pinaceae** (*Abietineae*): *Chamaecyparis obtusa* Endl. (*Retinispora o.*) Sieb. et Zucc., Hinokibaum; im Öl der Blätter.

c) Säuren unbekannter Konstitution.

1. Costussäure, $C_{15}H_{22}O_2$.

Vorkommen:
Fam. **Compositae:** *Saussurea Lappa* Clarke (*Aplotaxis L.* DC.); im *Costuswurzelöl* (neben *Costuslacton*, Alkohol *Costol* u. a.).

2. Caparrapinsäure, $C_{15}H_{26}O_3$.

Vorkommen:
Fam. **Lauraceae:** *Nectandra Caparrapi* (?); im *Caparrapi-Öl* aus Stamm (neben Sesquiterpenalkohol *Caparrapiol*).

3. Eudesmiasäure, $C_{14}H_{18}O_2$.

Vorkommen:
Fam. **Myrtaceae:** Als Amylester in den Blätterölen folgender *Eucalyptus-Species*: *Eucalyptus aggregata* D. et Maid., „Black gum". — *E. Globulus* Lab., „Fieber-

baum"; im *Globulusöl*, zweifelhaft! — *E. saligna* Sm. var. *pallidivalvis* Bk. et Sm., „Flooded gum".

4. Unbenannte Säuren,

chemisch näher untersucht (Formel und Schmelzpunkt).

Fam. **Pinaceae** (*Cupressineae*): *Juniperus Sabina* L. (*Sabina officinalis* Gcke.), Sadebaum; im *Sadebaumöl* der Blätter: *Säuren* $C_{20}H_{36}O_5$, $C_{14}H_{16}O_8$; später Säure von Fp. 85⁰ als Ester angegeben (neben *Essig-* und *Ameisensäure*). — *J. Oxycedrus* L., Spanische Ceder; im *Kadeöl* von Zweigen und Holz: Säure $C_{12}H_{11}O_3$. — *Cupressus sempervirens* L., Echte Zypresse; im *Zypressenöl* der Blätter und jungen Zweige: Säure von Fp. 129⁰. — *Chamaecyparis obtusa* Sieb. et Zucc. (*Retinispora o.*), Hinokibaum; im Öl der Blätter: *Säure* $C_{10}H_{16}O_2$.

Fam. **Gramineae:** *Cymbopogon caesius* Stpf. (*Andropogon c.* Nees.), Inchigras; im *Inchigrasöl* der Blätter: ungesättigte *Säure* $C_{16}H_{30}O_2$.

Fam. **Aristolochiaceae:** *Asarum canadense* L., „Wild Ginger"; im *Canadischen Schlangenwurzelöl* des Wurzelstockes: Gemisch von *Fettsäuren* $C_6H_{12}O_2$ bis $C_{12}H_{24}O_2$. — *Aristolochia reticulata* Nutt.; im Öl des Wurzelstockes: *Säure* von Fp. 65⁰, verestert mit *Borneol*.

Fam. **Myristicaceae:** *Myristica fragrans* Houtt. (*M. officinalis* L.), Muskatnußbaum; im *Muskatnußöl* der Samen: *Säure* $C_{13}H_{18}O_3$.

Fam. **Geraniaceae:** *Pelargonium-Arten* divers.; im *Geraniumöl* der Blätter: *Säure* $C_{10}H_{18}O_2$.

Fam. **Rutaceae** (*Rutoideae*): *Barosma seratifolium* Willd., Buccustrauch; im Öl der *Langen Buccublätter*: Säure von Fp. 94⁰.

Fam. **Myrtaceae:** *Pimenta officinalis* Lindl. (*Myrtus Pimenta* L.), Pimentbaum; im *Pimentblätteröl*: ungesättigte *Säure* $C_{13}H_{14}O_4$ und ungesättigte 2-basische *Säure* $C_{10}H_{14}O_4$.

Fam. **Umbelliferae:** *Ferula galbaniflua* Boiss. et Buhse (*Peucedanum g.* Baill.); im Öl der Früchte: *Säure* von Fp. 114—116⁰. — *Eryngium foetidum* L., „Walang doeri"; im Krautöl: *Säure* von Fp. 165—166⁰ neben Aldehyd *Dodecen-(2)-al-(1)*.

Fam. **Labiatae:** *Salvia Sclarea* L., Muskateller Salbei; im *Muskateller Salbeiöl* des Krautes: *Säure* $C_4H_6O_2$ (oder $C_5H_8O_2$) und ungesättigte *Säure* $C_4H_{12}O_2$ als *Äthylester*. — *Hedeoma pulegioides* Pers., „Penny Royal"; im *Amerikanischen Poleiöl*: *Säure* Fp. 83—85⁰ ($C_8H_{14}O_4$?). — *Mentha spicata* Huds. (*M. viridis* L.), Grünminze; im *Grünminzöl*: *Säure* Fp. 182—184⁰.

Fam. **Compositae:** *Aster indicus* L., „Yemona"; im Krautöl: *Sesquiterpencarbonsäure* $C_{16}H_{24}O_2$. — *Helichrysum arenarium* Mch. (*Gnaphalium a.* L.), Strohblume; im Öl der *Katzenpfötchen*: *Säure* von Fp. 34—36⁰.

G. Lactone.

Übersicht.

Ambrettolid, Sedanolid, Cumarin, Melilotin, Citrapten, Bergapten, Alantolacton, Isoalantolacton und Dihydroisoalantolacton, Costuslacton, Dihydrocostuslacton, Cnidiumlacton, Amyrolin, Xanthotoxin, Parasorbinsäure, unbenannte Lactone.

1. Ambrettolid, $C_{16}H_{28}O_2$.

Vorkommen:
Fam. **Malvaceae:** *Hibiscus Abelmoschus* L. (*Abelmoschus moschatus* Mnch.); im *Moschuskörneröl* aus Samen (neben *Ambrettolsäure*).

2. Sedanolid, $C_{12}H_{18}O_2$.

Vorkommen:
Fam. **Umbelliferae:** *Apium graveolens* L., Gemeine Sellerie; im äther. *Selleriesamenöl* (neben *Sedanonsäureanhydrid*).

3. Cumarin, $C_9H_6O_2$.

Vorkommen: Bei Monocotylen und besonders Dicotylen in vielen Familien in Blättern, Blüten, Früchten, Samen und Rinde; meist nur in sehr geringer Menge (Spur), auch nicht immer sicher, scheinbar nicht frei, meist als Glucosid[1].
Fam. **Gramineae:** In den Blättern folgender: *Anthoxanthum odoratum* L., Ruchgras. — *Hierochloa australis* Röm. et Sch. (*Holcus au.* Schrad.). — *H. borealis* Röm. et Sch. (*H. odorata* Wahlbg.), „Vanilla-Gras"; im Rhizom. — *H. rariflora* Hook. f.; in den

---

[1] Es sind hier auch die Vorkommen von *Cumarin* außerhalb der äther. Öle mit aufgeführt.

Blättern. — *Alopecurus geniculatus* L. — *Cinna arundinacea* L. — *Milium effusum* L.
— *Hordeum sativum* JESS. (*H. vulgare* L.), Gerste; in der *Gerste* und daraus hergestelltem Grünmalz.

Fam. **Palmae:** *Phoenix dactylifera* L., Dattelpalme; Spur in der *Dattel*.

Fam. **Orchidaceae:** Im Kraut bzw. Blättern bei folgenden: *Orchis militaris* L. — *O. simia*
LAM. — *O. purpurea* HUDS. (*O. fusca* JACQ.). — *O. conopsea* L., zweifelhaft. —
O. galeata POIR. — *O. coriophora* L. (*O. fragrans* PALL.). — *O. odoratissima* L. — *Nigritella angustifolia* RICH. (*N. nigra* L.). — *Angraecum fragrans* THONARS.; in den *Fahamblättern.* — *Aceras anthropomorpha* R. BR. (*Orchis a.* ALL.).

Fam. **Moraceae** (*Moroideae*): *Ficus radicans* (?); in den Blättern. Neuere Angabe (1931).

Fam. **Caryophyllaceae:** *Herniaria glabra* L., Kahles Bruchkraut; im Kraut,
zweifelhaft!

Fam. **Berberidaceae:** *Achlys triphylla* DC., „Wild Vanilla".

Fam. **Lauraceae:** *Cinnamomum Cassia* BL. (*C. aromaticum* NEES.), Chinesischer
Zimtstrauch; im *Cassiaöl* der Blätter.

Fam. **Cruciferae:** *Cheiranthus Cheiri* L., Goldlack; im *Goldlackblütenöl*, zweifelhaft!

Fam. **Cunoniaceae:** *Ceratopetalum apetalum* DON.; in der Rinde.

Fam. **Rosaceae** (*Prunoideae*): *Prunus avium* L. (*Cerasus a.* BRCK.), Süßkirsche; in
Blättern. — *P. cerasus* L. (*Cerasus acida* GÄRTN.), Sauerkirsche; wie vorige. —
P. Mahaleb L., Weichselkirsche; in Blättern und Rinde.

Fam. **Leguminosae** (*Caesalpinioideae*): *Copaifera Salikounda* HECK.; in den *Salikoundabohnen.* — (*Papilionatae*): *Myroxylon Balsamum* HRMS. var. *Pereirae* BAILL. (*Toluifera Pereirae* BAILL.), Perubalsambaum; im „*Weißen Perubalsam*" der Früchte, zweifelhaft! Im Samen und im *Perubalsamöl* aus Rinde. — *M. Balsamum* HRMS. var.
genuinum BAILL. (*Toluifera Balsamum* L.), Tolubalsambaum; in Rinde und
Früchten. — *Myrospermum frutescens* JACQ.; im „*Weißen Perubalsam*" der Früchte:
Nur Cumarin-Geruch! — *Melilotus officinalis* DESR. (*M. arvensis* WALLR.), Steinklee, und *M. altissimus* THUIL.; im Kraut als *melilotsaures* und *hydrocumarinsaures
Cumarin* neben Glucosid *Cumarigen*; im äther. *Blütenöl*, auch *Cumaringeruch* im
fetten Samenöl! — *M. albus* DESR. (*M. vulgaris* WILLD., *M. leucanthus* KOCH.); im
Kraut. — *M. hamatus* STOCKS. und *M. leucanthus* W. et A., wie vorige! — *Dipteryx
odorata* WILLD. (*Coumarouna o.* AUBL.), Toncabohnenbaum; in den *Toncabohnen.*
— Ebenso in den *Toncabohnen* von *D. oppositifolia* WILLD., *D. oleifera* BENTH. und
D. Pteropus MART.

Fam. **Rutaceae** (*Rutoideae*): *Ruta graveolens* L., Raute; im Kraut.

Fam. **Vitaceae:** *Vitis sessilifolia* BAK.; in den Knollen, unsicher!

Fam. **Sapotaceae:** *Chrysophyllum imperiale* B. et HOOK.; in Blättern und Rinde.

Fam. **Apocynaceae:** *Alyxia stellata* RÖM. et SCH. (*A. aromatica* REINW. und *A. buxifolia* R. BR.); in der Rinde. Alte Angabe, unsicher! — *Macrosiphonia Velamo* MÜLL.-
ARG.; in den Blättern.

Fam. **Asclepiadaceae:** *Chlorocodon Whiteii* HOOK. f.; im *Chlorokodonwurzelöl* Cumarin-
Geruch!

Fam. **Labiatae:** *Melittis melissophyllum* L.; in den Blättern. — *Lavandula officinalis*
CHAIX., Lavendel; im *Lavendelöl* der Blüten (neben *Cumarsäure*).

Fam. **Solanaceae:** *Solanum paniculatum* L.; Spur in der Frucht.

Fam. **Bignoniaceae:** *Tabebuia cassinoides* DC.; in der Rinde. — *Stenolobium stans* DON.
var. *β-pinnata* SEEM.; ebenso.

Fam. **Acanthaceae:** *Gratophyllum pictum* GRIFF. (*Justicia p.* L.); in den Blättern. —
Rhinacanthus communis NEES.; in der Wurzel, unsicher!

Fam. **Rubiaceae** (*Cinchonoideae*): *Basanacantha spinosa* var. *ferox.* SCHUM., „Wilder
Jasmin"; in den Blättern. Alte Angabe! — (*Coffeoideae*): *Asperula odorata* L., Wohlriechender Waldmeister; im Kraut. — *Galium triflorum* MICHX.; ebenso.

Fam. **Compositae:** In den Blättern folgender angegeben: *Ageratum brachystephanum*
REG. (*A. mexicanum* SW.). — *Liatris odoratissima* WILLD. (*Trilisia o.* CASS.); Blätter
(= *Hirschzungenblätter* = *Vanilla Root*). — *L. spicata* WILLD. und *L. squarrulosa*
MICH. — *Eupatorium incarnatum* WALT. und *E. Dalea* KTH.; unsicher! — *E. aromaticum* L., Weiße Schlangenwurzel. Ferner in *E. ayapana* (?), *E. triplinerve* (?) und
E. africanum (?). — *Rudbeckia speciosa* WEND. — *Chrysanthemum segetum* L., Saat-
Wucherblume; im Kraut.

4. Melilotin *(Dihydrocumarin)*, $C_9H_8O_2$.

Vorkommen:

Fam. **Leguminosae** (*Papilionatae*): *Melilotus officinalis* DESR. (*M. arvensis* WALLR.),
Steinklee, und *M. altissimus* THUIL.; im Kraut neben *Cumarin*.

5. Citrapten *(Limettin, Dimethyloxycumarin)*, $C_{11}H_{10}O_4$.

Vorkommen: Nur in einer Familie.

Fam. **Rutaceae** *(Aurantioideae)*: *Citrus Limonum* Risso (*C. medica* L. subsp. *Limonum* Hook.), Citronenbaum; im *Citronenöl* der Fruchtschale; im Samen (*Citronenkerne*) eine *limettinähnliche* Substanz. — *C. Limetta* Risso (*C. L. vulgaris*), Südeuropäische Limette; im *Italienischen Limettöl* der Früchte. — *C. medica* var. *vulgaris* Risso, Citronatcitrone, *C. medica* var. *gibocarpa* Risso, „Cedrino", und *C. medica* var. *rhegina* Pasq., „Cedrone"; im *Cedroöl*; zweifelhaft! — *C. Bergamia* Risso (*C. Aurantium* L. subsp. *Lima* var. *Bergamia* Risso), Bergamotte; im *Bergamottöl* der Früchte, unsicher! — *(Rutoideae)*: *Xanthoxylum setosum* Hemsl.; in den Blättern.

6. Bergapten, $C_{12}H_8O_4$.

Vorkommen: Nur in einer Familie angegeben.

Fam. **Rutaceae** *(Rutoideae)*: *Fagara xanthoxyloides* Lam. (*Xanthoxylum senegalense* DC.); in der Fruchtschale neben Lacton *Xanthotoxin.* — *Ruta graveolens* L., Raute; in den Früchten. — *(Aurantioideae)*: *Citrus Bergamia* Risso (*C. Aurantium* L. subsp. *Lima* var. *Bergamia* Risso), Bergamotte; im *Bergamottöl* der Früchte (auch als *Bergamottcampher* bezeichnet!).

7. Alantolacton *(Helenin, Alantcampher)*, $C_{15}H_{20}O_2$.

Vorkommen:

Fam. **Compositae:** *Inula Helenium* L., Alant; im *Alantöl* der Wurzel, neben *Isoalantolacton* und *Dihydroisoalantolacton.*

8. Isoalantolacton, $C_{15}H_{20}O_2$, und Dihydroisoalantolacton, $C_{15}H_{22}O_2$.

Vorkommen:

Fam. **Compositae:** *Inula Helenium* L. Alant; im *Alantöl* der Wurzel.

9. Costuslacton, $C_{15}H_{20}O_2$.

Vorkommen:

Fam. **Compositae:** *Saussurea Lappa* Clarke (*Aplotaxis* L. DC.); im *Costuswurzelöl.*

10. Dihydrocostuslacton, $C_{15}H_{22}O_2$.

Vorkommen:

Fam. **Compositae:** *Saussurea Lappa* Clarke (*Aplotaxis* L. DC.); im *Costuswurzelöl*; (neben *Costussäure, Costol, Costen, Aplotaxen* u. a.).

11. Cnidiumlacton, $C_{12}H_{18}O_2$ *(isomer Sedanolid)*.

Vorkommen:

Fam. **Umbelliferae:** *Cnidium officinale* Mak.; im Wurzelöl.

12. Amyrolin, $C_{14}H_{12}O_3$.

Vorkommen:

Fam. **Rutaceae** *(Toddalioideae)*: *Amyris balsamifera* L.; im *Westindischen Sandelholzöl*, neben zwei „*Amyrolen*".

13. Xanthotoxin, $C_{12}H_8O_4$.

Vorkommen:

Fam. **Rutaceae** *(Rutoideae)*: *Fagara xanthoxyloides* Lam. (*Xanthoxylum senegalense* DC.); in der Fruchtschale neben Lacton *Bergapten.* — *Ruta chalepensis* L.; in den Früchten.

14. Parasorbinsäure, $C_6H_8O_2$ *(Lacton der γ- oder δ-Oxyhydrosorbinsäure)*.

Vorkommen:

Fam. **Rosaceae** *(Pomoideae)*: *Pirus Aucuparia* Gärtn. (*Sorbus A.* L.), Vogelbeere; im *Sorbinöl* der reifen *Vogelbeeren.*

15. Unbenannte Lactone,
z. T. näher untersucht (Formel und Schmelzpunkt).

Fam. **Pinaceae** *(Abietineae)*: *Picea Sitchensis*?; im Öl der Nadeln und Zweige: Lacton von Fp. 112°.

Fam. **Santalaceae:** *Santalum album* L., Sandelholzbaum; im *Ostindischen Sandelholzöl.*

Fam. **Aristolochiaceae:** *Asarum canadense* L., „Wild Ginger"; im *Canadischen Schlangenwurzelöl: Lacton* $C_{14}H_{20}O_2$ (Spur).

Fam. **Lauraceae:** *Cinnamomum Camphora* NEES. (*Camphora officinarum* NEES.), Campherbaum; im *Campheröl* aus Blättern, Zweigen, Stamm und Wurzel: *Verb.* $C_{14}H_{26}O_2$ (Lacton einer aliphatischen Oxysäure?).
Fam. **Rosaceae** (*Rosoideae*): *Rosa damascena* MILL., *R. centifolia* L. und *R. gallica* L. u. a.; im *Rosenöl* der Blüten.
Fam. **Myrtaceae:** *Backhousia angustifolia* F. v. M.; im Öl der Blätter und Zweige; angegeben ein *Stearopten* von Fp. 118—119° (wahrscheinlich ein Lacton!).
Fam. **Umbelliferae:** *Archangelica officinalis* HOFFM. (*Angelica Archangelica* L.), Engel-wurz; im *Angelicawurzelöl*; wahrscheinlich als Lacton der *Oxypentadecylsäure* und im Nachlauf ein γ-*Lacton* $C_{15}H_{16}O_3$. — *Angelica anomala* var. *chinensis* (?); im Öl der Wurzel (= „*Tang kuei*"); identisch mit Lacton von SAKAI?
Fam. **Labiatae:** *Nepeta Cataria* L., Katzenminze; im *Katzenminzöl* des Krautes. — *Mentha piperita* HUDS. var. *officinalis* SOLE, Pfefferminze; im *Amerikanischen Pfefferminzöl*: Lacton $C_{10}H_{16}O_2$.

H. Oxyde.

1. Linalooloxyd, $C_{10}H_{18}O_2$.

Vorkommen: In zwei Familien.
Fam. **Lauraceae:** *Ocotea caudata* MEZ. (*Licaria guianensis* AUBL.), „Likari kanale"; im *Cayenne-Linaloeöl* des Holzes.
Fam. **Burseraceae:** *Bursera Delpechiana* POISS., Linaloebaum; im *Mexikanischen Linaloeöl* des Holzes.

2. Calameon (*Kalmuscampher*), $C_{15}H_{26}O_2$.

Vorkommen:
Fam. **Araceae:** *Acorus Calamus* L. (*A. aromaticus* GILB.), Kalmus; im *Kalmusöl* des Wurzelstockes.

3. Dicitronelloxyd, $C_{20}H_{34}O$.

Vorkommen:
Fam. **Gramineae:** *Cymbopogon Winterianus* JOW. (*Andropogon Nardus Java* DE JONG), Altes Citronellgras; im *Java-Citronellöl*.

4. Germacrol, $C_{16}H_{24}O$ oder $C_{15}H_{22}O$.

Vorkommen:
Fam. **Geraniaceae:** *Geranium macrorrhizum* L., Felsenstorchschnabel; im *Zedravet-Öl* der Blätter.

5. Cineol (*Eucalyptol*), $C_{10}H_{18}O$.

Vorkommen: Verbreitet in äther. Ölen besonders bei *Zingiberaceen, Lauraceen, Myrtaceen, Labiaten,* auch *Compositen;* vereinzelt bei *Coniferen* und anderen Familien des Systems, in Blättern, Blütenteilen, Früchten, Rinde und Holz, auch der Wurzeln und Rhizome.
Fam. **Taxaceae:** *Podocarpus ferrugineus,* Mirofichte; im Öl der Blätter und Zweige.
Fam. **Pinaceae** (*Araucarieae*): *Agathis australis* SALISB. (*Dammara a.* LAMB.), Kauri-fichte; im *Kauriöl* der Blätter. — (*Abietineae*): *Pinus silvestris* L., Gemeine Kiefer; im *Holzterpentinöl* u. *Rohharz* des Wurzelstockes (neben *Pinol* u. a.). — *P. Laricio* POIR. (*P. L.* var. *austriaca* ENDL., *P. maritima* SOL.), Schwarzkiefer, Öster-reichische Kiefer, wie vorige. — (*Cupressineae*): *Chamaecyparis formosensis* MATSUM, Benihi; im Öl der Blätter. Neuere Angabe (1931).
Fam. **Gramineae:** *Cymbopogon-Species,* unbekannt, Wildes Citronellgras; im *Java lemon olie* der Blätter.
Fam. **Araceae:** *Acorus Calamus* L. (*A. aromaticus* GILB.), Kalmus; im *Kalmusöl* aus Rhizom.
Fam. **Iridaceae:** *Crocus sativus* L. (*C. officinalis* PERS.), Safran, Krokus; im *Safranöl* der Narben.
Fam. **Zingiberaceae:** *Kaempferia rotunda* L.; im *Kaempferiaöl* des Rhizoms. — *K. Ethelae* WOOD.; im Öl der *Sherungulu*-Knollen. — *Zingiber officinale* ROSC. (*Amomum Zingiber* L.), Ingwer; im *Ingweröl* des Wurzelstockes. — *Curcuma Zedoaria* ROSC. (*C. Zerumbet* ROX.), Zittwerwurz; im *Zittwerwurzöl*. — *Alpinia officinarum* HANCE, Galgant; im *Galgantöl* aus Wurzelstock. — *A. Galanga* WILLD.; im *Galangawurzelöl*. — *A. nutans* ROSC.; im Öl der Blätter. — *A. alba* ROSC.; im Öl der Früchte. — *Elettaria Carda-momum* WK. et MAT. (*Amomum repens* SONNER., *Alpinia Cardamomum* ROXB.), Echte oder Malabar-Cardamome; im *Cardamomöl* der Früchte. — *E. Carda-momum* var. *major* SMITH (= β FLÜCK.), Ceylon-Cardamome; im *Ceylon-Carda-*

momöl der Früchte. — *Amomum aromaticum* Roxb., Bengal-Cardamome; im *Bengal-Cardamomöl* der Früchte. — *A. Mala* K. Schum.; im Öl der Früchte. — *A.*-Species unbekannt; im *Cardamomenwurzelöl*. — *Aframomum angustifolium* K. Schum. (*Amomum a.* Sonn.); im Öl der Samen. — *A. Daniellii* K. Schum. (*Amomum D.* Hook. f.); im *Kamerun-Cardamomöl* der Samen. — *Gastrochilus pandurata* Ridl.; im Öl des Rhizoms.

Fam. **Piperaceae**: *Piper Betle* L. (*Chavica B.* Miq.), Betelpfeffer; im *Betelöl* der Blätter. — *P. Cubeba* L. (*Cubeba officinalis* Miq.), Cubebenpfeffer; im *Cubebenöl* der Früchte. — *P.*-Species divers. (*Piper angustifolium* Ruiz et P., Maticobaum, Unechte Jaborandi, *P. angustifolium* var. *Ossanum* DC., *P. camphoricum* DC., *P. lineatum* R. et P., *P. asperifolium* R. et P., *P. molliconum* Knth., *P. acutifolium* R. et P. var. *subverbascifolium*); im *Maticoöl* der Blätter.

Fam. **Myricaceae**: *Myrica Gale* L., Gagelstrauch; im *Gagelblätteröl* und im Öl der Kätzchen.

Fam. **Magnoliaceae**: *Magnolia Kobus* DC.; im *Kobuschiöl* der Blätter und Zweige. — *M.*-Species unbekannt; im *Japanischen Magnoliaöl*. — *Michelia Champaca* L. (*M. rufinervis* DC.), Champacabaum; im *Champacablütenöl*. — *Illicium verum* Hook., Echter Sternanis; im *Chinesischen Sternanisöl* der Früchte. — *I. religiosum* Sieb. et Zucc., Japanischer Sternanis; im *Japanischen Sternanisöl* der Frucht.

Fam. **Calycanthaceae**: *Calycanthus floridus* L., Gewürznelkenstrauch; im Öl der Rinde. — *C. occidentalis* Hook. et Arn., „Spice Bush‟; im Öl der Blätter.

Fam. **Anonaceae**: *Monodora Myristica* Dun.; im Öl der Samen (= „Owere seeds‟).

Fam. **Lauraceae**: *Cinnamomum ceylanicum* Nees. (*Laurus Cinnamomum* L.), Ceylon-Zimtstrauch; im *Zimtwurzelöl*. — *C. pedunculatum* Presl.; im Öl der Blätter. — *C. Camphora* Nees. (*Laurus C. L.*, *Camphora officinarum* Nees.), Campherbaum; im *Campheröl* der Blätter, Zweige, Stamm und Wurzel. — *C. glanduliferum* Meissn., „Nepal Camphor tree‟; im Öl der Blätter. — *C. Oliveri* Baill., „Brisbane Sassafras‟; im Öl der Rinde. — *C. Loureirii* Nees. (*C. obtusifolium* Nees. var. *Loureirii* Perr.), „Nikkei‟, Japanischer Zimtbaum; im Öl der Blätter und jungen Zweige und im Wurzelrindenöl (= *Japanisches Zimtöl*). — *C. Sintok* Bl.; im Rindenöl. — *C.*-Species unbekannt, Yu-Ju-Campherbaum; im *Yu-Ju-Öl* des Holzes. — *C.*-Species unbekannt, Schiu-Campherbaum; im *Apopinöl* (= *Schiuöl* oder *Hosho-Öl*). — *Ocotea caudata* Mez. (*Licaria guianensis* Aubl.), „Likari kanale‟; im *Cayenne-Linaloeöl* des Holzes. — *O. usambarensis* Engl., im Rindenöl, ferner im Öl von Holz, Ästen und Zweigen. — *Nectandra Puchuri-major* Nees. (*Ocotea P.-m.* Mart.); im Öl der „Großen Puchurimbohnen‟.

Parthenoxylon-Species unbekannt; im *Parthenoxylonöl* der Blätter. — *Litsea praecox* Bl., Aburachan; im *Aburachanöl* der Blätter und Zweige. — *L. odorifera* Val.; im *Trawasblätteröl*. — *Tetranthera citrata* Nees. (*T. polyantha* var. *citrata* Nees., *Litsea citrata* Bl.); im Öl der Blätter. — *Umbellularia californica* Meissn. (*Tetranthera c.* Hook.), Californischer Lorbeerbaum; im *Californischen Lorbeerblätteröl*. — *Lindera sericea* Bl., „Kuromoji‟; im *Kuromojiöl* der Blätter und jungen Triebe. — *Laurus nobilis* L., Lorbeerbaum; im *Lorbeerblätteröl* und *-Beerenöl*.

Fam. **Monimiaceae**: *Peumus Boldus* Baill. (*Boldea fragrans* Juss.); im *Boldoblätteröl*. — *Daphnandra aromatica* Baill.; im Öl der Blätter.

Fam. **Hernandiaceae**: *Hernandia peltata* Meissn.; im Öl aus Holz des Stammes (= „Falsches Campherholz‟).

Fam. **Leguminosae** (*Papilionatae*): *Genista tridentata* L.; im *Carquejaöl*.

Fam. **Geraniaceae**: *Pelargonium-Arten* divers.; im *Réunion-Geraniumöl* der Blätter.

Fam. **Rutaceae** (*Aurantioideae*): *Citrus Limonum* Risso (*C. medica* L. subsp. *Limonum* Hook.), Citronenbaum; im *Citronen-Petitgrainöl* der Blätter und Zweige. — (*Rutoideae*): *Ruta graveolens* L., Raute; im *Rautenöl* des Krautes.

Fam. **Euphorbiaceae**: *Cathetus fasciculata* Lour. (*Phyllanthus chinensis* Muell.); im *Bruyère-Öl*.

Fam. **Guttiferae**: *Hypericum perforatum* L. (*H. vulgare* Lam.), Johanniskraut; im *Johanniskrautöl*, unsicher!

Fam. **Winteranaceae**: *Canella alba* Murr. (*Winterana Canella* L.), Weißer Caneelbaum; im *Weißzimtöl* der Rinde.

Fam. **Myrtaceae**: Meist im Öl der Blätter: *Myrtus communis* L., Myrtenbaum; im *Myrtenöl*. — *Pimenta officinalis* Lindl. (*Myrtus Pimenta* L.), Pimentbaum; im *Pimentöl* der Beeren. — *Amomis jamaicensis* Brill. et Hill., Wilder Piment. — *Callistemon lanceolatum* DC. und *C. viminalis* Cheel., „Bottle Brush‟. — *Eugenia Chequen* Molin. (*Myrtus Cheken* Spr.); im Chekenblätteröl. — *E. Pitanga* Berg. (*Stenocalyx Pitanga* Berg.), Pitanga. — Im Blätteröl auch aller folgenden Myrtaceen:

Melaleuca Leucadendron L. (*M. Cajuputi* ROXB.); im *Cajeputöl*. — *M. viridiflora* BROGN. et GRIS., „Niaouli"; im *Niaouliöl*. — *M. acuminata* F. v. M. — *M. uncinata* R. BR. — *M. thymifolia* SM., „Thyme-leaved tea tree". — *M. nodosa* SM. — *M. linariifolia* SM., „Tea Tree". — *M. alternifolia* CHEEL. — *M. genistifolia* SM. — *M. gibbosa* LAB. — *M. leucadendron* var. *lancifolia* COWL. — *M. pauciflora* TURCZ. — *M. trichostachya* LINDL. — *M. erubescens* OTTO. — *M. hypericifolia* SM. — *M. Deanei* F. v. M. — *Agonis flexuosa* LINDL., „Willow myrtle". — *Leptospermum flavescens* SM. var. *leptophyllum* CHEEL. — *L. flavescens* SM. var. *microphyllum*. — *L. lanigerum* SM.; in der silberblättrigen Form. — *Baeckea brevifolia* DC. (*B. liniifolia* **var.** *brevifolia* F. v. M.). — *B. frutescens* L. Neuere Angabe (1931). — *Backhousia angustifolia* F. v. M.

Eucalyptus acervula HOOK., „Red gum of Tasmania". — *E. acmenioides* SCHAU., „White Mahagony". — *E. affinis* D. et MAID. — *E. aggregata* D. et MAID., „Black gum". — *E. albens* MIQ., „White Box". — *E. amygdalina* LAB., „White" und „Brown Peppermint tree". — *E. Andrewsi* MAID. — *E. angophoroides* BAK., „Apple Top Box". — *E. apiculata* B. et SM. — *E. australiana* B. et SM., „Narrow leaved Peppermint". — *E. australiana* var. *latifolia*. — *E. Baeuerleni* F. v. M., „Brown gum". — *E. Baileyana* F. v. M., „Stringy bark". — *E. Bakeri* MAID., „Mallee Box". — *E. Behriana* F. v. M. — *E. bicolor* CUNN., „Bastard Box". — *E. Bosistoana* F. v. M., „Ribbon". — *E. botryoides* SM., „Bastard Mahagony", Spur! — *E. Bridgesiana* BAK., „Apple". — *E. calophylla* R. BR., „Red gum". — *E. Cambagei* D. et MAID. (*E. elaeophora* F. v. M.), „Bundy". — *E. campanulata* B. et SM., „Bastard Stringy bark". — *E. camphora* BARK., „Sallow". — *E. capitellata* SM., „Brown Stringybark". — *E. carnea* BAK. — *E. cinerea* F. v. M., „Argyle apple". — *E. citriodora* HOOK.; Spur! — *E. cneorifolia* DC., „Narrow-leaved Mallee". — *E. conica* D. et MAID., „Box". — *E. consideneana* MAID. — *E. cordata* LAB. — *E. coriacea* CUNN. (*E. pauciflora* SIEB.), „Cabbage". — *E. corymbosa* SM., „Blood wood". — *E. crebra* F. v. M., „Narrow-leaved ironbark; zweifelhaft! — *E. Dawsoni* BAK., Slaty gum; unsicher! — *E. dealbata* CUNN., „Cabbage". — *E. dextropinea* BAK., „Stringybark". — *E. diversicolor* F. v. M., „Karri". — *E. dives* SCHAU., Broad-leaved-Peppermint. — *E. dumosa* CUNN., „Blue Mallee". — *E. elaeophora* F. v. M., „Apple Jack". — *E. eugenioides* SIEB., „White Stringybark". — *E. fastigiata* D. et MAID., „Cut tail". — *E. Fletcheri* BAK., „Black box". — *E. fraxinoides* D. et MAID., „White ash". — *E. Globulus* LAB., „Fieberbaum"; im *Globulusöl*. — *E. goniocalyx* F. v. M., „Mountain gum". — *E. gracilis* F. v. M., „Mallee". — *E. Gunnii* HOOK. f., „Cider tree". — *E. haematostoma* SM. (*E. signata* F. v. M.), „White gum". — *E. hemilampra* F. v. M. — *E. hemiphloia* F. v. M., „Box". — *E. intermedia* BAK., „Bastard Bloodwood". — *E. intertexta* BAK., „Spotted gum". — *E. lactea* BAK., „Spotted gum". — *E. laevopinea* BAK., „Silver Top Stringy bark". — *E. Leucoxylon* F. v. M., „Iron Bark tree". — *E. linearis* CUNN., „White Peppermint". — *E. longifolia* LNK. et O. (*E. Woolsii* F. v. M.), „Wollybutt. — *E. loxophleba* BENTH., „York gum". — *E. Luehmanniana* F. v. M. — *E. Macarthuri* D. et MAID., „Paddys river box". — *E. macrorhyncha* F. v. M., „Red Stringybark". — *E. maculata* HOOK., „Spotted gum". — *E. Maideni* F. v. M., „Blue gum". — *E. maculosa* BAK., „Spotted gum". — *E. marginata* SM., „Jarrah". — *E. megacarpa* F. v. M. — *E. melanophloia* F. v. M., „Silver leaved ironbark". — *E. melliodora* CUNN., „Yellow box". — *E. micrantha* DC. — *E. microcorys* F. v. M., „Tallow wood". — *E. microtheca* F. v. M., „Coolebah". — *E. Morrisii* BAK., „Grey mallee". — *E. Muelleri* MOORE, „Brown gum". — *E. nigra* BAK., Black stringybark. — *E. nova-anglica* D. et MAID., „Black peppermint". — *E. obliqua* L'HERIT. (*E. nervosa* F. v. M.). — *E. occidentalis* ENDL., „Mallet gum". — *E. odorata* BEHR., „Box tree". — *E. oleosa* F. v. M., „Red mallee". — *E. ovalifolia* BAK. var. *lanceolata* B. et SM., „Red box". — *E. ovalifolia* BAK., „Slaty gum". — *E. paludosa* BAK., „Yellow gum". — *E. paniculata* SM., „White ironbark". — *E. pendula* PGE. (*E. largiflorens* F. v. M.), „Goborro". — *E. Perriniana* B. et SM. — *E. Phellandra* B. et SM., „Narrow leaved peppermint". — *E. phlebophylla* F. v. M., „Cabbage gum". — *E. pilularis* SM., „Blackbutt". — *E. piperita* SM., Peppermint tree. — *E. platypus* HOOK. — *E. polyanthemos* SCHAU., „Red box". — *E. polybractea* BAK., „Blue Mallee". — *E. populifolia* HOOK., „Poplar leaved gum". — *E. propinqua* DEAN. et MAID., „Grey gum". — *E. pulverulenta* SIMS. — *E. punctata* DC. var. *didyma* B. et SM. — *E. punctata* DC. (*E. tereticornis* SM. var. *brachycorys* BENTH.), „Grey gum". — *E. quadrangulata* D. et MAID., „Grey box". — *E. squamosa* D. et MAID., „Ironwood". — *E. radiata* SIEB., White-top peppermint. — *E. regnans* F. v. M., „Swamp gum". — *E. resinifera* SM., „Red mahagony". — *E. Risdoni* HOOK. f., „Risdon".

— *E. robusta* Sm., „Swamp Mahagony". — *E. Rodwayi* B. et Sm., „Black gum". — *E. Rossii* B. et Sm. (*E. micrantha* DC.), „White gum". — *E. rostrata* Schl. var. *borealis* B. et Sm., „River red gum". — *E. rostrata* Schlecht., Red Gum-tree. — *E. rubida* D. et Maid., „Candle bark". — *E. Rudderi* Maid., „Red gum". — *E. saligna* Sm. var. *pallidivalvis* Bk. et Sm., „Flooded gum". — *E. salmonophloia* F. v. M., „Salmon Bark gum". — *E. salubris* F. v. M., „Gimlet gum". — *E. siderophloia* Benth., „Red ironbark". — *E. sideroxylon* Cunn. var. *pallens* Benth., „Ironbark". — *E. sideroxylon* Cunn. (*E. Leucoxylon* F. v. M.), „Ironbark". — *E. Smithii* Bak., „White top". — *E. stellulata* Sieb., „Lead gum". — *E. stricta* Sieb. — *E. Stuartiana* F. v. M., „Apple of Victoria". — *E. tereticornis* Sm. var. *linearis* B. et Sm. — *E. tereticornis* Sm., „Red gum". — *E. tesseralis* F. v. M., „Moreton bay ash". — *E. taeniola* B. et Sm. — *E. umbra* Bak., „Bastard White Mahagony". — *E. unialata* B. et Sm. — *E. urnigera* Hook. f., „Urn gum". — *E. vernicosa* Hook. f. — *E. viminalis* Lab., „Manna gum". — *E. viminalis* var. *a*. B. et Sm. (?). — *E. virgata* Sieb., „Ironbark". — *E. viridis* Bak., „Green Mallee". — *E. vitrea* Bak., „White top messmate". — *E. Wilkinsoniana* Bak. (*E. haematoma* var. W. F. v. M.). — *E. Woollsiana* Bak., „Mallee Box". — *E. rarifolia* Bailey.

Fam. **Umbelliferae:** *Crithmum maritimum* L., Seefenchel; im *Seefenchelöl* der Früchte. — *Daucus Carota* L., Möhre; im *Möhrensamenöl*, zweifelhaft!

Fam. **Verbenaceae:** Im Öl der Blätter bei folgenden: *Lippia citriodora* H. B. et Knth. (*Verbena triphylla* Lam.); im *Spanischen Verbenaöl*, Spur. — *Vitex trifolia* L., „Hamago". — *V. Agnus Castus* L., Mönchspfeffer; im *Mönchspfefferöl*.

Fam. **Labiatae:** Wo nicht anders vermerkt, stets im Öl des Krautes (bzw. der Blätter) bei folgenden: *Perovskia atriplicifolia* Benth.; im Öl der Blütenköpfe, unsicher! — *Rosmarinus officinalis* L., Rosmarin; im *Rosmarinöl* aus Blättern und Blüten. — *Meriandra dianthera* Briq. (*M. benghalensis* Benth.). — *Prostanthera cineolifera* Bak. et Sm. — *Lavandula officinalis* Chaix. (*L. vera* DC.), Lavendel; im *Lavendelöl* der Blüten. — *L. Spika* DC. (*L. vulgaris β* Lam.), Spiklavendel; im *Spiköl* der Blüten. — *L. Stoechas* L., „Romero Santo"; im *Blütenöl*. — *L. dentata* L.; zweifelhaft! — *L. pedunculata* Cav. — *Salvia officinalis* L., Gemeine Salbei; im *Salbeiöl*. — *S. cypria* Ung. et Kotsch. — *S. lavandulaefolia* Vahl.; im *Spanischen Salbeiöl*. — *S.-Species* unsicher (ob *S. officinalis*?), Großblättrige Salbei. — *Ramona stachyoides* Briq. (*Audibertia st.* Benth.), „Black sage". — *Thymus vulgaris* L., Thymian; im *Thymianöl*. — *Th. Mastichina* L., Waldmajoran. — *Mentha piperita* Huds. var. *officinalis* Sole, Pfefferminze; im amerikanischen, französischen, russischen, estnischen und australischen *Pfefferminzöl*. — *M. spicata* Huds. var. *crispata* Briq. (*M. crispata* Schr.), Krauseminze; im *Krauseminzöl*. — *M. verticillata* L. var. *strabala* Briq., Russische Krauseminze; im *Russischen Krauseminzöl*. — *Ocimum Basilicum* L., Basilie; im *Basilicumöl* verschiedener Herkunft. — *O. canum* Sims. (*O. americanum* L.). — *O. sanctum* L. — *O. pilosum* Roxb.

Fam. **Compositae:** Im Öl aus dem Kraut folgender: *Pluchea foetida* DC. (*P. camphorata* DC.). — *Inula viscosa* Ait. (*Erigeron v.* L.). — *Blumea balsamifera* DC.; im *Ngai-Campheröl* von Blättern und Stengel. — *Osmites Bellidiastrum* L. (*Osmitopsis asteriscoides* Cass.). — *Achillea Millefolium* L., Schafgarbe; im *Schafgarbenöl*. — *A. nobilis* L., Edelschafgarbe; im *Edelschafgarbenöl*. — *A. moschata* Jacq. (*Santolina m.* Baill.), Ivakraut; im *Ivaöl*.

Artemisia Herba-alba Asso. — *A. Herba-alba* var. *genuina* Batt. et Trab.; Weißer Beifuß; im *Scheihöl*. — *A. annua* L. — *A. vulgaris* L., Gemeiner Beifuß; im *Beifußöl*. — *A. Cina* Bg. (*A. maritima* L. var. *Stechmanniana* Bess.); im *Wurmsamenöl* aus Blütenköpfchen. — *A. frigida* Willd., „Wild sage". — *A. Ludoviciana* Nutt. — *A. camphorata* Vill., „Canfora". — *A. vulgaris* L. var. *indica* Maxim., Indischer Beifuß; im *Yomugiöl*. — *A. maritima* L., Meerstrandsbeifuß; im Öl der Knospen.

7. Ascaridol, $C_{10}H_{16}O_2$.

Vorkommen: In zwei Familien; im Öl aus Blättern und Früchten.

Fam. **Chenopodiaceae:** *Chenopodium ambrosioides* L., Wohlriechender Gänsefuß; im Öl aus Blättern und Fruchständen (*Indisches Wurmsamenöl*). — *Ch. anthelminticum* L. (*Ch. ambrosioides* var. *anthelm.* Gray), Wormseed; im *Amerikanischen Wurmsamenöl* aus Frucht und Blättern. — *Ch. suffruticosum* Willd. (*Ch. ambrosioides* var. *suffruticosum* Willd.); im Krautöl starker Geruch nach *Ascaridol!*

Fam. **Monimiaceae:** *Peumus Boldus* Baill. (*Boldea fragrans* Juss.); im *Boldoblätteröl*.

8. Unbenannte Oxyde,

z. T. näher untersucht (Formel und Schmelzpunkt).

Fam. Umbelliferae: *Smyrnium perfoliatum* L.; im äther. Öl der Samen *Oxyd* $C_{15}H_{22}O$; vielleicht identisch mit Oxyd *Germacrol*. — *Levisticum officinale* KOCH. (*Angelica Levisticum* ALL.), Liebstöckel; im *Liebstocköl* der Wurzel: *cineol*ähnliche Verbindung $C_{10}H_{18}O$ (?) angegeben.

Fam. Chenopodiaceae: *Chenopodium anthelminticum* L. (*Ch. ambrosioides* var. *anthelm.* GRAY), „Wormseed"; im *Amerikanischen Wurmsamenöl* aus Frucht und Blättern: *Dimethyläthylenoxyd* $C_4H_8O_4$, unsicher!

9. Carlinaoxyd, $C_{13}H_{10}O$.

Vorkommen:

Fam. Compositae: *Carlina acaulis* L., Stengellose Eberwurz; im *Eberwurzöl* der Wurzel. Ist aber wohl kein Oxyd, sondern wahrscheinlich ein *Phenyl-1-α-furyl-3-allen.*

J. Stickstoffhaltige Verbindungen.

1. Blausäure (*Cyanwasserstoff*), HCN.

Vorkommen: s. Kapitel *Blausäureglucoside* unten!

2. Benzylcyanid (*Phenylessigsäurenitril*), C_8H_7N.

Vorkommen:

Fam. Cruciferae: *Lepidium sativum* L., Gartenkresse; im äther. *Kressenöl* des Krautes; sekundär, neben *Benzylsenföl* aus Glucosid *Glucotropaeolin*[1].

Fam. Tropaeolaceae: *Tropaeolum majus* L., Kapuzinerkresse; als Hauptbestandteil im *äther. Kressenöl* aus Kraut und Früchten.

Fam. Rutaceae (*Aurantioideae*): *Citrus Bigaradia* RISSO (*C. vulgaris* RISSO), Pomeranzen- oder Bitterer Orangenbaum; im *Orangenblütenwasseröl.*

3. Phenylpropionsäurenitril, C_9H_9N.

Vorkommen:

Fam. Cruciferae: *Nasturtium officinale* R. BR., Brunnenkresse; im *Brunnenkressenöl* des Krautes, sekundär; alte und bestrittene Angabe!

4. Allylcyanid (*Vinylessigsäure[Crotonsäure]-nitril*), C_4H_5N.

Vorkommen:

Fam. Cruciferae: *Brassica nigra* KOCH. (*Sinapis nigra* L.), Schwarzer Senf; sekundär im *äther. Senföl* der Samen (neben *Allylsenföl*). — *B. juncea* HOOK. f. et TH. (*Sinapis j.* L.), Indischer Senf, Sareptasenf; wie vorige.

5. Indol, C_8H_7N.

Vorkommen: Außer bei *Rutaceen* vereinzelt in anderen Familien. Nach neuerer Angabe normaler Bestandteil lebender Blüten.

Fam. Palmae: *Caladium-Species* unbekannt; im Kolben der Blütenstände.

Fam. Amaryllidaceae: *Narcissus Jonquilla* L.; im *Jonquillenblütenöl.*

Fam. Ulmaceae: *Celtis reticulosa* MIQ.; im „Stinkholz" (neben *Scatol*), hier als Holzbestandteil.

Fam. Cruciferae: *Cheiranthus Cheiri* L., Goldlack; im *Goldlackblütenöl.*

Fam. Leguminosae (*Papilionatae*): *Robinia Pseudacacia* L., Falsche Akazie, Robinie; im *Robinienblütenöl.*

Fam. Rutaceae (*Aurantioideae*): *Aegle sepiaria* DC. (*Citrus trifoliata* L.); im *Chinesischen Neroliöl* der Blüten. — *Murraya exotica* L.; im Öl der Blüten. — In den Blüten folgender *Citrus*-Species: *Citrus Aurantium* RISSO (*C. sinensis* PERS.), Süßer Orangen- oder Apfelsinenbaum. — *C. japonica* THBG., Japanische Orange. — *C. Bigaradia* RISSO (*C. vulgaris* RISSO), Pomeranzen- oder Bitterer Orangenbaum. — *C. Limonum* RISSO (*C. medica* L. subsp. *Limonum* HOOK.), Citronen- oder Limonenbaum. — *C. nobilis* LOUR. (*C. reticulata* BL.). — *C. Limetta* RISSO (*C. L. vulgaris*), Südeuropäische Limette. — *C. medica* var. *acida* BRAND., Westindische Limette. — *C. decumana* L., Pompelmuse.

Fam. Euphorbiaceae: *Hevea brasiliensis* MÜLL.; in Blüten.

Fam. Theaceae: *Visnea Mocanera* L.; in Blüten, unsicher!

Fam. Oleaceae: *Jasminum officinale* L.; im *Jasminöl* der Blüten. — *J. odoratissimum* L., ebenso. — *J. grandiflorum* L., Echter Jasmin, ebenso.

---

[1] Die *Senföle*, s. unten.

Fam. **Rubiaceae** (*Cinchonoideae*): *Randia formosa* Schum.; in Blüten. — (*Coffeoideae*): *Coffea liberica* Bull.; ebenso *C. robusta* Lind. und *C. abeocuta* Cram.

6. Scatol (*β-Methylindol*), C_9H_9N.

Vorkommen: Nicht sicher erwiesen.

Fam. **Iridaceae:** *Iris germanica* L., *I. florentina* L. und *I. pallida* Lam. (*I. odoratissima* Jacq.) u. a., Schwertlilie; im *Irisöl* des Rhizoms; unsicher (,,skatolartig riechende Substanz")[1].

7. Anthranilsäuremethylester und Methylanthranilsäuremethylester s. S. 656 u. 657.

K. Sulfide.

1. Schwefelwasserstoff, H_2S.

Vorkommen: Sekundär, bei der Destillation gewisser Samen auftretend.

2. Schwefelkohlenstoff, CS_2.

Vorkommen:

Fam. **Cruciferae:** *Brassica nigra* Koch. (*Sinapis nigra* L.), Schwarzer Senf; im *äther. Senföl* der Samen; wohl sekundäres Zersetzungsprodukt. — *B. juncea* Hook. f. et Th. (*Sinapis j.* L.), Indischer Senf; Sareptasenf, wie vorige.

3. Dimethylsulfid, C_2H_6S.

Vorkommen:

Fam. **Cruciferae:** *Brassica juncea* Hook. f. et Th. (*Sinapis j.* L.), Indischer Senf; im *äther. Senföl* der Samen; Spur[2]!

Fam. **Geraniaceae:** *Pelargonium-Arten* (*Pelargonium odoratissimum* Willd., *P. capitatum* Ait., *P. graveolens* Ait., *P. Radula* Ait. (*P. roseum* Willd.), *P. denticulatum* Jacq. u. a.); im *Geraniumöl* der Blätter; Spur!

Fam. **Labiatae:** *Mentha piperita* Huds. var. *officinalis* Sole, Pfefferminze; im *Amerikanischen Pfefferminzöl;* Spur.

4. Vinylsulfid, C_4H_6S.

Vorkommen:

Fam. **Liliaceae:** *Allium ursinum* L., Bärlauch; im *Bärlauchöl*, neben *Vinyl-Polysulfiden* und Spuren eines *Mercaptan.*

5. Allyldisulfid, $C_6H_{10}S_2$, und Allylpropyldisulfid, $C_6H_{12}S_2$.

Vorkommen:

Fam. **Liliaceae:** *Allium sativum* L. var. *vulgare* (*Porrum s.* Mill.), Knoblauch; im *Knoblauchöl* der ganzen Pflanze neben *Sulfid* $C_6H_{10}S_4$, wahrscheinlich sekundär! — *A. Cepa* L., Speisezwiebel; im *Zwiebelöl* der ganzen Pflanze, neben einem weiteren *S-haltigen Körper.*

Fam. **Umbelliferae:** *Ferula foetida* Reg. (*F. Scorodosma* Bntl.) u. a., Stinkasant; im *Asantöl* aus Milchsaft der Wurzel: Disulfide $C_7H_{14}S_2$, $C_{11}H_{20}S_2$, $C_{10}H_{18}S_2$.

6. Allylsulfid, $C_6H_{10}S$.

Vorkommen:

Fam. **Cruciferae:** *Diplotaxis tenuifolia* DC.; im äther. Öl der Blätter (neben *Butylen* und *Diplotaxylen*). — *Alliaria officinalis* DC. (*Erysimum Alliaria* L.), Knoblauchhederich; im Öl aus Kraut, Samen und Wurzeln.

---

[1] *Skatol* ist aber sicher nachgewiesen im Holz von *Celtis reticulosa* Miq. (,,*Stinkholz*") neben *Indol* und *C. Durandii* Engl. (Fam. *Ulmaceae*) sowie von *Nectandra globosa* (Fam. *Lauraceae*) (Holz als ,,*Pisi*"). Vielleicht Fäulnisprodukt von Bakterien.

[2] Zu Nr. 2—6 vgl. das Kapitel *Lauch-* und *Senföle*, unten.

18. Kautschuk und Guttapercha.

Von F. Evers, Berlin-Siemensstadt.

A. Einleitung.

Die beiden Harze kommen in einer Reihe tropischer, aber auch in manchen Pflanzen des gemäßigten Klimas vor. Als solche seien genannt: Asclepias syriaca (im Mediterrangebiet), Chondrillaarten (in Südrußland), Parthenium argentatum (neuerdings auch in Kalifornien gebaut). Diese Pflanzen sind durchaus nicht systematisch eng miteinander verwandt, wohl aber ist für gewisse Gattungen das Kautschukvorkommen charakteristisch (39).

Hauptproduzenten für Kautschuk sind heute die in den Tropen angelegten Plantagen geworden. Der Wildkautschuk spielt nur noch eine untergeordnete Rolle. Die Pflanzen, welche Kautschuk liefern, gehören den Familien der Moraceen, Euphorbiaceen, Apocynaceen, Asclepiadaceen und Compositen an, während die Sapotaceen im wesentlichen Guttapercha hervorbringen. Der wichtigste Kautschukbaum ist Hevea brasiliensis, während Palaquium Gutta Burck und Pal. Oblongifolium Burk die Hauptproduzenten der Guttapercha sind. Kautschuk und Guttapercha kommen nun als mehr oder weniger flüssige Dispersion in den Milchröhren dieser Pflanzen vor. Dementsprechend ist auch ihre Gewinnung. Im allgemeinen ist der Kautschukmilchsaft oder, auch kurz Latex genannt, so dünnflüssig, daß es gelingt, ihn durch einfaches Einschneiden der Rinde zum Ausfließen zu bringen. Die Schnitte werden auf die mannigfachste Art angebracht. Ein einzelner Baum kann bis zu 200 cm³ bei einer einzelnen Zapfoperation liefern. Der gewonnene Latex wird dann entweder nach Konzentrierung und Konservierung in Blechkanistern versandt, oder er wird in besonderen Gefäßen koaguliert. Die Koagulation geschieht meist mit Essigsäure; aber auch Natriumbisulfit und Natriumsilicofluorid sind verwendbar.

Etwas anders vollzieht sich die Gewinnung der Guttapercha. Die Guttabäume, die zur Gruppe der Payenaarten gehören, können meist wie Kautschukbäume gezapft werden. Dagegen läuft der Latex aus den Bäumen der Pallaquiumarten nicht mehr aus, sondern gerinnt sofort. Die Gutta kann dann abgekratzt und getrocknet werden. Eine rohere Methode besteht im Fällen und Auslaufenlassen des Baumes. In neuerer Zeit hat man gefunden, daß den Blättern und Ästen durch Extraktionsmittel oder durch kochendes Wasser die Guttapercha entzogen werden kann (53). Die gewaschene und gereinigte Guttapercha kommt dann in Blöcken in den Handel.

Auch bei der krautartigen Guajulepflanze (Parthenium argentatum) Mexikos muß die ganze getrocknete Pflanze aufgearbeitet werden, ebenso bei Chondrilla. Interessant ist die Kautschukanreicherung im Fruchtfleisch von Misteln, so bei der einheimischen Eichenmistel (Loranthus europaeus, zur Vogelleimdarstellung verwendet) und in vielen tropischen, z. B. von Struthantus und Pthirusa (Brasilien).

B. Kautschuk.

a) Latex.

Äußeres Aussehen. Der Kautschukmilchsaft ist in frischem Zustand eine milchige Flüssigkeit von weißer bis rosa Farbe und einer Konsistenz, die zwischen der von Magermilch und Rahm schwankt. Eine einfache Betrachtung im Mikroskop lehrt, daß der Milchsaft aus 2 Phasen besteht, nämlich aus einer wäßrigen flüssigen Phase und einer aus Kugeln oder birnenförmigen Körpern bestehenden festeren Phase. Diese feste Phase enthält die Kautschukbestandteile, während in der flüssigen Phase die Hauptmenge der Nichtkautschukbestandteile gelöst ist.

Zusammensetzung. Über die Zusammensetzung der Kautschukbestandteile im Latex ist wenig bekannt. Die einzelnen Latexkügelchen bestehen meist aus zwei oder vier voneinander unterschiedenen Schichten. Als äußerste Schicht kann man, besonders bei Hevealatex, eine absorbierte Eiweißschicht nachweisen. Die nächste Schicht ist elastisch deformierbar, in Kohlenwasserstoffen quellbar und stellt wahrscheinlich einen hoch aggregierten Teil des Kautschukkohlenwasserstoffs dar. Das Innere des Teilchens ist meist halbflüssig, in Kohlenwasserstoffen löslich und besteht aus der niedriger aggregierten Form des Kautschuks. Ob noch weitere Stoffe in den Latexkügelchen vorhanden sind, ist unbekannt.

Die Zusammensetzung des Serums ist dagegen etwas besser bekannt. Je nach der Ausgangspflanze hat man darin die verschiedensten Substanzen gefunden. Sie lassen sich einteilen und klassifizieren als Eiweiß, harzartige Substanzen, Kautschukkohlenwasserstoffe, Zucker und Wachse und anorganische Salze. In dem Latexbuch von E. A. Hauser (39) findet sich auf S. 53 eine Zusammenstellung älterer Latexserumanalysen. Es ergibt sich, daß man ungefähr folgende Zusammensetzung festgestellt hat.

Zusammensetzung des Serums.

Eiweiß	0,4—1,7 %	Zucker	0,2—19 %
Harze	5,0—40 %	Wachse	ca. 4,8 %
Kautschuk	1,5—35 %	Asche	0,14—3,6 %

Aus dieser kurzen Aufstellung sieht man, wie verschieden die Nichtkautschukbestandteile sind und in welch verschiedenen Mengen sie im Latex vorkommen.

Über die Art der verschiedenen Stoffe herrscht auch noch vielfach Dunkel. Bisher hat man nur wenige Substanzen identifizieren können. So sind z. B. einige Säuren des Latexserums untersucht und teilweise als Essigsäure und Äpfelsäure erkannt worden. Ferner hat man Schwefelsäure, Phosphorsäure, Salpetersäure, Kohlensäure und Kieselsäure nachgewiesen. Als die dazugehörigen Anionen sind Na, K, Mg, Ca, Fe festgestellt worden.

Die Zucker sind verhältnismäßig leicht nachzuweisen, man hat von ihnen daher verschiedene im Latexserum bestimmt. So wies z. B. Maquenne (58) den Inosit $C_6H_6(OH)_6$ darin nach. L. R. van Dillen (14) fand, daß im Dialysat von Latex erst nach der Inversion Zucker mit Fehlingscher Lösung nachweisbar war. Die Abscheidung gelang als Galaktosazon und Glykosazon. Van Dillen schließt daraus, daß der Latex Heterosaccharide enthält, die bei der Inversion Glykose oder Fructose und Galaktose liefern. A. Contardi (8) isolierte aus dem Latex von Hevea brasiliensis Quebrachit, den Monomethyläther des Inosits, $C_6H_6(OH)_5OCH_3$. W. Spoon (81) untersuchte den Gehalt des Latex an Quebrachit quantitativ und fand 1,5%, von denen 1% technisch gewonnen werden kann. Auch Eiweiß ist im Latexserum zu finden, doch konnte man hier noch keinen Eiweißkörper identifizieren. Das gleiche gilt für die verschiedenen bisher im Latexserum vermuteten Enzyme, vgl. dazu auch E. A. Hauser (40).

Physikalische Analyse. Latex ist ein polydisperses Sol. Die Formen, die die feste Phase im Sol zeigt, sind so charakteristisch für die einzelnen Bäume, daß es möglich ist, durch mikroskopische Beobachtung die Herkunft einer Latexprobe zu ermitteln. Durch Zusatz von 1 % $CaCl_2$ kann man nach Bobilioff (104) Enzyme im Latex aktivieren. Diese Aktivierung äußert sich in für die einzelnen Stämme charakteristisch verlaufenden Farbfolgen von Orange über Blau nach Schwarz. Für die mikroskopische Analyse gebraucht man ein gutes Mikroskop, wie sie in anerkannter Güte im Handel sind. Zur Beleuchtung der Präparate dient entweder die Sonne (Coelostat) oder eine geeignete Bogenlampe (Kohlen oder Punktlampe). Betrachtet man z. B. im Hellfeld bei schwacher Vergrößerung ein Latexpräparat, so sieht man eine starke Anhäufung von kleinen Kügelchen, die in lebhafter Brownscher Bewegung sind. Über die Anzahl Teilchen im Kubikzentimeter hat anscheinend bisher nur V. Henri (44) Daten veröffentlicht. Er fand in einem Latex von 8,7 % Kautschukgehalt im Kubikzentimeter 50 Mill. Teilchen. Die praktische Auszählung kann entweder mit den bekannten Blutzählkammern erfolgen, oder man kann sich, wenn man eine passende Ausrüstung hat, eine geeignete Kammer selbst herstellen. Eine Probe Latex von bekanntem Gehalt wird so weit verdünnt, bis man die Teilchen einzeln gut sehen kann. Die lebhafte Brownsche Bewegung wird durch Zusatz von 20 % Kochsalz so weit abgedrosselt, daß man bequem zählen kann. Aus der Verdünnung sowie aus der Zählung berechnet sich dann ganz einfach die Anzahl Teilchen je Kubikzentimeter. V. Henry (45).

hat ferner die BROWNsche Bewegung gemessen und gefunden, daß die mittlere Verschiebung der Teilchen je Zeiteinheit konstant ist. Er maß für $^1/_{20}$ Sekunde eine Verschiebung von $0,62\,\mu$.

Die Größe der Teilchen schwankt sehr. Im Mittel findet man Durchmesser von $0,5$—$3\,\mu$. Eine ganze Anzahl Teilchen hat aber bedeutend geringere Durchmesser und ist nur im Ultramikroskop sichtbar. In jungen Pflanzen, in Blättern und Samenschalen enthält der Latex bedeutend kleinere Teilchen, so daß man keine allgemeinen Beziehungen zwischen Alter und Herkunft des Latex und dem Teilchendurchmesser kennt. Konservierter Latex, wie man ihn in Europa ausschließlich kennt, ist ein umgewandeltes System, so daß die oben skizzierten Untersuchungen eigentlich nur Sinn am frischen Latex haben.

Die Gestalt der Teilchen ist für den Baum charakteristisch. Latex von Hevea brasiliensis hat birnenförmige Teilchen mit schwanzartigen Ansätzen. Latex von Ficus elastica enthält nur kugelige Teilchen, während Latex von Castilloa elastica meist Haufenwerke kugeliger Teilchen und Latex von Manihot glaciovii stäbchenförmige Teilchen aufweist. Da es E. A. HAUSER (41) gelang, mit Opalblau Dauerpräparate von Latex anzufertigen, ist man heute in der Lage, sich für analytische Zwecke eine Skala der verschiedensten Präparate anzufertigen. Auf die Anfertigung von Mikrophotographien sei an dieser Stelle nur hingewiesen.

Daß auch die Teilchen mit einem kleineren Durchmesser als $1\,\mu$ keine Kugeln sind, ist im Ultramikroskop mit Hilfe des Kardioidkondensors und der Azimutblende von SZEGVARI (78, 82) leicht nachzuweisen. Die Struktur und Konsistenz der dispergierten Kautschukphase hat analytisch meist keine Bedeutung. Wer trotzdem diese Eigenschaften benutzen will, sei auf E. A. HAUSER: Latex (40) verwiesen. Der Gebrauch des Mikromanipulators ist dort auf S. 65 ff. eingehend beschrieben.

Spezifisches Gewicht. Das spezifische Gewicht der Kautschukteilchen ist nur ungenau bekannt. Die meisten Angaben weisen ein spezifisches Gewicht von $0,915$ auf.

Von viel größerer Bedeutung ist das spezifische Gewicht des Latex. Hängt doch mit dieser Zahl eine der einfachsten Gehaltsbestimmungen des Latex zusammen. Das durchschnittliche spezifische Gewicht des Serums ist $1,0200$, dasjenige der Kautschukkügelchen ist $0,915$. Arbeitet man nun mit Pyknometern, so ist in erster Annäherung die Beziehung zwischen Kautschukgehalt und spezifischem Gewicht des Latex eine lineare Funktion. Man kann also für bestimmte Kautschukgehalte das spezifische Gewicht nach der Mischungsformel berechnen und als Kurve auftragen. Dann ergibt jede Bestimmung des spezifischen Gewichtes mit dem Pyknometer aus der Kurve ohne weiteres den Gehalt an Kautschuk. In der folgenden Tabelle sind die Zahlen zusammengestellt. Die Tabelle ist dem Latexbuch von E. A. HAUSER (42) entnommen.

Will man die umständlichen Messungen mit Pyknometern umgehen, so kann man auch mit einfachen Spindeln arbeiten. Es gibt für diesen Zweck besondere Spindeln, „Metrolac" oder „Latexometer" genannt. Diese Spindeln tragen direkt eine Teilung in Kautschukprozenten, so daß eine Ablesung sofort das Resultat liefert.

g Kautschuk in 100 ccm Latex	Spez. Gewicht berechnet	g Kautschuk in 100 ccm Latex	Spez. Gewicht berechnet
60	0,9504	20	0,9968
50	0,9620	17	1,0003
45	0,9678	15	1,0026
40	0,9736	10	1,0084
35	0,9794	5	1,0142
30	0,9852	0	1,0200
25	0,9910		

Es ist aber zu bedenken, daß man mit dieser Spindel keine einfache Lösung mißt, sondern eine Suspension, in der die Teilchen so groß sind, daß sie schon eine nennenswerte Einwirkung auf das Meßresultat haben. Damit wird dieses aber in unkontrollierbarer Weise gefälscht, so daß die Resultate große Fehler aufweisen. In neuester Zeit sind Stimmen laut geworden, die die Resultate mit derartigen Spindeln als zu ungenau verwerfen (84, 86). Merkwürdig bleibt aber, daß Zusatz von wenigen Tropfen Kali- oder Natronlauge diese Fehler soweit beseitigt, daß die Resultate mit Spindeln auf $\pm\,1\,\%$ genau erhalten werden. P. Scholz und K. Klotz (106) geben im Gegensatz dazu an, daß das spezifische Gewicht nicht proportional dem Gehalt an Crêpe ist. Die Serumanteile beeinflussen das spezifische Gewicht und man erhält Abweichungen bis zu 3 %.

Viscosität. Die Ausführung dieser Messung ist bei Latex sehr schwierig, weil der Latex eben nicht eine einfache Lösung, sonden eine Dispersion diskreter Teilchen in Serum wechselnder Zusammensetzung darstellt. An und für sich besteht zwar ein großes Interesse daran, die Viscosität des Latex zu kennen, weil in der Industrie eine Menge Latex heute schon zum Tränken von Geweben an Stelle von Benzol-Kautschuk-Lösungen genommen wird. Es ist aber durch Untersuchungen an Ort und Stelle festgestellt, daß schon geringe Einflüsse, wie Art des Zapfens, Bodenfeuchtigkeit, Alter der Bäume und ähnliches derartige Unterschiede in der Viscosität hervorrufen, daß eine Verwertung der erhaltenen Viscositätsziffer nicht möglich war (85). Zur Ausführung von Viscositäts-messungen bedient man sich meist des Ostwaldschen Viscosimeters. In neuester Zeit hat R. Ditmar (15) ein einfaches Viscosimeter konstruiert. Diesem Instru-ment haften aber die gleichen Mängel an wie allen übrigen Instrumenten. Es ist höchstens von einem Beobachter zu verwenden, der annähernd gleichartige Latices zur Verfügung hat. Nur dann liefert es einigermaßen vergleichbare Werte. In der folgenden Tabelle sind einige relative Viscositätszahlen ver-schiedener Lösungen zusammengestellt (43, 85).

Relative Viscosität von Kautschukdispersionen.

Kautschuk-gehalt in %	Latex Wasser = 1	NH$_3$-Latex Wasser = 1	Benzol-Sol Benzol = 1
35	12—15	—	—
30	8	4—5	—
25	5—6	—	137
20	4	$2^1/_2$	—
15	—	2	—
1	—	—	4

Elektrisches Verhalten des Latex. Latex zeigt natürlich wegen seiner Eigenschaften als Sol auch alle Eigenschaften der Sole.

Die elektrische Ladung der Kautschuk-teilchen ist negativ. Man bestimmt diese Polarität am besten so, daß in ein U-Rohr eine passend verdünnte Quantität Latex ein-gefüllt wird. In dieses verdünnte Sol taucht man 2 Platinbleche und legt eine Gleich-spannung von 110 Volt an die Elektroden. Nach kurzer Zeit ist die Gegend um die Kathode so stark an Teilchen verarmt, daß die Flüssigkeit durchsichtig wird. Wird der Versuch zu lange ausgedehnt, stört die Elektrolyse sehr. Man kann sich dann so helfen, daß man die Elektroden in zwei weite Röhrchen setzt, deren unterer Teil mit einer er-starrten Gallerte von Agar-Kaliumnitrat und deren oberer Teil mit n-KNO$_3$ gefüllt ist. Die Röhrchen sollen aber mindestens 5 mm lichte Weite haben, sonst schmilzt die Gallerte zu leicht durch die Stromwärme.

In gleicher Weise kann nun die Ladung von Aufschwemmungen von Füll- und Farb-stoffen in Latex bestimmt werden.

Die elektrische Leitfähigkeit des Serums ist von V. Henri (44) gemessen. Er fand die Leitfähigkeit des Serums

$$\text{vor der Dialyse} = 3300 \cdot 10^{-6} \qquad \text{nach der Dialyse} = 5 \cdot 10^{-6}$$

Das benutzte Wasser hatte eine Leitfähigkeit von $2 \cdot 10^{-9}$. Die Messung erfolgte mit den üblichen Methoden.

Oberflächenspannung. Die Oberflächenspannung von frischem Latex ist von E. A. Hauser gemessen worden. Er verwendet dazu eine 500-mg-Torsionswaage, weil Stalagmometer und ähnliche Apparate zu leicht verstopft werden durch die leichte Haut- und Koagel-bildung in den Capillaren. Die gemessenen Gewichtsdifferenzen lassen sich nach der Formel

$$\sigma = \frac{p - p^1}{2\,l}$$

in Oberflächenspannung umrechnen. p resp. p^1 sind die Gewichte des Drahtbügels mit und ohne Lamelle aus Latex, l ist die Länge des Bügels. Hauser findet als σ in Milli-gramm/Zentimeter für frischen Latex und Kaliumoleat gleicher Verdünnung:

Verdünnung		Latex	Kaliumoleat	Verdünnung		Latex	Kaliumoleat
2	ca. $35^0/_0$	40,5	—	$1/_{256}$	ca. $1,4^0/_{00}$ . . .	34	27,5
$1/_2$	„ $17,5^0/_0$	40,5	31,5	$1/_{512}$	„ $0,7^0/_{00}$ . . .	47	28
$1/_4$	„ $8,8^0/_0$	39	32	$1/_{1024}$	„ $0,35^0/_{00}$ . .	48	30,5
$1/_8$	„ $4,4^0/_0$	38	32	$1/_{2048}$	„ $0,18^0/_{00}$ . .	61	35
$1/_{12}$	„ $2,2^0/_0$	35	31	$1/_{4096}$	„ $0,09^0/_{00}$ . .	65,5	38
$1/_{32}$	„ $1,1^0/_0$	32,5	31	$1/_{8192}$	„ $0,05^0/_{00}$ . .	66,5	40,5
$1/_{64}$	„ $0,55^0/_0$ . . .	30,5	29,5	Wasser	— . .	71	75
$1/_{128}$	„ $2,75^0/_0$ . . .	33	28,5				

Es ist bemerkenswert, daß der Wert für σ mit steigender Verdünnung durch ein Minimum geht. Dies liegt für Latex bei 0,55 %, für Kaliumoleat bei $1,4^0/_{00}$. Welches der Grund dieser abnormen Erscheinung ist, war bisher nicht festzustellen. Es besteht aber eine direkte Proportionalität zwischen der Verminderung der Oberflächenspannung und dem Gehalt des Latex an Nicht-Crêpe-Bestandteilen, so daß hierdurch eine Bestimmung dieser Bestandteile möglich ist (P. SCHOLZ 105).

Reaktion des Latex. Frischer Latex reagiert annähernd neutral, während koagulierter Latex schwach saure Reaktion zeigt. E. A. HAUSER (38a) hat die p_H-Messung von Latex mit dem WULFFschen Folienkolorimeter ausgeführt. Er findet anfangs $p_H = 7,2$—7,0, später bei der Koagulation $p_H = 6,9$—6,6. Die Messung erfolgt so, daß die betreffende Folie in den unverdünnten Latex eingetaucht wird und darin 1 Minute unter Umrühren verbleibt. Nach dem Herausnehmen wird die Folie mit Filterpapier abgetrocknet und die dünne Kautschukschicht abgerieben. Der p_H wird an Hand der Vergleichsskala bestimmt. N. H. VAN HARPEN (98) hat genauere Messungen der [H˙]-Ionenkonzentration mit der Chinhydronelektrode ausgeführt. Über Einzelheiten s. die Originalarbeit.

J. G. MACKAY (102) hat weniger zufriedenstellende Resultate mit dem Folienkolorimeter erhalten.

Zur Ermittlung der potentiellen Alkalität versetzt man 11 cm³ Latex mit 5,0 cm³ n/10 KOH, verdünnt und titriert mit n/10-H_2SO_4 zurück. Der Indicator ist Bromthymolblau oder Phenolphthalein. Die Differenz des zurücktitrierten Alkalis gegen das zugefügte ergibt die Menge des adsorbierten Alkalis. Diese Menge steigt an, bis sie vor der Koagulation ihren größten Wert erlangt.

Mikrochemischer Nachweis.

(Zur mikrochemischen Prüfung hat sich folgende Methode gut bewährt:
Die Kügelchen lösen sich in Äther und Schwefelkohlenstoff und geben vielfach die RASPAILsche Reaktion. Zur Übersicht benutzt man folgende Methode:
Man setzt Pflanzenschnitte oder Milchsafttropfen längere Zeit Bromdämpfen aus und wäscht mit Wasser nach. Dabei färben sich die Kautschukkügelchen tief orangerot (Bromprodukt von Kautschuk), alles andere bleibt nach Auswaschen nur gelblich. Gelegentlich findet man im eingetrockneten Milchsaft, neben Kautschuk- und Harztröpfchen, Konkremente von Calciumphosphat und die kreuzförmigen Krystalle von Calciummmalat. Alle Milchsäfte führen Stärkekörner; für viele ist eine hantel- oder schenkelknochenförmige Gestalt dieser charakteristisch.

Spuren von vulkanisiertem Kautschuk lassen sich eindeutig folgendermaßen nachweisen: Man feuchtet das Präparat an und stülpt es über den Hals einer Bromflasche, hebt nach 5 Minuten ab und setzt einen Tropfen einer 1proz. Lösung von Calciumchlorid zu. Alsbald bilden sich dichte Gipsbüschel von imprägniertem Schwefel, der bei der Behandlung zu Sulfat oxydiert wurde.)

b) Bestimmung der einzelnen Bestandteile.

1. Kautschuk.

Die quantitative Bestimmung des Kautschuks im Latex ist verhältnismäßig einfach ausführbar. Für technische Zwecke gibt es zwei Methoden, die in jedem Gummilaboratorium gebraucht werden. Diese sind

1. Bestimmung des Trockengehaltes,
2. Bestimmung des koagulierbaren Anteils.

α) *Bestimmung des Trockengehaltes.*

1. Eine gewogene Menge Milchsaft wird im gewogenen Schälchen bei 105^0 bis zur Gewichtskonstanz getrocknet. Man erhält im Trockenrückstand die Summe der nicht flüchtigen Bestandteile.

2. 1—3 g Latex werden auf einer analytischen Waage gewogen und auf einem Ni-Blech über offener Flamme oder einer elektrischen Heizplatte zur Trockne verdampft und gewogen. Dauer 6—10 Minuten (106), Genauigkeit $\pm$ 0,1 %. Eine ähnliche einfache Anweisung gibt H. H. Krause (101).

β) *Bestimmung der koagulierbaren Anteile.*

Fällung mit Alkohol (21). Eine bestimmte Menge des Milchsaftes wird mit Alkohol im Überschuß versetzt. Man läßt absitzen, trennt das Gefällte von der Lösung, wäscht mit Alkohol nach und trocknet bis zur Gewichtskonstanz. Außer Kautschuk enthält die Fällung alle durch Alkohol fällbaren Substanzen, wie Harze, Eiweiß usw.

Fällung mit Essigsäure (68). Etwa 10 cm³ Latex werden mit Essigsäure im Überschuß versetzt und mit einer Zentrifuge ausgeschleudert. Man prüft nochmals mit Essigsäure, ob aller Kautschuk ausgefallen ist, gießt die überschüssige Flüssigkeit ab und wäscht den Kautschuk mit Wasser aus. Darauf wird der Kautschuk abgepreßt und im Vakuumexsiccator bis zur Gewichtskonstanz getrocknet. P. Scholz und K. Klotz (106) verfahren in gleicher Weise, trocknen aber im Trockenschrank zur Bernsteingelbe.

Über die weitere Reinigung und Bestimmung des Reinkautschuks wird weiter unten (S. 680) gesprochen werden.

Kommt es bei einer Analyse nur darauf an, den Reinkautschuk zu bestimmen, kann man sich zweier anderer Methoden bedienen, die mit Extraktionsmitteln den Kautschuk extrahieren.

Extraktion nach Harries (31). Eine abgemessene Probe frischen Milchsaftes wird mit Äther erschöpfend ausgeschüttelt. Der getrocknete Ätherextrakt wird von schleimigen, wahrscheinlich eiweißartigen Verunreinigungen filtriert und eingedunstet. Das hinterbliebene gelbe klare Öl wird in wenig Äther wieder gelöst und mit einem Überschuß Alkohol gefällt. Die Operation wird einige Male wiederholt. Das gefällte Produkt wird getrocknet und gewogen.

Die Äther-Alkohol-Lösung enthält einen albanartigen Stoff von der Zusammensetzung $C_{30}H_{48}O_3$. Durch Eindampfen und Trocknen wird seine Menge ermittelt.

Extraktion nach Hinrichsen *und* Kindscher (47). Eine Probe Milchsaft wird mit reinem thiophenfreiem Benzol ausgeschüttelt und so lange zentrifugiert, bis eine annähernd klare benzolische Lösung erhalten wird. Von einer Trübung wird abfiltriert. Die Lösung wird dann eingedampft und der Rückstand gewogen. Man findet so den Kautschuk + Kautschukharze. Durch Extraktion mit warmem Aceton werden die Harze entfernt und der Rückstand dann nach dem Trocknen abermals gewogen. Er besteht nur noch aus Kautschukkohlenwasserstoff.

Kautschukgehalt in Latexkonzentraten (69). Soll der Kautschukgehalt in Latexkonzentraten, z. B. Revertex, bestimmt werden, muß man die Probe erst entsprechend verdünnen, ehe die Fällung vorgenommen werden kann.

Etwa 5 g Substanz wird mit etwa 100 cm³ Wasser zu einer vollständigen Dispersion verrieben, die man zur Fällung des Kautschuks mit einem Überschuß Alkohol versetzt. Der gefällte Kautschuk wird sehr gut mit Wasser ausgewaschen, getrocknet und gewogen.

2. Nichtkautschukbestandteile.

Eiweißstoffe und Harze. Diese Stoffe fallen bei der Koagulation des Kautschuks mit diesem zusammen aus. Sie bilden einen wichtigen Bestandteil des Rohkautschuks. Ihre analytische Bestimmung erfolgt daher beim Kautschuk auf S. 682 und 683.

Will man trotzdem die harzartigen Körper im Latex bestimmen, so extrahiert man in einem geeigneten Extraktor eine bestimmte Menge Latex (z. B. 100 cm³) mit Aceton erschöpfend. Die Acetonlösung wird eingedampft, der Rückstand getrocknet und gewogen.

Krystalloidsubstanzen. Die krystalloiden Substanzen im Latex setzen sich zusammen aus Kohlehydraten, organischen Säuren, Mineralsalzen organischer Säuren und Alkaloiden. Zu ihrer Bestimmung verfährt man folgendermaßen: 50 cm³ Milchsaft werden in einen passenden Dialysator gebracht (z. B. den bekannten Schnelldialysator aus Hartsteingut) und etwa 40 Stunden gegen 100—150 cm³ destilliertes Wasser dialysiert. Es werden drei Versuche nebeneinander angesetzt. Die Dialysate werden gemessen und auf dem Wasserbade zur Trockene eingedampft. Der verbleibende Rückstand wird im Vakuum über Schwefelsäure bis zur Gewichtskonstanz getrocknet. Dialysatprobe 1 wird qualitativ auf die zu suchenden Substanzen geprüft. Dialysatprobe 2 löst man in wenig Wasser, bringt sie in eine gewogene Platinschale, verascht und wägt. Man findet so den Gehalt an dialysierbarer Asche. Die Asche selbst kann dann weiter quantitativ untersucht werden. Dialysatprobe 3 wird mit heißem absolutem Alkohol extrahiert. Der Extrakt wird getrocknet, gewogen und ergibt die organischen Säuren, deren lösliche organische Salze und die Zucker. Der Rückstand besteht aus den anorganischen Salzen und den zuckerähnlichen Hexahydrobenzolderivaten.

Der bei der Dialyse hinterbliebene Milchsaft wird mit Kautschuk und Wasser in einer Platinschale getrocknet, verascht und der Rückstand gewogen. Diese Menge Asche minus der der dialysierbaren Asche gibt die Menge der nichtdialysierbaren Asche.

Die Analyse der mineralischen Bestandteile und der Alkaloide erfolgt nach den üblichen Methoden.

Gerbstoffe. Zur Bestimmung der Gerbstoffe wird eine abgemessene Menge Milchsaft nach der Koagulation filtriert (50), das Filtrat mit Bleiacetat gefällt und der abfiltrierte und gewaschene Niederschlag mit Schwefelwasserstoff entbleit. Die auf diese Weise erhaltene Lösung der Gerbstoffe wird über konzentrierter Schwefelsäure eingedunstet. Mit dem Rückstand kann dann eine quantitative Bestimmung des Gerbstoffes mit Hautpulver ausgeführt werden.

Über den Nachweis von **Phytosterinen** im Milchsaft ist Näheres beschrieben bei G. KLEIN und K. PIRSCHLE (51a).

Farbstoffe und ätherische Öle kommen im Latex sehr selten vor oder nur in so geringen Mengen, daß ihre analytische Bestimmung nicht möglich ist. Sie spielen auch keine Rolle, weder bei der Verarbeitung noch in den Theorien über die Bildung des Kautschuks.

Enzymatische Substanzen sind zwar im Latex festgestellt, ihre Isolierung bereitet aber große Schwierigkeiten. Es gibt nur wenige Anweisungen zur Gewinnung verschiedener Enzyme, doch existieren keine analytisch brauchbaren Vorschriften.

Nur Whitby (93) hat eine qualitative Vorschrift zur Prüfung auf eine Oxydase angegeben: Ganz frischer Milchsaft zeigt keinerlei Reaktionen auf Oxydasen mit Guajactinktur. Erst der Zusatz einer kleineren Menge Wasserstoffsuperoxyd ruft Bläuung hervor. Die Prüfung wird wie folgt ausgeführt: 1 cm³ Milchsaft wird mit 5 cm³ Wasser versetzt und umgeschüttelt. Zu dieser Mischung setzt man 5 cm³ Wasserstoffsuperoxyd (1 proz.) und 1 cm³ Guajactinktur. Bei Anwesenheit von Oxydasen tritt Blaufärbung ein. Man darf aber nicht zuviel Wasserstoffsuperoxyd hinzufügen, sonst koaguliert der Milchsaft, und die Reaktion versagt.

Um ein Bild von einer Latexanalyse zu geben, seien hier einige Analysen aufgeführt (2).

Gefundene Stoffe	Vierjähriger Heveabaum %	Zehnjähriger Heveabaum %
Harze + Zucker	1,22	1,65
Proteine	1,47	2,03
Asche	0,24	0,70
Wasser	70,00	60,00
Kautschuk (aus der Diff.) . . .	27,07	35,62

Die Asche setzte sich in drei Proben aus folgenden Stoffen zusammen:

Gefundene Stoffe	A %	B %	C %
Gesamtasche	0,41	0,29	0,24
K_2O	0,19	0,17	0,14
MgO	0,02	0,009	0,008
CaO	0,013	0,014	0,004
P_2O_5	0,13	0,09	0,06
SO_3	0,008	0,009	0,009

c) Kautschukkohlenwasserstoff.

1. Zusammensetzung von Rohkautschuk.

Alle Verunreinigungen aus dem Latex finden sich beim Kautschuk wieder, wenn auch in anderen Mengenverhältnissen. Handelt es sich um Wildkautschuk, der durch Eindunsten von Latex erhalten wurde, so ist noch der gesamte Gehalt an Verunreinigungen, die im Latex waren, auch im Rohkautschuk vorhanden. Bei Plantagenkautschuk, der fast ausschließlich durch Koagulation gewonnen wird, bleibt dagegen ein großer Teil im Serum.

Im festen Rohkautschuk findet man die verschiedensten Verunreinigungen. Neben Sand, Pflanzenresten kommt gelegentlich etwas Holz im Kautschuk vor. Jedoch ist der Gehalt an diesen Stoffen bei Plantagenkautschuk weit geringer als bei Wildkautschuk. Neben diesen Körpern finden sich dann in geringerem Maß die üblichen anorganischen Salze, die teils durch Adsorption, teils als Bestandteile anderer Verunreinigungen in den Kautschuk gelangen. Metalle, wie Calcium, Magnesium, Aluminium und Eisen, sowie Säuren, wie Chlorwasserstoff, Schwefelsäure und Phosphorsäure, kann man durch qualitative Analyse in der Asche feststellen.

Wasserlösliche Bestandteile des Kautschuks sind meistens zuckerartige Körper. Ihre Menge beträgt höchstens 0,5% (88). In einigen seltener vorkommenden Kautschukarten hat man die Zucker identifiziert (23, 57), es haben sich dabei nur Abkömmlinge des Inosits $C_6H_6(OH)_6$ gefunden. MAQUENNE (58) isolierte aus Borneokautschuk Bornesit, den Monomethyläther des i-Inosits, ferner den Dambonit (Dimethyl-i-Inosit) aus Gambonkautschuk. In Madagaskarkautschuk fand sich ein Zucker Matezit $C_6H_6(OH)_5(OCH_3)$.

Von viel größerer Bedeutung sind die harzartigen Verunreinigungen des Kautschuks. LUFF (55) gibt in seinem Buch „Kautschuk" eine Tabelle über die Harzgehalte einiger neuerer Kautschuksorten.

Kautschuksorte	Harzgehalt in %	Kautschuksorte	Harzgehalt in %
Plantagenkautschuk, geräuchert . .	2,5—3,5	Ceara Scraps	3,0—5,0
„ ungeräuchert .	2,5—3,0	Kamerunbälle	7,0—10,0
„ heller Crêpe .	1,8—3,0	Guayule, roh	13,0—18,0
Parakautschuk fine hard	3,0—3,5	Jelutongkautschuk . .	70,0—80,0
Eingedunsteter Milchsaft	5,0—6,0	Lagos Lump	10

Aus der Tabelle ersieht man, daß der Harzgehalt außerordentlich wechselnd ist. Wildkautschuke enthalten immer mehr Harz als die reineren Plantagenkautschuke (89). Über die Natur und Konstitution der Harze ist sehr viel gearbeitet worden, aber die Ergebnisse sind nicht befriedigend (27). Man hat sehr viele Harze isoliert, ohne aber weiteres über ihre Konstitution ermitteln zu können. Meist kennt man nur ihre Zusammensetzung und den Schmelzpunkt. Manchmal ist auch das Jodbindungsvermögen festgestellt. Für die Analyse haben die Harze trotz ihrer Wichtigkeit für die Vulkanisation keine Bedeutung erlangt. Es genügt, wenn man im Laufe der Analyse ihre Gesamtmenge feststellt.

In neuerer Zeit sind in den Harzen des Heveakautschuks Fettsäuren gefunden worden. WHITBY (91, 92) entdeckte eine feste gesättigte Säure $C_{20}H_{40}O_2$ und zwei flüssige Säuren — Ölsäure und Linolsäure — im Harz von Hevea. P. DEKKER (10) wiederholte die Untersuchung und fand außer den erwähnten noch Ameisensäure, Buttersäure, Capron- oder Caprylsäure (?) und Stearinsäure. Über weitere Zahlenwerte von Kautschukharzen s. auch den Abschnitt über Harze S. 694.

Die Kautschukkügelchen im Latex sind von einer Eiweißschicht umgeben. Daher ist Eiweiß ein ständiger Begleiter des Kautschuks.

Ebenso wie über die Harze ist auch über die Eiweißstoffe nicht viel bekannt, trotzdem seit Jahren viel an der Aufklärung ihrer Natur und Wirkungsweise gearbeitet wird. Es genügt daher, an dieser Stelle auf die Literatur zu verweisen (28, 56).

2. Die physikalische Analyse des Rohkautschuks.

Die physikalischen Eigenschaften des Kautschuks sind so eigenartig, daß man vermuten könnte, daß diese Eigenschaften eine entscheidende Rolle in der Analyse und Beurteilung des Rohkautschuks spielen. Das trifft aber nur sehr bedingt zu. Vielleicht liegt diese Tatsache darin begründet, daß die physikalischen Eigenschaften von zu viel Faktoren abhängen, so daß man nur schwer reproduzierbare und vergleichbare Werte bekommt.

1. Spezifisches Gewicht. Das spezifische Gewicht von Rohkautschuk ermittelt man am besten im Pyknometer unter verdünntem Alkohol. Es ist dazu aber nötig, durch intensives Auspumpen sämtliche okkludierte Luft zu entfernen, weil sonst die Bestimmung zu niedrig ausfällt. Das spezifische Gewicht von Rohkautschuk schwankt je nach Sorte zwischen 0,90—0,96 bei 15°.

2. Dielektrizitätskonstante. Dieser Wert wird sehr selten bestimmt, weil er praktisch kaum Verwendung findet. Es sei deshalb an dieser Stelle nur auf die Literatur verwiesen (49). Die gefundenen Werte sind $\varepsilon = 2{,}77$ und $3{,}67$.

3. Mikroskopische Strukturen. Eine Struktur ist äußerlich am Rohkautschuk nicht zu erkennen. Unter geeigneten Bedingungen kann man an mikroskopischen Präparaten bei etwa 225facher Vergrößerung Wabenstruktur sehen. Es haben sich aber trotz eingehender Untersuchung keine Anhaltspunkte dafür finden lassen, daß bestimmten Roh-gummisorten bestimmte Strukturen zukommen (weitere Literatur siehe bei E. Fon-robert [22]). H. Dannenberg (77) hat einen kleinen Apparat angegeben, um mikrosko-pische Quetschpräparate herzustellen und zu beobachten.

4. Schmelzpunkt. Rohkautschuk besitzt keinen definierten Schmelzpunkt. Wird er erhitzt, so setzt bei etwa 120⁰ Sintern ein und bald darauf Schmelzen. Bei noch höherer Temperatur tritt lebhafte Zersetzung ein. Kautschuk brennt mit helleuchtender rußender Flamme. Es sei an dieser Stelle auf die Arbeiten von H. Feuchter über die „Schmelzlinie" des Kautschuks hingewiesen (95), vgl. auch die Arbeit von G. Susich (109) über die „Schmelz-kurve" des Kautschuks.

5. Wärmeleitfähigkeit. Die Wärmeleitfähigkeit wird bei Rohkautschuk nicht bestimmt. Für vulkanisierten Kautschuk läßt sie sich relativ schnell nach der einfachen Methode von Scarle (74) bestimmen.

Man nimmt einen Kautschukschlauch von bekannter Länge und Dicke. Diesen taucht man in ein Wassercalorimeter und leitet kontinuierlich Wasserdampf durch den Schlauch. Aus dem Thermometergang des Calorimeters kann man unter Berücksichtigung des Wasser-wertes der Apparatur die Wärme berechnen, die aus dem Innern des Schlauches durch die Wand tritt. Scarle hat die Wärmeleitfähigkeit gefunden zu 0,000426, also zu etwa einem Drittel von der des Wassers.

6. Absorption und Diffusion von Gasen. Auch diese beiden Eigenschaften des Kautschuks werden selten analytisch bestimmt.

Die Absorption von Gasen bestimmt man am besten nach Reychler (72) folgender-maßen: Eine abgewogene Menge Kautschuk wird in ein Gefäß gebracht, das mit einem Quecksilbermanometer und einer Bürette verbunden ist. Nach dem Evakuieren wird es mit dem zu absorbierenden Gas gefüllt und nach Eintreten (Dauer ca. 2 Stunden) des Gleich-gewichtes der Druck abgelesen. Ist C die in Molen je Kilogramm Kautschuk absorbierte Menge Gas und c die in Molen je Liter im Reaktionsraum übriggebliebene Menge Gas, so ist das Verhältnis C/c konstant. Der ganze Versuch muß im Thermostaten ausgeführt werden.

Die Diffusion von Gasen durch Kautschuk ist ebenfalls schon beschrieben (9, 18, 71). Da die Methoden sich wenig für analytische Zwecke eigneten und außerdem die bisher er-mittelten Werte nur für vulkanisierten Kautschuk gelten, sei hier nur auf die Literatur hingewiesen.

7. Quellung. Diese Eigenschaft des Rohkautschuks kann unter Umständen praktische Bedeutung besitzen. Es ist aber zu beachten, daß die erhaltenen Zahlen verschiedener Autoren unter sich Abweichungen ergeben, die von verschiedenen Meßeinflüssen her-rühren. Hält man die äußeren Umstände aber einigermaßen konstant, so kann man brauch-bare vergleichbare Werte erhalten. Am besten und einfachsten erscheint dann die Methode von Spence und Kratz (17, 80).

Aus Rohkautschuk stanzt man sich runde Scheiben von 1,5 cm Durchmesser. Nach-dem die Scheiben über Calciumchlorid bis zur Gewichtskonstanz getrocknet sind, werden sie in eine Flasche mit ca. 100 cm³ Lösungsmittel gelegt. In bestimmten Zeitabständen wird nun der Durchmesser der Scheiben gemessen sowie nach dem Abtrocknen ihr Gewicht bestimmt. Man kann auf diese Weise Quellungskurven aufnehmen sowie das Quellungs-maximum bestimmen. Für praktische Zwecke läßt sich für verschiedene Lösungsmittel und eine bestimmte Kautschuksorte eine Reihenfolge der Lösungsmittel in bezug auf Quellungsfähigkeit ermitteln. Über die Faktoren, die die Messungen beeinflussen, vergleiche man E. Fonrobert (22b) und Luff-Schmelkes (57a) (dort auch weitere Literatur).

Eine Methode, die wegen ihrer Einfachheit leicht ausführbar ist und sich gut zur Qua-litätsprüfung des Kautschuks eignet, ist die Methode von Greinert und Behre (29, 70).

Man schneidet aus Filtrierpapier (Schleicher & Schüll Nr. 597) Streifen, 0,5 cm breit und 14 cm lang, befestigt sie mit Klammern auf einer Skala aus Glas, und zwar so, daß das Filtrierpapier 1 cm über die Skala hinausreicht. Mit diesem Ende taucht man sie dann in die zu untersuchende Flüssigkeit. Damit keine Verdunstung eintritt, nimmt man die ganze Messung im Reagensglas vor. Vom Augenblick des Eintauchens ab liest man in regel-mäßigen Intervallen die Höhe der Flüssigkeit im Papier ab und bekommt so die Aufstieg-geschwindigkeit der Lösung. Die erhaltenen Werte werden graphisch im logarithmischen Maß aufgetragen. Die erhaltenen Kurven sind gerade Linien. Als Lösungen dienen Benzol-sole von 0,5 g Kautschuk auf 100 cm³ Benzol.

Man vergleicht nun die Aufstiegkurven von reinem Benzol mit der Lösung. Je besser der Kautschuk sich in der Praxis bewährt, desto geringer ist die Aufstieggeschwindigkeit seiner Lösung. Als direktes Vergleichsmaß wird von den Autoren die Fläche, in Quadrat-millimetern ausgedrückt, angesehen, die eingeschlossen wird von den Kurven des reinen Lösungsmittels und der Lösung.

Man kann mit dieser Methode sehr rasch den Einfluß verschiedener Stoffe auf den Kautschuk studieren.

8. Viscosität. Die Viscosität von Benzolkautschuksolen ist häufig gemessen worden. Es gibt eine Reihe von Apparaten, die gestatten, relative Viscositätszahlen zu bestimmen. Genannt seien die Apparate von Axelrod (1), Schidrowitz-Goldsborough (75, 76) und Frank (25) und schließlich das Ostwald-Ubbelohdesche Capillarviscosimeter. Für die Herstellung der Lösung und die Vornahme einer Viscositätsmessung gilt folgende allgemeine Vorschrift (nach Fol [20]):

Eine Durchschnittsprobe des Kautschuks wird mit der Schere in kleine Stücke geschnitten, vollkommen getrocknet und sodann in Mengen von 0,25—1 g in Flaschen aus braunem Glase mit 100 cm³ Lösungsmittel übergossen. Der Inhalt der Flasche wird jeden Tag zweimal sehr vorsichtig mit der Hand geschüttelt. Nach 3 Tagen wird die Lösung über Glaswolle filtriert. Man läßt die Lösung noch 1 Tag stehen und dekantiert dann, bei Vorhandensein eines Niederschlages, vorsichtig die klare Flüssigkeit vom Bodensatz ab. Die Lösung wird im Dunkeln aufbewahrt. Die Konzentration ermittelt man durch Verdampfen von 25 cm³ der Lösung in einer gewogenen Schale. Die so hergestellte Lösung wird im Viscosimeter geprüft, indem man die Zeit stoppt, die ein bestimmtes Volumen Lösung gebraucht, um eine capillare Verengung zu passieren. Man gibt dann entweder nur die Durchlaufszeit an oder das Verhältnis von Durchlaufszeit der Lösung zu der von seinem Lösungsmittel. Im Ubbelohde-Ostwald-Viscosimeter kann man auch absolute Zähigkeitswerte bestimmen.

Man hatte früher gehofft, aus Viscositätsmessungen Rückschlüsse auf die Qualität der Kautschukwaren machen zu können. Diese Hoffnungen haben sich nicht verwirklicht. Denn die Viscosität hängt nicht allein von Temperatur und Konzentration der Lösungen, sondern auch noch von der Vorgeschichte des Kautschuks, von der Aufbewahrung, vom Harzgehalt, von der Behandlung der Lösungen, kurz von so viel Faktoren ab, daß eine einfache gesetzmäßige Beziehung zwischen Vulkanisationsgrad, Eigenschaften des Rohkautschuks und der Viscosität eines Benzolkautschuksols nicht aufzufinden war. Deshalb besitzen Viscositätsmessungen bei Kautschuklösungen nur sehr bedingtes Interesse.

9. Einwirkung von Licht. Die Einwirkung von Licht ist sehr intensiv und durchgreifend. Man hat aber bisher keine allgemeine Methode entwickelt, um diesen Einfluß zu messen. In den meisten Fällen handelt es sich auch um die Wirkung des Lichtes auf vulkanisierte Kautschukwaren. Um die Veränderungen durch das Licht kennenzulernen, bleibt meist nichts anderes übrig, als die fertigen Waren dem Licht auszusetzen und die Veränderungen nach bestimmten Zeitabschnitten zu ermitteln.

Man hat auch Apparate konstruiert, um Kautschuk resp. die vulkanisierten Waren intermittierend einer Lichtquelle auszusetzen (Karuselverfahren). Es haben sich aber bisher diese Verfahren nicht als praktisch erwiesen und werden zur Zeit kaum verwendet.

Der optische Brechungsindex des Kautschuks ist zu $n = 1,525$ ermittelt. Für analytische Zwecke hat diese Zahl bisher keine Bedeutung erlangt. Das gleiche gilt von den Röntgenfaserdiagrammen des Kautschuks (51).

10. Mechanische Bearbeitbarkeit. Methoden zur Bestimmung der mechanischen Bearbeitbarkeit des Kautschuks gibt es kaum. Meist begnügt man sich mit Plastizitätsmessungen oder Viscositätsmessungen. Es gibt gewisse Zusammenhänge zwischen diesen Zahlen. Da es aber bisher nicht gelang, über die Gesetzmäßigkeit dieser Zusammenhänge Genaueres zu ermitteln, sei daher an dieser Stelle auf diese Forschungsarbeiten hingewiesen.

11. Für die Betriebskontrolle eignet sich die Betrachtung der Proben mit der „Ultropak"-Einrichtung (E. A. Hauser) (99).

3. Die Konstitutionsanalyse des Kautschuks.

1. Halogenadditionsprodukte. Als ungesättigter Kohlenwasserstoff reagiert Kautschuk mit Brom. Das Bromid ist von Gladstone und Hibbert (26) entdeckt und wurde von Budde zur analytischen Bestimmung des Kautschuks benutzt. Nach Hinrichsen und Kindscher (48) kann man es auf folgende Weise herstellen:

0,1 g Kautschuk werden in 25 cm³ Chloroform aufgequollen und unter Eiskühlung mit 1—2 cm³ Brom versetzt. Nach etwa 2 Stunden wird die Lösung mit der 3—4fachen Menge Benzin versetzt. Das ausgefällte Bromid wird abfiltriert und zunächst mit Alkohol so lange gewaschen, bis das Filtrat farblos abläuft und der auf dem Filter verbleibende Rückstand reinweiß erscheint. Sodann wird das Auswaschen mit heißem Wasser fortgesetzt, wobei z. B. etwa mitgerissene anorganische Bestandteile der Hauptmenge in Lösung gehen. Es wird dann von neuem mit Alkohol, dann mit Äther gewaschen und getrocknet. Die Elementaranalyse liefert Zahlen, die auf die Formel $C_{10}H_{16}Br_4$ stimmen.

Nach einem ähnlichen Verfahren läßt sich auch ein Additionsprodukt von Kautschuk und Chlorwasserstoff gewinnen (37): In eine Aufquellung von Kautschuk in Chloroform leitet man in der Kälte bis zur Sättigung Chlorwasserstoff ein. Nach 18 stündigem Stehen wird mit Alkohol gefällt und die bröcklige Masse gut ausgewaschen. Dieses Produkt hat die ungefähre Zusammensetzung $C_{10}H_{16}2HCl$. Für analytische Zwecke eignet sich das Produkt nicht, weil seine Zusammensetzung nicht genügend konstant ist.

2. Trockene Destillation. Von Himly (46), Williams (94), Bouchardat (3) und Wallach (87) wurde diese Methode meist angewandt, um über die Konstitution des Kautschuks etwas zu erfahren. Das Ergebnis dieser Analyse war, daß in geringen Mengen ein Kohlenwasserstoff C_5H_8 — Isopren — isoliert wurde. Dieser wurde als die Ursubstanz des Kautschuks angesehen, da alle anderen Produkte sowie der Kautschuk selbst Formeln besaßen, die ganze Vielfache dieser einfachen Formel sind. Für die weitere Konstitutionsanalyse kommt diese Methode nicht weiter in Anwendung. Vielmehr brachte

3. die Einwirkung von Ozon auf Kautschuk neue Aufklärung. Diese verdanken wir C. Harries und seinen Schülern (35).

Die Bereitung des Kautschukozonids vollzieht sich folgendermaßen: 10 g Kautschuk werden, mit 120 cm³ Chloroform übergossen, 24 Stunden quellen gelassen. In dieses Sol leitet man einen 6 proz. Ozonstrom, der mit Natronlauge und konzentrierter Schwefelsäure gewaschen wird. Für je 1 g Kautschuk muß man 1 Stunde lang Ozon einleiten. Das Ende der Reaktion erkennt man daran, daß eine herausgenommene Probe der Lösung, mit einigen Tropfen einer Bromlösung versetzt, kein Brom mehr verbraucht. Die Chloroformlösung wird dann im Vakuum bei 20⁰ eingedampft und hinterläßt quantitativ einen glasigen Sirup.

Einfache Methode der *Spaltung des Ozonids*: Dieser Sirup läßt sich aus wenig Essigester mit viel Petroläther umfällen. Die Ausbeute beträgt 80—85%. Eine abgewogene Menge Ozonid wird nun mit geringen Mengen Wasser am Rückflußkühler gekocht. Die filtrierte klare Lösung wird im Vakuum eingedampft und im Destillat mit essigsaurem Phenylhydrazin und einigen Tropfen Salzsäure der Lävulinaldehyd als Phenyl-methyl-dihydropyridazin gefällt. Diese Fällung zeigt nur etwa 85% alles vorhandenen Lävulinaldehyds an. Der Rückstand im Kolben wird im Vakuum destilliert; bei 135—145⁰ unter 10 mm Druck geht die Lävulinsäure über. Es hinterbleiben geringe Mengen harzartiger Bestandteile. C. Harries (33) gibt folgende Analyse des Ozonids an:

	I	II
Aldehyd	2,3 g	2,0 g
Säure	1,0 g	1,5 g
Superoxyd vom Harz	0,7 g	0,2 g
Unverändertes Ozonid	0,5 g	0,5 g
Verlust	0,5 g	0,2 g
Gesamt:	5,0 g	5,0 g

Verfeinerte Methode der Spaltung des Ozonids: Da bei genaueren Analysen der Salzsäuregehalt des Destillates stört (diese geringen Mengen Salzsäure stammen aus der Zersetzung des Chloroforms), ist im weiteren Verlauf der Untersuchungen von C. Harries eine andere Methode zur Spaltung des Ozonids entwickelt worden. Statt den Kautschuk in Chloroform zu ozonisieren, wird er in Essigester suspendiert, der Einwirkung des Ozons ausgesetzt. Die Spaltung des Ozonids erfolgt dann wie bisher. Setzt man vor der Spaltung auf den Kühler ein Gasabzugsrohr, so kann man die bei der Spaltung entstehenden Gase auffangen. Die von den geringen harzigen Bestandteilen abfiltrierte wäßrige Lösung wird nun unter kräftigem Turbinieren mit frisch gefälltem fein pulverisiertem Calciumcarbonat neutralisiert. Danach wird filtriert und das Filtrat aus einer Porzellanschale mit abnehmbarer Glashaube im Vakuum destilliert, bis der Rückstand fest geworden ist. Dieser Rückstand wird aus der Schale herausgekratzt, zerkleinert und im Soxhlet erschöpfend mit Äther extrahiert. Die Extraktion wird so lange fortgesetzt, bis die Kalksalze nach dem Pulverisieren sich durch ein Haarsieb sieben lassen und nur noch schwach die Pyrrolprobe geben.

Das wäßrige Destillat wird mit Kochsalz gesättigt und 10—20mal ausgeäthert und dieser Anteil mit der durch Extraktion der Kalksalze gewonnenen ätherischen Lösung vereinigt. Diese Lösung befreit man nun mit einem langen Glasdephlegmator völlig vom Äther und trocknet den Rückstand mit Magnesiumsulfat. Durch sorgfältige Rektifikation im Vakuum erhält man das Aldehydgemisch rein. Beim natürlichen Kautschuk erweist es sich als reiner Lävulinaldehyd. Der Rest an Lävulinaldehyd in der wäßrigen Kochsalzlösung kann mit Salzsäure und Phenylhydrazin bestimmt werden.

In den Kalksalzen wird zunächst der Gehalt an Calcium quantitativ ermittelt. Meist findet man 19% Ca. Eine abgewogene Menge Kalksalze wird darauf in wenig Wasser gelöst und unter sehr guter Kühlung mit eiskalter 30proz. Schwefelsäure das Calcium als Gips ausgefällt. Der erstarrte Brei wird zunächst in weithalsiger Flasche mehrmals mit Äther ausgeschüttelt. Dann wird der Gips mit wenig heißem Wasser ausgekocht, die wäßrigen Filtrate vereinigt, mit Magnesiumsulfat gesättigt und wenigstens 10—20mal ausgeäthert. Die ätherischen Lösungen werden vereint, mit Hilfe eines Dephlegmators abgedampft und der Rückstand gewogen. Er enthält die Hauptmenge der Säuren.

Beim Rohkautschuk findet man auf diese Weise nur Lävulinaldehyd, Lävulinsäure, geringe Mengen Ameisensäure und ganz wenig Bernsteinsäure.

Diese Methode eignet sich sehr gut, um auch die durch Umlagerung aus Kautschuk mit Salzsäure erhaltenen Isokautschuke hinsichtlich ihrer Struktur aufzuklären (34). Neuere Untersuchungen von R. PUMMERER (104) bestätigen diese Methode. Es werden jetzt 95% der Spaltprodukte bestimmt, anstatt der früher nur gefundenen Menge von 60%.

4. Die Nitrosite. Diese Einwirkungsprodukte von N_2O_3 auf Kautschuk schienen bald nach ihrer Entdeckung geeignet zu sein, um den Kautschukkohlenwasserstoff direkt zu bestimmen. Im Laufe der weiteren Entwicklung, an der sich außer HARRIES dessen Schüler GOTTLOB und KORNECK sowie FENDLER, ALEXANDER, F. FRANK und DIETERICH beteiligten (32), stellten sich verschiedene Schwierigkeiten bei der Analyse heraus.

Für die Konstitutionsanalyse von Wichtigkeit war nur die Herstellung und Analyse des Nitrosits a. Man leitet zu seiner Herstellung in eine Lösung von 11,5 g Kautschuk (24) in 1 l Benzol einen Strom von gasförmiger salpetriger Säure aus Arsentrioxyd und Salpetersäure ($d = 1,3$) ein. Die salpetrige Säure wird sehr sorgfältig über Phosphorpentoxyd getrocknet. Man erhält alsbald einen hellgrünen, gequollenen Niederschlag, der nach etwa 1—2 Stunden abfiltriert und mit Benzol gewaschen wird. Nach dem Trocknen über Schwefelsäure im Vakuum nimmt diese Substanz eine schwach grünliche Farbe an und wird ein leicht zerreibliches zartes Pulver. Der Zersetzungspunkt liegt ungenau bei 80—100°. Das Pulver ist in Essigester, Aceton, Alkohol, Äther und Alkalien unlöslich, in Pyridin und Anilin nur unter Zersetzung löslich. Die Elementaranalyse ergibt die Formel $C_{10}H_{16}N_2O_3$.

Aus diesen eben geschilderten Analysen hat C. Harries die Formel des Kautschuks aufgestellt. Sie lautet in seiner Schreibweise

$$\begin{bmatrix} \mathrm{CH}{=}\mathrm{C(CH_3)}{-}\mathrm{CH_2}{-}\mathrm{CH_2} \\[4pt] \quad a \qquad\qquad\qquad\quad b \\[4pt] \mathrm{CH_2}{-}\mathrm{CH_2}{-}\mathrm{C(CH_3)}{=}\mathrm{CH} \end{bmatrix}_n$$

wo a, b und n ganze Zahlen vorstellen.

H. Staudinger (108) hat mit seinen Mitarbeitern umfangreiche Versuche angestellt, um aus Viscositätsbestimmungen von Kautschuksolen resp. deren Umwandlungsprodukten das Molekulargewicht des Kautschuks zu ermitteln. Für analytische Zwecke kann man diese schwierigen Messungen vorläufig noch nicht recht verwenden; daher sei für das ausführliche Studium auf die Originalarbeiten verwiesen.

4. Bestimmungsmethoden der Einzelbestandteile des Kautschuks.

α) *Direkte Kautschukbestimmung.*

Die direkten Bestimmungsmethoden für Reinkautschuk benutzen die Fällbarkeit entweder des Kautschuks selbst oder einiger Derivate. Ein einfaches Fällungsverfahren von Fendler (19) gibt folgende Vorschrift: 2 g der zu untersuchenden Probe werden in 100 cm³ Petroläther gelöst, die Lösung durch Glaswolle abfiltriert und der Kautschuk mit absolutem Alkohol gefällt. Nach dem Trocknen wird gewogen. Es ist jedoch schwierig, die letzten Spuren Lösungsmittel zu entfernen sowie das Mitfällen von Harzen zu vermeiden. Deswegen hat Spener (79) vorgeschlagen, Kautschuk in Benzol zu lösen, von Verunreinigungen zu filtrieren und einen aliquoten Teil der Lösung im Kohlendioxydstrom einzudampfen und zu wägen.

Sehr genau sind diese Verfahren aber nicht und haben sich nicht eingebürgert.

Zwei Derivate des Kautschuks sind herangezogen worden, um auf die Bestimmung dieser Derivate eine direkte Kautschukbestimmung zu gründen. Diese Derivate sind a) das Tetrabromid, b) das Nitrosid c.

a) Tetrabromidverfahren. Diese Methode stammt von Budde (4, 5) und ist im Laufe einer Diskussion, an der sich viele Forscher beteiligt haben, später etwas modifiziert (6).

0,15—0,2 g der feingeschnittenen trockenen Kautschukprobe (bei Rohkautschuk entsprechend weniger) werden 24 Stunden in 50 cm³ Tetrachlorkohlenstoff quellen gelassen, darauf mit 50 cm³ Bromierungsflüssigkeit (6 cm³ Brom, 1 g Jod in 1000 cm³ CCl_4) übergossen, die man 6 Stunden einwirken läßt. Man versetzt mit dem halben Volumen Alkohol und läßt über Nacht absitzen. Die klare Flüssigkeit wird durch ein halogenfreies quantitatives Filter filtriert, der Rückstand mit einem Gemisch von 2 Teilen CCl_4 und 1 Teil Alkohol gewaschen und mit reinem Alkohol nachgespült. Die Waschflüssigkeiten werden durch das schon benutzte Filter abdekantiert. Der Rückstand im Kolben wird mit 30—40 cm³ CS_2 übergossen. Nach 3—4 Stunden gibt man 50 cm³ Benzol hinzu; nach Klärung der über dem Niederschlag stehenden Flüssigkeit wird durch das Filter der Alkoholfällung filtriert und der Rückstand im Kolben sowie der Filtrierrückstand durch Alkohol vom Brom befreit. Das Filter samt Inhalt wird in den Kolben gegeben, 25 cm³ $^1/_5$ n-$AgNO_3$-Lösung und vorsichtig 20 cm³ konzentrierte halogenfreie Salpetersäure ($D = 1{,}40$) zugesetzt und der Kolbeninhalt auf dem Asbestdrahtnetz erhitzt. Sobald alles Unlösliche in AgBr verwandelt ist, wird das Erhitzen unterbrochen und nach dem Erkalten, unter

Zusetzen von Ferrialaun, mit $^1/_5$ n-Rhodanammonium nach VOLHARD das unverbrauchte Silbernitrat zurücktitriert. Aus der verbrauchten Menge Silbernitrat berechnet man das gebundene Brom und erhält durch Multiplikation mit 0,425 den Reinkautschukgehalt.

Man hat gegen dies Verfahren eingewendet, daß auch Proteine und Harze der Bromierung unterworfen sind und Kautschuk vortäuschen. Deshalb kann man auch besser mit Aceton entharzten Kautschuk verwenden. Trotz vieler auf diese Methode verwandter Arbeit wird sie selten angewandt.

b) Nitrositmethode. Diese Methode stammt von C. HARRIES (30) und benutzt die Unlöslichkeit des Nitrosits c in Äther, um den Reinkautschukgehalt zu ermitteln. Auch diese Methode ist wie die vorige stark diskutiert worden und hat verschiedene Modifikationen erfahren. Nach KORNECK (52) verfährt man wie folgt: 1 g technisch reiner oder mit Aceton extrahierter Kautschuk wird fein zerkleinert und mit 75 cm³ Benzol in einem Becherglas unter häufigem Rühren und Ersatz des verdunsteten Benzols in der Kälte zur Quellung gebracht. Sobald das wirklich Abquellbare verflüssigt ist, wozu meist wenige Stunden, manchmal auch Tage, genügen, werden, bis zur Dunkelgrünfärbung, mit P_2O_5 getrocknete nitrose Gase (aus HNO_3 d = 1,30 und As_2O_3) eingeleitet, wobei man häufig umrührt und größere Klumpen zerdrückt. Nach dem Einleiten läßt man kurz absitzen und dekantiert die klare Lösung durch einen GOOCH-Tiegel. Das Nitrosit wäscht man einige Male mit frischem Benzol gut aus, gibt wieder 75 cm³ Benzol zu und nitrosiert nochmals. Dann stellt man das Becherglas samt Einleitungsrohr 24 Stunden beiseite. Nach dieser Zeit wird das Nitrosit gut durchgeknetet, die klare grüne Lösung durch den GOOCH-Tiegel abdekantiert und mit frischem Benzol so lange gewaschen, bis das Benzol farblos ist. Dann wird das Nitrosit in den Tiegel gespült und mit absolutem Äther gewaschen, bis es in eine gelbe, feinpulvrige Masse übergegangen ist. Tiegel, Nitrosit, Becherglas und Einleitungsrohr wird $^1/_2$ Stunde im Exsiccator, dann bei 80° im gewöhnlichen Trockenschrank bis zur Gewichtskonstanz getrocknet. Nach dem Wägen bringt man durch Erwärmen mit ca. 50 cm³ Aceton die im Becherglas und Einleitungsrohr befindlichen Nitrositreste in Lösung, filtriert durch den Tiegel und wäscht mit Aceton nach. Nach dem Trocknen werden Becherglas, Einleitungsrohr und Tiegel zurückgewogen. Die Gewichtsdifferenz gibt die Menge des erhaltenen Nitrosits an. Der Reinkautschuk ist gleich: gefundenes Nitrosit × 0,47.

L. G. WESSON (90, 90a) und Mitarbeiter haben diese Methode dadurch modifiziert, daß sie eine gewogene Menge Nitrosit verbrennen.

Das Nitrosit wird auf die oben beschriebene Weise erzeugt und dann zur Beseitigung von Beschwerungsmitteln in trockenem Äthylacetat gelöst. Nach dem Verjagen des Lösungsmittels wird mit HCl-haltigem Wasser im Chlorcalciumbade abgedampft und eine aliquote Menge des gereinigten Nitrosits in einem besonderen Ofen verbrannt. Die entstandene Menge Kohlensäure wird quantitativ aufgefangen und daraus der Kautschuk berechnet. Bei einer Einwaage von 0,5 g ist der Prozentgehalt Reinkautschuk $= 94,0 \times CO_2$ (gefundene Menge Kohlensäure).

Der Verbrennungsofen besteht aus einem 60 cm langen Rohr aus Jenaer Glas von 25 mm lichter Weite. Er enthält eine elektrisch heizbare Platinspirale und ein Schiffchen mit PbO_2 und Mennige. Dieses wird von außen durch eine Nickelchromspirale erhitzt. Die Bestimmung der Kohlensäure erfolgt wie üblich in Natronkalk.

β) Indirekte Bestimmungsmethoden.

Da die direkten Bestimmungsmethoden für Kautschuk noch sehr unsicher sind, wird in praxi der Reinkautschukgehalt einer Probe nur durch Restanalyse bestimmt. Man muß also alle Verunreinigungen möglichst quantitativ entfernen, respektive messen und zieht die Summe der Nichtkautschukbestandteile von 100% ab, indem man den übrigbleibenden Rest als Reinkautschuk ansieht. Natürlich summieren sich die Fehler aller Analysenangaben in dieser Angabe des Reinkautschukgehaltes.

Die praktische Ausführung der Analyse erfolgt also am besten so, wie sie der Ausschuß 13 des Deutschen Verbandes für die Materialprüfung der Technik (73) vorschlägt. Die Reihenfolge der Analysen ist folgende:

a) Bestimmung der Feuchtigkeit. 1—2 g der zerkleinerten Probe werden auf einem Uhrglas im evakuierten Exsiccator über konzentrierter Schwefelsäure bis zur Gewichtskonstanz getrocknet.

Die hierbei auftretende Gewichtsabnahme, bezogen auf das Ausgangsgewicht, wird als Feuchtigkeit bezeichnet. Alle Analysenresultate sind auf trockenes Material zu beziehen.

b) Bestimmung der wasserlöslichen Verunreinigungen. Proben (bis 500 g) werden kalt abgespült und dann auf einer kleinen Waschwalze oder in einem Mastikator zunächst in kaltem Wasser und darauf mit Wasser von 40—50° gewaschen. Die Gewichtsdifferenz, auf trockenes Material bezogen, ergibt den Waschverlust. Derselbe kann durch Filtrieren des benutzten Waschwassers getrennt, als grobe Verunreinigungen und wasserlösliche Anteile angegeben werden. Die Art der groben Verunreinigungen ist besonders anzugeben (Holz, Faserstoffe, Sand usw.).

c) Acetonextrakt. 5 g des zerkleinerten Materials werden ohne vorhergehende Trocknung in ein mit Aceton und Chloroform extrahiertes Leinwandstückchen (etwa 8 × 8 cm) eingeschlagen und so in das Hebergefäß gebracht. Der Kolben wird mit etwa 50 cm³ Aceton und Siedesteinchen beschickt. Im allgemeinen werden die Proben 8 Stunden ununterbrochen extrahiert. Alle Einzelheiten des Acetonextraktes (Ausscheidungen, Farbe, Fluorescenz, Geruch usw.) in heißem sowie kaltem Zustande sind sorgfältig zu notieren. Nach Beendigung der Extraktion wird das Aceton bei möglichst niederer Temperatur auf dem Wasserbad abdestilliert, der Rückstand 1 Stunde getrocknet und nach dem Abkühlen gewogen. Temperaturen über 70° sind zu vermeiden.

$$\frac{\text{Gewicht des Extraktes}}{\text{Gewicht der Probe}-\text{Feuchtigkeit}} \times 100 = \text{Proz. unkorrigiertem Acetonextrakt.}$$

Je nach der Art des zu untersuchenden Materials müssen 1—5 Acetonextrakte angesetzt werden, je ein Extrakt ist notwendig für:

d) Chloroformextrakt. Das mit Aceton extrahierte Material wird, ohne das anhaftende Aceton zu vertreiben, in einem zweiten gewogenen Kolben mit Chloroform 4 Stunden extrahiert. Das Lösemittel wird abdestilliert und der Rückstand 1 Stunde bei 100° getrocknet und gewogen.

$$\frac{\text{Gewicht des Extraktes}}{\text{Gewicht der Probe}-\text{Feuchtigkeit}} \times 100 = \text{Proz. Chloroformlösl.}$$

Der Chloroformextrakt gibt die Menge oxydierter Kautschuksubstanz an.

e) Extrakt mit $^1/_2$ n-alkoholischer Kalilauge. Das mit Aceton und Chloroform extrahierte Kautschukmaterial wird bei 50—60° getrocknet und im Normalextraktionskolben mit 50 cm³ Benzol übergossen. Nach mindestens 12stündigem Stehen fügt man zu der erwärmten Quellung 50 cm³ heißer $^1/_2$ n-alkoholische Kalilauge und erhitzt 6 Stunden am Rückflußkühler zum Sieden. Die Lösung wird durch Filtration vom Kautschuk getrennt, letzterer durch Verreiben im Porzellanmörser mit heißem Alkohol und Wasser erschöpfend ausgewaschen und das Filtrat mit den Waschflüssigkeiten nahezu zur Trockne verdampft.

Der Rückstand wird mit Wasser (etwa 100 cm³) aufgenommen und nach dem Ansäuern mit verdünnter Schwefelsäure im Scheidetrichter mit Äther ausgeschüttelt, bis derselbe farblos bleibt. Der Ätherauszug wird nach gründlichem Waschen mit Wasser möglichst ohne Sieden eingedampft und nach dem Trocknen bei 100⁰ zur Wägung gebracht.

$$\frac{\text{Gewicht des Rückstandes}}{\text{Gewicht der Probe.—Feuchtigkeit}} \times 100 = \text{Proz. alkohol. Kalilaugeextrakt.}$$

In einem weiteren Laugenextrakt läßt sich nach der Mikro-KJELDAHL-Methode (s. Acetonextrakt) der Stickstoff bestimmen und hieraus durch Multiplikation mit 6,25 der angenäherte Eiweißgehalt errechnen.

f) Aufschluß mit Paraffinöl. Zur Ausführung der Bestimmung wird die 1 g der ursprünglichen Probe entsprechende Menge des mit Aceton und Chloroform ausgezogenen und bei 50—60⁰ getrockneten Materials in einem mit Luftkühler versehenen und gewogenen ERLENMEYER-Kölbchen von 200 cm³ „Paraffin flüssig DAB. V" übergossen und so lange auf Temperaturen unterhalb 300⁰ erhitzt, bis die Kautschuksubstanz gelöst ist. Der Kolben wird nach dem Abkühlen mit Benzol fast gefüllt und 24 Stunden lang zum Absetzen des Niederschlages stehengelassen. Die überstehende Flüssigkeit wird alsdann auf einen mit doppelten Filterscheibchen und langfaserigem Asbest versehenen, gewogenen GOOCH-Tiegel abdekantiert und abgesaugt; die ablaufende Flüssigkeit wird so oft zurückgegossen, bis sie vollkommen klar abläuft. Der Inhalt des Kölbchens und der Rückstand auf dem GOOCH-Tiegel werden wiederholt mit heißem Benzin ausgewaschen, bis das Filtrat wasserhell abläuft; man wäscht dann noch mehrmals mit Alkohol und Äther und trocknet bei 100⁰ GOOCH-Tiegel und Kölbchen im Trockenschranke. Wenn eine Zentrifuge zur Verfügung steht, ist an Stelle der Filtration mehrmaliges Dekantieren im Kölbchen unter Zuhilfenahme der Zentrifuge statthaft. Das Kölbchen wird dann, nach Austreiben des Restes der Waschflüssigkeiten durch Trocknen bei 100⁰ bis zum konstanten Gewicht, gewogen.

Bei der vorstehend beschriebenen Arbeitsweise werden außer den mineralischen Zusätzen auch organische, in „Paraffin flüssig" unlösliche Füllstoffe, wie Ruß, Cellulose usw., mitbestimmt.

Erfolgt unter den oben angegebenen Arbeitsbedingungen die Lösung des Kautschukmaterials in „Paraffin flüssig" nicht innerhalb 8 Stunden, so ist höher und länger zu erhitzen, bis sich alles gelöst hat.

Bei Goldschwefel enthaltenden Mischungen verwendet man als Lösungsmittel Anisol. Da die Filtration bei Anwesenheit von Goldschwefel erschwert ist, muß die Abscheidung durch Zentrifugieren erfolgen.

$$\frac{\text{Gewicht des unlöslichen Rückstandes}}{\text{Gewicht der Probe—Feuchtigkeit}} \times 100 = \text{anorganische Füllstoffe, even-}$$

tuell vorhandene Faserstoffe, gehärtete Bakelite und Kohle.
Die Anwesenheit von Faserstoffen ist mikroskopisch zu ermitteln.

g) Veraschung. Die einfachste Veraschung erfolgt im Porzellantiegel, der in einen entsprechenden Ausschnitt einer Asbest- oder Eisenplatte (15 × 15 cm) eingelassen ist. Die Einwaage beträgt etwa 1 g. Die Erhitzung wird so geleitet, daß zunächst die flüchtigen Anteile abdestillieren, worauf durch stärkeres Erhitzen die Veraschung vollendet wird. Es sei an dieser Stelle auf die Untersuchungen von F. KIRCHHOF (100) über den Mangan- und Eisengehalt von Rohgummi hingewiesen.

h) Stickstoffbestimmung nach KJELDAHL. 2 g Kautschuk werden in einem KJELDAHL-Kolben von 500 cm³ mit 20 cm³ Schwefelsäure (3 Raumteile konzentrierte und 2 Raumteile rauchende Säure) versetzt und 0,1 g Quecksilberoxyd zugesetzt. Man heizt langsam an und erhält die Lösung so lange im Sieden, bis sie klar geworden ist (2—3 Stunden). Nach dem Abkühlen setzt man 25 cm³ Wasser, 80 cm³ Natronlauge ($s = 1,35$) und so viel Schwefelnatriumlösung zu, bis alles Schwefelquecksilber ausgefällt ist. Von der Lösung werden etwa 100 cm³ in 50 cm³ $^1/_{10}$ n-H_2SO_4 überdestilliert und der Überschuß mit $^1/_{10}$ n-NaOH zurücktitriert. Indicator Methylorange.

$$\frac{0,1401 \times {}^1/_{10}\ \text{n-}H_2SO_4}{\text{Einwaage}} = \text{Proz. Stickstoff}$$

$$\text{Proz. Stickstoff} \times 6,25 = \text{Proz. Eiweiß.}$$

Ein Blindversuch ist auszuführen.

i) Jodzahlbestimmung. Die Bestimmung der doppelten Bindungen mit Jod, Brom oder Rhodan wird nur gelegentlich bei wissenschaftlichen Untersuchungen ausgeführt. Für die praktische Analyse kommen derartige Untersuchungen nicht in Frage. Eine Ausführungsform der Analyse gab A. Gorgas (97), vgl. auch dazu die Untersuchungen von R. Pummerer und F. J. Mann (103).

C. Guttapercha.

Über die Gewinnung der Guttapercha ist in der Einleitung dieses Kapitels schon einiges gesagt worden. Der Latex der Guttapercha ist in Europa kaum im Handel anzutreffen, so daß Angaben über seine Zusammensetzung in der Literatur nicht zu finden waren.

Dagegen ist die Guttapercha selber häufig untersucht worden. Am genauesten haben darüber berichtet E. Obach (60) und F. Clouth (7).

a) Die Zusammensetzung der Guttapercha.

Guttapercha kommt in Blöcken, Platten, Rollen von verschiedener Größe im Handel vor. Sie kann weiß bis weißrosa, aber auch gelb bis braun aussehen und stellt in den allermeisten Fällen ein Gemisch der verschiedensten Sorten vor. Seit einiger Zeit kommen aber auch Platten vor, die mit dem Namen Tjipetir bedruckt sind. Diese Guttapercha stammt von der Plantage Tjipetir auf Java und ist von Palaquium oblongifolium und P. borneense gewonnen.

Die Guttapercha enthält außer dem eigentlichen Kohlenwasserstoff $C_{10}H_{16}$, meist Gutta genannt, einige Harze neben Wasser und Verunreinigungen, wie Holz, Sand, Schmutz und ähnlichem. Obach (90, 90a) hat einige Sorten Guttapercha von bestimmten Bäumen analysiert und findet stark schwankende Werte für Reingutta, nämlich von 25—90% Reingutta.

Die Analyse der Reingutta ergibt die obengenannte Formel $C_{10}H_{16}$ (67, 83). Guttapercha hat also dieselbe Zusammensetzung wie Kautschuk. Die als Verunreinigung anzusehenden Harze sind im wesentlichen zwei Sorten, die sich durch ihre Löslichkeit in Alkohol unterscheiden. Diese sind Fluavil und Alban.

Fluavil ist in kaltem Alkohol löslich, bei gewöhnlicher Temperatur hart, bei 50⁰ weich und bei 100—110⁰ flüssig. Nach Oudemans (66) hat es die Zusammensetzung $C_{20}H_{32}O$.

Alban ist im Gegensatz zu Fluavil erst in kochendem Alkohol löslich, löst sich aber auch in Benzin, Schwefelkohlenstoff und Äther. Es wird erst bei 160⁰ flüssig. Gegen den Luftsauerstoff ist es scheinbar empfindlicher, denn seine Zusammensetzung wird verschieden angegeben. Oudemans (66) findet $C_{20}H_{32}O_2$, Oesterle (65) $C_{20}H_{32}O$ und Obach (60) $C_{40}H_{64}O_3$.

Diese beiden Harze unterscheiden sich also nur durch ihren Sauerstoffgehalt von der Reingutta. Ob genetische Mischungen zwischen ihnen bestehen, ist unbekannt. Von der Reingutta lassen sich die Harze auf Grund ihrer Löslichkeit in Äther oder Petroläther trennen, in welchen Lösungsmitteln Reingutta unlöslich ist.

b) Die physikalische Analyse der Guttapercha

beschränkt sich auf wenige Bestimmungen.

Das *spezifische Gewicht* der Guttapercha ist rund 1. Die Werte, die man für verschiedene Sorten erhält, liegen sehr dicht bei diesem Wert. Zur praktischen Bestimmung nimmt man am besten Stücke aus einer Platte von ca. 2,2 mm Dicke und bestimmt das spezifische Gewicht im Pyknometer unter Wasser. Durch gutes Evakuieren muß möglichst sämtliche Luft aus den Poren entfernt werden.

Der *Erweichungsgrad* der Guttapercha ist vom Harzgehalt abhängig. Man bestimmt ihn nach OBACH (63) am besten folgendermaßen. Schmale Guttaperchastreifen werden aus einer Platte geschnitten. Diese Streifen werden in einen Rahmen eingespannt dergestalt, daß das eine Ende am Rahmen sitzt, das andere dagegen durch eine Feder mit dem Rahmen verbunden ist. Der Rahmen wird in ein Wasserbad gesetzt, das langsam angeheizt wird. Ein Rührer sorgt für gleichmäßige Temperaturverteilung. Man beobachtet jetzt die Temperatur des Wasserbades, bei welcher der Streifen durch die gespannte Feder auseinandergezogen wird. Je weniger Harz die Guttapercha enthält, desto höher liegt die Temperatur, bei der dies geschieht.

Um die *Zugfestigkeit* zu messen, richtet man sich am besten nach den in der Materialprüfung üblichen Vorschriften (11). Man stellt sich aus einer passenden Platte Normalstäbe her und zerreißt diese Stäbe in einer SCHOPPERschen Zerreißmaschine.

Die *elektrischen Prüfungen* sind für Guttapercha die wichtigsten. Die genauen Anweisungen für die Vornahme der Versuche sind von DEMUTH (13) beschrieben worden. Hier seien nur die Grundsätze der Messungen angegeben.

Oberflächenwiderstand. Man stellt sich eine Platte her und setzt auf diese zwei scharfe messerförmige Elektroden im Abstand von 1 cm. Es wird nun eine konstante Gleichspannung von 1000 Volt angelegt und der Strom gemessen, der in der Oberfläche der Platte von einer zur anderen Elektrode geht.

Durchgangswiderstand. Dieselbe Platte wird zur Messung des Isolationswiderstandes benutzt. Man bringt zu diesem Zweck zwei scheibenförmige Elektroden so auf, daß der Strom durch die Platte hindurchgehen muß. Nachdem man wieder eine konstante Gleichspannung angelegt hat, wird der Strom gemessen, der die Platte durchfließt.

Je nach Reinheit schwankt der Widerstand zwischen weniger als 100 bis zu mehreren 100000 Megohm.

Dielektrizitätskonstante. Zwischen zwei verstellbare Elektroden wird die Platte gebracht. Man mißt nun mit der WHEATESTONEschen Brücke die Kapazität dieses Kondensators und vergleicht sie mit einem Normalkondensator.

Die Dielektrizitätskonstante für Guttapercha schwankt zwischen 2,2—4,9.

c) Konstitutionsanalyse der Guttapercha.

Die Elementaranalyse der gereinigten Guttapercha liefert Zahlen, die auf die Formel $C_{10}H_{16}$ stimmen. Guttapercha ist also isomer mit Kautschuk.

Die trockene Destillation der Guttapercha ist schon von HIMLY studiert worden. Er fand dieselben Destillationsprodukte wie beim Kautschuk. Später hat WILLIAMS nachgewiesen, daß das Isopren aus Guttapercha identisch mit dem Isopren aus Kautschuk ist (36). Es war daher zu erwarten, daß die Derivate der Guttapercha denen aus Kautschuk ähnlich sind, wenn sie nicht gar identisch mit ihnen sind.

Das *Nitrosit c* läßt sich genau so wie beim Kautschuk gewinnen und unterscheidet sich nicht von dem Nitrosit c des Kautschuks. Nach demselben Verfahren wie beim Kautschuk lassen sich auch die

Halogenwasserstoffadditionsprodukte herstellen. Sie zeigen bei der Elementaranalyse alle die allgemeine Formel $(C_{10}H_{16}2HX)_n$, wenn HX ein Halogenwasserstoffmolekül bedeutet. Äußerlich sind die Produkte von denen des Kautschuks kaum zu unterscheiden.

Auch das *Ozonid* ist gerade so wie das Kautschukozonid darstellbar und liefert bei der Analyse auch dasselbe Ergebnis. Gerade so wie aus den Hydrohalogeniden des Kautschuks ein Isokautschuk darstellbar ist, kann man durch Entziehung des Halogenwasserstoffs aus Guttahydrohalogenid ein kautschukartiges Produkt herstellen, das sich genau wie das aus Kautschuk gewonnene Produkt verhält.

d) Quantitative Analyse der Guttapercha.

a) Wasserlösliche Bestandteile. Eine gewogene Probe Rohguttapercha wird mit Wasser im Kneter durchgeknetet und das Wasser in einer gewogenen Porzellanschale eingedampft. Der bei 105° getrocknete Rückstand wird gewogen. Da die Rohguttapercha meist durch Kneten mit Wasser dargestellt wird, ist von diesen wasserlöslichen Bestandteilen der allergrößte Teil schon entfernt. Diese Bestimmung hat also nur Zweck, wenn man sicher ist, nicht gewaschene Rohguttapercha zu untersuchen.

b) Wasseraufnahme (12). Eine Platte von $100 \times 100 \times 10$ mm wird mit Durchbohrungen von ca. 20 mm Durchmesser versehen. Nachdem das Gewicht der Platte festgestellt ist, wird sie über Schwefelsäure im Vakuum bis zur Gewichtskonstanz getrocknet. Macht man die Wägungen in bestimmten Zeitabschnitten, so läßt sich leicht eine Trocknungskurve konstruieren. Nach dem Trocknen wird die Platte in Wasser von Zimmertemperatur gelegt und nun abermals in regelmäßigen Intervallen das Gewicht festgestellt. Aus den Werten läßt sich dann die Kurve weiter konstruieren, bis abermals Gewichtskonstanz eingetreten ist. Man gibt die Wasseraufnahme in Prozenten des Trockengewichtes an.

c) Sauerstoffaufnahme (64). Obach schlägt für die Messung folgende Anordnung vor. Es werden aus der Guttapercha kleine Kugeln von 2 cm³ Inhalt und 8 cm² Oberfläche hergestellt. Davon werden je zwei in einen graduierten Zylinder getan, der, mit Sauerstoff gefüllt, umgekehrt in einer Quecksilberwanne steht. In bestimmten Zeitabschnitten wird der Verbrauch an Sauerstoff notiert und aus den erhaltenen Zahlen eine Kurve konstruiert. Der Versuch dauert etwa 24 Wochen.

d) Wasserbestimmung (61). Eine abgewogene Menge Guttapercha wird zuerst an der Luft erwärmt und dann im Vakuumexsiccator bis zur Gewichtskonstanz getrocknet.

e) Harzgehalt. Das getrocknete und gewogene Material wird mit Äther oder Petroläther erschöpfend extrahiert. Der Rückstand wird getrocknet und gewogen. Er besteht aus Guttapercha und Schmutz.

Der Extrakt wird eingedampft und in der gewogenen Schale bis zur Gewichtskonstanz getrocknet. Man erhält die Summe der Harze.

f) Reinguttagehalt. Das von dem Harz befreite und gewogene Material wird mit Chloroform oder Schwefelkohlenstoff behandelt. Die Guttapercha löst sich, und der zurückbleibende Schmutz wird auf gewogenem Filter reingewaschen und nach dem Trocknen gewogen.

Die Lösung der Guttapercha wird ebenfalls in gewogener Schale eingedampft und nach dem Trocknen gewogen. Statt die Guttapercha als Rest zu bestimmen, kann man auch folgendermaßen verfahren. Eine gewogene Menge Rohguttapercha (2 g) wird in 15 cm³ Chloroform gelöst, vom ungelösten (Schmutz) abfiltriert und in 75 cm³ Aceton gegossen. Die ausgefallene Masse wird getrocknet und gewogen (59).

g) Schnellbestimmung für Harz (62). Um das Harz annähernd genau und doch schnell zu bestimmen, verfährt OBACH folgendermaßen. Zwei große Reagensgläser werden durch doppelt durchbohrte Gummistopfen verschlossen. Durch die eine Bohrung des Stopfens geht ein U-förmiges Rohr, während die andere Bohrung je ein kurzes Röhrchen trägt. In das eine Reagensglas wird eine abgewogene Menge Guttapercha, in das andere Rohr eine abgemessene Menge Äther gebracht. Man drückt jetzt den Äther durch die U-förmige Leitung in das Gefäß mit der Guttapercha, läßt einige Zeit einwirken und drückt wieder in das ursprüngliche Gefäß zurück. Hier wird das spezifische Gewicht des Äthers mit einem besonderen Aräometer gemessen. Aus Tabellen, die zu dem Apparat gehören, kann man dann direkt den Harzgehalt ermitteln.

Um Temperaturdifferenzen zu vermeiden, steht der Apparat in einem Holzkasten.

h) Trennung der Harze nach DITMAR (16). Guttapercha wird mit Essigester ausgezogen, der Essigester aus der Lösung abgedampft und der Harzrückstand im Vakuum getrocknet. Nach der Wägung wird der Harzrückstand 2 Stunden lang auf der Schüttelmaschine mit kaltem Alkohol ausgezogen. Das Fluavil geht in Lösung, während Alban und Albanan zurückbleiben und nach dem Trocknen gewogen werden. Der Alkohol wird vom Fluavil abdestilliert, das Fluavil entweder, wenn angängig, bei 100—103°, sonst im Vakuum über Paraffin bei mäßiger Temperatur zur Gewichtskonstanz getrocknet und gewogen. Der ungelöste Rückstand aus Alban und Albanan wird mit Alkohol gekocht. Dabei gehen die Albane in Lösung. Diese werden ebenso behandelt wie das Fluavil. Der zurückbleibende Albanankörper unterliegt ebenfalls der gleichen Behandlung.

Die im vorstehenden beschriebenen Analysenmethoden beziehen sich nur auf den Kautschuk und die Guttapercha selbst und nicht auf die aus diesen Stoffen herstellbaren Waren. Die Analyse dieser Waren wird aber fast nach denselben Methoden ausgeführt wie die oben beschriebenen. Ja, eine Reihe dieser Methoden ist direkt den Analysiervorschriften über Gummiwaren entnommen. Es bietet daher keine Schwierigkeiten, mit Hilfe der im Literaturverzeichnisse erwähnten Richtlinien für die Prüfung von Kautschuk, die vom Ausschuß 13 des Deutschen Verbandes für die Materialprüfung der Technik herausgegeben sind, auch Analysen von Gummi- und Guttaperchawaren anzustellen.

Zum Schluß sei noch bemerkt, daß die Gummianalyse zu den schwierigsten analytischen Methoden gehört. Kautschuk und Guttapercha sind Körper im kolloiden Zustand. Als solche vermögen sie Reaktionsmittel und gefällte Stoffe hartnäckig festzuhalten. Man muß daher bei der Bewertung der Resultate milder sein, als man es sonst bei analytischen Daten gewöhnt ist. Fehler und Abweichungen von 1—2% können auch bei einwandfreiem Arbeiten leicht auftreten. Man mag daraus ersehen, daß die Kautschuk- und Guttapercha-analyse eine große Erfahrung voraussetzt.

Literatur.

(1) Axelrod: Gummi-Ztg. **19**, 1035; **20**, 105; **23**, 810; C. **1905 II**, 1630, 1631; C. **1909 II**, 29.

(2) Beadle u. Stevens: Analyst **36**, 6 (1911). — *(3)* Bouchardat: Ann. **27**, 30 (1838). — *(4)* Budde, Th.: Gummi-Ztg. **21**, 1205; C. **1908 I**, 175. — *(5)* Veröffentl. Geb. Militärsanitätswes. 1905, H. 29; C. **1905 II**, 172. — *(6)* Ebenda H. 41, T. 3; C. **1909 II**, 1017.

(7) Clouth, F.: Gummi, Guttapercha und Balata. Leipzig 1899. — *(8)* Contardi, A.: Annali chim. appl. **14**, 281 (1924); C. **1925 I**, 533.

(9) Daynes, H. A.: Proc. Royal Soc. London, Ser. A **97**, 286; C. **1920 III**, 615. — *(10)* Dekker, P.: India Rubber Journ. **70**, 815; C. **1926 I**, 1059. — *(11)* Demuth, W.: Materialprüfung der Isolierstoffe, S. 10, 17. — *(12)* a. a. O., S. 77. — *(13)* a. a. O., S. 104 ff. — *(14)* Dillen, L. R. van: Arch. Rubbercult. Nederl.-Indië **6**, 263 (1922); C. **1924 II**, 2793. — *(15)* Ditmar, R.: Chem.-Ztg. **50**, 497; C. **1926 II**, 1342. — *(16)* Kolloid-Ztschr. **10**, 233; C. **1912 II**, 973. — *(17)* Dubosc, A.: Caoutchouc et Guttapercha **16**, 9813; C. **1919 IV**, 415.

(18) Edwards, J. D., u. S. F. Pickering: Chem. Metallurg. Engineering **23**, 17; C. **1920 IV**, 648.

(19) Fendler: Journ. Soc. Chem. Ind. **23**, 764 (1904). — *(20)* Fol: Kolloid-Ztschr. **12**, 131. — *(21)* Fonrobert, E.: Nachweis, Isolierung und Reindarstellung auf dem Gebiet des Kautschuks. Abderhaldens Handbuch der biologischen Arbeitsmethoden Abt. I, T. 10, S. 17. — *(22)* Nachweis. Ebenda S. 19. — *(22a)* Nachweis. Ebenda S. 47. — *(22b)* Nachweis. Ebenda S. 56. — *(23)* Nachweis. Ebenda S. 73. — *(24)* Nachweis. Ebenda S. 115. — *(25)* Frank: Gummi-Ztg. **25**, 990, 1277; C. **1911 II**, 800.

(26) Gladstone u. Hibbert: Journ. Chem. Soc. London **1888**, 680. — *(27)* Eine Aufstellung findet man bei Kurt Gottlob: Technologie der Kautschukwaren, S. 74 ff. 1925. — *(28)* Ebenda S. 86 ff. 1925. — *(29)* Greinert u. Behre: Kautschuk **1926**, 29.

(30) Harries, C.: Ber. Dtsch. Chem. Ges. **35**, 3261 (1902); C. **1902 II**, 1259. — *(31)* Ber. Dtsch. Chem. Ges. **37**, 3842 (1904); C. **1904 II**, 1612. — *(32)* Kautschukarten, S. 26, 33 ff. — *(33)* Ebenda S. 60. — *(34)* Ebenda S. 66. — *(35)* Natürliche und künstliche Kautschukarten. 1919. — Abbau- und Aufbaustudien auf dem Gebiet der natürlichen und künstlichen Kautschukarten. Abderhaldens Handbuch der biologischen Arbeitsmethoden, Abt. I, T. 10, S. 151. — *(36)* Natürliche und künstliche Kautschukarten, S. 118. — *(37)* Harries u. Fonrobert: Ber. Dtsch. Chem. Ges. **46**, 736 (1913). — *(38)* Hauser, E. A.: Kautschuk **1927**, 332; C. **1928 I**, 853. — *(38a)* Kautschuk **1927**, 304; C. **1928 I**, 853. — *(39)* Latex, S. 17 ff. Dresden und Leipzig 1927. — *(40)* Ebenda S. 53, 77. — *(41)* Ebenda S. 59. — *(42)* Ebenda S. 75. — *(43)* Ebenda S. 77. — *(44)* Henri, V.: C. r. d. l'Acad. des sciences **144**, 432; C. **1907 I**, 1140. — *(45)* C. r. d. l'Acad. des sciences **146**, 1024; C. **1908 II**, 133. — *(46)* Himly: Ann. der Chemie **27**, 41 (1838). — *(47)* Hinrichsen, F. W., u. E. Kindscher: Ber. Dtsch. Chem. Ges. **42**, 4329; C. **1900 I**, 112. — *(48)* Ztschr. f. anorg. Ch. **81**, 70; Ber. Dtsch. Chem. Ges. **46**, 1283.

(49) Jaeger, R.: Ann. der Physik (4) **53**, 409; C. **1918 I**, 600. — *(50)* Jong, de, u. Tromp de Haas: Ber. Dtsch. Chem. Ges. **37**, 3298 (1904); C. **1904 II**, 1326.

(51) Katz, R.: C. **1925 II**, 692. — *(51a)* Klein, G., u. K. Pirschle: Biochem. Ztschr. **143**, 457—472; C. **1924 I**, 1389. — *(52)* Korneck, O.: Gummi-Ztg. **25**, 4, 42, 78; C. **1911 I**, 511.

(53) Lennep, v.: The Netherland Indias Government Guttapercha Estate Tjipetir, Buitenzorg, S. 10 ff. 1922. — *(54)* Luff-Schmelkes: Die Chemie des Kautschuks, S. 10. — *(55)* Ebenda S. 35. — *(56)* Kautschuk, S. 36. — *(57)* Ebenda S. 37. — *(57a)* Ebenda S. 40.

(58) Maquenne: Ann. chim. phys. (6) **12**, 566 (1887). — *(59)* Marckwaldt u. Frank: Ztschr. f. angew. Ch. **15**, 1029; C. **1902 II**, 1224.

(60) Obach, E.: Die Guttapercha. Dresden 1901. — *(61)* a. a. O., S. 27. — *(62)* a. a. O., S. 65. — *(63)* a. a. O., S. 69. — *(64)* a. a. O., S. 88. — *(65)* Oesterle: Jahresber. Chemie **1859**, 517. — *(66)* Oudemans: Journ. f. prakt. Ch. **1859**, 277.

(67) Ramsay, W.: Journ. Soc. Chem. Ind. **31**, 1367 (1902). — *(68)* Reiner, St.: Laboratoriumsbuch für die Kautschuk- und Kabelindustrie, S. 37. 1928. — *(69)* Ebenda S. 38. — *(70)* Ebenda S. 39. 1928. — *(71)* Reychler: Bull. Soc. Chim. (3) **9**, 404 (1893). — *(72)* Journ. de Chim. physique **8**, 3, 617 (1910). — *(73)* Richtlinien für die Prüfung von Kautschuk, aufgestellt vom Ausschuß 13 des Deutschen Verbandes für die Materialprüfung der Technik.

(74) Scarle: Proc. Cambridge Philos. Soc. **14**, 190 (1907); C. **1907 II**, 1069. — *(75)* Schidrowitz-Goldsbourough: Gummi-Ztg. **23**, 703; C. **1909 I**, 656, **II**, 29. — *(76)* Kolloid-Ztschr. **4**, 126. — *(77)* Schiller, L.: Ann. der Physik (4) **35**, 931; C. **1911 II**, 1140. — *(78)* Siedentopf, H.: Ztschr. f. wiss. Mikroskopie **29**, 1. — *(79)* Spence: Gummi-Ztg. **22**, 188. — *(80)* Spence u. Kratz: Kolloid-Ztschr. **15**, 217. — *(81)* Spoon, W.: Arch. Rubbercult. Nederl.-Indië **9**, 937; C. **1926 I**, 2058. — Dekker, P.: India Rubber Journ. **70**, 815;

C. **1926 I**, 1059. — (*82*) SZEGVARI, E.: Ztschr. Physik **24**, 91; **21**, 348; Ztschr. f. phys. Ch. **112**, 277, 295.

(*83*) TSCHIRCH, A.: Ann. der Pharm. **243**, 2, 114 (1905).

(*84*) VRIES, O. DE: Arch. Rubbercult. Nederl.-Indië **1**, 242; C. **1924 II**, 1630. — (*85*) Arch. Rubbercult. Nederl.-Indië **7**, 409, 436; C. **1925 I**, 170. — (*86*) India Rubber Journ. **58**, 17; C. **1919 IV**, 671.

(*87*) WALLACH: Liebigs Ann. **227**, 293 (1885). — (*88*) WEBER, C. O.: The Chemistry of Rubber, S. 2. 1902. — (*89*) Ältere Ausgabe bei C. O. WEBER: Ebenda S. 3. — (*90*) WESSON, L. G.: Ind. and Engin. Chem. **5**, 398; C. **1913 II**, 545. — (*90a*) Ind. and Engin. Chem. **9**, 139; C. **1920 IV**, 345. — (*91*) WHITBY: India Rubber Journ. **68**, 619. — (*92*) Journ. Soc. Chem. Ind. **1923**, 369. — (*93*) Kolloid-Ztschr. **12**, 147 (1913). — (*94*) WILLIAMS: Jahresber. Chemie **1860**, 494.

Nachtrag.

(*95*) BOBILIOFF, W.: Arch. Rubbercult. Nederl.-Indie **15**, 289 (1931); C. **1931 II**, 3053.

(*96*) FEUCHTER,, H.: Kautschuk **1926**, 260.

(*97*) GORGAS, A.: Kautschuk **4**, 253 (1930); C. **1930 I**, 1061.

(*98*) HARPEN, N. H. VAN: Arch. Rubbercult. Nederl.-Indië **15**, 1—67 (1931); C. **1931, I**, 3183. — (*99*) HAUSER, E. A.: Kautschuk **7**, 168 (1931); C. **1931**, 2795.

(*100*) KIRCHHOF, F.: Kautschuk **7**, 26 (1931); C. **1931 I**, 2125. — (*101*) KRAUSE, H. H.: Chemist-Analyst **17**, No. 4, 14; C. **1929 I**, 1054.

(*102*) MACKAY, J. G.: India Rubber Journ. **79**, 353 (1930); C. **1930 II**, 2315.

(*103*) PUMMERER, R. u. MANN, F. J.: Ber. Dtsch. Chem. Ges. **62**, 2636; C. **1929 II**, 2835. — (*104*) PUMMERER, R., EBERMAYER, G. u. GERLACH, K.: Ber. Dtsch. Chem. Ges. **64**, 809; C. **1931 I**, 3182.

(*105*) SCHOLZ, P.: Kautschuk **7**, 42 (1931); C. **1931, I**, 3183. — (*106*) SCHOLZ, P. u. KLOTZ, K.: Kautschuk **7**, 66 (1931); C. **1931 II**, 139. — (*107*) **7**, 142 (1931); C. **1931 II**, 2941. — (*108*) STAUDINGER, H.: Helv. chim. Acta **13**, 1321 ff. (1930); C. **1931 I**, 369. — — (*109*) SUSICH, G.: Naturwissenschaften **18**, 915 (1930); C. **1931 I**, 3729.

Systematische Verbreitung und Vorkommen von Kautschuk, Guttapercha und Balata.

Von W. THIES, Hannover.

a) Kautschuk[1].

Vorkommen: Regelmäßiger Milchsaftbestandteil besonders bei den dikotylen Familien der *Moraceen, Euphorbiaceen, Apocynaceen, Asclepiadaceen*, untergeordnet in Milchsäften von *Campanulaceen, Compositen* (Ligulifloren), *Sapotaceen* u. a.; vorwiegend in den Milchsaftröhren der *Rinde*, doch auch der Blätter, krautigen Stengel, Wurzeln und Früchte. Bei einigen anderen Familien ohne Milchsaftröhren (insbesondere *Loranthaceen*) kommt Kautschuk oder kautschukartige Substanz als Bestandteil von Rinde, Frucht oder Blättern vor; er fehlt bei Gymnospermen und Monocotylen (eine Ausnahme?).

Fam. **Musaceae:** *Musa paradisiaca* und *M. sapientium* L., B a n a n e (Früchte).

Fam. **Ulmaceae:** *Eucommia ulmoides* OLIV. (Rinde = „*Tsungrinde*").

Fam. **Moraceae** (*Moroideae*): *Ficus carica* L., F e i g e n b a u m (Früchte), im Milchsaft grüner Feigen und anderer Teile des Baumes. Ferner im Milchsaft aller Teile folgender Species: *F. alba* REINW. — *F. rubiginosa* DESF. — *F. macrophylla* ROXB. — *F. maglaolooides* BORC. — *F. toxicaria* L. — *F. laccifera* ROXB., „*Kautschuk de Batani*". — *F. elastica* ROXB., G u m m i b a u m, „*Java-, Assam-, Penang-, Sumatra-, Rangoon-* und *Singapore-Kautschuk*"; hier auch in Blättern. — *F. laevigata* V a h l. — *F. nitida* BL. — *F. fulva* REINW. — *F. Vogelii* MIQ. — *F. Holstii* WARBG., „*Msoso*". — *F. procera* (?). — *F. glomerata* ROXB. — *F. altissima* BL. (*F. laccifera* ROXB.). — *F. annulata* BL. — *F. benghalensis* L. — *F. bracteata* WALLICH.; zweifelhaft! — *F. Brassii* R. BR. — *F. Bubu* WARBG. — *F. columnaris* M. et M.; zweifelhaft! — *F. comosa* ROXB. — *F. consociata* BL. und *F. consociata* BL. var. *Murtoni* KING. — *F. crassinervia* DESF. — *F. Cunninghamii* MIQ. — *F. dendrocida* H. B. et K.; zweifelhaft! — *F. dob* WARBG. — *F. hispida* L. — *F. hypophaea* SCHLECHT. — *F. inaequi-*

---

[1] Literatur besonders bei A. ZIMMERMANN in WIESNER: Rohstoffe des Pflanzenreiches, 4. Aufl., **2**, 1647—1784. (1928). — Auch C. WEHMER: Pflanzenstoffe, 2. Aufl. 1929—31, *wo weitere Nachweise.*

bracteata Warbg. — *F. incisa* Wall. — *F. indica* L. — *F. infectoria* Roxb. —
F. laurifolia Hort. — *F. laurifolioides* Warbg. — *F. lentiginosa* Vahl. — *F. myrti-
folia* Link. — *F. mysorensis* Heyne. — *F. nekbudu* Warbg. — *F. nymphaeifolia*
Mill. — *F. obliqua* Forst. fil. — *F. obtusifolia* Roxb. — *F. pertusa* L. — *F. platy-
phylla* Del.; guttaperchaähnliches Kautschukharz. — *F. populifolia* Vahl. —
F. populnea Willd. — *F. Preussii* Warbg. — *F. prinoides* H. et B. — *F. prolixa*
Forst. — *F. racemosa* L. — *F. radula* Willd. — *F. religiosa* L.; zweifelhaft! —
F. rigo Bail. — *F. Roxburgii* Wall. — *F. rubra* Vahl. — *F. Schlechteri* Warbg. —
F. subcalcarata Warbg. et Schweinf. — *F. Supfiana* Schlecht. — *F. thomeensis*
Warbg.; zweifelhaft! — *F. trachyphylla* Fenzl. — *F. trichopoda* Bak. — *F. usam-
barensis* Warbg. — *F. variegata* Bl.; zweifelhaft! — *F. Vohsenii* Warbg.; zweifel-
haft! — Ferner im Milchsaft folgender: *Antiaris toxicaria* Lesch., Javanischer
Giftbaum; zweifelhaft! — *Brosimum Galactodendron* Don. (*Galactodendron ameri-
canum* L.), Amerikanischer Kuhbaum; nach älterer Angabe als „Kuhbaum-
wachs“. — *Artocarpus chaplasha* Roxb. — *A. elastica* Reinw. — *A. integrifolia* L.,
Djakbaum.

    Castilloa elastica Cerv.; Castilloakautschuk. — *C. tunu* Hemsl. (= *C. elastica*
Cerv. var. *liga* Poisson). — *C. Markhamiana* Coll. — *C. australis* Hemsl. —
C. costaricana Liebm. — *C. daguensis* Pittier. — *C. fallax* Cook. — *C. guate-
malensis* Pittier. — *C. lactiflua* Cook. — *C. nicoyensis* Cook. — *C. panamensis*
Cook. — *C. Ulei* Warbg., „Cauchu“. — *Cecropia palmata* Willd. — *C. peltata* L. —
Clarisia biflora Ruiz et Pavon und *C. racemosa* Ruiz et Pavon. — *Trophis anthro-
pophagorum* Seem.

Fam. Urticaceae: *Bleekrodea tonkinensis* (?), Kautschukbaum von Tonkin
(Milchsaft).

Fam. Olacaceae: *Ximenia americana* L. (*X. Russeliana* Wall.) (Samen), kautschukartiger Stoff.

Fam. Loranthaceae: *Viscum album* L., Weiße Mistel (Beeren und Rinde), ist bezweifelt[1]. — *Loranthus europaeus* Jacq., Eichenmistel (Beeren); gewöhnlicher Kautschuk! — *Struthanthus syringifolius* Mart., Großfrüchtige Kautschukmistel
(Früchte, als Umkleidung der Samen), *Mistelkautschuk.* — *Phthirusa pyrifolia* Eichl.
(Früchte), *P. Theobromae* Eichl. und andere *Loranthaceen* Venezuelas; wie vorige.

Fam. Trochodendraceae: *Trochodendron aralioides* (?) (Rinde), im „Roten Japanischen
Vogelleim“.

Fam. Menispermaceae: Im Milchsaft aus Stengel und Blättern bei *Tinomiscium
petiolare* Miers, *T. javanicum* Miers und *T. phytocrenoides* Kurz.

Fam. Papaveraceae: *Papaver somniferum* L., Schlafmohn (unreife Früchte), im
Milchsaft.

Fam. Saxifragaceae: *Heuchera americana* L. (Wurzel = „Alaunwurzel“).

Fam. Hamamelidaceae: *Liquidambar orientale* Mill., Orientalischer Amberbaum (Stamm), im *Orientalischen Storax* nach alter Angabe (?).

Fam. Euphorbiaceae: Im Milchsaft der *Stammrinde* bei folgenden: *Hevea guianensis*
Aubl. (*Jatropha elastica* L., *Siphonia e.* Pers.), Hevea-Kautschukbaum. —
H. collina Hub.; „Itaubá“. — *H. Spruceana* Müll. — *H. brasiliensis* Müll. (*Siphonia
b.* H. B. et Kth.), als „Parakautschuk“. — *H. discolor* Müll. — *H. rigidifolia* Müll. —
H. pauciflora Müll. — *H. lutea* Müll. — *H. apiculata* Baill. — *H. Benthamiana*
Müll. — *H. andinensis* (?). — *H. confusa* Hemsl. — *H. Duckei* Hub. — *H. Foxii*
Hub. — *H. glabrescens* Hub. — *H. microphylla* Ule; „Tambaqui seringas“. —
H. nigra Ule. — *H. paludosa* Ule. — *H. Spruceana* Müll.-Arg.; „Seringueira barri-
guda“. — *H. viridis* Hub.; „Puca siringa“. — *Micrandra siphonoides* Benth. —
M. minor Benth. — *Ophthalmoblapton pedunculare* Müll.-Arg. — *Manihot Glaziovii*
Müll., Cearakautschukbaum; „Manihotkautschuk“. — *M. dichotoma* (?), Manihot
von Jequié. — *M. heptaphylla* Ule, Manihot von S. Francisco. — *M. violacea* Müll. —
M. Teissonieri Chev. (*Hotnima T.* [?]). — *M. piauhyensis* Ule; „Manicoba de
Piauhy“. — *Omphalea triandra* L. — *Mabea Piriri* Aubl. — *M. Taquari* Aubl. —
Excoecaria gigantea Griseb.; Kautschuk = „Caucho blanco“. — *E. Dallachyana*
Benth.; wie vorige.

    Sapium Aucuparium Jacq. var. *salicifolium*; alte zweifelhafte Angabe! —
S. biglandulosum var. *Klotzschianum* Müll. (*S. Aucuparium* Jacq., *Excoecaria b.*
Müll.); als „Caucho blanco“. — *S. ciliatum* Hemsl. — *S. cladogyne* Hutch. —
S. decipiens Preuss; „Caucho andullo blanco“. — *S. eglandulosum* Ule. — *S. Hems-
leyanum* Huber; zweifelhaft! — *S. Jenmani* Hemsl.; „Orinoco Scrap“. — *S. Mar-*

---

[1] Neuere Untersuchung (Schiller 1928) fand in Beeren und vegetativen Teilen *keinen*
Kautschuk (nur „Celluloseschleim“), sie gaben auch keinen Vogelleim.

mieri HUBER. — *S. paucinervium* HEMSL. — *S. stylare* MÜLL.-ARG.; „*Oriente*“. — *S. taburu* ULE; „*Tapuru*“. — *S. Thompsonii* GOD. LEB.; „*Columbian virgen*“. — *S. utile* PREUSS. — *S. verum* HEMSL.; „*Caucho blanco*“.

Euphorbia canariensis L. (*Tithymalus c.*); als *kautschukähnliche* Substanz angegeben. — *E. resinifera* BERG.; als „*Almeidina-Kautschuk*“. — *E. Wulfenii* HOPPE. — *E. Lathyris* L. — *E. Cyparissias* L., Cypressenwolfsmilch; überall im Milchsaft der Blätter. — *E. maculata* L.; nach alter Angabe kautschukartige Substanz. — *E. helioscopia* L., Sonnenwendige Wolfsmilch; alte Angabe! — *E. Cattimandoo* ELL. (*E. trigona* HAW.). — *E. prunifolia* var. *genuina* MÜLL. — *E. geniculata* ORTG. — *E. Peplus* L. — *E. Tirucalli* L. — *E. platyphyllos* L. var. *stricta*. — *E. elastica* JUM. — *E. austriaca* KERN. — *E. Esula* L. — *E. lactiflua* PHIL. — *E. rhipsaloides* WELW.; „*Almeidina-Kautschuk*“. — *E. antiquorum* L. — *E. nereifolia* L. — *E. picta* JACQ. — *E. colorata* ENGELM. — *E. Characias* L. — *E. Pirahazo* (?). — *E. Intisy* DRAKE DEL CASTILLO. — *E.-Species* unbekannt; „*Euphorbia-Rubber*“. — *E. abyssinica* GMEL. — *E. candelabrum* TRÉM.; zweifelhaft! — *E. caracasana* BOISS.; zweifelhaft! — *E. dregeana* E. MEY. — *E. fulva* STAPF. (*E. elastica* ALTAM et ROSE).

Fam. **Celastraceae:** *Catha edulis* FORSK. (*Celastrus e.* VAHL.) (Blätter = „*Kat-Tee*“).

Fam. **Aquifoliaceae:** *Ilex integra* THUNBG. (Rinde); im *Weißen Japanischen Vogelleim*.

Fam. **Caricaceae:** *Carica Papaya* L. (*Papaya vulgaris* DC.), Melonenbaum (Milchsaft der Früchte); *kautschuk*artige Substanz.

Fam. **Cactaceae:** *Opuntia vulgaris* MILL. (*Cactus Opuntia* L.), Opuntie; kautschukartige Ausschwitzung, ähnlich *Guayule-Kautschuk*.

Fam. **Myrsinaceae:** *Aegiceras majus* GÄRTN. (Rinde); *kautschuk*artige Substanz.

Fam. **Sapotaceae:** *Achras Sapota* L. (*Sapota Achras* MILL.), Sapotillbaum (Rinde); im „*Chiclegummi*“. — *Mimusops Djave* ENGL. (*Bassia D.* LAN.), Adjab- oder Djave-Baum (Frucht, im unreifen Fleisch; Milchsaft).

Fam. **Apocynaceae:** Wo nicht anderes bemerkt ist, immer im Milchsaft der *Rinde* bei folgenden: *Landolphia madagascariensis* SCHUM. (*Vahea m.* BOJ.). — *L. Thollonii* DEW. und *L. humilis* SCHLECHT. mit var. *umbrosa* (Rhizom); als „*Wurzelkautschuk*“. — *L. cordicata* JUM. et PERR. — *L. Heudelotii* DC. — *L. humilis* SCHUM. (Rhizom); „*Wurzelkautschuk*“. — *L. Karkii* DYER; „*Mozambique rouge*“. — *L. Klainii* PIERRE. — *L. owariensis* BEAUF. und var. *tomentella* STPF. — *L. parvifolia* SCHUM. — *L. Perieri* JUM. — *L. Petersiana* DYER. — *L. Stolzii* BUSSE. — *L. sphaerocarpa* JUM. — *L. ugandensis* STPF. — *L. Watsoniana* VOGTH. — *L. comorensis* SCHUM. — *L. arborescens* JUM. et PERR. — *L. amoena* HUA. — *L. Boivini* PIERRE. — *L. crassipes* RADL. — *L. Dawei* STPF. — *L. delagoensis* PIERRE. — *L. dondeensis* BUSSE. — *L. Droogmansiana* DE WILD. — *L. Dubardi* PIERRE. — *L. fingimena* PIERRE. — *L. florida* BENTH. — *L. Foreti* JUM. — *L. Gentilii* DE WILD. — *L. grammifera* LAM. — *L. hispidula* PIERRE. — *L. Richardiana* PIERRE. — *L. senegalensis* K. et P. — *L. tenuis* JUM. — *L. Henriquesiana* HALL. f. (= *Clitandra H.* SCHUM.). — *L. kilimandjarica* STPF. (= *Clitandra k.* WARBG.). — *L. Laurentii* DE WILD. (= *Vahadenia L.* STPF.) und var. *grandiflora* de WILD. — *L. lucida* SCHUM. var. *hispida* HALL. f. — *L. scandens* HALL. f. und BUSSE mit den Varietäten *genuina* HALL. f., *rotundifolia* HALL. f., *petersiana* HALL. f. und *Tubeufii* BUSSE. — *L. subsessilis* PIERRE. — *L. trichostigma* JUM.; „*Kalamo*“.

Clitandra elastica CHEV. — *Cl. Henriquesiana* SCHUM. (Rhizom); „*Wurzelkautschuk*“. — *Cl. orientalis* SCHUM.; als „*Noir du Congo*“. — *Cl. eugeniifolia* CHEV. — *Cl. cirrhosa* RADL. — *Cl. flavidiflora* HALL. — *Cl. laurifolia* CHEV. — *Cl. Uzunde* DE WILD. — *Cl. Simoni* GILG. — *Cl. Barteri* STPF. — *Cl. Arnoldiana* DE WILD. = *Cl. orientalis* SCHUM. — *Cl. Lacourtiana* DE WILD. — *Cl. laxiflora* HALL. f. — *Cl. leptantha* HALL. f. — *Cl. Mannii* STPF. — *Cl. Schweinfurthi* STPF. — *Cl. togolana* STPF.

Willughbeia edulis ROXB. (*W. marrabanica* WALL.); „*Chittagong-Kautschuk*“. — *W. firma* BL.; „*Borneo-Kautschuk*“. — *W. apiculata* MIQ. — *W. ceylanica* THW. — *W. coriacea* WALL. — *W. dulcis* RIDL. — *W. flavescens* DYER. — *W. martabanica* WALL.; „*Palay-Kautschuk*“. — *W. scandens* WILD. = *Pacourea guyanensis* AUBL. — *W. tenuiflora* DYER.

Mascarenhasia elastica SCHUM.; als „*Mgoa*“. — *M. arborescens* A. DC. — *M. lanceolata* A. DC. — *M. lisianthiflora* A. DC. — *M. longifolia* JUM., *M. anceps* BOIV., *M. utilis* BAK. und *M. mangorensis* JUM. et PERR.; *Kautschuk* als „*Madagascar noir*“. — *M. angustifolia* DC. — *M. Geayi* C. et P.; „*Kokomba*“ und *M. Kidroa* C. et P.; „*Kidroa*“, als *Wurzelkautschuk*. — *M.-Species* unbekannt, Herandrana.

Carpodinus lanceolata SCHUM.; als „*Wurzelkautschuk*“. — *C. hirsuta* HUA; als „*Glu-Kautschuk*“ („*Accra Paste*“). — *C. Jumellei* PIERRE. — *C. gracilis* STPF.; als „*Wurzelkautschuk*“. — *C. landolphioides* STPF. — *C. congolensis* STPF. — *C. chylor-*

rhiza Schum. — *C. leucantha* Schum. — *C. uniflora* Stpf. — *C. fulva* Pierre. — *C. Etveldeana* de Wild. — *C. turbinata* Stpf. — *C. pauciflora* Stpf. — *C. maxima* Schum. — *C. ligustrifolia* Stpf. und var. *angusta* de Wild. — *C. Gentilii* de Wild. — *Leuconotis eugenifolia* DC. — *L. anceps* Jacq. — *L. gigantea* var. *ovalis* Boerl. — *L. subavenis* var. *latifolia* Boerl. — *L. Griffithii* (?). — *Plumiera acutifolia* Poir. — *P. lancifolia* Mart. — *P. phagedaenica* Mart. — *P. drastica* Mart.

Aspidosperma pyricollum Müll.-Arg. (Blätter und Zweige). — *A. sessiliflorum* Allem., (Blätter). — *Alstonia scholaris* R. Br. (*Echites sch.* L.). — *A. constricta* F. v. Müll. — *A. polyphylla* Miq. — *A. plumosa* L. — *A. plumosa* Labill. var. *villosa* Seem. — *A. grandifolia* Miq. — *A. eximia* Miq. — *A. Dürkheimiana* Schl. — *A. congenensis* Engl. — *A. angustiloba* Miq. — *A. costulata* Miq. (*Dyera c.* Hook.); im „*Gummi-Gelutong*“ (= Bresk, Dead oder Dead Borneo usw.).

Rhynchodia Wallichii Hook. f. — *Dyera laxiflora* Hook. f. und *D. Lowii* Hook. f. — *D. costulata* Hook. f. = *Alstonia costulata* Miq.; im „*Gelutong*“. — *Tabernaemontana utilis* W. et Arn. — *T. sphaerocarpa* Bl. — *T. Wallichiana* Steud. — *T. angolensis* Stapf. — *T. bovina* Lour.; „*Wurzelkautschuk*“. — *T. Holstii* Schum. = *Conopharyngia Holstii* Stpf. — *T. Thursioni* Bak. — *T. stenosiphon* Stpf. — *T. Salzmanni* DC. (Fruchtschale, Blätter, Rinde und Holz). — *T. alba* Mill. — *T. annamensis* Dub. et Eberh. — *T. crassa* Benth. — *T. rupicola* Benth. — *T. undulata* Vahl.

Kickxia elastica Preuss. (*Funtumia e.* Stpf.); als „*Seiden*“- oder „*Kickxia-Kautschuk*“. — *K. africana* Benth.; wie vorige. — *K. Scheffleri* Schum. — *Cerbera Odollam* Gaertn. (Blätter, Rinde, Milchsaft). — *Kopsia Roxburghii* (?) (*Calicarpum* R. Don.) = *K. fruticosa* (?) DC. — *K. albiflora* L. (*Calpicarpum a.* T. et B.). — *K. cochinchinensis* Ktze. und *K. Harmandiana* Pierre. — *Parameria philippensis* Radl. — *P. Pierrei* Baill. — *P. glandulifera* Benth. — *P. barbata* Schum. — *P. Griffithii* Hook. — *P. pedunculosa* Benth. (= *Ecdysanthera p.* Micq.). — *P. polyneura* Hook. f.; zweifelhaft! — *P. vulneraria* Radlk. — *P. wariana* Schlecht. — *Apocynum androsaemifolium* L. (Blätter). — *A. cannabinum* L., Canadischer Hanf; wie vorige. — *A. venetum* L., Kendyr (Stengel).

Wrightia tinctoria R. Br. — *Holarrhena africana* DC. — *H. microteranthera* Schum. (hier auch in Blättern und Blattstielen). — *Forsteronia floribunda* Müll. und *F. gracilis* Müll. — *Dipladenia atroviolacea* Müll.-Arg. (Kraut und Knollen). — *D. fragrans* DC. (Blätter). — *Prestonia tomentosa* R. Br. (Blätter). — *Allamanda Schottii* Pohl. (Früchte). — *Hancornia speciosa* var. *pubescens* Müll.-Arg. (*H. pubescens* Mart.); als „*Kautschuk von Pernambucco*“. — *H. speciosa* Gom. (Milchsaft der Blätter und Rinde); als „*Mangabeira-Kautschuk*“. — *Xylinabaria Reynaudi* Jum. — *Ichnocarpus xanthogalax* Schltr. — *Collophora utilis* Mart. — *Cameraria latifolia* Jacq. — *Hymenolophus Romburghii* Boerl. — *Pacourea guianensis* Aubl. (*Willughbeia g.* Raemsch.). — *Melodinus ovalis* Boerl. — *M. curvinervius* Boerl. — *M. rhytidiphyllus* Boerl. — *Baissea gracillima* Hua. — *Boussigonia tonkinensis* Eberh. — *Carissa-Species* divers. — *Chilocarpus enervis* Hook. f.; zweifelhaft! — *Chonemomorpha macrophylla* G. Don. — *Funtumia africana* Stpf. (= *Kickxia a.* Benth.). — *F. elastica* Stpf. (= *Kickxia e.* Preuss). — *Micrechites Bailloni* Pierre. — *M. napeensis* Quint. — *Oncinotis hirta* Oliv. — *Parabarium diudo* Dub. et Eberh.; als „*Diu-do*“ und *P. diudo* var. *longifolia* Dub. et Eberh.; als „*Diu-rang*“. — *Pezizicarpus montana* Vern. — *Plectaneia elastica* Jum. et Perr.; als „*Vahyvanda*“ und *Pl. microphylla* Jum. et Perr.; als „*Mahavoahavana*“. — *Species* unbekannt; „*Kautschuk von Gabon*“. — *Ecdysanthera micrantha* DC. — *E. annamensis* Vern. — *E. Langbiani* Vern. (Rinde von Wurzel und Stamm). — *E. cambodiensis* Pierre. — *E. linearicarpa* Pierre. — *E. Quintareti* Pierre. — *E. Godefroyana* Pierre. — *E. Tournieri* Pierre. — *E. pedunculosa* Miq. (= *Parameria p.* Benth.). — *Urceola esculenta* Benth.; im „*Rangoon-Kautschuk*“. — *U. elastica* DC.; im *Borneo-Kautschuk*. — *U. acuto-acuminata* Boerl. und *U. acuto-acuminata* var. *polyneura* Boerl. — *U. brachysepala* Hook. f. — *U. javanica* Boerl. — *U. lucida* Benth. et Hook. — *U. Maingayi* Hook. f. — *U. malaccensis* Hook. f. — *U. pilosa* Boerl.; „*Serapat-Kautschuk*“.

Fam. **Asclepiadaceae:** *Periploca canescens* Afz. (besonders in Wurzel); „*Schwarzer Kautschuk*“. — *Cryptostegia grandiflora* R. Br. (Blätter und Stengel); *Kautschuk* als „*Palay-Rubber*“. — *C. madagascariensis* Boj.; im Milchsaft. — *Gomphocarpus tomentosus* Gray. (Blätter und Stengel). — Im Milchsaft bei folgenden: *Calotropis gigantea* R. Br. (*Asclepias g.* L., Mudar als „*Mudargummi*“. — *Asclepias syriaca* L. (*A. cornuti* Dec.); Syrische Seidenpflanze (auch in Blättern). — In Blättern und Stengel bei folgenden: *A. galioides* H. B. et Knth. (*A. verticillata* L.). — *A. speciosa* Torr. — *A. incarnata* L. — *A. mexicana* Lar. — *A. subulata* Don. — *A. Sullivantii* Engelm. — *A. stellifera* Schltr. — Im Milchsaft bei folgenden: *Cynanchum ovali-*

folium WGHT.; als *Penang-Kautschuk.* — *Marsdenia Condurango* REICHB. (*Gonolobus C.* TRIAN.). — *M. verrucosa* DCN. (Früchte). — *M. tenacissima* WGHT. — *Fockea multiflora* SCHUM. — *Gonocrypta Grevii* BAILL. — *Omphalogonus calophyllus* BAILL. — *Pentopetia elastica* JUM. et PERR. — *Kompitsia elastica* COST. et GAL. — *Raphionacme utilis* BR. et STPF. — *Secamonopsis madagascariensis* JUM. — *Tacazza apiculata* OLIV. — *T. Brazzeana* BAILL. — *Acerates auriculata* ENGELM. (Blätter und Stengel).

Fam. **Verbenaceae:** *Tectona grandis* L., Teakbaum (Holz); kautschukartiger Kohlenwasserstoff.

Fam. **Labiatae:** *Hyptis Salzmanni* BENTH. (Blätter); kautschukähnliche Substanz.

Fam. **Campanulaceae:** Im Milchsaft bei folgenden: *Lobelia longisepala* ENGL. — *Siphocampylus Caoutchouc* DCN. (*Lobelia C.* HUMB.). — *S. giganteus* DON. — *S. Jamesonianus* DC. — *S. tupaeformis* ZAHLBR.

Fam. **Compositae:** *Tragopogon pratense* L., Wiesenbocksbart (Kraut). — *Parthenium argentatum* GRAY., Guayule-Pflanze (Rinde der ganzen Pflanze, kein Milchsaft!); als *Guayule-Kautschuk.* — *Tussilago Farfara* L., Huflattich (Blätter); kautschukartige Substanz. — *Atractylis gummifera* L. (*Carlina g.* LESS., *Carthamus g.* LAM.), Leimdistel (Milchsaft der Pflanze). — *Sonchus arvensis* L., Feld-Gänsedistel. — *S. asper* L. (*S. fallax* WALLR.), Rauhe Gänsedistel, und *S. oleraceus* L.; im Milchsaft.

Im Milchsaft („*Lactucarium*") bei folgenden: *Lactuca virosa* L., Giftlattich. — *L. canadensis* L. — *L. Scariola* L., Wilder Lattich. — *L. viminea* J. et PRESL. — *Taraxacum officinale* WIGG. (*Leontodon Taraxacum* L.), Löwenzahn. — *Scorzonera hispanica* L., Schwarzwurzel. — *Cichorium Intybus* L., Wegwarte, Cichorie. — *Actinella biennis* GRAY und *A. Cooperi* GRAY. — *Chrysothamnus linifolius* GREENE. — *C. nauseosus* BRITT. mit zwölf verschiedenen Varietäten. — *C. paniculatus* HALL. — *C. teretifolius* HALL. und *C. turbinatus* RYDB. — *Haplopappus arborescens* HALL., *H. brachylepis* HALL., *H. cervinus* WATS., *H. ericoides* H. et A., *H. laricifolius* GRAY, *H. linearifolius* DC., *H. monactis* GRAY, *H. nanus* EATON, *H. Palmeri* GRAY und *H. pinifolius* GRAY. — *Hymenolophus floribundus* COCK.

b) Guttapercha[1].

Vorkommen: Im *Milchsaft* von Rinde, Früchten, auch Blättern, besonders bei *Sapotaceen* und *Apocyneen*, vereinzelt auch bei einigen anderen dikotylen Familien.

Fam. **Moraceae** (*Moroideae*): Guttaperchaähnlichen Stoff enthalten folgende: *Castilloa Tunu* HEMSL. und *C. Markhamiana* COLL. (= *Perebea M.* BENTH.). — *Ficus bracteata* WALL. — *F. columnaris* M. et M. — *F. platyphylla* DEL. — *F. thomeensis* WARBG. — *F. variegata* BL.

Fam. **Trochodendraceae:** *Eucommia ulmoides* OLIV.; im Milchsaft.

Fam. **Euphorbiaceae:** Guttaperchaähnliche Substanz im Milchsaft bei folgenden: *Euphorbia antiquorum* L. — *E. candelabrum* TRÉMAUT. — *E. cattimandoo* ELLIOT. — *E. Tirucalli* L. — *Hura crepitans* L. (*H. brasiliensis* WILLD.). — *Macaranga Reineckei* PAX. (*Euphorbia R.* PAX).

Fam. **Sapotaceae:** *Bassia longifolia* L. (*Illipe Malabrorum* KOEN.). — *B. Mottleyana* CLARKE. — *B. latifolia* ROXB. (*Illipe l.* ENGL.). — *Butyrospermum Parkii* KTSCHK. (*Bassia P.* DON.), Karité- oder Schibaum.

Gattung Palaquium: Im Milchsaft der *Rinde* folgender Species: *P. acuminatum* BURCK. — *P. bancanum* BURCK. — *P. borneense* BURCK. — *P. calophyllum* PIER. (*Dichopsis c.* BENTH. et HOOK.). — *P. celebicum* BURCK. — *P. Clarkeanum* K. et G. — *P. Gutta* BURCK (*Dichopsis G.* B. et H., *Isonandra G.* HOOK.); Guttapercha auch in Zweigen, Blättern und Blattstielen. — *P. inutile* SCHLECHT. — *P. leiocarpum* BOERL., „Hangkang". — *P. Maingayi* ENGL. (= *Dichopsis M.* CLARKE). — *P. montanum* SCHLTR. — *P. oblongifolium* BURCK. — *P. obovatum* ENGL. — *P. Oxlayanum* PIERRE. — *P. petiolare* ENGL. — *P. Pisang* BURCK. — *P. polyanthum* ENGL. (= *Dichopsis polyantha* BENTH. et HOOK.). — *P. quercifolium* BURCK. — *P. Supfianum* SCHLTR. — *P. Sussu* ENGL. — *P. Treubii* BURCK. — *P. Warburgianum* SCHLTR. — *P. xanthochynum* PIERRE. — *Dichopsis Krantziana* PIERRE. — *Illipe pallida* ENGL. (*Illipe v.* M. = *Bassia* KOENIG). — *Payena bankensis* BURCK. — *P. Bawun* SCHEFF. — *P. dasyphylla* PIERRE. — *P. Havilandi* KING et GAMBLE. — *P. latifolia* BURCK. — *P. Leerii* KURZ. — *P. macrophylla* BURCK. — *P. Maingayi* CLARKE. — *P. malaccensis* CLARKE. — *P. Mentzelii* SCHUM. — *P. rubra-pedicellata* BURCK. — *P. stipularis* BURCK. (= *P. sumatrana* MIQ.). — *Omphalocarpum procerum* BEAUV. — *Sideroxylon attenuatum* DC. — *S. cyrtobotryum* MART. und *S. Kaernbachianum* ENGL. —

---

[1] Literatur: Siehe Fußnote 1, S. 689.

Lucuma mammosa GAERTN. (*Sapota m.* JUSS.). — *Mimusops Henriquesii* ENGL. et WARBG. — *M. Schweinfurthii* ENGL. — *Northea seychellana* HOOK. f., Kapuzinerbaum. — *Chrysophyllum Cainito* L., *Chr. ramiflorum* DC. und *Chr. imperiale* B. et HOOK.

Fam. **Apocynaceae**: *Aspidosperma sessiliflorum* ALLEM., (Rinde); Spur *guttapercha-artiger Substanz*. — *Alstonia scholaris* R. BR. (*Echites sch.* L.), *guttaperchaähnliche Substanz*. — *A. grandifolia* MIQ.; „*Malabuwai-Guttapercha*". — *Diplorhynchus mossambicensis* BENTH.; im Milchsaft der Frucht. — *Tabernaemontana Donnell* ROSE; im Milchsaft besonders der Früchte. — *T. amygdalae folia* JACQ.; wie vorige. — *T. grandiflora* JACQ. — *T. Holstii* SCHUM. (= *Conopharyngia H.* STPF.); zweifelhaft! — *T. aff. laeta* (?) MART.; im Milchsaft der Früchte. — *Melodinus orientalis* BL. — *M. pulchrinervius* BOERL.; zweifelhaft! — *Macrosiphonia Velamo* (ST. HIL.) MÜLL.-ARG. (Blätter); *guttaperchaähnliche Substanz*.

c) Balata[1].

Vorkommen: Im Milchsaft von *Sapotaceen.*

Fam. **Sapotaceae**: *Mimusops globosa* GÄRTN. (*M. Balata* CRUEG.), Kugelbaum (Stamm). — *M. speciosa* BL. — *M. Schimperi* HOCHST. — *M. Kummel* BR. — *M. Elengi* L. — *Chrysophyllum ramiflorum* DC. (?). — *Species* unbekannt, „Purquillo", „Pendave".

19. Die Harze.

Von O. DISCHENDORFER, Graz.

Mit 2 Abbildungen.

Zusammenfassende Darstellungen.

Außer den in den chemischen, pharmazeutischen und technischen Zeitschriften verstreuten Originalaufsätzen sind für die Harzchemie insbesondere die folgenden in Buchform erschienenen Zusammenfassungen wichtig. Sie sind in den nachstehenden Kapiteln gemeint, wenn bei Nennung der betreffenden Autoren keine Literaturstelle angegeben wird.

DIETERICH, K.: Analyse der Harze, Balsame und Gummiharze, 2. vermehrte und verbesserte Aufl., neubearbeitet von ERICH STOCK. Berlin: Julius Springer 1930.

GILDEMEISTER u. HOFFMANN: Die ätherischen Öle, 3. Aufl. Verlag der Schimmel & Co. A.-G. 1928—31.

SCHEIBER, J.: Lacke und ihre Rohstoffe. Leipzig: A. J. Barth 1926. Moderne technische Harzchemie.

TSCHIRCH, A.: Harze und Harzbehälter. Leipzig: Gebr. Bornträger 1906. Grundlegendes älteres Werk über die Gewinnung und die Chemie der Harze.

WIESNER, J.: Die Rohstoffe des Pflanzenreiches. Leipzig und Berlin: W. Engelmann 1914. — WOLFF, H.: Die natürlichen Harze. Stuttgart: Wiss. Verlagsges. m. b. H. 1928. Moderne Harzchemie.

Einleitung.

So leicht es ist, ein Beispiel für ein typisches Harz anzugeben, z. B. das „Kiefernharz", so schwierig ist es, den auf dem Boden des Alltags entstandenen Begriff „*Harz*" zu umgrenzen oder gar wissenschaftlich einwandfrei zu definieren. Weder physikalische Eigenschaften, wie z. B. der häufig gefundene amorphe Zustand, die Klebrigkeit, die Löslichkeitsverhältnisse u. a., noch chemische Eigenschaften reichen hierfür aus.

Von den als „Harze" bezeichneten Produkten sind dem Plane des Gesamtwerkes entsprechend nur diejenigen berücksichtigt worden, die ihre Entstehung dem Pflanzenreiche verdanken. „Synthetische Harze", „Kunstharze" sowie der nach den neuesten Forschungen als rein tierisches Produkt anzusprechende „Stocklack" (Schellack) fallen also aus dem Rahmen des hier zu Besprechenden heraus.

Die Harze sind nach der heutigen Auffassung der Pflanzenphysiologen pflanzliche *Excrete*, also Ausscheidungsprodukte, die aber nicht wie die Sekrete im inneren Stoffwechsel weiter verwertet, sondern endgültig abgelagert werden.

---

[1] Literatur: Siehe Fußnote 1, S. 689.

Ob dies restlos richtig ist, müßte allerdings angesichts unserer neuen Kenntnisse von der physiologischen Bedeutung mancher Stoffe, z. B. der Sterine, noch eigens erwiesen werden.

Ein typischer Harzfluß kommt nur dort zustande, wo genügende Mengen von Harzprodukten erzeugt werden und wo anderseits auch genügende Mengen von ätherischen Ölen oder flüssigen Estern vorhanden sind, um die an sich festen Harzbestandteile in Lösung oder Emulsion zu halten und so die Bildung eines fließfähigen „Balsames" zu ermöglichen. Ein System von anastomosierenden Harzräumen, -gängen oder -kanälen gestattet dann meist die Sammlung und bei eintretender natürlicher oder künstlicher Verwundung den mehr oder minder raschen Austritt größerer Harzmengen.

Wo eine dieser genannten Bedingungen fehlt, kommt es zu keinem typischen Harzfluß, wohl aber häufig zur Bildung der gleichen oder ähnlicher Stoffe, die nicht zum Ausfluß kommen, sich nicht sammeln, sondern in den Geweben, wo sie gebildet wurden, liegen bleiben. Solche harzartigen Stoffe sind in den Pflanzen weit verbreitet. Sie können naturgemäß nicht durch Verwundung des Stammes gewonnen werden, sondern nur durch Extraktion der Gewebe mit geeigneten Lösungsmitteln, und werden deshalb meist nicht als Harzstoffe bezeichnet.

Fortgesetzte und meist recht tiefgreifende Verletzungen des Stammes vergrößern die Menge des gebildeten natürlichen Harzes, verlängern die Ausflußperiode desselben und bewirken häufig auch eine Neubildung von Sammelräumen. Ja manchmal wird die Harzbildung durch Verletzungen überhaupt erst eingeleitet. Diese letzteren Harze unterscheiden sich mitunter auch in ihrer Zusammensetzung von den gewöhnlichen „physiologischen" Harzen und werden „pathologisch" genannt.

Unsere Kenntnisse über die *Entstehung der Harzstoffe* im Pflanzenkörper sind leider in jeder Hinsicht recht lückenhaft. Da in manchen Fällen schon bei der Harzbildung die Zellwände aufgelöst werden, lag der Gedanke nahe, die Harze entstünden durch Umwandlung der Cellulose (vgl. besonders die Gummiharze). Weit häufiger als diese „*lysigene*" Harzbildung ist aber die „*schizogene*", bei der die innerhalb der Zellen gebildeten Stoffe durch die Zellwände in die Intercellularräume austreten. Letztere vergrößern sich im Laufe der Zeit allseitig zu Harzräumen oder nur in einer Richtung zu Harzgängen, wobei häufig nachträglich die angrenzenden Zellen aufgelöst werden („*schizolysigene*" Harzbildung).

In den Harzen sind stets ätherische Öle vorhanden. Bei der chemischen Ähnlichkeit der Terpenderivate mit den hydroaromatischen und aromatischen Harzverbindungen erscheint die Annahme der Umwandlung der ersteren in die letzteren durchaus ungezwungen, wobei selbstverständlich bis zu einem gewissen Grade auch an eine gemeinsame Entstehungsweise beider Gruppen nach einem gemeinsamen Bildungsprinzipe zu denken ist.

Die nahen Beziehungen der Harze zu den Kautschuken, insbesondere ihre weite gemeinsame Verbreitung und das häufige Auftreten von Amyrin in Kautschuken und Harzen veranlaßten HARRIES und später in verbesserter Form ASCHAN (6) zur Annahme einer Hypothese, wonach ein ungesättigter Kohlenwasserstoff mit einer verzweigten Kette von 5 Kohlenstoffatomen, das Isopren $CH_2 = CH \cdot C(CH_3) = CH_2$, einerseits durch Polymerisation in Kautschuk und Terpenkohlenwasserstoffe, anderseits durch nebenher einsetzende Oxydationsvorgänge, Wasseranlagerungen usw. in Harzalkohole und Säuren übergeführt würde. Die bisher strukturell erforschten Terpene und Sesquiterpene gestatten tatsächlich eine Teilung ihrer Formeln in Isoprenkomplexe und stützen somit die genannte Hypothese auf das beste. Auch Synthesen bestätigen sie; so entsteht z. B. beim Erhitzen von Isopren Dipenten neben Kautschuk:

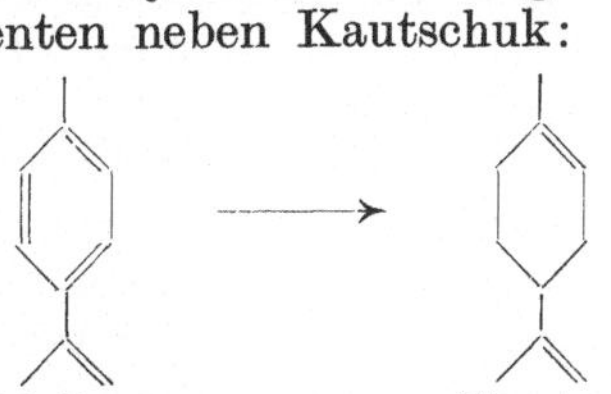

2 Mol. Isopren   →   Dipenten

Das für diese Synthesen nötige Isopren kann nach Aschan leicht durch Kondensation von Acetaldehyd und Aceton, zwei bei der Gärung der Zucker sich bildende Produkte (109, 32) durch nachfolgende Reduktion des Aldols zum entsprechenden Glucol und Abspaltung von 2 Molekülen Wasser entstehen:

$$
\begin{array}{ccccccc}
CH_3 \quad CH_3 & & CH_3 \quad CH_3 & & CH_3 \quad CH_3 & & CH_3 \quad CH_2 \\
\diagdown \diagup & & \diagdown \diagup & & \diagdown \diagup & & \diagdown \diagup \\
CO & & COH & & COH & & C \\
& & | & & | & & | \\
CH_3 & \longrightarrow & CH_2 & \longrightarrow & CH_2 & \longrightarrow & CH \\
| \quad H & & | \quad H & & | & & \parallel \\
C\diagup & & C\diagup & & CH_2OH & & CH_2 \\
\diagdown O & & \diagdown O & & &
\end{array}
$$

Bei den typischen hochmolekularen hydroaromatischen Harzstoffen konnte diese Theorie bisher nicht nachgeprüft werden, da hier unsere Strukturkenntnisse noch zu gering sind. Das häufige Auftreten von Körpern mit 30 Kohlenstoffatomen steht aber damit im besten Einklang. Diese sog. Triterpenderivate dürften am wahrscheinlichsten durch Dimerisation von Sesquiterpenen entstanden sein. Auf experimentellem Wege ist dies bisher noch nicht gelungen. (Über weitere Synthesen vgl. das Kapitel: Der harzartige Zustand.)

Allgemeiner Teil.

a) Gewinnung der Harze.

Bei der Untersuchung einer vorliegenden Harzprobe wird man vor allem prüfen, um welche Art von Harz es sich handelt. Darüber hinaus wird man eventuell dem Harze beigemengte Verunreinigungen und Verfälschungsmittel festzustellen suchen und damit den Kaufwert und die praktische Verwendbarkeit des Untersuchungsmaterials für technische Zwecke zu bestimmen trachten.

Eine gründliche Untersuchung erweist sich bei allen Drogen notwendig, ganz besonders aber bei den Harzen, die auf dem Wege von der Pflanze bis zum Konsum recht mannigfaltigen Einflüssen ausgesetzt sind. Das Anschneiden der Baumstämme, das Auskochen der Zweige, das Anschwelen usw. sind rohe Gewinnungsmethoden, die je nach der Durchführung recht verschiedene Harzprodukte entstehen lassen. Dazu kommt, daß schon beim Einsammeln, häufig im artenreichen Tropenwalde, aber auch in den mittleren Breitengraden mehr oder weniger verwandte Baumspezies neben und miteinander zur Harzgewinnung herangezogen werden, wodurch natürlich je nach Mischung ungleichmäßige Produkte entstehen müssen. Die gesammelten Harze werden dann durch verschiedene Prozesse gereinigt, getrocknet und sortiert. Bei letzterer Tätigkeit werden häufig die Herkunftsbezeichnungen vertauscht und nicht selten auch die edleren Harze durch billigere zu verfälschen versucht. Es erweist sich also als durchaus notwendig, alle Harze, besonders aber die kostspieligeren und die überseeischen, zu überprüfen, um sich vor groben Irrtümern zu schützen.

Die Harze sind Gemische von flüchtigen und nichtflüchtigen Bestandteilen. Das bringt es mit sich, daß bei längerem offenen Liegen die ersteren an Menge abnehmen, wenn sie auch nie gänzlich verschwinden. Tiefgreifende Veränderungen ruft oft der Sauerstoff der Luft hervor. Sie bestehen in Gewichtszunahme, an den einzelnen Harzstücken von außen nach innen zu fortschreitenden Bräunungen, Löslichkeitsänderungen und Änderungen im chemischen Verhalten. Aber auch ohne Zutritt der Luft gehen zweifellos häufig Veränderungen durch Polymerisationen, Veresterungen usw. vor sich. All dieses macht es erklärlich, daß sich die physikalischen und chemischen Eigenschaften ein und derselben Harzsorte innerhalb weiter Grenzen ändern können. Es ist deshalb von höchster Wichtigkeit, daß auch authentisch reine Proben untersucht werden, die unter strenger Kontrolle dem Stammbaume direkt entnommen worden sind. Nur so kann man durch Gewinnung von Normalwerten eine sichere Basis zur Beurteilung von Handelsprodukten erhalten. Diese Forderung konnte allerdings bis heute erst bei den wenigsten Harzen erfüllt werden. Die Untersuchung muß sich auf die verschiedensten sinnfälligen oder mit geeigneten Untersuchungsmethoden feststellbaren physikalischen und chemischen Eigenschaften erstrecken.

b) Physikalische Eigenschaften.
(Vgl. auch das Kapitel: Der harzartige Zustand.)

Unter *Balsamen* im weiteren Sinne versteht man die unmittelbar aus den verletzten Geweben austretenden sirupartigen Flüssigkeiten. Sie sind reich an ätherischen Ölen oder an flüssigen Estern, welche die oft hochmolekularen, an sich festen Harzstoffe in Lösung halten. In dem Maße aber, als das ätherische Öl an der Luft verdunstet oder durch Sauerstoffaufnahme verharzt, werden sie dickflüssiger und schließlich sehr häufig fest. Aus den Balsamen entstehen so unsere sämtlichen Harze, sie sind verhältnismäßig rasch erstarrte Balsame. Die Balsame des Handels oder die eigentlichen Balsame sind dagegen flüssig gebliebene oder nur bei sehr langem Stehen erstarrende natürliche Balsame. Daß auch die fossilen Harze aus Balsamen gebildet wurden, folgt daraus, daß sich ihnen stets kleine Mengen ätherischer Öle, andererseits nicht selten Insekten, Blüten, Blattbestandteile usw. vorfinden, die so nur im flüssigen Harze eingeschlossen werden konnten.

Beim Erstarren behalten die Harze meist die tropfenförmigen, stalaktitischen, plattenartigen usw. Gestalten, die sie in zähflüssigem Zustande besessen hatten. Die Verschiedenheit der Formen rührt dabei teils von der Umgebung, teils von der verschiedenen Konsistenz beim Ausfließen und der verschiedenen Schnelligkeit des Hervortretens und Festwerdens her. Die Formenbeschreibung gibt daher wichtige Aufschlüsse über die Herkunft des Harzes, über die Pflanzenspezies, die Art der Stammverletzungen, über die Art des Auffangens und Aufbewahrens, des Reinigens und Sortierens der Harze. Das Sortieren erfolgt nach Färbung, Reinheit und namentlich nach Stückgröße. Größere Stücke werden wegen ihrer meist größeren Reinheit auch höher bewertet, während pulverige Sorten oder undefinierte Massen (resina in massis) meist unreiner, Verfälschungen eher ausgesetzt und daher billiger sind. Der Zerteilungsgrad der Harze ist auch insofern von Bedeutung, als mit einer Oberflächenvergrößerung der einzelnen Teilchen stets auch Änderungen ihrer physikalischen und chemischen Eigenschaften auftreten, weil das Verdunsten des ätherischen Öles und die Einwirkung von Licht und Luft hierbei viel intensiver und rascher vor sich gehen.

Die natürliche *Oberfläche* mancher, insbesondere fossiler Harze, läßt bei Betrachtung mit freiem Auge oder auch erst bei entsprechender Vergrößerung charakteristische Strukturen erkennen. Diese Oberflächenreliefs der Harzstücke entstehen nach WIESNER durch Zusammenziehung der äußeren Schichten infolge von Austrocknung und von Verdunstung des ätherischen Öles. Hierbei bilden sich Sprünge, die dann zur Abblätterung, zur Warzenbildung und zum Staubigwerden der Oberfläche führen.

Ganz anders als die natürlichen Oberflächen sehen die *Bruchflächen* aus. Man unterscheidet ähnlich wie in der Mineralogie ebenen, muscheligen, körnigen, erdigen, splitterigen usw. Bruch.

Die Harze sind im allgemeinen *strukturlos*. Sie erweisen sich jedoch bei mikroskopischer Betrachtung häufig als inhomogen, indem in einer glasartigen Grundmasse reichlich Luftbläschen, Wassertröpfchen, Harzkügelchen (Gummiharze) oder Krystalle eingebettet sind.

Von Bedeutung ist auch die *Farbe* der Harze. Die Balsame enthalten mit wenigen Ausnahmen ursprünglich nur farblose Bestandteile. Diese dunkeln aber oft an der Berührungsfläche mit Licht und Luft mehr oder minder rasch nach. Manchmal enthalten die Harze auch von der Gewinnung her dunkle Beimengungen (Rindenteilchen, Holz, Erde, Verkohlungsprodukte, Gerbstoffe). Die helleren und daher verwendbareren Sorten werden höher geschätzt als die dunklen. In wenigen Fällen hat das Harz von Anfang an lebhafte natürliche Färbungen. Die Farbtöne der Harze gehen von Hellgelb, Braun und Braunrot bis zu Violett und Schwarz.

Die Harze sind selten glasartig *durchsichtig*. Meist sind sie nur *durchscheinend*, in vielen Fällen auch durch Einschluß von Luft, Wasser, Harztröpfchen und Krystallen mehr oder weniger *getrübt* bis *opak*.

Der *Glanz* geht vom häufigen Glasglanz bis zu Fettglanz. Manche Harze erscheinen fast glanzlos.

Manche Harze sind spröde, andere dagegen zähe, knetbar, geschmeidig, ja selbst milde. Der Grad der *Sprödigkeit* läßt sich leicht durch Ritzen des Harzes mit einer Nadel an der entstehenden glatten oder rissigen Furche beurteilen.

Die *Härte* der Harze liegt häufig zwischen der des Gipses und des Steinsalzes. Höhere Werte (bis zu 3) zeigen Bernstein und einige Kopale. Die Härte der Harze nimmt mit ihrem Alter im allgemeinen zu und schwankt bei verschiedenen Proben ein und derselben Harzgattung ganz beträchtlich.

Die *Dichte* der Harze weicht meist nicht allzusehr von der des Wassers ab. Die Gummiharze sind meist schwerer (bis 1,3). Da die Schwankungen der Dichte bei verschiedenen Proben einer Harzgattung oft größer sind als die Unterschiede zwischen den verschiedenen Harzgattungen, so wird das spezifische Gewicht nur bei den Balsamen zur Feststellung der Sorten und der Reinheit benützt, wo es sich zwischen 0,92 und 1,20 bewegt. Bei genauen Bestimmungen des spezifischen Gewichtes muß auf etwa eingeschlossene Luft (Entlüften durch Einstellen in den Vakuumexsiccator), die das spezifische Gewicht herunterdrückt, ebenso aber auch auf mechanische unabsichtliche oder absichtliche Beimengungen von Holz, Erde, Sand, Gips usw., die es hinaufsetzen, Bedacht genommen werden.

Ein wohldefinierter *Schmelzpunkt* läßt sich bei den Harzen als Mischungen organischer Körper von vornherein nicht erwarten, die Angabe eines solchen hat immer etwas Willkürliches. Die Schmelzpunkte mehrerer Proben einer Harzart unterscheiden sich überdies voneinander so sehr, daß die verhältnismäßig geringen Unterschiede zwischen den verschiedenen Harzen verwischt werden, d. h. eine Bestimmung des Harzes nach dem Schmelzpunkte erschwert, wenn nicht unmöglich gemacht wird.

Wiesner suchte das stets beobachtbare „Schmelzintervall" durch Angabe eines „unteren" und eines weniger genau bestimmbaren „oberen" Schmelzpunktes zu definieren. Während letzterer bei vollständiger Verflüssigung des in einem Reagensglase befindlichen Harzes abgelesen wird, gibt ersterer die Temperatur an, bei der beim Erhitzen nach der üblichen Methode in der Glascapillare die Substanz durchscheinend wird. — Der *Verfasser* hat gelegentlich zur Schmelzpunktsbestimmung von Harzen eine Durchflußcapillare benützt, wie sie für stark gefärbte Substanzen seit langem im Gebrauch ist. Eine wenigstens 10 cm lange Glascapillare wird über einer Mikroflamme U-förmig gebogen und auf einer Seite über der Krümmung durch schwaches Ausziehen verengt. An diese Stelle wird ein wenig Substanz gebracht und mit einem Glasstopfer fest gestampft. Der Punkt, wo das verflüssigte Harz in die Capillare hineinfällt, wird als Schmelzpunkt abgelesen. Bei Anwendung eines Heizbades aus gleichen Teilen Kali- und Natronsalpeter und eines mit Stickstoff gefüllten Thermometers kann man so bei Temperaturen bis 400° das Verhalten der Harze prüfen. Als Badgefäße verwendet man vorteilhaft Reagensgläser aus Pyrexglas oder Jenenser Duranglas. — W. Nagel (108) arbeitete nach der für Fette bestimmten Methode von Krämer-Sarnow, die er etwas modifizierte. Sie bietet, wie die eben geschilderte, den Vorteil, bei genauer Ausführung unter Ausschaltung subjektiver Verschiedenheiten vergleichbare Werte zu liefern. In ein Glasrohr mit der lichten Weite von $^1/_2$ cm, das an seinem Ende durch 1 cm Länge bis auf 0,3 cm verengt ist, wird in einer Höhe von genau 1 cm das Harz in fein gepulverter Form eingestampft. Darüber kommen 5 g Quecksilber. Dieser Apparat wird an einem Thermometer befestigt und in ein weites als Luftbad dienendes Reagensglas eingesenkt, das seinerseits in einem Heizbade (Glycerin) hängt. Man erhitzt erst rasch bis auf 25° unter den Erweichungspunkt und dann langsam, so daß das Thermometer genau 1° je Minute steigt. Die Temperatur, bei der das Quecksilber durch die Harzschichte ausfließt, ist der „Erweichungspunkt". — Bei zu langsamem Erhitzen erhält man oft beträchtlich tiefere Werte. Um vieles niedrigere Schmelzpunkte werden auch erhalten, wenn man statt im offenen Gefäße im zugeschmolzenen Capillarröhrchen erhitzt. Die flüchtigen Stoffe können dann nicht entweichen und entfalten beim Erhitzen ihre volle Lösekraft. Die folgenden Werte wurden von NAGEL nach seiner Methode gefunden:

Akaroid, gelb	100—105°	Guajac-Harz, extra	82—88°
„ rot	128—133°	Kolophonium, amerik. W.W.	85—90°
Benzoe Siam	60—80°	„ franz. hell	75—80°
Dammar, hell	84—86°	„ deutsch	70—80°
Drachenblut in Bast	110—116°	Mastix	72—77°
„ in massis	94—99°	Olibanum elect.	110—120°
Galipot	78—84°	Sandarak	135—140°

Bernstein und die fossilen Kopale lassen sich so nicht bestimmen, da ihre Erweichungspunkte meist zu hoch liegen oder sie sich früher zersetzen.

Die *Brechungsindices* der Harze schwanken wegen der Verflüchtigung mancher Beistoffe in weiten Grenzen und sind deshalb für diagnostische Zwecke nur selten zu verwerten. GREGER gibt Indices von 1,525—1,671 an. Die Ausführung der Bestimmungen erfolgt mittels des Zeissschen Krystallrefraktometers im Natriumlichte bei 18°. Es ergaben sich Zusammenhänge mit den unter den gleichen Bedingungen ermittelten Härten und Dichten sowie mit den Schmelzpunkten.

Die Bestimmung der *Drehung* der Ebene des polarisierten Lichtes hat bei den Harzen als Ganzes wenig Bedeutung, da ihre Zusammensetzung schwankt, die einzelnen Bestandteile aber ganz verschiedene Drehwerte repräsentieren. Außerdem werden im Handel die Harze oft vermengt, und so kommt es, daß z. B. die Drehwerte bei verschiedenen Kolophoniumsorten von $+28°$ bis $+67°$, bei amerikanischem Terpentinöl von $+20°$ bis $—30°$ variieren (8). Gute Dienste leisten jedoch die Drehbestimmungen bei den isolierten Bestandteilen der Harze, wobei jedoch oft mit einer enormen Empfindlichkeit derselben gegen Säuren und Alkalien gerechnet werden muß. So werden nach den Beobachtungen von TSCHIRCH schon beim Ausschütteln mit verdünntem Alkali gewisse optisch aktive Harzsäuren inaktiv. Auch das Lösungsmittel ist häufig von großem Einfluß auf die optische Aktivität. So fanden ASCHAN und ECKHOLM (7) für die Abietinsäure folgende Werte $[\alpha]_D^{20°}$:

in Benzol	$+21,76°$	in Essigester	$—23,35°$
in Mesitylen	$+8,84°$	in Chloroform	$—20,05°$
in Alkohol	$+30,87°$	in Äther	$—30,59°$
in Methylalkohol	$—29,23°$		

Ob diese abweichenden Werte auf Polymerisationen oder Verbindung mit dem Lösungsmittel beruhen, konnte noch nicht einwandfrei festgestellt werden, wenn auch in manchen Fällen (besonders in Benzol) bereits verdoppelte Molekulargewichte gefunden wurden, andererseits das Festhalten von Lösungsmitteln in den Krystallen eine häufig beobachtete Erscheinung ist.

Die Harze sind sehr schlechte *Elektrizitätsleiter*. Ihre Dielektrizitätskonstanten sind demnach gering, z. B. bei Zimmertemperatur für Kolophonium 2,5, für Bernstein 2,8.

c) Löslichkeit der Harze.
(Siehe auch das Kapitel: Harzartiger Zustand.)

Die *Löslichkeit* der Harze hat praktische Bedeutung für die Lackfabrikation und ist deshalb vielfach studiert worden. Sie ist bei den einzelnen Harzen außerordentlich verschieden. Als Lösungsmittel kommen in Betracht: Aceton, Äther, Äthylacetat, Äthylalkohol, Amylalkohol, Amylacetat, Benzin, Benzol, Chloroform, Eisessig, Methylalkohol, Schwefelkohlenstoff, Terpentin, Tetrachlorkohlenstoff, daneben noch eine Reihe von gechlorten Produkten, wie die Chlorbenzole und die Chlorhydrine. In Wasser sind die Harze im allgemeinen unlöslich, manche geben jedoch, insbesondere beim Erwärmen, Substanzen, wie z. B. Benzoesäure oder Zimtsäure, Bitterstoffe usw., an das Wasser ab. Die Gummiharze und die glucosidischen Harze lösen sich oft zum größten Teile auf und geben Emulsionen.

Die Einzelangaben über die Löslichkeiten der Harze stehen vielfach miteinander im Widerspruche, was häufig mit der recht großen Verschiedenheit von Proben ein und derselben Harzsorte zusammenhängt.

Die frisch aus dem Stamme ausfließenden Balsame sind Lösungen von hochmolekularen festen Harzkörpern in den flüchtigen ätherischen Ölen. Aus ihnen scheiden sich beim Verdunsten des Lösungsmittels nach und nach die festen Stoffe aus. Allerdings hinterbleibt auch bei langem Lagern immer ein Teil des ätherischen Öles und wird festgehalten, so daß man auch feste Harze stets als Lösungen auffassen kann. Das erklärt das mitunter eigentümliche Verhalten der Harze gegen Lösungsmittel. Genau wie etwa die Lösung eines chemischen Stoffes in Benzol sich mit kleinen Mengen zugesetzten Ligroins mischt, durch eine größere Menge aber gefällt werden kann, wird mitunter durch Zusatz eines Lösungsmittels in kleinen Mengen ein Harz gelöst (d. h. genauer, die mehr oder minder feste Lösung „Harz" mit dem Lösungsmittel gemengt), in größeren Mengen aber teilweise gefällt. So lösen sich z. B. Manilakopale in wenig Alkohol, fallen aber in viel Alkohol teilweise wieder aus. Bei Angaben über Harzlöslichkeit ist daher häufig auch die Mengenangabe des verwendeten Lösungsmittels unerläßlich.

Da die im Harze vorhandenen Krystalle sich nach dem Auflösen oft nicht mehr in angemessener Zeit abscheiden, so ist es mitunter auch nicht gleichgültig, ob man erst eine kleine Menge Lösungsmittel zusetzt und dann verdünnt, oder ob man das Harz sofort mit einer größeren Menge des letzteren zusammenbringt. Überhaupt ist schon mit Rücksicht auf den kolloiden Zustand vieler Harzlösungen der Art der Auflösung (Temperatur, Zusätze usw.) volle Aufmerksamkeit zu schenken.

Besonders auf die *Quellung* der Harze ist Rücksicht zu nehmen. Die einzelnen Teilchen überziehen sich beim Lösungsversuche manchmal mit einer schleimigen Schichte, die die weitere Einwirkung des Lösungsmittels verhindert oder zum mindesten sehr verlangsamt. In dieser Beziehung sind vor allem die hydrophoben Lösungsmittel unangenehm, sobald die Harze etwas wasserhaltig sind und quellende Substanzen enthalten. Das feine Pulvern der zu lösenden Substanzen bewirkt in solchen Fällen meist nicht wie sonst raschere und vollständigere Lösung, sondern im Gegenteile ein Verkleben und damit ein Unlöslichwerden der einzelnen Partikelchen. Man kann sich durch Mengen mit Sand helfen, der in solcher Quantität anzuwenden ist, daß ein Zusammenbacken durch Quellung nicht mehr stattfindet, vielmehr die Masse pulverig bleibt. Die zuzusetzende Menge wird durch einen Vorversuch festgestellt. Dann kann man in einem beliebigen Extraktionsapparate extrahieren.

Für *quantitative* Löslichkeitsbestimmungen hat man die Wahl, den Extraktionsrückstand (nach dem Trocknen) zu wägen oder die erhaltene Lösung einzudampfen und den Extrakt zu wägen. Die Rückstandbestimmung gelingt ziemlich genau, während bei der Extraktbestimmung das Wasser und leichtflüchtige Körper während des Einengens des Lösungsmittels verlorengehen. Die Summe von Extrakt und Ungelöstem wird daher im allgemeinen weniger als 100 % ausmachen. Es sind aber auch Fälle von Gewichtszunahme bekannt geworden, die man auf eine Sauerstoffaufnahme des Extraktes zurückführt. Die Extraktbestimmung macht man häufig auch so, daß man das Harz in einem hohen Gefäß in Lösung bringt, auf ein bestimmtes Volumen auffüllt, absitzen läßt, nunmehr durch ein trockenes Filter dekantiert und nach Verwerfen der ersten Anteile des Filtrats einen aliquoten Teil eindampft, trocknet und wägt. Man erspart sich dadurch das oft zeitraubende Abfiltrieren vom Rückstande.

Eigentümlich ist das Verhalten der Gummiharze. Deren Gummi wird von Wasser, nicht aber von den meisten Harzlösungsmitteln gelöst. Eine Ausnahme bildet 60proz. Chloralhydratlösung, die sowohl das Harz als auch das Gummi löst. Dies erscheint besonders für die mikroskopische Untersuchung und für die Feststellung von mechanischen Verunreinigungen von Wert.

Um die geringe Löslichkeit der fossilen Harze in organischen Lösungsmitteln zu erhöhen, unterwirft man sie in der Praxis dem sog. „Abschmelzungsprozesse", d. h. man erhitzt sie stark, wobei neben etwas Wasser viel Kohlendioxyd entweicht. Der sauerstoffärmere Rückstand löst sich dann in den mit Wasser nicht mischbaren Lösungsmitteln, wie Benzin, Benzol, Tetrachlorkohlenstoff u. a., bedeutend leichter, was die Verwendbarkeit dieser Harze wesentlich erhöht.

Die typischen Löslichkeiten der Harzarten lassen sich nach Wolff und Erban (143) zur Bestimmung unvermischter Produkte verwerten, wobei nach folgender Tabelle verfahren wird:

I. In Alkohol löslich oder fast löslich:
  a) Löslich in Benzol:
    α) Unlöslich in Schwefelkohlenstoff: Benzoe.
    β) Löslich in Schwefelkohlenstoff: Kolophonium, Terpentine, einige Elemi.
  b) Wenig oder nicht löslich in Benzol:
    α) Löslich in Äther: Sandarak, einige Manilakopale.
    β) Wenig löslich in Äther: Schellack, einige Manilakopale, Akaroid.
II. Teilweise löslich in Alkohol:
  a) Löslich in Benzol:
    α) Völlig oder fast völlig in Äther löslich:
      1. Wenig löslich in Petroläther: Mastix.
      2. Teilweise bis völlig löslich in Petroläther: einige Elemi.
    β) Teilweise löslich in Äther: Dammar.
  b) Teilweise in Benzol löslich:
    α) Lösung intensiv rot: Drachenblut.
    β) Lösung intensiv gelb: Gummigutt.
    γ) Lösungsfarbe normal: Kopale (Kauri, Sierra Leone, Angola, geschälter Sansibar, Manila, Kongo, Borneo [Pontianak]).
III. Fast unlöslich in Alkohol: Bernstein, harte Kopale.

Die weitere Identifizierung der so gekennzeichneten Harze erfolgt durch die Bestimmung der Kennzahlen usw.

d) Der harzartige Zustand.

Die „Harze" sind organische Stoffmischungen, die die Fähigkeit haben, mit gewissen Lösungsmitteln „Lacke" zu bilden, und bei denen der Typus „feste Lösung" („Glas") weitgehend stabilisiert ist, während die Fähigkeit der maßgebenden Teile zur Selbstreinigung (Ausfallen, Auskrystallisieren) praktisch ausgeschaltet ist (131). Für den harzartigen Zustand wesentlich und charakteristisch ist also die Amorphie des maßgebenden Teils des betreffenden Harzes. Es gelingt aber häufig, durch längeres Erhitzen „Entglasungserscheinungen" hervorzurufen.

So werden z. B. die amorphen Coniferenharzsäuren, wie man sie bei Untersuchungen häufig erhält, durch Erhitzen krystallinisch. Dabei dürfte die Herabsetzung der inneren Reibung (Viscosität) eine wesentliche Rolle spielen.

Der Dispersitätsgrad der einzelnen ineinander gelösten Bestandteile kann ein sehr verschiedener sein. Neben zweifellos echten molekular dispergierten Lösungen kommen auch Lösungen größerer Molekülkomplexe, kolloide Lösungen, vor. Letzteres Verhalten findet sich auch bei den krystallisierbaren Harzstoffen häufig.

So konnten Seidel (144) und ebenso Stock (151) zeigen, daß eine 0,5proz. Abietinsäurelösung in 75proz. Alkohol nichts an den im Dialysator befindlichen Alkohol abgab, dagegen deutlich das Tyndallphänomen zeigte.

Nach H. Wolff lassen sich klar filtrierte alkoholische Harzlösungen mit Wasser bis zu einem gewissen Grade verdünnen, ohne daß Harzausscheidung erfolgt. Nach einiger Zeit trüben sich die Lösungen, endlich koaguliert das Harz und fällt aus. Die Menge des bis zum „Fällungspunkte" erforderlichen Wassers wurde von H. Wolff zur Kennzeichnung der Harze und zu ihrer Feststellung in Gemischen genützt (s. Fällungsanalyse). Derartige Entmischungen gehen auch in natürlichen Harzen vor sich. Die zahlreichen im Laufe der Zeit entstehenden Trübungen und amorphen wie krystallinen Ausscheidungen der Harze sind Belege hierfür.

Alle typischen Eigenschaften *kolloider* Lösungen finden sich bei den kolloiden Harzlösungen wieder, die außerordentliche Empfindlichkeit gegenüber einer

Erhöhung der Wasserstoffionenkonzentration (Zusatz von Säure) sowie von Erwärmung, die „Peptisation" in alkalischen Lösungen und das Phänomen des „Alterns" (Vergrößerung der Partikelchen bei gleichzeitiger Verringerung ihrer Anzahl). Diese Veränderungen können reversibel oder auch irreversibel sein. Die entstehenden Produkte haben im letzteren Falle oft ganz andere physikalische und chemische Eigenschaften, sie schmelzen höher, zeigen veränderte Löslichkeiten usw. Daß dies zum Teil auf chemische Vorgänge zurückzuführen ist, liegt nahe. Es fragt sich nur, *wie weit* solche maßgebend sein können.

Man war lange Zeit geneigt, die *Verharzung* als einen speziell für die pflanzlichen Sekrete kennzeichnenden Vorgang aufzufassen. Der Begriff „Harzsubstanzen", charakterisiert durch Klebrigkeit, unscharfen Schmelzpunkt usw., gründet sich darauf. Daß sich „harzige" Substanzen in der Folge in den verschiedensten Klassen organischer Verbindungen auffinden und herstellen ließen, daß „Harzschmieren" oft in unliebsamer Weise bei organisch-chemischen Arbeiten in den verschiedensten Gebieten entstanden, deutete darauf hin, daß Voraussetzungen allgemeinerer Natur diesen Zustand herbeiführen.

Einen tieferen Einblick in die chemische Seite des Problems gewann man erst, als sich das allgemeine Interesse der synthetischen Darstellung von „*künstlichen*" Harzen zuwandte, die trotz weitgehender chemischer Verschiedenheiten der Ausgangsstoffe in ihren technisch maßgebenden Eigenschaften den natürlichen Harzen vollkommen gleichwertig, ja sogar, was Gleichmäßigkeit und Wohlfeilheit der Produkte betrifft, überlegen sind und daher gefährliche Konkurrenten derselben bilden. Zahlreiche Methoden führen zu Kunstharzen, sie lassen sich aber grundsätzlich in 2 Verfahren einteilen, nämlich erstens in Polymerisationen und zweitens in Kondensationen, wobei sich allerdings eine scharfe Trennung beider in der Praxis nicht durchführen läßt, vielmehr sich an Kondensationsvorgänge unmittelbar Polymerisationen anschließen. Die Ausbildung von festen Lösungen wird dabei durch eine große Zahl von Reaktionsmöglichkeiten (insbesondere bei der beliebten Anwendung von Gemischen als Ausgangsstoffen) sehr gefördert, so daß die gegenseitige Verhinderung des Überganges in den krystallinischen Zustand nicht überrascht. Die so entstehenden Produkte sind entweder schon typische Kolloide, oder sie lassen sich durch eine geeignete Nachbehandlung leicht in solche überführen. Die chemischen Reaktionen können je nach den Bedingungen beliebig weit, schließlich bis zu praktisch unlöslichen, unschmelzbaren Produkten geführt werden

Als Ausgangsmaterialien kommen für solche Vorgänge Verbindungen gewisser Konstitution in Betracht. Das Vorhandensein „*resinophorer*" Gruppen, z. B. —CH=CH · CH=CH—, CO · CH=CH—, —N=C=N—, —N=C—, scheint notwendig. So *polymerisieren* sich Cumaron, Inden, Styrol sowie die Vinylverbindungen, z. B. Vinylanisol $CH_3O · C_6H_4CH=CH_2$, beim Erhitzen mit sauren Reagenzien (Schwefelsäure, Aluminiumchlorid usw.) leicht. Für die natürlichen Harze sind selbstverständlich nur die stickstofffreien resinophoren Gruppen von Bedeutung. Ganz ungeahnte Perspektiven eröffnete die Entdeckung von DIELS (32), daß vielfach „Diene" (Verbindungen mit konjugierten Doppelbindungen —CH=CH · CH=CH—, z. B. Butadiene, Cyclopentadien u. a.) ohne Zusatz irgendwelcher Reagenzien im Laufe weniger Minuten bei gewöhnlicher Temperatur mit dem Komplexe —CH=CH · C=O (z. B. Maleinsäureanhydrid, Acrylsäure u. a.) unter Bildung von Sechskohlenstoffringen zu reagieren vermögen. Diese Methode ermöglicht eine ganze Reihe von neuen Synthesen und dürfte auch den Weg weisen, auf dem in der Pflanze zahlreiche Harzsynthesen zustande kommen.

Ein anderer Reaktionstypus, die *Kondensation*, knüpft an die altbekannte Tatsache des „Verharzens" von Aldehyden (Acetaldehyd) unter dem Einfluß von Alkalien an, wobei aromatische Komplexe entstehen. Technisch verwertet werden in allergrößtem Maßstabe die Kondensationsprodukte von Aldehyden mit Phenolen, insbesondere von Formaldehyd mit rohem (kresolhaltigem) Phenol (1 : 1), die unter dem Einfluß von Ammoniakbasen entstehen. Es lassen sich durch verschieden langes Erhitzen die verschiedenen flüssigen und festen „Resole, Bakelite, Resite" usw. herstellen. Hier werden die im ersten Falle bereits vorhandenen ungesättigten Komplexe, wie z. B. $CH_2=C \cdot (C_6H_4 \cdot OH)_2$ und ähnliche, erst gebildet. Dieselben gehen dann leicht durch Erhitzen in typisch kolloidale Polymerisate über. Der Endeffekt ist also in beiden Fällen der gleiche.

Die physikalischen und chemischen Eigenschaften der künstlichen Harze ähneln den natürlichen sehr. Die Reaktionsstufen, deren Erreichung bei den natürlichen Harzen Wochen und Monate, ja mitunter, wie bei fossilen Harzen, Jahrhunderte dauert, werden hier rasch, oft in wenigen Minuten durchlaufen. Für die prinzipielle Gleichartigkeit der Vorgänge spricht aber, daß es gelungen ist, in den Harzen vorhandene krystalline Körper durch Erhitzen mit Säuren oder Alkalien so zu verharzen, daß die entstehenden Produkte in jeder Hinsicht den in denselben Harzen vorhandenen typischen unkrystallisierbaren kolloidalen Gemischen glichen. So gelang es ZINKE (218) durch Erhitzen des krystallisierten Lubanolbenzoates (Coniferylbenzoats) aus Benzoeharz zu einem Produkte zu gelangen, das völlig der amorphen Grundmasse dieses Harzes glich. Es erscheint hier also ein natürlicher Polymerisationsvorgang künstlich nachgeahmt.

Die kolloiden Eigenschaften der Harze spielen bei ihrer technischen Verwendung als Lacke eine bedeutende Rolle. Die Verdickung, die Harzsäuren enthaltende Öllacke erfahren, beruht nur zum Teil auf der Bildung einer Seife zwischen den Säuren und den basischen Farbstoffen, zum größeren Teile ist sie ein rein kolloidaler Vorgang, der eben auch mit basischen Stoffen eintreten kann. Bekannt sind die zum Nachweise des Kolophoniums benützten Gele der Ammoniumabietinate, die man leicht beim Versetzen einer Lösung von Kolophonium in Benzin mit wenig Ammoniak erhält.

e) Farbenreaktionen.

Die Farbenreaktionen gehören zu denjenigen Hilfsmitteln der Harzanalyse, welche am allermeisten zu unberechtigten Behauptungen und gewagten Hypothesen Anlaß gegeben haben. *Grundsatz sollte sein, sie nur zur Unterstützung von auf anderem Wege wahrscheinlich gemachten Schlüssen zu verwenden* und stets im Auge zu behalten, daß bei so komplizierten und vielfach noch wenig erforschten Gemischen wie den Harzen durch kleine, zufällige Beimengungen mitunter Farbtöne hervorgerufen werden, die zu Irrtümern führen können. Die Farbenreaktionen sind zudem keine Reaktionen auf die betreffenden Moleküle im ganzen, sondern nur auf Atomgruppen, die in den verschiedensten Verbindungen vorkommen können.

f) Bestimmung des Aschengehaltes und der Feuchtigkeit.

Nach K. DIETERICH verfährt man zur *Aschenbestimmung* wie folgt:

Die mit der zu veraschenden Droge beschickten Glühschälchen werden zunächst über ganz kleiner Flamme erhitzt, wobei brennende Dämpfe in Ruhe gelassen werden. Nach und nach erhitzt man stärker. Um vollständiges Verbrennen der Kohle zu erzielen, wird die Flamme von Zeit zu Zeit entfernt, so daß der Sauerstoff zum Verbrennungsgut hinzutreten kann. Zweckmäßig gibt man auch etwas Ammoniumcarbonat- oder Nitratlösung hinzu, um sicher zu sein, daß nur Carbonate in der Asche sind. Die Veraschung soll bei möglichst niedriger Temperatur erfolgen, um die Verflüchtigung von Alkalien zu verhindern.

Auf dem eben beschriebenen Wege erhält man neben den Alkalicarbonaten die übrigen anorganischen Verunreinigungen (vielfach als „Sand" bezeichnet). Will man nur die letzteren bestimmen, bringt man nach CAESAR und LORETZ auf den Glührückstand der ersten Bestimmung 10 cm³ 10proz. Salzsäure, erhitzt auf dem Wasserbade, dekantiert durch ein gewogenes Filter, wiederholt das Verfahren, spült den Schaleninhalt quantitativ auf das Filter, trocknet und wägt.

Die *Feuchtigkeitsbestimmung* muß zur Vermeidung von Verlusten an leicht flüchtigen Substanzen vorsichtig vorgenommen werden. Bei Hartharzen, z. B. Kopalen, kommt man in der Regel zum Ziele, wenn man bei 60—70° ca. 2 bis 3 Stunden trocknet. Bei empfindlichen Harzkörpern ist die Trocknung bei gewöhnlicher Temperatur angebracht, die bis zur Gewichtskonstanz vorgenommen werden muß. Man verteilt eine genau gewogene Menge des Harzes (1—2 g) auf einem Uhrglas, stellt in den Schwefelsäureexsiccator ein und wägt nach je 24 Stunden.

g) Kennzahlen.

Bei der Bestimmung der *Kennzahlen* (Säurezahl, Verseifungszahl, Esterzahl) der Harze handelt es sich im allgemeinen nur um konventionelle Zahlen, die an Gemischen unbekannter qualitativer und quantitativer Zusammensetzung bestimmt werden, nicht aber um wissenschaftlich genaue und eindeutige Daten. Sie dienen in Ermanglung der letzteren den Bedürfnissen der Praxis, dürfen aber bei ihren großen Schwankungen niemals als solche allein zur Beurteilung der Identität, Echtheit oder Verfälschung einer Droge verwendet werden, sondern stets nur als ein methodisches Hilfsmittel, welchem erst in Verbindung mit anderen in gleiche Richtung hinweisenden Beweisstücken entsprechendes Gewicht beigemessen werden kann.

Die Kennzahlen wurden von den *Fetten* her entlehnt. Sie dienen dort zur Charakterisierung bestimmter Fette und Öle, gestatten aber außerdem den Prozentgehalt an freien und gebundenen Säuren ohne weiteres zu berechnen. Das ist dort möglich, da die Zusammensetzung der Fette gut bekannt ist, die vorkommenden Säuren sämtlich einbasisch sind und ein annähernd gleiches Molekulargewicht besitzen, neben den Säuren aber keine alkalibindenden Verbindungen vorkommen. Bei den Harzen liegen die Verhältnisse meist weit komplizierter. Sie sind vielfach Gemische von Säuren unbekannter Basizität und recht verschiedenen Molekulargewichts mit ebenfalls alkalibindenden phenolischen Verbindungen, deren völlige Absättigung durch direkte Titration mit Alkali oft nicht zu erreichen ist. Das führt mitunter zu Irrtümern. Wird nämlich ein solches Harz — wie bei der Verseifung üblich — mit Alkali erhitzt, so findet nunmehr völlige Absättigung aller sauren Gruppen statt. Der Unterschied zwischen der erhaltenen Säure- und Verseifungszahl täuscht nunmehr einen Gehalt an Estern vor, der tatsächlich gar nicht vorhanden zu sein braucht. In gleicher Weise können auch Lactone, Anhydride und ähnliche Verbindungen den numerischen Wert der „Esterzahl" erhöhen. Die Esterzahl wird daher vielfach auch als Differenzzahl (D. Z.) bezeichnet.

K. Dieterich, der sich um die möglichst einwandfreie Feststellung der Kennzahlen sehr bemüht hat, stellte für die Analyse eine Reihe von heute ziemlich allgemein anerkannten *Leitsätzen* auf, von denen die wichtigsten im folgenden besprochen seien.

Es ist unter allen Umständen falsch, nur einen Teil des betreffenden Harzes, z. B. das alkoholische Extrakt, zu verwenden, weil sich bei dessen Herstellung unvermeidliche Verluste und Veränderungen einstellen, die einen Rückschluß auf die Droge nicht mehr gestatten. Da der größte Teil der *vor* K. Dieterich gewonnenen Kennzahlen dieser grundsätzlichen Forderung nicht Rechnung trägt, sind im speziellen Teile meistens die Werte dieses Forschers angegeben worden.

Bei der *Probenahme* ist stets darauf zu achten, daß man Durchschnittsmuster nimmt, indem man mindestens 100 g der Droge fein pulvert und gut durchmischt. Bei Kisten entnimmt man die Proben an mehreren Stellen, Balsame werden vorher gut durchgeschüttelt. Gummiharze oder klebrige Harze werden vor dem Pulvern kalt gestellt, ein Erwärmen ist unter allen Umständen zu vermeiden.

Um *Verluste an flüchtigen Bestandteilen* zu vermeiden, ist das Lösen in heißen Lösungsmitteln stets unter Verwendung eines Rückflußkühlers vorzunehmen.

Bei schwer in Alkohol löslichen Harzen ist ein Zusatz von säurefreiem Benzin oder Benzol zu machen. Gummiharze werden mit Alkohol und Wasser — nacheinander — aufgeschlossen. Bei anderen Harzen ist zur Vermeidung der Entstehung von Fällungen als Verdünnungsmittel nicht Wasser, sondern Alkohol zu nehmen.

Um den *Farbenumschlag* beim Titrieren möglichst scharf zu bekommen, empfiehlt K. DIETERICH die Anwendung von *halb*normalen Laugen, von Phenolphthalein als Indicator und von nicht mehr als *ein* Gramm Harz, um nicht allzu dunkle Lösungen zu erhalten. Eben wegen des schärferen Farbumschlages, aber auch wegen der vollständigeren Absättigung der sauren Gruppen, z. B. mehrwertiger Säuren, empfiehlt er bei der Bestimmung der Säurezahl die Anwendung eines Alkaliüberschusses, eventuell unter längerem Stehenlassen in der Kälte, und Rücktitrierung. Die so erhaltenen Zahlen werden als *indirekte Säurezahlen* (S.Z.ind.) gekennzeichnet, während unter S.Z.d. oder S.Z. schlechtweg die direkt bestimmte Säurezahl gemeint ist. Die Zeit, die zur Fixierung des Alkalis notwendig ist, bei der aber andererseits die etwa vorhandenen Ester noch nicht verseift werden, ist natürlich für die verschiedenen Harze verschieden. Sie muß für die einzelnen Harze vorher bestimmt werden, was allerdings den Nachteil mit sich bringt, daß der für analytische Zwecke notwendige unmittelbare Vergleich der Zahlen nicht möglich ist. — Eine besondere für Gummiharze angegebene Methode K. DIETERICHs besteht in der Bestimmung der *Säurezahl der flüchtigen Säuren*, der S.Z.f., die an dem mit Wasserdämpfen flüchtigen Teile der Droge vorgenommen wird.

Es ist noch keine völlige Einigung darüber erzielt worden, wie lange man bei der Bestimmung der Verseifungszahl mittels heißer alkoholischer Lauge zu kochen hat. K. DIETERICH empfiehlt $^1/_2$ stündiges Sieden, H. WOLFF $^3/_4$ stündiges, andere gingen so vor, daß sie *eine* Probe $^1/_2$ Stunde, eine *andere* 1 Stunde, eine *dritte* 3 Stunden lang erhitzten. Bei längerem Sieden erhielten sie dann manchmal höhere Werte, was aber auch auf Oxydationen und dabei stattfindende Bildung von sauren Gruppen zurückgeführt werden kann. Allzu große Bedeutung haben die verhältnismäßig geringen Verschiedenheiten der so erhaltenen Kennzahlen angesichts der großen Schwankungen bei verschiedenen Proben ein und derselben Harzart nicht.

K. DIETERICH hat bei einer Reihe von hierfür geeigneten Harzen die Bestimmung der *Verseifungszahl in der Kälte* (V.Z.k.) vorgeschlagen, wobei er unter Benzinzusatz 24 Stunden stehenließ. Die erhaltenen Zahlen weichen bei diesen Harzen von den auf heißem Wege erhaltenen (V.Z.h. oder V.Z. schlechtweg) nicht allzusehr ab, die Flüssigkeiten sind gut titrierbar, die Methode hat sich aber wegen der erforderlichen langen Zeitdauer der Ausführung nicht einbürgern können.

Eine gewisse Bedeutung hat eine Methode der kalten „*fraktionierten*" *Verseifung* bei den Gummiharzen gewonnen. Eine Probe eines solchen wird in alkoholischer Lösung verseift. Man erhält so die Verseifungszahl der alkohollöslichen Bestandteile (*Harzzahl*). Eine zweite Probe wird ebenso vorbehandelt, dann aber noch unter Zusatz von wäßriger Lauge weiter verseift. Man erhält so die Verseifungszahl der alkohol- und wasserlöslichen Bestandteile (*Gesamtverseifungszahl*). Die Differenz der beiden genannten Zahlen ist die Verseifungszahl der wasserlöslichen Bestandteile (*Gummizahl*).

Die *Jodzahl* wird wegen allzu großer Schwankungen bei verschiedenen Proben ein und derselben Harzart nur selten bestimmt. Auch die *Acetyl-, Carbonyl-* und *Methyl*-Zahlen werden meist nur für wissenschaftliche Untersuchungen gebraucht.

h) Ausführung der Kennzahlbestimmungen.

Im folgenden seien die gebräuchlichsten Methoden der Kennzahlbestimmung nach Dieterich-Stock (35) wiedergegeben.

a) Säurezahl (S.Z.d. und ind.), das ist die Anzahl Milligramm Kalilauge, welche 1 g Harz bei direkter oder indirekter Titration zu binden vermag. Die *Säurezahl der flüchtigen Anteile* (S.Z.f.) ist die Anzahl Milligramm Kalilauge, welche 500 g Destillat von 0,5 g Gummiharz, mit Wasserdämpfen abdestilliert, zu binden vermögen (s. unter 3).

1. Durch direkte Titration (S.Z.d.)

α) der vollständigen Lösung des löslichen Harzkörpers in Alkohol, Chloroform usw.

Ausführung. 1 g Harz wird in dem geeigneten Lösungsmittel bzw. in einer Mischung derselben gelöst und unter Zusatz von Phenolphthalein und alkoholischer n/2 oder n/10 Kalilauge bis zur Rotfärbung titriert.

Beispiele. Fast alle Harzkörper, die löslich sind und für welche spezielle Methoden bisher nicht ausgearbeitet wurden.

β) nach Herstellung eines alkoholischen Extraktes bei nur teilweise löslichen Harzkörpern und Titration der alkoholischen Extraktlösung.

Ausführung. Wie bei α, nur nimmt man eine alkoholische Lösung des Extraktes und berechnet auf 1 g Extrakt, nicht auf 1 g Rohprodukt.

Beispiele. Gummiharze, Benzoe, Styrax.

γ) nach Herstellung eines wäßrig-alkoholischen Auszuges bei nur teilweise löslichen Harzen und direkte Titration des Auszuges:

Ausführung. Man erschöpft durch Kochen 1 g des fein zerriebenen Harzkörpers mit 30 cm³ Wasser durch Erhitzen am Rückflußkühler und darauffolgenden Zusatz von 50 cm³ starkem Alkohol (96 proz.) und nochmaliges Kochen am Rückflußkühler — 15 Minuten lang für jede Extraktion —, läßt erkalten und titriert, ohne zu filtrieren, mit alkoholischer n/2 Kalilauge und Phenolphthalein bis zur Rotfärbung.

Beispiele: Myrrhe, Bdellium, Opoponax, Sagapen.

2. Durch Rücktitration (S.Z.ind.):

α) bei völlig oder fast völlig löslichen — esterfreien — Harzen, wobei die Lauge gleichzeitig die Säure bindet und das ganze Harz löst.

Ausführung. 1 g des esterfreien, fein zerriebenen Harzes wird mit 25 cm³ alkoholischer n/2 Kalilauge und 50 cm³ Benzin in einer Glasstöpselflasche 24 Stunden — bis zur Lösung oder bis eine weitere Lösung nicht mehr stattfindet — stehengelassen und mit n/2 Schwefelsäure und Phenolphthalein zurücktitriert.

Beispiele. Dammar, Sandarak, Mastix, Kopal.

β) bei nur teilweise löslichen — esterhaltigen, aber schwer verseifbaren — Harzkörpern, wobei die Lauge die Säure bindet und die sauren Anteile herauslöst.

Ausführung. 1 g des esterhaltigen, schwer verseifbaren Harzes — vorher fein zerrieben — wird mit 10 cm³ alkoholischer n/2 und 10 cm³ wäßriger n/2 Kalilauge übergossen, in einer Glasstöpselflasche 24 Stunden stehengelassen, dann mit 500 cm³ Wasser versetzt und zurücktitriert.

Beispiele. Asa foetida, Olibanum.

γ) bei nur teilweise löslichen, esterhaltigen Harzkörpern unter Verwendung eines wäßrig-alkoholischen Auszuges.

Ausführung. 1 g des fein zerriebenen Harzes kocht man am Rückflußkühler 15 Minuten mit 50 cm³ Wasser, fügt dann 100 cm³ starken Alkohol hinzu, kocht nochmals 15 Minuten und läßt erkalten. Man ergänzt die Flüssigkeit einschließlich angewendeter Substanz auf 150 g, filtriert und versetzt 75 g des Filtrates (= 0,5 g Substanz) mit 10 cm³ alkoholischer n/2 Kalilauge, läßt genau 5 Minuten stehen und titriert mit n/2 Schwefelsäure zurück.

Beispiele. Ammoniacum, Galbanum, Gutti.

δ) bei fast ganz löslichen, esterhaltigen, aber leicht verseifbaren Harzkörpern unter Verwendung des Naturproduktes.

Ausführung. Man nimmt 10 cm³ alkoholische n/2 Kalilauge, verwendet kein Extrakt oder Lösung oder Auszug, sondern das Naturprodukt, fein zerrieben, und titriert nach 5 Minuten zurück.

Beispiel. Benzoe.

3. Durch Bestimmung der flüchtigen Säuren (bei Gummiharzen mit viel ätherischen Ölen) (S.Z.f.).

Ausführung. 0,5 g des Harzes übergießt man in einem Kolben mit etwas Wasser und leitet nun Wasserdämpfe durch, wobei der in einem Sandbade stehende Kolben erhitzt wird. Die Vorlage beschickt man mit 40 cm³ wäßriger n/2 Kalilauge und taucht das aus dem Kühler kommende Rohr in dieselbe ein. Man zieht genau 500 cm³ über, spült das Destillationsrohr von oben her und unten gut mit destilliertem Wasser ab und titriert unter Zusatz von Phenolphthalein zurück.

Beispiele. Ammoniacum, Galbanum.

b) Verseifungszahl, das ist die Anzahl Milligramme Kalilauge, welche 1 g Harz bei der Verseifung auf heißem oder kaltem Wege zu binden vermag (V.Z.h. und V.Z.k.). (Die „Harzzahl" [H.Z.] ist die Anzahl Milligramme KOH, welche 1 g gewisser Harze und Gummiharze bei der kalten fraktionierten Verseifung mit *nur* alkoholischer Lauge zu binden vermag. Die „Gesamtverseifungszahl" [G.V.Z.] ist die Anzahl Milligramme KOH, welche 1 g gewisser Harze und Gummiharze bei der kalten fraktionierten Verseifung mit alkoholischer *und* wäßriger Lauge nacheinander behandelt in summa zu binden vermag. Die „Gummizahl" [G.Z.] ist die Differenz von Gesamtverseifungszahl und Harzzahl [s. unter 2β].)

1. Auf heißem Wege (V.Z.h.)

α) der Lösung vollständig löslicher Harzkörper.

Ausführung. 1 g des Harzkörpers wird gelöst und mit 25 cm³ alkoholischer n/2 Kalilauge ¹/₂ Stunde im Dampfbad im Sieden erhalten — unter Aufsetzen eines Rückflußkühlers — und nach Verdünnung mit Alkohol mit n/2 Schwefelsäure und Phenolphthalein zurücktitriert.

Beispiele. Fast alle Balsame und Harze, für welche spezielle Methoden noch nicht existieren.

β) der alkoholischen Lösung eines vorher mit Alkohol dargestellten Extraktes von nur teilweise oder schwer löslichen Harzkörpern.

Ausführung. Man verfährt genau so wie bei α, nur nimmt man eine alkoholische Lösung des Extraktes und berechnet auf 1 g Rohprodukt, nicht Extrakt.

Beispiele. Gummiharze, Benzoe, Styrax.

γ) wie α, nur verwendet man die Rohdroge nach vorherigem Wasserzusatz zur Lösung der gummösen Teile.

Beispiel. Myrrhe.

2. Auf kaltem Wege (V.Z.k.)

α) mit nur alkoholischer Lauge und Benzin: „V.Z. auf kaltem Wege" bei völlig löslichen Harzen.

Ausführung. 1 g des Harzkörpers versetzt man in einer Glasstöpselflasche von 500 cm³ Inhalt mit 50 cm³ Benzin (spez. Gew. 0,700 bei 15° C) und 50 cm³ alkoholischer n/2 Kalilauge, läßt 24 Stunden in Zimmertemperatur stehen und titriert dann mit n/2 Schwefelsäure zurück; eventuell (Perubalsam) sind etwa 300 cm³ Wasser zur Lösung der ausgeschiedenen Salze hinzuzufügen.

Beispiele. Perubalsam, Copaivabalsam, Benzoe, Styrax.

β) mit alkoholischer und wäßriger Lauge unter jedesmaligem Zusatz von Benzin nacheinander; „fraktionierte Verseifung, inklusive Harzzahl" und „Gummizahl" bei unvollständig löslichen Harzkörpern.

Ausführung. Zweimal je 1 g des Harzkörpers zerreibt man und übergießt in 2 Glasstöpselflaschen von je 1 l Inhalt mit je 50 cm³ Benzin (0,700 spez. Gew. bei 15° C), dann fügt man je 25 cm³ alkoholische n/2 Kalilauge zu und läßt bei Zimmertemperatur unter häufigem Umschwenken 24 Stunden verschlossen stehen. Die eine Probe titriert man unter Zusatz von 500 cm^3 Wasser und unter Umschwenken nach Verlauf dieser Zeit mit n/2 Schwefelsäure und Phenolphthalein zurück (Harzzahl). Die zweite Probe behandelt man weiter, und zwar setzt man noch 25 cm^3 wäßrige n/2 Kalilauge und 75 cm^3 Wasser zu und läßt unter häufigem Umschütteln noch 24 Stunden stehen. Man verdünnt dann mit 500 cm^3 Wasser und titriert wie oben zurück (Gesamtverseifungszahl). Die Differenz von G.V.Z. und H.Z. ist die Gummizahl (G.Z.).

Beispiele. Ammoniacum, Galbanum, Gutti.

(c) Esterzahl (E.Z.) oder **Differenzzahl (D.Z.)**, das ist die Differenz von Verseifungs- und Säurezahl. Stets indirekt zu berechnen mit Ausnahme der Fälle, wo die Säurezahl nach a3 bestimmt wird, und wo Harz- und Gesamtverseifungszahl vorhanden sind: in diesen Fällen läßt sich die Esterzahl nicht berechnen.

Weniger häufig werden die folgenden Kennzahlbestimmungen ausgeführt.

Die **Jodzahl (J.Z.)** nach Wijs ist die auf die angewandte Substanzmenge ·bezogene Anzahl Prozente gebundenen Jods.

Ausführung. 0,2—0,25 g des möglichst fein gepulverten Harzes werden in eine Flasche mit gut sitzendem Glasstopfen eingewogen. Dann gibt man je 10 cm^3 chemisch reinen Tetrachlorkohlenstoff und Eisessig hinzu und löst das Harz durch Einstellen der Flasche in warmes Wasser. Nach erfolgter Lösung läßt man abkühlen und fügt ohne Rücksicht auf etwa sich einstellende Abscheidungen 25 cm^3 Wijssche Jodlösung hinzu. Nach gutem Durchschütteln fügt man nun so viel Tetrachlorkohlenstoff hinzu, daß eine höchstens diffus getrübte Lösung entsteht, und läßt dann genau 2 Stunden im Dunkeln bei einer Temperatur von 18—22° stehen.

Nunmehr gibt man 2 g Jodkalium, gelöst in 100 cm^3 Wasser, hinzu und titriert, zuletzt unter Zugabe von etwas Stärkelösung, mit n/10 Thiosulfatlösung bis zur Entfärbung.

Gleichzeitig wird ein Blindversuch mit der gleichen Menge Lösungsmittel angesetzt.

Berechnung. Hat man *a* g Harz angewendet, bei der Titration *b* cm^3 n/10 Thiosulfatlösung und bei dem Blindversuch *c* cm^3 n/10 Thiosulfatlösung verbraucht, so ist die

$$\text{J. Z.} = \frac{1.268\,(c-b)}{a}$$

Wijssche Jodlösung. Ca. 12 g Jod werden in 1 l Eisessig gelöst und in die Lösung Chlor eingeleitet, bis der Titer sich genau verdoppelt hat. Dieser Moment ist durch einen Farbenumschlag bei einiger Übung gut kenntlich. Bequemer ist es, ca. 16 g Jodmonochlorid in 1 l Eisessig zu lösen.

Die **Acetylzahl (A.Z.)** nach K. Dieterich (33) ist die Differenz von Acetylverseifungszahl (A.V.Z.) und Acetylsäurezahl (A.S.Z.).

Ausführung. Das Harz wird mit einem Überschusse von Essigsäureanhydrid und etwas wasserfreiem Natriumacetat am Rückflußkühler bis zur völligen Lösung oder so lange erwärmt, als sichtbar noch eine Abnahme der ungelösten Teile erfolgt. Die Lösung wird in Wasser eingegossen, das ausgeschiedene Produkt gesammelt und so lange mit Wasser ausgezogen und ausgekocht, bis alle freie Essigsäure entfernt ist. Von dem dann getrockneten Acetylprodukte wird die Säurezahl bestimmt, indem man 1 g in Alkohol kalt löst und mit alkoholischer n/2 Kalilauge titriert. Die Verseifungszahl bestimmt man durch halbstündiges Verseifen mit n/2 alkoholischer Kalilauge und Rücktitrieren in der Kälte nach dem Verdünnen mit Alkohol. Die Differenz der Acetylverseifungszahl und der Acetylsäurezahl ist die Acetylzahl.

Die **Carbonylzahl (C.Z.)** nach Kitt (84) ist die Anzahl Prozente Carbonylsauerstoff der angewandten Substanz.

Ausführung. Die gewogene Harzprobe wird mit essigsaurem Natron und einer genau gemessenen Menge salzsaurem Phenylhydrazin in verdünnter alkoholischer Lösung erwärmt. Der Überschuß und die an der Reaktion nicht beteiligte Menge des Hydrazinsalzes wird zurückgemessen, indem man durch Oxydation mit Fehlingscher Lösung den Stickstoff abspaltet und im Meßrohr auffängt.

$$\text{C. Z.} = \frac{0.07173}{S}\,(V-V_0),$$

wobei $V-V_0$ die Differenz der auf 0° und 760 mm reduzierten Stickstoffvolumina bedeutet und S das Gewicht der angewendeten Substanz in Gramm bezeichnet.

Die **Methylzahl** (M.Z.) ist die Anzahl Milligramme Methyl, welche 1 g Harz ergibt.

Ausführung. Die Bestimmung wird nach der bekannten Methode von Zeisel-Fanto (215) vorgenommen, wobei man nach K. Dieterich (34) an Stelle des roten Phosphors zum Waschen des übergehenden Jodmethyls eine Lösung von je einem Teile arseniger Säure und Kaliumcarbonat in 10 Teilen Wasser verwendet. Das sich bildende Jodsilber wird entweder gewichtsanalytisch bestimmt oder nach Volhard titriert.

i) Capillaranalyse.

E. Stock (152) versuchte, eine Reihe von alkohollöslichen Harzen durch die *Capillaranalyse* zu charakterisieren. Er verfuhr folgendermaßen:

Die Lösungen werden durch Auflösen von 1 g Harz in 10 cm³ Spiritus (mit 1 % Terpentinöl denaturiert) und nachfolgendes Dekantieren von 5 cm³ der Lösung in die Versuchsgefäße hergestellt. Die letzteren sind zylindrisch und besitzen eine Höhe von 5 cm und einen Durchmesser von 3 cm. In die Flüssigkeit läßt man 2 cm breite und 25 cm lange Filtrierpapierstreifen (Nr. 598 von Schleicher und Schüll) derart hineinhängen, daß sie wohl den Boden, nicht aber die Seitenwände der Gefäße berühren. Die Filtrierpapierstreifen bleiben durch 24 Stunden in der Lösung, werden dann getrocknet und in der Aufsicht und Durchsicht betrachtet. Während der Versuchsdauer sind die Temperatur und die Luftfeuchtigkeit genau zu vermerken, da sie Einfluß auf das Ergebnis haben. An den Filtrierpapierstreifen bilden sich durch das verschieden rasche Aufsteigen der einzelnen Bestandteile des Harzes, durch verschieden rasches Verdunsten, endlich durch verschiedenartige Abscheidung Zonen aus, die glattrandig oder zackig begrenzt sein können und sich durch verschiedene Farben und Durchsichtigkeitsgrade voneinander unterscheiden. Eine wechselnde Ausscheidung von amorphen und krystallinen Zonen ist dabei häufig.

E. Stock hat die von ihm erhaltenen Bilder eingehend beschrieben, aber keine Schlüsse daraus gezogen. Dies erscheint auch sehr schwer, da vielfach Vertreter ein und derselben Harzart recht verschiedene Bilder gaben, andererseits in einer Reihe von Fällen starke Zusätze anderer Harze zu irgendwelchen Harzproben keinerlei Veränderungen hervorriefen. Auf eine Beschreibung der erhaltenen Bilder muß hier aus Platzmangel verzichtet werden, sie kann auch in keiner Weise die direkte Beobachtung der Erscheinungen ersetzen, deren unmittelbarer Vergleich erst Schlüsse zu ziehen gestattet. Wenn noch mehr gesicherte Erfahrungstatsachen bezüglich der verschiedenen physikalischen und chemischen Einflüsse vorliegen, wird sich die Capillaranalyse zu einem einfachen und verwendbaren Hilfsmittel der Harzanalyse entwickeln. Bezüglich der sich bei der Bestrahlung der Filterstreifen im Ultraviolettlicht ergebenden Erscheinungen sei auf den folgenden Abschnitt verwiesen.

k) Verhalten der Harze im ultravioletten Lichte.

Das Verhalten der Harze im ultravioletten Lichte der Analysenquarzlampe wurde von K. Schmidinger (136) sowie von H. Wolff und Toeldte gleichzeitig untersucht. Der erstere untersuchte Harz*stücke* und bekam dabei je nach Gehalt derselben ziemlich stark wechselnde Fluorescenzerscheinungen, was sicher auf die zum Teil veränderte physikalische und chemische Beschaffenheit der Oberfläche zurückzuführen war. Wie H. Wolff (210) zeigte, lassen sich viel hellere, aber vor allem auch weit gleichmäßigere Lichterscheinungen erzielen, wenn man die Harze vorher pulvert, was im wesentlichen auf eine starke Oberflächenvergrößerung und Bildung neuer, d. h. nicht durch Luft und Licht veränderter Grenzflächen hinausläuft. H. Wolff bestrahlte auch Lösungen der

Harze in Butylalkohol, der selbst keine oder nur verschwindend geringe Fluorescenz aufweist. Endlich untersuchte er auch den Rückstand, der sich nach Abdunsten des Lösungsmittels ergab.

In der folgenden Tabelle von H. Wolff sind starke Lichteffekte durch ! bzw. besonders starke durch !!, Nichtleuchten durch — hervorgehoben.

Art des Harzes	Stücke	Pulver	Lösung	Abdampfrückstand
Kolophonium	graugrünlich (frischer Bruch stärker)	hellblau!	grünlich!	bläulichgrün!
Gehärtetes Harz	hellblau!!	hellblau!!	hellblau!	blau!
Esterharz (S. Z. = 17)	hellblau!!	hellblau!!	hellblau!	blau!
Manilakopal, weich, hell	grünlichgraublau	grünlichgrau	grünlichgrau	bläulichgrau
„ weich, mittel	grünlichblaugrau	grünlichblaugrau	bläulichgrau	bläulichgrau
Manilakopal, hart	bläulich (sehr gleichmäßig)	grünlichblaugrau	bläulichgrau	bläulichgrau
„ „	violett, Kanten grünlich	bläulichgrün, grüner Stich	bläulichgrau	bläulichgrau
„ „	grünlichblau, Kanten durchscheinend	bläulichgrau, rotstichig	bläulichgrau	bläulichgrau
Kaurikopal, hell	grünlich	hellblau	bläulich!	bläulich
„ dunkel	bläulichgrün, dunkle Stellen	gelblichgrün	bläulichgrau!	bläulich
„ Abfall	ähnlich wie vorher, nur einzelne leuchtende Stellen	gelblichgrün	bläulichgrau!	bläulich
Kongokopal	hellblau! dunkle Stellen	hellblau!	hellblau!	hellblau
„	hellblau, durchscheinend, innen violett	hellblau!	hellbläulich	bläulich
„	hellblau, rötlicher als die vorhergehenden	violett	hellbläulich	bläulich, etwas rotstichig
„	hellblau, Ränder grünlich	blauviolett!	hellbläulich	bläulich
Sandarak	teils bläulich, teils grünlich	blau	grünlichgrau	bläulichgrau
Bernstein (geschm.)	hellgrün	hellgrün	hellbläulich	hellbläulichgrün
Dammar	graubläulich, sehr gleichmäßig	rötlichviolett	bläulichgrau	bläulich
Benzoe	bläulichgrau	bläulichgrau	gelblichgrau	bläulichgrau
Mastix	—	bläulichgrau	bläulich	hellbläulich
Drachenblut	—	—	rot, gelber Schimmer	—
Guajac-Harz	violett, frischer Bruch stärker	violett!	violett!	violett!
Myrrhe	—	grünlichgelb	grünlichgrau!	grünlichgrau!
Terpentin, gewöhnlicher	—	in Subst.: bläulich	bläulichgrün!	grünlichblau
Copaivabalsam	—	in Subst.: bläulich	bläulichgrün!	grünlichblau

Die bläulichen Fluorescenzen überwiegen, sie lassen jedoch sowohl mit Bezug auf Stärke als auch im Farbtone deutliche Unterschiede erkennen, die einen Hinweis auf das Vorhandensein des einen oder andern Harzes geben können. Betont muß werden, daß nicht allein die chemische Zusammensetzung, sondern vor allem auch der physikalische Zustand von großer Wichtigkeit ist. So zeigte

der aus amorphem, stark hellblau leuchtendem Kolophoniumester erzeugte
krystallisierte Harzester eine wesentlich mattere grünlichblaue Färbung.

H. WOLFF verspricht sich ferner von einer Kombination von Capillaranalyse
und Ultraviolettbestrahlung analytische Aufschlüsse, die über die Leistungsfähigkeit beider Methoden für sich weit hinausgehen sollen. Er betont, daß gerade
die im Tageslicht am wenigsten sichtbaren Zonen unter der Quarzlampe am
hellsten aufleuchten, und daß die Zonen stets durch eine schmale, oft strich-
förmige, außerordentlich leuchtende Zone abgeschlossen sind. Diese ist bei
allen natürlichen Harzen hellblau. Auf eine Wiedergabe der Beschreibung der
Erscheinungen muß auch hier verzichtet werden, weil nur der unmittelbare
Vergleich einen richtigen Einblick gewährt. Von allgemeinen Resultaten sind
aber zu erwähnen:

Akaroidharze leuchten nur ganz schwach, meist in bräunlichen oder gelblichen Tönen.

Kolophonium, Galipot und ähnliche Harze zeigen meistens grünlich und
blau fluorescierende Zonen, rohes Fichtenscharrharz mehr violette Töne.

Benzoe, Manila-Elemi, Mastix, Manilakopal und Sandarak haben wieder
mehr bläuliche und grünliche Töne, die aber in Anordnung und Leuchtkraft
recht verschieden sind. Die Untersuchungen zeigten, daß bei größerem Material
auch bei der Fluorescenz der Capillarbilder die Variabilität der Harze zutage tritt.

Kolophonium läßt sich in Mischung mit Akaroid durch das Auftreten grünlicher Zonen und Einsprengsel in einigen Zonen recht deutlich erkennen.

Mischungen derselben Harze zeigen übrigens recht verschiedene Fluorescenz-
bilder bei der Capillaranalyse, wenn das Mengenverhältnis verändert wird,
obwohl gewisse Ähnlichkeiten zu bemerken sind.

Trotz der Hinweise, die diese kombinierte Capillar-Fluorescenzanalyse gibt,
wird natürlich letzten Endes eine volle Sicherheit über das Vorhandensein oder
Fehlen eines Harzes nur durch die Isolierung charakteristischer Bestandteile
zu erreichen sein.

1) Der Fällungspunkt der Harze.

Nach H. WOLFF kann man sich zur Unterscheidung gewisser Harze des
sog. *Fällungspunktes* bedienen, der durch die Anzahl $^1/_{10}$ cm^3 Wasser gegeben ist,
die zur Ausfällung des betreffenden Harzes unter bestimmten Umständen notwendig sind.

3 g des Harzes oder des Harzgemisches werden in 12 cm^3 96 proz. Alkohol gelöst. Die
Lösung wird filtriert, von dem Filtrat werden 9 cm^3 in einen mit Glasstopfen versehenen
Meßzylinder (20—25 cm^3, geteilt in 0,1 cm^3) gegeben und tropfenweise mit Wasser versetzt, wobei man jedesmal kräftig schüttelt. Wenn eine deutliche Fällung eintritt, nicht
nur eine (wenn auch starke) Trübung, liest man die Volumvermehrung ab, also die zu-
gegebene Wassermenge (ohne Rücksicht auf die für das Ergebnis belanglose Volumkon-
traktion).

Der *Fällungspunkt* betrug bei den *technisch wichtigsten* Harzen:

Weichmanilakopale	2—4	Schellack	25—30
Hartmanilakopale	1—3	Akaroid, rot	55—67
Kolophonium	15—20	Akaroid, gelb	40—48

Bei Harzgemischen hängt der Fällungspunkt sehr von dem Fällungspunkt
desjenigen Harzes ab, das den niedrigsten Fällungspunkt der Komponenten
aufweist.

Es lassen sich nach H. WOLFF — bei Abwesenheit von Kunstharzen — etwa
folgende Schlüsse ziehen:

Bei einem Fällungspunkt unter 15 ist wahrscheinlich, bei einem Fällungspunkt unter 5 sicher Kopal zugegen. Ein Fällungspunkt über 15 schließt mit großer Wahrscheinlichkeit Kopal aus.

Fällungspunkte von etwa 15—25 sprechen für die Gegenwart von Kolophonium oder Sandarak. Liegt der Fällungspunkt über 25, dann ist bei Abwesenheit von Akaroid Kolophonium nur in relativ geringer Menge, bei Anwesenheit von Akaroid aber bis zu einem Gehalt von etwa 50 % möglich.

Ein Fällungspunkt über 30 spricht für die Gegenwart von Akaroid; liegt er gar über 45, so ist ausschließliche oder doch überwiegende Anwesenheit von Akaroid sehr wahrscheinlich.

Die Fällung kann auch *fraktioniert* durchgeführt und so zu einer teilweisen Trennung benützt werden.

Man löst das Harz in Alkohol (für je 1 g Harz 4 cm³ Alkohol) und fällt mit 1,5 cm³ Wasser für je 1 g Harz. Fällt etwas aus, wird es scharf abgesaugt (I), das Filtrat wird mit 1 cm³ Wasser je 1 g Harz versetzt, eine Fällung abgesaugt (II), das Filtrat nochmals mit 1,5—2 cm³ Wasser je 1 g Harz versetzt (III). Das Filtrat von III gießt man in etwas angesäuertes Wasser.

Man hat dann in der ersten Fraktion meistens den Kopal sehr angereichert, in der zweiten Kolophonium und Sandarak, in der dritten Schellack und in dem Rest endlich Akaroid.

m) Methoden zur Zerlegung der Harze.

Ein tieferes Verständnis so komplizierter Gemische organischer Stoffe, wie es die Harze sind, setzt volle Kenntnis der Einzelbetsandteile voraus. Eine chemische Beschreibung der Harze müßte also mit der Beschreibung der letzteren beginnen, wie dies etwa in der Chemie der ätherischen Öle mit Vorteil geschieht. Die Harzchemie ist leider von der Erreichung dieses Zieles noch weit entfernt, da es an einer allgemein anwendbaren und befriedigenden Methode zur Zerlegung der Harze nach wie vor fehlt, und da auch die isolierten Bestandteile nur in den allereinfachsten Fällen strukturell aufgeklärt sind.

An Versuchen, den chemischen Aufbau der Harze zu ergründen, hat es nicht gefehlt. So wurden frühzeitig durch die Mittel der trockenen Destillation und der Wasserdampfdestillation flüchtige, gut krystallisierende aromatische Säuren, wie Benzoesäure, Zimtsäure, Salicylsäure, Paracumarsäure und andere, neben den in den Harzen stets vorhandenen ätherischen Ölen gewonnen. Durch Anwendung von Lösungsmitteln gelangte man oft zu krystallisierten Substanzen, namentlich zu Säuren und Alkoholen, deren Struktur aber meist unklar blieb. Bruchstücke von Bestandteilen der Harze lieferten dann eine Reihe von recht barbarischen Eingriffen, wie z. B. die Kalischmelze und die Zinkstaubdestillation. Man erhielt so hauptsächlich Phenole und Kohlenwasserstoffe, die in den einfachsten Fällen identifiziert werden konnten. *Eine auf das Harz als Ganzes gerichtete Untersuchung fehlte.*

Einen solchen Versuch erstmalig an einer größeren Reihe von Harzen gemacht zu haben, ist das unvergängliche Verdienst von Tschirch. Seine Methode ist trotz mancher Abänderungen in den Einzelheiten doch stets ungefähr dieselbe:

Das wo angängig in Alkohol gelöste und von Verunreinigungen filtrierte Harz wird durch Eingießen in Wasser gefällt (*Reinharz*). Im Wasser bleiben die *Bitterstoffe* und die anderen *wasserlöslichen* Stoffe. Das Reinharz wird in Äther gelöst (ein eventuell hier ungelöster Anteil wird in Alkoholäther gelöst und in gleicher Weise weiter behandelt) und nunmehr erschöpfend mit sehr verdünnten Lösungen von Ammoncarbonat, Soda und Kaliumhydroxyd der Reihe nach behandelt. Dadurch werden die *Säuren* ausgezogen und zugleich in verschiedene Anteile zerlegt, die nun ihrerseits durch Umkrystallisieren weiter gereinigt oder, im Falle sie nicht zur Krystallisation zu bringen sind, wenigstens durch Trennung mit alkoholischer Bleiacetatlösung in Säuren mit alkoholunlöslichen und alkohollöslichen Bleisalzen getrennt werden.

In der von den Säuren befreiten ätherischen Lösung finden sich noch das ätherische Öl, die Alkohole, die Ester und die indifferenten Stoffe. Das *ätherische Öl* wird durch Wasserdampfdestillation entfernt. Die *Harzalkohole* lassen sich häufig über ihre schwer löslichen Kaliumverbindungen durch konzentrierte Lauge isolieren. Sie finden sich allerdings zum Teil auch schon in den Säureausschüttlungen, wo sie in gleicher Weise weiterbehandelt werden. Die *Ester* werden nunmehr durch Behandlung mit alkoholischer Kalilauge verseift und die dabei entstehenden Säuren und Alkohole in der angegebenen Weise entfernt.

Die rückbleibenden *indifferenten Stoffe* wurden von TSCHIRCH als „*Resene*" bezeichnet und häufig noch auf Grund ihrer verschiedenen Löslichkeiten voneinander zu trennen versucht. Sie sind fast immer amorph.

Durch diese Methode erhielt TSCHIRCH also neben aromatischen Säuren die eigentlichen Harzsäuren oder „*Resinolsäuren*", neben aromatischen Alkoholen die spezifischen Harzalkohole oder „*Resinole*", die stets amorphen „*Resinotannole*" (phenolische Verbindungen mit Gerbstoffreaktionen, offenbar Oxydationsprodukte der Harzphenole) und „*Resene*". Die Harzester nennt er auch „*Resine*".

Die Methode benützt die verschiedene Basizität der einzelnen Verbindungen zu ihrer Trennung. Bei der Ausschüttlung mit Ammoncarbonat und Sodalösung gehen erst die sauren Bestandteile in Lösung, mit Alkali aber auch die phenolischen Verbindungen. Leider sind zur Erschöpfung dieser Anteile oft bis zu 500 und mehr Ausschüttlungen notwendig gewesen, so daß während der hierfür notwendigen langen Zeit reichlich Einwirkungen des Alkalis und der Luft stattfinden konnten. Wer weiß, wie empfindlich die häufig ungesättigten Harzstoffe gerade in dieser Hinsicht sind, wird sich durchaus nicht wundern, wenn tiefgreifende Veränderungen (Umlagerungen, Polymerisationen, Oxydationen usw.) dabei eintraten. Die so isolierten Verbindungen hatten vielfach ihre Krystallisationsfähigkeit oder ihre optische Aktivität eingebüßt und standen Präparaten, die auf anderem Wege hergestellt waren, hinsichtlich des Schmelzpunktes und sonstiger Reinheitskriterien nach.

Die Trennung der sauren Verbindungen geht vielfach nicht im gewünschten Sinne vor sich. Die Alkalien wirken nämlich auf diese Verbindungen nicht nur salzbildend, sondern vielfach peptisierend. Es entstehen so kolloidale Lösungen, deren Verteilung auf die einzelnen Fraktionen nicht nur vom Basizitätsgrade, sondern auch vom Grade der Dispersität, von der Teilchengröße, abhängt. Eine scharfe Trennung der einzelnen chemischen Individuen läßt sich also so vielfach gar nicht erzielen. Andererseits können Trennungen nach der Teilchengröße zu Unrecht als chemische Trennungen aufgefaßt werden. Ein Beispiel für letzteren Fall bietet die Trennung der amorphen Säuren mit alkoholischer Bleiacetatlösung. Die aus den alkholunlöslichen und den alkoholischen Bleisalzen in Freiheit gesetzten Säurefraktionen ähneln einander in fast allen Fällen so, daß an ihrer Identität, soweit sich das bei der allgemeinen Unreinheit dieser Produkte beurteilen läßt, wohl kaum zu zweifeln ist. Es wird also hier eine Verschiedenheit der Produkte vorgetäuscht, wo eine solche nicht vorhanden ist.

Die Methode ist also, wie aus diesen kurzen kritischen Betrachtungen hervorgeht, die keineswegs die Verdienste TSCHIRCHs schmälern sollen, mehr zur Gesamtuntersuchung der Harze als zur Charakterisierung· und Isolierung der einzelnen Bestandteile geeignet. Wir haben durch TSCHIRCH einen allgemeinen Überblick über die Verteilung der Säuren, Alkohole, Ester und Kohlenwasserstoffe in den Harzen erhalten. Wenn allerdings Harzfraktionen, die sehr häufig amorph und von fragwürdiger Einheitlichkeit sind, auf Grund von Elementaranalysen mit Formeln und Namen versehen werden, *so sind natürlich solche*

*Präparate in keiner Weise mit einwandfrei als einheitlich festgestellten und in
ihren Bruttoformeln richtig bestimmten chemischen Verbindungen zu verwechseln.*
Das muß stets zur Vermeidung von groben Irrtümern und Täuschungen festgehalten werden.

Tschirchs Methode ist bisher die einzige gewesen, welche zur Gesamtuntersuchung der Harze verwendet wurde, und die es gestattete, die durch die
Kennzahlen angedeuteten Mengen an Säuren, Alkoholen, Estern usw. in ihrer
Gesamtheit zu untersuchen. Die bloße Anwendung organischer Lösungsmittel
würde manchen der geschilderten Mängel vermeiden lassen, sie führt auch häufig
zu recht reinen Produkten, erfaßt aber in der Regel nur einen verhältnismäßig
kleinen Anteil des Harzes, während ein großer Teil als „Schmieren" übrigbleibt.
Vielleicht läßt sich aber durch eine Kombination beider Verfahren unter Hinzu-
ziehung von Veresterungs-, Verätherungs-, Reduktionsmethoden u. a. in manchen
Fällen doch noch ein besseres Resultat erzielen. Ein gewisser Teil vieler Harze
wird sich allerdings nach dem im Kapitel „Der harzartige Zustand" Gesagten
kaum klaglos entwirren lassen.

n) Isolierung, Reinigung, Prüfung der Einheitlichkeit, Identifizierung der einzelnen Harzstoffe.

Die Methoden zur Kennzeichnung der Harze nach Stückgröße, Farbe, makrosko-
pischem und mikroskopischem Aussehen, Dichte, Bruch, Härte, Schmelzpunkt, optischen
Eigenschaften, Löslichkeit, die Methoden der Kennzahlenermittlung, der Fällungsanalyse,
Capillaranalyse usw. sind meist aus den Bedürfnissen der Praxis und für dieselbe entstanden
und leisten hier ziemlich viel. Sie vermögen aber nur in geringem Maße die wissenschaftliche Durchdringung des Gebietes zu fördern. Hier sind sie als unerläßliche Vorarbeiten
zu werten, die einen Gesamtüberblick über das Gebiet gegeben haben. Ein Einblick in die
Details kann aber nur durch eine andere Methode, nämlich die *Zerlegung der komplizierten
Gemische* und durch eine genaue und kritische *Durchforschung der Einzelbestandteile* gewonnen werden. An der Schwelle zu diesem Gebiete steht Tschirch mit seiner bereits
geschilderten Methodik der Harzzerlegung, die für den zuletzt genannten Zweck viel ge-
leistet hat, ihrer Anlage nach aber doch vor allem auf die Erforschung des Gesamtgebietes
gerichtet ist.

Was muß von der Isolierung eines Harzstoffes verlangt werden? Er muß
erstens: *unverändert,* zweitens: möglichst *rein* und drittens: womöglich *erschöpfend* gewonnen werden.

Bei der Isolierung vieler Harzstoffe wirken Säuren und Basen, namentlich
bei längerer Berührung, in der Hitze oder bei Gegenwart von Luft, umlagernd,
polymerisierend, oxydierend oder verharzend. Solche Umwandlungen ergeben
sich insbesondere bei Körpern mit Doppelbindungen, wie das Beispiel der Terpene
zeigt. Man hilft sich in solchen Fällen durch Anwendung *möglichst milder Mittel,*
Destillation und Sublimation im Vakuum, Vermeiden von stärkerer Erhitzung,
Arbeiten in Kohlendioxyd-, Wasserstoff- oder Stickstoffatmosphäre u. a. Die
Stoffe sind übrigens oft nur im unreinen Zustande empfindlich, dagegen nach
völliger Reinigung viel stabiler. Man hat diese Tatsache häufig mit der spurenweisen Anwesenheit von katalytisch wirkenden Beimengungen, z. B. $FeCl_3$ usw.,
in Zusammenhang gebracht. Es ist stets ratsam, den zu isolierenden Stoff
gelegentlich auch einmal ohne Rücksicht auf die Erzielung von guten Ausbeuten
nach einem sehr milden Verfahren zu isolieren und das so erhaltene Produkt
mit dem auf gewöhnlichem Wege erhaltenen zu vergleichen.

Die größte Aufmerksamkeit ist der *Reinheit* und *Einheitlichkeit* der isolierten
Stoffe zuzuwenden. Sämtliche Methoden der organischen Chemie, die hier
Anwendung finden, im einzelnen zu besprechen, würde den Rahmen dieses Ab-
schnittes weit übersteigen. Es kann nur das für das Harzgebiet besonders
Charakteristische hervorgehoben werden. Die Isolierung wird bei den meisten

komplizierteren und daher weniger bekannten und kritischen Harzstoffen durch geeignete Behandlung mit Lösungsmitteln erreicht. Wo angängig, ist dabei *Krystallisation* anzuwenden. Nichts trägt im allgemeinen für die Reinigung organischer Stoffe so bei, wie die wiederholte Herstellung und Auflösung von Krystallgittern, die die Verunreinigungen auswerfen.

Die *Auswahl des Lösungsmittels* muß sich natürlich ganz nach dem betreffenden zu isolierenden Körper, aber auch nach seinen Verunreinigungen richten, und wird am besten mittels einer Reihe von kleinen, in Eprouvetten durchzuführenden Lösungsversuchen vorgenommen. Man stellt möglichst gesättigte Lösungen her und läßt die Stoffe durch Auskühlen oder durch Abdunsten des Lösungsmittels ausfallen. Die Ausscheidung läßt sich in manchen Fällen durch *Einimpfen* mit einem winzigen Kryställchen der reinen Substanz bedeutend beschleunigen. Der Fortschritt der Reinigung läßt sich auf verschiedenen Wegen kontrollieren. Gute Dienste, besonders am Anfang der Reinigung, leistet bei Krystallisationen die *mikroskopische Kontrolle*. Sie läßt leicht die bessere Ausbildung der Krystalle und das Abnehmen der amorphen, tröpfchenförmigen oder flockigen Ausscheidungen erkennen. Ein anderes, sehr häufig benütztes Kriterium ist der *Schmelzpunkt*. Das Umkrystallisieren soll bis zur *Schmelzpunktkonstanz* durchgeführt werden. Die Probe läßt sich auch in der Weise vornehmen, daß man die Schmelzpunkte der ausgeschiedenen Krystalle und des Rückstandes ihrer Mutterlauge vergleicht. Sind beide völlig gleich, so vermag das betreffende Lösungsmittel eine weitere Reinigung nicht mehr herbeizuführen. Da aber mitunter ein anderes Lösungsmittel den Schmelzpunkt noch zu erhöhen vermag, ist ein *Wechsel der Lösungsmittel* stets zu versuchen. Die Schmelzpunkte sind leider oft unscharf. Das kann daran liegen, daß die Substanz sich beim Erhitzen zersetzt oder teilweise umlagert. Es kann seinen Grund aber auch in einer Unreinheit der Substanz (Beimengungen) haben, wobei nicht selten das Lösungsmittel selbst die Rolle der Verunreinigung spielt, indem es in Hohlräumen der Krystalle eingeschlossen ist, oder indem es als Krystallösungsmittel hartnäckig der Substanz anhaftet. Daher ist der *Trocknung*, die jeder Schmelzpunktbestimmung voranzugehen hat, besondere Aufmerksamkeit zu schenken. Die Trocknung erfolgt am besten im Vakuum. Ihr Erfolg läßt sich oft schon durch das Aussehen der Krystalle makroskopisch und mikroskopisch verfolgen, quantitativ durch Trocknen bis zur Gewichtskonstanz. Die anzuwendende Temperatur muß sich nach der Substanz, nach dem Lösungsmittel und der Haftfestigkeit der Krystallflüssigkeit richten. Letztere ist oft erstaunlich groß, so wird Alkohol häufig erst bei einer Temperatur von 120° im Vakuum völlig ausgetrieben. Bei Lösungsmitteln, die den Stoff in der Hitze gut lösen, ist zuerst bei niedriger Temperatur vorzutrocknen, um ein „Schmelzen" (Auflösung der Substanz in der Krystallflüssigkeit) während des Trocknens zu verhüten. Eingeschlossene Flüssigkeitstropfen lassen sich am besten entfernen, wenn die Substanz vorher fein gepulvert wird. Eine Reinheitskontrolle durch den Schmelzpunkt ist unmöglich, wenn sich die betreffende Substanz beim Erhitzen zersetzt. Dann müssen andere Kriterien herangezogen werden, z. B. die Krystallgestalt, die Bestimmung der optischen Aktivität, die Elementaranalyse, die allerdings bei Mischungen von Isomeren versagt.

In den Harzen finden sich des öfteren Gemische einander nahestehender Substanzen vor, die sich auf dem geschilderten Wege nicht völlig voneinander trennen lassen. In solchen Fällen hilft die Darstellung von *Derivaten* mit anderen Löslichkeitsverhältnissen, deren Trennung durch fraktionierte Krystallisation und nachherige Rückverwandlung in die ursprünglichen Substanzen. Alkohol- und Säuregemische lassen sich über ihre Ester, die Säuren außerdem über ihre Salze zerlegen. Auf diese Weise wurde zum Beispiel das Amyrin durch Benzoylieren und Verseifung der fraktionierten Benzoate in α- und β-Amyrin getrennt. Auch die vorsichtige Sublimation mancher Substanzen im Hochvakuum gestattet Gemische zu erkennen. Die einzelnen Komponenten setzen sich dann auf Grund ihrer verschiedenen Flüchtigkeit an verschiedenen Stellen des Sublimationsrohres ab.

Die *Gleichheit* zweier Substanzen läßt sich durch verschiedene Mittel erweisen. Abgesehen von der Gleichheit der Elementarzusammensetzung können Schmelzpunkte und Mischschmelzpunkte, die Löslichkeiten, die Krystallgestalt (Winkelmessungen), das optische Verhalten, die Gleichheit von Derivaten usw. mit Vorteil zur Identifizierung herangezogen werden.

o) Analyse, Molekulargewichtsbestimmung und Festlegung der Bruttoformel der einzelnen Harzstoffe.

Für die *Elementaranalyse* ist die Substanz auf das sorgfältigste umzukrystallisieren und bis zur Gewichtskonstanz zu trocknen. Die Verbrennung, die jetzt fast ausschließlich auf mikroanalytischem Wege vorgenommen wird, bietet keinerlei Schwierigkeiten, nur erweist es sich häufig vorteilhaft, sie etwas langsamer als gewöhnlich zu leiten. Viele Harzstoffe haben nämlich die Eigenschaft, sich bei einer bestimmten Temperatur unter starker Gasentwicklung zu zersetzen, was zu Verlusten führen kann.

Die *Molekulargewichtsbestimmung* wird entweder nach den kryoskopischen und ebullioskopischen Methoden vorgenommen, wobei den ersteren entschieden der Vorzug gebührt, oder aber nach der bequemen Methode von Rast (115), die allerdings eine genügende Löslichkeit des betreffenden Stoffes in Campher und nicht allzu hohe Schmelztemperaturen der Substanz voraussetzt. Immerhin sind aber mit Mischungen 1:20 bei Substanzen mit einem Schmelzpunkte bis zu 280° noch gute Resultate erzielt worden. Die erreichbaren Genauigkeiten dürften bei den genannten Methoden ungefähr die gleichen sein. Einer außerordentlichen Sorgfalt bedarf die Feststellung der *Bruttoformel*. *Nichts hat, abgesehen von der Unreinheit der zur Verbrennung gelangten Substanzen, solche Unsicherheit erzeugt, wie die kritiklose und oberflächliche Formelgebung.* Eine ganze Reihe von sicherlich rein dargestellten Präparaten wurde und wird leider auch heute noch mit falschen oder nicht sichergestellten Formeln in die Literatur eingeführt und richtet hier Verwirrung an. Dies kommt besonders in den viel benützten Handbüchern der organischen Chemie (Beilstein) zum Ausdruck, die die Verbindungen nach den Bruttoformeln ordnen. Es sollte daher jeder Chemiker es sich zur Pflicht machen, hier nach Möglichkeit Wandel zu schaffen.

Vor allem ist es notwendig, sich darüber Rechenschaft abzulegen, *wie weit unsere Methoden bei einer gewissen Größe des Moleküls imstande sind, für oder gegen eine Formel zu entscheiden* (37). Die Fehlergrenze der C- und H-Werte bei der *Elementaranalyse* kann durchschnittlich mit 0,3% angenommen werden. Die Genauigkeit der *Molekulargewichtsbestimmung* ist, wie allgemein bekannt, nicht groß (10—20%). Außerdem kommen noch *Äquivalentgewichtsbestimmungen* auf titrimetrischem Wege in Frage, deren Genauigkeit je nach den Umständen schwankt, aber bei tadelloser Ausführung an die der Elementaranalyse heranreichen dürfte. Das sind die gegebenen Methoden, deren Fehlergrenzen nicht ohne weiteres herabgesetzt werden können.

Am ungünstigsten liegen die Verhältnisse offenbar bei den *Kohlenwasserstoffen* vom Typus $(CH_2)_n$. Hier vermag die Elementaranalyse überhaupt keinen Anhaltspunkt für die Anzahl der Methylengruppen im Molekül zu geben, denn auch $(CH_2)_{n+1}$ verlangt dieselben Prozentzahlen.

Anders wird dies aber, wenn in diese Verbindungen fremde Atome oder Radikale (X), z. B. Chlor, Benzoyl, NO_2, Sauerstoff usw., durch Addition oder Substitution eingeführt werden. Die theoretischen Analysenwerte der einzelnen

Bestandteile von z. B. $(CH_2)_nCl_2$ und $(CH_2)_{n+1}Cl_2$ werden gewisse Unterschiede (D) voneinander aufweisen. *Aufgabe des Chemikers ist es nun, solche zur Analyse geeignete Verbindungen darzustellen, bei denen diese für einen Unterschied von einer Methylengruppe errechneten Differenzen D möglichst groß werden,* um so die Sicherheit der Entscheidung möglichst zu erhöhen. Wenn wir von der Einführung der weniger wirksamen kohlenstoffhaltigen Gruppen, z. B. $CO \cdot C_6H_5$, zunächst absehen wollen, so wird es hierbei praktisch gleichgültig sein, ob wir das Molekül z. B. mit 3 Chloratomen ($= 106,4$ Einheiten) oder mit 1 Silberatom ($= 107,9$ Einheiten) belasten. In jedem Falle ist nur die Atomgewichtssumme der hinzukommenden Atome oder Gruppen (z. B. NO_2), die *Molekülbelastung B,* maßgebend.

In der folgenden graphischen Darstellung, die für einen Kohlenwasserstoff der Formel $(CH_2)_{30}$ bzw. $(CH_2)_{31}$ berechnet wurde, sind die Differenzen der C- und H-Werte der beiden Formeln und ebenso der hinzukommenden Werte von X in Zehntel Prozent auf der einen Seite, die Werte der Molekülbelastung B auf der anderen Seite aufgetragen. Eine Gerade in der Höhe $0,3\%$ D gibt die Fehlergrenze an. Wie ersichtlich, wird durch die C- und X-Werte bei einer Molekülbelastung von ungefähr 80 Einheiten (Schnittpunkt der Kurve mit der Fehlergrenze) erstmalig eine Entscheidung zwischen den beiden Formeln möglich.

In den meisten Fällen der Praxis wird nicht eine Verbindung vom Typus $(CH_2)_n$ zu untersuchen sein, sondern es wird auch eine gewisse Anzahl von Sauerstoffatomen usw. im Molekül sein, die das Molekül von vornherein schon „*belasten*". In solchen Fällen wird natürlich die nötige künstliche Belastung kleiner, und es kann schließlich der Fall eintreten, daß eine künstliche Molekülbelastung überhaupt zu keiner Erhöhung, sondern zu einer Verwischung der vorhanden prozentualen Unterschiede

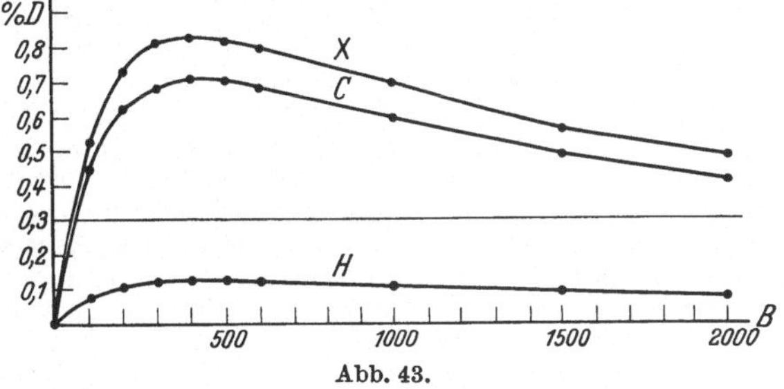

Abb. 43.

führt. Das in der graphischen Darstellung deutliche Maximum von D erscheint dann überschritten. Das ist z. B. bei Verbindungen vom Kohlehydrattypus z. B. $5 C_6H_{12}O_6 - 4 H_2O = C_{30}H_{52}O_{26}$ und ähnlichen der Fall. Hier kann die Molekülbelastung nichts leisten.

Die Zusammensetzung vieler hochmolekularen *Harzsubstanzen* nähert sich aber sehr dem *Typus der* erstgenannten *Kohlenwasserstoffe* $(CH_2)_n$. So hat O. DISCHENDORFER (38) zur kritischen Beurteilung der Sicherheit der Formel für *Betulin* $C_{30}H_{50}O_2$ (bzw. $C_{31}H_{52}O_2$) sich der folgenden graphischen Darstellung bedient, wobei die Molekülbelastung B in vergrößertem Maßstabe aufgetragen erscheint.

Wie ersichtlich lassen sich hier schon bei Einführung von 2 Bromatomen (ca. 160 Einheiten) D-Werte von $0,58\%$ für Kohlenstoff und $0,61\%$ für Brom (X) erzielen. Da solche Verbindungen sich tatsächlich herstellen ließen, konnte durch deren Analyse die Frage zugunsten der Formel $C_{30}H_{50}O_2$ entschieden werden. Bemerkt muß hierbei werden, daß die Entscheidung allerdings *nur für die Anzahl der Kohlenstoffatome* (hier

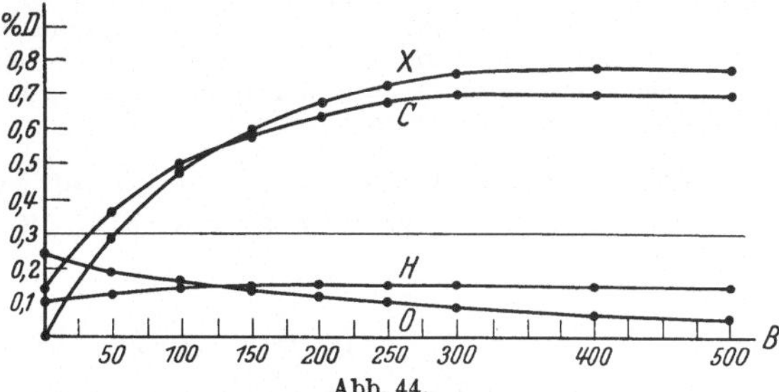

Abb. 44.

bis zu einer Molekülgröße von 50 Atomen), nicht aber für die Wasserstoffatome getroffen werden konnte. Wie aus den graphischen Darstellungen abzulesen ist, wird nämlich in keinem Falle durch eine Vermehrung oder Verminderung um 2 Wasserstoffatome in einer der Formeln eine die Fehlergrenze von $0,3\%$ überschreitende D-Größe für Wasserstoff erzielt. *Die Anzahl der Wasserstoffatome ist also so nicht einwandfrei feststellbar.* Dies gilt für *alle hydroaromatischen Verbindungen* etwa von 20 Kohlenstoffatomen aufwärts. Es erscheint aber nicht ausgeschlossen, daß die Anzahl der Wasserstoffatome sich durch indirekte Schlüsse bei einer Abbauarbeit wird feststellen lassen. Volle Sicherheit wird natürlich eine einwandfreie Synthese geben können, von der wir aber in fast allen Fällen noch recht weit entfernt sind.

Die *Art der Molekülbelastung B* muß sich natürlich nach den betreffenden Körpern richten. Peinlichste analytische Reinheit ist hierbei unerläßlich. Am besten bewährt haben sich die Bromadditions- und -substitutionsprodukte. Das Chloratom ist zu leicht, die Jodprodukte sind zu zersetzlich. Alkohole sind stets nur in Form ihrer Ester zu bromieren, da sonst infolge der Entwicklung von Bromwasserstoff unreine Verbindungen entstehen. Auch ist aus dem gleichen Grunde die Einwirkung des Halogens nicht unnötig lange auszudehnen. Sehr bewährt hat sich bei Alkoholen die Darstellung der p-Brombenzoate. Bei Säuren ist die Anwendung von Silbersalzen usw. sehr naheliegend, sie verlangt aber Vorsicht, da sich nicht selten saure Salze bilden und Komplikationen durch Krystallösungsmittel auftreten. Im allgemeinen wird auch hier der Darstellung geeigneter Halogenderivate der vorerst veresterten Säuren der Vorzug zu geben sein.

Einen anderen Weg zur Bestimmung der empirischen Formel hat K. A. Vesterberg (194) eingeschlagen. Er suchte die Äquivalenzgewichtsbestimmung derart zu verfeinern, daß sie zur Entscheidung solcher schwieriger Fragen gebraucht werden konnte. Als Beispiel hierfür diente ihm ebenfalls das schon erwähnte *Betulin* der Birkenrinde, dessen Acetat er in alkoholischer Lösung verseifte. Da diese außerordentlich sorgfältig durchgeführten Versuche nur in schwedischer Sprache publiziert und daher schwer zugänglich sind, seien sie hier im wesentlichen wiedergegeben:

Als Versuchskolben dienen Jenenser Kölbchen von 100 cm³ Inhalt, in deren etwas verlängertem Hals ein 1 m langes und innen 10 mm weites Rohr derart eingeschliffen ist, daß sein unteres schief abgeschnittenes Ende in den Kolben hineinragt. In den trockenen Kolben werden ungefähr 0,4 g des fein gepulverten Esters genau eingewogen, in 5 cm³ neutralem Benzol unter Erwärmen aufgelöst und mit einer genau bekannten Menge 1/10 normaler Lauge in mindestens 50 proz. Überschusse versetzt. Die Lauge wird am besten durch Auflösen von metallischem Natrium in mindestens 95 proz. Alkohol hergestellt. Dann wird mit aufgesetztem Rückflußkühler auf dem Asbestdrahtnetze oder auf einer Aluminiumplatte unter fleißigem Schwenken durch eine kleine Flamme derart erhitzt, daß der Dampf in den unteren drei Vierteln des Luftkühlers verdichtet wird. Nach dem Kochen, das hier 2 Stunden fortgesetzt werden mußte, wie Vorversuche zeigten, wird sofort direkt im Kolben nach Zusatz von Phenolphthalein mit n/10 Salzsäure zurücktitriert. Sollte dabei eine Fällung entstehen, so muß man säurefreies Benzol oder ebensolchen Alkohol zusetzen. Der Titer der verwendeten Alkalilösung ist *vor* dem Kochen und im blinden Versuche *nach* dem gleichdauernden Kochen im selben Versuchskolben zu bestimmen, um sicherzustellen, daß er beim Kochen sich nicht wesentlich verändert hat (höchstens 0,1—0,2 cm³ für 25 cm³ Lauge). Unter der Voraussetzung, daß der in Freiheit gesetzte Harzalkohol selbst nicht infolge von Oxydationen, Spaltungen und dergleichen sauer reagierende Stoffe abgibt, läßt sich das Äquivalentgewicht so bis auf eine Einheit bestimmen. Außerordentlich wichtig ist die Wahl des Glases für den Kolben. Bei halbstündigem Kochen mit Wasser und einem Tropfen Phenolphthaleinlösung darf das Wasser höchstens schwach rosarot werden. Diese Probe muß öfter wiederholt werden, da es vorkommen kann, daß Kolben, die anfangs von hinreichender Widerstandskraft waren, in dieser Beziehung wesentlich schlechter werden. Aus einem Durchschnitte von sieben so sorgfältigst ausgeführten Bestimmungen errechnet Vesterberg das Äquivalenzgewicht.

Die Genauigkeit dieser Methode ist ungefähr die gleiche wie bei Anwendung der Gewichtsanalyse geeigneter Derivate, die Ausführung verlangt aber größte Sorgfalt.

p) Atomgruppenbestimmung.

Die Anzahl der einfachen Atomgruppen der Harzbestandteile erscheint mit Rücksicht auf das alleinige Vorkommen der 3 Elemente Kohlenstoff, Wasserstoff und Sauerstoff beschränkt. Je nach der Art der Bindung des Sauerstoffs unterscheidet man *Hydroxyl-, Carboxyl-* und (selten vorkommende) *Carbonyl*gruppen. Außerdem kann der Sauerstoff *ätherartig* (oxydisch) gebunden sein.

Im folgenden können naturgemäß nur die allerwichtigsten Methoden im Prinzip angedeutet werden, im übrigen ist auf die Handbücher der organischen Chemie zu verweisen.

Die *Hydroxylgruppe* wird am besten durch *Veresterung* und Analyse (Gewichtsanalyse oder Verseifungstitration) der entstandenen Ester erkannt. Bei alkalilöslichen Verbindungen verfährt man zur Veresterung nach SCHOTTEN-BAUMANN (Schütteln der stets alkalisch zu haltenden Lösung in Lauge mit einem Überschuß von Benzoylchlorid bei gewöhnlicher Temperatur), bei alkaliunlöslichen hat sich das Erwärmen mit Benzoylchlorid in Pyridinlösung bewährt. In beiden Fällen wendet man gerne auch das leider etwas kostspielige p-Brombenzoylchlorid an, das durch die Halogenanalyse der entstandenen p-Brombenzoate die Anzahl der eingetretenen Benzoylreste bestimmen läßt. Die Acetate werden meist durch Erwärmen mit Essigsäureanhydrid und Natriumacetat hergestellt. Auch die Darstellung der *Urethane* mittels Harnstoffchlorid oder der *Phenylurethane* mit Phenylisocyanat wird gelegentlich versucht. Es gibt allerdings Fälle, wo hydroxylhaltige Verbindungen mit den typischen Hydroxylreagenzien in keiner Weise reagieren. In solchen Fällen gelingt es aber dennoch, nach TSCHUGAEFF-ZEREWITINOFF mittels Magnesiumjodmethyl nach der Gleichung $R \cdot OH + MgJCH_3 = R \cdot OMgJ + CH_4$ aus der entwickelten und aufgefangenen Menge des Methangases einen Schluß auf die Anzahl der vorhandenen Oxygruppen zu ziehen. Zu bemerken ist, daß nach der letztgenannten Methode *alle* „beweglichen" Wasserstoffatome erfaßt werden, nicht nur die der Hydroxylgruppen.

Die *Carboxylgruppe*, das Charakteristikum der alkalilöslichen Säuren, läßt sich durch die Analyse von *Salzen* bestimmen. Dabei ist aber Vorsicht geboten, da häufig gerade die *sauren* Salze am schönsten krystallisieren, am schwersten löslich sind und daher ausfallen. Man verwendet am besten Metalle, die normalerweise nur in einer Wertigkeitsstufe vorkommen, z. B. Silber, Kupfer, Zink, Nickel, die Erdalkalimetalle usw. Die häufig verwendeten Silbersalze sind licht- und luftempfindlich, mitunter explosiv. Allgemein anwendbar ist die *Titration* der Säuren mit Alkalien, die in verschiedener Weise ausgeführt werden kann (s. Kennzahlen- und Bruttoformelbestimmungsmethoden) und die Verseifungstitration nach Veresterung der Säuren, wobei auf gewisse schwer veresterbare Gruppierungen geachtet werden muß.

Die selten in den ursprünglichen Harzstoffen vorhandenen, oft dagegen bei Abbauarbeiten entstehenden *Carbonylgruppen* werden in gewöhnlicher Weise mittels der Oxime, Phenylhydrazone, Semicarbazone usw. nachgewiesen.

Der *Brückensauerstoff* (Äther- oder Oxydsauerstoff) fällt durch seine *Indifferenz*, in anderen Fällen durch gewisse Anlagerungsreaktionen auf.

Eine große Rolle spielen bei den Harzen die *Doppelbindungen*, während dreifache Bindungen bislang nicht festgestellt werden konnten. Wie in den Terpenen zeichnen sich auch bei den Harzkörpern die Doppelbindungen durch *Additionsreaktionen* mit Halogenen, Halogenwasserstoffen, Nitrosylchlorid u. a. aus. Es wird aber — die Bromaddition ausgenommen — verhältnismäßig selten davon Gebrauch gemacht. Die Abwesenheit anderer oxydierbarer Gruppen vorausgesetzt, lassen sich Doppelbindungen auch durch das BAEYERsche *Permanganatreagens* (Kaliumpermanganat in Sodalösung) an der Braunsteinausscheidung erkennen. Es gibt mitunter Doppelbindungen, die schwer oder gar nicht reagieren. Sie werden wie alle Doppelbindungen durch *katalytische Hydrierung* mit Wasserstoff abgesättigt, welche sich durch Messung des absorbierten Wasserstoffes quantitativ verfolgen läßt. Diese Methode besitzt eine ganz besondere Bedeutung für die Harzchemie, da es sich gezeigt hat, daß in den Harzen mitunter gesättigte und ungesättigte Verbindungen ganz derselben übrigen Struktur nebeneinander zu kaum trennbaren Gemischen vereinigt vorkommen. Hydriert man ein solches Gemisch, so erhält man den einheitlichen gesättigten Körper und ist in der Lage,

die chemische Struktur desselben zu untersuchen (vgl. Urushiol, Pseudomethystizin u. a.). Häufig lassen sich auch durch Hydrierungen unbekannte Stoffe in
bereits aufgeklärte überführen.

Über die Methoden zur Bestimmung der Atomgruppenkombinationen lese
man in den Handbüchern der organischen Chemie nach.

q) Untersuchung des Kohlenstoffskeletes.

Aus der sichergestellten Bruttoformel (man beachte aber die Unsicherheit
bezüglich der Anzahl der Wasserstoffatome) und dem Sättigungszustande der
Verbindung läßt sich die *Anzahl* der vorhandenen *Kohlenstoffringe* berechnen.
Man geht von der Bruttoformel des durch Wasserstoff gesättigten Grundkohlen-
wasserstoffs des Körpers aus und zieht seine Wasserstoffanzahl von der des
gesättigten Paraffins mit der gleichen Anzahl von Kohlenstoffatomen ab. Diese
Differenz durch 2 dividiert, gibt die Anzahl der Ringe.

Durch einfache Reaktionen den Aufbau einer Verbindung aufzuklären,
gelingt nur bei den niedrigmolekularen Verbindungen. Es sind namentlich die
Methoden der *erschöpfenden Bromierung* mit nachfolgender Abspaltung von
Bromwasserstoff sowie der *Dehydrierung* mit Zinkstaub, Nickel, Kupfer, Platin,
Palladium und insbesondere mit Schwefel und Selen angewandt worden. Bei
den letzteren Dehydrierungsmethoden mußten allerdings so hohe Temperaturen
eingehalten werden, daß Umlagerungen, Zersetzungen und Neubildungen von
Ringen eintreten können. Immerhin haben die entstehenden aromatischen
Verbindungen zur Aufklärung von Strukturen schon wesentlich beigetragen,
so z. B. das aus den Coniferenharzsäuren sich bildende Reten, die aus anderen
Harzen entstehenden Naphthalinderivate usw.

Das für Abbauarbeiten so hervorragende Mittel der *Oxydation* kann hier
nur erwähnt werden.

Diese Andeutungen der zur Anwendung kommenden Methoden zur Aufklärung der Kohlenstoffskelete müssen genügen. Volle Sicherheit gewährt nur
die *Synthese,* von der wir aber bei den hochmolekularen Harzstoffen meist noch
weit entfernt sind.

In jüngster Zeit beginnt man die Absorption im *Ultraviolettspektrum* für die
Strukturaufklärung chemischer Körper mit Erfolg heranzuziehen. Es ist zu
erwarten, daß sie auch auf dem Gebiete der Harzchemie zur Entscheidung
wichtiger Fragen beitragen wird.

r) Analyse von Harzgemischen.

Die Zerlegung von Harzgemischen in ihre Komponenten gehört zu den
schwierigsten Aufgaben der Analytik. Die makroskopische und mikroskopische
Betrachtung, die Prüfung auf Geruch und Geschmack, die Bestimmungen der
Löslichkeiten, des Fällungspunktes, der Kennzahlen müssen herangezogen
werden, um erste Anhaltspunkte zu erhalten. Diese Bestimmungen werden dann
an den Fraktionen zu wiederholen sein, die man durch Auflösen, durch Fällen usw.
mit geeigneten Lösungsmitteln herstellt. Gelingt es so, den Kreis der in Betracht
kommenden Harze immer mehr zu verkleinern, so kann man dazu übergehen,
charakteristische Bestandteile zu isolieren, die dann beweisend für die Anwesenheit gewisser Harze sind, z. B. Abietinsäure für Kolophonium usw. Dieser
qualitativen Feststellung eines Harzes in einem Gemische läßt sich auf Grund
der erhaltenen Mengen an charakteristischen Bestandteilen, der Kennzahlen
und der Löslichkeiten oft eine annähernde *quantitative* Berechnung anschließen,
deren Sicherheit und Genauigkeit allerdings nicht groß ist.

Bei spritlöslichen Harzgemischen stellt man nach H. WOLFF zunächst den „Fällungspunkt" und dadurch die Anwesenheit bzw. Abwesenheit von Kopal fest:

I. Kopal ist anwesend.

Das in *wenig* Alkohol gelöste Harz wird mit viel Eisessig versetzt:

1. Lösung. Ausfällen der Harze durch viel Wasser und Waschen mit Wasser bis zur neutralen Reaktion des Waschwassers. Das Harz dann mit Benzin behandeln.

a) Löslich: Kolophonium neben geringen Anteilen anderer Harze, namentlich Sandarak und Kopal.

b) Unlöslich: Schellack und Akaroid. Behandeln mit *stark* verdünntem Ammoniak.

α) Löslich: Schellack.

β) Unlöslich: Akaroid.

2. Fällung. Kopal und Sandarak. Die Gegenwart von Sandarak kann im ursprünglichen Lack nachgewiesen werden. Die Höhe des Fällungspunktes macht die Gegenwart von Kopal wahrscheinlich.

II. Kopal ist nicht anwesend.

Erwärmen mit stark verdünntem Ammoniak.

1. Löslich. Schellack (bei ungebleichtem charakteristische violette Färbung der Lösung). Ausfällen des Harzes und Geruch beim Verbrennen. Bei gebleichtem Schellack das ausgefällte Harz auf ausgeglühten Kupferdraht bringen und verbrennen. Nach Verbrennung erweist grüne Farbe der Flamme Gegenwart von Chlor, aus dem gebleichten Schellack stammend.

2. Unlöslicher Teil. Ammoniak durch Wasser entfernen, vorsichtig trocknen. *Behandeln mit Benzin.*

a) Löslich: Kolophonium (Identitätsreaktionen).

b) Unlöslich: In wenig Alkohol lösen und mit Eisessig versetzen; Sandarak fällt aus, wenn nicht viel Kolophonium zugegen war. Akaroid wird gelöst (näher zu kennzeichnen durch Schwarzfärbung mit alkoholischer Eisenchloridlösung).

Das System gibt keineswegs absolut sichere Resultate, diese können nur durch Isolierung charakteristischer Bestandteile erhalten werden. Es umfaßt zudem nur die technisch wichtigsten Harze. Quantitative Schlüsse aus der Größe der betreffenden Fällungen sind nicht zulässig, da erhebliche Löslichkeitsbeeinflussung vorliegen kann.

s) Einteilung der Harze und Harzstoffe.

Die *Harze* werden häufig in *drei Gruppen* geteilt, in die der meist flüssigen *Balsame*, die der *eigentlichen Harze* und die der *Gummiharze*. Die letzteren enthalten oft große Mengen Pflanzengummi.

Eine Einteilung auf Grund der *chemischen* Eigenschaften der Harze hat TSCHIRCH zu geben versucht. Er unterscheidet: *1. Resinharze* (charakteristischer Bestandteil: Ester), *2. Resenharze* (indifferente Stoffe), *3. Resinolsäureharze* (Harzsäuren), *4. Resinolharze* (freie Harzalkohole), *5. Aliphatoresine* (aliphatische Verbindungen), *6. Chromoresine* (gefärbte Substanzen), *7. Enzymoresine* (Enzyme), *8. Glucoresine* (Glucoside), *9. Lactoresine* (Kautschuk). Die Gruppe der Resinharze teilt er weiter in *Resinotannolresine* (Ester von „Resinotannolen" mit aromatischen Säuren) und *Resinolresine* (Ester von Resinolen mit aromatischen Säuren). Die „Resinotannole" sind amorphe Gemische von Oxydationsprodukten der Resinole.

Die Einteilung entspricht fürs erste einigermaßen den Bedürfnissen. Indes darf nicht übersehen werden, daß sie vom Standpunkte der strengen Logik mehrfach anfechtbar ist, da sich die einzelnen Gruppenmerkmale keineswegs ausschließen und die Wahl des charakteristischen Bestandteiles daher oft willkürlich ist.

Um diesen Übelstand zu vermeiden, soll hier die Anordnung nach der *botanischen Systematik* der Stammpflanzen getroffen werden. Die Aneinanderreihung und Zusammenfassung der in einer Pflanzenfamilie vorkommenden Harze gewährt dabei den Vorteil, daß gewisse der botanischen Verwandtschaft entsprechende Ähnlichkeiten im chemischen Aufbau der Harze so besser zum Ausdrucke kommen:

I. Gymnospermae.

1. Abietineae: a) Rezente Harze: Terpentine, Kolophonium, Harzöle, Überwallungsharze, Canadabalsam, Oregonbalsam, b) Bernstein.

2. Cupressineae: Sandarak.
3. Araucariaceae: Kauri- und Manilakopal.

II. Monocotylae.
4. Palmae: Drachenblut.
5. Liliaceae: a) Aloe, b) Akaroidharze.

III. Dicotylae.
6. Piperaceae: a) Kawa-Kawa-Harz, b) Kubebenharz.
7. Betulaceae: Birkenharz.
8. Moraceae: Kautschukharze.
9. Berberidaceae: Podophyllumharz.
10. Hamamelidaceae: Styrax.
11. Leguminosae: a) Caesalpinioideae: Kopaivabalsam, Kopale (außer Kauri- und Manilakopal), b) Papilionatae: Tolubalsam, Perubalsam.
12. Zygophyllaceae: Guajac-Harz.
13. Burseraceae: a) Elemiharz, b) Anime, c) Mekkabalsam, d) Myrrhe, e) Burseraceen-opoponax, f) Weihrauch, g) Bdellium.
14. Euphorbiaceae: Euphorbium.
15. Anacardiaceae: a) Mastix, b) Japanlack.
16. Guttiferae: a) Gummigutt, b) Takamahak.
17. Dipterocarpaceae: a) Dammarharz, b) Gurjunbalsam.
18. Cistaceae: Ladanum.
19. Umbelliferae: a) Ammoniakum, b) Asant, c) Galbanum, d) Umbelliferenopoponax, e) Sagapenharz.
20. Styracaceae: Benzoeharz.
21. Oleaceae: Olivenharz.
22. Convolvulaceae: a) Jalapeharz, b) Turpetharz, c) Orizabaharz, d) Skammonium.
23. Compositae: Laktukarium.

Die *Einteilung der Harzbestandteile* erfolgt dagegen am besten von *chemisch-systematischen* Gesichtspunkten aus. Sie bietet bei dem heutigen Stande unserer Kenntnisse allerdings noch vielfach Schwierigkeiten:

1. Hydroxylverbindungen (Tschirchs Resinole und Resinotannole) mit der charakteristischen Gruppe OH.
a) Alkohole. Zum Beispiel die *aromatischen* Alkohole: Benzylalkohol, Zimtalkohol, γ-Phenyl-propyl-alkohol, die *hydroaromatischen* Triterpenalkohole: α- und β-Amyrin, Lupeol, Betulin, α- und β-Laktuzerol, ferner Euphorbon usw. Sie krystallisieren meist vorzüglich, kommen aber häufig in Isomerengemischen vor, die sich schwer in ihre Bestandteile zerlegen lassen.
b) Phenole. Urushiol, Guajac-Harzsäure, Aloe-emodin, Pinoresinol, Lariciresinol, Ammoresinol, die *Alkoholphenole* bzw. deren Äther, wie Olivil, Cubebin usw. Sie sind meist in Alkalien löslich. Es läßt sich mitunter aber nicht sicher feststellen, ob ihre sauren Eigenschaften wirklich von einer Hydroxyl- oder aber von einer Carboxylgruppe herrühren. Anzuschließen sind hier die amorphen *Resinotannole* Tschirchs, die Gerbstoffreaktionen zeigen und durch Oxydation der Phenole entstehen.
2. Carbonylverbindungen, Ketone und Aldehyde mit der charakteristischen Gruppe CO bzw. CHO, sind selten anzutreffen: Vanillin, p-Oxy-benzaldehyd, Päonol (2-Oxy-4-methoxy-acetophenon).
3. Carboxylverbindungen. Säuren mit der charakteristischen Gruppe COOH: die *aromatischen* Säuren: Benzoesäure, Zimtsäure, Benzoylessigsäure, p-Cumarsäure, Ferulasäure, Kawasäure, ferner die große Gruppe der *hydroaromatischen* Coniferenharzsäuren mit 20 Kohlenstoffatomen: die einwertige d- und l-Pimarsäure, die Abietinsäuren, ferner die Sandarakopimarsäure, die zweiwertige Agathendicarbonsäure (Kauri- und Manilakopal), die α-Elemisäure sowie die Sumaresinol- und die Siaresinolsäure.
4. Ester von aromatischen Säuren oder Harzsäuren mit Alkoholen und Phenolalkoholen, z. B. Styrazin, Lubanolbenzoat usw. Eine Reihe von lacton- und anhydridartigen Körpern gehört hierher: Umbelliferon, Methystizin, Yangonin usw.
5. „Resene" (Tschirch), *Verbindungen mit indifferentem,* ätherartig gebundenem *Sauerstoff* oder sauerstofffreie *Kohlenwasserstoffe.* Obwohl oft in reichlicher Menge vorhanden, sind sie bisher wenig untersucht. Es sind meist amorphe, zähe oder auch spröde Massen, deren Zerlegung in chemische Individuen noch nicht gelungen ist.

Spezieller Teil.

A. Gymnospermae.

a) Abietineae.

1. Rezente Harze.

Terpentine.

Den Namen Terpentine führen die Balsame der verschiedensten Abietineen. Sie werden meist nach ihren Stammländern als *amerikanischer, französischer, österreichischer* usf. Terpentin unterschieden. Es kommen die folgenden Stammpflanzen in Betracht: die **nordamerikanischen** Arten, wie *Pinus cubensis* GRIESEB. (subtropische Küsten, Honduras, Kuba), *P. Fraseri* PURSH., *P. palustris* MILL. (Südstaaten), *P. resinosa* AIT. (Canada, Neuschottland), *P. Strobus* L. (Weymouthskiefer), *P. Taeda* L. (White-Pine-Fichte, südl. Staaten bis Texas), *Abies balsamea* MILL. (Balsamtanne), *A. canadensis* MICH. (Canadische oder Schierlingstanne), *Pseudotsuga Douglasii* CARR. (Douglasfichte, Nordwestamerika); die **europäischen** Arten: *Pinus Cembra* L. (Arve, Zirbe, Alpen, Karpathen), *P. halepensis* MÖLL. (Aleppofichte, Südwestfrankreich), *Pinus montana* MILL. (Legföhre, Alpen, Karpathen, Pyrenäen), *P. nigra* ARN. (Schwarzföhre, Ostalpen, Südeuropa, Kleinasien), *P. Pinaster* SOL. (Strandkiefer, Griechenland, Algier), *P. silvestris* L. (Weißföhre, Europa, Asien), *Picea excelsa* L. (Fichte, Rottanne), *Abies alba* MILL. (Weißtanne), *Larix decidua* MILL. (Lärche); die **asiatischen** Arten: *Pinus Gerardiana* WALL. (Himalaja), *P. Khasiana* GRIFF. (Assam), *longifolia* ROXB. (Afghanistan bis Himalaja), *P. Merkusii* JUNGH. et DE VRIES (Birma, Sumatra, Borneo), *orientalis* LINK.

Der *gewöhnliche Terpentin* wird — natürlich in verschiedener Beschaffenheit — von allen Nadelholzarten gewonnen. Außerdem führen einige Terpentine spezielle Namen: der heute selten vorkommende, dünnflüssige und rasch trocknende *Straßburger Terpentin* (Edeltanne), der *Tiroler* oder *echte Venezianische Terpentin* (Lärchen, Kärnten, Tirol, Frankreich, Sardinien), der wenig vorkommende *Karpathenbalsam* (Zirbe), der *Canadabalsam* (Balsamfichte, Frasers Fichte, Canadafichte). Diese vier eben genannten, meist völlig klaren, blaßgelben Balsame werden als *feine* Terpentine von den *gemeinen* durch wetzsteinförmige Krystalle getrübten bis körnigen, hellgelben bis bräunlichen Terpentinen unterschieden. Von den gemeinen Terpentinen sind die wichtigsten: der *nordamerikanische* (hauptsächlich von der Sumpfkiefer und ihren Abarten), der *französische* (Strandkiefer) und der *österreichische* Terpentin (Schwarzföhre). Der *Juraterpentin* wird von der Rottanne oder Fichte gewonnen.

Die Balsame sind physiologische in den Harzkanälen oder Harzräumen bereits vorgebildete Produkte, die bei der Verletzung ausfließen (*primärer* Harzfluß nach TSCHIRCH), häufiger aber und in weit größeren Mengen werden sie nach tiefgehenden und lange andauernden Verletzungen der Stämme sezerniert, wobei sich in der Nähe der Wunden reichlich neue Harzkanäle bilden (*sekundärer* Harzfluß nach TSCHIRCH).

Die *Art der Verwundungen* ist verschieden. Meist wird eine „Lache" geschlagen, das heißt die Rinde bis zum Cambium entfernt. Häufig wird auch noch ein mehrere Zentimeter dicker Teil des Holzes mit abgerissen. Zum Auffangen des ausfließenden Balsams wird am unteren Ende der Wunde eine Sammelmulde aus dem Baume herausgehauen (Box-System), besser aber wird ein Sammelgefäß aus Blech oder Ton mit Zuleitungsrinnen in geeigneter Weise angebracht (die verschiedenen Cup- und Gutter-Systeme). Diese letztere moderne Auffangsmethode verhindert die Verdunstung der wertvollen flüchtigen Anteile der Terpentine und schont die Stämme, so daß bei kräftigen Bäumen die Harzung bis zu 50 Jahren ausgedehnt werden kann. Bei der erstgenannten Methode werden die Stämme nach ungefähr 8 Jahren gefällt. Die Wunden werden in gewissen Perioden erweitert. Der Harzfluß dauert ungefähr von Mai bis Oktober, im Herbste beginnt das Excret wegen der eintretenden Kühle zu erstarren. Man kratzt dann das Harz von der Wunde und ihren Rändern mit Messern ab und gewinnt so das weniger reine *gemeine* oder *Scharrharz* (Galipot der Franzosen, Scrape der Engländer). Zu der letzteren an Terpentinöl armen Harzsorte gehört auch das Harz, das manchmal zwischen Rinde und Holz in dicken Platten sich abscheidet (*Wurzelpech*) sowie der *Waldweihrauch*, der von jungen Coniferen herabtropft und in Körnern vom Boden aufgelesen wird.

Zwecks Gewinnung des *Lärchenterpentins* werden die Stämme etwa 30 cm über dem Boden bis zum Zentrum angebohrt. Das Bohrloch wird mit einem Holz verpfropft und von Zeit zu Zeit der gesammelte Balsam in ein Sammelgefäß abgelassen. Der *Canadabalsam* wird ebenso wie der *Tannenbalsam* durch Anstechen der in der Rinde gebildeten natürlichen Harzbeulen gewonnen (feinste Sorten), zuweilen werden auch Einschnitte in die Rinde gemacht. Der seltene *Karpathenterpentin* wird von den Spitzen der jungen Zweige der Krummholzkiefer durch einfaches Auffangen der sich abscheidenden Balsamtropfen in Flaschen gewonnen. Eine chemisch verschiedene besondere Klasse von Harzen bilden die *Überwallungsharze,* die von den Überwallungs- oder Narbengeweben der Stammwunden ausgehen.

Die *Kennzahlen* der Terpentine hängen stark von ihrem Gehalt an Terpentinöl ab und schwanken daher beträchtlich. Gewöhnlicher Terpentin hat: S.Z. 80—165, meist 110—145; V.Z. 105—180, meist 115—130; D.Z. 2—80, meist 5—20; für Lärchenterpentin wird meist angegeben: S.Z. 65—100, V.Z. 85—146, D.Z. 2—55.

Bei der Untersuchung ist auf etwaiges Vorhandensein von *Kunstterpentin* (Lösung von Kolophonium in Harzöl usw.) zu achten. Man destilliert mit Wasserdampf und untersucht das Destillat. Der *Brechungsexponent* desselben soll $n_D^{20^o} = 1,470$—$1,474$ sein. Auch die *Bromzahlbestimmung* (die von 1 cm³ Öl aufgenommene Anzahl Milligramm Brom) ist brauchbar; sie soll 210—240 ergeben:

Die Lösung von genau 0,5 cm³ des Destillates in 50 cm³ absolutem Alkohol und 5 cm³ 25proz. Salzsäure wird mit einer Lösung von 13,919 g $KBrO_3$ und 49,592 g KBr im Liter destillierten Wasser titriert, bis die Lösung wenigstens 1 Minute schwach gelb gefärbt bleibt. Die Berechnung der Bromzahl erfolgt durch Multiplikation der verbrauchten Kubikzentimeter Bromidbromatlösung mit 8.

Für praktische Zwecke wichtig ist auch die Bestimmung des *Aschengehaltes.* Letzterer soll nicht über einige Zehntelprozent hinausgehen. Zur Bestimmung der *Mindestmenge* des vorhandenen *Terpentinöles* gibt DAB. VI folgende Probe an:

10 g Terpentin werden mit Wasserdampf destilliert, bis etwa 250 cm³ übergegangen sind. Das Destillat wird nach Zusatz von 50 g NaCl dreimal mit je 25 cm³ Petroläther ausgeschüttelt. Die vereinigten Petrolätherauszüge werden durch ein trockenes Filter in ein vorher gewogenes Kölbchen filtriert und durch Destillation von Petroläther befreit. Das Gewicht des zurückbleibenden völlig farblosen Öles muß wenigstens 1,5 g betragen.

Für *feine Terpentine* kommt noch eine Beimengung von *gewöhnlichem* Terpentin als Verfälschungsmittel in Betracht. Sie ist leicht zu erkennen, wenn man eine Probe des zu untersuchenden Terpentins kurze Zeit mit 80proz. Alkohol kalt behandelt und zentrifugiert. Der Rückstand zeigt dann die charakteristischen wetzsteinförmigen Harzsäurekrystalle.

Die Terpentine sind Gemische aus dem *eigentlichen Harze* und dem *Terpentinöle,* wobei das letztere einen Teil oder die Gesamtmenge der Harzstoffe in Lösung hält. Die Menge des Terpentinöles schwankt zwischen 10 und 35 %, sie ist am größten bei den Arten der Harzung, die die Verdunstung stark einschränken, und sinkt beim Scharrharz. Mitunter wird durch Abdestillieren ein Teil des wertvollen Terpentinöles entfernt, bevor das Harz in den Handel kommt.

Die *Balsamterpentinöle* — zum Unterschiede von den Holzterpentinölen so benannt — werden durch Abdestillieren aus den Rohterpentinen, meist unter Zusatz von Wasser, gewonnen. Die Destillation wird meist noch einmal wiederholt. Die ursprünglich im Rohterpentin vorhandenen flüchtigen Stoffe scheinen durch diese Isolierungsmethode nicht oder nur wenig verändert zu werden.

Die Terpentinöle sind in reinem Zustande wasserhelle, leicht bewegliche Flüssigkeiten, die im allgemeinen zwischen 155 und 180⁰, meistens zwischen 155 und 162⁰ sieden. Sie verflüchtigen sich auf Papier rasch, ohne dauernd einen Fleck zu hinterlassen. Sie nehmen an der Luft unter Änderung ihres Siedepunktes und ihrer Dichte Sauerstoff auf; ein Teil verflüchtigt sich hierbei, der rückbleibende Teil verharzt. Dabei bildet sich stets auch etwas Wasserstoffsuperoxyd. Die Hauptbestandteile der Terpentinöle sind Kohlenwasserstoffe $C_{10}H_{16}$, neben etwas *β-Pinen* (s. auch S. 494) insbesondere *α-Pinen* (s. auch S. 493), wobei je nach der Herkunft des Terpentinöles die d- oder l-Form des letzteren vorherrscht und die Drehungsrichtung des Öles angibt. Österreichisches Terpentinöl enthält d- und l-α-Pinen in wechselnden Mengen und kann demnach rechts- oder linksdrehend sein, die französischen, spanischen und portugiesischen Terpentinöle sowie solches aus Canadabalsam enthalten vorwiegend l-Pinen, amerikanische und griechische vorwiegend d-Pinen. Neben den Pinenen kommen noch in geringen Mengen Camphen, Caren und Dipenten (s. S. 495, 492, 490) vor. Im indischen Terpentinöle von Pinus longifolia fand Dupont neben Terpenkohlenwasserstoffen auch das Sesquiterpen *Longifolen* (s. S. 503) in beträchtlicher Menge.

Für viele Harze und Fette ist das Terpentinöl ein ausgezeichnetes Lösungsmittel. In Wasser löst es sich nicht, wohl aber in den meisten organischen Lösungsmitteln.

Das *Harz selbst* ist im wesentlichen ein Gemenge von *Harzsäuren*. Dieselben sind aber teilweise *sehr labiler Natur* und lagern sich schon oft bei gelindem Erwärmen (über 60°) oder durch kleine Säuremengen um. Eine zweite Erschwerung ihrer Erforschung bedeutet der Umstand, daß sie häufig untereinander sowie mit anderen Körpern *Mischkrystalle* geben, so daß eine Reinigung durch fraktionierte Krystallisation zur Unmöglichkeit wird.

Es kann heute aber als gesichert gelten, daß diese Harzsäuren Monocarbonsäuren der *Formel* $C_{20}H_{30}O_2$ sind. Die Coniferenharzsäuren zeigen Beziehungen zu den Terpenen; sie sind optisch aktiv und geben Additionsverbindungen wie die Terpene. Für die Konstitutionsaufklärung von größter Bedeutung war der Umstand, daß bei direkter Behandlung von Kolophonium oder der höher siedenden Anteile der durch trockene Destillation von Kolophonium entstehenden Harzöle mit Schwefel der Kohlenwasserstoff *Reten* (1-Methyl-7-isopropylphenanthren) gebildet wurde. Der gleiche Vorgang hat sich übrigens auch bei der trockenen Destillation bzw. beim Fossilationsprozesse nachweisen lassen, indem in den Harzgängen vertorfter Fichtenstöcke neben sog. Fichtelit, einem hydrierten Reten, auch Reten selbst gefunden wurde.

Für die Untersuchungen wurde verhältnismäßig selten von den unveränderten Harzen ausgegangen, meist wurden hierzu die durch Erhitzen, Säureeinwirkung und ähnliche Operationen veränderten Harzsäuren, besonders häufig das Kolophonium verwendet.

Die erste einwandfrei rein dargestellte *native Harzsäure* war die *d-Pimarsäure*, die VESTERBERG (196) aus dem Galipot isolierte.

Galipot oder wasserhelles französisches Kolophonium wurde zunächst in zerkleinertem Zustande mit etwas verdünntem Alkohol (70—80 Vol. %) digeriert, dann krystallisiert man das Ungelöste mehrmals aus Alkohol von 85 Vol. % um (Einimpfen mit bereits vorhandenen Krystallen der Säure), bis eine Probe beim Lösen in warmem Ammoniak beim Erkalten nicht mehr eine Gallerte, sondern ein in Nadeln krystallisierendes Ammoniumsalz liefert. Hierauf wird es in warmer 2proz. Natronlauge gelöst (wegen der Hydrolyse ist ein kleiner Überschuß zu nehmen, aber nicht zu viel, da sonst Aussalzung eintritt) und das beim Erkalten fallende Natronsalz der Säure wiederholt aus heißer stark verdünnter Natronlauge umkrystallisiert, bis es in Form perlmutterglänzender Blättchen erhalten wird, worauf man absaugt oder stark abpreßt. Die Säure wird daraus durch Digerieren mit verdünnter Salzsäure, Auswaschen und Trocknen an der Luft frei gemacht. Hierauf wird so lange abwechselnd aus Alkohol und Eisessig umkrystallisiert, bis der Schmelzpunkt auf 210—211° gestiegen ist. Die Ausbeute beträgt so $1^1/_2$—2 % des Galipots.

Auf einem *anderen* (85) Wege, nämlich durch Oxydation der begleitenden Säuren in alkalischer Lösung kann man ebenfalls d-Pimarsäure isolieren.

Die Säure krystallisiert in rhombischen Tafeln. $[\alpha]_D = +\ 72,5°$ in 98proz. Alkohol. Sie enthält ein tricyclisches zweifach ungesättigtes System (Bildung von Tetrahydrosäuren). Ihre Dehydrierung führt zu 1,7-Dimethylphenanthren (Pimanthren), ein anderer Übergang zu Methylpimanthren. Über den oxydativen Abbau und die Konstitution der Säure vgl. RUZICKA (130b).

Eine andere primäre Coniferenharzsäure, die rein dargestellt und gründlich untersucht wurde, ist die *l-Pimarsäure* (128, 197). VESTERBERG hat sie zuerst aus dem Galipot isoliert. Sie kann durch häufiges Umkrystallisieren der wegen ihrer Säureempfindlichkeit mittels Kohlendioxyd in Freiheit gesetzten Säuren aus Aceton leicht von der schwerer löslichen d-Pimarsäure getrennt werden. Die Säure schmilzt bei ungefähr 148—151°. $[\alpha]_D = -\ 280,5°$. Sie ist außerordentlich empfindlich gegen Säuren (bereits gegen Essigsäure!), ebenso gegen Erhitzen (schon über 60°) und geht dadurch in anders drehende Säuren (sog. α- und β-Pimarabietinsäuren) vom Abietinsäuretypus über. Bei gelinder Hydrierung entstehen wahrscheinlich gesättigte Dihydrosäuren, bei energischerer Wasserstoffzufuhr Tetrahydrosäuren. Die Dehydrierung liefert *Reten*. *Die l-Pimarsäure erscheint dadurch skeletidentisch mit der Abietinsäure, die d-Pimarsäure dagegen strukturisomer mit beiden.*

Weitere verhältnismäßig reine primäre Harzsäuren sind unter anderem aus den Harzen der *Sumpfkiefer*, der *Aleppokiefer* (41) sowie der *Fichte* (130) isoliert worden. Die primären Harzsäuren der amerikanischen Harze führen den Namen *Sapinsäuren*. Sie sind sehr veränderlich und noch wenig untersucht. Beim Erhitzen gehen sie in Abietinsäuren über.

Eine gute Übersicht, die dem heutigen Stande unserer Kenntnisse entspricht, gibt die Tabelle von ASCHAN (5).

Einteilung und Bezeichnung der Säure	Luftbeständig-keit	Additionsfähigkeit	Löslichkeit in organischen Lösungsmitteln	Schmelzpunkt
A. Native Harzsäuren (nach KÖHLER)				
1. Pimarsäuren (VESTERBERG)	beständig	2H-Atome (Pt-schwarzkatalysator) und 4H	schwer löslich	hoch bei d-Pimarsäure, mittlerer bei l-Pimarsäure
2. Sapinsäuren				
a) *Pininsäuren* (im ursprünglichen Terpentin)	sehr unbeständig	unbekannt	sehr leicht löslich	niedrig
b) *Isopininsäuren* (in schwach erhitztem Kolophonium)	sehr unbeständig	unbekannt	sehr leicht löslich	niedrig
B. Kolophonsäuren (entstehen beim Erhitzen von Sapinsäuren)				
1. Isopimarsäuren (beim Erhitzen auf etwa 200°, bei höherem Erhitzen leicht veränderl.)	unbeständig	2H und 4H, soweit untersucht	ziemlich leicht, beim Kochen leicht löslich	mittlerer, etwa 150—160°
2. Abietinsäuren (bei etwa 250°, beim Erhitzen nicht isomerisierbar)	unbeständig	nur 2H und 2Br und 2HBr (unter Umlagerung?)	auch beim Kochen ziemlich schwer löslich	hoch, gegen 200°
C. Sylvinsäuren (entstehen bei chemischer Einwirkung aus anderen Harzsäuren)				
1. Eigentliche Sylvinsäuren (durch HCl oder H_2SO_4)	beständig	4H und 4OH	relativ schwer löslich	ziemlich hoch
2. Isosylvinsäuren (bei Abspaltung von Halogenwasserstoff oder Wasser aus den entsprechenden Additionsverbindungen anderer Harzsäuren)	unbekannt	unbekannt	relativ leicht löslich	niedrig

Außer diesen meist gut krystallisierenden und charakteristischen Harzsäuren der Bruttoformel $C_{20}H_{30}O_2$ wurden in neuerer Zeit im Kolophonium auch sauerstoffreichere benzinunlösliche Säuren vom Typus $C_nH_{2n-10}O_4$ ($C_{16}H_{22}O_4$, $C_{17}H_{24}O_4$, $C_{18}H_{26}O_4$, $C_{20}H_{30}O_4$) gefunden, die anfangs wegen der Schwierigkeit der Trennungen völlig übersehen worden waren. Da sie in den natürlichen Harzen bisher nicht gefunden worden sind, sollen sie ebenso wie die Abietinsäuren erst in dem folgenden Kapitel besprochen werden.

Kolophonium. Wird das Rohharz in geeigneten Apparaten mit gekühlter Vorlage durch Wasserdampf direkt oder von außen beheizt und in die Schmelze wenig Wasser einfließen gelassen, so hinterbleibt bei nicht völliger Entfernung des Terpentinöles der sog. *„gekochte Terpentin"*. Rührt man in dieses Produkt Wasser ein, so erhält man das *weiße oder Wasserharz*. Schmilzt man dagegen nach dem Abdestillieren des Terpentinöles den Rückstand so lange, bis eine vollständige Klärung eingetreten und der krystallisierte Teil möglichst vollkommen amorph geworden ist, so erhält man das *Kolophonium*. Es ist das bei weitem wichtigste Kunstprodukt der Industrie der natürlichen Harze. Es wird in den südlichen Staaten von Nordamerika, ebenso auch in Südwestfrankreich in ungeheuren Mengen gewonnen. Die spanische, portugiesische, griechische und österreichische Produktion tritt dagegen sehr zurück.

Von der Reinheit des Ausgangsmaterials und vom Grade der Erhitzung hängt *die Farbe* des Kolophoniums ab. Die verschiedenen Kolophoniumsorten werden daher nach der Farbe bewertet und mit bestimmten Buchstaben bezeichnet, die allerdings von Land zu Land wechseln. Die französischen Marken werden, beginnend von den hellsten reinsten Typen, mit AAAAA (8), AAAA (8,5), AAA (10), AA (12,5), AB (16), WW (18), WG (22), N (23,5), M (42), K (59), J (67), H (84), E (1000), D (1400), die amerikanischen ebenso mit X (12,5), WW (19), WG (24), N (29), M (36), L (44), J (65), H (98), G (136), F (240), E (400), D (800) bezeichnet. FONROBERT und PALLAUF haben eine große Anzahl von Kolophoniumsorten zur Erlangung von Vergleichswerten auf ihre *„Farbzahl"* untersucht. Unter letzterer ist die Konzentration einer Jodjodkaliumlösung (ausgedrückt in Milligramm freiem Jod in 100 cm³) zu verstehen, bei der die Jodlösung gleiche Färbung wie das Harz aufweist, wenn in einer 10 mm dicken Schicht beobachtet wird. Diese Zahlen sind oben neben die Sortenbezeichnung in Klammer gesetzt: AAA hat z. B. die Farbzahl 10.

Die *Kennzahlen* des Kolophoniums schwanken innerhalb weiter Grenzen, die S.Z. von 140—186, die V.Z. von 160—195, die D.Z. von 5—35, die Jodzahl von 100—200. Die D.Z. sind dabei bei einigen Kolophoniumsorten besonders hoch, die verhältnismäßig viel Petrolätherunlösliches (Lactone?) haben. Das spezifische Gewicht des Kolophoniums ist 1,07—1,09. Es beginnt bei 80° zu erweichen und schmilzt meist zwischen 90 und 100°.

Das Kolophonium dient wegen seiner Billigkeit zur Verfälschung vieler Harze. Seinem Nachweise muß daher oft Aufmerksamkeit zugewendet werden.

Für den *qualitativen* Nachweis wird häufig die LIEBERMANN-STORCH-MORAWSKISche Probe benutzt:

Eine Auflösung eines kleinen Kolophoniumstückchens in Essigsäureanhydrid gibt beim Zufließenlassen von 2—3 Tropfen mäßig konzentrierter Schwefelsäure (spez. Gew. 1,5—1,6) eine vorübergehende violettrote Färbung.

Die Reaktion, für die das über Farbenreaktionen im allgemeinen Teil Gesagte gilt, wird vielfach durch die anwesenden Harze stark beeinträchtigt. Oxydiertes Kolophonium zeigt sie schwach oder gar nicht. Außer Kolophonium zeigen auch zahlreiche Resinole, Terpenderivate und Sterine die gleiche oder eine ähnliche Färbung.

Einen Anhaltspunkt für das Vorhandensein von Kolophonium gibt auch die *gallertige* Ausscheidung von *Ammoniumabietinat*, welche beim Schütteln einer Benzinlösung von Kolophonium mit einigen Tropfen Ammoniak auftritt.

Brauchbar erscheint unter Umständen auch die *Kupferacetatprobe* (E. H. WIRTH [208]):

Eine verdünnte Lösung von Kolophonium in Benzin färbt sich beim Schütteln mit einer 3proz. Kupferacetatlösung schön grün (Bildung eines benzinlöslichen Kupfersalzes). Die Probe wird außer von den Coniferenharzsäuren auch vom Copaivabalsam gegeben.

In chemischer Hinsicht sind die verschiedenen Kolophoniumsorten im wesentlichen als ein Gemisch von verschiedenen Harzsäuren der Bruttoformel $C_{20}H_{30}O_2$

aufzufassen. Dabei enthält das amerikanische Harz überwiegend *Abietinsäure* (aus den nativen Sapinsäuren entstanden), während im französischen Kolophonium auch die widerstandsfähigere native *Pimarsäure* vorkommt. Neben diesen Säuren finden sich stets noch die petrolätherunlöslichen „Oxysäuren", die sog. *Kolophensäuren*, die schon erwähnt wurden und insbesondere in den dunklen Kolophoniumsorten in größeren Mengen vertreten sind. Sie sollen hauptsächlich für die amorphe Beschaffenheit des Kolophoniums verantwortlich zu machen sein. Außerdem sind im Kolophonium nicht unbeträchtliche Mengen (4—10 %/o und auch mehr) an unverseifbarem „*Resen*" und gewisse Reste von *ätherischem Öle* vorhanden.

Häufig begegnet man der Ansicht, daß die Kolophoniumbildung auf einer *Anhydrisierung* (79) der Harzsäuren beruht; dieselben sollen beim Erhitzen auf ungefähr 180⁰ aus je 2 Molekülen 1 Molekül Wasser abgeben. Diese Annahme ist unrichtig, sie widerspricht allen sonstigen Erfahrungen auf chemischem Gebiete und wurde nur gemacht, weil sich beim Erhitzen des Kolophoniums Gewichtsverluste ergaben, die mit einer Erhöhung des Prozentgehaltes an Kohlenstoff einhergingen. Wie Ruzicka (122) mit seinen Mitarbeitern zeigen konnte, wird aber selbst durch tagelanges Erhitzen der bei 110⁰ vorgetrockneten Säuren auf 180⁰ nur sehr wenig Wasser und etwas Kohlendioxyd (Decarboxylierung) ausgetrieben. Darauffolgendes Destillieren im Vakuum ergab neben einem geringen Vorlaufe wieder die ursprüngliche Zusammensetzung. Gegen die Annahme einer Anhydrisierung spricht auch, daß man aus Kolophonium auch ohne Wasserzusatz ohne weiteres Abietinsäure krystallisiert erhalten kann.

Tschirch (186) hat mit seinen Mitarbeitern nach seiner Methode das amerikanische Kolophonium untersucht und dabei die Abietinsäure in Komponenten zerlegt:

Die ätherische Lösung wird erschöpfend ausgeschüttelt mit:

1. 1 proz. Ammoncarbonatlösung (600 mal): Der Rohsäure wird in alkoholischer Lösung eine konzentrierte alkoholische Bleiacetatlösung zugefügt,

a) es fällt das Pb-Salz der *α-Abietinsäure*. Letztere ist schwer löslich in Petroläther, aus Alkohol Tafeln, Fp. 143—150⁰, S.Z. 176, V.Z. 256, D.Z. 80: 30 %;

b) in Lösung bleibt das Pb-Salz der *β-Abietinsäure*. Letztere ist leichter löslich in Petroläther, aus Alkohol Tafeln, Fp. 145—158⁰, S.Z. 174, V.Z. 193, D.Z. 19: 22 %;

2. 1 proz. Natriumcarbonatlösung (20 mal): *γ-Abietinsäure*, aus Alkohol dreieckige Blättchen, Fp. 153—154⁰, nach dem Vakuumdestillieren 161⁰, S.Z. 183, V.Z. 183: 32 %;

3. mit Wasserdampf gehen an *ätherischem Öl* über: 0,4—0,7 %;

4. es verbleiben an zähem „*Resen*": 5—6 %.

Diese Ergebnisse können allerdings nicht als endgültiger Beweis für die Existenz mehrerer Abietinsäuren angesehen werden, da es sich in allen diesen Fällen nicht um echte, sondern um kolloide Lösungen handelt, wobei der Dispersitätsgrad sowie Adsorptionen eine große und nicht genau abschätzbare Rolle spielen. Auch blieb das Vorhandensein von Kolophensäuren unberücksichtigt. Die tatsächliche Existenz von mehreren Abietinsäuren wird aber durch die Arbeiten von E. Stock nahegelegt, dem es gelang, durch Hochvakuumdestillation aus Abietinsäure drei verschiedene, vorerst amorphe Destillate zu erhalten, die durch Erhitzen krystallinisch gemacht und dann umkrystallisiert werden konnten. Sie schmolzen schließlich bei 130, 135 und 155⁰.

Auch eine weitere Zerlegung der α-Abietinsäure scheint gelungen zu sein. Jonas und Locker (78) haben dieselbe mittels Dimethylsulfat oder über die Silbersalze mittels Jodmethyl verestert und in beiden Fällen bei der Vakuumdestillation zwei verschiedene Fraktionen erhalten, die nach der Verseifung auch zwei verschiedene Abietinsäuren gaben. Wurde dagegen mit methylalkoholischer Salzsäure, also sauer verestert, wurde ein dritter einheitlicher, wahrscheinlich durch Inversion entstandener Ester und eine ebensolche Säure erhalten. Die β- und γ-Abietinsäure erwiesen sich als einheitlich.

Interessant ist das *optische Verhalten* von Kolophonium und Abietinsäure. Mineralsäuren verändern nämlich entweder die Drehungsgröße der Harzsäuren oder invertieren sie geradezu. So ergab ein Kolophonium von $[\alpha]_D = + 9{,}8^0$ nach Zugabe von mit Salzsäure gesättigtem Alkohol unmittelbar $[\alpha]_D = -38{,}6^0$. Es kommen im Kolophonium rechts- und linksdrehende Säuren vor. Man kann sie einigermaßen trennen, wenn man das Kolophonium wiederholt mit 70proz. Alkohol auslaugt und die so erhaltenen Fraktionen aus Aceton umkrystallisiert. Erwähnt muß werden, daß die Drehungsgröße, ja mitunter sogar die Drehungsrichtung, in den einzelnen Lösungsmitteln bei ein und derselben Harzprobe schwanken. Das optische Verhalten ist jedenfalls bei der außerordentlichen Veränderlichkeit der Säuren analytisch noch nicht verwertbar.

Die Abietinsäuren sind im Gegensatze zu den Pimarsäuren luftempfindlich und werden durch längeres Liegen an der Luft braun. Die ersten Versuche wurden durchwegs mit unreinem Material ausgeführt. Erst LEVY (95) gelang es, durch Anwendung eines durch Vakuumdestillation gereinigten amerikanischen Kolophoniums zu einer hochschmelzenden reinen Abietinsäure vom Fp. 182^0 zu kommen. Später hat JOHANNSON (77) Kolophonium mit überhitztem Wasserdampf destilliert und dadurch eine Abietinsäure vom Schmelzpunkte $168{-}173^0$ gewonnen. Auch durch mehrstündiges Kochen von Kolophonium mit Eisessig konnte STEELE (149) eine sehr reine Abietinsäure vom Schmelzpunkte 165^0 erhalten.

Sehr gründlich wurde von O. ASCHAN (8a) und seinem Schüler VIRTANEN (201) die *Pinabietinsäure* untersucht. Die Pinabietinsäure findet sich im Kiefernöl oder Tallöl; letzteres erhält man aus der beim Eindampfen der Schwarzlauge nach dem Kochen der Sulfatcellulose sich abscheidenden Rohseife durch Ansäuern und Destillieren mit gespanntem Wasserdampf. Die Pinabietinsäure ähnelt sehr der Abietinsäure LEVYS, und wird von ASCHAN für mindestens strukturidentisch mit ihr gehalten. Sie schmilzt bei 182^0, addiert nur *zwei* Wasserstoffatome, aber 2 Moleküle Bromwasserstoff. Sie enthält nach VIRTANEN eine Doppelbindung und einen Ring mit 3 Kohlenstoffatomen, der durch Halogenwasserstoff geöffnet wird. Das Chlorid der Säure lieferte bei der Destillation unter Abspaltung von 1 Mol Kohlenoxyd und 1 Mol Salzsäuregas den Kohlenwasserstoff Pinabietin, $C_{19}H_{28}$, welcher gegen Kaliumpermanganat beständig ist und kein Brom aufnimmt:

$$C_{19}H_{29}COCl = C_{19}H_{28} + CO + HCl.$$

Das Pinabietin läßt sich nitrieren und sulfonieren, verhält sich also so, daß man auf die Anwesenheit eines aromatischen Ringes schließen muß. Bei der katalytischen Dehydrierung liefert Pinabietin ebenso wie die Pinabietinsäure Reten, $C_{18}H_{18}$, welches BUCHER (24) bereits strukturell als 1-Methyl-7-isopropylphenanthren erkannt hat. Für das Pinabietin bleiben dann folgende drei Strukturmöglichkeiten (eine Methylgruppe wurde hierbei außer acht gelassen). Von diesen kommt nur II in Betracht, da Pinabietin bei der Oxydation Trimellitsäure (1-, 2-, 4-Benzoltricarbonsäure) gab, welch letztere von RUZICKA auch bei der Oxydation der Abietinsäure erhalten wurde. So erscheint die Struktur des Pinabietins weitgehend geklärt; nur die Stellung einer Methylgruppe ist unsicher, sie muß sich an einer der in II mit Sternchen bezeichneten Stellen befinden.

Aus der Struktur des Pinabietins läßt sich nun auf die Ausgangssäure zurückschließen. VIRTANEN findet durch Schlüsse, die allerdings

I   II   III

nicht ganz zwingend sind, daß sich die Doppelbindung, der Dreiring, die Isopropylgruppe und die Carboxylgruppe in ein und demselben Ringe befinden müssen, und kommt dadurch zu folgender vorläufigen Formel:

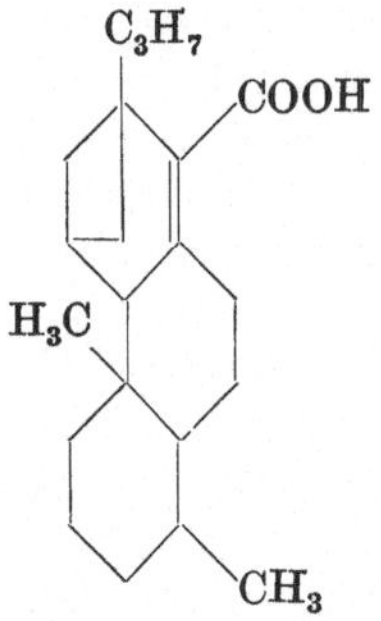

Bemerkt muß werden, daß RUZICKA (120) auf Grund seiner Studien zum Schlusse kam, daß die Carboxylgruppe *nicht* im selben Ringe wie die Isopropylgruppe steht. Er hat jüngst durch die Oxydation der Abietinsäure mittels Kaliumpermanganat die optisch inaktive Tricarbonsäure $C_{11}H_{16}O_6$ (I) vom Fp. 218—219° erhalten, die durch Dehydrierung mit Selen in m-Xylol überging. Die Oxydation der Abietinsäure mittels Ozon führte zu einer anderen Tricarbonsäure $C_{12}H_{18}O_6$ (II) vom Fp. 212—213° und der optischen Drehung $[\alpha]_D = -5°$, die sich zu Hemellitol (1-, 2-, 3-Trimethylbenzol) dehydrieren ließ. Es sind dies die gleichen Säuren, die LEVY bei der Oxydation der Abietinsäure und Tetrahydroabietinsäure mit Salpetersäure erhalten hatte. Daraus schließt RUZICKA für Abietinsäure auf Formel III oder IV:

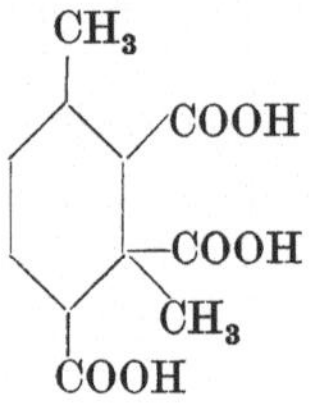

I 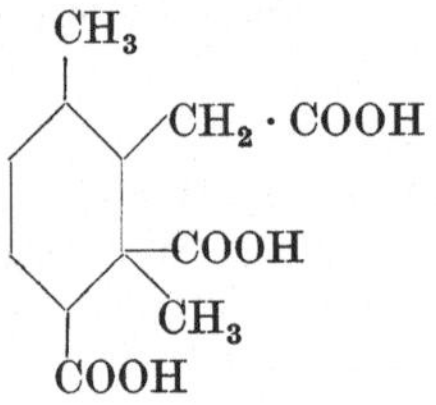   II 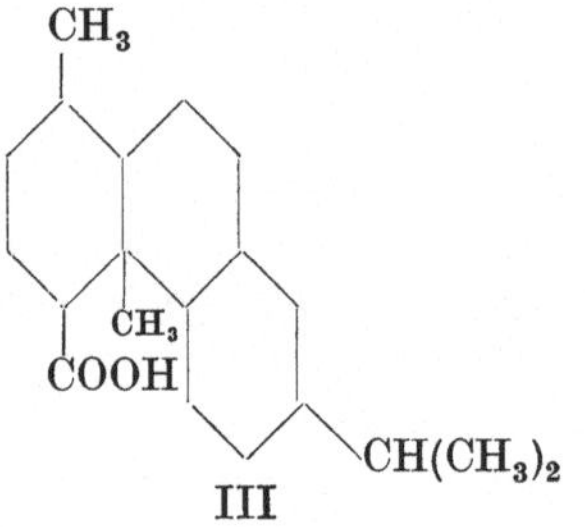   III

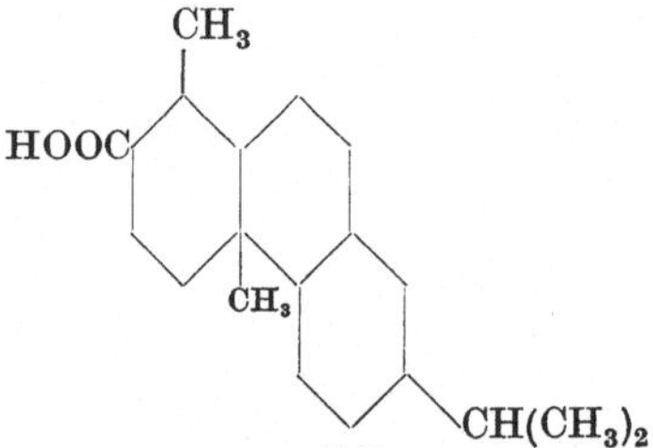

IV.

Eine andere Formel (V.) nimmt GRÜN (55) auf Grund gewisser theoretischer Überlegungen an:

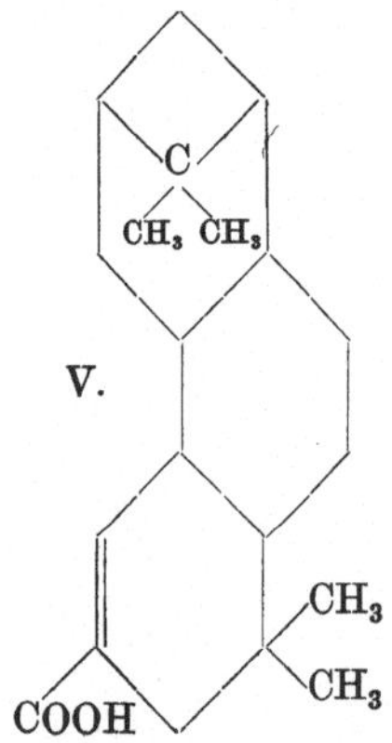

Die *katalytische Dehydrierung* mit Schwefel führte bei allen Abietinsäuren zu *Reten*, das Erhitzen mit Nickel und Bimsstein zu *Retenoktohydrür* $C_{18}H_{26}$ (199), wobei eine glatte Zersetzung der Abietinsäure unter Abspaltung von Methan und Kohlendioxyd stattfindet. Eine Reihe von Abbauprodukten der Abietinsäure hat RUZICKA (127) durch Oxydation mit Kaliumpermanganat erhalten.

FAHRION (46) konnte als erster in einwandfreier Weise zeigen, daß an der Luft in dünner Schichte ausgebreitetes *Kolophoniumpulver* langsam *Sauerstoff aufnimmt* (ungefähr 4 % in 2 Monaten). Die Kennzahlen für oxydiertes und unoxydiertes Kolophonium waren vergleichsweise im Mittel folgende:

	Gew. Kol.	Oxyd. Kol.
S. Z.	159,0	151,2
V. Z.	165,8	174,7
J. Z.	132,9	72,6
Sauerstoff . . .	12,7 %	18,2 %

Wie ersichtlich, sinken die Säure- und die Jodzahl, während die Verseifungszahl steigt. Zu bemerken ist, daß die Sauerstoffzunahme nicht allein den Harzsäuren, sondern auch den unverseifbaren Teilen des Kolophoniums zuzuschreiben ist. Die Menge der petrolätherunlöslichen Anteile steigt beträchtlich. FAHRION meint, daß sich bei der Oxydation durch Sauerstoffaufnahme an die Doppelbindungen primär Peroxyde bilden. Tatsächlich setzten sowohl oxydiertes Kolophonium als die daraus durch Petrolätherextraktion isolierten „*Oxyabietinsäuren*" aus angesäuerter Jodkaliumlösung Jod in Freiheit und gaben mit Titanschwefelsäure Gelbfärbung. Auch die Chromsäure-Äther-Reaktion wurde erhalten. Durch kalte Lauge sowie durch Erhitzen auf 100⁰ werden die Peroxyde zerstört, auch bei längerem Liegen verlieren sie ihre Wirkung, sie lagern sich offenbar um, wobei sie nach FAHRION Wasser abgeben. Welcher Art diese Umlagerung ist, ist noch unsicher. HENRIQUES (58) dachte an Lactone, FAHRION verwirft aber diese Ansicht. Die so entstehenden „*Oxybietinsäuren*" decken sich im wesentlichen mit den „*Kolophensäuren*" ASCHANS (4).

Das erstmals untersuchte Rohmaterial für die Gewinnung der *Kolophensäuren* wurde durch Destillation mit überhitztem Dampf aus dem sog. *Fichtenöl* erhalten. Letzteres entsteht, wenn die aus der Schwarzlauge der Sulfatcellulosedarstellung abgeschiedenen Harzseifen mit Schwefelsäure gefällt werden. Später fand ASCHAN die Kolophensäuren auch in den verschiedensten Kolophoniumsorten. Ob sie auch in den natürlichen Harzen bereits vorhanden sind, ist noch ungewiß. Von den Harzsäuren unterscheiden sich die Kolophensäuren $C_nH_{2n-10}O_4$ scharf durch die leichte Löslichkeit ihrer Natriumsalze in kaltem Wasser sowie durch die Beständigkeit dieser Salze gegen Kohlensäure. Dagegen sind die Natriumsalze der Harzsäuren schwer löslich und werden aus ihren Lösungen beim Einleiten von Kohlendioxyd als eigentümliche übersaure Salze $C_{20}H_{29}O_2Na + 3C_{20}H_{30}O_2$ ausgefällt. Auch in konzentrierten Kochsalzlösungen, welche die Natriumresinate leicht aussalzen, sind die Alkalisalze der Kolophensäuren leicht löslich. Diese Lösungen in Alkali sind stets gelbbraun, sie trüben sich erst beim Versetzen der Lösungen mit festem Kochsalz bis zur Sättigung unter Abscheidung zäher Tropfen der Salze.

Die Kolophensäuren sind stark ungesättigt und entfärben Kaliumpermanganatlösungen momentan. ASCHAN gelang es, durch Behandlung des Natriumsalzes der Pinabietinsäure mit Wasserstoffsuperoxyd auf dem Wasserbade ungefähr 25 % einer einbasischen Säure $C_{16}H_{22}O_4$ zu gewinnen, die in allen Eigenschaften mit einer Kolophensäure übereinstimmte.

Die Gewinnung der Kolophensäuren erfolgt durch Auflösen von Kolophonium in einem Äquivalent Natriumcarbonat, Ausfällen der Harzsäuren mit Kohlendioxyd oder Aussalzen mit Kochsalz, wobei die Kolophensäuren in Lösung bleiben. Die Trennung der einzelnen Kolophensäuren erfolgt auf Grund ihrer verschiedenen Löslichkeiten in Benzol und ihrer Fällbarkeit durch niedersiedenden Petroläther. Ob es sich bei den erhaltenen Produkten $C_{16}H_{22}O_4$, $C_{17}H_{24}O_4$, $C_{18}H_{26}O_4$ und $C_{20}H_{30}O_4$ wirklich um chemische Individuen handelt, wie ASCHAN behauptet, muß noch näher untersucht werden.

Für technische Zwecke, insbesondere die Seifenfabrikation und die Papierleimung, sind die *Alkalisalze* der Abietinsäure von Bedeutung. Sie lassen sich leicht durch Lösen von Kolophonium in Ätzalkali oder Alkalicarbonat herstellen. Sie halten auch die nicht sauren Bestandteile des Kolophoniums kolloid in Lösung.

In der Lackfabrikation von Bedeutung ist das *Kalksalz* der Abietinsäure, welches als „gehärtetes Harz" bezeichnet wird. Es handelt sich hierbei nicht um ein Neutralsalz, sondern um ein *saures* Salz, das durch Einbringen von ungefähr 6—7 Teilen $Ca(OH)_2$ in 100 Teile Harz bei einer Temperatur von ungefähr 220—250° hergestellt wird. Sein Schmelzpunkt ist gegenüber dem des Kolophoniums bedeutend erhöht, es gibt auch nicht wie Kolophonium mit basischen Mitteln, insbesondere Zinkoxyd, Lacke, die „stocken".

Eine besondere Verwendung haben gewisse *Metallsalze* der Abietinsäuren gefunden, vor allem die des *Mangans*, *Bleies* und *Kobalts*. Sie beschleunigen bei Zusatz zu einem trocknenden Öle, z. B. einem Leinöle, die Trocknung ganz wesentlich und werden deshalb als „*Sikkative*" bezeichnet. Die Lösungen dieser Resinate sind kolloidal.

Auch die *Kolophoniumester* werden häufig in der Lackindustrie verwendet. Der Glycerinester des Kolophoniums entsteht, wenn man Kolophonium mit Glycerin auf ungefähr 240° erhitzt. Er ist vollkommen neutral und sehr schwer verseifbar, was seinen Wert für Anstriche usw. sehr erhöht.

Harzöle. Die *Harzöle* werden im größten Maßstabe aus Kolophonium durch trockene Destillation gewonnen. Bei letzterem Vorgange gehen zuerst wäßrige essigsäurehaltige Destillate über, dann leicht flüchtige, als *Harzessenz oder Pinolin* bezeichnete Produkte und schließlich über 300° die eigentlichen *Harzöle*. Pinolin siedet zwischen 120 und 200°, hat eine Dichte von 0,88—0,94. Die eigentlichen Harzöle teilt man nach ihrer Färbung in *Blondöle* (Siedepunkt 200—225°), *Blauöle*, *Grünöle* (Siedepunkt etwa 300—350°) und *Rotöle*. Die Dichte dieser eigentlichen Harzöle schwankt zwischen 0,97 und 1,1. Sie enthalten in rohem Zustande reichlich Harzsäuren, von denen sie durch Ausschütteln mit Lauge befreit werden können. Ein großer Teil der technischen Harzöle scheint aus Retenoktohydrür $C_{18}H_{26}$ zu bestehen (193). Von Mineralölen lassen sie sich leicht durch ihre starke optische Aktivität ($[\alpha]_D = + 30 — + 50°$) und durch ihre Jodzahl (43—48) unterscheiden. Auch lösen sie sich im doppelten Volumen Alkohol wenigstens zur Hälfte auf, während sich Mineralöle zu kaum 10 % lösen.

Helle Harzöle, die säurefrei sind, dienen als Schmiermittel. Geblasene, d. h. mit heißer Luft oxydierte Harzöle, verwendet man auch als Firnisersatz. Für Schmieröle muß der Säuregehalt möglichst gering sein (nicht höher als 0,2 % berechnet als SO_3) und der Flammpunkt eine gewisse Höhe haben (nicht unter 155°). Für die Firnisbereitung kommt außerdem die Trockenfähigkeit in Betracht. Säurehaltige, namentlich dunkle Harzöle verharzen an der Luft leicht.

Als Rückstand bleibt bei der Harzölgewinnung das *Harzpech*, welches ebenfalls in der Lackindustrie und zu anderen Zwecken Verwendung findet.

Überwallungsharze. Die *Überwallungsharze* sind pathologische Harze, die vom Narbengewebe verletzter Stämme und Zweige der Nadelhölzer gebildet werden. Sie sind nicht zu verwechseln mit den Terpentinen und den durch Verdunstung des ätherischen Öles aus diesen hervorgehenden gemeinen Harzen, die physiologische, also auch im normalen Stoffwechsel der Pflanzen vorhandene Produkte darstellen.

Auch in *chemischer* Hinsicht unterscheiden sich die Überwallungsharze von den gewöhnlichen sehr. Während die gewöhnlichen Coniferenharze fast ausschließlich aus Säuren bestehen, enthalten die Überwallungsharze größtenteils *Ester*.

Bamberger (11) hat mit seinen Mitarbeitern eine ganze Reihe von Untersuchungen über dieselben angestellt. Sowohl im Harze der *Schwarzföhre* als auch in dem der *Fichte* fand er ein eigentümliches Phenol (nach Tschirch als Resinol zu bezeichnen), das *Pinoresinol* $C_{19}H_{20}O_6$ vom Schmelzpunkte 122°, das zwei Methoxyl- und zwei Hydroxylgruppen im Molekül enthält. Es liefert ein schwer lösliches Kaliumsalz, ferner Di-ester und Di-alkyläther. A. Zinke (220) hat durch Oxydation des Pinoresinoldibenzoates zwei Verbindungen $C_{32}H_{24}O_{10}$

und $C_{20}H_{18}O_5$ erhalten und konnte dementsprechend die Formel des Pinoresinols in folgender Weise weiter auflösen (Formel):

Im Überwallungsharze der *Schwarzföhre* war das Pinoresinol mit *Kaffeesäure* und *Ferulasäure* verestert. Letztere waren außerdem in einer Menge von 4 bzw. 1 % in freiem Zustande vorhanden. Das Harz der *Fichte* enthält das Pinoresinol an *Abietinsäure* und *p-Cumarsäure* gebunden. Letztere Säuren kamen auch frei vor. Der ätherunlösliche Anteil des Harzes enthielt das sog. *Pinoresinotannol* $C_{20}H_{30}O_6(OCH_3)_2$. Das Überwallungsharz der *Zirbe* (Pinus Cembra) ließ ebenfalls Kaffeesäure und Ferulasäure nachweisen; ein Resinol konnte nicht isoliert werden.

Das Überwallungsharz der *Lärche* (Larix europaea) enthält einen Harzalkohol $C_{17}H_{12}(OCH_3)_2(OH)_4$ mit dem Fp. 169°, das *Lariciresinol*, das esterartig an Ferula- und Kaffeesäure gebunden ist. Die Behandlung desselben mit Salpetersäure gab *Dinitroguajacol* $C_6H_2(OH)(OCH_3)(NO_2)_2$. Bei der trockenen Destillation erhielt BAMBERGER die gleichen Komponenten wie aus Guajac-Harz, nämlich *Pyroguajacin* (Formel) und *Guajacol*, während *Pinoresinol* bei gleicher Behandlung *Guajacol*, *Kreosol* $C_6H_3 \cdot CH_3 \cdot OH \cdot OCH_3$ (1 · 3 · 4) und *Eugenol* oder *Isoeugenol* gab.

Canadabalsam. Der *Canadabalsam* zählt zu den feinen Terpentinen. Er wird in Nordamerika durch Anstechen der Harzbeulen gewonnen, die sich in der Rinde von *Abies balsamea* L. und *canadensis Carr.* sowie von *Pinus Fraseri* vorfinden. Aus einem Baume werden nur bis zu 250 g gewonnen, worauf der Baum eine mehrjährige Ruheperiode benötigt.

Frischer Canadabalsam ist farblos, mit zunehmendem Alter wird er gelblich und etwas grün fluorescierend, gleichzeitig dickflüssiger und schließlich fest. Dabei bleibt er aber stets klar. Er riecht aromatisch und schmeckt aromatisch-bitterlich. Seine Dichte beträgt 0,987—0,994. Der Brechungsindex bei 15° ist 1,518—1,526. Er dreht schwach nach rechts und löst sich in Chloroform, Essigäther und Benzol völlig, in Äther und Terpentinöl fast vollständig, in Alkohol und Petroläther zu etwa 90 %.

Die Kennzahlen sind: S.Z. 82—87, V.Z.k. 89—100 (V.Z.h. nach 2 Stunden nach TSCHIRCH 197, also doppelt so hoch), D.Z. 4—16. TSCHIRCH vermutet, daß bei längerer Verseifung Zersetzung eintritt.

Bei der trockenen Destillation entsteht neben Ameisensäure und Essigsäure auch wenig *Bernsteinsäure.*

TSCHIRCH und BRÜNING (161) haben folgende Gesamtuntersuchung des Balsams vorgenommen. Die ätherische Lösung gab beim Ausschütteln mit

1. 1proz. Ammoncarbonatlösung: *Canadinsäure*, amorph, wird durch alkoholisches Bleiacetat gefällt und über das Bleisalz gereinigt, Fp. 135—136°, S.Z. und V.Z. 191,8, Formel $C_{19}H_{34}O_2$ oder $C_{20}H_{38}O_2$: 14 %;

2. 1proz. Natriumcarbonatlösung: Säuregemisch, S.Z. 102, V.Z. 174: 50 %;

a) durch alkoholisches Bleiacetat fällbar: *α-Canadinolsäure*, amorph, Fp. 89—95°, S.Z. und V.Z. 200—201, $C_{19}H_{30}O_2$;

b) durch Bleiacetat *nicht* fällbar:

α) *Canadolsäure* (nur 0,3 %!), krystallisiert wie Abietinsäure, unterscheidet sich von ihr durch den Fp. 143—145° und die Fällbarkeit mit Bleiacetat, S.Z. 192, V.Z.k. 248, V. h. 328, $C_{19}H_{28}O_2$ oder $C_{30}H_{20}O_2$;

β) *β-Canadinolsäure*, Fp. 90—95°, S.Z. und V.Z. 198—201, $C_{19}H_{30}O_2$;

3. Ätherisches Öl, Sp. etwa 160—170°: 24 %;

4. Resen, amorph, Fp. ungefähr 170°, $C_{21}H_{40}O$: 11—12 %.

Als *Verfälschungen* kommen Zusätze von *Kolophonium* oder *Terpentin* in Betracht. Beide werden makroskopisch durch Trübungen, mikroskopisch durch das Auffinden von Abietinsäurekrystallen leicht erkannt. Wichtig erscheint die Bestimmung der Säurezahl, die durch einen Zusatz von Kolophonium und meist auch durch einen solchen von Terpentin erhöht wird.

Oregonbalsam. Ein feiner amerikanischer Balsam ist auch der *Oregonbalsam* der sehr ergiebigen *Douglastanne* (Pseudotsuga Douglasii Carr.). Die Gewinnung ähnelt der des Canadabalsams, oder aber es wird der Baum gefällt. Der Balsam enthält ungefähr 30 % flüchtiges ätherisches Öl, das zu etwa 60 % aus l-α-Pinen, zu etwa 5 % aus l-Limonen besteht. Außerdem ist in den höher siedenden Anteilen l-α-Terpineol gefunden worden. Das Harz selbst hat die Säurezahl 153—166 und ist noch wenig untersucht worden.

2. Bernstein.

Der Name Bernstein ist eine Sammelbezeichnung für eine Anzahl von Harzen ausgestorbener Coniferen. Als Stammpflanze des gewöhnlichen Bernsteins, der genauer als *Succinit* zu bezeichnen ist, kommt ein fichten- oder kiefernartiger Baum in Betracht, der jetzt den Namen *Pinus succinifera Conwentz* führt. Andere Bernsteinsorten dürften von anderen Pinusarten stammen.

Der Bernstein findet sich vornehmlich im Samlande, einer an der Ostsee liegenden Landschaft Ostpreußens; ein Teil des Verbreitungsgebietes scheint heute von der Ostsee bedeckt zu sein. Man findet das Harz in Klumpen, die häufig bis zu 200 g, in einzelnen Fällen bis zu 10 kg wiegen, in der „blauen Erde", einer festen erdartigen Schichte des unteren Oligocäns, häufig neben fossilem Holz. Vielleicht wurde aber auch erst später durch in der Braunkohlenperiode stattfindende Umlagerungen die blaue Erde in die darunter befindlichen Glaukonitsande eingeschwemmt. Dann käme nach Kayser für den Bernstein als Entstehungsperiode das Eocän in Betracht.

Die Bernsteingewinnung wird seit dem Jahre 1907 in Preußen ausschließlich vom Staate betrieben. Sie geschieht zum kleineren Teile durch Einsammeln und Graben am Strande sowie durch Fischen der vom Meeresboden losgerissenen großen Tange und Auslesen der darin hängengebliebenen Bernsteinstücke. Zum weitaus größeren Teile wird der Bernstein durch bergmännischen Abbau gewonnen. Die am Tage oder auch unter Tage ausgebrachte blaue Erde wird von größeren Bernsteinklumpen mit der Hand befreit und wandert dann in die Schwemmsiebe. Die gewaschenen Stücke werden nach Farbe, Durchsichtigkeit und Größe sortiert. Man gewinnt so auf 1 t Erde ungefähr 2—3 kg Harz. Die Gesamtausbeute beträgt heute jährlich etwa 70000 kg.

Der Bernstein ist meist wachs- bis honiggelb, es finden sich aber auch braune, rötliche, milchige bis kreideweiße Stücke vor. Die festhaftende Verwitterungsschichte ist braun, sie fehlt beim Seebernstein meist. Der Bernstein ist klar und durchsichtig, wenn er aus der kompakt zusammenhängenden Harzmasse besteht. Häufig zeigt er jedoch durch Beimengung von Luftbläschen ein wolkiges oder geflammtes Aussehen. Die weiße Färbung mancher Stücke ist auf die Anwesenheit kleiner Wassertröpfchen zurückzuführen; man kann solche Weißfärbungen an Harzen künstlich durch Behandlung mit Wasser bei 50° hervorrufen (27).

In Wasser ist Succinit gänzlich unlöslich; Alkohol, Äther, Chloroform, Schwefelkohlenstoff, Terpentinöl und Leinöl lösen 18—25%, Benzol ungefähr 10% (56).

Der Bernstein ist spröde, zeigt muscheligen glänzenden Bruch, seine Härte schwankt zwischen 2 und 3, seine Dichte zwischen 1,05—1,20. Die Schmelzpunkte sind unscharf und je nach der Sorte des Bernsteins, aber auch je nach der Bestimmungsmethode verschieden. Sie werden mit 250—400° angegeben und liegen bei raschem Erhitzen und im offenen Capillarrohr höher als bei langsamem Erhitzen und im geschlossenen Rohre.

Die *chemische Zusammensetzung* des Succinits und Gedanits wurde von Tschirch mit E. Aweng, C. de Jong und E. S. Hermann (157) nach seinem bekannten Verfahren eingehend untersucht. Dabei erwies sich der Succinit bis auf einen Gehalt an Schwefel von ungefähr 0,4 % mit Gedanit gleich (ein geringfügiger Unterschied in der Zusammensetzung der beiden „Succoxyabietinsäuren" kann hier vollständig vernachlässigt werden, da die Bruttoformeln dieser hochmolekularen Stoffe sämtlich noch als unsicher zu bezeichnen sind, vgl. Allgemeiner Teil).

A. Löslich in Alkohol.

a) Unlöslich in Petroläther. Aus ätherischer Lösung des Petrolätherunlöslichen ausgeschüttelt mit

1. 1proz. Ammoncarbonatlösung, *Succoxyabietinsäure* $C_{19}H_{29}O_2COOH$, Schmp. 128°, S.Z. d. 147, V.Z.h. 174, J.Z. 18,6: 0,5 %;

2. 1proz. Natriumcarbonatlösung, *Succinoabietinolsäure* $C_{40}H_{60}O_5$, Schmp. 164°, S.Z.d. 87, V.Z. 145, J.Z. 51: 12 %;

b) Löslich in Petroläther. Von heißer 5proz. Natronlauge

1. nicht angegriffen, *Succinoabietol* $C_{40}H_{60}O_2$, neutraler Harzalkohol, Schmp. 124°: 6 %;

2. verseifbar, Ester der *Succinosilvinsäure* $C_{24}H_{26}O_2$ (Schmp. 104°, S.Z. d. 140. V.Z. h. 164, J.Z. 24: 4 %) mit *d-Borneol* $C_{10}H_{18}O$ (0,2 %).

B. In Alkohol unlöslich, beim Kochen mit 1proz. Natronlauge

a) unangegriffen: *Succinoresen* $C_{22}H_{36}O_2$, Schmp. 324°: ca. 65 %,

b) verseift: Ester der *Bernsteinsäure* $C_4H_6O_4$ (2 %) mit einem Harzalkohol *Succinoresinol* $C_{12}H_{20}O$ (Schmp. 228°: 3 %).

Bemerkenswert ist vor allem der hohe Gehalt des Bernsteins an indifferentem, schwer löslichem Succinoresen, wodurch sich der Bernstein von allen rezenten Coniferenharzen unterscheidet. TSCHIRCH meint, daß dasselbe sich im Laufe der Jahrhunderttausende aus den ursprünglich vorhandenen Säuren vom Typus der Abietinsäuren gebildet habe. Die Bernsteinsäure und das Borneol sind nur in verestertem Zustande vorhanden, die Ester bilden den letzten Rest des einst vorhandenen ätherischen Öles.

Die Kennzahlen des Bernsteins sind nach H. WOLFF (211): S.Z. 17—35, V.Z. 92—110, D.Z. 70—80. Er verwendete anschließend an den Vorschlag von MARCUSSON und WINTERFELD (102) das folgende Verfahren:

2 g Bernstein wurden mit einem Gemisch von je 50 cm³ Xylol und Alkohol am Rückflußkühler gekocht, bis Lösung eingetreten war bzw. bis kein Fortschritt der Lösung ersichtlich war. Nach völligem Erkalten wurde ohne Rücksicht auf ausfallende oder ungelöst gebliebene Harzanteile unter starkem Schütteln mit alkoholischer n/2 Kalilauge (Phenoloder Thymolphthalein als Indicator) titriert. Dann wurde weiter n/2 alkoholische Kalilauge zugesetzt, so daß *im ganzen* 20 cm³ verbraucht wurden sowie ca. 20 cm³ Xylol zugefügt und ¹/₂ Stunde am Rückflußkühler gekocht. Schließlich wurde mit n/2 Schwefelsäure zurücktitriert.

Durch die verhältnismäßig niedrige Säure- und Verseifungszahl läßt sich der Bernstein vom *Kolophonium* leicht unterscheiden, auch durch den negativen Ausfall der Reaktion von STORCH-MORAWSKI.

Die schwefelhaltigen Bernsteinsorten geben beim Erhitzen im Reagensglase Schwefelwasserstoffe ab, der leicht an der Schwärzung eines darüber gehaltenen angefeuchteten Streifens Bleiacetatpapier erkannt werden kann.

Die häufigsten Verwechslungen mögen mit den *Kopalen* vorkommen. Sie lassen sich in folgender Weise (103) erkennen:

Die Kopale und der geschmolzene Bernstein lösen sich viel leichter in Cajeputöl als ungeschmolzener Bernstein. Löst man daher 2 g des letzteren nach feinem Pulvern in 75 cm³ Cajeputöl, indem man 10 Minuten am Rückflußkühler erhitzt, filtriert und versetzt nunmehr mit dem dreifachen Volumen Schwerbenzin, so darf nur eine schwache Trübung, keine deutliche Fällung entstehen.

Von Bedeutung sind auch die optischen Methoden. So läßt sich Bernstein nach H. WOLFF leicht durch seine grüne starke *Fluorescenz* unter der Analysenquarzlampe von den Ersatzstoffen, namentlich auch von den Kopalen, unterscheiden. Sein *Brechungsindex* liegt zwischen 1,55 und 1,58 und soll 1,6 nicht übersteigen; so können wenigstens die helleren Bernsteinsorten von Kunstharzen unterschieden werden. Von natürlichem Bernstein läßt sich der *Preßbernstein* (aus kleinen wertlosen Stücken durch starkes Pressen zusammengekittet) leicht an den im Mikroskop sichtbaren *verzerrten Luftbläschen*, an durchsichtigen Stücken auch an den nebeneinander und durcheinander auftretenden *lebhaften Interferenzfarben* zwischen gekreuzten Nicols leicht unterscheiden.

Potonié unterscheidet folgende Bernsteinsorten:

1. Succinit, eigentlicher Bernstein, gelb, rotgelb, durchsichtig oder undurchsichtig. Schmelzpunkt 250—300⁰. Schwefelhaltig.

2. Gedanit, „mürber Bernstein", hellgelbe durchsichtige Kugeln, leicht pulverbar, sich bei 140—180⁰ aufblähend und dann schwärzend, schwefelfrei.

3. Glessit, braun, undurchsichtig, zeigt unter dem Mikroskop schon bei 100facher Vergrößerung zellenartige kugelige Gebilde mit körnigem Inhalt. Schmelzpunkt wie bei Succinit.

4. Stantienit, schwarzes Harz, sehr spröde und leicht zerbrechlich.

5. Beckerit, Braunharz, undurchsichtig, zäh.

Der *Form* nach unterscheidet man *Platten*, die wahrscheinlich zwischen Rinde und Holz entstanden sind, *wellenförmige*, geschichtete Stücke, entstanden durch Herabfließen des Harzes am Stamme, und *knollenförmige* Stücke, die sich aus der Wurzel gebildet haben sollen. Der *Größe* nach unterscheidet man die größten Stücke als Sortimentsteine, Tonnensteine, Grundsteine, Korallen, Schlick usw. Nach der *Farbe und Durchsichtigkeit* unterscheidet man die sehr gesuchten „Bastardsteine", ganz klaren „Gelb- oder Rotblank" und kreideweiße oder lichtgelbe undurchsichtige „Knochen". Rissige und unreine Stücke nennt man auch „Schlauben". Verunreinigte dunkle Stücke, die nur zur Lackbereitung dienen, nennt man „Firnis".

An den Bernstein anzuschließen sind eine Reihe von ähnlichen Harzen, die aber zum Teile noch nicht genügend untersucht worden sind. Der „Allingit" (Schweizer Bernstein) ist hellgelb bis rötlich und enthält nach Aweng (9) weder Bernsteinsäure noch Borneol, wohl aber Schwefel. Auch in Amerika scheint es Bernstein zu geben. Dagegen handelt es sich bei den spanischen, sizilianischen (Simetit) und rumänischen Bernsteinen (Rumänit) um ganz andere wenig untersuchte Harze.

Helle große Stücke werden für die Erzeugung von Schmuck und ähnlichem verwendet. Für die Zwecke der Lackbereitung wird der Bernstein häufig einer Destillation unterworfen, der rückbleibende „geschmolzene" Bernstein ist gegenüber dem ursprünglichen löslicher geworden. Das gewonnene flüchtige Öl (spez. Gew. 0,9217) dient als Zusatz bei der Herstellung von Bernsteinfirnissen. Unter dem Namen „Bernsteinlack" werden aber heute meist Kopallacke gehandelt.

b) Cupressineae.

Sandarak.

Der Sandarak des Handels stammt von *Callitris quadrivalvis Vertenat* (Cupressineae) und kommt aus dem westlichen Nordafrika (Algier, Marokko und Atlasgebirge) über Mogador nach Europa. Das Harz tritt entweder freiwillig aus oder wird durch Einschnitte in die Äste und Zweige des Baumes erhalten. Die Harzgänge liegen so dicht unter der Borke, daß schon geringe Verletzungen Harzfluß verursachen.

Der Sandarak besteht meist aus länglichen oder auch runden Körnern oder Tränen von ungefähr 0,5 cm Dicke und manchmal bis zu 3—4 cm Länge. Dieselben sind glasglänzend, durchsichtig, meist hellgelb, bei geringeren Sorten etwas rötlichbraun. Ihre Oberfläche ist eigentümlich weiß bestäubt, was auf kleine, beim Erhärten des Balsams entstehende Sprünge und dadurch bedingte Verwitterung zurückzuführen ist. Der Geruch des Sandaraks ist nur sehr schwach, beim Kauen zerfällt er pulverig, ohne zu erweichen (Unterschied von Mastix). Sein Geschmack ist aromatisch und ein wenig bitter. Sandarak ist härter als Mastix und Gips. Sein spezifisches Gewicht wurde nach der Schwimmethode in verdünntem Glycerin mit 1,05—1,09 bestimmt. Er schmilzt bei 145—148⁰.

Sandarak löst sich in Äther, Aceton, Äthylalkohol, Amylalkohol fast völlig, teilweise in Terpentinöl, Benzol, Chloroform und Eisessig, noch weniger in Schwefelkohlenstoff und Petroläther. Das Lösen in Benzol erfolgt am besten durch Stehenlassen der unzerkleinerten Körner mit dem Lösungsmittel, ohne zu schütteln. Es gehen dann 40—70% des Harzes in Lösung. Konzentrierte Lösungen in Äther und Benzol geben auf weiteren Zusatz des Lösungsmittels oftmals Fällungen, nicht aber nach Zusatz von etwas verdünnter Essig- oder. Salzsäure. In verdünnter (0,5—1proz.) Kalilauge ist das Harz vollständig löslich.

Die S.Z. kann direkt bestimmt werden, wenn man genügend Alkohol verwendet; sie liegt zwischen 130 und 160. Die V.Z. beträgt 155—180, die Differenzzahl gewöhnlich 20—35 (manchmal bis zu 55). Säurezahlen über 160 lassen den Sandarak als verdächtig erscheinen.

Die Chemie des Sandaraks bedarf noch der weiteren Aufklärung. Die Formeln der folgenden Tabelle, die nach einer Arbeit von TSCHIRCH und M. WOLFF (187) zusammengestellt wurde, sind als unsicher zu betrachten.

Die ätherische Lösung des Harzes wird behandelt mit

1. 1proz. Ammoncarbonatlösung: Sandaracinsäure $C_{22}H_{34}O_2$, Schmp. 186—188°, amorph, S.Z. 162 (unter Wasserzusatz), V.Z. 175, gibt ein schwer lösliches Kaliumsalz: 2,3 %.

2. 1proz. Natriumcarbonatlösung: Rohsäure, aus alkoholischer Lösung mit alkoholischer Bleiacetatlösung: 87 %

a) unlösliches Bleisalz, mit Salzsäure zerlegt: Sandaracinolsäure $C_{24}H_{36}O_3$, Schmp. 265—275° (zers.), amorph, S.Z. 159—161, V.Z. 172;

b) lösliches Bleisalz, Lösung fällen: *Sandaracopimarsäure* $C_{20}H_{30}O_2$, Schmp. 168—170°, *Krystallnadeln*, S.Z. 187, V.Z. 195, J.Z. 139, gibt ein schwer lösliches Natriumsalz. Sie ist wahrscheinlich identisch mit der i-Pimarsäure HENRYS (59) (vgl. unten).

Aus den letzten Sodaausschüttelungen fielen beim Einengen *perlmutterglänzende Blättchen* eines geruch- und geschmacklosen Natriumsalzes aus, das FEHLINGS Lösung nicht reduziert. Bei längerem Stehen im Exsiccator nimmt es Formaldehydgeruch und bitteren Geschmack an, wird klebrig, gelb und wirkt reduzierend. Beim Fällen der freien Säure mit angesäuertem Wasser ging ein *Bitterstoff* in Lösung, der dem ursprünglich im Sandarak vorhandenen glich. Hier glaubt TSCHIRCH erstmals eine direkte Beziehung zwischen einer geschmacklosen Harzsäure und dem im Harze vorkommenden Bitterstoffe aufgefunden zu haben.

Aus den Laugen der Ausschüttelungsprodukte läßt sich ein *Bitterstoff* gewinnen: 1,8 %

3. mit Wasserdampf: *Ätherisches Öl*, Sdp. 152—159°: 1,3 %.

4. Zurück bleibt amorphes „*Sandaracoresen*“: 3,3 %.

F. BALAŠ und J. BRZÁK (10) haben jüngst die *Sandarakopimarsäure* aus Sandarak unter Vermeidung jeglicher Isomerisierung in einer Ausbeute von 0,7 % und mit dem Schmelzpunkte 173° isoliert, sie stimmt mit der i-Pimarsäure HENRYS überein, ist aber optisch aktiv ($[\alpha]_D = -18,8°$). Die Säure wurde durch eine Reihe von Salzen, das Natrium-, Kalium-, Ammonium-, Silbersalz, das α-Amylaminsalz (Fp. 124°, $[\alpha]_D = -14,7°$), das Cinchonidinsalz (Fp. 179°, $[\alpha]_D = -80,0°$), das Piperidinsalz (Fp. 124°, $[\alpha]_D = -14,7°$) charakterisiert. Auch ein Methylester (Fp. 69°, $[x]_D = -27,9°$) und ein Äthylester (Öl, $Kp._{0,5}$ 177°, $[\alpha]_D = -24,4°$) wurden hergestellt.

Die Sandarakopimarsäure verhält sich gegen isomerisierende Einflüsse (Säuren und Alkalien) außerordentlich resistent. Sie läßt sich bei 0,3 mm bei 195° destillieren, der Rückstand ist aber schon etwas isomerisiert. Bei 240° im CO_2-Strome wird eine *isomere Säure* $C_{20}H_{30}O_2$ vom Fp. 156° ($[\alpha]_D = +64,5°$) erhalten. Bei 310° zersetzt sich die Sandarakopimarsäure beträchtlich und liefert neben einer amorphen Säure vom Fp. 125—130° einen *Kohlenwasserstoff* $C_{19}H_{28}$ ($Kp._{12}$ 195°, $[\alpha]_D = +26,9°$). Bei der Hydrierung der Sandarakopimarsäure mit kolloidalen Platinlösungen entstand *Dihydrosandarakopimarsäure* $C_{20}H_{32}O_2$ vom Fp. 180° ($[\alpha]_D = +23,90°$).

Als *Verfälschungsmittel* kommen Dammar und Kolophonium in Betracht. Da das Dammarharz ungefähr 60 % an Unverseifbarem enthält, Sandarak aber im höchsten Falle bloß 8 %, so bewirkt ein Zusatz an ersterem ein Absinken der Säurezahl und Verseifungszahl, dagegen ein Ansteigen des Gehaltes an Unverseifbarem.

Die *Bestimmung des Unverseifbaren* erfolgt nach H. WOLFF am besten in folgender Weise:

5 g Sandarak werden $^1/_2$ Stunde lang mit 25 cm³ alkoholischer Normalkalilauge am Rückflußkühler erhitzt. Die Lösung versetzt man mit 60 cm³ Wasser und äthert ohne Rücksicht *auf ausfallende Anteile mehrmals aus, indem man bei einer emulgierten Trennungs-*

zone die Emulsion bei der wäßrig-alkoholischen Schichte läßt. Die gesammelten Ätherauszüge wäscht man dreimal mit 3proz. Kalilauge (in (30proz. Alkohol gelöstes Kaliumhydroxyd). Dann wäscht man noch zweimal mit Wasser nach, trocknet den Äther mit calciniertem Glaubersalz und dampft den Äther ab. Man trocknet am besten bei 100° im Vakuum, zu welchem Zwecke man die getrocknete ätherische Lösung in einem gewogenen Rundkolben abdampft, den man dann an das Vakuum anschließt.

Ein *Kolophoniumzusatz* kann nicht immer durch Herabsetzung der S.Z. und V.Z. erkannt werden, wohl aber durch die Reaktion von Storch-Morawski. Der Petrolätherextrakt des Sandaraks gibt hierbei eine schwach gelbrote oder weinrote Färbung, die meist deutlich von der blauvioletten des Kolophoniums unterschieden werden kann.

Noch sicherer läßt sich ein Kolophoniumzusatz durch die *Ammoniakprobe* nachweisen. Bei Gegenwart desselben gibt der Petrolätherextrakt des Sandaraks beim Durchschütteln mit einigen Tropfen Ammoniak (10%) nicht ein dickflüssiges, sondern ein gallertiges Ammonsalz, aus dem man zur besseren Identifizierung eventuell die Abietinsäure isolieren kann.

Außer dem afrikanischen Sandarak kennt man auch *australische Sandaraksorten* (99), die aber wegen ihres geringeren Reinheitsgrades nicht so gesucht sind und daher im europäischen Handel nicht geführt werden. Sie sind chemisch noch nicht untersucht, dürften aber nach den S.Z.-Bestimmungen von K. Dieterich dem afrikanischen Sandarak recht ähneln. Die Körner dieser Sorten sind meist größer.

Callitris cupressiformis Vent. (in allen englisch-australischen Kolonien mit Ausnahme von Westaustralien) liefert ein wasserhelles Harz, *Callitris calcarata* R. Br. (N. Viktoria und Zentral-Queensland) liefert ein blaßgelbes, außen mehlig bestäubtes Harz, *Callitris columellaris* F. v. M. (New-South-Wales und Queensland) gibt ein helles Harz von besonders hoher Löslichkeit in Petroläther (35,8 % gegen gewöhnlich 8—22 %), *Callitris verrucosa* R. Br. (Botanischer Garten Sydney) lieferte ein sehr dunkles Harz von angenehm balsamischem Geruche.

Als *deutscher Sandarak* wird zuweilen das Harz von *Juniperus communis* L. bezeichnet, das sich unter der Rinde und an der Wurzel alter Stämme findet.

Sandarak wird zur Erzeugung von Lacken, besonders für photographische Zwecke verwendet. Weiter gebraucht man ihn als Räuchermittel sowie zur Herstellung von Radierpulver, das, auf das Papier gerieben, das Ausfließen und Durchschlagen der Tinte, insbesondere an radierten Stellen, verhindert. Auch als Zusatz zu Glas- und Porzellankitten und zu Zahnfüllungen wird Sandarak verwendet.

c) Araucariaceae.

Kauri- und Manilakopal.

α) *Kaurikopal.*

Der Kaurikopal stammt von der im nördlichen Neuseeland heimischen Araucarie *Dammara australis*, der *Kaurifichte* (Yellow pine) und von *Dammara ovata*, die insbesondere im nordöstlichen Neukaledonien ausgebeutet wird. Die Kaurifichte ist ein stattlicher, sehr harzreicher Baum, der an seinen Zweigen und Ästen weißliche Harztropfen abscheidet, die dann zusammenfließen und am Fuße der Stämme sich zu großen Klumpen vereinigen. Diese Klumpen gelangen häufig in die Flüsse, vergrößern sich hier oft noch durch Verschmelzen der einzelnen Stücke und werden schließlich abgelagert. Die Kaurifichte kam offenbar früher in Gebieten vor, wo sie heute ausgestorben ist, und wo man heute *fossile Kaurikopale* findet und gräbt. In Gegenden, wo sich die Kaurifichte noch heute lebend findet, findet man das Harz zwischen den Wurzeln oder den Wurzelstöcken oder in den obersten Erdschichten. Diese zum Teile rezenten, zum Teile (je nach dem Alter) rezentfossilen Harze werden als *Buschkopale* bezeichnet. Infolge der außerordentlichen Nachfrage und der dadurch verursachten eifrigen Suche sind heute die leicht zugänglichen Gebiete und Bodenschichten ziemlich erschöpft. Man ist deshalb in steigendem Maße auf die Gewinnung des Harzes vom lebenden Baume angewiesen. Dieselbe gestaltet sich sehr einfach, die Stämme und größeren Äste werden meist in beträchtlicher Höhe mit waagrechten Einschnitten in Abständen von 2 m versehen, das sofort herausquellende und an der Luft einigermaßen erhärtete Harz wird dann abgenommen und an der Sonne oder künstlich durch Erwärmen getrocknet. Dieses Trocknen wird wegen des entstehenden Gewichtsverlustes meist nur oberflächlich vorgenommen, so daß oft sog. *„unreife"* halbweiche Ware nach Europa kommt.

Die fossilen oder rezentfossilen gegrabenen Kopale werden nach ihrer Gewinnung meist in eigenen Betrieben geschabt, das heißt von der mächtigen, oft fingerdicken Verwitterungsschichte mechanisch oder durch Lösungsmittel (Sodalösung) befreit. Der so erhaltene „geschabte" Kopal ist weißlichgelb, graugelb oder braun in allen Farbtönen und zeigt häufig verschiedenartige gestreifte und wolkig getrübte Stellen. Er wird sortiert, wobei man ungefähr 10 Hauptsorten unterscheidet. Der Kaurikopal ist durchscheinend bis durchsichtig. Sein Bruch ist grobmuschelig und fettglänzend. Besonders beim Reiben ist ein eigentümlicher aromatisch-gewürzhafter Geruch wahrzunehmen. Beim Kauen wird das Pulver etwas klebrig. Das spezifische Gewicht beträgt 1,03—1,05; nach Entfernung der Luftbläschen, die sich oftmals eingeschlossen finden, steigt es aber oft auf ungefähr 1,115. Der Schmelzpunkt schwankt, wie dies bei dem verschiedenen Alter der Kaurikopale nicht anders zu erwarten ist, beträchtlich. Das Schmelzen beginnt oft schon bei 110°, ja manchmal sogar bei 95°, vollständiges Schmelzen findet aber je nach der Sorte erst bei 125 bis 165° statt. Der Kaurikopal ist in den meisten Lösungsmitteln nur teilweise löslich, dabei lösen sich die weichen Sorten bedeutend leichter als die harten. Amylalkohol löst den Kaurikopal völlig, Äthylalkohol oder 80proz. Chloralhydrat weiche Sorten fast gänzlich.

Die *Kennzahlen* schwanken innerhalb weiter Grenzen. Die S.Z. wurde zu 50—115 (meist 65—75), die V.Z. zu 77—120 (meist 75—85), die D.-Z. zu 6—30 (meist 10—15) gefunden. Auch die Jodzahlen schwanken beträchtlich (74—170). Bemerkenswerterweise haben die Harzsorten mit den größten Jodzahlen die kleinsten Säurezahlen und umgekehrt.

Wie WORSTALL (214) gefunden hat, nimmt Kaurikopalpulver bei längerem Liegen an der Luft Sauerstoff auf, wodurch sich die Säurezahl erhöht und die Jodzahl erniedrigt. Besonders bei Gegenwart von Alkali soll diese Oxydation sehr rasch vor sich gehen. Mit diesem Befunde einigermaßen im Widerspruche steht, daß WOLFF (212) bei 20jährigem Liegen von Kauristaub an der Luft zwar in den ersten 13 Jahren eine Abnahme der Jodzahl, gleichzeitig aber auch eine beträchtliche Abnahme der Säurezahl feststellen konnte, die später beide zum Stillstande kamen, indes die Verseifungszahl während der ganzen Zeit anstieg. So läßt sich die gemachte Beobachtung erklären, daß die Summe von J.Z + V.Z. sich oftmals lange Zeit konstant erhält.

Eine chemische Gesamtuntersuchung eines Kauribuschkopals wurde von TSCHIRCH und NIEDERSTADT vorgenommen:
1. Ammoncarbonatlöslich: „Kaurinsäure", aus Alkohol *krystallisierend* (= unreine *Agathendisäure*, s. unten): 1,5 %.
2. Sodalöslich: α- und β-Kaurolsäure, amorph, Fp. 75—83° bzw. 78—87°, durch alkoholische Bleiacetatlösung fällbar bzw. nicht fällbar, $C_{11}H_{19}COOH$, S.Z. und V.Z. 277—283, J.Z. 64: 40—50 %.
3. Laugenlöslich: Kaurinol- und Kauronolsäure, amorph, Fp. 125—130° bzw. 80—89°, $C_{16}H_{33}COOH$: 20 %.
4. Ätherisches Öl: Schmp. 156—160°, nach Citronen riechend, einen krystallisierten Körper vom Fp. 168° abscheidend.
5. Resen: zäher Körper, Fp. 63°: 12,5 %.

L. RUZICKA (126) und J. R. HOSKING (75) haben die Zusammensetzung der krystallisierenden ätherlöslichen Harzsäure des Kaurikopals („Kaurinsäure" TSCHIRCHS) untersucht und fanden sie identisch mit einer von SCHEIBER (132) und HORRMANN und KROLL (88) aus Hart- und Weichmanilakopalen isolierten Säure vom Fp. 204°. Sie nennen diese Säure *Agathendisäure* und geben ihr die Formel $C_{20}H_{30}O_4$ (oder $C_{20}H_{28}O_4$), $[\alpha]_D = + 52—58°$ (Dimethylester Kp.$_{0,6}$ 196 bis 198°, $[\alpha]_D = + 57°$ im Mittel). Durch katalytische Hydrierung mit Platin erhält man die gesättigte Tetrahydroagathendisäure als zähe Masse (Dimethylester $C_{22}H_{38}O_4$, dickes Öl, Kp.$_1 = 189—190°$, $[\alpha]_D = + 44,7°$). Durch Erhitzen der Agathendisäure über ihren Schmelzpunkt und anschließende Destillation im Hochvakuum erhält man unter Abspaltung von CO_2 die einbasische *Noragathensäure* $C_{19}H_{30}O_2$, Fp. 146—147°, $[\alpha]_D = 55,7°$ (Methylester Kp.$_{0,6}$ 151—152°, $[\alpha]_D = + 57,0°$). Durch katalytische Hydrierung mit PtO_2 geht diese Säure in *Tetrahydronoragathensäure* $C_{19}H_{34}O_2$, Tafeln vom Fp. 133°, $[\alpha]_D = +50,3°$ (Methylester: Tafeln vom Fp. 52—53°, $[\alpha]_D = +53,7°$) über. Die Ausbeute an krystallisierter Agathendisäure betrug 0,7—1%. Bei ihrer Dehydrierung mit Schwefel oder Selen nach DIELS entstand Pimanthren (1-, 7-Dimethylphenanthren) und 1-, 2-, 7-Trimethylnaphthalin. Behandelt man Agathendisäure mit Ameisensäure, so erhält man die isomere *tricyclische* Isoagathendisäure $C_{20}H_{30}O_4$ vom Fp. 287—288° ($\alpha_D = +12,84°$ in Alkohol), die nur *eine* Doppelbindung enthält. Agathendisäure scheint hiernach ein Naphthalinderivat mit ein oder zwei Seitenketten zu sein, aus welchem bei der Cyclisierung mit Ameisensäure der dritte Ring gebildet wird. Eine Doppelbindung liegt im Ring, eine in der Seitenkette. Als wahrscheinlichste Formeln für Agathen- bzw. Isoagathendisäure bezeichnet L. RUZICKA die folgenden:

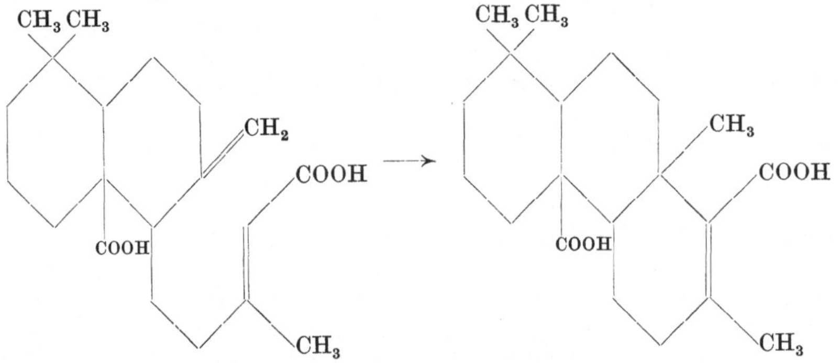

Ein derartiger Übergang mit darauffolgender Abspaltung von Kohlendioxyd soll auch bei der Kopalschmelze stattfinden. Die ätherlöslichen Säuren des Kaurikopals bestehen größtenteils aus Dicarbonsäuren mit 20 Kohlenstoffatomen, unter den ätherunlöslichen scheint eine Säure vom Fp. ca. 280° und der wahrscheinlichen Formel $(C_{20}H_{30}O_2)_n$ vorzukommen.

Als *Verfälschungsmittel* für Kaurikopal kommt vor allem Kolophonium in Betracht, das sich durch hohe Säurezahlen verrät. Der Kolophoniumnachweis nach STORCH-MORAWSKI muß nach WOLFF in folgender Weise modifiziert werden, da schon der Kopal selber eine ähnliche Färbung gibt:

Etwa 1 g des gepulverten Kauristaubes wird mit 2—3 cm³ Alkohol im Wasserbade behandelt, bis der Alkohol tiefbraun ist. Nach Zugabe von etwa 2 cm³ Petroläther füllt man das Reagensglas bis fast zum Rande mit Wasser, schüttelt kräftig, gießt etwa 0,5 cm³ der petrolätherischen Schicht nach dem Absetzen ab und gibt 3—5 cm³ Essigsäureanhydrid und 1 Tropfen konzentrierter Schwefelsäure hinzu. Sollte die Färbung des Petrolätherextraktes noch zu stark sein, so gießt man die ganze Petrolätherschicht ab, dampft sie unter Zusatz von etwas Sand ein, schüttelt den Extrakt mit kaltem Petroläther, filtriert und führt mit einigen Tropfen die STORCH-MORAWSKI-Reaktion, mit dem Reste die Ammoniakprobe aus (Gelatinieren der petrolätherischen Lösung mit einigen Tropfen Ammoniak).

In einzelnen Fällen wurde auch eine Beschwerung mit *anorganischen Stoffen* (Kalkstein, Kieselgur) gefunden, die sich durch einen hohen Aschengehalt (10% und mehr) aufdecken läßt.

Für die Verwendung in der Lackindustrie und der Linoleumfabrikation muß der Kopal erst durch *Ausschmelzen* bei ungefähr 300° derart chemisch verändert werden, daß er in Öl und anderen Lösungsmitteln völlig löslich wird. Dabei geht neben Zersetzungsreaktionen im wesentlichen eine Kohlendioxydentwicklung vor sich, während das Kopalharzöl überdestilliert. Der Kaurikopal ist wegen seiner Ölaufnahmefähigkeit, seiner leichten Verarbeitung und seiner niederen Säurezahl ein sehr geschätztes Produkt. Leider steht seiner allgemeinen Verwendung sein hoher Preis im Wege, der sich infolge stets sinkender Produktionsmengen auch kaum jemals wesentlich erniedrigen wird. Für die Einteilung der Sorten maßgebend sind Größe, Reinheit, Färbung und Zeichnung der Stücke. Man unterscheidet außerdem *naturelle* (mit Verwitterungsschichte bedeckte) und „*geschabte*" Sorten (auch $^1/_2$ oder $^3/_4$ geschabte). Der *rezente* Kopal wird nicht in den Handel gebracht, sondern dient in seinen Gewinnungsländern als Kauharz.

Das bei der Kaurikopalschmelze bei 330⁰ in einer Ausbeute von 10—25 % überdestillierende *Kopalöl* (54) ist dunkelgelb und viscos. Es hat die Dichte 0,9667, die S.Z. 69, V.Z. 83, J.Z. 114, nach dem Entsäuern $d = 0{,}9280$, J.Z. 104. Das Kaurikopalöl trocknet bei dünnem Aufstreichen in einigen Tagen. Es enthält etwas *Pinen* und *Limonen*, während Aldehyde, Ketone und Sesquiterpene bislang nicht nachgewiesen werden konnten.

β) *Manilakopal.*

Der Manilakopal stammt nicht, wie man früher glaubte, von der Dipterocarpacee *Vateria indica*, sondern von *Dammara orientalis*, einem harzreichen Baume, der auf den Sundainseln, Philippinen und Molukken häufig vorkommt. Das ausfließende Harz vereinigt sich am Fuße der Stämme oft zu Klumpen, die dann von den Flüssen fortgeschwemmt werden, sich an gewissen Stellen zu großen, mehrere Kilogramm schweren Blöcken sammeln und abgelagert werden. Auch beim Manilakopal unterscheidet man wie beim Kaurikopal *weiche*, fast völlig in Alkohol lösliche Sorten, die vom lebenden Baume gewonnen werden oder zum mindesten noch jung sind, und *harte* Sorten, die älter sind, ausgegraben werden und sich in Weingeist nur zum Teile lösen.

Der Manilakopal ist bernsteingelb bis braun in allen Farbtönen. Die natürlichen Stücke sind klumpen- oder knollenförmig. Oft im Harze auftretende milchige, wolkige oder achatartig gestreifte Trübungen sollen von zahllosen mikroskopisch kleinen Hohlräumen herrühren, die mit ätherischem Öle gefüllt sind. An der Oberfläche der Klumpen soll dann letzteres verdampfen, wobei das Harz zusammensintert und die Hohlräume also verschwinden. So soll es sich erklären, daß die Stücke beim Liegen an der Luft oberflächlich dunkler werden. Die Oberfläche zeigt im übrigen keine eigentliche Verwitterungsschichte, ist aber matt.

Die Dichte beträgt 1,06—1,07. Weicher Manilakopal erweicht bei ungefähr 80—90⁰ und schmilzt bei 120⁰, harter sintert bei 120⁰ und schmilzt oft erst gegen 190⁰. Weicher Manilakopal löst sich völlig in Aceton, Äther, Alkohol und Amylalkohol, weniger in Benzol, Chloroform und Essigäther, sehr wenig in Eisessig und Benzin; harter Kopal löst sich überall weit unvollständiger. Häufig ist auch die Erscheinung zu beobachten, daß geringe Mengen von Lösungsmitteln völlig lösen, daß aber auf Zusatz von mehr Lösungsmittel wieder Trübungen oder Fällungen entstehen.

Der *weiche* Manilakopal hat die S.Z.d. 120—160 (ind. bis 199), die V.Z. 140—230, die D.Z. 40—110 und die Jodzahl (HÜBL) 80—150. Die *harten* Sorten haben S.Z. 110—150, V.Z. 130—180, D.Z. 10—60, J.Z. 50—100.

Die chemische Zusammensetzung eines weichen Manilakopals wurde von TSCHIRCH und KOCH (173) untersucht:

1. Ammoncarbonatlöslich: *Krystallisiert* (aus Methyl-Äthylalkohol) „Mankopalinsäure" (= unreine *Agathendisäure*, vgl. unten und bei Kaurikopal). — *Amorph*: Mankopalensäure, Fp. 100—105⁰, optisch inaktiv. Zusammen 4 %.

2. Sodalöslich: Mit Bleiacetat fällbar bzw. nicht fällbar: α- und β-Mankopalolsäure, Fp. ca. 85—90⁰: 75 %.

3. Ätherisches Öl, Siedepunkt 165—170⁰, $d = 0{,}840$: 6 %.

4. Resen, amorph, Fp. 80—85⁰: 12 %.

Außerdem enthielt das Harz 2 % *Wasser* und eine geringe Menge *Bitterstoff*.

Harter Manilakopal, in gleicher Weise untersucht, gab: S.Z. d. 118, S.Z. ind. 157, V.Z. 165—168, J.Z. 55. Die chemischen Bestandteile waren dieselben wie beim weichen Kopale.

Die „Mankopalinsäure" TSCHIRCHS wurde von N. KROLL (91) rein erhalten und von RUZICKA und HOSKING (129) als *Agathendisäure* erkannt (s. Kaurikopal). Die Isolierung erfolgte in nachstehender Weise: Die ätherische Lösung von *Weichmanilakopal* wird mit 2proz. Sodalösung ausgeschüttelt, in die 50 % des Kopals übergehen. Die heiße Lösung der Natriumsalze wird mit starker Natronlauge versetzt. Nach dem Erkalten wird die Lösung von den ausgeschiedenen Natriumsalzen abgegossen, mit Kohlendioxyd gefällt, filtriert und mit Salzsäure gefällt. Dieser Niederschlag lieferte die krystallisierte Säure. Auch aus den ausgeschiedenen Natriumsalzen ließ sich noch Agathendisäure gewinnen. Gesamtausbeute 5—7 %. — Am bequemsten und reichlichsten ist die Gewinnung aus *Hartmanilakopal*: Der Kopal wird in 5 proz. Kalilauge suspendiert, dann wird zur Entfernung des ätherischen Öles Dampf durch die Lösung geblasen, die filtrierte Lösung mit Salzsäure gefällt und der Niederschlag erschöpfend mit 6 proz. Ammoncarbonatlösung ausgezogen. Diese Auszüge liefern die Hauptmenge der Säure. Ausbeute ca. 13 %.

Die Darstellung der Agathendisäure wird auch als spezielle Prüfungsmethode bei etwa auftauchenden Zweifeln an der Echtheit der Kopale empfohlen.

Von großem Interesse für das Verständnis des Kopalschmelzprozesses ist außer dem Übergang der Agathendisäure in die Noragathensäure auch die Beobachtung, daß bei der Vakuumdestillation des Calciumsalzes der ersteren ein Kohlenwasserstoff vom Schmelzpunkt 189—191° entsteht, der auch bei der Vakuumdestillation des ursprünglichen Kopals erhalten wurde. Aus den Mengen an einbasischer Säure, Kohlendioxyd und Kohlenwasserstoff errechnet KROLL, daß in dem von ihm untersuchten Weichkopale 55 % der zweibasischen Säure vorhanden gewesen sein müssen.

Beim sog. „*Abschmelzprozesse*" wird das Harz auf 330—360° erhitzt, wobei nicht unbeträchtliche Gewichtsverluste (15—20 %) auftreten. Die richtige Führung des Prozesses erfordert viel Erfahrung. Das Harz darf weder zu hoch noch zu lange erhitzt werden zur Vermeidung allzu großer Verluste und allzu dunkler Färbung. Das Harz soll für diesen Prozeß möglichst rein, von gleicher Schmelzbarkeit und gleicher Stückgröße sein. Neben flüchtigen Anteilen (Kopalöl) wird vor allem Kohlendioxyd in Freiheit gesetzt. Der Schmelzprozeß läßt sich nach KROLL durch folgendes Schema darstellen:

I. Zweibasische Säure ——➤ einbasische Säure + CO_2.
II. Einbasische Säure ——➤ Kohlenwasserstoff + CO_2.

Daneben scheinen Zersetzungsvorgänge eine Rolle zu spielen, da auch ziemliche Mengen von Wasser und niedrigmolekularen Säuren übergehen. Die gegenüber den naturellen Kopalen erhöhte Löslichkeit des spröden „Kopalschmelzrückstandes" in fetten Ölen und Kohlenwasserstoffen muß wohl als die Folge von Depolymerisationen der kolloiden Ausgangsprodukte angesehen werden. Die sog. „Reifung" der Kopale beim Lagern im Erdboden ist je nach ihrem Alter mit mehr oder weniger weitgehenden Veränderungen verknüpft. Die kolloide Beschaffenheit dieser Fossilien macht sich unter anderem schon durch das Aufquellen in Lösungsmitteln bemerkbar. Rezente Kopale zeigen diese Erscheinung nicht. Für die Bildung polymerer Produkte kolloiden Charakters sind jedenfalls lange Zeiträume notwendig. Der vorübergehende Eintritt von Sauerstoff („Autoxydation") begünstigt sie.

Die Lösung des Kopalschmelzrückstandes in fetten Ölen wird durch portionenweißes Eintragen der letzteren bei ca. 300° bewirkt, wobei anscheinend auch chemische Vorgänge, namentlich Umesterungen, eine Rolle spielen. Um Öllacke mit basischen Pigmenten ohne die Gefahr des Eindickens herstellen zu können, pflegt man ähnlich wie beim Kolophonium die Kopalsäuren gleich nach dem Abschmelzen zu neutralisieren, zu „härten", was mit Zinkoxyd oder Kalkhydrat geschieht, oder aber mit Glycerin zu verestern.

Das beim Schmelzprozesse anfallende Kopalöl ist rotgelb und besitzt das spez. Gew. 0,907. Es besteht zum Teile aus einem ätherischen Öle, und zwar einem komplizierten Gemische von Pinen, Dipenten, Limonen, Camphen usw., zum Teile sind auch durch Decarboxylierung entstehende Produkte mit höherem Molekulargewichte vorhanden, wie z. B. der früher erwähnte Kohlenwasserstoff $C_{18}H_{32}$.

B. Monocotylae.

a) Palmae.

Drachenblut.

Der Name *Drachenblut* ist ein Sammelname für eine Reihe von dunkelroten Harzen. *Das ostindische und Sumatradrachenblut*, heute das einzige nach Europa gelangende Drachenblutharz, stammt von der Panzerfruchtkletterpalme oder Rotangpalme *Daemonorops*

Draco MART. (= Calamus Draco WILLD.). Neben diesem Handelsprodukte gibt es auf Sumatra auch ein Drachenblut von *Daemonorops accedens*, das dort als Färbemittel Verwendung findet. Andere Drachenblutsorten stammen von Vertretern anderer Pflanzenfamilien, von den Liliaceen, Euphorbiaceen und Leguminosen.

Das *ostindische Drachenblut* wird auf den Sundainseln, den Molukken und in Hinterindien aus den Früchten gewonnen, die das Harz zwischen ihren Schuppen enthalten. Man liest die freiwillig austretenden Körner ab (beste Sorte „*in Tränen*"), oder man formt aus den Körnern Kugeln von 2—4 cm Durchmesser, die in Blätter oder Baststreifen gewickelt werden. Darauf erhitzt man die Früchte über freiem Feuer oder in Wasserdampf und gewinnt so das leicht schmelzende Harz. Diese Sorten werden meist in Bambusrohre gegossen und darin erstarren gelassen. Die noch immer harzreichen Rückstände werden in Kuchen zusammengeknetet und bilden eine minderwertige Sorte (*in massis*). Zuweilen verfährt man auch in der Weise, daß man die Früchte an den Stämmen beläßt, bis das Harz spröde geworden ist. Man erntet dann die Früchte, schüttelt sie in einem Sacke und siebt das abgefallene Harz von den rückbleibenden Früchten ab.

Die besten Sorten Drachenblut besitzen eine tiefrote, mitunter fast schwarze Farbe und einen blutroten Strich. Die minderwertigen Sorten sind heller, geben einen ziegelroten Strich und weisen schon mit freiem Auge erkennbare Pflanzenreste auf. Alle Sorten sind außer in dünnen Schichten undurchsichtig, in kleinen Splittern dunkelrot bis gelbrot durchscheinend. Das Harz ist geruchlos, sein Geschmack ist süßlich, beim Kauen zerfällt es in eine mehlige Masse. Unter dem Mikroskop bemerkt man keine Krystalle, dagegen nach Vorbehandlung mit Alkohol in allen Sorten Gewebereste, vor allem Ring-, Netz- und Spiralgefäße, Oberhaut-, Bast- und Steinzellen. Sie gehören sämtlich zur Frucht.

Das spezifische Gewicht des Drachenblutes beträgt 1,195—1,275, wobei die besseren Sorten die größere Dichte zeigen. Das häufigste Harz in Stangen schmilzt bei 70°. Es ist leicht löslich in Alkohol und Äther, teilweise löst es sich in Benzol, Chloroform, Schwefelkohlenstoff, Essigäther, Petroläther und Chloralhydrat.

Das Drachenblut enthält keine freien Säuren, wohl aber Ester. K. DIETERICH bestimmte nach seiner Methode der fraktionierten Verseifung die „*Harzzahl*" (H.Z.) und die „*Gesamtverseifungszahl*" (G.V.Z.) in folgender Weise:

1 g Drachenblut übergießt man mit 50 cm³ Äther, 25 cm³ alkoholischer n/2 Kalilauge und läßt in einer Glasstöpselflasche 24 Stunden wohlverschlossen stehen. Nach Verlauf dieser Zeit titriert man unter Zusatz von 250 cm³ Wasser und 100 cm³ Alkohol mit n/2 Schwefelsäure und Phenolphthalein zurück. Die Anzahl der gebundenen Kubikzentimeter KOH mit 28,08 multipliziert gibt die H.Z.

1 g Drachenblut übergießt man mit 50 cm³ Äther und 25 cm³ alkoholischer n/2 Kalilauge und läßt 24 Stunden verschlossen stehen. Nach Verlauf dieser Zeit fügt man noch 25 cm³ wäßrige n/2 Kalilauge hinzu und titriert nach abermaligem Verlauf von 24 Stunden mit n/2 Schwefelsäure, unter Zusatz von Phenolphthalein als Indicator, 250 cm³ Wasser und 100 cm³ Alkohol zurück. Die Anzahl der gebundenen Kubikzentimeter KOH mit 28,08 multipliziert gibt die G.V.Z.

Die so gefundenen Zahlen sind nach diesem Autor: H.Z. 80—119, G.V.Z. 87—173.

TSCHIRCH und K. DIETERICH (164) haben das Harz chemisch untersucht. Sie haben zunächst festgestellt, daß mit Wasserdampf flüchtige Kohlenwasserstoffe oder ätherische Öle ebensowenig vorhanden sind wie freie Säuren. Das Drachenblut wurde mit Äther im Perkolator erschöpft, die ätherische Lösung eingeengt und in absoluten Alkohol gegossen. Dabei fiel das *Drakoalban* in reinweißen Flocken aus. Dasselbe ist amorph, sintert bei 192—193° und zersetzt sich bei 200° unter Schwärzung. Die Elementaranalyse und Molekulargewichtsbestimmung geben die Formel $C_{20}H_{40}O_4$. Es macht 2,5 % des Harzes aus und verhält sich indifferent. Die nach dem Abfiltrieren des Drakoalbans verbleibende Lösung wird bis zur Trockene eingedampft und mit Sand vermengt der Petrolätherperkolation unterworfen. Das so in Lösung gehende *Drakoresen* (13,6%) ist amorph, schmilzt bei 74⁰, ist in allen organischen Lösungsmitteln leicht löslich und hat die Formel $C_{26}H_{44}O_2$. Aus der zurückgebliebenen petrolätherlöslichen Hauptmenge (57%) des Harzes wurde durch achttägige Verseifung *Benzoesäure* neben wenig *Benzoylessigsäure* und ein „*Drakoresinotannol*" erhalten. Letzteres ist ein Phenol, das offenbar esterartig mit den Säuren verbunden war. Es ist amorph, hellbraun und hat die Zusammensetzung $C_{16}H_{18}O_4$. Es läßt sich acetylieren und liefert bei der trockenen Destillation *Toluol, Styrol, Phenylacetylen, Pyrogallol, Resorcin, Phenol* sowie *Acetophenon*. Von anderen Autoren wurde auch *Zimtsäure* gefunden.

Ein Zusatz von *Kolophonium*, der bei den schlechteren Sorten sehr häufig zu sein scheint, macht sich durch eine abnorm hohe H.Z und G.V.Z. bemerkbar. Auch künstlicher Zusatz von *Dammarharz*, von *Sandelholzpulver* sowie *anorganischen Stoffen* ist schon beobachtet worden. Der Aschengehalt soll jedenfalls 5% nicht übersteigen. Zur Unterscheidung von sokotrinischem Drachenblut schlägt K. Dieterich die sog. Drakoalbanprobe vor:

10 g Drachenblut pulvert man und zieht mit 50 cm³ Äther heiß aus. Die konzentrierte auf ca. 30 cm³ eingeengte ätherische Lösung gießt man in 50 cm³ absoluten Alkohol ein und stellt beiseite. Nach Verlauf einer Stunde zeigt sich ein weißer, flockiger Niederschlag (nur für Palmendrachenblut charakteristisch).

Das *Drachenblut von Sokotra* ist in Europa wohl kaum erhältlich. Es stammt von der zu den Liliaceen gehörigen *Dracaena Cinnabari* und hatte einst ebenso wie das kanarische Drachenblut der verwandten *Dracaena Draco* Handelsbedeutung. Es wird im Gegensatze zum ostindischen Drachenblute nicht von Früchten, sondern durch Ablesen des freiwillig austretenden Harzes vom Stamme sowie durch Anschneiden der Stämme gewonnen. Das in den Bazaren von Bombay gehandelte Harz bildet nach Wiesner (205) 12 mm lange Tränen von tiefroter Farbe. Der Strich ist blutrot, ein Geruch fehlt, zerkaut haftet das Pulver schwach an den Zähnen, wobei sich ein süßlicher Geschmack bemerkbar macht. Unter dem Mikroskope findet man Zellgewebsreste und Krystalle von Benzoesäure und oxalsaurem Kalk. Selbst kleine Splitter sind rot bzw. gelbbräunlich gefärbt. Direkt aus Sokotra stammende Proben waren häufig kugel- bis eiförmig oder unregelmäßig geformt mit einem Durchmesser bis zu 3 cm. Die Oberfläche war vielfach chagriniert, wobei die Wärzchen ziegelrot, die tiefer liegenden Stellen aber glänzend und dunkelrot waren.

Das sokrotinische Drachenblut schmilzt nach Lojander (97) bei 70⁰. Dieser Autor erhielt 85% „*Reinharz*", das aber zweifellos ein Gemisch war; er gab ihm die Formel $C_{18}H_{18}O_4$. Bei der trockenen Destillation entstanden *Kreosol, Guajacol* und *Pyrocatechin*, die Oxydation mit Kalilauge gab *Resorcin, Phloroglucin, Pyrocatechin, Benzoe-* und *Essigsäure*. Nach K. Dieterich ist in den Dracaenaharzen kein Dracoalban vorhanden. Die *Kennzahlen* für Sokotradrachenblut sind H.Z. 81—87, G.V.Z. 92—95 (wie beim ostindischen bestimmt). Das kanarische Drachenblut schmilzt nach Lojander bei 60⁰ und hat ebenfalls die Zusammensetzung $C_{18}H_{18}O_4$.

Von anderen Sorten Drachenblut wären zu erwähnen die von den Euphorbiaceen *Croton Draco* Schlecht (Mexiko) und *Croton gossypifolium* Humb. Bonp et Knuth (Venezuela) stammenden sowie das Harz der Leguminose *Pterocarpus Draco* L. (Südamerika und Westindien). Diese Harze haben für Europa keinerlei Bedeutung.

Die Drachenblutsorten wurden früher medizinisch, später technisch zur Herstellung von *Lacken* und gefärbten *Polituren* verwendet, sind aber heute von den billigeren und ausgiebigeren Teerfarbstoffen vollkommen verdrängt. Sehr beschränkte Anwendung findet das Drachenblut in der *analytischen* Praxis. Mit einer ätherischen Harzlösung getränkte und getrocknete Filtrierpapierstreifen, das sog. Dracorubinpapier, dienen dazu, durch Farbänderungen Schlüsse auf die Zusammensetzung der zu untersuchenden Flüssigkeiten zu ziehen. So wird das Papier zum Beispiele beim Eintauchen in Benzolkohlenwasserstoffe rot, während es in Benzin keine dunklere Färbung annimmt.

b) Liliaceae.

1. Aloeharz.

Das Aloeharz ist ein Bestandteil der *Aloe*, d. h. des eingedickten Saftes verschiedener Aloearten, der sich in der nächsten Umgebung der Gefäßbündel findet, die an der Grenze zwischen Mark und grüner Rinde liegen. Die beste Aloesorte wird zunächst durch Ausfließenlassen des Saftes der abgeschnittenen Blätter gewonnen (*Aloe lucida*), andere schlechtere Sorten werden aus den zurückbleibenden Blättern durch Auskochen oder Auspressen erhalten (*Leberaloe*). Der Saft wird meist in primitiver Weise über freiem Feuer eingedampft, woher die braune Farbe der Aloe stammt. In neuerer Zeit ist man in größeren Betrieben auch zu einer sorgfältigeren Behandlung des Saftes übergegangen. Man dunstet den Saft nach einer kurzen Gärung an der Sonne ein, wodurch eine viel bessere und wertvollere Aloe erhalten wird (*Crownaloe*).

Die größte Menge Aloe stammt vom Kaplande (*Kapaloe* von *A. ferox* MILLER) und von der Kolonie Natal (*Natalaloe* von *A. socotrina*). Auf Sokotra wird *A. Perryi* BAKER ausgebeutet. Die häufig anzutreffende westindische Aloe von *Barbados* und *Jamaica* stammt von *A. vera* L., während die ostindische *Jafarabadaloe* von *A. abyssinica* LAM. gewonnen wird. Auch *Sizilien* und *Sansibar* produzieren Aloe.

Gute Aloesorten bilden braunrote bis schwarze Massen von muscheligem glänzendem Bruche. Sie sind an den Rändern durchscheinend rotgelb und schmecken stark bitter. Aloepulver ist grünlichgelb und läßt unter dem Mikroskop, trocken betrachtet, gelbe bis bräunlichgelbe glasglänzende scharfkantige Schollen erkennen, die sich auf Zusatz von Wasser nach kurzer Zeit in grünlichbraune kugelige Tröpfchen von feinblasigem Gefüge verwandeln.

Die Aloesorten enthalten eine große Menge eines Bitterstoffes, das *Aloin*, welches die Formel $C_{20}H_{18}O_9$ besitzt (91), in Wasser löslich ist, bei 55° schmilzt und durch Hydrolyse in *Aloeemodin* $C_{15}H_{10}O_5$ (4, 5, 2^1-Trioxy-2-methyl-anthrachinon) und *α-Arabinose* gespalten wird. Es stellt also ein Glykosid dar. Das Natalaloin ist von dem gewöhnlichen Aloin verschieden, es soll die Formel $C_{23}H_{26}O_{10}$ besitzen.

Außer diesen Bitterstoffen, die hier nicht weiter behandelt werden sollen, findet sich in der Aloe ein *Harz*, das von HLASIWETZ (69) und später von TSCHIRCH (180) und seinen Mitarbeitern untersucht wurde. TSCHIRCH digerierte Barbadosaloe mit der gleichen Menge Alkohol, wobei viel Aloin ungelöst bleibt. Die alkoholische Lösung wurde mit viel angesäuertem Wasser gefällt, wobei ein großer Teil des noch vorhandenen Aloins in Lösung bleibt, das Harz also gereinigt wird. Dasselbe fällt bei öfterer Wiederholung dieser Prozedur anfangs schmierig, später pulverig aus und stellt in aloinfreiem Zustande ein braunes geschmackloses Pulver dar, das sich in Alkalien und Alkalicarbonaten und in Alkohol löst, dagegen in Wasser, Äther, Benzol, Essigäther, Chloroform und Aceton fast unlöslich ist. Bei der Verseifung mit 2proz. Kaliumcarbonat oder rascher mit Schwefelsäure erhielt er neben *Zimtsäure* einen Harzalkohol, das sog. *Barbadoresinotannol*, ein graubraunes amorphes alkalilösliches Pulver, das mit Eisenchlorid und Kaliumbichromat gefärbte Niederschläge lieferte, sich also wie ein Tannol verhielt. Es soll die Formel $C_{22}H_{28}O_6$ haben und mindestens 2 Hydroxylgruppen enthalten, war aber bestimmt nicht chemisch rein. TSCHIRCH bezeichnet das Harz als Resinharz. Bemerkt sei aber, daß im Verhältnis zur Menge des Tannols nur sehr wenig Zimtsäure gefunden wurde. Bei gleicher Behandlung von Kap-, Sansibar- und Natalaloe erhielten die genannten Autoren *p-Cumarsäure* neben isomeren bzw. ähnlich zusammengesetzten, jedenfalls nicht reinen Tannolen. Die Mengen des in den Aloesorten enthaltenen Harzes sind recht verschieden. Kapaloe enthält 13—18, Barbadosaloe 30—40, Sokotraaloe 83% Harz.

Das DAB. VI stellt an Aloe folgende Anforderungen:

5 g Aloe geben mit 60 g siedendem Wasser eine etwas trübe Lösung, aus der sich beim Erkalten etwa 3 g wieder ausscheiden.

Die durch Erwärmen hergestellte Lösung von 1 Teil Aloe in 5 Teilen Weingeist bleibt auch nach dem Erkalten bis auf eine geringe flockige Ausscheidung klar.

Wird 0,1 g Aloe mit 10 cm³ Wasser gekocht und die etwas trübe Lösung mit 0,1 g Borax versetzt, so zeigt die jetzt klar werdende Lösung grünliche Fluorescenz, die beim Verdünnen mit 100 cm³ Wasser stärker hervortritt.

Werden 0,5 g Aloe mit 10 cm³ Chloroform unter Umschütteln zum Sieden erhitzt, so darf sich das Chloroform nur schwach gelblich färben.

Werden 0,5 g Aloe mit 10 cm³ Äther unter Umschütteln erwärmt, so darf sich der Äther nur schwach gelblich färben. Nach dem Verdunsten desselben dürfen höchstens 0,005 g eines gelben zähen Rückstandes hinterbleiben (Harze).

Übergießt man einen Aloesplitter oder eine kleine Menge Aloepulver mit Salpetersäure, so darf sich innerhalb 3 Minuten nur eine schwach grünliche, aber keine rote Zone bilden (andere Aloesorten).

Im Pulver dürfen bei etwa 200facher Vergrößerung im Glycerinpräparate Teilchen mit zahlreichen regellosen oder strahlig angeordneten Krystallen nicht erkennbar sein (matte Aloesorten).

1 g Aloe darf nach dem Verbrennen höchstens 0,015 g Rückstand hinterlassen.

Aloe wird als ein milde und langsam wirkendes Abführmittel geschätzt. Der wirksame Bestandteil ist das Aloin, das im Darme in Zucker und Trioxymethylanthrachinon gespalten wird.

2. Akaroidharze.

Unter *Akaroidharzen* (Grasbaumgummi, Erdschellack, Nuttharz) versteht man Harze der australischen Liliaceengattung *Xanthorrhoea*. Das sich freiwillig ausscheidende Harz soll nach Wiesner (204) durch Umwandlung der Cellulosewände entstehen. Es bedeckt den Stamm und die Blattbasen oft in mehrere Zentimeter dicken Schichten und fließt auch oft an den Stämmen herunter, um am Fuße der Bäume mitunter größere Klumpen zu bilden. Es wird abgelöst und gesammelt. Auch eine Gewinnung aus dem Holze von gefällten Bäumen ist versucht worden (E. P. 160080, 1920): Der Kernteil des Xanthorrhoeastammes wird mit Wasser erhitzt und dann einer Gärung überlassen. Der entstehende Alkohol wird abdestilliert. Mit diesem Destillate werden dann die harzhaltigen Außenteile des Stammes extrahiert. Die Lösung wird im Vakuum eingedampft. Die Reinigung des Harzes kann durch Auflösen in Wasser bei Gegenwart von Alkalien oder Erdalkalien und Fällen der filtrierten oder dekantierten Lösung mit Säure geschehen.

Rotes Akaroidharz. Das rote Akaroidharz wird von *Xanthorrhoea australis* R. Br. und von *X. arborea*, vielleicht auch von *X. Tateana* und *quadrangularis* gewonnen. Das Harz ist feinkörnig, grobkörnig oder großstückig, manchmal bis faustgroß. Die Stücke sind oft auf einer Seite abgeplattet (Stammseite). Sie enthalten stets reichlich Gewebereste, manchmal bis zu 10 %, die am besten durch Auflösen des Harzes in Alkohol und mikroskopische Betrachtung des Filterrückstandes untersucht werden. Auch Abdrücke vom Stamme und den Blättern sind an den Stücken häufig zu sehen.

Das Harz ähnelt dem des Drachenblutbaumes, besitzt aber einen lebhafteren Glanz und abweichende morphologische Beschaffenheit. Es ist lebhaft gelbrot, dünne Splitter sind rubinfarbig durchsichtig. Es riecht aromatisch benzoeartig. Beim Erhitzen zersetzt es sich ohne eigentliches Schmelzen und entwickelt dabei sehr charakteristische und unangenehm riechende Dämpfe. Es schmeckt zimtartig und hat einen unregelmäßig muscheligen Bruch.

Das rote Akaroid löst sich bis auf die mechanischen Beimengungen völlig in Alkohol und Amylalkohol, dagegen in Benzin, Benzol und Schwefelkohlenstoff sehr wenig. In Äther sind manche Sorten etwas löslich. Sehr charakteristisch ist die Löslichkeit des Akaroidharzes in verdünntem Alkohol.

Die *Kennzahlen* des roten Akaroidharzes sind wegen der tiefen Färbung nicht leicht zu bestimmen. Wolff gibt hierfür folgende Methode an:

Säurezahl. Genau 2 g wurden in 50 cm³ Alkohol in einem 100 cm³-Meßkolben gelöst, dazu 25 cm³ alkoholische n/2 Kalilauge gegeben, sofort 5 cm³ neutraler Calciumchloridlösung (10 % $CaCl_2$) zugefügt und geschüttelt. Dann wurde mit Wasser auf 100 cm³ aufgefüllt, durch ein trockenes Faltenfilter filtriert und 50 cm³ des Filtrates nach Zusatz von Phenolphthalein mit n/2 Schwefelsäure titriert. Ein Blindversuch wurde (also ohne Harz, sonst in der gleichen Weise) ausgeführt. War der Verbrauch an Schwefelsäure bei der Bestimmung a cm³, beim Blindversuch b cm³, so ist die Säurezahl $= 28,05 \, (b - a)$.

Verseifungszahl. Die Bestimmung wurde in der gleichen Weise ausgeführt, nur wurde vor der Zugabe der Chlorcalciumlösung $^1/_2$ Stunde am Rückflußkühler zum gelinden Sieden erhitzt.

Die von WOLFF erhaltenen Resultate waren: S.Z. 60—100, meist um 75; V.Z. 160—200, meist um 170; D.Z. 75—125, meist um 100. Die Methylzahl ist sehr hoch: 71.

Das rote Akaroidharz wurde von BAMBERGER (12) und später von TSCHIRCH und HILDEBRAND (168) untersucht. Letztere lösten das Harz in Alkohol, filtrierten die Lösung und fällten mit Wasser. Das erhaltene „Reinharz" wurde in Äther gelöst und ausgeschüttelt mit

    a) $1^0/_{00}$ Natriumcarbonatlösung: *p-Cumarsäure* (*keine* Zimtsäure, Unterschied vom gelben Akaroid): 1 %;

    b) Sulfitlösung: *p-Oxybenzaldehyd* (*kein* Vanillin): 0,6 %;

    c) 1proz. Kalilauge: *Resin*, nach Verseifung: *p-Cumarsäure, Erythroresinotannol*, amorph, $C_{40}H_{40}O_{10}$, im Destillat mit Wasserdampf auf Zusatz von Hydroxylamin: *Ketoxim* eines aromatisch riechenden Körpers, Fp. 130°. Zusammen 85 %.

    d) Im Äther verbleibt eine geringe Menge eines nach Zimtöl riechenden Körpers.

Außerdem konnte durch direkte Wasserdampfdestillation des Harzes eine geringe Menge *Benzoesäure* erhalten werden.

Die Hauptmenge des Harzes ist also ein *p-Cumarsäureester des Erythroresinotannols*. Letzteres ist ein einwertiger Alkohol (Monobenzoat und -acetat), liefert bei der Oxydation mit Salpetersäure *Pikrinsäure* und bei der Zinkstaubdestillation *Phenol* und *Benzol*. Seine Struktur ist noch völlig unerforscht.

Aus dem roten Akaroidharze läßt sich eine kleine Menge *ätherischen Öles* gewinnen (0,35 %) (118). Dasselbe wird beim Abkühlen fest und liefert Krystallnadeln vom Schmelzpunkte 49°. Es handelt sich um *Päonol* (2-Oxy-4-methoxyacetophenon):

$$C_6H_3 \begin{cases} CO \cdot CH_3 \\ OH \\ OCH_3 \end{cases}$$

Verfälschungen mit anderen Harzen sind bei der Billigkeit des roten Akaroidharzes sehr selten. Man bestimmt daher gewöhnlich nur die Menge des alkoholunlöslichen Anteiles sowie der anorganischen Beimengungen, indem man einige Gramm des Harzes in Alkohol löst, auf dem gewogenen Filter absaugt, wäscht, trocknet und wägt. Das Filter mit dem Niederschlage wird nun verascht und gewogen. Gute Sorten enthalten nicht über 10 % Alkoholunlösliches und über 5 % Asche.

Gelbes Akaroidharz. Das gegenüber dem roten 5—6mal so teure *gelbe Akaroidharz* stammt von *Xanthorrhoea hastilis* R. BR. und wird in gleicher Weise gewonnen wie das rote. Es besteht aus groben Körnern oder aus unregelmäßigen Stücken, die bis zu 3—4 cm Durchmesser haben. In einer gelben oder gelbbraunen Grundmasse sind meist kugelige weiße Mandeln eingebettet. Die Oberfläche der Stücke wird beim Altern oft tiefrotbraun. Das Harz ist anscheinend homogen, auch bei mikroskopischer Betrachtung, man findet aber bei der Untersuchung des Rückstandes der alkoholischen Lösung leicht Zellreste, welche aber weit weniger gut erhalten sind wie beim roten Akaroidharz. Es riecht benzoeartig mit einer Nuance nach Flieder und hat süßlich aromatischen Geschmack. Die Löslichkeitsverhältnisse sind dieselben wie beim roten Akaroid.

Die *Kennzahlen* sind (WOLFF): S.Z. 125—140, V.Z. 200—220, D.Z. 70—90. Die Methylzahl beträgt 35.

TSCHIRCH und HILDEBRAND haben das gelbe Akaroidharz untersucht.

Die ätherische Lösung des auf dem üblichen Wege hergestellten „Reinharzes" wurde ausgeschüttelt mit

    a) $1^0/_{00}$ Sodalösung: *p-Cumarsäure* 4 %, *Zimtsäure* 0,6 %;

    b) Sulfitlauge: *p-Oxybenzaldehyd* 0,6 %, Vanillin (?);

    c) 1 % KOH-Lösung: *Ester*, durch *Verseifung*: Zimtsäure 0,6 %, *p-Cumarsäure* 7 %, *Xanthoresinotannol*, amorph, $C_{43}H_{46}O_{10}$: 80 %.

    d) Im Äther hinterbleibt der Ester *Styracin* (Zimtsäureester des Zimtalkohols) und Zimtsäurephenylpropylester (?).

Das Xanthoresinotannol kommt also an p-Cumarsäure und Zimtsäure gebunden vor. Es ist nach Tschirch ein einwertiger Alkohol (Monobenzonat) und hätte um 3 Methylgruppen mehr als das Erythroresinotannol. Indessen ist seine Formel keineswegs als sichergestellt zu betrachten. Mit Salpetersäure oxydiert gibt es in guter Ausbeute *Pikrinsäure*. Bei der Zinkstaubdestillation gibt es neben *Phenol* und *Benzol* auch *Toluol* und *Naphthalin*.

Das *ätherische Öl* des gelben Akaroidharzes (0,37 %) enthält nach Schimmel & Co. (133) freie und als Ester gebundene *Zimtsäure*. Nach der Verseifung und Entfernung der Säure siedet das Öl bei 145—240⁰. Die erste Fraktion (bis 150⁰) war *Styrol*.

Während die Akaroidharze, insbesondere das rote, wegen ihres geringen Preises kaum verfälscht werden, dienen sie selbst mitunter als Zusatzmittel zu anderen Harzen, was allerdings nur bei gefärbten Harzen möglich ist.

Sehr charakteristisch ist der *durchdringende Geruch* der Akaroidharze beim Erwärmen. Er gestattet schon geringe Mengen nachzuweisen.

Am besten und sichersten gelingt ihr Nachweis aber durch die Isolierung der für die Akaroidharze charakteristischen *p-Cumarsäure*. Er gestaltet sich nach den Angaben von Tschirch und Wolff folgendermaßen:

Mindestens 10 g, bei einem vermutlich geringen Gehalt an Akaroidharz mindestens die dreifache Menge, wird zunächst zur Abtrennung eventuell vorhandener fremder Harze mit Petroläther extrahiert. Am besten verfährt man dem Vorgange von Tschirch folgend so, daß man einige Tropfen Salzsäure zugesetzt hat. Das ausfallende Harz wird abgesaugt und mit Wasser gewaschen, dann gepulvert und extrahiert.

Den Rückstand löst man in viel Äther und schüttelt mit 3 proz. Kalilauge aus. Dabei geht das Resin sowie die freie Säure in Lösung. Die alkalische Lösung erhitzt man nun am Rückflußkühler zu gelindem Sieden. Nach 3 Stunden säuert man die heiße Flüssigkeit mit Salzsäure an und filtriert heiß. Den Rückstand wäscht man mit heißem Wasser nach, worauf man ihn wieder in Kalilauge löst und die Lösung wiederum 3 Stunden erhitzt und dann den ganzen Prozeß noch 2—3 mal wiederholt. Die beim Ansäuern erhaltenen wäßrigen Lösungen werden jedesmal sofort mit Äther ausgeschüttelt und der Äther nach Abtrennung vom Wasser abgedampft. Der dabei erhaltene Rückstand wird mit Chloroform ausgezogen und der Rückstand der Chloroformbehandlung mit der gerade ausreichenden Menge siedenden Wassers gelöst. Die gegebenenfalls mit Blutkohle entfärbte Lösung wird dann filtriert und die beim Erkalten ausgeschiedene p-Cumarsäure nochmals aus heißem Wasser umkrystallisiert. Identifizierung durch den Schmelzpunkt = 206⁰.

Eine weitere Reaktion auf Akaroidharz ist die *Färbung* der alkoholischen Lösung *mit Eisenchlorid* (grünschwarz). Sie beruht auf der Anwesenheit des „Resinotannols". Wolff empfiehlt auch die Bestimmung des „Fällungspunktes" der alkoholischen Lösung mit Wasser (s. Allgemeiner Teil). Er liegt sehr hoch.

Das Akaroidharz wurde anfangs nur für medizinische Zwecke verwendet, später (seit etwa 1850) für die Herstellung feiner Seifen. Heute dient es vielfach als ausgezeichneter Schellackersatz, wobei allerdings seine Farbigkeit oft stört. Vor allem wird es aber zur Herstellung von Spritlacken gebraucht, wobei harte glänzende, aber auch spröde Überzüge entstehen. Auch für Lederlacke wird es gern verwendet, wobei man der alkoholischen Lösung des Harzes gewisse Kautschukmengen beigibt. Da das Absorptionsvermögen des Harzes für chemisch wirksame Strahlen sehr groß ist, wird es auch für photographische Zwecke verwendet.

C. Dicotylae.

a) Piperaceae.

1. Kawa-Kawa-Harz.

Durch Extraktion mit Alkohol werden aus der Wurzel der Piperacee *Piper methysticum* Forst. (Polynesien) drei krystallisierte Substanzen und ein Harz gewonnen.

Am längsten bekannt sind das *Methystizin* (Fp. 133—141⁰, stets unscharf) und das Yangonin. Ersteres ist von Pomeranz (112) als Piperinylessigsäuremethylester $C_{15}H_{14}O_5$ aufgefaßt worden. Murayama und Shinozaki (107) haben darauf hingewiesen, daß das Methystizin optisch aktiv ist, also ein asymmetrisches Kohlenstoffatom besitzen muß. Borsche und seine Mitarbeiter (22) konnten endlich zeigen, daß der Verbindung die Formel

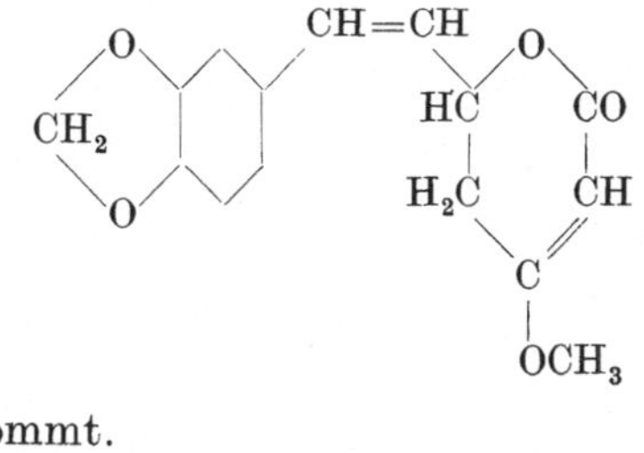

oder

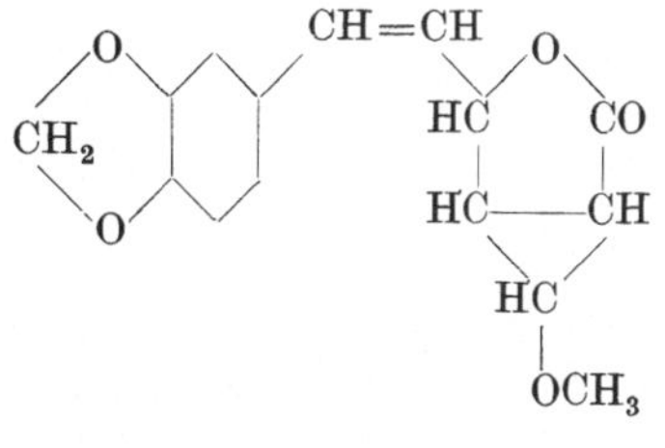

zukommt.

Das *Yangonin* (Fp. 153—154⁰) ist ein eigentümliches Anhydrid des Yangonasäuremethylesters:

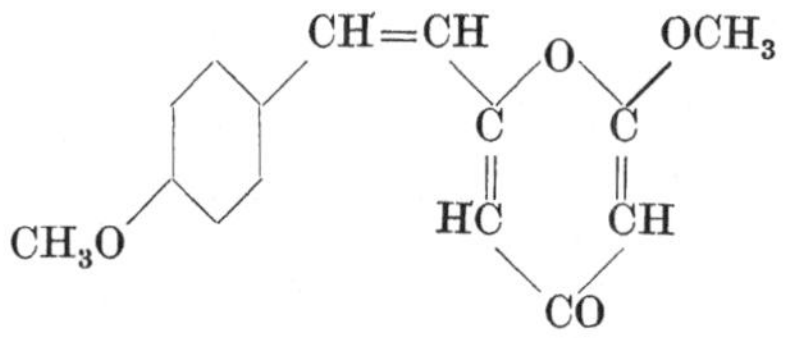

Der dritte krystallisierende Stoff ist das dem Methystizin sehr ähnliche „Pseudomethystizin" vom Fp. 113—114⁰, das Borsche als Gemisch von wenig Methystizin und *Dihydromethystizin* (Fp. 117—118⁰) erkannt hat. Letzteres hat folgende Konstitution:

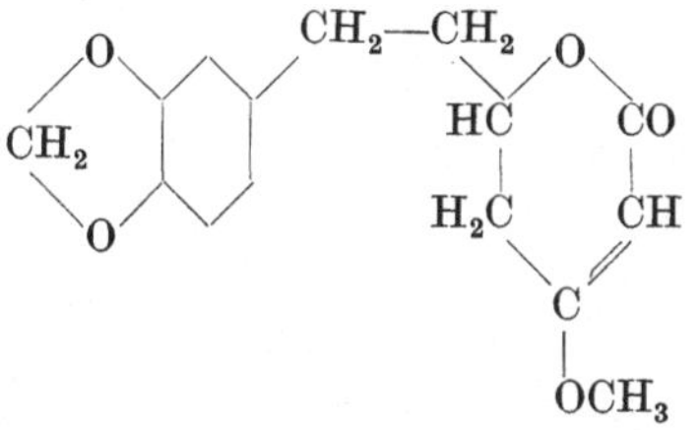

Sowohl Methystizin als auch Dihydromethystizin werden durch Erwärmen mit Natriummethylat oder n-Kalilauge in Säuren übergeführt, nämlich in *Methystizin-* bzw. *Dihydro-methystizinsäure.* Letztere hat die Formel:

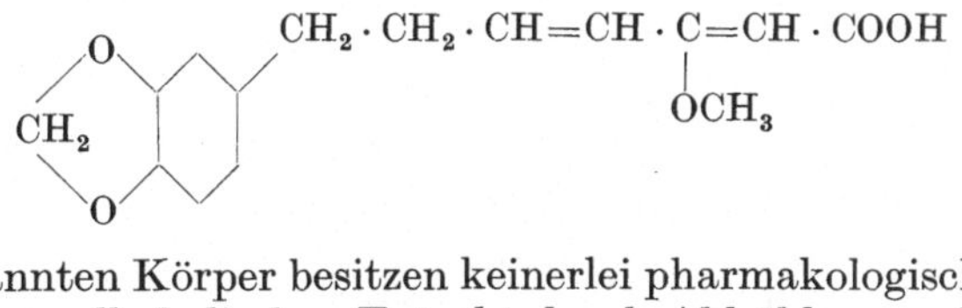

Die drei genannten Körper besitzen keinerlei pharmakologische Wirksamkeit. Sie können aus dem alkoholischen Extrakt durch Abkühlung auf 0⁰ zur Abscheidung gebracht werden. In Lösung bleibt ein *Harz*, welches sich teilweise in Benzin löst (α-Harz), teilweise unlöslich ist (β-Harz). Das Gesamtharz hat die S.Z. 179 und die V.Z. 215.

Durch Verseifung der beiden Harze mit heißer 10proz. Natronlauge entsteht dieselbe Säure, die *Kawasäure*, die lange Zeit als Cinnamalacetessigsäure $C_6H_5 \cdot CH{=}CH \cdot CH{=}CH \cdot CO \cdot CH_2 \cdot COOH$ mit der Bruttoformel $C_{13}H_{12}O_3$ betrachtet wurde. Wie aber Borsche jüngst zeigen konnte, ist die so erhaltene und aus Alkohol krystallisierte Säure keineswegs rein. Sie läßt sich durch eine mühsame fraktionierte Krystallisation aus viel Äther von beigemengter Methystizin- und Dihydromethystizinsäure sowie von einer Säure unbekannter Struktur vom Fp. 135—136° befreien. Die reine Kawasäure schmilzt bei 186°, krystallisiert

in sechseckigen Täfelchen, besitzt die Formel $C_{14}H_{14}O_3$ und ist das $CH_2\diagup{}^{O}_{O}\diagdown$ freie

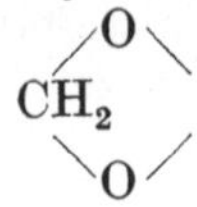

Analogon der Methystizinsäure, d. h. *γ-Cinnamal-β-methoxy-crotonsäure*:

$$C_6H_5 \cdot CH{=}CH \cdot CH{=}CH \cdot C{=}CH \cdot COOH$$
$$\vert$$
$$OCH_3$$

Die Säure ist widerstandsfähig gegen Lauge, dagegen sehr empfindlich gegen Säuren. Schon n-Schwefelsäure verwandelt sie unter lebhafter Kohlendioxydentwicklung in *Cinnamalaceton* $C_6H_5 \cdot CH{=}CH \cdot CH{=}CH \cdot CO \cdot CH_3$ und Methylalkohol. Borsche hält es für durchaus nicht unmöglich, daß die Kawasäure im Harz gar nicht vorgebildet ist, sondern daß ein dem Methystizin entsprechendes zweifach ungesättigtes Lacton „*Kawain*" erst durch Umlagerung mit der bei der Isolierung verwendeten Lauge die Säure gibt. Über Abbau- und Umwandlungsprodukte vgl. Borsche u. Blount (22).

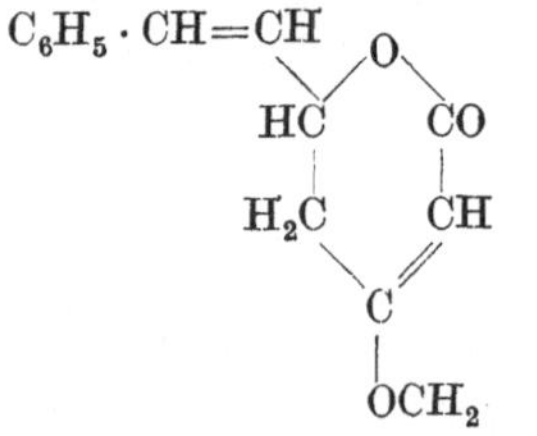

Das Kawaharz wird in der Medizin wegen seiner diuretischen und antiseptischen Eigenschaften geschätzt, insbesondere bei Cystitis und Gonorrhöe („Gonosan", „Kawasantal" usw.). Abgesehen von der lokalanästhetischen Wirkung ist bei Einnahme von Kawapräparaten Wohlbehagen und eine Zunahme der Leistungsfähigkeit der Muskeln zu konstatieren (139). Die Kawakawapflanze wird daher von den Eingeborenen der Südseeinseln, insbesondere Neuguineas, kultiviert. Aus der gekauten und wieder ausgespienen Wurzel wird durch Gärung ein Nationalgetränk bereitet.

2. Cubebenharz.

Das *Cubebenharz* wird aus den Früchten von *Piper cubeba* gewonnen. Sie werden zuerst durch Wasserdampfdestillation möglichst vom ätherischen Öle befreit. Der Rückstand wird mit Alkohol extrahiert, die alkoholische Lösung nochmals mit Wasserdampf behandelt und in 60proz. Alkohol gelöst. Hierbei scheidet sich das fette Öl aus. Beim Abdunsten der Lösung bleibt eine harzige Masse zurück, die *Cubebin, Cubebensäure* und *indifferentes Harz* enthält.

Das *Cubebin* hat nach Mameli (101) die Formel $C_{20}H_{20}O_6$. Es ist ein zweiwertiger Alkohol mit einer primären und einer sekundären oder tertiären Hydroxylgruppe, der außerdem noch 2 Piperonylreste im Moleküle enthält:

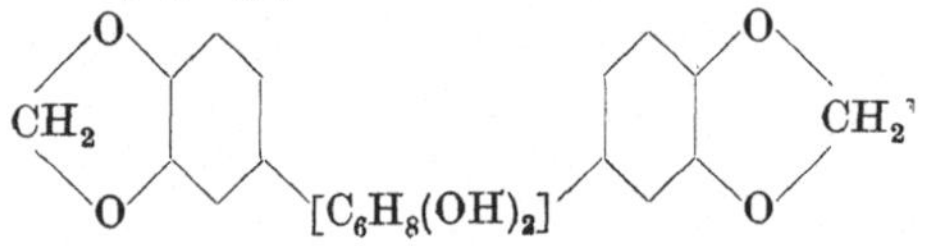

Der Mittelteil der Formel soll nach Mameli einen Vierring enthalten. Es soll dadurch das Verhalten bei der Oxydation erklärt werden, welche zu *Oxycubebinsäure* $C_{20}H_{20}O_7$ führt, die ihrerseits leicht in ihr Lacton, das *Cubebinolid* $C_{20}H_{18}O_6$ vom Fp. 63—64° übergeht (R = Piperonyl):

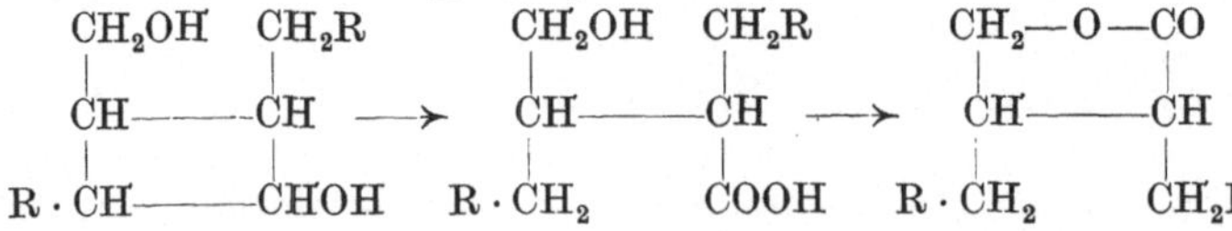

Die pharmakologisch wirksame *Cubebensäure* wird aus dem Rohextrakte durch Behandlung mit Kalilauge, Filtrieren und Ansäuern des Filtrates gewonnen. Von indifferentem Harze läßt sich die Säure durch Reinigung über ihr Calciumsalz in alkoholischem Ammoniak und Zerlegung des Salzes durch Ansäuern befreien. Sie ist weiß, amorph, wachsartig weich und schmilzt bei 56°. Sie soll nach Schulze (140) die Formel $C_{28}H_{30}O_7 \cdot H_2O$, nach Schmidt (137) die Formel $C_{13}H_{14}O_7$ haben und zweibasisch sein. Sie wurde früher bei Gonorrhoe und Blasenentzündung in Dosen von 0,2—1 g verwendet.

b) Betulaceae.

Birkenharz.

Durch Extraktion der weißen Peridermschichte der Birkenrinde mit heißem Alkohol läßt sich ein Harz als weiße krystallinische Masse isolieren, das größtenteils aus dem zweiwertigen Alkohol *Betulin* (vielleicht auch aus etwas beigemengten Estern desselben) besteht.

Das Betulin ist schon seit dem Jahre 1788 bekannt. Es sind ihm im Laufe der Zeit die verschiedensten Formeln zugeschrieben worden. Erst O. DISCHENDORFER (36) und K. A. VESTERBERG (195) gelang es, einwandfrei die empirische Zusammensetzung des Moleküls mit $C_{30}H_{50}O_2$ festzulegen, wobei mit einer Unsicherheit von 2 Wasserstoffatomen gerechnet werden muß. Das Betulin krystallisiert aus Alkohol in Nadeln, die noch ein Molekül Krystallalkohol enthalten, das erst bei mehrstündigem Trocknen bei 120⁰ im Vakuum völlig zu entfernen ist. Betulin schmilzt bei 251—252⁰ und dreht nach rechts ($[\alpha]_D^{15^\circ} = + 19,96^\circ$). Die Genannten sowie H. SCHULZE (141) und K. PIEROH haben eine Reihe von Estern des Betulins hergestellt, so das Diacetat (Fp. 216—217⁰), das Dibenzoat (Fp. 181⁰), das Di-(p-brom)-benzoat (Fp. 221—222⁰), die Phthalestersäure (Fp. 180—182⁰) usw. In jüngster Zeit hat R. VESTERBERG (200) durch partielle Verseifung des Betulin*diacetats* ein Betulin*monoacetat* erhalten. Das Betulin besitzt eine Doppelbindung, wie die momentane Addition von einem Molekül Brom (allerdings unter sofortiger Abspaltung von einem Molekül Bromwasserstoff) und die Aufnahme von 2 Wasserstoffatomen bei der katalytischen Hydrierung beweisen. Das Monobromdiacetat schmilzt bei 193⁰, Dihydrobetulin bei 277⁰ ($[\alpha]_D^{20^\circ} = - 19,14^\circ$). Daraus wäre auf vier Ringe im Betulinmoleküle zu schließen. Für seine chemische Bearbeitung sehr unangenehm ist die Eigenschaft des Betulins mit Mineralsäuren zu verharzen. Gegen Alkalien ist es sehr beständig.

Beim Kochen mit Ameisensäure geht das Betulin in das Formiat eines isomeren, aber nur einwertigen Alkohols $C_{30}H_{50}O_2$ über, der sich gegen Brom gesättigt verhält, das *Allobetulin*, welches in charakteristischen dreieckigen Täfelchen vom Fp. 260—261⁰ ($[\alpha]_D^{15^\circ} = + 48,25^\circ$) krystallisiert. (Acetat Fp. 275—276⁰, $[\alpha]_D^{15^\circ} = + 54,16^\circ$, Benzoat Fp. 275—276⁰, $[\alpha]_D^{15^\circ} = + 70,26^\circ$, Formiat Fp. 311—312⁰, $[\alpha]_D^{15^\circ} = + 51,08^\circ$ usw.) Durch Oxydation erhält man aus dem Allobetulin das Keton *Allobetulon* (Fp. 230—231⁰, $[\alpha]_D^{15^\circ} = + 84,4^\circ$), welches bei weiterer Oxydation unter Aufspaltung eines Ringes die zweibasische *Oxyallobetulinsäure* $C_{30}H_{46}O_6$ (Fp. 283—284⁰, $[\alpha]_D^{18^\circ} = + 57,3^\circ$, Anhydrid $C_{30}H_{44}O_5$, Fp. 290—292⁰, $[\alpha]_D^{18^\circ} = + 86,0^\circ$, Dimethylester $C_{32}H_{50}O_6$, Fp. 230—231⁰, $[\alpha]_D^{18^\circ} = + 48,8^\circ$, Diäthylester Fp. 191—193⁰, $[\alpha]_D^{18^\circ} = + 53,9^\circ$) und durch Destillation der letzteren das neue *Keton* $C_{29}H_{44}O_3$ lieferte. Bei stärkeren Oxydationen tritt häufig ein indifferentes Sauerstoffatom in das Molekül des Allobetulins ein. So erhält man durch Oxydation von Allobetulinformiat und -acetat die entsprechenden Oxy-allobetulinester, die bei der Verseifung *Oxy-allobetulin* (Fp. ca. 360⁰, $[\alpha]_D^{18^\circ} = + 47,5^\circ$) geben. Vom Allobetulon wurden ein Dibromsubstitutionsprodukt (Fp. 220⁰, $[\alpha]_D^{16,5^\circ} = + 34,75^\circ$) und einige Enolester dargestellt. Durch Abspaltung von einem Molekül Wasser entsteht aus dem Allobetulin das ungesättigte *Apo-allobetulin* $C_{30}H_{50}O$ (Fp. 198—200⁰, $[\alpha]_D^{15^\circ} = + 74,78^\circ$), welches sich auch durch katalytische Wasserabspaltung und gleichzeitige Umlagerung direkt aus Betulin durch Behandlung mit Fullererde erhalten läßt.

Die eben erwähnten Ergebnisse wurden jüngst von L. RUZICKA (130 b) bestätigt. Er oxydierte ferner das Dihydrobetulin mit Chromsäureanhydrid

zu einer Ketonsäure der Formel $C_{30}H_{48}O_3$, die bei der Behandlung nach Zerewitinoff nur ein aktives Wasserstoffatom zeigt. Bei der Oxydation des Allobetulins erhält er auf gleiche Weise neben Allobetulon eine Ketonsäure $C_{30}H_{46}O_5$,
die gesättigt ist und zwischen 210 und 220⁰ schmilzt. Durch die thermische
Zersetzung des Allobetulinformiates entstand das γ-Apoallobetulin. Bei der
Behandlung des Betulins mit Ameisensäure wurde als Nebenprodukt β-Apoallo-
betulin erhalten. Das Betulin hat nach Ruzicka eine primäre und eine sekundäre
Hydroxylgruppe. Bei der katalytischen Dehydrierung mit Selen gab es Sapotalin (1-, 2-, 7-Trimethyl-naphthalin) und ein Naphthol $C_{13}H_{14}O$ unbekannter
Struktur.

Das Betulin gehört zu den typischen Triterpenalkoholen wie die Amyrine,
das Lupeol usw., und gibt auch die „Phytosterinreaktionen" wie diese Körper.

Technisch hat es nur durch seine Zersetzungsprodukte Bedeutung, die dem russischen
Birkenteeröle seinen Juchtengeruch verleihen.

c) Moraceae.

Kautschukharze.

Kautschuke und Harze kommen in den Pflanzen außerordentlich häufig nebeneinander
vor. In den sog. Gummiharzen findet sich Kautschuk als Begleitstoff, umgekehrt findet
sich im Kautschuk stets etwas Harz. Der Unterschied in der Zusammensetzung der Kautschuke und der Gummiharze ist also nur ein quantitativer.

Die Kautschukharze gehen bei der Acetonextraktion des Kautschuks in
Lösung. Sie sind gewöhnlich braun und halbfest, werden aber in dünner Schichte
beim Liegen an der Luft spröde. Sie lösen sich in organischen Lösungsmitteln
gut. Ihr Schmelzpunkt ist unscharf und liegt zwischen 94 und 125⁰, ihre S.Z.
(3—14) und V.Z. (19—21) sind niedrig. Die Jodzahlen schwanken zwischen
20 und 42 (192). Sie sind meist optisch aktiv, ihre spezifische Drehung ist sehr
verschieden (12—64⁰). Auch der unverseifbare Anteil ist sehr verschieden groß
(15—100 %) (64).

Der unverseifbare Anteil des Pontianakkautschukharzes wurde von
Cohen (29) genauer untersucht. Der Hauptbestandteil war ein Gemisch von
Alkoholen, aus dem Lupeol sowie α- und β-Amyrin isoliert werden konnten.
Es sind dies dieselben phytosterinartigen Triterpenalkohole, die auch sonst
in Harzen häufig vorkommen. Eine technische Verwertung haben die Kautschuk-
harze bisher nicht gefunden.

d) Berberidaceae.

Podophyllumharz.

Das *Podophyllumharz* (Resina podophylli) wird aus dem Wurzelstock von *Podophyllum
peltatum* Willd. durch Extraktion mit Alkohol und Fällung mit schwach angesäuertem
Wasser gewonnen. Es soll sich im Parenchym ubiquitär finden. Es werden auf 1000 Teile
Droge 1600—4000 cm³ 90proz. Alkohol verwendet, der Weingeist wird abdestilliert und
der Rückstand in ca. 1000 Teile 1proz. Salzsäure gegossen. Mellanoff und Schaeffer (105)
empfehlen zwölfstündige Extraktion mit gleichen Teilen Aceton und Alkohol.

Der wirksame Bestandteil der Droge ist nach W. Borsche und I. Nie-
mann (22a) das *Podophyllotoxin* $C_{22}H_{22}O_8$ (Fp. 114—118⁰, $[\alpha]_D^{14°} = -101{,}3^0$
in Alkohol; Acetylderivat vom Fp. 179—181⁰, $[\alpha]_D^{16°} = -134{,}9^0$ in Chloroform). Es ist das Lacton der *Podophyllsäure* $C_{22}H_{24}O_9$ (Fp. 163—165⁰,
$[\alpha]_D^{16°} = -102{,}8^0$ in Alkohol), die aus ersterem durch Auflösen in wäßriger
Lauge und Fällen mit Salzsäure bei 0⁰ erhalten wird. Durch Anhydrisierung
mittels Erhitzens geht die Podophyllsäure in ein mit Podophyllotoxin isomeres
physiologisch unwirksames Lacton, das *Pikropodophyllin* (Fp. 226—227⁰,

$[\alpha]_D^{6°} = +5,26°$ in Chloroform; Acetylderivat $C_{24}H_{24}O_9$ vom Fp. 215—216°, $[\alpha]_D^{17°} = +18,3°$ in Chloroform) über. Die beiden Lactone enthalten in ihrem Moleküle drei Methoxyl- und zwei aliphatische Hydroxylgruppen. Ihre Formeln lassen sich daher in folgender Weise auflösen:

$$\left.\begin{array}{c} OC{-} \\ | \\ O{-} \end{array}\right\}\ C_{18}H_{11}O\ \left\{\begin{array}{l} (OH)_2 \\ \\ (OCH_3)_3 \end{array}\right.$$

Das Harz (Podophyllin) soll nicht mehr als 0,5% Asche enthalten und in 100 Teilen Ammoniak klar löslich sein. Mit Wasser geschüttelt gibt es ein bitter schmeckendes Filtrat, das durch Eisenchlorid braun, durch Bleiessig gelb gefärbt und opalisierend wird und allmählich rotgelbe Flocken ausscheidet.

Nach L. E. WARREN (203) wird der Gehalt an Podophyllotoxin im Podophyllin in folgender Weise bestimmt: 0,5 g fein gepulvertes Podophyllin wird mit 15 cm³ Chloroform durch ½ Stunde geschüttelt und durch ein trockenes Filter filtriert. 10 cm³ des Filtrats werden in 80 cm³ Benzol eingegossen, nach dem Absetzen durch einen gewogenen GOOCH-Tiegel filtriert und mit 20 cm³ Benzin ausgewaschen. Der Tiegel und der Fällungskolben werden durch 1 Stunde bei 70° getrocknet und gewogen. Das Resultat soll mindestens 40% des Ausgangsmaterials betragen.

Das Harz reizt die Haut und insbesondere die Schleimhäute heftig. Es wirkt in kleinen Dosen (bis 0,1 g) purgierend und wird auch als Anthelminticum verwendet.

e) Hamamelidaceae.

Styrax.

Styrax oder *Storax* ist das pathologische Sekret von *Liquidambar orientalis* M. (Karien, Südwestkleinasien). Die Harzbildung erfolgt erst auf Verletzung hin im jungen Holze, nicht aber in der Rinde. Das Splintholz und die junge Rinde werden dann mittels eines geeigneten Messers abgeschält. Dieser Vorgang wird an den 4 Quadranten des Stammes in 4 aufeinanderfolgenden Jahren wiederholt, worauf der Stamm gefällt wird. Er erneuert sich durch Stockausschlag.

Splintholz und Rinde werden durch Kochen in Wasser erweicht und in Fässer ausgepreßt, wodurch der Balsam und ein schmutzigrötliches Wasser erhalten werden. Man beläßt das Wasser auf dem Balsam (*Styrax liquidus*), um ihn vor Verdunstung (Erhärten) zu schützen. Erst vor dem Verkaufe wird das Wasser entfernt. Der Preßrückstand, der noch immer ungefähr 50% Balsam enthält, wird gemahlen und mit etwa einem Drittel seines Gewichtes an minderwertigem Storax und unter Zusatz von riechenden Harzen, z. B. Weihrauch, erhitzt, bis er eine braune Farbe angenommen hat. Er bildet dann braune erdige Massen, hat storaxartigen Geruch und wird unter der Bezeichnung *Styrax calamitus* für technische Zwecke in den Handel gebracht. Die reichlich vorhandenen Gewebereste sind oft erst auf Zusatz von Lösungsmitteln (Alkohol) sichtbar.

Flüssiger Styrax ist eine trübe, wasserhaltige, zähe und klebrige, graue bis braune Masse, welche gewürzhaft schmeckt und benzoeartig riecht. Bei längerer Aufbewahrung wird der Balsam zäher und riecht stärker. Unter dem Mikroskope sieht man häufig neben Geweberesten Zimtsäurekrystalle. Erwärmt man eine kleine Probe auf dem Objektträger und läßt rasch abkühlen, so krystallisieren häufig neben den Zimtsäuretäfelchen auch Styracinnadeln aus. Seine Dichte schwankt zwischen 1,111 und 1,114. In Petroläther löst er sich teilweise, fast völlig in Schwefelkohlenstoff, Benzol und Alkohol, am besten aber in Äther.

Die Angaben über die *Kennzahlen* schwanken sehr. Das rührt großenteils davon her, daß unverschnittener und unverfälschter Styrax im Handel kaum zu haben ist. Authentisch echte Proben lieferten nach K. DIETERICH die folgenden Werte (in den Klammern stehen die Grenzen der Kennzahlen von Handelsprodukten, von demselben Autor bestimmt):

	In wasserhaltiger Droge	Ber. auf wasserfreie Droge
Wassergehalt	26—41 % (20—32 %)	—
Alkohollöslich	57—65 % (65—77 %)	89—100 % (89—99 %)
Alkoholunlöslich	1,5—2,6 % (1,7—7 %)	2—4 % (2,5—10 %)
S. Z. d.	59—71 (38—72)	88—96 (55—106)
V. Z. k.	105—135 (112—188)	146—200 (170—233)
D. Z.	35—74 (48—110)	50—110 (73—142)

Der *Wassergehalt* wurde durch Trocknen von 2 g Styrax im Trockenschranke bei 100⁰ bis zur Gewichtskonstanz bestimmt.

Bestimmung des alkohollöslichen Anteiles. 10 g Styrax wiegt man in ein kleines Becherglas, löst durch Erwärmen in 100 cm³ 96proz. Alkohols, filtriert durch ein trockenes gewogenes Filter in eine tarierte Porzellanschale und wäscht Becherglas und Filter mit 50 cm³ heißem Alkohol nach. Die Filtrate dampft man ein und trocknet den Rückstand bei 100⁰ bis zur Konstanz. Mit der Schale wägt man zweckmäßig einen kleinen Glasstab, welchen man zum Umrühren des Harzrückstandes beim Trocknen benutzt. Um ein Überkriechen zu vermeiden, setzt man die Porzellanschale nicht direkt auf das Wasserbad, sondern läßt sie auf einer größeren, mit heißem Wasser gefüllten Schale schwimmen.

Wenn man das Filter und Becherglas ebenfalls trocknet und wägt, erhält man den Gehalt an Schmutz- und Holzteilen der Droge (*Alkoholunlösliches*).

S.Z.d. Ca. 1 g Styrax löst man kalt in 100 cm³ 96proz. Alkohol und titriert mit alkoholischer n/2 Kalilauge und Phenolphthalein bis zur Rotfärbung.

V.Z.k. Ca. 1 g Styrax übergießt man in einer Flasche mit eingeriebenem Stöpsel mit 20 cm³ alkoholischer n/2 Kalilauge und 50 cm³ Benzin (0,700). Man läßt 24 Stunden in Zimmertemperatur stehen und titriert dann ohne Wasserzusatz mit n/2 Schwefelsäure zurück.

Andere Werte fand K. Dieterich für authentisch echten *gereinigten Styrax*; auch sie weichen von den entsprechenden Handelsprodukten beträchtlich ab. Allerdings muß hierbei bemerkt werden, daß die letzteren mit Alkohol gewonnen, also bei höherer Temperatur eingedampft waren (Ausbeute 65%), während Dieterich seinen Styrax mit Äther gewonnen hatte (Ausbeute 70%), wobei er hellgelb bleibt und mehr der leicht flüchtigen Bestandteile enthält.

	In wasserhaltiger Droge	Ber. auf wasserfreie Droge
Wasser	15 % (6—11 %)	—
S. Z. d.	86—89 (60—95)	102—105 (63—116)
V. Z. k.	138—141 (148—193)	164—166 (181—209)
D. Z.	52 (54—129)	62 (66—137)

Styrax depuratus ist eine in dünner Schichte durchsichtige Masse von der Konsistenz eines dicken Extraktes. Er ist völlig löslich in einem Teile Weingeist und löst sich fast völlig in Äther, Schwefelkohlenstoff und Benzol, nur zum Teile in Benzin.

Tschirch (170) hat die *Zusammensetzung des orientalischen Styrax* wechselnd gefunden. Eine gute Handelssorte gab folgendes:

Das in Äther gelöste und filtrierte Harz wurde ausgeschüttelt mit

a) 1proz. Natriumcarbonatlösung: *Zimtsäure.*

b) NaHSO₃-Lösung: *Vanillin* (ca. 1—2%).

c) 1proz. Natronlauge: *Zimtsäure.*

d) Im Äther verbleiben größtenteils krystallisierbare Gemische von *Zimtsäureestern.* Es krystallisiert aus: *Zimtsäurecinnamylester*, mit Wasserdampf geht über: *Zimtsäureäthylester.* Zurück bleibt und wird mit Äther ausgeschüttelt: *Zimtsäurephenylpropylester.*

e) Im rückbleibenden Harze wird durch Verseifung gewonnen: *Zimtsäure* und „*Storesinol*", ein weißes, geruchloses, amorphes Pulver vom Schmelzpunkte 156—161⁰, $C_{16}H_{16}O_2$, $[\alpha]_D = +13{,}54^0$ mit *einer* veresterbaren Hydroxylgruppe.

Das *Storesinol* soll also nach dieser Untersuchung mit Benzoresinol isomer sein, es gibt wie dieses ein Kaliumsalz und die gleichen Farbenreaktionen. Durch kurze Behandlung mit kalter konzentrierter Schwefelsäure und Auskochen mit Wasser erhält man daraus in einer Ausbeute von 13% das krystallisierte *Styrogenin*, das man auch direkt aus dem Petrolätherextrakte des Harzes auf gleiche Weise gewinnen kann. Es schmilzt über 360⁰, krystallisiert in Blättchen und gibt Werte, die auf die Formel $C_{26}H_{40}O_3$ stimmen.

Der Hauptbestandteil des Storax ist also nach Tschirch *Zimtsäure*, die in einer Menge von 47% gefunden wurde, davon etwa die Hälfte in *freier* Form, während die andere Hälfte sich auf die *Ester der Zimtsäure* mit Zimtalkohol (Styracin), mit Benzyl-, Äthyl- und Phenylpropylalkohol sowie mit Storesinol verteilt. Außerdem konnte TSCHIRCH noch etwas *Styrol* nachweisen.

Bei der Destillation des Storax mit Wasserdampf gehen ca. 1 % eines braunen Öles über $(d = 0{,}89 — 1{,}1$, $[\alpha]_D = —3$ bis $—28^0$, Siedepunkt 150—300^0, das außer den aromatischen Estern der Zimtsäure noch eine die optische Aktivität bedingende Substanz „*Styrocamphen*" (74) $C_{10}H_{16}O$ oder $C_{10}H_{18}O$ enthielt.

Der *amerikanische Storax* von *Liquidambar styraciflua* L. gleicht sehr dem orientalischen. Der Harzalkohol „Styresinol" $C_{16}H_{26}O_2$ soll nach TSCHIRCH (170) isomer sein mit Storesinol. Das mit Wasserdampf destillierte Öl ist rechtsdrehend ($[\alpha]_D$ = ca. $+16^0$). Der von derselben Stammpflanze aus Honduras (St. Barbara) in den Handel kommende Hondurasbalsam wurde von der Firma Schimmel & Co. genauer untersucht (135). Er gab nach dem Filtrieren und in wasserfreiem Zustande: $D^{15} = 1{,}0977$, $[\alpha]_D = +11^0$, $n_D^{20} = 1{,}5948$, S.Z. 33,6, E.Z. 139). Beim Kochen mit wäßrigem Kaliumhydroxyd ging ein *Öl* über: Siedep. 23—111^0 (4 mm), $d = 1{,}002$, $[\alpha]_D = +1^0 10'$, $n_D^{20} = 1{,}5443$, S.Z. 1,8, D.Z. 8,4). Es besteht nach den Ergebnissen der Acetylierung hauptsächlich aus Alkoholen, vornehmlich *Zimtalkohol* und *Phenylpropylalkohol*, daneben wurde etwas *Styrol* gefunden. Das Cinnammein war schwach rechtsdrehend.

Als *Verfälschungsmittel* für Storax kommen in Betracht: Terpentin, Kolophonium, Ricinusöl, Olivenöl, Wasser usw.

Für praktische Zwecke von Bedeutung ist nach BOHRISCH (19) die *Bestimmung des Petrolätherlöslichen*:

5 g gereinigter Storax werden mit 5 g reinem Seesande und mit je 20 cm³ Petroläther hintereinander achtmal sorgfältig durchgeknetet. Die jeweils nach kurzem Stehen vorsichtig abgegossenen Extrakte werden vereinigt, filtriert, abgedampft und bis zur Gewichtskonstanz getrocknet. Der Rückstand ist bei reinem Storax hellgelb, dickflüssig und von angenehmem Geruche. Verfälschungen mit Kolophonium werden durch Festwerden des dunkelbraunen Rückstandes bemerkbar. Die Menge des Petrolätherlöslichen beträgt bei Untersuchung von rohem Storax 37—48 %.

Von Bedeutung scheint auch die *Bestimmung des Zimtsäuregehaltes* nach HILL und COCKING (213):

2,5 g Storax werden mit 25 cm³ alkoholischer n/2 Kalilauge durch 1 Stunde am Rückflußkühler gekocht. Nach dem Verdampfen des Alkohols wird der Rückstand in 50 cm³ Wasser gelöst und die Lösung mit 20 cm³ Äther ausgeschüttelt. Der abgetrennte Äther wird dreimal mit je 5 cm³ Wasser gewaschen. Die wäßrigen Lösungen werden vereinigt und mit verdünnter Schwefelsäure angesäuert. Das Gemisch von Zimtsäure und Harzsäure wird mit Äther viermal extrahiert. Die ätherische Lösung wird abgedampft, der Rückstand mit 100 cm³ Wasser 15 Minuten lang am Rückflußkühler gekocht. Die heiß filtrierte Lösung wird auf 15^0 gekühlt und die ausgeschiedene Zimtsäure auf gewogenem Filter filtriert. Das Filtrat wird nochmals extrahiert, bis keine Zimtsäure mehr erhalten wird. Zu dem ermittelten Gewichte addiert man noch wegen der Wasserlöslichkeit der Zimtsäure 0,03 g hinzu.

Die Autoren finden nach ihrer Methode in mehreren Proben von Styrax depuratus 22—31 % Zimtsäure. Ein sehr niederer Zimtsäuregehalt läßt das Harz verdächtig erscheinen, dagegen kann ein normaler Zimtsäuregehalt auch von einem künstlichen Zusatze von Zimtsäure zu einem verfälschten Produkte herrühren.

Der Styrax ist heute nicht mehr offizinell. Er wird an Stelle von Perubalsam bei Hauterkrankungen, ferner bei der Herstellung von Parfüm verwendet.

f) Leguminosae.

1. Caesalpinoideae.

α) *Copaivabalsam*.

Die *Copaivabalsame* stammen von verschiedenen, zum Teile nicht genau bekannten *Copaiferaarten*. Der offizinelle *Marakaibo-* oder *Venezuelabalsam* kommt von *Copaifera Jacquinii*, der *Para-* oder *Maranhaobalsam* von mehreren brasilianischen Arten, von *C. Langsdorffii* (Bahia). *coriacea* und *guyanensis* (Nordbrasilien). Die *afrikanischen* oder *Illurinbalsame* befinden sich kaum mehr im Handel. Sie stammen vielleicht von einer *Hardwickia* her.

Das Harz ist in den schizolysigenen bis zu 2 cm weiten Harzkanälen bereits vorgebildet und fließt beim Anschlagen der mächtigen Stämme rasch und sehr reichlich aus (bis zu 50 l bei einem Stamme).

Der *Marakaibobalsam* ist klar, ziemlich dickflüssig und hat eine braungelbe Farbe mit schwachgrüner Fluorescenz. Er riecht eigenartig aromatisch und schmeckt bitter und kratzend. Seine Dichte beträgt 0,98—0,99.

Der *Parabalsam* ist infolge seines außerordentlich hohen Gehaltes an ätherischem Öl (60—90 % gegenüber 40 % bei Marakaibobalsam) dünnflüssig und spezifisch leichter (0,92—0,98). Er ist hellgelb bis braun und ähnelt im übrigen dem vorbeschriebenen. Bei alten Parabalsamen sollen sich zuweilen harzige Massen absetzen, die Krystalle enthalten.

Das *ätherische Öl* ist eine gelbliche Flüssigkeit vom charakteristischen Geruche und Geschmack des Copaivabalsams. Es hat das spez. Gew. 0,90—0,92, seine Hauptmenge geht bei 250—275⁰ über, es dreht nach links ($[\alpha]_D = -7$ bis -35^0), nur die afrikanischen Copaivabalsamöle sind rechtsdrehend ($\alpha_D = +16$ bis $+22^0$). Das Parabalsamöl löst sich wohl in absolutem Alkohol, ist aber bereits in 90 proz. Alkohol schwer löslich. Es besteht ausschließlich aus Kohlenwasserstoffen, unter denen sich *Caryophyllen* (s. S. 499) $C_{15}H_{24}$ durch Behandlung mit Eisessig und Schwefelsäure als Hydrat vom Schmelzpunkte 94 bis 96⁰ nachweisen läßt. Daneben sind einige andere Sesquiterpene (Copaen, 1-Cadinen) gefunden worden.

Die *Kennzahlen* des Copaivabalsams schwanken — von den außerordentlich häufigen Verfälschungen abgesehen — auch wegen des wechselnden Gehaltes an ätherischem Öl sehr.

Die S.Z. wurde von K. Dieterich durch direkte Titration mit n/2 Kalilauge in alkoholischer Lösung bestimmt. Die V.Z. stellte er in folgender Weise fest:

1 g Balsam übergießt man in einer Glasstöpselflasche von 1 l Inhalt mit 20 cm³ alkoholischer n/2 Kalilauge und 50 cm³ Benzin (spez. Gew. 0,700). Man stellt 24 Stunden wohlverschlossen bei Zimmertemperatur zur Seite und titriert nach Verdünnung mit starkem Alkohol mit n/2 Schwefelsäure und Phenolphthalein zurück.

Die *Jodzahlen* haben sich als nicht charakteristisch und stark schwankend erwiesen.

K. Dieterich fand folgende Werte:

	S.Z.d.	V.Z.k.	D.Z.
Marakaibobalsam . .	75—85	80—90	3—6
Parabalsam	40—62	30—68	2—18
Illurinbalsam	59	68—69	10

Die S.Z. und V.Z. erhöhen sich bei längerer Aufbewahrung des Balsams beträchtlich.

Außer nichtkrystallisierenden Kohlenwasserstoffen finden sich im Harze des Copaivabalsams stets auch *Säuren*. Merkwürdigerweise wurden von verschiedenen Autoren verschiedene solche beschrieben, was den Gedanken nahelegt, daß es sich hier wie bei den Coniferenharzsäuren um Produkte verschiedener Bäume handelt, die dann im Handel einzeln oder gemischt anzutreffen sind. Sämtliche Untersuchungen wurden bisher nur mit Handelsprodukten nicht bestimmter botanischer Herkunft ausgeführt!

Schweitzer (142) hat durch Behandlung von Copaivabalsam mit konzentrierter Ammoncarbonatlösung *Copaivasäure* vom Schmelzpunkte 116—117⁰ (Formel nach Rose $C_{20}H_{30}O_2$), Strauss (153) durch Kochen von Copaivabalsam mit verdünnter Natronlauge und Fällen der Lösung mit Ammonchlorid *Metacopaivasäure* vom Fp. 205—206⁰ und der Formel $C_{22}H_{34}O_4$ in Blättern erhalten. Hierzu muß bemerkt werden, daß nur ein geringer Teil der Säuren zum Krystallisieren gebracht werden konnte und daß ihre Trennung und Reinigung bisher vielfach unüberwindliche Schwierigkeiten geboten hat. Bei der Aufarbeitung des Balsams macht sich oft sein hoher Gehalt an ätherischem Öle unangenehm bemerkbar, er löst sich in geringeren Mengen von Lösungsmitteln viel vollständiger als in größeren Mengen.

Tschirch (171) hat nach seiner Methode die ätherische Lösung eines Marakaibobalsams (1 : 1) ausgeschüttelt mit:

a) 5proz. Natriumcarbonatlösung. Nach dem Verjagen des Äthers wurde mit Salzsäure angesäuert. Die erhaltenen Säuren (20—30%), die noch Ester- zahlen zeigen, wurden in Äther gelöst, möglichst entwässert, der Äther wurde am Wasserbade abdestilliert. Der Rückstand wurde mit siedendem Petroläther (1 : 20) extrahiert, ungelöst bleibt ein graubraunes leichtes Pulver (2—3 %), das die Fluorescenz des Balsams hervorruft. Der Petroläther wird abdestilliert, der Rückstand in 2proz. Kalilauge gelöst und darauf mit 10proz. Kalilauge als amorphe Seife gefällt. Die daraus in Freiheit gesetzte Säure läßt sich aus ver- dünntem Alkohol in wetzsteinförmigen Krystallen vom Schmelzpunkte 128—129⁰ in einer Ausbeute von 1—1$^1/_2$% des Balsams gewinnen. Es ist dies die sog. *Illurinsäure* $C_{20}H_{28}O_3$, die auch aus Illurinbalsamen erhalten werden konnte.

b) Der Äther wird abgedunstet, die ätherischen Öle werden mit Wasser- dampf übergetrieben, was sehr lange Zeit in Anspruch nimmt. Als Rückstand verbleibt ein harter brüchiger Kuchen, der aus völlig indifferenten amorphen Resenen besteht.

Aus dem Bodensatze eines alten Marakaibobalsams hat Tschirch durch die gleiche Behandlung eine zweifellos noch nicht ganz reine Säure gewonnen, die nach dem Sintern bei 85⁰ bei 89—90⁰ schmolz: *β-Metacopaivasäure* ($C_{22}H_{32}O_4$?).

Aus einem Parabalsame konnte Tschirch die beim Ausschütteln in Ammoncarbonat- lösung übergehende *Paracopaivasäure* (Blättchen vom Fp. [142] 145—148⁰) $C_{20}H_{32}O_3$ (?) in einer Ausbeute von 1$^1/_2$—2 % erhalten, daneben aus den Natriumcarbonatausschüttlungen eine aus Alkohol in Nadeln krystallisierende *Homoparacopaivasäure* vom Fp. (109) 111—112⁰ nnd der Formel $C_{18}H_{28}O_3$ (?). Die von Fehling gefundene Oxycopaivasäure $C_{22}H_{34}O_3$ mit dem Fp. „gegen 120⁰" ist nach Tschirch wahrscheinlich unreine Illurinsäure.

Die Echtheitsprüfung des Copaivabalsams ist wiederholt Gegenstand von Untersuchungen gewesen. An *Verfälschungen* kommen nach K. Dieterich in Betracht: Gurjunbalsam, fette Öle, Styrax, Kolophonium, Terpentin, Paraffinöl. Der offizinelle Marakaibobalsam wird häufig mit dünnflüssigem Parabalsame verschnitten.

Der Copaivabalsam zeigt im Vergleiche zu normalem

	zu geringes spez. Gew.		zu hohes spez. Gew.	
	zu niedere S. Z.	zu hohe S. Z.	zu niedere S. Z.	zu hohe S. Z.
zu niedere V. Z.	Terpentinöl Paraffin (flüss.)	—	Sassafrasöl	—
zu hohe V. Z.	Fette Öle (Oliven- öl, Ricinusöl)	—	Gurjunbalsam	alter verharzter Balsam, Kolo- phonium, Ter- pentin (venet.)

Nach Wolff löst sich der Copaivabalsam in 80proz. Chloralhydratlösung völlig auf, bei *fetten Ölen, Paraffinöl* und *Gurjunbalsam* tritt eine Abscheidung auf.

Nach dem DAB VI darf sich die Mischung von 3 Tropfen Copaivabalsam mit einer Lösung von 1 Tropfen Schwefelsäure in 15 cm³ Eisessig in $^1/_2$ Stunde nicht rot oder violett färben (*Gurjunbalsam*).

Beim Erwärmen von 1 g Copaivabalsam auf 105⁰ darf nicht der Geruch nach *Terpen- tinöl* auftreten.

1 g Balsam soll nach vierstündigem Erwärmen in einer Schale auf dem siedendem Wasserbade einen spröden Rückstand hinterlassen; andernfalls liegt Verdacht auf *fette Öle* oder *Paraffinöl* vor.

Der Copaivabalsam wird zur Behandlung von Hautkrankheiten wie Perubalsam, auch innerlich zur Desinfektion des Urogenitaltraktes verwendet.

β) *Kopale (Kauri- und Manilakopal s. S. 738 ff.).*

Der Name *Kopal* ist ein Sammelname für meist gegrabene Harze, welche sich be- züglich ihrer geographischen und botanischen Herkunft wie bezüglich ihrer chemischen und physikalischen Eigenschaften voneinander oft weitgehend unterscheiden. Die Ermitt- lung der Ursprungspflanzen ist in vielen Fällen nur nach den Einschlüssen in den Harzklumpen möglich, wobei natürlich Trugschlüsse vorkommen können. Die vielfach vorhandenen Einschlüsse beweisen, daß, sowie dieses auch für den Bernstein erwiesen ist, der Balsam der Stammpflanze erst flüssig war, und daß die Umwandlung zum meist ziemlich harten Kopal erst beim langen Liegen in der Erde vor sich gegangen ist.

Einen außerordentlich häufig benutzten Einteilungsgrund für die Kopale geben *geographische* Bezeichnungen ab. So unterscheidet man z. B. *Ostafrikanische* Kopale (Sansibar-, Mozambique-, Madagaskarkopal), *Westafrikanische* Kopale (Sierra Leone-, Loango-, Benguela-, Angola- und Kamerunkopale) und *Südamerikanische* Kopale.

Diese Bezeichnungen geben allerdings keineswegs die Gewähr, daß die betreffenden Harze tatsächlich auch aus den angegebenen Gegenden stammen; es handelt sich vielmehr um Sorten, die von Händlern als Typen aufgestellt wurden und von diesen zu Handelszwecken durch Auslesen gleichstückiger Ware von gleicher Härte, gleicher Farbe usw., aber beliebiger Herkunft eingehalten werden. Häufig tritt hierbei in den Bezeichnungen an die Stelle des Ursprungsortes der Ort, von welchem der Export nach Europa geht, oder wo die Hauptreinigung der Stücke vor der Ausfuhr erfolgt.

Botanisch kann man die Kopale einteilen in: *Trachylobiumkopale* (Sansibarkopale), *Copaivakopale* (Angola-, Kongo-, Benguelakopale usw. aus Westafrika) und *Hymenaeakopale* (Südamerika).

Die von *Dammara* (Araucariaceae) abstammenden Kauri- und Manilakopale sind der botanischen Grundeinteilung des Werkes entsprechend schon an anderer Stelle (bei den Coniferen) behandelt worden.

Die gegrabenen Kopale (*natureller Kopal*) sind sämtlich ursprünglich mit einer mehr oder weniger dicken weißlichen pulverigen Verwitterungsschichte bedeckt, von der sie mechanisch durch „*Schaben*" mit Messern (geschabter Kopal) oder chemisch durch „*Waschen*" (gewaschener Kopal) befreit werden müssen. Das Schaben kann teilweise oder völlig erfolgen ($^1/_2$, $^3/_4$, $^1/_1$ geschabte Ware). Gewaschen wird mit warmer (nicht heißer, wegen des Zerspringens der wertvollen größeren Stücke!) Sodalauge, wobei zur Vermeidung allzu großer Verluste die Konzentration je nach der Löslichkeit des Kopals gewählt werden muß (1—5%).

Die *Dichte* der in diesem Kapitel besprochenen Kopale liegt zwischen 1,04 und 1,07, meist gegen letztere Zahl. Sie ist bei den verschiedenen Sorten nahezu dieselbe, hängt aber etwas von einem sehr häufig anzutreffenden Luftgehalt der Harzstücke ab; luftfreier Kopal hat eine bis zu 0,05 höhere Dichte.

Der *Schmelzbarkeit* der Kopale ist wegen ihrer technischen Wichtigkeit große Aufmerksamkeit zugewendet worden. Da die Kopale sämtlich Gemische von verschiedener Zusammensetzung sind, zeigen sie beim Erhitzen keinen scharfen Schmelzpunkt, sondern erweichen ganz allmählich, so daß es der Willkür des Beobachters oder der Konvention anheimgestellt ist, gewisse Phasen des Schmelzens als „Punkte" festzulegen.

Am genauesten werden die Schmelzintervalle durch den „*unteren*" und „*oberen*" *Schmelzpunkt* definiert (Punkt des Homogen- und Durchsichtigwerdens bzw. des vollständig Flüssigwerdens). Im folgenden seien einige Fp. wiedergegeben, die allerdings nur ungefähre Anhaltspunkte geben können.

Ostafrikanische Kopale:

Sansibar, unreifer . . . . . . 140—160°	Sansibar, reifer . . . . 160—360°
Madagaskar . . . . über 300°	

Westafrikanische Kopale:

Sierra Leone . . . . 120—185°	Angola, rot . . . . bis 305°
Kongo . . . . 180—200°	Kamerun . . . . 100—150°
Benguela . . . . 165—175°	Lindi . . . . 140—340°
Angola, weiß . . . . 100—245°	

Südamerikanischer Kopal:

Brasil . . . . 80—120°	Demerara . . . . 180°

Die Angaben über *die Härte* der Kopale schwanken ebenfalls. Man unterscheidet allgemein *harte* und *weiche* Kopale, was aber öfter nur zur Sortenbezeichnung dient.

Folgende Härteskala nach Bottler mag hier angeführt werden:

<table>
<tr><td rowspan="9">hart</td><td>Sansibar</td><td rowspan="3">mittel</td><td>Manila</td></tr>
<tr><td>Mozambique</td><td>Weiß-Angola</td></tr>
<tr><td>Rot-Angola</td><td>Kauri</td></tr>
<tr><td>Kieselkopal von Sierra Leone</td><td></td><td></td></tr>
<tr><td>Sierra Leone, älterer</td><td rowspan="2">weich</td><td>Sierra Leone, jung</td></tr>
<tr><td>Benguela, gelb</td><td>Brasilkopal</td></tr>
<tr><td>„   weiß</td><td></td><td></td></tr>
<tr><td>Kamerunkopal</td><td></td><td></td></tr>
<tr><td>Kongokopal</td><td></td><td></td></tr>
</table>

Hierbei sind Sansibar- und Mozambiquekopal härter als Steinsalz, die folgenden bis zum älteren Sierra-Leone-Kopal haben etwa gleiche Härte, während die übrigen weicher als Steinsalz sind.

Auch die Angaben über die *Löslichkeit* der Kopale schwanken sehr. Es macht sich hier wieder die schon anderwärts geschilderte Erscheinung bemerkbar, daß oft geringere Mengen an Lösungsmitteln das Harz ziemlich vollständig lösen, während auf Zusatz von mehr des letzteren wieder Fällungen auftreten. Bei den Angaben über Löslichkeiten sollte daher stets die Konzentration angeführt werden; vor allem muß aber berücksichtigt werden, daß es sich bei den Kopalen um *typische Kolloide* handelt, bei denen die Zustandseigenschaften häufig eine viel größere Rolle spielen als die Zusammensetzung. Alles das, was die moderne Kolloidchemie über die Abhängigkeit der Lösungseigenschaften vom Dispersitätsgrade und von der Beeinflussung dieses Dispersitätsgrades durch Temperatur und Konzentration sowie durch schützende (Schutzkolloide) und ausflockende (Fällungsmittel) Mittel in Erfahrung gebracht hat, muß hier praktisch verwertet werden. Die Unkenntnis und Nichtbeachtung der kolloidalen Eigenschaften kann zu groben Irrtümern Anlaß geben.

Für technische Vorversuche müssen nach dem Gesagten stets sämtliche Bedingungen peinlich genau eingehalten werden, die dann beim fabrikatorischen Vorgange im großen vorhanden sind. Es müssen also genau die Temperaturen und Konzentrationen, aber auch die Korngrößen des Harzes, die Art und Schnelligkeit der Zugabe des Lösungsmittels, eventuell die Aufeinanderfolge der Lösungsmittelzusätze bei bestimmten Temperaturen usw. festgelegt sein. Kleine Zugaben von Alkalien oder Säuren spielen hierbei oft eine bedeutende Rolle.

Für analytische Zwecke kommt oft die Bestimmung der „Verunreinigung" oder des „Unlöslichen" in Betracht. Möglichst vollständige Lösung wird häufig durch Mischungen eines hydrophilen Lösungsmittels (z. B. Aceton oder Alkohol) mit einem hydrophoben (z. B. Benzol oder Chloroform) erzielt. Mitunter werden dieselben auch hintereinander angewendet.

Die Löslichkeiten können bei den außerordentlich großen Schwankungen verschiedener Sorten, ja verschiedener Lieferungen ein und derselben Sorte, nur für ein jeweils vorliegendes Harzmuster angegeben werden. So sind die folgenden Angaben nach H. Wolff nur als ungefähre Richtlinien aufzufassen:

	Sansibar	Mada-gaskar	Sierra Leone	Kongo	Benguela	Angola	Loango	Brasil
Aceton	ca. 25	ca. 35	t.l.—f.v.l.	60—90	w.l.—t.l.	f.v.l.	ca. 65	ca. 80
Äther	20—40	ca. 35	50—60	ca. 50	—	50—75	ca. 75	ca. 60
Alkohol	70—90	25—65	40—60	20—70	t.l.	60—85	ca. 70	ca. 75
Amylacetat . . .	60—70	ca. 75	f.v.l.	f.v.l.—v.l.	t.l.—f.v.l.	f.v.l.	—	—
Amylalkohol . .	ca. 40	ca. 80	f.v.l.	> 80	w.l.—t.l.	f.v.l.	—	ca. 80
Benzin	40—50	ca. 20	—	ca. 40	w.l.	ca. 30	ca. 55	ca. 20
Benzol	t.l.	ca. 45	50 u.m.	t.l.	w.l.—t.l.	t.l.	ca. 65	ca. 35
Chloroform . . .	w.l.	ca. 30	ca. 50	40—60	—	40—60	ca. 90	ca. 50
Methylalkohol .	15—30	ca. 20	ca. 50	30—50	w.l.—t.l.	ca. 30	—	ca. 55
Terpentinöl . . .	f.unl.—w.l.	ca. 40	—	25—40	w.l.	20—30	—	—
Tetrachlorkst. .	f.unl.	ca. 15	ca. 30	ca. 20	—	w.l.—t.l.	—	—

Nach H. Wolff sind die Kopale (einschließlich Kauri- und Manilakopal) optisch aktiv, und zwar rechtsdrehend von ($\alpha_D^{20°} = + 8°$ bis $+ 13,6°$, in einzelnen Fällen weniger). Als Lösungsmittel diente hierbei eine Mischung von einem Teil Butylalkohol, einem Teil Benzol und ungefähr zwei Teilen Äthylalkohol. Allerdings wird die optische Aktivität schon durch sehr geringe Eingriffe, z. B. durch Lösen in Alkali bei Zimmertemperatur und nachfolgendes Fällen mit verdünnten Säuren, stark verändert.

Die *Kennzahlen* schwanken bei verschiedenen Proben ein und derselben Kopalsorte so sehr, daß eine Festlegung derselben für bestimmte Sorten oder gar eine Unterscheidung der einzelnen Sorten nach ihnen zur Unmöglichkeit wird. Nur als Beispiele seien einige Zahlen angeführt:

	S.Z.	V.Z.	J.Z.
Sansibar . . .	40—95	80—100	120
Sierra Leone .	110—125	130—160	70—120
Kongo	100—150	110—160	120—160
Benguela . . .	110—120	120—125	120—130

Dagegen scheinen die S.Z. der nach Tschirchs Methodik isolierten unreinen Säuren oder Säuregemischen tatsächlich in einzelnen Fällen zur Charakterisierung einer Kopalsorte dienen zu können.

Die *chemische Untersuchung* der Kopale nach Tschirch hat als Hauptbestandteile (bis 90%) *Harzsäuren* ergeben, die nach den Kennzahlen und Molekulargrößen einbasisch oder zweibasisch sind. Sie sind hydroaromatischer bzw. aromatischer Natur und sind bisher fast durchweg nur in amorphem Zustande erhalten worden. *Ihre Einheitlichkeit ist in keinem Falle bewiesen.* Alles, was im allgemeinen Teile zur kritischen Beurteilung der Tschirchschen Methodik gesagt wurde, sei hier insbesondere in Erinnerung gebracht. Neben den Säuren fanden sich stets amorphe *indifferente Körper* (6—12%), von Tschirch als Resene bezeichnet. Auch sie sind zweifellos mehr oder minder komplizierte Gemische, die noch nicht entwirrt werden konnten. Daneben finden sich in den Kopalen stets auch geringe Mengen von *ätherischen Ölen*, von *Bitterstoffen* sowie von zufällig in die Harze hineingelangten mineralischen Substanzen.

Die ostafrikanischen Kopale. Der *Sansibarkopal* sowie der ihm sehr ähnliche *Mozambiquekopal* von etwas geringerer Härte und wahrscheinlich auch der *Madagaskarkopal* (glatter Sansibar) stammen von *Trachylobium verrucosum*, einem hohen Baum, der vor allem im Seeklima gedeiht, heute aber vielfach ausgerottet ist.

Der „*echte*" Sansibarkopal wird in Gegenden gegraben, wo die Kopalbäume längst verschwunden sind, das Harz also schon sehr lange Zeit im Boden gelegen ist. Er bildet Stücke bis zu 20 cm Länge, ist klar und durchsichtig, blaßgelb bis rötlichbraun. Außen ist er von einer wärzchentragenden Schichte („Gänsehaut") bedeckt. Diese Wärzchen entstehen nach Wiesner durch das Zerspringen der Harzoberfläche zu sechsseitigen Facetten und Abwitterung der letzteren vom Rande her. Vor oder nach der Ausfuhr wird die Verwitterungskruste meist durch Schaben entfernt. Diese Sorte Sansibar kommt allein in den europäischen Handel und wird als die allerbeste geschätzt.

Dasselbe Harz führt, wenn es noch nicht lange im Boden gelegen hat, also jünger ist, den Namen *unreifer Kopal* oder „*Chakazzi*". Geringe Mengen werden auch von lebenden Kopalbäumen gewonnen und heißen *rezenter* oder „*Baumkopal*" oder Sandarusi ya m'ti. Beide Sorten sind viel weniger geschätzt.

Der dem Sansibarkopal vollkommen gleichwertige *Madagaskarkopal* ist weingelb und besteht aus Bruchstücken, denen Stalaktiten beigemengt sind.

Anzureihen ist hier noch der *Lindikopal* (Deutsch-Ostafrika), der oft über England als Sansibarkopal verkauft wird.

Tschirch und Stephan (184) haben einen Sansibarkopal untersucht. Sie stellten zuerst durch Digerieren des gepulverten Harzes mit Alkohol und Fällen mit Wasser das „reine Harz" dar, während ein *Bitterstoff* in Lösung ging. Das „reine Harz" wurde nach Lösen in Äther mit 1 proz. Kaliumhydroxyd- oder 3 proz. Kaliumcarbonatlösung ausgeschüttelt. Das nach dem Ansäuern erhaltene Säuregemisch wurde mit alkoholischer Bleiacetatlösung gefällt: *Trachylolsäure* (80%), krystallisiert sehr schwer aus Eisessig, Fp. 168°, optisch inaktiv, $C_{54}H_{85}O_3(OH)(COOH)_2$ (?), in Lösung bleibt *Isotrachylolsäure* (4%), amorph,

Fp. 105—107⁰, isomer mit voriger. Beide Säuren sind optisch inaktiv. Aus dem mit Alkali erschöpften Filtrat entfernt man mit Wasserdampf das ätherische Öl (3 %) und erhält durch Erschöpfen mit Äther das ätherlösliche α-Kopaloresen $C_{41}H_{68}O_4$ (?) ($\alpha_D = -12,56^0$, Fp. 75—77⁰) und das ätherunlösliche β-Kopaloresen $C_{25}H_{38}O_4$ (optisch inaktiv, Fp. ca. 140⁰). Beides sind amorphe indifferente Körper und machen ca. 6 % des Harzes aus.

Die westafrikanischen Kopale. Die westafrikanischen Kopale lassen sich nach WIESNER in 2 Gruppen einteilen: die *Sierra-Leone-Kopale* und die einander sehr ähnlichen Harze von *Kongo, Angola und Benguela*, die am besten nach ihrem wichtigsten Vertreter als Kongokopalgruppe zusammengefaßt werden. Die botanische Herkunft ist nicht in allen Fällen sichergestellt, da die rollsteinartig abgeschliffenen Stücke zum großen Teile aus dem Innern des Landes stammen, von den Flüssen weither an die Küste geschwemmt und dort beim Graben in den obersten Erdschichten gefunden werden.

Sierra Leone. Als Stammpflanze wird *Guibourtia copallifera* betrachtet. Man unterscheidet 2 Sorten.

Der *Kieselkopal von Sierra Leone* ist rezentfossil, er wird gegraben und bildet kieselsteinrunde Gebilde von einigen Zentimetern Durchmesser, die fast farblos bis schwach gelb sind und von allen westafrikanischen Kopalen die größte Härte besitzen. Er schmilzt ungefähr bei 150⁰.

Eine andere Sorte wird vom lebenden Stamme gewonnen. Dieser sog. *„eigentliche"* oder junge Sierra-Leone-Kopal hat eine weit geringere Härte, riecht balsamisch und besteht aus gelblichen, trüben, kugelartigen Gebilden mit einem Durchmesser bis zu mehreren Zentimetern. Er ist in natürlichem Zustande von einer Schmutz- und Rindenschichte bedeckt, von der er durch Waschen befreit wird.

Ein Sierra-Leone-Kopal wurde von M. WILLNER (207) nach TSCHIRCHS Methode untersucht. Aus dem *ätherlöslichen* Anteile läßt sich durch Ausschütteln mit Ammoncarbonatlösung über das Bleisalz die Leonekopalsäure $C_{25}H_{48}O_3$, Fp. ca. 142⁰, in einer Ausbeute von 20 % gewinnen (S.Z. 136—138, V.Z.h. 151, J.Z. 65), mit 1proz. Natriumcarbonatlösung in gleicher Weise die Leonekopalolsäure $C_{21}H_{38}O_2$ (30 %) vom Fp. ca. 133⁰ (S.Z. 158—160, V.Z.h. 171—173, J.Z. 77—78). In Lösung verbleiben 1—2 % ätherisches Öl und 8 % zähes α-Leonekopalresen. Der *ätherunlösliche* Teil gab an wäßrige Kalilauge Leonekopalinsäure $C_{14}H_{24}O_2$ (15 %) vom Fp. ca. 184⁰ (S.Z. 188—190, V.Z.h. 206—208, J.Z. 110—112) ab. Zurückbleiben: β-Leonekopalresen $C_{14}H_{26}O_2$ (20 %), Fp. ca. 195⁰, ferner 5 % einer bassorinartigen Substanz und 2—3 % Verunreinigungen. Die Säuren sind sämtlich einbasisch.

Die Kongokopalgruppe. Die Kongo-, Angola- und Benguelakopale sind sehr eng miteinander verwandt. Ihnen nahe stehen der Kamerun-, Benin- und Akkrakopal, die nur in geringen Mengen in den europäischen Handel kommen. Dagegen weichen der Gabon- und Loangokopal nach WIESNER von den übrigen ab. Die Stammpflanze für die erstgenannten ist *Copaifera Demeusii* HARMS; daneben wird als kopalliefernd auch *Cynometra sessiliflora* HARMS bezeichnet.

Kongokopal. Er bildet hellgelbe bis goldgelbe, mehr oder minder klare bis milchig getrübte Klumpen bis zu Faustgröße, die mit einer erdigen Verwitterungsschichte bedeckt sind. Die Stücke werden von dieser Schichte befreit und dann nach Größe und Farbe sorgfältig sortiert.

A. ENGEL (44) hat einen Kongokopal chemisch untersucht. Er schmolz bei 105—175⁰ und hatte die S.Z. 118 und die V.Z. 153. Der *ätherlösliche* Teil (60 %) gab an Natriumcarbonatlösung 48—50 % einer Kongokopalsäure $C_{18}H_{29}COOH$ vom Fp. 115—118⁰ (S.Z. 179—182, V.Z. 192—196) ab. In Lösung verblieben 3—4 % ätherisches Öl, das hauptsächlich bei 165—168⁰ überging, und 5—6 % des gelben, zähen α-Kongokopaloresens. Der *ätherunlösliche* Anteil gab an Lauge 22 % der Kongokopalsäure $C_{21}H_{34}O \cdot COOH$ vom Fp. 108—110⁰ (S.Z. 165—168) ab. In Lösung verbleiben 12 % β-Kongokopaloresen, ein weißes Pulver vom Fp. 175—178⁰.

Die Kongokopalsäure wurde von K. H. BAUER und K. GONSER (14) untersucht. Die Formel ist nach den beiden Autoren zu verdoppeln. Kongokopalsäure wäre also eine Dicarbonsäure der Formel $C_{36}H_{58}(COOH)_2$.

Angolakopal. Der *Angolakopal*, mit dem vorigen grundsätzlich identisch, wird in *Angola rot* und *weiß* sortiert. Der erstere bildet meist kleine Stücke von rötlicher Farbe. Er ist mit einer „Gänsehaut" bedeckt und riecht unangenehm. Der weiße Angolakopal besitzt meist größere Stücke, etwa bis Faustgröße, und riecht oft dumpf.

Ein roter Angolakopal wurde von RACKWITZ (114) untersucht:

Der *ätherlösliche* Anteil des Harzes (69 %) gab an Natriumcarbonatlösung 64 % Rohsäure ab, die über ihr Bleisalz gereinigt wurde: Angokopalsäure $C_{22}H_{35}OCOOH$ vom Fp. 85⁰ (S.Z. 154—160, J.Z. 70—72). In Lösung blieben 2 % ätherisches Öl ($d = 0,853$, Sdp. 140 bis 160⁰) und 3 % α-Angokopaloresen vom Fp. 63—65⁰. Der *ätherunlösliche* Anteil (31 %) bestand aus 5 % Angokopalolsäure und 20 % β-Angokopaloresen $C_{25}H_{38}O_4$ vom Fp. 220—224⁰.

Außerdem fanden sich noch ca. 6 % an Aschenbestandteilen und an einem bassorinartigen Körper.

Benguelakopal. Der *Benguelakopal* wird von den gleichen Stammpflanzen hergeleitet wie die beiden vorangehenden. Man unterscheidet im Handel *Benguela gelb*, kleine, aber auch bis kindskopfgroße durchscheinende helle Stücke, und *Benguela weiß*, im allgemeinen größere Stücke als voriger und von hellgelber Farbe.

Die Resultate einer Untersuchung eines weißen Benguelakopals durch A. Engel (44) entsprechen durchaus den obenerwähnten Ergebnissen der Untersuchung des Kongokopals:

Der *ätherlösliche* Anteil des Harzes gibt 43—45 % Rohsäure ab, die über ihr Bleisalz gereinigt wurde: Bengukopalsäure $C_{19}H_{30}O_2$ vom Fp. 134—136⁰ (S.Z. 189—190). In Lösung blieben 3—4 % ätherisches Öl und 4—5 % zähes α-Bengukopaloresen. Der *ätherunlösliche* Anteil gestattete 22 % Bengukopalolsäure $C_{21}H_{32}O_3$ vom Fp. 114—116⁰ (S.Z. 172—174) und 14—16 % β-Bengukopaloresen $C_{22}H_{36}O_2$ vom Fp. 192—196⁰ zu isolieren.

Kamerunkopal. Die botanische Herkunft des *Kamerunkopals* ist unsicher. Nach Wiesner stammt er von einer Copaiferaart, nach Harms wahrscheinlich von *Copaifera Demeusii* Harms, also derselben Stammpflanze wie die Kongokopale. Die Stücke sind knollenförmig von grünlicher bis rötlichgelber heller Farbe und von einer Verwitterungsschicht bedeckt. Der Schmelzpunkt liegt bei 110—120⁰.

In *Äther* lösen sich nach Rackwitz (114) 75 % des Harzes. 1proz. Sodalösung nahm 70 % Rohsäure auf, die, über das Bleisalz gereinigt, Kamerunkopalsäure $C_{21}H_{36}O_3$ vom Fp. 98—100⁰ (S.Z. 157—162, J.Z. 76) lieferte. In Lösung verblieben 3 % ätherisches Öl (145 bis 155⁰) und 3 % α-Kamerukopaloresen. Im *ätherunlöslichen* Anteile fanden sich 20 % β-Kamerukopaloresen $C_{25}H_{38}O_4$ vom Fp. 225⁰. Schließlich finden sich noch geringe Mengen eines bassorinartigen Körpers und mineralische Verunreinigungen.

Beninkopal. Der *Beninkopal* bildet kleine kugelige oder knollenförmige Stücke von weißer bis gelber Farbe, die mit einer Verwitterungsschichte bedeckt sind.

Aus dem Beninkopal will M. Kahan (81) eine ganze Reihe von Säuren isoliert haben:

Der *ätherlösliche* Anteil lieferte, mit Ammoncarbonatlösung geschüttelt, 9 % Beninkopalsäure $C_{17}H_{32}O_4$ vom Fp. 137⁰ (S.Z. 183, V.Z. 197—200, J.Z. 83). In Natriumcarbonatlösung gingen über: 25 % Rohsäure, die sich zerlegen ließ in die in eisessiglösliche α-Beninkopalsäure $C_{13}H_{32}O_6$ vom Fp. 81⁰ (S.Z. 192, V.Z. 197, J.Z. 87) und die in Eisessig unlösliche β-Beninkopalolsäure $C_{20}H_{30}O_2$ vom Fp. 119⁰ (S.Z. 185, V.Z. 195, J.Z. 85). Mit wäßriger Kalilauge ließen sich 6 % Beninkopalensäure $C_{27}H_{48}O_2$ vom Fp. 101⁰ (S.Z. 147, J.Z. 64) gewinnen. In Lösung blieben 3 % ätherisches Öl (180—256⁰) und 6 % α-Beninkopaloresen, zäh vom Fp. 164—166⁰. Das *Ätherunlösliche* gab an 1proz. Kalilauge 47 % Rohsäure ab, die sich teilweise mit alkoholischer Bleiacetatlösung aus alkoholischer Lösung fällen ließ: α-Beninkopalinsäure $C_{21}H_{30}O_3$ vom Fp. 185—187⁰ (S.Z. 172, V.Z. 178, J.Z. 76,5). Nicht gefällt wurde die β-Beninkopalinsäure $C_{15}H_{28}O_3$ vom Fp. 193—197⁰ (S.Z. 246, J.Z. 98). Außerdem fand er noch 2 Resene: β- und γ-Beninkopaloresen $C_{12}H_{30}O_{10}$ bzw. $C_{13}H_{26}O_4$.

Akkrakopal. Er ähnelt in der Farbe dem Beninkopal, ist jedoch härter als dieser. Nach M. Kahan (82) hat er den Fp. 106—156⁰ (S.Z. 122, V.Z. 140, J.Z. 58,5).

Die Ergebnisse der Zerlegung waren:

Der *ätherlösliche* Anteil gab ab: an Ammoncarbonatlösung: 11 % Akkrakopalsäure $C_{21}H_{34}O_3$ vom Fp. 104—106⁰ (S.Z. 177, V.Z. 181, J.Z. 75), an Natriumcarbonatlösung: 13 % α-Akkrakopalsäure $C_{18}H_{30}O_2$ vom Fp. 152—155⁰ (S.Z. 195, V.Z. 196, J.Z. 85,5) und β-Akkrakopalolsäure $C_{19}H_{32}O_2$ vom Fp. 144—148⁰ (S.Z. 189, V.Z. 195, J.Z. 87), an verdünnte Kalilauge 6 % α- und β-Akkrakopalensäure ($C_{10}H_{20}O_2$, Fp. 142—146 bzw. $C_{12}H_{20}O_3$, Fp. 150—152⁰). Außerdem fanden sich 8 % ätherisches Öl (hauptsächlich bei 250—257⁰ siedend) und 8 % α-Akkrakopaloresen $C_{15}H_{36}O_6$ vom Fp. 178—180⁰. Der *ätherunlösliche* Anteil gab an Lauge Akkrakopalinsäure $C_{14}H_{26}O_3$ vom Fp. 122—124⁰ (S.Z. 215, V.Z. 228, J.Z. 98) ab. Ferner ließen sich noch β- und γ-Akkrakopaloresen ($C_{13}H_{26}O_3$, Fp. 197—199⁰ bzw. $C_{20}H_{20}O_3$, Fp. 184—186⁰) erhalten.

Gabonkopal. Er besteht nach Wiesner aus runden Stücken von 1—8 cm Durchmesser mit glatter Oberfläche. Die Körner sind weingelb, stellenweise blutrot und trübe. Die Bruchflächen sind muschelig, stellenweise splitterig. Beim Zerkauen haftet das Pulver schwach an den Zähnen, was sonst nur junge Sierra-Leone-Kopale tun.

Loangokopal. Der *Loangokopal* kommt im Handel in Bruchstücken vor, welche schließen lassen, daß die natürlichen Stücke eine Länge von mehreren Dezimetern erreichen können. Man unterscheidet „weißen" (farblosen bis gelblichen) und „roten" (gelblichrot oder braun gefleckten) Loangokopal. Letzterer ist härter und gleichmäßiger und steht daher höher im Preise. Das Pulver haftet beim Zerkauen fast gar nicht an den Zähnen.

Willner (206) hat diesen Kopal untersucht. Die S.Z. betrug 106—115, die V.Z. 126—134. Die Zerlegung ergab folgendes:

Der *ätherlösliche* Anteil gab an Ammoncarbonatlösung 2 Säuren ab, die mittels ihrer Bleisalze getrennt werden konnten, die α-Loangokopalsäure $C_{20}H_{36}O_2$ (18 %) vom Fp. ca. 134⁰

(S.Z. 154—158, V.Z. 180—181, J.Z. 78—80) und die β-Loangokopalsäure $C_{15}H_{30}O_2$ (12 %) mit dem Fp. ca. 56⁰ (S.Z. 192—194), V.Z. 204—205, J.Z. 105—110). An Sodalösung wurde Loangokopalsäure $C_{18}H_{34}O_2$ (ca. 25 %) vom Fp. 60⁰ (S.Z. 185—187, V.Z. 192—196, J.Z. 89) abgegeben. In der ätherischen Lösung bleiben 5 % ätherisches Öl und 5 % α-Loangokopaloresen. Der *ätherunlösliche* Anteil gibt an wäßrige Lauge Loangokopalinsäure $C_{24}H_{44}O_2$ (15 %) vom Fp. ca. 165⁰ (S.Z. 146—149, V.Z. 167—169, J.Z. 70—72) ab. Es hinterbleibt β-Loangokopaloresen $C_{23}H_{46}O_2$ vom Fp. ca. 200⁰. Die Säuren sind sämtlich einbasisch und haben eine Doppelbindung.

Die südamerikanischen Kopale. Die *südamerikanischen Kopale* stammen nach WIESNER durchweg von lebenden Bäumen, von deren Rinden und Wurzeln sie abgenommen werden. Die vornehmsten Harzlieferantinnen sind *Hymenaea Courbaril* (Brasilien, Venezuela, Guajana) und *Hymenaea stilbocarpa* (Parahiba do Norte). Man kennt 2 Sorten, den *Brasilkopal* und den *Demerarakopal* (Columbiakopal). Unter dem Namen „Brasilkopal" werden in der Praxis häufig auch westafrikanische Produkte gehandelt, worauf hier ausdrücklich aufmerksam gemacht sei. Insbesondere sind Kopale mit „Gänsehaut" und mikroskopischer „Spinngewebs- und Wabenstruktur" (an Dünnschliffen) stets westafrikanischen Ursprungs.

Brasilkopal. Er besteht nach WIESNER aus knollenförmigen, gelben bis tiefflaschengrünen Stücken, die bis zu 10 cm im Durchmesser haben und von einer dünnen, kreidigen Verwitterungsschichte bedeckt sind. Der untere Schmelzpunkt liegt bei 77⁰, der obere bei 115⁰. Beim Kauen wird das Harz weich, es riecht unangenehm leimartig und schmeckt bitter.

Eine chemische Untersuchung eines Brasilkopals wurde von ST. MACHENBAUM (98) durchgeführt. Die Probe schmolz bei 127—160⁰ und hatte die S.Z. 123 und die V.Z. 144.

Der *ätherlösliche* Anteil des Harzes gab an Ammoncarbonatlösung 6 % Brasilkopalsäure $C_{24}H_{40}O_3$ vom Fp. 170—175⁰ (S.Z. 149, V.Z. 174) und an Sodalösung 24 % Brasilkopalolsäure $C_{22}H_{38}O_2$ vom Fp. 95—100⁰ (S.Z. 175, V.Z. 186) ab. In Lösung blieben 5 % ätherisches Öl und 4 % zähes α-Brasilkopaloresen. Der *ätherunlösliche* Anteil gab nach dem Lösen in Alkoholäthergemisch an 1proz. Kalilauge 17 % α-Brasilkopalinsäure $C_{16}H_{30}O_2$ vom Fp. 180—185⁰ (S.Z. 162) ab. In Lösung blieben 8 % zähes, gelbes β-Brasilkopaloresen.

Demerara- oder Columbiakopal. Die Stücke sind verschieden groß, meist knochenartig geformt und von goldgelber Farbe. Die Verwitterungsschichte ist gelblichweiß bis gelbrot. An den einzelnen Stücken sind deutlich Rinden- und Wurzelreste sichtbar. Der Geruch ist schwach und angenehm terpentinartig.

Auch dieses Harz wurde von ST. MACHENBAUM (98) chemisch untersucht. Es schmolz bei 120—155⁰ und hatte die S.Z. 105 und die V.Z. 111.

Der *ätherlösliche* Anteil gab an Ammoncarbonatlösung 4 % Columbiakopalsäure $C_{22}H_{40}O_3$ vom Fp. 145—150⁰ (S.Z. 158, V.Z. 177) und an Natriumcarbonatlösung 21 % Columbiakopalolsäure $C_{22}H_{40}O_2$ vom Fp. 90⁰ (S.Z. 159) ab. In der ätherischen Lösung verblieben: 12 % ätherisches Öl (hauptsächlich bei 210—220⁰ im Vakuum übergehend) und 2 % zähes α-Columbiakopaloresen. Der *ätherunlösliche* Teil gibt an 1proz. Kalilauge 10 % der in kaltem Alkohol löslichen α-Columbiakopalinsäure $C_{14}H_{24}O_2$ vom Fp. 180—181⁰ (S.Z. 217, V.Z. 245) und 20 % der erst in heißem Alkohol löslichen β-Columbiakopalinsäure $C_{18}H_{20}O_2$ vom Fp. 190⁰ ab. Als Rückstand bleiben 3 % zähes β-Columbiakopaloresen.

Auch die in diesem Kapitel besprochenen Kopale werden wie die Kauri- und Manilakopale vor ihrer technischen Verwendung zwecks Erhöhung ihrer Löslichkeit einem „*Abschmelzprozeß*" unterworfen, wobei Wasser, Kohlendioxyd und Kopalöl übergehen. Die Schmelzrückstände zeigen gegenüber dem Ausgangsmateriale eine erhöhte Löslichkeit in Kohlenwasserstoffen (Benzol, Benzin), während die Löslichkeit in Alkohol sehr gering wird; ihr Schmelzpunkt liegt gewöhnlich zwischen 80 und 120⁰. Die weitere technische Verarbeitung geschieht wie bei den Kauri- und Manilakopalrückständen. Die übergehenden Kopalöle sind trotz der großen Mengen, die jährlich anfallen, wenig untersucht. Sie bestehen der Hauptmenge nach aus einem komplizierten Gemische von Kohlenwasserstoffen. Die niedersiedenden Anteile sind hellgelbe bewegliche Flüssigkeiten von terpentinartigem Geruche, während die Mittelfraktionen grün oder braun gefärbt sind. Die höchstsiedenden Anteile (um 300⁰ und höher) fluorescieren gewöhnlich ziemlich stark.

2. Papilionaceae.

Tolubalsam. Der *Tolubalsam* (Balsamum tolutanum) ist das pathologische Excret der im Nordwesten Südamerikas, insbesondere am Magdalenenstrome heimischen Papilionaceae *Myroxylon balsamum* HARMS. Das Harz findet sich nicht im Baume vorgebildet, sondern entsteht erst auf Verwundungen, die in Form von V-förmigen Einschnitten gesetzt werden. Es fließt in darunter angebrachte Gefäße.

Der frische Tolubalsam ist eine rotbraune dickflüssige Masse, die reichlich Zimtsäurekrystalle und Gewebsreste enthält. Die Ausscheidungen vermehren sich bei längerem Stehen, bis schließlich der ganze Tolubalsam zu einer rotbraunen krystallinen und spröden Masse erstarrt ist. So trifft man ihn gewöhnlich im Handel. Er hat die Dichte 1,09—1,15 und schmilzt bei 60—65°, nachdem er schon bei 30° weich geworden ist. Er riecht angenehm vanilleartig und schmeckt säuerlich und kratzend. Unter dem Mikroskope findet man Krystalle von Zimtsäure und Benzoesäure eingebettet in eine gleichmäßige Grundmasse. Letztere wird von Alkohol rascher gelöst als die Krystalle. Aus einem mit kochendem Wasser gemachten Harzauszuge scheiden sich beim Erkalten beträchtliche Mengen von Zimtsäure und Benzoesäure ab. Mit Kaliumpermanganat erhitzt, ergibt der wäßrige Auszug Benzaldehydgeruch.

Der Tolubalsam ist in Alkohol, Äther, Aceton, Benzol, Chloroform, Eisessig und in Alkalien vollständig löslich, fast unlöslich in Petroläther. Schwefelkohlenstoff löst höchstens 25 %, Terpentinöl etwa bis 50 % des Balsames auf. Die Alkohollösung des Harzes reagiert sauer; sie färbt sich mit Eisenchlorid grün.

Die *Säurezahl* liegt nach E. Dieterich zwischen 115—159. DAB. VI schreibt die indirekte Bestimmung vor und gibt als Grenzen 112—168 an: 1 g Tolubalsam, gelöst in 50 cm³ Alkohol, wird mit 10 cm³ alkoholischer n/2 Kalilauge und 200 cm³ Wasser versetzt und unter Zusatz von Phenolphthalein mit n/2 Salzsäure rücktitriert. Die *Verseifungszahl* liegt zwischen 155 und 187, nach DAB. VI zwischen 154 und 210. Die Differenzzahl ist 31—41.

Tschirch und Oberländer (178) haben den Tolubalsam chemisch untersucht. Die ätherische Lösung des Harzes wurde mit 3proz. kalter Natronlauge rasch ausgeschüttelt. Im Äther blieb das „Cinnamein" (7,5 %), ein Gemisch von aromatischen Estern. Die bei 265—270° übergehende Fraktion desselben bestand hauptsächlich aus *Benzoesäurebenzylester*, eine kleinere, bei 280—290° siedende Fraktion enthielt *Zimtsäurebenzylester*. Die oben erwähnte Laugenlösung wurde mit Kohlendioxyd behandelt, es schied sich ein Harz aus (80 %). Dieses wurde verseift, wozu 6—8 Wochen nötig waren. Es entstand ein Gemenge von viel *Zimt-* und wenig *Benzoesäure*. Als alkoholische Komponente wurde *Toluresinotannol* ($C_{16}H_{14}O_3 \cdot OH \cdot OCH_3[?]$) erhalten, das sich in Alkalien und hydrophilen Lösungsmitteln löst, in Schwefelkohlenstoff, Benzol, Äther und Chloroform aber unlöslich ist. Es zersetzt sich nach Sintern wenig über 200°; die alkoholische Lösung färbt sich mit Eisenchlorid grün. Die vom oben erwähnten Harze abfiltrierte Lösung wird eingeengt und filtriert: Natriumsalze der Zimtsäure (viel) und der Benzoesäure (wenig), zusammen 10—12 %. Die Mutterlauge von den letzteren wurde angesäuert und mit Äther ausgeschüttelt. Letzterer, mit Sulfitlauge geschüttelt, liefert *Vanillin* (0,25 %). Außerdem waren im Harze zu finden eine kleine Menge Bitterstoff und ca. 1,5—3 % eines ätherischen Öles (Siedepunkt 160—170°), das vielleicht Phellandren enthält.

Zur Bestimmung der *freien aromatischen Säuren* löst man nach T. Tusting Cocking (189) 5 g Tolubalsam in 25 cm³ heißem Alkohol, setzt 5 g leichtes Magnesiumoxyd und 20 cm³ Xylol zu, erhitzt nach dem Durchschütteln dreimal mit je 100 cm³ Wasser 1 Stunde am Rückflußkühler, filtriert kalt, schüttelt die vereinigten wäßrigen Filtrate zunächst mit 20 cm³ Äther aus, nimmt dann die mit Salzsäure ausgefällten Säuren in Äther auf und trocknet im Vakuum über Schwefelsäure. Zur Bestimmung der *gesamten Menge der aromatischen Säuren* verseift man 2,5 g Balsam mit alkoholischer Kalilauge, verdampft den größten Teil des Alkohols und verfährt weiter wie oben. Der Gehalt an Feuchtigkeit betrug in mehreren Proben 2—8,6 % (durch Trocknen in dünner Schichte im Vakuum bestimmt).

Der Tolubalsam ist außerordentlich oft mit Kolophonium verfälscht („Härtung" des Tolubalsams). BRAITWAITE (209) zieht einen Teil Balsam mit 5 Teilen und dann nochmals mit 2 Teilen Schwefelkohlenstoff (es dürfen höchstens 25% des Balsams in Lösung gehen) aus, filtriert und dampft ab. Der Rückstand soll wenigstens die V.Z. 300 aufweisen, sonst sind Kolophonium oder andere Harze beigemengt gewesen. Kolophonium kann auch mittels der Kupferacetatprobe nachgewiesen werden.

Der Tolubalsam wird als Expectorans und Palliativum bei Erkrankungen der Atmungsorgane verwendet.

Perubalsam. Der *Perubalsam* (Balsamum peruviamum) wird von der in San Salvador (Zentralamerika) heimischen Papilionacee *Myroxylon balsamum var. Pereirae* gewonnen.

Der Perubalsam ist im Baum nicht vorgebildet, sondern entsteht erst als pathologisches Excret, wenn der Stamm durch Beklopfen, manchmal auch durch Anbrennen der Rinde verletzt wird. Der ausfließende Balsam durchtränkt dann auf der Wunde angebrachte Lappen, aus denen er dann durch Auspressen oder Auskochen mit Wasser gewonnen werden kann. Die Bäume sollen bei rationeller Gewinnung 30 Jahre hindurch jährlich durchschnittlich 2,5 kg Balsam liefern.

Der Perubalsam hat das Aussehen eines dünnflüssigen braunroten bis braunschwarzen Sirups. Er ist weder klebrig noch fadenziehend. Gute Sorten sind auch unter dem Mikroskope homogen, mindere sind trüb. Sein Geruch ist sehr angenehm und erinnert an Benzoeharz und Vanille. Der Geschmack ist anfangs milde, später scharf und kratzend. Der Perubalsam hat die Dichte 1,145—1,158 und bei 20° den Brechungsindex 1,593. Er trocknet selbst bei langjähriger Aufbewahrung nicht ein.

Der Perubalsam löst sich in hochprozentigem Alkohol, in Amylalkohol, Aceton und Chloroform klar, ebenso auch im gleichen Vol. 80proz. Chloralhydrats. Er ist sehr wenig löslich in Petroläther. Er vermag $1/_3$ seines Gewichtes an Schwefelkohlenstoff aufzunehmen, bei etwas größerer Zugabe des letzteren tritt Ausscheidung einer schwarzbraunen Harzmasse ein. Mit höchstens 50% fettem Öle, mit 25% Copaivabalsam oder mit 12% Terpentinöl läßt er sich mischen.

Die Angaben über die *Kennzahlen* schwanken beträchtlich. Das liegt wohl häufig an der Verschiedenheit der untersuchten Balsame (Verfälschungen!), aber auch an der Verschiedenheit der angewandten Methoden. Die S.Z. schwankt nach K. DIETERICH für Handelsbalsam zwischen 60 und 80, sie betrug für einen authentisch reinen Balsam ca. 77. Das Verfahren der Bestimmung ist nach diesem Autor folgendes: 1 g Balsam wird in 200 cm³ 96proz. Alkohol aufgelöst und mit n/10 alkoholischer Kalilauge titriert (Phenolphthalein als Indicator). Andere Autoren geben für die S.Z. Werte von 31—83 an. Die V.Z. wird entweder auf gewöhnlichem Wege heiß bestimmt, man erhält dann 228—255, oder man verseift nach K. DIETERICH *kalt*, was Werte zwischen 240—270 liefert, nach anderen zwischen 214 und 264. Das Verfahren ist im letzteren Falle folgendes: 1 kg Perubalsam wird in einer Glasstöpselflasche von 500 cm³ mit 50 cm³ Benzin (0,700) und 50 cm³ n/2 Kalilauge unter öfterem Umschütteln 24 Stunden stehengelassen, dann werden 300 cm³ Wasser zugegeben, es wird gut umgeschüttelt und mit n/2 Schwefelsäure unter ständigem Schütteln zurücktitriert (Phenolphthalein als Indicator). Die D.Z. schwankt zwischen 160 und und 200, die J.Z. zwischen 40 und 43.

Die *chemische Zusammensetzung* des Perubalsams war häufig Gegenstand von Untersuchungen. Entsprechend der nahen Verwandtschaft der Stammpflanzen ergaben sich auch Ähnlichkeiten in der qualitativen Zusammensetzung von Peru- und Tolubalsam. Vor allem findet sich auch hier, allerdings in einer Menge von 60—75% ein „Cinnamein", ein Gemenge von ca. 3 Teilen *Benzoe-*

säurebenzylester mit 1 Teil *Zimtsäurebenzylester*. Dieses Gemenge läßt sich leicht als bei 298—302⁰ siedendes Öl aus dem Harze gewinnen, wenn man die laugenlöslichen Teile des letzteren mittels Ätznatron entfernt. Da aber hierbei die Möglichkeit von Esterverseifungen besteht, zieht TSCHIRCH den Balsam mit Schwefelkohlenstoff aus, verdunstet den Schwefelkohlenstoff und löst den Rückstand in Äther und erhält so nach dem Ausschütteln mit verdünnter Sodalösung zur Entfernung der mitgelösten Säuren das „Cinnamein". Die Zusammensetzung des Cinnameins scheint sehr zu schwanken, da andere Autoren verhältnismäßig höhere Mengen an Zimtsäureester fanden. Außer freier Zimtsäure wurde im Rohcinnamein von THOMS (155) auch ein flüssiger Alkohol gefunden, das „*Peruviol*", dessen Identität mit *Nerolidol* $C_{15}H_{26}O$ von RUZICKA (121) erkannt wurde. Nerolidol ist strukturell aufgeklärt und bereits synthetisiert:

$$CH_3—\underset{\underset{CH_3}{|}}{C}=CH \cdot CH_2 \cdot CH_2 \cdot \underset{\underset{CH_3}{|}}{C}=CH \cdot CH_2 \cdot CH_2 \cdot \underset{\underset{OH}{|}}{C}—CH=CH_2.$$

Auch eine Säure vom Schmelzpunkte 79—80⁰, angeblich Dihydrobenzoesäure ist im Cinnamein gefunden worden. Der nach der Entfernung des Cinnameins zurückbleibende alkalilösliche Harzester läßt sich durch Verseifung in Zimtsäure und den phenolischen Paarling *Peruresinotannol* zerlegen. Derselbe ist ein amorphes Pulver und hat nach TSCHIRCH die Formel $C_{18}H_{19}O_4 \cdot OH$. Auch ein Monoacetyl- bzw. ein Monobenzoylderivat konnten gewonnen werden.

Der Perubalsam unterliegt außerordentlich der *Verfälschung*, die der Verbesserung der Untersuchungsmethoden entsprechend oft sehr geschickt vorgenommen wird. Es kommen für den Verschnitt hauptsächlich *fette Öle* (Ricinus-, Olivenöl), *Terpentin*, *Kolophonium* sowie *Tolubalsam, Copaivabalsam, Gurjunbalsam, Styrax* usw. in Betracht. Auch das „Cinnamein" wird oft durch *künstliche Estergemische* (z. B. Phthalsäuredimethylester, Glycerinacetat und Benzylbenzoat) ersetzt.

Grobe Verfälschungen mit fetten Ölen können mitunter schon durch die unvollständige Löslichkeit in 60proz. Chloralhydratlösung erkannt werden. Im allgemeinen müssen aber die Kennzahlen sowohl des Balsams als auch des isolierten Cinnameins bestimmt werden. Die E.Z. des letzteren soll 235—255 sein. Die *Menge des Cinnameins* wird in folgender Weise bestimmt:

Methode von K. DIETERICH. Die ätherische Lösung von 1 g Perubalsam wird mit 20 cm³ einer 2proz. Natronlauge ausgeschüttelt. Man läßt den Äther verdunsten, stellt durch 12 Stunden in den Exsiccator, wägt und läßt nochmals 12 Stunden stehen, worauf man abermals wägt. Das Mittel beider Wägungen gilt als Norm.

Methode des D.A.B. VI. 2,5 g Perubalsam, 5 g Wasser und 5 g Natronlauge (10proz.) werden 10 Minuten mit 30 cm³ Äther kräftig geschüttelt. Dann werden 3 g Traganthpulver zugesetzt und nochmals kräftig geschüttelt. Von der klar filtrierten Lösung werden 24 g (= 1,9 g Balsam) verdunstet. Das Gewicht des Rückstandes ($^1/_2$ Stunde bei 100⁰ getrocknet) muß mindestens 1,07 g betragen = 56%. Die Menge des Cinnameins sinkt bei echten Balsamen nie unter 50%.

Von Wert ist nach K. DIETERICH auch die *Harzesterbestimmung*:

Man fällt die von der ätherischen Flüssigkeit getrennte braune alkalische Harzlösung mit verdünnter Salzsäure aus, filtriert durch ein gewogenes Filter und wäscht unter Verwendung der Saugpumpe mit möglichst wenig Wasser bis zum Ausbleiben der Chlorreaktion aus. Das bei 80⁰ C bis zum konstanten Gewicht getrocknete Harz wird auf Prozente berechnet angegeben. Die Menge des Harzesters beträgt 20—28%. Außerdem ist das Verhältnis vom Harzester zum Cinnamein anzugeben; es beträgt etwa 1:3. Verhältniszahlen über 1:2 und unter 1:5 lassen auf Verfälschungen schließen.

Bei geschickten Verfälschungen werden die Kennzahlen nicht notwendig verändert. Man muß daher eine Reihe von weiteren Proben vornehmen. Wertvoll ist die Probe von Enz-Hager (45):

Einige Tropfen Balsam werden mit ca. 10 cm³ eiskaltem Petroläther geschüttelt. Bei reinem Balsam bleibt der Petroläther klar, während der Balsam sich als klebrige Masse an der Wand festsetzt. Trübungen oder pulverige Ausscheidungen weisen auf Verfälschungen (Perugen) hin. Die Petrolätherlösung muß farblos sein und darf nach dem Verdunsten keine öligen Rückstände hinterlassen (Ricinusöl, Terpentin, Styrax, Tolubalsam, Copaivabalsam, Harzöl, Benzaldehyd usw.). Löst man 3 Tropfen des Rückstandes in 10 Tropfen Essigsäureanhydrid, so darf sich die Lösung auf Zusatz von 2 Tropfen Schwefelsäure nicht sofort rotviolett bis blauviolett färben (künstlicher Perubalsam, Gurjunbalsam). Schüttelt man 4 cm³ des filtrierten Petrolätherauszuges mit 10 cm³ Kupferacetatlösung, so darf sich der Petroläther nicht grün färben (Kolophonium) (D.A.B. VI).

Eine Prüfung auf Perugen erlaubt die Reaktion von Fromme (51):

2 g Balsam werden mit 10 cm³ Petroläther gemischt; die Lösung wird nach gutem Durchschütteln filtriert. Aus dem Filtrat wird der Petroläther verdampft und dann noch 10 Minuten auf dem Wasserbade erhitzt. Nach völligem Erkalten werden 5 Tropfen Salpetersäure (Dichte = 1,38) zugesetzt. Grünfärbung weist auf Verfälschung mit dem genannten Mittel hin, während sich aus rotbraunen Farbtönen kein Schluß ziehen läßt.

Von Hugo Platz (110) ist auch die capillaranalytische Prüfung des Balsams versucht worden. Die weitläufige Beschreibung der erhaltenen Capillarbilder kann aus Raummangel hier nicht wiedergegeben werden.

Der Perubalsam wird in der Medizin äußerlich gegen verschiedene Hautkrankheiten, wie Ekzem, Scabies usw., verwendet, innerlich bei Brustleiden als Expectorans. Er dient auch als wohlriechender Zusatz bei kosmetischen Mitteln und beim „Chrisma" der katholischen Kirche.

Tschirch und Germann (165) haben ein freiwillig aus der Rinde des Perubalsambaumes tretendes „Balsamum naturale" untersucht. Es enthielt ca. 17 % Gummi und ca. 77,5 % Harz und war frei von Zimtsäure und Benzoesäure. Aus der ätherischen Lösung wurden nach dem Ausschütteln mit Lauge durch Verdunsten bei 159° schmelzende Krystalle erhalten, die sich auch durch direkte Extraktion aus der Rinde und dem Harz des Perubalsambaumes mit Schwefelkohlenstoff erhalten ließen. Dieselben haben nach der Analyse von Tschirch die Formel $C_{38}H_{34}O_{10}$ (?).

Dieselben Autoren haben auch die Früchte von *Myroxylon Balsamum var. Pereirae* untersucht, aus denen der heute nicht mehr im Handel befindliche „weiße Perubalsam" früher bereitet worden sein soll. Die Samen dieser Früchte sind mit einer krystallinischen *Cumarin*schichte bedeckt. Die von den Samen befreiten Hülsen geben beim Extrahieren mit Alkohol nach dem Erkalten das bei 75° schmelzende wachsartige *Myroxocerin* $C_{12}H_{20}O$, aus den Rückständen der Alkoholextraktion läßt sich neben einem alkoholartigen, braunen Harze „Myroxol" auch ein farbloses, in Blättchen krystallisierendes, bei 144° schmelzendes *Myroxofluorin* $C_{42}H_{64}O_{10}$ (?) gewinnen, das sich in Schwefelsäure mit stark grüner Fluorescenz löst. Aus den mit Alkohol erschöpften Früchten erhält man durch Äther einen resenartigen, indifferenten Körper $C_{23}H_{36}O$, der vielleicht verwandt ist mit dem von Stenhouse (150) aus weißem Perubalsam krystallisierenden *Myroxocarpin* $C_{48}H_{36}O_6$ vom Fp. 115°.

g) Zygophyllaceae.

Guajac-Harz.

Das *Guajac-Harz* (resina guajaci) wird von den in Westindien und im Norden Südamerikas heimischen Bäumen *Guajacum officinale* und zum geringen Teile auch von *Guajacum sanctum* gewonnen. Es findet sich nur im Kernholze vor, welches sich durch seine dunkle Farbe von dem in gewöhnlicher lichter Holzfarbe erscheinenden Splinte abhebt. Das Kernholz von Guajacum officinale enthält etwa 25 % Guajac-Harz, das von Guajacum sanctum beträchtlich weniger.

Kleine Körner des Harzes finden sich in den älteren Schichten des Holzes, größere (bis 3 cm im Durchmesser) entstehen nach künstlichen Verletzungen des Stammes. Sie werden gesammelt und bilden das seltene „Guajac in Körnern". Viel größere Mengen einer nur sehr wenig verschiedenen Sorte „Guajac in Massen" werden durch künstliches Ausschmelzen der der Länge nach durchbohrten Stämme und Aststücke über freiem Feuer oder aber auch durch Auskochen des zerkleinerten Holzes mit Salzwasser gewonnen. Letzteres Harz kommt in Form großer Blöcke oder unregelmäßiger Stücke in den Handel. In beiden Sorten, besonders in letzterer, finden sich Rinden- bzw. Holzteile.

Das stets spröde Harz hat eine rotbraune, bisweilen fast schwarzbraune Farbe, die oft mehr oder minder stark ins Grünliche geht. Letzteres ist stets bei längerem Liegen an der Luft, besonders in gepulvertem Zustande, der Fall. Im allgemeinen ist das Harz undurchsichtig, nur an den Kanten oder in dünnen Splittern durchscheinend, im Mikroskop durchsichtig und von blaßgrünbräunlicher Farbe. Die Dichte beträgt 1,22—1,25, der Geruch ist schwach benzoeartig, der Geschmack kratzend. Beim Kauen haftet das erweichende Harz an den Zähnen. Der Schmelzpunkt liegt bei 85—95⁰. Das Harz löst sich größtenteils in Alkohol, Essigäther, Choroform und Benzol, ebenso in 80proz. Chloralhydratlösung, wenig dagegen in Schwefelkohlenstoff und Petroläther (3—10 %). In Wasser lösen sich nur 3—4 % des Harzes.

Die alkoholische Lösung des Harzes (Tinctura guajaci) färbt sich ebenso wie das feste Harz auf Zusatz von Oxydationsmitteln (Chromsäure, Ozon, oxydierende Enzyme, Chlor, Jod, Brom usw.) blau. Diese Bläuung verschwindet durch Reduktionsmittel, z. B. Schwefeldioxyd, wieder.

Die *S.Z.d.* ist etwa 30—45. K. Dieterich bestimmte die *S.Z.ind.* für Guajac in massis zu 90—93, für Guajac depuratum zu 90—98, für Guajac in lacrimis zu 72—76: 1 g Harz wird mit 10 cm³ alkoholischer n/2 und 10 cm³ wäßriger n/2 Kalilauge in einer verschlossenen Glasstöpselflasche 24 Stunden stehengelassen und dann nach Zusatz von 500 cm³ Wasser mit n/2 Schwefelsäure und Phenolphthalein zurücktitriert.

K. Dieterich hat auch die *Acetylzahlen* bestimmt und fand:

	Acetylsäurezahl	Acetylverseifungszahl	Acetylesterzahl
Guaj. depurat	14—15	163—164	149—150
„ in massis	46—53	168—192	122—139

Als Methylzahlen werden 74—78 angegeben.

Die trockene Destillation des Harzes liefert *Tiglinaldehyd* (Guajol), *Brenzcatechinmonomethyläther* (Guajacol), *Kreosol* (ein Homologes des vorigen) und *Pyroguajacin*. Das Pyroguajacin liefert bei der Zinkstaubdestillation *Guajen*, das von Schroeter (138) als 2, 3-Dimethylnaphthalin erkannt und synthetisiert wurde. Das Pyroguajacin ist *Oxy-methoxy-2, 3-dimethylnaphthalin* folgender Formel und wurde von Haworth (55a) synthetisiert.

Die Hauptmenge des Harzes bestand aus einem Gemisch von Harz„säuren" („Guajaconsäure"), die allerdings später als phenolische Verbindungen sauren Charakters erkannt wurden.

Die „Guajaconsäure" lieferte bei der fraktionierten Destillation außer einer auch aus dem Harze selbst erhältlichen Verbindung $C_{19}H_{18}O_3(OH)_2$ vom Fp. 107⁰ einen bei 133⁰ schmelzenden krystallisierten Körper von der Zusammensetzung $C_{16}H_{18}O_3$ und einen amorphen Körper der Formel $C_{34}H_{35}O_4(OH)_3$. P. Richter (119) hat die Guajaconsäure durch fraktionierte Krystallisation in die bei 127⁰ schmelzende krystallisierte β-Guajaconsäure $C_{21}H_{26}O_5$ (Dibenzoat, Fp. 138⁰) und die leichter lösliche amorphe α-Guajaconsäure $C_{22}H_{24}O_9$ oder $C_{22}H_{26}O_6$ (Tribenzoat, Fp. 133—135⁰) getrennt. Nur letztere Verbindung färbt sich mit Oxydationsmitteln, z. B. Bleisuperoxyd, in Chloroform blau. Diese blauen Massen haben nach P. Richter die Zusammensetzung $C_{22}H_{24}O_9$. Die aufgestellten Formeln sind in hohem Maße willkürlich.

Mit viel besserem Erfolge ist die *Guajac-Harzsäure* studiert worden. Diese „Säure" kommt in einer Menge von ungefähr 10 % im Guajac-Harze vor und kann auf Grund der Schwerlöslichkeit ihres Natriumsalzes aus dem ätherischen Auszug des Harzes durch Behandlung mit Natronlauge erhalten werden (72). Sie krystallisiert in reinem Zustande in weißen Blättchen vom Fp. 99—100⁰. Wie Herzig und Schiff (61) nachgewiesen haben, besitzt sie 2 Hydroxyl- und 2 Methoxylgruppen. G. Schroeter (138) stellte dann die Formel $C_{20}H_{24}O_4$ auf und fand, daß sich im Molekül eine Doppelbindung befindet sowie, daß die Säure optisch aktiv ($[\alpha]D = -94^0$) ist. Auf Grund einer Reihe von schön krystallisierenden Derivaten (des Dimethyläthers sowie der Dihydroverbindung und des Dibromanlagerungsproduktes desselben, der Methylabspaltungs- [Nor-] Derivate usw.) sowie der optischen Aktivitäten dieser Produkte kommt er zu folgender recht wahrscheinlichen Formel:

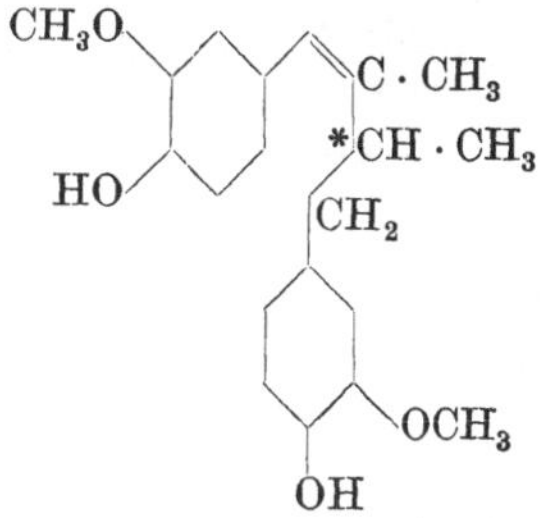

Diese Formel erklärt zwanglos die Entstehung der eingangs erwähnten Produkte der trockenen Destillation des Harzes.

Doebner und Lücker (40) fanden ferner ca. 10 % *Guajacinsäure* (= β-Harz) der Formel $C_{20}H_{19}O_4(OH)_3$.

Im ätherischen Auszuge des Harzes findet sich noch eine kleine Menge (0,7 %) eines bei 115⁰ schmelzenden krystallisierenden Körpers $C_{20}H_{20}O_7$, der sich in Alkalien mit gelblicher, in konzentrierter Schwefelsäure mit blauer Farbe löst, das *Guajacgelb*; ferner finden sich stets geringe Mengen an *Resen* und *Öl* (0,7 %), das dickflüssig und hellgelb ist, eigentümlich aromatisch riecht und nicht destillierbar ist.

Zur *Verfälschung* des Guajac-Harzes wird häufig *Kolophonium* verwendet. Man erkennt einen solchen Zusatz an der sehr hohen S.Z.ind., auch steigt die Menge des in Petroläther löslichen Anteiles des Harzes beträchtlich (bis 42 %!).

Das Guajac-Harz wurde früher als Diureticum und Purgativum verwendet, ist aber in Deutschland nicht mehr offizinell. Heute wird es für die Herstellung der Guajactinktur, zum Nachweise von oxydierenden Stoffen und Oxydasen (Unterscheidung von roher und gekochter Milch, Erkennung von Blut im Stuhl usw.) sowie von sehr geringen Mengen an Blausäure verwendet.

h) Burseraceae.

1. Elemiharze.

Die Elemiharze stammen von einer Reihe von Burseraceen, unter denen insbesondere die *Canariumarten*, ferner Vertreter der Gattungen *Icica* (Protium), *Bursera*, *Pachylobus* und *Aucoumea* zu nennen sind. Auch die von Engler zu den Rutaceen gestellte Gattung *Amyris* liefert Elemiharze. Eine scharfe Abgrenzung der Elemiharze ist bei dieser Unsicherheit der Abstammung kaum möglich, und das um so weniger, als auch ein und dieselbe Sorte trotz Ableitung von derselben Stammpflanze oft nach der geographischen Herkunft mit verschiedenen Namen belegt worden ist.

Sämtliche Elemisorten sind reich an ätherischem Öle, sie sind anfangs balsamartig und flüssig, werden aber durch alsbald einsetzende Krystallausscheidungen rasch zu einer salbenartigen Masse (*Elemi weich*), die dann bei längerem, offenem Stehen durch Verdunsten des ätherischen Öles und Vermehrung der Krystalle schließlich fest wird (*Elemi hart*). Die Harze sind pathologischer Natur und entstehen erst auf Verwundungen hin, der Ausfluß wird mitunter durch Erwärmen der Lachen vermehrt.

Manilaelemi. Dieses Harz soll hier vorangestellt werden, da es die verschiedenen früher im europäischen Handel gewesenen Elemisorten fast völlig verdrängt hat und bis heute fast allein Gegenstand eingehender chemischer Untersuchungen gewesen ist. Es wird auf den Philippinen, namentlich auf Luzon, von *Canarium*arten, nach Tschirch von *Canarium commune* oder aber vielleicht von *Icica Abilo* gewonnen. Das Harz kommt als

Manilaelemi „weich" und *„hart"* in den Handel. Da das erstere mehr geschätzt wird, sucht man das Elemiharz durch sorgfältigen Luftabschluß vor Verdunstung zu schützen.

Das Manilaelemi stellt eine weiße bis gelbe oder grünlichgelbe, weiche bis zähklebrige Masse dar, die bei längerem Stehen an der Luft zu einer mit Krystallen durchsetzten Masse erstarrt. Im Mikroskop sieht man besonders beim Verreiben mit Alkohol zahlreiche Krystalle (von Amyrin und Elemisäure). Das Harz hat die Dichte 1,02—1,09, es riecht stets terpentinartig und etwas nach Fenchel oder Citronen. Sein Geschmack ist aromatisch, bitter und dabei etwas erwärmend. Hartes Elemi erweicht leicht bei ca. 80° und schmilzt bei etwa 120°. Es sind darin meist geringe Mengen von Rindenteilchen oder zufällig in das Harz gelangte Insekten usw. zu finden. Manilaelemi löst sich vollständig in Äther, Essigäther, Chloroform, Schwefelkohlenstoff, Benzol, Toluol und heißem Alkohol, nur zum Teil in kaltem Alkohol, Petroläther, Methylalkohol und 80 proz. Chloralhydrat.

Die S.Z., die D.Z. und die V.Z.h. liegen relativ niedriger. Sie betragen nach H. Wolff:

	Weiche Harze	Harte Harze
Verlust bei 100°	12—23 %	7—11 %
S.Z.	18—34	19—55
V.Z.	25—60	28—72
D.Z.	6—25	12—46

Bei der schweren Verseifbarkeit einzelner Bestandteile (insbesondere der Ester der Amyrine) ist die heiße Verseifung hier unbedingt vorzuziehen.

Elemi weich besteht nach Tschirch aus 20—25 % ätherischem Öl, 20—25 % Amyrin, 30—35 % „Maneleresen", 5—6 % α- und 8—10 % β-Elemisäure.

Das ätherische Öl, das „Elemiöl", ist farblos oder hellgelb und hat einen ausgesprochenen Phellandrengeruch. Das spezifische Gewicht des Öles (im Großbetrieb gewonnen) beträgt 0,87—0,91, es dreht nach rechts ($[\alpha]_D = +35$ bis $+53°$), $n_D^{20°} = 1{,}48$—$1{,}49$. Das Elemiöl enthält in der unter 175° siedenden Fraktion *Phellandren*, in der Fraktion von Siedepunkt 175—180° findet sich reichlich *Dipenten*; ferner wurden noch gefunden *d-Limonen, Terpinen, Terpinolen* (s. S. 490, 487, 489). Außer diesen Terpenen enthält Elemiöl in der von 277—280° siedenden Fraktion das optisch inaktive „Elemizin" (146) vom Siedepunkt 144—147° (10 mm), $d_{20} = 1{,}063$, $n_D = 1{,}5285$, das als *4-Allyl-1, 2, 6-Trimethoxybenzol* erkannt und von Mauthner (104) synthetisiert worden ist.

In den hochsiedenden Fraktionen des Manilaelemiöls kommt ferner ein Sesquiterpenalkohol $C_{15}H_{26}O$, das α-*Elemol* (s. S. 522) vor, das nach Jansch und Fantl (76) bizyklisch, einfach ungesättigt und tertiär sein sollte. Wie aber Ruzicka und Pfeiffer (129) einwandfrei feststellten, ist α-Elemol ein monozyklischer tertiärer Alkohol. Seine Konstanten sind: Fp. 46°, Siedepunkt 142—143° (10 mm), $d_{21} = 0{,}9411$, $[\alpha]_D^{20,5} = -2{,}73°$, $n_D^{21,3} = 1{,}49788$, Mol. Refr. 69,13 (beim Benzoylieren und Verseifen des Benzoats geht er in das isomere zweifach ungesättigte flüssige β-Elemol [Siedepunkt 152—156° [17 mm], $[\alpha]_D = -5°$, $n_D = 1{,}5030$] über, das identisch ist mit dem von Semmler und Liao [147] erhaltenen, im Naturprodukte aber nicht vorhandenen Elemol).

Durch Anreiben mit Alkohol erhält man eine weiße Masse, welche, aus Ätheralkohol umkrystallisiert, das „Amyrin" in prachtvollen seidenglänzenden Krystallen vom Fp. 170—171° liefert. Wie Vesterberg (198) gezeigt hat, besteht dieses Rohamyrin aus zwei isomeren, einander sehr ähnlichen Triterpenalkoholen $C_{30}H_{49}OH$, dem α- und β-*Amyrin*, die sich auf Grund der verschiedenen Löslichkeit ihrer Benzoate durch fraktionierte Krystallisation voneinander trennen lassen. Das schwer lösliche Derivate bildende β-Amyrin ist hierbei in einer Menge von ungefähr 25 % im Rohamyrine vorhanden. Beide Amyrine sind gesättigte einwertige sekundäre Alkohole. α-Amyrin bildet lange feine Nadeln, die bei 181° schmelzen, $[\alpha]_D^{16} = +91{,}6°$ in Benzol (α-Amyrinbenzoat, Fp. 191—192°). Das β-Amyrin, ebenfalls in Nadeln krystallisierend, hat den Fp. 193—194°,

$[\alpha]_D^{19} = + 99,8^0$ in Benzol (β-Amyrinbenzoat, Fp. 228—229^0). Die beiden Amyrine lassen sich durch Oxydation mit Chromsäure in die entsprechenden, sehr schön krystallisierenden *Ketone* überführen (219) (α-Amyron, Fp. 125—130^0, β-Amyron, Fp. 178—180^0), durch Phosphorpentachlorid werden die um 1 Molekül Wasser ärmeren ungesättigten Kohlenwasserstoffe $C_{30}H_{48}$, die *Amyrilene*, erhalten (α-Amyrilen, Fp. 134—135^0, β-Amyrilen, Fp. 175—178^0).

L. Ruzicka (124) hat jüngst das Rohamyrin einer *Dehydrierung* mit Schwefel und mit Selen unterworfen und hierbei einen Kohlenwasserstoff erhalten, den er als ein 1, 2, 7-Trimethylnaphthalin (Kp.$_{16\,mm}$ = 147—149^0) erkannte. Es ist dies der erste tiefere Einblick in den Bau des Amyrinmoleküls, den man bisher gewinnen konnte. Die Oxydation von α-Amyrin liefert nach H. Dieterle (11 a) neben α-Amyron, Aceton, Kohlendioxyd und Spuren eines angenehm riechenden Körpers noch ein Keton $C_{21}H_{34}O$ (Fp. 89—90^0, $[\alpha]_D^{20} = + 123,2^0$), welches bei geeigneter Führung des Prozesses zum Hauptprodukte wird. Bezüglich Einwirkung von Ozon, Salpetersäure und bezüglich der Ergebnisse der Dehydrierung muß auf das Original verwiesen werden. β-Amyrin lieferte durch Überführung in das Formiat und nachfolgende Verseifung ein isomeres γ-Amyrin, das bei der Dehydratisierung ein γ-Amyrilen (Fp. 175^0, $[\alpha]_D^{20} = + 54,1^0$ in Chloroform) gab.

Bryoidin, ein weiterer alkoholischer Körper, kann aus dem Elemiharze durch Extraktion mit ca. 25 proz. Alkohol und Einengen der Lösung in ungefähr 1 proz. Ausbeute erhalten werden. Prismen vom Fp. 136^0 und der Formel $C_{20}H_{38}O_3$. *Brein* $C_{30}H_{48}(OH)_2$, aus den eingedampften Mutterlaugen des Rohamyrins durch Auskochen mit 80—85 proz. Alkohol in einer Ausbeute von 1 % erhältlich, krystallisiert in Prismen, die bei 216—217^0 schmelzen und optisch aktiv sind ($[\alpha]_D^{15^0} = + 65,5^0$ in Alkohol).

H. Lieb und seine Mitarbeiter (96) haben die von Tschirch und Cremer (163) isolierten α- und β-Elemisäuren (= α- und β-Elemolsäuren) einer eingehenden chemischen Untersuchung unterzogen. Sie lösten das Harz in Äther, destillierten das Filtrat mit Dampf und schüttelten den in Benzol gelösten Rückstand mit 2 proz. Natronlauge aus. Aus dieser erhielten sie durch Fällen mit Salzsäure und durch mehrmaliges Umkrystallisieren die α-Elemisäure vom Fp. 215^0 in einer Menge von 5—7 % ($[\alpha]_D = - 24,48^0$). Die ursprünglich mit der Formel $C_{27}H_{42}O_3$ versehene α-Elemisäure wird heute auf Grund der Analysen der aus ihr mittels Palladium und Wasserstoff hergestellten Dihydrosäure (Fp. 238^0, nach Ruzicka 246—247^0) als $C_{30}H_{48}O_3$ formuliert. Sie liefert krystallisierte Kalium-, Natrium- und Silbersalze und wird von den genannten Autoren als Oxysäure mit sekundärer Hydroxylgruppe, als „Elemolsäure" aufgefaßt. Sie hat nach K. H. Bauer (13) eine Doppelbindung. Ihre Acetylverbindung $C_{32}H_{50}O_4$ schmilzt nach Sintern bei 225^0, ihr optisch inaktives Bromwasserstoffadditionsprodukt bei 224^0. Elemolsäuredibromid $C_{30}H_{48}O_3Br_2$ schmilzt bei 207^0 und gibt mit methylalkoholischem Kali die Verbindung $C_{30}H_{47}O_3Br$ vom Fp. 285^0. Durch Oxydation der Elemolsäure erhält man Elemonsäure $C_{30}H_{46}O_3$ vom Fp. 274^0 ($[\alpha]_D^{13^0} = - 67,1^0$). Deren Hydrierungsprodukt, die Hydroelemonsäure $C_{30}H_{50}O_3$ schmilzt bei 293^0, nach Ruzicka bei 295—296^0. Die Formel $C_{30}H_{48}O_3$ für Elemolsäure ist kürzlich von L. Ruzicka und seinen Mitarbeitern (130 a) bestätigt worden, ebenso die Formel der Elemonsäure. Der Dihydro-α-elemonsäure gibt er die Formel $C_{30}H_{48}O_3$. Bei der Dehydrierung der Elemisäure mit Selen erhält er neben anderen Produkten wie bei den Amyrinen 1, 2, 7-Trimethyl-naphthalin (Sapotalin).

Die von Tschirch erhaltene amorphe β-Elemisäure ist nach H. Lieb (l. c.) nur ein Verharzungs- und Umwandlungsprodukt der α-Elemisäure.

Eine neue γ-Elemisäure $C_{30}H_{50}O_3$ vom Fp. 281° (unkorr.), ($[\alpha]_D^{20°} = + 68,76°$ in Methylalkohol) fand H. Lieb in den letzten aus Alkohol krystallisierenden Anteilen des Elemiharzes. Sie hat eine Hydroxyl- und eine Carboxylgruppe. Ihre Acetylverbindung $C_{32}H_{52}O_4$ schmilzt bei 180° (unkorr.). Sie konnte von L. Ruzicka nicht wieder erhalten werden.

Letzterer erhielt aber durch wiederholtes fraktioniertes Krystallisieren des rohen Harzsäuregemisches eine neue δ-Elemisäure vom Fp. 216—218° und der Formel $C_{30}H_{46}O_3$. Ihr Methylester $C_{31}H_{48}O_3$ (Fp. 112—113°) wurde mit Diazomethan dargestellt.

Ob die α- und δ-Elemisäuren wirklich einheitlich sind, steht aber nach Ruzicka noch keineswegs fest. Es liegen möglicherweise Isomerengemische vor. Die Molekularrefraktionen der Ester stimmen für zwei Doppelbindungen.

Das von Tschirch nach seiner Methode erhaltene „Maneleresen" ist amorph, löst sich in allen Harzlösungsmitteln, auch in Petroläther, mit brauner Farbe, schmilzt bei ca. 63—65°, hat die Zusammensetzung $C_{15}H_{30}O$ und ist gänzlich ununtersucht. Es macht ungefähr 30—35 % des Harzes aus.

Zur Erkennung von *Verfälschungen* dienen vor allem die niedrigen S.Z. und V.Z. des Elemi, die ein Zusatz von Terpentin oder Kolophonium bedeutend erhöht. Auch durch die saure Reaktion der alkoholischen Harzlösung gegen Lackmus kann ein derartiger Zusatz leicht erkannt werden. Ein weiteres Mittel zur Erkennung von Verschnitten ist nach H. Wolff die Untersuchung des mit überhitztem Wasserdampf (110—120°) übergehenden Öles. Die Dichte desselben (0,87—0,91) ist höher als die des Terpentinöles, auch siedet es höher (hauptsächlich bei 170—180°) als Terpentinöl (hauptsächlich bei 155—165°).

Ein sicherer Nachweis für Elemiharze ist die Isolierung von Amyrin, die man nach H. Wolff in folgender Weise durchführt:

Das Harzgemisch wird im Extraktionsapparat oder durch Schütteln mit Äther extrahiert. Die ätherische Lösung schüttelt man so oft mit 2proz. Kalilauge, bis diese beim Ansäuern mit Salzsäure keine Ausscheidungen mehr gibt. Spuren von Ausscheidungen können unberücksichtigt bleiben. Nun dampft man den Äther ab und reibt den Rückstand in der Kälte mit ganz wenig Äther an, wobei er meistens sofort krystallinisch erstarrt, wenn viel Amyrin zugegen ist. Man fügt dann so viel Äther zu, daß man gut absaugen kann und krystallisiert aus Alkohol um.

Tritt keine spontane Krystallisation ein, dann löst man den Rückstand in wenig Äther, fügt Alkohol hinzu, bis eben eine Trübung entsteht. Nun gibt man noch etwas Äther zu, bis eben Lösung eintritt, und läßt in einem Vakuumexsiccator mit geöffnetem Hahn stehen, um langsame Verdunstung zu erzielen. Das Amyrin krystallisiert dann in langen Nadeln vom Schmelzpunkt ca. 170°. In Benzollösung hat das Elemi $[\alpha]_D = + 50°$ bis $+ 90°$, je nach dem Gehalt an α-und β-Amyrin.

Weitere Elemisorten. K. Dieterich zählt noch folgende Elemisorten auf: Außer dem Manilaelemi besitzt noch das *amerikanische oder westindische Yukatanelemi* (wahrscheinlich von Amyris Plumieri) einige Bedeutung, das gewöhnlich „hart" im Handel zu finden ist. Die folgenden Sorten sind *nur* „hart" im Handel: Das *mexikanische* oder *Vera-Cruz-Elemi* stammt vielleicht von Amyris elemifera und gehört zu den gefärbten Elemisorten, es ist rotgelb und wird mit der Zeit kreidig. Das *Rioelemi*, wahrscheinlich ein Gemisch von Protiumelemisorten, riecht kräftig nach Terpentin und Fenchel. Das *brasilianische Almessegaelemi*, anscheinend von Protium heptaphyllum M. var. brasiliense Engl., ähnelt dem Rioelemi. Das *afrikanische Elemi* (Luban Matti) stammt wahrscheinlich von Boswellia Freriana (Somaliland), das *ostindische Elemi* wahrscheinlich von Canarium zephyrinum.

Von Burseraceen stammen dann nach K. Dieterich noch folgende, dem Weihrauch näherstehende harte Harze mit weihrauchartigem Geruche: Der *Cayenneweihrauch*, wahrscheinlich von Icica heptaphylla u. a., das *Gommartharz* (Gommartgummi), größere außen weißliche Stücke mit schichtigem Bau, innen gelblich bis grünlich, *Okkuméelemi* vom Gabunflusse (Westafrika) und das *Takamahakelemi*, wahrscheinlich von Icica heptaphylla u. a. Es darf nicht mit den echten Takamahakharzen verwechselt werden, die von Calophyllumarten (Guttiferae) stammen.

Die Kennzahlen einiger dieser Sorten wurden von K. Dieterich untersucht:

	Verlust bei 100° %	Asche %	S. Z. d.	V. Z. h.	D. Z.
Yukatanelemi, weich	17	0,03	22	29	8
„ hart	18	0,4	1	37	36
Vera-Cruz-Elemi	5	0,24	6—37	34—86	28—50
Afrikanisches Elemi (Luban Matti)	2—6	0,6—4	14—37	31—93	16—56
Indisches Elemi	3	0,16	32—36	87—100	54—64
Protium- (Almessega-) Elemi . . .	1,7—2,9	0,4	39	74	35
Resina Gommart	1,7	0,15	47	100	53

Eine Reihe von Elemisorten hat Tschirch nach seiner bekannten Methode untersucht:

	Amyrin %	Harzsäuren, löslich in Ammonkarb.-Lösung	Harzsäuren, löslich in Sodalösung	Harzsäuren, löslich in Kalilauge	Resen, amorph	Bryoidin %	Äther. Öl %
Manila, weich	20—25	—	—	α-Säure 5—6 % ✕✕, Fp. 215°, β-Säure 8—10 % am., Fp. 75°	30—35 %, Fp. 63—65°	0,8—1	20—25
Manila, hart	20—25	—	—	α-Säure 8—9 % ✕✕, Fp. 215°, β-Säure 6—8 % am., Fp. 75°	30—35 %, Fp. 75—77°	1—1,5	7—8
Yukatanelemi	10—15	—	—	—	60—70 %, Fp. 75—77°	—	8—10
Afrik. Elemi (Kamerun)	20—25	—	—	Säure 8—10 % am., Fp. 97—98°	40—50 %, Fp. 70—73°	—	15—20
Almessega- (Protium-) Elemi	30	—	—	Säure 25 % am., Fp. ?	40 %, Fp. ?	—	sehr wenig
Karikari- (Protium-) Elemi	3	Säure 5 % am., Fp. 75°	1. Säure 12 % ✕✕, Fp. 215°, 2. Säure 20 % am., Fp. 120°	—	40 %, Fp. 75—76°	—	3
Karanaelemi	20—25	Säure 2 % am., Fp. 75°	1. Säure 8 % ✕✕, Fp. 215°, 2. Säure 10 % am., Fp. 120°	—	30—35 %, Fp. 70—73°	—	10
Mauritius- (Canarium-) Elemi	25—30	Säure 10 % am., Fp. 120—122°	1. Säure 2 % ✕✕, Fp. 215°, 2. Säure 8 % am., Fp. 120°	—	30—35 %, Fp. 74—76°	0,5	3

	Amyrin %	Harzsäuren, löslich in			Resen, amorph	Bryoidin %	Äther. Öl %
		Ammonkarb.-Lösung	Sodalösung	Kalilauge			
Takamahak-elemi (Philippinen)	30—35	Säure 5 % am., Fp. 120—121°	1. Säure 2 % × ×, Fp. 215°, 2. Säure 3 % am., Fp. 120°	—	30—35 %, Fp. 75°	0,5	2

Die vorstehenden Untersuchungen ergeben, daß in allen Produkten „Amyrin" vorkommt, das aus wechselnden Mengen α- und β-Amyrin besteht. Die jeweilige Zusammensetzung des Rohamyrins aus α- und β-Amyrin läßt sich annähernd bestimmen, wenn man das Gemisch benzoyliert und den Klärungspunkt der Schmelze des Benzoatgemisches bestimmt. Man liest dann aus der von O. Dischendorfer (39) aufgestellten Eutektikumskurve der beiden Amyrinbenzoate den jeweiligen Gehalt an α- und β-Komponente ohne weiteres ab. Die bei 215° schmelzende Säure, die von H. Lieb und D. Schwarzl untersuchte α-Elemisäure, scheint den meisten Elemisorten gemeinsam zu sein. Über die amorphen Säuren kann, da ihre Einheitlichkeit in keiner Weise feststeht, nichts Sicheres gesagt werden, ebensowenig über die durchweg amorphen Resene.

Die Elemiharze werden heute wohl kaum mehr in der Pharmazie verwendet. Dagegen besitzt das Manilaelemi für die Herstellung von Spritlacken infolge seines großen Gehaltes an indifferenten Stoffen einige Bedeutung. Es muß allerdings dabei berücksichtigt werden, daß Elemi leicht zur Krystallisation neigt. Es darf deshalb nicht zuviel von dem Harze zugesetzt werden, und es muß anderseits durch Versuche festgestellt werden, ob nicht die übrigen jeweiligen Bestandteile des Lackes das Krystallinischwerden des Elemiharzes noch fördern.

2. Animeharz.

Unter „Anime" werden in England die weicheren Sorten der Kopale (Courbaril- und Madagaskarkopal) verstanden. Mit diesem nichts zu tun hat das hier zu besprechende *echte Animeharz*, das von einer Burseracee, wahrscheinlich einer *Icicaart*, stammt und den harten Elemisorten nahesteht.

K. Dieterich unterscheidet ein *westindisches* und ein *ostindisches* Anime.

Die *erstere* Sorte stellt weißgelb bestäubte, unregelmäßige, hühnereigroße, gelblichweiße bis bräunliche Stücke dar, die beim Kauen erweichen und einen elemiartigen Geruch aufweisen. Ihr spezifisches Gewicht ist 1,036. In kaltem Alkohol löst sie sich unter Hinterlassung eines gelatinösen Restes, in heißem fast gänzlich. Das *ostindische* Anime besteht aus kleineren, abgerundeten, unregelmäßigen Körnern von rotgelber Farbe, die leicht zerbröckeln. Es erweicht schwerer als voriges und riecht stark nach Dill und Fenchel.

K. Dieterich gibt folgende Kennzahlen an:

	Westindisches Anime	Ostindisches Anime
S.Z.d.	45—47	30—31
V.Z.h.	150—159	59—69
D.Z.	102—114	30—39

Anime ist heute aus dem Handel gänzlich verschwunden. Chemische Untersuchungen liegen nicht vor.

3. Mekkabalsam.

Der *Mekkabalsam* (Balsamum de Mekka) wird in Südwestarabien und im Somalilande von der Burseracee *Balsamodendron gileadense* Kth. (Commiphora Opobalsamum [L.] Engl.) gewonnen. Gewöhnlich kocht man die Zweige mit Wasser aus, eine bessere Sorte fließt aus Einschnitten, die man an jungen Zweigen und Blütenstielen macht. Diese letztere Sorte ist hellgelb gefärbt und besitzt einen angenehmen citronenartigen Geruch und einen aromatischen Geschmack. Sie verblieb stets im Orient. Der Balsam, der in den europäischen Handel kam, war braunrötlich und stets etwas trüb. Alle Sorten sind anfangs dünnflüssig, werden aber alsbald durch Verlust an ätherischem

Öle dickflüssig. Alter Balsam hat ein höheres spezifisches Gewicht und riecht unangenehm terpentinartig.

Der Mekkabalsam löst sich nach TSCHIRCH und BAUR (159) klar in Äther, Aceton und Essigsäure, trüb in Alkohol, Petroläther, Benzol, Chloroform und Schwefelkohlenstoff.

Die Kennzahlen wurden von K. DIETERICH an einem frischen (I) und einem alten verharzten Balsam (II) bestimmt.

Nach BONASTRE (21) enthält der Balsam 10 % ätherisches Öl, 70 % in Alkohol lösliches und 12 % unlösliches Harz, 4 % Bitterstoff sowie 1 % saure Substanzen und Beimengungen.

	S. Z. d.	V. Z. k.	D. Z.
I	40	141	101
II	61	144	82

Das ätherische Öl destilliert nach TSCHIRCH (159) hauptsächlich zwischen 153 und 157⁰ und besitzt alle Eigenschaften des Terpentinöls, die zwischen 160 und 170⁰ übergehende Fraktion riecht nach gelben Rüben.

Das Harz selbst soll nach demselben Autor nicht Ester (vgl. aber die früher angeführten D.Z. von K. DIETERICH!), sondern eher eine oder mehrere Harzsäuren oder Alkohole und gegen Alkali indifferente Stoffe (Resene) enthalten.

Eingehende chemische Untersuchungen fehlen.

Als *Verfälschungen* gibt K. DIETERICH Terpentin und künstliche Produkte aus Harz und Terpentinölen an. Zugesetzte fette Öle können schon in kleinen Mengen erkannt werden. Der unverfälschte Balsam hat nämlich nach WIESNER den gleichen Brechungsexponenten wie die Stärkekörner von Kartoffeln, sie verschwinden deshalb im Balsam, treten aber schon bei Zusatz von wenigen Prozenten Oliven- oder Ricinusöl hervor.

Der Mekkabalsam wird im Oriente als Heilmittel verwendet, ist aber im europäischen Handel heute nicht mehr zu finden.

4. Myrrhe.

Die gewöhnliche Myrrhe des Handels, die *Heerabolmyrrhe*, stammt nach D. A. B. VI von den Burseraceen *Commiphora abyssinica* ENGL. und *Commiphora Schimperi* ENGL. (Südarabien, Erythraea und Nordabessinien), was aber vielleicht nicht ganz genau ist. Das Balsamharz schwitzt als gelbflüssige Masse häufig schon von selbst aus dem Stamme aus, der größte Teil wird aber an künstlich angebrachten Einschnitten gewonnen, wobei der ausfließende gelbliche, milchige Saft bald zu Harzmassen eintrocknet.

Die Myrrhe des Handels besteht aus verschieden geformten, bis nußgroßen, oft aus mehreren Körnern zusammengesetzten gelblichen bis braunen Massen von muscheligem Bruch, der oft weiß gefleckt ist. Sie hat einen zusammenziehenden, etwas bitteren Geschmack und einen eigentümlichen angenehmen Geruch. Wasser gibt mit Myrrhe eine weiße Emulsion. Alkohol löst nur den größten Teil des Harzes (ca. 20 %). Dieses löst sich auch in Benzol, Chloroform und Äther, dagegen nur wenig in Petroläther. In der ungefähr 10—15fachen Menge einer 60proz. Chloralhydratlösung löst sich Myrrhe völlig.

Als Kennzahlen findet K. DIETERICH: S.Z.d. 25,5, V.Z.k. 230, D.Z. 204. Der Vorgang war hierbei folgender:

S.Z.d. 1 g der *möglichst fein zerriebenen* und einer *größeren Menge zerriebener Myrrhe als Durchschnittsmuster entnommenen* Droge übergießt man mit 30 cm³ destilliertem Wasser und erwärmt ¼ Stunde am Rückflußkühler. Man setzt nun 50 cm³ starken Alkohol zu und kocht noch ¼ Stunde am Rückflußkühler im Dampfbad. Nachdem die Flüssigkeit erkaltet ist, titriert man mit alkoholischer n/2 Kalilauge und Phenolphthalein bis zur wirklichen Rotfärbung. Man verwendet nicht n/10, sondern n/2 Lauge, weil der Umschlag bei Hinzufügung eines Tropfens stärkerer Lauge schärfer, intensiver und rascher eintritt als bei schwächerer Lauge.

V.Z.h. Ein weiteres Durchschnittsmuster, und zwar 1 g der Myrrha, übergießt man mit 30 cm³ Wasser, läßt ½ Stunde stehen und fügt nun 25 cm³ alkoholische n/2 Kalilauge hinzu. Man kocht $1/_2$ Stunde auf dem Dampfbad mit Rückflußkühler, läßt erkalten und titriert nach der Verdünnung zurück.

Die *chemische Zusammensetzung* der Myrrhe wurde von Tschirch und Bergmann (160) untersucht. Sie fanden ungefähr 8 % ätherisches Öl, 20 % „Harz", 61 % Gummi und Enzym, 5 % Wasser und 3—4 % Verunreinigungen.

Das *ätherische Öl* ist honiggelb, färbt sich aber am Licht leicht unter Verharzung braunrot, es ist ziemlich dickflüssig, hat das spezifische Gewicht 1,046 und enthält das wahrscheinlich tricyclische Sesquiterpen *Heerabolen* (49) $C_{15}H_{24}$, Siedepunkt 130—136° (16 mm), $[\alpha_D] = -14° 12'$.

Das *Harz* ließ sich zum Teil (ca. 15 %) durch Äther herauslösen; die ätherische Lösung wurde mit 1 proz. Kalilauge geschüttelt, man erhielt gelbbraune, amorphe α- und β-Heerabomyrrhole ($C_{17}H_{24}O_5$, Fp. 158—165° und $C_{19}H_{28}O_4$, Fp. 116—124°), die sich durch ihre Fällbarkeit mit Bleiacetat voneinander unterscheiden. Der Rückstand der ätherischen Lösung enthält das ätherische Öl neben geringen Mengen einer Substanz, die dem α-Heerabomyrrhol sehr ähnlich ist (allerdings bei 188—197° schmilzt) und mit sehr verdünnter Kalilauge entfernt werden kann. Der verbleibende Rückstand (ca. 6 %) ist das Heeraboresen $C_{29}H_{40}O_4$, Fp. 98 bis 104°, das sich völlig indifferent verhält. Auf Grund einer Ähnlichkeit von Rötlichfärbungen, die auf Zusatz von Salzsäure zur alkoholischen Lösung sowohl des ätherischen Öles als auch des Resens entstehen, glaubt Tschirch auch auf eine Verwandtschaft beider schließen zu können. Aus dem *ätherunlöslichen Teil* der Myrrhe löst Alkohol (ca. 5 %) α- und β-Heerabomyrrhol heraus ($C_{15}H_{22}O_7$ oder $C_{30}H_{44}O_{14}$, Fp. 207—220° und $C_{29}H_{36}O_{10}$, Fp. 205—213°), die sich durch die Fällbarkeit ihrer alkoholischen Lösungen mit Bleiacetat unterscheiden. Alle diese Verbindungen sind amorph.

In Alkohol unlöslich, in Wasser aber löslich sind (ca. 61 % der Myrrhe) der *Gummi und das Enzym*. Letzteres ist eine Oxydase, die sich aber nicht vom Gummi hat trennen lassen. Der Gummi liefert bei der Oxydation mit Salpetersäure Schleimsäure, bei der Hydrolyse mit Schwefelsäure Arabinose. Der vorhandene Bitterstoff konnte nicht gereinigt werden.

Mit konzentrierter Salzsäure werden das ganze Harz, die Myrrhole und Myrrholole violettrot, mit Hirschsohns „Chloralreagens" treten schmutzigviolette, mit Hirschsohns „Trichloracetalreagens" prachtvoll violette Färbungen auf. Diese werden nach K. Dieterich von der im folgenden beschriebenen verwandten Bisabolmyrrhe nicht gegeben.

Das „*Chloralreagens*" Hirschsohns wird in der Weise erhalten, daß man anfangs in der Kälte, dann bei 100° in absoluten Alkohol so lange Chlor einleitet, als dasselbe aufgenommen wird, dann das gebildete Metachloral mit dem vierfachen Volumen konzentrierter Schwefelsäure abscheidet, es in einem Drittel seines Gewichtes Wasser löst und diese Lösung destilliert. Das „*Trichloracetal-Chloralhydrat-Reagens*" Hirschsohns wird in der Weise dargestellt, daß man Chlor im Sonnenlicht in 75 proz. Alkohol so lange einleitet, bis Trübung eintritt und sich beim Stehen 2 Schichten bilden. Die untere Schicht wird mit dem gleichen Volumen Wasser und gebrannter Magnesia geschüttelt und dann in 1 Teile dieses Trichloracetales 4 Teile Chloralhydrat gelöst (1).

Ein *Verschnitt* mit fremden Harzen ist nach H. Wolff durch die *Analysenquarzlampe* zu erkennen. Myrrhe leuchtet sehr schwach, das Pulver schwach grünlichgelb, die Lösung in Butylacetat ebenso wie der Abdampfrückstand der Lösung ziemlich stark grünlichgrau. Die meisten in Betracht kommenden Harze geben bläuliche Farbtöne und leuchten viel stärker.

Die Myrrhe wird in Europa heute fast ausschließlich zur Erzeugung der *Tinctura Myrrhae* (für adstringierende Mundwässer) verwendet. Im Orient wird sie auch zum Räuchern und als Heilmittel gebraucht.

Eine andere, nicht in den europäischen Handel kommende Sorte Myrrhe ist die *Bisabolmyrrhe*, die angeblich von *Commiphora erythrea* (Somaliland) stammt. Das Gummiharz tritt zur Trockenzeit freiwillig aus den Ästen des Strauches aus und wird gesammelt.

Sie ähnelt im Aussehen sehr der Heerabolmyrrhe, riecht und schmeckt aber milder und nicht so scharf. Sie wird im Gegensatz zu ersterer (der „männlichen Myrrhe") auch „weibliche Myrrhe" genannt. Sie enthält weniger Alkohollösliches (höchstens bis zu 20 %).

Als Kennzahlen gibt K. Dieterich an: S.Z.d. 20, V.Z.k. 146, D.Z. 126.

Im *ätherischen Öle* (8 %) der Bisabolmyrrhe, das hauptsächlich bei 260—280° siedet, findet sich *Bisabolen,* $C_{15}H_{24}$, Siedepunkt 261—262° (751 mm), das Ruzicka (123) auf Grund seiner Additionsreaktionen als einen monocyclischen, dreifach ungesättigten Sesquiterpenkohlenwasserstoff auffaßt. Tucholka (188) fand außerdem den Ester einer Fettsäure und einen Körper der Formel $(C_{56}H_{96}O)n$ (?). Das *Harz* (21,5 %) bestand nach demselben Autor aus einem indifferenten Harz $(C_{29}H_{47}O_6)n$ und einem „neutralen" Harze von Aldehyd- oder Ketonnatur $(C_{20}H_{32}O_4)n$, ferner zwei freien und zwei gebundenen Säuren, die nach Tschirch auch als Bisabomyrrhole und Bisabomyrrholole bezeichnet werden können.

Bisabolmyrrhe gibt die Farbenreaktionen der Heerabolmyrrhe nicht.

Eine Reihe von weiteren Myrrhensorten (arabische, persische, deutschostafrikanische) sind chemisch noch nicht untersucht worden.

5. Burseraceenopoponax.

Der heute im Handel befindliche *Opoponax* stammt von einer *Balsamodendron-* (Commiphora-) Art, wahrscheinlich von *Balsamodendron Kafal,* vielleicht auch von *Balsamodendron erythraeum.* Früher war noch ein anderer Opoponax im Handel, der aber mit dem erstgenannten nur den Namen gemeinsam hat und von einer Umbellifere (Chironium Opoponax Koch) stammt.

Die Gewinnung erfolgt durch Anschneiden. Die nußgroßen bräunlichen Stücke zeigen oft durch Zusammenkleben von größeren Harz- und weißlichen Gummiteilchen ein gesprenkeltes Aussehen. Gute Sorten riechen kräftig und angenehm aromatisch.

Die Kennzahlen wurden von K. Dieterich nach derselben Methode wie bei der Myrrhe bestimmt: S.Z.d. 10—31, V.Z.h. 96—153, D.Z. 82—125.

Der Burseraceenopoponax wurde von Tschirch und Bauer (158) untersucht. Die Droge enthält: ätherisches Öl 6,5 %, Harz 19 %, Gummi und Pflanzenreste ca. 70 %. Sie wurde zuerst mit *Petroläther* behandelt, wobei das ätherische Öl und ein Harzanteil in Lösung ging, der sich durch Petroläther aus der ätherischen Lösung zum Teil fällen ließ: β-Panaxresen $C_{32}H_{52}O_5$, während α-Panaxresen $C_{32}H_{54}O_4$ in Lösung blieb. Die Droge wurde sodann mit *Äther* ausgezogen, die ätherische Lösung wurde mit Ammoniak geschüttelt, herausgelöst wird Panaxresinotannol, $C_{34}H_{50}O_8$, während im Äther β-Panaxresen zurückbleibt. Schließlich wird das Harz noch mit *Alkohol* behandelt, es geht Panaxresinotannol und ein Bitterstoff in Lösung.

Tschirch hat ferner in einem Destillationsrückstand von der Gewinnung des ätherischen Öles durch die Firma Schimmel & Co. einen krystallisierten Alkohol „Chironol" vom Fp. 176° und der Formel $C_{28}H_{48}O$ gewonnen, der ein Acetat (Fp. 196°) und ein Benzoat (Fp. 186°) gibt.

Das *ätherische Öl* enthält nach Tschirch in den über 150° siedenden Anteilen ein Estergemisch von flüssigen Fettsäuren.

Als *Verfälschungsmittel* gibt K. Dieterich Umbelliferenopoponax (an den Kennzahlen zu erkennen), Myrrhe, Bdellium und Galbanum an.

6. Weihrauch (Olibanum).

Das Gummiharz *Weihrauch* stammt von der in Südarabien und im Somalilande vorkommenden *Boswellia Carteri* BIRKW., zum Teil auch von der vorderindischen *Boswellia serrata* oder *thurifera*. Das Harz findet sich in der sekundären Rinde in schizogenen Sekretbehältern und wird durch tiefe Einschnitte in den Stamm zum Ausfließen gebracht; nach dem Erstarren wird es abgelesen.

Der Weihrauch bildet ähnliche Formen wie die Myrrhe, runde Körner, ferner zuweilen auch Stalaktiten, er ist aber heller, oft von blaßgelber oder rötlichweißer Farbe, außen matt und wie bereift aussehend. Er zerfällt beim Kauen, erweicht und schmeckt dabei bitter und aromatisch. Er ist in allen Lösungsmitteln nur teilweise löslich.

Die Kennzahlen wurden von K. DIETERICH bestimmt: S.Z.ind. 31—50, wobei die reinsten Sorten die niedrigsten S.Z. haben, V.Z.h. 140—230, D.Z. 110—170. Der Vorgang ist hierbei folgender:

S.Z.ind. 1 g Olibanum übergießt man mit je 10 cm³ alkoholischer und wäßriger n/2 Kalilauge und 50 cm³ Benzin (0,700 spez. Gew.). Man läßt 24 Stunden in einer Glasstöpselflasche stehen und titriert unter Zusatz von 500 cm³ Wasser und Phenolphthalein mit n/2 Schwefelsäure zurück.

V.Z.h. Man übergießt 1 g der möglichst fein zerriebenen Droge mit 20 cm³ alkoholischer n/2 Kalilauge und kocht 1 Stunde am Rückflußkühler. Nun titriert man unter Zusatz von 100 cm³ Alkohol mit n/2 Schwefelsäure und Phenolphthalein als Indicator zurück.

H. WOLFF empfiehlt zur Bestimmung der S.Z. folgende raschere Methode:

1 g Olibanum wird auf dem Wasserbad am Rückflußkühler mit 20 cm³ 50proz. Alkohol erwärmt und nach Lösung bzw. der Bildung einer homogenen Flüssigkeit unter Zusatz von mindestens 50 cm³ Alkohol mit alkoholischer n/2 Kalilauge titriert.

Der Weihrauch wurde von TSCHIRCH und HALBEY (167) untersucht. Er enthält 7% ätherisches Öl, 66% „Harz", 20% Gummi, 6—8% Bassorin, 2—4% Verunreinigungen sowie 0,5% Bitterstoffe. Das Harz besteht ungefähr zur Hälfte aus *Boswellinsäure*, die sich aus dem vom ätherischen Öle befreiten „Reinharze" durch Ausschütteln der ätherischen Lösung mit starker Natronlauge leicht in Form ihres krystallinischen Natronsalzes erhalten läßt. Die daraus in Freiheit gesetzte Boswellinsäure krystallisiert nur schwer in Sphäriten. Sie hat den Schmelzpunkt 142—150° und die Zusammensetzung $C_{31}H_{51}O_2 \cdot COOH$, ist also einbasisch. Mit zweiwertigen Metallen bildet sie saure Salze, z. B. $(C_{32}H_{51}O_4)_2Ba$, $2(C_{32}H_{52}O_4)$ und gleicht darin der Abietinsäure. Nach erschöpfender Behandlung der Droge mit Alkalien bleibt ein indifferenter Rückstand („Olibanoresen") vom Fp. 62° in einer Menge von 33% der Droge über, er hat die beiläufige Zusammensetzung $C_{14}H_{22}O$.

In jüngster Zeit hat K. BEAUCOURT (16) die *Boswellinsäure* eingehend studiert. Er bestätigt die Formel TSCHIRCHS. Bei der Destillation im Hochvakuum erhält er neben amorphen Anteilen in einer Ausbeute von ca. 34% einen krystallisierten *Kohlenwasserstoff* $C_{30}H_{48}$ vom Fp. 126—127° und der Drehung $[\alpha]_D^{18,5°} = +183°$ (in ca. 4proz. Benzollösung) bzw. $[\alpha]_D^{18,5°} = +225,2°$ (in 1,7proz. Chloroformlösung). Die Entstehung dieses Kohlenwasserstoffes aus der Boswellinsäure läßt sich nicht klar formulieren. Er ist gegen Brom ungesättigt und nimmt bei der katalytischen Hydrierung mit Platinschwarz 1 Mol Wasserstoff auf, das entstehende Dihydroprodukt färbt sich aber mit Tetranitromethan gelbbraun, was auf das Vorhandensein weiterer Doppelbindungen hindeutet. Die katalytische Dehydrierung der Boswellinsäure (16) mittels Selen führte neben anderen Produkten zu einem Naphthalinkohlenwasserstoff $C_{13}H_{14}$, der wahrscheinlich identisch ist mit Sapotalin (1-, 2-, 7-Trimethylnaphthalin). Auf die während der Drucklegung erschienene Arbeit von A. WINTERSTEIN (207 b) kann nur verwiesen werden.

Das *ätherische Öl* enthält nach WALLACH l-Pinen, Dipenten und Phellandren. Außerdem wurde im Weihrauchöle durch Destillation im Vakuum ein einfach ungesättigter Alkohol, *α-Olibanol* (50) $C_{10}H_{16}O$, Siedepunkt 210—211⁰ (Siedepunkt$_{22}$ 117—119⁰, $D^{18} = 0{,}9504$) gefunden, der beim Oxydieren nicht als solcher, wohl aber nach wiederholter Destillation bei gewöhnlichem Druck und dadurch bewirkter Umlagerung Pinononsäure gab. Er läßt sich in ein Dihydroderivat überführen, ist aber *nicht*, wie vermutet worden war, mit Verbenol oder Hydroverbenol identisch.

Die häufigsten Verfälschungen, Kolophonium und Terpentin, erhöhen die Säurezahl, sind aber so erst bei beträchtlichem Zusatz feststellbar. Auch die Reaktion von STORCH-MORAWSKI versagt, da das Harz selbst ähnliche Färbungen gibt. Zum Nachweise des Kolophoniums empfiehlt daher H. WOLFF folgende Probe:

Die Droge wird zunächst mit Petroläther ausgezogen. Der Petroläther wird aus der Lösung verdampft und der Rückstand mit höchstens der gleichen Menge Aceton aufgenommen. Aus der Lösung krystallisiert, wenn man für langsame Verdunstung sorgt, bei Vorhandensein von Kolophonium Abietinsäure aus, die man aus Essigäther umkrystallisieren kann und durch Bestimmung des Schmelzpunktes (etwa 165⁰) und der Säurezahl (180—184) sowie durch die STORCH-MORAWSKI-Reaktion und die Bildung des galatinösen Ammoniumsalzes beim Schütteln der petrolätherischen Lösung mit 1 bis 2 Tropfen Ammoniak identifizieren kann.

Die Verwendung des Weihrauches beschränkt sich auf Räucherungen und Kulthandlungen.

7. Bdellium.

Das heute aus dem Handel verschwundene *Bdellium* stammt vielleicht in seiner *afrikanischen* Sorte von *Balsamodendren africanum*, in seiner *ostindischen* von *Balsamodendron indicum*.

Das *erstere* ähnelt nach M. LABRANDE (90) in reinem Zustande äußerlich dem Gummi arabicum, ist wenig hart, zusammenbackend und von charakteristischem Harzgeruche. Es löst sich in den meisten Solvenzien zu etwa 60⁰/₀, in Wasser lösen sich 23⁰/₀. Es zeigt die Dichte 1,276, erweicht bei 80—83⁰. Der saure Anteil des Harzes wurde durch Bleiacetat zerlegt in α-Säure (S.Z. 135, $[\alpha]_D = -47^0$) und β-Säure (S.Z. 112, $[\alpha]_D = -38\text{—}39^0$).

Das *ostindische Bdellium* ähnelt äußerlich der Myrrhe, es besteht aus 4—5 cm großen Stücken, ist sehr unrein und von scharfem bitterem Geschmacke. Mit Wasser gibt es eine weißliche Emulsion.

Die folgenden, zum Teil recht widersprechenden Kennzahlen wurden erhalten:

	Afrikanisches Bdellium		Indisches Bdellium
	LABRANDE	DIETERICH	DIETERICH
S.Z.d.	84—90	10—21	36—37
V.Z.h.	116	83—111	82—86
D.Z.	28	69—96	47—48

Von Myrrhe unterscheiden sich die Harze durch das Fehlen der Farbenreaktionen. Genauere chemische Untersuchungen liegen nicht vor.

i) Euphorbiaceae.

Euphorbium.

Das im Handel befindliche Euphorbium stammt hauptsächlich von *Euphorbia resinifera* BERG (Marokko), daneben wahrscheinlich auch von *Euphorbia canariensis* L., *Euphorbia officinarum* L. und *Euphorbia antiquorum* L. Der Milchsaft fließt beim Anschneiden der succulenten, bis 2 m hohen Pflanzenstengel aus den ungegliederten Milchsaftröhren aus und wird nach dem Eintrocknen abgenommen.

Euphorbium besteht aus leicht zerreiblichen mattgelben Stücken, welche die zweistachligen Blattpolster, die Blütengabeln und die dreiknöpfigen Früchte umhüllen. Reste dieser oder Abdrücke davon sind in echten Euphorbiumsorten stets häufig vorhanden. Der Geschmack ist brennend scharf, der Geruch nur schwach, das Pulver reizt aber die Schleimhäute sehr. Euphorbium löst sich in Alkohol teilweise, mit Wasser entsteht *keine* Emulsion.

Die Grenzwerte für die *Kennzahlen* sind: S.Z.d. 13—25, V.Z.h. 70—93, D.Z. 49—68. K. DIETERICH bestimmte außerdem die Harzzahl (H.Z.) (71—78), die Gesamtverseifungszahl (G.VZ.) (82—91) und die Gummizahl (G.Z.) (10—16) nach folgender Methode:

H.Z. und G.V.Z. Zweimal je 1 g Euphorbium zerreibt man und übergießt mit je 50 cm³ Petrolbenzin (0,700 spez. Gew. bei 15⁰ C), dann fügt man je 25 cm³ alkoholische n/2 Kalilauge zu und läßt in Zimmertemperatur unter häufigem Umschwenken in 2 Glasstöpselflaschen von je 1 l Inhalt 24 Stunden verschlossen stehen. Die eine Probe titriert man nun unter Zusatz von 500 cm³ Wasser und unter Umschwenken nach Verlauf dieser Zeit mit n/2 Schwefelsäure und Phenolphthalein zurück. Diese Zahl ist die „H.Z.". Die zweite Probe behandelt man weiter, und zwar setzt man noch 25 cm³ wäßrige n/2 Kalilauge und 75 cm³ Wasser zu und läßt unter häufigem Umschütteln noch 24 Stunden stehen. Man verdünnt dann mit 500 cm³ Wasser und titriert mit n/2 Schwefelsäure und Phenolphthalein unter Umschwenken zurück. Diese Zahl ist die „G.V.Z.". Die betreffenden Mengen an gebundenen Kubikzentimetern KOH lassen die entsprechenden Zahlen durch Multiplikation mit 28,08 berechnen.

Die Differenz von *H.Z.* und *G.V.Z.* ist die „*G.Z.*"

Die chemischen Untersuchungen über das Euphorbium zeigen zahlreiche Widersprüche. So findet z. B. TSCHIRCH (179) im Gegensatz zu früheren Untersuchern, die 20 % *Gummi* fanden, keinen solchen, was sich dadurch erklären lassen dürfte, daß der Euphorbiumgummi nur zum geringen Teile mit Alkohol fällbar ist. Ebenso wird die Menge *Äpfelsäure*, die an *Calcium*, vielleicht auch zum geringen Teil an Magnesium und Natrium gebunden zweifellos vorkommt, ihrer Menge nach ganz verschieden eingeschätzt, nämlich von 2—25%. Ätherisches Öl scheint zu fehlen. Eine sehr geringe Menge (0,7%) Säure (*Euphorbinsäure* $C_{24}H_{30}O_6$ [?]) läßt sich durch Ausschütteln eines ätherischen Harzauszuges mit Ammoncarbonatlösung feststellen, auch Spuren eines krystallisierten *Aldehyds* vom Fp. 126⁰ konnten durch TSCHIRCH erhalten werden. Die Menge des „*Harzes*" beträgt ungefähr 40 %. Es ist zum größeren Teile in Äther löslich, amorph und schmilzt bei etwa 75⁰. Außerdem kommen im Euphorbium ungefähr 20 % des vieluntersuchten krystallisierbaren *Euphorbons* vor. Man gewinnt dasselbe auf verschiedene Weise, am besten durch Herauslösen aus dem Harze mit kaltem Petroläther, nach dem Abdunsten krystallisiert man es aus kaltem Methylalkohol und schließlich wiederholt aus Aceton um. Das Euphorbon bildet mit Petroläther und Eisessig Verbindungen, die tief schmelzen. Sehr schöne Krystalle bekommt man auch aus Essigester. Der Schmelzpunkt der reinen Verbindung wird verschieden angegeben. FLÜCKIGER (47) fand 116—119⁰, HESSE (62) 113—114⁰, TSCHIRCH und PAUL (179) 115—116⁰. Die Formel hierfür schwankt ebensosehr. Älteren Formeln $C_{13}H_{22}O$, $C_{15}H_{24}O$ steht die von TSCHIRCH gefundene und von O. EMMERLING (43) bestätigte Formel $C_{30}H_{48}O$ oder $C_{30}H_{50}O$ gegenüber, die das Euphorbon also in die Reihe der Triterpenderivate stellen würde. EMMERLING stellte fest, daß das Euphorbon optisch aktiv ist $[\alpha]_D^{15} = +16{,}46^0$ (in Chloroform) (TSCHIRCH beschreibt es als inaktiv), ferner, daß es unschwer ein Benzoat vom Fp. 128—130⁰ bzw. ein p-Nitrobenzoat vom Fp. 140⁰ gibt. Es ist sonach ein Alkohol. Gegen Brom verhält es sich ungesättigt und nimmt 4 Atome davon dauernd auf. Bei der Oxydation erhält EMMERLING Dinitroisopropan, was auf die Anwesenheit einer Isopropylengruppe $>C(CH_3)_2$ im Molekül schließen läßt. Wie TSCHIRCH festgestellt hat, sublimiert Euphorbon im Vakuum (11 mm) schon bei 40⁰ und läßt sich ohne Änderung seines Schmelzpunktes (115—116⁰) destillieren.

Daß das Euphorbon tatsächlich keine einheitliche Substanz ist, lehren drei neuere Arbeiten. K. H. BAUER und P. SCHENKEL (15) konnten den Schmelzpunkt bei wiederholtem Umkrystallisieren bis auf 129⁰ ([α]$_D$ = + 15,56⁰) steigern, wobei beim Umkrystallisieren in den letzten Fraktionen Nadeln einer *Euphorbol* genannten Verbindung $C_{26}H_{46}O$ vom Fp. 122⁰ auftraten. Dieses Euphorbol ließ sich katalytisch hydrieren unter Aufnahme von 2 oder 4 Wasserstoffatomen und gab dann ein Hydroacetat vom Fp. 129⁰.

Auch J. AUG. MÜLLER (106) erhielt nach wiederholtem Umkrystallisieren und nach dem Ausfällen der Sterine mittels Digitonin Nadeln vom Fp. 118—125⁰ ($[α]_D^{16}$ = + 16,58⁰ in Benzol). Er acetylierte dieses Produkt und erhielt nun durch fraktionierte Krystallisation aus Aceton das schwer lösliche „*Novorbolacetat*" $C_{28}H_{44}O_2$ (Fp. 123—124⁰, $[α]_D^{16}$ = — 12,52⁰), durch Verseifung das sehr unscharf ab 120⁰ schmelzende *Novorbol* ([α]$_D$ = + 29,61⁰ in Benzol), dessen Formel $C_{26}H_{42}O$ fraglich ist. Der leichter lösliche Anteil (ca. 60 % des Euphorbons), das „*Vitorbolacetat*" $C_{29}H_{46}O_2$ bildet bei 85—98⁰ schmelzende Blättchen, $[α]_D^{16}$ = + 11,34⁰, die bei der Verseifung *Vitorbol* $C_{27}H_{44}O$, Nadeln vom Fp. 120,5 bis 125⁰, $[α]_D^{17}$ = + 12,85⁰ geben. Das Vitorbolacetat bildet ein bei 163—164⁰ schmelzendes Dibromid.

Die jüngste Veröffentlichung von K. H. BAUER und E. SCHRÖDER (15a) unterscheidet ein α-Euphorbol $C_{26}H_{46}O$ vom Fp. 127—128⁰ (identisch mit dem Vitorbol MÜLLERS, aber optisch inaktiv) und ein β-Euphorbol $C_{31}H_{52}O$ vom Fp. 89—90⁰ (zweifellos verschieden von dem Novorbol MÜLLERS, das von BAUER für unrein gehalten wird). Beide sind einwertige Alkohole mit einer wahrscheinlich endständigen Doppelbindung. Sie nehmen zwei Bromatome auf (x-Dibromid $C_{26}H_{46}OBr_2$ vom Fp. 169—170⁰, β-Dibromid $C_{31}H_{52}OBr_2$ vom Fp. 187 bis 188⁰), ebenso zwei Wasserstoffatome (Dihydro-x-euphorbol $C_{26}H_{48}O$ vom Fp. 133⁰, Dihydro-β-euphorbol $C_{31}H_{54}O$ vom Fp. 122⁰) und gehen mittels Phosphorpentachlorid in die entsprechenden zweifach ungesättigten Kohlenwasserstoffe (α-Euphorbadien $C_{26}H_{44}$ vom Fp. 85⁰ und β-Euphorbadien $C_{31}H_{50}$, Öl vom Kp. 5 mm 232—235⁰) über. Bei der katalytischen Hydrierung geben letztere Öle.

Jedenfalls stellt das Euphorbon ein Gemisch nicht leicht trennbarer Körper dar.

Euphorbiumharz greift beim Pulvern oder in Lösungen die Schleimhäute außerordentlich stark an. Wie TSCHIRCH feststellte, sind alle die vorgenannten Substanzen *nicht* die Träger dieser unangenehmen, beim Einsammeln und Verarbeiten störenden Eigenschaft. Die scharf schmeckende Substanz geht beim Ausziehen des Harzes mit Wasser, Äther und insbesondere mit Alkohol sofort in diesen hinein. Sie bildet nach TSCHIRCH harzige Massen, die FEHLINGsche Lösung reduzieren. Aus ihrer wäßrigen Lösung wird sie durch Gerbsäure oder Bleiacetat gefällt.

Verfälschungen mit anderen Harzen sind noch nicht beobachtet worden, dagegen wird häufig durch viel Pflanzenteile und viel Mineralbestandteile verunreinigtes Euphorbium in den Handel gebracht. Der Aschengehalt soll nicht über 10 % steigen.

Euphorbium wird medizinisch als äußerliches starkes Reizmittel gebraucht und wird als solches beim Emplastrum Cantharid. verwendet. Auch als desinfizierender Schiffsanstrich soll es Verwendung finden.

Milchsäfte anderer Euphorbiaarten, wie z. B. von Euphorbia Tirucalli, Cattimandoo, eremocarpus, geniculata, Lathyris usw. sollen ebenfalls Euphorbon enthalten.

k) Anacardiaceae.

1. Mastix.

Der *Mastix* wird nur auf der Insel Chios von der baumartigen, breitblättrigen Varietät der *Pistacia lentiscus* (P.1. γ Chia D.C.) gewonnen.

Er wird in schizogenen Harzgängen der inneren Rinde gebildet, die durch Schuppenabfall allmählich nach außen rücken, so daß schließlich die kleinste Verletzung bereits Harzaustritte zur Folge hat. Das nach dem Anschneiden sofort austropfende Harz wird auf rings um den Stamm gelegten Steinplatten aufgefangen. Die beste Sorte wird sofort vom Baume abgelesen, die gewöhnliche Sorte ist die von den Steinen abgenommene, eine dritte Sorte ist mit Rinde usw. verunreinigt (gemeiner Mastix).

Die Körner des Mastix haben eine längliche oder rundliche Gestalt, einen Durchmesser von 0,5—2 cm, eine blaßgelbe bis grünliche Färbung und einen aromatischen Geruch und Geschmack. Beim Kauen erweicht das Harz (Unterschied von Sandarak). Die Körner sind stets matt und wie bestäubt. Letztere Erscheinung beruht nach Wiesner auf der zuerst erfolgenden Erstarrung, Zusammenziehung und Abwitterung der Oberflächenschichte. Abdrücke der Blattcuticula der Pflanze sind häufig zu sehen. Die Dichte des Mastix ist 1,04 bis 1,07, der Bruch ist glasglänzend und muschelig, in der Härte steht er zwischen Dammar und Sandarak. Bei etwa 80° erweicht er und schmilzt zwischen 105 und 120°.

Mastix löst sich in Äther, Aceton, Chloroform und Benzol völlig, in Eisessig und Terpentinöl nur teilweise. Die Löslichkeit in Petroläther scheint sehr zu schwanken (30—75% nach H. Wolff).

Die *Kennzahlen* sind: S.Z.d. 50—75, S.Z.ind. 45—59, V.Z.h. 73—93, die D.Z. 23—29. Die Bestimmung der S.Z.ind. wird nach K. Dieterich folgendermaßen ausgeführt:

1 g Mastix übergießt man mit 50 cm³ Benzin (0,700 spez. Gew.) und 20 cm³ alkoholischer n/2 Kalilauge und stellt die Mischung in wohlverschlossener Glasstöpselflasche 24 Stunden beiseite. Hierauf titriert man ohne Zusatz von Wasser mit n/2 Schwefelsäure und Phenolphthalein als Indicator zurück.

Die chemische Zusammensetzung des Mastix wurde von Tschirch und Reutter (182) untersucht.

Die ätherische Lösung gab durch Ausschütteln mit Ammoncarbonatlösung zwei isomere amorphe, einbasische Harzsäuren der Formel $C_{23}H_{36}O_4$ und des Schmelzpunktes ca. 90° (zusammen 4%), die sich durch die verschiedene Löslichkeit ihrer Bleisalze in Alkohol unterschieden (α- und β-Masticinsäure). Beim weiteren Ausschütteln der Ätherlösung mit Sodalösung erhielt er 3 Säuren, von denen eine (0,5%) vom Fp. 201° aus Alkohol in langen farblosen Nadeln erhalten werden konnte (*Masticolsäure*). Sie soll wie die beiden erstgenannten die Formel $C_{23}H_{36}O_4$ aufweisen. Die beiden anderen Säuren, α- und β-Masticonsäure $C_{32}H_{38}O_4$ waren amorph und wurden in Ausbeuten von 20 und 18% sowie mit den ungefähren Schmelzpunkten 96° und 92° gefunden. Der Rückstand der so behandelten ätherischen Lösung gab mit Wasserdampf destilliert 2% ätherisches Öl sowie etwas Bitterstoff neben 51% amorphem Resen, das in einen alkohollöslichen Anteil vom Fp. 74—75° und einen alkoholunlöslichen klebrigen Teil (20% der Droge) getrennt werden konnte.

Das *ätherische Öl* soll nach S c h i m m e l & Co. (134) hauptsächlich aus *Pinen* (s. S. 493) bestehen. Es siedet zwischen 155 und 160°, hat die Dichte 0,858—0,868 und dreht nach rechts.

Größere Mengen von *Verfälschungen* durch Kolophonium oder Sandarak sind durch erhöhte S.Z. und V.Z. unschwer zu erkennen, Kolophonium gibt überdies die Storch-Morawskische Reaktion.

In Griechenland und im Orient wird Mastix bei der Bereitung der Resinatweine verwendet, die einen eigentümlichen, dort beliebten Geschmack besitzen, ebenso häufig als Kauharz. Auch zur Herstellung von Pflastern (Mastisol) und als Klebemittel wird er verwendet, wobei seine hohe Klebrigkeit ausgenützt wird. Ebenso wird er als Decklack für manche technische Zwecke benützt.

Zu erwähnen ist noch *indischer Bombaymastix*, der kaum noch im Handel vorkommt und von *Pistacia cabulica* und *Khinjak* (Zentralasien) stammt. Diese Sorte hat nach K. DIETERICH eine S.Z. von 100—140.

Der amerikanische Mastix stammt von der mexikanischen Anacardiacee *Schinus molle*, er schmeckt scharf bitter und enthält ca. 40 % Gummi und 60 % Harz.

Von *Pistacia Terebinthus* wird auf Chios und Cypern der sog. *Chiosterpentin* gewonnen, indem man Einschnitte in die Stämme macht, das ausfließende Harz sofort koliert, mit Wasser kocht und durchknetet. Er enthält 83—88 % Harz und 9—12 % ätherisches Öl (hauptsächlich Pinen). Seine S.Z.d. ist nach E. DIETERICH 47—49, seine V.Z.h. 66—70, D.Z. 19—21. Er löst sich in den meisten Harzlösungsmitteln völlig.

2. Japanischer Lack (Rhuslack).

Der *japanische Lack* (Kiurushi) ist das flüssige Sekret des im Sommer zu seiner Sammlung absichtlich verletzten Stammes der ostasiatischen *Rhus vernicifera* D.C. Er wird hauptsächlich in Nordjapan von einer Kulturvarietät gewonnen. Der Saft rinnt in zähen Tropfen aus, die gesammelt werden (*Stammlack*). Der dicke, im Hochsommer gesammelte Saft ist am besten, der dünne Frühjahrssaft minderwertig. Eine geringere Sorte, der sog. „*Astlack*", wird vom toten Baum gewonnen, indem man die im Herbste nach dem Laubfall abgeschnittenen Äste mit einem Ende in warmes Wasser stellt, am anderen, aus dem Wasser ragenden Ende anschneidet und den herausquellenden Saft auffängt. Die Menge, die ein Baum liefert, ist sehr gering (25—50 g).

Der Stammlack ist ein dickflüssiges, von kleinen Körnern durchsetztes graugelbes Produkt, der Astlack ist körnig-breiig. Der Lack wird vor dem Gebrauch koliert, oft auch noch durch gelindes Erwärmen von Wasser befreit. Unter dem Mikroskop sieht man in einer bräunlichen amorphen Grundmasse neben wenigen farblosen wasserlöslichen Kügelchen zahlreiche kleinere dunklere alkohollösliche. Das spezifische Gewicht schwankt von 1,002—1,057. Der Luft ausgesetzt, dunkelt er schnell und bildet eine undurchlässige Haut, die weitere Veränderungen verhindert. So kann man den Lack in größeren Mengen, am besten verschlossen, jahrelang unverändert aufbewahren.

Der Japanlack enthält etwa 60—80 % alkohollösliche, 4—5 % wasserlösliche Bestandteile, ungefähr 2 % Rückstand und etwa 15—35 % Wasser.

Der im absoluten Alkohol lösliche Teil des Lackes wurde in einer Reihe von klassischen Untersuchungen von dem japanischen Forscher RICÓ MAJIMA (100) studiert. Er fällte die alkoholische Lösung mit Petroläther aus und untersuchte die in Lösung gebliebenen Anteile. Dieselben oxydierten sich leicht, färbten sich mit Eisenchlorid schwarzgrün und ließen sich acetylieren und benzoylieren. Auch Methylierungsprodukte konnten erhalten werden. Durch trockene Destillation entstand eine Reihe von gesättigten und ungesättigten aliphatischen Kohlenwasserstoffen mit einer geraden Kette von 6—14 Kohlenstoffatomen, außerdem in beträchtlicher Menge Brenzcatechin. Es war also klar, daß im Ausgangsprodukt, dem „*Urushiol*", ein Phenol mit zwei orthoständigen Hydroxylgruppen und einer längeren Seitenkette vorhanden sein mußte. Salpetersäure lieferte neben Oxalsäure und Bernsteinsäure auch Korksäure. Auch die Ozonisation brachte Aufschlüsse. Doch konnten keine krystallisierbaren Produkte gewonnen werden. Dieses gelang MAJIMA erst durch eine Hydrierung. mit Platinmohr und Wasserstoff. Das entstehende *Hydrourushiol* $C_{21}H_{34}(OH)_2$, Nadeln vom Fp. 58—59°, ließ sich in ein Diacetylhydrourushiol sowie ein Dimethylhydrourushiol überführen. Aus den Ergebnissen des Abbaues folgerte er für Hydro-urushiol die Formel

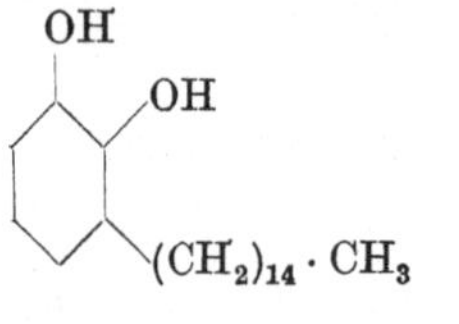

die er auch durch die Synthese seines Dimethyläthers als richtig erweisen konnte. Er kondensierte 2, 3-Dimethoxy-phenylpropionsäurechlorid mit der Natriumverbindung des n-Decyl-acetylens zur Verbindung $(CH_3O)_2C_6H_3(CH_2)_2CO{-}C{\equiv}C(CH_2)_9 \cdot CH_3$, die er durch katalytische Hydrierung und nachfolgende Reduktion nach Clemmensen in ein mit Hydrourushiol identisches Produkt überführte. Im ursprünglichen „Urushiol" fand Majima bereits 10% Hydrourushiol vorgebildet, daneben sind aber nach den Analysen und den Additionsreaktionen größere Mengen von in der Seiten-kette ungesättigten Verbindungen mit 1, 2 und 3 Doppelbindungen vorhanden, die beim Hydrieren in ein und dasselbe Hydrourushiol übergehen. Die Be-mühungen, die Stellung der Doppelbindungen zu ermitteln, führten zu einem teilweisen Erfolge. Ein großer Teil des Harzes konnte nicht zum Krystalli-sieren gebracht werden, er muß mit Rücksicht auf seine Zusammensetzung und sein Verhalten als ein Verharzungs- (Oxydations- und insbesondere auch Polymerisations-) Produkt der ursprünglich wahrscheinlich in noch größeren Mengen vorhandenen ungesättigten Körper angesehen werden.

Der in Wasser lösliche Teil des Lackes besteht aus *Gummi*, dem eine Oxydase, die sog. *Laccase* (18), untrennbar beigemengt ist. Diese Oxydase beschleunigt die Oxydation des „Urushiols" zum „Oxyurushiol", ein Vorgang, der bei der Verwendung des Japanlackes von außerordentlicher Wichtigkeit ist. Handelt es sich bei dem Fermente um einen eiweißartigen Körper, wie aus einem geringen Stickstoffgehalte der Droge geschlossen worden ist, so erscheint es ohne weiteres verständlich, daß seine Wirksamkeit schon bei der Koagulationstemperatur des Eiweißes aufhört. Auch an eine Dispersionsvergröberung und an ein dadurch hervorgerufenes Unwirksamwerden des Fermentes könnte man denken. Die Lackierung der Gegenstände wird bei Temperaturen von 10^0 bis höchstens 25^0 in feuchten (wegen der stärkeren Wirkung des Fermentes) und staubfreien Räumen vorgenommen. Der Lack wird in außerordentlich dünnen, aber zahl-reichen Schichten aufgetragen, die nach jedesmaligem Eintrocknen poliert werden. Dieser Zusammensetzung aus vielen dünnen Lamellen verdankt er zum großen Teile seine hohe Elastizität.

Im Japanlack ist eine „Substanz" enthalten, die außerordentlich un-angenehme und schwer heilende Ekzeme hervorruft. Das Gift läßt sich nach Tschirch (185) nicht durch Waschen mit Wasser und Seife von den Händen usw. entfernen, sondern nur, wenn man erst mit Bimsstein und Seife und dann mit Seife und Soda wäscht. Wie Majima feststellte, handelt es sich hier nicht, wie man früher annahm, um besonders giftige Stoffe, sondern um die physiologische Wirkung des Urushiols selbst.

Der Rhuslack ist nicht Handelsprodukt, sondern dient nur in den Erzeugungsländern zur Herstellung der bekannten schönen und dauerhaften Lackarbeiten. Der Japanlack wird vor seinem Gebrauche mit trocknenden Ölen und mit fein gemahlenen Farbstoffen (Indigo, Zinnober, Auripigment, Bleiweiß) oder mit Eisensalzen, Ruß,, Gold, Silber u. a. gemengt. Die aus außerordentlich vielen dünnen Lamellen des oxydierten Harzes bestehenden Lack-überzüge sind sehr widerstandsfähig gegen atmosphärische Einflüsse, ja sie vertragen sogar mäßig konzentrierte Säuren oder Alkalien. Es muß bemerkt werden, daß sog. „Japan-lacke" oder „Japanemaillen", wie sie sich im Handel vorfinden, mit echtem Japanlack nichts zu tun haben, sondern lediglich Qualitätsbezeichnungen für normale Lackprodukte sind.

Ein dem Japanlack nahestehender ostasiatischer Baumlack ist der *Burma-lack*, auch „Thitsi" oder „Mailack" genannt, der von *Melanorrhoea usitata* Wall. stammt. Er existiert in drei Qualitäten, einer schwarzen, einer braunen und

einer roten, von denen die erste die beste ist. R. Majima fand hier durch katalytische Reduktion ein krystallisiertes *Hydrothitsiol* vom Fp. 94—96⁰, das die
Konstitution eines 3, 4-Dioxy-l-n-heptadecylbenzols
besitzt, also die aliphatische Seitenkette in anderer Stellung trägt
als das Urushiol. Die ursprünglichen, ungesättigten Substanzen
machen nur etwa ein Drittel des Burmalackes aus, woraus sich
bei diesem Lacke das langsamere Eintrocknen und die Bildung
einer nicht so festen Haut ohne weiteres erklären lassen. Eine
nebenher noch in größerer Menge vorhandene gesättigte Substanz
ist chemisch noch nicht untersucht worden.

Der sog. *Indochinalack* von *Rhus succedanea L. fils* gab beim Hydrieren
Hydrolaccol vom Fp. 63—64⁰. Es handelt sich, wie Majima auch
durch Synthese feststellte, um 2, 3-Dioxy-l-n-heptadecylbenzol,
also um ein Homologes des Urushiols:

Auch die Lacke von *Semocarpus vernicifera*, *Rhus ambigua*
Lav. und *Rhus orientalis* Schn. enthalten „Laccol".

l) Guttiferae.

1. Gummigutt.

Dieses Gummiharz (gomme goutte des französischen, Gamboge oder Cambogia des
englischen Handels, Gummi-resina Gutti der Pharmakopöen) stammt von mehreren Gutti-
feren, insbesondere von *Garcinia Morella* (Indien, Ceylon) und deren in Hinterindien kul-
tivierter Varietät β *pedicellata* (= *Garcinia Hanburyi* Hooker), ferner von *Garcinia cochinchinensis* Chois. (Cochinchina, Molukken), *G. pictoria* Roxb. (Indien) und *G. Cambogia* Desr.
(minderwertiges, nicht in den europäischen Handel kommendes Produkt). Die Hauptmenge
wird in Kambodscha gewonnen und kommt von Bangkok, Saigun und Singapore in den
Handel.

Das Gummigutt kommt in schizogenen Milchsaftbehältern von beiläufig 0,04 mm
Durchmesser der inneren Rinde vor, spärlicher auch in der Mittelrinde. In der Rinde ist
außer den Bastzellen ein stärkereiches Parenchym mit Calciumoxalatkrystallen gefunden
worden, was die gelegentlich beobachtete Anwesenheit von Stärkekörnern, von Bast- und
Parenchymzellen sowie von Oxalatkrystallen im Harz genügend erklärt. Die Gummigutt-
bäume werden am Ende der Regenzeit mit spiralförmigen Einschnitten versehen, der ausfließende Saft wird in Bambusröhren aufgefangen, in denen er nach einiger Zeit erstarrt.
In anderen Gegenden, z. B. auf Ceylon, läßt man den Saft am Baum erstarren und löst ihn
mit Messern ab. Auf letzterer Insel soll auch eine minderwertige Sorte durch Auskochen
der Blätter und jungen Fruchtschoten gewonnen werden.

Gummigutt kommt als *Kuchengummigutt* (oft pfundschwere Klumpen) oder als *Röhren-
gummigutt* in den Handel. Der letztere ist nach seiner zylindrischen Form und der Längs-
streifung seiner Oberfläche als in Bambusröhren aufgefangenes Produkt kenntlich. Manchmal ist die Oberfläche auch netzförmig, was darauf zurückgeführt wird, daß mitunter auch
zu einem Hohlzylinder vereinigte Rindenstücke zum Auffangen des Saftes dienen.

Frische Bruchflächen des Gummigutts sind rotgelb bis hellbraunrot und fettglänzend, sie werden aber nach einiger Zeit leberbraun und matt und überziehen
sich bei längerem Liegen an der Atmosphäre mit einer dunkelgrünlichen Schichte.
Der Strich ist citronengelb bis orangegelb. Das Harz ist geruchlos, es schmeckt
anfänglich milde und gummiartig, alsbald aber scharf und kratzend. Seine
Dichte ist nahezu 1,2.

Unter dem Mikroskop zeigen in fettes Öl eingelegte Harzsplitter eine
homogene, glasartige, aus Gummi bestehende Grundmasse, in welcher eine
Unzahl kleiner kugelförmiger Harzkörnchen suspendiert ist. Außerdem sieht
man häufig radiale Sprunglinien, die wellenförmig oder im Zickzack verlaufen. Im Wasser bildet Gummigutt die bekannte, zum Malen benützte
Emulsion, in der sich die Harzkörnchen in lebhafter Brownscher Molekular-
bewegung befinden.

Die *Kennzahlen* wurden von K. Dieterich nach dem bei Euphorbium angegebenen Verfahren bestimmt: Er fand für S.Z.d. ungefähr 75—86, H.Z. 105—116, G.V.Z. 122—139, G.Z. 14—22.

Das Gummigutt enthält ungefähr 5% Wasser, 20—25% Gummi und 70—80% „Harz", außerdem ungefähr 0,5—1% Aschenbestandteile und Verunreinigungen. Das Harz ist mit Alkohol extrahierbar, es löst sich in den meisten Lösungsmitteln (außer Petroläther) mit gelber Farbe, ebenso auch in Alkalien.

Hlasiwetz und Barth (71) haben aus dem Harz durch die Kalischmelze *Phloroglucin, Isouvitinsäure, Uvitinsäure, Brenzweinsäure* neben *Essigsäure* und *Buttersäure* erhalten. Eine Destillation mit konzentrierter Natronlauge lieferte Tassinari (154) im Destillate einen sauerstofffreien Körper $C_{10}H_{16}$ (Limonen?), *Xyletinsäure* $C_9H_{10}O_3$; *Isouvitinsäure* (Homophthalsäure), *Essigsäure* einen *Aldehyd* $C_{10}H_{16}O$ und eine Substanz $C_{10}H_{20}O_2$. Tschirch und Lewinthal haben durch Ausschütteln der ätherischen Lösung des „Reinharzes" mit 1 promill. Soda einen reichlichen, feinen, roten Niederschlag erhalten, der in Alkohol gelöst und mit Bleiacetat gefällt, die einbasische α-Garcinolsäure $C_{23}H_{28}O_6$, Fp. 129° gab. Der in Lösung gebliebene Teil wurde mit Schwefelwasserstoff behandelt, es fiel neben Schwefelblei eine bei 103—104° schmelzende Säure $C_{23}H_{28}O_5$, während die Hauptmenge der Säuren (ca. 80% reinen Harzes) als β-Garcinolsäure $C_{25}H_{32}O_6$, Fp. 129—132° in Lösung blieb. Diese Produkte sind aber amorph, ihre Einheitlichkeit sowie ihre Formeln sind ganz unsicher.

Das Harz von *Garcinia Mangostana* L. wurde von O. Dragendorff (40a) untersucht. Der zunächst dünnflüssige Saft erhärtet allmählich und wird dabei gelb. Der Wassergehalt des Harzes betrug 32—33%; in Benzol unlöslich waren 15—20%. Im benzollöslichen Anteile findet man das α-Mangostin (50%), β-Mangostin (2%), ein Umwandlungsprodukt des ersteren, ferner Mangostansterin $C_{27}H_{46}O$ vom Fp. 105—106° und einen Kohlenwasserstoff vom Kp.$_{12\,mm}$ 105°. α-Mangostin hat die Formel $C_{21}H_{24}O_5$, es hat zwei Hydroxylgruppen, von denen eine phenolisch, eine aliphatisch gebunden ist, ferner eine OCH_3-Gruppe und eine (vielleicht zwei) Carbonylgruppe. Brom wird unter Bildung von α-Mangostintetrabromid $C_{21}H_{24}O_5Br_4$ addiert. Die Anwesenheit von drei hydrierbaren Doppelbindungen folgt daraus, daß das bei 123° schmelzende α-Methylmangostin durch Wasserstoff bei Gegenwart von PtO_2 zu α-Hexahydromethylmangostin $C_{22}H_{30}O_5$ vom Fp. 106° hydriert wird.

Als *Verfälschungsmittel* gibt K. Dieterich pflanzliche Verunreinigungen, Reismehl, Stärke, Dextrin, Sand, Baumrinde und speziell für Gummitguttpulver *Kolophonium* an. H. Wolff empfiehlt zum Nachweis des letzteren Extraktion des Gummigutts mit Petroläther und Bestimmung der S.Z. im Extrakte. Die S.Z. steigt bei dem Vorhandensein von Kolophonium stets über 100, während sie sonst weit unter dieser Zahl zurückbleibt. Ein gutes Mittel zur Erkennung von *Harzbeimengungen* ist oft auch die Bestimmung des Harzgehaltes (70—80%). Verfälschung mit *Stärke* stellt man nach Eberhardt (42) in folgender Weise fest:

1 g des zu prüfenden Pulvers löst man in 5 cm³ Kalilauge, gibt 45 cm³ Wasser hinzu und zuletzt einen Überschuß von Salzsäure; man filtriert alsdann die trübe Flüssigkeit durch Watte und gibt zu dem klaren Filtrat 1—2 Tropfen Jodlösung. Die gepulverte Handelsdroge gibt gewöhnlich eine gelbe, später blau werdende Färbung; reines Gummigutt mit 1% Stärke verursacht ein mattes, beim Stehen dunkel werdendes Blau und eine leichte Fällung. 2% Stärkegehalt gibt sofort ein dunkles Blau, nach einigen Stunden einen Niederschlag. 5—10% Stärke geben sofort eine blaue Fällung. 5% und weniger Curcumagehalt geben deutliche Stärkereaktion.

Als Farbstoff für Spritlacke wird Gummigutt heute kaum mehr gebraucht, es ist vollkommen durch die Teerfarbstoffe verdrängt worden. Dagegen findet es noch als wasserlösliche Malerfarbe und in der Veterinärpraxis als drastisches Abführmittel beschränkte

Verwendung. Die maximale Dosis für den Menschen beträgt je Gabe 0,3 g, je Tag 1 g, größere Gaben wirken tödlich.

2. Takamahak.

Takamahak wird häufig auch als *westindisches Anime* bezeichnet, darf aber weder mit Anime noch mit Takamahakelemi (Burseraceen) verwechselt werden. Es besitzt keinerlei technische Bedeutung und kommt nach K. DIETERICH in 3 Sorten vor. Das *ostindische* (alba, orientalis), ein gelbliches, graubraunes, fettglänzendes, weiches, klebriges Harz, das nach Lavendel riecht und gewürzhaft bitter schmeckt, soll von *Calophyllum inophyllum* L. stammen. Das *Bourbontakamahak* („Marienbalsam"), ein ebenfalls weiches, dunkelblaugrünes, nach Foenum graecum riechendes Harz, ist vielleicht mit Carannaharz identisch und stammt von *Calophyllum tacamahaca* WILLD. Das *amerikanische* Takamahak (occidentalis) ist ein festes Harz aus größeren und kleineren Stücken, etwas durchscheinend braun, leicht zerbrechlich, auf dem Bruch glänzend. Zu nennen ist hier noch das Harz von *Calophyllum Calaba*, das unter dem Namen „*Resina Oculé*" bekannt ist. Bloß das ostindische Takamahak ist im Handel.

Die Harze sind sämtlich sehr unrein, manche vielleicht Kunstprodukte. Die Kennzahlen nach K. DIETERICH haben folgende Werte, von denen die des ostindischen Harzes am niedrigsten liegen:

	S. Z. d.	V. Z. h.	D. Z.
Ostindischer Takamahak	21—34	54—89	33—66
Bourbontakamahak	38—39	106—118	68—78
Westindischer Takamahak . . .	20—28	97—123	68—95

Eine chemische Untersuchung eines echten Takamahak haben TSCHIRCH und SAAL (183) unternommen. Die Stammpflanze und Herkunft desselben waren leider nicht sicher zu ermitteln. Es handelte sich um haselnußgroße, gelbbräunliche Stücke, die klar und durchsichtig waren und unter dem Mikroskope keine krystallinischen Bestandteile zeigten. Beim Kauen erweichten sie. Das in bekannter Weise hergestellte „Reinharz" gab beim Schütteln seiner ätherischen Lösung mit Ammoncarbonatlösung 0,5 % einer bei 95° schmelzenden einbasischen „Takamahinsäure" $C_{43}H_{72}O_2$ (?), mit Sodalösung 0,5 % einer bei 104—106° schmelzenden „Takamaholsäure" $C_{15}H_{26}O_2$. Nach Entfernung des ätherischen Öles (3 %, hauptsächlich bei 170—175° siedend) und des Bitterstoffes (ca. 1 %) blieb das Resen zurück, das sich in einen alkohollöslichen (50 % des Reinharzes) und einen unlöslichen Anteil (30 %) trennen ließ. Im Rohharz wurden ferner noch 3 % Gummi gefunden, der Calcium gebunden enthält.

m) Dipterocarpaceae.

1. Dammar.

Die Dammarharze stammen nicht, wie man nach dem Namen vermuten könnte, von Dammarfichten, sondern, wie WIESNER überzeugend nachweisen konnte, von *Dipterocarpaceen*, wahrscheinlich einer *Shoreaart* (*Shorea Wiesneri* SCHIFFN. ?), deren genaue Diagnose aber noch nicht ermittelt werden konnte. Auch die Gattungen *Vatica*, *Vateria*, *Diptocarpus* und *Hopea* liefern Dammarharze. Es handelt sich um Laubbäume, die vorwiegend auf den Sundainseln beheimatet sind.

Die Gewinnung des Harzes, das in kleineren Mengen schon freiwillig aus den Stämmen und Zweigen austritt, geschieht durch oben gewölbte, unten gerade, tiefe Einschnitte in das Holz. Das rasch nach seinem Austritt erstarrende Harz bildet kuglige, knollige oder stalaktitische Massen, die gesammelt und sortiert werden. Die Bezeichnungen laufen von *A* bis *E*, wobei *A* sehr reine, großstückige Ware bezeichnet, während *E* (manchmal auch *F*-Dammar) feine Körnchen darstellt, die mit nicht geringen Mengen von Pflanzenteilchen verunreinigt sind. Die größeren Stücke werden mitunter „geschabt".

Dammar ist fast farblos bzw. mehr oder weniger gelb gefärbt. Abgesehen von wolkigen Trübungen und gelegentlich vorkommenden Krusten ist es klar und *durchsichtig*. Minderwertige Sorten sind bräunlich und nur durchscheinend.

Es muß aber hier gleich bemerkt werden, daß es auch braunes, rotes und schwarzes Dammar gibt. Die besseren Sorten weisen meist an der Oberfläche der einzelnen Stücke beträchtliche Staubmengen auf, die durch gegenseitiges Abreiben entstehen. Die Härte entspricht der des Kolophoniums, bei Handwärme wird es etwas klebrig, beim Kauen zerfällt es und haftet an den Zähnen. Das Harz ist geruchlos, riecht aber beim Reiben aromatisch. Der Bruch ist glasglänzend. Das spezifische Gewicht schwankt von 1,04—1,12. Das Dammar erweicht gewöhnlich bei 75⁰, wird bei 100⁰ dickflüssig, bei 150⁰ dünnflüssig und klar. Einzelne Sorten weichen aber von diesen Normen ab (s. unten).

Das Dammar löst sich in Benzol, Chloroform, Schwefelkohlenstoff und Amylalkohol völlig, in Alkohol, Aceton, Äther und Petroläther nur teilweise. Sumatradammar ist schwer löslich, was dem hohen Schmelzpunkte entspricht. In 80proz. Chloralhydrat quillt Dammar, geht aber nicht in Lösung. (Die Harze der Dammaraarten lösen sich aber völlig in 80proz. Chloralhydrat.)

Die Kennzahlen gibt H. Wolff mit S.Z. etwa 20—55, meistens über 35, V.Z. ca. 30—60, meistens über 40 an.

Coffignier (28) gibt für 6 Dammarsorten die folgenden physikalischen und chemischen Eigenschaften an. Er untersuchte:

1. Padangdammar aus Sumatra, ziemlich regelmäßige gelblichweiße, sehr saubere Stücke, die ein weißes Pulver lieferten.

2. Borneodammar, kleine gelbe, durchscheinende oder opake, sehr unsaubere Stücke, die ein rötlichgraues Pulver lieferten.

3. Singapordammar, weiße bis gelbliche, saubere Stücke, die ein weißes Pulver lieferten.

4. Pontianakdammar aus Borneo, ähnlich dem Singapordammar, war aber noch heller.

5. Sumatradammar, gelbliche, ausgehöhlte und matte bzw. rötliche, schwarze und braune harte und glänzende Stücke, die ein unsauberes hellbraunes Pulver lieferten.

6. Batjandammar, ziemlich große, weißliche, gelbliche und rötliche, ziemlich saubere Stücke, die ein rötliches Pulver lieferten.

	1.	2.	3.	4.	5.	6.
Dichte (18⁰)	1,036	1,048	1,057	1,025	1,004	1,032
Erweicht bei	55⁰	70⁰	55⁰	65⁰	115⁰	60⁰
Schmelzpunkt	95⁰	120⁰	95⁰	110⁰	190⁰	105⁰
Säurezahl	31	35	30	20	60	19
Verseifungszahl	34	65	39	31	65	20
Unlösliches in:						
Alkohol	20 %	24 %	19 %	22 %	46 %	33 %
Methylalkohol	53 %	32 %	25 %	29 %	52 %	40 %
Amylalkohol	8 %	12 %	6 %	4 %	34 %	11 %
Äther	4 %	10 %	1 %	4 %	38 %	3 %
Chloroform	löslich	7 %	löslich	löslich	13 %	4 %
Benzol	„	8 %	„	„	18 %	3 %
Aceton	15 %	20 %	14 %	16 %	45 %	21 %
Terpentinöl	löslich	5 %	löslich	löslich	13 %	3 %
Benzaldehyd	„	8 %	„	„	25 %	löslich
Anilin	„	16 %	„	„	33 %	„
Amylacetat	6 %	10 %	4 %	5 %	30 %	7 %
Tetrachlorkohlenstoff	löslich	8 %	3 %	löslich	32 %	11 %

Die *chemische Zusammensetzung* unseres wichtigsten Dammarharzes, des Bataviadammars, haben Tschirch und Glimann (166) zu klären versucht. Nach Entfernung eines Bitterstoffes extrahierten sie die ätherische Lösung des „Reinharzes" mit Kalilauge und erhielten so eine nach der Reinigung mit Bleiacetat krystallisierbare zweibasische Säure „Dammarolsäure" $C_{54}H_{77}O_3 \cdot OH \cdot (COOH)_2$(?) in einer Ausbeute von 23%. Das Vorhandensein einer Hydroxylgruppe geht nach den Verfassern aus der Bildung eines Mono-Acetyl- und Benzoylderivates hervor. In der ätherischen Lösung bleiben neben wenig ätherischem Öle „Resene" zurück, die die Hauptmenge des Harzes ausmachen. Ein Teil von diesen ist in Alkohol löslich (ca. 40 %): amorphes α-Dammaroresen, Fp. ca. 90⁰, ein anderer Teil (23 %) ist in Alkohol unlöslich: β-Dammaroresen, Fp. bei 200⁰, löslich in Chloroform. Die Formeln für diese beiden Körper sind $C_{11}H_{17}$ (!) O oder $C_{22}H_{34}O_2$ und $C_{31}H_{52}O$. Das β-Dammaroresen läßt sich nach ZINKE und UNTERKREUTER (223) in einen ätherlöslichen krystallinen, sauerstofffreien Anteil $C_{30}H_{48}$ (isomer mit den Amyrilenen) vom Fp. 165—195⁰ und einen sauerstoffhältigen Anteil vom Fp. 200—230⁰ trennen.

Verfälschungen mit Kopal oder *Kolophonium* können bei Dammar, als einem typischen „Resenharze", leicht durch die Erhöhung der S.Z. erkannt werden. Da die STORCH-MORAWSKIsche Reaktion wegen der hierbei mit echten Harzen auftretenden Purpurfärbung unbrauchbar ist, empfiehlt H. WOLFF folgende Bestimmungsmethode:

Das Harz wird mit Petroläther extrahiert und der Petrolätherextrakt mit wenig Ammoniak geschüttelt. Bei Anwesenheit einigermaßen beträchtlicher Kolophoniummengen (etwa 10 %) scheidet sich das gelatinöse Ammoniumabietinat aus. Dieses saugt man ab und zersetzt es mit Salzsäure. Die in Freiheit gesetzte Abietinsäure äthert man aus, den Äther verdampft man. Die zurückbleibende Abietinsäure wird aus wenig Aceton umkrystallisiert und durch Bestimmung der Säurezahl (180—185) und des Schmelzpunktes (ca. 165⁰) identifiziert.

Nach D.A.B. VI wird die Prüfung auf *Kolophonium* folgendermaßen vorgenommen:

1 g fein gepulvertes Dammarharz wird mit 10 cm³ Ammoniak unter häufigem Umschütteln durch $^1/_2$ Stunde stehengelassen, dann wird filtriert und das klare oder schwach opalisierende Filtrat mit Essigsäure angesäuert, wobei keine Trübung auftreten darf.

Auch die Beachtung der *Löslichkeiten* in organischen Lösungsmitteln ist zu empfehlen. Die Bestimmung des in Benzol Unlöslichen nimmt H. WOLFF folgendermaßen vor:

5 g Dammar werden mit 50 cm³ Benzol übergossen und eventuell durch schwaches Erwärmen gelöst. Nach Auflösen der Harzteilchen filtriert man durch ein gewogenes Filter, wäscht mehrmals mit Benzol nach, trocknet bei 80—90⁰ oder im Vakuum und wägt.

Dammar *E* enthält etwa zwischen 5 und 10 %, gelegentlich auch weniger als 5 % Unlösliches. Dammar *A, B* und *C* löst sich vollständig oder weist nur einige Zehntel Prozente an Unlöslichem auf.

Der Wassergehalt soll 1 % wesentlich nicht übersteigen, die Asche höchstens 0,25 % betragen.

Den üblichen Dammarsorten ähnlich ist der *Malayan Damar Penak* von *Balanocarpus Heimii* (25). Er erweicht bei 70—80⁰ und schmilzt gegen 95⁰, S.Z. 34—38, V.Z. 38—48. Bedeutend höher schmilzt ein Dammar von einer *Vateria* Neuguineas, nämlich bei 160—170⁰ (nach Erweichen bei 115—120⁰), S.Z. 21—23, V.Z. 32—40. Der für Fußbodenlack verwendete schwarze oder *Kaladammar* Vorderindiens (S.Z. 28—30, Fp. 110—125⁰) stammt von der Burseracee *Canarium strictum* ROXB.

Die Dammarharze werden zur Herstellung von hellen Lacken sehr häufig verwendet, entweder für sich oder als Grundlage für helle Farben. Der Anstrich hat den Vorteil größerer Alkalifestigkeit, wird dagegen beim Erwärmen leicht klebrig. Spezialverwendung finden sie für photographische und Ätzlacke, für Etikettenlacke und zur Herstellung von mikroskopischen Dauerpräparaten. Um die Beständigkeit für Außenanstriche zu heben, hat man auch die Dammarolsäure verestert u. a. mehr.

2. Gurjunbalsam.

Der *Gurjunbalsam* (Gardschanbalsam, wood oil) stammt von verschiedenen *Dipterocarpusarten* Ostindiens, insbesondere von Dipterocarpus alatus (Hinterindien), angustifolius (Hinterindien), gracilis (Java), hispidus (Ceylon), ceylanicus (Ceylon und Java) und mehreren anderen javanischen Arten, sowie von Hardwickia pinnata ROXB. (Indien).

Der Balsam findet sich sowohl in der Rinde als auch in der Peripherie des Markes in weiten, schizolysigenen Kanälen. Die Gewinnung ähnelt der des Copaivabalsams, nur macht man zur Beschleunigung des Ausflusses meist in der Nähe der Wunde am Boden ein Feuer. Ein Anschnitt liefert bis 70 l Balsam.

Vom Copaivabalsam, dem er im ganzen nicht unähnlich ist, unterscheidet er sich nach Wiesner durch seinen dichroitischen Charakter. Er ist grünlich im auffallenden, rötlichbraun im durchfallenden Lichte. Er fluoresciert grün und ist gewöhnlich trüb. Seine Dichte beträgt 0,947—0,964. Mit Wasser geschüttelt, gibt er, wie Copaivabalsam, einen Bitterstoff an die nunmehr sauer reagierende Flüssigkeit ab; durch Gerbsäure kann man aus der letzteren nach dem Einengen einen reichlichen, weißen Niederschlag bekommen. Der Gurjunbalsam löst sich in ätherischen Ölen wie in Chloroform, Benzol, Schwefelkohlenstoff und Äther, dagegen nur teilweise im gleichen Volumen absoluten Alkohols.

Die Kennzahlen sind nach H. Wolff: S.Z. 7—15, V.Z.h. 15—32, D.Z. 3—17.

Die Menge des *ätherischen Öles* schwankt in weiten Grenzen (40—80%). Es besteht nach den Untersuchungen von Deussen und Philipp (31) im wesentlichen aus 2 Sesquiterpenen, dem α- und β-Gurjunen. Das α-Gurjunen (67% des Balsams) wird durch fraktionierte Destillation des Rohgurjunens erhalten. Es ist ein Tricyclengurjunen: Schmelzpunkt 114—116° (10 mm), $d_{20}^{0} = 0{,}918$, $\alpha_D = -95°$, $n_D = 1{,}5010$. Das β-Gurjunen (33%) ist ebenfalls ein Tricyclogurjunen; Siedepunkt 120—123° (13 mm), $d = 0{,}9348$, $\alpha_D = +74{,}5°$, $n_D = 1{,}50275$. Bei der Oxydation dieses Sesquiterpens entsteht das Gurjunenketon vom Fp. 43°, Siedepunkt 163—166° (10 mm), $d_{20}^{0} = 1{,}017$, $n_D = +123°$, $n_D = 1{,}5270$ (53).

Ruzicka, Pontalti und Balas (125) erhielten aus der Mittelfraktion des Rohgurjunens beim Dehydrieren mit Schwefel ein blau gefärbtes Öl (Siedepunkt 120—150° (12 mm), aus dem kein Pikrat erhältlich war. Es konnte also kein Naphthalinderivat vorgelegen haben. Noch leichter erfolgt die Bildung des blauen Öles bei der katalytischen Dehydrierung mit Nickel bei 400—410° nach Herzenberg und Ruhemann (60). Aus dem blauen Öle läßt sich über das Pikrat leicht reines Azulen gewinnen.

Außer dem ätherischen Öle kommen im Gurjunbalsam noch *indifferente Harzkörper*, „Resene", vor, während der Gehalt an *Harzsäuren* nur 3% ausmacht; die Säuren krystallisieren, konnten aber wegen ihrer geringen Menge noch nicht genauer untersucht werden. Die Resene stellen nach Tschirch ein lichtempfindliches, amorphes Pulver dar, das unscharf bei 40—43° schmilzt und trocken destilliert, außer Ameisen- und Essigsäure aromatisch riechende blaue und grüne Öle liefert.

Der von Hirschsohn aus dem Bodensatz von Gurjunbalsam erhaltene „Neutralkörper" ist nach Tschirch (156) ein Resinol (Gurjuresinol). Er krystallisiert in farblosen Nadeln aus konzentrierter alkoholischer Lösung, verhält sich gegen Alkalien und Ammoniak indifferent, hat die Formel $C_{15}H_{25}OH$ und schmilzt bei 131—132° (Monoacetylverbindung $C_{15}H_{25}O(C_2H_3O)$ aus Eisessig Fp. 96°, Benzolderivat $C_{15}H_{25}OCOC_6H_5$, Blättchen vom Fp. 106—107°). Er ist nach Tschirch identisch mit Ketos Copaivasäure des Handels und mit Machs „Metacholestol" aus Gurjunbalsam.

Tschirch hat in einem echten Gurjunbalsam von *Dipterocarpus turbinatus* ein Resinol vom Fp. 126—129° und der Formel $C_{20}H_{30}O_2$, das sog. *Gurjuturboresinol* gewonnen. Es ist optisch inaktiv und krystallisiert im rhombischen Systeme. Es ist identisch mit der Metacopaivasäure Trommsdorffs und der Copaivasäure (Merck) des Handels von Brix.

Der Gurjunbalsam dient, da er billiger ist als Copaivabalsam, zum Verschnitt des letzteren. Medizinisch wird Gurjunbalsam wie Copaivabalsam verwendet.

n) Cistaceae.

Ladanum.

Ladanum- oder *Labdanumharz* ist ein von den in den Mittelmeerländern vorkommenden
Cistaceen *Cistus creticus* L., *cypricus* L. und *ladaniferus* L. freiwillig ausgeschiedenes Harz.
Es war früher offizinell und wurde dadurch gewonnen, daß man Schafherden durch Cistus-
bestände hindurchtrieb, wobei das Harz in der Wolle hängenblieb; man fand deshalb gelegentlich Haare im Harze. Auf Cypern wird es von Mönchen gesammelt, indem mit langen
dünnen Riemen über die Pflanzen hingestrichen wird. Das Harz bleibt an denselben hängen,
wird abgenommen und zusammengeknetet.

Das Ladanum stellt dunkelbraune bis schwarze, zähe, zwischen den Fingern
erweichende, auf frischem Bruch graue, sich bald schwärzende Stücke dar.
Es riecht angenehm ambraartig und schmeckt balsamisch brennend. In Wasser
ist es unlöslich, in Alkohol löst es sich fast völlig.

Als Kennzahlen gibt K. DIETERICH für teilweise sicher nicht echte Handelsprodukte an: S.Z.d. 52—115, V.Z.h. 200—222, D.Z. 88—168. Das in den
Handel kommende Ladanum ist stets sehr unrein und ist sehr häufig ein Kunstprodukt aus Kolophonium, Sand usw.

Das cyprische Ladanum soll 86°/₀ Harz, 7°/₀ ätherisches Öl, 6°/₀ Wachs
und Verunreinigungen und 1°/₀ Extraktivstoffe enthalten. Genaue chemische
Untersuchungen liegen nicht vor.

o) Umbelliferae.

1. Ammoniakum.

Das Gummiharz *Ammoniakum* wird von einer in den Steppen des westlichen Asiens
vorkommenden bis etwa 3 m hohen Umbellifere *Dorema ammoniacum*, hauptsächlich in
Persien, gewonnen. Der Saft soll entweder freiwillig oder nach Verwundung durch ein Insekt
austreten und wird nach dem Erhärten vom Stamme, den Blattstielen und der Wurzel in
Form von Körnern abgelesen. Er entsteht in schizogenen Milchsaftbehältern.

Die Körner des Harzes haben meist einen Durchmesser von 0,5—1,5 cm.
Da Ammoniakum schon bei Handwärme erweicht und klebrig wird, erscheint
es oft als zusammengebackene Masse mit Mandelstruktur. Außen ist es bräunlichgelb und zeigt einen wachsartigen Glanz, auf frischer Bruchfläche ist es manchmal
bläulich angehaucht, es schmeckt scharf und bitter und riecht ziemlich stark.
Unter dem Mikroskop sieht man in einer gummiartigen Grundmasse Körnchen
und Tröpfchen gleichmäßig eingebettet. Das Gummi löst sich in Wasser auf,
die Harz- und Öltröpfchen bilden dann eine weißliche Emulsion. Das Ammoniakum schmilzt bei 45—54⁰, die Dichte beträgt 1,19—1,22. In 60proz. Chloralhydratlösung löst es sich vollkommen.

Die Grenzwerte der *Kennzahlen* sind nach K. DIETERICH: Säurezahl der
flüchtigen Bestandteile (S.Z.f.) 100—200, S.Z.ind. 90—105, H.Z. 99—155,
G.Z. 7—46, G.V.Z. 146—162, Verlust bei 100⁰ C: 2,1—12°/₀, Asche: nicht
über 10°/₀.

Die S.Z.f. und die S.Z.ind. werden in folgender Weise bestimmt: S.Z.f.: 0,5 g Ammoniakgummi übergießt man in einem Kolben mit etwas Wasser und leitet nun Wasserdämpfe
durch. Der Kolben wird in einem Sandbad zur Verhütung zu starker Wasserdampfkonden-
sation erhitzt. Die Vorlage beschickt man mit 40 cm³ wäßriger n/2 Kalilauge, und das aus
dem Kühler kommende Rohr taucht man in die Lauge ein. Man zieht genau 500 cm³ über,
spült das Destillationsrohr von oben her und unten gut mit destilliertem Wasser ab und
titriert unter Zusatz von Phenolphthalein zurück. Die Menge der gebundenen Kubikzentimeter KOH lassen durch Multiplikation mit 28,08 die S.Z.f. berechnen. „In diesem Falle
gibt die S.Z.f. die Anzahl der Milligramme KOH an, welche 500 cm³ Destillat von 0,5 g
Ammoniakum mit Wasserdämpfen abdestilliert, zu binden vermögen.“

S.Z.ind.: Ca. 1 g Ammoniakum kocht man zur Aufschließung mit 50 g Wasser und
100 g Alkohol nacheinander je ¹/₄ Stunde lang am Rückflußkühler. Nach dem Erkalten
ergänzt man das Gewicht mit angewandter Substanz auf 150 g, filtriert und setzt zu 75 g

des Filtrats = 0,5 g Substanz 10 cm³ alkoholische n/2 Kalilauge, läßt *genau* 5 Minuten stehen und titriert dann mit n/2 Schwefelsäure und Phenolphthalein zurück. Die Anzahl der gebundenen Kubikzentimeter KOH mit 28,08 multipliziert und auf 1 g Substanz berechnet gibt die S.Z.ind.

Die H.Z., G.V.Z. und G.Z. werden in der bei Euphorbium angegebenen Weise festgestellt.

Die *chemische Zusammensetzung* des Ammoniakums erhellt aus einer von K. Dieterich angegebenen Tabelle:

Bestandteile	Plugge	Buchholz	Bracannot	Moss	Hirschsohn
Ätherisches Öl	1,3				1,4—6,7
Wasser	5,1	} 4,0	} 7,2	} 2,8	0,8—3,3
Aschenbestandteile	2,0			2,3	2,0—16,9
Harz	65,5	72,0	70,0	68,6	47,1—69,2
Gummi	26,1	22,4	18,4	19,3	—
Bassorin	—	1,6	—	—	—
Leimartige Stoffe	—	—	4,4	5,4	—
Extraktivstoffe	—	—	—	1,6	—
Zucker usw.	—	—	—	—	1,6—4,6
Wasserlösliche Bestandteile	—	—	—	—	11,8—25,7
Rest	—	—	—	—	0,8—3,1

Das *ätherische Öl* (52) ist dunkelgelb und riecht nach Angelica, es dreht schwach nach rechts, siedet von 250—290⁰ und hat das spezifische Gewicht 0,891. Bei der Hydrolyse des Gummis entsteht Galaktose, Arabinose und Glucose, außerdem sind stets 1—2 % calciumhaltige Asche nachzuweisen.

Der *Harzanteil* des Ammoniakums besteht nach Tschirch (176) größtenteils aus einem Salicylsäureester eines amorphen Resinotannols *Ammoresinotannol* $C_{18}H_{29}O \cdot OH$, das sich acetylieren und benzoylieren läßt und bei der Kalischmelze das schon von Hlasiwetz und Barth gefundene Resorcin, bei Oxydation mit Salpetersäure Styphninsäure (Trinitroresorcin) gibt. Das Ammoresinotannol ist der Träger der Farbenreaktionen des Ammoniakums. (Die alkoholische Lösung des Reinharzes wird durch Bromlauge rot, durch Eisenchlorid rotviolett, durch Chlorkalk orangerot.) Außer Salicylsäure fand Tschirch beträchtliche Mengen flüchtiger Fettsäuren (Butter- und Baldriansäure).

Zu krystallisierten Produkten gelangte P. Casparis (26). Mit verdünnter Natronlauge ließen sich aus dem Ammoniakum ca. 58% herauslösen. Dieselben lieferten bei der Acetylierung ein in farblosen Prismen krystallisierendes Acetylderivat, das bei vorsichtiger Verseifung „*Ammoresinol*", sechseckige Blättchen vom Fp. 110⁰ ergaben. Das Produkt hat die Formel $C_{18}H_{24}O_3$, es hat eine phenolische Hydroxylgruppe von stark saurem Charakter, es gibt ein Acetyl- (Fp. 102,5⁰) und ein Benzoylderivat (Fp. 75⁰). Es verharzt leicht durch Licht, Luft und Wärme, läßt sich nur aus Benzol umkrystallisieren und gibt mit Ammoniak eine leicht spaltbare Verbindung. Es liegt kein Salicylester vor.

Als häufigste *Verfälschungsmittel* für Ammoniakum kommen Galbanum und das nicht offizinelle afrikanische Ammoniakum in Betracht. Beide können an der *Umbelliferonreaktion* leicht erkannt werden, die das echte Ammoniakum *nicht* gibt. (K. Dieterich): 5 g des möglichst fein zerriebenen Ammoniakgummi kocht man in einem Schälchen mit 15 g starker Salzsäure (1,19 spez. Gew.) $^1/_4$ Stunde lang und filtriert dann durch ein doppeltes, vorher genäßtes Filter. Das blanke Filtrat übersättigt man vorsichtig mit Ammoniak. Bei Anwesenheit von Galbanum zeigt dieses so behandelte Filtrat im auffallenden Licht die charakteristische blaue Fluorescenz des Umbelliferons.

Das afrikanische Ammoniakum erniedrigt außerdem die G.V.Z. beträchtlich.

Das Ammoniacum ist offizinell, findet aber nur in der Veterinärpraxis als Diuretikum, Expectorans und zu hautreizenden Pflastern Verwendung.

Eine andere Sorte Ammoniakum, das sog. *afrikanische Ammoniakum*, stammt von der marokkanischen *Ferula tingitana*. Es ist mit dem ersteren nicht zu verwechseln. Es bildet schwere, bis zu mehreren Kilogramm wiegende Klumpen und ist viel dunkler, unreiner und von ganz anderem Geruche und Geschmacke als das an erster Stelle besprochene.

Die von K. DIETERICH gefundenen Kennzahlen sind: S.Z.ind. 48—92, H.Z. 104—105, G.V.Z. 105—108.

Eine chemische Untersuchung dieses Gummiharzes liegt nicht vor.

Es dient mitunter zur Verfälschung des persischen Ammoniakums.

2. Asa foetida.

Das im Handel befindliche Gummiharz *Asa foetida* (*Asant, Stinkasant*) stammt von der Umbellifere *Scorodosma foetidum* BUNGE (Persien). Auch *Narthex Asa foetida* (Afghanistan, Westtibet) liefert Asant, während *Ferula foetidissima* (Kaschmir) und *Ferula teterrima* (Dsungarei) zwar Asant enthalten, aber nicht ausgebeutet werden. Eine teure, im Orient als Arzneimittel gebrauchte und etwas anders riechende Asantsorte „*Hing-Asa*" stammt von *Ferula alliacea* BOISS.; es sind braune, schmierige Massen. Das Harz findet sich in schizogenen Secretbehältern der Rindenschichte des Stammes und insbesondere auch der Wurzel. Es wird entweder der Wurzelstock angeschnitten, worauf der Saft ausfließt und erstarrt (bis zu 1 kg schwere Klumpen), oder es wird der Stengel abgeschnitten und das austretende Harz von der schichtenweise oftmals hintereinander abgetragenen Wurzel abgenommen. Die Pflanze wird in manchen Gegenden auch kultiviert.

Der beim Anschneiden hervortretende weiße Harzsaft erstarrt zu einer hellen, beinahe weißen, aber rasch dunkler werdenden Masse. Anfangs erscheint der Asant rötlich angehaucht, die Farbe geht dann in Rotviolett und schließlich in ein bleibendes Braun über. Diese Farbenwandlung sieht man auch an frisch angeschnittenen Mandeln.

Man unterscheidet im Handel zwei Sorten. *Asa foetida in granis* bildet einzelne, 1—2 cm im Durchmesser messende braune Mandeln, die im Innern hell sind. Kleine Splitter in Öl eingebettet zeigen eine homogene, von parallel verlaufenden feinen Rissen durchzogene, gummiartige Grundmasse, in welcher partienweise Harzkörnchen und Tröpfchen von ätherischem Öl eingebettet sind. *Asa foetida in massis* enthält meist reichlich Sand, oft auch Gips und Mehl als „Beschwerungsmittel" zugemengt. Es sind größere Stücke, die in einer Grundmasse Asantkörner eingebettet enthalten.

Alkohol löst die harzartigen Bestandteile, Wasser löst 20% (den Gummi) und bildet mit Asant eine Emulsion. 60proz. Chloralhydratlösung löst das Harz (15:1) bis auf die Verunreinigungen.

Die von K. DIETERICH bestimmten Kennzahlen der Droge selbst (nicht des Extraktes) sind: S.Z.ind. 65—80, V.Z.h. 120—185, D.Z. 80—130.

Die S.Z.ind. wurde in folgender Weise bestimmt: 1 g Stinkasant übergießt man mit je 10 cm³ alkoholischer und wäßriger n/2 Kalilauge und läßt in einer Glasstöpselflasche verschlossen 24 Stunden in Zimmertemperatur stehen. Nun setzt man 500 cm³ Wasser hinzu und titriert mit Phenolphthalein und n/2 Schwefelsäure zurück.

V.Z.h. Man übergießt 1 g der möglichst fein zerriebenen, als Durchschnittsmuster entnommenen Droge mit 25 cm³ alkoholischer n/2 Kalilauge und kocht 1 Stunde am Rückflußkühler. Nach Verlauf dieser Zeit verdünnt man mit 200 cm³ Weingeist und titriert nach dem Erkalten unter Zusatz von Phenolphthalein mit n/2 Schwefelsäure zurück.

TSCHIRCH und POLAŠEK (181) haben reinen Asant untersucht. Sie fanden 25% *Gummi*, 7% *ätherisches Öl*, 0,06% *Vanillin*, 1,3% freie *Ferulasäure* $OCH_3(3) \cdot OH(4) \cdot C_6H_3 \cdot CH=CH \cdot COOH(1)$ (schon von HLASIWETZ und BARTH gefunden), 0,6% „*Asaresinotannol*" und in einer Menge von 61,4% den *Ferulasäureester* des „*Asaresinotannols*". Letzterer Ester läßt sich mittels Pottaschelösung und Wasserdampf verseifen. Das Asaresinotannol ist ein amorphes, braunes Pulver und hat angeblich die Formel $C_{24}H_{34}O_5$, es enthält eine freie OH-Gruppe, die sich acetylieren bzw. benzoylieren läßt. Konzentrierte Salpetersäure gibt Pikrinsäure, eine Methoxylgruppe wurde nicht gefunden. Verseift man den Ferulasäureester statt mit Alkalien durch Kochen mit verdünnter Schwefelsäure, so erhält man Umbelliferon. Letzteres soll sich nach einer Theorie von Tschirch neben Guajacol aus Ferulasäure und Resorcin bei der Aufarbeitung des Harzes bilden. Guajacol konnte aber nicht nachgewiesen werden, die Anwesenheit von Resorcin ist zweifelhaft. Die Frage der Entstehung des Umbelliferons muß daher offen gelassen werden. Die sog. „Hing"sorten des Asants, von *Ferula alliacea* stammend, enthalten nach Tschirch weder Umbelliferon noch Ferulasäure.

Verhältnismäßig gut untersucht ist das *ätherische Öl* des Asants, das als Träger des unerträglichen Geruchs des Harzes das Interesse auf sich zog (68). Es ist dunkelgelb bis braun, hat das spezifische Gewicht 0,975—0,990; es dreht nach links ($[\alpha]_D = -9°15'$) und hat einen Schwefelgehalt von 20—25%. Es läßt sich im Vakuum destillieren und enthält nach Semmler (145) 6—8% eines Terpens (Pinen?), 45% Disulfid $C_7H_{14}S_2$, 20% Disulfid $C_{11}H_{20}S_2$, die Disulfide $C_8H_{16}S_2$ und $C_{10}H_{18}S_2$ und 20% eines blauen Körpers $(C_{10}H_{16}O)_n$ vom Siedepunkt 300°, der sich vielleicht als unreines Azulen erweisen dürfte.

Asa foetida ist außerordentlich häufig mit Sand und Steinen (bis zu 70%!) und mit Pflanzenresten verunreinigt. Die letzteren lassen sich leicht durch Veraschen quantitativ bestimmen, wobei ein Aschengehalt bis ca. 10—15% bei der gewöhnlichen Handelsware als Norm anzusehen ist. Auch durch Auflösen des Harzes in 60proz. Chloralhydratlösung lassen sich derartige Verunreinigungen nachweisen. Verschnitte mit afrikanischem Ammoniakum und mit anderen Harzen sollen gelegentlich vorkommen. Verfälschungen mit Kolophonium würden sich an der erhöhten S.Z. erkennen lassen.

Hirschsohn (66) verlangt, daß von einer guten Handelssorte in granis durch Petroläther mindestens 7% aufgenommen werden, von Asa foetida in massis wenigstens 5%. Die Menge des bei 120° sich aus diesem Extrakte Verflüchtigenden darf bei der Sorte in Körnern nicht unter 5%, bei der in massis nicht unter 3% vom Gesamtgewichte der Droge betragen. Eine gute Sorte der indischen Asa foetida muß an Petroläther mindestens 11% abgeben, und dessen Rückstand darf beim Erwärmen auf 120° nicht weniger als 6% verlieren. Diese vorstehenden Proben richten sich hauptsächlich gegen Verfälschungen mit schon extrahierter Ware. H. Wolff will bei weniger als 5% Petrolätherlöslichem keinen Schluß auf Verfälschungen ziehen und weist darauf hin, daß auch die Art des Petroläthers bei den Bestimmungen Verschiedenheiten herbeiführen kann.

Asa foetida wird heute in Europa ausschließlich in der Veterinärpraxis bei Erkrankungen der Atmungsorgane und bei Krampfzuständen gebraucht.

3. Galbanum.

Galbanum, Mutterharz, ist der eingetrocknete Milchsaft von *Ferula galbaniflua* Boiss. et Buhse, aber auch von *Ferula rubricaulis, erubescens* und *Schair*. Das Harz entsteht in schizogenen Intercellularen des Markes und der Rinde, es tritt oftmals aus und wird gesammelt.

Galbanumharz bildet entweder kleine, 0,5—1 cm im Durchmesser messende Körner (in granis) oder größere, wahrscheinlich aus kleineren Körnern zusammengeknetete Massen, von gleichartiger grünlichbrauner Farbe (in massis). Galbanum glänzt auf frischem Bruch und ist gelblich bis weiß, an der Luft wird es aber alsbald matt und färbt sich braun. Der Geruch ist durchdringend, der Geschmack bitter und terpentinartig. Unter dem Mikroskop sieht man in einer homogenen Grundmasse von Gummi Harzkörnchen und kleine Tröpfchen von ätherischem Öle allenthalben gleichmäßig verteilt. Die Harzkörnchen sind oft elliptisch oder stabförmig, was auf eine Entstehung durch Ausscheidung beim Verdunsten des ätherischen Öles zurückgeführt wird. Das Gummiharz ist weich, knetbar und schmilzt bei 40—42°. In Wasser bildet es eine Emulsion, in indifferenten Lösungsmitteln löst es sich nur teilweise.

Die *Kennzahlen* wurden von K. Dieterich bestimmt: S.Z.f. 74—114, S.Z.ind. 21—63, H.Z. 108—123, G.V.Z. 116—136, G.Z. 8—16, Asche 1—10%.

Die beiden ersten Zahlen wurden nach den bei Ammoniakum, die weiteren nach den bei Euphorbium angegebenen Methoden gewonnen.

Das Galbanum enthält meist über 60% Harz, 35—40% Gummi und 3—10% ätherisches Öl. Der Harzanteil der Droge wurde von Tschirch und Conrady (162) untersucht. Seine alkoholische Lösung wurde zur Entfernung des ätherischen Öles mit Petroläther geschüttelt, dann wurde der Alkohol abgezogen und der Harzrückstand in Natriumsalicylatlösung (1:1) aufgelöst und in viel Wasser gegossen. Das Harz fällt aus, Umbelliferon (0,22%) bleibt in Lösung. Das Harz besitzt den Charakter eines Resins und gibt keine Umbelliferonreaktionen (Grünfärbung beim Kochen mit Chloroform [oder Chloralhydrat] und Kalilauge). Verseift man mit Lauge, so entsteht reichlich Umbellsäure (2, 4-Dioxyzimtsäure), die sich aus in Freiheit gesetztem Umbelliferon gebildet haben mußte. Tatsächlich wurde letzteres bei der Verseifung mit Schwefelsäure neben amorphem „Galbaresinotannol" $C_{18}H_{29}O \cdot OH$ mit einer veresterbaren Hydroxylgruppe erhalten. Tschirch spricht auf Grund dieser Reaktionen den resinartigen Körper als einen Äther von Umbelliferon mit Galbaresinotannol an. Interessant ist, daß die Oxydation des Resinotannols Camphersäure und Camphoronsäure (Formeln) lieferte, zwei Produkte, die schon früher durch Oxydation von Galbanum selbst mit Salpetersäure durch Schwanert erhalten worden waren. Dadurch erscheint das Resinotannol in interessante Beziehung zum Campher und zum Pinen gebracht. Dagegen stammt nach Tschirch sowohl das von Hlasiwetz und Barth (70) bei der Kalischmelze erhaltene Resorcin wie das von Schwanert mit Salpetersäure erhaltene 2, 4, 6-Trinitroresorcin (Styphninsäure) ausd em Umbelliferon. Eine von Hirschsohn (67) in der Droge gefundene Galbanumsäure Fp. 157—158⁰ hat nach Tschirch und Küylenstjerna (174) die Formel $C_{13}H_{20}O_2$ (vielleicht auch $C_6H_9[!]O$ oder $C_{20}H_{30}O_3$). Sie konnte von Tschirch im Galbanum *nicht* wieder gefunden werden.

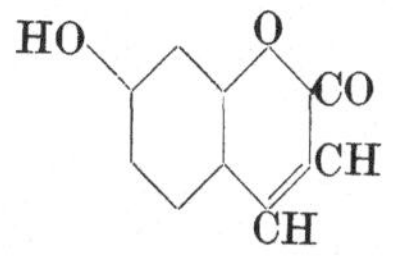

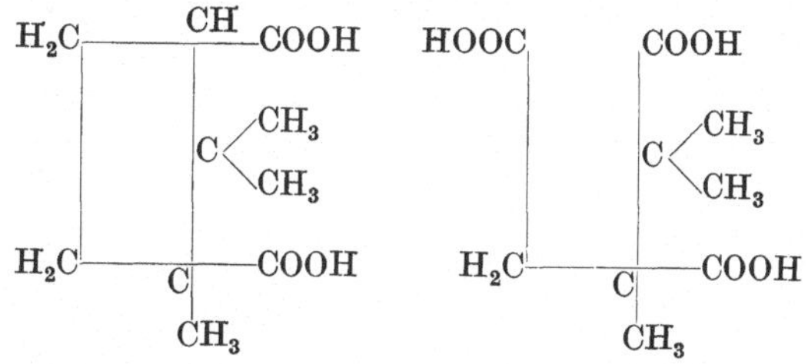

Das ätherische Öl von Galbanum ist eine fast wasserhelle, aromatisch riechende Flüssigkeit vom spezifischen Gewicht 0,910—0,940, welche optisch nach links oder rechts dreht ($[\alpha]_D = + 20^0$ bis -10^0). In der bei 160—161⁰ übergehenden Fraktion findet sich nach Wallach (202) und nach Brühl (23) d-Pinen, in der bei 270—280⁰ übergehenden Fraktion ist das Sesquiterpen Kadinen $C_{15}H_{24}$ (vgl. S. 498) zu finden.

Das Galbanumharz gibt bei der trockenen Destillation nach Mössner ein prachtvoll blaues, aromatisch riechendes Öl vom Siedepunkt 289⁰, das nach Kachler (80) die Formel $C_{30}H_{48}$ hat.

Galbanum zeigt die *Umbelliferonreaktionen*, die schon früher erwähnte *Grünfärbung* mit Chloroform und Kalilauge und die *blaue Fluorescenz*, die beim Versetzen einer alkoholischen Lösung mit Ammoniak auftritt. Mit Salzsäure 2—3 Minuten gekocht, wird der Harzrückstand *blau* bis *violett*.

Nach K. Dieterich kommen Verfälschungen bzw. Verwechslungen vor: Mit minderwertigem, extrahiertem Galbanum, mit Sand, fetten Ölen, Ammoniakum und Terpentin. Große Mengen (20—25%) von zugesetztem Ammoniakum drücken die S.Z.f. herab und erhöhen den Wert der S.Z.ind. Asant läßt sich bei der Destillation schon in geringer Menge (5 %) durch den widerlichen Geruch nachweisen. Die Asche soll nicht über 10 % betragen.

Galbanum ist offizinell, wird jedoch nur selten verwendet. Früher wurde es häufig zur Erzeugung von Pflastern und als Mittel gegen Katarrhe sowie zur Bereitung von Kitten (Diamantkitt) gebraucht.

4. Umbelliferenopponax.

Dieses Gummiharz stammt von *Chironium Opoponax* Koch (Südeuropa, Persien) und bildet frisch schmierige, stark und unangenehm nach Liebstöckel und Galbanum riechende Massen von brauner Farbe, die stark bitter und balsamisch schmecken.

Die von K. Dieterich nach der bei Burseraceenopoponax angegebenen Methode gefundenen Werte sind: S.Z.d. 32—59, V.Z.h. 138—199, D.Z. 105—143.

Tschirch und Knitl (172) trennten das Harz vom Gummi und von etwas Bitterstoff und untersuchten das erstere. Es enthält neben sehr wenig Vanillin und Ferulasäure einen Ester, welcher bei längerem Verseifen mit Kaliumcarbonat oder Schwefelsäure Ferulasäure und das amorphe Resinotannol *Oporesinotannol* $C_{12}H_{13}O_2 \cdot OH$ mit einer veresterbaren Hydroxylgruppe lieferte. Auch freies Resinotannol wurde in geringer Menge gefunden. Es ist möglich, daß neben der Ferulasäure noch andere esterbildende Säuren vorhanden sind. Bei der trockenen Destillation des Harzes oder besser und reichlicher durch Ausschütteln des mit Petroläther abgetrennten ätherischen Öles mit Sulfitlauge erhält man einen bei 133—134⁰ schmelzenden, in langen Nadeln krystallisierenden Körper, das *Oponal*, das sich in heißem Wasser mit saurer Reaktion löst und dem nach Tschirch die Formel $C_{20}H_{10}O_7$ zukommt.

Umbelliferenopoponax ist heute aus dem Handel gänzlich verschwunden.

2. Sagapenharz.

Das heute aus dem Handel verschwundene *Sagapen* stammt von einer persischen Umbellifere, wahrscheinlich einer *Ferulaart*. Es hat sehr viel Ähnlichkeit mit Asa foetida. Es bildet schmutzigbraune Massen mit hellen spröden Körnern, erweicht schon bei Handwärme und schmeckt bitter kratzend. Sein Geruch ist knoblauchartig. In 60 proz. Chloralhydrat löst es sich mit brauner Farbe.

Die von K. Dieterich bestimmten Kennzahlen sind: S.Z.d. 14—15, V.Z.h. 45—54, D.Z. 31—39.

Sagapen besteht nach Tschirch und Hohenadel (169) aus 23 % Gummi, 19 % ätherischem Öle (mit 10 % Schwefel) und einem bei 74—76⁰ schmelzenden schwefelfreien Harze. Letzteres enthält sehr wenig freies Umbelliferon und einen Äther, welcher erst durch mehrmonatige (!) Behandlung mit 50 proz. Schwefelsäure in seine beiden Komponenten *Umbelliferon* und amorphes *Sagaresinotannol* $C_{24}H_{27}O_4 \cdot OH$ zerlegt werden konnte. Sagapen enthält einen petrolätherlöslichen Stoff, der sich mit Salzsäure rotviolett färbt.

Als Verfälschungsmittel kamen Galbanum, Asa foetida und mineralische Verunreinigungen in Betracht.

p) Styracaceae.

Benzoeharz.

Das Benzoeharz existiert in einigen Sorten, die sich auch durch ihre chemische Zusammensetzung voneinander unterscheiden. Die offizinelle *Siambenzoe* enthält meist nur Benzoesäure, während die nicht offizinelle *Sumatrabenzoe* neben Benzoesäure auch Zimtsäure enthält. Die Abstammung dieser beiden Hauptsorten des Handels wird verschieden beurteilt. Wiesner nimmt auf Grund seiner Studien an, daß *Styrax benzoin* Dryand beide Harzsorten liefert, während andere Forscher für Sumatrabenzoe *Styrax benzoin* Dryand gelten lassen, aber für Siambenzoe *Styrax tonkinensis* Pierre als Stammpflanze annehmen. Eine dritte, in Siam selbst verwendete, aber nicht in den Handel kommende Sorte soll von *Styrax benzoides* Craib. kommen.

Das Harz ist ein ausgesprochen pathologisches Produkt, das sich im unverletzten Stamme nicht vorfindet. Es bildet sich auf lysigenem Wege in verschiedenen Geweben, hauptsächlich der Mittelrinde, auf vertikale Anschnitte hin, die an jungen Bäumen angebracht werden. Das in den ersten Jahren ausfließende Harz ist die Handelsware, später ist das ausfließende Harz sehr dunkel, riecht schwach und ist nicht handelsfähig. Man unterscheidet hiernach „Kopf" und „Fuß" (schlechtere Sorte).

Die Siambenzoe stellt flache, gerundete, außen bräunliche, innen weiße Stücke dar. In einer homogenen Grundmasse von glasglänzendem Bruche sind milchige, innen stets weiße Mandeln eingebettet. Siambenzoe in lacrimis besteht nur aus Mandeln und ist das reinste Harz. Sumatrabenzoe ist der Siambenzoe ähnlich, meist aber dunkler und unreiner. Sie kommt auch häufig in Form von Blöcken vor, die durch Erweichen der Stücke an der Sonne und Zusammenpressen erhalten werden. Die Benzoesorten schmelzen gewöhnlich zwischen 80—90°, die Siambenzoe schon bei 75°. Die Grundsubstanz schmilzt stets höher als die Mandeln. In Aceton, Äther, Alkohol und Tetrachlorkohlenstoff löst sich Benzoeharz fast völlig, weniger in Chloroform und Benzin, sehr wenig nur in kaltem Schwefelkohlenstoff. In 10 Teilen heißem Schwefelkohlenstoff löst sich Siambenzoe nach BOHRISCH völlig, Sumatra- und Palembangbenzoe hinterlassen eine braune Masse.

Die *Kennzahlen* wurden häufig bestimmt. Es seien hier die von K. DIETERICH angegeben.

	S.Z.ind.	V.Z.k.	D.Z.
Siambenzoe	140—170	220—240	50—75
Sumatrabenzoe	100—130	180—230	65—125
Palembangbenzoe	113—131	198—220	84—91
Padangbenzoe	122—125	202—206	80—81
Penangbenzoe	122—137	210—297	88—92

Die *S.Z.ind.* und die *V.Z.h.* bestimmte er nach folgenden Methoden:

1 g Siambenzoe, die einer größeren Menge der möglichst fein zerriebenen Droge als Durchschnittsmuster entnommen wurde, bringt man in ein Kölbchen und fügt 10 cm³ alkoholische n/2 Kalilauge und 50 cm³ 96proz. Alkohol hinzu. Man läßt genau 5 Minuten — nicht länger — stehen und titriert mit n/2 Schwefelsäure und Phenolphthalein bis zur Gelbfärbung, d. h. so lange zurück, bis ein einfallender Tropfen Indicator nicht mehr rot gefärbt wird, und bis sich die ausgeschiedenen Salze schnell und vollständig absetzen. Die überstehende Flüssigkeit muß rein gelb gefärbt sein. Durch Multiplikation der gebundenen Kubikzentimeter Lauge mit 28,08 erhält man die S.Z.ind.

1 g Siambenzoe, die einer größeren Menge der möglichst fein zerriebenen Droge als Durchschnittsmuster entnommen wurde, bringt man in eine Glasstöpselflasche, übergießt mit 20 cm³ alkoholischer n/2 Kalilauge und mit 50 cm³ Petrolbenzin (0,700 spez. Gew.). Man läßt wohlverschlossen 24 Stunden in Zimmertemperatur stehen und titriert nach dem Verdünnen mit n/2 Schwefelsäure und Phenolphthalein zurück. Die Anzahl der gebundenen Kubikzentimeter KOH mit 28,08 multipliziert ergibt die V.Z.k.

H. WOLFF zieht dagegen die Bestimmung der S.Z.d. und V.Z.h. vor und verfährt in folgender Weise, bei der die Farbenumschläge deutlich zu sehen sind:

S.Z.d. 1—1,5 g Benzoe werden in ca. 25 cm³ Alkohol gelöst und mit etwa 25 cm³ Benzol versetzt. Dann wird reichlich Alkaliblau und Phenolphthalein zugegeben und mit alkoholischer n/2 Kalilauge bis zur Rotfärbung titriert. Führt man die Titration in einer flachen, weißen Porzellanschale aus, so ist der Umschlag schon bei geringer Übung gut zu sehen. Gegebenenfalls titriert man bis zur deutlichen Rotfärbung und sofort mit n/2 Schwefelsäure zurück.

V.Z.h. Ca. 1 g Benzoe wird mit 25 cm³ alkoholischer n/2 Kalilauge und ca. 25 cm³ Benzol gelöst und ½ Stunde am Rückflußkühler gekocht. Dann verdünnt man mit 50 cm³ Benzolalkohol (1:1) und titriert nach Zugabe von Phenolphthalein und Alkaliblau mit n/2 Salzsäure zurück. Auch hier kann man ein wenig übertitrieren, wenn der Umschlag nicht deutlich erkannt werden sollte, und dann zurücktitrieren, wobei man den Umschlag stets deutlich wahrnimmt.

Die von ihm erhaltenen Zahlen stimmen mit den vorhin genannten gut überein, doch darf man auf gelegentlich gefundene Abweichungen hin noch nicht Verfälschungen annehmen, wenn nicht auch andere Momente den Schluß unterstützen.

Nach Tschirch und Lüdy (175) enthält *Sumatrabenzoe* neben freier Benzoesäure geringe Mengen von Zimtsäure, Spuren von Benzaldehyd, Styrol und Benzol, etwa 1% Vanillin, ebensoviel Zimtsäurephenylpropylester, 2—3% Styracin (Zimtsäurezimtester), 6% Zimtsäureresinolester $C_{16}H_{25}O_2 \cdot C_9H_7O$, 69% Zimtsäuresumaresinotannolester $C_{18}H_{19}O_4 \cdot C_9H_7O$ und 14—17% holzige Verunreinigungen.

Die *Siambenzoe* lieferte, in gleicher Weise behandelt, 0,3% eines Esters der Benzoesäure mit Benzylalkohol oder Zimtalkohol, ferner freie Benzoesäure, 0,15% Vanillin, als Hauptbestandteile Benzoesäurebenzoresinolester $C_{16}H_{25}O_2 \cdot OCOC_6H_5$ und insbesondere Benzoesäuresiaresinotannolester $C_{12}H_{13}OCOC_6H_5$. Die Menge der Verunreinigungen war gering (2—3%).

Nach dieser Arbeit bestünde der wesentlichste Unterschied zwischen Siam- und Sumatrabenzoe in der An- bzw. Abwesenheit von Zimtsäure in freier und veresterter Form in beiden Harzen. Wie K. Dieterich jedoch gezeigt hat, sind durchaus nicht alle Siambenzoesorten zimtsäurefrei, da sie die Zimtsäurereaktion (Bildung von nach Bittermandelöl riechendem Benzaldehyd beim Oxydieren mit Kaliumpermanganat) geben. Dieselbe wird allerdings auch von Zimtalkohol und Benzylalkohol geliefert, worauf Tschirch besonders aufmerksam macht.

Nach Tschirch ist das Benzoresinol beider Harze dasselbe. Es läßt sich mittels seiner schwer löslichen Kaliumverbindung aus konzentrierter Kalilauge gewinnen und krystallisiert in Nadeln vom Schmelzpunkte 274°. Wie Zinke und Lieb (222) nachgewiesen haben, ist Tschirchs Benzoresinol der Sumatrabenzoe nicht einheitlich, es läßt sich vielmehr in ein *l-Benzoresinol* vom Fp. 339 bis 341° und der wahrscheinlichen Formel $C_{29}H_{44}O_4$ und in eine gut krystallisierende *d-Sumaresinolsäure* $C_{30}H_{48}O_4$ vom Fp. 298—299° ($[\alpha]_D = + 51,6°$) zerlegen. Letztere lieferte krystallisierte Äthyl- und Methylester und bei der Oxydation eine krystallisierte Säure $C_{27}H_{40}O_4$ vom Fp. 260—261°, bei der also eine C_3H_7-Gruppe abgespalten erscheint. Eine analoge Untersuchung der Siambenzoe führte zu einer mit Sumaresinolsäure isomeren, aber keineswegs identischen *Siaresinolsäure* $C_{30}H_{48}O_4$ vom Schmelzpunkte 274—275° ($[\alpha]_D = + 25,3°$), die bei der Oxydation eine Säure $C_{27}H_{40}O_4$ vom Fp. 317° (Methylester Fp. 186—187°) lieferte, bei welcher also ebenfalls eine C_3H_7-Gruppe abgespalten worden war.

Nach A. Winterstein und R. Egli (207a) haben die beiden Säuren die Formel $C_{31}H_{50}O_4$ und sind chemisch wie physiologisch nahe verwandt mit dem isomeren Sapogenin Hederagenin. Dagegen haben L. Ruzicka und M. Fuster (130c) auf Grund von Analysen und sehr genauen Titrationen die Anwesenheit von 30 Kohlenstoffatomen festgestellt und der Siaresinolsäure die Formel $C_{30}H_{46}O_4$, der Sumaresinolsäure die Formel $C_{30}H_{48}O_4$ gegeben.

Aus dem farblosen Kerne der Siambenzoemandeln hat F. Reinitzer (116) das Benzoat eines unbekannten Harzalkohols, den er *Lubanol* nannte, isoliert. Dieses schön krystallisierende farblose Benzoat wird an der Luft alsbald braun, ist also sauerstoffempfindlich. Diese Tatsache führte Reinitzer zur Vermutung, daß das braune amorphe Siaresinotannol Tschirchs nichts anderes als ein Zersetzungsprodukt sei, also die sog. Resinotannole keine ursprünglichen, sondern sekundäre Harzsubstanzen seien. F. Reinitzer hatte im Lubanolbenzoate außer der Benzoyl- eine Methoxylgruppe sowie ein freies phenolisches Hydroxyl gefunden. Zinke und Drzimal (221) stellten fest, daß die Verbindung optisch inaktiv ist, daß sie leicht 1 Mol Brom addiert, daß sie bei der Oxydation Vanillin, bei der trockenen Destillation Eugenol oder Isoeugenol und bei der Kalischmelze Protocatechusäure liefert. Aus diesen Befunden geht mit großer Wahrscheinlichkeit hervor, daß das Lubanolbenzoat mit dem *Benzoesäureester des Coniferylalkohols* (3-Methyläther des 3, 4-Dioxy-1-(-γ-oxypropenyl)-benzol) identisch ist:

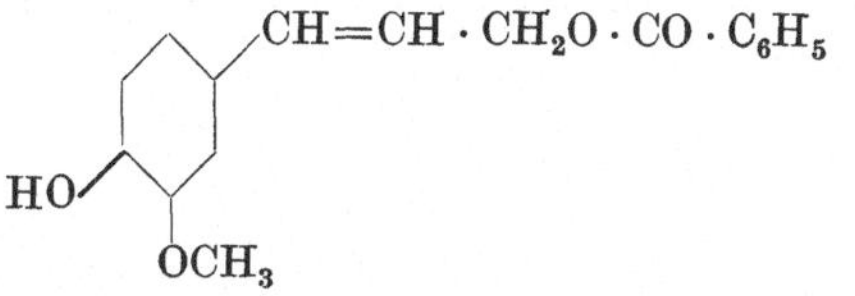

$$\text{CH}{=}\text{CH} \cdot \text{CH}_2\text{O} \cdot \text{CO} \cdot \text{C}_6\text{H}_5$$

$$\text{HO} \quad \text{OCH}_3$$

Durch Behandlung von Coniferylalkohol mit Alkali oder mit Säuren kommt man zu amorphen Produkten mit den gleichen Eigenschaften, wie sie in der amorphen zwischen den Harzmandeln befindlichen Grundsubstanz vorhanden sind, und wie man sie erhält, wenn man das Lubanolbenzoat zu verseifen versucht. Diese Untersuchungen sind insofern von allgemeinem Interesse, als sie zeigen, daß der mit Lignin in Zusammenhang stehende Coniferylalkohol als „harzbildende" Substanz (wahrscheinlich durch Polymerisation und Oxydation) eine hervorragende Rolle spielt, und daß die Resinotannole offenbar nichts anderes als Umwandlungsprodukte primärer Harzbestandteile sind.

Durch den Nachweis der Verschiedenheit von Sumaresinol- und Siaresinolsäure ist ein tieferer Unterschied zwischen den beiden Harzsorten aufgedeckt worden.

Für die *Untersuchung* kommen neben Verwechslungen der Sorten Verfälschungen und Verschnitte mit Kolophonium, Dammar, Styrax, Terpentin und mechanischen Verunreinigungen in Betracht.

Die Unterscheidung der Zimtsäure führenden Sorten von den zimtsäurefreien erfolgt durch die schon erwähnte *Permanganatprobe*. Zimtsäure, aber auch Benzylalkohol und Zimtalkohol werden dabei zu Benzaldehyd oxydiert:

$$\text{C}_6\text{H}_5 \cdot \text{CH}{=}\text{CH} \cdot \text{COOH} + 4\text{O} = \text{C}_6\text{H}_5 \cdot \text{CHO} + 2\text{CO}_2 + 2\text{H}_2\text{O}.$$

Sie wird nach P. Bohrisch in folgender Weise ausgeführt: 1 g fein gepulverte Benzoe wird mit 0,1 g gepulvertem Kaliumpermanganat und 10 cm³ Wasser in einem Glasstöpselzylinder geschüttelt und eine $^1/_4$—$^1/_2$ Stunde verschlossen stehengelassen. Ist dann kein Benzaldehydgeruch wahrzunehmen, so ist keine Zimtsäure vorhanden. Erwärmen ist zu vermeiden, da hierbei auftretende kräftige andere Gerüche den Bittermandelgeruch verdecken können.

Kolophonium läßt sich mit der Reaktion von Storch-Morawski nicht nachweisen, da Benzoe selbst hierbei schon Farbenreaktionen gibt. Man verfährt daher nach H. Wolff in folgender Weise:

Man extrahiert eine größere Menge Benzoe, etwa 25—50 g, mit Petroläther und schüttelt die petrolätherische Lösung mehrmals mit 3proz. Sodalösung aus. Die vereinigten Auszüge dampft man am besten im Vakuum etwas ein, übersättigt kalt mit einem geringen Überschuß an Salzsäure und filtriert die ausgeschiedenen Harzsäuren, die man lufttrocken werden läßt oder bei Zimmertemperatur im Vakuum über Phosphorsäureanhydrid trocknet. Dann löst man in möglichst wenig Aceton und sorgt für langsames Verdunsten des Lösungsmittels. Gewöhnlich krystallisiert dann bei Gegenwart von Kolophonium sehr rasch ein Teil der Abietinsäure aus, die man aus Essigäther umkrystallisiert. Tritt nicht spontane Krystallisation ein, so versucht man, mit Essigäther zum Ziele zu kommen. Die ausgeschiedene und umkrystallisierte Säure wird auf ihren Schmelzpunkt geprüft (ca. 160—165°) und mit Abietinsäure, die in gleicher Weise krystallisiert ist, mikroskopisch verglichen und endlich mittels der Ammoniakreaktion identifiziert.

Für die Unterscheidung von Siam- und Sumatrabenzoe hat P. Bohrisch (20) das Verhalten gegen Schwefelkohlenstoff in folgender Weise herangezogen:

1 g gepulverte Benzoe wird am Rückflußkühler mit 10 g Schwefelkohlenstoff erwärmt. Siambenzoe wird dabei fast vollständig zu einer gelben Lösung gelöst, auf der nach dem Er-

kalten eine bräunliche, dickflüssige bis zähe Schichte schwimmt. Bei Sumatra- und Palembangbenzoe ballt sich das Pulver zusammen und bildet eine schmierige, am Boden und an den Wänden haftende Masse.

Für pharmazeutische Zwecke (Herstellung der Tinctura Benzoe und der Benzoesäure für pharmazeutische Zwecke) ist nur die Siambenzoe zulässig. Man benutzt Benzoe auch als Riechstoff für kosmetische Präparate sowie zur Herstellung von Konfitürenlack. Einer größeren lacktechnischen Verwendung steht ihr hoher Preis im Wege.

q) Oleaceae.

Olivenharz.

Das Harz des Stammes von *Olea europaea* L. besteht nach F. Reinitzer aus kugeligen oder ellipsoidischen, selten stengeligen oder walzenförmigen Teilchen von ca. 0,05—4 g Gewicht, die teilweise zu größeren Klumpen vereinigt und weiß bestäubt sind. Es ist ziemlich spröde, geruchlos und schmeckt stark bitter und zugleich süßlich. Die Stücke sind meist trübe. Unter dem Mikroskope sieht man zahlreiche Luftbläschen und lange Nadeln, Prismen und Täfelchen in einer glasigen Grundmasse, die in Chloralhydrat ziemlich löslich ist. Die Farbe ist honiggelb bis braun. Das Pulver eines klaren Stückes sintert bei 60⁰ und beginnt bei 80⁰ zäh zu fließen. Erwärmt ist das Harz knetbar wie Wachs, aber weicher und weniger zähe.

Das Harz löst sich in kaltem Wasser wenig, reichlich dagegen in heißem Wasser. In Äthyl- und Methylalkohol löst sich das Olivenharz völlig, mit wenig Lösungsmittel löst sich nur die Grundmasse, während die Krystalle in einer Ausbeute von etwa 50⁰/₀ zurückbleiben.

Die Krystalle wurden von Körner (86, 87) mit Carnelutti und Vanzetti untersucht und als chemisches Individuum mit dem Namen *Olivil* beschrieben. Olivil läßt sich leicht reinigen, es besitzt die Formel $C_{20}H_{24}O_7$ und dreht nach links ($[\alpha]_D^{12^0} = -12{,}7^0$), Fp. 142,5⁰. Es nimmt leicht 1 Mol Alkohol auf und bildet Olivilalkoholat, ebenso 1 Mol Wasser zu einem Hydrat (Fp. 105⁰). Olivil löst sich in Alkalien und wird durch Kohlendioxyd wieder ausgefällt, es enthält zwei phenolische und zwei alkoholische Hydroxylgruppen, zwei Methoxylgruppen und verhält sich gegen Brom gesättigt. Mit konzentriertem Alkali entsteht bei hoher Temperatur Vanillin, verdünnte Mineralsäuren wirken verharzend. Kaliumpermanganat lieferte Acetvanillinsäure. Durch Oxydation des Dimethyläthers des Olivils mit Kaliumpermanganat erhält man gleiche Mengen (etwa 50⁰/₀) von Veratrumsäure und Veratroylameisensäure neben wenig Oxalsäure. Es sind also zwei Vanillinreste im Molekül vorhanden, verbunden durch eine Kette von 6 Kohlenstoffatomen. Da methyliertes Monoäthylolivil und äthyliertes Monomethylolivil identisch sind (Fp. 169⁰), so ist auf einen symmetrischen Bau des Moleküls zu schließen. Nach Vanzetti (191) ist folgende Struktur wahrscheinlich:

$$\begin{array}{c} HO\diagdown \\ \quad\quad C_6H_3 - (C_3H_4OH)\diagdown \\ H_3CO\diagup \quad\quad\quad\quad\quad\quad\quad O \end{array} \quad \begin{array}{c} \diagup OH \\ \diagup(C_3H_4OH) - C_6H_3 \\ \diagdown OCH_3 \end{array}$$

Er vermutet, daß Olivil durch Kondensation zweier Moleküle Coniferylalkohol, die sich an der Stelle der Äthylenbindung miteinander vereinigt haben, unter gleichzeitiger Oxydation entstanden ist.

Mit verdünnten organischen Säuren (Ameisensäure oder Essigsäure) lagert sich Olivil quantitativ in *Isoolivil* (Fp. 167⁰, $[\alpha]_D^{12^0} = +352^0$) um, dem auf Grund der Verschiedenheit seiner gemischten Äther eine asymmetrische Formel zugeschrieben werden muß.

r) Convolvulaceae.

1. Jalapeharz.

Jalapeharz wird aus den grob gepulverten Knollen (Tuberae Jalapae) von *Exogonium urga* Benth. durch Ausziehen mit kaltem oder mäßig erwärmtem Alkohol in einer Menge von ungefähr 10 % gewonnen. Die Vorschriften der einzelnen Pharmakopöen und die darnach erhaltenen Produkte sind etwas verschieden. Nach D.A.B. VI wird 1 Teil der grob gepulverten Wurzel durch 24 Stunden mit 4 Teilen Alkohol bei 35—40⁰ ausgezogen und der Rückstand nochmals in selber Weise mit 2 Teilen Alkohol behandelt. Aus den gemischten, filtrierten Auszügen wird am Wasserbade der Alkohol vertrieben. Das rückbleibende Harz wird mit 80grädigem Wasser gewaschen, bis das Wasser ungefärbt abläuft. Dann wird das Harz auf dem Wasserbade getrocknet, bis es sich nach dem Abkühlen zerreiben läßt.

Jalapeharz bildet braune Stücke von unregelmäßiger Gestalt oder lange, runde, dunkle Stangen von mattem Äußern. Der Bruch ist glänzend, wird aber alsbald matt, der Geschmack ist unangenehm kratzend. Das spezifische Gewicht beträgt 1,143—1,151, das aus Stengeln bereitete, nicht offizinelle Harz hat ein niedrigeres spezifisches Gewicht (1,047). In Äther löst sich ganz reines Harz nur zu etwa 2%.

Die Kennzahlen werden recht verschieden angegeben. BECKURTS und BRÜCHE (17) fanden: S.Z. 11—27, V.Z. 125—140, D.Z. 110—126, während K. DIETERICH an selbst dargestellten Harzen S.Z. 26—29, V.Z. 234—246, D.Z. 207—217 fand.

Das Harz wurde vielfach untersucht, wobei zahlreiche Widersprüche und Irrtümer zustande kamen, es ist auch heute noch nicht einwandfrei erkannt. Der Hauptbestandteil des Harzes ist das Glucosid „Convolvulin". HOEHNEL (73) fand als Spaltungsprodukte des Convolvulins mit Barythydrat d-Methyl-Äthylessigsäure und die Glucosidsäure Convolvulinsäure. Die erstere wird von überschüssigem Barythydrat in α-Methyl-Oxybuttersäure und beim Erhitzen in Tiglinsäure $CH_3 \cdot CH{=}C(CH_3)COOH$ übergeführt. Y. ASAHINA und M. AKASU (2) haben die Convolvulinsäure mit 1proz. Schwefelsäure bei höchstens 90⁰ in Zucker und das Aglucon Convolvulinolsäure gespalten. Letztere stellt nach dem Umkrystallisieren ein krystallinisches Pulver vom Fp. 90⁰ und der Formel $C_{15}H_{30}O_3$ dar. Bei der Reduktion entsteht n-Pentadecylsäure, bei der Oxydation eine Ketonsäure $C_{15}H_{28}O_3$, die nach Oximierung nachfolgender BECKMANNscher Umlagerung und Spaltung der Oximsäure Undecandisäure $HOOC(CH_2)_9 \cdot COOH$ und 10-Aminodecansäure lieferte. Die Convolvulinolsäure wäre also eine Pentadecanol-(11)-säure-(1), $CH_3(CH_2)_3CHOH(CH_2)_9COOH$. Unaufgeklärt erscheint allerdings, wie LETHA DAVIES und ROGER ADAMS (94) beim Mischen der obigen Ketonsäure mit einer synthetischen Ketosäure der angegebenen Struktur eine deutliche Schmelzpunktdepression erhalten konnten.

Für *Verfälschungen* kommen außer fremden Convolvulaceenharzen Kolophonium, Guajac-Harz, Brot usw. in Betracht.

Coniferenharze lassen sich in Mengen von mindestens 10% an der Erhöhung der S.Z. erkennen; mit der fünffachen Menge Ammoniak erwärmt, löst sich Jalapeharz ohne zu gelatinieren, was bei Gegenwart von Kolophonium der Fall ist. *Guajac-Harz* setzt meist die V.Z. herunter, es läßt sich auch leicht feststellen, wenn man den Auszug des gepulverten Harzes mit 10 Teilen kalten Äthers eindampft, den Rückstand in einigen Kubikzentimetern Alkohol löst und mit der Lösung einen Filtrierpapierstreifen tränkt. Beim Betupfen des Streifens mit einer 10proz. Eisenchloridlösung tritt bei Gegenwart von Guajac-Harz Blaufärbung auf. Reibt man Jalapeharz mit 10 Teilen Wasser an und kocht, so darf es nach dem Abkühlen mit Jodlösung nicht blau gefärbt werden, was auf Verfälschungen mit stärkehaltigen Mitteln schließen lassen würde.

Das Harz wurde früher als Abführmittel viel verwendet, wirkt aber nur bei Gegenwart von *Galle im Darm*. Heute findet es nur mehr selten Anwendung.

2. Turpetharz.

Dasselbe wird durch Alkoholextraktion aus der Wurzel von *Ipomaea Turpethum* Brown (Ostindien) gewonnen und ist heute aus dem Handel verschwunden. Es ist braun, geruchlos, von scharfem Geschmack und löst sich in Alkohol leicht, in Äther wenig (Unterschied von Jalape und Scammonium). Der Schmelzpunkt soll bei 183^0 gelegen sein. Seine S.Z.d. ist nach K. Dieterich 21—24, die V.Z. 160—164, D.Z. 137—140. Chemisch ist es ähnlich aufgebaut wie Jalape. Kromer (89) erhielt bei der Behandlung mit Basen *Turpethinsäure, Tiglinsäure, Ameisensäure* und eine ätherlösliche einbasische Säure $C_{10}H_{18}O_4$.

3. Orizabaharz, falsches Jalapeharz.

Dieses auch als „mexikanisches Scammonium" bezeichnete Harz wird von der Wurzel von *Ipomaea orizabensis* Led. gewonnen.

Kromer (89) fand bei der Behandlung mit Basen *Jalapinsäure, Methyläthylessigsäure, Tiglinsäure*, eine ätherlösliche *Tetraoxydecylsäure* $C_{10}H_{20}O_6$ sowie Spuren von Ameisensäure.

Das Aglucon des „*Orizabin*" aus Orizabaharz wurde von Y. Asahina und J. Yaoi (3) untersucht. Es ist dies die *Jalapinolsäure* $C_{16}H_{32}O_3$, die bei der Reduktion in Palmitinsäure übergeht. Durch Überführung der Säure in eine Ketosäure, nachfolgende Oximierung, Umlagerung und Spaltung ist sie als *Hexadecanol-(11)-säure* (1), $CH_3(CH_2)_4CHOH(CH_2)_9COOH$ erkannt worden. Die Strukturformel ist durch Synthese von Letha A. Davies und Roger Adams (93) bestätigt worden.

Ein *Resina Soldanellae* wird aus der Wurzel von *Calystegia Soldanella R. Br.* gewonnen (30). Das gelblichgraue Harz riecht aromatisch und ist geschmacklos. Es schmilzt bei 113^0, ist rechtsdrehend und löst sich in Alkohol, Äther und Chloroform, nicht aber in Petroläther. Die Glucoside des Harzes wirken abführend.

Die Samen von einer Reihe von Ipomaeaarten hat H. C. Kassner (83) extrahiert und so neben fetten Ölen Harze erhalten. *Ipomaea hederacea* enthält 2 % eines mit Jalapeharz nicht identischen glykosidischen Harzes. Das Harz von *Kaladana* ist in Äther unlöslich und wirkt ähnlich wie Jalape.

4. Scammonium.

Scammonium ist der eingetrocknete Milchsaft von *Convolvulus Scammonia L.* (Aleppo, Smyrna) und wird durch Anschneiden der frischen Wurzel sowie durch Extraktion gewonnen. Das *Scammonium von Aleppo* stellt leichte, undurchsichtige, rauhe, mehr oder minder scharfkantige Stücke von grünlichgrauer Farbe und schwachglänzendem Bruche dar. Es schmeckt unangenehm kratzend und gibt mit Wasser eine Emulsion. Geringeren Wert besitzt das *Scammonium von Smyrna*. Es bildet dichte schwere Stücke von fast schwarzer Farbe und wachsglänzendem Bruche. Mit Wasser gibt es *keine* Emulsion. Da alle Scammoniumsorten sehr unrein und oft stark verfälscht sind, so wird meist das durch Extraktion aus der Wurzel fabriksmäßig gewonnene „*Resina Scammonium*" an Stelle der natürlichen Harze gehandelt. Letzteres kommt in Form von außen matten, am Bruche glänzenden Stücken oder auch in Stangenform in den Handel und ist in Alkohol löslich.

K. Dieterich gibt folgende Kennzahlen von Kremel an:

	Scammonium „Aleppo"	Scammonium „resina"
S.Z.d.	8	15
V.Z.h.	180	186
D.Z.	172	171

Der Hauptbestandteil des Harzes. das *Scammonin* ist identisch mit dem Orizabin aus der Wurzel von Ipomaea orizabensis.

Als *Verfälschungsmittel* kommen Kreide, Schwefelblei, mineralische Bestandteile, Kolophonium, Guajac-Harz, Mastix und Sandarak sowie Stärke vor. Scammonium soll beim Extrahieren mit Äther 75—80 % Harz und beim Veraschen höchstens 3—8 % Asche hinterlassen. Beim Kochen mit Alkali soll es in Lösung bleiben, fremde Harze würden sich ausscheiden.

Das früher als drastisches Abführmittel gebrauchte Scammonium ist heute aus dem Handel verschwunden.

s) Compositae.

Lactucarium.

Lactucarium ist der eingetrocknete Milchsaft von *Lactuca virosa L.* (Lactucarium germanicum und anglicum) oder von *Lactuca altissima und sativa* (Lactucarium gallicum). Es wird durch Anschneiden der Stengel und Inflorescenzen gewonnen. Deutsches Lactucarium stellt braungelbe Stücke von wachsartigem Bruche dar, die kratzend bitter und narkotisch schmecken. Englisches Lactucarium ist meist dunkler, matt zerreiblich und nicht hygroskopisch. Französisches Lactucarium ist sehr dunkel und bildet eine zähe Masse. Lactucarium löst sich nur teilweise in Wasser, Äther und Alkohol.

Die *Kennzahlen* schwanken nach K. DIETERICH sehr. Es ist aber nicht ersichtlich, ob es sich teilweise um Verfälschungen mit Kolophonium oder aber um an der Luft oxydiertes und daher verändertes Lactucarium handelte. Er fand für

	H.Z.	G.V.Z.	G.Z.
Lactucarium germanicum in massa	154—157	167—169	13
„　　　　„　　　pulvis	189—207	192—314	0—62
„　　　anglicum	50—225	76—238	7—27

Er benützte folgende Methode der fraktionierten Verseifung:

Zweimal 1 g Lactucarium werden zerrieben und mit je 50 cm³ Petroleumbenzin (0,700 spez. Gew.) übergossen, dazu je 25 cm³ alkoholische n/2 Kalilauge zugefügt und kalt unter häufigem Umschwenken in zwei verschlossenen Flaschen von je 1 l Inhalt 24 Stunden stehengelassen. Die eine Probe wird nun unter Zusatz von 500 cm³ Wasser und unter Umschwenken sofort mit n/2 Schwefelsäure und Phenolphthalein zurücktitriert. Diese Zahl ist die „H.Z.“. Die zweite Probe wird weiter behandelt, und zwar setzt man 25 cm³ wäßrige n/2 Kalilauge und 75 g Wasser zu und läßt unter häufigem Umschütteln noch 24 Stunden stehen. Man verdünnt dann mit 500 cm³ Wasser und titriert mit n/2 Schwefelsäure und Phenolphthalein unter Umschwenken zurück. Die so erhaltene Zahl repräsentiert die perfekte „G.V.Z.“. Durch Subtraktion der H.Z. von der G.V.Z. erhält man die G.Z.

Die Bestandteile des Lactucariums krystallisieren meist gut, bilden aber zum Teil schwer trennbare Gemische; so kommt es, daß seine feine Zusammensetzung vielfach nicht genau bekannt ist. Durch Behandlung mit Wasser ließ sich aus dem Lactucarium ein krystallisierter Bitterstoff *Lactucin* $C_{11}H_{14}O$ (?) isolieren, der nicht flüchtig ist, auch eine krystallisierbare Säure, die *Lactucasäure*, wurde gefunden. Vielfach studiert wurde das *Lactucon*, das als ein Gemisch der Essigester des α- und β-*Lactucerols*, Fp. 197° bzw. 150°, amyrinartiger Alkohole erkannt worden ist. Die Formeln der letzteren wurden sehr verschieden angegeben ($C_{18}H_{29}OH$, $C_{15}H_{24}O$, $C_{19}H_{30}O$). Sie sind aber nach einer bei H. WOLFF wieder gegebenen Privatmitteilung von K. H. BAUER mit den Amyrinen isomer. In französischem Lactucarium fand FRANCHIMONT (48) einen Körper *Gallactucon* $C_{14}H_{24}O$ (?) vom Fp. 296°, der von Alkali nicht angegriffen wird. Als Begleiter der genannten Verbindungen finden sich weiter Kautschuk, Inosit, Mannit (?) und Asparagin (?), ferner ungefähr 10 % mineralische Bestandteile.

Verfälschungen mit minderwertigen Pflanzenextrakten und mit Brot wurden beobachtet. Letzteres kann durch die Jod-Stärke-Reaktion nach dem Aufkochen mit Wasser und Auskühlenlassen leicht nachgewiesen werden. Extrahiert man Lactucarium im Extraktionsapparat mit einem Gemisch aus 3 Teilen Alkohol und einem Teil Chloroform, so beträgt das gewonnene Extrakt 55—69 % der Droge.

Das Lactucarium war früher offizinell und wurde als Narkoticum und gegen Asthma verwendet.

Literatur.

(1) Arch. der Pharm. 1877, 487; Pharm. Ztg. 1903, 974. — (2) Asahina, Y., u. M. Akasu: Journ. Pharm. Soc. Jap. 1925, Nr. 523, 1; C. 1926 I, 915. — (3) Asahina, Y., u. Yaoi: Journ. Pharm. Soc. Jap. 1925, Nr. 523, 5; C. 1926 I, 916. — (4) Aschan, O.: Ber. 1921, 867, 1944; 1922, 709. — (5) Aschan: Chem.-Ztg. 1924, 149. — (6) Ebenda 1924, 149; 1925, 689. — (7) Aschan, O., u. Eckholm: Ann. 424. — (8) Aschan, O., u. Rarström: Brennstoffchemie 1923, 246. — (8a) Aschan, O.: Liebigs Ann. 483, 124. — (9) Aweng: Arch. der Pharm. 233, 660.

(10) Balaš, F., u. J. Brzák: Collect. Trav. chim. Tchecosl. 1, 306, 352; C. 1929 II, 990, 1289. — (11) Bamberger: Monatshefte f. Chemie 1891, 441; 1894, 505; 1897, 483; 1917, 457. — (11a) Dieterle, H.: Arch. Pharm. 269, 78. — (12) Ebenda 14, 333 (1923). — (13) Bauer, K. H.: Ber. 61, 343 (1928), Arch. Pharm. 269, 218. — (14) Bauer, K. H., u. K. Gonser: Chem. Umschau 1926, 250. — (15) Bauer, K. H., u. P. Schenkel: Arch. Pharm. 266, 633. — (15a) Bauer, K. H., u. E. Schröder: Arch. Pharm. 269, 209. — (16) Beaucourt, K.: Monatshefte f. Chemie 53/54, 897 (1929); 55, 185. — (17) Beckurts u. Brüche: Arch. der Pharm. 230, 89. — (18) Bertrand: Ann. Chim. et Phys. [6] 12, 115 (1897); Bl. [3] 11, 614, 717 (1894). — (19) Bohrisch, P.: Arch. der Pharm. 1925, 395. — (20) Pharm. Zentralhalle 1922, Nr. 22. — (21) Bonastre: Journ. de Pharm. 18, 333 (1832). — (22) Borsche u. Mitarbeiter: Ber. 54, 2229 (1921); 60, 1135, 2112, 2113 (1927); 62, 360, 368 (1929); 63, 2414, 2418; 65, 820 (1932). — (22a) Borsche u. J. Niemann: Lieb. Ann. 494, 126 (1932). — (23) Brühl: Ebenda 1888, 164. — (24) Bucher: Journ. Amer. Chem. Soc. 1910, 374. — (25) Bull. Imperial Inst. Lond. 22, 28.

(26) Casparis, P.: Schweiz. Apoth.-Ztg. 1924, 33; C. 1925 I, 987. — (27) Cheneveau, Ch.: Comptes rendus 180, 446 (1925); Science moderne 3, 292. — (28) Coffignier: Bull. Soc. Chim. [4] 9, 549; C. 1911 II, 290. — (29) Cohen, N.: Arch. der Pharm. 1907, 236; 1908, 520. — (29a) Cubitt, E.: Chem. Trade Journ. 75, 329 (1924).

(30) Deane, H., u. W. E. Edmonton: Pharm. Journ. u. Transact. 1922, 82. — (31) Deussen u. Philipp: Liebigs Ann. 374, 105 (1910). — (32) Diels: Ztschr. f. angew. Ch. 1929. (33) Dieterich, K.: Helfenberger Ann. 1897, 39—45. — (34) Monatshefte f. Chemie 19 (1895). — (35) Dieterich u. Stock: Analyse der Harze. — (36) Dischendorfer, O.: Ber. 55, 3692 (1922); Monatshefte f. Chemie 45, 190 (1923); 48, 241, 393 (1926); 51, 995 (1929). — (37) Journ. f. prakt. Ch. 113, 1 (1926). — (38) Monatshefte f. Chemie 45, 109 (1923); 48, 241, 393 (1926). — (39) Ebenda 46, 399 (1925). — (40) Doebner u. Lücker: Arch. der Pharm. 1896, 590. — (40a) Dragendorff, O.: Liebigs Ann. 482, 280; 487, 62. — (41) Dupont, G., u. Desalbres: Bull. Soc. Chim. France 35, 394, 879, 890.

(42) Eberhardt: Apoth.-Ztg. 1896, 687. — (43) Emmerling, O.: Ber. 1908, 1373. — (44) Engel, A.: Arch. der Pharm. 246, 293 (1908). — (45) Enz-Hager: Süddtsch. Apoth.-Ztg. 1913, 73.

(46) Fahrion: Ztschr. f. angew. Ch. 1907, 356. — (47) Flückiger: J. 1868, 809. — (48) Franchimont: Ber. 12, 10. — (49) Friedrichs, O. v.: Arch. der Pharm. 245, 208 (1907). — (50) Fromm, E., u. R. Klein: Ann. 425, 208 (1921). — (51) Fromme: Ber. von Caesar u. Loretz 1913, 17.

(52) Gildemeister u. Hoffmann: Die ätherischen Öle, S. 755. 1899. — (53) Ebenda 3. Aufl., S. 395. — (54) Gill, A. H., u. D. Nishida: Ind. and Engin. Chem. 1923, 1276. — (55) Grün: Chem. Umschau 1919, 35; Ztschr. Dtsch. Fett- u. Ölind. 1921, 49. — (55a) Haworth, R. D.: Journ. chem. Soc. 1932, 1485.

(56) Helm, O.: Arch. der Pharm. 1877, 229; 1878, 406; 1881, 307; 1895, 191. — (57) Ebenda 218, 304, 447 (1910). — (58) Henriques: Chem. Umschau 1899, 306. — (59) Henry: Journ. Chem. Soc. London 77, 1151, 1161 (1901). — (60) Herzenberg u. Ruhemann: Ber. 58, 2249 (1925). — (61) Herzig u. Schiff: Ebenda 1897, 378; 1919, 260. — (62) Hesse: Ann. 1878, 193. — (63) Ebenda 234, 243 (1886); 244, 268 (1888). — (64) Hinrichsen u. Marcusson: Ztschr. f. angew. Ch. 1910, 29; 1911, 725. — (65) Hirschsohn: Arch. der Pharm. 211, 254. — (66) Ebenda 1878, 310. — (67) Russ. Ztschr. f. Pharm. 1875, 225. — (68) Hlasiwetz: Liebigs Ann. 1849, 23. — (69) Ebenda 136, 31 (1865). — (70) Hlasiwetz u. Barth: Ebenda 134, 265. — (71) Ebenda 138, 68 (1866). — (72) Ebenda 1859, 182; 1861, 266; 1864, 346. — (73) Hoehnel: Arch. der Pharm. 1886, 647. — (74) Hoff, van't: Ber. 1876, 5. — (75) Hosking, R.: Rec. trav. chim. Pays-Bas 48, 622 (1929); C. 1929 II, 899.

(*76*) Jansch u. Fantl: Ber. **1923**, 1363. — (*77*) Johannson: C. **1918 II**, 1028. — (*78*) Jonas u. Locker: Chem. Umschau **1922**, 22. — (*79*) Journ. Soc. Dyers Colourists **1919**, 148.

(*80*) Kachler: Arch. der Pharm. **1859**, 3. — (*81*) Kahan, M.: Ebenda **248**, 433 (1910). — (*82*) Ebenda **248**, 443 (1910). — (*83*) Kassner, C. H.: Pharm. Journ. **112**; C. **1924 II**, 59. — (*84*) Kitt: Chem.-Ztg. **1898**, 358. — (*85*) Knecht, E., u. E. Hibbert: Journ. Soc. Dyers Colourists **38**, 221 (1922). — (*86*) Körner u. Carnelutti: Rend. R. Inst. Lomb. Science **15 II**, 654 (1882). — (*87*) Körner u. Vanzetti: Rend. R. Accad. Lincei Sc. fis. **12 I**, 122 (1903). — (*88*) Kroll, N.: Dissert., Kiel 1925. — Horrmann u. Kroll: Arch. der Pharm. u. Ber. Dtsch. Pharm. Ges. **265**, 214; C. **1927 I**, 3189. — (*89*) Kromer: Arch. der Pharm. **1901**, 373; Journ. f. prakt. Chem. **57**, 448.

(*90*) Labrande, M.: Ann. Musee Colonial Marseille [4] **3**, Nr. 1, 5 (1925). — (*91*) Léger: Journ. Pharm. et Chim. (7) **1**, 528 (1910); Comptes rendus **155**, 172 (1912); **158**, 185 (1914). — (*92*) Lenoir: Ann. **60**, 83 (1846). — (*93*) Letha Davies u. Roger Adams: Journ. Amer. Chem. Soc. **50**, 1749. — (*94*) Ebenda **50**, 1749; C. **1928 II**, 538. — (*95*) Levy: Ztschr. f. angew. Ch. **1905**, 1739. — (*96*) Lieb, H., u. Mitarb.: Monatshefte f. Chemie **45**, 51 (1924); **58**, 59, 69 (1931); **59**, 7 (1932). — (*97*) Lojander: Beitrag zur Kenntnis des Drachenblutes. Straßburg 1887.

(*98*) Machenbaum, St.: Arch. der Pharm. **250**, 6 (1912). — (*99*) Maiden: Pharm. Journ. **20**, 362; Apoth.-Ztg. **49** (1890); **1896**, 896; Amer. Journ. Pharm. **1895**. — (*100*) Majima, R.: Ber. **40**, 4390 (1907); **42**, 1418, 3664 (1909); **45**, 2727 (1912); **46**, 4080 (1913); **48**, 1593, 1606 (1915); **53**, 1907 (1920); **55**, 172, 191, 208 (1922). — (*101*) Mameli: Gazz. chim. ital. **37 II**, 483; **39 I**, 477, 494; **42 II**, 546, 551; **51 II**, 353. — (*102*) Marcusson u. Winterfeld: Chem. Umschau **1909**, 104. — (*103*) Kunststoffe **1911**, 281. — (*104*) Mauthner: Liebigs Ann. **414**, 250. — (*105*) Mellanoff, J. L., u. H. J. Schäffer: Amer. Journ. Pharm. **99**, 323. — (*106*) Müller, J. Aug.: Journ. f. prakt. Ch. **192**; C. **1929 I**, 2173. — (*107*) Murayama u. Shinozaki: C. **1925 II**, 2062.

(*108*) Nagel, W.: Wiss. Veröffentl. aus dem Siemens-Konzern **4**, Heft 2. — (*109*) Neuberg: Pflanzenchemie **1908**, 212.

(*110*) Platz, Hugo: Pharm. Ztg. **1924**, 1037. — (*112*) Pomeranz: Monatshefte f. Chemie **9**, 863 (1888). — (*113*) Pomeranz, C., u. Sperling: Ebenda **25**, 785.

(*114*) Rackwitz: Arch. der Pharm. **245**, 415 (1907). — (*115*) Rast: Ber. **55**, 1051 (1922). — (*116*) Reinitzer, F.: Liebigs Ann. **1914**, 342. — (*117*) Monatshefte f. Chem. **45**, 87 (1924). — (*118*) Rennie, Cooke u. Finlayson: Journ. Chem. Soc. London **1926**, 2763. — (*119*) Richter, P.: Arch. der Pharm. **1906**, 90. — (*120*) Ruzicka, L.: Helv. chim. Acta **1923**, 1082; ebenda **14**, 545. — (*121*) Ebenda **6**, 483. — (*122*) Ebenda **1925**, 632. — (*123*) Ebenda **8**, 263 (1925); C. **1929**, 1931. — (*124*) Liebigs Ann. **471**, 21. — (*125*) Ruzicka, L., Pontalti u. Balas: Helv. chim. Acta **6**, 863 (1923). — (*126*) Ruzicka, L., u. J. R. Hosking: Liebigs Ann. **469**, 147; Helv. chim. acta **13**, 1402; **14**, 203. — (*127*) Ruzicka, L., u. Meyer: Helv. chim. Acta **1923**, 1097. — (*128*) Ruzicka, L., u. Mitarbeiter: Ebenda **1923**, 677; **1924**, 271, 458. — (*129*) Ruzicka, L., u. Pfeiffer: Ebenda **9**, 81 (1926); Liebigs Ann. **476**, 70. — (*130*) Ruzicka, L., u. Schinz: Ebenda **1923**, 670. — (*130a*) Ruzicka, L.: Ebenda **14**, 811; **15**, 472, 681, 915 (1932). — (*130b*) Ruzicka, L., H. Brüngger u. E. L. Gustus: Ebenda **15**, 634 (1932). — (*130c*) Ruzicka, L., u. M. Füster: Ebenda **15**, 472 (1932).

(*131*) Scheiber, J.: Farbe u. Lack **1927**, 564, 576. — (*132*) Lacke und Rohstoffe, S. 509. Leipzig: Barth 1926. — (*133*) Schimmel & Co.: Ber. **1897 II**, 66. — (*134*) Ebenda Ber. **1893 I**, 64. — (*135*) Ebenda Jahresber. **1921**, 735. — (*136*) Schmidinger, K.: Farben-Ztg. **1926**, 31, 2451. — (*137*) Schmidt: Journ. **1870**, 881. — (*138*) Schroeter, G.: Ber. **1918**, 1587. — (*139*) Schübel: Arch. f. exp. Pathol. u. Pharmak. **1924**, 250. — (*140*) Schulze: Journ. **1873**, 863. — (*141*) Schulze, H., u. K. Pieroh: Ber. **55**, 2332 (1922). — (*142*) Schweitzer: Poggend. Ann. **1829**, 488; **1831**, 172. — Flückiger: Journ. **1867**, 727. — (*143*) Seeligmann u. Zieke: Handbuch, 3. Aufl., S. 744, 745. — (*144*) Seidel: Dissert., Heidelberg 1913. — (*145*) Semmler: Arch. der Pharm. **229**, 1 (1891). — (*146*) Ber. **1908**, 1768; **1918**, 2183, 2556. — (*147*) Semmler u. Liao: Ebenda **49**, 794 (1926); **50**, 1286 (1917). — (*148*) Spirgatis: Liebigs Ann. **116**, 289; **139**, 41. — (*149*) Steele: Journ. Amer. Soc. **1922**, 1333. — (*150*) Stenhouse: Pharm. Journ. Transact. **1850**, 290. — (*151*) Stock, E.: Farben-Ztg. **1921**, 156. — (*152*) Ebenda **1926**, Heft 34, 35, 37, 38, 39. — (*153*) Strauss: Poggend. Ann. **1865**, 148.

(*154*) Tassinari: Ber. **1896**, 1113. — (*155*) Thoms: Arch. der Pharm. **1899**, 271. — (*156*) Tschirch: Ebenda **241**, 372. — (*157*) Tschirch mit E. Aweng, C. de Jony u. E. S. Hermann: Helv. chim. Acta **1923**, 214. — (*158*) Tschirch u. Baur: Arch. der Pharm. **1895**, 209. — (*159*) Ebenda **1895**, 240. — (*160*) Tschirch u. Bergmann: Ebenda **243**, 641 (1905). — (*161*) Tschirch u. Brüning: Ebenda **1900**, 487. — (*162*) Tschirch u. Conrady: Ebenda **1894**, Heft 2. — (*163*) Tschirch u. Cremer: Ebenda **240**, 298 (1902). — (*164*)

Tschirch u. K. Dieterich: Ebenda 1896, 401. — (165) Tschirch u. Germann: Ebenda 1896, Heft 9. — (166) Tschirch u. Glimmann: Ebenda 1896, 587. — (167) Tschirch u. Halbey: Ebenda 1898, 487. — (168) Tschirch u. Hildebrand: Ebenda 234, 704 (1896). — (169) Tschirch u. Hohenadel: Ebenda 1895, 259. — (170) Tschirch u. van Itallie: Ebenda 1901, 506. — (171) Tschirch u. Keto: Ebenda 1901, 548. — (172) Tschirch u. Knitl: Ebenda 1899, 256. — (173) Tschirch u. Koch: Ebenda 240, 202 (1902). — (174) Tschirch u. Küylenstjerna: Ebenda 1904, 533. — (175) Tschirch u. Lüdy: Ebenda 1893, 502. — (176) Tschirch u. Luz: Ebenda 1895, 540. — (177) Tschirch u. Niederstadt: Ebenda 239, 145 (1901). — (178) Tschirch u. Oberländer: Ebenda 1894, 559. — (179) Tschirch u. Paul: Ebenda 1905, 273. — (180) Tschirch u. Pedersen: Ebenda 1898, 200. — (180a) Tschirch u. Hoffbauer: Schweiz. Wchschr. f. Chem. u. Pharm. 1905, 12. — (181) Tschirch u. Polasek: Arch. der Pharm. 1897, 125. — (182) Tschirch u. Reutter: Ebenda 1904, 104. — (183) Tschirch u. Saal: Ebenda 1904, 395. — (184) Tschirch u. Stephan: Ebenda 234, 560 (1896). — (185) Tschirch u. Stevens: Ebenda 1905, 535. — (186) Tschirch u. Studer: Ebenda 1903, 495. — (187) Tschirch u. M. Wolff: Ebenda 244, 684 (1906). — (187a) Tschirch u. Balzer: Ebenda 234, 296 (1896). — (188) Tucholka: Ebenda 235, 292 (1897). — (189) Tusting Cocking, T.: Amer. Journ. Pharm. 90, 719.

(190) Vanzetti: Mem. R. Accad. Linc. Anno CCCVIII (1911). — (191) Monatshefte f. Chemie 52, 163 (1929). — (192) Vaubel, W., u. E. Diller: Farben-Ztg. 1912, 2109. — (193) Vesterberg, K. A.: Ann. 440, 305 (1924). — (194) Arkiv för Kemi, Min. och Geol. 9, Nr. 27 (1926); C. 1926 II, 441. — (195) Ber. 56, 845 (1923).; Arkiv för Kemi, Min. och Geol. 9, Nr. 27 (1926); C. 1926 II, 441. — (196) Ber. 18, 3331 (1885); 19, 2167 (1886); 38, 4125 (1905); 40, 122 (1907). — (197) Ber. 20, 3284 (1887). — (198) Ber. 20, 1243; 23, 3187. — (199) Vesterberg, K. A., u. E. Borge: Liebigs Ann. 440, 305 (1924). — (200) Vesterberg, R.: Ber. 60, 1535 (1927). — (201) Virtanen: Ber. 1922, 2944; Ann. 424, 150 (1921).

(202) Wallach: Liebigs Ann. 1887, 81. — (203) Warren, L. E.: Journ. Assoc. Official Agricult. Chemists 10, 272. — (204) Wiesner: Rohstoffe des Pflanzenreichs, S. 426. 1914. — (205) Ebenda 3. Aufl., S. 418. — (206) Willner, M.: Arch. der Pharm. 248, 265 (1910). — (207) Ebenda 248, 285 (1910). — (207a) Winterstein, A., u. Egli, R.: Zeitschr. f. physiol. Chem., Sept. 1931. — (207b) Winterstein u. Mitarb.: Zeitschr. f. physiol. Chem. 208, 9. — (208) Wirth, E. H.: Journ. Amer. Pharm. Assoc. 13, 520. — (209) Wolff, H.: Analyse der natürlichen Harze, S. 207. — (210) Die natürlichen Harze, S. 325. — (211) Ebenda S. 108. Stuttgart 1928. — (212) Farben-Ztg. 1926, 2609. — (213) Natürliche Harze, S. 170. — (214) Worstall: Journ. Amer. Chem. Soc. 25, 860.

(215) Zeisel-Fanto: Österr. Chem.-Ztg. 1898, Nr. 8 u. 9. — (216) Zellner, J.: Monatshefte f. Chemie 47, 681. — (217) Zinke, A.: Ebenda 41, 277 (1919). — (218) Ebenda 41, 421 (1920). — (219) Ebenda 42, 439 (1921). — (220) Ebenda 44, 357 (1924). — (221) Zinke u. Drzimal: Ebenda 42, 423 (1920). — (222) Zinke u. Lieb: Ebenda 40, 95, 219, 627 (1918). — (223) Zinke u. Unterkreuter: Ebenda 39, 675 (1918); Pharm. Monatshefte 1905, 105.

Berichtigungen

zu Band III von G. KLEIN, Handbuch der Pflanzenanalyse (1932).

S. 573 Zeile 41: Booc. muß heißen Bocc.

S. 574 Abs. 5, Zeile 4: Aurantoideae muß heißen Aurantioideae.

S. 577 Zeile 11: *Rutoideae* muß heißen *Aurantioideae.*

S. 582 unter l-Limonen, Zeile 17: *fehlt Cupressineae.*

S. 583 Zeile 29: Vor *Achillea Millefolium* fehlt Fam. *Compositae.*

S. 585 unter Gramineae, Zeile 2: Ginger*gasöl* muß heißen Ginger*grasöl.*

S. 589 unter d-α-Pinen, Zeile 17: *P. Massonia* muß heißen *P. Massoniana.*

S. 590 Zeile 12: Riesen-Ledensbaum muß heißen Riesen-Lebensbaum.

S. 594 Zeile 2: *Arthrotaxis selaginoides* gehört nicht zu *Taxaceae,* sondern *zu Pinaceae* (Abietineae).

S. 597 unter Pinen, Zeile 1: *Arthrotaxis selaginoides* gehört nicht zu *Taxaceae,* sondern zu *Pinaceae* (Abietineae).

S. 602 unter d-Cadinen, Zeile 5: *fehlt Cupressineae.*

S. 603 unter Cadinen, Zeile 1: *Arthrotaxis selaginoides* gehört zu *Pinaceae* (Abietineae).

S. 603 unter Cadinen, Zeile 27: *Cryptomeria japonica* gehört nicht zu *Abietineae,* sondern zu *Taxodineae,* unten.

S. 607 unter Crypten, Zeile 2: „*Cupressineae*" muß heißen „*Taxodineae*".

S. 616 unter Nerol, Zeile 5: Cymbopogen *muß heißen Cymbopogon.*

S. 617 unter Linalool, Zeile 17: Bastard-Cardamonen muß heißen Bastard-Cardamomen.

S. 623 unter Menthenol-4, Zeile 1: Vor Cupressineae *fehlt* „*Pinaceae*".

S. 625 unter Sabinol Zeile 2: *Cupressineae* muß heißen *Taxodineae.*
            Zeile 3: *J.* muß heißen *Juniperus,* und es *fehlt* „*Cupressineae*".

S. 629 unter Machilol Zeile 4: *Magnolia obovater* muß heißen *Magnolia obovata.*

S. 642 unter Myrtaceae Zeile 3: *Syzgium* muß heißen Syzygium.

S. 658 unter „unbenannte Säuren", Zeile 20: *seratifolium* muß heißen *serratifolium.*

S. 693 Zeile 11 von unten: *P. Oxlayanum* muß heißen P. O*x*ylayanum.

S. 846 unter Gaultherin, Fam. Polygalaceae Zeile 4: *P. javana* muß heißen *P. javanica.*

S. 849 unter Hesperidin, Zeile 9: *Barosma foetissima* muß heißen *Barosma foetidissima.*

S. 1093 unter Allylsenföl, 2. Zeile: *Brassia* muß heißen *Brassica.*

S. 1093 3. Zeile von unten: *Brassia* muß heißen *Brassica.*

S. 1095 Zeile 2: *Petiveria alliaceae* muß heißen *Petiveria alliacea.*

S. 1227 unter 59. Clavicepsin, Zeile 2: Fam. *Ascomycetes* muß heißen Fam. *Hippocreaceae* (*Ascomycetes*).

S. 1228 unter „Danain", Zeile 2: *Cinchoniodeae* muß heißen *Cinchonoideae.*

S. 1233 unter Loroglossin, Zeile 10: *Cephalenthera* muß heißen Cephalanthera.